研究生教学用书

教育部研究生工作办公室推荐

信息论与编码

Information Theory and Coding

（第4版）

姜　丹　编著

中国科学技术大学出版社

内 容 简 介

本书系统介绍、论述香农信息论的基本理论、编码基本定理和方法.全书共 9 章,内容包括:信息的定义、信息论基本思路;单符号离散信源与信道、信息熵、互信息、条件互信息、联合互信息、信道容量、数据处理、加权熵、效用信息熵;多符号离散信源与信道、极限熵、独立并列信道的信道容量;连续信源与信道、相对熵、高斯白噪声加性信道的信道容量;无失真信源编码定理;抗干扰信道编码定理;限失真信源编码定理、信息率-失真函数、数据压缩原理、信息价值、广义信息率-失真函数;信源-信道编码定理等.本书各章节配置大量例题,并提供完整、详实的解题过程.

本书可作为高等院校、科研院所相关专业的研究生和高年级本科生的教材或教学参考书,也可供信息理论、信息技术和信息科学领域的教学、科研和工程技术人员参考.

图书在版编目(CIP)数据

信息论与编码/姜丹编著. —4 版. —合肥:中国科学技术大学出版社,2019.8(2021.12 重印)
ISBN 978-7-312-04664-3

Ⅰ.信… Ⅱ.姜… Ⅲ.①信息论 ②信源编码 Ⅳ.TN911.2

中国版本图书馆 CIP 数据核字(2019)第 060531 号

出版	中国科学技术大学出版社
	安徽省合肥市金寨路 96 号,230026
	http://press.ustc.edu.cn
	https://zgkxjsdxcbs.tmall.com
印刷	合肥市宏基印刷有限公司
发行	中国科学技术大学出版社
经销	全国新华书店
开本	787 mm×1092 mm 1/16
印张	61.25
字数	1568 千
版次	2001 年 8 月第 1 版 2019 年 8 月第 4 版
印次	2021 年 12 月第 9 次印刷
定价	130.00 元

第 4 版前言

在研究生"信息论与编码"课程的教学实践基础上,第 4 版调整章节设置和内容结构,进一步展示思路清晰、层次分明、结构合理的完整信息论理论体系;进一步拓宽、加深信息论的基础理论;进一步加强编码定理的理论论证和内涵论述,提升通信系统最优化的总体概念;增设、充实例题及其解题过程,以提高学生应用信息理论解决实际问题的能力.第 4 版进一步体现研究生"信息论与编码"课程教学用书的特点.

本书在撰写、出版过程中,得到中国科学院大学钱玉美教授的大力支持和帮助,在此表示衷心感谢.

真诚欢迎广大读者对书中的错误和不当之处予以批评指正.

姜 丹

2018 年 9 月 10 日于北京

第 3 版前言

作者根据《信息论与编码》(第 2 版)出版以来几年中的研究生教学实践和学科发展动态,对《信息论与编码》(第 2 版)的章节结构和内容安排又做了进一步的调整、充实和完善,现以《信息论与编码》(第 3 版)由中国科学技术大学出版社出版.

真诚欢迎广大读者对书中的错误和不当之处予以批评指正.

姜 丹

2008 年 8 月于北京

再 版 前 言

　　作者编著的《信息论与编码》一书,于2001年由中国科学技术大学出版社首次出版发行,并于2003年入选教育部研究生工作办公室推荐的"研究生教学用书".

　　作者鉴于在研究生教学实践中的体会和经验,对首次出版的《信息论与编码》部分章节做了修订,进一步充实、完善了教材的内容和结构.现以《信息论与编码》(第2版)由中国科学技术大学出版社再版发行.

　　真诚欢迎广大读者对书中的错误和不当之处予以批评指正.

姜　丹

2004年2月于北京

前　　言

香农(Claude E. Shannon)信息论是近两个世纪以来革命性科学理论之一,为电子通信和计算机科学的许多突破性发展奠定了基础,是信息科学中最成熟、最完整、最系统的组成部分.

随着科学技术的进步,特别是信息技术的发展,信息理论在通信领域中发挥着越来越重要的作用,显示出解决通信领域中有关问题的有力工具的本色.同时,由于信息论解决问题的思路和方法独特、新颖和有效,在当今信息时代,信息论已渗透到其他相关自然科学,甚至社会科学领域也与之密切结合,显示出它的勃勃生机和不可估量的发展前景.信息论与控制论、系统论一起,已发展成为现代管理科学的三大支柱学科.

本书以香农信息论为基础,论述近代信息理论的基本概念和主要结论.

作者自1980年以来,一直在中国科学技术大学、中国科学院研究生院主讲本科生和研究生的信息论课程,教学成果优秀,得到同学们的广泛好评.鉴于教学实践经验,为了帮助读者正确认识和理解通信领域中"信息"的定义和本质,把握信息论解决问题的思路和方法,在本书"引言"部分,归纳、提炼出香农信息论的"三大理论支柱".为了便于读者建立信息流通的系统概念,把信息论的基础理论部分由传统的"信源一条线"、"信道一条线"的"纵向结构",变成由"单符号离散通信系统"(第1章、第2章)、"多符号离散通信系统"(第3章)、"单维连续通信系统"(第4章)、"多维连续通信系统"(第5章)四个"横向教学板块"组成的"横向结构",由简到繁、由浅入深、循序渐进地安排教学内容.信息论是一门具有严密的数学演绎体系和高度抽象性、概括性的科学理论,为了帮助读者排除学习信息论过程中经常遇到的数学分析方面的困难,结合有关内容,系统而简明地介绍了必要的数学基础知识,给出导致重要结论的数学推演过程,提供不同的证明方法和途径;为了帮助读者正确理解有关结论的物理含义,提供了通俗易懂、富有哲理的诠释.

本书在全面、深入、系统地论述信息论基础理论的基础上,进一步提升理论高度,严密论证信息论三大编码极限定理:无失真信源编码定理、抗干扰信道编码定理、限失真信源编码定理.综合论证"信源-信道编码定理",从理论上指明通信系统最优化的前景.

本书阐明"信息率-失真函数"的定义,论述其数学特性,凝炼其数学精髓,导出"信息价值",构造"广义信息率-失真函数".

本书提出"效用信息熵"作为"意义信息"的测度函数,以期推进"意义信息测度函数"的探讨.

本书的一个鲜明特色,是具有较强的理论性.全书贯穿的一条主轴,就是用数学模型描述要讨论的问题,用严密的数学理论分析导致讨论问题的结论,用完整而系统的数学推演论证定理(或推论).

本书可作为高等院校、科研院所相关专业的研究生和高年级本科生的教材或教学参考书,也可供信息理论、信息技术和信息科学领域的教学、科研以及工程技术人员参考.

作者在撰写本书的过程中,得到中国科学院电子学研究所陈宗鹭教授、中国科学院研究生院钱玉美教授的热情指导和帮助,在此一并表示衷心感谢.

热忱希望广大读者对书中的错误和不当之处予以批评指正.

姜 丹

2000 年 11 月于北京

目　　录

引　言

　　信息论是人们在长期通信活动中,将通信技术与概率论、随机过程、数理统计等学科相结合,逐步发展起来的一门新兴交叉学科.

　　美国科学家香农(Claude E. Shannon)于 1948 年发表一篇革命性的著名论文《通信的数学理论》(*A Mathematical Theory of Communication*),奠定了信息论的理论基础.信息论以通信活动为背景,以通信的有效性、可靠性为主要研究对象,用富有创意的思路和方法,分析探究实现既有效又可靠通信的途径和方法,论证通过编码实现最优化通信的可能性,为电子通信和计算机学科的许多突破性发展奠定了基础,是解决通信问题的理论基础和有力工具.经过 70 多年的发展、完善和提高,它已成为信息科学中最完善、最系统、最成熟的基础理论学科.

　　若某同学收到两封来信:一封谈同学们最近的工作、学习情况;另一封谈家人的健康状况.现若要问:他从哪一封信中能获取更多的信息? 也许,按某种想当然的感觉,会给出某种模糊的回答,如"从家信中获取了更多的信息".但这个结论可靠吗? 就算这个结论正确,如进一步问:从家信中获取的信息比从同学来信中获取的信息多了多少? 一般来说,人们很难回答这个问题.其症结在于:人们通常是经验性地、习惯性地把"消息"和"信息"不加区分地混为一谈.

　　那么,为什么把"消息"和"信息"不加区分地混为一谈,信息的度量就会显得十分困难呢?

　　众所周知,"消息"是用文字、符号、数据、图片、音符、语言、图像等能被人们感觉器官所感知的形式,对客观物质运动和主观思维活动状态的一种表述."消息"由"形式"、"语义"和"语用"三个因素组成.不同的消息不仅有不同的"形式",而且含有不同的"语义"和不同的"语用"效果.例如,"北京获得二〇〇八年第二十九届奥运会主办权"这条消息.它的"形式",可看作从"汉字表"中挑选 20 个字的一种选择,是 20 个汉字的一个时间序列.在"语义"上,这条消息含有多个"语义"层次:是中国的"北京",而不是法国的"巴黎"、加拿大的"多伦多"、日本的"大阪"、土耳其的"伊斯坦布尔"等其他国家的城市;是"获得",而不是"丢失";是"二〇〇八年",而不是"二〇〇〇年"、"二〇〇四年"或"二〇一二年"等其他时间;是"第二十九届",而不是"第二十八届"、"第三十届"等其他届数;是"奥运会",而不是"世界杯"、"世界锦标赛"等其他赛事;是"主办权",而不是"参赛权"、"电视转播权"等其他权利.从"语用"效果上来看,不仅与消息的"语义"内容有关,而且与消息接收者的主观因素有关.从电视实况转播中看到,当国际奥委会前主席萨马兰奇宣布"第二十九届奥运会的主办城市是北京"这一消息时,在场的中国代表团成员情不自禁地跳跃欢呼、互相拥抱、热泪盈眶,而在场的其他国家的代表团,绝大多数仍坐在自己的座位上,鼓掌表示祝贺.也有少数代表团感到失落,甚至沮丧.你看,同一条消息,对不同的接收者来说,引起的反应有如此巨大的差别! 由此可见,一条"消息"既有形式,又有"语义",还有"语用"效果.而且,消息的"形式"、"语义"和"语用"这三个因素是捆绑在一起的."消息"是其"形式"、"语义"和"语用"三因素互相交织在一起的一个"混合体".

　　要解决信息度量问题,必然要用数学工具进行量的运算.数学是刻画物质运动形式的工具.用数学对"消息"的"形式"进行描述,不存在法则上的困难.但用数学刻画"消息"的"语义",乃至

"语用"效果,至今仍然是一个巨大的难题.所以,如经验性、习惯性地把"消息"和"信息"不加区分地混为一谈,把"消息"的"形式"、"语义"和"语用"三因素捆绑在一起,综合地解决信息度量问题,必然面临头绪纷繁、无从下手的僵局.

信息论的奠基人香农,针对通信活动的特点,精辟地提出了"形式化假说"、"非决定论"和"不确定性"三个观点,明确了通信领域中"信息"的特定含义,打破了僵局,解决了信息度量问题,开创了信息理论的新局面.

1. 形式化假说

通过对通信活动功能的观察,香农指出,"通信的基本问题,是在消息的接收端,精确地或近似地复制发送端所选择的消息".这就是说,通信工程的职责,只是在接收端把发送端发出的消息,从形式上精确地或近似地复制出来.通信工程并不需要对复制出来的消息的"语义"做任何处理和判断.对消息的"语义"内容的解读、处理和判断,是接收者自己的事,不是通信工程本身的任务,与通信工程无关.正如邮递员一样,邮递员的职责,只是把信尽量完好无损地送到收信者手中.至于对信的内容的解读,乃至看了信以后收信者是高兴还是悲痛,那完全是收信者自己的事,与邮递员毫无关系.又如,电视实况转播一场精彩的比赛,电视转播系统的职责,只是把画面和声音尽量精准地转播到每家的电视接收机屏幕上.至于对这场比赛中运动员的表现、裁判的裁决、教练的指挥等因素的解读和评价,都是看电视节目的观众自己的事,与电视转播系统无关.当然,看完比赛后观众的情绪是高兴还是沮丧,是热烈欢呼还是气得把电视机从楼上扔下去,更是观众自己的事,与电视转播系统毫无关系.这就是香农对通信活动的"形式化假说".

通信工程的"形式化假说",大胆地去掉了消息的"语义"和"语用"因素,巧妙地保留了能用数学描述的"形式"这一因素.这样,应用数学工具定量描述信息就成为了可能,从而打开了信息理论进入科学殿堂的大门.

2. 非决定论

通过对通信活动对象的分析,香农指出,"一个实际的消息,总是从可能发生的消息集合中选择出来的","系统必须设计得对每一种选择都能工作,而不是只适合工作于某一种选择","各种消息的选择都是随机的,设计者事先无法知道什么时候会选择什么消息来传送".这就是说,一切有通信意义的消息的发生,都是随机的,是事先无法预料的.例如,面对公众的"公用电话",什么人、什么时候使用电话,以及通话人声音的最高频率、频带宽度、峰值功率、平均功率、持续时间等技术参数都是随机的,工程技术人员是无法事先预料的.显然,为了使公用电话尽可能地被广泛使用,面对广大通信者,工程设计人员不可能把某一特定的通话者的技术参数作为设计依据,而是要用概率论、随机过程和数理统计等数学工具,从大量的不可预料的通话者发出的随机消息中,寻求其统计规律,作为工程设计的依据.用随机的观点和概率统计的方法来观察、处理信息,这就是香农的"非决定论"观点.

这种"非决定论"观点,是对通信活动的总的认识观.它从原则上回答了应采用什么类型的数学工具来描述通信系统,解决信息度量问题.

3. 不确定性

通过对通信活动机制的研究,香农指出,人们只在两种情况下有通信的要求:其一,是自己有某种形式的消息要告诉对方,估计对方"不知道"(或"不完全知道")这个消息;其二,是自己有某种"疑问"要询问对方,估计对方能做出"解答"(或"部分解答").这里的所谓"不知道"、"疑问",就是通信前对某事件可能发生的若干种结果,不能做出明确的判断,存在某种知识上的"不确定性".通信后,通过消息的传递,由原先的"不知道"到"知道"(或"部分知道"),由原先的"疑问"到"明白"(或"部分明白").这就是说,通信后消除(或"部分消除")了通信前存在的"不确定性".通信的作用,就是通过消息的传递,接收者从收到的消息中获取了一样"东西",用这个"东西",消除(或部分消除)了通信前存在的"不确定性".这个"东西",就是"信息".这样,香农从"不确定性"观点出发,在通信领域中,给"信息"下了一个明确的定义:**"信息"就是用来消除"不确定性"的东西**.在数量上,等于通信前、后"不确定性"的消除量.

我们知道,"可能性"的大小,在数学上可以用概率的大小予以精准的度量:概率大,表示出现的"可能性"大;概率小,表示出现的"可能性"小.我们同样知道,"不确定性"与"可能性"是有联系的:"可能性"大,意味着"不确定性"小;"可能性"小,意味着"不确定性"大.这样,"不确定性"就可与消息发生的概率联系起来.例如,"中国女子乒乓球队夺取 2008 年北京奥运会冠军"这条消息,根据中国女子乒乓球队历来的表现,夺取奥运会冠军的概率很大,即可能性很大,意味着"不确定性"很小.这个消息一旦发生,消除的"不确定性"也很小,收信者从这条消息中获取的信息量也很小.我们还记得,当中国女子乒乓球队荣获北京奥运会冠军,站上最高领奖台,奏起中华人民共和国国歌,升起中华人民共和国国旗时,我们都感到很高兴,但并不感到震惊,都认为这块金牌理所当然应该是中国女子乒乓球队所得.相反,"中国男子足球队夺取世界杯冠军"这条消息,根据中国男子足球队历来的表现,夺取世界杯冠军的概率很小(至少趋向于零),即"可能性"很小,意味着"不确定性"很大.若有朝一日,这个消息真的发生了,消除的"不确定性"很大,收信者从这条消息中获取的信息量也很大(甚至趋向于无限大).球迷们会惊喜万分,欢呼跳跃.由此可见,"不确定性"与消息发生的概率有内在联系,它应该是消息发生概率的某一函数.显然,通信前、后"不确定性"的消除量——信息量,同样应是概率的某一函数.对于随机消息来说,我们虽然不能确定它能否发生,但表示随机消息发生的"可能性"大小的"概率",是一个精准的数量.那么,只要能找到这个函数,通信前、后"不确定性"的消除量——通信后获取的信息量就可予以度量,而且一定是一个精准的数量.所以,香农对通信领域中"信息"的定义,从理论原则上解决了信息的度量问题.

在此,必须强调指出,在通信领域中,"信息"与"消息"两者之间既有联系,又有区别,两者不能混为一谈."消息"是表达"信息"的形式,是载荷"信息"的客体;"信息"是"消息"的统计特性的函数,是"消息"本质的抽象.不同形式的"消息",可能具有相同数量的"信息";相同形式的"消息",可能具有不同数量的"信息".信息论的研究对象,不是具体的"消息",而是抽象于各种不同形式的"消息"的"信息".它是一门具有完整数学演绎体系的高度抽象和概括的基础理论学科.

"形式化假设"、"非决定论"和"不确定性"是构建香农信息论这个理论大厦的三个"理论支柱",也是我们打开信息论这门学科大门,并达到其顶峰的一把必备的"钥匙".

信息论是通信领域中的一门学科,是信息科学的重要组成部分.它具有独到、新颖的观念和方法,越来越广泛、深入地与其他学科相互结合、相互渗透,并取得许多令人惊喜的成果.随着科学技术的迅猛发展和人类文明的不断提高,它必将显示出勃勃生机与光明前景!

只要坚持不懈地在信息论科学殿堂里潜心学习、勤奋耕耘、努力探索、勇于创新,必将达到科学与艺术融会贯通的美妙境界,享受到人类文明的无穷乐趣!

第1章　单符号离散信源

通信系统一般由信源、信道和信宿三部分组成(如图1-1所示).

图 1-1

"信源"就是信息的源泉.信息不是消息本身,但它又包含在消息之中.信源是由含有信息的消息组成的集合.若信源是由有限或无限可列个取值离散的符号(如文字、字母、数字等)组成的离散集合,则这种信源称为离散信源.又若一个符号就代表一个完整的消息,则这种离散信源又称为单符号离散信源,它是最简单、最基本的信源.

1.1　信源的信息熵

建立单符号离散信源的数学模型、构建信源符号自信息量的度量函数、确立信源总体信息测度,是单符号离散信源的首要课题.

1.1.1　信源的数学模型

单符号离散信源中的某一符号要含有一定的信息,信源发这一符号必须具有随机性,以一定的概率发这一符号.单符号离散信源是具有一定概率分布的离散符号的集合.基于对信源的这种认识,显然可用一个离散随机变量 X 来描述单符号离散信源:用 X 的可能取值,表示信源可能发出的不同符号;用 X 的概率分布,表示信源发符号的先验概率.

一般地说,若信源可能发出 r 种不同符号 $a_1,a_2,\cdots,a_r$,相应的先验概率分别是 $p(a_1)$, $p(a_2),\cdots,p(a_r)$,用随机变量 X 表示这个信源,构成信源的"信源空间"

$$[X \cdot P]:\begin{cases} X: & a_1 & a_2 & \cdots & a_r \\ P(X): & p(a_1) & p(a_2) & \cdots & p(a_r) \end{cases} \qquad (1.1.1-1)$$

香农信息论有一个假设前提,这就是信源 X 的符号集 $X:\{a_1,a_2,\cdots,a_r\}$ 中任一符号 $a_i(i=1,2,\cdots,r)$ 的发出概率 $p(a_i)$ 是先验可知的(事先给定,或经测定、计算而得),而且 $0 \leqslant p(a_i) \leqslant 1$ $(i=1,2,\cdots,r)$.不可多次重复试验和不存在先验概率的事件,不属于香农信息论的范畴.信源 X 的符号 $a_i(i=1,2,\cdots,r)$ 只可能是符号集 $X:\{a_1,a_2,\cdots,a_r\}$ 中的某一符号,不可能是符号集以外的其他任何符号.$[X \cdot P]$ 中的概率空间

$$P:\{p(a_1),p(a_2),\cdots,p(a_r)\}$$

是完备集,即有

$$\sum_{i=1}^{r} p(a_i) = 1$$

信源空间 $[X \cdot P]$ 完整地描述了信源 X 的信息特征,是描述信源 X 的数学模型.不同信源

对应不同的信源空间.如信源给定,这就意味着相应的信源空间$[X \cdot P]$已经确定;反之,如信源空间已经确定,这就意味着相应的信源已经给定.

1.1.2　信源符号的自信量

设信源 X 的信源空间如$(1.1.1-1)$式所示.信源 X 中每一种不同符号 a_i 含有的信息量 $I(a_i)(i=1,2,\cdots,r)$ 称为符号 a_i 的"自信量".

信源 X 发某符号 a_i,由于信道中噪声的随机干扰,收信者收到的是 a_i 的某种"变型"b_j(如图$1.1-1$所示).根据信息的定义,收信者收到 b_j 后,从 b_j 中获取关于 a_i 的信息量

$$I(a_i;b_j) = [收到 b_j 前,收信者对信源发 a_i 的不确定性]$$
$$- [收到 b_j 后,收信者对信源发 a_i 仍然存在的不确定性]$$
$$= 收信者收到 b_j 前、后,对信源发 a_i 的不确定性的消除 \quad (1.1.2-1)$$

为了导出 a_i 的自信量 $I(a_i)$,不妨把$(1.1.2-1)$式推向极致.设信道中没有噪声的干扰(无噪信道).这时,信源发出的符号 a_i 可以不受任何干扰而传递给接收者,收信者收到的 b_j 就是 a_i 本身.由于收信者确切无误地收到信源发出的符号 a_i,完全消除了对信源发符号 a_i 存在的不确定性,即有

$$[收到 b_j 后,收信者对信源发 a_i 仍然存在的不确定性]$$
$$= [收到 a_i 后,收信者对信源发 a_i 仍然存在的不确定性] = 0 \quad (1.1.2-2)$$

这时,$(1.1.2-1)$式可改写为

$$I(a_i;a_i) = [收到 a_i 前,收信者对信源发 a_i 存在的不确定性] \quad (1.1.2-3)$$

$I(a_i;a_i)$ 表示收到 a_i 后,收信者从 a_i 中获取的关于 a_i 的信息量.当然,这就是信源发符号 a_i 所含有的全部信息量,即符号 a_i 的自信量.所以

$$I(a_i) = [收到 a_i 前,收信者对信源发 a_i 存在的不确定性] \quad (1.1.2-4)$$

这表明,在信源空间$[X \cdot P]$中,信源 X 的任一符号 $a_i(i=1,2,\cdots,r)$ 的自信量 $I(a_i)$,都等同于信源 X 发符号 a_i 的不确定性.

在"引言"中我们已经指出,$I(a_i)$ 一定是信源 X 发符号 a_i 的先验概率 $p(a_i)$ 的某一函数:

$$I(a_i) = f[p(a_i)] \quad (i=1,2,\cdots,r) \quad (1.1.2-5)$$

至此,找出函数 $f[p(a_i)]$ 的具体表达式,已成为解决信源符号 a_i 的自信量 $I(a_i)$ 的度量问题的关键.

从客观事实和人们的习惯概念出发,函数 $I(a_i)=f[p(a_i)]$ 必须满足以下四个"公理性条件":

(1) 人们公认,从消息"中国男子足球队获得世界杯冠军"获得的信息量,远大于从消息"中国男子乒乓球队获得 2008 年北京奥运会冠军"获得的信息量.一般来说,若信源 $X:\{a_1,a_2,\cdots,a_r\}$ 中,符号 a_l 和 a_q 的先验概率分别为 $p(a_l)$ 和 $p(a_q)$,且 $0<p(a_l),p(a_q)<1,p(a_l)>p(a_q)$,则必有

$$I(a_l) = f[p(a_l)] < I(a_q) = f[p(a_q)] \quad (1.1.2-6)$$

这表明,函数 $I(a_i)=f[p(a_i)](i=1,2,\cdots,r)$ 是 $p(a_i)$ 的单调递减函数.

(2) 众所周知,"太阳从东边升起"这条消息不会提供任何信息量,凡听到这条消息的人都会认为这是一句废话.一般地说,若符号 a_l 的先验概率 $p(a_l)=1$,则必有

$$I(a_l) = f[p(a_l)] = 0 \quad (1.1.2-7)$$

即确定事件的自信量等于零.

(3) 人们一致公认,"太阳从西边升起"这条消息一旦发生,必将释放无限大的信息量,出现惊恐万分、乾坤扭转、天翻地覆的景象. 一般地说,若符号 a_q 的先验概率 $p(a_q)=0$,则必有

$$I(a_q) = f[p(a_q)] \rightarrow \infty \tag{1.1.2-8}$$

即不可能事件的自信量趋于无限大.

(4) 对于"天安门广场有人在照相"和"中国科学技术大学研究生在上信息论课"是两条相互统计独立、互不相关的两条消息. 人们的习惯概念认定,同时得到这两条消息所获取的联合信息量,应等于这两条消息各自的自信量之和,即自信量具有可加性.

一般地说,若两个统计独立的信源 X 和 Y 的信源空间为

$$[X \cdot P]: \begin{cases} X: & a_1 & a_2 & \cdots & a_r \\ P(X): & p(a_1) & p(a_2) & \cdots & p(a_r) \end{cases}$$

$$[Y \cdot P]: \begin{cases} Y: & b_1 & b_2 & \cdots & b_s \\ P(Y): & p(a_1) & p(a_2) & \cdots & p(b_s) \end{cases}$$

且 a_i 和 b_j 的联合消息 $(a_i b_j)$ 的概率

$$p(a_i b_j) = p(a_i) \cdot p(b_j) \quad (i=1,2,\cdots,r; j=1,2,\cdots,s)$$

则 $(a_i b_j)$ 的自信量必定是

$$I(a_i b_j) = I(a_i) + I(b_j) = f[p(a_i)] + f[p(b_j)] \quad (i=1,2,\cdots,r; j=1,2,\cdots,s)$$

$$\tag{1.1.2-9}$$

那么,满足以上 $(1.1.2-6) \sim (1.1.2-9)$ 这四个公理条件的函数 $I(a_i) = f[p(a_i)]$ 应是什么样的函数呢? 数学上可证明,它是概率 $p(a_i)$ 的倒数的对数,即有

$$I(a_i) = f[p(a_i)] = \log \frac{1}{p(a_i)} = -\log p(a_i) \quad (i=1,2,\cdots,r) \tag{1.1.2-10}$$

这就是信源空间 $[X \cdot P]$ 中,概率分量为 $p(a_i)$ 的信源符号 a_i 的自信量 $I(a_i)$ 的度量函数,称之为符号 a_i 的"自信函数"(图 1.1-1). 它表明,信源 X 的任一符号 a_i 的自信量 $I(a_i)$,由其先验概率 $p(a_i)$ 唯一确定. 因 $p(a_i)$ 是一个精准的确定的数量,所以只要知道 $p(a_i)$,就可唯一确定地、精确地得出相应符号 a_i 的自信量 $I(a_i)$. 同时,它充分体现了消息与信息的联系和区别:消息是信息的形式,信息是消息的抽象;消息是信息的载体,信息是消息的本质. 不同形式的消息,

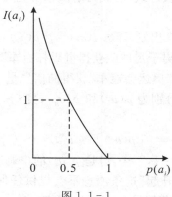

图 1.1-1

只要先验概率相同,就含有等量的信息;相同形式的消息,只要先验概率不同,就含有不同的信息.

在数学上可验证,(1.1.2-10)式所示自信函数 $I(a_i)$ 满足四个公理条件,是合理的. 既然它是合理的,我们就有理由要求由(1.1.2-10)式计算而得的自信量 $I(a_i) \geqslant 0$. 为此,在信息论中,人为地规定(1.1.2-10)式中的对数的"底"取大于 1 的数. 自信量 $I(a_i)$ 的单位,取决于对数的"底"的取值.

$$\begin{cases} I(a_i) = \log_2 \dfrac{1}{p(a_i)} & \text{(binary unit,缩写为 bit(比特))} \\[2mm] I(a_i) = \log_e \dfrac{1}{p(a_i)} = \ln \dfrac{1}{p(a_i)} & \text{(natry unit,缩写为 nat(奈特))} \\[2mm] I(a_i) = \log_{10} \dfrac{1}{p(a_i)} & \text{(Hartley,缩写为 Hat(哈特))} \\[2mm] I(a_i) = \log_r \dfrac{1}{p(a_i)} & \text{(r 进制信息单位)} \end{cases} \qquad (1.1.2-11)$$

本书在后续章节中,如不加说明,一般采用以"2"为底的对数,并以"log"代表"$\log_2$".

自信函数(1.1.2-10)式的导出,在人类历史上第一次解决了信息度量问题,是信息论发展史上的里程碑,也是信息论逐步发展成为一门成熟学科的基石.

【例 1.1】 假设一次掷两个各自均匀、互相不可区分但又不相关的骰子. 如(A)、(B)、(C)分别表示:仅有一个骰子是 3;至少有一个骰子是 4;骰子上点数的总和是偶数. 试计算(A)、(B)、(C)发生后所提供的信息量.

解 两个骰子朝上一面点数的组合总数 $N = 6 \times 6 = 36$. (A)事件的样本数 $n_A = 2 \times 5 = 10$;(B)事件的样本数 $n_B = 2 \times 5 + 1 = 11$;(C)事件的样本数 $n_C = 6 \times 3 = 18$. 把随机事件出现的频率,近似地看作随机事件出现的概率,则事件(A)、(B)、(C)出现的概率分别是:

$$P(A) = \frac{n_A}{N} = \frac{10}{36} = \frac{5}{18}$$

$$P(B) = \frac{n_B}{N} = \frac{11}{36} \qquad (1)$$

$$P(C) = \frac{n_C}{N} = \frac{18}{36} = \frac{1}{2}$$

由(1.1.2-10)式,得随机事件(A)、(B)、(C)出现后提供的信息量分别是:

$$I(A) = \log \frac{1}{P(A)} = 1.8480 \quad \text{(比特)}$$

$$I(B) = \log \frac{1}{P(B)} = 1.7105 \quad \text{(比特)} \qquad (2)$$

$$I(C) = \log \frac{1}{P(C)} = 1 \quad \text{(比特)}$$

由 $I(C)$ 可知,1(比特)信息量就是两个互不相容的等概事件之一发生时所提供的信息量,有时亦称为"是否信息". 例如,你的家人根据你历来的习惯,估计你"中午回家吃饭"与"中午不回家吃饭"的可能性相同. 若某天由于某种原因,你回家吃中午饭. 这样,你就给你家人带去了 1(比特)信息量.

【例 1.2】 设有 n 个球，每个球都能以同样的概率 $1/N$ 落到 N 个格子的每一个格子中（$N \geqslant n$）. 假定（A）表示某指定的 n 个格子各落入一个球；（B）表示任何 n 个格子中各落入一个球. 试计算事件（A）、（B）发生后各自提供的信息量.

解 由于每个球可落入 N 个格子中的任一个，所以 n 个球在 N 个格子中的分布相当于从 N 个元素中选取 n 个进行重复排列，总共有 N^n 种分布可能.

（A）事件的样本点数，等于 n 个球在指定的 n 个格子中的全排列数 $n!$. 若把随机事件出现的频率近似地看作随机事件出现的概率，则（A）的概率为

$$P(A) = n!/N^n \tag{1}$$

由（1.1.2 - 10）式得（A）事件发生后，提供的信息量

$$I(A) = \log \frac{1}{P(A)} = \log \frac{N^n}{n!} = n\log N - \log(n!) \quad （比特） \tag{2}$$

对于随机事件（B）来说，由于可以从 N 个格子中任选 n 个格子，这种选法共有 C_N^n 种. 对于每种选定的 n 个格子，样本数与（A）的样本数相同. 所以，随机事件（B）的总样本数为 $n!C_N^n$. 同样，如把随机事件的出现频率近似地当作随机事件出现的概率，则（B）的概率

$$P(B) = \frac{n!C_N^n}{N^n} = \frac{N!}{N^n(N-n)!} \tag{3}$$

由（1.1.2 - 10）式，得（B）发生后提供的信息量

$$I(B) = \log \frac{1}{P(B)} = \log \frac{N^n(N-n)!}{N!} = n\log N + \log[(N-n)!] - \log(N!) \quad （比特） \tag{4}$$

显然，由于 $P(B) > P(A)$，所以随机事件（B）发生后提供的信息量 $I(B)$，小于随机事件（A）发生后提供的信息量 $I(A)$.

【例 1.3】 如果你在不知道今天是星期几的情况下，问你的朋友"明天是星期几"，则答案的自信量是多少？ 如果你在已知今天是星期五的情况提出同样的问题，则答案的自信量又是多少（假设已知星期一至星期日的排序）？

解 因为假设已知星期一至星期日的排序，而且一星期只有七天，在不知道今天是星期几的情况下，问明天是星期几的答案，只可能是星期一至星期日七天中的一天. 在已知今天是星期五的情况，问明天是星期几的答案必定是星期六.

设事件（A）表示不知道今天是星期几的情况下，问明天是星期几的答案；事件（B）表示已知今天是星期五的情况下，问明天是星期几的答案. 则事件（A）的概率

$$P(A) = 1/7 \tag{1}$$

事件（B）的概率

$$P(B) = 1 \tag{2}$$

由（1.1.2 - 10）式所示自信函数，得事件（A）的自信量

$$I(A) = \log \frac{1}{P(A)} = 2.8075 \quad （比特） \tag{3}$$

事件（B）的自信量

$$I(B) = \log \frac{1}{P(B)} = 0 \quad （比特） \tag{4}$$

这表明，概率为 1 的确定事件（B）不含有自信量.

【**例 1.4**】　某中学高三毕业生中,25% 的女生考取了大学. 在考取大学的女生中 75% 居住在城区,而高三毕业生中的女生 50% 住在城区. 假如我们得知"住在城区的女生考取了大学"的消息,试问获取了多少信息量?

解　设事件 (A) 表示女生考取了大学;事件 (B) 表示女生居住在城区. 则事件 (A)、(B) 的概率分别是

$$P(A) = 0.25, \quad P(B) = 0.5 \tag{1}$$

而考取了大学的女生居住在城区的概率

$$P(B/A) = 0.75 \tag{2}$$

由此可得"居住在城区的女生考取了大学"的概率

$$P(A/B) = \frac{P(AB)}{P(B)} = \frac{P(A)P(B/A)}{P(B)} = \frac{0.25 \times 0.75}{0.5} = 0.375 \tag{3}$$

由 (1.1.2-10) 式所示"自信函数",得"住在城区的女生考取了大学"这条消息的自信量

$$I(A/B) = \log \frac{1}{P(A/B)} = \log \frac{1}{0.375} = 1.4170 \quad (\text{比特}) \tag{4}$$

这表明,当得知"住在城区的女生考取了大学"这条消息后,获取的信息量 $I(A/B)$ 是 1.4170(比特).

【**例 1.5**】　设离散无记忆信源 X 的信源空间

$$[X \cdot P]: \begin{cases} X: & a & b & c & d \\ P(X): & 1/4 & 1/4 & 1/8 & 3/8 \end{cases}$$

信源 X 发出消息

$(c\,b\,a\,c\,a\,c\,b\,c\,a\,b\,d\,a\,c\,b\,d\,a\,a\,b\,c\,a\,d\,c\,b\,a\,b\,b\,a\,d\,c\,b\,a\,b\,a\,a\,c\,b\,a\,d\,c\,a\,b\,b\,c\,c\,d)$

(1) 此消息的自信量是多少?

(2) 在此消息中平均每个符号携带的信息量是多少?

解　由信源空间 $[X \cdot P]$,得符号 a,b,c,d 的自信量分别为

$$\begin{cases} I(a) = -\log p(a) = \log 4 = 2 \quad (\text{比特}) \\ I(b) = -\log p(b) = \log 4 = 2 \quad (\text{比特}) \\ I(c) = -\log p(c) = \log 8 = 3 \quad (\text{比特}) \\ I(d) = -\log p(d) = \log \frac{8}{3} = 1.4170 \quad (\text{比特}) \end{cases} \tag{1}$$

因为信源 X 无记忆,所以消息中各符号间统计独立. 根据信息的可加性,消息的自信量等于各符号自信量之和. 因符号 a、b、c、d 的个数分别为 $N_a = 14, N_b = 13, N_c = 12, N_d = 6$,则消息的自信量

$$\begin{aligned} I &= I(a) \times N_a + I(b) \times N_b + I(c) \times N_c + I(d) \times N_d \\ &= 2 \times 14 + 2 \times 13 + 3 \times 12 + 1.4170 \times 6 \\ &= 98.502 \quad (\text{比特}) \end{aligned} \tag{2}$$

在此消息中,符号总数 $N = N_a + N_b + N_c + N_d = 45$,每一符号含有的平均信息量

$$h = \frac{I}{N} = \frac{98.502}{45} = 2.1889 \quad (\text{比特／符号}) \tag{3}$$

1.1.3 信源的信息熵

虽然自信函数 $I(a_i)$ 破天荒地使信息度量成为可能,但在信息度量方面仍然存在某些不足. 首先,信源发符号 a_i 是 $p(a_i)$ 为概率的随机事件,相应的自信量 $I(a_i)$ 也是一个以 $p(a_i)$ 为概率的随机性的量. 其次,自信函数 $I(a_i)$ 只能表示信源发某一特定符号 a_i 所提供的信息量. 用自信函数 $I(a_i)$ 度量信源信息,只能得到 r 个概率分布为 $p(a_i)(i=1,2,\cdots,r)$ 的随机量 $I(a_i)(i=1,2,\cdots,r)$. 它们中的任何一个都不能代表信源 X 提供信息的总体能力,都不能担当信源 X 的总体信息测度.

显然,信源总体信息测度应是一个确定量,它表示信源 X 每发一个符号(不论发什么符号)提供的平均信息量. 考虑到信源空间 $[X \cdot P]$ 中的概率空间 $P:\{p(a_1),p(a_2),\cdots,p(a_r)\}$ 是完备集,信源的总体信息测度应是信源 X 可能发出的各种不同符号 a_i 的自信量 $I(a_i)$,在信源概率空间 $P:\{p(a_1),p(a_2),\cdots,p(a_r)\}$ 中的统计平均值

$$H(X) = p(a_1)I(a_1) + p(a_2)I(a_2) + \cdots + p(a_r)I(a_r)$$
$$= -p(a_1)\log p(a_1) - p(a_2)\log p(a_2) - \cdots - p(a_r)\log p(a_r)$$
$$= -\sum_{i=1}^{r} p(a_i)\log p(a_i) \quad (比特／信源符号) \qquad (1.1.3-1)$$

我们把 $H(X)$ 称为信源 X 的"信息熵".

我们不妨通过一个简单例子,从另一个角度去进一步领会(1.1.3-1)式所示信息熵的含义. 若布袋内放 m 个球,其中 m_1 个是红球(a_1),m_2 个是白球(a_2). 现随意摸出一个球,猜是什么颜色. 这个随机试验相当于一个单符号离散信源,其信源空间为

$$[X \cdot P]:\begin{cases} X: & a_1 & a_2 \\ P(X): & m_1/m & m_2/m \end{cases} \qquad (1.1.3-2)$$

摸出红球(a_1)的自信量

$$I(a_1) = -\log p(a_1) = -\log(m_1/m) \qquad (1.1.3-3)$$

摸出白球(a_2)的信息量

$$I(a_2) = -\log p(a_2) = -\log(m_2/m) \qquad (1.1.3-4)$$

若每次摸出一个球后又放回袋中,再进行第二次摸取. 在摸取 N(N 足够大)次中,a_1 出现的次数为 $n_1 = Np(a_1) = N(m_1/m)$ 次,a_2 出现的次数为 $n_2 = Np(a_2) = N(m_2/m)$ 次. 摸取 N 次后,总共获取的信息量

$$I_N = n_1 I(a_1) + n_2 I(a_2) = Np(a_1)I(a_1) + Np(a_2)I(a_2) \qquad (1.1.3-5)$$

平均每摸取一次所获得的平均信息量

$$I = \frac{I_N}{N} = \frac{Np(a_1)I(a_1) + Np(a_2)I(a_2)}{N} = p(a_1)I(a_1) + p(a_2)I(a_2)$$
$$= -p(a_1)\log p(a_1) - p(a_2)\log p(a_2)$$
$$= -\sum_{i=1}^{2} p(a_i)\log p(a_i) \quad (比特／信源符号) \qquad (1.1.3-6)$$

这正好就是(1.1.3-1)式定义的信息熵. 这说明(1.1.3-1)式定义的信息熵 $H(X)$,确实表示信源 X 每发一个符号(不论什么符号)提供的平均信息量.

自信量 $I(a_i)$ 表示收信者收到符号 a_i 以前,对 a_i 存在的不确定性;同时也表示收信者在确切无误地收到符号 a_i 后,从 a_i 中获取关于 a_i 的信息量.因为 $H(X)$ 是 $I(a_i)$ 在信源空间$[X \cdot P]$的概率空间 $P: \{p(a_1), p(a_2), \cdots, p(a_r)\}$ 中的统计平均值,所以 $H(X)$ 表示收信者收到信源符号以前,对信源发每一个符号存在的平均不确定性;同时也表示收信者确切无误地收到信源发出的符号后,从信源每一符号中获取的平均信息量.

在通信领域中,通信工程设计师为了使通信工程适合于信源对每一种可能选择的消息的传输,对信源提供信息的能力的估量,不是某一特定符号 a_i 的自信量 $I(a_i)$,而是把信源 X 每一个符号提供的平均信息量 $H(X)$ 作为设计的依据.(1.1.2-10)式所示自信量 $I(a_i)$ 是信息度量的基石,而(1.1.3-1)式所示的信息熵 $H(X)$ 才是信源信息度量的核心.

【例 1.6】　设二元信源 X 的信源空间为

$$[X \cdot P]: \begin{cases} X: & 0 \quad 1 \\ P(X): & p \quad 1-p \end{cases} \quad (0 \leqslant p \leqslant 1) \tag{1}$$

(1) 试计算,当 $p=1/2$ 和 $p=0$(或 $p=1$)时信源 X 的信息熵 $H(X)$;

(2) 画出 $H(p)$ 的函数曲线,并指明 $H(p)$ 的特性.

解　由定义(1.1.3-1)式,信源 X 的信息熵

$$H(X) = -\sum_{i=1}^{2} p(a_i)\log p(a_i) = -p(0)\log p(0) - p(1)\log p(1)$$
$$= -p\log p - (1-p)\log(1-p) \tag{2}$$

(1)当 $p=1-p=1/2$ 时,信源 X 称为二元等概信源,其信息熵

$$H(X) = -\frac{1}{2}\log\frac{1}{2} - \frac{1}{2}\log\frac{1}{2} = \log 2 = 1 \quad (比特 / 信符) \tag{3}$$

这表明,二元等概信源 $X: \{0,1\}$ 在发符号以前,每个数字(不论是"0"还是"1")的平均不确定性等于1(比特/信符);收信者确切无误地收到每一数字(不论是"0"还是"1")所获取的平均信息量等于1(比特/信符).在"计算机数字通信"中,把每一个数字(不论是"0"还是"1")简称为1(比特).

当 $p=0$ 时,二元信源 X 是一个确知信源,其信源空间变为

$$[X \cdot P]: \begin{cases} X: & 0 \quad\quad 1 \\ P(X): & 0 \quad\quad 1 \end{cases} \tag{4}$$

其信息熵

$$H(X) = -\sum_{i=1}^{r} p(a_i)\log p(a_i) = -p(0)\log p(0) - p(1)\log p(1)$$
$$= -0\log 0 - 1\log 1 \tag{5}$$

对任意小的正数 $\varepsilon > 0$,以"e"为底的对数 $\ln\varepsilon$ 可展开成级数

$$\ln\varepsilon = 2 \cdot \left[\frac{\varepsilon-1}{\varepsilon+1} + \frac{1}{3}\left(\frac{\varepsilon-1}{\varepsilon+1}\right)^3 + \frac{1}{5}\left(\frac{\varepsilon-1}{\varepsilon+1}\right)^5 + \cdots\right] \tag{6}$$

当 $\varepsilon \to 0$ 时,有

$$\lim_{\varepsilon \to 0}(\varepsilon\ln\varepsilon) = 0 \tag{7}$$

则有

$$\lim_{\varepsilon \to 0}(\varepsilon \log \varepsilon) = \lim_{\varepsilon \to 0}\left(\varepsilon \cdot \frac{\ln\varepsilon}{\ln 2}\right) = 0 \tag{8}$$

这样,在信息论中,合理地约定

$$0\log 0 = 0 \tag{9}$$

由(9)式,(5)式有

$$H(X) = -0\log 0 - 1\log 1 = 0 \tag{10}$$

同样,当 $p=1$ 时,有

$$H(X) = -1\log 1 - 0\log 0 = 0 \tag{11}$$

(10)、(11)式表明,确知二元信源 $X:\{0,1\}$,不存在任何不确定性,不提供任何信息量.

(2) 当 $0<p<1$ 时,取不同的 p 值,查本书"附录"熵函数表可计算二元信源 X 的信息熵

$$H(X) = H(p) = -p\log p - (1-p)\log(1-p) \tag{12}$$

相应的值,得如图 E 1.6-1 所示的 $H(p)$ 函数曲线.

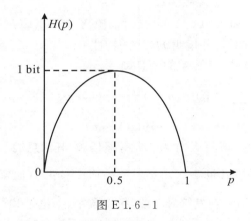

图 E 1.6-1

从图 E 1.6-1 中可见:若 $p=1$(或 $p=0$),二元信源 $X:\{0,1\}$ 发符号"0"(或"1")是确定事件,则 $H(p)=H(1)$(或 $H(0)$)=0. 这意味着,确知信源 X 不提供任何信息量;若 $p=0.5$,二元信源 $X:\{0,1\}$ 以相同概率 0.5 发符号"0"或"1",则 $H(p)=H(1/2)=1$(比特/信符). 这意味着,等概二元信源 $X:\{0,1\}$ 每发一个符号提供的平均信息量达到最大值 1(比特/信符). 同时,我们还可看到,若二元信源 $X:\{0,1\}$ 发"0"(或发"1")的概率 $p(0<p<1)$ 越接近 0.5,发"1"(或"0")的概率 $(1-p)$ 亦越接近 0.5,则 $H(p)$ 的值越大;相反,二元信源 $X:\{0,1\}$ 发"0"(或发"1")的概率 $p(0<p<1)$ 离 0.5 越远,发"1"(或发"0")的概率 $(1-p)$ 亦离 0.5 越远,则 $H(p)$ 的值就越小. 这意味着,二元信源 $X:\{0,1\}$ 发"0"的概率与发"1"的概率越接近,信源 $X:\{0,1\}$ 的平均不确定性越大;发"0"的概率与发"1"的概率相差越大,信源 $X:\{0,1\}$ 的平均不确定性越小. 这表明信息熵 $H(X)=H(p)$ 是 p 的 $\cap$ 形凸函数.

【例 1.7】 在一个箱子中,装有 m 个黑球和 $n-m$ 个白球. 设试验 X 为随机地从箱子中取出一个球而不再放回箱子;试验 Y 为从箱子中取出第二个球.

(1) 计算试验 X 所获取的平均信息量;

(2) 若试验 X 摸取的第一个球的颜色未知,计算试验 Y 所获取的平均信息量.

解　令 W 代表白球；B 代表黑球.

（1）设试验 X 中取出的球是黑球的概率为 $P_X(B)$；取出的球是白球的概率为 $P_X(W)$，则有

$$P_X(B) = m/n, \quad P_X(W) = (n-m)/n \tag{1}$$

信源 X 的信源空间为

$$[X \cdot P]: \begin{cases} X: & B & W \\ P(X): & m/n & (n-m)/n \end{cases} \tag{2}$$

试验 X 所获取的平均信息量，就是信源 X 的信息熵

$$\begin{aligned} H(X) &= -P_X(B)\log P_X(B) - P_X(W)\log P_X(W) \\ &= -\frac{m}{n}\log\frac{m}{n} - \frac{n-m}{n}\log\frac{n-m}{n} \end{aligned} \tag{3}$$

（2）若试验 X 中取出的第一个球是白球，令试验 Y 中取出白球的概率为 $P_Y(W/W)$，取出黑球的概率为 $P_Y(B/W)$. 则有

$$P_Y(W/W) = (n-m-1)/(n-1), \quad P_Y(B/W) = m/(n-1) \tag{4}$$

若试验 X 中取出的第一个球是黑球，令试验 Y 中取出白球的概率为 $P_Y(W/B)$，取出黑球的概率为 $P_Y(B/B)$. 则有

$$P_Y(W/B) = (n-m)/(n-1), \quad P_Y(B/B) = (m-1)/(n-1) \tag{5}$$

设试验 Y 中出现白球的概率为 $P_Y(W)$；出现黑球的概率为 $P_Y(B)$. 则有

$$\begin{aligned} P_Y(W) &= P_X(W)P_Y(W/W) + P_X(B)P_Y(W/B) \\ &= \frac{n-m}{n} \cdot \frac{n-m-1}{(n-1)} + \frac{m}{n} \cdot \frac{n-m}{(n-1)} = \frac{n-m}{n} = P_X(W) \end{aligned} \tag{6}$$

以及

$$\begin{aligned} P_Y(B) &= P_X(W)P_Y(B/W) + P_X(B)P_Y(B/B) \\ &= \frac{n-m}{n} \cdot \frac{m}{n-1} + \frac{m}{n} \cdot \frac{m-1}{n-1} = \frac{m}{n} = P_X(B) \end{aligned} \tag{7}$$

由此可得信源 Y 的信源空间

$$[Y \cdot P]: \begin{cases} Y: & B & W \\ P(Y): & m/n & (n-m)/n \end{cases} \tag{8}$$

这表明，试验 X 和试验 Y 的信源空间相同. 试验 Y 获取的平均信息量与试验 X 获取的平均信息量相等，即

$$\begin{aligned} H(Y) &= -P_Y(B)\log P_Y(B) - P_Y(W)\log P_Y(W) \\ &= -P_X(B)\log P_X(B) - P_X(W)\log P_X(W) \\ &= -\frac{m}{n}\log\frac{m}{n} - \frac{n-m}{n}\log\frac{n-m}{n} \\ &= H(X) \end{aligned} \tag{9}$$

试验 X 和 Y 的信息熵 $H(X)$ 和 $H(Y)$ 相等，是一个经常应用的重要结论.

【例 1.8】　设骰子任一面出现的概率与该面的点数成正比. 试计算每掷一次骰子所获取的平均信息量.

解　若把骰子朝上一面的点数作为掷骰子随机试验的结果，并把试验的结果作为信源的输出，这个试验就是一个单符号离散信源. 信源 X 的信源空间为

$$[X \cdot P]: \begin{cases} X: & 1 & 2 & 3 & 4 & 5 & 6 \\ P(X): & p(1) & p(2) & p(3) & p(4) & p(5) & p(6) \end{cases} \tag{1}$$

因骰子朝上一面出现的概率与该面的点数成正比,所以该骰子不是六面均匀的骰子,且有

$$p(i) = \frac{i}{\sum\limits_{i=1}^{6} i} = \frac{i}{21} \quad (i=1,2,3,4,5,6) \tag{2}$$

则其信源空间

$$[X \cdot P]: \begin{cases} X: & 1 & 2 & 3 & 4 & 5 & 6 \\ P(X): & 1/21 & 2/21 & 3/21 & 4/21 & 5/21 & 6/21 \end{cases} \tag{3}$$

朝上一面出现各点的自信量为

$$\begin{cases} I(1) = -\log \dfrac{1}{21} = 4.39 \quad （比特）; I(2) = -\log \dfrac{2}{21} = 3.39 \quad （比特） \\[2mm] I(3) = -\log \dfrac{3}{21} = 2.81 \quad （比特）; I(4) = -\log \dfrac{4}{21} = 2.39 \quad （比特） \\[2mm] I(5) = -\log \dfrac{5}{21} = 2.07 \quad （比特）; I(6) = -\log \dfrac{6}{21} = 1.81 \quad （比特） \end{cases} \tag{4}$$

每掷一次骰子,出现朝上一面提供的平均信息量,即信源 X 的信息熵

$$\begin{aligned} H(X) &= \sum_{i=1}^{6} p(i) I(i) \\ &= p(1)I(1) + p(2)I(2) + p(3)I(3) + p(4)I(4) + p(5)I(5) + p(6)I(6) \\ &= 1/21 \times 4.39 + 2/21 \times 3.39 + 3/21 \times 2.81 + 4/21 \times 2.39 + 5/21 \times 2.07 + 6/21 \times 1.81 \\ &= 2.40 \quad （比特 / 信源符号） \end{aligned}$$

$$\tag{5}$$

若骰子是六面均匀的骰子,则信源 X 的信源空间为

$$[X \cdot P]: \begin{cases} X: & 1 & 2 & 3 & 4 & 5 & 6 \\ P(X): & 1/6 & 1/6 & 1/6 & 1/6 & 1/6 & 1/6 \end{cases} \tag{6}$$

骰子朝上一面出现任何点数 $i(i=1,2,3,4,5,6)$ 的自信量都相等,且

$$I(i) = -\log p(i) = -\log \frac{1}{6} = \log 6 = 2.59 \quad （比特） \tag{7}$$

掷一次骰子,出现朝上一面提供的平均信息量

$$H(X) = -\sum_{i=1}^{6} p(i)\log p(i) = 6 \times \left(-\frac{1}{6}\log\frac{1}{6}\right) = \log 6 = 2.59 \quad （比特 / 信源符号） \tag{8}$$

由此例可见,等概信源的平均不确定性,大于非等概信源的平均不确定性. 等概信源是最令人捉摸不定的.

【例 1.9】 设掷硬币出现"正面"的概率 $p(正)=p$,出现"反面"的概率 $p(反)=1-p(0<p<1)$. 现掷一枚硬币,直至出现"正面"为止. 令 X 表示出现"正面"所需掷的次数. 试计算 X 的信息熵 $H(X)$.

解 在掷硬币的随机试验中,掷 1 次出现"正面"的概率为 p;掷 2 次出现"正面"的概率为 $(1-p)p$;掷 3 次出现"正面"的概率为 $(1-p)^2 p$,……;掷 n 次出现"正面"的概率为 $(1-p)^{n-1}p$. 信源 X 的信源空间为

$$[X \cdot P]: \begin{cases} X: & 1 & 2 & 3 & \cdots & n & \cdots \\ P(X): & p & (1-p)p & (1-p)^2p & \cdots & (1-p)^{n-1}p & \cdots \end{cases} \tag{1}$$

信源 X 的符号集是一个"无限可列"个离散数字的集合 $X:\{1,2,\cdots,n,\cdots\}$. 因为

$$\sum_{n=1}^{\infty}(1-p)^{n-1}p = p \cdot \frac{1}{1-p}\sum_{n=1}^{\infty}(1-p)^n$$
$$= p \cdot \frac{1}{1-p} \cdot \frac{1-p}{1-(1-p)} = 1 \tag{2}$$

所以,$[X \cdot P]$ 的概率空间 $P:\{p(1),p(2),\cdots,p(n),\cdots\}$ 同样是一个完备集. 信源 X 的信息熵

$$H(X) = -\sum_{n=1}^{\infty}p(n)\log p(n) = -\sum_{n=1}^{\infty}\left\{[(1-p)^{n-1}p]\log[(1-p)^{n-1}p]\right\}$$
$$= -\sum_{n=1}^{\infty}\left[(1-p)^{n-1}p\log p\right] - \sum_{n=1}^{\infty}\left[(1-p)^{n-1}p\log(1-p)^{n-1}\right] \tag{3}$$

运用数学公式 $\sum\limits_{n=1}^{\infty}\alpha^n = \dfrac{\alpha}{1-\alpha}(0<\alpha<1)$,(3)式等号右边第一项

$$-p\log p\left[\sum_{n=1}^{\infty}(1-p)^{n-1}\right] = -p\log p\left[1+\sum_{k=1}^{\infty}(1-p)^k\right]$$
$$= -p\log p\left(1+\frac{1-p}{p}\right) = -p\log p \tag{4}$$

运用数学公式 $\sum\limits_{n=1}^{\infty}n\alpha^n = \dfrac{\alpha}{(1-\alpha)^2}(0<\alpha<1)$,(3) 式等号右边第二项

$$-\sum_{n=1}^{\infty}\left[(1-p)^{n-1}p\log(1-p)^{n-1}\right]$$
$$= -p\log(1-p) \cdot \sum_{n=1}^{\infty}(n-1)(1-p)^{n-1}$$
$$= -p\log(1-p) \cdot \left[0 \cdot 1 + \sum_{k=1}^{\infty}k(1-p)^k\right]$$
$$= -p\log(1-p) \cdot \left(\frac{1-p}{p_2}\right) \tag{5}$$

由(4)式、(5)式得

$$H(X) = -\log p - p\log(1-p) \cdot \left(\frac{1-p}{p^2}\right)$$
$$= \frac{1}{p}\left[-p\log p - (1-p)\log(1-p)\right]$$
$$= \frac{1}{p}H(p)$$

一般来说,硬币是均匀的,即有 $p=1-p=1/2$,则有

$$H(X) = \frac{1}{1/2}H\left(\frac{1}{2}\right) = 2 \quad (\text{比特 / 次}) \tag{7}$$

这表明,若设掷均匀硬币随机试验,直到出现"正面"为止所需掷的次数是一个随机变量,其平均不确定性为 $H(X)=2$(比特/次). 这就是说,要确定直到出现"正面"为止所需掷的次数,从平均

的意义上来说,需要 2(比特)信息量.

【例 1.10】　设有一概率空间,其概率分量为 $\{p_1,p_2,\cdots,p_r\}$,并有 $p_1>p_2$. 若取 $p'_1=p_1-\varepsilon,p'_2=p_2+\varepsilon$,其中 $0<2\varepsilon\leqslant p_1-p_2$,而其他概率分量值不变. 试证明,由此产生的新概率空间的信息熵是增加的,并用熵的物理意义加以解释.

证明　信源 X 的信源空间为

$$[X \cdot P]:\begin{cases} X: & a_1 & a_2 & a_3 & \cdots & a_r \\ P(X): & p_1 & p_2 & p_3 & \cdots & p_r \end{cases} \tag{1}$$

新信源 X' 的信源空间为

$$[X' \cdot P]:\begin{cases} X': & a_1 & a_2 & a_3 & \cdots & a_r \\ P(X'): & p'_1=p_1-\varepsilon & p'_2=p_2+\varepsilon & p_3 & \cdots & p_r \end{cases} \tag{2}$$

则根据信息熵的定义,信源 X 和新信源 X' 的信息熵分别可表示为

$$H(X)=-p_1\ln p_1-p_2\ln p_2-p_3\ln p_3-\cdots-p_r\ln p_r \tag{3}$$

和

$$H(X')=-p'_1\ln p'_1-p'_2\ln p'_2-p_3\ln p_3-\cdots-p_r\ln p_r \tag{4}$$

显然,要证明 $H(X')\geqslant H(X)$,就必须证明

$$-p'_1\ln p'_1-p'_2\ln p'_2\geqslant-p_1\ln p_1-p_2\ln p_2 \tag{5}$$

即要证明

$$-(p_1-\varepsilon)\ln(p_1-\varepsilon)-(p_2+\varepsilon)\ln(p_2+\varepsilon)\geqslant-p_1\ln p_1-p_2\ln p_2 \tag{6}$$

为此,令

$$f(\varepsilon)=(p_1-\varepsilon)\ln(p_1-\varepsilon)+(p_2+\varepsilon)\ln(p_2+\varepsilon) \tag{7}$$

则有

$$f'(\varepsilon)=\{[-\ln(p_1-\varepsilon)-1]+[\ln(p_2+\varepsilon)+1]\}=\ln\frac{p_2+\varepsilon}{p_1-\varepsilon} \tag{8}$$

因为 $0\leqslant2\varepsilon\leqslant p_1-p_2$,即 $0\leqslant\varepsilon\leqslant\dfrac{p_1-p_2}{2}$,所以(8)式中

$$p_2+\varepsilon\leqslant p_2+\frac{p_1-p_2}{2}=\frac{2p_2+p_1-p_2}{2}=\frac{p_2+p_1}{2} \tag{9}$$

而

$$p_1-\varepsilon\geqslant\frac{p_1-p_2}{2}=\frac{2p_1-p_1+p_2}{2}=\frac{p_2-p_1}{2} \tag{10}$$

由(9)式、(10)式,有

$$0\leqslant\frac{p_2+\varepsilon}{p_1-\varepsilon}\leqslant1 \tag{11}$$

由此,(8)式进而可改写为

$$f'(\varepsilon)=\ln\frac{p_2+\varepsilon}{p_1-\varepsilon}\leqslant0 \tag{12}$$

这表明,$f(\varepsilon)$ 是 $\varepsilon\left[0,\dfrac{p_1-p_2}{2}\right]$ 的递减函数. 当 $\varepsilon>0$ 时,有

$$f(\varepsilon)\leqslant f(0) \tag{13}$$

则由(7)式有

$$f(\varepsilon) = (p_1 - \varepsilon)\ln(p_1 - \varepsilon) + (p_2 + \varepsilon)\ln(p_2 + \varepsilon) \leqslant f(0) = p_1\ln p_1 + p_2\ln p_2 \tag{14}$$

进而,得

$$-f(\varepsilon) = -(p_1 - \varepsilon)\ln(p_1 - \varepsilon) - (p_2 + \varepsilon)\ln(p_2 + \varepsilon) \geqslant f(0) = -p_1\ln p_1 - p_2\ln p_2 \tag{15}$$

这样,由(3)式、(4)式证得

$$\begin{aligned}H(X') &= -(p_1 - \varepsilon)\ln(p_1 - \varepsilon) - (p_2 + \varepsilon)\ln(p_2 + \varepsilon) - p_3\ln p_3 \cdots - p_r\ln p_r \\ &\geqslant -p_1\ln p_1 - p_2\ln p_2 - p_3\ln p_3 - \cdots - p_r\ln p_r\end{aligned} \tag{16}$$

即证得

$$H(X') \geqslant H(X) \tag{17}$$

【例 1.11】　同时掷两个独立的均匀骰子,试求:

(1) "1 和 4 同时出现"的自信量;

(2) "两个 6 同时出现"的自信量;

(3) 两个点数的各种组合(无序时)的熵(或平均信息量);

(4) 两个点数之和($2,3,\cdots,12$)构成的子集的熵;

(5) 两个点数中至少有一个是 6 的自信量.

解　同时掷两个独立的均匀骰子,可能呈现的状态总数 $N = 6 \times 6 = 36$,出现任一状态的概率都等于 1/36.

(1) 设"1 和 4 同时出现"这个随机事件为 A,其样本为(1,4)和(4,1). A 的概率

$$p(A) = 2/36 = 1/18 \tag{1}$$

自信量

$$I(A) = -\log p(A) = -\log\frac{1}{18} = 4.1702 \quad (\text{比特}) \tag{2}$$

(2) 设"两个 6 同时出现"这个随机事件为 B,其样本为(6,6). B 的概率

$$p(B) = 1/36 \tag{3}$$

自信量

$$I(B) = -\log p(B) = -\log\frac{1}{36} = 5.1702 \quad (\text{比特}) \tag{4}$$

(3) 两个骰子的点数所呈现的 36 种状态如表 E 1.11 - 1 所示.

表 E1.11 - 1　两骰子点数的各种组合状态表

	1	2	3	4	5	6
1	(1,1)	(1,2)	(1,3)	(1,4)	(1,5)	(1,6)
	1+1=2	1+2=3	1+3=4	1+4=5	1+5=6	1+6=7
2	(2,1)	(2,2)	(2,3)	(2,4)	(2,5)	(2,6)
	2+1=3	2+2=4	2+3=5	2+4=6	2+5=7	2+6=8
3	(3,1)	(3,2)	(3,3)	(3,4)	(3,5)	(3,6)
	3+1=4	3+2=5	3+3=6	3+4=7	3+5=8	3+6=9

	1	2	3	4	5	6
4	(4,1)	(4,2)	(4,3)	(4,4)	(4,5)	(4,6)
	4+1=5	4+2=6	4+3=7	4+4=8	4+5=9	4+6=10
5	(5,1)	(5,2)	(5,3)	(5,4)	(5,5)	(5,6)
	5+1=6	5+2=7	5+3=8	5+4=9	5+5=10	5+6=11
6	(6,1)	(6,2)	(6,3)	(6,4)	(6,5)	(6,6)
	6+1=7	6+2=8	6+3=9	6+4=10	6+5=11	6+6=12

由表 E 1.11-1 中可以看出

$$S_1 = (1,1), \quad S_2 = (2,2), \quad S_3 = (3,3), \quad S_4 = (4,4), \quad S_5 = (5,5), \quad S_6 = (6,6) \quad (5)$$

各自组成一种组合. 每一组合的概率 $p(A)=1/36$. 在余下的 $36-6=30$ 种状态中, 两个不同状态组成一种组合(无序)

$$\begin{cases} S'_1:\{(1,2),(2,1)\}; & S'_2:\{(1,3),(3,1)\}; & S'_3:\{(1,4),(4,1)\} \\ S'_4:\{(1,5),(5,1)\}; & S'_5:\{(1,6),(6,1)\}; & S'_6:\{(2,3),(3,2)\} \\ S'_7:\{(2,4),(4,2)\}; & S'_8:\{(2,5),(5,2)\}; & S'_9:\{(2,6),(6,2)\} \\ S'_{10}:\{(3,4),(4,3)\}; & S'_{11}:\{(3,5),(5,3)\}; & S'_{12}:\{(3,6),(6,3)\} \\ S'_{13}:\{(4,5),(5,4)\}; & S'_{14}:\{(4,6),(6,4)\}; & S'_{15}:\{(5,6),(6,5)\} \end{cases} \quad (6)$$

每组的概率 $p(B)=1/18$. 由此, 两个点的各种组合(无序)的熵(或平均信息量)

$$H(X) = -6 \times [p(A)\log p(A)] - 15 \times [p(B)\log p(B)]$$

$$= -6 \times \left(\frac{1}{36}\log\frac{1}{36}\right) - 15 \times \left(\frac{1}{18}\log\frac{1}{18}\right) \quad (7)$$

$$= 4.3367 \quad (\text{比特}/\text{组合})$$

(4) 从表 E 1.11-1 中可得, 两点数之和状态数和相应概率分布, 如表 E 1.11-2 所示.

表 E 1.11-2

和值	状态数	概率
2	1	$p_2 = 1/36$
3	2	$p_3 = 2/36$
4	3	$p_4 = 3/36$
5	4	$p_5 = 4/36$
6	5	$p_6 = 5/36$
7	6	$p_7 = 6/36$
8	5	$p_8 = 5/36$
9	4	$p_9 = 4/36$
10	3	$p_{10} = 3/36$
11	2	$p_{11} = 2/36$
12	1	$p_{12} = 1/36$

从(6)式所示方程组中可得两点数之和的信息熵

$$H(X) = -\sum_{i=2}^{12} p_i \log p_i$$

$$= \frac{1}{36}\log 36 + \frac{2}{36}\log\frac{36}{2} + \frac{3}{36}\log\frac{36}{3} + \frac{4}{36}\log\frac{36}{4} + \frac{5}{36}\log\frac{36}{5}$$

$$+ \frac{6}{36}\log\frac{36}{6} + \frac{5}{36}\log\frac{36}{5} + \frac{4}{36}\log\frac{36}{4} + \frac{3}{36}\log\frac{36}{3} + \frac{2}{36}\log\frac{36}{2} + \frac{1}{36}\log 36$$

$$= 3.2746 \quad （比特／和值） \tag{8}$$

（5）从表 E 1.11 - 1 中可知，两个点数中，至少有 1 个 6 的状态数 $n = 11$，所以其概率是 $n/N = 11/36$，则

$$I = -\log\frac{36}{11} = 1.7094 \quad （比特） \tag{9}$$

1.2　信息熵的代数性质

信息熵 $H(X)$ 是信源 X 的总体信息测度，要完整、系统地揭示信源 X 的信息特性，势必要全面、深入地剖析信息熵 $H(X)$ 的数学特性. 在这一节中，首先讨论其代数性质.

设信源 X 的信源空间为

$$[X \cdot P]: \begin{cases} X： & a_1 & a_2 & \cdots & a_r \\ P(X)： & p_1 & p_2 & \cdots & p_r \end{cases}$$

$$0 \leqslant p_i \leqslant 1 \quad (i = 1, 2, \cdots, r)$$

$$\sum_{i=1}^{r} p_i = 1 \tag{1.2-1}$$

从数学的角度看，信源 X 的信息熵

$$H(X) = -p_1\log p_1 - p_2\log p_2 - \cdots - p_r\log p_r = H(p_1, p_2, \cdots, p_r) \tag{1.2-2}$$

是信源 X 各符号 $a_1, a_2, \cdots, a_r$ 相应概率分布 $p_1, p_2, \cdots, p_r$ 的函数（$r-1$ 元矩函数），亦称为"熵函数". 若把 r 个概率分布看作概率矢量 $\boldsymbol{p}$ 的 r 个分量，即

$$\boldsymbol{p} = (p_1, p_2, \cdots, p_r) \tag{1.2-3}$$

则熵函数又可表示为概率矢量 $\boldsymbol{p}$ 的函数

$$H(p_1, p_2, \cdots, p_r) = H(\boldsymbol{p}) \tag{1.2-4}$$

这样，信源 X 的信息熵可有三种不同的表示方法. 当要指明信源 X 的信息熵时，可采用 $H(X)$ 的形式；当要表明概率分布为 $p_1, p_2, \cdots, p_r$ 的信源的信息熵时，可采用熵函数 $H(p_1, p_2, \cdots, p_r)$ 的形式；当要说明 r 个概率分量构成的概率矢量为 $\boldsymbol{p} = (p_1, p_2, \cdots, p_r)$ 的信源的信息熵时，可采用 $H(\boldsymbol{p})$ 的形式. 可根据实际需要，选择适当的表达形式.

1.2.1　对称性

熵函数 $H(p_1, p_2, \cdots, p_r)$ 中 r 个概率分量 $p_1, p_2, \cdots, p_r$ 的先后顺序置换，是不是会影响熵函数 $H(p_1, p_2, \cdots, p_r)$ 的值？

定理 1.1 熵函数 $H(p_1, p_2, \cdots, p_r)$ 中，变量 $p_1, p_2, \cdots, p_r$ 的顺序置换，不会引起熵函数值的变化.

证明 根据加法交换律，显然有

$$
\begin{aligned}
H(p_1, p_2, \cdots, p_r) &= -p_1 \log p_1 - p_2 \log p_2 - \cdots - p_r \log p_r \\
&= -p_2 \log p_2 - p_1 \log p_1 - \cdots - p_r \log p_r \\
&= H(p_2, p_1, \cdots, p_r) = \cdots
\end{aligned}
\tag{1.2.1-1}
$$

这样，定理 1.1 就得到了证明.

这个定理称为熵函数的"对称性定理". 它表明：熵函数 $H(p_1, p_2, \cdots, p_r)$ 的 r 个变量 $p_i(i=1, 2, \cdots, r)$ 具有对称性. 信源的信息熵，只与信源空间 $[X \cdot P]$ 中的概率空间 $P:\{p_1, p_2, \cdots, p_r\}$ 的总体结构（概率分量数 r 和 r 个概率分量 p_i）有关，与 p_i 同 a_i 的对应关系，乃至各信源符号 a_i 本身的含义无关. 概率空间的总体结构相同的信源，不论其信源符号是否相同，也不论其概率分量与信源符号之间的对应关系是否一致，其信源的信息熵值均相等.

【例 1.12】 信源 X、Y 和 Z 的信源空间分别为

$$
[X \cdot P]:
\begin{cases}
X: & a_1 & a_2 & a_3 \\
P(X): & 1/3 & 1/2 & 1/6
\end{cases}
\tag{1}
$$

$$
[Y \cdot P]:
\begin{cases}
Y: & 0 & 1 & 2 \\
P(Y): & 1/2 & 1/6 & 1/3
\end{cases}
\tag{2}
$$

$$
[Z \cdot P]:
\begin{cases}
Z: & 大 & 中 & 小 \\
P(Z): & 1/6 & 1/3 & 1/2
\end{cases}
\tag{3}
$$

信源 X 的信息熵

$$
H(X) = H\left(\frac{1}{3}, \frac{1}{2}, \frac{1}{6}\right) = -\frac{1}{3} \log \frac{1}{3} - \frac{1}{2} \log \frac{1}{2} - \frac{1}{6} \log \frac{1}{6}
\tag{4}
$$

信源 Y 的信息熵

$$
H(Y) = H\left(\frac{1}{2}, \frac{1}{6}, \frac{1}{3}\right) = -\frac{1}{2} \log \frac{1}{2} - \frac{1}{6} \log \frac{1}{6} - \frac{1}{3} \log \frac{1}{3}
\tag{5}
$$

信源 Z 的信息熵

$$
H(Z) = H\left(\frac{1}{6}, \frac{1}{3}, \frac{1}{2}\right) = -\frac{1}{6} \log \frac{1}{6} - \frac{1}{3} \log \frac{1}{3} - \frac{1}{2} \log \frac{1}{2}
\tag{6}
$$

根据加法交换律，显然有

$$
H(1/3, 1/2, 1/6) = H(1/2, 1/6, 1/3) = H(1/6, 1/3, 1/2)
$$

由此可见，虽然 X、Y 和 Z 三个信源的符号集完全不同，但由于信源符号数相同，$r=3$，概率分量均为 $1/2, 1/3, 1/6$ 这三个数值，即它们概率空间的总体结构 $\{r; p_1, p_2, p_3\}$ 是相同的，都是 $\{r=3; 1/2, 1/3, 1/6\}$，因而信源 X、Y 和 Z 的熵函数相等.

1.2.2 非负性和确定性

熵函数 $H(p_1, p_2, \cdots, p_r)$ 是否可能取负值？ 它的最小值等于多少？ 在什么情况下可取得最小值？

定理 1.2　熵函数 $H(p_1, p_2, \cdots, p_r) \geq 0$，当且仅当 r 个概率分量 $p_1, p_2, \cdots, p_r$ 中任一概率分量 $p_j = 1, p_i = 0(i \neq j)$ 时，才有 $H(p_1, p_2, \cdots, p_r) = 0$

证明　信源空间 $[X \cdot P]$ 中，任一概率分量 $0 \leq p_i \leq 1(i = 1, 2, \cdots, r)$ 且信息函数 $I(a_i)$ 中规定对数的"底"大于 1. 所以有 $\log p_i \leq 0(i = 1, 2, \cdots, r)$，则有 $-\log p_i \geq 0(i = 1, 2, \cdots, r)$，则证得

$$H(p_1, p_2, \cdots, p_r) = -\sum_{i=1}^{r} p_i \log p_i \geq 0 \qquad (1.2.2-1)$$

若信源空间 $[X \cdot P]$ 的概率空间中，任一概率分量 $p_j = 1$，由概率空间的完备性可知其他 $r-1$ 个概率分量 $p_i = 0(i \neq j)$. 考虑到例 1.6 中的(9)式，信源信息熵

$$\begin{aligned}
H(p_1, p_2, \cdots, p_j \cdots, p_r) &= H(0, 0, \cdots, 0, 1, 0, \cdots, 0) \\
&= -0\log 0 - 0\log 0 - \cdots - 0\log 0 - 1\log 1 - 0\log 0 - \cdots - 0\log 0 \\
&= 0 \qquad (1.2.2-2)
\end{aligned}$$

这样，定理 1.2 就得到了证明.

这个定理称为熵函数的"非负确定性定理". 它指出，从总体上看，从平均的意义上来说：在信源发符号以前，信源总存在一定的平均不确定性；发符号后，信源总可提供一定的平均信息量. 只有信源为确知信源时，发符号前才不存在任何平均不确定性；发符号后才不提供任何平均信息量. 无论在什么情况下，信源的平均不确定性，或提供的平均信息量绝不会出现负值，至少等于零. 信源信息熵的最小值等于零.

1.2.3　连续性和扩展性

若熵函数 $H(p_1, p_2, \cdots, p_r)$ 中概率分量发生微小的波动，或增加若干接近于零的概率，熵函数的值是否会相应发生巨大的变化？

定理 1.3　熵函数 $H(p_1, p_2, \cdots, p_r)$ 是概率分量 $p_i(i = 1, 2, \cdots, r)$ 的连续函数. 若增加若干很小的概率分量，当这些概率分量趋向于零时，熵函数的值可保持不变.

证明　(1) 设信源 X 的信源空间为

$$[X \cdot P] : \begin{cases} X: & a_1 & a_2 & \cdots & a_r \\ P(X): & p_1 & p_2 & \cdots & p_r \end{cases} \qquad (1.2.3-1)$$

其中，$0 \leq p_i \leq 1(i = 1, 2, \cdots, r)$；$\sum_{i=1}^{r} p_i = 1$. 若某一概率分量 $p_l(l = 1, 2, \cdots, r)$ 发生微小波动 $\varepsilon(\varepsilon > 0)$，又要求符号数 r 保持不变. 为了满足信源概率空间是完备集的约束条件，其他概率分量 $p_j(j \neq l)$ 势必发生相应变化，形成新信源 X'，其信源空间为

$$[X' \cdot P] : \begin{cases} X': & a_1 & a_2 & \cdots & a_l & \cdots & a_r \\ P(X'): & p_1 - \varepsilon_1 & p_2 - \varepsilon_2 & \cdots & p_l + \varepsilon & \cdots & p_r - \varepsilon_r \end{cases} \qquad (1.2.3-2)$$

其中，$\varepsilon_j \geq 0 \, (j \neq l)$；$\sum_{j \neq l} \varepsilon_j = \varepsilon$；$0 \leq (p_j - \varepsilon_j) \leq 1(j \neq l)$；$0 \leq (p_l + \varepsilon) \leq 1$. 信源 X' 的信息熵

$$H(X') = -\left[\sum_{j \neq l}(p_j - \varepsilon_j)\log(p_j - \varepsilon_j)\right] - (p_l + \varepsilon)\log(p_l + \varepsilon)$$

当微小波动 $\varepsilon \to 0$ 时，亦有 $\varepsilon_j \to 0 \, (j \neq l)$. 这时 $H(X')$ 的极限值

$$\lim_{\substack{\varepsilon \to 0 \\ \varepsilon_j \to 0}} H(X') = \lim_{\substack{\varepsilon \to 0 \\ \varepsilon_j \to 0}} \left\{ -\left[\sum_{j \neq l} (p_j - \varepsilon_j) \log(p_j - \varepsilon_j) \right] - (p_l + \varepsilon) \log(p_l + \varepsilon) \right\}$$

$$= -\sum_{j \neq l} p_j \log p_j - p_l \log p_l = -\sum_{i=1}^{r} p_i \log p_i = H(X) \qquad (1.2.3-3)$$

把(1.2.3-3)式写成熵函数形式

$$\lim_{\substack{\varepsilon \to 0 \\ \varepsilon_j \to 0}} H[(p_1 - \varepsilon_1), (p_2 - \varepsilon_2), \cdots, (p_l + \varepsilon), \cdots, (p_r - \varepsilon_r)]$$

$$= H(p_1, p_2, \cdots, p_l, \cdots, p_r) \qquad (1.2.3-4)$$

这就证明了熵函数 $H(p_1, p_2, \cdots, p_r)$ 是概率分量 $p_i(i = 1, 2, \cdots, r)$ 的连续函数.

　　(2) 若信源空间 $[X \cdot P]$ 中某一概率分量 p_l 发生微小波动 $-\varepsilon(\varepsilon > 0)$, 又要求其他概率分量 $p_j(j \neq l)$ 都保持不变. 为了满足信源概率空间是完备集的约束条件. 势必增加若干信源符号和相应概率分量, 形成新信源 X'', 其信源空间为

$$[X'' \cdot P]: \begin{cases} X'': & a_1 & a_2 & \cdots & a_l & \cdots & a_r & a_{r+1} & a_{r+2} & \cdots & a_{r+m} \\ P(X''): & p_1 & p_2 & \cdots & p_l - \varepsilon & \cdots & p_r & \varepsilon_1 & \varepsilon_2 & \cdots & \varepsilon_m \end{cases}$$

$$(1.2.3-5)$$

其中, $0 \leqslant \varepsilon_q \leqslant 1(q = 1, 2, \cdots, m)$; $\sum_{q=1}^{m} \varepsilon_q = \varepsilon$; $0 \leqslant (p_l - \varepsilon) \leqslant 1$. 新信源 X'' 的信息熵

$$H(X'') = -\sum_{j \neq l} p_j \log p_j - (p_l - \varepsilon) \log(p_l - \varepsilon) - \sum_{q=1}^{m} \varepsilon_q \log \varepsilon_q \qquad (1.2.3-6)$$

当微小波动 $\varepsilon \to 0$ 时, 亦有 $\varepsilon_q \to 0(q = 1, 2, \cdots, m)$. 这时, $H(X'')$ 的极限值

$$\lim_{\varepsilon \to 0, \varepsilon_q \to 0} H(X'') = \lim_{\varepsilon \to 0, \varepsilon_q \to 0} \left[-\sum_{j \neq l} p_j \log p_j - (p_l - \varepsilon) \log(p_l - \varepsilon) - \sum_{q=1}^{m} \varepsilon_q \log \varepsilon_q \right]$$

$$= -\sum_{j \neq l} p_j \log p_j - p_l \log p_l - \lim_{\varepsilon_q \to 0} \left\{ -\sum_{q=1}^{m} \varepsilon_q \log \varepsilon_q \right\} \qquad (1.2.3-7)$$

由例 1.6 中的(7)式, 得

$$\lim_{\varepsilon \to 0, \varepsilon_q \to 0} H(X'') = -\sum_{i=1}^{r} p_i \log p_i - \sum_{q=1}^{m} 0 \log 0 = -\sum_{i=1}^{r} p_i \log p_i = H(X) \qquad (1.2.3-8)$$

把(1.2.3-8)式写成熵函数的形式

$$\lim_{\substack{\varepsilon \to 0 \\ \varepsilon_q \to 0 \\ (q = 1, 2, \cdots, m)}} H\{p_1, p_2, \cdots, (p_l - \varepsilon), \cdots, p_r; \varepsilon_1, \varepsilon_2, \cdots, \varepsilon_m\} = H(p_1, p_2, \cdots, p_l, \cdots p_r)$$

$$(1.2.3-9)$$

这就证明了若增加若干很小的概率分量, 当这些概率都趋于零时, 熵函数的值可保持不变.

　　综合(1.2.3-4)式、(1.2.3-9)式, 定理 1.3 就得到了证明. 定理表明, 信源信息熵是信源空间 $[X \cdot P]$ 中各概率分量的连续函数. 各概率分量的微小波动, 不会引起信息熵的巨大变动. 信息熵具有"连续性". 若在信源中增加某些很小的概率分量和相应的符号, 当这些概率趋向于零时, 虽然当信源发这些符号时, 能提供很大的信息量, 但终究因其概率很小, 并接近于零, 它们在信息熵中占有的权重很小, 以致信源总体的信息熵保持不变. 信息熵具有"扩展性". 综合起来, 这个定理称为熵函数的"连续扩展定理".

1.2.4　可加性

两个统计独立的信源的熵函数之和,是不是仍旧是一个熵函数?

定理 1.4　设 $H(X)$ 和 $H(Y)$ 分别代表两个统计独立信源 X 和 Y 的信息熵, $H(XY)$ 代表 X 和 Y 的联合信源 (XY) 的信息熵. 则有 $H(X)+H(Y)=H(XY)$.

证明　设两个统计独立的信源 X 和 Y 的信源空间分别为

$$[X \cdot P]: \begin{cases} X: & a_1 & a_2 & \cdots & a_r \\ P(X): & p_1 & p_2 & \cdots & p_r \end{cases}$$

$$0 \leqslant p_i \leqslant 1 \quad (i=1,2,\cdots,r)$$

$$\sum_{i=1}^{r} p_i = 1 \tag{1.2.4-1}$$

$$[Y \cdot P]: \begin{cases} Y: & b_1 & b_2 & \cdots & b_s \\ P(Y): & q_1 & q_2 & \cdots & q_s \end{cases}$$

$$0 \leqslant q_j \leqslant 1 \quad (j=1,2,\cdots,s)$$

$$\sum_{j=1}^{s} q_j = 1 \tag{1.2.4-2}$$

X 和 Y 的联合信源 (XY) 由 $(r \times s)$ 个符号组成符号集

$$(XY): \{(a_i b_j) \quad (i=1,2,\cdots,r; j=1,2,\cdots,s)\} \tag{1.2.4-3}$$

符号 $(a_i b_j)$ 的联合概率分布

$$P(XY): \{p(a_i b_j) = p(a_i) \cdot p(b_j) = p_i q_j \quad (i=1,2,\cdots,r; j=1,2,\cdots,s)\} \tag{1.2.4-4}$$

且有

$$\sum_{i=1}^{r} \sum_{j=1}^{s} p(a_i b_j) = \sum_{i=1}^{r} \sum_{j=1}^{s} p_i q_j = \sum_{i=1}^{r} p_i \sum_{j=1}^{s} q_j = 1 \cdot 1 = 1 \tag{1.2.4-5}$$

根据信息熵的定义,有

$$H(X)+H(Y) = \left(-\sum_{i=1}^{r} p_i \log p_i\right) + \left(-\sum_{j=1}^{s} q_j \log q_j\right)$$

$$= \left(\sum_{j=1}^{s} q_j\right) \cdot \left(-\sum_{i=1}^{r} p_i \log p_i\right) + \left(\sum_{i=1}^{r} p_i\right) \cdot \left(-\sum_{j=1}^{s} q_j \log q_j\right)$$

$$= -\sum_{j=1}^{s} q_j \sum_{i=1}^{r} p_i \log p_i - \sum_{i=1}^{r} p_i \sum_{j=1}^{s} q_j \log q_j$$

$$= -\sum_{i=1}^{r} \sum_{j=1}^{s} q_j p_i \log p_i - \sum_{i=1}^{r} \sum_{j=1}^{s} p_i q_j \log q_j$$

$$= -\sum_{i=1}^{r} \sum_{j=1}^{s} (p_i q_j) \log(p_i q_j) = H(XY) \tag{1.2.4-6}$$

这样,定理 1.4 就得到了证明.

这个定理称为信息熵的"可加性定理". 它表明,熵函数具有可加性. 两个统计独立的信源 X

和 Y 组成的联合信源(XY)的信息熵 $H(XY)$,等于 X 和 Y 的信息熵 $H(X)$和 $H(Y)$之和 $[H(X)+H(Y)]$. (XY)每发一个符号(消息)提供的平均信息量,等于 X 和 Y 每发一个符号提供的平均信息量之和. 从数学角度看,两个熵函数之和,仍然是一个熵函数.

1.2.5 递推性

首先观察一个简单的随机试验. 设随机试验有三种可能出现的结果 a_1、a_2、a_3,先验概率分别为 p_1、p_2、p_3. 这个随机试验是一个单符号离散信源 X,其信源空间为

$$[X \cdot P]: \begin{cases} X: & a_1 & a_2 & a_3 \\ P(X): & p_1 & p_2 & p_3 \end{cases} \qquad (1.2.5-1)$$

其中,$0 \leqslant p_i \leqslant 1(i=1,2,3)$;$\sum_{i=1}^{3} p_i = 1$. 随机试验的目的,是确定三种可能出现的结果 a_1,a_2,a_3 到底是哪一个出现? 实践经验告诉我们,这个随机试验可分成两个相继的随机试验. 先确定是 a_1 出现,还是 $B(a_2$ 或 $a_3)$出现. B 出现的概率

$$p(B) = p_1 + p_2 \qquad (1.2.5-2)$$

这第一个随机试验,相当于一个信源 X_1,其信源空间为

$$[X_1 \cdot P]: \begin{cases} X_1: & a_1 & B(a_2 \text{ 或 } a_3) \\ P(X_1): & p_1 & p_2 + p_3 \end{cases} \qquad (1.2.5-3)$$

信源 X_1 的平均不确定性,即信源 X_1 的信息熵

$$H(X_1) = H[p_1,(p_2+p_3)] \qquad (1.2.5-4)$$

如在第一个试验中 a_1 出现,则试验结果已完全确定,无须再做下一步试验. 如在第一个试验中 B 出现,则尚需做第二个试验,才能确定试验结果到底是 a_2 还是 a_3 出现. 由于 B 是概率为 $p(B)$的随机事件,所以须做第二个试验也是概率为 $p(B)$的随机事件.

第二个试验也相当于一个信源 X_2,其信源空间为

$$[X_2 \cdot P]: \begin{cases} X_2 & a_2 & a_3 \\ P(X_2): & \dfrac{p_2}{p_2+p_3} & \dfrac{p_3}{p_2+p_3} \end{cases} \qquad (1.2.5-5)$$

信源 X_2 的不确定性,即信源 X_2 的信息熵

$$H(X_2) = H\left(\frac{p_2}{p_2+p_3}, \frac{p_3}{p_2+p_3}\right) \qquad (1.2.5-6)$$

考虑到做第二个试验是概率为 $p(B)$的随机事件,信源 X 的总的不确定性应是信源 X_1 和 X_2 的不确定性的加权和

$$H(X) = H(X_1) + p(B)H(X_2)$$

改写为熵函数的形式,有

$$H(p_1,p_2,p_3) = H[p_1,(p_2+p_3)] + (p_2+p_3)H\left(\frac{p_2}{p_2+p_3}, \frac{p_3}{p_2+p_3}\right) \quad (1.2.5-7)$$

这就是人们从实践经验出发,一致公认的熵函数的"递推"特性. 现在要问,它在理论上是否成立,是否具有一般性?

定理 1.5 设信源 X 的信息熵为 $H(X)$,若信源 X 的某概率分量 p_k 分解为 m 个概率分量

$p'_1, p'_2, \cdots, p'_m$,形成另一信源 X',则信源 X' 的信息熵

$$H(X') = H(X) + p_k H\left(\frac{p'_1}{p_k}, \frac{p'_2}{p_k}, \cdots, \frac{p'_m}{p_k}\right)$$

证明　设信源 X 的信源空间为

$$[X \cdot P] : \begin{cases} X: & a_1 & a_2 & \cdots & a_{k-1} & a_k & a_{k+1} & \cdots & a_r \\ P(X): & p_1 & p_2 & \cdots & p_{k-1} & p_k & p_{k+1} & \cdots & p_r \end{cases} \qquad (1.2.5-8)$$

其中,$0 \leqslant p_i \leqslant 1 (i=1,2,\cdots,r)$; $\sum_{i=1}^{r} p_i = 1$. 若某符号 a_k 分解为 m 个符号 $a'_1, a'_2, \cdots, a'_m$,相应的概率分量 p_k 分解为 m 个概率分量 $p'_1, p'_2, \cdots, p'_m$,构成另一信源 X',其信源空间为

$$[X' \cdot P] : \begin{cases} X': & a_1 & a_2 & \cdots & a_{k-1}; & a'_1 & a'_2 & \cdots & a'_m; & a_{k+1} & \cdots & a_r \\ P(X'): & p_1 & p_2 & \cdots & p_{k-1}; & p'_1 & p'_2 & \cdots & p'_m; & p_{k+1} & \cdots & p_r \end{cases}$$
$$(1.2.5-9)$$

其中,$0 \leqslant p_j \leqslant 1 (j \neq k)$; $0 \leqslant p'_l \leqslant 1 (l=1,2,\cdots,m)$; $\sum_{l=1}^{m} p'_l = p_k$; $\sum_{j \neq k} p_j = 1 - p_k$.

信源 X' 和 X 相比较:X' 的概率分量数 r',由 X 的概率分量数 r 扩展为 $r' = (r-1) + m$;或者说,X 的概率分量数 r,由 X' 的概率分量数 $r' = (r-1) + m$ 合并为 r.

信源 X' 的信息熵

$$H(X') = H(p_1, p_2, \cdots, p_{k-1}; p'_1, p'_2, \cdots, p'_m; p_{k+1}, p_{k+2}, \cdots, p_r) \qquad (1.2.5-10)$$

现将 $p_k/p_k = 1$ 乘上式中的 $p'_1, p'_2, \cdots, p'_m$ 各分量,等式仍然成立,并有

$$H(X') = H\left(p_1, p_2, \cdots, p_{k-1}; p_k \frac{p'_1}{p_k}, p_k \frac{p'_2}{p_k}, \cdots, p_k \frac{p'_m}{p_k}; p_{k+1}, \cdots, p_r\right)$$

$$= -\sum_{j \neq k} p_j \log p_j - \sum_{l=1}^{m} \left(p_k \frac{p'_l}{p_k}\right) \log\left(p_k \frac{p'_l}{p_k}\right)$$

$$= -\sum_{j \neq k} p_j \log p_j - \sum_{l=1}^{m} \left(p_k \frac{p'_l}{p_k}\right) \log p_k - \sum_{l=1}^{m} \left(p_k \frac{p'_l}{p_k}\right) \log\left(\frac{p'_l}{p_k}\right)$$

$$= -\sum_{j \neq k} p_j \log p_j - p_k \log p_k \sum_{l=1}^{m} \frac{p'_l}{p_k} - p_k \sum_{k=1}^{m} \left(\frac{p'_l}{p_k} \log \frac{p'_l}{p_k}\right)$$

$$= -\sum_{j \neq k} p_j \log p_j - p_k \log p_k + p_k \left[-\sum_{l=1}^{m} \left(\frac{p'_l}{p_k}\right) \log\left(\frac{p'_l}{p_k}\right)\right]$$

$$= -\sum_{i=1}^{r} p_i \log p_i + p_k H\left(\frac{p'_1}{p_k}, \frac{p'_2}{p_k}, \cdots, \frac{p'_m}{p_k}\right)$$

$$= H(X) + p_k H\left(\frac{p'_1}{p_k}, \frac{p'_2}{p_k}, \cdots, \frac{p'_m}{p_k}\right) \qquad (1.2.5-11)$$

这样,定理 1.5 就得到了证明.

这个定理称为信息熵的"递推定理". 信源的信息熵具有递推特性. 若把含有 r 个符号的信源中的 $m(m<r)$ 个符号,归并为一个符号,构成含有 $(r-m+1)$ 个符号的新信源. 与原信源相比,每发一个符号提供的平均信息量,必定有所减小. 其减小量,等于被归并的 m 个符号相应概

率分量之和,与这 m 个概率分量的"归一化值"为概率分量的概率空间的信息熵之乘积.反之,若将含有 r 个符号的信源中某一符号,分解为 m 个符号,构成$(r-1+m)$个符号的新信源.与原信源相比,每发一个符号提供的平均信息量,必定有所增加.其增量,等于被分解的原信源符号相应概率分量,与分解后 m 个符号相应概率分量的"归一化值"为概率分量的概率空间的信息熵之乘积.

推论　r 元熵函数经 $r-2$ 步递推,可分解为 $r-1$ 个二元熵函数的加权和.

证明　令 $r=4$,则 $r=4$ 元熵函数 $H(p_1,p_2,p_3,p_4)$ 反复运用 $r-2=4-2=2$ 次递推公式$(1.2.5-11)$,有

$$H(p_1,p_2,p_3,p_4)=H[p_1,(p_2+p_3+p_4)]$$
$$+(p_2+p_3+p_4)\cdot H\left(\frac{p_2}{p_2+p_3+p_4},\frac{p_3}{p_2+p_3+p_4},\frac{p_4}{p_2+p_3+p_4}\right)$$
$$(1.2.5-12)$$

令

$$p_2'=\frac{p_2}{p_2+p_3+p_4};\quad p_3'=\frac{p_3}{p_2+p_3+p_4};\quad p_4'=\frac{p_4}{p_2+p_3+p_4}\quad(1.2.5-13)$$

把$(1.2.5-13)$式,代入$(1.2.5-12)$式,并再次运用递推公式$(1.2.5-11)$,有

$$H(p_1,p_2,p_3,p_4)=H[p_1,(p_2+p_3+p_4)]+(p_2+p_3+p_4)H(p_2',p_3',p_4')$$
$$=H[p_1,(p_2+p_3+p_4)]+(p_2+p_3+p_4)$$
$$\cdot\left\{H[p_2',(p_3'+p_4')]+(p_3'+p_4')H\left(\frac{p_3'}{p_3'+p_4'},\frac{p_4'}{p_3'+p_4'}\right)\right\}$$
$$(1.2.5-14)$$

再令

$$p_3''=\frac{p_3'}{p_3'+p_4'};\quad p_4''=\frac{p_4'}{p_3'+p_4'}\qquad(1.2.5-15)$$

把$(1.2.5-15)$式代入$(1.2.5-14)$式,有

$$H(p_1,p_2,p_3,p_4)=H[p_1,(p_2+p_3+p_4)]+(p_2+p_3+p_4)$$
$$\cdot\left\{H[p_2',(p_3'+p_4')]+(p_3'+p_4')H(p_3'',p_4'')\right\}\quad(1.2.5-16)$$

再把$(1.2.5-13)$式、$(1.2.5-15)$式代入$(1.2.5-16)$式,有

$$H(p_1,p_2,p_3,p_4)=H[p_1,(p_2+p_3+p_4)]$$
$$+(p_2+p_3+p_4)H\left(\frac{p_2}{p_2+p_3+p_4},\frac{p_3}{p_2+p_3+p_4}\right)$$
$$+(p_3+p_4)H\left(\frac{p_3}{p_3+p_4},\frac{p_4}{p_3+p_4}\right)\qquad(1.2.5-17)$$

这表明:$r=4$ 元熵函数 $H(p_1,p_2,p_3,p_4)$,经 $r-2=4-2=2$ 次递推,可分解为$(r-1)=4-1=3$ 个二元熵函数的加权和.

考虑到$(1.2.5-7)$式、$(1.2.5-17)$式,一般 r 元熵函数,重复运用 $r-2$ 次递推公式

(1.2.5-11),可转化为 $r-1$ 二元熵函数的加权和,即有

$$H(p_1,p_2,\cdots,p_r)=H[p_1,(p_2+p_3+\cdots+p_r)]$$

$$+(p_2+p_3+\cdots+p_r)H\left(\frac{p_2}{p_2+p_3+\cdots+p_r},\frac{p_3+p_4+\cdots+p_r}{p_2+p_3+\cdots+p_r}\right)$$

$$+(p_3+p_4+\cdots+p_r)H\left(\frac{p_3}{p_3+p_4+\cdots+p_r},\frac{p_4+p_5+\cdots+p_r}{p_3+p_4+\cdots+p_r}\right)$$

$$+(p_4+p_5+\cdots+p_r)H\left(\frac{p_4}{p_4+p_5+\cdots+p_r},\frac{p_5+p_6+\cdots+p_r}{p_4+p_5+\cdots+p_r}\right)$$

$$+\cdots+(p_{r-1}+p_r)H\left(\frac{p_{r-1}}{p_{r-1}+p_r},\frac{p_r}{p_{r-1}+p_r}\right) \tag{1.2.5-18}$$

这样,推论就得到了证明.

推论指出的熵函数的分解特性告诉我们,r 元熵函数的计算,可转换为 $(r-1)$ 个二元熵函数的加权和的计算.

熵函数的递推特性,直接从理论上证明了(1.2.5-7)式的正确性.

【例 1.13】　设信源 X 的信源空间为

$$[X \cdot P]:\begin{cases} X: & 0 & 1 & 2 & 3 \\ P(X) & 1/3 & 1/3 & 1/6 & 1/6 \end{cases}$$

试运用熵函数的递推性,计算信源 X 每发一个符号所提供的平均信息量.

　　解　由熵函数的递推公式(1.2.5-11),信源 X 的信息熵

$$H(X)=H(1/3,1/3,1/6,1/6)$$

$$=H\left(\frac{1}{3};\frac{2}{3}\right)+\frac{2}{3}H\left(\frac{1/3}{2/3},\frac{1/6}{2/3},\frac{1/6}{2/3}\right)$$

$$=H\left(\frac{1}{3};\frac{2}{3}\right)+\frac{2}{3}H\left(\frac{1}{2},\frac{1}{4},\frac{1}{4}\right)$$

$$=H\left(\frac{1}{3};\frac{2}{3}\right)+\frac{2}{3}\left[H\left(\frac{1}{2};\frac{1}{2}\right)+\frac{1}{2}H\left(\frac{1/4}{1/2},\frac{1/4}{1/2}\right)\right]$$

$$=H\left(\frac{1}{3};\frac{2}{3}\right)+\frac{2}{3}\left[H\left(\frac{1}{2};\frac{1}{2}\right)+\frac{1}{2}H\left(\frac{1}{2},\frac{1}{2}\right)\right]$$

$$=H\left(\frac{1}{3};\frac{2}{3}\right)+\frac{2}{3}H\left(\frac{1}{2};\frac{1}{2}\right)+\frac{1}{3}H\left(\frac{1}{2},\frac{1}{2}\right)$$

$$=H(1/3;2/3)+2/3+1/3=1.91 \quad (\text{比特 / 信源符号})$$

由此可得,信源 X 每发一个符号,提供的平均信息量为 1.91(比特/信源符号).

【例 1.14】　设信源 X 的符号集 $X:\{a_1,a_2,\cdots,a_r\}$,其概率分量为 $p_1,p_2,\cdots,p_r$.又设信源 X' 的符号数是 X 的符号数的两倍,即 $X'=\{a_i,i=1,2,\cdots,2r\}$,且其概率分布为

$$p'_i=(1-\varepsilon)p_i \quad (i=1,2,\cdots,r)$$

$$p'_i=\varepsilon p_i \quad (i=r+1,r+2,\cdots,2r)$$

试证明 $H(X')\geqslant H(X)$.

　　证明　信源 X 的信源空间为

$$[X \cdot P]: \begin{cases} X: & a_1 & a_2 & \cdots & a_r \\ P(X): & p_1 & p_2 & \cdots & p_r \end{cases} \tag{1}$$

其中, $0 \leqslant p_i \leqslant 1 (i=1,2,\cdots,r)$; $\sum\limits_{i=1}^{r} p_i = 1$. 信源 X' 的信源空间为

$$[X' \cdot P]: \begin{cases} X': & a_1 & a_2 & \cdots & a_r & ; & a_{r+1} & a_{r+2} & \cdots & a_{2r} \\ P(X'): & (1-\varepsilon)p_1 & (1-\varepsilon)p_2 & \cdots & (1-\varepsilon)p_r & ; & \varepsilon p_1 & \varepsilon p_2 & \cdots & \varepsilon p_r \end{cases} \tag{2}$$

且有

$$\sum_{i=1}^{2r} p'_i = (1-\varepsilon)\sum_{i=1}^{r} p_i + \varepsilon \sum_{i=1}^{r} p_i = (1-\varepsilon) + \varepsilon = 1 \tag{3}$$

运用递推公式(1.2.5-11),信源 X' 的信息熵

$$\begin{aligned} H(X') &= H[(1-\varepsilon)p_1, (1-\varepsilon)p_2, \cdots, (1-\varepsilon)p_r; \varepsilon p_1, \varepsilon p_2, \cdots, \varepsilon p_r] \\ &= H[(1-\varepsilon)p_1, (1-\varepsilon)p_2, \cdots, (1-\varepsilon)p_r; \varepsilon] + \varepsilon H\left(\frac{\varepsilon p_1}{\varepsilon}, \frac{\varepsilon p_2}{\varepsilon}, \cdots, \frac{\varepsilon p_r}{\varepsilon}\right) \\ &= H[(1-\varepsilon)p_1, (1-\varepsilon)p_2, \cdots, (1-\varepsilon)p_r; \varepsilon] + \varepsilon H(p_1, p_2, \cdots, p_r) \\ &= H[(1-\varepsilon); \varepsilon] + (1-\varepsilon) H\left[\frac{(1-\varepsilon)p_1}{1-\varepsilon}, \frac{(1-\varepsilon)p_2}{1-\varepsilon}, \cdots, \frac{(1-\varepsilon)p_r}{1-\varepsilon}\right] \\ &\quad + \varepsilon H(p_1, p_2, \cdots, p_r) \\ &= H[(1-\varepsilon); \varepsilon] + (1-\varepsilon) H(p_1, p_2, \cdots, p_r) + \varepsilon H(p_1, p_2, \cdots, p_r) \\ &= H(\varepsilon) + H(p_1, p_2, \cdots, p_r) \\ &= H(\varepsilon) + H(X) \end{aligned} \tag{4}$$

根据熵函数的非负性,即有

$$H(\varepsilon) \geqslant 0 \tag{5}$$

由(4)式、(5)式,证得

$$H(X') \geqslant H(X) \tag{6}$$

这个结论表明,若对含有 r 个符号的信源 X 的概率分量 $p_1, p_2, \cdots, p_r$ 用 $\varepsilon p_1, \varepsilon p_2, \cdots, \varepsilon p_r$ 和 $(1-\varepsilon)p_1, (1-\varepsilon)p_2, \cdots, (1-\varepsilon)p_r (0<\varepsilon<1)$ 组成一个符号数为 $r'=2r$ 的新信源 X',则 $H(X')$ 将大于 $H(X)$,其增量 $\Delta H = H(\varepsilon)$. 当 $\varepsilon=1/2$ 时, $\Delta H = H(1/2) = 1$(比特/信符).
即有

$$[X' \cdot P]: \begin{cases} X': & a_1 & a_2 & \cdots & a_r & ; & a_{r+1} & , & a_{r+2} & ,\cdots, & a_{2r} \\ P(X'): & p_1/2 & p_2/2 & \cdots & p_r/2 & ; & p_1/2 & , & p_2/2 & ,\cdots, & p_r/2 \end{cases} \tag{7}$$

的信息熵

$$\begin{aligned} H(X') &= H(p_1/2, p_2/2, \cdots, p_r/2; p_1/2, p_2/2, \cdots, p_r/2) \\ &= H(p_1, p_2, \cdots, p_r) + H(1/2) \\ &= H(X) + 1 \quad (\text{比特 / 信源符号}) \end{aligned} \tag{8}$$

本例题给我们提供了使信源 X 的信息熵 $H(X)$ 增加 1(比特/信符)的一种方法.

1.3　信息熵的解析性质

信息熵的代数性质,从一个侧面揭示了离散信源的信息特性.离散信源的信息熵存在最小值零.那么,离散信源的信息熵是否存在最大值? 这个最大值又等于多少? 要回答这个问题,必须从剖析熵函数的解析性质入手.

1.3.1　极值性

熵函数 $H(p_1, p_2, \cdots, p_r)$ 是否存在最大值? 这是首先要讨论的问题.

定理 1.6　**设 r 个概率分量 $q_i(i=1,2,\cdots,r)$ 构成完备的概率空间 $Q:\{q_1, q_2, \cdots, q_r\}$,则概率分量为 $p_i(i=1,2,\cdots,r)$ 的信源 X 的信息熵**

$$H(X) = H(p_1, p_2, \cdots, p_r) = -\sum_{i=1}^{r} p_i \log p_i \leqslant -\sum_{i=1}^{r} p_i \log q_i$$

证明　在证明熵函数最大值存在性定理过程中,要应用凸函数的有关解析性质.证明过程分以下几步进行:

1. ∩形凸函数的解析表达式

设 $f(x)$ 是实变量 x 的实值连续函数,是定义域中的 ∩形凸函数(图 1.3-1).

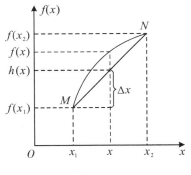

图 1.3-1

又设 x_1 和 x_2 是定义域中任何两点,x 是区间 $[x_1, x_2]$ 中任何一点.因为

$$\frac{x_2 - x_1}{x_2 - x_1} = 1 \tag{1.3.1-1}$$

在等式两边同时乘 x,等式仍然成立,即

$$\frac{xx_2 - xx_1}{x_2 - x_1} = x \tag{1.3.1-2}$$

在它的左边分子上加 $(x_1 x_2)$,同时减 $(x_1 x_2)$,等式仍然成立,即

$$\frac{x_1 x_2 - xx_1 + xx_2 - x_1 x_2}{x_2 - x_1} = \frac{x_1(x_2 - x)}{x_2 - x_1} + \frac{x_2(x - x_1)}{x_2 - x_1} = x \tag{1.3.1-3}$$

令

$$\frac{x_2 - x}{x_2 - x_1} = \alpha; \qquad \frac{x - x_1}{x_2 - x_1} = 1 - \alpha \qquad (1.3.1-4)$$

则(1.3.1-3)式中,x_1 和 x_2 的"内插值"x 可改写为

$$x = \alpha x_1 + (1 - \alpha) x_2 \qquad (1.3.1-5)$$

由图 1.3-1,内插值 x 在弦 $\overline{MN}$ 上的值 $h(x)$ 可表示为

$$h(x) = f(x_1) + \Delta x = f(x_1) + (x - x_1) \cdot \frac{f(x_2) - f(x_1)}{x_2 - x_1}$$

$$= \alpha f(x_1) + (1 - \alpha) f(x_2) \qquad (1.3.1-6)$$

根据 $\bigcap$ 形凸函数的定义,弦 $\overline{MN}$ 均位于函数曲线 $\overset{\frown}{MN}$ 的下方. 这就是说,定义域内任意两点 x_1 和 x_2 的内插值 x 的函数值 $f(x)$,一定不小于 x 在 $\overline{MN}$ 上的值 $h(x)$. 即有

$$f(x) \geqslant h(x) \qquad (1.3.1-7)$$

把(1.3.1-5)式、(1.3.1-6)式代入(1.3.1-7)式,有

$$f[\alpha x_1 + (1 - \alpha) x_2] \geqslant \alpha f(x_1) + (1 - \alpha) f(x_2) \qquad (1.3.1-8)$$

这表明,$\bigcap$ 形凸函数 $f(x)$ 定义域中任何两点 x_1 和 x_2 的内插值 x 的函数值,大于或等于 x_1 和 x_2 的函数值 $f(x_1)$ 和 $f(x_2)$ 的内插值.

2. $\bigcap$ 形凸函数变量算术平均值的函数值

在(1.3.1-8)式中,当 $\alpha = 1/2$ 时,有

$$f\left(\frac{x_1 + x_2}{2}\right) \geqslant \frac{1}{2}[f(x_1) + f(x_2)] \qquad (1.3.1-9)$$

这表明,$\bigcap$ 形凸函数 $f(x)$ 的定义域中任意 $r = 2$ 点 x_1 和 x_2 的算术平均值的函数值,大于或等于 x_1 和 x_2 的函数值 $f(x_1)$ 和 $f(x_2)$ 的算术平均值.

实际上,$\bigcap$ 形凸函数的这一数学特性,不仅对定义域中 $r = 2$ 个变量成立,对定义域中 $r(r \geqslant 2$ 的正整数)个变量同样成立.

(1) 变量个数 $r = 2^n (n = 1, 2, 3, \cdots)$.

以 $n = 2, r = 4$ 为例. 设 x_1, x_2, x_3, x_4 是函数 $f(x)$ 定义域中任意 $r = 4$ 个点,则由(1.3.1-9)式有

$$f\left(\frac{x_1 + x_2 + x_3 + x_4}{4}\right) = f\left(\frac{\frac{x_1 + x_2}{2} + \frac{x_3 + x_4}{2}}{2}\right)$$

$$\geqslant \frac{1}{2}\left[f\left(\frac{x_1 + x_2}{2}\right) + f\left(\frac{x_3 + x_4}{2}\right)\right]$$

$$\geqslant \frac{1}{4}[f(x_1) + f(x_2) + f(x_3) + f(x_4)] \qquad (1.3.1-10)$$

以此类推,当 $r = 2^n (n = 1, 2, \cdots)$ 时,一般可有

$$f\left(\frac{x_1 + x_2 + \cdots + x_r}{r}\right) \geqslant \frac{1}{r}[f(x_1) + f(x_2) + \cdots + f(x_r)] \qquad (1.3.1-11)$$

(2) 变量个数 $r \neq 2^n (n = 1, 2, \cdots)$.

对于任意正整数 $r(r \neq 2^n)$,总可找到一个正整数 s,使 $(r + s) = 2^n (n = 1, 2, \cdots)$. 令 r 个变量 $x_1, x_2, \cdots, x_r$ 的算术平均值为

$$x^* = \frac{x_1 + x_2 + \cdots + x_r}{r} \qquad (1.3.1-12)$$

由(1.3.1-11)式,有

$$f\left(\frac{x_1 + x_2 + \cdots + x_r + \overbrace{x^* + x^* + \cdots + x^*}^{s\uparrow}}{r+s}\right)$$

$$\geqslant \frac{1}{r+s}\left[f(x_1) + f(x_2) + \cdots + f(x_r) + \overbrace{f(x^*) + f(x^*) + \cdots + f(x^*)}^{s\uparrow}\right]$$

$$= \frac{1}{r+s}\left[f(x_1) + f(x_2) + \cdots + f(x_r) + sf(x^*)\right] \qquad (1.3.1-13)$$

把(1.3.1-12)式代入(1.3.1-13)式,有

$$f\left[\frac{x_1 + x_2 + \cdots + x_r + s \cdot \dfrac{x_1 + x_2 + \cdots + x_r}{r}}{r+s}\right]$$

$$\geqslant \frac{1}{r+s}\left[f(x_1) + f(x_2) + \cdots + f(x_r) + s \cdot f\left(\frac{x_1 + x_2 + \cdots + x_r}{r}\right)\right] \qquad (1.3.1-14)$$

进而可得

$$f\left[\frac{r \cdot (x_1 + x_2 + \cdots + x_r) + s \cdot (x_1 + x_2 + \cdots + x_r)}{r(r+s)}\right]$$

$$\geqslant \frac{1}{r+s}\left[f(x_1) + f(x_2) + \cdots + f(x_r)\right] + \frac{s}{r+s} f\left(\frac{x_1 + x_2 + \cdots + x_r}{r}\right)$$

$$(1.3.1-15)$$

再稍加整理,可得

$$f\left(\frac{x_1 + x_2 + \cdots + x_r}{r}\right) \geqslant \frac{1}{r+s}\left[f(x_1) + f(x_2) + \cdots + f(x_r)\right] + \frac{s}{r+s} f\left(\frac{x_1 + x_2 + \cdots + x_r}{r}\right)$$

$$(1.3.1-16)$$

即

$$\frac{r}{r+s} f\left(\frac{x_1 + x_2 + \cdots + x_r}{r}\right) \geqslant \frac{1}{r+s}\left[f(x_1) + f(x_2) + \cdots + f(x_r)\right]$$

$$(1.3.1-17)$$

则证得

$$f\left(\frac{x_1 + x_2 + \cdots + x_r}{r}\right) \geqslant \frac{1}{r}\left[f(x_1) + f(x_2) + \cdots + f(x_r)\right] \qquad (1.3.1-18)$$

由(1.3.1-11)式和(1.3.1-18)式证明,∩形凸函数 $f(x)$ 定义域中 $r(r \geqslant 2$ 的任意正整数)个变量的算术平均值的函数值,大于或等于 r 个变量各自函数值的算术平均值.

3. ∩形凸函数变量统计平均值的函数值

令 $r_1, r_2, \cdots, r_r$ 是 r 个任意正整数,且有 $\displaystyle\sum_{i=1}^{r} r_i = R$. 由(1.3.1-18)式,有

$$f\left(\frac{r_1 x_1 + r_2 x_2 + \cdots + r_r x_r}{R}\right) \geqslant \frac{1}{R}\left[r_1 f(x_1) + r_2 f(x_2) + \cdots + r_r f(x_r)\right]$$

$$(1.3.1-19)$$

设

$$r_i/R = p_i \quad (i=1,2,\cdots,r) \tag{1.3.1-20}$$

则有

$$0 \leqslant p_i \leqslant 1 \ (i=1,2,\cdots,r); \quad \sum_{i=1}^{r} p_i = 1 \tag{1.3.1-21}$$

把(1.3.1-20)式代入(1.3.1-19)式,有

$$f(p_1 x_1 + p_2 x_2 + \cdots + p_r x_r) \geqslant p_1 f(x_1) + p_2 f(x_2) + \cdots + p_r f(x_r) \tag{1.3.1-22}$$

即

$$f\left(\sum_{i=1}^{r} p_i x_i\right) \geqslant \sum_{i=1}^{r} p_i f(x_i) \tag{1.3.1-23}$$

其中,$p_i(i=1,2,\cdots,r)$看作变量$x_i(i=1,2,\cdots,r)$出现的频率,当R足够大($R\to\infty$)时,p_i就可当作变量x_i出现的概率. 而概率空间$P:\{p_1,p_2,\cdots,p_r\}$是完备集.

(1.3.1-23)式表明:$\bigcap$形凸函数$f(x)$定义域中r个变量的统计平均值的函数值,大于或等于r个变量各自函数值的统计平均值. 不等式(1.3.1-23)称为"$\bigcap$函数不等式".

4. 熵函数极值不等式

设信源X的概率空间为$P:[p_1,p_2,\cdots,p_r]$,则有

$$0 \leqslant p_i \leqslant 1 \quad (i=1,2,\cdots,r); \quad \sum_{i=1}^{r} p_i = 1 \tag{1.3.1-24}$$

再设概率空间$Q:\{q_1,q_2,\cdots,q_r\}$是完备集,即有

$$0 \leqslant q_i \leqslant 1 \quad (i=1,2,\cdots,r); \quad \sum_{i=1}^{r} q_i = 1 \tag{1.3.1-25}$$

令

$$x_i = q_i/p_i > 0 \quad (i=1,2,\cdots,r) \tag{1.3.1-26}$$

把(1.3.1-26)式和$f(x)=\log x$代入(1.3.1-23)式,有

$$\log\left(\sum_{i=1}^{r} p_i \frac{q_i}{p_i}\right) \geqslant \sum_{i=1}^{r} p_i \log\frac{q_i}{p_i} \tag{1.3.1-27}$$

即有

$$\log\left(\sum_{i=1}^{r} q_i\right) \geqslant \sum_{i=1}^{r} p_i \log q_i - \sum_{i=1}^{r} p_i \log p_i \tag{1.3.1-28}$$

由于$\sum_{i=1}^{r} q_i = 1$,所以证得

$$-\sum_{i=1}^{r} p_i \log p_i \leqslant -\sum_{i=1}^{r} p_i \log q_i \tag{1.3.1-29}$$

或

$$H(p_1,p_2,\cdots,p_r) \leqslant -\sum_{i=1}^{r} p_i \log q_i \tag{1.3.1-30}$$

或这样,定理1.6就得到了证明.

这个定理称为"熵函数极值性定理",不等式(1.3.1-29)或(1.3.1-30)称为"熵函数极值

不等式". 它告诉我们, 任何 $r(r \geqslant 2$ 的正整数)元熵函数 $H(p_1, p_2, \cdots, p_r)$ 存在最大值, 不可能无限大. 这个最大值等于另一个分量数同样是 r 的完备概率空间 $Q:\{q_1, q_2, \cdots, q_r\}$ 的 r 个自信量 $I(a_i) = -\log q_i (i=1, 2, \cdots, r)$, 在信源概率空间 $P:\{p_1, p_2, \cdots, p_r\}$ 中的统计平均值.

1.3.2　上凸性

例 1.6 图 E 1.6-1 显示, 二元信源 X 的熵函数 $H(p)$ 是概率分量 p 的 $\cap$ 形凸函数. 那么, 现在可以问: 对于一般的 $r(r \geqslant 2)$ 元熵函数 $H(p_1, p_2, \cdots, p_r)$ 这个结论是否同样成立?

定理 1.7　概率矢量为 $p=(p_1, p_2, \cdots, p_r)$ 的信源 X 的熵函数 $H(p)$, 是概率矢量 p 的 $\cap$ 形凸函数.

证明　设有两个概率分量均为 r 的概率矢量 $g=(g_1, g_2, \cdots, g_r)$ 和 $q=(q_1, q_2, \cdots, q_r)$, 其中, $0 \leqslant g_i \leqslant 1, \sum\limits_{i=1}^{r} g_i = 1; 0 \leqslant q_i \leqslant 1, \sum\limits_{i=1}^{r} q_i = 1$. 根据 $\cap$ 形凸函数的定义, 由解析表达式 (1.3.1-8)可知, 要证明 $H(p)$ 是 p 的 $\cap$ 形凸函数, 必须证明

$$H[\alpha g + (1-\alpha)q] \geqslant \alpha H(g) + (1-\alpha)H(q) \tag{1.3.2-1}$$

为此, 令概率矢量

$$w = \alpha g + (1-\alpha)q = (w_1, w_2, \cdots, w_r) \tag{1.3.2-2}$$

其中

$$w_i = \alpha g_i + (1-\alpha)q_i \quad (i=1, 2, \cdots, r) \tag{1.3.2-3}$$

且有

$$\sum_{i=1}^{r} w_i = \sum_{i=1}^{r} [\alpha g_i + (1-\alpha)q_i] = \alpha \sum_{i=1}^{r} g_i + (1-\alpha) \sum_{i=1}^{r} q_i = 1 \tag{1.3.2-4}$$

这表明, 概率矢量 g 和 q 的"内插量"w 也是一个含有 r 个分量 $w_i(i=1, 2, \cdots, r)$ 的完备的概率空间.

由信息熵的定义和(1.3.2-4)式, 有

$$H[\alpha g + (1-\alpha)q] = H(w) = H(w_1, w_2, \cdots, w_r)$$

$$= -\sum_{i=1}^{r} w_i \log w_i = -\sum_{i=1}^{r} [\alpha g_i + (1-\alpha)q_i] \log w_i$$

$$= -\alpha \sum_{i=1}^{r} g_i \log w_i - (1-\alpha) \sum_{i=1}^{r} q_i \log w_i \tag{1.3.2-5}$$

考虑到 $\sum\limits_{i=1}^{r} q_i = 1; \sum\limits_{i=1}^{r} g_i = 1$ 以及 $\sum\limits_{i=1}^{r} w_i = 1$, 由不等式(1.3.1-24)式和(1.3.1-25)式, 以及 (1.3.1-29)式, 有

$$H[\alpha g + (1-\alpha)q] \geqslant \alpha \left(-\sum_{i=1}^{r} g_i \log g_i\right) + (1-\alpha)\left(-\sum_{i=1}^{r} q_i \log q_i\right)$$

$$= \alpha H(g) + (1-\alpha)H(q) \tag{1.3.2-6}$$

这样, 定理 1.7 就得到了证明.

这个定理称为"熵函数上凸性定理". 它不仅从理论上证明了二元信源熵函数 $H(p)$ 是 p 的 $\cap$ 形凸函数, 而且证明了 $r(r \geqslant 2)$ 元熵函数 $H(p_1, p_2, \cdots, p_r) = H(p)$ 的上凸性一般成立.

1.3.3 信息熵的最大值(Ⅰ)

熵函数的极值定理只证明了熵函数存在最大值,并没有解决最大值的求解方法.熵函数的上凸定理进一步指出,熵函数的最大值,应是熵函数的极大值,为求解熵函数的最大值,进一步提供了理论依据.

定理 1.8 在所有概率分量数为 $r(r \geqslant 2$ 的正整数)的离散信源中,等概信源的信息熵达到最大,其最大值等于 $\log r$,即

$$H(p_1, p_2, \cdots, p_r) \leqslant \log r$$

证明 根据熵函数的极值性定理和上凸性定理,熵函数 $H(p_1, p_2, \cdots, p_r)$ 的最大值,应等于在约束条件 $\sum_{i=1}^{r} p_i = 1$ 的约束下,熵函数 $H(p_1, p_2, \cdots, p_r)$ 的条件极大值.

为此,按拉格朗日(Lagrange)乘子法,作辅助函数

$$F(p_1, p_2, \cdots, p_r; \lambda) = H(p_1, p_2, \cdots, p_r) + \lambda \left(\sum_{i=1}^{r} p_i - 1 \right)$$

$$= -\sum_{i=1}^{r} p_i \ln p_i + \lambda \left(\sum_{i=1}^{r} p_i - 1 \right) \tag{1.3.3-1}$$

其中,λ 是待定常数.令

$$\frac{\partial}{\partial p_i} F(p_1, p_2, \cdots, p_r; \lambda) = 0 \quad (i = 1, 2, \cdots, r) \tag{1.3.3-2}$$

得 r 个稳定点方程

$$-(1 + \ln p_i) + \lambda = 0 \quad (i = 1, 2, \cdots, r) \tag{1.3.3-3}$$

解得

$$p_i = e^{(\lambda - 1)} \quad (i = 1, 2, \cdots, r) \tag{1.3.3-4}$$

由约束条件 $\sum_{i=1}^{r} p_i = 1$,有

$$\sum_{i=1}^{r} p_i = \sum_{i=1}^{r} e^{(\lambda-1)} = r \cdot e^{(\lambda-1)} = 1 \tag{1.3.3-5}$$

得

$$e^{(\lambda-1)} = 1/r \tag{1.3.3-6}$$

把(1.3.3-6)式代入(1.3.3-4)式,解得使熵函数 $H(p_1, p_2, \cdots, p_r)$ 达到条件极大值的概率分布

$$p_{0i} = 1/r \quad (i = 1, 2, \cdots, r) \tag{1.3.3-7}$$

由此,求得熵函数的最大值

$$H_0(p_{01}, p_{02}, \cdots, p_{0r}) = H\left(\frac{1}{r}, \frac{1}{r}, \cdots, \frac{1}{r} \right) = -\sum_{i=1}^{r} \frac{1}{r} \log \frac{1}{r}$$

$$= \log r \quad (\text{比特} / \text{信源符号}) \tag{1.3.3-8}$$

这样,定理 1.8 得到了证明.

这个定理称为"最大离散熵定理".它指出,在含有 r 个概率分量的所有离散信源中,只有等概信源的信息熵达到最大值 $H_0(X) = \log r$,它只取决于信源空间 $[X \cdot P]$ 中的概率分量数 r,且

是 r 的单调递增 $\bigcap$ 形凸函数(图 $1.3-1$).

对于二元信源 $X:\{0,1\}$ 来说,只有当信源 X 是等概信源时,信源 X 发出的"0"和"1"序列中,每一个二进制数字"0""1",才含有 1(比特)信息量. 这时,在"计算机数字通信"术语中,把一个"0"或"1",简称为 1(比特).

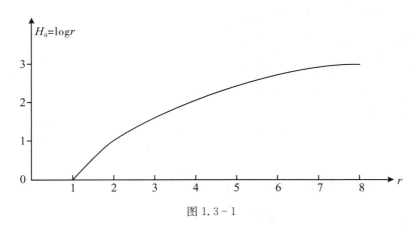

图 $1.3-1$

【例 1.15】　设信源 X 的熵函数 $H(p_1,p_2,p_3,p_4,p_5,p_6)$,其中变量 p_1,p_2,p_3,p_4 互不相同,但允许重新选择,分别变为 q_1,q_2,q_3,q_4,构成另一信源 Y 的熵函数 $H(q_1,q_2,q_3,q_4,p_5,p_6)$. 试问:$q_1,q_2,q_3,q_4$ 为何值时,$H(Y)$ 达到最大?

解　令

$$p_0 = q_1 + q_2 + q_3 + q_4 \tag{1}$$

由概率空间的完备性,必有

$$p_0 = p_1 + p_2 + p_3 + p_4 \tag{2}$$

根据熵函数的递推性,由 $(1.2.5-11)$ 式,有

$$H(Y) = H(q_1,q_2,q_3,q_4,p_5,p_6) = H(p_0;p_5;p_6) + p_0 H\left(\frac{q_1}{p_0},\frac{q_2}{p_0},\frac{q_3}{p_0},\frac{q_4}{p_0}\right)$$

根据最大离散熵定理,由 $(1.3.3-7)$ 和 $(1.3.3-8)$ 式,有

$$\frac{q_1}{p_0} = \frac{q_2}{p_0} = \frac{q_3}{p_0} = \frac{q_4}{p_0} = \frac{1}{4} \tag{3}$$

即

$$q_1 = q_2 = q_3 = q_4 = \frac{p_0}{4} \tag{4}$$

时,$H(Y)$ 才达到最大值

$$
\begin{aligned}
H_0(Y) &= H(p_0;p_5;p_6) + p_0 H(1/4,1/4,1/4,1/4) = H(p_0;p_5;p_6) + p_0 \log 4 \\
&= H[(p_1+p_2+p_3+p_4);p_5,p_6] + 2(p_1+p_2+p_3+p_4) \quad (\text{比特／信源符号})
\end{aligned}
$$

$$\tag{5}$$

这一结论指出,若信源 X 有 r 个概率分量 $p_1,p_2,\cdots,p_r$,其中 $l(l\leqslant r-1)$ 个概率分量 $p_1',p_2',\cdots,p_l' \in \{p_1,p_2,\cdots,p_r\}$ 都由这 l 个概率分量的算术平均值

$$q_0 = \frac{p_1' + p_2' + \cdots + p_l'}{l} \tag{6}$$

代替,构成同样含有 r 个概率分量的新信源,则其信息熵达到最大.

【例 1.16】 设信源 $X_1: \{a_1, a_2, \cdots, a_r\}$ 的概率分布为 $p(a_k) = p_k (k=1,2,\cdots,r)$,信源 $X_2: \{b_1, b_2, \cdots, b_r\}$ 的概率分布为 $p(b_k) = q_k (h=1,2,\cdots,r)$. 证明:

(1) $\displaystyle\sum_{k=1}^{r} p_k \log \frac{p_k}{q_k} \geqslant 0$;   (2) $\displaystyle\sum_{k=1}^{r} \frac{p_k^2}{q_k} \geqslant 1$.

证明 (1) 因有 $0 < p_k, q_k < 1$,所以,若令

$$x = q_k / p_k > 0 \quad (k=1,2,\cdots,r) \tag{1}$$

由不等式

$$\ln x \leqslant (x-1) \quad (x>0) \tag{2}$$

有

$$\sum_{k=1}^{r} p_k \log\left(\frac{q_k}{p_k}\right) = \sum_{k=1}^{r} p_k \cdot \frac{1}{\ln 2} \ln\left(\frac{q_k}{p_k}\right) \leqslant \frac{1}{\ln 2} \sum_{k=1}^{r} p_k\left(\frac{q_k}{p_k} - 1\right)$$

$$= \frac{1}{\ln 2}\left(\sum_{k=1}^{r} q_k - \sum_{k=1}^{r} p_k\right) \tag{3}$$

因有

$$\sum_{k=1}^{r} q_k = 1; \quad \sum_{k=1}^{r} p_k = 1 \tag{4}$$

所以,(3)式可改写为

$$\sum_{k=1}^{r} p_k \log\left(\frac{q_k}{p_k}\right) \leqslant 0 \tag{5}$$

即证得

$$\sum_{k=1}^{r} p_k \log\left(\frac{p_k}{q_k}\right) \geqslant 0 \tag{6}$$

实际上,由(6)式可直接导出"熵函数极值"不等式(1.3.1-29),即

$$-\sum_{k=1}^{r} p_k \log p_k \leqslant -\sum_{k=1}^{r} p_k \log q_k \tag{7}$$

即

$$H(p_1, p_2, \cdots, p_r) \leqslant -\sum_{k=1}^{r} p_k \log q_k \tag{8}$$

(2) 因有 $0 < p_k, q_k < 1$,所以,若令

$$x = p_k / q_k > 0 \quad (k=1,2,\cdots,r) \tag{9}$$

由(2)式,有

$$\sum_{k=1}^{r} p_k \log\left(\frac{p_k}{q_k}\right) = \sum_{k=1}^{r} p_k \cdot \frac{1}{\ln 2} \ln\left(\frac{p_k}{q_k}\right) \leqslant \frac{1}{\ln 2} \sum_{k=1}^{r} p_k\left(\frac{p_k}{q_k} - 1\right)$$

$$= \frac{1}{\ln 2}\left(\sum_{k=1}^{r} \frac{p_k^2}{q_k} - \sum_{k=1}^{r} p_k\right) = \frac{1}{\ln 2}\left(\sum_{k=1}^{r} \frac{p_k^2}{q_k} - 1\right) \tag{10}$$

由(6)式,并考虑到 $1/\ln 2 > 0$,得

$$\sum_{k=1}^{r} \frac{p_k^2}{q_k} - 1 \geqslant 0 \tag{11}$$

即证得

$$\sum_{k=1}^{r} \frac{p_k^2}{q_k} \geqslant 1 \tag{12}$$

(6)式和(12)式是令 $x=q_k/p_k>0(k=1,2,\cdots,r)$ 和令 $x=p_k/q_k>0(k=1,2,\cdots,r)$ 的两种不同的设定下,运用同一不等式 $\ln x\leqslant(x-1)(x>0)$ 得到的两种不同结果. 它们表达了概率分量数都是 r 的两个不同信源的概率空间 $P:\{p_1,p_2,\cdots,p_r\}$ 和 $Q:\{q_1,q_2,\cdots,q_r\}$ 中分量 p_k 和 $q_k(k=1,2,\cdots,r)$ 之间的两个基本关系.

【**例 1.17**】　运用∩形凸函数证明[例 1.10],并找出使 $H(X')$ 达最大值 $H(X')_{\max}$ 的 ε 值.

证明　(1)在[例 1.10]中,已设定

$$0\leqslant\varepsilon\leqslant\frac{p_1-p_2}{2} \tag{1}$$

现令

$$\alpha=\frac{\varepsilon}{p_1-p_2} \tag{2}$$

则有

$$0\leqslant\alpha\leqslant1/2 \tag{3}$$

这样,就可把 α 和 $(1-\alpha)$ 作为 p_1 和 p_2 的"内插值"的比值,得

$$\alpha p_1+(1-\alpha)p_2=\left(\frac{\varepsilon}{p_1-p_2}\right)p_1+\left(1-\frac{\varepsilon}{p_1-p_2}\right)p_2=p_2+\varepsilon \tag{4}$$

以及

$$(1-\alpha)p_1+\alpha p_2=\left(1-\frac{\varepsilon}{p_1-p_2}\right)p_1+\left(\frac{\varepsilon}{p_1-p_2}\right)p_2=p_1-\varepsilon \tag{5}$$

这表明,$(p_1-\varepsilon)$ 和 $(p_2+\varepsilon)$ 正好是以(2)式设定的 α 和 $(1-\alpha)$ 作为比值时,p_1 和 p_2 的两个"内插值".

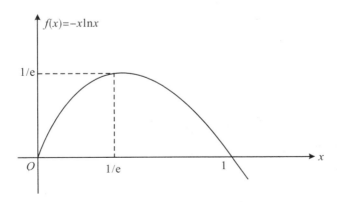

图 1.3 - 2

设∩形凸函数 $f(x)=-x\ln x$(图 1.3 - 2).对内插值 $\alpha p_1+(1-\alpha)p_2=p_2+\varepsilon$,由不等式 (1.3.1 - 8),有

$$f(p_2+\varepsilon)\geqslant\alpha f(p_1)+(1-\alpha)f(p_2) \tag{6}$$

即有

$$-(p_2+\varepsilon)\ln(p_2+\varepsilon)\geqslant\alpha(-p_1\ln p_1)+(1-\alpha)(-p_2\ln p_2) \tag{7}$$

再把(2)式代入(7)式,得

$$-(p_2+\varepsilon)\ln(p_2+\varepsilon)\geqslant-\frac{\varepsilon}{p_1-p_2}p_1\ln p_1-\frac{p_1-p_2-\varepsilon}{p_1-p_2}p_2\ln p_2 \tag{8}$$

另,对内插值$(1-\alpha)p_1+\alpha p_2=p_1-\varepsilon$,由不等式(1.3.1-8),有

$$f(p_1-\varepsilon)\geqslant(1-\alpha)f(p_1)+\alpha f(p_2) \tag{9}$$

即有

$$-(p_1-\varepsilon)\ln(p_1-\varepsilon)\geqslant(1-\alpha)(-p_1\ln p_1)+\alpha(-p_2\ln p_2) \tag{10}$$

同样,把(2)式代入(10)式,得

$$-(p_1-\varepsilon)\ln(p_1-\varepsilon)\geqslant-\frac{p_1-p_2-\varepsilon}{p_1-p_2}p_1\ln p_1-\frac{\varepsilon}{p_1-p_2}p_2\ln p_2 \tag{11}$$

现将(11)式和(8)式不等式左边和右边分别相加,得不等式

$$-(p_1-\varepsilon)\ln(p_1-\varepsilon)-(p_2+\varepsilon)\ln(p_2+\varepsilon)$$

$$\geqslant-\frac{p_1-p_2-\varepsilon}{p_1-p_2}p_1\ln p_1-\frac{\varepsilon}{p_1-p_2}p_2\ln p_2$$

$$-\frac{\varepsilon}{p_1-p_2}p_1\ln p_1-\frac{p_1-p_2-\varepsilon}{p_1-p_2}p_2\ln p_2$$

$$=-p_1\ln p_1-p_2\ln p_2 \tag{12}$$

这样,我们即证得

$$H(X')=-(p_1-\varepsilon)\ln(p_1-\varepsilon)-(p_2+\varepsilon)\ln(p_2+\varepsilon)-p_3\ln p_3-\cdots-p_r\ln p_r$$

$$\geqslant-p_1\ln p_1-p_2\ln p_2-p_3\ln p_3-\cdots-p_r\ln p_r=H(X)$$

即

$$H(X')\geqslant H(X) \tag{13}$$

(2) 在证明了$H(X')\geqslant H(X)$后,我们再来求解ε为何值时,$H(X')$能达到最大值?

设信源X的信源空间为

$$[X\cdot P]:\begin{cases} X: & a_1 & a_2 & a_3 & \cdots & a_r \\ P(X): & p_1 & p_2 & p_3 & \cdots & p_r \end{cases} \tag{14}$$

信源X'的信源空间为

$$[X'\cdot P]:\begin{cases} X': & a_1 & a_2 & a_3 & \cdots & a_r \\ P(X'): & p_1' & p_2' & p_3 & \cdots & p_r \end{cases} \tag{15}$$

则根据熵函数的递推性,由(1.2.5-11)式,有

$$H(X')=H(p_1',p_2',p_3,\cdots,p_r)$$

$$=H\{(p_1'+p_2');p_3,\cdots,p_r\}+(p_1'+p_2')H\left(\frac{p_1'}{p_1'+p_2'},\frac{p_2'}{p_1'+p_2'}\right) \tag{16}$$

令

$$p_1'+p_2'=p_1+p_2=p \tag{17}$$

则

$$H(X') = H(p; p_3, \cdots, p_r) + pH(p_1'/p, p_2'/p) \tag{18}$$

根据最大离散熵定理,只有当

$$p_1' = p_2' = p/2 \tag{19}$$

时,$H(X')$才达到最大值

$$H(X')_{\max} = H(p; p_3, p_4, \cdots, p_r) + pH(1/2, 1/2)$$
$$= H(p; p_3, p_4, \cdots, p_r) + p \tag{20}$$

因为 $p_1' = p_1 - \varepsilon$,$p_2' = p_2 + \varepsilon$,所以只有取

$$\varepsilon = (p_1 - p_2)/2 \tag{21}$$

时,才能有

$$\begin{cases} p_1' = p_1 - \varepsilon = p_1 - (p_1 - p_2)/2 = (p_1 + p_2)/2 = p/2 \\ p_2' = p_2 + \varepsilon = p_2 + (p_1 - p_2)/2 = (p_2 + p_1)/2 = p/2 \end{cases} \tag{22}$$

致使 $H(X') = H(X')_{\max}$.

　　这个结果表明,当信源部分符号趋于等概分布时,信源信息熵增加. 当这些符号的概率分布等于它们的算术平均值时,信源信息熵达到最大值.

　　【例 1.18】　设信源 X 的信源空间为

$$[X \cdot P]: \begin{cases} X: & a_1 & a_2 & \cdots & a_{m-1} & a_m \\ P(X): & p(a_1) & p(a_2) & \cdots & p(a_{m-1}) & \alpha \end{cases}$$

又设信源 Y 的信源空间为

$$[Y \cdot P]: \begin{cases} Y: & a_1 & a_2 & \cdots & a_{m-1} \\ P(Y): & \dfrac{p(a_1)}{1-\alpha} & \dfrac{p(a_2)}{1-\alpha} & \cdots & \dfrac{p(a_{m-1})}{1-\alpha} \end{cases}$$

试证明

$$H(X) = \alpha\log\frac{1}{\alpha} + (1-\alpha)\log\frac{1}{1-\alpha} + (1-\alpha)H(Y)$$

$$\leqslant \alpha\log\frac{1}{\alpha} + (1-\alpha)\log\frac{1}{1-\alpha} + (1-\alpha)\log(m-1)$$

并确定等式成立的条件.

　　证明　(1) 依据熵函数的递推性,由(1.2.5 - 11)式,有

$$H(X) = H[p(a_1), p(a_2), \cdots, p(a_{m-1}), \alpha]$$
$$= H\{[p(a_1), p(a_2) + \cdots + p(a_{m-1})]; \alpha\} + [p(a_1) + p(a_2) + \cdots + p(a_{m-1})]$$
$$\cdot H\Big[\frac{p(a_1)}{p(a_1) + p(a_2) + \cdots + p(a_{m-1})}, \frac{p(a_2)}{p(a_1) + p(a_2) + \cdots + p(a_{m-1})}, \cdots,$$
$$\frac{p(a_{m-1})}{p(a_1) + p(a_2) + \cdots + p(a_{m-1})}\Big] \tag{1}$$

由信源概率空间的完备性,有

$$p(a_1) + p(a_2) + \cdots + p(a_{m-1}) = 1 - \alpha \tag{2}$$

所以,证得

$$H(X) = H(1-\alpha;\alpha) + (1-\alpha)H\left[\frac{p(a_1)}{1-\alpha}, \frac{p(a_2)}{1-\alpha}, \cdots, \frac{p(a_{m-1})}{1-\alpha}\right]$$

$$= \alpha\log\frac{1}{\alpha} + (1-\alpha)\log\frac{1}{1-\alpha} + (1-\alpha)H(Y) \tag{3}$$

由最大离散熵定理可知,只有当

$$\frac{p(a_1)}{1-\alpha} = \frac{p(a_2)}{1-\alpha} = \cdots = \frac{p(a_{m-1})}{1-\alpha} = \frac{1}{m-1} \tag{4}$$

即

$$p(a_1) = p(a_2) = \cdots p(a_{m-1}) = \frac{1-\alpha}{m-1} \tag{5}$$

时,$H(Y)$才能达到最大值

$$H(Y)_{\max} = H\left(\frac{1}{m-1}, \frac{1}{m-1}, \cdots, \frac{1}{m-1}\right) = \log(m-1) \tag{6}$$

所以,证得

$$H(X) = \alpha\log\frac{1}{\alpha} + (1-\alpha)\log\frac{1}{1-\alpha} + (1-\alpha)H(Y)$$

$$\leqslant \alpha\log\frac{1}{\alpha} + (1-\alpha)\log\frac{1}{1-\alpha} + (1-\alpha)\log(m-1) \tag{7}$$

(2) 此题的另一种解法.

按信息熵的定义,有

$$H(X) = -\sum_{i=1}^{m} p(a_i)\log p(a_i) = -\sum_{i=1}^{m-1} p(a_i)\log p(a_i) - \alpha\log\alpha$$

$$= -\sum_{i=1}^{m-1}\left[(1-\alpha)\frac{p(a_i)}{1-\alpha}\right]\log\left[(1-\alpha)\frac{p(a_i)}{1-\alpha}\right] - \alpha\log\alpha$$

$$= -(1-\alpha)\sum_{i=1}^{m-1}\frac{p(a_i)}{1-\alpha}\log(1-\alpha) - (1-\alpha)\sum_{i=1}^{m-1}\frac{p(a_i)}{1-\alpha}\log\frac{p(a_i)}{1-\alpha} - \alpha\log\alpha \tag{8}$$

由信源概率空间的完备性,有

$$\sum_{i=1}^{m-1}\frac{p(a_i)}{1-\alpha} = 1 \tag{9}$$

所以证得

$$H(X) = -(1-\alpha)\log(1-\alpha) - \alpha\log\alpha + (1-\alpha)H\left[\frac{p(a_1)}{1-\alpha}, \frac{p(a_2)}{1-\alpha}, \cdots, \frac{p(a_{m-1})}{1-\alpha}\right]$$

$$= (1-\alpha)\log\frac{1}{1-\alpha} + \alpha\log\frac{1}{\alpha} + (1-\alpha)H(Y) \tag{10}$$

根据最大离散熵定理,有

$$H(Y) = H\left[\frac{p(a_1)}{1-\alpha}, \frac{p(a_2)}{1-\alpha}, \cdots, \frac{p(a_{m-1})}{1-\alpha}\right] \leqslant \log(m-1) \tag{11}$$

则证得

$$H(X) = \alpha\log\frac{1}{\alpha} + (1-\alpha)\log\frac{1}{1-\alpha} + (1-\alpha)H(Y)$$

$$\leqslant \alpha\log\frac{1}{\alpha} + (1-\alpha)\log\frac{1}{1-\alpha} + (1-\alpha)\log(m-1) \tag{12}$$

且只有当

$$\frac{p(a_1)}{1-\alpha} = \frac{p(a_2)}{1-\alpha} = \cdots = \frac{p(a_{m-1})}{1-\alpha} = \frac{1}{m-1}$$

即

$$p(a_1) = p(a_2) = \cdots = p(a_{m-1}) = \frac{1-\alpha}{m-1} \tag{13}$$

时,等式才成立.

1.3.4　信息熵的最大值（Ⅱ）

香农信息论的"形式化假说",使信源符号不具任何含意. 最大离散熵定理是在满足

$$\sum_{i=1}^{r} p_i = 1$$

唯一针对概率分布的约束条件下,导致的一般性结论. 现若跨出"形式化假说"的框架,给信源符号赋予某种含意,并在 $\sum\limits_{i=1}^{r} p_i = 1$ 约束条件的基础上,再加上信源符号取值的平均值受限的约束条件

$$\sum_{i=1}^{r} a_i p_i = m \tag{1.3.4-1}$$

我们可以预料,熵函数的最大值势必会产生变化,引出某些新问题和新结论.

　　虽然均值受限的最大离散熵,已超越香农信息论的范畴,但因它具有一定的实用价值,所以在"最大离散熵定理"之后,应对这一问题作适当探讨.

　　按拉格朗日乘子法,作辅助函数

$$F(p_1, p_2, \cdots, p_r; \lambda_1, \lambda_2) = H(p_1, p_2, \cdots, p_r) + \lambda_1 \left[\sum_{i=1}^{r} p_i - 1 \right] + \lambda_2 \left[\sum_{i=1}^{m} a_i p_i - m \right]$$

$$\tag{1.3.4-2}$$

其中,λ_1,λ_2 为待定常数. 对 $F(p_1, p_2, \cdots, p_r; \lambda_1, \lambda_2)$ 中的 r 个变量 $p_i (i=1,2,\cdots,r)$ 分别求偏导,并使之为零,得 r 个稳定点方程

$$-(1 + \ln p_i) + \lambda_1 + \lambda_2 a_i = 0 \quad (i=1,2,\cdots,r) \tag{1.3.4-3}$$

由此解得

$$p_i = e^{(\lambda_1-1)} \cdot e^{\lambda_2 a_i} \quad (i=1,2,\cdots,r) \tag{1.3.4-4}$$

由约束方程 $\sum\limits_{i=1}^{r} p_i = 1$,得

$$e^{(\lambda_1-1)} = \frac{1}{\sum\limits_{i=1}^{r} e^{\lambda_2 a_i}} \tag{1.3.4-5}$$

把(1.3.4-5)代入(1.3.4-4)式,有

$$p_{0i} = \frac{e^{\lambda_2 a_i}}{\sum\limits_{i=1}^{r} e^{\lambda_2 a_i}} \quad (i=1,2,\cdots,r) \tag{1.3.4-6}$$

再由约束方程(1.3.4-1),有

$$\sum_{i=1}^{r} a_i \mathrm{e}^{\lambda_2 a_i} = m \sum_{i=1}^{r} \mathrm{e}^{\lambda_2 a_i} \tag{1.3.4-7}$$

由此可解出待定常数 λ_2，然后把 λ_2 代入（1.3.4-6）式，解得使熵函数 $H(p_1, p_2, \cdots, p_r)$ 达到最大值的 r 个概率分量 $p_{01}, p_{02}, \cdots, p_{0r}$，进而求得熵函数的最大值.

实际上，由（1.3.4-6）所示的概率分量 $p_{0i}(i=1,2,\cdots,r)$，就可直接构成满足约束条件 $\sum_{i=1}^{r} p_{0i} = 1$，且含有由约束条件 $\sum_{i=1}^{r} a_i p_{0i} = m$ 决定的待定常数 λ_2 的最大熵函数表达式，即

$$H_0(p_{01}, p_{02}, \cdots, p_{0r}; m) = -\sum_{i=1}^{r} p_{0i} \ln p_{0i} = -\sum_{i=1}^{r} \left(\frac{\mathrm{e}^{\lambda_2 a_i}}{\sum_{j=1}^{r} \mathrm{e}^{\lambda_2 a_j}} \ln \frac{\mathrm{e}^{\lambda_2 a_i}}{\sum_{j=1}^{r} \mathrm{e}^{\lambda_2 a_j}} \right)$$

$$= -\sum_{i=1}^{r} \frac{\mathrm{e}^{\lambda_2 a_i}}{\sum_{j=1}^{r} \mathrm{e}^{\lambda_2 a_j}} \ln \mathrm{e}^{\lambda_2 a_i} + \frac{\sum_{i=1}^{r} \mathrm{e}^{\lambda_2 a_i}}{\sum_{j=1}^{r} \mathrm{e}^{\lambda_2 a_j}} \ln \sum_{j=1}^{r} \mathrm{e}^{\lambda_2 a_j}$$

$$= -\frac{\lambda_2 \sum_{i=1}^{r} a_i \mathrm{e}^{\lambda_2 a_i}}{\sum_{j=1}^{r} \mathrm{e}^{\lambda_2 a_j}} + \frac{\sum_{i=1}^{r} \mathrm{e}^{\lambda_2 a_i}}{\sum_{j=1}^{r} \mathrm{e}^{\lambda_2 a_j}} \ln \sum_{j=1}^{r} \mathrm{e}^{\lambda_2 a_j} \tag{1.3.4-8}$$

把（1.3.4-7）式代入（1.3.4-8）式，得

$$H_0(p_1, p_2, \cdots, p_r; m) = -m\lambda_2 + \ln \sum_{j=1}^{r} \mathrm{e}^{\lambda_2 a_j} \tag{1.3.4-9}$$

最后，把由（1.3.4-7）解得的待定常数 λ_2 代入（1.3.4-8）式，可直接求得最大熵函数 $H_0(p_1, p_2, \cdots, p_r; m)$.

（1.3.4-9）式清楚地表明，若在针对概率分量的约束条件 $\sum_{i=1}^{r} p_i = 1$ 的基础上，再加上信源符号取值的平均值受限的约束条件 $\sum_{i=1}^{r} a_i p_i = m$ 后，信源信息熵的最大值，与仅仅针对概率分量的约束条件 $\sum_{i=1}^{r} p_i = 1$ 所导致的最大离散熵定理指出的信息熵最大值相比，确实产生了变化. 以下的例子，揭示了它们之间的区别和联系.

【例 1.19】 试计算输出数字的均值分别限定为 $m_1 = 0$ 和 $m_2 = 0.5$ 时，二元信源 $X:\{-1, 1\}$ 的最大信息熵值.

解 （1）$m_1 = 0$.

将 $a_1 = -1, a_2 = 1, m_1 = 0$ 代入（1.3.4-7）式，得待定常数 λ_2 的方程

$$(-1) \cdot \mathrm{e}^{\lambda_2 \cdot (-1)} + 1 \cdot \mathrm{e}^{\lambda_2 \cdot (1)} = 0 \tag{1}$$

即

$$\mathrm{e}^{-\lambda_2} = \mathrm{e}^{\lambda_2} \tag{2}$$

则解得 $\lambda_2 = 0$. 把 $\lambda_2 = 0$ 代入（1.3.4-9）式，解得最大信息熵值

$$H_0(p_1, p_2; m_1) = H_0(p_1, p_2; 0)$$

$$=-0 \cdot 0 + \ln[e^{0 \cdot (-1)} + e^{0 \cdot (1)}] = \ln(e^0 + e^0)$$

$$= \ln(1+1) = \ln 2 = \log 2 = 1 \quad (\text{比特 / 信源符号}) \tag{3}$$

把 $\lambda_2 = 0$ 代入 $(1.3.4-6)$ 式,解得达到最大信息熵值时信源符号"-1"和"1"的概率分布

$$\begin{cases} P\{X=-1\} = p_{01} = \dfrac{e^{0 \cdot (-1)}}{e^{0 \cdot (-1)} + e^{0 \cdot (1)}} = \dfrac{e^0}{e^0 + e^0} = \dfrac{1}{2} \\[3mm] P\{X=1\} = p_{02} = \dfrac{e^{0 \cdot (1)}}{e^{0 \cdot (-1)} + e^{0 \cdot (1)}} = \dfrac{e^0}{e^0 + e^0} = \dfrac{1}{2} \end{cases} \tag{4}$$

由 $p_{01} = p_{02} = 1/2$,亦可直接解得最大信息熵值

$$H_0(p_1, p_2; m_1) = H_0(1/2, 1/2; 0) = \log 2 = 1 \quad (\text{比特 / 信源符号}) \tag{5}$$

这说明,对于二元信源 $X: \{-1, 1\}$ 来说,与没有均值为零的限制条件的离散信源一样,当信源等概分布时,达到最大信息熵值 $\log r = \log 2 = 1$(比特/信源符号). 这是因为当

$$P[X=-1] = P\{x=1\} = 1/2$$

时,无论有没有均值为零的限制条件,其输出符号(数字)的均值都等于零. 实际上,由待定常数 λ_2 的求解过程可以发现,在信源输出取均值为零的前提下,只要输出符号(数字)取相对于零对称的两个数 $(-a)$ 和 (a),任何二元信源 $X: \{a_1 = (-a), a_2 = a\}$ 都与没有均值为零的限制条件的一般离散信源一样,当信源等概分布时,达到最大信息熵值 $\log r = \log 2 = 1$(比特/信源符号).

(2) $m_2 = 0.5$.

同样,把 $a_1 = -1, a_2 = 1, m_2 = 0.5$ 代入 $(1.3.4-7)$ 式,得到关于 λ_2 的方程

$$(-1) \cdot e^{\lambda_2 \cdot (-1)} + (1) \cdot e^{\lambda_2 \cdot (1)} = 0.5[e^{\lambda_2 \cdot (-1)} + e^{\lambda_2 \cdot (1)}] \tag{5}$$

即有

$$(e^{\lambda_2}) = 3 \cdot (e^{-\lambda_2}) \tag{6}$$

从中解得 $\lambda_2 = \dfrac{1}{2} \ln 3$. 把它代入 $(1.3.4-9)$ 式,解得最大信息熵值

$$H_0(p_1, p_2; m_2) = H_0(p_1, p_2; 0.5) = -\lambda_2/2 + \ln(e^{-\lambda_2} + e^{\lambda_2})$$

$$= -\lambda_2/2 + \ln(4e^{-\lambda_2}) = \log 4 - \frac{3}{4} \log 3$$

$$= 0.81 \quad (\text{比特 / 信源符号}) \tag{7}$$

把 $\lambda_2 = \dfrac{1}{2} \ln 3$ 代入 $(1.3.4-6)$ 式,解得达到最大信息熵时信源符号"-1"和"1"的概率分布

$$\begin{cases} P\{X=-1\} = p_{01} = \dfrac{e^{\lambda_2 \cdot (-1)}}{e^{\lambda_2 \cdot (-1)} + e^{\lambda_2 \cdot (1)}} = \dfrac{e^{-\lambda_2}}{e^{-\lambda_2} + e^{\lambda_2}} = \dfrac{e^{-\lambda_2}}{4e^{-\lambda_2}} = \dfrac{1}{4} \\[3mm] P\{X=1\} = p_{02} = \dfrac{e^{\lambda_2 \cdot (1)}}{e^{\lambda_2 \cdot (-1)} + e^{\lambda_2 \cdot (1)}} = \dfrac{e^{\lambda_2}}{e^{-\lambda_2} + e^{\lambda_2}} = \dfrac{3e^{-\lambda_2}}{4e^{-\lambda_2}} = \dfrac{3}{4} \end{cases} \tag{8}$$

由 $p_{01} = 1/4$ 和 $p_{02} = 3/4$,亦可直接解得最大信息熵值

$$H_0 = \left(\frac{1}{4}, \frac{3}{4}; \frac{1}{2}\right) = -\frac{1}{4} \log \frac{1}{4} - \frac{3}{4} \log \frac{3}{4} = 0.81 \quad (\text{比特 / 信源符号}) \tag{9}$$

这说明,对于二元信源 $X: \{-1, 1\}$ 来说,当均值限定值不等于零时,使信息熵达到最大值的概率分布并非等概分布,其最大值也并非是 $\log 2$. 出现与没有均值限定的一般离散信源最大信息熵定理不一致的现象.

那么,为什么会出现这种不一致现象呢? 只要把以上均值限定 $m_1=0$ 和 $m_2=0.5$ 两种情况做一番比较,就可知道其原因是什么了. 对于取值对称的信源 $X:\{-1,1\}$ 来说,当信源符号等概分布,信息熵达到最大值 $\log 2$ 时,其信源符号取值的平均值,本来就等于零. 所以,均值限定 $m_1=0$,实际上相当于对均值没有限定. 这种均值限定 $m_1=0$ 并没有涉及信源符号取值的本身,与信源符号具体的"内容"和"含意"无关,符合香农信息论的"形式化假说". 显然,在这种情况下,它应该符合最大离散熵定理. 而当均值限定 $m_2=0.5$ 时,这种约束条件实际上对信源符号的取值产生了实际的限制作用,涉及了信源符号本身的"内容"和"含意",超出了香农信息论的"形式化假说". 因此,当均值限定为 $m_2=0.5$ 时,熵函数的最大值并不等于 $\log 2$,也不是等概时达到最大熵值,其结论与最大离散熵定理不一致.

【例 1.20】 设信源 X 的符号集是由非负整数构成的无限可列集合 $X:\{n=0,1,2,\cdots\}$. 试求在均值等于固定值 M 的限制条件下,使 $H(X)$ 达到最大值的概率分布 $p(n)(n=0,1,2,\cdots)$,并求 $H(X)$ 的最大值 $H(X)_{\max}$.

解   设信源 X 的信源空间为

$$[X \cdot P]:\begin{cases} X: & 0 & 1 & 2 & 3 & \cdots & n & \cdots \\ P(X): & p(0) & p(1) & p(2) & p(3) & \cdots & p(n) & \cdots \end{cases} \tag{1}$$

由(1.3.4-6)式,可得,在约束条件

$$\begin{cases} \sum_{n=0}^{\infty} p(n) = 1 & (2) \\ \sum_{n=0}^{\infty} np(n) = M & (3) \end{cases}$$

的约束下,使信源信息熵 $H(X)$ 达到最大值的概率分布

$$p(n) = \frac{e^{\lambda_2 n}}{\sum_{n=0}^{\infty} e^{\lambda_2 n}} \quad (n=0,1,2,\cdots) \tag{4}$$

其中,待定常数 λ_2 由方程(1.3.4-7)式

$$\sum_{n=0}^{\infty} ne^{\lambda_2 n} = M \cdot \sum_{n=0}^{\infty} e^{\lambda_2 n} \tag{5}$$

求得.

由(4)式可知,使 $H(X)$ 达到最大值的概率分布 $p(n)(n=0,1,2,\cdots)$ 是一个小于 1 的数 $\alpha(0<\alpha<1)$ 的无穷级数. 令

$$p(n) = B\alpha^n \quad (n=0,1,2,\cdots) \tag{6}$$

这样,约束条件(2)式和(3)式可改写为

$$\begin{cases} \sum_{n=0}^{\infty} p(n) = \sum_{n=0}^{\infty} B\alpha^n = 1 & (7) \\ \sum_{n=0}^{\infty} np(n) = \sum_{n=0}^{\infty} nB\alpha^n = M & (8) \end{cases}$$

根据无穷级数理论,有公式

$$\sum_{n=0}^{\infty} \alpha^n = \frac{1}{1-\alpha} \tag{9}$$

$$\sum_{n=0}^{\infty} n\alpha^n = \frac{\alpha}{(1-\alpha)^2} \tag{10}$$

由(7)式、(8)式,有

$$\begin{cases} \sum_{n=0}^{\infty} B\alpha^n = B \cdot \frac{1}{1-\alpha} = 1 & (11) \\ \sum_{n=0}^{\infty} nB\alpha^n = \frac{B\alpha}{(1-\alpha)^2} = M & (12) \end{cases}$$

由(11)式、(12)式,有

$$(1-\alpha)\alpha = M(1-\alpha)^2 \tag{13}$$

即得

$$\alpha = M/(1+M) \tag{14}$$

再由(11)式,得

$$B = 1/(1+M) \tag{15}$$

由此,使 $H(X)$ 达到最大值的概率分布,可表示为

$$p_0(n) = B\alpha^n = \frac{1}{1+M}\left(\frac{M}{1+M}\right)^n \tag{16}$$

这表明, $X:\{0,1,2,\cdots\}$ 在均值受限固定值 M 时,使 $H(X)$ 达到最大值的概率分布 $p_0(n)$,取决于受限的均值 M,它是一个 n 的函数.

由(16)式,按信息熵的定义,得 $H(X)$ 的最大值

$$H(X)_{\max} = H_0\big[p_0(0), p_0(1), p_0(2), \cdots, p_0(n), \cdots\big] = -\sum_{n=0}^{\infty} p_0(n)\log p_0(n)$$

$$= -\sum_{n=0}^{\infty}\left[\frac{1}{1+M}\left(\frac{M}{1+M}\right)^n\right]\log\left[\frac{1}{1+M}\left(\frac{M}{1+M}\right)^n\right]$$

$$= -\sum_{n=0}^{\infty}\left[\frac{1}{1+M}\left(\frac{M}{1+M}\right)^n\right]\log\left[\frac{M^n}{(1+M)^{n+1}}\right]$$

$$= \sum_{n=0}^{\infty}\left[\frac{1}{1+M}\left(\frac{M}{1+M}\right)^n\log(1+M)^{n+1}\right] - \sum_{n=0}^{\infty}\left[\frac{1}{1+M}\left(\frac{M}{1+M}\right)^n\log M^n\right]$$

$$= \sum_{n=0}^{\infty}\left[\frac{1}{1+M}\left(\frac{M}{1+M}\right)^n \cdot (n+1)\log(1+M)\right] - \sum_{n=0}^{\infty}\left[\frac{1}{1+M}\left(\frac{M}{1+M}\right)^n n\log M\right]$$

$$= \frac{1}{1+M}\log(1+M)\sum_{n=0}^{\infty}\left[\left(\frac{M}{1+M}\right)^n(n+1)\right] - \frac{1}{1+M}\log M\sum_{n=0}^{\infty}\left[\left(\frac{M}{1+M}\right)^n \cdot n\right]$$

$$= \frac{1}{1+M}\log(1+M) \cdot \left[\sum_{n=0}^{\infty} n \cdot \left(\frac{M}{1+M}\right)^n + \sum_{n=0}^{\infty}\left(\frac{M}{1+M}\right)^n\right]$$

$$\quad - \frac{1}{1+M}\log M\sum_{n=0}^{\infty} n \cdot \left(\frac{M}{1+M}\right)^n \tag{17}$$

在(17)式中,令

$$x = \frac{M}{1+M} \tag{18}$$

则有

$$\mid x \mid = \left| \frac{M}{1+M} \right| < 1 \tag{19}$$

根据函数幂级数展开公式

$$\sum_{n=0}^{\infty} n x^n = \frac{x}{(1-x)^2} \tag{20}$$

(17)式右边第一项中,

$$\sum_{n=0}^{\infty} n \cdot \left(\frac{M}{1+M} \right)^n = \sum_{n=0}^{\infty} n x^n = \frac{x}{(1-x)^2} = \frac{\dfrac{M}{1+M}}{\left(1 - \dfrac{M}{1+M}\right)^2} \tag{21}$$

根据函数幂级数展开公式

$$\sum_{n=0}^{\infty} x^n = \frac{1}{1-x} \tag{22}$$

(17)式右边第二项中,

$$\sum_{n=0}^{\infty} \left(\frac{M}{1+M} \right)^n = \sum_{n=0}^{\infty} x^n = \frac{1}{1 - \dfrac{M}{1+M}} \tag{23}$$

由(21)式和(23)式,(17)式可改写为

$$H(X)_{\max} = H_0 \left[p_0(0), p_0(1), \cdots, p_0(n), \cdots \right]$$

$$= \frac{1}{1+M} \log(1+M) \cdot \left[\frac{\dfrac{M}{1+M}}{\left(1 - \dfrac{M}{1+M}\right)^2} + \frac{1}{1 - \dfrac{M}{1+M}} \right]$$

$$- \frac{1}{1+M} \log M \cdot \left[\frac{\dfrac{M}{1+M}}{\left(1 - \dfrac{M}{1+M}\right)^2} \right]$$

$$= (1+M)\log(1+M) - M\log M \tag{24}$$

这表明,当均值受限于固定值 M 时,无限可列信源 $X: \{0,1,2,\cdots,n,\cdots\}$ 的最大熵值取决于受限值 M.

例 1.19 和例 1.20 显示,当信源符号取值的平均值受限条件涉及信源符号本身含意时,由于超越了香农信息论"形式化假说"范畴,所以出现其最大熵值以及达到最大熵值的信源概率分布与最大离散熵定理不一致的现象.

通过例 1.19 和例 1.20 的讨论,使我们在香农信息论的"最大离散熵定理"的基础上,拓展了关于熵函数最大值问题的视野.更重要的是通过对比,可以更深刻地领会香农信息论"形式化假说"的内涵和作用.

1.4　熵函数的唯一性

我们从自信量必须满足的四个公理条件出发,在数学上构建了(1.1.2-10)所示的自信函数.由自信量在信源概率空间中的统计平均值,又导出了(1.1.3-1)所示的信息熵.由以上分析可知,熵函数的数学特性,合理、恰当地表述了信源总体信息特性,它完全可以充当信源总体信息测度的角色.现在,不妨反过来考证,作为信源总体信息测度,(1.1.3-1)所示熵函数形式是否是唯一的函数形式?

定理 1.9　**若要求**:(1) **熵函数** $H(p_1, p_2, \cdots, p_r)$ **是** $p_i(i=1,2,\cdots,r)$ **的连续函数**;(2) **等概信源的熵函数** $H(1/r, 1/r, \cdots, 1/r)$ **是** r **的单调递增函数**;(3) **熵函数** $H(p_1, p_2, \cdots, p_r)$ **具有递推性.那么,熵函数的唯一函数形式是**

$$H(p_1, p_2, \cdots, p_r) = -\sum_{i=1}^{r} p_i \log p_i$$

证明　证明分以下两部分进行.

1. 等概信源熵函数的唯一性

设等概信源 X 有 r 种不同符号,待求熵函数 $H(1/r, 1/r, \cdots, 1/r)$ 只是 r 的函数.

令

$$\varphi(r) = H(1/r, 1/r, \cdots, 1/r) \tag{1.4-1}$$

设 s 为正整数,有 rs 种不同符号的等概信源的熵函数,同样是符号数(rs)的函数.

令

$$\varphi(rs) = H(1/rs, 1/rs, \cdots, 1/rs) \tag{1.4-2}$$

重复运用条件(3),可有

$$\varphi(rs) = H\Big(\underbrace{\frac{1}{rs}, \frac{1}{rs}, \cdots, \frac{1}{rs}}_{rs\text{项}}\Big)$$

$$= H\Big(\underbrace{\frac{1}{rs}, \frac{1}{rs}, \cdots, \frac{1}{rs}}_{(rs-s)\text{项}}; \underbrace{\frac{1}{rs} + \frac{1}{rs} + \cdots + \frac{1}{rs}}_{s\text{项}}\Big) + \Big(\frac{1}{rs} + \frac{1}{rs} + \cdots + \frac{1}{rs}\Big)$$

$$\cdot H\Big(\overbrace{\underbrace{\frac{\frac{1}{rs}}{\frac{1}{rs} + \frac{1}{rs} + \cdots + \frac{1}{rs}}}_{s\text{项}}, \cdots, \underbrace{\frac{\frac{1}{rs}}{\frac{1}{rs} + \frac{1}{rs} + \cdots + \frac{1}{rs}}}_{s\text{项}}}^{s\text{项}}\Big)$$

$$= H\Big(\underbrace{\frac{1}{rs}, \frac{1}{rs}, \cdots, \frac{1}{rs}}_{(rs-s)\text{项}}; \frac{1}{r}\Big) + \frac{1}{r} H\Big(\underbrace{\frac{1}{s}, \frac{1}{s}, \cdots, \frac{1}{s}}_{s\text{项}}\Big)$$

$$= \cdots$$

$$= H\Big(\underbrace{\frac{1}{r}; \frac{1}{r}; \cdots; \frac{1}{r}}_{r\text{项}}\Big) + r \cdot \frac{1}{r} H\Big(\underbrace{\frac{1}{s}, \frac{1}{s}, \cdots, \frac{1}{s}}_{s\text{项}}\Big)$$

$$= H\left(\frac{1}{r}, \frac{1}{r}, \cdots, \frac{1}{r}\right) + H\left(\frac{1}{s}, \frac{1}{s}, \cdots, \frac{1}{s}\right)$$

$$= \varphi(r) + \varphi(s) \tag{1.4-3}$$

当 $r = s = 1$ 时,有

$$\varphi(1 \cdot 1) = \varphi(1) + \varphi(1) = 2\varphi(1) \tag{1.4-4}$$

则得

$$\varphi(1) = 0 \tag{1.4-5}$$

再由条件(2),对一切正整数 $s \geqslant 1$,则有

$$\varphi(s) \geqslant \varphi(1) = 0 \tag{1.4-6}$$

显然,(1.4-3)式、(1.4-5)式和(1.4-6)式已露出 $\varphi(r)$ 可能是 $\log r$ 的端倪.

另一方面,当 r、s 和 k 均为正整数,且 $r \geqslant s \geqslant 2$,$k > 1$ 时,必能找到一个正整数 l,有

$$s^l \leqslant r^k \leqslant s^{l+1} \tag{1.4-7}$$

同样,由条件(2),有

$$\varphi(s^l) \leqslant \varphi(r^k) \leqslant \varphi(s^{l+1}) \tag{1.4-8}$$

再由(1.4-3)式,有

$$l\varphi(s) \leqslant k\varphi(r) \leqslant (l+1)\varphi(s) \tag{1.4-9}$$

由(1.4-6)式和 $k > 1$,将(1.4-9)式各项同时除以 $k\varphi(s)$,不等式仍然成立

$$\frac{l}{k} \leqslant \frac{\varphi(r)}{\varphi(s)} \leqslant \frac{l+1}{k} \tag{1.4-10}$$

这就是待求熵函数 $\varphi(r)$ 必须满足的关系式.

考虑到"底"大于 1 的对数是单调递增函数,不妨对(1.4-7)式的各项取对数,可有

$$l\log s \leqslant k\log r \leqslant (l+1)\log s \tag{1.4-11}$$

由于 $s > 1$,即 $\log s > 0$. 又因 $k > 1$,用 $k\log s$ 除以(1.4-11)式各项,不等式仍然成立

$$\frac{l}{k} \leqslant \frac{\log r}{\log s} \leqslant \frac{l+1}{k} \tag{1.4-12}$$

由(1.4-10)式和(1.4-12)式,有

$$\left|\frac{\log r}{\log s} - \frac{\varphi(r)}{\varphi(s)}\right| \leqslant \frac{1}{k} \tag{1.4-13}$$

因为设 k 是大于 1 的任意正整数,当 $k \to \infty$ 时,(1.4-13)式仍然成立,则得

$$\frac{\log r}{\log s} = \frac{\varphi(r)}{\varphi(s)} \tag{1.4-14}$$

由于 r 和 s 是任意两个不相等的正整数,则得

$$\varphi(r) = C \cdot \log r \tag{1.4-15}$$

其中常数 C 与 r 和 s 无关,只影响所用的单位,可由对数的"底"来决定,令常数 $C = 1$,即有

$$\varphi(r) = \log r \tag{1.4-16}$$

显然,要满足(1.4-16)式,等概信源的熵函数 $\varphi(r)$ 只能取唯一的函数形式

$$\varphi(r) = H(1/r, 1/r, \cdots, 1/r)$$

$$= -\frac{1}{r}\log\frac{1}{r} - \frac{1}{r}\log\frac{1}{r} - \cdots - \frac{1}{r}\log\frac{1}{r}$$

$$=-\sum_{i=1}^{r}p_i\log p_i=\log r \qquad (1.4-17)$$

这样,就证明了等概信源的熵函数的唯一函数形式,就是(1.1.3-1)式所示的熵函数.

2. 一般非等概信源熵函数的唯一性

设非等概信源 X 的信源空间为

$$[X \cdot P]:\begin{cases} X: & a_1 & a_2 & \cdots & a_r \\ P(X): & p_1 & p_2 & \cdots & p_r \end{cases} \qquad (1.4-18)$$

其中,$0\leq p_i\leq 1\ (i=1,2,\cdots,r)$;$\sum_{i=1}^{r}p_i=1$. 假定概率分量 $p_i(i=1,2,\cdots,r)$ 是有理数,则总可找到足够小的正数 $\varepsilon(\varepsilon>0)$,有

$$p_i=n_i\varepsilon \quad (i=1,2,\cdots,r) \qquad (1.4-19)$$

这样,就可把非等概信源 $[X \cdot P]$,转变为符号数为

$$N=\sum_{i=1}^{r}n_i=\sum_{i=1}^{r}\frac{p_i}{\varepsilon}=\frac{1}{\varepsilon} \qquad (1.4-20)$$

的等概信源 X_N,其信源空间为

$$[X_N \cdot P]:\begin{cases} X_N: \overbrace{a_{11} \quad a_{12} \quad \cdots \quad a_{1n_1}}^{n_1个};\cdots;\overbrace{a_{r1} \quad a_{r2} \quad \cdots \quad a_{rn_r}}^{n_r个} \\ P(X_N):\varepsilon \quad \varepsilon \quad \cdots \quad \varepsilon \quad;\cdots; \quad \varepsilon \quad \varepsilon \quad \cdots \quad \varepsilon \end{cases} \qquad (1.4-21)$$

由(1.4-21)式,可得等概信源 $[X_N \cdot P]$ 的熵函数

$$\varphi(N)=\log N=\log\frac{1}{\varepsilon} \qquad (1.4-22)$$

另一方面,由条件(3)和(1.2.5-11)式,信源空间为(1.4-21)式所示信源 X_N 的熵函数

$$\varphi(N)=H\left(\frac{1}{N},\frac{1}{N},\cdots,\frac{1}{N}\right)=H(\overbrace{\varepsilon,\varepsilon,\cdots,\varepsilon}^{n_1个};\overbrace{\varepsilon,\varepsilon,\cdots,\varepsilon}^{n_2个};\cdots;\overbrace{\varepsilon,\varepsilon,\cdots,\varepsilon}^{n_r个})$$

$$=H\left(\overbrace{\frac{p_1}{n_1},\frac{p_1}{n_1},\cdots,\frac{p_1}{n_1}}^{n_1个};\overbrace{\frac{p_2}{n_2},\frac{p_2}{n_2},\cdots,\frac{p_2}{n_2}}^{n_2个};\cdots;\overbrace{\frac{p_r}{n_r},\frac{p_r}{n_r},\cdots,\frac{p_r}{n_r}}^{n_r个}\right)$$

$$=H\left(\frac{p_1}{n_1},\frac{p_1}{n_1},\cdots,\frac{p_1}{n_1};\frac{p_2}{n_2},\frac{p_2}{n_2},\cdots,\frac{p_2}{n_2};\cdots;p_r\right)+p_rH\left(\frac{1}{n_r},\frac{1}{n_r},\cdots,\frac{1}{n_r}\right)$$

$$=\cdots$$

$$=H(p_1,p_2,\cdots,p_r)+\sum_{i=1}^{r}p_iH\left(\frac{1}{n_i},\frac{1}{n_i},\cdots,\frac{1}{n_i}\right)$$

$$=H(p_1,p_2,\cdots,p_r)+\sum_{i=1}^{r}p_i\log n_i$$

$$=H(p_1,p_2,\cdots,p_r)+\sum_{i=1}^{r}p_i\log\frac{p_i}{\varepsilon}$$

$$=H(p_1,p_2,\cdots,p_r)+\sum_{i=1}^{r}p_i\log p_i-\sum_{i=1}^{r}p_i\log\varepsilon$$

$$= H(p_1, p_2, \cdots, p_r) + \sum_{i=1}^{r} p_i \log p_i + \log \frac{1}{\varepsilon} \qquad (1.4 - 23)$$

由(1.4-22)式,则(1.4-23)可改写为

$$H(p_1, p_2, \cdots, p_r) = -\sum_{i=1}^{r} p_i \log p_i \qquad (1.4 - 24)$$

这样就证明了(1.1.3-1)式,是一般非等概信源熵函数的唯一函数形式.

综合(1.4-17)式和(1.4-24)式,定理1.9得到了证明.这个定理称为"熵函数构成唯一性定理".讨论函数的唯一性问题,必须是有前提的.在条件(1)、(2)、(3)的约束下,(1.1.3-1)式所示熵函数是熵函数的唯一函数形式.若约束条件有所变化,则熵函数的函数形式也可能随之变化.

在熵函数的函数形式的唯一性得到论证后,自然会想起(1.1.2-10)式所构建的自信函数是不是也是唯一的函数形式?

推论　设信源 $X : \{a_1, a_2, \cdots, a_r\}$ 的概率分布为 $P(X) : \{p_1, p_2, \cdots, p_r\}$,若要熵函数 $H(p_1, p_2, \cdots, p_r)$ 满足条件(1)、(2)、(3)则

$$I(a_i) = \log \frac{1}{p_i} \quad (i = 1, 2, \cdots, r)$$

是自信函数 $I(a_i) = f(p_i)$ 的唯一函数形式.

证明　设信源 X 的信源空间为

$$[X \cdot P] : \begin{cases} X : & a_1 & a_2 & \cdots & a_r \\ P(X) : & p_1 & p_2 & \cdots & p_r \end{cases} \qquad (1.4 - 25)$$

其中,$0 \leqslant p_i \leqslant 1$ $(i = 1, 2, \cdots, r)$; $\sum_{i=1}^{r} p_i = 1$. 现设概率分量为 p_i 的信源符号 a_i 的自信量 $I(a_i)$,是 p_i 的某一待求函数

$$I(a_i) = f(p_i) \quad (i = 1, 2, \cdots, r) \qquad (1.4 - 26)$$

则信源 X 的信息熵

$$\begin{aligned} H(X) &= H(p_1, p_2, \cdots, p_r) \\ &= I(a_1) p_1 + I(a_2) p_2 + \cdots + I(a_r) p_r \end{aligned} \qquad (1.4 - 27)$$

熵函数构成唯一性定理已证明,在满足条件(1)、(2)、(3)的约束条件下,熵函数只能是

$$\begin{aligned} H(p_1, p_2, \cdots, p_r) &= -\sum_{i=1}^{r} p_i \log p_i \\ &= -p_1 \log p_1 - p_2 \log p_2 - \cdots - p_r \log p_r \\ &= p_1(-\log p_1) + p_2(-\log p_2) + \cdots + p_r(-\log p_r) \end{aligned} \qquad (1.4 - 28)$$

由(1.4-27)和(1.4-28)式,在满足条件(1)、(2)、(3)的约束条件下,概率分量为 p_i 的信源符号 a_i 的自信量 $I(a_i) = f(p_i)$ 的唯一函数形式一定是

$$I(a_i) = f(p_i) = -\log p_i \quad (i = 1, 2, \cdots, r) \qquad (1.4 - 29)$$

这样,推论就得到了证明.

实际上,可以按四个"公理条件",先构建自信函数,然后导出信息熵;也可以按条件(1)、(2)、(3)先构建信息熵,然后再导出自信函数.无论采用哪一种途径,它们之间的联系桥梁都是

相同的,这就是"熵函数是自信量在信源概率空间中的统计平均值".

熵函数的定义,熵函数的数学特性的剖析、熵函数构成唯一性的论证,构成了熵函数理论的完整演绎体系.

1.5　效用信息熵

在"形式化假说"下,信源信息熵只取决于信源符号的先验概率,是对信源的"量"信息的度量,与信源符号的具体含义以及对收信者的重要程度没有任何联系. 在实际应用中,有不少随机事件,虽以同一概率发生,但对收信者却有不同的"效用". 人们不仅关心事件出现的概率,而且尤为关心事件引起的"效用". 例如,在两人博弈的场合中,双方不仅要考虑各种不同方案出现的概率,而且更关注这些方案会给自己带来的利害得失. 这种实际需求,促使人们思考这样一个问题:在香农信息论已发展成为一门完整、系统、成熟的学科的今天,能否把在创始学科时被舍弃的"主观效用因素",适当、合理地"修补"到信息熵中去,构建出一个融合由客观可能性决定的"量"信息和由人们主观效用决定的"质"信息的综合度量函数."效用信息熵"(简称"效用熵")就是在这种背景下的一种尝试和探索. 在这一节中,重点介绍"加权熵"和"效用信息熵"的构建及其数学特性.

1.5.1　加权熵的定义

设信源 X 的信源空间为

$$[X \cdot P]: \begin{cases} X: & a_1 \quad a_2 \quad \cdots \quad a_r \\ P(X): & p_1 \quad p_2 \quad \cdots \quad p_r \end{cases} \quad (1.5.1-1)$$

其中,$0 \leqslant p_i \leqslant 1$; $\sum_{i=1}^{r} p_i = 1$. 对于每一个信源符号 a_i,根据它对收信者的重要程度和效用大小,由收信者根据自己的意愿,选择一个"非负实数"$\omega_i \geqslant 0$,作为符号 a_i 的"效用因子",构成信源 X 的"效用空间"

$$[X \cdot \Omega]: \begin{cases} X: & a_1 \quad a_2 \quad \cdots \quad a_r \\ \Omega(X): & \omega_1 \quad \omega_2 \quad \cdots \quad \omega_r \end{cases} \quad (1.5.1-2)$$

由 X 的"信源空间"和"效用空间"构成信源 X 的"综合空间"

$$[X \cdot P \cdot \Omega]: \begin{cases} X: & a_1 \quad a_2 \quad \cdots \quad a_r \\ P(X): & p_1 \quad p_2 \quad \cdots \quad p_r \\ \Omega(X): & \omega_1 \quad \omega_2 \quad \cdots \quad \omega_r \end{cases} \quad (1.5.1-3)$$

其中,$0 \leqslant p_i \leqslant 1 (i=1,2,\cdots,r)$; $\sum_{i=1}^{r} p_i = 1$; $\omega_i \geqslant 0$. 我们把符号 a_i 的"效用因子"ω_i,与信息熵 $H(X)$ 中第 i 个分量 $(-p_i \log p_i)$ 的乘积之和

$$\begin{aligned} H_\omega(X) &= H_\omega^r(\omega_1, \omega_2, \cdots, \omega_r; p_1, p_2, \cdots, p_r) \\ &= -\omega_1 p_1 \log p_1 - \omega_2 p_2 \log p_2 - \cdots - \omega_r p_r \log p_r \\ &= -\sum_{i=1}^{r} \omega_i p_i \log p_i \end{aligned} \quad (1.5.1-4)$$

定义为"综合空间"$[X \cdot P \cdot \Omega]$的信源 X 的"加权熵".

在(1.5.1-4)式定义的"加权熵"$H_\omega(X)$中,符号 a_i 的"效用因子"ω_i,可能与先验概率 p_i 有关. 例如,在天气预报中,在炎热的夏天出现"晴转大雪"的可能性极小. 它一旦出现,对农业、工业以及人们的生活会造成严重后果,产生很大的效用,相应的"效用因子"就会很大. "效用因子"ω_i 也可能与先验概率 p_i 无关. 例如,掷骰子各点出现的先验概率均为 1/6,但对掷骰子的人来说,出现什么点数的重要程度可能大不相同,相应的"效用因子"ω_i 就会各不相同. 由此可见,符号 a_i 的"先验概率"p_i 反映 a_i 的"量"的信息;"效用因子"反映 a_i 的"质"的信息. (1.5.1-4)式定义的"加权熵"$H_\omega(X)$ 融合信源 X 的"量"信息和"质"信息,它是信源 X 的"量"信息和"质"信息的综合度量函数.

1.5.2 加权熵的数学特性

由(1.5.1-4)式定义的加权熵 $H_\omega(X)$ 有如下数学特性:

1. 非负性

由信息熵 $H(X)$ 的非负性,以及 $\omega_i \geqslant 0 (i=1,2,\cdots,r)$,即有

$$H_\omega(X) = H_\omega^r(\omega_1,\omega_2,\cdots,\omega_r;p_1,p_2,\cdots,p_r)$$

$$= -\sum_{i=1}^{r} \omega_i p_i \log p_i \geqslant 0 \qquad (1.5.2-1)$$

这就是加权熵的非负性. 它表明:在赋予每一信源符号一定的"效用因子"后,信源每发一个符号,总能提供一定的"效用信息",至少等于零,但绝不可能出现负的"效用信息".

2. 对称性

根据加法交换律,将(1.5.1-4)式中相加的各项位置互换,其和值不变,即有

$$H_\omega^r(\omega_1,\omega_2,\cdots,\omega_r;p_1,p_2,\cdots,p_r)$$

$$= -\omega_1 p_1 \log p_1 - \omega_2 p_2 \log p_2 - \cdots - \omega_r p_r \log p_r$$

$$= -\omega_2 p_2 \log p_2 - \omega_1 p_1 \log p_1 - \cdots - \omega_r p_r \log p_r$$

$$= \cdots \qquad (1.5.2-2)$$

这就是加权熵的对称性. 它表明:加权熵 $H_\omega(X)$ 只取决于信源 X 的综合空间 $[X \cdot P \cdot \Omega]$ 中 r 个"变量对"$(\omega_k,p_k)(k=1,2,\cdots,r)$,与 (ω_k,p_k) 对应的信源符号无关.

3. 连续性

在(1.5.1-3)式所示的综合空间 $[X \cdot P \cdot \Omega]$ 中,若某一"概率分量"p_k 以及相应的"效用因子"ω_k 分别发生微小波动 $\varepsilon(\varepsilon>0)$ 和 $-\eta(\eta>0)$,在信源符号数 r 保持不变的前提下,为了保持概率空间 $P:\{p_1,p_2,\cdots,p_r\}$ 的完备性,其他概率分量 $p_l(l \neq k)$ 势必发生相应的微小波动 $-\varepsilon_l(\varepsilon_l>0)$,且 $\sum_{l \neq k} \varepsilon_l = \varepsilon$. 为了保持"效用因子"相对意义下的平衡,相对应的效用因子也可能发生相应的微小波动 $\eta_l(l \neq k)$,且 $\sum_{l \neq k} \eta_l = \eta$. 则新信源 X' 的"综合空间"改变为

$$[X' \cdot P \cdot \Omega]: \begin{cases} X: & a_1 & a_2 & \cdots & a_{k-1} & a_k & a_{k+1} & \cdots & a_r \\ P(X): & p_1-\varepsilon & p_2-\varepsilon_2 & \cdots & p_{k-1}-\varepsilon_{k-1} & p_k+\varepsilon & p_{k+1}-\varepsilon_{k+1} & \cdots & p_r-\varepsilon_r \\ \Omega(X): & \omega_1+\eta_1 & \omega_2+\eta_2 & \cdots & \omega_{k-1}+\eta_{k+1} & \omega_k-\eta & \omega_{k+1}+\eta_{k+1} & \cdots & \omega_r+\eta_r \end{cases}$$

$$(1.5.2-3)$$

X' 的加权熵

$$H_\omega(X') = H_\omega^r(\omega_1 + \eta_1, \omega_2 + \eta_2, \cdots, \omega_{k-1} + \eta_{k-1}, \omega_k - \eta, \omega_{k+1} + \eta_{k+1}, \cdots, \omega_r + \eta_r;$$
$$p_1 - \varepsilon_1, p_2 - \varepsilon_2, \cdots p_{k-1} - \varepsilon_{k-1}, p_k + \varepsilon, p_{k+1} - \varepsilon_{k+1}, \cdots, p_r - \varepsilon_r)$$
$$= -\sum_{l \neq k} (\omega_l + \eta_l)(p_l - \varepsilon_l) \log(p_l - \varepsilon_l) - (\omega_k - \eta)(p_k + \varepsilon) \log(p_k + \varepsilon)$$

$$(1.5.2-4)$$

当 $\varepsilon \to 0 (\varepsilon_l \to 0), \eta \to 0 (\eta_l \to 0)(l \neq k)$ 时,有

$$\lim_{\substack{\varepsilon \to 0 \\ \eta \to 0}} H_\omega(X') = \lim_{\substack{\varepsilon \to 0 \\ \eta \to 0}} \left[-\sum_{l \neq k} (\omega_l + \eta_l)(p_l - \varepsilon_l) \log(p_l - \varepsilon_l) - (\omega_k - \eta)(p_k + \varepsilon) \log(p_k + \varepsilon) \right]$$

$$= -\sum_{l \neq k} \omega_l p_l \log p_l - \omega_k p_k \log p_k = -\sum_{i=1}^{r} \omega_i p_i \log p_i = H_\omega(X) \qquad (1.5.2-5)$$

　　这就是加权熵的连续性. 它表明:在信源 X 的综合空间 $[X \cdot P \cdot \Omega]$ 中,"概率分量"p_i 和"效用因子"ω_i 发生微小波动,不至于引起信源 X 的加权熵的巨大变化,加权熵 $H_\omega(X)$ 是"概率分量"p_i 和相应"效用因子"$\omega_i (i = 1, 2, \cdots, r)$ 的连续函数.

4. 递推性

设信源 X 的"综合空间"为

$$[X \cdot P \cdot \Omega]: \begin{cases} X: & a_1 & a_2 & \cdots & a_{r-1} & a_r & a_{r+1} \\ P(X): & p_1 & p_2 & \cdots & p_{r-1} & p' & p'' \\ \Omega(X): & \omega_1 & \omega_2 & \cdots & \omega_{r-1} & \omega' & \omega'' \end{cases} \qquad (1.5.2-6)$$

则 X 的加权熵

$$H_\omega^{r+1}(\omega_1, \omega_2, \cdots, \omega_{r-1}, \omega', \omega''; p_1, p_2, \cdots, p_{r-1}, p', p'')$$

$$= -(\omega_1 p_1 \log p_1 + \omega_2 p_2 \log p_2 + \cdots + \omega_{r-1} p_{r-1} \log p_{r-1} + \omega' p' \log p' + \omega'' p'' \log p'')$$

$$= -\left[\omega_1 p_1 \log p_1 + \omega_2 p_2 \log p_2 + \cdots + \omega_{r-1} p_{r-1} \log p_{r-1} + \omega' p' \log(p' + p'') + \omega'' p'' \log(p' + p'') \right.$$
$$\left. - \omega' p' \log(p' + p'') - \omega'' p'' \log(p' + p'') + \omega' p' \log p' + \omega'' p'' \log p'' \right]$$

$$= -\left[\omega_1 p_1 \log p_1 + \omega_2 p_2 \log p_2 + \cdots + \omega_{r-1} p_{r-1} \log p_{r-1} + \frac{\omega' p' + \omega'' p''}{p' + p''}(p' + p'') \log(p' + p'') \right]$$
$$+ \left[-\left(\omega' p' \log \frac{p'}{p' + p''} + \omega'' p'' \log \frac{p''}{p' + p''} \right) \right]$$

$$= -\left[\omega_1 p_1 \log p_1 + \omega_2 p_2 \log p_2 + \cdots + \omega_{r-1} p_{r-1} \log p_{r-1} + \frac{\omega' p' + \omega'' p''}{p' + p''}(p' + p'') \log(p' + p'') \right]$$
$$+ \left[-(p' + p'') \left(\omega' \frac{p'}{p' + p''} \log \frac{p'}{p' + p''} + \omega'' \frac{p''}{p' + p''} \log \frac{p''}{p' + p''} \right) \right]$$

$$= -(\omega_1 p_1 \log p_1 + \omega_2 p_2 \log p_2 + \cdots + \omega_{r-1} p_{r-1} \log p_{r-1} + \omega_r p_r \log p_r)$$
$$+ p_r \cdot \left[-\left(\omega' \frac{p'}{p_r} \log \frac{p'}{p_r} + \omega'' \frac{p''}{p_r} \log \frac{p''}{p_r} \right) \right]$$

$$= H_\omega^r(\omega_1, \omega_2, \cdots, \omega_{r-1}, \omega_r; p_1, p_2, \cdots, p_{r-1}, p_r) + p_r \cdot H_\omega^2(\omega', \omega''; p'/p_r, p''/p_r) \qquad (1.5.2-7)$$

其中

$$\begin{cases} \omega_r = (\omega'p' + \omega''p'')/p_r \\ p_r = p' + p'' \end{cases} \qquad (1.5.2-8)$$

这说明(1.5.2-4)式定义的加权熵具有递推性. 递推公式(1.5.2-7)和(1.5.2-8)表明：重复运用递推公式, r 元效用熵可递推为 $(r-1)$ 个二元加权熵的"加权和".

5. 均匀性

r 元等概信源的加权熵

$$H_\omega^r(\omega_1, \omega_2, \cdots, \omega_r; 1/r, 1/r, \cdots, 1/r)$$

$$= -\left(\omega_1 \frac{1}{r} \log \frac{1}{r} + \omega_2 \frac{1}{r} \log \frac{1}{r} + \cdots + \omega_r \frac{1}{r} \log \frac{1}{r}\right)$$

$$= \left(\frac{\omega_1 + \omega_2 + \cdots + \omega_r}{r}\right) \log r \qquad (1.5.2-9)$$

这就是加权熵的均匀性. 它表明：r 元等概信源的加权熵，等于其信息熵 $H(X) = \log r$，与 r 个"效用因子"$\omega_i (i=1,2,\cdots,r)$ 的算术平均数的乘积. 符号数相同的两个等概信源，"效用因子"$\omega_i (i=1,2,\cdots,r)$ 的算术平均值大的等概信源的加权熵，即每符号提供的效用信息亦大.

6. 等重性

若 $\omega_i = \omega > 0 (i=1,2,\cdots,r)$，则信源 X 称为"等重信源"，其加权熵

$$H_\omega^r(\omega_1, \omega_2, \cdots, \omega_r; p_1, p_2, \cdots, p_r)$$

$$= H_\omega^r(\omega, \omega, \cdots, \omega; p_1, p_2, \cdots, p_r)$$

$$= -(\omega p_1 \log p_1 + \omega p_2 \log p_2 + \cdots + \omega p_r \log p_r)$$

$$= \omega \cdot [-(p_1 \log p_1 + p_2 \log p_2 + \cdots + p_r \log p_r)]$$

$$= \omega \cdot H(p_1, p_2, \cdots, p_r) = \omega \cdot H(X) \qquad (1.5.2-10)$$

这就是加权熵的等重性. 它表明："效用因子"为 $\omega > 0$ 的等重信源的加权熵 $H_\omega(X)$，等于信源 X 的信息熵 $H(X)$ 的 ω 倍. 两个信息熵相同的等重信源，"效用因子"大的信源，每一个符号提供的效用信息亦大.

特别地，当

$$\omega_i = \omega = 0 \quad (i=1,2,\cdots,r) \qquad (1.5.2-11)$$

时，有

$$H_\omega^r(\omega_1, \omega_2, \cdots, \omega_r; p_1, p_2, \cdots, p_r)$$

$$= H_\omega^r(0, 0, \cdots, 0; p_1, p_2, \cdots, p_r)$$

$$= -(0 \cdot p_1 \log p_1 + 0 \cdot p_2 \log p_2 + \cdots + 0 \cdot p_r \log p_r)$$

$$= 0 \qquad (1.5.2-12)$$

"效用因子"$\omega_i = 0 (i=1,2,\cdots,r)$ 的信源，称为"无效信源". (1.5.2-12)式表明，无效信源不能提供任何效用信息.

7. 确定性

某概率分量 $p_k = 1$，其他概率分量 $p_l = 0 (l \neq k)$ 的"确知信源"X 的加权熵

$$H_\omega^r(\omega_1, \omega_2, \cdots, \omega_r; p_1, p_2, \cdots, p_r)$$

$$= H_\omega^r(\omega_1, \omega_2, \cdots, \omega_k \cdots, \omega_r; 0, 0, \cdots, 0, 1, 0, \cdots, 0)$$

$$
\begin{aligned}
&= -\left(\omega_1 \cdot 0 \cdot \log 0 + \omega_2 \cdot 0 \cdot \log 0 + \cdots + \omega_{k-1} \cdot 0\log 0 + \omega_k \cdot 1\log 1\right.\\
&\qquad \left. + \omega_{k+1} \cdot 0\log 0 + \cdots + \omega_r \cdot 0\log 0\right)\\
&= -(0 + 0 + \cdots + 0 + 0 + 0 + \cdots + 0)\\
&= 0 \qquad\qquad\qquad\qquad\qquad\qquad\qquad\qquad\qquad\qquad (1.5.2-13)
\end{aligned}
$$

这就是加权熵的确定性. 它表明, 确知信源 X 的加权熵 $H_\omega(X)=0$, 它同样不能提供任何效用信息.

8. 非容性

设集合 L 和 Q, 有 $L \bigcup Q = I: \{1,2,\cdots,r\}; L \bigcap Q = \varnothing.$ 若

$$
\begin{cases}
p_l = 0; & \omega_l > 0 \quad (l \in L)\\
0 < p_q < 1; & \omega_q = 0 \quad (q \in Q)
\end{cases} \qquad (1.5.2-14)
$$

则信源 X 称为"不兼容信源", 其加权熵

$$
\begin{aligned}
H_\omega^r&(\omega_1,\omega_2,\cdots,\omega_r; p_1,p_2,\cdots,p_r)\\
&= -\sum_{l\in L} \omega_l p_l \log p_l - \sum_{q\in Q} \omega_q p_q \log p_q\\
&= -\sum_{l\in L} \omega_l \cdot 0\log 0 - \sum_{q\in Q} 0 \cdot p_q \log p_q = 0 \qquad (1.5.2-15)
\end{aligned}
$$

这就是加权熵的非容性. 它表明, 若信源中可能发出的符号都无效用; 有效用的符号都不可能发出, 则信源不提供任何效用信息.

9. 同比性

设 $\alpha > 0$ 为非负实数, 则"效用因子"为 $\alpha\omega_i(i=1,2,\cdots,r)$ 的信源的加权熵

$$
\begin{aligned}
H_\omega^r&(\alpha\omega_1,\alpha\omega_2,\cdots,\alpha\omega_r; p_1,p_2,\cdots,p_r)\\
&= -\left(\alpha\omega_1 p_1 \log p_1 + \alpha\omega_2 p_2 \log p_2 + \cdots + \alpha\omega_r p_r \log p_r\right)\\
&= \alpha \cdot \left[-\left(\omega_1 p_1 \log p_1 + \omega_2 p_2 \log p_2 + \cdots + \omega_r p_r \log p_r\right)\right]\\
&= \alpha H_\omega^r(\omega_1,\omega_2,\cdots,\omega_r; p_1,p_2,\cdots,p_r) \qquad (1.5.2-16)
\end{aligned}
$$

这就是加权熵的同比性. 它表明, 当信源每一符号 a_i 的"效用因子" ω_i 同时扩大 $\alpha(\alpha>0)$ 倍时, 则信源的加权熵 $H_\omega(X)$ 也随之扩大 α 倍, 信源的效用信息亦扩大 α 倍.

10. 扩展性

设信源 X 的"综合空间"为

$$
[X \cdot P \cdot \Omega]: \begin{cases}
X: & a_1 & a_2 & \cdots & a_{r-1} & a_r\\
P(X): & p_1 & p_2 & \cdots & p_{r-1} & p_r\\
\Omega(X): & \omega_1 & \omega_2 & \cdots & \omega_{r-1} & \omega_r
\end{cases} \qquad (1.5.2-17)
$$

若其中某一概率分量 p_r 发生微小波动 $-\varepsilon(\varepsilon>0)$, 其他概率分量 $p_1,p_2,\cdots,p_{r-1}$ 保持不变. 为了确保概率空间的完备性, 势必增加 m 个符号: $a_1',a_2',\cdots,a_m'$, 相应概率分量为 $\varepsilon_1,\varepsilon_2,\cdots,\varepsilon_m$, 且 $\sum_{j=1}^m \varepsilon_j = \varepsilon$, 相应的"效用因子"分别为 $\omega_1',\omega_2',\cdots,\omega_m'$. 新信源 X' 的"综合空间"为

$$
[X \cdot P \cdot \Omega]: \begin{cases}
X: & a_1 & a_2 & \cdots & a_{r-1} & a_r; & a_1' & a_2' & \cdots & a_m'\\
P(X): & p_1 & p_2 & \cdots & p_{r-1} & (p_r-\varepsilon); & \varepsilon_1 & \varepsilon_2 & \cdots & \varepsilon_m\\
\Omega(X): & \omega_1 & \omega_2 & \cdots & \omega_{r-1} & \omega_r; & \omega_1' & \omega_2' & \cdots & \omega_m'
\end{cases}
$$

$$
(1.5.2-18)
$$

信源 X' 的加权熵

$$H_\omega^{r+m}[\omega_1,\omega_2,\cdots,\omega_{r-1},\omega_r;\omega'_1,\omega'_2,\cdots,\omega'_m;p_1,p_2,\cdots,p_{r-1},(p_r-\varepsilon);\varepsilon_1,\varepsilon_2,\cdots,\varepsilon_m]$$

$$=-[\omega_1 p_1\log p_1+\omega_2 p_2\log p_2+\cdots+\omega_{r-1}p_{r-1}\log p_{r-1}+\omega_r(p_r-\varepsilon)\log(p_r-\varepsilon)$$
$$+\omega'_1\varepsilon_1\log\varepsilon_1+\omega'_2\varepsilon_2\log\varepsilon_2+\cdots+\omega'_m\varepsilon_m\log\varepsilon_m]$$

$$=-\sum_{i=1}^{r-1}\omega_i p_i\log p_i-\omega_r(p_r-\varepsilon)\log(p_r-\varepsilon)-\sum_{j=1}^{m}\omega'_j\varepsilon_j\log\varepsilon_j \qquad (1.5.2-19)$$

当 $\varepsilon\to 0$ 时,有 $\varepsilon_j\to 0(j=1,2,\cdots,m)$. 这时,(1.5.2-19)式的极限值

$$\lim_{\substack{\varepsilon\to 0\\ \varepsilon_j\to 0}}[H_\omega^{r+m}(\omega_1,\omega_2,\cdots,\omega_{r-1},\omega_r;\omega'_1,\omega'_2,\cdots,\omega'_m;p_1,p_2,\cdots,p_{r-1},(p_r-\varepsilon);\varepsilon_1,\varepsilon_2,\cdots,\varepsilon_m)]$$

$$=\lim_{\substack{\varepsilon\to 0\\ \varepsilon_j\to 0}}\Big[-\sum_{i=1}^{r-1}\omega_i p_i\log p_i-\omega_r(p_r-\varepsilon)\log(p_r-\varepsilon)-\sum_{j=1}^{m}\omega'_j\varepsilon_j\log\varepsilon_j\Big]$$

$$=-\sum_{i=1}^{r-1}\omega_i p_i\log p_i-\omega_r p_r\log p_r+\sum_{j=1}^{m}\omega_j\Big[-\lim_{\varepsilon_j\to 0}(-\varepsilon_j\log\varepsilon_j)\Big]$$

$$=-\sum_{i=1}^{r}\omega_i p_i\log p_i+\sum_{j=1}^{m}\omega_j\cdot 0=-\sum_{i=1}^{r}\omega_i p_i\log p_i$$

$$=H_\omega^r(\omega_1,\omega_2,\cdots,\omega_{r-1},\omega_r;p_1,p_2,\cdots,p_{r-1},p_r) \qquad (1.5.2-20)$$

这就是加权熵的扩展性. 它表明,若信源增加若干概率接近于零的符号,不论这些符号的 "效用因子"是多么大的有限数,终因在加权熵中占有的比重甚微,加权熵仍能保持不变.

11. 极值性

(1) 作辅助函数

$$F(\omega_1,\omega_2,\cdots,\omega_r;p_1,p_2,\cdots,p_r;\alpha)=H_\omega^r(\omega_1,\omega_2,\cdots,\omega_r;p_1,p_2,\cdots,p_r)-\alpha\sum_{i=1}^{r}p_i$$

$$=-\sum_{i=1}^{r}\omega_i p_i\ln p_i-\alpha\sum_{i=1}^{r}p_i \qquad (1.5.2-21)$$

其中,α 为待定常数. 然后,对(1.5.2-21)式右边第一项作恒等变换

$$-\sum_{i=1}^{r}\omega_i p_i\ln p_i=-\sum_{i=1}^{r}\omega_i \mathrm{e}^{-\frac{\alpha}{\omega_i}}p_i\mathrm{e}^{\frac{\alpha}{\omega_i}}\ln p_i \qquad (1.5.2-22)$$

对(1.5.2-21)式右边第二项作恒等变换

$$-\alpha\sum_{i=1}^{r}p_i=-\sum_{i=1}^{r}\omega_i \mathrm{e}^{-\frac{\alpha}{\omega_i}}p_i\mathrm{e}^{\frac{\alpha}{\omega_i}}\ln\mathrm{e}^{\frac{\alpha}{\omega_i}} \qquad (1.5.2-23)$$

把(1.5.2-22)式和(1.5.2-23)式,代入(1.5.2-21)式,有

$$F(\omega_1,\omega_2,\cdots,\omega_r;p_1,p_2,\cdots,p_r;\alpha)=H_\omega^r(\omega_1,\omega_2,\cdots,\omega_r;p_1,p_2,\cdots,p_r)-\alpha\sum_{i=1}^{r}p_i$$

$$=-\sum_{i=1}^{r}\omega_i \mathrm{e}^{-\frac{\alpha}{\omega_i}}p_i\mathrm{e}^{\frac{\alpha}{\omega_i}}\ln p_i-\sum_{i=1}^{r}\omega_i \mathrm{e}^{-\frac{\alpha}{\omega_i}}p_i\mathrm{e}^{\frac{\alpha}{\omega_i}}\ln\mathrm{e}^{\frac{\alpha}{\omega_i}}$$

$$=-\sum_{i=1}^{r}\omega_i \mathrm{e}^{-\frac{\alpha}{\omega_i}}p_i\mathrm{e}^{\frac{\alpha}{\omega_i}}(\ln p_i+\ln\mathrm{e}^{\frac{\alpha}{\omega_i}})=-\sum_{i=1}^{r}\omega_i \mathrm{e}^{-\frac{\alpha}{\omega_i}}p_i\mathrm{e}^{\frac{\alpha}{\omega_i}}\ln(p_i\mathrm{e}^{\frac{\alpha}{\omega_i}})$$

$$= \sum_{i=1}^{r} \omega_i \mathrm{e}^{-\frac{a}{\omega_i}} \Big[- (p_i \mathrm{e}^{\frac{a}{\omega_i}}) \ln (p_i \mathrm{e}^{\frac{a}{\omega_i}}) \Big] \qquad (1.5.2-24)$$

由公式

$$-x\ln x \leqslant 1/\mathrm{e} \quad (x \geqslant 0) \qquad (1.5.2-25)$$

当 $x=1/\mathrm{e}$ 时,有

$$-x\ln x = 1/\mathrm{e} \qquad (1.5.2-26)$$

在(1.5.2-24)式中,令

$$x_i = p_i \mathrm{e}^{\frac{a}{\omega_i}} \quad (p_i > 0) \qquad (1.5.2-27)$$

则有

$$x_i = p_i \mathrm{e}^{\frac{a}{\omega_i}} > 0 \quad (i = 1, 2, \cdots, r) \qquad (1.5.2-28)$$

由(1.5.2-25)式和(1.5.2-26)式,有

$$-(p_i \mathrm{e}^{\frac{a}{\omega_i}}) \ln (p_i \mathrm{e}^{\frac{a}{\omega_i}}) \leqslant 1/\mathrm{e} \quad (i = 1, 0, \cdots, r) \qquad (1.5.2-29)$$

把(1.5.2-29)式,代入(1.5.2-24)式,有

$$H_\omega^r(\omega_1, \omega_2, \cdots, \omega_r; p_1, p_2, \cdots, p_r) - \alpha \sum_{i=1}^{r} p_i \leqslant \sum_{i=1}^{r} \omega_i \mathrm{e}^{-\frac{a}{\omega_i}} \cdot \frac{1}{\mathrm{e}}$$

$$= \sum_{i=1}^{r} \omega_i \cdot \exp\Big(-\frac{\alpha}{\omega_i} - 1\Big) \qquad (1.5.2-30)$$

这表明,加权熵 $H_\omega^r(\omega_1, \omega_2, \cdots, \omega_r; p_1, p_2, \cdots, p_r)$ 是一个有限数,它存在最大值.

(2) 取辅助函数(1.5.2-21)式对 r 个变量 $p_i (i=1, 2, \cdots, r)$ 的偏导,并置之为零,得 r 个稳定点方程

$$\frac{\partial}{\partial p_i} [F(\omega_1, \omega_2, \cdots, \omega_r; p_1, p_2, \cdots, p_r; \alpha)] = \frac{\partial}{\partial p_i} \Big(- \sum_{i=1}^{r} \omega_i p_i \ln p_i - \alpha \sum_{i=1}^{r} p_i \Big)$$

$$= - \omega_i \ln p_i - \omega_i - \alpha = - \omega_i (1 + \ln p_i) - \alpha$$

$$= 0 \quad (i = 1, 2, \cdots, r) \qquad (1.5.2-31)$$

由此解得,使 $H_\omega^r(\omega_1, \omega_2, \cdots, \omega_r; p_1, p_2, \cdots, p_r)$ 取得最大值的概率分布

$$p_{0i} = \exp\Big(-\frac{\alpha}{\omega_i} - 1\Big) \quad (i = 1, 2, \cdots, r) \qquad (1.5.2-32)$$

再由约束方程 $\sum_{i=1}^{r} p_{0i} = 1$, 有

$$\sum_{i=1}^{r} p_{0i} = \sum_{i=1}^{r} \exp\Big(-\frac{\alpha}{\omega_i} - 1\Big) = 1 \qquad (1.5.2-33)$$

由此求得待定常数 α.

将(1.5.2-32)式代入加权熵 $H_\omega^r(\omega_1, \omega_2, \cdots, \omega_r; p_1, p_2, \cdots, p_r)$, 求得其最大值

$$H_\omega^r(\omega_1, \omega_2, \cdots, \omega_r; p_1, p_2, \cdots, p_r)_{\max} = - \sum_{i=1}^{r} \omega_i \mathrm{e}^{\left(-\frac{a}{\omega_i}-1\right)} \ln \mathrm{e}^{\left(-\frac{a}{\omega_i}-1\right)}$$

$$= - \sum_{i=1}^{r} \omega_i \mathrm{e}^{\left(-\frac{a}{\omega_i}-1\right)} \cdot \Big(-\frac{\alpha}{\omega_i} - 1\Big) \qquad (1.5.2-34)$$

由(1.5.2-33)式,有

$$H_\omega^r(\omega_1,\omega_2,\cdots,\omega_r;p_1,p_2,\cdots,p_r)_{\max} = \alpha \cdot \sum_{i=1}^{r} e^{\left(-\frac{\alpha}{\omega_i}-1\right)} + \sum_{i=1}^{r} \omega_i e^{\left(-\frac{\alpha}{\omega_i}-1\right)}$$

$$= \alpha + \sum_{i=1}^{r} \omega_i \exp\left(-\frac{\alpha}{\omega_i}-1\right) \qquad (1.5.2-35)$$

这表明,加权熵 $H_\omega(X)$ 的最大值不仅与信源 $X:\{a_1,a_2,\cdots,a_r\}$ 符号数 r 有关,而且与反映收信者主观意愿的"效用因子" $\omega_i(i=1,2,\cdots,r)$ 有关.

(3) 当信源 X 的"效用因子" $\omega_i=1(i=1,2,\cdots,r)$ 时,由(1.5.2-32)式,得加权熵达最大值的信源概率分布

$$p_{i0} = e^{(-\alpha-1)} \quad (i=1,2,\cdots,r) \qquad (1.5.2-36)$$

再由(1.5.2-33)式,有

$$\sum_{i=1}^{r} p_{i0} = \sum_{i=1}^{r} e^{(-\alpha-1)} = 1 \qquad (1.5.2-37)$$

即可有

$$r \cdot e^{(-\alpha-1)} = 1 \qquad (1.5.2-38)$$

即解得待定常数

$$\alpha = \ln r - 1 \qquad (1.5.2-39)$$

在求得待定常数 α 后,由(1.5.2-35)式,可进而求得"效用因子" $\omega_i=\omega=1(i=1,2,\cdots,r)$ 的等重信源 X 的最大加权熵

$$H_\omega^r(1,1,\cdots,1;p_1,p_2,\cdots,p_r)_{\max} = \alpha + \sum_{i=1}^{r} \omega_i \cdot \exp\left(-\frac{\alpha}{\omega_i}-1\right)$$

$$= (\ln r - 1) + \sum_{i=1}^{r} 1 \cdot \exp[-(\ln r - 1)-1]$$

$$= (\ln r - 1) + r \cdot \exp[-\ln r] = (\ln r - 1) + r \cdot 1/r$$

$$= (\ln r - 1) + 1 = \ln r \qquad (1.5.2-40)$$

这表明,"效用因子" $\omega_i=\omega=1(i=1,2,\cdots,r)$ 的等重信源的加权熵的最大值,与不考虑效用因素的信息熵的最大值相同. 这意味着,"效用因子" $\omega_i=\omega=1(i=1,2,\cdots,r)$ 的等重信源,等同于不考虑效用因素的一般概率信源. 所以,我们可以说,信息熵是加权熵在 $\omega_i=\omega=1(i=1,2,\cdots,r)$ 时的一个特例.

综上所述,加权熵具备的数学特性表明,(1.5.1-4)式定义的加权熵函数,融合了信源的"量"信息和"质"信息. 它可以作为信源综合度量函数的一种有意义的尝试和探索.

1.5.3 加权熵的唯一性

任何物理量的度量函数形式,是由它必须满足的条件所决定的. 在满足某些必要条件下,(1.5.1-4)式是否是加权熵函数的唯一形式? 我们用"加权熵构成唯一性定理"来回答这个问题. 为了书写方便,我们把待证函数记为 $I_r(\omega_1,\omega_2,\cdots,\omega_r;p_1,p_2,\cdots,p_r)$.

定理 1.10 若要求:(1) $I_2(\omega_1,\omega_2;p,(1-p))$ 是 ≥ 0 的连续函数($p \in [0,1]$);(2) $I_r(\omega_1,\omega_2,\cdots,\omega_r;p_1,p_2,\cdots,p_r)$ 中"变量对"$(\omega_k p_k)(k=1,0,\cdots,r)$ 满足对称性;(3) $I_r(\omega_1,\omega_2,\cdots,\omega_r;$

$p_1, p_2, \cdots, p_r)$满足递推性;(4) 等概信源的加权熵

$$I_r(\omega_1, \omega_2, \cdots, \omega_r; p_1, p_2, \cdots, p_r) = L(r) \cdot \frac{\omega_1 + \omega_2 + \cdots + \omega_r}{r}$$

其中,$L(r)>0(r>1$ 的正整数),则

$$I_r(\omega_1, \omega_2, \cdots, \omega_r; p_1, p_2, \cdots, p_r) = -\sum_{i=1}^{r} \omega_i p_i \log p_i$$

是加权熵 $I_r(\omega_1, \omega_2, \cdots, \omega_r; p_1, p_2, \cdots, p_r)$的唯一函数形式.

　　证明　证明过程分以下几步进行.

　　(1) $I_2(\omega', \omega''; 1, 0) = 0$　(ω', ω''为任意正数)

　　设 $\omega_1, \omega_2, \omega_3$ 为任意正数,据条件(3),由(1.5.2-7)式和(1.5.2-8)式

$$I_3(\omega_1, \omega_2, \omega_3; 1/2, 1/2, 0)$$

$$= I_2 \left[\omega_1, \frac{1/2 \cdot \omega_2 + 0 \cdot \omega_3}{(1/2 + 0)}; 1/2, (1/2 + 0) \right]$$

$$+ (1/2 + 0) \cdot I_2 \left[\omega_2, \omega_3; \frac{1/2}{(1/2 + 0)}, \frac{0}{(1/2 + 0)} \right]$$

$$= I_2(\omega_1, \omega_2; 1/2, 1/2) + 1/2 [I_2(\omega_2, \omega_3; 1, 0)] \qquad (1.5.3-1)$$

同样,据条件(3),由(1.5.2-7)和(1.5.2-8)式,有

$$I_3(\omega_3, \omega_2, \omega_1; 0, 1/2, 1/2)$$

$$= I_2 \left[\omega_3, \frac{\omega_2 \cdot 1/2 + \omega_1 \cdot 1/2}{(1/2 + 1/2)}; 0, (1/2 + 1/2) \right]$$

$$+ (1/2 + 1/2) \cdot I_2 \left[\omega_2, \omega_1; \frac{1/2}{(1/2 + 1/2)}; \frac{1/2}{(1/2 + 1/2)} \right]$$

$$= I_2(\omega_3, 1/2(\omega_2 + \omega_1); 0, 1) + I_2(\omega_2, \omega_1; 1/2, 1/2) \qquad (1.5.3-2)$$

由条件(2),有

$$I_3(\omega_1, \omega_2, \omega_3; 1/2, 1/2, 0) = I_3(\omega_3, \omega_2, \omega_1; 0, 1/2, 1/2) \qquad (1.5.3-3)$$

由(1.5.3-1)和(1.5.3-2)式,有

$$I_2(\omega_1, \omega_2; 1/2, 1/2) + \frac{1}{2} I_2(\omega_2, \omega_3; 1, 0)$$

$$= I_2(\omega_3, 1/2(\omega_2 + \omega_1); 0, 1) + I_2(\omega_2, \omega_1; 1/2, 1/2) \qquad (1.5.3-4)$$

即得

$$I_2(\omega_2, \omega_3; 1, 0) = 2 \cdot I_2 [\omega_3, 1/2(\omega_2 + \omega_1); 0, 1] \qquad (1.5.3-5)$$

当 $\omega_1 = \omega_2$ 时,(1.5.3-5)式同样成立,则有

$$I_2(\omega_2, \omega_3; 1, 0) = 2 \cdot I_2(\omega_3, \omega_2; 0, 1) \qquad (1.5.3-6)$$

由条件(2),又有

$$I_2(\omega_2, \omega_3; 1, 0) = 2 \cdot I_2(\omega_2, \omega_3; 1, 0) \qquad (1.5.3-7)$$

由(1.5.3-7)式,得 $I_2(\omega_2, \omega_3; 1, 0) = 0$,即

$$I_2(\omega', \omega''; 1, 0) = 0 \quad (\omega', \omega''为任意正数) \qquad (1.5.3-8)$$

　　(2) $I_{r+1}(\omega_1, \omega_2, \cdots, \omega_r, \omega_{r+1}; p_1, p_2, \cdots, p_r, 0) = I_r(\omega_1, \omega_2, \cdots, \omega_r; p_1, p_2, \cdots, p_r)$

　　根据条件(3),由(1.5.2-7)和(1.5.2-8)式,有

$$I_{r+1}(\omega_1, \omega_2, \cdots, \omega_{r-1}, \omega_r, \omega_{r+1}; p_1, p_2, \cdots, p_{r-1}, p_r, 0)$$

$$= I_r(\omega_1,\omega_2,\cdots,\omega_{r-1},\omega';p_1,p_2,\cdots,p_{r-1},p') + p' \cdot I_2(\omega_r,\omega_{r+1};p_r/p',0/p')$$

$$= I_r(\omega_1,\omega_2,\cdots,\omega_{r-1},\omega_r;p_1,p_2,\cdots,p_{r-1},p_r) + p_r \cdot I_2(\omega_r,\omega_{r+1};1,0) \qquad (1.5.3-9)$$

由(1.5.3-8)式,有

$$I_{r+1}(\omega_1,\omega_2,\cdots,\omega_r,\omega_{r+1};p_1,p_2,\cdots,p_r,0)$$

$$= I_r(\omega_1,\omega_2,\cdots,\omega_r;p_1,p_2,\cdots,p_r) \qquad (1.5.3-10)$$

(3) $\quad I_{r-1+m}(\omega_1,\omega_2,\cdots,\omega_{r-1},\omega'_1,\omega'_2,\cdots,\omega'_m;p_1,p_2,\cdots,p_{r-1},p'_1,p'_2,\cdots,p'_m)$

$$= I_r(\omega_1,\omega_2,\cdots,\omega_{r-1},\omega_r;p_1,p_2,\cdots,p_{r-1},p_r)$$

$$+ p_r \cdot I_m(\omega'_1,\omega'_2,\cdots,\omega'_m;p'_1/p_r,p'_2/p_r,\cdots,p'_m/p_r) \qquad (1.5.3-11)$$

其中

$$\begin{cases} \omega_r = \dfrac{\omega'_1 p'_1 + \omega'_2 p'_2 + \cdots + \omega'_m p'_m}{p_r} \\ p_r = p'_1 + p'_2 + \cdots + p'_m \end{cases} \qquad (1.5.3-12)$$

用"归纳法"证明:

① 当 $m=2$ 时,由条件(3)直接证得

$$I_{r-1+2}(\omega_1,\omega_2,\cdots,\omega_{r-1},\omega'_1,\omega'_2;p_1,p_2,\cdots,p_{r-1},p'_1,p''_2)$$

$$= I_r(\omega_1,\omega_2,\cdots,\omega_{r-1},\omega_r;p_1,p_2,\cdots,p_{r-1},p_r)$$

$$+ p_r \cdot I_2(\omega'_1,\omega'_2;p'_r/p_r,p''_2/p_r) \qquad (1.5.3-13)$$

其中

$$\begin{cases} \omega_r = \dfrac{\omega'_1 p'_1 + \omega'_2 p'_2}{p_r} \\ p_r = p'_1 + p''_2 \end{cases} \qquad (1.5.3-14)$$

② 令 $m=m_0$ 时,有

$$I_{r-1+m_0}(\omega_1,\omega_2,\cdots,\omega_{r-1},\omega'_1,\omega'_2,\cdots,\omega'_{m_0};p_1,p_2,\cdots,p_{r-1},p'_1,p'_2,\cdots,p'_{m_0})$$

$$= I_r(\omega_1,\omega_2,\cdots,\omega_{r-1},\omega_r;p_1,p_2,\cdots,p_{r-1},p_r)$$

$$+ p_r \cdot I_{m_0}(\omega'_1,\omega'_2,\cdots,\omega'_{m_0};p'_1/p_r,p'_2/p_r,\cdots,p'_{m_0}/p_r) \qquad (1.5.3-15)$$

其中

$$\begin{cases} \omega_r = \dfrac{\omega'_1 p'_1 + \omega'_2 p'_2 + \cdots + \omega'_{m_0} p'_{m_0}}{p_r} \\ p_r = p'_1 + p'_2 + \cdots + p'_{m_0} \end{cases} \qquad (1.5.3-16)$$

③ 当 $m=m_0+1$,由(1.5.3-15)和(1.5.3-16)式,有

$$I_{r-1+(m_0+1)}(\omega_1,\omega_2,\cdots,\omega_{r-1},\omega'_1,\omega'_2,\cdots,\omega'_{m_0},\omega'_{m_0+1};p_1,p_2,\cdots,p_{r-1},p'_1,p'_2,\cdots,p'_{m_0},p'_{m_0+1})$$

$$= I_{r-1+(1+1)}(\omega_1,\omega_2,\cdots,\omega_{r-1},\omega'_1,\omega'';p_1,p_2,\cdots,p_{r-1},p'_1,p'')$$

$$+ p'' \cdot I_{m_0}(\omega'_2,\omega'_3,\cdots,\omega'_{m_0},\omega'_{m_0+1};p'_2/p'',p'_3/p'',\cdots,p'_{m_0}/p'',p'_{m_0+1}/p'')$$

$$= I_{r+1}(\omega_1,\omega_2,\cdots,\omega_{r-1},\omega'_1,\omega'';p_1,p_2,\cdots,p_{r-1},p'_1,p'')$$

$$+ p'' \cdot I_{m_0}(\omega'_2,\omega'_3,\cdots,\omega'_{m_0},\omega'_{m_0+1};p'_2/p'',p'_3/p'',,\cdots,p'_{m_0}/p'',p'_{m_0+1}/p'') \qquad (1.5.3-17)$$

其中

$$\begin{cases} \omega'' = \dfrac{\omega'_2 p'_2 + \omega'_3 p'_3 + \cdots + \omega'_{m_0} p'_{m_0} + \omega'_{m_0+1} p'_{m_0+1}}{p''} \\ p'' = p'_2 + p'_3 + \cdots + p'_{m_0} + p'_{m_0+1} \end{cases} \tag{1.5.3-18}$$

现在,我们重点剖析等式(1.5.3-17)右边两项.对于第一项,由条件(3),有

$$I_{r+1}(\omega_1, \omega_2, \cdots, \omega_{r-1}, \omega'_1, \omega''; p_1, p_2, \cdots, p_{r-1}, p'_1, p'')$$

$$= I_r(\omega_1, \omega_2, \cdots, \omega_{r-1}, \omega_r; p_1, p_2, \cdots, p_{r-1}, p_r)$$

$$+ p_r \cdot I_2(\omega'_1, \omega''; p'_1/p_r, p''/p_r) \tag{1.5.3-19}$$

其中

$$\begin{cases} \omega_r = \dfrac{\omega'_1 p'_1 + \omega'' p''}{p_r} \\ p_r = p'_1 + p'' \end{cases} \tag{1.5.3-20}$$

对于第二项,由(1.5.3-17)式和(1.5.3-18)式,有

$$I_{m_0+1}(\omega'_1, \omega'_2, \cdots, \omega'_{m_0}, \omega'_{m_0+1}; p'_1/p_r, p'_2/p_r, \cdots, p'_{m_0}/p_r, p'_{m_0+1}/p_r)$$

$$= I_2\Bigg(\omega'_1, \frac{\omega'_2 \cdot p'_2/p_r + \omega'_3 \cdot p'_3/p_r + \cdots + \omega'_{m_0} \cdot p'_{m_0}/p_r + \omega'_{m_0+1} \cdot p'_{m_0+1}/p_r}{p'_2/p_r + p'_3/p_r + \cdots + p'_{m_0}/p_r + p'_{m_0+1}/p_r};$$

$$p'_1/p_r, p'_2/p_r + p'_3/p_r + \cdots + p'_{m_0}/p_r + p'_{m_0+1}/p_r\Bigg)$$

$$+ \Big(p'_2/p_r + p'_3/p_r + \cdots + p'_{m_0}/p_r + p'_{m_0+1}/p_r\Big) \cdot I_{m_0}\Big(\omega'_2, \omega'_3, \cdots, \omega'_{m_0}, \omega'_{m_0+1};$$

$$\frac{p'_2/p_r}{p'_2/p_r + p'_3/p_r + \cdots + p'_{m_0}/p_r + p'_{m_0+1}/p_r}, \frac{p'_3/p_r}{p'_2/p_r + p'_3/p_r + \cdots + p'_{m_0}/p_r + p'_{m_0+1}/p_r}, \cdots,$$

$$\frac{p'_{m_0}/p_r}{p'_2/p_r + p'_3/p_r + \cdots + p'_{m_0}/p_r + p'_{m_0+1}/p_r}, \frac{p'_{m_0+1}/p_r}{p'_2/p_r + p'_3/p_r + \cdots + p'_{m_0}/p_r + p'_{m_0+1}/p_r}\Big)$$

$$\tag{1.5.3-21}$$

由(1.5.3-18)式,等式(1.5.3-21)可改写为

$$I_{m_0+1}(\omega'_1, \omega'_2, \cdots, \omega'_{m_0}, \omega'_{m_0+1}; p'_1/p_r, p'_2/p_r, \cdots, p'_{m_0}/p_r, p'_{m_0+1}/p_r)$$

$$= I_2(\omega'_1, \omega''; p'_1/p_r, p''/p_r)$$

$$+ p''/p_r \cdot I_{m_0}(\omega'_2, \omega'_3, \cdots, \omega'_{m_0}, \omega'_{m_0+1}; p'_2/p'', p'_3/p'', \cdots, p'_{m_0}/p'', p'_{m_0+1}/p'') \tag{1.5.3-22}$$

用 p_r 乘(1.5.3-22)式两边,等式仍然成立,即有

$$p_r \cdot I_{m_0+1}(\omega'_1, \omega'_2, \cdots, \omega'_{m_0}, \omega'_{m_0+1}; p'_1/p_r, p'_2/p_r, \cdots, p'_{m_0}/p_r, p'_{m_0+1}/p_r)$$

$$= p_r \cdot I_2(\omega'_1, \omega''; p'_1/p_r, p''/p_r)$$

$$+ p'' I_{m_0}(\omega'_2, \omega'_3, \cdots, \omega'_{m_0}, \omega'_{m_0+1}; p'_2/p'', p'_3/p'', \cdots, p'_{m_0}/p'', p'_{m_0+1}/p'') \tag{1.5.3-23}$$

由(1.5.3-23)式,得(1.5.3-17)式中的第二项

$$p'' \cdot I_{m_0}(\omega_2', \omega_3', \cdots, \omega_{m_0}', \omega_{m_0+1}'; p_2'/p'', p_3'/p'', \cdots, p_{m_0}'/p'', p_{m_0+1}'/p'')$$

$$= p_r \cdot I_{m_0+1}(\omega_1', \omega_2', \cdots, \omega_{m_0}', \omega_{m_0+1}'; p_1'/p_r, p_2'/p_r, \cdots, p_{m_0}'/p_r, p_{m_0+1}'/p_r)$$

$$- p_r \cdot I_2(\omega_1', \omega''; p_1'/p_r, p''/p_r) \tag{1.5.3-24}$$

由(1.5.3-19)式和(1.5.3-20)式,以及(1.5.3-24)式,等式(1.5.3-17)又可改写为

$$I_{r-1+(m_0+1)}(\omega_1, \omega_2, \cdots, \omega_{r-1}, \omega_1', \omega_2', \cdots, \omega_{m_0}', \omega_{m_0+1}'; p_1, p_2, \cdots, p_{r-1}, p_1', p_2', \cdots, p_{m_0}', p_{m_0+1}')$$

$$= I_r(\omega_1, \omega_2, \cdots, \omega_{r-1}, \omega_r; p_1, p_2, \cdots, p_{r-1}, p_r) + p_r \cdot I_2(\omega_1', \omega''; p_1'/p_r, p''/p_r)$$

$$+ p_r \cdot I_{m_0+1}(\omega_1', \omega_2', \cdots, \omega_{m_0}', \omega_{m_0+1}'; p_1'/p_r, p_2'/p_r, \cdots, p_{m_0}'/p_r, p_{m_0+1}'/p_r)$$

$$- p_r I_2(\omega_1', \omega''; p_1'/p_r, p''/p_r)$$

$$= I_r(\omega_1, \omega_2, \cdots, \omega_{r-1}, \omega_r; p_1, p_2, \cdots, p_{r-1}, p_r)$$

$$+ p_r \cdot I_{m_0+1}(\omega_1', \omega_2', \cdots, \omega_{m_0}', \omega_{m_0+1}'; p_1'/p_r, p_2'/p_r, \cdots, p_{m_0}'/p_r, p_{m_0+1}'/p_r) \tag{1.5.3-25}$$

其中

$$\begin{cases} \omega_r = \dfrac{\omega_1' p_1' + \omega'' p''}{p_r} \\ \quad = \dfrac{\omega_1' p_1' + \omega_2' p_2' + \cdots + \omega_{m_0}' p_{m_0}' + \omega_{m_0+1}' p_{m_0+1}'}{p_1' + p_2' + \cdots + p_{m_0}' + p_{m_0+1}'} \\ p_r = p_1' + p_2' + \cdots + p_{m_0}' + p_{m_0+1}' \end{cases} \tag{1.5.3-26}$$

这样,(1.5.3-11)式和(1.5.3-12)式就得到了证明.

  (4)

$$I_{m_1+m_2+\cdots+m_r}(\omega_{11}', \omega_{12}', \cdots, \omega_{1m_1}',$$
$$\omega_{21}', \omega_{22}', \cdots, \omega_{2m_2}',$$
$$\vdots$$
$$\omega_{r1}', \omega_{r2}', \cdots, \omega_{rm_r}';$$
$$p_{11}', p_{12}', \cdots, p_{1m_1}',$$
$$p_{21}', p_{22}', \cdots, p_{2m_2}',$$
$$\vdots$$
$$p_{r1}', p_{r2}', \cdots, p_{rm_r}')$$

$$= I_r(\omega_1, \omega_2, \cdots, \omega_r; p_1, p_2, \cdots, p_r)$$

$$+ \sum_{i=1}^{r} p_i I_{m_i}(\omega_{i1}', \omega_{i2}', \cdots, \omega_{im_i}'; p_{i1}'/p_i, p_{i2}'/p_i, \cdots, p_{im_i}'/p_i) \tag{1.5.3-27}$$

其中

$$\begin{cases} \omega_i = \dfrac{\omega_{i1}' p_{i1}' + \omega_{i2}' p_{i2}' + \cdots + \omega_{im_i}' p_{im_i}'}{p_i} \\ \qquad\qquad\qquad\qquad\qquad\qquad (i=1,2,\cdots,r) \\ p_i = p_{i1}' + p_{i2}' + \cdots + p_{im_i}' \end{cases} \tag{1.5.3-28}$$

对(1.5.3-27)式,反复运用(1.5.3-25)和(1.5.3-26)式,有

$$
\begin{aligned}
I_{m_1+m_2+\cdots+m_r}\big(&\omega'_{11},\omega'_{12},\cdots,\omega'_{1m_1}\\
&\omega'_{21},\omega'_{22},\cdots,\omega'_{2m_2}\\
&\vdots\\
&\omega'_{r1},\omega'_{r2},\cdots,\omega'_{rm_r};\\
&p'_{11},p'_{12},\cdots,p'_{1m_1}\\
&p'_{21},p'_{22},\cdots,p'_{2m_2}\\
&\vdots\\
&p'_{r1},p'_{r2},\cdots,\omega'_{mm_r}\big)
\end{aligned}
$$

$$
\begin{aligned}
=I_{m_1+m_2+\cdots+m_{r-1}+1}\Big[&\omega'_{11},\omega'_{12},\cdots,\omega'_{1m_1}\\
&\omega'_{21},\omega'_{22},\cdots,\omega'_{2m_2}\\
&\vdots\\
&\omega'_{(r-1)1},\omega'_{(r-1)2},\cdots,\omega'_{(r-1)m_{(r-1)}}\\
&\omega_r;\\
&p'_{11},p'_{12},\cdots,p'_{1m_1}\\
&p'_{21},p'_{22},\cdots,p'_{2m_2}\\
&\vdots\\
&p'_{(r-1)1},p'_{(r-1)2},\cdots,p'_{(r-1)m_{(r-1)}}\\
&p_r\Big]
\end{aligned}
$$

$$
+p_r\cdot I_{m_r}\big(\omega'_{r1},\omega'_{r2},\cdots,\omega'_{rm_r};p'_{r1}/p_r,p'_{r2}/p_r,\cdots,p'_{mm_r}/p_r\big)
$$

$$
\begin{aligned}
=I_{m_1+m_2+\cdots+m_{r-2}+1+1}\Big[&\omega'_{11},\omega'_{12},\cdots,\omega'_{1m_1}\\
&\omega'_{21},\omega'_{22},\cdots,\omega'_{2m_2}\\
&\vdots\\
&\omega'_{(r-2)1},\omega'_{(r-2)2},\cdots,\omega'_{(r-2)m_{(r-2)}}\\
&\omega_{r-1},\omega_r;\\
&p'_{11},p'_{12},\cdots,p'_{1m_1}\\
&p'_{21},p'_{22},\cdots,p'_{2m_2}\\
&\vdots\\
&p'_{(r-2)1},p'_{(r-2)2},\cdots,p'_{(r-2)m_{(r-2)}}\\
&p_{r-1},p_r\Big]
\end{aligned}
$$

$$
+p_r\cdot I_{m_r}\big(\omega'_{r1},\omega'_{r2},\cdots,\omega'_{rm_r};p'_{r1}/p_r,p'_{r2}/p_r,\cdots,p'_{mm_r}/p_r\big)
$$

$$
+p_{r-1}\cdot I_{m_{(r-1)}}\Big[\omega'_{(r-1)1},\omega'_{(r-1)2},\cdots,\omega'_{(r-1)m_{(r-1)}};
$$

$$
\frac{p'_{(r-1)1}}{p_{r-1}},\frac{p'_{(r-1)2}}{p_{r-1}},\cdots,\frac{p'_{(r-1)m_{(r-1)}}}{p_{r-1}}\Big]
$$

$$=\cdots$$

$$=I_{1+1+\cdots+1}\left(\omega_r,\omega_{r-1},\cdots,\omega_2,\omega_1;p_r,p_{r-1},\cdots,p_2,p_1\right)$$

$$+p_r\cdot I_{m_r}\left(\omega'_{r1},\omega'_{r2},\cdots,\omega'_{rm_r};p'_{r1}/p_r,p'_{r2}/p_r,\cdots,p'_{rm_r}/p_r\right)$$

$$+p_{r-1}\cdot I_{m_{(r-1)}}\left[\omega'_{(r-1)1},\omega'_{(r-1)2},\cdots,\omega'_{(r-1)m_{(r-1)}};\frac{p'_{(r-1)1}}{p_{r-1}},\frac{p'_{(r-2)2}}{p_{r-1}},\cdots,\frac{p'_{(r-1)m_{(r-1)}}}{p_{r-1}}\right]$$

$$+\cdots$$

$$+p_1\cdot I_{m_1}\left(\omega'_{11},\omega'_{12},\cdots,\omega'_{1m_1};p'_{11}/p_1,p'_{12}/p_1,\cdots,p'_{1m_1}/p_1\right)$$

$$=I_r\left(\omega_1,\omega_2,\cdots,\omega_{r-1},\omega_r;p_1,p_2,\cdots,p_{r-1},p_r\right)$$

$$+\sum_{i=1}^{r}p_iI_{m_i}\left(\omega'_{i1},\omega'_{i2},\cdots,\omega'_{im_i};p'_{i1}/p_i,p'_{i2}/p_i,\cdots,p'_{im_i}/p_i\right)\quad(1.5.3-29)$$

其中

$$\begin{cases}\omega_i=\dfrac{\omega'_{i1}p'_{i1}+\omega'_{i2}p'_{i2}+\cdots+\omega'_{im_i}p'_{im_i}}{p_i}\\[2mm]p_i=p'_{i1}+p'_{i2}+\cdots+p'_{im_i}\end{cases}\quad(i=1,2,\cdots,r)\qquad(1.5.3-30)$$

这样,等式(1.5.3-27)和(1.5.3-28)就得到了证明.

(5) $L(rm)=L(r)+L(m)$.

在(1.5.3-29)式和(1.5.3-30)式中,令,$m_1=m_2=\cdots=m_r=m$,则有

$$I_{rm}(\omega'_{11},\omega'_{12},\cdots,\omega'_{1m}$$

$$\omega'_{21},\omega'_{22},\cdots,\omega'_{2m}$$

$$\vdots$$

$$\omega'_{r1},\omega'_{r2},\cdots,\omega'_{rm};$$

$$p'_{11},p'_{12},\cdots,p'_{1m}$$

$$p'_{21},p'_{22},\cdots,p'_{2m}$$

$$\vdots$$

$$p'_{r1},p'_{r2},\cdots,p'_{rm})$$

$$=I_r(\omega_1,\omega_2,\cdots,\omega_r;p_1,p_2,\cdots,p_r)$$

$$+\sum_{i=1}^{r}p_i\cdot I_m(\omega'_{i1},\omega'_{i2},\cdots,\omega'_{im};p'_{i1}/p_i,p'_{i2}/p_i,\cdots,p'_{im}/p_i)\quad(1.5.3-31)$$

其中

$$\begin{cases}\omega_i=\dfrac{\omega'_{i1}p'_{i1}+\omega'_{i2}p'_{i2}+\cdots+\omega'_{im}p'_{im}}{p_i}\\[2mm]p_i=p'_{i1}+p'_{i2}+\cdots+p'_{im}\end{cases}\qquad(1.5.3-32)$$

由条件(4),令等概信源

$$p'_{ij}=1/(rm)\qquad(i=1,2,\cdots,r;j=1,2,\cdots,m)\qquad(1.5.3-33)$$

则由(1.5.3-32)式,有

$$\omega_i = \frac{(\omega'_{i1} + \omega'_{i2} + \cdots + \omega'_{im})/(rm)}{m \cdot 1/(rm)} = \frac{1}{m} \cdot \sum_{j=1}^{m} \omega'_{ij} \quad (i = 1, 2, \cdots, r) \quad (1.5.3-34)$$

$$p_i = m \cdot 1/(rm) = 1/r \quad (1.5.3-35)$$

根据条件(4),等式(1.5.3-31)的左边可改写为

$$I_{rm}\big[\omega'_{11}, \omega'_{12}, \cdots, \omega'_{1m}$$
$$\omega'_{21}, \omega'_{22}, \cdots, \omega'_{2m}$$
$$\vdots$$
$$\omega'_{r1}, \omega'_{r2}, \cdots, \omega'_{rm};$$
$$1/(rm), 1/(rm), \cdots, 1/(rm)$$
$$1/(rm), 1/(rm), \cdots, 1/(rm)$$
$$\vdots$$
$$1/(rm), 1/(rm), \cdots, 1/(rm)\big]$$

$$= L(rm) \cdot \frac{\sum_{i=1}^{r}(\omega'_{i1} + \omega'_{i2} + \cdots + \omega'_{im})}{rm} \quad (1.5.3-36)$$

根据条件(4),等式(1.5.3-31)的右边可改写为

$$I_r\left(\omega_1, \omega_2, \cdots, \omega_r; \frac{1}{m}, \frac{1}{m}, \cdots, \frac{1}{m}\right) + \frac{1}{r}\sum_{i=1}^{r} I_m\left(\omega'_{i1}, \omega'_{i2}, \cdots, \omega'_{im}; \frac{1}{m}, \frac{1}{m}, \cdots, \frac{1}{m}\right)$$

$$= L(r) \cdot \frac{\omega_1 + \omega_2 + \cdots + \omega_r}{r} + \frac{1}{r}\sum_{i=1}^{r} L(m) \cdot \frac{\omega'_{i1} + \omega'_{i2} + \cdots + \omega'_{im}}{m}$$

$$(1.5.3-37)$$

把(1.5.3-34)式,代入(1.5.3-37)式,有

$$I_r\left(\omega_1, \omega_2, \cdots, \omega_r; \frac{1}{m}, \frac{1}{m}, \cdots, \frac{1}{m}\right) + \frac{1}{r}\sum_{i=1}^{r} I_m\left(\omega'_{i1}, \omega'_{i2}, \cdots, \omega'_{im}; \frac{1}{m}, \frac{1}{m}, \cdots, \frac{1}{m}\right)$$

$$= L(r) \cdot \frac{\sum_{i=1}^{r}(\omega'_{i1} + \omega'_{i2} + \cdots + \omega'_{im})}{rm} + L(m) \cdot \frac{\sum_{i=1}^{r}(\omega'_{i1} + \omega'_{i2} + \cdots + \omega'_{im})}{rm}$$

$$(1.5.3-38)$$

由(1.5.3-36)式和(1.5.3-38)式,得

$$L(rm) = L(r) + L(m) \quad (1.5.3-39)$$

(6) $L(r)$ 是 r 的单调递增函数.

由条件(4),有

$$I_r(\omega_1, \omega_2, \cdots, \omega_r; 1/r, 1/r, \cdots, 1/r)$$
$$= L(r) \cdot \frac{\omega_1 + \omega_2 + \cdots + \omega_r}{r} \quad (1.5.3-40)$$

另一方面,由(1.5.3-11)式,(1.5.3-40)式可改写为

$$I_r(\omega_1, \omega_2, \cdots, \omega_r; 1/r, 1/r, \cdots, 1/r)$$
$$= I_2\left[\omega_1, \frac{(\omega_2 + \omega_3 + \cdots + \omega_r)/r}{(r-1) \cdot 1/r}; \frac{1}{r}, \frac{(r-1)}{r}\right]$$

$$+ \frac{(r-1)}{r} \cdot I_{r-1}\Big[\omega_2, \omega_3, \cdots, \omega_r ; \frac{1/r}{(r-1)/r}, \frac{1/r}{(r-1)/r}, \cdots, \frac{1/r}{(r-1)/r}\Big]$$

$$= I_2\Big(\omega_1, \frac{\omega_2 + \omega_3 + \cdots + \omega_r}{r-1}; \frac{1}{r}, \frac{r-1}{r}\Big)$$

$$+ (r-1)/r \cdot I_{r-1}\big[\omega_2, \omega_3, \cdots, \omega_r ; 1/(r-1), 1/(r-1), \cdots, 1/(r-1)\big]$$

$$= I_2\Big(\omega_1, \frac{\omega_2 + \omega_3 + \cdots + \omega_r}{r-1}; \frac{1}{r}, \frac{r-1}{r}\Big)$$

$$+ \frac{r-1}{r} \cdot \Big[L(r-1) \cdot \frac{\omega_2 + \omega_3 + \cdots + \omega_r}{(r-1)} \Big]$$

$$= I_2\Big(\omega_1, \frac{\omega_2 + \omega_3 + \cdots + \omega_r}{r-1}; \frac{1}{r}, \frac{r-1}{r}\Big)$$

$$+ L(r-1) \cdot \frac{\omega_2 + \omega_3 + \cdots + \omega_r}{r} \tag{1.5.3-41}$$

由(1.5.3-40)式和(1.5.3-41)式,有

$$L(r) \cdot \frac{\omega_1 + \omega_2 + \cdots + \omega_r}{r}$$

$$= I_2\Big(\omega_1, \frac{\omega_2 + \omega_3 + \cdots + \omega_r}{r-1}; \frac{1}{r}, \frac{r-1}{r}\Big)$$

$$+ L(r-1) \cdot \Big(\frac{\omega_2 + \omega_3 + \cdots + \omega_r}{r}\Big) \tag{1.5.3-42}$$

令 $\omega_1 = 0$,(1.5.3-42)式同样成立,并有

$$L(r) \cdot \frac{\omega_2 + \omega_3 + \cdots + \omega_r}{r}$$

$$= I_2\Big(0, \frac{\omega_2 + \omega_3 + \cdots + \omega_r}{r-1}; \frac{1}{r}, \frac{r-1}{r}\Big)$$

$$+ L(r-1) \cdot \frac{\omega_2 + \omega_3 + \cdots + \omega_r}{r} \tag{1.5.3-43}$$

即

$$[L(r) - L(r-1)] \cdot \frac{\omega_2 + \omega_3 + \cdots + \omega_r}{r} = I_2\Big(0, \frac{\omega_2 + \omega_3 + \cdots + \omega_r}{r-1}; \frac{1}{r}, \frac{r-1}{r}\Big)$$
$$\tag{1.5.3-44}$$

再令 $\omega_2 = \omega_3 = \cdots = \omega_r = \omega$,则(1.5.3-44)式同样成立,并有

$$[L(r) - L(r-1)] \cdot \frac{r-1}{r} \cdot \omega = I_2\Big(0, \omega; \frac{1}{r}, \frac{r-1}{r}\Big) \tag{1.5.3-45}$$

由条件(1),有

$$I_2\big[0, \omega; 1/r, (r-1)/r\big] \geqslant 0 \tag{1.5.3-46}$$

考虑到"效用因子"ω 为非负实数,且

$$(r-1)/r \geqslant 0 \tag{1.5.3-47}$$

由(1.5.3-45)式,有

$$L(r) - L(r-1) \geqslant 0 \tag{1.5.3-48}$$

当 $r \to \infty$ 时,对(1.5.3-45)式两边取极限,等式同样成立,有

$$\lim_{r\to\infty}\left\{\left[L(r)-L(r-1)\right]\cdot(r-1)/r\cdot\omega\right\}=\lim_{r\to\infty}I_2\left\{0,\omega,1/r,(r-1)/r\right\}$$

即有

$$\omega\cdot\lim_{r\to\infty}\left[L(r)-L(r-1)\right]=\lim_{r\to\infty}I_2\left[0,\omega;1/r,(r-1)/r\right]$$

则得

$$\lim_{r\to\infty}\left[L(r)-L(r-1)\right]=I_2(0,\omega;0,1)\tag{1.5.3-49}$$

由(1.5.3-8)式,有

$$\lim_{r\to\infty}\left[L(r)-L(r-1)\right]=0\tag{1.5.3-50}$$

不等式(1.5.3-48)和等式(1.5.3-50)表明,$[L(r)-L(r-1)]$是从正方向趋于零. 这就证明了 $L(r)$ 是 r 的单调递增函数.

(7) $L(r)=\lambda\log r$

由(1.5.3-39)式,有

$$L(rm)=L(r)+L(m)$$

当 $r=m=1$ 时,有

$$L(1\cdot1)=L(1)+L(1)=2L(1)=L(1)\tag{1.5.3-51}$$

即得

$$L(1)=0\tag{1.5.3-52}$$

又因为 $L(r)$ 是 r 的单调递增连续函数,对一切 $r\geqslant1$,均有

$$L(r)\geqslant0\tag{1.5.3-53}$$

即 $L(r)$ 是非负函数.

若 k 为任意正整数,当 $r\geqslant m$ 时,总可找到一个正整数 l,使

$$m^l\leqslant r^k\leqslant m^{l+1}\tag{1.5.3-54}$$

考虑到 $L(r)$ 是单调递增连续函数,有

$$L(m^l)\leqslant L(r^k)\leqslant L(m^{l+1})\tag{1.5.3-55}$$

由(1.5.3-39)式,有

$$l\,L(m)\leqslant k\,L(r)\leqslant(l+1)L(m)\tag{1.5.3-56}$$

用 $k\cdot L(m)$ 除(1.5.3-56)式各项,并考虑到(1.5.3-53)式,有

$$l/k\leqslant L(r)/L(m)\leqslant(l+1)/k\tag{1.5.3-57}$$

另一方面,考虑到"底"大于 1 的对数,是单调递增函数. 由(1.5.3-54)式,有

$$l\log m\leqslant k\log r\leqslant(l+1)\log m\tag{1.5.3-58}$$

因为 m 是大于 1 的正整数,所以

$$\log m>0\tag{1.5.3-59}$$

用 $k\cdot\log m$ 除(1.5.3-58)式各项,并考虑到 r 亦是大于 1 的整数,有 $\log r>0$,则

$$l/k\leqslant\log r/\log m\leqslant(l+1)/k\tag{1.5.3-60}$$

由(1.5.3-57)式和(1.5.3-60)式,有

$$|\log r/\log m-L(r)/L(m)|\leqslant1/k\tag{1.5.3-61}$$

当 $k\to\infty$ 时,(1.5.3-61)式同样成立,即有

$$\log r/\log m = L(r)/L(m) \tag{1.5.3-62}$$

由于 m 是大于 1 的任意正整数，r 是大于 m 的任意正整数，若令 λ 是大于零的常数，则证得

$$L(r) = \lambda \log r \tag{1.5.3-63}$$

(8) $I_r(\omega_1, \omega_2, \cdots, \omega_r; p_1, p_2, \cdots, p_r) = -\lambda \sum_{i=1}^{r} \omega_i p_i \log p_i.$

设信源 X 的符号 a_i 的概率分布 $p_i \left(0 \leqslant p_i \leqslant 1, \sum_{i=1}^{r} p_i = 1\right)$ 是有理数，则总可找到一个足够小的数 $\varepsilon > 0$，使

$$\begin{cases} p_1 = \overbrace{\varepsilon + \varepsilon + \cdots + \varepsilon}^{m_1 \uparrow} = m_1 \varepsilon; \quad m_1 = \dfrac{p_1}{\varepsilon} \\[2mm] p_2 = \overbrace{\varepsilon + \varepsilon + \cdots + \varepsilon}^{m_2 \uparrow} = m_2 \varepsilon; \quad m_2 = \dfrac{p_2}{\varepsilon} \\[2mm] \cdots \\[2mm] p_r = \overbrace{\varepsilon + \varepsilon + \cdots + \varepsilon}^{m_r \uparrow} = m_r \varepsilon; \quad m_r = \dfrac{p_r}{\varepsilon} \end{cases} \tag{1.5.3-64}$$

令

$$m_1 + m_2 + \cdots + m_r = N \tag{1.5.3-65}$$

由概率空间的完备性，有

$$p_1 + p_2 + \cdots + p_r = N\varepsilon = 1 \tag{1.5.3-66}$$

即有

$$\varepsilon = 1/N \tag{1.5.3-67}$$

也就是说，我们总可以找到 r 个正整数 $m_1, m_2, \cdots, m_r$（或足够大的正整数 $N = m_1 + m_2 + \cdots + m_r$)，使信源的概率分布

$$p_i = m_i/N \quad (i = 1, 2, \cdots, r) \tag{1.5.3-68}$$

在此，假设(1.5.3-29)和(1.5.3-30)式中的

$$p'_{ij} = 1/N \quad (i = 1, 2, \cdots, r; j = 1, 2, \cdots, m) \tag{1.5.3-69}$$

这个假设对要待证的结论不失一般性. 这样，(1.5.3-29)和(1.5.3-30)式就可改写为

$$\begin{aligned} I_{m_1+m_2+\cdots+m_r}(&\omega'_{11}, \omega'_{12}, \cdots, \omega'_{1m_1} \\ &\omega'_{21}, \omega'_{22}, \cdots, \omega'_{2m_2} \\ &\vdots \\ &\omega'_{r1}, \omega'_{r2}, \cdots, \omega'_{m_r}; \\ &p'_{11}, p'_{12}, \cdots, p'_{1m_1} \\ &p'_{21}, p'_{22}, \cdots, p'_{2m_2} \\ &\vdots \\ &p'_{r1}, p'_{r2}, \cdots, p'_{m_r}) \\ = I_r(&\omega_1, \omega_2, \cdots, \omega_r; p_1, p_2, \cdots, p_r) \end{aligned}$$

$$+ \sum_{i=1}^{r} p_i \cdot I_{m_i} \left(\omega'_{i1}, \omega'_{i2}, \cdots, \omega'_{im_i}; \frac{1}{m_i}, \frac{1}{m_i}, \cdots, \frac{1}{m_i} \right) \tag{1.5.3-70}$$

其中

$$
\begin{aligned}
\omega_i &= \frac{\omega'_{i1} p'_{i1} + \omega'_{i2} p'_{i2} + \cdots + \omega'_{im_i} p'_{im_i}}{p'_{i1} + p'_{i2} + \cdots + p'_{im_i}} \\
&= \frac{(\omega'_{i1} + \omega'_{i2} + \cdots + \omega'_{im_i})/N}{1/N + 1/N + \cdots + 1/N} \\
&= \frac{\omega'_{i1} + \omega'_{i2} + \cdots + \omega'_{im_i}}{m_i} \quad (i = 1, 2, \cdots, r)
\end{aligned}
\tag{1.5.3-71}
$$

$$p_i = p'_{i1} + p'_{i2} + \cdots + p'_{im_i} = m_i/N \quad (i = 1, 2, \cdots, r) \tag{1.5.3-72}$$

引起我们关注的是(1.5.3-70)式右边的第二项. 由条件(4)和(1.5.3-63)、(1.5.3-68)式,
(1.5.3-70)式右边第二项为

$$
\begin{aligned}
& \sum_{i=1}^{r} p_i \cdot I_{m_i} \left(\omega'_{i1}, \omega'_{i2}, \cdots, \omega'_{im_i}; \frac{1}{m_i}, \frac{1}{m_i}, \cdots, \frac{1}{m_i} \right) \\
&= \sum_{i=1}^{r} \frac{m_i}{N} \cdot L(m_i) \cdot \frac{\omega'_{i1} + \omega'_{i2} + \cdots + \omega'_{im_i}}{m_i} \\
&= \sum_{i=1}^{r} \frac{m_i}{N} \cdot L(Np_i) \cdot \frac{\omega'_{i1} + \omega'_{i2} + \cdots + \omega'_{im_i}}{m_i} \\
&= \sum_{i=1}^{r} \frac{m_i}{N} \cdot \lambda \log(Np_i) \cdot \frac{\omega'_{i1} + \omega'_{i2} + \cdots + \omega'_{im_i}}{m_i} \\
&= \lambda \sum_{i=1}^{r} \frac{m_i}{N} (\log N) \cdot \frac{\omega'_{i1} + \omega'_{i2} + \cdots + \omega'_{im_i}}{m_i} \\
&\quad + \lambda \sum_{i=1}^{r} \frac{m_i}{N} (\log p_i) \cdot \frac{\omega'_{i1} + \omega'_{i2} + \cdots + \omega'_{im_i}}{m_i} \\
&= \lambda (\log N) \cdot \sum_{i=1}^{r} \frac{\omega'_{i1} + \omega'_{i2} + \cdots + \omega'_{im_i}}{N} \\
&\quad + \lambda \sum_{i=1}^{r} p_i \log p_i \cdot \frac{\omega'_{i1} + \omega'_{i2} + \cdots + \omega'_{im_i}}{m_i}
\end{aligned}
\tag{1.5.3-73}
$$

另一方面,由假设(1.5.3-64)式,根据条件(4)和(1.5.3-63)式,(1.5.3-31)式可直接改
写为

$$
\begin{aligned}
I_{m_1 + m_2 + \cdots + m_r} (& \omega'_{11}, \omega'_{12}, \cdots, \omega'_{1m_1} \\
& \omega'_{21}, \omega'_{22}, \cdots, \omega'_{2m_2} \\
& \vdots \\
& \omega'_{r1}, \omega'_{r2}, \cdots, \omega'_{rm_r}; \\
& 1/N, 1/N, \cdots, 1/N \\
& 1/N, 1/N, \cdots, 1/N \\
& \vdots \\
& 1/N, 1/N, \cdots, 1/N)
\end{aligned}
$$

$$= L(N) \cdot \frac{\sum_{i=1}^{r} (\omega'_{i1} + \omega'_{i2} + \cdots + \omega'_{im_i})}{N}$$

$$= \lambda \log N \cdot \sum_{i=1}^{r} \frac{\omega'_{i1} + \omega'_{i2} + \cdots + \omega'_{im_i}}{N} \tag{1.5.3-74}$$

这样,由(1.5.3-70)式和(1.5.3-73)式以及(1.5.3-74)式,得

$$\lambda \log N \cdot \sum_{i=1}^{r} \frac{\omega'_{i1} + \omega'_{i2} + \cdots + \omega'_{im_i}}{N}$$
$$= I_r(\omega_1, \omega_2, \cdots, \omega_r; p_1, p_2, \cdots, p_r)$$
$$+ \lambda \log N \cdot \sum_{i=1}^{r} \frac{\omega'_{i1} + \omega'_{i2} + \cdots + \omega'_{im_i}}{N}$$
$$+ \lambda \sum_{i=1}^{r} p_i \log p_i \cdot \frac{\omega'_{i1} + \omega'_{i2} + \cdots + \omega'_{im_i}}{m_i} \tag{1.5.3-75}$$

由此可得

$$I_r(\omega_1, \omega_2, \cdots, \omega_r; p_1, p_2, \cdots, p_r) = -\lambda \sum_{i=1}^{r} p_i \log p_i \cdot \left(\frac{\omega'_{i1} + \omega'_{i2} + \cdots + \omega'_{im_i}}{m_i} \right)$$
$$\tag{1.5.3-76}$$

由(1.5.3-71)式,证得

$$I_r(\omega_1, \omega_2, \cdots, \omega_r; p_1, p_2, \cdots, p_r) = -\lambda \sum_{i=1}^{r} \omega_i p_i \log p_i \tag{1.5.3-77}$$

在(1.5.3-77)式中,若取常数 $\lambda = 1$,则得

$$I_r(\omega_1, \omega_2, \cdots, \omega_r; p_1, p_2, \cdots, p_r) = -\sum_{i=1}^{r} \omega_i p_i \log p_i \tag{1.5.3-78}$$

这样,就证明了(1.5.3-78)式是加权熵的唯一函数形式.定理1.10最终得到了完整的证明.

定理1.10称为"加权熵构成唯一性定理".它表明,满足四个公理条件的加权熵的函数形式是唯一的.

最后,回顾定理1.10中提出的四个公理条件,对于信源的"量"信息和"质"信息的综合度量函数来说,是合理的要求.所以,(1.5.3-78)式所示的加权熵的唯一函数形式,也是综合度量函数的合理函数形式.

应该指出的是,信源"量"信息和"质"信息的综合度量函数的函数形式的探索过程,还在继续进行.(1.5.3-78)式所示函数形式,无疑还有进一步改进和完善的空间.

1.5.4　效用信息熵的定义

在定理1.10中,加权熵必须满足的四个"公理条件"是合理的.在这四个"公理条件"约束下,导致的加权熵的唯一函数形式(1.5.3-78)式,作为信源 X 的"量"信息和"质"信息的综合度量函数,具有令人满意的数学特性.但(1.5.3-78)式,是信源 $[X \cdot P]$ 的自信量 $I(a_i) = -\log p_i$ 与 $\omega_i p_i$ 的"加权和",不具有自信量 $I(a_i)$ 的统计平均值的秉性,没有"平均信息量"的内涵.再则,"效用因子" ω_i,是收信者对信源符号 a_i 重要程度的主观判断取值,是信源符号 a_i 重要程度的绝对表述.这样,势必使性质截然不同的信源的"效用因子" ω_i 和"加权熵",缺少客观可

比性.所以,(1.5.3-78)式所示的"加权熵",作为"效用信息"的综合度量函数,还有进一步改进和完善的空间.作者在参考文献[10]中提出的"效用信息熵",是对(1.5.3-78)式所示的"加权熵"作进一步改进和完善的一种探索和尝试.

1. 效用权因子

定义"效用信息熵"的关键,是在于构建适当、合理的"效用权因子".

信源 $X:\{a_1,a_2,\cdots,a_r\}$ 各种符号 a_i 对收信者的重要程度是相对的,是比较而言的,只具有相对意义.假设,在总目标下衡量 $a_1,a_2,\cdots,a_r$ 相对重要程度有 n 个判断准则,$R_1,R_2,\cdots,R_n$.再设,$I_1,I_2,\cdots,I_M$ 是重要程度的 M 个量级的标度量化值.在准则 $R_l(l=1,2,\cdots,n)$ 下,收信者根据自己的主观意愿,在集合 $I\{I_1,I_2,\cdots,I_M\}$ 中,选择 $A_{ij}\in I$ 表示符号 a_i 对 a_j 的相对重要程度(a_j 和 a_i 的相对重要程度 $A_{ji}=1/A_{ij}$).由此,得 $(r\times r)$ 阶矩阵

$$[A]_l = \begin{matrix} & a_1 & a_2 & \cdots & a_r \\ \begin{matrix} a_1 \\ a_2 \\ \vdots \\ a_r \end{matrix} & \begin{bmatrix} (A_{11})_l & (A_{12})_l & \cdots & (A_{1r})_l \\ (A_{21})_l & (A_{22})_l & \cdots & (A_{2r})_l \\ \vdots & \vdots & & \vdots \\ (A_{r1})_l & (A_{r2})_l & \cdots & (A_{rr})_l \end{bmatrix} \end{matrix} \qquad (1.5.4-1)$$

矩阵 $[A]_l(l=1,2,\cdots,n)$ 完整地描述了在判断准则 $R_l(l=1,2,\cdots,n)$ 下,信源 $X:\{a_1,a_2,\cdots,a_r\}$ 中,符号 a_i 和 a_j 之间的相对重要程度.$[A]_l$ 称为在 R_l 准则下的"互重矩阵".

进而,用矩阵 $[A]_l$ 中第 i 行元素:$(A_{i1})_l,(A_{i2})_l,\cdots,(A_{ir})_l$ 的"乘积开方值"的"归一化"值

$$(\omega_i)_l = \frac{\sqrt{\prod\limits_{k=1}^{r}(A_{ik})_l}}{\sum\limits_{i=1}^{r}\sqrt{\prod\limits_{k=1}^{r}(A_{ik})_l}} \quad (i=1,2,\cdots,r) \qquad (1.5.4-2)$$

表示在 R_l 准则下,信源符号 $a_i(i=1,2,\cdots,r)$ 在 r 种符号 a_1、a_2、$\cdots$、a_r 中占有的相对重要程度的比重.我们把 $(\omega_i)_l(i=1,2,\cdots,r)$ 称为在 $R_l(l=1,2,\cdots,n)$ 准则下,信源符号 $a_i(i=1,2,\cdots,r)$ 的"重要因子".由(1.5.4-2)式,显然有

$$\sum_{i=1}^{r}(\omega_i)_l = 1 \quad (l=1,2,\cdots,n) \qquad (1.5.4-3)$$

然后,在同一总目标下,将判断准则 $R_l(l=1,2,\cdots,n)$ 与 $R_q(q=1,2,\cdots,n)$ 相比较,收信者根据自己的主观意愿,在标度量化集合 $I:\{I_1,I_2,\cdots,I_M\}$ 中选择适当量化值 $B_{lq}\in I$,表示判断准则 R_l 对 R_q 的相对重要程度(R_q 对 R_l 的相对重要程度为 $1/B_{lq}$),得 $(n\times n)$ 阶矩阵

$$[B] = \begin{matrix} & R_1 & R_2 & \cdots & R_n \\ \begin{matrix} R_1 \\ R_2 \\ \vdots \\ R_n \end{matrix} & \begin{bmatrix} B_{11} & B_{12} & \cdots & B_{1n} \\ B_{21} & B_{22} & \cdots & B_{2n} \\ \vdots & \vdots & & \vdots \\ B_{n1} & B_{n2} & \cdots & B_{nn} \end{bmatrix} \end{matrix} \qquad (1.5.4-4)$$

矩阵 $[B]$ 完整地描述了 n 个判断准则 R_1、R_2、$\cdots$、R_n 中,R_l 和 R_g 之间的相对重要程度.矩阵 $[B]$ 称为"准则互重矩阵".

进而,用矩阵 $[B]$ 中第 $l(l=1,2,\cdots,n)$ 行元素,B_{l1}、B_{l2}、$\cdots$、B_{ln} 的"乘积开方"的"归一化值"

$$\omega_l' = \frac{\sqrt{\prod\limits_{k=1}^{n}(B_{lk})}}{\sum\limits_{l=1}^{n}\sqrt{\prod\limits_{k=1}^{n}(B_{lk})}} \quad (l=1,2,\cdots,n) \tag{1.5.4-5}$$

表示在总目标下,准则 $R_l(l=1,2,\cdots,n)$ 的重要程度,在 n 个判断准则 $R_1,R_2,\cdots,R_n$ 中占有的相对比重. 我们把 $\omega_l'(l=1,2,\cdots,n)$ 称为判断准则 $R_l(l=1,2,\cdots,n)$ 的"重要因子". 由(1.5.4-5)式,显然有

$$\sum_{l=1}^{n}\omega_l' = 1 \tag{1.5.4-6}$$

由(1.5.4-2)式和(1.5.4-5)式,在总目标下,信源 $X:\{a_1,a_2,\cdots,a_r\}$ 中符号 $a_i(i=1,2,\cdots,r)$ 的重要程度,在 r 种符号 $a_1,a_2,\cdots,a_r$ 中占有的总比重为

$$\omega_i = \sum_{l=1}^{n}(\omega_i)_l \cdot \omega_l' \quad (i=1,2,\cdots,r) \tag{1.5.4-7}$$

我们把 $\omega_i(i=1,2,\cdots,r)$ 称为信源符号 $a_i(i=1,2,\cdots,r)$ 在总目标下的"权重因子".

由(1.5.4-2)式和(1.5.4-5)式可知,

$$0 \leqslant \omega_i \leqslant 1 \quad (i=1,2,\cdots,r) \tag{1.5.4-8}$$

且由(1.5.4-3)式和(1.5.4-6)式可知,

$$\sum_{i=1}^{r}\omega_i = \sum_{i=1}^{r}\left[\sum_{l=1}^{n}(\omega_i)_l \cdot \omega_l'\right]$$
$$= \sum_{l=1}^{n}\omega_l'\sum_{i=1}^{r}(\omega_i)_l = 1 \tag{1.5.4-9}$$

这表明,信源符号 $a_i\{i=1,2,\cdots,r\}$ 的"权重因子" $\omega_i(i=1,2,\cdots,r)$ 组成的"权重空间"

$$\Omega:\{\omega_1,\omega_2,\cdots,\omega_r\} \tag{1.5.4-10}$$

是一个"完备集".

在明确了"重要程度"的含义、规定了"重要程度"的表示方法的基础上,我们要设法把符号 a_i 的"主观效用价值"和"客观概率信息"融为一体. 为此,我们把信源符号 $a_i(i=1,2,\cdots,r)$ 的"权重因子" $\omega_i(i=1,2,\cdots,r)$,与其先验概率 $p_i(i=1,2,\cdots,r)$ 的"乘积归一化值"

$$q_i = \frac{\omega_i p_i}{\sum\limits_{i=1}^{r}\omega_i p_i} \quad (i=1,2,\cdots,r) \tag{1.5.4-11}$$

定义为符号 $a_i(i=1,2,\cdots,r)$ 的"效用权因子". 由(1.5.4-11)式,显然有

$$\begin{cases} 0 \leqslant q_i \leqslant 1 \quad (i=1,2,\cdots,r) \\ \sum\limits_{i=1}^{r}q_i = 1 \end{cases} \tag{1.5.4-12}$$

这表明:由信源 $X:\{a_1,a_2,\cdots,a_r\}$ 中各符号 $a_i(i=1,2,\cdots,r)$ 的"效用权因子" $\omega_i(i=1,2,\cdots,r)$ 构成的"效用权因子空间"(简称"效用空间")

$$Q:\{q_1,q_2,\cdots,q_r\} \tag{1.5.4-13}$$

是一个完备集,具有"概率空间"的秉性.

2. 效用信息函数

设信源 $X:\{a_1,a_2,\cdots,a_r\}$ 的概率空间、效用空间分别为

$$\begin{cases} [X \cdot P]: \begin{cases} X: & a_1 & a_2 & \cdots & a_r \\ P(X): & p_1 & p_2 & \cdots & p_r \end{cases} \\ [X \cdot Q]: \begin{cases} X: & a_1 & a_2 & \cdots & a_r \\ Q(X): & q_1 & q_2 & \cdots & q_r \end{cases} \end{cases} \quad (1.5.4-14)$$

我们把信源符号 $a_i(i=1,2,\cdots,r)$ 的"自信量" $I(a_i)=-\log p_i(i=1,2,\cdots,r)$，在"效用空间" $[X \cdot Q]$ 中的统计平均值

$$\begin{aligned} M_Q(X) &= M_Q(q_1,q_2,\cdots,q_r;p_1,p_2,\cdots,p_r) \\ &= -q_1\log p_1 - q_2\log p_2 - \cdots - q_r\log p_r \\ &= -\sum_{i=1}^{r} q_i\log p_i \end{aligned} \quad (1.5.4-15)$$

定义为信源 X 的"效用信息熵".

　　把由(1.5.1-4)式定义的"加权熵" $H_\omega^r(\omega_1,\omega_2,\cdots,\omega_r;p_1,p_2,\cdots,p_r)$，与由(1.5.4-15)式定义的"效用信息熵" $M_Q(q_1,q_2,\cdots,q_r;p_1,p_2,\cdots,p_r)$ 相比较,可知:

　　(1) 加权熵 $H_\omega^r(\omega_1,\omega_2,\cdots,\omega_r;p_1,p_2,\cdots,p_r)$ 是信源符号 a_i 的自信量 $I(a_i)=-\log p_i(i=1,2,\cdots,r)$ 的"加权和". 因为 $\omega_i p_i(i=1,2,\cdots,r)$ 并不是一个完备集,所以加权熵 $H_\omega^r(\omega_1,\omega_2,\cdots,\omega_r;p_1,p_2,\cdots,p_r)$ 不是自信量 $I(a_i)(i=1,2,\cdots,r)$ 的统计平均值,不具备平均信息量的量纲和内涵."效用信息熵" $M_Q(q_1,q_2,\cdots,q_r;p_1,p_2,\cdots,p_r)$ 是信源符号 a_i 的自信量 $I(a_i)(i=1,2,\cdots,r)$,在完备集合 $Q:\{q_1,q_2,\cdots,q_r\}$ 中的统计平均值,具有平均信息量的量纲和内涵.

　　(2) 加权熵 $H_\omega^r(\omega_1,\omega_2,\cdots,\omega_r;p_1,p_2,\cdots,p_r)$ 中的"效用因子" $\omega_i(i=1,2,\cdots,r)$,是收信者根据自己对符号 $a_i(i=1,2,\cdots,r)$ 的"重要程度"的主观判断选取的任何非负实数,对性质不同的信源,或对主观意愿不同的收信者来说,缺少"可比性"."效用信息熵" $M_Q(q_1,q_2,\cdots,q_r;p_1,p_2,\cdots,p_r)$ 中的"效用权因子" $q_i(i=1,2,\cdots,r)$,是符号 $a_i(i=1,2,\cdots,r)$ 的"权重因子" $\omega_i(i=1,2,\cdots,r)$ 与其先验概率 $p_i(i=1,2,\cdots,r)$ 的"乘积归一化值",避免了因信源性质,或不同收信者的主观意愿的不同引起的"不可比性". 它具有"客观可比性".

　　由此可见,"效用信息熵" $M_Q(q_1,q_2,\cdots,q_r;p_1,p_2,\cdots,p_r)$ 针对加权熵 $H_\omega^r(\omega_1,\omega_2,\cdots,\omega_r;p_1,p_2,\cdots,p_r)$ 的不足之处,作了有效的修正和补充.

1.5.5　效用信息熵的数学特性

　　由(1.5.4-15)式定义的"效用信息熵" $M_Q(q_1,q_2,\cdots,q_r;p_1,p_2,\cdots,p_r)$ 具有如下几个数学特性:

1. 概率跟随性

若信源 X 各符号 $a_i(i=1,2,\cdots,r)$ 的"权重因子"相等,即

$$\omega_1 = \omega_2 = \cdots = \omega_r = 1/r \quad (1.5.5-1)$$

则由等式(1.5.4-11),有

$$q_i = \frac{\omega_i p_i}{\sum\limits_{i=1}^{r} \omega_i p_i} = p_i \quad (i = 1, 2, \cdots, r) \tag{1.5.5-2}$$

这表明,等重信源 $X: \{a_1, a_2, \cdots, a_r\}$ 各符号 a_i 的"效用权因子"q_i 等于其先验概率 $p_i (i = 1, 2, \cdots, r)$. q_i 对 p_i 具有"跟随性". 这种概率跟随性,导致

$$M_Q^r(q_1, q_2, \cdots, q_r; p_1, p_2, \cdots, p_r)$$
$$= -\sum_{i=1}^{r} q_i \log p_i = -\sum_{i=1}^{r} p_i \log p_i$$
$$= H(p_1, p_2, \cdots, p_r) \tag{1.5.5-3}$$

这说明,"权重因子"相等的等重信源,相当于不考虑信源符号的相对重要程度的一般信源. 所以,信息熵 $H(p_1, p_2, \cdots, p_r)$ 可看作"效用信息熵"$M_Q^r(q_1, q_2, \cdots, q_r; p_1, p_2, \cdots, p_r)$ 在等重条件下的一个特例.

2. 权重跟随性

若信源 $X: \{a_1, a_2, \cdots, a_r\}$ 是等概信源,即

$$p_1 = p_2 = \cdots = p_r = 1/r \tag{1.5.5-4}$$

则由 (1.5.4-11) 式,得"效用权因子"

$$q_i = \frac{\omega_i p_i}{\sum\limits_{i=1}^{r} \omega_i p_i} = \omega_i \quad (i = 1, 2, \cdots, r) \tag{1.5.5-5}$$

这表明,等概信源 $X: \{a_1, a_2, \cdots, a_r\}$ 的"效用权因子"q_i,等于"权重因子"$\omega_i (i = 1, 2, \cdots, r)$. 这就是等概信源的"效用权因子"$q_i$ 对"权重因子"ω_i 的"跟随性". 这种权重跟随性,使等概信源的"效用信息熵"$M_Q^r(q_1, q_2, \cdots, q_r; p_1, p_2, \cdots, p_r)$,等于一般信息熵,即

$$M_Q^r(q_1, q_2, \cdots, q_r; p_1, p_2, \cdots, p_r)$$
$$= M_Q^r(\omega_1, \omega_2, \cdots, \omega_r; 1/r, 1/r, \cdots, 1/r)$$
$$= -\left(\omega_1 \log \frac{1}{r} + \omega_2 \log \frac{1}{r} + \cdots + \omega_r \log \frac{1}{r}\right)$$
$$= (\omega_1 + \omega_2 + \cdots + \omega_r) \cdot \log r$$
$$= \log r = H(1/r, 1/r, \cdots, 1/r) \tag{1.5.5-6}$$

这说明,效用信息熵 $M_Q^r(q_1, q_2, \cdots, q_r; p_1, p_2, \cdots, p_r)$ 保留了等概信源具有最大信息熵的基本信息特征. 而且,"权重因子"$\omega_i (i = 1, 2, \cdots, r)$ 的信源符号 $a_i (i = 1, 2, \cdots, r)$ 在最大信息熵 $\log r$ 中占有的份额

$$I_i = \omega_i \cdot \log r \quad (i = 1, 2, \cdots, r) \tag{1.5.5-9}$$

合理地体现各信源符号 $a_i (i = 1, 2, \cdots, r)$ 各自的相对重要程度.

3. 递推性

设信源 X 的概率效用空间为

$$[X \cdot P \cdot Q] = \begin{cases} X: & a_1 & a_2 & \cdots & a_{r-1} & a_1' & a_2' \\ P(X): & p_1 & p_2 & \cdots & p_{r-1} & p_1' & p_2' \\ Q(X): & q_1 & q_2 & \cdots & q_{r-1} & q_1' & q_2' \end{cases} \tag{1.5.5-8}$$

令

$$\begin{cases} p_1' + p_2' = p_r \\ q_1' + q_2' = q_r \end{cases} \tag{1.5.5-9}$$

由(1.5.4-15)式,有

$M_Q^{r+1}(q_1,q_2,\cdots,q_{r-1},q_1',q_2';p_1,p_2,\cdots,p_{r-1},p_1',p_2')$

$= -(q_1\log p_1 + q_2\log p_2 + \cdots + q_{r-1}\log p_{r-1} + q_1'\log p_1' + q_2'\log p_2')$

$= -(q_1\log p_1 + q_2\log p_2 + \cdots + q_{r-1}\log p_{r-1} + q_r\log p_r - q_r\log p_r + q_1'\log p_1' + q_2'\log p_2')$

$= -\sum_{i=1}^{r} q_i\log p_i + \left[-(-q_r\log p_r + q_1'\log p_1' + q_2'\log p_2') \right]$

$= M_Q^r(q_1,q_2,\cdots,q_r;p_1,p_2,\cdots,p_r)$

$\quad + \left\{ -\left[-(q_1'+q_2')\log p_r + q_1'\log p_1' + q_2'\log p_2' \right] \right\}$

$= M_Q^r(q_1,q_2,\cdots,q_r;p_1,p_2,\cdots,p_r)$

$\quad + \left[-\left(q_1'\log p_1' - q_1'\log p_r + q_2'\log p_2' - q_2'\log p_r \right) \right]$

$= M_Q^r(q_1,q_2,\cdots,q_r;p_1,p_2,\cdots,p_r)$

$\quad + \left[-\left(q_1'\log \dfrac{p_1'}{p_r} + q_2'\log \dfrac{p_2'}{p_r} \right) \right]$

$= M_Q^r(q_1,q_2,\cdots,q_r;p_1,p_2,\cdots,p_r)$

$\quad + \left[-q_r\left(\dfrac{q_1'}{q_r}\log \dfrac{p_1'}{p_r} + \dfrac{q_2'}{q_r}\log \dfrac{p_2'}{p_r} \right) \right]$

$= M_Q^r(q_1,q_2,\cdots,q_r;p_1,p_2,\cdots,p_r)$

$\quad + q_r \cdot M_Q^2(q_1'/q_r,q_2'/q_r;p_1'/p_r,p_2'/p_r) \tag{1.5.5-10}$

即有

$M_Q^{r+1}(q_1,q_2,\cdots,q_{r-1},q_1',q_2';p_1,p_2,\cdots,p_{r-1},p_1',p_2')$

$\quad = M_Q^r(q_1,q_2,\cdots,q_{r-1},q_r;p_1,p_2,\cdots,p_{r-1},p_r)$

$\quad + q_r \cdot M_Q^2(q_1'/q_r,q_2'/q_r;p_1'/p_r,p_2'/p_r) \tag{1.5.5-11}$

其中

$$\begin{cases} q_r = q_1' + q_2' \\ p_r = p_1' + p_2' \end{cases} \tag{1.5.5-12}$$

这就是效用信息熵的递推性.它表明,$(r+1)$元效用信息熵,可递推成 r 元效用信息熵与二元效用信息熵的加权和.

重复运用递推公式(1.5.5-11)和(1.5.5-12),r 元效用信息熵可分解为$(r-1)$个二元效用信息熵的加权和.即有

$M_Q^r(q_1,q_2,\cdots,q_r;p_1,p_2,\cdots,p_r)$

$$
\begin{aligned}
= {}& M_Q^2(q_1,q_2';p_1,p_2') \\
& + q_2' \cdot M_Q^2(q_2/q_2',q_3'/q_2';p_2/p_2',p_3'/p_2') \\
& + q_3' \cdot M_Q^2(q_3/q_3',q_4'/q_3';p_3/p_3',p_4'/p_3') \\
& \quad\vdots \\
& + q_{r-1}' \cdot M_Q^2(q_{r-1}/q_{r-1}',q_r/q_{r-1}';p_{r-1}/p_{r-1}',p_r/p_{r-1}') \qquad (1.5.5-13)
\end{aligned}
$$

其中

$$
\begin{cases}
q_2' = q_2 + q_3 + \cdots + q_r; & p_2' = p_2 + p_3 + \cdots + p_r \\
q_3' = q_3 + q_4 + \cdots + q_r; & p_3' = p_3 + p_4 + \cdots + p_r \\
\cdots \\
q_{r-1}' = q_{r-1} + q_r; & p_{r-1}' = p_{r-1} + p_r
\end{cases} \qquad (1.5.5-14)
$$

效用信息熵 $M_Q(q_1,q_2,\cdots,q_r;p_1,p_2,\cdots,p_r)$ 在递推过程中的各级递推因子 $q_2',q_3',\cdots,q_{r-1}'$,分别是 $(r-1),(r-2),\cdots 2$ 个"效用权因子"的和,它们都大于零、小于 1,仍然保持"效用权因子"的特质. 这充分说明,(1.5.4-15)式定义的"效用信息熵",既反映了信源发出符号提供的客观信息,又体现了每一种信源符号对收信者的主观效用价值.

4. 非负性

由(1.5.4-12)式和先验概率的特性,有

$$
M_Q^r(q_1,q_2,\cdots,q_r;p_1,p_2,\cdots,p_r) = -\sum_{i=1}^{r} q_i \log p_i \geqslant 0 \qquad (1.5.5-15)
$$

这就是效用信息熵的非负性. 它表明,在注入重要程度这一主观效用因素后,效用信息熵仍然保留了信息熵非负性这一重要特性. 这是因为效用信息熵与信息熵一样,都是信源符号自信量的统计平均值. 它们的区别在于:信息熵是自信量在反映客观可能性的先验概率空间中的统计平均值;而效用信息熵是自信量在客观可能性和主观效用价值融为一体的、归一化的"效用权因子"构成的完备集中的统计平均值. 信源中各符号的相对重要程度虽然不同,但从平均意义上来说,信源每发一个符号,总能提供一定的效用信息,至少等于零,绝不可能出现负值.

5. 对称性

显然,由加法交换律,有

$$
\begin{aligned}
& M_Q^r(q_1,q_2,\cdots,q_r;p_1,p_2,\cdots,p_r) \\
& = M_Q^r(q_r,q_{r-1},\cdots,q_2,q_1;p_r,p_{r-1},\cdots,p_2,p_1) \\
& = \cdots \qquad\qquad\qquad\qquad\qquad\qquad\qquad\qquad\qquad (1.5.5-16)
\end{aligned}
$$

这就是效用信息熵的对称性. 它表明,效用信息熵只取决于"变量对" $(q_i,p_i)(i=1,2,\cdots,r)$ 的总体结构,与它们的先后次序无关. 置换"变量对" (q_i,p_i) 的位置,不影响效用信息熵的值. 这体现出效用信息熵具有信源总体效用信息测度函数的基本特征.

6. 确定性

若信源 $X:\{a_1,a_2,\cdots,a_r\}$ 的先验概率

$$
p_i = \begin{cases} 1 & (i=k) \\ 0 & (i \neq k) \end{cases} \qquad (1.5.5-17)
$$

由(1.5.4-11)式,信源 $X:\{a_1,a_2,\cdots,a_r\}$ 的"效用权因子"

$$q_i = \frac{\omega_i p_i}{\displaystyle\sum_{i=1}^{r}\omega_i p_i} = \begin{cases} 1 & (i=k) \\ 0 & (i\neq k) \end{cases} \qquad (1.5.5-18)$$

这表明,"效用权因子"$q_i(i=1,2,\cdots,r)$对先验概率 $p_i(i=1,2,\cdots,r)$具有"0""1"跟随性. 正是这种跟随性,导致效用信息熵具有确定性,即

$$M_Q^r(q_1,q_2,\cdots,q_r;p_1,p_2,\cdots,p_r)$$
$$= M_Q^r(q_1,q_2,\cdots,q_k,\cdots,q_r;p_1,p_2,\cdots,p_k,\cdots,p_r)$$
$$= M_Q^r(0,0,\cdots,0,1,0,\cdots,0;0,0,\cdots,0,1,0,\cdots,0)$$
$$= -\sum_{i\neq k}0\log 0 - 1\log 1 = 0 \qquad (1.5.5-19)$$

这种确定性表明,效用信息熵同样以不确定性的存在为根本前提. 效用信息熵保留了"确知信源不提供任何效用信息"这一信息测度函数必须具备的根本属性.

7. 互补性

设集合 I、J 和 L,且

$$I \bigcup J \bigcup L:\{1,2,\cdots,r\} \qquad (1.5.5-20)$$
$$I \bigcap J \bigcap L = \varnothing \qquad (1.5.5-21)$$

且有

$$\left.\begin{array}{l} p_i = 0 \\ \omega_i \neq 0 \end{array}\right\} \quad (i \in I) \qquad (1.5.5-22)$$

$$\left.\begin{array}{l} p_j \neq 0 \\ \omega_j = 0 \end{array}\right\} \quad (j \in J) \qquad (1.5.5-23)$$

以及

$$\left.\begin{array}{l} p_l \neq 0 \\ \omega_l \neq 0 \end{array}\right\} \quad (l \in L) \qquad (1.5.5-24)$$

则由(1.5.4-11)式,有

$$q_i = \frac{\omega_i p_i}{\displaystyle\sum_{i=1}^{r}\omega_i p_i} = \frac{\omega_i p_i}{\displaystyle\sum_{i\in I}\omega_i p_i + \sum_{j\in J}\omega_j p_j + \sum_{l\in L}\omega_l p_l} = 0 \quad (i \in I) \qquad (1.5.5-25)$$

$$q_j = \frac{\omega_j p_j}{\displaystyle\sum_{i=1}^{r}\omega_i p_i} = \frac{\omega_j p_j}{\displaystyle\sum_{i\in I}\omega_i p_i + \sum_{j\in J}\omega_j p_j + \sum_{l\in L}\omega_l p_l} = 0 \quad (j \in J) \qquad (1.5.5-26)$$

$$q_l = \frac{\omega_l p_l}{\displaystyle\sum_{i=1}^{r}\omega_i p_i} = \frac{\omega_l p_l}{\displaystyle\sum_{i\in I}\omega_i p_i + \sum_{j\in J}\omega_j p_j + \sum_{l\in L}\omega_l p_l} = \frac{\omega_l p_l}{\displaystyle\sum_{l\in L}\omega_l p_l} \quad (l \in L) \qquad (1.5.5-27)$$

且有

$$\sum_{k=1}^{r}q_k = \sum_{l\in L}q_l = \frac{\displaystyle\sum_{l\in L}\omega_l p_l}{\displaystyle\sum_{l\in L}\omega_l p_l} = 1 \qquad (1.5.5-28)$$

则由(1.5.4 - 15)式,有

$$M_Q'(q_1,q_2,\cdots,q_r;p_1,p_2,\cdots,p_r)$$

$$=-\sum_{i=1}^{r}q_i\log p_i = \Big(-\sum_{i\in I}q_i\log p_i\Big) + \Big(-\sum_{j\in J}q_j\log p_j\Big) + \Big(-\sum_{l\in L}q_l\log p_l\Big)$$

$$= \Big(-\sum_{i\in I}0\log 0\Big) + \Big(-\sum_{j\in J}0\log p_j\Big) + \Big(-\sum_{l\in L}q_l\log p_l\Big)$$

$$= 0 + 0 + \Big(-\sum_{l\in L}q_l\log p_l\Big) = -\sum_{l\in L}q_l\log p_l \qquad (1.5.5-29)$$

这就是效用信息熵的互补性. 它表明,在信源 $X:\{a_1,a_2,\cdots,a_r\}$ 中,那些可能出现但对收信者没有任何效用的符号,或对收信者有一定效用但又不可能出现的符号,对信源总体的效用信息熵没有任何贡献,不提供任何效用信息. 只有那些既可能出现,又对收信者有一定效用的信源符号,才提供效用信息. 正是由这些符号的不确定性,在主观效用价值和客观不确定性融为一体的"效用权因子"构成的完备集中的统计平均值,构成了整个信源的效用信息熵.

以上论证的效用信息熵的主要数学特性表明:(1.5.4 - 15)式定义的效用信息熵,既具有客观概率信息熵的基本信息特征,又在一定程度上体现了消息对收信者的主观效用价值. 它具备作为信源的"量信息"和"质信息"综合度量函数应有的基本属性.

在这一章结束之前,引入"加权熵"和"效用信息熵"的目的,不仅是探讨在香农信息论"形式化假说"前提下得到的信息度量函数的基础上,注入主观效用价值的不确定性度量函数的途径和方法,更重要的是通过这些讨论,反过来加深对"形式化假说"的内涵和作用的理解和领悟.

习　题

1.1　同时掷一对均匀的骰子,试求:

(1)"2 和 6 同时出现"这一事件的自信量;

(2)"两个 5 同时出现"这一事件的自信量;

(3)两个点数的各种组合的熵;

(4)两个点数之和的熵;

(5)"两个点数中至少有一个是 1"的自信量.

1.2　如有 6 行、8 列的棋型方格,若有两个质点 A 和 B,分别以等概落入任一方格内,且它们的坐标分别为 (X_A,Y_A) 和 (X_B,Y_B),但 A,B 不能落入同一方格内. 试求:

(1)若仅有质点 A,求 A 落入任一个方格的平均信息量;

(2)若已知 A 已落入,求 B 落入的平均信息量;

(3)若 A,B 是可分辨的,求 A,B 都落入的平均信息量.

1.3　从大量统计资料可知,男性中红绿色盲的发病率为 7%,女性发病率为 0.5%. 如果你问一位男士:"你是否是红绿色盲?"他的回答可能"是",也可能"不是". 问这两个回答中各含有多少信息量? 平均每个回答中含有多少信息量? 如果你问一位女士,则答案中含有多少平均信息量?

1.4　某一无记忆信源的符号集为 $\{0,1\}$,已知 $p_0=1/3$,$p_1=2/3$.

(1)求符号的平均自信量;

(2)由 1000 个符号构成的序列,求某一特定的序列(例如有 m 个"0",$(1000-m)$ 个"1")的自信量的表达式;

(3)计算(2)中序列的熵.

1.5　设信源 X 的信源空间为

$$[X \cdot P]: \begin{cases} X: & a_1 & a_2 & a_3 & a_4 & a_5 & a_6 \\ P(X): & 0.17 & 0.19 & 0.18 & 0.16 & 0.18 & 0.3 \end{cases}$$

求信源熵,并解释为什么 $H(X) > \log 6$ 不满足信源熵的极值性.

1.6　为了使电视图像获得良好的清晰度和规定的对比度,需要用 5×10^5 个像素和 10 个不同的亮度电平,并设每秒要传送 30 帧图像,所有像素是独立变化的,且所有亮度电平等概出现.求传递此图像所需的信息率(比特/秒).

1.7　设某彩电系统,除了满足对于黑白电视系统的上述要求外(如题 1.6),还必须有 30 个不同的色彩度.试证明传输这种彩电系统的信息率要比黑白系统的信息率约大 2.5 倍.

1.8　每帧电视图像可以认为是由 3×10^5 个像素组成,所有像素均是独立变化,且每像素又取 128 个不同的亮度电平,并设亮度电平是等概出现的.问每帧图像含有多少信息量? 若现有一个广播员,在约 10000 个汉字中选 1000 个字来口述这一电视图像,试问若要恰当地描述此图像,广播员在口述中至少需要多少个汉字?

1.9　给定一个概率分布 $(p_1, p_2, \cdots, p_n)$ 和一个整数 $m, 0 \leqslant m \leqslant n$. 定义 $q_m = 1 - \sum_{i=1}^{m} p_i$. 证明: $H(p_1, p_2, \cdots, p_n) \leqslant H(p_1, p_2, \cdots, p_m, q_m) + q_m \log(n-m)$. 并说明等式何时成立?

1.10　找出两种特殊分布 $p_1 \geqslant p_2 \geqslant \cdots \geqslant p_n > 0$ 和 $q_1 \geqslant q_2 \geqslant \cdots \geqslant q_m > 0$, 使 $H(p_1, p_2, \cdots, p_n) = H(q_1, q_2, \cdots, q_m)$.

1.11　某大学设置六个系,每个系的学生数分别为

系　别:　　1　　2　　3　　4　　5　　6
学生数:　360　360　480　600　480　360

试问"某学生 A 是 5 系的学生"这一消息提供的信息量是多少?

1.12　某无线电厂生产 A, B, C, D 四种产品,A 占 10%;B 占 20%;C 占 30%;D 占 40%.有两个消息:"现完成 1 台 B 种产品"、"现完成 1 台 C 种产品",试问哪一种消息提供的信息量大些?

1.13　设甲地的天气预报为:晴(占 4/8);阴(占 2/8);小雨(占 1/8);大雨(占 1/8).乙地的天气预报为:晴(占 7/8);小雨(占 1/8).试求两地天气预报各自提供的平均信息量.

1.14　证明:

$$H(p_1, p_2, \cdots, p_n, q_1, q_2, \cdots, q_m)$$
$$= H\left(p_1, p_2, \cdots, p_n, \sum_{i=1}^{m} q_i\right) + \left(\sum_{i=1}^{m} q_i\right) H\left(\frac{q_1}{\sum\limits_{i=1}^{m} q_i}, \frac{q_2}{\sum\limits_{i=1}^{m} q_i}, \cdots, \frac{q_m}{\sum\limits_{i=1}^{m} q_i}\right)$$

其中,$0 < p_i < 1 (i = 1, 2, \cdots, n), 0 < q_i < 1 (j = 1, 2, \cdots, m); \sum\limits_{i=1}^{n} p_i + \sum\limits_{i=1}^{m} q_i = 1$.

1.15　有两个离散随机变量 X 和 Y,其和为 $Z = X + Y$,若 X 和 Y 统计独立,求证:

(1) $H(X) \leqslant H(Z)$;

(2) $H(Y) \leqslant H(Z)$;

(3) $H(XY) \geqslant H(Z)$.

1.16　随机变量 X 可取所有正整数值 $1, 2, \cdots$. 已知取各值的概率依几何级数递减,且 $E[X] = 10$.

(1) 求 $P(X = i)(i = 1, 2, \cdots)$;

(2) 求 $H(X)$;

(3) 在正整数集上取值的任意随机变量 Y,若已知 $E[Y] = 10$.试证:$H(X) \geqslant H(Y)$.

1.17　证明加权熵

$$H_\omega^{r+1}(\omega_1, \omega_2, \cdots, \omega_{r-1}, \omega', \omega'', p_1, p_2, \cdots, p_{r-1}, p', p'')$$
$$= H_\omega^r(\omega_1, \omega_2, \cdots, \omega_{r-1}, \omega_r, p_1, p_2, \cdots, p_{r-1}, p_r)$$
$$+ p_r H_\omega^2\left(\omega', \omega'', \frac{p'}{p_r}, \frac{p''}{p_r}\right)$$

其中

$$\omega_r = \frac{\omega' p' + \omega'' p''}{p' + p''}; \quad p_r = p' + p''.$$

第 2 章　单符号离散信道

　　信源的核心问题,是定量计算信源每发一个符号所能提供的平均信息量,即信源信息熵. 信源只能产生信息,没有传递信息的功能. 要把信源产生的信息,传送给接收者(信宿),必须由信源、信道和信宿组成通信系统. 在通信系统中,首先把信源发出的消息变换成适合信道传输的某种形式的"信号",信道把"信号"传递给信宿. 信宿从收到的"信号"中得到信源发出的消息,在消息中获取信源的"信息". 信道的核心问题,是定量计算信道每传递一个符号所传输的平均信息量. 当信道是没有噪声干扰的"无噪信道"时,信宿能确切无误地收到信源发出的消息,消除通信前对信源发出的消息存在的全部不确定性,获取信源发出的全部信息量. "无噪信道"的信息传输问题,可归结为信源自身的问题. 一般情况下,信道是"有噪信道",信源与信宿之间存在噪声的随机干扰. 信宿不能确切无误地收到信源发出的消息. 信宿在收到信道输出的消息后,不能完全消除对信源发出消息的不确定性. 对信源发出消息,仍然存在一定的不确定性. 所以,"有噪信道"的信息传输问题,不能简单地归结为信源自身的问题,必须专门加以分析、讨论.

　　信道因传递不同形式的消息(信号)而有所区别. 传递取值离散的单个符号的信道,称为"单符号离散信道",它是最简单的,又是最基本的信道.

2.1　平均互信息

　　单符号离散信道的核心问题,是定量计算信道每传递一个符号所能传输的平均信息量.

2.1.1　信道的数学模型

　　要表达一个单符号离散信道,首先要表述信道允许输入(信道能传递)哪些符号;经信道传递,信道又能输出哪些符号. 一般来说,单符号离散信道允许输入 $r(r \geqslant 1$ 的正整数)种不同符号 $a_i(i=1,2,\cdots,r)$,构成信道的"输入符号集"$X:\{a_1,a_2,\cdots,a_r\}$;相应输出 $s(s \geqslant 1$ 的正整数)种不同符号 $b_j(j=1,2,\cdots,s)$,构成信道的"输出符号集"$Y:\{b_1,b_2,\cdots,b_s\}$. $X:\{a_1,a_2,\cdots,a_r\}$ 和 $Y:\{b_1,b_2,\cdots,b_s\}$可完全相同、部分相同或完全不同. 符号数 r 和 s 也可相同,亦可不同(图 2.1-1).

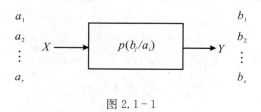

图 2.1-1

　　信道的传递作用,是信道信息特征的体现. 香农关于信息的定义指出,信道输入符号 a_i,输出符号 b_j,信道传输的信息量是接收者收到 b_j 前、后,关于符号 a_i 的不确定性的消除. 收到 b_j

前、后,关于 a_i 的不确定性之所以会发生变化,是由于收到 b_j 前、后,判断 a_i 发生的概率发生了变化所致.收到 b_j 前、后,判断信源符号 a_i 发生的概率之所以会发生变化,正是由于信道中的噪声的随机干扰造成的.信道中噪声对输入符号 a_i 的随机干扰作用,致使信道输出端出现符号集 $Y:\{b_1,b_2,\cdots,b_s\}$ 中哪一种符号,成为一个不确定事件,只能以一定的概率在信道输出端出现 $Y:\{b_1,b_2,\cdots,b_s\}$ 中的某符号 b_j.这个概率就是"在输入端出现符号 a_i 的前提下,输出端出现符号 b_j 的条件概率"

$$P\{Y=b_j/X=a_i\}=p(b_j/a_i) \qquad (2.1.1-1)$$

显然,我们用这个条件概率代表信道对"输入符号 a_i,输出符号 b_j"的传递作用是合理的.我们把之称为信道的"传递概率".

对于某一输入符号 a_i 来说,信道可能输出 $Y:\{b_1,b_2,\cdots,b_s\}$ 中任一符号 $b_j(j=1,2,\cdots,s)$.要描述信道对输入符号 a_i 的传递作用,必须给定(或测定)与 a_i 有关的 s 个传递概率

$$p(b_1/a_i),p(b_2/a_i),\cdots,p(b_s/a_i) \qquad (2.1.1-2)$$

再考虑到输入符号集 $X:\{a_1,a_2,\cdots,a_r\}$ 中,有 r 种不同符号 $a_i(i=1,2,\cdots,r)$,要完整描述信道 $(X\text{-}Y)$ 的传递作用,必须给定(或测定)$(r\times s)$ 个传递概率

$$P\{Y=b_j/X=a_i\}=p(b_j/a_i) \quad (i=1,0,\cdots,r;j=1,2,\cdots,s) \qquad (2.1.1-3)$$

综上所述,要完整地描述一个信道,必须表述信道的三个要素:即信道的输入符号集 $X:\{a_1,a_2,\cdots,a_r\}$;输出符号集 $Y:\{b_1,b_2,\cdots,b_s\}$;信道的传递概率 $P(Y/X):\{p(b_j/a_i)(i=1,2,\cdots,r;j=1,2,\cdots,s)\}$.其中,传递概率 $p(b_j/a_i)(i=1,2,\cdots,r;j=1,2,\cdots,s)$ 是关键因素.

为了简明起见,可按信道的输入、输出符号的对应关系,把 $(r\times s)$ 个传递概率 $p(b_j/a_i)(i=1,2,\cdots,r;j=1,2,\cdots,s)$ 排成一个 $(r\times s)$ 阶矩阵

$$[P]=\begin{array}{c}\\a_1\\a_2\\\vdots\\a_r\end{array}\begin{array}{cccc}b_1 & b_2 & \cdots & b_s\\\left[\begin{array}{cccc}p(b_1/a_1) & p(b_2/a_1) & \cdots & p(b_s/a_1)\\p(b_1/a_2) & p(b_2/a_2) & \cdots & p(b_s/a_2)\\\vdots & \vdots & & \vdots\\p(b_1/a_r) & p(b_2/a_r) & \cdots & p(b_s/a_r)\end{array}\right]\end{array} \qquad (2.1.1-4)$$

由于矩阵 $[P]$ 表述了给定信道的三要素,并完整地描述了单符号离散信道的传递特征,所以 $[P]$ 称为单符号离散信道的"信道矩阵",它就是描述信道的"数学模型".若信道给定,则信道矩阵 $[P]$ 也随之确定;若信道矩阵 $[P]$ 确定,则表明信道已经给定.

信道传递概率具有一般概率的秉性,即有

$$0\leqslant p(b_j/a_i)\leqslant 1 \quad (i=1,2,\cdots,r;j=1,2,\cdots,s) \qquad (2.1.1-5)$$

当 $p(b_j/a_i)=0$ 时,表示在信道输入 a_i 的前提下,信道不可能输出 b_j;当 $p(b_j/a_i)=1$ 时,表示在信道输入 a_i 的前提下,信道输出 b_j 是一个确定事件.在噪声干扰下,信道输入 a_i 输出哪一个符号虽然是不确定的,但一定是信道输出符号集 $Y:\{b_1,b_2,\cdots,b_s\}$ 中的某一符号,不可能是输出符号集合 $Y:\{b_1,b_2,\cdots,b_s\}$ 以外的任何其他符号,即有

$$\sum_{j=1}^{s}p(b_j/a_i)=1 \quad (i=1,2,\cdots,r) \qquad (2.1.1-6)$$

这表明,输入符号 $a_i(i=1,2,\cdots,r)$ 相应的 s 个传递概率 $p(b_i/a_i)(j=1,2,\cdots,s)$ 构成完备概率空间.由此可知,信道矩阵 $[P]$ 中每一元素取值于 $[0,1]$;每行元素之和等于 1.

图 2.1-2 形象、直观地表述了信道的数学模型[P].

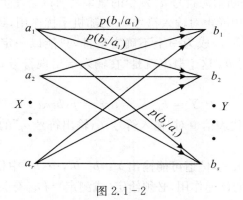

图 2.1-2

图中左、右两侧点集合,分别表示信道输入符号集 X:$\{a_1,a_2,\cdots,a_r\}$ 和输出符号集 Y:$\{b_1,b_2,\cdots,b_s\}$. 从 a_i 到 b_j 的箭头及近旁的数值,表示信道把符号 a_i 传递为符号 b_j 及其传递概率 $p(b_j/a_i)$. 若 a_i 到 b_j 之间没有箭头,则表示 $p(b_j/a_i)=0$. 从每一符号 a_i 出发的箭头近旁的数值之和一定等于 1. 图 2.1-2 称为"信道传递特性图",它也是信道数学模型的一种表述形式.

【例 2.1】 设二进制对称信道(X-Y)的输入符号集 X:$\{0,1\}$、输出符号集 Y:$\{0,1\}$. 信道的正确传递概率:输入"0"、输出"0"的传递概率 $p(0/0)=\bar{p}$;输入"1"、输出"1"的传递概率 $p(1/1)=\bar{p}$. 信道的错误传递概率:输入"0"、输出"1"的传递概率 $p(1/0)=p$;输入"1",输出"0"的传递概率 $p(0/1)=p$(其中:$0<\bar{p},p<1$;$\bar{p}+p=1$). 这个信道的数学模型用其信道矩阵

$$[P] = \begin{array}{c} \\ 0 \\ 1 \end{array} \begin{matrix} 0 & \quad 1 \\ \left[\begin{matrix} \bar{p} & p \\ p & \bar{p} \end{matrix} \right] \end{matrix}$$

表示. 亦可用其"信道传递特性图"(图 E2.1)表示.

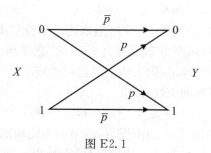

图 E2.1

二进制对称信道(X-Y)的信道矩阵[P]是(2×2)阶"对称矩阵". 对角线上的元素均为正确传递概率 $\bar{p}$;对角线以外的元素均为错误传递概率 p.

【例 2.2】 设二进制删除信道(X-Y)的输入符号集 X:$\{0,1\}$、输出符号集 Y:$\{0,?,1\}$. 在信道输入"0"的前提下:信道输出"0"的概率 $p(0/0)=\bar{p}$;信道输出"?"的概率 $p(?/0)=p$;信道输出"1"的概率 $p(1/0)=0$. 在信道输入"1"的前提下:信道输出"0"的概率 $p(0/1)=0$;信道输出"?"的概率 $p(?/1)=p$;信道输出"1"的概率 $p(1/1)=\bar{p}$(其中:$0<\bar{p},p<1$;$\bar{p}+p=1$). 该信

道的数学模型,可用其信道矩阵

$$[P] = \begin{array}{c} \\ 0 \\ 1 \end{array} \begin{matrix} 0 & ? & 1 \\ \begin{bmatrix} \bar{p} & p & 0 \\ 0 & p & \bar{p} \end{bmatrix} \end{matrix}$$

表示,亦可用其"信道传递特性图"(图 E2.2)表示.

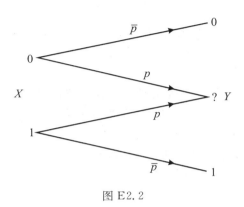

图 E2.2

对二进制删除信道$(X-Y)$来说,当 $Y=0$ 时,翻译 $X=0$;当 $Y=1$ 时,翻译 $X=1$;当 $Y=?$ 时,既不翻译 $X=0$,又不翻译 $X=1$,且把收到的 $Y=?$ 删除,并警示:"传递发生错误",防止产生把 $X=0$ 当作 $Y=1$;$X=1$ 当作 $Y=0$ 的绝对性错误.

2.1.2　信道两端符号的概率变化

信道只有传递信息的功能,它不能产生信息.只有把信源与信道相接,组成通信系统,才能有信息的流通,才有信息传输问题.

现把信源空间为

$$[X \cdot P]: \begin{cases} X: & a_1 & a_2 & \cdots & a_r \\ P(X): & p(a_1) & p(a_2) & \cdots & p(a_r) \end{cases}$$

$$0 \leqslant p(a_i) \leqslant 1 (i=1,2,\cdots,r); \quad \sum_{i=1}^{r} p(a_i) = 1 \tag{2.1.2-1}$$

的信源 X,与信道矩阵为

$$[P] = \begin{array}{c} \\ a_1 \\ a_2 \\ \vdots \\ a_r \end{array} \begin{matrix} b_1 & b_2 & \cdots & b_s \\ \begin{bmatrix} p(b_1/a_1) & p(b_2/a_1) & \cdots & p(b_s/a_1) \\ p(b_1/a_2) & p(b_2/a_2) & \cdots & p(b_s/a_2) \\ \vdots & \vdots & & \vdots \\ p(b_1/a_r) & p(b_2/a_r) & \cdots & p(b_s/a_r) \end{bmatrix} \end{matrix} \tag{2.1.2-2}$$

的信道$(X-Y)$相接,组成通信系统(如图 2.1-3(a)所示).信源 X 的符号集 $X: \{a_1,a_2,\cdots,a_r\}$ 与信道$(X-Y)$的输入符号集 $X: \{a_1,a_2,\cdots,a_r\}$ 完全一致.信源 X 发出的每一种符号 $a_i(i=1,2,\cdots,r)$ 都能通过信道,在信道输出端出现符号集 $Y: \{b_1,b_2,\cdots,b_s\}$ 中某种符号 $b_j(j=1,2,\cdots,s)$.信源 $X: \{a_1,a_2,\cdots,a_r\}$ 适合信道$(X-Y)$的传递.

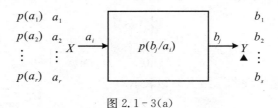

图 2.1-3(a)

在信道$(X\text{-}Y)$的传递作用影响下,符号集$Y:\{b_1,b_2,\cdots,b_s\}$的每一符号$b_j(j=1,2,\cdots,s)$都有一定的概率分布$p_Y(b_j)(j=1,2,\cdots,s)$,构成另一个随机变量Y.通信系统中信道$(X\text{-}Y)$的两端是两个随机变量X和Y.

按香农关于信息的定义,信息是不确定性的消除,不确定性又是消息概率的函数.要揭示信道传输信息的规律,首先要讨论信道传递作用对所传递符号概率的影响及其变化规律.

(1) 符号$X=a_i$和$Y=b_j$同时出现的联合概率$P\{X=a_i,Y=b_j\}$.

按概率运算法则,随机变量X和Y的联合概率

$$P(XY) = P(X)P(Y/X) \tag{2.1.2-3}$$

令

$$\begin{cases} P(X):\{P(X=a_i)\} = p(a_i) & (i=1,2,\cdots,r) \\ P(Y/X):\{P(Y=b_j/X=a_i)\} = p(b_j/a_i) & (i=1,2,\cdots,r;j=1,2,\cdots,s) \\ P(XY):\{P(X=a_i,Y=b_j)\} = p(a_ib_j) & (i=1,2,\cdots,r;j=1,2,\cdots,s) \end{cases}$$

则有

$$p(a_ib_j) = p(a_i)p(b_j/a_i) \quad (i=1,2,\cdots,r;j=1,2,\cdots,s) \tag{2.1.2-4}$$

这表明,当信源X的信源空间$[X\cdot P]$和信道$(X\text{-}Y)$的信道矩阵$[P]$给定后,$(r\times s)$个联合概率$p(a_ib_j)$就可求得,它等于信源X发符号a_i的概率$p(a_i)$,与信道矩阵$[P]$中第i行、第j列元素$p(b_j/a_i)$的乘积.

信道$(X\text{-}Y)$的联合概率$P(XY):\{P(X=a_i,Y=b_j)=p(a_ib_j)(i=1,2,\cdots,r;j=1,2,\cdots,s)\}$表示,信道$(X\text{-}Y)$两端,随机变量$X=a_i$,同时随机变量$Y=b_j$的联合概率(信道$(X\text{-}Y)$输入$X=a_i$,输出$Y=b_j$的联合概率;或输入$Y=b_j$,输出$X=a_i$的联合概率).

由于信源空间$[X\cdot P]$的概率空间$P(X):\{p(a_1),p(a_2),\cdots,p(a_r)\}$、信道输入$X=a_i$的传递概率空间$P(Y/X=a_i):\{p(b_1/a_i),p(b_2/a_i),\cdots,p(b_s/a_i)\}$都是完备概率空间,即有

$$\begin{cases} \sum\limits_{i=1}^{r} p(a_i) = 1 \\ \sum\limits_{j=1}^{s} p(b_j/a_i) = 1 \quad (i=1,2,\cdots,r) \end{cases} \tag{2.1.2-5}$$

所以,有

$$\sum_i \sum_j p(a_ib_j) = \sum_i \sum_j p(a_i)p(b_j/a_i)$$

$$= \sum_{i=1}^{r} p(a_i) \sum_{j=1}^{s} p(b_j/a_i) = 1 \tag{2.1.2-6}$$

这表明,信道$(X\text{-}Y)$两端两个随机变量X和Y的联合概率空间$P(XY)$是一个完备的概

率空间.

（2）符号 $Y = b_j$ 出现的概率 $P\{Y = b_j\}$.

按概率运算法则，随机变量 Y 的概率分布

$$P(Y) = \sum_X P(XY) \tag{2.1.2-7}$$

令

$$P(Y) = P\{Y = b_j\} = p_Y(b_j) \quad (j = 1, 2, \cdots, s) \tag{2.1.2-8}$$

则有

$$p_Y(b_j) = \sum_{i=1}^r p(a_i b_j) = \sum_{i=1}^r p(a_i) p(b_j/a_i) \quad (j = 1, 2, \cdots, s) \tag{2.1.2-9}$$

这表明，当信源 X 的信源空间 $[X \cdot P]$ 和信道 $(X-Y)$ 的信道矩阵 $[P]$ 给定后，随机变量 Y 的概率分布构成的行矩阵 $[p_Y(b_1), p_Y(b_2), \cdots, p_Y(b_s)]$，等于信源 X 的概率分布构成的行矩阵 $[p(a_1), p(a_2), \cdots, p(a_r)]$ 与信道矩阵 $[P]$ 的乘积，即有

$$[p_Y(b_1), p_Y(b_2), \cdots, p_Y(b_s)] = [p(a_1), p(a_2), \cdots, p(a_r)] \cdot \begin{bmatrix} p(b_1/a_1) & p(b_2/a_1) & \cdots & p(b_s/a_1) \\ p(b_1/a_2) & p(b_2/a_2) & \cdots & p(b_s/a_2) \\ \vdots & & & \\ p(b_1/a_r) & p(b_2/a_r) & \cdots & p(b_s/a_r) \end{bmatrix}$$

$$\tag{2.1.2-10}$$

同样，因为有

$$\begin{cases} \sum_{i=1}^r p(a_i) = 1 \\ \sum_{j=1}^s p(b_j/a_i) = 1 \quad (i = 1, 2, \cdots, r) \end{cases} \tag{2.1.2-11}$$

则有

$$\sum_{j=1}^s p_Y(b_j) = \sum_{j=1}^s \left[\sum_{i=1}^r p(a_i) p(b_j/a_i) \right]$$

$$= \sum_{i=1}^r p(a_i) \left[\sum_{j=1}^s p(b_j/a_i) \right] = 1 \tag{2.1.2-12}$$

这表明，当信源 X 与信道 $(X-Y)$ 相接组成通信系统后，信道另一端随机变量 Y 也是具备完备概率空间的随机变量.

（3）$Y = b_j$ 推测 $X = a_i$ 的后验概率 $P\{X = a_i/Y = b_j\}$.

按概率运算法则，Y 已知后，对 X 的后验概率

$$P(X/Y) = \frac{P(XY)}{P(Y)} \tag{2.1.2-13}$$

令

$$P(X/Y): \{P(X = a_i/Y = b_j)\} = p_Y(a_i/b_j) \quad (i = 1, 2, \cdots, r; j = 1, 2, \cdots, s)$$

$$\tag{2.1.2-14}$$

则有

$$p_Y(a_i/b_j) = \frac{p(a_ib_j)}{p_Y(b_j)} = \frac{p(a_i)p(b_j/a_i)}{\sum\limits_{i=1}^{r} p(a_i)p(b_j/a_i)} \tag{2.1.2-15}$$

$$(i = 1,2,\cdots,r; j = 1,2,\cdots,s)$$

这表明,当信源 X 的信源空间 $[X \cdot P]$ 和信道 $(X-Y)$ 的信道矩阵 $[P]$ 给定后,每一个 $Y = b_j(j=1,2,\cdots,s)$ 的 r 个对于 $X = a_i(i=1,2,\cdots,r)$ 的后验概率 $p_Y(a_i/b_j)(i=1,2,\cdots,r)$ 即可求得.

由 $(2.1.2-15)$ 式,进而有

$$\sum_{i=1}^{r} p_Y(a_i/b_j) = \sum_{i=1}^{r} \frac{p(a_i)p(b_j/a_i)}{\sum\limits_{i=1}^{r} p(a_i)p(b_j/a_i)}$$

$$= \frac{\sum\limits_{i=1}^{r} p(a_i)p(b_j/a_i)}{\sum\limits_{i=1}^{r} p(a_i)p(b_j/a_i)} = 1 \tag{2.1.2-16}$$

这表明,在 $Y = b_j$ 的前提下,推测 $X = a_i(i=1,2,\cdots,r)$ 的 r 个后验概率构成的概率空间

$$P(X/Y = b_j): \{p_Y(a_1/b_j), p_Y(a_2/b_j), \cdots, p_Y(a_r/b_j)\}$$

$$(j = 1,2,\cdots,s) \tag{2.1.2-17}$$

是完备集. 这意味着,当 $Y = b_j(j=1,2,\cdots,s)$ 时,推测 X 发出的符号,只可能是信道输入符号集 $X: \{a_1, a_2, \cdots, a_r\}$ 中的某一符号,不可能是这个符号集以外任何别的符号.

在这里要强调指出,等式 $(2.1.2-15)$ 表明,在给定信源 X 与给定信道 $(X-Y)$ 相接后的通信系统中,当信道输出 $Y = b_j$ 后,接收者在 b_j 中就会得到关于信源符号 $X = a_i$ 的某些"知识". 在此前提下,推测信源 X 发符号 a_i 的概率分布,由接收者没有收到 $Y = b_j$ 前的对于 $X = a_i$ 的 "先验概率" $p(a_i)$,转变为"后验概率" $p_Y(a_i/b_j)$. 正是这种关于信源符号 $X = a_i$ 的概率分布的转变,才导致收信者在收到符号 $Y = b_j$ 前、后,对信源符号 $X = a_i$ 存在的不确定性的改变,造成收信者在收到 $Y = b_j$ 前、后,对信源符号 $X = a_i$ 存在的不确定性的"消除",形成信道中信息的流通和传递. 这就是信道传输信息的根本机制.

在这里,还要提醒注意,给定随机变量 X 的概率分布 $p(a_i)(i=1,2,\cdots,r)$ 和信道 $(X-Y)$ 的传递概率 $p(b_j/a_i)(i=1,2,\cdots,r; j=1,2,\cdots,s)$,可搭建如图 $2.1-3$(a)所示的信道 $(X-Y)$. 在这个信道中,X 是输入随机变量;Y 是输出随机变量. 这种信道 $(X-Y)$ 称为"正向信道". 等式 $(2.1.2-9)$ 和 $(2.1.2-15)$ 告诉我们,由已知的 $p(a_i)$ 和 $p(b_j/a_i)$ 可换算成 $p_Y(b_j)(j=1,2,\cdots,s)$ 和 $p_Y(a_i/b_j)(i=1,2,\cdots,r; j=1,2,\cdots,s)$. 显然,由 $p_Y(b_j)$ 和 $p_Y(a_i/b_j)$ 同样可搭建一个信道 $(Y-X)$ (如图 $2.1-3$(b)所示),在这个信道中,Y 是输入随机变量;X 是输出随机变量. 信道 $(Y-X)$ 称为"反向信道". "正向信道" $(X-Y)$ 和"反向信道" $(Y-X)$,是同一通信系统的两种不同的表述形式.

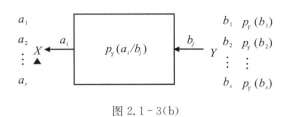

图 2.1-3(b)

2.1.3　两个符号之间的互信息

分以下三种不同的观察角度,分析信道两端两个符号之间的互信息.

1. 接收者(▲)站在 Y 的立场

在图 2.1-3(a)所示"正向信道"(X-Y)中,X 是输入随机变量;Y 是输出随机变量. 这就意味着,接收者(▲)站在 Y 的立场. 这时,信源 X 发符号 a_i,在信道噪声的随机干扰下,信道输出的 b_j 往往是 a_i 的某种"变型". 接收者收到 b_j($Y=b_j$)后,从 b_j 中获取关于 a_i 的信息量,即信道把 a_i 传递为 b_j 的过程中,信道所传递的信息量 $I(a_i;b_j)$ 称为 a_i 和 b_j 之间的"交互信息量",简称为"互信息". 按信息的定义,有

$$I(a_i;b_j) = \{\text{接收者收到 } b_j \text{ 前,对信源发 } a_i \text{ 的先验不确定性}\}$$
$$- \{\text{接收者收到 } b_j \text{ 后,对信源发 } a_i \text{ 仍然存在的后验不确定性}\}$$
$$= \{\text{接收者收到 } b_j \text{ 前、后,对信源发 } a_i \text{ 的不确定性的消除}\}$$

$$(2.1.3-1)$$

自信函数(1.1.2-10)式指出,若随机事件 A 的概率为 $p(A)$,则对 A 存在的不确定性

$$I(A) = \log \frac{1}{p(A)} \tag{2.1.3-2}$$

由此可知,(2.1.3-1)式中,

$$\{\text{接收者收到 } b_j \text{ 前,对信源发 } a_i \text{ 的先验不确定性}\}$$
$$= \log \frac{1}{\{\text{接收者收到 } b_j \text{ 前,信源发 } a_i \text{ 的先验概率}\}}$$
$$= \log \frac{1}{p(a_i)} \quad (i = 1, 2, \cdots, r) \tag{2.1.3-3}$$

而(2.1.3-1)式中的

$$\{\text{接收者收到 } b_j \text{ 后,对信源发 } a_i \text{ 仍然存在的后验不确定性}\}$$
$$= \log \frac{1}{\{\text{接收者收到 } b_j \text{ 后,推测信源发 } a_i \text{ 的后验概率}\}}$$
$$= \log \frac{1}{p_Y(a_i/b_j)} \quad (i = 1, 2, \cdots, r; j = 1, 2, \cdots, s) \tag{2.1.3-4}$$

这样,(2.1.3-1)又可改写为

$$I(a_i;b_j) = \log \frac{1}{p(a_i)} - \log \frac{1}{p_Y(a_i/b_j)} = \log \frac{p_Y(a_i/b_j)}{p(a_i)}$$

$$= \log \frac{p(a_i)\,p(b_j/a_i)}{\dfrac{\displaystyle\sum_{i=1}^{r} p(a_i)\,p(b_j/a_i)}{p(a_i)}} \quad (i=1,2,\cdots,r;j=1,2,\cdots,s) \tag{2.1.3-5}$$

这表明,在图 2.1-3(a)所示"正向信道"$(X-Y)$中,输入符号 $a_i(i=1,2,\cdots,r)$ 与输出符号 $b_j(j=1,2,\cdots,s)$ 之间的互信息 $I(a_i;b_j)(i=1,2,\cdots,r;j=1,2,\cdots,s)$ 是 $p(a_i)$ 和 $p(b_j/a_i)$ 的函数 $I[p(a_i),p(b_j/a_i)]$. 只要给定信源 X 的概率分布 $p(a_i)$ 和信道$(X-Y)$的传递概率 $p(b_j/a_i)$,就可按(2.1.3-5)式精准地计算出$(r\times s)$个互信息 $I(a_i;b_j)(i=1,2,\cdots,r;j=1,2,\cdots,s)$.

2. 接收者(▲)站在 X 立场

在图 2.1-3(b)所示"反向信道"$(Y-X)$中,Y 是输入随机变量;X 是输出随机变量,这就意味着,接收者(▲)站在 X 的立场. 这时,输入随机变量 Y 发符号 b_j,在信道噪声的随机干扰下,信道输出的 a_i 往往是 b_j 的某种"变型". 接收者收到 $a_i(X=a_i)$ 后,从 a_i 中获取关于 b_j 的信息量,即信道把 b_j 传递为 a_i 的过程中,信道所传递的信息量 $I(b_j;a_i)$ 称为 b_j 和 a_i 之间的"互信息". 按信息的定义,有

$$I(b_j;a_i)=\{\text{接收者收到 } a_i \text{ 前,对 } Y=b_j \text{ 存在的先验不确定性}\}$$
$$-\{\text{接收者收到 } a_i \text{ 后,对 } Y=b_j \text{ 仍然存在的后验不确定性}\}$$
$$=\{\text{接收者收到 } a_i \text{ 前、后,对 } Y=b_j \text{ 的不确定性的消除}\} \tag{2.1.3-6}$$

由自信函数(1.1.2-10)式可知,

$$\{\text{接收者收到 } a_i \text{ 前,对 } Y=b_j \text{ 的先验不确定性}\}$$
$$= \log \frac{1}{\{\text{接收者收到 } a_i \text{ 前,} Y=b_j \text{ 的先验概率}\}}$$
$$= \log \frac{1}{p_Y(b_j)} \quad (j=1,2,\cdots,s) \tag{2.1.3-7}$$

而

$$\{\text{接收者收到 } a_i \text{ 后,对 } Y=b_j \text{ 仍然存在的后验不确定性}\}$$
$$= \log \frac{1}{\{\text{接收者收到 } a_i \text{ 后,推测 } Y=b_j \text{ 的后验概率}\}}$$
$$= \log \frac{1}{p(b_j/a_i)} \quad (i=1,2,\cdots,r;j=1,2,\cdots,s) \tag{2.1.3-8}$$

这样,(2.1.3-6)式又可改写为

$$I(b_j;a_i)= \log \frac{1}{p_Y(b_j)} - \log \frac{1}{p(b_j/a_i)} = \log \frac{p(b_j/a_i)}{p_Y(b_j)}$$
$$= \log \frac{p(b_j/a_i)}{\displaystyle\sum_{i=1}^{r} p(a_i)\,p(b_j/a_i)} \quad (i=1,2,\cdots,r;j=1,2,\cdots,s) \tag{2.1.3-9}$$

这表明,在图 2.1-3(b)所示"反向信道"$(Y-X)$中,输入符号 $b_j(j=1,2,\cdots,s)$ 与输出符号 $a_i(i=1,2,\cdots,r)$ 之间的互信息 $I(b_j;a_i)(i=1,2,\cdots,r;j=1,2,\cdots,s)$ 是 $p(a_i)$ 和 $p(b_j/a_i)$ 的函数 $I[p(a_i),p(b_j/a_i)]$. 只要给定信源 X 的概率分布 $p(a_i)$ 和信道$(X-Y)$的传递概率 $p(b_j/a_i)$,就可按(2.1.3-9)式精准地计算出$(r\times s)$个互信息 $I(b_j;a_i)(i=1,2,\cdots,r;j=1,2,\cdots,s)$.

3. 接收者站在(XY)的总体立场

在图 2.1-3(a) 和图 2.1-3(b) 所示的"正向信道"($X \text{-} Y$) 和"反向信道"($Y \text{-} X$) 中,若不刻意区分 X 和 Y 两个随机变量哪一个是输入随机变量,哪一个是输出随机变量,而是站在(XY) 的总体立场上观察信息传输的机制. 从这种总体立场出发,不论是 $X = a_i$ 经信道($X \text{-} Y$) 传递,输出 $Y = b_j$;还是 $Y = b_j$ 经信道($Y \text{-} X$) 传递,输出 $X = a_i$,都看作同一随机事件 $\{X = a_i, Y = b_j\}$ 出现. 按信息的定义,$X = a_i$ 与 $Y = b_j$ 之间的互信息

$$I\{X = a_i; Y = b_j\} = \{\text{通信前}, [X = a_i, Y = b_j] \text{存在的先验不确定性}\}$$
$$- \{\text{通信后}, [X = a_i, Y = b_j] \text{仍然存在的后验不确定性}\}$$
$$= \{\text{通信前、后}, [X = a_i, Y = b_j] \text{的不确定性的消除}\}$$

$$(2.1.3 - 10)$$

"通信前",意味着信源与信道未接通以前. 这时,两个随机变量 X 和 Y 可看作是相互统计独立、互不相关的两个随机变量. $\{X = a_i, Y = b_j\}$ 的先验概率

$$P\{X = a_i, Y = b_j\} = P\{X = a_i\} \cdot P\{Y = b_j\} \quad (i = 1, 2, \cdots, r; j = 1, 2, \cdots, s)$$

$$(2.1.3 - 11)$$

即可表示为

$$p(a_i b_j) = p(a_i) \cdot p_Y(b_j) \quad (i = 1, 2, \cdots, r; j = 1, 2, \cdots, s) \qquad (2.1.3 - 12)$$

"通信后",意味着信源与信道已接通. 这时,两个随机变量 X 和 Y 就不是两个相互统计独立、互不相关的两个随机变量,而是由信道传递概率 $P(Y/X)$ 或 $P(X/Y)$ 相联系的互相有依赖关系的两个随机变量. $\{X = a_i; Y = b_j\}$ 的后验概率就是 $X = a_i$ 和 $Y = b_j$ 的联合概率,一般表示为

$$P\{X = a_i, Y = b_j\} = p(a_i b_j) = p(a_i) p(b_j / a_i)$$
$$= p_Y(b_j) p_Y(a_i / b_j) \qquad (2.1.3 - 13)$$

同样,由自信函数(1.1.2-10)式可知,

$$\{\text{通信前}, [X = a_i, Y = b_j] \text{的先验不确定性}\}$$

$$= \log \frac{1}{\{\text{通信前}, [X = a_i, Y = b_j] \text{的先验概率}\}}$$

$$= \log \frac{1}{P\{[X = a_i, Y = b_j]\}}$$

$$= \log \frac{1}{P\{X = a_i\} \cdot P\{Y = b_j\}}$$

$$= \log \frac{1}{p(a_i) \cdot p_Y(b_j)} \quad (i = 1, 2, \cdots, r; j = 1, 2, \cdots, s) \qquad (2.1.3 - 14)$$

而

$$\{\text{通信后}, [X = a_i, Y = b_j] \text{依然存在的后验不确定性}\}$$

$$= \log \frac{1}{\{\text{通信后}, [X = a_i, Y = b_j] \text{的后验概率}\}}$$

$$= \log \frac{1}{P\{[X = a_i, Y = b_j]\}}$$

$$= \log \frac{1}{p(a_i b_j)} \quad (i = 1, 2, \cdots, r; j = 1, 2, \cdots, s) \qquad (2.1.3 - 15)$$

这样,(2.1.3-10)式又可改写为

$$I\{X=a_i;Y=b_j\}=\log\frac{1}{p(a_i)\,p_Y(b_j)}-\log\frac{1}{p(a_ib_j)}$$

$$=\log\frac{p(a_ib_j)}{p(a_i)\,p_Y(b_j)}\quad(i=1,2,\cdots,r;j=1,2,\cdots,s)\quad(2.1.3-16)$$

至此,我们不禁要问:从不同观察立场出发得到的 $X=a_i$ 和 $Y=b_j$ 之间的互信息 $I(a_i;b_j)$、$I(b_j;a_i)$ 和 $I\{X=a;Y=b\}$ 之间有什么关系? 它们是否相等?

实际上,根据(2.1.3-13)式所示联合概率的"双向性",即

$$p(a_ib_j)=p(a_i)\,p(b_j/a_i)=p_Y(b_j)\,p_Y(a_i/b_j)\quad(i=1,2,\cdots,r;j=1,2,\cdots,s)$$

由(2.1.3-16)式,有

$$I\{X=a_i;Y=b_j\}=\log\frac{p(a_ib_j)}{p(a_i)\,p_Y(b_j)}=\log\frac{p(a_i)\,p(b_j/a_i)}{p(a_i)\,p_Y(b_j)}$$

$$=\log\frac{p(b_j/a_i)}{p_Y(b_j)}$$

$$=I(b_j;a_i)\quad(i=1,2,\cdots,r;j=1,2,\cdots,s)\quad(2.1.3-17)$$

以及

$$I\{X=a_i;Y=b_j\}=\log\frac{p(a_ib_j)}{p(a_i)\,p_Y(b_j)}=\log\frac{p_Y(b_j)\,p_Y(a_i/b_j)}{p(a_i)\,p_Y(b_j)}$$

$$=\log\frac{p_Y(a_i/b_j)}{p(a_i)}$$

$$=I(a_i;b_j)\quad(i=1,2,\cdots,r;j=1,2,\cdots,s)\quad(2.1.3-18)$$

由此可得

$$I\{X=a_i;Y=b_j\}=I(b_j;a_i)=I(a_i;b_j)\quad(i=1,2,\cdots,r;j=1,2,\cdots,s)$$

$$(2.1.3-19)$$

这表明,接收者站在 Y 的立场,在"正向信道"中,从符号 $Y=b_j$ 中获取关于符号 $X=a_i$ 的交互信息量 $I(a_i;b_j)$;与接收者站在 X 的立场,在"反向信道"中,从符号 $X=a_i$ 中获取关于符号 $Y=b_j$ 的交互信息量 $I(b_j;a_i)$ 是相同的. 实际上它们是同一个量. 信道两端 $X=a_i$ 和 $Y=b_j$ 两符号之间是"你中有我""我中有你"的交互关系. 这就是为什么把 $I(a_i;b_j)$ 或 $I(b_j;a_i)$ 称为"交互信息量(互信息)"的缘由.

综上所述,(2.1.3-5)、(2.1.3-9)、(2.1.3-16)式都是信道(X-Y)两端 $X=a_i$ 和 $Y=b_j$ 两符号之间互信息 $I(a_i;b_j)$ 的测度函数,都称为 $X=a_i$ 和 $Y=b_j$ 的"互信函数". 它们的表达形式虽然不同,但都具有共同特点:

(1) 信道(X-Y)两端两个符号 $X=a_i$ 和 $Y=b_j$ 之间的互信息 $I(a_i;b_j)$,是信源 X 的概率分布 $p(a_i)(i=1,2,\cdots,r)$ 和信道传递概率 $p(b_j/a_i)(i=1,2,\cdots,r;j=1,2,\cdots,s)$ 的函数 $I\{p(a_i),p(b_j/a_i)\}$. 只要给定 $p(a_i)(i=1,2,\cdots,r)$ 和 $p(b_j/a_i)(i=1,2,\cdots,r;j=1,2,\cdots,s)$ 就可精准地计算($r\times s$)个互信息 $I(a_i;b_j)(i=1,2,\cdots,r;j=1,2,\cdots,s)$.

"互信函数"$I(a_i;b_j)$ 的导出,奠定了信道信息传输的理论基础,开创了信息理论的又一新局面,是信息论发展史上的一个里程碑.

(2) 信道(X-Y)两端两个符号 $X=a_i$ 和 $Y=b_j$ 之间的互信息 $I(a_i;b_j)$,等于通信后的"后

验概率"与通信前的"先验概率"的比值的对数. 两个符号 $X=a_i$ 与 $Y=b_j$ 之间的互信息 $I(a_i;b_j)$ 取决于"后验概率"与"先验概率"的比值,与"后验概率"、"先验概率"本身数值大小无关. 这实际上意味着,$X=a_i$ 和 $Y=b_j$ 之间的互信息,是通信前、后不确定性的"消除"的内涵. 即

$$\{信道两端两个符号之间的互信息\} = \log \frac{后验概率}{先验概率}$$

$$= \{通信前的先验不确定性\} - \{通信后仍然存在的不确定性\}$$

$$= \{通信前、后不确定性的消除\} \qquad (2.1.3-20)$$

一般认为,"先验概率"是先验可知的(或可事先测定的). 在这种情况下,两个符号之间的互信息 $I(a_i;b_j)$ 就取决于"后验概率". 现以(2.1.3-5)式为例,阐明"后验概率"$p_Y(a_i/b_j)$ 的变化,对 $I(a_i;b_j)$ 的影响.

① 当 $p_Y(a_i/b_j)=1$ 时,有

$$I(a_i;b_j) = \log \frac{1}{p(a_i)} = I(a_i) \qquad (i=1,2,\cdots,r) \qquad (2.1.3-21)$$

这表明,当收到 $Y=b_j$ 后,推测 $X=a_i$ 的"后验概率"等于 1 时,意味着:收到 $Y=b_j$ 即可确切无误地收到 $X=a_i$,消除对 $X=a_i$ 的全部不确定性,从 $Y=b_j$ 中获取关于 $X=a_i$ 的全部信息量 $I(a_i)$.

② 当 $p(a_i)<p_Y(a_i/b_j)<1$ 时,有

$$I(a_i;b_j) = \log \frac{p_Y(a_i/b_j)}{p(a_i)} > 0 \qquad (i=1,2,\cdots,r;j=1,2,\cdots,s) \qquad (2.1.3-22)$$

这表明,当收到 $Y=b_j$ 后,推测 $X=a_i$ 的"后验概率"$p_Y(a_i/b_j)$ 大于收到 $Y=b_j$ 前 $X=a_i$ 的"先验概率"$p(a_i)$ 时,意味着:收到 $Y=b_j$ 后判断 $X=a_i$ 的可能性大于收到 $Y=b_j$ 前判断 $X=a_i$ 的可能性. 收到 $Y=b_j$ 后对 $X=a_i$ 仍然存在的不确定性比收到 $Y=b_j$ 前对 $X=a_i$ 的先验不确定性有所减小. 从而,接收者从 $Y=b_j$ 中获取关于 $X=a_i$ 的一定信息量.

由于"底"大于 1 的对数是单调递增函数. 所以"后验概率"与"先验概率"的比值越大,两个符号之间的互信息也越大. 如对数的"底"取"2",若要从 $Y=b_j$ 中获取关于 $X=a_i$ 的信息量等于 n(比特),则"后验概率"$p_Y(a_i/b_j)$ 必须是先验概率 $p(a_i)$ 的 2^n 倍. 对于给定信源来说,"后验概率"越大,信道传递的互信息就越多.

③ 当 $p_Y(a_i/b_j)=p(a_i)$ 时,有

$$I(a_i;b_j) = \log 1 = 0 \qquad (i=1,2,\cdots,r;j=1,2,\cdots,s) \qquad (2.1.3-23)$$

这表明,当收到 $Y=b_j$ 后,推测 $X=a_i$ 的"后验概率"与收到 $Y=b_j$ 前 $X=a_i$ 的"先验概率"$p(a_i)$ 相等时,在接收者收到 $Y=b_j$ 前、后,判断 $X=a_i$ 的可能性的大小没有任何变化,接收者在 $Y=b_j$ 前、后,对 $X=a_i$ 存在的不确定性没有任何减小. 因此,接收者从 $Y=b_j$ 中没有得到关于 $X=a_i$ 的任何信息量.

实际上,当 $p_Y(a_i/b_j)=p(a_i)$ 时,有

$$p_Y(b_j)p_Y(a_i/b_j) = p_Y(b_j)p(a_i) = p(a_ib_j) \qquad (i=1,2,\cdots,r;j=1,2,\cdots,s)$$

$$(2.1.3-24)$$

这表明,这时 $X=a_i$ 和 $Y=b_j$ 之间统计独立,它们之间的互信息 $I(a_i;b_j)$ 应该等于零.

④ 当 $0<p_Y(a_i/b_j)<p(a_i)$ 时,有

$$I(a_i;b_j) = \log \frac{p_Y(a_i/b_j)}{p(a_i)} < 0 \quad (i=1,2,\cdots,r;j=1,2,\cdots,s) \quad (2.1.3-25)$$

这表明,当收到 $Y=b_j$ 后,推测 $X=a_i$ 的"后验概率" $p_Y(a_i/b_j)$ 反而小于收到 $Y=b_j$ 前 $X=a_i$ 的先验概率 $p(a_i)$ 时,意味着:收到 $Y=b_j$ 后判断 $X=a_i$ 的可能性反而比收到 $Y=b_j$ 前判断 $X=a_i$ 的可能性小. 收到 $Y=b_j$ 后,接收者对 $X=a_i$ 仍然存在的不确定性反而比收到 $Y=b_j$ 前存在的先验不确定性有所增加. 因此,接收者在收到 $Y=b_j$ 前、后,对 $X=a_i$ 的不确定性的"消除量"出现"负值".

综上所述,对于给定信源来说,信道输出端随机变量符号对输入端随机变量符号之间的"后验概率",对信道两端两符号之间的互信息的大小起着决定性作用.

必须强调指出,$(2.1.3-21)$ 式表明,由 $(1.1.2-10)$ 式定义的"自信函数" $I(a_i)$,只是"互信函数" $I(a_i;b_j)$ 在"后验概率" $p_Y(a_i/b_j)=1$ 的特定条件下的一个特例. 信道 $(X-Y)$ 两端的两个符号 $X=a_i$ 和 $Y=b_j$ 之间的互信函数 $I(a_i;b_j)$ 是信息传输的根本测度函数.

【例 2.3】 表 2.1 中列出信源发出的 8 种不同消息 $\alpha_i(i=1,2,\cdots,8)$、相应的先验概率 $p(\alpha_i)(i=1,2,\cdots,8)$ 以及 α_i 相应码字 $\omega_i(i=1,2,\cdots,8)$. 表中同时列出输出第一个码符号"0"后,再输出码字 $\omega_1,\omega_2,\omega_3,\omega_4$ 后面二个码符号的概率,即输出第一个码符号"0"后,再出现消息 $\alpha_1,\alpha_2,\alpha_3,\alpha_4$ 的概率. 试计算第一个码符号"0"对消息 $\alpha_1,\alpha_2,\alpha_3,\alpha_4$ 提供的信息量.

表 2.1

消息	α_1	α_2	α_3	α_4	α_5	α_6	α_7	α_8
码字	000	001	010	011	100	101	110	111
消息概率	1/4	1/4	1/8	1/8	1/16	1/16	1/16	1/16
输出"0"后消息概率	1/3	1/3	1/6	1/6	0	0	0	0

解 由表 2.1 可知,接到消息 $\alpha_i(i=1,2,3,4)$ 后,推测其码字第一个码符号为"0"的后验概率等于 1,即有

$$p_Y(0/\alpha_i) = 1 \quad (i=1,2,3,4) \tag{1}$$

第一个码符号"0"对消息 $\alpha_i(i=1,2,3,4)$ 提供的信息量,就是从消息 $\alpha_i(i=1,2,3,4)$ 中获取关于第一个码符号"0"的互信息

$$I(0;\alpha_i) = \log \frac{p_Y(0/\alpha_i)}{p(0)} = \log \frac{1}{p(0)} \quad (i=1,2,3,4) \tag{2}$$

其中,$p(0)$ 是信源发第一个码符号"0"的先验概率,即有

$$\begin{aligned} p(0) &= p(\alpha_1) + p(\alpha_2) + p(\alpha_3) + p(\alpha_4) \\ &= 1/4 + 1/4 + 1/8 + 1/8 = 3/4 \end{aligned} \tag{3}$$

由 (1)、(3) 式,得

$$I(0;\alpha_i) = \log \frac{1}{p(0)} = \log \frac{4}{3} = 0.4150 \quad (比特) \quad (i=1,2,3,4) \tag{4}$$

这就是第一个码符号"0"对消息 $\alpha_i(i=1,2,3,4)$ 所提供的信息量.

【例 2.4】 试将图 E2.4-1(a) 所示的由二元等概信源 $X:\{0,1\}$ 与错误传递概率为 p 的二进制对称信道 $(X-Y)$ 相接组成的"正向信道"通信系统,转换成"反向信道"通信系统,并计算互信息 $I\{X=0;Y=1\}$、$I\{Y=1,X=0\}$ 以及 $I\{X=0;Y=0\}$、$I\{Y=0;X=0\}$.

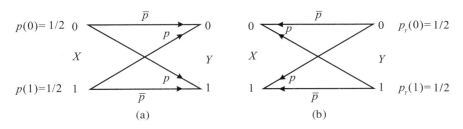

图 E2.4 - 1

解　由图 E2.4 - 1(a)给定的信源 X 的概率分布和信道的传递概率,求得 Y 的概率分布

$$P\{Y = 0\} = p_Y(0) = p(0)p(0/0) + p(1)p(0/1) = \frac{1}{2}\bar{p} + \frac{1}{2}p = \frac{1}{2}$$

$$P\{Y = 1\} = p_Y(1) = p(0)p(1/0) + p(1)p(1/1) = \frac{1}{2}p + \frac{1}{2}\bar{p} = \frac{1}{2} \tag{1}$$

在已知 Y 的条件下,推测 X 的后验概率分布

$$P\{X = 0/Y = 0\} = p_Y(0/0) = \frac{p(0)p(0/0)}{p_Y(0)} = \frac{1/2 \cdot \bar{p}}{1/2} = \bar{p}$$

$$P\{X = 1/Y = 0\} = p_Y(1/0) = \frac{p(1)p(0/1)}{p_Y(0)} = \frac{1/2 \cdot p}{1/2} = p$$

$$P\{X = 0/Y = 1\} = p_Y(0/1) = \frac{p(0)p(1/0)}{p_Y(1)} = \frac{1/2 \cdot p}{1/2} = p$$

$$P\{X = 1/Y = 1\} = p_Y(1/1) = \frac{p(1)p(1/1)}{p_Y(1)} = \frac{1/2 \cdot \bar{p}}{1/2} = \bar{p} \tag{2}$$

由 $p_Y(0)$、$p_Y(1)$ 以及 $p_Y(0/0)$、$p_Y(1/0)$、$p_Y(0/1)$、$p_Y(1/1)$ 可搭建如图 E2.4 - 1(b)所示的"反向信道"通信系统.

(2) 在图 E2.4 - 1(a)所示"正向信道"通信系统中,从 $Y = 1$ 中获取关于 $X = 0$ 的互信息

$$I\{X = 0; Y = 1\} = I(0; 1) = \log\frac{p_Y(0/1)}{p(0)} = \log\frac{p}{1/2} = \log(2p)$$
$$= 1 + \log p \quad (\text{比特}) \tag{3}$$

在图 E2.4 - 1(b)所示"反向信道"通信系统中,从 $X = 0$ 中获取关于 $Y = 1$ 的互信息

$$I\{Y = 1; X = 0\} = I(1; 0) = \log\frac{p(1/0)}{p_Y(1)} = \log\frac{p}{1/2} = \log(2p)$$
$$= 1 + \log p \quad (\text{比特}) \tag{4}$$

这表明,信道两端 $X = 0$ 和 $Y = 1$ 之间的互信息,用"正向信道"和"反向信道"计算结果是一样的,即有

$$I\{X = 0; Y = 1\} = I\{Y = 1; X = 0\} = 1 + \log p \quad (\text{比特}) \tag{5}$$

这证实了信道两端 $X = 0$ 和 $Y = 1$ 两符号之间的互信息的交互性.

(3) 同样,在图 E2.4 - 1(a)中,接收者从 $Y = 0$ 中获取关于 $X = 0$ 的互信息

$$I\{X = 0; Y = 0\} = I(0; 0) = \log\frac{p_Y(0/0)}{p(0)} = \log\frac{\bar{p}}{1/2} = \log(2\bar{p})$$

$$= 1 + \log \bar{p} \quad (比特) \tag{6}$$

当 $0 < p, \bar{p} < 1$，即信道 $(X\text{-}Y)$ 为有噪信道时，有

$$I(0,0) < \log 2 = I(0) = 1 \quad (比特) \tag{7}$$

这表明，由于信道中噪声的随机干扰，接收者收到 $Y=0$ 时，对 $X=0$ 仍然存在不确定性

$$I(X=0/Y=0) = \log \frac{1}{p_Y(0/0)} = \log \frac{1}{p} = -\log \bar{p} \quad (比特) \tag{8}$$

从 $Y=0$ 中获取关于 $X=0$ 的互信息 $I(0;0)$ 小于 $X=0$ 所含有的全部信息量 $I(0)$. 只有当 $\bar{p}=1(p=0)$，即信道 $(X\text{-}Y)$ 是无噪信道（图 E2.4-2(a)）时，才有

$$I(0;0) = 1 = I(0) \quad (比特) \tag{9}$$

这表明，在无噪信道中，接收者收到 $Y=0$，就确切无误地收到 $X=0$，完全消除对 $X=0$ 存在的不确定性，从 $Y=0$ 中获取关于 $X=0$ 的全部信息量 $I(0)$.

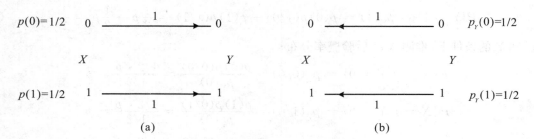

图 E2.4-2

在图 E2.4-1(b) 所示的"反向通道"中，接收者从 $X=0$ 中获取关于 $Y=0$ 的互信息

$$I\{Y=0; X=0\} = I(0;0) = \log \frac{p(0/0)}{p_Y(0)} = \log \frac{\bar{p}}{1/2} = \log(2\bar{p})$$

$$= 1 + \log \bar{p} \quad (比特) \tag{10}$$

当 $0 < p, \bar{p} < 1$，即"反向信道" $(Y\text{-}X)$ 为有噪信道时，有

$$I(0;0) \leqslant \log 2 = I_Y(0) = 1 \quad (比特) \tag{11}$$

这表明，由于信道中的噪声的随机干扰，接收者收到 $X=0$ 时，对 $Y=0$ 仍然存在不确定性

$$I(Y=0/X=0) = \log \frac{1}{p(0/0)} = \log \frac{1}{p} = -\log \bar{p} \quad (比特) \tag{12}$$

从 $X=0$ 中获取关于 $Y=0$ 的互信息 $I(0;0)$，小于 $Y=0$ 所含有的全部信息量 $I_Y(0)$. 只有当 $\bar{p}=1(p=0)$，即"反向信道" $(Y\text{-}X)$ 是无噪信道（图 E2.4-2(b)）时，才有

$$I(0;0) = 1 = I_Y(0) \tag{13}$$

这表明，在无噪信道中，接收者收到 $X=0$，就是确切无误地收到 $Y=0$，完全消除对 $Y=0$ 存在的不确定性，从 $X=0$ 中获取关于 $Y=0$ 的全部信息量 $I_Y(0)$.

2.1.4　两个随机变量之间的平均互信息

互信函数 $I(a_i; b_j)$ 虽然解决了信道两端 $X=a_i$ 和 $Y=b_j$ 两个符号之间互信息的定量计算问题，推动信息传输理论向前迈进了一大步. 但作为通信系统总体信息传输测度函数，还需作进一步改进和完善. 其原因是：

(1) 互信函数 $I(a_i;b_j)$ 度量的只是信道两端 $X=a_i$ 和 $Y=b_j$ 这两个特定具体符号之间的互信息. 对信道输入符号集为 $X=\{a_1,a_2,\cdots,a_r\}$、输出符号集为 $Y:\{b_1,b_2,\cdots,b_s\}$ 的通信系统来说,这种两个特定具体符号之间的互信息 $I(a_i;b_j)$ 共有 $(r\times s)$ 个 $(i=1,2,\cdots,r;j=1,2,\cdots,s)$.

(2) 信道两端 $\{X=a_i,Y=b_j\}$ 本身是概率为 $p(a_ib_j)$ 的随机事件,相应的互信息 $I(a_i;b_j)$ 亦是概率为 $p(a_ib_j)$ 的随机量. 显然,这 $(r\times s)$ 个概率为 $p(a_ib_j)$ 的随机量 $I(a_i;b_j)$ 中任何一个,都没有资格充当通信系统总体信息传输测度函数.

鉴于通信系统的特点,标志信道总体信息传输能力的指标性的量,作为工程设计依据的量,应该是一个确定量. 它应该表示信道每传递一个符号(不论传递哪一个符号)所传递的平均信息量. 为此,我们把 $(r\times s)$ 个互信息 $I\{X=a_i;Y=b_j\}(i=1,2,\cdots,r;j=1,2,\cdots,s)$ 在 X 和 Y 的联合概率空间 $P(XY):\{p(a_ib_j)(i=1,2,\cdots,r;j=1,2,\cdots,s)\}$ 中的统计平均值

$$I(X;Y)=\sum_{i=1}^{r}\sum_{j=1}^{s}p(a_ib_j)I(a_i;b_j) \qquad (2.1.4-1)$$

定义为信道两端两个随机变量 X 和 Y 之间的"平均交互信息量",简称为"平均互信息". 显然,平均互信息 $I(X;Y)$ 具备通信系统总体信息测度函数的条件.

在通信系统中,接收者是站在 Y 的立场,还是站在 X 的立场,或站在 (XY) 总体立场,信道两端 $X=a_i$ 和 $Y=b_j$ 两符号之间的互信息 $I(a_i;b_j)$,有相应不同的表达式. 同样,对于平均互信息 $I(X;Y)$ 来说,不同观察角度也有相应不同的表达式.

1. X 是输入随机变量,Y 是输出随机变量

在图 2.1-4(a)所示"正向信道"$(X-Y)$中,X 是输入随机变量,Y 是输出随机变量. 接收者(▲)站在 Y 的立场.

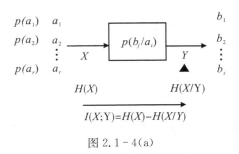

图 2.1-4(a)

由(2.1.3-5)式可知,从 $Y=b_j$ 中获取关于 $X=a_i$ 的互信息

$$I(a_i;b_j)=\log\frac{p_Y(a_i/b_j)}{p(a_i)}\quad(i=1,2,\cdots,r;j=1,2,\cdots,s) \qquad (2.1.4-2)$$

根据(2.1.4-1)式所示信道$(X-Y)$两端两个随机变量 X 和 Y 的平均互信息,即从 Y 的每一个符号中获取关于 X 的每一个符号的平均信息量,也就是信道$(X-Y)$每传递一个符号(不论是哪一种符号)所传递的平均信息量 $I(X;Y)$ 的定义,有

$$I(X;Y)=\sum_{i=1}^{r}\sum_{j=1}^{s}p(a_ib_j)\,I(a_i;b_j)=\sum_{i=1}^{r}\sum_{j=1}^{s}p(a_ib_j)\log\frac{p(a_i/b_j)}{p(a_i)}$$

$$=-\sum_{i=1}^{r}\sum_{j=1}^{s}p(a_ib_j)\log\,p(a_i)-\left[-\sum_{i=1}^{r}\sum_{j=1}^{s}p(a_ib_j)\log\,p_Y(a_i/b_j)\right]$$

$$= -\sum_{i=1}^{r} p(a_i)\log p(a_i) - \left[-\sum_{i=1}^{r}\sum_{j=1}^{s} p_Y(b_j)p_Y(a_i/b_j)\log p_Y(a_i/b_j) \right]$$

$$= -\sum_{i=1}^{r} p(a_i)\log p(a_i) - \left\{ \sum_{j=1}^{s} p_Y(b_j)\left[-\sum_{i=1}^{r} p_Y(a_i/b_j)\log p_Y(a_i/b_j) \right] \right\}$$

$$= H(X) - \sum_{j=1}^{s} p_Y(b_j)H(X/Y=b_j) \tag{2.1.4-3}$$

其中

$$H(X/Y=b_j) = -\sum_{i=1}^{r} p_Y(a_i/b_j)\log p_Y(a_i/b_j) \tag{2.1.4-4}$$

因为对任何一个 $Y=b_j$,它的 r 个后验概率 $p_Y(a_i/b_j)(i=1,2,\cdots,r)$ 构成一个完备的概率空间,即有

$$\sum_{i=1}^{r} p_Y(a_i/b_j) = 1 \quad (j=1,2,\cdots,s) \tag{2.1.4-5}$$

所以(2.1.4-4)式是一个熵函数. 它表示,信道输出 $Y=b_j$ 后,对输入随机变量 X 的每一个符号(不论是什么符号)仍然存在的平均不确定性. 因为输出端收到 $Y=b_j$ 是概率为 $p_Y(b_j)$ 的随机事件,且

$$\sum_{j=1}^{s} p_Y(b_j) = 1 \tag{2.1.4-6}$$

所以(2.1.4-3)式中,

$$\sum_{j=1}^{s} p_Y(b_j)H(X/Y=b_j) = H(X/Y) \tag{2.1.4-7}$$

是 $H(X/Y=b_j)(j=1,2,\cdots,s)$ 在概率空间 $P(Y):\{p_Y(b_1),p_Y(b_2),\cdots,p_Y(b_s)\}$ 中的统计平均值. 它是一个"条件熵",表示输出随机变量 Y 每收到一个符号(不论是哪一个符号)后,对输入随机变量 X 每一个符号(不论是哪一个符号)仍然存在的平均不确定性. 我们把它称为"疑义度".

由(2.1.4-7)式,等式(2.1.4-3)式可改写为

$$I(X;Y) = H(X) - H(X/Y) \tag{2.1.4-8}$$

这表明,在"正向信道"$(X-Y)$ 构成的通信系统中,信道每传递一个符号(不论是什么符号),流经信道的平均互信息 $I(X;Y)$,等于通信前接收者对信源 X 存在的平均不确定性 $H(X)$,减去通信后接收者收到 Y 的前提下,对信源 X 仍然存在的平均不确定性 $H(X/Y)$ 之差,即通信前、后,接收者对信源 X 存在的平均不确定性的消除.

为了进一步揭示 X 和 Y 之间的平均互信息 $I(X;Y)$ 的内涵,我们还可以从另一角度展开(2.1.4-3)式. 因为

$$I(X;Y) = \sum_{i=1}^{r}\sum_{j=1}^{s} p(a_ib_j)I(a_i;b_j) = \sum_{i=1}^{r}\sum_{j=1}^{s} p_Y(b_j)p_Y(a_i/b_j)I(a_i;b_j)$$

$$= \sum_{j=1}^{s} p_Y(b_j)\sum_{i=1}^{r} p_Y(a_i/b_j)I(a_i;b_j) \tag{2.1.4-9}$$

在图 2.1-4(a)所示的"正向信道"$(X-Y)$ 中,当接收者收到 $Y=b_j$ 后,推测 $X=a_i$ 的概率,已由先验概率 $p(a_i)$ 转变为后验概率 $p_Y(a_i/b_j)$. 则

$$\sum_{i=1}^{r} p_Y(a_i/b_j) I(a_i;b_j) = I(X;b_j) \tag{2.1.4-10}$$

是互信息 $I(a_i;b_j)$ 在后验概率空间 $P(X=a_i/Y=b_j):\{p_Y(a_1/b_j),p_Y(a_2/b_j),\cdots,p_Y(a_r/b_j)\}$ 中的统计平均值,它表示,信道$(X-Y)$输出 $Y=b_j$ 后,从 $Y=b_j$ 中获取的关于信源 X 每一个符号(不论是什么符号)的平均信息量. 由(2.1.4-10)式,有

$$I(X;Y) = \sum_{j=1}^{s} p_Y(b_j) I(X;b_j) \tag{2.1.4-11}$$

这表明,信道两端 X 和 Y 之间的平均互信息 $I(X;Y)$,也可看作是接收者从 $Y=b_j$ 中获取关于信源 X 每一个符号(不论是什么符号)的平均信息量 $I(X;b_j)$,在 Y 的概率空间 $P(Y):$ $\{p_Y(b_1),p_Y(b_2),\cdots,p_Y(b_s)\}$ 中的统计平均值.

由(2.1.3-5)式,有

$$I(X;b_j) = \sum_{i=1}^{r} p_Y(a_i/b_j) I(a_i;b_j)$$

$$= \sum_{i=1}^{r} p_Y(a_i/b_j) \log \frac{p_Y(a_i/b_j)}{p(a_i)} \tag{2.1.4-12}$$

考虑到有 $\sum_{i=1}^{r} p_Y(a_i/b_j) = 1$,"底"大于 1 的对数是 $\bigcap$ 函数,由不等式(1.3.1-23)式,有

$$-I(X;b_j) = \sum_{i=1}^{r} p_Y(a_i/b_j) \log \frac{p(a_i)}{p_Y(a_i/b_j)} \leqslant \log\Big[\sum_{i=1}^{r} p_Y(a_i/b_j) \frac{p(a_i)}{p_Y(a_i/b_j)} \Big]$$

$$= \log\Big[\sum_{i=1}^{r} p(a_i) \Big] = \log 1 = 0 \quad (j=1,2,\cdots,s) \tag{2.1.4-13}$$

即有

$$I(X;b_j) \geqslant 0 \quad (j=1,2,\cdots,s) \tag{2.1.4-14}$$

当且仅当对一切 $j=1,2,\cdots,s$ 都有

$$p_Y(a_i/b_j) = p(a_i) \quad (i=1,2,\cdots,r;j=1,2,\cdots,s) \tag{2.1.4-15}$$

即信宿 Y 中符号 $Y=b_j$ 与信源 X 中的所有符号 $a_i(i=1,2,\cdots,r)$ 都统计独立时,等式才能成立,即

$$I(X;b_j) = 0 \quad (j=1,2,\cdots,s) \tag{2.1.4-16}$$

这表明,从平均意义上来说,从信宿 $Y=b_j(j=1,2,\cdots,s)$ 中,总可获取一点关于信源 X 的平均信息量. 只有当信宿 $Y=b_j(j=1,2,\cdots,s)$ 与信源 X 统计独立,从 $Y=b_j(j=1,2,\cdots,s)$ 中才获取不到关于信源 X 的任何信息量.

2. Y 是输入随机变量,X 是输出随机变量

在图 2.1-4(b)所示的"反向信道"$(Y-X)$ 中,Y 是输入随机变量,X 是输出随机变量. 接收者(▲)站在 X 的立场.

由给定信源 X 的概率分布 $p(a_i)$ 和给定信道$(X-Y)$ 的传递概率 $p(b_j/a_i)$,根据(2.1.2-9)、(2.1.2-15)式,换算得 $p_Y(b_j)(j=1,2,\cdots,s)$、$p_Y(a_i/b_j)(i=1,2,\cdots,r;j=1,2,\cdots,s)$.

由(2.1.3-9)式,得从 $X=a_i$ 中获取关于 $Y=b_j$ 的互信息

$$I(b_j;a_i) = \log \frac{p(b_j/a_i)}{p_Y(b_j)} \quad (i=1,2,\cdots,r;j=1,2,\cdots,s) \tag{2.1.4-17}$$

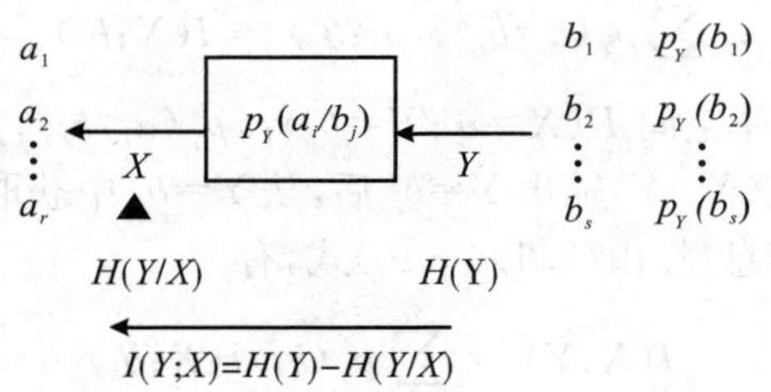

图 2.1-4(b)

按定义,从 X 中获取关于 Y 的平均互信息

$$I(Y;X) = \sum_{i=1}^{r} \sum_{j=1}^{s} p(a_i b_j) I(b_j;a_i) = \sum_{i=1}^{r} \sum_{j=1}^{s} p(a_i b_j) \log \frac{p(b_j/a_i)}{p_Y(b_j)}$$

$$= -\sum_{i=1}^{r} \sum_{j=1}^{s} p(a_i b_j) \log p_Y(b_j) - \left[-\sum_{i=1}^{r} \sum_{j=1}^{s} p(a_i b_j) \log p(b_j/a_i) \right]$$

$$= -\sum_{j=1}^{s} p_Y(b_j) \log p_Y(b_j) - \left[-\sum_{i=1}^{r} \sum_{j=1}^{s} p(a_i) p(b_j/a_i) \log p(b_j/a_i) \right]$$

$$= H(Y) - \left\{ \sum_{i=1}^{r} p(a_i) \left[-\sum_{i=1}^{r} \sum_{j=1}^{s} p(b_j/a_i) \log p(b_j/a_i) \right] \right\}$$

$$= H(Y) - \sum_{i=1}^{r} p(a_i) H(Y/X = a_i) \tag{2.1.4-18}$$

其中

$$H(Y/X = a_i) = -\sum_{j=1}^{s} p(b_j/a_i) \log p(b_j/a_i) \quad (i=1,2,\cdots,r) \tag{2.1.4-19}$$

因为对任一个 $X = a_i (i=1,2,\cdots,r)$,它的 s 个传递概率 $p(b_j/a_i)(i=1,2,\cdots,s)$ 构成一个完备概率空间,即有

$$\sum_{j=1}^{s} p(b_j/a_i) = 1 \quad (i=1,2,\cdots,r) \tag{2.1.4-20}$$

所以(2.1.4-19)式是熵函数. 它表示,信道输出 $X = a_i$ 后,对输入随机变量 Y 的每一个符号(不论是什么符号)仍然存在的平均不确定性. 因为输出端收到 $X = a_i$ 是概率为 $p(a_i)$ 的随机事件,且

$$\sum_{i=1}^{r} p(a_i) = 1 \tag{2.1.4-21}$$

所以

$$\sum_{i=1}^{r} p(a_i) H(Y/X = a_i) = H(Y/X) \tag{2.1.4-22}$$

是 $H(Y/X=a_i)(i=1,2,\cdots,r)$ 在概率空间 $P(X):\{p(a_1),p(a_2),\cdots,p(a_r)\}$ 中的统计平均值,它是一个"条件熵". 表示输出随机变量 X 每收到一个符号(不论是什么符号)后,对输入随机变量 Y 每一个符号(不论是什么符号)仍然存在的平均不确定性. 我们把它称为"噪声熵".

这样,(2.1.4-18)式又可改写为

$$I(Y;X) = H(Y) - H(Y/X) \tag{2.1.4-23}$$

这表明,在"反向信道"(Y-X)构成的通信系统中,信道每传递一个符号(不论是什么符号),流经信道的平均互信息 $I(Y;X)$,等于通信前接收者对输入随机变量 Y 存在的平均不确定性 $H(Y)$,减去通信后接收者收到 X 的前提下,对 Y 仍然存在的平均不确定性 $H(Y/X)$ 之差,即通信前、后,接收者对输入随机变量 Y 存在的平均不确定性的消除.

为了进一步揭示 Y 和 X 之间平均互信息 $I(Y;X)$ 的内涵,我们还可从另一角度展开 (2.1.4-18)式.因为

$$I(Y;X) = \sum_{i=1}^{r}\sum_{j=1}^{s} p(a_i b_j) I(b_j;a_i) = \sum_{i=1}^{r}\sum_{j=1}^{s} p(a_i) p(b_j/a_i) I(b_j;a_i)$$

$$= \sum_{i=1}^{r} p(a_i) \sum_{j=1}^{s} p(b_j/a_i) I(b_j;a_i) \tag{2.1.4-23}$$

在图 2.1-4(b)所示"反向信道"(Y-X)中,当接收者收到 $X=a_i$ 后,推测 $Y=b_j$ 的概率,就是信道(X-Y)的传递概率 $p(b_j/a_i)$.则

$$\sum_{j=1}^{s} p(b_j/a_i) I(b_j;a_i) = I(Y;a_i) \tag{2.1.4-24}$$

是互信息 $I(b_j;a_i)$ 在传递概率空间 $P(Y=b_j/X=a_i):\{p(b_1/a_i),p(b_2/a_i),\cdots,p(b_s/a_i)\}$ 中的统计平均值. 它表示,信道(Y-X)输出 $X=a_i$ 后,从 $X=a_i$ 中获取关于 Y 每一个符号(不论是什么符号)的平均信息量. 由此,有

$$I(Y;X) = \sum_{i=1}^{r} p(a_i) I(Y;a_i) \tag{2.1.4-25}$$

这表明,信道两端 Y 和 X 之间的平均互信息 $I(Y;X)$,也可看作接收者从 $X=a_i$ 中获取关于输入随机变量 Y 每一个符号(不论是什么符号)的平均信息量 $I(Y;a_i)$,在 X 的概率空间 $P(X):\{p(a_1),p(a_2),\cdots,p(a_r)\}$ 中的统计平均值.

在(2.1.4-24)式中,

$$I(Y;a_i) = \sum_{j=1}^{s} p(b_j/a_i) I(b_j;a_i)$$

$$= \sum_{j=1}^{s} p(b_j/a_i) \log \frac{p(b_j/a_i)}{p_Y(b_j)} \tag{2.1.4-26}$$

考虑到有 $\sum_{j=1}^{s} p(b_j/a_i) = 1$,以及对数函数的上凸性,由(1.3.1-23)式,(2.1.4-26)式可改写为

$$-I(Y;a_i) = \sum_{j=1}^{s} p(b_j/a_i) \log \frac{p_Y(b_j)}{p(b_j/a_i)} \leqslant \log\Big[\sum_{j=1}^{s} p(b_j/a_i) \cdot \frac{p_Y(b_j)}{p(b_j/a_i)}\Big]$$

$$= \log\Big[\sum_{j=1}^{s} p_Y(b_j)\Big] = \log 1 = 0 \quad (i=1,2,\cdots,r) \tag{2.1.4-27}$$

即有

$$I(Y;a_i) \geqslant 0 \quad (i=1,2,\cdots,r) \tag{2.1.4-28}$$

当且仅当,对一切 $i=1,2,\cdots,r$ 都有

$$p(b_j/a_i) = p_Y(b_j) \quad (i=1,2,\cdots,r;j=1,2,\cdots,s) \tag{2.1.4-29}$$

即信宿 X 中的符号 $X=a_i$ 与输入随机变量 Y 的所有符号 $b_j(j=1,2,\cdots,s)$ 都统计独立时,等式

才能成立,即
$$I(Y;a_i) = 0 \quad (i = 1,2,\cdots,r) \tag{2.1.4-30}$$

这表明,从平均意义上来说,从信宿 $X=a_i(i=1,2,\cdots,r)$ 中,总可获取一点关于输入随机变量 Y 的平均信息量. 只有当 $X=a_i(i=1,2,\cdots,r)$ 与输入随机变量 Y 统计独立时,从 $X=a_i(i=1,2,\cdots,r)$ 中才获取不到关于 Y 的任何信息量.

3. 信道两端同时出现随机变量 X 和 Y

在图 2.1-4(c)所示信道中,不刻意区分哪一个随机变量是输入随机变量,哪一个随机变量是输出随机变量. 接收者(▲)站在 (XY) 的立场,从总体角度观察通信系统. 在给定信源 X 和给定信道 $(X-Y)$ 的情况下,不论是 X 作为输入随机变量,Y 作为输出随机变量;还是 Y 作为输入随机变量,X 作为输出随机变量,都可被看作是"信道两端同时出现随机变量 X 和 Y"."通信前" X 和 Y 统计独立;"通信后" X 和 Y 由信道传递概率 $P(Y/X)$ 相连接,相互有统计依赖关系.

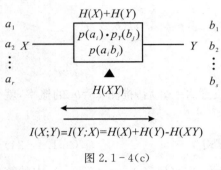

图 2.1-4(c)

在这种观察通信系统的视角下,通信前、后关于 $\{X=a_i, Y=b_j\}$ 的不确定性的消除,就等于 $X=a_i$ 经信道 $(X-Y)$ 传递变为 $Y=b_j$ (或 $Y=b_j$ 变为 $X=a_i$)流经信道的互信息 $I(a_i;b_j)$.

由(2.1.3-16)式可知,信道两端同时出现 $X=a_i$ 和 $Y=b_j$ 时,$X=a_i$ 和 $Y=b_j$ 之间的互信息

$$I(a_i;b_j) = \log \frac{p(a_i b_j)}{p(a_i) p_Y(b_j)} \quad (i = 1,2,\cdots,r; j = 1,2,\cdots,s) \tag{2.1.4-31}$$

随机变量 X 和 Y 之间的平均互信息

$$\begin{aligned}
I(X;Y) = I(Y;X) &= \sum_{i=1}^{r} \sum_{j=1}^{s} p(a_i b_j) I(a_i;b_j) = \sum_{i=1}^{r} \sum_{j=1}^{s} p(a_i b_j) \log \frac{p(a_i b_j)}{p(a_i) p_Y(b_j)} \\
&= -\sum_{i=1}^{r} \sum_{j=1}^{s} p(a_i b_j) \log p(a_i) - \sum_{i=1}^{r} \sum_{j=1}^{s} p(a_i b_j) \log p_Y(b_j) \\
&\quad - \left[-\sum_{i=1}^{r} \sum_{j=1}^{s} p(a_i b_j) \log p(a_i b_j) \right] \\
&= -\left[\sum_{i=1}^{r} p(a_i) \log p(a_i) - \sum_{j=1}^{s} p_Y(b_j) \log p_Y(b_j) \right] \\
&\quad - \left[-\sum_{i=1}^{r} \sum_{j=1}^{s} p(a_i b_j) \log p(a_i b_j) \right] \\
&= H(X) + H(Y) - H(XY) \tag{2.1.4-32}
\end{aligned}$$

其中

$$H(XY) = -\sum_{i=1}^{r} \sum_{j=1}^{s} p(a_i b_j) \log p(a_i b_j) \tag{2.1.4-33}$$

称为 X 和 Y 的"联合信息熵",它表示随机变量 X 和 Y 由信道连接后(通信后),仍然存在的联合平均不确定性. 随机变量 X 和 Y 在没有被信道连接时(通信前),是两个相互统计独立的随

变量. 根据信息可加性,通信前 X 和 Y 的联合平均不确定性应是 X 和 Y 各自信息熵 $H(X)$ 和 $H(Y)$ 的和 $[H(X)+H(Y)]$.

(2.1.4-32)式表明,接收者若站在 (XY) 的立场上,从总体角度观察通信系统,不刻意区分输入、输出随机变量. 那么,信道两端两个随机变量 X 和 Y 之间的平均互信息 $I(X;Y)=I(Y;X)$,等于通信前 X 和 Y 的联合平均不确定性 $[H(X)+H(Y)]$,减去通信后 X 和 Y 仍然存在的联合平均不确定性 $H(XY)$ 之差,即通信前、后,信道两端两个随机变量 X 和 Y 的联合平均不确定性的消除.

综上所述,由接收者观察立场的不同,信道两端两个随机变量 X 和 Y 之间的平均互信息同样有三种不同的表达式:

$$I(X;Y) = I(Y;X) = \begin{cases} H(X) - H(X/Y) & (2.1.4-34) \\ H(Y) - H(Y/X) & (2.1.4-35) \\ H(X) + H(Y) - H(XY) & (2.1.4-36) \end{cases}$$

它们从不同的观察角度说明一个原则:信道两端两个随机变量 X 和 Y 之间的平均互信息 $I(X;Y)$,等于通信前、后平均不确定性的消除. 是通信前、后熵的减小. 所以,也可以说,平均互信息就是"负熵".

平均互信息三种不同表达式同时成立,体现了通信系统信息传输的基本规律.

2.1.5 信息距离

图 2.1-5 形象、直观地描述了通信系统信息传输的基本规律,准确体现了通信系统中信道 $(X-Y)$ 的平均互信息 $I(X;Y)$ 与各类熵的关系.

在图 2.1-5 中,以 X 为圆心的圆面积代表 $H(X)$;以 Y 为圆心的圆面积代表 $H(Y)$;两圆交叉部分(阴影部分)面积代表平均互信息 $I(X;Y)$;以 X 为圆心的圆面积除去交叉部分(阴影部分)的剩余面积代表 $H(X/Y)$;以 Y 为圆心的圆面积除去交叉部分(阴影部分)的剩余面积代表 $H(Y/X)$;两圆交叉后占有的总面积代表 $H(XY)$. 对图中有关面积赋予这些相应的信息含意后,这些面积在几何上的关系,与(2.1.4-34)、(2.1.4-35)、(2.1.4-36)式同时成立时,信道 $(X-Y)$ 的平均互信息 $I(X;Y)$ 与各类熵之间的关系相一致.

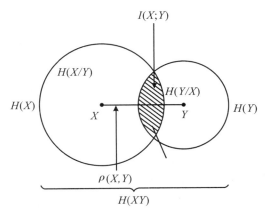

图 2.1-5

同时,我们也看到,图中 X 和 Y 两点之间的距离 $\rho(X,Y)$,与信道$(X-Y)$ 的 $H(X/Y)$ 与 $H(Y/X)$ 的和$[H(X/Y)+H(Y/X)]$,以及 $I(X;Y)$ 也有直接联系. 我们定义,X 和 Y 之间的"几何距离"

$$\rho(X,Y) = H(X/Y) + H(Y/X) \qquad (2.1.5-1)$$

为随机变量 X 和 Y 之间的"信息距离". 并且,"信息距离"$\rho(X,Y)$ 具有以下数学特性:

1. 非负性

由条件熵的非负性,有

$$\begin{cases} H(X/Y) \geqslant 0 \\ H(Y/X) \geqslant 0 \end{cases} \qquad (2.1.5-2)$$

则得

$$\rho(X,Y) = H(X/Y) + H(Y/X) \geqslant 0 \qquad (2.1.5-3)$$

这表明,$\rho(X,Y)$ 具有非负性.

2. 交互性

由定义$(2.1.5-1)$式,有

$$\begin{cases} \rho(X,Y) = H(X/Y) + H(Y/X) \\ \rho(Y,X) = H(Y/X) + H(X/Y) \end{cases} \qquad (2.1.5-4)$$

则得

$$\rho(X,Y) = \rho(Y,X) \qquad (2.1.5-5)$$

这表明,$\rho(X,Y)$ 具有交互性.

3. 当信道$(X-Y)$两端两个随机变量 X 和 Y 是同一随机变量,即 $X=Y$ 时,以 X 为圆心的圆,与以 Y 为圆心的圆重叠

即

$$\begin{aligned} H(Y/X) = H(X/X) &= -\sum_X \sum_X p(x)p(x/x)\log p(x/x) \\ &= \sum_X p(x)\left[-\sum_X p(x/x)\log p(x/x)\right] \\ &= \sum_X p(x)\left(-\sum_X 1\log 1\right) = 0 \qquad (2.1.5-6) \end{aligned}$$

同样,有

$$\begin{aligned} H(X/Y) = H(Y/Y) &= -\sum_Y \sum_Y p_Y(y)p_Y(y/y)\log p_Y(y/y) \\ &= \sum_Y p_Y(y)\left[-\sum_Y p_Y(y/y)\log p_Y(y/y)\right] \\ &= \sum_Y p_Y(y)\left(-\sum_Y 1\log 1\right) = 0 \qquad (2.1.5-7) \end{aligned}$$

则有

$$\rho(X,Y) = H(X/Y) + H(Y/X) = 0 \qquad (2.1.5-8)$$

这表明,当信道$(X-Y)$两端两个随机变量 X 和 Y 是同一随机变量,即图 $2.1-5$ 中两圆重叠时,则 X 和 Y 之间的信息距离 $\rho(X,Y)=\rho(Y,X)=0$. 这就意味着,$\rho(X,Y)=0$ 时,以 X 为圆心的圆,与以 Y 为圆心的圆完全重叠,X 和 Y 之间的平均互信息 $I(X;Y)$ 达到最大值 $I(X;Y)=$

$H(X) = H(Y)$（如图 2.1 - 6 所示）.

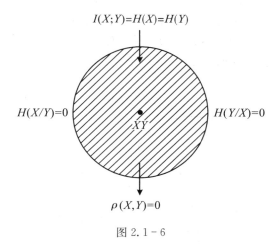

图 2.1 - 6

以上三个数学特性说明,具有等式(2.1.5 - 1)所赋予的信息含意的 $\rho(X,Y)$,具备几何上的"距离"度量函数必备的条件,可以作为随机变量 X 和 Y 之间的"信息距离"的测度函数.

4. 条件熵 $H(X/Y)$ 和 $H(Y/X)$ 都是信道(X - Y)中噪声的随机干扰作用的体现,"信息距离"$\rho(X,Y)$ 是信道噪声随机干扰作用的总和

$\rho(X,Y)$ 越大,表明噪声随机干扰作用大,信道(X - Y)的平均互信息 $I(X;Y)$ 就越小(如图 2.1 - 7(a)所示);$\rho(X,Y)$ 越小,表明噪声随机干扰作用小,信道(X - Y)的平均互信息 $I(X;Y)$ 就越大(如图 2.1 - 7(b)所示).

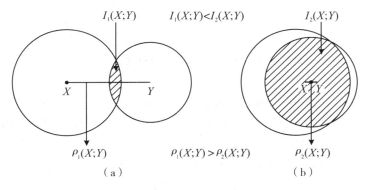

图 2.1 - 7

5. 信道(X - Y)的 $H(X/Y)$ 的最大值等于 $H(X)$;$H(Y/X)$ 的最大值等于 $H(Y)$

即

$$\begin{cases} H(X/Y) \leqslant H(X) \\ H(Y/X) \leqslant H(Y) \end{cases} \tag{2.1.5 - 9}$$

按定义,X 和 Y 之间的"信息距离"$\rho(X,Y)$ 存在最大值

$$\rho(X,Y) = H(X/Y) + H(Y/X) \leqslant H(X) + H(Y) \tag{2.1.5 - 10}$$

在 $H(X/Y) = H(X)$，$H(Y/X) = H(Y)$ 时，以 X 为圆心的圆与以 Y 为圆心的圆相切. 信道 $(X\text{-}Y)$ 的平均互信息

$$\begin{cases} I(X;Y) = H(X) - H(X/Y) = 0 \\ I(Y;X) = H(Y) - H(Y/X) = 0 \end{cases} \tag{2.1.5-11}$$

信道 $(X\text{-}Y)$ 不传递任何信息量（如图 2.1-8 所示）.

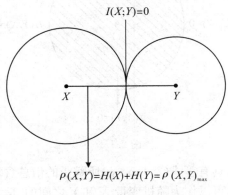

图 2.1-8

6. 信道 $(X\text{-}Y)$ 两端两个随机变量 X 和 Y 之间的"信息距离" $\rho(X,Y)$ 与平均互信息 $I(X;Y)$ 有直接关联，可看作是 $I(X;Y)$ 的另一种表达形式

由平均互信息 $I(X;Y)$ 的三种不同表达式，有

$$\begin{cases} H(X/Y) = H(X) - I(X;Y) \\ H(Y/X) = H(Y) - I(X;Y) \end{cases} \tag{2.1.5-12}$$

根据 $\rho(X,Y)$ 的定义，得

$$\rho(X,Y) = H(Y/X) + H(X/Y) = \begin{cases} H(X) + H(Y) - 2I(X;Y) \\ H(XY) - I(X;Y) \\ 2H(XY) - H(X) - H(Y) \end{cases} \tag{2.1.5-13}$$

综上所述，对图 2.1-5 中 X 和 Y 之间的几何距离赋予信道 $(X\text{-}Y)$ 噪声随干扰作用的总和 $[H(X/Y) + H(Y/X)]$ 的信息内涵后，信息距离 $\rho(X,Y)$ 的大小，标志着信道 $(X\text{-}Y)$ 的平均互信息 $I(X;Y)$ 的大小. 信息距离 $\rho(X,Y)$ 大，则 $I(X;Y)$ 小；信息距离 $\rho(X,Y)$ 小，则 $I(X;Y)$ 大. 信息距离 $\rho(X,Y) = 0$，则 $I(X;Y)$ 达最大值 $I(X;Y) = H(X) = H(Y)$；信息距离 $\rho(X;Y)$ 达最大值 $\rho(X,Y)_{max} = H(X) + H(Y)$，则 $I(X;Y) = 0$. 所以，"信息距离" $\rho(X,Y)$ 是信道 $(X\text{-}Y)$ 两端两个随机变量 X 和 Y 的平均互信息 $I(X;Y)$ 的一个"形象标志".

7. 若 X、Y、Z 是三个离散随机变量，$\rho(X,Y)$、$\rho(Y,Z)$、$\rho(X,Z)$ 分别是 X 与 Y；Y 与 Z；X 与 Z 之间的"信息距离"，那么这三个信息距离满足"三角不等式"

即有

$$\rho(X,Y) + \rho(Y,Z) \geqslant \rho(X,Z)$$

这是因为

（1）定义条件熵

$$H(XY/Z) = -\sum_X \sum_Y \sum_Z p(x\,y\,z)\log p(xy/z)$$

表示在 Z 已知条件下，对 (XY) 仍然存在的平均不确定性。由 $p(xy/z)$ 的"双向性"，$H(XY/Z)$ 可有两种不同的表达式：

$$
\begin{aligned}
H(XY/Z) &= -\sum_X \sum_Y \sum_Z p(x\,y\,z)\log p(xy/z) \\
&= -\sum_X \sum_Y \sum_Z p(x\,y\,z)\log[p(x/z)p(y/xz)] \\
&= -\sum_X \sum_Y \sum_Z p(x\,y\,z)\log p(x/z) - \sum_X \sum_Y \sum_Z p(x\,y\,z)\log p(y/xz) \\
&= H(X/Z) + H(Y/XZ) \qquad\qquad\qquad (2.1.5-14)
\end{aligned}
$$

以及

$$
\begin{aligned}
H(XY/Z) &= -\sum_X \sum_Y \sum_Z p(x\,y\,z)\log p(xy/z) \\
&= -\sum_X \sum_Y \sum_Z p(x\,y\,z)\log[p(y/z)p(x/yz)] \\
&= -\sum_X \sum_Y \sum_Z p(x\,y\,z)\log p(y/z) \\
&\quad - \sum_X \sum_Y \sum_Z p(x\,y\,z)\log p(x/yz) \\
&= H(Y/Z) + H(X/YZ) \qquad\qquad\qquad (2.1.5-15)
\end{aligned}
$$

由此，得等式

$$H(X/Z) + H(Y/XZ) = H(Y/Z) + H(X/YZ) \qquad (2.1.5-16)$$

其中

$$
\begin{aligned}
H(X/YZ) &= -\sum_X \sum_Y \sum_Z p(x\,y\,z)\log p(x/yz) \\
&= -\sum_X \sum_Y \sum_Z p(y\,z)p(x/yz)\log p(x/yz) \\
&= \sum_Y \sum_Z p(y\,z)\Big[-\sum_X p(x/yz)\log p(x/yz)\Big] \qquad (2.1.5-17)
\end{aligned}
$$

因有

$$
\begin{cases}
\sum_X p(x/yz) = 1 \\
\sum_X p(x/y) = 1
\end{cases}
\qquad\qquad (2.1.5-18)
$$

根据熵函数的极值性，且由 $(1.3.1-29)$ 式，等式 $(2.1.5-17)$ 可改写为

$$
\begin{aligned}
H(X/YZ) &\leqslant \sum_Y \sum_Z p(y\,z)\Big[-\sum_X p(x/yz)\log p(x/y)\Big] \\
&= -\sum_X \sum_Y \sum_Z p(x\,y\,z)\log p(x/y) = H(X/Y)
\end{aligned}
\qquad (2.1.5-19)
$$

把不等式 $(2.1.5-19)$ 代入等式 $(2.1.5-16)$，有

$$H(X/Z) + H(Y/XZ) \leqslant H(Y/Z) + H(X/Y) \qquad (2.1.5-20)$$

根据熵函数的非负性，$H(Y/XZ) \geqslant 0$，则有

$$H(Y/Z) + H(X/Y) \geqslant H(X/Z) \qquad\qquad (2.1.5-21)$$

（2）定义条件熵

$$H(YZ/X) = -\sum_X \sum_Y \sum_Z p(x\,y\,z)\log p(yz/x)$$

表示 X 已知条件下，(YZ) 仍然存在的平均不确定性. 由 $p(yz/x)$ 的"双向性"，$H(YZ/X)$ 有两种表达式：

$$
\begin{aligned}
H(YZ/X) &= -\sum_X \sum_Y \sum_Z p(x\,y\,z)\log p(yz/x)\\
&= -\sum_X \sum_Y \sum_Z p(x\,y\,z)\log\big[p(y/x)p(z/xy)\big]\\
&= -\sum_X \sum_Y \sum_Z p(x\,y\,z)\log p(y/x)\\
&\quad -\sum_X \sum_Y \sum_Z p(x\,y\,z)\log p(z/xy)\\
&= H(Y/X) + H(Z/XY) \quad\quad (2.1.5-22)
\end{aligned}
$$

以及

$$
\begin{aligned}
H(YZ/X) &= -\sum_X \sum_Y \sum_Z p(x\,y\,z)\log p(yz/x)\\
&= -\sum_X \sum_Y \sum_Z p(x\,y\,z)\log\big[p(z/x)p(y/xz)\big]\\
&= -\sum_X \sum_Y \sum_Z p(x\,y\,z)\log p(z/x)\\
&\quad -\sum_X \sum_Y \sum_Z p(x\,y\,z)\log p(y/xz)\\
&= H(Z/X) + H(Y/XZ) \quad\quad (2.1.5-23)
\end{aligned}
$$

由此，得等式

$$H(Y/X) + H(Z/XY) = H(Z/X) + H(Y/XZ) \quad\quad (2.1.5-24)$$

其中

$$
\begin{aligned}
H(Z/XY) &= -\sum_X \sum_Y \sum_Z p(x\,y\,z)\log p(z/xy)\\
&= -\sum_X \sum_Y \sum_Z p(x\,y)p(z/xy)\log p(z/xy)\\
&= \sum_X \sum_Y p(x\,y)\Big[-\sum_Z p(z/xy)\log p(z/xy)\Big] \quad (2.1.5-25)
\end{aligned}
$$

因有

$$
\begin{cases}
\sum_Z p(z/xy) = 1\\
\sum_Z p(z/y) = 1
\end{cases}
\quad\quad (2.1.5-26)
$$

根据熵函数的极值性，且由（1.3.1-29）式，等式（2.1.5-25）可改写为

$$
\begin{aligned}
H(Z/XY) &\leqslant \sum_X \sum_Y p(x\,y)\Big[-\sum_Z p(z/xy)\log p(z/y)\Big]\\
&= -\sum_X \sum_Y \sum_Z p(x\,y\,z)\log p(z/y)\\
&= H(Z/Y) \quad\quad (2.1.5-27)
\end{aligned}
$$

把不等式（2.1.5-27）代入等式（2.1.5-24），有

$$H(Y/X) + H(Z/Y) \geqslant H(Z/X) + H(Y/XZ) \tag{2.1.5-28}$$

根据熵函数的非负性，$H(Y/XZ) \geqslant 0$. 则有

$$H(Y/X) + H(Z/Y) \geqslant H(Z/X) \tag{2.1.5-29}$$

（3）把不等式（2.1.5-21）和（2.1.5-29）相加，得

$$[H(Y/Z) + H(X/Y)] + [H(Y/X) + H(Z/Y)] \geqslant H(X/Z) + H(Z/X) \tag{2.1.5-30}$$

即

$$[H(Y/X) + H(X/Y)] + [H(Y/Z) + H(Z/Y)] \geqslant H(X/Z) + H(Z/X) \tag{2.1.5-31}$$

根据信息距离的定义，即证得

$$\rho(X,Y) + \rho(Y,Z) \geqslant \rho(X,Z) \tag{2.1.5-32}$$

（4）用同样的方法可证得另外两个不等式

$$\begin{cases} \rho(X,Y) + \rho(X,Z) \geqslant \rho(Y,Z) \\ \rho(Y,Z) + \rho(X,Z) \geqslant \rho(X,Y) \end{cases} \tag{2.1.5-33}$$

综上所述，三个随机变量 X,Y,Z 的两两之间的"信息距离"满足"三角不等式"（图 2.1-9）.

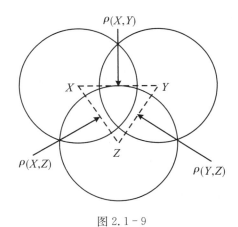

图 2.1-9

我们知道，满足"三角不等式"是几何线段的重要数学特性. 这又一次论证了把信道（X-Y）的噪声干扰作用的总和 $[H(X/Y) + H(Y/X)]$ 定义为信道（X-Y）两端两个随机变量 X 和 Y 之间的"信息距离"的合理性.

2.1.6　交互系数

为了从另一角度更深刻地分析、认识信道（X-Y）两端两个随机变量 X 和 Y 之间的平均互信息 $I(X;Y)$ 的内涵，我们把

$$\zeta_{X/Y} = 1 - \frac{H(X/Y)}{H(X)} \tag{2.1.6-1}$$

定义为信道（X-Y）中，Y 对 X 的"交互系数". 由此，"交互系数"ζ 具有以下数学特性：

（1）由定义（2.1.6-1）式，有

$$\zeta = 1 - \frac{H(X/Y)}{H(X)} = \frac{H(X) - H(X/Y)}{H(X)}$$

$$= \frac{I(X;Y)}{H(X)} \tag{2.1.6-2}$$

这表明,"交互系数"$\zeta_{X/Y}$表示从随机变量 Y 中获取关于信源 X 的平均互信息 $I(X;Y)$,在信源 X 所含全部信息量 $H(X)$ 中占有的比重. $\zeta_{X/Y}$ 越大,$I(X;Y)$ 在 $H(X)$ 中占有的比重越大;$\zeta_{X/Y}$ 越小,$I(X;Y)$ 在 $H(X)$ 中占有的比重越小. 这就是"交互系数"这个名称的来由.

(2) 因为

$$\begin{aligned} H(X/Y) &= -\sum_X \sum_Y p(xy)\log p_Y(x/y) \\ &= -\sum_X \sum_Y p_Y(y)p_Y(x/y)\log p_Y(x/y) \\ &= \sum_Y p_Y(y)\Big[-\sum_X p_Y(x/y)\log p_Y(x/y)\Big] \end{aligned} \tag{2.1.6-3}$$

考虑到 $\sum_X p_Y(x/y) = 1, \sum_X p(x) = 1,$ 由$(1.3.1-29)$式,有

$$-\sum_X p_Y(x/y)\log p_Y(x/y) \leqslant -\sum_X p_Y(x/y)\log p(x) \tag{2.1.6-4}$$

这样,$(2.1.6-3)$式可改写为

$$\begin{aligned} H(X/Y) &\leqslant \sum_Y p_Y(y)\Big[-\sum_X p_Y(x/y)\log p(x)\Big] \\ &= -\sum_X \sum_Y p(xy)\log p(x) = -\sum_X p(x)\log p(x) \\ &= H(X) \end{aligned} \tag{2.1.6-5}$$

即可得

$$\frac{H(X/Y)}{H(X)} \leqslant 1 \tag{2.1.6-6}$$

这样,"交互系数"

$$\zeta_{X/Y} = 1 - \frac{H(X/Y)}{H(X)} \geqslant 0 \tag{2.1.6-10}$$

又因为

$$I(X;Y) = H(X) - H(X/Y) \leqslant H(X) \tag{2.1.6-11}$$

所以

$$\zeta_{X/Y} = \frac{I(X;Y)}{H(X)} \leqslant 1 \tag{2.1.6-12}$$

由 $I(X;Y)$ 和 $H(X)$ 的非负性,有

$$0 \leqslant \zeta_{X/Y} \leqslant 1 \tag{2.1.6-13}$$

这表明,随机变量 Y 对信源 X 的"交互系数"$\zeta_{X/Y}$ 不会小于零,又不会超过 1.

(3) 当 X 和 Y 统计独立时,因

$$p_Y(x/y) = p(x) \tag{2.1.6-14}$$

所以,有

$$H(X/Y) = -\sum_X \sum_Y p_Y(y)p_Y(x/y)\log p_Y(x/y)$$

$$=-\sum_{X}\sum_{Y}p_Y(y)p(x)\log p(x)=-\sum_{X}p(x)\log p(x)$$
$$= H(X) \qquad\qquad (2.1.6-15)$$

这时,有

$$\zeta_{X/Y}=1-\frac{H(X/Y)}{H(X)}=1-\frac{H(X)}{H(X)}=1-1=0 \qquad (2.1.6-16)$$

这表明,当 X 和 Y 统计独立时,Y 对 X 的"交互系数"$\zeta_{X/Y}=0$.

(4) 在随机变量 Y 与信源 X 之间的信道$(X-Y)$的信道矩阵$[P]_{X-Y}$中,若每列只有一个非零元素(发散型无噪信道),则其后验概率

$$p_Y(x/y)=\begin{cases}0\\1\end{cases} \qquad\qquad (2.1.6-17)$$

而其疑义度

$$H(X/Y)=-\sum_{X}\sum_{y}p_Y(y)p_Y(x/y)\log p_Y(x/y)$$
$$=\sum_{Y}p_Y(y)\Big[-\sum_{X}p_Y(x/y)\log p_Y(x/y)\Big]$$
$$=\sum_{Y}p_Y(y)H\overbrace{(1,0,\cdots,0)}^{X的符号数}=0 \qquad (2.1.6-18)$$

这时,

$$\zeta_{X/Y}=1-\frac{H(X/Y)}{H(X)}=1 \qquad\qquad (2.1.6-19)$$

这表明,当信道$(X-Y)$是"发散型无噪信道"时,Y 对 X 的"交互系数"$\zeta_{X/Y}=1$.

"交互系数"$\zeta_{X/Y}$ 的数学特性表明:它表示信道$(X-Y)$两端两个随机变量 X 和 Y 之间的"交互"程度的深浅. $\zeta_{X/Y}$ 取值于$[0,1]$. 当 $\zeta_{X/Y}=0$ 时,随机变量 X 和 Y 之间统计独立,X 和 Y 之间的"交互"程度等于零,从 Y 中获取不到 X 的任何信息量;从 X 中也获取不到 Y 的任何信息量. 当 $\zeta_{X/Y}=1$ 时,在信道$(X-Y)$的信道矩阵$[P]_{X-Y}$中每列只有一个非零元素,信道$(X-Y)$是"发散型无噪信道",Y 对 X 的"交互"程度达到极致,从 Y 中获取关于 X 的全部信息量,$I(X;Y)=H(X)$(图$2.1-10$).

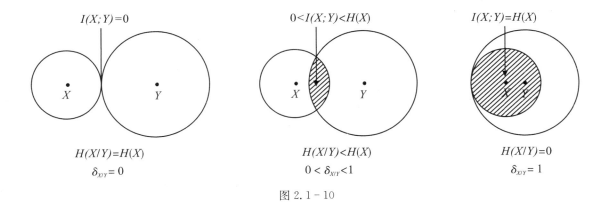

图 $2.1-10$

（5）若把

$$\zeta_{Y/X} = 1 - \frac{H(Y/X)}{H(Y)} \qquad\qquad (2.1.6-20)$$

定义为信道$(Y-X)$中，X对Y的"交互系数"，则类似地$\rho_{Y/X}$表示信道$(Y-X)$两端随机变量Y和X之间的"交互"程度的深浅. $\zeta_{Y/X}$取值于$[0,1]$. 当$\zeta_{Y/X}=0$时，随机变量Y和X之间统计独立，Y和X之间的"交互"程度等于零，从X中获取不到Y的任何信息量；从Y中也获取不到X的任何信息量. 当$\zeta_{Y/X}=1$时，信道$(X-Y)$的信道矩阵$[P]_{X-Y}$中的元素要么等于零，要么等于1. 信道$(X-Y)$是"归并型无噪信道"，X对Y的"交互"程度达到极致，从X中获取关于Y的全部信息量，$I(Y;X)=H(Y)$（图 2.1-11）.

综上所述，"交互系数"ζ（$\rho_{X/Y}$和$\rho_{Y/X}$）是信道信息传输的一个参量，是分析、认识信道平均互信息内涵的一个有效的"入手处"或"着力点".

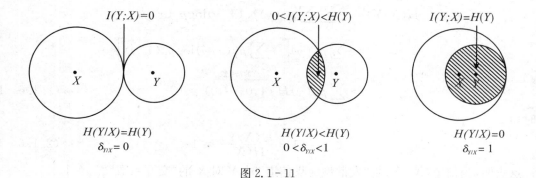

图 2.1-11

【**例 2.5**】 设二进制对称信道$(X-Y)$的正确传递概率、错误传递概率分别是$\bar{p}$、p（$0<\bar{p}$，$p<1$；$\bar{p}+p=1$；$\bar{p}<p$）. 又设信源$X:\{0,1\}$的概率分布为$p(0)=p(1)=1/2$.

（1）试用平均互信息的三种不同表达式，分别计算平均互信息$I(X;Y)$；

（2）讨论$I(X;Y)=I(p)$函数特性；

（3）试计算随机变量X和Y的"信息距离"$\rho(X,Y)$和"交互系数"$\rho_{X/Y}$、$\rho_{Y/X}$.

解 （1）X为输入随机变量，Y为输出随机变量.

当X为输入随机变量，Y为输出随机变量时，其信道$(X-Y)$是"正向信道"（如图 E2.5-1所示）.

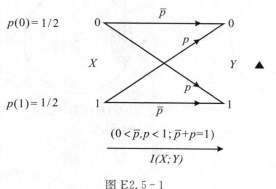

图 E2.5-1

由(2.1.4-8)式可知,X 和 Y 之间的平均互信息

$$I(X;Y) = H(X) - H(X/Y) \tag{1}$$

由 $p(0)=p(1)=1/2$,得信源 X:{0,1}的信息熵

$$H(X) = -p(0)\log p(0) - p(1)\log p(1) = -\frac{1}{2}\log\frac{1}{2} - \frac{1}{2}\log\frac{1}{2} = 1 \quad (\text{比特／符号})$$

$$\tag{2}$$

由[例 2.4]已得

$$p_Y(0) = p_Y(1) = 1/2 \tag{3}$$

以及

$$p_Y(0/0) = \bar{p}, \quad p_Y(1/0) = p; \quad p_Y(0/1) = p, \quad p_Y(1/1) = \bar{p} \tag{4}$$

由此可得

$$\begin{aligned}
H(X/Y) &= -\sum_{i=1}^{r}\sum_{j=1}^{s} p_Y(b_j)p_Y(a_i/b_j)\log p_Y(a_i/b_j) \\
&= -\{p_Y(0)[p_Y(0/0)\log p_Y(0/0) + p_Y(1/0)\log p_Y(1/0)] \\
&\quad + p_Y(1)[p_Y(0/1)\log p_Y(0/1) + p_Y(1/1)\log p_Y(1/1)]\} \\
&= -\left[\frac{1}{2}(\bar{p}\log\bar{p} + p\log p) + \frac{1}{2}(p\log p + \bar{p}\log\bar{p})\right] \\
&= -(\bar{p}\log\bar{p} + p\log p) = H(\bar{p},p) = H(p) \quad (\text{比特／符号})
\end{aligned} \tag{5}$$

由(2)、(5)式,得

$$I(X;Y) = H(X) - H(X/Y) = 1 - H(p) \quad (\text{比特／符号}) \tag{6}$$

(2) Y 为输入随机变量,X 为输出随机变量.

由[例 2.4]已知

$$p_Y(0) = p_Y(1) = 1/2 \tag{7}$$

和

$$p_Y(0/0) = \bar{p}, \quad p_Y(1/0) = p; \quad p_Y(0/1) = p, \quad p_Y(1/1) = \bar{p} \tag{8}$$

把图 E2.5-1 所示的"正向信道"转换为图 E2.5-2 所示的"反向信道".

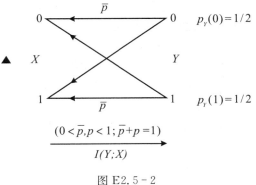

图 E2.5-2

由(2.1.4-23)式可知,从 X 中获取关于 Y 的平均互信息

$$I(Y;X) = H(Y) - H(Y/X) \tag{9}$$

由(7)式可得

$$H(Y) = -\frac{1}{2}\log\frac{1}{2} - \frac{1}{2}\log\frac{1}{2} = 1 \quad (\text{比特／符号}) \tag{10}$$

而噪声熵

$$
\begin{aligned}
H(Y/X) &= -\sum_{i=1}^{2}\sum_{j=1}^{2} p(a_i)p(b_j/a_i)\log p(b_j/a_i)\\
&= -\{p(0)[p(0/0)\log p(0/0) + p(1/0)\log p(1/0)]\\
&\quad + p(1)[p(0/1)\log p(0/1) + p(1/1)\log p(1/1)]\}\\
&= -\left[\frac{1}{2}(\bar{p}\log\bar{p} + p\log p) + \frac{1}{2}(p\log p + \bar{p}\log\bar{p})\right]\\
&= -(\bar{p}\log\bar{p} + p\log p) = H(\bar{p},p) = H(p)
\end{aligned}
\tag{11}
$$

由(10)式、(11)式,得

$$I(Y;X) = H(Y) - H(Y/X) = 1 - H(p) \quad (\text{比特／符号}) \tag{12}$$

(3) 同时出现 X 和 Y.

不论是输入 X,输出 Y;还是输入 Y,输出 X,都把它看作信道(X-Y)两端同时出现 X 和 Y,接收者(▲)站在通信系统(XY)的总体立场上观察信息的流通. 这时通信系统由图 E2.5-3 表示.

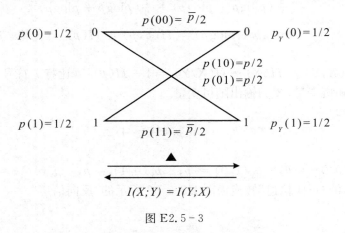

图 E2.5-3

由(2.1.4-32)式可知,X 和 Y 之间的平均互信息

$$I(X;Y) = H(X) + H(Y) - H(XY) \tag{13}$$

由给定信源 X:$\{0,1\}$ 的概率分布 $p(0)=p(1)=1/2$ 和给定信道(X-Y)的传递概率

$$p(0/0) = p(1/1) = \bar{p}; \quad p(1/0) = p(0/1) = p \tag{14}$$

得 X、Y 的联合概率

$$
\begin{cases}
p(00) = p(0)p(0/0) = \dfrac{1}{2}\bar{p}\\[2mm]
p(01) = p(0)p(1/0) = \dfrac{1}{2}p\\[2mm]
p(10) = p(1)p(0/1) = \dfrac{1}{2}p\\[2mm]
p(11) = p(1)p(1/1) = \dfrac{1}{2}\bar{p}
\end{cases}
\tag{15}
$$

进而得 X 和 Y 的联合信息熵

$$
\begin{aligned}
H(XY) &= -\sum_{i=1}^{2}\sum_{j=1}^{2} p(a_i b_j)\log p(a_i b_j)\\
&= -\big[\,p(00)\log p(00) + p(01)\log p(01)\\
&\quad\; + p(10)\log p(10) + p(11)\log p(11)\,\big]\\
&= -\Big(\frac{\bar p}{2}\log\frac{\bar p}{2} + \frac{p}{2}\log\frac{p}{2} + \frac{p}{2}\log\frac{p}{2} + \frac{\bar p}{2}\log\frac{\bar p}{2}\Big) = -\Big(\bar p\log\frac{\bar p}{2} + p\log\frac{p}{2}\Big)\\
&= -\big(\bar p\log\bar p + p\log p - \bar p\log 2 - p\log 2\big)\\
&= -\big(\bar p\log\bar p + p\log p\big) + (\bar p + p)\log 2\\
&= H(\bar p,p) + 1 = H(p) + 1 \quad （比特/2 符号）
\end{aligned}
\tag{16}
$$

由 (2)、(10) 式,有 $H(X)=1$（比特/符号）;$H(Y)=1$（比特/符号）.由此,得

$$
\begin{aligned}
I(X;Y) &= H(X) + H(Y) - H(XY)\\
&= 1 + 1 - \big[H(p) + 1\big] = 1 - H(p) \quad （比特／符号）
\end{aligned}
\tag{17}
$$

　　（4）以上结果表明,用三种不同表达式计算所得的平均互信息 $I(X;Y)$ 是完全一致的. 二元等概信源 $X:\{0,1\}$ 与二进制对称信道 $(X-Y)$ 相接组成的二元通信系统的平均互信息 $I(X;Y)$ $= I(Y;X)$ 是二进制对称信道 $(X-Y)$ 的传递概率 p（或 $\bar p$）的函数

$$
I(X;Y) = I(Y;X) = I(p) \quad (0 < p < 1; p + \bar p = 1)
\tag{17}
$$

而且 $I(p)$ 是 p 的 $\bigcup$ 型凸函数（图 E2.5-4）.

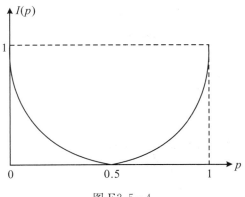

图 E2.5-4

　　① 当 $p=0(\bar p=1)$ 或 $p=1(\bar p=0)$ 时,二进制对称信道 $(X\text{-}Y)$ 是一一对应有确定关系的"无噪信道". 这时,

$$
I(X;Y) = 1 - H(p) = 1 - 0 = 1 \quad （比特／符号）
\tag{18}
$$

从 Y 中获取关于 X 的全部信息量 $H(X)=1$（比特/符号）.

　　② 当 $p=\bar p=1/2$ 时,由 (15) 式,有

$$
p(00) = p(01) = p(10) = p(11) = \frac{1}{2}\cdot\frac{1}{2} = \frac{1}{4}
\tag{19}
$$

且

$$\begin{cases} p(00) = p(0)p_Y(0) = 1/2 \cdot 1/2 = 1/4 \\ p(01) = p(0)p_Y(1) = 1/2 \cdot 1/2 = 1/4 \\ p(10) = p(1)p_Y(0) = 1/2 \cdot 1/2 = 1/4 \\ p(11) = p(1)p_Y(1) = 1/2 \cdot 1/2 = 1/4 \end{cases} \tag{20}$$

这表明,当 $p = \bar{p} = 1/2$ 时,信道 $(X\text{-}Y)$ 两端的两个随机变量 X 和 Y 统计独立,这时

$$I(X;Y) = 1 - H(p) = 1 - H(1/2) = 1 - 1 = 0 \tag{21}$$

从输出随机变量 Y 中,获取不到关于 X 的任何信息量.

③ 当 p 越靠近 0.5($\bar{p}$ 同时越靠近 0.5)时,平均互信息 $I(p)$ 越小;p 越远离 0.5($\bar{p}$ 同时越远离 0.5)时,平均互信息 $I(p)$ 越大.

(5) 二进制对称信道 $(X\text{-}Y)$ 两端的两个随机变量 X 和 Y 的信息距离

$$\zeta(X,Y) = H(X/Y) + H(Y/X) = H(p) + H(p) = 2H(p) \tag{22}$$

(6) 二进制对称信道 $(X\text{-}Y)$ 的输出随机变量 Y 对输入随机变量 X 的"交互系数"

$$\zeta_{X/Y} = 1 - \frac{H(X/Y)}{H(X)} = 1 - \frac{H(p)}{1} = 1 - H(p) \tag{23}$$

二进制对称信道 $(Y\text{-}X)$ 的输出随机变量 X 对输入随机变量 Y 的"交互系数"

$$\zeta_{Y/X} = 1 - \frac{H(Y/X)}{H(Y)} = 1 - \frac{H(p)}{1} = 1 - H(p) \tag{24}$$

这表明,在信源 X:$\{0,1\}$ 是等概信源的情况下,二进制对称信道 $(X\text{-}Y)$(或 $(Y\text{-}X)$)两端的两个随机变量 X 和 Y 的"交互系数"是相同的,即有

$$\zeta_{X/Y} = \zeta_{Y/X} = 1 - H(p) \tag{25}$$

【例2.6】 设信源 X:$\{0,1\}$ 的概率分布为 $p(0) = 2/3$,$p(1) = 1/3$. 又设二进制删除信道 $(X\text{-}Y)$ 的信道矩阵为

$$[P] = \begin{array}{c} 0 \\ 1 \end{array} \begin{array}{ccc} 0 & ? & 1 \\ \left[\begin{array}{ccc} 3/4 & 1/4 & 0 \\ 0 & 1/2 & 1/2 \end{array}\right] \end{array}$$

(1) 试求信道 $(X\text{-}Y)$ 的平均互信息 $I(X;Y)$;

(2) 试求信道 $(X\text{-}Y)$ 两端的两个随机变量 X 和 Y 之间的"信息距离" $\rho(X,Y)$;

(3) 试求交互系数 $\zeta_{X/Y}$ 和 $\zeta_{Y/X}$,并用示意图予以解释.

解　由信源 X 和信道 $(X\text{-}Y)$ 构建的通信系统,如图 E2.6 所示.

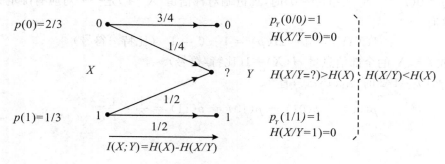

图 E2.6

(1) 平均互信息 $I(X;Y)$.

① 由给定信源 X 的概率分布 $p(0)=2/3;p(1)=1/3$,得信源 X 的信息熵

$$H(X)=-\sum_{i=1}^{r}p(a_i)\log p(a_i)=-p(0)\log p(0)-p(1)\log p(1)$$

$$=-\frac{2}{3}\log\frac{2}{3}-\frac{1}{3}\log\frac{1}{3}$$

$$=H(2/3,1/3)=0.91\quad(\text{比特}/\text{信源符号})\tag{1}$$

② 输出随机变量 Y 的概率分布

$$\begin{cases}P\{Y=0\}=p_Y(0)=p(0)p(0/0)+p(1)p(0/1)=2/3\times3/4+1/3\times0=1/2\\P\{Y=?\}=p_Y(?)=p(0)p(?/0)+p(1)p(?/1)=2/3\times1/4+1/3\times1/2=1/3\\P\{Y=1\}=p_Y(1)=p(0)p(1/0)+p(1)p(1/1)=2/3\times0+1/3\times1/2=1/6\end{cases}\tag{2}$$

③ 收到 Y 后,推测 X 的后验概率分布

$$\begin{cases}Y=0\begin{cases}P\{X=0/Y=0\}=p_Y(0/0)=\dfrac{p(00)}{p_Y(0)}=\dfrac{p(0)p(0/0)}{p_Y(0)}=\dfrac{2/3\times3/4}{1/2}=1\\P\{X=1/Y=0\}=p_Y(1/0)=\dfrac{p(01)}{p_Y(0)}=\dfrac{p(1)p(0/1)}{p_Y(0)}=\dfrac{1/3\times0}{1/2}=0\end{cases}\\Y=?\begin{cases}P\{X=0/Y=?\}=p_Y(0/?)=\dfrac{p(0?)}{p_Y(?)}=\dfrac{p(0)p(?/0)}{p_Y(?)}=\dfrac{2/3\times1/4}{1/3}=\dfrac{1}{2}\\P\{X=1/Y=?\}=p_Y(1/?)=\dfrac{p(1?)}{p_Y(?)}=\dfrac{p(1)p(?/1)}{p_Y(?)}=\dfrac{1/3\times1/2}{1/3}=\dfrac{1}{2}\end{cases}\\Y=1\begin{cases}P\{X=0/Y=1\}=p_Y(0/1)=\dfrac{p(01)}{p_Y(1)}=\dfrac{p(0)p(1/0)}{p_Y(1)}=\dfrac{2/3\times0}{1/6}=0\\P\{X=1/Y=1\}=p_Y(1/1)=\dfrac{p(11)}{p_Y(1)}=\dfrac{p(1)p(1/1)}{p_Y(1)}=\dfrac{1/3\times1/2}{1/6}=1\end{cases}\end{cases}\tag{3}$$

④ 收到 $Y=0,Y=?,Y=1$ 后,对 X 仍然存在的平均不确定性

$$\begin{cases}H(X/Y=0)=-p_Y(0/0)\log p_Y(0/0)-p_Y(1/0)\log p_Y(1/0)=-1\log1-0\log0=0\quad(\text{比特})\\H(X/Y=?)=-p_Y(0/?)\log p_Y(0/?)-p_Y(1/?)\log p_Y(1/?)=-\frac{1}{2}\log\frac{1}{2}-\frac{1}{2}\log\frac{1}{2}=1\quad(\text{比特})\\H(X/Y=1)=-p_Y(0/1)\log p_Y(0/1)-p_Y(1/1)\log p_Y(1/1)=-0\log0-1\log1=0\quad(\text{比特})\end{cases}$$

$$\tag{4}$$

这表明,对图 E2.6 所示的二进制删除信道($X-Y$)来说,当接收者收到 $Y=0$ 或 $Y=1$ 后,对信源 X 不存在任何平均不确定性;当接收者收到 $Y=?$ 后,对信源 X 仍然存在的平均不确定性,比信源 X 的先验平均不确定性 $H(X)$ 还要大.

⑤ 收到随机变量 Y 后,对 X 仍然存在的平均不确定性

$$H(X/Y)=\sum_{j=1}^{s}p_Y(b_j)H(X/Y=b_j)$$

$$=p_Y(0)H(X/Y=0)+p_Y(?)H(X/Y=?)+p_Y(1)H(X/Y=1)$$

$$=1/2\times0+1/3\times1+1/6\times0=1/3=0.33\quad(\text{比特}/\text{符号})\tag{5}$$

这表明,虽然接收者收到 $Y=0$ 和 $Y=1$ 后,对信源 X 不存在任何不确定性,但由于接收者

收到 $Y=?$ 后,对 X 仍然存在比 X 的先验平均不确定性 $H(X)$ 还要大的平均不确定性 $H(X/Y=?)=1$(比特),所以总体上,从平均意义上来看,接收者每收到一个 Y 符号,对 X 仍然存在一定的平均不确定性,但这个平均不确定性 $H(X/Y)$ 已小于 X 的先验平均不确定性 $H(X)$.

⑥ 平均互信息

$$I(X;Y) = H(X) - H(X/Y)$$
$$= 0.91 - 0.33 = 0.58 \quad (比特／符号) \tag{6}$$

这表明,图 E2.6 所示的二进制删除信道($X-Y$),每传递一个符号就传输 0.58 比特的信息量.

(2) 删除机制

① 在图 E2.6 所示的删除信道中,$p_Y(0/0)=1$ 且 $H(X/Y=0)=0$. 这意味着,当接收者收到 $Y=0$ 时,就确切无误地收到 $X=0$,对 X 不存在任何不确定性. 这就是说,收到 $Y=0$,翻译为 $X=0$,一定是正确译码.

② 在图 E2.6 所示的删除信道中,$p_Y(1/1)=1$ 且 $H(X/Y=1)=0$. 这意味着,当接收者收到 $Y=1$ 时,就确切无误地收到 $X=1$,对 X 不存在任何不确定性. 这就是说,收到 $Y=1$,翻译为 $X=1$,一定是正确译码.

③ 在图 E2.6 所示的删除信道中,$H(X/Y=?)>H(X)$. 这意味着,当接收者收到 $Y=?$ 时,对 X 存在的不确定性,反而比收到 $Y=?$ 前还要大. 若接收者收到 $Y=?$ 时,既不翻译为 $X=0$,也不翻译为 $X=1$,而把这个"?"删除,警示"传递发生错误". 这样,就可避免把原来 $X=1$,误译为 $X=0$;原来 $X=0$ 误译为 $X=1$ 的绝对性错误的发生.

④ 在图 E2.6 所示的删除信道中,为了确保在 $Y=0$ 时翻译为 $X=0$;$Y=1$ 时翻译为 $X=1$ 的正确译码,信道中加了"删除符号?". 所以,从 Y 中可获取关于 X 的平均互信息 $I(X;Y)<H(X)$,从 Y 中不能获取关于 X 的全部信息量 $H(X)$.

(3) 信息距离 $\rho(X,Y)$.

由信源空间 $[X \cdot P]$ 和信道矩阵 $[P]$,得

$$H(Y/X) = -\sum_{i=1}^{2}\sum_{j=1}^{3} p(a_i)p(b_j/a_i)\log p(b_j/a_i)$$

$$= \sum_{i=1}^{2} p(a_i)\Big[-\sum_{j=1}^{3} p(b_j/a_i)\log p(b_j/a_i)\Big]$$

$$= \sum_{i=1}^{2} p(a_i)H(Y/X=a_i)$$

$$= p(0)H(Y/X=0) + p(1)H(Y/X=1)$$

$$= \frac{2}{3}H(3/4,1/4) + \frac{1}{3}H(1/2,1/2) = 2/3 \times 0.81 + 1/3 \times 1$$

$$= 0.54 + 0.33 = 0.87 \quad (比特／符号) \tag{7}$$

根据信息距离 $\rho(X,Y)$ 的定义,由(5)、(7)式,得

$$\rho(X,Y) = H(X/Y) + H(Y/X) = 0.33 + 0.87 = 1.2 \tag{8}$$

(4) 交互系数 $\zeta_{X/Y}$,$\zeta_{Y/X}$.

根据交互系数的定义,由(5)、(1)式,得在二进制删除信道($X-Y$)中,Y 对 X 的"交互系数"

$$\rho_{Y/X} = 1 - \frac{H(X/Y)}{H(X)} = 1 - \frac{0.33}{0.91} = 1 - 0.36 = 0.64 \tag{9}$$

由(2)式,得 Y 的信息熵

$$H(Y) = H(1/2, 1/3, 1/6) = H(1/2; 1/2) + \frac{1}{2} H(2/3, 1/3)$$

$$= 1 + 1/2 \times 0.91 = 1 + 0.46 = 1.46 \quad \text{(比特 / 符号)} \tag{10}$$

根据交互系数的定义,由(10)、(7)式,得在二进制删除信道(X-Y)中,X 对 Y 的"交互系数"

$$\zeta_{Y/X} = 1 - \frac{H(Y/X)}{H(Y)} = 1 - \frac{0.87}{1.46} = 1 - 0.60 = 0.40 \tag{11}$$

比较(9)式、(11)式可知,在二进制删除信道(X-Y)中,$H(X/Y)$ 在 $H(X)$ 中占有的比重,小于 $H(Y/X)$ 在 $H(Y)$ 中占有的比重(如图 2.1-12 所示).

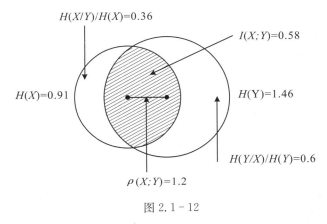

图 2.1-12

在这里,可以得到一个重要启示:在已知 $H(X)$ 和 $H(Y)$ 的具体数值的前提下,要能画出图 2.1-12 所示的信道(X-Y)的平均互信息 $I(X;Y)$ 与各类熵的示意图,可有两条途径:其一,得知 X 和 Y 的信息距离 $\rho(X,Y)$;其二,得知 Y 对 X 的交互系数 $\zeta_{X/Y}$ 和 X 对 Y 的交互系数 $\zeta_{Y/X}$. 这表明,信息距离 $\rho(X,Y)$ 和交互系数 $\zeta_{X/Y}$、$\zeta_{Y/X}$ 是揭示平均互信息 $I(X;Y)$ 的两个重要参量.

【例 2.7】　设有两个质点 A 和 B,分别以等概率落入 6 行 8 列的棋型方格中任一方格,但 A、B 不能落入同一方格.

(1) 若只有质点 A,试求落入任一格的平均信息量;

(2) 若已知质点 A 已落入方格,试求质点 B 落入方格的平均信息量;

(3) 若质点 A 和 B 是可分辨的,试求质点 A 和 B 同时都落入方格的平均信息量.

解　由 6 行、8 列组成的棋型方格,共有 $6 \times 8 = 48$ 个方格(见图 E2.7).

(1) 若只有质点 A,则 A 落入任一格的概率

$$p_A(a_i) = 1/48 \tag{1}$$

落入任一格的平均信息量

$$H_A(X) = -\sum_{i=1}^{48} p_A(a_i) \log p_A(a_i)$$

$$= -\sum_{i=1}^{48} \frac{1}{48} \log 48 = \log 48 = 5.59 \quad \text{(比特 / 格)} \tag{2}$$

(2) 由于质点 A 和 B 不能落入同一方格内,所以当已知质点 A 已落入某一方格,质点 B 再

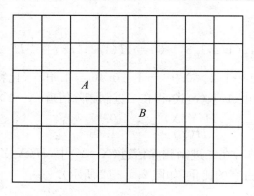

图 E2.7

落入方格时,它只可能落入 47 个方格中的任何一个,而其概率
$$p_B(b_j/a_i) = 1/47 \quad (i = 1, 2, \cdots, 48; j = 1, 2, \cdots, 47) \tag{3}$$
则得已知质点 A 已落入方格,B 再落入方格的平均信息量

$$H_B(Y/X) = -\sum_{i=1}^{48}\sum_{j=1}^{47} p_A(a_i)p(b_j/a_i)\log p(b_j/a_i)$$

$$= -\sum_{i=1}^{48}\sum_{j=1}^{47}\frac{1}{48}\cdot\frac{1}{47}\log\frac{1}{47} = \sum_{i=1}^{48}\frac{1}{48}\left(-\sum_{j=1}^{47}\frac{1}{47}\log\frac{1}{47}\right)$$

$$= \log 47 = 5.55 \quad (\text{比特} / \text{格}) \tag{4}$$

(3) 由于质点 A 和 B 是可分辨的,又不能落在同一方格内,所以质点 A 和 B 同时落入方格的情况,相当于质点 A 先落入 48 个方格中的任一方格后,质点 B 再落入余下的 47 个方格中任一方格的情况. 所以,质点 A 和 B 同时落入的平均信息量,等于前两项的平均信息量之和,即

$$H_{AB}(XY) = \sum_{i=1}^{48}\sum_{j=1}^{47} p_{AB}(a_i b_j)\log p_{AB}(a_i b_j)$$

$$= -\sum_{i=1}^{48}\sum_{j=1}^{47} p_A(a_i)p_B(b_j/a_i)\log[p_A(a_i)p_B(b_j/a_i)]$$

$$= -\sum_{i=1}^{48}\sum_{j=1}^{47} p_A(a_i)p_B(b_j/a_i)\log p_A(a_i)$$

$$\quad -\sum_{i=1}^{48}\sum_{j=1}^{47} p_A(a_i)p_B(b_j/a_i)\log p_B(b_j/a_i)$$

$$= \sum_{j=1}^{47} p_B(b_j/a_i)\left[-\sum_{i=1}^{48} p(a_i)\log p(a_i)\right]$$

$$\quad -\sum_{i=1}^{48}\sum_{j=1}^{47} p_A(a_i)p_B(b_j/a_i)\log p_B(b_j/a_i)$$

$$= H_A(X) + H_B(Y/X)$$

$$= 5.59 + 5.55 = 11.14 \quad (\text{比特} /2 \text{格}) \tag{5}$$

【例 2.8】 某校入学考试中有 1/4 的考生被录取,3/4 的考生未被录取. 被录取的考生中有 50% 来自本市,而落榜生中有 10% 来自本市. 所有本市的考生都学过英语,而外地的落榜考生

以及被录取的外地考生中都有 40％学过英语.

（1）当已知考生来自本市时，给出多少关于考生是否被录取的信息？

（2）当已知考生是学过英语时，给出多少关于考生是否被录取的信息？

（3）以随机变量 X 表示考生是否落榜，Y 表示考生是否为本市学生，Z 表示考生是否学过英语. 试求：$H(X)$、$H(Y/X)$、$H(Z/XY)$，并计算从考生是否来自本市的消息中，获取关于考生是否被录取的平均交互信息量.

解　（1）设信源

$$X：\{a_1 = 录取；a_2 = 落榜\} \tag{1}$$

$$Y：\{b_1 = 本市；b_2 = 外地\} \tag{2}$$

$$Z：\{c_1 = 学过英语；c_2 = 未学过英语\} \tag{3}$$

根据题意得下列概率：

① $P\{X=a_1\}=p(a_1)=1/4$；$P\{X=a_2\}=p(a_2)=3/4$ $\qquad\qquad$ (4)

② $P\{Y=b_1/X=a_1\}=p(b_1/a_1)=1/2$；$P\{Y=b_2/X=a_1\}=p(b_2/a_1)=1/2$ $\quad$ (5)

$\quad\ P\{Y=b_1/X=a_2\}=p(b_1/a_2)=1/10$；$P\{Y=b_2/X=a_2\}=p(b_2/a_2)=9/10$ $\quad$ (6)

③ $P\{Z=c_1/Y=b_1\}=p_Y(c_1/b_1)=1$；$P\{Z=c_2/Y=b_1\}=p_Y(c_2/b_1)=0$ $\quad$ (7)

④ $P\{Z=c_1/X=a_1,Y=b_2\}=p(c_1/a_1b_2)=4/10$；$P\{c_2/X=a_1,Y=b_2\}=p(c_2/a_1b_2)=6/10$

$$\tag{8}$$

$\quad\ P\{Z=c_1/X=a_2,Y=b_2\}=p(c_1/a_2b_2)=4/10$；$P\{Z=c_2/X=a_2,Y=b_2\}=p(c_2/a_2b_2)=6/10$

$$\tag{9}$$

由以上给定的一系列概率，可计算以下一系列概率：

$$
\begin{aligned}
①p\{Y=b_1\} = p_Y(b_1) &= \sum_{i=1}^{2} p(a_i)p(b_1/a_i) \\
&= p(a_1)p(b_1/a_1) + p(a_2)p(b_1/a_2) \\
&= 1/4 \cdot 1/2 + 3/4 \cdot 1/10 = 1/5
\end{aligned} \tag{10}
$$

$$
\begin{aligned}
P\{Y=b_2\} = p_Y(b_2) &= \sum_{i=1}^{2} p(a_i)p(b_2/a_i) \\
&= p(a_1)p(b_2/a_1) + p(a_2)p(b_2/a_2) \\
&= 1/4 \cdot 1/2 + 3/4 \cdot 9/10 = 4/5
\end{aligned} \tag{11}
$$

这表明，本市考生占 $1/5$，外地考生占 $4/5$.

$$②P\{X=a_1/Y=b_2\} = p_Y(a_1/b_2) = \frac{p(a_1)p(b_2/a_1)}{p_Y(b_2)} = \frac{1/4 \times 1/2}{4/5} = \frac{5}{32}$$

$$P\{X=a_2/Y=b_2\} = p_Y(a_2/b_2) = \frac{p(a_2)p(b_2/a_2)}{p(b_2)} = \frac{3/4 \times 9/10}{4/5} = \frac{27}{32}$$

这表明，在得知是外地考生的情况下，被录取考生的概率为 $5/32$，落榜考生的概率为 $27/32$.

$$
\begin{aligned}
③P\{Z=c_1/Y=b_2\} = p_Y(c_1/b_2) &= \sum_{i=1}^{2} p(a_i/b_2)p(c_1/a_ib_2) \\
&= p(a_1/b_2)p(c_1/a_1b_2) + p(a_2/b_2)p(c_1/a_2b_2) \\
&= 5/32 \cdot 4/10 + 27/32 \cdot 4/10 = 2/5
\end{aligned} \tag{13}
$$

$$P\{Z = c_2/Y = b_2\} = p_Y(c_2/b_2) = \sum_{i=1}^{2} p(a_i/b_2) p(c_2/a_i b_2)$$
$$= p(a_1/b_2) p(c_2/a_1 b_2) + p(a_2/b_2) p(c_2/a_2 b_2)$$
$$= 5/32 \cdot 6/10 + 7/32 \cdot 6/10 = 3/5 \tag{14}$$

这表明,在已知是外地考生的前提下,学过英语的考生占 2/5,没有学过英语的考生占 3/5.

$$④P\{Z = c_1\} = \sum_{j=1}^{2} p_Y(b_j) p(c_1/b_j)$$
$$= p_Y(b_1) p(c_1/b_1) + p_Y(b_2) p(c_1/b_2)$$
$$= 1/5 \cdot 1 + 4/5 \cdot 2/5 = 13/25 \tag{15}$$

$$P\{Z = c_2\} = \sum_{j=1}^{2} p_Y(b_j) p(c_2/b_j)$$
$$= p_Y(b_1) p(c_2/b_1) + p_Y(b_2) p(c_2/b_2)$$
$$= 1/5 \cdot 0 + 4/5 \cdot 3/5 = 12/25 \tag{16}$$

这表明,学过英语的考生占 13/25,没有学过英语的考生占 12/25.

(2) 根据以上各种概率,计算下列平均信息量

① 已知考生来自本市,关于考生是否被录取的平均信息量

$$H(X/Y = b_1) = -\sum_{i=1}^{2} p_Y(a_i/b_1) \log p_Y(a_i/b_1) \tag{17}$$

其中

$$P\{X = a_1/Y = b_1\} = p_Y(a_1/b_1) = \frac{p(a_1) p(b_1/a_1)}{p_Y(b_1)} = \frac{1/4 \times 1/2}{1/5} = \frac{5}{8} \tag{18}$$

$$P\{X = a_2/Y = b_1\} = p_Y(a_2/b_1) = 1 - p_Y(a_1/b_1) = 1 - 5/8 = 3/8$$

所以,有

$$H(X/Y = b_1) = H(5/8, 3/8) = 0.95 \quad (比特) \tag{19}$$

这表明,当已知考生来自本市时,关于考生是否被录取的平均信息量(平均不确定性)为 0.95 (比特).

② 已知考生学过英语,关于考生是否被录取的平均信息量

$$H(X/Z = c_1) = -\sum_{i=1}^{2} p_Z(a_i/c_1) \log p_Z(a_i/c_1) \tag{20}$$

其中

$$P\{X = a_1/Z = c_1\} = p_Z(a_1/c_1) = \frac{p(a_1) p(c_1/a_1)}{p_Z(c_1)} \tag{21}$$

而

$$p(c_1/a_1) = \sum_{j=1}^{2} p(b_j/a_1) p(c_1/a_1 b_j)$$
$$= p(b_1/a_1) p(c_1/a_1 b_1) + p(b_2/a_1) p(c_1/a_1 b_2)$$
$$= 1/2 \cdot 1 + 1/2 \cdot 4/10 = 7/10 \tag{22}$$

$$p(c_2/a_1) = 1 - p(c_1/a_1) = 1 - 7/10 = 3/10 \tag{23}$$

所以，

$$P\{X = a_1/Z = c_1\} = p_Z(a_1/c_1) = \frac{1/4 \times 7/10}{13/25} = \frac{35}{104} \tag{24}$$

$$P\{X = a_2/Z = c_1\} = p_Z(a_2/c_1) = 1 - p_Z(a_1/c_1) = 1 - 35/104 = 69/104 \tag{25}$$

由此可得

$$H(X/Z = c_1) = H(35/104, 69/104) = 0.92 \quad (\text{比特}) \tag{26}$$

这表明，当已知考生学过英语时，关于考生是否录取的平均信息量（平均不确定性）为 0.92（比特）．

③ 计算 $H(X)$，$H(Y/X)$ 和 $H(Z/XY)$

$$H(X) = -\sum_{i=1}^{2} p(a_i)\log p(a_i) = H[p(a_1), p(a_2)] = H(1/4, 3/4) = 0.81 \quad (\text{比特}) \tag{27}$$

$$
\begin{aligned}
H(Y/X) &= -\sum_{i=1}^{2}\sum_{j=1}^{2} p(a_i)p(b_j/a_i)\log p(b_j/a_i) \\
&= \sum_{i=1}^{2} p(a_i)\Big[-\sum_{j=1}^{2} p(b_j/a_i)\log p(b_j/a_i)\Big] \\
&= p(a_1) \cdot \Big[-\sum_{j=1}^{2} p(b_j/a_1)\log p(b_j/a_1)\Big] \\
&\quad + p(a_2) \cdot \Big[-\sum_{j=1}^{2} p(b_j/a_2)\log p(b_j/a_2)\Big] \\
&= p(a_1) \cdot H[p(b_1/a_1), p(b_2/a_1)] \\
&\quad + p(a_2) \cdot H[p(b_1/a_2), p(b_2/a_2)] \\
&= \frac{1}{4}H(1/2, 1/2) + \frac{3}{4}H(1/10, 9/10) = 0.60 \quad (\text{比特})
\end{aligned}
\tag{28}
$$

$$
\begin{aligned}
H(Z/XY) &= -\sum_{i=1}^{2}\sum_{j=1}^{2}\sum_{k=1}^{2} p(a_i b_j c_k)\log p(c_k/a_i b_j) \\
&= -\sum_{i=1}^{2}\sum_{j=1}^{2}\sum_{k=1}^{2} p(a_i b_j)p(c_k/a_i b_j)\log p(c_k/a_i b_j) \\
&= \sum_{i=1}^{2}\sum_{j=1}^{2} p(a_i b_j)\Big[-\sum_{k=1}^{2} p(c_k/a_i b_j)\log p(c_k/a_i b_j)\Big] \\
&= p(a_1 b_1) \cdot \Big[-\sum_{k=1}^{2} p(c_k/a_1 b_1)\log p(c_k/a_1 b_1)\Big] \\
&\quad + p(a_1 b_2) \cdot \Big[-\sum_{k=1}^{2} p(c_k/a_1 b_2)\log p(c_k/a_1 b_2)\Big] \\
&\quad + p(a_2 b_1) \cdot \Big[-\sum_{k=1}^{2} p(c_k/a_2 b_1)\log p(c_k/a_2 b_1)\Big] \\
&\quad + p(a_2 b_2) \cdot \Big[-\sum_{k=1}^{2} p(c_k/a_2 b_2)\log p(c_k/a_2 b_2)\Big]
\end{aligned}
$$

$$= p(a_1b_1) \cdot H[p(c_1/a_1b_1), p(c_2/a_1b_1)]$$
$$+ p(a_1b_2) \cdot H[p(c_1/a_1b_2), p(c_2/a_1b_2)]$$
$$+ p(a_2b_1) \cdot H[p(c_1/a_2b_1), p(c_2/a_2b_1)]$$
$$+ p(a_2b_2) \cdot H[p(c_1/a_2b_2), p(c_2/a_2b_2)] \tag{29}$$

其中,

$$\begin{cases} P\{X=a_1, Y=b_1\} = p(a_1b_1) = p(a_1) \cdot p(b_1/a_1) = 1/4 \cdot 1/2 = 1/8 \\ P\{X=a_1, Y=b_2\} = p(a_1b_2) = p(a_1) \cdot p(b_2/a_1) = 1/4 \cdot 1/2 = 1/8 \\ P\{X=a_2, Y=b_1\} = p(a_2b_1) = p(a_2) \cdot p(b_1/a_2) = 3/4 \cdot 1/10 = 3/40 \\ P\{X=a_2, Y=b_2\} = p(a_2b_2) = p(a_2) \cdot p(b_2/a_2) = 3/4 \cdot 9/10 = 27/40 \end{cases} \tag{30}$$

以及

$$\begin{cases} P\{Z=c_1/X=a_1, Y=b_1\} = p(c_1/a_1b_1) = 1 \\ P\{Z=c_2/X=a_1, Y=b_1\} = p(c_2/a_1b_1) = 0 \\ P\{Z=c_1/X=a_1, Y=b_2\} = p(c_1/a_1b_2) = 4/10 \\ P\{Z=c_2/X=a_1, Y=b_2\} = p(c_2/a_1b_2) = 6/10 \\ P\{Z=c_1/X=a_2, Y=b_1\} = p(c_1/a_2b_1) = 1 \\ P\{Z=c_2/X=a_2, Y=b_1\} = p(c_2/a_2b_1) = 0 \\ P\{Z=c_1/X=a_2, Y=b_2\} = p(c_1/a_2b_2) = 4/10 \\ P\{Z=c_2/X=a_2, Y=b_2\} = p(c_2/a_2b_2) = 6/10 \end{cases} \tag{31}$$

所以,

$$H(Z/XY) = \frac{1}{8}H(1,0) + \frac{1}{8}H(4/10,6/10) + \frac{3}{40}H(1,0) + \frac{27}{40}H(4/10,6/10)$$

$$= (1/8 + 27/40) \cdot H(4/10,6/10) = \frac{4}{5}H(4/10,6/10)$$

$$= 0.78 \quad (比特) \tag{32}$$

这表明,要想知道考生是否被录取,必须获取 $H(X) = 0.81$(比特)信息量;在已知考生是否被录取的前提下,再想知道考生是本市的,还是外地的,必须获取 $H(Y/X) = 0.60$(比特)信息量;在已知考生是否被录取以及是否是来自本市的前提下,再想知道考生是否学过英语,必须获取 $H(Z/XY) = 0.78$(比特)信息量.

④ 考生是否被录取的先验平均不确定性 $H(X) = 0.81$(比特). 在已知考生是否来自本市的消息的前提下,判断考生是否被录取,仍然存在的平均不确定性

$$H(X/Y) = -\sum_{i=1}^{2}\sum_{j=1}^{2} p_Y(b_j) p_Y(a_i/b_j) \log p_Y(a_i/b_j)$$

$$= \sum_{j=1}^{2} p_Y(b_j) \Big[-\sum_{i=1}^{2} p_Y(a_i/b_j) \log p_Y(a_i/b_j) \Big]$$

$$= \sum_{j=1}^{2} p_Y(b_j) H(X/Y=b_j)$$

$$= p_Y(b_1) H(X/Y=b_1) + p_Y(b_2) H(X/Y=b_2)$$

$$= p_Y(b_1) H(5/8, 3/8) + p_Y(b_2) H(5/32, 27/32)$$

$$= \frac{1}{5}H(5/8,3/8) + \frac{4}{5}H(5/32,7/32)$$

$$= 0.2 \times 0.95 + 0.8 \times 0.63 = 0.69 \quad （比特） \tag{33}$$

所以,X 和 Y 之间的平均互信息

$$I(X;Y) = H(X) - H(X/Y) = 0.81 - 0.69 = 0.12 \quad （比特） \tag{34}$$

这表明,总体上,从平均的意义上来说,每收到一条关于考生是否来自本市的消息,接收者可从中获取考生是否被录取的 0.12(比特)信息量.

【**例 2.9**】　设随机试验 X 和 Y. X 的样本空间 X:$\{x_1,x_2,x_3\}$,Y 的样本空间 Y:$\{y_1,y_2,y_3\}$.(XY) 的联合概率 $p(x_i y_j)$ 由以下矩阵$[R]$给定

$$[R] = \begin{array}{c} x_1 \\ x_2 \\ x_3 \end{array} \begin{pmatrix} p(x_1 y_1) & p(x_1 y_2) & p(x_1 y_3) \\ p(x_2 y_1) & p(x_2 y_2) & p(x_2 y_3) \\ p(x_3 y_1) & p(x_3 y_2) & p(x_3 y_3) \end{pmatrix} = \begin{array}{c} x_1 \\ x_2 \\ x_3 \end{array} \begin{pmatrix} 7/24 & 1/24 & 0 \\ 1/24 & 6/24 & 1/24 \\ 0 & 1/24 & 7/24 \end{pmatrix}$$

(1) 如果某人告诉你 X 和 Y 的输出,你获取多少平均信息量?

(2) 如果某人告诉你 X 的输出,你获取多少平均信息量?

(3) 如果某人告诉你 Y 的输出,你获取多少平均信息量?

(4) 若你已知 Y 的输出,如果某人告诉你关于 X 的输出,你获取多少平均信息量?

(5) 若你已知 X 的输出,如果某人告诉你关于 Y 的输出,你获取多少平均信息量?

(6) 从 Y 中可获取多少关于 X 的平均信息量?

解　(1) 如果某人告诉你 X 和 Y 的输出,获取的平均信息量 $H(XY)$.

$$H(XY) = -\sum_{i=1}^{3}\sum_{j=1}^{3} p(x_i y_j)\log p(x_i y_j)$$

$$= H[p(x_1 y_1),p(x_1 y_2),p(x_1,y_3);p(x_2 y_1),p(x_2 y_2)p(x_2 y_3);$$

$$p(x_3 y_1),p(x_3 y_2),p(x_3 y_3)]$$

$$= H(7/24,1/24,0;1/24,6/24,1/24;0,1/24,7/24) \tag{1}$$

运用熵函数的递推性,有

$$H(XY) = H\left(\frac{14}{24};\frac{4}{24};\frac{6}{24}\right) + \frac{14}{24}H\left(\frac{1}{2},\frac{1}{2}\right) + \frac{4}{24}H\left(\frac{1}{4},\frac{1}{4},\frac{1}{4},\frac{1}{4}\right)$$

$$= H\left(\frac{7}{12};\frac{2}{12};\frac{3}{12}\right) + \frac{7}{12} + \frac{2}{12}\log 4 = H\left(\frac{7}{12};\frac{2}{12};\frac{3}{12}\right) + \frac{7}{12} + \frac{4}{12}$$

$$= H\left(\frac{7}{12};\frac{5}{12}\right) + \frac{5}{12}H\left(\frac{2}{5},\frac{3}{5}\right) + \frac{7}{12} + \frac{4}{12}$$

$$= 0.98 + 0.42 \times 0.97 + 0.92$$

$$= 2.31 \quad （比特 /2 符号） \tag{2}$$

(2) 如果某人告诉你 X 的输出,获取的平均信息量 $H(X)$.

$$H(X) = -\sum_{i=1}^{3} p(x_i)\log p(x_i) \tag{3}$$

其中

$$p(x_i) = \sum_{j=1}^{3} p(x_i y_j) \quad (i = 1, 2, 3) \tag{4}$$

即有

$$\begin{cases} p(x_1) = p(x_1 y_1) + p(x_1 y_2) + p(x_1 y_3) = 7/24 + 1/24 + 0 = 8/24 = 1/3 \\ p(x_2) = p(x_2 y_1) + p(x_2 y_2) + p(x_2 y_3) = 1/24 + 6/24 + 1/24 = 8/24 = 1/3 \\ p(x_3) = p(x_3 y_1) + p(x_3 y_2) + p(x_3 y_3) = 0 + 1/24 + 7/24 = 8/24 = 1/3 \end{cases} \tag{5}$$

这表明 $X: \{x_1, x_2, x_3\}$ 是等概信源，所以

$$H(X) = H(1/3, 1/3, 1/3) \log 3 = 1.58 \quad (\text{比特} / \text{符号}) \tag{6}$$

（3）如果某人告诉你 Y 的输出，获取的平均信息量 $H(Y)$.

$$H(Y) = -\sum_{j=1}^{3} p(y_j) \log p(y_j) \tag{7}$$

其中

$$p(y_j) = \sum_{i=1}^{3} p(x_i y_j) \tag{8}$$

即有

$$\begin{cases} p(y_1) = p(x_1 y_1) + p(x_2 y_1) + p(x_3 y_1) = 7/24 + 1/24 + 0 = 8/24 = 1/3 \\ p(y_2) = p(x_1 y_2) + p(x_2 y_2) + p(x_3 y_2) = 1/24 + 6/24 + 1/24 = 8/24 = 1/3 \\ p(y_3) = p(x_1 y_3) + p(x_2 y_3) + p(x_3 y_3) = 0 + 1/24 + 7/24 = 8/24 = 1/3 \end{cases} \tag{9}$$

这表明 $Y: \{y_1 y_2 y_3\}$ 是等概分布，所以

$$H(Y) = H(1/3, 1/3, 1/3) = \log 3 = 1.58 \quad (\text{比特} / \text{符号}) \tag{10}$$

（4）若你已知 Y 的输出，如果某人告诉你关于 X 的输出所获取的平均信息量 $H(X/Y)$.

$$H(X/Y) = -\sum_{i=1}^{3} \sum_{j=1}^{3} p(y_j) p(x_i/y_j) \log p(x_i/y_j) = \sum_{j=1}^{3} p(y_j) \left[-\sum_{i=1}^{3} p(x_i/y_j) \log p(x_i/y_j) \right]$$

$$= \sum_{j=1}^{3} p(y_j) H(X/Y = y_j) \tag{11}$$

其中

$$p(x_i/y_j) = \frac{p(x_i y_j)}{p(y_j)} \quad (i, j = 1, 2, 3) \tag{12}$$

即有

$$\begin{cases} p(x_1/y_1) = \dfrac{p(x_1 y_1)}{p(y_1)} = \dfrac{7/24}{1/3} = \dfrac{7}{8} \\[2mm] p(x_2/y_1) = \dfrac{p(x_2 y_1)}{p(y_1)} = \dfrac{1/24}{1/3} = \dfrac{1}{8} \\[2mm] p(x_3/y_1) = \dfrac{p(x_3 y_1)}{p(y_1)} = 0 \end{cases}$$

$$\begin{cases} p(x_1/y_2) = \dfrac{p(x_1 y_2)}{p(y_2)} = \dfrac{1/24}{1/3} = \dfrac{1}{8} \\[3mm] p(x_2/y_2) = \dfrac{p(x_2 y_2)}{p(y_2)} = \dfrac{6/24}{1/3} = \dfrac{6}{8} \\[3mm] p(x_3/y_2) = \dfrac{p(x_3 y_2)}{p(y_2)} = \dfrac{1/24}{1/3} = \dfrac{1}{8} \end{cases}$$

$$\tag{13}$$

$$\begin{cases} p(x_1/y_3) = \dfrac{p(x_1 y_3)}{p(y_3)} = 0 \\[3mm] p(x_2/y_3) = \dfrac{p(x_2 y_3)}{p(y_3)} = \dfrac{1/24}{1/3} = \dfrac{1}{8} \\[3mm] p(x_3/y_3) = \dfrac{p(x_3 y_3)}{p(y_3)} = \dfrac{7/24}{1/3} = \dfrac{7}{8} \end{cases}$$

所以,运用熵函数的递推特性,有

$$H(X/Y) = p(y_1) H(X/Y = y_1) + p(y_2) H(X/Y = y_2) + p(y_3) H(X/Y = y_3)$$

$$= \frac{1}{3} H\left(\frac{7}{8}, \frac{1}{8}, 0\right) + \frac{1}{3} H\left(\frac{1}{8}, \frac{6}{8}, \frac{1}{8}\right) + \frac{1}{3} H\left(0, \frac{1}{8}, \frac{7}{8}\right)$$

$$= \frac{2}{3} H\left(\frac{7}{8}, \frac{1}{8}\right) + \frac{1}{3} H\left(\frac{1}{8}, \frac{6}{8}, \frac{1}{8}\right) = \frac{2}{3} H\left(\frac{7}{8}, \frac{1}{8}\right) + \frac{1}{3}\left[H\left(\frac{6}{8}, \frac{2}{8}\right) + \frac{2}{8} H\left(\frac{1}{2}, \frac{1}{2}\right)\right]$$

$$= \frac{2}{3} H\left(\frac{7}{8}, \frac{1}{8}\right) + \frac{1}{3} H\left(\frac{6}{8}, \frac{2}{8}\right) + \frac{1}{12} H\left(\frac{1}{2}, \frac{1}{2}\right)$$

$$= 0.73 \quad (\text{比特 / 符号}) \tag{14}$$

(5) 若你已知 X 的输出,如果某人告诉你关于 Y 的输出,你获取的平均信息量 $H(Y/X)$.

$$H(Y/X) = -\sum_{i=1}^{3} \sum_{j=1}^{3} p(x_i) p(y_j/x_i) \log p(y_j/x_i)$$

$$= \sum_{i=1}^{3} p(x_i) \left[-\sum_{j=1}^{3} p(y_j/x_i) \log p(y_j/x_i)\right]$$

$$= \sum_{i=1}^{3} p(x_i) H(Y/X = x_i) \tag{15}$$

其中

$$p(y_j/x_i) = \frac{p(x_i y_j)}{p(x_i)} \quad (i, j = 1, 2, 3) \tag{16}$$

即有

$$\begin{cases} p(y_1/x_1) = \dfrac{p(x_1 y_1)}{p(x_1)} = \dfrac{7/24}{1/3} = \dfrac{7}{8} \\[3mm] p(y_2/x_1) = \dfrac{p(x_1 y_2)}{p(x_1)} = \dfrac{1/24}{1/3} = \dfrac{1}{8} \\[3mm] p(y_3/x_1) = \dfrac{p(x_1 y_3)}{p(x_1)} = 0 \end{cases}$$

$$\begin{cases} p(y_1/x_2) = \dfrac{p(x_2 y_1)}{p(x_2)} = \dfrac{1/24}{1/3} = \dfrac{1}{8} \\[3mm] p(y_2/x_2) = \dfrac{p(x_2 y_2)}{p(x_2)} = \dfrac{6/24}{1/3} = \dfrac{6}{8} \\[3mm] p(y_3/x_2) = \dfrac{p(x_2 y_3)}{p(x_2)} = \dfrac{1/24}{1/3} = \dfrac{1}{8} \end{cases}$$

(17)

$$\begin{cases} p(y_1/x_3) = \dfrac{p(x_3 y_1)}{p(x_3)} = 0 \\[3mm] p(y_2/x_3) = \dfrac{p(x_3 y_2)}{p(x_3)} = \dfrac{1/24}{1/3} = \dfrac{1}{8} \\[3mm] p(y_3/x_3) = \dfrac{p(x_3 y_3)}{p(x_3)} = \dfrac{7/24}{1/3} = \dfrac{7}{8} \end{cases}$$

由(13)式、(17)式,信道$(X\text{-}Y)$和信道$(Y\text{-}X)$的信道矩阵$[P]$和$[P']$分别为

$$[P] = \begin{array}{c} \\ x_1 \\ x_2 \\ x_3 \end{array} \begin{array}{ccc} y_1 & y_2 & y_3 \\ \begin{bmatrix} 7/8 & 1/8 & 0 \\ 1/8 & 6/8 & 1/8 \\ 0 & 1/8 & 7/8 \end{bmatrix} \end{array} ; \quad [P'] = \begin{array}{c} \\ y_1 \\ y_2 \\ y_3 \end{array} \begin{array}{ccc} x_1 & x_2 & x_3 \\ \begin{bmatrix} 7/8 & 1/8 & 0 \\ 1/8 & 6/8 & 1/8 \\ 0 & 1/8 & 7/8 \end{bmatrix} \end{array}$$

(18)

信道$(X\text{-}Y)$和信道$(Y\text{-}X)$的传递图分别为图 E2.9(a)、(b)所示.

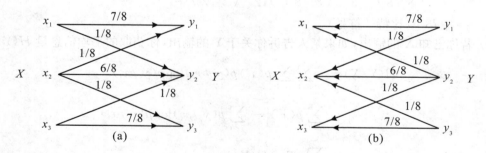

图 E2.9

所以,

$$H(Y/X) = p(x_1) H(Y/X = x_1) + p(x_2) H(Y/X = x_2) + p(x_3) H(Y/X = x_3)$$

$$= \frac{1}{3} H\left(\frac{7}{8}, \frac{1}{8}, 0\right) + \frac{1}{3} H\left(\frac{1}{8}, \frac{6}{8}, \frac{1}{8}\right) + \frac{1}{3} H\left(0, \frac{1}{8}, \frac{7}{8}\right)$$

(19)

$$= 0.73 \quad (\text{比特} / \text{符号})$$

(6) X 和 Y 之间的平均互信息 $I(X;Y)$

① 若 X 是输入随机变量,Y 是输出随机变量,接收者站在 Y 的立场上,则

$$I(X;Y) = H(X) - H(X/Y) = 1.58 - 0.73 = 0.85 \quad (\text{比特} / \text{符号})$$

② 若 Y 是输入随机变量,X 是输出随机变量,接收者站在 X 的立场上,则

$$I(Y;X) = H(Y) - H(Y/X) = 1.58 - 0.73 = 0.85 \quad (\text{比特} / \text{符号})$$

③ 若信道两端同时出现 X 和 Y，接收者站在 (XY) 的立场上，则

$$I(X;Y) = I(Y;X) = H(X) + H(Y) - H(XY) = 1.58 + 1.58 - 2.31 = 0.85 \quad （比特／符号）$$

这表明，平均互信息 $I(X;Y)$ 三种不同表达式所得结果是完全一致的. 它们以不同形式，度量同一个量，即 X 和 Y 之间的平均互信息.

2.2 平均互信息的数学特性

平均互信息 $I(X;Y)$ 是信源 X 与信道 $(X-Y)$ 组成的通信系统信息传输的总体测度函数. 显然，要揭示通信系统信息传输特性，势必要剖析 $I(X;Y)$ 的数学特性.

2.2.1 交互性

在前面诠释平均互信息 $I(X;Y)$ 的名称由来时，对 $I(X;Y)$ 的交互性已作了论证. 因为它是平均互信息 $I(X;Y)$ 的一个重要特性，所以我们不妨把这种交互性用一个定理来表述.

定理 2.1 对于信道两端的两个随机变量 X 和 Y，从 Y 中获取关于 X 的平均互信息 $I(X;Y)$，等于从 X 中获取关于 Y 的平均互信息 $I(Y;X)$，即有

$$I(X;Y) = I(Y;X)$$

证明 根据 $(2.1.4-31)$ 式，从随机变量 Y 中获取关于随机变量 X 的平均互信息

$$I(X;Y) = \sum_{i=1}^{r} \sum_{j=1}^{s} p(a_i b_j) \log \frac{p(a_i b_j)}{p(a_i) p_Y(b_j)} \tag{2.2.1-1}$$

而从随机变量 X 中获取关于随机变量 Y 的平均互信息

$$I(Y;X) = \sum_{i=1}^{r} \sum_{j=1}^{s} p(b_j a_i) \log \frac{p(b_j a_i)}{p_Y(b_j) p(a_i)} \tag{2.2.1-2}$$

鉴于联合概率的"双向性"，有

$$p(a_i b_j) = p(b_j a_i) \quad (i = 1,2,\cdots,r; j = 1,2,\cdots,s) \tag{2.2.1-3}$$

则证得

$$I(X;Y) = I(Y;X) \tag{2.2.1-4}$$

这样，定理 2.1 就得到了证明.

2.2.2 非负性

在讨论信道 $(X-Y)$ 两端 $X=a_1$ 和 $Y=b_j$ 两个符号之间的互信息 $I(a_i;b_j)$ 时，不等式 $(2.1.3-25)$ 指出，当后验概率 $p_Y(a_i/b_j) <$ 先验概率 $p(a_i)$ 时，$I(a_i;b_j) < 0$，即符号 a_i 和 b_j 之间的互信息 $I(a_i;b_j)$ 出现负值. 那么，作为通信系统信息传输总体测度函数的平均互信息 $I(X;Y)$，是否还会出现负值呢？

定理 2.2 信道 $(X-Y)$ 两端两个随机变量 X 和 Y 的平均互信息

$$I(X;Y) \geqslant 0$$

当且仅当 X 和 Y 统计独立时，等式才成立.

证明 （1）X 为输入随机变量，Y 为输出随机变量.

输入随机变量 X 与输出随机变量 Y 组成如图 2.2-1 所示"正向信道"$(X$-$Y)$.

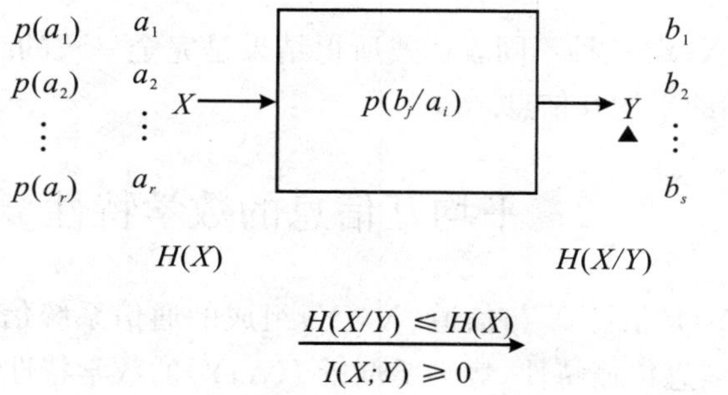

$$\frac{H(X/Y) \leqslant H(X)}{I(X;Y) \geqslant 0}$$

图 2.2-1

从输出随机变量 Y 中获取关于信源 X 的平均互信息

$$I(X;Y) = H(X) - H(X/Y) \tag{2.2.2-1}$$

其中,收到 Y 后对 X 仍然存在的平均不确定性

$$H(X/Y) = -\sum_{i=1}^{r} \sum_{j=1}^{s} p(a_i b_j) \log p_Y(a_i/b_j)$$

$$= -\sum_{i=1}^{r} \sum_{j=1}^{s} p_Y(b_j) p_Y(a_i/b_j) \log p_Y(a_i/b_j)$$

$$= \sum_{j=1}^{s} p_Y(b_j) \Big[-\sum_{i=1}^{r} p_Y(a_i/b_j) \log p_Y(a_i/b_j) \Big] \tag{2.2.2-2}$$

因有

$$\begin{cases} \sum_{i=1}^{r} p_Y(a_i/b_j) = 1 \\ \sum_{i=1}^{r} p(a_i) = 1 \end{cases} \tag{2.2.2-3}$$

根据熵函数的极值性(1.3.1-29)式,有

$$-\sum_{i=1}^{r} p_Y(a_i/b_j) \log p_Y(a_i/b_j) \leqslant -\sum_{i=1}^{r} p_Y(a_i/b_j) \log p(a_i) \tag{2.2.2-4}$$

则(2.2.2-2)式可改写为

$$H(X/Y) \leqslant \sum_{j=1}^{s} p_Y(b_j) \Big[-\sum_{i=1}^{r} p_Y(a_i/b_j) \log p(a_i) \Big]$$

$$= -\sum_{i=1}^{r} \sum_{j=1}^{s} p_Y(b_j) p_Y(a_i/b_j) \log p(a_i)$$

$$= -\sum_{i=1}^{r} \sum_{j=1}^{s} p(a_i b_j) \log p(a_i)$$

$$= -\sum_{i=1}^{r} p(a_i) \log p(a_i) = H(X) \tag{2.2.2-5}$$

当且仅当

$$p_Y(a_i/b_j) = p(a_i) \quad (i = 1,2,\cdots,r; j = 1,2,\cdots,s) \tag{2.2.2-6}$$

即 X 和 Y 统计独立时,才有

$$
\begin{aligned}
H(X/Y) &= -\sum_{i=1}^{r}\sum_{j=1}^{s} p(a_ib_j)\log p_Y(a_i/b_j) \\
&= -\sum_{i=1}^{r}\sum_{j=1}^{s} p(a_ib_j)\log p(a_i) \\
&= -\sum_{i=1}^{r} p(a_i)\log p(a_i) = H(X) \tag{2.2.2-7}
\end{aligned}
$$

由不等式(2.2.2-5)和等式(2.2.2-7)证明了

$$I(X;Y) = H(X) - H(X/Y) \geqslant 0 \tag{2.2.2-8}$$

当且仅当,X 和 Y 统计独立时,才有

$$I(X;Y) = H(X) - H(X/Y) = 0 \tag{2.2.2-9}$$

(2) Y 为输入随机变量,X 为输出随机变量.

输入随机变量 Y 与输出随机变量 X 组成如图 2.2-2 所示的"反向信道"$(Y\text{-}X)$.

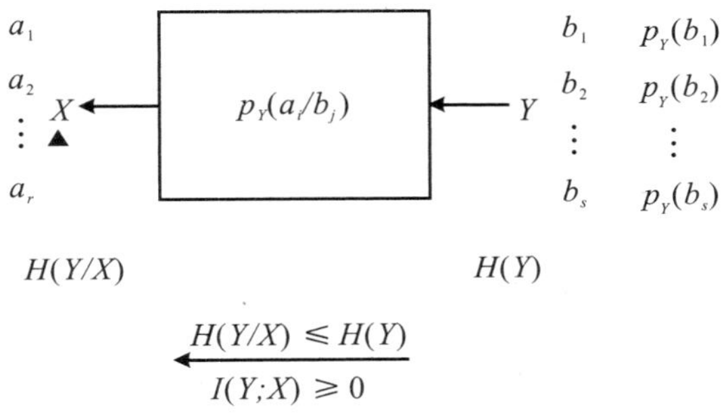

图 2.2-2

从 X 中获取关于 Y 的平均互信息

$$I(Y;X) = H(Y) - H(Y/X) \tag{2.2.2-10}$$

其中,收到 X 后对 Y 仍然存在的平均不确定性

$$
\begin{aligned}
H(Y/X) &= -\sum_{i=1}^{r}\sum_{j=1}^{s} p(a_ib_j)\log p(b_j/a_i) \\
&= -\sum_{i=1}^{r}\sum_{j=1}^{s} p(a_i)p(b_j/a_i)\log p(b_j/a_i) \tag{2.2.2-11} \\
&= \sum_{i=1}^{r} p(a_i)\cdot\left[-\sum_{j=1}^{s} p(b_j/a_i)\log p(b_j/a_i)\right]
\end{aligned}
$$

因有

$$
\begin{cases}
\displaystyle\sum_{j=1}^{s} p(b_j/a_i) = 1 \\[2mm]
\displaystyle\sum_{j=1}^{s} p_Y(b_j) = 1
\end{cases} \tag{2.2.2-12}
$$

根据熵函数的极值性(1.3.1－29)式,有

$$-\sum_{j=1}^{s} p(b_j/a_i)\log p(b_j/a_i) \leqslant -\sum_{j=1}^{s} p(b_j/a_i)\log p_Y(b_j) \qquad (2.2.2-13)$$

则(2.2.2－11)式又可改写为

$$H(Y/X) \leqslant -\sum_{i=1}^{r} p(a_i)\left[-\sum_{j=1}^{s} p(b_j/a_i)\log p_Y(b_j)\right]$$

$$=-\sum_{i=1}^{r}\sum_{j=1}^{s} p(a_ib_j)\log p_Y(b_j)$$

$$=-\sum_{j=1}^{s} p_Y(b_j)\log p_Y(b_j) = H(Y) \qquad (2.2.2-14)$$

当且仅当

$$p(b_j/a_i) = p_Y(b_j) \quad (i=1,2,\cdots,r;j=1,2,\cdots,s) \qquad (2.2.2-15)$$

即 X 和 Y 统计独立时,才有

$$H(Y/X) = -\sum_{i=1}^{r}\sum_{j=1}^{s} p(a_ib_j)\log p(b_j/a_i)$$

$$=-\sum_{i=1}^{r}\sum_{j=1}^{s} p(a_ib_j)\log p_Y(b_j)$$

$$=-\sum_{j=1}^{s} p_Y(b_j)\log p_Y(b_j) = H(Y) \qquad (2.2.2-16)$$

由不等式(2.2.2－14)和等式(2.2.2－16)证明了

$$I(Y;X) = H(Y) - H(Y/X) \geqslant 0 \qquad (2.2.2-17)$$

当且仅当,X 和 Y 统计独立时,才有

$$I(Y;X) = H(Y) - H(Y/X) = 0 \qquad (2.2.2-18)$$

（3）X 和 Y 同时出现.

接收者站在(XY)总体立场上观察通信系统,不刻意区分 X 和 Y 两个随机变量中,哪一个是输入随机变量,哪一个是输出随机变量. 不论是输入 X、输出 Y;还是输入 Y、输出 X,都看作信道(X-Y)两端同时出现 X 和 Y(如图 2.2－3 所示).

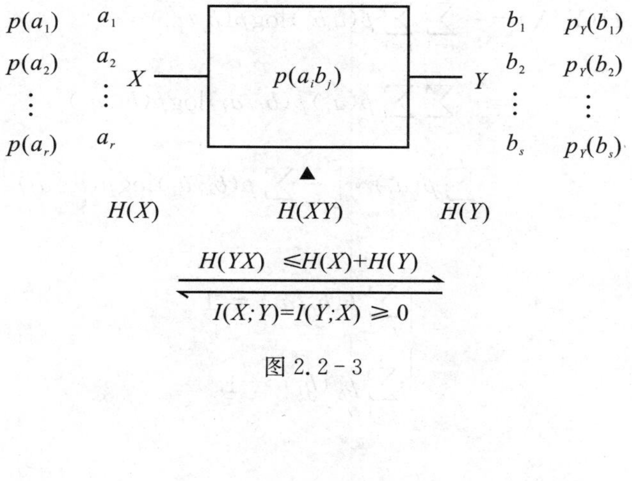

图 2.2-3

X 和 Y 之间的平均互信息

$$I(X;Y) = H(X) + H(Y) - H(XY) \tag{2.2.2-19}$$

其中,通信后(X 和 Y 由信道(X-Y)相连后),(XY)仍然存在的平均不确定性

$$H(XY) = -\sum_{i=1}^{r}\sum_{j=1}^{s} p(a_ib_j)\log p(a_ib_j) \tag{2.2.2-20}$$

因有

$$\begin{cases} \displaystyle\sum_{i=1}^{r}\sum_{j=1}^{s} p(a_ib_j) = 1 \\ \displaystyle\sum_{i=1}^{r}\sum_{j=1}^{s} p(a_i)p_Y(b_j) = \sum_{i=1}^{r} p(a_i)\sum_{j=1}^{s} p_Y(b_j) = 1 \cdot 1 = 1 \end{cases} \tag{2.2.2-21}$$

根据熵函数的数值性(1.3.1-29)式,有

$$\begin{aligned} H(XY) &= -\sum_{i=1}^{r}\sum_{j=1}^{s} p(a_ib_j)\log p(a_ib_j) \leqslant -\sum_{i=1}^{r}\sum_{j=1}^{s} p(a_ib_j)\log[p(a_i)p_Y(b_j)] \\ &= -\sum_{i=1}^{r}\sum_{j=1}^{s} p(a_ib_j)\log p(a_i) - \sum_{i=1}^{r}\sum_{j=1}^{s} p(a_ib_j)\log p_Y(b_j) \\ &= -\sum_{i=1}^{r} p(a_i)\log p(a_i) - \sum_{j=1}^{s} p_Y(b_j)\log p_Y(b_j) \\ &= H(X) + H(Y) \end{aligned} \tag{2.2.2-22}$$

当且仅当

$$p(a_ib_j) = p(a_i)p_Y(b_j) \quad (i=1,2,\cdots,r;j=1,2,\cdots,s) \tag{2.2.2-23}$$

即 X 和 Y 统计独立时,才有

$$\begin{aligned} H(XY) &= -\sum_{i=1}^{r}\sum_{j=1}^{s} p(a_ib_j)\log p(a_ib_j) = -\sum_{i=1}^{r}\sum_{j=1}^{s} p(a_ib_j)\log[p(a_i)p_Y(b_j)] \\ &= -\sum_{i=1}^{r}\sum_{j=1}^{s} p(a_ib_j)\log p(a_i) - \sum_{i=1}^{r}\sum_{j=1}^{s} p(a_ib_j)\log p_Y(b_j) \\ &= -\sum_{i=1}^{r} p(a_i)\log p(a_i) - \sum_{j=1}^{s} p_Y(b_j)\log p_Y(b_j) \\ &= H(X) + H(Y) \end{aligned} \tag{2.2.2-24}$$

由不等式(2.2.2-22)和等式(2.2.2-24),证明了

$$I(X;Y) = (Y;X) = H(X) + H(Y) - H(XY) \geqslant 0 \tag{2.2.2-25}$$

当且仅当,X 和 Y 统计独立时,才有

$$I(X;Y) = I(Y;X) = H(X) + H(Y) - H(XY) = 0 \tag{2.2.2-26}$$

综上所述,我们从三种不同的观察角度,证明了一个共同的结论,即平均互信息 $I(X;Y)$ 具有"非负性".

实际上,关于定理 2.2 的证明,还可采用一种总体综合的证明方法.

因为

$$I(X;Y) = \sum_{i=1}^{r}\sum_{j=1}^{s} p(a_ib_j)\log\frac{p(a_ib_j)}{p(a_i)p_Y(b_j)} \tag{2.2.2-27}$$

则

$$-I(X;Y) = \sum_{i=1}^{r}\sum_{j=1}^{s} p(a_ib_j) \log \frac{p(a_i)p_Y(b_j)}{p(a_ib_j)} \qquad (2.2.2-28)$$

因有

$$\sum_{i=1}^{r}\sum_{j=1}^{s} p(a_ib_j) = 1 \qquad (2.2.2-29)$$

考虑到"底"大于 1 的对数函数是 ∩ 形凸函数,运用 ∩ 形凸函数的特性(1.3.1-23)式,有

$$-I(X;Y) \leqslant \log\Big[\sum_{i=1}^{r}\sum_{j=1}^{s} p(a_ib_j) \frac{p(a_i)p_Y(b_j)}{p(a_ib_j)} \Big]$$

$$= \log\Big[\sum_{i=1}^{r}\sum_{j=1}^{s} p(a_i)p_Y(b_j) \Big] = \log\Big[\sum_{i=1}^{r} p(a_i) \sum_{j=1}^{s} p_Y(b_j) \Big]$$

$$= \log 1 = 0 \qquad (2.2.2-30)$$

当且仅当,

$$p(a_ib_j) = p(a_i)p_Y(b_j) \quad (i=1,2,\cdots,r; j=1,2,\cdots,s) \qquad (2.2.2-31)$$

即 X 和 Y 统计独立时,才有

$$-I(X;Y) = \sum_{i=1}^{r}\sum_{j=1}^{s} p(a_ib_j) \log \frac{p(a_i)p_Y(b_j)}{p(a_ib_j)}$$

$$= \sum_{i=1}^{r}\sum_{j=1}^{s} p(a_ib_j) \log 1 = 0 \qquad (2.2.2-32)$$

由不等式(2.2.2-30)和等式(2.2.2-32),证明了

$$I(X;Y) \geqslant 0 \qquad (2.2.2-33)$$

当且仅当,X 和 Y 统计独立时,才有

$$I(X;Y) = 0 \qquad (2.2.2-34)$$

这样,定理 2.2 同样得到了证明.

定理 2.2 称为平均互信息的"非负性定理",亦称为信息熵的"后熵不增性定理". 它告诉我们,虽然信道(X-Y)两端 $X=a_i$ 与 $Y=b_j$ 两个符号之间的互信息 $I(a_i;b_j)$ 可能出现负值. 但从信道(X-Y)的总体上来看,从平均意义上来说,通信系统信道中每传递一个符号,总可以传递一定的信息量. 只有当信道(X-Y)两端两个随机变量 X 和 Y 之间统计独立时,信道(X-Y)才不传递信息量. 信递(X-Y)两端两个随机变量 X 和 Y 之间的平均互信息,绝不可能像两个符号之间的互信息那样,出现负值. 平均互信息的"非负性定理"直接给我们指明,通信系统信道(X-Y)的平均互信息存在最小值 $I(X;Y)_{min}$,且

$$I(X;Y)_{min} = 0 \qquad (2.2.2-35)$$

由平均互信息的非负性定理,必然有

$$\begin{cases} I(X;Y) = H(X) - H(X/Y) \geqslant 0 \\ I(X;Y) = H(Y) - H(Y/X) \geqslant 0 \\ I(X;Y) = H(X) + H(Y) - H(XY) \geqslant 0 \end{cases} \qquad (2.2.2-36)$$

即有

$$\begin{cases} H(X/Y) \leqslant H(X) \\ H(Y/X) \leqslant H(Y) \\ H(XY) \leqslant H(X) + H(Y) \end{cases} \qquad (2.2.2-37)$$

这表明,在通信系统中,不论从哪一个角度观察信息的流通,通信后仍然存在的平均不确定性(后熵),一定不会超过通信前存在的平均不确定性. 这就是通信系统中的"后熵不增性". 所以,"平均互信息的非负性"与"后熵不增性"是通信系统同一信息传输特性的两种不同的表述.是通信系统信息传输的基本规律.

2.2.3　极值性

当信源给定时,由信源和信道组成的通信系统的平均互信息是否存在最大值? 对于给定信源来说,接上什么样的信道,平均互信息能达到最大值? 这就是平均互信息的极值性问题.

定理 2.3　给定信源 X,其信息熵为 $H(X)$. 则以 X 为输入随机变量、Y 为输出随机变量的信道(X-Y)的平均互信息

$$I(X;Y) \leqslant H(X)$$

当信道(X-Y)的信道矩阵$[P]$中,每列只有一个非零元素时,等式成立.

证明　给定信源 X 的信源空间为

$$[X \cdot P]: \begin{cases} X\colon & a_1 & a_2 & \cdots & a_r \\ P(X)\colon & p(a_1) & p(a_2) & \cdots & p(a_r) \end{cases}$$

其中,

$$0 \leqslant p(a_i) \leqslant 1 \quad (i=1,2,\cdots,r); \quad \sum_{i=1}^{r} p(a_i) = 1 \tag{2.2.3-1}$$

又设与信源 X 相接信道(X-Y)的信道矩阵为

$$[P] = \begin{array}{c} \\ a_1 \\ a_2 \\ \vdots \\ a_k \\ \vdots \\ a_r \end{array} \begin{array}{cccccc} b_1 & b_2 & \cdots & b_j & \cdots & b_s \\ \left[\begin{array}{cccccc} p(b_1/a_1) & p(b_2/a_1) & \cdots & p(b_j/a_1) & \cdots & p(b_s/a_1) \\ p(b_1/a_2) & p(b_2/a_2) & \cdots & p(b_j/a_2) & \cdots & p(b_s/a_2) \\ \vdots & \vdots & & \vdots & & \vdots \\ p(b_1/a_k) & p(b_2/a_k) & \cdots & p(b_j/a_k) & \cdots & p(b_s/a_k) \\ \vdots & \vdots & & \vdots & & \vdots \\ p(b_1/a_r) & p(b_2/a_r) & \cdots & p(b_j/a_k) & \cdots & p(b_s/a_r) \end{array} \right] \end{array} \tag{2.2.3-2}$$

其中,

$$0 \leqslant p(b_j/a_i) \leqslant 1 \quad (i=1,2,\cdots,r;j=1,2,\cdots,s); \quad \sum_{j=1}^{s} p(b_j/a_i) = 1 \quad (i=1,2,\cdots,r)$$

(1) 在 X 为输入随机变量、Y 为输出随机变量的"正向信道"(X-Y)(如图 2.1-3(a)所示)中,$\{X=a_i, Y=b_j\}$ 的联合概率

$$0 \leqslant p(a_i b_j) \leqslant 1 \quad (i=1,2,\cdots,r;j=1,2,\cdots,s) \tag{2.2.3-3}$$

同样,在 $Y=b_j$ 条件下,$X=a_i$ 的后验概率

$$0 \leqslant p_Y(a_i/b_j) \leqslant 1 \quad (i=1,2,\cdots,r;j=1,2,\cdots,s) \tag{2.2.3-4}$$

由此可得

$$p(a_i b_j)\log p_Y(a_i/b_j) \leqslant 0 \quad (i=1,2,\cdots,r;\ j=1,2,\cdots,s) \tag{2.2.3-5}$$

则证得

$$H(X/Y) = -\sum_{i=1}^{r}\sum_{j=1}^{s} p(a_i b_j)\log p_Y(a_i/b_j) \geqslant 0 \qquad (2.2.3-6)$$

这表明,在图 2.2-1 所示"正向信道"$(X-Y)$ 中的"疑义度"$H(X/Y)$ 亦具有"非负性".则证得

$$I(X;Y) = H(X) - H(X/Y) \leqslant H(X) \qquad (2.2.3-7)$$

由此可得,在给定信源 X 作为输入随机变量、Y 作为输出随机变量的"正向信道"$(X-Y)$ 中,从信宿 Y 中获取关于信源 X 的平均互信息 $I(X;Y)$,不会超过信源 X 本身含有的平均信息量 $H(X)$,最多获取 X 本身含有的全部信息量 $H(X)$.

(2) 若在(2.2.3-2)式所示的信道矩阵$[P]$中,每列只有一个非零元素,即

$$p(b_j/a_i)\begin{cases}\neq 0 & (i=k) \\ =0 & (i\neq k)\end{cases} \qquad (j=1,2,\cdots,s) \qquad (2.2.3-7)$$

则在 $Y=b_j$ 的条件下,$X=a_k$ 的后验概率

$$p_Y(a_k/b_j) = \frac{p(a_k)p(b_j/a_k)}{\displaystyle\sum_{i=1}^{r} p(a_i)p(b_j/a_i)}$$

$$= \frac{p(a_k)p(b_j/a_k)}{p(a_1)\cdot 0 + p(a_2)\cdot 0 + \cdots + p(a_k)p(b_j/a_k) + \cdots + p(a_r)\cdot 0}$$

$$= \frac{p(a_k)p(b_j/a_k)}{p(a_k)p(b_j/a_k)} = 1 \qquad (2.2.3-8)$$

而

$$p_Y(a_i/b_j)_{i\neq k} = \frac{p(a_i)p(b_j/a_i)_{i\neq k}}{\displaystyle\sum_{i=1}^{r} p(a_i)p(b_j/a_i)}$$

$$= \frac{p(a_i)_{i\neq k}\cdot 0}{p(a_1)\cdot 0 + p(a_2)\cdot 0 + \cdots + p(a_k)p(b_j/a_k) + \cdots + p(a_r)p(b_j/a_r)}$$

$$= \frac{0}{p(a_k)p(b_j/a_k)} = 0 \qquad (2.2.3-9)$$

即有,后验概率

$$p_Y(a_i/b_j) = \begin{cases}1 & (i=k) \\ 0 & (i\neq k)\end{cases} \qquad (j=1,2,\cdots,s) \qquad (2.2.3-10)$$

由此可得,输出符号 $Y=b_j$ 后,对 X 仍然存在的平均不确定性

$$\begin{aligned}H(X/Y=b_j) &= -\sum_{i=1}^{r} p_Y(a_i/b_j)\log p_Y(a_i/b_j) \\ &= H[p_Y(a_1/b_j), p_Y(a_2/b_j), \cdots, p_Y(a_k/b_j), \cdots, p_Y(a_r/b_j)] \\ &= H(0,0,\cdots,0,1,0,\cdots,0) \\ &= 0 \quad (j=1,2,\cdots,s)\end{aligned} \qquad (2.2.3-11)$$

进而可得,接收者在信道输出端收到 Y 后,对信源 X 仍然存在的平均不确定性

$$H(X/Y) = \sum_{j=1}^{s} p_Y(b_j)H(X/Y=b_j) = \sum_{j=1}^{s} p_Y(b_j)\cdot 0 = 0 \qquad (2.2.3-12)$$

则证得,信道$(X-Y)$的平均互信息达到最大值

$$I(X;Y)_{\max} = H(X) \tag{2.2.3-13}$$

这样,定理 2.3 就得到了证明.

定理 2.3 表明,在给定信源 X 作为输入随机变量、Y 作为输出随机变量的"正向信道"(X-Y)中,从 Y 中获取关于 X 的平均互信息 $I(X;Y)$,不会超过 X 的信息熵 $H(X)$. 只有当与信源 X 相接信道(X-Y)的信道矩阵 $[P]$ 中,每列只有一个非零元素时,接收者收到 Y 后,对 X 不再存在任何不确定性(疑义度 $H(X/Y)=0$),从 Y 中获取关于 X 的全部信息量,使平均互信息达到最大值 $I(X;Y)_{\max} = H(X)$. 我们把疑义度 $H(X/Y)=0$ 的信道(X-Y)称为"发散型无噪信道".

【例 2.10】　设信源 X 的概率分布 $P(X):\{p(a_i)(i=1,2,3,4)\}$,信道($X$-$Y$)的信道矩阵为

$$[P] = \begin{array}{c} \\ a_1 \\ a_2 \\ a_3 \\ a_4 \end{array} \begin{array}{c} \begin{array}{cccccccccc} b_1 & b_2 & b_3 & b_4 & b_5 & b_6 & b_7 & b_8 & b_9 & b_{10} \end{array} \\ \left[\begin{array}{cccccccccc} 1/2 & 1/3 & 1/6 & 0 & 0 & 0 & 0 & 0 & 0 & 0 \\ 0 & 0 & 0 & 1 & 0 & 0 & 0 & 0 & 0 & 0 \\ 0 & 0 & 0 & 0 & 0 & 0 & 0 & 0.2 & 0.4 & 0.4 \\ 0 & 0 & 0 & 0 & 1/3 & 1/3 & 1/3 & 0 & 0 & 0 \end{array}\right] \end{array}$$

试证明:该信道平均互信息达到最大值 $I(X;Y)_{\max} = H(X)$. 试从信息传输机制上解释,该信道疑义度 $H(X/Y)=0$ 的理由.

证明　信道矩阵 $[P]$ 的特点是,每列只有一个非零元素. 由 (2.2.3-8) 和 (2.2.3-9) 式,得到后验概率

$$p_Y(a_i/b_1) = \begin{cases} 1 & (i=1) \\ 0 & (i=2,3,4) \end{cases}; \quad p_Y(a_i/b_2) = \begin{cases} 1 & (i=1) \\ 0 & (i=2,3,4) \end{cases}$$

$$p_Y(a_i/b_3) = \begin{cases} 1 & (i=1) \\ 0 & (i=2,3,4) \end{cases}; \quad p_Y(a_i/b_4) = \begin{cases} 1 & (i=2) \\ 0 & (i=1,3,4) \end{cases}$$

$$p_Y(a_i/b_5) = \begin{cases} 1 & (i=4) \\ 0 & (i=1,2,3) \end{cases}; \quad p_Y(a_i/b_6) = \begin{cases} 1 & (i=4) \\ 0 & (i=1,2,3) \end{cases} \tag{1}$$

$$p_Y(a_i/b_7) = \begin{cases} 1 & (i=4) \\ 0 & (i=1,2,3) \end{cases}; \quad p_Y(a_i/b_8) = \begin{cases} 1 & (i=3) \\ 0 & (i=1,2,4) \end{cases}$$

$$p_Y(a_i/b_9) = \begin{cases} 1 & (i=3) \\ 0 & (i=1,2,4) \end{cases}; \quad p_Y(a_i/b_{10}) = \begin{cases} 1 & (i=3) \\ 0 & (i=1,2,4) \end{cases}$$

由 (1) 式,得当 $Y=b_j(j=1,2,\cdots,10)$ 时,对信源 X 仍然存在的平均不确定性:

$$\begin{cases} H(X/Y=b_1) = H(1,0,0,0) = 0; & H(X/Y=b_2) = H(1,0,0,0) = 0 \\ H(X/Y=b_3) = H(1,0,0,0) = 0; & H(X/Y=b_4) = H(0,1,0,0) = 0 \\ H(X/Y=b_5) = H(0,0,0,1) = 0; & H(X/Y=b_6) = H(0,0,0,1) = 0 \\ H(X/Y=b_7) = H(0,0,0,1) = 0; & H(X/Y=b_8) = H(0,0,1,0) = 0 \\ H(X/Y=b_9) = H(0,0,1,0) = 0; & H(X/Y=b_{10}) = H(0,0,1,0) = 0 \end{cases} \tag{2}$$

则疑义度

$$H(X/Y) = \sum_{j=1}^{10} p_Y(b_j) H(X/Y=b_j) = \sum_{j=1}^{10} p_Y(b_j) \cdot 0 = 0 \tag{3}$$

则证得信道$(X$-$Y)$的平均互信息达到最大值,即

$$I(X;Y)_{\max} = H(X) \tag{4}$$

那么,为什么信道矩阵$[P]$中每列只有一个非零元素的信道$(X$-$Y)$的疑义度$H(X/Y)$会等于零呢?

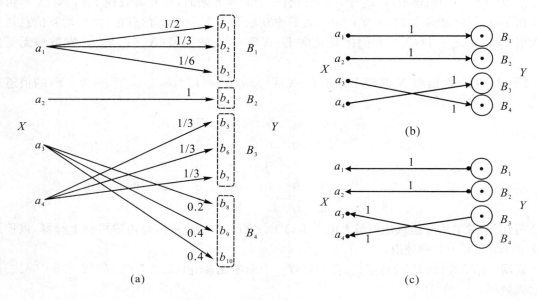

图 E2.10-1

信道$(X$-$Y)$是发散型无噪信道(如图 E2.10-1(a)). 从图中可以看出:信道输入符号a_1,相应可能输出符号b_1、b_2、b_3,组成集合B_1;信道输入符号a_2,必定输出符号b_4,组成集合B_2;信道输入符号a_3,相应可能输出符号b_8、b_9、b_{10},组成集合B_4;信道输入符号a_4,相应可能输出b_5、b_6、b_7,组成集合B_3. 输出集合集$Y:\{B_1(b_1,b_2,b_3);B_2(b_4);B_3(b_5,b_6,b_7);B_4(b_8,b_9,b_{10})\}$中的各子集$B_1$、$B_2$、$B_3$、$B_4$之间互不相交. 因此,输入符号$a_i(i=1,2,3,4)$与子集$B_1$、$B_2$、$B_3$、$B_4$之间的传递概率为

$$p(B_j/a_1) = \begin{cases} p(B_1/a_1) = p(b_1/a_1) + p(b_2/a_1) + p(b_3/a_1) = 1/2 + 1/3 + 1/6 = 1 \\ p(B_2/a_1) = p(B_3/a_1) = p(B_4/a_1) = 0 \end{cases}$$

$$p(B_j/a_2) = \begin{cases} p(B_2/a_2) = p(b_4/a_2) = 1 \\ p(B_1/a_2) = p(B_3/a_2) = p(B_4/a_2) = 0 \end{cases}$$

$$p(B_j/a_3) = \begin{cases} p(B_4/a_3) = p(b_8/a_3) + p(b_9/a_3) + p(b_{10}/a_3) = 0.2 + 0.4 + 0.4 = 1 \\ p(B_1/a_3) = p(B_2/a_3) = p(B_3/a_3) = 0 \end{cases} \tag{5}$$

$$p(B_j/a_4) = \begin{cases} p(B_3/a_4) = p(b_5/a_4) + p(b_6/a_4) + p(b_7/a_4) = 1/3 + 1/3 + 1/3 = 1 \\ p(B_1/a_4) = p(B_2/a_4) = p(B_4/a_4) = 0 \end{cases}$$

由此可得输入符号$a_i(i=1,2,3,4)$与子集B_1、B_2、B_3、B_4之间的信道传递图(如图 E2.10-1(b)所示). 输入符号$a_i(i=1,2,3,4)$与子集$B_j(j=1,2,3,4)$之间是一一对应的确定关系. 因此,子集$B_j(j=1,2,3,4)$的概率分布为

$$p_Y(B_1) = p(a_1); \quad p_Y(B_2) = p(a_2); \quad p_Y(B_3) = p(a_4); \quad p_Y(B_4) = p(a_3) \tag{6}$$

由(5)式、(6)式,得子集$B_j(j=1,2,3,4)$对输入符号$a_i(i=1,2,3,4)$的后验概率:

$$p_Y(a_i/B_1) = \frac{p(a_i)p(B_1/a_i)}{p_Y(B_1)} = \begin{cases} \dfrac{p(a_1)p(B_1/a_1)}{p(a_1)} = p(B_1/a_1) = 1 & (i=1) \\[2mm] \dfrac{p(a_k)p(B_1/a_k)}{p_Y(B_1)} = 0 & (k=2,3,4) \end{cases}$$

$$p_Y(a_i/B_2) = \frac{p(a_i)p(B_2/a_i)}{p_Y(B_2)} = \begin{cases} \dfrac{p(a_2)p(B_2/a_2)}{p(a_2)} = p(B_2/a_2) = 1 & (i=2) \\[2mm] \dfrac{p(a_k)p(B_2/a_k)}{p_Y(B_2)} = 0 & (k=1,3,4) \end{cases}$$

(7)

$$p_Y(a_i/B_3) = \frac{p(a_i)p(B_3/a_i)}{p_Y(B_3)} = \begin{cases} \dfrac{p(a_4)p(B_3/a_4)}{p(a_4)} = p(B_3/a_4) = 1 & (i=4) \\[2mm] \dfrac{p(a_k)p(B_3/a_k)}{p_Y(B_3)} = 0 & (k=1,2,3) \end{cases}$$

$$p_Y(a_i/B_4) = \frac{p(a_i)p(B_4/a_i)}{p_Y(B_4)} = \begin{cases} \dfrac{p(a_3)p(B_4/a_3)}{p(a_3)} = p(B_4/a_3) = 1 & (i=3) \\[2mm] \dfrac{p(a_k)p(B_4/a_k)}{p_Y(B_4)} = 0 & (k=1,2,4) \end{cases}$$

由此可得符号 $a_i(i=1,2,3,4)$ 与子集 $B_j(j=1,2,3,4)$ 之间的"反向信道"(如图 E2.10-1(c)所示). 信源符号 a_1 虽然可能被传递为子集 $B_1:(b_1,b_2,b_3)$ 中任一个符号而产生一定的失真,但 a_1 以概率 1 传递为子集 B_1,而子集 B_1 又以概率 1 确切无误地把输入符号判断为 a_1,将 a_1 与符号 b_1、b_2、b_3 的失真校正过来. 同样,信源符号 a_3 虽然可能被传递为子集 $B_4:(b_8,b_9,b_{10})$ 中任一个符号而产生一定的失真,但 a_3 以概率 1 传递为子集 B_4,而子集 B_4 又以概率 1 确切无误地把输入符号判断为 a_3,将 a_3 与符号 b_8、b_9、b_{10} 的失真校正过来. 同样,信源符号 a_4 虽然可能被传递为子集 $B_3:(b_5,b_6,b_7)$ 中的任一个符号而产生一定的失真,但 a_4 以概率 1 被传递为子集 B_3,而子集 B_3 又以概率 1 把输入符号判断为信源符号 a_4,将 a_4 与符号 b_5、b_6、b_7 的失真校正过来. 这样,从整体上来说,收到随机变量 Y 后,对输入随机变量 X 就不再存在任何不确定性,即疑义度 $H(X/Y)=0$,从 Y 中获取关于 X 的全部信息量 $H(X)$.

定理 2.4　若随机变量 Y 的信息熵为 $H(Y)$,则以 Y 为输入随机变量、X 为输出随机变量的信道的平均互信息

$$I(Y;X) \leqslant H(Y)$$

当信道 $(X-Y)$ 的信道矩阵 $[P]$ 中所有元素,要么是 0,要么是 1 时,等式成立.

证明　设给定信源 X 的信源空间为

$$[X \cdot P]: \begin{cases} X: & a_1 & a_2 & \cdots & a_r \\ P(X): & p(a_1) & p(a_2) & \cdots & p(a_r) \end{cases}$$

$$0 \leqslant p(a_i) \leqslant 1 \quad (i=1,2,\cdots,r; j=1,2,\cdots,s); \quad \sum_{i=1}^{r} p(a_i) = 1 \qquad (2.2.3-14)$$

又设与信源 X 相接信道 $(X-Y)$ 的信道矩阵为

$$[P] = \begin{matrix} & b_1 & b_2 & \cdots & b_s \\ \begin{matrix} a_1 \\ a_2 \\ \vdots \\ a_r \end{matrix} & \begin{bmatrix} p(b_1/a_1) & p(b_2/a_1) & \cdots & p(b_s/a_1) \\ p(b_1/a_2) & p(b_2/a_2) & \cdots & p(b_s/a_2) \\ \vdots & \vdots & & \vdots \\ p(b_1/a_r) & p(b_2/a_r) & \cdots & p(b_s/a_r) \end{bmatrix} \end{matrix} \qquad (2.2.3-15)$$

其中

$$0 \leqslant p(b_j/a_i) \leqslant 1 \quad (i=1,2,\cdots,r;j=1,2,\cdots,s); \quad \sum_{j=1}^{s} p(b_j/a_i) = 1 \quad (i=1,2,\cdots,r)$$

现在,由给定的 $p(a_i)(i=1,2,\cdots,r)$ 和 $p(b_j/a_i)(i=1,2,\cdots,r;j=1,2,\cdots,s)$ 按(2.1.2-9)式换算得 Y 的概率分布 $p_Y(b_j)(j=1,2,\cdots,s)$,且有

$$0 \leqslant p_Y(b_j) \leqslant 1 \quad (j=1,2,\cdots,s); \quad \sum_{j=1}^{s} p_Y(b_j) = 1 \qquad (2.2.3-16)$$

按(2.1.2-15)式换算得 $Y=b_j(j=1,2,\cdots,s)$ 条件下,$X=a_i(i=1,2,\cdots,r)$ 的后验概率 $p_Y(a_i/b_j)$ $(i=1,2,\cdots,r;j=1,2,\cdots,s)$,且有

$$0 \leqslant p(a_i/b_j) \leqslant 1 \quad (i=1,2,\cdots,r;j=1,2,\cdots,s); \quad \sum_{i=1}^{r} p_Y(a_i/b_j) = 1 \quad (j=1,2,\cdots,s)$$

$$(2.2.3-17)$$

这样,由 $p_Y(b_j)$ 和 $p_Y(a_i/b_j)$ 就可组成如图 2.1-3(b)所示的"反向信道"$(Y\text{-}X)$.经过这种换算,原本给定 $p(a_i)(i=1,2,\cdots,r)$ 和 $p(b_j/a_i)(i=1,2,\cdots,r;j=1,2,\cdots,s)$ 的"正向信道"$(X\text{-}Y)$,就变换为已知 $p_Y(b_j)(j=1,2,\cdots,s)$ 和 $p_Y(a_i/b_j)(i=1,2,\cdots,r;j=1,2,\cdots,s)$ 的"反向信道"$(Y\text{-}X)$.我们就在"反向信道"$(Y\text{-}X)$ 的背景下,来证明定理成立.

(1) 在"反向信道"$(Y\text{-}X)$ 中,$\{X=a_i,Y=b_j\}$ 的联合概率

$$0 \leqslant p(a_i b_j) = p_Y(b_j) p_Y(a_i/b_j) \leqslant 1 \quad (i=1,2,\cdots,r;j=1,2,\cdots,s) \qquad (2.2.3-18)$$

所以,有

$$p(a_i b_j) \log p(b_j/a_i) \leqslant 0 \quad (i=1,2,\cdots,r;j=1,2,\cdots,s) \qquad (2.2.3-19)$$

即可得收到 X 后,对 Y 仍然存在的平均不确定性

$$H(Y/X) = -\sum_{i=1}^{r} \sum_{j=1}^{s} p(a_i b_j) \log p(b_j/a_i) \geqslant 0 \qquad (2.2.3-20)$$

这表明,在"反向信道"$(Y\text{-}X)$ 中,X 对 Y 存在的疑义度 $H(Y/X)$ 亦具有"非负性".由此可证得

$$I(Y;X) = H(Y) - H(Y/X) \leqslant H(Y) \qquad (2.2.3-21)$$

这表明,在图 2.1-3(b)所示的"反向信道"$(Y\text{-}X)$ 中,从 X 中获取关于 Y 的平均互信息 $I(Y;X)$,一定不会超过 Y 所含有的信息量 $H(Y)$,最多获取关于 Y 的全部信息量 $H(Y)$.

(2) 当给定信道$(X\text{-}Y)$ 的信道矩阵$[P]$ 中,所有元素要么是 0,要么是 1 时,即有

$$p(b_j/a_i) = \begin{cases} 1 \\ 0 \end{cases} \quad (i=1,2,\cdots,r;j=1,2,\cdots,s) \qquad (2.2.3-22)$$

则收到 X 后对 Y 仍然存在的平均不确定性

$$H(Y/X) = -\sum_{i=1}^{r} \sum_{j=1}^{s} p(a_i b_j) \log p(b_j/a_i)$$

$$= -\sum_{i=1}^{r} \sum_{j=1}^{s} p(a_i) p(b_j/a_i) \log p(b_j/a_i)$$

$$= \sum_{i=1}^{r} p(a_i) \left[-\sum_{j=1}^{s} p(b_j/a_i) \log p(b_j/a_i) \right]$$

$$= \sum_{i=1}^{r} p(a_i) H(Y/X=a_i)$$

$$= \sum_{i=1}^{r} p(a_i) H[p(b_1/a_i), p(b_2/a_i), \cdots, p(b_s/a_i)]$$

$$= \sum_{i=1}^{r} p(a_i) H(\overbrace{1, 0, 0, \cdots, 0}^{1个"1",\ (s-1)个"0"}) = \sum_{i=1}^{r} p(a_i) \cdot 0 = 0 \qquad (2.2.3-23)$$

这时,信道$(Y\text{-}X)$的平均互信息达到最大值

$$I(Y; X)_{\max} = H(Y) \qquad (2.2.3-24)$$

这样,定理 2.4 就得到了证明.

定理 2.4 表明,在以 Y 作为输入随机变量、X 作为输出随机变量的"反向信道"$(Y\text{-}X)$中,从 X 中获取关于 Y 的平均互信息 $I(Y; X)$,一定不会超过 Y 所含有的平均信息量 $H(Y)$. 当给定信道$(X\text{-}Y)$的信道矩阵$[P]$中所有元素,要么是 0,要么是 1 时,输出随机变量 X 对输入随机变量 Y 仍然存在的平均不确定性 $H(Y/X)=0$,从 X 中获取关于 Y 的全部信息量 $H(Y)$,平均互信息达到最大值 $I(Y; X)_{\max} = H(Y)$. 条件熵 $H(Y/X)=0$ 的信道称为"归并型无噪信道".

【**例 2.11**】　设给定信源 X 的概率分布 $P(X)$:$\{p(a_i)(i=1,2,\cdots,10)\}$,其中 $0 \leqslant p(a_i) \leqslant 1$; $\sum\limits_{i=1}^{10} p(a_i) = 1$. 现若有信道矩阵为

$$[P] = \begin{array}{c} \\ a_1 \\ a_2 \\ a_3 \\ a_4 \\ a_5 \\ a_6 \\ a_7 \\ a_8 \\ a_9 \\ a_{10} \end{array} \begin{array}{cccc} b_1 & b_2 & b_3 & b_4 \\ \begin{bmatrix} 1 & 0 & 0 & 0 \\ 1 & 0 & 0 & 0 \\ 1 & 0 & 0 & 0 \\ 0 & 1 & 0 & 0 \\ 0 & 1 & 0 & 0 \\ 0 & 1 & 0 & 0 \\ 0 & 1 & 0 & 0 \\ 0 & 0 & 1 & 0 \\ 0 & 0 & 0 & 1 \\ 0 & 0 & 1 & 0 \end{bmatrix} \end{array}$$

的信道$(X\text{-}Y)$与信源 X 相接. 试证明,该信道的平均互信息达最大值 $I(X; Y)_{\max} = H(Y)$. 试从信息传输机制上解释该信道的噪声熵 $H(Y/X)=0$ 的理由.

证明　由信道矩阵$[P]$可知,信道$(X\text{-}Y)$是"归并型无噪信道"(如图 E2.11-1(a)所示). 随机变量 X 的符号集 X:$\{a_i(i=1,2,\cdots,10)\}$的子集 A_1:$\{a_1, a_2, a_3\}$中各符号均以概率 1 与 $Y=b_1$ 相对应;子集 A_2:$\{a_4, a_5, a_6, a_7\}$中各符号均以概率 1 与 $Y=b_2$ 相对应;子集 A_3:$\{a_8, a_{10}\}$中各符号均以概率 1 与 $Y=b_3$ 相对应;子集 A_4:$\{a_9\}$以概率 1 与 $Y=b_4$ 相对应. 子集 A_1、A_2、A_3、A_4 之间互不相交.

由信源 X 的概率分布 $p(a_i)$ 和信道$(X\text{-}Y)$的信道矩阵$[P]$,得在 X 已知的条件下,对 Y 仍然存在的平均不确定性

$$H(Y/X) = \sum_{i=1}^{10} p(a_i) H(Y/X=a_i) = \sum_{i=1}^{10} p(a_i) H[p(b_1/a_i), p(b_2/a_i), p(b_3/a_i), p(b_4/a_i)]$$

$$= p(a_1) H(1,0,0,0) + p(a_2) H(1,0,0,0) + p(a_3) H(1,0,0,0)$$

$$+ p(a_4)H(0,1,0,0) + p(a_5)H(0,1,0,0) + p(a_6)H(0,1,0,0)$$
$$+ p(a_7)H(0,1,0,0) + p(a_8)H(0,0,1,0) + p(a_9)H(0,0,0,1)$$
$$+ p(a_{10})H(0,0,1,0)$$
$$= \sum_{i=1}^{10} p(a_i) \cdot 0 = 0 \tag{1}$$

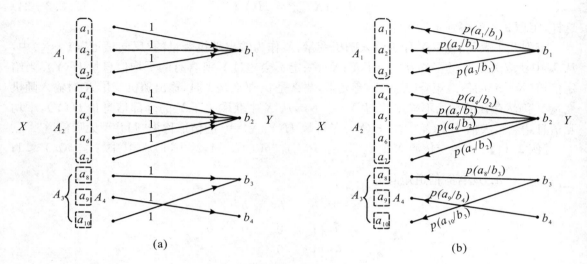

图 E2.11-1

即证得平均互信息达到最大值

$$I(Y;X)_{max} = H(Y) \tag{2}$$

为了从信息传输机制上解释 $H(Y/X)=0$ 的缘由,我们把"正向信道"$(X\text{-}Y)$,转换为"反向信道"$(Y\text{-}X)$.

由信源 X 的概率分布 $p(a_i)$ 和"正向信道"$(X\text{-}Y)$ 的信道矩阵$[P]$,得随机变量 Y 的概率分布:

$$\begin{cases} p_Y(b_1) = \sum_{i=1}^{10} p(a_i)p(b_1/a_i) = p(a_1) \cdot 1 + p(a_2) \cdot 1 + p(a_3) \cdot 1 = p(a_1) + p(a_2) + p(a_3) \\ p_Y(b_2) = \sum_{i=1}^{10} p(a_i)p(b_2/a_i) = p(a_4) \cdot 1 + p(a_5) \cdot 1 + p(a_6) \cdot 1 + p(a_7) \cdot 1 \\ \qquad\qquad = p(a_4) + p(a_5) + p(a_6) + p(a_7) \\ p_Y(b_3) = \sum_{i=1}^{10} p(a_i)p(b_3/a_i) = p(a_8) \cdot 1 + p(a_{10}) \cdot 1 = p(a_8) + p(a_{10}) \\ p_Y(b_4) = \sum_{i=1}^{10} p(a_i)p(b_4/a_i) = p(a_9) \cdot 1 = p(a_9) \end{cases} \tag{3}$$

由(3)式,得 $Y=b_j (j=1,2,3,4)$ 的条件下,$X=a_i (i=1,2,\cdots,10)$ 的后验概率:

$$Y = b_1 \begin{cases} p_Y(a_1/b_1) = \dfrac{p(a_1)\,p(b_1/a_1)}{p_Y(b_1)} = \dfrac{p(a_1)}{p(a_1)+p(a_2)+p(a_3)} \\[3mm] p_Y(a_2/b_1) = \dfrac{p(a_2)\,p(b_1/a_2)}{p_Y(b_1)} = \dfrac{p(a_2)}{p(a_1)+p(a_2)+p(a_3)} \\[3mm] p_Y(a_3/b_1) = \dfrac{p(a_3)\,p(b_1/a_3)}{p_Y(b_1)} = \dfrac{p(a_3)}{p(a_1)+p(a_2)+p(a_3)} \\[3mm] p_Y(a_k/b_1) = \dfrac{p(a_k)\,p(b_1/a_k)}{p_Y(b_1)} = 0 \quad (k=4,5,\cdots,10) \end{cases} \tag{4}$$

$$Y = b_2 \begin{cases} p_Y(a_4/b_2) = \dfrac{p(a_4)\,p(b_2/a_4)}{p_Y(b_2)} = \dfrac{p(a_4)}{p(a_4)+p(a_5)+p(a_6)+p(a_7)} \\[3mm] p_Y(a_5/b_2) = \dfrac{p(a_5)\,p(b_2/a_5)}{p_Y(b_2)} = \dfrac{p(a_5)}{p(a_4)+p(a_5)+p(a_6)+p(a_7)} \\[3mm] p_Y(a_6/b_2) = \dfrac{p(a_6)\,p(b_2/a_6)}{p_Y(b_2)} = \dfrac{p(a_6)}{p(a_4)+p(a_5)+p(a_6)+p(a_7)} \\[3mm] p_Y(a_7/b_2) = \dfrac{p(a_7)\,p(b_2/a_7)}{p_Y(b_2)} = \dfrac{p(a_7)}{p(a_4)+p(a_5)+p(a_6)+p(a_7)} \\[3mm] p_Y(a_k/b_2) = \dfrac{p(a_k)\,p(b_2/a_k)}{p_Y(b_2)} = 0 \quad (k=1,2,3,8,9,10) \end{cases} \tag{5}$$

$$Y = b_3 \begin{cases} p_Y(a_8/b_3) = \dfrac{p(a_8)\,p(b_3/a_8)}{p_Y(b_3)} = \dfrac{p(a_8)}{p(a_8)+p(a_{10})} \\[3mm] p_Y(a_{10}/b_3) = \dfrac{p(a_{10})\,p(b_3/a_{10})}{p_Y(b_3)} = \dfrac{p(a_{10})}{p(a_8)+p(a_{10})} \\[3mm] p_Y(a_k/b_3) = \dfrac{p(a_k)\,p(b_3/a_k)}{p_Y(b_3)} = 0 \quad (k=1,2,3,4,5,6,7,9) \end{cases} \tag{6}$$

$$Y = b_4 \begin{cases} p_Y(a_9/b_4) = \dfrac{p(a_9)\,p(b_4/a_9)}{p_Y(b_4)} = \dfrac{p(a_9)}{p(a_9)} = 1 \\[3mm] p_Y(a_k/b_4) = \dfrac{p(a_k)\,p(b_4/a_k)}{p_Y(b_4)} = 0 \quad (k=1,2,3,4,5,6,7,8,10) \end{cases} \tag{7}$$

由 $p_Y(b_j)(j=1,2,3,4)$ 和 $p_Y(a_i/b_j)(i=1,2,\cdots,10;j=1,2,3,4)$ 构成图 E2.11-1(b)所示的“反向信道”$(Y-X)$.

在图 E2.11-1(b)中,输入随机变量 $Y=b_j(j=1,2,3,4)$ 与输出随机变量 $X:\{a_i(i=1,2,\cdots,10)\}$ 中各子集 A_1、A_2、A_3、A_4 之间的传递概率:

$$Y = b_1 \begin{cases} p_Y(A_1/b_1) = \displaystyle\sum_{a_i \in A_1} p_Y(a_i/b_1) = \sum_{i=1}^{3} p_Y(a_i/b_1) \\[3mm] \qquad = \dfrac{p(a_1)}{p(a_1)+p(a_2)+p(a_3)} + \dfrac{p(a_2)}{p(a_1)+p(a_2)+p(a_3)} \\[3mm] \qquad\quad + \dfrac{p(a_3)}{p(a_1)+p(a_2)+p(a_3)} = 1 \\[3mm] p_Y(A_k/b_1) = 0 \quad (k=2,3,4) \end{cases} \tag{8}$$

$$Y=b_2\begin{cases}p_Y(A_2/b_2)=\sum_{a_i\in A_2}p_Y(a_i/b_2)=\sum_{i=4}^{7}p_Y(a_i/b_2)\\[2mm]\qquad=\dfrac{p(a_4)}{p(a_4)+p(a_5)+p(a_6)+p(a_7)}+\dfrac{p(a_5)}{p(a_4)+p(a_5)+p(a_6)+p(a_7)}\\[2mm]\qquad\quad+\dfrac{p(a_6)}{p(a_4)+p(a_5)+p(a_6)+p(a_7)}+\dfrac{p(a_7)}{p(a_4)+p(a_5)+p(a_6)+p(a_7)}=1\\[2mm]p_Y(A_k/b_2)=0\quad(k=1,3,4)\end{cases}\tag{9}$$

$$Y=b_3\begin{cases}p_Y(A_3/b_3)=\sum_{a_i\in A_3}p_Y(a_i/b_3)=\sum_{i=8,10}p_Y(a_i/b_3)=\dfrac{p(a_8)}{p(a_8)+p(a_{10})}+\dfrac{p(a_{10})}{p(a_8)+p(a_{10})}=1\\[2mm]p_Y(A_k/b_3)=0\quad(k=1,2,4)\end{cases}\tag{10}$$

$$Y=b_4\begin{cases}p_Y(A_4/b_4)=\sum_{a_i\in A_4}p_Y(a_i/b_4)=\sum_{i=9}p_Y(a_9/b_4)=p_Y(a_9/b_4)=1\\[2mm]p_Y(A_k/b_4)=0\quad(k=1,2,3)\end{cases}\tag{11}$$

　　由 $p_Y(b_j)(j=1,2,3,4)$ 和 $p_Y(A_i/b_j)(i=1,2,3,4;j=1,2,3,4)$ 构建输入随机变量 Y 和子集 $\{A_i\}(i=1,2,3,4)$ 之间的"反向信道"(如图 E2.11-2(a)所示).

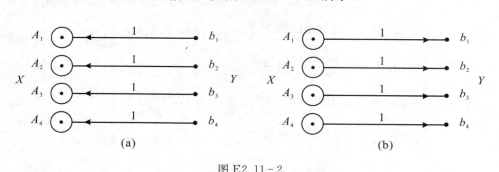

图 E2.11-2

　　由图 E2.11-2(a)可知,子集 $A_i(i=1,2,3,4)$ 的概率分布为:

$$p(A_1)=p(a_1)+p(a_2)+p(a_3);\qquad p(A_2)=p(a_4)+p(a_5)+p(a_6)+p(a_7)$$
$$p(A_3)=p(a_8)+p(a_{10});\qquad\qquad p(A_4)=p(a_9)\tag{12}$$

由此可得,在收到 $X=a_i\in A_k(k=1,2,3,4)$ 的条件下,随机变量 $Y=b_j(j=1,2,3,4)$ 的概率:

$$X\in A_1:\begin{cases}p(b_1/A_1)=\dfrac{p_Y(b_1)\,p_Y(A_1/b_1)}{p(A_1)}=\dfrac{p(a_1)+p(a_2)+p(a_3)}{p(a_1)+p(a_2)+p(a_3)}=1\\[2mm]p(b_k/A_1)=\dfrac{p_Y(b_k)\,p_Y(A_1/b_k)}{p(A_1)}=0\quad(k=2,3,4)\end{cases}\tag{13}$$

$$X\in A_2:\begin{cases}p(b_2/A_2)=\dfrac{p_Y(b_2)\,p_Y(A_2/b_2)}{p(A_2)}=\dfrac{p(a_4)+p(a_5)+p(a_6)+p(a_7)}{p(a_4)+p(a_5)+p(a_6)+p(a_7)}=1\\[2mm]p(b_k/A_2)=\dfrac{p_Y(b_k)\,p_Y(A_2/b_k)}{p(A_2)}=0\quad(k=1,3,4)\end{cases}\tag{14}$$

$$X\in A_3:\begin{cases}p(b_3/A_3)=\dfrac{p_Y(b_3)\,p_Y(A_3/b_3)}{p(A_3)}=\dfrac{p(a_8)+p(a_{10})}{p(a_8)+p(a_{10})}=1\\[2mm]p(b_k/A_3)=\dfrac{p_Y(b_k)\,p_Y(A_3/b_k)}{p(A_3)}=0\quad(k=1,2,4)\end{cases}\tag{15}$$

$$X \in A_4 : \begin{cases} p(b_4/A_4) = \dfrac{p_Y(b_4)\,p_Y(A_4/b_4)}{p(A_4)} = \dfrac{p(a_9)}{p(a_9)} = 1 \\[2mm] p(b_k/A_4) = \dfrac{p_Y(b_k)\,p_Y(A_4/b_k)}{p(A_4)} = 0 \quad (k=1,2,3) \end{cases} \tag{16}$$

由此,得信源 $X:\{a_i(i=1,2,\cdots,10)\}$ 中各子集 A_1,A_2,A_3,A_4 与 $Y=b_j(j=1,2,3,4)$ 之间的信道(如图 E2.11-2(b)所示).

由图 E2.11-1(b)和 E2.11-2(a)、(b),我们可清楚地看到:在"反向信道"$(Y-X)$ 中,随机变量 Y 的符号 $Y=b_1$,以一定概率传递为 X 的子集 $A_1:\{a_1,a_2,a_3\}$ 中某一符号,产生一定的失真.但符号 $Y=b_1$ 以概率 1 传递为子集 A_1,而子集 A_1 以概率 1 确切无误地将这个符号判断为 $Y=b_1$,把 b_1 与符号 a_1、a_2、a_3 的失真校正过来;随机变量 Y 的符号 $Y=b_2$,以一定概率被传递为子集 $A_2:\{a_4,a_5,a_6,a_7\}$ 中的某一符号,产生一定的失真.但符号 $Y=b_2$ 以概率 1 传递为子集 A_2,而子集 A_2 以概率 1 确切无误地将这个符号判断为 $Y=b_2$,把 b_2 与符号 a_4、a_5、a_6、a_7 的失真校正过来;随机变量 Y 的符号 $Y=b_3$,以一定概率被传递为子集 $A_3:\{a_8,a_9\}$ 中的某一符号,产生一定的失真.但符号 $Y=b_3$ 以概率 1 被传递为子集 A_3,而子集 A_3 以概率 1 确切无误地将这个符号判断为 $Y=b_3$,把 b_3 与符号 a_8、a_{10} 的失真校正过来;随机变量 Y 的符号 $Y=b_4$,以概率 1 传递为子集 $A_4:\{a_9\}$,而子集 $A_4:\{a_9\}$ 以概率 1 确切无误地将这个符号判断为 $Y=b_4$,不产生任何失真.这样,从整体上来说,收到随机变量 X 后,对输入随机变量 Y 不存在任何的不确定性,即 X 对 Y 的"疑义度"$H(Y/X)=0$,从 X 中获取关于 Y 的全部信息量 $H(Y)$,使平均互信息达到最大值 $I(Y;X)_{\max}=H(Y)$.

推论　若信道两端两个随机变量 X 和 Y 的信息熵为 $H(X)$ 和 $H(Y)$,当信道$(X-Y)$的信道矩阵$[P]$中,每列只有一个非零元素 1,则 X 和 Y 之间的平均互信息达最大值,且

$$I(X;Y) = I(Y;X) = H(X) = H(Y)$$

证明　当信道$(X-Y)$的信道矩阵$[P]$中,每列只有一个非零元素 1 时,信道矩阵$[P]$一定是一个$(r \times r)$阶方阵,而且每行同时也只有一个非零元素 1.例如

$$[P] = \begin{array}{c} \\ a_1 \\ a_2 \\ a_3 \\ a_4 \\ a_5 \end{array} \begin{array}{c} \begin{array}{ccccc} a_1 & a_2 & a_3 & a_4 & a_5 \end{array} \\ \begin{bmatrix} 0 & 0 & 0 & 0 & 1 \\ 1 & 0 & 0 & 0 & 0 \\ 0 & 1 & 0 & 0 & 0 \\ 0 & 0 & 0 & 1 & 0 \\ 0 & 0 & 1 & 0 & 0 \end{bmatrix} \end{array} \tag{2.2.3-25}$$

因为$[P]$中每列只有一个非零元素 1,根据定理 2.3 有 $H(X/Y)=0$,即有

$$I(X;Y) = H(X) \tag{2.2.3-26}$$

又因为$[P]$中所有元素要么是 1,要么是 0,根据定理 2.4,有 $H(Y/X)=0$,即有

$$I(Y;X) = H(Y) \tag{2.2.3-27}$$

则证得

$$I(X;Y)_{\max} = I(Y;X)_{\max} = H(X) = H(Y) \tag{2.2.3-28}$$

这样,推论就得到了证明.

推论告诉我们,若信道$(X-Y)$的信道矩阵$[P]$中,每列只有一个非零元素 1(每行必定亦只

有一个非零元素 1),则随机变量 X 的每一个符号 $a_i(i=1,2,\cdots,r)$ 和随机变量 Y 的每一个符号 $a_j(j=1,2,\cdots,r)$ 之间,是一一对应确定的关系. 例如,图 2.2-4(a)、(b)所示是给定信道矩阵 $[P]$ 相应的"正向信道"$(X\text{-}Y)$ 和"反向信道"$(Y\text{-}X)$. 从 X 中可以获取关于 Y 的全部信息量 $H(Y)$;从 Y 中可以获取关于 X 的全部信息量 $H(X)$. 这种 $H(Y/X)=H(X/Y)=0$ 的无噪信道称为"确定型无噪信道".

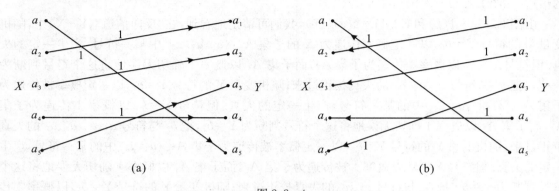

图 2.2-4

【例 2.12】   画出[例 2.10]的"发散型无噪信道"(如图 E2.10-1(a)所示)、[例 2.11]的"归并型无噪信道"(如图 E2.11-1(a))和图 2.2-4(a)、(b)所示的"确定型无噪信道"的平均互信息和各类熵的示意图.

解   要画出平均互信息和各类熵的关系示意图的关键,是确定各类无噪信道的 $H(X)$ 和 $H(Y)$ 的大小关系.

1. 发散型无噪信道

在[例 2.10]图 E2.10-1(a)中,由信道$(X\text{-}Y)$的信道矩阵$[P]$和信源 X 的概率分布 $p(a_i)$ $(i=1,2,3,4)$,得输出随机变量 Y 的概率分布

$$p_Y(b_1)=\sum_{i=1}^{4}p(a_i)p(b_1/a_i)=\frac{1}{2}p(a_1);\quad p_Y(b_6)=\sum_{i=1}^{4}p(a_i)p(b_6/a_i)=\frac{1}{3}p(a_4);$$

$$p_Y(b_2)=\sum_{i=1}^{4}p(a_i)p(b_2/a_i)=\frac{1}{3}p(a_1);\quad p_Y(b_7)=\sum_{i=1}^{4}p(a_i)p(b_7/a_i)=\frac{1}{3}p(a_4);$$

$$p_Y(b_3)=\sum_{i=1}^{4}p(a_i)p(b_3/a_i)=\frac{1}{6}p(a_1);\quad p_Y(b_8)=\sum_{i=1}^{4}p(a_i)p(b_8/a_i)=0.2p(a_3);$$

$$p_Y(b_4)=\sum_{i=1}^{4}p(a_i)p(b_4/a_i)=p(a_2);\quad p_Y(b_9)=\sum_{i=1}^{4}p(a_i)p(b_9/a_i)=0.4p(a_3);$$

$$p_Y(b_5)=\sum_{i=1}^{4}p(a_i)p(b_5/a_i)=\frac{1}{3}p(a_4);\quad p_Y(b_{10})=\sum_{i=1}^{4}p(a_i)p(b_{10}/a_i)=0.4p(a_3)\quad(1)$$

由此得 Y 的信息熵

$$H(Y)=H[p_Y(b_1),p_Y(b_2),p_Y(b_3),p_Y(b_4),p_Y(b_5),p_Y(b_6),p_Y(b_7),p_Y(b_8),p_Y(b_9),p_Y(b_{10})]$$

$$=H\Big[\frac{1}{2}p(a_1),\frac{1}{3}p(a_1),\frac{1}{6}p(a_1),p(a_2),\frac{1}{3}p(a_4),\frac{1}{3}p(a_4),$$

$$\frac{1}{3}p(a_4);0.2p(a_3),0.4p(a_3),0.4p(a_3)\Big]$$

$$\qquad\qquad\qquad\qquad\qquad\qquad\qquad\qquad\qquad\qquad\qquad\qquad(2)$$

由熵函数的递推性,(2)式可改写为

$$H(Y) = H\left[p(a_1),p(a_2),\frac{1}{3}p(a_4),\frac{1}{3}p(a_4),\frac{1}{3}p(a_4);0.2p(a_3),0.4p(a_3),0.4p(a_3)\right]$$

$$+ p(a_1)H\left[\frac{\frac{1}{2}p(a_1)}{p(a_1)},\frac{\frac{1}{3}p(a_1)}{p(a_1)},\frac{\frac{1}{6}p(a_1)}{p(a_1)}\right]$$

$$= H\left[p(a_1),p(a_2),p(a_4);0.2p(a_3),0.4p(a_3),0.4p(a_3)\right]$$

$$+ p(a_1)H\left(\frac{1}{2},\frac{1}{3},\frac{1}{6}\right) + p(a_4)H\left[\frac{\frac{1}{3}p(a_4)}{p(a_4)},\frac{\frac{1}{3}p(a_4)}{p(a_4)},\frac{\frac{1}{3}p(a_4)}{p(a_4)}\right]$$

$$= H\left[p(a_1),p(a_2),p(a_4),p(a_3)\right]$$

$$+ p(a_1)H\left(\frac{1}{2},\frac{1}{3},\frac{1}{6}\right) + p(a_4)H\left(\frac{1}{3},\frac{1}{3},\frac{1}{3}\right)$$

$$+ p(a_3)H\left[\frac{0.2p(a_3)}{p(a_3)},\frac{0.4p(a_3)}{p(a_3)},\frac{0.4p(a_3)}{p(a_3)}\right]$$

$$= H(X) + p(a_1)H\left(\frac{1}{2},\frac{1}{3},\frac{1}{6}\right)$$

$$+ p(a_4)H\left(\frac{1}{3},\frac{1}{3},\frac{1}{3}\right) + p(a_3)H(0.2,0.4,0.4) \tag{3}$$

根据熵函数的非负性,有

$$H(Y) > H(X) \tag{4}$$

这表明,"发散型无噪信道"$(X\text{-}Y)$的输出随机变量 Y 的信息熵 $H(Y)$,大于信源 X 的信息熵 $H(X)$. 根据定理 2.3,此时

$$I(X;Y)_{\max} = H(X) \tag{5}$$

对于"发散型无噪信道"$(X\text{-}Y)$,$H(X/Y)=0$,$H(Y/X)>0$. X 和 Y 的"信息距离"$\rho(X,Y)=\{H(X/Y)+H(Y/X)\}>0$. 所以,平均互信息 $I(X;Y)$ 与各类熵的关系,如图 E2.12-1 所示.

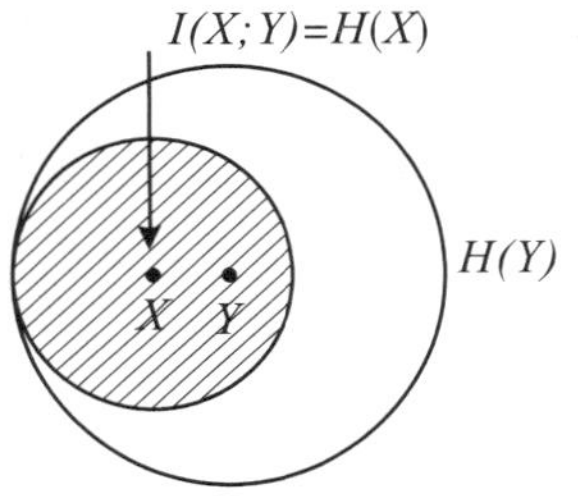

图 E2.12-1

2. 归并型无噪信道

在[例 2.11]的图 E2.11-1(a)中,由信源 X 的概率分布 $p(a_i)$ $(i=1,2,\cdots,10)$ 和信道$(X\text{-}Y)$的信道矩阵$[P]$,得随机变量 Y 的概率分布:

$$\begin{cases} p_Y(b_1) = \sum_{i=1}^{10} p(a_i)p(b_1/a_i) = p(a_1)\cdot 1 + p(a_2)\cdot 1 + p(a_3)\cdot 1 = p(a_1)+p(a_2)+p(a_3) \\ p_Y(b_2) = \sum_{i=1}^{10} p(a_i)p(b_2/a_i) = p(a_4)\cdot 1 + p(a_5)\cdot 1 + p(a_6)\cdot 1 + p(a_7)\cdot 1 \\ \qquad\qquad\qquad = p(a_4)+p(a_5)+p(a_6)+p(a_7) \\ p_Y(b_3) = \sum_{i=1}^{10} p(a_i)p(b_3/a_i) = p(a_8)\cdot 1 + p(a_{10})\cdot 1 = p(a_8)+p(a_{10}) \\ p_Y(b_4) = \sum_{i=1}^{10} p(a_i)p(b_4/a_i) = p(a_9)\cdot 1 = p(a_9) \end{cases} \tag{6}$$

随机变量 X 的信息熵

$$H(X) = H[p(a_1), p(a_2), p(a_3), p(a_4), p(a_5), p(a_6), p(a_7), p(a_8), p(a_9), p(a_{10})] \quad (7)$$

由熵函数的递推性,把(7)式改写为

$$H(X) = H[p_Y(b_1); p(a_4), p(a_5), p(a_6), p(a_7), p(a_8), p(a_9), p(a_{10})]$$

$$+ p_Y(b_1) H\left[\frac{p(a_1)}{p_Y(b_1)}, \frac{p(a_2)}{p_Y(b_1)}, \frac{p(a_3)}{p_Y(b_1)}\right]$$

$$= H[p_Y(b_1); p_Y(b_2); p(a_8), p(a_9), p(a_{10})]$$

$$+ p_Y(b_1) H\left[\frac{p(a_1)}{p_Y(b_1)}, \frac{p(a_2)}{p_Y(b_1)}, \frac{p(a_3)}{p_Y(b_1)}\right]$$

$$+ p_Y(b_2) H\left[\frac{p(a_4)}{p_Y(b_2)}, \frac{p(a_5)}{p_Y(b_2)}, \frac{p(a_6)}{p_Y(b_2)}, \frac{p(a_7)}{p_Y(b_2)}\right]$$

$$= H[p_Y(b_1); p_Y(b_2); p_Y(b_3); p(a_9)]$$

$$+ p_Y(b_1) H\left[\frac{p(a_1)}{p_Y(b_1)}, \frac{p(a_2)}{p_Y(b_1)}, \frac{p(a_3)}{p_Y(b_1)}\right]$$

$$+ p_Y(b_2) H\left[\frac{p(a_4)}{p_Y(b_2)}, \frac{p(a_5)}{p_Y(b_2)}, \frac{p(a_6)}{p_Y(b_2)}, \frac{p(a_7)}{p_Y(b_2)}\right]$$

$$+ p_Y(b_3) H\left[\frac{p(a_8)}{p_Y(b_3)}, \frac{p(a_{10})}{p_Y(b_3)}\right]$$

$$= H[p_Y(b_1), p_Y(b_2), p_Y(b_3), p(b_4)]$$

$$+ p_Y(b_2) H\left[\frac{p(a_1)}{p_Y(b_1)}, \frac{p(a_2)}{p_Y(b_1)}, \frac{p(a_3)}{p_Y(b_1)}\right]$$

$$+ p_Y(b_2) H\left[\frac{p(a_4)}{p_Y(b_2)}, \frac{p(a_5)}{p_Y(b_2)}, \frac{p(a_6)}{p_Y(b_2)}, \frac{p(a_7)}{p_Y(b_2)}\right]$$

$$+ p_Y(b_3) H\left[\frac{p(a_8)}{p_Y(b_3)}, \frac{p(a_{10})}{p_Y(b_3)}\right] \quad (8)$$

由熵函数的非负性,有

$$H(X) > H(Y) \quad (9)$$

这表明,"归并型无噪信道"(X-Y)的输入随机变量 X 的信息熵 $H(X)$,大于输出随机变量 Y 的信息熵 $H(Y)$. 根据定理 2.4,此时

$$I(Y;X)_{\max} = H(Y) \quad (10)$$

对于"归并型无噪信道"(X-Y),$H(Y/X)=0$,而 $H(X/Y)>0$. X 和 Y 之间的"信息距离" $\rho(X,Y)=[H(X/Y)+H(Y/X)]>0$ 所以,平均互信息与各类熵的关系,如图 E2.12-2 所示.

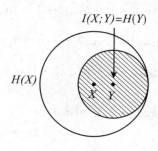

图 E2.12-2

3. 确定型无噪信道

由图 2.2 - 4(a)及其信道矩阵[P]、信源 X 的概率分布 $p(a_i)(i=1,2,3,4,5)$,得信道输出随机变量 Y 的概率分布

$$
\begin{cases}
p_Y(a_1) = \displaystyle\sum_{i=1}^{5} p(a_i)p(a_1/a_i) = p(a_2) \cdot 1 = p(a_2) \\[2mm]
p_Y(a_2) = \displaystyle\sum_{i=1}^{5} p(a_i)p(a_2/a_i) = p(a_3) \cdot 1 = p(a_3) \\[2mm]
p_Y(a_3) = \displaystyle\sum_{i=1}^{5} p(a_i)p(a_3/a_i) = p(a_5) \cdot 1 = p(a_5) \\[2mm]
p_Y(a_4) = \displaystyle\sum_{i=1}^{5} p(a_i)p(a_4/a_i) = p(a_4) \cdot 1 = p(a_4) \\[2mm]
p_Y(a_5) = \displaystyle\sum_{i=1}^{5} p(a_i)p(a_5/a_i) = p(a_1) \cdot 1 = p(a_1)
\end{cases} \tag{11}
$$

根据熵函数的对称性,有

$$
\begin{aligned}
H(Y) &= H[p_Y(a_1), p_Y(a_2), p_Y(a_3), p_Y(a_4), p_Y(a_5)] \\
&= H[p_Y(a_5), p_Y(a_1), p_Y(a_2), p_Y(a_4), p_Y(a_3)] \\
&= H[p(a_1), p(a_2), p(a_3), p(a_4), p(a_5)] \\
&= H(X)
\end{aligned} \tag{12}
$$

这表明,"确定型无噪信道"$(X - Y)$的输入随机变量 X 的信息熵 $H(X)$,等于输出随机变量 Y 的信息熵 $H(Y)$. X 和 Y 是概率空间总体结构$(r, p_i(i=1,2,\cdots,r))$相同的两个随机变量. 根据推论,此时

$$
I(X;Y)_{\max} = H(X) = H(Y) \tag{13}
$$

对于"确定型无噪信道"$(X - Y)$,$H(X/Y)=H(Y/X)=0$. X 和 Y 的"信息距离"$\rho(X,Y)=0$. 所以,平均互信息与各类熵的关系,如图 E2.12 - 3 所示.

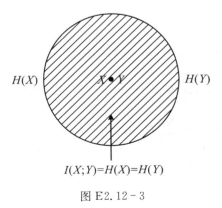

$$I(X;Y)=H(X)=H(Y)$$

图 E2.12 - 3

以上有关极值性的讨论和有关例题告诉我们:对给定信源 X 来说,接上信道$(X - Y)$后,X 和 Y 的平均互信息不可能是无限大的,必定存在最大值. 而这个最大值,只有接上无噪信道才能达到. 不同类型的无噪信道,达到不同的最大值.

（1）若接上"扩散型无噪信道"，则 $I(X;Y)$ 的最大值等于 $H(X)$，从 Y 中获取 X 的全部信息量 $H(X)$. 这时，$H(X)<H(Y)$.

（2）若接上"归并型无噪信道"，则 $I(Y;X)$ 的最大值等于 $H(Y)$，从 X 中获取关于 Y 的全部信息量. 这时，$H(Y)<H(X)$.

（3）若接上"确定型无噪信道"，则 $I(X;Y)=I(Y;X)$ 的最大值，既等于 $H(X)$，又等于 $H(Y)$. 这时，$H(X)=H(Y)$.

平均互信息的"极值性"问题，是讨论一个给定信源，选择什么信道，能使平均互信息达到最大值的问题.

2.2.4 下凸性

平均互信息 $I(X;Y)$ 是信源 X 的概率分布 $p(a_i)$ 和信道 $(X-Y)$ 的传递概率 $p(b_j/a_i)$ 的函数 $I[p(a_i),p(b_j/a_i)]$. 当信源 X 的概率分布固定为 $p_0(a_i)$ 时，$I(X;Y)$ 就是信道传递概率 $p(b_j/a_i)$ 的函数

$$I(X;Y)=I[p(b_j/a_i)]_{p_0(a_i)} \tag{2.2.4-1}$$

那么，函数 $I[p(b_j/a_i)]_{p_0(a_i)}$ 有什么样的数学特性呢？

定理 2.5 若信源 X 给定，则平均互信息 $I(X;Y)$ 是信道 $(X-Y)$ 传递概率 $P(Y/X):$ $\{p(b_j/a_i)(i=1,2,\cdots,r;j=1,2,\cdots,s)\}$ 的∪型凸函数.

证明 设概率分布固定为 $p_0(a_i)(i=1,2,\cdots,r)$ 的给定信源 X，分别与图 2.2-5(a)、(b)、(c)三种信道相接. 信道的传递概率分别为 $p_1(b_j/a_i)$、$p_2(b_j/a_i)$ 和 $p_3(b_j/a_i)=\alpha p_1(b_j/a_i)+\beta p_2(b_j/a_i)(i=1,2,\cdots,r;j=1,2,\cdots,s)(0<\alpha,\beta<1;\alpha+\beta=1)$.

图 2.2-5(a)所示信道的平均互信息

$$\begin{aligned} I[p_1(b_j/a_i)] &= \sum_{i=1}^{r}\sum_{j=i}^{s}p_0(a_i)p_1(b_j/a_i)\log\frac{p_1(b_j/a_i)}{p_{Y_1}(b_j)} \\ &= \sum_{i=i}^{r}\sum_{j=i}^{s}p_1(a_ib_j)\log\frac{p_1(b_j/a_i)}{p_{Y_1}(b_j)} \end{aligned} \tag{2.2.4-2}$$

其中

$$\begin{cases} p_1(a_ib_j)=p_0(a_i)p_1(b_j/a_i) \quad (i=1,2,\cdots,r;j=1,2,\cdots,s) \\ \sum_{i=1}^{r}\sum_{j=1}^{s}p_1(a_ib_j)=\sum_{i=1}^{r}\sum_{j=1}^{s}p_0(a_i)p_1(b_j/a_i)=\sum_{i=1}^{r}p_0(a_i)\left[\sum_{j=1}^{s}p_1(b_j/a_i)\right]=1 \\ p_{Y_1}(b_j)=\sum_{i=i}^{r}p_1(a_ib_j)=\sum_{i=1}^{r}p_0(a_i)p_1(b_j/a_i) \quad (j=1,2,\cdots,s) \\ \sum_{j=1}^{s}p_{Y_1}(b_j)=\sum_{j=1}^{s}\left[\sum_{i=1}^{r}p_0(a_i)p_1(b_j/a_i)\right]=\sum_{i=1}^{r}p_0(a_i)\left[\sum_{j=1}^{s}p_1(b_j/a_i)\right]=1 \end{cases}$$

$$\tag{2.2.4-3}$$

图 2.2-5(b)所示信道的平均互信息

$$I[p_2(b_j/a_i)]=\sum_{i=1}^{r}\sum_{j=i}^{s}p_0(a_i)p_2(b_j/a_i)\log\frac{p_2(b_j/a_i)}{p_{Y_2}(b_j)}$$

$$= \sum_{i=i}^{r} \sum_{j=i}^{s} p_2(a_i b_j) \log \frac{p_2(b_j/a_i)}{p_{Y_2}(b_j)} \qquad (2.2.4-4)$$

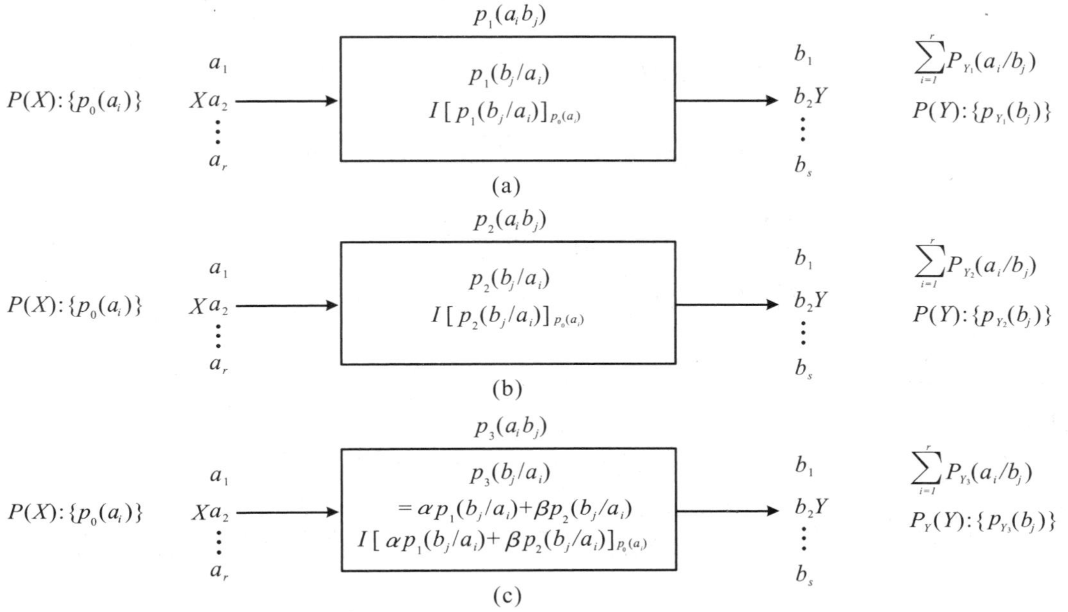

图 2.2-5

其中

$$\begin{cases} p_2(a_i b_j) = p_0(a_i) p_2(b_j/a_i) \quad (i=1,2,\cdots,r; j=1,2,\cdots,s) \\ \sum_{i=1}^{r} \sum_{j=1}^{s} p_2(a_i b_j) = \sum_{i=1}^{r} \sum_{j=1}^{s} p_0(a_i) p_2(b_j/a_i) = \sum_{i=1}^{r} p_0(a_i) \Big[\sum_{j=1}^{s} p_2(b_j/a_i) \Big] = 1 \\ p_{Y_2}(b_j) = \sum_{i=i}^{r} p_2(a_i b_j) = \sum_{i=1}^{r} p_0(a_i) p_2(b_j/a_i) \quad (j=1,2,\cdots,s) \\ \sum_{j=1}^{s} p_{Y_2}(b_j) = \sum_{j=1}^{s} \Big[\sum_{i=1}^{r} p_0(a_i) p_2(b_j/a_i) \Big] = \sum_{i=1}^{r} p_0(a_i) \Big[\sum_{j=1}^{s} p_2(b_j/a_i) \Big] = 1 \end{cases}$$

$$(2.2.4-5)$$

图 2.2-5(c)所示信道的平均互信息

$$I[p_3(b_j/a_i)] = \sum_{i=1}^{r} \sum_{j=1}^{s} p_0(a_i) p_3(b_j/a_i) \log \frac{p_3(b_j/a_i)}{p_{Y_3}(b_j)}$$

$$= \sum_{i=1}^{r} \sum_{j=1}^{s} p_0(a_i) [\alpha p_1(b_j/a_i) + \beta p_2(b_j/a_i)] \log \frac{p_3(b_j/a_i)}{p_{Y_3}(b_j)}$$

$$= \alpha \sum_{i=1}^{r} \sum_{j=1}^{s} p_0(a_i) p_1(b_j/a_i) \log \frac{p_3(b_j/a_i)}{p_{Y_3}(b_j)}$$

$$+ \beta \sum_{i=1}^{r} \sum_{j=1}^{s} p_0(a_i) p_2(b_j/a_i) \log \frac{p_3(b_j/a_i)}{p_{Y_3}(b_j)}$$

$$= \alpha \sum_{i=1}^{r} \sum_{j=1}^{s} p_1(a_ib_j) \log \frac{p_3(b_j/a_i)}{P_{Y_3}(b_j)} + \beta \sum_{i=1}^{r} \sum_{j=1}^{s} p_2(a_ib_j) \log \frac{p_3(b_j/a_i)}{p_{Y_3}(b_j)} \quad (2.2.4-6)$$

其中

$$
\begin{cases}
p_{Y_3}(b_j) = \sum_{i=1}^{r} p_0(a_i) p_3(b_j/a_i) = \sum_{i=1}^{r} p_0(a_i) [\alpha p_1(b_j/a_i) + \beta p_2(b_j/a_i)] \\
\qquad = \alpha \sum_{i=1}^{r} p_0(a_i) p_1(b_j/a_i) + \beta \sum_{i=1}^{r} p_0(a_i) p_2(b_j/a_i) \\
\qquad = \alpha \sum_{i=1}^{r} p_1(a_ib_j) + \beta \sum_{i=1}^{r} p_2(a_ib_j) \\
\qquad = \alpha p_{Y_1}(b_1) + \beta p_{Y_2}(b_j) \quad (j = 1, 2, \cdots, s) \\
\sum_{j=1}^{s} p_{Y_3}(b_j) = \alpha \sum_{j=1}^{s} p_{Y_1}(b_j) + \beta \sum_{j=1}^{s} p_{Y_2}(b_j) = \alpha + \beta = 1
\end{cases}
\quad (2.2.4-7)
$$

由此可得

$$I[\alpha p_1(b_j/a_i) + \beta p_2(b_j/a_i)] - \alpha I[p_1(b_j/a_i)] - \beta I[p_2(b_j/a_i)]$$

$$= \alpha \sum_{i=1}^{r} \sum_{j=1}^{s} p_1(a_ib_j) \log \frac{p_3(b_j/a_i) p_{Y_1}(b_j)}{p_{Y_3}(b_j) p_1(b_j/a_i)} + \beta \sum_{i=1}^{r} \sum_{j=1}^{s} p_2(a_ib_j) \log \frac{p_3(b_j/a_i) p_{Y_2}(b_j)}{p_{Y_3}(b_j) p_2(b_j/a_i)}$$

$$(2.2.4-8)$$

考虑到"底"大于 1 的对数是 $\bigcap$ 形凸函数,由(1.3.1-23)式可知,其中,

$$\alpha \sum_{i=1}^{r} \sum_{j=1}^{s} p_1(a_ib_j) \log \frac{p_3(b_j/a_i) p_{Y_1}(b_j)}{p_{Y_3}(b_j) p_1(b_j/a_i)} \leqslant \alpha \log \left[\sum_{i=1}^{r} \sum_{j=1}^{s} p_1(a_ib_j) \frac{p_3(b_j/a_i) p_{Y_1}(b_j)}{p_{Y_3}(b_j) p_1(b_j/a_i)} \right]$$

$$= \alpha \log \left[\sum_{i=1}^{r} \sum_{j=1}^{s} \frac{p_0(a_i) p_3(b_j/a_i) p_{Y_1}(b_j)}{p_{Y_3}(b_j)} \right]$$

$$= \alpha \log \left[\sum_{i=1}^{r} \sum_{j=1}^{s} \frac{p_3(a_ib_j) p_{Y_1}(b_j)}{p_{Y_3}(b_j)} \right]$$

$$= \alpha \log \left[\sum_{i=1}^{r} \sum_{j=1}^{s} p_{Y_3}(a_i/b_j) p_{Y_1}(b_j) \right]$$

$$= \alpha \log \left[\sum_{j=1}^{s} p_{Y_1}(b_j) \sum_{i=1}^{r} p_{Y_3}(a_i/b_j) \right]$$

$$(2.2.4-9)$$

$$\beta \sum_{i=1}^{r} \sum_{j=1}^{s} p_2(a_ib_j) \log \frac{p_3(b_j/a_i) p_{Y_2}(b_j)}{p_{Y_3}(b_j) p_2(b_j/a_i)} \leqslant \beta \log \left[\sum_{i=1}^{r} \sum_{j=1}^{s} p_2(a_ib_j) \frac{p_3(b_j/a_i) p_{Y_2}(b_j)}{p_{Y_3}(b_j) p_2(b_j/a_i)} \right]$$

$$= \beta \log \left[\sum_{i=1}^{r} \sum_{j=1}^{s} \frac{p_0(a_i) p_3(b_j/a_i) p_{Y_2}(b_j)}{p_{Y_3}(b_j)} \right]$$

$$= \beta \log \left[\sum_{i=1}^{r} \sum_{j=1}^{s} \frac{p_3(a_ib_j) p_{Y_2}(b_j)}{p_{Y_3}(b_j)} \right]$$

$$= \beta\log\Big[\sum_{i=1}^{r}\sum_{j=1}^{s}p_{Y_3}(a_i/b_j)p_{Y_2}(b_j)\Big]$$

$$= \beta\log\Big[\sum_{j=1}^{s}p_{Y_2}(b_j)\sum_{i=1}^{r}p_{Y_3}(a_i/b_j)\Big] \qquad (2.2.4-10)$$

因为

$$p_{Y_3}(a_i/b_j) = \frac{p_3(a_ib_j)}{p_{Y_3}(b_j)} \quad (i=1,2,\cdots,r; j=1,2,\cdots,s) \qquad (2.2.4-11)$$

是图 2.2-5(c)所示信道收到 $Y=b_j$ 后,推测 $X=a_i$ 的后验概率. 所以,对每一个 $Y=b_j(j=1,2,\cdots,s)$,都有

$$\sum_{i=1}^{r}p_{Y_3}(a_i/b_j) = 1 \quad (j=1,2,\cdots,s) \qquad (2.2.4-12)$$

则(2.2.4-9)式和(2.2.4-10)式可分别改写为

$$\alpha\sum_{i=1}^{r}\sum_{j=1}^{s}p_1(a_ib_j)\log\frac{p_3(b_j/a_i)p_{Y_1}(b_j)}{p_{Y_3}(b_j)p_1(b_j/a_i)} \leqslant \alpha\log\Big[\sum_{j=1}^{s}p_{Y_1}(b_j)\sum_{i=1}^{r}p_{Y_3}(a_i/b_j)\Big]$$

$$= \alpha\log 1 = 0$$

$$(2.2.4-13)$$

以及

$$\beta\sum_{i=1}^{r}\sum_{j=1}^{s}p_2(a_ib_j)\log\frac{p_3(b_j/a_i)p_{Y_2}(b_j)}{p_{Y_3}(b_j)p_2(b_j/a_i)} \leqslant \beta\log\Big[\sum_{j=1}^{s}p_{Y_2}(b_j)\sum_{j=1}^{s}p_{Y_3}(a_i/b_j)\Big]$$

$$= \beta\log 1 = 0$$

$$(2.2.4-14)$$

最终,得

$$I[\alpha p_1(b_j/a_i)+\beta p_2(b_j/a_i)] - \alpha I[p_1(b_j/a_i)] - \beta I[p_2(b_j/a_i)] \leqslant 0 \quad (2.2.4-15)$$

即证得

$$I[\alpha p_1(b_j/a_i)+\beta p_2(b_j/a_i)] \leqslant \alpha I[p_1(b_j/a_i)] + \beta I[p_2(b_j/a_i)] \qquad (2.2.4-16)$$

　　根据 $\cup$ 函数的定义,不等式(2.2.4-16)证明平均互信息 $I[p(b_j/a_i)]_{p_0(a_i)}$ 是信道传递概率 $p(b_j/a_i)$ 的 $\cup$ 型凸函数. 这样,定理 2.5 就得到了证明.

　　定理 2.5 称为平均互信息的"下凸性定理". 它表明,对一个给定信源来说,平均互信息是信道传递概率的 $\cup$ 函数(如[例 2.5]中图 E2.5-4 所示). 平均互信息的下凸性,是"信息率-失真函数"$R(D)$ 的理论基础.

2.2.5　上凸性

　　平均互信息 $I(X;Y)$ 是信源 X 的概率分布 $P(X):\{p(a_i)(i=1,2,\cdots,r)\}$ 和信道传递概率 $P(Y/X):\{p(b_j/a_i)(i=1,2,\cdots,r; j=1,2,\cdots,s)\}$ 的函数

$$I(X;Y) = I[p(a_i),p(b_j/a_i)] \qquad (2.2.5-1)$$

显然,当给定信道($X-Y$)的传递概率固定为 $p_0(b_j/a_i)(i=1,2,\cdots,r; j=1,2,\cdots,s)$ 时,平均互信息 $I(X;Y)$ 就是信源 X 的概率分布 $p(a_i)(i=1,2,\cdots,r)$ 的函数

$$I(X;Y) = I[p(a_i)]_{p_0(b_j/a_i)} \qquad (2.2.5-2)$$

那么,函数 $I[p(a_i)]_{p_0(b_j/a_i)}$ 有什么样的数学特性呢?

定理 2.6 若信道 $(X\text{-}Y)$ 给定,则平均互信息 $I(X;Y)$ 是信源 X 的概率分布 $P(X):\{p(a_i)$ $(i=1,2,\cdots,r)\}$ 的 $\bigcap$ 形凸函数.

证明 设传递概率固定为 $P(Y/X):\{p_0(b_j/a_i)(i=1,2,\cdots,r;j=1,2,\cdots,s)\}$ 的信道 $(X\text{-}Y)$,分别与图 2.2-6(a)、(b)、(c)三种不同信源 X 相接.信源 X 的概率分布分别为 $p_1(a_i)$ $(i=1,2,\cdots,r)$、$p_2(a_i)(i=1,2,\cdots,r)$ 和 $p_3(a_i)=\alpha p_1(a_i)+\beta p_2(a_i)(0<\alpha,\beta<1;\alpha+\beta=1)(i=1,2,\cdots,r)$.

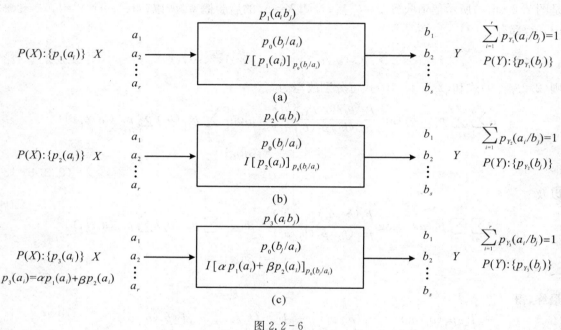

图 2.2-6

图 2.2-6(a)所示信道的平均互信息

$$I[p_1(a_i)]=\sum_{i=1}^{r}\sum_{j=1}^{s}p_1(a_i)p_0(b_j/a_k)\log\frac{p_0(b_j/a_i)}{p_{Y_1}(b_j)}$$

$$=\sum_{i=1}^{r}\sum_{j=1}^{s}p_1(a_ib_j)\log\frac{p_0(b_j/a_i)}{p_{Y_1}(b_j)} \tag{2.2.5-3}$$

其中

$$\begin{cases} p_1(a_ib_j)=p_1(a_i)p_0(b_j/a_i) \quad (i=1,2,\cdots,r;j=1,2,\cdots,s) \\ \sum_{i=1}^{r}\sum_{j=1}^{s}p_1(a_ib_j)=\sum_{i=1}^{r}p_1(a_i)\sum_{j=1}^{s}p_0(b_j/a_i)=\sum_{i=1}^{r}p_1(a_i)\left[\sum_{j=1}^{s}p_0(b_j/a_i)\right]=1 \\ p_{Y_1}(b_j)=\sum_{i=1}^{r}p_1(a_ib_j)=\sum_{i=1}^{r}p_1(a_i)p_0(b_j/a_i) \quad (j=1,2,\cdots,s) \\ \sum_{j=1}^{s}p_{Y_1}(b_j)=\sum_{j=1}^{s}\left[\sum_{i=1}^{r}p_1(a_i)p_0(b_j/a_i)\right]=\sum_{i=1}^{r}p_1(a_i)\left[\sum_{j=1}^{s}p_0(b_j/a_i)\right]=1 \end{cases}$$

$$\tag{2.2.5-4}$$

图 2.2-6(b)所示信道的平均互信息

$$I[p_2(a_i)] = \sum_{i=1}^{r} \sum_{j=1}^{s} p_2(a_i) p_0(b_j/a_i) \log \frac{p_0(b_j/a_i)}{p_{Y_2}(b_j)}$$

$$= \sum_{i=1}^{r} \sum_{j=1}^{s} p_2(a_i b_j) \log \frac{p_0(b_j/a_i)}{p_{Y_2}(b_j)} \tag{2.2.5-4}$$

其中

$$\begin{cases} p_2(a_i b_j) = p_2(a_i) p_0(b_j/a_i) \quad (i=1,2,\cdots,r; j=1,2,\cdots,s) \\[2mm] \sum_{i=1}^{r} \sum_{j=1}^{s} p_2(a_i b_j) = \sum_{i=1}^{r} \sum_{j=1}^{s} p_2(a_i) p_0(b_j/a_i) = \sum_{i=1}^{r} p_2(a_i) \left[\sum_{j=1}^{s} p_0(b_j/a_i) \right] = 1 \\[2mm] p_{Y_2}(b_j) = \sum_{i=1}^{r} p_2(a_i b_j) = \sum_{i=1}^{r} p_2(a_i) p_0(b_j/a_i) \quad (j=1,2,\cdots,s) \\[2mm] \sum_{j=1}^{s} p_{Y_2}(b_j) = \sum_{j=1}^{s} \left[\sum_{i=1}^{r} p_2(a_i) p_0(b_j/a_i) \right] = \sum_{i=1}^{r} p_2(a_i) \left[\sum_{j=1}^{s} p_0(b_j/a_i) \right] = 1 \end{cases} \tag{2.2.5-5}$$

图 2.2-6(c)所示信道的平均互信息

$$I[p_3(a_i)] = \sum_{i=1}^{r} \sum_{j=1}^{s} p_3(a_i) p_0(b_j/a_i) \log \frac{p_0(b_j/a_i)}{p_{Y_3}(b_j)}$$

$$= \sum_{i=1}^{r} \sum_{j=1}^{s} [\alpha p_1(a_i) + \beta p_2(a_i)] p_0(b_j/a_i) \log \frac{p_0(b_j/a_i)}{p_{Y_3}(b_j)}$$

$$= \alpha \sum_{i=1}^{r} \sum_{j=1}^{s} p_1(a_i) p_0(b_j/a_i) \log \frac{p_0(b_j/a_i)}{p_{Y_3}(b_j)}$$

$$+ \beta \sum_{i=1}^{r} \sum_{j=1}^{s} p_2(a_i) p_0(b_j/a_i) \log \frac{p_0(b_j/a_i)}{p_{Y_3}(b_j)}$$

$$= \alpha \sum_{i=1}^{r} \sum_{j=1}^{s} p_1(a_i b_j) \log \frac{p_0(b_j/a_i)}{p_{Y_3}(b_j)} + \beta \sum_{i=1}^{r} \sum_{j=1}^{s} p_2(a_i b_j) \log \frac{p_0(b_j/a_i)}{p_{Y_3}(b_j)} \tag{2.2.5-6}$$

其中

$$\begin{cases} p_{Y_3}(b_j) = \sum_{i=1}^{r} [\alpha p_1(a_i) + \beta p_2(a_i)] p_0(b_j/a_i) \\[2mm] \qquad = \alpha \sum_{i=1}^{r} p_1(a_i) p_0(b_j/a_i) + \beta \sum_{i=1}^{r} p_2(a_i) p_0(b_j/a_i) \\[2mm] \qquad = \alpha \sum_{i=1}^{r} p_1(a_i b_j) + \beta \sum_{i=1}^{r} p_2(a_i b_j) \\[2mm] \qquad = \alpha p_{Y_1}(b_j) + \beta p_{Y_2}(b_j) \quad (i=1,2,\cdots,s) \\[2mm] \sum_{j=1}^{s} p_{Y_3}(b_j) = \alpha \sum_{j=1}^{s} p_{Y_1}(b_j) + \beta \sum_{j=1}^{s} p_{Y_2}(b_j) = \alpha + \beta = 1 \end{cases} \tag{2.2.5-7}$$

由此,得

$$\alpha I[p_1(a_i)] + \beta I[p_2(a_i)] - I[\alpha p_1(a_i) + \beta p_2(a_i)]$$

$$= \alpha \sum_{i=1}^{r} \sum_{j=1}^{s} p_1(a_i b_j) \log \frac{p_{Y_3}(b_j)}{p_{Y_1}(b_j)} + \beta \sum_{i=1}^{r} \sum_{j=1}^{s} p_2(a_i b_j) \log \frac{p_{Y_3}(b_j)}{p_{Y_2}(b_j)} \qquad (2.2.5-8)$$

考虑到"底"大于 1 的对数是 $\bigcap$ 形凸函数,由(1.3.1-23)式可知,其中,

$$\alpha \sum_{i=1}^{r} \sum_{j=1}^{s} p_1(a_i b_j) \log \frac{p_{Y_3}(b_j)}{p_{Y_1}(b_j)} \leqslant \alpha \log \left[\sum_{i=1}^{r} \sum_{j=1}^{s} p_1(a_i b_j) \frac{p_{Y_3}(b_j)}{p_{Y_1}(b_j)} \right]$$

$$= \alpha \log \left[\sum_{i=1}^{r} \sum_{j=1}^{s} p_{Y_1}(a_i/b_j) p_{Y_3}(b_j) \right] \qquad (2.2.5-9)$$

$$\beta \sum_{i=1}^{r} \sum_{j=1}^{s} p_2(a_i b_j) \log \frac{p_{Y_3}(b_j)}{p_{Y_2}(b_j)} \leqslant \beta \log \left[\sum_{i=1}^{r} \sum_{j=1}^{s} p_2(a_i b_j) \frac{p_{Y_3}(b_j)}{p_{Y_2}(b_j)} \right]$$

$$= \beta \log \left[\sum_{i=1}^{r} \sum_{j=1}^{s} p_{Y_2}(a_i/b_j) p_{Y_3}(b_j) \right] \qquad (2.2.5-10)$$

因为,有

$$\sum_{i=1}^{r} p_{Y_1}(a_i/b_j) = 1 \quad (j=1,2,\cdots,s) \qquad (2.2.5-11)$$

以及

$$\sum_{i=1}^{r} p_{Y_2}(a_i/b_j) = 1 \quad (j=1,2,\cdots,s) \qquad (2.2.5-12)$$

所以,(2.2.5-9)、(2.2.5-10)式可分别改写为

$$\alpha \sum_{i=1}^{r} \sum_{j=1}^{s} p_1(a_i b_j) \log \frac{p_{Y_3}(b_j)}{p_{Y_1}(b_j)} \leqslant \alpha \log \left[\sum_{j=1}^{s} p_{Y_3}(b_j) \sum_{i=1}^{r} p_{Y_1}(a_i/b_j) \right]$$

$$= \alpha \log 1 = 0 \qquad (2.2.5-13)$$

$$\beta \sum_{i=1}^{r} \sum_{j=1}^{s} p_2(a_i b_j) \log \frac{p_{Y_3}(b_j)}{p_{Y_2}(b_j)} \leqslant \beta \log \left[\sum_{j=1}^{s} p_{Y_3}(b_j) \sum_{i=1}^{r} p_{Y_2}(a_i/b_j) \right]$$

$$= \beta \log 1 = 0 \qquad (2.2.5-14)$$

最终,得

$$\alpha I[p_1(a_i)] + \beta I[p_2(a_i)] - I[\alpha p_1(a_i) + \beta p_2(a_i)] \leqslant 0 \qquad (2.2.5-15)$$

即证得

$$\alpha I[p_1(a_i)] + \beta I[p_2(a_i)] \leqslant I[\alpha p_1(a_i) + \beta p_2(a_i)] \qquad (2.2.5-16)$$

根据 $\bigcap$ 函数的定义,不等式(2.2.5-16)证明 $I[p(a_i)]_{p_0(b_j/a_i)}$ 是信源概率分布 $p(a_i)$ 的 $\bigcap$ 形凸函数.这样,定理 2.6 就得到了证明.

定理 2.6 称为平均互信息的"上凸性定理".它表明,对一个给定信道来说,平均互信息是信源概率分布的 $\bigcap$ 函数.平均互信息的上凸性,是"信道容量"的理论基础.

【例 2.13】 剖析二进制对称信道构成的二元通信系统平均互信息的"上凸性"和"下凸性".

解 设由信源空间为

$$[X \cdot P]: \begin{cases} X: & 0 & 1 \\ P(X): & \omega & 1-\omega \end{cases} \tag{1}$$

与信道矩阵为

$$[P] = \begin{array}{c} \\ 0 \\ \\ 1 \end{array} \begin{matrix} 0 & 1 \\ \begin{pmatrix} 1-p & p \\ \\ p & 1-p \end{pmatrix} \end{matrix} \tag{2}$$

的二进制对称信道(X-Y),组成如图 E2.13-1 所示的二元通信系统.

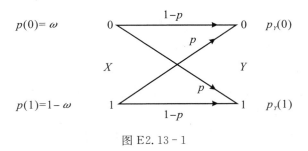

图 E2.13-1

(1) $I(X;Y) = I(\omega, p)$.

由 $[X \cdot P]$ 和 $[P]$ 得 Y 的概率分布

$$\begin{cases} p_Y(0) = p(0)p(0/0) + p(1)p(0/1) = \omega(1-p) + (1-\omega)p = \omega + p - 2\omega p \\ p_Y(1) = p(0)p(1/0) + p(1)p(1/1) = \omega p + (1-\omega)(1-p) = 1 - \omega - p + 2\omega p \end{cases} \tag{3}$$

由此,得 Y 的信息熵

$$\begin{aligned} H(Y) &= H[p_Y(0), p_Y(1)] \\ &= H[(\omega + p - 2\omega p), (1 - \omega - p + 2\omega p)] \end{aligned} \tag{4}$$

由 $[X \cdot P]$ 和 $[P]$,得

$$\begin{aligned} H(Y/X) &= -\sum_{i=1}^{2}\sum_{j=1}^{2} p(a_i)p(b_j/a_i)\log p(b_j/a_i) \\ &= \sum_{i=1}^{2} p(a_i)\Big[-\sum_{j=1}^{2} p(b_j/a_i)\log p(b_j/a_i)\Big] \\ &= \sum_{i=1}^{2} p(a_i)H(Y/X = a_i) \\ &= p(0)H(Y/X = 0) + p(1)H(Y/X = 1) \\ &= p(0)H(p) + p(1)H(p) = [p(0) + p(1)]H(p) \\ &= H(p) \end{aligned} \tag{5}$$

由(4)式、(5)式,得平均互信息

$$\begin{aligned} I(X;Y) &= H(Y) - H(Y/X) \\ &= H[(\omega + p - 2\omega p), (1 - \omega - p + 2\omega p)] - H(p) \\ &= I(\omega, p) \end{aligned} \tag{6}$$

这表明,平均互信息 $I(X;Y)$ 是信源 X 的概率分布 $\omega(1-\omega)$ 和信道 $(X\text{-}Y)$ 的传递概率 $p(1-p)$ 的函数 $I(\omega,p)$.

(2) $I(p)_{\omega_0}$.

令信源 X 的概率分布固定 $\omega=\omega_0$. 这时,平均互信息 $I(\omega p)$ 是信道传递概率 p 的函数

$$I(p)_{\omega_0} = H[(\omega_0 + p - 2\omega_0 p),(1-\omega_0 - p + 2\omega_0 p)] - H(p) \tag{7}$$

① $p=0$. 当 $p=0$ 时,有

$$I(p=0)_{\omega_0} = H(\omega_0, 1-\omega_0) - H(0,1)$$
$$= H(\omega_0) \tag{8}$$

② $p=1/2$. 当 $p=1/2$ 时,有

$$I(p=1/2)_{\omega_0} = H[(\omega_0 + 1/2 - \omega_0),(1-\omega_0 - 1/2 + \omega_0)] - H(1/2,1/2)$$
$$= H(1/2,1/2) - H(1/2,1/2) = 0 \tag{9}$$

③ $p=1$. 当 $p=1$ 时,有

$$I(p=1)_{\omega_0} = H[(\omega_0 + 1 - 2\omega_0),(1-\omega_0 - 1 + 2\omega_0)] - H(1,0)$$
$$= H(1-\omega_0, \omega_0) = H(\omega_0) \tag{10}$$

④ 查附录中的"二元熵函数表",得 $p \in [0,1]$ 的其他值的 $I(p)_{\omega_0}$.

$I(p)_{\omega_0}$ 函数曲线,如图 E2.13-2 所示,显然 $I(p)_{\omega_0}$ 是 p 的 $\cup$ 型凸函数.

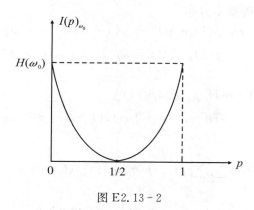

图 E2.13-2

(3) $I(\omega)_{p_0}$.

令信道 $(X\text{-}Y)$ 的传递概率固定 $p=p_0$,这时,平均互信息 $I(\omega,p)$ 是信源 X 概率分布 ω 的函数

$$I(\omega)_{p_0} = H[(\omega + p_0 - 2\omega p_0),(1-\omega - p_0 + 2\omega p_0)] - H(p_0)$$

① $\omega=0$. 当 $\omega=0$ 时,有

$$I(\omega)_{p_0} = H(p_0, 1-p_0) - H(p_0) = H(p_0) - H(p_0) = 0 \tag{11}$$

② $\omega=1/2$. 当 $\omega=1/2$ 时,有

$$I(\omega=1/2)_{p_0} = H(1/2,1/2) - H(p_0) = 1 - H(p_0) \tag{12}$$

③ $\omega=1$. 当 $\omega=1$ 时,有

$$I(\omega = 1)_{p_0} = H[(1 - p_0), p_0] - H(p_0) = H(p_0) - H(p_0) = 0 \qquad (13)$$

④ 查附录中的"二元熵函数表",得 $\omega \in [0,1]$ 的其他值的 $I(\omega)_{p_0}$.

$I(\omega)_{p_0}$ 函数曲线,如图 E2.13-3 所示.显然, $I(\omega)_{p_0}$ 是 ω 的 $\cap$ 形凸函数.

综上所述,从数学上来说,平均互信息 $I(X;Y) = I[p(a_i), p(b_j/a_i)]$ 的"上凸性"和"下凸性",是两个"对偶"问题.它们分别是"信道容量"和"信息率-失真函数"的理论基础.

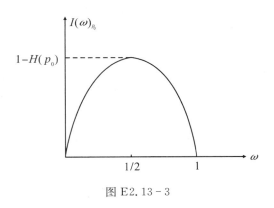

图 E2.13-3

2.3　信道容量和匹配信源

平均互信息的非负性告诉我们, $I(X;Y)$ 的最小值等于零,不可能出现负值.平均互信息的极值性告诉我们,对于信息熵为 $H(X)$ 的信源 X 来说,一般信道的平均互信息 $I(X;Y)$ 不会超过 $H(X)$,只有当信道为无噪信道时, $I(X;Y)$ 才能达到最大值 $H(X)$(或 $H(Y)$),从 Y 中获取关于 X 的全部信息量 $H(X)$(或从 X 中获取关于 Y 的全部信息量).那么,对于一个给定信道来说,它传递信息的最大能力如何估量?选择什么信源才能使平均互信息达到最大值?这是讨论信道问题时必须要讨论和解决的又一个重要问题.

2.3.1　信道容量的定义

现给定信道 $(X-Y)$,其传递概率为 $P(Y/X):\{p_0(b_j/a_i)(i=1,2,\cdots,r;j=1,2,\cdots,s)\}$.若将概率分布为 $P(X):\{p(a_i)(i=1,2,\cdots,r)\}$ 的信源 X 与信道 $(X-Y)$ 相接,则其平均互信息 $I(X;Y)$ 是 $p(a_i)$ 的函数

$$I(X;Y) = I[p(a_i)]_{p_0(b_j/a_i)} \qquad (2.3.1-1)$$

根据定理 2.6,函数 $I[p(a_i)]_{p_0(b_j/a_i)}$ 是 $p(a_i)$ 的 $\cap$ 形凸函数.根据定理 2.3 和定理 2.4,通信系统中通过信道的平均互信息 $I(X;Y)$ 不会超过信源 X 的信息熵(或 Y 的信息熵 $H(Y)$).这就是说,任何给定信道的平均互信息 $I[p(a_i)]_{p_0(b_j/a_i)}$ 都存在最大值 $H(X)$(或 $H(Y)$).那么,对给定信道来说,变动信源 X 的概率分布 $p(a_i)$,必定能找到函数 $I[p(a_i)]_{p_0(b_j/a_i)}$ 的极大值.这个极大值,就是 $I[p(a_i)]_{p_0(b_j/a_i)}$ 的最大值

$$C = \max_{P(X)}\{I(X;Y)\} = \max_{p(a_i)}\{I[p(a_i)]_{p_0(b_j/a_i)}\}$$

$$= I[p_m(a_i)]_{p_0(b_j/a_i)} = C\{p_0(b_j/a_i)\} \qquad (2.3.1-2)$$

我们把最大值 $C\{p_0(b_j/a_i)\}$ 称为这个给定信道 $(X-Y)$ 的"信道容量",而把达到信道容量 C 的信源 $X(P(X):\{p_m(a_i)(i=1,2,\cdots,r)\})$ 称为这个信道 $(X-Y)$ 的"匹配信源".

在这里必须强调指出,给定信道的信道容量 C 是该信道传递概率 $p_0(b_j/a_i)$ 的函数 $C\{p_0(b_j/a_i)\}$,是信道 $(X-Y)$ 自身的特征参量. 这个信道的自身的特征参量 C,只有当信源 X 是其"匹配信源"才能达到. "信道容量"C 好比是短跑运动员创造的世界纪录;"匹配信源"好比是短跑运动员创造世界纪录所必需的运动场所、气候条件、观众激励氛围等匹配环境. 短跑运动员的世界纪录只有在匹配的环境中才能达到. 世界纪录本身就是运动员自身的特征参量.

【**例 2.14**】 设图 E2.14 - 1 所示信道 $(X-Y)$ 的输入符号概率分布

$$P\{X=0\} = p_X(0) = \alpha \qquad (0 < \alpha < 1)$$

信道每单位时间(秒)通过 10^4 个符号. 试计算信道的最大信息传输率 C_t(比特/秒).

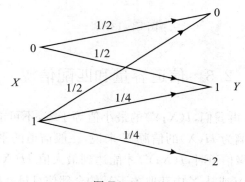

图 E2.14 - 1

解 由图 E2.14 - 1 所示,信道 $(X-Y)$ 的信道矩阵

$$[P] = \begin{array}{c} 0 \\ 1 \end{array} \begin{bmatrix} 1/2 & 1/2 & 0 \\ 1/2 & 1/4 & 1/4 \end{bmatrix} \qquad (1)$$

二元信源 $X:\{0,1\}$ 的概率分布

$$\begin{cases} P\{X=0\} = p(0) = \alpha \\ P\{X=1\} = p(1) = 1-\alpha \end{cases} \qquad (2)$$

由(1)式、(2)式可知,平均互信息 $I(X;Y)$ 是参量 α 的函数 $I(\alpha)$.

1. Y 的信息熵 $H(Y)$

由(1)式、(2)式得 Y 的概率分布

$$
\begin{cases}
P\{Y=0\} = p_Y(0) = p(0)p(0/0) + p(1)p(0/1) \\
\qquad = \alpha \cdot 1/2 + (1-\alpha) \cdot 1/2 = 1/2 \\
P\{Y=1\} = p_Y(1) = p(0)p(1/0) + p(1)p(1/1) \\
\qquad = \alpha \cdot 1/2 + (1-\alpha) \cdot 1/4 = (1+\alpha)/4 \\
P\{Y=2\} = p_Y(2) = \alpha \cdot 0 + (1-\alpha) \cdot 1/4 = (1-\alpha)/4
\end{cases}
\tag{3}
$$

由(3)式,得

$$
H(Y) = H[1/2, (1+\alpha)/4, (1-\alpha)/4] \tag{4}
$$

根据熵函数的递推性,由(1.2.5-11)式,进而得

$$
\begin{aligned}
H(Y) &= H(1/2, 1/2) + \frac{1}{2}H\left[\frac{1+\alpha}{2}, \frac{1-\alpha}{2}\right] \\
&= \frac{3}{2} - \frac{1+\alpha}{4}\log(1+\alpha) - \frac{1-\alpha}{4}\log(1-\alpha)
\end{aligned}
\tag{5}
$$

2. 噪声熵 $H(Y/X)$

由(1)式、(2)式,得

$$
\begin{aligned}
H(Y/X) &= -\sum_X \sum_Y p(x)p(y/x)\log p(y/x) \\
&= \sum_X p(x)\left[-\sum_Y p(y/x)\log p(y/x)\right] \\
&= \sum_X p(x)H(Y/X=x) \\
&= p(0)H(Y/X=0) + p(1)H(Y/X=1) \\
&= \alpha H(1/2, 1/2, 0) + (1-\alpha)H(1/2, 1/4, 1/4) \\
&= 3/2 - \alpha/2
\end{aligned}
\tag{6}
$$

3. 信道容量 C

由(5)式、(6)式,得信道$(X-Y)$的平均互信息

$$
\begin{aligned}
I(\alpha) &= H(Y) - H(Y/X) \\
&= \frac{\alpha}{2} - \frac{1+\alpha}{4}\log(1+\alpha) - \frac{1-\alpha}{4}\log(1-\alpha)
\end{aligned}
\tag{7}
$$

令 $\dfrac{\mathrm{d}}{\mathrm{d}\alpha}I(\alpha)=0$,即有

$$
\begin{aligned}
\frac{\mathrm{d}}{\mathrm{d}\alpha}I(\alpha) &= \frac{\mathrm{d}}{\mathrm{d}\alpha}\left[\frac{\alpha}{2} - \frac{1+\alpha}{4}\log(1+\alpha) - \frac{1-\alpha}{4}\log(1-\alpha)\right] \\
&= \frac{1}{2} - \frac{\mathrm{d}}{\mathrm{d}\alpha}\left[\frac{1+\alpha}{4} \cdot \frac{\ln(1+\alpha)}{\ln 2} + \frac{1-\alpha}{4} \cdot \frac{\ln(1-\alpha)}{\ln 2}\right] \\
&= \frac{1}{2} - \frac{1}{\ln 2} \cdot \frac{\mathrm{d}}{\mathrm{d}\alpha}\left[\frac{1+\alpha}{4}\ln(1+\alpha)\right] - \frac{1}{\ln 2}\frac{\mathrm{d}}{\mathrm{d}\alpha}\left[\frac{1-\alpha}{4}\ln(1-\alpha)\right] \\
&= \frac{1}{2} - \frac{1}{4}\log(1+\alpha) + \frac{1}{4}\log(1-\alpha) = 0
\end{aligned}
\tag{8}
$$

考虑到平均互信息 $I(\alpha)$ 是 α 的$\bigcap$形凸函数,稳定方程(8)解得使 $I(\alpha)$ 达最大值的 α_0,即

$$
\begin{cases}
\alpha_0 = p_0(0) = 3/5 \\
1-\alpha_0 = 1 - p_0(0) = p(1) = 2/5
\end{cases}
\tag{9}
$$

把(9)式所示"匹配信源"$X:\{0,1\}$的概率分布$p_0(0)$和$p_0(1)$,代入(7)式所示的平均互信息$I(\alpha)$,得信道容量

$$C = I(\alpha_0) = \frac{\alpha_0}{2} - \frac{1+\alpha_0}{4}\log(1+\alpha_0) - \frac{1-\alpha_0}{4}\log(1-\alpha_0)$$

$$= \frac{3}{10} - \frac{8}{20}\log\frac{8}{5} - \frac{2}{20}\log\frac{2}{5} = 0.19 \quad (\text{比特／符号}) \tag{10}$$

4. 最大信息传输率 C_t

由(10)式所得信道容量C(比特/符号)和信道的最大信息传输速率$r=10^4$(符号/秒),得图E2.14-1所示信道($X-Y$)的最大信息传输速率

$$C_t = C(\text{比特／符号}) \cdot r(\text{符号／秒})$$

$$= 0.19 \times 10^4 = 1.9 \times 10^3 \quad (\text{比特／秒}) \tag{11}$$

【例2.15】 采用"图解法"求解图E2.15-1所示的二进制对称信道($X-Y$)的信道容量C.

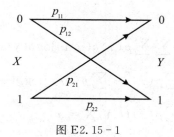

图 E2.15-1

解 (1) 由图E2.15-1,得信道($X-Y$)的信道矩阵

$$\begin{array}{cc} & \begin{array}{cc} 0 & \quad\quad 1 \end{array} \\ [P] = \begin{array}{c} 0 \\ 1 \end{array} & \begin{bmatrix} p_{11} & p_{12} \\ p_{21} & p_{22} \end{bmatrix} \end{array} \tag{1}$$

令

$$H_1 = H(p_{11}, p_{12}); \quad H_2 = H(p_{21}, p_{22}) \tag{2}$$

且设

$$H_1 > H_2 \tag{3}$$

再令

$$\begin{cases} P\{X=0\} = p(0) = \alpha; \quad P\{X=1\} = p(1) = 1-\alpha \quad (0 < \alpha < 1) \\ P\{Y=0\} = p_Y(0) = \beta; \quad P\{Y=1\} = p_Y(1) = 1-\beta \end{cases} \tag{4}$$

由(2)式、(3)式、(4)式,得由$p_Y(0) = \beta$表示的信道($X-Y$)的平均互信息

$$I(X;Y) = I(\beta) = H(Y) - H(Y/X)$$

$$= H(\beta) - \left[-\sum_X \sum_Y p(x)p(y/x)\log p(y/x)\right]$$

$$= H(\beta) - \left\{\sum_X p(x)\left[-\sum_Y p(y/x)\log p(y/x)\right]\right\}$$

$$= H(\beta) - \sum_X p(x)H(Y/X=x)$$

$$= H(\beta) - [p(0)H(Y/X = 0) + p(1)H(Y/X = 1)]$$
$$= H(\beta) - [\alpha H(p_{11}, p_{12}) + (1-\alpha)H(p_{21}, p_{22})]$$
$$= H(\beta) - [\alpha H_1 + (1-\alpha)H_2] = H(\beta) - H_2 - \alpha(H_1 - H_2) \qquad (5)$$

由(1)式所示信道$(X - Y)$的信道矩阵$[P]$和(4)式,得 X 的概率分布 α 与 Y 的概率分布 β 之间的关系

$$\beta = \alpha p_{11} + (1-\alpha)p_{21} = p_{21} + \alpha(p_{11} - p_{21}) \qquad (6)$$

即

$$\alpha = \frac{\beta - p_{21}}{p_{11} - p_{21}} \qquad (7)$$

因为 $\alpha = p(0)$,所以一定有 $0 \leqslant \alpha \leqslant 1$. 则(7)式所示的 β 一定在 p_{11} 和 p_{21} 之间,即 $\beta \in [p_{21}, p_{11}]$.

(2) 由附录中的"二元熵函数表",得二元熵函数 $H(p)$ 曲线(如图 E2.15-2 所示)

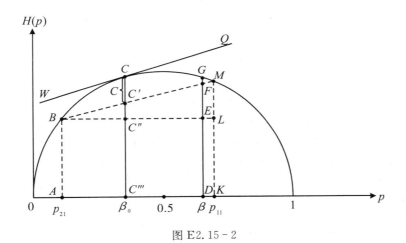

图 E2.15-2

① 取 $p = p_{11}$,得横轴上的 K 点. 线段 $\overline{MK}$ 的长度表示 $H(p_{11}, p_{12}) = H_1$;取 $p = p_{21}$,得横轴上 A 点. 线段 $\overline{BA}$ 的长度表示 $H(p_{21}, p_{22}) = H_2$.

② 设 $p_{11} > p_{21}$. 在 $[p_{21}, p_{11}]$ 中,设某点 β,得 D 点. 线段 $\overline{GD}$ 的长度表示 $H(\beta) = H(Y)$.

③ 由此,有

$$\begin{cases} \overline{ML} = H_1 - H_2 & (8) \\ \overline{BE} = \beta - p_{21} & (9) \\ \overline{BL} = p_{11} - p_{21} & (10) \end{cases}$$

④ 进而,由(7)式、(9)式、(10)式,有

$$\alpha = \frac{\beta - p_{21}}{p_{11} - p_{21}} = \frac{\overline{AD}}{\overline{AK}} = \frac{\overline{BE}}{\overline{BL}} = \frac{\overline{EF}}{\overline{ML}} \qquad (11)$$

即有

$$\overline{EF} = \alpha \cdot \overline{ML} = \alpha \cdot (H_1 - H_2) \qquad (12)$$

⑤ 这样,就有

$$\overline{GF} = \overline{GD} - \overline{EF} - \overline{ED}$$

$$= H(\beta) - \alpha(H_1 - H_2) - H_2 \tag{13}$$

由(5)式和(13)式可知,线段$\overline{GF}$的长度表示图 E2.15-2 所示二进制信道$(X$-$Y)$的平均互信息 $I(\beta)$.

(3) 作线段$\overline{BM}$的平行线$\overline{WQ}$,与曲线 $H(p)$ 相切,其切点为 C. C 点的横坐标为 β_0. 从几何上讲,线段$\overline{CC'}$是线段$\overline{GF}$的最大值.

由此,有

$$\begin{cases} \overline{ML} = H_1 - H_2 & (14) \\ \overline{BC''} = \beta_0 - p_{21} & (15) \\ \overline{BL} = p_{11} - p_{21} & (16) \end{cases}$$

由(7)式、(15)式、(16)式,得与 β_0 相应的

$$\alpha_0 = \frac{\beta_0 - p_{21}}{p_{11} - p_{21}} = \frac{\overline{AC'''}}{\overline{AK}} = \frac{\overline{BC''}}{\overline{BL}} = \frac{\overline{C'C''}}{\overline{ML}} \tag{17}$$

即得

$$\overline{C'C''} = \alpha_0 \cdot \overline{ML} = \alpha_0 \cdot (H_1 - H_2) \tag{18}$$

进而得

$$\overline{CC'} = \overline{CC'''} - \overline{C'C'''} - \overline{C'C''} = H(\beta_0) - H_2 - \alpha_0(H_1 - H_2) \tag{19}$$

由(5)式可知,(19)式所示线段$\overline{CC'}$长度,表示 $\beta = \beta_0$ 时的平均互信息 $I(\beta_0)$. 因为线段$\overline{CC'}$是线段$\overline{GF}$的最大值,所以$\overline{CC'}$的长度就是图 E2.15-2 所示的二进制信道$(X$-$Y)$的信道容量 C. β_0 就是达到信道容量 C 时,输出随机变量 Y 的概率分布 $p_Y(0) = \beta_0 (p_Y(1) = 1 - \beta_0)$. 由(17)式所示线段$\overline{CC'}$与$\overline{ML}$的长度的比值 α_0. 就是其匹配信源 $X:\{0,1\}$ 的概率分布 $p(0) = \alpha_0 (p(1) = 1 - \alpha_0)$.

当 $H_1 < H_2$ 和 $H_1 = H_2$ 时,可用类似方法,求得二进制信道$(X$-$Y)$的信道容量 C 及其匹配信源 $X:\{0,1\}$ 的概率分布 $p(0)$ 和 $p(1)$.

"图解法"是求解二进制信道的信道容量的方法之一. 它可以加深对信道容量的定义以及与信道中各类熵之间关系的内涵理解.

2.3.2 信道容量的一般算法

任何信源 X 的概率分布 $P(X):\{p(a_i)(i=1,2,\cdots,r)\}$ 都必须遵守约束条件

$$\sum_{i=1}^{r} p(a_i) = 1 \tag{2.3.2-1}$$

从数学上来说,信道容量 C 是平均互信息 $I[p(a_i)]_{p_0(b_i/a_i)}$ 在约束条件$(2.3.2-1)$下,对信源概率分布 $p(a_i)(i=1,2,\cdots,r)$ 取得的条件极大值.

为此,作辅助函数

$$F\{p(a_1),p(a_2),\cdots,p(a_r);\lambda\} = I[p(a_i)] - \lambda\left[\sum_{i=1}^{r} p(a_i) - 1\right] \tag{2.3.2-2}$$

其中,λ 为待定常数.

求辅助函数 $F\{p(a_1),p(a_2),\cdots,p(a_r)\}$ 对 $p(a_i)(i=1,2,\cdots,r)$ 偏导,并置之为零,得 r 个

稳定点方程,与约束条件(2.3.2-1)联立,得方程组

$$
\begin{cases}
\dfrac{\partial F}{\partial p(a_i)} = \dfrac{\partial}{\partial p(a_i)} \left\{ I[p(a_i)] - \lambda \left[\sum_{i=1}^{r} p(a_i) - 1 \right] \right\} = 0 \\
\sum_{i=1}^{r} p(a_i) = 1
\end{cases}
\tag{2.3.2-3}
$$

求解方程组(2.3.2-3)的关键,在于求得 r 个稳定点方程的具体表达式.

1. 稳定点方程的具体表达式

以图 2.3-1 所示的二进制信道(X-Y)为例,导出方程(2.3.2-3)式中

$$
\frac{\partial}{\partial p(a_i)} \{ I[p(a_i)] \} \quad (i = 1, 2)
$$

的具体表达式. 然后,由此类推,导出一般信道(X-Y)的

$$
\frac{\partial}{\partial p(a_i)} \{ I[p(a_i)] \} \quad (i = 1, 2, \cdots, r)
$$

的一般表达式.

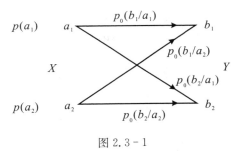

图 2.3-1

在图 2.3-1 所示的二进制信道(X-Y)中,有

$$
I(X;Y) = I[p(a_i)]_{p_0(b_j/a_i)} = \sum_{i=1}^{2} \sum_{j=1}^{2} p(a_i) p_0(b_j/a_i) \ln \frac{p_0(b_j/a_i)}{\sum_{i=1}^{2} p(a_i) p_0(b_j/a_i)}
$$

$$
= p(a_1) p_0(b_1/a_1) \ln \frac{p_0(b_1/a_1)}{p(a_1) p_0(b_1/a_1) + p(a_2) p_0(b_1/a_2)}
$$

$$
+ p(a_1) p_0(b_2/a_1) \ln \frac{p_0(b_2/a_1)}{p(a_1) p_0(b_2/a_1) + p(a_2) p_0(b_2/a_2)}
$$

$$
+ p(a_2) p_0(b_1/a_2) \ln \frac{p_0(b_1/a_2)}{p(a_1) p_0(b_1/a_1) + p(a_2) p_0(b_1/a_2)}
$$

$$
+ p(a_2) p_0(b_2/a_2) \ln \frac{p_0(b_2/a_2)}{p(a_1) p_0(b_2/a_1) + p(a_2) p_0(b_2/a_2)}
$$

$$
= p(a_1) p_0(b_1/a_1) \ln p_0(b_1/a_1) - p(a_1) p_0(b_1/a_1) \ln[p(a_1) p_0(b_1/a_1) + p(a_2) p_0(b_1/a_2)]
$$

$$
+ p(a_1) p_0(b_2/a_1) \ln p_0(b_2/a_1) - p(a_1) p_0(b_2/a_1) \ln[p(a_1) p_0(b_2/a_1) + p(a_2) p_0(b_2/a_2)]
$$

$$
+ p(a_2) p_0(b_1/a_2) \ln p_0(b_1/a_2) - p(a_2) p_0(b_1/a_2) \ln[p(a_1) p_0(b_1/a_1) + p(a_2) p_0(b_1/a_2)]
$$

$$+ p(a_2)p_0(b_2/a_2)\ln p_0(b_2/a_2) - p(a_2)p_0(b_2/a_2)\ln[p(a_1)p_0(b_2/a_1) + p(a_2)p_0(b_2/a_2)]$$

$$(2.3.2-4)$$

则有

$$\frac{\partial I[p(a_i)]}{\partial p(a_1)} = \left\{ p_0(b_1/a_1)\ln p_0(b_1/a_1) - p_0(b_1/a_1)\ln[p(a_1)p_0(b_1/a_1) + p(a_2)p_0(b_1/a_2)] \right.$$

$$\left. - p(a_1)p_0(b_1/a_1) \cdot \frac{p_0(b_1/a_1)}{p(a_1)p_0(b_1/a_1) + p(a_2)p_0(b_1/a_2)} \right\}$$

$$+ \left\{ p_0(b_2/a_1)\ln p_0(b_2/a_1) - p_0(b_2/a_1)\ln[p(a_1)p_0(b_2/a_1) + p(a_2)p_0(b_2/a_2)] \right.$$

$$\left. - p(a_1)p_0(b_2/a_1) \cdot \frac{p_0(b_2/a_1)}{p(a_1)p_0(b_2/a_1) + p(a_2)p_0(b_2/a_2)} \right\}$$

$$+ \left\{ - p(a_2)p_0(b_1/a_2) \cdot \frac{p_0(b_1/a_1)}{p(a_1)p_0(b_1/a_1) + p(a_2)p_0(b_1/a_2)} \right\}$$

$$+ \left\{ - p(a_2)p_0(b_2/a_2) \cdot \frac{p_0(b_2/a_1)}{p(a_1)p_0(b_2/a_1) + p(a_2)p_0(b_2/a_2)} \right\}$$

$$= p_0(b_1/a_1)\ln \frac{p_0(b_1/a_1)}{p(a_1)p_0(b_1/a_1) + p(a_2)p_0(b_1/a_2)}$$

$$+ p_0(b_2/a_1)\ln \frac{p_0(b_2/a_1)}{p(a_1)p_0(b_2/a_1) + p(a_2)p_0(b_2/a_2)}$$

$$- [p(a_1)p_0(b_1/a_1) + p(a_2)p_0(b_1/a_2)] \cdot \frac{p_0(b_1/a_1)}{p(a_1)p_0(b_1/a_1) + p(a_2)p_0(b_1/a_2)}$$

$$- [p(a_1)p_0(b_2/a_1) + p(a_2)p_0(b_2/a_2)] \cdot \frac{p_0(b_2/a_1)}{p(a_1)p_0(b_2/a_1) + p(a_2)p_0(b_2/a_2)}$$

$$= \sum_{j=1}^{2} p_0(b_j/a_1)\ln \frac{p_0(b_j/a_1)}{p_Y(b_j)} - \sum_{j=1}^{2} \left[\sum_{k=1}^{2} p(a_k)p_0(b_j/a_k) \right] \frac{p_0(b_j/a_1)}{p_Y(b_j)}$$

$$= \sum_{j=1}^{2} p_0(b_j/a_1)\ln \frac{p_0(b_j/a_1)}{p_Y(b_j)} - 1$$

$$(2.3.2-5)$$

类似地，可得

$$\frac{\partial I[p(a_i)]}{\partial p(a_2)} = \sum_{j=1}^{2} p_0(b_j/a_2)\ln \frac{p_0(b_j/a_2)}{p_Y(b_j)} - 1 \qquad (2.3.2-6)$$

由(2.3.2-5)式和(2.3.2-6)式，导出一般表达式

$$\frac{\partial I[p(a_i)]}{\partial p(a_i)} = \sum_{j=1}^{2} p_0(b_j/a_i)\ln \frac{p_0(b_j/a_i)}{p_Y(b_j)} - 1 \quad (i=1,2) \qquad (2.3.2-7)$$

由(2.3.2-7)式，传递概率为 $p_0(b_j/a_i)(i=1,2,\cdots,r;j=1,2,\cdots,s)$ 的一般信道 $(X-Y)$ 的 r 个稳定点方程组(2.3.2-3)，可改写为

$$\begin{cases} \sum_{j=1}^{s} p_0(b_j/a_i) \ln \dfrac{p_0(b_j/a_i)}{p_Y(b_j)} - 1 - \lambda = 0 \quad (i=1,2,\cdots,r) \\ \sum_{i=1}^{r} p(a_i) = 1 \end{cases} \tag{2.3.2-8}$$

即

$$\begin{cases} \sum_{j=1}^{s} p_0(b_j/a_i) \ln \dfrac{p_0(b_j/a_i)}{p_Y(b_j)} = \lambda + 1 \quad (i=1,2,\cdots,r) \\ \sum_{i=1}^{r} p(a_i) = 1 \end{cases} \tag{2.3.2-9}$$

2. 设定并求解参数 $\beta_j (j=1,2,\cdots,s)$

令待求匹配信源 X 的概率分布

$$P(X)_m = \{ p_m(a_1), p_m(a_2), \cdots, p_m(a_r) \} \tag{2.3.2-10}$$

并将其乘方程 $(2.3.2-9)r$ 个稳定点方程两边,并对 $i=1,2,\cdots,r$ 求和,得

$$\sum_{i=1}^{r} \sum_{j=1}^{s} p_m(a_i) p_0(b_j/a_i) \ln \frac{p_0(b_j/a_i)}{p_Y(b_j)} = \sum_{i=1}^{r} p_m(a_i)(\lambda + 1) \tag{2.3.2-11}$$

等式左边,就是信道容量 C,则得

$$C = \lambda + 1 \tag{2.3.2-12}$$

由此,方程组 $(2.3.2-9)$ 可改写为

$$\sum_{j=1}^{s} p_0(b_j/a_i) \ln \frac{p_0(b_j/a_i)}{p_Y(b_j)} = C \quad (i=1,2,\cdots,r) \tag{2.3.2-13}$$

即有

$$\sum_{j=1}^{s} p_0(b_j/a_i) \ln p_0(b_j/a_i) - \sum_{j=1}^{s} p_0(b_j/a_i) \ln p_Y(b_j) = C \tag{2.3.2-14}$$

$$\sum_{j=1}^{s} p_0(b_j/a_i) \ln p_0(b_j/a_i) - \sum_{j=1}^{s} p_0(b_j/a_i) \ln p_Y(b_j) = \sum_{j=1}^{s} p_0(b_j/a_i) C \tag{2.3.2-15}$$

则有

$$\sum_{j=1}^{s} p_0(b_j/a_i) \ln p_0(b_j/a_i) = \sum_{j=1}^{s} p_0(b_j/a_i) [C + \ln p_Y(b_j)] \quad (i=1,2,\cdots,r) \tag{2.3.2-16}$$

现令

$$C + \ln p_Y(b_j) = \beta_j \quad (j=1,2,\cdots,s) \tag{2.3.2-17}$$

则有

$$\sum_{j=1}^{s} p_0(b_j/a_i) \ln p_0(b_j/a_i) = \sum_{j=1}^{s} p_0(b_j/a_i) \beta_j \quad (i=1,2,\cdots,r) \tag{2.3.2-18}$$

这是含有 s 个未知数 $\beta_j (j=1,2,\cdots,s)$ 和 r 个方程的非齐次线性方程组. 当 $r=s$ 时,信道 $(X$-$Y)$ 的信道矩阵 $[P]$ 是非奇异矩阵,即可解得 $\beta_j (j=1,2,\cdots,s)$.

3. 求解信道容量 C

由(2.3.2-17)式,有

$$p_Y(b_j) = e^{(\beta_j - C)} \quad (j = 1, 2, \cdots, s) \tag{2.3.2-19}$$

则有

$$\sum_{j=1}^{s} p_Y(b_j) = \sum_{j=1}^{s} e^{(\beta_j - C)} = 1 \tag{2.3.2-20}$$

由(2.3.2-18)式解得的 $\beta_j (j=1,2,\cdots,s)$ 和(2.3.2-20)式,有

$$e^{(\beta_j - C)} + e^{(\beta_2 - C)} + \cdots + e^{(\beta_s - C)} = 1$$

$$\frac{e^{\beta_1}}{e^C} + \frac{e^{\beta_2}}{e^C} + \cdots + \frac{e^{\beta_s}}{e^C} = 1$$

$$\frac{e^{\beta_1} + e^{\beta_2} + \cdots + e^{\beta_s}}{e^C} = 1$$

$$\frac{\sum_{j=1}^{s} e^{\beta_j}}{e^C} = 1$$

$$e^C = \sum_{j=1}^{s} e^{\beta_j} \tag{2.3.2-21}$$

即解得信道容量

$$C = \ln\left(\sum_{j=1}^{\beta} e^{\beta_j}\right) \tag{2.3.2-22}$$

4. 求解 $p_Y(b_j)$ 和匹配信源概率分布 $p_m(a_i)$

由(2.3.2-22)式解得的信道容量 C 和(2.3.2-18)式解得的参数 $\beta_j (j=1,2,\cdots,s)$,代入(2.3.2-19)式,解得 Y 的概率分布

$$p_Y(b_j) = e^{(\beta_j - C)} \quad (j = 1, 2, \cdots, s)$$

根据

$$p_Y(b_j) = \sum_{i=1}^{r} p_m(a_i) p_0(b_j/a_i) \quad (j = 1, 2, \cdots, s) \tag{2.3.2-23}$$

最后求得匹配信源 X 的概率分布

$$P(X)_m = \{p_m(a_1), p_m(a_2), \cdots, p_m(a_r)\} \tag{2.3.2-24}$$

这里必须指出,上述方法中未加入 $p_m(a_i) \geqslant 0 (i=1,2,\cdots,r)$ 的约束条件,解得的 $p_m(a_i)(i=1,2,\cdots,r)$ 不一定都满足 $p_m(a_i) \geqslant 0 (i=1,2,\cdots,r)$ 的条件,必须对其解逐一检查. 如解得的 $p_m(a_i) \geqslant 0 (i=1,2,\cdots,r)$,则上述解是正确的. 如有某 $p_m(a_k) < 0$,则上述解无效. 它表明,所求极大值 C 出现的区域不满足概率的条件. 这时,最大值必在边界上,即某些 a_k 的概率 $p_m(a_k)=0$,因此,必须设某些符号 a_k 的概率 $p_m(a_k)=0$,然后重新进行运算. 当 $r < s$ 时,求解(2.3.2-9)式非齐次线性方程比较困难. 即使求出其解,也无法保证求得的信源符号概率大于或等于零. 因此,必须反复运算. 这就使运算变得非常复杂.

【例 2.16】 在图 E2.16-1 所示的二进制信道 $(X-Y)$ 中,$0 < \varepsilon < 1, 0 < \delta < 1$.

(1) 试求信道 $(X-Y)$ 的信道容量 C 及其匹配信源 X 的概率分布;

(2) 若 $\varepsilon = \delta$,试求信道 $(X-Y)$ 的信道容量 C 及其匹配信源 X 的概率分布;

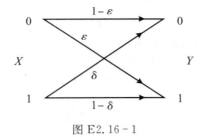

图 E2.16 - 1

(3) 若 $\varepsilon=0$,试求信道 $(X\text{-}Y)$ 的信道容量 C 及其匹配信源 X 的概率分布;

(4) 若 $\delta=0$,试求信道 $(X\text{-}Y)$ 的信道容量 C 及其匹配信源 X 的概率分布.

解

(A) $\varepsilon \neq \delta$.

由图 E2.16 - 1,得信道 $(X\text{-}Y)$ 的信道矩阵

$$[P] = \begin{array}{c} 0 \\ 1 \end{array} \begin{matrix} 0 & \quad 1 \\ \begin{bmatrix} 1-\varepsilon & \varepsilon \\ \delta & 1-\delta \end{bmatrix} \end{matrix}$$

用一般算法求解信道 $(X\text{-}Y)$ 的信道容量 C.

(1) 由 (2.3.2 - 18) 式,求解 β_1, β_2.

由 (2.3.2 - 18) 式,有

$$\begin{cases} (1-\varepsilon)\beta_1+\varepsilon\beta_2=(1-\varepsilon)\log(1-\varepsilon)+\varepsilon\log\varepsilon & (2) \\ \delta\beta_1+(1-\delta)\beta_2=\delta\log\delta+(1-\delta)\log(1-\delta) & (3) \end{cases}$$

则有

$$\begin{cases} (1-\varepsilon)\beta_1+\varepsilon\beta_2=-H(\varepsilon) & (4) \\ \delta\beta_1+(1-\delta)\beta_2=-H(\delta) & (5) \end{cases}$$

由 (4) 式,有

$$\beta_1 = \frac{-H(\varepsilon)-\varepsilon\beta_2}{1-\varepsilon} \tag{6}$$

把 (6) 式代入 (5) 式,得

$$\delta \cdot \frac{-H(\varepsilon)-\varepsilon\beta_2}{1-\varepsilon} + (1-\delta)\beta_2 = -H(\delta) \tag{7}$$

由 (7) 式,得

$$\frac{-\delta H(\varepsilon)}{1-\varepsilon} - \frac{\varepsilon \cdot \delta \cdot \beta_2}{1-\varepsilon} + (1-\delta)\beta_2 = -H(\delta) \tag{8}$$

进而,解得

$$\beta_2 = \frac{\delta H(\varepsilon)+\varepsilon H(\delta)-H(\delta)}{1-\varepsilon-\delta} \tag{9}$$

再把 (9) 式代入 (6) 式,解得

$$\beta_1 = \frac{-H(\varepsilon) - \varepsilon \cdot \dfrac{\delta H(\varepsilon) + \varepsilon H(\delta) - H(\delta)}{1 - \varepsilon - \delta}}{1 - \varepsilon} \tag{10}$$

$$= \frac{\varepsilon H(\delta) + \delta H(\varepsilon) - H(\varepsilon)}{1 - \varepsilon - \delta}$$

由(9)式、(10)式,得

$$\begin{cases} \beta_1 = \dfrac{\varepsilon H(\delta) + \delta H(\varepsilon) - H(\varepsilon)}{1 - \varepsilon - \delta} & (11) \\[3mm] \beta_2 = \dfrac{\delta H(\varepsilon) + \varepsilon H(\delta) - H(\delta)}{1 - \varepsilon - \delta} & (12) \end{cases}$$

(2) 由(2.3.2-22)式,求解信道容量.

由(2.3.2-22)式,有

$$\begin{aligned} C_A &= \log(2^{\beta_1} + 2^{\beta_2}) \\ &= \log\Big[2^{\frac{\delta H(\delta) + \delta H(\varepsilon) - H(\varepsilon)}{1 - \varepsilon - \delta}} + 2^{\frac{\delta H(\varepsilon) + \varepsilon H(\delta) - H(\delta)}{1 - \varepsilon - \delta}} \Big] \\ &= \log\Big\{ 2^{\frac{\varepsilon H(\delta) + \delta H(\varepsilon)}{1 - \varepsilon - \delta}} \cdot \Big[2^{-\frac{H(\varepsilon)}{1 - \varepsilon - \delta}} + 2^{-\frac{H(\delta)}{1 - \varepsilon - \delta}} \Big] \Big\} \\ &= \log\Big[2^{\frac{\varepsilon H(\delta) + \delta H(\varepsilon)}{1 - \varepsilon - \delta}} \Big] + \log\Big[2^{-\frac{H(\varepsilon)}{1 - \varepsilon - \delta}} + 2^{-\frac{H(\delta)}{1 - \varepsilon - \delta}} \Big] \\ &= \frac{\varepsilon H(\delta) + \delta H(\varepsilon)}{1 - \varepsilon - \delta} + \log\Big[2^{-\frac{H(\varepsilon)}{1 - \varepsilon - \delta}} + 2^{-\frac{H(\delta)}{1 - \varepsilon - \delta}} \Big] \end{aligned} \tag{13}$$

(3) 由(2.3.2-19)式,求解输出随机变量 Y 的概率分布 $p_Y(b_j)$ $(j=1,2)$.

由(2.3.2-19)式,有

$$\begin{cases} p_Y(b_1) = 2^{(\beta_1 - C)} & (14) \\ p_Y(b_2) = 2^{(\beta_2 - C)} & (15) \end{cases}$$

(4) 由(2.3.2-23)式,求解匹配信源 $X = \{0,1\}$ 的概率分布 $p_m(0)$, $p_m(1)$.

由(2.3.2-23)式,有

$$\begin{cases} p_Y(b_1) = p_m(a_1)p(b_1/a_1) + p_m(a_2)p(b_1/a_2) \\ \qquad = p_m(a_1)(1 - \varepsilon) + p_m(a_2)\delta \\ p_Y(b_2) = p_m(a_1)p(b_2/a_1) + p_m(a_2)p(b_2/a_2) \\ \qquad = p_m(a_1)\varepsilon + p_m(a_2)(1 - \delta) \end{cases} \tag{16}$$

由(14)式、(15)式,进而有

$$\begin{cases} p_m(a_1)(1 - \varepsilon) + p_m(a_2)\delta = 2^{(\beta_1 - C)} = p_Y(b_1) & (18) \\ p_m(a_1)\varepsilon + p_m(a_2)(1 - \delta) = 2^{(\beta_2 - C)} = p_Y(b_2) & (19) \end{cases}$$

把(18)式、(19)式相加,进而得

$$p_m(a_1) + p_m(a_2) = 2^{(\beta_1 - C)} + 2^{(\beta_2 - C)} \tag{20}$$

则有

$$p_m(a_1) = 2^{(\beta_1 - C)} + 2^{(\beta_2 - C)} - p_m(a_2) \tag{21}$$

把(21)式代入(18)式,得

$$\begin{aligned} 2^{(\beta_1 - C)} &= [2^{(\beta_1 - C)} + 2^{(\beta_2 - C)} - p_m(a_2)](1 - \varepsilon) + p_m(a_2)\delta \\ &= [2^{(\beta_1 - C)} + 2^{(\beta_2 - C)}](1 - \varepsilon) + p_m(a_2)[\delta - (1 - \varepsilon)] \end{aligned} \tag{22}$$

由(22)式,解得

$$p_m(a_2) = \frac{2^{(\beta_2 - C)}(1-\varepsilon) - \varepsilon 2^{(\beta_1 - C)}}{1-\varepsilon-\delta} \tag{23}$$

再把(18)式、(19)式代入(23)式,得

$$p_m(a_2) = \frac{p_Y(b_2)(1-\varepsilon) - \varepsilon p_Y(b_1)}{1-\varepsilon-\delta} = \frac{p_Y(b_2) - \varepsilon}{1-\varepsilon-\delta} \tag{24}$$

而

$$p_m(a_1) = 1 - p_m(a_2)$$
$$= 1 - \frac{p_Y(b_2) - \varepsilon}{1-\varepsilon-\delta} = \frac{p_Y(b_1) - \delta}{1-\varepsilon-\delta} \tag{25}$$

这样,就得

$$\begin{cases} p_m(a_1 = 0) = \dfrac{p_Y(b_1) - \delta}{1-\varepsilon-\delta} & \text{(26)} \\[3mm] p_m(a_2 = 1) = \dfrac{p_Y(b_2) - \delta}{1-\varepsilon-\delta} & \text{(27)} \end{cases}$$

由(14)式、(15)式可知,(11)式、(12)式所解得 β_1, β_2,以及(13)式所解得信道容量 C,用(26)式、(27)式可分别求解 $p_m(a_1 = 0)$ 和 $p_m(a_2 = 1)$.

①
$$p_m(a_1 = 0) = \frac{p_Y(b_1) - \delta}{1-\varepsilon-\delta} = \frac{1}{1-\varepsilon-\delta}\left[2^{(\beta_1 - C)} - \delta\right]$$
$$= -\frac{\delta}{1-\varepsilon-\delta} + \frac{2^{(\beta_1 - C)}}{1-\varepsilon-\delta} \tag{28}$$

其中,

$$(\beta_1 - C) = \frac{\varepsilon H(\delta) + \delta H(\varepsilon) - H(\varepsilon)}{1-\varepsilon-\delta} - \frac{\varepsilon H(\delta) + \delta H(\varepsilon)}{1-\varepsilon-\delta} - \log\left[2^{-\frac{H(\varepsilon)}{1-\varepsilon-\delta}} + 2^{-\frac{H(\delta)}{1-\varepsilon-\delta}}\right]$$
$$= -\frac{H(\varepsilon)}{1-\varepsilon-\delta} - \log\left[2^{-\frac{H(\varepsilon)}{1-\varepsilon-\delta}} + 2^{-\frac{H(\delta)}{1-\varepsilon-\delta}}\right] \tag{29}$$

把(29)式代入(28)式,得

$$p_m(a_1 = 0) = -\frac{\delta}{1-\varepsilon-\delta} + \frac{1}{1-\varepsilon-\delta} \cdot 2^{-\frac{H(\varepsilon)}{1-\varepsilon-\delta} - \log\left[2^{-\frac{H(\varepsilon)}{1-\varepsilon-\delta}} + 2^{-\frac{H(\delta)}{1-\varepsilon-\delta}}\right]}$$
$$= -\frac{\delta}{1-\varepsilon-\delta} + \frac{1}{1-\varepsilon-\delta} \cdot 2^{-\frac{H(\varepsilon)}{1-\varepsilon-\delta}} \cdot 2^{-\log\left[2^{-\frac{H(\varepsilon)}{1-\varepsilon-\delta}} + 2^{-\frac{H(\delta)}{1-\varepsilon-\delta}}\right]}$$
$$= -\frac{\delta}{1-\varepsilon-\delta} + \frac{1}{1-\varepsilon-\delta} \cdot \frac{2^{-\frac{H(\varepsilon)}{1-\varepsilon-\delta}}}{2^{-\frac{H(\varepsilon)}{1-\varepsilon-\delta}} + 2^{-\frac{H(\delta)}{1-\varepsilon-\delta}}}$$
$$= \frac{1}{1-\varepsilon-\delta}\left[-\delta + \frac{2^{-\frac{H(\varepsilon)}{1-\varepsilon-\delta}}}{2^{-\frac{H(\varepsilon)}{1-\varepsilon-\delta}} + 2^{-\frac{H(\delta)}{1-\varepsilon-\delta}}}\right] \tag{30}$$

②
$$p_m(a_2 = 1) = \frac{p_Y(b_2) - \varepsilon}{1-\varepsilon-\delta} = -\frac{1}{1-\varepsilon-\delta}\left[2^{(\beta_2 - C)} - \varepsilon\right]$$
$$= -\frac{\varepsilon}{1-\varepsilon-\delta} + \frac{1}{1-\varepsilon-\delta}2^{(\beta_2 - C)} \tag{31}$$

其中，

$$(\beta_2 - C) = \frac{\varepsilon H(\delta) + \delta H(\varepsilon) - H(\delta)}{1-\varepsilon-\delta} - \frac{\varepsilon H(\delta) + \delta H(\varepsilon)}{1-\varepsilon-\delta} - \log\left[2^{-\frac{H(\varepsilon)}{1-\varepsilon-\delta}} + 2^{-\frac{H(\delta)}{1-\varepsilon-\delta}}\right]$$

$$= -\frac{H(\delta)}{1-\varepsilon-\delta} - \log\left[2^{-\frac{H(\varepsilon)}{1-\varepsilon-\delta}} + 2^{-\frac{H(\delta)}{1-\varepsilon-\delta}}\right] \tag{32}$$

把(32)式代入(31)式,得

$$p_m(a_2 = 1) = -\frac{\varepsilon}{1-\varepsilon-\delta} + \frac{1}{1-\varepsilon-\delta} \cdot 2^{-\frac{H(\delta)}{1-\varepsilon-\delta} - \log\left[2^{-\frac{H(\varepsilon)}{1-\varepsilon-\delta}} + 2^{-\frac{H(\delta)}{1-\varepsilon-\delta}}\right]}$$

$$= -\frac{\varepsilon}{1-\varepsilon-\delta} + \frac{1}{1-\varepsilon-\delta} \cdot 2^{-\frac{H(\delta)}{1-\varepsilon-\delta}} \cdot 2^{-\log\left[2^{-\frac{H(\varepsilon)}{1-\varepsilon-\delta}} + 2^{-\frac{H(\delta)}{1-\varepsilon-\delta}}\right]}$$

$$= -\frac{\varepsilon}{1-\varepsilon-\delta} + \frac{1}{1-\varepsilon-\delta} \cdot \frac{2^{-\frac{H(\delta)}{1-\varepsilon-\delta}}}{2^{-\frac{H(\varepsilon)}{1-\varepsilon-\delta}} + 2^{-\frac{H(\delta)}{1-\varepsilon-\delta}}}$$

$$= \frac{\varepsilon}{1-\varepsilon-\delta} \cdot \left(-\varepsilon + \frac{2^{-\frac{H(\delta)}{1-\varepsilon-\delta}}}{2^{-\frac{H(\varepsilon)}{1-\varepsilon-\delta}} + 2^{-\frac{H(\delta)}{1-\varepsilon-\delta}}}\right) \tag{33}$$

综上所述,匹配信源的概率分布

$$\begin{cases} p_m(a_1 = 0) = \dfrac{1}{1-\varepsilon-\delta} \cdot \left(-\delta + \dfrac{2^{-\frac{H(\varepsilon)}{1-\varepsilon-\delta}}}{2^{-\frac{H(\varepsilon)}{1-\varepsilon-\delta}} + 2^{-\frac{H(\delta)}{1-\varepsilon-\delta}}}\right) & (34) \\[4mm] p_m(a_1 = 1) = \dfrac{1}{1-\varepsilon-\delta} \cdot \left(-\varepsilon + \dfrac{2^{-\frac{H(\varepsilon)}{1-\varepsilon-\delta}}}{2^{-\frac{H(\varepsilon)}{1-\varepsilon-\delta}} + 2^{-\frac{H(\delta)}{1-\varepsilon-\delta}}}\right) & (35) \end{cases}$$

对 $p_m(a_1 = 0)$ 和 $p_m(a_2 = 1)$,有

$$p_m(a_1 = 0) + p_m(a_2 = 1) = \frac{1}{1-\varepsilon-\delta}(-\delta-\varepsilon) + \frac{1}{1-\varepsilon-\delta} \frac{2^{-\frac{H(\varepsilon)}{1-\varepsilon-\delta}} + 2^{-\frac{H(\delta)}{1-\varepsilon-\delta}}}{2^{-\frac{H(\varepsilon)}{1-\varepsilon-\delta}} + 2^{-\frac{H(\delta)}{1-\varepsilon-\delta}}}$$

$$= \frac{1}{1-\varepsilon-\delta}(-\delta-\varepsilon+1) = 1 \tag{36}$$

这表明,匹配信源 $X:\{0,1\}$ 的概率空间 $P_m(X):\{p_m(0), p_m(1)\}$ 构成完备集.

(B) $\varepsilon = \delta$.

若 $\varepsilon = \delta$,则图 E2.16 - 1 信道$(X - Y)$就转变为图 E2.16 - 2 所示的二进制对称信道$(X - Y)$.

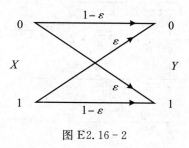

图 E2.16 - 2

由(13)式,得信道容量

$$C_B = \frac{\varepsilon H(\delta) + \delta H(\varepsilon)}{1 - \varepsilon - \delta} + \log\Big[2^{-\frac{H(\varepsilon)}{1-\varepsilon-\delta}} + 2^{-\frac{H(\delta)}{1-\varepsilon-\delta}} \Big]$$

$$= \frac{2\varepsilon H(\varepsilon)}{1 - 2\varepsilon} + \log\Big[2^{-\frac{H(\varepsilon)}{1-2\varepsilon}} + 2^{-\frac{H(\varepsilon)}{1-2\varepsilon}} \Big] = \frac{2\varepsilon H(\varepsilon)}{1 - 2\varepsilon} + \log\Big[2 \cdot 2^{-\frac{H(\varepsilon)}{1-2\varepsilon}} \Big]$$

$$= \frac{2\varepsilon H(\varepsilon)}{1 - 2\varepsilon} + 1 - \frac{H(\varepsilon)}{1 - 2\varepsilon} = 1 - H(\varepsilon) \tag{37}$$

由(34)式、(35)式得匹配信源 $X : \{0,1\}$ 的概率分布

$$\begin{cases} p_m(a_1 = 0) = p_m(0) = \dfrac{1}{1 - \varepsilon - \delta}\Big[-\delta + \dfrac{2^{-\frac{H(\varepsilon)}{1-\varepsilon-\delta}}}{2^{-\frac{H(\varepsilon)}{1-\varepsilon-\delta}} + 2^{-\frac{H(\delta)}{1-\varepsilon-\delta}}} \Big] \\[4mm] \qquad\qquad\qquad = \dfrac{1}{1 - 2\varepsilon}\Big[-\varepsilon + \dfrac{2^{-\frac{H(\varepsilon)}{1-2\varepsilon}}}{2^{-\frac{H(\varepsilon)}{1-2\varepsilon}} + 2^{-\frac{H(\varepsilon)}{1-2\varepsilon}}} \Big] \\[4mm] \qquad\qquad\qquad = \dfrac{1}{1 - 2\varepsilon}\Big(-\varepsilon + \dfrac{1}{2} \Big) = \dfrac{1}{2} \tag{38} \\[4mm] p_m(a_2 = 1) = p_m(1) = 1 - p_m(0) = \dfrac{1}{2} \tag{39} \end{cases}$$

(37)式、(38)式、(39)式表明,传递概率为 ε 的二进制对称信道 $(X - Y)$ 的信道容量 $C = 1 - H(\varepsilon)$,匹配信源 $X : \{0,1\}$ 是二元等概信源,即 $p(0) = p(1) = 1/2$.

(C) $\varepsilon = 0$.

若 $\varepsilon = 0$,则图 E2.16 - 1 所示信道 $(X - Y)$ 就转变为图 E2.16 - 3 所示"Z"信道 $(X - Y)$.

由(13)式得信道容量

$$C_C = \frac{\varepsilon H(\delta) + \delta H(\varepsilon)}{1 - \varepsilon - \delta} + \log\Big[2^{-\frac{H(\varepsilon)}{1-\varepsilon-\delta}} + 2^{-\frac{H(\delta)}{1-\varepsilon-\delta}} \Big] \tag{40}$$

$$= \log\Big[2^0 + 2^{-\frac{H(\delta)}{1-\delta}} \Big] = \log\Big[1 + 2^{-\frac{H(\delta)}{1-\delta}} \Big]$$

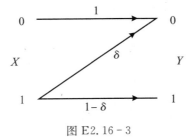

图 E2.16 - 3

由(34)式、(35)式,得匹配信源 $X : \{0,1\}$ 的概率分布

$$\begin{cases} p_m(a_1 = 0) = p_m(0) = \dfrac{1}{1 - \varepsilon - \delta}\Big[-\delta + \dfrac{2^{-\frac{H(\varepsilon)}{1-\varepsilon-\delta}}}{2^{-\frac{H(\varepsilon)}{1-\varepsilon-\delta}} + 2^{-\frac{H(\delta)}{1-\varepsilon-\delta}}} \Big] = \dfrac{1}{1 - \delta}\Big[-\delta + \dfrac{1}{1 + 2^{-\frac{H(\delta)}{1-\delta}}} \Big] \tag{41} \\[4mm] p_m(a_2 = 1) = p_m(1) = \dfrac{1}{1 - \varepsilon - \delta}\Big[-\varepsilon + \dfrac{2^{-\frac{H(\varepsilon)}{1-\varepsilon-\delta}}}{2^{-\frac{H(\varepsilon)}{1-\varepsilon-\delta}} + 2^{-\frac{H(\delta)}{1-\varepsilon-\delta}}} \Big] = \dfrac{1}{1 - \delta}\Big[\dfrac{2^{-\frac{H(\delta)}{1-\delta}}}{1 + 2^{-\frac{H(\delta)}{1-\delta}}} \Big] \tag{42} \end{cases}$$

由(41)式、(42)式,有

$$p_m(0) + p_m(1) = \frac{1}{1 - \delta}\Big[-\delta + \frac{1}{1 + 2^{-\frac{H(\delta)}{1-\delta}}} \Big] + \frac{1}{1 - \delta}\Big[\frac{2^{-\frac{H(\delta)}{1-\delta}}}{1 + 2^{-\frac{H(\delta)}{1-\delta}}} \Big] = 1 \tag{43}$$

　　这表明,图 E2.16-3 所示"Z"信道$(X-Y)$的信道容量是信道传递概率 δ 的函数 $C(\delta)$,是信道自身的特征参量.同时,匹配信源 $X:\{0,1\}$ 的概率分布 $p_m(0)$、$p_m(1)$ 也是 δ 的函数,由信道的传递概率 δ 决定,而且其概率空间 $P_m(X):\{p_m(0),p_m(1)\}$ 是完备的概率空间.

　　(D) $\delta=0$.

　　若 $\delta=0$,则图 E2.16-1 所示信道$(X-Y)$就转变为"反 Z"信道$(X-Y)$(如图 E2.16-4).

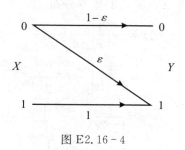

图 E2.16-4

　　由(13)式,得信道容量

$$C_D = \frac{\varepsilon H(\delta)+\delta H(\varepsilon)}{1-\varepsilon-} + \log\left[2^{-\frac{H(\varepsilon)}{1-\varepsilon-\delta}}+2^{-\frac{H(\delta)}{1-\varepsilon-\delta}}\right]$$

$$= \log\left[1+2^{-\frac{H(\varepsilon)}{1-\varepsilon}}\right] \tag{44}$$

　　由(34)式、(35)式,得匹配信源 $X:\{0,1\}$ 的概率分布

$$p_m(a_1=0)=p_m(0)=\frac{1}{1-\varepsilon-\delta}\cdot\left(-\delta+\frac{2^{-\frac{H(\varepsilon)}{1-\varepsilon-\delta}}}{2^{-\frac{H(\varepsilon)}{1-\varepsilon-\delta}}+2^{-\frac{H(\delta)}{1-\varepsilon-\delta}}}\right)$$

$$=\frac{1}{1-\varepsilon}\left[\frac{2^{-\frac{H(\varepsilon)}{1-\varepsilon}}}{1+2^{-\frac{H(\varepsilon)}{1-\varepsilon}}}\right] \tag{45}$$

$$p_m(a_2=1)=p_m(1)=\frac{1}{1-\varepsilon-\delta}\cdot\left(-\varepsilon+\frac{2^{-\frac{H(\delta)}{1-\varepsilon-\delta}}}{2^{-\frac{H(\varepsilon)}{1-\varepsilon-\delta}}+2^{-\frac{H(\delta)}{1-\varepsilon-\delta}}}\right)$$

$$=\frac{1}{1-\varepsilon}\cdot\left(-\varepsilon+\frac{1}{1+2^{-\frac{H(\varepsilon)}{1-\varepsilon}}}\right) \tag{46}$$

　　由(45)式、(46)式,有

$$p_m(0)+p_m(1)=\frac{1}{1-\varepsilon}\left[\frac{2^{-\frac{H(\varepsilon)}{1-\varepsilon}}}{1+2^{-\frac{H(\varepsilon)}{1-\varepsilon}}}\right]=\frac{1}{1-\varepsilon}\cdot\left(-\varepsilon+\frac{1}{1+2^{-\frac{H(\varepsilon)}{1-\varepsilon}}}\right)$$

$$=\frac{1}{1-\varepsilon}\cdot\left(-\varepsilon+\frac{1+2^{-\frac{H(\varepsilon)}{1-\varepsilon}}}{1+2^{-\frac{H(\varepsilon)}{1-\varepsilon}}}\right)=1 \tag{47}$$

　　这表明,图 E2.16-4 所示"反 Z"信道$(X-Y)$的信道容量是信道传递概率 ε 的函数 $C(\varepsilon)$,是信道自身的特征参量.同时,匹配信源 $X:\{0,1\}$ 的概率分布 $p_m(0)$,$p_m(1)$ 也是 ε 的函数,由信道传递概率 ε 决定,而且其概率空间 $P(X)_m:\{p_m(0),p_m(1)\}$ 是完备的概率空间.

　　在这里要提醒注意,本例题采用一般算法,求得一般二进制信道的容量和其匹配信源的概率分布.在此基础上,分别令 $\varepsilon=\delta$、$\varepsilon=0$、$\delta=0$ 所对应的"二进制对称信道"、"Z"信道、"反 Z"信道的信道容量及其匹配信源的概率分布,所得结论,在后续信息分析中可直接引用.

　　【例 2.17】 设信道$(X-Y)$的信道矩阵

$$\begin{array}{c} \quad\; 0 \qquad 1 \qquad 2 \\ [P] = \begin{array}{c} 0 \\ 1 \\ 2 \end{array}\!\!\left[\begin{array}{ccc} 1 & 0 & 0 \\ 0 & 1-\varepsilon & \varepsilon \\ 0 & \varepsilon & 1-\varepsilon \end{array}\right] \end{array}$$

试计算信道$(X\text{-}Y)$的信道容量和匹配信源的概率分布.并求当 $\varepsilon=0$ 和 $\varepsilon=1/2$ 时的信道容量.

　　解　(A) $0<\varepsilon<1$.

　　首先,由信道$(X\text{-}Y)$的信道矩阵$[P]$,得其传递特性图(如图 E2.17-1 所示).

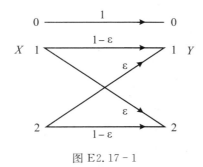

图 E2.17-1

用一般算法求解信道$(X\text{-}Y)$的信道容量 C.

(1) 由$(2.3.2\text{-}18)$式,求解 β_1,β_2,β_3.

由$(2.3.2\text{-}18)$式,对 $i=1$,有

$$1 \cdot \beta_1 = 1\log 1 + 0\log 0 + 0\log 0 \tag{1}$$

即得

$$\beta_1 = 0 \tag{2}$$

对 $i=2$,有

$$0 \cdot \beta_1 + (1-\varepsilon)\beta_2 + \varepsilon\beta_3 = 0\log 0 + (1-\varepsilon)\log(1-\varepsilon) + \varepsilon\log\varepsilon \tag{3}$$

即得

$$(1-\varepsilon)\beta_2 + \varepsilon\beta_3 = (1-\varepsilon)\log(1-\varepsilon) + \varepsilon\log\varepsilon \tag{4}$$

对 $i=3$,有

$$0 \cdot \beta_1 + \varepsilon\beta_2 + (1-\varepsilon)\beta_3 = 0\log 0 + \varepsilon\log\varepsilon + (1-\varepsilon)\log(1-\varepsilon) \tag{5}$$

即得

$$\varepsilon\beta_2 + (1-\varepsilon)\beta_3 = \varepsilon\log\varepsilon + (1-\varepsilon)\log(1-\varepsilon) \tag{6}$$

由(2)式、(4)式、(6)式,得 β_1,β_2,β_3 的方程组

$$\begin{cases} \beta_1 = 0 \\ (1-\varepsilon)\beta_2 + \varepsilon\beta_3 = (1-\varepsilon)\log(1-\varepsilon) + \varepsilon\log\varepsilon \\ \varepsilon\beta_2 + (1-\varepsilon)\beta_3 = \varepsilon\log\varepsilon + (1-\varepsilon)\log(1-\varepsilon) \end{cases} \tag{7}$$

由方程组(7)式,有

$$(1-\varepsilon)\beta_2 + \varepsilon\beta_3 = \varepsilon\beta_2 + (1-\varepsilon)\beta_3 \tag{8}$$

由此,解得

$$\beta_2 = \beta_3 \tag{9}$$

把(9)式代入(4)式或(6)式,得

$$\beta_2 = \beta_3 = (1-\varepsilon)\log(1-\varepsilon) + \varepsilon\log\varepsilon \tag{10}$$

这样,解得

$$\begin{cases} \beta_1 = 0 \\ \beta_2 = (1-\varepsilon)\log(1-\varepsilon) + \varepsilon\log\varepsilon \\ \beta_3 = (1-\varepsilon)\log(1-\varepsilon) + \varepsilon\log\varepsilon \end{cases} \tag{11}$$

(2) 由(2.3.2-22)式,求解信道容量.

由(2.3.2-22)式,有

$$\begin{aligned} C_A &= \log(2^{\beta_1} + 2^{\beta_2} + 2^{\beta_3}) \\ &= \log\{2^0 + 2^{(1-\varepsilon)\log(1-\varepsilon)+\varepsilon\log\varepsilon} + 2^{(1-\varepsilon)\log(1-\varepsilon)+\varepsilon\log\varepsilon}\} \\ &= \log\{1 + 2 \cdot 2^{(1-\varepsilon)\log(1-\varepsilon)+\varepsilon\log\varepsilon}\} \\ &= \log\{1 + 2 \cdot [2^{\log(1-\varepsilon)}]^{1-\varepsilon} \cdot [2^{\log\varepsilon}]^\varepsilon\} \\ &= \log[1 + 2 \cdot (1-\varepsilon)^{1-\varepsilon} \cdot \varepsilon^\varepsilon] \end{aligned} \tag{12}$$

这表明,信道$(X\text{-}Y)$的信道容量C取决于传递概率ε,是信道$(X\text{-}Y)$自身的特征参量.

(3) 由(2.3.2-19)式,求解Y的概率分布$p_Y(0)$,$p_Y(1)$,$p_Y(2)$.

由(2.3.2-19)式,有

$$\begin{aligned} p_Y(b_1) = p_Y(0) &= 2^{(\beta_1-C)} = 2^{-C} \\ &= 2^{-\{\log[1+2(1-\varepsilon)^{1-\varepsilon}\cdot\varepsilon^\varepsilon]\}} = \frac{1}{2^{\log[1+2(1-\varepsilon)^{1-\varepsilon}\varepsilon^\varepsilon]}} \\ &= \frac{1}{1+2(1-\varepsilon)^{1-\varepsilon}\cdot\varepsilon^\varepsilon} = \frac{1}{1+2\cdot\{2^{\log(1-\varepsilon)^{1-\varepsilon}}\cdot 2^{\log\varepsilon^\varepsilon}\}} \\ &= \frac{1}{1+2\cdot\{2^{\log(1-\varepsilon)^{1-\varepsilon}+\log\varepsilon^\varepsilon}\}} = \frac{1}{1+2\cdot\{2^{-H(\varepsilon)}\}} \\ &= \frac{1}{1+2^{[1-H(\varepsilon)]}} \end{aligned} \tag{13}$$

$$\begin{aligned} p_Y(b_2) = p_Y(b_1) &= 2^{(\beta_2-C)} \\ &= 2^{\{[(1-\varepsilon)\log(1-\varepsilon)+\varepsilon\log\varepsilon]-[\log[1+2(1-\varepsilon)^{1-\varepsilon}\varepsilon^\varepsilon]]\}} \\ &= \frac{2^{(1-\varepsilon)\log(1-\varepsilon)+\varepsilon\log\varepsilon}}{2^{\{\log[1+2(1-\varepsilon)^{1-\varepsilon}\varepsilon^\varepsilon]\}}} = \frac{2^{-H(\varepsilon)}}{1+2(1-\varepsilon)^{1-\varepsilon}\varepsilon^\varepsilon} \\ &= \frac{2^{-H(\varepsilon)}}{1+2\cdot\{2^{\log(1-\varepsilon)^{1-\varepsilon}}\cdot 2^{\log\varepsilon^\varepsilon}\}} = \frac{2^{-H(\varepsilon)}}{1+2\cdot\{2^{\log(1-\varepsilon)^{1-\varepsilon}+\log\varepsilon^\varepsilon}\}} \\ &= \frac{2^{-H(\varepsilon)}}{1+2\cdot 2^{-H(\varepsilon)}} = \frac{2^{-H(\varepsilon)}}{1+2^{1-H(\varepsilon)}} \end{aligned} \tag{14}$$

$$p_Y(b_3) = p_Y(b_2) = 2^{(\beta_3-C)} = 2^{(\beta_2-C)} = \frac{2^{-H(\varepsilon)}}{1+2^{[1-H(\varepsilon)]}} \tag{15}$$

这样,得Y的概率分布

$$\begin{cases} p_Y(0) = \dfrac{1}{1+2^{[1-H(\varepsilon)]}} & (16) \\[3mm] p_Y(1) = \dfrac{2^{-H(\varepsilon)}}{1+2^{[1-H(\varepsilon)]}} & (17) \\[3mm] p_Y(2) = \dfrac{2^{-H(\varepsilon)}}{1+2^{[1-H(\varepsilon)]}} & (18) \end{cases}$$

显然,由(16)式、(17)式、(18)式,有

$$\begin{aligned} p_Y(0) + p_Y(1) + p_Y(2) &= \frac{1}{1+2^{[1-H(\varepsilon)]}} + \frac{2^{-H(\varepsilon)}}{1+2^{[1-H(\varepsilon)]}} + \frac{2^{-H(\varepsilon)}}{1+2^{[1-H(\varepsilon)]}} \\ &= \frac{1+2 \cdot 2^{-H(\varepsilon)}}{1+2^{[1-H(\varepsilon)]}} = \frac{1+2^{[1-H(\varepsilon)]}}{1+2^{[1-H(\varepsilon)]}} = 1 \end{aligned} \quad (19)$$

(4) 由(2.3.2-23)式,求匹配信源 $X:\{0,1,2\}$ 的概率分布 $p_m(0),p_m(1),p_m(2)$.

由(2.3.2-23)式,有

$$p_Y(b_1) = p_m(a_1)p(b_1/a_1) + p_m(a_2)p(b_1/a_2) + p_m(a_3)p(b_1/a_3) \quad (20)$$

即有

$$\frac{1}{1+2^{[1-H(\varepsilon)]}} = p_m(a_1) \quad (21)$$

由(2.3.2-23)式,又有

$$p_Y(b_2) = p_m(a_1)p(b_2/a_1) + p_m(a_2)p(b_2/a_2) + p_m(a_3)p(b_2/a_3) \quad (21)$$

即有

$$\frac{2^{-H(\varepsilon)}}{1+2^{[1-H(\varepsilon)]}} = p_m(a_2)(1-\varepsilon) + p_m(a_3)\varepsilon \quad (22)$$

由(2.3.2-23)式,还有

$$p_Y(b_3) = p_m(a_1)p(b_3/a_1) + p_m(a_2)p(b_3/a_2) + p_m(a_3)p(b_3/a_3) \quad (23)$$

即有

$$\frac{2^{-H(\varepsilon)}}{1+2^{[1-H(\varepsilon)]}} = p_m(a_2)\varepsilon + p_m(a_3)(1-\varepsilon) \quad (24)$$

由(22)式、(24)式,得

$$p_m(a_2)(1-\varepsilon) + p_m(a_3)\varepsilon = p_m(a_2)\varepsilon + p_m(a_3)(1-\varepsilon) \quad (25)$$

即得

$$p_m(a_2) = p_m(a_3) \quad (26)$$

把(26)式代入(22)式或(24)式,得

$$p_m(a_2) = p_m(a_3) = \frac{2^{-H(\varepsilon)}}{1+2^{[1-H(\varepsilon)]}} \quad (27)$$

由(21)式、(27)式,得匹配信源 $X:\{0,1,2\}$ 的概率分布

$$\begin{cases} p_m(0) = \dfrac{1}{1+2^{[1-H(\varepsilon)]}} \\[3mm] p_m(1) = \dfrac{2^{-H(\varepsilon)}}{1+2^{[1-H(\varepsilon)]}} \\[3mm] p_m(2) = \dfrac{2^{-H(\varepsilon)}}{1+2^{[1-H(\varepsilon)]}} \end{cases} \quad (28)$$

在(28)式中,因 $0 < \varepsilon < 1$,所以

$$0 \leqslant p_m(a_i) \leqslant 1 \qquad (i = 1, 2, 3) \tag{29}$$

显然,有

$$\sum_{i=1}^{3} p_m(a_i) = p_m(0) + p_m(1) + p_m(2) = 1 \tag{30}$$

这表明,信道$(X\text{-}Y)$的信道容量及其匹配信源的概率分布都是信道传递概率 ε 的函数,都由信道$(X\text{-}Y)$自身的特征参量所决定.

(B) $\varepsilon = 0$.

若 $\varepsilon = 0$,则图 E2.17-1 所示信道$(X\text{-}Y)$就转变为图 E2.17-2 所示的"确定型无噪信道".

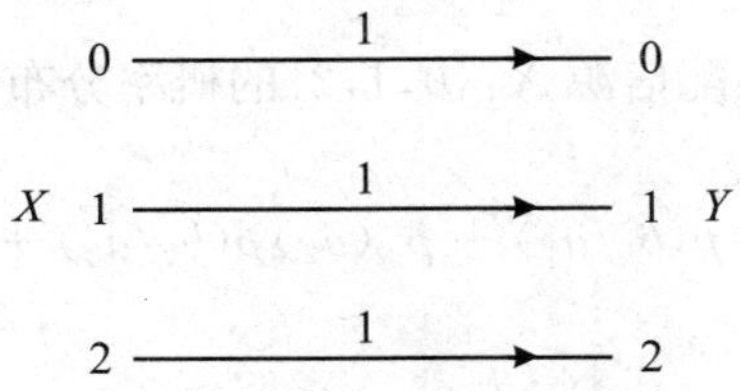

图 E2.17-2

由(12)式,得信道容量

$$\begin{aligned} C_B &= \log[1 + 2(1-0)^{1-0} \cdot 0^0] \\ &= \log(1+2) = \log 3 \quad (\text{比特} / \text{符号}) \end{aligned} \tag{31}$$

由(28)式,得匹配信源 $X : \{0, 1\}$ 的概率分布

$$\begin{cases} p_{\varepsilon=0,m}(0) = \dfrac{1}{1 + 2^{[1-H(\varepsilon)]}} = \dfrac{1}{3} \\[2mm] p_{\varepsilon=0,m}(1) = \dfrac{2^{-H(\varepsilon)}}{1 + 2^{[1-H(\varepsilon)]}} = \dfrac{1}{3} \\[2mm] p_{\varepsilon=0,m}(2) = \dfrac{2^{-H(\varepsilon)}}{1 + 2^{[1-H(\varepsilon)]}} = \dfrac{1}{3} \end{cases} \tag{32}$$

这表明,输入、输出符号数为 r 的"确定型无噪信道"的信道容量 $C = \log r$,匹配信源是 r 元等概信源.

(C) $\varepsilon = 1/2$.

若 $\varepsilon = 1/2$,则图 E2.17-1 所示信道$(X\text{-}Y)$就转变为图 E2.17-3 所示信道$(X\text{-}Y)$.

由(12)式,得信道容量

$$\begin{aligned} C_C &= \log[1 + 2(1-1/2)^{1-1/2} \cdot (1/2)^{1/2}] \\ &= \log 2 = 1 \quad (\text{比特} / \text{符号}) \end{aligned} \tag{33}$$

由(28)式,得匹配信源 $X : \{0, 1\}$ 的概率分布

$$\begin{cases} p_m(0) = \dfrac{1}{1 + 2^{[1-H(\varepsilon)]}} = \dfrac{1}{2} \\[2mm] p_m(1) = \dfrac{2^{-H(\varepsilon)}}{1 + 2^{[1-H(\varepsilon)]}} = \dfrac{1}{4} \\[2mm] p_m(2) = \dfrac{2^{-H(\varepsilon)}}{1 + 2^{[1-H(\varepsilon)]}} = \dfrac{1}{4} \end{cases} \tag{34}$$

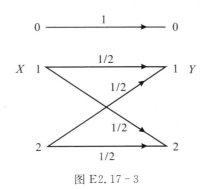

图 E2.17 - 3

综上所述,图 E2.17 - 1 所示信道(X - Y)的传递概率 ε($0<\varepsilon<1$)不论取何值,信道输入 $X=0$ 总是以概率 1 输出 $Y=0$. 若把符号"0"当作"逗号码"中的",",那么这种信道适用于"逗号码"的传递.

2.3.3　匹配信源的等量平衡特性

对于一个给定信道(X - Y),只有接上其匹配信源,才能使平均互信息 $I(X;Y)$ 达到信道容量 C. 那么,匹配信源 X:$\{a_1,a_2,\cdots,a_r\}$ 中每一符号 a_i($i=1,2,\cdots,r$)对信道(X - Y)输出随机变量 Y 提供的平均互信息 $I(a_i;Y)$ 与信道容量 C 之间有什么关系? 匹配信源 X 使平均互信息 $I(X;Y)$ 达到信道容量 C 的机制是什么? 这是我们接着要探讨的课题.

定理 2.7　平均互信息 $I(X;Y)$ 达到其信道容量 C 的充分和必要条件,是匹配信源 X:$\{a_1,$ $a_2,\cdots,a_r\}$ 中每一符号 a_i($i=1,2,\cdots,r$)对信道(X - Y)的输出随机变量 Y 提供的平均互信息 $I(a_i;Y)$($i=1,2,\cdots,r$)相等,且均等于 C,即

$$I(a_i;Y) = C \quad (i=1,2,\cdots,r)$$

证明　实际上,在"信道容量一般算法"的演绎过程中,隐含了"匹配信源的等量平衡特性". 为了引起重视,我们把推演过程中的关键环节,提出来作为一个"定理"表述.

1. 必要性

对传递概率固定为 $P(Y/X)$:$\{p_0(b_j/a_i)(i=1,2,\cdots,r;j=1,2,\cdots,s)\}$ 的给定信道(X - Y), 若平均互信息 $I(X;Y)$ 达到信道容量 C,则根据(2.3.2 - 13)式,有

$$\sum_{j=1}^{s} p_0(b_j/a_i)\ln \frac{p_0(b_j/a_i)}{p_Y(b_j)} = C \quad (i=1,2,\cdots,r) \tag{2.3.3 - 1}$$

等式左边就是符号 $X=a_i$ 对信道(X - Y)的输出随机变量 Y 提供的平均互信息 $I(a_i;Y)$($i=1,$ $2,\cdots,r$). 等式(2.3.3 - 1)证明

$$I(a_i;Y) = C \quad (i=1,2,\cdots,r) \tag{2.3.3 - 2}$$

这样,定理的必要性就得到了证明. 它表明,若给定信道(X - Y)达到其信道容量 C,则其匹配信源 X:$\{a_1,a_2,\cdots,a_r\}$ 中每一符号 a_i,对信道(X - Y)输出随机变量 Y 提供的平均互信息 $I(a_i;Y)$($i=1,2,\cdots,r$)相等,且等于信道(X - Y)的信道容量 C.

2. 充分性

若信源 X:$\{a_1,a_2,\cdots,a_r\}$ 中每一符号 a_i,对信道(X - Y)的输出随机变量 Y 提供的平均互

信息 $I(a_i;Y)(i=1,2,\cdots,r)$ 相等, 且等信道 $(X\text{-}Y)$ 的信道容量 C, 即

$$I(a_i;Y) = C \quad (i = 1,2,\cdots,r) \tag{2.3.3-3}$$

则信道 $(X\text{-}Y)$ 的平均互信息 $I(X;Y)$ 一定达到信道容量 C, 即一定有

$$I(X;Y) = \sum_{i=1}^{r} p(a_i)I(a_i;Y) = \sum_{i=1}^{r} p(a_i)C = C \tag{2.3.3-4}$$

信源 $X:\{a_1,a_2,\cdots,a_r\}$ 一定就是其匹配信源, 即有

$$p(a_i) = p_m(a_i) \quad (i = 1,2,\cdots,r) \tag{2.3.3-5}$$

定理的充分性得到了证明. 它表明, 若信源 $X:\{a_1,a_2,\cdots,a_r\}$ 中每一符号 $a_i(i=1,2,\cdots,r)$, 对信道 $(X\text{-}Y)$ 的输出随机变量 Y 提供的平均互信息 $I(a_i;Y)(i=1,2,\cdots,r)$ 相等, 且均等于 C, 则信源 X 一定就是信道 $(X\text{-}Y)$ 的匹配信源, 其平均互信息 $I(X;Y)$ 达到信道容量 C.

定理 2.7 称为匹配信源的"等量平衡定理". 它告诉我们, 若信道平均互信息达到信道容量, 则匹配信源中任一符号对输出随机变量提供的平均互信息都相等, 且均等于信道容量; 反之, 若信源中每一个符号对信道输出随机变量提供的平均互信息都相等, 且均等于信道容量, 则该信源就是匹配信源, 信道的平均互信息达到信道容量. 这给我们提供了一个理解和解释匹配信源达到信道容量的运行机制的一个启示. 信道容量达到的过程, 就是信源符号概率分布自我调整过程. 若某一信源符号对输出随机变量提供的平均互信息大于其他符号对输出随机变量提供的平均互信息, 则势必更多地使用这一信源符号. 这时, 信源符号概率分布就发生相应的变化和调整. 由于信源符号概率分布的调整, 又减少了这个符号对输出随机变量提供的平均互信息, 增加了其他信源符号对输出随机变量提供的平均互信息. 信源符号概率分布调整到每一个符号对输出随机变量提供的平均互信息相等时, 信道容量即达到. 最终, 只有当每一个信源符号对输出随机变量提供的平均互信息都相等时, 信道才体现出最大传输信息的潜能, 平均互信息达到信道容量. 从这个意义上来说, 匹配信源对信道发挥了等量平衡作用.

实际上, 定理 2.7 为我们求解给定信道的信道容量, 提供了一个工具和一种手段.

【例 2.18】 设有图 E2.18-1 所示信道 $(X\text{-}Y)$.

(1) 试问: 信源空间为

$$[X \cdot P] = \begin{cases} X: & a_1 & a_2 & a_3 \\ P(X): & 1/2 & 0 & 1/2 \end{cases}$$

的信源 $X:\{a_1,a_2,a_3\}$ 是否是图 E2.18-1 信道 $(X\text{-}Y)$ 的匹配信源?

(2) 试修正图 E2.18-1 信道 $(X\text{-}Y)$, 使信源 X 与之相接, 达到信道容量.

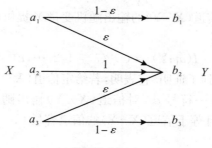

图 E2.18-1

解　由图 E2.18-1,得信道$(X\text{-}Y)$的信道矩阵

$$[P] = \begin{matrix} & \begin{matrix} b_1 & \quad b_2 & \quad b_3 \end{matrix} \\ \begin{matrix} a_1 \\ a_2 \\ a_3 \end{matrix} & \begin{bmatrix} 1-\varepsilon & \varepsilon & 0 \\ 0 & 1 & 0 \\ 0 & \varepsilon & 1-\varepsilon \end{bmatrix} \end{matrix} \tag{1}$$

(1) 由$(2.3.2\text{-}18)$式,求解 β_1,β_2,β_3.

由$(2.3.2\text{-}18)$式,有

$$\begin{cases} (1-\varepsilon)\beta_1 + \varepsilon\beta_2 = (1-\varepsilon)\log(1-\varepsilon) + \varepsilon\log\varepsilon & (2) \\ \beta_2 = 1\log 1 = 0 & (3) \\ \varepsilon\beta_2 + (1-\varepsilon)\beta_3 = \varepsilon\log\varepsilon + (1-\varepsilon)\log(1-\varepsilon) & (4) \end{cases}$$

由(2)式、(4)式,解得

$$\beta_1 = \beta_3 \tag{5}$$

把(5)式代入(2)式或(4)式,得

$$\beta_1 = \beta_3 = \frac{1}{1-\varepsilon}\big[(1-\varepsilon)\log(1-\varepsilon) + \varepsilon\log\varepsilon\big] \tag{6}$$

这样,解得

$$\begin{cases} \beta_1 = \dfrac{1}{1-\varepsilon}\big[(1-\varepsilon)\log(1-\varepsilon) + \varepsilon\log\varepsilon\big] \\[2mm] \beta_2 = 0 \\[2mm] \beta_3 = \dfrac{1}{1-\varepsilon}\big[(1-\varepsilon)\log(1-\varepsilon) + \varepsilon\log\varepsilon\big] \end{cases} \tag{7}$$

(2) 由$(2.3.2\text{-}22)$式,求解信道容量 C.

由$(2.3.2\text{-}22)$式,得信道容量

$$\begin{aligned} C &= \log(2^{\beta_1} + 2^{\beta_2} + 2^{\beta_3}) = \log(2^0 + 2 \cdot 2^{\beta_1}) \\ &= \log\Big[1 + 2 \cdot 2^{\frac{1}{1-\varepsilon}[(1-\varepsilon)\log(1-\varepsilon)+\varepsilon\log\varepsilon]}\Big] = \log\Big[1 + 2 \cdot 2^{\frac{\varepsilon}{1-\varepsilon}\log\varepsilon+\log(1-\varepsilon)}\Big] \\ &= \log\Big[1 + 2(1-\varepsilon)\varepsilon^{\frac{\varepsilon}{1-\varepsilon}}\Big] \end{aligned} \tag{8}$$

这表明,图 E2.18-1 所示信道$(X\text{-}Y)$的信道容量 C 是信道传递概率 ε 的函数.

(3) 由$(2.3.2\text{-}19)$式,求解输出随机变量 Y 的概率分布 $p_Y(b_1),p_Y(b_2),p_Y(b_3)$

由$(2.3.2\text{-}19)$式,有

$$\begin{aligned} p_Y(b_1) &= 2^{(\beta_1-C)} = 2^{\left\{\frac{1}{1-\varepsilon}[(1-\varepsilon)\log(1-\varepsilon)+\varepsilon\log\varepsilon]-\log\left[1+2(1-\varepsilon)\varepsilon^{\frac{\varepsilon}{1-\varepsilon}}\right]\right\}} \\ &= 2^{\left\{\log(1-\varepsilon)+\log\varepsilon^{\frac{\varepsilon}{1-\varepsilon}}-\log\left[1+2(1-\varepsilon)\varepsilon^{\frac{\varepsilon}{1-\varepsilon}}\right]\right\}} = 2^{\left[\log\frac{(1-\varepsilon)\varepsilon^{\frac{\varepsilon}{1-\varepsilon}}}{1+2(1-\varepsilon)\varepsilon^{\frac{\varepsilon}{1-\varepsilon}}}\right]} \\ &= \frac{(1-\varepsilon)\varepsilon^{\frac{\varepsilon}{1-\varepsilon}}}{1+2(1-\varepsilon)\varepsilon^{\frac{\varepsilon}{1-\varepsilon}}} \end{aligned} \tag{9}$$

$$\begin{aligned} p_Y(b_2) &= 2^{(\beta_2-C)} = 2^{-C} \\ &= 2^{-\left\{\log\left[1+2(1-\varepsilon)\varepsilon^{\frac{\varepsilon}{1-\varepsilon}}\right]\right\}} = \frac{1}{1+2(1-\varepsilon)\varepsilon^{\frac{\varepsilon}{1-\varepsilon}}} \end{aligned} \tag{10}$$

$$p_Y(b_3) = p_Y(b_1) = \frac{(1-\varepsilon)\varepsilon^{\frac{\varepsilon}{1-\varepsilon}}}{1+2(1-\varepsilon)\varepsilon^{\frac{\varepsilon}{1-\varepsilon}}} \tag{11}$$

这样,有

$$\begin{cases} p_Y(b_1) = \dfrac{(1-\varepsilon)\varepsilon^{\frac{\varepsilon}{1-\varepsilon}}}{1+2(1-\varepsilon)\varepsilon^{\frac{\varepsilon}{1-\varepsilon}}} \\[3mm] p_Y(b_2) = \dfrac{1}{1+2(1-\varepsilon)\varepsilon^{\frac{\varepsilon}{1-\varepsilon}}} \\[3mm] p_Y(b_3) = \dfrac{(1-\varepsilon)\varepsilon^{\frac{\varepsilon}{1-\varepsilon}}}{1+2(1-\varepsilon)\varepsilon^{\frac{\varepsilon}{1-\varepsilon}}} \end{cases} \tag{12}$$

显然,由(12)式,有

$$p_Y(b_1) + p_Y(b_2) + p_Y(b_3) = 1 \tag{13}$$

(4) 由(2.3.2-23)式,求解匹配信源 $X:\{a_1,a_2,a_3\}$ 的概率分布 $p_m(a_1),p_m(a_2),p_m(a_3)$.

由(2.3.2-23)式,有

$$p_Y(b_1) = p_m(a_1)p(b_1/a_1) + p_m(a_2)p(b_1/a_2) + p_m(a_3)p(b_1/a_3)$$
$$= p_m(a_1)(1-\varepsilon) \tag{14}$$

由(14)式解得

$$p_m(a_1) = \frac{p_Y(b_1)}{1-\varepsilon} = \frac{1}{1-\varepsilon} \cdot \frac{(1-\varepsilon)\varepsilon^{\frac{\varepsilon}{1-\varepsilon}}}{1+2(1-\varepsilon)\varepsilon^{\frac{\varepsilon}{1-\varepsilon}}}$$
$$= \frac{\varepsilon^{\frac{\varepsilon}{1-\varepsilon}}}{1+2(1-\varepsilon)\varepsilon^{\frac{\varepsilon}{1-\varepsilon}}} \tag{15}$$

由(2.3.2-23)式,又有

$$p_Y(b_2) = p_m(a_1)p(b_2/a_1) + p_m(a_2)p(b_2/a_2) + p_m(a_3)p(b_2/a_3)$$
$$= p_m(a_1)\varepsilon + p_m(a_2) + p_m(a_3)\varepsilon$$
$$= p_m(a_2) + \varepsilon[p_m(a_1) + p_m(a_3)] \tag{16}$$

由(2.3.2-23)式,还有

$$p_Y(b_3) = p_m(a_1)p(b_3/a_1) + p_m(a_2)p(b_3/a_2) + p_m(a_3)p(b_3/a_3)$$
$$= p_m(a_3)(1-\varepsilon) \tag{17}$$

由(17)式,解得

$$p_m(a_3) = \frac{p_Y(b_3)}{1-\varepsilon} = \frac{1}{1-\varepsilon} \cdot \frac{(1-\varepsilon)\varepsilon^{\frac{\varepsilon}{1-\varepsilon}}}{1+2(1-\varepsilon)\varepsilon^{\frac{\varepsilon}{1-\varepsilon}}}$$
$$= \frac{\varepsilon^{\frac{\varepsilon}{1-\varepsilon}}}{1+2(1-\varepsilon)\varepsilon^{\frac{\varepsilon}{1-\varepsilon}}} \tag{18}$$

由(16)式,得

$$p_m(a_2) = p_Y(b_2) - \varepsilon[p_m(a_1) + p_m(a_3)]$$
$$= \frac{1}{1+2(1-\varepsilon)\varepsilon^{\frac{\varepsilon}{1-\varepsilon}}} - \varepsilon \cdot 2 \cdot \frac{\varepsilon^{\frac{\varepsilon}{1-\varepsilon}}}{1+2(1-\varepsilon)\varepsilon^{\frac{\varepsilon}{1-\varepsilon}}} = \frac{1-2\varepsilon^{(1+\frac{\varepsilon}{1-\varepsilon})}}{1+2(1-\varepsilon)\varepsilon^{\frac{\varepsilon}{1-\varepsilon}}} \tag{19}$$

这样,匹配信源 $X:\{a_1,a_2,a_3\}$ 的概率分布为

$$\begin{cases} p_m(a_1) = \dfrac{\varepsilon^{\frac{\varepsilon}{1-\varepsilon}}}{1+2(1-\varepsilon)\varepsilon^{\frac{\varepsilon}{1-\varepsilon}}} \\[3mm] p_m(a_2) = \dfrac{1-2\varepsilon^{(1+\frac{\varepsilon}{1-\varepsilon})}}{1+2(1-\varepsilon)\varepsilon^{\frac{\varepsilon}{1-\varepsilon}}} \\[3mm] p_m(a_3) = \dfrac{\varepsilon^{\frac{\varepsilon}{1-\varepsilon}}}{1+2(1-\varepsilon)\varepsilon^{\frac{\varepsilon}{1-\varepsilon}}} \end{cases} \tag{20}$$

显然,由(20)式有

$$\begin{aligned} p_m(a_1)+p_m(a_2)+p_m(a_3) &= \frac{2\varepsilon^{\frac{\varepsilon}{1-\varepsilon}}}{1+2(1-\varepsilon)\varepsilon^{\frac{\varepsilon}{1-\varepsilon}}} + \frac{1-2\varepsilon^{(1+\frac{\varepsilon}{1-\varepsilon})}}{1+2(1-\varepsilon)\varepsilon^{\frac{\varepsilon}{1-\varepsilon}}} \\[2mm] &= \frac{1+2\varepsilon^{\frac{\varepsilon}{1-\varepsilon}}-2\varepsilon^{(1+\frac{\varepsilon}{1-\varepsilon})}}{1+2(1-\varepsilon)\varepsilon^{\frac{\varepsilon}{1-\varepsilon}}} = \frac{1+2\varepsilon^{\frac{\varepsilon}{1-\varepsilon}}-2\varepsilon\cdot\varepsilon^{\frac{\varepsilon}{1-\varepsilon}}}{1+2(1-\varepsilon)\varepsilon^{\frac{\varepsilon}{1-\varepsilon}}} \\[2mm] &= \frac{1+2\varepsilon^{\frac{\varepsilon}{1-\varepsilon}}(1-\varepsilon)}{1+2(1-\varepsilon)\varepsilon^{\frac{\varepsilon}{1-\varepsilon}}} = 1 \end{aligned} \tag{21}$$

这表明,(20)式所示匹配信源 $X:\{a_1,a_2,a_3\}$ 的概率分布 $p_0(a_1),p_0(a_2),p_0(a_3)$ 构成完备的概率空间.

因 $0<\varepsilon<1$,由(18)式可知

$$p_m(a_2) \neq 0 \tag{22}$$

则证明,给定信源的概率分布 $p(a_1)=p(a_3)=1/2$;$p(a_2)=0$ 不是匹配信源的概率分布,即给定信源 $X:\{a_1,a_2,a_3\}$ 不是图 E2.18-1 所示信道(X-Y)的匹配信源.

(5) 依据定理 2.7,把图 E2.18-1 修正为图 E2.18-2.

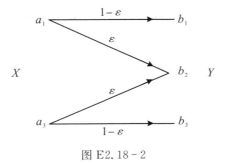

图 E2.18-2

由信源 $X:\{a_1,a_2,a_3\}$ 的概率分布,求得信道(X-Y)输出随机变量 Y 的概率分布

$$\begin{cases} p_Y(b_1)=p(a_1)p(b_1/a_1)+p(a_2)p(b_1/a_2)+p(a_3)p(b_1/a_3)=(1-\varepsilon)/2 & (23) \\[2mm] p_Y(b_2)=p(a_1)p(b_2/a_1)+p(a_2)p(b_2/a_2)+p(a_3)p(b_2/a_3)=\varepsilon/2+\varepsilon/2=\varepsilon & (24) \\[2mm] p_Y(b_3)=p(a_1)p(b_3/a_1)+p(a_2)p(b_3/a_2)+p(a_3)p(b_3/a_3)=(1-\varepsilon)/2 & (25) \end{cases}$$

信源符号 a_1 和 a_3 对 Y 提供的平均互信息

$$\begin{aligned} I(a_1;Y) &= \sum_{j=1}^{3} p(b_j/a_1)\log\frac{p(b_j/a_1)}{p_Y(b_j)} \\[2mm] &= p(b_1/a_1)\log\frac{p(b_1/a_1)}{p_Y(b_1)} + p(b_2/a_1)\log\frac{p(b_2/a_1)}{p_Y(b_2)} + p(b_3/a_1)\log\frac{p(b_3/a_1)}{p_Y(b_3)} \end{aligned}$$

$$= (1-\varepsilon)\log\frac{1-\varepsilon}{\frac{1-\varepsilon}{2}} + \varepsilon\log\frac{\varepsilon}{\varepsilon} = 1-\varepsilon \tag{26}$$

$$I(a_3;Y) = \sum_{j=1}^{3} p(b_j/a_3)\log\frac{p(b_j/a_3)}{p_Y(b_j)}$$

$$= p(b_1/a_3)\log\frac{p(b_1/a_3)}{p_Y(b_1)} + p(b_2/a_3)\log\frac{p(b_2/a_3)}{p_Y(b_2)} + p(b_3/a_3)\log\frac{p(b_3/a_3)}{p_Y(b_3)}$$

$$= \varepsilon\log\frac{\varepsilon}{\varepsilon} + (1-\varepsilon)\log\frac{1-\varepsilon}{\frac{1-\varepsilon}{2}} = 1-\varepsilon \tag{27}$$

根据定理 2.7, 信源 X: $\{a_1,a_2,a_3\}$ 必定是修正后的信道 $(X\text{-}Y)$(如图 E2.18-2 所示)的匹配信源, 且其信道容量

$$C = I(a_i;Y) = 1-\varepsilon \quad (i=1,3) \tag{28}$$

【例 2.19】 设有图 E2.19 所示信道 $(X\text{-}Y)$.

试证明, 信源空间分别为

$$[X_1 \cdot P] = \begin{cases} X_1 & a_1 & a_2 & a_3 & a_4 & a_5 \\ P(X_1): & 1/4 & 1/4 & 0 & 1/4 & 1/4 \end{cases}$$

$$[X_2 \cdot P] = \begin{cases} X_2 & a_1 & a_2 & a_3 & a_4 & a_5 \\ P(X_2): & 1/2 & 0 & 0 & 0 & 1/2 \end{cases}$$

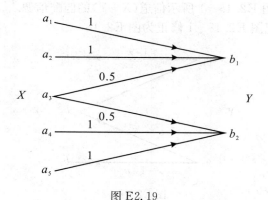

图 E2.19

的信源 X_1 和 X_2, 都是信道 $(X\text{-}Y)$ 的匹配信源, 并计算其信道容量.

解 由图 E2.19 可知, 信道 $(X\text{-}Y)$ 的信道矩阵为

$$[P] = \begin{array}{c} \\ a_1 \\ a_2 \\ a_3 \\ a_4 \\ a_5 \end{array} \begin{array}{cc} b_1 & b_2 \\ \begin{bmatrix} 1 & 0 \\ 1 & 0 \\ 0.5 & 0.5 \\ 0 & 1 \\ 0 & 1 \end{bmatrix} \end{array} \tag{1}$$

(1) 对信源 X_1 来说, 输出随机变量 Y_1 的概率分布

$$\begin{cases} p_{Y_1}(b_1) = p(a_1)p(b_1/a_1) + p(a_2)p(b_1/a_2) + p(a_3)p(b_1/a_3) + p(a_4)p(b_1/a_4) + p(a_5)p(b_1/a_5) \\ \qquad = 1/4 \times 1 + 1/4 \times 1 = 1/2 \\ p_{Y_1}(b_2) = p(a_1)p(b_2/a_1) + p(a_2)p(b_2/a_2) + p(a_3)p(b_2/a_3) + p(a_4)p(b_2/a_4) + p(a_5)p(b_2/a_5) \\ \qquad = 1/4 \times 1 + 1/4 \times 1 = 1/2 \end{cases} \tag{2}$$

信源 $X_1 : \{a_1, a_2, a_3, a_4, a_5\}$ 中每个符号 a_i 对 Y 提供的平均互信息

$$\begin{aligned} I(a_1; Y) &= \sum_{j=1}^{2} p(b_j/a_1) \log \frac{p(b_j/a_1)}{p_Y(b_j)} \\ &= p(b_1/a_1) \log \frac{p(b_1/a_1)}{p_{Y_1}(b_1)} + p(b_2/a_1) \log \frac{p(b_2/a_1)}{p_{Y_1}(b_2)} \\ &= 1 \times \log \frac{1}{1/2} + 0 \log \frac{0}{1/2} = \log 2 = 1 \quad （比特／符号） \end{aligned} \tag{3}$$

$$\begin{aligned} I(a_2; Y) &= \sum_{j=1}^{2} p(b_j/a_2) \log \frac{p(b_j/a_2)}{p_Y(b_j)} \\ &= p(b_1/a_2) \log \frac{p(b_1/a_2)}{p_{Y_1}(b_1)} + p(b_2/a_2) \log \frac{p(b_2/a_2)}{p_{Y_1}(b_2)} \\ &= 1 \times \log \frac{1}{1/2} + 0 \log \frac{0}{1/2} = \log 2 = 1 \quad （比特／符号） \end{aligned} \tag{4}$$

$$\begin{aligned} I(a_3; Y) &= \sum_{j=1}^{2} p(b_j/a_3) \log \frac{p(b_j/a_3)}{p_Y(b_j)} \\ &= p(b_1/a_3) \log \frac{p(b_1/a_3)}{p_{Y_1}(b_1)} + p(b_2/a_3) \log \frac{p(b_2/a_3)}{p_{Y_1}(b_2)} \\ &= \frac{1}{2} \log \frac{1/2}{1/2} + \frac{1}{2} \log \frac{1/2}{1/2} = 0 \end{aligned} \tag{5}$$

$$\begin{aligned} I(a_4; Y) &= \sum_{j=1}^{2} p(b_j/a_4) \log \frac{p(b_j/a_4)}{p_{Y_1}(b_j)} \\ &= p(b_1/a_4) \log \frac{p(b_1/a_4)}{p_{Y_1}(b_1)} + p(b_2/a_4) \log \frac{p(b_2/a_4)}{p_{Y_2}(b_2)} \\ &= 1 \times \log \frac{1}{1/2} = \log 2 = 1 \quad （比特／符号） \end{aligned} \tag{6}$$

$$\begin{aligned} I(a_5; Y) &= \sum_{j=1}^{2} p(b_j/a_5) \log \frac{p(b_j/a_5)}{p_{Y_1}(b_j)} \\ &= p(b_1/a_5) \log \frac{p(b_1/a_5)}{p_{Y_1}(b_1)} + p(b_2/a_5) \log \frac{p(b_2/a_5)}{p_{Y_1}(b_2)} \\ &= 1 \times \log \frac{1}{1/2} = \log 2 = 1 \quad （比特／符号） \end{aligned} \tag{7}$$

由(3)～(7)式可知,对于信源 $X : \{a_1, a_2, a_3, a_4, a_5\}$,信道($X$-$Y$)满足

$$\begin{cases} I(a_i; Y) = 1 \quad （比特／符号）\quad p_i \neq 0 \quad (i = 1, 2, 4, 5) \\ I(a_i; Y) = 0 < 1 \quad （比特／符号）\quad p_i = 0 \quad (i = 3) \end{cases} \tag{8}$$

根据匹配信源等量平衡特性(定理 2.7),证明信源 X_1 是信道$(X\text{-}Y)$的匹配信源,且其信道容量

$$C = I(a_i;Y) = 1 \quad (\text{比特} / \text{符号}) \quad p_i \neq 0 \quad (i = 1,2,4,5) \tag{9}$$

(2) 对于信源 X_2 来说,输出随机变量 Y 的概率分布

$$
\begin{cases}
p_{Y_2}(b_1) = p(a_1)p(b_1/a_1) + p(a_2)p(b_1/a_2) + p(a_3)p(b_1/a_3) + p(a_4)p(b_1/a_4) + p(a_5)p(b_1/a_5) \\
\qquad = 1/2 \times 1 = 1/2 \\
p_{Y_2}(b_2) = p(a_1)p(b_2/a_1) + p(a_2)p(b_2/a_2) + p(a_3)p(b_2/a_3) + p(a_4)p(b_2/a_4) + p(a_5)p(b_2/a_5) \\
\qquad = 1/2 \times 1 = 1/2
\end{cases} \tag{10}
$$

信源 $X_2:\{a_1,a_2,a_3,a_4,a_5\}$中每个符号 a_i 对 Y 提供的平均互信息

$$
\begin{aligned}
I(a_1;Y) &= \sum_{j=1}^{2} p(b_j/a_1)\log\frac{p(b_j/a_1)}{p_{Y_2}(b_j)} \\
&= p(b_1/a_1)\log\frac{p(b_1/a_1)}{p_{Y_2}(b_1)} + p(b_2/a_1)\log\frac{p(b_2/a_1)}{p_{Y_2}(b_2)} \\
&= 1\log\frac{1}{1/2} = \log 2 = 1 \quad (\text{比特} / \text{符号})
\end{aligned} \tag{11}
$$

$$
\begin{aligned}
I(a_2;Y) &= \sum_{j=1}^{2} p(b_j/a_2)\log\frac{p(b_j/a_2)}{p_{Y_2}(b_j)} \\
&= p(b_1/a_2)\log\frac{p(b_1/a_2)}{p_{Y_2}(b_1)} + p(b_2/a_2)\log\frac{p(b_2/a_2)}{p_{Y_2}(b_2)} \\
&= 1\log\frac{1}{1/2} = \log 2 = 1 \quad (\text{比特} / \text{符号})
\end{aligned} \tag{12}
$$

$$
\begin{aligned}
I(a_3;Y) &= \sum_{j=1}^{2} p(b_j/a_3)\log\frac{p(b_j/a_3)}{p_{Y_2}(b_j)} \\
&= p(b_1/a_3)\log\frac{p(b_1/a_3)}{p_{Y_2}(b_1)} + p(b_2/a_3)\log\frac{p(b_2/a_3)}{p_{Y_2}(b_2)} \\
&= \frac{1}{2}\log\frac{1/2}{1/2} + \frac{1}{2}\log\frac{1/2}{1/2} = 0
\end{aligned} \tag{13}
$$

$$
\begin{aligned}
I(a_4;Y) &= \sum_{j=1}^{2} p(b_j/a_4)\log\frac{p(b_j/a_4)}{p_{Y_2}(b_j)} \\
&= p(b_1/a_4)\log\frac{p(b_1/a_4)}{p_{Y_2}(b_1)} + p(b_2/a_4)\log\frac{p(b_2/a_4)}{p_{Y_2}(b_2)} \\
&= 1\log\frac{1}{1/2} = \log 2 = 1 \quad (\text{比特} / \text{符号})
\end{aligned} \tag{14}
$$

$$
\begin{aligned}
I(a_5;Y) &= \sum_{j=1}^{2} p(b_j/a_5)\log\frac{p(b_j/a_5)}{p_{Y_2}(b_j)} \\
&= p(b_1/a_5)\log\frac{p(b_1/a_5)}{p_{Y_2}(b_1)} + p(b_2/a_5)\log\frac{p(b_2/a_5)}{p_{Y_2}(b_2)}
\end{aligned}
$$

$$= 1\log \frac{1}{1/2} = \log 2 = 1 \quad （\text{比特}／\text{符号}） \tag{15}$$

由(11)～(15)式可知,对于信源 $X_2:\{a_1,a_2,a_3,a_4,a_5\}$ 来说,信道 $(X\text{-}Y)$ 满足

$$\begin{cases} I(a_i;Y) = 1 \quad （\text{比特}／\text{符号}） & p_i \neq 0 \quad (i=1,5) \\ I(a_i;Y) \leqslant 1 \quad （\text{比特}／\text{符号}） & p_i = 0 \quad (i=2,3,4) \end{cases} \tag{16}$$

根据匹配信源等量平衡特性(定理 2.7),证明信源 X_2 亦是信道 $(X\text{-}Y)$ 的匹配信源,且其信道容量

$$C = I(a_i;Y) = 1 \quad （\text{比特}／\text{符号}） \quad (i=1,5) \tag{17}$$

本例题告诉我们:同一给定信道 $(X\text{-}Y)$,它的匹配信源可能不是唯一的.

【例 2.20】　试证明定理 2.7 的另一种表述:

信道 $(X\text{-}Y)$ 达到信道容量 C 的充分和必要条件是

$$\frac{\partial I(X;Y)}{\partial p_i} = \lambda \quad (p_i \neq 0)$$

$$\frac{\partial I(X;Y)}{\partial p_i} = \lambda \quad (p_i = 0)$$

其中,λ 是常数,$P(X):\{p_1,p_2,\cdots,p_Y\}$ 是信道 $(X\text{-}Y)$ 的匹配信源 X 的概率分布.

证明

1. 充分性

设给定信道 $(X\text{-}Y)$ 的匹配信源 X 的概率矢量为 $\boldsymbol{P}=(p_1,p_2,\cdots,p_r)$;任一非匹配信源 X 的概率矢量为 $\boldsymbol{Q}=(q_1,q_2,\cdots,q_r)$. 要证明充分性,就是要证明 $\boldsymbol{P}$ 和 $\boldsymbol{Q}$ 相应的平均互信息

$$I(\boldsymbol{Q}) \leqslant I(\boldsymbol{P}) \tag{1}$$

(1) 根据平均互信息的上凸性,一般有

$$\alpha I(\boldsymbol{Q}) + \beta I(\boldsymbol{P}) \leqslant I(\alpha \boldsymbol{Q} + \beta \boldsymbol{P}) \quad (0 < \alpha,\beta < 1; \alpha + \beta = 1) \tag{2}$$

作恒等变换,即有

$$I(\boldsymbol{Q}) - I(\boldsymbol{P}) \leqslant \frac{I[\boldsymbol{P}+\alpha(\boldsymbol{Q}-\boldsymbol{P})] - I(\boldsymbol{P})}{\alpha} \tag{3}$$

(2) 把(3)式右边的分子,改写为用概率分量 $p_1,p_2,\cdots,p_r$ 和 $q_1,q_2,\cdots,q_r$ 表示,即

$$\begin{aligned} &I[\boldsymbol{P}+\alpha(\boldsymbol{Q}-\boldsymbol{P})] - I(\boldsymbol{P}) \\ &= I\{[p_1+\alpha(q_1-p_1)],[p_2+\alpha(q_2-p_2)],\cdots,[p_r+\alpha(q_r-p_r)]\} \\ &\quad - I(p_1,p_2,\cdots,p_r) \end{aligned} \tag{4}$$

对(4)式作恒等变换,有

$$\begin{aligned} &I[\boldsymbol{P}+\alpha(\boldsymbol{Q}-\boldsymbol{P})] - I(\boldsymbol{P}) \\ &= \Big\{ I\{[p_1+\alpha(q_1-p_1)],[p_2+\alpha(q_2-p_2)],\cdots,[p_r+\alpha(q_r-p_r)]\} \\ &\quad - I\{p_1,[p_2+\alpha(q_2-p_2)],[p_3+\alpha(q_3-p_3)],\cdots,[p_r+\alpha(q_r-p_r)]\} \Big\} \quad ① \\ &\quad + \Big\{ I\{p_1,[p_2+\alpha(q_2-p_2)],[p_3+\alpha(q_3-p_3)],\cdots,[p_r+\alpha(q_r-p_r)]\} \\ &\quad - I\{p_1,p_2,[p_3+\alpha(q_3-p_3)],[p_4+\alpha(q_4-p_4)],\cdots,[p_r+\alpha(q_r-p_r)]\} \Big\} \quad ② \end{aligned}$$

$$+\left\{I\{p_1,p_2,[p_3+\alpha(q_3-p_3)],[p_4+\alpha(q_4-p_4)],\cdots,[p_r+\alpha(q_r-p_r)]\}\right.$$

$$\left.-I\{p_1,p_2,p_3,[p_4+\alpha(q_4-p_4)],[p_5+\alpha(q_5-p_5)],\cdots,[p_r+\alpha(q_r-p_r)]\}\right\}\qquad ③$$

$$\cdots$$

$$+\left\{I\{p_1,p_2,\cdots,p_{r-1},[p_r+\alpha(q_r-p_r)]\}-I(p_1,p_2,\cdots,p_r)\right\}\qquad ①$$

$$\tag{5}$$

在等式(5)中,第 $ⓘ(i=1,2,\cdots,r)$ 个大括号 $\{\}$,实际上表示概率矢量 $\boldsymbol{P}=(p_1,p_2,\cdots,p_r)$ 中第 $i(i=1,2,\cdots,r)$ 个分量 p_i 增加到 $[p_i+\alpha(q_i-p_i)]$ 所引起的函数的增量

$$\Delta_i=I\{[p_i+\alpha(q_i-p_i)]\}-I(p_i)$$

$$=\left\{I\{p_1,p_2,\cdots,p_{i-1},[p_i+\alpha(q_i-p_i)],[p_{i+1}+\alpha(q_{i+1}-p_{i+1})],\cdots,[p_r+\alpha(q_r-p_r)]\}\right.$$

$$\left.-I\{p_1,p_2,\cdots,p_{i-1},p_i,[p_{i+1}+\alpha(q_{i+1}-p_{i+1})],\cdots,[p_r+\alpha(q_r-p_r)]\}\right\}\quad(i=1,2,\cdots,r)$$

$$\tag{6}$$

因此,有

$$\lim_{\alpha\to0}\frac{\Delta_i}{\alpha}=\lim_{\alpha\to0}\frac{I\{[p_i+\alpha(q_i-p_i)]\}-I(p_i)}{\alpha}$$

$$=\frac{\partial I(p_i)}{\partial p_i}\cdot(q_i-p_i)$$

$$=\frac{\partial I(\boldsymbol{P})}{\partial p_i}\cdot(q_i-p_i)\quad(i=1,2,\cdots,r)\tag{7}$$

由(5)式、(6)式、(7)式,可得

$$\lim_{\alpha\to0}\frac{I[\boldsymbol{P}+\alpha(\boldsymbol{Q}-\boldsymbol{P})]-I(\boldsymbol{P})}{\alpha}$$

$$=\sum_{i=1}^{r}\left(\lim_{\alpha\to0}\frac{\Delta_i}{\alpha}\right)=\sum_{i=1}^{r}\left[\frac{\partial I(\boldsymbol{P})}{\partial p_i}\cdot(q_i-p_i)\right]$$

$$=(q_1-p_1)\frac{\partial I(\boldsymbol{P})}{\partial p_1}+(q_2-p_2)\frac{\partial I(\boldsymbol{P})}{\partial p_2}+\cdots+(q_r-p_r)\frac{\partial I(\boldsymbol{P})}{\partial p_r}\tag{8}$$

(3)式对任意 $0<\alpha<1$ 都成立,当 $\alpha\to0$ 时亦成立. 则由等式(8),不等式(3)改写为

$$I(\boldsymbol{Q})-I(\boldsymbol{P})\leqslant\sum_{i=1}^{r}(q_i-p_i)\frac{\partial I(\boldsymbol{P})}{\partial p_i}\tag{9}$$

(3) 不等式(9)改写为

$$I(\boldsymbol{Q})-I(\boldsymbol{P})\leqslant\sum_{i=1}^{r}q_i\cdot\frac{\partial I(\boldsymbol{P})}{\partial p_i}-\sum_{i=1}^{r}p_i\frac{\partial I(\boldsymbol{P})}{\partial p_i}\tag{10}$$

设在信源 X 的 r 个概率分量 $p_1,p_2,\cdots,p_r$ 中,

$$p_{i1}'\neq0;p_{i2}'\neq0;\cdots,p_{ir}'\neq0\tag{11}$$

并令集合

$$I':\{i1,i2,\cdots,ir\}\tag{12}$$

而

$$p'_{01} = p'_{02} = \cdots = p'_{0r} = 0 \tag{13}$$

并令集合

$$I'' : \{01, 02, \cdots, 0r\} \tag{14}$$

对集合 I' 和 I''，有

$$\begin{cases} I' \bigcap I'' = \varnothing \\ I' \bigcup I'' = I : \{1, 2, \cdots, r\} \end{cases} \tag{15}$$

由假设条件，有

$$\begin{cases} \dfrac{\partial I(\boldsymbol{P})}{\partial p_i} = \lambda & (p_i \neq 0) \\ \dfrac{\partial I(\boldsymbol{P})}{\partial p_i} \leqslant \lambda & (p_i = 0) \end{cases} \tag{16}$$

则不等式(10)可改写为

$$\begin{aligned} I(\boldsymbol{Q}) - I(\boldsymbol{P}) &= \sum_{i=1}^{r} q_i \frac{\partial I(\boldsymbol{P})}{\partial p_i} - \sum_{i=1}^{r} p_i \frac{\partial I(\boldsymbol{P})}{\partial p_i} \\ &= \Big[\sum_{i \in I'} q_i \frac{\partial I(\boldsymbol{P})}{\partial p_i} + \sum_{i \in II'} q_i \frac{\partial I(\boldsymbol{P})}{\partial p_i} \Big] \qquad ① \\ &\quad - \Big[\sum_{i \in I'} p_i \frac{\partial I(\boldsymbol{P})}{\partial p_i} + \sum_{i \in II'} p_i \frac{\partial I(\boldsymbol{P})}{\partial p_i} \Big] \qquad ② \end{aligned} \tag{17}$$

由(16)式可知，其中(17)式中的①式有

$$\sum_{i \in I'} q_i \frac{\partial I(\boldsymbol{P})}{\partial p_i} + \sum_{i \in II'} q_i \frac{\partial I(\boldsymbol{P})}{\partial p_i} \leqslant \lambda \sum_{i \in I'} q_i + \lambda \sum_{i \in II'} q_i = \lambda \sum_{i \in 1}^{r} q_i = \lambda \tag{18}$$

其中(17)式中的②式有

$$\begin{aligned} \sum_{i \in I'} p_i \frac{\partial I(\boldsymbol{P})}{\partial p_i} + \sum_{i \in II'} p_i \frac{\partial I(\boldsymbol{P})}{\partial p_i} &= \lambda \sum_{i \in I'} p_i + \sum_{i \in II'} 0 \cdot \frac{\partial I(\boldsymbol{P})}{\partial p_i} \\ &= \lambda + 0 = \lambda \end{aligned} \tag{19}$$

由(18)式、(19)式，等式(17)又可改写为

$$I(\boldsymbol{Q}) - I(\boldsymbol{P}) \leqslant \lambda - \lambda = 0 \tag{20}$$

即证得

$$I(\boldsymbol{Q}) \leqslant I(\boldsymbol{P}) \tag{21}$$

这表明，满足(16)式的信源 $X : \{a_1, a_2, \cdots, a_r\}$ 的概率分布 $P(X) : \{p_1, p_2, \cdots, p_r\}$（概率矢量为 $\boldsymbol{P} = (p_1, p_2, \cdots, p_r)$）的平均互信息 $I(\boldsymbol{P})$ 达到信道容量 C. 这样，充分性就得到了证明.

2. 必要性

要证明必要性，即要证明：若

$$I(\boldsymbol{Q}) \leqslant I(\boldsymbol{P}) \tag{22}$$

则一定满足

$$\begin{cases} \dfrac{\partial I(\boldsymbol{P})}{\partial p_i} = \lambda & (p_i \neq 0) \\ \dfrac{\partial I(\boldsymbol{P})}{\partial p_i} \leqslant \lambda & (p_i = 0) \end{cases} \tag{23}$$

(1) 因为已设 $I(\boldsymbol{P})$ 是信道 $(X-Y)$ 的信道容量,所以 $\boldsymbol{P}$ 和 $\boldsymbol{Q}$ 的内插值 $[\alpha\boldsymbol{Q}\,(1-\alpha)\boldsymbol{P}]$ 作为输入信源的概率矢量时,信道 $(X-Y)$ 的平均互信息,一定不超过 $I(\boldsymbol{P})$,即有

$$I[\alpha\boldsymbol{Q}+(1-\alpha)\boldsymbol{P}]\leqslant I(\boldsymbol{P}) \tag{24}$$

即有

$$I[\boldsymbol{P}+\alpha(\boldsymbol{Q}-\boldsymbol{P})]-I(\boldsymbol{P})\leqslant 0 \tag{25}$$

则得

$$\lim_{\alpha\to 0}\frac{I[\boldsymbol{P}+\alpha(\boldsymbol{Q}-\boldsymbol{P})]-I(\boldsymbol{P})}{\alpha}\leqslant 0 \tag{26}$$

由等式(8),有

$$\sum_{i=1}^{r}(q_i-p_i)\,\frac{\partial I(\boldsymbol{P})}{\partial p_i}\leqslant 0 \tag{27}$$

(2) 因为

$$\sum_{i=1}^{r}p_i=1 \tag{28}$$

所以,在概率矢量 $\boldsymbol{P}=(p_1,p_2,\cdots,p_r)$ 的 r 个概率分量 $p_i(i=1,2,\cdots,r)$ 中,至少有一个分量

$$p_l\neq 0;p_l>0 \tag{29}$$

设,在概率矢量 $\boldsymbol{Q}=(q_1,q_2,\cdots,q_r)$ 的 r 个概率分量 $q_i(i=1,2,\cdots,r)$ 中,有

$$\begin{cases} q_l=p_l-\varepsilon & (p_l>0)\\ q_j=p_j+\varepsilon \\ q_i=p_i & (i\neq l,j) \end{cases} \tag{30}$$

其中,ε 为任意数.但为了保证 q_l 和 q_j 的概率秉性,必有

$$\begin{cases} q_l=p_l-\varepsilon\geqslant 0\\ q_j=p_j+\varepsilon\geqslant 0 \end{cases} \tag{31}$$

这就是说,ε 必须满足

$$-p_j\leqslant\varepsilon\leqslant p_l \tag{32}$$

由此,不等式(27)可改写为

$$(q_l-p_l)\,\frac{\partial I(\boldsymbol{P})}{\partial p_l}+(q_j-p_j)\,\frac{\partial I(\boldsymbol{P})}{\partial p_j}+\sum_{i\neq l,j}(q_i-p_i)\,\frac{\partial I(\boldsymbol{P})}{\partial p_i}\leqslant 0 \tag{33}$$

由(30)式、(31)式,不等式(33)进而又可改写为

$$-\varepsilon\,\frac{\partial I(\boldsymbol{P})}{\partial p_l}+\varepsilon\,\frac{\partial I(\boldsymbol{P})}{\partial p_j}\leqslant 0 \tag{34}$$

因为已设定 $I(\boldsymbol{P})$ 是信道 $(X-Y)$ 的信道容量 C,再考虑到 $I(\boldsymbol{P})$ 的上凸性,令

$$\frac{\partial I(\boldsymbol{P})}{\partial p_l}=\lambda \quad (p_l>0)$$

其中,λ 是常数.则不等式(34)又可改写为

$$\varepsilon\,\frac{\partial I(\boldsymbol{P})}{\partial p_j}\leqslant\varepsilon\lambda \tag{35}$$

(3) 由(30)式,当 $p_j=0$ 时,为了保证 $q_j>0$,则 ε 必须取正数,即有

$$\varepsilon>0 \tag{36}$$

这样,由不等式(35),得

$$\frac{\partial I(\boldsymbol{P})}{\partial p_j} \leqslant \lambda \quad (p_j = 0) \tag{37}$$

当 $p_j \neq 0$,且 $p_j > 0$ 时,由(30)式可知:ε 可取正数($\varepsilon > 0$);ε 也可取负数($\varepsilon < 0$). 这两种情况都可保证 $q_j > 0$ 的概率秉性. 若 $\varepsilon > 0$,则由不等式(35),可得

$$\frac{\partial I(\boldsymbol{P})}{\partial p_j} \leqslant \lambda \tag{38}$$

若 $\varepsilon < 0$,则由不等式(35),得

$$\frac{\partial I(\boldsymbol{P})}{\partial p_j} \geqslant \lambda \tag{39}$$

由不等式(38)、(39)可知,当 $p_j \neq 0$,且 $p_j > 0$ 时,只能有

$$\frac{\partial I(\boldsymbol{P})}{\partial p_j} = \lambda \quad (p_j \neq 0) \tag{40}$$

不等式(37)、等式(40)证明:若概率矢量为 $\boldsymbol{P} = (p_1, p_2, \cdots, p_r)$ 的信源 X 是信道(X-Y)的匹配信源,平均互信息 $I(\boldsymbol{P})$ 达信道容量 C,则一定满足

$$\begin{cases} \dfrac{\partial I(\boldsymbol{P})}{\partial p_i} = \lambda & (p_i \neq 0) \\[3mm] \dfrac{\partial I(\boldsymbol{P})}{\partial p_i} \leqslant \lambda & (p_i = 0) \end{cases} \tag{41}$$

这样,必要性就得到了证明.

2.4　几种特殊信道的信道容量

一般来说,信道容量的计算比较复杂. 有几种特殊信道,由其自身的特点,直接运用信息熵和信息传输理论,就可导出其信道容量,不必运用信道容量的一般算法. 而且,这几种特殊信道,也是实际信息传输工程普遍被应用的信道.

2.4.1　无噪信道的信道容量

无噪信道的信息传输问题,就是信源自身的信息熵问题,无噪信道的信道容量问题,可归结为信源的最大信息问题.

以下,分别讨论"确定型"、"发散型"和"归并型"三种无噪信道的信道容量.

定理 2.8　若信道(X-Y)的信道矩阵$[P]$是($r \times r$)阶方阵,且每列只有一个非零元素 1,则其匹配信源 X 是 r 元等概信源,信道容量

$$C = \log r$$

证明　若信道(X-Y)的信道矩阵$[P]$是($r \times r$)阶方阵,且每列只有一个非零元素 1,则信道(X-Y)是"确定型"无噪信道.

如图 2.4-1 所示的信道(X-Y)是"确定型"无噪信道.

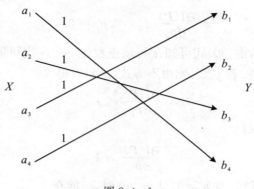

图 2.4 - 1

信道 $(X$ - $Y)$ 的信道矩阵

$$[P] = \begin{array}{c} \\ a_1 \\ a_2 \\ a_3 \\ a_4 \end{array} \begin{array}{cccc} b_1 & b_2 & b_3 & b_4 \\ \begin{pmatrix} 0 & 0 & 0 & 1 \\ 0 & 0 & 1 & 0 \\ 1 & 0 & 0 & 0 \\ 0 & 1 & 0 & 0 \end{pmatrix} \end{array} \qquad (2.4.1-1)$$

因为"确定型"无噪信道 $(X$ - $Y)$ 的平均互信息

$$I(X;Y) = H(X) \qquad (2.4.1-2)$$

根据信道容量的定义,以及最大离散熵定理,有

$$C = \max_{P(X)}\{I(X;Y)\} = \max_{p(a_i)}\{H(X)\} = \log r \qquad (2.4.1-3)$$

其匹配信源 X 是 r 元等概信源,其概率分布为

$$p(a_i) = 1/r \quad (i = 1,2,\cdots,r)$$

这样,定理 2.8 就得到了证明.

定理表明:输入、输出符号数相等,且均等于 $r(r>1$ 的正整数)的"确定型"无噪信道 $(X$ - $Y)$ 的匹配信源 X 是 r 元等概信源,其信道容量 $C=\log r$. 它只取决于输入、输出符号数 r,而且是 r 的单调递增的 $\bigcap$ 形凸函数,是信道自身的特征参量.

定理 2.9　若信道 $(X$ - $Y)$ 的信道矩阵 $[P]$ 中,每列只有一个非零元素,信道的输入符号数为 r,则信道的匹配信源 X 是 r 元等概信源,其信道容量

$$C = \log r$$

证明　若信道 $(X$ - $Y)$ 的信道矩阵 $[P]$ 中,每列只有一个非零元素,则信道 $(X$ - $Y)$ 是"发散型"无噪信道.

如图 2.4 - 2 所示的信道 $(X$ - $Y)$ 是"发散型"无噪信道.

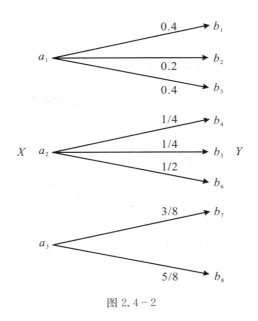

图 2.4 - 2

信道 $(X\text{-}Y)$ 的信道矩阵

$$[P]=\begin{array}{c}\\a_1\\a_2\\a_3\end{array}\begin{array}{cccccccc}b_1&b_2&b_3&b_4&b_5&b_6&b_7&b_8\\\left[\begin{array}{cccccccc}0.4&0.2&0.4&0&0&0&0&0\\0&0&0&1/4&1/4&1/2&0&0\\0&0&0&0&0&0&3/8&5/8\end{array}\right]\end{array}$$

$$(2.4.1-4)$$

"发散型"无噪信道 $(X\text{-}Y)$ 的平均互信息

$$I(X;Y) = H(X) \qquad\qquad (2.4.1-5)$$

根据信道容量的定义和最大离散熵定理,有

$$C = \max_{P(X)}\{I(X;Y)\} = \max_{p(a_i)}\{H(X)\} = \log r \qquad (2.4.1-6)$$

其匹配信源 X 是 r 元等概信源,其概率分布为

$$p(a_i) = 1/r \quad (i = 1,2,\cdots,r) \qquad\qquad (2.4.1-7)$$

这样,定理 2.9 就得到了证明.

定理表明:输入符号数为 r 的"发散型"无噪信道 $(X\text{-}Y)$ 的匹配信源 X 是 r 元等概信源,其信道容量 $C=\log r$,它只取决于信道 $(X\text{-}Y)$ 的输入符号数 r,是 r 的单调递增 $\bigcap$ 形凸函数,是信道 $(X\text{-}Y)$ 自身的特征参量.

定理 2.10　若信道 $(X\text{-}Y)$ 的信道矩阵 $[P]$ 中,所有元素都是 0 或 1,信道的输出符号数为 s,则能使输出随机变量 Y 呈现等概分布的任何输入随机变量 X,都是信道 $(X\text{-}Y)$ 的匹配信源. 其信道容量

$$C = \log s$$

证明　若信道 $(X\text{-}Y)$ 的信道矩阵 $[P]$ 中,所有元素都是 0 或 1,则信道 $(X\text{-}Y)$ 是"归并型"

无噪信道.

如图 2.4-3 所示的信道$(X-Y)$是"归并型"无噪信道.

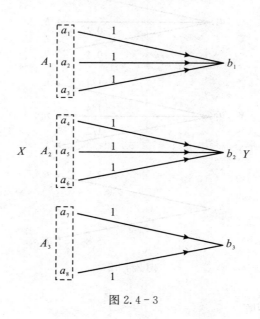

图 2.4-3

信道$(X-Y)$的信道矩阵

$$[P]=\begin{array}{c}\\ a_1\\ a_2\\ a_3\\ a_4\\ a_5\\ a_6\\ a_7\\ a_8\end{array}\begin{array}{ccc} b_1 & b_2 & b_3 \\ \left[\begin{array}{ccc} 1 & 0 & 0 \\ 1 & 0 & 0 \\ 1 & 0 & 0 \\ 0 & 1 & 0 \\ 0 & 1 & 0 \\ 0 & 1 & 0 \\ 0 & 0 & 1 \\ 0 & 0 & 1 \end{array}\right] \end{array} \qquad (2.4.1-8)$$

"归并型"无噪信道$(X-Y)$的平均互信息

$$I(X;Y) = H(Y) \qquad (2.4.1-9)$$

根据信道容量的定义和最大离散熵定理,有

$$C = \max_{P(X)}\{I(X;Y)\} = \max_{p(a_i)}\{H(Y)\} = \log s \qquad (2.4.1-10)$$

那么,当信源 X 是什么概率分布时,信道$(X-Y)$的输出随机变量 Y 才能呈现等概分布,使 $H(Y)$ 达到最大值 $H(Y)_{\max}=\log s$ 呢? 我们以图 2.4-3 所示的信道$(X-Y)$为例,来讨论这个问题.

在图 2.4-3 所示的信道$(X-Y)$中,Y 的概率分布

$$\begin{cases} p_Y(b_1) = p(a_1) \times 1 + p(a_2) \times 1 + p(a_3) \times 1 = p(a_1) + p(a_2) + p(a_3) \\ p_Y(b_2) = p(a_4) \times 1 + p(a_5) \times 1 + p(a_6) \times 1 = p(a_4) + p(a_5) + p(a_6) \\ p_Y(b_3) = p(a_7) \times 1 + p(a_8) \times 1 = p(a_7) + p(a_8) \end{cases} \quad (2.4.1-11)$$

可见,若要 Y 呈现等概分布,则必须有

$$\{p(a_1) + p(a_2) + p(a_3)\} = \{p(a_4) + p(a_5) + p(a_6)\}$$
$$= \{p(a_7) + p(a_8)\} \quad (2.4.1-12)$$

也就是说,匹配信源 $X:\{a_1, a_2, \cdots, a_8\}$ 中的符号子集 $A_1:\{a_1, a_2, a_3\}$、$A_2:\{a_4, a_5, a_6\}$、$A_3:\{a_7, a_8\}$ 的概率分布必须满足

$$\begin{cases} p(A_1) = p(a_1) + p(a_2) + p(a_3) = 1/3 \\ p(A_2) = p(a_4) + p(a_5) + p(a_6) = 1/3 \\ p(A_3) = p(a_7) + p(a_8) = 1/3 \end{cases} \quad (2.4.1-13)$$

而满足此条件的匹配信源不是唯一的.

一般来说,若"归并型"无噪信道 $(X-Y)$ 的输入随机变量 $X:\{a_1, a_2, \cdots, a_r\}$ 的符号子集 $A_1:\{a_{11}, a_{12}, \cdots, a_{1r}\}$、$A_2:\{a_{21}, a_{22}, \cdots, a_{2r}\}$、$\cdots$、$A_s:\{a_{s1}, a_{s2}, \cdots, a_{sr}\}$,且有

$$\begin{cases} A_1 \cap A_2 \cap \cdots \cap A_s = \varnothing \\ A_1 \cup A_2 \cup \cdots \cup A_s = \{a_1, a_2, \cdots, a_r\} \end{cases} \quad (2.4.1-14)$$

$A_1, A_2, \cdots, A_s$ 分别与输出随机变量 Y 的符号 $b_1, b_2, \cdots, b_s$ 一一对应,凡满足

$$\begin{cases} P(A_1) = \sum_{i=1}^{r} p(a_{1i}) = \dfrac{1}{s} \\ P(A_2) = \sum_{i=1}^{r} p(a_{2i}) = \dfrac{1}{s} \\ \cdots \\ P(A_s) = \sum_{i=1}^{r} p(a_{si}) = \dfrac{1}{s} \end{cases} \quad (2.4.1-15)$$

的任何输入随机变量 X,都可充当匹配信源. 匹配信源不是唯一的. 这样,定理 2.10 就得到了证明.

综上所述,不论是哪一类型的无噪信道,它的信道容量问题,实质上就是离散信息熵的最大值问题. "发散型"无噪信道的信道容量,等于输入随机变量 X 的最大信息熵 $H(X)_{max}$;"归并型"无噪信道的信道容量,等于输出随机变量 Y 的最大信息熵 $H(Y)_{max}$. 不论是"发散型"还是"归并型"无噪信道,其信道容量都等于"符号数少的符号集"(输入符号集 $X:\{a_1, a_2, \cdots, a_r\}$ 或输出符号集 $Y:\{b_1, b_2, \cdots, b_s\}$)的最大信息熵值. "确定型"无噪信道的输入、输出符号集中的符号数相等,其信道容量等于输入或输出符号集的最大信息熵 $H(X)_{max} = H(Y)_{max} = \log r = \log s$.

2.4.2　对称信道的信道容量

若信道 $(X-Y)$ 的信道矩阵 $[P]$ 中,每一行都是"行集合"$\{p'\}:\{p_1', p_2', \cdots, p_s'\}$ 的不同排列;每一列都是"列集合"$\{q'\}:\{q_1, q_2, \cdots, q_r\}$ 的不同排列,则信道 $(X-Y)$ 称为"对称信道". 例如信

道矩阵

$$[P]_1 = \begin{Bmatrix} 1/3 & 1/3 & 1/6 & 1/6 \\ 1/6 & 1/6 & 1/3 & 1/3 \end{Bmatrix}; \quad [P]_2 = \begin{Bmatrix} 1/2 & 1/3 & 1/6 \\ 1/6 & 1/2 & 1/3 \\ 1/3 & 1/6 & 1/2 \end{Bmatrix} \qquad (2.4.2-1)$$

所对应的信道是对称信道. 又如信道矩阵

$$[P]_1' = \begin{Bmatrix} 1/3 & 1/3 & 1/6 & 1/6 \\ 1/6 & 1/3 & 1/6 & 1/6 \end{Bmatrix}; \quad [P]_2' = \begin{Bmatrix} 0.7 & 0.2 & 0.1 \\ 0.2 & 0.1 & 0.7 \end{Bmatrix} \qquad (2.4.2-2)$$

所对应的信道就不是对称信道. 这是因为在$[P]_1'$和$[P]_2'$中,虽然每行是"行集合"的不同排列,但每列不都是"列集合"的不同排列.

定理 2.11　信道矩阵$[P]$的行集合$\{p'\}:\{p_1', p_2', \cdots, p_s'\}$含有 s 个元素,列集合$\{q'\}:\{q_1', q_2', \cdots, q_r'\}$含有 r 个元素的对称信道的匹配信源,是 r 元等概信源,其信道容量

$$C = \log s - H(p_1', p_2', \cdots, p_s')$$

证明　设把概率分布为$p(a_i)(i=1,2,\cdots,r)$的信源 X,与信道矩阵$[P]$的行集合$\{p'\}:\{p_1', p_2', \cdots, p_s'\}$的对称信道$(X-Y)$相接,根据熵函数的对称性,有

$$\begin{aligned} H(Y/X) &= -\sum_{i=1}^{r}\sum_{j=1}^{s} p(a_i)p(b_j/a_i)\log p(b_j/a_i) \\ &= \sum_{i=1}^{r} p(a_i)\Big[-\sum_{j=1}^{s} p(b_j/a_i)\log p(b_j/a_i)\Big] \\ &= \sum_{i=1}^{r} p(a_i)H(Y/X=a_i) = \sum_{i=1}^{r} p(a_i)H(p_1', p_2', \cdots, p_s') \\ &= H(p_1', p_2', \cdots, p_s') \end{aligned} \qquad (2.4.2-3)$$

这表明,对称信道$(X-Y)$的噪声熵 $H(Y/X)$ 就等于信道矩阵$[P]$中,行集合$\{p'\}:\{p_1', p_2', \cdots, p_s'\}$的 s 个元素$p_j'(j=1,2,\cdots,s)$ $(\sum_{j=1}^{s} p_j' = 1)$ 构成的熵函数 $H(p_1', p_2', \cdots, p_s')$. 只要给定$[P]$的行集合$\{p'\}:\{p_1', p_2', \cdots, p_s'\}$,即可求得对称信道$(X-Y)$的噪声熵 $H(Y/X)$.

我们考虑到,因为信道矩阵$[P]$中的行集合$\{p'\}:\{p_1', p_2', \cdots, p_s'\}$,是给定对称信道$(X-Y)$的固有特征参量,与信源 X 无关. 所以,信道容量

$$\begin{aligned} C &= \max_{P(X)}\{I(X;Y)\} = \max_{P(X)}\{H(Y) - H(Y/X)\} \\ &= \max_{p(a_i)}\{H(Y)\} - H(p_1', p_2', \cdots, p_s') \\ &= \log s - H(p_1', p_2', \cdots, p_s') \end{aligned} \qquad (2.4.2-4)$$

现在的问题是,$(2.4.2-4)$式中的信源 $X:\{a_1, a_2, \cdots, a_r\}$ 是什么概率分布,才能使信道$(X-Y)$的输出随机变量 Y 呈现等概分布,使 $\max H(Y)$ 达到 $\log s$?

因为对称信道$(X-Y)$的信道矩阵$[P]$中,每一列的 r 个元素都是列集合$\{q'\}:\{q_1', q_2', \cdots, q_r'\}$的不同排列,即$[P]$中第 $j(j=1,2,\cdots,s)$列的 r 个元素 $p(b_j/a_i)(i=1,2,\cdots,r)$,都是同一个列集合$\{q'\}:\{q_1', q_2', \cdots, q_r'\}$中 r 个元素的不同排列. 所以,只有当输入信源 $X:\{a_1, a_2, \cdots, a_r\}$ 是等概信源,即

$$p(a_1) = p(a_2) = \cdots = p(a_r) = 1/r \qquad (2.4.2-5)$$

时,才能使输出随机变量 Y 的 s 个概率分布

$$p_Y(b_1) = p(a_1)p(b_1/a_1) + p(a_2)p(b_1/a_2) + \cdots + p(a_r)p(b_1/a_r)$$

$$p_Y(b_2) = p(a_1)p(b_2/a_1) + p(a_2)p(b_2/a_2) + \cdots + p(a_r)p(b_2/a_r)$$

$$\cdots \qquad (2.4.2-6)$$

$$p_Y(b_s) = p(a_1)p(b_s/a_1) + p(a_2)p(b_s/a_2) + \cdots + p(a_r)p(b_s/a_r)$$

相等,即有

$$p_Y(b_1) = p_Y(b_2) = \cdots = p_Y(b_s) = 1/s \qquad (2.4.2-7)$$

从而使 $H(Y)$ 达到最大值 $H(Y)_{\max} = \log s$,平均互信息 $I(X;Y)$ 达到信道容量 C. 这样,定理 2.11 就得到了证明.

定理表明:若对称信道 $(X-Y)$ 的信道矩阵 $[P]$ 中的行集合为 $\{p'\}$: $\{p_1', p_2', \cdots, p_s'\}$,列集合 $\{q'\}$: $\{q_1', q_2', \cdots, q_s'\}$ 中的元素数为 r,则对称信道 $(X-Y)$ 的匹配信源 X 是 r 元等概信源. 信道容量 C 只取决于行集合 $\{p'\}$: $\{p_1', p_2', \cdots, p_s'\}$ 的元素数 s 和 $p_1', p_2', \cdots, p_s'$ 这 s 个元素. 信道容量 C 是信道自身的特征参量. 对于对称信道来说,信道矩阵 $[P]$ 中的行集合 $\{p'\}$: $\{p_1', p_2', \cdots, p_s'\}$ 就可确定信道容量 C 的数值.

在导出对称信道的信道容量 C 后,不妨也来验证一下,"匹配信源等量平衡定理"对于对称信道是否同样成立?

对于对称信道,匹配信源 X: $\{a_1, a_2, \cdots, a_r\}$ 中任一符号 a_i 对输出随机变量 Y 提供的平均互信息

$$\begin{aligned}
I(a_i;Y) &= \sum_{j=1}^s p(b_j/a_i)\log\frac{p(b_j/a_i)}{p_Y(b_j)} = \sum_{j=1}^s p(b_j/a_i)\log\frac{p(b_j/a_i)}{1/s} \\
&= \sum_{j=1}^s p(b_j/a_i)\log s - \left[-\sum_{j=1}^s p(b_j/a_i)\log p(b_j/a_i) \right] \\
&= \log s - H(p_1', p_2', \cdots, p_s') = C
\end{aligned} \qquad (2.4.2-8)$$

这表明,对称信道的匹配信源,同样遵循"匹配信源等量平衡定理".

【例 2.21】 设信道 $(X-Y)$ 的信道矩阵为

$$[P] = \begin{array}{c} 0 \\ 1 \\ 2 \end{array} \begin{array}{ccc} 0 & 1 & 2 \\ \begin{bmatrix} 1/2 & 1/3 & 1/6 \\ 1/6 & 1/2 & 1/3 \\ 1/3 & 1/6 & 1/2 \end{bmatrix} \end{array}$$

试问:(1) 该信道每传递一个符号,最多能传递多少信息量?

(2) 在匹配信源 X: $\{0,1,2\}$ 中,符号 $X=0$ 能消除多少关于随机变量 Y 的平均不确定性?

解　由信道矩阵 $[P]$ 可知,其行集合 $\{p'\} = \{1/2, 1/3, 1/6\}$、列集合 $\{q'\} = \{1/2, 1/3, 1/6\}$. 该信道是对称信道.

(1) 根据定理 2.11 和熵函数的递推性,信道 $(X-Y)$ 的信道容量

$$C = \log s - H(p_1', p_2', \cdots, p_s') = \log 3 - H(1/2, 1/3, 1/6)$$

$$= \log 3 - \left\{ H\left(\frac{1}{2}; \frac{1}{2}\right) + \frac{1}{2} H\left[\begin{matrix} 1/3, 1/6 \\ 1/2, 1/2 \end{matrix}\right] \right\}$$

$$= \log 3 - \left[H\left(\frac{1}{2}; \frac{1}{2}\right) + \frac{1}{2} H\left(\frac{2}{3}, \frac{1}{3}\right) \right] = 0.13 \quad （比特／符号）$$

由信道容量的定义可知,该信道每传递一个符号,最多能传递的平均互信息 $C = 0.13$（比特/符号）.

(2) 该信道的匹配信源 X:$\{0,1,2\}$ 是等概信源. 匹配信源符号 $X=0$ 消除关于输出随机变量 Y 的平均不确定性,就是 $X=0$ 提供关于 Y 的平均信息量 $I(0;Y)$. 根据"匹配信源等量平衡定理", $I(0;Y) = C = 0.13$（比特/符号）.

【**例 2.22**】 图 E2.22 所示离散加性信道(X-Y)的输入符号集 X:$\{0,1,2,\cdots,10\}$,输出符号集 Y:$\{0,1,2,\cdots,10\}$,加性噪声 Z 的符号集 Z:$\{1,2,3\}$. X 和 Z 统计独立,$Y = X + Z$(模(11)和),Z 的概率分布

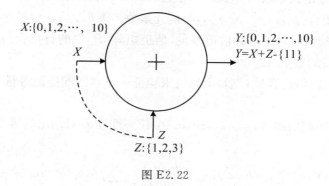

$$X:\{0,1,2,\cdots, 10\} \qquad Y:\{0,1,2,\cdots,10\} \\ Y = X + Z - \{11\}$$

$$Z:\{1,2,3\}$$

图 E2.22

$$p_z(1) = p_z(2) = p_z(3) = 1/3$$

试求:(1) 信道(X-Y)的信道容量 C;

(2) 匹配信源 X 的概率分布.

解 由"模(k)和"的加法规则,有

$$y = x + z - (k) \tag{1}$$

则 $Y = X + Z - (11)$ 的取值为

$Y=X+Z-(11)$	0	1	2	3	4	5	6	7	8	9	10
1	1	2	3	4	5	6	7	8	9	10	0
2	2	3	4	5	6	7	8	9	10	0	1
3	3	4	5	6	7	8	9	10	0	1	2

（其中上方为 X，左侧 Z） (2)

因 X 和 Z 统计独立,信道 $Y = X + Z - (11)$ 的传递概率 $P(Y/X)$ 为

$$\left\{\begin{array}{l} P\{Y=1/X=0\}=P(Z=1)=1/3; P\{Y=2/X=0\}=P(Z=2)=1/3; P\{Y=3/X=0\}=P(Z=3)=1/3 \\ P\{Y=2/X=1\}=P(Z=1)=1/3; P\{Y=3/X=1\}=P(Z=2)=1/3; P\{Y=4/X=1\}=P(Z=3)=1/3 \\ P\{Y=3/X=2\}=P(Z=1)=1/3; P\{Y=4/X=2\}=P(Z=2)=1/3; P\{Y=5/X=2\}=P(Z=3)=1/3 \\ P\{Y=4/X=3\}=P(Z=1)=1/3; P\{Y=5/X=3\}=P(Z=2)=1/3; P\{Y=6/X=3\}=P(Z=3)=1/3 \\ P\{Y=5/X=4\}=P(Z=1)=1/3; P\{Y=6/X=4\}=P(Z=2)=1/3; P\{Y=7/X=4\}=P(Z=3)=1/3 \\ P\{Y=6/X=5\}=P(Z=1)=1/3; P\{Y=7/X=5\}=P(Z=2)=1/3; P\{Y=8/X=5\}=P(Z=3)=1/3 \\ P\{Y=7/X=6\}=P(Z=1)=1/3; P\{Y=8/X=6\}=P(Z=2)=1/3; P\{Y=9/X=6\}=P(Z=3)=1/3 \\ P\{Y=8/X=7\}=P(Z=1)=1/3; P\{Y=9/X=7\}=P(Z=2)=1/3; P\{Y=10/X=7\}=P(Z=3)=1/3 \\ P\{Y=9/X=8\}=P(Z=1)=1/3; P\{Y=10/X=8\}=P(Z=2)=1/3; P\{Y=0/X=8\}=P(Z=3)=1/3 \\ P\{Y=10/X=9\}=P(Z=1)=1/3; P\{Y=0/X=9\}=P(Z=2)=1/3; P\{Y=1/X=9\}=P(Z=3)=1/3 \\ P\{Y=0/X=10\}=P(Z=1)=1/3; P\{Y=1/X=10\}=P(Z=2)=1/3; P\{Y=2/X=10\}=P(Z=3)=1/3 \end{array}\right. \tag{3}$$

由(3)式得信道(X-Y)的信道矩阵

$$[P]_{X\text{-}Y}=\begin{array}{c} \\ \begin{array}{cccccccccccc} & 0 & 1 & 2 & 3 & 4 & 5 & 6 & 7 & 8 & 9 & 10 \end{array} \\ \begin{array}{c} 0 \\ 1 \\ 2 \\ 3 \\ 4 \\ 5 \\ 6 \\ 7 \\ 8 \\ 9 \\ 10 \end{array} \left[\begin{array}{ccccccccccc} 0 & 1/3 & 1/3 & 1/3 & 0 & 0 & 0 & 0 & 0 & 0 & 0 \\ 0 & 0 & 1/3 & 1/3 & 1/3 & 0 & 0 & 0 & 0 & 0 & 0 \\ 0 & 0 & 0 & 1/3 & 1/3 & 1/3 & 0 & 0 & 0 & 0 & 0 \\ 0 & 0 & 0 & 0 & 1/3 & 1/3 & 1/3 & 0 & 0 & 0 & 0 \\ 0 & 0 & 0 & 0 & 0 & 1/3 & 1/3 & 1/3 & 0 & 0 & 0 \\ 0 & 0 & 0 & 0 & 0 & 0 & 1/3 & 1/3 & 1/3 & 0 & 0 \\ 0 & 0 & 0 & 0 & 0 & 0 & 0 & 1/3 & 1/3 & 1/3 & 0 \\ 0 & 0 & 0 & 0 & 0 & 0 & 0 & 0 & 1/3 & 1/3 & 1/3 \\ 1/3 & 0 & 0 & 0 & 0 & 0 & 0 & 0 & 0 & 1/3 & 1/3 \\ 1/3 & 1/3 & 0 & 0 & 0 & 0 & 0 & 0 & 0 & 0 & 1/3 \\ 1/3 & 1/3 & 1/3 & 0 & 0 & 0 & 0 & 0 & 0 & 0 & 0 \end{array}\right] \end{array} \tag{4}$$

信道矩阵$[P]_{X\text{-}Y}$显示,图 E2.22 所示的加性信道(X-Y)是对称信道.$[P]_{X\text{-}Y}$的行集合和列集合均为

$$\{p'\}=\{q'\}=\{1/3,1/3,1/3\} \tag{5}$$

根据定理 2.11,加性信道(X-Y)的信道容量

$$\begin{aligned} C&=\log s-H(p_1',p_2',\cdots,p_s')=\log 11-H(1/3,1/3,1/3) \\ &=1.87 \quad(\text{比特}/\text{符号}) \end{aligned} \tag{6}$$

其匹配信源 X:$\{0,1,2,\cdots,10\}$是等概信源,即

$$p(0)=p(1)=p(2)=\cdots=p(10)=1/11 \tag{7}$$

这表明,"模(k)和"加法器可看作是一个离散加性信道,而且其信道矩阵$[P]$是"轮回转移"的对称信道的信道矩阵.若信源 X 和"加性数字发生器 Z"相互统计独立,且"加性数字发生器 Z"发出数字等概分布,则只有当信源 X 发出数字亦等概分布时,从输出"和数"中才能获得信源 X 发出数字的最大信息量.

2.4.3　强对称信道的信道容量

强对称信道是对称信道的一种特例,对信道矩阵的要求更为严格.

若信道$(X-Y)$的输入符号集 X：$\{a_1,a_2,\cdots,a_r\}$，输出符号集 Y：$\{a_1,a_2,\cdots,a_r\}(r=s)$，且每一输入符号 $a_i(i=1,2,\cdots,r)$ 总的错误传递概率为 $\varepsilon(0<\varepsilon<1)$，它均匀地分配在除了正确传递的符号以外的$(r-1)$个符号上，即传递概率为

$$p(a_j/a_i)=\begin{cases} 1-\varepsilon & (i=j) \\ \dfrac{\varepsilon}{r-1} & (i\neq j) \end{cases} \qquad (2.4.3-1)$$

其信道矩阵为

$$[P]=\begin{array}{c} \\ a_1 \\ a_2 \\ a_3 \\ \vdots \\ a_r \end{array} \begin{array}{ccccc} a_1 & a_2 & a_3 & \cdots & a_r \end{array} \left[\begin{array}{ccccc} 1-\varepsilon & \dfrac{\varepsilon}{r-1} & \dfrac{\varepsilon}{r-1} & \cdots & \dfrac{\varepsilon}{r-1} \\ \dfrac{\varepsilon}{r-1} & 1-\varepsilon & \dfrac{\varepsilon}{r-1} & \cdots & \dfrac{\varepsilon}{r-1} \\ \dfrac{\varepsilon}{r-1} & \dfrac{\varepsilon}{r-1} & 1-\varepsilon & \cdots & \dfrac{\varepsilon}{r-1} \\ \vdots & \vdots & \vdots & \vdots & \vdots \\ \dfrac{\varepsilon}{r-1} & \dfrac{\varepsilon}{r-1} & \dfrac{\varepsilon}{r-1} & \cdots & 1-\varepsilon \end{array}\right] \qquad (2.4.3-2)$$

则信道$(X-Y)$称为"强对称信道".

由强对称信道的定义可知，强对称信道与对称信道的区别在于：

（1）强对称信道的输入符号数 r 与输出符号数 s 相等$(r=s)$，信道矩阵$[P]$是$(r\times r)$阶方阵；对称信道的输入符号数 r 与输出符号数 s 不一定相等，信道矩阵$[P]$也不一定是方阵.

（2）在强对称信道的信道矩阵$[P]$中，行集合$\{p'\}$：$\{p_1',p_2',\cdots,p_r'\}$与列集合$\{q'\}$：$\{q_1',q_2',\cdots,q_r'\}$是同一集合，即$\{p'\}=\{q'\}$；在对称信道的信道矩阵$[P]$中，行集合$\{p'\}$：$\{p_1',p_2',\cdots,p_s'\}$与列集合$\{q'\}$：$\{q_1',q_2',\cdots,q_r'\}$不一定是同一集合.

（3）在强对称信道的信道矩阵$[P]$中，每列元素之和与每行元素之和一样，均等于 1；在对称信道的信道矩阵$[P]$中，每列之和不一定等于 1.

（4）强对称信道的信道矩阵$[P]$是一个对称矩阵，对角线上的元素都是符号的正确传递概率$(1-\varepsilon)$，对角线以外的所有元素都相同，均等于 $\varepsilon/(r-1)$；对称信道的信道矩阵$[P]$不一定是对称矩阵.

虽然，强对称信道与对称信道有以上四点区别，但它还是符合对称信道的定义，它是对称信道.是对称信道中的一个特例.

推论　输入、输出符号集的符号数为 $r(r>1$ 的整数)，每一输入符号的总错误传递概率为 $\varepsilon$$(\varepsilon>0)$的强对称信道的匹配信源，是 r 元等概信源，信道容量

$$C=\log r-H(\varepsilon)-\varepsilon\log(r-1)$$

证明　输入、输出符号集的符号数为 r 的强对称信道$(X-Y)$属于对称信道. 根据定理 2.11，其信道容量

$$C=\log s-H(p_1',p_2',\cdots,p_s')$$

对于符号总错误传递概率为 $\varepsilon(\varepsilon>0)$的强对称信道$(X-Y)$来说，根据熵函数的对称性，其行集合$\{p'\}$：$\{p_1',p_2',\cdots,p_s'\}$的熵函数

$$H(p_1', p_2', \cdots, p_s') = H\Big[\overbrace{(1-\varepsilon), \frac{\varepsilon}{r-1}, \frac{\varepsilon}{r-1}, \cdots, \frac{\varepsilon}{r-1}}^{(r-1)\text{项}}\Big]$$

$$= -(1-\varepsilon)\log(1-\varepsilon) - (r-1)\frac{\varepsilon}{r-1}\log\frac{\varepsilon}{r-1}$$

$$= [-(1-\varepsilon)\log(1-\varepsilon) - \varepsilon\log\varepsilon] + \varepsilon\log(r-1)$$

$$= H(\varepsilon) + \varepsilon\log(r-1) \tag{2.4.3-3}$$

所以,信道容量

$$C = \log s - H(\varepsilon) - \varepsilon\log(r-1)$$

$$= \log r - H(\varepsilon) - \varepsilon\log(r-1) \tag{2.4.3-4}$$

其匹配信源 X 是 r 元等概信源 $X:\{a_1, a_2, \cdots, a_r\}$.

这样,推论就得到了证明. 推论告诉我们:输入、输出符号集的符号数均为 r,输入符号总错误传递概率为 $\varepsilon(\varepsilon > 0)$ 的强对称信道$(X\text{-}Y)$的匹配信源 $X:\{a_1, a_2, \cdots, a_r\}$ 是等概信源,信道容量 C 只取决于符号数 r 和总错误传递概率 ε,是信道自身的特征参量.

在导出强对称信道$(X\text{-}Y)$的匹配信源和信道容量后,不妨也验证一下,匹配信源中每一符号 $a_i(i=1, 2, \cdots, r)$ 提供的关于输出随机变量 Y 的平均互信息 $I(a_i; Y)$ 是否都等于信道容量 C?

因为把匹配信源 $X:\{a_1, a_2, \cdots, a_r\}$ 与强对称信道$(X\text{-}Y)$相接后,与一般对称信道一样,输出随机变量 $Y:\{a_1, a_2, \cdots, a_r\}$ 亦呈现等概分布,即有

$$p_Y(a_j) = 1/r \quad (j = 1, 2, \cdots, r) \tag{2.4.3-5}$$

所以,有

$$I(a_i; Y) = \sum_{j=1}^{r} p(a_j/a_i)\log\frac{p(a_j/a_i)}{p_Y(a_j)} = \sum_{j=1}^{r} p(a_j/a_i)\log\frac{p(a_j/a_i)}{(1/r)}$$

$$= \sum_{j=1}^{r} p(a_j/a_i)\log r + \sum_{j=1}^{r} p(a_j/a_i)\log p(a_j/a_i)$$

$$= \log r + \sum_{j=1}^{r} p(a_j/a_i)\log p(a_j/a_r)$$

$$= \log r - \Big[-\sum_{j=1}^{r} p(a_j/a_i)\log p(a_j/a_i)\Big] = \log r - H\{Y/X = a_i\}$$

$$= \log r - H\Big[(1-\varepsilon), \frac{\varepsilon}{r-1}, \frac{\varepsilon}{r-1}, \cdots, \frac{\varepsilon}{r-1}\Big]$$

$$= \log r - H(\varepsilon) - \varepsilon\log(r-1) = C \quad (i = 1, 2, \cdots, r) \tag{2.4.3-6}$$

这表明,匹配信源 $X:\{a_1, a_2, \cdots, a_r\}$ 中任一符号 a_i,对强对称信道$(X\text{-}Y)$的输出随机变量 Y 提供的平均互信息 $I(a_i; Y)(i=1, 2, \cdots, r)$,都等于信道容量 C,遵循"匹配信源等量平衡定理."

综上所述,输入、输出符号数为 r,输入符号的总错误传递概率为 $\varepsilon(\varepsilon > 0)$ 的强对称信道 $(X\text{-}Y)$ 有如下几个特点:

① 当信源 $X:\{a_1, a_2, \cdots, a_r\}$ 是匹配信源,即

$$p(a_1) = p(a_2) = \cdots = p(a_r) = 1/r \tag{2.4.3-7}$$

时,其输出随机变量 Y 同时呈现等概分布,即

$$\begin{cases} p_Y(a_1) = \sum_{i=1}^{r} p(a_i) p(a_1/a_i) = \frac{1}{r} \Big[(1-\varepsilon) + \frac{\varepsilon}{r-1} + \frac{\varepsilon}{r-1} + \cdots + \frac{\varepsilon}{r-1} \Big] = \frac{1}{r} \\[2mm] p_Y(a_2) = \sum_{i=1}^{r} p(a_i) p(a_2/a_i) = \frac{1}{r} \Big[\frac{\varepsilon}{r-1} + (1-\varepsilon) + \frac{\varepsilon}{r-1} + \cdots + \frac{\varepsilon}{r-1} \Big] = \frac{1}{r} \\[2mm] \cdots \\[2mm] p_Y(a_r) = \sum_{i=1}^{r} p(a_i) p(a_r/a_i) = \frac{1}{r} \Big[\frac{\varepsilon}{r-1} + \frac{\varepsilon}{r-1} + \cdots + \frac{\varepsilon}{r-1} + (1-\varepsilon) \Big] = \frac{1}{r} \end{cases}$$

$$(2.4.3-8)$$

这就是说,当强对称信道$(X\text{-}Y)(r,\varepsilon)$的一端 X 是等概信源时,另一端 Y 同时亦呈等概分布,其熵同时达到最大值

$$H(X) = H(Y) = \log r \qquad\qquad (2.4.3-9)$$

② 当信源 $X:\{a_1,a_2,\cdots,a_r\}$是匹配信源,即

$$p(a_1) = p(a_2) = \cdots = p(a_r) = 1/r \qquad\qquad (2.4.3-10)$$

时,强对称信道$(X\text{-}Y)$的后验概率

$$p_Y(a_i/a_j) = \frac{p(a_i a_j)}{p_Y(a_j)} = \frac{p(a_i) p(a_j/a_i)}{\sum\limits_{i=1}^{r} p(a_i) p(a_j/a_i)} = \frac{p(a_j/a_i)}{\sum\limits_{i=1}^{r} p(a_j/a_i)}$$

$$= p(a_j/a_i)$$

$$= \begin{cases} 1-\varepsilon & (i=j) \\[2mm] \dfrac{\varepsilon}{r-1} & (i \neq j) \end{cases} \qquad\qquad (2.4.3-11)$$

这表明,当强对称信道$(X\text{-}Y)(r,\varepsilon)$接上匹配信源 $X:\{a_1,a_2,\cdots,a_r\}$时,$Y=a_j$ 对 $X=a_i$ 的后验概率 $p_Y(a_i/a_j)$ 等于 $X=a_i$ 对 $Y=a_j$ 的传递概率 $p(a_j/a_i)$ $(i,j=1,2,\cdots,r)$(如图 2.4-4(a)、(b)所示).

③ 当信源 $X:\{a_1,a_2,\cdots,a_r\}$是匹配信源,即

$$p(a_1) = p(a_2) = \cdots = p(a_r) = 1/r \qquad\qquad (2.4.3-12)$$

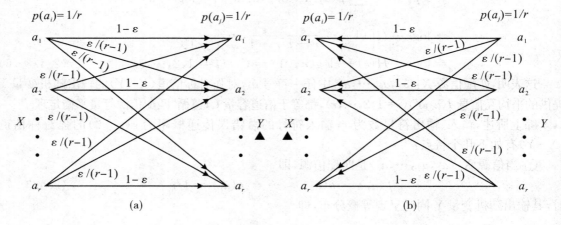

图 2.4-4

时，由(2.4.3-11)式，强对称信道$(X-Y)$的"疑义度"$H(X/Y)$，与"噪声熵"$H(Y/X)$相等，即

$$H(X/Y) = -\sum_{i=1}^{r}\sum_{j=1}^{r} p(a_i a_j)\log p_Y(a_i/a_j)$$

$$= -\sum_{i=1}^{r}\sum_{j=1}^{r} p(a_i a_j)\log p(a_j/a_i)$$

$$= H(Y/X) \tag{2.4.3-13}$$

且

$$H(X/Y) = H(Y/X) = H(\varepsilon) + \varepsilon\log(r-1) \tag{2.4.3-14}$$

特别当ε足够小$(\varepsilon \to 0)$时，有

$$\lim_{\varepsilon \to 0}H(X/Y) = \lim_{\varepsilon \to 0}H(Y/X) = \lim_{\varepsilon \to 0}[H(\varepsilon) + \varepsilon\log(r-1)] = 0 \tag{2.4.3-15}$$

这表明，当强对称信道$(X-Y)(r,\varepsilon)$接上匹配信源X时，在"正向信道"$(X-Y)$中，Y对X仍然存在的平均不确定性$H(X/Y)$，与在"反向信道"$(Y-X)$中，X对Y仍然存在的平均不确定性$H(Y/X)$是相同的(图2.4-5(a)、(b)).

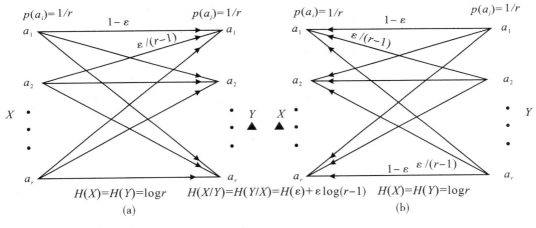

图2.4-5

而且，当输入符号的总错误传递概率$\varepsilon \to 0$时，强对称信道(r,ε)无限接近"确定型"无噪信道.

【例2.23】 设信道$(X-Y)$的信道矩阵为

$$[P] = \begin{array}{c} 0 \\ 1 \\ 2 \end{array}\begin{bmatrix} 2\varepsilon & \varepsilon & \varepsilon \\ \varepsilon & 2\varepsilon & \varepsilon \\ \varepsilon & \varepsilon & 2\varepsilon \end{bmatrix}\begin{array}{ccc} 0 & 1 & 2 \end{array}$$

若信源$X:\{0,1,2\}$的概率分布为$p(0)=p(1)=p(2)=1/3$. 试求$I(X;Y)$和$I(0;Y)$.

解 由信道矩阵$[P]$可知，其行集合$\{p'\}$和列集合$\{q'\}$是同一集合

$$\{p'\} = \{q'\}:\{2\varepsilon,\varepsilon,\varepsilon\} \tag{1}$$

而且$[P]$是对称矩阵，对角线上元素均为(2ε)，对角线以外所有元素均为ε. 所以，信道$(X-Y)$是

强对称信道. 根据信道矩阵$[P]$每行元素之和等于1,可求得$[P]$中$\varepsilon=1/4$. 则信道矩阵$[P]$可改写为

$$
\begin{array}{cccc}
 & 0 & 1 & 2 \\
[P]= & \begin{matrix} 0 \\ 1 \\ 2 \end{matrix} & \begin{bmatrix} 1/2 & 1/4 & 1/4 \\ 1/4 & 1/2 & 1/4 \\ 1/4 & 1/4 & 1/2 \end{bmatrix}
\end{array}
\tag{2}
$$

根据定理2.11的推论,信道$(X\text{-}Y)$的信道容量

$$
C= \log r - H(\varepsilon) - \varepsilon \log(r-1) = \log 3 - H\left(\frac{1}{2}\right) - \frac{1}{2}\log(3-1)
$$

$$
= \log 3 - H\left(\frac{1}{2}\right) - \frac{1}{2}\log 2 = 0.08 \quad （比特／符号） \tag{3}
$$

而其匹配信源$X:\{0,1,2\}$是等概信源,即概率分布为$p(0)=p(1)=p(2)=1/3$. 这正好就是给定信源. 所以

$$
I(X;Y)=C=0.08 \quad （比特／符号） \tag{4}
$$

根据匹配信源的等量平衡定理,有

$$
I\{X=0;Y\}=I(0;Y)=C=0.08 \quad （比特／符号） \tag{5}
$$

2.4.4 准对称信道的信道容量

设s个元分为m个不相交的子集,各子集分别含有$s_1,s_2,\cdots,s_m$个元,即$s_1+s_2+\cdots+s_m=s$. 若r行、$s_l(l=1,2,\cdots,m)$列矩阵$[P]_l$的每一行,都是同一集合的不同排列,每一列也都是同一集合的不同排列,即$(r\times s_l)(l=1,2,\cdots,m)$阶矩阵$[P]_l$的行和列都具有可排列性. 则由$m$个子矩阵$[P]_l(l=1,2,\cdots,m)$组成的$r$行、$s$列矩阵$[P]$代表的信道,称为"准对称信道".

例如,子矩阵

$$
[P]_1 = \begin{bmatrix} 1/2 & 1/4 \\ 1/4 & 1/2 \end{bmatrix}; \quad [P]_2 = \begin{bmatrix} 1/8 & 1/8 \\ 1/8 & 1/8 \end{bmatrix} \tag{2.4.4-1}
$$

的行和列都具有可排列性,由它们组合而成的$r=2$行;$s=s_1+s_2=2+2=4$列矩阵

$$
[P] = \begin{bmatrix} \underbrace{\begin{bmatrix} 1/2 & 1/4 \\ 1/4 & 1/2 \end{bmatrix}}_{[P]_1} & \underbrace{\begin{bmatrix} 1/8 & 1/8 \\ 1/8 & 1/8 \end{bmatrix}}_{[P]_2} \end{bmatrix} \tag{2.4.4-2}
$$

代表的信道,就是"准对称信道".

在"准对称信道"的信道矩阵$[P]$中,每一行一定是"行集合"$\{p'\}:\{p'_1,p'_2,\cdots,p'_s\}$的不同排列,具有"可排列性". 但每一列就不一定具有可排列性,不存在共同的列集合$\{q'\}:\{q'_1,q'_2,\cdots,q'_r\}$.

定理2.12 若准对称信道的信道矩阵$[P]$有r行,行集合$\{p'\}:\{p'_1,p'_2,\cdots,p'_s\}$含有$s$个元素. 子矩阵$[P]_l(l=1,2,\cdots,m)$含有$s_l(l=1,2,\cdots,m)$列. 则信道的匹配信源$X:\{a_1,a_2,\cdots,a_r\}$是等概信源,信道容量

$$
C= -\sum_{l=1}^{m} s_l p(b_l) \log p(b_l) - H(p'_1,p'_2,\cdots,p'_r)
$$

其中, $p(b_l)(l=1,2,\cdots,m)$ 是当信源是匹配信源时, 子矩阵 $[P]_l(l=1,2,\cdots,m)$ 相应输出符号概率分布的算术平均值.

证明　(1) 因为准对称信道的信道矩阵 $[P]$ 中各行具有"可排列性", 根据熵函数的对称性, 有

$$H(Y/X) = -\sum_{i=1}^{r}\sum_{j=1}^{s} p(a_i) p(b_j/a_i) \log p(b_j/a_i)$$

$$= \sum_{i=1}^{r} p(a_i) \left[-\sum_{j=1}^{s} p(b_j/a_i) \log p(b_j/a_i) \right]$$

$$= \sum_{i=1}^{r} p(a_i) H(p_1',p_2',\cdots,p_s')$$

$$= H(p_1',p_2',\cdots,p_s') \tag{2.4.4-3}$$

考虑到信道矩阵 $[P]$ 是信道固有的自身的特征参量, 与信源变动无关, 准对称信道的信道容量

$$C = \max_{P(X)}\{I(X;Y)\} = \max_{P(X)}\{H(Y) - H(Y/X)\}$$

$$= \max_{p(a_i)}\{H(Y)\} - H(p_1',p_2',\cdots,p_r') \tag{2.4.4-4}$$

准对称信道 $(X-Y)$ 的输出随机变量 Y 的概率分布

$$p_Y(b_j) = p(a_1)p(b_j/a_1) + p(a_2)p(b_j/a_2) + \cdots + p(a_r)p(b_j/a_r) \tag{2.4.4-5}$$

其中, r 个传递概率 $p(b_j/a_i)(i=1,2,\cdots,r)$ 就是信道矩阵 $[P]$ 中的第 $j(j=1,2,\cdots,s)$ 列元素. 信道矩阵 $[P]$ 中各列不具"可排列性", 若要 $p_Y(b_1) = p_Y(b_2) = \cdots = p_Y(b_s) = 1/s$, 使 $H(Y)$ 达到最大值 $H(Y)_{max} = \log s$, 势必在 r 个 $p(a_i)(i=1,2,\cdots,r)$ 中某些 $p(a_i)$ 会出现负值. 显然, 这是不可能的. 这就告诉我们, 准对称信道 $(X-Y)$ 的输出随机变量 Y 的信息熵 $H(Y)$ 达不到最大值 $\log s$, 要比 $\log s$ 小.

(2) 准对称信道 $(X-Y)$ 输出随机变量 Y 的信息熵 $H(Y)$ 的最大值是多少? 如何求得这个最大值? 是求解"准对称信道"的信道容量 C 的关键.

设准对称信道的信道矩阵

$$[P] = \begin{array}{c} \\ a_1 \\ a_2 \end{array}\left(\begin{array}{cc} \overset{b_1}{} \quad \overset{b_2}{} \\ \begin{pmatrix} p_{11} & p_{12} \\ p_{21} & p_{22} \end{pmatrix} \end{array} \begin{array}{ccc} \overset{b_3}{} & \overset{b_4}{} & \overset{b_s}{} \\ \begin{pmatrix} p_{13} & p_{14} & p_{15} \\ p_{23} & p_{24} & p_{25} \end{pmatrix} \end{array}\right) \tag{2.4.4-6}$$

$$\qquad\qquad [P]_1 \qquad\qquad\qquad [P]_2$$

子矩阵

$$[P]_1 = \begin{array}{c} \\ a_1 \\ a_2 \end{array}\begin{pmatrix} \overset{b_1}{p_{11}} & \overset{b_2}{p_{12}} \\ p_{21} & p_{22} \end{pmatrix} \tag{2.4.4-7}$$

中的第 $i=1$ 行 $\{p_{11},p_{12}\}$ 和第 $i=2$ 行 $\{p_{21},p_{22}\}$ 是行集合 $\{p'\}_1$ 的不同排列, 第 $j=1$ 列 $\{p_{11},p_{21}\}$ 和第 $j=2$ 列 $\{p_{12},p_{22}\}$ 是列集合 $\{q'\}_1$ 的不同排列.

子矩阵

$$[P]_2 = \begin{array}{c} \\ a_1 \\ a_2 \end{array}\begin{pmatrix} \overset{b_3}{p_{13}} & \overset{b_4}{p_{14}} & \overset{b_5}{p_{15}} \\ p_{23} & p_{24} & p_{25} \end{pmatrix} \tag{2.4.4-8}$$

中的第 $i=1$ 行 $\{p_{13}, p_{14}, p_{15}\}$ 和第 $i=2$ 行 $\{p_{23}, p_{24}, p_{25}\}$ 是行集合 $\{p'\}_2$ 的不同排列；第 $j=3$ 列 $\{p_{13}, p_{23}\}$，第 $j=4$ 列 $\{p_{14}, p_{24}\}$、第 $j=5$ 列 $\{p_{15}, p_{25}\}$ 是列集合 $\{q'\}_2$ 的不同排列.

信道矩阵 $[P]:\{[P]_1;[P]_2\}$ 中的第 $i=1$ 行 $\{p_{11}, p_{12}, p_{13}, p_{14}, p_{15}\}$ 和第 $i=2$ 行 $\{p_{21}, p_{22}, p_{23}, p_{24}, p_{25}\}$ 一定是行集合 $\{p'\}=\{\{p'\}_1;\{p'\}_2\}$ 的不同排列，但 $[P]$ 中各列就不是某一列集合的不同排列.

设信道 $(X\text{-}Y)$ 输出随机变量 Y 的概率分布 $P(Y):\{p_Y(b_j)(j=1,2,3,4,5)\}$. 由熵函数的递推性，$Y$ 的信息熵

$$
\begin{aligned}
H(Y) =\ & H[p_Y(b_1), p_Y(b_2), p_Y(b_3), p_Y(b_4), p_Y(b_5)] \\
=\ & H\{[p_Y(b_1)+p_Y(b_2)];[p_Y(b_3)+p_Y(b_4)+p_Y(b_5)]\} \\
& + [p_Y(b_1)+p_Y(b_2)] \cdot H\left[\frac{p_Y(b_1)}{p_Y(b_1)+p_Y(b_2)}, \frac{p_Y(b_2)}{p_Y(b_1)+p_Y(b_2)}\right] \\
& + [p_Y(b_3)+p_Y(b_4)+p_Y(b_5)] \cdot H\left[\frac{p_Y(b_3)}{p_Y(b_3)+p_Y(b_4)+p_Y(b_5)},\right. \\
& \left.\frac{p_Y(b_4)}{p_Y(b_3)+p_Y(b_4)+p_Y(b_5)}, \frac{p_Y(b_5)}{p_Y(b_3)+p_Y(b_4)+p_Y(b_5)}\right]
\end{aligned}
$$

$$(2.4.4-9)$$

① $H\{[p_Y(b_1)+p_Y(b_2)];[p_Y(b_3)+p_Y(b_4)+p_Y(b_5)]\}$.

因为

$$
\begin{cases}
p_Y(b_1) = p(a_1)p_{11} + p(a_2)p_{21} \\
p_Y(b_2) = p(a_1)p_{12} + p(a_2)p_{22}
\end{cases}
\tag{2.4.4-10}
$$

所以

$$
\begin{aligned}
p_Y(b_1)+p_Y(b_2) &= [p(a_1)p_{11}+p(a_2)p_{21}]+[p(a_1)p_{12}+p(a_2)p_{22}] \\
&= p(a_1)(p_{11}+p_{12})+p(a_2)(p_{21}+p_{22}) \tag{2.4.4-11}
\end{aligned}
$$

因为 $[P]_1$ 中各行具有可排列性，所以

$$
[p_{11}+p_{12}] = [p_{21}+p_{22}] = \sum_{k=1}^{s_1=2}\{p'_k\}_1 \tag{2.4.4-12}
$$

则有

$$
p_Y(b_1)+p_Y(b_2) = [p(a_1)+p(a_2)] \cdot \sum_{k=1}^{s_1=2}\{p'_k\}_1 = \sum_{k=1}^{s_1=2}\{p'_k\}_1 \tag{2.4.4-13}
$$

同样，因为

$$
\begin{cases}
p_Y(b_3) = p(a_1)p_{13} + p(a_2)p_{23} \\
p_Y(b_4) = p(a_1)p_{14} + p(a_2)p_{24} \\
p_Y(b_5) = p(a_1)p_{15} + p(a_2)p_{25}
\end{cases}
\tag{2.4.4-14}
$$

所以

$$
\begin{aligned}
p_Y(b_3)+p_Y(b_4)+p_Y(b_5) &= [p(a_1)p_{13}+p(a_2)p_{23}]+[p(a_1)p_{14}+p(a_2)p_{24}] \\
&\quad +[p(a_1)p_{15}+p(a_2)p_{25}]
\end{aligned}
$$

$$= p(a_1)[p_{13} + p_{14} + p_{15}] + p(a_2)[p_{23} + p_{24} + p_{25}] \tag{2.4.4-15}$$

因为 $[P]_2$ 中各行具有可排列性,所以

$$[p_{13} + p_{14} + p_{15}] = [p_{23} + p_{24} + p_{25}] = \sum_{k=1}^{s_2=3} \{p'_k\}_2 \tag{2.4.4-16}$$

则有

$$p_Y(b_3) + p_Y(b_4) + p_Y(b_5) = [p(a_1) + p(a_2)] \cdot \sum_{k=1}^{s_2=3} \{p'_k\}_2 = \sum_{k=1}^{s_2=3} \{p'_k\}_2 \tag{2.4.4-17}$$

由 $(2.4.4-13)$、$(2.4.4-17)$ 式可知,

$$\begin{cases} p_Y(b_1) + p_Y(b_2) = \sum_{k=1}^{s_1=2} \{p'_k\}_1 \\ p_Y(b_3) + p_Y(b_4) + p_Y(b_5) = \sum_{k=1}^{s_2=3} \{p'_k\}_2 \end{cases} \tag{2.4.4-18}$$

这表明,准对称信道 $[X-Y]$ 输出随机变量 $Y:\{b_1,b_2,b_3,b_4,b_5\}$ 中,$Y=b_1$ 和 $Y=b_2$ 的概率分布 $p_Y(b_1)$、$p_Y(b_2)$ 之和 $\{p_Y(b_1)+p_Y(b_2)\}$ 是子矩阵 $[P]_1$ 的行集合 $\{p'\}_1$ 中元素的和 $\sum_{k=1}^{s_1=2}\{p'_k\}_1$;$Y=b_3$,$Y=b_4$,$Y=b_5$ 的概率分布 $p_Y(b_3)$、$p_Y(b_4)$、$p_Y(b_5)$ 之和 $\{p_Y(b_3)+p_Y(b_4)+p_Y(b_5)\}$ 是子矩阵 $[P]_2$ 的行集合 $[p']_2$ 中元素之和 $\sum_{k=1}^{s_2=3}\{p'_k\}_2$. 对给定准对称信道 $(X-Y)$ 来说,它们都是固定不变的量,不会因信源的概率分布的变量而变动.

② $\left[p_Y(b_1) + p_Y(b_2)\right] \cdot H\left[\dfrac{p_Y(b_1)}{p_Y(b_1)+p_Y(b_2)}, \dfrac{p_Y(b_2)}{p_Y(b_1)+p_Y(b_2)}\right]$ 的最大值.

由 $(2.4.4-13)$ 式可知,

$$p_Y(b_1) + p_Y(b_2) = \sum_{k=1}^{s_1=2} \{p'_k\}_1 \tag{2.4.4-19}$$

对给定准对称信道 $(X-Y)$,它是固定不变的,不因信源 X 的概率分布的变动而变动.

令 $p(b_1)$ 表示 $p_Y(b_1)$ 和 $p_Y(b_2)$ 的算术平均值,即

$$p(b_1) = \frac{p_Y(b_1) + p_Y(b_2)}{s_1} = \frac{1}{s_1}\sum_{k=1}^{s_1=2} \{p'_k\}_1 \tag{2.4.4-20}$$

则根据最大离散熵定理,有

$$H\left[\frac{p_Y(b_1)}{p_Y(b_1)+p_Y(b_2)}, \frac{p_Y(b_2)}{p_Y(b_1)+p_Y(b_2)}\right] \leqslant H\left[\frac{p(b_1)}{p_Y(b_1)+p_Y(b_2)}, \frac{p(b_1)}{p_Y(b_1)+p_Y(b_2)}\right]$$

$$\tag{2.4.4-21}$$

那么,什么样的信源概率分布 $p(a_i)(i=1,2)$ 能使 $Y=b_1$,$Y=b_2$ 的概率分布 $p_Y(b_1)$,$p_Y(b_2)$ 同时等于其算术平均值 $p(b_1)$?

使

$$H\left[\frac{p_Y(b_1)}{p_Y(b_1)+p_Y(b_2)}, \frac{p_Y(b_2)}{p_Y(b_1)+p_Y(b_2)}\right]$$

达到最大值

$$H\left[\frac{p(b_1)}{p_Y(b_1)+p_Y(b_2)},\frac{p(b_1)}{p_Y(b_1)+p_Y(b_2)}\right]$$

考虑到子矩阵$[P]_1$的行和列都具有可排列性,若令信源$X:\{a_1,a_2\}$为等概信源,即

$$p(a_1)=p(a_2)=1/r=1/2 \tag{2.4.4-22}$$

这时,$Y=b_1$和$Y=b_2$的概率分布为

$$p_Y(b_1)=p(a_1)p_{11}+p(a_2)p_{21}=\frac{1}{2}p_{11}+\frac{1}{2}p_{21}$$

$$=\frac{1}{2}(p_{11}+p_{21})=\frac{1}{2}\cdot\sum_{k=1}^{2}\{q_k'\}$$

$$=\frac{1}{r}\sum_{k=1}^{r}\{q_k'\}\quad(r=2) \tag{2.4.4-23}$$

$$p_Y(b_2)=p(a_1)p_{12}+p(a_2)p_{22}=\frac{1}{2}p_{12}+\frac{1}{2}p_{22}$$

$$=\frac{1}{2}(p_{12}+p_{22})=\frac{1}{2}\cdot\sum_{k=1}^{2}\{q_k'\}$$

$$=\frac{1}{r}\sum_{k=1}^{r}\{q_k'\}\quad(r=2) \tag{2.4.4-24}$$

这时,$p_Y(b_1)$和$p_Y(b_2)$的算术平均值

$$p(b_1)=\frac{p_Y(b_1)+p_Y(b_2)}{s_1}=\frac{1}{2}\left\{\frac{1}{2}\sum_{k=1}^{2}\{q_k'\}+\frac{1}{2}\sum_{k=1}^{2}\{q_k'\}\right\}=\frac{1}{2}\sum_{k=1}^{2}\{q_k'\}$$

$$=\frac{1}{r}\sum_{k=1}^{r}\{q_k'\}\quad(r=2) \tag{2.4.4-25}$$

显然,由(2.4.4-23)式、(2.4.4-24)式、(2.4.4-25)式可知,当取$p(a_1)=p(a_2)=\frac{1}{2}=\frac{1}{r}(r=2)$时,使子矩阵$[P]_1$的$Y=b_1$和$Y=b_2$的概率分布$p_Y(b_1),p_Y(b_2)$同时等于其算术平均值$p(b_1)$,使

$$H\left[\frac{p_Y(b_1)}{p_Y(b_1)+p_Y(b_2)},\frac{p_Y(b_2)}{p_Y(b_1)+p_Y(b_2)}\right]_{max}=H\left[\frac{p(b_1)}{p_Y(b_1)+p_Y(b_2)},\frac{p(b_1)}{p_Y(b_1)+p_Y(b_2)}\right]$$

$$\tag{2.4.4-26}$$

这样,由(2.4.4-19)和(2.4.4-26)式,得

$$\max_{p(a_i)}\left\{[p_Y(b_1)+p_Y(b_2)]\cdot H\left[\frac{p_Y(b_1)}{p_Y(b_1)+p_Y(b_2)},\frac{p_Y(b_2)}{p_Y(b_1)+p_Y(b_2)}\right]\right\}$$

$$=[p_Y(b_1)+p_Y(b_2)]\cdot H\left[\frac{p(b_1)}{p_Y(b_1)+p_Y(b_2)},\frac{p(b_1)}{p_Y(b_1)+p_Y(b_2)}\right]\left(p(a_i)=\frac{1}{2}(i=1,2)\right)$$

$$\tag{2.4.4-27}$$

③$[p_Y(b_3)+p_Y(b_4)+p_Y(b_5)]\cdot H\left[\frac{p_Y(b_3)}{p_Y(b_3)+p_Y(b_4)+p_Y(b_5)},\frac{p_Y(b_4)}{p_Y(b_3)+p_Y(b_4)+p_Y(b_5)},\right.$

$\left.\frac{p_Y(b_5)}{p_Y(b_3)+p_Y(b_4)+p_Y(b_5)}\right]$的最大值.

由(2.4.4-17)式可知,

$$p_Y(b_3) + p_Y(b_4) + p_Y(b_5) = \sum_{k=1}^{s_2=3} \{p'_k\}_2 \tag{2.4.4-28}$$

对给定准对称信道$(X-Y)$,它是固定不变的,不因信源 X 的概率分布的变动而变动.

令 $p(b_2)$ 表示 $p_Y(b_3), p_Y(b_4), p_Y(b_5)$ 的算术平均值,即

$$p(b_2) = \frac{p_Y(b_3) + p_Y(b_4) + p_Y(b_5)}{s_2} = \frac{1}{s_2} \sum_{k=1}^{s_2=3} \{p'_k\}_2 \tag{2.4.4-29}$$

则根据最大离散熵定理,有

$$H\left[\frac{p_Y(b_3)}{p_Y(b_3) + p_Y(b_4) + p_Y(b_5)}, \frac{p_Y(b_4)}{p_Y(b_3) + p_Y(b_4) + p_Y(b_5)}, \frac{p_Y(b_5)}{p_Y(b_3) + p_Y(b_4) + p_Y(b_5)}\right]$$

$$\leqslant H\left[\frac{p(b_2)}{p_Y(b_3) + p_Y(b_4) + p_Y(b_5)}, \frac{p(b_2)}{p_Y(b_3) + p_Y(b_4) + p_Y(b_5)}, \frac{p(b_2)}{p_Y(b_3) + p_Y(b_4) + p_Y(b_5)}\right] \tag{2.4.4-30}$$

那么,什么样的信源概率分布 $p(a_i)(i=1,2)$ 能使 $Y=b_3, Y=b_4, Y=b_5$ 的概率分布 $p_Y(b_3), p_Y(b_4), p_Y(b_5)$ 同时等于其算术平均值 $p(b_2)$?

使

$$H\left[\frac{p_Y(b_1)}{p_Y(b_3) + p_Y(b_4) + p_Y(b_5)}, \frac{p_Y(b_4)}{p_Y(b_3) + p_Y(b_4) + p_Y(b_5)}, \frac{p_Y(b_5)}{p_Y(b_3) + p_Y(b_4) + p_Y(b_5)}\right]$$

达到其最大值

$$H\left[\frac{p(b_2)}{p_Y(b_3) + p_Y(b_4) + p_Y(b_5)}, \frac{p(b_2)}{p_Y(b_3) + p_Y(b_4) + p_Y(b_5)}, \frac{p(b_2)}{p_Y(b_3) + p_Y(b_4) + p_Y(b_5)}\right]$$

考虑到子矩阵$[P]_2$的行和列都具有可排列性,若令信源 $X:\{a_1, a_2\}$ 为等概信源,即

$$p(a_1) = p(a_2) = 1/r = 1/2 \tag{2.4.4-31}$$

这时,$Y=b_3, Y=b_4, Y=b_5$ 的概率分布

$$p_Y(b_3) = p(a_1)p_{13} + p(a_2)p_{23} = \frac{1}{2}p_{13} + \frac{1}{2}p_{23} = \frac{1}{2}(p_{13} + p_{23})$$

$$= \frac{1}{2}\sum_{k=1}^{2}\{q_k\}'_2 = \frac{1}{r}\sum_{k=1}^{r}\{q'_k\}_2 \quad (r=2) \tag{2.4.4-32}$$

$$p_Y(b_4) = p(a_1)p_{14} + p(a_2)p_{24} = \frac{1}{2}p_{14} + \frac{1}{2}p_{24} = \frac{1}{2}(p_{14} + p_{24})$$

$$= \frac{1}{2}\sum_{k=1}^{2}\{q'_k\} = \frac{1}{r}\sum_{k=1}^{r}\{q'_k\} \quad (r=2) \tag{2.4.4-33}$$

$$p_Y(b_5) = p(a_1)p_{15} + p(a_2)p_{25} = \frac{1}{2}p_{15} + \frac{1}{2}p_{25} = \frac{1}{2}(p_{15} + p_{25})$$

$$= \frac{1}{2}\sum_{k=1}^{2}\{q'_k\}_2 = \frac{1}{r}\sum_{k=1}^{r}\{q'_k\}_2 \quad (r=2) \tag{2.4.4-34}$$

这时,$p_Y(b_3), p_Y(b_4), p_Y(b_5)$ 的算术平均值

$$p(b_2) = \frac{p_Y(b_3) + p_Y(b_4) + p_Y(b_5)}{s_3}$$

$$= \frac{1}{3} \left\{ \frac{1}{2} \sum_{k=1}^{2} \{q_k'\}_2 + \frac{1}{2} \sum_{k=1}^{2} \{q_k'\}_2 + \frac{1}{2} \sum_{k=1}^{2} \{q_k'\}_2 \right\}$$

$$= \frac{1}{3} \left\{ \frac{1}{r} \sum_{k=1}^{r} \{q_k'\}_2 + \frac{1}{r} \sum_{k=1}^{r} \{q_k'\}_2 + \frac{1}{r} \sum_{k=1}^{r} \{q_k'\}_2 \right\}$$

$$= \frac{1}{r} \sum_{k=1}^{r} \{q_k'\}_2 \tag{2.4.4-35}$$

显然，由(2.4.4-24)式、(2.4.4-25)式、(2.4.4-26)式、(2.4.4-27)式可知，当取 $p(a_1) = p(a_2) = 1/r = \frac{1}{2}(r=2)$ 时，使子矩阵 $[P]_2$ 的 $Y=b_3$，$Y=b_4$，$Y=b_5$ 的概率分布 $p_Y(b_3)$，$p_Y(b_4)$，$p_Y(b_5)$ 同时等于其算术平均值 $p(b_2)$，使

$$H\left[\frac{p_Y(b_1)}{p_Y(b_3)+p_Y(b_4)+p_Y(b_5)}, \frac{p_Y(b_4)}{p_Y(b_3)+p_Y(b_4)+p_Y(b_5)}, \frac{p_Y(b_5)}{p_Y(b_3)+p_Y(b_4)+p_Y(b_5)} \right]$$

$$= H\left[\frac{p(b_2)}{p_Y(b_3)+p_Y(b_4)+p_Y(b_5)}, \frac{p(b_2)}{p_Y(b_3)+p_Y(b_4)+p_Y(b_5)}, \frac{p(b_2)}{p_Y(b_3)+p_Y(b_4)+p_Y(b_5)} \right]$$
$$\tag{2.4.4-36}$$

这样，由(2.4.4-28)式、(2.4.4-36)式，得

$$\max_{p(a_i)} \left\{ [p_Y(b_3)+p_Y(b_4)+p_Y(b_5)] \cdot H\left[\frac{p_Y(b_1)}{p_Y(b_3)+p_Y(b_4)+p_Y(b_5)}, \frac{p_Y(b_2)}{p_Y(b_3)+p_Y(b_4)+p_Y(b_5)}, \right. \right.$$

$$\left. \left. \frac{p_Y(b_3)}{p_Y(b_3)+p_Y(b_4)+p_Y(b_5)} \right] \right\}$$

$$= [p_Y(b_3)+p_Y(b_4)+p_Y(b_5)]$$

$$\cdot H\left[\frac{p(b_2)}{p_Y(b_3)+p_Y(b_4)+p_Y(b_5)}, \frac{p(b_2)}{p_Y(b_3)+p_Y(b_4)+p_Y(b_5)}, \frac{p(b_2)}{p_Y(b_3)+p_Y(b_4)+p_Y(b_5)} \right]$$

$$\left(p(a_i) = \frac{1}{2}(i=1,2) \right) \tag{2.4.4-37}$$

综上所述，当信源 $X:\{a_1,a_2\}$ 为等概信源，即 $p(a_1)=p(a_2)=1/r=1/2$ 时，准对称信道 $(X-Y)$ 的输出随机变量 Y 的信息熵 $H(Y)$ 达到最大值

$$H(Y)_{\max}$$

$$= H\{ [p_Y(b_1)+p_Y(b_2)]; [p_Y(b_3)+p_Y(b_4)+p_Y(b_5)] \}$$

$$+ [p_Y(b_1)+p_Y(b_2)]H\left[\frac{p(b_1)}{p_Y(b_1)+p_Y(b_2)}, \frac{p(b_1)}{p_Y(b_1)+p_Y(b_2)} \right]$$

$$+ [p_Y(b_3)+p_Y(b_4)+p_Y(b_5)] \cdot H\left[\frac{p(b_2)}{p_Y(b_3)+p_Y(b_4)+p_Y(b_5)}, \frac{p(b_2)}{p_Y(b_3)+p_Y(b_4)+p_Y(b_5)}, \right.$$

$$\left. \frac{p(b_2)}{p_Y(b_3)+p_Y(b_4)+p_Y(b_5)} \right] \tag{2.4.4-38}$$

(3) $H(Y)_{\max}$.

因为 $p(b_1)$ 是 $p_Y(b_1)$ 和 $p_Y(b_2)$ 的算术平均值，所以

$$p_Y(b_1) + p_Y(b_2) = s_1 p(b_1) = 2p(b_1) \tag{2.4.4-39}$$

又因为 $p(b_2)$ 是 $p_Y(b_3)$、$p_Y(b_4)$、$p_Y(b_5)$ 的算术平均值,所以

$$p_Y(b_3) + p_Y(b_4) + p_Y(b_5) = s_2 p(b_2) = 3p(b_2) \tag{2.4.4-40}$$

由 $(2.4.4-38)$ 式,有

$$
\begin{aligned}
H(Y)_{\max} &= H[s_1 p(b_1), s_2 p(b_2)] + s_1 p(b_1) H(1/2, 1/2) + s_2 p(b_2) H(1/3, 1/3, 1/3) \\
&= H[2p(b_1), 3p(b_2)] + 2p(b_1) H(1/2, 1/2) + 3p(b_2) H(1/3, 1/3, 1/3) \\
&= -[2p(b_1)]\log[2p(b_1)] - [3p(b_2)]\log[3p(b_2)] + 2p(b_1)\log 2 + 3p(b_2)\log 3 \\
&= -[2p(b_1)]\log p(b_1) - [3p(b_2)]\log p(b_2) \\
&= -\sum_{l=1}^{2} s_l p(b_l) \log p(b_l)
\end{aligned}
\tag{2.4.4-41}
$$

（4）信道容量 C.

由 $(2.4.4-4)$ 式知,准对称信道 $(X\text{-}Y)$ 的信道容量

$$
\begin{aligned}
C &= \max_{p(a_i)}\{H(Y)\} - H(p_1', p_2', \cdots, p_s') \\
&= -\sum_{l=1}^{2} s_l p(b_l) \log p(b_l) - H(p_{11}, p_{12}, p_{13}, p_{14}, p_{15})
\end{aligned}
\tag{2.4.4-42}
$$

显然,把结论 $(2.4.4-42)$ 式类推到一般,有

$$C = -\sum_{l=1}^{m} s_l p(b_l) \log p(b_l) - H(p_1', p_2', \cdots, p_s') \tag{2.4.4-43}$$

这样,定理 2.12 就得到了证明.

定理表明:输入符号集 $X:\{a_1, a_2, \cdots, a_r\}$、输出符号集 $Y:\{b_1, b_2, \cdots, b_s\}$ 的准对称信道 $(X\text{-}Y)$ 的匹配信源 $X:\{a_1, a_2, \cdots, a_r\}$ 是 r 元等概信源,即 $p(a_i) = 1/r(i=1,2,\cdots,r)$. 信道 $(X\text{-}Y)$ 的信道容量 C 取决于:信道矩阵 $[P]$ 中子矩阵 $[P]_l(l=1,2,\cdots,m)$ 含有的列数 $s_l(l=1,2,\cdots,m)$、列集合 $\{q'\}_l(l=1,2,\cdots,m)$ 的和值 $\sum_{k=1}^{r}\{q_k'\}_l(l=1,2,\cdots,m)$,以及信道矩阵 $[P]$ 的行集合 $\{p'\}:\{p_1', p_2', \cdots, p_s'\}$. 这就是说,准对称信道 $(X-Y)$ 的信道矩阵 $[P]$（子矩阵 $[P]_1$, $[P]_2$, $\cdots$, $[P]_m$）确定后,其信道容量 C 也随之确定. 信道容量 C 是信道自身的固有特征参量.

【例 2.24】　设有信道 $(X\text{-}Y)$（如图 E2.24-1 所示）. 试分别计算当 $0 < \varepsilon, \rho < 1$；$\varepsilon = 0$；$\rho = 0$ 时的信道容量 C、C_1 和 C_2. 并加以比较和说明.

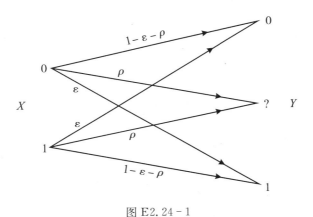

图 E2.24-1

解

(1) $0 < \varepsilon, \rho < 1$.

图 E2.24-1 所示信道$(X\text{-}Y)$的信道矩阵

$$[P] = \begin{matrix} 0 \\ 1 \end{matrix} \left[\underbrace{\begin{pmatrix} 1-\varepsilon-\rho & \varepsilon \\ \varepsilon & 1-\varepsilon-\rho \end{pmatrix}}_{[P]_1} \quad \underbrace{\begin{pmatrix} \rho \\ \rho \end{pmatrix}}_{[P]_2} \right] \qquad \qquad (1)$$

子矩阵$[P]_1$和$[P]_2$的行和列都具可排列性,信道$(X\text{-}Y)$是准对称信道. 根据定理 2.12,匹配信源 X:{0,1}是等概信源,即

$$p(0) = p(1) = 1/r = 1/2 \qquad \qquad (2)$$

由(2.4.4-25)、(2.4.4-35)式可知,子矩阵$[P]_1$和$[P]_2$相应输出符号概率分布的算术平均值分别为

$$\begin{cases} p(b_1) = \dfrac{1}{r}\sum_{k=1}^{2}\{q'_k\}_1 = \dfrac{1}{2}\big[(1-\varepsilon-\rho)+(\varepsilon)\big] = \dfrac{1-\rho}{2} \\[2mm] p(b_2) = \dfrac{1}{r}\sum_{k=1}^{2}\{q'_k\}_2 = \dfrac{1}{2}(\rho+\rho) = \rho \end{cases} \qquad (3)$$

由(2.4.4-42)式,信道$(X\text{-}Y)$的信道容量

$$C = -\sum_{l=1}^{m} s_l p(b_l)\log p(b_l) - H(p'_1, p'_2, \cdots, p'_s)$$

$$= -2p(b_1)\log p(b_1) - p(b_2)\log p(b_2) - H\{(1-\varepsilon-\rho), \varepsilon, \rho\}$$

$$= -2 \cdot \left(\frac{1-\rho}{2}\log\frac{1-\rho}{2}\right) - \rho\log\rho - H[(1-\varepsilon-\rho), \varepsilon, \rho]$$

$$= -(1-\rho)\log(1-\rho) + (1-\rho) - \rho\log\rho - H[(1-\varepsilon-\rho), \varepsilon, \rho]$$

$$= -(1-\rho)\log(1-\rho) + (1-\rho) - \rho\log\rho + (1-\varepsilon-\rho)\log(1-\varepsilon-\rho) + \varepsilon\log\varepsilon + \rho\log\rho$$

$$= (1-\rho) + (1-\varepsilon-\rho)\log(1-\varepsilon-\rho) + \varepsilon\log\varepsilon - (1-\rho)\log(1-\rho)$$

$$= (1-\rho)\left[1 + \frac{1-\varepsilon-\rho}{1-\rho}\log(1-\varepsilon-\rho) + \frac{\varepsilon}{1-\rho}\log\varepsilon - \log(1-\rho)\right]$$

$$= (1-\rho)\left[1 + \frac{1-\varepsilon-\rho}{1-\rho}\log(1-\varepsilon-\rho) + \frac{\varepsilon}{1-\rho}\log\varepsilon - \log(1-\rho)\right.$$
$$\left. + \frac{1-\varepsilon-\rho}{1-\rho}\log(1-\rho) - \frac{1-\varepsilon-\rho}{1-\rho}\log(1-\rho)\right]$$

$$= (1-\rho)\left\{1 - \left[-\frac{1-\varepsilon-\rho}{1-\rho}\log(1-\varepsilon-\rho) - \frac{\varepsilon}{1-\rho}\log\varepsilon + \log(1-\rho)\right.\right.$$
$$\left.\left. - \frac{1-\varepsilon-\rho}{1-\rho}\log(1-\rho) + \frac{1-\varepsilon-\rho}{1-\rho}\log(1-\rho)\right]\right\}$$

$$= (1-\rho)\left\{1 - \left[-\left(\frac{1-\varepsilon-\rho}{1-\rho}\log(1-\varepsilon-\rho) - \frac{1-\varepsilon-\rho}{1-\rho}\log(1-\rho)\right)\right.\right.$$
$$\left.\left. - \left(\frac{\varepsilon}{1-\rho}\log\varepsilon + \frac{1-\varepsilon-\rho}{1-\rho}\log(1-\rho) - \log(1-\rho)\right)\right]\right\}$$

$$= (1-\rho)\Big\{1 - \Big[-\frac{1-\varepsilon-\rho}{1-\rho}\log\frac{1-\varepsilon-\rho}{1-\rho} - \Big(\frac{\varepsilon}{1-\rho}\log\varepsilon + \Big(\frac{1-\varepsilon-\rho}{1-\rho}-1\Big)\log(1-\rho)\Big)\Big]\Big\}$$

$$= (1-\rho)\Big\{1 - \Big[-\frac{1-\varepsilon-\rho}{1-\rho}\log\frac{1-\varepsilon-\rho}{1-\rho} - \Big(\frac{\varepsilon}{1-\rho}\log\varepsilon - \frac{\varepsilon}{1-\rho}\log(1-\rho)\Big)\Big]\Big\}$$

$$= (1-\rho)\Big[1 - \Big(-\frac{1-\varepsilon-\rho}{1-\rho}\log\frac{1-\varepsilon-\rho}{1-\rho} - \frac{\varepsilon}{1-\rho}\log\frac{\varepsilon}{1-\rho}\Big)\Big]$$

$$= (1-\rho)\Big[1 - H\Big(\frac{1-\varepsilon-\rho}{1-\rho}, \frac{\varepsilon}{1-\rho}\Big)\Big]$$

$$= (1-\rho)\Big[1 - H\Big(\frac{\varepsilon}{1-\rho}\Big)\Big] \tag{4}$$

这表明,图 E2.24-1 所示信道$(X$-$Y)$的信道容量是信道传递概率 ε,ρ 的函数 $C(\rho,\varepsilon)$,是信道自身固有特征参量.

(2) $\varepsilon=0$.

当 $\varepsilon=0$ 时,图 E2.24-1 所示的信道$(X$-$Y)$就转变为图 E2.24-2 所示的二进制删除信道$(X_1$-$Y_1)$.

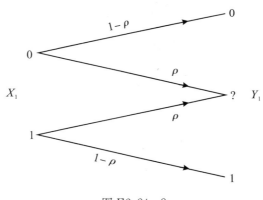

图 E2.24-2

信道$(X_1$-$Y_1)$的信道矩阵

$$[P]' = \begin{matrix} 0 \\ 1 \end{matrix}\left[\underbrace{\begin{pmatrix} 1-\rho & 0 \\ 0 & 1-\rho \end{pmatrix}}_{[P]_1'} \quad \underbrace{\begin{pmatrix} \rho \\ \rho \end{pmatrix}}_{[P]_2'}\right] \tag{5}$$

显然,信道$(X_1$-$Y_1)$仍然是准对称信道. 根据定理 2.12,匹配信源 $X:\{0,1\}$ 是等概信源,即

$$p(0) = p(1) = 1/r = 1/2 \tag{6}$$

由此,子矩阵$[P]_1'$和$[P]_2'$相应输出符号概率分布的算术平均值分别是

$$\begin{cases} p'(b_1) = \dfrac{1}{r}\sum_{k=1}^{r}\{q_k'\}_1 = \dfrac{1}{2}[(1-\rho)+0] = \dfrac{1-\rho}{2} \\ p'(b_2) = \dfrac{1}{r}\sum_{k=1}^{r}\{q_k'\}_2 = \dfrac{1}{2}(\rho+\rho) = \rho \end{cases} \tag{7}$$

由(2.4.4-42)式,信道(X_1-Y_1)的信道容量

$$C_1 = -\sum_{l=1}^{m} s_l p(b_l)\log p(b_l) - H(p_1', p_2', \cdots, p_s')$$

$$= -\left[2 \cdot \left(\frac{1-\rho}{2}\right)\log\left(\frac{1-\rho}{2}\right) + \rho\log\rho\right] - H[(1-\rho), 0, \rho]$$

$$= -(1-\rho)\log(1-\rho) + (1-\rho) - \rho\log\rho - H(\rho)$$

$$= H(\rho) + (1-\rho) - H(\rho) = 1-\rho \quad (比特 / 符号) \tag{8}$$

这表明,二进制删除信道(X_1-Y_1)的信道容量 C_1 是删除概率 ρ 的函数 $C_1(\rho)$,是信道自身固有特征参量. 而且 ρ 越大,信道容量 C_1 越小;ρ 越小,信道容量 C_1 越大.

(3) $\rho=0$.

当 $\rho=0$ 时,图 E2.24-1 所示的信道$(X-Y)$转变为图 E2.24-3 所示的二进制对称信道 (X_2-Y_2).

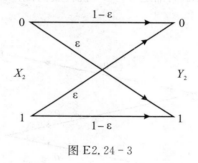

图 E2.24-3

信道(X_2-Y_2)的信道矩阵

$$[P]'' = \begin{matrix} 0 \\ 1 \end{matrix} \left[\begin{pmatrix} 1-\varepsilon & \varepsilon \\ \varepsilon & 1-\varepsilon \end{pmatrix} \quad \begin{matrix} 0 \\ 0 \end{matrix} \right] \tag{9}$$

$$\underbrace{\qquad\qquad}_{[P]''_1} \qquad \underbrace{\quad}_{[P]''_2}$$

由此,对称信道(X_2-Y_2)亦可看作是"准对称信道". 根据定理 2.12,匹配信源 $X:\{0,1\}$ 是等概信源,即

$$p(0) = p(1) = 1/r = 1/2 \tag{10}$$

由此,子矩阵$[P]''_1$,$[P]''_2$ 相应输出符号概率分布的算术平均值分别是

$$\begin{cases} p(b_1) = \dfrac{1}{r}\sum_{k=1}^{r}\{q_k'\}_1 = \dfrac{1}{2}[(1-\varepsilon) + \varepsilon] = \dfrac{1}{2} \\[3mm] p(b_2) = \dfrac{1}{r}\sum_{k=1}^{r}\{q_k'\}_2 = \dfrac{1}{2}[0+0] = 0 \end{cases} \tag{11}$$

由(2.4.4-42)式,得信道(X_2-Y_2)的信道容量

$$C_2 = -\sum_{l=1}^{m} s_l p(b_l)\log p(b_l) - H(p_1', p_2', \cdots, p_s')$$

$$= -2 \cdot \left(\frac{1}{2}\right) \log\left(\frac{1}{2}\right) - 0\log 0 - H(1-\varepsilon, \varepsilon, 0)$$

$$= 1 - H(\varepsilon) \quad (\text{比特／符号}) \tag{12}$$

这表明，二进制对称信道$(X_2 - Y_2)$的信道容量 C_2，是信道传递概率 ε 的函数 $C_2(\varepsilon)$，是信道自身固有特征参量. 而且，ε 越接近 0.5，信道容量 C_2 越小；ε 越远离 0.5，信道容量 C_2 越大.

（4）比较 C, C_1, C_2.

由（4）式可知，当 $0<\varepsilon, \rho<1$，图 E2.24 - 1 所示信道$(X - Y)$的信道容量

$$C = (1-\rho)\left[1 - H\left(\frac{\varepsilon}{1-\rho}\right)\right] \tag{13}$$

当 $\varepsilon=0$，图 E2.24 - 2 所示的二进制删除信道$(X_1 - Y_1)$的信道容量

$$C_1 = 1 - \rho \tag{14}$$

当 $\rho=0$，图 E2.24 - 3 所示的二进制对称信道$(X_2 - Y_2)$的信道容量

$$C_2 = 1 - H(\varepsilon) \tag{15}$$

对于二进制删除信道$(X_1 - Y_1)$来说，要增加信道容量 C_1，就要尽量减小删除概率 ρ. 对二进制对称信道$(X_2 - Y_2)$来说，要增加信道容量 C_2，就要尽量使错误传递概率 ε 远离 0.5.

在这里要提醒注意，若把如图 E2.24 - 2、图 E2.24 - 3 所示的二进制删除信道、二进制对称信道，纳入"准对称信道"，则其信道容量的计算会比以前用的一般方法计算信道容量更简捷、便利.

【例 2.25】　试计算图 E2.25(a)、(b)、(c)所示信道的信道容量 C、C_1、C_2 并加以比较和说明.

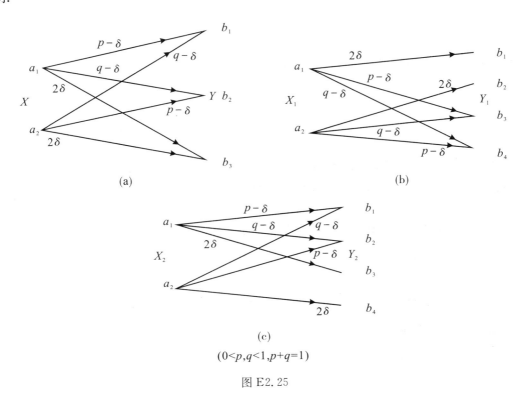

$(0<p, q<1, p+q=1)$

图 E2.25

解

(1) 信道容量 C.

由图 E2.25(a),得信道$(X-Y)$的信道矩阵

$$[P]= \begin{matrix} & b_1 & b_2 & b_3 \\ \begin{matrix} a_1 \\ a_2 \end{matrix} & \left[\begin{matrix} p-\delta & q-\delta \\ q-\delta & p-\delta \end{matrix} \right. & & \left. \begin{matrix} 2\delta \\ 2\delta \end{matrix} \right] \end{matrix} \tag{1}$$

$$\underbrace{\phantom{\begin{matrix} p-\delta & q-\delta \\ q-\delta & p-\delta \end{matrix}}}_{[P]_1} \quad \underbrace{\phantom{\begin{matrix} 2\delta \\ 2\delta \end{matrix}}}_{[P]_2}$$

子矩阵$[P]_1$和$[P]_2$的行和列都具可排列性,信道$(X-Y)$是准对称信道,匹配信源$X:\{a_1,a_2\}$是等概信源,即

$$p(a_1)=p(a_2)=1/r=1/2$$

子矩阵$[P]_1$和$[P]_2$相应输出符号概率分布的算术平均值

$$\begin{cases} p(b_1)=\dfrac{1}{r}\sum_{k=1}^{r}\{q'_k\}_1=\dfrac{1}{2}[(p-\delta)+(q-\delta)]=\dfrac{1}{2}-\delta \\[2mm] p(b_2)=\dfrac{1}{r}\sum_{k=1}^{r}\{q'_k\}_2=\dfrac{1}{2}[(2\delta)+(2\delta)]=2\delta \end{cases} \tag{2}$$

根据定理 2.12,由(2.4.4-43)式,得信道$(X-Y)$的信道容量

$$\begin{aligned} C&=-\sum_{l=1}^{m}s_l p(b_l)\log p(b_l)-H(p'_1,p'_2,\cdots,p'_s) \\ &=-2\left(\frac{1-2\delta}{2}\right)\log\left(\frac{1-2\delta}{2}\right)-(2\delta)\log(2\delta)-H[(p-\delta),(q-\delta),2\delta] \\ &=(1-2\delta)-(1-2\delta)\log(1-2\delta)+(p-\delta)\log(p-\delta)+(q-\delta)\log(q-\delta) \end{aligned} \tag{3}$$

(2) 信道容量 C_1.

由图 E2.25(b),得信道(X_1-Y_1)的信道矩阵

$$[P]'= \begin{matrix} & b_1 & b_2 & b_3 & b_4 \\ \begin{matrix} a_1 \\ a_2 \end{matrix} & \left[\begin{matrix} 2\delta & 0 \\ 0 & 2\delta \end{matrix} \right. & & \left. \begin{matrix} p-\delta & q-\delta \\ q-\delta & p-\delta \end{matrix} \right] \end{matrix} \tag{4}$$

$$\underbrace{\phantom{\begin{matrix} 2\delta & 0 \\ 0 & 2\delta \end{matrix}}}_{[P]'_1} \quad \underbrace{\phantom{\begin{matrix} p-\delta & q-\delta \\ q-\delta & p-\delta \end{matrix}}}_{[P]'_2}$$

子矩阵$[P]'_1$、$[P]'_2$的行和列都具可排列性,信道(X_1-Y_1)是准对称信道. 根据定理 2.12,信道(X_1-Y_1)的匹配信源$X:\{a_1,a_2\}$是等概信源,即有

$$p(a_1)=p(a_2)=1/r=1/2$$

由此,子矩阵$[P]'_1$、$[P]'_2$相应输出符号概率分布的算术平均值

$$\begin{cases} p'(b_1)=\dfrac{1}{r}\sum_{k=1}^{r}\{q'_k\}_1=\dfrac{1}{2}[(2\delta)+0]=\delta \\[2mm] p'(b_2)=\dfrac{1}{r}\sum_{k=1}^{r}\{q'_k\}_2=\dfrac{1}{2}[(p-\delta)+(q-\delta)]=\dfrac{1}{2}-\delta \end{cases} \tag{5}$$

由(2.4.4-43)式,得信道(X_1-Y_1)的信道容量

$$C_1=-\sum_{l=1}^{m}s_l p(b_l)\log p(b_l)-H(p'_1,p'_2,\cdots,p'_s)$$

$$=-2\delta\log\delta-2\left(\frac{1-2\delta}{2}\right)\log\left(\frac{1-2\delta}{2}\right)-H[2\delta,0,(p-\delta),(q-\delta)]$$

$$=1-(1-2\delta)\log(1-2\delta)+(p-\delta)\log(p-\delta)+(q-\delta)\log(q-\delta) \tag{6}$$

（3）信道容量 C_2.

由图 E2.25(c)，得信道 (X_2-Y_2) 的信道矩阵

$$[P]''=\begin{matrix}a_1\\a_2\end{matrix}\left[\begin{pmatrix}p-\delta & q-\delta\\q-\delta & p-\delta\end{pmatrix}\begin{pmatrix}2\delta & 0\\0 & 2\delta\end{pmatrix}\right] \tag{7}$$

子矩阵 $[P]''_1$、$[P]''_2$ 的行和列都具可排列性，信道 (X_2-Y_2) 是准对称信道. 根据定理 2.12，信道 (X_2-Y_2) 的匹配信源 $X:\{0,1\}$ 是等概信源，即有

$$p(a_1)=p(a_2)=1/r=1/2$$

由此，子矩阵 $[P]''_1$、$[P]''_2$ 相应输出符号概率分布的算术平均值

$$\begin{cases}p''(b_1)=\dfrac{1}{r}\sum_{k=1}^{r}\{q'_k\}_1=\dfrac{1}{2}[(p-\delta)+(q-\delta)]=\dfrac{1}{2}-\delta\\[3mm]p''(b_2)=\dfrac{1}{r}\sum_{k=1}^{r}\{q'_k\}_2=\dfrac{1}{2}[(2\delta)+0]=\delta\end{cases} \tag{8}$$

由 (2.4.4-43) 式，得信道 (X_2-Y_2) 的信道容量

$$C_2=-\sum_{l=1}^{m}s_lp(b_l)\log p(b_l)-H(p'_1,p'_2,\cdots,p'_s)$$

$$=-2\left(\frac{1-2\delta}{2}\right)\log\left(\frac{1-2\delta}{2}\right)-2(\delta)\log(\delta)-H[(p-\delta),(q-\delta),2\delta,0]$$

$$=1-(1-2\delta)\log(1-2\delta)+(p-\delta)\log(p-\delta)+(q-\delta)\log(q-\delta) \tag{9}$$

（4）C_1 和 C_2 比较.

由 (6) 式和 (10) 式可知，$C_1=C_2$.

比较信道矩阵 $[P]'$ 和 $[P]''$ 可知：它们的行集合 $\{p'\}$ 相同，都是 $\{p'\}:(p-\delta),(q-\delta),2\delta,0$；它们所含 $m=2$ 个子矩阵 $[P]_1$ 和 $[P]_2$ 相同，只是在信道矩阵 $[P]$ 中所处的位置不同. 这表明：凡行集合 $\{p'\}$ 相同，所含 m 个子矩阵 $[P]_1$、$[P]_2$、$\cdots$、$[P]_m$ 相同的准对称信道的信道容量相同. 信道容量不会因子矩阵在信道矩阵 $[P]$ 中所处的位置不同而不同. 这是准对称信道的信道容量的一个重要特性.

（5）C 和 C_1、C_2 比较.

由 (3) 式和 (6)、(10) 式可知

$$\Delta C=C_1-C=C_2-C=2\delta>0 \quad (0<\delta<1) \tag{10}$$

这表明，信道 (X_1-Y_1)、(X_2-Y_2) 的信道容量 C_1，C_2，大于信道 $(X-Y)$ 的信道容量 C. 其根本原因，是信道 $(X-Y)$ 信道矩阵 $[P]$ 中的子矩阵

$$\begin{pmatrix}2\delta\\2\delta\end{pmatrix} \tag{11}$$

与信道 (X_1-Y_1)、(X_2-Y_2) 信道矩阵 $[P]'$、$[P]''$ 中子矩阵

$$\begin{bmatrix} 2\delta & 0 \\ 0 & 2\delta \end{bmatrix} \tag{12}$$

的差别,引起了信道$(X\text{-}Y)$的输出随机变量Y的最大信息熵$H(Y)_{max}$,与信道$(X_1\text{-}Y_1)$、$(X_2\text{-}Y_2)$输出随机变量Y_1、Y_2的最大信息熵$H(Y_1)_{max}$、$H(Y_2)_{max}$的差别.

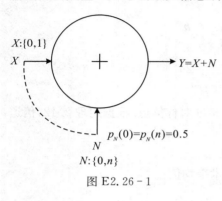

$X:\{0,1\}$

$p_N(0)=p_N(n)=0.5$

N

$N:\{0,n\}$

图 E2.26-1

【例 2.26】 加性信道$(X\text{-}Y)$(如图 E2.26-1 所示)的输入随机变量X与加性噪声N相互统计独立.X的符号集$X:\{0,1\}$,N的符号集$N:\{0,n\}(n\geqslant1)$.N的概率分布$p_N(0)=p_N(n)=1/2$.信道输出随机变量$Y=X+N$.

试分别计算$n=1$;$n>1$时信道$(X\text{-}Y)$的信道容量C_1、C_2及其匹配信源的概率分布.

解

(1) 传递概率$p(y/x)$.

在图 E2.26-1 加性信道$(X\text{-}Y)$中,X与N统计独立,$Y=X+N$,则有

$$\begin{aligned} p_Y(y) &= \sum_X p(xy) = \sum_X p(xy=x+n) \\ &= \sum_X p(xn=y-x) = \sum_X p(x)p(n=y-x) \\ &= \sum_X p(x)p(y/x) \end{aligned} \tag{1}$$

即得

$$p(y/x) = \begin{cases} p(n) & (y=x+n) \\ 0 & (y\neq x+n) \end{cases} \tag{2}$$

(2) $n=1$ 时的信道容量C_1.

当$n=1$时,信道$(X\text{-}Y)$输出随机变量Y的符号集

	$Y=X+N$	N	
		0	$n>1$
X	0	0	n
	1	1	$1+n$

(3)

即Y的符号集$Y:\{0,1,2\}$.

由N的概率分布$p_N(0)=p_N(1)=1/2$,根据(2)式,信道$(X\text{-}Y)$的传递概率

$$\begin{cases} P\{Y=0/X=0\} = P\{N=0\} = p_N(0) = 1/2 \\ P\{Y=1/X=0\} = P\{N=1\} = p_N(1) = 1/2 \\ P\{Y=2/X=0\} = 0 \end{cases} \tag{4}$$

$$\begin{cases} P\{Y=0/X=1\} = 0 \\ P\{Y=1/X=1\} = P\{N=0\} = p_N(0) = 1/2 \\ P\{Y=2/X=1\} = P\{N=1\} = p_N(1) = 1/2 \end{cases} \tag{5}$$

由此,得信道$(X\text{-}Y)$的信道矩阵

$$[P]_{X\text{-}Y} = \begin{matrix} 0 \\ 1 \end{matrix} \begin{array}{ccc} 0 & 1 & 2 \\ \left[\begin{matrix} 1/2 & 1/2 & 0 \\ 0 & 1/2 & 1/2 \end{matrix} \right] \end{array}$$

$$= \begin{matrix} 0 \\ 1 \end{matrix} \begin{array}{cc} 0 & 2 & 1 \\ \left[\left[\begin{matrix} 1/2 & 0 \\ 0 & 1/2 \end{matrix} \right] \ \left[\begin{matrix} 1/2 \\ 1/2 \end{matrix} \right] \right] \end{array} \qquad (6)$$

$$\underbrace{[P]_1} \qquad \underbrace{[P]_2}$$

子矩阵$[P]_1$、$[P]_2$的行和列都具可排列性,从传递特性上来说,加性信道$(X\text{-}Y)$是一个"准对称信道"(如图 E2.26-2 所示).

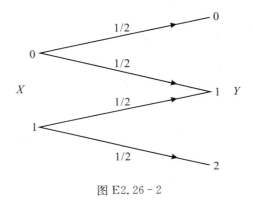

图 E2.26-2

根据定理 2.12,信道$(X\text{-}Y)$的匹配信源 $X:\{0,1\}$是等概信源,即
$$p(0) = p(1) = 1/r = 1/2 \qquad (7)$$
子矩阵$[P]_1$、$[P]_2$相应输出符号概率分布的算术平均值
$$\begin{cases} p(b_1) = \dfrac{1}{r}\sum_{k=1}^{r}\{q'_k\}_1 = \dfrac{1}{2}\left(\dfrac{1}{2}+0\right) = \dfrac{1}{4} \\[3mm] p(b_2) = \dfrac{1}{r}\sum_{k=1}^{r}\{q'_k\}_2 = \dfrac{1}{2}\left(\dfrac{1}{2}+\dfrac{1}{2}\right) = \dfrac{1}{2} \end{cases} \qquad (8)$$
由(2.4.4-43)式,得信道$(X\text{-}Y)$的信道容量
$$\begin{aligned} C_1 &= -\sum_{l=1}^{m} s_l p(b_l)\log p(b_l) - H(p'_1, p'_2, \cdots, p'_s) \\ &= -2\left(\dfrac{1}{2}\right)\log\left(\dfrac{1}{2}\right) - \dfrac{1}{2}\log\dfrac{1}{2} - H\left(\dfrac{1}{2}, 0, \dfrac{1}{2}\right) \\ &= 1/2 \quad (\text{比特 / 符号}) \end{aligned} \qquad (9)$$
这表明,当$N=n=1$时,加性信道$(X\text{-}Y)$每传递一个符号,最多传递 0.5(比特/符号)信息量.

(3) $n>1$ 时的信道容量 C_2.

当 $N=n>1$ 时,加性信道$(X\text{-}Y)$输出随机变量 Y 的符号集中的符号数由 $n=1$ 时的 $s=3$,变为 $s=4$

$Y=X+N$	0	$n>1$
0	0	n
1	1	$1+n$

$$\left. X \right\{ \qquad\qquad \overbrace{\qquad\qquad\qquad N \qquad\qquad\qquad} \tag{10}$$

即 Y 的符号集 Y：$\{0,1,n,1+n\}$.

由 N 的概率分布 $p_N(0)=p_N(n)=1/2$，根据（2）式，信道（X-Y）的传递概率

$$\begin{cases} P\{Y=0/X=0\}=P\{N=0\}=p_N(0)=1/2 \\ P\{Y=1/X=0\}=0 \\ P\{Y=n/X=0\}=P\{N=n\}=p_N(n)=1/2 \\ P\{Y=1+n/X=0\}=0 \end{cases} \tag{11}$$

$$\begin{cases} P\{Y=0/X=1\}=0 \\ P\{Y=1/X=1\}=P\{N=0\}=p_N(0)=1/2 \\ P\{Y=n/X=1\}=0 \\ P\{Y=n+1/X=1\}=P\{N=n\}=p_N(n)=1/2 \end{cases} \tag{12}$$

由此，得信道（X-Y）的信道矩阵

$$[P]_{X\text{-}Y}=\begin{matrix} 0 \\ 1 \end{matrix}\begin{pmatrix} \begin{pmatrix} 1/2 & 0 \\ 0 & 1/2 \end{pmatrix} & \begin{pmatrix} 1/2 & 0 \\ 0 & 1/2 \end{pmatrix} \end{pmatrix} \tag{13}$$

$$\qquad\qquad\qquad [P]_1 \qquad\qquad\qquad [P]_2$$

子矩阵 $[P]_1$、$[P]_2$ 的行和列都具可排列性，信道（X-Y）是一个"准对称信道"（如图 E2.26-3 所示）.

根据定理 2.12，信道（X-Y）的匹配信源 X：$\{0,1\}$ 是等概信源，即

$$p(0)=p(1)=1/r=1/2 \tag{14}$$

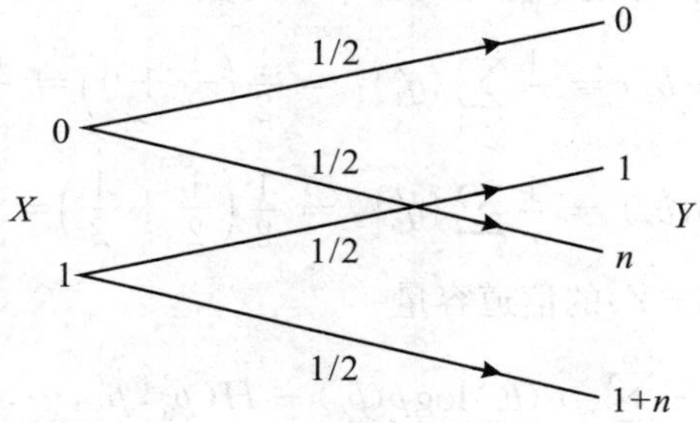

图 E2.26-3

子矩阵 $[P]_1$、$[P]_2$ 相应输出符号概率分布的算术平均值

$$\begin{cases} p(b_1)=\dfrac{1}{r}\sum_{k=1}^{r}\{q'_k\}_1=\dfrac{1}{2}\left(\dfrac{1}{2}+0\right)=\dfrac{1}{4} \\ \\ p(b_2)=\dfrac{1}{r}\sum_{k=1}^{r}\{q'_k\}_2=\dfrac{1}{2}\left(\dfrac{1}{2}+0\right)=\dfrac{1}{4} \end{cases} \tag{15}$$

由 $(2.4.4-43)$ 式,加性信道 $(X-Y)$ 的信道容量

$$
\begin{aligned}
C_2 &= -\sum_{l=1}^{m} s_l p(b_l) \log p(b_l) - H(p_1', p_2', \cdots, p_s') \\
&= -2\left(\frac{1}{4}\right)\log\left(\frac{1}{4}\right) - 2\left(\frac{1}{4}\right)\log\left(\frac{1}{4}\right) - H\left(\frac{1}{2}, 0, \frac{1}{2}, 0\right) \\
&= 2 - 1 = 1 \quad (比特／符号)
\end{aligned} \tag{16}
$$

(4) 对 C_1 和 C_2 的说明.

当 $n=1$ 时,信道 $(X-Y)$ 输出随机变量 $Y:\{0,1,2\}$, $s=3$. 从传递特性上来说,相当于一个二进制删除信道. 当 $n>1$ 时,信道 $(X-Y)$ 输出随机变量 $Y:\{0,1,n,1+n\}$, $s=4$. 从传递特性上来说,相当于一个"发散型无噪信道". 不过,本例中我们把它们都纳入"准对称信道",根据定理 2.12 计算其信道容量 C_1 和 C_2,及其匹配信源的概率分布. 所得结论与用一般方法计算结果完全一致.

【例 2.27】 运用不等式 $\ln x \leqslant x-1(x>0)$ 证明定理 2.12 成立.

证明 设 s 个元分为 m 个不相交的子集,各子集分别含有 $s_1, s_2, \cdots, s_m$ 个元,即 $s = s_1 + s_2 + \cdots + s_m$. 若 r 行、$s_l(l=1,2,\cdots,m)$ 列矩阵 $[P]_l(l=1,2,\cdots,m)$ 的每一行,都是同一集合的不同排列,每一列也是同一集合的不同排列,即 $(r \times s_l)$ 阶矩阵 $[P]_l(l=1,2,\cdots,m)$ 的行和列都具有可排列性(对称矩阵). 设 m 个子矩阵 $[P]_l(l=1,2,\cdots,m)$ 组成"准对称信道"的 r 行、s 列信道矩阵为

$$
[P] = \overbrace{\left[\,[[P]_1]\,[[P]_2]\cdots[[P]_m]\,\right]}^{s列}\Big\}r \text{ 行} \tag{1}
$$

设准对称信道 $(X-Y)$ 的输入符号集 $X:\{a_1, a_2, \cdots, a_r\}$、输出符号集 $Y:\{b_1, b_2, \cdots, b_s\}$, $[P]$ 中各行具有可排列性. 令,行集合 $\{p'\}:\{p_1', p_2', \cdots, p_s'\}$,则信道 $(X-Y)$ 的噪声熵

$$
\begin{aligned}
H(Y/X) &= -\sum_{i=1}^{r}\sum_{j=1}^{s} p(a_i) p(b_j/a_i) \log p(b_j/a_i) \\
&= \sum_{i=1}^{r} p(a_i)\left[-\sum_{j=1}^{s} p(b_j/a_i) \log p(b_j/a_i)\right] = \sum_{i=1}^{r} p(a_i) H(Y/X=a_i) \\
&= \sum_{i=1}^{r} p(a_i) H(p_1', p_2', \cdots, p_s') = H(p_1', p_2', \cdots, p_s')
\end{aligned} \tag{2}
$$

因为信道传递概率是信道自身的固有参数,与信源变动无关. 所以,信道 $(X-Y)$ 的容量

$$
\begin{aligned}
C &= \max_{P(X)}\{I(X,Y)\} = \max_{P(X)}\{H(Y) - H(Y/X)\} \\
&= \max_{p(x)}\{H(Y)\} - H(p_1', p_2', \cdots, p_s')
\end{aligned} \tag{3}
$$

信道 $(X-Y)$ 的输出随机变量 $Y:\{b_1, b_2, \cdots, b_s\}$ 的概率分布

$$
p_Y(b_j) = p(a_1) p(b_j/a_1) + p(a_2) p(b_j/a_2) + \cdots + p(a_r) p(b_j/a_r) \quad (j=1,2,\cdots,s) \tag{4}
$$

在准对称信道 $(X-Y)$ 的信道矩阵 $[P]$ 中,各行具有可排列性,但各列不具可排列性. 如要使 $p_Y(b_1) = p_Y(b_2) = \cdots = p_Y(b_s) = 1/s$, $H(Y)$ 达到最大值 $\log s$,则 $p(a_i)(i=1,2,\cdots,r)$ 就有可能出现负值. 显然,这是做不到的. 这就是说,准对称信道 $(X-Y)$ 输出随机变量 Y 的熵 $H(Y)$ 的最大值 $\max\{H(Y)\}$ 达不到 $\log s$.

在信道矩阵$[P]$中,子矩阵$[P]_l(l=1,2,\cdots,m)$相应输出符号数分别为$s_l(l=1,2,\cdots,m)$. 输出随机变量$Y:\{b_1,b_2,\cdots,b_s\}$的信息熵$H(Y)$可写成

$$
\begin{aligned}
H(Y)=&-\sum_{j=1}^{s}p_Y(b_j)\log p_Y(b_j)\\
=&\left[-\sum_{j1=1}^{s_1}p_Y(b_{j1})\log p_Y(b_{j1})\right]\\
&+\left[-\sum_{j2=1}^{s_2}p_Y(b_{j2})\log p_Y(b_{j2})\right]\\
&+\cdots\\
&+\left[-\sum_{jm=1}^{s_m}p_Y(b_{jm})\log p_Y(b_{jm})\right]
\end{aligned}
\tag{5}
$$

令子矩阵$[P]_l(l=1,2,\cdots,m)$的$s_l(l=1,2,\cdots,m)$个输出符号概率分布$p_Y(b_{jl})(l=1,2,\cdots,m)$的算术平均值为

$$
p(b_l)=\frac{\sum\limits_{jl=1}^{s_l}p_Y(b_{jl})}{s_l}\quad(l=1,2,\cdots,m)
\tag{6}
$$

再令

$$
x=\frac{p(b_l)}{p_Y(b_{jl})}>0\quad(l=1,2,\cdots,m;jl=1,2,\cdots,s_l)
\tag{7}
$$

根据不等式

$$
\ln x\leqslant x-1\quad(x>0)
\tag{8}
$$

则可有

$$
\ln\frac{p(b_l)}{p_Y(b_{jl})}\leqslant\frac{p(b_l)}{p_Y(b_{jl})}-1\quad(l=1,2,\cdots,m;jl=1,2,\cdots,s_l)
\tag{9}
$$

又因为

$$
p_Y(b_{jl})\geqslant0\quad(jl=1,2,\cdots,s_l;l=1,2,\cdots,m)
\tag{10}
$$

由(9)式、(10)式,得

$$
\begin{aligned}
\sum_{jl=1}^{s_l}p_Y(b_{jl})\ln\frac{p(b_l)}{p_Y(b_{jl})}&\leqslant\sum_{jl=1}^{s_l}p_Y(b_{jl})\left[\frac{p(b_l)}{p_Y(b_{jl})}-1\right]\\
&=\sum_{jl=1}^{s_l}p(b_l)-\sum_{jl=1}^{s_l}p_Y(b_{jl})\\
&=s_lp(b_l)-\sum_{jl=1}^{s_l}p_Y(b_{jl})
\end{aligned}
\tag{11}
$$

由(6)式,则(11)式可改写为

$$
\sum_{jl=1}^{s_l}p_Y(b_{jl})\ln\frac{p(b_l)}{p(b_{jl})}\leqslant s_lp(b_l)-s_lp(b_l)=0
\tag{12}
$$

由此即得

$$-\sum_{jl=1}^{s_l} p_Y(b_{jl}) \ln p_Y(b_{jl}) \leqslant -\sum_{jl=1}^{s_l} p_Y(b_{jl}) \ln p(b_l)$$

$$= -s_l p(b_l) \ln p(b_l) \quad (l=1,2,\cdots,m) \tag{13}$$

（5）式、（13）式表明：当子矩阵$[P]_l(l=1,2,\cdots,m)$的$s_l(l=1,2,\cdots,m)$个相应输出符号的概率分布都等于其算术平均值，即

$$p_Y(b_{jl}) = p(b_l) \quad (l=1,2,\cdots,m; jl=1,2,\cdots,s_l) \tag{14}$$

时，（5）式所示的$H(Y)$中的第$l(l=1,2,\cdots,m)$个和式$\left\{-\sum_{jl=1}^{s_l} p_Y(b_{jl}) \log p_Y(b_{jl})\right\}$达到最大值

$$\left\{-s_l p(b_l) \ln p(b_l)\right\} \quad (l=1,2,\cdots,m)$$

在准对称信道$(X\text{-}Y)$的信道矩阵$[P]$中，各子矩阵$[P]_l(l=1,2,\cdots,m)$不仅行具有可排列性，而且各列亦具有可排列性. 只有当信道$(X\text{-}Y)$的输入信源$X:\{a_1,a_2,\cdots,a_r\}$是等概信源，即

$$p(a_1) = p(a_2) = \cdots = p(a_r) = 1/r \tag{15}$$

时，$[P]$中各子矩阵$[P]_l(l=1,2,\cdots,m)$相应的$s_l(l=1,2,\cdots,m)$个输出符号同时都呈现等概分布，分别等于子矩阵$[P]_l(l=1,2,\cdots,m)$输出符号概率分布的算术平均值$p(b_l)(l=1,2,\cdots,m)$，使（14）式成立，导致$H(Y)$达到最大值

$$\max_{p(x)}\{H(Y)\} = -\sum_{l=1}^{m} s_l p(b_l) \ln p(b_l) \tag{16}$$

最终求得准对称信道$(X\text{-}Y)$的信道容量

$$C = -\sum_{l=1}^{m} s_l p(b_l) \ln p(b_l) - H(p_1', p_2', \cdots, p_s') \tag{17}$$

这样，定理 2.12 就得到了证明.

求解输入随机变量$X:\{a_1,a_2,\cdots,a_r\}$、输出随机变量$Y:\{b_1,b_2,\cdots,b_s\}$的准对称信道$(X\text{-}Y)$的信道容量C的关键，是求解各子矩阵$[P]_l(l=1,2,\cdots,m)$输出符号概率分布的算术平均值$p(b_l)(l=1,2,\cdots,m)$. 当输入随机变量X为匹配信源，即$p(a_i)=1/r(i=1,2,\cdots,r)$时，子矩阵$[P]_l(l=1,2,\cdots,m)$的输出符号一定也是等概分布（因$[P]_l$各列亦具可排列性），其值就是$[P]_l$输出符号概率分布的算术平均值$p(b_l)(l=1,2,\cdots,m)$.

若令，子矩阵$[P]_l(l=1,2,\cdots,m)$的列集合为$\{q_l'\}=\{q_{l1}',q_{l2}',\cdots,q_{lr}'\}(l=1,2,\cdots,m)$，则子矩阵$[P]_l(l=1,2,\cdots,m)$输出符号概率分布的算术平均值

$$p(b_l) = p_Y(b_{jl}) = p(a_1)q_{l1}' + p(a_2)q_{l2}' + \cdots + p(a_r)q_{lr}'$$

$$= \frac{1}{r}\{q_{l1}' + q_{l2}' + \cdots + q_{lr}'\}$$

$$= \frac{1}{r}\sum_{i=1}^{r} q_{li}' \quad (l=1,2,\cdots,m) \tag{18}$$

若令$N_l(l=1,2,\cdots,m)$表示子矩阵$[P]_l(l=1,2,\cdots,m)$列集合$\{q_l'\}:\{q_{l1}',q_{l2}',\cdots,q_{lr}'\}$中$r$个元素，$q_{l1}',q_{l2}',\cdots,q_{lr}'$的和值

$$N_l = \sum_{i=1}^{r} q_{li}' \quad (l=1,2,\cdots,m) \tag{19}$$

则（18）式可改写为

$$p(b_l) = N_l/r \quad (l = 1, 2, \cdots, m) \tag{20}$$

这表明,由(17)式表示的准对称信道$(X\text{-}Y)$的信道容量C取决于:输入符号数r;各子矩阵$[P]_l(l=1,2,\cdots,m)$的列数$s_l(l=1,2,\cdots,m)$;列集合r个元素的和值$N_l(l=1,2,\cdots,m)$;信道矩阵$[P]$行集合$\{p'\}:\{p_1', p_2', \cdots, p_s'\}$等信道自身的固定参数.信道容量$C$是信道自身的特征参量.

2.4.5 可逆矩阵信道的信道容量

若信道$(X\text{-}Y)$的信道矩阵$[P]$是$(r \times r)$阶"非奇异方阵"

$$[P] = \begin{array}{c} \\ a_1 \\ a_2 \\ \vdots \\ a_r \end{array} \begin{matrix} b_1 & b_2 & \cdots & b_r \\ \begin{bmatrix} p_{11} & p_{12} & \cdots & p_{1r} \\ p_{21} & p_{22} & \cdots & p_{2r} \\ \vdots & \vdots & \vdots & \vdots \\ p_{r1} & p_{r2} & \cdots & p_{rr} \end{bmatrix} \end{matrix} \tag{2.4.5-1}$$

并存在$(r \times r)$阶逆矩阵

$$[P]^{-1} = \begin{array}{c} \\ a_1 \\ a_2 \\ \vdots \\ a_r \end{array} \begin{matrix} b_1 & b_2 & \cdots & b_r \\ \begin{bmatrix} r_{11} & r_{12} & \cdots & r_{1r} \\ r_{21} & r_{22} & \cdots & r_{2r} \\ \vdots & \vdots & \vdots & \vdots \\ r_{r1} & r_{r2} & \cdots & r_{rr} \end{bmatrix} \end{matrix} \tag{2.4.5-2}$$

即有

$$[P] \cdot [P]^{-1} = [P]^{-1} \cdot [P]$$

$$= \begin{bmatrix} 1 & 0 & 0 & \cdots & 0 \\ 0 & 1 & 0 & \cdots & 0 \\ 0 & 0 & 1 & \cdots & 0 \\ \vdots & \vdots & \vdots & & \vdots \\ 0 & 0 & 0 & \cdots & 1 \end{bmatrix} = [I] \tag{2.4.5-3}$$

则信道$(X\text{-}Y)$称为"可逆矩阵信道".它也是一种工程上常见的信道.

定理 2.13 设可逆矩阵信道的信道矩阵为非奇异$(r \times r)$阶方阵$[P]$,且其逆矩阵$[P]^{-1}$的第i行、第j列的元素为$r_{ij}(i, j = 1, 2, \cdots, r)$. 若

$$\beta_k = \sum_{j=1}^{r} r_{jk} \exp\left[-\sum_{i=1}^{r} r_{ji} H(Y/X = a_i)\right] > 0 \quad (k = 1, 2, \cdots, r)$$

则信道容量

$$C = \ln\left\{\sum_{j=1}^{r} \exp\left[-\sum_{i=1}^{r} r_{ji} H(Y/X = a_i)\right]\right\}$$

匹配信源的概率分布为

$$p_m(a_k) = \beta_k e^{-C} \quad (k = 1, 2, \cdots, r)$$

证明 关于可逆矩阵信道的信道容量求解,还是要追溯到信道容量一般算法这个源头.

(1) 一般来说,若给定信道$(X\text{-}Y)$的传递概率$P(Y/X):\{p_0(b_j/a_i)(i=1,2,\cdots,r;j=1,$

$2,\cdots,s)\}$,信源 X 的概率分布 $P(X)$:$\{p(a_i)(i=1,2,\cdots,r)\}$,则给定信道$(X\text{-}Y)$的信道容量 C,等于在约束条件

$$\sum_{i=1}^{r} p(a_i) = 1 \qquad\qquad (2.4.5-4)$$

的约束下,由 X 和 Y 之间的平均互信息

$$I(X;Y)=I[p(a_1),p(a_2),\cdots,p(a_r)]_{p_0(b_j/a_i)} \qquad (2.4.5-5)$$

对信源 X 的概率分布 $p(a_i)(i=1,2,\cdots,r)$ 求条件极大值.

为此,作辅助函数

$$F[p(a_1),p(a_2),\cdots,p(a_r);\lambda] = I[p(a_1),p(a_2),\cdots,p(a_r)]+\lambda\sum_{i=1}^{r}p(a_i)-\lambda$$
$$(2.4.5-6)$$

并对 $p(a_i)(i=1,2,\cdots,r)$ 偏导,并置之为零,得 r 个稳定点方程

$$\frac{\partial}{\partial p(a_i)}\left\{I[p(a_1),p(a_2),\cdots,p(a_r)]+\lambda\sum_{i=1}^{r}p(a_i)\right\}=0 \quad (i=1,2,\cdots,r) \qquad (2.4.5-7)$$

则有

$$\sum_{j=1}^{r} p_0(b_j/a_i)\ln\frac{p_0(b_j/a_i)}{p_Y(b_j)} = 1-\lambda \quad (i=1,2,\cdots,r) \qquad (2.4.5-8)$$

即

$$\sum_{j=1}^{r} p_0(b_j/a_i)\ln p_0(b_j/a_i) - \sum_{j=1}^{r} p_0(b_j/a_i)\ln p_Y(b_j) = 1-\lambda \quad (j=1,2,\cdots,r)$$
$$(2.4.5-9)$$

进而,有

$$-H(Y/X=a_i) = \sum_{j=1}^{r} p_0(b_j/a_i)\ln p_Y(b_j) + 1-\lambda$$
$$= \sum_{j=1}^{r} p_0(b_j/a_i) \cdot [1-\lambda+\ln p_Y(b_j)] \qquad (2.4.5-10)$$

把上式写成矩阵形式

$$\begin{bmatrix} p_0(b_1/a_1) & p_0(b_2/a_1) & \cdots & p_0(b_r/a_1) \\ p_0(b_1/a_2) & p_0(b_2/a_2) & \cdots & p_0(b_r/a_2) \\ \vdots & \vdots & & \vdots \\ p_0(b_1/a_r) & p_0(b_2/a_r) & \cdots & p_0(b_r/a_r) \end{bmatrix} \cdot \begin{bmatrix} 1-\lambda+\ln p_Y(b_1) \\ 1-\lambda+\ln p_Y(b_2) \\ \vdots \\ 1-\lambda+\ln p_Y(b_r) \end{bmatrix} = \begin{bmatrix} -H(Y/X=a_1) \\ -H(Y/X=a_2) \\ \vdots \\ -H(Y/X=a_r) \end{bmatrix}$$
$$(2.4.5-11)$$

为了书写简明,把 $p_0(b_j/a_i)$ 写成 $p_{ij}(i=1,2,\cdots,r;j=1,2,\cdots,r)$.在$(2.4.5-11)$式两边同乘$[P]$的逆矩阵$[P]^{-1}$,得

$$
\begin{bmatrix} r_{11} & r_{12} & \cdots & r_{1r} \\ r_{21} & r_{22} & \cdots & r_{2r} \\ \vdots & \vdots & & \vdots \\ r_{r1} & r_{r2} & \cdots & r_{rr} \end{bmatrix} \cdot \begin{bmatrix} p_{11} & p_{12} & \cdots & p_{1r} \\ p_{21} & p_{22} & \cdots & p_{2r} \\ \vdots & \vdots & & \vdots \\ p_{r1} & p_{r2} & \cdots & p_{rr} \end{bmatrix} \cdot \begin{bmatrix} 1-\lambda+\ln p_Y(b_1) \\ 1-\lambda+\ln p_Y(b_2) \\ \vdots \\ 1-\lambda+\ln p_Y(b_r) \end{bmatrix}
$$

$$
= \begin{bmatrix} r_{11} & r_{12} & \cdots & r_{1r} \\ r_{21} & r_{22} & \cdots & r_{2r} \\ \vdots & \vdots & & \vdots \\ r_{r1} & r_{r2} & \cdots & r_{rr} \end{bmatrix} \cdot \begin{bmatrix} -H(Y/X=a_1) \\ -H(Y/X=a_2) \\ \vdots \\ -H(Y/X=a_r) \end{bmatrix} \tag{2.4.5-12}
$$

由(2.4.5-3)式,有

$$
1-\lambda+\ln p_Y(b_j) = -\sum_{i=1}^{r} r_{ji} H(Y/X=a_i) \quad (j=1,2,\cdots,r) \tag{2.4.5-13}
$$

由此可得

$$
p_Y(b_j) = \exp\left[-\sum_{i=1}^{r} r_{ji} H(Y/X=a_i) - (1-\lambda)\right] \quad (j=1,2,\cdots,r) \tag{2.4.5-14}
$$

把(2.4.5-14)式所示输出随机变量 Y 的概率分布 $p_Y(b_j)(j=1,2,\cdots,r)$ 相加,由 $\sum_{j=1}^{r} p_Y(b_j)=1$,可得

$$
\sum_{j=1}^{r} p_Y(b_j) \exp(1-\lambda) = \sum_{j=1}^{r} \exp\left[-\sum_{i=1}^{r} r_{ji} H(Y/X=a_i)\right] \tag{2.4.5-15}
$$

即

$$
\exp(1-\lambda) = \sum_{j=1}^{r} \exp\left[-\sum_{i=1}^{r} r_{ji} H(Y/X=a_i)\right] \tag{2.4.5-16}
$$

则可得

$$
1-\lambda = \ln\left\{\sum_{j=1}^{r} \exp\left[-\sum_{i=1}^{r} r_{ji} H(Y/X=a_i)\right]\right\} \tag{2.4.5-17}
$$

用 $p(a_i)(i=1,2,\cdots,r)$ 同乘(2.4.5-8)式两边,且对 $i=1,2,\cdots,r$ 相加,得

$$
\sum_{i=1}^{r} \sum_{j=1}^{r} p(a_i) p_0(b_j/a_i) \ln \frac{p_0(b_j/a_i)}{p_Y(b_j)} = \sum_{i=1}^{r} p(a_i) \cdot (1-\lambda) = 1-\lambda \tag{2.4.5-18}
$$

由(2.4.5-17)式,有

$$
C = 1-\lambda = \ln\left\{\sum_{j=1}^{r} \exp\left[-\sum_{i=1}^{r} r_{ji} H(Y/X=a_i)\right]\right\} \tag{2.4.5-19}
$$

(2.4.5-19)式所示 C,就是可逆矩阵信道 $(X-Y)$ 的信道容量 C. 这是因为(2.4.5-8)式是稳定点方程,所以(2.4.5-18)等式左边就是信道 $(X-Y)$ 的平均互信息 $I(X;Y)$ 的最大值,即信道 $(X-Y)$ 的信道容量 C.

(2) 显然,只有当可逆矩阵信道 $(X-Y)$ 输出随机变量 Y 的概率分布 $P(Y)$:$\{p_Y(b_j)(j=1, 2,\cdots,r)\}$ 等于(2.4.5-14)式时,才能使信道 $(X-Y)$ 的平均互信息 $I(X;Y)$ 达到(2.4.5-19)式所示信道容量 C. 那么,输入信源 X:$\{a_1,a_2,\cdots,a_r\}$ 具有什么样的概率分布,才能使 Y 的概率分布为(2.4.5-14)式所示的分布呢?

因为,一般都有

$$p_Y(b_j) = \sum_{i=1}^{r} p(a_i) p_0(b_j/a_i) = \sum_{i=1}^{r} p(a_i) p_{ij} \quad (j=1,2,\cdots,r) \qquad (2.4.5-20)$$

写成矩阵形式

$$[p_Y(b_1), p_Y(b_2), \cdots, p_Y(b_r)] = [p(a_1), p(a_2), \cdots, p(a_r)] \cdot \begin{bmatrix} p_{11} & p_{12} & \cdots & p_{1r} \\ p_{21} & p_{22} & \cdots & p_{2r} \\ \vdots & \vdots & & \vdots \\ p_{r1} & p_{r2} & \cdots & p_{rr} \end{bmatrix}$$

$$(2.4.5-21)$$

用信道矩阵$[P]$的逆矩阵$[P]^{-1}$同乘(2.4.5-21)式两边,得

$$[p_Y(b_1), p_Y(b_2), \cdots, p_Y(b_r)] \cdot \begin{bmatrix} r_{11} & r_{12} & \cdots & r_{1r} \\ r_{21} & r_{22} & \cdots & r_{2r} \\ \vdots & \vdots & & \vdots \\ r_{r1} & r_{r2} & \cdots & r_{rr} \end{bmatrix}$$

$$= [p(a_1), p(a_2), \cdots, p(a_r)] \cdot \begin{bmatrix} p_{11} & p_{12} & \cdots & p_{1r} \\ p_{21} & p_{22} & \cdots & p_{2r} \\ \vdots & \vdots & & \vdots \\ p_{r1} & p_{r2} & \cdots & p_{rr} \end{bmatrix} \cdot \begin{bmatrix} r_{11} & r_{12} & \cdots & r_{1r} \\ r_{21} & r_{22} & \cdots & r_{2r} \\ \vdots & \vdots & & \vdots \\ r_{r1} & r_{r2} & \cdots & r_{rr} \end{bmatrix}$$

$$= [p(a_1), p(a_2), \cdots, p(a_r)] \cdot \begin{bmatrix} 1 & 0 & 0 & \cdots & 0 \\ 0 & 1 & 0 & \cdots & 0 \\ \vdots & \vdots & \vdots & & \vdots \\ 0 & 0 & 0 & \cdots & 1 \end{bmatrix}$$

$$= [p(a_1), p(a_2), \cdots, p(a_r)] \qquad (2.4.5-22)$$

由此可得

$$p(a_k) = \sum_{j=1}^{r} p_Y(b_j) r_{jk} \quad (k=1,2,\cdots,r) \qquad (2.4.5-23)$$

由(2.4.5-14)式,匹配信源 $X:\{a_1,a_2,\cdots,a_r\}$的概率分布

$$p_m(a_k) = \sum_{j=1}^{r_1} \exp\left[-\sum_{i=1}^{r} r_{ji} H(Y/X=a_i) - (1-\lambda)\right] r_{jk} \quad (k=1,2,\cdots,r)$$

$$(2.4.5-24)$$

令

$$\beta_k = \sum_{j=1}^{r} r_{jk} \exp\left[-\sum_{i=1}^{r} r_{ji} H(Y/X=a_i)\right] > 0 \quad (k=1,2,\cdots,r) \qquad (2.4.5-25)$$

则可逆矩阵信道$(X-Y)$的匹配信源 $X:\{a_1,a_2,\cdots,a_r\}$的概率分布为 $p_m(a_k)(k=1,2,\cdots,r)$可写成

$$p_m(a_k) = \beta_k \exp[-(1-\lambda)] = \beta_k e^{-C} \quad (k=1,2,\cdots,r) \qquad (2.4.5-26)$$

其中,C是(2.4.5-19)式求得的可逆矩阵信道$(X-Y)$的信道容量.

到此,定理 2.13 就得到了完整的证明.

(3) 显然,计算可逆矩阵信道的信道容量 C 的关键,在于根据给定的信道矩阵 $[P]$,求解其逆矩阵 $[P]^{-1}$ 的 $(r \times r)$ 个元素 $r_{ij}(i,j=1,2,\cdots,r)$.

设 $|P|_{ij}(i,j=1,2,\cdots,r)$ 是信道矩阵 $[P]$ 的第 i 行、第 j 列元素 $p_{ij}(i,j=1,2,\cdots,r)$ 的代数"余因子";又设 $|P| \neq 0$ 是信道矩阵 $[P]$ 的行列式的绝对值. 令,

$$r'_{ij} = \frac{|P|_{ij}}{|P|} \quad (i,j=1,2,\cdots,r) \tag{2.4.5-27}$$

则信道矩阵 $[P]$ 的逆矩阵 $[P]^{-1}$ 中第 i 行、第 j 列元素

$$r_{ij} = r'_{ji} \quad (i,j=1,2,\cdots,r) \tag{2.4.5-28}$$

即信道矩阵 $[P]$ 的逆矩阵

$$[P]^{-1} = \begin{bmatrix} r_{11} & r_{12} & \cdots & r_{1r} \\ r_{21} & r_{22} & \cdots & r_{2r} \\ \vdots & \vdots & & \vdots \\ r_{r1} & r_{r2} & \cdots & r_{rr} \end{bmatrix} = \begin{bmatrix} r'_{11} & r'_{21} & \cdots & r'_{r1} \\ r'_{12} & r'_{22} & \cdots & r'_{r2} \\ \vdots & \vdots & & \vdots \\ r'_{1r} & r'_{2r} & \cdots & r'_{rr} \end{bmatrix} \tag{2.4.5-29}$$

也就是说,$[P]^{-1}$ 是(2.4.5-27)式所示 $r'_{ji}(i,j=1,2,\cdots,r)$ 构成矩阵

$$\begin{bmatrix} r'_{11} & r'_{12} & \cdots & r'_{1r} \\ r'_{21} & r'_{22} & \cdots & r'_{2r} \\ \vdots & \vdots & & \vdots \\ r'_{r1} & r'_{r2} & \cdots & r'_{rr} \end{bmatrix} \tag{2.4.5-30}$$

的转置矩阵.

综上所述,由于逆矩阵 $[P]^{-1}$ 中的元素 $r_{ij}(i,j=1,2,\cdots,r)$ 完全取决于信道矩阵 $[P]$ 的元素 $p_{ij}=p_0(b_j/a_i)(i,j=1,2,\cdots,r)$,而且 $H(Y/X=a_i)(i=1,2,\cdots,r)$ 由给定信道矩阵 $[P]$ 中的第 i $(i=1,2,\cdots,r)$ 行元素 $(p_{i1},p_{i2},\cdots,p_{ir})$($(p_0(b_1/a_i)),p_0(b_2/a_i)),\cdots,p_0(b_r/a_i))$ 所决定. 所以,(2.4.5-19)式、(2.4.5-26)式中的信道容量 C 和匹配信源的概率分布,取决于给定可逆矩阵信道的信道矩阵 $[P]$,是可逆矩阵信道自身的特征参量.

必须指出,定理 2.13 只是从理论上指出了可逆矩阵信道的信道容量 C 和匹配信源概率分布的求解思路和方法. 在具体计算过程中,还可能会遇到与一般算法类似的某些具体数学问题(如求解所得某输入符号分布 $p(a_k)<0$),这时还须应用非齐次线性方程组有关知识予以解决.

2.5 信道容量的迭代计算

一般来说,离散信道的信道容量计算比较困难、复杂,在工程上往往采用近似的算法."迭代"计算是经常采用的一种近似算法.

2.5.1 信道容量的迭代算法

设单符号离散信道(X-Y)的输入符号集 $X:\{a_1,a_2,\cdots,a_r\}$、输出符号集 $Y:\{b_1,b_2,\cdots,b_s\}$、传递概率为 $p_0(b_j/a_i)(i=1,2,\cdots,r;j=1,2,\cdots,s)$. 若输入信源 $X:\{a_1,a_2,\cdots,a_r\}$ 的概率分布为 $p(a_i)(i=1,2,\cdots,r)$,则通信系统的平均互信息 $I(X;Y)$ 可写成信源 X 的概率分布 $p(a_i)$ 和后

验概率 $p_Y(a_i/b_j)(i=1,2,\cdots,r;j=1,2,\cdots,s)$ 的函数

$$I(X;Y)=H(X)-H(X/Y)$$

$$=-\sum_{i=1}^{r}p(a_i)\ln p(a_i)+\sum_{i=1}^{r}\sum_{j=1}^{s}p(a_i)p_0(b_j/a_i)\ln p_Y(a_i/b_j)$$

$$=I[p(a_i),p_Y(a_i/b_j)] \qquad (2.5.1-1)$$

其中，$p(a_i)$ 和 $p_Y(a_i/b_j)$ 之间的关系是

$$p_Y(a_i/b_j)=\frac{p(a_i)p_0(b_j/a_i)}{\sum\limits_{i=1}^{r}p(a_i)p_0(b_j/a_i)} \qquad (i=1,2,\cdots,r;j=1,2,\cdots,s) \quad (2.5.1-2)$$

为了导出迭代公式，在函数 $I[p(a_i),p_Y(a_i/b_j)]$ 中，必须先后分别把 $p(a_i)$ 和 $p_Y(a_i/b_j)$ 中的一个当作自变量，另一个当作固定不变的量.

(1) 固定 $p(a_i)$，变动 $p_Y(a_i/b_j)$.

由于信道传递概率 $p_0(b_j/a_i)$ 是给定的，所以在固定 $p(a_i)$ 而把 $p_Y(a_i/b_j)$ 作为自变量时，(2.5.1-1)式所示平均互信息 $I(X;Y)$ 就可看作 $p_Y(a_i/b_j)$ 的函数

$$I(X;Y)=I[p_Y(a_i/b_j)] \qquad (2.5.1-3)$$

由于"底"大于 1 的对数是 $\bigcap$ 形凸函数，所以在

$$\sum_{i=1}^{r}p_Y(a_i/b_j)=1 \qquad (2.5.1-4)$$

的约束下，函数 $I[p_Y(a_i/b_j)]$ 存在最大值，以及达到最大值的 $p_Y^*(a_i/b_j)(i=1,2,\cdots,r;j=1,2,\cdots,s)$.

为此，作辅助函数

$$F[p_Y(a_i/b_j),\lambda_j]=I[p_Y(a_i/b_j)]+\lambda_j\left[\sum_{i=1}^{r}p_Y(a_i/b_j)-1\right] \quad (j=1,2,\cdots,s)$$

$$(2.5.1-5)$$

对辅助函数 $F[p_Y(a_i/b_j),\lambda_j]$ 取偏导，并置之为零，得稳定点方程

$$\frac{\partial}{\partial p_Y(a_i/b_j)}F[p_Y(a_i/b_j),\lambda_j]=0 \quad (i=1,2,\cdots,r;j=1,2,\cdots,s) \quad (2.5.1-6)$$

把(2.5.1-1)式代入(2.5.1-6)式，有

$$\frac{p(a_i)p_0(b_j/a_i)}{p_Y(a_i/b_j)}+\lambda_j=0 \quad (i=1,2,\cdots,r;j=1,2,\cdots,s) \quad (2.5.1-7)$$

即

$$p_Y(a_i/b_j)=-\frac{p(a_i)p_0(b_j/a_i)}{\lambda_j} \quad (i=1,2,\cdots,r;j=1,2,\cdots,s) \quad (2.5.1-8)$$

由约束条件(2.5.1-4)式，得

$$\lambda_j=-\sum_{i=1}^{r}p(a_i)p_0(b_j/a_i) \quad (j=1,2,\cdots,s) \qquad (2.5.1-9)$$

把 λ_j 代入(2.5.1-8)式，得达到信道容量的后验概率

$$p_Y^*(a_i/b_j)=\frac{p(a_i)p_0(b_j/a_i)}{\sum\limits_{i=1}^{r}p(a_i)p_0(b_j/a_i)} \quad (i=1,2,\cdots,r;j=1,2,\cdots,s) \quad (2.5.1-10)$$

这表明,当采用"固定 $p(a_i)$,变动 $p_Y(a_i/b_j)$"这种近似处理方法时,使平均交互信息 $I(X;Y)=I[p_Y(a_i/b_j)]$ 达到最大值,即信道容量 C 的后验概率 $p_Y^*(a_i/b_j)$,就是信源 X 概率分布为 $p(a_i)$,信道传递概率为 $p_0(b_j/a_i)$ 的一般意义下的后验概率 $p_Y(a_i/b_j)$. 这是因为对给定信道 $p_0(b_j/a_i)$ 来说,当输入信源 X 的概率分布 $p(a_i)$ 固定不变时,其平均互信息只有一个确定值,其最大值也只可能就是这个唯一确定值. 达到这唯一确定值的后验概率 $p_Y^*(a_i/b_j)$,当然只可能就是(2.5.1-10)式所示一般意义下的后验概率 $p_Y(a_i/b_j)$.

当采用"固定 $p(a_i)$,变动 $p_Y(a_i/b_j)$"近似方法时,信道容量可表示为

$$C = \max_{p_Y(a_i/b_j)} \{ I[p(a_i), p_Y(a_i/b_j)] \} = I[p(a_i), p_Y^*(a_i/b_j)]$$

$$= I[p(a_i), p_Y(a_i/b_j)] \tag{2.5.1-11}$$

(2)固定 $p_Y(a_i/b_j)$,变动 $p(a_i)$.

由于 $p_0(b_j/a_i)$ 给定,$p_Y(a_i/b_j)$ 固定不变,则(2.5.1-1)式所示平均互信息 $I(X;Y)$ 是信源 X 的概率分布 $p(a_i)$ 的函数

$$I(X;Y) = I[p(a_i)] \tag{2.5.1-12}$$

由于 $I[p(a_i)]$ 是 $p(a_i)$ 的 $\bigcap$ 形凸函数,所以在

$$\sum_{i=1}^{r} p(a_i) = 1 \tag{2.5.1-13}$$

的约束下,$I[p(a_i)]$ 存在最大值,以及达到最大值的 $p^*(a_i)(i=1,2,\cdots,r)$.

为此,作辅助函数

$$F[p(a_i), \lambda] = I[p(a_i)] + \lambda \Big[\sum_{i=1}^{r} p(a_i) - 1 \Big] \tag{2.5.1-14}$$

对辅助函数 $F[p(a_i), \lambda]$ 取偏导,并置之为零,得稳定点方程

$$\frac{\partial}{\partial p(a_i)} F[p(a_i), \lambda]$$

$$= \frac{\partial}{\partial p(a_i)} \Big[-\sum_{i=1}^{r} p(a_i) \ln p(a_i) + \sum_{i=1}^{r} \sum_{j=1}^{s} p(a_i) p_0(b_j/a_i) \ln p_Y(a_i/b_j) + \lambda \sum_{i=1}^{r} p(a_i) - \lambda \Big]$$

$$= -[\ln p(a_i) + 1] + \sum_{j=1}^{s} p_0(b_j/a_i) \ln p_Y(a_i/b_j) + \lambda$$

$$= -\ln p(a_i) + \sum p_0(b_j/a_i) \ln p_Y(a_i/b_j) + \lambda - 1$$

$$= 0 \quad (i = 1, 2, \cdots, r) \tag{2.5.1-15}$$

即得

$$p(a_i) = \exp\Big[\sum_{j=1}^{s} p_0(b_j/a_i) \ln p_Y(a_i/b_j) + \lambda - 1 \Big] \quad (i = 1, 2, \cdots, r) \tag{2.5.1-16}$$

由约束条件(2.5.1-11)式,有

$$1 = \sum_{i=1}^{r} \exp\Big[\sum_{j=1}^{s} p_0(b_j/a_i) \ln p_Y(a_i/b_j) + \lambda - 1 \Big]$$

$$= \sum_{i=1}^{r} \exp\Big[\sum_{j=1}^{s} p_0(b_j/a_i) \ln p_Y(a_i/b_j) \Big] \cdot e^{(\lambda-1)} \tag{2.5.1-17}$$

即

$$\mathrm{e}^{(\lambda-1)} = \frac{1}{\displaystyle\sum_{i=1}^{r} \exp\Big[\sum_{j=1}^{s} p_0(b_j/a_i)\ln p_Y(a_i/b_j) \Big]} \qquad (2.5.1-18)$$

把(2.5.1-18)式代入(2.5.1-16)式,得达到信道容量 C 的信源 X 的概率分布

$$p^*(a_i) = \frac{\exp\Big[\displaystyle\sum_{j=1}^{s} p_0(b_j/a_i)\ln p_Y(a_i/b_j) \Big]}{\displaystyle\sum_{i=1}^{r} \exp\Big[\sum_{j=1}^{s} p_0(b_j/a_i)\ln p_Y(a_i/b_j) \Big]} \qquad (i=1,2,\cdots,r) \qquad (2.5.1-19)$$

为了简明起见,令,

$$E_i = \exp\Big[\sum_{j=1}^{s} p_0(b_j/a_i)\ln p_Y(a_i/b_j) \Big] \qquad (i=1,2,\cdots,r) \qquad (2.5.1-20)$$

则达到信道容量 C 的信源 X 的概率分布改写为

$$p^*(a_i) = \frac{E_i}{\displaystyle\sum_{i=1}^{r} E_i} \qquad (i=1,2,\cdots,r) \qquad (2.5.1-21)$$

而信道容量 C 可表示为

$$C = \max_{p(a_i)}\{ I[p(a_i),p_Y(a_i/b_j)] \} = I[p^*(a_i),p_Y(a_i/b_j)] \qquad (2.5.1-22)$$

(3) 实际上,由(2.5.1-2)式可知,对于传递概率为 $p_0(b_j/a_i)(i=1,2,\cdots,r;j=1,2,\cdots,s)$ 的给定信道 $(X-Y)$,在变动后验概率 $p_Y(a_i/b_j)$ 时,先验概率 $p(a_i)$ 不可能固定不变;在变动先验概率 $p(a_i)(i=1,2,\cdots,r)$ 时,后验概率 $p_Y(a_i/b_j)$ 也不可能不变. 迭代算法就是用"固定 $p(a_i)$,变动 $p_Y(a_i/b_j)$"的近似处理方法,所得信道容量的近似值

$$C = I[p(a_i),p_Y^*(a_i/b_j)] \qquad (2.5.1-23)$$

与"固定 $p_Y(a_i/b_j)$,变动 $p(a_i)$"的近似处理方法,所得信道容量的近似值

$$C = I[p^*(a_i),p_Y(a_i/b_j)] \qquad (2.5.1-24)$$

逐步逼近 $p(a_i)$、$p_Y(a_i/b_j)$ 按(2.5.1-2)式所示规律同时变动的实际情况,所得的实际上的信道容量 C 的一种"逐步逼近"的近似处理方法.

(4) 信道容量迭代算法的"逐步逼近",按如下步骤进行:

① 选定一组 $p(a_i)(i=1,2,\cdots,r)$ 作为起始值 $p(a_i)^{(1)}(i=1,2,\cdots,r)$. 把 $p(a_i)^{(1)}$ 当作固定值,变动 $p_Y(a_i/b_j)(i=1,2,\cdots,r;j=1,2,\cdots,s)$. 由(2.5.1-10)式,求得后验概率

$$p_Y^*(a_i/b_j) = \frac{p(a_i)^{(1)}p_0(b_j/a_i)}{\displaystyle\sum_{i=1}^{r} p(a_i)^{(1)}p_0(b_j/a_i)} = p_Y(a_i/b_j)^{(1)} \qquad (2.5.1-25)$$

再由(2.5.1-11)式,求得信道容量 C 的第一次逼近值

$$\begin{aligned}
C &= \max_{p_Y(a_i/b_j)}\big\{ I[p(a_i)^{(1)},p_Y(a_i/b_j)] \big\} \\
&= I[p(a_i)^{(1)},p_Y(a_i/b_j)^{(1)}] \\
&= C(1,1) \qquad\qquad\qquad\qquad\qquad\qquad (2.5.1-26)
\end{aligned}$$

② 把(2.5.1-25)式求得的 $p_Y(a_i/b_j)^{(1)}$ 作为固定值,变动 $p(a_i)$. 由(2.5.1-21)式,求得使平均互信息 $I[p(a_i)]$ 达到最大值的信源 X 的概率分布

$$p^*(a_i) = \frac{\exp\Big[\sum_{i=1}^{r} p_0(b_j/a_i)\ln p_Y(a_i/b_j)^{(1)}\Big]}{\sum_{i=1}^{r}\exp\Big[\sum_{j=1}^{s} p_0(b_j/a_i)\ln p_Y(a_i/b_j)^{(1)}\Big]}$$

$$= \frac{E_i^{(1)}}{\sum_{i=1}^{r} E_i^{(1)}} = p(a_i)^{(2)} \quad (i=1,2,\cdots,r) \tag{2.5.1-27}$$

由(2.5.1-22)式求得第二次逼近信道容量

$$C = \max_{p(a_i)}\{I[p(a_i),p_Y(a_i/b_j)^{(1)}]\}$$

$$= I[p(a_i)^{(2)},p_Y(a_i/b_j)^{(1)}]$$

$$= C(2,1) \tag{2.5.1-28}$$

③ 依此类推,第 n 次迭代信道容量的逼近值

$$\begin{cases} C(n,n) = \max_{p_Y(a_i/b_j)}\{I[p(a_i)^{(n)},p_Y(a_i/b_j)]\} \\ \quad = I[p(a_i)^{(n)},p_Y(a_i/b_j)^{(n)}] \end{cases} \tag{2.5.1-29}$$

$$\begin{cases} C(n+1,n) = \max_{p(a_i)}\{I[p(a_i),p_Y(a_i/b_j)^{(n)}]\} \\ \quad = I[p(a_i)^{(n+1)},p_Y(a_i/b_j)^{(n)}] \end{cases} \tag{2.5.1-30}$$

逐段比较 $p(a_i)^{(n)}$ 和 $p(a_i)^{(n+1)}$;$p_Y(a_i/b_j)^{(n)}$ 和 $p_Y(a_i/b_j)^{(n+1)}$;$C(n,n)$ 和 $C(n+1,n)$ 的值,当 n 次迭代和 $(n+1)$ 次迭代值的差,已小到在"允许范围"之内时,迭代程序就可结束,从而得到信道容量的近似值.

2.5.2　迭代算法的收敛性

显然,信道容量迭代算法的关键问题是:随着迭代次数 n 的增加,容量值 $C(n+1,n)$ 是否收敛,是否逼近实际的容量 C?

定理 2.14　信道容量迭代计算的逐级逼近是收敛的.当迭代次数 n 足够大 $(n\to\infty)$ 时,有

$$C(n+1,n) = C$$

证明

(1) 由(2.5.1-30)式所示的 $(n+1)$ 次迭代信道容量

$$C(n+1,n) = I[p(a_i)^{(n+1)},p_Y(a_i/b_j)^{(n)}]$$

$$= \sum_{i=1}^{r}\sum_{j=1}^{s} p(a_i)^{(n+1)} p_0(b_j/a_i)\ln\frac{p_Y(a_i/b_j)^{(n)}}{p(a_i)^{(n+1)}}$$

$$= \sum_{i=1}^{r}\sum_{j=1}^{s} p(a_i)^{(n+1)} p_0(b_j/a_i)\ln p_Y(a_i/b_j)^{(n)}$$

$$- \sum_{i=1}^{r}\sum_{j=1}^{s} p(a_i)^{(n+1)} p_0(b_j/a_i)\ln p(a_i)^{(n+1)} \tag{2.5.2-1}$$

由(2.5.1-20)、(2.5.1-21)式,第 $(n+1)$ 次迭代的信源 X 的概率分布

$$p(a_i)^{(n+1)} = \frac{E_i^{(n)}}{\sum\limits_{i=1}^{r} E_i^{(n)}} \qquad (2.5.2-2)$$

由此,(2.5.2-1)式可改写为

$$\begin{aligned}
C(n+1,n) &= \sum_{i=1}^{r} \sum_{j=1}^{s} p(a_i)^{(n+1)} p_0(b_j/a_i) \ln p_Y(a_i/b_j)^{(n)} \\
&\quad - \sum_{i=1}^{r} \sum_{j=1}^{s} p(a_i)^{(n+1)} p_0(b_j/a_i) \ln \frac{E_i^{(n)}}{\sum\limits_{i=1}^{r} E_i^{(n)}} \\
&= \sum_{i=1}^{r} \sum_{j=1}^{s} p(a_i)^{(n+1)} p_0(b_j/a_i) \ln p_Y(a_i/b_j)^{(n)} \\
&\quad - \sum_{i=1}^{r} \sum_{j=1}^{s} p(a_i)^{(n+1)} p_0(b_j/a_i) \ln E_i^{(n)} \\
&\quad + \sum_{i=1}^{r} \sum_{j=1}^{s} p(a_i)^{(n+1)} p_0(b_j/a_i) \ln \Big[\sum_{i=1}^{r} E_i^{(n)} \Big] \qquad (2.5.2-3)
\end{aligned}$$

由(2.5.1-20)式可知,在(2.5.2-3)式中的

$$E_i^{(n)} = \exp \Big[\sum_{j=1}^{s} p_0(b_j/a_i) \ln p_Y(a_i/b_j)^{(n)} \Big] \qquad (2.5.2-4)$$

所以,

$$\ln E_i^{(n)} = \sum_{j=1}^{s} p_0(b_j/a_i) \ln p_Y(a_i/b_j)^{(n)} \qquad (2.5.2-5)$$

这样,(2.5.2-3)式可改写为

$$\begin{aligned}
C(n+1,n) &= \sum_{i=1}^{r} \sum_{j=1}^{s} p(a_i)^{(n+1)} p_0(b_j/a_i) \ln p_Y(a_i/b_j)^{(n)} \\
&\quad - \sum_{i=1}^{r} \sum_{j=1}^{s} p(a_i)^{(n+1)} p_0(b_j/a_i) \sum_{j=1}^{s} p_0(b_j/a_i) \ln p_Y(a_i/b_j)^{(n)} \\
&\quad + \sum_{i=1}^{r} \sum_{j=1}^{s} p(a_i)^{(n+1)} p_0(b_j/a_i) \ln \Big[\sum_{i=1}^{r} E_i^{(n)} \Big] \\
&= \sum_{i=1}^{r} \sum_{j=1}^{s} p(a_i)^{(n+1)} p_0(b_j/a_i) \ln p_Y(a_i/b_j)^{(n)} \\
&\quad - \sum_{j=1}^{s} p_0(b_j/a_i) \Big[\sum_{i=1}^{r} \sum_{j=1}^{s} p(a_i)^{(n+1)} p_0(b_j/a_i) \ln p_Y(a_i/b_j)^{(n)} \Big] \\
&\quad + \sum_{i=1}^{r} \sum_{j=1}^{s} p(a_i)^{(n+1)} p_0(b_j/a_i) \ln \Big[\sum_{i=1}^{r} E_i^{(n)} \Big] \qquad (2.5.2-6)
\end{aligned}$$

其中,考虑到

$$\sum_{j=1}^{s} p_0(b_j/a_i) = 1; \qquad \sum_{i=1}^{r} \sum_{j=1}^{s} p(a_i)^{(n+1)} p_0(b_j/a_i) = 1 \qquad (2.5.2-7)$$

则(2.5.2-6)式可改写为

$$C(n+1,n) = \sum_{i=1}^{r} \sum_{j=1}^{s} p(a_i)^{(n+1)} p_0(b_j/a_i) \ln p_Y(a_i/b_j)^{(n)}$$

$$- \sum_{i=1}^{r} \sum_{j=1}^{s} p(a_i)^{(n+1)} p_0(b_j/a_i) \ln p_Y(a_i/b_j)^{(n)} + \ln \left[\sum_{i=1}^{r} E_i^{(n)} \right]$$

$$= \ln \left[\sum_{i=1}^{r} E_i^{(n)} \right] \qquad (2.5.2-8)$$

(2) 为了估量(2.5.2-8)式所示的近似值 $C(n+1,n)$ 与实际信道容量 C 之间的偏差,我们令,信道容量 $C = I[p(a_i)^*]$,相应的 Y 的概率分布为 $p_Y(b_j)^*$、后验概率分布为 $p_Y(a_i/b_j)^*$. 并设置函数

$$\sum_{i=1}^{r} p(a_i)^* \ln \frac{p(a_i)^{(n+1)}}{p(a_i)^{(n)}} \qquad (2.5.2-9)$$

作为估量的桥梁.

由(2.5.1-21)式,有

$$\sum_{i=1}^{r} p(a_i)^* \ln \frac{p(a_i)^{(n+1)}}{p(a_i)^{(n)}} = \sum_{i=1}^{r} p(a_i)^* \ln \left[\frac{E_i^{(n)}}{\sum_{i=1}^{r} E_i^{(n)}} \cdot \frac{1}{p(a_i)^{(n)}} \right]$$

$$= \sum_{i=1}^{r} p(a_i)^* \ln(E_i^{(n)}) - \sum_{i=1}^{r} p(a_i)^* \ln \left[\sum_{i=1}^{r} E_i^{(n)} \right] - \sum_{i=1}^{r} p(a_i)^* \ln p(a_i)^{(n)}$$

$$= -\ln \left[\sum_{i=1}^{r} E_i^{(n)} \right] + \sum_{i=1}^{r} p(a_i)^* \ln [E_i^{(n)}] - \sum_{i=1}^{r} p(a_i)^* \ln p(a_i)^{(n)} \qquad (2.5.2-10)$$

由(2.5.2-4)式,上式可改写为

$$\sum_{i=1}^{r} p(a_i)^* \ln \frac{p(a_i)^{(n+1)}}{p(a_i)^{(n)}}$$

$$= -\ln \left[\sum_{i=1}^{r} E_i^{(n)} \right] + \sum_{i=1}^{r} p(a_i)^* \sum_{i=1}^{r} p_0(b_j/a_i) \ln p_Y(a_i/b_j)^{(n)} - \sum_{i=1}^{r} p(a_i)^* \ln p(a_i)^{(n)}$$

$$(2.5.2-11)$$

在上式中,加 C 同时减 C,则等式仍然成立. 再考虑到

$$\sum_{j=1}^{s} p_0(b_j/a_i) = 1 \qquad (2.5.2-12)$$

则(2.5.2-11)式进而又可改写为

$$\sum_{i=1}^{r} p(a_i)^* \ln \frac{p(a_i)^{(n+1)}}{p(a_i)^{(n)}}$$

$$= -\ln \left[\sum_{i=1}^{r} E_i^{(n)} \right] + C - C + \sum_{i=1}^{r} \sum_{j=1}^{s} p(a_i)^* p_0(b_j/a_i) \ln p_Y(a_i/b_j)^{(n)}$$

$$- \sum_{j=1}^{s} p_0(b_j/a_i) \sum_{i=1}^{r} p(a_i)^* \ln p(a_i)^{(n)} \qquad (2.5.2-13)$$

因为信道容量

$$C = I[p(a_i)^*] = \sum_{i=1}^{r} \sum_{j=1}^{s} p(a_i)^* p_0(b_j/a_i) \ln \frac{p_Y(a_i/b_j)^*}{p(a_i)^*} \qquad (2.5.2-14)$$

则(2.5.2 - 13)式进而改写为

$$\sum_{i=1}^{r} p(a_i)^* \ln \frac{p(a_i)^{(n+1)}}{p(a_i)^{(n)}} = -\ln\left[\sum_{i=1}^{r} E_i^{(n)}\right] + C$$

$$+ \sum_{i=1}^{r} \sum_{j=1}^{s} p(a_i)^* p_0(b_j/a_i) \ln \frac{p(a_i)^*}{p_Y(a_i/b_j)^*}$$

$$+ \sum_{i=1}^{r} \sum_{j=1}^{s} p(a_i)^* p_0(b_j/a_i) \ln p_Y(a_i/b_j)^{(n)}$$

$$- \sum_{i=1}^{r} \sum_{j=1}^{s} p(a_i)^* p_0(b_j/a_i) \ln p(a_i)^{(n)}$$

$$= -\ln\left[\sum_{i=1}^{r} E_i^{(n)}\right] + C$$

$$+ \sum_{i=1}^{r} \sum_{j=1}^{s} p(a_i)^* p_0(b_j/a_i) \ln \frac{p(a_i)^* p_Y(a_i/b_j)^{(n)}}{p_Y(a_i/b_j)^* p(a_i)^{(n)}}$$

$$(2.5.2 - 15)$$

在等式(2.5.2 - 15)右边第三项的对数函数中,

$$\begin{cases} p_Y(a_i/b_j)^{(n)} = \dfrac{p(a_i)^n p_0(b_j/a_i)}{p_Y(b_j)^{(n)}} \\ p_Y(a_i/b_j)^* = \dfrac{p(a_i)^* p_0(b_j/a_i)}{p_Y(b_j)^*} \end{cases} \quad (2.5.1 - 16)$$

由此,(2.5.2 - 15)式进而改写为

$$\sum_{i=1}^{r} p(a_i)^* \ln \frac{p(a_i)^{(n+1)}}{p(a_i)^{(n)}}$$

$$= -\ln\left[\sum_{i=1}^{r} E_i^{(n)}\right] + C$$

$$+ \sum_{i=1}^{r} \sum_{j=1}^{s} p(a_i)^* p_0(b_j/a_i) \cdot \ln\left[\frac{p(a_i)^*}{p(a_i)^{(n)}} \cdot \frac{p(a_i)^n p_0(b_j/a_i)}{p_Y(b_j)^{(n)}} \cdot \frac{p_Y(b_j)^*}{p(a_i)^* p_0(b_j/a_i)}\right]$$

$$= -\ln\left[\sum_{i=1}^{r} E_i^{(n)}\right] + C + \sum_{i=1}^{r} \sum_{j=1}^{s} p(a_i)^* p_0(b_j/a_i) \ln \frac{p_Y(b_j)^*}{p_Y(b_j)^{(n)}} \qquad (2.5.2 - 17)$$

在上式中,考虑到

$$\sum_{i=1}^{r} p(a_i)^* p_0(b_j/a_i) = p_Y(b_j)^* \qquad (2.5.2 - 18)$$

则(2.5.2 - 17)式进而改写为

$$\sum_{i=1}^{r} p(a_i)^* \ln \frac{p(a_i)^{(n+1)}}{p(a_i)^{(n)}} = -\ln\left[\sum_{i=1}^{r} E_i^{(n)}\right] + C + \sum_{j=1}^{s} p_Y(b_j)^* \ln \frac{p_Y(b_j)^*}{p_Y(b_j)^{(n)}} \quad (2.5.2 - 19)$$

考虑到"底"大于 1 的对数的上凸性,由不等式(1.3.1 - 23),在上式中,有

$$\sum_{j=1}^{s} p_Y(b_j)^* \ln \frac{p_Y(b_j)^{(n)}}{p_Y(b_j)^*} \leqslant \ln\left[\sum_{j=1}^{s} p_Y(b_j)^* \frac{p_Y(b_j)^{(n)}}{p_Y(b_j)^*}\right]$$

$$= \ln\left[\sum_{j=1}^{s} p_Y(b_j)^{(n)}\right] = \ln 1 = 0 \tag{2.5.2-20}$$

即(2.5.2-19)式中的

$$\sum_{j=1}^{s} p_Y(b_j)^* \ln \frac{p_Y(b_j)^*}{p_Y(b_j)^{(n)}} \geqslant 0 \tag{2.5.2-21}$$

由此,我们在(2.5.2-9)式中设置的函数

$$\sum_{i=1}^{r} p(a_i)^* \ln \frac{p(a_i)^{(n+1)}}{p(a_i)^{(n)}} \geqslant -\ln\left[\sum_{i=1}^{r} E_i^{(n)}\right] + C \tag{2.5.2-22}$$

(3) 在(2.5.2-8)式中,我们已得

$$C(n+1,n) = \ln\left[\sum_{i=1}^{r} E_i^{(n)}\right] \tag{2.5.2-23}$$

由我们在(2.5.2-9)式中设置的起桥梁作用的函数,又有

$$\sum_{i=1}^{r} p(a_i)^* \ln \frac{p(a_i)^{(n+1)}}{p(a_i)^{(n)}} \geqslant -\ln\left[\sum_{i=1}^{r} E_i^{(n)}\right] + C \tag{2.5.2-24}$$

这样,我们就可估量实际的信道容量 C 与近似值 $C(n+1,n)$ 之间的偏差

$$C - C(n+1,n) \leqslant \sum_{i=1}^{r} p(a_i)^* \ln \frac{p(a_i)^{(n+1)}}{p(a_i)^{(n)}} \tag{2.5.2-25}$$

当 $n=1,2,\cdots,k$ 时,分别可得

$$\begin{cases} C - C(2,1) \leqslant \sum_{i=1}^{r} p(a_i)^* \ln \dfrac{p(a_i)^{(2)}}{p(a_i)^{(1)}} \\ C - C(3,2) \leqslant \sum_{i=1}^{r} p(a_i)^* \ln \dfrac{p(a_i)^{(3)}}{p(a_i)^{(2)}} \\ \cdots \\ C - C(k+1,k) \leqslant \sum_{i=1}^{r} p(a_i)^* \ln \dfrac{p(a_i)^{(k+1)}}{p(a_i)^{(k)}} \end{cases} \tag{2.5.2-26}$$

把以上 k 个不等式相加,得

$$\begin{aligned} \sum_{n=1}^{k} [C - C(n+1,n)] \leqslant & \sum_{i=1}^{r} p(a_i)^* \ln \frac{p(a_i)^{(2)}}{p(a_i)^{(1)}} \\ & + \sum_{i=1}^{r} p(a_i)^* \ln \frac{p(a_i)^{(3)}}{p(a_i)^{(2)}} \\ & \cdots \\ & + \sum_{i=1}^{r} p(a_i)^* \ln \frac{p(a_i)^{(k+1)}}{p(a_i)^{(k)}} \\ = & \sum_{i=1}^{r} p(a_i)^* \ln\left[\frac{p(a_i)^{(2)}}{p(a_i)^{(1)}} \cdot \frac{p(a_i)^{(3)}}{p(a_i)^{(2)}} \cdot \cdots \cdot \frac{p(a_i)^{(k+1)}}{p(a_i)^{(k)}}\right] \\ = & \sum_{i=1}^{r} p(a_i)^* \ln\left[\frac{p(a_i)^{(k+1)}}{p(a_i)^{(1)}}\right] \end{aligned} \tag{2.5.2-27}$$

进而,再对以上不等式的右边作恒等变换

$$\sum_{i=1}^{r} p(a_i)^* \ln\left[\frac{p(a_i)^{(k+1)}}{p(a_i)^{(1)}}\right] = \sum_{i=1}^{r} p(a_i)^* \ln\left[\frac{p(a_i)^{(k+1)}}{p(a_i)^{(1)}} \cdot \frac{p(a_i)^*}{p(a_i)^*}\right]$$

$$= \sum_{i=1}^{r} p(a_i)^* \ln\frac{p(a_i)^*}{p(a_i)^{(1)}} + \sum_{i=1}^{r} p(a_i)^* \ln\frac{p(a_i)^{(k+1)}}{p(a_i)^*}$$

$$= \sum_{i=1}^{r} p(a_i)^* \ln\frac{p(a_i)^*}{p(a_i)^{(1)}} + \sum_{i=1}^{r} p(a_i)^* \ln p(a_i)^{(k+1)}$$

$$- \sum_{i=1}^{r} p(a_i)^* \ln p(a_i)^* \qquad (2.5.2-28)$$

根据不等式(1.3.1-29),以上等式右边第二、三项,有

$$- \sum_{i=1}^{r} p(a_i)^* \ln p(a_i)^* \leqslant - \sum_{i=1}^{r} p(a_i)^* \ln p(a_i)^{(k+1)} \qquad (2.5.2-29)$$

即

$$\sum_{i=1}^{r} p(a_i)^* \ln p(a_i)^* \geqslant \sum_{i=1}^{r} p(a_i)^* \ln p(a_i)^{(k+1)} \qquad (2.5.2-30)$$

由此,等式(2.5.2-28)可改写为

$$\sum_{i=1}^{r} p(a_i)^* \ln\left[\frac{p(a_i)^{(k+1)}}{p(a_i)^{(1)}}\right] \leqslant \sum_{i=1}^{r} p(a_i)^* \ln\frac{p(a_i)^*}{p(a_i)^{(1)}} + \sum_{i=1}^{r} p(a_i)^* \ln p(a_i)^{(k+1)}$$

$$- \sum_{i=1}^{r} p(a_i)^* \ln p(a_i)^{(k+1)}$$

$$= \sum_{i=1}^{r} p(a_i)^* \ln\frac{p(a_i)^*}{p(a_i)^{(1)}}$$

$$= \sum_{i=1}^{r} p(a_i)^* \ln p(a_i)^* - \sum_{i=1}^{r} p(a_i)^* \ln p(a_i)^{(1)}$$

$$(2.5.2-31)$$

由不等式(2.5.2-31)、(2.5.2-27),得

$$\sum_{n=1}^{k}\left[C - C(n+1,n)\right]$$

$$\leqslant - H\left[p(a_1)^*, p(a_2)^*, \cdots, p(a_r)^*\right] - \sum_{i=1}^{r} p(a_i)^* \ln p(a_i)^{(1)} \qquad (2.5.2-32)$$

(4) 由迭代算法的程序可知,$(n+1)$次迭代所得近似值$C(n+1,n)$随 n 的增大而递增. 实际容量 C 与 $C(n+1,n)$ 的差值$[C-C(n+1,n)]$随 n 的增大而减小. 从而有

$$k \cdot \left[C - C(k+1,k)\right] \leqslant \sum_{n=1}^{k}\left[C - C(n+1,n)\right] \qquad (2.5.2-33)$$

由(2.5.2-32)式,进而有

$$k \cdot \left[C - C(k+1,k)\right] \leqslant - H\left[p(a_1)^*, p(a_2)^*, \cdots, p(a_r)^*\right] - \sum_{i=1}^{r} p(a_i)^* \ln p(a_i)^{(1)}$$

$$(2.5.2-34)$$

在上式中,$p(a_i)^*$ 是信道$(X\text{-}Y)$的匹配信源 $X:\{a_1,a_2,\cdots,a_r\}$的概率分布. 对于给定信道$(X\text{-}Y)$来说,$p(a_i)^*$ $(i=1,2,\cdots,r)$ 是固定不变的. $p(a_i)^{(1)}$ 是第一次迭代计算中选定的信源

$X:\{a_1,a_2,\cdots,a_r\}$的起始概率分布. 当然,它也是固定不变的. 所以,不等式(2.5.2-34)右边是一个不随迭代次数k的变动而变化的一个固定值. 据此,由不等式(2.5.2-34),有

$$C-C(k+1,k)\leqslant \frac{-H[p(a_1)^*,p(a_2)^*,\cdots,p(a_r)^*]-\sum_{i=1}^{r}p(a_i)^*\ln p(a_i)^{(1)}}{k}$$

$$(2.5.2-35)$$

当迭代次数k足够大($k\to\infty$)时,不等式(2.5.2-35)同样成立,即有

$$\lim_{k\to\infty}[C-C(k+1,k)]\leqslant\lim_{k\to\infty}\left\{\frac{-H[p(a_1)^*,p(a_2)^*,\cdots,p(a_r)^*]-\sum_{i=1}^{r}p(a_i)^*\ln p(a_i)^{(1)}}{k}\right\}$$

$$=0 \qquad (2.5.2-36)$$

另一方面,由平均互信息的非负性,信道容量C是平均互信息的最大值,则有

$$C-C(k+1,k)\geqslant 0 \qquad (2.5.2-37)$$

综合不等式(2.5.2-36)和(2.5.2-37),当迭代次数k足够大($k\to\infty$)时,必然有

$$\lim_{k\to\infty}[C-C(k+1,k)]=0 \qquad (2.5.2-38)$$

即可写成

$$C(k+1,k)=C \qquad (2.5.2-39)$$

这样,定理2.14就得到了证明.

(5) 信道$(X-Y)$的匹配信源$X:\{a_1,a_2,\cdots,a_r\}$起始概率$p(a_i)^{(1)}$的最合理的选择,应是等概分布,即

$$p(a_i)^{(1)}=1/r \quad (i=1,2,\cdots,r) \qquad (2.5.2-40)$$

这时,由不等式(2.5.2-35)可得,$(k+1)$次迭代容量$C(k+1,k)$与信道容量C的误差的"上界"

$$C-C(k+1,k)\leqslant \frac{-H[p(a_1)^*,p(a_2)^*,\cdots,p(a_r)^*]-\sum_{i=1}^{r}p(a_i)^*\ln p(a_i)^{(1)}}{k}$$

$$=\frac{\ln r-H[p(a_1)^*,p(a_2)^*,\cdots,p(a_r)^*]}{k} \qquad (2.5.2-41)$$

这进一步表明,迭代计算所得迭代容量的逐次逼近是收敛的. 信道容量C与k次迭代容量$C(k+1,k)$之间的差值,随迭代次数k的增大而缩小. 差值与迭代次数k之间,是k的倒数关系. 特殊地,对于对称信道$(X-Y)$来说,$p(a_i)^*$本来就是等概分布,选用等概分布的起始概率$p(a_i)^{(1)}=1/r(i=1,2,\cdots,r)$,迭代$k=1$次就可得到信道容量$C$.

定理2.14是信道容量迭代计算的理论依据. 这个定理称为"信道容量迭代收敛定理".

信道容量的计算,是通信工程设计的基础性工作. 信道容量的迭代计算,是通信工程技术中的一个有效工具.

2.6 平均条件互信息

在实际信息传输、信息处理工程中,经常需要在信道输入端以前,接上一个"信息处理"装

置;或在信道输出端后,接上一个"信息处理"装置,进行相关的信息处理(图 2.6 - 1).若把"信息处理"装置(或网络)看作是一个信道,则就变成两个信道串接,组成一个串接信道.

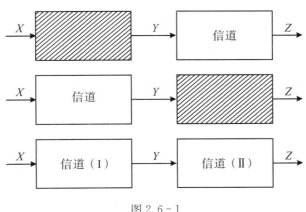

图 2.6 - 1

在串接信道中,有 X、Y、Z 三个随机变量,其平均互信息必然会出现与一个信道两端两个随机变量 X 和 Y 之间的平均互信息不同的特点和规律.所以,在讨论了一个信道两端两个随机变量 X 和 Y 之间的平均互信息之后,有必要进一步讨论由两个信道(或多个信道)串接组成的串接信道中,多个随机变量之间的平均互信息的特性和规律.

2.6.1　串接信道的数学描述

设信道(I)$(X$ - $Y)$和信道(Ⅱ)$(Y$ - $Z)$串接,组成串接信道$(X$ - $Z)$(图 2.6 - 2).

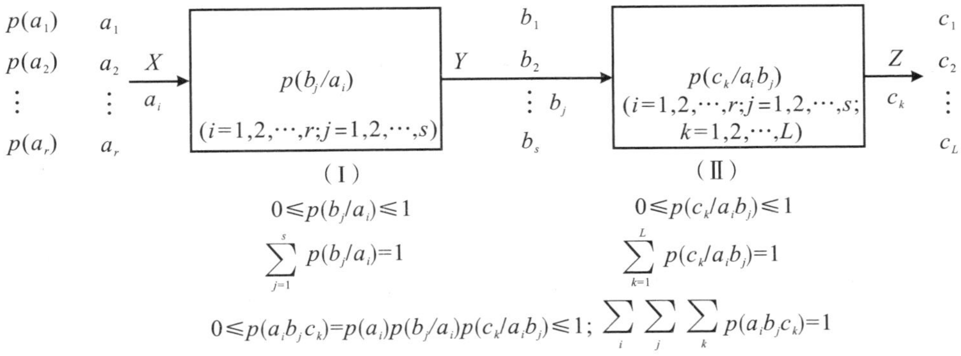

$$
\begin{array}{ll}
p(a_1) & a_1 \\
p(a_2) & a_2 \\
\vdots & \vdots \\
p(a_r) & a_r
\end{array}
\quad
\begin{array}{c}
X \\
a_i
\end{array}
\quad
\boxed{
\begin{array}{c}
p(b_j/a_i) \\
(i=1,2,\cdots,r;j=1,2,\cdots,s)
\end{array}
}
\quad
\begin{array}{c}
Y \\
\end{array}
\quad
\begin{array}{c}
b_1 \\
b_2 \\
\vdots\, b_j \\
b_s
\end{array}
\quad
\boxed{
\begin{array}{c}
p(c_k/a_ib_j) \\
(i=1,2,\cdots,r;j=1,2,\cdots,s; \\
k=1,2,\cdots,L)
\end{array}
}
\quad
\begin{array}{c}
Z \\
c_k
\end{array}
\quad
\begin{array}{c}
c_1 \\
c_2 \\
\vdots \\
c_L
\end{array}
$$

$$
\text{(I)} \qquad\qquad\qquad \text{(Ⅱ)}
$$

$$
0 \leqslant p(b_j/a_i) \leqslant 1 \qquad\qquad 0 \leqslant p(c_k/a_ib_j) \leqslant 1
$$

$$
\sum_{j=1}^{s} p(b_j/a_i)=1 \qquad\qquad \sum_{k=1}^{L} p(c_k/a_ib_j)=1
$$

$$
0 \leqslant p(a_ib_jc_k)=p(a_i)p(b_j/a_i)p(c_k/a_ib_j) \leqslant 1; \sum_i \sum_j \sum_k p(a_ib_jc_k)=1
$$

图 2.6 - 2

① 给定信道(I)的输入符号集 X:$\{a_1,a_2,\cdots,a_r\}$、输出符号集 Y:$\{b_1,b_2,\cdots,b_s\}$.信道(I)$(X$ - $Y)$的传递概率

$$
P(Y/X):\{p(b_j/a_i) \quad (i=1,2,\cdots,r;j=1,2,\cdots,s)\} \tag{2.6.1-1}
$$

且

$$0 \leqslant p(b_j/a_i) \leqslant 1 \quad (i=1,2,\cdots,r;j=1,2,\cdots,s)\} \qquad (2.6.1-2)$$

以及

$$\sum_{j=1}^{s} p(b_j/a_i) = 1 \quad (i=1,2,\cdots,r) \qquad (2.6.1-3)$$

② 给定信道(Ⅱ)的输入符号集 Y:$\{b_1,b_2,\cdots,b_s\}$、输出符号集 Z:$\{c_1,c_2,\cdots,c_L\}$. 随机变量 Z 不仅与随机变量 Y 有关,一般而言与随机变量 X 亦有关. 信道(Ⅱ)(Y-Z)的传递概率

$$P(Z/XY):\{p(c_k/a_ib_j)(i=1,2,\cdots,r;j=1,2,\cdots,s;k=1,2,\cdots,L)\}$$

$$(2.6.1-4)$$

且

$$0 \leqslant p(c_k/a_ib_j) \leqslant 1 \quad (i=1,2,\cdots,r;j=1,2,\cdots,s;k=1,2,\cdots,L) \quad (2.6.1-5)$$

以及

$$\sum_{k=1}^{L} p(c_k/a_ib_j) = 1 \quad (i=1,2,\cdots,r;j=1,2,\cdots,s) \qquad (2.6.1-6)$$

③ 设信源 X 的信源空间为

$$[X \cdot P]:\begin{cases} X: & a_1 & a_2 & \cdots & a_r \\ P(X): & p(a_1) & p(a_2) & \cdots & p(a_r) \end{cases}$$

其中,

$$0 \leqslant p(a_i) \leqslant 1 \quad (i=1,2,\cdots,r); \quad \sum_{i=1}^{r} p(a_i) = 1 \qquad (2.6.1-7)$$

现将信源 X 与给定的串接信道(X-Z)相接,组成图 2.6-2 所示的通信系统.

要分析以上通信系统中随机变量 X、Y、Z 之间的信息传输规律,首先要正确描述 X、Y、Z 之间的概率变化规律.

(1) X、Y、Z 的联合概率 $P(XYZ)$.

按概率运算一般规律,X、Y、Z 的联合概率

$$P(XYZ) = P(X)P(Y/X)P(Z/XY) \qquad (2.6.1-8)$$

即有

$$p(a_ib_jc_k) = p(a_i)p(b_j/a_i)p(c_k/a_ib_j) \quad (i=1,2,\cdots,r;j=1,2,\cdots,s;k=1,2,\cdots,L)$$

$$(2.6.1-9)$$

假定,在串接信道(X-Z)中,$X=a_i$;$Y=b_j$;$Z=c_k$ 同时出现是可能的,即设

$$p(a_ib_jc_k) > 0 \quad (i=1,2,\cdots,r;j=1,2,\cdots,s;k=1,2,\cdots,L) \qquad (2.6.1-10)$$

那么,根据(2.6.1-7)、(2.6.1-3)、(2.6.1-6)式,在串接信道(X-Z)中,有

$$\sum_{i=1}^{r}\sum_{j=1}^{s}\sum_{k=1}^{L} p(a_ib_jc_k) = \sum_{i=1}^{r}\sum_{j=1}^{s}\sum_{k=1}^{L} p(a_i)p(b_j/a_i)p(c_k/a_ib_j)$$

$$= \sum_{i=1}^{r} p(a_i)\sum_{j=1}^{s} p(b_j/a_i)\sum_{k=1}^{L} p(c_k/a_ib_j)$$

$$= 1 \cdot 1 \cdot 1 = 1 \qquad (2.6.1-11)$$

这表明,串接信道$(X\text{-}Z)$中三个随机变量X、Y、Z的联合概率空间$P(XYZ)$是一个完备集.

（2）X、Y、Z的概率分布$P(X)$、$P(Y)$、$P(Z)$.

$$
\begin{cases}
P\{X=a_i\}=p_X(a_i)=\displaystyle\sum_{j=1}^{s}\sum_{k=1}^{L}p(a_ib_jc_k) & (i=1,2,\cdots,r)\\[2mm]
P\{Y=b_j\}=p_Y(b_j)=\displaystyle\sum_{i=1}^{r}\sum_{k=1}^{L}p(a_ib_jc_k) & (j=1,2,\cdots,s)\\[2mm]
P\{Z=c_k\}=p_Z(c_k)=\displaystyle\sum_{i=1}^{r}\sum_{j=1}^{s}p(a_ib_jc_k) & (k=1,2,\cdots,L)
\end{cases}
\tag{2.6.1-12}
$$

且

$$
\sum_{i=1}^{r}p_X(a_i)=1;\quad \sum_{j=1}^{s}p_Y(b_j)=1;\quad \sum_{k=1}^{L}p_Z(c_k)=1
\tag{2.6.1-13}
$$

（3）(XY)、(XZ)、(YZ)的联合概率$P(XY)$、$P(XZ)$、$P(YZ)$.

$$
\begin{cases}
P\{X=a_i;Y=b_j\}=p(a_ib_j)=\displaystyle\sum_{k=1}^{L}p(a_ib_jc_k) & (i=1,2,\cdots,r;j=1,2,\cdots,s)\\[2mm]
P\{X=a_i;Z=c_k\}=p(a_ic_k)=\displaystyle\sum_{j=1}^{s}p(a_ib_jc_k) & (i=1,2,\cdots,r;k=1,2,\cdots,L)\\[2mm]
P\{Y=b_j;Z=c_k\}=p(b_jc_k)=\displaystyle\sum_{i=1}^{r}p(a_ib_jc_k) & (j=1,2,\cdots,s;k=1,2,\cdots,L)
\end{cases}
$$

$$\tag{2.6.1-14}$$

且

$$
\sum_{i=1}^{r}\sum_{j=1}^{s}p(a_ib_j)=1;\quad \sum_{i=1}^{r}\sum_{k=1}^{L}p(a_ic_k)=1;\quad \sum_{j=1}^{s}\sum_{k=1}^{L}p(b_jc_k)=1
\tag{2.6.1-15}
$$

（4）条件联合概率$P(YZ/X)$、$P(XZ/Y)$、$P(XY/Z)$.

$$
\begin{cases}
P\{Y=b_j,Z=c_k/X=a_i\}=p(b_jc_k/a_i)=\dfrac{p(a_ib_jc_k)}{p_X(a_i)}\\[3mm]
P\{X=a_i,Z=c_k/Y=b_j\}=p(a_ic_k/b_j)=\dfrac{p(a_ib_jc_k)}{p_Y(b_j)}\\[3mm]
P\{X=a_i,Y=b_j/Z=c_k\}=p(a_ib_j/c_k)=\dfrac{p(a_ib_jc_k)}{p_Z(c_k)}
\end{cases}
\tag{2.6.1-16}
$$

$$(i=1,2,\cdots,r;j=1,2,\cdots,s;k=1,2,\cdots,L)$$

且

$$
\begin{cases}
\displaystyle\sum_{j=1}^{s}\sum_{k=1}^{L}p(b_jc_k/a_i)=1 & (i=1,2,\cdots,r)\\[3mm]
\displaystyle\sum_{i=1}^{r}\sum_{k=1}^{L}p(a_ic_k/b_j)=1 & (j=1,2,\cdots,s)\\[3mm]
\displaystyle\sum_{i=1}^{r}\sum_{j=1}^{s}p(a_ib_j/c_k)=1 & (k=1,2,\cdots,L)
\end{cases}
\tag{2.6.1-17}
$$

（5）联合条件概率 $P(X/YZ)$、$P(Y/XZ)$、$P(Z/XY)$.

$$\begin{cases} P\{X=a_i/Y=b_j,Z=c_k\}=p(a_i/b_jc_k)=\dfrac{p(a_ib_jc_k)}{p(b_jc_k)} \\[2mm] P\{Y=b_j/X=a_i,Z=c_k\}=p(b_j/a_ic_k)=\dfrac{p(a_ib_jc_k)}{p(a_ic_k)} \\[2mm] P\{Z=c_k/X=a_i,Y=b_j\}=p(c_k/a_ib_j)=\dfrac{p(a_ib_jc_k)}{p(a_ib_j)} \end{cases} \quad (2.6.1\text{-}18)$$

$$(i=1,2,\cdots,r;j=1,2,\cdots,s;k=1,2,\cdots,L)$$

且

$$\begin{cases} \displaystyle\sum_{i=1}^{r}p(a_i/b_jc_k)=1 \quad (j=1,2,\cdots,s;k=1,2,\cdots,L) \\[2mm] \displaystyle\sum_{j=1}^{s}p(b_j/a_ic_k)=1 \quad (i=1,2,\cdots,r;k=1,2,\cdots,L) \\[2mm] \displaystyle\sum_{k=1}^{L}p(c_k/a_ib_j)=1 \quad (i=1,2,\cdots,r;j=1,2,\cdots,s) \end{cases} \quad (2.6.1\text{-}19)$$

2.6.2　条件互信息

两个信道组成的串接信道的基本特点之一,是通信系统中出现 X、Y、Z 三个随机变量. 在 $X=a_i(i=1,2,\cdots,r)$,$Y=b_j(j=1,2,\cdots,s)$,$Z=c_k(k=1,2,\cdots,L)$ 三个符号中,一个符号已知的条件下,另外两个符号之间的互信息,称为符号之间的"条件互信息".

1. $Z=c_k$ 条件下,$X=a_i$ 和 $Y=b_j$ 之间的条件互信息

根据两个符号之间互信息的特性,图 2.6-3 所示串接信道中,在 $Z=c_k$ 已知的条件下,符号 $X=a_i$ 和 $Y=b_j$ 之间的条件互信息 $I(a_i;b_j/c_k)$ 同样有三种不同的表达形式.

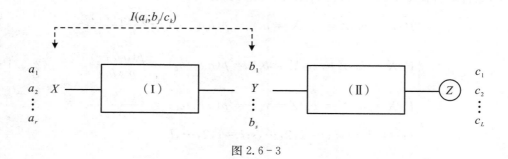

图 2.6-3

（1）根据两个符号之间互信息的定义,条件互信息 $I(a_i;b_j/c_k)$ 应等于:在 $Z=c_k$ 的条件下,$X=a_i$ 和 $Y=b_j$ 同时出现的后验联合概率 $p(a_ib_j/c_k)$,与在 $Z=c_k$ 的条件下,$X=a_i$ 和 $Y=b_j$ 的先验联合概率 $\{p(a_i/c_k) \cdot p(b_j/c_k)\}$ 的比值的对数,即

$$I(a_i;b_j/c_k)=\log\frac{p(a_ib_j/c_k)}{p(a_i/c_k)p(b_j/c_k)} \quad (i=1,2,\cdots,r;j=1,2,\cdots,s;k=1,2,\cdots,L)$$

$$(2.6.2\text{-}1)$$

进而得

$$I(a_i;b_j/c_k) = \log \frac{1}{p(a_i/c_k)} + \log \frac{1}{p(b_j/c_k)} - \log \frac{1}{p(a_ib_j/c_k)}$$

$$= I(a_i/c_k) + I(b_j/c_k) - I(a_ib_j/c_k) \qquad (2.6.2-2)$$

其中:

①
$$I(a_i/c_k) = \log \frac{1}{p(a_i/c_k)} \quad (i = 1,2,\cdots,r; k = 1,2,\cdots,L) \qquad (2.6.2-3)$$

表示在 $Z=c_k$ 的前提下,$X=a_i$ 的先验不确定性.

②
$$I(b_j/c_k) = \log \frac{1}{p(b_j/c_k)} \quad (j = 1,2,\cdots,s; k = 1,2,\cdots,L) \qquad (2.6.2-4)$$

表示在 $Z=c_k$ 的前提下,$Y=b_j$ 的先验不确定性.

③ 根据不确定性的可加性,则

$$[I(a_i/c_k) + I(b_j/c_k)] \quad (i = 1,2,\cdots,r; j = 1,2,\cdots,s; k = 1,2,\cdots,L) \qquad (2.6.2-5)$$

表示在 $Z=c_k$ 的前提下,$X=a_i$ 和 $Y=b_j$ 同时出现的先验不确定性.

④
$$I(a_ib_j/c_k) = \log \frac{1}{p(a_ib_j/c_k)} \quad (i = 1,2,\cdots,r; j = 1,2,\cdots,s; k = 1,2,\cdots,L)$$

$$(2.6.2-6)$$

表示在 $Z=c_k$ 的前提下,$X=a_i$ 和 $Y=b_j$ 同时出现的后验不确定性.

这样,(2.6.2-2)式表明:在 $Z=c_k$ 的前提条件下,$X=a_i$ 和 $Y=b_j$ 之间的"条件互信息" $I(a_i;b_j/c_k)$,等于在 $Z=c_k$ 的前提条件下,$X=a_i$ 和 $Y=b_j$ 同时出现的先验不确定性$\{I(a_i/c_k) + I(b_j/c_k)\}$,减去在 $Z=c_k$ 的前提条件下,$X=a_i$ 和 $Y=b_j$ 同时出现的后验不确定性 $I(a_ib_j/c_k)$之差. 也就是在 $Z=c_k$ 的前提条件下,信道$(X-Y)$接通前、后,$X=a_i$ 和 $Y=b_j$ 同时出现的不确定性的消除.

(2) 用 $p(c_k)$ 同乘(2.6.2-1)式右边的分子、分母,等式仍然成立,即

$$I(a_i;b_j/c_k) = \log \frac{p(c_k) p(a_ib_j/c_k)}{p(c_k) p(a_i/c_k) p(b_j/c_k)}$$

$$= \log \frac{p(a_ib_jc_k)}{p(a_ic_k) p(b_j/c_k)} = \log \frac{p(b_j/a_ic_k)}{p(b_j/c_k)}$$

$$= \log \frac{1}{p(b_j/c_k)} - \log \frac{1}{p(b_j/a_ic_k)} = I(b_j/c_k) - I(b_j/a_ic_k)$$

$$(i = 1,2,\cdots,r; j = 1,2,\cdots,s; k = 1,2,\cdots,L) \qquad (2.6.2-7)$$

其中:

①
$$I(b_j/c_k) = \log \frac{1}{p(b_j/c_k)} \quad (j = 1,2,\cdots,s; k = 1,2,\cdots,L) \qquad (2.6.2-8)$$

表示在 $Z=c_k$ 的前提条件下,$Y=b_j$ 的先验不确定性.

②
$$I(b_j/a_ic_k) = \log \frac{1}{p(b_j/a_ic_k)} \quad (i = 1,2,\cdots,r; j = 1,2,\cdots,s; k = 1,2,\cdots,L)$$

$$(2.6.2-9)$$

表示在 $Z=c_k$ 的前提条件下,当得知 $X=a_i$ 后,对 $Y=b_j$ 仍然存在的后验不确定性.

按互信息的定义,(2.6.2-7)式所示在 $Z=c_k$ 的前提条件下,$Y=b_j$ 的先验不确定性 $I(b_j/c_k)$,减去在 $Z=c_k$ 的前提条件下,当得知 $X=a_i$ 后,对 $Y=b_j$ 仍然存在的后验不确定性 $I(b_j/a_ic_k)$ 所得之差,就等于在 $Z=c_k$ 的前提条件下,从 $X=a_i$ 中获取关于 $Y=b_j$ 的条件互信息 $I(b_j;a_i/c_k)$.

(3) 用 $p(c_k)$ 同乘(2.6.2-1)式右边的分子、分母,等式仍然成立,即

$$I(a_i;b_j/c_k) = \log\frac{p(c_k)p(a_ib_j/c_k)}{p(c_k)p(a_i/c_k)p(b_j/c_k)} = \log\frac{p(a_ib_jc_k)}{p(b_jc_k)p(a_i/c_k)}$$

$$= \log\frac{p(a_i/b_jc_k)}{p(a_i/c_k)} = \log\frac{1}{p(a_i/c_k)} - \log\frac{1}{p(a_i/b_jc_k)}$$

$$= I(a_i/c_k) - I(a_i/b_jc_k)$$

$$(i = 1,2,\cdots,r;j = 1,2,\cdots,s;k = 1,2,\cdots,L) \qquad (2.6.2-10)$$

其中:

① $\qquad I(a_i/c_k) = \log\dfrac{1}{p(a_i/c_k)} \qquad (j = 1,2,\cdots,s;k = 1,2,\cdots,L) \qquad (2.6.2-11)$

表示在 $Z=c_k$ 的前提条件下,$X=a_i$ 的先验不确定性.

② $I(a_i/b_jc_k) = \log\dfrac{1}{p(a_i/b_jc_k)} \qquad (i = 1,2,\cdots,r;j = 1,2,\cdots,s;k = 1,2,\cdots,L)$

$$(2.6.2-12)$$

表示在 $Z=c_k$ 的前提条件下,当得知 $Y=b_j$ 后,对 $X=a_i$ 仍然存在的后验不确定性.

这样,(2.6.2-10)式表明:在 $Z=c_k$ 的前提条件下,从 $Y=b_j$ 中获取关于 $X=a_i$ 的条件互信息 $I(a_i;b_j/c_k)$,等于在 $Z=c_k$ 的前提条件下,$X=a_i$ 的先验不确定性 $I(a_i/c_k)$,减去当得知 $Y=b_j$ 后,对 $X=a_i$ 仍然存在的后验不确定性 $I(a_i/b_jc_k)$ 之差. 也就是在 $Z=c_k$ 的前提条件下,信道$(X-Y)$接通前、后,$Y=b_j$ 对 $X=a_i$ 存在的不确定性的消除.

综上所述,在 $Z=c_k$ 的前提条件下,$X=a_i$ 和 $Y=b_j$ 之间的条件互信息 $I(a;b_j/c_k)$ 有三种不同的表达式

$$I(a_i;b_j/c_k) = I(b_j;a_i/c_k) = \begin{cases} \log\dfrac{p(a_ib_j/c_k)}{p(a_i/c_k)p(b_j/c_k)} \\[2mm] \log\dfrac{p(b_j/a_ic_k)}{p(b_j/c_k)} \\[2mm] \log\dfrac{p(a_i/b_jc_k)}{p(a_i/c_k)} \end{cases} = \log\frac{条件后验概率}{条件先验概率}$$

$$(2.6.2-14)$$

2. $Y=b_j$ 条件下,$X=a_i$ 与 $Z=c_k$ 之间的条件互信息

同理,图 2.6-4 所示串接信道中,在 $Y=b_j$ 已知的条件下,符号 $X=a_i$ 与 $Z=c_k$ 之间的条件互信息亦有三种不同的表达式

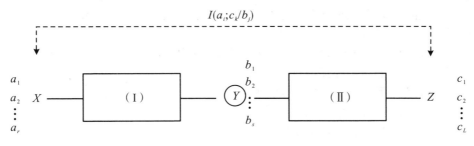

图 2.6 - 4

$$I(a_i;c_k/b_j) = I(c_k;a_i/b_j) = \begin{cases} \log \dfrac{p(a_ic_k/b_j)}{p(a_i/b_j)\,p(c_k/b_j)} \\[2mm] \log \dfrac{p(c_k/a_ib_j)}{p(c_k/b_j)} \\[2mm] \log \dfrac{p(a_i/c_kb_j)}{p(a_i/b_j)} \end{cases} = \log \dfrac{\text{条件后验概率}}{\text{条件先验概率}}$$

$$(i = 1,2,\cdots,r; j = 1,2,\cdots,s; k = 1,2,\cdots,L) \qquad (2.6.2-15)$$

3. $X = a_i$ 条件下,$Y = b_j$ 与 $Z = c_k$ 之间的条件互信息

同理,图 2.6 - 5 所示串接信道中,在已知 $X = a_i$ 的条件下,符号 $Y = b_j$ 与 $Z = c_k$ 之间的条件互信息亦有三种不同的表达式

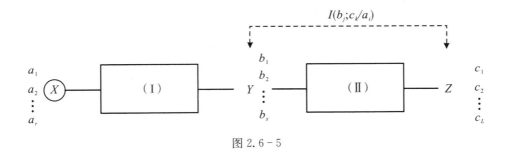

图 2.6 - 5

$$I(b_j;c_k/a_i) = I(c_k;b_j/a_i) = \begin{cases} \log \dfrac{p(b_jc_k/a_i)}{p(b_j/a_i)\,p(c_k/a_i)} \\[2mm] \log \dfrac{p(b_j/c_ka_i)}{p(b_j/a_i)} \\[2mm] \log \dfrac{p(c_k/a_ib_j)}{p(c_k/a_i)} \end{cases} = \log \dfrac{\text{条件后验概率}}{\text{条件先验概率}}$$

$$(i = 1,2,\cdots,r; j = 1,2,\cdots,s; k = 1,2,\cdots,L) \qquad (2.6.2-16)$$

2.6.3　平均条件互信息

在串接信道中,$X = a_i$、$Y = b_j$、$Z = c_k$ 这三个特定具体符号之间的条件互信息,是以联合概

率 $p(a_ib_jc_k)$ 为概率的随机量,它不能充当串接信道条件互信息传输的总体信息测度. 显然,串接信道中随机变量 X、Y、Z 之间条件信息传输的总体信息测度,应该是 $X=a_i$、$Y=b_j$、$Z=c_k$ 三个特定具体符号之间的条件互信息,在 X、Y、Z 的联合概率空间 $P(XYZ):\{p(a_ib_jc_k)(i=1,2,\cdots,r;j=1,2,\cdots,s;k=1,2,\cdots,L)\}$ 中的统计平均值. 这个统计平均值称为串接信道中 X、Y、Z 三个随机变量之间的"平均条件互信息".

1. 在 Z 已知条件下,X 和 Y 之间的平均条件互信息

因为图 2.6-3 所示信道中,在 $Z=c_k$ 的条件下,$X=a_i$ 和 $Y=b_j$ 之间的条件互信息 $I(a_i;b_j/c_k)$ 有(2.6.2-14)式所示三种不同表达式,所以,在随机变量 Z 已知的条件下,随机变量 X 与 Y 之间的平均条件互信息 $I(X;Y/Z)$ 也有相应的三种不同表达式.

(1) 由(2.6.2-10)式,在 $Z=c_k$ 的前提条件下,从 $Y=b_j$ 中获取关于 $X=a_i$ 的条件互信息

$$I(a_i;b_j/c_k) = \log \frac{p(a_i/b_jc_k)}{p(a_i/c_k)}$$

$$(i = 1,2,\cdots,r;j = 1,2,\cdots,s;k = 1,2,\cdots,L) \tag{2.6.3-1}$$

则在 Z 已知的前提条件下,从 Y 中获取关于 X 的平均条件互信息

$$\begin{aligned}
I(X;Y/Z) &= \sum_{i=1}^{r}\sum_{j=1}^{s}\sum_{k=1}^{L} p(a_ib_jc_k)\log\frac{p(a_i/b_jc_k)}{p(a_i/c_k)}\\
&= -\sum_{i=1}^{r}\sum_{j=1}^{s}\sum_{k=1}^{L} p(a_ib_jc_k)\log p(a_i/c_k) - \left\{-\sum_{i=1}^{r}\sum_{j=1}^{s}\sum_{k=1}^{L} p(a_ib_jc_k)\log p(a_i/b_jc_k)\right\}\\
&= H(X/Z) - H(X/YZ) \tag{2.6.3-2}
\end{aligned}$$

其中:

①
$$\begin{aligned}
H(X/Z) &= -\sum_{i=1}^{r}\sum_{j=1}^{s}\sum_{k=1}^{L} p(a_ib_jc_k)\log p(a_i/c_k)\\
&= -\sum_{i=1}^{r}\sum_{k=1}^{L} p(a_ic_k)\log p(a_i/c_k)\\
&= -\sum_{i=1}^{r}\sum_{k=1}^{L} p_Z(c_k)p(a_i/c_k)\log p(a_i/c_k)\\
&= \sum_{k=1}^{L} p_Z(c_k)\left[-\sum_{i=1}^{r} p(a_i/c_k)\log p(a_i/c_k)\right]\\
&= \sum_{k=1}^{L} p_Z(c_k)H(X/Z=c_k) \tag{2.6.3-3}
\end{aligned}$$

它表示在随机变量 Z 已知的条件下,对随机变量 X 存在的平均不确定性.

②
$$\begin{aligned}
H(X/YZ) &= -\sum_{i=1}^{r}\sum_{j=1}^{s}\sum_{k=1}^{L} p(a_ib_jc_k)\log p(a_i/b_jc_k)\\
&= -\sum_{i=1}^{r}\sum_{j=1}^{s}\sum_{k=1}^{L} p(b_jc_k)p(a_i/b_jc_k)\log(a_i/b_jc_k)\\
&= \sum_{j=1}^{s}\sum_{k=1}^{L} p(b_jc_k)\left[-\sum_{i=1}^{r} p(a_i/b_jc_k)\log p(a_i/b_jc_k)\right]\\
&= \sum_{j=1}^{s}\sum_{k=1}^{L} p(b_jc_k)H(X/Y=b_j,Z=c_k) \tag{2.6.3-4}
\end{aligned}$$

它表示在随机变量 Z 已知的条件下,再得知随机变量 Y 后,对随机变量 X 仍然存在的平均不确定性.

(2.6.3-2)式表明:在图 2.6-3 所示的串接信道中,在随机变量 Z 已知的条件下,从随机变量 Y 中获取关于随机变量 X 的平均条件互信息 $I(X;Y/Z)$,等于在随机变量 Z 已知的条件下,对随机变量 X 存在的平均不确定性 $H(X/Z)$,减去在随机变量 Z 已知的条件下,再得知随机变量 Y 后,对 X 仍然存在的平均不确定性 $H(X/YZ)$ 之差. 也就是,在随机变量 Z 已知的条件下,信道$(X-Y)$接通前、后,随机变量 Y 对随机变量 X 存在的平均不确定性的消除.

(2) 由(2.6.2-7)式可知,在 $Z=c_k$ 的前提条件,从 $X=a_i$ 中获取关于 $Y=b_j$ 的条件互信息

$$I(b_j;a_i/c_k) = \log \frac{p(b_j/a_ic_k)}{p(b_j/c_k)}$$

$$(i=1,2,\cdots,r;j=1,2,\cdots,s;k=1,2,\cdots,L) \qquad (2.6.3-5)$$

则在 Z 已知条件下,从随机变量 X 中获取关于随机变量 Y 的平均条件互信息

$$
\begin{aligned}
I(Y;X/Z) &= \sum_{i=1}^{r}\sum_{j=1}^{s}\sum_{k=1}^{L} p(a_ib_jc_k)\log \frac{p(b_j/a_ic_k)}{p(b_j/c_k)} \\
&= -\sum_{i=1}^{r}\sum_{j=1}^{s}\sum_{k=1}^{L} p(a_ib_jc_k)\log p(b_j/c_k) \\
&\quad -\left\{-\sum_{i=1}^{r}\sum_{j=1}^{s}\sum_{k=1}^{L} p(a_ib_jc_k)\log p(b_j/a_ic_k)\right\} \\
&= H(Y/Z) - H(Y/XZ) \qquad (2.6.3-6)
\end{aligned}
$$

其中:

①
$$
\begin{aligned}
H(Y/Z) &= -\sum_{i=1}^{r}\sum_{j=1}^{s}\sum_{k=1}^{L} p(a_ib_jc_k)\log p(b_j/c_k) \\
&= -\sum_{j=1}^{s}\sum_{k=1}^{L} p(b_jc_k)\log p(b_j/c_k) \\
&= -\sum_{j=1}^{s}\sum_{k=1}^{L} p_Z(c_k)p(b_j/c_k)\log p(b_j/c_k) \\
&= \sum_{k=1}^{L} p_Z(c_k)\left[-\sum_{j=1}^{s} p(b_j/c_k)\log p(b_j/c_k)\right] \\
&= \sum_{k=1}^{L} p_Z(c_k)H(Y/Z=c_k) \qquad (2.6.3-7)
\end{aligned}
$$

它表示在随机变量 Z 已知的条件下,对随机变量 Y 存在的平均不确定性.

②
$$
\begin{aligned}
H(Y/XZ) &= -\sum_{i=1}^{r}\sum_{j=1}^{s}\sum_{k=1}^{L} p(a_ib_jc_k)\log p(b_j/a_ic_k) \\
&= -\sum_{i=1}^{r}\sum_{j=1}^{s}\sum_{k=1}^{L} p(a_ic_k)p(b_j/a_ic_k)\log(b_j/a_ic_k) \\
&= \sum_{i=1}^{r}\sum_{k=1}^{L} p(a_ic_k)\left\{-\sum_{j=1}^{s} p(b_j/a_ic_k)\log p(b_j/a_ic_k)\right\} \\
&= \sum_{i=1}^{r}\sum_{k=1}^{L} p(a_ic_k)H(Y/X=a_i,Z=c_k) \qquad (2.6.3-8)
\end{aligned}
$$

它表示在随机变量 Z 已知的条件下,再得知随机变量 X 后,对随机变量 Y 仍然存在的平均不确定性.

(2.6.3-6)式表明:在图 2.6-3 所示的串接信道中,在随机变量 Z 已知的条件下,从随机变量 X 中获取关于随机变量 Y 的平均条件互信息 $I(Y;X/Z)$,等于在随机变量 Z 已知的条件下,对随机变量 Y 存在的平均不确定性 $H(Y/Z)$,减去在随机变量 Z 已知的条件下,再得知随机变量 X 后,对随机变量 Y 仍然存在的平均不确定性 $H(Y/XZ)$ 之差. 也就是,在随机变量 Z 已知的条件下,信道($Y-X$)接通前、后,随机变量 X 对随机变量 Y 存在的平均不确定性的消除.

(3) 由(2.6.2-1)式可知,在 $Z=c_k$ 的前提条件下,$X=a_i$ 和 $Y=b_j$ 在信道($X-Y$)(I)两端同时出现时,$X=a_i$ 和 $Y=b_j$ 两符号之间的条件互信息

$$I(a_i;b_j/c_k) = \log \frac{p(a_ib_j/c_k)}{p(a_i/c_k)p(b_j/c_k)}$$

$$(i = 1,2,\cdots,r;j = 1,2,\cdots,s;k = 1,2,\cdots,L) \qquad (2.6.3-9)$$

则在 Z 已知条件下,X 和 Y 同时出现时,X 和 Y 之间的平均条件互信息

$$
\begin{aligned}
I(X;Y/Z) &= \sum_{i=1}^{r}\sum_{j=1}^{s}\sum_{k=1}^{L} p(a_ib_jc_k)\log \frac{p(a_ib_j/c_k)}{p(a_i/c_k)p(b_j/c_k)} \\
&= -\sum_{i=1}^{r}\sum_{j=1}^{s}\sum_{k=1}^{L} p(a_ib_jc_k)\log p(a_i/c_k) \\
&\quad -\sum_{i=1}^{r}\sum_{j=1}^{s}\sum_{k=1}^{L} p(a_ib_jc_k)\log p(b_j/c_k) \\
&\quad -\left[-\sum_{i=1}^{r}\sum_{j=1}^{s}\sum_{k=1}^{L} p(a_ib_jc_k)\log p(a_ib_j/c_k)\right] \\
&= H(X/Z) + H(Y/Z) - H(XY/Z) \qquad (2.6.3-10)
\end{aligned}
$$

其中:

$$
\begin{aligned}
①H(X/Z) &= -\sum_{i=1}^{r}\sum_{j=1}^{s}\sum_{k=1}^{L} p(a_ib_jc_k)\log p(a_i/c_k) = -\sum_{i=1}^{r}\sum_{k=1}^{L} p(a_ic_k)\log p(a_i/c_k) \\
&= -\sum_{i=1}^{r}\sum_{k=1}^{L} p_Z(c_k)p(a_i/c_k)\log p(a_i/c_k) = \sum_{k=1}^{L} p_Z(c_k)\left[-\sum_{i=1}^{r} p(a_i/c_k)\log p(a_i/c_k)\right] \\
&= \sum_{k=1}^{L} p_Z(c_k)H(X/Z=c_k) \qquad (2.6.3-11)
\end{aligned}
$$

它表示在随机变量 Z 已知的条件下,对随机变量 X 存在的平均不确定性.

$$
\begin{aligned}
②H(Y/Z) &= -\sum_{i=1}^{r}\sum_{j=1}^{s}\sum_{k=1}^{L} p(a_ib_jc_k)\log p(b_j/c_k) = -\sum_{j=1}^{s}\sum_{k=1}^{L} p(b_jc_k)\log(b_j/c_k) \\
&= -\sum_{j=1}^{s}\sum_{k=1}^{L} p_Z(c_k)p(b_j/c_k)\log p(b_j/c_k) = \sum_{k=1}^{L} p_Z(c_k)\left[-\sum_{j=1}^{s} p(b_j/c_k)\log p(b_j/c_k)\right] \\
&= \sum_{k=1}^{L} p_Z(c_k)H(Y/Z=c_k) \qquad (2.6.3-12)
\end{aligned}
$$

它表示在随机变量 Z 已知的条件下,对随机变量 Y 存在的平均不确定性.

③ 　　　$H(XY/Z) = -\sum_{i=1}^{r}\sum_{j=1}^{s}\sum_{k=1}^{L}p(a_ib_jc_k)\log p(a_ib_j/c_k)$

$$= -\sum_{i=1}^{r}\sum_{j=1}^{s}\sum_{k=1}^{L}p_Z(c_k)p(a_ib_j/c_k)\log(a_ib_j/c_k)$$

$$= \sum_{k=1}^{L}p_Z(c_k)\Big[-\sum_{i=1}^{r}\sum_{j=1}^{s}p(a_ib_j/c_k)\log p(a_ib_j/c_k)\Big]$$

$$= \sum_{k=1}^{L}p_Z(c_k)H(XY/Z=c_k) \qquad (2.6.3-13)$$

它表示在随机变量 Z 已知的条件下,随机变量 X 和 Y 同时出现后,仍然存在的平均不确定性.

(2.6.3-10)式表明:在图 2.6-3 所示串接信道中,在随机变量 Z 已知的条件下,另外两个随机变量 X 和 Y 之间的"平均条件互信息" $I(X;Y/Z)$,等于在随机变量 Z 已知的条件下,X 和 Y 相互统计独立时,X 和 Y 同时出现的平均不确定性 $[H(X/Z)+H(Y/Z)]$,减去 X 和 Y 由信道 $(X-Y)(\mathrm{I})$ 相接后,X 和 Y 同时出现时仍然存在的平均不确定性 $H(XY/Z)$ 之差.也就是,信道 $(X-Y)$ 接通前、后,随机变量 X 和 Y 同时出现时存在的平均不确定性的消除.

综合 (2.6.3-2)式、(2.6.3-6)式、(2.6.3-10)式可知,在图 2.6-3 所示串接信道中,在随机变量 Z 已知的前提条件下,另外两个随机变量 X 和 Y 之间的平均条件互信息,同样有三种不同的表达式

$$I(X;Y/Z) = I(Y;X/Z) = \begin{cases} H(X/Z) - H(X/YZ) \\ H(Y/Z) - H(Y/XZ) \\ H(X/Z) + H(Y/Z) - H(XY/Z) \end{cases} \qquad (2.6.3-14)$$

这三种不同表达式的共同特点是:在随机变量 Z 已知的前提条件下,另外两个随机变量 X 和 Y 之间的平均条件互信息 $I(X;Y/Z)$,等于在随机变量 Z 已知条件下,另外两个随机变量 X 和 Y 之间通信(接通信道 $(X-Y)(\mathrm{I})$)前、后,存在的平均不确定性的消除.

2. 在 Y 已知条件下,X 和 Z 之间的平均条件互信息

同理,在图 2.6-4 所示信道中,在随机变量 Y 已知的条件下,随机变量 X 和 Z 之间的平均条件互信息 $I(X;Z/Y)$ 也有三种不同表达式

$$I(X;Z/Y) = I(Z;X/Y) = \begin{cases} H(X/Y) - H(X/ZY) \\ H(Z/Y) - H(Z/XY) \\ H(X/Y) + H(Z/Y) - H(XZ/Y) \end{cases} \qquad (2.6.3-15)$$

3. 在 X 已知条件下,Y 与 Z 之间的平均条件互信息

同理,在图 2.6-5 所示信道中,在随机变量 X 已知的条件下,随机变量 Y 和 Z 之间的条件平均互信息 $I(Y;Z/X)$ 也有三种不同表达式

$$I(Y;Z/X) = I(Z;Y/X) = \begin{cases} H(Y/X) - H(Y/ZX) \\ H(Z/X) - H(Z/YX) \\ H(Y/X) + H(Z/X) - H(YZ/X) \end{cases} \qquad (2.6.3-16)$$

综上所述,(2.6.3-14)式、(2.6.3-15)式、(2.6.3-16)式三组等式,全面刻画了图 2.6-2 所示由信道 $(\mathrm{I})(X-Y)$ 和信道 $(\mathrm{II})(Y-Z)$ 组成的串接信道 $(X-Z)$ 中,三个随机变量 X,Y 和 Z 之间各类平均条件互信息和条件熵之间的关系,深刻揭示了串接信道信息传输的特点和规律.

2.6.4　中心信息差

在三个随机变量 X、Y、Z 之间,存在三个"信息差":X 和 Y 之间的平均互信息 $I(X;Y)$,与在已知 Z 条件下的平均条件互信息 $I(X;Y/Z)$ 的差 $[I(X;Y)-I(X;Y/Z)]$;X 和 Z 之间的平均互信息 $I(X;Z)$,与在已知 Y 条件下的平均条件互信息 $I(X;Z/Y)$ 的差 $[I(X;Z)-I(X;Z/Y)]$;Y 和 Z 之间的平均互信息 $I(Y;Z)$,与已知 X 条件下的平均条件互信息 $I(Y;Z/X)$ 的差 $[I(Y;Z)-I(Y;Z/X)]$. 我们不禁要问:这三个"信息差"之间存在什么关系?

定理 2.15　三个随机变量 X、Y、Z 中,任意两个随机变量之间的平均互信息,与另外一个随机变量已知条件下的平均条件互信息之差 $\xi(X,Y,Z)$ 是一个固定值,即有

$$\xi(X,Y,Z)=I(X;Y)-I(X;Y/Z)=I(X;Z)-I(X;Z/Y)$$
$$=I(Y;Z)-I(Y;Z/X)$$

证明

(1)

$$\xi(X,Y,Z)=I(X;Y)-I(X;Y/Z)$$
$$=\sum_X\sum_Y p(xy)\log\frac{p(x/y)}{p(x)}-\sum_X\sum_Y\sum_Z p(xyz)\log\frac{p(xy/z)}{p(x/z)p(y/z)}$$
$$=\sum_X\sum_Y\sum_Z p(xyz)\log\frac{p(x/y)p(x/z)p(y/z)}{p(x)p(xy/z)} \qquad (2.6.4-1)$$

在对数的分子、分母同乘 $p(z)$,等式仍然成立,即

$$\xi(X,Y,Z)=I(X;Y)-I(X;Y/Z)$$
$$=\sum_X\sum_Y\sum_Z p(xyz)\log\frac{p(z)p(x/y)p(x/z)p(y/z)}{p(z)p(x)p(xy/z)}$$
$$=\sum_X\sum_Y\sum_Z p(xyz)\log\frac{p(xz)p(x/y)p(y/z)}{p(x)p(xyz)} \qquad (2.6.4-2)$$

在对数的分子、分母再同乘 $p(y)p(z)$,等式仍然成立,即

$$\xi(X,Y,Z)=I(X;Y)-I(X;Y/Z)$$
$$=\sum_X\sum_Y\sum_Z p(xyz)\log\frac{p(x)p(z/x)p(x/y)p(y/z)p(y)p(z)}{p(x)p(xyz)p(y)p(z)}$$
$$=\sum_X\sum_Y\sum_Z p(xyz)\log\left[\frac{p(x/y)}{p(x)}\cdot p(x)\cdot\frac{1}{p(xyz)}\cdot\frac{p(z/x)}{p(z)}\cdot\frac{p(y/z)}{p(y)}\cdot p(y)\cdot p(z)\right]$$
$$=\sum_X\sum_Y\sum_Z p(xyz)\log\frac{p(x/y)}{p(x)}+\sum_X\sum_Y\sum_Z p(xyz)\log p(x)$$
$$-\sum_X\sum_Y\sum_Z p(xyz)\log p(xyz)+\sum_X\sum_Y\sum_Z p(xyz)\log\frac{p(z/x)}{p(z)}$$
$$+\sum_X\sum_Y\sum_Z p(xyz)\log\frac{p(y/z)}{p(y)}+\sum_X\sum_Y\sum_Z p(xyz)\log p(y)$$
$$+\sum_X\sum_Y\sum_Z p(xyz)\log p(z)$$
$$=I(X;Y)-H(X)+H(XYZ)+I(X;Z)+I(Y;Z)-H(Y)-H(Z)$$

$$(2.6.4-3)$$

其中,有

$$\begin{cases} I(X;Y) = H(X) + H(Y) - H(XY) \\ I(X;Z) = H(X) + H(Z) - H(XZ) \\ I(Y;Z) = H(Y) + H(Z) - H(YZ) \end{cases} \qquad (2.6.4-4)$$

则 $\xi(X,Y,Z)$ 可写成完全由信息熵表达的形式

$$\begin{aligned} \xi(X,Y,Z) &= I(X;Y) - I(X;Y/Z) \\ &= H(XYZ) - H(XY) - H(YZ) - H(XZ) + H(X) + H(Y) + H(Z) \end{aligned}$$

$$(2.6.4-5)$$

(2)

$$\begin{aligned} \xi(X,Y,Z) &= I(Y;Z) - I(Y;Z/X) \\ &= \sum_Y \sum_Z p(yz) \log \frac{p(y/z)}{p(y)} - \sum_X \sum_Y \sum_Z p(xyz) \log \frac{p(yz/x)}{p(y/x)p(z/x)} \\ &= \sum_X \sum_Y \sum_Z p(xyz) \log \frac{p(y/z)p(y/x)p(z/x)}{p(y)p(yz/x)} \end{aligned} \qquad (2.6.4-6)$$

在对数的分子、分母同乘 $p(x)$,等式仍然成立,即

$$\begin{aligned} \xi(X,Y,Z) &= I(Y;Z) - I(Y;Z/X) \\ &= \sum_X \sum_Y \sum_Z p(xyz) \log \frac{p(x)p(y/z)p(y/x)p(z/x)}{p(x)p(y)p(yz/x)} \\ &= \sum_X \sum_Y \sum_Z p(xyz) \log \frac{p(xy)p(y/z)p(z/x)}{p(y)p(xyz)} \end{aligned} \qquad (2.6.4-7)$$

再在对数的分子、分母同乘 $p(x) \cdot p(z)$,等式仍然成立,即有

$$\begin{aligned} \xi(X,Y,Z) &= I(Y;Z) - I(Y;Z/X) \\ &= \sum_X \sum_Y \sum_Z p(xyz) \log \frac{p(y)p(x/y)p(y/z)p(z/x)p(x)p(z)}{p(y)p(xyz)p(x)p(z)} \\ &= \sum_X \sum_Y \sum_Z p(xyz) \log \Big[\frac{p(y/z)}{p(y)} \cdot p(y) \cdot \frac{1}{p(xyz)} \cdot \frac{p(z/x)}{p(z)} \cdot \frac{p(x/y)}{p(x)} \cdot p(x) \cdot p(z) \Big] \\ &= \sum_X \sum_Y \sum_Z p(xyz) \log \frac{p(y/z)}{p(y)} + \sum_X \sum_Y \sum_Z p(xyz) \log p(y) \\ &\quad - \sum_X \sum_Y \sum_Z p(xyz) \log p(xyz) + \sum_X \sum_Y \sum_Z p(xyz) \log \frac{p(z/x)}{p(z)} \\ &\quad + \sum_X \sum_Y \sum_Z p(xyz) \log \frac{p(x/y)}{p(x)} + \sum_X \sum_Y \sum_Z p(xyz) \log p(x) \\ &\quad + \sum_X \sum_Y \sum_Z p(xyz) \log p(z) \\ &= I(Y;Z) - H(Y) + H(XYZ) + I(Z;X) + I(X;Y) - H(X) - H(Z) \end{aligned}$$

$$(2.6.4-8)$$

再把(2.6.4-4)式代入(2.6.4-8)式,有

$$\xi(X,Y,Z) = I(Y;Z) - I(Y;Z/X)$$

$$= H(XYZ) - H(XY) - H(YZ) - H(XZ) + H(X) + H(Y) + H(Z)$$

$$(2.6.4-9)$$

(3)

$$\xi(X,Y,Z) = I(X;Z) - I(X;Z/Y)$$

$$= \sum_X \sum_Z p(xz) \log \frac{p(z/x)}{p(z)} - \sum_X \sum_Y \sum_Z p(xyz) \log \frac{p(xz/y)}{p(x/y)p(z/y)}$$

$$= \sum_X \sum_Y \sum_Z p(xyz) \log \frac{p(z/x)p(x/y)p(z/y)}{p(z)p(xz/y)} \qquad (2.6.4-10)$$

在上式中,对数分子、分母同乘 $p(y)$,等式仍然成立,即有

$$\xi(X,Y,Z) = I(X;Z) - I(X;Z/Y)$$

$$= \sum_X \sum_Y \sum_Z p(xyz) \log \frac{p(y)p(z/x)p(x/y)p(z/y)}{p(y)p(z)p(xz/y)}$$

$$= \sum_X \sum_Y \sum_Z p(xyz) \log \frac{p(yz)p(z/x)p(x/y)}{p(z)p(xyz)} \qquad (2.6.4-11)$$

再在上式的对数的分子、分母同乘 $p(x)p(y)$,等式仍然成立,即有

$$\xi(X,Y,Z) = I(X;Z) - I(X;Z/Y)$$

$$= \sum_X \sum_Y \sum_Z p(xyz) \log \frac{p(z)p(y/z)p(z/x)p(x/y)p(x)p(y)}{p(z)p(xyz)p(x)p(y)}$$

$$= \sum_X \sum_Y \sum_Z p(xyz) \log \left[\frac{p(z/x)}{p(z)} \cdot p(z) \cdot \frac{1}{p(xyz)} \cdot \frac{p(y/z)}{p(y)} \cdot \frac{p(x/y)}{p(x)} \cdot p(x) \cdot p(y) \right]$$

$$= \sum_X \sum_Y \sum_Z p(xyz) \log \frac{p(z/x)}{p(z)} + \sum_X \sum_Y \sum_Z p(xyz) \log p(z)$$

$$- \sum_X \sum_Y \sum_Z p(xyz) \log p(xyz) + \sum_X \sum_Y \sum_Z p(xyz) \log \frac{p(y/z)}{p(y)}$$

$$+ \sum_X \sum_Y \sum_Z p(xyz) \log \frac{p(x/y)}{p(x)} + \sum_X \sum_Y \sum_Z p(xyz) \log p(x)$$

$$+ \sum_X \sum_Y \sum_Z p(xyz) \log p(y)$$

$$= I(X;Z) - H(Z) + H(XYZ) + I(Y;Z) + I(X;Y) - H(X) - H(Y)$$

$$(2.6.4-12)$$

再把(2.6.4-4)式代入(2.6.4-12)式,有

$$\xi(X,Y,Z) = I(X;Z) - I(X;Z/Y)$$

$$= H(XYZ) - H(XY) - H(YZ) - H(XZ) + H(X) + H(Y) + H(Z)$$

$$(2.6.4-13)$$

由等式(2.6.4-5)、(2.6.4-9)、(2.6.4-13),证得

$$\xi(X,Y,Z) = I(X;Y) - I(X;Y/Z)$$

$$= I(Y;Z) - I(Y;Z/X) = I(X;Z) - I(X;Z/Y)$$

$$= H(XYZ) - H(XY) - H(YZ) - H(XZ) + H(X) + H(Y) + H(Z)$$

$$(2.6.4-14)$$

当 X、Y、Z 为三个已知的随机变量时,意味着概率分布 $p(x)$、$p(y)$、$p(z)$,以及联合概率 $p(xy)$、$p(xz)$、$p(yz)$、$p(xyz)$ 都是确定的,即 $H(X)$、$H(Y)$、$H(Z)$,以及 $H(XY)$、$H(YZ)$、$H(XZ)$、$H(XYZ)$ 都是确定不变的量. 所以 $\xi(X,Y,Z)$ 是一个固定不变的量.

这样,定理 2.15 就得到了证明.

　　(4) 在图 2.6 - 6 中,X、Y、Z 为圆心的圆的面积分别代表 $H(X)$、$H(Y)$、$H(Z)$;X、Y 为圆心的两圆交叉后占有的面积代表 $H(XY)$;X、Z 为圆心的两圆交叉后占有的面积代表 $H(XZ)$;Y、Z 为圆心的两圆交叉后占有的面积代表 $H(YZ)$;X、Y、Z 为圆心的三个圆交叉后占有的面积代表 $H(XYZ)$;①、②、③分别代表三个阴影区的面积;ξ 代表中心区的面积.

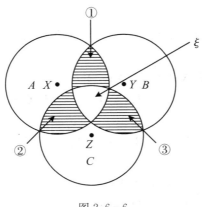

图 2.6 - 6

从几何角度看,有

$$\begin{cases} H(X) = A + ① + ② + \xi \\ H(Y) = B + ① + ③ + \xi \\ H(Z) = C + ② + ③ + \xi \end{cases} \qquad (2.6.4 - 15)$$

$$\begin{cases} H(XY) = A + B + ① + ② + ③ + \xi \\ H(XZ) = A + C + ① + ② + ③ + \xi \\ H(YZ) = B + C + ① + ② + ③ + \xi \end{cases} \qquad (2.6.4 - 16)$$

$$H(XYZ) = A + B + C + ① + ② + ③ + \xi \qquad (2.6.4 - 17)$$

由此,(2.6.4 - 14)式所示固定值 $\xi(X,Y,Z)$ 在几何上有

$$\begin{aligned} \xi(X,Y,Z) &= H(XYZ) - H(XY) - H(YZ) - H(XZ) + H(X) + H(Y) + H(Z) \\ &= (A + B + C + ① + ② + ③ + \xi) - (A + B + ① + ② + ③ + \xi) \\ &\quad - (B + C + ① + ② + ③ + \xi) - (A + C + ① + ② + ③ + \xi) \\ &\quad + (A + ① + ② + \xi) + (B + ① + ③ + \xi) \\ &\quad + (C + ② + ③ + \xi) = \xi \end{aligned} \qquad (2.6.4 - 18)$$

　　这表明,从几何上看,图 2.6 - 6 中"中心区域"面积 ξ 代表固定值 $\xi(X,Y,Z)$. 因此,我们把随机变量 X、Y、Z 的固定值 $\xi(X,Y,Z)$ 称为"X、Y、Z 的中心信息差".

（5）由（2.6.4-14）式可知，

$$\begin{cases} I(X;Y/Z) = I(X;Y) - \xi(X,Y,Z) \\ I(Y;Z/X) = I(Y;Z) - \xi(X,Y,Z) \\ I(X;Z/Y) = I(X;Z) - \xi(X,Y,Z) \end{cases} \quad (2.6.4-19)$$

由此，从几何上看，图 2.6-6 中阴影区①、②、③的面积，分别代表平均条件互信息 $I(X;Y/Z)$、$I(X;Z/Y)$ 和 $I(Y;Z/X)$，即

$$\begin{cases} ① \longrightarrow I(X;Y/Z) \\ ② \longrightarrow I(X;Z/Y) \\ ③ \longrightarrow I(Y;Z/X) \end{cases} \quad (2.6.4-20)$$

（6）从几何上看，在图 2.6-6 中：

（a） $\qquad I(X;Y) = H(X) - A - ② = H(X) - A - I(X;Z/Y) \quad (2.6.4-21)$

则有

$$\begin{aligned} A &= H(X) - I(X;Y) - I(X;Z/Y) \\ &= H(X) - [H(X) - H(X/Y)] - [H(X/Y) - H(X/YZ)] \\ &= H(X/YZ) \end{aligned} \quad (2.6.4-22)$$

（b） $\qquad I(Y;Z) = H(Y) - B - ① = H(Y) - B - I(X;Y/Z) \quad$

则有

$$\begin{aligned} B &= H(Y) - I(Y;Z) - I(X;Y/Z) \\ &= H(Y) - [H(Y) - H(Y/Z)] - [H(Y/Z) - H(Y/XZ)] \\ &= H(Y/XZ) \end{aligned} \quad (2.6.4-23)$$

（c） $\qquad I(X;Z) = H(Z) - C - ③ = H(Z) - C - I(Y;Z/X) \quad$

则有

$$\begin{aligned} C &= H(Z) - I(X;Z) - I(Y;Z/X) \\ &= H(Z) - [H(Z) - H(Z/X)] - [H(Z/X) - H(Z/XY)] \\ &= H(Z/XY) \end{aligned} \quad (2.6.4-24)$$

这表明，从几何上看，图 2.6-6 中 A、B、C 的面积，分别代表 $H(X/YZ)$、$H(Y/XZ)$ 和 $H(Z/XY)$，即

$$\begin{cases} A \longrightarrow H(X/YZ) \\ B \longrightarrow H(Y/XZ) \\ C \longrightarrow H(Z/XY) \end{cases} \quad (2.6.4-25)$$

综上所述，（2.6.4-18）式、（2.6.4-20）式、（2.6.4-25）式所示 X、Y、Z 的"信息中心差"$\xi$$(X,Y,Z)$，与各平均互信息、平均条件互信息、联合熵、联合条件熵之间的关系，可由图 2.6-7 直观、形象地描述.

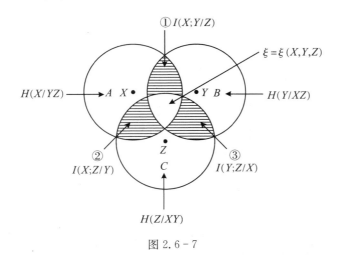

图 2.6 - 7

2.6.5 随机变量序列的平均条件互信息

由 $X_i:\{0,1\}(i=1,2,\cdots,N)$ 组成的长度为 N 的随机变量序列 $(X_1X_2\cdots X_N)$ 中的平均条件互信息,是编码、译码技术和二进制数字通信工程中经常遇到的一个理论问题.

随机变量序列 $(X_1X_2\cdots X_N)$ 中的平均条件互信息,取决于序列 $(X_1X_2\cdots X_N)$ 的统计特性. 设随机变量序列 $(X_1X_2\cdots X_N)$ 的统计特性是:在每一随机变量序列 $X_1X_2\cdots X_N$ 中,含有偶数个"1"的序列的联合概率为 $2^{-(N-1)}$;含有奇数个"1"的联合概率为"0". 我们以此为例,讨论 $(X_1X_2\cdots X_N)$ 序列中平均互信息、平均条件互信息

$$\begin{cases} I(X_1;X_2) \\ I(X_3;X_2/X_1) \\ I(X_4;X_3/X_1X_2) \\ \cdots \\ I(X_N;X_{N-1}/X_1X_2\cdots X_{N-2}) \end{cases} \qquad (2.6.5-1)$$

的特点和规律.

(1) 当 $N=2$ 时,(X_1X_2) 的平均互信息 $I(X_1;X_2)$.

当 $N=2$ 时,(X_1X_2) 共有 $2^N=2^2=4$ 种长度 $N=2$ 的"0""1"符号序列. 其中:$2^{N-1}=2$ 种序列含有偶数个"1";$2^{N-1}=2$ 种含有奇数个"1". 按假设,它们相应的概率分布是:

	X_1X_2	$P(X_1X_2)$	
含偶数个"1"	$\alpha_1 = 0\ \ 0$	$p(\alpha_1) = p(00)$	$\left.\right\} = 2^{-(N-1)} = 2^{-1} = \dfrac{1}{2}$
	$\alpha_2 = 1\ \ 1$	$p(\alpha_2) = p(11)$	
含奇数个"1"	$\alpha_3 = 0\ \ 1$	$p(\alpha_3) = p(01)$	$\left.\right\} = 0$
	$\alpha_4 = 1\ \ 0$	$p(\alpha_4) = p(10)$	

$(2.6.5-2)$

由 $(2.6.5-2)$ 式所示联合概率 $P(X_1X_2)$,得 X_1,X_2 的概率分布

$X_1 X_2$	$P(X_1)$
$\alpha_1 = 0 \quad 0$ $\alpha_3 = 0 \quad 1$	$\Big\} = p(0) = p(\alpha_1) + p(\alpha_3) = p(\alpha_1) = \dfrac{1}{2}$
$\alpha_2 = 1 \quad 1$ $\alpha_4 = 1 \quad 0$	$\Big\} = p(1) = p(\alpha_2) + p(\alpha_4) = p(\alpha_2) = \dfrac{1}{2}$

$$(2.6.5-3)$$

$X_1 X_2$	$P(X_2)$
$\alpha_1 = 0 \quad 0$ $\alpha_4 = 1 \quad 0$	$\Big\} = p(0) = p(\alpha_1) + p(\alpha_4) = p(\alpha_1) = \dfrac{1}{2}$
$\alpha_2 = 1 \quad 1$ $\alpha_3 = 0 \quad 1$	$\Big\} = p(1) = p(\alpha_2) + p(\alpha_3) = p(\alpha_2) = \dfrac{1}{2}$

$$(2.6.5-4)$$

由(2.6.5-2)式、(2.6.5-3)式、(2.6.5-4)式所示 $P(X_1 X_2)$、$P(X_1)$、$P(X_2)$,得

$$
\begin{aligned}
H(X_1 X_2) &= H[p(\alpha_1), p(\alpha_2), p(\alpha_3), p(\alpha_4)] \\
&= H[p(00), p(11), p(01), p(10)] \\
&= H(1/2, 1/2, 0, 0) = 1 \quad (\text{比特} /2\,\text{符号})
\end{aligned}
\tag{2.6.5-5}
$$

以及

$$H(X_1) = H[p(0), p(1)] = H(1/2, 1/2) = 1 \quad (\text{比特} / \text{符号}) \tag{2.6.5-6}$$

$$H(X_2) = H[p(0), p(1)] = H(1/2, 1/2) = 1 \quad (\text{比特} / \text{符号}) \tag{2.6.5-7}$$

由此,得 X_1 和 X_2 之间的平均互信息

$$I(X_1; X_2) = H(X_1) + H(X_2) - H(X_1 X_2) = 1 + 1 - 1 = 1 \quad (\text{比特} / \text{符号})$$

$$(2.6.5-8)$$

如图 2.6-8 所示.

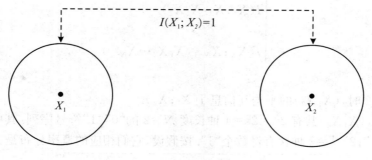

图 2.6-8

(2) 当 $N = 3$ 时,$(X_1 X_2 X_3)$ 中的

$$
\begin{cases}
I(X_1; X_2) \\
I(X_3; X_2 / X_1)
\end{cases}
$$

当 $N = 3$ 时,$(X_1 X_2 X_3)$ 共有 $2^N = 2^3 = 8$ 种不同的长度 $N = 3$ 的"0""1"符号序列. 其 $2^N/2 = 2^{N-1}$ 种符号序列中含有偶数个"1",$2^N/2 = 2^{N-1}$ 种符号序列中含有奇数个"1". 按设定,它们的概

率分布是：

$X_1 X_2 X_3$				$P(X_1 X_2 X_3)$
偶数个"1"	$\alpha_1 =$ 0　0　0			
	$\alpha_2 =$ 0　1　1			$p(\alpha_1)=p(\alpha_2)=p(\alpha_3)=p(\alpha_4)=2^{-(N-1)}=2^{-2}=\dfrac{1}{4}$
	$\alpha_3 =$ 1　0　1			
	$\alpha_4 =$ 1　1　0			
奇数个"1"	$\alpha_5 =$ 0　0　1			
	$\alpha_6 =$ 0　1　0			$p(\alpha_5)=p(\alpha_6)=p(\alpha_7)=p(\alpha_g)=0$
	$\alpha_7 =$ 1　0　0			
	$\alpha_8 =$ 1　1　1			

$$(2.6.5-9)$$

① $I(X_1;X_2)$.

ⓐ 由$(2.6.5-9)$式所示 $P(X_1 X_2 X_3)$，得 $P(X_1)$.

$X_1 X_2 X_3$				$P(X_1)$
$\alpha_1 =$ 0　0　0				
$\alpha_2 =$ 0　1　1				$p(0)=p(\alpha_1)+p(\alpha_2)+p(\alpha_5)+p(\alpha_6)=p(\alpha_1)+p(\alpha_2)=\dfrac{1}{4}+\dfrac{1}{4}=\dfrac{1}{2}$
$\alpha_5 =$ 0　0　1				
$\alpha_6 =$ 0　1　0				
$\alpha_3 =$ 1　0　1				
$\alpha_4 =$ 1　1　0				$p(1)=p(\alpha_3)+p(\alpha_4)+p(\alpha_7)+p(\alpha_8)=p(\alpha_3)+p(\alpha_4)=\dfrac{1}{4}+\dfrac{1}{4}=\dfrac{1}{2}$
$\alpha_7 =$ 1　0　0				
$\alpha_8 =$ 1　1　1				

$$(2.6.5-10)$$

ⓑ 由$(2.6.5-9)$式所示 $P(X_1 X_2 X_3)$，得 $P(X_2)$.

$X_1 X_2 X_3$				$P(X_2)$
$\alpha_1 =$ 0　0　0				
$\alpha_3 =$ 1　0　1				$p(0)=p(\alpha_1)+p(\alpha_3)+p(\alpha_5)+p(\alpha_7)=p(\alpha_1)+p(\alpha_3)=\dfrac{1}{4}+\dfrac{1}{4}=\dfrac{1}{2}$
$\alpha_5 =$ 0　0　1				
$\alpha_7 =$ 1　0　0				
$\alpha_2 =$ 0　1　1				
$\alpha_4 =$ 1　1　0				$p(1)=p(\alpha_2)+p(\alpha_4)+p(\alpha_6)+p(\alpha_8)=p(\alpha_2)+p(\alpha_4)=\dfrac{1}{4}+\dfrac{1}{4}=\dfrac{1}{2}$
$\alpha_6 =$ 0　1　0				
$\alpha_8 =$ 1　1　1				

$$(2.6.5-11)$$

ⓒ 由$(2.6.5-9)$式所示 $P(X_1 X_2 X_3)$，得 $P(X_1 X_2)$.

$X_1 X_2 X_3$	$P(X_1 X_2)$
$\alpha_1 = 0 \quad 0 \quad 0$ $\alpha_5 = 0 \quad 0 \quad 1$	$\left.\vphantom{\begin{matrix}a\\b\end{matrix}}\right\} p(00) = p(\alpha_1) + p(\alpha_5) = p(\alpha_1) = \dfrac{1}{4}$
$\alpha_2 = 0 \quad 1 \quad 1$ $\alpha_6 = 0 \quad 1 \quad 0$	$\left.\vphantom{\begin{matrix}a\\b\end{matrix}}\right\} p(01) = p(\alpha_2) + p(\alpha_6) = p(\alpha_2) = \dfrac{1}{4}$
$\alpha_3 = 1 \quad 0 \quad 1$ $\alpha_7 = 1 \quad 0 \quad 0$	$\left.\vphantom{\begin{matrix}a\\b\end{matrix}}\right\} p(10) = p(\alpha_3) + p(\alpha_7) = p(\alpha_3) = \dfrac{1}{4}$
$\alpha_4 = 1 \quad 1 \quad 0$ $\alpha_8 = 1 \quad 1 \quad 1$	$\left.\vphantom{\begin{matrix}a\\b\end{matrix}}\right\} p(11) = p(\alpha_4) + p(\alpha_8) = p(\alpha_4) = \dfrac{1}{4}$

$$\text{(2.6.5-12)}$$

由(2.6.5-10)式所示 $P(X_1)$ 得

$$H(X_1) = H(1/2, 1/2) = 1 \quad (\text{比特／符号}) \tag{2.6.5-13}$$

由(2.6.5-11)式所示 $P(X_2)$，得

$$H(X_2) = H(1/2, 1/2) = 1 \quad (\text{比特／符号}) \tag{2.6.5-14}$$

由(2.6.5-12)式所示 $P(X_1 X_2)$，得

$$H(X_1 X_2) = H(1/4, 1/4, 1/4, 1/4) = \log 4 = 2 \quad (\text{比特／符号}) \tag{2.6.5-15}$$

由此，得序列 $(X_1 X_2 X_3)$ 中，X_1 与 X_2 之间的平均互信息

$$I(X_1; X_2) = H(X_1) + H(X_2) - H(X_1 X_2) = 1 + 1 - 2 = 0 \tag{2.6.5-16}$$

② $I(X_3; X_2 / X_1)$.

ⓐ 由(2.6.5-9)式所示 $P(X_1 X_2 X_3)$，得 $P(X_1 X_3)$.

$X_1 X_2 X_3$	$P(X_1 X_3)$
$\alpha_1 = 0 \quad 0 \quad 0$ $\alpha_6 = 0 \quad 1 \quad 0$	$\left.\vphantom{\begin{matrix}a\\b\end{matrix}}\right\} p(00) = p(\alpha_1) + p(\alpha_6) = p(\alpha_1) = \dfrac{1}{4}$
$\alpha_2 = 0 \quad 1 \quad 1$ $\alpha_5 = 0 \quad 0 \quad 1$	$\left.\vphantom{\begin{matrix}a\\b\end{matrix}}\right\} p(01) = p(\alpha_2) + p(\alpha_5) = p(\alpha_2) = \dfrac{1}{4}$
$\alpha_4 = 1 \quad 1 \quad 0$ $\alpha_7 = 1 \quad 0 \quad 0$	$\left.\vphantom{\begin{matrix}a\\b\end{matrix}}\right\} p(10) = p(\alpha_4) + p(\alpha_7) = p(\alpha_4) = \dfrac{1}{4}$
$\alpha_3 = 1 \quad 0 \quad 1$ $\alpha_8 = 1 \quad 1 \quad 1$	$\left.\vphantom{\begin{matrix}a\\b\end{matrix}}\right\} p(11) = p(\alpha_3) + p(\alpha_8) = p(\alpha_3) = \dfrac{1}{4}$

$$\text{(2.6.5-17)}$$

ⓑ 由(2.6.5-17)式所示 $P(X_1 X_3)$ 和(2.6.5-10)式所示 $P(X_1)$，得

$$P(X_3 / X_1) = \frac{P(X_1 X_3)}{P(X_1)}$$

$X_1 X_2 X_3$	$P(X_3/X_1)=P(X_1 X_3)/P(X_1)$
$\alpha_1=0\quad0\quad0$ $\alpha_6=0\quad1\quad0$	$\left.\right\}\ p(0/0)=\dfrac{p(00)}{p(0)}=\dfrac{1/4}{1/2}=\dfrac{1}{2}$
$\alpha_2=0\quad1\quad1$ $\alpha_5=0\quad0\quad1$	$\left.\right\}\ p(1/0)=\dfrac{p(01)}{p(0)}=\dfrac{1/4}{1/2}=\dfrac{1}{2}$
$\alpha_4=1\quad1\quad0$ $\alpha_7=1\quad0\quad0$	$\left.\right\}\ p(0/1)=\dfrac{p(10)}{p(1)}=\dfrac{1/4}{1/2}=\dfrac{1}{2}$
$\alpha_3=1\quad0\quad1$ $\alpha_8=1\quad1\quad1$	$\left.\right\}\ p(1/1)=\dfrac{p(11)}{p(1)}=\dfrac{1/4}{1/2}=\dfrac{1}{2}$

$$(2.6.5-18)$$

由(2.6.5-10)式所示 $P(X_1)$ 和(2.6.5-18)式所示 $P(X_3/X_1)$,得

$$H(X_3/X_1)=-\sum_{X_1}\sum_{X_3}p(x_1)p(x_3/x_1)\log p(x_3/x_1)$$

$$=\sum_{X_1}p(x_1)\Big[-\sum_{X_3}p(x_3/x_1)\log p(x_3/x_1)\Big]$$

$$=\sum_{X_1}p(x_1)H(X_3/X_1=x_1)$$

$$=p(x_1=0)H(X_3/X_1=x_1=0)+p(x_1=1)H(X_3/X_1=x_1=1)$$

$$=p(x_1=0)H(1/2,1/2)+p(x_1=1)H(1/2,1/2)$$

$$=p(x_1=0)+p(x_1=1)=1\quad(比特/符号)\tag{2.6.5-19}$$

ⓒ 由(2.6.5-9)式所示 $P(X_1 X_2 X_3)$ 和(2.6.5-12)式所示 $P(X_1 X_2)$,得

$$P(X3/X_1 X_2)=\frac{P(X_1 X_2 X_3)}{P(X_1 X_2)}$$

$X_1 X_2 X_3$	$P(X_3/X_1 X_2)=P(X_1 X_2 X_3)/P(X_1 X_2)$
$\alpha_1=0\quad0\quad0$ $\alpha_5=0\quad0\quad1$	$\left\{\begin{array}{l} p(0/00)=\dfrac{p(000)}{p(00)}=\dfrac{1/4}{1/4}=1 \\[2mm] p(1/00)=\dfrac{p(001)}{p(00)}=0 \end{array}\right.$
$\alpha_6=0\quad1\quad0$ $\alpha_2=0\quad1\quad1$	$\left\{\begin{array}{l} p(0/01)=\dfrac{p(010)}{p(01)}=0 \\[2mm] p(1/01)=\dfrac{p(011)}{p(01)}=\dfrac{1/4}{1/4}=1 \end{array}\right.$
$\alpha_7=1\quad0\quad0$ $\alpha_3=1\quad0\quad1$	$\left\{\begin{array}{l} p(0/10)=\dfrac{p(100)}{p(10)}=0 \\[2mm] p(1/10)=\dfrac{p(101)}{p(10)}=\dfrac{1/4}{1/4}=1 \end{array}\right.$
$\alpha_4=1\quad1\quad0$ $\alpha_8=1\quad1\quad1$	$\left\{\begin{array}{l} p(0/11)=\dfrac{p(110)}{p(11)}=\dfrac{1/4}{1/4}=1 \\[2mm] p(1/11)=\dfrac{p(111)}{p(11)}=0 \end{array}\right.$

$$(2.6.5-20)$$

由 $(2.6.5-12)$ 式所示 $P(X_1X_2)$ 和 $(2.6.5-20)$ 式所示 $P(X_3/X_1X_2)$，得

$$H(X_3/X_1X_2)=-\sum_{X_1}\sum_{X_2}\sum_{X_3}p(x_1x_2)p(x_3/x_1x_2)\log p(x_3/x_1x_2)$$

$$=\sum_{X_1}\sum_{X_2}p(x_1x_2)\Big[-\sum_{X_3}p(x_3/x_1x_2)\log p(x_3/x_1x_2)\Big]$$

$$=\sum_{X_1}\sum_{X_2}p(x_1x_2)H(X_3/X_1=x_1,X_2=x_2)$$

$$=p(x_1=0,x_2=0)H(X_3/X_1=x_1=0,X_2=x_2=0)$$
$$+p(x_1=0,x_2=1)H(X_3/X_1=x_1=0,X_2=x_2=1)$$
$$+p(x_1=1,x_2=0)H(X_3/X_1=x_1=1,X_2=x_2=0)$$
$$+p(x_1=1,x_2=1)H(X_3/X_1=x_1=1,X_2=x_2=1)$$

$$=p(x_1=0,x_2=0)H(1,0)$$
$$+p(x_1=0,x_2=1)H(0,1)$$
$$+p(x_1=0,x_2=0)H(0,1)$$
$$+p(x_1=1,x_2=1)H(1,0)$$

$$=0 \tag{2.6.5-21}$$

由 $(2.6.5-19)$ 式所示 $H(X_3/X_1)$ 和 $(2.6.5-21)$ 式所示 $H(X_3/X_1X_2)$，得平均条件互信息

$$I(X_3;X_2/X_1)=H(X_3/X_1)-H(X_3/X_1X_2)=1-0=1 \quad (比特／符号)$$
$$\tag{2.6.5-22}$$

综上所述，由 $(2.6.5-16)$ 式所示 $I(X_1;X_2)$ 和 $(2.6.5-22)$ 式所示 $I(X_3;X_2/X_1)$ 可知，当 $N=3$ 时，随机变量序列 $(X_1X_2X_3)$ 中，X_1 和 X_2 的平均互信息和在 X_1 已知条件下 X_3 与 X_2 的平均条件互信息 $I(X_3;X_2/X_1)$，有

$$\begin{cases} I(X_1;X_2)=0 \quad (比特／符号) \\ I(X_3;X_2/X_1)=1 \quad (比特／符号) \end{cases} \tag{2.6.5-23}$$

如图 2.6-9 所示.

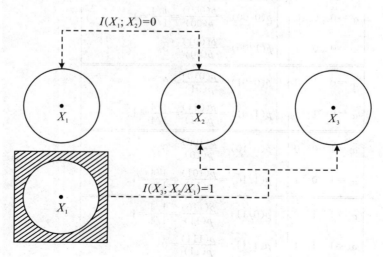

图 2.6-9

（3）当 $N=4$ 时，$(X_1 X_2 X_3 X_4)$ 中的

$$\begin{cases} I(X_2 ; X_1) \\ I(X_3 ; X_2/X_1) \\ I(X_4 ; X_3/X_1 X_2) \end{cases}$$

当 $N=4$ 时，$(X_1 X_2 X_3 X_4)$ 共有 $2^N = 2^4 = 16$ 种长度 $N=4$ 的"0""1"符号序列．其中：$2^N/2 = 2^{(N-1)} = 2^3 = 8$ 种序列中，含有偶数个"1"；$2^N/2 = 2^{(N-1)}$ 种序列中含有奇数个"1"，按设定它们的概率分布是：

$X_1 X_2 X_3 X_4$	$P(X_1 X_2 X_3 X_4)$
偶数个"1"　$\begin{array}{l} \alpha_1 = 0\quad 0\quad 0\quad 0 \\ \alpha_2 = 0\quad 0\quad 1\quad 1 \\ \alpha_3 = 0\quad 1\quad 0\quad 1 \\ \alpha_4 = 0\quad 1\quad 1\quad 0 \\ \alpha_5 = 1\quad 0\quad 0\quad 1 \\ \alpha_6 = 1\quad 0\quad 1\quad 0 \\ \alpha_7 = 1\quad 1\quad 0\quad 0 \\ \alpha_8 = 1\quad 1\quad 1\quad 1 \end{array}$	$p(\alpha_i) = 2^{-(N-1)} = 2^{-(4-1)} = 2^{-3} = \dfrac{1}{8}$ $(i = 1, 2, \cdots, 8)$
奇数个"1"　$\begin{array}{l} \alpha_9 = 0\quad 0\quad 0\quad 1 \\ \alpha_{10} = 0\quad 0\quad 1\quad 0 \\ \alpha_{11} = 0\quad 1\quad 0\quad 0 \\ \alpha_{12} = 0\quad 1\quad 1\quad 1 \\ \alpha_{13} = 1\quad 0\quad 0\quad 0 \\ \alpha_{14} = 1\quad 0\quad 1\quad 1 \\ \alpha_{15} = 1\quad 1\quad 0\quad 1 \\ \alpha_{16} = 1\quad 1\quad 1\quad 0 \end{array}$	$p(\alpha_j) = 0 \quad (j = 9, 10, \cdots, 16)$

$$(2.6.5 - 24)$$

① $I(X_2 ; X_1)$.

ⓐ 由（2.6.5 - 24）式所示 $P(X_1 X_2 X_3 X_4)$，得 $P(X_1)$.

$X_1 X_2 X_3 X_4$	$P(X_1)$
$\begin{array}{l} \alpha_1 = 0\quad 0\quad 0\quad 0 \\ \alpha_2 = 0\quad 0\quad 1\quad 1 \\ \alpha_3 = 0\quad 1\quad 0\quad 1 \\ \alpha_4 = 0\quad 1\quad 1\quad 0 \\ \alpha_9 = 0\quad 0\quad 0\quad 1 \\ \alpha_{10} = 0\quad 0\quad 1\quad 0 \\ \alpha_{11} = 0\quad 1\quad 0\quad 0 \\ \alpha_{12} = 0\quad 1\quad 1\quad 1 \end{array}$	$\begin{aligned} p(0) &= p(\alpha_1) + p(\alpha_2) + p(\alpha_3) + p(\alpha_4) + p(\alpha_9) \\ &\quad + p(\alpha_{10}) + p(\alpha_{11}) + p(\alpha_{12}) \\ &= p(\alpha_1) + p(\alpha_2) + p(\alpha_3) + p(\alpha_4) = 4 \times \dfrac{1}{8} = \dfrac{1}{2} \end{aligned}$

$$
\left.\begin{array}{llll}
\alpha_5=1 & 0 & 0 & 1 \\
\alpha_6=1 & 0 & 1 & 0 \\
\alpha_7=1 & 1 & 0 & 0 \\
\alpha_8=1 & 1 & 1 & 1 \\
\alpha_{13}=1 & 0 & 0 & 0 \\
\alpha_{14}=1 & 0 & 1 & 1 \\
\alpha_{15}=1 & 1 & 0 & 1 \\
\alpha_{16}=1 & 1 & 1 & 0
\end{array}\right\}
\begin{aligned}
p(1)&=p(\alpha_5)+p(\alpha_6)+p(\alpha_7)+p(\alpha_8)+p(\alpha_{13}) \\
&\quad +p(\alpha_{14})+p(\alpha_{15})+p(\alpha_{16}) \\
&=p(\alpha_5)+p(\alpha_6)+p(\alpha_7)+p(\alpha_8)=4\times\frac{1}{8}=\frac{1}{2}
\end{aligned}
\tag{2.6.5-25}
$$

ⓑ 由 $(2.6.5-24)$ 式所示 $P(X_1X_2X_3X_4)$，得 $P(X_2)$．

$X_1X_2X_3X_4$	$P(X_2)$
$\alpha_1=0\ \ 0\ \ 0\ \ 0$	
$\alpha_2=0\ \ 0\ \ 1\ \ 1$	
$\alpha_5=1\ \ 0\ \ 0\ \ 1$	
$\alpha_6=1\ \ 0\ \ 1\ \ 0$	$p(0)=p(\alpha_1)+p(\alpha_2)+p(\alpha_5)+p(\alpha_6)+p(\alpha_9)$
$\alpha_9=0\ \ 0\ \ 0\ \ 1$	$\qquad +p(\alpha_{10})+p(\alpha_{13})+p(\alpha_{14})$
$\alpha_{10}=0\ \ 0\ \ 1\ \ 0$	$\quad =p(\alpha_1)+p(\alpha_2)+p(\alpha_5)+p(\alpha_6)=4\times\dfrac{1}{8}=\dfrac{1}{2}$
$\alpha_{13}=1\ \ 0\ \ 0\ \ 0$	
$\alpha_{14}=1\ \ 0\ \ 1\ \ 1$	
$\alpha_3=0\ \ 1\ \ 0\ \ 1$	
$\alpha_4=0\ \ 1\ \ 1\ \ 0$	
$\alpha_7=1\ \ 1\ \ 0\ \ 0$	
$\alpha_8=1\ \ 1\ \ 1\ \ 1$	$p(1)=p(\alpha_3)+p(\alpha_4)+p(\alpha_7)+p(\alpha_8)+p(\alpha_{11})$
$\alpha_{11}=0\ \ 1\ \ 0\ \ 0$	$\qquad +p(\alpha_{12})+p(\alpha_{15})+p(\alpha_{16})$
$\alpha_{12}=0\ \ 1\ \ 1\ \ 1$	$\quad =p(\alpha_3)+p(\alpha_4)+p(\alpha_7)+p(\alpha_8)=4\times\dfrac{1}{8}=\dfrac{1}{2}$
$\alpha_{15}=1\ \ 1\ \ 0\ \ 1$	
$\alpha_{16}=1\ \ 1\ \ 1\ \ 0$	

$$\tag{2.6.5-26}$$

ⓒ 由 $(2.6.5-24)$ 式所示 $P(X_1X_2X_3X_4)$，得 $P(X_1X_2)$．

$X_1X_2X_3X_4$	$P(X_1X_2)$
$\alpha_1=0\ \ 0\ \ 0\ \ 0$	
$\alpha_2=0\ \ 0\ \ 1\ \ 1$	$p(00)=p(\alpha_1)+p(\alpha_2)+p(\alpha_9)+p(\alpha_{10})$
$\alpha_9=0\ \ 0\ \ 0\ \ 1$	$\qquad =p(\alpha_1)+p(\alpha_2)=2\times\dfrac{1}{8}=\dfrac{1}{4}$
$\alpha_{10}=0\ \ 0\ \ 1\ \ 0$	
$\alpha_3=0\ \ 1\ \ 0\ \ 1$	
$\alpha_4=0\ \ 1\ \ 1\ \ 0$	$p(01)=p(\alpha_3)+p(\alpha_4)+p(\alpha_{11})+p(\alpha_{12})$
$\alpha_{11}=0\ \ 1\ \ 0\ \ 0$	$\qquad =p(\alpha_3)+p(\alpha_4)=2\times\dfrac{1}{8}=\dfrac{1}{4}$
$\alpha_{12}=0\ \ 1\ \ 1\ \ 1$	

$\alpha_5=1$	0	0	1	$\begin{aligned} p(10) &= p(\alpha_5)+p(\alpha_6)+p(\alpha_{13})+p(\alpha_{14}) \\ &= p(\alpha_5)+p(\alpha_6)=2\times\dfrac{1}{8}=\dfrac{1}{4} \end{aligned}$
$\alpha_6=1$	0	1	0	
$\alpha_{13}=1$	0	0	0	
$\alpha_{14}=1$	0	1	1	
$\alpha_7=1$	1	0	0	$\begin{aligned} p(11) &= p(\alpha_7)+p(\alpha_8)+p(\alpha_{15})+p(\alpha_{16}) \\ &= p(\alpha_7)+p(\alpha_8)=2\times\dfrac{1}{8}=\dfrac{1}{4} \end{aligned}$
$\alpha_8=1$	1	1	1	
$\alpha_{15}=1$	1	0	1	
$\alpha_{16}=1$	1	1	0	

$$(2.6.5\text{-}27)$$

由(2.6.5-25)式、(2.6.5-26)式、(2.6.5-27)式所示 $P(X_1)$、$P(X_2)$、$P(X_1X_2)$，得

$$H(X_1)=H(1/2,1/2)=1 \quad (\text{比特／符号})$$

$$H(X_2)=H(1/2,1/2)=1 \quad (\text{比特／符号}) \tag{2.6.5-28}$$

$$H(X_1X_2)=H(1/4,1/4,1/4,1/4)=\log4=2 \quad (\text{比特／符号}) \tag{2.6.5-29}$$

进而得 X_1 和 X_2 之间的平均互信息

$$I(X_2;X_1)=H(X_1)+H(X_2)-H(X_1X_2)=1+1-2=0 \tag{2.6.5-30}$$

② $I(X_3;X_2/X_1)$.

ⓐ 由(2.6.5-24)式所示 $P(X_1X_2X_3X_4)$，得 $P(X_1X_3)$.

$X_1X_2X_3X_4$				$P(X_1X_3)$
$\alpha_1=0$	0	0	0	$\begin{aligned} p(00) &= p(\alpha_1)+p(\alpha_3)+p(\alpha_9)+p(\alpha_{11}) \\ &= p(\alpha_1)+p(\alpha_3)=2\times\dfrac{1}{8}=\dfrac{1}{4} \end{aligned}$
$\alpha_3=0$	1	0	1	
$\alpha_9=0$	0	0	1	
$\alpha_{11}=0$	1	0	0	
$\alpha_2=0$	0	1	1	$\begin{aligned} p(01) &= p(\alpha_2)+p(\alpha_4)+p(\alpha_{10})+p(\alpha_{12}) \\ &= p(\alpha_2)+p(\alpha_4)=2\times\dfrac{1}{8}=\dfrac{1}{4} \end{aligned}$
$\alpha_4=0$	1	1	0	
$\alpha_{10}=0$	0	1	0	
$\alpha_{12}=0$	1	1	1	
$\alpha_5=1$	0	0	1	$\begin{aligned} p(10) &= p(\alpha_5)+p(\alpha_7)+p(\alpha_{13})+p(\alpha_{15}) \\ &= p(\alpha_5)+p(\alpha_7)=2\times\dfrac{1}{8}=\dfrac{1}{4} \end{aligned}$
$\alpha_7=1$	1	0	0	
$\alpha_{13}=1$	0	0	0	
$\alpha_{15}=1$	1	0	1	
$\alpha_6=1$	0	1	0	$\begin{aligned} p(11) &= p(\alpha_6)+p(\alpha_8)+p(\alpha_{14})+p(\alpha_{16}) \\ &= p(\alpha_6)+p(\alpha_8)=2\times\dfrac{1}{8}=\dfrac{1}{4} \end{aligned}$
$\alpha_8=1$	1	1	1	
$\alpha_{14}=1$	0	1	1	
$\alpha_{16}=1$	1	1	0	

$$(2.6.5\text{-}31)$$

ⓑ 由(2.6.5-31)式所示 $P(X_1X_3)$ 和(2.6.5-25)式所示 $P(X_1)$，得

$$P(X_3/X_1)=\frac{P(X_1X_3)}{P(X_1)}$$

$X_1 X_2 X_3 X_4$	$P(X_3/X_1)=P(X_1X_3)/P(X_1)$
$\alpha_1=0\ \ 0\ \ 0\ \ 0$	
$\alpha_3=0\ \ 1\ \ 0\ \ 1$	$p(0/0)=\dfrac{p(00)}{p(0)}=\dfrac{1/4}{1/2}=\dfrac{1}{2}$
$\alpha_9=0\ \ 0\ \ 0\ \ 1$	
$\alpha_{11}=0\ \ 1\ \ 0\ \ 0$	
$\alpha_2=0\ \ 0\ \ 1\ \ 1$	
$\alpha_4=0\ \ 1\ \ 1\ \ 0$	$p(1/0)=\dfrac{p(01)}{p(0)}=\dfrac{1/4}{1/2}=\dfrac{1}{2}$
$\alpha_{10}=0\ \ 0\ \ 1\ \ 0$	
$\alpha_{12}=0\ \ 1\ \ 1\ \ 1$	
$\alpha_5=1\ \ 0\ \ 0\ \ 1$	
$\alpha_7=1\ \ 1\ \ 0\ \ 0$	$p(0/1)=\dfrac{p(10)}{p(1)}=\dfrac{1/4}{1/2}=\dfrac{1}{2}$
$\alpha_{13}=1\ \ 0\ \ 0\ \ 0$	
$\alpha_{15}=1\ \ 1\ \ 0\ \ 1$	
$\alpha_6=1\ \ 0\ \ 1\ \ 0$	
$\alpha_8=1\ \ 1\ \ 1\ \ 1$	$p(1/1)=\dfrac{p(11)}{p(1)}=\dfrac{1/4}{1/2}=\dfrac{1}{2}$
$\alpha_{14}=1\ \ 0\ \ 1\ \ 1$	
$\alpha_{16}=1\ \ 1\ \ 1\ \ 0$	

$$(2.6.5-32)$$

由$(2.6.5-25)$式所示 $P(X_1)$和$(2.6.5-32)$式所示 $P(X_3/X_1)$,得

$$H(X_3/X_1)=-\sum_{X_1}\sum_{X_3}p(x_1)p(x_3/x_1)\log p(x_3/x_1)$$

$$=\sum_{X_1}p(x_1)\Big[-\sum_{X_3}p(x_3/x_1)\log p(x_3/x_1)\Big]$$

$$=\sum_{X_1}p(x_1)H(X_3/X_1=x_1)$$

$$=p(x_1=0)H(X_3/X_1=x_1=0)+p(x_1=1)H(X_3/X=x_1=1)$$

$$=p(x_1=0)H(1/2,1/2)+p(x_1=1)H(1/2,1/2)$$

$$=p(x_1=0)+p(x_1=1)=1\quad (\text{比特}/\text{符号})\qquad(2.6.5-33)$$

ⓒ 由$(2.6.5-24)$式所示 $P(X_1X_2X_3X_4)$,得 $P(X_1X_2X_3)$.

$X_1 X_2 X_3 X_4$	$P(X_1X_2X_3)$
$\alpha_1=0\ \ 0\ \ 0\ \ 0$	
$\alpha_9=0\ \ 0\ \ 0\ \ 1$	$p(000)=p(\alpha_1)+p(\alpha_9)=p(\alpha_1)=\dfrac{1}{8}$
$\alpha_2=0\ \ 0\ \ 1\ \ 1$	
$\alpha_{10}=0\ \ 0\ \ 1\ \ 0$	$p(001)=p(\alpha_2)+p(\alpha_{10})=p(\alpha_2)=\dfrac{1}{8}$
$\alpha_3=0\ \ 1\ \ 0\ \ 1$	
$\alpha_{11}=0\ \ 1\ \ 0\ \ 0$	$p(010)=p(\alpha_3)+p(\alpha_{11})=p(\alpha_3)=\dfrac{1}{8}$
$\alpha_4=0\ \ 1\ \ 1\ \ 0$	
$\alpha_{12}=0\ \ 1\ \ 1\ \ 1$	$p(011)=p(\alpha_4)+p(\alpha_{12})=p(\alpha_4)=\dfrac{1}{8}$

$\alpha_5=1\quad 0\quad 0\quad 1$ $\alpha_{13}=1\quad 0\quad 0\quad 0$	$\Big\}\, p(100)=p(\alpha_5)+p(\alpha_{13})=p(\alpha_5)=\dfrac{1}{8}$
$\alpha_6=1\quad 0\quad 1\quad 0$ $\alpha_{14}=1\quad 0\quad 1\quad 1$	$\Big\}\, p(101)=p(\alpha_6)+p(\alpha_{14})=p(\alpha_6)=\dfrac{1}{8}$
$\alpha_7=1\quad 1\quad 0\quad 0$ $\alpha_{15}=1\quad 1\quad 0\quad 1$	$\Big\}\, p(110)=p(\alpha_7)+p(\alpha_{15})=p(\alpha_7)=\dfrac{1}{8}$
$\alpha_8=1\quad 1\quad 1\quad 1$ $\alpha_{16}=1\quad 1\quad 1\quad 0$	$\Big\}\, p(111)=p(\alpha_8)+p(\alpha_{16})=p(\alpha_8)=\dfrac{1}{8}$

$$(2.6.5-34)$$

ⓓ 由(2.6.5-34)式所示 $P(X_1X_2X_3)$ 和(2.6.5-27)式所示 $P(X_1X_2)$,得

$$P(X_3/X_1X_2)=\frac{P(X_1X_2X_3)}{P(X_1X_2)}$$

$X_1X_2X_3X_4$	$P(X_3/X_1X_2)=P(X_1X_2X_3)/P(X_1X_2)$
$\alpha_1=0\quad 0\quad 0\quad 0$ $\alpha_9=0\quad 0\quad 0\quad 1$	$\Big\}\, p(0/00)=\dfrac{p(000)}{p(00)}=\dfrac{1/8}{1/4}=\dfrac{1}{2}$
$\alpha_2=0\quad 0\quad 1\quad 1$ $\alpha_{10}=0\quad 0\quad 1\quad 0$	$\Big\}\, p(1/00)=\dfrac{p(001)}{p(00)}=\dfrac{1/8}{1/4}=\dfrac{1}{2}$
$\alpha_3=0\quad 1\quad 0\quad 1$ $\alpha_{11}=0\quad 1\quad 0\quad 0$	$\Big\}\, p(0/01)=\dfrac{p(010)}{p(01)}=\dfrac{1/8}{1/4}=\dfrac{1}{2}$
$\alpha_4=0\quad 1\quad 1\quad 0$ $\alpha_{12}=0\quad 1\quad 1\quad 1$	$\Big\}\, p(1/01)=\dfrac{p(011)}{p(01)}=\dfrac{1/8}{1/4}=\dfrac{1}{2}$
$\alpha_5=1\quad 0\quad 0\quad 1$ $\alpha_{13}=1\quad 0\quad 0\quad 0$	$\Big\}\, p(0/10)=\dfrac{p(100)}{p(10)}=\dfrac{1/8}{1/4}=\dfrac{1}{2}$
$\alpha_6=1\quad 0\quad 1\quad 0$ $\alpha_{14}=1\quad 0\quad 1\quad 1$	$\Big\}\, p(1/10)=\dfrac{p(101)}{p(10)}=\dfrac{1/8}{1/4}=\dfrac{1}{2}$
$\alpha_7=1\quad 1\quad 0\quad 0$ $\alpha_{15}=1\quad 1\quad 0\quad 1$	$\Big\}\, p(0/11)=\dfrac{p(110)}{p(11)}=\dfrac{1/8}{1/4}=\dfrac{1}{2}$
$\alpha_8=1\quad 1\quad 1\quad 1$ $\alpha_{16}=1\quad 1\quad 1\quad 0$	$\Big\}\, p(1/11)=\dfrac{p(111)}{p(11)}=\dfrac{1/8}{1/4}=\dfrac{1}{2}$

$$(2.6.5-35)$$

由(2.6.5-27)式所示 $P(X_1X_2)$ 和(2.6.5-35)式所示 $P(X_3/X_1X_2)$,得

$$H(X_3/X_1X_2)=-\sum_{X_1}\sum_{X_2}\sum_{X_3}p(x_1x_2)p(x_3/x_1x_2)\log p(x_3/x_1x_2)$$

$$=\sum_{X_1}\sum_{X_2}p(x_1x_2)\Big[\sum_{X_3}p(x_3/x_1x_2)\log p(x_3/x_1x_2)\Big]$$

$$=\sum_{X_1}\sum_{X_2}p(x_1x_2)H(X_3/X_1=x_1,X_2=x_2)$$

$$\begin{aligned}
&= p(x_1 = 0, x_2 = 0)H(X_3/X_1 = x_1 = 0, X_2 = x_2 = 0)\\
&\quad + p(x_1 = 0, x_2 = 1)H(X_3/X_1 = x_1 = 0, X_2 = x_2 = 1)\\
&\quad + p(x_1 = 1, x_2 = 0)H(X_3/X_1 = x_1 = 1, X_2 = x_2 = 0)\\
&\quad + p(x_1 = 1, x_2 = 1)H(X_3/X_1 = x_1 = 1, X_2 = x_2 = 1)\\
&= p(x_1 = 0, x_2 = 0)H(1/2, 1/2) + p(x_1 = 0, x_2 = 1)H(1/2, 1/2)\\
&\quad + p(x_1 = 1, x_2 = 0)H(1/2, 1/2) + p(x_1 = 1, x_2 = 1)H(1/2, 1/2)\\
&= p(x_1 = 0, x_2 = 0) + p(x_1 = 0, x_2 = 1)\\
&\quad + p(x_1 = 1, x_2 = 0) + p(x_1 = 1, x_2 = 1)\\
&= 1 \quad （比特／符号）
\end{aligned} \tag{2.6.5-36}$$

由 (2.6.5-33) 式所示 $H(X_3/X_1)$ 和 (2.6.5-36) 式所示 $H(X_3/X_1X_2)$，得在 X_1 已知条件下，X_3 和 X_2 之间的平均条件互信息

$$I(X_3; X_2/X_1) = H(X_3/X_1) - H(X_3/X_1X_2) = 1 - 1 = 0 \tag{2.6.5-37}$$

③ $I(X_3; X_4/X_1X_2)$.

ⓐ 由 (2.6.5-24) 式所示 $P(X_1X_2X_3X_4)$，得 $P(X_1X_2X_4)$.

$X_1X_2X_3X_4$	$P(X_1X_2X_4)$
$\alpha_1 = 0 \quad 0 \quad 0 \quad 0$ $\alpha_{10} = 0 \quad 0 \quad 1 \quad 0$	$\left.\right\} p(000) = p(\alpha_1) + p(\alpha_{10}) = p(\alpha_1) = \dfrac{1}{8}$
$\alpha_2 = 0 \quad 0 \quad 1 \quad 1$ $\alpha_9 = 0 \quad 0 \quad 0 \quad 1$	$\left.\right\} p(001) = p(\alpha_2) + p(\alpha_9) = p(\alpha_2) = \dfrac{1}{8}$
$\alpha_{11} = 0 \quad 1 \quad 0 \quad 0$ $\alpha_4 = 0 \quad 1 \quad 1 \quad 0$	$\left.\right\} p(010) = p(\alpha_{11}) + p(\alpha_4) = p(\alpha_4) = \dfrac{1}{8}$
$\alpha_{12} = 0 \quad 1 \quad 1 \quad 1$ $\alpha_3 = 0 \quad 1 \quad 0 \quad 1$	$\left.\right\} p(011) = p(\alpha_{12}) + p(\alpha_3) = p(\alpha_3) = \dfrac{1}{8}$
$\alpha_{13} = 1 \quad 0 \quad 0 \quad 0$ $\alpha_6 = 1 \quad 0 \quad 1 \quad 0$	$\left.\right\} p(100) = p(\alpha_{13}) + p(\alpha_6) = p(\alpha_6) = \dfrac{1}{8}$
$\alpha_{14} = 1 \quad 0 \quad 1 \quad 1$ $\alpha_5 = 1 \quad 0 \quad 0 \quad 1$	$\left.\right\} p(101) = p(\alpha_{14}) + p(\alpha_5) = p(\alpha_5) = \dfrac{1}{8}$
$\alpha_7 = 1 \quad 1 \quad 0 \quad 0$ $\alpha_{16} = 1 \quad 1 \quad 1 \quad 0$	$\left.\right\} p(110) = p(\alpha_7) + p(\alpha_{16}) = p(\alpha_7) = \dfrac{1}{8}$
$\alpha_{15} = 1 \quad 1 \quad 0 \quad 1$ $\alpha_8 = 1 \quad 1 \quad 1 \quad 1$	$\left.\right\} p(111) = p(\alpha_{15}) + p(\alpha_8) = p(\alpha_8) = \dfrac{1}{8}$

$$\tag{2.6.5-38}$$

ⓑ 由 (2.6.5-38) 式所示 $P(X_1X_2X_3)$ 和 (2.6.5-27) 式所示 $P(X_1X_2)$，得

$$P(X_4/X_1X_2) = \frac{P(X_1X_2X_4)}{P(X_1X_2)}$$

$X_1 X_2 X_3 X_4$	$P(X_4/X_1 X_2) = P(X_1 X_2 X_4)/P(X_1 X_2)$
$\alpha_1 = 0 \quad 0 \quad 0 \quad 0$ $\alpha_{10} = 0 \quad 0 \quad 1 \quad 0$	$\left.\right\} p(0/00) = \dfrac{p(000)}{p(00)} = \dfrac{1/8}{1/4} = \dfrac{1}{2}$
$\alpha_2 = 0 \quad 0 \quad 1 \quad 1$ $\alpha_9 = 0 \quad 0 \quad 0 \quad 1$	$\left.\right\} p(1/00) = \dfrac{p(001)}{p(00)} = \dfrac{1/8}{1/4} = \dfrac{1}{2}$
$\alpha_{11} = 0 \quad 1 \quad 0 \quad 0$ $\alpha_4 = 0 \quad 1 \quad 1 \quad 0$	$\left.\right\} p(0/01) = \dfrac{p(010)}{p(01)} = \dfrac{1/8}{1/4} = \dfrac{1}{2}$
$\alpha_{12} = 0 \quad 1 \quad 1 \quad 1$ $\alpha_3 = 0 \quad 1 \quad 0 \quad 1$	$\left.\right\} p(1/01) = \dfrac{p(011)}{p(01)} = \dfrac{1/8}{1/4} = \dfrac{1}{2}$
$\alpha_{13} = 1 \quad 0 \quad 0 \quad 0$ $\alpha_6 = 1 \quad 0 \quad 1 \quad 0$	$\left.\right\} p(0/10) = \dfrac{p(100)}{p(10)} = \dfrac{1/8}{1/4} = \dfrac{1}{2}$
$\alpha_{14} = 1 \quad 0 \quad 1 \quad 1$ $\alpha_5 = 1 \quad 0 \quad 0 \quad 1$	$\left.\right\} p(1/10) = \dfrac{p(101)}{p(10)} = \dfrac{1/8}{1/4} = \dfrac{1}{2}$
$\alpha_7 = 1 \quad 1 \quad 0 \quad 0$ $\alpha_{16} = 1 \quad 1 \quad 1 \quad 0$	$\left.\right\} p(0/11) = \dfrac{p(110)}{p(11)} = \dfrac{1/8}{1/4} = \dfrac{1}{2}$
$\alpha_{15} = 1 \quad 1 \quad 0 \quad 1$ $\alpha_8 = 1 \quad 1 \quad 1 \quad 1$	$\left.\right\} p(1/11) = \dfrac{p(111)}{p(11)} = \dfrac{1/8}{1/4} = \dfrac{1}{2}$

$$(2.6.5-39)$$

由 (2.6.5-27) 式所示 $P(X_1 X_2)$ 和 (2.6.5-39) 式所示 $P(X_4/X_1 X_2)$，得

$$H(X_4/X_1 X_2) = -\sum_{X_1} \sum_{X_2} \sum_{X_4} p(x_1 x_2) p(x_4/x_1 x_2) \log p(x_4/x_1 x_2)$$

$$= \sum_{X_1} \sum_{X_2} p(x_1 x_2) \Big[-\sum_{X_4} p(x_4/x_1 x_2) \log p(x_4/x_1 x_2) \Big]$$

$$= \sum_{X_1} \sum_{X_2} p(x_1 x_2) H(X_4/X_1 = x_1, X_2 = x_2)$$

$$= p(x_1 = 0, x_2 = 0) H(X_4/X_1 = x_1 = 0, X_2 = x_2 = 0)$$
$$+ p(x_1 = 0, x_2 = 1) H(X_4/X_1 = x_1 = 0, X_2 = x_2 = 1)$$
$$+ p(x_1 = 1, x_2 = 0) H(X_4/X_1 = x_1 = 1, X_2 = x_2 = 0)$$
$$+ p(x_1 = 1, x_2 = 1) H(X_4/X_1 = x_1 = 1, X_2 = x_2 = 1)$$

$$= p(x_1 = 0, x_2 = 0) H(1/2, 1/2) + p(x_1 = 0, x_2 = 1) H(1/2, 1/2)$$
$$+ p(x_1 = 1, x_2 = 0) H(1/2, 1/2) + p(x_1 = 1, x_2 = 1) H(1/2, 1/2)$$

$$= p(x_1 = 0, x_2 = 0) + p(x_1 = 0, x_2 = 1)$$
$$+ p(x_1 = 1, x_2 = 0) + p(x_1 = 1, x_2 = 1)$$

$$= 1 \quad (\text{比特／符号}) \qquad\qquad (2.6.5-40)$$

ⓒ 由 (2.6.5-24) 式所示 $P(X_1 X_2 X_3 X_4)$ 和 (2.6.5-34) 式所示 $P(X_1 X_2 X_3)$，得

$$P(X_4/X_1 X_2 X_3) = \frac{P(X_1 X_2 X_3 X_4)}{P(X_1 X_2 X_3)}$$

$X_1 X_2 X_3 X_4$	$P(X_4/X_1 X_2 X_3)=P(X_1 X_2 X_3 X_4)/P(X_1 X_2 X_3)$
$\alpha_1 = 0 \quad 0 \quad 0 \quad 0$	$\left.\begin{array}{l} p(0/000)=\dfrac{p(0000)}{p(000)}=\dfrac{1/8}{1/8}=1 \\[2mm] \end{array}\right.$
$\alpha_9 = 0 \quad 0 \quad 0 \quad 1$	$p(1/000)=\dfrac{p(0001)}{p(000)}=0$
$\alpha_{10} = 0 \quad 0 \quad 1 \quad 0$	$p(0/001)=\dfrac{p(0010)}{p(001)}=0$
$\alpha_2 = 0 \quad 0 \quad 1 \quad 1$	$p(1/001)=\dfrac{p(0011)}{p(001)}=\dfrac{1/8}{1/8}=1$
$\alpha_{11} = 0 \quad 1 \quad 0 \quad 0$	$p(0/010)=\dfrac{p(0100)}{p(010)}=0$
$\alpha_3 = 0 \quad 1 \quad 0 \quad 1$	$p(1/010)=\dfrac{p(0101)}{p(010)}=\dfrac{1/8}{1/8}=1$
$\alpha_4 = 0 \quad 1 \quad 1 \quad 0$	$p(0/011)=\dfrac{p(0110)}{p(011)}=\dfrac{1/8}{1/8}=1$
$\alpha_{12} = 0 \quad 1 \quad 1 \quad 1$	$p(1/011)=\dfrac{p(0111)}{p(011)}=0$
$\alpha_{13} = 1 \quad 0 \quad 0 \quad 0$	$p(0/100)=\dfrac{p(1000)}{p(100)}=0$
$\alpha_5 = 1 \quad 0 \quad 0 \quad 1$	$p(1/100)=\dfrac{p(1001)}{p(100)}=\dfrac{1/8}{1/8}=1$
$\alpha_6 = 1 \quad 0 \quad 1 \quad 0$	$p(0/101)=\dfrac{p(1010)}{p(101)}=\dfrac{1/8}{1/8}=1$
$\alpha_{14} = 1 \quad 0 \quad 1 \quad 1$	$p(1/101)=\dfrac{p(1011)}{p(101)}=0$
$\alpha_7 = 1 \quad 1 \quad 0 \quad 0$	$p(0/110)=\dfrac{p(1100)}{p(110)}=\dfrac{1/8}{1/8}=1$
$\alpha_{15} = 1 \quad 1 \quad 0 \quad 1$	$p(1/110)=\dfrac{p(1101)}{p(110)}=0$
$\alpha_{16} = 1 \quad 1 \quad 1 \quad 0$	$p(0/111)=\dfrac{p(1110)}{p(111)}=0$
$\alpha_8 = 1 \quad 1 \quad 1 \quad 1$	$p(1/111)=\dfrac{p(1111)}{p(111)}=\dfrac{1/8}{1/8}=1$

$$(2.6.5-41)$$

由 $(2.6.5-34)$ 式所示 $P(X_1 X_2 X_3)$ 和 $(2.6.5-41)$ 式所示 $P(X_4/X_1 X_2 X_3)$，得

$$H(X_4/X_1 X_2 X_3)=-\sum_{X_1}\sum_{X_2}\sum_{X_3}\sum_{X_4} p(x_1 x_2 x_3)p(x_4/x_1 x_2 x_3)\log p(x_4/x_1 x_2 x_3)$$

$$=\sum_{X_1}\sum_{X_2}\sum_{X_3} p(x_1 x_2 x_3)\Big[-\sum_{X_4} p(x_4/x_1 x_2 x_3)\log p(x_4/x_1 x_2 x_3)\Big]$$

$$=\sum_{X_1}\sum_{X_2}\sum_{X_3} p(x_1 x_2 x_3) H(X_4/X_1=x_1,X_2=x_2,X_3=x_3)$$

$$= p(x_1=0,x_2=0,x_3=0)H(X_4/X_1=x_1=0,X_2=x_2=0,X_3=x_3=0)$$

$$+ p(x_1=0,x_2=0,x_3=1)H(X_4/X_1=x_1=0,X_2=x_2=0,X_3=x_3=1)$$

$$+ p(x_1=0,x_2=1,x_3=0)H(X_4/X_1=x_1=0,X_2=x_2=1,X_3=x_3=0)$$

$$+ p(x_1=0,x_2=1,x_3=1)H(X_4/X_1=x_1=0,X_2=x_2=1,X_3=x_3=1)$$
$$+ p(x_1=1,x_2=0,x_3=0)H(X_4/X_1=x_1=1,X_2=x_2=0,X_3=x_3=0)$$
$$+ p(x_1=1,x_2=0,x_3=1)H(X_4/X_1=x_1=1,X_2=x_2=0,X_3=x_3=1)$$
$$+ p(x_1=1,x_2=1,x_3=0)H(X_4/X_1=x_1=1,X_2=x_2=1,X_3=x_3=0)$$
$$+ p(x_1=1,x_2=1,x_3=1)H(X_4/X_1=x_1=1,X_2=x_2=1,X_3=x_3=1)$$
$$= p(x_1=0,x_2=0,x_3=0)H(1,0) + p(x_1=0,x_2=0,x_3=1)H(0,1)$$
$$+ p(x_1=0,x_2=1,x_3=0)H(0,1) + p(x_1=0,x_2=1,x_3=1)H(1,0)$$
$$+ p(x_1=1,x_2=0,x_3=0)H(0,1) + p(x_1=1,x_2=0,x_3=1)H(1,0)$$
$$+ p(x_1=1,x_2=1,x_3=0)H(1,0) + p(x_1=1,x_2=1,x_3=1)H(0,1)$$
$$= 0 \tag{2.6.5-42}$$

由 $(2.6.5-40)$ 式所示 $H(X_4/X_1X_2)$ 和 $(2.6.5-42)$ 式所示 $H(X_4/X_1X_2X_3)$,得在 X_1 和 X_2 已知条件下,X_3 和 X_4 之间的条件平均互信息

$$I(X_4;X_3/X_1X_2) = H(X_4/X_1X_2) - H(X_4/X_1X_2X_3) = 1-0 = 1 \quad （比特／符号）$$
$$\tag{2.6.5-43}$$

综上所述,由 $(2.6.5-30)$、$(2.6.5-37)$、$(2.6.5-43)$ 式可知,在长度 $N=4$ 的随机变量序列 $(X_1X_2X_3X_4)$ 中,平均互信息、平均条件互信息是:

$$\begin{cases} I(X_2;X_1) = 0 \\ I(X_3;X_2/X_1) = 0 \\ I(X_4;X_3/X_1X_2) = 1 \quad （比特／符号） \end{cases}$$

如图 2.6-10 所示.

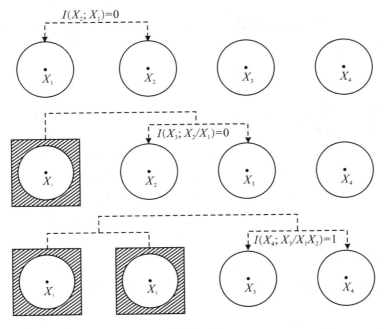

图 2.6-10

(4) 当 $N \geqslant 2$ 的正整数时,长度为 N 的随机变量序列 $(X_1 X_2 \cdots X_n \cdots X_N)$ 中的平均条件互信息 $I(X_n; X_{n-1}/X_1 X_2 \cdots X_{n-2})$ 在 $2 \leqslant n \leqslant N$ 以及 $n = N$ 时的一般规律是什么?

定理 2.16 设 $X_i = \{0,1\}(I = 1, 2, \cdots, N)$ 组成长度为 N 的随机变量序列 $(X_1 X_2 \cdots X_n \cdots X_N)$.

每一随机变量序列 $(X_1 X_2 \cdots X_n \cdots X_N)$ 中,含有偶数个"1"的联合概率为 $2^{-(N-1)}$,含有奇数个"1"的联合概率为零. 则

$$I(X_n; X_{n-1}/X_1 X_2 \cdots X_{n-2}) = \begin{cases} 0 & (2 \leqslant n < N) \\ 1 & (n = N) \end{cases}$$

证明

(1) 一般而言,由 $X_i : \{0,1\}$ 组成的长度为 $N(N \geqslant 2$ 的正整数)的序列 $(X_1 X_2 \cdots X_n \cdots X_N)$,共有 2^N 种长度为 N 的"0""1"符号序列 $\alpha_i(i = 1, 2, \cdots, 2^N)$. 其中,$2^N/2 = 2^{N-1}$ 种序列含有偶数个"1";$2^N/2 = 2^{N-1}$ 种序列含有奇数个"1". 设 $\alpha_i(i = 1, 2, \cdots, 2^N)$ 的概率分布为

$$p(x_1 x_2 \cdots x_n \cdots x_N) = \begin{cases} 2^{-(N-1)} & (\text{含有偶数个"1"}) \\ 0 & (\text{含有奇数个"1"}) \end{cases} \tag{2.6.5-44}$$

则表明,2^{N-1} 种含有偶数个"1"的符号序列等概分布.

根据二元序列的特性,在 2^{N-1} 种含有偶数个"1"的序列中,有 $2^{N-1}/2 = 2^{N-2}$ 种序列的末位符号 $x_N = 0$;$2^{N-1}/2 = 2^{N-2}$ 种序列的末位符号 $x_N = 1$. 由此,有

$$\begin{cases} p(x_N = 0) = \sum\limits_{X_1} \sum\limits_{X_2} \cdots \sum\limits_{X_{N-1}} p(x_1 x_2 \cdots x_{N-1}, x_N = 0) \\ \qquad\qquad = 2^{N-2} \cdot 2^{-(N-1)} = 2^{-1} = 1/2 \tag{2.6.5-45} \\ p(x_N = 1) = \sum\limits_{X_1} \sum\limits_{X_2} \cdots \sum\limits_{X_{N-1}} p(x_1 x_2 \cdots x_{N-1}, x_N = 1) \\ \qquad\qquad = 2^{N-2} \cdot 2^{-(N-1)} = 2^{-1} = 1/2 \tag{2.6.5-46} \end{cases}$$

这表明,在 $(2.6.5-44)$ 式所示概率分布下,2^{N-1} 种含有偶数个"1"的符号序列中,末位符号 $x_N : \{0,1\}$ 呈现等概分布

$$\begin{cases} p(x_N = 0) = 1/2 \\ p(x_N = 1) = 1/2 \end{cases} \tag{2.6.5-47}$$

由设定的概率分布 $(2.6.5-44)$ 式可知,当 $(X_1, X_2 \cdots X_n \cdots X_N)$ 中前 $(N-1)$ 符号已知条件下,第 N 位符号的条件概率

$$p(x_N = 0/x_1 x_2 \cdots x_{N-1}) = \begin{cases} 1 & (x_1, x_2, \cdots, x_{N-1} \text{中含有偶数个"1"}) \\ 0 & (x_1, x_2, \cdots, x_{N-1} \text{中含有奇数个"1"}) \end{cases} \tag{2.6.5-48}$$

$$p(x_N = 1/x_1 x_2 \cdots x_{N-1}) = \begin{cases} 1 & (x_1, x_2, \cdots, x_{N-1} \text{中含有奇数个"1"}) \\ 0 & (x_1, x_2, \cdots, x_{N-1} \text{中含有偶数个"1"}) \end{cases} \tag{2.6.5-49}$$

由 $(2.6.5-48)$、$(2.6.5-49)$ 式,得

$$H(X_N/X_1 X_2 \cdots X_{N-1})$$
$$= -\sum\limits_{X_1} \sum\limits_{X_1} \cdots \sum\limits_{X_{N-1}} \sum\limits_{X_N} p(x_1 x_2 \cdots x_{N-1}) p(x_N/x_1 x_2 \cdots x_{N-1}) \log p(x_N/x_1 x_2 \cdots x_{N-1})$$
$$= \sum\limits_{X_1} \sum\limits_{X_2} \cdots \sum\limits_{X_{N-1}} p(x_1 x_2 \cdots x_{N-1}) \left\{ -\sum\limits_{X_N} p(x_N/x_1 x_2 \cdots x_{N-1}) \log p(x_N/x_1 x_2 \cdots x_{N-1}) \right\}$$

$$= \sum_{X_1} \sum_{X_2} \cdots \sum_{X_{N-1}} p(x_1 x_2 \cdots x_{N-1}) H(X_N / X_1 = x_1, X_2 = x_2, \cdots, X_{N-1} = x_{N-1})$$

$$= \sum_{X_1} \sum_{X_2} \cdots \sum_{X_{N-1}} p(\underbrace{x_1 x_2 \cdots x_{N-1}}_{\text{含有偶数个“1”}}) H(X_N / \underbrace{X_1 = x_1, X_2 = x_2, \cdots, X_{N-1} = x_{N-1}}_{\text{含有偶数个“1”}})$$

$$+ \sum_{X_1} \sum_{X_2} \cdots \sum_{X_{N-1}} p(\underbrace{x_1 x_2 \cdots x_{N-1}}_{\text{含有奇数个“1”}}) H(X_N / \underbrace{X_1 = x_1, X_2 = x_2, \cdots, X_{N-1} = x_{N-1}}_{\text{含有奇数个“1”}})$$

$$= \sum_{X_1} \sum_{X_2} \cdots \sum_{X_{N-1}} p(\underbrace{x_1 x_2 \cdots x_{N-1}}_{\text{含有偶数个“1”}}) H(1,0)$$

$$+ \sum_{X_1} \sum_{X_2} \cdots \sum_{X_{N-1}} p(\underbrace{x_1 x_2 \cdots x_{N-1}}_{\text{含有奇数个“1”}}) H(1,0)$$

$$= 0 \qquad\qquad\qquad\qquad\qquad\qquad\qquad\qquad\qquad\qquad (2.6.5-50)$$

这表明,在序列$(X_1 X_2 \cdots X_n \cdots X_N)$中,当$(X_1 X_2 \cdots X_n \cdots X_{N-1})$已知时,$X_N$ 就不存在任何不确定性,就可确切无误地确定 X_N 是"0",还是"1".

在 2^{N-1} 种长度为 N 的含有偶数个"1"的符号序列中,长度为$(N-1)$的符号序列,是长度为$(N-1)$的$\{0,1\}$符号可能出现的全部 2^{N-1} 种序号序列. 那么,由$(2.6.5-44)$式所示概率分布,$(X_1 X_2 \cdots X_{N-1})$的概率分布为

$$p(x_1 x_2 \cdots x_{N-1}) = 2^{-(N-1)} \qquad (x_1, x_2, \cdots, x_{N-1} \in \{0,1\}) \qquad (2.6.5-51)$$

根据二元序列的特性,在长度为$(N-1)$的 2^{N-1} 种符号序列中,不仅包含了所有长度为$(N-2)$的符号序列,而且还重复了一次,共有 $2 \times 2^{N-2}$ 种长度为$(N-2)$的符号序列. 这就是说,所有长度为$(N-2)$的符号序列后面,再增加 $X_{N-1}=0$ 以及 $X_{N-1}=1$,就构成长度为$(N-1)$的 $2 \times 2^{N-2}$ 种符号序列. 由此,得

$$p(x_1 x_2 \cdots x_{N-2}) = \sum_{X_{N-1}} p(x_1 x_2 \cdots x_{N-2}; x_{N-1})$$

$$= 2 \times 2^{-(N-1)} = 2^{-(N-2)} \qquad\qquad (2.6.5-52)$$

又因为长度为 N 的含有偶数个"1"的 2^{N-1} 种符号序列中,长度为$(N-2)$的符号序列正好共有 $2 \times 2^{N-2}$ 种,所以

$$p(x_1 x_2 \cdots x_{N-2}; x_N) = \frac{1}{2 \times 2^{N-2}} = 2^{-(N-1)}$$

$$(x_1 x_2 \cdots x_{N-2}; x_N \in \{0,1\}) \qquad\qquad (2.6.5-53)$$

由$(2.6.5-52)$式、$(2.6.5-53)$式,得

$$p(x_N / x_1 x_2 \cdots x_{N-2}) = \frac{p(x_1 x_2 \cdots x_{N-2}; x_N)}{p(x_1 x_2 \cdots x_{N-2})} = \frac{2^{-(N-1)}}{2^{-(N-2)}} = \frac{1}{2} \qquad (2.6.5-54)$$

再由$(2.6.5-45)$式、$(2.6.5-46)$式可知,

$$p(x_N / x_1 x_2 \cdots x_{N-2}) = p(x_N) \quad (x_1, x_2, \cdots, x_{N-2}; x_N \in \{0,1\}) \qquad (2.6.5-55)$$

由此可见,在$(2.6.5-44)$式所示概率分布下,$(X_1 X_2 \cdots X_n \cdots X_{N-2})$与 X_N 统计独立,即有

$$H(X_N / X_1 X_2 \cdots X_{N-2}) = H(X_N) = H(1/2, 1/2) = 1 \quad （比特／符号） \qquad (2.6.5-56)$$

由$(2.6.5-50)$式所示 $H(X_N / X_1 X_2 \cdots X_{N-1})$ 和$(2.6.5-56)$式所示 $H(X_N / X_1 X_2 \cdots X_{N-2})$,得条件平均互信息

$$I(X_N;X_{N-1}/X_1X_2\cdots X_{N-2}) = H(X_N/X_1X_2\cdots X_{N-2}) - H(X_N/X_1X_2\cdots X_{N-2}X_{N-1})$$

$$= 1-0 = 1 \quad (比特 / 符号) \tag{2.6.5-57}$$

(2) 令 $2 \leqslant n < N$.

长度为 N 含有偶数个"1"的符号序列中,长度为 n 的符号序列 $(X_1X_2\cdots X_n)$ 包含了长度为 n 的所有可能出现的"0""1"序列,并且重复 2^{N-n-1} 次,构成 $2^{N-n-1} \times 2^n$ 个含有偶数个"1"的长度为 N 的序列. 由此,得

$$p(x_1x_2\cdots x_n) = 1/2^n \quad (2 \leqslant n < N; x_1,x_2,\cdots,x_n \in \{0,1\}) \tag{2.6.5-58}$$

以及

$$p(x_1x_2\cdots x_{n-1}) = 1/2^{n-1} \quad (2 \leqslant n < N; x_1,x_2,\cdots,x_{n-1} \in \{0,1\}) \tag{2.6.5-59}$$

进而,有

$$\begin{cases} p(x_n=0/x_1x_2\cdots x_{n-1}) = \dfrac{p(x_1x_2\cdots x_{n-1};x_n=0)}{p(x_1x_2\cdots x_{n-1})} = \dfrac{2^{-n}}{2^{-(n-1)}} = \dfrac{1}{2} = p(x_n=0) \\[3mm] p(x_n=1/x_1x_2\cdots x_{n-1}) = \dfrac{p(x_1x_2\cdots x_{n-1};x_n=1)}{p(x_1x_2\cdots x_{n-1})} = \dfrac{2^{-n}}{2^{-(n-1)}} = \dfrac{1}{2} = p(x_n=1) \end{cases}$$
$$\tag{2.6.5-60}$$

由(2.6.5-45)式、(2.6.5-46)式以及(2.6.5-60)式可得

$$\begin{cases} p(x_2/x_1) = p(x_2) \\ p(x_3/x_1x_2) = p(x_3) \\ \cdots \\ p(x_n/x_1x_2\cdots x_{n-1}) = p(x_n) \end{cases} \tag{2.6.5-61}$$

因为(2.6.5-61)式中各等式同时成立,所以 $X_1,X_2,\cdots,X_n$ 之间相互统计独立,则联合概率

$$p(x_1x_2\cdots x_{n-1}x_n) = p(x_1)p(x_2)\cdots p(x_{n-1})p(x_n)$$

$$= \prod_{i=1}^{n} p(x_i) = \frac{1}{2^n} \tag{2.6.5-62}$$

则得

$$p(x_1x_2\cdots x_{n-2},x_n) = 1/2^{n-1} \tag{2.6.5-63}$$

$$p(x_1x_2\cdots x_{n-2}) = 1/2^{n-2} \tag{2.6.5-64}$$

进而,有

$$p(x_n/x_1x_2\cdots x_{n-2}) = \frac{p(x_1x_2\cdots x_{n-2},x_n)}{p(x_1x_2\cdots x_{n-2})} = \frac{2^{-(n-1)}}{2^{-(n-2)}} = \frac{1}{2} = p(x_n) \tag{2.6.5-65}$$

由(2.6.5-60)式,得

$$H(X_n/X_1X_2\cdots X_{n-1}) = -\sum_{X_1}\sum_{X_2}\cdots\sum_{X_{n-1}}\sum_{X_n} p(x_1x_2\cdots x_{n-1})p(x_n/x_1x_2\cdots x_{n-1})\log p(x_n/x_1x_2\cdots x_{n-1})$$

$$= -\sum_{X_1}\sum_{X_2}\cdots\sum_{X_n} p(x_1x_2\cdots x_{n-1})p(x_n)\log p(x_n)$$

$$= -\sum_{X_n} p(x_n)\log p(x_n) = H(X_n) \tag{2.6.5-66}$$

由(2.6.5-65)式,得

$$H(X_n/X_1X_2\cdots X_{n-2}) = -\sum_{X_1}\sum_{X_2}\cdots\sum_{X_{n-2}}\sum_{X_n} p(x_1x_2\cdots x_{n-2})p(x_n/x_1x_2\cdots x_{n-2})\log p(x_n/x_1x_2\cdots x_{n-2})$$

$$= -\sum_{X_1}\sum_{X_2}\cdots\sum_{X_{n-2}}\sum_{X_n} p(x_1x_2\cdots x_{n-2})p(x_n)\log p(x_n)$$

$$= -\sum_{X_n} p(x_n)\log p(x_n) = H(X_n) \qquad (2.6.5-67)$$

由(2.6.5-66)式、(2.6.5-67)式,得平均条件互信息

$$I(X_n;X_{n-1}/X_1X_2\cdots X_{n-2})$$
$$= H(X_n/X_1X_2\cdots X_{n-2}) - H(X_n/X_1X_2\cdots X_{n-1})$$
$$= H(X_n) - H(X_n) = 0 \qquad (2.6.5-68)$$

综上所述,由(2.6.5-57)式、(2.6.5-68)式可知,在(2.6.5-44)式所示概率分布下,由 $X_i:\{0,1\}(i=1,2,\cdots,N)$ 组成的随机变量序列 $(X_1X_2\cdots X_n\cdots X_N)$ 中,有

$$I(X_n;X_{n-1}/X_1X_2\cdots X_{n-2}) = \begin{cases} 0 & (2\leqslant n < N) \\ 1 & (n = N) \end{cases} \qquad (2.6.5-69)$$

这样,定理 2.16 就得到了证明.

定理 2.16 所证明的结论(2.6.5-69)式,由图 2.6-11 予以形象、直观的描述. 定理表明:在由随机变量 $X_i:\{0,1\}(i=1,2,\cdots,N)$ 组成的随机变量序列 $(X_1X_2\cdots X_n\cdots X_N)$ 中,若每一个含

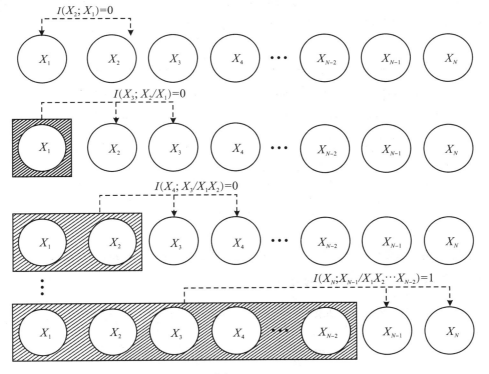

图 2.6-11

有偶数个"1"的序列的概率为 $2^{-(N-1)}$,含有奇数个"1"的序列的概率为零,则$(X_1 X_2 \cdots X_{N-1})$中各随机变量 $X_1,X_2,\cdots,X_{N-1}$ 之间统计独立,X_N 与$(X_1 X_2 \cdots X_{N-2})$之间亦统计独立,X_N 只取决于 X_{N-1}.

二元域$\{0,1\}$中"0"和"1"的符号序列,是计算技术中经常出现的元素.长度为 $N(N \geqslant 2$ 的正整数)的"0""1"序列的概率分布确定后,序列中各随机变量之间的平均互信息、平均条件互信息的计算、分析,是编码、译码以及数字通信、数据处理技术中的基本理论问题.本节的计算演绎和本定理的论证,虽然只是针对一种特定的概率分布,但其解决问题的思路和方法,具有一定的启示作用.

2.7 平均联合互信息

在图 2.6-2 所示串接信道$(X-Z)$中的 $X=a_i(i=1,2,\cdots,r),Y=b_j(j=1,2,\cdots,s)$ 和 $Z=c_k(k=1,2,\cdots,L)$ 三个符号中,任何一个符号与另外两个符号组成的联合符号之间的互信息,称为"联合互信息".

2.7.1 联合互信息的表达式

我们以图 2.7-1 所示信道$(X-Z)$为例,讨论 $Z=c_k(k=1,2,\cdots,L)$ 与 $(XY)=(a_i b_j)(i=1,2,\cdots,r;j=1,2,\cdots,s)$ 之间的联合互信息 $I(a_i b_j;c_k)$ 的特性与规律.

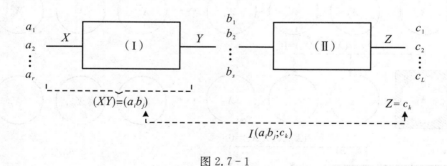

图 2.7-1

(1) 按信息定义,$Z=c_k$ 与 $(XY)=(a_i b_j)$ 之间的联合互信息 $I(a_i b_j;c_k)$,等于后验概率 $p(a_i b_j/c_k)$ 与先验概率 $p(a_i b_j)$ 比值的对数

$$
\begin{aligned}
I(a_i b_j;c_k) &= \log \frac{p(a_i b_j/c_k)}{p(a_i b_j)} = \log \frac{p(b_j/c_k) p(a_i/b_j c_k)}{p(b_j) p(a_i/b_j)} \\
&= \log \frac{p(b_j/c_k)}{p(b_j)} + \log \frac{p(a_i/b_j c_k)}{p(a_i/b_j)} \\
&= I(b_j;c_k) + I(a_i;c_k/b_j) \\
&\quad (i=1,2,\cdots,r;j=1,2,\cdots,s;k=1,2,\cdots,L) \qquad (2.7.1-1)
\end{aligned}
$$

其中:

① $$I(b_j;c_k) = \log\frac{p(b_j/c_k)}{p(b_j)} \quad (j=1,2,\cdots,s;k=1,2,\cdots,L) \tag{2.7.1-2}$$

表示从 $Z=c_k$ 中获取关于 $Y=b_j$ 的互信息.

② $$I(a_i;c_k/b_j) = \log\frac{p(a_i/b_jc_k)}{p(a_i/b_j)} \quad (i=1,2,\cdots,r;j=1,2,\cdots,s;k=1,2,\cdots,L)$$
$$\tag{2.7.1-3}$$

表示在 $Y=b_j$ 已知的条件下,从 $Z=c_k$ 中获取关于 $X=a_i$ 的条件互信息.

(2.7.1-1)式表明,从 $Z=c_k$ 中获取关于 $(XY)=(a_ib_j)$ 的联合互信息 $I(a_ib_j;c_k)$,等于从 $Z=c_k$ 中获取关于 $Y=b_j$ 的互信息 $I(b_j;c_k)$,加上在 $Y=b_j$ 已知条件下,从 $Z=c_k$ 中获取关于 $X=a_i$ 的条件互信息 $I(a_i;c_k/b_j)$ 之和.

(2) 按信息的定义,$(XY)=(a_ib_j)$ 与 $Z=c_k$ 之间的联合互信息 $I(c_k;a_ib_j)$,等于后验概率 $p(c_k/a_ib_j)$ 与先验概率 $p(c_k)$ 的比值的对数

$$
\begin{aligned}
I(c_k;a_ib_j) &= \log\frac{p(c_k/a_ib_j)}{p(c_k)} = \log\frac{p(c_k/b_j)\,p(c_k/a_ib_j)}{p(c_k/b_j)\,p(c_k)} \\
&= \log\frac{p(c_k/b_j)}{p(c_k)} + \log\frac{p(c_k/a_ib_j)}{p(c_k/b_j)} \\
&= I(c_k;b_j) + I(c_k;a_i/b_j) \\
&\quad (i=1,2,\cdots,r;j=1,2,\cdots,s;k=1,2,\cdots,L)
\end{aligned}
\tag{2.7.1-4}
$$

其中:

① $$I(c_k;b_j) = \log\frac{p(c_k/b_j)}{p(c_k)} \quad (j=1,2,\cdots,s;k=1,2,\cdots,L) \tag{2.7.1-5}$$

表示从 $Y=b_j$ 中获取关于 $Z=c_k$ 的互信息.

② $$I(c_k;a_i/b_j) = \log\frac{p(c_k/a_ib_j)}{p(c_k/b_j)} \quad (i=1,2,\cdots,r;j=1,2,\cdots,s;k=1,2,\cdots,L)$$
$$\tag{2.7.1-6}$$

表示在 $Y=b_j$ 已知条件下,从 $X=a_i$ 中获取关于 $Z=c_k$ 的条件互信息.

(2.7.1-4)式表明,从 $(XY)=(a_ib_j)$ 中获取关于 $Z=c_k$ 的联合互信息 $I(c_k;a_ib_j)$,等于从 $Y=b_j$ 中获取关于 $Z=c_k$ 的互信息 $I(c_k;b_j)$,加上在 $Y=b_j$ 已知条件下,从 $X=a_i$ 中获取关于 $Z=c_k$ 的条件互信息 $I(c_k;a_i/b_j)$ 之和.

(3) 按信息的定义,$(XY)=(a_ib_j)$ 与 $Z=c_k$ 之间的联合互信息 $I(a_ib_j;c_k)$,等于后验概率 $p(a_ib_jc_k)$ 与先验概率 $\{p(c_k)\,p(a_ib_j)\}$ 的比值的对数

$$
\begin{aligned}
I(a_ib_j;c_k) &= \log\frac{p(a_ib_jc_k)}{p(c_k)\,p(a_ib_j)} \\
&= \log\frac{p(a_ib_j)\,p(c_k/a_ib_j)}{p(c_k)\,p(a_ib_j)} = \log\frac{p(c_k/a_ib_j)}{p(c_k)} \\
&= \log\frac{p(c_k)\,p(a_ib_j/c_k)}{p(c_k)\,p(a_ib_j)} = \log\frac{p(a_ib_j/c_k)}{p(a_ib_j)}
\end{aligned}
$$

$$(i = 1,2,\cdots,r; j = 1,2,\cdots,s; k = 1,2,\cdots,L) \qquad (2.7.1\text{-}7)$$

综上所述,图 2.7-1 所示串接信道中,$(XY)=(a_ib_j)$ 与 $Z=c_k$ 之间的联合互信息同样有三种不同的表达式

$$I(a_ib_j;c_k) = I(c_k;a_ib_j) = \begin{cases} \log \dfrac{p(a_ib_j/c_k)}{p(a_ib_j)} \\[2mm] \log \dfrac{p(c_k/a_ib_j)}{p(c_k)} \\[2mm] \log \dfrac{p(a_ib_jc_k)}{p(a_ib_j)\,p(c_k)} \end{cases} = \log \frac{\text{后验联合概率}}{\text{先验联合概率}} \qquad (2.7.1\text{-}8)$$

而且(2.7.1-7)式同时证明了联合互信息具有交互性,即

$$I(a_ib_j;c_k) = I(c_k;a_ib_j)$$

$$(i = 1,2,\cdots,r; j = 1,2,\cdots,s; k = 1,2,\cdots,L) \qquad (2.7.1\text{-}9)$$

2.7.2 联合互信息的对称性

在联合互信息 $I(a_ib_j;c_k)$ 中,$X=a_i$ 和 $Y=b_j$ 作用是否对称? 它们出现的先后次序对 $I(a_ib_j;c_k)$ 的大小有没有影响? 这是联合互信息的一个特有问题,必须做出明确的回答.

我们以表达式(2.7.1-4)为例讨论和回答这个问题.

在(2.7.1-4)式对数的分子、分母同乘 $p(c_k/a_i)$,等式仍然成立,即有

$$\begin{aligned} I(a_ib_j;c_k) &= \log \frac{p(c_k/a_ib_j)}{p(c_k)} = \log \frac{p(c_k/a_i)\,p(c_k/a_ib_j)}{p(c_k/a_i)\,p(c_k)} \\[2mm] &= \log \frac{p(c_k/a_i)}{p(c_k)} + \log \frac{p(c_k/a_ib_j)}{p(c_k/a_i)} \\[2mm] &= I(a_i;c_k) + I(b_j;c_k/a_i) \end{aligned} \qquad (2.7.2\text{-}1)$$

在(2.7.1-4)式对数分子、分母同乘 $p(c_k/b_j)$,等式仍然成立,即有

$$\begin{aligned} I(a_ib_j;c_k) &= \log \frac{p(c_k/a_ib_j)}{p(c_k)} = \log \frac{p(c_k/b_j)\,p(c_k/a_ib_j)}{p(c_k/b_j)\,p(c_k)} \\[2mm] &= \log \frac{p(c_k/b_j)}{p(c_k)} + \log \frac{p(c_k/a_ib_j)}{p(c_k/b_j)} \\[2mm] &= I(b_j;c_k) + I(a_i;c_k/b_j) \end{aligned} \qquad (2.7.2\text{-}2)$$

由(2.7.2-1)式、(2.7.2-2)式,得

$$\begin{aligned} I(a_ib_j;c_k) &= I(a_i;c_k) + I(b_j;c_k/a_i) \\[2mm] &= I(b_j;c_k) + I(a_i;c_k/b_j) \end{aligned}$$

$$(i = 1,2,\cdots,r; j = 1,2,\cdots,s; k = 1,2,\cdots,L) \qquad (2.7.2\text{-}3)$$

这表明:在图 2.7-2 所示串接信道(X-Z)中,$Z=c_k$ 与 $(XY)=(a_ib_j)$ 之间的联合互信息 $I(a_ib_j;c_k)$,既等于 $Z=c_k$ 与 $X=a_i$ 的互信息 $I(a_i;c_k)$,加上 $X=a_i$ 已知条件下 $Z=c_k$ 与 $Y=b_j$ 的条件互信息 $I(b_j;c_k/a_i)$ 所得之和;也等于 $Z=c_k$ 与 $Y=b_j$ 的互信息 $I(b_j;c_k)$,加上 $Y=b_j$ 已知条件下 $Z=c_k$ 与 $X=a_i$ 的条件互信息 $I(a_i;c_k/b_j)$ 所得之和.

这说明,在信道(Ⅰ)(X-Y)和信道(Ⅱ)(Y-Z)组成的串接信道(X-Z)中,$X=a_i$ 和 $Y=b_j$ 在联合互信息 $I(a_ib_j;c_k)$ 中的作用是对称的. $X=a_i$ 和 $Y=b_j$ 出现的次序,不影响联合互信息 $I(a_ib_j;c_k)$ 的大小,这就是联合互信息的"对称性".

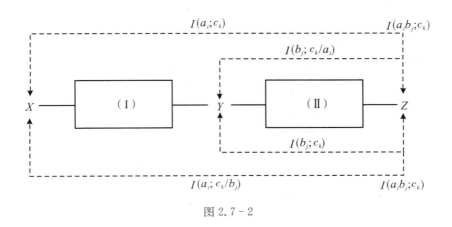

图 2.7-2

由此对称性,再运用互信息的交互性,可导致

$$I(a_ib_j;c_k) = I(c_k;a_ib_j) = \frac{1}{2}\Big\{\big[I(a_i;c_k) + I(b_j;c_k/a_i)\big]$$

$$+ \big[I(b_j;c_k) + I(a_i;c_k/b_j)\big]\Big\}$$

$$= \frac{1}{2}\Big\{\big[I(c_k;a_i) + I(c_k;b_j/a_i)\big]$$

$$+ \big[I(c_k;b_j) + I(c_k;a_i/b_j)\big]\Big\} \qquad (2.7.2-4)$$

以上我们讨论了 $Z=c_k$ 与 $(XY)=(a_ib_j)$ 之间的联合互信息 $I(a_ib_j;c_k)$. 用同样的方法可得 $Y=b_j$ 与 $(XZ)=(a_ic_k)$,以及 $X=a_i$ 与 $(YZ)=(b_jc_k)$ 之间的联合互信息 $I(a_ic_k;b_j)$ 以及 $I(b_jc_k;a_i)$ 的表达式及其类似的特性.

2.7.3　平均联合互信息

在信道(Ⅰ)(X-Y)和信道(Ⅱ)(Y-Z)组成的串接信道(X-Z)中,$X=a_i$,$Y=b_j$ 和 $Z=c_k$ 三个符号之间的联合互信息 $I(a_ib_j;c_k)$,是概率为 $p(a_ib_jc_k)$ 的随机变量,不能充当串接信道联合信息传输的总体信息测度. 虽然,联合信息传输的总体信息测度,应是三个符号之间的联合互信息 $I(a_ib_j;c_k)$ 在联合概率空间 $P(XYZ):\{p(a_ib_jc_k)(i=1,2,\cdots,r;j=1,2,\cdots,s;k=1,2,\cdots,L)\}$ 中的统计平均值

$$I(XY;Z) = \sum_{i=1}^{r}\sum_{j=1}^{s}\sum_{k=1}^{L}p(a_ib_jc_k)I(a_ib_j;c_k) \qquad (2.7.3-1)$$

我们把 $I(XY;Z)$ 称为随机变量 X、Y 和 Z 之间的"平均联合互信息".

我们仍然以图 2.7-1 所示串接信道为例,讨论联合平均互信息 $I(XY;Z)$ 的特性和规律.

由(2.7.1-1)式和(2.7.1-4)式所示联合互信息 $I(a_ib_j;c_k)$ 和 $I(c_k;a_ib_j)$,体现了联合互信

息的"交互性",它们实际上是同一表达式. 我们重点讨论体现联合互信息的对称性的(2.7.2-1)式、(2.7.2-2)式,导致的平均联合互信息 $I(XY;Z)$ 相应的特性和规律.

(1) 由(2.7.2-1)式可知,$Z=c_k$ 与 $(XY)=(a_i b_j)$ 之间的联合互信息

$$I(a_i b_j; c_k) = \log \frac{p(c_k/a_i b_j)}{p(c_k)} = \log \frac{p(c_k/b_j) p(c_k/a_i b_j)}{p(c_k/b_j) p(c_k)} \tag{2.7.3-2}$$
$$(i = 1, 2, \cdots, r; j = 1, 2, \cdots, s; k = 1, 2, \cdots, L)$$

所以 Z 与 (XY) 之间的平均联合互信息

$$\begin{aligned} I(XY;Z) &= \sum_{i=1}^{r} \sum_{j=1}^{s} \sum_{k=1}^{L} p(a_i b_j c_k) \log \frac{p(c_k/b_j) p(c_k/a_i b_j)}{p(c_k/b_j) p(c_k)} \\ &= \sum_{i=1}^{r} \sum_{j=1}^{s} \sum_{k=1}^{L} p(a_i b_j c_k) \log \frac{p(c_k/b_j)}{p(c_k)} \\ &\quad + \sum_{i=1}^{r} \sum_{j=1}^{s} \sum_{k=1}^{L} p(a_i b_j c_k) \log \frac{p(c_k/a_i b_j)}{p(c_k/b_j)} \\ &= I(Y;Z) + I(X;Z/Y) \end{aligned} \tag{2.7.3-3}$$

其中:

① $$\begin{aligned} I(Y;Z) &= \sum_{i=1}^{r} \sum_{j=1}^{s} \sum_{k=1}^{L} p(a_i b_j c_k) \log \frac{p(c_k/b_j)}{p(c_k)} \\ &= -\sum_{i=1}^{r} \sum_{j=1}^{s} \sum_{k=1}^{L} p(a_i b_j c_k) \log p(c_k) - \left\{ -\sum_{i=1}^{r} \sum_{j=1}^{s} \sum_{k=1}^{L} p(a_i b_j c_k) \log p(c_k/b_j) \right\} \\ &= -\sum_{k=1}^{L} p(c_k) \log p(c_k) - \left\{ -\sum_{j=1}^{s} \sum_{k=1}^{L} p(b_j c_k) \log p(c_k/b_j) \right\} \\ &= H(Z) - H(Z/Y) = I(Z;Y) = I(Y;Z) \end{aligned} \tag{2.7.3-4}$$

它表示从随机变量 Z 中获取关于随机变量 Y 的平均互信息.

② $$\begin{aligned} I(X;Z/Y) &= \sum_{i=1}^{r} \sum_{j=1}^{s} \sum_{k=1}^{L} p(a_i b_j c_k) \log \frac{p(c_k/a_i b_j)}{p(c_k/b_j)} \\ &= -\sum_{i=1}^{r} \sum_{j=1}^{s} \sum_{k=1}^{L} p(a_i b_j c_k) \log p(c_k/b_j) - \left\{ -\sum_{i=1}^{r} \sum_{j=1}^{s} \sum_{k=1}^{L} p(a_i b_j c_k) \log p(c_k/a_i b_j) \right\} \\ &= -\sum_{j=1}^{s} \sum_{k=1}^{L} p(b_j c_k) \log p(c_k/b_j) - \left\{ -\sum_{i=1}^{r} \sum_{j=1}^{s} \sum_{k=1}^{L} p(a_i b_j c_k) \log p(c_k/a_i b_j) \right\} \\ &= H(Z/Y) - H(Z/XY) \end{aligned} \tag{2.7.3-5}$$

它表示在随机变量 Y 已知条件下,从随机变量 Z 中获取关于随机变量 X 的平均条件互信息.

(2.7.3-3)式表明,在由信道(Ⅰ)$(X-Y)$和信道(Ⅱ)$(Y-Z)$组成的串接信道中(图2.7-3),从随机变量 Z 中获取关于联合随机变量(XY)的联合平均互信息 $I(XY;Z)$,等于从 Z 中获取关于 Y 的平均互信息 $I(Y;Z)$,加上在 Y 已知的条件下,从 Z 中获取关于 X 的平均条件互信息 $I(X;Z/Y)$ 之和.

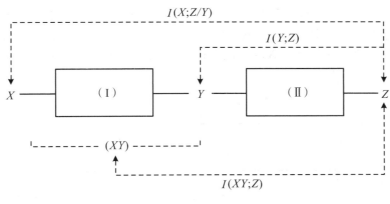

图 2.7 - 3

（2）由(2.7.2 - 2)式可知，$Z = c_k$ 与 $(XY) = (a_i b_j)$ 之间的联合互信息

$$I(a_i b_j; c_k) = \log \frac{p(c_k / a_i b_j)}{p(c_k)} = \log \frac{p(c_k / a_i) p(c_k / a_i b_j)}{p(c_k / a_i) p(c_k)}$$

$$(2.7.3 - 6)$$

$$(i = 1, 2, \cdots, r; j = 1, 2, \cdots, s; k = 1, 2, \cdots, L)$$

所以 Z 与 (XY) 之间的联合平均互信息

$$
\begin{aligned}
I(XY; Z) &= \sum_{i=1}^{r} \sum_{j=1}^{s} \sum_{k=1}^{L} p(a_i b_j c_k) \log \frac{p(c_k / a_i) p(c_k / a_i b_j)}{p(c_k / a_i) p(c_k)} \\
&= \sum_{i=1}^{r} \sum_{j=1}^{s} \sum_{k=1}^{L} p(a_i b_j c_k) \log \frac{p(c_k / a_i)}{p(c_k)} + \sum_{i=1}^{r} \sum_{j=1}^{s} \sum_{k=1}^{L} p(a_i b_j c_k) \log \frac{p(c_k / a_i b_j)}{p(c_k / a_i)} \\
&= \sum_{i=1}^{r} \sum_{k=1}^{L} p(a_i c_k) \log \frac{p(c_k / a_i)}{p(c_k)} + \sum_{i=1}^{r} \sum_{j=1}^{s} \sum_{k=1}^{L} p(a_i b_j c_k) \log \frac{p(c_k / a_i b_j)}{p(c_k / a_i)} \\
&= I(X; Z) + I(Y; Z / X)
\end{aligned}
$$

$$(2.7.3 - 7)$$

其中：

① $$I(X; Z) = \sum_{i=1}^{r} \sum_{k=1}^{L} p(a_i c_k) \log \frac{p(c_k / a_i)}{p(c_k)}$$

$$= - \sum_{i=1}^{r} \sum_{k=1}^{L} p(a_i c_k) \log p(c_k) - \left\{ - \sum_{i=1}^{r} \sum_{k=1}^{L} p(a_i c_k) \log p(c_k / a_i) \right\}$$

$$= - \sum_{k=1}^{L} p(c_k) \log p(c_k) - \left\{ - \sum_{i=1}^{r} \sum_{k=1}^{L} p(a_i c_k) \log p(c_k / a_i) \right\}$$

$$= H(Z) - H(Z / X)$$

$$(2.7.3 - 8)$$

它表示从随机变量 Z 中获取关于随机变量 X 的平均互信息.

② $$I(Y; Z / X) = \sum_{i=1}^{r} \sum_{j=1}^{s} \sum_{k=1}^{L} p(a_i b_j c_k) \log \frac{p(c_k / a_i b_j)}{p(c_k / a_i)}$$

$$= - \sum_{i=1}^{r} \sum_{k=1}^{L} p(a_i c_k) \log p(c_k / a_i) - \left\{ - \sum_{i=1}^{r} \sum_{j=1}^{s} \sum_{k=1}^{L} p(a_i b_j c_k) \log p(c_k / a_i b_j) \right\}$$

$$= H(Z / X) - H(Z / XY)$$

$$(2.7.3 - 9)$$

它表示在随机变量 X 已知条件下,从随机变量 Z 中获取关于随机变量 Y 的平均条件互信息.

(2.7.3-7)式表明,在由信道(Ⅰ)$(X-Y)$和信道(Ⅱ)$(Y-Z)$组成的串接信道$(X-Z)$(图 2.7-4)中,从随机变量 Z 中获取关于联合随机变量(XY)的平均联合互信息 $I(XY;Z)$,等于从 Z 中获取关于 X 的平均互信息 $I(X;Z)$,加上在 X 已知的条件下,从 Z 中获取关于 Y 的平均条件互信息$I(Y;Z/X)$之和.

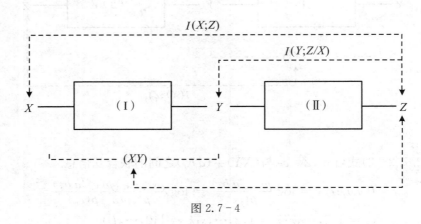

图 2.7-4

由(2.7.3-3)式和(2.7.3-7)式可知,随机变量 X 和 Y 在联合平均互信息 $I(XY;Z)$ 中,同样具有对称性,即有

$$
\begin{aligned}
I(XY;Z) = I(Z;XY) &= I(Y;Z) + I(X;Z/Y) \\
&= I(X;Z) + I(Y;Z/X) \\
&= \frac{1}{2}\Big\{ [I(Y;Z) + I(X;Z/Y)] + [I(X;Z) + I(Y;Z/X)] \Big\}
\end{aligned}
$$

$$(2.7.3-10)$$

(3) 以上我们讨论了由信道(Ⅰ)$(X-Y)$与信道(Ⅱ)$(Y-Z)$组成的串接信道$(X-Z)$中,随机变量 Z 与联合随机变量(XY)之间的联合平均互信息 $I(XY;Z)$. 显然,采取同样的方法,可得随机变量 Y 与联合随机变量(XZ)之间的联合平均互信息 $I(XZ;Y)$,以及随机变量 X 与联合随机变量(YZ)之间的联合平均互信息 $I(YZ;X)$,且有

$$
\begin{cases}
I(XY;Z) = I(X;Z) + I(Y;Z/X) = I(Y;Z) + I(X;Z/Y) \\
I(XZ;Y) = I(X;Y) + I(Z;Y/X) = I(Z;Y) + I(X;Y/Z) \\
I(YZ;X) = I(Y;X) + I(Z;X/Y) = I(Z;X) + I(Y;X/Z)
\end{cases}
\quad (2.7.3-11)
$$

它们全面、深刻而且生动地描述了串接信道中,三个随机变量 X、Y、Z 之间的联合平均互信息的传输特点和规律.

(4) 在 N 个信道组成的串接信道(X_1-X_N)中,输入随机变量 X_1 与随机变量序列$(X_2X_3\cdots X_N)$之间的联合平均互信息 $I(X_1;X_2X_3\cdots X_N)$,与输入随机变量 X_1 和 X_2 之间的平均互信息 $I(X_1;X_2)$之间有什么关系?

定理 2.17 在 N 个信道组成的串接信道(X_1-X_N)中,若随机变量序列$(X_1X_2X_3\cdots X_N)$是 Markov 链,则联合平均互信息

$$I(X_1;X_2X_3\cdots X_N) = I(X_1;X_2)$$

证明　设 N 个串接信道组成如图 2.7-5 所示串接信道 (X_1-X_N),随机变量序列 $(X_1X_2\cdots X_N)$ 构成 Markov 链.

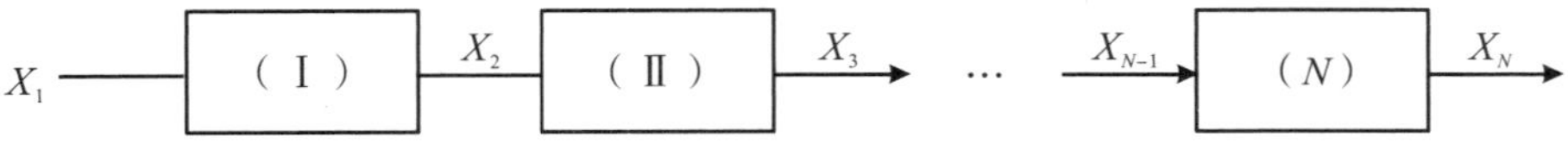

图 2.7-5

根据 Markov 链的特性,随机变量序列 $(X_1X_2\cdots X_N)$ 的条件概率分布

$$\begin{cases} p(x_3/x_1x_2) = p(x_3/x_2) \\ p(x_4/x_1x_2x_3) = p(x_4/x_3) \\ \cdots \\ p(x_N/x_1x_2\cdots x_{N-1}) = p(x_N/x_{N-1}) \end{cases} \tag{2.7.3-12}$$

则 $(X_1X_2\cdots X_N)$ 的联合概率分布

$$\begin{aligned} p(x_1x_2\cdots x_{N-1}x_N) &= p(x_1)p(x_2/x_1)p(x_3/x_1x_2)\cdots p(x_N/x_1x_2\cdots x_{N-1}) \\ &= p(x_1)p(x_2/x_1)p(x_3/x_2)p(x_4/x_3)\cdots p(x_N/x_{N-1}) \end{aligned} \tag{2.7.3-13}$$

按定义,X_1 与 $(X_2,X_3\cdots X_N)$ 之间的联合平均互信息

$$\begin{aligned} &I(X_1;X_2X_3\cdots X_N) \\ &= \sum_{X_1}\sum_{X_2}\cdots\sum_{X_N} p(x_1x_2\cdots x_N)\log\frac{p(x_1x_2\cdots x_N)}{p(x_1)p(x_2x_3\cdots x_N)} \\ &= \sum_{X_1}\sum_{X_2}\cdots\sum_{X_N} p(x_1x_2\cdots x_N)\log\frac{p(x_1)p(x_2/x_1)p(x_3/x_2)\cdots p(x_N/x_{N-1})}{p(x_1)p(x_2)p(x_3/x_2)p(x_4/x_3)\cdots p(x_N/x_{N-1})} \\ &= \sum_{X_1}\sum_{X_2}\cdots\sum_{X_N} p(x_1x_2\cdots x_N)\log\frac{p(x_2/x_1)}{p(x_2)} \\ &= \sum_{X_1}\sum_{X_2} p(x_1x_2)\log\frac{p(x_2/x_1)}{p(x_2)} = I(X_1;X_2) \end{aligned} \tag{2.7.3-14}$$

这样,定理 2.17 就得到了证明.

定理告诉我们:由 N 个信道组成的串接信道 (X_1-X_N) 中,若随机变量序列 $(X_1X_2\cdots X_N)$ 是 Markov 链,则在 X_1 已知条件下,序列 $(X_2X_3\cdots X_N)$ 的条件概率 $P(X_2X_3\cdots X_N/X_1)$,等于各信道传递概率 $P(X_{i+1}/X_i)(i=1,2,\cdots,N-1)$ 的连乘 $\prod_{i=1}^{N-1} P(X_{i+1}/X_i)$,即

$$p(x_2x_3\cdots x_N/x_1) = p(x_2/x_1)p(x_3/x_2)\cdots p(x_N/x_{N-1}) \tag{2.7.3-15}$$

而且,信源 X_1 与序列 $(X_2X_3\cdots X_N)$ 之间的联合平均互信息 $I(X_1;X_2X_3\cdots X_N)$ 就等于第(Ⅰ)信道 (X_1-X_2) 的平均互信息 $I(X_1;X_2)$(如图 2.7-6 所示).

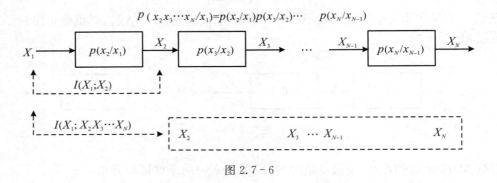

图 2.7 - 6

2.7.4　信源的信息测量

在串接信道中进行的信息"无源"处理过程中,使平均互信息呈现"不增性"的特点.那么,在信息测量工程中,每一次测量值 $Y_1, Y_2, \cdots, Y_N$ 都从信源 X 直接获取(如图 2.7 - 7 所示),这种信息"有源"处理的并接信道中,从测量值 $Y_1 Y_2 \cdots Y_N$ 中获取关于被测信源 X 的平均联合互信息 $I(X; Y_1 Y_2 \cdots Y_N)$ 又有什么规律和特点?

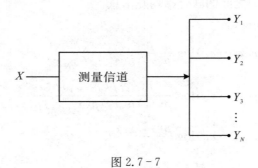

图 2.7 - 7

定理 2.18　设随机变量 $Y_1, Y_2, \cdots, Y_N$ 是信源 X 的 N 次测量值.则

$$I(X; Y_1 Y_2 \cdots Y_N) \geqslant I(X; Y_1 Y_2 \cdots Y_{N-1})$$

证明

(1) 获取测量值 $Y_1 Y_2 \cdots Y_N$ 后,对信源 X 仍然存在的平均不确定性

$$
\begin{aligned}
H(X/Y_1 Y_2 \cdots Y_N) &= -\sum_X \sum_{Y_1} \cdots \sum_{Y_N} p(x y_1, y_2 \cdots y_N) \log p(x/y_1 y_2 \cdots y_N) \\
&= -\sum_X \sum_{Y_1} \cdots \sum_{Y_N} p(y_1, y_2 \cdots y_N) p(x/y_1 y_2 \cdots y_N) \log p(x/y_1 y_2 \cdots y_N) \\
&= \sum_{Y_1} \cdots \sum_{Y_N} p(y_1 y_2 \cdots y_N) \left\{ -\sum_X p(x/y_1 y_2 \cdots y_N) \log p(x/y_1 y_2 \cdots y_N) \right\}
\end{aligned}
$$

$$(2.7.4 - 1)$$

因为,其中

$$\begin{cases} \sum_X p(x/y_1 y_2 \cdots y_N) = 1 & (y_1 \in Y_1; y_2 \in Y_2; \cdots; y_N \in Y_N) \\ \sum_X p(x/y_1 y_2 \cdots y_{N-1}) = 1 & (y_1 \in Y_1; y_2 \in Y_2; \cdots; y_{N-1} \in Y_{N-1}) \end{cases} \quad (2.7.4-2)$$

根据熵函数的极值性,由$(1.3.1-29)$式,有

$$- \sum_X p(x/y_1 y_2 \cdots y_N) \log p(x/y_1 y_2 \cdots y_N) \leqslant - \sum_X p(x/y_1 y_2 \cdots y_N) \log p(x/y_1 \cdots y_{N-1})$$
$$(2.7.4-3)$$

由此,等式$(2.7.4-1)$式可改写为

$$H(X/Y_1 Y_2 \cdots Y_N) \leqslant \sum_{Y_1} \cdots \sum_{Y_N} p(y_1 y_2 \cdots y_N) \left\{ - \sum_X p(x/y_1 y_2 \cdots y_N) \log p(x/y_1 y_2 \cdots y_{N-1}) \right\}$$
$$= - \sum_X \sum_{Y_1} \cdots \sum_{Y_N} p(x y_1 y_2 \cdots y_N) \log(x/y_1 y_2 \cdots y_{N-1})$$
$$= H(X/Y_1 Y_2 \cdots Y_{N-1}) \quad (2.7.4-4)$$

这表明,N 次测量后,对信源 X 仍然存在的平均不确定性,一定小于(或等于)$(N-1)$ 次测量后,对信源 X 仍然存在的平均不确定性.测量次数 N 越多,对信源 X 仍然存在的平均不确定性就越小.

　　(2) 由平均联合互信息的定义,有

$$I(X; Y_1 Y_2 \cdots Y_N) = H(X) - H(X/Y_1 Y_2 \cdots Y_N)$$
$$\geqslant H(X) - H(X/Y_1 Y_2 \cdots Y_{N-1})$$
$$= I(X; Y_1 Y_2 \cdots Y_{N-1}) \quad (2.7.4-5)$$

即证得

$$I(X; Y_1 Y_2 \cdots Y_N) \geqslant I(X; Y_1 Y_2 \cdots Y_{N-1}) \quad (2.7.4-6)$$

这样,定理 2.18 就得到了证明.

　　定理表明:在图 2.7-7 所示测量系统的并接信道$(X-Y_1 Y_2 \cdots Y_N)$中,从 N 次测量值 $(Y_1 Y_2 \cdots Y_N)$ 中获取关于信源 X 的平均联合互信息 $I(X; Y_1 Y_2 \cdots Y_N)$,大于(或等于)从$(N-1)$次测量值$(Y_1 Y_2 \cdots Y_{N-1})$中获取关于信源 X 的联合平均互信息 $I(X; Y_1 Y_2 \cdots Y_{N-1})$.测量次数 N 越多,从测量中获取关于信源 X 的平均联合互信息亦越多.这体现了"有源"处理的并接信道与"无源"处理的串接信道不同的信息传输特性.

　　(3) 那么,N 次测量比$(N-1)$次测量增加的平均联合互信息,又包含什么含义呢?

　　令

$$I(X; Y_1 Y_2 \cdots Y_N) - I(X; Y_1 Y_2 \cdots Y_{N-1}) = \Delta I_N \quad (2.7.4-7)$$

则

$$\Delta I_N = [H(X) - H(X/Y_1 Y_2 \cdots Y_N)] - [H(X) - H(X/Y_1 Y_2 \cdots Y_{N-1})]$$
$$= H(X/Y_1 Y_2 \cdots Y_{N-1}) - H(X/Y_1 Y_2 \cdots Y_N)$$
$$= - \sum_X \sum_{Y_1} \cdots \sum_{Y_{N-1}} p(x y_1 y_2 \cdots y_{N-1}) \log p(x/y_1 y_2 \cdots y_{N-1})$$
$$\quad - \left\{ - \sum_X \sum_{Y_1} \cdots \sum_{Y_N} p(x y_1 y_2 \cdots y_N) \log p(x/y_1 y_2 \cdots y_N) \right\}$$
$$= \sum_X \sum_{Y_1} \cdots \sum_{Y_N} p(x y_1 y_2 \cdots y_N) \log \frac{p(x/y_1 y_2 \cdots y_N)}{p(x/y_1 y_2 \cdots y_{N-1})}$$

$$= I(X;Y_N/Y_1Y_2\cdots Y_{N-1}) \qquad (2.7.4-8)$$

这说明,N 次测量比 $(N-1)$ 次测量增加的关于信源 X 的平均联合互信息 ΔI_N,等于在已知 $(N-1)$ 次测量值 $(Y_1Y_2\cdots Y_{N-1})$ 的前提条件下,再从第 N 次测量值 Y_N 中获取关于信源 X 的条件平均互信息 $I(X;Y_N/Y_1Y_2\cdots Y_{N-1})$.

定理 2.19 设随机变量 $Y_1,Y_2,\cdots,Y_N$ 是信源 X 的 N 次测量值. 当 $Y_1,Y_2,\cdots,Y_N$ 相互统计独立时,联合平均互信息 $I(X;Y_1,Y_2,\cdots,Y_N)$ 达最大值,即

$$I_0(X;Y_1Y_2\cdots Y_N) \geqslant I(X;Y_1Y_2\cdots Y_N)$$

证明 设 N 次独立测量值 $Y_1Y_2\cdots Y_N$ 的联合概率

$$p_{0Y}(y_1,y_2\cdots,y_N) = p_Y(y_1)p_Y(y_2)\cdots p_Y(y_N) \qquad (2.7.4-9)$$

从 N 次独立测量值 $Y_1,Y_2,\cdots,Y_N$ 中获取关于信源 X 的平均联合互信息

$$I_0(X;Y_1Y_2\cdots Y_N) = H(X) - H_0(X/Y_1Y_2\cdots Y_N) \qquad (2.7.4-10)$$

又设 N 次有统计依赖关系的测量值 $Y_1,Y_2,\cdots,Y_N$ 中获取关于信源 X 的平均联合互信息

$$I(X;Y_1Y_2\cdots Y_N) = H(X) - H(X/Y_1Y_2\cdots Y_N) \qquad (2.7.4-11)$$

令

$$\Delta I_{N0} = I_0(X;Y_1Y_2\cdots Y_N) - I(X;Y_1Y_2\cdots Y_N) \qquad (2.7.4-12)$$

则有

$$\begin{aligned}
\Delta I_{N0} &= H(X/Y_1Y_2\cdots Y_N) - H_0(X/Y_1Y_2\cdots Y_N)\\
&= -\sum_X\sum_{Y_1}\cdots\sum_{Y_N} p(xy_1y_2\cdots y_N)\log p_Y(x/y_1y_2\cdots y_N)\\
&\quad -\left\{-\sum_X\sum_{Y_1}\cdots\sum_{Y_N} p(xy_1y_2\cdots y_N)p_{0Y}(x/y_1y_2\cdots y_N)\right\}\\
&= \sum_X\sum_{Y_1}\cdots\sum_{Y_N} p(xy_1y_2\cdots y_N)\log\frac{p_{0Y}(x/y_1y_2\cdots y_N)}{p_Y(x/y_1y_2\cdots y_N)} \qquad (2.7.4-13)
\end{aligned}$$

其中,$Y_1,Y_2,\cdots,Y_N$ 统计独立时的后验概率

$$p_{0Y}(x/y_1y_2\cdots y_N) = \frac{p(xy_1y_2\cdots y_N)}{p_{0Y}(y_1y_2\cdots y_N)} = \frac{p(xy_1y_2\cdots y_N)}{p_Y(y_1)p_Y(y_2)\cdots p_Y(y_N)} \qquad (2.7.4-14)$$

而 $Y_1,Y_2,\cdots,Y_N$ 有统计依赖关系时的后验概率

$$p_Y(x/y_1y_2\cdots y_N) = \frac{p(xy_1y_2\cdots y_N)}{p_Y(y_1y_2\cdots y_N)} \qquad (2.7.4-15)$$

由此,等式 $(2.7.4-13)$ 可改写为

$$\begin{aligned}
\Delta I_{N0} &= \sum_X\sum_{Y_1}\cdots\sum_{Y_N} p(xy_1y_2\cdots y_N)\log\frac{p_Y(y_1y_2\cdots y_N)}{p_{0Y}(y_1y_2\cdots y_N)}\\
&= -\sum_X\sum_{Y_1}\cdots\sum_{Y_N} p(xy_1y_2\cdots y_N)\log\frac{p_{0Y}(y_1y_2\cdots y_N)}{p_Y(y_1y_2\cdots y_N)} \qquad (2.7.4-16)
\end{aligned}$$

因为,有

$$\sum_X\sum_{Y_1}\cdots\sum_{Y_N} p(xy_1y_2\cdots y_N) = 1 \qquad (2.7.4-17)$$

根据 $\bigcap$ 形凸函数的特性,由不等式 $(1.3.1-23)$,等式 $(2.7.4-16)$ 可改写为

$$-\Delta I_{N0} \leqslant \log\left\{\sum_X\sum_{Y_1}\cdots\sum_{Y_N} p(xy_1y_2\cdots y_N)\cdot\frac{p_{Y_0}(y_1y_2\cdots y_N)}{p_Y(y_1y_2\cdots y_N)}\right\}$$

$$= \log \Big\{ \sum_X \sum_{Y_1} \cdots \sum_{Y_N} p_Y(x/y_1 y_2 \cdots y_N) p_{Y_0}(y_1 y_2 \cdots y_N) \Big\}$$

$$= \log \Big\{ \sum_X p_Y(x/y_1 y_2 \cdots y_N) \sum_{Y_1} \cdots \sum_{Y_N} p_{Y_0}(y_1 y_2 \cdots y_N) \Big\}$$

$$= \log \Big\{ \sum_{Y_1} \cdots \sum_{Y_N} p_Y(y_1) p_Y(y_2) \cdots p_Y(y_N) \Big\}$$

$$= \log \Big\{ \sum_{Y_1} p_Y(y_1) \sum_{Y_2} p_Y(y_2) \cdots \sum_{Y_N} p_Y(y_N) \Big\}$$

$$= \log 1 = 0 \qquad\qquad (2.7.4-18)$$

即有

$$\Delta I_{N0} \geqslant 0 \qquad\qquad (2.7.4-19)$$

则证得

$$I_0(X; Y_1 Y_2 \cdots Y_N) \geqslant I(X; Y_1 Y_2 \cdots Y_N) \qquad\qquad (2.7.4-20)$$

这样,定理 2.19 就得到了证明.

　　定理表明:从 N 次独立测量值 $Y_1, Y_2, \cdots, Y_N$ 中获取关于信源 X 的平均联合互信息,大于(或等于)从 N 次相互有统计依赖关系的测量值 $Y_1, Y_2, \cdots, Y_N$ 中获取关于信源 X 的平均联合互信息. 这就告诉我们,若要从 N 次测量值 $Y_1, Y_2, \cdots, Y_N$ 中获取关于信源 X 最多信息量,必须保证 N 次测量独立进行,使测量值 $Y_1, Y_2, \cdots, Y_N$ 相互间统计独立.

　　综上所述,定理 2.18 和 2.19 论述了在并接信道中的信息测量的基本原则:测量次数越多,获取关于信源的测量信息亦越多;在相同次数的测量中,独立测量获取关于信源的测量信息达到最大值.

2.8　数　据　处　理

　　"数据处理"是数字通信、信息处理工程中的重要环节. 平均互信息、平均条件互信息以及平均联合互信息是讨论数据处理问题的理论基础.

2.8.1　两个信道串接的平均互信息不增性

　　首先,讨论和回答以下两个问题:

　　第一,串接信道(Z-X)(如图 2.8-1 所示)中,随机变量 Y 经"数据处理"变成随机变量 X 后,从 X 中获取关于随机变量 Z 的平均互信息 $I(Z;X)$,与从未经处理的 Y 中获取关于 Z 的平均互信息 $I(Z;Y)$ 相比,是增大了,还是减小了?

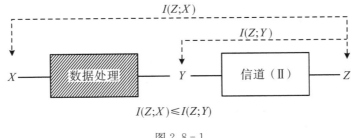

图 2.8-1

第二,串接信道(X-Z)(如图 2.8-2 所示)中,随机变量 Y 经"数据处理"变成随机变量 Z 后,从 Z 中获取关于 X 的平均互信息 $I(X;Z)$,与从未经处理的 Y 中获取关于 X 的平均互信息 $I(X;Y)$ 相比,是增大了,还是减小了?

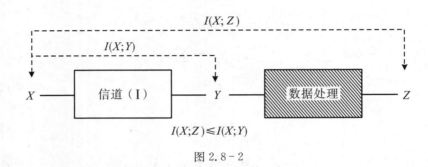

图 2.8-2

(1) 以 $I(XY;Z)$ 为媒介,比较 $I(Z;X)$ 和 $I(Z;Y)$.

定理 2.20 设信道(Ⅰ)(X-Y)与信道(Ⅱ)(Y-Z)组成串接信道(X-Z),构成随机变量序列(XYZ),则

$$I(XY;Z) \geqslant I(Y;Z)$$

当且仅当,(XYZ)是 Markov 链时,等式才成立,即有

$$I(XY;Z) = I(Y;Z)$$

证明 由(2.7.3-3)式可知,平均联合互信息 $I(XY;Z)$ 等于平均互信息 $I(Y;Z)$,与平均条件互信息 $I(X;Z/Y)$ 之和,即

$$I(XY;Z) = I(Y;Z) + I(X;Z/Y) \tag{2.8.1-1}$$

由平均条件互信息的"非负性",有

$$I(X;Z/Y) \geqslant 0 \tag{2.8.1-2}$$

即证得

$$I(XY;Z) \geqslant I(Y;Z) \tag{2.8.1-3}$$

当(XYZ)是 Markov 链时,有

$$P(Z/XY) = P(Z/Y)$$

即有

$$p(c_k/a_ib_j) = p(c_k/b_j) \quad (i=1,2,\cdots,r;j=1,2,\cdots,s;k=1,2,\cdots,L)$$
$$\tag{2.8.1-4}$$

则平均条件互信息

$$I(X;Z/Y) = \sum_{i=1}^{r}\sum_{j=1}^{s}\sum_{k=1}^{L} p(a_ib_jc_k)\log\frac{p(c_k/a_ib_j)}{p(c_k/b_j)}$$

$$= \sum_{i=1}^{r}\sum_{j=1}^{s}\sum_{k=1}^{L} p(a_ib_jc_k)\log 1 = 0 \tag{2.8.1-5}$$

即证得

$$I(XY;Z) = I(Y;Z) \tag{2.8.1-6}$$

这样,定理 2.20 就得到了证明.

定理 2.21　设信道(I)(X-Y)和信道(II)(Y-Z)组成串接信道(X-Z),构成随机变量序列(XYZ),则

$$I(XY;Z) \geqslant I(X;Z)$$

当且仅当(YXZ)是 Markov 链时,等式才成立,即有

$$I(XY;Z) = I(X;Z)$$

证明　由(2.7.3-7)式可知,平均联合互信息 $I(XY;Z)$ 等于平均互信息 $I(X;Z)$ 与平均条件互信息 $I(Y;Z/X)$ 之和,即

$$I(XY;Z) = I(X;Z) + I(Y;Z/X) \tag{2.8.1-7}$$

由平均条件互信息的"非负性",有

$$I(Y;Z/X) \geqslant 0 \tag{2.8.1-8}$$

即证得

$$I(XY;Z) \geqslant I(X;Z) \tag{2.8.1-9}$$

当(YXZ)是 Markov 链时,有

$$P(Z/YX) = P(Z/X)$$

即有

$$p(c_k/b_j a_i) = p(c_k/a_i) \quad (i=1,2,\cdots,r;j=1,2,\cdots,s;k=1,2,\cdots,L)$$
$$\tag{2.8.1-10}$$

则平均条件互信息

$$I(Y;Z/X) = \sum_{i=1}^{r} \sum_{j=1}^{s} \sum_{k=1}^{L} p(a_i b_j c_k) \log \frac{p(c_k/a_i b_j)}{p(c_k/a_i)}$$
$$= \sum_{i=1}^{r} \sum_{j=1}^{s} \sum_{k=1}^{L} p(a_i b_j c_k) \log 1 = 0 \tag{2.8.1-11}$$

即证得

$$I(XY;Z) = I(X;Z) \tag{2.8.1-12}$$

定理 2.22　设信道(I)(X-Y)和信道(II)(Y-Z)组成串接信道(X-Z),构成随机变量序列(XYZ),且(XYZ)是 **Markov 链**,则

$$I(Z;X) \leqslant I(Z;Y)$$

当且仅当(YXZ)亦是 Markov 链时,等式才成立,即有

$$I(Z;X) = I(Z;Y)$$

证明　根据定理 2.20,因(XYZ)是 Markov 链,所以有

$$I(XY;Z) = I(Y;Z) \tag{2.8.1-13}$$

若(YXZ)不是 Markov 链,根据定理 2.21,有

$$I(XY;Z) \geqslant I(X;Z) \tag{2.8.1-14}$$

这样,有

$$I(X;Z) \leqslant I(Y;Z) \tag{2.8.1-15}$$

由平均互信息的"交互性",即证得

$$I(Z;X) \leqslant I(Z;Y) \tag{2.8.1-16}$$

当(YXZ)同时亦是 Markov 链时,根据定理 2.21,有

$$I(XY;Z) = I(X;Z) \tag{2.8.1-17}$$

这时,有

$$I(X;Z) = I(Y;Z) \tag{2.8.1-18}$$

由平均互信息的"交互性",即证得

$$I(Z;X) = I(Z;Y) \tag{2.8.1-19}$$

这样,定理 2.22 就得到了证明.

在一般情况下,图 2.8-1 串接信道 $(X-Z)$ 中,随机变量序列 (XYZ) 可看作是 Markov 链. 定理 2.22 回答了以上提出的第一个问题.

定理表明:在图 2.8-1 串接信道 $(Z-X)$ 中,若 (XYZ) 是 Markov 链,则 Y 经"数据处理"变成 X 后,从 X 中获取关于 Z 的平均互信息 $I(Z;X)$,一定不会超过从未经"处理"的 Y 中获取关于 Z 的平均互信息 $I(Z;Y)$. 这指明, Y 变成 X 的"数据处理"过程 ,总会丢失一部分关于 Z 的信息量. 只有当 (YXZ) 同时亦是 Markov 链, Y 变成 X 的"数据处理"过程才不丢失关于 Z 的信息量. 这就是说,"数据处理"绝不会增加传递的信息量,只可能改变载荷信息的形式,或改善信息传递的有效性、可靠性. 这就是串接信道中平均互信息的"不增性". 定理 2.22 称为"数据处理定理".

当然,我们更关注不丢失信息的"数据处理". 定理 2.20 指明:要"数据处理"不丢失信息量,在 (XYZ) 是 Markov 链的前提下, (YXZ) 同时亦必须是 Markov 链,必须同时满足

$$\begin{cases} P(Z/XY) = P(Z/Y) \\ P(Z/XY) = P(Z/X) \end{cases} \tag{2.8.1-20}$$

即

$$\begin{cases} p(c_k/a_ib_j) = p(c_k/b_j) \\ p(c_k/a_ib_j) = p(c_k/a_i) \end{cases} \quad (i = 1,2,\cdots,r; j = 1,2,\cdots,s; k = 1,2,\cdots,L) \tag{2.8.1-21}$$

这就是说,在 (XYZ) 是 Markov 链的前提下,必须满足

$$p(c_k/b_j) = p(c_k/a_i) \quad (i = 1,2,\cdots,r; j = 1,2,\cdots,s; k = 1,2,\cdots,L) \tag{2.8.1-22}$$

因为当 $(X:\{a_1,a_2,\cdots,a_r\}, Y:\{b_1,b_2,\cdots,b_s\}, Z:\{c_1,c_2,\cdots,c_k\})$ 是 Markov 链时,有

$$p(c_k/a_i) = \sum_{j=1}^{s} p(b_j/a_i) p(c_k/b_j) \quad (i = 1,2,\cdots,r; j = 1,2,\cdots,s; k = 1,2,\cdots,L) \tag{2.8.1-23}$$

这就意味着:串接信道 $(X-Z)$ 的信道矩阵 $[P]_{X\text{-}Z}$ 等于信道 $(\text{I})(X-Y)$ 的信道矩阵 $[P]_{X\text{-}Y}$ 与信道 $(\text{II})(Y-Z)$ 的信道矩阵 $[P]_{Y\text{-}Z}$ 的乘积,即有

$$\begin{array}{c} \quad\quad c_1 \quad\quad\quad c_2 \quad\quad \cdots \quad\quad c_L \\ \begin{array}{c} a_1 \\ a_2 \\ \vdots \\ a_r \end{array} \begin{bmatrix} p(c_1/a_1) & p(c_2/a_1) & \cdots & p(c_L/a_1) \\ p(c_1/a_2) & p(c_2/a_2) & \cdots & p(c_L/a_2) \\ \vdots & \vdots & \cdots & \vdots \\ p(c_1/a_r) & p(c_2/a_r) & \cdots & p(c_L/a_r) \end{bmatrix} \end{array}$$

$$[P]_{X\text{-}Z}$$

$$= \begin{matrix} & b_1 & b_2 & \cdots & b_s \\ a_1 \\ a_2 \\ \vdots \\ a_r \end{matrix} \begin{bmatrix} p(b_1/a_1) & p(b_2/a_1) & \cdots & p(b_s/a_1) \\ p(b_1/a_2) & p(b_2/a_2) & \cdots & p(b_s/a_2) \\ \vdots & \vdots & \vdots & \vdots \\ p(b_1/a_r) & p(b_2/a_r) & \cdots & p(b_s/a_r) \end{bmatrix} \cdot \begin{matrix} & c_1 & c_2 & \cdots & c_L \\ b_1 \\ b_2 \\ \vdots \\ b_s \end{matrix} \begin{bmatrix} p(c_1/b_1) & p(c_2/b_1) & \cdots & p(c_L/b_1) \\ p(c_1/b_2) & p(c_2/b_2) & \cdots & p(c_L/b_2) \\ \vdots & \vdots & \vdots & \vdots \\ p(c_1/b_s) & p(c_2/b_s) & \cdots & p(c_L/b_s) \end{bmatrix}$$

$$\qquad\qquad [P]_{X\text{-}Y} \qquad\qquad\qquad\qquad [P]_{Y\text{-}Z} \qquad\qquad (2.8.1\text{-}24)$$

由此可知,(2.8.1-22)式表明,在(XYZ)是 Markov 链的前提下,串接信道$(X\text{-}Z)$的信道矩阵 $[P]_{X\text{-}Z}$中所有元素 $p(c_k/a_i)$ 必须与信道(II)$(Y\text{-}Z)$的信道矩阵$[P]_{Y\text{-}Z}$中所有元素 $p(c_k/b_j)$ 相同. 显然,当信道(I)$(X\text{-}Y)$的信道矩阵$[P]_{X\text{-}Y}$是一个$(r\times r)$阶单位阵$[I]$时能满足这一要求, 即有

$$\begin{bmatrix} p(c_1/a_1) & p(c_2/a_1) & \cdots & p(c_L/a_1) \\ p(c_1/a_2) & p(c_2/a_2) & \cdots & p(c_L/a_2) \\ \vdots & \vdots & \vdots \\ p(c_1/a_r) & p(c_2/a_r) & \cdots & p(c_L/a_r) \end{bmatrix}$$
$$\qquad\qquad [P]_{X\text{-}Z}$$

$$= \begin{matrix} & b_1 & b_2 & \cdots & b_s \\ a_1 \\ a_2 \\ \vdots \\ a_r \end{matrix} \begin{bmatrix} 1 & 0 & & 0 \\ 0 & 1 & & 0 \\ \vdots & \vdots & \vdots & \vdots \\ 0 & 0 & & 1 \end{bmatrix} \cdot \begin{matrix} & c_1 & c_2 & \cdots & c_L \\ b_1 \\ b_2 \\ \vdots \\ b_r \end{matrix} \begin{bmatrix} p(c_1/b_1) & p(c_2/b_1) & \cdots & p(c_L/b_1) \\ p(c_1/b_2) & p(c_2/b_2) & \cdots & p(c_L/b_2) \\ \vdots & \vdots & \vdots \\ p(c_1/b_r) & p(c_2/b_r) & \cdots & p(c_L/b_r) \end{bmatrix}$$

$$\qquad\qquad [P]_{X\text{-}Y} \qquad\qquad\qquad\qquad [P]_{Y\text{-}Z}$$

$$= \begin{matrix} & c_1 & c_2 & \cdots & c_L \\ b_1 \\ b_2 \\ \vdots \\ b_r \end{matrix} \begin{bmatrix} p(c_1/b_1) & p(c_2/b_1) & \cdots & p(c_L/b_1) \\ p(c_1/b_2) & p(c_2/b_2) & \cdots & p(c_L/b_2) \\ \vdots & \vdots & \vdots \\ p(c_1/b_r) & p(c_2/b_r) & \cdots & p(c_L/b_r) \end{bmatrix} \qquad\qquad (2.8.1\text{-}25)$$

$$\qquad\qquad [P]_{Y\text{-}Z}$$

这表明,在图 2.8-1 中,若"数据处理"(信道(I)$(X\text{-}Y)$)相当于一一对应有确定关系的 "确定型无噪信道",则 Y 变成 X 的"数据处理"过程可不丢失信息量.

(2) 以 $I(ZY;X)$ 为媒介,比较 $I(X;Z)$ 和 $I(X;Y)$.

定理 2.23　设信道(I)$(X\text{-}Y)$和信道(II)$(Y\text{-}Z)$组成串接信道$(X\text{-}Z)$,构成随机变量 序列(XYZ),且(XYZ)是 **Markov** 链,则

$$I(X;Z) \leqslant I(X;Y)$$

当且仅当(YZX)同时亦是 Markov 链时,等式才成立,即有

$$I(X;Z) = I(X;Y)$$

证明

① 当(XYZ)是 Markov 链时,即有

$$P(Z/XY) = P(Z/Y) \qquad (2.8.1-26)$$

而按概率一般运算法则有

$$P(Z/XY) = \frac{P(XYZ)}{P(XY)} = \frac{P(ZY)P(X/ZY)}{P(Y)P(X/Y)}$$

$$= P(Z/Y) \cdot \frac{P(X/ZY)}{P(X/Y)}$$

由(2.8.1-26)式,得

$$P(X/ZY) = P(X/Y) \qquad (2.8.1-27)$$

这说明,这时随机变量序列(ZYX)亦是 Markov 链.

② 现已知(XYZ)是 Markov 链,相当于已知(ZYX)是 Markov 链.

根据定理 2.20,有

$$I(ZY;X) = I(Y;X) \qquad (2.8.1-28)$$

若(YZX)不是 Markov 链,根据定理 2.21,有

$$I(ZY;X) \geqslant I(Z;X) \qquad (2.8.1-29)$$

则得

$$I(Z;X) \leqslant I(Y;X) \qquad (2.8.1-30)$$

由平均互信息的"交互性",即证得

$$I(X;Z) \leqslant I(X;Y) \qquad (2.8.1-31)$$

当(YZX)同时亦是 Markov 链时,根据定理 2.21,有

$$I(ZY;X) = I(Z;X) \qquad (2.8.1-32)$$

则有

$$I(Y;X) = I(Z;X) \qquad (2.8.1-33)$$

由平均互信息的"交互性",即证得

$$I(X;Z) = I(X;Y) \qquad (2.8.1-34)$$

这样,定理 2.23 就得到了证明.

在一般情况下,在图 2.8-2 串接信道($X-Z$)中,随机变量序列(XYZ)可看作 Markov 链,即随机变量序列(ZYX)可看作 Markov 链.定理 2.23 回答了以上提出的第二个问题.

定理表明:在图 2.8-2 串接信道($X-Z$)中,若(XYZ)是 Markov 链((ZYX)亦是 Markov 键),则 Y 经"数据处理"变成 Z 后,从 Z 中获取关于 X 的平均互信息 $I(X;Z)$,一定不会超过从未经"处理"的 Y 中获取关于 X 的平均互信息 $I(X;Y)$.把 Y 变成 Z 的"数据处理"过程总会丢失一部分关于 X 的信息量.只有当(YZX)同时亦是 Markov 链时,Y 变成 Z 的"数据处理"过程才不丢失关于 X 的信息量."数据处理"绝不会增加传递的信息量,只可能改变载荷信息的消息的形式,或改善信息传递的有效性、可靠性.这是串接信道中平均互信息"不增性"的另一种表达方式.定理 2.23 亦称为"数据处理定理".

同样,我们关注不丢失信息的"数据处理".定理 2.23 指明,要"数据处理"不丢失信息量,在(ZYX)是 Markov 链的前提下,(YZX)同时亦必须是 Markov 链,即必须同时满足

$$\begin{cases} P(X/ZY) = P(X/Y) \\ P(X/ZY) = P(X/Z) \end{cases} \qquad (2.8.1-35)$$

即

$$\begin{cases} p(a_i/c_k b_j) = p(a_i/b_j) \\ p(a_i/c_k b_j) = p(a_i/c_k) \end{cases} \quad (i=1,2,\cdots,r;j=1,2,\cdots,s;k=1,2,\cdots,L)$$

$$(2.8.1-36)$$

这就是说,在 (ZYX) 是 Markov 链的前提下,必须满足

$$p(a_i/b_j) = p(a_i/c_k) \quad (i=1,2,\cdots,r;j=1,2,\cdots,s;k=1,2,\cdots,L)$$

$$(2.8.1-37)$$

因为后验概率

$$\begin{cases} p(a_i/b_j) = \dfrac{p(a_i)p(b_j/a_i)}{\displaystyle\sum_{i=1}^{r} p(a_i)p(b_j/a_i)} \\[4mm] p(a_i/c_k) = \dfrac{p(a_i)p(c_k/a_i)}{\displaystyle\sum_{i=1}^{r} p(a_i)p(c_k/a_i)} \end{cases} \quad (i=1,2,\cdots,r;j=1,2,\cdots,s;k=1,2,\cdots,L)$$

$$(2.8.1-38)$$

所以,若有

$$p(b_j/a_i) = p(c_k/a_i) \quad (i=1,2,\cdots,r;j=1,2,\cdots,s;k=1,2,\cdots,L) \quad (2.8.1-39)$$

则 $(2.8.1-37)$ 式一定满足. 这就是说,若串接信道 $(X-Z)$ 的信道矩阵 $[P]_{X\text{-}Z}$,与信道 $(\mathrm{I})(X-Y)$ 的信道矩阵 $[P]_{X\text{-}Y}$ 完全相同,则 $(2.8.1-37)$ 式一定满足,即 (YZX) 一定是 Markov 链. 显然,当信道 $(\mathrm{II})(Y-Z)$ 的信道矩阵 $[P]_{Y\text{-}Z}$ 是 $(s \times s)$ 阶单位阵 $[I]$ 时, $(2.8.1-39)$ 式成立,即

$$\begin{array}{c} \begin{matrix} c_1 & c_2 & \cdots & c_L \end{matrix} \\ \begin{matrix} a_1 \\ a_2 \\ \vdots \\ a_r \end{matrix} \begin{bmatrix} p(c_1/a_1) & p(c_2/a_1) & \cdots & p(c_L/a_1) \\ p(c_1/a_2) & p(c_2/a_2) & \cdots & p(c_L/a_2) \\ \vdots & \vdots & & \vdots \\ p(c_1/a_r) & p(c_2/a_r) & \cdots & p(c_L/a_r) \end{bmatrix} \\ [P]_{X\text{-}Z} \end{array}$$

$$= \begin{array}{c} \begin{matrix} b_1 & b_2 & \cdots & b_s \end{matrix} \\ \begin{matrix} a_1 \\ a_2 \\ \vdots \\ a_r \end{matrix} \begin{bmatrix} p(b_1/a_1) & p(b_2/a_1) & \cdots & p(b_s/a_1) \\ p(b_1/a_2) & p(b_2/a_2) & \cdots & p(b_s/a_2) \\ \vdots & \vdots & & \vdots \\ p(b_1/a_r) & p(b_2/a_r) & \cdots & p(b_s/a_r) \end{bmatrix} \\ [P]_{X\text{-}Y} \end{array} \cdot \begin{array}{c} \begin{matrix} c_1 & c_2 & \cdots & c_L \end{matrix} \\ \begin{matrix} b_1 \\ b_2 \\ \vdots \\ b_s \end{matrix} \begin{bmatrix} 1 & 0 & & 0 \\ 0 & 1 & & 0 \\ \vdots & \vdots & & \vdots \\ 0 & 0 & & 1 \end{bmatrix} \\ [P]_{Y\text{-}Z} \end{array}$$

$$= \begin{array}{c} \begin{matrix} b_1 & b_2 & \cdots & b_s \end{matrix} \\ \begin{matrix} a_1 \\ a_2 \\ \vdots \\ a_r \end{matrix} \begin{bmatrix} p(b_1/a_1) & p(b_2/a_1) & \cdots & p(b_s/a_1) \\ p(b_1/a_2) & p(b_2/a_2) & \cdots & p(b_s/a_2) \\ \vdots & \vdots & & \vdots \\ p(b_1/a_r) & p(b_2/a_r) & \cdots & p(b_s/a_r) \end{bmatrix} \\ [P]_{Y\text{-}Z} \end{array} \qquad (2.8.1-40)$$

这表明,在图 2.8-2 中,若"数据处理"(信道(Ⅱ)(Y-Z))相当于——对应有确定关系的"确定型无噪信道",则 Y 变成 Z 的"数据处理"过程不丢失信息量.但这是不丢失信息的充分条件,而非必要条件,也有例外的情况.例如图 2.8-3"数据处理系统".

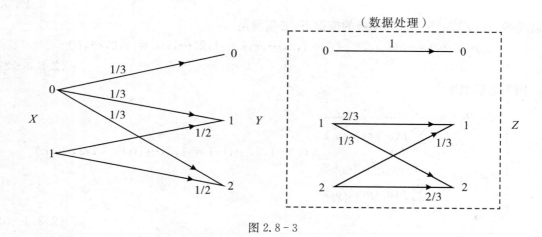

图 2.8-3

虽然信道(Ⅱ)(Y-Z)("数据处理"过程)的信道矩阵$[P]_{Y\text{-}Z}$不是单位阵$[I]$,但在(XYZ)是 Markov 链的前提下,串接信道$(X\text{-}Z)$的信道矩阵$[P]_{X\text{-}Z}$也同信道(Ⅰ)$(X-Y)$的信道矩阵$[P]_{X\text{-}Y}$完全相同,即

$$[P]_{X\text{-}Z} = [P]_{X\text{-}Y} \cdot [P]_{Y\text{-}Z}$$

$$= \begin{array}{c} 0 \\ 1 \end{array} \begin{pmatrix} 1/3 & 1/3 & 1/3 \\ 0 & 1/2 & 1/2 \end{pmatrix} \cdot \begin{array}{c} 0 \\ 1 \\ 2 \end{array} \begin{pmatrix} 1 & 0 & 0 \\ 0 & 2/3 & 1/3 \\ 0 & 1/3 & 2/3 \end{pmatrix} \qquad (2.8.1\text{-}41)$$

$$= \begin{array}{c} 0 \\ 1 \end{array} \begin{pmatrix} 1/3 & 1/3 & 1/3 \\ 0 & 1/2 & 1/2 \end{pmatrix} = [P]_{X\text{-}Y}$$

使 Y 变成 Z 的"数据处理"过程不丢失关于 X 的信息量,有

$$I(X;Z) = I(X;Y) \qquad (2.8.1\text{-}42)$$

(3) $I(X;Z)$与$I(X;Y)$、$I(Z;Y)$的比较.

定理 2.22 和 2.23 都称为"数据处理定理",它们是从不同观察角度对"数据处理"信息传输规律的不同表述.

推论 2.1 设信道(Ⅰ)$(X-Y)$与信道(Ⅱ)$(Y-Z)$组成串接信道$(X-Z)$.若(XYZ)是 **Markov 链**,则

$$I(X;Z) \leqslant \begin{cases} I(Y;Z) \\ I(X;Y) \end{cases}$$

证明

因为随机变量序列(XYZ)是 Markov 链,根据定理 2.22,有

$$I(Z;X) \leqslant I(Z;Y) \tag{2.8.1-43}$$

由 (XYZ) 是 Markov 链, (ZYX) 同时亦是 Markov 链. 由定理 2.23, 有

$$I(X;Z) \leqslant I(X;Y) \tag{2.8.1-44}$$

根据平均互信息的"交互性", 证得

$$I(X;Z) \leqslant \begin{cases} I(Y;Z) \\ I(X;Y) \end{cases} \tag{2.8.1-45}$$

这样, 推论 2.1 就得到了证明.

推论告诉我们:

① 在 X 当作输出随机变量的串接信道 $(Z\text{-}X)$(图 2.8-4(a))中, 在 (XYZ) 是 Markov 链的前提下, 从 X 中获取关于 Z 的平均互信息 $I(Z;X)$, 一定不超过从未经"数据处理"前的 Y 中获取关于 Z 的平均互信息 $I(Z;Y)$.

② 在 Z 当作输出随机变量的串接信道 $(X\text{-}Z)$(图 2.8-4(b))中, 在 (ZYX) 是 Markov 链的前提下, 从 Z 中获取关于 X 的平均互信息 $I(X;Z)$, 一定不超过从未经"数据处理"前的 Y 中获取关于 X 的平均互信息 $I(X;Y)$.

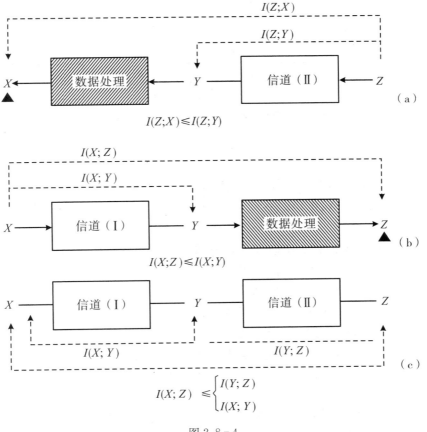

图 2.8-4

③ 在不刻意区分 X 和 Z 之间,哪一个是输入、哪一个是输出的串接信道(X-Z)(图 2.8-4(c))中,在(XYZ)是 Markov 链((ZYX)亦是 Markov 链)的前提下,串接信道(X-Z)两端两个随机变量 X 和 Z 的平均互信息 $I(X;Z)$,一定不超过信道(Ⅰ)(X-Y)的平均互信息 $I(X;Y)$,同时也一定不超过信道(Ⅱ)(Y-Z)的平均互信息 $I(Y;Z)$.

以上三点,就是两个信道串接平均互信息"不增性"的全面表述.

2.8.2　N 个信道串接平均互信息的不增性

(1) 设由 N(N 是大于 1 的正整数)个信道组成图 2.8-5 串接信道(X-Q),随机变量序列($XYZ\cdots WQ$)构成 Markov 链.Q 是输出随机变量(接收者站在 Q 立场接收消息),信源 X 的熵 $H(X)$.

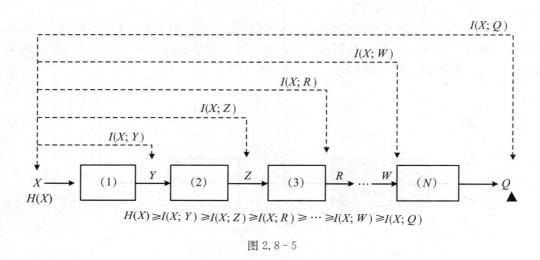

图 2.8-5

对图 2.8-5 串接信道(X-Q),重复运用定理 2.23,并根据平均互信息的极值性,有
$$I(X;Q) \leqslant I(X;W) \leqslant \cdots \leqslant I(X;R) \leqslant I(X;Z) \leqslant I(X;Y) \leqslant H(X)$$

$$(2.8.2-1)$$

这表明,由 N 个信道组成的串接信道(X-Q)中,最终从输出随机变量 Q 中获取关于信源 X 的平均互信息 $I(X;Q)$,一定不会超过信源 X 本身含有的平均信息量 $H(X)$.信源 X 发出的消息路经的"数据处理"装置(或信道)越多,丢失的关于信源 X 的信息量就越多.

(2) 设由 N 个信道组成图 2.8-6 串接信道(Q-X),随机变量序列($XYZ\cdots WQ$)构成 Markov 链.X 是输出随机变量(接收者站在 X 立场接收消息),信源 Q 的信息熵 $H(Q)$.

对图 2.8-6 串接信道(Q-X),重复运用定理 2.22,并根据平均互信息的极值性,有
$$I(Q;X) \leqslant I(Q;Y) \leqslant I(Q;Z) \leqslant I(Q;R) \leqslant \cdots \leqslant I(Q;W) \leqslant H(Q)$$

$$(2.8.2-2)$$

这表明,由 N 个信道组成的串接信道(Q-X)中,最终从输出随机变量 X 中获取关于信源 Q 的平均互信息 $I(Q;X)$,一定不会越过信源 Q 本身含有的平均信息量 $H(Q)$.信源 Q 发出的消息路径的"数据处理"装置(或信道)越多,丢失的关于信源 Q 的信息量就越多.

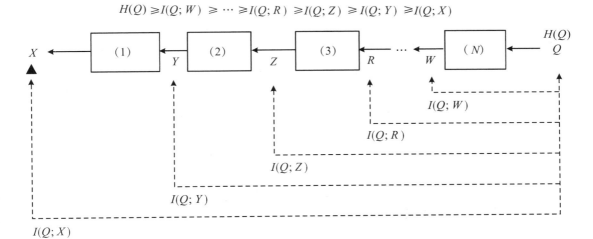

图 2.8-6

（3）串接信道数 $N \to \infty$ 时,平均互信息的极限值.

（2.8.2-1）式、（2.8.2-2）式完整描述了 N 个信道组成的串接信道的"数据处理"（或信息传输）的基本规律. 在串接信道的"数据处理"（或信息传输）过程中,一旦在某一环节丢失了一部分关于信源的信息量,如不接触到丢失信息环节的输入端（如信源信息测量）,后续过程的任何形式的"元源处理",都不可能恢复已丢失的信息. 那么,当串接信道数 N 足够大（$N \to \infty$）时,从最终输出随机变量中获取关于信源的平均互信息的极限值是多少? 在这里,我们以二进制对称信道的串接信道为例,来讨论和回答这个问题.

定理 2.24 由 N 个二进制对称信道组成串接信道（$X_0 - X_N$）,若随机变量序列（$X_0 X_1 X_2 \cdots X_N$）是 **Markov 链**,则有

$$\lim_{N \to \infty} I(X_0; X_N) = 0$$

证明 设 $N(N \geqslant 1$ 的正整数）个错误传递概率为 $p(0 < p < 1/2)$ 的二进制对称信道组成串接信道（$X_0 - X_N$）（如图 2.8-7 所示）.随机变量序列（$X_0 X_1 X_2 \cdots X_N$）是 Markov 链.

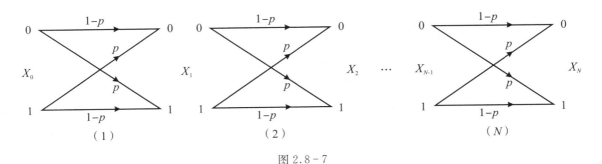

图 2.8-7

（1）用"归纳法"证明串接信道$(X_0 - X_N)$的错误传递概率

$$p_N = \frac{1}{2} - \frac{1}{2}(1-2p)^N \qquad (2.8.2-3)$$

① 当 $N=1$ 时，$(2.8.2-3)$式成立，即

$$p_1 = \frac{1}{2} - \frac{1}{2}(1-2p)^N = p \qquad (2.8.2-4)$$

② 设 $N=N_0$ 时，$(2.8.2-3)$式成立，即令

$$p_{N_0} = \frac{1}{2} - \frac{1}{2}(1-2p)^{N_0} \qquad (2.8.2-5)$$

③ 现要证明，当 $N=N_0+1$ 时，$(2.8.2-3)$式同样成立，即待证

$$p_{N_0+1} = \frac{1}{2} - \frac{1}{2}(1-2p)^{N_0+1} \qquad (2.8.2-6)$$

因随机变量序列$(X_0 X_1 X_2 \cdots X_{N_0} X_{N_0+1})$是 Markov 链，所以串接信道$(X_0 - X_{N_0+1})$的信道矩阵

$$[P]_{X_0-X_{N_0+1}} = [P]_{X_0-X_{N_0}} \cdot [P]_{X_0-X_{N_0+1}}$$

$$= \begin{bmatrix} 1-p_{N_0} & p_{N_0} \\ p_{N_0} & 1-p_{N_0} \end{bmatrix} \cdot \begin{bmatrix} 1-p & p \\ p & 1-p \end{bmatrix}$$

$$= \begin{bmatrix} 1-\left\{\frac{1}{2}-\frac{1}{2}(1-2p)^{N_0}\right\} & \left\{\frac{1}{2}-\frac{1}{2}(1-2p)^{N_0}\right\} \\ \left\{\frac{1}{2}-\frac{1}{2}(1-2p)^{N_0}\right\} & 1-\left\{\frac{1}{2}-\frac{1}{2}(1-2p)^{N_0}\right\} \end{bmatrix} \cdot \begin{bmatrix} 1-p & p \\ p & 1-p \end{bmatrix}$$

$$= \begin{bmatrix} \left\{\frac{1}{2}+\frac{1}{2}(1-2p)^{N_0}\right\} & \left\{\frac{1}{2}-\frac{1}{2}(1-2p)^{N_0}\right\} \\ \left\{\frac{1}{2}-\frac{1}{2}(1-2p)^{N_0}\right\} & \left\{\frac{1}{2}+\frac{1}{2}(1-2p)^{N_0}\right\} \end{bmatrix} \cdot \begin{bmatrix} 1-p & p \\ p & 1-p \end{bmatrix}$$

$$(2.8.2-7)$$

由此可知，串接信道$(X_0 - X_{N_0+1})$中的错误传递概率

$$p_{N_0+1} = \left\{\frac{1}{2}+\frac{1}{2}(1-2p)^{N_0}\right\} \cdot (1-p) + \left\{\frac{1}{2}-\frac{1}{2}(1-2p)^{N_0}\right\} \cdot p \qquad (2.8.2-8)$$

其中，令 $\bar{p}=1-p_0$ 则$(2.8.2-8)$式改写为

$$p_{N_0+1} = \left\{\frac{1}{2}+\frac{1}{2}(1-2p)^{N_0}\right\} \cdot \bar{p} + \left\{\frac{1}{2}-\frac{1}{2}(1-2p)^{N_0}\right\} \cdot p$$

$$= \frac{1}{2}\bar{p} + \frac{1}{2}\bar{p}(1-2p)^{N_0} + \frac{1}{2}p - \frac{1}{2}p(1-2p)^{N_0}$$

$$= \frac{1}{2} - \frac{1}{2}(1-2p)^{N_0}\{\bar{p}-p\} = \frac{1}{2} - \frac{1}{2}(1-2p)^{N_0}\{1-p-p\}$$

$$= \frac{1}{2} - \frac{1}{2}(1-2p)^{N_0+1}$$

$$(2.8.2-9)$$

这证明了当 $N=N_0+1$时，$(2.8.2-3)$式亦成立.

由$(2.8.2-4)$式、$(2.8.2-5)$式、$(2.8.2-6)$式证明：N 个二进制对称信道组成的串接信道

(X_0-X_N)的错误传递概率

$$p_N = \frac{1}{2} - \frac{1}{2}(1-2p)^N \qquad (2.8.2-10)$$

（2）由$(2.8.2-7)$式可知，N个二进制对称信道组成的串接信道(X_0-X_N)仍然是二进制对称信道，其匹配信源$X:\{0,1\}$是等概信源，即$p(0)=p(1)=1/2$，平均互信息$I(X_0;X_N)$达到其信道容量

$$\begin{aligned} C_{X_0-X_N} &= 1 - H(p_N) \\ &= 1 - H\Big[\frac{1}{2} - \frac{1}{2}(1-2p)^N\Big] \end{aligned} \qquad (2.8.2-11)$$

其中，因有$0<p<1/2$，所以有

$$0 < (1-2p) < 1 \qquad (2.8.2-12)$$

则有

$$\lim_{N\to\infty}\big[(1-2p)^N\big] = 0 \qquad (2.8.2-13)$$

由$(2.8.2-11)$式，当N足够大$(N\to\infty)$时，有

$$\begin{aligned} \lim_{N\to\infty} C_{X_0-X_N} &= \lim_{N\to\infty}\Big\{1 - H\Big[\frac{1}{2} - \frac{1}{2}(1-2p)^N\Big]\Big\} \\ &= 1 - H(1/2) = 0 \end{aligned} \qquad (2.8.2-14)$$

因为$C_{X_0-X_N}$是串接信道(X_0-X_N)的信道容量，即有

$$I(X_0;X_N) \leqslant C_{X_0-X_N} \qquad (2.8.2-15)$$

则有

$$\lim_{N\to\infty}\{I(X_0;X_N)\} \leqslant \lim_{N\to\infty} C_{X_0-X_N} = 0 \qquad (2.8.2-16)$$

根据平均互信息的"非负性"，有

$$I(X_0;X_N) \geqslant 0 \qquad (2.8.2-17)$$

则有

$$\lim_{N\to\infty}\{I(X_0;X_N)\} \geqslant 0 \qquad (2.8.2-18)$$

由$(2.8.2-16)$式、$(2.8.2-18)$式，证得

$$\lim_{N\to\infty}\{I(X_0;X_N)\} = 0 \qquad (2.8.2-19)$$

这样，定理 2.24 就得到了证明.

定理 2.24 称为"串接信道平均互信息不增性定理". 它表明：由N个二进制对称信道组成的串接信道(X_0-X_N)的平均互信息$I(X_0;X_N)$，随N的增大而减小，当N足够大$(N\to\infty)$时，平均互信息$I(X_0;X_N)$趋于零.

实际上，人们清楚地知道，若有重要消息告知对方，最有效、最可靠的办法，就是面对面地当面告知对方. 中间传话的人越多，对方获取关于这条重要消息的信息量就越小. 这就是以上论述的串接信道数据处理定理指出的平均互信息不增性，在人们日常生活实践中的生动运用.

2.8.3　信道两端平均互信息的不增性

若在信道$(X-Y)$的输入和输出端，分别接上相应的"数据处理"装置，构成"数据处理系统"（图 2.8-8）. 那么，信道$(X-Y)$两端两个随机变量X与Y之间的平均互信息$I(X;Y)$，与"数据

处理"后的随机变量 U 和 V 之间的平均互信息 $I(U;V)$ 之间有什么关系?

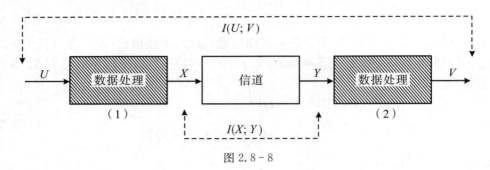

图 2.8-8

若把"数据处理"装置看作一个信道,则图 2.8-8 所示"数据处理"系统就可看作是三个信道的串接问题.

推论 2.2 设由三个信道组成串接信道(U-V),构成随机变量序列($UXYV$). 若($UXYV$)是 **Markov** 链,则

$$I(U;V) \leqslant I(X;Y)$$

当信道(U-X)和(Y-V)是"确定型"无噪信道时,等式成立,即有

$$I(U;V) = I(X;Y)$$

证明

在图 2.8-8 中,把"数据处理"(1)(信道(U-X))和信道(X-Y)组成的串接信道看作是一个信道(U-Y)(图 2.8-9),则整个"数据处理"系统就可看作是信道(U-Y)与"数据处理"(2)(信道(Y-V))组成的串接信道.

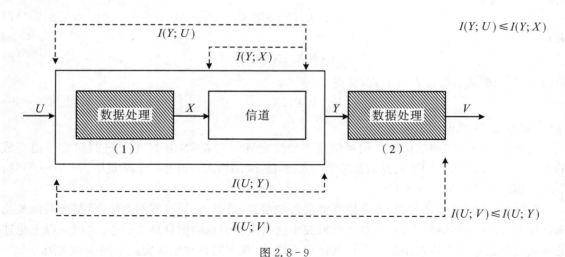

图 2.8-9

因为($UXYV$)是 Markov 链,则(UYV)亦是 Markov 链.根据定理 2.23,有

$$I(U;V) \leqslant I(U;Y) \tag{2.8.3-1}$$

同样,因为($UXYV$)是 Markov 链,则(UXY)亦是 Markov 链.根据定理 2.22,有

$$I(Y;U) \leqslant I(Y;X) \tag{2.8.3-2}$$

由(2.8.3-1)、(2.8.3-2)式,则有

$$I(U;V) \leqslant I(X;Y) \tag{2.8.3-3}$$

当且仅当,(YVU) 和 (XUY) 都是 Markov 链时,(2.8.3-1)、(2.8.3-2)式中的等式才分别成立,即

$$\begin{cases} I(U;V) = I(U;Y) \\ I(Y;U) = I(Y;X) \end{cases} \tag{2.8.3-4}$$

则有

$$I(U;V) = I(X;Y) \tag{2.8.3-5}$$

这样,推论 2.2 就得到了证明.

推论告诉我们:在信道$(X-Y)$两端同时接上"数据处理"装置,分别对 X 和 Y 进行"数据处理",处理后的随机变量 U 与 V 之间的平均互信息 $I(U;V)$,一定不会超过信道的平均互信息 $I(X;Y)$,只会丢失一部分信息量. 只有当"数据处理"装置相当于"确定型"无噪信道时,才不丢失信息量. 这是数据处理的平均互信息不增性的另一种表现.

由推论 2.2 可知,信道输入端接上"编码器",输出端接上"译码器"的编、译码系统,从"译码器"输出端获取关于"编码器"输入信源的平均互信息,一定不会超过信道两端两个随机变量之间的平均互信息. 只有当编、译码器相当于"确定型"无噪信道时,才等于信道的平均互信息. 这就说明,通信系统中的"编码"、"译码"环节,不在于增加信道的平均互信息,而在于提高通信的有效性和可靠性,实现通信的"最优化".

【例 2.28】 设无失真信源编码的信源符号及其先验概率、对应的码字,如下表所示:

符号	a_1	a_2	a_3	a_4	a_5	a_6	a_7	a_8
码字	000	001	010	011	100	101	110	111
概率	1/4	1/4	1/8	1/8	1/16	1/16	1/16	1/16

试计算码字(011)中每一码符号对信源符号 a_4 提供的信息量.

　　解　根据联合互信息和条件互信息的定义和有关结论,有

$$\begin{aligned}
I(a_4;011) &= \log \frac{p(a_4/011)}{p(a_4)} \\
&= \log \frac{p(a_4/011)\, p(a_4/0)\, p(a_4/01)}{p(a_4)\, p(a_4/0)\, p(a_4/01)} \\
&= \log \frac{p(a_4/0)}{p(a_4)} + \log \frac{p(a_4/01)}{p(a_4/0)} + \log \frac{p(a_4/011)}{p(a_4/01)} \\
&= I(a_4;0) + I(a_4;1/0) + I(a_4;1/01)
\end{aligned} \tag{1}$$

以下分别计算上式中各项互信息和条件互信息.

(1) 第一码符号"0"提供关于 a_4 的信息量

$$I(a_4;0) = \log \frac{p(a_4/0)}{p(a_4)} \tag{2}$$

其中,$p(a_4/0)$ 表示收到第一个码符号"0"后,判断信源符号 a_4 出现的概率. 又考虑到,收到码符号"0"后,再收到码符号序列"11",就构成码字(011),即信源符号 a_4 出现,所以

$$p(a_4/0) = p(11/0) = \frac{p(011)}{p(0)} \tag{3}$$

因为码字(011)出现的概率 $p(011)$ 就是信源符号 a_4 出现的概率

$$p(011) = p(04) = 1/8 \tag{4}$$

又因为 8 个码字中有 4 个码字(000)、(001)、(010)、(011)的第一个码符号都是"0",所以

$$p(0) = p(000) + p(001) + p(010) + p(011)$$
$$= 1/4 + 1/4 + 1/8 + 1/8 = 3/4 \tag{5}$$

这样,由(4)式、(5)式,得

$$p(a_4/0) = \frac{p(011)}{p(0)} = \frac{1/8}{3/4} = \frac{1}{6} \tag{6}$$

由(2)式、(6)式,得

$$I(a_4;0) = \log \frac{1/6}{1/8} = \log \frac{4}{3} \quad (\text{比特}) \tag{7}$$

(2) 在已知第一个码符号"0"的条件下,第二个码符号"1"对 a_4 提供的条件互信息

$$I(a_4;1/0) = \log \frac{p(a_4/01)}{p(a_4/0)} \tag{8}$$

其中,$p(a_4/01)$ 表示收到符号序列(01)后,判断信源符号 a_4 出现的概率. 又考虑到,收到"01"后,再收到符号"1",就构成码字(011),即信源符号 a_4 出现,所以

$$p(a_4/01) = p(1/01) = \frac{p(011)}{p(01)} \tag{9}$$

因 8 个码字中,有 2 个码字(010)、(011)的前两个码符号序列是"01",所以

$$p(01) = p(010) + p(011) = 1/8 + 1/8 = 1/4 \tag{10}$$

由(10)式,得

$$p(a_4/01) = \frac{p(011)}{p(01)} = \frac{1/8}{1/4} = \frac{1}{2} \tag{11}$$

由(11)式、(6)式,得

$$I(a_4;1/0) = \log \frac{p(a_4/01)}{p(a_4/0)} = \log \frac{1/2}{1/6} = \log 3 \quad (\text{比特}) \tag{12}$$

(3) 在已知第一、二个码符号组成的序列(01)的条件下,第三个码符号"1"对 a_4 提供的信息量

$$I(a_4;1/01) = \log \frac{p(a_4/011)}{p(a_4/01)} \tag{13}$$

其中,$p(a_4/011)$ 表示收到码字(011)后,判断信源符号 a_4 出现的概率. 显然

$$p(a_4/011) = 1 \tag{14}$$

由(14)式、(11)式,得

$$I(a_4;1/01) = \log \frac{p(a_4/011)}{p(a_4/01)} = \log \frac{1}{1/2} = \log 2 = 1 \quad (\text{比特}) \tag{15}$$

综上所述,在信源符号 a_4 相对应的码字中,第一个码符号"0"提供关于 a_4 的互信息 $I(a_4;0) = \log \frac{4}{3}$(比特);在收到第一个码符号"0"的前提条件下,第二个码符号"1"提供关于 a_4 的条件互信息 $I(a_4;1/0) = \log 3$(比特);在收到第一、二个码符号"0"和"1"组成的序列(01)的前

提条件下,第三个码符号"1"提供关于 a_4 的条件互信息 $I(a_4;1/01)=1$(比特). 所以,从码字(011)中三个码符号提供关于信源符号 a_4 的联合互信息

$$
\begin{aligned}
I(a_4;011) &= I(a_4;0)+I(a_4;1/0)+I(a_4;1/01)\\
&= \log(4/3)+\log3+\log2 = \log8 = 3 \quad (\text{比特})
\end{aligned}
\tag{16}
$$

另一方面,信源符号 a_4 的自信量

$$
I(a_4) = \log\frac{1}{p(a_4)} = \log\frac{1}{1/8} = \log8 = 3 \quad (\text{比特})
$$

这就从信息测量的角度,验证了这样一个结论:无失真信源编码的码字(011)与信源符号 a_4 是一一对应的确定关系,码字(011)中三个码符号"0"、"1"、"1"提供关于信源符号 a_4 的联合互信息 $I(a_4;011)$,等于信源符号 a_4 所含有的全部信息量,即 a_4 的自信量 $I(a_4)$.

我们还注意到,在码字(011)三个码符号中,第一个码符号"0"提供信源符号 a_4 的互信息 $I(a_4;0)=\log(4/3)$;在第一个码符号"0"收到后,第二个码符号"1"提供信源符号 a_4 的条件互信息 $I(a_4;1/0)=\log3$;在第一、二个码符号"0"、"1"组成的序列(01)收到后,第三个码符号"1"提供信源符号 a_4 的条件互信息 $I(a_4;1/01)=\log2$. 由此可见,对表中所示的信源符号的概率分布 $p(a_i)(i=1,2,\cdots,8)$ 和相应码字的码字结构来说,在收到第一个码符号"0"后,再收到第二个码符号"1",是码字(011)三个码符号"0"、"1"、"1"中提供信源符号"a_4"最多信息量的环节,是接收码符号序列过程中,判断信源符号是 a_4 的关键一步.

本例题还告诉我们,条件互信息的概念,在信息测量过程中发挥着重要作用.

【例 2.29】　设由四个二进制对称信道组成图 E2.29 所示的串接信道. 信源 $X:\{0,1\}$ 为等概信源,随机变量序列 $(XYZWQ)$ 是 Markov 链.

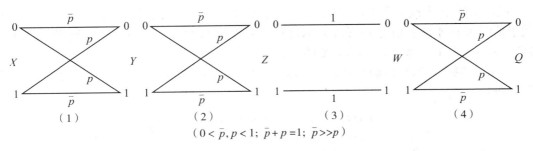

$$(0<\bar{p},p<1;\ \bar{p}+p=1;\ \bar{p}\gg p)$$

图 E2.29

(1) 试求 $I(X;Y)$、$I(X;Z)$,并比较它们的大小;

(2) 试求 $I(Y;Z)$,并比较与 $I(X;Z)$ 的大小;

(3) 试求 $I(X;W)$,并比较与 $I(X;Z)$ 的大小;

(4) 试求 $I(Z;Q)$,并比较与 $I(W;Q)$ 的大小.

解

(1) 信道(1)$(X-Y)$ 是二进制对称信道,信道矩阵

$$
[P]_{X-Y} =
\begin{matrix}
 & 0 & 1 \\
0 & \bar{p} & p \\
1 & p & \bar{p}
\end{matrix}
\tag{1}
$$

信源 $X:\{0,1\}$ 是等概信源,是信道($X-Y$)的匹配信源.平均互信息 $I(X;Y)$ 达到其信道容量 $C_{X\text{-}Y}$,即有

$$I(X;Y) = C_{X\text{-}Y} = 1 - H(\overline{p},p) = 1 - H(p) = 1 - H\left[\frac{1}{2} - \frac{1}{2}(1-p)\right] \tag{2}$$

因为(XYZ)是 Markov 链,所以串接信道($X-Z$)的信道矩阵$[P]_{X\text{-}Z}$,等于信道(1)($X-Y$)和信道(2)($Y-Z$)的信道矩阵$[P]_{X\text{-}Y}$和$[P]_{Y\text{-}Z}$的连乘,即

$$[P]_{X\text{-}Z} = [P]_{X\text{-}Y} \cdot [P]_{Y\text{-}Z} = \begin{array}{c} \\ 0 \\ 1 \end{array}\begin{array}{cc} 0 \quad\quad 1 \\ \left[\begin{array}{cc} \overline{p} & p \\ p & \overline{p} \end{array}\right] \end{array} \cdot \begin{array}{c} \\ 0 \\ 1 \end{array}\begin{array}{cc} 0 \quad\quad 1 \\ \left[\begin{array}{cc} \overline{p} & p \\ p & \overline{p} \end{array}\right] \end{array} \tag{3}$$

$$= \begin{array}{c} \\ 0 \\ 1 \end{array}\begin{array}{cc} 0 \quad\quad\quad\quad 1 \\ \left[\begin{array}{cc} \overline{p}^2 + p^2 & 2\overline{p}p \\ 2\overline{p}p & \overline{p}^2 + p^2 \end{array}\right] \end{array}$$

可见,串接信道($X-Z$)仍然是一个二进制对称信道.因为信源 $X:\{0,1\}$ 是等概信源,是串接信道($X-Z$)的匹配信源,平均互信息 $I(X;Z)$ 达到信道容量 $C_{X\text{-}Z}$,即

$$I(X;Z) = C_{X\text{-}Z} = 1 - H[(\overline{p}^2 + p^2), 2\overline{p}p] = 1 - H\left[\frac{1}{2} - \frac{1}{2}(1-2p)^2\right] \tag{4}$$

比较(2)式和(3)式,因其中

$$H\left[\frac{1}{2} - \frac{1}{2}(1-2p)^2\right] > H\left[\frac{1}{2} - \frac{1}{2}(1-2p)\right] \tag{5}$$

所以,有

$$I(X;Z) < I(X;Y) \tag{6}$$

(6)式表明,在串接信道中,从 Z 中获取关于信源 X 的平均互信息 $I(X;Z)$,小于从 Y 中获取关于信源 X 的平均互信息 $I(X;Y)$.从随机变量 Y 到随机变量 Z 的"数据处理"过程(信道(1)($Y-Z$))丢失了一部分关于信源 X 的信息量.

(2) 由信源 $X:\{0,1\}$ 的概率分布以及信道(1)($X-Y$)的信道矩阵$[P]_{X\text{-}Y}$,得随机变量 Y 的概率分布

$$\left.\begin{array}{l} p_Y(0) = p(0)p(0/0) + p(1)p(0/1) = \dfrac{1}{2}\overline{p} + \dfrac{1}{2}p = \dfrac{1}{2} \\[2mm] p_Y(1) = p(0)p(1/0) + p(1)p(1/1) = \dfrac{1}{2}p + \dfrac{1}{2}\overline{p} = \dfrac{1}{2} \end{array}\right\} \tag{7}$$

信道(2)($Y-Z$)是二进制对称信道,随机变量 $Y:\{0,1\}$ 是信道(2)($Y-Z$)的匹配信源,平均互信息 $I(Y;Z)$ 达到其信道容量 $C_{Y\text{-}Z}$,即

$$I(Y;Z) = C_{Y\text{-}Z} = 1 - H(\overline{p},p) = 1 - H(p) = 1 - H\left[\frac{1}{2} - \frac{1}{2}(1-2p)\right] \tag{8}$$

由(5)式,以及(4)式、(8)式,得

$$I(X;Z) < I(Y;Z) \tag{9}$$

由平均互信息的交互性,有

$$I(Z;X) < I(Z;Y) \tag{10}$$

(10)式表明,在串接信道中,从 X 中获取关于 Z 的平均互信息 $I(Z;X)$,小于从 Y 中获取关于 Z 的平均互信息 $I(Z;Y)$.随机变量 Y 到随机变量 X 之间的"数据处理"过程(信道(1)($X-Y$))

丢失了一部分关于 Z 的信息量.

(3) 因为随机变量序列 $(XYZW)$ 是 Markov 链,所以串接信道 $(X-W)$ 的信道矩阵 $[P]_{X\text{-}W}$ 等于信道 (1)、(2)、(3) 的信道矩阵 $[P]_{X\text{-}Y}$、$[P]_{Y\text{-}Z}$ 和 $[P]_{Z\text{-}W}$ 的连乘,即

$$[P]_{X\text{-}W} = [P]_{X\text{-}Y} \cdot [P]_{Y\text{-}Z} \cdot [P]_{Z\text{-}W}$$

$$= \begin{array}{c} 0 \\ 1 \end{array}\begin{bmatrix} \bar{p} & p \\ p & \bar{p} \end{bmatrix} \cdot \begin{array}{c} 0 \\ 1 \end{array}\begin{bmatrix} \bar{p} & p \\ p & \bar{p} \end{bmatrix} \cdot \begin{array}{c} 0 \\ 1 \end{array}\begin{bmatrix} 1 & 0 \\ 0 & 1 \end{bmatrix} \qquad (11)$$

$$= \begin{array}{c} 0 \\ 1 \end{array}\begin{bmatrix} \bar{p}^2 + p^2 & 2\bar{p}p \\ 2\bar{p}p & \bar{p}^2 + p^2 \end{bmatrix}$$

这表明,串接信道 $(X-W)$ 仍然是一个二进制对称信道. 信源 $X:\{0,1\}$ 是等概信源,是串接信道 $(X-W)$ 的匹配信源,平均互信息 $I(X;W)$ 达到其信道容量 $C_{X\text{-}W}$,即

$$I(X;W) = C_{X\text{-}W} = 1 - H[(\bar{p}^2 + p^2),(2\bar{p}p)] = 1 - H\left[\frac{1}{2} - \frac{1}{2}(1-2p)^2\right] \qquad (12)$$

因为信道 (3) $(Z-W)$ 是一一对应确定关系的"确定型无噪信道",所以

$$I(X;W) = I(X;Z) \qquad (13)$$

这表明,由于信道 (3) $(Z-W)$("数据处理"过程) 是"确定型无噪信道",所以随机变量 Z 到随机变量 W 的"数据处理"过程不丢失关于信源 X 的信息量.

(4) 由信源 $X:\{0,1\}$ 的概率分布以及串接信道 $(X-Z)$ 的信道矩阵 $[P]_{X\text{-}Z}$,得随机变量 Z 的概率分布

$$\left. \begin{aligned} p_Z(0) &= p(0)p(0/0) + p(1)p(0/1) = \frac{1}{2}(\bar{p}^2 + p^2) + \frac{1}{2}(2\bar{p}p) = \frac{1}{2} \\ p_Z(1) &= p(0)p(1/0) + p(1)p(1/1) = \frac{1}{2}(2\bar{p}p) + \frac{1}{2}(\bar{p}^2 + p^2) = \frac{1}{2} \end{aligned} \right\} \qquad (14)$$

因为随机变量序列 (ZWQ) 是 Markov 链,所以串接信道 $(Z-Q)$ 的信道矩阵 $[P]_{Z\text{-}Q}$,等于信道 (3)、(4) 的信道矩阵 $[P]_{Z\text{-}W}$ 和 $[P]_{W\text{-}Q}$ 的乘积,即

$$[P]_{Z\text{-}Q} = [P]_{Z\text{-}W} \cdot [P]_{W\text{-}Q} = \begin{array}{c} 0 \\ 1 \end{array}\begin{bmatrix} 1 & 0 \\ 0 & 1 \end{bmatrix} \cdot \begin{array}{c} 0 \\ 1 \end{array}\begin{bmatrix} \bar{p} & p \\ p & \bar{p} \end{bmatrix}$$

$$= \begin{array}{c} 0 \\ 1 \end{array}\begin{bmatrix} \bar{p} & p \\ p & \bar{p} \end{bmatrix} \qquad (15)$$

这表明,串接信道 $(Z-Q)$ 同样是一个二进制对称信道. 因为随机变量 $Z:\{0,1\}$ 是等概分布,是信道 $(Z-Q)$ 的匹配信源,平均互信息 $I(Z;Q)$ 达到其信道容量 $C_{Z\text{-}Q}$,即

$$I(Z;Q) = C_{Z\text{-}Q} = 1 - H(\bar{p},p) = 1 - H(p) = 1 - H\left[\frac{1}{2} - \frac{1}{2}(1-2p)\right] \qquad (16)$$

由随机变量 $Z:\{0,1\}$ 的概率分布和信道 (4) $(W-Q)$ 的信道矩阵 $[P]_{W\text{-}Q}$,得随机变量 W 的概率分布

$$p_W(0) = p_Z(0)p(0/0) + p_Z(1)p(0/1) = 1/2 \times 1 + 1/2 \times 0 = 1/2$$
$$p_W(1) = p_Z(0)p(1/0) + p_Z(1)p(1/1) = 1/2 \times 0 + 1/2 \times 1 = 1/2 \qquad (17)$$

因信道$(W-Q)$是二进制对称信道,所以随机变量W是信道$(4)(W-Q)$的匹配信源,平均互信息$I(W;Q)$达到其信道容量C_{W-Q},即

$$I(W;Q) = C_{W-Q} = 1 - H(\bar{p}, p) = 1 - H(p) = 1 - H\left[\frac{1}{2} - \frac{1}{2}(1 - 2p)\right] \qquad (18)$$

由(16)式和(18)式,得

$$I(Z;Q) = I(W;Q) \qquad (19)$$

由平均互信息的交互性,有

$$I(Q;Z) = I(Q;W) \qquad (20)$$

(20)式表明,从随机变量Z中获取关于随机变量Q的平均互信息$I(Q;Z)$,等于从随机变量W中获取关于随机变量Q的信息量$I(Q;W)$.因为信道$(3)(Z-W)$是"确定型无噪信道",所以随机变量W与Z之间的"数据处理"过程(信道$(3)(Z-W)$)不丢失关于随机变量Q的信息量.

【例2.30】　设X和Y是两个相互统计独立的随机变量,其信源空间分别是:

$$[X \cdot P] : \begin{cases} X: & x_1 = 0 & x_2 = 1 \\ P(X): & 1/2 & 1/2 \end{cases} ; \quad [Y \cdot P] : \begin{cases} Y: & y_1 = 0 & y_2 = 1 \\ P(Y): & 1/2 & 1/2 \end{cases}$$

定义随机变量$Z = X \oplus Y$.试计算:

(1) 平均条件互信息:$I(X;Y/Z)$、$I(Z;X/Y)$、$I(Z;Y/X)$;

(2) 平均联合互信息:$I(XY;Z)$、$I(XZ;Y)$、$I(ZY;X)$.

解

(1) 由X、Y相互统计独立,$Z = X \oplus Y$,则X、Y和Z构成模"2"和加性信道$(X-Z)$(如图E2.30-1所示).

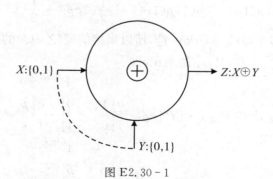

图 E2.30-1

由$X:\{0,1\}$,$Y:\{0,1\}$,则$Z = X \oplus Y$的符号集

$Z = X \oplus Y$	Y	
	0	1
0	0	1
1	1	0

(1)

由此,(XY) 与 Z 之间可看作由信道 $(XY\text{-}Z)$(如图 E2.30-2 所示)相连,其信道矩阵

$$[P]_{X\oplus Y\text{-}Z} = \begin{array}{c} \quad\quad\quad\quad\quad Z \\ \begin{array}{cc} X & Y \end{array} \begin{array}{cc} 0 & 1 \end{array} \\ \begin{array}{cc} 0 & 0 \\ 0 & 1 \\ 1 & 0 \\ 1 & 1 \end{array} \begin{bmatrix} 1 & 0 \\ 0 & 1 \\ 0 & 1 \\ 1 & 0 \end{bmatrix} \end{array} \quad\quad (2)$$

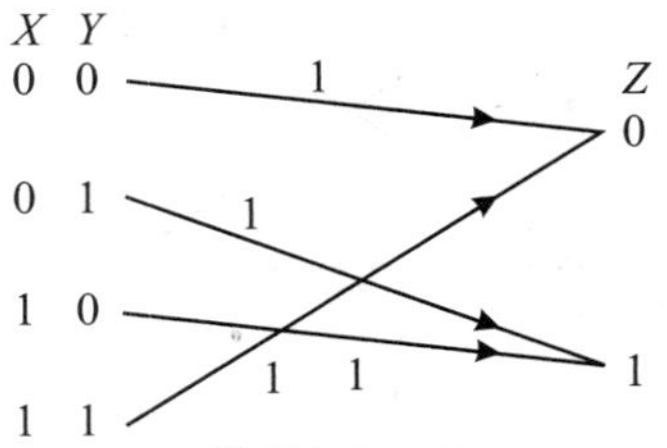

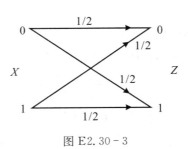

图 E2.30-2

① 当 $X=x_1=0$ 时:若 $Y=y_1=0$,则 Z 以概率 1 呈现 $Z=z_1=0$;若 $Y=y_2=1$,则 Z 以概率 1 呈现 $Z=z_2=1$. 考虑到 X 和 Y 统计独立,且 $p_Y(0)=1/2$;$p_Y(1)=1/2$,则得

$$p(z_1=0/x_1=0)=p(z_2=1/x_1=0)=1/2 \quad\quad (3)$$

当 $X=x_2=1$ 时:若 $Y=y_1=0$,则 Z 以概率 1 呈现 $Z=z_2=1$;若 $Y=y_2=1$,则 Z 以概率 1 呈现 $Z=z_2=0$. 考虑到 X 和 Y 统计独立,且 $p_Y(0)=1/2$;$p_Y(1)=1/2$,则得

$$p(z_1=0/x_2=1)=p(z_2=1/x_2=1)=1/2 \quad\quad (4)$$

由此,X 与 Z 之间构成信道 $(X\text{-}Z)$(如图 E2.30-3 所示),其信道矩阵

$$[P]_{X\text{-}Z} = \begin{array}{c} \quad\quad Z=z_1=0 \quad\quad Z=z_2=1 \\ \begin{array}{c} X=x_1=0 \\ X=x_2=1 \end{array} \begin{bmatrix} 1/2 & 1/2 \\ 1/2 & 1/2 \end{bmatrix} \end{array} \quad\quad (5)$$

图 E2.30-3

② 当 $Y=y_1=0$ 时:若 $X=x_1=0$,则 Z 以概率 1 呈现 $Z=z_1=0$;若 $X=x_2=1$,则 Z 以概率 1 呈现 $Z=z_2=1$. 考虑到 X 和 Y 统计独立,且 $p_X(0)=1/2$;$p_X(1)=1/2$,则得

$$p(z_1=0/y_1=0)=p(z_2=1/y_1=0)=1/2 \quad\quad (6)$$

当 $Y=y_2=1$ 时:若 $X=x_1=0$,则 Z 以概率 1 呈现 $Z=z_2=1$;若 $X=x_2=1$,则 Z 以概率 1 呈现 $Z=z_1=0$. 考虑到 X 和 Y 统计独立,且 $p_X(0)=1/2$;$p_X(1)=1/2$,则得

$$p(z_1 = 0/y_2 = 1) = p(z_2 = 1/y_2 = 1) = 1/2 \tag{7}$$

由此，Y 与 Z 之间构成信道 $(Y\text{-}Z)$（如图 E2.30-4 所示），其信道矩阵

$$[P]_{Y\text{-}Z} = \begin{array}{c} Y = y_1 = 0 \\ Y = y_2 = 0 \end{array} \begin{array}{c} Z = z_1 = 0 \quad Z = z_2 = 1 \\ \begin{bmatrix} 1/2 & 1/2 \\ 1/2 & 1/2 \end{bmatrix} \end{array} \tag{8}$$

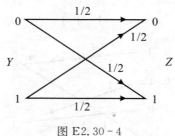

图 E2.30-4

③ 由 $p_X(0) = p_X(1) = 1/2$；$p_Y(0) = p_Y(1) = 1/2$，得信道 $(X\text{-}Z)$ 和 $(Y\text{-}Z)$ 的反向信道 $(Z\text{-}X)$ 和 $(Z\text{-}Y)$（如图 E2.30-5(a)、(b) 所示）.

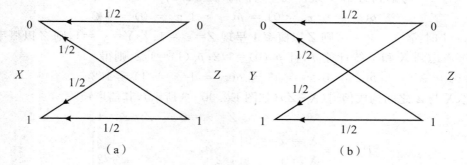

图 E2.30-5

(2) 由信道 $(XY\text{-}Z)$，得信道 $(XZ\text{-}Y)$ 和 $(YZ\text{-}X)$.

① 由信道矩阵 $[P]_{X \oplus Y\text{-}Z}$、$[P]_{X\text{-}Z}$ 和 $[P]_{Y\text{-}Z}$，得信道 $(XZ\text{-}Y)$ 的传递概率 $P(Y/XZ)$：

$$\begin{aligned} p(y/xz) &= \frac{p(xyz)}{p(xz)} = \frac{p(xy)p(z/xy)}{p(x)p(z/x)} \\ &= \frac{p(x)p(y)p(z/xy)}{p(x)p(z/x)} = \frac{p(y)p(z/xy)}{p(z/x)} \end{aligned} \tag{9}$$

对于 $X:\{0,1\}$，$Y:\{0,1\}$，$Z:\{0,1\}$，它们分别是

$$\begin{cases} p(y_1 = 0/x_1 = 0, z_1 = 0) = \dfrac{p(y_1 = 0)p(z_1 = 0/x_1 = 0, y_1 = 0)}{p(z_1 = 0/x_1 = 0)} = \dfrac{1/2 \cdot 1}{1/2} = 1 \\ p(y_2 = 1/x_1 = 0, z_1 = 0) = 0 \quad (z \neq x \oplus y) \end{cases} \tag{10}$$

$$\begin{cases} p(y_1 = 0/x_1 = 0, z_2 = 1) = 0 \quad (z \neq x \oplus y) \\ p(y_2 = 1/x_1 = 0, z_2 = 1) = \dfrac{p(y_2 = 1)p(z_2 = 1/x_1 = 0, y_2 = 1)}{p(z_2 = 1/x_1 = 0)} = \dfrac{1/2 \cdot 1}{1/2} = 1 \end{cases} \tag{11}$$

$$\begin{cases} p(y_1 = 0/x_2 = 1, z_1 = 0) = 0 \quad (z \neq x \oplus y) \\ p(y_2 = 1/x_2 = 1, z_1 = 0) = \dfrac{p(y_2 = 1) p(z_1 = 0/x_2 = 1, y_2 = 1)}{p(z_2 = 0/x_1 = 1)} = \dfrac{1/2 \cdot 1}{1/2} = 1 \end{cases} \tag{12}$$

$$\begin{cases} p(y_1 = 0/x_2 = 1, z_2 = 1) = \dfrac{p(y_1 = 0) p(z_2 = 1/x_2 = 1, y_1 = 0)}{p(z_2 = 1/x_2 = 1)} = \dfrac{1/2 \cdot 1}{1/2} = 1 \\ p(y_2 = 1/x_2 = 1, z_2 = 1) = 0 \quad (z \neq x \oplus y) \end{cases} \tag{13}$$

由此，得信道（$XZ\text{-}Y$）（如图 E2.30-6 所示）的信道矩阵

$$[P]_{XZ\text{-}Y} = \begin{array}{cc} & \overbrace{}^{Y} \\ \begin{array}{cc} X & Z \\ 0 & 0 \\ 0 & 1 \\ 1 & 0 \\ 1 & 1 \end{array} & \begin{array}{cc} 0 & \quad 1 \\ \left[\begin{array}{cc} 1 & 0 \\ 0 & 1 \\ 0 & 1 \\ 1 & 0 \end{array}\right] \end{array} \end{array} \tag{14}$$

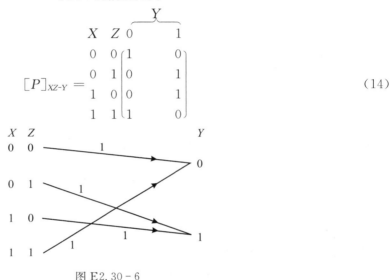

图 E2.30-6

② 由信道矩阵 $[P]_{X \oplus Y\text{-}Z}$、$[P]_{X\text{-}Z}$ 和 $[P]_{Y\text{-}Z}$，得信道（$YZ\text{-}X$）的传递概率 $P(X/YZ)$：

$$p(x/yz) = \frac{p(xyz)}{p(yz)} = \frac{p(xy) p(z/xy)}{p(y) p(z/y)}$$

$$= \frac{p(x) p(y) p(z/xy)}{p(y) p(z/y)} = \frac{p(x) p(z/xy)}{p(z/y)} \tag{15}$$

对于 $X:\{0,1\}$，$Y:\{0,1\}$，$Z:\{0,1\}$，它们分别是：

$$\begin{cases} p(x_1 = 0/y_1 = 0, z_1 = 0) = \dfrac{p(x_1 = 0) p(z_1 = 0/x_1 = 0, y_1 = 0)}{p(z_1 = 0/y_1 = 0)} = \dfrac{1/2 \cdot 1}{1/2} = 1 \\ p(x_2 = 1/y_1 = 0, z_1 = 0) = 0 \quad (z \neq x \oplus y) \end{cases} \tag{16}$$

$$\begin{cases} p(x_1 = 0/y_1 = 0, z_2 = 1) = 0 \quad (z \neq x \oplus y) \\ p(x_2 = 1/y_1 = 0, z_2 = 1) = \dfrac{p(x_2 = 1) p(z_2 = 1/x_2 = 1, y_1 = 0)}{p(z_2 = 1/y_1 = 0)} = \dfrac{1/2 \cdot 1}{1/2} = 1 \end{cases} \tag{17}$$

$$\begin{cases} p(x_1 = 1/y_2 = 1, z_1 = 0) = 0 \quad (z \neq x \oplus y) \\ p(x_2 = 1/y_2 = 1, z_1 = 0) = \dfrac{p(x_2 = 1) p(z_1 = 0/x_2 = 1, y_2 = 1)}{p(z_1 = 0/y_2 = 1)} = \dfrac{1/2 \cdot 1}{1/2} = 1 \end{cases} \tag{18}$$

$$\begin{cases} p(x_1 = 0/y_2 = 1, z_2 = 1) = \dfrac{p(x_1 = 0)\,p(z_2 = 1/x_1 = 0, y_2 = 1)}{p(z_2 = 1/y_2 = 1)} = \dfrac{1/2 \cdot 1}{1/2} = 1 \\ p(x_2 = 1/y_2 = 1, z_2 = 1) = 0 \quad (z \neq x \oplus y) \end{cases} \tag{19}$$

由此,得信道$(YZ\text{-}X)$(如图 E2.30-7 所示)的信道矩阵

$$[P]_{YZ\text{-}X} = \begin{array}{c c} & \overbrace{}^{X} \\ \begin{array}{cc} Y & Z \end{array} & \begin{array}{cc} 0 & \quad 1 \end{array} \\ \begin{array}{cc} 0 & 0 \\ 0 & 1 \\ 1 & 0 \\ 1 & 1 \end{array} & \left[\begin{array}{cc} 1 & 0 \\ 0 & 1 \\ 0 & 1 \\ 1 & 0 \end{array}\right] \end{array} \tag{20}$$

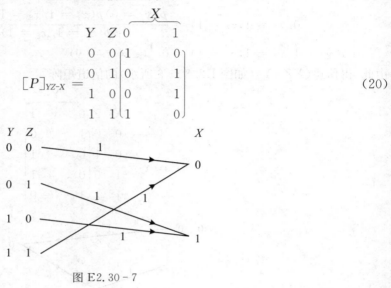

图 E2.30-7

(3) $H(X), H(Y), H(Z)$.

由$[X \cdot P]$和$[Y \cdot P]$,得

$$H(X) = H(1/2, 1/2) = 1 \quad (\text{比特/符号}) \tag{21}$$

$$H(Y) = H(1/2, 1/2) = 1 \quad (\text{比特/符号}) \tag{22}$$

由矩阵$[P]_{X \oplus Y\text{-}Z}$,并考虑到 X, Y 统计独立,得 Z 的概率分布

$$\begin{cases} p_Z(0) = p(00)p(0/00) + p(01)p(0/01) + p(10)p(0/10) + p(11)p(0/11) \\ \qquad = p(00) + p(11) \\ \qquad = p_X(0)p_Y(0) + p_X(1)p_Y(1) \\ \qquad = 1/2 \cdot 1/2 + 1/2 \cdot 1/2 = 1/2 \\ p_Z(1) = 1 - p_Z(0) = 1 - 1/2 = 1/2 \end{cases} \tag{23}$$

由此,得 Z 的信息熵

$$H(Z) = H(1/2, 1/2) = 1 \quad (\text{比特 / 符号}) \tag{24}$$

这表明,在图 E2.30-1 所示模"2"和加性信道$(X\text{-}Z)$中,随机变量 X, Y, Z 都是二元等概分布的随机变量,平均不确定性均等于 1(比特/符号)(如图 E2.30-8 所示).

(4) $H(X/Y), H(Y/X), H(X/Z), H(Z/X), H(Z/Y), H(Y/Z)$.

① $H(X/Y), H(Y/X)$.

因为 X, Y 统计独立,所以 $p(x/y) = p(x)$,则

$$H(X/Y) = -\sum_{i=1}^{2}\sum_{j=1}^{2} p(x_i y_j) \log p(x_i/y_j) = -\sum_{i=1}^{2}\sum_{j=1}^{2} p(x_i y_j) \log p(x_i)$$

$$=-\sum_{i=1}^{2}p(x_i)\log p(x_i)=H(X)=1 \quad \text{（比特/符号）} \tag{25}$$

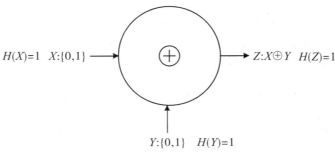

图 E2.30 - 8

同样,因为 X,Y 统计独立,所以 $p(y/x)=p(y)$,则

$$H(Y/X)=-\sum_{i=1}^{2}\sum_{j=1}^{2}p(x_iy_j)\log p(y_j/x_i)=-\sum_{i=1}^{2}\sum_{j=1}^{2}p(x_iy_j)\log p(y_j)$$

$$=-\sum_{j=1}^{2}p(y_j)\log p(y_j)=H(Y)=1 \quad \text{（比特/符号）} \tag{26}$$

② $H(X/Z),H(Z/X)$.

由图 E2.30 - 5(a)所示"反向信道"$(Z-X)$.有

$$H(X/Z)=-\sum_{i=1}^{2}\sum_{k=1}^{2}p(z_k)p(x_i/z_k)\log p(x_i/z_k)$$

$$=\sum_{k=1}^{2}p(z_k)\Big[-\sum_{i=1}^{2}p(x_i/z_k)\log p(x_i/z_k)\Big]=\sum_{k=1}^{2}p(z_k)H(X/Z=z_k)$$

$$=p(z_k=0)H(X/Z=z_k=0)+p(z=1)H(X/Z=z_k=1)$$

$$=p(z_1=0)H(1/2,1/2)+p(z_2=1)H(1/2,1/2)$$

$$=p(z_1=0)+p(z_2=1)=1 \quad \text{（比特/符号）} \tag{27}$$

由信道$(X-Z)$的信道矩阵$[P]_{X-Y}$,有

$$H(Z/X)=-\sum_{i=1}^{2}\sum_{k=1}^{2}p(x_i)p(z_k/x_i)\log p(z_k/x_i)$$

$$=\sum_{i=1}^{2}p(x_i)\Big[-\sum_{k=1}^{2}p(z_k/x_i)\log p(z_k/x_i)\Big]=\sum_{i=1}^{2}p(x_i)H(Z/X=x_i)$$

$$=p(x_1=0)H(Z/X=x_1=0)+p(x_2=1)H(Z/X=x_2=1)$$

$$=p(x_1=0)H(1/2,1/2)+p(x_2=1)H(1/2,1/2)$$

$$=p(x_1=0)+p(x_2=1)=1 \quad \text{（比特/符号）} \tag{28}$$

③ $H(Z/Y),H(Y/Z)$.

由(8)式所示信道矩阵$[P]_{Y-Z}$,有

$$H(Z/Y)=-\sum_{j=1}^{2}\sum_{k=1}^{2}p(y_j)p(z_k/y_j)\log p(z_k/y_j)=\sum_{j=1}^{2}p(y_j)\Big[-\sum_{k=1}^{2}p(z_k/y_j)\log p(z_k/y_j)\Big]$$

$$= \sum_{j=1}^{2} p(y_j) H(Z/Y = y_j)$$

$$= p(y_1 = 0) H(Z/Y = y_1 = 0) + p(y_2 = 1) H(Z/Y = y_2 = 1)$$

$$= p(y_1 = 0) H(1/2, 1/2) + p(y_2 = 1) H(1/2, 1/2)$$

$$= p(y_1 = 0) + p(y_2 = 1) = 1 \quad （比特/符号） \tag{29}$$

由图 E2.30-5(b)所示反向信道($Z-Y$)，有

$$H(Y/Z) = -\sum_{j=1}^{2} \sum_{k=1}^{2} p(z_k) p(y_j/z_k) \log p(y_j/z_k)$$

$$= \sum_{k=1}^{2} p(z_k) \left[-\sum_{j=1}^{2} p(y_j/z_k) \log p(y_j/z_k) \right] = \sum_{k=1}^{2} p(z_x) H(Y/Z = z_k)$$

$$= p(z_1 = 0) H(Y/Z = z_1 = 0) + p(z_2 = 1) H(Y/Z = z_2 = 1)$$

$$= p(z_1 = 0) H(1/2, 1/2) + p(z_2 = 1) H(1/2, 1/2)$$

$$= p(z_1 = 0) + p(z_2 = 1) = 1 \quad （比特/符号） \tag{30}$$

综上所述，在图 E2.30-1 所示模"2"和加性信道 $Z = X \oplus Y$ 中，随机变量 X、Y、Z 的一阶条件熵均等于 1(比特/符号)(如图 E2.30-9 所示).

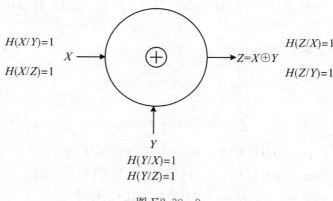

图 E2.30-9

(5) $H(X/YZ)$、$H(Y/XZ)$、$H(Z/XY)$.

① 由信道($XY-Z$)的信道矩阵$[P]_{X \oplus Y-Z}$

$$H(Z/XY) = -\sum_{i=1}^{2} \sum_{j=1}^{2} \sum_{k=1}^{2} p(x_i y_j) p(z_k/x_i y_j) \log p(z_k/x_i y_j)$$

$$= \sum_{i=1}^{2} \sum_{j=1}^{2} p(x_i y_j) \left[-\sum_{k=1}^{2} p(z_k/x_i y_j) \log p(z_k/x_i y_j) \right]$$

$$= \sum_{i=1}^{2} \sum_{j=1}^{2} p(x_i y_j) H(Z/X = x_i, Y = y_j)$$

$$= p(x_1 = 0, y_1 = 0) H(Z/X = x_1 = 0, Y = y_1 = 0)$$

$$\quad + p(x_1 = 0, y_2 = 1) H(Z/X = x_1 = 0, Y = y_2 = 1)$$

$$+ p(x_2 = 1, y_1 = 0)H(Z/X = x_2 = 1, Y = y_1 = 0)$$
$$+ p(x_2 = 1, y_2 = 1)H(Z/X = x_2 = 1, Y = y_2 = 1)$$
$$= p(x_1 = 0, y_1 = 0)H(1,0)$$
$$+ p(x_1 = 0, y_2 = 1)H(0,1)$$
$$+ p(x_2 = 1, y_1 = 0)H(0,1)$$
$$+ p(x_2 = 1, y_2 = 1)H(1,0)$$
$$= 0 \tag{31}$$

② 由信道$(XZ\text{-}Y)$的信道矩阵$[P]_{XZ\text{-}Y}$,有

$$H(Y/XZ) = -\sum_{i=1}^{2}\sum_{j=1}^{2}\sum_{k=1}^{2} p(x_i z_k) p(y_j/x_i z_k) \log p(y_j/x_i z_k)$$
$$= \sum_{i=1}^{2}\sum_{k=1}^{2} p(x_i z_k)\left[-\sum_{j=1}^{2} p(y_j/x_i z_k) \log p(y_j/x_i z_k) \right]$$
$$= \sum_{i=1}^{2}\sum_{k=1}^{2} p(x_i z_k) H(Y/X = x_i, Z = z_k)$$
$$= p(x_1 = 0, z_1 = 0)H(1,0)$$
$$+ p(x_1 = 0, z_2 = 1)H(0,1)$$
$$+ p(x_2 = 1, z_1 = 0)H(0,1)$$
$$+ p(x_2 = 1, z_2 = 1)H(1,0)$$
$$= 0 \tag{32}$$

③ 由信道$(YZ\text{-}X)$的信道矩阵$[P]_{YZ\text{-}X}$,有

$$H(X/YZ) = -\sum_{i=1}^{2}\sum_{j=1}^{2}\sum_{k=1}^{2} p(y_j z_k) p(x_i/y_j z_k) \log p(x_i/y_j z_k)$$
$$= \sum_{j=1}^{2}\sum_{k=1}^{2} p(y_j z_k)\left[-\sum_{i=1}^{2} p(x_i/y_j z_k) \log p(x_i/y_j z_k) \right]$$
$$= \sum_{j=1}^{2}\sum_{k=1}^{2} p(y_j z_k) H(X/Y = y_j, Z = z_k)$$
$$= p(y_1 = 0, z_1 = 0)H(X/Y = y_1 = 0, Z = z_1 = 0)$$
$$+ p(y_1 = 0, z_2 = 1)H(X/Y = y_1 = 0, Z = z_2 = 1)$$
$$+ p(y_2 = 1, z_1 = 0)H(X/Y = y_2 = 1, Z = z_1 = 0)$$
$$+ p(y_2 = 1, z_2 = 1)H(X/Y = y_2 = 1, Z = z_2 = 1)$$
$$= p(y_1 = 0, z_1 = 0)H(1,0)$$
$$+ p(y_1 = 0, z_2 = 1)H(0,1)$$
$$+ p(y_2 = 1, z_1 = 0)H(0,1)$$
$$+ p(y_2 = 1, z_2 = 1)H(1,0)$$
$$= 0 \tag{33}$$

综上所述,在图 E2.30 - 1 所示模"2"和加性信道中,X、Y、Z 的二阶条件熵均等于零(如图 E2.30 - 10 所示).这说明,在任何两个随机变量确定条件下,另外一个随机变量就不存在任何不确定性.

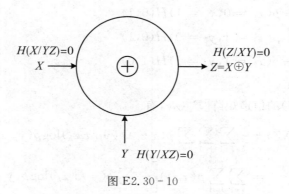

图 E2.30 - 10

(6) $I(X;Y)$、$I(X;Z)$、$I(Y;Z)$.

① 由(21)、(25)式,得

$$I(X;Y) = H(X) - H(X/Y) = 1 - 1 = 0 \tag{34}$$

② 由(21)、(27)式,得

$$I(X;Z) = H(X) - H(X/Z) = 1 - 1 = 0 \tag{35}$$

③ 由(22)、(30)式,得

$$I(Y;Z) = H(Y) - H(Y/Z) = 1 - 1 = 0 \tag{36}$$

这表明,在图 E2.30 - 1 所示模"2"和加性信道中,X、Y、Z 三个随机变量中任何两个随机变量之间的平均互信息均等于零(如图 E2.30 - 11 所示).

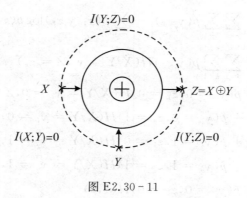

图 E2.30 - 11

(7) $I(Z;Y/X)$,$I(Z;X/Y)$,$I(X;Y/Z)$.

① 由(28)、(31)式,有

$$I(Z;Y/X) = H(Z/X) - H(Z/XY) = 1 - 0 = 1 \quad (比特/符号) \tag{37}$$

② 由(29)、(31)式,有

$$I(Z;X/Y) = H(Z/Y) - H(Z/YX) = 1 - 0 = 1 \quad （比特/符号） \tag{38}$$

③ 由(27)、(33)式,有

$$I(X;Y/Z) = H(X/Z) - H(X/ZY) = 1 - 0 = 1 \quad （比特/符号） \tag{39}$$

综上所述,在图 E2.30-1 所示模"2"和加性信道中,在 X,Y,Z 三个随机变量中任何一个已知条件下,另外两个随机变量之间的平均条件互信息均等于 1(比特/符号)(如图 E2.30-12 所示).

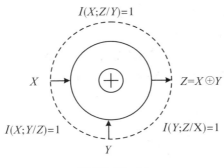

图 E2.30-12

(8) $I(XY;Z)$,$I(XZ;Y)$,$I(ZY;X)$.

① 由(35)、(37)式,有

$$I(XY;Z) = I(X;Z) + I(Y;Z/X) = 0 + 1 = 1 \quad （比特/符号） \tag{40}$$

② 由(34)、(37)式,有

$$I(XZ;Y) = I(X;Y) + I(Z;Y/X) = 0 + 1 = 1 \quad （比特/符号） \tag{41}$$

③ 由(35)、(39)式,有

$$I(ZY;X) = I(Z;X) + I(Y;X/Z) = 0 + 1 = 1 \quad （比特/符号） \tag{42}$$

综上所述,在图 E2.30-1 所示模"2"和加性信道中,三个随机变量 X、Y、Z 中,任何一个随机变量与另外两个随机变量之间的平均联合互信息均等于 1(比特/符号)(如图 E2.30-13 所示).

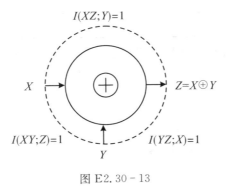

图 E2.30-13

在本例题结束时,要提醒注意,二元域{0,1}中⊕是编码、译码技术以及数字通信技术经常用到的运算程序. 在图 E2.30－1 所示模"2"和加性信道 $Z=X\oplus Y$ 三个随机变量 X、Y、Z 中:任何两个随机变量之间的平均互信息;已知一个随机变量的前提下,另外两个随机变量之间的平均条件互信息;任何一个随机变量与另外两个随机变量之间的平均联合互信息等,是分析、设计二元域{0,1}运算系统信息传输和处理的基本因素.

【例 2.31】 设 X、Y 是两个相互统计独立的随机变量,其信源空间分别是:

$$[X\cdot P]:\begin{cases} X: & x_1=0 & x_2=1 \\ P(X): & 1/2 & 1/2 \end{cases};[Y\cdot P]:\begin{cases} Y: & y_1=0 & y_2=1 \\ P(Y) & 1/2 & 1/2 \end{cases}$$

定义随机变量 $Z=X\odot Y$. 试计算

(1) 平均条件互信息 $I(X;Y/Z)$,$I(X;Z/Y)$;$I(Y;Z/X)$;

(2) 平均联合互信息 $I(XY;Z)$,$I(X;Z;Y)$;$I(ZY;X)$.

解

(1) $\odot$ 信道 $Z=X\odot Y$ 如图 E2.31－1 所示.

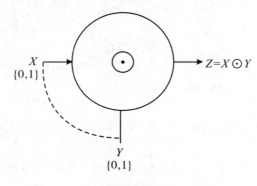

图 E2.31－1

由 X:{0,1} 和 Y:{0,1},得 $Z=X\odot Y$ 的符号集

	Y	
$Z=X\odot Y$	0	1
X 0	0	0
1	0	1

(1)

由此,(XY) 与 Z 之间可看作由信道$(XY\text{-}Z)$(如图 E2.31－2 所示)相连,其信道矩阵

$$[P]_{X\odot Y\text{-}Z}=\begin{array}{cc} X & Y \\ \begin{array}{c} 0 \\ 0 \\ 1 \\ 1 \end{array} & \begin{array}{c} 0 \\ 1 \\ 0 \\ 1 \end{array} \end{array}\overset{\overbrace{\qquad Z \qquad}}{\begin{bmatrix} 1 & 0 \\ 1 & 0 \\ 1 & 0 \\ 0 & 1 \end{bmatrix}}$$

(2)

① 当 $X=x_1=0$ 时,不论 $Y=y_1=0$,还是 $Y=y_2=1$,Z 都呈现 $Z=z_1=0$;当 $X=x_2=1$ 时,

若 $Y=y_1=0$，则 $Z=z_1=0$；若 $Y=y_2=1$，则 $Z=z_2=1$. 由此，X 与 Z 之间相当于信道$(X\text{-}Z)$（如图 E2.31-3 所示）相连，其信道矩阵

$$[P]_{X\text{-}Z} = \begin{matrix} & \begin{matrix} Z=z_1=0 & \quad Z=z_2=1 \end{matrix} \\ \begin{matrix} X=x_1=0 \\ X=x_2=1 \end{matrix} & \begin{bmatrix} 1 & 0 \\ \dfrac{1}{2} & \dfrac{1}{2} \end{bmatrix} \end{matrix} \qquad (3)$$

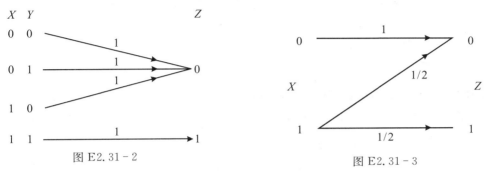

图 E2.31-2　　　　　　　　　　　　图 E2.31-3

这表明，信道$(X\text{-}Z)$是一个"Z"型信道.

② 当 $Y=y_1=0$ 时，不论 $X=x_1=0$，还是 $X=x_2=1$，Z 都呈现 $Z=z_1=0$；当 $Y=y_2=1$ 时，若 $X=x_1=0$，则 $Z=z_1=0$；若 $X=x_2=1$，则 $Z=z_2=1$. 由此，Y 与 Z 之间相当于信道$(Y\text{-}Z)$（如图 E2.31-4 所示）相连，其信道矩阵

$$[P]_{Y\text{-}Z} = \begin{matrix} & \begin{matrix} Z=z_1=0 & \quad Z=z_2=1 \end{matrix} \\ \begin{matrix} Y=y_1=0 \\ Y=y_2=1 \end{matrix} & \begin{bmatrix} 1 & 0 \\ \dfrac{1}{2} & \dfrac{1}{2} \end{bmatrix} \end{matrix} \qquad (4)$$

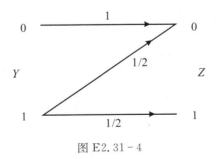

图 E2.31-4

这表明，信道$(Y\text{-}Z)$同样是一个"Z"型信道.

③ 由 X 的信源空间$[X\cdot P]$和 Y 的信源空间$[Y\cdot P]$，以及(3)式所示信道矩阵$[P]_{X\text{-}Z}$和(4)式所示信道矩阵$[P]_{Y\text{-}Z}$，分别得信道$(X\text{-}Z)$和$(Y\text{-}Z)$的反向信道$(Z\text{-}X)$和$(Z\text{-}Y)$（如图 E2.31-5(a)、(b)所示）.

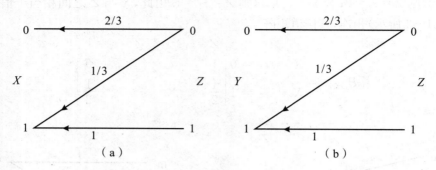

图 E2.31-5

(2) 由信道$(XY-Z)$，得信道$(XZ-Y)$和$(YZ-X)$.

① 由信道矩阵$[P]_{X\odot Y\text{-}Z}$、$[P]_{X\text{-}Z}$和$[P]_{Y\text{-}Z}$，得信道$(XZ-Y)$的传递概率$P(Y/XZ)$：

$$p(y/xz) = \frac{p(xyz)}{p(xz)} = \frac{p(y)p(z/xy)}{p(z/x)} \tag{5}$$

它们是：

$$\begin{cases} p(y_1 = 0/x_1 = 0, z_1 = 0) = \dfrac{p(y_1 = 0)p(z_1 = 0/x_1 = 0, y_1 = 0)}{p(z_1 = 0/x_1 = 0)} = \dfrac{1/2 \cdot 1}{1} = \dfrac{1}{2} \\ p(y_2 = 1/x_1 = 0, z_1 = 0) = \dfrac{p(y_2 = 1)p(z_1 = 0/x_1 = 0, y_2 = 1)}{p(z_1 = 0/x_1 = 0)} = \dfrac{1/2 \cdot 1}{1} = \dfrac{1}{2} \end{cases} \tag{6}$$

$$\begin{cases} p(y_1 = 0/x_1 = 0, z_2 = 1) = 0 \quad (z \neq x \odot y) \\ p(y_2 = 1/x_1 = 0, z_2 = 1) = 0 \quad (z \neq x \odot y) \end{cases} \tag{7}$$

$$\begin{cases} p(y_1 = 0/x_2 = 1, z_1 = 0) = \dfrac{p(y_1 = 0)p(z_1 = 0/x_2 = 1, y_1 = 0)}{p(z_1 = 0/x_2 = 1)} = \dfrac{1/2 \cdot 1}{1/2} = 1 \\ p(y_2 = 1/x_2 = 1, z_1 = 0) = 0 \quad (z \neq x \odot y) \end{cases} \tag{8}$$

$$\begin{cases} p(y_1 = 0/x_2 = 1, z_2 = 1) = 0 \quad (z \neq x \odot y) \\ p(y_2 = 1/x_2 = 1, z_2 = 1) = \dfrac{p(y_2 = 1)p(z_2 = 1/x_2 = 1, y_2 = 1)}{p(z_2 = 1/x_2 = 1)} = \dfrac{1/2 \cdot 1}{1/2} = 1 \end{cases} \tag{9}$$

由此，得信道$(XZ-Y)$（如图 E2.31-6 所示）的信道矩阵

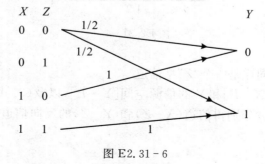

图 E2.31-6

$$[P]_{XZ\text{-}Y} = \begin{matrix} X & Z & \overbrace{\hspace{3em} Y \hspace{3em}} \\ & & 0 \qquad\qquad 1 \\ 0 & 0 \\ 0 & 1 \\ 1 & 0 \\ 1 & 1 \end{matrix} \begin{pmatrix} 1/2 & 1/2 \\ 0 & 0 \\ 1 & 0 \\ 0 & 1 \end{pmatrix} \tag{10}$$

② 由信道矩阵$[P]_{X\odot Y\text{-}Z}$、$[P]_{X\text{-}Z}$和$[P]_{Y\text{-}Z}$，得信道$(YZ\text{-}X)$的传递概率$P(X/YZ)$：

$$p(x/yz) = \frac{p(xyz)}{p(yz)} = \frac{p(x)\,p(z/xy)}{p(z/y)} \tag{11}$$

它们是：

$$\begin{cases} p(x_1 = 0/y_1 = 0, z_1 = 0) = \dfrac{p(x_1 = 0)\,p(z_1 = 0/x_1 = 0, y_1 = 0)}{p(z_1 = 0/y_1 = 0)} = \dfrac{1/2 \cdot 1}{1} = \dfrac{1}{2} \\[2ex] p(x_2 = 1/y_1 = 0, z_1 = 0) = \dfrac{p(x_2 = 1)\,p(z_1 = 0/x_2 = 1, y_1 = 0)}{p(z_1 = 0/y_1 = 0)} = \dfrac{1/2 \cdot 1}{1} = \dfrac{1}{2} \end{cases} \tag{12}$$

$$\begin{cases} p(x_1 = 0/y_1 = 0, z_2 = 1) = 0 \quad (z \neq x \odot y) \\[1ex] p(x_2 = 1/y_1 = 0, z_2 = 1) = 0 \quad (z \neq x \odot y) \end{cases} \tag{13}$$

$$\begin{cases} p(x_1 = 0/y_2 = 1, z_1 = 0) = \dfrac{p(x_1 = 0)\,p(z_1 = 0/x_1 = 0, y_2 = 1)}{p(z_1 = 0/y_2 = 1)} = \dfrac{1/2 \cdot 1}{1/2} = 1 \\[2ex] p(x_2 = 1/y_2 = 1, z_1 = 0) = 0 \quad (z \neq x \odot y) \end{cases} \tag{14}$$

$$\begin{cases} p(x_1 = 0/y_2 = 1, z_2 = 1) = 0 \quad (z \neq x \odot y) \\[1ex] p(x_2 = 1/y_2 = 1, z_2 = 1) = \dfrac{p(x_2 = 1)\,p(z_2 = 1/x_2 = 1, y_2 = 1)}{p(z_2 = 1/y_2 = 1)} = \dfrac{1/2 \cdot 1}{1/2} = 1 \end{cases} \tag{15}$$

由此，得信道$(YZ\text{-}X)$（如图 E2.31-7 所示）的信道矩阵

$$[P]_{YZ\text{-}X} = \begin{matrix} Y & Z & \overbrace{\hspace{3em} X \hspace{3em}} \\ & & 0 \qquad\qquad 1 \\ 0 & 0 \\ 0 & 1 \\ 1 & 0 \\ 1 & 1 \end{matrix} \begin{pmatrix} 1/2 & 1/2 \\ 0 & 0 \\ 1 & 0 \\ 0 & 1 \end{pmatrix} \tag{16}$$

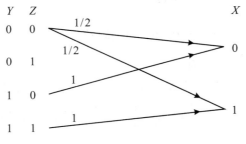

图 E2.31-7

(3) $H(X)$、$H(Y)$、$H(Z)$.

由$[X \cdot P]$和$[Y \cdot P]$得

$$H(X) = H(1/2,1/2) = 1 \quad (比特/符号) \tag{17}$$

$$H(Y) = H(1/2,1/2) = 1 \quad (比特/符号) \tag{18}$$

由矩阵$[P]_{X \odot Y-Z}$,并考虑到 X 和 Y 统计独立,得 Z 的概率分布

$$p_Z(0) = 3/4; p_Z(1) = 1/4 \tag{19}$$

由此,得 Z 的信息熵

$$H(Z) = H(3/4,1/4) = 0.81 \quad (比特/符号) \tag{20}$$

这表明,在图 E2.31-1 所示信道 $Z = X \odot Y$ 中,随机变量 X 和 Y 的平均不确定性均等于 1 (比特/符号),而 Z 的平均不确定性小于 1(比特/符号)(如图 E2.31-8 所示).

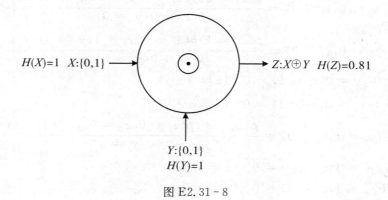

图 E2.31-8

(4) $H(X/Y)$、$H(Y/X)$;$H(X/Z)$、$H(Z/X)$;$H(Z/Y)$、$H(Y/Z)$.

① $H(X/Y)$、$H(Y/X)$.

因为 X 和 Y 统计独立,所以

$$H(X/Y) = H(X) = 1 \quad (比特/符号) \tag{21}$$

$$H(Y/X) = H(Y) = 1 \quad (比特/符号) \tag{22}$$

② $H(X/Z)$、$H(Z/X)$.

由图 E2.31-5(a)所示反向信道$(Z-X)$,得

$$H(X/Z) = p(z_1 = 0)H(X/Z = z_1 = 0) + p(z_2 = 1)H(X/Z = z_2 = 1)$$

$$= \frac{3}{4}H\left(\frac{2}{3},\frac{1}{3}\right) + \frac{1}{4}H(0,1)$$

$$= \frac{3}{4}H\left(\frac{2}{3},\frac{1}{3}\right) = 0.69 \quad (比特/符号) \tag{23}$$

由(3)式所示信道矩阵$[P]_{X-Z}$,有

$$H(Z/X) = p(x_1 = 0)H(Z/X = x_1 = 0) + p(x_2 = 1)H(Z/X = x_2 = 1)$$

$$= \frac{1}{2}H(1,0) + \frac{1}{2}H\left(\frac{1}{2},\frac{1}{2}\right) = \frac{1}{2} \quad (比特/符号) \tag{24}$$

③ $H(Z/Y)$、$H(Y/Z)$.

由(4)式所示信道矩阵$[P]_{Y\text{-}Z}$,有

$$H(Z/Y) = p(y_1 = 0)H(Z/Y = y_1 = 0) + p(y_2 = 1)H(Z/Y = y_2 = 1)$$

$$= \frac{1}{2}H(1,0) + \frac{1}{2}H\left(\frac{1}{2},\frac{1}{2}\right) = \frac{1}{2} \quad (比特/符号) \tag{25}$$

由图 E2.31-5(b)所示反向信道$(Z\text{-}Y)$,有

$$H(Y/Z) = p(z_1 = 0)H(Y/Z = z_1 = 0) + p(z_2 = 1)H(Y/Z = z_2 = 1)$$

$$= \frac{3}{4}H\left(\frac{2}{3},\frac{1}{3}\right) + \frac{1}{4}H(0,1)$$

$$= \frac{3}{4}H\left(\frac{2}{3},\frac{1}{3}\right) = 0.69 \quad (比特/符号) \tag{26}$$

综上所述,在图 E2.31-1 所示 $Z=X\odot Y$ 信道中,因为 X、Y 统计独立,所以条件熵 $H(Y/X)$ 和 $H(X/Y)$,分别等于自身的信息熵 $H(Y)$ 和 $H(X)$,且都等于1;在已知 X 的前提下,Z 仍然存在的平均不确定性$H(Z/X)$,与已知 Y 的前提下,Z 仍然存在的平均不确定性$H(Z/Y)$相等,均等于1/2;在已知 Z 的前提下,X 仍然存在的平均不确定性$H(X/Z)$,与已知 Y 的前提下,Y 仍然存在的平均不确定性$H(Y/Z)$相等,均等于 $H(2/3)=0.69$(图 E2.31-9).这表明,在已知 Z 的前提下,对 X 和 Y 仍然存在的平均不确定性,大于在已知 X 和 Y 的前提下,对 Z 仍然存在的平均不确定性.

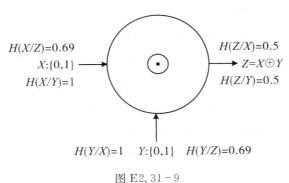

图 E2.31-9

(5) $H(X/YZ)$、$H(Y/XZ)$、$H(Z/XY)$.

① 由信道$(YZ\text{-}X)$的信道矩阵$[P]_{YZ\text{-}X}$,有

$$H(X/YZ) = p(y_1 = 0, z_1 = 0)H(X/Y = y_1 = 0, Z = z_1 = 0)$$

$$+ p(y_1 = 0, z_2 = 1)H(X/Y = y_1 = 0, Z = z_2 = 1)$$

$$+ p(y_2 = 1, z_1 = 0)H(X/Y = y_2 = 1, Z = z_1 = 0)$$

$$+ p(y_2 = 1, z_2 = 1)H(X/Y = y_2 = 1, Z = z_2 = 1)$$

$$= p(y_1 = 0, z_1 = 0)H(1/2, 1/2)$$

$$+ p(y_1 = 0, z_2 = 1)H(0,0)$$

$$+ p(y_2 = 1, z_1 = 0)H(1,0)$$

$$+ p(y_2 = 1, z_2 = 1)H(0,1)$$
$$= p(y_1 = 0, z_2 = 0) = p(y_1 = 0)p(z_2 = 0/y_1 = 0)$$
$$= 1/2 \cdot 1 = 1/2 \quad \text{(比特/符号)} \tag{27}$$

② 由信道$(XZ\text{-}Y)$的信道矩阵$[P]_{XZ\text{-}Y}$,有

$$H(Y/XZ) = p(x_1 = 0, z_1 = 0)H(Y/X = x_1 = 0, Z = z_1 = 0)$$
$$+ p(x_1 = 0, z_2 = 1)H(Y/X = x_1 = 0, Z = z_2 = 1)$$
$$+ p(x_2 = 1, z_1 = 0)H(Y/X = x_2 = 1, Z = z_1 = 0)$$
$$+ p(x_2 = 1, z_2 = 1)H(Y/X = x_2 = 1, z_2 = 1)$$
$$= p(x_1 = 0, z_1 = 0)H(1/2, 1/2)$$
$$+ p(x_1 = 0, z_2 = 1)H(0,0)$$
$$+ p(x_2 = 1, z_1 = 0)H(1,0)$$
$$+ p(x_2 = 1, z_2 = 1)H(0,1)$$
$$= p(x_1 = 0, z_1 = 0) = p(x_1 = 0)p(z_1 = 0/x_1 = 0)$$
$$= 1/2 \cdot 1 = 1/2 \quad \text{(比特/符号)} \tag{28}$$

③ 由信道$(XY\text{-}Z)$的信道矩阵$[P]_{X\odot Y\text{-}Z}$,有

$$H(Z/XY) = p(x_1 = 0, y_1 = 0)H(Z/X = x_1 = 0, Y = y_1 = 0)$$
$$+ p(x_1 = 0, y_2 = 1)H(Z/X = x_1 = 0, Y = y_2 = 1)$$
$$+ p(x_2 = 1, y_1 = 0)H(Z/X = x_2 = 1, Y = y_1 = 0)$$
$$+ p(x_2 = 1, y_2 = 1)H(Z/X = x_2 = 1, Y = y_2 = 1)$$
$$= p(x_1 = 0, y_1 = 0)H(1,0)$$
$$+ p(x_1 = 0, y_2 = 1)H(1,0)$$
$$+ p(x_2 = 1, y_1 = 0)H(1,0)$$
$$+ p(x_2 = 1, y_2 = 1)H(0,1)$$
$$= 0 \tag{29}$$

综上所述,在图 E2.31-1 所示的 $Z = X \odot Y$ 信道中,在(XY)已知条件下,对 Z 就不存在任何不确定性;在(XZ)或(YZ)已知条件下,对另一个随机变量 Y 或 X 存在相同的平均不确定性,均等于 0.5(比特/符号)(如图 E2.31-10 所示).

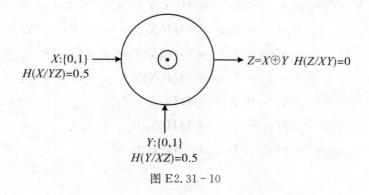

图 E2.31-10

(6) $I(X;Y)$、$I(X;Z)$、$I(Y;Z)$.

① 由(17)式、(21)式,得
$$I(X;Y) = H(X) - H(X/Y) = 1 - 1 = 0 \tag{30}$$

② 由(17)式、(23)式,得
$$I(X;Z) = H(X) - H(X/Z) = 1 - 0.69 = 0.31 \quad \text{(比特/符号)} \tag{31}$$

③ 由(18)式、(26)式,得
$$I(Y;Z) = H(Y) - H(Y/Z) = 1 - 0.69 = 0.31 \quad \text{(比特/符号)} \tag{32}$$

这表明,在图 E2.31-1 所示 $Z=X\odot Y$ 信道中,因为 X、Y 统计独立,它们之间的平均互信息等于零,从 Z 中获取关于 X 的平均互信息,与 Z 中获取关于 Y 的平均互信息相等,均等于 0.31(比特/符号)(如图 E2.31-11 所示).

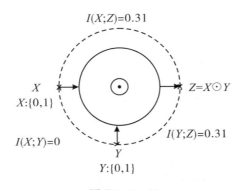

图 E2.31-11

(7) $I(X;Y/Z)$、$I(X;Z/Y)$、$I(Z;Y/X)$.

① 由(23)式、(27)式,有
$$I(X;Y/Z) = H(X/Z) - H(X/YZ) = 0.69 - 0.5 = 0.19 \quad \text{(比特/符号)} \tag{33}$$

② 由(21)式、(27)式,有
$$I(X;Z/Y) = H(X/Y) - H(X/YZ) = 1 - 0.5 = 0.5 \quad \text{(比特/符号)} \tag{34}$$

③ 由(24)式、(29)式,有
$$I(Z;Y/X) = H(Z/X) - H(Z/XY) = 0.5 - 0 = 0.5 \quad \text{(比特/符号)} \tag{35}$$

这表明,在图 E2.31-1 所示 $Z=X\odot Y$ 信道中,在 Z 已知条件下,X 和 Y 之间的平均条件互信息,与在已知 X 或 Y 的条件下,另外两个随机变量 Y、Z 或 X、Z 之间的平均条件互信息是不相同的;在已知 X 或 Y 条件下,另外两个随机量 Y、Z 或 X、Z 之间的平均条件互信息,比在已知 Z 条件下,X 和 Y 之间的平均条件互信息大(如图 E2.31-12 所示).

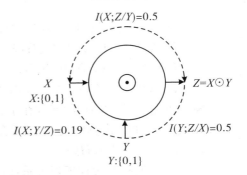

图 E2.31-12

(8) $I(XY;Z)$、$I(XZ;Y)$、$I(YZ;X)$

① 由(31)式、(35)式,有

$$I(XY;Z) = I(X;Z) + I(Y;Z/X) = 0.31 + 0.5 = 0.81 \quad （比特/符号） \tag{36}$$

② 由(30)式、(35)式,有

$$I(XZ;Y) = I(X;Y) + I(Z;Y/X) = 0 + 0.5 = 0.5 \quad （比特/符号） \tag{37}$$

③ 由(30)式、(34)式,有

$$I(YZ;X) = I(Y;X) + I(Z;X/Y) = 0 + 0.5 = 0.5 \quad （比特/符号） \tag{38}$$

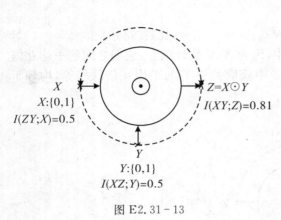

图 E2.31 − 13

这表明,在图 E2.31−1 所示 $Z=X\odot Y$ 信道中,从 Z 中获取关于 (XY) 的平均联合互信息,大于从 X 或 Y 中获取另外两个随机变量 (ZY) 或 (XZ) 的平均联合互信息;从 X 或 Y 中获取关于另外两个随机变量 (ZY) 或 (XZ) 的平均联合互信息是相等的,它们均等于 0.5(比特/符号)(如图 E2.31 − 13 所示).

在本例题结束时,同样要提醒注意,二元域 $\{0,1\}$ 中 $\odot$ 同样是编码、译码技术,以及数字通信技术经常用到的运算程序.图 E2.31−1 所示 $Z=X\odot Y$ 信道三个随机变量 X、Y、Z 中:任何两个随机变量间的平均互信息;已知一个随机变量的前提下,另外两个随机变量间的平均条件互信息;任何一个随机变量与另外两个随机变量之间的平均联合互信息等,是分析、设计二元域 $\{0,1\}$ 运算系统信息传输和处理的基本因素.

【例 2.32】 设 X 和 Y 是两个并非统计独立,相互之间存在依赖关系的二元随机变量.它们的联合概率分布是:

$$P\{X=0,Y=0\} = p_{XY}(00) = 1/8$$
$$P\{X=0,Y=1\} = p_{XY}(01) = 3/8$$
$$P\{X=1,Y=0\} = p_{XY}(10) = 3/8$$
$$P\{X=1,Y=1\} = p_{XY}(11) = 1/8$$

现定义随机变量 $Z=X\odot Y$. 试计算:

(1) $H(X)$、$H(Y)$、$H(Z)$;

(2) $H(XZ)$、$H(XY)$、$H(YZ)$;

(3) $H(XYZ)$;

(4) $H(X/Y)$、$H(Z/Y)$、$H(X/Z)$、$H(Y/Z)$、$H(Y/X)$、$H(Z/X)$;

(5) $H(X/YZ)$、$H(Y/XZ)$、$H(Z/XY)$;

(6) $I(X;Y)$、$I(X;Z)$、$I(Y;Z)$;

(7) $I(X;Y/Z)$、$I(X;Z/Y)$、$I(Y;Z/X)$.

解 本题与[例 2.31]的区别在于 X 和 Y 并非统计独立,它们之间存在依赖关系.这种情况在二元域 $\{0,1\}$ 的 $\odot$ 运算中,也是经常会遇到的.

(1) $H(X)$、$H(Y)$、$H(Z)$.

X 和 Y 之间存在统计依赖关系,由给定的联合概率分布 $P(XY)$,求得 X 和 Y 的概率分布

$$\begin{cases} P(X=0)=p_X(0)=p_{XY}(00)+p_{XY}(01)=1/8+3/8=1/2 \\ P(X=1)=p_X(1)=p_{XY}(10)+p_{XY}(11)=3/8+1/8=1/2 \end{cases} \tag{1}$$

$$\begin{cases} P(Y=0)=p_Y(0)=p_{XY}(00)+p_{XY}(10)=1/8+3/8=1/2 \\ P(Y=1)=p_Y(1)=p_{XY}(01)+p_{XY}(11)=3/8+1/8=1/2 \end{cases} \tag{2}$$

这表明,有统计依赖关系的 X 和 Y,都是二元等概随机变量.

由定义 $Z=X\odot Y$,得 Z 的概率分布:

$$\begin{cases} P\{Z=0\}=p_Z(0)=p_{XY}(00)+p_{XY}(01)+p_{XY}(10)=1/8+3/8+3/8=7/8 \\ P\{Z=1\}=p_Z(1)=p_{XY}(11)=1/8 \end{cases} \tag{3}$$

由(1)、(2)、(3)式,得

$$\begin{cases} H(X)=H(1/2,1/2)=1 \quad （比特/符号） \tag{4} \\ H(Y)=H(1/2,1/2)=1 \quad （比特/符号） \tag{5} \\ H(Z)=H(7/8,1/8)=0.55 \quad （比特/符号） \tag{6} \end{cases}$$

(2) $H(X/Y)$、$H(X/Z)$；$H(Y/X)$、$H(Y/Z)$；$H(Z/X)$、$H(Z/Y)$.

① X 和 Y 之间的统计依赖关系由传递概率 $P(Y/X)$ 体现. 由给定的联合概率 $P(XY)$ 和 (1)、(2)式所示的 $P(X)$、$P(Y)$,求得

$$\begin{cases} P\{Y=0/X=0\}=p_{Y/X}(0/0)=\dfrac{p_{XY}(00)}{p_X(0)}=\dfrac{1/8}{1/2}=\dfrac{1}{4} \\ \\ P\{Y=1/X=0\}=p_{Y/X}(1/0)=\dfrac{p_{XY}(01)}{p_X(0)}=\dfrac{3/8}{1/2}=\dfrac{3}{4} \\ \\ P\{Y=0/X=1\}=p_{Y/X}(0/1)=\dfrac{p_{XY}(10)}{p_X(1)}=\dfrac{3/8}{1/2}=\dfrac{3}{4} \\ \\ P\{Y=1/X=1\}=p_{Y/X}(1/1)=\dfrac{p_{XY}(11)}{p_X(1)}=\dfrac{1/8}{1/2}=\dfrac{1}{4} \end{cases} \tag{7}$$

由此可知,X 和 Y 之间,可由图 E2.32-1(a)所示的"正向信道"$(X-Y)$表示. 再由(2)式所示 Y 的概率分布 $P(Y)$,求得其"反向信道"$(Y-X)$(如图 E2.32-1(b)所示).

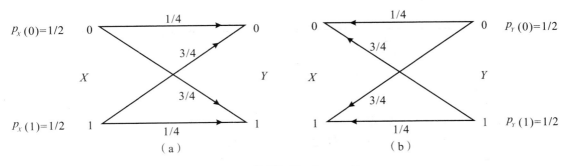

图 E2.32-1

由(1),(7)式,得

$$H(Y/X)=p_X(0)H(Y/X=0)+p_X(1)H(Y/X=1)$$

$$= \frac{1}{2}H\Big(\frac{1}{4},\frac{3}{4}\Big) + \frac{1}{2}H\Big(\frac{3}{4},\frac{1}{4}\Big)$$

$$= H(1/4, 3/4) = 0.81 \quad (\text{比特／符号}) \tag{8}$$

由(2)式和图 E2.32-1(b)所示 $P(X/Y)$，得

$$H(X/Y) = p_Y(0)H(X/Y = 0) + p_Y(1)H(X/Y = 1)$$

$$= \frac{1}{2}H\Big(\frac{1}{4},\frac{3}{4}\Big) + \frac{1}{2}H\Big(\frac{3}{4},\frac{1}{4}\Big) \tag{9}$$

$$= H(1/4, 3/4) = 0.81 \quad (\text{比特／符号})$$

② $Z = X \odot Y$ 的符号集为

$Z = X \odot Y$	Y	
	0	1
X　0	0	0
1	0	1

$$\tag{10}$$

由此可得，X 和 Z 之间的传递概率 $P(Z/X)$：

$$\begin{cases} P\{Z = 0/X = 0\} = p_{Z/X}(0/0) = 1 \\ P\{Z = 1/X = 0\} = 0 \end{cases} \tag{11}$$

$$\begin{cases} P\{Z = 0/X = 1\} = p_{Z/X}(0/1) = p_{Y/X}(0/1) = 3/4 \\ P\{Z = 1/X = 1\} = p_{Z/X}(1/1) = p_{Y/X}(1/1) = 1/4 \end{cases} \tag{12}$$

由(11)式、(12)式，得 X 和 Z 之间的"正向信道"(X-Z)(如图 E2.32-2(a)所示). 再由(3)式所示 Z 的概率分布 $P(Z)$，得由图 E2.32-2(b)所示的"反向信道"(Z-X).

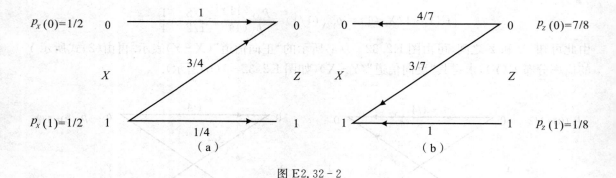

图 E2.32-2

由(1)式和(11)式、(12)式，得

$$H(Z/X) = p_X(0)H(Z/X = 0) + p_X(1)H(Z/X = 1)$$

$$= \frac{1}{2}H(1,0) + \frac{1}{2}H\Big(\frac{3}{4},\frac{1}{4}\Big)$$

$$= \frac{1}{2}H\Big(\frac{3}{4},\frac{1}{4}\Big) = 0.41 \quad (\text{比特／符号}) \tag{13}$$

由(3)式以及图 E2.32-2(b)所示 $P(X/Z)$，得

$$H(X/Z) = p_Z(0)H(X/Z = 0) + p_Z(1)H(X/Z = 1)$$

$$= \frac{7}{8}H\left(\frac{4}{7}, \frac{3}{7}\right) + \frac{1}{8}H(0, 1)$$

$$= \frac{7}{8}H\left(\frac{4}{7}, \frac{3}{7}\right) = 0.87 \quad （比特 / 符号） \tag{14}$$

③ 由(10)式可得 Y 和 Z 之间的传递概率 $P(Z/Y)$：

$$\begin{cases} P\{Z = 0/Y = 0\} = p_{Z/Y}(0/0) = 1 \\ P\{Z = 1/Y = 0\} = p_{Z/Y}(1/0) = 0 \end{cases} \tag{15}$$

$$\begin{cases} P\{Z = 0/Y = 1\} = p_{Z/Y}(0/1) = p_{X/Y}(0/1) = 3/4 \\ P\{Z = 1/Y = 1\} = p_{Z/Y}(1/1) = p_{X/Y}(1/1) = 1/4 \end{cases} \tag{16}$$

由此可知，Y 和 Z 之间，可由图 E2.32 - 3(a)表示. 再由(3)式所示 $P(Z)$，求得其"反向信道"$(Z\text{-}Y)$(如图 E2.32 - 3(b)所示).

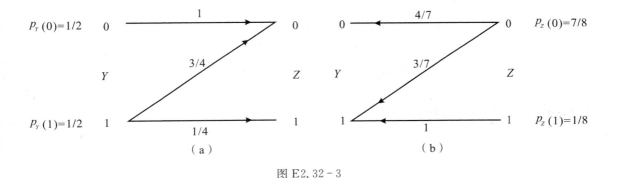

图 E2.32 - 3

由(2)式所示 $P(Y)$ 以及(15)式、(16)式所示 $P(Z/Y)$，得

$$H(Z/Y) = p_Y(0)H(Z/Y = 0) + p_Y(1)H(Z/Y = 1)$$

$$= \frac{1}{2}H(1, 0) + \frac{1}{2}H\left(\frac{3}{4}, \frac{1}{4}\right)$$

$$= \frac{1}{2}H\left(\frac{3}{4}, \frac{1}{4}\right) = 0.41 \quad （比特 / 符号） \tag{17}$$

由(3)式所示 $P(Z)$ 以及图 E2.32 - 3(b)所示 $P(Y/Z)$，得

$$H(Y/Z) = p_Z(0)H(Y/Z = 0) + p_Z(1)H(Y/Z = 1)$$

$$= \frac{7}{8}H\left(\frac{4}{7}, \frac{3}{7}\right) + \frac{1}{8}H(0, 1)$$

$$= \frac{7}{8}H\left(\frac{4}{7}, \frac{3}{7}\right) = 0.87 \quad （比特 / 符号） \tag{18}$$

(3) $H(XY)$、$H(XZ)$、$H(YZ)$.

① 由(4)式、(8)式,得

$$H(XY) = H(X) + H(Y/X) = 1 + 0.81 = 1.81 \quad （比特 / 符号） \tag{19}$$

② 由(4)式、(13)式,得

$$H(XZ) = H(X) + H(Z/X) = 1 + 0.41 = 1.41 \quad (比特／符号) \tag{20}$$

③ 由(5)式、(17)式,得

$$H(YZ) = H(Y) + H(Z/Y) = 1 + 0.41 = 1.41 \quad (比特／符号) \tag{21}$$

(4) $I(X;Y)$、$I(X;Z)$、$I(Y;Z)$.

① 由(4)式、(9)式,得

$$H(X;Y) = H(X) - H(X/Y) = 1 - 0.81 = 0.19 \quad (比特／符号) \tag{22}$$

② 由(4)式、(14)式,得

$$I(X;Z) = H(X) - H(X/Z) = 1 - 0.87 = 0.13 \quad (比特／符号) \tag{23}$$

③ 由(5)式、(18)式,得

$$I(Y;Z) = H(Y) - H(Y/Z) = 1 - 0.87 = 0.13 \quad (比特／符号) \tag{24}$$

(5) $H(X/YZ)$、$H(Y/XZ)$、$H(Z/XY)$.

① 由(10)式,得 $P(Z/XY)$:

$$
\begin{cases}
P\{Z=0/X=0,Y=0\} = p_{Z/XY}(0/00) = 1; & P\{Z=1/X=0,Y=0\} = p_{Z/XY}(1/00) = 0 \\
P\{Z=0/X=0,Y=1\} = p_{Z/XY}(0/01) = 1; & P\{Z=1/X=0,Y=1\} = p_{Z/XY}(1/01) = 0 \\
P\{Z=0/X=1,Y=0\} = p_{Z/XY}(0/10) = 1; & P\{Z=1/X=1,Y=0\} = p_{Z/XY}(1/10) = 0 \\
P\{Z=0/X=1,Y=1\} = p_{Z/XY}(0/11) = 0; & P\{Z=1/X=1,Y=1\} = p_{Z/XY}(1/11) = 1
\end{cases}
\tag{25}
$$

由此,得$(XY\text{-}Z)$的信道矩阵

$$
[P]_{XY\text{-}Z} = \begin{array}{c} \\ XY \end{array}
\begin{array}{c}
\begin{array}{cc} & Z \\ 0 \qquad\qquad 1 \end{array} \\
\begin{array}{c}
0\ \ 0 \\
0\ \ 1 \\
1\ \ 0 \\
1\ \ 1
\end{array}
\begin{bmatrix}
1 & 0 \\
1 & 0 \\
1 & 0 \\
0 & 1
\end{bmatrix}
\end{array}
\tag{26}
$$

由给定的 X、Y 联合概率分布 $P(XY)$ 和(25)式,得

$$
\begin{aligned}
H(Z/XY) &= p_{XY}(00)H(Z/X=0,Y=0) \\
&\quad + p_{XY}(01)H(Z/X=0,Y=1) \\
&\quad + p_{XY}(10)H(Z/X=1,Y=0) \\
&\quad + p_{XY}(11)H(Z/X=1,Y=1) \\
&= \frac{1}{8}H(1,0) + \frac{3}{8}H(1,0) + \frac{3}{8}H(1,0) + \frac{1}{8}H(0,1) \\
&= 0
\end{aligned}
\tag{27}
$$

这表明,在 $Z = X \odot Y$ 信道$(XY\text{-}Z)$中,当 X、Y 已知后,对 Z 就不存在任何不确定性.

② $P(X/YZ)$.

因为

$$p(x/yz) = \frac{p(xyz)}{p(yz)} = \frac{p(xy)p(z/xy)}{p(y)p(z/y)} \tag{28}$$

它们是：

$$
\begin{cases}
P\{X=0/Y=0, Z=0\} = p_{X/YZ}(0/00) = \dfrac{p_{XY}(00) p_{Z/XY}(0/00)}{p_Y(0) p_{Z/Y}(0/0)} = \dfrac{1/8 \cdot 1}{1/2 \cdot 1} = \dfrac{1}{4} \\[3mm]
P\{X=1/Y=0, Z=0\} = p_{X/YZ}(1/00) = \dfrac{p_{XY}(10) p_{Z/XY}(0/10)}{p_Y(0) p_{Z/Y}(0/0)} = \dfrac{3/8 \cdot 1}{1/2 \cdot 1} = \dfrac{3}{4}
\end{cases}
$$

$$
\begin{cases}
P\{X=0/Y=0, Z=1\} = p_{X/YZ}(0/01) = 0 \\[1mm]
P\{X=1/Y=0, Z=1\} = p_{X/YZ}(1/01) = 0
\end{cases}
$$

$$
\begin{cases}
P\{X=0/Y=1, Z=0\} = p_{X/YZ}(0/10) = \dfrac{p_{XY}(01) p_{Z/XY}(0/01)}{p_Y(1) p_{Z/Y}(0/1)} = \dfrac{3/8 \cdot 1}{1/2 \cdot 3/4} = 1 \\[3mm]
P\{X=1/Y=1, Z=0\} = p_{X/YZ}(1/10) = \dfrac{p_{XY}(11) p_{Z/XY}(0/11)}{p_Y(1) p_{Z/Y}(0/1)} = \dfrac{1/8 \cdot 0}{7/8 \cdot 3/7} = 0
\end{cases}
$$

$$
\begin{cases}
P\{X=0/Y=1, Z=1\} = p_{X/YZ}(0/11) = \dfrac{p_{XY}(01) p_{Z/XY}(1/01)}{p_Y(1) p_{Z/Y}(1/1)} = \dfrac{3/8 \cdot 0}{1/2 \cdot 1/4} = 0 \\[3mm]
P\{X=1/Y=1, Z=1\} = p_{X/YZ}(1/11) = \dfrac{p_{XY}(11) p_{Z/XY}(1/11)}{p_Y(1) p_{Z/Y}(1/1)} = \dfrac{1/8 \cdot 1}{1/2 \cdot 1/4} = 1
\end{cases}
$$

$$\tag{29}$$

由此，得 $(YZ-X)$ 信道矩阵

$$
[P]_{YZ-X} = YZ \begin{array}{c} \\ \\ \\ \\ \end{array}
\begin{array}{cc}
0 & 0 \\
0 & 1 \\
1 & 0 \\
1 & 1
\end{array}
\overbrace{
\begin{bmatrix}
1/4 & 3/4 \\
0 & 0 \\
1 & 0 \\
0 & 1
\end{bmatrix}
}^{\displaystyle X \atop 0 \qquad\qquad 1}
\tag{30}
$$

由(2)式、(15)式、(16)式以及(30)式所示 $[P]_{YZ-X}$，得

$$
\begin{aligned}
H(X/YZ) &= p_{YZ}(00) H(X/Y=0, Z=0) \\
&\quad + p_{YZ}(01) H(X/Y=0, Z=1) \\
&\quad + p_{YZ}(10) H(X/Y=1, Z=0) \\
&\quad + p_{YZ}(11) H(X/Y=1, Z=1) \\
&= p_{YZ}(00) H(1/4, 3/4) \\
&\quad + p_{YZ}(01) H(0,0) \\
&\quad + p_{YZ}(10) H(1,0) \\
&\quad + p_{YZ}(11) H(0,1) \\
&= p_{YZ}(00) H(1/4, 3/4) \\
&= p_Y(0) p_{Z/Y}(0/0) H(1/4, 3/4) \\
&= 1/2 \times 1 \times H(1/4, 3/4) \\
&= 0.41 \quad (\text{比特} / \text{符号})
\end{aligned}
\tag{31}
$$

③ $P(Y/XZ)$.

因为

$$p(y/xz) = \frac{p(xyz)}{p(xz)} = \frac{p(xy)\,p(z/xy)}{p(x)\,p(z/x)} \tag{32}$$

它们是：

$$
\begin{cases}
P\{Y=0/X=0,Z=0\} = p_{Y/XZ}(0/00) = \dfrac{p_{XY}(00)\,p_{Z/XY}(0/00)}{p_X(0)\,p_{Z/X}(0/0)} = \dfrac{1/8 \cdot 1}{1/2 \cdot 1} = \dfrac{1}{4} \\[3mm]
P\{Y=1/X=0,Z=0\} = p_{Y/XZ}(1/00) = \dfrac{p_{XY}(01)\,p_{Z/XY}(0/01)}{p_X(0)\,p_{Z/X}(0/0)} = \dfrac{3/8 \cdot 1}{1/2 \cdot 1} = \dfrac{3}{4}
\end{cases}
$$

$$
\begin{cases}
P\{Y=0/X=0,Z=1\} = p_{Y/XZ}(0/01) = 0 \\[1mm]
P\{Y=1/X=0,Z=1\} = p_{Y/XZ}(1/01) = 0
\end{cases}
$$

$$
\begin{cases}
P\{Y=0/X=1,Z=0\} = p_{Y/XZ}(0/10) = \dfrac{p_{XY}(10)\,p_{Z/XY}(0/10)}{p_X(1)\,p_{Z/X}(0/1)} = \dfrac{3/8 \cdot 1}{1/2 \cdot 3/4} = 1 \\[3mm]
P\{Y=1/X=1,Z=0\} = p_{Y/XZ}(1/10) = \dfrac{p_{XY}(11)\,p_{Z/XY}(0/11)}{p_X(1)\,p_{Z/X}(0/1)} = \dfrac{1/8 \cdot 0}{1/2 \cdot 3/4} = 0
\end{cases}
$$

$$
\begin{cases}
P\{Y=0/X=1,Z=1\} = p_{Y/XZ}(0/11) = \dfrac{p_{XY}(10)\,p_{Z/XY}(1/10)}{p_X(1)\,p_{Z/X}(1/1)} = \dfrac{3/8 \cdot 0}{1/2 \cdot 1/4} = 0 \\[3mm]
P\{Y=1/X=1,Z=1\} = p_{Y/XZ}(1/11) = \dfrac{p_{XY}(11)\,p_{Z/XY}(1/11)}{p_X(1)\,p_{Z/X}(1/1)} = \dfrac{1/8 \cdot 1}{1/2 \cdot 1/4} = 1
\end{cases}
\tag{33}
$$

由此,得$(XZ\text{-}Y)$信道矩阵

$$
[P]_{XZ\text{-}Y} =
\begin{array}{c}
\\
XZ
\end{array}
\left.
\begin{array}{cc}
0 & 0 \\
0 & 1 \\
1 & 0 \\
1 & 1
\end{array}
\right.
\overset{\overbrace{\qquad\qquad Y \qquad\qquad}}{
\begin{array}{c}
\quad 0 \qquad\qquad 1 \quad
\end{array}
}
\left[
\begin{array}{cc}
1/4 & 3/4 \\
0 & 0 \\
1 & 0 \\
0 & 1
\end{array}
\right]
\tag{34}
$$

由(1)式、(11)式、(12)式以及(34)式所示矩阵$[P]_{XZ\text{-}Y}$,得

$$
\begin{aligned}
H(Y/XZ) &= p_{XZ}(00)H(Y/X=0,Z=0) \\
&\quad + p_{XZ}(10)H(Y/X=1,Z=0) \\
&\quad + p_{XZ}(11)H(Y/X=1,Z=1) \\
&= p_{XZ}(00)H(3/4,1/4) + p_{XZ}(10)H(1,0) + p_{XZ}(11)H(0,1) \\
&= p_{XZ}(00)H(3/4,1/4) \\
&= p_X(0)\,p_{Z/X}(0/0) \cdot H(3/4,1/4) \\
&= \frac{1}{2} \cdot 1 \cdot H(3/4,1/4) = 0.41 \quad (\text{比特} / \text{符号})
\end{aligned}
\tag{35}
$$

综上所述,由(26)式、(30)式、(34)式所示矩阵$[P]_{XY\text{-}Z}$、$[P]_{YZ\text{-}X}$、$[P]_{XZ\text{-}Y}$可知,信道 $Z=$

$X \odot Y$ 相当于三种信道 $(XY-Z)$、$(YZ-X)$、$(XZ-Y)$（如图 E2.32－4(a)、(b)、(c)所示）的传递作用.

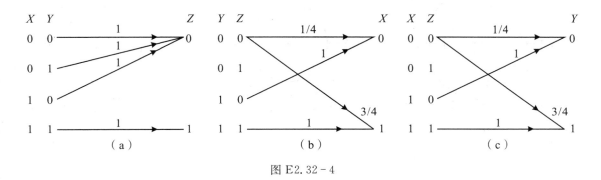

图 E2.32－4

（6）$I(X;YZ)$、$I(Y;XZ)$、$I(Z;XY)$.

① 由(4)式、(31)式,得平均联合互信息

$$I(X;YZ) = H(X) - H(X/YZ) = 1 - 0.41 = 0.59 \quad （比特／符号） \tag{36}$$

② 由(5)式、(35)式,得平均联合互信息

$$I(Y;XZ) = H(Y) - H(Y/XZ) = 1 - 0.41 = 0.59 \quad （比特／符号） \tag{37}$$

③ 由(6)式、(27)式,得平均联合互信息

$$I(Z;XY) = H(Z) - H(Z/XY) = 0.55 - 0 = 0.55 \quad （比特／符号） \tag{38}$$

（7）$H(XYZ)$.

由(19)式、(27)式,得

$$H(XYZ) = H(XY) + H(Z/XY) = 1.81 + 0 = 1.81 \quad （比特／符号） \tag{39}$$

（8）$I(Y;Z/X)$、$I(X;Z/Y)$、$I(X;Y/Z)$.

① 由(9)式、(35)式,得平均条件互信息

$$I(Y;Z/X) = H(Y/X) - H(Y/XZ) = 0.81 - 0.41 = 0.40 \quad （比特／符号） \tag{40}$$

② 由(9)式、(31)式,得平均条件互信息

$$I(X;Z/Y) = H(X/Y) - H(X/YZ) = 0.81 - 0.41 = 0.40 \quad （比特／符号） \tag{41}$$

③ 由(14)式、(31)式,得平均条件互信息

$$I(X;Y/Z) = H(X/Z) - H(X/YZ) = 0.87 - 0.41 = 0.46 \quad （比特／符号） \tag{42}$$

　　综上所述,在 $Z=X \odot Y$ 中,随机变量 X、Y、Z 之间的平均互信息、平均条件互信息、平均联合互信息,可分别由图 E2.32－5(a)、(b)、(c)描述.

　　比较[例 2.31]和[例 2.32]可见,在 $Z=X \odot Y$ 中,由 $X:\{0,1\}$、$Y:\{0,1\}$ 之间统计独立与存在统计依赖关系的区别,导致 X、Y、Z 三个随机变量之间的信息传递规律不同. 在编码、译码和数字通信、数据处理技术中,X 和 Y 之间存在统计依赖关系的情况也是有的. 本例题所导致的结果,在 $Z=X \odot Y$ 运算程序有关的计算技术中,还是具有一定的实用价值和理论意义的.

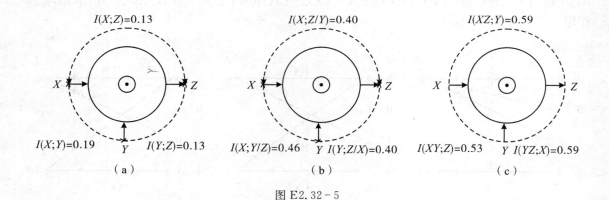

图 E2.32 - 5

【例 2.33】 试证明在图 E2.33 - 1 所示串接信道($X - W$)中,
$$I\{(XY);(UVW)\} = I(XY;W) + I(XY;U/W) + I(XY;V/UW)$$
$$= I(XY;W) + I(XY;V/W) + I(XY;U/VW)$$

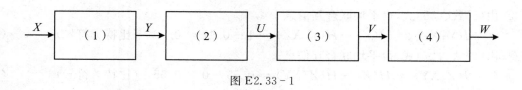

图 E2.33 - 1

证明 根据定义,平均联合互信息
$$I\{(XY);(UVW)\}$$

$$= \sum_X \sum_Y \sum_U \sum_V \sum_W p(xyuvw)\log\frac{p(xyuvw)}{p(xy)p(uvw)}$$

$$= \sum_X \sum_Y \sum_U \sum_V \sum_W p(xyuvw)\log\left\{\frac{p(xyw)p(u/xyw)p(v/xywu)}{p(xy)p(w)p(u/w)p(v/uw)}\right\}$$

$$= \sum_X \sum_Y \sum_U \sum_V \sum_W p(xyuvw)\log\frac{p(xyw)}{p(xy)p(w)}$$

$$+ \sum_X \sum_Y \sum_U \sum_V \sum_W p(xyuvw)\log\frac{p(u/xyw)}{p(u/w)}$$

$$+ \sum_X \sum_Y \sum_U \sum_V \sum_W p(xyuvw)\log\frac{p(v/xyuw)}{p(v/uw)}$$

$$= I(XY;W) + I(XY;U/W) + I(XY;V/UW) \tag{1}$$

另一方面,根据联合概率的双向性,(1)式又可改写为
$$I\{(XY);(UVW)\}$$

$$= \sum_X \sum_Y \sum_U \sum_V \sum_W p(xyuvw)\log\frac{p(xyuvw)}{p(xy)p(uvw)}$$

$$= \sum_X \sum_Y \sum_U \sum_V \sum_W p(xyuvw)\log\left\{\frac{p(xyw)p(v/xyw)p(u/xyvw)}{p(xy)p(w)p(v/w)p(u/vw)}\right\}$$

$$= \sum_X \sum_Y \sum_U \sum_V \sum_W p(xyuvw) \log \frac{p(xyw)}{p(xy)p(w)}$$

$$+ \sum_X \sum_Y \sum_U \sum_V \sum_W p(xyuvw) \log \frac{p(v/xyw)}{p(v/w)}$$

$$+ \sum_X \sum_Y \sum_U \sum_V \sum_W p(xyuvw) \log \frac{p(u/xyvw)}{p(u/vw)}$$

$$= I(XY;W) + I(XY;V/W) + I(XY;U/VW) \tag{2}$$

则证得,在图 E2.33-1 串接信道$(X-W)$中,有

$$I\{(XY);(UVW)\} = I(XY;W) + I(XY;U/W) + I(XY;V/UW)$$

$$= I(XY;W) + I(XY;V/W) + I(XY;U/VW) \tag{3}$$

这表明,在图 E2.33-1 串接信道$(X-W)$中,(XY)与(UVW)之间的平均联合互信息 $I(XY;UVW)$可以有两种表达方法:其一,是等于(XY)与 W 之间的平均联合互信息 $I(XY;W)$,加上在 W 已知的前提下,U 与(XY)的平均条件互信息 $I(XY;U/W)$,再加上在(UW)已知的前提下,V 与(XY)的平均条件互信息 $I(XY;V/UW)$;其二,是等于(XY)与 W 之间的平均联合互信息 $I(XY;W)$;加上在 W 已知的前提下,V 与(XY)的平均条件互信息 $I(XY;V/W)$,再加上在(VW)已知的前提下,U 与(XY)的平均条件互信息 $I(XY;U/VW)$(如图 E2.33-2 所示).

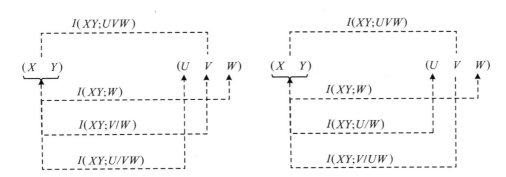

图 E2.33-2

由(3)式还可得到,在图 E2.33-1 串接信道$(X-W)$中,有

$$I(XY;V/W) + I(XY;U/VW) = I(XY;U/W) + I(XY;V/UW) \tag{4}$$

习　题

2.1 设信源$[X \cdot P]$:$\begin{cases} X: & a_1 & a_2 \\ P(X): & 0.7 & 0.3 \end{cases}$ 通过一信道,信道的输出随机变量 Y 的符号集 $Y:\{b_1, b_2\}$,信道的矩阵

$$[P] = \begin{array}{c} a_1 \\ a_2 \end{array} \begin{matrix} b_1 & b_2 \\ \left[\begin{matrix} 5/6 & 1/6 \\ 1/4 & 3/4 \end{matrix} \right] \end{matrix}$$

试求:

(1) 信源 X 中的符号 a_1 和 a_2 分别含有的自信量;

(2) 收到消息 $Y=b_1$、$Y=b_2$ 后,获得关于 a_1、a_2 的交互信息量:$I(a_1;b_1)$、$I(a_1;b_2)$、$I(a_2;b_1)$、$I(a_2;b_2)$;

(3) 信源 X 和信宿 Y 的信息熵;

(4) 信道疑义度 $H(X/Y)$ 和噪声熵 $H(Y/X)$;

(5) 接收到消息 Y 后获得的平均交互信息量 $I(X;Y)$.

2.2 某二进制对称信道,其信道矩阵是

$$[P] = \begin{array}{c} \\ 0 \\ 1 \end{array} \begin{array}{cc} 0 & 1 \\ \left[\begin{array}{cc} 0.98 & 0.02 \\ 0.02 & 0.98 \end{array} \right] \end{array}$$

设该信道以 1500 个二进制符号/秒的速度传输输入符号. 现有一消息序列共有 14000 个二进制符号,并设在这消息中 $p(0) = p(1) = \dfrac{1}{2}$. 问从信息传输的角度来考虑,10 秒钟内能否将这消息序列无失真地传送完毕?

2.3 有两个二元随机变量 X 和 Y,它们的联合概率为:$P[X=0,Y=0]=\dfrac{1}{8}$;$P[X=0,Y=1]=\dfrac{3}{8}$;$P[X=1,Y=1]=\dfrac{1}{8}$;$P[X=1,Y=0]=\dfrac{3}{8}$. 定义另一随机变量 $Z=XY$,试计算:

(1) $H(X),H(Y),H(Z),H(XZ),H(YZ),H(XYZ)$;

(2) $H(X/Y),H(Y/X),H(X/Z),H(Z/X),H(Y/Z);H(Z/Y),H(X/YZ),H(Y/XZ),H(Z/XY)$;

(3) $I(X;Y),I(X;Z),I(Y;Z),I(X;Y/Z),I(Y;Z/X),I(X;Z/Y)$.

2.4 已知信源 X 的信源空间为

$$[X \cdot P]: \begin{cases} X: & a_1 & a_2 & a_3 & a_4 \\ P(X): & 0.1 & 0.3 & 0.2 & 0.4 \end{cases}$$

某信道的信道矩阵为

$$\begin{array}{c} a_1 \\ a_2 \\ a_3 \\ a_4 \end{array} \begin{array}{cccc} b_1 & b_2 & b_3 & b_4 \\ \left[\begin{array}{cccc} 0.2 & 0.3 & 0.1 & 0.4 \\ 0.6 & 0.2 & 0.1 & 0.1 \\ 0.5 & 0.2 & 0.1 & 0.2 \\ 0.1 & 0.3 & 0.4 & 0.2 \end{array} \right] \end{array}$$

试求:

(1) "输入 a_3,输出 b_2"的概率;

(2) "输出 b_4"的概率;

(3) "收到 b_3 的条件下,推测输入 a_2"的概率.

2.5 已知从符号 B 中获取关于符号 A 的信息量是 1 比特,当符号 A 的先验概率 $P(A)$ 为下列各值时,分别计算收到 B 后推测 A 的后验概率应是多少?

(1) $P(A) = 10^{-2}$;

(2) $P(A) = \dfrac{1}{32}$;

(3) $P(A) = 0.5$.

2.6 某信源发出 8 种消息,它们的先验概率以及相应的码字如表 B.1 所示. 以 a_4 为例,试求:

表 B.1

消 息	a_1	a_2	a_3	a_4	a_5	a_6	a_7	a_8
概 率	1/4	1/4	1/8	1/8	1/16	1/16	1/16	1/16
码 字	000	001	010	011	100	101	110	111

(1) 在 $W_4 = 011$ 中,接到第一个码符号"0"后获得关于 a_4 的信息量 $I(a_4;0)$;

(2) 在收到"0"的前提下,从第二个码符号"1"中获取关于 a_4 的信息量 $I(a_4;1/0)$;

(3) 在收到"01"的前提下,从第三个码符号"1"中获取关于 a_4 的信息量 $I(a_4;1/01)$;

(4) 从码字 $W_4=011$ 中获取关于 a_4 的信息量 $I(a_4;011)$.

2.7　证明要使信道的疑义度 $H(X/Y)=0$ 的充分必要条件是信道矩阵$[P]$中每列有一个,也只有一个非零元素.

2.8　试证明平均交互信息量 $I[p(a_i),p(b_j/a_i)]$ 是信源概率分布 $p(a_i)(i=1,2,\cdots,r)$ 的$\bigcap$形凸函数;是信道传递概率 $p(b_j/a_i)(i=1,2,\cdots,r;j=1,2,\cdots,s)$ 的$\bigcup$型凸函数.

2.9　试证明:当信道输入一个 X 值,相应有几个 Y 值输出,且各种不同的 X 值所对应的 Y 值不相互重合时,有 $H(Y)-H(X)=H(Y/X)$.

2.10　试证明:当几个不同的 X 值输入,相应以一个 Y 值输出,且不同的 Y 值所对应的 X 值不重合时,有 $H(X)-H(Y)=H(X/Y)$.

2.11　证明若 (XYZ) 是马氏链,则 (ZYX) 也是马氏链.

2.12　图 B.1 是五个信道的串接.其随机变量 $(XYZQWG)$ 是马氏链.$\bar{p}\gg p$,$\bar{p}+p=1,0<\bar{p},p<1$.随机变量 X 的概率分布为 $P(X=0)=P(X=1)=0.5$.

试求:

(1) $I(Y;Z),I(Z;Q),I(Q;W)$;

(2) $I(Y;Q),I(Z;W),I(Y;W)$;

(3) $I(X;Z),I(X;Q),I(X;W)$;

(4) $I(Q;G),I(Z;G),I(Y;G),I(X;G)$.

并证明:

(1) $I(X;Z)\geqslant I(X;Q)\geqslant I(X;G)$;

(2) $I(Q,G)\geqslant I(Z;G)\geqslant I(Y;G)$.

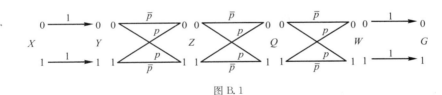

图 B.1

2.13　把 n 个二进制对称信道串接起来,每个二进制对称信道的错误传递概率为 $p(0<p<1)$,试证明:整个串接信道的错误传递概率 $p_n=\frac{1}{2}[1-(1-2p)^n]$.再证明:当 $n\to\infty$ 时,$\lim\limits_{h\to\infty}I(X_0;X_n)=0$.信道串接如图 B.2 所示.

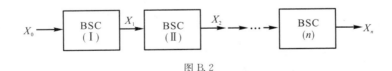

图 B.2

2.14　若有二个串接的离散信道,它们的信道矩阵都是

$$[P]=\begin{pmatrix} 0 & 0 & 0 & 1 \\ 0 & 0 & 0 & 1 \\ 0.5 & 0.5 & 0 & 0 \\ 0 & 0 & 1 & 0 \end{pmatrix}$$

并设(I)信道输入随机变量 X 的符号集 $X:\{a_1,a_2,a_3,a_4\}$,且 $p(a_1)=p(a_2)=p(a_3)=p(a_4)=1/4$.又设随机变量序列 (XYZ) 是马氏链,如图 B.3 所示.试求:$I(X;Z)$ 和 $I(X;Y)$,并比较它们的大小.

2.15　若 X,Y,Z 是三个随机变量,它们的条件平均交互信息量是 $I(X;Y/Z)=\sum\limits_{X}\sum\limits_{Y}\sum\limits_{Z}p(xyz)\log\dfrac{p(xy/z)}{p(x/z)p(y/z)}$.它表示在 Z 已知的条件下,X 和 Y 的平均交互信息量.试证明:

(1) $I(X;YZ)=I(X;Y)+I(X;Z/Y)=I(X;Z)+I(X;Y/Z)$;

(2) $I(X;Y/Z)=I(Y;X/Z)$;

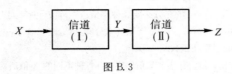

图 B.3

(3) $I(X;Y/Z) \geqslant 0$,当且仅当(XZY)是马氏链时等式成立.

2.16 设信源$[X \cdot P]$: $\begin{cases} X: & a_1 & a_2 & \cdots & a_r \\ P(X): & p(a_1) & p(a_2) & \cdots & p(a_r) \end{cases}$ 的测量值是随机变量

$[Y \cdot P]$: $\begin{cases} Y: & b_1 & b_2 & \cdots & b_s \\ P(Y): & p(b_1) & p(b_2) & \cdots & p(b_s) \end{cases}$

X和Y之间的关系由条件概率$p(b_j/a_i)(i=1,2,\cdots,r;j=1,2,\cdots,s)$表示. 现把$Y$的取值分割成$m$组$(m<s)$,在$B_l(l=1,2,\cdots,m)$组中包括若干个$b_j$,即$B_l\{(b_j,j\in A_l\}$. 对$Y$进行归并处理后的随机变量为$DY$. 试证明$I(X;DY) \leqslant I(X;Y)$.

2.17 设随机变量$Y_1,Y_2,\cdots,Y_N$是对信源X的N次测量值. 试证明:

(1) $I(X;Y_1Y_2\cdots Y_N) \geqslant I(X;Y_1Y_2\cdots Y_{N-1})$;

(2) 当$Y_1,Y_2,\cdots,Y_N$相互统计独立时,从测量值获取关于信源X的信息量为$I_0(X;Y_1Y_2\cdots Y_N)$. 证明:$I_0(X;Y_1Y_2\cdots Y_N) \geqslant I(X;Y_1Y_2\cdots Y_N)$.

2.18 试求以下各信道矩阵代表的信道的信道容量:

(1)

$$[P_1] = \begin{array}{c} \\ a_1 \\ a_2 \\ a_3 \\ a_4 \end{array} \begin{array}{c} b_1 \ b_2 \ b_3 \ b_4 \\ \left[\begin{array}{cccc} 0 & 0 & 1 & 0 \\ 1 & 0 & 0 & 0 \\ 0 & 0 & 0 & 1 \\ 0 & 1 & 0 & 0 \end{array} \right] \end{array}$$

(2)

$$[P_2] = \begin{array}{c} \\ a_1 \\ a_2 \\ a_3 \\ a_4 \\ a_5 \\ a_6 \end{array} \begin{array}{c} b_1 \ b_2 \ b_3 \\ \left[\begin{array}{ccc} 1 & 0 & 0 \\ 1 & 0 & 0 \\ 0 & 1 & 0 \\ 0 & 1 & 0 \\ 0 & 0 & 1 \\ 0 & 0 & 1 \end{array} \right] \end{array}$$

(3)

$$[P_3] = \begin{array}{c} \\ a_1 \\ a_2 \\ a_3 \end{array} \begin{array}{c} b_1 \quad b_2 \quad b_3 \quad b_4 \quad b_5 \quad b_6 \quad b_7 \quad b_8 \quad b_9 \quad b_{10} \\ \left[\begin{array}{cccccccccc} 0.1 & 0.2 & 0.3 & 0.4 & 0 & 0 & 0 & 0 & 0 & 0 \\ 0 & 0 & 0 & 0 & 0.3 & 0.7 & 0 & 0 & 0 & 0 \\ 0 & 0 & 0 & 0 & 0 & 0 & 0.4 & 0.2 & 0.1 & 0.3 \end{array} \right] \end{array}$$

2.19 设二进制对称信道的信道矩阵为

$$[P] = \begin{array}{c} \\ 0 \\ 1 \end{array} \begin{array}{c} 0 \qquad 1 \\ \left[\begin{array}{cc} 3/4 & 1/4 \\ 1/4 & 3/4 \end{array} \right] \end{array}$$

(1) 若$p(0)=2/3,p(1)=1/3$,求$H(X),H(X/Y),H(Y/X)$和$I(X;Y)$;

(2) 求该信道的信道容量及其达到信道容量的输入概率分布.

2.20 设某信道的信道矩阵为

$$
[P] = \begin{matrix} & a_1 & a_2 & a_3 & a_4 & a_5 \\ a_1 \\ a_2 \\ a_3 \\ a_4 \\ a_5 \end{matrix} \begin{pmatrix} 0.6 & 0.1 & 0.1 & 0.1 & 0.1 \\ 0.1 & 0.6 & 0.1 & 0.1 & 0.1 \\ 0.1 & 0.1 & 0.6 & 0.1 & 0.1 \\ 0.1 & 0.1 & 0.1 & 0.6 & 0.1 \\ 0.1 & 0.1 & 0.1 & 0.1 & 0.6 \end{pmatrix}
$$

试求：

(1) 该信道的信道容量 C；

(2) $I(a_3;Y)$；

(3) $I(a_5;Y)$.

2.21　设某信道的信道矩阵为

$$
[P] = \begin{matrix} & b_1 & b_2 & b_3 & b_4 \\ a_1 \\ a_2 \end{matrix} \begin{bmatrix} 1/3 & 1/3 & 1/6 & 1/6 \\ 1/6 & 1/6 & 1/3 & 1/3 \end{bmatrix}
$$

试求：

(1) 该信道的信道容量 C；

(2) $I(a_1;Y)$；

(3) $I(a_2;Y)$.

2.22　设某信道的信道矩阵为

$$
[P] = \begin{bmatrix} 1/2 & 1/4 & 1/8 & 1/8 \\ 1/4 & 1/2 & 1/8 & 1/8 \end{bmatrix}
$$

试求该信道的信道容量 C.

2.23　求下列二个信道的信道容量，并加以比较(其中 $0<p,q<1,p+q=1$).

(1) $[P_1] = \begin{pmatrix} p-\delta & q-\delta & 2\delta \\ q-\delta & p-\delta & 2\delta \end{pmatrix}$；

(2) $[P_2] = \begin{pmatrix} 2\delta & 0 & p-\delta & q-\delta \\ 0 & 2\delta & q-\delta & p-\delta \end{pmatrix}$.

2.24　设某信道的信道矩阵为

$$
[P] = \begin{matrix} & 0 & 1 & 2 \\ 0 \\ 1 \\ 2 \end{matrix} \begin{bmatrix} 1 & 0 & 0 \\ 0 & 1-\varepsilon & \varepsilon \\ 0 & \varepsilon & 1-\varepsilon \end{bmatrix}
$$

试求：

(1) 信道容量 C；

(2) 达到信道容量 C 时的输入概率分布；

(3) 当 $\varepsilon=0$、$\varepsilon=1/2$ 时的信道容量 C.

2.25　设某信道的信道矩阵为

$$
[P] = \begin{matrix} & 0 & 1 \\ 0 \\ 1 \end{matrix} \begin{bmatrix} 1 & 0 \\ \varepsilon & 1-\varepsilon \end{bmatrix}
$$

试求该信道的信道容量 C.

2.26 设某信道的信道矩阵为

$$[P] = \begin{matrix} \\ 0 \\ 1 \end{matrix} \begin{matrix} 0 & ? & 1 \\ \begin{pmatrix} 1-\varepsilon-\delta & \varepsilon & \delta \\ \delta & \varepsilon & 1-\varepsilon-\delta \end{pmatrix} \end{matrix}$$

试求该信道的容量 C.

2.27 设某信道的信道矩阵为

$$[P] = \begin{pmatrix} P_1 & 0 & \cdots & 0 \\ \vdots & P_2 & & \vdots \\ 0 & 0 & \cdots & P_N \end{pmatrix}$$

其中, $P_1, P_2, \cdots, P_N$ 是 N 个离散信道的信道矩阵. 令 $C_1, C_2, \cdots, C_N$ 表示 N 个离散信道的容量. 试证明: 该信道的容量 $C = \log \sum_{i=1}^{N} 2^{C_i}$ 比特 / 符号, 且当每个信道 i 的利用率 $p_i = 2^{C_i-C}(i=1,2,\cdots,N)$ 时达其容量 C.

第3章 多符号离散信源与信道

单符号离散信源是最简单,又是最基本的信源.它的根本特征是一个信源符号就代表一条完整的消息.但在通信工程中,信源发出的消息往往不止由一个信源符号组成,而是由多个信源符号组成的时间(或空间)序列构成的.这种由多个信源符号的时间(或空间)序列代表一条完整消息的信源,称为"多符号离散信源".多符号离散信源与信道相接,构成多符号离散通信系统,传递由多个信源符号构成的消息.

3.1 离散平稳信源的数学模型

3.1.1 多符号离散信源的一般概念

设信源 X:$\{a_1,a_2,\cdots,a_r\}$的概率分布为 $p(a_i)$($i=1,2,\cdots,r$).若信源 X 只是在某一时刻以概率 $p(a_i)$发符号 a_i,而每一个信源符号 a_i 就代表一条完整的消息,则信源 X 就称为单符号离散信源(如单独掷一次骰子,朝上一面的点数是"5",这个随机试验的结果就是"5").若信源 X 不止是在某一时刻发出符号,而是随着时间的推移,每一个单位时间连续不断地发出符号,构成信源符号的时间序列,组成一条一条消息,则这种信源称为"多符号离散信源".

那么,多符号离散信源是如何发出由多个信源符号的时间序列代表的消息呢? 多符号离散信源发出消息的过程和机制,可以这样来描述:信源 X 在时刻 t_1 以概率 $p(a_{i1})$发出符号 $a_{i1}\in X$:$\{a_1,a_2,\cdots,a_r\}$,这时信源 X 可以用随机变量 X_1 表示;在第二个单位时间 t_2 以概率 $p(a_{i2})$发出符号 $a_{i2}\in X$:$\{a_1,a_2,\cdots,a_r\}$,这时,信源 X 可以用随机变量 X_2 表示;在第三个单位时间 t_3 以概率 $p(a_{i3})$发出符号 $a_{i3}\in X$:$\{a_1,a_2,\cdots,a_r\}$,这时信源 X 可以用随机变量 X_3 表示;……;在第 N 个单位时间 t_N 以概率 $p(a_{iN})$发出符号 $a_{iN}\in X$:$\{a_1,a_2,\cdots,a_r\}$,这时信源 X 可以用随机变量 X_N 表示……这样的过程随着时间的推移一直进行下去,形成信源符号的时间序列($a_{i1}a_{i2}a_{i3}\cdots a_{iN}\cdots$),组成一条又一条的随机消息(如图 3.1-1 所示).

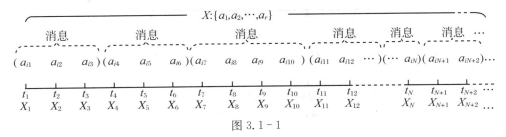

图 3.1-1

例如,二元信源 X:$\{0,1\}$,如在每一单位时间发一个信源符号"0"或"1",随着时间的推移,在时间域上就形成信源符号"0"和"1"的序列,构成一条又一条的由"0"和"1"组成的消息(如图 3.1-2 所示).则信源 X 就是一个多符号离散信源.

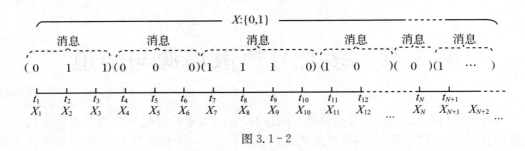

图 3.1-2

　　通过对多符号离散信源发出消息的过程的描述,我们可清楚地看到,信源 X 在每一单位时间,以一定的概率 $p(a_{il})(l=1,2,3,\cdots)$ 发出信源符号集 $X:\{a_1,a_2,\cdots,a_r\}$ 中某一符号 $a_{il}(l=1,2,3,\cdots)\in X:\{a_1,a_2,\cdots,a_r\}$,随着时间的推移,在时间域上形成无限长的随机符号序列 $(a_{i1}a_{i2}a_{i3}\cdots a_{iN}a_{i(N+1)}a_{i(N+2)}\cdots)$. 这相当于时间域上无限长的随机变量序列 $(X_1X_2X_3\cdots X_NX_{N+1}X_{N+2}\cdots)$,以联合概率 $p(a_{i1}a_{i2}a_{i3}\cdots a_{iN}a_{i(N+1)}a_{i(N+2)}\cdots)$ 的某一次"实现". 所以,多符号离散信源可用时间域上无限长的随机变量序列

$$\boldsymbol{X}=X_1X_2X_3\cdots X_NX_{N+1}X_{N+2}\cdots$$
$$X_l=X:\{a_1,a_2,\cdots,a_r\}\quad(l=1,2,3,\cdots)$$

表示.

3.1.2　离散平稳信源的定义

　　在一般情况下,多符号离散信源 $\boldsymbol{X}=X_1X_2X_3\cdots X_N\cdots$ 的各维联合概率分布,随着时间的推移要发生变化. 若 Q 和 T 为任意两个时刻(如图 3.1-3 所示),即有

$$P\{X_Q=a_i\}\neq P\{X_T=a_i\}$$
$$P\{X_Q=a_i,X_{Q+1}=a_j\}\neq P\{X_T=a_i,X_{T+1}=a_j\}$$
$$\vdots$$
$$P\{X_Q=a_i,X_{Q+1}=a_j,\cdots,X_{Q+N-1}=a_l\}\neq P\{X_T=a_i,X_{T+1}=a_j,\cdots,X_{T+N-1}=a_l\}$$
$$(i,j,l=1,2,\cdots,r)$$

$$(3.1.2-1)$$

这种多符号离散信源称为"非平稳信源". 对非平稳信源的信息分析是比较困难的.

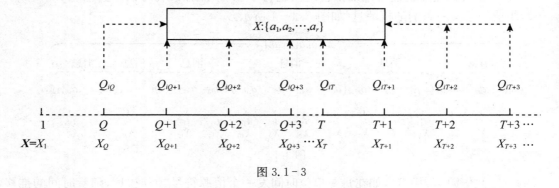

图 3.1-3

　　若多符号离散信源 $\boldsymbol{X}=X_1X_2X_3\cdots X_N\cdots$ 的各维联合概率分布都不随时间的推移而变化,与

起始时刻的选择无关,即有

$P\{X_Q = a_i\} = P\{X_T = a_i\} = p(a_i)$

$P\{X_Q = a_i, X_{Q+1} = a_j\} = P\{X_T = a_i, X_{T+1} = a_j\} = p(a_i a_j)$

$P\{X_Q = a_i, X_{Q+1} = a_j, X_{Q+2} = a_l\} = P\{X_T = a_i, X_{T+1} = a_j, X_{T+2} = a_l\} = p(a_i a_j a_l)$

$\vdots$

$P\{X_Q = a_i, X_{Q+1} = a_j, \cdots, X_{Q+N-1} = a_l\} = P\{X_T = a_i, X_{T+1} = a_j, \cdots, X_{T+N-1} = a_l\} = p(a_i a_j \cdots a_l)$

$(i, j, \cdots, l = 1, 2, \cdots, r)$

$$(3.1.2-2)$$

则多符号离散信源 $\boldsymbol{X} = X_1 X_2 X_3 \cdots X_N \cdots$ 称为"N 维平稳信源".

运用概率的一般运算法则,由(3.1.2-2)式,有

$$P\{X_{Q+1} = a_j / X_Q = a_i\}$$
$$= P\{X_{T+1} = a_j / X_T = a_i\} = p(a_j / a_i)$$
$$P\{X_{Q+2} = a_l / X_Q = a_i, X_{Q+1} = a_j\}$$
$$= P\{X_{T+2} = a_l / X_T = a_i, X_{T+1} = a_j\} = P(a_l / a_i a_j)$$
$$\vdots$$
$$P\{X_{Q+N} = a_q / X_Q = a_i, X_{Q+1} = a_j, \cdots, X_{Q+N-1} = a_l\}$$
$$= P\{X_{T+N} = a_q / X_T = a_i, X_{T+1} = a_j, \cdots, X_{T+N-1} = a_l\}$$
$$= P(a_q / a_i a_j \cdots a_l)$$

$$(3.1.2-3)$$

这表明,N 维平稳信源 $\boldsymbol{X} = X_1 X_2 X_3 \cdots X_N \cdots$ 的 $1, 2, \cdots, (N-1)$ 阶条件概率同样都不随时间的推移而变化,与条件概率的起始时间的选择无关.

显然,N 维平稳信源的统计特性的平稳性,必定给多符号离散信源的分析带来数学上的简化和方便.本书只讨论平稳信源,非平稳信源不在本书的讨论范围之内.

3.1.3　离散平稳信源的数学模型

一般多符号离散平稳信源用时间域上无限长的随机变量序列 $\boldsymbol{X} = X_1 X_2 \cdots X_N \cdots$ 表示.一般而言,多符号离散平稳信源发出的时间域上的符号系列形成的不同消息长度(消息中含有的信源符号数)是各不相同的,而且是随机的.消息长度本身也含有一定的信息量.另外,在多符号离散平稳信源发出的无限长的符号序列$(a_{i1} a_{i2} \cdots a_{iN} \cdots)$中,符号与符号之间都存在统计依赖关系,随着时间的推移,这种依赖关系一直延伸到无穷.这种符号之间的依赖关系,导致消息与消息之间也存在统计依赖关系.随着时间的推移,消息之间的依赖关系亦延伸到无穷.实际上,多符号离散平稳信源是消息长度各不相同(而且是随机变化的)、消息与消息之间存在统计依赖关系(而且随着时间的推移,一直延伸到无穷)的无限长的随机变量序列.显然,要对这样一串无限长的随机变量序列,进行数学描述和理论分析,会有很多复杂因素和理论上的困难.

为了得到多符号离散平稳信源的基本合理的数学模型,在假设平稳的前提下,有必要对一般多符号离散平稳信源,再加上两条限制性的假定:

第一,假定多符号离散平稳信源发出消息的长度是固定不变的,所有消息长度均为 N(N 是大于或等于 1 的任何正整数)(如图 3.1-4 所示).

因为在无限长的随机变量序列 $\boldsymbol{X} = X_1 X_2 \cdots X_N \cdots$ 中,任一单位时间 k 的随机变量 X_k($k = 1, 2, \cdots, N, \cdots$)都取自且取遍于信源 X 的符号集 $X : \{a_1, a_2, \cdots, a_r\}$,所以若消息长度固定为 N,则

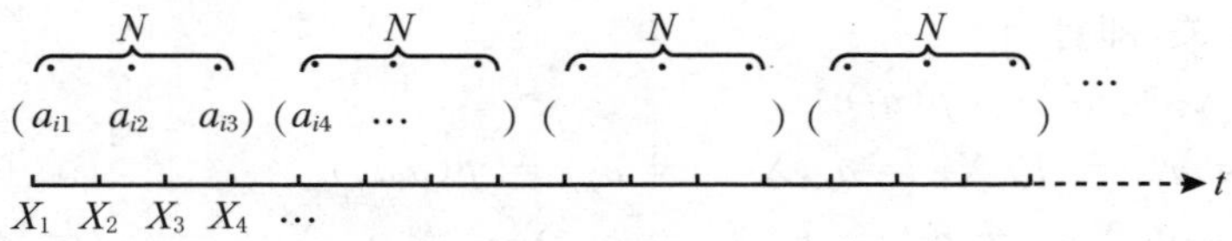

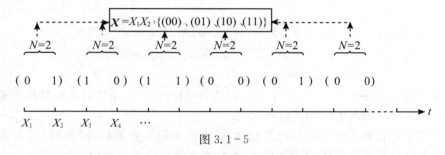

图 3.1-4

无限长的时间域上所有长度为 N 的不同消息,共有 r^N 种. 而这 r^N 种长度均为 N 的消息,都可由长度为 N 的随机变量序列 $\boldsymbol{X}=X_1 X_2 \cdots X_N$ 产生. 所以,从状态空间的角度来说,有限长度 N 的随机变量序列 $\boldsymbol{X}=X_1 X_2 \cdots X_N$ 完全可以代表无限长的随机变量序列 $\boldsymbol{X}=X_1 X_2 \cdots X_N \cdots$. 例如,多符号离散平稳信源 $X=\{0,1\}$ 发出的消息长度 $N=2$,则时间域上长度 $N=2$ 的所有消息中,共有 $r^N=2^2=4$ 种不同的消息:(00),(01),(10),(11). 而这 4 种不同消息,都可由长度 $N=2$ 的随机变量序列 $\boldsymbol{X}=X_1 X_2$(X_1,X_2 取自且取遍信源 X 的符号集 $X:\{0,1\}$)产生(如图 3.1-5 所示). 所以,从状态空间的角度来说,长度 $N=2$ 的随机变量序列 $\boldsymbol{X}=X_1 X_2$ 完全可以代表长度无限长的多符号离散平稳信源 $\boldsymbol{X}=X_1 X_2 \cdots X_N \cdots$.

图 3.1-5

第二,假定消息与消息之间统计独立,每一条消息内部 N 个信源符号之间依然存在统计依赖关系.

由 N 维平稳信源的定义,在多符号离散平稳信源 $\boldsymbol{X}=X_1 X_2 \cdots X_N \cdots$ 中,N 维联合概率分布 $P(X_1 X_2 \cdots X_N)$ 不随时间的推移而变化,与起始时刻的选择无关. 有限长度 N 的随机变量序列 $\boldsymbol{X}=X_1 X_2 \cdots X_N$ 的联合概率分布 $P(X_1 X_2 \cdots X_N)$,完全可以代表无限长时间域上所有长度为 N,相互统计独立的 r^N 种不同消息的统计特性. 所以,从概率空间的角度来说,有限长度 N 的随机变量序列 $\boldsymbol{X}=X_1 X_2 \cdots X_N$,完全可以代表无限长的多符号离散平稳信源 $\boldsymbol{X}=X_1 X_2 \cdots X_N \cdots$.

综上所述,在以上两个限制性假定下,消息长度为 N,消息与消息之间相互统计独立的无限长的多符号离散平稳信源 $\boldsymbol{X}=X_1 X_2 \cdots X_N \cdots$ 可用长度为有限值 N 的随机变量序列

$$\boldsymbol{X} = X_1 X_2 \cdots X_N \tag{3.1.3-1}$$

来表示. 那么,多符号离散平稳信源的数学模型问题,就转化为长度为 N 的随机变量序列 $\boldsymbol{X}=X_1 X_2 \cdots X_N$ 的数学模型问题.

以下就来构建多符号离散平稳信源 $\boldsymbol{X}=X_1 X_2 \cdots X_N$ 的数学模型.

1. 状态空间

设离散平稳信源 X 的信源空间为

$$[X \cdot P]:\begin{cases} X: & a_1 & a_2 & \cdots & a_r \\ P(X): & p(a_1) & p(a_2) & \cdots & p(a_r) \end{cases}$$

其中，$0 \leqslant p(a_i) \leqslant 1 (i=1,2,\cdots,r)$，$\sum_{i=1}^{r} p(a_i) = 1$. 多符号离散平稳信源 $\boldsymbol{X} = X_1 X_2 \cdots X_N$ 的每一条消息，由 N 个信源 X 的符号组成. 令某一消息

$$\alpha_i = (a_{i1} a_{i2} \cdots a_{iN}) \tag{3.1.3-2}$$

其中，每一时刻的符号 $a_{i1}, a_{i2}, \cdots, a_{iN}$ 都取自且取遍于信源 X 的符号集 $X:\{a_1, a_2, \cdots, a_r\}$，即有

$$a_{i1}, a_{i2}, \cdots, a_{iN} \in X:\{a_1, a_2, \cdots, a_r\} \quad (i1, i2, \cdots, iN = 1, 2, \cdots, r) \tag{3.1.3-3}$$

多符号离散平稳信源 $\boldsymbol{X} = X_1 X_2 \cdots X_N$ 共有 r^N 种不同的消息，即有

$$i = 1, 2, \cdots, r^N \tag{3.1.3-4}$$

由此可见，由平稳信源 $X:\{a_1, a_2, \cdots, a_r\}$ 形成的消息长度为 N 的多符号离散平稳信源 $\boldsymbol{X} = X_1 X_2 \cdots X_N$ 的消息数，由信源 X 的 r 种扩展到 r^N 种. 从这个意义上讲，N 维多符号离散平稳信源 $\boldsymbol{X} = X_1 X_2 \cdots X_N$ 是平稳信源 X 的 N 次扩展信源.

2. 概率空间

设信源 X 的 N 次扩展信源 $\boldsymbol{X} = X_1 X_2 \cdots X_N$ 的概率分布给定（或测定）为

$$P(\boldsymbol{X}) = P(X_1 X_2 \cdots X_N):\{p(\alpha_i) \quad i = 1, 2, \cdots, r^N\}$$

其中，$p(\alpha_i) = p(a_{i1} a_{i2} \cdots a_{iN})$ 表示 $\boldsymbol{X} = X_1 X_2 \cdots X_N$ 发出消息 α_i 的概率，则有

$$0 \leqslant p(\alpha_i) \leqslant 1 \quad (i = 1, 2, \cdots, r^N) \tag{3.1.3-5}$$

由于 $\boldsymbol{X} = X_1 X_2 \cdots X_N$ 发出的消息 α_i 只可能是其消息集合 $\{\alpha_i, i=1,2,\cdots,r^N\}$ 中的某一种消息，不可能是这个集合以外的任何别的消息，即有

$$\sum_{i=1}^{r^N} p(\alpha_i) = 1 \tag{3.1.3-6}$$

扩展信源 $\boldsymbol{X} = X_1 X_2 \cdots X_N$ 之所以能产生 r^N 种不同消息 $\alpha_i (i=1,2,\cdots,r^N)$，正是由于每单位时间随机变量 $X_k (k=1,2,\cdots,N)$ 都取自且取遍信源 X 的符号集 $X:\{a_1, a_2, \cdots, a_r\}$（即 $a_{i1}, a_{i2}, \cdots, a_{iN} \in X:\{a_1, a_2, \cdots, a_r\}$；且 $i1, i2, \cdots, iN = 1, 2, \cdots, r$），所以有

$$\sum_{i=1}^{r^N} p(\alpha_i) = \sum_{i1=1}^{r} \sum_{i2=1}^{r} \cdots \sum_{iN=1}^{r} p(a_{i1} a_{i2} \cdots a_{iN}) = 1 \tag{3.1.3-7}$$

3. 信源空间

由离散平稳信源 $X:\{a_1, a_2, \cdots, a_r\}$ 的 N 次扩展信源 $\boldsymbol{X} = X_1 X_2 \cdots X_N$ 的状态空间、概率空间，可得其信源空间

$$[\boldsymbol{X} \cdot P]: \begin{cases} \boldsymbol{X}: & \alpha_1 & \alpha_2 & \cdots & \alpha_{r^N} \\ P(\boldsymbol{X}): & p(\alpha_1) & p(\alpha_2) & \cdots & p(\alpha_{r^N}) \end{cases} \tag{3.1.3-8}$$

其中

$$\begin{cases} \alpha_i = (a_{i1} a_{i2} \cdots a_{iN}) \\ a_{i1}, a_{i2}, \cdots, a_{iN} \in X:\{a_1, a_2, \cdots, a_r\} \\ i1, i2, \cdots, iN = 1, 2, \cdots, r \\ i = 1, 2, \cdots, r^N \\ 0 \leqslant p(\alpha_i) \leqslant 1 \quad (i = 1, 2, \cdots, r^N) \\ \sum_{i=1}^{r^N} p(\alpha_i) = \sum_{i1=1}^{r} \sum_{i2=1}^{r} \cdots \sum_{iN=1}^{r} p(a_{i1} a_{i2} \cdots a_{iN}) = 1 \end{cases} \tag{3.1.3-9}$$

这就是描述离散平稳信源 X 的 N 次扩展信源 $\boldsymbol{X} = X_1 X_2 \cdots X_N$ 的数学模型.

扩展信源 $\boldsymbol{X} = X_1 X_2 \cdots X_N$ 的信息特征及其信息测度,主要取决于(3.1.3-8)式所示信源空间 $[\boldsymbol{X} \cdot P]$ 中的概率分布 $P(\boldsymbol{X}) = P(X_1 X_2 \cdots X_N)$. 不同的概率分布,就有不同的扩展信源,也就体现出不同的信息特征和信息测度.

3.2 扩展信源的信息熵

对于离散平稳信源 X 的 N 次扩展信源 $\boldsymbol{X} = X_1 X_2 \cdots X_N$ 来说,决定其信息特征的关键在于其概率分布 $P(\boldsymbol{X}) = P(X_1 X_2 \cdots X_N)$. 不同的概率分布,就有不同的扩展信源 $\boldsymbol{X} = X_1 X_2 \cdots X_N$. 若扩展信源 $\boldsymbol{X} = X_1 X_2 \cdots X_N$ 中各时刻的随机变量 $X_k (k = 1, 2, \cdots, N)$ 之间统计独立,则信源 X 称为"离散平稳无记忆信源",其 N 次扩展信源 $\boldsymbol{X} = X_1 X_2 \cdots X_N$ 称为"无记忆平稳信源 X 的 N 次扩展信源",并记为 $X^N = X_1 X_2 \cdots X_N$. 若扩展信源 $\boldsymbol{X} = X_1 X_2 \cdots X_N$ 中各时刻的随机变量 $X_k (k = 1, 2, \cdots, N)$ 之间存在统计依赖关系,则信源 X 称为"离散平稳有记忆信源",其 N 次扩展信源 $\boldsymbol{X} = X_1 X_2 \cdots X_N$ 称为"有记忆平稳信源 X 的 N 次扩展信源".

3.2.1 无记忆扩展信源的信息熵

设离散平稳无记忆信源 X 的信源空间为

$$[X \cdot P] : \begin{cases} X: & a_1 & a_2 & \cdots & a_r \\ P(X): & p(a_1) & p(a_2) & \cdots & p(a_r) \end{cases}$$

其中

$$0 \leqslant p(a_i) \leqslant 1 \quad (i = 1, 2, \cdots, r); \sum_{i=1}^{r} p(a_i) = 1 \tag{3.2.1-1}$$

按定义,信源 X 的 N 次扩展信源 $X^N = X_1 X_2 \cdots X_N$ 的信源空间为

$$[X^N \cdot P] : \begin{cases} X^N: & \alpha_1 & \alpha_2 & \cdots & \alpha_{r^N} \\ P(X^N): & p(\alpha_1) & p(\alpha_2) & \cdots & p(\alpha_{r^N}) \end{cases}$$

其中

$$\begin{cases} \alpha_i = (a_{i1} a_{i2} \cdots a_{iN}) \\ a_{i1}, a_{i2}, \cdots, a_{iN} \in X : \{a_1, a_2, \cdots, a_r\} \\ i1, i2, \cdots, iN = 1, 2, \cdots, r \\ i = 1, 2, \cdots, r^N \end{cases} \tag{3.2.1-2}$$

无记忆信源 X 的 N 次扩展信源 $X^N = X_1 X_2 \cdots X_N$ 中各时刻随机变量 $X_k (k = 1, 2, \cdots, N)$ 之间统计独立,其概率分布为

$$P(X^N) = P(X_1 X_2 \cdots X_N) = P(X_1) P(X_2) \cdots P(X_N) = \prod_{k=1}^{N} P(X_k) \tag{3.2.1-3}$$

每一条消息 α_i 的概率分布为

$$p(\alpha_i) = p(a_{i1} a_{i2} \cdots a_{iN}) = p(a_{i1}) p(a_{i2}) \cdots p(a_{iN}) = \prod_{k=1}^{N} p(a_{ik}) \tag{3.2.1-4}$$

由无记忆信源 X 的信源空间 $[X \cdot P]$,并考虑到信源 X 的平稳性,有

$$0 \leqslant p(\alpha_i) = p(a_{i1})p(a_{i2})\cdots p(a_{iN}) \leqslant 1 \quad (i = 1, 2, \cdots, r^N) \quad (3.2.1-5)$$

以及

$$
\begin{aligned}
\sum_{i=1}^{r^N} p(\alpha_i) &= \sum_{i1=1}^{r} \sum_{i2=1}^{r} \cdots \sum_{iN=1}^{r} p(a_{i1}a_{i2}\cdots a_{iN}) \\
&= \sum_{i1=1}^{r} \sum_{i2=1}^{r} \cdots \sum_{iN=1}^{r} p(a_{i1})p(a_{i2})\cdots p(a_{iN}) \\
&= \sum_{i1=1}^{r} p(a_{i1}) \sum_{i2=1}^{r} p(a_{i2}) \cdots \sum_{iN=1}^{r} p(a_{iN}) \\
&= \sum_{i=1}^{r} p(a_i) \sum_{i=1}^{r} p(a_i) \cdots \sum_{i=1}^{r} p(a_i) \\
&= 1 \cdot 1 \cdot \cdots \cdot 1 = 1 \quad\quad\quad\quad\quad\quad\quad\quad (3.2.1-6)
\end{aligned}
$$

这表明,无记忆信源 X 的 N 次扩展信源 $X^N = X_1 X_2 \cdots X_N$ 的概率空间 $P(X^N) = P(X_1 X_2 \cdots X_N): \{p(\alpha_i)(i = 1, 2, \cdots, r^N)\}$ 是完备集,存在信息熵 $H(X^N) = H(X_1 X_2 \cdots X_N)$.

定理 3.1　离散平稳无记忆信源 X 的 N 次扩展信源 $X^N = X_1 X_2 \cdots X_N$ 的信息熵 $H(X^N)$,是信源 X 的信息熵 $H(X)$ 的 N 倍,即

$$H(X^N) = X(X_1 X_2 \cdots X_N) = NH(X)$$

证明　根据信息熵的定义,由离散平稳信源 X 的信源空间 $[X \cdot P]$ 和 X 的 N 次扩展信源 $X^N = X_1 X_2 \cdots X_N$ 的信源空间 $[X^N \cdot P]$,扩展信源 $X^N = X_1 X_2 \cdots X_N$ 的信息熵

$$
\begin{aligned}
H(X^N) = H(X_1 X_2 \cdots X_N) &= -\sum_{i=1}^{r^N} p(\alpha_i) \log p(\alpha_i) \\
&= -\sum_{i1=1}^{r} \sum_{i2=1}^{r} \cdots \sum_{iN=1}^{r} p(a_{i1}a_{i2}\cdots a_{iN}) \log p(a_{i1}a_{i2}\cdots a_{iN}) \\
&= -\sum_{i1=1}^{r} \sum_{i2=1}^{r} \cdots \sum_{iN=1}^{r} p(a_{i1}a_{i2}\cdots a_{iN}) \log [p(a_{i1})p(a_{i2})\cdots p(a_{iN})] \\
&= -\sum_{i1=1}^{r} \sum_{i2=1}^{r} \cdots \sum_{iN=1}^{r} p(a_{i1}a_{i2}\cdots a_{iN}) \log p(a_{i1}) \\
&\quad\ -\sum_{i1=1}^{r} \sum_{i2=1}^{r} \cdots \sum_{iN=1}^{r} p(a_{i1}a_{i2}\cdots a_{iN}) \log p(a_{i2}) \\
&\quad\ \cdots \\
&\quad\ -\sum_{i1=1}^{r} \sum_{i2=1}^{r} \cdots \sum_{iN=1}^{r} p(a_{i1}a_{i2}\cdots a_{iN}) \log p(a_{iN}) \\
&= -\sum_{i1=1}^{r} p(a_{i1}) \log p(a_{i1}) \\
&\quad\ -\sum_{i2=1}^{r} p(a_{i2}) \log p(a_{i2}) \\
&\quad\ \cdots \\
&\quad\ -\sum_{iN=1}^{r} p(a_{iN}) \log p(a_{iN})
\end{aligned}
$$

$$= H(X_1) + H(X_2) + \cdots + H(X_N) \tag{3.2.1-7}$$

离散平稳信源 X 的 N 次扩展信源 $X^N = X_1 X_2 \cdots X_N$ 中 k 时刻的随机变量 $X_k(k=1,2,\cdots,N)$ 取自且取遍于信源 X 的符号集 $X:\{a_1,a_2,\cdots,a_r\}$，X_k 的概率分布，就是离散平稳无记忆信源 X 在第 k 时刻的概率分布 $P(X_k)$. 由信源 X 的平稳性，离散平稳无记忆信源 X 的概率分布不随时间的推移而变化，k 时刻的概率分布 $P(X_k)(k=1,2,\cdots,N)$ 就是离散平稳无记忆信源 X 的概率分布 $P(X):\{p(a_1),p(a_2),\cdots,p(a_r)\}$. (3.2.1-7)式中 k 时刻 $(k=1,2,\cdots,N)$ 随机变量 X_k 的信息熵

$$H(X_k) = -\sum_{ik=1}^{r} p(a_{ik}) \log p(a_{ik}) = -\sum_{i=1}^{r} p(a_i) \log p(a_i)$$
$$= H(X) \quad (k=1,2,\cdots,N) \tag{3.2.1-8}$$

由(3.2.1-7)式和(3.2.1-8)式，证得

$$H(X^N) = H(X) + H(X) + \cdots + H(X) = NH(X) \tag{3.2.1-9}$$

这样，定理 3.1 就得到了证明.

这个定理表明：离散平稳无记忆信源 X 的 N 次扩展信源 $X^N = X_1 X_2 \cdots X_N$ 的每一条消息由 N 个信源 X 的符号组成. 每一条消息含有的平均信息量，是信源 X 每一个符号含有的平均信息量的 N 倍.

【例 3.1】 设离散平稳无记忆信源 X 的信源空间为

$$[X \cdot P]: \begin{cases} X: & 0 \quad 1 \\ P(X): & 1/2 \quad 1/2 \end{cases}$$

(1) 写出 X 的 $N=3$ 次扩展信源 $X^3 = X_1 X_2 X_3$ 的信源空间 $[X^3 \cdot P]$;

(2) 计算 $X^3 = X_1 X_2 X_3$ 每条消息含有的平均信息量.

解

(1) 信源 X 的 $N=3$ 次扩展信源 $X^3 = X_1 X_2 X_3$ 发出的消息

$$\alpha_i = (a_{i1} a_{i2} a_{i3}) \tag{1}$$

其中

$$\begin{cases} a_{i1}, a_{i2}, a_{i3} \in X:\{0,1\} \\ i1, i2, i3 = 1,2 \\ i = 1,2,\cdots,r^N = 1,2,\cdots,2^3 = 1,2,\cdots,8 \end{cases} \tag{2}$$

它们分别是：

$$\alpha_1 = (000); \alpha_2 = (001); \alpha_3 = (010); \alpha_4 = (011);$$
$$\alpha_5 = (100); \alpha_6 = (101); \alpha_7 = (110); \alpha_8 = (111) \tag{3}$$

无记忆信源 X 的 $N=3$ 次扩展信源 $X^3 = X_1 X_2 X_3$ 的概率分布

$$P(X^3) = P(X_1 X_2 X_3) = P(X_1) P(X_2) P(X_3) \tag{4}$$

消息 α_i 的概率分布

$$p(\alpha_i) = p(a_{i1} a_{i2} a_{i3}) = p(a_{i1}) p(a_{i2}) p(a_{i3}) \tag{5}$$

由信源 X 的平稳性，有

$$\begin{cases} p(\alpha_1) = p(000) = p(0)p(0)p(0) = 1/2 \cdot 1/2 \cdot 1/2 = 1/8 \\ p(\alpha_2) = p(001) = p(0)p(0)p(1) = 1/2 \cdot 1/2 \cdot 1/2 = 1/8 \\ p(\alpha_3) = p(010) = p(0)p(1)p(0) = 1/2 \cdot 1/2 \cdot 1/2 = 1/8 \\ p(\alpha_4) = p(011) = p(0)p(1)p(1) = 1/2 \cdot 1/2 \cdot 1/2 = 1/8 \\ p(\alpha_5) = p(100) = p(1)p(0)p(0) = 1/2 \cdot 1/2 \cdot 1/2 = 1/8 \\ p(\alpha_6) = p(101) = p(1)p(0)p(1) = 1/2 \cdot 1/2 \cdot 1/2 = 1/8 \\ p(\alpha_7) = p(110) = p(1)p(1)p(0) = 1/2 \cdot 1/2 \cdot 1/2 = 1/8 \\ p(\alpha_8) = p(111) = p(1)p(1)p(1) = 1/2 \cdot 1/2 \cdot 1/2 = 1/8 \end{cases} \tag{6}$$

由此可得，$X^3 = X_1 X_2 X_3$ 的信源空间为

$$[X^3 \cdot P] = \begin{cases} X^3: & (000) \quad (001) \quad (010) \quad (011) \quad (100) \quad (101) \quad (110) \quad (111) \\ P(X^3): & 1/8 \quad\quad 1/8 \quad\quad 1/8 \quad\quad 1/8 \quad\quad 1/8 \quad\quad 1/8 \quad\quad 1/8 \quad\quad 1/8 \end{cases} \tag{7}$$

（2）平稳无记忆信源 X 的 $N=3$ 次扩展信源 $X^3 = X_1 X_2 X_3$ 每发一条消息含有的平均信息量，就是 $X^3 = X_1 X_2 X_3$ 的信息熵 $H(X^3) = H(X_1 X_2 X_3)$. 根据定理 3.1，有

$$H(X^3) = H(X_1 X_2 X_3) = 3H(X) = 3H(1/2, 1/2) = 3 \quad （比特 /3 符号）$$

本例题明确告诉我们，若离散平稳无记忆信源 $X:\{0,1\}$，是二元等概信源，则长度为 N 的每条消息含有的平均信息量等于 N（比特）.

【**例 3.2**】　概率分布为 $P\{X=0\} = p(0) = p(0<p<1)$ 的平稳无记忆信源 $X:\{0,1\}$ 发出 $(n+1)$ 条长度不同的消息：

$$S_n: \begin{cases} \alpha_1 = (1) \\ \alpha_2 = (01) \\ \alpha_3 = (001) \\ \cdots \\ \alpha_n = (\overbrace{0\ 0\ 0\ \cdots\ 1}^{n}) \\ \alpha_{n+1} = (\overbrace{0\ 0\ 0\ \cdots\ 0}^{n}) \end{cases}$$

（1）试求扩展信源 S_n 的信息熵 $H(S_n)$；

（2）试求 $\lim\limits_{n \to \infty} H(S_n)$；

（3）试问：在掷硬币（质量均匀）试验中，出现"正面"所需掷的次数平均不确定性是多少？

解

（1）扩展信源 S_n 的概率空间是完备集.

扩展信源 S_n 的概率分布为

$$\begin{cases} p(\alpha_i) = p^{i-1}\bar{p} \quad (i = 1, 2, \cdots, n);(\bar{p} = 1-p, 0 < \bar{p} < 1) \tag{1} \\ p(\alpha_{n+1}) = p^n \tag{2} \end{cases}$$

其信源空间为

$$[S_n \cdot P]: \begin{cases} S_n: & \alpha_1 = (1) \quad \alpha_2 = (01) \quad \alpha_3 = (001) \quad \cdots \quad \alpha_n = \overbrace{00\cdots01}^{n} \quad \alpha_{n+1} = \overbrace{00\cdots00}^{n} \\ P(S_n): & \bar{p} \qquad\quad p\bar{p} \qquad\quad p^2\bar{p} \qquad \cdots \qquad p^{n-1}\bar{p} \qquad\quad p^n \end{cases}$$

$$(3)$$

则有

$$\sum_{i=1}^{n+1} p(\alpha_i) = \sum_{i=1}^{n} p(\alpha_i) + p(\alpha_{n+1}) = \sum_{i=1}^{n} p^{i-1}\bar{p} + p^n$$

$$= (\bar{p} + p\bar{p} + p^2\bar{p} + \cdots + p^{n-1}\bar{p}) + p^n$$

$$= \bar{p}(1 + p + p^2 + \cdots + p^{n-1}) + p^n \tag{4}$$

其中,因有$|p|<1$,则二项式$(1-p)^{-1}$的幂级数展开式是收敛的无穷级数

$$\frac{1}{1-p} = 1 + p + p^2 + \cdots$$

由此,等式(4)右边的

$$1 + p + p^2 + \cdots + p^{n-1} = (1 + p + p^2 + \cdots + p^{n-1})$$

$$+ (p^n + p^{n+1} + \cdots) - (p^n + p^{n+1} + \cdots)$$

$$= (1 + p + p^2 + \cdots + p^{n-1} + p^n + p^{n+1} + \cdots)$$

$$- (p^n + p^{n+1} + \cdots)$$

$$= \frac{1}{1-p} - p^n(1 + p + p^2 + \cdots)$$

$$= \frac{1}{1-p} - \frac{p^n}{1-p} = \frac{1-p^n}{1-p} \tag{6}$$

把(6)式代入(4)式得

$$\sum_{i=1}^{n+1} p(\alpha_i) = \bar{p}\frac{1-p^n}{1-p} + p^n = 1 \tag{7}$$

这证明,S_n的概率空间$P(S_n): \{p(\alpha_1), p(\alpha_2), \cdots p(\alpha_n), p(\alpha_{n+1})\}$是完备集,$S_n$存在信息熵.

(2) $H(S_n)$.

按信息熵的定义有

$$H(S_n) = -\sum_{i=1}^{n+1} p(\alpha_i)\log p(\alpha_i)$$

$$= -\sum_{i=1}^{n} p(\alpha_i)\log(\alpha_i) - p(\alpha_{n+1})\log p(\alpha_{n+1})$$

$$= -\sum_{i=1}^{n} (p^{i-1}\bar{p})\log(p^{i-1}\bar{p}) - p^n\log p^n$$

$$= -\sum_{i=1}^{n} (p^{i-1}\bar{p})\log p^{i-1} - \sum_{i=1}^{n} (p^{i-1}\bar{p})\log\bar{p} - p^n\log p^n$$

$$= -\sum_{i=1}^{n} (i-1)(p^{i-1}\bar{p})\log p - \sum_{i=1}^{n} (p^{i-1}\bar{p})\log\bar{p} - p^n\log p^n$$

$$
\begin{aligned}
=&-\overbrace{\left[p\bar{p}\log p+2p^2\bar{p}\log p+\cdots(n-1)p^{n-1}\bar{p}\log p\right]}^{(n-1)\text{项}}\\
&-\overbrace{(\bar{p}\log\bar{p}+p\bar{p}\log\bar{p}+p^2\bar{p}\log\bar{p}+\cdots+p^{n-1}\bar{p}\log\bar{p})}^{n\text{项}}\\
&-np^n\log p\\
=&-\overbrace{(p+2p^2+\cdots+(n-1)p^{n-1})}^{(n-1)\text{项}}\bar{p}\log p\\
&-\overbrace{(1+p+p^2+\cdots+p^{n-1})}^{n\text{项}}\bar{p}\log\bar{p}\\
&-np^n\log p\\
=&-\overbrace{\left[p+2p^2+\cdots+(n-1)p^{n-1}\right]}^{(n-1)\text{项}}(1-p)\log p\\
&-\overbrace{(1+p+p^2+\cdots+p^{n-1})}^{n\text{项}}\bar{p}\log\bar{p}\\
&-np^n\log p\\
=&-\left\{\overbrace{\left[p+2p^2+\cdots+(n-1)p^{n-1}\right]}^{(n-1)\text{项}}-\overbrace{\left[p^2+2p^3+\cdots+(n-1)p^n\right]}^{(n-1)\text{项}}\right\}\log p\\
&-\overbrace{(1+p+p^2+\cdots+p^{n-1})}^{n\text{项}}\bar{p}\log\bar{p}\\
&-np^n\log p\\
=&-\left\{\overbrace{\left[p+2p^2+\cdots+(n-1)p^{n-1}\right]}^{(n-1)\text{项}}-\overbrace{\left[p^2-2p^3-\cdots-(n-1)p^n+np^n\right]}^{(n-1)\text{项}}\right\}\log p\\
&-\overbrace{(1+p+p^2+\cdots+p^{n-1})}^{n\text{项}}\bar{p}\log\bar{p}\\
=&-\overbrace{(p+p^2+p^3+\cdots+p^n)}^{n\text{项}}\log p\\
&-\overbrace{(1+p+p^2+\cdots+p^{n-1})}^{n\text{项}}\bar{p}\log\bar{p}\\
=&-\overbrace{(1+p+p^2+\cdots+p^{n-1})}^{n\text{项}}p\log p\\
&-\overbrace{(1+p+p^2+\cdots+p^{n-1})}^{n\text{项}}\bar{p}\log\bar{p}\\
=&(1+p+p^2+\cdots+p^{n-1})\cdot(-p\log p-\bar{p}\log\bar{p})\tag{8}
\end{aligned}
$$

由(6)式,得扩展信源 S_n 的信息熵

$$
H(S_n)=\frac{1-p^n}{1-p}\cdot H(p,\bar{p})=\frac{1-p^n}{1-p}H(p)
$$

(3) $\lim\limits_{n\to\infty}H(S_n)$.

当 $n\to\infty$ 时,扩展信源 S_n 的信息熵 $H(S_n)$ 的极限值

$$
\lim_{n\to\infty}H(S_n)=\lim_{n\to\infty}\left[\frac{1-p^n}{1-p}H(p)\right]=\frac{H(p)}{1-p}\tag{10}
$$

这表明,当 $P\{X=0\}=p(0)=p\approx1$ 时,平稳无记忆信源 $X:\{0,1\}$ 发出的高概率序列

$$S_n:\{\alpha_1=(1),\alpha_2=(01),\alpha_3=(001),\alpha_4=(0001),\cdots,\alpha_n=\overbrace{(000\cdots01)}^{n},\alpha_{n+1}=\overbrace{(000\cdots00)}^{n}\}$$

的序列长度 n 足够长($n\to\infty$)时,每一序列(消息)含有的平均信息量 $H(S_n)$ 只取决于信源 $X:\{0,1\}$ 的概率分布 $P\{X=0\}=p(0)=p(p\approx1)$.

(4) 当 $p=1/2$ 时,扩展信源 S_n 的信源空间 $[S_n\cdot P]$ 就相当这样一个随机试验:掷一个质量均匀的硬币,把直至出现"正面"(或"反面")所需掷的次数 X 作为试验结果. 由(10)式可知,信源 X 的信息熵

$$H(X)=\frac{H(p)}{1-P}=\frac{H(1/2)}{1-1/2}=2\quad(比特／符号)\tag{11}$$

这表明,在掷硬币随机试验中,出现"正面"或"反面"的平均不确定性是 $H(1/2)=1$(比特/符号),而直至出现"正面"(或"反面")所需掷的次数的平均不确定性,是确定出现"正面"(或"反面")的平均不确定性的 2 倍.

3.2.2　有记忆扩展信源的信息熵

设离散平稳有记忆信源 X 的符号集 $X:\{a_1,a_2,\cdots,a_r\}$,则其 N 次扩展信源 $\boldsymbol{X}=X_1X_2\cdots X_N$ 产生消息

$$\alpha_i=(a_{i1}a_{i2}\cdots a_{iN})$$

其中

$$a_{i1},a_{i2},\cdots,a_{iN}\in X:\{a_1,a_2,\cdots,a_r\}$$
$$i1,i2,\cdots,iN=1,2,\cdots,r$$
$$i=1,2,\cdots,r^N\tag{3.2.2-1}$$

有记忆信源 X 的 N 次扩展信源 $\boldsymbol{X}=X_1X_2\cdots X_N$ 与无记忆信源 X 的 N 次扩展信源 $X^N=X_1X_2\cdots X_N$ 的根本区别,在于 $\boldsymbol{X}$ 中的各时刻随机变量 $X_1,X_2,\cdots,X_N$ 不统计独立,互相之间存在统计依赖关系. 所以 $\boldsymbol{X}=X_1X_2\cdots X_N$ 的概率分布

$$P(\boldsymbol{X})=P(X_1X_2\cdots X_N)=P(X_1)P(X_2/X_1)P(X_3/X_1X_2)\cdots P(X_N/X_1X_2\cdots X_{N-1})\tag{3.2.2-2}$$

每一条消 $\alpha_i(i=1,2,\cdots,r^N)$ 的概率分布

$$p(\alpha_i)=p(a_{i1}a_{i2}\cdots a_{iN})=p(a_{i1})p(a_{i2}/a_{i1})p(a_{i3}/a_{i1}a_{i2})\cdots p(a_{iN}/a_{i1}a_{i2}\cdots a_{i(N-1)})\tag{3.2.2-3}$$

要确定消息 α_i 的概率分布,必须给定(或测定)起始概率分布 $P(X_1):\{p(a_{i1})\}$ 和各阶条件概率 $p(a_{ik}/a_{i1}a_{i2}\cdots a_{i(k-1)})(k=2,3,\cdots,N)$.

① 起始概率分布

$$P(X_1):\{p(a_{i1})\ [a_{i1}\in X:\{a_1,a_2,\cdots,a_r\};i1=1,2,\cdots,r]\}\tag{3.2.2-4}$$

它表示,离散平稳有记忆信源 X 在第 1 单位时间(随机变量 X_1)发符号 a_{i1} 的概率分布,亦称为扩展信源 $\boldsymbol{X}=X_1X_2\cdots X_N$ 的"起始分布". 它不随时间的推移而变化,与起始时刻的选择无关. 而且,有

$$\sum_{i1=1}^{r}p(a_{i1})=\sum_{i=1}^{r}p(a_i)=1\tag{3.2.2-5}$$

② 一阶条件概率

$$P(X_2/X_1):\{p(a_{i2}/a_{i1})[a_{i1},a_{i2}\in X:\{a_1,a_2,\cdots,a_r\};i1,i2=1,2,\cdots,r]\}$$
$$(3.2.2-6)$$

它表示,平稳有记忆信源 X 在第 1 单位时间随机变量 $X_1=a_{i1}$ 的前提下,第 2 单位时间随机变量 $X_2=a_{i2}$ 的概率. 它体现离散平稳有记忆信源 X 在第 1 和第 2 单位时间所发符号 a_{i1} 和 a_{i2} 之间的统计依赖关系. 平稳有记忆信源 X 在第 1 单位时间发符号 a_{i1} 的前提下,第 2 单位时间所发的符号 a_{i2},只可能是信源 X 的符号集 $X:\{a_1,a_2,\cdots,a_r\}$ 中的某一符号,不可能是这个符号集以外的其他别的什么符号. 所以,有

$$\sum_{i2=1}^{r}p(a_{i2}/a_{i1})=1 \quad (i1=1,2,\cdots,r) \tag{3.2.2-7}$$

同样,根据信源 X 的平稳性,$p(a_{i2}/a_{i1})$ 不随时间的推移而变化,与起始时刻的选择无关.

③ 二阶条件概率

$$P(X_3/X_1X_2):\{p(a_{i3}/a_{i1}a_{i2})[a_{i1},a_{i2},a_{i3}\in X:\{a_1,a_2,\cdots,a_r\};i1,i2,i3=1,2,\cdots,r]\}$$
$$(3.2.2-8)$$

它表示,平稳有记忆信源 X 在第 1、第 2 单位时间随机变量 $X_1=a_{i1}$,$X_2=a_{i2}$ 的前提下,第 3 单位时间随机变量 $X_3=a_{i3}$ 的概率. 它体现离散平稳有记忆信源 X 在第 3 单位时间所发出符号 a_{i3} 与第 1、2 单位时间所发符号 a_{i1}、a_{i2} 之间的统计依赖关系. 同样,离散平稳有记忆信源 X 在第 1、2 单位时间发符号 a_{i1}、a_{i2} 的前提下,第 3 单位时间所发符号 a_{i3},只可能是信源 X 符号集 $X:\{a_1,a_2,\cdots,a_r\}$ 中某一符号,不可能是这个符号集以外的其他别的什么符号. 所以,有

$$\sum_{i3=1}^{r}p(a_{i3}/a_{i1}a_{i2})=1 \quad (i1,i2=1,2,\cdots,r) \tag{3.2.2-9}$$

同样,根据信源 X 的平稳性,$p(a_{i3}/a_{i1}a_{i2})$ 不随时间的推移而变化,与起始时刻的选择无关.

依此类推.

④ $(N-1)$ 阶条件概率

$$P(X_N/X_1X_2\cdots X_{N-1}):\{p(a_{iN}/a_{i1}a_{i2}\cdots a_{i(N-1)})[a_{i1},a_{i2},\cdots,a_{iN}\in X:\{a_1,a_2,\cdots,a_r\};$$
$$i1,i2,\cdots,iN=1,2,\cdots,r]\} \tag{3.2.2-10}$$

它表示,平稳有记忆信源 X 在第 1、2、$\cdots$、$(N-1)$ 单位时间随机变量 $X_1=a_{i1}$,$X_2=a_{i2}$,$\cdots$,$X_{N-1}=a_{i(N-1)}$ 的前提下,第 N 单位时间随机变量 $X_N=a_{iN}$ 的概率. 它体现离散平稳有记忆信源 X 在第 N 单位时间发出符号 a_{iN},与第 1、2、$\cdots$、$(N-1)$ 单位时间所发出符号 a_{i1}、a_{i2}、$\cdots$、$a_{i(N-1)}$ 之间存在的统计依赖关系. 同样,离散平稳有记忆信源 X 在第 1、2、$\cdots$、$(N-1)$ 单位时间发符号 a_{i1}、a_{i2}、$\cdots$、$a_{i(N-1)}$ 的前提下,第 N 单位时间所发出的符号 a_{iN},只可能是信源 X 的符号集 $X:\{a_1,a_2,\cdots,a_r\}$ 中某一符号,不可能是这个符号集以外的其他别的什么符号. 所以,有

$$\sum_{iN=1}^{r}p(a_{iN}/a_{i1}a_{i2}\cdots a_{i(N-1)})=1 \quad (i1,i2,\cdots,i(N-1)=1,2,\cdots,r) \tag{3.2.2-11}$$

同样,根据信源 X 的平稳性,$p(a_{iN}/a_{i1}a_{i2}\cdots a_{i(N-1)})$ 不随时间的推移而变化,与起始时刻的选择无关.

给定离散平稳有记忆信源 X 的符号集 $X:\{a_1,a_2,\cdots,a_r\}$ 及其起始概率 $P(X_1):\{p(a_{i1})\}$,

并给定(或测定、计算)$1-(N-1)$阶各阶条件概率

$P(X_k/X_1X_2\cdots X_{k-1})\quad(k=2,3,\cdots,N)$：

$\{p(a_{ik}/a_{i1}a_{i2}\cdots a_{i(k-1)})[a_{i1}a_{i2},\cdots,a_{ik}\in X:\{a_1,a_2,\cdots,a_r\};i1,i2,\cdots,ik=1,2,\cdots,r]\}$

就可由$(3.2.2\text{-}3)$式得到X的N次扩展信源$\boldsymbol{X}=X_1X_2\cdots X_N$的概率分布

$P(\boldsymbol{X})=P(X_1X_2\cdots X_N)$：

$\{p(\alpha_i)=p(a_{i1}a_{i2}\cdots a_{iN})[a_{i1},a_{i2},\cdots,a_{iN}\in X:\{a_1,a_2,\cdots,a_r\};i1,i2,\cdots,iN=1,2,\cdots,r]\}$

进而构建离散平稳有记忆信源X的N次扩展信源$\boldsymbol{X}=X_1X_2\cdots X_N$的信源空间

$$[\boldsymbol{X}\cdot P]:\begin{cases}\boldsymbol{X}: & \alpha_1 & \alpha_2 & \cdots & \alpha_{r^N}\\ P(\boldsymbol{X}): & p(\alpha_1) & p(\alpha_2) & \cdots & p(\alpha_{r^N})\end{cases}\tag{3.2.2-12}$$

其中，

$$0\leqslant p(\alpha_i)=p(a_{i1}a_{i2}\cdots a_{iN})\leqslant1$$
$$(i=1,2,\cdots,r^N)\tag{3.2.2-13}$$

以及

$$\sum_{i=1}^{r^N}p(\alpha_i)=\sum_{i1=1}^{r}\sum_{i2=1}^{r}\cdots\sum_{iN=1}^{r}p(a_{i1}a_{i2}\cdots a_{iN})$$

$$=\sum_{i1=1}^{r}\sum_{i2=1}^{r}\cdots\sum_{iN=1}^{r}p(a_{i1})p(a_{i2}/a_{i1})p(a_{i3}/a_{i1}a_{i2})\cdots p(a_{iN}/a_{i1}a_{i2}\cdots a_{i(N-1)})$$

$$=\sum_{i1=1}^{r}p(a_{i1})\sum_{i2=1}^{r}p(a_{i2}/a_{i1})\sum_{i3=1}^{r}p(a_{i3}/a_{i1}a_{i2})\cdots\sum_{iN=1}^{r}p(a_{iN}/a_{i1}a_{i2}\cdots a_{i(N-1)})$$

$$=1\cdot1\cdot1\cdot\cdots\cdot1=1\tag{3.2.2-14}$$

这表明，离散平稳有记忆信源X的N次扩展信源$\boldsymbol{X}=X_1X_2\cdots X_N$的信源空间$[\boldsymbol{X}\cdot P]$中的概率空间$P(\boldsymbol{X})=P(X_1X_2\cdots X_N)$是完备集，存在信息熵$H(\boldsymbol{X})=H(X_2X_2\cdots X_N)$.

定理 3.2　离散平稳有记忆信源X的N次扩展信源$\boldsymbol{X}=X_1X_2\cdots X_N$的信息熵$H(\boldsymbol{X})=H(X_1X_2\cdots X_N)$，等于信源$X$起始时刻信息熵$H(X_1)$，与$1,2,\cdots,(N-1)$阶条件熵之和，即有
$$H(\boldsymbol{X})=H(X_1X_2\cdots X_N)=H(X_1)+H(X_2/X_1)+H(X_3/X_1X_2)+\cdots+H(X_N/X_1X_2\cdots X_{N-1})$$

证明　由离散平稳有记忆信源X的N次扩展信源$\boldsymbol{X}=X_1X_2\cdots X_N$的信源空间$[\boldsymbol{X}\cdot P]$，根据信息熵的定义，$\boldsymbol{X}=X_1X_2\cdots X_N$的信息熵

$$H(\boldsymbol{X})=H(X_1X_2\cdots X_N)=-\sum_{i=1}^{r^N}p(\alpha_i)\log p(\alpha_i)$$

$$=-\sum_{i1=1}^{r}\sum_{i2=1}^{r}\cdots\sum_{iN=1}^{r}p(a_{i1}a_{i2}\cdots a_{iN})\log p(a_{i1}a_{i2}\cdots a_{iN})$$

$$=-\sum_{i1=1}^{r}\sum_{i2=1}^{r}\cdots\sum_{iN=1}^{r}p(a_{i1}a_{i2}\cdots a_{iN})$$

$$\cdot\log[p(a_{i1})p(a_{i2}/a_{i1})p(a_{i3}/a_{i1}a_{i2})\cdots p(a_{iN}/a_{i1}a_{i2}\cdots a_{i(N-1)})]$$

$$=-\sum_{i1=1}^{r}\sum_{i2=1}^{r}\cdots\sum_{iN=1}^{r}p(a_{i1}a_{i2}\cdots a_{iN})\log p(a_{i1})\qquad\qquad①$$

$$-\sum_{i1=1}^{r}\sum_{i2=1}^{r}\cdots\sum_{iN=1}^{r}p(a_{i1}a_{i2}\cdots a_{iN})\log p(a_{i2}/a_{i1})\qquad\qquad②$$

$$- \sum_{i1=1}^{r} \sum_{i2=1}^{r} \cdots \sum_{iN=1}^{r} p(a_{i1} a_{i2} \cdots a_{iN}) \log p(a_{i3}/a_{i1} a_{i2}) \qquad ③$$

$$\cdots$$

$$- \sum_{i1=1}^{r} \sum_{i2=1}^{r} \cdots \sum_{iN=1}^{r} p(a_{i1} a_{i2} \cdots a_{iN}) \log p(a_{iN}/a_{i1} a_{i2} \cdots a_{i(N-1)}) \qquad ⓝ$$

$$(3.2.2-15)$$

以下,对(3.2.2-15)式中的①、②、③…ⓝ项逐一进行推导和分析

①　$$- \sum_{i1=1}^{r} \sum_{i2=1}^{r} \cdots \sum_{iN=1}^{r} p(a_{i1} a_{i2} \cdots a_{iN}) \log p(a_{i1})$$

$$= - \sum_{i1=1}^{r} p(a_{i1}) \log p(a_{i1}) = H(X_1) \qquad (3.2.2-16)$$

它表示,离散平稳有记忆信源 X 在第 1 单位时间(起始时间)随机变量 X_1 的信息熵,也就是信源 X 在起始时刻发出每符号提供的平均信息量.

②　$$- \sum_{i1=1}^{r} \sum_{i2=1}^{r} \cdots \sum_{iN=1}^{r} p(a_{i1} a_{i2} \cdots a_{iN}) \log p(a_{i2}/a_{i1})$$

$$= - \sum_{i1=1}^{r} \sum_{i2=1}^{r} p(a_{i1} a_{i2}) \log p(a_{i2}/a_{i1}) = - \sum_{i1=1}^{r} \sum_{i2=1}^{r} p(a_{i1}) p(a_{i2}/a_{i1}) \log p(a_{i2}/a_{i1})$$

$$= \sum_{i1=1}^{r} p(a_{i1}) \left[- \sum_{i2=1}^{r} p(a_{i2}/a_{i1}) \log p(a_{i2}/a_{i1}) \right]$$

$$= \sum_{i1=1}^{r} p(a_{i1}) H(X_2/X_1 = a_{i1}) = H(X_2/X_1) \qquad (3.2.2-17)$$

它是一阶条件熵.表示离散平稳有记忆信源 X 在发第 1 个符号的前提下,第 2 单位时间再发一个符号提供的平均信息量.

③　$$- \sum_{i1=1}^{r} \sum_{i2=1}^{r} \cdots \sum_{iN=1}^{r} p(a_{i1} a_{i2} \cdots a_{iN}) \log p(a_{i3}/a_{i1} a_{i2})$$

$$= - \sum_{i1=1}^{r} \sum_{i2=1}^{r} \sum_{i3=1}^{r} p(a_{i1} a_{i2} a_{i3}) \log p(a_{i3}/a_{i1} a_{i2})$$

$$= - \sum_{i1=1}^{r} \sum_{i2=1}^{r} \sum_{i3=1}^{r} p(a_{i1} a_{i2}) p(a_{i3}/a_{i1} a_{i2}) \log p(a_{i3}/a_{i1} a_{i2})$$

$$= \sum_{i1=1}^{r} \sum_{i2=1}^{r} p(a_{i1} a_{i2}) \left[- \sum_{i3=1}^{r} p(a_{i3}/a_{i1} a_{i2}) \log p(a_{i3}/a_{i1} a_{i2}) \right]$$

$$= \sum_{i1=1}^{r} \sum_{i2=1}^{r} p(a_{i1} a_{i2}) H(X_3/X_1 = a_{i1}, X_2 = a_{i2})$$

$$= H(X_3/X_1 X_2) \qquad (3.2.2-18)$$

它是二阶条件熵.表示离散平稳有记忆信源 X 在发第 1、第 2 个符号的前提下,第 3 时刻再发一个符号提供的平均信息量.

$$\cdots\cdots$$

ⓝ　$$- \sum_{i1=1}^{r} \sum_{i2=1}^{r} \cdots \sum_{iN=1}^{r} p(a_{i1} a_{i2} \cdots a_{iN}) \log p(a_{iN}/a_{i1} a_{i2} \cdots a_{i(N-1)})$$

$$=-\sum_{i1=1}^{r}\sum_{i2=1}^{r}\cdots\sum_{iN=1}^{r}p(a_{i1}a_{i2}\cdots a_{i(N-1)})p(a_{iN}/a_{i1}a_{i2}\cdots a_{i(N-1)})\log p(a_{iN}/a_{i1}a_{i2}\cdots a_{i(N-1)})$$

$$=\sum_{i1=1}^{r}\sum_{i2=1}^{r}\cdots\sum_{i(N-1)=1}^{r}p(a_{i1}a_{i2}\cdots a_{i(N-1)})\Big[-\sum_{iN=1}^{r}p(a_{iN}/a_{i1}a_{i2}\cdots a_{i(N-1)})\log p(a_{iN}/a_{i1}a_{i2}\cdots a_{i(N-1)})\Big]$$

$$=\sum_{i1=1}^{r}\sum_{i2=1}^{r}\cdots\sum_{i(N-1)=1}^{r}p(a_{i1}a_{i2}\cdots a_{i(N-1)})H(X_N/X_1=a_{i1},X_2=a_{i2},\cdots,X_{N-1}=a_{i(N-1)})$$

$$=H(X_N/X_1X_2\cdots X_{N-1}) \tag{3.2.2-19}$$

它是$(N-1)$阶条件熵. 表示离散平稳有记忆信源 X 在第 $1,2,\cdots,(N-1)$ 单位时间发符号的前提下,第 N 单位时间再发一个符号提供的平均信息量.

由此,$(3.2.2-15)$式可改写为

$$H(\boldsymbol{X})=H(X_1X_2\cdots X_N)$$
$$=H(X_1)+H(X_2/X_1)+H(X_3/X_1X_2)+\cdots+H(X_N/X_1X_2\cdots X_{N-1}) \tag{3.2.2-20}$$

这样,定理 3.2 就得到了证明.

定理表明:离散平稳有记忆信源 X 的 N 次扩展信源$\boldsymbol{X}=X_1X_2\cdots X_N$每条消息由 N 个符号组成. 每条消息含有的平均信息量 $H(\boldsymbol{X})=H(X_1X_2\cdots X_N)$,等于信源 X 起始时刻每一符号含有的平均信息量 $H(X_1)$;加上起始时刻发一个符号前提下,第 2 时刻再发一个符号含有的平均信息量 $H(X_2/X_1)$;再加上信源 X 在第 $1,2$ 时刻发一个符号的前提下,第 3 时刻再发一个符号含有的平均信息量 $H(X_3/X_1X_2)$;$\cdots\cdots$;依此类推. 最后,再加上信源 X 在第 1、2、$\cdots$、$(N-1)$时刻发一个符号的前提下,在第 N 时刻再发一个符号含有的平均信息量 $H(X_N/X_1X_2\cdots X_{N-1})$所得之总和. 由平稳性可知,离散平稳有记忆信源 X 的 N 次扩展信源$\boldsymbol{X}=X_1X_2\cdots X_N$每条消息所含有的平均信息量 $H(\boldsymbol{X})=H(X_1X_2\cdots X_N)$不随时间的推移而变化,与起始时刻的选择无关.

3.2.3 扩展信源信息熵的比较

长度同为 N 的无记忆信源 X 和有记忆信源 X 的 N 次扩展信源 $X^N=X_1X_2\cdots X_N$ 与 $\boldsymbol{X}=X_1X_2\cdots X_N$ 相比,到底是哪一种信源发出的消息含有的平均信息量多一些?

由$(3.2.1-7)$式和$(3.2.2-20)$式可知,要回答这个问题,必须比较 $H(X_k)$ 与 $H(X_k/X_1X_2\cdots X_{k-1})(k=2,3,\cdots,N)$ 的大小.

定理 3.3 离散平稳有记忆信源 X 的 N 次扩展信源$\boldsymbol{X}=X_1X_2\cdots X_N$ 在 $k(k=2,3,\cdots,N)$ 时刻的条件熵,不会大于 k 时刻随机变量 X_k 的信息熵,即

$$H(X_k/X_1X_2\cdots X_{k-1})\leqslant H(X_k) \quad (k=2,3,\cdots,N)$$

证明 离散平稳有记忆信源 X 的 N 次扩展信源$\boldsymbol{X}=X_1X_2\cdots X_N$ 中,$k(k=2,3,\cdots,N)$时刻的条件熵

$$H(X_k/X_1X_2\cdots X_{k-1})=-\sum_{i1=1}^{r}\sum_{i2=1}^{r}\cdots\sum_{ik=1}^{r}p(a_{i1}a_{i2}\cdots a_{ik})\log p(a_{ik}/a_{i1}a_{i2}\cdots a_{i(k-1)})$$

$$=-\sum_{i1=1}^{r}\sum_{i2=1}^{r}\cdots\sum_{ik=1}^{r}p(a_{i1}a_{i2}\cdots a_{i(k-1)})p(a_{ik}/a_{i1}a_{i2}\cdots a_{i(k-1)})\log p(a_{ik}/a_{i1}a_{i2}\cdots a_{i(k-1)})$$

$$= \sum_{i1=1}^{r} \sum_{i2=1}^{r} \cdots \sum_{i(k-1)=1}^{r} p(a_{i1}a_{i2}\cdots a_{i(k-1)})$$

$$\cdot \left[-\sum_{ik=1}^{r} p(a_{ik}/a_{i1}a_{i2}\cdots a_{ik-1}) \log p(a_{ik}/a_{i1}a_{i2}\cdots a_{i(k-1)}) \right] \quad (3.2.3-1)$$

因有

$$\begin{cases} \sum_{ik=1}^{r} p(a_{ik}) = 1 \\ \sum_{ik=1}^{r} p(a_{ik}/a_{i1}a_{i2}\cdots a_{i(k-1)}) = 1 \end{cases} \quad (3.2.3-2)$$

根据熵函数的极值性,由(1.3.1-29)式,在(3.2.3-1)式中,有

$$-\sum_{ik=1}^{r} p(a_{ik}/a_{i1}a_{i2}\cdots a_{i(k-1)}) \log p(a_{ik}/a_{i1}a_{i2}\cdots a_{i(k-1)}) \leqslant -\sum_{ik=1}^{r} p(a_{ik}/a_{i1}a_{i2}\cdots a_{i(k-1)}) \log p(a_{ik})$$

$$(3.2.3-3)$$

则(3.2.3-1)式改写为

$$H(X_k/X_1 X_2 \cdots X_{k-1}) \leqslant \sum_{i1=1}^{r} \sum_{i2=1}^{r} \cdots \sum_{ik=1}^{r} p(a_{i1}a_{i2}\cdots a_{i(k-1)})$$

$$\cdot \left[-\sum_{ik=1}^{r} p(a_{ik}/a_{i1}a_{i2}\cdots a_{i(k-1)}) \log p(a_{ik}) \right]$$

$$= -\sum_{i1=1}^{r} \sum_{i2=1}^{r} \cdots \sum_{ik=1}^{r} p(a_{i1}a_{i2}\cdots a_{i(k-1)}) p(a_{ik}/a_{i1}a_{i2}\cdots a_{i(k-1)}) \log p(a_{ik})$$

$$= -\sum_{i1=1}^{r} \sum_{i2=1}^{r} \cdots \sum_{ik=1}^{r} p(a_{i1}a_{i2}\cdots a_{ik}) \log p(a_{ik})$$

$$= -\sum_{ik=1}^{r} p(a_{ik}) \log p(a_{ik}) = H(X_k) \quad (3.2.3-4)$$

这样,定理 3.3 就得到了证明.

推论　离散平稳无记忆信源 X 的 N 次扩展信源 $X^N = X_1 X_2 \cdots X_N$ **每条消息含有的平均信息量,一定不小于离散平稳有记忆信源 X 的 N 次扩展信源 $\boldsymbol{X} = X_1 X_2 \cdots X_N$ 每条消息含有的平均信息量,即**

$$H(X^N) \geqslant H(\boldsymbol{X})$$

证明　根据定理 3.3,当 $k = 2, 3, \cdots, N$ 时,分别有:

$$\begin{cases} H(X_2) \geqslant H(X_2/X_1) \\ H(X_3) \geqslant H(X_3/X_1 X_2) \\ \cdots \\ H(X_N) \geqslant H(X_N/X_1 X_2 \cdots X_{N-1}) \end{cases} \quad (3.2.3-5)$$

由此,得

$$H(X^N) = H(X_1) + H(X_2) + H(X_3) + \cdots + H(X_N)$$

$$\geqslant H(X_1) + H(X_2/X_1) + H(X_3/X_1 X_2) + \cdots + H(X_N/X_1 X_2 \cdots X_{N-1})$$

$$= H(\boldsymbol{X})$$

即证得

$$H(X^N) \geqslant H(\boldsymbol{X}) \tag{3.2.3-6}$$

这样,推论就得到了证明.

定理 3.3 及其推论表明:在长度相同,都等于 N 的情况下,离散平稳有记忆信源 X 的 N 次扩展信源 $\boldsymbol{X} = X_1 X_2 \cdots X_N$ 每一条消息所含平均信息量,一定不超过离散平稳无记忆信源 X 的 N 次扩展信源 $X^N = X_1 X_2 \cdots X_N$ 每条消息含有的平均信息量. 这是因为在离散平稳有记忆信源 X 的 N 次扩展信源 $\boldsymbol{X} = X_1 X_2 \cdots X_N$ 中随机变量间存在的统计依赖关系,使接收者在 $k(k=2,3,\cdots,n)$ 时刻之前的随机变量序列 $(X_1 X_2 \cdots X_{k-1})$ 中已获取了关于 k 时刻的随机变量 X_k 的部分有关知识,减少了 X_k 本身的平均不确定性.

3.3 平均符号熵和极限熵

离散平稳有记忆信源 X 的 N 次扩展信源 $\boldsymbol{X} = X_1 X_2 \cdots X_N$ 的信息熵 $H(\boldsymbol{X}) = H(X_1 X_2 \cdots X_N)$ 表示扩展信源 $\boldsymbol{X} = X_1 X_2 \cdots X_N$ 每一条消息(含 N 个符号)含有的平均信息量. 显然,它与消息的长度 N 有关. 不同长度 N,就有不同的 $H(\boldsymbol{X})$. 作为信源的信息测度,它缺乏可比性. 我们必须在 N 次扩展信源 $\boldsymbol{X} = X_1 X_2 \cdots X_N$ 的信息熵 $H(\boldsymbol{X})$ 的基础上,进一步探寻 N 次扩展信源 $\boldsymbol{X} = X_1 X_2 \cdots X_N$ 的主体信源——离散平稳有记忆信源 X 的信息测度,即信源 X 每一符号含有的平均信息量. 为此,我们先引入"平均符号熵"的概念,进而导出离散平稳有记忆信源 X 的信息测度,即"极限熵".

3.3.1 平均符号熵

设离散平稳有记忆信源 X 的 N 次扩展信源 $\boldsymbol{X} = X_1 X_2 \cdots X_N$ 的信息熵为 $H(\boldsymbol{X}) = H(X_1 X_2 \cdots X_N)$,现定义

$$H_N(\boldsymbol{X}) = \frac{H(\boldsymbol{X})}{N} = \frac{H(X_1 X_2 \cdots X_N)}{N} \quad （比特／符号） \tag{3.3.1-1}$$

为信源 X 的 N 次扩展信源 $\boldsymbol{X} = X_1 X_2 \cdots X_N$ 的"平均符号熵". 它表示 N 次扩展信源 $\boldsymbol{X} = X_1 X_2 \cdots X_N$ 每一符号含有的平均信息量(比特/符号).

显然,由 (3.3.1-1) 式定义的平均符号熵 $H_N(\boldsymbol{X})$ 的量纲虽然已是(比特/符号),但 $H_N(\boldsymbol{X})$ 与消息长度 N 仍然有关. 那么,$H_N(\boldsymbol{X})$ 与长度 N 之间到底是什么关系呢? 要弄清这个问题,先要讨论在 N 次扩展信源 $\boldsymbol{X} = X_1 X_2 \cdots X_N$ 中,条件熵 $H(X_k/X_1 X_2 \cdots X_{k-1})$ 与 $H(X_{k-1}/X_1 X_2 \cdots X_{k-2})(k=2,3,\cdots,N)$ 之间的大小关系.

定理 3.4 **离散平稳有记忆信源 X 的 N 次扩展信源 $\boldsymbol{X} = X_1 X_2 \cdots X_N$ 的条件熵**

$$H(X_k/X_1 X_2 \cdots X_{k-1}) \leqslant H(X_{k-1}/X_1 X_2 \cdots X_{k-2}) \quad (k=2,3,\cdots,N)$$

证明 按条件熵的定义,离散平稳有记忆信源 X 的 N 次扩展信源 $\boldsymbol{X} = X_1 X_2 \cdots X_N$ 的 $(k-1)$ 阶条件熵

$$H(X_k/X_1 X_2 \cdots X_{k-1})$$

$$= -\sum_{i1=1}^{r} \sum_{i2=1}^{r} \cdots \sum_{ik=1}^{r} p(a_{i1} a_{i2} \cdots a_{ik}) \log p(a_{ik}/a_{i1} a_{i2} \cdots a_{i(k-1)})$$

$$=-\sum_{i1=1}^{r}\sum_{i2=1}^{r}\cdots\sum_{ik=1}^{r}p(a_{i1}a_{i2}\cdots a_{i(k-1)})p(a_{ik}/a_{i1}a_{i2}\cdots a_{i(k-1)})\log p(a_{ik}/a_{i1}a_{i2}\cdots a_{i(k-1)})$$

$$=\sum_{i1=1}^{r}\sum_{i2=1}^{r}\cdots\sum_{ik-1=1}^{r}p(a_{i1}a_{i2}\cdots a_{i(k-1)})\Big[-\sum_{ik=1}^{r}p(a_{ik}/a_{i1}a_{i2}\cdots a_{i(k-1)})\log p(a_{ik}/a_{i1}a_{i2}\cdots a_{i(k-1)})\Big]$$

$$(3.3.1-2)$$

因为

$$\begin{cases}\sum_{ik=1}^{r}p(a_{ik}/a_{i1}a_{i2}\cdots a_{i(k-1)})=1 & (3.3.1-3)\\ \sum_{ik=1}^{r}p(a_{ik}/a_{i2}a_{i3}\cdots a_{i(k-1)})=1 & (3.3.1-4)\end{cases}$$

由(1.3.1-29)式,在(3.3.1-2)式中,有

$$-\sum_{ik=1}^{r}p(a_{ik}/a_{i1}a_{i2}\cdots a_{i(k-1)})\log p(a_{ik}/a_{i1}a_{i2}\cdots a_{i(k-1)})$$

$$\leqslant-\sum_{ik=1}^{r}p(a_{ik}/a_{i1}a_{i2}\cdots a_{i(k-1)})\log p(a_{ik}/a_{i2}a_{i3}\cdots a_{i(k-1)}) \qquad (3.3.1-5)$$

则(3.3.1-2)式又可改写为

$$H(X_k/X_1X_2\cdots X_{k-1})$$

$$\leqslant\sum_{i1=1}^{r}\sum_{i2=1}^{r}\cdots\sum_{i(k-1)=1}^{r}p(a_{i1}a_{i2}\cdots a_{i(k-1)})\Big[-\sum_{ik=1}^{r}p(a_{ik}/a_{i1}a_{i2}a_{i(k-1)})\log p(a_{ik}/a_{i2}a_{i3}\cdots a_{i(k-1)})\Big]$$

$$=-\sum_{i1=1}^{r}\sum_{i2=1}^{r}\cdots\sum_{ik=1}^{r}p(a_{i1}a_{i2}\cdots a_{ik})\log p(a_{ik}/a_{i2}a_{i3}\cdots a_{i(k-1)}) \qquad (3.3.1-6)$$

由离散平稳信源 X 的平稳性, X 的 N 次扩展信源 $\boldsymbol{X}=X_1X_2\cdots X_N$ 中条件概率与起始时刻的选择无关. 在(3.3.1-6)式中,有

$$p(a_{ik}/a_{i2}a_{i3}\cdots a_{i(k-1)})=p(a_{i(k-1)}/a_{i1}a_{i2}\cdots a_{i(k-2)}) \qquad (3.3.1-7)$$

则(3.3.1-6)式改写为

$$H(X_k/X_1X_2\cdots X_{k-1})\leqslant-\sum_{i1=1}^{r}\sum_{i2=1}^{r}\cdots\sum_{ik=1}^{r}p(a_{i1}a_{i2}\cdots a_{i(k-1)})\log p(a_{i(k-1)}/a_{i1}a_{i2}\cdots a_{i(k-2)})$$

$$=-\sum_{i1=1}^{r}\sum_{i2=1}^{r}\cdots\sum_{i(k-1)=1}^{r}p(a_{i1}a_{i2}\cdots a_{i(k-1)})\log p(a_{i(k-1)}/a_{i1}a_{i2}\cdots a_{i(k-2)})$$

$$=H(X_{k-1}/X_1X_2\cdots X_{k-2}) \qquad (3.3.1-8)$$

即证得

$$H(X_k/X_1X_2\cdots X_{k-1})\leqslant H(X_{k-1}/X_1X_2\cdots X_{k-2}) \quad (k=2,3,\cdots,N) \qquad (3.3.1-9)$$

这样,定理 3.4 就得到了证明.

　　若把离散平稳有记忆信源 X 在 k 时刻以前已知的随机变量个数(单位时间),称为离散平稳有记忆信源 X 的"记忆长度",那么,定理表明:离散平稳有记忆信源 X 的 N 次扩展信源 $\boldsymbol{X}=X_1X_2\cdots X_N$ 中的条件熵,随着"记忆长度"的增大而逐步减小."记忆长度"越长,在 k 时刻发符号之前关于 k 时刻随机变量 X_k 的所发符号的"预备知识"就越多, k 时刻随机变量 X_k 的平均不确定性就越小,它所提供的平均信息量也就越小.

推论 离散平稳有记忆信源 X 的 N 次扩展信源 $\boldsymbol{X}=X_1X_2\cdots X_N$ 的平均符号熵 $H_N(\boldsymbol{X})$，是 N 的递减函数，即

$$H_N(\boldsymbol{X})\leqslant H_{N-1}(\boldsymbol{X})$$

证明 根据平均符号熵的定义，并由(3.3.1-1)式，对离散平稳有记忆信源 X 的 N 次扩展信源 $\boldsymbol{X}=X_1X_2\cdots X_N$，有

$$NH_N(\boldsymbol{X})=H(\boldsymbol{X})=H(X_1X_2\cdots X_N)$$
$$=H(X_1)+H(X_2/X_1)+H(X_3/X_1X_2)+\cdots+H(X_N/X_1X_2\cdots X_{N-1})$$
$$(3.3.1-10)$$

根据定理 3.4，(3.3.1-10)式可改写为

$$NH_N(\boldsymbol{X})\geqslant NH(X_N/X_1X_2\cdots X_{N-1}) \tag{3.3.1-11}$$

再由熵函数的非负性，进而有

$$H_N(\boldsymbol{X})\geqslant H(X_N/X_1X_2\cdots X_{N-1})\geqslant 0 \tag{3.3.1-12}$$

另一方面，对离散平稳有记忆信源 X 的 N 次扩展信源 $\boldsymbol{X}=X_1X_2\cdots X_N$ 的平均符号熵，还可有

$$NH_N(\boldsymbol{X})=H(X_1X_2\cdots X_N)=-\sum_{i=1}^{r^N}p(\alpha_i)\log p(\alpha_i)$$

$$=-\sum_{i1=1}^{r}\sum_{i2=1}^{r}\cdots\sum_{iN=1}^{r}p(a_{i1}a_{i2}\cdots a_{iN})\log p(a_{i1}a_{i2}\cdots a_{iN})$$

$$=-\sum_{i1=1}^{r}\sum_{i2=1}^{r}\cdots\sum_{iN=1}^{r}p(a_{i1}a_{i2}\cdots a_{iN})\log\big[p(a_{i1}a_{i2}\cdots a_{i(N-1)})p(a_{iN}/a_{i1}a_{i2}\cdots a_{i(N-1)})\big]$$

$$=-\sum_{i1=1}^{r}\sum_{i2=1}^{r}\cdots\sum_{iN=1}^{r}p(a_{i1}a_{i2}\cdots a_{iN})\log p(a_{i1}a_{i2}\cdots a_{i(N-1)})$$
$$-\sum_{i1=1}^{r}\sum_{i2=1}^{r}\cdots\sum_{iN=1}^{r}p(a_{i1}a_{i2}\cdots a_{iN})\log p(a_{iN}/a_{i1}a_{i2}\cdots a_{i(N-1)})$$

$$=H(X_1X_2\cdots X_{N-1})+H(X_N/X_1X_2\cdots X_{N-1}) \tag{3.3.1-13}$$

由(3.3.1-13)式，根据平均符号熵的定义，又有

$$NH_N(\boldsymbol{X})=H(X_1X_2\cdots X_{N-1})+H(X_N/X_1X_2\cdots X_{N-1})$$
$$=(N-1)H_{N-1}(\boldsymbol{X})+H(X_N/X_1X_2\cdots X_{N-1}) \tag{3.3.1-14}$$

由(3.3.1-12)式，等式(3.3.1-14)可改写为

$$NH_N(\boldsymbol{X})\leqslant (N-1)H_{N-1}(\boldsymbol{X})+H_N(\boldsymbol{X}) \tag{3.3.1-15}$$

进而，有

$$(N-1)H_N(\boldsymbol{X})\leqslant (N-1)H_{N-1}(\boldsymbol{X}) \tag{3.3.1-16}$$

考虑到平均符号熵的非负性，由此证得

$$H_N(\boldsymbol{X})\leqslant H_{N-1}(\boldsymbol{X}) \tag{3.3.1-17}$$

这样，推论就得到了证明.

定理 3.4 及其推论告诉我们，离散平稳有记忆信源 X 的 N 次扩展信源 $\boldsymbol{X}=X_1X_2\cdots X_N$ 的平均符号熵 $H_N(\boldsymbol{X})$ 与消息长度 N 有关，它们之间的关系是：消息长度 N 越长，平均符号熵越小. 这是因为消息长度 N 越长，相应的"记忆长度"随之亦越长，有记忆平稳信源 X 发出的符号与前面已发符号的依赖程度就越大，使每一条消息的平均信息量下降，导致平均符号熵亦随之

减小.

3.3.2　极限熵

平均符号熵 $H_N(\pmb{X})$ 的引入和对其特性的讨论,为进一步探寻离散平稳有记忆信源 X 每发一个符号提供的平均信息量的信息测度函数奠定了理论基础.

我们还记得,在构建离散平稳信源 X 的 N 次扩展信源 $\pmb{X}=X_1X_2\cdots X_N$ 的数学模型时,为了数学上的简明和可行,曾做了两个假设:第一,假设信源 X 发出的每一条消息的长度均为 N(由 N 个符号组成);第二,假设信源 X 发出的长度为 N 的消息之间相互统计独立.在这两个假设下,N 次扩展信源 $\pmb{X}=X_1X_2\cdots X_N$ 的数学模型得到了完美的描述,其信息测度及其信息特性也得到了深入的揭示.但是,这两个假设显然与离散平稳有记忆信源 X 发出消息的实际状况之间存在一定的差距.实际上,离散平稳有记忆信源 X 发出消息的长度不可能是固定不变的.再则,离散平稳有记忆信源 X 每单位时间发出的符号之间,都存在统计依赖关系.而且,这种依赖关系随着时间的推移一直延伸到无穷.这种符号之间的依赖关系,导致消息与消息之间必然存在统计依赖关系,随着时间的推移一直延伸到无穷.

面对这种实际状况,我们把 N 足够大($N\to\infty$)的离散平稳有记忆扩展信源 $\pmb{X}=X_1X_2\cdots X_N$ 的平均符号熵 $H_N(\pmb{X})$ 的极限值

$$H_\infty = \lim_{N\to\infty} H_N(\pmb{X}) = \lim_{N\to\infty} \frac{H(X_1X_2\cdots X_N)}{N} \qquad (3.3.2-1)$$

定义为离散平稳有记忆信源 X 的"极限熵".

在离散平稳有记忆信源 X 的 N 次扩展信源 $\pmb{X}=X_1X_2\cdots X_N$ 的信息熵 $H(\pmb{X})=H(X_1X_2\cdots X_N)$ 中,包含了 N 个随机变量 X_1、X_2、$\cdots$、X_N 之间的统计依赖关系.当 $N\to\infty$ 时,这就意味着 H_∞ 包含了符号之间,乃至消息之间延伸到无穷的统计依赖关系.同时,$N\to\infty$ 就意味着去掉了长度 N 不变的因素.所以,(3.3.2-1)式定的极限熵 H_∞,可以成为离散平稳有记忆信源 X 的合理的信息测度.它表示,当离散平稳有记忆信源 X 稳定后,每发一个符号提供的平均信息量(比特/符号).

下面要讨论和回答的一个重要问题是,由(3.3.2-1)式定义的极限熵 H_∞ 在理论上是否存在?

定理 3.5　**离散平稳有记忆信源 X 存在极限熵 H_∞,且**

$$H_\infty = \lim_{N\to\infty} H(X_N/X_1X_2\cdots X_{N-1})$$

证明

(1) 由(3.3.1-12)式可知,离散平稳有记忆信源 X 的 N 次扩展信源 $\pmb{X}=X_1X_2\cdots X_N$ 的平均符号熵 $H_N(\pmb{X})$,大于或等于($N-1$)阶条件熵 $H(X_N/X_1X_2\cdots X_{N-1})$,即有

$$H_N(\pmb{X}) \geqslant H(X_N/X_1X_2\cdots X_{N-1}) \qquad (3.3.2-2)$$

而且(3.3.2-2)式对任何大于或等于 2 的正整数 N 都成立,所以

$$H_\infty = \lim_{N\to\infty} H_N(\pmb{X}) \geqslant \lim_{N\to\infty} H(X_N/X_1X_2\cdots X_{N-1}) \qquad (3.3.2-3)$$

(2) 由平均符号熵的定义,以及(3.3.1-13)式,有

$$(N+K)H_{N+K}(X_1X_2\cdots X_{N-1}X_NX_{N+1}\cdots X_{N+K})$$
$$= H(X_1X_2\cdots X_{N-1}X_NX_{N+1}\cdots X_{N+K})$$

$$= H(X_1 X_2 \cdots X_{N-1})$$

$$+ H(X_N / X_1 X_2 \cdots X_{N-1})$$

$$+ H(X_{N+1} / X_1 X_2 \cdots X_{N-1} X_N)$$

$$+ H(X_{N+2} / X_1 X_2 \cdots X_N X_{N+1}) \qquad \Big\} (K+1) \text{ 项} \qquad (3.3.2-4)$$

$$\cdots$$

$$+ H(X_{N+K} / X_1 X_2 \cdots X_{N+K-2} X_{N+K-1})$$

根据定理 3.4, 由 (3.3.1-9) 式, 等式 (3.3.2-4) 可改写为

$$(N+K) H_{N+K}(X_1 X_2 \cdots X_{N-1} X_N X_{N+1} \cdots X_{N+K})$$

$$\leqslant H(X_1 X_2 \cdots X_{N-1}) + (K+1) H(X_N / X_1 X_2 \cdots X_{N-1}) \qquad (3.3.2-5)$$

因为 N, K 都是大于零的正整数, 所以由 (3.3.2-5) 式进而可有

$$H_{N+K}(X_1 X_2 \cdots X_{N-1} X_N X_{N+1} \cdots X_{N+K})$$

$$\leqslant \frac{1}{N+K} H(X_1 X_2 \cdots X_{N-1}) + \frac{K+1}{N+K} H(X_N / X_1 X_2 \cdots X_{N-1}) \qquad (3.3.2-6)$$

为了对 (3.3.2-6) 式取 $(N+K) \to \infty$ 时的极限值, 先固定其中 N, 令 $K \to \infty$, 并取极限

$$\lim_{K \to \infty} H_{N+K}(\boldsymbol{X}) \leqslant \lim_{K \to \infty} \frac{1}{N+K} H(X_1 X_2 \cdots X_{N-1})$$

$$+ \lim_{K \to \infty} \frac{K+1}{N+K} H(X_N / X_1 X_2 \cdots X_{N-1}) \qquad (3.3.2-7)$$

其中, 因为 N 已被固定, 所以 $H(X_1 X_2 \cdots X_{N-1})$ 和 $H(X_N / X_1 X_2 \cdots X_{N-1})$ 都是一个固定值, 且与 K 无关. 在不等式 (3.3.2-7) 右边第一项

$$\lim_{K \to \infty} \frac{1}{N+K} H(X_1 X_2 \cdots X_{N-1}) = 0 \qquad (3.3.2-8)$$

不等式 (3.3.2-7) 右边第二项

$$\lim_{K \to \infty} \frac{K+1}{N+K} H(X_N / X_1 X_2 \cdots X_{N-1}) = H(X_N / X_1 X_2 \cdots X_{N-1}) \qquad (3.3.2-9)$$

则不等式 (3.3.2-7) 又可改写为

$$\lim_{K \to \infty} H_{N+K}(\boldsymbol{X}) \leqslant H(X_N / X_1 X_2 \cdots X_{N-1}) \qquad (3.3.2-10)$$

在不等式 (3.3.2-10) 中, 再令 $N \to \infty$ 并取极限, 则有

$$\lim_{N \to \infty} H_N(\boldsymbol{X}) \leqslant \lim_{N \to \infty} H(X_N / X_1 X_2 \cdots X_{N-1}) \qquad (3.3.2-11)$$

(3) 综合不等式 (3.3.2-3) 和 (3.3.2-11), 有

$$\lim_{N \to \infty} H(X_N / X_1 X_2 \cdots X_{N-1}) \leqslant H_\infty = \lim_{N \to \infty} H_N(\boldsymbol{X})$$

$$\leqslant \lim_{N \to \infty} H(X_N / X_1 X_2 \cdots X_{N-1}) \qquad (3.3.2-12)$$

则证得

$$H_\infty = \lim_{N \to \infty} H_N(\boldsymbol{X}) = \lim_{N \to \infty} H(X_N / X_1 X_2 \cdots X_{N-1}) \qquad (3.3.2-13)$$

这样, 定理 3.5 就得到了证明.

定理表明, 离散平稳有记忆信源 X 稳定后, 考虑到随着时间的推移一直延伸到无穷的符号 (消息) 间的统计依赖关系这一重要因素, 信源 X 每发一个符号提供的平均信息量的测度函数, 即信源 X 的"极限熵" H_∞, 在理论上是存在的. 而且证明, 它等于信源 X 的 N 次扩展信源 $\boldsymbol{X} =$

$X_1 X_2 \cdots X_N$ 的 $(N-1)$ 阶条件熵 $H(X_N|X_1 X_2 \cdots X_{N-1})$ 当 $N \to \infty$ 时的极限值.

对于一般离散平稳有记忆信源 X 来说,尽管这个极限值 H_∞ 的计算是相当复杂和困难的,但毕竟定理 3.5 在理论上明确了一个原则,指明了一个方向,离散平稳有记忆信源 X 每发一个符号提供的平均信息量是可度量的,其测度函数是存在的,它就是离散平稳有记忆信源 X 的"极限熵" H_∞.

3.4　马尔可夫(Markov)信源的极限熵

马尔可夫信源(简称 M 信源)是一种特殊的有记忆信源.它特殊的统计依赖关系,使其极限熵 H_∞ 可精准计算. M 信源在理论分析和实际工程中得到广泛应用.

3.4.1　M 信源的定义

一般的离散平稳有记忆信源 $X:\{a_1, a_2, \cdots, a_r\}$ 在任何时刻 t_{m+1} 的随机变量 X_{m+1} 发出的符号 $a_{i(m+1)}$,与前面伸向无限的所有时刻随机变量 $\cdots X_1, X_2, X_3, \cdots, X_m$ 所发符号 $(\cdots, a_{i1}, a_{i2}, a_{i3}, \cdots, a_{im})$ 都存在统计依赖关系(如图 3.4-1(a)所示).

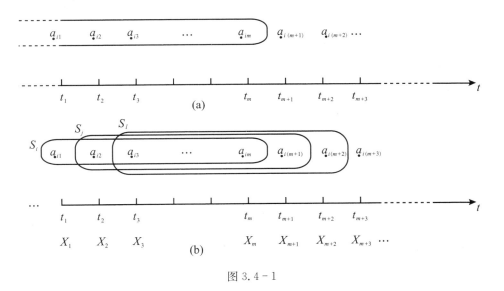

图 3.4-1

若离散平稳有记忆信源 X 在任何时刻 t_{m+1} 随机变量 X_{m+1} 所发符号 $a_{i(m+1)}$,通过它前面 m 个符号 $(a_{i1} a_{i2} \cdots a_{im})$ 与更前面的符号发生联系,一旦前面 m 个符号 $(a_{i1} a_{i2} \cdots a_{im})$ 确定,则符号 $a_{i(m+1)}$ 就只与 $(a_{i1} a_{i2} \cdots a_{im})$ 有关,与更前面的符号就无关了(如图 3.4-1(b)所示). 这种离散平稳有记忆信源 X 称为"m 阶马尔可夫(Markov)信源"(简称 m-M 信源).

为什么把这种信源 X 称为 m-M 信源呢?

根据定义,时刻 t_{m+1} 随机变量 X_{m+1} 发符号 $a_{i(m+1)}$ 只与前面 m 个单位时间随机变量 $X_1 X_2 \cdots X_m$ 所发符号 $(a_{i1} a_{i2} \cdots a_{im})$ 有关;时刻 t_{m+2} 随机变量 X_{m+2} 发符号 $a_{i(m+2)}$ 只与其前面 m 个单位时间随机变量 $X_2 X_3 \cdots X_m X_{m+1}$ 所发符号 $(a_{i2} a_{i3} \cdots a_{im} a_{i(m+1)})$ 有关;时刻 t_{m+3} 随机变量 X_{m+3} 发符号

$a_{i(m+3)}$只与前面m个单位时间随机变量$X_3X_4\cdots X_{m+2}$所发符号$(a_{i3}a_{i4}\cdots a_{i(m+2)})$有关；……；这种依赖关系随着时间的推移，一直延伸到无穷. 现把m个符号组成的符号序列都看作某一"状态"：把序列$(a_{i1}a_{i2}\cdots a_{im})$看作状态$S_i$；把序列$(a_{i2}a_{i3}\cdots a_{i(m+1)})$看作状态$S_j$；把符号序列$(a_{i3}a_{i4}\cdots a_{i(m+2)})$看作状态$S_l$……（如图$3.4-1(b)$所示）. 因为符号$a_{i(m+1)}$只与状态$S_i(a_{i1}a_{i2}\cdots a_{im})$有关，而$a_{i(m+1)}$发出后，与它前面的$(a_{i2}a_{i3}\cdots a_{im})$又构成新的状态$S_j:(a_{i2}a_{i3}\cdots a_{im}a_{i(m+1)})$. 所以状态$S_j:(a_{i2}a_{i3}\cdots a_{im}a_{i(m+1)})$也只与前一时刻的状态$S_i:(a_{i1}a_{i2}\cdots a_{im})$有关. 同样，当符号$a_{i(m+2)}$发出后，与前面的$(a_{i3}a_{i4}\cdots a_{i(m+1)})$又构成新的状态$S_l:(a_{i3}a_{i4}\cdots a_{i(m+1)}a_{i(m+2)})$. 因为符号$a_{i(m+2)}$只与状态$S_j:(a_{i2}a_{i3}\cdots a_{i(m+1)})$有关，所以状态$S_l:(a_{i3}a_{i4}\cdots a_{im+1}a_{i(m+2)})$也只与前一时刻的状态$S_j:(a_{i2}a_{i3}\cdots a_{im}a_{i(m+1)})$有关. 依此类推，随着时间的推移，在时间域上形成了一个"状态链"，而且，任一时刻的状态只与它前一时刻的状态有关，与更前面的状态就无关了. 这种"状态链"，在数学上称为"马尔可夫(Markov)链". 又因为每一状态都由m个符号序列组成，所以又称之为"m阶马尔可夫(Markov)链". $m\text{-}M$信源在数学上就是一个m阶马尔可夫链. m阶马尔可夫链中由m个符号序列组成的每一种"状态"，在信息论中就可看作是由m个信源符号组成的一种"消息". 所以，$m\text{-}M$信源X就是这样一种离散平稳有记忆信源：信源X发出的每一条消息都由m个符号组成（消息长度$N=m$），任一时刻发出的消息只与它前一时刻发出的消息有统计依赖关系，与更前面的消息就无关了.

3.4.2 $m\text{-}M$信源消息转移特性

设离散平稳$m\text{-}M$信源X的符号集$X:\{a_1,a_2,\cdots,a_r\}$，则$m\text{-}M$信源X的每一条消息s_i由m个符号组成

$$s_i = (a_{i1}a_{i2}\cdots a_{im})$$

其中

$$a_{i1},a_{i2},\cdots,a_{im} \in X:\{a_1,a_2,\cdots,a_r\}$$
$$i1,i2,\cdots,im = 1,2,\cdots,r$$
$$i = 1,2,\cdots,r^m \qquad\qquad (3.4.2\text{-}1)$$

由r^m种不同消息$s_i(i=1,2,\cdots,r^m)$构成$m\text{-}M$信源的消息集合$S:\{s_i(i=1,2,\cdots,r^m)\}$.

（1）$m\text{-}M$信源X的基本特征是，每一条消息$s_i(i=1,2,\cdots,r^m)$由m个符号组成，每一时刻发出的消息只与它前一时刻消息有统计联系，与更前面的消息就没有联系了. 这个特点反映在条件概率上，就是

$$p(a_{iN}/a_{i1}a_{i2}\cdots a_{im}a_{i(m+1)}\cdots \underbrace{a_{i(N-m)}\cdots a_{i(N-1)}}_{m\text{个}})$$

$$= p(a_{iN}/\underbrace{a_{i(N-m)}\cdots a_{i(N-1)}}_{m\text{个}}) \qquad\qquad (3.4.2\text{-}2)$$

根据平稳信源的特点，$(3.4.2\text{-}2)$式改写为

$$p(a_{iN}/a_{i(N-m)}\cdots a_{i(N-1)}) = p(a_{i(m+1)}/a_{i1}a_{i2}\cdots a_{im}) \qquad\qquad (3.4.2\text{-}3)$$

现把$(a_{i1}a_{i2}\cdots a_{im})$看作消息$s_i$，则$(3.4.2\text{-}3)$式表示信源$X$在出现消息$s_i=(a_{i1}a_{i2}\cdots a_{im})$的条件下，下一时刻出现符号$a_{i(m+1)}$的条件概率

$$p(a_{i(m+1)}/a_{i1}a_{i2}\cdots a_{im}) = p(a_{i(m+1)}/s_i)$$

$$(a_{i1}, a_{i2}, \cdots, a_{im}, a_{i(m+1)} \in X: \{a_1, a_2, \cdots, a_r\}; i = 1, 2, \cdots, r^m) \quad (3.4.2-4)$$

符号 $a_{i(m+1)}$ 与序列 $(a_{i2}a_{i3}\cdots a_{im})$ 又组成新的消息 $s_j = (a_{i2}a_{i3}\cdots a_{im}a_{i(m+1)})$. 这就是说, 信源 X 发出消息 s_i 后, 经过一步(一个单位时间)转移到了另一消息 s_j. 所以, $(3.4.2-4)$式表明, $m\text{-}M$ 信源 X 存在消息一步转移概率

$$p(a_{i(m+1)}/s_i) = p(s_j/s_i) \quad (i, j = 1, 2, \cdots, r^m) \quad (3.4.2-5)$$

显然, 对于符号集 $X: \{a_1, a_2, \cdots, a_r\}$ 的 $m\text{-}M$ 信源 X 来说, 要完整描述其消息一步转移特性, 必须给定(或测定)一个 $(r^m \times r^m)$ 阶消息一步转移矩阵

$$[P] = \begin{matrix} s_1 \\ s_2 \\ \vdots \\ s_{r^m} \end{matrix} \begin{bmatrix} p(s_1/s_1) & p(s_2/s_1) & \cdots & p(s_{r^m}/s_1) \\ p(s_1/s_2) & p(s_2/s_2) & \cdots & p(s_{r^m}/s_2) \\ \vdots & \vdots & & \vdots \\ p(s_1/s_{r^m}) & p(s_2/s_{r^m}) & \cdots & p(s_{r^m}/s_{r^m}) \end{bmatrix} \quad (3.4.2-6)$$

$m\text{-}M$ 信源 X 任一起始消息 s_i 经一步转移后, 只可能转移到消息集合 $S: \{s_i (i=1,2,\cdots, r^m)\}$ 中的某一消息 s_j, 不可能转移到这个集合以外的其他任何消息. 即有

$$\sum_{j=1}^{r^m} p(s_j/s_i) = 1 \quad (i = 1, 2, \cdots, r^m) \quad (3.4.2-7)$$

这说明, 在$(3.4.2-6)$所示的矩阵$[P]$中, 每行元素之和等于 1. 当然, 消息一步转移概率同样具有概率的一般乘性,

$$0 \leqslant p(s_j/s_i) \leqslant 1 \quad (i, j = 1, 2, \cdots, r^m) \quad (3.4.2-8)$$

(2) 消息一步转移概率 $p(s_j/s_i)$ 虽然体现了 $m\text{-}M$ 信源的根本统计特性, 但还须看到 $m\text{-}M$ 信源 X 的另一个特点. 信源 X 从某消息 s_i 经一步转移可能到达另一消息 s_j, 也可能经 $n(n=2,3,4,\cdots)$ 步转移同样达到另一消息 s_j, 例如符号集为 $X: \{0,1\}$ 的 $2\text{-}M$ 信源 X, 从消息 $s_1 = (00)$ 经一步转移可达到消息 $s_2 = (01)$, 同样经 $n=3$ 步转移也同样可达到消息 $s_2 = (01)$(如图 3.4-2 所示).

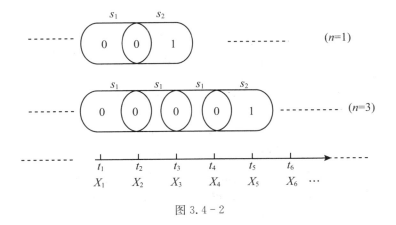

图 3.4-2

那么, 给定的消息一步转移概率, 与消息 n 步转移概率之间有什么关系? 能否由给定的消息一步转移概率求得 n 步转移概率? 能否由给定的一步转移矩阵$[P]$求得 n 步转移矩阵 $[P(n)]$?

定理 3.6 离散平稳 m-M 信源消息的 $n(n=2,3,\cdots)$ 步转移矩阵 $[P(n)]$,等于消息一步转移矩阵 $[P]$ 的 n 次连乘,即有

$$[P(n)] = [P] \cdot [P] \cdot \cdots \cdot [P] = [P]^n$$

证明 设离散平稳 m-M 信源 X 在时刻 k 处于消息 $s(k)=s_i$. 由消息 $s(k)=s_i$ 经 n 步转移,在时刻 $(k+n)$ 达到消息 $s(k+n)=s_j$. 令 $n=l+1(n,l$ 均为正整数). 则 m-M 信源 X 由消息 s_i 经 $n=l+1$ 步转移到消息 s_j 的 $n=l+1$ 步转移概率可表示为

$$P\{s(k+n) = s_j/s(k) = s_i\} = P\{s(k+l+1) = s_j/s(k) = s_i\} \quad (3.4.2-9)$$

现令 $s_q(q=1,2,\cdots,r^m)$ 是 m-M 信源 X 从 k 时刻起始,在 l 步转移中历经的中间过渡消息. 由概率论的边缘分布理论,以及概率运算法则,(3.4.2-9)式可改写为

$$P\{s(k+l+1) = s_j/s(k) = s_i\}$$

$$= \sum_{q=1}^{r^m} P\{[s(k+l+1) = s_j; s(k+l) = s_q]/s(k) = s_i\}$$

$$= \sum_{q=1}^{r^m} P[s(k+l) = s_q/s(k) = s_i] \cdot P[s(k+l+1) = s_j/s(k) = s_i, s(k+l) = s_q]$$

$$(3.4.2-10)$$

在(3.4.2-10)式中,根据 M 信源的定义,有

$$P[s(k+l+1) = s_j/s(k) = s_i, s(k+l) = s_q] = P[s(k+l+1) = s_j/s(k+l) = s_q]$$

$$(3.4.2-11)$$

把(3.4.2-11)式代入(3.4.2-10)式,有

$$P\{s(k+l+1) = s_j/s(k) = s_i\}$$

$$= \sum_{q=1}^{r^m} P[s(k+l) = s_q/s(k) = s_i] \cdot P[s(k+l+1) = s_j/s(k+l) = s_q]$$

$$(3.4.2-12)$$

为了书写简便,分别令:

$$\begin{cases} P[s(k+l) = s_q/s(k) = s_i] = \overset{(l)}{p}_{iq}(k) \\ P[s(k+l+1) = s_j/s(k+l) = s_q] = \overset{(1)}{p}_{qj}(k+l) \\ P[s(k+n) = s_j/s(k) = s_i] = \overset{(n)}{p}_{ij}(k) \end{cases} \quad (3.4.2-13)$$

由此,(3.4.2-12)式改写为

$$\overset{(n)}{p}_{ij}(k) = \sum_{q=1}^{r^m} \overset{(l)}{p}_{iq}(k) \cdot \overset{(1)}{p}_{qj}(k+l) \quad (3.4.2-14)$$

考虑到信源 X 的平稳性,各阶条件概率与起始时刻的选择无关,可把(3.4.2-14)式中各条件概率的起始时刻去掉. 则由(3.4.2-14)式,得离散平稳 m-M 信源 X 消息的 n 步转移概率

$$\overset{(n)}{p}_{ij} = \sum_{q=1}^{r^m} \overset{(l)}{p}_{iq} \cdot \overset{(1)}{p}_{qj} \quad (3.4.2-15)$$

为了进一步简明,再把 $\overset{(n)}{p}_{ij}$、$\overset{(l)}{p}_{iq}$、$\overset{(1)}{p}_{qj}$ 分别写成 $p_{ij}(n)$、$p_{iq}(l)$、$p_{qj}(1)$. 这样,(3.4.2-15)式可改写为

$$p_{ij}(n) = \sum_{q=1}^{r^m} p_{iq}(l) \cdot p_{qj}(1) \qquad (3.4.2-16)$$

现令 $n=2$，即令 $l=1$.(3.4.2-16)式就变成

$$p_{ij}(2) = \sum_{q=1}^{r^m} p_{iq}(1) \cdot p_{qj}(1) \qquad (3.4.2-17)$$

其中：$p_{iq}(1)$ 表示消息 s_i 经一步转移达到消息 s_q 的一步转移概率 $p(s_q/s_i)$，现简化为 p_{iq}；$p_{qj}(1)$ 表示消息 s_q 经一步转移达到消息 s_j 的消息一步转移概率 $p(s_j/s_q)$，现简化为 p_{qj}. 这样，(3.4.2-17)式又可简化为

$$p_{ij}(2) = \sum_{q=1}^{r^m} p_{iq} \cdot p_{qj} \qquad (3.4.2-18)$$

这表明，离散平稳 $m-M$ 信源 X 的消息 $s_i(i=1,2,\cdots,r^m)$ 经 $n=2$ 步转移到消息 $s_j(j=1,2,\cdots,r^m)$ 的二步转移概率 $p_{ij}(2)$，可由给定的一步转移概率 $p(s_j/s_i)=p_{ij}(i,j=1,2,\cdots,r^m)$ 而得. 消息 $n=2$ 步转移矩阵 $[P(2)]$，等于给定的一步转移矩阵 $[P]$ 的连乘，即

$$[P(2)] = [P] \cdot [P] = [P]^2 \qquad (3.4.2-19)$$

反复运用(3.4.2-19)式，即可证得：离散平稳 $m-M$ 信源 X 消息 n 步 $(n=2,3,\cdots)$ 转移概率组成的 n 步转移矩阵 $[P(n)]$，等于给定的一步转移矩阵 $[P]$ 的 n 次连乘，即

$$[P(n)] = [P] \cdot [P] \cdots [P] = [P]^n \qquad (3.4.2-20)$$

这样，定理 3.6 就得到了证明.

定理表明：离散平稳 $m-M$ 信源 X 的消息的 $n(n=2,3,\cdots)$ 步转移矩阵 $[P(n)]$，可由给定的消息一步转移矩阵 $[P]$ 求得. 这就是说，离散平稳 $m-M$ 信源 X 的消息转移特性，由给定的消息一步转移矩阵 $[P]$ 完全确定.

3.4.3　各态历经 $m-M$ 信源消息极限概率分布

在给定离散平稳 $m-M$ 信源 X 的消息一步转移矩阵后，信源 X 的消息转移的统计特性得到完整描述. 但要构建 $m-M$ 信源 X 的信源空间，除了(3.4.2-1)式所示的消息集合 $S:\{s_i(i=1,2,\cdots,r^m)\}$ 外，更重要的是求得当转移步数 n 足够大 $(n\rightarrow\infty)$，消息转移处于稳定状态时，每一消息 $s_i(i=1,2,\cdots,r^m)$ 的概率分布 $p(s_i)(i=1,2,\cdots,r^m)$. 这种概率分布，我们称为"信源 X 的消息极限概率分布".

1. 各态历经 $m-M$ 信源的定义

设离散平稳 $m-M$ 信源 X 的符号集 $X:\{a_1,a_2,\cdots,a_r\}$，某一消息

$$s_i = (a_{i1}a_{i2}\cdots a_{im})$$

其中

$$a_{i1},a_{i2},\cdots,a_{im} \in X:\{a_1,a_2,\cdots,a_r\}$$
$$i1,i2,\cdots,im = 1,2,\cdots,r$$
$$i = 1,2,\cdots,r^m \qquad (3.4.3-1)$$

为了书写简明，分别把消息 $s_i(i=1,2,\cdots,r^m)$ 的极限概率分布 $p(s_i)$ 改写为 p_i；把消息 s_i 一步转移到消息 s_j 的一步转移概率 $p(s_j/s_i)(i=1,2,\cdots,r^m;j=1,2,\cdots,r^m)$ 改写为 p_{ij}；把消息 s_i 经 $n(n\geqslant 2$ 的正整数)步转移到消息 s_j 的 n 步转移概率 $P\{s(k+n)=s_j/s(k)=s_i\}$ 改写为 $p_{ij}(n)$

$(i,j=1,2,\cdots,r^m)$.

若存在正整数 n_0,且有

$$p_{ij}(n_0) > 0 \quad (i,j=1,2,\cdots,r^m) \tag{3.4.3-2}$$

则 $m\text{-}M$ 信源 X 称为"各态历经 $m\text{-}M$ 信源".

由(3.4.3-2)式可知,各态历经 $m\text{-}M$ 信源 X 经 n_0 步转移,可以从消息集合 $S:\{s_i(i=1,2,\cdots,r^m)\}$ 中,任一消息 S_i 转移到另一任意消息 S_j,在消息集合 $S:\{s_i(i=1,2,\cdots,r^m)\}$ 中,各种"状态"消息都可能经历.

各态历经 $m\text{-}M$ 信源 X 是离散平稳 $m\text{-}M$ 信源中的一种特殊信源,不是所有离散平稳 $m\text{-}M$ 信源都符合各态历经的条件.

2. 各态历经 $m\text{-}M$ 信源的消息极限概率分布

在离散平稳 $m\text{-}M$ 信源中,只有各态历经 $m\text{-}M$ 信源 X 才存在稳定的、且可精准计算的消息极限概率 $p_i(i=1,2,\cdots,r^m)$,不符合各态历经条件的离散平稳 $m\text{-}M$ 信源,不存在稳定的消息极限概率. 以下,通过定理 3.7(各态历经定理),从理论上证明这一点.

定理 3.7 离散平稳各态历经 $m\text{-}M$ 信源 X 存在消息极限概率. 若信源 X 的符号集含有 r 种不同符号,消息一步转移概率为 $p_{ij}(i,j=1,2,\cdots,r^m)$,则消息极限概率 $p_i(i=1,2,\cdots,r^m)$ 是方程

$$p_j = \sum_{i=1}^{r^m} p_i p_{ij} \quad (0 < p_j < 1; j=1,2,\cdots,r^m)$$

的唯一解.

证明 证明过程分以下几步进行.

(1) 证明:当转移步数 $n\to\infty$,各态历经 $m\text{-}M$ 信源 X 存在稳定的消息极限概率 p_j,且

$$\lim_{n\to\infty} p_{ij}(n) = p_j \quad (j=1,2,\cdots,r^m) \tag{3.4.3-3}$$

对 $m\text{-}M$ 信源 X,当转移步数 $n\geqslant 2$ 时,由(3.4.2-16)式,有

$$p_{ij}(n) = \sum_{h\in s} p_{ih} \cdot p_{hj}(n-1) \tag{3.4.3-4}$$

① 现令,

$$\min_{1\leqslant h\leqslant r^m} p_{hj}(n-1) \tag{3.4.3-5}$$

是 $p_{hj}(n-1)(h=1,2,\cdots,r^m)$ 中的最小值. 由(3.4.3-4)式,有

$$\begin{aligned}
p_{ij}(n) &\geqslant \sum_{h\in s} p_{ih} \cdot \{\min_{1\leqslant h\leqslant r^m} p_{hj}(n-1)\} \\
&= \{\min_{1\leqslant h\leqslant r^m} p_{hj}(n-1)\} \cdot \sum_{h\in s} p_{ih} \\
&= \min_{1\leqslant h\leqslant r^m} p_{hj}(n-1) \quad (j=1,2,\cdots,r^m)
\end{aligned} \tag{3.4.3-6}$$

进而有

$$\min_{1\leqslant i\leqslant r^m} p_{ij}(n) \geqslant \min_{1\leqslant h\leqslant r^m} p_{hj}(n-1) \quad (j=1,2,\cdots,r^m) \tag{3.4.3-7}$$

这表明,选取起始消息 s_i 得到的"s_i 到消息 s_j 的 n 步转移概率的最小值",大于或等于选取起始消息 s_h 得到的"s_h 到消息 s_j 的 $n-1$ 步转移概率的最小值". 由于起始消息 s_i 和 s_h 都是消息集合 $S:\{s_1,s_2,\cdots,s_{r^m}\}$ 中的任何消息,所以,$m\text{-}M$ 信源 X 的消息转移概率的最小值,是转移

步数 n 的递增函数. 这就是说,转移步数 n 越大,相应 n 步转移概率的最小值亦越大.

因为消息 n 步转移概率 $p_{ij}(n)$ 具有概率的一般秉性,即 $0 \leqslant p_{ij}(n) \leqslant 1$,所以

$$0 \leqslant \min_{1 \leqslant i \leqslant r^m} p_{ij}(n) \leqslant 1 \quad (j = 1, 2, \cdots, r^m) \tag{3.4.3-8}$$

根据极限存在准则,$\{ \min\limits_{1 \leqslant i \leqslant r^m} p_{ij}(n) \}$ 存在极限,且

$$0 \leqslant \lim_{n \to \infty} \{ \min_{1 \leqslant i \leqslant r^m} p_{ij}(n) \} = p'_j \leqslant 1 \quad (j = 1, 2, \cdots, r^m) \tag{3.4.3-9}$$

② 再令,

$$\max_{1 \leqslant h \leqslant r^m} p_{hj}(n-1) \tag{3.4.3-10}$$

是 $p_{hj}(n-1)(h = 1, 2, \cdots, r^m)$ 中的最大值. 由 (3.4.3-4) 式,有

$$\begin{aligned}
p_{ij}(n) &\leqslant \sum_{h \in s} p_{ih} \{ \max_{1 \leqslant h \leqslant r^m} p_{hj}(n-1) \} \\
&= \{ \max_{1 \leqslant h \leqslant r^m} p_{hj}(n-1) \} \cdot \sum_{h \in s} p_{ih} \\
&= \max_{1 \leqslant h \leqslant r^m} p_{hj}(n-1) \quad (j = 1, 2, \cdots, r^m)
\end{aligned} \tag{3.4.3-11}$$

进而,有

$$\max_{1 \leqslant i \leqslant r^m} p_{ij}(n) \leqslant \max_{1 \leqslant h \leqslant r^m} p_{hj}(n-1) \quad (j = 1, 2, \cdots, r^m) \tag{3.4.3-12}$$

这表明,选取起始消息 s_i 得到的"消息 s_i 到消息 s_j 的 n 步转移概率的最大值",小于或等于选取起始消息 s_h 得到的"消息 s_h 到消息 s_j 的 $(n-1)$ 步转移概率的最大值". 由于起始消息 s_i 和 s_h 都是消息集合 $S:\{s_1, s_2, \cdots, s_{r^m}\}$ 中的任何消息,所以,m-M 信源 X 的消息转移概率的最大值,是转移步数 n 的递减函数. 这就是说,转移步数 n 越大,相应 n 步转移概率的最大值越小.

因为消息 n 步转概率 $p_{ij}(n)$ 具有概率的一般秉性,即 $0 \leqslant p_{ij}(n) \leqslant 1$,所以

$$0 \leqslant \max_{1 \leqslant i \leqslant r^m} p_{ij}(n) \leqslant 1 \tag{3.4.3-13}$$

根据极限存在准则,$\{ \max\limits_{1 \leqslant i \leqslant r^m} p_{ij}(n) \}$ 存在极限,且

$$0 \leqslant \lim_{n \to \infty} \{ \max_{1 \leqslant i \leqslant r^m} p_{ij}(n) \} = p''_j \leqslant 1 \quad (j = 1, 2, \cdots, r^m) \tag{3.4.3-14}$$

③ 综合以上两方面分析可见:随着消息转移步数 n 的不断增加,达到消息 s_j 的转移概率的"最小值"越来越大;达到消息 s_j 的转移概率的"最大值"越来越小. 这就启示我们:当消息转移步数 n 足够大 ($n \to \infty$) 时,m-M 信源达到稳定,信源发出消息 s_j 的概率可望稳定在某一极限值,即有

$$\lim_{n \to \infty} p_{ij}(n) = p'_j = p''_j = p_j \tag{3.4.3-15}$$

④ 要从理论上证明 (3.4.3-15) 式成立,必须证明

$$\lim_{n \to \infty} \{ \max_{1 \leqslant i, q \leqslant r^m} | p_{ij}(n) - p_{qj}(n) | \} = 0 \tag{3.4.3-16}$$

为此,取 $n > n_0$,由 (3.4.2-16) 式,有

$$p_{ij}(n) = \sum_{h=1}^{r^m} p_{ih}(n_0) p_{hj}(n - n_0) \tag{3.4.3-17}$$

$$p_{qj}(n) = \sum_{h=1}^{r^m} p_{qh}(n_0) p_{hj}(n - n_0) \tag{3.4.3-18}$$

则有

$$p_{ij}(n) - p_{qj}(n) = \sum_{h=1}^{r^m} p_{hj}(n-n_0)\{p_{ih}(n_0) - p_{qh}(n_0)\} \qquad (3.4.3-19)$$

其中，$\{p_{ih}(n_0) - p_{qh}(n_0)\}$可大于零；也可小于零. 先分别令：

$$\begin{cases} \alpha_{iq}^{(h')} = \{p_{ih'}(n_0) - p_{qh'}(n_0)\} > 0 & (h' \in h = 1,2,\cdots,r^m) \\ -\beta_{iq}^{(h'')} = \{p_{ih''}(n_0) - p_{qh''}(n_0)\} \leqslant 0 & (h'' \in h = 1,2,\cdots,r^m) \end{cases} \qquad (3.4.3-20)$$

显然，$\{h'\}\bigcup\{h''\} = h:\{1,2,\cdots,r^m\}$.

由此，有

$$\sum_{h=1}^{r^m} \{p_{ih}(n_0) - p_{qh}(n_0)\} = \sum_{h'} \alpha_{iq}^{(h')} - \sum_{h''} \beta_{iq}^{(h'')} \qquad (3.4.3-21)$$

另又有

$$\sum_{h=1}^{r^m} \{p_{ih}(n_0) - p_{qh}(n_0)\} = \sum_{h=1}^{r^m} p_{ih}(n_0) - \sum_{h=1}^{r^m} p_{qh}(n_0) = 1-1 = 0 \qquad (3.4.3-22)$$

所以，有

$$\sum_{h'} \alpha_{iq}^{(h')} = \sum_{h''} \beta_{iq}^{(h'')} = h_{iq} \qquad (3.4.3-23)$$

且由(3.4.3-20)式，有

$$h_{iq} \geqslant 0 \quad (i,q = 1,2,\cdots,r^m) \qquad (3.4.3-24)$$

考虑到(3.4.3-2)式，有

$$\begin{cases} p_{ih'}(n_0) > 0 \\ p_{qh'}(n_0) > 0 \end{cases} \qquad (3.4.3-25)$$

则有

$$\begin{cases} \sum_{h'} p_{ih'}(n_0) > 0 \\ \sum_{h'} p_{qh'}(n_0) > 0 \end{cases} \qquad (3.4.3-26)$$

又由(3.4.3-20)式，有

$$h_{iq} = \sum_{h'} \alpha_{iq}^{(h')} = \sum_{h'} \{p_{ih'}(n_0) - p_{qh'}(n_0)\}$$
$$= \sum_{h'} p_{ih'}(n_0) - \sum_{h'} p_{qh'}(n_0) \geqslant 0 \qquad (3.4.3-27)$$

考虑到(3.4.3-26)式，则有

$$h_{iq} = \sum_{h'} \alpha_{iq}^{(h')} \leqslant \sum_{h'} p_{ih'}(n_0) \leqslant \sum_{h=1}^{r^m} p_{ih}(n_0) = 1 \qquad (3.4.3-28)$$

由(3.4.3-24)、(3.4.3-28)式有

$$0 \leqslant h_{iq} \leqslant 1 \quad (i,q = 1,2,\cdots,r^m) \qquad (3.4.3-29)$$

进而，有

$$0 \leqslant \max_{1 \leqslant i,q \leqslant r^m} \{h_{iq}\} \leqslant 1 \qquad (3.4.3-30)$$

现在，回到(3.4.3-19)式，对$\{p_{ij}(n) - p_{qj}(n)\}$进行估量. 由(3.4.3-20)、(3.4.3-23)

式，有

$$
\begin{aligned}
\mid p_{ij}(n) - p_{qj}(n) \mid &= \left| \sum_{h=1}^{r^m} p_{hj}(n-n_0)\left[p_{ih}(n_0) - p_{qh}(n_0) \right] \right| \\
&= \left| \sum_{h'} \alpha_{iq}^{(h')} \cdot p_{h'j}(n-n_0) - \sum_{h''} \beta_{iq}^{(h'')} \cdot p_{h''j}(n-n_0) \right| \\
&\leqslant h_{iq} \cdot \left| \max_{1\leqslant h\leqslant r^m} p_{hj}(n-n_0) - \min_{1\leqslant h\leqslant r^m} p_{hj}(n-n_0) \right| \\
&= h_{iq} \cdot \max_{1\leqslant i,q\leqslant r^m} \mid p_{ij}(n-n_0) - p_{qj}(n-n_0) \mid \qquad (3.4.3-31)
\end{aligned}
$$

由此可得

$$
\max_{1\leqslant i,q\leqslant r^m} \mid p_{ij}(n) - p_{qj}(n) \mid \leqslant \max_{1\leqslant i,q\leqslant r^m}\left\{ h_{iq} \cdot \max_{1\leqslant i,q\leqslant r^m} \mid p_{ij}(n-n_0) - p_{qj}(n-n_0) \mid \right\}
$$

$$(3.4.3-32)$$

这表明，离散平稳各态历经 m-M 信源 X 从两个不同消息 s_i 和 s_q 出发，经 n 步转移到同一消息 s_j 的 n 步转移概率之差的最大绝对值（通过选择起始消息 s_i 和 s_q 而得），小于或等于经过 $(n-n_0)$ 步转移到同一消息 s_j 的 $(n-n_0)$ 步转移概率之差的最大绝对值与一个小于 1 的正数（或等于零）的乘积. 这就是说，从两个不同消息出发转移到同一消息的转移概率的最大差值，随着转移步数的增加而迅速减小.

重复运用 $(3.4.3-32)$ 不等式 $\dfrac{n}{n_0}$ 次，得

$$
\begin{aligned}
&\max_{1\leqslant i,q\leqslant r^m} \mid p_{ij}(n) - p_{qj}(n) \mid \\
&\leqslant \left\{ \max_{1\leqslant i,q\leqslant r^m} h_{iq} \right\}^{\left(\frac{n}{n_0}\right)} \cdot \left\{ \max_{1\leqslant i,q\leqslant r^m} \left| p_{ij}\left(n-\frac{n}{n_0}n_0\right) - p_{qj}\left(n-\frac{n}{n_0}n_0\right) \right| \right\} \\
&= \left\{ \max_{1\leqslant i,q\leqslant r^m} h_{iq} \right\}^{\left(\frac{n}{n_0}\right)} \cdot \left\{ \max_{1\leqslant i,q\leqslant r^m} \left| p_{ij}(0) - p_{qj}(0) \right| \right\} \qquad (3.4.3-33)
\end{aligned}
$$

其中，

$$
\begin{aligned}
p_{ij}(0) &= \begin{cases} 1 & i=j \\ 0 & i\neq j \end{cases} \\
&= \delta_{ij} \quad (i,j=1,2,\cdots,r^m) \qquad (3.4.3-34)
\end{aligned}
$$

由此，不等式 $(3.4.3-33)$ 改写为

$$
\max_{1\leqslant i,q\leqslant r^m} \mid p_{ij}(n) - p_{qj}(n) \mid \leqslant \left\{ \max_{1\leqslant i,q\leqslant r^m} h_{iq} \right\}^{\left(\frac{n}{n_0}\right)} \qquad (3.4.3-35)
$$

当消息转移步数 n 足够大（$n\to\infty$）时，有

$$
\lim_{n\to\infty}\left\{ \max_{1\leqslant i,q\leqslant r^m} \mid p_{ij}(n) - p_{qj}(n) \mid \right\} \leqslant \lim_{n\to\infty}\left\{ \max_{1\leqslant i,q\leqslant r^m} h_{iq} \right\}^{\left(\frac{n}{n_0}\right)} = 0 \qquad (3.4.3-36)
$$

另一方面，因为

$$
\mid p_{ij}(n) - p_{qj}(n) \mid \geqslant 0 \quad (i,j,q=1,2,\cdots,r^m) \qquad (3.4.3-37)
$$

有

$$
\lim_{n\to\infty}\left\{ \max_{1\leqslant i,q\leqslant r^m} \mid p_{ij}(n) - p_{qj}(n) \mid \right\} \geqslant 0 \qquad (3.4.3-38)
$$

由(3.4.3-36)式、(3.4.3-38)式,证得

$$\lim_{n \to \infty} \left\{ \max_{1 \leqslant i, q \leqslant r^m} | p_{ij}(n) - p_{qj}(n) | \right\} = 0 \qquad (3.4.3-39)$$

这样,待证的(3.4.3-16)式得到了证明. 从理论上严密地证明了

$$\lim_{n \to \infty} p_{ij}(n) = p_j{}' = p_j{}'' = p(s_j) = p_j \qquad (j = 1, 2, \cdots, r^m) \qquad (3.4.3-40)$$

这表明,当转移步数 n 足够大($n \to \infty$)时,离散平稳各态历经的 m-M 信源 X 达到稳定后,信源 X 可能发出的各种消息,都存在与起始消息无关的消息极限概率.

(2) 证明:各态历经 m-M 信源 X 的消息极限概率 $p_j(j = 1, 2, \cdots, r)$ 是方程

$$p_j = \sum_{i=1}^{r^m} p_i p_{ij} \qquad (j = 1, 2, \cdots, r^m)$$

的解.

设消息 s_q 是离散平稳各态历经的 m-M 信源 X 的任一起始消息,$p_{qi}(n)$ 是经 n 步转移到消息 s_i 的 n 步转移概率. 由(3.4.2-16)式,消息 s_q 经($n+1$)步转移到消息 s_j 的($n+1$)步转移概率

$$p_{qj}(n+1) = \sum_{i=1}^{r^m} p_{qi}(n) \cdot p_{ij} \qquad (3.4.3-41)$$

当转移步数($n+1$)足够大($n \to \infty$)时,由(3.4.3-40)式,有

$$\lim_{n \to \infty} [p_{qj}(n+1)] = \lim_{n \to \infty} \left[\sum_{i=1}^{r^m} p_{qi}(n) \cdot p_{ij} \right] = \sum_{i=1}^{r^m} \left[\lim_{n \to \infty} p_{qi}(n) \right] p_{ij}$$

$$= \sum_{i=1}^{r^m} p_i p_{ij} \qquad (3.4.3-42)$$

同时,又有

$$\lim_{n \to \infty} [p_{qj}(n+1)] = p_j \qquad (j = 1, 2, \cdots, r^m) \qquad (3.4.3-43)$$

由(3.4.3-42)式、(3.4.3-43)式,证得

$$p_j = \sum_{i=1}^{r^m} p_i p_{ij} \qquad (3.4.3-44)$$

(3) 证明:离散平稳各态历程 m-M 信源 X 的消息极限概率 $p_j(j = 1, 2, \cdots, r^m)$ 同样可由方程

$$p_j = \sum_{i=1}^{r^m} p_i p_{il}(n) \qquad (j = 1, 2, \cdots, r^m)$$

求得.

采用"归纳法"予以证明.

① 在等式(3.4.3-44)两边,同乘"消息 s_j 到消息 s_q 的 $n = 1$ 步转移概率"p_{jq},并对 j 从 1 到 r^m 相加,等式仍然成立,再运用(3.4.2-17)式,有

$$\sum_{j=1}^{r^m} p_j \cdot p_{jq} = \sum_{j=1}^{r^m} \sum_{i=1}^{r^m} p_i p_{ij} \cdot p_{jq} = \sum_{i=1}^{r^m} p_i \sum_{j=1}^{r^m} p_{ij} \cdot p_{jq}$$

$$= \sum_{i=1}^{r^m} p_i p_{iq}(2) \qquad (3.4.3-45)$$

再运用(3.4.3-44)式,得

$$p_q = \sum_{i=1}^{r^m} p_i p_{iq}(2) \tag{3.4.3-46}$$

② 现设当转移步数为 n' 时,有

$$p_q = \sum_{i=1}^{r^m} p_i p_{iq}(n') \tag{3.4.3-47}$$

③ 在(3.4.3-47)式两边同乘"消息 s_q 到消息 s_l 的 $n=1$ 步转移概率" p_{ql},并对 q 从 1 到 r^m 相加,等式同样仍然成立,并运用(3.4.2-16)式,有

$$\sum_{q=1}^{r^m} p_q \cdot p_{ql} = \sum_{q=1}^{r^m} \sum_{i=1}^{r^m} p_i p_{iq}(n') \cdot p_{ql} = \sum_{i=1}^{r^m} p_i \left\{ \sum_{q=1}^{r^m} p_{iq}(n') p_{ql} \right\}$$

$$= \sum_{i=1}^{r^m} p_i p_{il}(n'+1) \tag{3.4.3-48}$$

再运用(3.4.3-44)式,得

$$p_l = \sum_{i=1}^{r^m} p_i p_{il}(n'+1) \tag{3.4.3-49}$$

这样,就证明了

$$p_j = \sum_{i=1}^{r^m} p_i p_{ij}(n) \tag{3.4.3-50}$$

(4) 证明:离散平稳各态历经 m-M 信源 X 的消息极限概率 $p_j(j=1,2,\cdots,r^m)$,有

$$\begin{cases} 0 < p_j < 1 \\ \sum_{j=1}^{r^m} p_j = 1 \end{cases}$$

离散平稳各态历经 m-M 信源 X 从任一消息 s_i 起始,经 n 步转移,必定处于消息集合 $S:\{s_1,s_2,\cdots,s_{r^m}\}$ 中某消息 $s_j \in S$,不可能出现这个集合以外任何别的消息. 即有

$$\sum_{j=1}^{r^m} p_{ij}(n) = 1 \tag{3.4.3-51}$$

则

$$\lim_{n\to\infty} \left\{ \sum_{j=1}^{r^m} p_{ij}(n) \right\} = \sum_{j=1}^{r^m} \left\{ \lim_{n\to\infty} p_{ij}(n) \right\} = \sum_{j=1}^{r^m} p_j = 1 \tag{3.4.3-52}$$

这表明,离散平稳各态历经 m-M 信源稳定后,消息极限概率 $p_j(j=1,2,\cdots,r^m)$ 形成概率空间 $P:\{p_1,p_2,\cdots,p_{r^m}\}$ 是完备集.

根据离散平稳各态历经 m-M 信源的定义,当 $n=n_0$ 时,有

$$p_{iq}(n_0) > 0 \quad (i,q=1,2,\cdots,r^m) \tag{3.4.3-53}$$

由(3.4.3-50)式,有

$$p_q = \sum_{i=1}^{r^m} p_i p_{iq}(n_0) \tag{3.4.3-54}$$

若在 r^m 个消息极限概率中,有某一极限概率

$$p_q = 0 \qquad\qquad (3.4.3-55)$$

那么,由(3.4.3-53)、(3.4.3-54)式,必有消息极限概率

$$p_1 = p_2 = \cdots = p_q = \cdots = p_{r^m} = 0 \qquad (3.4.3-56)$$

但这与(3.4.3-51)式相矛盾. 所以,证得只能有

$$p_q > 0 \quad (q = 1,2,\cdots,r^m) \qquad (3.4.3-57)$$

(3.4.3-52)、(3.4.3-57)式表明:离散平稳各态历经 m-M 信源稳定($n\to\infty$)后,其消息集合 S:$\{s_1,s_2,\cdots,s_{r^m}\}$ 中任何一种消息 $s_i(i=1,2,\cdots,r^m)$ 都有可能出现,且其出现概率是一个确定值. 而且,消息集合 S:$\{s_1,s_2,\cdots,s_{r^m}\}$ 概率分布 $p_i(i=1,2,\cdots,r^m)$ 构成完备概率空间 P:$\{p_1,p_2,\cdots,p_{r^m}\}$.

(5) 证明:方程 $p_j = \sum\limits_{i=1}^{r^m} p_i p_{ij}$ 是满足 $0 < p_j < 1(j=1,2,\cdots,r^m)$;$\sum\limits_{j=1}^{r^m} p_j = 1$ 的离散平稳各态历经 m-M 信源消息极限概率 $p_j(j=1,2,\cdots,r^m)$ 的唯一解.

设某概率空间 $\mathbf{V}$:$\{v_i,v_2,\cdots,v_{r^m}\}$ 同样满足

$$\begin{cases} v_j > 0 \quad (j=1,2,\cdots,r^m) \\ \sum\limits_{j=1}^{r^m} v_j = 1 \end{cases} \qquad (3.4.3-58)$$

且是方程(3.4.3-44)的另一组解,即亦有

$$v_j = \sum_{i=1}^{r^m} v_i p_{ij} \qquad\qquad (3.4.3-59)$$

则由(3.4.3-50)式,一定有

$$v_j = \sum_{i=1}^{r^m} v_i p_{ij}(n) \qquad\qquad (3.4.3-60)$$

令 $n\to\infty$,并对(3.4.3-60)式取极限,即有

$$v_j = \lim_{n\to\infty}\left\{ \sum_{i=1}^{r^m} v_i p_{ij}(n) \right\} = \sum_{i=1}^{r^m} v_i \{\lim_{n\to\infty} p_{ij}(n)\}$$

$$= \sum_{i=1}^{r^m} v_i p_j = p_j \sum_{i=1}^{r^m} v_i = p_j \quad (j=1,2,\cdots,r^m) \qquad (3.4.3-61)$$

这证明,由方程 $p_j = \sum\limits_{i=1}^{r^m} p_i p_{ij}$ 解得的 $p_j(j=1,2,\cdots,r^m)$ 是满足 $0 < p_j < 1(j=1,2,\cdots,r^m)$;$\sum\limits_{j=1}^{r^m} p_j = 1$ 的唯一解.

到此,定理 3.7 得到了严密的证明和完整的描述. 这个定理就是"各态历经定理". 它表明:离散平稳 m-M 信源 X 具有"各态历经"性的关键,是存在一个正整数 n_0,有 $p_{ij}(n_0)>0(i,j=1,2,\cdots,r^m)$. 这就是说,只有在转移一定步数后,消息集合 S:$\{s_1,s_2,\cdots,s_{r^m}\}$ 中各消息之间均可相通的条件下,当转移步数足够大,离散平稳 m-M 信源达到稳定状态时,各消息出现概率才能稳定在某一极限值,存在"消息极限概率",而且是由给定的消息一步转移概率 $p_{ij}(i,j=1,2,$

$\cdots,r^m$)构成的方程(3.4.3-44)的唯一解.现在,我们可领悟所谓"各态历经",其含义之一,是各态(消息)相通,均可经历;其含义之二,是各态历经过程产生的每一种由 m 个符号组成的消息,都有自己特定的统计特性,这种统计特性不随时间的推移而变化,具有统计均匀性.

3.4.4　各态历经 m-M 信源的数学模型

由(3.4.2-1)式所示的消息集合 S:$\{s_i(i=1,2,\cdots,r^m)\}$,以及由方程组(3.4.3-44)解得的消息极限概率 $p(s_j)=p_j(j=1,2,\cdots,r^m)$,就可得到离散平稳各态历经 m-M 信源 X:$\{a_1,a_2,\cdots,a_r\}$的信源空间

$$[X_{m\text{-}M}\cdot P]:\begin{cases}X_{m\text{-}M}: & s_1 & s_2 & \cdots & s_{r^m} \\ P(X_{m\text{-}M}): & p(s_1) & p(s_2) & \cdots & p(s_{r^m})\end{cases} \tag{3.4.4-1}$$

其中,

$$\begin{cases}s_i=(a_{i1}a_{i2}\cdots a_{im}) \\ a_{i1},a_{i2},\cdots,a_{im}\in X:\{a_1,a_2,\cdots,a_r\} \\ i1,i2,\cdots,im=1,2,\cdots,r \\ i=1,2,\cdots,r^m\end{cases} \tag{3.4.4-2}$$

$$\begin{cases}0\leqslant p(s_i)=p_i\leqslant 1 \quad (i=1,2,\cdots,r^m) \\ \sum\limits_{i=1}^{r^m}p(s_i)=\sum\limits_{i=1}^{r^m}p_i=1\end{cases} \tag{3.4.4-3}$$

但是,由方程组(3.4.3-44)可知,求解消息极限概率 $p(s_i)=p_i(i=1,2,\cdots,r^m)$的关键,在于给定的离散平稳各态历经 m-M 信源 X 的消息一步转移概率 $p(s_j/s_i)=p_{ij}(i,j=1,2,\cdots,r^m)$组成的消息一步转移矩阵

$$[P]=\begin{array}{c}\\ s_1 \\ s_2 \\ \vdots \\ s_{r^m}\end{array}\begin{array}{c}s_1 \qquad\quad s_2 \qquad\ \cdots \qquad s_{r^m}\end{array}\\ \left[\begin{array}{cccc}p(s_1/s_1) & p(s_2/s_1) & \cdots & p(s_{r^m}/s_1) \\ p(s_1/s_2) & p(s_2/s_2) & \cdots & p(s_{r^m}/s_2) \\ \vdots & \vdots & \vdots & \vdots \\ p(s_1/s_{r^m}) & p(s_2/s_{r^m}) & \cdots & p(s_{r^m}/s_{r^m})\end{array}\right] \tag{3.4.4-4}$$

从这个意义上来说,亦可把一步转移矩阵[P]当作离散平稳各态历经 m-M 信源 X 的"数学模型".

例如,2-M 信源 X:$\{0,1\}$发出的消息

$$\begin{cases}s_i=(a_{i1}a_{i2}) \\ a_{i1},a_{i2}\in X:\{0,1\} \\ i1,i2=1,2 \\ i=1,2,3,4\end{cases} \tag{3.4.4-5}$$

其中,

$$s_1=(00); \quad s_2=(01); \quad s_3=(10); \quad s_4=(11) \tag{3.4.4-6}$$

若给定消息一步转移概率 $p(s_j/s_i)(i,j=1,2,3,4)$为:

① 起始消息 $s_1=(00)$:

$$\left.\begin{array}{l}\dfrac{00}{s_1}\longrightarrow 0 \quad \dfrac{0\overset{s_1}{\overline{00}}}{s_1} \quad p(0/00)=p(0/s_1)=p(s_1/s_1)=0.8 \\[4mm] \dfrac{00}{s_1}\longrightarrow 1 \quad \dfrac{0\overset{s_2}{\overline{01}}}{s_1} \quad p(1/00)=p(1/s_1)=p(s_2/s_1)=0.2\end{array}\right\} \tag{3.4.4-7}$$

$s_1=(00)$发"0"或"1",均不可能一步转移为 $s_3=(10)$ 或 $s_4=(11)$,所以

$$\left.\begin{array}{l} p(s_3/s_1)=0 \\[2mm] p(s_4/s_1)=0 \end{array}\right\} \tag{3.4.4-8}$$

② 起始消息 $s_2=(01)$:

$$\left.\begin{array}{l}\dfrac{01}{s_2}\longrightarrow 0 \quad \dfrac{0\overset{s_3}{\overline{10}}}{s_2} \quad p(0/01)=p(0/s_2)=p(s_3/s_2)=0.5 \\[4mm] \dfrac{01}{s_2}\longrightarrow 1 \quad \dfrac{0\overset{s_4}{\overline{11}}}{s_2} \quad p(1/01)=p(1/s_2)=p(s_4/s_2)=0.5\end{array}\right\} \tag{3.4.4-9}$$

$s_2=(01)$发"0"或"1",均不可能一步转移到 $s_1=(00)$ 和 $s_2=(01)$,所以

$$\left.\begin{array}{l} p(s_1/s_2)=0 \\[2mm] p(s_2/s_2)=0 \end{array}\right\} \tag{3.4.4-10}$$

③ 起始消息 $s_3=(10)$:

$$\left.\begin{array}{l}\dfrac{10}{s_3}\longrightarrow 0 \quad \dfrac{1\overset{s_1}{\overline{00}}}{s_3} \quad p(0/10)=p(0/s_3)=p(s_1/s_3)=0.5 \\[4mm] \dfrac{10}{s_3}\longrightarrow 1 \quad \dfrac{1\overset{s_2}{\overline{01}}}{s_3} \quad p(1/10)=p(1/s_3)=p(s_2/s_3)=0.5\end{array}\right\} \tag{3.4.4-11}$$

$s_3=(10)$发"0"或"1",均不可能一步转移到 $s_3=(10)$ 和 $s_4=(11)$,所以

$$\left.\begin{array}{l} p(s_3/s_3)=0 \\[2mm] p(s_4/s_3)=0 \end{array}\right\} \tag{3.4.4-12}$$

④ 起始消息 $s_4=(11)$:

$$\left.\begin{array}{l}\dfrac{11}{s_4}\longrightarrow 0 \quad \dfrac{1\overset{s_3}{\overline{10}}}{s_4} \quad p(0/11)=p(0/s_4)=p(s_3/s_4)=0.2 \\[4mm] \dfrac{11}{s_4}\longrightarrow 1 \quad \dfrac{1\overset{s_4}{\overline{11}}}{s_4} \quad p(1/11)=p(1/s_4)=p(s_4/s_4)=0.8\end{array}\right\} \tag{3.4.4-13}$$

$s_4=(11)$发"0"或"1",均不可一步转移到 $s_1=(00)$ 和 $s_2=(01)$,所以

$$\begin{cases} p(s_1/s_4) = 0 \\ p(s_2/s_4) = 0 \end{cases} \qquad (3.4.4-14)$$

由以上给定的 $r^m \times r^m = 2^2 \times 2^2 = 16$ 种消息一步转移概率 $p(s_j/s_i)(i,j=1,2,3,4)$,组成离散平稳 $2-M$ 信源 $X:\{0,1\}$ 的消息一步转移矩阵

$$[P] = \begin{matrix} & \begin{matrix} s_1 & s_2 & s_3 & s_4 \end{matrix} \\ \begin{matrix} s_1 \\ s_2 \\ s_3 \\ s_4 \end{matrix} & \begin{bmatrix} 0.8 & 0.2 & 0 & 0 \\ 0 & 0 & 0.5 & 0.5 \\ 0.5 & 0.5 & 0 & 0 \\ 0 & 0 & 0.2 & 0.8 \end{bmatrix} \end{matrix} \qquad (3.4.4-15)$$

它就是给定的离散平稳 $2-M$ 信源 $X:\{0,1\}$ 的"数学模型",完整地描述了信源 X 的统计特性及其信息特征. 给定了消息一步转移矩阵$[P]$,就给定了离散平稳 $2-M$ 信源 X.

那么,(3.4.4-15)所示消息一步转移矩阵$[P]$所描述的离散平稳 $2-M$ 信源 $X:\{0,1\}$,是不是各态历经的? 根据各态历经的定义,要回答这个问题,必须验算是否存在正整数 n_0 有

$$p_{ij}(n_0) > 0 \quad (i,j = 1,2,3,4) \qquad (3.4.4-16)$$

显然,若取 $n_0=1$,由矩阵$[P]$中存在"0"元素,就可判断 $p_{ij}(n_0=1)>0(i,j=1,2,3,4)$ 不成立. 若取 $n_0=2$,根据定理 3.6,由(3.4.2-20)式,有

$$[P(2)] = [P] \cdot [P]$$

$$= \begin{bmatrix} 0.8 & 0.2 & 0 & 0 \\ 0 & 0 & 0.5 & 0.5 \\ 0.5 & 0.5 & 0 & 0 \\ 0 & 0 & 0.2 & 0.8 \end{bmatrix} \cdot \begin{bmatrix} 0.8 & 0.2 & 0 & 0 \\ 0 & 0 & 0.5 & 0.5 \\ 0.5 & 0.5 & 0 & 0 \\ 0 & 0 & 0.2 & 0.8 \end{bmatrix}$$

$$= \begin{matrix} & \begin{matrix} s_1 & s_2 & s_3 & s_4 \end{matrix} \\ \begin{matrix} s_1 \\ s_2 \\ s_3 \\ s_4 \end{matrix} & \begin{bmatrix} 0.64 & 0.16 & 0.10 & 0.10 \\ 0.25 & 0.25 & 0.10 & 0.40 \\ 0.40 & 0.10 & 0.25 & 0.25 \\ 0.10 & 0.10 & 0.16 & 0.64 \end{bmatrix} \end{matrix} \qquad (3.4.4-17)$$

这表明,取 $n_0=2$ 时 $n=2$ 步转移概率均大于零,即满足

$$p_{ij}(n_0 = 2) > 0 \quad (i,j = 1,2,3,4) \qquad (3.4.9-18)$$

根据定义,该 $2-M$ 信源 $X:\{0,1\}$ 具有各态历经性.

(1) 离散平稳 $m-M$ 的数学模型,即(3.4.4-4)所示消息一步转移矩阵$[P]$,可用形象、直观的"消息一步转移线图"来描述(如图 3.4-3 所示):

① 标出离散平稳 $m-M$ 信源 $X:\{a_1,a_2,\cdots,a_r\}$ 的 r^m 种不同的可能出现的消息:

$$\begin{cases} s_i = (a_{i1}, a_{i2}, \cdots, a_{in}) \\ a_{i1}, a_{i2}, \cdots, a_{in} \in X:\{a_1, a_2, \cdots, a_r\} \\ i1, i2, \cdots, im = 1, 2, \cdots, r \\ i = 1, 2, \cdots, r^m \end{cases} \qquad (3.4.4-19)$$

② 用从消息 $s_i(i=1,2,\cdots,r^m)$ 指向消息 $s_j(j=1,2,\cdots,r^m)$ 的箭头,表示消息 s_i 经一步转移到消息 s_j,用箭头旁的具体数字表示消息 s_i 经一步转移到消息 s_j 的一步转移概率 $p(s_j/s_i)(i,j=1,2,\cdots,r^m)$.

③ 若消息 $s_i(i=1,2,\cdots,r^m)$ 经一步转移不可能达到消息 $s_j(j=1,2,\cdots,r^m)$(即 $p(s_j/s_i)=0$),则不画从 s_i 到 s_j 的箭头.

④ 任意消息 $s_i(i=1,2,\cdots,r^m)$ 出发箭头旁所标数值之和,一定等于1.

以此方法,即可得(3.4.4-15)所示一步转移矩阵 $[P]$ 的"消息一步转移线图"(如图3.4-3所示).

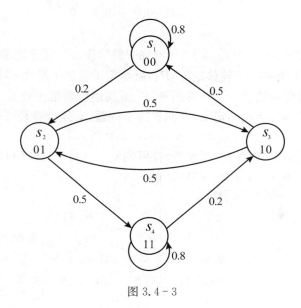

图 3.4-3

由(3.4.4-17)式、(3.4.4-18)式已判断离散平稳 $2-M$ 信源 $X:\{0,1\}$ 具有各态历经性.那么,在图3.4-3所示的"消息一步转移线图"具有什么特点呢?

① 不可约性.

在图3.4-3所示的"消息一步转移线图"中,消息集合含 $S:\{s_1,s_2,s_3,s_4\}$ 中每一消息经 $n_0=2$ 步转移都能达到 $S:\{s_1,s_2,s_3,s_4\}$ 中任一消息.集合 $S:\{s_1,s_2,s_3,s_4\}$ 是一个闭集.而且,在这个闭集中,不能再分出一个闭集(子集).所以,集合 $S:\{s_1,s_2,s_3,s_4\}$ 是"不可约闭集".

相比较而言,在图3.4-4所示的"消息一步转移线图"中,消息集合 $S:\{s_1,s_2,s_3,s_4,s_5\}$ 是一个闭集,但集合 S 又可分出 $S':\{s_1,s_2,s_3\}$ 和 $S'':\{s_4,s_5\}$ 两个闭集(子集),所以集合 S 不是不可约闭集.在子集 $S':\{s_1,s_2,s_3\}$ 中,消息 s_3 以概率1停留在 s_3,所以 $S':\{s_1,s_2,s_3\}$ 也不是不可约闭集.在子集 $S'':\{s_4,s_5\}$ 中,因各消息都能相通,所以 $S'':\{s_4,s_5\}$ 是不可约闭集.

对离散平稳各态历经 $m-M$ 信源来说,因为 $p_{ij}(n_0)>0(i,j=1,2,\cdots,r^m)$,所以"消息一步转移线图"中的消息集合 $S:\{s_1,s_2,\cdots,s_{r^m}\}$ 一定是不可约闭集.

② 非周期性.

在图3.4-3所示的"消息一步转移线图"中,存在正整数 $n_0=2$,使 $p_{ij}(n_0=2)>0(i,j=1,2,3,4)$.

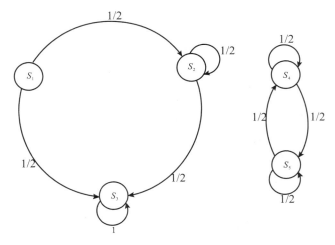

图 3.4 - 4

其中:

从 s_1 出发回到 s_1 的可能转移步数为:$1,3,4,\cdots = (n_0-1),(n_0+1),\cdots$

从 s_2 出发回到 s_2 的可能转移步数为:$2,3,4,\cdots = n_0,(n_0+1),\cdots$

从 s_3 出发回到 s_3 的可能转移步数为:$2,3,4,\cdots = n_0,(n_0+1),\cdots$

从 s_4 出发回到 s_4 的可能转移步数为:$1,3,4,\cdots = (n_0-1),(n_0+1),\cdots$

这就是说,在消息集合 $S:\{s_1,s_2,s_3,s_4\}$ 中,从消息 $s_i(i=1,2,3,4)$ 出发,回到 s_i 的可能转移步数中,包含 n_0、(n_0-1)、(n_0+1). 即 $p_{ij}(n)>0(i,j=1,2,3,4)$ 的 n 中,含有 n_0、(n_0-1)、(n_0+1),不存在大于 1 的公因子. 所以,消息集合 $S:\{s_1,s_2,s_3,s_4\}$ 是"非周性"集合.

相比较而言,在图 3.4 - 5 所示的"消息一步转移线图"中,从任一消息 $s_i(i=1,2,3,4)$ 出发,回到本消息 s_i 所需转移步数都是 $2,4,6,8,\cdots$. 在 $p_{ij}(n)>0(i=1,2,3,4)$ 的 n 中,存在大于 1 的公因子"2". 闭集 $S:\{s_1,s_2,s_3,s_4\}$ 是"周期为 2"的不可约闭集.

由图 3.4 - 5 所示的"消息一步转移线图",分别可得偶数 $(2n)$ 步和奇数 $(2n+1)$ 步消息转移矩阵

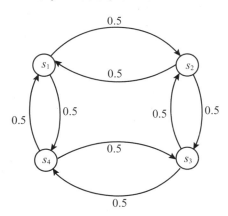

图 3.4 - 5

$$[P(2n)] = \begin{array}{c} \\ s_1 \\ s_2 \\ s_3 \\ s_4 \end{array} \begin{array}{cccc} s_1 & s_2 & s_3 & s_4 \\ \left[\begin{array}{cccc} 1/2 & 0 & 1/2 & 0 \\ 0 & 1/2 & 0 & 1/2 \\ 1/2 & 0 & 1/2 & 0 \\ 0 & 1/2 & 0 & 1/2 \end{array} \right] \end{array} \qquad (3.4.4-20)$$

以及

$$[P(2n+1)] = \begin{array}{c} \\ s_1 \\ s_2 \\ s_3 \\ s_4 \end{array} \begin{matrix} s_1 & s_2 & s_3 & s_4 \\ \begin{bmatrix} 0 & 1/2 & 0 & 1/2 \\ 1/2 & 0 & 1/2 & 0 \\ 0 & 1/2 & 0 & 1/2 \\ 1/2 & 0 & 1/2 & 0 \end{bmatrix} \end{matrix} \qquad (3.4.4-21)$$

由(3.4.4-20)、(3.4.4-21)所示矩阵$[P(2n)]$和$[P(2n+1)]$可知,消息转移步数无论是偶数($2n$)还是奇数($2n+1$),矩阵中都存在"0"元素,不满足:"存在正整数 n_0,有 $p_{ij}(n_0)>0$ $(i,j=1,2,3,4)$",所以,离散平稳 m-M 信源 X 不具有各态历经性.

若消息集合 $S:\{s_1,s_2,\cdots,s_{r^m}\}$ 是周期性的不可约闭集,则相应的离散平稳 m-M 信源 X,不具有各态历经性.

综上所述,在采用"消息一步转移线图"表述离散平稳 m-M 信源 X 的数学模型——消息一步转移矩阵$[P]$后,判断 m-M 信源 X 是否具有各态历经性,可以有两种途径:其一,n_0 步消息转移矩阵$[P(n_0)]$中,不存在"0"元素,则可判断 m-M 信源 X 具有各态历经性;若 n 为任意正整数的$[P(n)]$中,都存在"0"元素,则判断 m-M 信源 X 不具有各态历经性.其二,"消息一步转移线图"同时具备"不可约闭集"和"非周期闭集"两个特点,则判断 m-M 信源 X 具有各态历经性;若"消息一步转移线图"不同时具备"不可约闭集"和"非周期闭集"两个条件,则可判断 m-M 信源 X 不具有各态历经性.

(2) 根据一步转移矩阵$[P]$或"消息一步转移线图"构建"消息 n 步转移线图".

"消息 n 步转移线图"的构成方法是:在起始时刻 t_0,标出消息集合 $S:\{s_1,s_2,\cdots,s_{r^m}\}$ 中每一种不同消息 $s_i(i=1,2,\cdots,r^m)$;在第 1 单位时间 t_1,标出起始消息 $s_i(i=1,2,\cdots,r^m)$ 经一步转移可能到达的各种消息;在第 2 单位时间 t_2,标出 t_1 时刻各消息经一步转移可能到达的各种消息;$\cdots\cdots$;在第 n 单位时间 t_n,标出 t_{n-1} 时刻各消息经一步转移可能到达的各消息.这样就构建成"消息 n 步转移线图".实际上,它就是"时间移动的一步转移线图",动态描述离散平稳 m-M 信源 $X:\{a_1,a_2,\cdots,a_r\}$ 的消息集合 $S:\{s_1,s_2,\cdots,s_{r^m}\}$ 中 r^m 种不同消息 $s_i(i=1,2,\cdots,r^m)$ 随着时间推移,每一单位时间转移的动态踪迹.

例如,图 3.4-6 为与图 3.4-3 所示的"消息一步转移线图"相应的"消息 n 步转移线图".

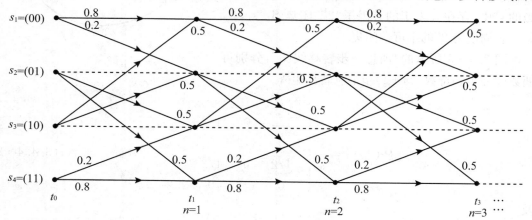

图 3.4-6

其中,消息 $s_1=(00)$,$s_2=(01)$,$s_3=(10)$,$s_4=(11)$ 的 $n_0=2$ 步"动态转移线图"分别如图 3.4－7、图 3.4－8、图 3.4－9、图 3.4－10 所示.

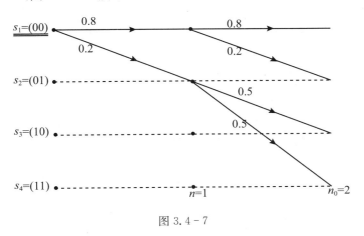

图 3.4－7

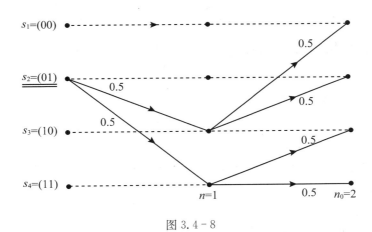

图 3.4－8

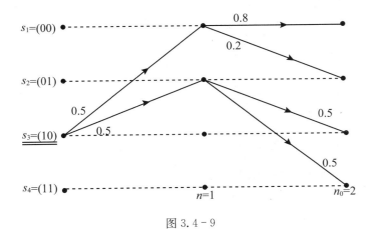

图 3.4－9

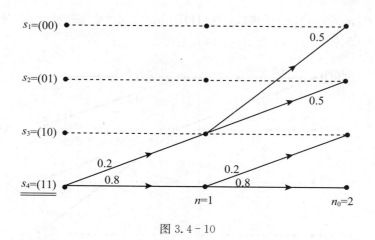

图 3.4 - 10

从这些图中可清楚地看到,由数学模型图 3.4 - 3 描述的 $m=2-M$ 信源 $X:\{0,1\}$ 的每一消息 $s_1=(00),s_2=(01),s_3=(10),s_4=(11)$ 经 $n_0=2$ 步转移,可达到消息集合 $S:\{s_1=(00),s_2=(01),s_3=(10),s_4=(11)\}$ 中的任一消息,充分显示出信源 $X:\{0,1\}$ 的"各态历经"性.

3.4.5　各态历经 $m-M$ 信源的极限熵

定理 3.5 指出,一般的离散平稳有记忆信源 X 的极限熵 H_∞ 是存在的,而且是信源 X 的 $N-1$ 阶条件熵 $H(X_N/X_1X_2\cdots X_{N-1})$ 当 $N\to\infty$ 时的极限值

$$H_\infty = \lim_{N\to\infty} H(X_N/X_1X_2\cdots X_{N-1}) \tag{3.4.5-1}$$

由于 N 阶联合概率 $p(a_{i1}a_{i2}\cdots a_{iN})$ 和 $(N-1)$ 阶条件概率 $p(a_{iN}/a_{i1}a_{i2}\cdots a_{iN-1})$ 在 $N\to\infty$ 时测定的复杂性和困难程度,使一般的离散平稳有记忆信源 X 的极限熵 H_∞ 几乎不可能求得一个精准的数值.

鉴于离散平稳各态历经 $m-M$ 信源 $X:\{a_1,a_2,\cdots,a_r\}$ 所具有的独特统计特性,使其极限熵 H_∞ 的求解成为可能,而且它一定是一个精准的数值.

定理 3.8　**若各态历经 $m-M$ 信源 X 的符号集 $X:\{a_1,a_2,\cdots,a_r\}$,消息一步转移概率为 $p(s_j/s_i)(i,j=1,2,\cdots,r^m)$,则信源 X 的极限熵**

$$H_\infty = H(X_{m+1}/X_1X_2\cdots X_m) = -\sum_{i=1}^{r^m}\sum_{j=1}^{r^m} p(s_i)p(s_j/s_i)\log p(s_j/s_i)$$

证明　(1) 按定理 3.5,一般离散平稳有记忆信源 $X:\{a_1,a_2,\cdots,a_r\}$ 的极限熵

$$H_\infty = \lim_{N\to\infty}\left[H(X_N/X_1X_2\cdots X_{N-1})\right]$$

$$= \lim_{N\to\infty}\left[-\sum_{i1=1}^{r}\sum_{i2=1}^{r}\cdots\sum_{iN=1}^{r} p(a_{i1}a_{i2}\cdots a_{iN})\log p(a_{iN}/a_{i1}a_{i2}\cdots a_{i(N-1)})\right] \tag{3.4.5-2}$$

但对于离散平稳各态历经 $m-M$ 信源 X 来说,有

$$p(a_{iN}/a_{i1}a_{i2}\cdots \underbrace{a_{i(N-m)}\cdots a_{i(N-2)}a_{i(N-1)}}_{m个}) = p(a_{iN}/\underbrace{a_{i(N-m)}\cdots a_{i(N-1)}}_{m个}) \tag{3.4.5-3}$$

以及

$$p(a_{iN} / \underbrace{a_{i(N-m)} \cdots a_{i(N-1)}}_{m个}) = p(a_{i(m+1)} / \underbrace{a_{i1} a_{i2} \cdots a_{im}}_{m个}) \qquad (3.4.5-4)$$

则

$$H_\infty = \lim_{N \to \infty} H(X_N / X_1 X_2 \cdots X_{N-1})$$

$$= -\sum_{i1=1}^{r} \sum_{i2=1}^{r} \cdots \sum_{i(m+1)=1}^{r} p(a_{i1} a_{i2} \cdots a_{im} a_{i(m+1)}) \log p(a_{i(m+1)} / a_{i1} a_{i2} \cdots a_{im})$$

$$= -\sum_{i1=1}^{r} \sum_{i2=1}^{r} \cdots \sum_{i(m+1)=1}^{r} p(a_{i1} a_{i2} \cdots a_{im}) p(a_{i(m+1)} / a_{i1} a_{i2} \cdots a_{im}) \log p(a_{i(m+1)} / a_{i1} a_{i2} \cdots a_{im})$$

$$= \sum_{i1=1}^{r} \sum_{i2=1}^{r} \cdots \sum_{im=1}^{r} p(a_{i1} a_{i2} \cdots a_{im}) \left[-\sum_{i(m+1)=1}^{r} p(a_{i(m+1)} / a_{i1} a_{i2} \cdots a_{im}) \log p(a_{i(m+1)} / a_{i1} a_{i2} \cdots a_{im}) \right]$$

$$= \sum_{i1=1}^{r} \sum_{i2=1}^{r} \cdots \sum_{im=1}^{r} p(a_{i1} a_{i2} \cdots a_{im}) H(X_{m+1} / X_1 = a_{i1}, X_2 = a_{i2}, \cdots, X_m = a_{im})$$

$$= H(X_{m+1} / X_1 X_2 \cdots X_m) \qquad (3.4.5-5)$$

这表明,离散平稳各态历经 m-M 信源 $X:\{a_1, a_2, \cdots, a_r\}$ 的极限熵 H_∞,是一个有限的、可精准计算的确定值,它就是信源 X 的"m 阶条件熵"$H(X_{m+1} / X_1 X_2 \cdots X_m)$.

（2）要具体求解和运算(3.4.5-5)式所示条件熵 $H(X_{m+1} / X_1 X_2 \cdots X_m)$,必须把离散平稳各态历经 m-M 信源 $X:\{a_1, a_2, \cdots, a_r\}$ 的消息组成、消息一步转移概率、消息极限概率等特性,注入(3.4.5-5)式中.

① 离散平稳各态历经 m-M 信源 $X:\{a_1, a_2, \cdots, a_r\}$ 每一条消息 s_i 由 m 个符号组成

$$\begin{aligned} &s_i = (a_{i1} a_{i2} \cdots a_{im}) \\ &a_{i1}, a_{i2}, \cdots, a_{im} \in X:\{a_1, a_2, \cdots, a_r\} \\ &i1, i2, \cdots, im = 1, 2, \cdots, r \\ &i = 1, 2, \cdots, r^m \end{aligned} \qquad (3.4.5-6)$$

② 离散平稳各态历经 m-M 信源 $X:\{a_1, a_2, \cdots, a_r\}$ m 个符号的联合概率 $p(a_{i1} a_{i2} \cdots a_{im})$ 就是由(3.4.3-44)式求解而得的"消息极限概率"$p(s_i)$,即

$$p(a_{i1} a_{i2} \cdots a_{im}) = p(s_i) = p_i \quad (i = 1, 2, \cdots, r^m) \qquad (3.4.5-7)$$

③ 离散平稳各态历经 m-M 信源 $X:\{a_1, a_2, \cdots, a_r\}$ 的 m 阶条件概率 $p(a_{i(m+1)} / a_{i1} a_{i2} \cdots a_{im})$ 就是信源 X 在 m 时刻发消息 $s_i = (a_{i1} a_{i2} \cdots a_{im})$ 的条件下,在 $(m+1)$ 时刻发符号 $a_{i(m+1)}$ 的条件概率 $p(a_{i(m+1)} / s_i)$,而在时刻 $(m+1)$ 所发符号 $a_{i(m+1)}$ 与前面的 $(m-1)$ 个符号 $(a_{i2} a_{i3} \cdots a_{im})$ 组成消息 $s_j = (a_{i2} a_{i3} \cdots a_{im} a_{i(m+1)})$. 所以有

$$p(a_{i(m+1)} / a_{i1} a_{i2} \cdots a_{im}) = p(a_{i(m+1)} / s_i) = p(s_j / s_i) \quad (i, j = 1, 2, \cdots, r^m) \quad (3.4.5-8)$$

这表明,条件概率 $p(a_{i(m+1)} / a_{i1} a_{i2} \cdots a_{im})$ 就是离散平稳各态历经 m-M 信源 $X:\{a_1, a_2, \cdots, a_r\}$ 的数学模型——"消息一步转移矩阵"$[P]$ 中的 r^m 个"消息一步转移概率 $p(s_j / s_i) = p_{ij}$($i, j = 1, 2, \cdots, r^m$).

由(3.4.5-6)式、(3.4.5-7)式、(3.4.5-8)式,离散平稳各态历经 m-M 信源 $X:\{a_1, a_2, \cdots, a_r\}$ 的极限熵

$$H_\infty = H(X_{m+1} / X_1 X_2 \cdots X_m)$$

$$=-\sum_{i1=1}^{r}\sum_{i2=1}^{r}\cdots\sum_{im=1}^{r}p(a_{i1}a_{i2}\cdots a_{im})p(a_{i(m+1)}/a_{i1}a_{i2}\cdots a_{im})\log(a_{i(m+1)}/a_{i1}a_{i2}\cdots a_{im})$$

$$=-\sum_{i=1}^{r^{m}}\sum_{j=1}^{r^{m}}p(s_{i})p(s_{j}/s_{i})\log p(s_{j}/s_{i}) \tag{3.4.5-9}$$

这样,定理 3.8 就得到了证明.

定理告诉我们:对于一个给定的离散平稳 m-M 信源 $X:\{a_1,a_2,\cdots,a_r\}$,首先根据给定的数学模型(消息一步转移矩阵 $[P]$,或"消息一步转移线图"),判断是否存在 n_0 步转移矩阵 $[P(n_0)]$,其中不存在"0"元素,有 $p_{ij}(n_0)>0(i,j=1,2,\cdots,r^m)$.以此断定信源 X 是否具有各态历经性.或根据"消息一步转移线图",判断信源 X 消息集合 $S:\{s_1,s_2,\cdots,s_{r^m}\}$ 是否是"非周期不可约闭集",以此判定信源 X 是否具有各态历经性.若给定的离散平稳 m-M 信源 X 具有各态历经性,则由(3.4.3-44)方程组求得消息极限概率 $p(s_i)(i=1,2,\cdots,r^m)$.再由给定的"消息一步转移矩阵"$[P]$ 中的 r^m 个消息一步转移概率 $p(s_j/s_i)(i,j=1,2,\cdots,r^m)$,按(3.4.5-9)式最终求得离散平稳各态历经 m-M 信源 X 的极限熵 H_∞.

最后,必须强调指出,离散平稳有记忆信源 X 的极限熵 H_∞,是信源 X 稳定后,其"平均符号熵"$H_N(X_1X_2\cdots X_N)$ 在 $N\to\infty$ 时的极限值,它表示离散平稳有记忆信源 X 在稳定后,每发一个符号提供的平均信息量,其量纲是(比特/符号).

3.4.6 有记忆信源的剩余度

定理 3.8 指出,离散平稳 m-M 信源 X 每发一个符号提供的平均信息量

$$H_{\infty_m}=H(X_{m+1}/X_1X_2\cdots X_m) \tag{3.4.6-1}$$

定理 3.4 又指出,离散平稳有记忆信源 X 的 N 次扩展信源 $\boldsymbol{X}=X_1X_2\cdots X_N$ 的条件熵

$$H(X_k/X_1X_2\cdots X_{k-1})\leqslant H(X_{k-1}/X_1X_2\cdots X_{k-2}) \quad (k=2,3,\cdots,N) \tag{3.4.6-2}$$

即

$$\begin{cases} H(X_2/X_1) \\ \geqslant H(X_3/X_1X_2) \\ \geqslant H(X_4/X_1X_2X_3) \\ \cdots \\ \geqslant H(X_N/X_1X_2\cdots X_{N-1}) \end{cases} \tag{3.4.6-3}$$

则有

$$H_{\infty_1}\geqslant H_{\infty_2}\geqslant H_{\infty_3}\geqslant\cdots\geqslant H_{\infty_N}\geqslant\cdots \tag{3.4.6-4}$$

这表明,离散平稳 m-M 信源 X 在稳定后,每发一个符号提供的平均信息量 H_{∞_m},随着"记忆长度"m 的增大而减小.这是离散平稳有记忆信源 X 每符号含有的平均信息量的测度函数的一个基本特性.记忆长度 m 越大,表明信源 X 在时刻 t_{m+1} 发符号 $a_{i(m+1)}$ 前,在符号序列$(a_{i1}a_{i2}\cdots a_{im})$ 中获取关于 $a_{i(m+1)}$ 的预备知识越多,使符号 $a_{i(m+1)}$ 的平均不确定性减小.

另一方面,定理 3.4 的推论又告诉我们:离散平稳有记忆信源 X 的 N 次扩展信源 $\boldsymbol{X}=X_1X_2\cdots X_N$ 的平均符号熵 $H_N(\boldsymbol{X})$ 是 N 的递减函数,即

$$H_N(\boldsymbol{X})\leqslant H_{N-1}(\boldsymbol{X}) \tag{3.4.6-5}$$

即有
$$H_1(X_1) \geqslant H_2(X_1X_2) = \frac{H(X_1X_2)}{2} = \frac{H(X_1) + H(X_2/X_1)}{2} \qquad (3.4.6-6)$$

由此,得
$$H_1(X_1) \geqslant H(X_2/X_1) \qquad (3.4.6-7)$$

最大离散熵定理又指出,等概信源 $X:\{a_1,a_2,\cdots,a_r\}$ 的信息熵 $H_0(X)$ 是信源 X 的最大信息熵.
则有
$$H_0(X) = \log r \geqslant H_1(X_1) \geqslant H(X_2/X_1) \geqslant H(X_3/X_1X_2) \geqslant \cdots \geqslant H(X_N/X_1X_2\cdots X_{N-1})$$
$$(3.4.6-8)$$

或写成
$$H_0(X) = \log r \geqslant H_{\infty_1} \geqslant H_{\infty_2} \geqslant H_{\infty_3} \geqslant \cdots \geqslant H_{\infty_N} \geqslant \cdots \qquad (3.4.6-9)$$

　　这表明,离散平稳 m-M 信源 $X:\{a_1,a_2,\cdots,a_r\}$ 稳定后,每一符号含有的平均信息量 H_{∞_m},随着记忆长度 m 的增大,与信源 $X:\{a_1,a_2,\cdots,a_r\}$ 每一符号含有的平均信息量的最大值 $H_0(X) = \log r$ 的差距越来越大.

　　实际上,在人们表达主观意愿发出信息时,由于受到所用语言的固定语法结构和语言习惯的影响和制约,在信源发出的信源符号序列中,符号之间往往不可能相互统计独立,而是存在某种固有的、不得不用的前后依赖关系.这样,就造成了信源 X 每发一个符号提供的平均信息量 H_{∞_m} 与信源 X 每符号含有的最大平均信息量 $H_0(X) = \log r$ 之间的差值
$$I_{0,\infty_m} = H_0(X) - H_{\infty_m} \qquad (3.4.6-10)$$

我们不妨把差值 I_{0,∞_m} 称为离散平稳各态历经 m-M 信源 X 的"结构信息".显然,记忆长度 m 越长,H_{∞_m} 越小,而"结构信息" I_{0,∞_m} 就越大.

　　为了估量离散平稳各态历经 m-M 信源 X 稳定后,每符号提供平均信息量的效率的高低,我们把信源 X 的"结构信息" I_{0,∞_m},占有每符号平均信息量最大值 $H_0(X) = \log r$ 的比重
$$\eta = \frac{I_{0,\infty_m}}{H_0(X)} = 1 - \frac{H_{\infty_m}}{H_0(X)} \qquad (3.4.6-11)$$

定义为离散平稳各态历经 m-M 信源 X 的"剩余度".

　　显然,信源 X 的"剩余度" η 越大,信源 X 每符号中含有表达自主意愿的平均信息量 H_{∞_m} 占有信源 X 每符号平均信息量的最大值 $H_0(X) = \log r$ 的比重就越小;"结构信息" I_{0,∞_m} 占有 $H_0(X)$ 的比重就越大.由此可见,为了提高信源 X 每发一个符号提供平均信息量的效率,应尽量减小信源 X 的"剩余度" η.例如,在发电报时,为了尽量提高报文中每一个字提供的平均信息量的效率,节约经费和时间,人们总是想方设法地在能表达自己基本主观意愿的前提下,尽量使报文简短、扼要.比如:把"中国科学技术大学"压缩成"中科大";把"中国科学院"压缩成"中科院";把"母亲疾病已治愈,现已出院,康复情况良好,请放心.望你在学校安心学习."压缩成"母愈",等等.

　　另一方面,"剩余度" η 较大的消息具有较强的抗干扰能力.当消息在传输过程中发生错误时,文章中固定的语法结构和语言习惯所形成的"前后关联",能帮助纠正或发现错误.例如,发生错误传输的电文"中国科×技术大学",可根据中文结构的上下关联,把它纠正为"中国科学技

术大学". 再如,发生错误传输的电文"母亲疾病已×愈,现已出院,康复情况良好,望安心学习",根据中文结构的"前后关联",一般都能把它纠正为"母亲疾病已痊愈,现已出院,康复情况良好,望安心学习."

对"剩余度"η较小的消息,虽然信源提供信息的效率提高了,但抵抗错误干扰的能力也随之下降了. 例如,剩余度η较小的消息"中科大",若被噪声干扰,变为"×科大". 这对接收者就很难判断原消息是"中科大",还是"北科大",还是"南科大". 又如,"剩余度"η较小的电文"母愈",若被噪声干扰,变为"母×",同样使接收者很难判断原消息是"母愈",还是"母病",甚至是"母亡"……所以,从提高可靠性角度出发,在被压缩的消息中,应增添必要的、能抗干扰的"剩余度".

"剩余度"η是信息论中的一个重要概念. 通信的"有效性"和"可靠性",是通信领域中既矛盾又统一的两个方面. 信息论的主题,是运用信息理论,使"有效性"和"可靠性"达到辩证的统一,寻找、探究使通信既有效、又可靠的途径和方法. "信源编码"就是讨论如何减小或消除信源的"剩余度",提高通信的"有效性";"信道编码"就是讨论如何增加抗干扰的"剩余度",提高通信的"可靠性". 在通信系统中,同时采用"信源编码"和"信道编码",使通信的"有效性"和"可靠性"达到一个合理的平衡点,导致"有效性"和"可靠性"的辩证统一.

【例3.3】 证明:离散平稳信源的二阶条件熵$H(X_3/X_1X_2)$与一阶条件熵$H(X_2/X_1)$之间,有

$$H(X_3/X_1X_2) \leqslant H(X_2/X_1)$$

并说明等式成立的条件.

证明 方法一：

$$H(X_3/X_1X_2) = -\sum_{i1=1}^{r}\sum_{i2=1}^{r}\sum_{i3=1}^{r} p(a_{i1}a_{i2}a_{i3})\log(a_{i3}/a_{i1}a_{i2})$$

$$= -\sum_{i1=1}^{r}\sum_{i2=1}^{r}\sum_{i3=1}^{r} p(a_{i1}a_{i2})p(a_{i3}/a_{i1}a_{i2})\log p(a_{i3}/a_{i1}a_{i2})$$

$$= \sum_{i1=1}^{r}\sum_{i2=1}^{r} p(a_{i1}a_{i2})\Big[-\sum_{i3=1}^{r} p(a_{i3}/a_{i1}a_{i2})\log p(a_{i3}/a_{i1}a_{i2})\Big] \tag{1}$$

在(1)式中,因有

$$\begin{cases} \sum_{i3=1}^{r} p(a_{i3}/a_{i1}a_{i2}) = 1 \\ \sum_{i3=1}^{r} p(a_{i3}/a_{i2}) = 1 \end{cases} \tag{2}$$

根据熵函数的极值性,由(1.3.1-29)式,(1)式可改写为

$$H(X_3/X_1X_2) \leqslant \sum_{i1=1}^{r}\sum_{i2=1}^{r} p(a_{i1}a_{i2})\Big[-\sum_{i3=1}^{r} p(a_{i3}/a_{i1}a_{i2})\log p(a_{i3}/a_{i2})\Big]$$

$$= -\sum_{i1=1}^{r}\sum_{i2=1}^{r}\sum_{i3=1}^{r} p(a_{i1}a_{i2}a_{i3})\log p(a_{i3}/a_{i2}) \tag{3}$$

在(3)式中,由信源X的平稳性,有

$$p(a_{i3}/a_{i2}) = p(a_{i2}/a_{i1}) \tag{4}$$

把(4)式代入(3)式,有

$$H(X_3/X_1 X_2) \leqslant - \sum_{i1=1}^{r} \sum_{i2=1}^{r} \sum_{i3=1}^{r} p(a_{i1}a_{i2}a_{i3}) \log p(a_{i2}/a_{i1})$$

$$= - \sum_{i1=1}^{r} \sum_{i2=1}^{r} p(a_{i1}a_{i2}) \log p(a_{i2}/a_{i1})$$

$$= H(X_2/X_1) \tag{5}$$

即证得

$$H(X_3/X_1 X_2) = H(X_2/X_1) \tag{6}$$

方法二:

设函数 $f(x) = -x\log x$,则 $f(x)$ 在 $[0,1]$ 内是 $\bigcap$ 形凸函数. 根据 $\bigcap$ 函数理论,由(1.3.1-23)式有

$$\sum_{i=1}^{q} P_i f(x_i) \leqslant f\{P_i x_i\} \tag{7}$$

现令

$$x_i = p(x_3/x_1 x_2) \tag{8}$$

并设概率空间

$$\{p(x_1/x_2) \quad x_1 \in X_1\} \tag{9}$$

即有

$$\sum_{X_1} p(x_1/x_2) = 1 \tag{10}$$

则(7)式改写为

$$- \sum_{X_1} p(x_1/x_2) [p(x_3/x_1 x_2) \log p(x_3/x_1 x_2)]$$

$$\leqslant - \Big[\sum_{X_1} p(x_1/x_2) p(x_3/x_1 x_2) \Big] \log \Big[\sum_{X_1} p(x_1/x_2) p(x_3/x_1 x_2) \Big] \tag{11}$$

在(11)式中,有

$$p(x_1/x_2) p(x_3/x_1 x_2) = p(x_1 x_3/x_2) \tag{12}$$

把(12)式代入(11)式,有

$$- \sum_{X_1} p(x_1 x_3/x_2) \log p(x_3/x_1 x_2)$$

$$\leqslant - \sum_{X_1} p(x_1 x_3/x_2) \log \sum_{X_1} p(x_1 x_3/x_2) \tag{13}$$

在(13)式中,有

$$\sum_{X_1} p(x_1 x_3/x_2) = p(x_3/x_2) \tag{14}$$

把(14)式代入(13)式中,有

$$- \sum_{X_1} p(x_1 x_3/x_2) \log p(x_3/x_1 x_2) \leqslant - p(x_3/x_2) \log p(x_3/x_2) \tag{15}$$

又因 $0 \leqslant p(x_2) \leqslant 1, (x_2 \in X_2)$，所以 $p(x_2)$ 乘不等式(15)两边，不等式方向不变，即得

$$- \sum_{X_1} p(x_2) p(x_1 x_3 / x_2) \log p(x_3 / x_1 x_2) \leqslant - p(x_2) p(x_3 / x_2) \log p(x_3 / x_2) \tag{16}$$

不等式(16)对所有 $x_2 \in X_2, x_3 \in X_3$ 都成立，对所有 x_2, x_3 相加不等式仍然成立，即有

$$- \sum_{X_1} \sum_{X_2} \sum_{X_3} p(x_1 x_2 x_3) \log p(x_3 / x_1 x_2) \leqslant - \sum_{X_2} \sum_{X_3} p(x_2 x_3) \log p(x_3 / x_2) \tag{17}$$

即有

$$H(X_3 / X_1 X_2) \leqslant H(X_3 / X_2) \tag{18}$$

根据信源 X 的平稳性，有

$$H(X_3 / X_2) = - \sum_{i2=1}^{r} \sum_{i3=1}^{r} p(a_{i2} a_{i3}) \log p(a_{i3} / a_{i2}) = - \sum_{i1=1}^{r} \sum_{i2=1}^{r} \sum_{i3=1}^{r} p(a_{i1} a_{i2} a_{i3}) \log(a_{i3} / a_{i2})$$

$$= - \sum_{i1=1}^{r} \sum_{i2=1}^{r} \sum_{i3=1}^{r} p(a_{i1} a_{i2} a_{i3}) \log p(a_{i2} / a_{i1}) = - \sum_{i1=1}^{r} \sum_{i2=1}^{r} p(a_{i1} a_{i2}) \log p(a_{i2} / a_{i1})$$

$$= H(X_2 / X_1) \tag{19}$$

由(19)式、(18)式，证得

$$H(X_3 / X_1 X_2) \leqslant H(X_2 / X_1) \tag{20}$$

【例 3.4】 设 $\boldsymbol{X} = X_1 X_2 \cdots X_N X_{N+1} \cdots X_{N+N}$ 是离散平稳信源 X 的 $2N$ 次扩展信源. 现定义信源 X 的"平均条件熵"为

$$H_{N/N}(\boldsymbol{X}) = \frac{1}{N} H(X_{N+1} X_{N+2} \cdots X_{2N} / X_1 X_2 \cdots X_N)$$

试证明：

(1) $H_{N/N}(\boldsymbol{X}) \leqslant H_{(N-1)/(N-1)}(\boldsymbol{X})$;

(2) $\lim\limits_{N \to \infty} H_{N/N}(\boldsymbol{X}) = H_{\infty}(X)$.

证明 （1）证明：$H_{N/N}(\boldsymbol{X})$ 是 N 的单调递减函数.

由定理 3.2，"平均条件熵"

$$H_{N/N}(\boldsymbol{X}) = \frac{1}{N} [H(X_{N+1} X_{N+2} \cdots X_{2N} / X_1 X_2 \cdots X_N)]$$

$$= \frac{1}{N} [H(X_{N+1} / X_1 X_2 \cdots X_N)$$

$$+ H(X_{N+2} / X_1 X_2 \cdots X_N X_{N+1})$$

$$+ H(X_{N+3} / X_1 X_2 \cdots X_N X_{N+1} X_{N+2})$$

$$\cdots$$

$$+ H(X_{2N} / X_1 X_2 \cdots X_N X_{N+1} X_{N+2} \cdots X_{2N-1})] \tag{1}$$

根据定理 3.4，由(3.3.1-9)式，在等式(1)中，有

$$H(X_{N+1} / X_1 X_2 \cdots X_N)$$

$$\geqslant H(X_{N+2} / X_1 X_2 \cdots X_N X_{N+1})$$

$$\geqslant H(X_{N+3} / X_1 X_2 \cdots X_N X_{N+1} X_{N+2})$$

$$\cdots$$

$$\geqslant H(X_{N+N}/X_1X_2\cdots X_NX_{N+1}X_{N+2}\cdots X_{2N-1}) \tag{2}$$

则有

$$H_{N/N}(\boldsymbol{X})\geqslant \frac{1}{N}[N\cdot H(X_{2N}/X_1X_2\cdots X_NX_{N+1}\cdots X_{2N-1})]$$
$$= H(X_{2N}/X_1X_2\cdots X_NX_{N+1}\cdots X_{2N-1}) \tag{3}$$

另有

$$H_{N/N}(\boldsymbol{X})= \frac{1}{N}[H(X_{N+1}X_{N+2}\cdots X_{2N}/X_1X_2\cdots X_N)]$$
$$= \frac{1}{N}[H(H_{N+1}X_{N+2}\cdots X_{2N-1}/X_1X_2\cdots X_N)$$
$$+ H(X_{2N}/X_1X_2\cdots X_NX_{N+1}\cdots X_{2N-1})] \tag{4}$$

其中,

$$H(X_{N+1}X_{N+2}\cdots X_{2N-1}/X_1X_2\cdots X_N)$$
$$\leqslant H(X_{N+1}X_{N+2}\cdots X_{2N-1}/X_1X_2\cdots X_{N-1}) \tag{5}$$

则有

$$H_{N/N}(\boldsymbol{X})\leqslant \frac{1}{N}[H(X_{N+1}X_{N+2}\cdots X_{2N-1}/X_1X_2\cdots X_{N-1})$$
$$+ H(X_{2N}/X_1X_2\cdots X_NX_{N+1}\cdots X_{2N-1})] \tag{6}$$

再由不等式(3),有

$$H_{N/N}(\boldsymbol{X})\leqslant \frac{1}{N}[H(X_{N+1}X_{N+2}\cdots X_{2N-1}/X_1X_2\cdots X_{N-1})+H_{N/N}(\boldsymbol{X})] \tag{7}$$

则有

$$NH_{N/N}(\boldsymbol{X})\leqslant H(X_{N+1}X_{N+2}\cdots X_{2N-1}/X_1X_2\cdots X_{N-1})+H_{N/N}(\boldsymbol{X}) \tag{8}$$

即

$$(N-1)H_{N/N}(\boldsymbol{X})\leqslant H(\overbrace{X_{N+1}X_{N+2}\cdots X_{2N-1}}^{(N-1)\text{项}}/\underbrace{X_1X_2\cdots X_{N-1}}_{(N-1)\text{项}})$$

$$H_{N+N}(\boldsymbol{X})\leqslant \frac{1}{N-1}H(\overbrace{X_{N+1}X_{N+2}\cdots X_{2N-1}}^{(N-1)\text{项}}/\underbrace{X_1X_2\cdots X_{N-1}}_{(N-1)\text{项}}) \tag{9}$$

按"平均条件熵"的定义,有

$$H_{N/N}(\boldsymbol{X})\leqslant H_{N-1/N-1}(\boldsymbol{X}) \tag{10}$$

这样,就证明了"平均条件熵"$H_{N/N}(\boldsymbol{X})$是 N 的单调递减函数.

(2) 证明:$\lim\limits_{N\to\infty}H_{N/N}(\boldsymbol{X})=H_\infty(\boldsymbol{X})$.

① 由不等式(3),有

$$\lim_{N\to\infty}H_{N/N}(\boldsymbol{X})\geqslant \lim_{N\to\infty}[H(X_{2N}/X_1X_2\cdots X_NX_{N+1}X_{N+2}\cdots X_{2N-1})]$$
$$= H_\infty(\boldsymbol{X}) \tag{11}$$

② 根据定理 3.4,有

$$H(X_{N+1}X_{N+2}\cdots X_{N+N}) \geqslant H(X_{N+1}X_{N+2}\cdots X_{2N}/X_1)$$

$$\geqslant H(X_{N+1}X_{N+2}\cdots X_{2N}/X_1X_2)$$

$$\geqslant H(X_{N+1}X_{N+2}\cdots X_{2N}/X_1X_2X_3)$$

$$\cdots$$

$$\geqslant H(X_{N+1}X_{N+2}\cdots X_{2N}/X_1X_2\cdots X_N) \tag{12}$$

则平均符号熵

$$H_N(\boldsymbol{X}) = \frac{1}{N}[H(X_{N+1}X_{N+2}\cdots X_{2N})] \geqslant \frac{1}{N}[N \cdot H(X_{N+1}X_{N+2}\cdots X_{2N}/X_1X_2\cdots X_N)]$$

$$= H(X_{N+1}X_{N+2}\cdots X_{2N}/X_1X_2\cdots X_N)$$

$$= H_{N/N}(\boldsymbol{X}) \tag{13}$$

则有

$$\lim_{N\to\infty} H_N(\boldsymbol{X}) \geqslant \lim_{N\to\infty} H_{N/N}(\boldsymbol{X}) \tag{14}$$

根据极限熵 $H_\infty(X)$ 的定义,有

$$H_\infty(\boldsymbol{X}) \geqslant \lim_{N\to\infty} H_{N/N}(\boldsymbol{X}) \tag{15}$$

③ 由不等式(11)、(15)有

$$\lim_{N\to\infty} H_{N/N}(\boldsymbol{X}) \leqslant H_\infty(X) \leqslant \lim_{N\to\infty} H_{N/N}(\boldsymbol{X}) \tag{16}$$

即证得

$$\lim_{N\to\infty} H_{N/N}(\boldsymbol{X}) = H_\infty(X) \tag{17}$$

等式(17)表明,离散平稳信源 X 的"极限熵" $H_\infty(X)$,既可定义为"平均符号熵" $H_N(\boldsymbol{X})$ 当 $N\to\infty$ 时的极限值,也可定义为"平均条件熵" $H_{N/N}(\boldsymbol{X})$ 当 $N\to\infty$ 时的极限值,即有

$$H_\infty(X) = \lim_{N\to\infty} H_N(\boldsymbol{X}) = \lim_{N\to\infty}\left[\frac{1}{N}H(X_1X_2\cdots X_N)\right]$$

$$= \lim_{N\to\infty} H_{N/N}(\boldsymbol{X}) = \lim_{N\to\infty}\left[\frac{1}{N}H(X_{N+1}X_{N+2}\cdots X_{2N}/X_1X_2\cdots X_N)\right]$$

$$= \lim_{N\to\infty} H(X_N/X_1X_2\cdots X_{N-1}) \tag{18}$$

所以,本例题是定理 3.5 的补充.

【例 3.5】 设离散平稳无记忆信源 $X:\{0,1\}$ 的概率分布 $p(0)=p(1)=1/2$. 试求:

(1) $H(X^2)$,$H(X_3/X_1X_2)$;

(2) $\lim_{N\to\infty} H_N(\boldsymbol{X}) = H_\infty(X)$;

(3) $H(X^4)$,并写出 $X^4=(X_1X_2X_3X_4)$ 的全部消息.

解

(1) 根据定理 3.1,离散平稳无记忆信源 X 的 $N=2$ 次扩展信源 $X^2=X_1X_2$ 的信息熵

$$H(X^2) = H(X_1X_2) = 2H(X) = 2H(1/2,1/2) = 2 \quad (\text{比特}/2\text{符号}) \tag{1}$$

因为离散平稳无记忆信源 X 的条件概率

$$p(a_{i3}/a_{i1}a_{i2}) = p(a_{i3}) \quad (a_{i1},a_{i2},a_{i3} \in X:\{0,1\},i1,i2,i3=1,2)$$

则二阶条件熵

$$H(X_3/X_1X_2) = -\sum_{i1=1}^{2}\sum_{i2=1}^{2}\sum_{i3=1}^{2} p(a_{i1}a_{i2}a_{i3})\log p(a_{i3}/a_{i1}a_{i2})$$

$$= -\sum_{i1=1}^{2}\sum_{i2=1}^{2}\sum_{i3=1}^{2} p(a_{i1}a_{i2}a_{i3})\log p(a_{i3}) = H(X_3) \qquad (2)$$

考虑到信源 X 的平稳性,有

$$H(X_3) = -\sum_{i3=1}^{2} p(a_{i3})\log p(a_{i3}) = -\sum_{i=1}^{2} p(a_i)\log p(a_i)$$

$$= H(X) = H(1/2,1/2) = 1 \quad (\text{比特} / \text{符号}) \qquad (3)$$

即得

$$H(X_3/X_1X_2) = H(X_3) = 1 \quad (\text{比特} / \text{符号}) \qquad (4)$$

(2) 离散平稳无记忆信源 X 的 N 次扩展信源 $X^N = (X_1X_2\cdots X_N)$ 的信息熵

$$H(X^N) = H(X_1X_2\cdots X_N) = NH(X) \qquad (5)$$

由平均符号熵 $H_N(\mathbf{X})$ 的定义,有

$$H_N(X^N) = \frac{1}{N}H(X^N) = \frac{1}{N}\big[NH(X)\big] = H(X) \qquad (6)$$

则其极限熵

$$H_\infty(X) = \lim_{N\to\infty} H_N(X^N) = \lim_{N\to\infty} H(X) = H(X) = 1 \quad (\text{比特} / \text{符号}) \qquad (7)$$

这表明,离散平稳无记忆信源 X 的极限熵 $H_\infty(X)$,就是信源 X 的信息熵 $H(X)$.

(3) 扩展信源 $X^4 = (X_1X_2X_3X_4)$ 发出消息数 $r^m = 2^4 = 16$. 它们的长度 $N = 4$. 由(3.1.3 - 2)、(3.1.3 - 3)、(3.1.3 - 4)式所示的信源空间,$\alpha_i = (a_{i1}a_{i2}a_{i3}a_{i4})(a_{i1}a_{i2}a_{i3}a_{i4} \in \{0,1\}, i1,i2,i3,i4 = 1,2)$是:

$$\alpha_1 = (0000);\alpha_5 = (0100);\alpha_9 = (1000);\alpha_{13} = (1100)$$
$$\alpha_2 = (0001);\alpha_6 = (0101);\alpha_{10} = (1001);\alpha_{14} = (1101)$$
$$\alpha_3 = (0010);\alpha_7 = (0110);\alpha_{11} = (1010);\alpha_{15} = (1110)$$
$$\alpha_4 = (0011);\alpha_8 = (0111);\alpha_{12} = (1011);\alpha_{16} = (1111)$$

根据定理 3.1,信源 $X^4 = (X_1X_2X_3X_4)$ 的信息熵

$$H(X^4) = 4H(X) = 4 \cdot H(1/2,1/2) = 4 \quad (\text{比特} /4 \text{符号}) \qquad (8)$$

【例 3.6】　设离散平稳各态历经 $m = 1 - M$ 信源 $X:\{a_1,a_2,\cdots,a_r\}$稳定后的消息极限概率为 $p(s_j) = p_j(j = 1,2,\cdots,r)$. 又设无记忆信源 $Y:\{a_1,a_2,\cdots,a_r\}$ 的概率分布 $p_Y(a_j) = p_j(j = 1, 2,\cdots,r)$. 试证明

$$H(Y) \geqslant H_\infty(X)$$

证明　离散平稳各态历经 $m = 1 - M$ 信源的每一消息 s_i 由 $m = 1$ 个符号组成,即有

$$s_i = a_i \quad (i = 1,2,\cdots,r) \qquad (1)$$

设其消息一步转移概率为 $p(s_j/s_i) = p(a_j/a_i)(i,j = 1,2,\cdots,r)$. 则有

$$\sum_{j=1}^{r} p(a_j/a_i) = 1 \qquad (2)$$

因为无记忆信源 $Y:\{a_1,a_2,\cdots,a_r\}$的概率分布

$$p_Y(a_j) = p(a_j) = p_j \quad (j=1,2,\cdots,r) \tag{3}$$

所以，又有

$$\sum_{j=1}^{r} p_Y(a_j) = \sum_{j=1}^{r} p_j = 1 \tag{4}$$

离散平稳各态历经 $m=1-M$ 信源 X 的极限熵

$$H_{\infty_1}(X) = -\sum_{i=1}^{r}\sum_{j=1}^{r} p(s_i)p(s_j/s_i)\log p(s_j/s_i)$$

$$= -\sum_{i=1}^{r}\sum_{j=1}^{r} p(a_i)p(a_j/a_i)\log p(a_j/a_i)$$

$$= \sum_{i=1}^{r} p(a_i)\Big[-\sum_{j=1}^{r} p(a_j/a_i)\log p(a_j/a_i)\Big] \tag{5}$$

根据熵函数的极值性，由(1.3.1-29)式，以及(2)、(4)式，有

$$-\sum_{j=1}^{r} p(a_j/a_i)\log p(a_j/a_i) \leqslant -\sum_{j=1}^{r} p(a_j/a_i)\log p_Y(a_j) \tag{6}$$

则等式(5)改写为

$$H_{\infty_1}(X) \leqslant \sum_{i=1}^{r} p(a_i)\Big[-\sum_{j=1}^{r} p(a_j/a_i)\log p_Y(a_j)\Big]$$

$$= -\sum_{i=1}^{r}\sum_{j=1}^{r} p(a_i)p(a_j/a_i)\log p_Y(a_j)$$

$$= -\sum_{i=1}^{r}\sum_{j=1}^{r} p(a_ia_j)\log p_Y(a_j)$$

$$= -\sum_{i=1}^{r}\sum_{j=1}^{r} p(a_ia_j)\log p(a_j) = H(Y) \tag{7}$$

即证得

$$H_{\infty_1}(X) \leqslant H(Y) \tag{8}$$

不等式(8)是一个值得重视的结论. 它表明，离散平稳各态历经 $m=1-M$ 信源 X 的极限熵 $H_{\infty_1}(X)$，与概率分布等于 $m=1-M$ 信源 X 的消息（符号）极限概率的无记忆信源 Y 的信息 $H(Y)$ 是不相同的. $H_{\infty_1}(X)$ 一定不会超过 $H(Y)$. 为了引起重视，我们特别地称信源 Y 是离散平稳各态历经 $m=1-M$ 信源 X 的"参照信源". 这样，我们可以说，离散平稳各态历经 $m=1-M$ 信源 X 稳定后，每发一个符号提供的平均信息量 $H_{\infty_1}(X)$，一定不会超过其"参照信源" Y 每发一个符号提供的信息量 $H(Y)$.

【例 3.7】 $m=2-M$ 信源 $X:\{0,1\}$ 从起始过渡到稳定过程中，符号和消息的转移过程，如图 E3.7-1 所示.

（1）试写出信源 X 消息一步转移矩阵，并画出消息一步转移线图，判断信源 X 是否具有各态历经性；

（2）画出信源 X 各消息动态转移线图，并予以解释；

（3）试求解信源 X 消息极限概率；

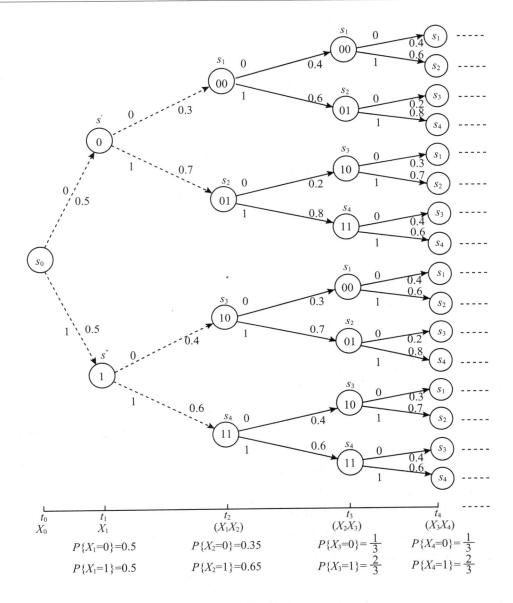

图 E3.7-1

（4）试求解信源 X 的极限熵；

（5）试求信源 X 在转移过程各阶段的符号"0""1"的概率分布；

（6）试求信源 X 的"参照信源"的剩余度 η_{Y-X_0}；$m=2-M$ 信源 X 相对于"参照信源"Y 的剩余度 η_{X-Y}；$m=2-M$ 信源 X 相对于无记忆等概信源 X_0 的剩余度 $\eta_{X-X_{00}}$，并加以比较和说明.

解　（1）解读图 E3.7-1.

① 信源 X：$\{0,1\}$ 在起始时刻 t_0，随机变量 X_0 按起始概率 $p(0)=p(1)=0.5$ 发符号"0"和"1"，构成时刻 t_1，随机变量 X_1：$\{0,1\}$.

② 时刻 t_1 随机变量 X_1 与时刻 t_2 随机变量 X_2 存在统计依赖关系,以条件概率 $P\{X_2/X_1\}$ 发符号"0"和"1".条件概率 $P\{X_2/X_1\}$ 是:

$$\begin{cases} P\{X_2=0/X_1=0\}=p(0/0)=0.3 \\ P\{X_2=1/X_1=0\}=p(1/0)=0.7 \end{cases} \tag{1}$$

$$\begin{cases} P\{X_2=0/X_1=1\}=p(0/1)=0.4 \\ P\{X_2=1/X_1=1\}=p(1/1)=0.6 \end{cases} \tag{2}$$

③ 时刻 t_3 随机变量 X_3 与时刻 t_1、t_2 随机变量 (X_1X_2) 存在统计依赖关系,以条件概率 $P\{X_3/X_1X_2\}$ 发符号"0"和"1".条件概率 $P(X_3/X_1X_2)$ 是:

$$\begin{cases} P\{X_3=0/X_1=0,X_2=0\}=p(0/00)=p(0/s_1)=p(s_1/s_1)=0.4 \\ P\{X_3=1/X_1=0,X_2=0\}=p(1/00)=p(1/s_1)=p(s_2/s_1)=0.6 \end{cases} \tag{3}$$

$$\begin{cases} P\{X_3=0/X_1=0,X_2=1\}=p(0/01)=p(0/s_2)=p(s_3/s_2)=0.2 \\ P\{X_3=1/X_1=0,X_2=1\}=p(1/01)=p(1/s_2)=p(s_4/s_2)=0.8 \end{cases} \tag{4}$$

$$\begin{cases} P\{X_3=0/X_1=1,X_2=0\}=p(0/10)=p(0/s_3)=p(s_1/s_3)=0.3 \\ P\{X_3=1/X_1=1,X_2=0\}=p(1/10)=p(1/s_3)=p(s_2/s_3)=0.7 \end{cases} \tag{5}$$

$$\begin{cases} P\{X_4=0/X_1=1,X_2=1\}=p(0/11)=p(0/s_4)=p(s_3/s_4)=0.4 \\ P\{X_4=1/X_1=1,X_2=1\}=p(1/11)=p(1/s_4)=p(s_4/s_4)=0.6 \end{cases} \tag{6}$$

④ 时刻 t_4 随机变量 X_4 与时刻 t_2、t_3 随机变量 (X_2X_3) 存在统计依赖关系.以条件概率 $P\{X_4/X_2X_3\}$ 发符号"0"和"1".但从 t_4 的随机变量 X_4 开始,信源 $X:\{0,1\}$ 发出的 $m=2$ 个符号组成的消息 s_1,s_2,s_3,s_4 的一步转移概率 $p(s_j/s_i(i,j=1,2,3,4))$,与时刻 t_3 随机变量 X_3 发出的消息 s_1,s_2,s_3,s_4 的一步转移概率 $p(s_j/s_i)(i,j=1,2,3,4))$ 相同.这表明离散平稳 $m=2\text{-}M$ 信源 X 已处于稳定状态.

⑤ 由图 E3.7-1 可知:时刻 t_1 随机变量 $X_1=0=s'$ 在消息转移过程的作用,与时刻 t_2 随机变量 $(X_1X_2)=(10)=s_3$ 的作用相同;时刻 t_1 随机变量 $X_1=1=s''$ 在消息转移过程的作用,与时刻 t_2 随机变量 $(X_1X_2)=s_4=(11)$ 的作用相同.而且,当消息转移进入 t_3 时刻后,s' 和 s'' 均不可能再重新达到,它们是 $m=2\text{-}M$ 信源 X 从起始到稳定过程中的过渡角色(称为"滑过态").当 $m=2\text{-}M$ 信源 X 稳定后,s' 和 s'' 可略去.

⑥ 当 $m=2\text{-}M$ 信源 X 稳定后,消息一步转移线图,如图 E3.7-2 所示.

由图 E3.7-2 可得离散平稳 $m=2\text{-}M$ 信源 X 消息一步转移矩阵

$$[P]=\begin{array}{c} \\ s_1 \\ s_2 \\ s_3 \\ s_4 \end{array}\begin{array}{cccc} s_1 & s_2 & s_3 & s_4 \\ \begin{bmatrix} 0.4 & 0.6 & 0 & 0 \\ 0 & 0 & 0.2 & 0.8 \\ 0.3 & 0.7 & 0 & 0 \\ 0 & 0 & 0.4 & 0.6 \end{bmatrix} \end{array} \tag{7}$$

因其中含有"0"元素,所以不满足 $p_{ij}(n=1)>0$.根据定理3.6,得离散平稳 $m=2\text{-}M$ 信源 X 消息 $n=2$ 步转移矩阵

$$[P(2)] = [P] \cdot [P]$$

$$= \begin{bmatrix} 0.4 & 0.6 & 0 & 0 \\ 0 & 0 & 0.2 & 0.8 \\ 0.3 & 0.7 & 0 & 0 \\ 0 & 0 & 0.4 & 0.6 \end{bmatrix} \cdot \begin{bmatrix} 0.4 & 0.6 & 0 & 0 \\ 0 & 0 & 0.2 & 0.8 \\ 0.3 & 0.7 & 0 & 0 \\ 0 & 0 & 0.4 & 0.6 \end{bmatrix}$$

$$= \begin{array}{c} \\ s_1 \\ s_2 \\ s_3 \\ s_4 \end{array} \begin{array}{cccc} s_1 & s_2 & s_3 & s_4 \\ \begin{bmatrix} 0.16 & 0.24 & 0.12 & 0.48 \\ 0.6 & 0.14 & 0.32 & 0.48 \\ 0.12 & 0.18 & 0.14 & 0.56 \\ 0.12 & 0.28 & 0.24 & 0.36 \end{bmatrix} \end{array}$$

在 $[P(2)]$ 中,有 $p_{ij}(n_0=2)>0(i,j=1,2,3,4)$,根据定理 3.7,离散平稳 $m=2$-M 信源 X 具有各态历经性.

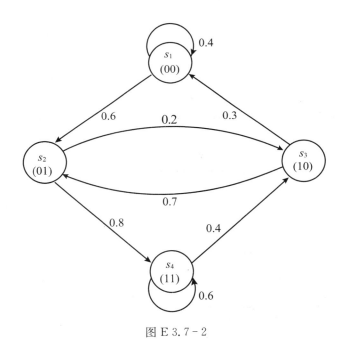

图 E 3.7-2

在图 E 3.7-2 中,消息集合 S:$\{s_1=(00),s_2=(01),s_3=(10),s_4=(11)\}$ 是"不可约非周期闭集",也可判定离散平稳 $m=2$-M 信源 X 具有各态历经性.

⑦ 由消息一步转移线图(图 E 3.7-2),或消息一步转移矩阵 $[P]$ 可得离散平稳 $m=2$-M 信源 X 所发消息 $s_1=(00),s_2=(01),s_3=(10),s_4=(11)$ 的动态转移线图(图 E 3.7-3、E 3.7-4、E 3.7-5、E 3.7-6).

由此可见:当转移步数 $n_0=2$ 时,离散平稳 $m=2$-M 信源 X:$\{0,1\}$ 发出的长度 $m=2$ 的每一消息 $s_i(i=1,2,3,4)$ 都可达到集合 S:$\{s_1,s_2,s_3,s_4\}$ 中的任一消息 $s_i(i=1,2,3,4)$,即"各态历经".从转移步数 $n=3$ 开始,离散平稳 $m=2$-M 信源 X 发出的消息具有"均匀"的统计特性.

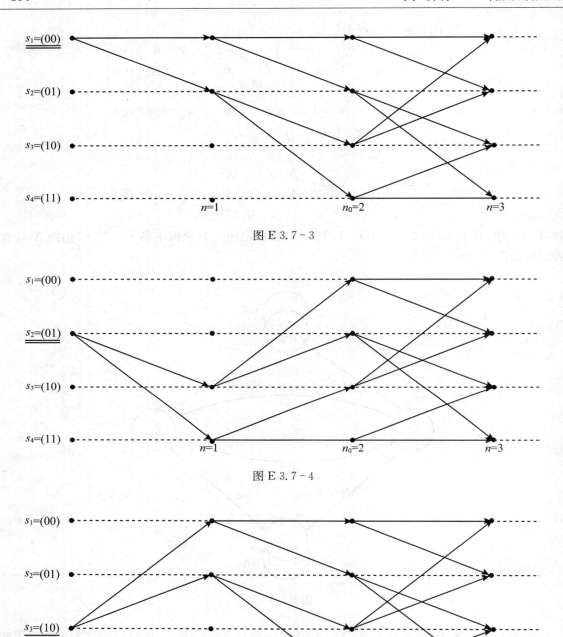

图 E 3.7 - 3

图 E 3.7 - 4

图 E 3.7 - 5

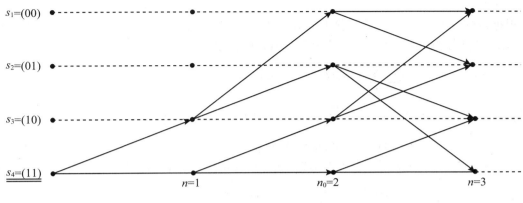

$s_1=(00)$

$s_2=(01)$

$s_3=(10)$

$s_4=(11)$

$n=1$　　　$n_0=2$　　　$n=3$

图 E 3.7-6

（2）消息极限概率 $p(s_j)=p_j(j=1,2,3,4)$.

根据定理 3.7,离散平稳各态历经 $m=2\text{-}M$ 信源 $X:\{0,1\}$ 存在消息极限概率 $p(s_j)=p_j(j=1,2,3,4)$,且是方程组

$$p_j = \sum_{i=1}^{4} p_i p_{ij} \tag{9}$$

的唯一解. 即有

$$[p(s_1)\,p(s_2)\,p(s_3)\,p(s_4)]=[p(s_1)\,p(s_2)\,p(s_3)\,p(s_4)]\cdot\left\{\begin{array}{cccc} p(s_1/s_1) & p(s_2/s_1) & p(s_3/s_1) & p(s_4/s_1) \\ p(s_1/s_2) & p(s_2/s_2) & p(s_3/s_2) & p(s_4/s_2) \\ p(s_1/s_3) & p(s_2/s_3) & p(s_3/s_3) & p(s_4/s_3) \\ p(s_1/s_4) & p(s_2/s_4) & p(s_3/s_4) & p(s_4/s_4) \end{array}\right\}$$

$$=[p(s_1)\,p(s_2)\,p(s_3)\,p(s_4)]\cdot\left\{\begin{array}{cccc} 0.4 & 0.6 & 0 & 0 \\ 0 & 0 & 0.2 & 0.8 \\ 0.3 & 0.7 & 0 & 0 \\ 0 & 0 & 0.4 & 0.6 \end{array}\right\} \tag{10}$$

其方程组可表示为:

$$\left\{\begin{array}{l} p(s_1) = p(s_1)\times0.4 + p(s_3)\times0.3 \\ p(s_2) = p(s_1)\times0.6 + p(s_3)\times0.7 \\ p(s_3) = p(s_2)\times0.2 + p(s_4)\times0.4 \\ p(s_4) = p(s_2)\times0.8 + p(s_4)\times0.6 \end{array}\right. \tag{11}$$

以及

$$p(s_1) + p(s_2) + p(s_3) + p(s_4) = 1 \tag{12}$$

解方程组(11)和(12),得

$$\left\{\begin{array}{l} p(s_1) = 1/9 \\ p(s_2) = 2/9 \\ p(s_3) = 2/9 \\ p(s_4) = 4/9 \end{array}\right. \tag{13}$$

(3) 极限熵 $H_{\infty_2}(X)$.

根据定理 3.8,由(13)式所示消息极限概率 $p(s_i)(i=1,2,3,4)$,以及消息一步转移矩阵 $[P]$,离散平稳各态历经 $m=2-M$ 信源 $X:\{0,1\}$ 的极限熵

$$
\begin{aligned}
H_{\infty_2}(X) &= -\sum_{i=1}^{4}\sum_{j=1}^{4} p(s_i)p(s_j/s_i)\log p(s_j/s_i)\\
&= \sum_{i=1}^{4} p(s_i)\Big[-\sum_{j=1}^{4} p(s_j/s_i)\log p(s_j/s_i)\Big] = \sum_{i=1}^{4} p(s_i)H(S/S=s_i)\\
&= p(s_1)H(0.4,0.6,0,0) + p(s_2)H(0,0,0.2,0.8)\\
&\quad + p(s_3)H(0.3,0.7,0,0) + p(s_4)H(0,0,0.4,0.6)\\
&= \frac{1}{9}H(0.4,0.6,0,0) + \frac{2}{9}H(0,0,0.2,0.8)\\
&\quad + \frac{2}{9}H(0.3,0.7,0,0) + \frac{4}{9}H(0,0,0.4,0.6)\\
&= 0.896 \quad (\text{比特}/\text{信源符号})
\end{aligned}
\tag{14}
$$

这表明,离散平稳各态历经 $m=2-M$ 信源 $X:\{0,1\}$ 稳定后,每发一个符号提供的平均信息量 $H_{\infty_2}(X)$ 等于 0.896(比特/信源符号).

(4) 符号概率分布 $P\{X=0\}$,$P\{X=1\}$.

具有过渡过程的各态历经 $m-M$ 信源 $X:\{0,1\}$ 的符号概率分布 $P\{X=0\}$、$P\{X=1\}$ 与消息极限概率不同,它不是一个固定的值. 信源处于不同状态,有不同的值.

① 时刻 t_1 随机变量 X_1 的概率分布(起始分布):
$$P\{X_1=0\} = P\{X_1=1\} = 0.5$$

② 时刻 t_2 随机变量 X_2 的概率分布:
$$
\begin{cases}
\begin{aligned}
P\{X_2=0\} &= P\{X_1=0\}P\{X_2=0/X_1=0\} + P\{X_1=1\}P\{X_2=0/X_1=1\}\\
&= p(0)p(0/0) + p(1)p(0/1)\\
&= 0.5\times0.3 + 0.5\times0.4 = 0.35\\
P\{X_2=1\} &= P\{X_1=0\}P\{X_2=1/X_1=0\} + P\{X_1=1\}P\{X_2=1/X_1=1\}\\
&= p(0)p(1/0) + p(1)p(1/1)\\
&= 0.5\times0.7 + 0.5\times0.6 = 0.65
\end{aligned}
\end{cases}
\tag{15}
$$

③ 时刻 t_3 随机变量 X_3 的概率分布:
$$
\begin{cases}
\begin{aligned}
P\{X_3=0\} &= \sum_{i=1}^{4} p(s_i)p(0/s_i)\\
&= p(s_1)p(0/s_1) + p(s_2)p(0/s_2) + p(s_3)p(0/s_3) + p(s_4)p(0/s_4)\\
&= 1/9\times0.4 + 2/9\times0.2 + 2/9\times0.3 + 4/9\times0.4 = 1/3\\
P\{X_3=1\} &= \sum_{i=1}^{4} p(s_i)p(1/s_i)\\
&= p(s_1)p(1/s_1) + p(s_2)p(1/s_2) + p(s_3)p(1/s_3) + p(s_4)p(1/s_4)\\
&= 1/9\times0.6 + 2/9\times0.8 + 2/9\times0.7 + 4/9\times0.6 = 2/3
\end{aligned}
\end{cases}
\tag{16}
$$

④ 从时刻 t_3 开始,离散平稳各态历经 $m=2-M$ 信源 $X:\{0,1\}$ 的符号概率分布 $P\{X=0\}$,$P\{X=1\}$ 不随时间的推移而变化,即

$$\begin{cases} P\{X_3=0\}=P\{X_4=0\}=\cdots=P\{X_N=0\}=1/3 \\ P\{X_3=1\}=P\{X_4=1\}=\cdots=P\{X_N=1\}=2/3 \end{cases} \tag{17}$$

（5）按剩余度 ρ 的定义.

① 相对于等概无记忆信源 $X_0:\{0,1\}$ 的剩余度

$$\eta_{X-X_0}=1-\frac{H_{\infty_2}(X)}{H_0(X)}=1-\frac{0.896}{\log2}=10.4\% \tag{18}$$

② 相对于"参照信源"Y 的剩余度

$$\eta_{X-Y}=1-\frac{H_{\infty_2}(X)}{H(Y)}=1-\frac{H_{\infty_2}(X)}{H(1/3,2/3)}=1-\frac{0.896}{0.915}=2.1\% \tag{19}$$

这表明，离散平稳各态历经 $m=2-M$ 信源 $X:\{0,1\}$ 每 $m=2$ 个符号组成一个消息，任意时刻的消息与它前面一时刻的消息存在统计依赖关系. 稳定后，虽然其符号概率分布与"参照信源"Y 的符号概率分布相同，但因符号之间的依赖关系使其每符号提供的平均信息量 $H_{\infty_2}(X)$，小于无记忆的"参照信源"Y 每符号提供的平均信息量 $H(Y)$. 显然，有

$$\eta_{X-X_0}>\eta_{X-Y} \tag{20}$$

③ "参照信源"Y 相对于等概信源 $X:\{0,1\}$ 的剩余度

$$\eta_{Y-X_0}=1-\frac{H(Y)}{H_0(X)}=1-\frac{H(1/3,2/3)}{\log2}=1-0.915=0.085=8.5\% \tag{21}$$

【例 3.8】 设离散平稳 $m=1-M$ 信源 $X:\{0,1\}$ 消息一步转移线图，如图 E3.8-1 所示.

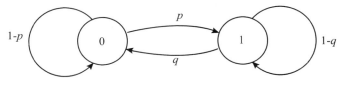

图 E3.8-1

（1）试求信源 X 的极限熵 $H_{\infty_1}(X)$；

（2）试求 $H_{\infty_1}(X)$ 达最大值的 p 和 q，并求解 $H_{\infty_1}(X)$ 的最大值 $H_{\infty_1}(X)_{\max}$；

（3）试求 $H_{\infty_1}(X)$ 达 $H_{\infty_1}(X)_{\max}$ 时，信源符号的极限概率分布；

（4）试求 $H_{\infty_1}(X)_{\max}$ 相对其"参照信源"Y 的剩余度 η_{X_0-Y}；相对于无记忆等概信源 $X:\{0,1\}$ 的剩余度 $\eta_{X_0-X_m}$，并予以解释和说明；

（5）试求 $q=1$ 时，$H_{\infty_1}(X)_{\max}$ 以及相对于"参照信源"Y 的剩余度 η_{X_0-Y}；相当于无记忆等概信源 $X:\{0,1\}$ 的剩余度 $\eta_{X_0-X_m}$，并画出消息（符号）动态转移线图.

解

（1）由图 E3.8-1 得离散平稳 $m=1-M$ 信源 $X:\{0,1\}$ 消息（符号）一步转移矩阵

$$[P]=\begin{array}{c} \\ 0 \\ 1 \end{array}\begin{array}{c} 0 \qquad\quad 1 \\ \begin{bmatrix} 1-p & p \\ q & 1-q \end{bmatrix} \end{array} \tag{1}$$

由 $[P]$ 可知，满足

$$p_{ij}(n_0=1)>0 \quad (i,j=1,2) \tag{2}$$

根据定理 3.7,信源 X 存在消息(符号)极限概率 $p(0)=p_0$,$p(1)=p_1$,且是方程

$$\begin{bmatrix} p_0 \\ p_1 \end{bmatrix} = \begin{bmatrix} 1-p & p \\ q & 1-q \end{bmatrix}^{\mathrm{T}} \cdot \begin{bmatrix} p_0 \\ p_1 \end{bmatrix}$$

$$= \begin{bmatrix} 1-p & q \\ p & 1-q \end{bmatrix} \cdot \begin{bmatrix} p_0 \\ p_1 \end{bmatrix} \tag{3}$$

的唯一解.

由(3)式可得,极限概率 p_0、p_1 满足

$$\begin{cases} p_0 = p_0(1-p) + p_1 q \\ p_1 = p p_0 + p_1(1-q) \end{cases} \tag{4}$$

以及

$$p_0 + p_1 = 1 \tag{5}$$

由(4)、(5)式解得 $m=1$-M 信源的消息(符号)极限概率

$$\begin{cases} p_0 = \dfrac{q}{p+q} \\ p_1 = \dfrac{p}{p+q} \end{cases} \tag{6}$$

(2) 根据定理 3.8,$m=1$-M 信源 X 的极限熵

$$H_{\infty_1}(X) = \sum_{i=1}^{2} \sum_{j=1}^{2} p(s_i) p(s_j/s_i) \log p(s_j/s_i) = -\sum_{i=1}^{2} \sum_{j=1}^{2} p(a_i) p(a_j/a_i) \log p(a_j/a_i)$$

$$= \sum_{i=1}^{2} p(a_i) \left[-\sum_{j=1}^{2} p(a_j/a_i) \log p(a_j/a_i) \right] = \sum_{i=1}^{2} p(a_i) H(X_2/X_1 = a_i)$$

$$= p(a_1) H(X_2/X_1 = a_1) + p(a_2) H(X_2/X_1 = a_2)$$

$$= p_0 H(X_2/X_1 = 0) + p_1 H(X_2/X_1 = 1)$$

$$= p_0 H(p) + p_1 H(q)$$

$$= \frac{q}{p+q} H(p) + \frac{p}{p+q} H(q) = H_{\infty_1}(p,q) \tag{7}$$

(3) 极限熵 $H_{\infty_1}(X)$ 是 p,q 的函数 $H_{\infty_1}(p,q)$,而且是 p,q 的 $\cap$ 形凸函数. 要使其达到最大值 $H_{\infty_1}(X)_{\max}$,必须满足

$$\begin{cases} \dfrac{\partial}{\partial p} H_{\infty_1}(X) = \dfrac{\partial}{\partial p} H_{\infty_1}(p,q) = 0 \tag{8} \\ \\ \dfrac{\partial}{\partial q} H_{\infty_1}(X) = \dfrac{\partial}{\partial q} H_{\infty_1}(p,q) = 0 \tag{9} \end{cases}$$

① 由(8)式,令

$$\frac{\partial}{\partial p} H_{\infty_1}(X) = \frac{\partial}{\partial p} H_{\infty_1}(p,q) = 0 \tag{10}$$

则有

$$\frac{\partial}{\partial p} H_{\infty_1}(X) = \frac{\partial}{\partial p} \left[\frac{q}{p+q} H(p) + \frac{p}{p+q} H(q) \right]$$

$$= \frac{\partial}{\partial p} \left[\frac{q}{p+q} H(p) \right] + \frac{\partial}{\partial p} \left[\frac{p}{p+q} H(q) \right] = 0 \tag{11}$$

其中,等式右边第一项

$$\frac{\partial}{\partial p}\Big[\frac{q}{p+q}H(p)\Big]=-\frac{q}{(p+q)^2}H(p)+\frac{q}{p+q}\Big[\frac{\mathrm{d}}{\mathrm{d}p}H(p)\Big]$$

$$=-\frac{q}{(p+q)^2}H(p)+\frac{q}{p+q}\Big\{\frac{\mathrm{d}}{\mathrm{d}p}[-p\ln p-(1-p)\ln(1-p)]\Big\}$$

$$=-\frac{q}{(p+q)^2}H(p)+\frac{q}{p+q}\{-[\ln p-\ln(1-p)]\}$$

$$=-\frac{q}{(p+q)^2}H(p)+\frac{q}{p+q}[-\ln p+\ln(1-p)]$$

$$=\frac{q}{(p+q)^2}[p\ln p+(1-p)\ln(1-p)]$$

$$\quad+\frac{q}{(p+q)^2}[-(p+q)\ln p+(p+q)\ln(1-p)]$$

$$=\frac{q}{(p+q)^2}[p\ln p+(1-p)\ln(1-p)-(p+q)\ln p+(p+q)\ln(1-p)] \tag{12}$$

等式右边第二项

$$\frac{\partial}{\partial p}\Big[\frac{p}{p+q}H(q)\Big]=\frac{\mathrm{d}}{\mathrm{d}p}\Big(\frac{p}{p+q}\Big)H(q)$$

$$=\Big[-\frac{p}{(p+q)^2}+\frac{1}{(p+q)}\Big]H(q)=\frac{q}{(p+q)^2}H(q)$$

$$=\frac{q}{(p+q)^2}[-q\ln q-(1-q)\ln(1-q)] \tag{13}$$

由(12)式、(13)式,等式(11)可改写为

$$\frac{\partial}{\partial p}H_{\infty_1}(X)$$

$$=\frac{q}{(p+q)^2}[p\ln p+(1-p)\ln(1-p)-(p+q)\ln p+(p+q)\ln(1-p)-q\ln q-(1-q)\ln(1-q)]$$

$$=0 \tag{14}$$

因其中,

$$\frac{q}{(p+q)^2}>0 \tag{15}$$

所以,有

$$p\ln p+(1-p)\ln(1-p)-(p+q)\ln p+(p+q)\ln(1-p)-q\ln q-(1-q)\ln(1-q)=0 \tag{16}$$

由此可知,当 $p=q$ 时,等式(16)可改写为

$$2p\ln p=2p\ln(1-p) \tag{17}$$

当且仅当 $p=1/2$ 时,等式(17)才成立.

　由此可知,只有当

$$p=q=1/2 \tag{18}$$

时才有

$$\frac{\partial}{\partial p}H_{\infty_1}(X) = \frac{\partial}{\partial p}H_{\infty_1}(p,q) = 0 \tag{19}$$

② 由(9)式,令

$$\frac{\partial}{\partial q}H_{\infty_1}(X) = \frac{\partial}{\partial q}H_{\infty_1}(p,q) = 0 \tag{20}$$

则有

$$\frac{\partial}{\partial q}H_{\infty_1}(X) = \frac{\partial}{\partial q}\Big[\frac{q}{p+q}H(p) + \frac{p}{p+q}H(q)\Big]$$
$$= \frac{\partial}{\partial q}\Big[\frac{q}{p+q}H(p)\Big] + \frac{\partial}{\partial q}\Big[\frac{p}{p+q}H(q)\Big] = 0 \tag{21}$$

其中,等式右边第一项

$$\frac{\partial}{\partial q}\Big[\frac{q}{p+q}H(p)\Big] = \frac{\mathrm{d}}{\mathrm{d}q}\Big[\frac{q}{p+q}\Big]H(p)$$
$$= \Big[-\frac{q}{(p+q)^2} + \frac{1}{p+q}\Big]H(p) = \frac{p}{(p+q)^2}H(p)$$
$$= \frac{p}{(p+q)^2}\big[-p\ln p - (1-p)\ln(1-p)\big] \tag{22}$$

等式右边第二项

$$\frac{\partial}{\partial q}\Big[\frac{p}{p+q}H(q)\Big] = -\frac{p}{(p+q)^2}H(q) + \frac{p}{p+q}\Big[\frac{\mathrm{d}}{\mathrm{d}q}H(q)\Big]$$
$$= -\frac{p}{(p+q)^2}H(q) + \frac{p}{p+q}\Big\{\frac{\mathrm{d}}{\mathrm{d}q}\big[-q\ln q - (1-q)\ln(1-q)\big]\Big\}$$
$$= -\frac{p}{(p+q)^2}H(q) + \frac{p}{p+q}\big\{-[\ln q - \ln(1-q)]\big\}$$
$$= \frac{p}{(p+q)^2}\big[q\ln q + (1-q)\ln(1-q)\big]$$
$$\quad + \frac{p}{(p+q)^2}\big[-(p+q)\ln q + (p+q)\ln(1-q)\big] \tag{23}$$

由(22)式、(23)式,等式(21)改写为

$$\frac{\partial}{\partial q}H_{\infty_1}(X)$$
$$= \frac{p}{(p+q)^2}\big[-p\ln p - (1-p)\ln(1-p) + q\ln q + (1-q)\ln(1-q) - (p+q)\ln q + (p+q)\ln(1-q)\big]$$
$$= 0 \tag{24}$$

因其中,

$$\frac{p}{(p+q)^2} > 0 \tag{25}$$

所以,有

$$-p\ln p - (1-p)\ln(1-p) + q\ln q + (1-q)\ln(1-q) - (p+q)\ln q + (p+q)\ln(1-q) = 0 \tag{26}$$

由此可知,当 $p=q$ 时,等式(24)可改写为

$$2q\ln q = 2q\ln(1-q) \tag{27}$$

当且仅当

$$p = q = 1/2 \tag{28}$$

才有

$$\frac{\partial}{\partial q} H_{\infty_1}(X) = \frac{\partial}{\partial q} H_{\infty_1}(p,q) = 0 \tag{29}$$

综上所述,只有当 $p = q = 1/2$ 时,才满足

$$\begin{cases} \dfrac{\partial}{\partial p} H_{\infty_1}(X) = \dfrac{\partial}{\partial p} H_{\infty_1}(p,q) = 0 \\ \dfrac{\partial}{\partial q} H_{\infty_1}(X) = \dfrac{\partial}{\partial q} H_{\infty_1}(p,q) = 0 \end{cases} \tag{30}$$

使 $H_{\infty_1}(X)$ 达到最大值

$$\begin{aligned} H_{\infty_1}(X)_{\max} &= \frac{q}{p+q} H(p) + \frac{p}{p+q} H(q) \\ &= \frac{1}{2} H\left(\frac{1}{2}\right) + \frac{1}{2} H\left(\frac{1}{2}\right) = 1 \quad (\text{比特} / \text{符号}) \end{aligned} \tag{31}$$

(4) 当 $p = q = 1/2$ 时,离散平稳各态历经 $m = 1 - M$ 信源 $X : \{0,1\}$ 的极限熵达到最大值 $H_{\infty_1}(X)_{\max} = 1$(比特/符号)(如图 E3.8 - 2 所示).

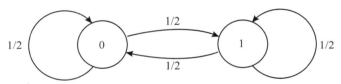

图 E 3.8 - 2

信源 $X : \{0,1\}$ 的一步转移矩阵为

$$[P] = \begin{array}{c} \\ 0 \\ 1 \end{array} \begin{array}{c} 0   1 \\ \begin{bmatrix} 1/2 & 1/2 \\ 1/2 & 1/2 \end{bmatrix} \end{array} \tag{32}$$

由(6)式,得消息(符号)"0"和"1"的极限概率

$$\begin{cases} p_0 = \dfrac{q}{p+q} = \dfrac{1/2}{1/2+1/2} = \dfrac{1}{2} \\ p_1 = \dfrac{p}{p+q} = \dfrac{1/2}{1/2+1/2} = \dfrac{1}{2} \end{cases} \tag{33}$$

由此可得离散平稳各态历经 $m = 1 - M$ 信源 $X : \{0,1\}$ 的"参照信源" Y 的信源空间

$$[Y \cdot P] : \begin{cases} Y : & 0 \quad\ \ 1 \\ P(Y) & 1/2 \quad 1/2 \end{cases} \tag{34}$$

无记忆信源 Y 的信息熵

$$H(Y) = H(1/2, 1/2) = 1 \quad (\text{比特} / \text{符号}) \tag{35}$$

由(31)式、(35)式,离散平稳各态历经 $m = 1 - M$ 信源 $X : \{0,1\}$ 的极限熵达最大值 $H_{\infty_1}(X)_{\max}$ 时,相对"参照信源" Y 的剩余度

$$\eta_{X_0 - Y} = 1 - \frac{H_{\infty_1}(X)_{\max}}{H(Y)} = 1 - 1/1 = 0 \tag{36}$$

而相对于信源 $X:\{0,1\}$ 等概分布、$H(X)$ 达到最大值 $H(X)_{\max}=\log 2$ 的无记忆信源的剩余度

$$\eta_{X_0-X_m}=1-\frac{H_{\infty_1}(X)_{\max}}{H(X)_{\max}}=1-1/1=0 \tag{37}$$

这表明,图 E3.8-2 所示,离散平稳各态历经 $m=1-M$ 信源 $X:\{0,1\}$ 所发出的"0""1"序列,虽然每一个符号与其前面一个符号有统计依赖关系,但每个符号提供的平均信息量 $H_{\infty_1}(X)_{\max}$,与离散无记忆二元等概信源 $X:\{0,1\}$ 每个符号提供的平均信息量 $H(X)_{\max}$ 是相同的(图 E3.8-3).

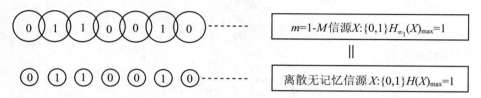

图 E3.8-3

(5) 当 $q=1$ 时(如图 E3.8-4 所示),其消息一步转移矩阵为

$$[P]=\begin{array}{c}0\\1\end{array}\begin{bmatrix}1-p & p\\ 1 & 0\end{bmatrix} \tag{38}$$

由此,得 $n=2$ 步转移矩阵

$$[P(2)]=\begin{bmatrix}1-p & p\\ 1 & 0\end{bmatrix}\cdot\begin{bmatrix}1-p & p\\ 1 & 0\end{bmatrix}=\begin{bmatrix}(1-p)^2+p & (1-p)p\\ (1-p) & p\end{bmatrix} \tag{39}$$

这表明,存在 $n_0=2$,有

$$p_{ij}(n_0=2)>0 \quad (i,j=1,2) \tag{40}$$

则判断 $m=1-M$ 信源 $X:\{0,1\}$ 具有各态历经性.

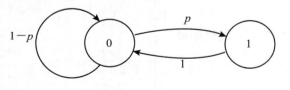

图 E3.8-4

图 E3.8-5 描述了随着时间的推移,消息(符号)"0"和"1"动态转移的轨迹.

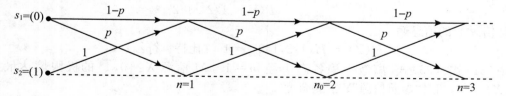

图 E3.8-5

① 由(16)式得 $q=1$ 时 $H_{\infty_1}(X)$ 达 $H_{\infty_1}(X)_{\max}$，p 必须满足

$$p\ln p + (1-p)\ln(1-p) - (1+p)\ln p + (1+p)\ln(1-p) = 0 \tag{41}$$

即有

$$1 - 3p + p^2 = 0 \tag{42}$$

得一元二次方程(42)的解

$$p = \frac{3 \pm \sqrt{5}}{2} \tag{43}$$

为了保证有 $(0<p<1)$，则取

$$p = \frac{3-\sqrt{5}}{2} = 0.38 \tag{44}$$

由(7)式得 $q=1$ 时

$$H_{\infty_1}(X)_{\max} = \left[\frac{1}{1+p}H(p)\right]_{p=0.38} = 0.70 \quad (\text{比特／符号}) \tag{45}$$

② 根据定理 3.7，消息(符号)"0"和"1"的极限概率 p_0 和 p_1 是方程

$$\begin{bmatrix} p_0 \\ p_1 \end{bmatrix} = \begin{bmatrix} 1-p & p \\ 1 & 0 \end{bmatrix}^{\mathrm{T}} \cdot \begin{bmatrix} p_0 \\ p_1 \end{bmatrix}$$

$$= \begin{bmatrix} 1-p & 1 \\ p & 0 \end{bmatrix} \cdot \begin{bmatrix} p_0 \\ p_1 \end{bmatrix} \tag{46}$$

的唯一解. 考虑到有 $p_0 + p_1 = 1$，解得

$$\begin{cases} p_0 = \dfrac{1}{1+p} = \dfrac{1}{1+0.38} = 0.72 \\[2mm] p_1 = \dfrac{p}{1+p} = \dfrac{0.38}{1+0.38} = 0.28 \end{cases} \tag{47}$$

则得"参照信源"Y 的信源空间

$$[Y \cdot P]: \begin{cases} Y: & 0 & 1 \\ P(Y): & 0.72 & 0.28 \end{cases} \tag{48}$$

则有

$$H(Y) = H(0.72, 0.28) = 0.86 \quad (\text{比特／符号}) \tag{49}$$

由(45)式、(49)式，得离散平稳各态历经 $m=1-M$ 信源 $X:\{0,1\}$ 的最大极限熵 $H_{\infty_1}(X)_{\max}$ 相对于其"参照信源"Y 的剩余度

$$\eta_{X_0-Y} = 1 - \frac{H_{\infty_1}(X)_{\max}}{H(Y)} = 1 - \frac{0.70}{0.86} = 19\% \tag{50}$$

相对于无记忆信源 $X:\{0,1\}$ 的剩余度

$$\eta_{X_0-X_m} = 1 - \frac{H_{\infty_1}(X)_{\max}}{H_0(X)} = 1 - \frac{0.70}{\log 2} = 1 - 0.70 = 30\% \tag{60}$$

【例 3.9】　图 E3.9-1 是离散平稳 $m=1-M$ 信源 $X:\{0,1,2\}$ 的消息一步转移线图.

(1)试用符号"动态转移线图"判断信源 $X:\{0,1,2\}$ 是否具有各态历经性，并说明 n_0 的具体数值；

（2）试求信源 X：$\{0,1,2,\}$符号"0"、"1"、"2"的极限概率分布 p_0,p_1,p_2.

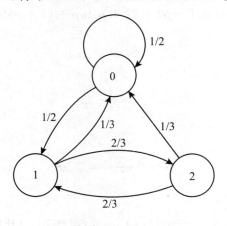

图 E 3.9－1

解

（1）由信源 X：$\{0,1,2\}$一步转移线图（如图 E3.9－1所示），得动态转移线图（如图 E3.9－2所示）.

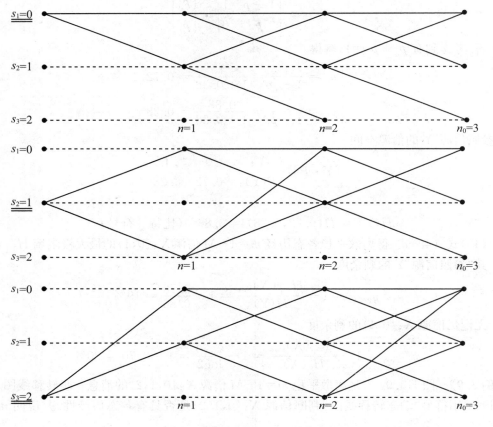

图 E 3.9－2

图 E3.9-2 显示：当转移步数 $n=2$ 时，消息 $s_1=(0)$，$s_3=(2)$ 能达到集合 $S:\{s_1=(0)$，$s_2=(1)$，$s_3=(2)\}$ 中的各个消息 $s_i(i=1,2,3)$．但消息 $s_2=(1)$ 只能达到 $s_1=(0)$，$s_2=(1)$ 两种消息，达不到消息 $s_3=(2)$．当转移步数 $n=n_0=3$ 时，消息 $s_1=(0)$，$s_2=(1)$，$s_3=(2)$ 能达到集合 $S:\{s_1=(0)$，$s_2=(1)$，$s_3=(2)\}$ 中的任一消息，即有

$$p_{ij}(n_0=3)>0 \quad (i,j=1,2,3) \tag{1}$$

由此可判断图 E3.9-1 所示，$m=1-M$ 信源 $X:\{0,1,2\}$ 具有各态历经性．

（2）由图 E3.9-1，得信源 $X:\{0,1,2\}$ $n=1$ 步转移矩阵 $[P]$、$n=2$ 步转移矩阵 $[P(2)]$ 和 $n_0=3$ 步转移矩阵

$$[P]=\begin{array}{c} \\ 0 \\ 1 \\ 2 \end{array}\begin{array}{ccc} 0 & 1 & 2 \\ \left[\begin{array}{ccc} 1/2 & 1/2 & 0 \\ 1/3 & 0 & 2/3 \\ 1/3 & 2/3 & 0 \end{array}\right] \end{array} \tag{2}$$

$$[P(2)]=[P][P]=\begin{bmatrix} 1/2 & 1/2 & 0 \\ 1/3 & 0 & 2/3 \\ 1/3 & 2/3 & 0 \end{bmatrix}\cdot\begin{bmatrix} 1/2 & 1/2 & 0 \\ 1/3 & 0 & 2/3 \\ 1/3 & 2/3 & 0 \end{bmatrix}=\begin{array}{c} \\ 0 \\ 1 \\ 2 \end{array}\begin{array}{ccc} 0 & 1 & 2 \\ \left[\begin{array}{ccc} 5/12 & 1/4 & 1/3 \\ 7/18 & 11/18 & 0 \\ 7/18 & 1/6 & 4/9 \end{array}\right] \end{array} \tag{3}$$

$$[P(3)]=[P(2)][P]=\begin{bmatrix} 5/12 & 1/4 & 1/3 \\ 7/18 & 11/18 & 0 \\ 7/18 & 1/6 & 4/9 \end{bmatrix}\cdot\begin{bmatrix} 1/2 & 1/2 & 0 \\ 1/3 & 0 & 2/3 \\ 1/3 & 2/3 & 0 \end{bmatrix}=\begin{array}{c} \\ 0 \\ 1 \\ 2 \end{array}\begin{array}{ccc} 0 & 1 & 2 \\ \left[\begin{array}{ccc} 29/72 & 31/72 & 1/6 \\ 43/108 & 21/108 & 44/108 \\ 42/108 & 53/108 & 12/108 \end{array}\right] \end{array} \tag{4}$$

由 $n=1$ 步转移矩阵 $[P]$ 可知，因其中存在"0"元素，所以不满足

$$p_{ij}(n=1)>0 \quad (i,j=1,2,3) \tag{5}$$

由 $n=2$ 步转移矩阵 $[P(2)]$ 可知，因其中存在"0"元素，不满足

$$p_{ij}(n=2)>0 \quad (i,j=1,2,3) \tag{6}$$

由 $n=3$ 步转移矩阵 $[P(3)]$ 可知，因其中不存在"0"元素，即满足

$$p_{ij}(n_0=3)>0 \quad (i,j=1,2,3) \tag{7}$$

由此可判断图 E3.9-1 所示，$m=1-M$ 信源 $X:\{0,1,2\}$ 具有各态历经性．这个结论与动态转移线图（如图 E3.9-2 所示）所得结论完全一致．

（3）根据定理 3.7，$m=1-M$ 信源 $X:\{0,1,2\}$ 存在消息（符号）极限概率 $p(0)=p_0$、$p(1)=p_1$、$p(2)=p_2$，且是方程

$$[p_0,p_1,p_2]=[p_0,p_1,p_2]\cdot[P]=[p_0,p_1,p_2]\cdot\begin{bmatrix} 1/2 & 1/2 & 0 \\ 1/3 & 0 & 2/3 \\ 1/3 & 2/3 & 0 \end{bmatrix} \tag{8}$$

的唯一解．考虑到有

$$p_0+p_1+p_2=1 \tag{9}$$

解得

$$\begin{cases} p(0) = p_0 = 9/25 \\ p(1) = p_1 = 6/25 \\ p(2) = p_2 = 10/25 \end{cases} \tag{10}$$

【**例 3.10**】 设离散平稳各态历经 $m=2-M$ 信源 $X:\{0,1\}$ 的消息一步转移特性如图 E3.10-1 所示.

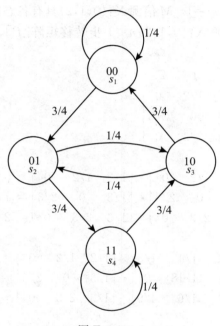

图 E 3.10-1

(1) 试求信源 $X:\{0,1\}$ 的符号"0"和"1"的极限概率分布 p_0 和 p_1;

(2) 试求信源 $X:\{0,1\}$ 稳定后,每发一个符号提供的平均信息量;

(3) 试求信源 $X:\{0,1\}$ 的剩余度;

(4) 试改变某些一步转移概率 $p(s_j/s_i)$,使 $m=2-M$ 信源 $X:\{0,1\}$ 不具各态历经性,并用 "消息一步转移线图"和"消息动态转移线图"分别予以解释和说明.

解

(1) 由图 E3.10-1,信源 $X:\{0,1\}$ 的消息集合 $S:\{s_1=(00),s_2=(01),s_3=(10),s_4=(11)\}$ 中消息一步转移矩阵

$$[P] = \begin{array}{c} \\ s_1 \\ s_2 \\ s_3 \\ s_4 \end{array} \begin{array}{c} \begin{array}{cccc} s_1 & s_2 & s_3 & s_4 \end{array} \\ \begin{bmatrix} 1/4 & 3/4 & 0 & 0 \\ 0 & 0 & 1/4 & 3/4 \\ 3/4 & 1/4 & 0 & 0 \\ 0 & 0 & 3/4 & 1/4 \end{bmatrix} \end{array} \tag{1}$$

根据定理 3.7,消息 s_i 的极限概率 $p(s_i)(i=1,2,3,4)$ 是方程

$$\begin{bmatrix} p(s_1) \\ p(s_2) \\ p(s_3) \\ p(s_4) \end{bmatrix} = \begin{bmatrix} 1/4 & 3/4 & 0 & 0 \\ 0 & 0 & 1/4 & 3/4 \\ 3/4 & 1/4 & 0 & 0 \\ 0 & 0 & 3/4 & 1/4 \end{bmatrix}^{\mathrm{T}} \cdot \begin{bmatrix} p(s_1) \\ p(s_2) \\ p(s_3) \\ p(s_4) \end{bmatrix} = \begin{bmatrix} 1/4 & 0 & 3/4 & 0 \\ 3/4 & 0 & 1/4 & 0 \\ 0 & 1/4 & 0 & 3/4 \\ 0 & 3/4 & 0 & 1/4 \end{bmatrix} \cdot \begin{bmatrix} p(s_1) \\ p(s_2) \\ p(s_3) \\ p(s_4) \end{bmatrix}$$

即

$$\begin{cases} p(s_1) = \dfrac{1}{4} p(s_1) + \dfrac{3}{4} p(s_3) \\[2mm] p(s_2) = \dfrac{3}{4} p(s_1) + \dfrac{1}{4} p(s_3) \\[2mm] p(s_3) = \dfrac{1}{4} p(s_2) + \dfrac{3}{4} p(s_4) \\[2mm] p(s_4) = \dfrac{3}{4} p(s_2) + \dfrac{1}{4} p(s_4) \end{cases} \tag{2}$$

的唯一解,考虑到

$$p(s_1) + p(s_2) + p(s_3) + p(s_4) = 1 \tag{3}$$

解得

$$p(s_1) = p(s_2) = p(s_3) = p(s_4) = 1/4 \tag{4}$$

(2) $m=2-M$ 信源 $X:\{0,1\}$ 每一消息 $s_i=(i=1,2,3,4)$ 由 $m=2$ 个信源符号("0"或"1")组成. 信源稳定后,符号"0"和"1"的极限概率分布 $p(0)=p_0$、$p(1)=p_1$ 由消息极限概率 $p(s_i)(i=1,2,3,4)$ 和一步转移概率 $p(s_j/s_i)(i=1,2,3,4,j=1,2,3,4)$ 求得,即

$$\begin{aligned} p(0) = p_0 &= \sum_{i=1}^{4} p(s_i) p(0/s_i) = \frac{1}{4} \sum_{i=1}^{4} p(0/s_i) \\ &= 1/4 \times [p(0/s_1) + p(0/s_2) + p(0/s_3) + p(0/s_4)] \\ &= 1/4 \times [p(s_1/s_1) + p(s_3/s_2) + p(s_1/s_3) + p(s_3/s_4)] \\ &= 1/4 \times (1/4 + 1/4 + 3/4 + 3/4) = 1/2 \end{aligned} \tag{5}$$

$$\begin{aligned} p(1) = p_1 &= \sum_{i=1}^{4} p(s_i) p(1/s_i) = \frac{1}{4} \sum_{i=1}^{4} p(1/s_i) \\ &= 1/4 \times [p(1/s_1) + p(1/s_2) + p(1/s_3) + p(1/s_4)] \\ &= 1/4 \times [p(s_2/s_1) + p(s_4/s_2) + p(s_2/s_3) + p(s_4/s_4)] \\ &= 1/4 \times (3/4 + 3/4 + 1/4 + 1/4) = 1/2 \end{aligned} \tag{6}$$

这表明,图 E3.10-1 所示 $m=2-M$ 信源 $X:\{0,1\}$ 稳定后的符号极限概率分布

$$\begin{cases} p(0) = p_0 = 1/2 \\ p(1) = p_1 = 1/2 \end{cases} \tag{7}$$

(3) 信源 $X:\{0,1\}$ 稳定后,每发一个符号("0"或"1")提供的平均信息量,就是其极限熵 $H_{\infty_2}(X)$. 根据定理 3.8,有

$$\begin{aligned} H_{\infty_2}(X) &= -\sum_{i=1}^{4} \sum_{j=1}^{4} p(s_i) p(s_j/s_i) \log p(s_j/s_i) \\ &= \sum_{i=1}^{4} p(s_i) \Big[-\sum_{j=1}^{4} p(s_j/s_i) \log p(s_j/s_i) \Big] = \sum_{i=1}^{4} p(s_i) H(S/S=s_i) \end{aligned}$$

$$= p(s_1)H(S/S = s_1) + p(s_2)H(S/S = s_2) + p(s_3)H(S/S = s_3) + p(s_4)H(S/S = s_4)$$

$$= \frac{1}{4}\big[H(1/4,3/4,0,0) + H(0,0,1/4,3/4) + H(3/4,1/4,0,0) + H(0,0,3/4,1/4)\big]$$

$$= H(1/4,3/4) = 0.81 \quad (比特/符号) \tag{8}$$

(4) 这里,要特别提醒注意,信源 $X:\{0,1\}$ 稳定后,虽然其符号极限概率分布也是等概分布,即 $p(0)=p(1)=0.5$,但因信源是有记忆信源,每时刻发出的符号与之前 $m=2$ 个符号有统计依赖关系,所以每发一个符号提供的平均信息量 $H_{\infty_2}(X)$,一定小于无记忆二元等概信源 $X:\{0,1\}$ 每符号提供的平均信息量 $H_0(X)=\log 2=1$(比特/符号). 这时 $m=2\text{-}M$ 信源 $X:\{0,1\}$ 的"参照信源" Y 和达到最大熵值的二元等概无记忆信源 X_0 是同一信源空间. 所以,$m=2\text{-}M$ 信源 $X:\{0,1\}$ 稳定后的剩余度

$$\eta_{X-X_0} = \eta_{X-Y} = 1 - \frac{H_{\infty_2}(X)}{H(Y)} = 1 - \frac{H_{\infty_2}(X)}{H_0(X)} = 1 - \frac{0.81}{\log 2} = 1 - 0.81 = 19\% \tag{9}$$

(5) 把离散平稳各态历经 $m=2\text{-}M$ 信源 $X:\{0,1\}$(如图 E3.10-1 所示)中消息一步转移概率

$$\begin{cases} p(0/s_1) = p(s_1/s_1) = 1/4 \\ p(1/s_1) = p(s_2/s_1) = 3/4 \end{cases} \tag{10}$$

改变为

$$\begin{cases} p(0/s_1) = p(s_1/s_1) = 1 \\ p(1/s_1) = p(s_2/s_2) = 0 \end{cases} \tag{11}$$

则图 E3.10-1 就改变为图 E3.10-2.

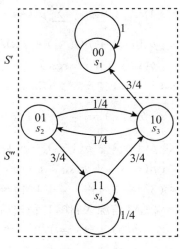

图 E3.10-2

这样消息集合 $S:\{s_1=(00),s_2=(01),s_3=(10),s_4=(11)\}$ 就被分割为两个互不相通的子集 $S':\{s_1=(00)\}$ 和 $S'':\{s_2=(01),s_3=(10),s_4=(11)\}$,不具"各态历经性".

消息一步转移概率做了(10)、(11)式的改变后,$m=2\text{-}M$ 信源 $X:\{0,1\}$ 的各消息 $s_1=(00),s_2=(01),s_3=(10),s_4=(11)$ 的动态转移线图(如图 E3.10-3(a)、(b)、(c)、(d)所示)同样显示,消息 $s_1=(00)$ 无论经多少步转移,永远达不到消息集合 $S:\{s_1=(00),s_2=(01),s_3=$

$(10),s_4=(11)\}$ 中的其他消息 s_2,s_3,s_4,不具"各态历经性".

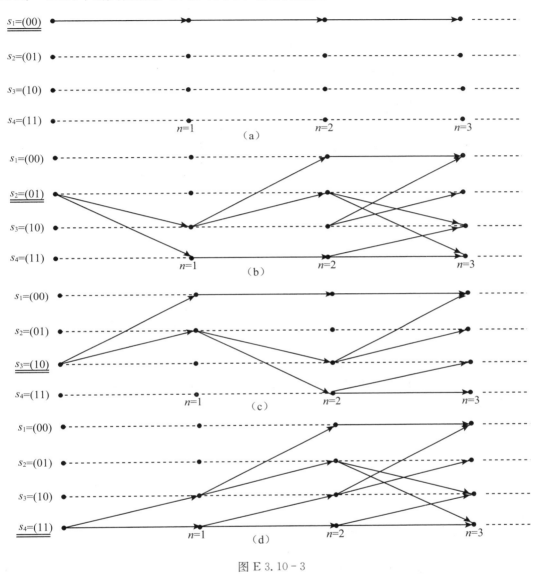

图 E 3.10 - 3

【例 3.11】 图 E 3.11 - 1 是离散平稳 $m=1-M$ 信源 $X:\{a,b,c\}$ 的消息一步转移线图.

(1) 试求信源 X 极限熵达到最大值时的 p,并计算最大极限熵 $H_{\infty_1}(X)_{\max}$;

(2) 计算信源 X 达到最大极限熵时相对于"参照信源"的剩余度,并说明信源 X 的特点;

(3) 写出 $p=0$ 时符号一步转移矩阵和相应一步转移线图,并说明信源的特性;

(4) 用符号转移矩阵、一步转移线图和动态转移线图,说明当 $p=1$ 时信源 X 的各态历经性,并计算相对于"参照信源"的剩余度.

解

(1) 由图 E 3.11 - 1,消息(符号)一步转移矩阵

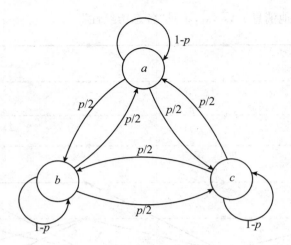

图 E 3.11-1

$$[P] = \begin{matrix} & a & b & c \\ a \\ b \\ c \end{matrix} \begin{pmatrix} 1-p & p/2 & p/2 \\ p/2 & 1-p & p/2 \\ p/2 & p/2 & 1-p \end{pmatrix} \tag{1}$$

由此可知,存在 $n_0 = 1$,有

$$p_{ij}(n_0 = 1) > 0 \quad (i, j = 1, 2, 3) \tag{2}$$

判断信源 $X : \{a, b, c\}$ 具有各态历经性,根据定理 3.7,存在消息(符号)极限概率 $p(a)$、$p(b)$,$p(c)$,它们是方程

$$[p(a)\,p(b)\,p(c)] = [p(a)\,p(b)\,p(c)] \cdot [P]$$

$$= [p(a)\,p(b)\,p(c)] \cdot \begin{pmatrix} 1-p & p/2 & p/2 \\ p/2 & 1-p & p/2 \\ p/2 & p/2 & 1-p \end{pmatrix} \tag{3}$$

即

$$\begin{cases} p(a) = p(a)(1-p) + p(b)\dfrac{p}{2} + p(c)\dfrac{p}{2} \\[2mm] p(b) = p(a)\dfrac{p}{2} + p(b)(1-p) + p(c)\dfrac{p}{2} \\[2mm] p(c) = p(a)\dfrac{p}{2} + p(b)\dfrac{p}{2} + p(c)(1-p) \end{cases} \tag{4}$$

的唯一解. 考虑到有

$$p(a) + p(b) + p(c) = 1 \tag{5}$$

解得消息(符号)"a"、"b"、"c"的极限概率分别为

$$p(a) = p(b) = p(c) = 1/3 \tag{6}$$

(2) 根据定理 3.8,信源 $X : \{a, b, c\}$ 稳定后,每发一个符号提供的平均信息量,即极限熵

$$H_{\infty_1}(X) = -\sum_{i=1}^{3} \sum_{j=1}^{3} p(s_i)\,p(s_j/s_i)\log p(s_j/s_i) = -\sum_{i=1}^{3} \sum_{j=1}^{3} p(a_i)\,p(a_j/a_i)\log p(a_j/a_i)$$

$$= \sum_{i=1}^{3} p(a_i) \Big[-\sum_{j=1}^{3} p(a_j/a_i) \log p(a_j/a_i) \Big] = \sum_{i=1}^{3} p(a_i) H(X_2/X_1 = a_i)$$

$$= p(a) H(X_2/X_1 = a) + p(b) H(X_2/X_1 = b) + p(c) H(X_2/X_1 = c)$$

$$= \frac{1}{3} \big[H(1-p, p/2, p/2) + H(p/2, 1-p, p/2) + H(p/2, p/2, 1-p) \big]$$

$$= H\big[(1-p), p/2, p/2 \big] = H(1-p; p) + pH\Big(\frac{p/2}{p}, \frac{p/2}{p} \Big)$$

$$= H(p) + pH(1/2, 1/2) = p + H(p) \tag{7}$$

由图 E 3.11 - 2 可以看出，信源 $X:\{a,b,c\}$ 的极限熵 $H_{\infty_1}(X)$ 是消息（符号）一步转移概率 p 的 $\bigcap$ 形凸函数.

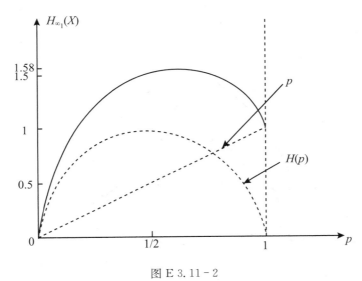

图 E 3.11 - 2

（3）$H_{\infty_1}(X)$ 达最大值 $H_{\infty_1}(X)_{\max}$ 的消息（符号）一步转移概率 p 必须满足

$$\frac{\mathrm{d}}{\mathrm{d}p} H_{\infty_1}(X) = 0 \tag{8}$$

即

$$\frac{\mathrm{d}}{\mathrm{d}p} H_{\infty_1}(X) = \frac{\mathrm{d}}{\mathrm{d}p} \big[p + H(p) \big] = \frac{\mathrm{d}}{\mathrm{d}p} \big[p - p\log p - (1-p)\log(1-p) \big]$$

$$= 1 - \frac{\mathrm{d}}{\mathrm{d}p} \Big(p\frac{\ln p}{\ln 2} \Big) - \frac{\mathrm{d}}{\mathrm{d}p} \Big[(1-p)\frac{\ln(1-p)}{\ln 2} \Big]$$

$$= 1 - \frac{1}{\ln 2}(\ln p + 1) - \frac{1}{\ln 2} \big[-\ln(1-p) - 1 \big]$$

$$= 1 - \frac{1}{\ln 2}\ln p + \frac{1}{\ln 2}\ln(1-p)$$

$$= 1 - \log p + \log(1-p) = 0 \tag{9}$$

则得

$$p = 2/3 \tag{10}$$

这表明,当 $p=2/3$ 时,离散平稳各态历经 $m=1-M$ 信源 $X:\{a,b,c\}$ 的极限熵 $H_{\infty_1}(X)$ 才达到最大值

$$H_{\infty_1}(X)_{\max} = [p+H(p)]_{p=2/3} = 2/3+H(2/3,1/3) = 1.58 \quad (比特/符号) \tag{11}$$

(4)① 当 $p=2/3$ 时,由(1)式得消息(符号)一步转移矩阵

$$[P] = \begin{matrix} & a & b & c \\ a \\ b \\ c \end{matrix} \begin{bmatrix} 1/3 & 1/3 & 1/3 \\ 1/3 & 1/3 & 1/3 \\ 1/3 & 1/3 & 1/3 \end{bmatrix} \tag{12}$$

消息一步转移线图,如图 E3.11-3 所示.

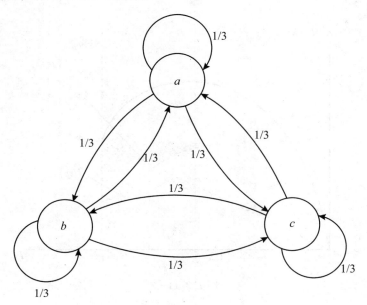

图 E3.11-3

由(6)式可知离散平稳各态历经 $m=1-M$ 信源 $X:\{a,b,c\}$ 的消息(符号)极限概率

$$p(a) = p(b) = p(c) = 1/3 \tag{13}$$

这就是说,信源 $X:\{a,b,c\}$ 的"参照信源""Y"的信源空间

$$[Y \cdot P]: \begin{cases} Y: & a & b & c \\ P(Y): & 1/3 & 1/3 & 1/3 \end{cases} \tag{14}$$

而要特别提出的是,由(11)式得知,信源 $X:\{a,b,c\}$ 的极限熵 $H_{\infty_1}(X)$ 的最大值 $H_{\infty_1}(X)_{\max}$ 正好等于"参照信源"Y 的信息熵

$$H_{\infty_1}(X)_{\max} = H(Y) = \log 3 = 1.58 \quad (比特/符号) \tag{15}$$

所以,当 $p=2/3$,即 $H_{\infty_1}(X)=H_{\infty_1}(X)_{\max}$ 时,信源 $X:\{a,b,c\}$ 的剩余度

$$\eta_{X-Y} = \eta_{X-X_0} = 1 - \frac{H_{\infty_1}(X)_{\max}}{H(Y)} = 1 - \frac{H_{\infty_1}(X)_{\max}}{H_0(X)} = 1 - \frac{1.58}{1.58} = 0 \tag{16}$$

这表明,对图 E3.11-1 所示离散平稳各态历经 $m=1-M$ 信源 $X:\{a,b,c\}$,当 $p=2/3$ 时,

达到提供信息量的最有效状态. 这就是说, 图 E 3.11 - 3 所示离散平稳各态历经 $m=1-M$ 信源 $X:\{a,b,c\}$, 在每个符号提供的平均信息量方面, 等同于信源符号数 $r=3$ 的无记忆等概信源.

② 当 $p=0$ 时, 由 (1) 式得消息 (符号) 一步转移矩阵

$$[P] = \begin{array}{c} a \\ b \\ c \end{array}\begin{matrix} a & b & c \\ \begin{bmatrix} 1 & 0 & 0 \\ 0 & 1 & 0 \\ 0 & 0 & 1 \end{bmatrix} \end{matrix} \tag{17}$$

消息 (符号) 一步转移线图, 如图 E 3.11 - 4 所示.

图 E 3.11 - 4

这时, 因

$$[P]^n = \begin{bmatrix} 1 & 0 & 0 \\ 0 & 1 & 0 \\ 0 & 0 & 1 \end{bmatrix} \tag{18}$$

不存在 n_0, 有

$$p_{ij}(n_0) > 0 \quad (i,j = 1,2,3) \tag{19}$$

消息 (符号) 集合 $S:\{s_1=a, s_2=b, s_3=c\}$ 分割为互不相同的子集 $S':\{s_1=a\}$, $S'':\{s_2=b\}$, $S''':\{s_3=c\}$, 离散平稳 $m=1-M$ 信源 $X:\{a,b,c\}$ 不具各态历经性, 不存在消息 (符号) 极限概率和极限熵 $H_{\infty_1}(X)$.

③ 当 $p=1$ 时, 由 (1) 式得消息 (符号) 一步转移矩阵

$$[P] = \begin{array}{c} a \\ b \\ c \end{array}\begin{matrix} a & b & c \\ \begin{bmatrix} 0 & 1/2 & 1/2 \\ 1/2 & 0 & 1/2 \\ 1/2 & 1/2 & 0 \end{bmatrix} \end{matrix} \tag{20}$$

消息 (符号) 一步转移线图, 如图 E 3.11 - 5 所示.

因 $n=2$ 步消息 (符号) 转移矩阵

$$[P(2)] = [P][P] = \begin{bmatrix} 0 & 1/2 & 1/2 \\ 1/2 & 0 & 1/2 \\ 1/2 & 1/2 & 0 \end{bmatrix} \cdot \begin{bmatrix} 0 & 1/2 & 1/2 \\ 1/2 & 0 & 1/2 \\ 1/2 & 1/2 & 0 \end{bmatrix} = \begin{array}{c} a \\ b \\ c \end{array}\begin{matrix} a & b & c \\ \begin{bmatrix} 1/2 & 1/4 & 1/4 \\ 1/4 & 1/2 & 1/4 \\ 1/4 & 1/4 & 1/2 \end{bmatrix} \end{matrix} \tag{21}$$

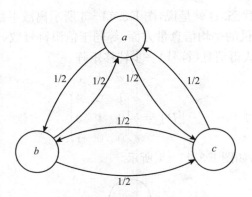

图 E 3.11 - 5

存在 $n_0 = 2$,有

$$p_{ij}(n_0 = 2) > 0 \quad (i, j = 1, 2, 3) \tag{22}$$

这时,离散平稳 $m = 1 - M$ 信源 $X : \{a, b, c\}$ 具有各态历经性. 消息 $s_1 = a, s_2 = b, s_3 = c$ 的动态转移线图,如图 E 3.11 - 6(a)、(b)、(c)所示.

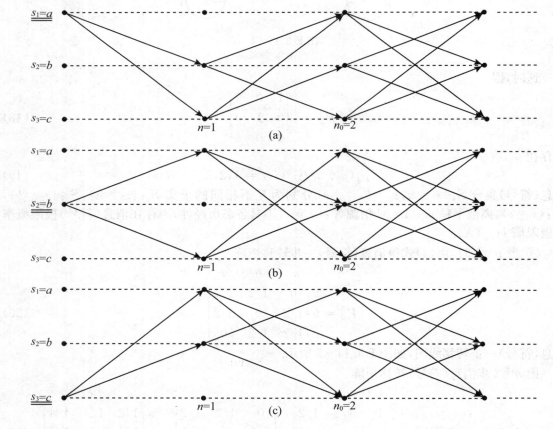

图 E 3.11 - 6

由图 E3.11-6 可见,当转移步数 $n_0 = 2$ 时,信源 $X:\{s_1 = a, s_2 = b, s_3 = c\}$ 中每一消息(符号),都能达到集合 $X:\{s_1 = a, s_2 = b, s_3 = c\}$ 中的每一消息 $s_i (i = 1, 2, 3)$,具有各态历经性.

当 $p = 1$ 时,由(7)式得,信源 $X:\{a, b, c\}$ 每发一个符号提供的平均信息量,即极限熵

$$H_{\infty_1}(X) = p + H(p) = 1 + H(1, 0) = 1 \quad (比特 / 符号) \tag{23}$$

其相对于"参照信源"Y 的剩余度

$$\eta_{X-Y} = \eta_{X-X_0} = 1 - \frac{H_{\infty_1}(X)}{H(Y)} = 1 - \frac{1}{\log 3} = 36\% \tag{24}$$

显然,比 $p = 2/3$,$H_{\infty_1}(X)$ 达到 $H_{\infty_1}(X)_{\max}$ 时的剩余度要大.

【例 3.12】 图 E3.12-1 是离散平稳 $m = 2 - M$ 信源 $X:\{0, 1\}$ 的消息一步转移线图.

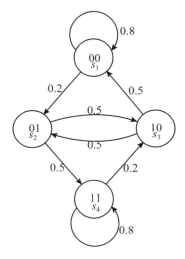

图 E3.12-1

(1) 试计算信源 $X:\{0, 1\}$ 发出的长度 $N = 1$ 的消息的平均信息量和平均符号熵;

(2) 试计算信源 $X:\{0, 1\}$ 发出的长度 $N = 2$ 的消息的平均信息量和平均符号熵;

(3) 试计算信源 $X:\{0, 1\}$ 发出的长度 $N = 3$ 的消息的平均信息量和平均符号熵;

(4) 比较 $N = 1, 2, 3$ 的消息平均符号熵的大小;

(5) 求解信源 $X:\{0, 1\}$ 发出的长度为 N(大于或等于 1 的正整数)的消息的平均符号熵,并说明它们的大小与 N 的关系;

(6) 若令

$$F_N(X) = H(X_N / X_1 X_2 X_{N-1})$$

试计算 $F_1(X)$,$F_2(X)$,$F_3(X)$,并比较它们的大小;

(7) 试计算 $F_k(X)(k = 4, 5, \cdots, N)$ 和离散平稳各态历经 $m = 2 - M$ 信源 $X:\{0, 1\}$ 的极限熵 $H_{\infty_2}(X)$;

(8) 画出离散平稳各态历经 $m = 2 - M$ 信源 $X:\{0, 1\}$ 的平均符号熵 $H_N(X)$、条件熵 $F_N(X)$ 和极限熵 $H_{\infty_2}(X)$ 随消息长度 N 变化的函数曲线,并予以说明和解释.

解　首先,由图 E3.12-1,得消息 $s_1 = (00), s_2 = (01), s_3 = (10), s_4 = (11)$ 之间的一步转移矩阵

$$
[P] = \begin{array}{c} \\ s_1 \\ s_2 \\ s_3 \\ s_4 \end{array}
\begin{array}{cccc} s_1 & s_2 & s_3 & s_4 \end{array}
\begin{bmatrix}
0.8 & 0.2 & 0 & 0 \\
0 & 0 & 0.5 & 0.5 \\
0.5 & 0.5 & 0 & 0 \\
0 & 0 & 0.2 & 0.8
\end{bmatrix}
$$

由 $[P]$ 得消息 $s_i(i=1,2,3,4)$ 之间的 $n=2$ 步转移矩阵

$$[P(2)] = [P] \cdot [P]$$

$$
= \begin{bmatrix}
0.8 & 0.2 & 0 & 0 \\
0 & 0 & 0.5 & 0.5 \\
0.5 & 0.5 & 0 & 0 \\
0 & 0 & 0.2 & 0.8
\end{bmatrix} \cdot
\begin{bmatrix}
0.8 & 0.2 & 0 & 0 \\
0 & 0 & 0.5 & 0.5 \\
0.5 & 0.5 & 0 & 0 \\
0 & 0 & 0.2 & 0.8
\end{bmatrix}
$$

$$
= \begin{array}{c} \\ s_1 \\ s_2 \\ s_3 \\ s_4 \end{array}
\begin{array}{cccc} s_1 & s_2 & s_3 & s_4 \end{array}
\begin{bmatrix}
0.64 & 0.16 & 0.10 & 0.10 \\
0.25 & 0.25 & 0.10 & 0.40 \\
0.40 & 0.10 & 0.25 & 0.25 \\
0.10 & 0.10 & 0.16 & 0.64
\end{bmatrix}
\tag{2}
$$

这表明,存在 $n_0 = 2$,有

$$p_{ij}(n_0 = 2) > 0 \quad (i,j = 1,2,3,4) \tag{3}$$

则可断定信源 $X:\{0,1\}$ 具有各态历经性.

根据定理 3.7,存在消息 s_i 的极限概率 $p(s_i)(i=1,2,3,4)$ 是方程

$$[p(s_1),p(s_2),p(s_3),p(s_4)] = [p(s_1),p(s_2),p(s_3),p(s_4)] \cdot [P]$$

$$
= [p(s_1),p(s_2),p(s_3),p(s_4)] \cdot
\begin{bmatrix}
0.8 & 0.2 & 0 & 0 \\
0 & 0 & 0.5 & 0.5 \\
0.5 & 0.5 & 0 & 0 \\
0 & 0 & 0.2 & 0.8
\end{bmatrix}
$$

即

$$
\begin{cases}
p(s_1) = 0.8p(s_1) + 0.5p(s_3) \\
p(s_2) = 0.2p(s_1) + 0.5p(s_3) \\
p(s_3) = 0.5p(s_2) + 0.2p(s_4) \\
p(s_4) = 0.5p(s_2) + 0.8p(s_4)
\end{cases}
\tag{4}
$$

的唯一解. 考虑到有

$$p(s_1) + p(s_2) + p(s_3) + p(s_4) = 1 \tag{5}$$

即得

$$
\begin{cases}
p(s_1) = 5/14 \\
p(s_2) = 2/14 \\
p(s_3) = 2/14 \\
p(s_4) = 5/14
\end{cases}
\tag{6}
$$

(1) 由消息 s_i 的极限概率 $p(s_i)(i=1,2,3,4)$. 求得信源 $X:\{0,1\}$ 稳定后,符号"0"和"1"的

极限概率分布

$$\begin{cases} p\{X=0\} = p(0) = \sum_{i=1}^{4} p(s_i) p(0/s_i) \\ \qquad = p(s_1) p(0/s_1) + p(s_2) p(0/s_2) + p(s_3) p(0/s_3) + p(s_4) p(0/s_4) \\ \qquad = p(s_1) p(s_1/s_1) + p(s_2) p(s_3/s_2) + p(s_3) p(s_1/s_3) + p(s_4) p(s_3/s_4) \\ \qquad = (5/14 \times 8/10) + (2/14 \times 1/2) + (2/14 \times 1/2) + (5/14 \times 1/5) = 1/2 \\ p\{X=1\} = p(1) = \sum_{i=1}^{4} p(s_i) p(1/s_i) \\ \qquad = p(s_1) p(1/s_1) + p(s_2) p(1/s_2) + p(s_3) p(1/s_3) + p(s_4) p(1/s_4) \\ \qquad = p(s_1) p(s_2/s_1) + p(s_2) p(s_4/s_2) + p(s_3) p(s_2/s_3) + p(s_4) p(s_4/s_4) \\ \qquad = (5/14 \times 1/5) + (2/14 \times 1/2) + (2/14 \times 1/2) + (5/14 \times 4/5) = 1/2 \end{cases} \tag{7}$$

则信源 $X:\{0,1\}$ 发出的长度 $N=1$ 的消息的平均符号熵

$$H_1(X) = H(X) = H(1/2, 1/2) = 1 \quad (\text{比特} / \text{符号}) \tag{8}$$

（2）由消息 s_i 的极限概率 $p(s_i)(i=1,2,3,4)$，求得信源 $X:\{0,1\}$ 发出的长度 $N=2$ 的消息的联合平均信息量

$$H(X_1 X_2) = H\{p(s_1), p(s_2), p(s_3), p(s_4)\} = H(5/14, 2/14, 2/14, 5/14)$$
$$= H\left(\frac{7}{14}; \frac{7}{14}\right) + \frac{7}{14} H\left(\frac{5/14}{7/14}, \frac{2/14}{7/14}\right) + \frac{7}{14} H\left(\frac{2/14}{7/14}, \frac{5/14}{7/14}\right)$$
$$= H(1/2, 1/2) + H(5/7, 2/7) = 1 + 0.87 = 1.87 \quad (\text{比特} / 2 \text{符号}) \tag{9}$$

则其平均符号熵

$$H_2(X_1 X_2) = \frac{1}{2} H(X_1 X_2) = 1/2 \times 1.87 = 0.94 \quad (\text{比特} / \text{符号}) \tag{10}$$

（3）由消息 s_i 的极限概率 $p(s_i)(i=1,2,3,4)$ 和消息一步转移概率 $p(s_j/s_i)$，求得信源 $X:\{0,1\}$ 稳定后，发出的长度 $N=3$ 的联合概率分布

$$\begin{cases} p(000) = p(00) p(0/00) = p(s_1) p(0/s_1) = p(s_1) p(s_1/s_1) = 5/14 \times 8/10 = 4/14 \\ p(001) = p(00) p(1/00) = p(s_1) p(1/s_1) = p(s_1) p(s_2/s_1) = 5/14 \times 2/10 = 1/14 \\ p(010) = p(01) p(0/01) = p(s_2) p(0/s_2) = p(s_2) p(s_3/s_2) = 2/14 \times 5/10 = 1/14 \\ p(011) = p(01) p(0/01) = p(s_2) p(1/s_2) = p(s_2) p(s_4/s_2) = 2/14 \times 5/10 = 1/14 \\ p(100) = p(10) p(0/10) = p(s_3) p(0/s_3) = p(s_3) p(s_1/s_3) = 2/14 \times 5/10 = 1/14 \\ p(101) = p(10) p(1/10) = p(s_3) p(1/s_3) = p(s_3) p(s_2/s_3) = 2/14 \times 5/10 = 1/14 \\ p(110) = p(11) p(0/11) = p(s_4) p(0/s_4) = p(s_4) p(s_3/s_4) = 5/14 \times 2/10 = 1/14 \\ p(111) = p(11) p(1/11) = p(s_4) p(1/s_4) = p(s_4) p(s_4/s_4) = 5/14 \times 8/10 = 4/14 \end{cases} \tag{11}$$

由此得长度 $N=3$ 的消息的联合熵

$$H(X_1 X_2 X_3) = H(4/14, 1/14, 1/14, 1/14, 1/14, 1/14, 1/14, 4/14)$$
$$= H(1/2, 1/2) + H(4/7, 1/7, 1/7, 1/7)$$
$$= 1 + H(4/7; 3/7) + \frac{3}{7} H(1/3, 1/3, 1/3)$$
$$= 1 + H(0.57, 0.43) + \frac{3}{7} \log 3$$
$$= 1 + 0.99 + 0.68 = 2.67 \quad (\text{比特} / 3 \text{符号}) \tag{12}$$

则平均符号熵

$$H_3(X_1X_2X_3) = 1/3 \times 2.67 = 0.89 \quad (\text{比特／符号}) \tag{13}$$

由(8)式、(10)式、(13)式,有

$$H_1(X) > H_2(X_1X_2) > H_3(X_1X_2X_3) \tag{14}$$

这表明,离散平稳各态历经 $m=2\text{-}M$ 信源 $X:\{0,1\}$ 稳定后,平均符号熵 $H_N(X_1\cdots X_N)$ 随着消息长度 N 的增加而减小.

(4) 对于一般离散平稳有记忆信源 X,在长度 N 的消息之间统计独立的假设前提下,由定理 3.2 和 3.4,根据平均符号熵的定义,有

$$\begin{aligned}
NH_N(\boldsymbol{X}) &= H(X_1X_2\cdots X_N) \\
&= H(X_1) + H(X_2/X_1) + H(X_3/X_1X_2) + \cdots + H(X_N/X_1X_2\cdots X_{N-1}) \\
&\geqslant NH(X_N/X_1X_2\cdots X_{N-1})
\end{aligned} \tag{15}$$

即

$$H_N(X_1X_2\cdots X_N) \geqslant H(X_N/X_1X_2\cdots X_{N-1}) \tag{16}$$

另一方面,又有

$$\begin{aligned}
NH_N(X_1X_2\cdots X_N) &= H(X_1X_2\cdots X_N) = H(X_1X_2\cdots X_{N-1}) + H(X_N/X_1X_2\cdots X_{N-1}) \\
&= (N-1)H_{N-1}(X_1X_2\cdots X_{N-1}) + H(X_N/X_1X_2\cdots X_{N-1})
\end{aligned} \tag{17}$$

由不等式(16),有

$$NH_N(X_1X_2\cdots X_N) \leqslant (N-1)H_{N-1}(X_1X_2\cdots X_{N-1}) + H_N(X_1X_2\cdots X_N)$$

则有

$$(N-1)H_N(X_1X_2\cdots X_N) \leqslant (N-1)H_{N-1}(X_1X_2\cdots X_{N-1}) \tag{18}$$

即

$$H_N(X_1X_2\cdots X_N) \leqslant H_{N-1}(X_1X_2\cdots X_{N-1}) \tag{19}$$

不等式(19)从一般意义上证明了不等式(14)成立. 一般地

$$H_1(X) \geqslant H_2(X_1X_2) \geqslant H_3(X_1X_2X_3) \geqslant H_4(X_1X_2X_3X_4) \geqslant \cdots \geqslant H_N(X_1X_2\cdots X_N) \tag{20}$$

(5) 令一般离散平稳有记忆信源 X 的 $(N-1)$ 阶条件熵

$$F_N(X) = H(X_N/X_1X_2\cdots X_{N-1}) \tag{21}$$

则由(17)式,有

$$F_N(X) = H(X_N/X_1X_2\cdots X_{N-1}) = H(X_1X_2\cdots X_N) - H(X_1X_2\cdots X_N)$$

则由(8)、(9)、(12)式,得

$$\begin{cases}
F_1(X) = H(X_1) = 1 \quad (\text{比特／符号}) \\
F_2(X) = H(X_2/X_1) = H(X_1X_2) - H(X_1) = 1.87 - 1 = 0.87 \quad (\text{比特／符号}) \\
F_3(X) = H(X_3/X_1X_2) = H(X_1X_2X_3) - H(X_1X_2) = 2.67 - 1.87 = 0.80 \quad (\text{比特／符号})
\end{cases} \tag{22}$$

这表明,一般的离散平稳有记忆信源 X 的条件熵 $F_N(X) = H(X_N/X_1X_2\cdots X_{N-1})$ 随着 N 的增加而减小,即

$$F_1(X) > F_2(X) > F_3(X) \tag{23}$$

(6) 根据定理 3.4,由(3.3.1-9)式可知,有

$$H(X_k/X_1X_2\cdots X_{k-1}) \leqslant H(X_{k-1}/X_1X_2\cdots X_{k-2}) \tag{24}$$

则有

$$F_1(X) > F_2(X) > F_3(X) > F_4(X) > \cdots > F_N(X) \qquad (25)$$

但对于离散平稳各态历经 $m=2-M$ 信源 $X:\{0,1\}$ 来说,有

$$\lim_{N\to\infty} H(X_N/X_1 X_2 \cdots X_{N-1}) = \lim_{N\to\infty} F_N(X)$$

$$= \lim_{N\to\infty}\Big[-\sum_{i1=1}^{2}\sum_{i2=1}^{2}\cdots\sum_{iN=1}^{2} p(a_{i1}a_{i2}\cdots a_{iN})\log p(a_{iN}/a_{i1}a_{i2}\cdots a_{i(N-1)}) \Big]$$

$$= -\sum_{i1=1}^{2}\sum_{i2=1}^{2}\cdots\sum_{iN=1}^{2} p(a_{i1}a_{i2}\cdots a_{iN})\log\Big[\lim_{N\to\infty} p(a_{iN}/a_{i1}a_{i2}\cdots a_{i(N-1)}) \Big]$$

$$= -\sum_{i1=1}^{2}\sum_{i2=1}^{2}\cdots\sum_{iN=1}^{2} p(a_{i1}a_{i2}\cdots a_{iN})\log p(a_{iN}/a_{i(N-2)}a_{i(N-1)})$$

$$= -\sum_{i1=1}^{2}\sum_{i2=1}^{2}\cdots\sum_{iN=1}^{2} p(a_{i1}a_{i2}\cdots a_{iN})\log p(a_{i3}/a_{i1}a_{i2})$$

$$= -\sum_{i1=1}^{2}\sum_{i2=1}^{2}\cdots\sum_{iN=1}^{2} p(a_{i1}a_{i2}a_{i3})\log p(a_{i3}/a_{i1}a_{i2})$$

$$= H(X_3/X_1 X_2) = F_3(X) = H_{\infty_2}(X) \qquad (26)$$

则有

$$F_1(X) > F_2(X) > F_3(X) = F_4(X) = F_5(X) = \cdots = F_N(X) = H_{\infty_2}(X) \qquad (27)$$

这表明,对于离散平稳各态历经 $m=2-M$ 信源 $X:\{0,1\}$ 来说,有

$$H(X_3/X_1 X_2) = H(X_4/X_1 X_2 X_3)$$

$$= H(X_5/X_1 X_2 X_3 X_4)$$

$$\cdots$$

$$= H(X_N/X_1 X_2 \cdots X_{N-1})$$

$$= H_{\infty_2}(X) = 0.80 \quad (比特／符号) \qquad (28)$$

(7) 图 E3.12-2 是离散平稳各态历经 $m=2-M$ 信源 $X:\{0,1\}$ 稳定后,平均符号熵 $H_N(\boldsymbol{X})$ 和 $(N-1)$ 阶条件熵 $F_N(X)$,以及极限熵 $H_{\infty_2}(X)$ 的函数曲线.

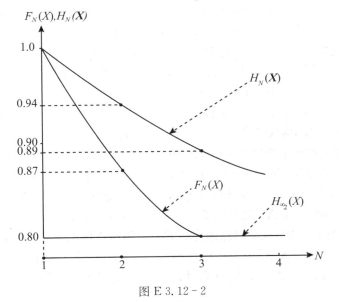

图 E3.12-2

图 E3.12－2 显示:平均符号熵 $H_N(\boldsymbol{X})$ 和条件熵 $F_N(X)$ 两条曲线在 $N=1$ 时相交于 $(1,1)$;由不等式 (16),$H_N(\boldsymbol{X})$ 曲线在 $F_N(X)$ 曲线的上方;当 $N\geqslant3$ 时,$F_N(X)$ 曲线是纵坐标为 0.80 与横坐标平行的直线.纵坐标 0.80 就是极限熵 $H_{\infty_2}(X)$ 的值,即 $H_{\infty_2}(X)=0.80$(比特/符号);随着 N 的不断增大,$H_N(\boldsymbol{X})$ 曲线向 $F_N(X)$ 曲线靠拢,当 N 足够大 $(N\to\infty)$ 时,与 $F_N(X)$ 曲线相交;平均符号熵 $H_N(\boldsymbol{X})$ 的极限值 $H_{\infty_2}(X)$ 等于条件熵 $F_3(X)=H(X_3/X_1X_2)=0.80$(比特/符号).

3.5 扩展信道的平均互信息

离散平稳信源 X 的 N 次扩展信源 $\boldsymbol{X}=X_1X_2\cdots X_N$ 发出的消息,如何在信道中传输?有什么传输规律?这是讨论了扩展信源 $\boldsymbol{X}=X_1X_1\cdots X_N$ 的信息特性后,必须进一步讨论和回答的问题.

3.5.1 扩展信道的由来

现设单符号离散信道 $(X-Y)$,它的输入符号集 $X:\{a_1,a_2,\cdots,a_r\}$、输出符号集 $Y:\{b_1,b_2,\cdots,b_s\}$,传递概率 $P(Y/X):\{p(b_j/a_i)(i=1,2,\cdots,r;j=1,2,\cdots,s)\}$.现将离散平稳信源 $X:\{a_1,a_2,\cdots,a_r\}$ 的 N 次扩展信源 $\boldsymbol{X}=X_1X_2\cdots X_N$ 与信道 $(X-Y)$ 相接(如图 3.5－1 所示),组成"多符号通信系统".

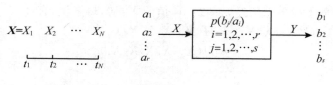

图 3.5－1

那么,扩展信源 $\boldsymbol{X}=X_1X_2\cdots X_N$ 发出的消息如何通过信道 $(X-Y)$ 进行传输呢?在时刻 t_1,随机变量 X_1 发符号 $a_{i1}\in X:\{a_1,a_2,\cdots,a_r\}(i1=1,2,\cdots,r)$.经信道 $(X-Y)$ 传递,在其输出端,以一定概率输出符号 $b_{j1}\in Y:\{b_1,b_2,\cdots,b_s\}(j1=1,2,\cdots,s)$,形成随机变量 $Y_1=\{b_1,b_2,\cdots,b_s\}$.在时刻 t_2,随机变量 X_2 发符号 $a_{i2}\in X:\{a_1,a_2,\cdots,a_r\}(i2=1,2,\cdots,r)$.经信道 $(X-Y)$ 传递,在其输出端,以一定概率输出符号 $b_{j2}\in Y:\{b_1,b_2,\cdots,b_s\}(j2=1,2,\cdots,s)$,形成随机变量 $Y_2:\{b_1,b_2,\cdots,b_s\}$.同样,在时刻 t_N,随机变量 X_N 发符号 $a_{iN}\in X:\{a_1,a_2,\cdots,a_r\}$.经信道 $(X-Y)$ 传递,在其输出端,以一定概率输出符号 $b_{jN}\in Y:\{b_1,b_2,\cdots,b_s\}(jN=1,2,\cdots,s)$,形成随机变量 $Y_N:\{b_1,b_2,\cdots,b_s\}$(如图 3.5－2 所示).这样,在时间域上来看,在 N 个单位时间内,信道 $(X-Y)$ 的输入端构成消息 $\alpha_i=(a_{i1}a_{i2}\cdots a_{iN})$,信道 $(X-Y)$ 的输出端构成消息 $\beta_j=(b_{j1}b_{j2}\cdots b_{jN})$.消息 $\alpha_i=(a_{i1}a_{i2}\cdots a_{iN})$ 相继经信道 N 次传递,信道 $(X-Y)$ 的输出端输出消息 $\beta_j=(b_{j1}b_{j2}\cdots b_{jN})$,完成消息 α_i 和 β_j 的传递.

对上述消息传递过程,从时间域运行机制上来看:在时刻 t_1,随机变量 X_1 通过信道 $(X-Y)$,相应输出随机变量 Y_1;在时刻 t_2,随机变量 X_2 通过信道 $(X-Y)$,相应输出随机变量 Y_2;……;在时刻 t_N,随机变量 X_N 通过信道 $(X-Y)$,相应输出随机变量 Y_N.在 N 个单位时间,信道 $(X-Y)$ 被相继运用了 N 次.从空间总体传输效果和传递作用上来看:输入了一个由 N 个随机变量组成的随机矢量 $\boldsymbol{X}=X_1X_2\cdots X_N$,相应输出了一个由 N 个随机变量组成的随机矢量 $\boldsymbol{Y}=Y_1Y_2\cdots Y_N$.输入随机矢量 $\boldsymbol{X}=X_1X_2\cdots X_N$ 和输出随机矢量 $\boldsymbol{Y}=Y_1Y_2\cdots Y_N$ 之间,似乎形成了一

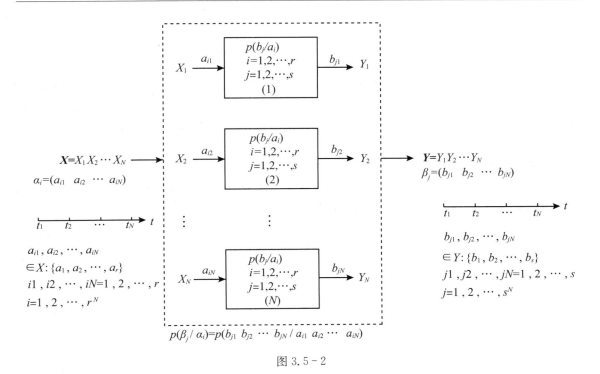

图 3.5 - 2

个新的"信道". 这个"信道"就称为单符号离散信道(X - Y)的"N 次扩展信道"(如图 3.5 - 2 所示).

3.5.2　扩展信道的数学模型

信道(X - Y)的 N 次扩展信道($\boldsymbol{X}=X_1X_2\cdots X_N$ - $\boldsymbol{Y}=Y_1Y_2\cdots Y_N$),是在 N 个单位时间,相继运用信道(X - Y)N 次体现出来的总体传递作用. 描述它的数学模型,同样由输入符号集,输出符号集和传递概率三元素组成.

1. 输入符号集

扩展信道($\boldsymbol{X}=X_1X_2\cdots X_N$ - $\boldsymbol{Y}=Y_1Y_2\cdots Y_N$)的输入,是由 N 个随机变量组成的随机矢量 $\boldsymbol{X}=X_1X_2\cdots X_N$,它的符号(消息)集合,就是消息 α_i 的集合 $\boldsymbol{X}:\{\alpha_i\}$. 其中,某一消息

$$\alpha_i = (a_{i1}a_{i2}\cdots a_{iN}) \qquad\qquad (3.5.2-1)$$

而

$$
\begin{aligned}
&a_{i1},a_{i2},\cdots,a_{iN} \in X:\{a_1,a_2,\cdots,a_r\};\\
&i1,i2,\cdots,iN = 1,2,\cdots,r;\\
&i = 1,2,\cdots,r^N
\end{aligned}
\qquad (3.5.2-2)
$$

这表明,扩展信道($\boldsymbol{X}=X_1X_2\cdots X_N$ - $\boldsymbol{Y}=Y_1Y_2\cdots Y_N$)的输入符号(消息)数,由信道($X$ - Y)的 r 种,扩展为 r^N 种.

2. 输出符号集

扩展信道($\boldsymbol{X}=X_1X_2\cdots X_N$ - $\boldsymbol{Y}:Y_1Y_2\cdots Y_N$)的输出,是由 N 个随机变量组成的随机矢量 $\boldsymbol{Y}=Y_1Y_2\cdots Y_N$,它的符号(消息)集合,就是消息 β_j 的集合 $\boldsymbol{Y}:\{\beta_j\}$. 其中,某一消息

$$\beta_j = (b_{j1}b_{j2}\cdots b_{jN}) \tag{3.5.2-3}$$

而

$$b_{j1},b_{j2},\cdots,b_{jN} \in Y_:\{b_1,b_2,\cdots,b_s\};$$
$$j1,j2,\cdots,jN = 1,2,\cdots,s;$$
$$j = 1,2,\cdots,s^N \tag{3.5.2-4}$$

这表明,扩展信道$(\boldsymbol{X}=X_1X_2\cdots X_N - \boldsymbol{Y}=Y_1Y_2\cdots Y_N)$的输出符号(消息)数,由信道$(X-Y)$的$s$种,扩展为$s^N$种.

3. 传递概率

扩展信道$(\boldsymbol{X}=X_1X_2\cdots X_N - \boldsymbol{Y}=Y_1Y_2\cdots Y_N)$的传递概率,就是输入随机矢量$\boldsymbol{X}=X_1X_2\cdots X_N$与输出随机矢量$\boldsymbol{Y}=Y_1Y_2\cdots Y_N$之间的条件概率

$$P(\boldsymbol{Y}/\boldsymbol{X}) = P(Y_1Y_2\cdots Y_N/X_1X_2\cdots X_N) \tag{3.5.2-5}$$

其中,消息$\alpha_i=(a_{i1}a_{i2}\cdots a_{iN})$与消息$\beta_j=(b_{j1}b_{j2}\cdots b_{jN})$之间的传递概率

$$p(\beta_j/\alpha_i) = p(b_{j1}b_{j2}\cdots b_{jN}/a_{i1}a_{i2}\cdots a_{iN}) \tag{3.5.2-6}$$

而

$$\begin{cases} a_{i1},a_{i2},\cdots,a_{iN} \in \{a_1,a_2,\cdots,a_r\} \\ i1,i2,\cdots,iN = 1,2,\cdots,r \\ i = 1,2,\cdots,r^N \end{cases}$$

$$\begin{cases} b_{j1},b_{j2},\cdots,b_{jN} \in Y_:\{b_1,b_2,\cdots,b_s\} \\ j1,j2,\cdots,jN = 1,2,\cdots,s \\ j = 1,2,\cdots,s^N \end{cases} \tag{3.5.2-7}$$

这表明,体现扩展信道$(\boldsymbol{X}=X_1X_2\cdots X_N - \boldsymbol{Y}=Y_1Y_2\cdots Y_N)$传递特性的传递概率$p(\beta_j/\alpha_i)(i=1,2,\cdots,r^N;j=1,2,\cdots,s^N)$,已由信道$(X-Y)$的$p(b_j/a_i)(i=1,2,\cdots,r;j=1,2,\cdots,s)$的$(r\times s)$种,扩展到$(r^N\times s^N)$种.

输入符号集的符号数由r扩展到r^N;输出符号集的符号数由s扩展到s^N;传递概率数由$(r\times s)$扩展到$(r^N\times s^N)$.这就是扩展信道的"扩展"的内涵.

4. 信道矩阵

信道$(X-Y)$的N次扩展信道$(\boldsymbol{X}=X_1X_2\cdots X_N - \boldsymbol{Y}=Y_1Y_2\cdots Y_N)$的输入符号集$\boldsymbol{X}:\{\alpha_i(i=1,2,\cdots,r^N)\}$、输出符号集$\boldsymbol{Y}:\{\beta_j(j=1,2,\cdots,s^N)\}$、传递概率$P(\boldsymbol{Y}/\boldsymbol{X}):\{p(\beta_j/\alpha_i)(i=1,2,\cdots,r^N;j=1,2,\cdots,s^N)\}$可集中由$(r^N\times s^N)$阶矩阵

$$[P_N] = \begin{matrix} & \beta_1 & \beta_2 & \cdots & \beta_{s^N} \\ \alpha_1 \\ \alpha_2 \\ \vdots \\ \alpha_{r^N} \end{matrix} \begin{bmatrix} p(\beta_1/\alpha_1) & p(\beta_2/\alpha_1) & \cdots & p(\beta_{s^N}/\alpha_1) \\ p(\beta_1/\alpha_2) & p(\beta_2/\alpha_2) & \cdots & p(\beta_{s^N}/\alpha_2) \\ \vdots & \vdots & \vdots \\ p(\beta_1/\alpha_{r^N}) & p(\beta_2/\alpha_{r^N}) & \cdots & p(\beta_{s^N}/\alpha_{r^N}) \end{bmatrix} \tag{3.5.2-8}$$

表示.矩阵$[P_N]$称为扩展信道$(X-Y)$的信道矩阵,它就是扩展信道$(\boldsymbol{X}-\boldsymbol{Y})$的数学模型.

在$[P_N]$中的每传递概率$p(\beta_j/\alpha_i)$都具有概率的一般乘性

$$0 \leqslant p(\beta_j/\alpha_i) \leqslant 1 \quad (i=1,2,\cdots,r^N;j=1,2,\cdots,s^N) \tag{3.5.2-9}$$

扩展信道($\boldsymbol{X}$-$\boldsymbol{Y}$)在任一消息 α_i 输入的前提下,相应的输出消息 β_j,只可能是输出消息集 $\boldsymbol{Y}$:$\{\beta_1$, $\beta_2,\cdots,\beta_{s^N}\}$中的某一消息,不可能是这个集合以外的任一消息,即有

$$\sum_{j=1}^{s^N} p(\beta_j/\alpha_i) = \sum_{j1=1}^{s}\sum_{j2=1}^{s}\cdots\sum_{jN=1}^{s} p(b_{j1}b_{j2}\cdots b_{jN}/\alpha_{i1}\alpha_{i_2}\alpha_{iN})$$

$$= 1 \quad (i1,i2,\cdots,iN = 1,2,\cdots,r; i = 1,2,\cdots,r^N) \quad (3.5.2-10)$$

这表明,在矩阵$[P_N]$中,每一行元素之和等于 1.

信道矩阵$[P_N]$是描述信道($\boldsymbol{X}$-$\boldsymbol{Y}$)的 N 次扩展信道($\boldsymbol{X}=X_1X_2\cdots X_N$-$\boldsymbol{Y}=Y_1Y_2\cdots Y_N$)的数学模型.信道($\boldsymbol{X}$-$\boldsymbol{Y}$)给定,矩阵$[P_N]$随之确定;矩阵$[P_N]$给定,信道($\boldsymbol{X}$-$\boldsymbol{Y}$)的传递特性得到完整描述.

3.5.3　扩展信道平均互信息的数学特性

信道是信息传输的通道,它本身不会产生任何信息.要讨论、分析扩展信道平均互信息的数学特性,必须把扩展信源 $\boldsymbol{X}=X_1X_2\cdots X_N$ 与信道(X-Y)相接,构成由扩展信源 $\boldsymbol{X}=X_1X_2\cdots X_N$ 与扩展信道($\boldsymbol{X}=X_1X_2\cdots X_N$-$\boldsymbol{Y}=Y_1Y_2\cdots Y_N$)组成的"多符号通信系统".

信道的传递特性,取决于信道的传递概率.扩展信道($\boldsymbol{X}$-$\boldsymbol{Y}$)因信道矩阵$[P_N]$中的传递概率 $p(\beta_j/\alpha_i)(i=1,2,\cdots,r^N; j=1,2,\cdots,s^N)$ 的不同,可分为"无记忆扩展信道"和"有记忆扩展信道".以下我们分别讨论:无记忆扩展信道与扩展信源相接、无记忆扩展信源与扩展信道相接时,多符号通信系统平均互信息的数学特性.

(1) 无记忆扩展信道的平均互信息.

若信道(X-Y)的 N 次扩展信道($\boldsymbol{X}=X_1X_2\cdots X_N$-$\boldsymbol{Y}=Y_1Y_2\cdots Y_N$)的传递概率 $P(\boldsymbol{Y}/\boldsymbol{X})=P(Y_1Y_2\cdots Y_N/X_1X_2\cdots X_N)$,等于信道($X$-$Y$)各单位时刻 $k(k=1,2,\cdots,N)$ 的传递概率 $P(Y_k/X_k)(k=1,2,\cdots,N)$ 的连乘,即

$$P(\boldsymbol{Y}/\boldsymbol{X}) = P(Y_1Y_2\cdots Y_N/X_1X_2\cdots X_N)$$

$$= P(Y_1/X_1) \cdot P(Y_2/X_2) \cdot \cdots \cdot P(Y_N/X_N) = \prod_{k=1}^{N} P(Y_k/X_k) \quad (3.5.3-1)$$

这就是说,若对输入消息 $\alpha_i = (a_{i1}a_{i2}\cdots a_{iN})$ 和输出消息 $\beta_j = (b_{j1},b_{j2}\cdots b_{jN})$,其传递概率

$$p(\beta_j/\alpha_i) = p(b_{j1}b_{j2}\cdots b_{jN}/a_{i1}a_{i2}\cdots a_{iN})$$

$$= p(b_{j1}/a_{i1}) \cdot p(b_{j2}/a_{i2}) \cdot \cdots \cdot p(b_{jN}/a_{iN}) = \prod_{k=1}^{N} p(b_{jk}/a_{ik}) \quad (3.5.3-2)$$

其中,

$$\begin{cases} a_{i1},a_{i2},\cdots,a_{iN} \in X:\{a_1,a_2,\cdots,a_r\} \\ i1,i2,\cdots,iN = 1,2,\cdots,r \\ i = 1,2,\cdots,r^N \end{cases} \quad (3.5.3-3)$$

$$\begin{cases} b_{j1},b_{j2},\cdots,b_{jN} \in Y:\{b_1,b_2,\cdots,b_s\} \\ j1,j2,\cdots,jN = 1,2,\cdots,s \\ j = 1,2,\cdots,s^N \end{cases} \quad (3.5.3-4)$$

那么,我们把信道(X-Y)称为"无记忆信道",扩展信道($\boldsymbol{X}=X_1X_2\cdots X_N$-$\boldsymbol{Y}=Y_1Y_2\cdots Y_N$)称为

"无记忆信道$(X\text{-}Y)$的 N 次扩展信道"(简称为"无记忆 N 次扩展信道").

因为信道$(X\text{-}Y)$的传递概率 $P(Y/X)$,不随时间的推移而变化,所以,在(3.5.3-1)式中的单位时间 $k(k=1,2,\cdots,N)$信道$(X\text{-}Y)$的传递概率 $P(Y_k/X_k)(k=1,2,\cdots,N)$,不因不同的 k 而不同,他们都等于信道$(X\text{-}Y)$的传递概率 $P(Y/X)$. 在(3.5.3-2)式中的 $p(b_{jk}/a_{ik})(k=1,2,\cdots,N)$都等于 $p(b_j/a_i)(i=1,2,\cdots,r;j=1,2,\cdots,s)$.

从时间域运行机制上来看,信道$(X\text{-}Y)$的 N 次扩展信道$(\boldsymbol{X}=X_1X_2\cdots X_N\text{-}\boldsymbol{Y}=Y_1Y_2\cdots Y_N)$在 $k(k=1,2,\cdots,N)$时刻,信道$(X\text{-}Y)$把输入随机变量 X_k 传递为随机变量 Y_k,产生平均交互信息量 $I(X_k;Y_k)(k=1,2,\cdots,N)$. 从空间总体传递效果和作用上来看,信道$(X\text{-}Y)$的 N 次扩展信道$(\boldsymbol{X}=X_1X_2\cdots X_N\text{-}\boldsymbol{Y}=Y_1Y_2\cdots Y_N)$,把输入随机矢量 $\boldsymbol{X}=X_1X_2\cdots X_N$ 传递为输出随机矢量 $\boldsymbol{Y}=Y_1Y_2\cdots Y_N$,产生平均联合互信息 $I(\boldsymbol{X}=X_1X_2\cdots X_N;\boldsymbol{Y}=Y_1Y_2\cdots Y_N)$. 所以,扩展信道$(X\text{-}Y)$,尤其是"无记忆扩展信道"$(X\text{-}Y)$传输信息的一个突出问题,就是讨论和分析无记忆扩展信道$(X\text{-}Y)$的平均联合互信息 $I(\boldsymbol{X};\boldsymbol{Y})$,与 N 个单位时刻无记忆信道$(X_k\text{-}Y_k)(k=1,2,\cdots,N)$传递的平均互信息 $I(X_k;Y_k)(k=1,2,\cdots,N)$之和 $\sum\limits_{k=1}^{N}I(X_k;Y_k)$ 之间有什么关系.

定理 3.9 离散无记忆信道$(X\text{-}Y)$的 N 次扩展信道$(\boldsymbol{X}=X_1X_2\cdots X_N\text{-}\boldsymbol{Y}=Y_1Y_2\cdots Y_N)$的平均联合相互信息 $I(\boldsymbol{X};\boldsymbol{Y})$,不超过输入随机矢量 $\boldsymbol{X}=X_1X_2\cdots X_N$ 各时刻随机变量 X_k,通过信道$(X\text{-}Y)$的平均互信息 $I(X_k;Y_k)(k=1,2,\cdots,N)$之和 $\sum\limits_{k=1}^{N}I(X_k;Y_k)$,即

$$I(\boldsymbol{X}=X_1X_2\cdots X_N;\boldsymbol{Y}=Y_1Y_2\cdots Y_N)\leqslant\sum_{k=1}^{N}I(X_k;Y_k)$$

当且仅当输入随机矢量 $\boldsymbol{X}=X_1X_2\cdots X_N$ 是无记忆信源 X 的 N 次扩展信源 $X^N=X_1X_2\cdots X_N$ 时,等式才成立.

证明 设信源 $X:\{a_1,a_2,\cdots,a_r\}$的 N 次扩展信源 $\boldsymbol{X}=X_1X_2\cdots X_N$ 的某一消息

$$\alpha_i=(a_{i1}a_{i2}\cdots a_{iN})$$

其中,

$$\begin{cases}a_{i1},a_{i2};\cdots a_{iN}\in X:\{a_1,a_2,\cdots,a_r\}\\i1,i2,\cdots,iN=1,2,\cdots,r\\i=1,2,\cdots,r^N\end{cases}\qquad(3.5.3-5)$$

设有离散无记忆信道$(X\text{-}Y)$,输入符号集 $X:\{a_1,a_2,\cdots,a_r\}$,输出符号集 $Y:\{b_1,b_2,\cdots,b_s\}$,传递概率 $P(Y/X):\{p(b_j/a_i)(i=1,2,\cdots,r;j=1,2,\cdots,s)\}$. 现将扩展信源 $\boldsymbol{X}=X_1X_2\cdots X_N$ 与离散无记忆信道$(X\text{-}Y)$相接,构成图 3.5-3 所示的无记忆信道$(X\text{-}Y)$的 N 次扩展信道$(\boldsymbol{X}=X_1X_2\cdots X_N\text{-}\boldsymbol{Y}=Y_1Y_2\cdots Y_N)$,它的传递概率为

$$P(\boldsymbol{Y}/\boldsymbol{X})=P(Y_1Y_2\cdots Y_N/X_1X_2\cdots X_N)=P(Y_1/X_1)P(Y_2/X_2)\cdots P(Y_N/X_N)\qquad(3.5.3-6)$$

消息 α_i 和 β_j 的传递概率为

$$p(\beta_j/\alpha_i)=p(b_{j1}b_{j2}\cdots b_{jN}/a_{i1}a_{i2}\cdots a_{iN})=p(b_{j1}/a_{i1})p(b_{j2}/a_{i2})\cdots p(b_{jN}/a_{iN})\qquad(3.5.3-7)$$

其中,

$$\begin{cases}a_{i1};a_{i2},\cdots,a_{iN}\in X:\{a_1,a_2,\cdots,a_r\}\\i1,i2,\cdots,iN=1,2,\cdots,r\\i=1,2,\cdots,r^N\end{cases}$$

$$\begin{cases} b_{j1}, b_{j2}, \cdots, b_{jN} \in Y : \{b_1, b_2, \cdots, b_s\} \\ j1, j2, \cdots, jN = 1, 2, \cdots, s \\ j = 1, 2, \cdots, s^N \end{cases} \qquad (3.5.3-8)$$

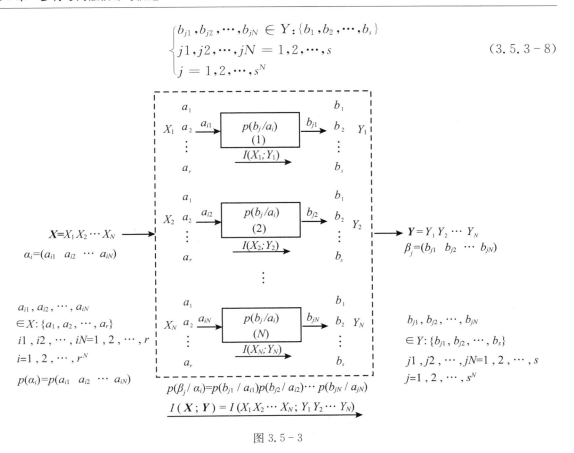

图 3.5 - 3

① 离散无记忆信道(X-Y)的 N 次扩展信道($\boldsymbol{X} = X_1 X_2 \cdots X_N$ - $\boldsymbol{Y} = Y_1 Y_2 \cdots Y_N$)的平均联合互信息

$$I(\boldsymbol{X};\boldsymbol{Y}) = I(X_1 X_2 \cdots X_N ; Y_1 Y_2 \cdots Y_N) = \sum_{i=1}^{r^N} \sum_{j=1}^{s^N} p(\alpha_i \beta_j) \log \frac{p(\beta_j / \alpha_i)}{p(\beta_j)}$$

$$= \sum_{i1=1}^{r} \cdots \sum_{iN=1}^{r} \sum_{j1=1}^{s} \cdots \sum_{jN=1}^{s} p(a_{i1} a_{i2} \cdots a_{iN} ; b_{j1} b_{j2} \cdots b_{jN}) \log \frac{p(b_{j1} b_{j2} \cdots b_{jN} / a_{i1} a_{i2} a_{iN})}{p(b_{j1} b_{j2} \cdots b_{jN})}$$

$$= \sum_{i1=1}^{r} \cdots \sum_{iN=1}^{r} \sum_{j1=1}^{s} \cdots \sum_{jN=1}^{s} p(a_{i1} a_{i2} \cdots a_{iN} ; b_{j1} b_{j2} \cdots b_{jN}) \log \frac{p(b_{j1} / a_{i1}) p(b_{j2} / a_{i2}) \cdots p(b_{jN} / a_{iN})}{p(b_{j1} b_{j2} \cdots b_{jN})}$$

$$(3.5.3-9)$$

② 时刻 $k(k=1,2,\cdots,N)$ 随机变量 X_k 通过无记忆信道(X-Y)的平均互信息

$$I(X_k ; Y_k) = \sum_{ik=1}^{r} \sum_{jk=1}^{s} p(a_{ik} b_{jk}) \log \frac{p(b_{jk} / a_{ik})}{p(b_{jk})}$$

$$= \sum_{i1=1}^{r} \cdots \sum_{iN=1}^{r} \sum_{j1=1}^{s} \cdots \sum_{jN=1}^{s} p(a_{i1} a_{i2} \cdots a_{iN} ; b_{j1} b_{j2} \cdots b_{jN}) \log \frac{p(b_{jk} / a_{ik})}{p(b_{jk})}$$

$$(k = 1, 2, \cdots, N) \qquad (3.5.3-10)$$

则有扩展信源 $\boldsymbol{X} = X_1 X_2 \cdots X_N$ 中各时刻随机变量 $X_k (k=1,2,\cdots,N)$ 单独通过无记忆信道

$(X$-$Y)$ 的平均互信息 $I(X_k;Y_k)(k=1,2,\cdots,N)$ 之和

$$\sum_{k=1}^{N}I(X_k;Y_k)=\sum_{i1=1}^{r}\cdots\sum_{iN=1}^{r}\sum_{j1=1}^{s}\cdots\sum_{jN=1}^{s}p(a_{i1}a_{i2}\cdots a_{iN};b_{j1}b_{j2}\cdots b_{jN})\log\frac{p(b_{j1}/a_{i1})}{p(b_{j1})}$$

$$+\sum_{i1=1}^{r}\cdots\sum_{iN=1}^{r}\sum_{j1=1}^{s}\cdots\sum_{jN=1}^{s}p(a_{i1}a_{i2}\cdots a_{iN};b_{j1}b_{j2}\cdots b_{jN})\log\frac{p(b_{j2}/a_{i2})}{p(b_{j2})}$$

$$\vdots$$

$$+\sum_{i1=1}^{r}\cdots\sum_{iN=1}^{r}\sum_{j1=1}^{s}\cdots\sum_{jN=1}^{s}p(a_{i1}a_{i2}\cdots a_{iN};b_{j1}b_{j2}\cdots b_{jN})\log\frac{p(b_{jN}/a_{iN})}{p(b_{jN})}$$

$$=\sum_{i1=1}^{r}\cdots\sum_{iN=1}^{r}\sum_{j1=1}^{s}\cdots\sum_{jN=1}^{s}p(a_{i1}a_{i2}\cdots a_{iN};b_{j1}b_{j2}\cdots b_{jN})$$

$$\cdot\log\frac{p(b_{j1}/a_{i1})p(b_{j2}/a_{i2})\cdots p(b_{jN}/a_{iN})}{p(b_{j1})p(b_{j2})\cdots p(b_{jN})} \tag{3.5.3-11}$$

③ 由 (3.5.3-9) 式、(3.5.3-11) 式,再根据 $\bigcap$ 形凸函数的特性 (1.3.1-23) 式有

$$I(\boldsymbol{X};\boldsymbol{Y})-\sum_{k=1}^{N}I(X_k;Y_k)$$

$$=\sum_{i1=1}^{r}\cdots\sum_{iN=1}^{r}\sum_{j1=1}^{s}\cdots\sum_{jN=1}^{s}p(a_{i1}a_{i2}\cdots a_{iN};b_{j1}b_{j2}\cdots b_{jN})\log\frac{p(b_{j1})p(b_{j2})\cdots p(b_{jN})}{p(b_{j1}b_{j2}\cdots b_{jN})}$$

$$\leqslant\log\Big[\sum_{i1=1}^{r}\cdots\sum_{iN=1}^{r}\sum_{j1=1}^{s}\cdots\sum_{jN=1}^{s}p(a_{i1}a_{i2}\cdots a_{iN};b_{j1}b_{j2}\cdots b_{jN})\cdot\frac{p(b_{j1})p(b_{j2})\cdots p(b_{jN})}{p(b_{j1}b_{j2}\cdots b_{jN})}\Big]$$

$$=\log\Big[\sum_{i1=1}^{r}\cdots\sum_{iN=1}^{r}\sum_{j1=1}^{s}\cdots\sum_{jN=1}^{s}p(a_{i1}a_{i2}\cdots a_{iN}/b_{j1}b_{j2}\cdots b_{jN})\cdot p(b_{j1})p(b_{j2})\cdots p(b_{jN})\Big]$$

$$=\log\Big[\sum_{j1=1}^{s}p(b_{j1})\sum_{j2=1}^{s}p(b_{j2})\cdots\sum_{jN=1}^{s}p(b_{jN})\sum_{i1=1}^{r}\cdots\sum_{iN=1}^{r}p(a_{i1}a_{i2}\cdots a_{iN}/b_{j1}b_{j2}\cdots b_{jN})\Big]$$

$$\tag{3.5.3-12}$$

其中,$p(b_{jk})(k=1,2,\cdots,N)$ 是 $k(k=1,2,\cdots,k)$ 时刻无记忆信道 $(X$-$Y)$ 的输出随机变量 $Y_k(K=1,2,\cdots,N)$ 的概率分布,所以有

$$\sum_{jk=1}^{s}p(b_{jk})=1 \quad (k=1,2,\cdots,N) \tag{3.5.3-13}$$

以及,$p(a_{i1}a_{i2}\cdots a_{iN}/b_{j1}b_{j2}\cdots b_{jN})$ 是无记忆信道 $(X$-$Y)$ 的 N 次扩展信道 $(\boldsymbol{X}=X_1X_2\cdots X_N$-$\boldsymbol{Y}=Y_1Y_2\cdots Y_N)$ 输出消息 $\beta_j=(b_{j1}b_{j2}\cdots b_{jN})$ 后,推测输入消息 $\alpha_i=(a_{i1}a_{i2}\cdots a_{iN})$ 的后验概率. 而消息 $\alpha_i=(a_{i1}a_{i2}\cdots a_{iN})$ 只可能是消息集合 $\boldsymbol{X}=\{\alpha_i=(a_{i1}a_{i2}\cdots a_{iN});a_{i1},a_{i2}\cdots a_{iN}\in X:\{a_1,a_2,\cdots,a_r\};i1,i2,\cdots,iN=1,2,\cdots,r;i=1,2,\cdots,r^N\}$ 中的某一消息. 所以,有

$$\sum_{i1=1}^{r}\cdots\sum_{iN=1}^{r}p(a_{i1}a_{i2}\cdots a_{iN}/b_{j1}b_{j2}\cdots b_{jN})=1 \tag{3.5.3-14}$$

由 (3.5.3-13) 式、(3.5.3-14) 式,不等式 (3.5.3-12) 可改写为

$$I(\boldsymbol{X};\boldsymbol{Y})-\sum_{k=1}^{N}I(X_k;Y_k)\leqslant\log(1\cdot1\cdot\cdots\cdot1\cdot1)=\log1=0 \tag{3.5.3-15}$$

即证得

$$I(\boldsymbol{X};\boldsymbol{Y}) \leqslant \sum_{k=1}^{N} I(X_k;Y_k) \tag{3.5.3-16}$$

这表明,离散无记忆信道$(X\text{-}Y)$的 N 次扩展信道$(\boldsymbol{X}=X_1X_2\cdots X_N\text{-}\boldsymbol{Y}=Y_1Y_2\cdots Y_N)$的平均联合互信息 $I(X_1X_2\cdots X_N;Y_1Y_2\cdots Y_N)$,不会超过无记忆信道$(X\text{-}Y)$在 N 个单位时间单独的平均互信息之和 $\sum_{k=1}^{N} I(X_k;Y_k)$.

④ 由$(3.5.3-12)$式可知,若$(3.5.3-16)$式中的等式成立,必须有

$$p(b_{j1}b_{j2}\cdots b_{jN}) = p(b_{j1})p(b_{j2})\cdots p(b_{jN}) \tag{3.5.3-17}$$

其中,

$$\begin{cases} b_{j1},b_{j2},\cdots,b_{jN} \in Y:\{b_1,b_2,\cdots,b_s\} \\ j1,j2,\cdots,jN = 1,2,\cdots,s \\ j = 1,2,\cdots,s^N \end{cases} \tag{3.5.3-18}$$

而

$$p(b_{j1}b_{j2}\cdots b_{jN}) = \sum_{i1=1}^{r}\sum_{i2=1}^{r}\cdots\sum_{iN=1}^{r} p(a_{i1}a_{i2}\cdots a_{iN};b_{j1}b_{j2}\cdots b_{jN})$$

$$= \sum_{i1=1}^{r}\sum_{i2=1}^{r}\cdots\sum_{iN=1}^{r} p(a_{i1}a_{i2}\cdots a_{iN})p(b_{j1}b_{j2}\cdots b_{jN}/a_{i1}a_{i2}\cdots a_{iN})$$

$$= \sum_{i1=1}^{r}\sum_{i2=1}^{r}\cdots\sum_{iN=1}^{r} p(a_{i1}a_{i2}\cdots a_{iN})p(b_{j1}/a_{i1})p(b_{j2}/a_{i2})\cdots p(b_{jN}/a_{iN}) \tag{3.5.3-19}$$

由此可知,当且仅当

$$p(a_{i1}a_{i2}\cdots a_{iN}) = p(a_{i1})p(a_{i2})\cdots p(a_{iN})$$

其中,

$$\begin{cases} a_{i1},a_{i2},\cdots a_{iN} \in X:\{a_1,a_2,\cdots,a_r\} \\ i1,i2,\cdots,iN = 1,2,\cdots,r \\ i = 1,2,\cdots,r^N \end{cases} \tag{3.5.3-20}$$

才有

$$p(b_{j1}b_{j2}\cdots b_{jN}) = \sum_{i1=1}^{r}\sum_{i2=1}^{r}\cdots\sum_{iN=1}^{r} p(a_{i1})p(a_{i2})\cdots p(a_{iN}) \cdot p(b_{j1}/a_{i1})p(b_{j2}/a_{i2})\cdots p(b_{jN}/a_{iN})$$

$$= \sum_{i1=1}^{r} p(a_{i1})p(b_{j1}/a_{i1})\sum_{i2=1}^{r} p(a_{i2})p(b_{j2}/a_{i2})\cdots\sum_{iN=1}^{r} p(a_{iN})p(b_{jN}/a_{iN})$$

$$= p(b_{j1})p(b_{j2})\cdots p(b_{jN}) \tag{3.5.3-21}$$

即$(3.5.3-12)$式中的等式成立.

$$I(\boldsymbol{X};\boldsymbol{Y}) - \sum_{k=1}^{N} I(X_k;Y_k)$$

$$= \sum_{i1=1}^{r}\cdots\sum_{iN=1}^{r}\sum_{j1=1}^{s}\cdots\sum_{jN=1}^{s} p(a_{i1}a_{i2}\cdots a_{iN};b_{j1}b_{j2}\cdots b_{jN})\log 1 = 0 \tag{3.5.3-22}$$

即

$$I(\boldsymbol{X};\boldsymbol{Y}) = \sum_{k=1}^{N} I(X_k;Y_k) \tag{3.5.3-23}$$

若等式(3.5.3-20)成立,输入随机矢量 $\boldsymbol{X}=X_1X_2\cdots X_N$ 就是离散无记忆信源 X 的 N 次扩展信源 $X^N=X_1X_2\cdots X_N$. 等式(3.5.3-20)成立,必然导致等式(3.5.3-17)成立. 输出随机矢量 $\boldsymbol{Y}=Y_1Y_2\cdots Y_N$ 是无记忆随机变量 Y 的 N 次扩展 $Y^N=Y_1Y_2\cdots Y_N$. 所以,等式(3.5.3-23)可改写为

$$I(X^N;Y^N)=\sum_{k=1}^{N}I(X_k;Y_k) \tag{3.5.3-24}$$

这样,定理 3.9 就得到了证明.

定理表明:无记忆信道($X-Y$)的 N 次扩展信道($\boldsymbol{X}=X_1X_2\cdots X_N-\boldsymbol{Y}=Y_1Y_2\cdots Y_N$)的平均联合互信息 $I(X_1X_2\cdots X_N;Y_1Y_2\cdots Y_N)$,一般不会超过输入随机矢量 $\boldsymbol{X}=X_1X_2\cdots X_N$ 中 N 个随机变量 $X_k(k=1,2,\cdots,N)$,在每单位时间 $k(k=1,2,\cdots,N)$ 单独通过无记忆信道($X-Y$)的平均互信息 $I(X_k;Y_k)$ 之和 $\sum_{k=1}^{N}I(X_k;Y_k)$. 当且仅当输入随机矢量 $\boldsymbol{X}=X_1X_2\cdots X_N$ 中各随机变量 X_i 之间相互统计独立,$\boldsymbol{X}=X^N=X_1X_2\cdots X_N$ 时,两者才相等.

(2) 离散无记忆扩展信源的平均互信息.

倘若将无记忆信源 X 的 N 次扩展信源 $X^N=X_1X_2\cdots X_N$ 输入信道($X-Y$),那么多符号通信系统的平均联合互信息 $I(X^N=X_1X_2\cdots X_N;\boldsymbol{Y}=Y_1Y_2\cdots Y_N)$,与信源 X 在 N 个单位时间 $k(k=1,2,\cdots,N)$ 的随机变量 $X_k(k=1,2,\cdots,N)$ 单独通过信道($X-Y$)的平均互信息 $I(X_k;Y_k)(k=1,2,\cdots,N)$ 之和 $\sum_{k=1}^{N}I(X_k;Y_k)$ 之间,又存在什么关系呢?

定理 3.10　无记忆信源 X 的 N 次扩展信源 $X^N=X_1X_2\cdots X_N$,通过信道($X-Y$)的 N 次扩展信道($X^N=X_1X_2\cdots X_N-\boldsymbol{Y}=Y_1Y_2\cdots Y_N$)的平均互信息 $I(X^N;\boldsymbol{Y})$,一定不小于 $X^N=X_1X_2\cdots X_N$ 中各时刻随机变量 $X_k(k=1,2,\cdots,N)$ 相继单独通过信道($X-Y$)的平均互信息 $I(X_k;Y_k)$ ($k=1,2,\cdots,N$)之和 $\sum_{k=1}^{N}I(X_k;Y_k)$,即

$$I(X^N;\boldsymbol{Y})\geqslant\sum_{k=1}^{N}I(X_k;Y_k)$$

当且仅当信道($X-Y$)同时亦是离散无记忆信道时,等式才能成立.

证明　设离散无记忆信源 $X:\{a_1,a_2,\cdots,a_r\}$ 的概率分布 $P(X)\{p(a_i)(i=1,2,\cdots,r)\}$. 无记忆信源 X 的 N 次扩展信源 $X^N=X_1X_2\cdots X_N$ 某消息

$$\alpha_i=(a_{i1}a_{i2}\cdots a_{iN}) \tag{3.5.3-25}$$

其中,

$$\begin{cases} a_{i1},a_{i2},\cdots,a_{iN}\in X:\{a_1,a_2,\cdots,a_r\} \\ i1,i2,\cdots,iN=1,2,\cdots,r \\ i=1,2,\cdots,r^N \end{cases} \tag{3.5.3-26}$$

而且

$$p(\alpha_i)=p(a_{i1}a_{i2}\cdots a_{iN})=p(a_{i1})p(a_{i2})\cdots p(a_{iN}) \tag{3.5.3-27}$$

再设单符号离散信道($X-Y$)的输入符号集 $X:\{a_1,a_2,\cdots,a_r\}$,输出符号集 $Y:\{b_1,b_2,\cdots,b_s\}$,传递概率 $P(Y/X):\{p(b_j/a_i)(i=1,2,\cdots,r;j=1,2,\cdots,s)\}$. 现将扩展信源 $X^N=X_1X_2\cdots X_N$ 与信道($X-Y$)相接,构成图 3.5-4 所示的扩展信道($X^N-\boldsymbol{Y}$). 它的传递概率

$$P(\boldsymbol{Y}/X^N) = P(Y_1 Y_2 \cdots Y_N / X_1 X_2 \cdots X_N) \tag{3.5.3-28}$$

输入消息 α_i 和输出消息 β_j 之间传递概率

$$p(\beta_j/\alpha_i) = p(b_{j1} b_{j2} \cdots b_{jN} / a_{i1} a_{i2} \cdots a_{iN}) \tag{3.5.3-29}$$

其中

$$\begin{cases} a_{i1} a_{i2} \cdots a_{iN} \in X: \{a_1, a_2, \cdots, a_r\} \\ i1, i2, \cdots, iN = 1, 2, \cdots, r \\ i = 1, 2, \cdots, r^N \end{cases} \tag{3.5.3-30}$$

$$\begin{cases} b_{j1}, b_{j2}, \cdots, b_{jN} \in Y: \{b_1, b_2, \cdots, b_s\} \\ j1, j2, \cdots, jN = 1, 2, \cdots, s \\ j = 1, 2, \cdots, s^N \end{cases} \tag{3.5.3-31}$$

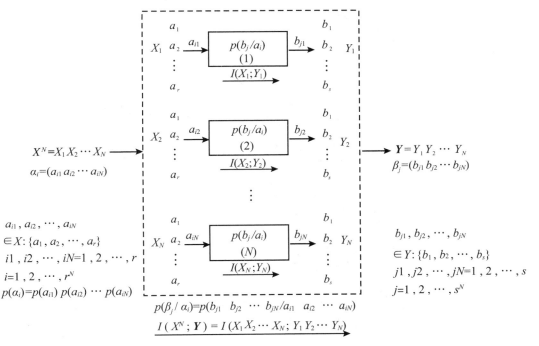

图 3.5-4

① 离散无记忆信源 X 的 N 次扩展信源 $X^N = X_1 X_2 \cdots X_N$ 通过信道 $(X\text{-}Y)$ 的 N 次扩展信道 $(\boldsymbol{X} = X_1 X_2 \cdots X_N \text{-} \boldsymbol{Y} = Y_1 Y_2 \cdots Y_N)$ 的平均联合互信息

$$\begin{aligned} I(X^N; \boldsymbol{Y}) &= I(X_1 X_2 \cdots X_N; Y_1 Y_2 \cdots Y_N) \\ &= \sum_{i=1}^{r^N} \sum_{j=1}^{s^N} p(\alpha_i \beta_j) \log \frac{p(\alpha_i/\beta_j)}{p(\alpha_i)} \\ &= \sum_{i1=1}^{r} \cdots \sum_{iN=1}^{r} \sum_{j1=1}^{s} \cdots \sum_{jN=1}^{s} p(a_{i1} a_{i2} \cdots a_{iN}; b_{j1} b_{j2} \cdots b_{jN}) \log \frac{p(a_{i1} a_{i2} \cdots a_{iN} / b_{j1} b_{j2} \cdots b_{jN})}{p(a_{i1} a_{i2} \cdots a_{iN})} \\ &= \sum_{i1=1}^{r} \cdots \sum_{iN=1}^{r} \sum_{j1=1}^{s} \cdots \sum_{jN=1}^{s} p(a_{i1} a_{i2} \cdots a_{iN}; b_{j1} b_{j2} \cdots b_{jN}) \log \frac{p(a_{i1} a_{i2} \cdots a_{iN}; b_{j1} b_{j2} \cdots b_{jN})}{p(a_{i1}) p(a_{i2}) \cdots p(a_{iN})} \end{aligned}$$

$$\tag{3.5.3-32}$$

② 离散无记忆信源 X 的 N 次扩展信源 $X^N = X_1 X_2 \cdots X_N$ 每单位时间 $k(k=1,2,\cdots,N)$ 随机变量 $X_k(k=1,2,\cdots,N)$ 相继单独通过信道 $(X\text{-}Y)$ 的平均互信息

$$I(X_k;Y_k) = \sum_{ik=1}^{r}\sum_{jk=1}^{s} p(a_{ik}b_{jk})\log\frac{p(a_{ik}/b_{jk})}{p(a_{ik})} \quad (k=1,2,\cdots,N) \quad (3.5.3\text{-}33)$$

则有

$$\sum_{k=1}^{N} I(X_k;Y_k) = \sum_{k=1}^{N}\Big[\sum_{ik=1}^{r}\sum_{jk=1}^{s} p(a_{ik}b_{jk})\log\frac{p(a_{ik}/b_{jk})}{p(a_{ik})}\Big]$$

$$= \sum_{i1=1}^{r}\sum_{j1=1}^{s} p(a_{i1}b_{j1})\log\frac{p(a_{i1}/b_{j1})}{p(a_{i1})}$$

$$+ \sum_{i2=1}^{r}\sum_{j2=1}^{s} p(a_{i2}b_{j2})\log\frac{p(a_{i2}/b_{j2})}{p(a_{i2})}$$

$$\vdots$$

$$+ \sum_{iN=1}^{r}\sum_{jN=1}^{s} p(a_{iN}b_{jN})\log\frac{p(a_{iN}/b_{jN})}{p(a_{iN})}$$

$$= \sum_{i1=1}^{r}\cdots\sum_{iN=1}^{r}\sum_{j1=1}^{s}\cdots\sum_{jN=1}^{s} p(a_{i1}a_{i2}\cdots a_{iN};b_{j1}b_{j2}\cdots b_{jN})\log\frac{p(a_{i1}/b_{j1})}{p(a_{i1})}$$

$$+ \sum_{i1=1}^{r}\cdots\sum_{iN=1}^{r}\sum_{j1=1}^{s}\cdots\sum_{jN=1}^{s} p(a_{i1}a_{i2}\cdots a_{iN};b_{j1}b_{j2}\cdots b_{jN})\log\frac{p(a_{i2}/b_{j2})}{p(a_{i2})}$$

$$\vdots$$

$$+ \sum_{i1=1}^{r}\cdots\sum_{iN=1}^{r}\sum_{j1=1}^{s}\cdots\sum_{jN=1}^{s} p(a_{i1}a_{i2}\cdots a_{iN};b_{j1}b_{j2}\cdots b_{jN})\log\frac{p(a_{iN}/b_{jN})}{p(a_{iN})}$$

$$= \sum_{i1=1}^{r}\cdots\sum_{iN=1}^{r}\sum_{j1=1}^{s}\cdots\sum_{jN=1}^{s} p(a_{i1}a_{i2}\cdots a_{iN};b_{j1}b_{j2}\cdots b_{jN})$$

$$\cdot\log\frac{p(a_{i1}/b_{j1})\,p(a_{i2}/b_{j2})\cdots p(a_{iN}/b_{jN})}{p(a_{i1})\,p(a_{i2})\cdots p(a_{iN})} \quad (3.5.3\text{-}34)$$

③ 由 $(3.5.3\text{-}32)$ 式、$(3.5.3\text{-}34)$ 式,再运用 $\cap$ 形凸函数的上凸性,由不等式 $(1.3.1\text{-}23)$,有

$$\sum_{k=1}^{N} I(X_k;Y_k) - I(X^N;\boldsymbol{Y})$$

$$= \sum_{i1=1}^{r}\cdots\sum_{iN=1}^{r}\sum_{j1=1}^{s}\cdots\sum_{jN=1}^{s} p(a_{i1}a_{i2}\cdots a_{iN};b_{j1}b_{j2}\cdots b_{jN})\cdot\log\frac{p(a_{i1}/b_{j1})\,p(a_{i2}/b_{j2})\cdots p(a_{iN}/b_{jN})}{p(a_{i1}a_{i2}\cdots a_{iN}/b_{j1}b_{j2}\cdots b_{jN})}$$

$$\leqslant \log\Big[\sum_{i1=1}^{r}\cdots\sum_{iN=1}^{r}\sum_{j1=1}^{s}\cdots\sum_{jN=1}^{s} p(a_{i1}a_{i2}\cdots a_{iN};b_{j1}b_{j2}\cdots b_{jN})\cdot\frac{p(a_{i1}/b_{j1})\,p(a_{i2}/b_{j2})\cdots p(a_{iN}/b_{jN})}{p(a_{i1}a_{i2}\cdots a_{iN}/b_{j1}b_{j2}\cdots b_{jN})}\Big]$$

$$= \log\Big[\sum_{i1=1}^{r}\cdots\sum_{iN=1}^{r}\sum_{j1=1}^{s}\cdots\sum_{jN=1}^{s} p(b_{j1}b_{j2}\cdots b_{jN})\cdot p(a_{i1}/b_{j1})\,p(a_{i2}/b_{j2})\cdots p(a_{iN}/b_{jN})\Big]$$

$$= \log\Big[\sum_{i1=1}^{r} p(a_{i1}/b_{j1})\sum_{i2=1}^{r} p(a_{i2}/b_{j2})\cdots\sum_{iN=1}^{r} p(a_{iN}/b_{jN})\sum_{j1=1}^{s}\cdots\sum_{jN=1}^{s} p(b_{j1}b_{j2}\cdots b_{jN})\Big]$$

$$= \log(1\cdot1\cdot\cdots\cdot1\cdot1) = \log 1 = 0 \quad (3.5.3\text{-}35)$$

即证得

$$I(X^N;\boldsymbol{Y}) \geqslant \sum_{k=1}^{N}(X_k;Y_k) \tag{3.5.3-36}$$

这表明,离散无记忆信源 X 的 N 次扩展信源 $X^N = X_1 X_2 \cdots X_N$,通过信道$(X-Y)$的 N 次扩展信道$(X^N = X_1 X_2 \cdots X_N - \boldsymbol{Y} = Y_1 Y_2 \cdots Y_N)$的平均联合互信息 $I(X^N;\boldsymbol{Y})$,一定不会小于信源 $X^N = X_1 X_2 \cdots X_N$ 中各时刻 $k(k=1,2,\cdots,N)$ 随机变量 $X_k(k=1,2,\cdots,N)$ 单独通过信道$(X-Y)$的平均互信息 $I(X_k;Y_k)(k=1,2,\cdots,N)$ 之和 $\sum_{k=1}^{N} I(X_k;Y_k)$. 其根本原因是,在扩展信道$(X^N-\boldsymbol{Y})$中,时刻 $k=1$ 的信道(X_1-Y_1)、时刻 $k=2$ 的信道(X_2-Y_2)、$\cdots$、时刻 $k=N$ 的信道(X_N-Y_N)之间,相互存在统计依赖关系,是"有记忆"的.

④ 由不等式(3.5.3-35)可知,要使其等式成立,必须使等式

$$p(a_{i1}a_{i2}\cdots a_{iN}/b_{j1}b_{j2}\cdots b_{jN}) = p(a_{i1}/b_{j1})p(a_{i2}/b_{j2})\cdots p(a_{iN}/b_{jN}) \tag{3.5.3-37}$$

成立.

倘若图 3.5-4 信道$(X-Y)$亦是无记忆信道,则有

$$\begin{aligned}
p(\beta_j/\alpha_i) &= p(b_{j1}b_{j2}\cdots b_{jN}/a_{i1}a_{i2}\cdots a_{iN}) \\
&= p(b_{j1}/a_{i1})p(b_{j2}/a_{i2})\cdots p(b_{jN}/a_{iN})
\end{aligned} \tag{3.5.3-38}$$

进而

$$\begin{aligned}
p(\beta_j) &= p(b_{j1}b_{j2}\cdots b_{jN}) \\
&= \sum_{i1=1}^{r}\sum_{i2=1}^{r}\cdots\sum_{iN=1}^{r} p(a_{i1}a_{i2}\cdots a_{iN};b_{j1}b_{j2}\cdots b_{jN}) \\
&= \sum_{i1=1}^{r}\sum_{i2=1}^{r}\cdots\sum_{iN=1}^{r} p(a_{i1}a_{i2}\cdots a_{iN})p(b_{j1}b_{j2}\cdots b_{jN}/a_{i1}a_{i2}\cdots a_{iN}) \\
&= \sum_{i1=1}^{r}\sum_{i2=1}^{r}\cdots\sum_{iN=1}^{r} p(a_{i1})p(a_{i2})\cdots p(a_{iN})p(b_{j1}/a_{i1})p(b_{j2}/a_{i2})\cdots p(b_{jN}/a_{iN}) \\
&= \sum_{i1=1}^{r} p(a_{i1})p(b_{j1}/a_{i1})\sum_{i2=1}^{r} p(a_{i2})p(b_{j2}/a_{i2})\cdots\sum_{iN=1}^{r} p(a_{iN})p(b_{jN}/a_{jN}) \\
&= \sum_{i1=1}^{r} p(a_{i1}b_{j1})\sum_{i2=1}^{r} p(a_{i2}b_{j2})\cdots\sum_{iN=1}^{r} p(a_{iN}b_{jN}) \\
&= p(b_{j1})p(b_{j2})\cdots p(b_{jN})
\end{aligned} \tag{3.5.3-39}$$

则有

$$\begin{aligned}
p(\alpha_i/\beta_j) &= p(a_{i1}a_{i2}\cdots a_{iN}/b_{j1}b_{j2}\cdots b_{jN}) = \frac{p(a_{i1}a_{i2}\cdots a_{iN};b_{j1}b_{j2}\cdots b_{jN})}{p(b_{j1}b_{j2}\cdots b_{jN})} \\
&= \frac{p(a_{i1}a_{i2}\cdots a_{iN})p(b_{j1}b_{j2}\cdots b_{jN}/a_{i1}a_{i2}\cdots a_{iN})}{p(b_{j1}b_{j2}\cdots b_{jN})} \\
&= \frac{p(a_{i1})p(a_{i2})\cdots p(a_{iN})p(b_{j1}/a_{i1})p(b_{j2}/a_{i2})\cdots p(b_{jN}/a_{iN})}{p(b_{j1})p(b_{j2})\cdots p(b_{jN})} \\
&= \frac{p(a_{i1})p(b_{j1}/a_{i1})}{p(b_{j1})} \cdot \frac{p(a_{i2})p(b_{j2}/a_{i2})}{p(b_{j2})} \cdot \ldots \cdot \frac{p(a_{iN})p(b_{jN}/a_{iN})}{p(b_{jN})} \\
&= \frac{p(a_{i1}b_{j1})}{p(b_{j1})} \cdot \frac{p(a_{i2}b_{j2})}{p(b_{j2})} \cdot \ldots \cdot \frac{p(a_{iN}b_{jN})}{p(b_{jN})}
\end{aligned}$$

$$= p(a_{i1}/b_{j1})\,p(a_{i2}/b_{j2})\cdots p(a_{iN}/b_{jN}) \tag{3.5.3-40}$$

即能使(3.5.3-37)式成立,从而可把不等式(3.5.3-35)改写为

$$\sum_{k=1}^{N} I(X_k;Y_k) - I(X^N;\boldsymbol{Y})$$

$$= \sum_{i1=1}^{r}\cdots\sum_{iN=1}^{r}\sum_{j1=1}^{s}\cdots\sum_{jN=1}^{s} p(a_{i1}a_{i2}\cdots a_{iN};b_{j1}b_{j2}\cdots b_{jN})\log 1 = 0 \tag{3.5.3-41}$$

即有

$$\sum_{k=1}^{N} I(X_k;Y_k) = I(X^N;\boldsymbol{Y}) \tag{3.5.3-42}$$

这表明,无记忆信源 X 的 N 次扩展信源 $X^N = X_1 X_2 \cdots X_N$ 与信道$(X-Y)$相接,当且仅当信道$(X-Y)$同时亦是无记忆信道时,其 N 次扩展信道的输出随机矢量 $\boldsymbol{Y} = Y_1 Y_2 \cdots Y_N$ 中各时刻 k $(k=1,2,\cdots,N)$ 随机变量 Y_k $(k=1,2,\cdots,N)$ 之间同时呈现相互统计独立,矢量 $\boldsymbol{Y} = Y_1 Y_2 \cdots Y_N$ 表示为 $Y^N = Y_1 Y_2 \cdots Y_N$. N 次扩展信道$(X^N = X_1 X_2 \cdots X_N - Y^N = Y_1 Y_2 \cdots Y_N)$ 的平均联合互信息 $I(X^N;Y^N) = I(X_1 X_2 \cdots X_N;Y_1 Y_2 \cdots Y_N)$,等于各时刻 $k(k=1,2,\cdots,N)$ 随机变量 X_k 通过无记忆信道$(X-Y)$的平均互信息 $I(X_k;Y_k)$ $(k=1,2,\cdots,N)$ 之和 $\sum_{k=1}^{N} I(X_k;Y_k)$,即有

$$\sum_{k=1}^{N} I(X_k;Y_k) = I(X^N;Y^N) \tag{3.5.3-43}$$

这样,定理 3.10 就得到了证明.

定理表明:离散无记忆信源 X 的 N 次扩展信源 $X^N = X_1 X_2 \cdots X_N$,与信道$(X-Y)$相接构成图 3.5-4 多符号通信系统,其 N 次扩展信道(X^N-Y)的平均联合互信息 $I(X^N;\boldsymbol{Y})$ 一般不会小于信道$(X-Y)$在各时刻 $k(k=1,2,\cdots,N)$ 单独把随机变量 X_k 传递为 Y_k 所传输的平均互信息 $I(X_k;Y_k)$ $(k=1,2,\cdots,N)$ 之和 $\sum_{k=1}^{N} I(X_k;Y_k)$. 当且仅当信道$(X-Y)$同时亦是无记忆信道时,两者才会相等,有 $I(X^N;Y^N) = \sum_{k=1}^{N} I(X_k;Y_k)$.

⑤ 在此,我们还要提醒注意:(3.5.3-38)和(3.5.3-40)式告诉我们,当输入矢量是无记忆信源 X 的 N 次扩展信源 $X^N = X_1 X_2 \cdots X_N (X_1,X_2,\cdots,X_N$ 之间统计独立)时,无记忆信道$(X-Y)$的 N 次扩展信道$(X^N = X_1 X_2 \cdots X_N - Y^N = Y_1 Y_2 \cdots Y_N)$的"前向传递概率" $p(\beta_j/\alpha_i)$ 和"后向传递概率"("后验概率") $p(\alpha_i/\beta_j)$ 分别都等于各时刻信道$(X-Y)$的前向传递概率 $p(b_{jk}/a_{ik})$ $(k=1,2,\cdots,N)$ 和后向传递概率 $p(a_{ik}/b_{jk})$ $(k=1,2,\cdots,N)$ 的连乘,即有

$$\begin{cases} p(\beta_j/\alpha_i) = p(b_{j1}b_{j2}\cdots b_{jN}/a_{i1}a_{i2}\cdots a_{iN}) \\ \qquad\quad = p(b_{j1}/a_{i1})\,p(b_{j2}/a_{i2})\cdots p(b_{jN}/a_{iN}) \end{cases} \tag{3.5.3-44}$$

$$\begin{cases} p(\alpha_i/\beta_j) = p(a_{i1}a_{i2}\cdots a_{iN}/b_{j1}b_{j2}\cdots b_{jN}) \\ \qquad\quad = p(a_{i1}/b_{j1})\,p(a_{i2}/b_{j2})\cdots p(a_{iN}/b_{jN}) \end{cases} \tag{3.5.3-45}$$

其中,

$$\begin{cases} a_{i1},a_{i2},\cdots,a_{iN} \in X\{a_1,a_2,\cdots,a_r\} \\ i1,i2,\cdots,iN = 1,2,\cdots,r \\ i = 1,2,\cdots,r^N \end{cases} \tag{3.5.3-46}$$

$$\begin{cases} b_{j1}, b_{j2}, \cdots, b_{jN} \in Y : \{b_1, b_2, \cdots, b_s\} \\ j1, j2, \cdots, jN = 1, 2, \cdots, s \\ j = 1, 2, \cdots, s^N \end{cases} \quad (3.5.47)$$

（3）定理 3.9 和定理 3.10 分别讨论了信道 $(X-Y)$ 是无记忆和信源 X 是无记忆时，N 次扩展信道的平均联合互信息的数学特性. 综合两个定理的结论，我们可以得这样一个结论：只有当信源 X 是无记忆，同时信道 $(X-Y)$ 亦是无记忆时，N 次扩展多符号离散通信系统的平均联合互信息，才等于各时刻单符号离散无记忆信道的平均互信息之和，即

$$I(X^N ; Y^N) = \sum_{k=1}^{N} I(X_k ; Y_k) \quad (3.5.3-48)$$

考虑到信源 X 的平稳性和各时刻信道 $(X-Y)$ 是同一信道，则有

$$\begin{aligned} I(X_k ; Y_k) &= \sum_{ik=1}^{r} \sum_{jk=1}^{s} p(a_{ik}) p(b_{jk}/a_{ik}) \log \frac{p(b_{jk}/a_{ik})}{p(b_{jk})} \\ &= \sum_{ik=1}^{r} \sum_{jk=1}^{s} p(a_{ik}) p(b_{jk}/a_{ik}) \log \frac{p(b_{jk}/a_{ik})}{\sum_{ik=1}^{r} p(a_{ik}) p(b_{jk}/a_{ik})} \\ &= \sum_{i=1}^{r} \sum_{j=1}^{s} p(a_i) p(b_j/a_i) \log \frac{p(b_j/a_i)}{\sum_{i=1}^{r} p(a_i) p(b_j/a_i)} \\ &= I(X ; Y) \quad (k = 1, 2, \cdots, N) \end{aligned} \quad (3.5.3-49)$$

由此，(3.5.3-48) 式可改写为

$$I(X^N ; Y^N) = NI(X ; Y) \quad (3.5.3-50)$$

（4）一般来说，有记忆信道 $(X-Y)$ 的 N 次扩展信道 $(\boldsymbol{X} = X_1 X_2 \cdots X_N - \boldsymbol{Y} = Y_1 Y_2 \cdots Y_N)$ 的传递概率 $P(\boldsymbol{Y}/\boldsymbol{X}) = P(Y_1 Y_2 \cdots Y_N / X_1 X_2 \cdots X_N)$ 不等于各时刻 $k(k = 1, 2, \cdots, N)$ 信道 $(X-Y)$ 的传递概率 $P(Y_k/X_k)(k = 1, 2, \cdots, N)$ 的连乘，而可表示为

$$\begin{aligned} P(\boldsymbol{Y}/\boldsymbol{X}) &= P(Y_1 Y_2 \cdots Y_N / X_1 X_2 \cdots X_N) \\ &= P(Y_1/X_1 X_2 \cdots X_N) \cdot P(Y_2/X_1 X_2 \cdots X_N Y_1) \cdot P(Y_3/X_1 X_2 \cdots X_N Y_1 Y_2) \cdot \cdots \cdot \\ &\quad P(Y_N/X_1 X_2 \cdots X_N Y_1 Y_2 \cdots Y_{N-1}) \end{aligned} \quad (3.5.3-51)$$

其中某消息 α_i 和 β_j 的传递概率表示为

$$\begin{aligned} p(\beta_j/\alpha_i) &= p(b_{j1} b_{j2} \cdots b_{jN} / a_{i1} a_{i2} \cdots a_{iN}) \\ &= p(b_{j1}/a_{i1} a_{i2} \cdots a_{iN}) \cdot p(b_{j2}/a_{i1} a_{i2} \cdots a_{iN} b_{j1}) \cdot p(b_{j_3}/a_{i1} a_{i2} \cdots a_{iN} b_{j1} b_{j2}) \cdot \cdots \cdot \\ &\quad p(b_{jN}/a_{i1} a_{i2} \cdots a_{iN} b_{j1} b_{j2} \cdots b_{j(N-1)}) \end{aligned} \quad (3.5.3-52)$$

实际上，要测定 (3.5.3-52) 式所示的传递概率是比较复杂和困难的. 在实际工程中，在允许范围内，一般把有记忆信道的 N 次扩展信道，近似地看作无记忆信道的 N 次扩展信道来处理. 关于有记忆信道的 N 次扩展信道的传递特性，是一个有待进一步探究的问题.

3.6 无记忆扩展信道的独立并列特性

扩展信道的传递作用，是通过单符号信道每单位时间相继传递一个随机变量所造成的宏观

传递效果来体现的. 显然,在扩展信道中,随着时间的推移,在相继传递随机变量过程中,会产生单符号信道中不存在的新问题:信源 X 的扩展信源 $\boldsymbol{X}=X_1X_2\cdots X_N$ 与信道$(X-Y)$相接后(如图 $3.6-1$ 所示)时刻 k 的输出随机变量 Y_k,除了与 k 时刻的输入随机变量 X_k 有统计依赖关系外,与 k 时刻之前的输入随机变量序列 $X_1X_2\cdots X_{k-1}$,以及 k 时刻之前的输出随机变量序列 $Y_1Y_2\cdots Y_{k-1}$,也存在一定程度的统计依赖关系;时刻 k 之前的输出随机变量系列 $Y_1Y_2\cdots Y_{k-1}$,除了与 k 时刻之前的输入随机变量序列 $X_1X_2\cdots X_{k-1}$ 存在统计依赖关系外,与下一时刻 k 的输入随机变量 X_k 也存在一定程度的统计依赖关系. 那么,由$(3.5.3-1)$式或$(3.5.3-2)$式定义的无记忆信道$(X-Y)$的 N 次扩展信道$(\boldsymbol{X}=X_1X_2\cdots X_N-\boldsymbol{Y}=Y_1Y_2\cdots Y_N)$,是否也存在这两方面的统计依赖关系? 它又体现出什么样的新特点?

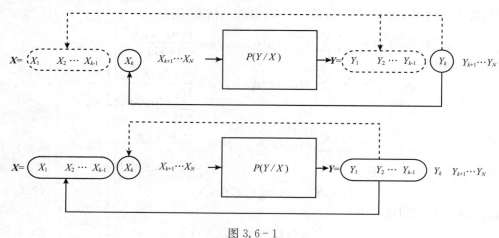

图 $3.6-1$

3.6.1 无记忆性

要表明 k 时刻随机变量 Y_k,除了与 k 时刻随机变量 X_k 存在统计依赖关系外,与 k 时刻之前的输入随机变量序列$(X_1X_2\cdots X_{k-1})$和输出随机变量序列$(Y_1Y_2\cdots Y_{k-1})$是否存在统计依赖关系,则必须论证条件概率 $P(Y_k/X_1X_2\cdots X_{k-1}X_k;Y_1Y_2\cdots Y_{k-1})$ 与 $P(Y_k/X_k)$ 之间的关系.

定理 3.11 若信道$(X-Y)$为无记忆信道,其 N 次扩展信道的输入随机矢量为 $\boldsymbol{X}=X_1X_2\cdots X_N$,输出随机矢量为 $\boldsymbol{Y}=Y_1Y_2\cdots Y_N$,则其条件概率有

$$P(Y_k/X_1X_2\cdots X_k;Y_1Y_2\cdots Y_{k-1}) = P(Y_k/X_k) \quad (k=1,2,\cdots,N)$$

证明 令传递概率

$$P(Y_k/X_1X_2\cdots X_k;Y_1Y_2\cdots Y_{k-1}):\{p(b_{jk}/a_{i1}a_{i2}\cdots a_{ik};b_{j1}b_{j2}\cdots b_{j(k-1)})\} \quad (3.6.1-1)$$

其中

$$\begin{cases} a_{i1},a_{i2},\cdots,a_{ik} \in \{a_1,a_2,\cdots,a_r\} \\ i1,i2,\cdots,ik=1,2,\cdots,r \\ i=1,2,\cdots,r^k \end{cases} \quad (3.6.1-2)$$

$$\begin{cases} b_{j1},b_{j2},\cdots,b_{jk} \in Y:\{b_1,b_2,\cdots,b_s\} \\ j1,j2,\cdots,jk=1,2,\cdots,s \\ j=1,2,\cdots,s^k \end{cases} \quad (3.6.1-3)$$

根据无记忆信道的定义,运用概率的一般运算规则,有

$$p(b_{jk}/a_{i1}a_{i2}\cdots a_{ik};b_{j1}b_{j2}\cdots b_{j(k-1)})=\frac{p(b_{j1}b_{j2}\cdots b_{j(k-1)};b_{jk}/a_{i1}a_{i2}\cdots a_{ik})}{p(b_{j1}b_{j2}\cdots b_{j(k-1)}/a_{i1}a_{i2}\cdots a_{ik})}$$

$$=\frac{p(b_{j1}/a_{i1})p(b_{j2}/a_{i2})\cdots p(b_{j(k-1)}/a_{i(k-1)})p(b_{jk}/a_{ik})}{\sum\limits_{jk=1}^{r}p(b_{j1}b_{j2}\cdots b_{j(k-1)};b_{jk}/a_{i1}a_{i2}\cdots a_{ik})}$$

$$=\frac{p(b_{j1}/a_{i1})p(b_{j2}/a_{i2})\cdots p(b_{i(k-1)}/a_{i(k-1)})p(b_{jk}/a_{ik})}{\sum\limits_{jk=1}^{r}p(b_{j1}/a_{i1})p(b_{j2}/a_{i2})\cdots p(b_{j(k-1)}/a_{i(k-1)})p(b_{jk}/a_{ik})}$$

$$=\frac{p(b_{j1}/a_{i1})p(b_{j2}/a_{i2})\cdots p(b_{j(k-1)}/a_{i(k-1)})p(b_{jk}/a_{ik})}{p(b_{j1}/a_{i1})p(b_{j2}/a_{i2})\cdots p(b_{j(k-1)}/a_{i(k-1)})\cdot\sum\limits_{jk=1}^{r}p(b_{jk}/a_{ik})}$$

$$=p(b_{jk}/a_{ik})\quad(k=1,2,\cdots,N)\qquad(3.6.1-4)$$

即证得

$$P(Y_k/X_1X_2\cdots X_k;Y_1Y_2\cdots Y_{k-1})=P(Y_k/X_k)\quad(k=1,2,\cdots,N)\qquad(3.6.1-5)$$

这样,定理 3.11 就得了证明.

定理明确指出,无记忆信道$(X\text{-}Y)$的 N 次扩展信道($\boldsymbol{X}=X_1X_2\cdots X_N$-$\boldsymbol{Y}=Y_1Y_2\cdots Y_N$)任一时刻 k 的输出随机变量 Y_k,只与这时刻 k 的输入随机变量 X_k 有关,与之前的输入随机变量序列$(X_1X_2\cdots X_{k-1})$,输出随机变量序列$(Y_1Y_2\cdots Y_{k-1})$无关. 这就是"无记忆信道"$(X\text{-}Y)$的"无记忆性"(如图 3.6-2(a)所示). 定理 3.11 有时也称为无记忆信道的"无记忆性定理".

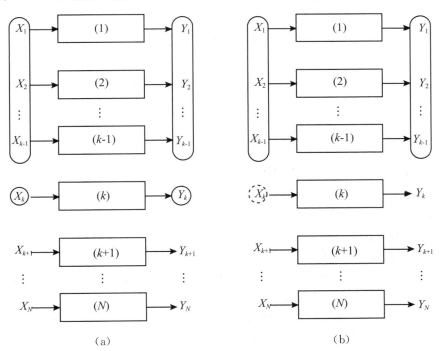

（a）　　　　　　　　　　　（b）

图 3.6-2

3.6.2 无预感性

要表明输出随机变量序列$(Y_1Y_2\cdots Y_{k-1})$除了与输入随机变量序列$(X_1X_2\cdots X_{k-1})$存在统计依赖关系外,与下一时刻$k(k=2,3,\cdots,N)$的输入随机变量X_k是否存在统计依赖关系,则必须论证条件概率$P(Y_1Y_2\cdots Y_{k-1}/X_1X_2\cdots X_{k-1};X_k)$与$P(Y_1Y_2\cdots Y_{k-1}/X_1X_2\cdots X_{k-1})$之间的关系.

定理 3.12 若信道$(X-Y)$是无记忆信道,其N次扩展信道的输入随机矢量为$\boldsymbol{X}=X_1X_2\cdots X_k$,输出随机矢量为$\boldsymbol{Y}=Y_1Y_2\cdots Y_k$,则其条件概率有

$$P(Y_1Y_2\cdots Y_{k-1}/X_1X_2\cdots X_{k-1};X_k) = P(Y_1Y_2\cdots Y_{k-1}/X_1X_2\cdots X_{k-1}) \quad (k=2,3,\cdots,N)$$

证明 令传递概率

$$P(Y_1Y_2\cdots Y_{k-1}/X_1X_2\cdots X_{k-1};X_k):\{p(b_{j1}b_{j2}\cdots b_{j(k-1)}/a_{i1}a_{i2}\cdots a_{i(k-1)};a_{ik})\}(3.6.2-1)$$

其中

$$\begin{cases} a_{i1},a_{i2},\cdots a_{ik} \in X:\{a_1,a_2,\cdots,a_r\} \\ i1,i2,\cdots,ik = 1,2,\cdots,r \\ i = 1,2,\cdots,r^k \end{cases} \quad (3.6.2-2)$$

$$\begin{cases} b_{j1},b_{j2},\cdots,b_{jk} \in Y:\{b_1,b_2,\cdots,b_s\} \\ j1,j2,\cdots,jk = 1,2,\cdots,s \\ j = 1,2,\cdots,s^k \end{cases} \quad (3.6.2-3)$$

根据无记忆信道的定义,运用概率运算法则,由$(3.6.1-4)$式,有

$$p(b_{j1}b_{j2}\cdots b_{j(k-1)}/a_{i1}a_{i2}\cdots a_{i(k-1)};a_{ik})$$

$$= \frac{p(b_{j1}b_{j2}\cdots b_{j(k-1)};b_{jk}/a_{i1}a_{i2}\cdots a_{i(k-1)};a_{ik})}{p(b_{jk}/a_{i1}a_{i2}\cdots a_{i(k-1)};a_{ik};b_{j1}b_{j2},\cdots,b_{j(k-1)})}$$

$$= \frac{p(b_{j1}/a_{i1})p(b_{j2}/a_{i2})\cdots p(b_{j(k-1)}/a_{i(k-1)})p(b_{jk}/a_{ik})}{p(b_{jk}/a_{ik})}$$

$$= p(b_{j1}/a_{i1})p(b_{j2}/a_{i2})\cdots p(b_{j(k-1)}/a_{i(k-1)})$$

$$= p(b_{j1}b_{j2}\cdots b_{j(k-1)}/a_{i1}a_{i2}\cdots a_{i(k-1)}) \quad (k=2,3,\cdots,N) \quad (3.6.2-4)$$

即证得

$$P(Y_1Y_2\cdots Y_{k-1}/X_1X_2\cdots X_{k-1};X_k) = P(Y_1Y_2\cdots Y_{k-1}/X_1X_2\cdots X_{k-1})$$
$$(k=2,3,\cdots,N) \quad (3.6.2-5)$$

这样,定理 3.12 就得到了证明.

定理明确指出,无记忆信道$(X-Y)$的N次扩展信道$(\boldsymbol{X}=X_1X_2\cdots X_N-\boldsymbol{Y}=Y_1Y_2\cdots Y_N)k(k=2,3,\cdots,N)$时刻之前的输出随机变量序列$(Y_1Y_2\cdots Y_{k-1})$,只与$k$时刻之前的输入随机变量序列$(X_1X_2\cdots X_{k-1})$有关,与下一时刻$k$的输入随机变量$X_k$无关.这就是无记忆信道$(X-Y)$的"无预感性"(如图 3.6-2(b)所示).定理 3.12 有时也称为无记忆信道的"无预感性"定理.

从空间的总体视角看,无记忆信道的"无预感性",可由图 3.6-2(b)描述.

综合定理 3.11 和 3.12,由$(3.5.3-1)$或$(3.5.3-2)$式定义的无记忆信道$(X-Y)$,既"无记忆",又"无预感".这种信道$(X-Y)$的N次扩展信道$(\boldsymbol{X}=X_1X_2\cdots X_N-\boldsymbol{Y}=Y_1Y_2\cdots Y_N)$可看作$N$个"独立"信道$(X-Y)$的"并列"信道.这就是无记忆信道的"独立并列"特性.

3.6.3　独立并列与信道无记忆

现在,我们反问:独立并列信道,既然是既"无记忆",又"无预感"的信道,那么是否一定无记忆?

定理 3.13　若信道$(X\text{-}Y)$的 N 次扩展信道的输入、输出随机矢量分别为 $\boldsymbol{X}=X_1X_2\cdots X_N$ 和 $\boldsymbol{Y}=Y_1Y_2\cdots Y_N$,且有

$$P(Y_k/X_1X_2\cdots X_k;Y_1Y_2\cdots Y_{k-1}) = P(Y_k/X_k)$$

和

$$P(Y_1Y_2\cdots Y_{k-1}/X_1X_2\cdots X_{k-1};X_k) = P(Y_1Y_2\cdots Y_{k-1}/X_1X_2\cdots X_{k-1})$$

$(k=2,3,\cdots,N)$,则信道$(X\text{-}Y)$一定是无记忆信道.

证明　重复运用给定的"无记忆"和"无预感"条件,由概率的一般运算法则,有

$$p(b_{j1}b_{j2}\cdots b_{jN}/a_{i1}a_{i2}\cdots a_{iN})$$

$$= p(b_{j1}b_{j2}\cdots b_{j(N-1)}/a_{i1}a_{i2}\cdots a_{iN}) \cdot p(b_{jN}/a_{i1}a_{i2}\cdots a_{iN};b_{j1}b_{j2}\cdots b_{j(N-1)})$$

$$= p(b_{j1}b_{j2}\cdots b_{j(N-1)}/a_{i1}a_{i2}\cdots a_{i(N-1)}) \cdot p(b_{jN}/a_{iN})$$

$$= p(b_{j1}b_{j2}\cdots b_{j(N-2)}/a_{i1}a_{i2}\cdots a_{i(N-1)}) \cdot p(b_{j(N-1)}/a_{i1}a_{i2}\cdots a_{i(N-1)};b_{j1}b_{j2}\cdots b_{j(N-2)}) \cdot p(b_{jN}/a_{iN})$$

$$= p(b_{j1}b_{j2}\cdots b_{j(N-2)}/a_{i1}a_{i2}\cdots a_{i(N-2)}) \cdot p(b_{j(N-1)}/a_{i(N-1)}) \cdot p(b_{jN}/a_{iN})$$

$$\vdots$$

$$= p(b_{j1}/a_{i1}) \cdot p(b_{j2}/a_{i2}) \cdot p(b_{j3}/a_{i3}) \cdot \cdots \cdot p(b_{jN}/a_{iN})$$

$$= \prod_{k=1}^{N} p(b_{jk}/a_{ik}) \tag{3.6.3-1}$$

即证得

$$P(Y_1Y_2\cdots Y_N/X_1X_2\cdots X_N) = \prod_{k=1}^{N} P(Y_k/X_k) \tag{3.6.3-2}$$

这样,定理 3.13 就得到了证明.

定理表明:凡是既"无记忆",又"无预感"的信道$(X\text{-}Y)$,一定是由$(3.5.3-1)$式或$(3.5.3-2)$式定义的无记忆信道.

综合定理 3.11、3.12 和 3.13 可知,既"无记忆",又"无预感"的"独立并列"特性,是一个信道是无记忆信道,它的 N 次扩展信道($\boldsymbol{X}=X_1X_2\cdots X_N\text{-}\boldsymbol{Y}=Y_1Y_2\cdots Y_N$)是无记忆扩展信道的必要和充分条件.

3.7　独立并列信道的信道容量

单符号离散信道$(X\text{-}Y)$的 N 次扩展信道($\boldsymbol{X}=X_1X_2\cdots X_N\text{-}\boldsymbol{Y}=Y_1Y_2\cdots Y_N$),是同一个单符号离散信道$(X\text{-}Y)$在 N 个单位时间相继运行 N 次所形成的总体传递作用.

在图 $3.7-1$ 中,有 N 个不同的信道. 它们的输入符号集、输出符号集以及传递概率都不相同. 信道(1)的输入符号集 X_1:$\{a_{11},a_{12},\cdots,a_{1r}\}$、输出符号集 Y_1:$\{b_{11},b_{12},\cdots b_{1s}\}$、传递概率 $P(Y_1/X_1)$:$\{p(b_{1j}/a_{1i})(1i=11,12,\cdots,1r;1j=11,12,\cdots,1s)\}$;信道$(2)$的输入符号集 X_2:$\{a_{21},a_{22},\cdots,a_{2r}\}$、输出符号集 $Y_2\{b_{21},b_{22},\cdots,b_{2s}\}$、传递概率 $P(Y_2/X_2)$:$\{p(b_{2j}/a_{2i})(2i=21,22,\cdots,2r;2j=21,22,\cdots,2s)\}$;……;信道$(N)$的输入符号集 X_N:$\{a_{N1},a_{N2},\cdots,a_{Nr}\}$、输出符号集

$Y_N:\{b_{N1},b_{N2},\cdots,b_{Ns}\}$、传递概率 $P(Y_N/X_N):\{p(b_{Nj}/a_{Ni})(Ni=N1,N2,\cdots,Nr;Nj=N1,N2,\cdots,Ns)\}$.

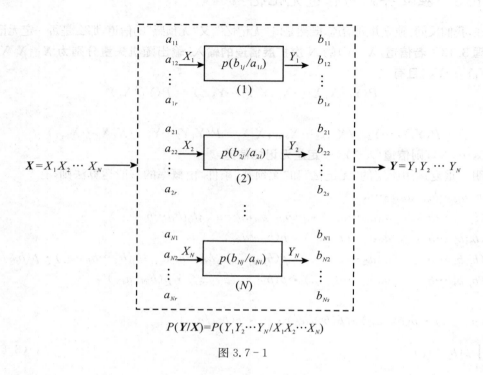

$$P(\boldsymbol{Y}/\boldsymbol{X})=P(Y_1Y_2\cdots Y_N/X_1X_2\cdots X_N)$$

图 3.7-1

N 个信道的输入随机变量 X_1、X_2、$\cdots$、X_N 构成输入随机矢量 $\boldsymbol{X}=X_1X_2\cdots X_N$. 随机变量 $X_1:\{a_{11},a_{12},\cdots,a_{1r}\}$ 通过(1)信道,输出随机变量 $Y_1:\{b_{11},b_{12},\cdots,b_{1s}\}$;随机变量 $X_2:\{a_{21},a_{22},\cdots,a_{2r}\}$通过(2)信道,输出随机变量 $Y_2:\{b_{21},b_{22},\cdots,b_{2s}\}$;$\cdots\cdots$;随机变量 $X_N:\{a_{N1},a_{N2},\cdots,a_{Nr}\}$ 通过(N)信道,输出随机变量 $Y_N:\{b_{N1},b_{N2},\cdots,b_{Ns}\}$. 在输出端,相应输出随机变量 Y_1、Y_2、$\cdots$、Y_N 构成的随机矢量 $\boldsymbol{Y}=Y_1Y_2\cdots Y_N$. 这种呈现把随机矢量 $\boldsymbol{X}=X_1X_2\cdots X_N$ 传递为随机矢量 $\boldsymbol{Y}=Y_1Y_2\cdots Y_N$ 总体传递效果的新"信道",称为"并列信道".

3.7.1 并列信道的数学模型

1. 输入符号集

并列信道($\boldsymbol{X}=X_1X_2\cdots X_N$ - $\boldsymbol{Y}=Y_1Y_2\cdots Y_N$)的输入随机矢量 $\boldsymbol{X}=X_1X_2\cdots X_N$ 的每一消息 α_i 由 N 个符号组成,即

$$\begin{cases}\alpha_i=(a_{1i}a_{2i}\cdots a_{Ni})\\ a_{1i}\in X_1:\{a_{11},a_{12},\cdots,a_{1r}\} \quad 1i=11,12,\cdots,1r\\ a_{2i}\in X_2:\{a_{21},a_{22},\cdots,a_{2r}\} \quad 2i=21,22,\cdots,2r\\ \vdots\\ a_{Ni}\in X_N:\{a_{N1},a_{N2},\cdots,a_{Nr}\} \quad Ni=N1,N2,\cdots,Nr\\ i=1,2,\cdots,[(1r)\cdot(2r)\cdot\cdots\cdot(Nr)]\end{cases} \tag{3.7.1-1}$$

2. 输出符号集

并列信道($\boldsymbol{X}=X_1X_2\cdots X_N$ - $\boldsymbol{Y}=Y_1Y_2\cdots Y_N$)的输出随机矢量 $\boldsymbol{Y}=Y_1Y_2\cdots Y_N$ 的每一消息 β_j

由 N 个符号组成,即

$$\begin{cases} \beta_j = (b_{1j}b_{2j}\cdots b_{Nj}) \\ b_{1j} \in Y_1:\{b_{11},b_{12},\cdots,b_{1s}\} \quad 1j = 11,12,\cdots,1s \\ b_{2j} \in Y_2:\{b_{21},b_{22},\cdots,b_{2s}\} \quad 2j = 21,22,\cdots,2s \\ \vdots \\ b_{Nj} \in Y_N:\{b_{N1},b_{N2},\cdots,b_{Ns}\} \quad Nj = N1,N2,\cdots,Ns \\ j = 1,2,\cdots,[(1s)\cdot(2s)\cdot\cdots\cdot(Ns)] \end{cases} \tag{3.7.1-2}$$

3. 传递概率

并列信道($\boldsymbol{X}=X_1X_2\cdots X_N - \boldsymbol{Y}=Y_1Y_2\cdots Y_N$)的输入随机矢量 $\boldsymbol{X}=X_1X_2\cdots X_N$ 与输出随机矢量 $\boldsymbol{Y}=Y_1Y_2\cdots Y_N$ 之间的条件概率

$$P(\boldsymbol{Y}/\boldsymbol{X}) = P(Y_1Y_2\cdots Y_N/X_1X_2\cdots X_N)$$

表示并列信道($\boldsymbol{X}-\boldsymbol{Y}$)的传递概率. 其中输入消息 $\alpha_i=(a_{1i}a_{2i}\cdots a_{Ni})$ 与输出消息 $\beta_j=(b_{1j}b_{2j}\cdots b_{Nj})$ 的传递概率为

$$p(\beta_j/\alpha_i) = p(b_{1j}b_{2j}\cdots b_{Nj}/a_{1i}a_{2i}\cdots a_{Ni}) \tag{3.7.1-3}$$

其中,

$$\begin{cases} a_{1i} \in X_1:\{a_{11},a_{12},\cdots,a_{1r}\} \quad 1i = 11,12,\cdots,1r \\ a_{2i} \in X_2:\{a_{21},a_{22},\cdots,a_{2r}\} \quad 2i = 21,22,\cdots,2r \\ \vdots \\ a_{Ni} \in X_N:\{a_{N1},a_{N2},\cdots,a_{Nr}\} \quad Ni = N1,N2,\cdots,Nr \\ i = 1,2,\cdots,[(1r)\cdot(2r)\cdot\cdots\cdot(Nr)] \end{cases} \tag{3.7.1-4}$$

$$\begin{cases} b_{1j} \in Y_1:\{b_{11},b_{12},\cdots,b_{1s}\} \quad 1j = 11,12,\cdots,1s \\ b_{2j} \in Y_2:\{b_{21},b_{22},\cdots,b_{2s}\} \quad 2j = 21,22,\cdots,2s \\ \vdots \\ b_{Nj} \in Y_N:\{b_{N1},b_{N2},\cdots,b_{Ns}\} \quad Nj = N1,N2,\cdots,Ns \\ j = 1,2,\cdots,[(1s)\cdot(2s)\cdot\cdots\cdot(Ns)] \end{cases} \tag{3.7.1-5}$$

显然,有

$$0 \leqslant p(\beta_j/\alpha_i) \leqslant 1$$
$$(i = 1,2,\cdots,[(1r)\cdot(2r)\cdot\cdots\cdot(Nr)];j = 1,2,\cdots,[(1s)\cdot(2s)\cdot\cdots\cdot(Ns)]) \tag{3.7.1-6}$$

和

$$\sum_{j=1}^{(1s)\cdot(2s)\cdot\cdots\cdot(Ns)} p(\beta_j/\alpha_i) = 1 \quad (i = 1,2,\cdots,[(1r)\cdot(2r)\cdot\cdots\cdot(Nr)]) \tag{3.7.1-7}$$

4. 信道矩阵

并列信道($\boldsymbol{X}=X_1X_2\cdots X_N - \boldsymbol{Y}=Y_1Y_2\cdots Y_N$)数学模型的三大因素:输入符号集 $\boldsymbol{X}=X_1X_2\cdots X_N:\{\alpha_i(i=1,2,\cdots,[(1r)\cdot(2r)\cdot\cdots\cdot(Nr)])\}$、输出符号集 $\boldsymbol{Y}=Y_1Y_2\cdots Y_N:\{\beta_j(j=1,2,\cdots,[(1s)\cdot(2s)\cdot\cdots\cdot(Ns)])\}$、传递概率 $P(\boldsymbol{Y}/\boldsymbol{X}):\{p(\beta_j/\alpha_i)(i=1,2,\cdots,[(1r)\cdot(2r)\cdot\cdots\cdot(Nr)];j=1,2,\cdots,[(1s)\cdot(2s)\cdot\cdots\cdot(Ns)])\}$可集中由信道矩阵

$$[P_N] = \begin{matrix} & \beta_1 & \beta_2 & \cdots & \beta_{[(1s)(2s)\cdots(Ns)]} \\ \alpha_1 \\ \alpha_2 \\ \vdots \\ \alpha_{[(1r)(2r)\cdots(Nr)]} \end{matrix} \begin{bmatrix} p(\beta_1/\alpha_1) & p(\beta_2/\alpha_1) & \cdots & p(\beta_{[(1s)(2s)\cdots(Ns)]}/\alpha_1) \\ p(\beta_1/\alpha_2) & p(\beta_2/\alpha_2) & \cdots & p(\beta_{[(1s)(2s)\cdots(Ns)]}/\alpha_2) \\ \vdots \\ p(\beta_1/\alpha_{[(1r)(2r)\cdots(Nr)]}) & p(\beta_2/\alpha_{[(1r)(2r)\cdots(Nr)]}) & \cdots & p(\beta_{[(1s)(2s)\cdots(Ns)]}/\alpha_{[(1r)(2r)\cdots(Nr)]}) \end{bmatrix}$$

$$\tag{3.7.1-8}$$

表示. 由此, 信道矩阵$[P_N]$称为并列信道($\boldsymbol{X}=X_1X_2\cdots X_N-\boldsymbol{Y}=Y_1Y_2\cdots Y_N$)的"数学模型". 由 (3.7.1-6)、(3.7.1-7)式可知, 矩阵$[P_N]$中任一元素都处于$[0,1]$之中, 任何一行元素之和都等于 1.

3.7.2　并列信道的概率变化关系

设图 3.7-1 中输入随机矢量 $\boldsymbol{X}=X_1X_2\cdots X_N$ 的概率分布

$$P(\boldsymbol{X}) = P(X_1X_2\cdots X_N) : \{p(\alpha_i) = p(a_{1i}a_{2i}\cdots a_{Ni})\} \tag{3.7.2-1}$$

其中

$$\begin{cases} a_{1i} \in X_1 : \{a_{11}, a_{12}, \cdots, a_{1r}\} & 1i = 11, 12, \cdots, 1r \\ a_{2i} \in X_2 : \{a_{21}, a_{22}, \cdots, a_{2r}\} & 2i = 21, 22, \cdots, 2r \\ \vdots \\ a_{Ni} \in X_N : \{a_{N1}, a_{N2}, \cdots, a_{Nr}\} & Ni = N1, N2, \cdots, Nr \\ i = 1, 2, \cdots, [(1r) \cdot (2r) \cdot \cdots \cdot (Nr)] \end{cases} \tag{3.7.2-2}$$

且有

$$\sum_{i=1}^{(1r)\cdot(2r)\cdot\cdots\cdot(Nr)} p(\alpha_i) = \sum_{1i=1}^{1r}\sum_{2i=1}^{2r}\cdots\sum_{Ni=1}^{Nr} p(a_{1i}a_{2i}\cdots a_{Ni}) = 1 \tag{3.7.2-3}$$

又设图 3.7-1 并列信道($\boldsymbol{X}=X_1X_2\cdots X_N-\boldsymbol{Y}=Y_1Y_2\cdots Y_N$)的传递概率为

$$P(\boldsymbol{Y}/\boldsymbol{X}) = P(Y_1Y_2\cdots Y_N/X_1X_2\cdots X_N) : \{p(\beta_j/\alpha_i) = p(b_{1j}b_{2j}\cdots b_{Nj}/a_{1i}a_{2i}\cdots a_{Ni})\}$$

$$\tag{3.7.2-4}$$

其中

$$\begin{cases} a_{1i} \in X_1 : \{a_{11}, a_{12}, \cdots, a_{1r}\} & 1i = 11, 12, \cdots, 1r \\ a_{2i} \in X_2 : \{a_{21}, a_{22}, \cdots, a_{2r}\} & 2i = 21, 22, \cdots, 2r \\ \vdots \\ a_{Ni} \in X_N : \{a_{N1}, a_{N2}, \cdots, a_{Nr}\} & Ni = N1, N2, \cdots, Nr \\ i = 1, 2, \cdots, [(1r)(2r)\cdots(Nr)] \end{cases} \tag{3.7.2-5}$$

$$\begin{cases} b_{1j} \in Y_1 : \{b_{11}, b_{12}, \cdots, b_{1s}\} & 1j = 11, 12, \cdots, 1s \\ b_{2j} \in Y_2 : \{b_{21}, b_{22}, \cdots, b_{2s}\} & 2j = 21, 22, \cdots, 2s \\ \vdots \\ b_{Nj} \in Y_N : \{b_{N1}, b_{N2}, \cdots, b_{Ns}\} & Nj = N1, N2, \cdots, Ns \\ j = 1, 2, \cdots, [(1s)(2s)\cdots(Ns)] \end{cases} \tag{3.7.2-6}$$

（1）输入随机矢量 $\boldsymbol{X}=X_1X_2\cdots X_N$ 和输出随机矢量 $\boldsymbol{Y}=Y_1Y_2\cdots Y_N$ 的联合概率分布

$$P(\boldsymbol{XY}) = P(X_1 X_2 \cdots X_N; Y_1 Y_2 \cdots Y_N) : \{p(\alpha_i \beta_j)\} \tag{3.7.2-7}$$

其中

$$p(\alpha_i \beta_j) = p(a_{1i} a_{2i} \cdots a_{Ni}; b_{1j} b_{2j} \cdots b_{Nj})$$

$$= p(a_{1i} a_{2i} \cdots a_{Ni}) p(b_{1j} b_{2j} \cdots b_{Nj} / a_{1i} a_{2i} \cdots a_{Ni}) \tag{3.7.2-8}$$

由(3.7.2-3)式和(3.7.1-7)式,有

$$\sum_{i=1}^{(1r)(2r)\cdots(Nr)} \sum_{j=1}^{(1s)(2s)\cdots(Ns)} p(\alpha_i \beta_j)$$

$$= \sum_{i=1}^{(1r)(2r)\cdots(Nr)} p(\alpha_i) \sum^{(1s)(2s)\cdots(Ns)} p(\beta_j / \alpha_i) = 1 \cdot 1 = 1 \tag{3.7.2-9}$$

（2）输出随机矢量 $\boldsymbol{Y} = Y_1 Y_2 \cdots Y_N$ 的概率分布

$$P(\boldsymbol{Y}) = P(Y_1 Y_2 \cdots Y_N) : \{p(\beta_j)\}$$

其中

$$p(\beta_j) = p(b_{1j} b_{2j} \cdots b_{Nj})$$

$$= \sum_{1i=1}^{1r} \sum_{2i=1}^{2r} \cdots \sum_{Ni=1}^{Nr} p(a_{1i} a_{2i} \cdots a_{Ni}; b_{1j} b_{2j} \cdots b_{Nj})$$

$$= \sum_{1i=1}^{1r} \sum_{2i=1}^{2r} \cdots \sum_{Ni=1}^{Nr} p(a_{1i} a_{2i} \cdots a_{Ni}) p(b_{1j} b_{2j} \cdots b_{Nj} / a_{1i} a_{2i} \cdots a_{Ni}) \tag{3.7.2-10}$$

由(3.7.2-3)式、(3.7.1-7)式,有

$$\sum_{j=1}^{(1s)(2s)\cdots(Ns)} p(\beta_j) = 1 \tag{3.7.2-11}$$

（3）后验概率分布

$$P(\boldsymbol{X}/\boldsymbol{Y}) = P(X_1 X_2 \cdots X_N / Y_1 Y_2 \cdots Y_N) : \{p(\alpha_i / \beta_j)\} \tag{3.7.2-12}$$

其中

$$p(\alpha_i / \beta_j) = \frac{p(\alpha_i \beta_j)}{p(\beta_j)} = \frac{p(\alpha_i) p(\beta_j / \alpha_i)}{\sum_i p(\alpha_i) p(\beta_j / \alpha_i)}$$

$$= \frac{p(a_{1i} a_{2i} \cdots a_{Ni}) p(b_{1j} b_{2j} \cdots b_{Nj} / a_{1i} a_{2i} \cdots a_{Ni})}{\sum_{1i=1}^{1r} \sum_{2i=1}^{2r} \cdots \sum_{Ni=1}^{Nr} p(a_{1i} a_{2i} \cdots a_{Ni}) p(b_{1j} b_{2j} \cdots b_{Nj} / a_{1i} a_{2i} \cdots a_{Ni})} \tag{3.7.2-13}$$

显然,有

$$\sum_{i=1}^{(1r)(2r)\cdots(Nr)} p(\alpha_1 / \beta_j) = 1 \quad (j = 1, 2, \cdots, [(1s)(2s) \cdots (Ns)]) \tag{3.7.2-14}$$

3.7.3　独立并列信道平均互信息的极值性

1. 独立并列信道的定义

信道的传递特性主要取决于传递概率. 一般并列信道（$\boldsymbol{X} = X_1 X_2 \cdots X_N - \boldsymbol{Y} = Y_1 Y_2 \cdots Y_N$）的传递概率 $P(\boldsymbol{Y}/\boldsymbol{X}) = P(Y_1 Y_2 \cdots Y_N / X_1 X_2 \cdots X_N)$ 与各信道（$X_k - Y_k$）($k = 1, 2, \cdots, N$）自身的传递概率 $P(Y_k / X_k)$($k = 1, 2, \cdots, N$）没有什么直接联系.

若并列信道（$\boldsymbol{X} = X_1 X_2 \cdots X_N - \boldsymbol{Y} = Y_1 Y_2 \cdots Y_N$）的传递概率 $P(\boldsymbol{Y}/\boldsymbol{X}) = P(Y_1 Y_2 \cdots Y_N / X_1 X_2 \cdots$

X_N),等于 N 个信道($X_k - Y_k$)($k=1,2,\cdots,N$)各自的传递概率 $P(Y_k/X_k)$($k=1,2,\cdots,N$)的连乘,即

$$P(\boldsymbol{Y}/\boldsymbol{X}) = P(Y_1 Y_2 \cdots Y_N / X_1 X_2 \cdots X_N)$$

$$= P(Y_1/X_1) P(Y_2/X_2) \cdots P(Y_N/X_N)$$

$$= \prod_{k=1}^{N} P(Y_k/X_k) \tag{3.7.3-1}$$

即输入消息 α_i 和输出消息 β_j 之间的传递概率

$$p(\beta_j/\alpha_i) = p(b_{1j} b_{2j} \cdots b_{Nj} / a_{1i} a_{2i} \cdots a_{Ni})$$

$$= p(b_{1j}/a_{1i}) p(b_{2j}/a_{2i}) \cdots p(b_{Nj}/a_{Ni})$$

$$= \prod_{k=1}^{N} p(b_{kj}/a_{ki}) \tag{3.7.3-2}$$

则并列信道($\boldsymbol{X}=X_1 X_2 \cdots X_N - \boldsymbol{Y}=Y_1 Y_2 \cdots Y_N$)称为"独立并列"信道.

由定义(3.7.3-1)式或(3.7.3-2)式可知,无记忆信道($X-Y$)的 N 次扩展信道($X-Y$),是当 N 个信道($X_k - Y_k$)($k=1,2,\cdots,N$)是同一信道($X-Y$)时,独立并列信道($\boldsymbol{X}-\boldsymbol{Y}$)的一个特例.

2. 独立并列信道平均互信息的极值性

独立并列信道($\boldsymbol{X}=X_1 X_2 \cdots X_N - \boldsymbol{Y}=Y_1 Y_2 \cdots Y_N$)平均联合互信息 $I(\boldsymbol{X};\boldsymbol{Y}) = I(X_1 X_2 \cdots X_N;$ $Y_1 Y_2 \cdots Y_N)$是否存在最大值? 最大值是什么? 什么情况下能达其最大值?

定理 3.14 由 N 个信道组成的独立并列信道($\boldsymbol{X}=X_1 X_2 \cdots X_N - \boldsymbol{Y}=Y_1 Y_2 \cdots Y_N$)的平均联合互信息 $I(\boldsymbol{X};\boldsymbol{Y}) = I(X_1 X_2 \cdots X_N;Y_1 Y_2 \cdots Y_N)$,一定不会超过各信道($X_k - Y_k$)自身平均互信息 $I(X_k;Y_k)$($k=1,2,\cdots,N$)之和 $\sum\limits_{k=1}^{N} I(X_k;Y_k)$,即

$$I(\boldsymbol{X};\boldsymbol{Y}) = I(X_1 X_2 \cdots X_N;Y_1 Y_2 \cdots Y_N) \leqslant \sum_{k=1}^{N} I(X_k;Y_k)$$

当且仅当输入随机变量 $X_1, X_2, \cdots, X_N$ 之间统计独立,即 $\boldsymbol{X}=X^N=X_1 X_2 \cdots X_N$ 时,等式才成立.

证明 设由 N 个信道组成独立并列信道($\boldsymbol{X}=X_1 X_2 \cdots X_N - \boldsymbol{Y}=Y_1 Y_2 \cdots Y_N$)(如图 3.7-2 所示).

(1) 独立并列信道($\boldsymbol{X}=X_1 X_2 \cdots X_N - \boldsymbol{Y}=Y_1 Y_2 \cdots Y_N$)的平均联合互信息

$$I(\boldsymbol{X};\boldsymbol{Y}) = I(X_1 X_2 \cdots X_N;Y_1 Y_2 \cdots Y_N)$$

$$= \sum_i \sum_j p(\alpha_i \beta_j) \log \frac{p(\beta_j/\alpha_i)}{p(\beta_j)}$$

$$= \sum_{1i=1}^{1r} \cdots \sum_{Ni=1}^{Nr} \sum_{1j=1}^{1s} \cdots \sum_{Nj=1}^{Ns} p(a_{1i} a_{2i} \cdots a_{Ni};b_{1j} b_{2j} \cdots b_{Nj}) \cdot \log \frac{p(b_{1j} b_{2j} \cdots b_{Nj} / a_{1i} a_{2i} \cdots a_{Ni})}{p(b_{1j} b_{2j} \cdots b_{Nj})}$$

$$= \sum_{1i=1}^{1r} \cdots \sum_{Ni=1}^{Nr} \sum_{1j=1}^{1s} \cdots \sum_{Nj=1}^{Ns} p(a_{1i} a_{2i} \cdots a_{Ni};b_{1j} b_{2j} \cdots b_{Nj})$$

$$\cdot \log \frac{p(b_{1j}/a_{1i}) p(b_{2j}/a_{2i}) \cdots p(b_{Nj}/a_{Ni})}{p(b_{1j} b_{2j} \cdots b_{Nj})} \tag{3.7.3-1}$$

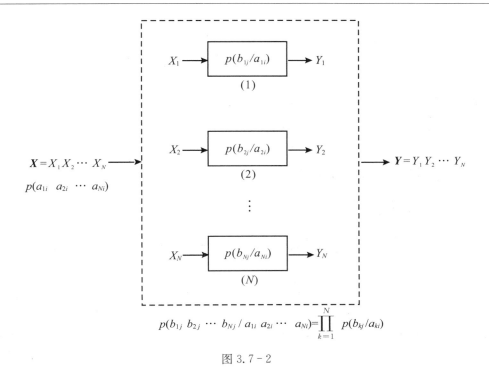

$$p(b_{1j}\ b_{2j}\ \cdots\ b_{Nj}\ /\ a_{1i}\ a_{2i}\ \cdots\ a_{Ni}) = \prod_{k=1}^{N} p(b_{kj}/a_{ki})$$

图 3.7-2

（2）输入随机矢量 $\boldsymbol{X} = X_1 X_2 \cdots X_N$ 中各随机变量 $X_k(k=1,2,\cdots,N)$ 各自单独通过信道 $(X_k - Y_k)$ 的平均互信息

$$I(X_k; Y_k) = \sum_{ki=1}^{kr} \sum_{kj=1}^{ks} p(a_{ki} b_{kj}) \log \frac{p(b_{kj}/a_{ki})}{p(b_{kj})}$$

$$= \sum_{1i=1}^{1r} \cdots \sum_{Ni=1}^{Nr} \sum_{1j=1}^{1s} \cdots \sum_{Nj=1}^{Ns} p(a_{1i} a_{2i} \cdots a_{Ni}; b_{1j} b_{2j} \cdots b_{Nj})$$

$$\cdot \log \frac{p(b_{kj}/a_{ki})}{p(b_{kj})} \tag{3.7.3-2}$$

则 $I(X_k; Y_k)(k=1,2,\cdots,N)$ 之和

$$\sum_{k=1}^{N} I(X_k; Y_k) = \sum_{k=1}^{N} \Big[\sum_{1i=1}^{1r} \cdots \sum_{Ni=1}^{Nr} \sum_{1j=1}^{1s} \cdots \sum_{Nj=1}^{Ns} p(a_{1i} a_{2i} \cdots a_{Ni}; b_{1j} b_{2j} \cdots b_{Nj}) \cdot \log \frac{p(b_{kj}/a_{ki})}{p(b_{kj})} \Big]$$

$$= \sum_{1i=1}^{1r} \cdots \sum_{Ni=1}^{Nr} \sum_{1j=1}^{1s} \cdots \sum_{Nj=1}^{Ns} p(a_{1i} a_{2i} \cdots a_{Ni}; b_{1j} b_{2j} \cdots b_{Nj})$$

$$\cdot \log \frac{p(b_{1j}/a_{1i})\,p(b_{2j}/a_{2i})\cdots p(b_{Nj}/a_{Ni})}{p(b_{1j})\,p(b_{2j})\cdots p(b_{Nj})} \tag{3.7.3-3}$$

（3）由 N 个信道 $(X_k - Y_k)(k=1,2,\cdots,N)$ 组成的独立并列信道 $(\boldsymbol{X} = X_1 X_2 \cdots X_N - \boldsymbol{Y} = Y_1 Y_2 \cdots Y_N)$ 的平均互信息 $I(X_1 X_2 \cdots X_N; Y_1 Y_2 \cdots Y_N)$，与 N 各信道 $(X_k\text{-}Y_k)(k=1,2,\cdots,N)$ 各自信道平均互信息 $I(X_k; Y_k)(k=1,2,\cdots,N)$ 之和 $\sum_{k=1}^{N} I(X_k; Y_k)$ 的差

$$I(X_1 X_2 \cdots X_N; Y_1 Y_2 \cdots Y_N) - \sum_{k=1}^{N} I(X_k; Y_k)$$

$$= \sum_{1i=1}^{1r} \cdots \sum_{Ni=1}^{Nr} \sum_{1j=1}^{1s} \cdots \sum_{Nj=1}^{Ns} p(a_{1i}a_{2i}\cdots a_{Ni};b_{1j}b_{2j}\cdots b_{Nj})$$

$$\cdot \log \frac{p(b_{1j})p(b_{2j})\cdots p(b_{Nj})}{p(b_{1j}b_{2j}\cdots b_{Nj})} \tag{3.7.3-4}$$

根据定理 1.6,由不等式(1.3.1-23),等式(3.7.3-4)改写为

$$I(X_1X_2\cdots X_N;Y_1Y_2\cdots Y_N) - \sum_{k=1}^{N} I(X_k;Y_k)$$

$$\leqslant \log\Big[\sum_{1i=1}^{1r} \cdots \sum_{Ni=1}^{Nr} \sum_{1j=1}^{1s} \cdots \sum_{Nj=1}^{Ns} p(a_{1i}a_{2i}\cdots a_{Ni};b_{1j}b_{2j}\cdots b_{Nj})$$

$$\cdot \frac{p(b_{1j})p(b_{2j})\cdots p(b_{Nj})}{p(b_{1j}b_{2j}\cdots b_{Nj})}\Big]$$

$$= \log\Big[\sum_{1i=1}^{1r} \cdots \sum_{Ni=1}^{Nr} \sum_{1j=1}^{1s} \cdots \sum_{Nj=1}^{Ns} p(a_{1i}a_{2i}\cdots a_{Ni}/b_{1j}b_{2j}\cdots b_{Nj})p(b_{1j})p(b_{2j})\cdots p(b_{Nj})\Big]$$

$$= \log\Big[\sum_{1j=1}^{1s} p(b_{1j})\sum_{2j=1}^{2s} p(b_{2j})\cdots \sum_{Nj=1}^{Ns} p(b_{Nj}) \cdot \sum_{1i=1}^{1r} \cdots \sum_{Ni=1}^{Nr} p(a_{1i}a_{2i}\cdots a_{Ni}/b_{1j}b_{2j}\cdots b_{Nj})\Big]$$

$$\tag{3.7.3-5}$$

在不等式(3.7.3-5)中,$p(b_{kj})(k=1,2,\cdots,N)$是 k 信道($X_k - Y_k$)的输出随机变量 Y_k 的概率分布,必有

$$\sum_{kj=1}^{ks} p(b_{kj}) = 1 \quad (k=1,2,\cdots,N) \tag{3.7.3-6}$$

再由式(3.7.2-14),不等式(3.7.3-5)可改写为

$$I(X_1X_2\cdots X_N;Y_1Y_2\cdots Y_N) - \sum_{k=1}^{N} I(X_k;Y_k)$$

$$\leqslant \log(1 \cdot 1 \cdot \cdots \cdot 1 \cdot 1)$$

$$= \log 1 = 0 \tag{3.7.3-7}$$

即证得

$$I(\boldsymbol{X};\boldsymbol{Y}) = I(X_1X_2\cdots X_N;Y_1Y_2\cdots Y_N) \leqslant \sum_{k=1}^{N} I(X_k;Y_k) \tag{3.7.3-8}$$

（4）由(3.7.3-5)式可知,当且仅当

$$p(a_{1i}a_{2i}\cdots a_{Ni}) = p(a_{1i})p(a_{2i})\cdots p(a_{Ni}) \tag{3.7.3-9}$$

其中,

$$\begin{cases} a_{1i} \in X_1:\{a_{11},a_{12},\cdots,a_{1r}\} & 1i = 11,12,\cdots,1r \\ 2i \in X_2:\{a_{21},a_{22},\cdots,a_{2r}\} & 2i = 21,22,\cdots,2r \\ \vdots \\ a_{Ni} \in X_N:\{a_{N1},a_{N2},\cdots,a_{Nr}\} & Ni = N1,N2,\cdots,Nr \\ i = 1,2,\cdots,[(1r)(2r)\cdots(Nr)] \end{cases}$$

等式(3.7.2-10)中的

$$p(b_{1j}b_{2j}\cdots b_{Nj}) = \sum_{1i=1}^{1r} \sum_{2i=1}^{2r} \cdots \sum_{Ni=1}^{Nr} p(a_{1i}a_{2i}\cdots a_{Ni};b_{1j}b_{2j}\cdots b_{Nj})$$

$$= \sum_{1i=1}^{1r} \sum_{2i=1}^{2r} \cdots \sum_{Ni=1}^{Nr} p(a_{1i}a_{2i}\cdots a_{Ni}) p(b_{1j}b_{2j}\cdots b_{Nj}/a_{1i}a_{2i}\cdots a_{Ni})$$

$$= \sum_{1i=1}^{1r} \cdots \sum_{Ni=1}^{Nr} p(a_{1i}) p(a_{2i})\cdots p(a_{Ni}) p(b_{1j}/a_{1i}) p(b_{2j}/a_{2i})\cdots p(b_{Nj}/a_{Ni})$$

$$= \sum_{1i=1}^{1r} p(a_{i1}) p(b_{1j}/a_{1i}) \sum_{2i=1}^{2r} p(a_{2i}) p(b_{2j}/a_{2i}) \cdots \sum_{Ni=1}^{Nr} p(a_{Ni}) p(b_{Nj}/a_{Ni})$$

$$= \sum_{1i=1}^{1r} p(a_{1i}b_{1j}) \sum_{2i=1}^{2r} p(a_{2i}b_{2j})\cdots \sum_{Ni=1}^{Nr} p(a_{Ni}b_{Nj})$$

$$= p(b_{1j}) p(b_{2j})\cdots p(b_{Nj}) \tag{3.7.3-10}$$

其中

$$\begin{cases} b_{1j}\in Y_1:\{b_{11},b_{12},\cdots,b_{1s}\} & 1j=11,12,\cdots,1s \\ b_{2j}\in Y_2:\{b_{21},b_{22},\cdots,b_{2s}\} & 2j=21,22,\cdots,2s \\ \vdots \\ b_{Nj}\in Y_N:\{b_{N1},b_{N2},\cdots,b_{Ns}\} & Nj=N1,N2,\cdots,Ns \\ j=1,2,\cdots,[(1s)(2s)\cdots(Ns)] \end{cases} \tag{3.7.3-11}$$

这时,才有

$$I(X_1X_2\cdots X_N;Y_1Y_2\cdots Y_N) - \sum_{k=1}^{N} I(X_k;Y_k)$$

$$= \sum_{1i=1}^{1r} \cdots \sum_{Ni=1}^{Nr} \sum_{1j=1}^{1s} \cdots \sum_{Nj=1}^{Ns} p(a_{1i}a_{2i}\cdots a_{Ni};b_{1j}b_{2j}\cdots b_{Nj})\log 1 = 0 \tag{3.7.3-12}$$

即使不等式(3.7.3-8)中的等式成立,即

$$I(X_1X_2\cdots X_N;Y_1Y_2\cdots Y_N) = \sum_{k=1}^{N} I(X_k;Y_k) \tag{3.7.3-13}$$

由(3.7.3-8)式和(3.7.3-13)式,定理3.14就得到了证明.

这个定理告诉我们:由 N 个信道$(X_k - Y_k)(k=1,2,\cdots,N)$构成的独立并列信道$(\boldsymbol{X}=X_1X_2\cdots X_N - \boldsymbol{Y}=Y_1Y_2\cdots Y_N)$平均联合互信息 $I(X_1X_2\cdots X_N;Y_1Y_2\cdots Y_N)$ 的最大值是各信道$(X_k - Y_k)$ $(k=1,2,\cdots,N)$各自平均互信息 $I(X_k;Y_k)(k=1,2,\cdots,N)$ 之和 $\sum_{k=1}^{N} I(X_k;Y_k)$. 当且仅当各信道$(X_k - Y_k)(k=1,2,\cdots,N)$的输入随机变量 $X_1,X_2,\cdots,X_N$ 之间统计独立,即独立并列信道$(\boldsymbol{X}=X_1X_2\cdots X_N - \boldsymbol{Y}=Y_1Y_2\cdots Y_N)$的输入随机矢量 $\boldsymbol{X}=X_1X_2\cdots X_N$ 无记忆时,平均联合互信息 $I(X_1X_2\cdots X_N;Y_1Y_2\cdots Y_N)$ 才能达到最大值 $\sum_{k=1}^{N} I(X_k;Y_k)$. 这就是独立并列信道平均互信息的极值性.

3.7.4　信道容量的计算

信道容量是信道信息传输能力的指标性特征参量. 定理3.14指明,由 N 个信道组成的独立并列信道的平均联合互信息的最大值,是各信道平均互信息之和.那么,独立并列信道的信道容量,与各信道平均互信息之和之间,一定存在内在联系.

推论(1)　由 N 个信道构成的独立并列信道的**联合信道容量** C_{N_0},等于各信道自身的信道容量 $C_k(k=1,2,\cdots,N)$之和,即

$$C_{N_0} = \sum_{k=1}^{N} C_k$$

其匹配信源 $X = X_1 X_2 \cdots X_N$ 中，随机变量 $X_k (k=1,2,\cdots,N)$ 是相应信道 (k) 的匹配信源，并且相互之间统计独立.

证明　根据信道容量的定义，由定理 3.14，图 3.7-2 所示独立并列信道的信道容量

$$C_{N_0} = \max_{P(X_1 X_2 \cdots X_N)} \{ I(X_1 X_2 \cdots X_N ; Y_1 Y_2 \cdots Y_N) \}$$

$$= \max_{P(X_1)P(X_2)\cdots P(X_N)} \left\{ \sum_{k=1}^{N} I(X_k ; Y_k) \right\}$$

$$= \max_{P(X_1)P(X_2)\cdots P(X_N)} \{ I(X_1 ; Y_1) + I(X_2 ; Y_2) + \cdots + I(X_N ; Y_N) \}$$

$$= \max_{P(X_1)} \{ I(X_1 ; Y_1) \} + \max_{P(X_2)} \{ I(X_2 ; Y_2) \} + \cdots + \max_{P(X_N)} \{ I(X_N ; Y_N) \}$$

$$= C_1 + C_2 + \cdots + C_N$$

$$= \sum_{k=1}^{N} C_k \tag{3.7.4-1}$$

其中，$C_1, C_2, \cdots, C_N$ 是信道 $(X_1 - Y_1), (X_2 - Y_2), \cdots, (X_N - Y_N)$ 的信道容量. 这样，推论(1)就得到了证明.

推论(2)　设离散无记忆信道 $(X-Y)$ 的信道容量为 C_0，匹配信源为离散无记忆信源 X. 则离散无记忆信道 $(X-Y)$ 的 N 次扩展信道 $(X = X_1 X_2 \cdots X_N - Y = Y_1 Y_2 \cdots Y_N)$ 的信道容量 C_{N_0}，等于离散无记忆信道 $(X-Y)$ 的信道容量 C_0 的 N 倍，即有

$$C_{N_0} = NC_0$$

其匹配信源是离散无记忆信源 X 的 N 次扩展信源 $X^N = X_1 X_2 \cdots X_N$.

证明　离散无记忆信道 $(X-Y)$ 的 N 次扩展信道 $(X = X_1 X_2 \cdots X_N - Y = Y_1 Y_2 \cdots Y_N)$，是当 N 个信道 $(X_k - Y_k)(k=1,2,\cdots,N)$ 是同一个离散无记忆信道 $(X-Y)$ 时，由 N 个信道 $(X_k - Y_k)(k=1,2,\cdots,N)$ 组成的独立并列信道 $(X = X_1 X_2 \cdots X_N - Y = Y_1 Y_2 \cdots Y_N)$ 的一个特例(如图 3.7-3).

在图 3.7-3 中，若离散无记忆信源 $X: \{a_1, a_2, \cdots, a_r\}$ 是离散无记忆信道 $(X-Y)$ 的匹配信源，即

$$\max_{P(X)} \{ I(X;Y) \} = C_0 \tag{3.7.4-2}$$

这时，根据定理 3.14，离散无记忆信道 $(X-Y)$ 的 N 次扩展信道的信道容量

$$C_{N_0} = \max_{P(X_1 X_2 \cdots X_N)} \{ I(X_1 X_2 \cdots X_N ; Y_1 Y_2 \cdots Y_N) \}$$

$$= \max_{P(X_1)P(X_2)\cdots P(X_N)} \left\{ \sum_{k=1}^{N} I(X_k ; Y_k) \right\} \tag{3.7.4-3}$$

考虑到离散无记忆信源 X 的平稳性，并由 (3.5.3-49) 式，等式 (3.7.4-3) 进而可改写为

$$C_{N_0} = \max_{P(X)} \{ NI(X;Y) \}$$

$$= N \cdot \max_{P(X)} \{ I(X;Y) \} \tag{3.7.4-4}$$

由 (3.7.4-2) 式，最终可得

$$C_{N_0} = N \cdot C_0 \tag{3.7.4-5}$$

这样，推论(2)就得到了证明.

推论(2)告诉我们：匹配信源为无记忆信源 X、信道容量为 C_0 的无记忆信道 $(X-Y)$ 的 N

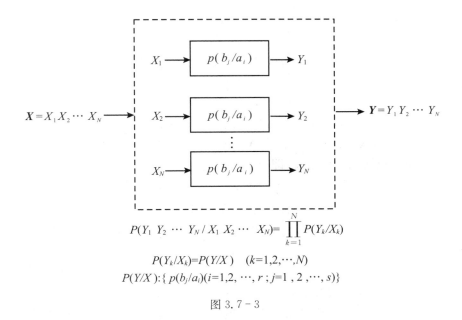

$$P(Y_1 \ Y_2 \ \cdots \ Y_N / X_1 \ X_2 \ \cdots \ X_N) = \prod_{k=1}^{N} P(Y_k/X_k)$$

$$P(Y_k/X_k) = P(Y/X) \quad (k=1,2,\cdots,N)$$

$$P(Y/X): \{ p(b_j/a_i)(i=1,2,\cdots,r \ ; j=1,2,\cdots,s) \}$$

图 3.7 - 3

次扩展信道($\boldsymbol{X} = X_1 X_2 \cdots X_N$ - $\boldsymbol{Y} = Y_1 Y_2 \cdots Y_N$),当且仅当输入随机矢量 $\boldsymbol{X} = X_1 X_2 \cdots X_N$ 是无记忆信源 X 的 N 次扩展信源 $X^N = X_1 X_2 \cdots X_N$ 时,其平均联合互信息 $I(X_1 X_2 \cdots X_N ; Y_1 Y_2 \cdots Y_N)$ 才能达到信道容量 $C_{N_0} = NC_0$.

由(3.5.3-39)式可知,当离散无记忆信道(X - Y)的 N 次扩展信道($\boldsymbol{X} = X_1 X_2 \cdots X_N$ - $\boldsymbol{Y} = Y_1 Y_2 \cdots Y_N$)的输入随机矢量 $\boldsymbol{X} = X_1 X_2 \cdots X_N$ 是其匹配信源 X 的 N 次无记忆扩展信源 $X^N = X_1 X_2 \cdots X_N$ 时,扩展信道的输出随机矢量 $\boldsymbol{Y} = Y_1 Y_2 \cdots Y_N$ 中各时刻的随机变量 $Y_1, Y_2, \cdots, Y_N$ 之间同时亦统计独立,即输出随机矢量 $\boldsymbol{Y} = Y_1 Y_2 \cdots Y_N$ 可改写为 $Y^N = Y_1 Y_2 \cdots Y_N$. 所以,无记忆信道(X - Y)的 N 次扩展信道可表示为($X^N = X_1 X_2 \cdots X_N$ - $Y^N = Y_1 Y_2 \cdots Y_N$),其信道容量可表示为

$$C_{N_0} = I(X^N = X_1 X_2 \cdots X_N ; Y^N = Y_1 Y_2 \cdots Y_N) = NC_0 \qquad (3.7.4-6)$$

在以上关于"多符号离散信道"的平均联合互信息及其信道容量的阐述中,我们从一般扩展信道的平均联合互信息的数学特性开始,重点分析了无记忆信道的扩展信道的独立并列特性. 进而阐明一般独立并列信道的信道容量,最后落脚于无记忆扩展信道的信道容量计算. 其目的是扩展视野,抓住重点. 在一般通信工程中,离散无记忆信道的 N 次扩展信道的信息传输问题,是多符号离散信道的通信理论和技术的基础.

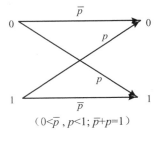

$(0 < \bar{p} , p < 1 ; \bar{p} + p = 1)$

图 E 3.13 - 1

【例 3.13】 试写出图 E 3.13 - 1 所示的无记忆信道(X - Y)的 $N = 2$ 次扩展信道($\boldsymbol{X} = X_1 X_2$ - $\boldsymbol{Y} = Y_1 Y_2$)的数学模型.

解

(1) 信道(X - Y)的 $N = 2$ 次扩展信道($\boldsymbol{X} = X_1 X_2$ - $\boldsymbol{Y} = Y_1 Y_2$)输入随机矢量 $\boldsymbol{X} = X_1 X_2$ 每一消息 α_i 由 $N = 2$ 个信道输入符号组成,即

$$\begin{cases} \alpha_i = (a_{i1}a_{i2}) \\ a_{i1}, a_{i2} \in X : \{0,1\} \\ i1, i2 = 1,2 \\ i = 1,2,3,4 \end{cases} \tag{1}$$

其中

$$\alpha_1 = (00); \alpha_2 = (01); \alpha_3 = (10); \alpha_4 = (11) \tag{2}$$

（2）信道$(X\text{-}Y)$的$N=2$次扩展信道$(\boldsymbol{X}=X_1X_2\text{-}\boldsymbol{Y}=Y_1Y_2)$输出随机矢量$\boldsymbol{Y}=Y_1Y_2$ 每一消息β_j 由$N=2$个信道输出符号组成，即

$$\begin{cases} \beta_j = (b_{j1}b_{j2}) \\ b_{j1}, b_{j2} \in Y : \{0,1\} \\ j1, j2 = 1,2 \\ j = 1,2,3,4 \end{cases} \tag{3}$$

其中

$$\beta_1 = (00); \beta_2 = (01); \beta_3 = (10); \beta_4 = (11) \tag{4}$$

（3）无记忆信道$(X\text{-}Y)$的$N=2$次扩展信道$(\boldsymbol{X}=X_1X_2\text{-}\boldsymbol{Y}=Y_1Y_2)$的传递概率

$$P(\boldsymbol{Y}/\boldsymbol{X}) = P(Y_1Y_2/X_1X_2) = P(Y_1/X_1)P(Y_2/X_2)$$

输入消息α_i 和输出消息β_j 之间的传递概率

$$\begin{aligned} p(\beta_j/\alpha_i) &= p(b_{j1}b_{j2}/a_{i1}a_{i2}) \\ &= p(b_{j1}/a_{i1})p(b_{j2}/a_{i2}) \end{aligned} \tag{5}$$

其中

$$\begin{cases} \alpha_i = (a_{i1}a_{i2}); a_{i1}, a_{i2} \in X\{0,1\}; i1, i2 = 1,2; i = 1,2,3,4 \\ \beta_j = (b_{j1}b_{j2}); b_{j1}, b_{j2} \in Y\{0,1\}; j1, j2 = 1,2; j = 1,2,3,4 \end{cases} \tag{6}$$

它们是：

$$\begin{cases} p(\beta_1/\alpha_1) = p(00/00) = p(0/0)p(0/0) = \bar{p}^2 \\ p(\beta_2/\alpha_1) = p(01/00) = p(0/0)p(1/0) = \bar{p}p \\ p(\beta_3/\alpha_1) = p(10/00) = p(1/0)p(0/0) = p\bar{p} \\ p(\beta_4/\alpha_1) = p(11/00) = p(1/0)p(1/0) = p^2 \end{cases}$$

$$\begin{cases} p(\beta_1/\alpha_2) = p(00/01) = p(0/0)p(0/1) = \bar{p}p \\ p(\beta_2/\alpha_2) = p(01/01) = p(0/0)p(1/1) = \bar{p}^2 \\ p(\beta_3/\alpha_2) = p(10/01) = p(1/0)p(0/1) = p^2 \\ p(\beta_4/\alpha_2) = p(11/01) = p(1/0)p(1/1) = p\bar{p} \end{cases}$$

$$\begin{cases} p(\beta_1/\alpha_3) = p(00/10) = p(0/1)p(0/0) = p\bar{p} \\ p(\beta_2/\alpha_3) = p(01/10) = p(0/1)p(1/0) = p^2 \\ p(\beta_3/\alpha_3) = p(10/10) = p(1/1)p(0/0) = \bar{p}^2 \\ p(\beta_4/\alpha_3) = p(11/10) = p(1/1)p(1/0) = \bar{p}p \end{cases}$$

$$\begin{cases} p(\beta_1/\alpha_4) = p(00/11) = p(0/1)p(0/1) = p^2 \\ p(\beta_2/\alpha_4) = p(01/11) = p(0/1)p(1/1) = p\,\bar{p} \\ p(\beta_3/\alpha_4) = p(10/11) = p(1/1)p(0/1) = \bar{p}p \\ p(\beta_4/\alpha_4) = p(11/11) = p(1/1)p(1/1) = \bar{p}^2 \end{cases} \tag{7}$$

由此,得无记忆信道 $(X\text{-}Y)$ 的 $N=2$ 次扩展信道 $(\boldsymbol{X}=X_1X_2\text{-}\boldsymbol{Y}=Y_1Y_2)$ 的信道矩阵

$$\beta_1 = (00) \quad \beta_2 = (01) \quad \beta_3 = (10) \quad \beta_4 = (11)$$

$$[P_2] = \begin{matrix} \alpha_1=(00) \\ \alpha_2=(01) \\ \alpha_3=(10) \\ \alpha_4=(11) \end{matrix} \begin{bmatrix} \bar{p}^2 & \bar{p}p & p\bar{p} & p^2 \\ \bar{p}p & \bar{p}^2 & p^2 & p\bar{p} \\ p\bar{p} & p^2 & \bar{p}^2 & \bar{p}p \\ p^2 & p\bar{p} & \bar{p}p & \bar{p}^2 \end{bmatrix} \tag{8}$$

显然,$[P_2]$ 由无记忆信道 $(X\text{-}Y)$ 的 $(r\times s)=(2\times2)$ 阶信道矩阵

$$\begin{matrix} & 0 & 1 \end{matrix}$$
$$[P] \quad \begin{matrix} 0 \\ 1 \end{matrix}\begin{bmatrix} \bar{p} & p \\ p & \bar{p} \end{bmatrix} \tag{9}$$

扩展为 $(r^N\times s^N)=(2^2\times2^2)=(4\times4)$ 阶矩阵. 相应地,无记忆信道 $(X\text{-}Y)$ 的 $N=2$ 次扩展信道 $(\boldsymbol{X}=X_1X_2\text{-}\boldsymbol{Y}=Y_1Y_2)$ 的传递特性图,由图 E 3.13-1,扩展为图 E 3.13-2.

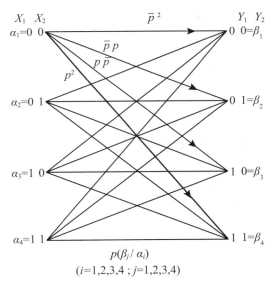

$$p(\beta_j/\alpha_i)$$
$$(i=1,2,3,4\,;\,j=1,2,3,4)$$

图 E 3.13-2

这表明,只要给离散无记忆信道 $(X\text{-}Y)$ 的数学模型-信道矩阵 $[P]((r\times s)$ 阶),就可求得其 N 次扩展信道 $(\boldsymbol{X}=X_1X_2\cdots X_N\text{-}\boldsymbol{Y}=Y_1Y_2\cdots Y_N)$ 的数学模型-信道矩阵 $[P_N]((r^N\times s^N)$ 阶),并由 $[P_N]$ 得相应的信道传递特性图.

【例 3.14】　设图 E 3.14 的无记忆信道 $(X\text{-}Y)$ 每条消息由 $N=2$ 个符号组成,每单位时间

（秒）传递 10^6 条消息. 试问信道$(X\text{-}Y)$的最大信息传输速率（比特／秒）是多少？

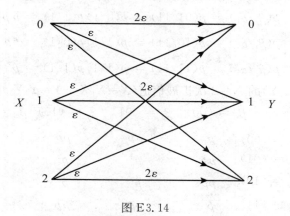

图 E3.14

解　由图 E3.14，并考虑到信道矩阵$[P]$中每行元素之和等于1，得无记忆信道$(X\text{-}Y)$的信道矩阵

$$[P] = \begin{array}{c} \\ 0 \\ 1 \\ 2 \end{array} \begin{array}{ccc} 0 & 1 & 2 \\ \begin{bmatrix} 2\varepsilon & \varepsilon & \varepsilon \\ \varepsilon & 2\varepsilon & \varepsilon \\ \varepsilon & \varepsilon & 2\varepsilon \end{bmatrix} \end{array} = \begin{array}{c} \\ 0 \\ 1 \\ 2 \end{array} \begin{array}{ccc} 0 & 1 & 2 \\ \begin{bmatrix} 1/2 & 1/4 & 1/4 \\ 1/4 & 1/2 & 1/4 \\ 1/4 & 1/4 & 1/2 \end{bmatrix} \end{array} \tag{1}$$

由此可知，信道$(X\text{-}Y)$是"强对称信道"，其信道容量

$$C_0 = \log r - H(2\varepsilon) - 2\varepsilon \log(r-1)$$

$$= \log 3 - H\left(\frac{1}{2}\right) - \frac{1}{2}\log 2$$

$$= 0.08 \quad （比特／符号） \tag{2}$$

因每条输入消息由 $N=2$ 个符号组成，则信道$(X\text{-}Y)$在传递消息过程中，其传递作用就是无记忆信道$(X\text{-}Y)$的 $N=2$ 次扩展信道$(\boldsymbol{X}=X_1X_2\text{-}\boldsymbol{Y}=Y_1Y_2)$. 根据定理 3.14 推论（2），其信道容量

$$C_2 = NC_0 = 2C_0 = 2 \times 0.08 = 0.16 \quad （比特／消息） \tag{2}$$

达到信道容量 C_2 的匹配信源 $\boldsymbol{X}=X_1X_2$ 是无记忆信源

$$[X \cdot P]: \begin{cases} X: & 0 & 1 & 2 \\ P(X): & 1/3 & 1/3 & 1/3 \end{cases} \tag{3}$$

的 $N=2$ 次扩展信源 $X^2=X_1X_2$.

由信道$(X\text{-}Y)$每秒传递 10^6 条消息，则得其最大信息传输速率

$$R_{t\max} = C_2（比特／消息）\times 10^6（消息／秒）= 0.16 \times 10^6 = 1.6 \times 10^5 \quad （比特／秒） \tag{4}$$

【例 3.15】　信道（1）和（2）构成图 E3.15-1 所示的独立并列信道.

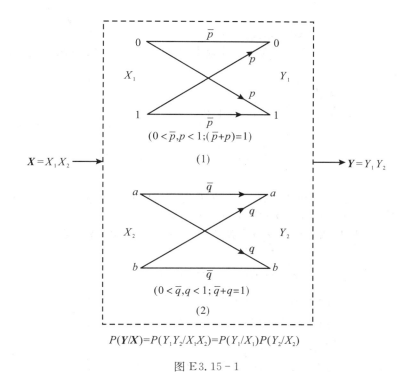

$$P(\boldsymbol{Y}/\boldsymbol{X})=P(Y_1Y_2/X_1X_2)=P(Y_1/X_1)P(Y_2/X_2)$$

图 E3.15-1

若输入随机变量 X_1 和 X_2 相互统计独立,信源空间分别为

$$[X_1 \cdot P] = \begin{cases} X_1: & 0 & 1 \\ P(X_1): & 1/2 & 1/2 \end{cases}; \quad [X_2 \cdot P]: \begin{cases} X_2: & a & b \\ P(X_2) & 1/2 & 1/2 \end{cases}$$

(1) 试写出独立并列信道($\boldsymbol{X}=X_1X_2 - \boldsymbol{Y}=Y_1Y_2$)的数学模型;

(2) 试计算独立并列信道($\boldsymbol{X}=X_1X_2 - \boldsymbol{Y}=Y_1Y_2$)每传递一个由随机矢量 $\boldsymbol{X}=X_1X_2$ 发出的长度 $N=2$ 的消息所传输的平均联合互信息 $I(\boldsymbol{X};\boldsymbol{Y})$;

(3) 写出 $\bar{p}=p=1/2;\bar{q}=q=1/2$ 时,独立并列信道($\boldsymbol{X}=X_1X_2 - \boldsymbol{Y}=Y_1Y_2$)的数学模型,并计算其平均联合互信息;

(4) 写出 $p=0,\bar{p}=1$ 时,独立并列信道($\boldsymbol{X}=X_1X_2 - \boldsymbol{Y}=Y_1Y_2$)的数学模型,并计算其平均联合互信息;

(5) 讨论在 $p=0,\bar{p}=1$ 时,平均互信息 $I(X_1X_2;Y_1Y_2)$ 与 q 的关系,并求解平均联合互信息的最大值 $I(X_1X_2;Y_1Y_2)_{\max}$ 和最小值 $I(X_1X_2;Y_1Y_2)_{\min}$.

解

(1) 独立并列信道($\boldsymbol{X}=X_1X_2 - \boldsymbol{Y}=Y_1Y_2$)的数学模型.

① 并列信道($\boldsymbol{X}=X_1X_2 - \boldsymbol{Y}=Y_1Y_2$)输入随机矢量 $\boldsymbol{X}=X_1X_2$ 每一消息 α_i 由 $N=2$ 个符号组成.

$$\begin{cases} \alpha_i = (a_{1i}a_{2i}) \\ a_{1i} \in X_1:\{0,1\}; \quad 1i=1,2 \\ a_{2i} \in X_2:\{a,b\}; \quad 2i=1,2 \\ i=1,2,\cdots,[(1r)(2r)]=1,2,\cdots,[2\times2]=1,2,3,4 \end{cases} \tag{1}$$

其中
$$\alpha_1 = (0a); \alpha_2 = (0b); \alpha_3 = (1a); \alpha_4 = (1b) \tag{2}$$

② 并列信道$(\boldsymbol{X}=X_1X_2 - \boldsymbol{Y}=Y_1Y_2)$输出随机矢量 $\boldsymbol{Y}=Y_1Y_2$ 每一消息 β_j 由 $N=2$ 个符号组成.

$$\begin{cases} \beta_j = (b_{1j}b_{2j}) \\ b_{1j} \in Y_1:\{0,1\}; \quad 1j = 1,2 \\ b_{2j} \in Y_2:\{a,b\}; \quad 2j = 1,2 \\ j = 1,2,\cdots,[(1s)(2s)] = 1,2,\cdots,[(2\times2)] = 1,2,3,4 \end{cases} \tag{3}$$

其中
$$\beta_1 = (0a); \quad \beta_2 = (0b); \quad \beta_3 = (1a); \quad \beta_4(1b) \tag{4}$$

③ 独立并列信道$(\boldsymbol{X}=X_1X_2 - \boldsymbol{Y}=Y_1Y_2)$的传递概率
$$P(\boldsymbol{Y}/\boldsymbol{X}) = P(Y_1Y_2/X_1X_2) = P(Y_1/X_1)P(Y_2/X_2) \tag{5}$$

它们是

$$\begin{cases} p(\beta_1/\alpha_1) = p(0a/0a) = p(0/0)p(a/a) = \bar{p}\,\bar{q} \\ p(\beta_2/\alpha_1) = p(0b/0a) = p(0/0)p(b/a) = \bar{p}\,q \\ p(\beta_3/\alpha_1) = p(1a/0a) = p(1/0)p(a/a) = p\,\bar{q} \\ p(\beta_4/\alpha_1) = p(1b/0a) = p(1/0)p(b/a) = p\,q \end{cases}$$

$$\begin{cases} p(\beta_1/\alpha_2) = p(0a/0b) = p(0/0)p(a/b) = \bar{p}\,q \\ p(\beta_2/\alpha_2) = p(0b/0b) = p(0/0)p(b/b) = \bar{p}\,\bar{q} \\ p(\beta_3/\alpha_2) = p(1a/0b) = p(1/0)p(a/b) = p\,q \\ p(\beta_4/\alpha_2) = p(1b/0b) = p(1/0)p(b/b) = p\,\bar{q} \end{cases}$$

$$\begin{cases} p(\beta_1/\alpha_3) = p(0a/1a) = p(0/1)p(a/a) = \bar{p}\,\bar{q} \\ p(\beta_2/\alpha_3) = p(0b/1a) = p(0/1)p(b/a) = \bar{p}\,q \\ p(\beta_3/\alpha_3) = p(1a/1a) = p(1/1)p(a/a) = \bar{p}\,\bar{q} \\ p(\beta_4/\alpha_3) = p(1b/1a) = p(1/1)p(b/a) = \bar{p}\,q \end{cases} \tag{6}$$

$$\begin{cases} p(\beta_1/\alpha_4) = p(0a/1b) = p(0/1)p(a/b) = \bar{p}\,q \\ p(\beta_2/\alpha_4) = p(0b/1b) = p(0/1)p(b/b) = \bar{p}\,\bar{q} \\ p(\beta_3/\alpha_4) = p(1a/1b) = p(1/1)p(a/b) = \bar{p}\,q \\ p(\beta_4/\alpha_4) = p(1b/1b) = p(1/1)p(b/b) = \bar{p}\,\bar{q} \end{cases}$$

由此得独立并列信道$(\boldsymbol{X}=X_1X_2 - \boldsymbol{Y}=Y_1Y_2)$的信道矩阵

$$[P_2] = \begin{array}{c} \\ \alpha_1=(0a) \\ \alpha_2=(0b) \\ \alpha_3=(1a) \\ \alpha_4=(1b) \end{array} \begin{array}{cccc} \beta_1=(0a) & \beta_2=(0b) & \beta_3=(1a) & \beta_4=(1b) \\ \left[\begin{array}{cccc} \bar{p}\bar{q} & \bar{p}q & p\bar{q} & pq \\ \bar{p}q & \bar{p}\bar{q} & pq & p\bar{q} \\ p\bar{q} & pq & \bar{p}\bar{q} & \bar{p}q \\ pq & p\bar{q} & \bar{p}q & \bar{p}\bar{q} \end{array}\right] \end{array} \tag{7}$$

相应的信道传递特性,如图 E3.15-2 所示.

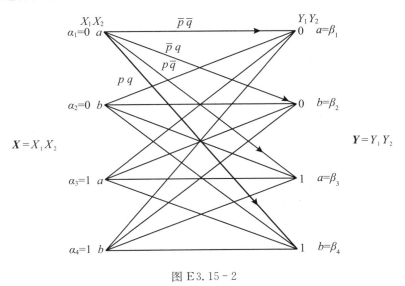

图 E3.15-2

(2) 独立并列信道($\boldsymbol{X}=X_1X_2-\boldsymbol{Y}=Y_1Y_2$)的平均联合互信息.

由信源空间$[X_1 \cdot P]$和$[X_2 \cdot P]$可知,信源 X_1 和 X_2 分别是二进制对称信道(1)和(2)的匹配信源,即有

$$\begin{cases} I(X_1;Y_1) = C_1 = 1 - H(p) \\ I(X_2;Y_2) = C_2 = 1 - H(q) \end{cases} \tag{8}$$

又因 X_1 和 X_2 相互统计独立,所以输入随机矢量 $\boldsymbol{X}=X_1X_2$ 是独立并列信道($\boldsymbol{X}=X_1X_2-\boldsymbol{Y}=Y_1Y_2$)的匹配信源,其平均联合互信息 $I(\boldsymbol{X};\boldsymbol{Y})=I(X_1X_2;Y_1Y_2)$ 达到其信道容量 C_{20}.根据定理 3.14 推论(1),有

$$\begin{aligned} I(\boldsymbol{X};\boldsymbol{Y}) = I(X_1X_2;Y_1Y_2) &= C_{20} = C_1 + C_2 = [1-H(p)] + [1-H(q)] \\ &= 2 - [H(p) + H(q)] \quad (\text{比特 / 消息}) \end{aligned} \tag{9}$$

(3) p、q 取不同值时,独立并列信道($\boldsymbol{X}=X_1X_2-\boldsymbol{Y}=Y_1Y_2$)的平均联合互信息.

① $\bar{p}=p=1/2$;$\bar{q}=q=1/2$.

此时独立并列信道($\boldsymbol{X}=X_1X_2-\boldsymbol{Y}=Y_1Y_2$)如图 E3.15-3 所示.

显然,这时独立并列信道($\boldsymbol{X}=X_1X_2-\boldsymbol{Y}=Y_1Y_2$)就是无记忆信道($X-Y$)的 $N=2$ 次扩展信道.

由(7)式,得独立并列信道($\boldsymbol{X}=X_1X_2-\boldsymbol{Y}=Y_1Y_2$)的信道矩阵

$$[P_2]' = \begin{array}{c} \\ \alpha_1 = (0a) \\ \alpha_2 = (0b) \\ \alpha_3 = (1a) \\ \alpha_4 = (1b) \end{array} \begin{array}{cccc} \beta_1=(0a) & \beta_2=(0b) & \beta_3=(1a) & \beta_4=(1b) \\ \begin{bmatrix} 1/4 & 1/4 & 1/4 & 1/4 \\ 1/4 & 1/4 & 1/4 & 1/4 \\ 1/4 & 1/4 & 1/4 & 1/4 \\ 1/4 & 1/4 & 1/4 & 1/4 \end{bmatrix} \end{array} \tag{10}$$

相应的传递特性,如图 E3.15-4 所示.

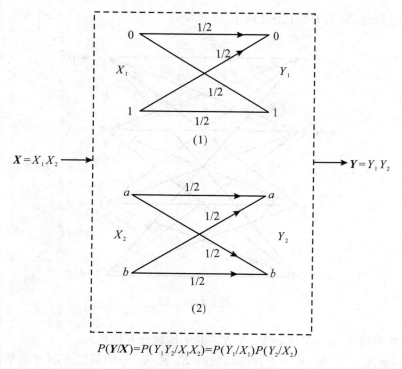

$$P(\boldsymbol{Y}/\boldsymbol{X}) = P(Y_1 Y_2 / X_1 X_2) = P(Y_1 / X_1) P(Y_2 / X_2)$$

图 E3.15 – 3

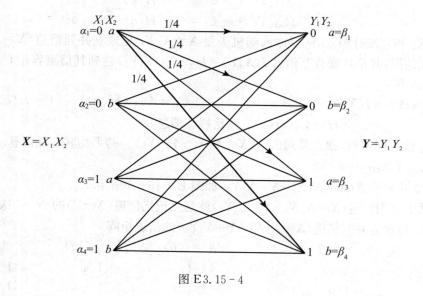

图 E3.15 – 4

由(9)式,得独立并列信道($\boldsymbol{X} = X_1 X_2 - \boldsymbol{Y} = Y_1 Y_2$)的平均联合互信息

$$I(\boldsymbol{X};\boldsymbol{Y}) = I(X_1 X_2;Y_1 Y_2) = C_{20} = C_1 + C_2 = 2 - [H(1/2) + H(1/2)] = 0 \quad (11)$$

这表明,传递概率 $\overline{p} = p = 1/2$ 的离散无记忆二进制对称信道($X - Y$)的 $N = 2$ 次扩展信道 ($\boldsymbol{X} = X_1 X_2 - \boldsymbol{Y} = Y_1 Y_2$),当输入随机矢量 $\boldsymbol{X} = X_1 X_2$ 是无记忆等概二元信源 X 的 $N = 2$ 次扩展

信源 $X^2 = X_1 X_2$ 时,不传递任何信息量.

② $p = 0, \bar{p} = 1$.

此时,独立并列信道($\boldsymbol{X} = X_1 X_2 - \boldsymbol{Y} = Y_1 Y_2$),如图 E3.15-5 所示.

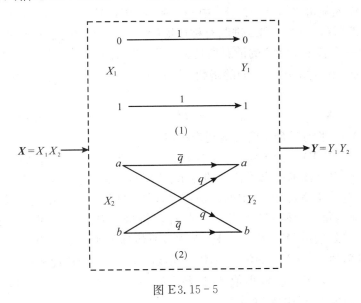

图 E3.15-5

由(7)式得独立并列信道($\boldsymbol{X} = X_1 X_2 - \boldsymbol{Y} = Y_1 Y_2$)的信道矩阵

$$
[P_2]'' = \begin{array}{c} \\ \alpha_1 = (0a) \\ \alpha_2 = (0b) \\ \alpha_3 = (1a) \\ \alpha_4 = (1b) \end{array}
\begin{array}{cccc} \beta_1 = (0a) & \beta_2 = (0b) & \beta_3 = (1a) & \beta_4 = (1b) \\ \left[\begin{array}{cccc} \bar{q} & q & 0 & 0 \\ q & \bar{q} & 0 & 0 \\ 0 & 0 & \bar{q} & q \\ 0 & 0 & q & \bar{q} \end{array}\right] \end{array} \tag{12}
$$

相应的传递特性,如图 E3.15-6 所示.

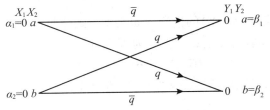

图 E3.15-6

由（9）式，得独立并列信道（$\boldsymbol{X}=X_1X_2 - \boldsymbol{Y}=Y_1Y_2$）的平均联合互信息

$$I(\boldsymbol{X};\boldsymbol{Y}) = I(X_1X_2;Y_1Y_2) = C_{20} = C_1 + C_2 = 2 - [H(p) + H(q)]$$
$$= 2 - H(q) \quad （比特／消息）\qquad (13)$$

这表明，当在输入随机矢量 $\boldsymbol{X}=X_1X_2$ 中，X_1 和 X_2 统计独立，且 X_1 和 X_2 都是二元等概信源时，由二元无噪信道（$X_1 - Y_1$）和二进制对称信道（$X_2 - Y_2$）组成的独立并列信道（$\boldsymbol{X}=X_1X_2 - \boldsymbol{Y}=Y_1Y_2$），每传递一个长度 $N=2$ 的消息所传输的平均联合互信息 $I(X_1X_2;Y_1Y_2)$ 是二进制对称信道（$X_2 - Y_2$）传递概率 $q(\bar{q}=1-q)$ 的函数. 当 $q=0(\bar{q}=1-q=1)$ 时，平均联合互信息达到最大值

$$I(\boldsymbol{X};\boldsymbol{Y})_{\max} = C_{20\max} = 2 - H(1,0) = 2 \quad （比特／消息）\qquad (14)$$

当 $q=1/2(\bar{q}=1/2)$ 时，平均联合互信息达到最小值

$$I(\boldsymbol{X};\boldsymbol{Y})_{\min} = C_{20\min} = 2 - H(1/2) = 1 \quad （比特／消息）\qquad (15)$$

（4）以上结论给编码技术提出了这样的启示：若码符号集 $X_2:\{a,b\}$，每一码符号"a"或"b"之前必须伴随一个符号集 $X_1:\{0,1\}$ 中的标识符号"0"或"1". 当编码系统能确切无误地传输标识符号"0"和"1"，那么每一由码符号"a"或"b"与标识符号"0"或"1"构成的长度 $N=2$ 的"加标码符号"，通过独立并列信道（$\boldsymbol{X}=X_1X_2 - \boldsymbol{Y}=Y_1Y_2$）所传递的平均联合互信息 $I(X_1X_2;Y_1Y_2)$，取决于码符号传输信道（$X_2 - Y_2$）的传递概率. 当信道（$X_2 - Y_2$）的传递概率 $q=\bar{q}=1/2$ 时，平均联合互信息 $I(X_1X_2 - Y_1Y_2)$ 达最小值 1（比特/消息），当 $q=0(\bar{q}=1)$ 时，平均联合互信息 $I(X_1X_2 - Y_1Y_2)$ 达最大值 2（比特/消息）.

【例 3.16】　在图 E 3.16-1 所示编码系统中，离散无记忆信道（$X - Y$）每一时刻 $k(k=1,2,\cdots,N)$ 的输出 Y_k，都"反馈"到"编码器"，影响信道 $X_k(k=1,2,\cdots,N)$ 的选择.

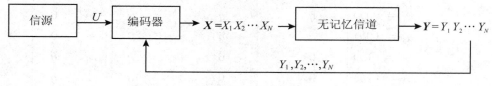

图 E 3.16-1

（1）设离散无记忆信道（$X - Y$）的信道容量为 C_0. 试证明：从输出随机矢量 $\boldsymbol{Y}=Y_1Y_2\cdots Y_N$ 中获取关于信源 U 的平均联合互信息的上限为 NC_0，即

$$I(U;Y_1Y_2\cdots Y_N) \leqslant NC_0$$

（2）若编码系统中的无记忆信道（$X - Y$）的信道矩阵为

$$[P] = \begin{matrix} & \begin{matrix} 0 & \quad\ ? & \quad\ 1 \end{matrix} \\ \begin{matrix} 0 \\ 1 \end{matrix} & \begin{bmatrix} 1-\varepsilon & \varepsilon & 0 \\ 0 & \varepsilon & 1-\varepsilon \end{bmatrix} \end{matrix} \quad (0 < \varepsilon < 1/2)$$

试计算 $I(U;Y_1Y_2\cdots Y_N)$ 的上限，并说明信道（$X - Y$）对正确传递码符号的作用.

解　分以下几步证明：

（1）证明：$I(U;\boldsymbol{Y}) = I(U;Y_1Y_2\cdots Y_N) = \sum\limits_{k=1}^{N} I(U;Y_k/Y_1Y_2\cdots Y_{k-1})$.

[证明]　离散无记忆信道$(X-Y)$的 N 次扩展信道$(\boldsymbol{X}=X_1X_2\cdots X_N - \boldsymbol{Y}=Y_1Y_2\cdots Y_N)$的输出随机矢量 $\boldsymbol{Y}=Y_1Y_2\cdots Y_N$ 与信源 U 之间的平均联合互信息

$I(U;\boldsymbol{Y})=I(U;Y_1Y_2\cdots Y_N)$

$$= \sum_U\sum_{Y_1}\cdots\sum_{Y_N}p(u;y_1y_2\cdots y_N)\log\frac{p(y_1y_2\cdots y_N/u)}{p(y_1y_2\cdots y_N)}$$

$$= \sum_U\sum_{Y_1}\cdots\sum_{Y_N}p(u;y_1y_2\cdots y_N)\log\frac{p(y_1/u)p(y_2/uy_1)p(y_3/uy_1y_2)\cdots p(y_N/uy_1y_2\cdots y_{N-1})}{p(y_1)p(y_2/y_1)p(y_3/y_1y_2)\cdots p(y_N/y_1y_2\cdots y_{N-1})}$$

$$= \sum_U\sum_{Y_1}\cdots\sum_{Y_N}p(u;y_1y_2\cdots y_N)\log\frac{p(y_1/u)}{p(y_1)}$$

$$+ \sum_U\sum_{Y_1}\cdots\sum_{Y_N}p(u;y_1y_2\cdots y_N)\log\frac{p(y_2/uy_1)}{p(y_2/y_1)}$$

$$+ \sum_U\sum_{Y_1}\cdots\sum_{Y_N}p(u;y_1y_2\cdots y_N)\log\frac{p(y_3/uy_1y_2)}{p(y_3/y_1y_2)}$$

$$\cdots$$

$$+ \sum_U\sum_{Y_1}\cdots\sum_{Y_2}p(u;y_1y_2\cdots y_N)\log\frac{p(y_N/uy_1y_2\cdots y_{N-1})}{p(y_N/y_1y_2\cdots y_{N-1})}$$

$$= I(Y_1;U)+I(Y_2;U/Y_1)+I(Y_3;U/Y_1Y_2)\cdots+I(Y_N;U/Y_1Y_2\cdots Y_{N-1})$$

$$= \sum_{k=1}^N I(Y_k;U/Y_1Y_2\cdots Y_{k-1}) \tag{1}$$

这表明,信源 U 与离散无记忆信道$(X-Y)$的 N 次扩展信道$(\boldsymbol{X}-\boldsymbol{Y})$的输出随机矢量 $\boldsymbol{Y}=Y_1Y_2\cdots Y_N$ 之间的平均联合互信息 $I(U;Y_1Y_2\cdots Y_N)$,等于信源 U 与时刻 $k(k=1,2,\cdots,N)$ 输出随机变量 Y_k 之间的平均条件互信息 $I(Y_k;U/Y_1Y_2\cdots Y_{k-1})(k=1,2,\cdots,N)$之和. 这因离散无记忆信道$(X-Y)$输入随机矢量 $\boldsymbol{X}=X_1X_2\cdots X_N$ 中 $k(k=1,2,\cdots,N)$ 时刻随机变量 $X_k(k=1,2,\cdots,N)$之间并非统计独立,存在统计依赖关系所致.

（2）证明:$I(U;Y_k/Y_1Y_2\cdots Y_{k-1})\leqslant I(UX_k;Y_k/Y_1Y_2\cdots Y_{k-1})$.

[证明]

$$I(U;Y_k/Y_1Y_2\cdots Y_{k-1})-I(UX_k;Y_k/Y_1Y_2\cdots Y_{k-1})$$

$$= \sum_U\sum_{Y_1}\cdots\sum_{Y_k}p(u;y_1y_2\cdots y_k)\log\frac{p(y_k/u;y_1y_2\cdots y_{k-1})}{p(y_k/y_1y_2\cdots y_{k-1})}$$

$$- \sum_U\sum_{X_k}\sum_{Y_1}\cdots\sum_{Y_k}p(u,x_k;y_1y_2\cdots y_k)\log\frac{p(y_k/u,x_k;y_1y_2\cdots y_{k-1})}{p(y_k/y_1y_2\cdots y_{k-1})}$$

$$= \sum_U\sum_{X_k}\sum_{Y_1}\cdots\sum_{Y_k}p(u,x_k;y_1y_2\cdots y_k)\log\frac{p(y_k/u;y_1y_2\cdots y_{k-1})}{p(y_k/u,x_k;y_1y_2\cdots y_{k-1})} \tag{2}$$

根据 $\cap$ 形凸函数的特性,由$(1.3.1-23)$式,等式（2）可改写为

$$I(U;Y_k/Y_1Y_2\cdots Y_{k-1})-I(UX_k;Y_k/Y_1Y_2\cdots Y_{k-1})$$

$$\leqslant \log\Bigg[\sum_U\sum_{X_k}\sum_{Y_1}\cdots\sum_{Y_k}p(u,x_k;y_1y_2\cdots y_k)\cdot\frac{p(y_k/u;y_1y_2\cdots y_{k-1})}{p(y_k/u,x_k;y_1y_2\cdots y_{k-1})}\Bigg]$$

$$= \log\Big[\sum_U \sum_{X_k} \sum_{Y_1} \cdots \sum_{Y_k} p(u, x_k; y_1 y_2 \cdots y_{k-1}) \cdot p(y_k / u; y_1 y_2 \cdots y_{k-1}) \Big]$$

$$= \log\Big[\sum_U \sum_{X_k} \sum_{Y_1} \cdots \sum_{Y_{k-1}} p(u, x_k; y_1 y_2 \cdots y_{k-1}) \cdot \sum_{Y_k} p(y_k / u; y_1 y_2 \cdots y_{k-1}) \Big]$$

$$= \log(1 \cdot 1) = \log 1 = 0 \tag{3}$$

即证得

$$I(U; Y_k / Y_1 Y_2 \cdots Y_{k-1}) \leqslant I(UX_k; Y_k / Y_1 Y_2 \cdots Y_{k-1}) \quad (k=1,2,\cdots,N) \tag{4}$$

这表明,在随机变量 $Y_1, Y_2, \cdots, Y_{k-1}$ 已知条件下,从 $k(k=1,2,\cdots,N)$ 时刻随机变量 Y_k 中获取关于信源 U 的平均条件互信息 $I(U; Y_k / Y_1 Y_2 \cdots Y_{k-1})$,一定不超过从 Y_k 中获取关于信源 U 和"编码器"输出随机变量 $X_k (K=1,2,\cdots,N)$ 的平均条件联合互信息 $I(UX_k; Y_k / Y_1 Y_2 \cdots Y_{k-1})(k=1,2,\cdots,N)$.

(3) 证明: $I(UX_k; Y_k / Y_1 Y_2 \cdots Y_{k-1}) = I(X_k; Y_k / Y_1 Y_2 \cdots Y_{k-1})$.

"编码器"在 k 时刻的输出 X_k,是信源 U 和"反馈"回来的信道 $(X-Y)$ 在 k 时刻之前的输出序列 $Y_1 Y_2 \cdots Y_{k-1}$ 的函数. 在随机变量序列 $(Y_1 Y_2 \cdots Y_{k-1})$ 已知的条件下, X_k 只与信源 U 有关. 由无记忆信道的"无记忆性",无记忆信道 $(X-Y)$ 在 k 时刻的输出 Y_k,只与 k 时刻的输入 X_k 有关,与之前的输入 $(X_1 X_2 \cdots X_{k-1})$ 和输出 $(Y_1 Y_2 \cdots Y_{k-1})$ 无关. 由此,在"反馈"回来的随机变量序列 $(Y_1 Y_2 \cdots Y_{k-1})$ 已知的条件下,信源 U、信道 $(X-Y)$ 在 k 时刻的输入 X_k 和信道 $(X-Y)$ 在 k 时刻的输出 Y_k 构成 Markov 链 $(UX_k Y_k)$. 根据定理 2.20,在 $(Y_1 Y_2 \cdots Y_{k-1})$ 已知的条件下,有

$$I(UX_k; Y_k / Y_1 Y_2 \cdots Y_{k-1}) = I(X_k; Y_k / Y_1 Y_2 \cdots Y_{k-1}) \tag{5}$$

(4) 证明: $I(U; Y_k / Y_1 Y_2 \cdots Y_{k-1}) \leqslant I(X_k; Y_k / Y_1 Y_2 \cdots Y_{k-1})$.

[证明] 由不等式(4)和等式(5),证得

$$I(U; Y_k / Y_1 Y_2 \cdots Y_{k-1}) \leqslant I(X_k; Y_k / Y_1 Y_2 \cdots Y_{k-1}) \tag{6}$$

这表明,在 k 时刻,从无记忆信道 $(X-Y)$ 的输出随机变量 Y_k 中,获取关于信源 U 的平均条件互信息 $I(U; Y_k / Y_1 Y_2 \cdots Y_{k-1})$,一定不会超过从 Y_k 中获取关于"编码器"输出随机变量 X_k 的平均条件互信息 $I(X_k; Y_k / Y_1 Y_2 \cdots Y_{k-1})(k=1,2,\cdots,N)$.

(5) 证明: $I(U; Y_1 Y_2 \cdots Y_N) \leqslant \sum_{k=1}^{N} I(X_k; Y_k / Y_1 Y_2 \cdots Y_{k-1})$.

[证明] 由等式(1)和不等式(6),有

$$I(U; Y_1 Y_2 \cdots Y_N) = \sum_{k=1}^{N} I(Y_k; U / Y_1 Y_2 \cdots Y_{k-1}) \leqslant \sum_{k=1}^{N} I(X_k; Y_k / Y_1 Y_2 \cdots Y_{k-1})$$

$$= I(X_1; Y_1) + I(X_2; Y_2 / Y_1) + I(X_3; Y_3 / Y_1 Y_2)$$

$$+ \cdots + I(X_N; Y_N / Y_1 Y_2 \cdots Y_{N-1}) \tag{7}$$

这表明,在图 E3.16-1 编码系统中,从无记忆信道 $(X-Y)$ 的 N 次扩展信道的输出随机变量序列 $Y_1 Y_2 \cdots Y_N$ 中,获取关于信源 U 的平均联合互信息 $I(U; Y_1 Y_2 \cdots Y_N)$,一定不会超过无记忆信道 $(X-Y)$ 的 N 次扩展信道 $(\boldsymbol{X}=X_1 X_2 \cdots X_N - \boldsymbol{Y}=Y_1 Y_2 \cdots Y_N)$ 的平均条件互信息之和 $\sum_{k=1}^{N} I(X_k; Y_k / Y_1 Y_2 \cdots Y_{k-1})$.

（6）证明：$I(U;Y_1Y_2\cdots Y_N)\leqslant NC_0$.

[证明]　由无记忆信道的"无记忆性",对无记忆信道 $(X-Y)$ 在 k 时刻,有

$$p(y_k/x_k;y_1y_2\cdots y_{k-1}) = p(y_k/x_k) \quad (k=1,2,\cdots,N) \tag{8}$$

则有

$$H(Y_k/X_k;Y_1Y_2\cdots Y_{k-1})$$

$$=-\sum_{X_k}\sum_{Y_1}\cdots\sum_{Y_k}p(x_k;y_1y_2\cdots y_k)\log p(y_k/x_k;y_1y_2\cdots y_{k-1})$$

$$=-\sum_{X_k}\sum_{Y_1}\cdots\sum_{Y_k}p(x_k;y_1y_2\cdots y_k)\log p(y_k/x_k)$$

$$=-\sum_{X_k}\sum_{Y_k}p(x_ky_k)\log p(y_k/x_k) = H(Y_k/X_k) \tag{9}$$

由熵函数的极值性,根据不等式(1.3.1-29),有

$$H(Y_k/Y_1Y_2\cdots Y_{k-1})=-\sum_{Y_1}\cdots\sum_{Y_k}p(y_1y_2\cdots y_k)\log p(y_k/y_1y_2\cdots y_{k-1})$$

$$=-\sum_{Y_1}\cdots\sum_{Y_k}p(y_1y_2\cdots y_{k-1})p(y_k/y_1y_2\cdots y_{k-1})\log p(y_k/y_1y_2\cdots y_{k-1})$$

$$=\sum_{Y_1}\cdots\sum_{Y_{k-1}}p(y_1y_2\cdots y_{k-1})\left[-\sum_{Y_k}p(y_k/y_1y_2\cdots y_{k-1})\log p(y_k/y_1y_2\cdots y_{k-1})\right]$$

$$\leqslant\sum_{Y_1}\cdots\sum_{Y_{k-1}}p(y_1y_2\cdots y_{k-1})\left[-\sum_{Y_k}p(y_k/y_1y_2\cdots y_{k-1})\log p(y_k)\right]$$

$$=-\sum_{Y_1}\cdots\sum_{Y_k}p(y_1y_2\cdots y_k)\log p(y_k)$$

$$=-\sum_{Y_k}p(y_k)\log p(y_k) = H(Y_k) \tag{10}$$

由等式(9)和不等式(10),有

$$I(X_k;Y_k/Y_1Y_2\cdots Y_{k-1}) = H(Y_k/Y_1Y_2\cdots Y_{k-1}) - H(Y_k/X_k;Y_1Y_2\cdots Y_{k-1})$$

$$\leqslant H(Y_k) - H(Y_k/X_k;Y_1Y_2\cdots Y_{k-1})$$

$$= H(Y_k) - H(Y_k/X_k)$$

$$= I(X_k;Y_k) \quad (k=1,2,\cdots,N) \tag{11}$$

由不等式(7)和不等式(11),有

$$I(U;Y_1Y_2\cdots Y_N)\leqslant\sum_{k=1}^{N}I(X_k;Y_k/Y_1Y_2\cdots Y_{k-1})\leqslant\sum_{k=1}^{N}I(X_k;Y_k) \tag{12}$$

设 C_0 是无记忆信道 $(X-Y)$ 的信道容量,即有

$$I(X_k;Y_k) = I(X;Y)\leqslant C_0 \quad (k=1,2,\cdots,N) \tag{13}$$

由不等式(12)、(13)即证得

$$I(U;Y_1Y_2\cdots Y_N)\leqslant\sum_{k=1}^{N}I(X_k;Y_k) = NI(X;Y)\leqslant NC_0 \tag{14}$$

这表明,在图 E3.16-1 中,把无记忆信道 $(X-Y)$ 的 N 次扩展信道 $(\boldsymbol{X}=X_1X_2\cdots X_N-\boldsymbol{Y}=Y_1Y_2\cdots Y_N)$ 的输出随机变量序列 $(Y_1Y_2\cdots Y_N)$ "反馈"到"编码器",不会增加编码系统的最大信

息传输能力.

（7）若离散无记忆信道$(X\text{-}Y)$是信道矩阵为

$$[P]=\begin{array}{c}\\0\\\\1\end{array}\begin{matrix}0&?&1\\\begin{pmatrix}1-\varepsilon&\varepsilon&0\\&&\\0&\varepsilon&1-\varepsilon\end{pmatrix}\end{matrix} \tag{15}$$

的二进制删除信道. 编码系统如图 E3.16-2 所示.

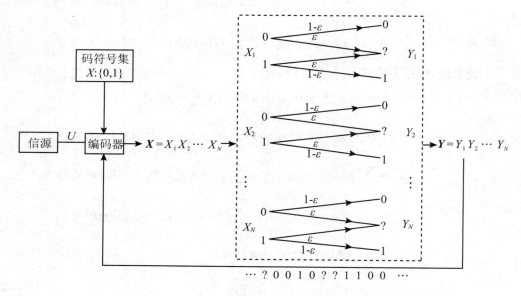

图 E3.16-2

由（15）式可知，二进制删除信道$(X\text{-}Y)$是"准对称信道". 其信道容量

$$C_0=-\sum_{l=1}^{m}s_l p(b_l)\log p(b_l)-H(p_1',p_2',\cdots,p_s')$$

$$=-2\times\left(\frac{1-\varepsilon}{2}\right)\log\left(\frac{1-\varepsilon}{2}\right)-1\times\varepsilon\log\varepsilon-H(1-\varepsilon,\varepsilon)$$

$$=-(1-\varepsilon)\log(1-\varepsilon)+(1-\varepsilon)-\varepsilon\log\varepsilon-H(\varepsilon)$$

$$=1-\varepsilon\quad（比特／符号） \tag{16}$$

由不等式（14）可知，编码系统的平均联合互信息

$$I(U;Y_1Y_2\cdots Y_N)\leqslant NC_0=N(1-\varepsilon)\quad（比特／N 符号） \tag{17}$$

图 E3.16-2 编码系统，把由符号"0"、"?"、"1"组成的输出序列，"反馈"到"编码器"，当"编码器"收到符号"?"时，知道信道传输发生了错误，把"?"删除，并重发符号"0"或"1"，纠正或避免发生把"0"当作"1"，或把"1"当作"0"的绝对性错误发生，提高编码传输的可靠性. 由此，虽然采取了"反馈"措施，不能提高编码系统平均联合互信息的最大值 $NC_0=N(1-\varepsilon)$，但一定程度上可减少码符号在信道$(X\text{-}Y)$中的错误传递.

【**例 3. 17**】　图 E3. 17 - 1 是 M 信源 X 的消息集合 S：$\{s_1, s_2, s_3\}$ 中消息一步转移线图，信源 X 的符号集合 X：$\{a_1, a_2, a_3\}$.

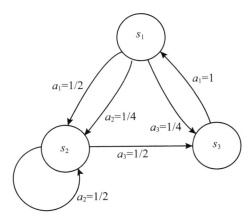

图 E 3. 17 - 1

(1) 判断消息集合 S：$\{s_1, s_2, s_3\}$ 是否各态历经，并画出消息 $s_i(i=1,2,3)$ 动态转移线图；

(2) 试求解消息 $s_i(i=1,2,3)$ 极限概率分布 $p(s_i)$；

(3) 试计算信源 X：$\{a_1, a_2, a_3\}$ 的符号极限概率分布 $p(a_i)(i=1,2,3)$；

(4) 试计算信源 X 每发一个符号提供的平均信息量；

(5) 若信道矩阵为

$$[P] = \begin{array}{c} \\ a_1 \\ a_2 \\ a_3 \end{array} \begin{array}{ccc} a_1 & a_2 & a_3 \\ \begin{bmatrix} 1/2 & 1/4 & 1/4 \\ 1/4 & 1/2 & 1/4 \\ 1/4 & 1/4 & 1/2 \end{bmatrix} \end{array}$$

的无记忆信道 $(X - Y)$ 与信源 X 相接，试求长度为 N 的 M 信源 X：$\{a_1, a_2, a_3\}$ 符号序列，通过信道 $(X - Y)$ 的平均联合互信息 $I(X_1 X_2 \cdots X_N; Y_1 Y_2 \cdots Y_N)$ 的上限值.

解

(1) 证明：消息集合 S：$\{s_1, s_2, s_3\}$ 具有各态历经性.

由图 E3. 17 - 1，消息一步转移概率为

$$\begin{cases} p(s_1/s_1) = 0 \\ p(s_2/s_1) = p(a_1/s_1) + p(a_2/s_1) = 1/2 + 1/4 = 3/4 \\ p(s_3/s_1) = p(a_3/s_1) = 1/4 \end{cases} \quad (1)$$

$$\begin{cases} p(s_1/s_2) = 0 \\ p(s_2/s_2) = p(a_2/s_2) = 1/2 \\ p(s_3/s_2) = p(a_3/s_2) = 1/2 \end{cases} \quad (2)$$

$$\begin{cases} p(s_1/s_3) = p(a_1/s_3) = 1 \\ p(s_2/s_3) = 0 \\ p(s_3/s_3) = 0 \end{cases} \quad (3)$$

由此,得消息一步转移矩阵

$$
[P] = \begin{array}{c} \\ s_1 \\ s_2 \\ s_3 \end{array}
\begin{array}{ccc} s_1 & s_2 & s_3 \end{array}
\begin{bmatrix} 0 & 3/4 & 1/4 \\ 0 & 1/2 & 1/2 \\ 1 & 0 & 0 \end{bmatrix}
\tag{4}
$$

由$[P]$,得消息$s_i(i=1,2,3)$动态转移线图(如图 E3.17-2 所示).

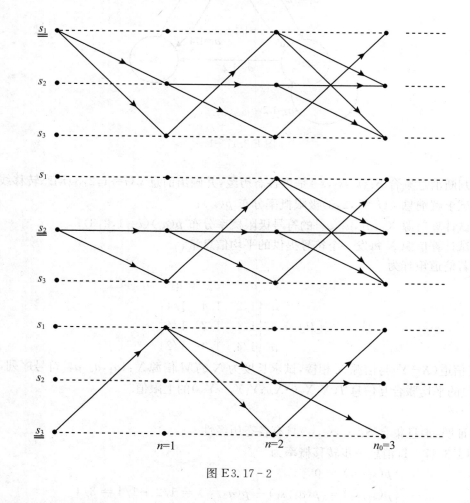

图 E3.17-2

这表明,当转移步数 $n \geqslant n_0 = 3$ 时,消息集合 $S:\{s_1,s_2,s_3\}$ 中每一消息 $s_i(i=1,2,3)$ 都能达到集合 S 中的每一消息 $s_i(i=1,2,3)$. 由此,可判断消息集合 $S:\{s_1,s_2,s_3\}$ 具有各态历经性.

(2)计算:消息极限概率 $p(s_i)(i=1,2,3)$.

根据定理 3.7,存在消息极限概率 $p(s_i)(i=1,2,3)$ 并且是方程

$$
\begin{pmatrix} p(s_1) \\ p(s_2) \\ p(s_3) \end{pmatrix} =
\begin{pmatrix} 0 & 3/4 & 1/4 \\ 0 & 1/2 & 1/2 \\ 1 & 0 & 0 \end{pmatrix}^{\mathrm{T}} \cdot
\begin{pmatrix} p(s_1) \\ p(s_2) \\ p(s_3) \end{pmatrix}
$$

$$= \begin{pmatrix} 0 & 0 & 1 \\ 3/4 & 1/2 & 0 \\ 1/4 & 1/2 & 0 \end{pmatrix} \cdot \begin{pmatrix} p(s_1) \\ p(s_2) \\ p(s_3) \end{pmatrix} \tag{5}$$

即

$$\begin{cases} p(s_1) = p(s_3) \\ p(s_2) = \dfrac{3}{4}p(s_1) + \dfrac{1}{2}p(s_2) \\ p(s_3) = \dfrac{1}{4}p(s_1) + \dfrac{1}{2}p(s_2) \end{cases} \tag{6}$$

的唯一解. 考虑到有

$$p(s_1) + p(s_2) + p(s_3) = 1 \tag{7}$$

解得

$$\begin{cases} p(s_1) = 2/7 \\ p(s_2) = 3/7 \\ p(s_3) = 2/7 \end{cases} \tag{8}$$

（3）计算:符号极限概率分布 $p(a_i)(i=1,2,3)$.

由图 E3.17-1 可知,信源 X 的符号集合 $X:\{a_1,a_2,a_3\}$ 与其消息集合 $S:\{s_1,s_2,s_3\}$ 是两个不同集合. 虽然没有具体标明消息 $s_i(i=1,2,3)$ 是符号 $a_i(i=1,2,3)$ 什么样的序列,但由图 E3.17-1 所示的消息 s_i 发符号 a_j 的一步转移概率 $p(a_j/s_i)(i=1,2,3;j=1,2,3)$,可求得信源稳定后的符号极限概率分布

$$p(a_j) = \sum_{i=1}^{3} p(s_i)p(a_j/s_i) \tag{9}$$

其中

$$\begin{cases} \begin{aligned} p(a_1) &= \sum_{i=1}^{3} p(s_i)p(a_1/s_i) \\ &= p(s_1)p(a_1/s_1) + p(s_2)p(a_1/s_2) + p(s_3)p(a_1/s_3) \\ &= 2/7 \times 1/2 + 3/7 \times 0 + 2/7 \times 1 \\ &= 3/7 \\ p(a_2) &= \sum_{i=1}^{3} p(s_i)p(a_2/s_i) \\ &= p(s_1)p(a_2/s_1) + p(s_2)p(a_2/s_2) + p(s_3)p(a_2/s_3) \\ &= 2/7 \times 1/4 + 3/7 \times 1/2 + 2/7 \times 0 \\ &= 2/7 \\ p(a_3) &= \sum_{i=1}^{3} p(s_i)p(a_3/s_i) \\ &= p(s_1)p(a_3/s_1) + p(s_2)p(a_3/s_2) + p(s_3)p(a_3/s_3) \\ &= 2/7 \times 1/4 + 3/7 \times 1/2 + 2/7 \times 0 \\ &= 2/7 \end{aligned} \end{cases} \tag{10}$$

即有

$$\begin{cases} p(a_1) = 3/7 \\ p(a_2) = 2/7 \\ p(a_3) = 2/7 \end{cases} \tag{11}$$

（4）求解：信源 X 的极限熵 $H_\infty(X)$.

由图 E3.17-1，消息 $s_i(i=1,2,3)$ 发符号 $a_j(j=1,2,3)$ 的条件概率

$$\begin{cases} p(a_1/s_1) = 1/2; p(a_2/s_1) = 1/4; p(a_3/s_1) = 1/4 \\ p(a_1/s_2) = 0; p(a_2/s_2) = 1/2; p(a_3/s_2) = 1/2 \\ p(a_1/s_3) = 1; p(a_2/s_3) = 0; p(a_3/s_3) = 0 \end{cases} \tag{11}$$

则可得 $p(a_j/s_i)(i,j=1,2,3)$ 组成的矩阵

$$[P'] = \begin{matrix} & a_1 & a_2 & a_3 \\ s_1 \\ s_2 \\ s_3 \end{matrix} \begin{bmatrix} 1/2 & 1/4 & 1/4 \\ 0 & 1/2 & 1/2 \\ 1 & 0 & 0 \end{bmatrix} \tag{13}$$

由此可得消息 $s_i(i=1,2,3)$ 发符号 $X:\{a_1,a_2,a_3\}$ 的平均不确定性

$$H(X/s_i) = -\sum_{j=1}^{3} p(a_j/s_i)\log p(a_j/s_i) \quad (i=1,2,3) \tag{14}$$

其中

$$\begin{cases} H(X/s_1) = -\sum_{j=1}^{3} p(a_j/s_1)\log(a_j/s_1) \\ \qquad = H(1/2,1/4,1/4) = 1.5 \quad （比特／符号） \tag{15} \\ H(X/s_2) = -\sum_{j=1}^{3} p(a_j/s_2)\log p(a_j/s_2) \\ \qquad = H(0,1/2,1/2) = 1 \quad （比特／符号） \tag{16} \\ H(X/s_3) = -\sum_{j=1}^{3} p(a_j/s_3)\log p(a_j/s_3) \\ \qquad = H(1,0,0) = 0 \quad （比特／符号） \tag{17} \end{cases}$$

从中可以看出，各态历经 M 信源 $X:\{a_1,a_2,a_3\}$ 的三种消息 s_1,s_2,s_3 中，消息 s_1 下一时刻发符号的平均不确定最大；消息 s_3 下一时刻发符号不存在任何不确定性，以概率 1 发符号 a_1，转移到消息 s_1.

由消息极限概率 $p(s_i)(i=1,2,3)$ 和（15）、（16）、（17）式，得信源每发一个符号提供的平均信息量，即极限熵

$$\begin{aligned} H_\infty(X) &= \sum_{i=1}^{3} p(s_i) H(X/s_i) \\ &= p(s_1)H(X/s_1) + p(s_2)H(X/s_2) + p(s_3)H(X/s_3) \\ &= 2/7 \times 1.5 + 3/7 \times 1 + 2/7 \times 0 = 6/7 = 0.86 \quad （比特／符号） \end{aligned} \tag{18}$$

（5）若把信源 $X:\{a_1,a_2,a_3\}$ 与信道矩阵为

$$\begin{array}{c}\begin{array}{ccc}a_1 & a_2 & a_3\end{array}\\[P] = \begin{array}{c}a_1\\a_2\\a_3\end{array}\begin{bmatrix}1/2 & 1/4 & 1/4\\1/4 & 1/2 & 1/4\\1/4 & 1/4 & 1/2\end{bmatrix}\end{array} \qquad (19)$$

的无记忆信道(X-Y)相接,构成图 E3.17-3 所示的通信系统.

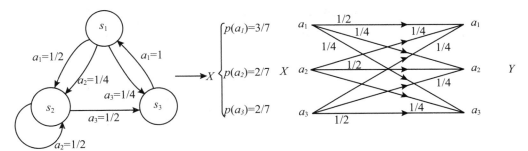

图 E3.17-3

由信源 $X:\{a_1,a_2,a_3\}$ 的符号极限概率分布,即"参照信源"X_0 的概率分布 $p(a_i)(i=1,2,3)$ 和无记忆信道(X-Y)的信道矩阵$[P]$,得输出随机变量 Y_0 的概率分布:

$$p_{Y_0}(a_j) = \sum_{i=1}^{3} p(a_i)p(a_j/a_i) \qquad (20)$$

其中

$$\begin{cases}
\begin{aligned}
p_{Y_0}(a_1) &= \sum_{i=1}^{3} p(a_i)p(a_1/a_i)\\
&= p(a_1)p(a_1/a_1) + p(a_2)p(a_1/a_2) + p(a_3)p(a_1/a_3)\\
&= 3/7 \times 1/2 + 2/7 \times 1/4 + 2/7 \times 1/4 = 5/14
\end{aligned}\\
\begin{aligned}
p_{Y_0}(a_2) &= \sum_{i=1}^{3} p(a_i)p(a_2/a_i)\\
&= p(a_1)p(a_2/a_1) + p(a_2)p(a_2/a_2) + p(a_3)p(a_2/a_3)\\
&= 3/7 \times 1/4 + 2/7 \times 1/2 + 2/7 \times 1/4 = 9/28
\end{aligned}\\
\begin{aligned}
p_{Y_0}(a_3) &= \sum_{i=1}^{3} p(a_i)p(a_3/a_i)\\
&= p(a_1)p(a_3/a_1) + p(a_2)p(a_3/a_2) + p(a_3)p(a_3/a_3)\\
&= 3/7 \times 1/4 + 2/7 \times 1/4 + 2/7 \times 1/2 = 9/28
\end{aligned}
\end{cases} \qquad (21)$$

由此,得 Y_0 的信息熵

$$H(Y_0) = (10/28, 9/28, 9/28)$$

$$= H(10/28; 18/28) + \frac{18}{28}H(1/2, 1/2)$$

$$= H(0.36) + 0.64 = 0.94 + 0.64 = 1.58 \quad (\text{比特} / \text{符号}) \qquad (22)$$

因为无记忆信道(X-Y)是"强对称信道",所以

$$H(Y_0/X_0) = H(p_1', p_2', \cdots, p_s') = H(1/2, 1/4, 1/4) = 1.5 \quad (\text{比特}/\text{符号}) \quad (23)$$

由(22)式、(23)式,各态历经 M 信源 $X:\{a_1, a_2, a_3\}$ 的"参照信源" X_0 与无记忆信道(X_0 - Y_0)相接后的平均互信息

$$I(X_0; Y_0) = H(Y_0) - H(Y_0/X_0) = 1.58 - 1.50 = 0.08 \quad (\text{比特}/\text{符号}) \quad (24)$$

(6) 求: $I(X_1 X_2 \cdots X_N; Y_1 Y_2 \cdots Y_N)$ 的上限值.

若各态历经 M 信源 X 的符号序列长度为 N ,由 X 构成长度为 N 的随机变量序列 $\boldsymbol{X} = X_1 X_2 \cdots X_N$,与无记忆信道(X - Y)构成图 E3.17 - 4 所示的扩展信道($\boldsymbol{X} = X_1 X_2 \cdots X_N$ - $\boldsymbol{Y} = Y_1 Y_2 \cdots Y_N$).

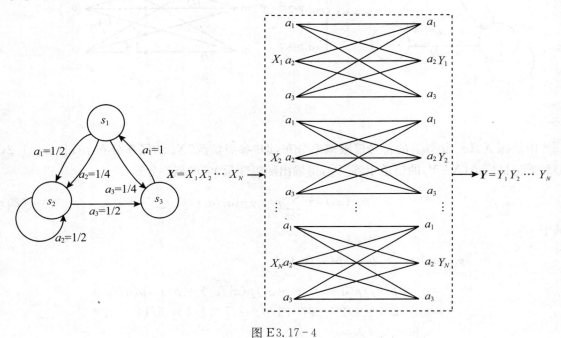

图 E3.17 - 4

因为信源 $X:\{a_1, a_2, a_3\}$ 是各态历经 M 信源,所以输入随机矢量 $\boldsymbol{X} = X_1 X_2 \cdots X_N$ 中各时刻 $k(k=1,2,\cdots,N)$ 的随机变量 $X_k(k=1,2,\cdots,N)$ 之间存在统计依赖关系. 又因为信道(X - Y)是无记忆信道,所以根据定理3.9,有

$$I(\boldsymbol{X}; \boldsymbol{Y}) = I(X_1 X_2 \cdots X_N; Y_1 Y_2 \cdots Y_N) \leqslant NI(X_0; Y_0) = 0.08N \quad (\text{比特}/N\text{符号}) \quad (25)$$

这表明,平均联合互信息 $I(X_1 X_2 \cdots X_N; Y_1 Y_2 \cdots Y_N)$ 的上限是 $0.08N$ (比特/ N 符号).

【例 3.18】 在图 E3.18 - 1(a)所示⊕加性信道(X - Y)的输入随机变量 $X:\{0,1\}$ 、输出随机变量 $Y:\{0,1\}$. 加性噪声 $Z:\{0,1\}$,其概率分布 $p_z(0) = 1 - p, p_z(1) = p(0 < p < 1)$.

现将离散无记忆信源 X 的 N 次扩展信源 $X^N = X_1 X_2 \cdots X_N$ 输入信道(X - Y),相应输出 $\boldsymbol{Y} = Y_1 Y_2 \cdots Y_N$. 加性噪声序列($z_1 z_2 \cdots z_N$)的联合概率分布

$$p(z_1 z_2 \cdots z_N) = p(z_1) p(z_2/z_1) p(z_3/z_1 z_2) \cdots p(z_N/z_1 z_2 \cdots z_{N-1})$$
$$(z_1, z_2, \cdots, z_N \in Z:\{0,1\})$$

（1）试求⊕加性信道$(X-Y)$的信道矩阵$[P]$,计算信道$(X-Y)$的信道容量C_0;

（2）试求⊕加性信道$(X-Y)$的N次扩展信道$(X^N=X_1X_2\cdots X_N-\boldsymbol{Y}=Y_1Y_2\cdots Y_N)$的传递概率$p(\boldsymbol{y}/\boldsymbol{x})=p(y_1y_2\cdots y_N/x_1x_2\cdots x_N)$;

（3）试求平均联合互信息$I(X_1X_2\cdots X_N;Y_1Y_2\cdots Y_N)$最大值的下限值.

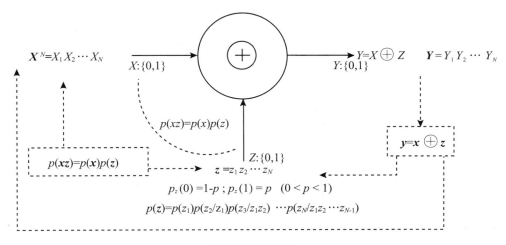

图 E3.18-1(a)

解

（1）计算:⊕加性信道$(X-Y)$的信道容量C_0.

在图 E3.18-1(b)所示⊕加性信道$(X-Y)$中,$Y=X\oplus Z$,X和Z统计独立,$P(XZ)=P(X)P(Z)$.

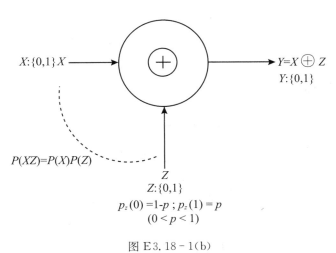

图 E3.18-1(b)

因有

$$y=x\oplus z \quad (y\in Y,x\in X,z\in Z) \tag{1}$$

则得$(X-Z)$和$(X-Y)$坐标变换关系

$$\begin{cases} x(xy) = x \\ z(xy) = y \oplus x \end{cases}; \quad \begin{cases} x(xz) = x \\ y(xz) = x \oplus z \end{cases} \tag{2}$$

根据坐标变换理论,有

$$p(xy) = p(xz)\left| J\left(\frac{XZ}{XY}\right)\right| = p(xz)\begin{vmatrix} \dfrac{\partial x}{\partial x} & \dfrac{\partial x}{\partial y} \\[2mm] \dfrac{\partial z}{\partial x} & \dfrac{\partial z}{\partial y} \end{vmatrix}$$

$$= p(xz)\begin{vmatrix} 1 & 0 \\ 1 & 1 \end{vmatrix} = p(xz) \tag{3}$$

则有

$$p(x)p(y/x) = p(x)p(z) \tag{4}$$

即

$$p(y/x) = p(z) \quad (x \in X, y \in Y, z \in Z) \tag{5}$$

由 $X:\{0,1\}, Y:\{0,1\}, Z:\{0,1\}$,且有

$$\{X = 0 \oplus Z = 0\} = Y = 0; \quad \{X = 0 \oplus Z = 1\} = Y = 1$$
$$\{X = 1 \oplus Z = 0\} = Y = 1; \quad \{X = 1 \oplus Z = 1\} = Y = 0 \tag{6}$$

则由 $p_Z(0) = 1 - p; p_Z(1) = p$,得 $\oplus$ 加性信道$(X\text{-}Y)$的传递概率:

$$\begin{cases} p(Y = 0/X = 0) = p(Z = 0) = p_Z(0) = 1 - p \\ p(Y = 1/X = 0) = p(Z = 1) = p_Z(1) = p \\ p(Y = 0/X = 1) = p(Z = 1) = p_Z(1) = p \\ p(Y = 1/X = 1) = p(Z = 0) = p_Z(0) = 1 - p \end{cases} \tag{7}$$

其信道矩阵

$$[P] = \begin{array}{c} \\ 0 \\ 1 \end{array}\!\!\begin{array}{cc} 0 \qquad\quad 1 \\ \begin{bmatrix} 1 - p & p \\ p & 1 - p \end{bmatrix} \end{array} \tag{8}$$

的传递特性,如图 E3.18-2 所示.

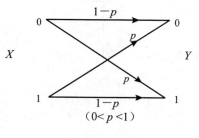

图 E3.18-2

　　这表明,图 E3.18-1(a)所示 $\oplus$ 加性信道$(X\text{-}Y)$的传递作用,相当于一个传递概率为 p 的二进制对称信道$(X\text{-}Y)$. 由此可得,图 E3.18-1(b) $\oplus$ 加性信道$(X\text{-}Y)$的信道容量

$$C_0 = 1 - H(p) \tag{9}$$

（2）设信源 X 为无记忆信源. N 次扩展信源 $X^N = X_1 X_2 \cdots X_N$ 输入 $\oplus$ 加性信道(X-Y),构成图 E3.18-3 所示的 N 次扩展信道($X^N = X_1 X_2 \cdots X_N$-$Y = Y_1 Y_2 \cdots Y_N$).计算其传递概率 $p(\boldsymbol{y}/\boldsymbol{x})$.

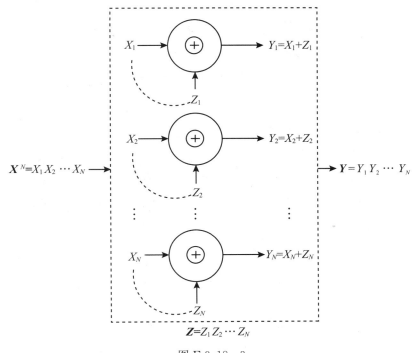

图 E 3.18-3

令

$$\boldsymbol{X} = X_1 X_2 \cdots X_N : \{\boldsymbol{x} = (x_1 x_2 \cdots x_N);\quad x_1, x_2, \cdots, x_N \in X:\{0,1\}\}$$

$$\boldsymbol{Y} = Y_1 Y_2 \cdots Y_N : \{\boldsymbol{y} = (y_1 y_2 \cdots y_N);\quad y_1, y_2, \cdots, y_N \in Y:\{0,1\}\}$$

$$\boldsymbol{Z} = Z_1 Z_2 \cdots Z_N : \{\boldsymbol{z} = (z_1 z_2 \cdots z_N);\quad z_1, z_2, \cdots, z_N \in Z:\{0,1\}\} \tag{10}$$

由 $\oplus$ 加性信道的定义,对其 N 次扩展信道($\boldsymbol{X} = X_1 X_2 \cdots X_N$-$\boldsymbol{Y} = Y_1 Y_2 \cdots Y_N$),有

$$\boldsymbol{X} \oplus \boldsymbol{Z} = \boldsymbol{Y} \tag{11}$$

即

$$\boldsymbol{y} = \boldsymbol{x} \oplus \boldsymbol{z} \tag{12}$$

则有

$$\begin{cases} y_1 = x_1 \oplus z_1 \\ y_2 = x_2 \oplus z_2 \\ \cdots \\ y_N = x_N \oplus z_N \end{cases} \tag{13}$$

由(12)式,得($\boldsymbol{X}$-$\boldsymbol{Z}$)和($\boldsymbol{X}$-$\boldsymbol{Y}$)之间的坐标变换关系

$$\begin{cases} x(x,y) = x \\ z(x,y) = y \bigoplus x \end{cases} \qquad \begin{cases} x(x,z) = x \\ y(x,z) = x \bigoplus z \end{cases} \tag{14}$$

则有

$$\begin{cases} x_1 = x_1 ; x_2 = x_2 ; \cdots ; x_N = x_N \\ z_1 = y_1 \bigoplus x_1 ; z_2 = y_2 \bigoplus x_2 ; \cdots ; z_N = y_N \bigoplus x_N \end{cases} \tag{15}$$

$$\begin{cases} x_1 = x_1 ; x_2 = x_2 ; \cdots ; x_N = x_N \\ y_1 = x_1 \bigoplus z_1 ; y_2 = x_2 \bigoplus z_2 ; \cdots ; y_N = x_N \bigoplus z_N \end{cases} \tag{16}$$

由此,有

$$\left| J\left(\frac{\boldsymbol{XZ}}{\boldsymbol{XY}}\right) \right| = \left| J\left(\frac{x_1 x_2 \cdots x_N ; z_1 z_2 \cdots z_N}{x_1 x_2 \cdots x_N ; y_1 y_2 \cdots y_N}\right) \right|$$

$$= \begin{vmatrix} \dfrac{\partial x_1}{\partial x_1} & \dfrac{\partial x_1}{\partial x_2} & \cdots & \dfrac{\partial x_1}{\partial x_N} & ; & \dfrac{\partial x_1}{\partial y_1} & \dfrac{\partial x_1}{\partial y_2} & \cdots & \dfrac{\partial x_1}{\partial y_N} \\ \dfrac{\partial x_2}{\partial x_1} & \dfrac{\partial x_2}{\partial x_2} & \cdots & \dfrac{\partial x_2}{\partial x_N} & ; & \dfrac{\partial x_2}{\partial y_1} & \dfrac{\partial x_2}{\partial y_2} & & \dfrac{\partial x_2}{\partial y_N} \\ \vdots & \vdots & & \vdots & & \vdots & \vdots & & \vdots \\ \dfrac{\partial x_N}{\partial x_1} & \dfrac{\partial x_N}{\partial x_2} & \cdots & \dfrac{\partial x_N}{\partial x_N} & ; & \dfrac{\partial x_N}{\partial y_1} & \dfrac{\partial x_N}{\partial y_2} & & \dfrac{\partial x_N}{\partial y_N} \\ \dfrac{\partial z_1}{\partial x_1} & \dfrac{\partial z_1}{\partial x_2} & \cdots & \dfrac{\partial z_1}{\partial x_N} & ; & \dfrac{\partial z_1}{\partial y_1} & \dfrac{\partial z_1}{\partial y_2} & \cdots & \dfrac{\partial z_N}{\partial y_N} \\ \dfrac{\partial z_2}{\partial x_1} & \dfrac{\partial z_2}{\partial x_2} & \cdots & \dfrac{\partial z_2}{\partial x_N} & ; & \dfrac{\partial z_2}{\partial y_1} & \dfrac{\partial z_2}{\partial y_2} & & \dfrac{\partial z_2}{\partial y_N} \\ \vdots & \vdots & & \vdots & & \vdots & \vdots & & \vdots \\ \dfrac{\partial z_N}{\partial x_1} & \dfrac{\partial z_N}{\partial x_2} & \cdots & \dfrac{\partial z_N}{\partial x_N} & ; & \dfrac{\partial z_N}{\partial y_1} & \dfrac{\partial z_N}{\partial y_2} & \cdots & \dfrac{\partial z_N}{\partial y_N} \end{vmatrix}$$

$$= \begin{vmatrix} 1 & 0 & \cdots & 0 & ; & 0 & 0 & \cdots & 0 \\ 0 & 1 & \cdots & 0 & ; & 0 & 0 & \cdots & 0 \\ \vdots & \vdots & & \vdots & & \vdots & \vdots & & \vdots \\ 0 & 0 & \cdots & 1 & ; & 0 & 0 & \cdots & 0 \\ 1 & 0 & \cdots & 0 & ; & 1 & 0 & \cdots & 0 \\ 0 & 1 & \cdots & 0 & ; & 0 & 1 & \cdots & 0 \\ \vdots & \vdots & & \vdots & & \vdots & \vdots & & \vdots \\ 0 & 0 & \cdots & 1 & ; & 0 & 0 & \cdots & 1 \end{vmatrix} \begin{matrix} \left.\vphantom{\begin{matrix} 1 \\ 0 \\ \vdots \\ 0 \end{matrix}}\right\}N \\ \left.\vphantom{\begin{matrix} 1 \\ 0 \\ \vdots \\ 0 \end{matrix}}\right\}N \end{matrix} \tag{17}$$

对行列式(17)进行"行"置换:第 1 行$\bigoplus$第$(N+1)$行.所得之行成为第$(N+1)$行;第 2 行$\bigoplus$第$(N+2)$行,所得之行成为第$(N+2)$行;……;第 N 行$\bigoplus$第$(N+N)$行,所得之行成为第$(N+N)$行.所得新行列式的绝对值与行列式(17)相等.即有

$$\left| J\left(\frac{XZ}{XY}\right) \right| = \left| J\left(\frac{x_1 x_2 \cdots x_N \, ; \, z_1 z_2 \cdots z_N}{x_1 x_2 \cdots x_N \, ; \, y_1 y_2 \cdots y_N}\right) \right|$$

$$= \left. \begin{vmatrix} 1 & 0 & \cdots & 0 & ; & 0 & 0 & \cdots & 0 \\ 0 & 1 & \cdots & 0 & ; & 0 & 0 & \cdots & 0 \\ \vdots & \vdots & & \vdots & & \vdots & \vdots & & \vdots \\ 0 & 0 & \cdots & 1 & ; & 0 & 0 & \cdots & 0 \\ 0 & 0 & \cdots & 0 & ; & 1 & 0 & \cdots & 0 \\ 0 & 0 & \cdots & 0 & ; & 0 & 1 & \cdots & 0 \\ \vdots & \vdots & & \vdots & & \vdots & \vdots & & \vdots \\ 0 & 0 & \cdots & 0 & ; & 0 & 0 & \cdots & 1 \end{vmatrix} \right\} N = 1 \tag{18}$$

根据坐标变换理论,由(18)式,得

$$p(\boldsymbol{xy}) = p(\boldsymbol{xz}) \left| J\left(\frac{\boldsymbol{xz}}{\boldsymbol{xy}}\right) \right| = p(\boldsymbol{xz}) \tag{19}$$

由 ⊕ 加性信道的定义,在图 E3.18-3 中,$\boldsymbol{X}$ 与 $\boldsymbol{Z}$ 统计独立,即有

$$p(\boldsymbol{x}) p(\boldsymbol{y}/\boldsymbol{x}) = p(\boldsymbol{x}) p(\boldsymbol{z}) \tag{20}$$

则得

$$p(\boldsymbol{y}/\boldsymbol{x}) = p(\boldsymbol{z}) \tag{21}$$

这表明,图 E3.18-3 所示 ⊕ 加性信道(X-Y)的 N 次扩展系信道($X^N = X_1 X_2 \cdots X_N$-$\boldsymbol{Y} = Y_1 Y_2 \cdots Y_N$)的传递概率 $p(\boldsymbol{y}/\boldsymbol{x})$,等于加性噪声序列 $\boldsymbol{Z} = Z_1 Z_2 \cdots Z_N$ 的联合概率分布 $p(\boldsymbol{z}) = p(z_1 z_2 \cdots z_N)$.

因为加性噪声序列 $z_1, z_2, \cdots, z_N$ 并非统计独立,且

$$p(\boldsymbol{z}) = p(z_1 z_2 \cdots z_N) = p(z_1) p(z_2/z_1) p(z_3/z_1 z_2) \cdots p(z_N/z_1 z_2 \cdots z_{N-1}) \tag{22}$$

则由(21)式,有

$$\begin{aligned} p(\boldsymbol{y}/\boldsymbol{x}) &= p(y_1 y_2 \cdots y_N / x_1 x_2 \cdots x_N) \\ &= p(z_1) p(z_2/z_1) p(z_3/z_1 z_2) \cdots p(z_N/z_1 z_2 \cdots z_{N-1}) \end{aligned} \tag{23}$$

由(5)式可知,在 ⊕ 加性信道(X-Y)的 N 次扩展信道($X^N = X_1 X_2 \cdots X_N$-$\boldsymbol{Y} = Y_1 Y_2 \cdots Y_N$)中,时刻 $k(k=1,2,\cdots,N)$ 的 ⊕ 加性信道(X_k-Y_k)的传递概率

$$p(y_k/x_k) = p(z_k) \quad (k = 1, 2, \cdots, N) \tag{24}$$

由(23)、(24)式可知,⊕ 加性信道(X-Y)的 N 次扩展信道($X^N = X_1 X_2 \cdots X_N$-$\boldsymbol{Y} = Y_1 Y_2 \cdots Y_N$)的传递概率 $p(\boldsymbol{y}/\boldsymbol{x}) = p(y_1 y_2 \cdots y_N / x_1 x_2 \cdots x_N)$ 不等于各时刻信道(X_k-Y_k)($k=1,2,\cdots,N$)的传递概率 $p(y_k/x_k)$($k=1,2,\cdots,N$)的连乘,即

$$\begin{aligned} p(\boldsymbol{y}/\boldsymbol{x}) &= p(y_1 y_2 \cdots y_N / x_1 x_2 \cdots x_N) \\ &\neq p(y_1/x_1) p(y_2/x_2) \cdots p(y_N/x_N) \end{aligned} \tag{25}$$

这表明,图 E3.18-3 所示 ⊕ 加性信道(X-Y)的 N 次扩展信道($X^N = X_1 X_2 \cdots X_N$-$\boldsymbol{Y} = Y_1 Y_2 \cdots Y_N$)并不是无记忆信道($X$-$Y$)的 N 次扩展信道,各时刻 $k(k=1,2,\cdots,N)$ 的 ⊕ 加性信道(X_k-Y_k)之间存在统计依赖关系.

(3) 计算：$\oplus$ 加性信道 $(X-Y)$ 的 N 次扩展信道 (X^N-Y) 平均联合互信息 $I(X^N;Y)$ 的最大值的下限值.

根据定理 3.10，当输入随机矢量 $\boldsymbol{X}=X_1X_2\cdots X_N$ 是离散无记忆信源 X 的 N 次扩展信源 $X^N=X_1X_2\cdots X_N$，而 $\oplus$ 加性信道 $(X-Y)$ 并非是无记忆信道时，扩展信道 $(X^N=X_1X_2\cdots X_N-\boldsymbol{Y}=Y_1Y_2\cdots Y_N)$ 的平均联合互信息

$$I(X^N=X_1X_2\cdots X_N;\boldsymbol{Y}=Y_1Y_2\cdots Y_N)\geqslant \sum_{k=1}^{N}I(X_k;Y_k)=NI(X;Y) \tag{26}$$

则

$$\max_{P(X_1X_2\cdots X_N)}\left[I(X_1X_2\cdots X_N;Y_1Y_2\cdots Y_N)\right]$$

$$=\max_{P(X_1)P(X_2)\cdots P(X_N)}\left[I(X_1X_2\cdots X_N;Y_1Y_2\cdots Y_N)\right]$$

$$\geqslant \max_{P(X_1)P(X_2)\cdots P(X_N)}\left[\sum_{k=1}^{N}I(X_k;Y_k)\right]$$

$$=\max_{P(X)}\left[NI(X;Y)\right]$$

$$=N\left[\max_{P(X)}I(X;Y)\right]=NC_0 \tag{27}$$

由(9)式可知

$$C_0=1-H(p) \tag{28}$$

则得

$$\max_{P(X_1X_2\cdots X_N)}\left[I(X_1X_2\cdots X_N;Y_1Y_2\cdots Y_N)\right]\geqslant N\left[1-H(p)\right] \tag{29}$$

这表明，图 E3.18-3 所示 $\oplus$ 加性信道 $(X-Y)$ 的 N 次扩展信道 $(X^N=X_1X_2\cdots X_N-\boldsymbol{Y}=Y_1Y_2\cdots Y_N)$ 的平均联合互信息 $I(X_1X_2\cdots X_N;Y_1Y_2\cdots Y_N)$ 的最大值的下限值取决于 N 和 p. 在扩展次数 N 固定不变时，最大值的下限值，取决于 $\oplus$ 加性信道 $(X-Y)$ 中加性噪声 Z 的概率分布：$p_Z(1)=p(p_Z(0)=1-p)$.

在这里要提醒注意，要(9)式成立，即信道 $(X-Y)$ 达到信道容量 C_0，信源 $X:\{0,1\}$ 必须是其匹配信源，即必须有 $p(0)=p(1)=0.5$. 也就是说，输入随机矢量 $\boldsymbol{X}=X_1X_2\cdots X_N$ 必须是无记忆二元等概信源 $X:\{0,1\}$ 的 N 次扩展信源 $X^N=X_1X_2\cdots X_N$，不等式(29)中的下限值 $N[1-H(p)]$ 才成立. 在这个前提下，只要 $\oplus$ 加性信道 $(X-Y)$ 是有记忆信道，即 Z 的概率分布保持 $p(z_1z_2\cdots z_N)=p(z_1)p(z_2/z_1)p(z_3/z_1z_2)\cdots p(z_N/z_1z_2\cdots z_{N-1})$. 不等式(29)总是成立的. 平均联合互信息 $I(X_1X_2\cdots X_N;Y_1Y_2\cdots Y_N)$ 的最大值的下限值，随加性噪声 Z 的概率分布 p 的变动而变动. 当 $p_Z(0)=p_Z(1)=0.5$ 时，有

$$\max_{P(X_1X_2\cdots X_N)}\left[I(X_1,X_2\cdots X_N;Y_1Y_2\cdots Y_N)\right]\geqslant 0 \tag{30}$$

当 $p_Z(1)=1,p_Z(0)=0$ 时，有

$$\max_{P(X_1X_2\cdots X_N)}\left[I(X_1X_2\cdots X_N;Y_1Y_2\cdots Y_N)\right]\geqslant N \quad (\text{比特}/N\text{符号}) \tag{31}$$

这就意味着，当加性噪声 Z 亦是二元等概随机变量 $Z:\{0,1\}$ 时，平均联合互信息 $I(X_1X_2\cdots X_N;Y_1Y_2\cdots Y_N)$ 的最大值达到最小(大于或等于零)；当加性噪声 $Z:\{0,1\}$ 是以概率 1 出现符号"1"时(不具随机性，是一个常数)，平均联合互信息 $I(X_1X_2\cdots X_N;Y_1Y_2\cdots Y_N)$ 的最大值的下限

值可达到 N(比特/N 符号).

习　　题

3.1　设 $X = X_1 X_2 \cdots X_N$ 是离散平稳有记忆信源,试证明:

$$H(X_1 X_2 \cdots X_N) = H(X_1) + H(X_2/X_1) + H(X_3/X_1 X_2) + \cdots + H(X_N/X_1 X_2 \cdots X_{N-1})$$

3.2　试证明: $\log r \geqslant H(X) \geqslant H(X_2/X_1) \geqslant H(X_3/X_1 X_2) \geqslant \cdots \geqslant H(X_N/X_1 X_2 \cdots X_{N-1})$.

3.3　试证明离散平稳信源的极限熵

$$H_\infty = \lim_{N \to \infty} H(X_N/X_1 X_2 \cdots X_{N-1})$$

3.4　设随机变量序列 (XYZ) 是马氏链,且 $X: \{a_1, a_2, \cdots, a_r\}, Y: \{b_1, b_2, \cdots, b_s\}, Z: \{c_1, c_2, \cdots, c_L\}$. 又设 X 与 Y 之间的转移概率为 $p(b_j/a_i)(i=1,2,\cdots,r; j=1,2,\cdots,s); Y$ 与 Z 之间的转移概率为 $p(c_k/b_j)(j=1,2,\cdots,s; k=1,2,\cdots,L)$. 试证明: X 与 Z 之间的转移概率

$$p(c_k/a_i) = \sum_{j=1}^{s} p(b_j/a_i) p(c_k/b_j)$$

3.5　试证明:对于有限齐次马氏链,如存在一个正整数 $n_0 \geqslant 1$,对一切 $i, j = 1, 2, \cdots, r$ 都有 $p_{ij}(n_0) > 0$,则对每个 $j = 1, 2, \cdots, r$ 都存在状态极限概率

$$\lim_{n \to \infty} p_{ij}(n) = p_j \ (j = 1, 2, \cdots, r)$$

3.6　设某齐次马氏链的一步转移概率矩阵为

$$\begin{array}{c} \\ 0 \\ 1 \\ 2 \end{array} \begin{array}{c} \begin{array}{ccc} 0 & 1 & 2 \end{array} \\ \begin{bmatrix} q & p & 0 \\ q & 0 & p \\ 0 & q & p \end{bmatrix} \end{array}$$

试求:

(1) 该马氏链的二步转移概率矩阵;

(2) 平稳后状态"0"、"1"、"2"的极限概率.

3.7　设某信源在开始时的概率分布为 $P\{X_0 = 0\} = 0.6; P\{X_0 = 1\} = 0.3; P\{X_0 = 2\} = 0.1$. 第一个单位时间的条件概率分布分别是

$$P\{X_1 = 0/X_0 = 0\} = \frac{1}{3}; \quad P\{X_1 = 1/X_0 = 0\} = \frac{1}{3}$$

$$P\{X_1 = 2/X_0 = 0\} = \frac{1}{3}; \quad P\{X_1 = 0/X_0 = 1\} = \frac{1}{3}$$

$$P\{X_1 = 1/X_0 = 1\} = \frac{1}{3}; \quad P\{X_1 = 2/X_0 = 1\} = \frac{1}{3}$$

$$P\{X_1 = 0/X_0 = 2\} = \frac{1}{2}; \quad P\{X_1 = 1/X_0 = 2\} = \frac{1}{2}$$

$$P\{X_1 = 2/X_0 = 2\} = 0$$

后面发出 X_i 的概率只与 X_{i-1} 有关,又 $P(X_i/X_{i-1}) = P(X_1/X_0)(i \geqslant 2)$,试画出该信源的状态一步转移线图,并计算信源的极限熵 H_∞.

3.8　某一阶马尔可夫信源的状态转移如图 C.1 所示.信源符号集为 $X: \{0,1,2\}$,并定义 $\bar{p} = 1 - p$.

(1) 试求信源平稳后,符号"0"、"1"、"2"的概率分布 $p(0)$、$p(1)$、$p(2)$;

(2) 试求信源的极限熵 H_∞;

(3) p 取何值时, H_∞ 取最大值.

3.9　设某一阶马尔可夫信源的状态转移线图如图 C.2 所示.信源符号集为 $X: \{0,1,2\}$. 试求:

(1) 信源平稳后,符号"0"、"1"、"2"的概率分布 $p(0)$、$p(1)$、$p(2)$;

(2) 信源的极限熵 H_∞;

(3) 当 $p=0$、$p=1$ 时的信源熵,并做出解释.

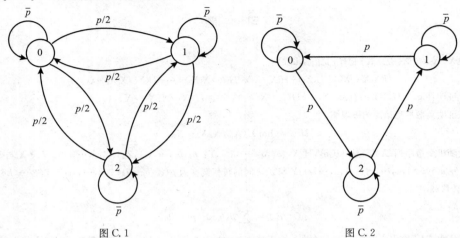

图 C.1　　　　　　　　　　　　　　　图 C.2

3.10　设某马尔可夫信源的状态集合 S:$\{S_1 S_2 S_3\}$,符号集 X:$\{a_1,a_2,a_3\}$. 在某状态 $S_i(i=1,2,3)$ 下发符号 $a_k(k=1,2,3)$ 的概率 $p(a_k/S_i)(i=1,2,3;k=1,2,3)$ 标在相应的线段旁,如图 C.3 所示.

(1) 求状态极限概率和符号的极限概率;

(2) 计算信源处在 $S_j(j=1,2,3)$ 状态下,输出符号的条件熵 $H(X/S_j)$;

(3) 求信源的极限熵 H_∞.

3.11　设随机变量序列 $\boldsymbol{X}=X_1 X_2 \cdots X_N$,通过某离散信道($X-Y$),其输出序列为 $\boldsymbol{Y}=Y_1 Y_2 \cdots Y_N$. 试证明:如有

(1) $p(b_{jN}/a_{i1}a_{i2}\cdots a_{iN};b_{j1}b_{j2}\cdots b_{j(N-1)})=p(b_{jN}/a_{iN})$;

(2) $p(b_{j1}b_{j2}\cdots b_{j(N-1)}/a_{i1}a_{i2}\cdots a_{iN})=p(b_{j1}b_{j2}\cdots b_{j(N-1)}/a_{i1}a_{i2}\cdots a_{i(N-1)})$.

则该信道的传递概率有

$$P(\boldsymbol{Y}/\boldsymbol{X}) = p(b_{j1}b_{j2}\cdots b_{jN}/a_{i1}a_{i2}\cdots a_{iN}) = \prod_{k=1}^{N} p(b_{jk}/a_{ik})$$

3.12　设图 C.4 所示的二进制对称信道是无记忆信道,其中:$0<p,\bar{p}<1,p+\bar{p}=1,\bar{p}\gg p$. 试写出 $N=3$ 次扩展无记忆信道的信道矩阵 $[P]$.

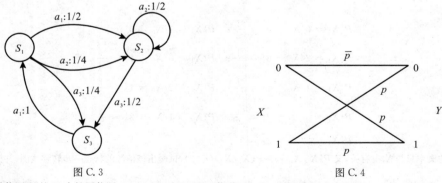

图 C.3　　　　　　　　　　　　　　　图 C.4

3.13　设信源 X 的 N 次扩展信源 $\boldsymbol{X}=X_1 X_2 \cdots X_N$,通过信道($X-Y$),输出序列为 $\boldsymbol{Y}=Y_1 Y_2 \cdots Y_N$. 试证明:

(1) 当信源为无记忆信源时,即 X_1、X_2、$\cdots$、X_N 之间统计独立时,有 $\sum_{k=1}^{N} I(X_k;Y_k) \leqslant I(\boldsymbol{X};\boldsymbol{Y})$;

(2) 当信道无记忆时,有 $\sum_{k=1}^{N} I(X_k;Y_k) \geqslant I(\boldsymbol{X};\boldsymbol{Y})$;

(3) 当信源、信道均为无记忆时,有 $\sum_{k=1}^{N} I(X_k;Y_k) = I(X^N;Y^N) = NI(X;Y)$;

（4）用熵的概念解释以上三种结果.

3.14　试证明 N 个独立并列信道（如图 C.5 所示）的联合信道容量 C_N，等于各信道容量 $C_i (i=1,2,\cdots,N)$ 之和 $\sum\limits_{i=1}^{N} C_i$，且说明信源 $X_1,X_2,\cdots,X_N$ 的概率分布和联合概率分布应具备的条件.

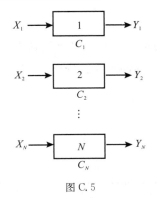

图 C.5

第 4 章　单维连续信源与信道

若信源的输出消息是时间和取值都是连续的随机函数 $x(t)$,这样的信源称为"连续信源".
一般来说,连续信源可由一个时间 t 延伸到无穷$(t→∞)$的随机函数 $x(t)$ 表示(如图 4.1 所示).

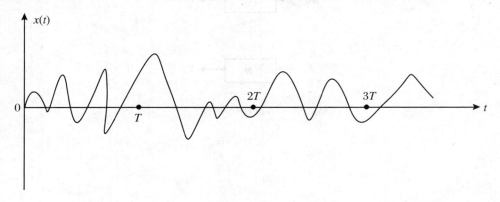

图 4.1

在随机函数 $x(t)$ 平稳的假设下,若时间长度 T 的消息之间统计独立,则连续信源 $x(t)$ 可用
$0-T$ 时间内随机函数 $x(t)$ 的集合,即随机过程$\{x(t)\}$来表示(如图 4.2 所示).

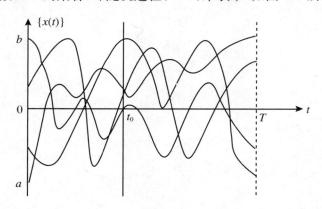

图 4.2

对于一个在$[a,b]$内连续取值的随机过程$\{x(t)\}$来说,在某一固定时刻 t_0,随机过程$\{x(t)\}$
就是一个在$[a,b]$内连续取值的连续随机变量$\{x(t)_{t=0}\}=X∈[a,b]$. 由一个连续随机变量 X 表
示的连续信源,称为"单维连续信源"X. 输入连续随机变量 X,输出连续随机变量 Y 的信道
$(X-Y)$,称为"单维连续信道". 由单维连续信源 X 和单维连续信道$(X-Y)$组成最简单、最基本
的连续通信系统.

4.1　连续信源的相对熵

对于单维连续信源 X 来说,首先要讨论的课题是它的信息测度问题.

4.1.1　相对熵的由来及其内涵

设单维连续信源 X 在 $[a,b]$(或整个实数轴 R)内连续取值,在 $[a,b]$ 内的概率密度函数为 $p(x)$,则单维连续信源 X 可用信源空间

$$[X \cdot P]: \begin{cases} X: & [a,b] \text{(或 } R) \\ P(X): & p(x) \end{cases} \qquad (4.1.1-1)$$

表示. 单维连续信源 X 只可能是 $[a,b]$ 内的某一值,不可能是 $[a,b]$ 之外的任何值,即有

$$\int_a^b p(x)\mathrm{d}x = 1 \qquad (4.1.1-2)$$

单维连续信源 X 在 $[a,b]$ 内的概率分布

$$F(x_1) = P\{X \leqslant x_1\} = \int_a^{x_1} p(x)\mathrm{d}x \qquad (4.1.1-3)$$

现在要向:单维连续信源 X,在 $[a,b]$ 内每一取值含有的平均信息量,即信源 X 的信息熵 $H(X)$ 是多少?

定理 4.1　取值区间为 $[a,b]$、概率密度函数为 $p(x)$ 的连续信源 X 的信息熵 $H(X)$ 趋向于无穷大,等于连续信源 X 的相对熵 $h(X)$ 与一个无限大的常数项之和,即

$$H(X) = h(X) + \{\text{无限大的常数项}\}$$

证明　设连续信源 X 的信源空间为

$$[X \cdot P]: \begin{cases} X: & [a,b] \\ P(X): & p(x) \end{cases} \qquad (4.1.1-4)$$

其中

$$\int_a^b p(x)\mathrm{d}x = 1 \qquad (4.1.1-5)$$

又设 $p(x)$ 是 $x \in [a,b]$ 的连续函数(如图 4.1-1 所示).

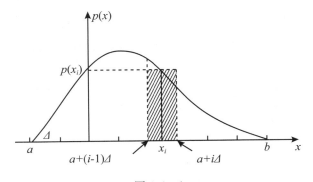

图 4.1-1

取分层间隔

$$\Delta = \frac{b-a}{n} \tag{4.1.1-6}$$

把取值区间$[a,b]$分为n个等长区间. 则X落在第$i(i=1,2,\cdots,n)$区间$[a+(i-1)\Delta,a+i\Delta]$的概率

$$P_i = P\{[a+(i-1)\Delta] \leqslant X \leqslant [a+i\Delta]\}$$

$$= \int_{a+(i-1)\Delta}^{a+i\Delta} p(x)\mathrm{d}x \quad (i=1,2,\cdots,n) \tag{4.1.1-7}$$

因$p(x)$在$x \in [a,b]$内连续,由"积分中值定理",在$[a+(i-1)\Delta,a+i\Delta]$中,总可找到一个点$x_i$,有

$$P_i = \int_{a+(i-1)\Delta}^{a+i\Delta} p(x)\mathrm{d}x = p(x_i)\Delta \quad (i=1,2,\cdots,n) \tag{4.1.1-8}$$

这表明,从概率分布的角度看,落在第$i(i=1,2,\cdots,n)$区间$[a+(i-1)\Delta,a+i\Delta]$内的连续取值随机变量$X$可量化为一个离散值$x_i(i=1,2,\cdots,n)$. 在整个取值区间$[a,b]$内连续取值的随机变量$X \in [a,b]$可量化为取$n$个离散值$x_1,x_2,\cdots,x_n$的离散随机变量$X_n$,且其概率分布为

$$P\{X_n = x_i\} = P_i = p(x_i)\Delta \quad (i=1,2,\cdots,n) \tag{4.1.1-9}$$

并有

$$\sum_{i=1}^{n} P_i = \sum_{i=1}^{n} p(x_i)\Delta = \sum_{i=1}^{n} \left\{ \int_{a+(i-1)\Delta}^{a+i\Delta} p(x)\mathrm{d}x \right\}$$

$$= \int_a^b p(x)\mathrm{d}x = 1 \tag{4.1.1-10}$$

这说明,X_n的概率空间$P_n:\{P_1,P_2,\cdots,P_n\}$是完备集,存在信息熵

$$H(X_n) = -\sum_{i=1}^{n} P_i \log P_i = -\sum_{i=1}^{n} [p(x_i)\Delta] \log[p(x_i)\Delta]$$

$$= -\sum_{i=1}^{n} p(x_i)\log p(x_i)\Delta - \sum_{i=1}^{n} p(x_i)\Delta \log\Delta$$

$$= -\sum_{i=1}^{n} p(x_i)\log p(x_i)\Delta - \log\Delta \tag{4.1.1-11}$$

在图 4.1-1 中,当$\Delta \to 0$时,$n \to \infty$,离散随机变量$X_n \to$连续随机变量X. $H(X_n)$的极限值就是连续信源X的信息熵

$$H(X) = \lim_{\substack{\Delta \to 0 \\ n \to \infty}} \{H(X_n)\} = \lim_{\substack{\Delta \to 0 \\ n \to \infty}} \left[-\sum_{i=1}^{n} p(x_i)\log p(x_i)\Delta - \log\Delta \right]$$

$$= \lim_{\substack{\Delta \to 0 \\ n \to \infty}} \left[-\sum_{i=1}^{n} p(x_i)\log p(x_i)\Delta \right] + \lim_{\substack{\Delta \to 0 \\ n \to \infty}} (-\log\Delta)$$

$$= -\int_a^b p(x)\log p(x)\mathrm{d}x + \lim_{\substack{\Delta \to 0 \\ n \to \infty}} (-\log\Delta) \tag{4.1.1-12}$$

其中,令

$$h(X) = -\int_a^b p(x)\log p(x)\mathrm{d}x \tag{4.1.1-13}$$

并称其为连续信源X的"相对熵". 这样,连续信源X的信息熵

$$H(X) = h(X) + \{无限大常数项\} \qquad (4.1.1\text{-}14)$$

定理 4.1 就得到了证明.

定理表明,单维连续信源 X 在$[a,b]$中可能取无限多个数值,其信息熵 $H(X)$ 是一个无限大的没有确定数值的量.若单维连续信源 X 的取值范围$[a,b]$(或 R)及其概率密度函数 $p(x)$ 给定,则(4.1.1-13)式所示"相对熵"$h(X)$就是一个代表信源 X 信息特征、可计算的、具有具体数值的量,是单维连续信源 X 的无限大的信息熵 $H(X)$ 中有确定值的部分. 在后续的论述中,我们将详细说明,虽然相对熵不是信息熵的全部,不代表连续信源的平均不确定性,但是涉及连续通信系统通信前后平均不确定性的"消除",即通信前后"信息熵差"(平均互信息)问题中,相对熵替代了信息熵的"角色"及其功能. 所以,在明确相对熵 $h(X)$ 的由来及其内涵的前提下,我们可以把(4.1.1-13)式定义的"相对熵"$h(X)$当作连续信源 X 的信息测度来看待.

4.1.2　几种连续信源的相对熵

连续信源 X 的信源空间

$$[X \cdot P] : \begin{cases} X & [a,b](或 R) \\ P(X) & p(x) & \int_a^b p(x)\mathrm{d}x = 1 \end{cases}$$

是描述连续信源 X 的数学模型.$[X \cdot P]$确定后,连续信源 X 的相对熵 $h(X)$ 就是一个确定的数值.

1. 取值区间为$[a,b]$均匀分布的连续信源的相对熵

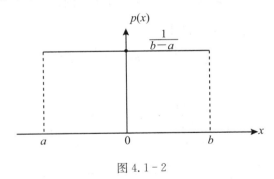

图 4.1-2

取值区间为$[a,b]$均匀分布连续信源 X 的概率密度函数(如图 4.1-2 所示)

$$p(x) = \begin{cases} \dfrac{1}{b-a} & (a \leqslant x \leqslant b) \\ 0 & 其他 \end{cases} \qquad (4.1.2\text{-}1)$$

根据相对熵的定义,信源 X 的相对熵

$$h(X) = -\int_a^b p(x)\log p(x)\mathrm{d}x = -\int_a^b \frac{1}{b-a}\log \frac{1}{b-a}\mathrm{d}x$$
$$= \log(b-a) \qquad (4.1.2\text{-}2)$$

这表明,均匀分布连续信源 X 的相对熵 $h(X)$ 是取值区间长度$(b-a)$的对数,是$(b-a)$的单调递增函数. 当长度$(b-a)<1$ 时,$h(X)<0$(对数的"底"大于 1). 这说明. 相对熵 $h(X)$ 并不

具有"非负性",可能会出现负值. 因相对熵 $h(X)$ 只是无限大的信息熵 $H(X)$ 中有定值的部分,
所以连续信源 X 的信息熵 $H(X)$ 仍然保持其"非负性"的特性.

2. 均值为 m_X、方差为 σ_X^2 的高斯(Gaussian)连续信源的相对熵

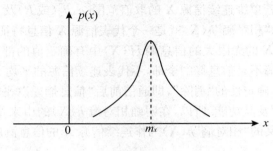

图 4.1 - 3

均值为 m_X、方差为 σ_X^2 的 G -分布连续信源 X 的概率密度函数(如图 4.1 - 3 所示)

$$p(x) = \frac{1}{\sqrt{2\pi\sigma_X^2}}\exp\left[-\frac{(x-m_X)^2}{2\sigma_X^2}\right] \tag{4.1.2-3}$$

其中

$$m_X = \int_{-\infty}^{\infty} xp(x)\mathrm{d}x \tag{4.1.2-4}$$

$$\sigma_X^2 = \int_{-\infty}^{\infty} (x-m_X)^2 p(x)\mathrm{d}x \tag{4.1.2-5}$$

当 $m_X = 0$ 时,方差 σ_X^2 就等于平均功率 P,即

$$\sigma_X^2 = \int_{-\infty}^{\infty} x^2 p(x)\mathrm{d}x = P \tag{4.1.2-6}$$

由积分公式

$$\int_0^{\infty} \mathrm{e}^{-a^2 x^2}\mathrm{d}x = \frac{\sqrt{\pi}}{2a} \tag{4.1.2-7}$$

有

$$\int_{-\infty}^{\infty} p(x)\mathrm{d}x = \int_{-\infty}^{\infty} \frac{1}{\sqrt{2\pi\sigma_X^2}}\mathrm{e}^{\frac{-(x-m_X)^2}{2\sigma_X^2}}\mathrm{d}x = 1 \tag{4.1.2-8}$$

根据相对熵的定义,信源 X 的相对熵

$$h(X) = -\int_{-\infty}^{\infty} p(x)\ln p(x)\mathrm{d}x = -\int_{-\infty}^{\infty} p(x)\ln\left[\frac{1}{\sqrt{2\pi\sigma_X^2}}\cdot\mathrm{e}^{-\frac{(x-m_X)^2}{2\sigma_X^2}}\right]\mathrm{d}x$$

$$= -\int_{-\infty}^{\infty} p(x)\ln\frac{1}{\sqrt{2\pi\sigma_X^2}}\mathrm{d}x + \int_{-\infty}^{\infty} p(x)\frac{(x-m_X)^2}{2\sigma_X^2}\mathrm{d}x$$

$$= \frac{1}{2}\ln(2\pi\sigma_X^2) + \frac{1}{2} = \frac{1}{2}\ln(2\pi\mathrm{e}\sigma_X^2) \tag{4.1.2-9}$$

当 $m_X = 0$ 时,有

$$h(X) = \frac{1}{2}\ln(2\pi\mathrm{e}P) \tag{4.1.2-10}$$

这表明,G-分布连续信源 X 的相对熵 $h(X)$ 只取决于方差 σ_X^2. 均值 $m_X=0$ 时,只取决于平均功率 P,与均值 m_X 无关.

3. 均值为 a 的指数分布连续信源的相对熵

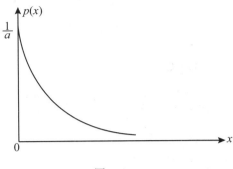

图 4.1-4

均值 $m_X=a$ 的指数分布连续信源 X 的概率密度函数(如图 4.1-4 所示)

$$p(x) = \begin{cases} \dfrac{1}{a}\mathrm{e}^{-\frac{x}{a}} & (x \geqslant 0) \\ 0 & (x < 0) \end{cases} \tag{4.1.2-11}$$

由积分公式

$$\int_0^\infty x^n \mathrm{e}^{-Ax}\mathrm{d}x = \frac{n!}{A^{n+1}} \quad (n \text{ 为正整数}, A > 0) \tag{4.1.2-12}$$

其中,信源 X 的均值

$$m_X = \int_0^\infty xp(x)\mathrm{d}x = \int_0^\infty x\,\frac{1}{a}\mathrm{e}^{-\frac{x}{a}}\mathrm{d}x = \frac{1}{a}\int_0^\infty x\mathrm{e}^{-\frac{x}{a}}\mathrm{d}x = \frac{1}{a}\cdot\frac{1}{(1/a)^2} = a \tag{4.1.2-13}$$

由积分公式

$$\int_0^\infty \mathrm{e}^{-Ax}\mathrm{d}x = \frac{1}{A} \quad (A > 0) \tag{4.1.2-14}$$

有

$$\int_0^\infty p(x)\mathrm{d}x = \int_0^\infty \frac{1}{a}\mathrm{e}^{-\frac{x}{a}}\mathrm{d}x = \frac{1}{a}\cdot\frac{1}{(1/a)} = 1 \tag{4.1.2-15}$$

根据相对熵的定义,信源 X 的相对熵

$$\begin{aligned}
h(X) &= -\int_0^\infty p(x)\ln p(x)\mathrm{d}x = -\int_0^\infty p(x)\ln\left(\frac{1}{a}\cdot\mathrm{e}^{-\frac{x}{a}}\right)\mathrm{d}x \\
&= -\int_0^\infty p(x)\ln\frac{1}{a} + \int_0^\infty p(x)\,\frac{x}{a}\mathrm{d}x \\
&= \ln a + 1 = \ln(ae)
\end{aligned} \tag{4.1.2-16}$$

这表明,指数分布连续信源 X 的相对熵 $h(X)$,只取决于均值 a.

4. 概率密度函数为 $p(x)=ax^2 (0 \leqslant x \leqslant A)$ 的连续信源的相对熵

若连续信源 X 的概率密度函数

$$p(x) = \begin{cases} ax^2 & (0 \leqslant x \leqslant A) \\ 0 & \text{其他} \end{cases} \tag{4.1.2-17}$$

由 $\int_0^A p(x)\mathrm{d}x = 1$, 有

$$\int_0^A ax^2\mathrm{d}x = a\left\{\frac{x^3}{3}\right\}_0^A = a\cdot\frac{A^3}{3} = 1 \tag{4.1.2-18}$$

则得

$$a = \frac{3}{A^3} \tag{4.1.2-19}$$

由此, 得连续信源 X 的概率密度函数为

$$p(x) = \begin{cases} \dfrac{3}{A^3}x^2 & (0 \leqslant x \leqslant A) \\ 0 & \text{其他} \end{cases}$$

其函数曲线, 如图 4.1-5 所示.

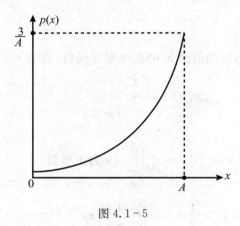

图 4.1-5

根据相对熵的定义, 连续信源 X 的相对熵

$$\begin{aligned}
h(X) &= -\int_0^A p(x)\ln p(x)\mathrm{d}x = -\int_0^A p(x)\ln\left(\frac{3}{A^3}\cdot x^2\right)\mathrm{d}x \\
&= -\int_0^A p(x)\ln\frac{3}{A^3}\mathrm{d}x - \int_0^A p(x)\ln x^2\mathrm{d}x = \ln\frac{A^3}{3} - \int_0^A\left(\frac{3}{A^3}x^2\right)\ln x^2\mathrm{d}x \\
&= \ln\frac{A^3}{3} - \frac{6}{A^3}\int_0^A x^2\ln x\,\mathrm{d}x
\end{aligned} \tag{4.1.2-20}$$

由积分公式

$$\int x^2\ln ax\,\mathrm{d}x = \frac{x^3}{3}\ln ax - \frac{x^3}{9} \tag{4.1.2-21}$$

得

$$h(X) = \ln\frac{A^3}{3} - \frac{6}{A^3}\left\{\frac{x^3}{3}\ln x - \frac{x^3}{9}\right\}_0^A = \ln\frac{A\sqrt[3]{\mathrm{e}^2}}{3} \tag{4.1.2-22}$$

这表明, 概率密度函数为

$$p(x) = \begin{cases} \dfrac{3}{A^3}x^2 & (0 \leqslant x \leqslant A) \\ 0 & \text{其他} \end{cases}$$

的连续信源 X 的相对熵 $h(X)$ 是取值区间长度 A 的对数,是 A 的单调递增函数(如图 4.1-6 所示). 而且,当 $\dfrac{A\sqrt[3]{\mathrm{e}^2}}{3}=1$,即

$$A = A_0 = \frac{3}{\sqrt[3]{\mathrm{e}^2}} \tag{4.1.2-23}$$

时,$h(X)=0$. 根据对数的单调递增性,有

$$h(X)\begin{cases} \geqslant 0 & (A \geqslant A_0) \\ < 0 & (A < A_0) \end{cases} \tag{4.1.2-24}$$

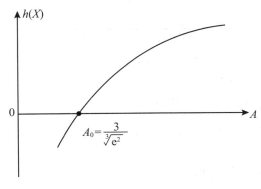

图 4.1-6

这表明,"平方分布"连续信源 X 的相对熵 $h(X)$ 是取值区间长度 A 的对数,是 A 的单调递增函数. 相对熵 $h(X)$ 可以是正值,亦可以是负值. 正、负值的分界点是 $A_0=\dfrac{3}{\sqrt[3]{\mathrm{e}^2}}$.

5. 概率密度函数 $p(x)=A\cos x\left(|x|\leqslant\dfrac{\pi}{2}\right)$ 的连续信源的相对熵

若连续信源 X 的概率密度函数

$$p(x) = \begin{cases} A\cos x & \left(|x| \leqslant \dfrac{\pi}{2}\right) \\ 0 & 其他 \end{cases} \tag{4.1.2-25}$$

由 $\displaystyle\int_{-\pi/2}^{\pi/2} p(x)\,\mathrm{d}x = 1$,有

$$\begin{aligned}
\int_{-\frac{\pi}{2}}^{\frac{\pi}{2}} A\cos x\,\mathrm{d}x &= \left\{A\sin x\right\}_{-\pi/2}^{\pi/2} \\
&= A\left[\sin\frac{\pi}{2} - \sin\left(-\frac{\pi}{2}\right)\right] \\
&= 2A = 1
\end{aligned} \tag{4.1.2-26}$$

则得

$$A = 1/2 \tag{4.1.2-27}$$

由此,连续信源 X 的概率密度函数

$$p(x) = \begin{cases} \dfrac{1}{2}\cos x & \left(\mid x \mid \leqslant \dfrac{\pi}{2} \right) \\ 0 & \text{其他} \end{cases} \tag{4.1.2-28}$$

其曲线,如图 4.1-7 所示.

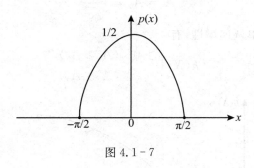

图 4.1-7

根据相对熵的定义,连续信源 X 的相对熵

$$h(X) = -\int_{-\frac{\pi}{2}}^{\frac{\pi}{2}} p(x)\ln p(x)\mathrm{d}x = -\int_{-\frac{\pi}{2}}^{\frac{\pi}{2}} p(x)\ln\left(\frac{1}{2}\cos x\right)\mathrm{d}x$$

$$= -\int_{-\frac{\pi}{2}}^{\frac{\pi}{2}} p(x)\ln\frac{1}{2}\mathrm{d}x - \int_{-\frac{\pi}{2}}^{\frac{\pi}{2}} p(x)\ln\cos x\mathrm{d}x$$

$$= \ln 2 - \int_{-\frac{\pi}{2}}^{\frac{\pi}{2}}\left(\frac{1}{2}\cos x\right)\ln\cos x\mathrm{d}x = \ln 2 - \frac{1}{2}\int_{-\frac{\pi}{2}}^{\frac{\pi}{2}}\ln\sqrt{1-\sin^2 x}\mathrm{d}\sin x$$

$$= \ln 2 - \frac{1}{2}\int_{-\frac{\pi}{2}}^{\frac{\pi}{2}}\frac{1}{2}\ln(1-\sin^2 x)\mathrm{d}\sin x$$

$$= \ln 2 - \frac{1}{4}\int_{-\frac{\pi}{2}}^{\frac{\pi}{2}}\ln\big[(1+\sin x)(1-\sin x)\big]\mathrm{d}\sin x$$

$$= \ln 2 - \frac{1}{4}\int_{-\frac{\pi}{2}}^{\frac{\pi}{2}}\ln(1+\sin x)\mathrm{d}\sin x - \frac{1}{4}\int_{-\frac{\pi}{2}}^{\frac{\pi}{2}}\ln(1-\sin x)\mathrm{d}\sin x \tag{4.1.2-29}$$

其中

$$\begin{cases} \mathrm{d}(1+\sin x) = \mathrm{d}\sin x \\ \mathrm{d}(1-\sin x) = -\mathrm{d}\sin x \end{cases} \tag{4.1.2-30}$$

则有

$$h(X) = \ln 2 - \frac{1}{4}\int_{-\frac{\pi}{2}}^{\frac{\pi}{2}}\ln(1+\sin x)\mathrm{d}(1+\sin x) + \frac{1}{4}\int_{-\frac{\pi}{2}}^{\frac{\pi}{2}}\ln(1-\sin x)\mathrm{d}(1-\sin x)$$

$$\tag{4.1.2-31}$$

其中,有

$$\begin{cases} \mathrm{d}\big[(1+\sin x)\ln(1+\sin x)-(1+\sin x)\big] = \ln(1+\sin x)\mathrm{d}(x+\sin x) \\ \mathrm{d}\big[(1-\sin x)\ln(1-\sin x)-(1-\sin x)\big] = \ln(1-\sin x)\mathrm{d}(1-\sin x) \end{cases} \tag{4.1.2-32}$$

根据"配元积分"公式

$$\int f'\big[\varphi(x)\big]\mathrm{d}\big[\varphi(x)\big] = f\big[\varphi(x)\big] + c \tag{4.1.2-33}$$

将等式(4.1.2-31)改写为

$$h(X) = \ln 2 - \frac{1}{4}\Big\{(1+\sin x)\ln(1+\sin x) - (1+\sin x)\Big\}\Big|_{-\frac{\pi}{2}}^{\frac{\pi}{2}}$$

$$+ \frac{1}{4}\Big\{(1-\sin x)\ln(1-\sin x) - (1-\sin x)\Big\}\Big|_{-\frac{\pi}{2}}^{\frac{\pi}{2}}$$

$$= 1 = \ln e \quad (\text{奈特／自由度}) \qquad (4.1.2-34)$$

这表明,信源空间为

$$[X \cdot P]:\begin{cases} X:\quad \Big[-\frac{\pi}{2}, \frac{\pi}{2}\Big] \\ P(X):\quad p(x) = \begin{cases} \frac{1}{2}\cos x & \Big(-\frac{\pi}{2} \leqslant x \leqslant \frac{\pi}{2}\Big) \\ 0 & \text{其他} \end{cases} \end{cases} \qquad (4.1.2-35)$$

的"余弦分布"的连续信源 X 的相对熵 $h(X)$,等于 1 信息单位(奈特).

6. 概率密度函数为 $p(x) = \frac{1}{2}\lambda e^{-\lambda|x|}$ ($\lambda > 0$, $-\infty < x < \infty$)连续信源的相对熵

(1) 对图 4.1-8 所示概率密度函数 $p(x)$,有

$$\int_{-\infty}^{\infty} p(x)\mathrm{d}x = \int_{-\infty}^{\infty} \frac{1}{2}\lambda e^{-\lambda|x|}\mathrm{d}x = \int_{-\infty}^{0} \frac{1}{2}\lambda e^{-\lambda(-x)}\mathrm{d}x + \int_{0}^{\infty} \frac{1}{2}\lambda e^{-\lambda x}\mathrm{d}x$$

$$= \int_{-\infty}^{0} \frac{1}{2}\lambda e^{\lambda x}\mathrm{d}x + \int_{0}^{\infty} \frac{1}{2}\lambda e^{-\lambda x}\mathrm{d}x = -\int_{0}^{-\infty} \frac{1}{2}\lambda e^{\lambda x}\mathrm{d}x + \int_{0}^{\infty} \frac{1}{2}\lambda e^{-\lambda x}\mathrm{d}x$$

$$= \int_{0}^{\infty} \frac{1}{2}\lambda e^{-\lambda x}\mathrm{d}x + \int_{0}^{\infty} \frac{1}{2}\lambda e^{-\lambda x}\mathrm{d}x = \int_{0}^{\infty} \lambda e^{-\lambda x}\mathrm{d}x \qquad (4.1.2-36)$$

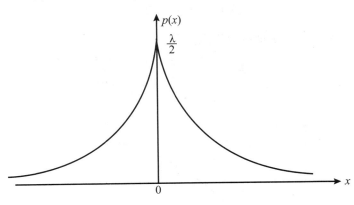

图 4.1-8

运用积分公式

$$\int_{0}^{\infty} e^{-ax}\mathrm{d}x = \frac{1}{a} \quad (a > 0) \qquad (4.1.2-37)$$

则有

$$\int_{-\infty}^{\infty} p(x)\mathrm{d}x = \lambda \int_{0}^{\infty} e^{-\lambda x}\mathrm{d}x = 1 \quad (\lambda > 0) \qquad (4.1.2-38)$$

（2）根据相对熵的定义，信源 X 的相对熵

$$\begin{aligned}
h(X) &= -\int_{-\infty}^{\infty} p(x)\ln p(x)\mathrm{d}x = \int_{-\infty}^{\infty} p(x)\ln\left(\frac{1}{2}\lambda \mathrm{e}^{-\lambda|x|}\right)\mathrm{d}x\\
&= -\int_{-\infty}^{\infty} p(x)\ln\frac{\lambda}{2}\mathrm{d}x + \int_{-\infty}^{\infty} p(x)(\lambda\mid x\mid)\mathrm{d}x\\
&= -\ln\frac{\lambda}{2} + \int_{-\infty}^{\infty}\left(\frac{\lambda}{2}\mathrm{e}^{-\lambda|x|}\right)\cdot(\lambda\mid x\mid)\mathrm{d}x\\
&= -\ln\frac{\lambda}{2} + \frac{\lambda^2}{2}\int_{-\infty}^{\infty}\mathrm{e}^{-\lambda|x|}\cdot(\mid x\mid)\mathrm{d}x\\
&= -\ln\frac{\lambda}{2} + \frac{\lambda^2}{2}\cdot 2\int_{0}^{\infty}x\mathrm{e}^{-\lambda x}\mathrm{d}x\\
&= -\ln\frac{\lambda}{2} + \lambda^2\int_{0}^{\infty}x\mathrm{e}^{-\lambda x}\mathrm{d}x
\end{aligned}\tag{4.1.2-39}$$

运用积分公式

$$\int_{0}^{\infty}x^n\mathrm{e}^{-ax} = \frac{n!}{a^{n+1}}\quad(n\text{ 为正整数},a>0)\tag{4.1.2-40}$$

则有

$$h(X) = -\ln\frac{\lambda}{2} + \lambda^2\cdot\left(\frac{1}{\lambda^2}\right) = \ln\frac{2\mathrm{e}}{\lambda}\tag{4.1.2-41}$$

这表明，"拉普拉斯"分布连续信源 X 的相对熵 $h(X)$ 取决于 $x=0$ 时的 $p(x=0)=\frac{\lambda}{2}\cdot\left(\frac{\lambda}{2}\right)$ 越大，$h(X)$ 越小. 特别当 $p(x=0)=\frac{\lambda}{2}=\mathrm{e}$，$\lambda=\lambda_0=2\mathrm{e}$ 时，有

$$h(X) = \ln\frac{2\mathrm{e}}{\lambda_0} = \ln 1 = 0\tag{4.1.2-42}$$

而且 $\lambda_0=2\mathrm{e}$ 是 $h(X)$ 取正值和负值的分界点，即

$$h(X)\begin{cases}\geqslant 0 & (\lambda\leqslant\lambda_0=2\mathrm{e})\\ <0 & (\lambda<\lambda_0=2\mathrm{e})\end{cases}\tag{4.1.2-43}$$

如图 4.1-9 所示.

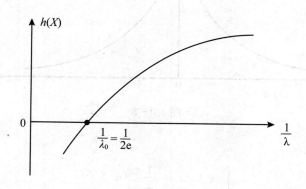

图 4.1-9

7. 概率密度函数为 $p(x) = \begin{cases} \dfrac{x+A}{A^2} & (-A \leqslant x \leqslant 0) \\[2mm] \dfrac{A-x}{A^2} & (0 \leqslant x \leqslant A) \end{cases}$　　**连续信源的相对熵**

（1）对图 4.1-10 所示概率密度函数 $p(x)$ 有

$$\int_{-A}^{A} p(x)\mathrm{d}x = \int_{-A}^{0} p(x)\mathrm{d}x + \int_{0}^{A} p(x)\mathrm{d}x = \int_{-A}^{0} \frac{x+A}{A^2}\mathrm{d}x + \int_{0}^{A} \frac{A-x}{A^2}\mathrm{d}x$$

$$= \frac{1}{A^2}\int_{-A}^{0}(x+A)\mathrm{d}x + \frac{1}{A^2}\int_{0}^{A}(A-x)\mathrm{d}x$$

$$= \frac{1}{A^2}\left\{\frac{x^2}{2}+Ax\right\}_{-A}^{0} + \frac{1}{A^2}\left\{Ax-\frac{x^2}{2}\right\}_{0}^{A}$$

$$= \frac{1}{A^2}\left\{-\left[\frac{(-A)^2}{2}-A^2\right]\right\} + \frac{1}{A^2}\left(A^2-\frac{A^2}{2}\right)$$

$$= \frac{1}{A^2}\left(A^2-\frac{A^2}{2}\right) + \frac{1}{A^2}\left(A^2-\frac{A^2}{2}\right) = 1 \qquad (4.1.2-44)$$

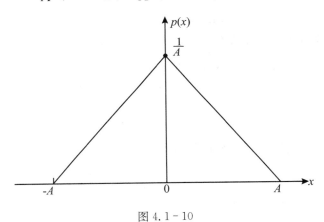

图 4.1-10

（2）根据相对熵的定义，信源 X 的相对熵

$$h(X) = -\int_{-A}^{A} p(x)\ln p(x)\mathrm{d}x$$

$$= -\int_{-A}^{0} \frac{x+A}{A^2}\ln\frac{x+A}{A^2}\mathrm{d}x - \int_{0}^{A} \frac{A-x}{A^2}\ln\frac{A-x}{A^2}\mathrm{d}x \qquad (4.1.2-45)$$

令

$$z = \frac{x+A}{A^2};\ w = \frac{A-x}{A^2} \qquad (4.1.2-46)$$

则分别有

$$\begin{cases} x = -A\ \text{时}, z = 0 \\ x = 0\ \text{时}, z = \dfrac{1}{A} \\ \mathrm{d}z = \dfrac{1}{A^2}\mathrm{d}x \end{cases} ; \begin{cases} x = A\ \text{时}, w = 0 \\ x = 0\ \text{时}, w = \dfrac{1}{A} \\ \mathrm{d}w = -\dfrac{1}{A^2}\mathrm{d}x \end{cases} \qquad (4.1.2-47)$$

由此,有

$$h(X) = -\int_0^{1/A} A^2 z \ln z \, dz + \int_{1/A}^0 A^2 w \ln w \, dw$$

$$= -\int_0^{1/A} A^2 z \ln z \, dz - \int_0^{1/A} A^2 w \ln w \, dw$$

$$= -2A^2 \int_0^{1/A} x \ln x \, dx \qquad (4.1.2-48)$$

运用积分公式

$$\int x \ln(ax) \, dx = \frac{x^2}{2} \ln(ax) - \frac{x^2}{4} \qquad (4.1.2-49)$$

有

$$h(X) = -2A^2 \cdot \left\{ \frac{x^2}{2} \ln x - \frac{x^2}{4} \right\}_0^{1/A}$$

$$= -2A^2 \cdot \left(\frac{1}{2A^2} \ln \frac{1}{A} - \frac{1}{4A^2} \right)$$

$$= \ln(A\sqrt{e}) \qquad (4.1.2-50)$$

这表明,"三角"分布连续信源 X 的相对熵 $h(X)$,是取值区间$[-A, A]$长度 A 的单调递增函数,A 越大,$h(X)$ 越大. 特别当 $A = A_0 = \dfrac{1}{\sqrt{e}}$ 时,有

$$h(X) = \ln(A_0\sqrt{e}) = \ln\left[\frac{\sqrt{e}}{\sqrt{e}}\right] = \ln 1 = 0 \qquad (4.1.2-51)$$

而且,$A_0 = \dfrac{1}{\sqrt{e}}$ 是 $h(X)$ 取正值或负值的分界点,即

$$h(X) \begin{cases} \geqslant 0 & \left(A \geqslant A_0 = \dfrac{1}{\sqrt{e}}\right) \\[2mm] < 0 & \left(A < A_0 = \dfrac{1}{\sqrt{e}}\right) \end{cases} \qquad (4.1.2-52)$$

如图 4.1-11 所示.

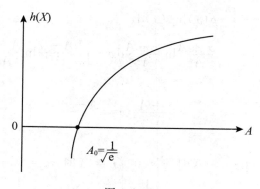

图 4.1-11

【例 4.1】 图 E4.1-1(a)、(b)分别表示两个统计独立的随机变量 X 和 Y 的概率密度函数

$p(x)$ 和 $q(y)$.

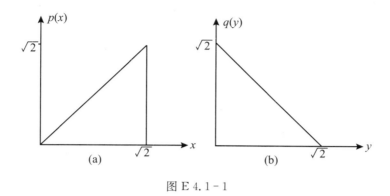

图 E 4.1-1

X 和 Y 同时接入"鉴别器",输出随机变量 Z(如图 E 4.1-2 所示).

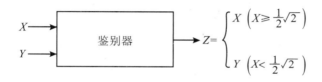

图 E 4.1-2

(1) 计算 $h\left(Z/x<\dfrac{1}{2}\sqrt{2}\right)$;

(2) 求解 $\left(X\geqslant\dfrac{1}{2}\sqrt{2}\right)$ 的概率密度函数,并画出其函数曲线;

(3) 计算 $h\left(Z/X\geqslant\dfrac{1}{2}\sqrt{2}\right)$;

(4) 计算"鉴别器"输出随机变量 Z 的相对熵 $h(Z)$.

解

(1) 由"鉴别器"功能可知,若 $x<\dfrac{1}{2}\sqrt{2}$,则 $Z=Y$. 所以

$$h\left(Z/x<\frac{1}{2}\sqrt{2}\right)=h(Y) \tag{1}$$

由图 E 4.1-1 可知,Y 的概率密度函数

$$q(y)=\begin{cases}\sqrt{2}-y & (0\leqslant y\leqslant\sqrt{2})\\ 0 & 其他\end{cases} \tag{2}$$

根据相对熵定义,Y 的相对熵

$$h(Y)=-\int_0^{\sqrt{2}}q(y)\ln q(y)\mathrm{d}y$$

$$=-\int_0^{\sqrt{2}}(\sqrt{2}-y)\ln(\sqrt{2}-y)\mathrm{d}y \tag{3}$$

令

$$\sqrt{2} - y = t \tag{4}$$

则有

$$\begin{cases} y = 0; t = \sqrt{2} \\ y = \sqrt{2}; t = 0 \\ \mathrm{d}t = -\mathrm{d}y \end{cases} \tag{5}$$

由此,有

$$h(Y) = -\int_{\sqrt{2}}^0 t\ln t(-\mathrm{d}t) = \int_{\sqrt{2}}^0 t\ln t\mathrm{d}t \tag{6}$$

运用积分公式

$$\int x\ln ax\,\mathrm{d}x = \frac{x^2}{2}\ln ax - \frac{1}{4}x^2 \tag{7}$$

得

$$h(Y) = \int_{\sqrt{2}}^0 t\ln t\mathrm{d}t = \left\{ \frac{t^2}{2}\ln t - \frac{1}{4}t^2 \right\}_{\sqrt{2}}^0$$

$$= -\left[\frac{1}{2}(\sqrt{2})^2\ln(\sqrt{2}) - \frac{1}{4}(\sqrt{2})^2 \right]$$

$$= \frac{1}{2} - \ln\sqrt{2} = \frac{1}{2}\ln\frac{\mathrm{e}}{2} \tag{8}$$

即得

$$h\left(Z/x < \frac{1}{2}\sqrt{2} \right) = h(Y) = \frac{1}{2}\ln\frac{\mathrm{e}}{2} \tag{9}$$

(2) 由"鉴别器"功能可知,若 $x \geq \frac{1}{2}\sqrt{2}$,则 $Z = X$. 所以

$$h\left(Z/x \geq \frac{1}{2}\sqrt{2} \right) = h\left(X/x \geq \frac{1}{2}\sqrt{2} \right) \tag{10}$$

由图 E 4.1-1(a)可知,在 $[0, \sqrt{2}]$ 内,X 的概率密度函数

$$p(x) = x \quad (0 \leq x \leq \sqrt{2}) \tag{11}$$

所以,$x \geq \frac{1}{2}\sqrt{2}$ 的概率

$$P\left\{ X \geq \frac{1}{2}\sqrt{2} \right\} = \int_{\frac{1}{2}\sqrt{2}}^{\sqrt{2}} p(x)\mathrm{d}x$$

$$= \int_{\frac{1}{2}\sqrt{2}}^{\sqrt{2}} x\mathrm{d}x = \left\{ \frac{x^2}{2} \right\}_{\frac{1}{2}\sqrt{2}}^{\sqrt{2}} = \frac{3}{4} \tag{12}$$

由图 E 4.1-1 也可知,当 $\frac{1}{2}\sqrt{2} \leq x \leq \sqrt{2}$ 时,条件概率

$$P\left\{ x \geq \frac{1}{2}\sqrt{2}/x \right\} = \begin{cases} 1 & \left(\frac{1}{2}\sqrt{2} \leq x \leq \sqrt{2} \right) \\ 0 & \text{其他} \end{cases} \tag{13}$$

根据概率运算的法则,在 $x \geq \frac{1}{2}\sqrt{2}$ 的前提下,X 的概率密度函数

$$p\left(x/x\geqslant\frac{1}{2}\sqrt{2}\right)=\frac{p(x)P\left\{x\geqslant\frac{1}{2}\sqrt{2}/x\right\}}{P\left\{x\geqslant\frac{1}{2}\sqrt{2}\right\}}=\frac{x\cdot 1}{\frac{3}{4}}=\frac{4}{3}x$$

$$\left(\frac{1}{2}\sqrt{2}\leqslant x\leqslant\frac{1}{2}\sqrt{2}\right)\tag{14}$$

当 $x=\frac{1}{2}\sqrt{2}$ 时,$p\left(x/x\geqslant\frac{1}{2}\sqrt{2}\right)=\frac{4}{3}\times\frac{1}{2}\sqrt{2}=\frac{2}{3}\sqrt{2}$;当 $x=\sqrt{2}$ 时,$p\left(x/x\geqslant\frac{1}{2}\sqrt{2}\right)=\frac{4}{3}\sqrt{2}$. 其函数曲线,如图 E 4.1-3 所示.

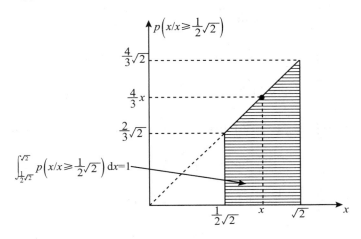

图 E 4.1-3

（3）根据相对熵的定义,有(14)式所示概率密度函数 $p\left(x/x\geqslant\frac{1}{2}\sqrt{2}\right)$,有

$$h\left(X/x\geqslant\frac{1}{2}\sqrt{2}\right)=-\int_{\frac{1}{2}\sqrt{2}}^{\sqrt{2}}p\left(x/x\geqslant\frac{1}{2}\sqrt{2}\right)\ln p\left(x/x\geqslant\frac{1}{2}\sqrt{2}\right)\mathrm{d}x$$

$$=-\int_{\frac{1}{2}\sqrt{2}}^{\sqrt{2}}\left(\frac{4}{3}x\right)\mathrm{d}x\tag{15}$$

令

$$\frac{4}{3}x=t\tag{16}$$

则有

$$\begin{cases}x=\frac{1}{2}\sqrt{2};t=\frac{2}{3}\sqrt{2}\\[2mm]x=\sqrt{2};t=\frac{4}{3}\sqrt{2}\\[2mm]\mathrm{d}t=\frac{4}{3}\mathrm{d}x\end{cases}\tag{17}$$

由此,有

$$h\left(X/x\geqslant\frac{1}{2}\sqrt{2}\right)=-\int_{\frac{2}{3}\sqrt{2}}^{\frac{4}{3}\sqrt{2}}t\ln t\left(\frac{3}{4}\mathrm{d}t\right)=-\frac{3}{4}\int_{\frac{2}{3}\sqrt{2}}^{\frac{4}{3}\sqrt{2}}t\ln t\mathrm{d}t\tag{18}$$

运用积分公式

$$\int x \ln ax \, dx = \frac{x^2}{2} \ln ax - \frac{x^2}{4} \tag{19}$$

得

$$h\left(X/x \geqslant \frac{1}{2}\sqrt{2}\right) = -\frac{3}{4}\left\{\frac{t^2}{2}\ln t - \frac{t^2}{4}\right\}_{\frac{2}{3}\sqrt{2}}^{\frac{4}{3}\sqrt{2}}$$

$$= -\frac{3}{4}\left\{\left[\frac{1}{2}\left(\frac{4}{3}\sqrt{2}\right)^2\ln\left(\frac{4}{3}\sqrt{2}\right) - \frac{1}{4}\left(\frac{4}{3}\sqrt{2}\right)^2\right]\right.$$

$$\left. - \left[\frac{1}{2}\left(\frac{2}{3}\sqrt{2}\right)^2\ln\left(\frac{2}{3}\sqrt{2}\right) - \frac{1}{4}\left(\frac{2}{3}\sqrt{2}\right)^2\right]\right\}$$

$$= -\frac{3}{4}\left\{\left[\frac{1}{2}\left(\frac{4}{3}\sqrt{2}\right)^2\ln\frac{4}{3} + \frac{1}{2}\left(\frac{4}{3}\sqrt{2}\right)^2\ln\sqrt{2} - \frac{1}{4}\left(\frac{4}{3}\sqrt{2}\right)^2\right]\right.$$

$$\left. - \left[\frac{1}{2}\left(\frac{2}{3}\sqrt{2}\right)^2\ln\frac{2}{3} + \frac{1}{2}\left(\frac{2}{3}\sqrt{2}\right)^2\ln\sqrt{2} - \frac{1}{4}\left(\frac{2}{3}\sqrt{2}\right)^2\right]\right\}$$

$$= -\frac{3}{4}\left\{\left[\frac{1}{2}\left(\frac{4}{3}\sqrt{2}\right)^2\ln 4 - \frac{1}{2}\left(\frac{4}{3}\sqrt{2}\right)^2\ln 3 + \frac{1}{4}\left(\frac{4}{3}\sqrt{2}\right)^2\ln 2 - \frac{1}{4}\left(\frac{4}{3}\sqrt{2}\right)^2\right]\right.$$

$$\left. - \left[\frac{1}{2}\left(\frac{2}{3}\sqrt{2}\right)^2\ln 2 - \frac{1}{2}\left(\frac{2}{3}\sqrt{2}\right)^2\ln 3 + \frac{1}{4}\left(\frac{2}{3}\sqrt{2}\right)^2\ln 2 - \frac{1}{4}\left(\frac{2}{3}\sqrt{2}\right)^2\right]\right\}$$

$$= -\frac{3}{4}\left\{\left[\left(\frac{4}{3}\sqrt{2}\right)^2\ln 2 - \frac{1}{2}\left(\frac{4}{3}\sqrt{2}\right)^2\ln 3 + \frac{1}{4}\left(\frac{4}{3}\sqrt{2}\right)^2\ln 2 - \frac{1}{4}\left(\frac{4}{3}\sqrt{2}\right)^2\right]\right.$$

$$\left. - \left[\frac{1}{2}\left(\frac{2}{3}\sqrt{2}\right)^2\ln 2 - \frac{1}{2}\left(\frac{2}{3}\sqrt{2}\right)^2\ln 3 + \frac{1}{4}\left(\frac{2}{3}\sqrt{2}\right)^2\ln 2 - \frac{1}{4}\left(\frac{2}{3}\sqrt{2}\right)^2\right]\right\}$$

$$= -\frac{3}{4}\left[\left(\frac{32}{9}\ln 2 - \frac{32}{18}\ln 3 + \frac{32}{36}\ln 2 - \frac{32}{36}\right) - \left(\frac{8}{18}\ln 2 - \frac{8}{18}\ln 3 + \frac{8}{36}\ln 2 - \frac{8}{36}\right)\right]$$

$$= -\frac{3}{4}\left(\frac{136}{36}\ln 2 - \frac{24}{18}\ln 3 - \frac{24}{36}\right) = -\frac{17}{6}\ln 2 + \ln 3 + \frac{1}{2}$$

$$= -\frac{17}{6}\ln 2 + \ln(3\sqrt{e}) \tag{20}$$

（4）鉴别器的功能是

$$Z = \begin{cases} X & \left(X \geqslant \frac{1}{2}\sqrt{2}\right) \\ Y & \left(X < \frac{1}{2}\sqrt{2}\right) \end{cases} \tag{21}$$

而$\left(X \geqslant \frac{1}{2}\sqrt{2}\right)$和$\left(X < \frac{1}{2}\sqrt{2}\right)$都是随机事件，其概率分别为

$$\begin{cases} P\left(x < \frac{1}{2}\sqrt{2}\right) = \int_0^{\frac{1}{2}\sqrt{2}} p(x)dx = \int_0^{\frac{1}{2}\sqrt{2}} x dx = \left\{\frac{x^2}{2}\right\}_0^{\frac{1}{2}\sqrt{2}} = \frac{1}{4} \tag{22} \\ P\left(x \geqslant \frac{1}{2}\sqrt{2}\right) = \int_{\frac{1}{2}\sqrt{2}}^{\sqrt{2}} p(x)dx = \int_{\frac{1}{2}\sqrt{2}}^{\sqrt{2}} x dx = \left\{\frac{x^2}{2}\right\}_{\frac{1}{2}\sqrt{2}}^{\sqrt{2}} = \frac{3}{4} \tag{23} \end{cases}$$

随机变量Z的相对熵$h(Z)$是$h\left(Z/x < \frac{1}{2}\sqrt{2}\right)$和$h\left(Z/x \geqslant \frac{1}{2}\sqrt{2}\right)$关于$P\left(x < \frac{1}{2}\sqrt{2}\right)$和

$P\left(x \geqslant \frac{1}{2}\sqrt{2}\right)$ 的加权和,即

$$h(Z) = P\left(x < \frac{1}{2}\sqrt{2}\right) \cdot h\left(Z/x < \frac{1}{2}\sqrt{2}\right) + P\left(x \geqslant \frac{1}{2}\sqrt{2}\right) \cdot h\left(Z/x \geqslant \frac{1}{2}\sqrt{2}\right) \quad (24)$$

由(9)式和(20)式,有

$$h(Z) = \frac{1}{4} \times \left(\frac{1}{2}\ln\frac{e}{2}\right) + \frac{3}{4} \times \left[-\frac{17}{6}\ln 2 + \ln(3\sqrt{e})\right]$$

$$= \frac{1}{2}\ln e - \frac{9}{4}\ln 2 + \frac{3}{4}\ln 3 \quad (奈特 / 自由度) \quad (25)$$

在这里,要提醒注意的是:"鉴别器"是以 $X = \frac{1}{2}\sqrt{2}$ 为"阀值"的"开关电路". 当 $X < \frac{1}{2}\sqrt{2}$ 时,随机变量 Y 通过,$Z = Y$. Z 的概率密度函数 $p(z)$ 就是 Y 的概率密度函数 $q(y)$. 当 $X \geqslant \frac{1}{2}\sqrt{2}$ 时,随机变量 X 通过,$Z = X$. 这时,Z 的概率密度函数并不是 $p(z)$,而是条件概率密度函数 $p\left(x/x \geqslant \frac{1}{2}\sqrt{2}\right)$,在 $X \in \left[\frac{1}{2}\sqrt{2}, \sqrt{2}\right]$ 中,满足

$$\int_{\frac{1}{2}\sqrt{2}}^{\sqrt{2}} p\left(x/x \geqslant \frac{1}{2}\sqrt{2}\right)\mathrm{d}x = 1 \quad (26)$$

同样,要重复强调指出:$\left(X < \frac{1}{2}\sqrt{2}\right)$ 和 $\left(X \geqslant \frac{1}{2}\sqrt{2}\right)$ 是两个随机事件,"鉴别器"输出随机变量 Z 的相对熵 $h(Z)$,应是 $h\left(Z/x < \frac{1}{2}\sqrt{2}\right)$ 和 $h\left(Z/x \geqslant \frac{1}{2}\sqrt{2}\right)$ 关于两个随机事件的概率分布 $P\left\{X < \frac{1}{2}\sqrt{2}\right\}$ 和 $P\left\{X \geqslant \frac{1}{2}\sqrt{2}\right\}$ 的"加权和".

通过本例,我们再次领悟到:计算连续信源的相对熵的关键,在于找到连续信源的概率密度函数建立准确的数学模型,即"信源空间".

【例 4. 2】　设连续信源 X_1 的概率密度函数为

$$p(x_1) = \frac{1}{2}\lambda e^{-\lambda|x_1|} \quad (-\infty < x_1 < \infty, \lambda > 0)$$

又设 G-分布连续 X_2 的方差与 X_1 的方差相同. 试比较 X_1 和 X_2 的相对熵 $h(X_1)$ 和 $h(X_2)$ 的大小,并予以解释和说明.

解

(1) 连续信源 X_1 的均值 m_{X_1}.

由 $p(x_1)$,得 X_1 的均值

$$m_{X_1} = \int_{-\infty}^{\infty} x_1 p(x_1)\mathrm{d}x_1 = \int_{-\infty}^{\infty} x_1 \left(\frac{1}{2}\lambda e^{-\lambda|x_1|}\right)\mathrm{d}x_1$$

$$= \frac{\lambda}{2}\left(\int_{-\infty}^{0} x_1 e^{\lambda x_1}\mathrm{d}x_1 + \int_{0}^{\infty} x_1 e^{-\lambda x_1}\mathrm{d}x_1\right)$$

$$= \frac{\lambda}{2}\left(-\int_{0}^{\infty} x_1 e^{\lambda x_1}\mathrm{d}x_1 + \int_{0}^{\infty} x_1 e^{-\lambda x_1}\mathrm{d}x_1\right)$$

$$= \frac{\lambda}{2}\left(-\int_{0}^{\infty} x_1 e^{-\lambda x_1}\mathrm{d}x_1 + \int_{0}^{\infty} x_1 e^{-\lambda x_1}\mathrm{d}x_1\right) = 0 \quad (1)$$

这表明,连续信源 X_1 的均值 $m_{X_1}=0$.

(2) 连续信源 X_1 的方差 $\sigma_{X_1}^2$.

由 $p(x_1)$,得 X_1 的方差

$$
\begin{aligned}
\sigma_{X_1}^2 &= \int_{-\infty}^{\infty}(x_1-m_{X_1})^2 p(x_1)\mathrm{d}x_1 = \int_{-\infty}^{\infty}x_1{}^2 p(x_1)\mathrm{d}x_1 \\
&= \int_{-\infty}^{\infty}x_1{}^2\left(\frac{1}{2}\lambda \mathrm{e}^{-\lambda|x_1|}\right)\mathrm{d}x_1 = \frac{\lambda}{2}\int_{-\infty}^{\infty}x_1{}^2\mathrm{e}^{-\lambda|x_1|}\mathrm{d}x_1 \\
&= \frac{\lambda}{2}\cdot\left(\int_{-\infty}^{0}x_1{}^2\mathrm{e}^{\lambda x_1}\mathrm{d}x_1 + \int_{0}^{\infty}x_1{}^2\mathrm{e}^{-\lambda x_1}\mathrm{d}x_1\right) \\
&= \frac{\lambda}{2}\cdot\left(-\int_{0}^{-\infty}x_1{}^2\mathrm{e}^{\lambda x_1}\mathrm{d}x_1 + \int_{0}^{\infty}x_1{}^2\mathrm{e}^{-\lambda x_1}\mathrm{d}x_1\right) \\
&= \frac{\lambda}{2}\cdot\left(\int_{0}^{\infty}x_1{}^2\mathrm{e}^{-\lambda x_1}\mathrm{d}x_1 + \int_{0}^{\infty}x_1{}^2\mathrm{e}^{-\lambda x_1}\mathrm{d}x_1\right) \\
&= \frac{\lambda}{2}\cdot 2\int_{0}^{\infty}x_1{}^2\mathrm{e}^{-\lambda x_1}\mathrm{d}x_1 = \lambda\int_{0}^{\infty}x_1{}^2\mathrm{e}^{-\lambda x_1}\mathrm{d}x_1
\end{aligned} \tag{2}
$$

运用积分公式

$$
\int_{0}^{\infty}x^n\mathrm{e}^{-ax}\mathrm{d}x = \frac{n!}{a^{n+1}} \quad (n\text{ 为正整数},a>0) \tag{3}
$$

有

$$
\sigma_{X_1}^2 = \lambda\int_{0}^{\infty}x_1{}^2\mathrm{e}^{-\lambda x_1}\mathrm{d}x_1 = \lambda\cdot\frac{2}{\lambda^3} = \frac{2}{\lambda^2} \tag{4}
$$

这表明,连续信源 X_1 的方差 $\sigma_{X_1}^2$ 由 λ 决定,而且是 λ^2 的倒数 $1/\lambda^2$ 的 2 倍.

(3) 连续信源 X_2 的方差 $\sigma_{X_2}^2=\sigma_{X_1}^2=\dfrac{2}{\lambda^2}$,而且是 G-分布. 若令 X_2 的均值 $m_{X_2}=0$,则连续信源 X_2 的概率密度函数

$$
p(x_2) = \frac{1}{\sqrt{2\pi\sigma_{X_2}^2}}\exp\left(-\frac{x_2^2}{2\sigma_X^2}\right) = \frac{1}{\sqrt{2\pi\left(\frac{2}{\lambda^2}\right)}}\exp\left(-\frac{x_2^2}{2\cdot\frac{2}{\lambda^2}}\right) = \frac{\lambda}{2\sqrt{\pi}}\exp\left(-\frac{x_2^2\lambda^2}{4}\right) \tag{5}
$$

连续信源 X_1 和 X_2 的概率密度函数 $p(x_1)$ 和 $p(x_2)$,如图 E 4.2(a)、(b)所示.

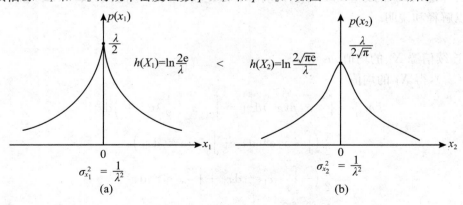

图 E 4.2

由(4.1.2-41)式可知,连续信源 X_1 的相对熵

$$h(X_1) = \ln\frac{2e}{\lambda} \tag{6}$$

而连续信源 X_2 的相对熵

$$h(X_2) = \frac{1}{2}\ln(2\pi e\sigma_X^2) = \frac{1}{2}\ln\left(2\pi e \cdot \frac{2}{\lambda^2}\right)$$

$$= \ln\frac{2\sqrt{\pi e}}{\lambda} \tag{7}$$

因 $\pi > e$,则由(6)式、(7)式,有

$$h(X_2) > h(X_1) \tag{8}$$

这表明,方差同样是 $2/\lambda^2$ 的 G-分布连续信源 X_2 的相对熵 $h(X_2)$,大于"拉普拉斯"分布连续信源 X_1 的相对熵 $h(X_1)$. 图 E4.2(a)、(b)所示概率密度函数 $p(x_1)$、$p(x_2)$ 函数曲线之间的区别,体现出 $h(X_2) > h(X_1)$ 的缘由.

【例 4.3】　设连续信源 X 的概率密度函数分别由图 E4.3-1(a)、(b)表示.

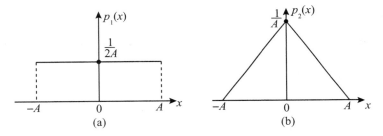

图 E4.3-1

(1) 计算概率密度函数为 $p_1(x)$ 的连续信源 X 的方差 σ_1^2;

(2) 作为 A 的函数,比较 σ_1^2 和相对熵 $h_1(X)$ 的函数特点;

(3) 计算概率密度函数 $p_2(x)$ 的连续信源 X 的方差 σ_2^2;

(4) 作为 A 的函数,比较 σ_2^2 和相对熵 $h_2(X)$ 的函数特点;

(5) 比较 $h_1(X)$ 和 $h(X)$,并做出解释和说明.

解

(1) 由图 E4.3-1(a)可知,概率密度函数

$$p_1(x) = \begin{cases} \dfrac{1}{2A} & (-A \leqslant x \leqslant A) \\ 0 & \text{其他} \end{cases} \tag{1}$$

连续信源 X 的均值

$$m_1 = \int_{-A}^{A} x p_1(x)\mathrm{d}x = \int_{-A}^{A} x \cdot \frac{1}{2A}\mathrm{d}x = \frac{1}{2A}\left\{\frac{x^2}{2}\right\}_{-A}^{A} = 0 \tag{2}$$

这表明,均匀分布连续信源 X 的均值等于零.

连续信源 X 的方差

$$\sigma_1^2 = \int_{-A}^{A}(x-m_1)^2 p_1(x)\mathrm{d}x = \int_{-A}^{A} x^2 p_1(x)\mathrm{d}x = \int_{-A}^{A} x^2 \cdot \frac{1}{2A}\mathrm{d}x$$

$$= \frac{1}{2A} \left\{ \frac{x^3}{3} \right\}_{-A}^{A} = \frac{1}{3} A^2 \tag{3}$$

这表明:均匀分布连续信源 X 的方差与取值区间 $[-A, A]$ 的长度 A 的平方成正比.

由 $(4.1.2-2)$ 式可知,连续信源 X 的相对熵

$$h_1(X) = \log(2A) \tag{4}$$

这表明,均匀分布连续信源 X 的相对熵 $h_1(X)$ 是取值区间 $[-A, A]$ 的长度 A 的对数.

由 (3)、(4) 式可知,均匀分布连续信源 X 的方差 σ_1^2 和相对熵 $h_1(X)$ 都是取值区间 $[-A, A]$ 的长度 A 的函数(如图 E 4.3 - 2(a)、(b)所示).

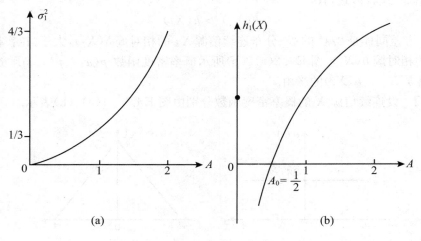

图 E 4.3 - 2

图 E 4.3 - 2 显示,$\sigma_1^2(A)$ 和 $h_1(A)$ 都是 A 的单调递增函数. 而 $\sigma_1^2(A)$ 是 A 的 $\cup$ 型凸函数,$h_1(A)$ 是 A 的 $\cap$ 形凸函数.

(2) 由图 E 4.3 - 1(b)可知,概率密度函数

$$p_2(x) = \begin{cases} \dfrac{x+A}{A^2} & (-A \leqslant x \leqslant 0) \\[2mm] \dfrac{A-x}{A^2} & (0 \leqslant x \leqslant A) \end{cases} \tag{5}$$

连续信源 X 的均值

$$\begin{aligned}
m_2 &= \int_{-A}^{A} x p_2(x) \mathrm{d}x = \int_{-A}^{0} x \cdot \frac{x+A}{A^2} \mathrm{d}x + \int_{0}^{A} x \frac{A-x}{A^2} \mathrm{d}x \\
&= \frac{1}{A^2} \left(\int_{-A}^{0} x^2 \mathrm{d}x + \int_{-A}^{0} Ax \mathrm{d}x + \int_{0}^{A} Ax \mathrm{d}x - \int_{0}^{A} x^2 \mathrm{d}x \right) \\
&= \frac{1}{A^2} \left(-\int_{0}^{-A} x^2 \mathrm{d}x + \int_{0}^{-A} Ax \mathrm{d}x + \int_{0}^{A} Ax \mathrm{d}x - \int_{0}^{A} x^2 \mathrm{d}x \right) \\
&= \frac{1}{A^2} \left(\int_{0}^{A} x^2 \mathrm{d}x - \int_{0}^{A} Ax \mathrm{d}x + \int_{0}^{A} Ax \mathrm{d}x - \int_{0}^{A} x^2 \mathrm{d}x \right) = 0
\end{aligned} \tag{6}$$

这表明,概率密度函数为 $p_2(x)$ 的连续信源 X 的均值等于零.

连续信源 X 的方差

$$\sigma_2^2 = \int_{-A}^{A} (x - m_2)^2 p_2(x) \mathrm{d}x = \int_{-A}^{A} x^2 p_2(x) \mathrm{d}x$$

$$= \int_{-A}^{0} x^2 \frac{x+A}{A^2} \mathrm{d}x + \int_{0}^{A} x^2 \frac{A-x}{A^2} \mathrm{d}x$$

$$= \frac{1}{A^2} \left(\int_{-A}^{0} x^3 \mathrm{d}x + \int_{-A}^{0} Ax^2 \mathrm{d}x + \int_{0}^{A} Ax^2 \mathrm{d}x - \int_{0}^{A} x^3 \mathrm{d}x \right)$$

$$= \frac{1}{A^2} \left(- \int_{0}^{-A} x^3 \mathrm{d}x - \int_{0}^{-A} Ax^2 \mathrm{d}x + \int_{0}^{A} Ax^2 \mathrm{d}x - \int_{0}^{A} x^3 \mathrm{d}x \right)$$

$$= \frac{1}{A^2} \left(- \int_{0}^{A} x^3 \mathrm{d}x + \int_{0}^{A} Ax^2 \mathrm{d}x + \int_{0}^{A} Ax^2 \mathrm{d}x - \int_{0}^{A} x^3 \mathrm{d}x \right)$$

$$= \frac{1}{A^2} \left(-2\int_{0}^{A} x^3 \mathrm{d}x + 2\int_{0}^{A} Ax^2 \mathrm{d}x \right)$$

$$= \frac{1}{A^2} \left\{ -2 \left[\frac{x^4}{4} \right]_{0}^{A} + 2A \left[\frac{x^3}{3} \right]_{0}^{A} \right\} = \frac{1}{6} A^2 \tag{7}$$

这表明,概率密度函数为 $p_2(x)$ 的连续信源 X 的方差 σ_2^2 与取值区间 $[-A, A]$ 的长度 A 的平方成正比.

由 (4.1.2-50) 式可知,连续信源 X 的相对熵

$$h_2(X) = \ln(A\sqrt{e}) \tag{8}$$

这表明,概率密度函数为 $p_2(x)$ 的连续信源 X 的相对熵 $h_2(X)$ 是取值区间 $[-A, A]$ 的长度 A 的对数.

由 (7) 式、(8) 式可知,概率密度函数为 $p_2(x)$ 的连续信源 X 的方差 σ_2^2 和相对熵 $h_2(X)$ 都是取值区间 $[-A, A]$ 的长度 A 的函数(如图 E4.3-3(a)、(b) 所示).

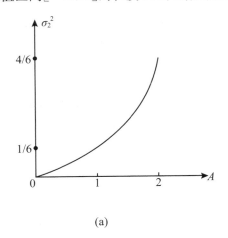

(a)

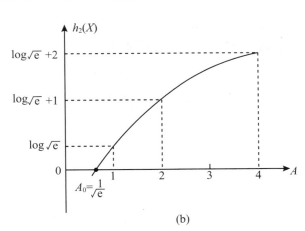

(b)

图 E4.3-3

图 E4.3-3 显示,$\sigma_2^2(A)$ 和 $h_2(A)$ 都是 A 的单调递增函数. 而 $\sigma_2^2(A)$ 是 A 的 $\bigcup$ 型凸函数,$h_2(A)$ 是 A 的 $\bigcap$ 形函数.

(3) 由 (4) 式、(8) 式可知,

$$\begin{cases} h_1(X) = \log(2A) \\ h_2(X) = \log(A\sqrt{e}) \end{cases} \tag{9}$$

因为$\sqrt{e}<2$,所以

$$h_1(X)>h_2(X) \tag{10}$$

这表明,同样在$[-A,A]$取值的"均匀分布"连续信源的相对熵$h_1(X)$,大于"三角"分布连续信源的相对熵$h_2(X)$.

由(4)式、(8)式又可知,

$$h_1(X)\begin{cases} \geqslant 0 & \left(A\geqslant A_{01}=\dfrac{1}{2}\right) \\[2mm] <0 & \left(A<A_{01}=\dfrac{1}{2}\right) \end{cases} \tag{11}$$

$$h_2(X)\begin{cases} \geqslant 0 & \left(A\geqslant A_{02}=\dfrac{1}{\sqrt{e}}\right) \\[2mm] <0 & \left(A<A_{02}=\dfrac{1}{\sqrt{e}}\right) \end{cases} \tag{12}$$

这表明,相对熵取正、负值的分界点

$$A_{01}<A_{02} \tag{13}$$

即"均匀分布"连续信源的取值区间$[-A,A]$长度A的分界点A_{01},小于"三角分布"连续信源的取值区间$[-A,A]$长度的分界点A_{02}.

4.1.3 相对熵的数学特性

通过以上几种连续信源相对熵的讨论,我们可以看出,连续信源的相对熵具有共同的数学特性,这就是极值性和上凸性.

定理 4.2 设连续信源$X\in[a,b]$的概率密度函数为$p(x)$,若$q(x)$是$X\in[a,b]$的另一概率密度函数,则连续信源X的相对熵

$$h(X)=-\int_a^b p(x)\log p(x)\mathrm{d}x\leqslant-\int_a^b p(x)\log q(x)\mathrm{d}x$$

证明 设连续信源$X\in[a,b]$的概率密度函数$p(x)$是$x\in[a,b]$内的连续函数(如图 4.1-12 所示).

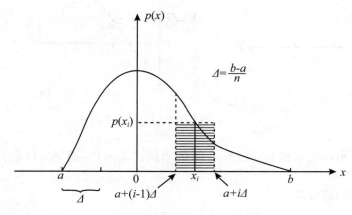

图 E 4.1-12

以 $\Delta = \dfrac{b-a}{n}$ 为分层间隔,把 $X \in [a,b]$ 分层量化为离散随机变量

$$[X_n \cdot P]: \begin{cases} X_n & x_1 & x_2 & \cdots & x_n \\ P(X_n) & P_1 & P_2 & \cdots & P_n \end{cases} \tag{4.1.3-1}$$

其中

$$P_i = p(x_i)\Delta \quad (i = 1,2,\cdots,n) \tag{4.1.3-2}$$

且

$$\sum_{i=1}^{n} P_i = \sum_{i=1}^{n} p(x_i)\Delta = \sum_{i=1}^{n} \left\{ \int_{a+(i-1)\Delta}^{a+i\Delta} p(x)\mathrm{d}x \right\} = \int_a^b p(x)\mathrm{d}x = 1 \tag{4.1.3-3}$$

又设函数 $q(x)$ 是 $X \in [a,b]$ 内另一个概率密度函数,且是 $x \in [a,b]$ 的连续函数(如图 4.1-13 所示).

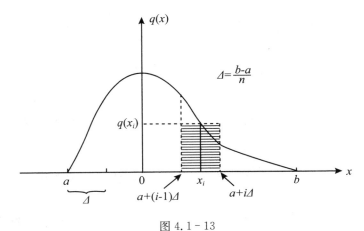

图 4.1-13

同样,以 $\Delta = \dfrac{b-a}{n}$ 为分层间隔,把 $X \in [a,b]$ 分层量化为离散随机变量

$$[X_n \cdot Q]: \begin{cases} X_n & x_1 & x_2 & \cdots & x_n \\ P(X_n) & Q_1 & Q_2 & \cdots & Q_n \end{cases} \tag{4.1.3-4}$$

其中

$$Q_i = q(x_i)\Delta \quad (i = 1,2,\cdots,n) \tag{4.1.3-5}$$

且

$$\sum_{i=1}^{n} Q_i = \sum_{i=1}^{n} q(x_i)\Delta = \sum_{i=1}^{n} \left[\int_{a+(i-1)\Delta}^{a+i\Delta} q(x)\mathrm{d}x \right] = \int_a^b q(x)\mathrm{d}x = 1 \tag{4.1.3-6}$$

根据离散熵函数的极值性,由(1.3.1-29)不等式,对概率矢量 $\boldsymbol{P} = (P_1, P_2, \cdots, P_n)$ 和 $\boldsymbol{Q} = (Q_1, Q_2, \cdots, Q_n)$,有

$$-\sum_{i=1}^{n} P_i \log P_i \leqslant -\sum_{i=1}^{n} P_i \log Q_i \tag{4.1.3-7}$$

则有

$$-\sum_{i=1}^{n} [p(x_i)\Delta]\log[p(x_i)\Delta] \leqslant -\sum_{i=1}^{n} [p(x_i)\Delta]\log[q(x_i)\Delta] \tag{4.1.3-8}$$

现令分层间隔 $\Delta \to 0 (n \to \infty)$，并对不等式(4.1.3-8)两边取极限，不等式仍然成立. 不等式左边

$$\lim_{\substack{\Delta \to 0 \\ n \to \infty}} \left\{ -\sum_{i=1}^{n} \left[p(x_i)\Delta \right] \log \left[p(x_i)\Delta \right] \right\}$$

$$= \lim_{\substack{\Delta \to 0 \\ n \to \infty}} \left[-\sum_{i=1}^{n} p(x_i)\log p(x_i)\Delta - \sum_{i=1}^{n} p(x_i)\Delta \log \Delta \right]$$

$$= -\int_a^b p(x)\log p(x)\mathrm{d}x - \lim_{\substack{\Delta \to 0 \\ n \to \infty}} (\log \Delta) \qquad (4.1.3-9)$$

不等式右边

$$\lim_{\substack{\Delta \to 0 \\ n \to \infty}} \left\{ -\sum_{i=1}^{n} \left[p(x_i)\Delta \right] \log \left[q(x_i)\Delta \right] \right\}$$

$$= \lim_{\substack{\Delta \to 0 \\ n \to \infty}} \left[-\sum_{i=1}^{n} p(x_i)\log q(x_i)\Delta \right] - \lim_{\substack{\Delta \to 0 \\ n \to \infty}} \left[\sum_{i=1}^{n} p(x_i)\Delta \log \Delta \right]$$

$$= -\int_a^b p(x)\log q(x_i)\mathrm{d}x - \lim_{\substack{\Delta \to 0 \\ n \to \infty}} (\log \Delta) \qquad (4.1.3-10)$$

则不等式(4.1.3-8)改写为

$$-\int_a^b p(x)\log p(x)\mathrm{d}x - \lim_{\substack{\Delta \to 0 \\ n \to \infty}} (\log \Delta) \leqslant -\int_a^b p(x)\log q(x)\mathrm{d}x - \lim_{\substack{\Delta \to 0 \\ n \to \infty}} (\log \Delta) \qquad (4.1.3-11)$$

即得

$$h(X) = -\int_a^b p(x)\log p(x)\mathrm{d}x \leqslant -\int_a^b p(x)\log q(x)\mathrm{d}x \qquad (4.1.3-12)$$

这样,定理 4.2 就得到了证明.

定理表明:连续信源 X 的相对熵 $h(X)$ 与其信息熵 $H(X)$ 不同,它不可能是无限大,它存在最大值. 定理 4.2 称为连续信源相对熵的"极值性定理",不等式(4.1.3-12)称为相对熵的"极值不等式".

定理 4.3　**连续信源 X 的相对熵 $h(X)$ 是概率密度函数 $p(x)$ 的上凸函数.**

证明　设 $\xi(x)$ 和 $\zeta(x)$ 是连续信源 $X \in [a,b]$ 的两种不同的概率密度函数,有

$$\begin{cases} \int_a^b \xi(x)\mathrm{d}x = 1 \\ \int_a^b \zeta(x)\mathrm{d}x = 1 \end{cases} \qquad (4.1.3-13)$$

则 $\xi(x)$ 和 $\zeta(x)$ 的"内插值"

$$\eta(x) = \alpha\,\xi(x) + \beta\,\zeta(x) \quad (0 < \alpha, \beta < 1, \alpha + \beta = 1) \qquad (4.1.3-14)$$

同样是信源 $X \in [a,b]$ 的另一种概率密度函数,且有

$$\int_a^b \eta(x)\mathrm{d}x = \int_a^b \left[\alpha\,\xi(x) + \beta\,\zeta(x) \right] \mathrm{d}x = \alpha\int_a^b \xi(x)\mathrm{d}x + \beta\int_a^b \zeta(x)\mathrm{d}x$$

$$= \alpha + \beta = 1 \qquad (4.1.3-15)$$

相对熵 $h(X)$ 是概率密度函数 $p(x)$ 的函数 $h[p(x)]$. 现把概率密度函数 $\xi(x)$、$\zeta(x)$ 和 $\eta(x) = \alpha\xi(x) + \beta\zeta(x)$ 的相对熵 $h[\xi(x)]$、$h[\zeta(x)]$ 和 $h[\eta(x)] = h[\alpha\xi(x) + \beta\zeta(x)]$ 分别记为 $h_\xi(x)$、$h_\zeta(x)$ 和 $h_\eta(x)$,则

$$h_\eta(X) = -\int_a^b \eta(x)\log\eta(x)\mathrm{d}x = -\int_a^b [\alpha\,\xi(x) + \beta\,\zeta(x)]\log\eta(x)\mathrm{d}x$$

$$= -\alpha\int_a^b \xi(x)\log\eta(x)\mathrm{d}x - \beta\int_a^b \zeta(x)\log\eta(x)\mathrm{d}x \qquad (4.1.3-16)$$

由(4.1.3-11)式、(4.1.3-15)式,根据极值不等式(4.1.3-12),有

$$h_\eta(X) \geqslant \alpha\int_a^b \xi(x)\log\xi(x)\mathrm{d}x - \beta\int_a^b \zeta(x)\log\zeta(x)\mathrm{d}x$$

$$= \alpha h_\zeta(x) + \beta h_\zeta(x) \qquad (4.1.3-17)$$

即证得

$$h[\alpha\xi(x) + \beta\zeta(x)] \geqslant \alpha h[\xi(x)] + \beta h[\zeta(x)] \qquad (4.1.3-18)$$

这表明,概率密度函数 $\xi(x)$ 和 $\zeta(x)$ 的"内插值" $\eta(x) = \alpha\xi(x) + \beta\zeta(x)$ 的相对熵 $h[\eta(x)] = h[\alpha\xi(x) + \beta\zeta(x)]$,一定不小于 $\xi(x)$ 的相对熵 $h[\xi(x)]$ 和 $\zeta(x)$ 的相对熵 $h[\zeta(x)]$ 的"内插值" $\alpha h[\xi(x)] + \beta h[\zeta(x)]$. 根据上凸函数的定义,这就证明了连续信源 $X \in [a,b]$ 的相对熵 $h[p(x)]$ 是概率密度函数 $p(x)$ 的上凸函数. 这样,定理 4.3 就得到了证明. 定理告诉我们,一定能找到一种概率密度函数 $p_0(x)(x \in [a,b])$,使其相对熵 $h[p_0(x)]$ 达到极大值.

4.1.4　相对熵的最大值

相对熵 $h(X)$ 的"极值性"和"上凸性",必然导致这样一个结论:相对熵 $h(X)$ 存在最大值,它就是相对熵 $h(X) = h[p(x)]$ 的极大值. 连续信源与离散信源不同,它的输出(幅值、平均值或方差、平均功率)往往受到某些条件的限制. 那么,相对熵 $h(X) = h[p(x)]$ 的最大值,就是 $h(X) = h[p(x)]$ 的"条件极大值".

定理 4.4　**在峰值功率限定为 P 的连续信源中,均匀分布连续信源 X 的相对熵达最大值**

$$h(X)_{\max} = \ln(2\sqrt{P})$$

证明

(1) 取值区间限定为 $[a,b]$ 的连续信源 X 的约束条件是

$$\int_a^b p(x)\mathrm{d}x = 1 \qquad (4.1.4-1)$$

信源 X 相对熵 $h(X) = h[p(x)]$ 的最大值 $h(X)_{\max}$ 就是在约束条件(4.1.4-1)式下函数 $h[p(x)]$ 的条件极大值 $h[p_0(x)]$.

为了找到概率密度函数 $p_0(x)$,作辅助函数

$$F[p(x),\lambda] = -\int_a^b p(x)\ln p(x)\mathrm{d}x + \lambda\int_a^b p(x)\mathrm{d}x \qquad (4.1.4-2)$$

并令

$$\frac{\partial}{\partial p(x)}[-p(x)\ln p(x) + \lambda p(x)] = 0 \qquad (4.1.4-3)$$

则有

$$-\ln p(x) - 1 + \lambda = 0 \qquad (4.1.4-4)$$

得

$$p_0(x) = \mathrm{e}^{\lambda-1} \qquad (4.1.4-5)$$

把等式(4.1.4-5)代入约束条件(4.1.4-1)式,有

$$e^{\lambda-1} = \frac{1}{b-a} \tag{4.1.4-6}$$

即解得使 $h(X) = h[p(x)]$ 达到最大值的概率密度函数

$$p_0(x) = \frac{1}{b-a} \tag{4.1.4-7}$$

从而,得最大相对熵

$$\begin{aligned}
h(X)_{\max} = h[p_0(x)] &= -\int_a^b p_0(x)\ln p_0(x)\mathrm{d}x \\
&= -\int_a^b \frac{1}{b-a}\ln\frac{1}{b-a}\mathrm{d}x \\
&= \ln(b-a) \tag{4.1.4-8}
\end{aligned}$$

这表明,在取值区间限定为 $[a,b]$ 的连续信源中,均匀分布的连续信源 X 相对熵达到最大值 $h(X)_{\max} = h[p_0(x)] = \ln(b-a)$.

(2) 若连续信源 X 的输出消息的"峰值功率"限定为 P,则消息的幅值

$$A = \pm\sqrt{P} \tag{4.1.4-9}$$

信源 X 的取值区间限定为 $X \in [-\sqrt{P}, \sqrt{P}]$. 由 (4.1.4-7)式,相对熵达最大值的概率密度函数

$$p_0(x) = \begin{cases} \dfrac{1}{2\sqrt{P}} & (-\sqrt{P} \leqslant x \leqslant \sqrt{P}) \\ 0 & \text{其他} \end{cases} \tag{4.1.4-10}$$

其最大相对熵

$$h(X)_{\max} = h[p_0(x)] = \ln(2\sqrt{P}) \tag{4.1.4-11}$$

这样,定理 4.4 就得到了证明.

定理表明:峰值功率受限 P 的连续信源 X 的最大相对熵 $h(X)_{\max}$,取决于限定峰值功率 P,是 $\sqrt{P}$ 的单调递增函数.

定理 4.5 在输出非负消息且其均值限定为 m 的连续信源中,指数分布连续信源 X 的相对熵达最大值

$$h(X)_{\max} = \ln(me)$$

证明 均值限定为 m 的连续信源 $X \in [0,\infty]$ 的相对熵的最大值 $h(X)_{\max}$,就是在条件

$$\int_0^\infty p(x)\mathrm{d}x = 1 \tag{4.1.4-12}$$

$$\int_0^\infty x p(x)\mathrm{d}x = m \tag{4.1.4-13}$$

的约束下,函数 $h[p(x)]$ 的条件极大值 $h[p_0(x)]$.

为此,作辅助函数

$$F[p(x),\lambda] = -\int_0^\infty p(x)\ln p(x)\mathrm{d}x + \lambda\int_0^\infty p(x)\mathrm{d}x + \mu\int_0^\infty x p(x)\mathrm{d}x \tag{4.1.4-14}$$

并令

$$\frac{\partial}{\partial p(x)}[-p(x)\ln p(x) + \lambda p(x) + \mu x p(x)] = 0 \tag{4.1.4-15}$$

则有

$$-\ln p(x) + \lambda + \mu x = 0 \tag{4.1.4-16}$$

由此,解得使 $h[p(x)]$ 达到最大值 $h[p_0(x)]$ 的概率密度函数

$$p_0(x) = \exp(\lambda - 1 + \mu x) \tag{4.1.4-17}$$

为了进一步求解待定常数 λ 和 μ,由约束条件(4.1.4-12)式,有

$$\int_0^\infty p_0(x)\mathrm{d}x = \int_0^\infty \exp(\lambda - 1 + \mu x)\mathrm{d}x$$

$$= \mathrm{e}^{\lambda-1}\int_0^\infty \mathrm{e}^{\mu x}\mathrm{d}x = \mathrm{e}^{\lambda-1}\left(-\frac{1}{\mu}\right) = 1 \tag{4.1.4-18}$$

得

$$\mathrm{e}^{\lambda-1} = -\mu \tag{4.1.4-19}$$

再由约束条件(4.1.4-13)式,有

$$\int_0^\infty x p_0(x)\mathrm{d}x = \int_0^\infty x \mathrm{e}^{\lambda-1+\mu x}\mathrm{d}x$$

$$= \mathrm{e}^{\lambda-1}\int_0^\infty x \mathrm{e}^{\mu x}\mathrm{d}x = m \tag{4.1.4-20}$$

运用积分公式

$$\int_0^\infty x^n \mathrm{e}^{-ax}\mathrm{d}x = \frac{n!}{a^{n+1}} \quad (n \text{ 为正整数}, a > 0) \tag{4.1.4-21}$$

有

$$\mathrm{e}^{\lambda-1}\int_0^\infty x \mathrm{e}^{\mu x}\mathrm{d}x = \mathrm{e}^{\lambda-1} \cdot \frac{1}{(-\mu)^2} = m \tag{4.1.4-22}$$

解得

$$\mathrm{e}^{\lambda-1} = m\mu^2 \tag{4.1.4-23}$$

由(4.1.4-19)式、(4.1.4-23)式,有

$$m\mu^2 = -\mu$$

即

$$\mu = -\frac{1}{m} \tag{4.1.4-24}$$

进而,有

$$\mathrm{e}^{\lambda-1} = \frac{1}{m} \tag{4.1.4-25}$$

由解得的待定常数 λ 和 μ,根据(4.1.4-17)式,得

$$p_0(x) = \mathrm{e}^{\lambda-1} \cdot \mathrm{e}^{\mu x} = \frac{1}{m}\mathrm{e}^{-\frac{1}{m}x} \tag{4.1.4-26}$$

这就是均值为 m 的指数分布概率密度函数.

由(4.1.2-16)式可知,当概率密度函数为 $p_0(x)$ 时,相对熵达最大值

$$h(X)_{\max} = h[p_0(x)] = \ln(me) \tag{4.1.4-27}$$

这样,定理 4.5 就得到了证明.

定理表明:在均值限定为 m 的连续信源 X 中,"指数分布"连续信源的相对熵达到最大,其

最大相对熵 $h(X)_{\max} = h[p_0(x)]$ 取决于均值 m，是 m 的单调递增函数.

定理 4.6 在均值 $m=0$，方差限定为 σ_X^2（平均功率 $P = \sigma_X^2$）的连续信源 X 中，高斯（Gauss）分布连续信源的相对熵达到最大值

$$h(X)_{\max} = \frac{1}{2}\ln(2\pi e\sigma_X^2) = \frac{1}{2}\ln(2\pi eP).$$

证明 均值 $m=0$，方差限定为 σ^2（平均功率受限为 $\sigma^2 = P$）的连续信源 X 的相对熵 $h(X)$ 的最大值 $h(X)_{\max}$，就是在条件

$$\int_{-\infty}^{\infty} p(x)\mathrm{d}x = 1 \tag{4.1.4-28}$$

$$\int_{-\infty}^{\infty} x^2 p(x)\mathrm{d}x = \sigma^2 = P \tag{4.1.4-29}$$

约束下，函数 $h[p(x)]$ 的条件极大值 $h[p_0(x)]$.

为此，作辅助函数

$$F[p(x),\lambda,\mu] = -\int_{-\infty}^{\infty} p(x)\ln p(x)\mathrm{d}x + \lambda\int_{-\infty}^{\infty} p(x)\mathrm{d}x + \mu\int_{-\infty}^{\infty} x^2 p(x)\mathrm{d}x \tag{4.1.4-30}$$

并令

$$\frac{\partial}{\partial p(x)}\big[-p(x)\ln p(x) + \lambda p(x) + \mu x^2 p(x)\big] = 0 \tag{4.1.4-31}$$

则有

$$-\ln p(x) - 1 + \lambda + \mu x^2 = 0 \tag{4.1.4-32}$$

得

$$p_0(x) = \mathrm{e}^{\lambda-1} \cdot \mathrm{e}^{\mu x^2} \tag{4.1.4-33}$$

（1）待定常数 λ 和 μ 之间的关系.

在等式（4.1.4-33）中，令

$$\mu = -a^2 \tag{4.1.4-34}$$

把（4.1.4-32）式代入约束条件（4.1.4-28）式，有

$$\int_{-\infty}^{\infty} p_0(x)\mathrm{d}x = \int_{-\infty}^{\infty} \mathrm{e}^{\lambda-1}\mathrm{e}^{-a^2 x^2}\mathrm{d}x = 2\int_{0}^{\infty} \mathrm{e}^{\lambda-1}\mathrm{e}^{-a^2 x^2}\mathrm{d}x = 1 \tag{4.1.4-35}$$

则有

$$\mathrm{e}^{\lambda-1} \cdot \int_{0}^{\infty} \mathrm{e}^{-a^2 x^2}\mathrm{d}x = \frac{1}{2} \tag{4.1.4-36}$$

运用积分公式

$$\int_{0}^{\infty} \mathrm{e}^{-a^2 x^2}\mathrm{d}x = \frac{\sqrt{\pi}}{2a} \quad (a > 0) \tag{4.1.4-37}$$

得

$$\mathrm{e}^{\lambda-1} \cdot \frac{\sqrt{\pi}}{2a} = \mathrm{e}^{\lambda-1} \cdot \frac{\sqrt{\pi}}{2\sqrt{-\mu}} = \frac{1}{2} \tag{4.1.4-38}$$

解得

$$\mathrm{e}^{\lambda-1} = \sqrt{-\frac{\mu}{\pi}} \tag{4.1.4-39}$$

（2）待定常数 λ 和 μ.

把(4.1.4-33)式所示的 $p_0(x)$ 代入约束条件(4.1.4-29)式,有

$$
\begin{aligned}
\int_{-\infty}^{\infty} x^2 p_0(x)\mathrm{d}x &= \int_{-\infty}^{\infty} x^2 (\mathrm{e}^{\lambda-1} \cdot \mathrm{e}^{\mu x^2})\mathrm{d}x \\
&= \int_{-\infty}^{\infty} x^2 \left(\sqrt{-\frac{\mu}{\pi}} \cdot \mathrm{e}^{\mu x^2}\right)\mathrm{d}x = P
\end{aligned}
\tag{4.1.4-40}
$$

其中,令

$$
\mu = -a \quad (a > 0) \tag{4.1.4-41}
$$

则有

$$
\begin{aligned}
\int_{-\infty}^{\infty} x^2 \left(\sqrt{\frac{a}{\pi}} \cdot \mathrm{e}^{-ax^2}\right)\mathrm{d}x &= 2 \cdot \int_0^{\infty} x^2 \left(\sqrt{\frac{a}{\pi}} \mathrm{e}^{-ax^2}\right)\mathrm{d}x \\
&= 2 \cdot \sqrt{\frac{a}{\pi}} \int_0^{\infty} x^2 \mathrm{e}^{-ax^2} \mathrm{d}x = P
\end{aligned}
\tag{4.1.4-42}
$$

运用积分公式

$$
\int_0^{\infty} x^{2n} \mathrm{e}^{-ax^2} \mathrm{d}x = \frac{(2n-1)!}{2^{n+1}a^n}\sqrt{\frac{\pi}{a}} \quad (a > 0) \tag{4.1.4-43}
$$

则有

$$
2\sqrt{\frac{a}{\pi}}\left(\frac{1}{4a}\sqrt{\frac{\pi}{a}}\right) = \frac{1}{2a} = P \tag{4.1.4-44}
$$

解得

$$
a = \frac{1}{2P} \tag{4.1.4-45}
$$

由(4.1.4-41)式,有

$$
\mu = -a = -\frac{1}{2P} \tag{4.1.4-46}
$$

由(4.1.4-39)式,有

$$
\mathrm{e}^{\lambda-1} = \sqrt{-\frac{\mu}{\pi}} = \frac{1}{\sqrt{2\pi P}} \tag{4.1.4-47}
$$

（3）达到最大相对熵 $h(X)_{\max} = h[p_0(x)]$ 的概率密度函数 $p_0(x)$ 和 $h[p_0(x)]$.

由(4.1.4-33)式和(4.1.4-46)、(4.1.4-47)式,得

$$
\begin{aligned}
p_0(x) &= \mathrm{e}^{\lambda-1} \cdot \mathrm{e}^{\mu x^2} \\
&= \frac{1}{\sqrt{2\pi P}}\exp\left(-\frac{x^2}{2P}\right)
\end{aligned}
\tag{4.1.4-48}
$$

这就是均值 $m=0$,方差（平均功率）为 P 的高斯分布概率密度函数.

由(4.1.2-10)式可知,当概率密度函数为 $p_0(x)$ 时,相对熵达到最大值

$$
h(X)_{\max} = h[p_0(x)] = \frac{1}{2}\ln(2\pi\mathrm{e}P) \tag{4.1.4-49}
$$

这样,定理 4.6 就得到了证明.

定理表明:在均值为零,平均功率（方差）限定为 P 的连续信源中,G-分布连续信源 X 的相

对熵达最大,其最大值 $h(X)_{\max}$ 取决于限定平均功率 P,是 P 的单调递增函数.

以上三种不同限制条件下的"最大相对熵定理"显示,不同限制条件下的最大相对熵具有共同的特点.

定理 4.7 满足限制条件达到最大相对熵 $h[p_0(x)]$ 的概率密度函数 $p_0(x)$,与满足同样限制条件的其他概率密度函数 $p(x)$ 之间,有

$$-\int_{-\infty}^{\infty} p(x)\ln p_0(x)\mathrm{d}x =-\int_{-\infty}^{\infty} p_0(x)\ln p_0(x) = h[p_0(x)]$$

证明 为了求解满足约束条件

$$\begin{cases} \displaystyle\int_{-\infty}^{\infty} p(x)\mathrm{d}x = 1 \\[2mm] \displaystyle\int_{-\infty}^{\infty} xp(x)\mathrm{d}x = m \\[2mm] \displaystyle\int_{-\infty}^{\infty} x^2 p(x)\mathrm{d}x = P \end{cases} \tag{4.1.4-50}$$

连续信源 X 相对熵 $h(X)$ 达到最大值 $h(X)_{\max}=h[p_0(x)]$ 的概率密度函数 $p_0(x)$,作辅助函数

$$F[p(x),\lambda,\mu,\upsilon] =-\int_{-\infty}^{\infty} p(x)\ln p(x)\mathrm{d}x +\lambda\int_{-\infty}^{\infty} p(x)\mathrm{d}x +\mu\int_{-\infty}^{\infty} xp(x)\mathrm{d}x +\upsilon\int_{-\infty}^{\infty} x^2 p(x)\mathrm{d}x$$

$$\tag{41.4-51}$$

令

$$\frac{\partial}{\partial p(x)}[-p(x)\ln p(x) +\lambda p(x) +\mu xp(x) +\upsilon x^2 p(x)] = 0 \tag{4.1.4-52}$$

则有

$$-[1+\ln p(x)] +\lambda +\mu x +\upsilon x^2 = 0 \tag{4.1.4-53}$$

由此,得

$$p_0(x) = \exp[(\lambda-1) +\mu x +\upsilon x^2] \tag{4.1.4-54}$$

则得信源 X 的最大相对熵

$$\begin{aligned} h(X)_{\max} = h[p_0(x)] &=-\int_{-\infty}^{\infty} p_0(x)\ln p_0(x)\mathrm{d}x \\[2mm] &=-\int_{-\infty}^{\infty} p_0(x)\ln\{\exp[(\lambda-1) +\mu x +\upsilon x^2]\}\mathrm{d}x \\[2mm] &=-\int_{-\infty}^{\infty} p_0(x)[(\lambda-1) +\mu x +\upsilon x^2]\mathrm{d}x \\[2mm] &=-\int_{-\infty}^{\infty} p_0(x)(\lambda-1)\mathrm{d}x -\int_{-\infty}^{\infty} \mu xp_0(x)\mathrm{d}x -\int_{-\infty}^{\infty} \upsilon x^2 p_0(x)\mathrm{d}x \\[2mm] &=-(\lambda-1) -\mu m -\upsilon P \\[2mm] &=-[(\lambda-1) +\mu m +\upsilon P] \end{aligned} \tag{4.1.4-55}$$

另一方面,对满足约束条件(4.1.4-50)式的其概率密度函数 $p(x)$(除 $p_0(x)$ 以外任何一种概率密度函数),有

$$\begin{aligned} -\int_{-\infty}^{\infty} p(x)\ln p_0(x)\mathrm{d}x &=-\int_{-\infty}^{\infty} p(x)\ln\{\exp[(\lambda-1) +\mu x +\upsilon x^2]\}\mathrm{d}x \\[2mm] &=-\int_{-\infty}^{\infty} p(x)(\lambda-1)\mathrm{d}x -\int_{-\infty}^{\infty} \mu xp(x)\mathrm{d}x -\int_{-\infty}^{\infty} \upsilon x^2 p(x)\mathrm{d}x \end{aligned}$$

$$= -(\lambda - 1) - \mu m - \upsilon P$$
$$= -[(\lambda - 1) + \mu m + \upsilon P] \tag{4.1.4-56}$$

由(4.1.4-55)式、(4.1.4-56)式,证得

$$-\int_{-\infty}^{\infty} p(x)\ln p_0(x)\mathrm{d}x = -\int_{-\infty}^{\infty} p_0(x)\ln p_0(x)\mathrm{d}x = h(X)_{\max} = h[p_0(x)]$$
$$\tag{4.1.4-57}$$

这样,定理 4.7 就得到了证明.

定理指明了在不同限制条件下,连续信源 X 相对熵 $h(X)$ 的最大值 $h(X)_{\max} = h[p_0(x)]$ 的共同特点,也揭示了达到最大相对熵 $h(X)_{\max} = h[p_0(x)]$ 的概率密度函数 $p_0(x)$,与其他(除 $p_0(x)$ 外的任何)概率密度函数 $p(x)$ 之间的关系.

(1) 取值区间受限 $[a,b]$.

由定理 4.4 可知,当约束条件为

$$\int_a^b p(x)\mathrm{d}x = 1 \tag{4.1.4-58}$$

时,达到最大相对熵 $h(X)_{\max} = h[p_0(x)]$ 的概率密度函数

$$p_0(x) = \begin{cases} \dfrac{1}{b-a} & (a \leqslant x \leqslant b) \\ 0 & \text{其他} \end{cases} \tag{4.1.4-59}$$

若 $p(x)$ 是满足约束条件(4.1.4-58)式的其他(除 $p_0(x)$ 以外任何一种)概率密度函数,则有

$$-\int_a^b p(x)\ln p_0(x)\mathrm{d}x = -\int_a^b p(x)\ln \frac{1}{b-a}\mathrm{d}x$$
$$= \ln(b-a)\int_a^b p(x)\mathrm{d}x = \ln(b-a) \tag{4.1.4-60}$$

由定理 4.4,有

$$-\int_a^b p_0(x)\ln p_0(x)\mathrm{d}x = h(X)_{\max} = h[p_0(x)] = \ln(b-a) \tag{4.1.4-61}$$

即有

$$-\int_a^b p(x)\ln p_0(x)\mathrm{d}x = -\int_a^b p_0(x)\ln p_0(x)\mathrm{d}x = h(X)_{\max} = h[p_0(x)] \tag{4.1.4-62}$$

(2) 均值受限 m.

由定理 4.5 可知,当约束条件为

$$\begin{cases} \displaystyle\int_0^{\infty} p(x)\mathrm{d}x = 1 \\ \displaystyle\int_0^{\infty} xp(x)\mathrm{d}x = m \end{cases} \tag{4.1.4-63}$$

时,达到最大相对熵 $h(X)_{\max} = h[p_0(x)]$ 的概率密度函数

$$p_0(x) = \begin{cases} \dfrac{1}{m}\mathrm{e}^{-\frac{x}{m}} & (0 \leqslant x \leqslant \infty) \\ 0 & \text{其他} \end{cases} \tag{4.1.4-64}$$

若 $p(x)$ 是满足约束条件(4.1.4-63)式的其他(除 $p_0(x)$ 以外任何一种)概率密度函数,则

$$-\int_0^{\infty} p(x)\ln p_0(x)\mathrm{d}x = -\int_0^{\infty} p(x)\ln\left(\frac{1}{m}\mathrm{e}^{-\frac{x}{m}}\right)\mathrm{d}x$$

$$=-\int_0^\infty p(x)\ln\frac{1}{m}\mathrm{d}x+\int_0^\infty p(x)\frac{x}{m}\mathrm{d}x$$

$$=\ln m\int_0^\infty p(x)\mathrm{d}x+\frac{1}{m}\int_0^\infty xp(x)\mathrm{d}x$$

$$=\ln m+1=\ln(me) \tag{4.1.4-65}$$

由定理 4.5,有

$$-\int_0^\infty p_0(x)\ln p_0(x)\mathrm{d}x=h(X)_{\max}=h[p_0(x)]=\ln(me) \tag{4.1.4-66}$$

即有

$$-\int_0^\infty p(x)\ln p_0(x)\mathrm{d}x=-\int_0^\infty p_0(x)\ln p_0(x)\mathrm{d}x=h(X)_{\max}=h[p_0(x)] \tag{4.1.4-67}$$

(3) 平均功率受限 P.

由定理 4.6 可知,当约束条件为

$$\begin{cases}\displaystyle\int_{-\infty}^\infty p(x)\mathrm{d}x=1\\[2mm]\displaystyle\int_{-\infty}^\infty x^2 p(x)\mathrm{d}x=P\end{cases} \tag{4.1.4-68}$$

时,达到最大相对熵 $h(X)_{\max}=h[p_0(x)]$ 的概率密度函数

$$p_0(x)=\frac{1}{\sqrt{2\pi P}}\exp\left(-\frac{x^2}{2P}\right) \tag{4.1.4-69}$$

若 $p(x)$ 是满足约束条件 (4.1.4-68) 式的其他(除 $p_0(x)$ 以外任何一种)概率密度函数,则

$$-\int_{-\infty}^\infty p(x)\ln p_0(x)\mathrm{d}x=-\int_{-\infty}^\infty p(x)\ln\left(\frac{1}{\sqrt{2\pi P}}\mathrm{e}^{-\frac{x^2}{2P}}\right)\mathrm{d}x$$

$$=-\int_{-\infty}^\infty p(x)\ln\frac{1}{\sqrt{2\pi P}}\mathrm{d}x+\int_{-\infty}^\infty p(x)\frac{x^2}{2P}\mathrm{d}x$$

$$=\ln\sqrt{2\pi P}\int_{-\infty}^\infty p(x)\mathrm{d}x+\frac{1}{2P}\int_{-\infty}^\infty x^2 p(x)\mathrm{d}x$$

$$=\frac{1}{2}\ln(2\pi P)+\frac{1}{2}=\frac{1}{2}\ln(2\pi eP) \tag{4.1.4-70}$$

由定理 4.6 可知,

$$-\int_{-\infty}^\infty p_0(x)\ln p_0(x)\mathrm{d}x=h(X)_{\max}=h[p_0(x)]=\frac{1}{2}\ln(2\pi eP) \tag{4.1.4-71}$$

即有

$$-\int_{-\infty}^\infty p(x)\ln p_0(x)\mathrm{d}x=-\int_{-\infty}^\infty p_0(x)\ln p_0(x)\mathrm{d}x=h(X)_{\max}=h[p_0(x)] \tag{4.1.4-72}$$

综上所述,(4.1.4-62)式、(4.1.4-67)式、(4.1.4-72)式证实了在不同限制条件下,相对熵的共同特点是

$$-\int_{-\infty}^\infty p(x)\ln p_0(x)\mathrm{d}x=-\int_{-\infty}^\infty p_0(x)\ln p_0(x)\mathrm{d}x=h(X)_{\max}=h[p_0(x)] \tag{4.1.4-73}$$

同时,它也揭示了满足限制条件并达到最大相对熵 $h(X)_{\max}=h[p_0(x)]$ 的概率密度函数 $p_0(x)$,与除了 $p_0(x)$ 以外任何一种同样满足限制条件的概率密度函数 $p(x)$ 之间的一般关系. 显

然,定理 4.7 是最大相对熵理论的重要结论.

4.1.5　熵功率与信息变差

在通信工程中,连续信源发出消息的"平均功率"是一个重要参量,它不可能是无限大,而是一个受限制的量. 一般而言,平均功率受限的连续信源,不一定都是 G-分布,相对熵的计算就比较复杂和困难. 为此,我们引入与平均功率相比照的参量——熵功率,间接地作为相对熵的度量测度,为非 G-分布连续信源相对熵的计算开辟一个新途径和新方法.

1. 熵功率

设连续信源 X 的平均功率限定为 P,非 G-分布连续信源 X 的相对熵 $h[p(x)]=h_p(X)$ 一定不会超过 G-分布连续信源 X 的相对熵 $h[p_0(x)]=h_{p_0}(X)$,即

$$h_p(X) \leqslant h_{p_0}(X) = \frac{1}{2}\ln(2\pi eP) \tag{4.1.5-1}$$

若把 $h_p(X)$ 写成 G-分布连续信源相对熵的形式

$$h_p(X) = \frac{1}{2}\ln(2\pi e\,\overline{p}) \tag{4.1.5-2}$$

则 P 就称为连续信源 X 的"熵功率". 显然

$$\overline{P} \leqslant P \tag{4.1.5-3}$$

这表明,平均功率限定为 P 的非 G-分布连续信源 X 的熵功率 $\overline{P}$,不会超过限定平均功率 P. 只有当连续信源 X 同样也是 G-分布,等式才成立,即

$$\overline{P} = P \tag{4.1.5-4}$$

由定义 $(4.1.5-2)$ 式可知,对于非 G-分布连续信源 X 来说,只要已知其熵功率 $\overline{P}$,就可求得其相对熵 $h_p(X)$. 在平均功率受限条件下,熵功率 $\overline{P}$ 就是其相对熵 $h_p(X)$ 的代表. 相反,已知信源 X 的相对熵 $h_p(X)$,也可求得其熵功率

$$\overline{P} = \frac{1}{2\pi e}e^{2h_p(X)} \tag{4.1.5-5}$$

2. 信息变差

在平均功率受限 P 的连续信源中,G-分布的连续信源 X 的相对熵 $h[p_0(x)]$ 达到最大,即

$$h_p(X) \leqslant h_{p_0}(X) \tag{4.1.5-6}$$

定义 $h_{p_0}(X)$ 与 $h_p(X)$ 之差

$$I_{p_0,p}(X) = h_{p_0}(X) - h_p(X) \tag{4.1.5-7}$$

为非 G-分布连续信源 X 的"信息变差".

为了揭示"信息变差" $I_{p_0,p}(X)$ 的内涵,必须进一步剖析定义 $(4.1.5-7)$ 式.

由 $(4.1.4-73)$ 式,信息变差 $I_{p_0,p}(X)$ 可改写为

$$\begin{aligned}
I_{p_0,p}(X) &= h_{p_0}(X) - h_p(X) \\
&= -\int_{-\infty}^{\infty} p_0(x)\ln p_0(x)\mathrm{d}x - \left[-\int_{-\infty}^{\infty} p(x)\ln p(x)\mathrm{d}x\right] \\
&= -\int_{-\infty}^{\infty} p(x)\ln p_0(x)\mathrm{d}x - \left[-\int_{-\infty}^{\infty} p(x)\ln p(x)\mathrm{d}x\right] \\
&= \int_{-\infty}^{\infty} p(x)\{[-\ln p_0(x)] - [-\ln p(x)]\}\mathrm{d}x
\end{aligned} \tag{4.1.5-8}$$

令

$$\begin{cases} I_{p_0}(x) = -\ln p_0(x) \\ I_p(x) = -\ln p(x) \end{cases} \tag{4.1.5-9}$$

其中,$I_{p_0}(x)$看作 G-分布连续信源 $X = x$ 时的"自信量";$I_p(x)$看作非 G-分布连续信源 $X = x$ 时的"自信量". 由此,信息变差 $I_{p_0,p}(X)$ 可进一步改写为

$$I_{p_0,p}(X) = \int_{-\infty}^{\infty} p(x)[I_{p_0}(x) - I_p(x)]\mathrm{d}x \tag{4.1.5-10}$$

这样,信息变差 $I_{p_0,p}(X)$ 就可理解为:在平均功率受限 P 的条件下,连续信源 X 由 G-分布变为非 G-分布时,$X = x$ 的自信量 $I_{p_0}(x)$ 和 $I_p(x)$ 之差$[I_{p_0}(x) - I_p(x)]$在非 G-分布信源空间中的统计平均值."信息变差"$I_{p_0,p}(X)$ 具有"信息熵差"的含意.

3. "相对熵"与"信息熵"称呼的统一

在离散信源中,信源信息熵 H_∞ 等于信息熵 $H(X)$ 的最大值 $H_0(X) = \log r$ 与"结构信息" $I_{0,\infty}$ 的差值,即

$$H_\infty = H_0 - I_{0,\infty} \tag{4.1.5-11}$$

"结构信息"$I_{0,\infty}$是信源 X 等概分布到实际分布 $P(X)$ 的信息差别,也就是人们对信源 X 的统计特性的认识,从等概分布到实际分布所需获取的信息量,也就是人们对信源的认识从一般到具体必须付出的代价.

对连续信源来说,在引入"信息变差"概念后,由(4.1.5-7)式,类似地也有

$$h_p(X) = h_{p_0}(X) - I_{p_0,p}(X) \tag{4.1.5-12}$$

在某种限制条件下,连续信源相对熵达到最大值 $h(X)_{max} = h[p_0(x)]$ 的概率密度函数 $p_0(x)$ 是可求的,最大相对熵 $h(X)_{max} = h[p_0(x)]$ 是可知的."信息变差"$I_{p_0,p}(X)$ 同样可理解为测定连续信源 X 实际概率密度函数 $p(x)$,认识信源 X 统计特性本来面目所需获取的信息量,是人们对信源的认识从一般到具体必须付出的代价.

在"熵差"问题中,相对熵 $h(X)$ 与信息熵 $H(X)$ 具有同等作用. 从这个意义上来说,可不再区分信源的"信息熵"还是"相对熵",统一称为"信源熵";把"结构信息"和"信息变差"的内涵统一起来,统称为"变差熵",则"信源熵"等于"最大熵"与"变差熵"的差值.

【例 4.4】 设连续随机变量 X_1 和 X_2 的联合概率密度函数为

$$p(x_1 x_2) = \frac{1}{2\pi} \exp\left(-\frac{x_1^2 + x_2^2}{2}\right)$$

(1) 试计算 X_1 和 X_2 的熵功率 $\overline{P}_{X_1}$ 和 $\overline{P}_{X_2}$;

(2) 试计算 X_1 和 X_2 的联合随机变量$(X_1 X_2)$的熵功率 $\overline{P}_{(X_1 X_2)}$;

(3) 试计算 $Y = X_1 + X_2$ 的熵功率 $\overline{P}_{(X_1 + X_2)}$;

(4) 说明:$\overline{P}_{X_1}$ 和 $\overline{P}_{X_2}$ 与 $\overline{P}_{(X_1 X_2)}$ 的关系;

(5) 说明:$\overline{P}_{X_1}$ 和 $\overline{P}_{X_2}$ 与 $\overline{P}_{(X_1 + X_2)}$ 的关系;

(6) 比较 $\overline{P}_{(X_1 X_2)}$ 与 $P_{(X_1 + X_2)}$ 的大小,并说明其信息含意.

解

(1) X_1 和 X_2 的熵功率 $\overline{P}_{X_1}$ 和 $\overline{P}_{X_2}$,$(X_1 X_2)$的联合熵功率 $\overline{P}_{X_1 X_2}$

① X_1 和 X_2 的概率密度函数 $p(x_1)$ 和 $p(x_2)$.

由 X_1 和 X_2 的联合概率密度函数

$$p(x_1 x_2) = \frac{1}{2\pi} \exp\left(\frac{x_1^2 + x_2^2}{2}\right) \tag{1}$$

得 X_1 的概率密度函数

$$p(x_1) = \int_{-\infty}^{\infty} p(x_1 x_2) \mathrm{d}x_2 = \int_{-\infty}^{\infty} \frac{1}{2\pi} \mathrm{e}^{-\frac{x_1^2 + x_2^2}{2}} \mathrm{d}x_2$$

$$= -\frac{1}{2\pi} \mathrm{e}^{-\frac{x_1^2}{2}} \int_{-\infty}^{\infty} \mathrm{e}^{-\frac{x_2^2}{2}} \mathrm{d}x_2 \tag{2}$$

运用积分公式

$$\int_0^{\infty} \mathrm{e}^{-a^2 x^2} \mathrm{d}x = \frac{\sqrt{\pi}}{2a} \quad (a > 0) \tag{3}$$

有

$$p(x_1) = \frac{1}{2\pi} \mathrm{e}^{-\frac{x_1^2}{2}} \cdot 2 \int_0^{\infty} \mathrm{e}^{-\frac{x_2^2}{2}} \mathrm{d}x_2 = \frac{1}{\sqrt{2\pi}} \mathrm{e}^{-\frac{x_1^2}{2}} \tag{4}$$

这表明,X_1 是均值 $m_{X_1} = 0$,方差 $\sigma_{X_1}^2 = 1$ 的 G-随机变量.

同理,X_2 的概率密度函数

$$p(x_2) = \frac{1}{\sqrt{2\pi}} \mathrm{e}^{-\frac{x_2^2}{2}} \tag{5}$$

这表明,X_2 同样也是均值 $m_{X_2} = 0$,方差 $\sigma_{X_2}^2 = 1$ 的 G-随机变量.

等式(1)、(4)、(5)表明:X_1 和 X_2 是两个相互统计独立的 G-分布随机量,即有

$$p(x_1 x_2) = p(x_1) p(x_2) \tag{6}$$

② X_1 和 X_2 的熵功率 $\overline{P}_{X_1}$ 和 $\overline{P}_{X_2}$.

因为 X_1 和 X_2 是均值 $m_{X_1} = m_{X_2} = 0$,方差 $\sigma_{X_1}^2 = \sigma_{X_2}^2 = 1$ 的 G-随机变量,所以 X_1 和 X_2 的相对熵

$$h(X_1) = h(X_2) = \frac{1}{2} \ln(2\pi e) \tag{7}$$

则 X_1 和 X_2 的熵功率

$$\overline{P}_{X_1} = \overline{P}_{X_2} = \frac{1}{2\pi e} \mathrm{e}^{2h(X)} = \frac{1}{2\pi e} \mathrm{e}^{2 \cdot \left[\frac{1}{2} \ln(2\pi e)\right]}$$

$$= \frac{1}{2\pi e} \cdot (2\pi e) = 1 \tag{8}$$

③ $(X_1 X_2)$ 的联合相对熵 $h(X_1 X_2)$.

由(6)式,得 $(X_1 X_2)$ 的联合相对熵

$$h(X_1 X_2) = -\int_{-\infty}^{\infty} \int_{-\infty}^{\infty} p(x_1 x_2) \ln p(x_1 x_2) \mathrm{d}x_1 \mathrm{d}x_2$$

$$= -\int_{-\infty}^{\infty} \int_{-\infty}^{\infty} p(x_1) p(x_2) \ln[p(x_1) p(x_2)] \mathrm{d}x_1 \mathrm{d}x_2$$

$$= -\int_{-\infty}^{\infty} p(x_1) \ln p(x_1) \mathrm{d}x_1 - \int_{-\infty}^{\infty} p(x_2) \ln p(x_2) \mathrm{d}x_2$$

$$= h(X_1) + h(X_2) = 2 \cdot \frac{1}{2} \ln(2\pi e) = \ln(2\pi e) \tag{9}$$

则 $(X_1 X_2)$ 的熵功率

$$\overline{P}_{X_1 X_2} = \frac{1}{2\pi e} e^{2h(X_1 X_2)} = \frac{1}{2\pi e} e^{2 \cdot [\ln(2\pi e)]}$$

$$= \frac{1}{2\pi e} \cdot (2\pi e)^2 = 2\pi e \tag{10}$$

综上所述,X_1 和 X_2 的熵功率 $\overline{P}_{X_1}$ 和 $\overline{P}_{X_2}$,以及 $(X_1 X_2)$ 的联合熵功率 $\overline{P}_{X_1 X_2}$ 是

$$\begin{cases} \overline{P}_{X_1} = 1 \\ \overline{P}_{X_2} = 1 \\ \overline{P}_{X_1 X_2} = 2\pi e \end{cases} \tag{11}$$

(2) $\overline{P}_{X_1} + \overline{P}_{X_2}$ 与 $(X_1 + X_2)$ 的熵功率 $\overline{P}_{X_1 + X_2}$.

① $X_1 + X_2 = Y$ 的概率密度函数 $p_Y(y)$.

X_1 和 X_2 相互统计独立,$Y = X_1 + X_2$ 的概率密度函数

$$p_Y(y) = \int_{-\infty}^{\infty} p_{X_1}(y - x_2) p_{X_2}(x_2) \mathrm{d}x_2$$

$$= \int_{-\infty}^{\infty} \frac{1}{\sqrt{2\pi}} e^{-\frac{(y - x_2)^2}{2}} \cdot \frac{1}{\sqrt{2\pi}} e^{-\frac{x_2^2}{2}} \mathrm{d}x_2$$

$$= \frac{1}{2\pi} \int_{-\infty}^{\infty} \exp\left[-\frac{y^2 - 2y x_2 + x_2^2}{2} - \frac{x_2^2}{2}\right] \mathrm{d}x_2$$

$$= \frac{1}{2\pi} \int_{-\infty}^{\infty} \exp\left[-\frac{y^2 - 2y x_2 + x_2^2 + x_2^2}{2}\right] \mathrm{d}x_2$$

$$= \frac{1}{2\pi} \int_{-\infty}^{\infty} \exp\left(-\frac{y^2}{2} + y x_2 - x_2^2\right) \mathrm{d}x_2$$

$$= \frac{1}{2\pi} \int_{-\infty}^{\infty} \exp\left[-\left(x_2 - \frac{y}{2}\right)^2 - \frac{y^2}{4}\right] \mathrm{d}x_2$$

$$= \frac{1}{2\pi} e^{-\frac{y^2}{4}} \int_{-\infty}^{\infty} e^{-(x_2 - \frac{y}{2})^2} \mathrm{d}x_2 \tag{12}$$

其中,令

$$t = x_2 - \frac{y}{2} \tag{13}$$

则有

$$p_Y(y) = \frac{1}{2\pi} e^{-\frac{y^2}{4}} \int_{-\infty}^{\infty} e^{-t^2} \mathrm{d}t = \frac{1}{2\pi} e^{-\frac{y^2}{4}} \cdot 2 \cdot \int_{0}^{\infty} e^{-t^2} \mathrm{d}t \tag{14}$$

运用积分公式

$$\int_{0}^{\infty} e^{-a^2 x^2} \mathrm{d}x = \frac{\sqrt{\pi}}{2a} \tag{15}$$

则有

$$p_Y(y) = \frac{1}{2\pi} e^{-\frac{y^2}{4}} \cdot 2 \cdot \frac{\sqrt{\pi}}{2} = \frac{1}{\sqrt{2\pi \cdot 2}} e^{-\frac{y^2}{2 \cdot 2}} \tag{16}$$

这表明,$Y = X_1 + X_2$ 是均值 $m_Y = 0$,方差 $\sigma_Y^2 = 2$ 的 G-随机变量.

② $X_1 + X_2 = Y$ 的相对熵.

由等式(16),得 $Y = X_1 + X_2$ 的相对熵

$$h(Y) = h(X_1 + X_2) = \frac{1}{2}\ln(2\pi e \sigma_Y^2) = \frac{1}{2}\ln(2\pi e \cdot 2) \tag{17}$$

③ $X_1 + X_2 = Y$ 的熵功率 $\overline{P}_Y = \overline{P}_{(X_1+X_2)}$.

根据熵功率的定义,由等式(4.1.5-5),$Y = X_1 + X_2$ 的熵功率

$$\overline{P}_Y = \overline{P}_{(X_1+X_2)} = \frac{1}{2\pi e}e^{2h(Y)} = \frac{1}{2\pi e}e^{2h(X_1+X_2)} = \frac{1}{2\pi e}e^{2\left[\frac{1}{2}\ln(2\pi e \cdot 2)\right]}$$

$$= \frac{1}{2\pi e} \cdot e^{\ln(2\pi e \cdot 2)} = \frac{1}{2\pi e} \cdot (2\pi e \cdot 2)$$

$$= 2 \tag{18}$$

由等式(8),有

$$\overline{P}_{(X_1+X_2)} = \overline{P}_{X_1} + \overline{P}_{X_2} = 1 + 1 = 2 \tag{19}$$

综上所述,X_1 和 X_2 的熵功率 $\overline{P}_{X_1}$ 和 $\overline{P}_{X_2}$,以及 $(X_1 + X_2)$ 的熵功率 $\overline{P}_{(X_1+X_2)}$,是

$$\begin{cases} \overline{P}_{X_1} = 1 \\ \overline{P}_{X_2} = 1 \\ \overline{P}_{(X_1+X_2)} = \overline{P}_{X_1} + \overline{P}_{X_2} = 1 + 1 = 2 \end{cases} \tag{20}$$

这表明,两个统计独立的 G-随机变量 X_1 和 X_2 的熵功率 $\overline{P}_{X_1}$ 和 $\overline{P}_{X_2}$ 之和 $\overline{P}_{X_1} + \overline{P}_{X_2}$,等于 $Y = X_1 + X_2$ 的熵功率 $\overline{P}_{(X_1+X_2)}$.

（3）$\overline{P}_{(X_1 X_2)}$ 与 $\overline{P}_{(X_1+X_2)}$ 的比较.

由等式(10)和(19)可知,

$$\overline{P}_{(X_1 X_2)} > \overline{P}_{(X_1+X_2)} \tag{21}$$

这表明,两个统计独立的 G-随机变量 X_1 和 X_2 的联合熵功率 $\overline{P}_{(X_1 X_2)}$,大于 X_1 和 X_2 的和 $(X_1 + X_2)$ 的熵功率 $\overline{P}_{(X_1+X_2)}$. 这意味着,$(X_1 X_2)$ 的相对熵 $h(X_1 X_2)$,大于 $(X_1 + X_2)$ 的相对熵 $h(X_1 + X_2)$. 这也就表明,两个统计独立的 G-随机变量 X_1 和 X_2 联合随机变量 $(X_1 X_2)$ 的平均不确定性,大于 $(X_1 + X_2)$ 的随机变量 $Y = X_1 + X_2$ 的平均不确定性.

【例 4.5】　设连续信源 X 的概率密度函数为

$$p(x) = \begin{cases} \dfrac{x^3}{a} & (0 \leqslant x \leqslant 10) \\ 0 & \text{其他} \end{cases}$$

（1）试计算信源 X 的熵功率 $\overline{P}_X$;

（2）试计算信源 X 的信息变差 $I_{p_0, p}(X)$;

（3）试计算信源 X 的剩余度 η,并予以解释和说明.

解

由概率密度函数

$$p(x) = \begin{cases} \dfrac{x^3}{a} & (0 \leqslant x \leqslant 10) \\ 0 & \text{其他} \end{cases} \tag{1}$$

因满足

$$\int_0^{10} p(x)\mathrm{d}x = 1 \tag{2}$$

则有

$$\int_0^{10} \frac{x^3}{a} \mathrm{d}x = \frac{1}{a} \left\{ \frac{x^4}{4} \right\}_0^{10} = \frac{1}{a} \cdot \frac{10^4}{4} = 1 \tag{3}$$

得常数

$$a = 2500 \tag{4}$$

由此，概率密度函数 $p(x)$ 改写为

$$p(x) = \begin{cases} \dfrac{x^3}{2500} & (0 \leqslant x \leqslant 10) \\ 0 & \text{（其他）} \end{cases} \tag{5}$$

其函数曲线，如图 E 4.5 所示.

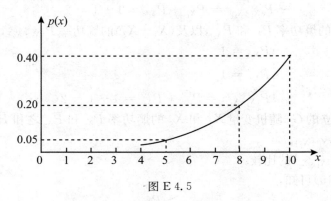

图 E 4.5

(1) 熵功率 $\overline{P}_X$.

① 相对熵 $h(X)$.

由 $p(x)$，得信源 X 的相对熵

$$\begin{aligned}
h(X) &= -\int_0^{10} p(x) \ln p(x) \mathrm{d}x = -\int_0^{10} \frac{x^3}{a} \ln \frac{x^3}{a} \mathrm{d}x \\
&= -\frac{1}{a} \int_0^{10} x^3 \ln x^3 \mathrm{d}x + \frac{1}{a} \ln a \int_0^{10} x^3 \mathrm{d}x \\
&= -\frac{3}{a} \int_0^{10} x^3 \ln x \mathrm{d}x + \frac{1}{a} \ln a \int_0^{10} x^3 \mathrm{d}x
\end{aligned} \tag{6}$$

运用积分公式

$$\int x^n \ln ax \, \mathrm{d}x = \frac{x^{n+1}}{n+1} \ln ax - \frac{x^{n+1}}{(n+1)^2} \quad (n \neq -1) \tag{7}$$

则有

$$\begin{aligned}
h(X) &= -\frac{3}{a} \left\{ \frac{x^4}{4} \ln x - \frac{x^4}{4^2} \right\}_0^{10} + \frac{1}{a} \ln a \left\{ \frac{x^4}{4} \right\}_0^{10} \\
&= -\frac{3}{a} \left(\frac{10^4}{4} \ln 10 - \frac{10^4}{4^2} \right) + \frac{1}{a} \ln a \left(\frac{10^4}{4} \right) \\
&= \frac{10^4}{4a} \left(-3 \ln 10 + \frac{3}{4} + \ln a \right)
\end{aligned} \tag{8}$$

由(4)式，进而得

$$h(X) = -3\ln 10 + \frac{3}{4} + \ln a = \ln \frac{1}{10^3} + \ln \sqrt[4]{e^3} + \ln a$$

$$= \ln \left(\frac{a \sqrt[4]{e^3}}{10^3} \right) = \ln \left(\frac{2500 \sqrt[4]{e^3}}{10^3} \right)$$

$$= \ln \left(\frac{5 \sqrt[4]{e^3}}{2} \right) = 1.67 \quad （奈特／自由度） \tag{9}$$

② 熵功率 $\bar{P}_X$.

由相对熵 $h(X)$，按定义，其熵功率

$$\bar{P}_X = \frac{1}{2\pi e} e^{2h(X)} = \frac{1}{2\pi e} e^{2 \cdot \left[\ln \left(\frac{5 \sqrt[4]{e^3}}{2} \right) \right]} = \frac{1}{2\pi e} e^{\ln \left(\frac{25 \cdot \sqrt{e^3}}{4} \right)}$$

$$= \frac{1}{2\pi e} \cdot \frac{25 \sqrt{e^3}}{4} = 1.64 \tag{10}$$

(2) 信息变差 $I_{p_0, p}(X)$.

① 均值 m_X.

由 $p(x)$，得信源 X 的均值

$$m_X = \int_0^{10} x p(x) dx$$

$$= \int_0^{10} x \left(\frac{x^3}{a} \right) dx = \frac{1}{a} \left\{ \frac{x^5}{5} \right\}_0^{10} = \frac{10^3}{125} = 8 \tag{11}$$

② 方差 σ_X^2.

由均值 m_X，得信源 X 的方差

$$\sigma_X^2 = \int_0^{10} (x - m_X)^2 p(x) dx = \int_0^{10} x^2 p(x) dx - m_X^2$$

$$= \int_0^{10} x^2 \left(\frac{x^3}{a} \right) dx - m_X^2 = \frac{1}{a} \int_0^{10} x^5 dx - m_X^2$$

$$= \frac{1}{a} \left\{ \frac{x^6}{6} \right\}_0^{10} - m_X^2 = \frac{1}{a} \cdot \frac{10^6}{6} - m_X^2$$

$$= \frac{1}{25 \cdot 10^2} \cdot \frac{10^6}{6} - 8^2 = \frac{10^4}{150} - 8^2 = \frac{8}{3} \tag{12}$$

③ 最大相对熵 $h(X)_{\max}$.

方差受限 $\sigma_X^2 = \frac{8}{3}$ 时，最大相对熵

$$h(X)_{\max} = h[p_0(x)] = \frac{1}{2} \ln(2\pi e \sigma_X^2) = \frac{1}{2} \ln \left(2\pi e \cdot \frac{8}{3} \right) = 1.91 \quad （奈特／自由度） \tag{13}$$

④ 信息变差 $I_{p_0, p}(X)$.

由(9)、(13)式，按定义，信源 X 的信息变差

$$I_{p_0, p}(X) = h[p_0(x)] - h[p(x)]$$

$$= 1.91 - 1.67 = 0.24 \quad （奈特／自由度） \tag{14}$$

这表明，若方差限定为 $\sigma_X^2 = 8/3$，则信源 X 是 G-分布时相对熵达到最大值 $h[p_0(x)] = 1.91$. 当信源 X 的概率密度函数 $p(x)$ 为非 G-分布 $p_0(x)$ 时，相对熵就要损失 $I_{p_0, p}(X) = 0.24$.

这是人们对信源 X 的统计特性的认识,从可知的 G-分布概率密度函数 $p_0(x)$,到实际概率密度函数 $p(x)$,必须付出的代价.

（3）剩余度 η.

按剩余度的一般定义,有

$$\eta = \frac{h[p_0(x)] - h[p(x)]}{h[p_0(x)]} = \frac{I_{p_0,p}(X)}{h[p_0(x)]} \tag{15}$$

则有

$$\eta = \frac{0.24}{1.91} = 12.6\% \tag{16}$$

这表明,在方差限定为 $\sigma_X^2 = 8/3$ 的限制条件下,由于信源 X 的概率密度函数 $p(x)$ 为非 G-分布,所以提供的信息量 $h[p(x)]$ 只占到最大提供信息能力的 87.4%,而 12.6% 的信息量称为信息变差 $I_{p_0,p}(X)$ 而丢失了.

【**例 4.6**】 设连续信源 X 的概率密度函数为

$$p(x) = \begin{cases} \dfrac{1}{a}\left(1 - \dfrac{|x|}{a}\right) & (|x| \leqslant a) \\ 0 & (|x| > a) \end{cases}$$

（1）试计算连续信源 X 的熵功率 $\overline{P}_X$;

（2）试计算连续信源 X 的最大相对熵 $h(X)_{\max} = h[p_0(x)]$;

（3）试计算连续信源 X 的信息变差 $I_{p_0,p}(X)$ 和剩余度 η,并对 $I_{p_0,p}(X)$ 做出解释和说明.

解 连续信源 X 的概率密度函数

$$p(x) = \begin{cases} \dfrac{1 - \dfrac{|x|}{a}}{a} & (|x| \leqslant a) \\ 0 & (|x| > a) \end{cases} \tag{1}$$

如图 E4.6 所示.

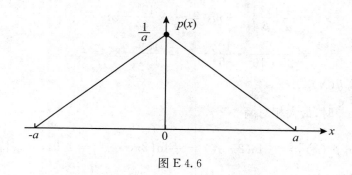

图 E4.6

① 熵功率 $\overline{P}_X$.

由(4.1.2-50)式可知,概率密度函数为 $p(x)$ 的连续信源 X 的相对熵

$$h(X) = \ln(a\sqrt{e}) \tag{1}$$

由熵功率的定义,有

$$\overline{P}_X = \frac{1}{2\pi e} e^{2h(X)} = \frac{1}{2\pi e} e^{2[\ln(a\sqrt{e})]}$$

$$= \frac{1}{2\pi e} e^{\ln(a^2 e)} = \frac{1}{2\pi e} \cdot (a^2 e) = \frac{a^2}{2\pi} \tag{2}$$

（2）最大相对熵 $h(X)_{\max} = h[p_0(x)]$.

① 均值 m_X.

由概率密度函数 $p(x)$，信源 X 的均值

$$m_X = \int_{-a}^{a} x p(x) \mathrm{d}x = \int_{-a}^{a} x \cdot \left\{ \frac{1}{a}\left[1 - \frac{|x|}{a}\right) \right\} \mathrm{d}x$$

$$= \int_{-a}^{0} \frac{x}{a}\left(1 + \frac{x}{a}\right)\mathrm{d}x + \int_{0}^{\infty} \frac{x}{a}\left(1 - \frac{x}{a}\right)\mathrm{d}x$$

$$= \frac{1}{a}\left[\int_{-a}^{0} x \mathrm{d}x + \int_{-a}^{0} \frac{x^2}{a}\mathrm{d}x\right] + \frac{1}{a}\left[\int_{0}^{a} x \mathrm{d}x - \int_{0}^{a} \frac{x^2}{a}\mathrm{d}x\right]$$

$$= \frac{1}{a}\left\{\left[\frac{x^2}{2}\right]_{-a}^{0} + \left[\frac{x^3}{3a}\right]_{-a}^{0}\right\} + \frac{1}{a}\left\{\left[\frac{x^2}{2}\right]_{0}^{a} - \left[\frac{x^3}{3a}\right]_{0}^{a}\right\}$$

$$= 0 \tag{3}$$

② 平均功率 P.

由概率密度函数 $p(x)$，信源 X 的平均功率

$$P = \int_{-a}^{a} x^2 p(x) \mathrm{d}x = \int_{-a}^{a} x^2 \cdot \left[\frac{1}{a}\left(1 - \frac{|x|}{a}\right)\right] \mathrm{d}x$$

$$= \int_{-a}^{0} \frac{x^2}{a}\left(1 + \frac{x}{a}\right)\mathrm{d}x + \int_{0}^{a} \frac{x^2}{a}\left(1 - \frac{x}{a}\right)\mathrm{d}x$$

$$= \frac{1}{a}\left[\int_{-a}^{0} x^2 \mathrm{d}x + \int_{-a}^{0} \frac{x^3}{a}\mathrm{d}x\right] + \frac{1}{a}\left[\int_{0}^{a} x^2 \mathrm{d}x - \int_{0}^{a} \frac{x^3}{a}\mathrm{d}x\right]$$

$$= \frac{1}{a}\left[\int_{-a}^{0} x^2 \mathrm{d}x + \int_{0}^{a} x^2 \mathrm{d}x\right] + \frac{1}{a^2}\left[\int_{-a}^{0} x^3 \mathrm{d}x - \int_{0}^{a} x^3 \mathrm{d}x\right]$$

$$= \frac{1}{a}\left\{\left[\frac{x^3}{3}\right]_{-a}^{0} + \left[\frac{x^3}{3}\right]_{0}^{a}\right\} + \frac{1}{a^2}\left\{\left[\frac{x^4}{4}\right]_{-a}^{0} - \left[\frac{x^4}{4}\right]_{0}^{a}\right\}$$

$$= \frac{1}{a}\left(\frac{a^3}{3} + \frac{a^3}{3}\right) + \frac{1}{a^2}\left(-\frac{a^4}{4} - \frac{a^4}{4}\right) = \frac{2}{3}a^2 - \frac{a^2}{2} = \frac{1}{6}a^2 \tag{4}$$

③ $h(X)_{\max} = h[p_0(x)]$.

在平均功率限定为 $P = \frac{1}{6}a^2$ 的条件下，信源 X 是 G -分布时达到最大相对熵

$$h(X)_{\max} = h[p_0(x)] = \frac{1}{2}\ln(2\pi eP) = \frac{1}{2}\ln\left(2\pi e \cdot \frac{a^2}{6}\right) = \ln\left(a\sqrt{\frac{\pi e}{3}}\right) \tag{5}$$

（3）信息变差 $I_{p_0, p}(X)$ 和剩余度 η.

在平均功率限定为 $P = \frac{1}{6}a^2$ 的条件下，信源 X 的信息变差

$$I_{p_0, p}(X) = h[p_0(x)] - h[p(x)]$$

$$= \ln\left(a\sqrt{\frac{\pi e}{3}}\right) - \ln(a\sqrt{e}) = \ln\sqrt{\frac{\pi}{3}} \tag{6}$$

由此,信源 X 的剩余度

$$\eta = \frac{I_{p_0,p}(X)}{h[p_0(x)]} = \frac{\ln\left(\sqrt{\frac{\pi}{3}}\right)}{\ln\left(a\sqrt{\frac{\pi e}{3}}\right)} \tag{7}$$

这表明,对概率密度函数为 $p(x)$ 的连续信源 X,在平均功率受限 $P = \frac{1}{6}a^2$ 的条件下,其最大相对熵 $h[p_0(x)]$ 与 $h[p(x)]$ 的变差 $I_{p_0,p}(X) = \ln\sqrt{\frac{\pi}{3}}$ 是一常量,与信源 X 的取值区间 $[-a, a]$ 的长度 a 无关. 也就是说,对信源 X 的统计特性的认识,从可知的 G-分布到 $p(x)$ 所示的"三角分布",所要付出的代价也是一个常量,与取值区间 $[-a, a]$ 的长度 a 无关. 这是 $p(x)$ 所示的"三角分布"连续信源的一个特点.

【例 4.7】 设非负连续随机变量 X 和 Y,且 $x \in X, y \in Y$,并有函数

$$p(xy) = \begin{cases} [(1+ax)(1+ay)-a]e^{-x-y-axy} & (0 < a < 1, x, y \geqslant 0) \\ 0 & (x, y < 0) \end{cases}$$

(1) 试问:函数 $p(xy)$ 能作为随机变量 X 和 Y 的联合概率密度函数吗? 为什么?

(2) 试求解随机变量 X 的最大相对熵 $h(X)_{\max} = h[p_0(x)]$ 及其均值 m_X;

(3) 试设计非负连续随机变量 X 和 Y 的联合概率密度函 $p(xy)$,使其中随机变量 X 的均值 $m_X = 1$,并具有 1 信息单位(奈特)的相对熵 $h(X)$.

解

(1) 函数 $p(xy)$ 是概率密度函数.

要证明函数

$$p(xy) = \begin{cases} [(1+ax)(1+ay)-a]e^{-x-y-axy} & (0 < a < 1, x \geqslant 0, y \geqslant 0) \\ 0 & (x < 0, y < 0) \end{cases} \tag{1}$$

是概率密度函数,必须证明:

$$\int_0^\infty \int_0^\infty p(xy)\,dx\,dy = 1 \tag{2}$$

为此,由 $p(xy)$,有

$$\int_0^\infty \int_0^\infty p(xy)\,dx\,dy$$

$$= \int_0^\infty \int_0^\infty [(1+ax)(1+ay)-a]e^{-x-y-axy}\,dx\,dy$$

$$= \int_0^\infty \int_0^\infty (1+ax+ay+a^2xy-a)e^{-x-y-axy}\,dx\,dy$$

$$= \int_0^\infty \int_0^\infty \{(1+ax-a)+[ay(1+ax)]\}e^{-x-y-axy}\,dx\,dy$$

$$= \int_0^\infty \int_0^\infty (1+ax-a)e^{-x-y-axy}\,dx\,dy + \int_0^\infty \int_0^\infty a(1+ax)ye^{-x-y-axy}\,dx\,dy$$

$$= \int_0^\infty \int_0^\infty (1+ax-a)e^{-x} \cdot e^{-(1+ax)y}\,dx\,dy$$

$$\quad + \int_0^\infty \int_0^\infty a(1+ax)ye^{-x} \cdot e^{-(1+ax)y}\,dx\,dy \tag{3}$$

其中,令
$$(1+ax)y = z \tag{4}$$

则根据坐标变换理论,有
$$\begin{cases} \mathrm{d}z = \mathrm{d}y \left| J\left(\dfrac{Z}{Y}\right) \right| = \mathrm{d}y \cdot (1+ax) & (5) \\[3mm] \mathrm{d}y = \dfrac{\mathrm{d}z}{1+ax} & (6) \end{cases}$$

由此,等式(3)可改写为
$$\int_0^\infty \int_0^\infty p(xy)\mathrm{d}x\mathrm{d}y = \int_0^\infty (1+ax-a)\mathrm{e}^{-x}\mathrm{d}x \int_0^\infty \mathrm{e}^{-z}\mathrm{d}z \left(\frac{1}{1+ax}\right) \quad \text{(A)}$$
$$+ \int_0^\infty a(1+ax)\mathrm{e}^{-x}\mathrm{d}x \int_0^\infty y\mathrm{e}^{-(1+ax)y}\mathrm{d}y \quad \text{(B)} \tag{7}$$

在(7)式(A)中,运用积分公式
$$\int_0^\infty \mathrm{e}^{-ax}\mathrm{d}x = \frac{1}{a} \quad (a > 0)$$

有
$$\int_0^\infty \mathrm{e}^{-z}\mathrm{d}z = 1 \tag{8}$$

则
$$\text{(A)} = \int_0^\infty (1+ax-a)\mathrm{e}^{-x}\mathrm{d}x \cdot \frac{1}{1+ax} = \int_0^\infty \frac{1+ax-a}{1+ax}\mathrm{e}^{-x}\mathrm{d}x \tag{9}$$

在(7)式(B)中,运用积分公式
$$\int_0^\infty x^n \mathrm{e}^{-ax}\mathrm{d}x = \frac{n!}{a^{n+1}} \quad (n \text{ 为正整数}, a > 0) \tag{10}$$

有
$$\int_0^\infty y\mathrm{e}^{-(1+ax)y}\mathrm{d}y = \frac{1}{(1+ax)^2} \tag{11}$$

则
$$\text{(B)} = \int_0^\infty a(1+ax)\mathrm{e}^{-x}\mathrm{d}x \cdot \frac{1}{(1+ax)^2} = \int_0^\infty \frac{a}{(1+ax)}\mathrm{e}^{-x}\mathrm{d}x \tag{12}$$

这样,积分式(7)可改写为
$$\int_0^\infty \int_0^\infty p(xy)\mathrm{d}x\mathrm{d}y = \int_0^\infty \frac{1+ax-a}{1+ax}\mathrm{e}^{-x}\mathrm{d}x + \int_0^\infty \frac{a}{1+ax}\mathrm{e}^{-x}\mathrm{d}x$$
$$= \int_0^\infty \frac{1+ax}{1+ax}\mathrm{e}^{-x}\mathrm{d}x = \int_0^\infty \mathrm{e}^{-x}\mathrm{d}x \tag{13}$$

运用积分公式
$$\int_0^\infty \mathrm{e}^{-ax}\mathrm{d}x = \frac{1}{a} \quad (a > 0) \tag{14}$$

则得
$$\int_0^\infty \int_0^\infty p(xy)\mathrm{d}x\mathrm{d}y = 1 \tag{15}$$

这样,证明了函数 $p(xy)$ 是概率密度函数.

（2）X 的概率密度函数 $p(x)$.

由（1）式所示，$p(xy)$，X 的概率密度函数

$$p(x) = \int_0^\infty p(xy)\mathrm{d}y$$

$$= \int_0^\infty \left[(1+ax)(1+ay)-a\right]\mathrm{e}^{-x-y-axy}\mathrm{d}y$$

$$= \int_0^\infty (1+ax+ay+a^2xy-a)\mathrm{e}^{-x-y-axy}\mathrm{d}y$$

$$= \int_0^\infty (1+ax-a)\mathrm{e}^{-x-y-axy}\mathrm{d}y + \int_0^\infty ay(1+ax)\mathrm{e}^{-x-y-axy}\mathrm{d}y$$

$$= (1+ax-a)\mathrm{e}^{-x}\int_0^\infty \mathrm{e}^{-(1+ax)y}\mathrm{d}y \qquad\qquad (\mathrm{A})$$

$$\qquad + a(1+ax)\mathrm{e}^{-x}\int_0^\infty y\mathrm{e}^{-(1+ax)y}\mathrm{d}y \qquad (\mathrm{B})$$

（16）

运用积分公式

$$\int_0^\infty \mathrm{e}^{-ax}\mathrm{d}x = \frac{1}{a} \quad (a>0) \tag{17}$$

（16）式中的（A）$= (1+ax-a)\mathrm{e}^{-x}\cdot\dfrac{1}{1+ax}$

运用积分公式

$$\int_0^\infty x^n\mathrm{e}^{-ax}\mathrm{d}x = \frac{n!}{a^{n+1}} \quad (n\text{ 为正整数}, a>0) \tag{18}$$

（16）式中的（B）$= a(1+ax)\mathrm{e}^{-x}\cdot\dfrac{1}{(1+ax)^2}$ （19）

由（18）、（19）式，积分式（16）可改写为

$$p(x) = (1+ax-a)\mathrm{e}^{-x}\frac{1}{1+ax} + a(1+ax)\mathrm{e}^{-x}\frac{1}{(1+ax)^2}$$

$$= \mathrm{e}^{-x}\cdot\left(\frac{1+ax-a}{1+ax}+\frac{a}{1+ax}\right) = \mathrm{e}^{-x}\cdot 1 = \mathrm{e}^{-x} \tag{20}$$

这样，随机变量 X 的概率密度函数

$$p(x) = \begin{cases} \mathrm{e}^{-x} & (x\geqslant 0) \\ 0 & (x<0) \end{cases} \tag{21}$$

其函数曲线，如图 E 4.7 所示.

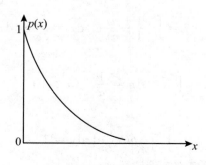

图 E 4.7

(3) $h(X)_{\max} = h[p_0(x)]$.

由 (21) 式所示 $p(x)$ 可知,X 是均值 $m_X = 1$ 的指数分布连续信源. 由定理 4.5 可知,连续信源 X 的相对熵 $h(X)$ 达最大值

$$h(X)_{\max} = h[p_0(x)] = \ln(me) = \ln e = 1 \quad （奈特／自由度） \tag{22}$$

这表明,若把函数

$$p(xy) = \begin{cases} \{(1+ax)(1+ay) - a\}e^{-x-y-axy} & (0 < a < 1, x, y \geqslant 0) \\ 0 & (x, y > 0) \end{cases} \tag{23}$$

作为 X 和 Y 的联合概率密度函数,则其中随机变量 X 就是均值 $m_X = 1$ 的指数分布连续信源,并且 X 的相对熵达到最大值 $h(X)_{\max} = h[p_0(x)] = 1$(奈特/自由度).

这就意味着,对非负连续随机变量 $X \geqslant 0, Y \geqslant 0$,只要满足

$$0 < a < 1 \tag{24}$$

我们就可设计出一个联合概率密度函数,如

$$p(xy) = \begin{cases} \left\{\left(1 + \dfrac{1}{2}x\right)\left(1 + \dfrac{1}{2}y\right) - \dfrac{1}{2}\right\}e^{-x-y-\frac{xy}{2}} & (x, y \geqslant 0) \\ 0 & (x, y < 0) \end{cases} \tag{25}$$

使其中随机变量 X 的均值

$$m_X = 1 \tag{26}$$

其相对熵 $h(X)$ 达最大值,且等于 1 个信息单位(奈特),即有

$$h(X)_{\max} = h[p_0(x)] = 1 \quad （奈特／自由度）$$

【例 4.8】 设连续随机变量 X 的概率密度函数为 $p(x)$,相对熵分 $h(X)$. 试证明不等式

$$\int_{-\infty}^{\infty} x^2 p(x)\mathrm{d}x \geqslant \frac{1}{2\pi e}\exp\{2h(X)\}$$

解 由 X 的概率密度函数 $p(x)$,有

$$\begin{cases} \displaystyle\int_{-\infty}^{\infty} p(x)\mathrm{d}x = 1 \\ \displaystyle\int_{-\infty}^{\infty} x^2 p(x)\mathrm{d}x = P \end{cases} \tag{1}$$

其中,P 是 X 的平均功率.

另设,平均功率同样是 P 的 G-分布的连续随机变量 X,则其概率密度函数

$$p_0(x) = \frac{1}{\sqrt{2\pi P}}\exp\left(-\frac{x^2}{2P}\right) \tag{2}$$

则有

$$\begin{cases} \displaystyle\int_{-\infty}^{\infty} p_0(x)\mathrm{d}x = 1 \\ \displaystyle\int_{-\infty}^{\infty} x^2 p_0(x)\mathrm{d}x = P \end{cases} \tag{3}$$

根据定理 4.7,有

$$-\int_{-\infty}^{\infty} p(x)\ln p(x)\mathrm{d}x \leqslant -\int_{-\infty}^{\infty} p(x)\ln p_0(x)\mathrm{d}x = -\int_{-\infty}^{\infty} p_0(x)\ln p_0(x)\mathrm{d}x$$

$$= -\int_{-\infty}^{\infty} p_0(x)\ln\left(\frac{1}{\sqrt{2\pi P}}e^{-\frac{x^2}{2P}}\right)\mathrm{d}x$$

$$=-\int_{-\infty}^{\infty}p(x)\ln\frac{1}{\sqrt{2\pi P}}\mathrm{d}x+\int_{-\infty}^{\infty}p_0(x)\frac{x^2}{2P}\mathrm{d}x$$

$$=\frac{1}{2}\ln(2\pi P)+\frac{1}{2}=\frac{1}{2}\ln(2\pi eP)\tag{4}$$

即有

$$h(X)\leqslant\frac{1}{2}\ln(2\pi eP)\tag{5}$$

进而,有

$$P\geqslant\frac{1}{2\pi e}e^{2h(X)}\tag{6}$$

即证得

$$\int_{-\infty}^{\infty}x^2p(x)\mathrm{d}x\geqslant\frac{1}{2\pi e}e^{2h(X)}\tag{7}$$

这表明,在平均功率受限 P 的限定条件下,连续信源 X 的熵功率 $\overline{P}_X$ 一定不会超过平均功率 P. 不等式(7)展示了连续信源 X 的概率密度函数 $p(x)$ 与其相对熵 $h(X)$ 之间的一般数学关系.

4.1.6 相对熵的变换

在实际通信工程中,连续信源 X 输出的消息,在接入信道之前,往往先要通过某种具有确定函数关系的信息处理装置(网络),进行输入信息处理(如图 4.1 - 14 所示). 离散信源输出符号通过具有一一对应确定函数关系的处理装置(无噪信道)后,输出随机变量的信息熵与信源的信息熵是相同的. 那么,连续信源输出消息经过具有确定函数关系的信息处理装置后,输出连续随机变量的相对熵会不会发生变化? 这是相对熵的一个特殊问题.

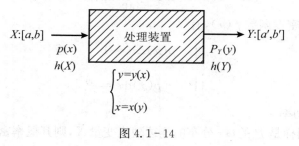

图 4.1 - 14

定理 4.8 取值区间为 $[a,b]$,概率密度函数为 $p(x)$、相对熵为 $h(X)$ 的连续信源 X,经确定单值函数 $y=y(x)(x=x(y))$ 变换后,输出连续随机变量 Y 的相对熵

$$h(Y)=h(X)-\int_a^b p(x)\log\left|J\left(\frac{x}{y}\right)\right|\mathrm{d}x$$

证明 设图 4.1 - 14 中,连续信源 X 的信源空间为

$$[X\cdot P]:\begin{cases}X:&[a,b]\\P(X):&p(x)\end{cases}\tag{4.1.6-1}$$

且

$$\int_a^b p(x)\mathrm{d}x=1\tag{4.1.6-2}$$

又设"处理装置"的变换关系是单值函数

$$\begin{cases} y = y(x) \\ x = x(y) \end{cases} \tag{4.1.6-3}$$

令"处理装置"输出连续随机变量 Y 的概率密度函数为 $p_Y(y)$，则有

$$\int_{a'}^{b'} p_Y(y)\mathrm{d}y = 1 \tag{4.1.6-4}$$

　　根据坐标变换理论，有

$$\int_a^b p(x)\mathrm{d}x = \int_{a'}^{b'} p[x(y)]\left|J\left(\frac{x}{y}\right)\right|\mathrm{d}y = 1 \tag{4.1.6-5}$$

由(4.1.6-4)、(4.1.6-5)式，有

$$p_Y(y) = p[x(y)]\left|J\left(\frac{x}{y}\right)\right| \tag{4.1.6-6}$$

由此，得随机变量 Y 的相对熵

$$\begin{aligned} h(Y) &= -\int_{a'}^{b'} p_Y(y)\log p_Y(y)\mathrm{d}y \\ &= -\int_a^b p(x)\left|J\left(\frac{x}{y}\right)\right|\log\left[p(x)\left|J\left(\frac{x}{y}\right)\right|\right] \cdot \left[\left|J\left(\frac{y}{x}\right)\right|\mathrm{d}x\right] \\ &= -\int_a^b p(x)\log\left[p(x) \cdot \left|J\left(\frac{x}{y}\right)\right|\right]\mathrm{d}x \\ &= -\int_a^b p(x)\log p(x)\mathrm{d}x - \int_a^b p(x)\log\left[\left|J\left(\frac{x}{y}\right)\right|\right]\mathrm{d}x \\ &= h(X) - \underset{X}{E}\left[\log\left|J\left(\frac{x}{y}\right)\right|\right] \end{aligned} \tag{4.1.6-7}$$

这样，定理 4.8 就得到了证明.

　　定理表明：当"处理装置"的输入 X 和输出 Y 的坐标变换"雅柯比"行列式 $\left|J\left(\dfrac{X}{Y}\right)\right| \neq 1$ 时，输出 Y 的相对熵 $h(Y)$ 与输入 X 的相对熵 $h(X)$ 是不同的. 经坐标变换(信息处理)，输入信源 X 的相对熵 $h(X)$ 是要发生变换的. 只有当 $\left|J\left(\dfrac{X}{Y}\right)\right| = 1$ 时，$h(X)$ 与 $h(Y)$ 相等，输入信源 X 的相对熵才不发生变化.

　　离散随机变量 X 经过一一对应确定函数关系的"处理装置"(确定型无噪信道)后，其信息熵 $H(X)$ 是不变的($H(X) = H(Y)$). 离散信息熵 $H(X)$ 是离散随机变量 X 的平均不确定性(含有的平均信息量)的"绝对"意义上的度量值. 连续信源 X 的相对熵 $h(X)$，是针对特定坐标系而言的，坐标系不同，$h(X)$ 也随之不同. 它是连续随机变量 X 的平均不确定性(含有的平均信息量)的"相对"意义上的度量值. 这也是为什么给 $h(X)$ 冠以"相对"二字的缘由.

　　【例 4.9】　图 E4.9-1 中的"处理装置"是放大倍数 K、直流分量 A 的"线性放大器". 均值 $m = 0$，方差 $\sigma^2 = 1$ 的 G-信源 S 经"线性放大器"后，输出随机变量 X.

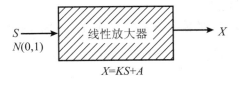

图 E4.9-1

(1) 试求放大器输出 X 的概率密度函数 $p(x)$;

(2) 试求 X 的相对熵 $h(X)$;

(3) 比较信源 S 和输出 X 的相对熵 $h(S)$ 和 $h(X)$;

(4) 找出放大后相对熵的增量 Δh 与放大倍数 K 的关系,并予以说明和解释.

解

(1) 输出随机变量 X 的概率密度函数 $p(x)$.

均值 $m=0$,方差 $\sigma^2=1$ 的 G-信源 S 的概率密度函数

$$p(s) = \frac{1}{\sqrt{2\pi}}\exp\left(-\frac{s^2}{2}\right) \tag{1}$$

线性放大器的输入 S 和输出 X 之间的坐标变换的函数关系

$$\begin{cases} x = KS + A \\ s = \dfrac{x-A}{K} \end{cases} \tag{2}$$

由此,得

$$\left|J\left(\frac{s}{x}\right)\right| = \left|\frac{\mathrm{d}s}{\mathrm{d}x}\right| = \frac{1}{K} \tag{3}$$

由(4.1.6-6)式,输出随机变量 X 的概率密度函数

$$p(x) = p(s)\left|J\left(\frac{s}{x}\right)\right| = \frac{1}{\sqrt{2\pi}}\exp\left(-\frac{s^2}{2}\right)\cdot\frac{1}{K}$$

$$= \frac{1}{\sqrt{2\pi}}\exp\left[-\frac{\left(\dfrac{x-A^2}{K}\right)}{2}\right]\cdot\frac{1}{K} = \frac{1}{\sqrt{2\pi K^2}}\exp\left[-\frac{(x-A)^2}{2K^2}\right] \tag{4}$$

这表明,均值 $m=0$,方差 $\sigma^2=1$ 的 G-信源 $S(N(0,1))$,经放大倍数 K、直流分量 A 的线性放大器放大后,输出随机变量 X 变为"均值 $m_X=A$,方差 $\sigma_X^2=K^2$"的 G-随机变量 $N(A,K^2)$.

(2) 输出随机变量 X 的相对熵 $h(X)$.

根据定理 4.8,X 的相对熵

$$h(X) = h(S) - E_s\left[\ln\left|J\left(\frac{s}{x}\right)\right|\right] = \frac{1}{2}\ln(2\pi\mathrm{e}) - \int_{-\infty}^{\infty}p(s)\ln\frac{1}{K}\mathrm{d}s$$

$$= \frac{1}{2}\ln(2\pi\mathrm{e}) + \ln K\int_{-\infty}^{\infty}p(s)\mathrm{d}s = \frac{1}{2}\ln(2\pi\mathrm{e}) + \ln K$$

$$= \frac{1}{2}\ln(2\pi\mathrm{e}) + \frac{1}{2}\ln K^2 = \frac{1}{2}\ln(2\pi\mathrm{e}K^2) \tag{5}$$

这表明,均值 $m=0$,方差 σ^2-1 的 G-信源 S,经放大倍数 K、直流分量 A 的"线性放大器"放大后,其输出随机变量 X 的相对熵 $h(X)$ 只取决于 K^2,与直流分量 A 无关.

(3) $h(S)$ 和 $h(X)$ 的差值 Δh.

由(5)式可知,"线性放大器"的输入 S 和输出 X 的相对熵的差值

$$\Delta h = h(X) - h(S) = \frac{1}{2}\ln(2\pi\mathrm{e}K^2) - \frac{1}{2}\ln(2\pi\mathrm{e})$$

$$= \frac{1}{2}\ln(K^2) = \ln K \tag{6}$$

它是线性放大器放大倍数 K 的对数,随着 K 的增大而单调递增(如图 E4.9-2 所示).

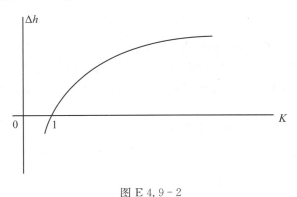

图 E4.9-2

4.2　连续信道的平均互信息

连续信源 X 的功能只是提供信息,要把信源 X 的信息传递给接收者,同样要靠信道的传递.若信道(X-Y)的输入随机变量 X 和输出随机变量 Y 都是连续随机变量,则信道(X-Y)称为连续信道.要讨论连续信道(X-Y)传输信息的功能,首先要建立连续信道(X-Y)的数学模型,对信道(X-Y)予以正确的数学描述.

4.2.1　连续信道的数学描述

要给定一个连续信道(X-Y),必须给定:输入随机变量 X 的取值区间 $[a,b]$;输出随机变量 Y 的取值区间 $[a',b']$;信道(X-Y)的传递概率密度函数 $p(y/x)$($x\in[a,b]$,$y\in[a',b']$)(如图 4.2-1 所示).

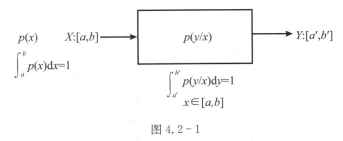

图 4.2-1

X 在 $[a,b]$ 中任何值 $X=x$,经信道(X-Y)传递,输出 Y 只能取 $[a',b']$ 中的任一值,不能取 $[a',b']$ 以外的其他值,即有

$$\int_{a'}^{b'} p(y/x)\mathrm{d}y = 1 \quad (x \in [a,b]) \tag{4.2.1-1}$$

现将信源空间为

$$[X \cdot P]: \begin{cases} X & [a,b] \\ P(X) & p(x) \end{cases} \tag{4.2.1-2}$$

其中

$$\int_a^b p(x)\mathrm{d}x = 1 \qquad\qquad (4.2.1-3)$$

的连续信源与信道$(X$-$Y)$相接,构成单维连续通信系统(图 4.2-1).

由信道$(X$-$Y)$的传递概率密度函数 $p(y/x)$ 体现的信道传递作用,使输入随机变量 X 通过信道$(X$-$Y)$过程中,概率密度函数要发生变化.图 4.2-1 所示通信系统中的概率密度函数之间的关系是:

(1) $\{X=x, Y=y\}$的联合概率密度函数

$$p(xy) = p(x)p(y/x) \quad (x \in [a,b], y \in [a',b'])$$

且有

$$\int_a^b \int_{a'}^{b'} p(xy)\mathrm{d}x\mathrm{d}y = \int_a^b p(x)\mathrm{d}x \int_{a'}^{b'} p(y/x)\mathrm{d}y = 1 \qquad (4.2.1-4)$$

(2) $\{Y=y\}$的概率密度函数

$$p_Y(y) = \int_a^b p(xy)\mathrm{d}x = \int_a^b p(x)p(y/x)\mathrm{d}x \quad (y \in [a',b']) \qquad (4.2.1-5)$$

且有

$$\int_{a'}^{b'} p_Y(y)\mathrm{d}y = \int_{a'}^{b'} \int_a^b p(x)p(y/x)\mathrm{d}x\mathrm{d}y$$

$$= \int_a^b p(x)\mathrm{d}x \int_{a'}^{b'} p(y/x)\mathrm{d}y = 1 \qquad (4.2.1-6)$$

(3) $\{$在 $Y=y$ 的条件下,推测 $X=x\}$的后验概率密度函数

$$p_Y(x/y) = \frac{p(xy)}{p_Y(y)} = \frac{p(x)p(y/x)}{\int_a^b p(x)p(y/x)\mathrm{d}x} \quad (x \in [a,b], y \in [a',b']) \quad (4.2.1-7)$$

且有

$$\int_a^b p_Y(x/y)\mathrm{d}x = \frac{\int_a^b p(x)p(y/x)\mathrm{d}x}{\int_a^b p(x)p(y/x)\mathrm{d}x} = 1 \qquad (4.2.1-8)$$

由$(4.2.1-5)$、$(4.2.1-7)$式,可把给定 $p(x)$ 和 $p(y/x)$ 的"正向信道"$(X$-$Y)$(如图 4.2-1 所示)转变为由 $p_Y(y)$ 和 $p_Y(x/y)$ 构建的 "反向信道"$(Y$-$X)$(如图 4.2-2 所示).

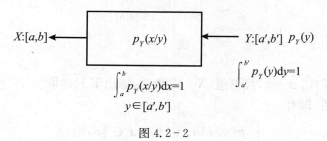

图 4.2-2

"正向信道"$(X$-$Y)$和"反向信道"$(Y$-$X)$是同一单维通信系统的两种不同表述方式,在理论分析中,可根据需要挑选合适的表述方式.

4.2.2　"信息熵差"与"相对熵差"

连续信道$(X\text{-}Y)$的平均互信息 $I(X;Y)$，同样等于通信前关于信源 X 的平均不确定性，与通信后对 X 仍然存在的平均不确定性，即两个信息熵 $H(X)$ 和 $H(X/Y)$ 之差，即

$$I(X;Y) = H(X) - H(X/Y) \tag{4.2.2-1}$$

为此，以 Δ 和 δ 作为"分层间隔"，分别对 X 和 Y"分层量化"，得相应离散随机变量 X_n 和 Y_m，及其信息熵 $H(X_n)$ 和 $H(Y_m)$. 进而，对连续信道$(X\text{-}Y)$连续传递特性 $p_Y(x/y)$"分层量化"，得离散信道$(Y_m\text{-}X_n)$的离散传递特性 $P(X_n/Y_m)$，及其疑义度 $H(X_n/Y_m)$. 连续信道$(X\text{-}Y)$的平均互信息 $I(X;Y)$，就是分层间隔 Δ 和 δ 同时趋于零时$(\Delta,\delta\rightarrow0,n,m\rightarrow\infty)$，离散信道$(X_n\text{-}Y_m)$的平均互信息 $I(X_n;Y_m)$ 的极限值，即

$$\begin{aligned}
I(X;Y) &= \lim_{\substack{\Delta\to0\\\delta\to0}}[I(X_n;Y_m)] = \lim_{\substack{\Delta\to0\\\delta\to0}}[H(X_n)-H(X_n/Y_m)]\\
&= \lim_{\substack{\Delta\to0\\n\to\infty}}[H(X_n)] - \lim_{\substack{\Delta,\delta\to0\\n,m\to\infty}}[H(X_n/Y_m)]\\
&= H(X) - H(X/Y)
\end{aligned} \tag{4.2.2-2}$$

(1) $H(X)$.

设连续信源 X 的概率密度函数 $p(x)$ 是 $x\in[a,b]$ 的连续函数(如图 4.2-3 所示).

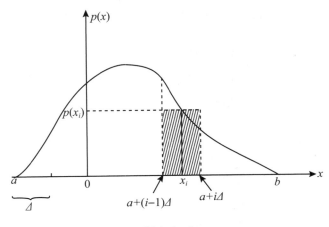

图 4.2-3

以

$$\Delta = \frac{b-a}{n} \tag{4.2.2-3}$$

为分层间隔，把$[a,b]$划分为 n 个等长区间. X 落在第 $i(i=1,2,\cdots,n)$个区间$[a+(i-1)\Delta,a+i\Delta]$内的概率

$$\begin{aligned}
P_i &= P\{[a+(i-1)\Delta]\leqslant X\leqslant[a+i\Delta]\}\\
&= \int_{a+(i-1)\Delta}^{a+i\Delta}p(x)\mathrm{d}x
\end{aligned} \tag{4.2.2-4}$$

因 $p(x)$ 在 $x\in[a,b]$中连续，根据"积分中值定理"，在$[a+(i-1)\Delta,a+i\Delta]$中，总可找到一个点

x_i,有

$$P_i = \int_{a+(i-1)\Delta}^{a+i\Delta} p(x)\mathrm{d}x = p(x_i)\Delta \quad (i=1,2,\cdots,n) \tag{4.2.2-5}$$

这表明,从概率分布角度看,落在第 $i(i=1,2,\cdots,n)$ 区间 $[a+(i-1)\Delta,a+i\Delta]$ 内的连续取值的 X,可量化为一个离散值 $x_i(i=1,2,\cdots,n)$. 整个取值区间 $[a,b]$ 内连续取值的连续信源 X,可量化为取 n 个离散值 $x_i(i=1,2,\cdots,n)$ 的离散随机变量 X_n,其概率分布

$$P\{X_n = x_i\} = P_i = p(x_i)\Delta \quad (i=1,2,\cdots,n) \tag{4.2.2-6}$$

且

$$\sum_{i=1}^{n} P_i = \sum_{i=1}^{n} p(x_i)\Delta = \sum_{i=1}^{n}\left[\int_{a+(i-1)\Delta}^{a+i\Delta} p(x)\mathrm{d}x\right] = \int_a^b p(x)\mathrm{d}x = 1 \tag{4.2.2-7}$$

即 X_n 的信源空间

$$[X_n \cdot P]: \begin{cases} X_n: & x_1 & x_2 & \cdots & x_n \\ P(X_n): & P_1 & P_2 & \cdots & P_n \end{cases} \tag{4.2.2-8}$$

中的概率空间 $\boldsymbol{P}=(P_1,P_2,\cdots,P_n)$ 是完备集. X_n 存在信息熵 $H(X_n)$,且

$$\begin{aligned} H(X_n) &= -\sum_{i=1}^{n} P_i\log P_i = -\sum_{i=1}^{n}\left[p(x_i)\Delta\right]\log\left[p(x_i)\cdot\Delta\right] \\ &= -\sum_{i=1}^{n} p(x_i)\log p(x_i)\Delta - \sum_{i=1}^{n} p(x_i)\Delta\cdot\log\Delta \\ &= -\sum_{i=1}^{n} p(x_i)\log p(x_i)\Delta - \log\Delta \end{aligned} \tag{4.2.2-9}$$

在图 4.2-3 中,当分层间隔 $\Delta\to0$,分层数 $n\to\infty$ 时,离散随机变量 $X_n\to$ 连续随机变量,离散随机变量 X_n 的信息熵 $H(X_n)\to$ 连续随机变量 X 的信息熵 $H(X)$,即

$$H(X) = \lim_{\substack{\Delta\to0\\n\to\infty}}\left[H(X_n)\right] = \lim_{\substack{\Delta\to0\\n\to\infty}}\left[-\sum_{i=1}^{n} p(x_i)\log p(x_i)\Delta\cdot\log\Delta\right]$$

$$= \lim_{\substack{\Delta\to0\\n\to\infty}}\left[-\sum_{i=1}^{n} p(x_i)\log p(x_i)\Delta\right] - \lim_{\substack{\Delta\to0\\n\to\infty}}\log\Delta \tag{4.2.2-10}$$

$$= h(X) + \lim_{\substack{\Delta\to0\\n\to\infty}}(-\log\Delta) \tag{4.2.2-11}$$

其中,$h(X)$ 就是连续信源 X 的相对熵.

(2) Y_m 的概率分布 P_j.

设连续信道 $(X$-$Y)$ 的输出连续随机变量 Y 的概率密度函数 $p_Y(y)$,是 $y\in[a',b']$ 内的连续函数(如图 4.2-4 所示),并有

$$\int_{a'}^{b'} p_Y(y)\mathrm{d}y = 1 \tag{4.2.2-12}$$

以

$$\delta = \frac{b'-a'}{m} \tag{4.2.2-13}$$

为分层间隔,把 $[a',b']$ 划分为 m 个等长区间. Y 落在第 $j(j=1,2,\cdots,m)$ 个区间 $[a'+(j-1)\delta,a'+j\delta)$ 的概率.

$$P_j = P\{[a' + (j-1)\delta] \leqslant Y \leqslant [a' + j\delta]\}$$
$$= \int_{a'+(j-1)\delta}^{a'+j\delta} p_Y(y)\mathrm{d}y \quad (j = 1, 2, \cdots, m) \tag{4.2.2-14}$$

因 $p_Y(y)$ 在 $y \in [a', b']$ 中连续,根据"积分中值定理",在 $[a' + (j-1)\delta, a' + j\delta]$ 内,总可找到一个点 $y_j (j = 1, 2, \cdots, m)$,有

$$P_j = \int_{a'+(j-1)\delta}^{a'+j\delta} p_Y(y)\mathrm{d}y = p_Y(y_j) \cdot \delta \quad (j = 1, 2, \cdots, m) \tag{4.2.2-15}$$

这表明,从概率分布角度看,落在第 $j(j=1,2,\cdots,m)$ 个区间 $[a' + (j-1)\delta, a' + j\delta]$ 内连续取值的 Y,可量化为一个离散值 $y_j (j=1,2,\cdots,m)$.在整个区间 $[a', b']$ 内连续取值的连续随机变量 $Y \in [a', b']$,可量化为取 m 个离散值 $y_j (j = 1, 2, \cdots, m)$ 的离散随机变量 Y_m,其概率分布

$$P\{Y_m = y_j\} = P_{Y_j} = p_Y(y_i)\delta \quad (j = 1, 2, \cdots, m) \tag{4.3.2-16}$$

且

$$\sum_{j=1}^{m} P_j = \sum_{j=1}^{m} p_Y(y_j)\sigma = \sum_{j=1}^{m} \left\{ \int_{a'+(j-1)\delta}^{a'+j\delta} p_Y(y)\mathrm{d}y \right\} = \int_{a'}^{b'} p_Y(y)\mathrm{d}y = 1 \tag{4.2.2-17}$$

即 Y_m 的信源空间

$$[Y_m \cdot P]: \begin{cases} Y_m: & y_1 & y_2 & \cdots & y_m \\ P(Y_m): & P_{Y_1} & P_{Y_2} & \cdots & P_{Y_m} \end{cases} \tag{4.2.2-18}$$

中的概率空间 $\boldsymbol{P}_Y = (P_{Y_1} \, P_{Y_2} \cdots P_{Y_m})$ 是完备集.

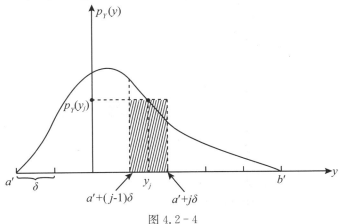

图 4.2-4

(3) $H(X/Y)$.

由分层量化所得离散随机变量 X_n 和 Y_m 构成离散信道 $(X_n - Y_m)$(如图 4.2-5 所示).

① X 落在第 $i(i=1,2,\cdots,n)$ 区间 $[a+(i-1)\Delta, a+i\Delta]$,$Y$ 落在第 $j(j=1,2,\cdots,m)$ 区间 $[a' + (j-1)\delta, a' + j\delta]$ 的联合概率

$$P_{ij} = P\{[a + (i-1)\Delta] \leqslant X \leqslant [a+i\Delta]; [a' + (j-1)\delta] \leqslant Y \leqslant [a' + j\delta]\}$$
$$= \int_{a+(i-1)\Delta}^{a+i\Delta} \int_{a'+(j-1)\delta}^{a'+j\delta} p(xy)\mathrm{d}x\mathrm{d}y$$
$$= \int_{a+(i-1)\Delta}^{a+i\Delta} \int_{a'+(j-1)\delta}^{a'+j\delta} p_Y(y) p_Y(x/y)\mathrm{d}x\mathrm{d}y$$
$$(i = 1, 2, \cdots, n; j = 1, 2, \cdots, m) \tag{4.2.2-19}$$

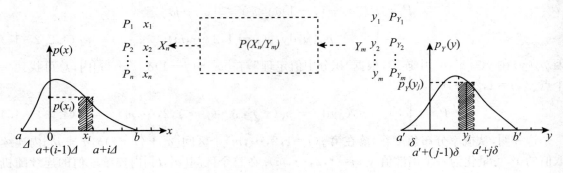

图 4.2 - 5

因 $p_Y(y)$、$p_Y(x/y)$ 在 $[a',b']$ 上有界可积，$p_Y(y)$ 在 $[a',b']$ 内连续，$p_Y(x/y)$ 在 $[a',b']$ 内连续可积且不变号，根据"二重积分定理"，有

$$P_{ij} = p_Y(y_j) \int_{a+(i-1)\Delta}^{a+i\Delta} \int_{a'+(j-1)\delta}^{a'+\delta} p_Y(x/y)\mathrm{d}x\mathrm{d}y \qquad (4.2.2-20)$$

再由"二重积分中值定理"，又有

$$P_{ij} = p_Y(y_j) p_Y(x_{ij}/y_{ij}) \Delta \cdot \delta \qquad (4.2.2-21)$$

其中，(x_{ij}, y_{ij}) 是 $(X\text{-}Y)$ 平面上二维区域 $[a+(i-1)\Delta \leqslant X \leqslant a+i\Delta] \times [a'+(j-1)\delta \leqslant Y \leqslant a'+j\delta]$ 中的一点（如图 4.2 - 6 所示）. 当 $\Delta \to 0, \delta \to 0 (n \to \infty, m \to \infty)$ 时，x_{ij} 和 x_i 趋于同一点 x_i；y_{ij} 和 y_j 趋于同一点 $y_j (i=1,2,\cdots,n; j=1,2,\cdots,m)$.

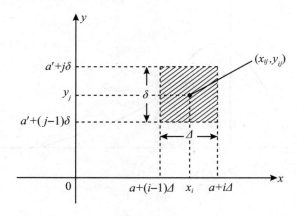

图 4.2 - 6

② 由 $P_{Y_j} (j=1,2,\cdots,m)$ 和 $P_{ij} (i=1,2,\cdots,n; j=1,2,\cdots,m)$，则"$Y$ 落在第 $j (j=1,2,\cdots, m)$ 区间 $[a'+(j-1)\delta, a'+j\delta]$ 的条件下，推测 X 落在第 $i (i=1,2,\cdots,n)$ 区间 $[a+(i-1)\Delta, a+i\Delta]$"的后验概率

$$P_{i/j} = P\{[a+(i-1)\Delta] \leqslant X \leqslant [a+i\Delta] / [a'(j-1)\delta] \leqslant Y \leqslant [a'+j\delta]\}$$

$$= \frac{P\{[a+(i-1)\Delta] \leqslant X \leqslant [a+i\Delta]; [a'+(j-1)\delta] \leqslant Y \leqslant [a'+j\delta]\}}{P\{[a'+(j-1)\delta] \leqslant Y \leqslant [a'+j\delta]\}}$$

$$= \frac{P_{ij}}{P_{Yj}} = \frac{p_Y(y_j) p_Y(x_{ij}/y_{ij}) \cdot \Delta \cdot \delta}{p_Y(y_j) \cdot \delta}$$

$$= p_Y(x_{ij}/y_{ij}) \cdot \Delta \quad (i = 1,2,\cdots,n; j = 1,2,\cdots,m) \quad (4.2.2-22)$$

③ 由 P_{ij} 和 $P_{i/j}$，离散信道 $(X_n - Y_m)$ 的疑义度

$$H(X_n/Y_m) = -\sum_{i=1}^{n} \sum_{j=1}^{m} P_{ij} \log P_{i/j} = -\sum_{i=1}^{n} \sum_{j=1}^{m} P_{ij} \log\{p_Y(x_{ij}/y_{ij})\Delta\}$$

$$= -\sum_{i=1}^{n} \sum_{j=1}^{m} P_{ij} \log p_Y(x_{ij}/y_{ij}) - \sum_{i=1}^{n} \sum_{j=1}^{m} P_{ij} \log\Delta$$

$$= -\sum_{i=1}^{n} \sum_{j=1}^{m} p_Y(y_j) p_Y(x_{ij}/y_{ij}) \log p_Y(x_{ij}/y_{ij}) \Delta \cdot \delta - \sum_{i=1}^{n} \sum_{j=1}^{m} P_{ij} \log\Delta$$

$$(4.2.2-23)$$

其中

$$\sum_{i=1}^{n} \sum_{j=1}^{m} P_{ij} = \sum_{i=1}^{n} \sum_{j=1}^{m} \left[\int_{a+(i-1)\Delta}^{a+i\Delta} \int_{a'+(j-1)\delta}^{a'+j\delta} p(xy) \mathrm{d}x \mathrm{d}y \right]$$

$$= \int_{a}^{b} \int_{a'}^{b'} p(xy) \mathrm{d}x \mathrm{d}y = 1 \quad (4.2.2-24)$$

由此得

$$H(X_n/Y_m) = -\sum_{i=1}^{n} \sum_{j=1}^{m} p_Y(y_j) p_Y(x_{ij}/y_{ij}) \log p_Y(x_{ij}/y_{ij}) \Delta \cdot \delta - \log\Delta \quad (4.2.2-25)$$

④ 当分层间隔 $\Delta \to 0, \delta \to 0$（分层数 $n \to \infty, m \to \infty$）时，$X_n \to X, Y_m \to Y$，则 $H(X_n/Y_m) \to H(X/Y)$. 故连续信道 $(X - Y)$ 的疑义度

$$H(X/Y) = \lim_{\substack{\Delta, \delta \to 0 \\ n, m \to \infty}} [H(X_n/Y_m)]$$

$$= \lim_{\substack{\Delta, \delta \to 0 \\ n, m \to \infty}} \left[-\sum_{i=1}^{n} \sum_{j=1}^{m} p_Y(y_j) p_Y(x_{ij}/y_{ij}) \log p_Y(x_{ij}/y_{ij}) \cdot \Delta \cdot \delta - \log\Delta \right]$$

$$= \lim_{\substack{\Delta, \delta \to 0 \\ n, m \to \infty}} \left[-\sum_{i=1}^{n} \sum_{j=1}^{m} p_Y(y_j) p_Y(x_{ij}/y_{ij}) \log p_Y(x_{ij}/y_{ij}) \cdot \Delta \cdot \delta \right] + \lim_{\Delta \to 0} (-\log\Delta)$$

$$= -\int_{a}^{b} \int_{a'}^{b'} p_Y(y) p_Y(x/y) \log p_Y(x/y) \mathrm{d}x \mathrm{d}y + \lim_{\substack{\Delta \to 0 \\ n \to \infty}} (-\log\Delta) \quad (4.2.2-26)$$

其中，把积分

$$-\int_{a}^{b} \int_{a'}^{b'} p_Y(y) p_Y(x/y) \log p_Y(x/y) \mathrm{d}x \mathrm{d}y$$

$$= -\int_{a}^{b} \int_{a'}^{b'} p(xy) \log p_Y(x/y) \mathrm{d}x \mathrm{d}y$$

$$= h(X/Y) \quad (4.2.2-27)$$

定义为连续信道 $(X - Y)$ 的"相对疑义度"（相对条件熵）.

这样，连续信道 $(X - Y)$ 的"疑义度"（信息熵）

$$H(X/Y) = h(X/Y) + \lim_{\substack{\Delta \to 0 \\ n \to \infty}} (-\log\Delta)$$

$$= h(X/Y) + \{\text{无限大常数项}\} \quad (4.2.2-28)$$

这表明,在(4.2.2-27)式定义下,连续信道$(X-Y)$的"疑义度"(信息熵)$H(X/Y)$,等于"相对疑义度"$h(X/Y)$与一个无限大的常数项之和,则 $H(X/Y)$亦是无限大.由定义(4.2.2-27)式可知,对于一个给定信源(概率密度函数 $p(x)$)和给定信道(传递概率密度函数为 $p(y/x)$)来说,其相对疑义度 $h(X/Y)$是一个可计算的有精确的确定值的量.它是无限大的 $H(X/Y)$中有定值的部分.单独来说,它不具有平均不确定性或信息的含义.

(4) 连续信源 X 和连续信道$(X-Y)$相接,构成连续通信系统的平均互信息 $I(X;Y)$,是通信前对信源 X 存在的平均不确定性 $H(X/Y)$,减去通信后对信源 X 仍然存在的平均不确定性 $H(X/Y)$之差,是两个"信息熵"的"熵差".那么,在引入相对熵 $h(X)$和相对条件熵 $h(X/Y)$之后,本来无限大的没有确定值的"信息熵"的"熵差",又会有什么新的变化呢?

定理 4.8   **连续信道$(X-Y)$的平均互信息 $I(X;Y)$,等于相对熵 $h(X)$与相对条件熵 $h(X/Y)$之差,即**

$$I(X;Y) = h(X) - h(X/Y)$$

证明   连续信道$(X-Y)$的平均互信息 $I(X;Y)$,等于通信前对连续信源 X 存在的平均不确定性 $H(X)$,减去通信后对信源 X 仍然存在的平均不确定性 $H(X/Y)$之差,即

$$I(X;Y) = H(X) - H(X/Y) \tag{4.2.2-29}$$

由(4.2.2-11)式和(4.2.2-28)式,有

$$I(X;Y) = \left[h(X) + \lim_{\substack{\Delta \to 0 \\ n \to \infty}} (-\log\Delta) \right] - \left[h(X/Y) + \lim_{\substack{\Delta \to 0 \\ n \to \infty}} (-\log\Delta) \right]$$

$$= h(X) - h(X/Y) \tag{4.2.2-30}$$

这样,定理 4.8 就得到了证明.

定理指明:连续信源 X 与连续信道$(X-Y)$构建的连续通信系统的平均互信息 $I(X;Y)$,本来应等于两个具有信息含义、其值为"无限大"的信息熵 $H(X)$和 $H(X/Y)$的"熵差".在引入相对熵(相对条件熵)之后,这个"信息熵差"就转变为"相对熵差".在"熵差"问题中,相对熵 $h(X)$替代了信息熵 $H(X)$;相对条件熵 $h(X/Y)$替代了条件信息熵 $H(X/Y)$的功能和作用.这就意味着,在连续信道$(X-Y)$的平均互信息 $I(X;Y)$的定量计算和演绎中,可把相对熵 $h(X)$直接看作"通信前对信源 X 存在的平均不确定性",把相对条件熵 $h(X/Y)$直接看作通信后对 X 仍然存在的平均不确定性. X 和 Y 之间的平均互信息 $I(X;Y)$,就是通信前、后平均不确定性的消除

$$I(X;Y) = h(x) - h(X/Y) \tag{4.2.2-31}$$

这就说明了,在这一章开始提及的"既然相对熵 $h(X)$不具有全部信息的含义,又为什么要引入相对熵"的缘由.

另一方面,从表达式的形式上来看,连续信源 X 和连续信道$(X-Y)$相对熵(相对条件熵)$h(X)$和 $h(X/Y)$,与离散信源 X 和离散信道$(X-Y)$的信息熵(信息条件熵)$H(X)$和 $H(X/Y)$相比:①连续取值区间代替了离散符号集;②连续概率密度函数代替了离散的概率分布;③用积分代替了求和.这种形式上的"比照性",也是把相对熵(相对条件熵)仍然冠以"熵"的称谓的重要原因.这种"比照性"也是定义连续信道中其相对熵(相对条件熵)的依据.

4.2.3   平均互信息的三种表达式

同离散通信系统类似,随接收者观察立场不同,连续通信系统的平均互信息亦有三种不同

的表达式.

1. 正向信道$(X\text{-}Y)$

若随机变量 X 是输入随机变量,随机变量 Y 是输出随机变量,接收者(▲)站在 Y 的立场上观察通信系统.这种信道$(X\text{-}Y)$称为"正向连续信道"(如图 4.2-7 所示).

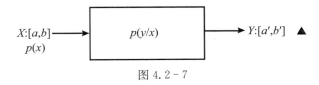

图 4.2-7

设信源 $X \in [a,b]$ 的概率密度函数为 $p(x)$,信道$(X\text{-}Y)$的传递概率密度函数为 $p(y/x)$.

通信前关于信源 X 的平均不确定性

$$h(X) = -\int_a^b p(x)\log p(x)\mathrm{d}x \tag{4.2.3-1}$$

通信后对 X 仍然存在的平均不确定性

$$h(X/Y) = -\int_a^b\int_{a'}^{b'} p(xy)\log p_Y(x/y)\mathrm{d}x\mathrm{d}y \tag{4.2.3-2}$$

根据定理 4.8,接收者(▲)从 Y 中获取关于信源 X 的平均互信息

$$\begin{aligned}
I(X;Y) &= h(X) - h(X/Y) \\
&= -\int_a^b p(x)\log p(x)\mathrm{d}x - \left[-\int_a^b\int_{a'}^{b'} p(xy)\log p_Y(x/y)\mathrm{d}x\mathrm{d}y\right] \\
&= -\int_a^b\int_{a'}^{b'} p(xy)\log p(x)\mathrm{d}x\mathrm{d}y + \int_a^b\int_{a'}^{b'} p(xy)\log p_Y(x/y)\mathrm{d}x\mathrm{d}y \\
&= \int_a^b\int_{a'}^{b'} p(xy)\log\frac{p_Y(x/y)}{p(x)}\mathrm{d}x\mathrm{d}y \\
&= \int_a^b\int_{a'}^{b'} p(x)p(y/x)\log\frac{\dfrac{p(x)p(y/x)}{\displaystyle\int_a^b p(x)p(y/x)\mathrm{d}x}}{p(x)}\mathrm{d}x\mathrm{d}y
\end{aligned} \tag{4.2.3-3}$$

这表明,只要给定信源 $X \in [a,b]$ 的概率密度函数 $p(x)$ 和连续信道$(X\text{-}Y)$的传递概率密度函数 $p(y/x)(x \in [a,b], y \in [a',b'])$,就可计算平均互信息 $I(X;Y)$.

2. 反向信道$(Y\text{-}X)$

若 Y 是输入随机变量,X 是输出随机变量,接收者(▲)站在 X 的立场上观察通信系统.这种信道$(Y\text{-}X)$称为"反向连续信道"(如图 4.2-8 所示).

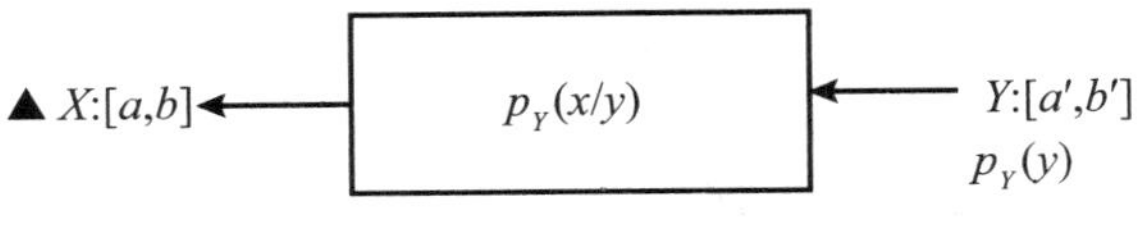

图 4.2-8

在图 4.2-8 中,Y 的概率密度函数 $p_Y(y)$ 和连续信道$(X\text{-}Y)$的后验概率密度函数 $p_Y(x/$

y),由给定的信源 X 的概率密度函数 $p(x)$ 和连续信道(X - Y)的传递概率密度函数 $p(y/x)$ 换算而得,即

$$\begin{cases} p_Y(y) = \int_a^b p(x)p(y/x)\mathrm{d}x \\ p_Y(x/y) = \dfrac{p(x)p(y/x)}{\int_a^b p(x)p(y/x)\mathrm{d}x} \end{cases} \qquad (4.2.3-4)$$

由相对熵的定义,通信前关于输入随机变量 Y 的平均不确定性

$$h(Y) = -\int_{a'}^{b'} p_Y(y)\log p_Y(y)\mathrm{d}y \qquad (4.2.3-5)$$

通信后对输入随机变量 Y 仍然存在的平均不确定性

$$h(Y/X) = -\int_a^b \int_{a'}^{b'} p(xy)\log p_Y(y/x)\mathrm{d}x\mathrm{d}y \qquad (4.2.3-6)$$

根据定理 4.8,接收者(▲)从 X 中获取关于 Y 的平均互信息

$$\begin{aligned} I(Y;X) &= h(Y) - h(Y/X) \\ &= -\int_{a'}^{b'} p_Y(y)\log p_Y(y)\mathrm{d}y - \left[-\int_a^b \int_{a'}^{b'} p(xy)\log p(y/x)\mathrm{d}x\mathrm{d}y\right] \\ &= -\int_a^b \int_{a'}^{b'} p(xy)\log p_Y(y)\mathrm{d}y + \int_a^b \int_{a'}^{b'} p(xy)\log p(y/x)\mathrm{d}x\mathrm{d}y \\ &= \int_a^b \int_{a'}^{b'} p(xy)\log \frac{p(y/x)}{p_Y(y)}\mathrm{d}x\mathrm{d}y \\ &= \int_a^b \int_{a'}^{b'} p(x)p(y/x)\log \frac{p(y/x)}{\int_a^b p(x)p(y/x)\mathrm{d}x}\mathrm{d}x\mathrm{d}y \qquad (4.2.3-7) \end{aligned}$$

这表明,只要给定信源 $X \in [a,b]$ 的概率密度函数 $p(x)$ 和信道(X - Y)的传递概率密度函数 $p(y/x)\{x\in[a,b], y\in[a',b']\}$,就可计算平均互信息 $I(Y;X)$.

3. 双向信道(X - Y)或(Y - X)

若在 X 和 Y 两个随机变量之间,不刻意区分哪一个是输入随机变量,哪一个是输出随机变量.接收者(▲)站在 X 和 Y 的总体立场上,观察通信系统的信息流通(如图 4.2-9 所示).这种信道(X - Y)我们不妨称它为"双向信道".

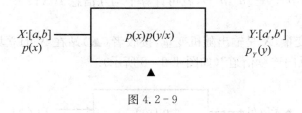

图 4.2-9

一般来说,信道(X - Y)两端同时出现$\{X = x \in [a,b]; Y = y \in [a',b']\}$,既可是$\{$输入 $X = x$;输出 $Y = y\}$,亦可是$\{$输入 $Y = y$;输出 $X = x\}$造成的总体效果.接收者(▲)站在(XY)的总体立场,不刻意区分 X 和 Y 哪一个是输入随机变量,哪一个是输出随机变量的情况下,"通信前"意味着 X 和 Y 之间没有信道相接,它们是两个相互统计独立的随机变量."X 和 Y 同时出现"的

概率密度函数是 $\{p(x)p_Y(y)\}$."通信后"意味着 X 和 Y 由传递概率密度函数 $p(y/x)$ 的信道 $(X-Y)$ 相连,"X 和 Y 同时出现"的概率密度函数是 $\{p(x)p(y/x)\}$.由相对熵的定义,"通信前""X 和 Y 同时出现"的平均不确定性

$$-\int_a^b\int_{a'}^{b'}\big[p(x)p_Y(y)\big]\log\big[p(x)p_Y(y)\big]\mathrm{d}x\mathrm{d}y$$

$$=-\int_a^b\int_{a'}^{b'}p(x)p_Y(y)\log p(x)\mathrm{d}x\mathrm{d}y-\int_a^b\int_{a'}^{b'}p(x)p_Y(y)\log p_Y(y)\mathrm{d}x\mathrm{d}y$$

$$=-\int_a^b p(x)\log p(x)\mathrm{d}x-\int_{a'}^{b'}p_Y(y)\log p_Y(y)\mathrm{d}y$$

$$=h(X)+h(Y) \tag{4.2.3-8}$$

"通信后""X 和 Y 同时出现"仍然存在的平均不确定性

$$-\int_a^b\int_{a'}^{b'}\big[p(x)p(y/x)\big]\log\big[p(x)p(y/x)\big]\mathrm{d}x\mathrm{d}y$$

$$=-\int_a^b\int_{a'}^{b'}p(xy)\log p(xy)\mathrm{d}x\mathrm{d}y$$

$$=h(XY) \tag{4.2.3-9}$$

根据定理 4.8,接收者(▲)站在 (XY) 的总体立场上,观察到 X 和 Y 之间的平均互信息

$$I(X;Y)=I(Y;X)=h(X)+h(Y)-h(XY)$$

$$=-\int_a^b p(x)\log p(x)\mathrm{d}x-\int_{a'}^{b'}p_Y(y)\log p_Y(y)\mathrm{d}y$$

$$-\Big[-\int_a^b\int_{a'}^{b'}p(xy)\log p(xy)\mathrm{d}x\mathrm{d}y\Big]$$

$$=-\int_a^b\int_{a'}^{b'}p(xy)\log p(x)\mathrm{d}x\mathrm{d}y-\int_a^b\int_{a'}^{b'}p(xy)\log p_Y(y)\mathrm{d}x\mathrm{d}y$$

$$-\Big[-\int_a^b\int_{a'}^{b'}p(xy)\log p(xy)\mathrm{d}x\mathrm{d}y\Big]$$

$$=\int_a^b\int_{a'}^{b'}p(xy)\log\frac{p(xy)}{p(x)p_Y(y)}\mathrm{d}x\mathrm{d}y$$

$$=-\int_a^b\int_{a'}^{b'}p(x)p(y/x)\log\frac{p(x)p(y/x)}{p(x)\cdot\int_a^b p(x)p(y/x)\mathrm{d}x}\tag{4.2.3-10}$$

这表明,只要给定信源 $X\in[a,b]$ 的概率密度函数 $p(x)$ 和信道 $(X-Y)$ 的传递概率密度函数 $p(y/x)(x\in[a,b],y\in[a',b'])$ 就可计算平均互信息 $I(X;Y)=I(Y;X)$.

综上所述,得如下推论:

推论　连续信道 $(X-Y)$ 的平均互信息

$$I(X;Y)=h(X)-h(X/Y)=h(Y)-h(Y/X)$$

$$=h(X)+h(Y)-h(XY)$$

且有

$$I(X;Y)=I(Y;X)$$

证明　由 $(4.2.3-3)$、$(4.2.3-7)$、$(4.2.3-10)$ 式,有

$$\int_a^b\int_{a'}^{b'}p(xy)\log\frac{p(xy)}{p(x)p_Y(y)}\mathrm{d}x\mathrm{d}y=\int_a^b\int_{a'}^{b'}p(xy)\log\frac{p(x)p(y/x)}{p(x)p_Y(y)}\mathrm{d}x\mathrm{d}y$$

$$= \int_a^b \int_{a'}^{b'} p(xy) \log \frac{p(y/x)}{p_Y(y)} \mathrm{d}x\mathrm{d}y = I(Y;X) \tag{4.2.3-11}$$

同样,有

$$\int_a^b \int_{a'}^{b'} p(xy) \log \frac{p(xy)}{p(x)p_Y(y)} \mathrm{d}x\mathrm{d}y = \int_a^b \int_{a'}^{b'} p(xy) \log \frac{p_Y(y)p_Y(x/y)}{p(x)p_Y(y)} \mathrm{d}x\mathrm{d}y$$

$$= \int_a^b \int_{a'}^{b'} p(xy) \log \frac{p_Y(x/y)}{p(x)} \mathrm{d}x\mathrm{d}y$$

$$= I(X;Y)$$

$$\tag{4.2.3-12}$$

这样,由联合概率密度函数的"双向性"

$$p(xy) = p(x)p(y/x) = p_Y(y)p_Y(x/y) \tag{4.2.3-13}$$

证明了连续信道(X-Y)平均互信息同样具有"交互性"

$$I(X;Y) = I(Y;X) \tag{4.2.3-14}$$

连续信道(X-Y)平均互信息三种不同表达式的共同特点是:

(1) $\quad I(X;Y) = h(X) - h(X/Y) = h(Y) - h(Y/X)$

$$= h(X) + h(Y) - h(XY)$$

$$= \{通信前的平均不确定性(通信前相对熵)\}$$

$$- \{通信后仍然存在的平均不确定性(通信后相对熵)\}$$

$$= 通信前、后平均不确定性(通信前、后相对熵)的消除 \tag{4.2.3-15}$$

(2) $\quad I(X;Y) = \int_a^b \int_{a'}^{b'} p(xy) \log \frac{p_Y(x/y)}{p(x)} \mathrm{d}x\mathrm{d}y = \int_a^b \int_{a'}^{b'} p(xy) \log \frac{p(y/x)}{p_Y(y)} \mathrm{d}x\mathrm{d}y$

$$= \int_a^b \int_{a'}^{b'} p(xy) \log \frac{p(xy)}{p(x)p_Y(y)} \mathrm{d}x\mathrm{d}y$$

$$= \int_a^b \int_{a'}^{b'} p(xy) \log \left\{ \frac{后验概率密度函数}{先验概率密度函数} \right\} \mathrm{d}x\mathrm{d}y \tag{4.2.3-16}$$

图 4.2-10 形象、直观地描述了(4.2.3-15)式所示的连续信道(X-Y)的平均互信息 $I(X;Y)$ 与各类相对熵的关系,它们是连续信道(X-Y)信息传输理论的基础.

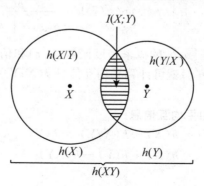

图 4.2-10

用"相对熵"表示连续信道(X-Y)的平均互信息 $I(X;Y)$,与用"信息熵"表示的离散信道

$(X-Y)$的平均互信息 $I(X;Y)$ "比照"显示:① 用连续随机变量的"连续取值区间",代替了离散随机变量的"离散符号集";② 用连续随机变量的"概率密度函数",代替了"离散概率分布";③ 用"积分"代替了"求和". 由此推断,连续信道的平均互信息具有与离散信道的平均互信息相同的数学特性.

【例 4.10】 设连续信源 $X:(-\infty;\infty)$ 是均值 $m_X=0$,方差 $\sigma_X^2=2a^2$ 的 G-随机变量$N(0,2a^2)$.

(1) 设计信源 X 的"G-迁移信道$(X-Y)$"的传递概率密度函数 $p_0(y/x)$;

(2) 计算"G-迁移信道$(X-Y)$"的输出随机变量 Y 的概率密度函数 $p_Y(y)$;

(3) 计算"G-迁移信道$(X-Y)$"的输出随机变量 Y 的相对熵 $h(Y)$;

(4) 计算"G-迁移信道$(X-Y)$"的相对噪声熵 $h(Y/X)$;

(5) 计算"G-迁移信道$(X-Y)$"的平均互信息 $I(X;Y)$;

(6) 解释"G-迁移信道$(X-Y)$"平均互信息 $I(X;Y)$的特点,并说明其意义.

解 均值 $m_X=0$,方差 $\sigma_X^2=2a^2$ 的 G-信源 $X\in(-\infty,\infty)$ 的概率密度函数

$$p(x)=\frac{1}{\sqrt{2\pi(2a^2)}}\exp\left[-\frac{x^2}{2(2a^2)}\right]=\frac{1}{2a\sqrt{\pi}}\exp\left[-\frac{x^2}{4a^2}\right] \tag{1}$$

所谓连续 G-信源 X 的"G-迁移信道"是:信道$(X-Y)$的输出随机变量 $Y\in(-\infty,\infty)$同样是均值 $m_Y=0$,方差 $\sigma_Y^2=2a^2$ 的 G-随机变量 $N(0,2a^2)$.

那么,G-信源 X 的"G-迁移信道"$(X-Y)$的传递概率密度函数 $p_0(y/x)$应是什么函数呢?我们不妨先设计

$$p_0(y/x)=\frac{1}{a\sqrt{3\pi}}\exp\left[-\frac{\left(y-\frac{1}{2}x\right)^2}{3a^2}\right] \quad (-\infty<y<\infty) \tag{2}$$

然后,验证 $p_0(y/x)$是否符合"G-迁移信道"的要求,即验证传递概率密度函数 $p_0(y/x)$的连续信道$(X-Y)$的输出随机变量 Y 是否是 G-随机变量 $N(0,2a^2)$.

(1) Y 的概率密度函数 $p_Y(y)$.

由(1)式所示 X 的概率密度函数 $p(x)$和设计的 $p_0(y/x)$,连续信道$(X-Y)$两端两个随机变量 X 和 Y 的联合概率密度函数

$$p(xy)=p(x)p_0(y/x)=\frac{1}{2a\sqrt{\pi}}e^{-\frac{x^2}{4a^2}}\cdot\frac{1}{a\sqrt{3\pi}}e^{-\frac{(y-\frac{1}{2}x)^2}{3a^2}}$$

$$=\frac{1}{2a^2\pi\sqrt{3}}e^{-\frac{3x^2+4y^2-4xy+x^2}{12a^2}}=\frac{1}{2a^2\pi\sqrt{3}}e^{-\frac{x^2-xy+y^2}{3a^2}} \tag{3}$$

由此,得 Y 的概率密度函数

$$p_Y(y)=\int_X p(xy)\mathrm{d}x=\int_X\frac{1}{2a^2\pi\sqrt{3}}e^{-\frac{x^2-xy+y^2}{3a^2}}\mathrm{d}x$$

$$=\frac{1}{2a^2\pi\sqrt{3}}\cdot\int_X e^{-\frac{y^2}{4a^2}-\frac{x^2-xy+\frac{1}{4}y^2}{3a^2}}\mathrm{d}x=\frac{1}{2a^2\pi\sqrt{3}}\cdot\int_X e^{-\frac{y^2}{4a^2}-\frac{(x-\frac{1}{2}y)^2}{3a^2}}\mathrm{d}x$$

$$=\frac{1}{2a^2\sqrt{3}}e^{-\frac{y^2}{4a^2}}\cdot\int_X e^{-\frac{(x-\frac{1}{2}y)^2}{3a^2}}\mathrm{d}x=\frac{1}{2a\sqrt{\pi}}e^{-\frac{y^2}{4a^2}}\cdot\int_X\frac{1}{a\sqrt{3\pi}}e^{-\frac{(x-\frac{1}{2}y)^2}{3a^2}}\mathrm{d}x$$

$$= \frac{1}{2a\sqrt{\pi}}e^{-\frac{y^2}{4a^2}} \cdot \int_X \frac{1}{\sqrt{2\pi\left(\frac{3}{2}a^2\right)}}e^{-\frac{\left(x-\frac{1}{2}y\right)^2}{2\cdot\left(\frac{3}{2}a^2\right)}} \mathrm{d}x \tag{4}$$

其中

$$f(x) = \frac{1}{\sqrt{2\pi\left(\frac{3}{2}a^2\right)}}\exp\left[-\frac{\left(x-\frac{1}{2}y\right)^2}{2\cdot\left(\frac{3}{2}a^2\right)}\right] \tag{5}$$

是 G-随机变量 $N\left(\frac{1}{2}y, \frac{3}{2}a^2\right)$ 的概率密度函数,则有

$$\int_X f(x)\mathrm{d}x = \int_X \frac{1}{\sqrt{2\pi\left(\frac{3}{2}a^2\right)}}e^{-\frac{\left(x-\frac{1}{2}y\right)^2}{2\cdot\left(\frac{3}{2}a^2\right)}} \mathrm{d}x = 1 \tag{6}$$

故

$$p_Y(y) = \frac{1}{2a\sqrt{\pi}}\exp\left[-\frac{y^2}{4a^2}\right] \tag{7}$$

即传递概率密度函数 $p_0(y/x)$ 的连续信道 $(X-Y)$ 输出随机变量 Y,与连续信源 X 一样,是均值为零,方差为 $2a^2$ 的 G-随机变量 $N(0, 2a^2)$. 这表明,经上述验证,设计的传递概率密度函数

$$p_0(y/x) = \frac{1}{a\sqrt{3\pi}}\exp\left[-\frac{\left(y-\frac{1}{2}x\right)^2}{3a^2}\right] \tag{8}$$

是 G-连续信源 $X(N(0, 2a^2))$ 的"G-迁移信道"$(X-Y)$ 的传递概率密度函数.

显然,"G-迁移信道"$(X-Y)$ 的传递概率密度函数 $p_0(y/x)$ 可改写为

$$p_0(y/x) = \frac{1}{a\sqrt{3\pi}}\exp\left[-\frac{\left(y-\frac{1}{2}x\right)^2}{3a^2}\right]$$

$$= \frac{1}{\sqrt{2\pi\left(\frac{3}{2}a^2\right)}}\exp\left[-\frac{\left(y-\frac{1}{2}x\right)^2}{2\cdot\left(\frac{3}{2}a^2\right)}\right] \tag{9}$$

这表明,"G-迁移信道"$(X-Y)$ 的传递概率密度函数 $p_0(y/x)$,就是均值为 $\left(\frac{1}{2}x\right)$,方差为 $\left(\frac{3}{2}a^2\right)$ 的 G-随机变量 $N\left(\frac{1}{2}x, \frac{3}{2}a^2\right)$ 的概率密度函数(如图 E4.10 所示).

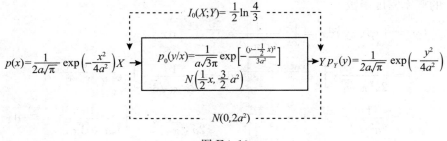

图 E4.10

(2) G-迁移信道的 $I(X;Y)$.

① $h(Y)$.

由 $p_Y(y)$, 有

$$h(Y) = \frac{1}{2}\ln(2\pi e\sigma_Y^2) = \frac{1}{2}\ln(2\pi e \cdot 2a^2) = \ln 2a\sqrt{\pi e} \tag{10}$$

② $h(Y/X)$.

由(1)、(2)式所示的 $p(x)$, $p_0(y/x)$, 有

$$h(Y/X) = -\int_X\int_Y p(x)p_0(y/x)\ln p_0(y/x)\mathrm{d}x\mathrm{d}y$$

$$= -\int_X\int_Y p(xy)\ln\left[\frac{1}{a\sqrt{3\pi}}e^{-\frac{\left(y-\frac{1}{2}x\right)^2}{3a^2}}\right]\mathrm{d}x\mathrm{d}y$$

$$= -\int_X\int_Y p(xy)\ln\frac{1}{a\sqrt{3\pi}}\mathrm{d}x\mathrm{d}y + \int_X\int_Y p(xy)\frac{\left(y-\frac{1}{2}x\right)^2}{3a^2}\mathrm{d}x\mathrm{d}y$$

$$= \ln(a\sqrt{3\pi}) + \int_X\int_Y \frac{1}{2a\sqrt{\pi}}e^{-\frac{x^2}{4a^2}} \cdot \frac{1}{a\sqrt{3\pi}}e^{-\frac{\left(y-\frac{1}{2}x\right)^2}{3a^2}} \cdot \frac{\left(y-\frac{1}{2}x\right)^2}{3a^2}\mathrm{d}x\mathrm{d}y$$

$$= \ln(a\sqrt{3\pi})$$

$$+ \int_X \frac{1}{2a\sqrt{\pi}}e^{-\frac{x^2}{4a^2}}\mathrm{d}x \cdot \int_Y \frac{1}{a\sqrt{3\pi}}e^{-\frac{\left(y-\frac{1}{2}x\right)^2}{3a^2}} \cdot \frac{\left(y-\frac{1}{2}x\right)^2}{3a^2}\mathrm{d}y \tag{11}$$

令

$$\frac{y-\frac{1}{2}x}{a\sqrt{3}} = t \tag{12}$$

则有

$$\begin{cases} y = -\infty, t = -\infty \\ y = \infty, t = \infty \\ \mathrm{d}t = \frac{1}{a\sqrt{3}}\mathrm{d}y \end{cases} \tag{13}$$

这样,(11)式中第二项积分

$$\int_Y \frac{1}{a\sqrt{3\pi}}e^{-\frac{\left(y-\frac{1}{2}x\right)^2}{3a^2}} \cdot \frac{\left(y-\frac{1}{2}x\right)^2}{3a^2}\mathrm{d}y$$

$$= \int_{-\infty}^{\infty} \frac{1}{a\sqrt{3\pi}}e^{-t^2} \cdot t^2(a\sqrt{3})\mathrm{d}t$$

$$= \int_{-\infty}^{\infty} \frac{1}{\sqrt{\pi}}e^{-t^2}t^2\mathrm{d}t \tag{14}$$

运用积分公式

$$\int_0^\infty x^{2n} \mathrm{e}^{-ax^2} \mathrm{d}x = \frac{(2n-1)!}{2^{n+1}a^n}\sqrt{\frac{\pi}{a}} \quad (a>0) \tag{15}$$

则积分公式(14),可改写为

$$\int_{-\infty}^{\infty} \frac{1}{\sqrt{\pi}}\mathrm{e}^{-t^2} t^2 \mathrm{d}y = 2 \cdot \int_0^\infty \frac{1}{\sqrt{\pi}}\mathrm{e}^{-t^2} t^2 \mathrm{d}t = \frac{2}{\sqrt{\pi}}\int_0^\infty t^2 \mathrm{e}^{-t^2} \mathrm{d}t$$

$$= \frac{2}{\sqrt{\pi}} \cdot \frac{1!}{2^2 \cdot 1^1}\sqrt{\frac{\pi}{1}} = \frac{1}{2} \tag{16}$$

由此,由(11)式,有

$$h(Y/X) = \ln(a\sqrt{3\pi}) + \frac{1}{2}\int_X \frac{1}{2a\sqrt{\pi}}\mathrm{e}^{-\frac{x^2}{4a^2}}\mathrm{d}x$$

$$= \ln(a\sqrt{3\pi}) + \frac{1}{2}\int_X p(x)\mathrm{d}x = \ln(a\sqrt{3\pi}) + \frac{1}{2}$$

$$= \frac{1}{2}\ln(3\pi\mathrm{e}a^2) \tag{17}$$

实际上,由 $p_0(y/x)$,对于 $h(Y/X)$ 的计算,可用较为简捷的方法.

$$h(Y/X) = -\int_X \int_Y p(x) p_0(y/x) \ln p_0(y/x) \mathrm{d}x\mathrm{d}y$$

$$= \int_X p(x)\mathrm{d}x\Big[-\int_Y p_0(y/x) \ln p_0(y/x) \mathrm{d}y \Big]$$

$$= \int_X p(x)\mathrm{d}x\, h_0(Y/X=x) = \int_X p(x)\mathrm{d}x\Big\{ \frac{1}{2}\ln\Big[2\pi\mathrm{e}\Big(\frac{3}{2}a^2\Big) \Big] \Big\}$$

$$= \frac{1}{2}\ln(3\pi\mathrm{e}a^2) \tag{18}$$

③ $I_0(X;Y)$.

由(10)式、(17)式所示的 $h(Y)$ 和 $h(Y/X)$,得"G-迁移信道"$(X-Y)$ 的平均互信息

$$I_0(X;Y) = h(Y) - h(Y/X)$$

$$= \big[\ln(2a\sqrt{\pi\mathrm{e}}) \big] - \Big[\frac{1}{2}(3\pi\mathrm{e}a^2) \Big]$$

$$= \Big[\frac{1}{2}\ln(4a^2 \cdot \pi\mathrm{e}) \Big] - \Big[\frac{1}{2}\ln(3\pi\mathrm{e}a^2) \Big]$$

$$= \frac{1}{2}\ln\frac{4a^2\pi\mathrm{e}}{3\pi\mathrm{e}a^2} = \frac{1}{2}\ln\frac{4}{3} \quad (奈特／自由度) \tag{19}$$

这表明,图 E4.10 所示的."G-迁移信道"$(X-Y)$ 的平均互信息 $I_0(X;Y)$ 是一个常量. 这一结论给予一个重要启示:对于均值 $m_X=0$,方差 $\sigma_X^2=0$ 的 G-信源 X,若我们期望给信道 $(X-Y)$ 传输,能从输出随机变量 Y 中获取一个等于不变的常量 $I_0(X;Y)=\frac{1}{2}\ln\frac{4}{3}$(奈特／自由度)的平均互信息,那么,我们就要使信道 $(X-Y)$ 成为"G-迁移信道",其传递概率密度函数为 $p_0(y/x)$(如图 E4.10 所示).

【例 4.11】 设连续信道 $(X-Y)$ 输入、输出随机变量 X 和 Y 的联合概率密度函数 $p(xy)$,是以

$$M = \begin{bmatrix} \sigma^2 & \rho\sigma \\ \rho\sigma & \sigma^2 \end{bmatrix}$$

为协方差矩阵的 G-分布.

(1) 试写出联合概率密函数 $p(xy)$ 的表达式；

(2) 试求 X 和 Y 的概率密度函数 $p(x)$ 和 $p_Y(y)$；

(3) 试求解连续信道(X-Y)的传递概率密度函数 $p(y/x)$；

(4) 试计算相对熵 $h(X),h(Y)$ 和 $h(XY)$；

(5) 试写出连续信道(X-Y)的平均互信息 $I(X;Y)$ 的表达式；

(6) 讨论 $\rho=1,\rho=0,\rho=-1$ 时的平均互信息 $I(X;Y)=I(\rho)$，并做出解释.

解

(1) 输入 X 和输出 Y 的联合概率密度函数 $p(xy)$.

① $|M|^{1/2}$.

由协方差矩阵

$$M = \begin{bmatrix} \sigma^2 & \rho\sigma^2 \\ \rho\sigma^2 & \sigma^2 \end{bmatrix} \tag{1}$$

可知随机变量 X 和 Y 的协方差

$$\begin{cases} \mu_{11} = E[(x-m_X)(x-m_X)] = E(x^2) = \sigma^2 \\ \mu_{12} = E[(x-m_X)(y-m_Y)] = E(xy) = \rho\sigma^2 \\ \mu_{21} = E[(y-m_X)(x-m_X)] = E(yx) = \rho\sigma^2 \\ \mu_{22} = E[(y-m_Y)(y-m_Y)] = E(y^2) = \sigma^2 \end{cases} \tag{2}$$

即有 X 和 Y 的方差

$$\sigma_X^2 = \sigma_Y^2 = \sigma^2 \tag{3}$$

由协方差矩阵 M，有

$$|M| = \sigma^2 \cdot \sigma^2 - \rho\sigma^2 \cdot \rho\sigma^2 = \sigma^2\sigma^2(1-\rho^2) \tag{4}$$

即有

$$|M|^{1/2} = \sigma^2 \sqrt{1-\rho^2} \tag{5}$$

② $r_{ik}(i,k=1,2)$.

由 $|M|$，有余因子

$$\begin{cases} |M|_{11} = (-1)^{1+1}\sigma^2 = \sigma^2 \\ |M|_{12} = (-1)^{1+2}\rho\sigma^2 = -\rho\sigma^2 \\ |M|_{21} = (-1)^{2+1}\rho\sigma^2 = -\rho\sigma^2 \\ |M|_{22} = (-1)^{2+2}\sigma^2 = \sigma^2 \end{cases} \tag{6}$$

由

$$r_{ik} = \frac{|M|_{ik}}{|M|} \quad (i,k=1,2) \tag{7}$$

有

$$\begin{cases} r_{11} = \dfrac{|M|_{11}}{|M|} = \dfrac{\sigma^2}{\sigma^2\sigma^2(1-\rho^2)} = \dfrac{1}{\sigma^2(1-\rho^2)} \\[2mm] r_{12} = \dfrac{|M|_{12}}{|M|} = \dfrac{-\rho\sigma^2}{\sigma^2\sigma^2(1-\rho^2)} = -\dfrac{\rho}{\sigma^2(1-\rho^2)} \\[2mm] r_{21} = \dfrac{|M|_{21}}{|M|} = \dfrac{-\rho\sigma^2}{\sigma^2\sigma^2(1-\rho^2)} = -\dfrac{\rho}{\sigma^2(1-\rho^2)} \\[2mm] r_{22} = \dfrac{|M|_{22}}{|M|} = \dfrac{\sigma^2}{\sigma^2\sigma^2(1-\rho^2)} = \dfrac{1}{\sigma^2(1-\rho^2)} \end{cases} \tag{8}$$

③ $p(xy)$.

按定义,连续信道(X-Y)的输入、输出随机变量 X 和 Y 的联合概率密度函数

$$\begin{aligned} p(xy) &= \frac{1}{(2\pi)|M|^{1/2}}\exp\Big[-\frac{1}{2}\sum_{i=1}^{2}\sum_{k=1}^{2}r_{ik}(x-m_X)(y-m_Y)\Big] \\ &= \frac{1}{(2\pi)|M|^{1/2}}\exp\Big[-\frac{1}{2}\sum_{i=1}^{2}\sum_{k=1}^{2}r_{ik}(xy)\Big] \\ &= \frac{1}{(2\pi)\sigma^2\sqrt{1-\rho^2}}\exp\Big[-\frac{1}{2}(r_{11}x^2+r_{12}xy+r_{21}yx+r_{22}y^2)\Big] \\ &= \frac{1}{(2\pi)\sigma^2\sqrt{1-\rho^2}}\exp\Big\{-\frac{1}{2}\Big[\frac{x^2-2\rho xy+y^2}{\sigma^2(1-\rho^2)}\Big]\Big\} \\ &= \frac{1}{(2\pi)\sigma^2\sqrt{1-\rho^2}}\exp\Big[-\frac{1}{2\sigma^2(1-\rho^2)}(x^2-2\rho xy+y^2)\Big] \end{aligned} \tag{9}$$

(2) 连续信道(X-Y)输入随机变量 X 的概率密度函数.

由 $p(xy)$,X 的概率密度函数

$$\begin{aligned} p(x) &= \int_{-\infty}^{\infty}p(xy)\mathrm{d}y \\ &= \int_{-\infty}^{\infty}\frac{1}{(2\pi)\sigma^2\sqrt{1-\rho^2}}\exp\Big[-\frac{1}{2\sigma^2(1-\rho^2)}(x^2-2\rho xy+y^2)\Big]\mathrm{d}y \\ &= \frac{1}{(2\pi)\sigma^2\sqrt{1-\rho^2}}\cdot\int_{-\infty}^{\infty}\exp\Big[\frac{-x^2+\rho^2x^2}{2\sigma^2(1-\rho^2)}-\frac{y^2-2\rho xy+\rho^2x^2}{2\sigma^2(1-\rho^2)}\Big]\mathrm{d}y \\ &= \frac{1}{(2\pi)\sigma^2\sqrt{1-\rho^2}}\cdot\exp\Big[-\frac{x^2(1-\rho^2)}{2\sigma^2(1-\rho^2)}\Big]\cdot\int_{-\infty}^{\infty}\exp\Big[-\frac{(y-\rho x)^2}{2\sigma^2(1-\rho^2)}\Big]\mathrm{d}y \\ &= \frac{1}{(2\pi)\sigma^2\sqrt{1-\rho^2}}\cdot\mathrm{e}^{-\frac{x^2}{2\sigma^2}}\cdot\int_{-\infty}^{\infty}\exp\Big[-\frac{(y-\rho x)^2}{2\sigma^2(1-\rho^2)}\Big]\mathrm{d}y \end{aligned} \tag{10}$$

令

$$y-\rho x = t \tag{11}$$

则

$$\begin{cases} y=-\infty, t=-\infty \\ y=\infty, t=\infty \\ \mathrm{d}t=\mathrm{d}y \end{cases} \tag{12}$$

运用积分公式

$$\int_0^\infty \mathrm{e}^{-a^2 x^2}\,\mathrm{d}x = \frac{\sqrt{\pi}}{2a} \quad (a > 0) \tag{13}$$

这样,

$$p(x) = \frac{1}{(2\pi)\sigma^2 \sqrt{1-\rho^2}}\mathrm{e}^{-\frac{x^2}{2\sigma^2}} \cdot 2\int_0^\infty \exp\left[-\frac{t^2}{2\sigma^2(1-\rho^2)}\right]\mathrm{d}t$$

$$= \frac{1}{(2\pi)\sigma^2 \sqrt{1-\rho^2}}\mathrm{e}^{-\frac{x^2}{2\sigma^2}} \cdot 2 \cdot \frac{\sqrt{\pi}}{2 \cdot \dfrac{1}{\sqrt{2\sigma^2(1-\rho^2)}}}$$

$$= \frac{1}{\sqrt{2\pi\sigma^2}}\mathrm{e}^{-\frac{x^2}{2\sigma^2}} \tag{14}$$

这表明,连续信道$(X\text{-}Y)$的输入、输出随机变量 X 和 Y 的联合概率密度函数 $p(xy)$ 若是(9)式所示的 G-分布,则输入随机变量 X 是均值 $m_X = 0$,方差 σ^2 的 G-随机变量.

同理,连续信道$(X\text{-}Y)$的输出随机变量 Y,亦是均值 $m_Y = 0$,方差 σ^2 的 G-随机变量.

(3) 连续信道$(X\text{-}Y)$的传递概率密度函数.

由 $p(xy)$ 和 $p(x)$,得信道$(X\text{-}Y)$的传递概率密度函数

$$p(y/x) = \frac{p(xy)}{p(x)}$$

$$= \frac{\dfrac{1}{(2\pi)\sigma^2 \sqrt{1-\rho^2}}\exp\left[-\dfrac{1}{2\sigma^2(1-\rho^2)}(x^2 - 2\rho xy + y^2)\right]}{\dfrac{1}{\sqrt{2\pi\sigma^2}}\exp\left(-\dfrac{x^2}{2\sigma^2}\right)}$$

$$= \frac{1}{\sqrt{2\pi\sigma^2(1-\rho^2)}}\exp\left[-\frac{1}{2\sigma^2(1-\rho^2)}(x^2 - 2\rho xy + y^2) + \frac{x^2(1-\rho^2)}{2\sigma^2(1-\rho^2)}\right]$$

$$= \frac{1}{\sqrt{2\pi\sigma^2(1-\rho^2)}}\exp\left[-\frac{(x^2 - 2\rho xy + y^2) - x^2(1-\rho^2)}{2\sigma^2(1-\rho^2)}\right]$$

$$= \frac{1}{\sqrt{2\pi\sigma^2(1-\rho^2)}}\exp\left[-\frac{y^2 - 2\rho xy + x^2\rho^2}{2\sigma^2(1-\rho^2)}\right]$$

$$= \frac{1}{\sqrt{2\pi\sigma^2(1-\rho^2)}}\exp\left[-\frac{(y-\rho x)^2}{2\sigma^2(1-\rho^2)}\right] \tag{15}$$

这表明,连续信道$(X\text{-}Y)$输入、输出随机变量 X 和 Y 的联合概率密度函数 $p(xy)$,若是(9)式所示 G-分布,则信道$(X\text{-}Y)$的传递概率密度函数 $p(y/x)$($x \in (-\infty, \infty)$,$y \in (-\infty, \infty)$)亦是 G-分布,它是均值为(ρx),方差为 $\sigma^2(1-\rho^2)$ 的 G-随机变量 $N(\rho x, \sigma^2(1-\rho^2))$ 的概率密度函数(如图 E4.11 所示).

(4) $I(X;Y)$.

① 由(14)式所示 $p(x)$,得输入信源 X 的相对熵

$$h(X) = \frac{1}{2}\ln(2\pi\mathrm{e}\sigma^2) \tag{16}$$

② 同理,因输出随机变量 Y,亦是 $m_Y = 0$,方差 $\sigma_Y^2 = \sigma^2$ 的 G-随机变量 $N(0, \sigma^2)$,则 Y 的相对熵

$$h(Y) = \frac{1}{2}\ln(2\pi e\sigma^2) \tag{17}$$

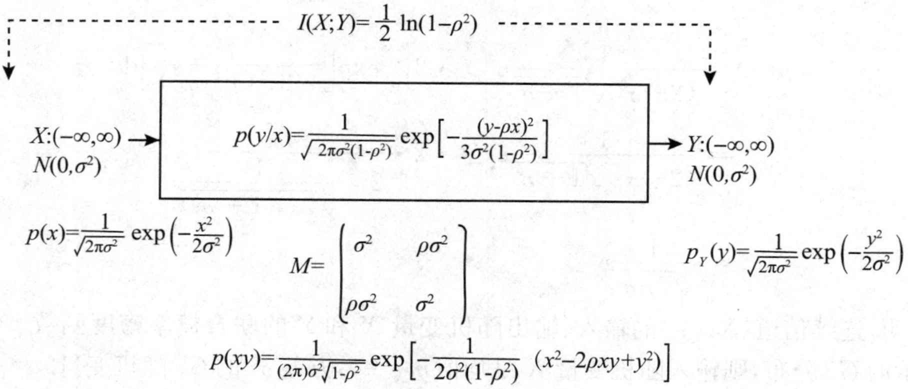

$$I(X;Y) = \frac{1}{2}\ln(1-\rho^2)$$

$X:(-\infty,\infty)$
$N(0,\sigma^2)$

$$p(y/x) = \frac{1}{\sqrt{2\pi\sigma^2(1-\rho^2)}}\exp\left[-\frac{(y-\rho x)^2}{3\sigma^2(1-\rho^2)}\right]$$

$Y:(-\infty,\infty)$
$N(0,\sigma^2)$

$$p(x) = \frac{1}{\sqrt{2\pi\sigma^2}}\exp\left(-\frac{x^2}{2\sigma^2}\right)$$

$$M = \begin{pmatrix} \sigma^2 & \rho\sigma^2 \\ \rho\sigma^2 & \sigma^2 \end{pmatrix}$$

$$p_Y(y) = \frac{1}{\sqrt{2\pi\sigma^2}}\exp\left(-\frac{y^2}{2\sigma^2}\right)$$

$$p(xy) = \frac{1}{(2\pi)\sigma^2\sqrt{1-\rho^2}}\exp\left[-\frac{1}{2\sigma^2(1-\rho^2)}(x^2-2\rho xy+y^2)\right]$$

图 E4. 11

③ 由(9)式所示联合概率密函数 $p(xy)$,有

$$h(XY) = -\int_X\int_Y p(xy)\ln p(xy)\mathrm{d}x\mathrm{d}y$$

$$= -\int_X\int_Y p(xy)\ln\left\{\frac{1}{(2\pi)\,|M|^{1/2}}\exp\left[-\frac{1}{2}\sum_{i=1}^2\sum_{k=1}^2 r_{ik}(x-m_X)(y-m_Y)\right]\right\}\mathrm{d}x\mathrm{d}y$$

$$= -\int_X\int_Y p(xy)\ln\frac{1}{(2\pi)\,|M|^{1/2}}\mathrm{d}x\mathrm{d}y$$

$$+ \frac{1}{2}\sum_{i=1}^2\sum_{k=1}^2 r_{ik}\int_X\int_Y p(xy)(x-m_X)(y-m_Y)\mathrm{d}x\mathrm{d}y$$

$$= \ln\left[(2\pi)\,|M|^{1/2}\right] + \frac{1}{2}\sum_{i=1}^2\sum_{k=1}^2 r_{ik}\mu_{ik} \tag{18}$$

令矩阵

$$[R] = \begin{pmatrix} r_{11} & r_{12} \\ r_{21} & r_{22} \end{pmatrix} \tag{19}$$

则有

$$[R]\cdot[M] = \begin{pmatrix} r_{11} & r_{12} \\ r_{21} & r_{22} \end{pmatrix}\cdot\begin{pmatrix} \mu_{11} & \mu_{12} \\ \mu_{21} & \mu_{22} \end{pmatrix}$$

$$= \begin{pmatrix} \dfrac{1}{\sigma^2(1-\rho^2)} & -\dfrac{\rho}{\sigma^2(1-\rho^2)} \\ -\dfrac{\rho}{\sigma^2(1-\rho^2)} & \dfrac{1}{\sigma^2(1-\rho^2)} \end{pmatrix}\cdot\begin{pmatrix} \sigma^2 & \rho\sigma \\ \rho\sigma & \sigma^2 \end{pmatrix}$$

$$= \begin{pmatrix} 1 & 0 \\ 0 & 1 \end{pmatrix} \tag{20}$$

即有

$$\begin{cases} r_{11} \cdot \mu_{11} + r_{12} \cdot \mu_{21} = \sum_{k=1}^{2} r_{ik}\mu_{ki} = 1 \quad (i=1) \\ r_{21} \cdot \mu_{12} + r_{22} \cdot \mu_{22} = \sum_{k=1}^{2} r_{ik}\mu_{ki} = 1 \quad (i=2) \end{cases} \tag{21}$$

由(20)式可知,$[M]$ 中有

$$\mu_{12} = \mu_{21} \tag{22}$$

即

$$\mu_{ik} = \mu_{ki} \quad (i \neq k, i,k = 1,2) \tag{23}$$

所以,由(21)式,有

$$\sum_{k=1}^{2} r_{ik}\mu_{ik} = 1 \quad (i=1,2) \tag{24}$$

则有

$$\sum_{i=1}^{2} \left(\sum_{k=1}^{2} r_{ik}\mu_{ik} \right) = \sum_{i=1}^{2} \cdot 1 = 2 \tag{25}$$

由此,(18)式所示 $h(XY)$,可改写为

$$\begin{aligned} h(XY) &= \ln\left[(2\pi) \mid M \mid^{1/2} \right] + \frac{1}{2} \left[\sum_{i=1}^{2} \left(\sum_{k=1}^{2} r_{ik}\mu_{ik} \right) \right] \\ &= \ln\left[(2\pi) \mid M \mid^{1/2} \right] + \frac{1}{2} \cdot 2 = \ln\left[(2\pi) \cdot \sigma^2 \sqrt{1-\rho^2} \right] + 1 \\ &= \frac{1}{2}\ln\left[(2\pi)\sigma^2 \sqrt{1-\rho^2} \right]^2 + \frac{1}{2}\ln e^2 \\ &= \frac{1}{2}\ln(2\pi e\sigma^2) + \frac{1}{2}\ln(2\pi e\sigma^2) + \frac{1}{2}\ln(1-\rho^2) \end{aligned} \tag{26}$$

④ 由 $h(X)$、$h(Y)$ 和 $h(XY)$,得连续信道$(X-Y)$的平均互信息

$$I(X;Y) = h(X) + h(Y) - h(XY)$$

$$= -\frac{1}{2}\ln(1-\rho^2) \tag{27}$$

这表明,若连续信道$(X-Y)$的输入、输出随机变量 X 和 Y 的联合概率密度函数 $p(xy)$,是协方差矩阵为$[M]$的 G-分布,则连续信道$(X-Y)$的平均互信息 $I(X;Y)$ 取决于$[M]$中的"相关系数"ρ.

(A) $\rho=1$ 时,有

$$I(X;Y) = -\frac{1}{2}\ln(1-1) = -\frac{1}{2}\ln 0 = \infty \tag{28}$$

(B) $\rho=0$ 时,有

$$I(X;Y) = -\frac{1}{2}\ln(1-0) = -\frac{1}{2}\ln 1 = 0 \tag{29}$$

(C) $\rho=-1$ 时,有

$$I(X;Y) = -\frac{1}{2}\ln(1-1) = -\frac{1}{2}\ln 0 = \infty \tag{30}$$

这说明,若连续信道$(X-Y)$的输入、输出随机变量 X 和 Y 的联合概率密度函数 $p(xy)$,是

协方差矩阵为(1)式所示的 G-分布,则由(14)式可知,X 和 Y 都是均值为零、方差为 σ^2 的 G-随机变量. 当 X 和 Y 的相关系数 $\rho=0$ 时,X 和 Y 之间统计独立,$I(X;Y)=0$. 当 $\rho=\pm1$ 时,X 和 Y 相互紧密联系,实际上可视为同一连续随机变量,从 Y 中获取 X 的全部信息量. 而连续随机变量 X 含有无限大信息量,$H(X)=\infty$,所以 $I(X;Y)=\infty$.

【例 4.12】 设连续信道 $(X\text{-}Y)$ 输入、输出连续随机变量 X 和 Y 的联合概率密度函数

$$p(xy)=\begin{cases}K & (0<x<1;0<y<x)\\ 0 & \text{其他}\end{cases}$$

(1) 试计算 X 的相对熵 $h(X)$;

(2) 试计算 Y 的相对熵 $h(Y)$;

(3) 试计算信道 $(X\text{-}Y)$ 的相对疑义度 $h(X/Y)$;

(4) 试计算信道 $(X\text{-}Y)$ 的相对噪声熵 $h(Y/X)$;

(5) 试计算 X 和 Y 的联合相对熵 $h(XY)$;

(6) 试计算信道 $(X\text{-}Y)$ 的平均互信息 $I(X;Y)$;

(7) 讨论连续信道 $(X\text{-}Y)$ 的信息特征.

解

由 X 和 Y 的联合概率密度函数

$$p(x)=\begin{cases}K & (0<x<1;0<y<x)\\ 0 & \text{其他}\end{cases} \tag{1}$$

因

$$\int_0^1\int_0^x p(xy)\mathrm{d}x\mathrm{d}y=\int_0^1\int_0^x K\mathrm{d}x\mathrm{d}y=K\int_0^1\mathrm{d}x\int_0^x\mathrm{d}y$$

$$=K\int_0^1 x\mathrm{d}x=K\left\{\frac{x^2}{2}\right\}_0^1=\frac{K}{2}=1 \tag{2}$$

则有

$$K=2 \tag{3}$$

由此,X 和 Y 的联合概率密度函数(如图 E4.12-1 所示)可改写为

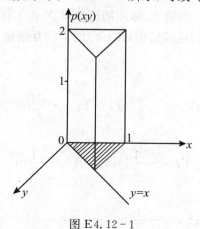

图 E4.12-1

$$p(xy) = \begin{cases} 2 & (0 < x < 1; 0 < y < x) \\ 0 & 其他 \end{cases} \tag{4}$$

（1）X 的相对熵 $h(X)$.

① 由 $p(xy)$，有

$$p(x) = \int_0^x p(xy) \mathrm{d}y = \int_0^x 2\mathrm{d}y = 2 \cdot \left\{ y \right\}_0^x = 2x \quad (0 < x < 1) \tag{5}$$

如图 E 4.12-2(a)所示.

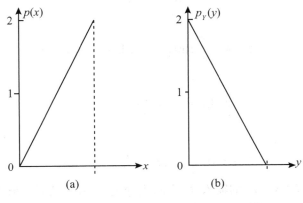

图 E 4.12-2

② 由 $p(x)$，得 X 的相对熵

$$h(X) = -\int_0^1 p(x) \ln p(x) \mathrm{d}x = -\int_0^1 (2x) \ln(2x) \mathrm{d}x$$

$$= -2\ln2 \int_0^1 x \mathrm{d}x - 2\int_0^1 x \ln x \mathrm{d}x \tag{6}$$

运用积分公式

$$\int x \ln ax \, \mathrm{d}x = \frac{x^2}{2} \ln ax - \frac{x^2}{4} \tag{7}$$

有

$$h(X) = -2\ln2 \cdot \left\{ \frac{x^2}{2} \right\}_0^1 - 2 \cdot \left\{ \frac{x^2}{2} \ln x - \frac{x^2}{4} \right\}_0^1$$

$$= -\ln2 - 2 \cdot \left(-\frac{1}{4} \right) = \ln \frac{\sqrt{e}}{2} \tag{8}$$

（2）Y 的相对熵 $h(Y)$.

① 由 $p(xy)$，有

$$p_Y(y) = \int_y^1 p(xy) \mathrm{d}x = \int_y^1 2\mathrm{d}x = 2\left\{ x \right\}_y^1 = 2(1-y) \quad (0 < y < x) \tag{9}$$

如图 E 4.12-2(b)所示.

② 由 $p_Y(y)$，得 Y 的相对熵

$$h(Y) = -\int_0^1 p_Y(y) \ln p_Y(y) \mathrm{d}y$$

$$=-\int_0^1 [2(1-y)]\ln[2(1-y)]dy \tag{10}$$

令

$$2(1-y)=t \tag{11}$$

则

$$\begin{cases} y=0, t=2 \\ y=1, t=0 \\ dt=-2dy \end{cases} \tag{12}$$

由此,有

$$h(Y)=-\int_2^0 t\ln t\left(-\frac{1}{2}\right)dt=\frac{1}{2}\int_2^0 t\ln t\,dt \tag{13}$$

运用积分公式

$$\int x\ln ax\,dx=\frac{x^2}{2}\ln ax-\frac{x^2}{4} \tag{14}$$

有

$$h(Y)=\frac{1}{2}\left\{\frac{t^2}{2}\ln t-\frac{t^2}{4}\right\}_2^0=\ln\frac{\sqrt{e}}{2} \tag{15}$$

这表明,若连续信道$(X\text{-}Y)$的输入、输出随机变量 X 和 Y 的联合概率密度函数如(4)式所示,则 X 和 Y 的相对熵相等,即

$$h(X)=h(Y)=\ln\frac{\sqrt{e}}{2} \tag{16}$$

(3) 连续信道$(X\text{-}Y)$的相对疑义度 $h(X/Y)$.

① 由 $p(xy)$ 和 $p_Y(y)$,有

$$p_Y(x/y)=\frac{p(xy)}{p_Y(y)}=\frac{2}{2(1-y)}=\frac{1}{1-y}$$

$$(0<x<1; 0<y<x) \tag{17}$$

如图 E4.12-3(a)所示.

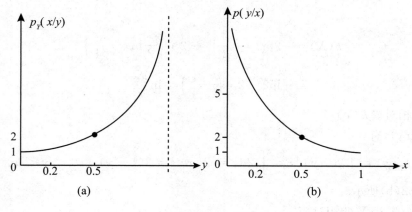

图 E4.12-3

② 由 $p(xy)$ 和 $p_Y(x/y)$，有

$$h(X/Y) = -\int_0^1 \int_0^x p(xy)\ln p_Y(x/y)\mathrm{d}x\mathrm{d}y = -\int_0^1 \int_0^x 2 \cdot \ln\left(\frac{1}{1-y}\right)\mathrm{d}x\mathrm{d}y$$

$$= 2\int_0^1 \int_0^x \ln(1-y)\mathrm{d}x\mathrm{d}y = 2\int_0^1 \mathrm{d}x\int_0^x \ln(1-y)\mathrm{d}y \tag{18}$$

令

$$1-y = t \tag{19}$$

则

$$\begin{cases} y = 0, t = 1 \\ y = x, t = 1-x \\ \mathrm{d}t = -\mathrm{d}y \end{cases} \tag{20}$$

由此，有

$$h(X/Y) = -2\int_0^1 \mathrm{d}x\int_0^{1-x} \ln t\mathrm{d}t \tag{21}$$

运用积分公式

$$\int \ln ax\, \mathrm{d}x = x\ln ax - x \tag{22}$$

则有

$$h(X/Y) = -2\int_0^1 \mathrm{d}x \cdot \left\{ t\ln t - t \right\}_1^{1-x}$$

$$= -2\int_0^1 [(1-x)\ln(1-x) - (1-x) + 1]\mathrm{d}x$$

$$= -2\int_0^1 [(1-x)\ln(1-x) + x]\mathrm{d}x$$

$$= -2\int_0^1 [(1-x)\ln(1-x)]\mathrm{d}x - 2\int_0^1 x\mathrm{d}x$$

$$= -2\int_0^1 (1-x)\ln(1-x)\mathrm{d}x - 2 \cdot \left\{ \frac{x^2}{2} \right\}_0^1$$

$$= -2\int_0^1 (1-x)\ln(1-x)\mathrm{d}x - 1 \tag{23}$$

令

$$1-x = t \tag{24}$$

则

$$\begin{cases} x = 0, t = 1 \\ x = 1, t = 0 \\ \mathrm{d}t = -\mathrm{d}x \end{cases} \tag{25}$$

由此，有

$$h(X/Y) = 2\int_1^0 t\ln t\mathrm{d}t - 1 \tag{26}$$

运用积分公式

$$\int x\ln ax\, \mathrm{d}x = \frac{x^2}{2}\ln ax - \frac{a^2}{4} \tag{27}$$

则有

$$h(X/Y) = 2 \cdot \left\{ \frac{t^2}{2}\ln t - \frac{t^2}{4} \right\}_1^0 - 1 = \ln\frac{1}{\sqrt{e}} \tag{28}$$

(4) 连续信道$(X$-$Y)$的相对噪声熵$h(Y/X)$.

① 由$p(xy)$和$p(x)$,得连续信道$(X$-$Y)$的传递概率密度函数

$$p(y/x) = \frac{p(xy)}{p(x)} = \frac{2}{2x} = \frac{1}{x}$$

$$(0 < x < 1, 0 < y < x) \tag{30}$$

如图 E 4.12 - 3(b)所示.

② 由$p(xy)$和$p(y/x)$,得连续信道$(X$-$Y)$的相对噪声熵

$$h(Y/X) = -\int_0^1\int_y^1 p(xy)\ln p(y/x)\mathrm{d}x\mathrm{d}y = -\int_0^1\mathrm{d}y\int_y^1 2\cdot\ln\frac{1}{x}\mathrm{d}x$$

$$= 2\int_0^1\mathrm{d}y\int_y^1\ln x\mathrm{d}x \tag{31}$$

运用积分公式

$$\int \ln ax\,\mathrm{d}x = x\ln ax - x \tag{32}$$

则有

$$h(Y/X) = 2\int_0^1\mathrm{d}y\left\{ x\ln x - x \right\}_y^1 = 2\int_0^1(-1 - y\ln y + y)\mathrm{d}y$$

$$= -2\int_0^1\mathrm{d}y - 2\int_0^1 y\ln y\mathrm{d}y + 2\int_0^1 y\mathrm{d}y \tag{33}$$

运用积分公式

$$\int x\ln ax\,\mathrm{d}x = \frac{x^2}{2}\ln ax - \frac{x^2}{4} \tag{34}$$

有

$$h(Y/X) = -2\left\{ y \right\}_0^1 - 2\left\{ \frac{y^2}{2}\ln y - \frac{y^2}{4} \right\}_0^1 + 2\left\{ \frac{y^2}{2} \right\}_0^1$$

$$= \ln\frac{1}{\sqrt{e}} \tag{35}$$

由(28)式、(35)式,有

$$h(X/Y) = h(Y/X) = \ln\frac{1}{\sqrt{e}} \tag{36}$$

(5) 连续信道$(X$-$Y)$输入、输出随机变量X和Y的联合相对熵.

由(8)式和(35)式,得

$$h(XY) = h(X) + h(Y/X) = \ln\frac{\sqrt{e}}{2} + \ln\frac{1}{\sqrt{e}} = -\ln 2 \tag{37}$$

由(15)式和(28)式,得

$$h(XY) = h(Y) + h(X/Y) = \ln\frac{\sqrt{e}}{2} + \ln\frac{1}{\sqrt{e}} = -\ln 2 \tag{38}$$

即有

$$h(XY) = h(X) + h(Y/X) = h(Y) + h(X/Y)$$
$$= -\ln 2 \tag{39}$$

（6）连续信道的平均互信息 $I(X;Y)$.

由 $h(X), h(X/Y)$, 得

$$I(X;Y) = h(X) - h(X/Y) = \ln\frac{\sqrt{e}}{2} - \ln\frac{1}{\sqrt{e}} = \ln\frac{e}{2} \tag{40}$$

由 $h(Y), h(Y/X)$, 得

$$I(X;Y) = h(Y) - h(Y/X) = \ln\frac{\sqrt{e}}{2} - \ln\frac{1}{\sqrt{e}} = \ln\frac{e}{2} \tag{41}$$

由 $h(X), h(Y), h(XY)$, 得

$$I(X;Y) = h(X) + h(Y) - h(XY) = \ln\frac{\sqrt{e}}{2} + \ln\frac{\sqrt{e}}{2} + \ln 2 = \ln\frac{e}{2} \tag{42}$$

即有

$$I(X;Y) = h(X) - h(X/Y) = h(Y) - h(Y/X)$$
$$= h(X) + h(Y) - h(XY) = \ln\frac{e}{2} \tag{43}$$

因为 $e > 2$, 所以

$$I(X;Y) > 0 \tag{44}$$

则有

$$h(X) + h(Y) - h(XY) > 0$$

即

$$h(X) + h(Y) > h(XY) \tag{45}$$

（7）连续信道 $(X - Y)$ 的总体信息特征.

图 E4.12-4 描述了连续信道 $(X - Y)$ 的总体信息特征：① 输入、输出随机变量 X 和 Y 的相对熵相等, $h(X) = h(Y) = \ln\frac{\sqrt{e}}{2}$；② 相对疑义度和相对噪声熵相等, $h(X/Y) = h(Y/X) = \ln\frac{1}{\sqrt{e}}$；③ "正向信道" $(X - Y)$ 传递概率密度函数 $p(y/x)$, 对取值开区间 $(0 < x < 1)$ 中每一个 x 值, 是一个常数. 不同 x 值, 是不同的常数；"反向信道" $(Y - X)$ 的传递概率密度函数 $p_Y(x/y)$, 对取值开区间 $(0 < y < x)$ 中每一个取值 y 是一个常数, 不同 y 值是不同的常数. ④ 平均互信息 $I(X;Y)$（两熵之差）具有 "非负性". 不因相对熵、相对条件熵出现负值而呈现负值.

【例 4.13】 设连续随机变量 X 和 Y 的联合概率密度函数为

$$p(xy) = \begin{cases} \dfrac{1}{\pi r^2} & (x^2 + y^2 \leqslant r^2) \\ 0 & (\text{其他}) \end{cases}$$

（1）试求 X 的相对熵 $h(X)$；

（2）试求 Y 的相对熵 $h(Y)$；

（3）试求相对条件熵 $h(X/Y)$ 和 $h(Y/X)$；

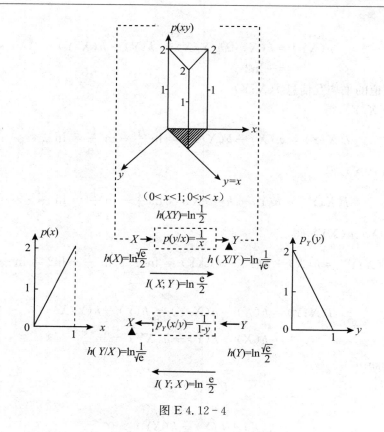

图 E 4.12－4

（4）试求相对联合熵 $h(XY)$；

（5）试求连续信道（X－Y）的平均互信息 $I(X;Y)$；

（6）试求连续信道（X－Y）的输入、输出随机变量 X 和 Y 的联合概率密度函数 $p(xy)$ 中 r 的上限值，并做出解释和说明.

解

由 X 和 Y 的联合概率密度函数

$$p(xy) = \begin{cases} \dfrac{1}{\pi r^2} & (x^2 + y^2 \leqslant r^2) \\ 0 & （其他） \end{cases} \tag{1}$$

可知，X 和 Y 的取值区间是以 r 为半径的圆（如图 E 4.13－1 所示）.

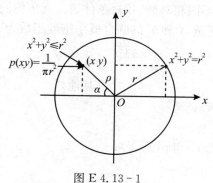

图 E 4.13－1

随机变量 X 和 Y 的坐标 $X=x,Y=y$ 用极坐标 α 和 ρ 表示：

$$\begin{cases} x = \rho\cos\alpha & (0 \leqslant \rho \leqslant r; 0 \leqslant \alpha \leqslant 2\pi) \\ y = \rho\sin\alpha & (0 \leqslant \rho \leqslant r; 0 \leqslant \alpha \leqslant 2\pi) \end{cases} \tag{2}$$

则有

$$\left| J\left(\frac{XY}{\rho\alpha}\right) \right| = \begin{vmatrix} \dfrac{\partial X}{\partial \rho} & \dfrac{\partial X}{\partial \alpha} \\ \dfrac{\partial Y}{\partial \rho} & \dfrac{\partial Y}{\partial \alpha} \end{vmatrix} = \begin{vmatrix} \cos\alpha & -\rho\sin\alpha \\ \sin\alpha & \rho\cos\alpha \end{vmatrix} = \rho \tag{3}$$

根据坐标变换理论，有

$$p(\rho,\alpha) = p(xy)\left| J\left(\frac{XY}{\rho\alpha}\right) \right| = p(xy)\rho = \frac{\rho}{\pi r^2} \tag{4}$$

即有

$$p(\rho,\alpha) = \begin{cases} \dfrac{\rho}{\pi r^2} & (0 \leqslant \rho \leqslant r; 0 \leqslant \alpha \leqslant 2\pi) \\ 0 & (\text{其他}) \end{cases} \tag{5}$$

且有

$$\iint_{\rho\,\alpha} p(\rho,\alpha)\mathrm{d}\rho\mathrm{d}\alpha = \iint_{\rho\,\alpha} \frac{\rho}{\pi r^2}\mathrm{d}\rho\mathrm{d}\alpha = \int_0^r\int_0^{2\pi} \frac{\rho}{\pi r^2}\mathrm{d}\rho\mathrm{d}\alpha$$

$$= \int_0^{2\pi}\mathrm{d}\alpha\int_0^r \frac{\rho}{\pi r^2}\mathrm{d}\rho = \frac{2\pi}{\pi r^2}\left\{\frac{\rho^2}{2}\right\}_0^r = 1 \tag{6}$$

（1）随机变量 ρ,α 的相对熵.

① $h(\rho)$.

由 $p(\rho,\alpha)$，得 ρ 的概率密度函数

$$p(\rho) = \int_\alpha p(\rho\alpha)\mathrm{d}\alpha = \int_0^{2\pi} \frac{\rho}{\pi r^2}\mathrm{d}\alpha = \frac{\rho}{\pi r^2}\left\{\alpha\right\}_0^{2\pi} = \frac{2\rho}{r^2} \quad (0 \leqslant \rho \leqslant r) \tag{7}$$

由 $p(\rho)$，得 ρ 的相对熵

$$h(\rho) = -\int_\rho p(\rho)\ln p(\rho)\mathrm{d}\rho = -\int_0^r p(\rho)\ln\left(\frac{2\rho}{r^2}\right)\mathrm{d}\rho$$

$$= \ln\frac{r^2}{2} - \int_0^r \frac{2\rho}{r^2}\ln\rho\mathrm{d}\rho = \ln\frac{r^2}{2} - \frac{2}{r^2}\int_0^r \rho\ln\rho\mathrm{d}\rho \tag{8}$$

运用积分公式

$$\int x\ln ax\,\mathrm{d}x = \frac{x^2}{2}\ln ax - \frac{x^2}{4} \tag{9}$$

有

$$h(\rho) = \ln\frac{r^2}{2} - \frac{2}{r^2}\left\{\frac{\rho^2}{2}\ln\rho - \frac{\rho^2}{4}\right\}_0^r = \ln\frac{r^2}{2} - \frac{2}{r^2}\left(\frac{r^2}{2}\ln r - \frac{r^2}{4}\right)$$

$$= \ln\left(\frac{r}{2}\sqrt{\mathrm{e}}\right) \tag{10}$$

② $h(\alpha)$.

由 $p(\rho\alpha)$ 得 α 的概率密度函数

$$p(\alpha) = \int_\rho p(\rho\alpha)\mathrm{d}\rho = \int_0^r \frac{\rho}{\pi r^2}\mathrm{d}\rho = \frac{1}{\pi r^2}\int_0^r \rho\mathrm{d}\rho = \frac{1}{\pi r^2}\left\{\frac{\rho^2}{2}\right\}_0^r = \frac{1}{2\pi} \quad (0 \leqslant \alpha \leqslant 2\pi) \tag{11}$$

由 $p(\alpha)$，得 α 的相对熵

$$h(\alpha)=-\int_{\alpha}p(\alpha)\ln p(\alpha)\,\mathrm{d}\alpha=-\int_{0}^{2\pi}p(\alpha)\ln\frac{1}{2\pi}\mathrm{d}\alpha$$

$$=-\frac{1}{2\pi}\cdot(2\pi)\cdot\ln\frac{1}{2\pi}=\ln(2\pi)\quad(0\leqslant\alpha\leqslant2\pi) \tag{12}$$

(3) $h(\rho/\alpha)$.

由 $p(\rho\alpha)$ 和 $p(\alpha)$，得

$$p(\rho/\alpha)=\frac{p(\rho\alpha)}{p(\alpha)}=\frac{\dfrac{\rho}{\pi r^2}}{\dfrac{1}{2\pi}}=\frac{2\rho}{r^2}\quad(0\leqslant\rho\leqslant r) \tag{13}$$

由 $p(\rho\alpha)$ 和 $p(\rho/\alpha)$，得

$$h(\rho/\alpha)=-\int_{0}^{2\pi}\int_{0}^{r}p(\rho\alpha)\ln p(\rho/\alpha)\,\mathrm{d}\alpha\mathrm{d}\rho=-\int_{0}^{2\pi}\int_{0}^{r}p(\rho\alpha)\ln\frac{2\rho}{r^2}\mathrm{d}\alpha\mathrm{d}\rho$$

$$=-\int_{0}^{2\pi}\int_{0}^{r}p(\rho\alpha)\ln\left(\frac{2}{r^2}\right)\mathrm{d}\alpha\mathrm{d}\rho-\int_{0}^{2\pi}\int_{0}^{r}p(\rho\alpha)\ln\rho\mathrm{d}\alpha\mathrm{d}\rho$$

$$=\ln\frac{r^2}{2}-\int_{0}^{2\pi}\int_{0}^{r}\left(\frac{\rho}{\pi r^2}\right)\ln\rho\mathrm{d}\alpha\mathrm{d}\rho=\ln\frac{r^2}{2}-\int_{0}^{2\pi}\frac{1}{\pi r^2}\mathrm{d}\alpha\int_{0}^{r}\rho\ln\rho\mathrm{d}\rho$$

$$=\ln\frac{r^2}{2}-\frac{2}{r^2}\int_{0}^{r}\rho\ln\rho\mathrm{d}\rho \tag{14}$$

运用积分公式

$$\int x\ln ax\,\mathrm{d}x=\frac{x^2}{2}\ln ax-\frac{x^2}{4} \tag{15}$$

有

$$h(\rho/\alpha)=\ln\frac{r^2}{2}-\frac{2}{r^2}\left\{\frac{\rho^2}{2}\ln\rho-\frac{\rho^2}{4}\right\}_{0}^{r}$$

$$=\ln\frac{r^2}{2}-\frac{2}{r^2}\left(\frac{r^2}{2}\ln r-\frac{r^2}{4}\right)=\ln\left(\frac{r}{2}\sqrt{\mathrm{e}}\right) \tag{16}$$

④ $h(\alpha/\rho)$.

由 $p(\rho\alpha)$ 和 $p(\rho)$，得

$$p(\alpha/\rho)=\frac{p(\alpha\rho)}{p(\rho)}=\frac{\dfrac{\rho}{\pi r^2}}{\dfrac{2\rho}{r^2}}=\frac{1}{2\pi} \tag{17}$$

由 $p(\rho\alpha)$ 和 $p(\alpha/\rho)$，得

$$h(\alpha/\rho)=-\int_{0}^{2\pi}\int_{0}^{r}p(\rho\alpha)\ln p(\alpha/\rho)\,\mathrm{d}\alpha\mathrm{d}\rho=-\int_{0}^{2\pi}\int_{0}^{r}p(\rho\alpha)\ln\frac{1}{2\pi}\mathrm{d}\alpha\mathrm{d}\rho$$

$$=\ln(2\pi) \tag{18}$$

⑤ $h(\rho\alpha)$.

由 $p(\rho\alpha)$ 得 ρ 和 α 的联合相对熵

$$h(\rho\alpha)=-\int_{0}^{2\pi}\int_{0}^{r}p(\rho\alpha)\ln p(\rho\alpha)\,\mathrm{d}\rho\mathrm{d}\alpha=-\int_{0}^{2\pi}\int_{0}^{r}p(\rho\alpha)\ln\left(\frac{1}{\pi r^2}\rho\right)\mathrm{d}\rho\mathrm{d}\alpha$$

$$
\begin{aligned}
&= -\int_0^{2\pi}\!\!\int_0^r p(\rho\alpha)\ln\frac{1}{\pi r^2}\mathrm{d}\rho\mathrm{d}\alpha - \int_0^{2\pi}\!\!\int_0^r p(\rho\alpha)\ln\rho\mathrm{d}\rho\mathrm{d}\alpha\\
&= \ln(\pi r^2) - \int_0^{2\pi}\!\!\int_0^r\Big(\frac{1}{\pi r^2}\rho\Big)\ln\rho\mathrm{d}\rho\mathrm{d}\alpha = \ln(\pi r^2) - \Big(\int_0^{2\pi}\frac{1}{\pi r^2}\mathrm{d}\alpha\int_0^r\rho\ln\rho\mathrm{d}\rho\Big)\\
&= \ln(\pi r^2) - \frac{2}{r^2}\int_0^r\rho\ln\rho\mathrm{d}\rho
\end{aligned}
\tag{19}
$$

运用积分公式

$$
\int x\ln ax\,\mathrm{d}x = \frac{x^2}{2}\ln ax - \frac{x^2}{4}
\tag{20}
$$

有

$$
\begin{aligned}
h(\rho\alpha) &= \ln(\pi r^2) - \frac{2}{r^2}\Big\{\frac{\rho^2}{2}\ln\rho - \frac{\rho^2}{4}\Big\}\Big|_0^r\\
&= \ln(\pi r^2) - \frac{2}{r^2}\Big(\frac{r^2}{2}\ln r - \frac{r^2}{4}\Big) = \ln(\pi r\sqrt{\mathrm{e}})
\end{aligned}
\tag{21}
$$

综上所述，ρ 和 α 是统计独立的两个随机变量，有

$$
\begin{cases}
p(\rho\alpha) = p(\rho)p(\alpha) = \dfrac{2\rho}{r^2}\cdot\dfrac{1}{2\pi} = \dfrac{\rho}{\pi r^2}\\[2mm]
p(\rho/\alpha) = p(\rho) = \dfrac{2\rho}{r^2}\\[2mm]
p(\alpha/\rho) = p(\alpha) = \dfrac{1}{2\pi}
\end{cases}
\tag{22}
$$

以及

$$
\begin{cases}
h(\rho\alpha) = h(\rho)+h(\alpha) = \ln\Big(\dfrac{r}{2}\sqrt{\mathrm{e}}\Big) + \ln(2\pi) = \ln(\pi r\sqrt{\mathrm{e}})\\[2mm]
h(\rho/\alpha) = h(\rho) = \ln\Big(\dfrac{r}{2}\sqrt{\mathrm{e}}\Big)\\[2mm]
h(\alpha/\rho) = h(\alpha) = \ln(2\pi)
\end{cases}
\tag{23}
$$

（2）随机变量 ρ、α 之间的平均互信息.

由（23）式得 ρ 和 α 之间的平均互信息

$$
\begin{cases}
I(\rho;\alpha) = h(\rho)-h(\rho/\alpha) = 0\\
I(\rho;\alpha) = h(\alpha)-h(\alpha/\rho) = 0\\
I(\rho;\alpha) = h(\rho)+h(\alpha)-h(\rho\alpha) = 0
\end{cases}
\tag{24}
$$

随机变量 ρ 和 α 之间平均互信息 $I(p;\alpha)$ 与各类相对熵的关系，如图 E4.13 - 2 所示.

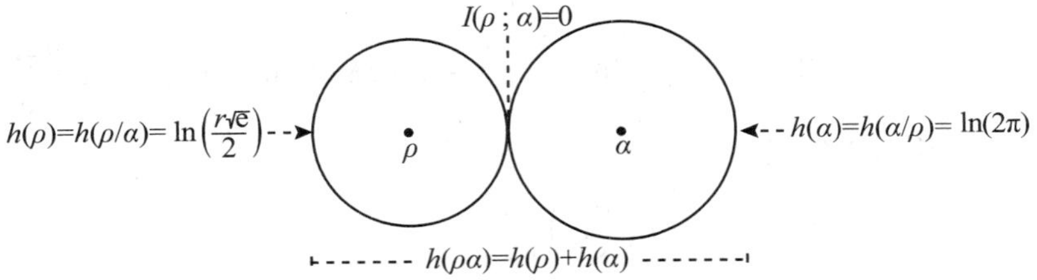

图 E4.13 - 2

(3) 随机变量 X 和 Y 的联合相对熵 $h(XY)$.

根据坐标变换理论,由(3)式,有

$$\left| I\left(\frac{\rho\alpha}{XY}\right) \right| = \frac{1}{\left| J\left(\frac{XY}{\rho\alpha}\right) \right|} = \frac{1}{\rho} \tag{25}$$

由定理 4.8,坐标系$(\rho\text{-}\alpha)$与坐标系$(X-Y)$的相对熵之间,有

$$h(XY) = h(\rho\alpha) - \underset{\rho,\alpha}{E}\left[\ln\left| J\left(\frac{\rho\alpha}{XY}\right) \right|\right] = h(\rho\alpha) - \underset{\rho,\alpha}{E}\left[\ln\frac{1}{\rho}\right]$$

$$= h(\rho,\alpha) - \int_0^{2\pi}\int_0^r p(\rho\alpha)\ln\frac{1}{\rho}d\rho d\alpha = h(\rho,\alpha) + \int_0^{2\pi}\int_0^r p(\rho\alpha)\ln\rho d\rho d\alpha$$

$$= h(\rho,\alpha) + \frac{1}{\pi r^2}\int_0^{2\pi}\int_0^r \rho\ln\rho d\rho d\alpha = h(\rho,\alpha) + \frac{1}{\pi r^2}\left(\int_0^{2\pi}d\alpha\int_0^r \rho\ln\rho d\rho\right)$$

$$= h(\rho,\alpha) + \frac{2}{r^2}\int_0^r \rho\ln\rho d\rho \tag{26}$$

运用积分公式

$$\int x\ln(ax)dx = \frac{x^2}{2}\ln(ax) - \frac{x^2}{4} \tag{27}$$

有

$$h(XY) = h(\rho,\alpha) + \frac{2}{r^2}\left\{\frac{\rho^2}{2}\ln\rho - \frac{\rho^2}{4}\right\}_0^r$$

$$= \ln(\pi r\sqrt{e}) + \ln r - \frac{1}{2} = \ln(\pi r^2) \tag{28}$$

(4) 随机变量 X 和 Y 的相对条件熵 $h(Y/X)$ 和 $h(X/Y)$

① 由定理 4.8,相对条件熵

$$h(Y/X) = h(\alpha/\rho) - \underset{\rho,\alpha}{E}\left[\ln\left(\frac{\rho\alpha}{XY}\right)\right] = h(\alpha/\rho) - \int_0^{2\pi}\int_0^r p(\rho\alpha)\ln\frac{1}{\rho}d\rho d\alpha$$

$$= h(\alpha/\rho) + \int_0^{2\pi}\int_0^r \frac{\rho}{\pi r^2}\ln\rho d\rho d\alpha = h(\alpha/\rho) + \frac{1}{\pi r^2}\int_0^{2\pi}d\alpha\int_0^r \rho\ln\rho d\rho \tag{24}$$

运用积分公式

$$\int x\ln(ax)dx = \frac{x^2}{2}\ln(ax) - \frac{x^2}{4} \tag{30}$$

有

$$h(Y/X) = \ln(2\pi) + \frac{2}{r^2}\left\{\frac{\rho^2}{2}\ln\rho - \frac{\rho^2}{4}\right\}_0^r$$

$$= \ln(2\pi) + \frac{2}{r^2}\left(\frac{r^2}{2}\ln r - \frac{r^2}{4}\right) = \ln(2\pi) + \ln r - \frac{1}{2} = \ln\frac{2\pi r}{\sqrt{e}} \tag{31}$$

② 由定理 4.8,相对条件熵

$$h(X/Y) = h(\rho/\alpha) - \underset{\rho,\alpha}{E}\left[\ln\left| J\left(\frac{\rho\alpha}{XY}\right) \right|\right]$$

$$= h(\rho/\alpha) - \int_0^{2\pi}\int_0^r p(\rho\alpha)\ln\frac{1}{\rho}d\rho d\alpha = h(\rho/\alpha) + \int_0^{2\pi}\int_0^r p(\rho\alpha)\ln\rho d\rho d\alpha$$

$$= h(\rho/\alpha) + \int_0^{2\pi}\int_0^r \frac{\rho}{\pi r^2}\ln\rho\rho\mathrm{d}\alpha = h(\rho/\alpha) + \frac{1}{\pi r^2}\int_0^{2\pi}\mathrm{d}\alpha\int_0^r \rho\ln\rho\mathrm{d}\rho$$

$$= h(\rho/\alpha) + \frac{2}{r^2}\int_0^r \rho\ln\rho\mathrm{d}\rho = \ln\left(\frac{r}{2}\sqrt{\mathrm{e}}\right) + \ln r - \frac{1}{2} = \ln\frac{r^2}{2} \qquad (32)$$

(5) 随机变量 X 和 Y 的相对熵 $h(X)$ 和 $h(Y)$.

由 $h(XY)$ 和 $h(Y/X)$,得 X 的相对熵

$$h(X) = h(XY) - h(Y/X) = \ln(\pi r^2) - \ln\left(\frac{2\pi r}{\sqrt{\mathrm{e}}}\right)$$

$$= \ln\left(\frac{r\sqrt{\mathrm{e}}}{2}\right) \qquad (33)$$

由 $h(XY)$ 和 $h(X/Y)$,得 Y 的相对熵

$$h(Y) = h(XY) - h(X/Y) = \ln(\pi r^2) - \ln\left(\frac{r^2}{2}\right) = \ln(2\pi) \qquad (34)$$

(6) 连续信道 $(X$-$Y)$ 的平均互信息 $I(X;Y)$.

由 $h(X)$ 和 $h(X/Y)$,有

$$I(X;Y) = h(X) - h(X/Y) = \ln\left(\frac{r\sqrt{\mathrm{e}}}{2}\right) - \ln\left(\frac{r^2}{2}\right) = \ln\left(\frac{\sqrt{\mathrm{e}}}{r}\right) \qquad (35)$$

由 $h(Y)$ 和 $h(Y/X)$,有

$$I(X;Y) = h(Y) - h(Y/X) = \ln(2\pi) - \ln\left(\frac{2\pi r}{\sqrt{\mathrm{e}}}\right) = \ln\left(\frac{\sqrt{\mathrm{e}}}{r}\right) \qquad (36)$$

由 $h(X),h(Y)$ 和 $h(XY)$,有

$$I(X;Y) = h(X) + h(Y) - h(XY)$$

$$= \ln\left(\frac{r\sqrt{\mathrm{e}}}{2}\right) + \ln(2\pi) - \ln(\pi r^2) = \ln\left(\frac{\sqrt{\mathrm{e}}}{r}\right) \qquad (37)$$

连续信道 $(X$-$Y)$ 的平均互信息 $I(X;Y)$ 与各类相对熵的关系,如图 E4.13-3 所示.

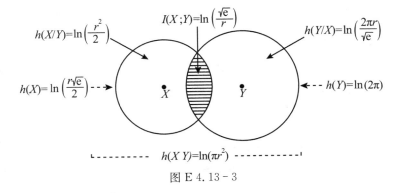

图 E 4.13-3

(7) r 的上限值.

① 若连续信道 $(X$-$Y)$ 的输入、输出随机变量 X 和 Y 的联合概率密度函数

$$p(xy) = \begin{cases} \dfrac{1}{\pi r^2} & (0 \leqslant x \leqslant r; 0 \leqslant y \leqslant r) \\ 0 & (\text{其他}) \end{cases} \qquad (38)$$

则(x,y)点在圆面积(πr^2)中"均匀分布".x和y之间相互有依赖关系,必须遵循

$$x^2 + y^2 = \rho^2 \quad (0 \leqslant \rho \leqslant r) \tag{39}$$

② 由 X 和 Y 的平均互信息

$$I(X;Y) = \ln\left(\frac{\sqrt{e}}{r}\right) \tag{40}$$

可知,为了保持平均互信息 $I(X;Y)$ 的"非负性",即 $I(X;Y) \geqslant 0$,则圆的半径 r 必须满足

$$r \leqslant \sqrt{e} = 1.648721\cdots \tag{41}$$

所以,联合概率密度函数为

$$p(xy) = \begin{cases} \dfrac{1}{\pi r^2} & (0 \leqslant x \leqslant r; 0 \leqslant y \leqslant r) \\ 0 & (其他) \end{cases}$$

的两个随机变量 X 和 Y,若要看作是连续信道$(X-Y)$的输入、输出随机变量,则必须满足 $r \leqslant \sqrt{e}$ 的上限要求.

4.2.4　平均互信息的不增性

在实际连续通信系统中,常常需对信道输入随机变量进行"数据处理",或对信道输出随机变量进行"数据处理"(如图 4.2-11 所示).

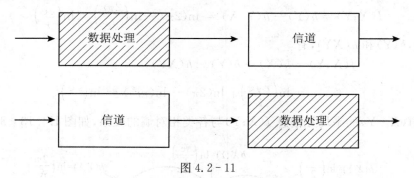

图 4.2-11

从信息理论分析角度看,"数据处理"装置亦可看作是一个"信道".这样,"数据处理"的理论分析,就可归结为两个信道串接的问题,并加以研究和讨论.

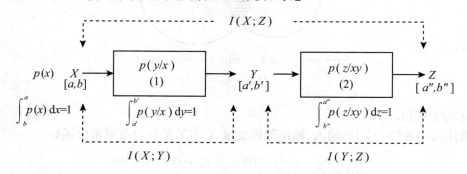

图 4.2-12

在图 4.2-12 中，设连续信源 $X:[a,b]$ 的概率密度函数为 $p(x)$，且

$$\int_a^b p(x)\mathrm{d}x = 1 \tag{4.2.4-1}$$

信道 (1) $(X\text{-}Y)$ 的输入区间 $X:[a,b]$，输出区间 $Y:[a',b']$，传递概率密度函数 $p(y/x)$，且

$$\int_{a'}^{b'} p(y/x)\mathrm{d}y = 1 \quad x \in [a,b] \tag{4.2.4-2}$$

信道 (2) $(Y\text{-}Z)$ 的输入区间 $Y:[a',b']$，输出区间 $Z:[a'',b'']$，传递概率密度函数 $p(z/xy)$，且

$$\int_{a''}^{b''} p(z/xy)\mathrm{d}z = 1 \quad \{x \in [a,b], y \in [a',b']\} \tag{4.2.4-3}$$

连续随机变量 X,Y,Z 的联合概率密度函数

$$p(xyz) = p(x)p(y/x)p(z/xy) > 0 \quad \{x \in [a,b], y \in [a',b'], z \in [a'',b'']\} \tag{4.2.4-4}$$

对于由信道 (1) $(X\text{-}Y)$ 和信道 (2) $(Y\text{-}Z)$ 组成的串接信道 $(X\text{-}Z)$ 的有关"数据处理"问题，主要有两个：其一，是连续随机变量 Y 经信道 (1) 代表的"数据处理"后，变成连续随机变量 X。"数据处理"前的平均互信息 $I(Y;Z)$，与"数据处理"后的平均互信息 $I(X;Z)$ 之间，有什么关系？其二，是连续随机变量 Y 经信道 (2) 代表的"数据处理"后，变成连续随机变量 Z。"数据处理"前的平均互信息 $I(X;Y)$，与"数据处理"后的平均互信息 $I(X;Z)$ 之间，有什么关系？

定理 4.9　若连续随机变量序列 (X,Y,Z) 是 **Markov** 链，则有

$$I(X;Z) \leqslant \begin{cases} I(X;Y) \\ I(Y;Z) \end{cases}$$

证明　证明过程分以下几步进行.

(1) 证明：$I(XY;Z) \geqslant I(Y;Z)$. **当且仅当对一切** x,y,z **都有**

$$p(z/xy) = p(z/y)$$

即 (XYZ) **是 Markov 链时，等式才成立**，有

$$I(XY;Z) = I(Y;Z)$$

[证明]　根据连续信道平均互信息的定义，有

$$I(XY;Z) = \int_a^b \int_{a'}^{b'} \int_{a''}^{b''} p(xyz)\log\frac{p(z/xy)}{p(z)}\mathrm{d}x\mathrm{d}y\mathrm{d}z \tag{4.2.4-5}$$

而

$$\begin{aligned} I(Y;Z) &= \int_{a'}^{b'} \int_{a''}^{b''} p(yz)\log\frac{p(z/y)}{p(z)}\mathrm{d}y\mathrm{d}z \\ &= \int_a^b \int_{a'}^{b'} \int_{a''}^{b''} p(xyz)\log\frac{p(z/y)}{p(z)}\mathrm{d}x\mathrm{d}y\mathrm{d}z \end{aligned} \tag{4.2.4-6}$$

考虑到

$$\begin{aligned} \int_a^b \int_{a'}^{b'} \int_{a''}^{b''} p(xyz)\mathrm{d}x\mathrm{d}y\mathrm{d}z &= \int_a^b \int_{a'}^{b'} \int_{a''}^{b''} p(x)p(y/x)p(z/xy)\mathrm{d}x\mathrm{d}y\mathrm{d}z \\ &= \int_a^b p(x)\mathrm{d}x \int_{a'}^{b'} p(y/x)\mathrm{d}y \int_{a''}^{b''} p(z/xy)\mathrm{d}z \\ &= 1 \cdot 1 \cdot 1 = 1 \end{aligned} \tag{4.2.4-7}$$

以及"底"大于 1 的对数是 $\bigcap$ 形凸函数，则由 (4.2.4-5)、(4.2.4-6) 式，有

$$I(Y;Z) - I(XY;Z) = \int_a^b \int_{a'}^{b'} \int_{a''}^{b''} p(xyz) \log \frac{p(z/y)}{p(z/xy)} \mathrm{d}x\mathrm{d}y\mathrm{d}z$$

$$\leqslant \log \left[\int_a^b \int_{a'}^{b'} \int_{a''}^{b''} p(xyz) \frac{p(z/y)}{p(z/xy)} \mathrm{d}x\mathrm{d}y\mathrm{d}z \right]$$

$$= \log \left[\int_a^b \int_{a'}^{b'} \int_{a''}^{b''} p(xy) p(z/y) \mathrm{d}x\mathrm{d}y\mathrm{d}z \right]$$

$$= \log \left[\int_a^b \int_{a'}^{b'} p(xy) \mathrm{d}x\mathrm{d}y \int_{a''}^{b''} p(z/y) \mathrm{d}z \right]$$

$$= \log 1 = 0 \tag{4.2.4-8}$$

即证得

$$I(XY;Z) \geqslant I(Y;Z) \tag{4.2.4-9}$$

当且仅当对一切 x,y,z 都有 $p(z/xy) = p(z/y)$,即 (XYZ) 是 Markov 链时,由 $(4.2.4-8)$ 式,有

$$I(Y;Z) - I(XY;Z) = \int_a^b \int_{a'}^{b'} \int_{a''}^{b''} p(xyz) \log \frac{p(z/y)}{p(z/xy)} \mathrm{d}x\mathrm{d}y\mathrm{d}z$$

$$= \int_a^b \int_{a'}^{b'} \int_{a''}^{b''} p(xyz) \log 1 \mathrm{d}x\mathrm{d}y\mathrm{d}z = 0 \tag{4.2.4-10}$$

即证得

$$I(XY;Z) = I(Y;Z) \tag{4.2.4-11}$$

(2) 证明:$I(XY;Z) \geqslant I(X;Z)$. 当且仅当对一切 x,y,z 都有

$$p(z/xy) = p(z/x)$$

即 (YXZ) 是 Markov 链时,等式才成立,有

$$I(XY;Z) = I(X;Z)$$

[证明]   根据连续信道平均互信息的定义,有

$$I(X;Z) = \int_a^b \int_{a''}^{b''} p(xz) \log \frac{p(z/x)}{p(z)} \mathrm{d}x\mathrm{d}z = \int_a^b \int_{a'}^{b'} \int_{a''}^{b''} p(xyz) \log \frac{p(z/x)}{p(z)} \mathrm{d}x\mathrm{d}y\mathrm{d}z \tag{4.2.4-12}$$

由 $(4.2.4-5)$ 式,有

$$I(X;Z) - I(XY;Z) = \int_a^b \int_{a'}^{b'} \int_{a''}^{b''} p(xyz) \log \frac{p(z/x)}{p(z/xy)} \mathrm{d}x\mathrm{d}y\mathrm{d}z$$

$$\leqslant \log \left[\int_a^b \int_{a'}^{b'} \int_{a''}^{b''} p(xyz) \frac{p(z/x)}{p(z/xy)} \mathrm{d}x\mathrm{d}y\mathrm{d}z \right]$$

$$= \log \left[\int_a^b \int_{a'}^{b'} \int_{a''}^{b''} p(xy) p(z/x) \mathrm{d}x\mathrm{d}y\mathrm{d}z \right]$$

$$= \log \left[\int_a^b \int_{a'}^{b'} p(xy) \mathrm{d}x\mathrm{d}y \int_{a''}^{b''} p(z/x) \mathrm{d}z \right]$$

$$= \log 1 = 0 \tag{4.2.4-13}$$

即证得

$$I(XY;Z) \geqslant I(X;Z) \tag{4.2.4-14}$$

当且仅当对一切 x,y,z 都有 $p(z/xy) = p(z/x)$,即 (YXZ) 是 Markov 链时,由 $(4.2.4-13)$ 式,有

$$I(X;Z) - I(XY;Z) = \int_a^b \int_{a'}^{b'} \int_{a''}^{b''} p(xyz) \log \frac{p(z/x)}{p(z/xy)} \mathrm{d}x \mathrm{d}y \mathrm{d}z$$

$$= \int_a^b \int_{a'}^{b'} \int_{a''}^{b''} p(xyz) \log 1 \mathrm{d}x \mathrm{d}y \mathrm{d}z = 0 \qquad (4.2.4-15)$$

即证得

$$I(XY;Z) = I(X;Z) \qquad (4.2.4-16)$$

（3）证明：当(XYZ)是 **Markov** 链时，有
$$I(X;Z) \leqslant I(Y;Z)$$
当且仅当对一切 x,y,z **都有** $p(z/xy) = p(z/x)$，即(YXZ)同时亦是 **Markov** 链时，才有
$$I(X;Z) = I(Y;Z)$$

　　[证明]　由(4.2.4-11)式可知，当(XYZ)是 Markov 链时，有
$$I(XY;Z) = I(Y;Z) \qquad (4.2.4-17)$$
在(YXZ)不是 Markov 链时，由(4.2.4-14)式可知，有
$$I(XY;Z) \geqslant I(X;Z) \qquad (4.2.4-18)$$
由(4.2.4-17)式、(4.2.4-18)式，证得
$$I(Y;Z) \geqslant I(X;Z) \qquad (4.2.4-19)$$
　　当且仅当对一切 x,y,z 都有 $p(z/xy) = p(z/x)$，即(YXZ)同时亦是 Markov 链时，由(4.2.4-16)式，有
$$I(XY;Z) = I(X;Z) \qquad (4.2.4-20)$$
由(4.2.4-17)式、(4.2.4-20)式，证得
$$I(Y;Z) = I(X;Z) \qquad (4.2.4-21)$$

　　由信道(1)、信道(2)串接而成的串接信道中，(XYZ)一般可看作是 Markov 链，而(YXZ)又一般不是 Markov 链.(4.2.4-19)式表明，从串接信道$(X-Z)$输出随机变量 Z 中，获取关于连续信源 X 的信息量 $I(X;Z)$，一般不会超过从 Z 中获取关于 Y 的信息量 $I(Y;Z)$.在把信道(1)看作是"数据处理"装置的代表的情况下，这就意味着，连续随机变量 Y 经"数据处理"变成随机变量 X 后，平均互信息 $I(X;Z)$ 比未处理前的平均互信息 $I(Y;Z)$ 减小了."数据处理"过程中丢失了一部分关于 Y 的信息量(如图 4.2-13 所示).

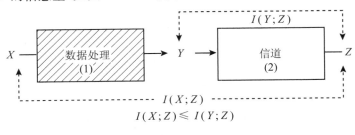

$$I(X;Z) \leqslant I(Y;Z)$$

图 4.2-13

　　(4.2.4-21)式指明，当(XYZ)是 Markov 链时，只有(YXZ)同时亦是 Markov 链，即有
$$\begin{cases} p(z/xy) = p(z/y) \\ p(z/xy) = p(z/x) \end{cases} \qquad (4.2.4-22)$$

时,才有 $I(Y;Z) = I(X;Z)$,信道(1)(数据处理)才不丢失信息量. 这就意味着,在(XYZ)是 Markov 链的前提下,只有当串接信道$(X-Z)$的传递概率密度函数 $p(z/x)$,与信道(2)$(Y-Z)$的传递概率密度函数 $p(z/y)$ 相同时,信道(1)(数据处理)才不丢失信息量.

(4) 证明:**当(XYZ)是 Markov 链时,(ZYX)一定亦是 Markov 链. 这时,有**

$$I(X;Z) \leqslant I(X;Y)$$

当且仅当对一切 x, y, z 都有 $p(x/zy) = p(x/z)$,即(YZX)同时亦是 Markov 链时,才有

$$I(X;Z) = I(X;Y)$$

[证明] 当(XYZ)是 Markov 链时,按定义,有

$$p(z/xy) = p(z/y) \tag{4.2.4-23}$$

另一方面,由概率密度函数的一般运算规则,有

$$p(z/xy) = \frac{p(xyz)}{p(xy)} = \frac{p(zy)p(x/zy)}{p(y)p(x/y)} = p(z/y)\frac{p(x/zy)}{p(x/y)} \tag{4.2.4-24}$$

由(4.2.4-23)、(4.2.4-24)式,有

$$p(x/zy) = p(x/y) \tag{4.2.4-25}$$

按定义,(ZYX)是 Markov 链.

对 Markov 链(ZYX)来说,运用(4.2.4-11)式,有

$$I(ZY;X) = I(Y;X) \tag{4.2.4-26}$$

而当(YZX)不是 Markov 链时,运用(4.2.4-14)式,有

$$I(ZY;X) \geqslant I(Z;X) \tag{4.2.4-27}$$

由(4.2.4-26)、(4.2.4-27)式,有

$$I(Z;X) \leqslant I(Y;X) \tag{4.2.4-28}$$

当且仅当对一切 x, y, z 都有 $p(x/zy) = p(x/z)$;即(YZX)同时亦是 Markov 链时,运用(4.2.4-16)式,有

$$I(ZY;X) = I(Z;X) \tag{4.2.4-29}$$

由(4.2.4-26)式、(4.2.4-29)式,证得

$$I(Y;X) = I(Z;X) \tag{4.2.4-30}$$

在(4.2.4-28)式、(4.2.4-30)式中的平均互信息

$$
\begin{aligned}
I(Y;X) &= \int_{a'}^{b'}\int_a^b p(yx)\log\frac{p(yx)}{p(y)p(x)}\mathrm{d}y\mathrm{d}x \\
&= \int_a^b\int_{a'}^{b'} p(xy)\log\frac{p(xy)}{p(x)p(y)}\mathrm{d}x\mathrm{d}y \\
&= I(X;Y)
\end{aligned} \tag{4.2.4-31}
$$

$$
\begin{aligned}
I(Z;X) &= \int_{a''}^{b''}\int_a^b p(zx)\log\frac{p(zx)}{p(z)p(x)}\mathrm{d}z\mathrm{d}x \\
&= \int_a^b\int_{a''}^{b''} p(xz)\log\frac{p(xz)}{p(x)p(z)}\mathrm{d}x\mathrm{d}z \\
&= I(X;Z)
\end{aligned} \tag{4.2.4-32}
$$

这表明,连续信道平均互信息同样具有"交互性". 由此,(4.2.4-28)、(4.2.4-30)式可改写为

$$I(X;Z) \leqslant I(X;Y) \tag{4.2.4-33}$$

$$I(X;Z) = I(X;Y) \qquad (4.2.4-34)$$

由信道(1)、信道(2)串接而成的串接信道$(X-Z)$中，(XYZ)一般可看作是 Markov 链，即(ZYX)一般是 Markov 链.$(4.2.4-33)$式表明，从串接信道$(X-Z)$输出随机变量 Z 中，获取关于连续信源 X 的信息量 $I(X;Z)$，一般不会超过从 Y 中获取关于 X 的信息量 $I(X;Y)$. 在把信道(2)看作"数据处理"装置的代表的情况下，这就意味着，连续随机变量 Y 经"数据处理"变成随机变量 Z 后，平均互信息 $I(X;Z)$ 比未处理前的平均互信息 $I(X;Y)$ 减小了."数据处理"过程中丢失了一部分关于 Y 的信息量（如图 4.2-14 所示）.

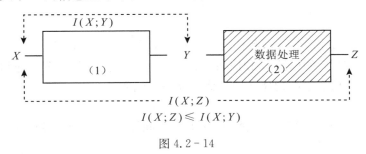

$$I(X;Z) \leqslant I(X;Y)$$

图 4.2-14

$(4.2.4-30)$式表明，当(XYZ)是 Markov 链，即(ZYX)是 Markov 链时，只有(YZX)同时亦是 Markov 链，即有

$$\begin{cases} p(x/zy) = p(x/y) \\ p(x/zy) = p(x/z) \end{cases} \qquad (4.2.4-35)$$

才有 $I(X;Z)=I(X;Y)$，信道(2)（数据处理）才不丢失信息量. 因为

$$\begin{cases} p(x/y) = \dfrac{p(x)p(y/x)}{p(y)} = \dfrac{p(x)p(y/x)}{\displaystyle\int_a^b p(x)p(y/x)\mathrm{d}x} \\[4mm] p(x/z) = \dfrac{p(x)p(z/x)}{p(z)} = \dfrac{p(x)p(z/x)}{\displaystyle\int_a^b p(x)p(z/x)\mathrm{d}x} \end{cases} \qquad (4.2.4-36)$$

所以，在(XYZ)是 Markov 链，即(ZYX)是 Markov 链的前提下，只有当串接信道$(X-Z)$的传递概率密度函数 $p(z/x)$，与信道(1)$(X-Y)$的传递概率密度函数 $p(y/x)$ 相同时，信道(2)（数据处理）才不丢失信息量.

综合$(4.2.4-19、21)$、$(4.2.4-33、34)$式，可得到这样一个结论：当信道(1)$(X-Y)$和信道(2)$(Y-Z)$组成串接信道$(X-Z)$，且(XYZ)是 Markov 链时，有

$$I(X;Z) \leqslant \begin{cases} I(Y;Z) \\ I(X;Y) \end{cases} \qquad (4.2.4-37)$$

这样，定理 4.9 就得到了证明.

定理 4.9 称为连续通信系统的"数据处理定理". 它指出，在连续通信系统中，无论是图 4.2-12 中信道(1)作为"数据处理"过程，还是信道(2)作为"数据处理"过程，只要是"无源数据处理"，总是要丢失一部分信息量，最多是不丢失信息量，但绝对不会增加信息量."数据处理"的作用是使信息更为有用，而不是增加信息量.

在连续消息的实际通信工程中，往往需要在连续信道$(X-Y)$的输入、输出两端，同时接上

"数据处理"装置,对输入、输出消息进行"数据处理"(如图 4.2-15 所示).

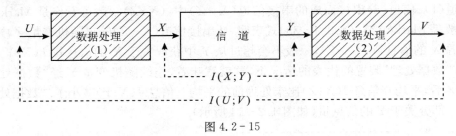

图 4.2-15

　　面对这样的"数据处理"系统,我们要回答的问题是:连续信道($X-Y$)两端的平均互信息 $I(X;Y)$,与"数据处理"后的信源 U 和信宿 V 之间的平均互信息 $I(U;V)$ 之间有什么关系.

　　推论　若连续随机变量序列($UXYV$)是 Markov 链,则

$$I(U;V) \leqslant I(X;Y)$$

　　证明　因为($UXYV$)是 Markov 链,所以(UXV)同样也是 Markov 链(如图 4.2-16 所示). 根据定理 4.9,有

$$I(U;V) \leqslant I(X;V) \tag{4.2.4-38}$$

　　因为($UXYV$)是 Markov 链,所以(XYV)同样也是 Markov 链. 根据定理 4.9,有

$$I(X;V) \leqslant I(X;Y) \tag{4.2.4-39}$$

由(4.2.4-38)、(4.2.4-39)式证得

$$I(U;V) \leqslant I(X;Y) \tag{4.2.4-40}$$

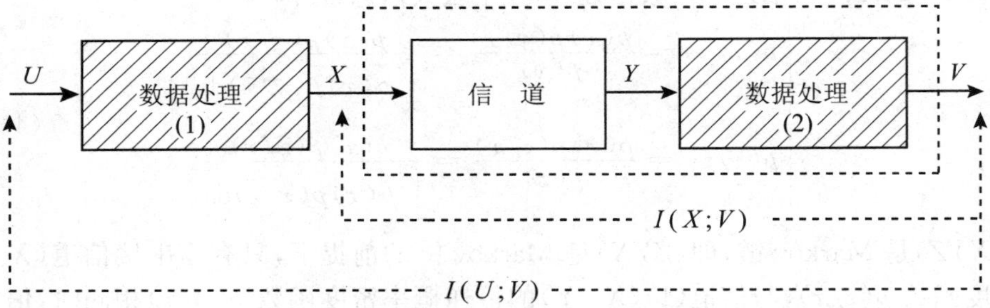

图 4.2-16

　　推论指明:在($UXYV$)是 Markov 链的前提下,经"数据处理"后的信源 U 和信宿 V 之间的平均互信息 $I(U;V)$,一定不会超过信道($X-Y$)两端未经处理的输入随机变量 X 和输出随机变量 Y 之间的平均互信息 $I(X;Y)$. 这是"数据处理定理"的另一种表述形式.

4.2.5　平均互信息的不变性

　　在图 4.2-17 所示连续通信系统中,信源 S 发出连续消息 s,通过"变换装置"(1)把 s 变换成适合连续信道($X-Y$)传输的信号 X. 在信道传输过程中,受到噪声 N 的随机干扰,输出相应信号 Y. 为了便于接收,在信道输出端与信宿 Z 之间,接入"变换装置"(2),把 Y 变换成相应消息 Z. 那么,信道($X-Y$)的平均互信息 $I(X;Y)$,与信宿 Z 与信源 S 之间的平均互信息 $I(S;Z)$ 是

否相等? 平均互信息 $I(X;Y)$ 经"变换"后,是否会发生变化?

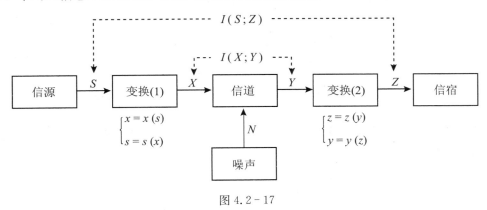

图 4.2 - 17

定理 4.10 若连续随机变量 S 与 X 的变换关系 $x=x(s)$,连续随机变量 Y 与 Z 的变换关系 $z=z(y)$,都是确定单值函数,则有

$$I(X;Y) = I(S;Z)$$

证明 因为 X 与 S 的单值函数变换关系为

$$\begin{cases} x = x(s) \\ s = s(x) \end{cases} \tag{4.2.5-1}$$

Z 与 Y 的单值函数变换关系为

$$\begin{cases} z = z(y) \\ y = y(z) \end{cases} \tag{4.2.5-2}$$

又因为坐标 $(X\text{-}Y)$ 和 $(Y\text{-}Z)$ 之间的变换,是由 X 与 S,以及 Y 与 Z 之间分别单独进行的变换. 所以,如设 X 和 Y 的联合概率密度函数为 $p(xy)$,S 和 Z 的联合概率密度函数为 $p'(sz)$,则由坐标变换理论,有

$$\begin{aligned} p'(sz) &= p(xy)\left| J\left(\frac{XY}{SZ}\right)\right| = p(xy) \cdot \begin{vmatrix} \dfrac{\partial X}{\partial S} & \dfrac{\partial X}{\partial Z} \\ \dfrac{\partial Y}{\partial S} & \dfrac{\partial Y}{\partial Z} \end{vmatrix} \\ &= p(xy) \cdot \begin{vmatrix} \dfrac{\partial X}{\partial S} & 0 \\ 0 & \dfrac{\partial Y}{\partial Z} \end{vmatrix} \\ &= p(xy)\dfrac{\partial X}{\partial S} \cdot \dfrac{\partial Y}{\partial Z} \\ &= p(xy)\dfrac{\mathrm{d}x}{\mathrm{d}s} \cdot \dfrac{\mathrm{d}y}{\mathrm{d}z} \end{aligned} \tag{4.2.5-3}$$

再设 $p(x)$,$p_Y(y)$,$p(y/x)$ 是坐标系 $(X\text{-}Y)$ 中的概率密度函数;$p'(s)$,$p'_Y(z)$,$p'(z/s)$ 是坐标系 $(S\text{-}Z)$ 中的概率密度函数. 根据坐标变换理论,有

$$\begin{cases} p'(s) = p(x)\left|J\left(\dfrac{X}{S}\right)\right| = p(x)\dfrac{\mathrm{d}x}{\mathrm{d}s} \\[3mm] p'(z) = p_Y(y)\left|J\left(\dfrac{Y}{Z}\right)\right| = p_Y(y)\dfrac{\mathrm{d}y}{\mathrm{d}z} \\[3mm] p'(z/s) = \dfrac{p'(sz)}{p'(s)} = \dfrac{p(xy)\dfrac{\mathrm{d}x}{\mathrm{d}s}\cdot\dfrac{\mathrm{d}y}{\mathrm{d}z}}{p(x)\dfrac{\mathrm{d}x}{\mathrm{d}s}} = p(y/x)\dfrac{\mathrm{d}y}{\mathrm{d}z} \end{cases} \tag{4.2.5-4}$$

由此,根据坐标变换理论,坐标系$(X\text{-}Y)$中的平均互信息 $I(X;Y)$,与坐标系$(S\text{-}Z)$中的平均互信息 $I(S;Z)$之间,有

$$\begin{aligned} I(S;Z) &= \int_S\int_Z p'(sz)\log\frac{p'(z/s)}{p'(z)}\mathrm{d}s\mathrm{d}z \\[2mm] &= \int_X\int_Y\left[p(xy)\left|J\left(\frac{XY}{SZ}\right)\right|\right]\log\frac{p(y/x)\dfrac{\mathrm{d}y}{\mathrm{d}z}}{p_Y(y)\dfrac{\mathrm{d}y}{\mathrm{d}z}}\cdot\left[\left|J\left(\frac{SZ}{XY}\right)\right|\mathrm{d}x\mathrm{d}y\right] \\[2mm] &= \int_X\int_Y p(xy)\log\frac{p(y/x)}{p_Y(y)}\mathrm{d}x\mathrm{d}y \\[2mm] &= I(X;Y) \end{aligned} \tag{4.2.5-5}$$

这样,定理 4.10 就得到了证明.

定理表明:连续信道$(X\text{-}Y)$输入、输出两端,同时接上确定单值函数变换关系的"变换装置",信源与信宿之间的平均互信息,与信道两端的平均互信息是相等的,不会因为"变换装置"的变换作用,而改变连续通信系统的平均互信息. 这就是连续信道平均互信息的"不变性". 定理4.10 也可称为连续信道平均互信息的"不变性定理".

4.2.6 连续信道的测量信息

对连续信道$(X\text{-}Y)$的输出连续随机变量 Y 的计量,在工程上往往呈现为"刻度计量仪"上的离散读数.那么,从 Y 的离散读数中获取关于连续信源 X 的信息量,与连续取值的 Y 中获取的关于连续信源 X 的信息量之间有什么差别? 如何测量,才能尽量多地获取关于连续信源 X 的信息量?

定理 4.11 **设连续随机变量 Y 是连续信道$(X\text{-}Y)$对连续信源 X 的测量值,DY 是测量值 Y 分层量化后的离散读数,则有**

$$I(X;DY) \leqslant I(X;Y)$$

证明 设连续测量信道$(X\text{-}Y)$的输入区间 $X:[a,b]$,输出区间 $Y:[a',b']$,传递概率密度函数为 $p(y/x)(x\in[a,b],y\in[a',b'])$,且有

$$\int_{a'}^{b'} p(y/x)\mathrm{d}y = 1 \quad x\in[a,b] \tag{4.2.6-1}$$

如图 4.2-18 所示.

设连续信源 X 的概率密度函数为 $p(x)$,且$\int_a^b p(x)\mathrm{d}x = 1$. 测量信道$(X\text{-}Y)$输出测量值 Y 的概率密度函数 $p_Y(y)$、后验概率密度函数 $p_Y(x/y)$ 分别是:

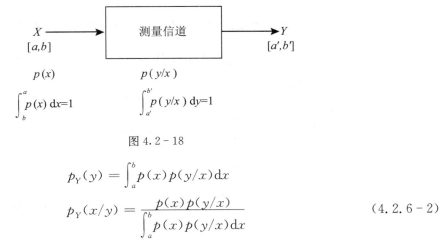

图 4.2 - 18

$$p_Y(y) = \int_a^b p(x)p(y/x)\mathrm{d}x$$

$$p_Y(x/y) = \frac{p(x)p(y/x)}{\int_a^b p(x)p(y/x)\mathrm{d}x} \qquad (4.2.6-2)$$

并设 $p_Y(y)$ 是 $y \in [a',b']$ 中的连续函数(如图 4.2 - 19 所示).

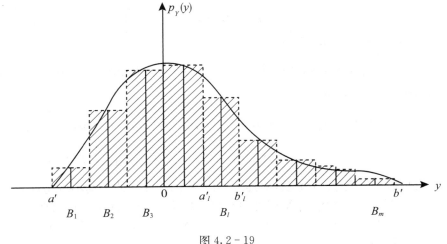

图 4.2 - 19

连续测量值 $Y \in [a',b']$ 被分割为 m 个等长区间 $[a_l',b_l']$ $(l=1,2,\cdots,m)$. 凡在区间 $[a_l',b_l']$ 中的测量值,都读成离散刻度数 $B_l(l=1,2,\cdots,m)$.

$Y \in [a',b']$ 落在第 l 个区间 $B_l:[a_l',b_l']$ $(l=1,2,\cdots,m)$ 中的概率

$$P\{Y \in B_l\} = \int_{a_l'}^{b_l'} p_Y(y)\mathrm{d}y = P(B_l) \quad (l=1,2,\cdots,m) \qquad (4.2.6-3)$$

且有

$$\sum_{l=1}^m P(B_l) = \sum_{l=1}^m \left[\int_{a_l'}^{b_l'} p_Y(y)\mathrm{d}y\right] = \int_{a'}^{b'} p_Y(y)\mathrm{d}y = 1 \qquad (4.2.6-4)$$

连续测量值 $Y \in [a',b']$ 经分层量化后的离散读数构成离散随机变量 DY,其信源空间为

$$[DY \cdot P]: \begin{cases} DY: & B_1 & B_2 & \cdots & B_m \\ P(DY): & P(B_1) & P(B_2) & \cdots & P(B_m) \end{cases} \qquad (4.2.6-5)$$

接到一个离散刻度读数 DY 后,对连续信源 X 仍然存在的平均不确定性

$$h(X/DY) = \sum_{l=1}^{m} \left[-\int_a^b P(B_l) p(x/B_l) \log p(x/B_l) \mathrm{d}x \right]$$

$$= \sum_{l=1}^{m} \left[-\int_a^b p(x B_l) \log p(x/B_l) \mathrm{d}x \right]$$

$$= \sum_{l=1}^{m} \left\{ -\int_a^b \left[\int_{a_l}^{b_l'} p(xy) \mathrm{d}y \right] \log p(x/B_l) \mathrm{d}x \right\}$$

$$= \sum_{l=1}^{m} \left\{ -\int_a^b \left[\int_{a_l}^{b_l'} p_Y(y) p_Y(x/y) \mathrm{d}y \right] \log p(x/B_l) \mathrm{d}x \right\}$$

$$= \sum_{l=1}^{m} \left[-\int_a^b \int_{a'}^{b'} p_Y(y) p_Y(x/y) \log p(x/B_l) \mathrm{d}x \mathrm{d}y \right]$$

$$= \sum_{l=1}^{m} \int_{a_l}^{b_l'} p_Y(y) \mathrm{d}y \left[-\int_a^b p_Y(x/y) \log p(x/B_l) \mathrm{d}x \right] \qquad (4.2.6-6)$$

其中

$$\begin{cases} \int_a^b p_Y(x/y) \mathrm{d}x = 1 \\ \int_a^b p(x/B_l) \mathrm{d}x = 1 \end{cases} \qquad (4.2.6-7)$$

由相对熵极值不等式,在(4.2.6-6)式中

$$-\int_a^b p_Y(x/y) \log p(x/B_l) \mathrm{d}x \geqslant -\int_a^b p_Y(x/y) \log p_Y(x/y) \mathrm{d}x \qquad (4.2.6-8)$$

由此,等式(4.2.6-6)可改写为

$$h(X/DY) \geqslant \sum_{l=1}^{m} \int_{a_l}^{b_l'} p_Y(y) \mathrm{d}y \left[-\int_a^b p_Y(x/y) \log p_Y(x/y) \mathrm{d}x \right]$$

$$= -\int_a^b \int_{a'}^{b'} p_Y(y) p_Y(x/y) \log p_Y(x/y) \mathrm{d}x \mathrm{d}y = h(X/Y) \qquad (4.2.6-9)$$

这表明,得到离散刻度读数 DY 后,对连续信源 X 仍然存在的平均不确定性 $h(X/DY)$,大于得到连续测量值 Y 后对连续信源 X 仍然存在的平均不确定性 $h(X/Y)$,则有

$$I(X;DY) = h(X) - h(X/DY) \leqslant h(X) - h(X/Y) = I(X;Y) \qquad (4.2.6-10)$$

这样,定理 4.11 就得到了证明.

定理表明:从连续测量信道(X-Y)连续测量值 Y 的"离散刻度读数"DY 中,获取关于连续信源 X 的测量信息 $I(X;DY)$,一定不会超过从连续测量值 Y 中获取关于连续信源 X 的测量信息 $I(X;Y)$.

实际上,连续测量值 Y 分层量化为"离散刻度读数"DY 的过程,可看作图 4.2-20 所示"归并信道"(Y-DY)的"传递作用".

连续信源 X 到"离散刻度读数"DY 之间的信息测量过程,就相当于"测量信道"(信道(1))与"归并信道"(信道(2))的串接信道(X-Y-DY)的信息传递过程.对信息测量来说,随机变量序列(X-Y-DY)一般可看作 Markov 链.根据"数据处理定理",亦可证明

$$I(X;DY) \leqslant I(X;Y) \qquad (4.2.6-11)$$

从"数据处理"角度来分析"信息测量"过程,由"数据处理定理"得知,不论"数据处理装置"处于串接信道的哪一个部位,这种"无源数据处理"过程总是会丢失一部分信息量.若要获取关于连续信源 X 更多测量信息,必须进行"有源"处理,对连续信源 X 进行多次测量(如图 4.2-21 所示).

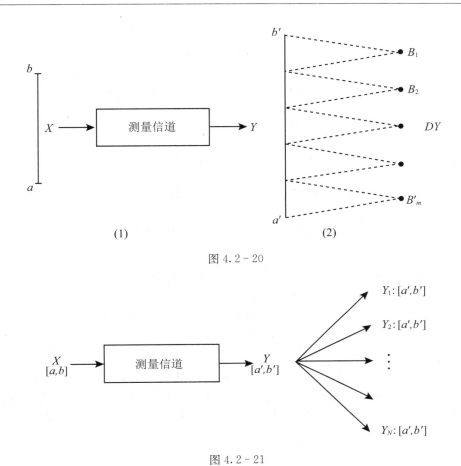

图 4.2 - 20

图 4.2 - 21

连续随机变量 $Y_l:[a',b'](l=1,2,\cdots,N)$ 表示第 $l(l=1,2,\cdots,N)$ 次关于连续信源 X 的连续测量值. 在这种"有源"处理中,测量者获取关于连续信源 X 的测量信息,是 N 次测量值 Y_1,$Y_2,\cdots,Y_N$ 与连续信源 X 的联合平均互信息 $I(X;Y_1Y_2\cdots Y_N)$. 那么,测量次数 N 与 $I(X;Y_1Y_2\cdots Y_N)$ 的大小之间存在什么样的联系呢?

定理 4.12 **设连续随机变量 $Y_1,Y_2,\cdots,Y_N,Y_N$ 是连续信源 X 的 N 次测量值. 则**
$$I(X;Y_1Y_2\cdots Y_N) \geqslant I(X;Y_1Y_2\cdots Y_{N-1})$$

证明 设 $p_Y(x/y_1y_2\cdots y_N)$ 是 N 次测量值 $Y_1=y_1,Y_2=y_2,\cdots,Y_N=y_N$ 的前提下,推测 $X=x$ 的后验概率密函数,则有
$$\int_a^b p_Y(x/y_1y_2\cdots y_N)\mathrm{d}x = 1 \quad (y_1,y_2,\cdots,y_N \in [a',b']) \qquad (4.2.6-12)$$
又设 $p_Y(x/y_1,y_2\cdots y_{N-1})$ 是 $(N-1)$ 次测量值 $Y_1=y_1,Y_2=y_2,\cdots,Y_{N-1}=y_{N-1}$ 的前提下,推测 $X=x$ 的后验概率密度函数,则有
$$\int_a^b p_Y(x/y_1,y_2\cdots y_{N-1})\mathrm{d}x = 1 \qquad (4.2.6-13)$$
由相对熵极值不等式,有

$h(X/Y_1Y_2\cdots Y_N)$

$$=-\int_a^b\int_{a'}^{b'}\cdots\int_{a'}^{b'}p_Y(y_1y_2\cdots y_N)p_Y(x/y_1y_2\cdots y_N)\log p_Y(x/y_1y_2\cdots y_N)\mathrm{d}x\mathrm{d}y_1\cdots\mathrm{d}y_N$$

$$=\int_{a'}^{b'}\int_{b'}^{b'}\cdots\int_{a'}^{b'}p_Y(y_1y_2\cdots y_N)\mathrm{d}y_1\mathrm{d}y_2\cdots\mathrm{d}y_N\left[-\int_a^b p_Y(x/y_1y_2\cdots y_N)\log p_Y(x/y_1y_2\cdots y_N)\mathrm{d}x\right]$$

$$\leqslant\int_{a'}^{b'}\int_{b'}^{b'}\cdots\int_{a'}^{b'}p_Y(y_1y_2\cdots y_N)\mathrm{d}y_1\mathrm{d}y_2\cdots\mathrm{d}y_N\left[-\int_a^b p_Y(x/y_1y_2\cdots y_N)\log p_Y(x/y_1y_2\cdots y_{N-1})\mathrm{d}x\right]$$

$$=-\int_a^b\int_{a'}^{b'}\cdots\int_{a'}^{b'}p_Y(y_1y_2\cdots y_N)p_Y(x/y_1y_2\cdots y_N)\log p_Y(x/y_1y_2\cdots y_{N-1})\mathrm{d}x\mathrm{d}y_1\cdots\mathrm{d}y_N$$

$$=-\int_a^b\int_{a'}^{b'}\cdots\int_{a'}^{b'}p(xy_1y_2\cdots y_N)\log p_Y(x/y_1y_2\cdots y_{N-1})\mathrm{d}x\mathrm{d}y_1\cdots\mathrm{d}y_N$$

$$=-\int_a^b\int_{a'}^{b'}\cdots\int_{a'}^{b'}p(xy_1y_2\cdots y_{N-1})\log p(x/y_1y_2\cdots y_{N-1})\mathrm{d}x\mathrm{d}y_1\cdots\mathrm{d}y_{N-1}$$

$$=h(X/Y_1Y_2\cdots Y_{N-1}) \tag{4.2.6-14}$$

由此,N 次测量值 $Y_1,Y_2,\cdots,Y_N$ 与连续信源 X 的平均联合互信息

$$I(X;Y_1Y_2\cdots Y_N)=h(X)-h(X/Y_1Y_2\cdots Y_N)$$

$$\geqslant h(X)-h(X/Y_1Y_2\cdots Y_{N-1})$$

$$=I(X;Y_1Y_2\cdots Y_{N-1}) \tag{4.2.6-15}$$

这样,定理 4.12 就得到了证明.

定理表明:在多次测量的"有源"处理中,从 N 次测量值 $Y_1,Y_2,\cdots,Y_N$ 中获取关于连续信源 X 的信息量 $I(X;Y_1Y_2\cdots Y_N)$,一定不会小于从 $(N-1)$ 次测量值 $Y_1,Y_2,\cdots,Y_{N-1}$ 中获取关于连续信源 X 的信息量 $I(X;Y_1Y_2\cdots Y_N)$.测量次数 N 越多,获取关于连续信源 X 的信息量也就越多.

令

$$\Delta I_N=I(X;Y_1Y_2\cdots Y_N)-I(X;Y_1Y_2\cdots Y_{N-1})$$

$$=h(X/Y_1Y_2\cdots Y_{N-1})-h(X/Y_1Y_2\cdots Y_N)$$

$$=-\int_a^b\int_{a'}^{b'}\cdots\int_{a'}^{b'}p(xy_1y_2\cdots y_{N-1})\log p_Y(x/y_1y_2\cdots y_{N-1})\mathrm{d}x\mathrm{d}y_1\mathrm{d}y_2\cdots\mathrm{d}y_{N-1}$$

$$-\left[-\int_a^b\int_{a'}^{b'}\cdots\int_{a'}^{b'}p(xy_1y_2\cdots y_N)\log p_Y(x/y_1y_2\cdots y_N)\mathrm{d}x\mathrm{d}y_1\mathrm{d}y_2\cdots\mathrm{d}y_N\right]$$

$$=-\int_a^b\int_{a'}^{b'}\cdots\int_{a'}^{b'}p(xy_1y_2\cdots y_N)\log p_Y(x/y_1y_2\cdots y_{N-1})\mathrm{d}x\mathrm{d}y_1\mathrm{d}y_2\cdots\mathrm{d}y_N$$

$$-\left[-\int_a^b\int_{a'}^{b'}\cdots\int_{a'}^{b'}p(xy_1y_2\cdots y_N)\log p_Y(x/y_1y_2\cdots y_N)\mathrm{d}x\mathrm{d}y_1\mathrm{d}y_2\cdots\mathrm{d}y_N\right]$$

$$=\int_a^b\int_{a'}^{b'}\cdots\int_{a'}^{b'}p(xy_1y_2\cdots y_N)\log\frac{p_Y(x/y_1y_2\cdots y_N)}{p_Y(x/y_1y_2\cdots y_{N-1})}\mathrm{d}x\mathrm{d}y_1\mathrm{d}y_2\cdots\mathrm{d}y_N$$

$$=I(X;Y_N/Y_1Y_2\cdots Y_{N-1}) \tag{4.2.6-16}$$

这表明,N 次测量比 $(N-1)$ 次测量增加的关于连续信源 X 的平均联合互信息 ΔI_N,等于在 $(N-1)$ 次测量值 $Y_1,Y_2,\cdots,Y_N$ 已知的前提下,再从第 N 次测量值 Y_N 中获取关于连续信源 X 的平均条件互信息 $I(X;Y_N/Y_1Y_2\cdots Y_{N-1})$.

在多次测量"有源"处理中,除了测量次数 N 以外还有测量方法的因素.N 次测量可以是相

互统计独立地进行,也可以在 N 次测量值 $Y_1, Y_2, \cdots, Y_N$ 之间存在统计依赖关系.那么,同样测量 N 次,哪一种测量方法能获取更多的关于连续信源 X 的信息量呢?

定理 4.13　从 N 次测量值 $Y_1, Y_2, \cdots, Y_N$ 中获取关于连续信源 X 的平均联合互信息 $I(X; Y_1 Y_2 \cdots Y_N)$,在 $Y_1, Y_2, \cdots, Y_N$ 相互统计独立时的平均互信息 $I_0(X; Y_1 Y_2 \cdots Y_N)$ 达到最大值,即

$$I_0(X; Y_1 Y_2 \cdots Y_N) \geqslant I(X; Y_1 Y_2 \cdots Y_N)$$

证明　设 N 次独立测量值 $Y_1, Y_2, \cdots, Y_N$ 的联合概率密度函数为 $p_{Y_0}(y_1 y_2 \cdots y_N)$,则有

$$p_{Y_0}(y_1 y_2 \cdots y_N) = p_{Y_0}(y_1) p_{Y_0}(y_2) \cdots p_{Y_0}(y_N) \tag{4.2.6-17}$$

则其后验概率密度函数

$$p_{Y_0}(x/y_1 y_2 \cdots y_N) = \frac{p(x y_1 y_2 \cdots y_N)}{p_{Y_0}(y_1 y_2 \cdots y_N)} = \frac{p(x y_1 y_2 \cdots y_N)}{p_{Y_0}(y_1) p_{Y_0}(y_2) \cdots p_{Y_0}(y_N)} \tag{4.2.6-18}$$

又设 N 次独立测量值 $Y_1, Y_2, \cdots, Y_N$ 已知条件下,对连续信源 X 仍然存在的平均不确定性为 $h_0(X/Y_1 Y_2 \cdots Y_N)$.则有

$$\begin{aligned}
&h_0(X/Y_1 Y_2 \cdots Y_N) - h(X/Y_1 Y_2 \cdots Y_N) \\
&= -\int_a^b \int_{a'}^{b'} \cdots \int_{a'}^{b'} p(x y_1 y_2 \cdots y_N) \log p_{Y_0}(x/y_1 y_2 \cdots y_N) \mathrm{d}x \mathrm{d}y_1 \mathrm{d}y_2 \cdots \mathrm{d}y_N \\
&\quad - \left[-\int_a^b \int_{a'}^{b'} \cdots \int_{a'}^{b'} p(x y_1 y_2 \cdots y_N) \log p_Y(x/y_1 y_2 \cdots y_N) \mathrm{d}x \mathrm{d}y_1 \mathrm{d}y_2 \cdots \mathrm{d}y_N \right] \\
&= \int_a^b \int_{a'}^{b'} \cdots \int_{a'}^{b'} p(x y_1 y_2 \cdots y_N) \log \frac{p_Y(x/y_1 y_2 \cdots y_N)}{p_{Y_0}(x/y_1 y_2 \cdots y_N)} \mathrm{d}x \mathrm{d}y_1 \mathrm{d}y_2 \cdots \mathrm{d}y_N \\
&= \int_a^b \int_{a'}^{b'} \cdots \int_{a'}^{b'} p(x y_1 y_2 \cdots y_N) \log \frac{\dfrac{p(x y_1 y_2 \cdots y_N)}{p_Y(y_1 y_2 \cdots y_N)}}{\dfrac{p(x y_1 y_2 \cdots y_N)}{p_{Y_0}(y_1 y_2 \cdots y_N)}} \mathrm{d}x \mathrm{d}y_1 \mathrm{d}y_2 \cdots \mathrm{d}y_N \\
&= \int_a^b \int_{a'}^{b'} \cdots \int_{a'}^{b'} p(x y_1 y_2 \cdots y_N) \log \frac{p_{Y_0}(y_1) p_{Y_0}(y_2) \cdots p_{Y_0}(y_N)}{p_Y(y_1 y_2 \cdots y_N)} \mathrm{d}x \mathrm{d}y_1 \mathrm{d}y_2 \cdots \mathrm{d}y_N
\end{aligned}$$

$$\tag{4.2.6-19}$$

因为,其中

$$\int_a^b \int_{a'}^{b'} \cdots \int_{a'}^{b'} p(x y_1 y_2 \cdots y_N) \mathrm{d}x \mathrm{d}y_1 \mathrm{d}y_2 \cdots \mathrm{d}y_N = 1 \tag{4.2.6-20}$$

根据 $\cap$ 形凸函数的特性,有

$$\begin{aligned}
&h_0(X/Y_1 Y_2 \cdots Y_N) - h(X/Y_1 Y_2 \cdots Y_N) \\
&\leqslant \log \left[\int_a^b \int_{a'}^{b'} \cdots \int_{a'}^{b'} p(x y_1 y_2 \cdots y_N) \frac{p_{Y_0}(y_1) p_{Y_0}(y_2) \cdots p_{Y_0}(y_N)}{p_Y(y_1 y_2 \cdots y_N)} \mathrm{d}x \mathrm{d}y_1 \mathrm{d}y_2 \cdots \mathrm{d}y_N \right] \\
&= \log \left[\int_a^b \int_{a'}^{b'} \cdots \int_{a'}^{b'} p_Y(x/y_1 y_2 \cdots y_N) p_{Y_0}(y_1) p_{Y_0}(y_2) \cdots p_{Y_0}(y_N) \mathrm{d}x \mathrm{d}y_1 \mathrm{d}y_2 \cdots \mathrm{d}y_N \right] \\
&= \log \left[\int_a^b p_Y(x/y_1 y_2 \cdots y_N) \mathrm{d}x \int_{a'}^{b'} p_{Y_0}(y_1) \mathrm{d}y_1 \int_{a'}^{b'} p_{Y_0}(y_2) \mathrm{d}y_2 \cdots \int_{a'}^{b'} p_{Y_0}(y_N) \mathrm{d}y_N \right] \\
&= \log 1 = 0
\end{aligned}$$

$$\tag{4.2.6-21}$$

由此,得

$$I_0(X;Y_1Y_2\cdots Y_N) - I(X;Y_1Y_2\cdots Y_N)$$

$$= [h(X) - h_0(X/Y_1Y_2\cdots Y_N)] - [h(X) - h(X/Y_1Y_2\cdots Y_N)]$$

$$= h(X/Y_1Y_2\cdots Y_N) - h_0(X/Y_1Y_2\cdots Y_N) \geqslant 0 \qquad (4.2.6-22)$$

即证得

$$I_0(X;Y_1Y_2\cdots Y_N) \geqslant I(X;Y_1Y_2\cdots Y_N) \qquad (4.2.6-23)$$

这样,定理 4.13 就得到了证明.

定理表明:若要从 N 次测量值 $Y_1,Y_2,\cdots,Y_N$ 中,获取最多的关于连续信源 X 的平均联合互信息,实施最有效的"有源"处理,必须保持 N 次测量是统计独立地进行,使测量值 $Y_1,Y_2,\cdots,Y_N$ 是相互统计独立的连续随机变量.

4.3 连续信道的信道容量

同离散信道一样,信道容量是连续信道信息传输的最大能力,是连续信道的重要指标,信道容量同样是连续通信系统信息传输的重要课题.

4.3.1 信道容量的定义

同离散信道一样,连续信道(X-Y)的平均互信息 $I(X;Y)$ 同样具有"非负性".这是因为对输入区间 $X:[a,b]$、输出区间 $Y:[a',b']$、传递概率密度函数为 $p(y/x)$ 的连续信道(X-Y)来说,当输入信源 $X:[a,b]$ 的概率密度函数为 $p(x)$ 时,平均互信息

$$I(X;Y) = \int_a^b \int_{a'}^{b'} p(xy)\log\frac{p(xy)}{p(x)p_Y(y)}\mathrm{d}x\mathrm{d}y \qquad (4.3.1-1)$$

则

$$-I(X;Y) = \int_a^b \int_{a'}^{b'} p(xy)\log\frac{p(x)p_Y(y)}{p(xy)}\mathrm{d}x\mathrm{d}y$$

$$\leqslant \log\left[\int_a^b \int_{a'}^{b'} p(xy)\frac{p(x)p_Y(y)}{p(xy)}\mathrm{d}x\mathrm{d}y\right]$$

$$= \log\left[\int_a^b p(x)\mathrm{d}x \int_{a'}^{b'} p_Y(y)\mathrm{d}y\right]$$

$$= \log 1 = 0 \qquad (4.3.1-2)$$

即有

$$I(X;Y) \geqslant 0 \qquad (4.3.1-3)$$

连续信道(X-Y)的平均互信息 $I(X;Y)$ 是相对熵 $h(X)$ 和相对条件熵 $h(X/Y)$ 之差,

$$I(X;Y) = h(X) - h(X/Y) \qquad (4.3.1-4)$$

而相对熵 $h(X)$ 是信息熵 $H(X)$ 中有定值的部分,相对条件熵 $h(X/Y)$ 是信息条件熵 $H(X/Y)$ 中有定值的部分.所以,$I(X;Y)$ 一定是一个有限值.

连续信道(X-Y)的平均互信息 $I(X;Y)$ 是一个非负的有限值,而且是信源 X 的概率密度函数 $p(x)$ 和信道传递概率密度函数 $p(y/x)$ 的函数

$$I(X;Y) = \int_a^b \int_{a'}^{b'} p(x)p(y/x)\log\frac{p(y/x)}{\int_a^b p(x)p(y/x)\mathrm{d}x} = I[p(x),p(y/x)] \qquad (4.3.1-5)$$

对于传递概率密度函数固定为 $p_0(y/x)$ 的给定信道来说,平均互信息就是信源 X 的概率密度函数 $p(x)$ 的函数

$$I(X;Y) = I[p(x)]_{p_0(y/x)} \qquad (4.3.1-6)$$

那么 $I[p(x)]_{p_0(y/x)}$ 是 $p(x)$ 的什么函数呢? 变动 $p(x)$ 是否能导致 $I[p(x)]_{p_0(y/x)}$ 的最大值?

定理 4.14　传递概率密度函数为 $p_0(y/x)$ 的连续信道$(X-Y)$的平均互信息 $I(X;Y)$,是输入信源 X 的概率密度函数 $p(x)$ 的 $\bigcap$ 形凸函数.

证明

(1) 把概率密度函数为 $p_1(x)$ 的连续信源 X,与给定信道$(X-Y)$相接(如图 4.3-1 所示).

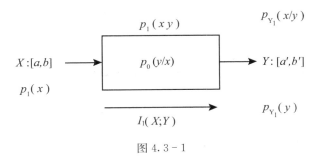

图 4.3-1

其中,

① $\int_a^b p(x)\mathrm{d}x = 1$　　　　　　　　　　　　　　　　　　　　　$(4.3.1-7)$

② $\begin{cases} p_1(xy) = p_1(x)p_0(y/x) \\ \int_a^b\int_{a'}^{b'} p_1(xy)\mathrm{d}x\mathrm{d}y = \int_a^b p_1(x)\mathrm{d}x\int_{a'}^{b'} p_0(y/x)\mathrm{d}y = 1 \end{cases}$　　　$(4.3.1-8)$

③ $\begin{cases} p_{Y_1}(y) = \int_a^b p_1(xy)\mathrm{d}x = \int_a^b p_1(x)p_0(y/x)\mathrm{d}x \\ \int_{a'}^{b'} p_{Y_1}(y)\mathrm{d}y = \int_{a'}^{b'}\int_a^b p_1(x)p_0(y/x)\mathrm{d}x\mathrm{d}y \\ \qquad\qquad = \int_a^b p_1(x)\mathrm{d}x\int_{a'}^{b'} p_0(y/x)\mathrm{d}y = 1 \end{cases}$　　$(4.3.1-9)$

④ $\begin{cases} p_{Y_1}(x/y) = \dfrac{p_1(xy)}{p_{Y_1}(y)} = \dfrac{p_1(x)p_0(y/x)}{\int_a^b p_1(x)p_0(y/x)\mathrm{d}x} \\ \int_a^b p_{Y_1}(x/y)\mathrm{d}x = \dfrac{\int_a^b p_1(x)p_0(y/x)\mathrm{d}x}{\int_a^b p_1(x)p_0(y/x)\mathrm{d}x} = 1 \end{cases}$　　$(4.3.1-10)$

由此,流经给定信道$(X-Y)$的平均互信息

$$I_1(X;Y) = I_1[p_1(x)]_{p_0(y/x)}$$
$$= \int_a^b\int_{a'}^{b'} p_1(xy)\log\frac{p_0(y/x)}{p_{Y_1}(y)} = \mathrm{d}x\mathrm{d}y \qquad (4.3.1-11)$$

(2) 把概率密度函数为 $p_2(x)$ 的连续信源 X,与给定信道$(X-Y)$相接(如图 4.3-2 所示).

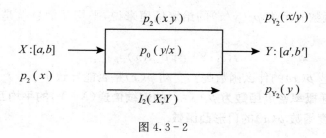

图 4.3-2

其中,

① $\int_a^b p_2(x)\mathrm{d}x = 1$ (4.3.1-12)

② $\begin{cases} p_2(xy) = p_2(x)p_0(y/x) \\ \int_a^b\int_{a'}^{b'}p_2(xy)\mathrm{d}x\mathrm{d}y = \int_a^b\int_{a'}^{b'}p_2(x)p_0(y/x)\mathrm{d}x\mathrm{d}y \\ \qquad\qquad = \int_a^b p_2(x)\mathrm{d}x\int_{a'}^{b'}p_0(y/x)\mathrm{d}y = 1 \end{cases}$ (4.3.1-13)

③ $\begin{cases} p_{Y_2}(y) = \int_a^b p_2(xy)\mathrm{d}x = \int_a^b p_2(x)p_0(y/x)\mathrm{d}x \\ \int_{a'}^{b'}p_{Y_2}(y)\mathrm{d}y = \int_{a'}^{b'}\int_a^b p_2(x)p_0(y/x)\mathrm{d}x\mathrm{d}y \\ \qquad\qquad = \int_a^b p_2(x)\mathrm{d}x\int_{a'}^{b'}p_0(y/x)\mathrm{d}y = 1 \end{cases}$ (4.3.1-14)

④ $\begin{cases} p_{Y_2}(x/y) = \dfrac{p_2(xy)}{p_{Y_2}(y)} = \dfrac{p_2(x)p_0(y/x)}{\int_a^b p_2(x)p_0(y/x)\mathrm{d}x} \\ \int_a^b p_{Y_2}(x/y)\mathrm{d}x = \dfrac{\int_a^b p_2(x)p_0(y/x)\mathrm{d}x}{\int_a^b p_2(x)p_0(y/x)\mathrm{d}x} = 1 \end{cases}$ (4.3.1-15)

由此,流经给定信道(X-Y)的平均互信息

$$I_2(X;Y) = I_2[p_2(x)]_{p_0(y/x)}$$

$$= \int_a^b\int_{a'}^{b'}p_2(xy)\log\frac{p_0(y/x)}{p_{Y_2}(y)}\mathrm{d}x\mathrm{d}y \qquad (4.3.1-16)$$

(3) 把概率密度函数为 $p_3(x) = \alpha p_1(x) + \beta p_2(x)(0<\alpha,\beta<1;\alpha+\beta=1)$ 的连续信源 X,与给定信道(X-Y)相接(如图 4.3-3 所示).

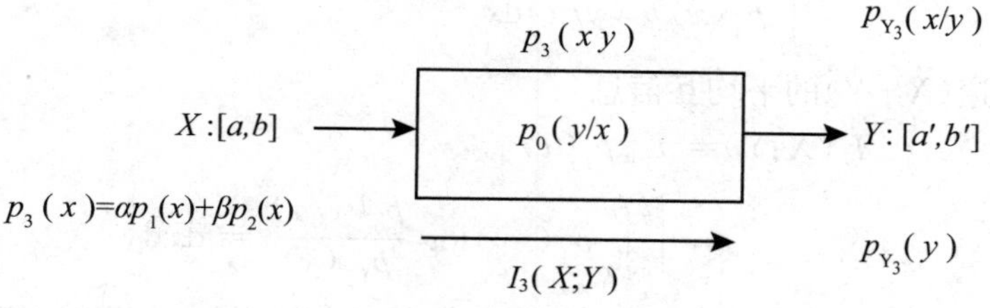

$$p_3(xy) \qquad\qquad P_{Y_3}(x/y)$$

$$X:[a,b] \longrightarrow \boxed{p_0(y/x)} \longrightarrow Y:[a',b']$$

$$p_3(x) = \alpha p_1(x) + \beta p_2(x)$$

$$I_3(X;Y) \longrightarrow P_{Y_3}(y)$$

图 4.3-3

其中

① $\begin{cases} p_3(x) = \alpha p_1(x) + \beta p_2(x) & (0 < \alpha < 1; 0 < \beta < 1; \alpha + \beta = 1) \\ \int_a^b p_3(x)\mathrm{d}x = \int_a^b \alpha p_1(x)\mathrm{d}x + \int_a^b \beta p_2(x)\mathrm{d}x = \alpha + \beta = 1 \end{cases}$ 　(4.3.1-17)

②
$$\begin{cases} \begin{aligned} p_3(xy) &= p_3(x)p_0(y/x) = [\alpha p_1(x) + \beta p_2(x)]p_0(y/z) \\ &= \alpha p_1(x)p_0(y/x) + \beta p_2(x)p_0(y/x) \\ &= \alpha p_1(xy) + \beta p_2(xy) \end{aligned} \\ \begin{aligned} \int_a^b\int_{a'}^{b'} p_3(xy)\mathrm{d}x\mathrm{d}y &= \int\int_a^b \alpha p_1(xy)\mathrm{d}x\mathrm{d}y + \int\int_a^b \beta p_2(xy)\mathrm{d}x\mathrm{d}y \\ &= \alpha\int_a^b p_1(xy)\mathrm{d}x\mathrm{d}y + \beta\int_a^b\int_{a'}^{b'} p_2(xy)\mathrm{d}x\mathrm{d}y \\ &= \alpha + \beta = 1 \end{aligned} \end{cases}$$ 　(4.3.1-18)

③
$$\begin{cases} \begin{aligned} p_{Y_3}(y) &= \int_a^b p_3(xy)\mathrm{d}x = \int_a^b \alpha p_1(xy)\mathrm{d}x + \int_a^b \beta p_2(xy)\mathrm{d}x \\ &= \alpha\int_a^b p_1(xy)\mathrm{d}x + \beta\int_a^b p_2(xy)\mathrm{d}x \\ &= \alpha p_{Y_1}(y) + \beta p_{Y_2}(y) \end{aligned} \\ \begin{aligned} \int_{a'}^{b'} p_{Y_3}(y)\mathrm{d}y &= \int_{a'}^{b'} \alpha p_{Y_1}(y)\mathrm{d}y + \int_{a'}^{b'} \beta p_{Y_2}(y)\mathrm{d}y \\ &= \alpha + \beta = 1 \end{aligned} \end{cases}$$ 　(4.3.1-19)

④
$$\begin{cases} \begin{aligned} p_{Y_3}(x/y) &= \frac{p_3(xy)}{p_{Y_3}(y)} = \frac{\alpha p_1(xy) + \beta p_2(xy)}{\alpha p_{Y_1}(y) + \beta p_{Y_2}(y)} \end{aligned} \\ \begin{aligned} \int_a^b p_{Y_3}(x/y)\mathrm{d}x &= \frac{\int_a^b [\alpha p_1(xy) + \beta p_2(xy)]\mathrm{d}x}{\alpha p_{Y_1}(y) + \beta p_{Y_2}(y)} \\ &= \frac{\alpha\int_a^b p_1(xy)\mathrm{d}x + \beta\int_a^b p_2(xy)\mathrm{d}x}{\alpha p_{Y_1}(y) + \beta p_{Y_2}(y)} \\ &= \frac{\alpha p_{Y_1}(y) + \beta p_{Y_2}(y)}{\alpha p_{Y_1}(y) + \beta p_{Y_2}(y)} = 1 \end{aligned} \end{cases}$$ 　(4.3.1-20)

由此,流经给定信道(X-Y)的平均互信息

$$\begin{aligned} I_3(X;Y) &= I_3[\alpha p_1(x) + \beta p_2(x)]_{p_0(y/x)} \\ &= \int_a^b\int_{a'}^{b'} p_3(xy)\log\frac{p_0(y/x)}{p_{Y_3}(y)}\mathrm{d}x\mathrm{d}y \end{aligned}$$ 　(4.3.1-21)

(4) 由(4.3.1-11)式、(4.3.1-16)式、(4.3.1-21)式,有

$$\alpha I_1[p_1(x)]_{p_0(y/x)} + \beta I_2[p_2(x)]_{p_0(y/x)} - I_3[\alpha p_1(x) + \beta p_2(x)]_{p_0(y/x)}$$

$$= \alpha\int_a^b\int_{a'}^{b'} p_1(xy)\log\frac{p_0(y/x)}{p_{Y_1}(y)}\mathrm{d}x\mathrm{d}y + \beta\int_a^b\int_{a'}^{b'} p_2(xy)\log\frac{p_0(y/x)}{p_{Y_2}(y)}\mathrm{d}x\mathrm{d}y$$

$$-\int_a^b\int_{a'}^{b'}p_3(xy)\log\frac{p_0(y/x)}{p_{Y_3}(y)}\mathrm{d}x\mathrm{d}y$$

$$=\alpha\int_a^b\int_{a'}^{b'}p_1(xy)\log\frac{p_0(y/x)}{p_{Y_1}(y)}\mathrm{d}x\mathrm{d}y+\beta\int_a^b\int_{a'}^{b'}p_2(xy)\log\frac{p_0(y/x)}{p_{Y_2}(y)}\mathrm{d}x\mathrm{d}y$$

$$-\int_a^b\int_{a'}^{b'}[\alpha p_1(xy)+\beta p_2(xy)]\log\frac{p_0(y/x)}{p_{Y_3}(y)}\mathrm{d}x\mathrm{d}y$$

$$=\alpha\int_a^b\int_{a'}^{b'}p_1(xy)\log\frac{p_0(y/x)}{p_{Y_1}(y)}\mathrm{d}x\mathrm{d}y-\alpha\int_a^b\int_{a'}^{b'}p_1(xy)\log\frac{p_0(y/x)}{p_{Y_3}(y)}\mathrm{d}x\mathrm{d}y$$

$$+\beta\int_a^b\int_{a'}^{b'}p_2(xy)\log\frac{p_0(y/x)}{p_{Y_2}(y)}\mathrm{d}x\mathrm{d}y-\beta\int_a^b\int_{a'}^{b'}p_2(xy)\log\frac{p_0(y/x)}{p_{Y_3}(y)}\mathrm{d}x\mathrm{d}y$$

$$=\alpha\int_a^b\int_{a'}^{b'}p_1(xy)\log\frac{p_{Y_3}(y)}{p_{Y_1}(y)}\mathrm{d}x\mathrm{d}y+\beta\int_a^b\int_{a'}^{b'}p_2(xy)\log\frac{p_{Y_3}(y)}{p_{Y_2}(y)}\mathrm{d}x\mathrm{d}y$$

$$\leqslant\alpha\log\left[\int_a^b\int_{a'}^{b'}p_{Y_1}(x/y)p_{Y_3}(y)\mathrm{d}x\mathrm{d}y\right]+\beta\log\left[\int_a^b\int_{a'}^{b'}p_{Y_2}(x/y)p_{Y_3}(y)\mathrm{d}x\mathrm{d}y\right]$$

$$=\alpha\log\left[\int_a^b p_{Y_1}(x/y)\mathrm{d}x\int_{a'}^{b'}p_{Y_3}(y)\mathrm{d}y\right]+\beta\log\left[\int_a^b p_{Y_2}(x/y)\mathrm{d}x\int_{a'}^{b'}p_{Y_3}(y)\mathrm{d}y\right]$$

$$=\alpha\log 1+\beta\log 1=0 \tag{4.3.1-22}$$

即证得

$$\alpha I_1[p_1(x)]_{p_0(y/x)}+\beta I_2[p_2(x)]_{p_0(y/x)}\leqslant I_3[\alpha p_1(x)+\beta p_2(x)]_{p_0(y/x)} \tag{4.3.1-23}$$

这表明,作为输入信源 X 概率密度函数 $p(x)$ 的函数,给定连续信道($X-Y$)的平均互信息 $I[p(x)]_{p_0(y/x)}$ 具有这样的函数特性:$p_1(x)$ 和 $p_2(x)$ 的"内插值"$[\alpha p_1(x)+\beta p_2(x)]$ 的函数值 $I_3[\alpha p_1(x)+\beta p_2(x)]_{p_0(y/x)}$,大于或等于函数 $I_1[p_1(x)]_{p_0(y/x)}$ 和 $I_2[p_2(x)]_{p_0(y/x)}$ 的"内插值" $\{\alpha I_1[p_1(x)]_{p_0(y/x)}+\beta I_2[p_2(x)]_{p_0(y/x)}\}$. 根据 $\cap$ 形凸函数的定义,平均互信息 $I[p(x)]_{p_0(y/x)}$ 就是信源 X 概率密度函数 $p(x)$ 的 $\cap$ 形凸函数. 这样,定理 4.14 就得到了证明.

连续信道($X-Y$)的平均互信息 $I[p(x)]_{p_0(y/x)}$ 是一个非负有限值,一定存在最大值. 根据平均互信息 $I[p(x)]_{p_0(y/x)}$ 的上凸性,变动输入信源 X 的概率密度函数 $p(x)$,总可找到一种概率密度函数 $p_0(x)$,使平均互信息 $I[p(x)]_{p_0(y/x)}$ 达到极大值 $I[p(x)]_{p_0(y/x)}$,这个极大值,就是平均互信息 $I[p(x)]_{p_0(y/x)}$ 的最大值

$$C=\max_{p(x)}\{I[p(x)]_{p_0(y/x)}\}=I[p_0(x)]_{p_0(y/x)} \tag{4.3.1-24}$$

最大值 C 定义为传递概率密度函数固定为 $p_0(y/x)$ 的连续信道($X-Y$)的"信道容量". 概率密度函数为 $p_0(x)$ 的连续信源 X,称为信道($X-Y$)的"匹配信源". 信道容量 C 是连续信道($X-Y$)传递概率密度函数 $p_0(y/x)$ 的函数

$$C=C[p_0(y/x)] \tag{4.3.1-25}$$

是连续信道($X-Y$)自身的信息特征参量.

【例 4.14】 在图 E4.14-1 中,信道(1)($X-Y_1$)、信道(2)($X-Y_2$)的传递概率密度函数分别为 $p(y_1/x)$ 和 $p(y_2/x)$,且 $p(y_1/x)=p(y_2/x)$. 信道($X-Y_1Y_2$)的传递概率密度函数 $p(y_1y_2/x)=p(y_1/x)p(y_2/x)$.

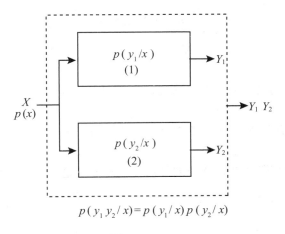

$$p(y_1 y_2 / x) = p(y_1 / x) p(y_2 / x)$$

图 E 4.14 - 1

（1）求解平均联合互信息 $I(X;Y_1 Y_2)$ 与平均互信息 $I(X;Y_1)$、$I(X;Y_2)$ 的关系表达式；

（2）试证明：信道（1）$(X - Y_1)$、信道（2）$(X - Y_2)$ 的信道容量 C_1 和 C_2 相等，$C_0 = C_1 = C_2$；

（3）试证明：信道$(X - Y_1 Y_2)$ 的信道容量 C，不超过 $C_1 + C_2 = 2C_0$，即 $C \leqslant 2C_0$；

（4）对这种"单输入、双输出"连续信道的特性，予以解释.

解

（1）平均联合互信息 $I(X;Y_1 Y_2)$.

信道（1）、（2）输出 Y_1 和 Y_2 与信源 X 的平均联合互信息，按定义有

$$\begin{aligned}
I(X;Y_1 Y_2) &= h(Y_1 Y_2) - h(Y_1 Y_2 / X) \\
&= [h(Y_1) - h(Y_1)] + [h(Y_2) - h(Y_2)] \\
&\quad + [-h(Y_1/X) + h(Y_1/X)] + [-h(Y_2/X) + h(Y_2/X)] \\
&\quad + h(Y_1 Y_2) - h(Y_1 Y_2 / X) \\
&= [h(Y_1) - h(Y_1/X)] + [h(Y_2) - h(Y_2/X)] \\
&\quad - [h(Y_1) + h(Y_2) - h(Y_1 Y_2)] \\
&\quad + [h(Y_1/X) + h(Y_2/X) - h(Y_1 Y_2 / X)] \\
&= I(X;Y_1) + I(X;Y_2) - I(Y_1;Y_2) + I(Y_1;Y_2/X)
\end{aligned} \tag{1}$$

信道（1）、（2）输出 Y_1 和 Y_2 的平均条件互信息 $I(Y_1;Y_2/X)$ 又可写成

$$I(Y_1;Y_2/X) = h(Y_2/X) - h(Y_2/XY_1) \tag{2}$$

而条件概率密度函数

$$p(y_2/x y_1) = \frac{p(y_1 y_2 / x)}{p(y_1 / x)} = \frac{p(p_1/x) p(y_2/x)}{p(y_1/x)} = p(y_2/x) \tag{3}$$

则相对条件熵

$$\begin{aligned}
h(Y_2/XY_1) &= -\int_X \int_{Y_1} \int_{Y_2} p(x y_1 y_2) \log p(y_2/x y_1) \, \mathrm{d}x \mathrm{d}y_1 \mathrm{d}y_2 \\
&= -\int_X \int_{Y_1} \int_{Y_2} p(x y_1 y_2) \log p(y_2/x) \, \mathrm{d}x \mathrm{d}y_1 \mathrm{d}y_2
\end{aligned}$$

$$=-\int_X\int_{Y_2}p(xy_2)\log p(y_2/x)\mathrm{d}x\mathrm{d}y_2$$

$$=h(Y_2/X) \tag{4}$$

由(2)、(4)式,有

$$I(Y_1;Y_2/X)=h(Y_2/X)-h(Y_2/XY_1)=0 \tag{5}$$

则由(1)、(5)式,有

$$I(X;Y_1Y_2)=I(X;Y_1)+I(X;Y_2)-I(Y_1;Y_2) \tag{6}$$

(2) 平均互信息 $I(X;Y_1)$、$I(X;Y_2)$.

信道(1)$(X\text{-}Y_1)$、信道(2)$(X\text{-}Y_2)$的平均互信息分别是

$$I(X;Y_1)=\int_X\int_{Y_1}p(x)p(y_1/x)\log\frac{p(y_1/x)}{p_Y(y_1)}\mathrm{d}x\mathrm{d}y_1 \tag{7}$$

$$I(X;Y_2)=\int_X\int_{Y_2}p(x)p(y_2/x)\log\frac{p(y_2/x)}{p_Y(y_2)}\mathrm{d}x\mathrm{d}y_2 \tag{8}$$

因有

$$p(y_1/x)=p(y_2/x) \tag{9}$$

所以

$$p_Y(y_1)=\int_X p(x)p(y_1/x)\mathrm{d}x=\int_X p(x)p(y_2/x)\mathrm{d}x=p_Y(y_2) \tag{10}$$

则有

$$I(X;Y_1)=I(X;Y_2) \tag{11}$$

(3) 平均互信息 $I(Y_1;Y_2)$.

信道$(X\text{-}Y_1Y_2)$输出 Y_1 和 Y_2 的联合概率密度函数

$$p_Y(y_1y_2)=\int_X p(xy_1y_2)\mathrm{d}x=\int_X p(x)p(y_1y_2/x)\mathrm{d}x$$

$$=\int_X p(x)p(y_1/x)p(y_2/x)\mathrm{d}x \tag{12}$$

而信道(1)$(X\text{-}Y_1)$输出 Y_1 的概率密度函数

$$p_Y(y_1)=\int_X p(x)p(y_1/x)\mathrm{d}x \tag{13}$$

信道(2)$(X\text{-}Y_2)$输出 Y_2 的概率密度函数

$$p_Y(y_2)=\int_X p(x)p(y_2/x)\mathrm{d}x \tag{14}$$

由此可见,

$$p_Y(y_1y_2)\neq p_Y(y_1)p_Y(y_2) \tag{15}$$

这表明,信道$(X\text{-}Y_1Y_2)$输出随机变量 Y_1 和 Y_2 并非统计独立.所以

$$I(Y_1;Y_2)\geqslant 0 \tag{16}$$

(4) 信道$(X\text{-}Y_1Y_2)$的容量 C 与信道$(X\text{-}Y_1)$、$(X\text{-}Y_2)$的容量 C_0.

令信道(1)$(X\text{-}Y_1)$的容量

$$C_1=\max_{p(x)}\{I(X;Y_1)\} \tag{17}$$

信道(2)$(X\text{-}Y_2)$的容量

$$C_2 = \max_{p(x)}\{I(X;Y_2)\} \tag{18}$$

因有 $I(X;Y_1) = I(X;Y_2)$，所以

$$\max_{p(x)}\{I(X;Y_1)\} = \max_{p(x)}\{I(X;Y_2)\} = C_0 \tag{19}$$

即有

$$C_0 = C_1 = C_2 \tag{20}$$

令信道 $(X\text{-}Y_1Y_2)$ 的容量

$$
\begin{aligned}
C &= \max_{p(x)}\{I(X;Y_1Y_2)\} = \max_{p(x)}\{I(X;Y_1) + I(X;Y_2) - I(Y_1;Y_2)\} \\
&= \max_{p(x)}\{I(X;Y_1)\} + \max_{p(x)}\{I(X);Y_2\} - \max_{p(x)}\{I(Y_1;Y_2)\} \\
&= 2C_0 - \max_{p(x)}\{I(Y_1;Y_2)\} \tag{21}
\end{aligned}
$$

因有 $I(Y_1;Y_2) \geqslant 0$，所以

$$\max_{p(x)}\{I(Y_1;Y_2)\} \geqslant 0 \tag{22}$$

由(14)式、(15)式证得

$$C \leqslant 2C_0 \tag{23}$$

这表明，信道 $(X\text{-}Y_1Y_2)$ 的容量 C，不会超过信(1) $(X\text{-}Y_1)$、信道(2) $(X\text{-}Y_2)$ 的容量 C_1 和 C_2 之和 $C_1 + C_2 = 2C_0$（如图 E 4.14－2 所示）.

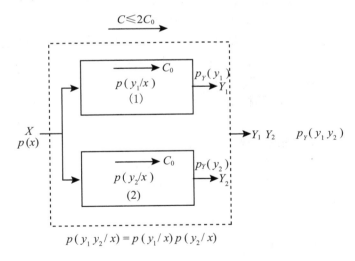

图 E 4.14－2

这种信道 $(X\text{-}Y_1Y_2)$ 可称为"单输入，双输出"信道. (23)式所示 $C \leqslant 2C_0$ 是这种信道的一个重要特性. 具有这种特性的关键，在于虽然有 $p(y_1y_2/x) = p(y_1/x)p(y_2/x)$，但与独立并列信道不同，它的输出 Y_1、Y_2 并非统计独立，仍然由信源 X 的牵连而相互之间存在统计依赖关系.

4.3.2　加性信道的信道容量

一般来说，连续信道的信道容量的计算比较复杂，我们重点讨论和阐述一种运用比较广泛的连续信道——加性信道的信道容量问题.

1. 加性信道的定义及其数学描述

若连续信道$(X\text{-}Y)$（如图 4.3-4 所示）中，输入随机变量 X 与加性噪声 N 之间统计独立，即 X 和 N 的联合概率密度函数 $p(xn)$，是 X 和 N 的概率密度函数 $p(x)$ 和 $p(n)$ 的乘积

$$p(xn) = p(x)p(n) \tag{4.3.2-1}$$

加性噪声 N 对信源 X 的干扰作用，表现为 N 对 X 的"线性叠加"，即有

$$Y = X + N \tag{4.3.2-2}$$

则信道$(X\text{-}Y)$称为"加性信道".

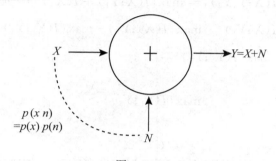

图 4.3-4

2. 加性信道的传递概率密度函数 $p(y/x)$ 和噪声熵 $h(Y/X)$

加性信道的一个主要特征，是 X 和 N 统计独立，即 $p(xn)=p(x)p(n)$. 而信道$(X\text{-}Y)$的传递概率密度函数 $p(y/x)$是$(X\text{-}Y)$坐标系中的函数. 要找出能体现加性信道特点的传递概率密度函数 $p(y/x)$，必须把$(X\text{-}N)$坐标系中的特点 $p(xn)=p(x)p(n)$反映到$(X\text{-}Y)$坐标系中. 所以，必须运用坐标$(X\text{-}N)$到坐标$(X\text{-}Y)$的坐标变换理论.

由加性信道$(X\text{-}Y)$的定义，随机变量 $X=x,N=n$ 和 $Y=y$ 之间，有

$$y = x + n \tag{4.3.2-3}$$

坐标系$(X\text{-}N)$和$(X\text{-}Y)$之间的函数变换关系为

$$\begin{cases} x(xy) = x \\ n(xy) = y - x \end{cases} \qquad \begin{cases} x(xn) = x \\ y(xn) = x + n \end{cases} \tag{4.3.2-4}$$

坐标变换的"雅柯比"行列式

$$\left| J\left(\frac{XN}{XY}\right) \right| = \begin{vmatrix} \dfrac{\partial x}{\partial x} & \dfrac{\partial x}{\partial y} \\ \dfrac{\partial n}{\partial x} & \dfrac{\partial n}{\partial y} \end{vmatrix} = \begin{vmatrix} 1 & 0 \\ -1 & 1 \end{vmatrix} = 1 \tag{4.3.2-5}$$

则联合概率密度函数 $p(xy)$ 和 $p(xn)$ 之间，有

$$p(xy) = p(xn)\left| J\left(\frac{XN}{XY}\right) \right| = p(xn) \tag{4.3.2-6}$$

因为 $p(xn)=p(x)p(n)$，所以进而有

$$p(x)p(y/x) = p(x)p(n) \tag{4.3.2-7}$$

即得

$$p(y/x) = p(n) \tag{4.3.2-8}$$

这表明，图 4.3-4 所示加性信道$(X\text{-}Y)$的传递概率密度函数 $p(y/x)$，就是加性噪声 N 的

概率密度函数 $p(n)$. 这是加性信道的一个重要特性.

由等式(4.3.2-5),进而有

$$\left| J\left(\frac{XY}{XN}\right) \right| = \frac{1}{\left| J\left(\frac{XN}{XY}\right) \right|} = 1 \qquad (4.3.2-9)$$

则坐标系($X-N$)和($X-Y$)的积分元 $\mathrm{d}x\mathrm{d}n$ 和 $\mathrm{d}x\mathrm{d}y$ 之间,有

$$\mathrm{d}x\mathrm{d}y = \mathrm{d}x\mathrm{d}n \left| J\left(\frac{XY}{XN}\right) \right| = \mathrm{d}x\mathrm{d}n \qquad (4.3.2-10)$$

由等式(4.3.2-8)和(4.3.2-10),有

$$\begin{aligned}
h(Y/X) &= -\int_X \int_Y p(x)p(y/x)\log p(y/x)\mathrm{d}x\mathrm{d}y \\
&= -\int_X \int_N p(x)p(n)\log p(n)\mathrm{d}x\mathrm{d}n \\
&= \int_X p(x)\mathrm{d}x\left[-\int_N p(n)\log p(n)\mathrm{d}n\right] \\
&= \int_X p(x)\mathrm{d}x[h(N)] \qquad (4.3.2-11)
\end{aligned}$$

考虑到 X 和 N 统计独立,进而得

$$h(Y/X) = h(N) \qquad (4.3.2-12)$$

这表明,图 4.3-4 所示加性信道($X-Y$)的噪声熵 $h(Y/X)$,就是加性噪声 N 的相对熵 $h(N)$. 这就是为什么把 $h(Y/X)$,甚至 $H(Y/X)$ 称为"噪声熵"的缘由. 这是加性信道的另一个重要特性.

3. 加性信道的平均互信息和信道容量

根据平均互信息的定义,由等式(4.3.2-12),加性信道($X-Y$)的平均互信息

$$I(X;Y) = h(Y) - h(Y/X) = h(Y) - h(N) \qquad (4.3.2-13)$$

则其信道容量

$$C = \max_{p(x)}\{I(X;Y)\} = \max_{p(x)}\{h(Y) - h(N)\} \qquad (4.3.2-14)$$

再考虑到加性信道($X-Y$)中,X 和 N 统计独立,信源 X 的概率密度函数 $p(x)$ 的变动,与 N 无关,所以

$$C = \max_{p(x)}\{h(Y)\} - h(N) \qquad (4.3.2-15)$$

这就是加性信道($X-Y$)的信道容量 C 的一般表达式. 由此可知,当加性噪声 N 的统计特性(取值区间和概率密度函数)确定后,N 的相对熵 $h(N)$ 即可求得,它是一个与信源 X 无关的确定的量. 要求解其信道容量 C 的关键,在于选择匹配信源 X,使输出随机变量 Y 的相对熵 $h(Y)$ 达到最大值 $\max_{p(x)}\{h(Y)\}$.

由等式(4.3.2-14)和(4.3.2-15),在加性信道($X-Y$)中,不同的"加性噪声"N,就构成了不同类型的加性信道.

【例 4.15】 在图 E4.15 所示加性信道($X-Y$)中,X 与 N 相互统计独立,$Y=X+N$.

试证明:

(1) $h(Y) = h(X+N) \geqslant h(N)$;

(2) $h(Y)=h(X+N)\geqslant h(X)$;

(3) 当 $N=$ 常数时,$h(Y)=h(X+N)=h(X)$.

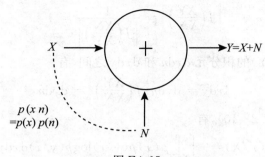

图 E4.15

证明

(1) $h(X+N)\geqslant h(N)$.

由 $Y=X+N$,得 $(X\text{-}N)$ 坐标与 $(X\text{-}Y)$ 坐标之间的变换关系

$$\begin{cases} x(xn)=x \\ y(xn)=x+n \end{cases} \quad \begin{cases} x(xy)=x \\ n(xy)=y-x \end{cases} \tag{1}$$

根据坐标变换理论,有

$$p(xy)=p(xn)\left| J\left(\frac{XN}{XY}\right)\right|$$

$$=p(xn)\begin{vmatrix} \dfrac{\partial x}{\partial x} & \dfrac{\partial x}{\partial y} \\ \dfrac{\partial n}{\partial x} & \dfrac{\partial n}{\partial y} \end{vmatrix}=p(xn)\cdot\begin{vmatrix} 1 & 0 \\ -1 & 1 \end{vmatrix}=p(xn) \tag{2}$$

即有

$$p(x)p(y/x)=p(x)p(n) \tag{3}$$

则有

$$p(y/x)=p(n) \tag{4}$$

由此,相对熵

$$h(Y/X)=-\int_X\int_Y p(xy)\log p(y/x)\,\mathrm{d}x\mathrm{d}y$$

$$=-\int_X\int_N\left[p(xn)\left| J\left(\frac{XN}{XY}\right)\right|\right]\log p(n)\left[\left| J\left(\frac{XY}{XN}\right)\right|\mathrm{d}x\mathrm{d}n\right]$$

$$=-\int_X\int_N p(xn)\log p(n)\,\mathrm{d}x\mathrm{d}n=-\int_N p(n)\log p(n)\,\mathrm{d}n$$

$$=h(N) \tag{5}$$

另一方面,有

$$h(Y/X)-h(Y)=-\int_X\int_Y p(xy)\log p(y/x)\,\mathrm{d}x\mathrm{d}y-\left[-\int_Y p(y)\log p(y)\,\mathrm{d}y\right]$$

$$=-\int_X\int_Y p(xy)\log p(y/x)\,\mathrm{d}x\mathrm{d}y-\left[-\int_X\int_Y p(xy)\log p(y)\,\mathrm{d}x\mathrm{d}y\right]$$

$$= \int_X\!\!\int_Y p(xy) \log \frac{p(y)}{p(y/x)} \mathrm{d}x\mathrm{d}y \leqslant \log\Big[\int_X\!\!\int_Y p(xy)\, \frac{p(y)}{p(y/x)} \mathrm{d}x\mathrm{d}y\Big]$$

$$= \log\Big[\int_X\!\!\int_Y p(x)p(y)\mathrm{d}x\mathrm{d}y\Big]$$

$$= \log\Big[\int_X p(x)\mathrm{d}x\int_Y p(y)\mathrm{d}y\Big] = \log 1 = 0 \tag{6}$$

由(5)式、(6)式,证得

$$h(N) \leqslant h(X+N) \tag{7}$$

(2) $h(X+N)\geqslant h(X)$.

由 $Y=X+N$,得$(N-X)$坐标与$(N-Y)$坐标之间的变换关系

$$\begin{cases} n(nx) = n \\ y(nx) = n+x \end{cases} \qquad \begin{cases} n(ny) = n \\ x(ny) = y-n \end{cases} \tag{8}$$

根据坐标变换理论,有

$$p(ny) = p(nx)\left| J\Big(\frac{NX}{NY}\Big) \right|$$

$$= p(nx)\begin{vmatrix} \dfrac{\partial n}{\partial n} & \dfrac{\partial n}{\partial y} \\ \dfrac{\partial x}{\partial n} & \dfrac{\partial x}{\partial y} \end{vmatrix} = p(nx) \cdot \begin{vmatrix} 1 & 0 \\ -1 & 1 \end{vmatrix} = p(nx) \tag{9}$$

即有

$$p(n)p(y/n) = p(n)p(x) \tag{10}$$

则得

$$p(y/n) = p(x) \tag{11}$$

由此,相对熵

$$h(Y/N) = -\int_N\!\!\int_Y p(ny)\log p(y/n)\mathrm{d}n\mathrm{d}y$$

$$= -\int_N\!\!\int_X \Big[p(nx)\Big|J\Big(\frac{NX}{NY}\Big)\Big|\Big]\log p(x)\Big[\Big|J\Big(\frac{NY}{NX}\Big)\Big|\mathrm{d}n\mathrm{d}x\Big]$$

$$= -\int_N\!\!\int_X p(nx)\log p(x)\mathrm{d}n\mathrm{d}x = -\int_X p(x)\log p(x)\mathrm{d}x$$

$$= h(X) \tag{12}$$

另一方面,有

$$h(Y/N) - h(Y) = -\int_N\!\!\int_Y p(ny)\log p(y/n)\mathrm{d}n\mathrm{d}y - \Big[-\int_Y p(y)\log p(y)\mathrm{d}y\Big]$$

$$= -\int_N\!\!\int_Y p(ny)\log p(y/n)\mathrm{d}n\mathrm{d}y - \Big[-\int_X\!\!\int_Y p(ny)\log p(y)\mathrm{d}n\mathrm{d}y\Big]$$

$$= \int_N\!\!\int_Y p(ny)\log \frac{p(y)}{p(y/n)}\mathrm{d}n\mathrm{d}y \leqslant \log\Big[\int_N\!\!\int_Y p(ny)\,\frac{p(y)}{p(y/n)}\mathrm{d}n\mathrm{d}y\Big]$$

$$= \log\Big[\int_N p(n)\mathrm{d}n\int_Y p(y)\mathrm{d}y\Big] = \log 1 = 0 \tag{13}$$

由(12)式、(13)式,证得

$$h(X) \leqslant h(X+N) \tag{14}$$

(3) 综合(7)式、(14)式,有

$$h(X+N) \geqslant \begin{cases} h(X) \\ h(N) \end{cases} \tag{15}$$

这表明,图 E4.15 所示加性信道$(X\text{-}Y)$输入信源 X 的相对熵 $h(X)$,与加性噪声 N 的相对熵 $h(N)$,一定不会超过输出随机变量 $Y=X+N$ 的相对熵 $h(Y)=h(X+N)$. 这是加性信道 $(X\text{-}Y)$ 的一般特性.

(4) 当加性噪声 N 是常数时,X 坐标和 Y 坐标之间的变换关系为

$$\begin{cases} y=x+n \\ x=y-n \end{cases} \tag{16}$$

根据坐标变换理论,有

$$p_Y(y) = p(x)\left| J\left(\frac{X}{Y}\right) \right|$$

$$= p(x) \cdot \frac{\mathrm{d}x}{\mathrm{d}y} = p(x) \tag{17}$$

输出随机变量 $Y=X+N$ 的相对熵

$$h(X+N) = h(Y) = -\int_Y p_Y(y)\log p_Y(y)\mathrm{d}y$$

$$= -\int_X \left[p(x)\left| J\left(\frac{X}{Y}\right) \right| \right]\log p(x)\left[\left| J\left(\frac{Y}{X}\right) \right|\mathrm{d}x \right]$$

$$= -\int_X p(x)\log p(x)\mathrm{d}x = h(X) \tag{18}$$

即得

$$h(X+N) = h(X) \tag{19}$$

这表明,图 E4.15 所示加性信道$(X\text{-}Y)$的加性噪声 N 是一个常数时,输出随机变量 $Y=X+N$ 的相对熵 $h(Y)=h(X+N)$ 与输入信源 X 的相对熵 $h(X)$ 相等. 这就是说,随机变量 X 通过加性噪声 N 为常数的加性信道$(X\text{-}Y)$,其相对熵不发生任何变化.

【例 4.16】 设加性信道$(X\text{-}Y)$的输入信源 X 和加性噪声 N 的概率密度函数分别为

$$p(x) = \begin{cases} \mathrm{e}^{-x} & (0 \leqslant x < \infty) \\ 0 & (x < 0) \end{cases}$$

$$p(n) = \begin{cases} \dfrac{1}{A} & (0 \leqslant n \leqslant A) \\ 0 & \text{其他} \end{cases}$$

(1) 试求信道$(X\text{-}Y)$的输入、输出随机变量 X、Y 的联合相对熵 $h(XY)$;

(2) 试指明,作为 A 的函数,$h(XY)=h(A)$ 的函数特性;

(3) 找出 $h(XY)$ 取正、负值 A 的分界点 A_0;

(4) 若要取 $h(XY)=1$,求解相应的 A 值.

解

输入信源 X 的概率密度函数

$$p(x) = \begin{cases} \mathrm{e}^{-x} & (0 \leqslant x \leqslant \infty) \\ 0 & (x < 0) \end{cases} \tag{1}$$

加性噪声 N 的概率密度函数

$$p(n) = \begin{cases} \dfrac{1}{A} & (0 \leqslant n \leqslant A) \\ 0 & \text{其他} \end{cases} \tag{2}$$

的加性信道 $(X\text{-}Y)$,如图 E4.16-1 所示.

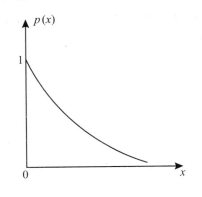
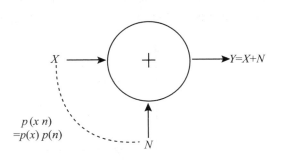

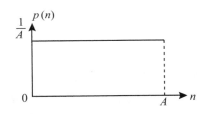

图 E4.16-1

(1) $h(X)$.

由 $p(x)$,得信源 X 的相对熵

$$h(X) = -\int_0^\infty p(x)\ln p(x)\,\mathrm{d}x$$

$$= -\int_0^\infty (\mathrm{e}^{-x})\ln(\mathrm{e}^{-x})\,\mathrm{d}x = -\int_0^\infty \mathrm{e}^{-x}(-x)\,\mathrm{d}x = \int_0^\infty x\mathrm{e}^{-x}\,\mathrm{d}x \tag{3}$$

运用积分公式

$$\int_0^\infty x^n \mathrm{e}^{-ax}\,\mathrm{d}x = \frac{n!}{a^{n+1}} \quad (n \text{ 为正整数}, a > 0) \tag{4}$$

得

$$h(X) = \frac{1!}{1^2} = 1 \quad (\text{奈特／自由度}) \tag{5}$$

(2) $h(N)$.

由 $p(n)$,得 N 的相对熵

$$h(N) = -\int_0^A p(n)\ln p(n)\,\mathrm{d}n = -\int_0^A \frac{1}{A}\ln\frac{1}{A}\,\mathrm{d}n$$

$$= -\frac{1}{A}\ln\frac{1}{A}\left\{n\right\}_0^A = \ln A \tag{6}$$

（3）$h(XY)$.

由加性信道$(X\text{-}Y)$的传递特性,有

$$p(xy) = p(xn) = p(x)p(n) \tag{7}$$

则 X 和 Y 的联合相对熵

$$h(XY) = h(X) + h(N) = 1 + \ln A = \ln(Ae) \tag{8}$$

这表明,图 E4.16-1 加性信道$(X\text{-}Y)$的联合相对熵 $h(XY)$ 由"均匀分布"的加性噪声 $N\in[0,A]$ 的取值区间长度 A 决定,随 A 的增大而单调递增(如图 E4.16-2 所示).

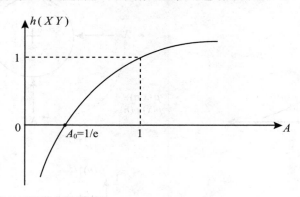

图 E4.16-2

（4）$h(XY)$正、负分界点 A_0.

由（8）式可知,图 E4.16-1 所示加性信道$(X\text{-}Y)$输入、输出随机变量 X,Y 的联合相对熵 $h(XY)$ 是均匀分布的加性噪声 $N\in[0,A]$ 取值区间长度 A 的函数 $h(A)$,且有

$$h(XY) = h(A)\begin{cases} > 0 & (Ae>1, A>1/e) \\ = 0 & (Ae=1, A_0=1/e) \\ < 0 & (Ae<1, A<1/e) \end{cases} \tag{9}$$

这表明,$h(XY)$正、负分界点 $A_0 = 1/e$.

（8）式还告诉我们,若要使图 E4.16-1 所示加性信道$(X\text{-}Y)$的联合相对熵 $h(XY)$ 等于 1 信息单位(奈特),则可取 $A=1$.

【例 4.17】 设加性信道$(X\text{-}Y)$的输入信源 X 的概率密度函数

$$p(x) = \begin{cases} 1/8 & (-4 \leqslant x \leqslant 4) \\ 0 & (其他) \end{cases}$$

加性噪声 N 的概率密度函数

$$p(n) = \begin{cases} 1/2 & (-1 \leqslant n \leqslant 1) \\ 0 & (其他) \end{cases}$$

试求:

（1）信道$(X\text{-}Y)$的传递概率密度函数 $p(y/x)$,相对噪声熵 $h(Y/X)$;

（2）信道$(X\text{-}Y)$输入、输出随机变量 X、Y 的联合概率密度函数 $p(xy)$,指出 X 和 Y 的联合取值区域;

（3）信道$(X\text{-}Y)$输出随机变量 Y 的概率密度函数 $p_Y(y)$,指出 Y 的取值区间;

(4) 信道(X-Y)输出随机变量 Y 的相对熵 $h(Y)$；

(5) 信道(X-Y)的平均互信息 $I(X;Y)$；

(6) 说明"均匀加性信道"概率密度函数转换过程,并指出其特点.

解

输入信源 X 的概率密度函数

$$p(x) = \begin{cases} 1/8 & (-4 \leqslant x \leqslant 4) \\ 0 & (其他) \end{cases} \tag{1}$$

加性噪声 N 的概率密度函数

$$p(n) = \begin{cases} 1/2 & (-1 \leqslant n \leqslant 1) \\ 0 & (其他) \end{cases} \tag{2}$$

的加性信道(X-Y),如图 E 4.17-1 所示.

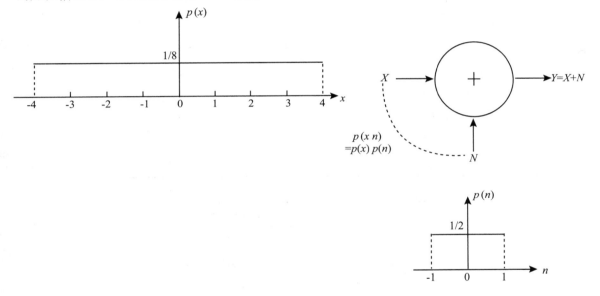

图 E 4.17-1

(1) 噪声熵 $h(Y/X)$.

加性信道(X-Y)的噪声熵 $h(Y/X)$,就是加性噪声 N 的相对熵

$$h(Y/X) = h(N) = -\int_{-1}^{1} p(n)\log p(n)\mathrm{d}n$$

$$= -\int_{-1}^{1} \frac{1}{2}\log\frac{1}{2}\mathrm{d}n = \log 2 = 1 \quad (比特／自由度) \tag{3}$$

(2) X 和 Y 的联合概率密度函数 $p(xy)$.

加性信道(X-Y)输入、输出 X 和 Y 的联合概率密度函数

$$p(xy) = p(xn) = p(x)p(n) \tag{4}$$

即有

$$p(xy) = \begin{cases} 1/2 \cdot 1/8 = 1/16 & (-4 \leqslant x \leqslant 4; -1 \leqslant y - x \leqslant 1) \\ 0 & (其他) \end{cases} \tag{5}$$

在加性信道(X-Y)中,由(1)式给定的 X 的概率密度函数 $p(x)$ 的取值区间,是 X 坐标上的区间($-4 \leqslant x \leqslant 4$);由(2)式给定的 N 的概率密度函数 $p(n)$ 的取值区间,是 N 坐标上的区间($-1 \leqslant n \leqslant 1$).而(5)式所示 X 和 Y 联合概率密度函数 $p(xy)$ 的取值区间应是二维坐标系(X-Y)中的一个"区域".

由 $p(x)$ 的取值区间($-4 \leqslant x \leqslant 4$)和 $p(n)$ 的取值区间($-1 \leqslant n \leqslant 1$),根据

$$y = x + n \tag{6}$$

(5)式所示联合概率密度函数 $p(xy)$ 的取值区域,由下表所列关系构成.

$\begin{array}{c} y-x \geqslant -1 \\ y \geqslant x-1 \end{array}$		$\begin{array}{c} y-x \leqslant 1 \\ y \leqslant x+1 \end{array}$
$y \geqslant -4-1 = -5$	$x = -4$	$y \leqslant -4+1 = -3$
$y \geqslant -3-1 = -4$	$x = -3$	$y \leqslant -3+1 = -2$
$y \geqslant -2-1 = -3$	$x = -2$	$y \leqslant -2+1 = -1$
$y \geqslant -1-1 = -2$	$x = -1$	$y \leqslant -1+1 = 0$
$y \geqslant 0-1 = -1$	$x = 0$	$y \leqslant 0+1 = 1$
$y \geqslant 1-1 = 0$	$x = 1$	$y \leqslant 1+1 = 2$
$y \geqslant 2-1 = 1$	$x = 2$	$y \leqslant 2+1 = 3$
$y \geqslant 3-1 = 2$	$x = 3$	$y \leqslant 3+1 = 4$
$y \geqslant 4-1 = 3$	$x = 4$	$y \leqslant 4+1 = 5$

$$\tag{7}$$

即有

$x = -4$	$-5 \leqslant y \leqslant -3$
$x = -3$	$-4 \leqslant y \leqslant -2$
$x = -2$	$-3 \leqslant y \leqslant -1$
$x = -1$	$-2 \leqslant y \leqslant 0$
$x = 0$	$-1 \leqslant y \leqslant 1$
$x = 1$	$0 \leqslant y \leqslant 2$
$x = 2$	$1 \leqslant y \leqslant 3$
$x = 3$	$2 \leqslant y \leqslant 4$
$x = 4$	$3 \leqslant y \leqslant 5$

$$\tag{8}$$

X 和 Y 的联合概率密度函数 $p(xy)$ 的取值区域,如图 E4.17-2 所示.

(3) Y 的概率密度函数 $p_Y(y)$.

加性信道(X-Y)输出随机变量 Y 的概率密度函数

$$p_Y(y) = \int_X p(xy) \mathrm{d}x \tag{9}$$

在图 E4.17-2 中,$p(xy)$ 的取值区域(A)、(B)、(C)的积分,分别是

(A) ($-4 \leqslant x \leqslant y+1$;$-5 \leqslant y \leqslant -3$)

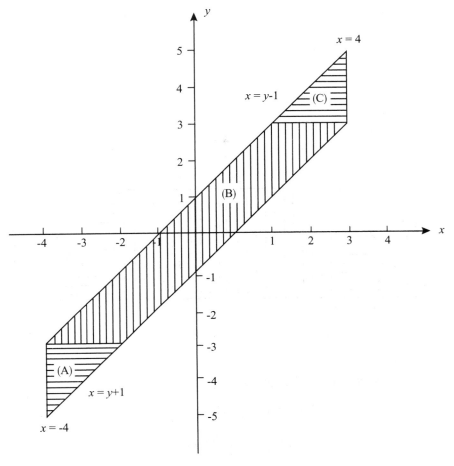

图 E 4.17-2

$$p_Y(y) = \int_{-4}^{y+1} p(xy)\,\mathrm{d}x$$

$$= \int_{-4}^{y+1} \frac{1}{16}\mathrm{d}x = \frac{1}{16}\left\{x\right\}_{-4}^{y+1} = \frac{y+5}{16} \tag{10}$$

(B) $(y-1 \leqslant x \leqslant y+1; -3 \leqslant y \leqslant 3)$

$$p_Y(y) = \int_{y-1}^{y+1} p(xy)\,\mathrm{d}x$$

$$= \int_{y-1}^{y+1} \frac{1}{16}\mathrm{d}x = \frac{1}{16}\left\{x\right\}_{y-1}^{y+1} = \frac{1}{8} \tag{11}$$

(C) $(y-1 \leqslant x \leqslant 4; 3 \leqslant y \leqslant 5)$

$$p_Y(y) = \int_{y-1}^{4} p(xy)\,\mathrm{d}x$$

$$= \int_{y-1}^{4} \frac{1}{16}\mathrm{d}x = \frac{1}{16}\left\{x\right\}_{y-1}^{4} = \frac{5-y}{16} \tag{12}$$

综合(10)式、(11)式、(12)式,得 Y 的概率密度函数

$$p_Y(y) = \begin{cases} \dfrac{y+5}{16} & (-5 \leqslant y \leqslant -3) \\[2mm] \dfrac{1}{8} & (-3 \leqslant y \leqslant 3) \\[2mm] \dfrac{5-y}{16} & (3 \leqslant y \leqslant 5) \end{cases} \tag{13}$$

如图 E4.17-3 所示.

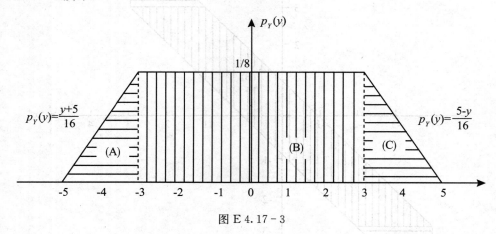

图 E 4.17-3

(4) Y 的相对熵 $h(Y)$.

由 Y 的概率密度函数 $p_Y(y)$,得 Y 的相对熵

$$h(Y) = -\int_Y p_Y(y) \ln p_Y(y) \, \mathrm{d}y$$

$$= -\int_{-5}^{-3} \left(\frac{y+5}{16}\right) \ln\left(\frac{y+5}{16}\right) \mathrm{d}y \tag{A}$$

$$-\int_{-3}^{3} \frac{1}{8} \ln \frac{1}{8} \, \mathrm{d}y \tag{B}$$

$$-\int_{3}^{5} \left(\frac{5-y}{16}\right) \ln\left(\frac{5-y}{16}\right) \mathrm{d}y \tag{C} \tag{14}$$

在积分(14)式中:

(A) 式中令

$$\frac{y+5}{16} = t \tag{15}$$

则

$$\begin{cases} y = -5, & t = 0 \\ y = -3, & t = 1/8 \\ \mathrm{d}t = \dfrac{1}{16}\mathrm{d}y, & \mathrm{d}y = 16\mathrm{d}t \end{cases} \tag{16}$$

积分

$$(A) = -\int_0^{1/8} t \ln t (16\mathrm{d}t) = -16\int_0^{1/8} t \ln t \, \mathrm{d}t \tag{17}$$

运用积分公式

$$\int x\ln(ax)\,dx = \frac{x^2}{2}\ln(ax) - \frac{x^2}{4} \tag{18}$$

这样,积分

$$(A) = -16\int_0^{1/8} t\ln t\,dt = -16\left\{\frac{t^2}{2}\ln t - \frac{t^2}{4}\right\}_0^{1/8} = \frac{1}{8}\ln 8 + \frac{1}{16} \tag{19}$$

(B) 式中积分

$$(B) = -\int_{-3}^{3}\frac{1}{8}\ln\frac{1}{8}\,dy = -\frac{1}{8}\ln\frac{1}{8}\left\{y\right\}_{-3}^{3} = \frac{3}{4}\ln 8 \tag{20}$$

(C) 式中令

$$\frac{5-y}{16} = t \tag{21}$$

则

$$\begin{cases} y = 3, t = 1/8 \\ y = 5, t = 0 \\ dt = \frac{1}{16}dy, dy = -16dt \end{cases} \tag{22}$$

由此,有

$$(C) = -\int_{1/8}^{0} t\ln t(-16dt) = 16\int_{1/8}^{0} t\ln t\,dt \tag{23}$$

运用积分公式

$$\int x\ln ax\,dx = \frac{x^2}{2}\ln ax - \frac{x^2}{4} \tag{24}$$

这样,积分

$$(C) = 16\int_{1/8}^{0} t\ln t\,dt = 16\left\{\frac{t^2}{2}\ln t - \frac{t^2}{4}\right\}_{1/8}^{0} = \frac{1}{8}\ln 8 + \frac{1}{16} \tag{25}$$

由(14)以及(19)、(20)、(25)式,得

$$h(Y) = \left(\frac{1}{8}\ln 8 + \frac{1}{16}\right) + \left(\frac{3}{4}\ln 8\right) + \left(\frac{1}{8}\ln 8 + \frac{1}{16}\right)$$

$$= \ln 8 + 1/8 \quad （奈特／自由度）$$

$$= \log 8 + \frac{1}{8}\log e = 3 + \frac{1}{8}\log e \quad （比特／自由度） \tag{26}$$

(5) 平均互信息 $I(X;Y)$.

由 $h(Y)$、$h(Y/X)$,得加性信道 $(X-Y)$ 的平均互信息

$$I(X;Y) = h(Y) - h(Y/X) = \left(3 + \frac{1}{8}\log e\right) - 1$$

$$= 2 + \frac{1}{8}\log e \quad （比特／自由度） \tag{27}$$

(6) 加性信道 $(X-Y)$ 的概率密度函数的转换.

图 E4.17-4 描述了图 E4.17-1 所示加性信道 $(X-Y)$ 的概率密度函数转换过程. 它显示:对于加性噪声 N 是均匀分布的加性信道 $(X-Y)$ 来说,若输入信源 X 同样亦是均匀分布的

连续信源,则输入信源 X 和输出 Y 的联合概率密度函数 $p(xy)$ 是 X 和 Y 的二维取值区域中的均匀分布.而输出 Y 并非是在取值区间中的均匀分布.这是"均匀加性信道"的一个重要特点.

$$p(x\,y)=\begin{cases}1/16 & (-4\leqslant x\leqslant 4;-1\leqslant y-x\leqslant 1)\\ \\ 0 & (其他)\end{cases}$$

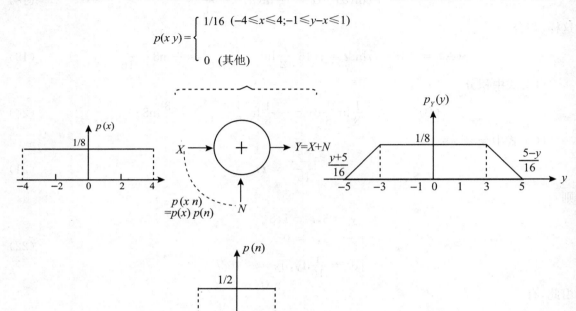

图 E 4.17 - 4

【**例 4.18**】 设加性信道 $(X\text{-}Y)$ 加性噪声 N 的概率密度函数

$$p(n)=\begin{cases}1/a & (-a/2\leqslant n\leqslant a/2)\\ 0 & (其他)\end{cases}$$

若输入连续信源 $X\in[-1/2,1/2]$ 的概率密度函数

$$p_X(x)=\begin{cases}1 & (-1/2\leqslant x\leqslant 1/2)\\ 0 & (其他)\end{cases}$$

(1) 试求信道 $(X\text{-}Y)$ 输出连续随机变量 Y 的概率密度函数 $p_Y(y)$;

(2) 试求 Y 的相对熵 $h(Y)$;

(3) 试求信道 $(X\text{-}Y)$ 的平均互信息 $I(X;Y)$,说明 $I(X;Y)$ 与 a 的关系;

(4) 试求信道 $(X\text{-}Y)$ 的匹配信源和信道容量 C;

(5) 比较 C 和 $I(X;Y)$ 的大小;

(6) 阐明匹配信源与信道构成的通信系统的特点,解释平均互信息达信道容量的缘由;

(7) 说明匹配信源与信道构成的通信系统对二元编码的意义.

解 输入信源 X 的概率密度函数

$$p_X(x)=\begin{cases}1 & (-1/2\leqslant x\leqslant 1/2)\\ 0 & (其他)\end{cases}$$

加性噪声 N 的概率密度函数

$$p(n) = \begin{cases} 1/a & (-a/2 \leqslant n \leqslant a/2) \\ 0 & \text{(其他)} \end{cases}$$

的加性信道$(X$-$Y)$,如图 E4.18-1 所示.

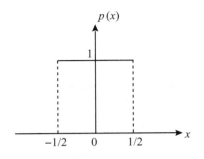

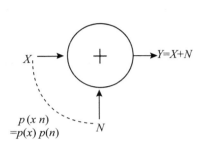

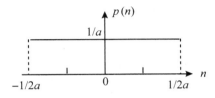

图 E4.18-1

（1）Y 的概率密度函数 $p_Y(y)$.

在图 E4.18-1 所示的加性信道$(X$-$Y)$中,X 和 N 统计独立,$Y=X+N$.Y 的概率密度函数

$$p_Y(y) = \int_X p_X(x) p_N(y-x) \mathrm{d}x$$
$$= \int_{-1/2}^{1/2} 1 \cdot p_N(y-x) \mathrm{d}x \tag{1}$$

其中,因有

$$n = y - x \tag{2}$$

则有

$$\begin{cases} x = -1/2, n = y + 1/2 \\ x = 1/2, n = y - 1/2 \\ \mathrm{d}n = -\mathrm{d}x, \mathrm{d}x = -\mathrm{d}n \end{cases} \tag{3}$$

这样,卷积(1)式转变为在 N 坐标上的积分

$$p_Y(y) = -\int_{y+1/2}^{y-1/2} p_N(n) \mathrm{d}n = \int_{y-1/2}^{y+1/2} p_N(n) \mathrm{d}n \tag{4}$$

由加性噪声 N 的概率密度函数 $p_N(n)$ 的取值区间 $\left[-\dfrac{1}{2}a, \dfrac{1}{2}a\right]$ 可知,积分(4)式必须分区间进行.

（A）当积分下限$(y-1/2)$处于

$$(a/2 - 1) \leqslant (y - 1/2) \leqslant a/2 \tag{5}$$

时,积分上限$(y+1/2)$处于

$$a/2 \leqslant (y+1/2) \leqslant a/2+1 \tag{6}$$

这时,N 的概率密度函数 $p_N(n)=0$. 由此,积分上限 $(y+1/2)$ 只能取 $a/2$(如图 E 4.18－2 所示).

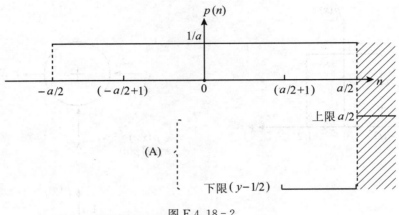

图 E 4.18－2

积分(4)式在 N 坐标(A)区间 $[y-1/2, a/2]$,有

$$\int_{y-\frac{1}{2}}^{\frac{a}{2}} p_N(n)\mathrm{d}n = \int_{y-\frac{1}{2}}^{\frac{a}{2}} \frac{1}{a}\mathrm{d}n = \frac{1}{a}\left\{ n \right\}_{y-\frac{1}{2}}^{\frac{a}{3}} = \frac{1}{a}\left(\frac{a+1}{2} - y \right) \tag{7}$$

(B) 当积分上限 $(y+1/2)$ 处于

$$-a/2 \leqslant (y+1/2) \leqslant (-a/2+1) \tag{8}$$

时,积分下限 $(y-1/2)$ 处于

$$(-a/2-1) \leqslant (y-1/2) \leqslant -a/2 \tag{9}$$

这时,N 的概率密度函数 $p_N(n)=0$. 由此,积分下限 $(y-1/2)$ 只能取 $(-a/2)$(如图 E 4.18－3 所示).

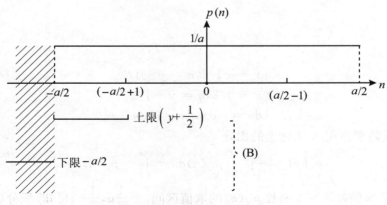

图 E 4.18－3

积分(4)式在 N 坐标(B)区间 $[-a/2, y+1/2]$,有

$$\int_{-\frac{a}{2}}^{y+\frac{1}{2}} p_N(n)\mathrm{d}n = \int_{-\frac{a}{2}}^{y+\frac{1}{2}} \frac{1}{a}\mathrm{d}n = \frac{1}{a}\left\{ n \right\}_{-\frac{a}{2}}^{y+\frac{1}{2}} = \frac{1}{a}\left(\frac{a+1}{2} + y \right) \tag{10}$$

(C) 当积分上限$(y+1/2)$处于

$$(-a/2+1)\leqslant(y+1/2)\leqslant a/2 \tag{11}$$

时,积分下限$(y-1/2)$处于

$$-a/2\leqslant(y-1/2)\leqslant(a/2-1) \tag{12}$$

这时,N 的概率密度函数 $p_N(n)=1/a$(如图 E4.18-4 所示).

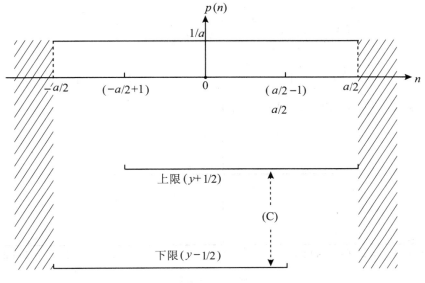

图 E4.18-4

积分(4)式在 N 坐标(C)区间$[y-1/2,y+1/2]$,有

$$\int_{y-\frac{1}{2}}^{y+\frac{1}{2}}p_N(n)\mathrm{d}n=\int_{-\frac{1}{2}}^{y+\frac{1}{2}}\frac{1}{a}\mathrm{d}n=\frac{1}{a}\left\{n\right\}_{y-\frac{1}{2}}^{y+\frac{1}{2}}=\frac{1}{a} \tag{13}$$

要得到 Y 的概率密度函数 $p_Y(y)$,还要把 n 积分区间(B)、(C)、(A)转移为 Y 的取值区间:

(B) $\left.\begin{cases}-a/2\leqslant(y+1/2)\leqslant(-a/2+1)\\(-a/2-1)\leqslant(y-1/2)\leqslant-a/2\end{cases}\right\}$　$(-a/2-1/2)\leqslant y\leqslant(-a/2+1/2)$ (14)

(C) $\left.\begin{cases}(-a/2+1)\leqslant(y+1/2)\leqslant a/2\\-a/2\leqslant(y-1/2)\leqslant(a/2-1)\end{cases}\right\}$　$(-a/2+1/2)\leqslant y\leqslant(a/2-1/2)$ (15)

(A) $\left.\begin{cases}(a/2-1)\leqslant(y-1/2)\leqslant a/2\\a/2\leqslant(y+1/2)\leqslant(a/2+1)\end{cases}\right\}$　$(a/2-1/2)\leqslant y\leqslant(a/2+1/2)$ (16)

由(10)、(13)、(7)式得 Y 的概率密度函数

$$p_Y(y)=\begin{cases}\dfrac{1}{a}\left(\dfrac{a+1}{2}+y\right)&\left(-\dfrac{a}{2}-\dfrac{1}{2}\right)\leqslant y\leqslant\left(-\dfrac{a}{2}+\dfrac{1}{2}\right)\\[2mm]\dfrac{1}{a}&\left(-\dfrac{a}{2}+\dfrac{1}{2}\right)\leqslant y\leqslant\left(\dfrac{a}{2}-\dfrac{1}{2}\right)\\[2mm]\dfrac{1}{a}\left(\dfrac{a+1}{2}-y\right)&\left(\dfrac{a}{2}-\dfrac{1}{2}\right)\leqslant y\leqslant\left(\dfrac{a}{2}+\dfrac{1}{2}\right)\end{cases} \tag{17}$$

由 $p_Y(y)$,有

$$\int_Y p_Y(y)\mathrm{d}y = \int_{-\frac{a}{2}-\frac{1}{2}}^{-\frac{a}{2}+\frac{1}{2}} \frac{1}{a}\left(\frac{a+1}{2}+y\right)\mathrm{d}y + \int_{-\frac{a}{2}+\frac{1}{2}}^{\frac{a}{2}-\frac{1}{2}} \frac{1}{a}\mathrm{d}y + \int_{\frac{a}{2}-\frac{1}{2}}^{\frac{a}{2}+\frac{1}{2}} \frac{1}{a}\left(\frac{a+1}{2}-y\right)\mathrm{d}y$$

$$= \int_{-\frac{a}{2}-\frac{1}{2}}^{-\frac{a}{2}+\frac{1}{2}} \frac{1}{a}\left(\frac{a+1}{2}\right)\mathrm{d}y + \int_{-\frac{a}{2}-\frac{1}{2}}^{-\frac{a}{2}+\frac{1}{2}} \frac{1}{a}y\,\mathrm{d}y + \int_{-\frac{a}{2}+\frac{1}{2}}^{\frac{a}{2}-\frac{1}{2}} \frac{1}{a}\mathrm{d}y$$

$$+ \int_{\frac{a}{2}-\frac{1}{2}}^{\frac{a}{2}+\frac{1}{2}} \frac{1}{a}\left(\frac{a+1}{2}\right)\mathrm{d}y - \int_{\frac{a}{2}-\frac{1}{2}}^{\frac{a}{2}+\frac{1}{2}} \frac{1}{a}y\,\mathrm{d}y$$

$$= \frac{1}{a}\left(\frac{a+1}{2}\right)\left\{y\right\}_{-\frac{a}{2}-\frac{1}{2}}^{-\frac{a}{2}+\frac{1}{2}} + \frac{1}{a}\left\{\frac{y^2}{2}\right\}_{-\frac{a}{2}-\frac{1}{2}}^{-\frac{a}{2}+\frac{1}{2}} + \frac{1}{a}\left\{y\right\}_{-\frac{a}{2}+\frac{1}{2}}^{\frac{a}{2}-\frac{1}{2}}$$

$$+ \frac{1}{a}\left(\frac{a+1}{2}\right)\left\{y\right\}_{\frac{a}{2}-\frac{1}{2}}^{\frac{a}{2}+\frac{1}{2}} - \frac{1}{a}\left\{\frac{y^2}{2}\right\}_{\frac{a}{2}-\frac{1}{2}}^{\frac{a}{2}+\frac{1}{2}} = 1 \tag{18}$$

Y 的概率密度函数 $p_Y(y)$，如图 E 4.18-5 所示.

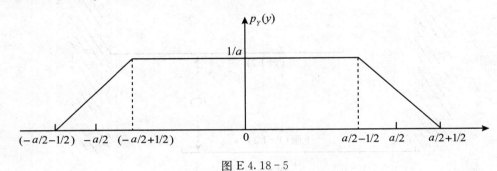

图 E 4.18-5

（2）Y 的相对熵.

由 $p_Y(y)$ 及其取值区间，Y 的相对熵

$$h(Y) = -\int_Y p_Y(y)\ln p_Y(y)\mathrm{d}y$$

$$= -\int_{-\frac{a}{2}-\frac{1}{2}}^{-\frac{a}{2}+\frac{1}{2}} \frac{1}{a}\left(\frac{a+1}{2}+y\right)\ln\left[\frac{1}{a}\left(\frac{a+1}{2}+y\right)\right]\mathrm{d}y \qquad ①$$

$$-\int_{-\frac{a}{2}+\frac{1}{2}}^{\frac{a}{2}-\frac{1}{2}} \frac{1}{a}\ln\frac{1}{a}\mathrm{d}y \qquad ②$$

$$-\int_{\frac{a}{2}-\frac{1}{2}}^{\frac{a}{2}+\frac{1}{2}} \frac{1}{a}\left(\frac{a+1}{2}-y\right)\ln\left[\frac{1}{a}\left(\frac{a+1}{2}-y\right)\right]\mathrm{d}y \qquad ③ \tag{19}$$

① 令

$$\mu_1 = \frac{a+1}{2}+y \tag{20}$$

则有

$$\begin{cases} y = -\dfrac{a}{2}-\dfrac{1}{2};\mu_1 = \dfrac{a+1}{2}+\left(-\dfrac{a}{2}-\dfrac{1}{2}\right) = 0 \\[2mm] y = -\dfrac{a}{2}+\dfrac{1}{2};\mu_1 = \dfrac{a+1}{2}+\left(-\dfrac{a}{2}+\dfrac{1}{2}\right) = 1 \\[2mm] \mathrm{d}y = \mathrm{d}\mu_1;\mathrm{d}\mu_1 = \mathrm{d}y \end{cases} \tag{21}$$

则(19)式中的

$$①=-\int_0^1 \frac{1}{a}\mu_1 \ln\frac{1}{a}\mu_1 \, d\mu_1 = -\int_0^1 \frac{1}{a}\mu_1 \ln\frac{1}{a}\, d\mu_1 -\int_0^1 \frac{1}{a}\mu_1 \ln\mu_1 \, d\mu_1$$

$$=-\frac{1}{a}\ln\frac{1}{a}\int_0^1 \mu_1 \, d\mu_1 -\frac{1}{a}\int_0^1 \mu_1 \ln\mu_1 \, d\mu_1$$

$$=\frac{1}{a}\ln a\int_0^1 \mu_1 \, d\mu_1 -\frac{1}{a}\int_0^1 \mu_1 \ln\mu_1 \, d\mu_1$$

$$=\frac{1}{a}\ln a\left\{\frac{\mu_1^2}{2}\right\}_0^1 -\frac{1}{a}\int_0^1 \mu_1 \ln\mu_1 \, d\mu_1$$

$$=\frac{1}{2a}\ln a -\frac{1}{a}\int_0^1 \mu_1 \ln\mu_1 \, d\mu_1 \tag{22}$$

② 积分(19)式中的

$$② =-\int_{-\frac{a}{2}+\frac{1}{2}}^{\frac{a}{2}-\frac{1}{2}} \frac{1}{a}\ln\frac{1}{a}\, dy = \frac{1}{a}\ln a\left\{y\right\}_{-\frac{a}{2}+\frac{1}{2}}^{\frac{a}{2}-\frac{1}{2}} = \frac{a-1}{a}\ln a \tag{23}$$

③ 令

$$\mu_2 = \frac{a+1}{2} = y \tag{24}$$

则

$$\begin{cases} y=\dfrac{a}{2}-\dfrac{1}{2};\mu_2 = \dfrac{a+1}{2}-\left(\dfrac{a}{2}-\dfrac{1}{2}\right)=1 \\[2mm] y=\dfrac{a}{2}+\dfrac{1}{2};\mu_2 = \dfrac{a+1}{2}-\left(\dfrac{a}{2}+\dfrac{1}{2}\right)=0 \\[2mm] dy=-\,d\mu_2;d\mu_2 =-\,dy \end{cases} \tag{25}$$

则(19)式中的

$$③=-\int_1^0 \frac{1}{a}\mu_2 \ln\frac{1}{a}\mu_2(-\,d\mu_2) = \int_1^0 \frac{1}{a}\mu_2 \ln\frac{1}{a}\mu_2 \, d\mu_2$$

$$=\int_1^0 \frac{1}{a}\mu_2 \ln\frac{1}{a}\, d\mu_2 +\int_1^0 \frac{1}{a}\mu_2 \ln\mu_2 \, d\mu_2 = \frac{1}{a}\ln\frac{1}{a}\int_1^0 \mu_2 \, d\mu_2 +\frac{1}{a}\int_1^0 \mu_2 \ln\mu_2 \, d\mu_2$$

$$=\frac{1}{a}\ln\frac{1}{a}\cdot\left\{\frac{\mu_2^2}{2}\right\}_1^0 +\frac{1}{a}\int_1^0 \mu_2 \ln\mu_2 \, d\mu_2$$

$$=\frac{1}{2a}\ln a -\frac{1}{a}\int_0^1 \mu_2 \ln\mu_2 \, d\mu_2 \tag{26}$$

由(22)式、(23)式、(25)式,有

$$h(Y) = \frac{1}{2a}\ln a -\frac{1}{a}\int_0^1 \mu_1 \ln\mu_1 \, d\mu_1 +\frac{a-1}{a}\ln a +\frac{1}{2a}\ln a -\frac{1}{a}\int_0^1 \mu_2 \ln\mu_2 \, d\mu_2$$

$$=\ln a -\left(\frac{1}{a}\int_0^1 \mu_1 \ln\mu_1 \, d\mu_1 +\frac{1}{a}\int_0^1 \mu_2 \ln\mu_2 \, d\mu_2\right) \tag{27}$$

运用积分公式

$$\int x\ln ax \, dx = \frac{x^2}{2}\ln ax -\frac{x^2}{4} \tag{28}$$

有

$$h(Y) = \ln a - \frac{1}{a}\left\{\frac{\mu_1^2}{2}\ln\mu_1 - \frac{\mu_1^2}{4}\right\}_0^1 - \frac{1}{a}\left\{\frac{\mu_2^2}{2}\ln\mu_2 - \frac{\mu_2^2}{4}\right\}_0^1$$

$$= \ln a + \frac{1}{2a} \tag{29}$$

（3）平均互信息 $I(X;Y)$.

加性信道 $(X\text{-}Y)$ 的噪声熵 $h(Y/X)$，就是加性噪声 N 的相对熵 $h(N)$，即

$$h(Y/X) = h(N) = \ln\left[\frac{a}{2} - \left(-\frac{a}{2}\right)\right] = \ln a \tag{30}$$

加性信道 $(X\text{-}Y)$ 的平均互信息

$$I(X;Y) = h(Y) - h(Y/X) = \ln a + \frac{1}{2a} - \ln a = \frac{1}{2a} \quad （奈特／自由度） \tag{31}$$

这表明，图 E4.18-1 所示"均匀加性信道" $(X\text{-}Y)$，当输入信源 $X \in [-1/2, 1/2]$ 亦呈现"均匀分布"，则平均互信息 $I(X,Y)$ 是均匀分布的加性噪声 $N \in [-a/2, a/2]$ 的取值区间长度 a 的二倍 $(2a)$ 的倒数（如图 E4.18-6 所示），a 越大，平均互信息 $I(X;Y)$ 越小.

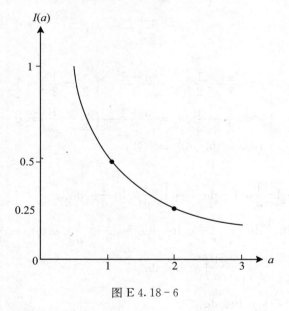

图 E4.18-6

（4）信道容量及其匹配信源.

求解图 E4.18-1 所示"均匀加性信道" $(X\text{-}Y)$ 的信道容量 C，采用寻找一个符合"匹配信源"条件的"试验信源"的方法.

现设"试验信源" X，是信源空间为

$$[X \cdot P]:\begin{cases} X: & -1/2 \quad 1/2 \\ P(X): & 1/2 \quad 1/2 \end{cases}$$

的离散信源. 信源 X 与"均匀加性信道" $(X\text{-}Y)$ 构成图 E4.18-7 所示的"半离散，半连续"信道 $(X\text{-}Y)$.

（A）加性信道 $(X\text{-}Y)$ 的传递概率密度函数 $p(y/x)$，就是加性噪声 N 的概率密度函数 $p(n)$，由 $n = y - x$，有

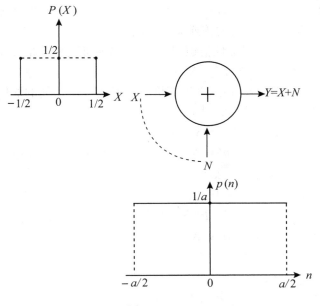

图 E 4.18 - 7

$$p(y/x) = p(n) = \begin{cases} 1/a & (-a/2 \leqslant y-x \leqslant a/2) \\ 0 & (其他) \end{cases}$$

当信源 X 是离散信源 X : $\{-1/2, 1/2\}$ 时，进而有

$$p(y/X = -1/2) = \begin{cases} 1/a & (-a/2-1/2) \leqslant y \leqslant (a/2-1/2) \\ 0 & (其他) \end{cases} \tag{32}$$

$$p(y/X = 1/2) = \begin{cases} 1/a & (-a/2+1/2) \leqslant y \leqslant (a/2+1/2) \\ 0 & (其他) \end{cases} \tag{33}$$

如图 E 4.18 - 8(a)、(b)所示.

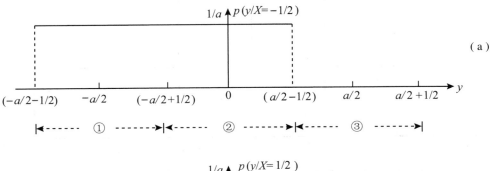

（a）

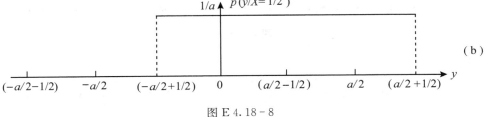

（b）

图 E 4.18 - 8

(B) 由离散试验信源 X: $\{-1/2,1/2\}$ 的概率分布 $P\{X=-1/2\}=P\{X=1/2\}=1/2$, 以及(32)、(33)式所示的 $X=-1/2$ 时的传递概率密度函数 $p(y/X=-1/2)$ 和 $X=1/2$ 时的传递概率密度函数 $p(y/X=1/2)$, 求得加性信道(X-Y)输出随机变量 Y 的概率密度函数

$$p_Y(y) = P\{X=-1/2\}p(y/X=-1/2) + P\{X=1/2\}p(y/X=1/2) \tag{34}$$

由(32)、(33)式以及图 E4.18-8 可知, 输出随机变量 Y 有三个不同的取值区间.

① $(-a/2-1/2)\leqslant y\leqslant(-a/2+1/2)$.

在这个区间中, $P\{X=1/2\}=0$. 由(34)式, 有

$$\begin{aligned} p_Y(y) &= P\{X=-1/2\}p(y/X=-1/2) + P\{X=1/2\}p(y/X=1/2) \\ &= 1/2 \cdot 1/a = 1/(2a) \end{aligned} \tag{35}$$

② $(-a/2+1/2)\leqslant y\leqslant(a/2-1/2)$.

在这个区间, $P\{X=-1/2\}=1/2$, $P\{X=1/2\}=1/2$, 由(34)式, 有

$$\begin{aligned} p_Y(y) &= P\{X=-1/2\}p(y/X=-1/2) + P\{X=1/2\}p(y/X=1/2) \\ &= 1/2 \cdot 1/a + 1/2 \cdot 1/a = 1/a \end{aligned} \tag{36}$$

③ $(a/2-1/2)\leqslant y\leqslant(a/2+1/2)$.

在这个区间, $P\{X=-1/2\}=0$. 由(34)式, 有

$$\begin{aligned} p_Y(y) &= P\{X=-1/2\}p(y/X=-1/2) + P\{X=1/2\}p(y/X=1/2) \\ &= 1/2 \cdot 1/a = 1/(2a) \end{aligned} \tag{37}$$

综合(35)、(36)、(37)式, Y 的概率密度函数

$$p_Y(y) = \begin{cases} 1/(2a) & (-a/2-1/2)\leqslant y\leqslant(-a/2+1/2) \\ 1/a & (-a/2+1/2)\leqslant y\leqslant(-a/2-1/2) \\ 1/(2a) & (a/2-1/2)\leqslant y\leqslant(a/2+1/2) \end{cases} \tag{38}$$

如图 E4.18-9 所示.

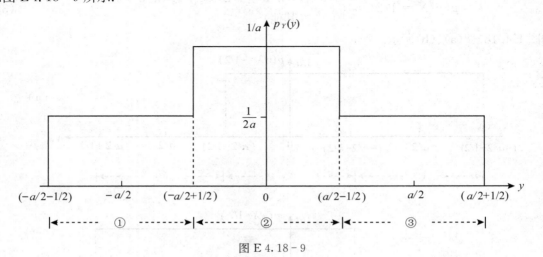

图 E4.18-9

由 $p_Y(y)$, 有

$$\int_Y p_Y(y)\mathrm{d}y = \int_{-\frac{a}{2}-\frac{1}{2}}^{-\frac{a}{2}+\frac{1}{2}} \frac{1}{2a}\mathrm{d}y + \int_{-\frac{a}{2}+\frac{1}{2}}^{-\frac{a}{2}-\frac{1}{2}} \frac{1}{a}\mathrm{d}y + \int_{\frac{a}{2}-\frac{1}{2}}^{\frac{a}{2}+\frac{1}{2}} \frac{1}{2a}\mathrm{d}y$$

$$= \frac{1}{2a}\{y\}_{-\frac{a}{2}-\frac{1}{2}}^{-\frac{a}{2}+\frac{1}{2}} + \frac{1}{a}\{y\}_{-\frac{a}{2}+\frac{1}{2}}^{\frac{a}{2}-\frac{1}{2}} + \frac{1}{2a}\{y\}_{\frac{a}{2}-\frac{1}{2}}^{\frac{a}{2}+\frac{1}{2}} = 1 \tag{39}$$

(C) $I\{X=-1/2;Y\}$、$I\{X=1/2;Y\}$ 与信道容量 C.

在均匀加性信道 $(X-Y)$ 中，$N\in[-1/2,1/2]$，且 $Y=X+N(y=x+n)$，从输出连续随机变量 Y 中，获取关于离散试验信源 X 取某一离散值 $X=x$ 的平均互信息

$$I\{X=x;Y\} = \int_{x-\frac{a}{2}}^{x+\frac{a}{2}} p(y/X=x)\ln\frac{p(y/X=x)}{p_Y(y)} = \mathrm{d}y \tag{40}$$

① 当 $X=-1/2$ 时，有

$$I\left\{X=-\frac{1}{2};Y\right\} = \int_{-\frac{1}{2}-\frac{a}{2}}^{-\frac{1}{2}+\frac{a}{2}} p(y/X=-\frac{1}{2})\ln\frac{p(y/X=-1/2)}{p_Y(y)} = \mathrm{d}y$$

$$= \int_{-\frac{a}{2}-\frac{1}{2}}^{\frac{a}{2}-\frac{1}{2}} p(y/X=-\frac{1}{2})\ln\frac{p(y/X=-1/2)}{p_Y(y)} = \mathrm{d}y \tag{41}$$

再考虑到 Y 的概率密度函数 $p_Y(y)$ 的取值区间，积分 (41) 式可改写为

$$I\left\{X=-\frac{1}{2};Y\right\} = \int_{-\frac{a}{2}-\frac{1}{2}}^{-\frac{a}{2}+\frac{1}{2}} \frac{1}{a}\ln\frac{1/a}{1/(2a)}\mathrm{d}y + \int_{-\frac{a}{2}+\frac{1}{2}}^{\frac{a}{2}-\frac{1}{2}} \frac{1}{a}\ln\frac{1/a}{1/a}\mathrm{d}y$$

$$= \frac{1}{a}\ln2\{y\}_{-\frac{a}{2}-\frac{1}{2}}^{-\frac{a}{2}+\frac{1}{2}} = \frac{1}{a}\ln2 \quad（奈特／自由度）\tag{42}$$

② 当 $X=1/2$ 时，有

$$I\left\{X=\frac{1}{2};Y\right\} = \int_{\frac{1}{2}-\frac{a}{2}}^{\frac{1}{2}+\frac{a}{2}} p(y/X=\frac{1}{2})\ln\frac{p(y/X=1/2)}{p_Y(y)}\mathrm{d}y$$

$$= \int_{-\frac{a}{2}+\frac{1}{2}}^{\frac{a}{2}+\frac{1}{2}} p(y/X=\frac{1}{2})\ln\frac{p(y/X=1/2)}{p_Y(y)}\mathrm{d}y \tag{43}$$

再考虑到 Y 的概率密度函数 $p_Y(y)$ 的取值区间，积分 (43) 式可改写为

$$I\left\{X=\frac{1}{2};Y\right\} = \int_{-\frac{a}{2}+\frac{1}{2}}^{\frac{a}{2}-\frac{1}{2}} \frac{1}{a}\ln\frac{1/a}{1/a}\mathrm{d}y + \int_{\frac{a}{2}-\frac{1}{2}}^{\frac{a}{2}+\frac{1}{2}} \frac{1}{a}\ln\frac{1/a}{1/(2a)}\mathrm{d}y$$

$$= \frac{1}{a}\ln2\{y\}_{\frac{a}{2}-\frac{1}{2}}^{\frac{a}{2}+\frac{1}{2}} = \frac{1}{a}\ln2 \quad（奈特／自由度）\tag{44}$$

由 (42)、(44) 式，有

$$I\{X=-1/2;Y\} = I\{X=1/2;Y\} = (1/a)\ln2 \tag{45}$$

这表明，之前式中设定的离散"试验信源" $X:\{-1/2,1/2\}$ 中符号 $X=-1/2$ 和 $X=1/2$ 提供的关于输出连续随机变量 Y 的平均互信息相等，即

$$I\{X=-1/2;Y\} = I\{X=1/2;Y\} \tag{46}$$

根据"匹配信源等量平衡定理"判定，试验信源 $X:\{-1/2;1/2\}$ 是图 E4.18-1 所示"均匀加性"信道 $(X-Y)$ 的"匹配信源"，其信道容量

$$C = I\{X=-1/2;Y\} = I\{X=1/2;Y\} = (1/a)\ln2 \quad（奈特／自由度）\tag{47}$$

与 (31) 式所示平均互信息 $I(X;Y)$ 相比，因 $\ln2=0.69>1/2$，则有

$$C > I(X;Y) \tag{48}$$

而且，C 和 $I(X;Y)$ 都是加性噪声 $N\in[-a/2,a/2]$ 取值区间长度 a 的单调递减函数（如图 E4.18-10 所示）.

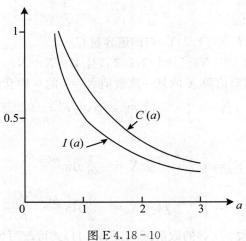

图 E 4.18 - 10

（5）均匀加性信道与其匹配信源构成的"半离散、半连续"通信系统的特点.

图 E 4.18 - 11 表述了"均匀加性"信道（X - Y）与匹配信源

$$[X \cdot P]: \begin{cases} X: & -1/2 \quad 1/2 \\ P(X): & 0.5 \quad 0.5 \end{cases} \tag{49}$$

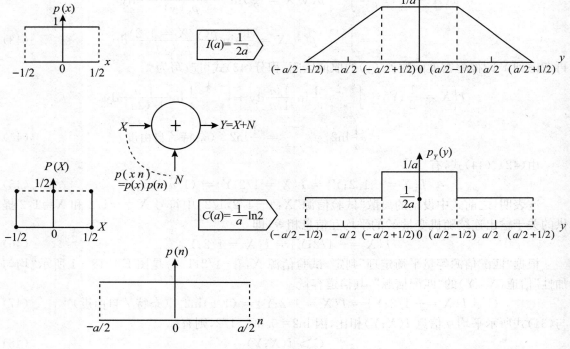

图 E 4.18 - 11

和"均匀分布"信源

$$[X \cdot P]: \begin{cases} X: & [-1/2,1/2] \\ P(X): & p(x) = \begin{cases} 1 & (-1/2 \leqslant x \leqslant 1/2) \\ 0 & \text{(其他)} \end{cases} \end{cases} \tag{50}$$

构成的通信系统的传递特性的比较.

加性信道$(X\text{-}Y)$的信道容量

$$C = \max_{p(x)}\{h(Y)\} - h(N) \tag{51}$$

对于"均匀加性信道"$(X\text{-}Y)$, $h(N)=\ln a$ 是固定不变的, 离散"试验信源"$X:\{-1/2,1/2\}$能成为"匹配信源"的关键, 在于它能使输出连续随机变量 Y 在取值区间: $[-a/2-1/2,-a/2+1/2]$、$[-a/2+1/2,a/2-1/2]$、$[a/2-1/2,a/2+1/2]$内, 分别呈现"均匀分布", 相对熵 $h(Y)$ 分别达到最大值.

这个结论告诉我们: 在二元域$\{0,1\}$编码通信工程中, 若码符号"0"和"1"等概出现, 则"0"和"1"码符号通过"均匀加性"信道$(X\text{-}Y)$, 传输的平均信息量能达到最大.

【例 4. 19】　设均匀加性信道$(X\text{-}Y)$的加性噪声 N 的概率密度函数

$$p(n) = \begin{cases} 1/4 & (-2 \leqslant n \leqslant 2) \\ 0 & \text{(其他)} \end{cases}$$

输入信源 X 的信源空间为

$$[X \cdot P]: \begin{cases} X: & 1 \quad -1 \\ P(X): & 1/2 \quad 1/2 \end{cases}$$

（1）试求信道$(X\text{-}Y)$的传递概率密度函数;

（2）试求输出随机变量 Y 的概率密度函数;

（3）试求信道$(X\text{-}Y)$的平均互信息;

（4）设计输入连续随机变量 Y, 输出是符号集为$\{1 \quad 0 \quad -1\}$的离散随机变量 Z 的"检测判决器", 使 $I(X;Y)=I(X;Z)$;

（5）试求均匀加性信道$(X\text{-}Y)$的信道容量.

　解　图 E4.19-1 所示加性信道$(X\text{-}Y)$的输入信源 X 的信源空间为

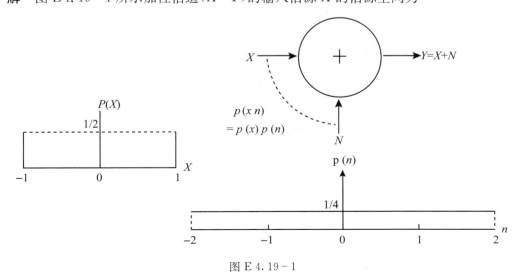

图 E 4.19 - 1

$$[X \cdot P]: \begin{cases} X: & 1 & -1 \\ P(X): & 1/2 & 1/2 \end{cases} \tag{1}$$

加性噪声 $N \in [-2, 2]$ 的概率密度函数

$$p_N(n) = \begin{cases} 1/4 & (-2 \leqslant n \leqslant 2) \\ 0 & (其他) \end{cases} \tag{2}$$

(1) 信道 $(X\text{-}Y)$ 的传递概率密度函数.

加性信道 $(X\text{-}Y)$ 的传递概率密度函数 $p(y/x)$, 就是加性噪声 N 的概率密度函数 $p_N(n)$, 由 $n = y - x$, 有

$$p(y/x) = \begin{cases} 1/4 & (-2 \leqslant y - x \leqslant 2) \\ 0 & (其他) \end{cases} \tag{3}$$

由信源空间 $[X \cdot P]$, 离散信源 X 的取值为 $X = -1$ 和 $X = 1$. (3)式所示传递概率密度函数可改写为

$$p(y/X = -1) = \begin{cases} 1/4 & (-3 \leqslant y \leqslant 1) \\ 0 & (其他) \end{cases} \tag{4}$$

$$p(y/X = 1) = \begin{cases} 1/4 & (-1 \leqslant y \leqslant 3) \\ 0 & (其他) \end{cases} \tag{5}$$

如图 E4.19-2(a)、(b)所示.

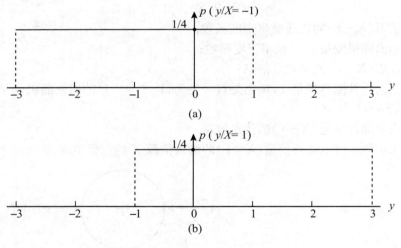

图 E4.19-2

(2) 信道 $(X\text{-}Y)$ 输出 Y 的概率密度函数.

加性信道 $(X\text{-}Y)$ 输出随机变量 Y 的概率密度函数

$$p_Y(y) = P\{X = -1\} p(y/X = -1) + P\{X = 1\} p(y/X = 1) \tag{6}$$

由(4)式、(5)式, 有

$$p_Y(y) = \begin{cases} P\{X=-1\}p(y/X=-1) = 1/2 \cdot 1/4 = 1/8 & (-3 \leqslant y \leqslant -1) \\ P\{X=-1\}p(y/X=-1) + P\{X=1\}p(y/X=1) \\ \quad = 1/2 \cdot 1/4 + 1/2 \cdot 1/4 = 1/4 & (-1 \leqslant y \leqslant 1) \\ P\{X=1\}p(y/X=1) = 1/2 \cdot 1/4 = 1/8 & (1 \leqslant y \leqslant 3) \end{cases} \tag{7}$$

由此,得图 E 4.19-3.

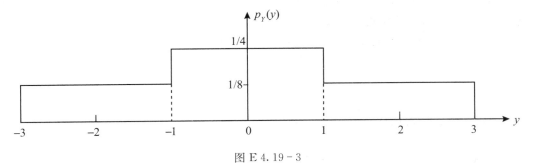

图 E 4.19-3

(3) 信道$(X-Y)$的平均互信息.

对于离散信源 X 的两种不同取值 $X=-1$ 和 $X=1$,加性信道$(X-Y)$的平均互信息

$$I(X;Y) = \int_{-3}^{1} P\{X=-1\}p(y/X=-1)\log\frac{p(y/X=-1)}{p_Y(y)}\mathrm{d}y \tag{A}$$

$$+ \int_{-1}^{3} P\{X=1\}p(y/X=1)\log\frac{p(y/X=1)}{p_Y(y)}\mathrm{d}y \tag{B} \tag{7}$$

积分(7)式中

$$(A) = \int_{-3}^{1} P\{X=-1\}p(y/X=-1)\log\frac{p(y/X=-1)}{p_Y(y)}\mathrm{d}y$$

$$= \int_{-3}^{-1} P\{X=-1\}p(y/X=-1)\log\frac{p(y/X=-1)}{p_Y(y)}\mathrm{d}y$$

$$+ \int_{-1}^{1} P\{X=-1\}p(y/X=-1)\log\frac{p(y/X=-1)}{p_Y(y)}\mathrm{d}y$$

$$= \int_{-3}^{-1} \frac{1}{2} \cdot \frac{1}{4}\log\frac{1/4}{1/8}\mathrm{d}y + \int_{-1}^{1} \frac{1}{2} \cdot \frac{1}{4}\log\frac{1/4}{1/4}\mathrm{d}y$$

$$= \frac{1}{8}\log2\int_{-3}^{-1}\mathrm{d}y = \frac{1}{8}\Big\{y\Big\}_{-3}^{-1} = \frac{1}{4} \tag{8}$$

积分(7)式中

$$(B) = \int_{-1}^{3} P\{X=1\}p(y/X=1)\log\frac{p(y/X=1)}{p_Y(y)}\mathrm{d}y$$

$$= \int_{-1}^{1} P\{X=1\}p(y/X=1)\log\frac{p(y/X=1)}{p_Y(y)}\mathrm{d}y$$

$$+ \int_{1}^{3} P\{X=1\}p(y/X=1)\log\frac{p(y/X=1)}{p_Y(y)}\mathrm{d}y$$

$$= \int_{-1}^{1} \frac{1}{2} \cdot \frac{1}{4}\log\frac{1/4}{1/4}\mathrm{d}y + \int_{1}^{3} \frac{1}{2} \cdot \frac{1}{4}\log\frac{1/4}{1/8}\mathrm{d}y$$

$$= \int_1^3 \frac{1}{8} \log 2 \mathrm{d}y - \frac{1}{8} \left\{ y \right\}_1^3 = \frac{1}{4} \tag{9}$$

由(8)式、(9)式,得

$$I(X;Y) = 1/4 + 1/4 = 1/2 \quad (\text{比特 / 自由度}) \tag{10}$$

这表明,图 E4.19-1 所示"半离散,半连续"均匀加性信道$(X\text{-}Y)$,每传递一个等概二元信源 $X:\{-1,1\}$ 的符号,通过的平均互信息等于 0.5(比特/自由度).

（4）"半离散,半连续"信道$(X\text{-}Y)$向离散信道$(X\text{-}Z)$的转换.

在图 E4.19-1 所示信道$(X\text{-}Y)$的输出端,接上输入 Y,输出 Z 的"检测判决器",且有

$$Z = \begin{cases} 1 & (y > 1) \\ 0 & (-1 \leqslant y \leqslant 1) \\ -1 & (y < -1) \end{cases} \tag{11}$$

则"半离散,半连续"均匀加性信道$(X\text{-}Y)$,转换为离散信道$(X\text{-}Z)$(图 E4.19-4).

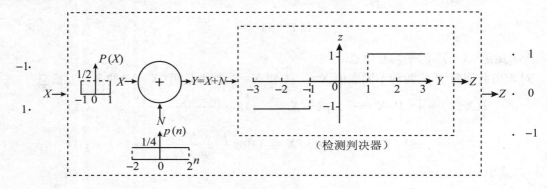

图 E4.19-4

由(4)式、(5)式所示的传递概率密度函数 $p(y/X=-1)$ 和 $p(y/X=1)$,得离散信道$(X\text{-}Z)$的传递概率:

$$\begin{cases} P\{Z = 1/X = -1\} = \int_1^3 p(y/X=-1)\mathrm{d}y = 0 \\ P\{Z = 0/X = -1\} = \int_{-1}^1 p(y/X=-1)\mathrm{d}y = \int_{-1}^1 \frac{1}{4}\mathrm{d}y = \frac{1}{2} \\ P\{Z = -1/X = -1\} = \int_{-3}^{-1} p(y/X=-1)\mathrm{d}y = \int_{-3}^{-1} \frac{1}{4}\mathrm{d}y = \frac{1}{2} \end{cases} \tag{12}$$

$$\begin{cases} P\{Z = 1/X = 1\} = \int_1^3 p(y/X=1)\mathrm{d}y = \int_1^3 \frac{1}{4}\mathrm{d}y = \frac{1}{2} \\ P\{Z = 0/X = 1\} = \int_{-1}^1 p(y/X=1)\mathrm{d}y = \int_{-1}^1 \frac{1}{4}\mathrm{d}y = \frac{1}{2} \\ P\{Z = -1/X = 1\} = \int_{-1}^{-3} p(y/X=1)\mathrm{d}y = 0 \end{cases} \tag{13}$$

由此,离散信道$(X\text{-}Z)$的信道矩阵

$$[P_{X\text{-}Z}] = \begin{array}{c} -1 \\ 1 \end{array} \begin{bmatrix} \begin{array}{ccc} 1 & 0 & -1 \\ 0 & 1/2 & 1/2 \\ 1/2 & 1/2 & 0 \end{array} \end{bmatrix} \tag{14}$$

这个信道$(X\text{-}Z)$是一个二进制删除信道(如图 E4.19-5 所示).

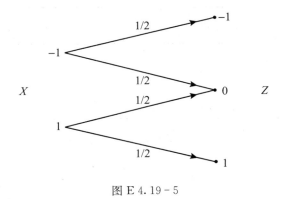

图 E 4.19-5

(5) 离散信道$(X\text{-}Z)$的平均互信息.

由离散信源 $X:\{-1,1\}$ 的概率分布 $P\{X=-1\}=P\{X=1\}=1/2$,以及$[P_{X\text{-}Z}]$,得离散随机变量 $Z:\{-1,0,1\}$ 的概率分布:

$$p(z)=\begin{cases} P\{Z=1\}=P(X=-1)P\{Z=1/X=-1\}+P\{X=1\}P\{Z=1/X=1\} \\ \qquad\quad=1/2\cdot1/2=1/4 \\ P\{Z=0\}=P(X=-1)P\{Z=0/X=-1\}+P\{X=1\}P\{Z=0/X=1\} \\ \qquad\quad=1/2\cdot1/2+1/2\cdot1/2=1/2 \\ P\{Z=-1\}=P(X=-1)P\{Z=-1/X=-1\}+P\{X=1\}P\{Z=-1/X=1\} \\ \qquad\quad=1/2\cdot1/2=1/4 \end{cases}$$

$$\tag{15}$$

由此,得 Z 的信息熵

$$H(Z)=H(1/2,1/4,1/4)=1.5 \quad (\text{比特}/\text{符号}) \tag{16}$$

由离散信源 $X:\{-1,1\}$ 的概率分布 $P\{X=-1\}=P\{X=1\}=1/2$,以及$[P_{X\text{-}Z}]$,得离散信道$(X\text{-}Z)$的噪声熵

$$\begin{aligned} H(Z/X)&=-\sum_X\sum_Z P(X)P(Z/X)\log P(Z/X) \\ &=\sum_X P(X)\Big[-\sum_Z P(Z/X)\log P(Z/X)\Big] \\ &=P\{X=-1\}H(Z/X=-1)+P\{X=1\}H(Z/X=1) \\ &=\frac{1}{2}H\Big(0,\frac{1}{2},\frac{1}{2}\Big)+\frac{1}{2}H\Big(\frac{1}{2},\frac{1}{2},0\Big)=1 \quad (\text{比特}/\text{符号}) \end{aligned} \tag{17}$$

由(16)式、(17)式,得离散信道$(X\text{-}Z)$的平均互信息

$$I(X;Z)=H(Z)-H(Z/X)=1.5-1=0.5 \quad (\text{比特}/\text{符号}) \tag{18}$$

比较(10)式和(17)式,有

$$I(X;Y)=I(X;Z) \tag{19}$$

这表明,图 E4.19-4 中的"数据处理"装置(检测判决器)没有丢失关于离散信源 X 的信息量(如图 E4.19-6 所示).

由"检测判决器"的判决准则

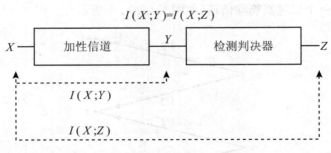

图 E 4.19 - 6

$$Z = \begin{cases} 1 & (y \geqslant 1) \\ 0 & (-1 \leqslant y \leqslant 1) \\ -1 & (y \leqslant -1) \end{cases}$$

可知,离散随机变量 Z 的取值 $Z:\{-1,0,1\}$,与连续随机变量 Y 的概率密度函数 $p_Y(y)$ 的取值区间 $\{y<-1; -1\leqslant y\leqslant 1; y>1\}$ 一一对应,信道矩阵

$$[P_{Y\text{-}Z}]: \begin{matrix} y<-1 \\ -1\leqslant y\leqslant 1 \\ y>1 \end{matrix} \begin{matrix} & -1 & 0 & 1 \\ & \begin{bmatrix} 1 & 0 & 0 \\ 0 & 1 & 0 \\ 0 & 0 & 1 \end{bmatrix} \end{matrix} \tag{20}$$

是单位矩阵 $[I]$. (XYZ) 在一般情况下,可看作 Markov 链. 根据"数据处理定理",有

$$I(X;Y) = I(X;Z) \tag{21}$$

所以,结论(19)式是有理论依据的.

(6) 加性信道 $(X-Y)$ 的信道容量.

加性信道 $(X-Y)$ 的平均互信息 $I(X;Y)$,就是离散信道 $(X-Z)$ 的平均互信息 $I(X;Z)$. 那么,加性信道 $(X-Y)$ 的信道容量 C,就是离散信道 $(X-Z)$ 的信道容量 C'. 由(14)式可知,离散信道 $(X-Z)$ 是"准对称信道",其信道矩阵(14)可改写为

$$[P_{X\text{-}Z}]' = \begin{matrix} -1 \\ 1 \end{matrix} \left[\begin{matrix} \begin{pmatrix} \frac{1}{2} & 0 \\ 0 & \frac{1}{2} \end{pmatrix} & \begin{pmatrix} \frac{1}{2} \\ \frac{1}{2} \end{pmatrix} \end{matrix} \right] \tag{22}$$

$$\begin{matrix} \phantom{[P_{X\text{-}Z}]'=} & [P]_1 & & [P]_2 \end{matrix}$$

其信道容量

$$C' = -\sum_{p=1}^{m} S_l p(b_l) \log p(b_l) - H(p_1', p_2', \cdots, p_s') \tag{23}$$

其中,$s_1=2$,$s_2=1$;$p(b_1)=1/4$,$p(b_2)=1/2$. 则有

$$C' = -2 \cdot \frac{1}{4}\log\frac{1}{4} - 1 \cdot \frac{1}{2}\log\frac{1}{2} - H\left(\frac{1}{2}, 0, \frac{1}{2}\right)$$

$$= 0.5 \quad (\text{比特／符号}) \tag{24}$$

其匹配信源 X 的信源空间

$$[X \cdot P]: \begin{cases} X: & -1 \quad 1 \\ P(X): & 1/2 \quad 1/2 \end{cases} \tag{25}$$

由此,得均匀加性信道$(X\text{-}Y)$的信道容量

$$C = C' = 0.5 \quad （比特 / 符号） \tag{26}$$

这表明,图 E 4.19-1 所示通信系统的平均互信息 $I(X;Y)=0.5$(比特/符号)((10)式所示)已达均匀加性信道$(X\text{-}Y)$的信道容量 C,输入信源 $X:\{-1,1\}$ 就是其匹配信源.

显然,本例题分析思路、方法、过程及其结论,对用"正脉冲"("1")、"负脉冲"("-1")分别代表等概二元码符号集$\{0,1\}$中的码符号"0"和"1"的数字通信系统,具有理论指导意义.

4.3.3　高斯加性信道的信道容量

在加性信道$(X\text{-}Y)$中,若加性噪声 N 是均值 $m_N=0$、方差 σ_N^2 的高斯随机变量 $N(0,\sigma_N^2)$,则加性信道$(X\text{-}Y)$称为"高斯加性信道"(G-加性信道)(如图 4.3-5 所示).

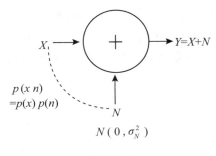

图 4.3-5

高斯随机变量 $N(N(0,\sigma_N^2))$ 是一种常见的加性噪声.这种加性噪声 N 给加性信道$(X\text{-}Y)$的信道容量,带来什么样的特点?

定理 4.15　**加性噪声 N 是均值 $m_N=0$、方差 σ_N^2 的高斯随机变量的高斯加性信道$(X\text{-}Y)$的信道容量**

$$C = \frac{1}{2}\log\left(1 + \frac{\sigma_X^2}{\sigma_N^2}\right)$$

其匹配信源 X 是均值 $m_X=0$、方差 σ_X^2 的高斯随机变量.

　　证明

(1) 噪声熵 $h(N)$.

高斯分布的加性噪声 $N(N(0,\sigma_N^2))$ 的概率密度函数

$$p_N(n) = \frac{1}{\sqrt{2\pi\sigma_N^2}}\exp\left(-\frac{n^2}{2\sigma_N^2}\right) \tag{4.3.3-1}$$

且有

$$\int_{-\infty}^{\infty} p(n)\mathrm{d}n = 1$$

$$\int_{-\infty}^{\infty} np(n)\mathrm{d}n = 0$$

$$\int_{-\infty}^{\infty} n^2 p(n)\mathrm{d}n = \sigma_N^2 = P_N \tag{4.3.3-2}$$

则有

$$h(Y/X) = h(N) = -\int_{-\infty}^{\infty} p_N(n)\ln p_N(n)\mathrm{d}n = -\int_{-\infty}^{\infty} p_N(n)\ln\left(\frac{1}{\sqrt{2\pi\sigma_N^2}} \cdot \mathrm{e}^{-\frac{n^2}{2\sigma_N^2}}\right)\mathrm{d}n$$

$$= -\int_{-\infty}^{\infty} p_N(n)\ln\frac{1}{\sqrt{2\pi\sigma_N^2}}\mathrm{d}n + \int_{-\infty}^{\infty} p_N(n)\frac{n^2}{2\sigma_N^2}\mathrm{d}n$$

$$= \frac{1}{2}\ln(2\pi\sigma_N^2) + \frac{1}{2} = \frac{1}{2}\ln(2\pi e\sigma_N^2) \qquad (4.3.3-3)$$

(2) $\max\limits_{p(x)}\{h(Y)\}$.

一般来说,加性信道$(X\text{-}Y)$输入信源X的平均功率不可能无限大,它是一个受限制的量.现设X的平均功率限定为P_X.在加性信道$(X\text{-}Y)$中,加性噪声N的平均功率已确定为$P_N = \sigma_N^2$.因为加性信道$(X\text{-}Y)$的X和N相互统计独立,且$Y = X + N$.所以输出随机变量Y的平均功率也是一个受限制的量.现设Y的平均功率限定为P_Y.根据"平均功率受限最大相对熵定理",要使Y的相对熵$h(Y)$达最大值$\max\limits_{p(x)}\{h(Y)\}$,必须使输出随机变量$Y$呈现高斯分布.

那么,输入信源X呈现什么分布,才能使输出Y呈现高斯分布呢? 现设,"试验信源"X是均值$m_X = 0$、方差σ_X^2的高斯随机变量$N(0,\sigma_X^2)$,即X的概率密度函数

$$p_X(x) = \frac{1}{\sqrt{2\pi\sigma_X^2}}\exp\left(-\frac{1}{2\sigma_X^2}\right) \qquad (4.3.3-4)$$

则Y的概率密度函数

$$p_Y(y) = \int_{-\infty}^{\infty} p_X(y-n)p_N(n)\mathrm{d}n$$

$$= \int_{-\infty}^{\infty} \frac{1}{\sqrt{2\pi\sigma_X^2}}\exp\left[-\frac{(y-n)^2}{2\sigma_X^2}\right] \cdot \frac{1}{\sqrt{2\pi\sigma_N^2}}\exp\left[-\frac{n^2}{2\sigma_N^2}\right]\mathrm{d}n$$

$$= \frac{1}{2\pi\sigma_X\sigma_N} \cdot \int_{-\infty}^{\infty} \exp\left\{-\left[\frac{(y-n)^2}{2\sigma_X^2} + \frac{n^2}{2\sigma_N^2}\right]\right\}\mathrm{d}n \qquad (4.3.3-5)$$

其中,积分中的指数项

$$\left[\frac{(y-n)^2}{2\sigma_X^2} + \frac{n^2}{2\sigma_N^2}\right] = \frac{y^2 - 2yn + n^2}{2\sigma_X^2} + \frac{n^2}{2\sigma_N^2}$$

$$= \frac{y^2}{2\sigma_X^2} + n^2\frac{\sigma_X^2 + \sigma_N^2}{2\sigma_X^2\sigma_N^2} - n\frac{y}{\sigma_X^2} = \frac{\sigma_X^2 + \sigma_N^2}{2\sigma_X^2\sigma_N^2} \cdot \left[n^2 - 2ny\frac{\sigma_N^2}{\sigma_X^2 + \sigma_N^2} + \frac{\sigma_N^2}{\sigma_X^2 + \sigma_N^2}y^2\right]$$

$$= \frac{\sigma_X^2 + \sigma_N^2}{2\sigma_X^2\sigma_N^2} \cdot \left[n^2 - 2ny\frac{\sigma_N^2}{\sigma_X^2 + \sigma_N^2} + \left(\frac{\sigma_N^2}{\sigma_X^2 + \sigma_N^2}\right)^2 y^2 + \frac{\sigma_N^2}{\sigma_X^2 + \sigma_N^2}y^2 - \left(\frac{\sigma_N^2}{\sigma_X^2 + \sigma_N^2}\right)^2 y^2\right]$$

$$= \frac{\sigma_X^2 + \sigma_N^2}{2\sigma_X^2\sigma_N^2} \cdot \left[\left(n - \frac{\sigma_N^2}{\sigma_X^2 + \sigma_N^2}y\right)^2 + \frac{\sigma_N^2}{\sigma_X^2 + \sigma_N^2}y^2 - \left(\frac{\sigma_N^2}{\sigma_X^2 + \sigma_N^2}\right)^2 y^2\right]$$

$$= \frac{\sigma_X^2 + \sigma_N^2}{2\sigma_X^2\sigma_N^2} \cdot \left[\left(n - \frac{\sigma_N^2}{\sigma_X^2 + \sigma_N^2}y\right)^2 + \frac{\sigma_N^2}{\sigma_X^2 + \sigma_N^2}\left(1 - \frac{\sigma_N^2}{\sigma_X^2 + \sigma_N^2}\right)y^2\right]$$

$$= \frac{\sigma_X^2 + \sigma_N^2}{2\sigma_X^2\sigma_N^2} \cdot \left[\left(n - \frac{\sigma_N^2}{\sigma_X^2 + \sigma_N^2}y\right)^2 + \frac{\sigma_N^2}{\sigma_X^2 + \sigma_N^2} \cdot \frac{\sigma_X^2}{\sigma_X^2 + \sigma_N^2}y^2\right]$$

$$= \frac{\sigma_X^2 + \sigma_N^2}{2\sigma_X^2 \sigma_N^2} \cdot \left[\left(n - \frac{\sigma_N^2}{\sigma_X^2 + \sigma_N^2} y \right)^2 + \frac{\sigma_N^2 \sigma_X^2}{(\sigma_X^2 + \sigma_N^2)^2} y^2 \right] \tag{4.3.3-6}$$

由此,

$$p_Y(y) = \frac{1}{2\pi\, \sigma_X\, \sigma_N} \cdot \int_{-\infty}^{\infty} \exp\left[-\frac{\sigma_X^2 + \sigma_N^2}{2\sigma_X^2 \sigma_N^2} \left(n - \frac{\sigma_N^2}{\sigma_X^2 + \sigma_N^2} y \right)^2 - \frac{y^2}{2(\sigma_X^2 + \sigma_N^2)} \right] \mathrm{d}n$$

$$= \frac{1}{2\pi\sigma_X\sigma_N} \exp\left[-\frac{y^2}{2(\sigma_X^2 + \sigma_N^2)} \right] \cdot \int_{-\infty}^{\infty} \exp\left[-\frac{\sigma_X^2 + \sigma_N^2}{2\sigma_X^2 \sigma_N^2} \left(n - \frac{\sigma_N^2}{\sigma_X^2 + \sigma_N^2} y \right)^2 \right] \mathrm{d}n \tag{4.3.3-7}$$

令

$$n - \frac{\sigma_N^2}{\sigma_X^2 + \sigma_N^2} y = t \tag{4.3.3-8}$$

则

$$\begin{cases} -\infty < n < \infty,\ -\infty < t < \infty \\ \mathrm{d}n = \mathrm{d}t,\ \mathrm{d}t = \mathrm{d}n \end{cases} \tag{4.3.3-9}$$

由此,有

$$p_Y(y) = \frac{1}{2\pi\sigma_X\sigma_N} \exp\left[-\frac{y^2}{2(\sigma_X^2 + \sigma_N^2)} \right] \cdot \int_{-\infty}^{\infty} \exp\left(-\frac{\sigma_X^2 + \sigma_N^2}{2\sigma_X^2 \sigma_N^2} t^2 \right) \mathrm{d}t \tag{4.3.3-10}$$

运用积分公式

$$\int_0^{\infty} \mathrm{e}^{-a^2 x^2} \mathrm{d}x = \frac{\sqrt{\pi}}{2a} \tag{4.3.3-11}$$

有

$$p_Y(y) = \frac{1}{2\pi\sigma_X\sigma_N} \exp\left[-\frac{y^2}{2(\sigma_X^2 + \sigma_N^2)} \right] \cdot 2 \cdot \int_0^{\infty} \exp\left(-\frac{\sigma_X^2 + \sigma_N^2}{2\sigma_X^2 \sigma_N^2} t^2 \right) \mathrm{d}t$$

$$= \frac{1}{2\pi\sigma_X\sigma_N} \exp\left[-\frac{y^2}{2(\sigma_X^2 + \sigma_N^2)} \right] \cdot 2 \cdot \frac{\sqrt{\pi}}{2\sqrt{\dfrac{\sigma_X^2 + \sigma_N^2}{2\sigma_X^2 \sigma_N^2}}}$$

$$= \frac{1}{2\pi\sigma_X\sigma_N} \cdot \sqrt{\frac{2\sigma_X^2 \sigma_N^2 \pi}{\sigma_X^2 + \sigma_N^2}} \cdot \exp\left[-\frac{y^2}{2(\sigma_X^2 + \sigma_N^2)} \right]$$

$$= \frac{1}{\sqrt{2\pi(\sigma_X^2 + \sigma_N^2)}} \exp\left[-\frac{y^2}{2(\sigma_X^2 + \sigma_N^2)} \right] \tag{4.3.3-12}$$

这表明,在图 4.3-5 所示 G-加性信道($X-Y$)中,若加性噪声 N 是均值 $m_N=0$,方差 σ_N^2 的 G-随机变量 $N(0,\sigma_N^2)$,则当输入信源 X 是均值 $m_X=0$,方差 σ_N^2 的 G-随机变量 $N(0,\sigma_N^2)$ 时,输出随机变量 Y 就是均值 $m_Y=0$,方差

$$\sigma_Y^2 = \sigma_X^2 + \sigma_N^2 \tag{4.3.3-13}$$

的 G-随机变量 $N(0,\sigma_X^2 + \sigma_Y^2)$.

根据平均功率受限时的最大相对熵定理,输出随机变量 Y 的相对熵 $h(Y)$ 达到最大值

$$\max_{p(x)}\{h(Y)\} = \frac{1}{2}\ln(2\pi \mathrm{e} P_Y) = \frac{1}{2}\ln[2\pi \mathrm{e}(\sigma_X^2 + \sigma_N^2)] = \frac{1}{2}\ln[2\pi \mathrm{e}(P_X + P_N)]$$

$$\tag{4.3.3-14}$$

（3）匹配信源和信道容量.

由（4.3.3-3）式、（4.3.3-14）式，以及加性信道（X-Y）的信道容量一般表达式，G-加性信道（X-Y）的信道容量

$$C = \max_{p(x)}\{h(Y)\} - h(N) = \frac{1}{2}\ln[2\pi e(\sigma_X^2 + \sigma_N^2)] - \frac{1}{2}\ln(2\pi e\sigma_N^2)$$

$$= \frac{1}{2}\ln\left(1 + \frac{\sigma_X^2}{\sigma_N^2}\right) = \frac{1}{2}\ln\left(1 + \frac{P_X}{P_N}\right) \tag{4.3.3-15}$$

其匹配信源，就是（4.3.3-4）式所设定"试验信源"X，即均值 $m_X = 0$、方差 $\sigma_N^2 = P_X$ 的高斯随机变量 $N(0, \sigma_X^2)$（$N(0, P_X)$）.这样，定理 4.15 就得到了证明.

定理表明：G-加性信道（X-Y）的信道容量 C，取决于匹配信源 X 的平均功率 P_X 与加性噪声 N 的平均功率 P_N 之比

$$\beta = \frac{P_X}{P_N} \tag{4.3.3-16}$$

我们把 β 称为 G-加性信道（X-Y）的"信噪功率比"（简称"信噪比"），它是给定 G-加性信道（X-Y）自身的固有特征参量.G-加性信道的信道容量 C 同样是信道自身的特征参量，由信道自身的信息特征决定.

【**例 4.20**】 设连续信道（X-Y）输入、输出随机变量 X、Y 的联合概率密度函数

$$p(xy) = \frac{1}{2\pi\sqrt{NS}}\exp\left\{-\frac{1}{2N}\left[x^2\left(1 + \frac{N}{S}\right) - 2xy + y^2\right]\right\}$$

（1）证明：连续信道（X-Y）是 G-加性信道；

（2）试计算信道（X-Y）的信道容量；

（3）试求从 Y 中获取关于 X 的最大信息量.

解 连续信道（X-Y）输入、输出随机变量 X、Y 的联合概率密度函数

$$p(xy) = \frac{1}{2\pi\sqrt{NS}}\exp\left\{-\frac{1}{2N}\left[x^2\left(1 + \frac{N}{S}\right) - 2xy + y^2\right]\right\}$$

$$= \frac{1}{2\pi\sqrt{NS}}\exp\left[-\frac{1}{2N}\left(x^2 + \frac{N}{S}x^2 - 2xy + y^2\right)\right]$$

$$= \frac{1}{2\pi\sqrt{NS}}\exp\left(-\frac{x^2}{2N} - \frac{x^2}{2S} + \frac{2xy}{2N} - \frac{y^2}{2N}\right)$$

$$= \frac{1}{2\pi\sqrt{NS}}\exp\left[-\frac{x^2}{2S} - \left(\frac{x^2}{2N} - \frac{2xy}{2N} + \frac{y^2}{2N}\right)\right]$$

$$= \frac{1}{2\pi\sqrt{NS}}\exp\left[-\frac{x^2}{2S} - \frac{(y-x)^2}{2N}\right]$$

$$= \frac{1}{\sqrt{2\pi S}}\exp\left(-\frac{x^2}{2S}\right)\cdot\frac{1}{\sqrt{2\pi N}}\exp\left[-\frac{(y-x)^2}{2N}\right] \tag{1}$$

（1）输入信源 X 的概率密度函数.

由 X、Y 的联合概率密度函数 $p(xy)$，有

$$p(x) = \int_{-\infty}^{\infty} p(xy)\mathrm{d}y = \int_{-\infty}^{\infty}\frac{1}{\sqrt{2\pi S}}\exp\left(-\frac{x^2}{2S}\right)\cdot\frac{1}{\sqrt{2\pi N}}\exp\left[-\frac{(y-x)^2}{2N}\right]\mathrm{d}y$$

$$= \frac{1}{\sqrt{2\pi S}}\exp\left(-\frac{x^2}{2S}\right) \cdot \int_{-\infty}^{\infty} \frac{1}{\sqrt{2\pi N}} e^{-\frac{(y-x)^2}{2N}} \, \mathrm{d}y \tag{2}$$

令

$$y - x = t \tag{3}$$

则

$$\begin{cases} -\infty < y < \infty, \ -\infty < t < \infty \\ \mathrm{d}y = \mathrm{d}t, \mathrm{d}t = \mathrm{d}y \end{cases} \tag{4}$$

由此,有

$$p(x) = \frac{1}{\sqrt{2\pi}\, S}\exp\left(-\frac{x^2}{2S}\right) \cdot \int_{-\infty}^{\infty} \frac{1}{\sqrt{2\pi N}} e^{-\frac{t^2}{2N}} \, \mathrm{d}t$$

$$= \frac{1}{\sqrt{2\pi}\, S}\exp\left(-\frac{x^2}{2S}\right) \cdot 2 \cdot \int_{0}^{\infty} \frac{1}{\sqrt{2\pi N}} e^{-\frac{t^2}{2N}} \, \mathrm{d}t \tag{5}$$

运用积分公式

$$\int_{0}^{\infty} e^{-a^2 x^2} \, \mathrm{d}x = \frac{\sqrt{\pi}}{2a} \tag{6}$$

有

$$p(x) = \frac{1}{\sqrt{2\pi S}}\exp\left(-\frac{x^2}{2S}\right) \cdot 2 \cdot \frac{\sqrt{\pi}}{2 \cdot \sqrt{\frac{1}{2N}}} \cdot \frac{1}{\sqrt{2\pi N}}$$

$$= \frac{1}{\sqrt{2\pi S}}\exp\left(-\frac{x^2}{2S}\right) \tag{7}$$

这表明,连续信道 $(X\text{-}Y)$ 输入信源 X,是均值 $m_X = 0$,方差 $\sigma_X^2 = S(P_X = S)$ 的 G-随机变量 $N(0, S)$.

(2) 连续信道 $(X\text{-}Y)$ 的传递概率密度函数.

由 $p(xy)$ 和 $p(x)$,有

$$p(y/x) = \frac{p(xy)}{p(x)} = \frac{\dfrac{1}{\sqrt{2\pi S}} e^{-\frac{x^2}{2S}} \cdot \dfrac{1}{\sqrt{2\pi N}} e^{-\frac{(y-x)^2}{2N}}}{\dfrac{1}{\sqrt{2\pi S}} e^{-\frac{x^2}{2S}}}$$

$$= \frac{1}{\sqrt{2\pi N}}\exp\left[-\frac{(y-x)^2}{2N}\right] \tag{8}$$

(3) 连续信道 $(X\text{-}Y)$ 是 G-加性信道.

(8)式所示信道 $(X\text{-}Y)$ 的传递概率密度函数 $p(y/x)$ 启示我们,设连续信道 $(X\text{-}Y)$ 受到加性噪声 N 的"线性叠加"干扰,即

$$\begin{cases} Y = X + N \\ N = Y - X \end{cases} \tag{9}$$

由此,有

$$p(n) = p(y/x) = \frac{1}{\sqrt{2\pi N}}\exp\left[-\frac{(y-x)^2}{2N}\right] = \frac{1}{\sqrt{2\pi N}}\exp\left(-\frac{n^2}{2N}\right) \tag{10}$$

这就是(9)式所示的设定,直接导致加性噪声 N 是均值 $m_N=0$,方差 $\sigma_N^2=N(P_N=N)$ 的高斯随机变量 $N(0,P_N)$,信道$(X-Y)$是否是 G-加性信道? 还必须验证(9)式设定的条件是否符合 G-加性信道$(X-Y)$的另一个条件:X 和 N 相互统计独立,即是否满足

$$p(xn) = p(x)p(n) \tag{11}$$

由(9)式设定的条件,有

$$\begin{cases} x(xy) = x \\ n(xy) = y-x \end{cases} \quad \begin{cases} x(xn) = x \\ y(xn) = x+n \end{cases} \tag{12}$$

根据坐标变换理论,进而有

$$p(xy) = p(xn)\left|J\left(\frac{XN}{XY}\right)\right| = \begin{vmatrix} \dfrac{\partial x}{\partial x} & \dfrac{\partial x}{\partial y} \\ \dfrac{\partial n}{\partial x} & \dfrac{\partial n}{\partial y} \end{vmatrix} \cdot p(xn)$$

$$= \begin{vmatrix} 1 & 0 \\ -1 & 1 \end{vmatrix} \cdot p(xn) = p(xn) \tag{13}$$

这就是说,在设定 $Y=X+N$ 的条件下,要论证信道$(X-Y)$是 G-加性信道,还必须论证

$$p(xy) = p(xn) \tag{14}$$

由(1)式所示 $p(xy)$、(8)式所示 $p(y/x)$ 以及(10)式所示 $p(n)$,有

$$p(xy) = p(x)p(y/x) = p(x)p(n) \tag{15}$$

这表明,在(9)式设定条件下,若 X 和 N 相互统计独立,即

$$p(xn) = p(x)p(n) \tag{16}$$

则同时满足 $p(xy)=p(xn)$ 的条件.

这样,我们就证明了具有(1)式所示联合概率密度函数 $p(xy)$ 的连续信道$(X-Y)$,是加性噪声 N 为均值 $m_N=0$,方差 $\sigma_N^2=N$ 的高斯随机变量 $N(N(0,N))$;输入信源 X 是均值 $m_X=0$,方差 $\sigma_X^2=S$ 的高斯随机变量 $N(0,S)$ 的 G-加性信道$(X-Y)$(如图 E4.20 所示).

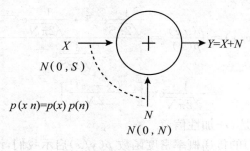

图 E 4.20

(4) G-加性信道$(X-Y)$的信道容量.

由 G-加性信道$(X-Y)$加性噪声 N 的平均功率(方差 σ_N^2)N 和输入随机变量 X 的平均功率(方差 σ_X^2)S,得 G-加性信道$(X-Y)$的信道容量

$$C = \frac{1}{2}\log\left(1 + \frac{P_X}{P_N}\right) = \frac{1}{2}\log\left(1 + \frac{S}{N}\right) \tag{17}$$

其匹配信源 X 就是概率密度函数为(7)式所示 $p(x)$ 输入随机变量 $N(0,S)$，连续信道 $(X-Y)$ 的平均互信息 $I(X;Y)$ 达其信道容量 C.

【例 4.21】　设 G-加性信道 $(X-Y_1Y_2)$ 输入随机变量 X 的均值 $m_X = 0$，平均功率受限 P_X，G-加性噪声 Z_1 和 Z_2 的协方差矩阵受限为

$$[M] = \begin{bmatrix} N & \rho N \\ \rho N & N \end{bmatrix}$$

（1）试求信道 $(X-Y_1Y_2)$ 的传递概率密度函数 $p(y_1y_2/x)$；

（2）试求信道 $(X-Y_1Y_2)$ 输出随机变量 $Y_1 = X + Z_1$，$Y_2 = X + Z_2$ 的联合概率密度函数 $p_Y(y_1y_2)$；

（3）试证明：Y_1 和 Y_2 的联合概率密度函数 $p_Y(y_1y_2)$ 是 G-分布的概率密度函数；

（4）试证明：Y_1 和 Y_2 的联合相对熵 $h(Y_1Y_2)$ 达到最大值；

（5）试求信道 $(X-Y_1Y_2)$ 的信道容量 C 及其匹配信源 X；

（6）试分别求解：当 $\rho = 1$，$\rho = 0$，$\rho = -1$ 时，G-加性信道 $(X-Y_1Y_2)$ 的信道容量 $C_{\rho=1}$；$C_{\rho=0}$；$C_{\rho=-1}$；

（7）分别指明：信道容量为 $C_{\rho=1}$；$C_{\rho=0}$；$C_{\rho=-1}$ 的等同的 G-加性信道 $(X-Y)$，并做出解释；

（8）试证明：$C_{\rho=0} > C_{\rho=1}$；$2C_{\rho=1} > C_{\rho=0}$；

（9）指明并解 $C_{\rho=-1}$ 的信息内涵.

解　输入随机变量 X 的平均功率限定为 P_X，联合概率密度函数 $p(z_1z_2)$ 为 G-分布的加性噪声 Z_1、Z_2 之间的协方差矩阵为

$$[M] = \begin{bmatrix} N & \rho N \\ \rho N & N \end{bmatrix} \tag{1}$$

的"单输入、双输出"G-加性信道 $(X-Y_1Y_2)$，如图 E 4.21-1 所示.

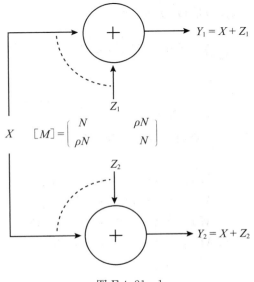

图 E 4.21-1

（1）信道$(X - Y_1 Y_2)$的传递概率密度函数.

由$Y_1 = X + Z_1$；$Y_2 = X + Z_2$，有

$$
\begin{cases} X = X \\ Z_1 = Y_1 - X \\ Z_2 = Y_2 - X \end{cases}
\qquad
\begin{cases} X = X \\ Y_1 = X + Z_1 \\ Y_2 = X + Z_2 \end{cases}
\tag{2}
$$

则

$$
\left| J\left(\frac{XZ_1Z_2}{XY_1Y_2} \right) \right| =
\begin{vmatrix}
\dfrac{\partial X}{\partial X} & \dfrac{\partial X}{\partial Y_1} & \dfrac{\partial X}{\partial Y_2} \\[2mm]
\dfrac{\partial Z_1}{\partial X} & \dfrac{\partial Z_1}{\partial Y_1} & \dfrac{\partial Z_1}{\partial Y_2} \\[2mm]
\dfrac{\partial Z_2}{\partial X} & \dfrac{\partial Z_2}{\partial Y_1} & \dfrac{\partial Z_2}{\partial Y_2}
\end{vmatrix}
=
\begin{vmatrix}
1 & 0 & 0 \\
-1 & 1 & 0 \\
-1 & 0 & 1
\end{vmatrix}
$$

$$
= (1 \cdot 1 \cdot 1) + (-1 \cdot 0 \cdot 0) + (-1 \cdot 0 \cdot 0)
$$
$$
- (-1 \cdot 1 \cdot 0) + (-1 \cdot 0 \cdot 1) + (1 \cdot 0 \cdot 0)
$$
$$
= 1 \tag{3}
$$

根据坐标变换理论，联合概率密度函数$p(xy_1y_2)$与$p(xz_1z_2)$之间，有

$$
p(xy_1y_2) = p(xz_1z_2) \left| J\left(\frac{XZ_1Z_2}{XY_1Y_2} \right) \right| = p(xz_1z_2) \tag{4}
$$

由此，有

$$
p(x)p(y_1y_2/x) = p(x)p(z_1z_2/x) \tag{5}
$$

考虑到图 E 4.21-1 中，X 与 Z_1 和 Z_2 统计独立，则有

$$
p(y_1y_2/x) = p(z_1z_2/x) = p(z_1z_2) \tag{6}
$$

因为已知 Z_1 与 Z_2 之间的协方差矩阵

$$
[M] = \begin{bmatrix} N & \rho N \\ \rho N & N \end{bmatrix} \tag{7}
$$

而且其联合概率密度函数 $p(z_1z_2)$ 是 G-分布，即

$$
p(z_1z_2) = \frac{1}{2\pi[M]^{1/2}} \exp\left[-\frac{1}{2} \sum_{i=1}^{2} \sum_{k=1}^{2} r_{ik}(z_i - m_i)(z_k - m_k) \right] \tag{10}
$$

其中

$$
|M| = \begin{vmatrix} N & \rho N \\ \rho N & N \end{vmatrix} = N^2 - \rho^2 N^2 = N^2(1 - \rho^2) \tag{11}
$$

$$
|M|^{1/2} \sqrt{N^2(1 - \rho^2)} = N\sqrt{1 - \rho^2} \tag{12}
$$

而$|M|$的余因子

$$
\begin{cases}
|M|_{11} = (-1)^{1+1} \cdot N = N \\
|M|_{12} = (-1)^{1+2} \cdot \rho N = -\rho N \\
|M|_{21} = (-1)^{2+1} \cdot \rho N = -\rho N \\
|M|_{22} = (-1)^{2+2} \cdot N = N
\end{cases}
\tag{13}
$$

则

$$\begin{cases} r_{11} = \dfrac{|M|_{11}}{|M|} = \dfrac{N}{N^2(1-\rho^2)} = \dfrac{1}{N(1-\rho^2)} \\[2mm] r_{12} = \dfrac{|M|_{12}}{|M|} = \dfrac{\rho N}{N^2(1-\rho^2)} = \dfrac{\rho}{N(1-\rho^2)} \\[2mm] r_{21} = \dfrac{|M|_{21}}{|M|} = \dfrac{\rho N}{N^2(1-\rho^2)} = \dfrac{\rho}{N(1-\rho^2)} \\[2mm] r_{22} = \dfrac{|M|_{22}}{|M|} = \dfrac{N}{N^2(1-\rho^2)} = \dfrac{1}{N(1-\rho^2)} \end{cases} \tag{14}$$

把(12)式、(14)式代入(10)式,有

$$\rho(z_1 z_2)\frac{1}{2\pi N\sqrt{1-\rho^2}}\mathrm{ex}\rho\left\{-\frac{1}{2}\left[\frac{z_1^2}{N(1-\rho^2)}-\frac{2\rho z_1 z_2}{N(1-\rho^2)}+\frac{z_2^2}{N(1-\rho^2)}\right]\right\}$$

$$=\frac{1}{2\pi N\sqrt{1-\rho^2}}\mathrm{ex}\rho\left[-\frac{1}{2N(1-\rho^2)}(z_1^2-2\rho z_1 z_2+z_2^2)\right] \tag{15}$$

再把 $Z_1=Y_1-X$, $Z_2=Y_2-X$ 的变换关系,代入(15)式,得信道$(X\text{-}Y_1Y_2)$的传递概率密度函数

$$p(y_1 y_2 / x) = p(z_1 z_2)$$

$$=\frac{1}{2\pi N\sqrt{1-\rho^2}}\exp\left\{-\frac{1}{2N(1-\rho^2)}\left[(y_1-x)^2-2\rho(y_1-x)(y_2-x)+(y_2-x)^2\right]\right\}$$

$$\tag{16}$$

(2) 信道$(X\text{-}Y_1Y_2)$输出 Y_1,Y_2 的联合概率密度函数.

因给定输入信源 X 是平均功率受限 P_X(均值 $m_X=0$)的连续随机变量,其概率密度函数并未确定.根据"G-加性信道容量定理",现设"试验信源"X 是平均功率受限 P_X(均值 $m_X=0$)的 G-随机变量,即 X 的概率密度函数设定为

$$p(x) = \frac{1}{\sqrt{2\pi P_X}}\exp\left(-\frac{x^2}{2P_X}\right) \tag{17}$$

在此设定下,有

$$p(xy_1 y_2) = p(x)p(y_1 y_2 / x)$$

$$=\frac{1}{\sqrt{2\pi P_X}}\exp\left(-\frac{x^2}{2P_X}\right)\cdot\frac{1}{2\pi N\sqrt{1-\rho^2}}$$

$$\cdot\exp\left\{-\frac{1}{2N(1-\rho^2)}\left[(y_1-x)^2-2\rho(y_1-x)(y_2-x)+(y_2-x)^2\right]\right\} \tag{18}$$

进而,Y_1,Y_2 的联合概率密度函数

$$p_Y(y_1 y_2) = \int_X p(xy_1 y_2)\mathrm{d}x$$

$$=\int_X \frac{1}{\sqrt{2\pi P_X}}\exp\left(-\frac{x^2}{2P_X}\right)\cdot\frac{1}{2\pi N\sqrt{1-\rho^2}}$$

$$\cdot\exp\left\{-\frac{1}{2N(1-\rho^2)}\left[(y_1-x)^2-2\rho(y_1-x)(y_2-x)+(y_2-x)^2\right]\right\}\mathrm{d}x$$

$$=\frac{1}{2\pi N\sqrt{2\pi P_X(1-\rho^2)}}\int_X \exp\left\{-\frac{x^2}{2P_X}-\frac{1}{2N(1-\rho^2)}\right.$$

$$\cdot \left[(y_1-x)^2 - 2\rho(y_1-x)(y_2-x) + (y_2-x)^2\right]\Big\}\mathrm{d}x$$

$$=\frac{1}{2\pi N\sqrt{2\pi P_X(1-\rho^2)}}\cdot\int_x \exp\Big\{-\frac{x^2}{2P_X} - \frac{1}{2N(1-\rho^2)}\cdot\left[(y_1^2 - 2xy_1 + x^2) -\right.$$

$$\left. 2\rho(y_1 y_2 - xy_2 - xy_1 + x^2) + (y_2^2 - 2xy_2 + x^2)\right]\Big\}\mathrm{d}x$$

$$=\frac{1}{2\pi N\sqrt{2\pi P_X(1-\rho^2)}}\cdot\int_x \exp\Big\{-\frac{x^2}{2P_X} - \frac{1}{2N(1-\rho^2)}\cdot\left[(y_1^2 + y_2^2 - 2\rho y_1 y_2) -\right.$$

$$\left. 2x(y_1 + y_2)(1-\rho) + 2x^2(1-\rho)\right]\Big\}\mathrm{d}x$$

$$=\frac{1}{2\pi N\sqrt{2\pi P_X(1-\rho^2)}}\cdot\int_x \exp\Big\{-\frac{1}{2}\left[\left(\frac{x^2}{P_X} + \frac{2(1-\rho)x^2}{N(1-\rho^2)}\right) - \frac{2(1-\rho)(y_1 + y_2)x}{N(1-\rho^2)} +\right.$$

$$\left. \frac{y_1^2 + y_2^2 - 2\rho y_1 y_2}{N(1-\rho^2)}\right]\Big\}\mathrm{d}x$$

$$=\frac{1}{2\pi N\sqrt{2\pi P_X(1-\rho^2)}}\cdot\int_x \exp\Big\{-\frac{1}{2}\left[\frac{(1-\rho)(2P_X + N + \rho N)}{P_X N(1-\rho^2)}x^2 - \frac{2(1-\rho)(y_1 + y_2)}{N(1-\rho^2)}x +\right.$$

$$\left. \frac{y_1^2 + y_2^2 - 2\rho y_1 y_2}{N(1-\rho^2)}\right]\Big\}\mathrm{d}x \tag{19}$$

在(19)积分式的指数项中，

$$\frac{y_1^2 + y_2^2 - 2\rho y_1 y_2}{N(1-\rho^2)} = \frac{y_1^2 + y_2^2}{N(1-\rho^2)} - \frac{2\rho y_1 y_2}{N(1-\rho^2)}$$

$$=\frac{2P_X + N + \rho N}{N(1-\rho^2)(2P_X + N + \rho N)}(y_1^2 + y_2^2) - \frac{2\rho(2P_X + N + \rho N)}{N(1-\rho^2)(2P_X + N + \rho N)}y_1 y_2$$

$$=\frac{P_X + P_X + N + \rho N + P_X\rho - P_X\rho}{N(1-\rho^2)(2P_X + N + \rho N)}(y_1^2 + y_2^2)$$

$$+\frac{-2\rho(2P_X + N + \rho N) + 2P_X(1-\rho) - 2P_X(1-\rho)}{N(1-\rho^2)(2P_X + N + \rho N)}y_1 y_2$$

$$=\frac{P_X(1-\rho) + (P_X + N)(1+\rho)}{N(1-\rho^2)(2P_X + N + \rho N)}(y_1^2 + y_2^2)$$

$$+\frac{2P_X(1-\rho)}{N(1-\rho^2)(2P_X + N + \rho N)}y_1 y_2 - \frac{2P_X(1-\rho)}{N(1-\rho^2)(2P_X + N + \rho N)}y_1 y_2 - \frac{2\rho}{N(1-\rho^2)}y_1 y_2$$

$$=\frac{P_X(1-\rho)}{N(1-\rho^2)(2P_X + N + \rho N)}(y_1^2 + y_2^2) + \frac{(P_X + N)(1+\rho)}{N(1-\rho^2)(2P_X + N + \rho N)}(y_1^2 + y_2^2)$$

$$+\frac{2P_X(1-\rho)}{N(1-\rho^2)(2P_X + N + \rho N)}y_1 y_2 - \frac{2P_X(1-\rho)}{N(1-\rho^2)(2P_X + N + \rho N)}y_1 y_2 - \frac{2\rho}{N(1-\rho^2)}y_1 y_2$$

$$=\frac{P_X(1-\rho)}{N(1-\rho^2)(2P_X + N + \rho N)}(y_1^2 + y_2^2 + 2y_1 y_2) - \frac{2P_X(1-\rho)}{N(1-\rho^2)(2P_X + N + \rho N)}y_1 y_2$$

$$-\frac{2\rho}{N(1-\rho^2)}y_1 y_2 + \frac{(P_X + N)(1+\rho)}{N(1-\rho^2)(2P_X + N + \rho N)}(y_1^2 + y_2^2)$$

$$=\frac{P_X(1-\rho)}{N(1-\rho^2)(2P_X + N + \rho N)}(y_1 + y_2)^2 + \frac{(P_X + N)(1+\rho)}{N(1-\rho^2)(2P_X + N + \rho N)}(y_1^2 + y_2^2)$$

$$-\frac{P_X(1-\rho)}{N(1-\rho^2)(2P_X+N+\rho N)}y_1 y_2 - \frac{2\rho}{N(1-\rho^2)}y_1 y_2$$

$$= \frac{P_X(1-\rho)}{N(1-\rho^2)(2P_X+N+\rho N)}(y_1+y_2)^2 + \frac{(P_X+N)(1+\rho)}{N(1-\rho^2)(2P_X+N+\rho N)}(y_1^2+y_2^2)$$

$$-\frac{2(P_X+N)(1+\rho)}{N(1-\rho^2)(2P_X+N+\rho N)}y_1 y_2 \tag{20}$$

把(20)式代入(19)式,有

$$p_Y(y_1 y_2) = \frac{1}{2\pi N\sqrt{2\pi P_X(1-\rho^2)}}$$

$$\cdot \int_X \exp\left\{-\frac{1}{2}\left[\left(\sqrt{\frac{(1-\rho)(2P_X+N+\rho N)}{P_X N(1-\rho^2)}}\,x\right)^2 - \frac{2(1-\rho)(y_1+y_2)}{N(1-\rho^2)}x\right.\right.$$

$$+\frac{P_X(1-\rho)}{N(1-\rho^2)(2P_X+N+\rho N)}(y_1+y_2)^2 + \frac{(P_X+N)(1+\rho)}{N(1-\rho^2)(2P_X+N+\rho N)}(y_1^2+y_2^2)$$

$$\left.\left.-\frac{2(P_X+N)(1+\rho)}{N(1-\rho^2)(2P_X+N+\rho N)}y_1 y_2\right]\right\}\mathrm{d}x$$

$$= \frac{1}{2\pi N\sqrt{2\pi P_X(1-\rho^2)}}\cdot \exp\left\{-\frac{1}{2}\left[\frac{(P_X+N)(1+\rho)}{N(1-\rho^2)(2P_X+N+\rho N)}(y_1^2+y_2^2)\right.\right.$$

$$\left.\left.-\frac{2(P_X+N)(1+\rho)}{N(1-\rho^2)(2P_X+N+\rho N)}y_1 y_2\right]\right\}$$

$$\cdot \int_X \exp\left\{-\frac{1}{2}\left[\left(\sqrt{\frac{(1-\rho)(2P_X+N+\rho N)}{P_X N(1-\rho^2)}}\,x\right)^2\right.\right.$$

$$+\left(\sqrt{\frac{P_X(1-\rho)}{N(1-\rho^2)(2P_X+N+\rho N)}}(y_1+y_2)\right)^2$$

$$\left.\left.-\frac{2(1-\rho)}{N(1-\rho^2)}x(y_1+y_2)\right]\right\}\mathrm{d}x \tag{21}$$

在(21)积分式指数项中,有

$$2\cdot\sqrt{\frac{(1-\rho)(2P_X+N+\rho N)}{P_X N(1-\rho^2)}}\,x\cdot\sqrt{\frac{P_X(1-\rho)}{N(1-\rho^2)(2P_X+N+\rho N)}}(y_1+y_2)$$

$$= 2\cdot\sqrt{\frac{(1-\rho)^2}{N^2(1-\rho^2)2}}\cdot x\cdot(y_1+y_2) = \frac{2(1-\rho)}{N(1-\rho^2)}x(y_1+y_2) \tag{22}$$

由此,(21)式可改写为

$$p_Y(y_1 y_2) = \frac{1}{2\pi N\sqrt{2\pi P_X(1-\rho^2)}}$$

$$\cdot \exp\left\{-\frac{1}{2}\left[\frac{(P_X+N)(1+\rho)}{N(1-\rho^2)(2P_X+N+\rho N)}(y_1^2+y_2^2)\right.\right.$$

$$\left.\left.-\frac{2(P_X+N)(1+\rho)}{N(1-\rho^2)(2P_X+N+\rho N)}y_1 y_2\right]\right\}$$

$$\cdot \int_X \exp\left\{-\frac{1}{2}\left[\sqrt{\frac{(1-\rho)(2P_X+N+\rho N)}{P_X N(1-\rho^2)}}\,x\right.\right.$$

$$- \sqrt{\frac{P_X(1-\rho)}{N(1-\rho^2)(2P_X+N+\rho N)}}(y_1+y_2)\Bigg]^2\Bigg\} \mathrm{d}x \tag{23}$$

在(23)的积分式指数项中,令

$$\begin{cases} A = \sqrt{\dfrac{(1-\rho)(2P_X+N+\rho N)}{P_X N(1-\rho^2)}} \\[4mm] B = \sqrt{\dfrac{P_X(1-\rho)}{N(1-\rho^2)(2P_X+N+\rho N)}} \cdot (y_1+y_2) \end{cases} \tag{24}$$

则积分式(23)可改写为

$$\int_X \exp\Big[-\frac{1}{2}(Ax-B)^2\Big]\mathrm{d}x = \int_X \exp\Big\{-\frac{1}{2}\Big[A^2\Big(x-\frac{B}{A}\Big)^2\Big]\Big\}\mathrm{d}x \tag{25}$$

在(25)式中,再令

$$x-\frac{B}{A}=t \tag{26}$$

则(25)式可改写为

$$\int_X \exp\Big(-\frac{1}{2}A^2 t^2\Big)\mathrm{d}t = \int_{-\infty}^{\infty} \exp\Big(-\frac{1}{2}A^2 t^2\Big)\mathrm{d}t$$

$$= 2 \cdot \int_0^{\infty} \exp\Big(-\frac{1}{2}A^2 t^2\Big)\mathrm{d}t \tag{27}$$

运用积分公式

$$\int_0^{\infty} \mathrm{e}^{-a^2 x^2}\,\mathrm{d}x = \frac{\sqrt{\pi}}{2a} \quad (a>0) \tag{28}$$

则有

$$2 \cdot \int_0^{\infty} \mathrm{e}^{-\frac{A^2}{2}t^2}\,\mathrm{d}t = 2 \cdot \frac{\sqrt{\pi}}{2 \cdot \dfrac{A}{\sqrt{2}}}$$

$$= 2 \cdot \frac{\sqrt{\pi}}{2 \cdot \left\{ \dfrac{\sqrt{\dfrac{(1-\rho)(2P_X+N+\rho N)}{P_X N(1-\rho^2)}}}{\sqrt{2}} \right\}}$$

$$= \frac{\sqrt{2\pi}}{\sqrt{\dfrac{(1-\rho)(2P_X+N+\rho N)}{P_X N(1-\rho^2)}}} \tag{29}$$

把(29)式代入(23)式,有

$$p_Y(y_1 y_2) = \frac{1}{2\pi N \sqrt{2\pi P_X(1-\rho^2)}} \cdot \sqrt{\frac{P_X N(1-\rho^2)}{(1-\rho)(2P_X+N+\rho N)}} \cdot \sqrt{2\pi}$$

$$\cdot \exp\Big\{-\frac{1}{2}\Big[\frac{(P_X+N)(1+\rho)}{N(1-\rho^2)(2P_X+N+\rho N)}(y_1^2+y_2^2)$$

$$-\frac{2(P_X+N)(1+\rho)}{N(1-\rho^2)(2P_X+N+\rho N)}y_1 y_2\Big]\Big\}$$

$$= \frac{1}{2\pi \sqrt{N(1-\rho)(2P_X+N+\rho N)}}$$

$$\cdot \exp\left\{-\frac{1}{2N(1-\rho)(2P_X+N+\rho N)}\right.$$

$$\left. \cdot \left[(P_X+N)y_1^2 - 2(P_X+\rho N)y_1 y_2 + (P_X+N)y_2^2\right]\right\} \tag{30}$$

（3）$(Y_1 Y_2)$ 是 G-分布.

等式(30)所示 $(Y_1 Y_2)$ 的联合概率密度函数 $p_Y(y_1 y_2)$ 是什么分布？我们将证明 $p_Y(y_1 y_2)$ 是协方差矩阵为

$$[M] = \begin{pmatrix} P_X+N & P_X+\rho N \\ P_X+\rho N & P_X+N \end{pmatrix} \tag{31}$$

的 G-分布的概率密度函数 $p_{Y_0}(y_1 y_2)$.

由(31)式所示 $[M]$,有

$$[M] = \begin{pmatrix} P_X+N & P_X+\rho N \\ P_X+\rho N & P_X+N \end{pmatrix} = (P_X+N)^2 - (P_X+\rho N)^2$$

$$= N(1-\rho)(2P_X+N+\rho N) \tag{32}$$

以及

$$\begin{cases} |M|_{11} = (-1)^{1+1} \cdot (P_X+N) = P_X+N \\ |M|_{12} = (-1)^{1+2} \cdot (P_X+\rho N) = -(P_X+\rho N) \\ |M|_{21} = (-1)^{2+1} \cdot (P_X+\rho N) = -(P_X+\rho N) \\ |M|_{22} = (-1)^{2+2} \cdot (P_X+N) = P_X+N \end{cases} \tag{33}$$

进而,有

$$\begin{cases} r_{11} = \dfrac{|M|_{11}}{|M|} = \dfrac{P_X+N}{N(1-\rho)(2P_X+N+\rho N)} \\[2mm] r_{12} = \dfrac{|M|_{12}}{|M|} = -\dfrac{P_X+\rho N}{N(1-\rho)(2P_X+N+\rho N)} \\[2mm] r_{21} = \dfrac{|M|_{21}}{|M|} = -\dfrac{P_X+\rho N}{N(1-\rho)(2P_X+N+\rho N)} \\[2mm] r_{22} = \dfrac{|M|_{22}}{|M|} = \dfrac{P_X+N}{N(1-\rho)(2P_X+N+\rho N)} \end{cases} \tag{34}$$

因为 G-分布概率密度函数

$$p_0(y_1 y_2) = \frac{1}{2\pi |M|^{1/2}} \exp\left[-\frac{1}{2}\sum_{i=1}^{2}\sum_{k=1}^{2} r_{ik}(y_i - m_i)(y_k - m_k)\right]$$

$$= \frac{1}{2\pi \sqrt{N(1-\rho)(2P_X+N+\rho N)}}$$

$$\cdot \exp\left[-\frac{1}{2}(r_{11}y_1^2 + r_{12}y_1 y_2 + r_{21}y_2 y_1 + r_{22}y_2^2)\right]$$

$$= \frac{1}{2\pi \sqrt{N(1-\rho)(2P_X+N+\rho N)}}$$

$$\cdot \exp\left[-\frac{1}{2}\cdot\frac{(P_X+N)y_1^2-2(P_X+\rho N)y_1y_2+(P_X+N)y_2^2}{N(1-\rho)(2P_X+N+\rho N)}\right].$$

$$=\frac{1}{2\pi\sqrt{N(1-\rho)(2P_X+N+\rho N)}}$$

$$\cdot\exp\left\{-\frac{1}{2N(1-\rho)(2P_X+N+\rho N)}\right.$$

$$\left.\cdot\left[(P_X+N)y_1^2-2(P_X+\rho N)y_1y_2+(P_X+N)y_2^2\right]\right\} \tag{35}$$

比较等式(30)和(35),显然有

$$p_Y(y_1y_2)=p_{Y_0}(y_1y_2) \tag{36}$$

　　这就证明了图 E4.21-1 所示加性信道(X-Y_1Y_2)的输出随机变量 Y_1 和 Y_2 的联合概率密度函数服从 G-分布.

　　到此,我们已证明,对给定的平均功率受限 P_X 的连续信源 X,若我们选择"试验信源"为平均功率受限 P_X 的 G-随机变量 $X(N(0,P_X))$,那么,信道(X-Y_1Y_2)的输出(Y_1Y_2)的联合概率密度函数呈现 G-分布.

　　(4) $h(Y_1Y_2)$ 达到最大值.

　　(A) 一般来说,若连续随机变量 Y_1,Y_2 的协方差矩阵为

$$[M]=\begin{pmatrix}\mu_{11}&\mu_{12}\\\mu_{21}&\mu_{22}\end{pmatrix} \tag{37}$$

则当 Y_1,Y_2 的联合概率密度函数是 G-分布 $p_{Y_0}(y_1y_2)$,其联合相对熵达最大值

$$h_0(Y_1Y_2)=\frac{1}{2}\ln|M|+\ln(2\pi e) \tag{38}$$

　　[证明]　设:Y_1 的均值 m_1,方差 σ_1^2;Y_2 的均值 m_2,方差 σ_2^2. 由(37)式,有

$$\begin{cases}\mu_{11}=E[(Y_1-m_1)(Y_1-m_1)]=\sigma_1^2\\\mu_{12}=E[(Y_1-m_1)(Y_2-m_2)]=\mu\\\mu_{21}=E[(Y_2-m_2)(Y_1-m_1)]=\mu\\\mu_{22}=E[(Y_2-m_2)(Y_2-m_2)]=\sigma_2^2\end{cases} \tag{39}$$

协方差矩阵(38)可改写为

$$[M]=\begin{pmatrix}\sigma_1^2&\mu\\\mu&\sigma_2^2\end{pmatrix} \tag{40}$$

令 Y_1 与 Y_2 的相关系数

$$\rho=\frac{\mu}{\sigma_1\sigma_2} \tag{41}$$

表示 Y_1 与 Y_2 的相关程度. 由此,协方差矩阵(40)式又可改写为

$$[M]=\begin{pmatrix}\sigma_1^2&\rho\sigma_1\sigma_2\\\rho\sigma_1\sigma_2&\sigma_2^2\end{pmatrix} \tag{42}$$

　　现设 Y_1,Y_2 的联合概率密度函数为 G-分布,即

$$p_0(y_1 y_2) = \frac{1}{(2\pi) \, |M|^{1/2}} \exp\left[-\frac{1}{2} \sum_{i=1}^{2} \sum_{k=1}^{2} r_{ik}(Y_i - m_i)(Y_k - m_k)\right] \tag{43}$$

其中

$$|M| = \sigma_1^2 \sigma_2^2 - \rho^2 \sigma_1^2 \sigma_2^2 = \sigma_1^2 \sigma_2^2 (1 - \rho^2) \tag{44}$$

$$|M|^{1/2} = \sigma_1 \sigma_2 \sqrt{1 - \rho^2} \tag{45}$$

$|M|$ 的"余因子" $|M|_{ik}(i,k=1,2)$ 是

$$\begin{cases} |M|_{11} = (-1)^{1+1} \cdot \sigma_2^2 = \sigma_2^2 \\ |M|_{12} = (-1)^{1+2} \cdot \rho\sigma_1\sigma_2 = -\rho\sigma_1\sigma_2 \\ |M|_{21} = (-1)^{2+1} \cdot \rho\sigma_1\sigma_2 = -\rho\sigma_1\sigma_2 \\ |M|_{22} = (-1)^{2+2} \cdot \sigma_1^2 = \sigma_1^2 \end{cases} \tag{46}$$

则有

$$\begin{cases} r_{11} = \dfrac{|M|_{11}}{|M|} = \dfrac{\sigma_2^2}{\sigma_1^2 \sigma_2^2 (1 - \rho^2)} = \dfrac{1}{\sigma_1^2 (1 - \rho^2)} \\[2mm] r_{12} = \dfrac{|M|_{12}}{|M|} = \dfrac{-\rho\sigma_1\sigma_2}{\sigma_1^2 \sigma_2^2 (1 - \rho^2)} = -\dfrac{\rho}{\sigma_1\sigma_2 (1 - \rho^2)} \\[2mm] r_{21} = \dfrac{|M|_{21}}{|M|} = \dfrac{-\rho\sigma_1\sigma_2}{\sigma_1^2 \sigma_2^2 (1 - \rho^2)} = -\dfrac{\rho}{\sigma_1\sigma_2 (1 - \rho^2)} \\[2mm] r_{22} = \dfrac{|M|_{22}}{|M|} = \dfrac{\sigma_1^2}{\sigma_1^2 \sigma_2^2 (1 - \rho^2)} = \dfrac{1}{\sigma_2^2 (1 - \rho^2)} \end{cases} \tag{47}$$

由(47)式组成矩阵

$$[R] = \begin{pmatrix} r_{11} & r_{12} \\ r_{21} & r_{22} \end{pmatrix} = \begin{pmatrix} \dfrac{1}{\sigma_1^2 (1 - \rho^2)} & -\dfrac{\rho}{\sigma_1\sigma_2 (1 - \rho^2)} \\[3mm] -\dfrac{\rho}{\sigma_1\sigma_2 (1 - \rho^2)} & \dfrac{1}{\sigma_2^2 (1 - \rho^2)} \end{pmatrix} \tag{48}$$

由(42)式、(48)式,有

$$[R] \cdot [M] = \begin{pmatrix} \dfrac{1}{\sigma_1^2 (1 - \rho^2)} & -\dfrac{\rho}{\sigma_1\sigma_2 (1 - \rho^2)} \\[3mm] -\dfrac{\rho}{\sigma_1\sigma_2 (1 - \rho^2)} & \dfrac{1}{\sigma_2^2 (1 - \rho^2)} \end{pmatrix} \cdot \begin{pmatrix} \sigma_1^2 & \rho\sigma_1\sigma_2 \\ \rho\sigma_1\sigma_2 & \sigma_2^2 \end{pmatrix} = \begin{pmatrix} 1 & 0 \\ 0 & 1 \end{pmatrix} \tag{49}$$

由此,一般地有

$$\begin{aligned} [R] \cdot [M] &= \begin{pmatrix} r_{11} & r_{12} \\ r_{21} & r_{22} \end{pmatrix} \cdot \begin{pmatrix} \mu_{11} & \mu_{12} \\ \mu_{21} & \mu_{22} \end{pmatrix} \\[2mm] &= \begin{pmatrix} r_{11}\mu_{11} + r_{12}\mu_{21} & r_{11}\mu_{12} + r_{12}\mu_{22} \\ r_{21}\mu_{11} + r_{22}\mu_{21} & r_{21}\mu_{13} + r_{22}\mu_{22} \end{pmatrix} = \begin{pmatrix} 1 & 0 \\ 0 & 1 \end{pmatrix} \end{aligned} \tag{50}$$

即有

$$\begin{cases} \sum_{k=1}^{2} r_{ik}\mu_{ki} = 1 \quad (i=1) \\ \sum_{k=1}^{2} r_{ik}\mu_{ki} = 1 \quad (i=2) \end{cases} \tag{51}$$

又由等式(39)、(47),有

$$\begin{cases} \mu_{ik} = \mu_{ki} \quad (i \neq k; i,k=1,2) \\ r_{ik} = r_{ki} \quad (i \neq k; i,k=1,2) \end{cases} \tag{52}$$

则由等式(51),有

$$\sum_{i=1}^{2} \left(\sum_{k=1}^{2} r_{ik}\mu_{ki} \right) = \sum_{i=1}^{2} \left(\sum_{k=1}^{2} r_{ik}\mu_{ik} \right) = 2 \tag{53}$$

在明确了(43)式所示 $p_0(y_1y_2)$ 中各参数之间的关系后,可以由 $p_0(y_1y_2)$ 求得

$$h_0(Y_1Y_2) = -\int_{Y_1}\int_{Y_2} p_0(y_1y_2)\ln p_0(y_1y_2)\mathrm{d}y_1\mathrm{d}y_2$$

$$= -\int_{Y_1}\int_{Y_2} p_0(y_1y_2)\ln\left\{ \frac{1}{(2\pi)\,|\,M\,|^{1/2}}\exp\left[-\frac{1}{2}\sum_{i=1}^{2}\sum_{k=1}^{2} r_{ik}(y_i-m)(y_k-m_k) \right] \right\}\mathrm{d}y_1\mathrm{d}y_2$$

$$= -\int_{Y_1}\int_{Y_2} p_0(y_1y_2)\ln\frac{1}{(2\pi)\,|\,M\,|^{1/2}}\mathrm{d}y_1\mathrm{d}y_2$$

$$+ \int_{Y_1}\int_{Y_2} p_0(y_1y_2)\left[\frac{1}{2}\sum_{i=1}^{2}\sum_{k=1}^{2} r_{ik}(y_i-m_i)(y_k-m_k) \right]\mathrm{d}y_1\mathrm{d}y_2 \tag{54}$$

其中

$$\begin{cases} \iint_{Y_1}\int_{Y_2} p_0(y_1y_2)\mathrm{d}y_1\mathrm{d}y_2 = 1 \\ \iint_{Y_1}\int_{Y_2} p_0(y_1y_2)(y_i-m_i)(y_k-m_k)\mathrm{d}y_1\mathrm{d}y_2 = \mu_{ik} \end{cases} \tag{55}$$
$$\tag{56}$$
$$(i,k=1,2)$$

由此,有

$$h_0(Y_1Y_2) = \ln\left[(2\pi)\,|\,M\,|^{1/2} \right] + \frac{1}{2}\sum_{i=1}^{2}\sum_{k=1}^{2} r_{ik}\mu_{ik}$$

$$= \ln(2\pi\,|\,M\,|^{1/2}) + \frac{1}{2}\cdot 2$$

$$= \frac{1}{2}\ln\,|\,M\,| + \ln(2\pi e) \tag{57}$$

另一方面,设 $p_Y(y_1y_2)$ 是协方差矩阵同样限定为

$$[M] = \begin{bmatrix} \sigma_1^2 & \rho\sigma_1\sigma_2 \\ \rho\sigma_1\sigma_2 & \sigma_2^2 \end{bmatrix}$$

的除了 $p_0(y_1y_2)$ 以外 (Y_1Y_2) 的任一种联合概率密度函数,则有

$$
\begin{cases}
\displaystyle\int_{Y_1}\!\!\int_{Y_2} p_Y(y_1 y_2)\,\mathrm{d}y_1\mathrm{d}y_2 = 1 \\[2mm]
\displaystyle\int_{Y_1}\!\!\int_{Y_2} p_Y(y_1 y_2)(y_i - m_i)(y_k - m_k)\,\mathrm{d}y_1\mathrm{d}y_2 = \mu_{ik}
\end{cases}
\qquad (i,k=1,2) \qquad (58)
$$

且具有与(44)式、(46)式、(47)式相同的 $|M|$、$|M|_{ik}(i,k=1,2)$、$r_{ik}(i,k=1,2)$，同样满足

$$
\sum_{i=1}^{2}\sum_{k=1}^{2} r_{ik}\mu_{ik} = 2 \qquad (59)
$$

这样，有

$$
-\int_{Y_1}\!\!\int_{Y_2} p_Y(y_1 y_2)\ln p_0(y_1 y_2)\,\mathrm{d}y_1\mathrm{d}y_2
$$

$$
=-\int_{Y_1}\!\!\int_{Y_2} p_Y(y_1 y_2)\ln\left\{\frac{1}{(2\pi)\,|M|^{1/2}}\exp\left[-\frac{1}{2}\sum_{i=1}^{2}\sum_{k=1}^{2} r_{ik}(y_i - m_i)(y_k - m_k)\right]\right\}\mathrm{d}y_1\mathrm{d}y_2
$$

$$
=-\int_{Y_1}\!\!\int_{Y_2} p_Y(y_1 y_2)\ln\frac{1}{(2\pi)\,|M|^{1/2}}\mathrm{d}y_1\mathrm{d}y_2
$$

$$
\quad +\int_{Y_1}\!\!\int_{Y_2} p_Y(y_1 y_2)\left[\frac{1}{2}\sum_{i=1}^{2}\sum_{n=1}^{2} r_{ik}(y_i - m_i)(y_k - m_k)\right]\mathrm{d}y_1\mathrm{d}y_2
$$

$$
= \ln\left[(2\pi)\,|M|^{1/2}\right]+\frac{1}{2}\int_{Y_1}\!\!\int_{Y_2} p_Y(y_1 y_2)\sum_{i=1}^{2}\sum_{k=1}^{2} r_{ik}(y_i - m_i)(y_k - m_k)\,\mathrm{d}y_1\mathrm{d}y_2
$$

$$
= \ln\left[(2\pi)\,|M|^{1/2}\right]+\frac{1}{2}\left[\sum_{i=1}^{2}\sum_{k=1}^{2} r_{ik}\int_{Y_1}\!\!\int_{Y_2} p(y_1 y_2)(y_i - m_i)(y_k - m_k)\right]\mathrm{d}y_1\mathrm{d}y_2
$$

$$
= \ln\left[(2\pi)\,|M|^{1/2}\right]+\frac{1}{2}\sum_{i=1}^{2}\sum_{k=1}^{2} r_{ik}\mu_{ik} = \ln\left[(2\pi)\,|M|^{1/2}\right]+\frac{1}{2}\cdot 2
$$

$$
= \ln\left[(2\pi)\,|M|^{1/2}\right]+\ln e = \frac{1}{2}\ln|M|+\ln(2\pi e)
$$

$$
= h_0(Y_1 Y_2) \qquad (60)
$$

即证得

$$
-\int_{Y_1}\!\!\int_{Y_2} p_Y(y_1 y_2)\ln p_0(y_1 y_2)\,\mathrm{d}y_1\mathrm{d}y_2 = -\int_{Y_1}\!\!\int_{Y_2} p_0(y_1 y_2)\ln p_0(y_1 y_2)\,\mathrm{d}y_1\mathrm{d}y_2 \qquad (61)
$$

根据最大相对熵定理，在协方差矩阵受限时，G-分布 $p_0(y_1 y_2)$ 的联合相对熵 $h_0(Y_1 Y_2)$ 达到最大值

$$
h(Y_1 Y_2)_{\max} = h_0(Y_1 Y_2) = \frac{1}{2}\ln|M|+\ln(2\pi e) \qquad (62)
$$

（B）当"试验信源" X 是平均功率受限 P_X 的 G-随机变量 $N(0,P_X)$ 时，信道 $(X\text{-}Y_1 Y_2)$ 的输出 $(Y_1 Y_2)$ 呈现 G-分布，且 Y_1,Y_2 的协方差矩阵限定为

$$
[M] = \begin{pmatrix} (P_X + N) & (P_X + \rho N) \\ (P_X + \rho N) & (P_X + N) \end{pmatrix}
$$

由(62)式所示一般结论，有信道 $(X\text{-}Y_1 Y_2)$ 输出 $(Y_1 Y_2)$ 的联合相对熵 $h(Y_1 Y_2)$ 达到最大值

$$
h(Y_1 Y_2)_{\max} = h_0(Y_1 Y_2) = \frac{1}{2}\ln|M|+\ln(2\pi e)
$$

$$= \frac{1}{2}\ln[N(1-\rho)(2P_X+N+\rho N)] + \ln(2\pi e)$$

$$= \frac{1}{2}\ln[(2\pi e)^2 N(1-\rho)(2P_X+N+\rho N)] \tag{63}$$

(5) 信道$(X - Y_1 Y_2)$的容量及其匹配信源.

由等式(6)可知,信道$(X - Y_1 Y_2)$的相对噪声熵

$$h(Y_1 Y_2 / X) = h(Z_1 Z_2) \tag{64}$$

因已知:Z_1 和 Z_2 的协方差矩阵

$$[M] = \begin{bmatrix} N & \rho N \\ \rho N & N \end{bmatrix} \tag{65}$$

而且其联合概率密度函数 $p(z_1 z_2)$ 呈现 G-分布,据(62)式所示一般结论,$Z_1 Z_2$ 的联合相对熵

$$h(Z_1 Z_2) = \frac{1}{2}\ln|M| + \ln(2\pi e)$$

$$= \frac{1}{2}\ln[N^2(1-\rho^2)] + \ln(2\pi e)$$

$$= \frac{1}{2}\ln[(2\pi e)^2 N^2(1-\rho^2)] \tag{66}$$

信道$(X - Y_1 Y_2)$的信道容量

$$C = \max_{p(x)}\{I(X;Y_1 Y_2)\} = \max_{p(x)}\{h(Y_1 Y_2) - h(Y_1 Y_2 / X)\}$$

$$= \max_{p(x)}\{h(Y_1 Y_2) - H(Z_1 Z_2)\} = \max_{p(x)}\{h(Y_1 Y_2)\} - h(Z_1 Z_2)$$

$$= h_0(Y_1 Y_2) - h(Z_1 Z_2)$$

$$= \frac{1}{2}\ln[(2\pi e)^2 N(1-\rho)(2P_X+N+\rho N)]$$

$$\quad - \frac{1}{2}\ln\{(2\pi e)^2 N^2(1-\rho^2)\}$$

$$= \frac{1}{2}\ln\frac{2P_X+N+\rho N}{N(1+\rho)} \quad (奈特 / 自由度) \tag{67}$$

其匹配信源是均值 $m_X = 0$,方差(平均功率)P_X 的 G-随机变量 $N(0, P_X)$.

(6) 不同 ρ 信道容量.

(A) $\rho = 1$.

由等式(67),当 $\rho = 1$ 时,信道$(X - Y_1 Y_2)$的信道容量

$$C_{\rho=1} = \frac{1}{2}\ln\left(\frac{2P_X+2N}{2N}\right) = \frac{1}{2}\ln\left(1+\frac{P_X}{N}\right) \tag{68}$$

这时,由(7)式得知,Z_1 和 Z_2 的协方差矩阵

$$[M_{Z_1 Z_2}]_{\rho=1} = \begin{bmatrix} N & N \\ N & N \end{bmatrix} \tag{69}$$

即 Z_1 的平均功率

$$E[Z_1^2] = \mu_{11} = N \tag{70}$$

Z_2 的平均功率

$$E[Z_2^2] = \mu_{22} = N \tag{71}$$

而由(31)式得知，$Y_1 = X + Z_1$ 与 $Y_2 = X + Z_2$ 的协方差矩阵

$$[M_{Y_1Y_2}]_{\rho=1} = \begin{pmatrix} (P_X + N) & (P_X + N) \\ (P_X + N) & (P_X + N) \end{pmatrix} \tag{72}$$

即 $Y_1 = X + Z_1$ 的平均功率

$$E[Y_1^2] = \mu_{11} = P_X + N \tag{73}$$

$Y_2 = X + Z_2$ 的平均功率

$$E[Y_2^2] = \mu_{22} = P_X + N \tag{74}$$

这表明，当 $\rho = 1$ 时，图 E 4.21-1 所示加性信道$(X - Y_1 Y_2)$的信道容量 $C_{\rho=1}$，等同于"加性噪声"N 为平均功率为 N 的 G-随机变量($N(0, N)$)，输入信源 X 的平均功率受限 P_X 的加性信道$(X - Y)$的信道容量(如图 E 4.21-2 所示).

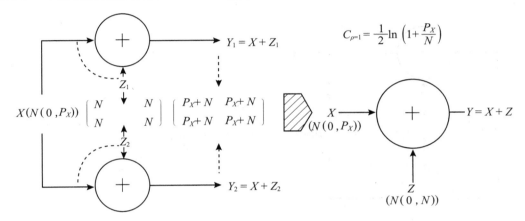

图 E 4.21-2

(B) $\rho = 0$.

由等式(67)，当 $\rho = 0$ 时，信道$(X - Y_1 Y_2)$的信道容量

$$C_{\rho=0} = \frac{1}{2} \ln\left(\frac{2P_X + N}{N}\right) = \frac{1}{2} \ln\left(1 + \frac{2P_X}{N}\right) \tag{75}$$

这时，由(7)式得知，Z_1 和 Z_2 的协方差矩阵

$$[M_{z_1 z_2}]_{\rho=0} = \begin{pmatrix} N & 0 \\ 0 & N \end{pmatrix} \tag{76}$$

由等式(16)得知，这时 Z_1 和 Z_2 的联合概率密度函数

$$p(z_1 z_2)_{\rho=0} = \frac{1}{2\pi N} \exp\left(-\frac{Z_1^2 + Z_2^2}{2N}\right)$$

$$= \frac{1}{\sqrt{2\pi N}} \exp\left(-\frac{Z_1^2}{2N}\right) \cdot \frac{1}{\sqrt{2\pi N}} \exp\left(-\frac{Z_2^2}{2N}\right) \tag{77}$$

这表明，两个加性噪声 Z_1 和 Z_2 统计独立，而且都是均值 $m_z = 0$，方差(平均功率)为 N 的 G-随机变量 $N(0, N)$.

这时，由(31)式得知，$Y_1 = X + Z_1$ 和 $Y_2 = X + Z_2$ 的协方差矩阵

$$\left[M_{Y_1 Y_2}\right]_{\rho=0} = \begin{pmatrix} P_X + N & P_X \\ P_X & P_X + N \end{pmatrix} \tag{78}$$

由(30)式得知,这时 $Y_1 Y_2$ 的联合概率密度函数

$$p_Y(y_1 y_2)_{\rho=0} = \frac{1}{2\pi\sqrt{N(2P_X + N)}}$$

$$\cdot \exp\left\{-\frac{1}{2N(2P_X + N)}\left[(P_X + N)y_1^2 - 2P_X y_1 y_2 + (P_X + N)y_2^2\right]\right\} \tag{79}$$

这表明,虽然 Z_1 和 Z_2 统计独立,但 Y_1 和 Y_2 并非统计独立,它们之间存在统计依赖关系.

(75)式所示信道容量 $C_{\rho=0}$ 表明:当加性噪声 Z_1 和 Z_2 统计独立时,信道$(X-Y_1 Y_2)$的容量 $C_{\rho=0}$,等同于加性噪声 N 是均值$m_N=0$,方差(平均功率)为 N 的 G-随机变量 $N(0, N)$ 的 G-加性信道$(X-Y)$,匹配信源 X 是平均功率限定为 $2P_X$ 的 G-加性信道$(X-Y)$信道容量(如图 E4.21-3 所示).

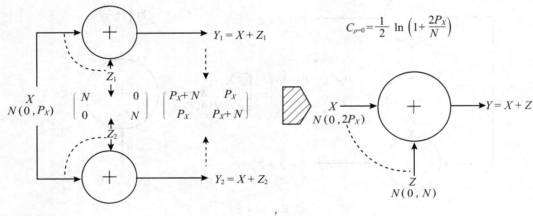

图 E 4.21-3

(C) $C_{\rho=1}$ 与 $C_{\rho=0}$ 的比较.

由等式(68)、(75)可知,因对数是单调递增函数,所以有

$$C_{\rho=0} > C_{\rho=1} \tag{80}$$

由(68)式,有

$$2C_{\rho=1} = 2 \cdot \frac{1}{2}\ln\left(1 + \frac{P_X}{N}\right) = \frac{1}{2}\ln\left(1 + \frac{P_X}{N}\right)^2$$

$$= \frac{1}{2}\ln\left[1 + \frac{2P_X}{N} + \left(\frac{P_X}{N}\right)^2\right] \tag{81}$$

其中,"信噪比"

$$\beta = \frac{P_X}{N} > 0 \tag{82}$$

对数是单调递增函数,则有

$$2C_{\rho=1} > \frac{1}{2}\ln\left(1 + \frac{2P_X}{N}\right) = C_{\rho=0} \tag{83}$$

即

$$C_{\rho=0} < 2C_{\rho=1} \tag{84}$$

这表明,在 G-加性信道$(X\text{-}Y_1Y_2)$中,加性噪声 Z_1 和 Z_2 统计独立时的信道容量 $C_{\rho=0}$,大于 Z_1 和 Z_2 的相关系数 $\rho=1$ 时信道容量 $C_{\rho=1}$,但小于 $C_{\rho=1}$ 的二倍.

(D) $\rho=-1$.

由等式(67)可知,当 $\rho=-1$ 时,信道$(X\text{-}Y_1Y_2)$的信道容量

$$C_{\rho=-1} = \frac{1}{2}\ln\left(\frac{2P_X}{0}\right) \to \infty \tag{85}$$

这时,由(7)式得知,Z_1 和 Z_2 的协方差矩阵

$$[M_{Z_1Z_2}]_{\rho=-1} = \begin{pmatrix} N & -N \\ -N & N \end{pmatrix} \tag{86}$$

由(31)式得知,这时 $Y_1=X+Z_1$ 和 $Y_2=X+Z_2$ 的协方差矩阵

$$[M_{Y_1Y_2}]_{\rho=-1} = \begin{pmatrix} P_X+N & P_X-N \\ P_X-N & P_X+N \end{pmatrix} \tag{87}$$

(85)式所示信道容量 $C_{\rho=-1}$ 表明:当 Z_1 和 Z_2 相关系数 $\rho=-1$ 时信道$(X\text{-}Y_1Y_2)$的信道容量 $C_{\rho=-1}$,等同于 G-加性噪声 N 的平均功率 $N=0$,输入信源 X 的平均功率受限为 $2P_X$ 的 G-加性信道$(X\text{-}Y)$的信道容量(如图 E 4.21 - 4 所示).

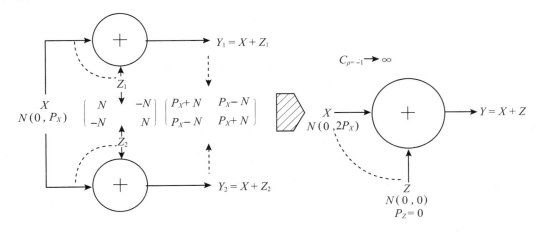

图 E 4.21 - 4

G-加性噪声 N 的平均功率 $N=0$,相当于没有噪声干扰,从信道$(X\text{-}Y)$输出 $Y=X+Z$ 中获取关于 X 的全部信息量 $H(X)$.而连续随机变量 X 的信息熵 $H(X) \to \infty$,所以当 Z_1 和 Z_2 的相关系数 $\rho=-1$ 时,传递容量 $C_{\rho=-1} \to \infty$.

【例 4.22】 设加性信道$(X\text{-}Y)$的加性噪声 N 在$[-A,A]$内均匀分布,输入信源 X 的平均功率受限 $P_X=4(m_X=0, \sigma_X^2=4)$.

(1) 试求信道$(X\text{-}Y)$的信道容量 C 的上界 C_h;

(2) 试求信道$(X\text{-}Y)$的信道容量 C 的下界 C_L;

(3) 确定信道容量 C 的取值范围;

(4) 若加性噪声 N 是 G-随机变量,其平均功率等同于在$[-A,A]$中均匀分布的平均功率

P_N. 试求 G-加性信道 $(X$ - $Y)$ 的信道容量 C_0；

(5) 比较 C_0 和 C_L、C_h 的大小，并指出 G-加性信道容量 C_0 的特点；

(6) 说明 C_0 和 C_L、C_h 与取值区间 $[-A,A]$ 的长度 A 的关系，并指明 G-加性信道的信道容量 C_0 与加性噪声 N 的平均功率 P_N 的关系.

解   加性噪声 N 在 $[-A,A]$ 中均匀分布，输入信源 X 的平均功率受限 $P_X=4(m_X=0$，$\sigma_X^2=P_X=4)$ 的加性信道 $(X$ - $Y)$，如图 E 4.22—1 所示.

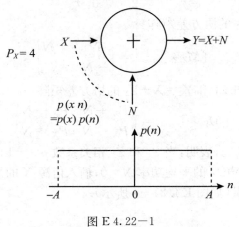

图 E 4.22—1

(1) 信道容量 C 的上界 C_h.

设加性噪声 N 的平均功率为 P_N，因为在加性信道 $(X$ - $Y)$ 中，X 与 N 统计独立，$Y=X+N$. 所以，信道 $(X$ - $Y)$ 输出 Y 的平均功率

$$P_Y = P_X + P_N \tag{1}$$

根据"平均功率受限的最大相对熵"定理，信道 $(X$ - $Y)$ 输出 Y 的相对熵

$$h(Y) \leqslant \frac{1}{2}\ln(2\pi e P_Y) = \frac{1}{2}[2\pi e(P_X+P_N)] \tag{2}$$

再设加性噪声 N 的"熵功率"为 P_{HN}，则 N 的相对熵

$$h(N) = \frac{1}{2}\ln(2\pi e P_{HN}) \tag{3}$$

由等式 (3) 和不等式 (2)，加性信道 $(X$ - $Y)$ 的平均互信息

$$I(X;Y) = h(Y) - h(Y/X) = h(Y) - h(N)$$

$$\leqslant \frac{1}{2}\ln[2\pi e(P_X+P_N)] - \frac{1}{2}\ln(2\pi e P_{HN})$$

$$= \frac{1}{2}\ln\left[\frac{P_X+P_N}{P_{HN}}\right] \tag{4}$$

由此，信道 $(X$ - $Y)$ 的信道容量

$$C = \max_{p(x)}\{I(X;Y)\}$$

$$\leqslant \max_{p(x)}\left\{\frac{1}{2}\ln\left(\frac{P_X+P_N}{P_{HN}}\right)\right\} = \frac{1}{2}\ln\left(\frac{P_X+P_N}{P_{HN}}\right) \tag{5}$$

这表明，加性信道 $(X$ - $Y)$ 的容量 C 的上界

$$C_h = \frac{1}{2}\ln\left(\frac{P_X + P_N}{P_{HN}}\right) \tag{6}$$

（2）信道容量 C 的下界 C_L.

设：P_{HX}、P_{HN} 和 P_{HY} 分别表示图 E4.22-1 中输入信源 X,加性噪声 N 和输出随机变量 Y 的"熵功率". 因为 X 和 N 统计独立,且 $Y = X + N$,则有

$$P_{HY} \geqslant P_{HX} + P_{HN} \tag{7}$$

（注：不等式（7）称为"熵功率不等式",当且仅当 X 和 N 均为高斯随机变量时,等式才成立. 关于"熵功率不等式"的证明方法和过程比较复杂和困难,限于篇幅,本书中未提及. 其结果,在信息理论分析中可直接应用.）若设定,信道$(X-Y)$的输入信源 X 是平均功率受限 P_X 的 G-随机变量 $N(0, P_X)$,则有

$$P_{HX} = P_X \tag{8}$$

这时,有

$$P_{HY} \geqslant P_X + P_{HN} \tag{9}$$

由此,有

$$h(Y) = \frac{1}{2}\ln(2\pi e P_{HY}) \geqslant \frac{1}{2}\ln\left[2\pi e(P_X + P_{HN})\right] \tag{10}$$

则信道$(X-Y)$的平均互信息

$$I(X;Y) = h(Y) - h(Y/X) = h(Y) - h(N)$$
$$\geqslant \frac{1}{2}\ln\left[2\pi e(P_X + P_{HN})\right] - \frac{1}{2}\ln(2\pi e P_{HN})$$
$$= \frac{1}{2}\ln\left(\frac{P_X + P_{HN}}{P_{HN}}\right) \tag{11}$$

即得信道$(X-Y)$的信道容量

$$C = \max_{p(x)}\{I(X;Y)\} \geqslant \max_{p(x)}\left\{\frac{1}{2}\ln\left(\frac{P_X + P_{HN}}{P_{HN}}\right)\right\} \tag{12}$$

这表明,信道$(X-Y)$的信道容量 C 的下界

$$C_L = \frac{1}{2}\ln\left(\frac{P_X + P_{HN}}{P_{HN}}\right) \tag{13}$$

（3）信道容量 C 的取值范围.

由不等式（5）和（11）得信道$(X-Y)$的信道容量 C 的取值范围

$$\frac{1}{2}\ln\left(\frac{P_X + P_{HN}}{P_{HN}}\right) \leqslant C \leqslant \frac{1}{2}\ln\left(\frac{P_X + P_N}{P_{HN}}\right) \tag{14}$$

对于图 E4.22-1 所示的加性信道$(X-Y)$,其中：

① P_X 限定为 4,即 $P_X = 4$.

② 均匀分布的加性噪声 $N \in [-A, A]$ 的平均功率

$$P_N = \int_{-A}^{A} n^2 p(n)\mathrm{d}x = \int_{-A}^{A} n^2 \frac{1}{2A}\mathrm{d}n = \frac{1}{2A}\left\{\frac{n^3}{3}\right\}\Big|_{-A}^{A} = \frac{A^2}{3} \tag{15}$$

③ 加性噪声 N 的相对熵

$$h(N) = -\int_{-A}^{A} p(n)\ln p(n)\mathrm{d}n$$

$$=-\int_{-A}^{A}p(n)\ln\frac{1}{2A}\mathrm{d}n=\ln(2A) \tag{16}$$

④ N 的"熵功率"

$$P_{HN}=\frac{1}{2\pi\mathrm{e}}\mathrm{e}^{2h(N)}=\frac{1}{2\pi\mathrm{e}}\mathrm{e}^{2\cdot[\ln(2A)]}=\frac{1}{2\pi\mathrm{e}}\mathrm{e}^{\ln(2A)^2}=\frac{2A^2}{\pi\mathrm{e}} \tag{17}$$

由此,得图 E4.22-1 所示的加性信道 $(X\text{-}Y)$ 信道容量 C 的取值范围

$$\frac{1}{2}\ln\left[1+\frac{4}{\frac{2A^2}{\pi\mathrm{e}}}\right]\leqslant C\leqslant\frac{1}{2}\ln\left[\frac{4+A^2/3}{\frac{2A^2}{\pi\mathrm{e}}}\right] \tag{18}$$

即

$$\frac{1}{2}\ln\left(1+\frac{2\pi\mathrm{e}}{A^2}\right)\leqslant C\leqslant\frac{1}{2}\ln\left(\frac{2\pi\mathrm{e}}{A^2}+\frac{\pi\mathrm{e}}{6}\right) \tag{19}$$

一般来说,非 G-分布加性噪声 N 组成的加性信道 $(X\text{-}Y)$(如图 E4.22-1 所示)的信道容量 C 的计算比较复杂而困难,不等式(14)指出的信道容量 C 的取值范围,有利于在工程问题上对信道容量 C 进行估算.

(4) G-加性信道容量的估量.

当图 E4.22-1 所示加性信道 $(X\text{-}Y)$ 的加性噪声 N,是平均功率同样是 P_N 的 G-分布的随机变量 $N(0,P_N=A^2/3)$ 时,加性信道 $(X\text{-}Y)$ 就转换为 G-加性信道. 这时,由不等式(14),信道 $(X\text{-}Y)$ 的信道容量

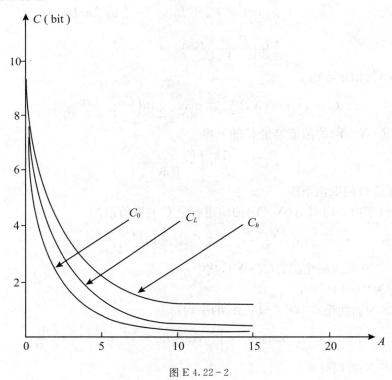

图 E4.22-2

$$C = C_0 = \frac{1}{2}\ln\left(1 + \frac{P_X}{P_N}\right) = \frac{1}{2}\ln\left[1 + \frac{4}{(A^2/3)}\right] = \frac{1}{2}\ln\left(1 + \frac{12}{A^2}\right) \qquad (20)$$

显然,因等式(20)中的 $12 < 2\pi e$,所以 G-加性信道(X-Y)的信道容量 C_0 与加性信道(X-Y)的信道容量 C 的下界 $C_L = \frac{1}{2}\ln\left(1 + \frac{2\pi e}{A^2}\right)$ 相比,有

$$C_0 < C_L < C_h \qquad (21)$$

这表明,在平均功率相同的加性信道中,以 G-分布的加性噪声 N 构成的 G-加性信道的信道容量 C_0 为最小.这是 G-加性信道的一个重要特点(如图 E4.22-2 所示).

图中还显示了 C_0 和 C_L、C_h 的一个共同特点:随加性噪声 N 的取值区 $[-A, A]$ 长度 A(实际上就是 N 的平均功率 $P_N = A^2/3$)的增加而逐步减小.

习　题

4.1　设随机变量 X 在 $[a, b]$ 中连续取值,其概率密度函数为 $p(x)$,且 $\int_a^b p(x)\mathrm{d}x = 1$. 试证明:以 $\Delta = \frac{b-a}{n}$ 为间隔对 X 在 $[a, b]$ 中分层量化得离散随机变量 X_n,其熵为 $H(X_n)$,当 $\Delta \to 0, n \to \infty$ 时,有

$$\lim_{\Delta \to 0} H(X_n) = -\int_a^b p(x)\log p(x)\mathrm{d}x + \{无限大的常数项\}$$

4.2　设随机变量 X 和 Y 分别在 $[a, b]$ 和 $[a', b']$ 中连续取值,X 的概率密度函数为 $p(x)$、Y 的概率密度函数为 $p(y)$、X 和 Y 的联合概率密度函数为 $p(x\,y)$、条件概率密度函数为 $p(y/x)$、$p(x/y)$. 试证明:分别以 $\Delta = \frac{b-a}{n}$ 和 $\delta = \frac{b'-a'}{m}$ 为间隔对 X 和 Y 在 $[a, b]$、$[a', b']$ 中分层量化,得相应的离散随机变量 X_n 和 Y_m,其熵及条件熵为 $H(X_n)$、$H(X_n/Y_m)$,当 $\Delta \to 0, \delta \to 0; n \to \infty, m \to \infty$ 时,有

$$\lim_{\substack{\Delta \to 0 \\ \delta \to 0}}\left[H(X_n) - H(X_n/Y_m)\right] = -\int_a^b p(x)\log p(x)\mathrm{d}x + \int_a^b \int_{a'}^{b'} p(xy)\log p(x/y)\mathrm{d}x\mathrm{d}y$$

4.3　设随机变量 X 在 $[a, b]$ 中连续取值,其概率密度函数为 $p(x)$,且 $\int_a^b p(x)\mathrm{d}x = 1$. 设 $q(x)$ 是 X 在 $[a, b]$ 中的另一概率密度函数,且 $\int_a^b q(x)\mathrm{d}x = 1$. 试用分层量化的方法证明:

$$-\int_a^b p(x)\log p(x)\mathrm{d}x \leqslant -\int_a^b p(x)\log q(x)\mathrm{d}x$$

4.4　设 $p(x)$ 和 $q(x)$ 是连续随机变量 X 的两个不同的概率密度函数,且 $\int_{-\infty}^{\infty} p(x)\mathrm{d}x = \int_{-\infty}^{\infty} q(x)\mathrm{d}x = 1$. 令 $0 \leqslant \alpha, \beta \leqslant 1$,且 $\alpha + \beta = 1$. 设计另一概率密度函数 $\eta(x) = \alpha p(x) + \beta q(x)$. 试证明

$$h_\eta(X) \geqslant \alpha h_p(X) + \beta h_q(X)$$

其中:$h_\eta(X)$、$h_p(X)$、$h_q(X)$ 分别是 X 以 $p(x)$、$q(x)$、$\eta(x)$ 为概率密度函数时的相对熵.

4.5　设有一连续随机变量,其概率密度函数为

$$p(x) = \begin{cases} A\cos x & |x| \leqslant \frac{\pi}{2} \\ 0 & x \text{ 取其他值} \end{cases}$$

又有 $\int_{-\frac{\pi}{2}}^{\frac{\pi}{2}} p(x)\mathrm{d}x = 1$. 试求信源 X 的熵 $h(X)$.

4.6　设有一连续随机变量 X,其概率密度函数为

$$p(x) = \begin{cases} bx^2 & 0 \leqslant x \leqslant a \\ 0 & \text{其他} \end{cases}$$

(1) 试求信源 X 的熵 $h(X)$;

(2) 试求 $Y = X + A(A > 0)$ 的熵 $h(Y)$;

(3) 试求 $Y=2X$ 的熵 $h(Y)$.

4.7 设给定两随机变量 X_1 和 X_2,它们的联合概率密度函数为

$$p(x_1x_2)=\frac{1}{2\pi}\exp[-(x_1{}^2+x_2{}^2)/2] \quad (-\infty<x_1,x_2<+\infty)$$

(1) 试求随机变量 $Y=X_1+X_2$ 的概率密度函数;

(2) 计算随机变量 Y 的熵 $h(Y)$.

4.8 设连续随机变量 $X\geqslant 0$,在均值受限的条件下,找出能使其熵 $h(X)$ 达最大值的概率密度函数 $p(x)$,并计算其最大熵值 $h(X)_{\max}$.

4.9 根据相对熵的定义,证明:

(1) $h(X/Y)\leqslant h(X)$,当 X,Y 统计独立时等式成立;

(2) $h(X_1X_2\cdots X_N)\leqslant h(X_1)+h(X_2)+\cdots+h(X_N)$,当 X_1、X_2、$\cdots$、X_N 统计独立时,等式成立.

4.10 若已知信源 X 的熵为 $h_0(X)$,试写出其熵功率 P 的表达式.

4.11 设输入消息 X 的电压分布的概率密度函数为 $p(x)=\frac{1}{\sqrt{2\pi}}\exp\left[-\frac{x^2}{2}\right]$,通过放大倍数为 A、直流分量为 B 的放大设备后,输出随机变量 Y(如图 D.1 所示).

(1) 试求 Y 的概率密度函数 $p(y)$;

(2) 试求 Y 的熵 $h(Y)$.

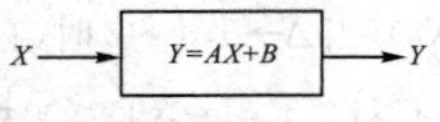

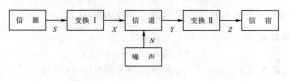

图 D.1

4.12 设某连续信道,其传递特性为

$$p(y/x)=\frac{1}{a\sqrt{3\pi}}\exp\left[-\left(y-\frac{1}{2}x\right)^2/3a^2\right]$$

而信道输入随机变量 X 的概率密度函数为

$$p(x)=\frac{1}{2a\sqrt{\pi}}\exp[-(x^2/4a^2)]$$

试求:

(1) 信源 X 的熵 $h(X)$;

(2) 信道平均交互信息量 $I(X;Y)$.

4.13 设某通信系统,如图 D.2 所示. 消息 S 经变换器 I 变成适合信道传输的信号 X,而 X 在信道中传输受到噪声 N 的干扰,信道输出 Y. 为了便于接收,信号 Y 通过变换器 II,变成消息 Z,送至信宿. 试证明:$I(S;Z)=I(X;Y)$.

| 信 源 | S | 变换 I | X | 信 道 | Y | 变换 II | Z | 信 宿 |

噪 声 N

图 D.2

4.14 设某高斯加性信道,如图 D.3 所示. 试证明:当信源 X 是均值 $E[X]=0$、方差为 σ_X^2 的高斯随机变量时,信道达其容量 C,且 $C=\frac{1}{2}\log\left(1+\frac{\sigma_X^2}{\sigma^2}\right)$.

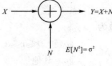

图 D.3

4.15　设连续信源 X 的概率密度函数为

$$p(x)=\frac{1}{2}\lambda e^{-\lambda|x|} \quad (-\infty<x<+\infty)$$

试求信源 X 的熵 $h(X)$，并证明它小于同样方差的高斯信源的熵.

4.16　设连续随机变量 X 和 Y 的联合概率密度函数为

$$p(xy)=\frac{1}{2\pi\sqrt{SN}}\exp\left\{-\frac{1}{2N}\left[x^2\left(1+\frac{N}{S}\right)-2xy+y^2\right]\right\}$$

试求：

(1) 随机变量 X 的熵 $h(X)$；

(2) 随机变量 Y 的熵 $h(Y)$；

(3) 连续条件熵 $h(Y/X)$；

(4) X 和 Y 之间的平均交互信息量 $I(X;Y)$.

4.17　设连续随机变量 X 和 Y 的联合概率密度函数为

$$p(xy)=\begin{cases}\dfrac{1}{\pi r^2} & x^2+y^2\leqslant r^2 \\[2mm] 0 & \text{其他}\end{cases}$$

试求：

(1) X 的熵 $h(X)$；

(2) Y 的熵 $h(Y)$；

(3) X 和 Y 的联合熵 $h(XY)$；

(4) X 和 Y 之间的平均交互信息量 $I(X;Y)$.

4.18　设加性信道中的噪声 N 为 $(0,P_N)$ 高斯分布的随机变量，信源 X 是 $(0,\sigma_X^2)$ 的高斯分布的随机变量，其中 $\sigma_X^2=(e^2-1)P_N$. 在信道的输入和输出端分别接上有一一对应的确定函数关系的处理装置 I 和 II，如图 D.4 所示. 试求从 Z 中获取关于 S 的最大平均交互信息量.

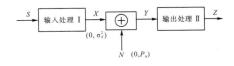

图 D.4

第5章 多维连续信源与信道

一般来说,连续信源输出消息是时间连续、取值连续的随机函数 $x(t)$,由随机函数的集合,即"随机过程" $\{x(t)\}$ 表示. 在某一固定时刻 t_0,随机过程 $\{x(t_0)\}$ 呈现为一个取值连续的连续随机变量 X_0. 这就是在第 4 章中讨论的"单维连续信源",相应信道就是"单维连续信道". 在这一章,我们要把视野回到整个时间域,讨论随机过程的信息传输特性.

在实际通信工程中,观察信号的时间不可能无限长,通信设施的通频带也不可能无限宽. 通过通信系统的随机过程,一般认为是"限时"、"限频"的随机过程. 从数学理论上来说,"限时"、"限频"的随机过程,在一定条件下可转换成时间(或频率)域上离散、取值连续的"多维连续随机变量序列". 这样,在"限时"、"限频"的条件下,时间连续、取值连续的随机过程的信息传输问题,就可转换为时间(或频率)离散、取值连续的"多维连续信源"与"多维连续信道"的问题加以讨论和探索.

5.1 随机过程的离散化

在限时、限频条件下,把时间连续、取值连续的随机过程,转换为时间(或频率)离散、取值连续的多维连续随机变量序列——多维连续信源,是解决随机过程信息传输问题的首要课题.

5.1.1 傅里叶(Fourier)分析的基本概念

(1) 设 $f(t)$ 是定义在整个数轴上的一个函数,如存在一个数 $T \neq 0$,对任意 t 值,都有

$$f(t + T) = f(t) \tag{5.1.1-1}$$

则称 $f(t)$ 是以 T 为周期的周期函数. 最简单的周期函数是"正弦波"

$$x(t) = A\sin(\omega t + \varphi) \tag{5.1.1-2}$$

其中,A 是振幅、φ 是初相位、ω 是角频率. 因为有

$$A\sin\left[\omega\left(t + \frac{2\pi}{\omega}\right) + \varphi\right] = A\sin(\omega t + 2\pi + \varphi)$$
$$= A\sin(\omega t + \varphi) \tag{5.1.1-3}$$

即有

$$x\left(t + \frac{2\pi}{\omega}\right) = x(t) \tag{5.1.1-4}$$

所以,正弦波 $x(t)$ 是周期为 $T = \dfrac{2\pi}{\omega}$ 的周期函数.

设有两个角频率同为 ω,即周期同为 $T = \dfrac{2\pi}{\omega}$ 的正弦波周期函数

$$\begin{cases} x_1(t) = A_1\sin(\omega t + \varphi_1) \\ x_2(t) = A_2\sin(\omega t + \varphi_2) \end{cases} \tag{5.1.1-5}$$

则它们的"和函数"

$$x_1(t) + x_2(t) = A_1\sin(\omega t + \varphi_1) + A_2\sin(\omega t + \varphi_2)$$

$$= (A_1\sin\omega t\cos\varphi_1 + A_1\cos\omega t\sin\varphi_1) + (A_2\sin\omega t\cos\varphi_2 + A_2\cos\omega t\sin\varphi_2)$$

$$= (A_1\cos\varphi_1 + A_2\cos\varphi_2)\sin\omega t + (A_1\sin\varphi_1 + A_2\sin\varphi_2)\cos\omega t$$

$$= A\cos\varphi\,\sin\omega t + A\sin\varphi\,\cos\omega t = A\sin(\omega t + \varphi) \qquad (5.1.1-6)$$

其中

$$\begin{cases} A\cos\varphi = A_1\cos\varphi_1 + A_2\cos\varphi_2 \\ A\sin\varphi = A_1\sin\varphi_1 + A_2\sin\varphi_2 \end{cases} \qquad (5.1.1-7)$$

这说明，两个周期同为 $T = \dfrac{2\pi}{\omega}$ 的正弦波周期函数 $x_1(t)$ 和 $x_2(t)$ 的和函数 $[x_1(t) + x_2(t)]$，仍然是周期为 $T = \dfrac{2\pi}{\omega}$ 的正弦波周期函数.

设两个周期不同的正弦波周期函数

$$\begin{cases} x_m(t) = A_m\sin(m\omega t + \varphi_m) \\ x_n(t) = A_n\sin(n\omega t + \varphi_n) \end{cases} \qquad (5.1.1-8)$$

其中，m、n 为整数，且 $m \neq n$. $x_m(t)$ 的角频率 $\omega_m = m\omega$，周期

$$T_m = \frac{2\pi}{\omega_m} = \frac{2\pi}{m\omega} = \frac{T}{m} \qquad (5.1.1-9)$$

$x_n(t)$ 的角频率 $\omega_n = n\omega$，周期

$$T_n = \frac{2\pi}{\omega_n} = \frac{2\pi}{n\omega} = \frac{T}{n} \qquad (5.1.1-10)$$

令，λT 是 T_m 和 T_n 的最小公倍数，则有

$$x_m(t + \lambda T) = A_m\sin[m\omega(t + \lambda T) + \varphi_m] = A_m\sin(m\omega t + m\omega\lambda T + \varphi_m)$$

$$= A_m\sin(m\omega t + 2\pi m\lambda + \varphi_m) = A_m\sin(m\omega t + \varphi_m) = x_m(t) \qquad (5.1.1-11)$$

$$x_n(t + \lambda T) = A_n\sin[n\omega(t + \lambda T) + \varphi_n] = A_n\sin(n\omega t + n\omega\lambda T + \varphi_n)$$

$$= A_n\sin(n\omega t + 2\pi n\lambda + \varphi_n) = A_n\sin(n\omega t + \varphi_n) = x_n(t) \qquad (5.1.1-12)$$

这说明，T_m 和 T_n 的最小公倍数 λT，既是 $x_m(t)$ 的周期，也是 $x_n(t)$ 的周期.

令，

$$f(t) = x_m(t) + x_n(t) \qquad (5.1.1-13)$$

由 $(5.1.1-11)$，$(5.1.1-12)$ 式，有

$$f(t + \lambda T) = x_m(t + \lambda T) + x_n(t + \lambda T)$$

$$= x_m(t) + x_n(t) = f(t) \qquad (5.1.1-14)$$

这说明，两个不同周期的正弦波周期函数的和函数仍然是周期函数，其周期等于两个周期函数的周期的最小公倍数.

综上所述，不论周期相同，还是不同的两个正弦波周期函数的和函数，仍然是周期函数. 由此可得，任何周期 $T = 2l$ 的周期函数 $f(x)$ 都可表示为

$$f(x) = \sum_{n=0}^{\infty} A_n\sin(n\omega t + \varphi_n) = \sum_{n=0}^{\infty} A_n\sin\left(\frac{2n\pi}{T}x + \varphi_n\right)$$

$$= \sum_{n=0}^{\infty} A_n \sin\left(\frac{n\pi}{l}x + \varphi_n\right) = \sum_{n=0}^{\infty} \left(A_n \sin\frac{n\pi}{l}x \cos\varphi_n + A_n \cos\frac{n\pi}{l}x \sin\varphi_n\right)$$

$$= \sum_{n=0}^{\infty} \left[(A_n \cos\varphi_n)\sin\frac{n\pi}{l}x + (A_n \sin\varphi_n)\cos\frac{n\pi}{l}x\right]$$

$$= (A_0 \cos\varphi_0)\sin\frac{0 \cdot \pi}{l}x + (A_0 \sin\varphi_0)\cos\frac{0 \cdot \pi}{l}x$$

$$+ \sum_{n=1}^{\infty} \left[(A_n \cos\varphi_n)\sin\frac{n\pi}{l}x + (A_n \sin\varphi_n)\cos\frac{n\pi}{l}x\right]$$

$$= A_0 \sin\varphi_0 + \sum_{n=1}^{\infty} \left(a_n \cos\frac{n\pi}{l}x + b_n \sin\frac{n\pi}{l}x\right)$$

$$= \frac{a_0}{2} + \sum_{n=1}^{\infty} \left(a_n \cos\frac{n\pi}{l}x + b_n \sin\frac{n\pi}{l}x\right) \tag{5.1.1-15}$$

其中

$$\begin{cases} \dfrac{a_0}{2} = A_0 \sin\varphi_0 \\ a_n = A_n \sin\varphi_n \quad (n=1,2,\cdots) \\ b_n = A_n \cos\varphi_n \quad (n=1,2,\cdots) \end{cases} \tag{5.1.1-16}$$

设等式(5.1.1-15)在 $[-l,l]$ 内一致收敛于 $f(x)$,利用三角函数的"正交性",有

$$\begin{cases} a_n = \dfrac{1}{l}\int_{-l}^{l} f(x)\cos\dfrac{n\pi}{l}x\,\mathrm{d}x \quad (n=0,1,2,\cdots) \\ b_n = \dfrac{1}{l}\int_{-l}^{l} f(x)\sin\dfrac{n\pi}{l}x\,\mathrm{d}x \quad (n=1,2,\cdots) \end{cases} \tag{5.1.1-17}$$

(2) 设函数 $f(x)$ 是定义在有限区间 $[-l,l]$ 上的非周期函数,则应用"周期延拓"方法,在满足收敛条件的前提下,由(5.1.1-15)式,有

$$f(x) = \frac{a_0}{2} + \sum_{n=1}^{\infty} \left(a_n \cos\frac{n\pi}{l}x + b_n \sin\frac{n\pi}{l}x\right) = \frac{a_0}{2} + \sum_{n=1}^{\infty} (a_n \cos n\omega x + b_n \sin n\omega x) \tag{5.1.1-18}$$

其中

$$\begin{cases} a_n = \dfrac{1}{l}\int_{-l}^{l} f(x)\cos n\omega x\,\mathrm{d}x \quad (n=0,1,2,\cdots) \\ b_n = \dfrac{1}{l}\int_{-l}^{l} f(x)\sin n\omega x\,\mathrm{d}x \quad (n=1,2,\cdots) \end{cases} \tag{5.1.1-19}$$

由欧拉公式,有

$$\begin{cases} \cos n\omega x = \dfrac{\mathrm{e}^{\mathrm{j}n\omega x} + \mathrm{e}^{-\mathrm{j}n\omega x}}{2} \\ \sin n\omega x = \dfrac{\mathrm{e}^{\mathrm{j}n\omega x} - \mathrm{e}^{-\mathrm{j}n\omega x}}{2\mathrm{j}} \end{cases} \tag{5.1.1-20}$$

把(5.1.1-20)式代入(5.1.1-18)式,有

$$f(x) = \frac{a_0}{2} + \sum_{n=1}^{\infty} \left(a_n \frac{\mathrm{e}^{\mathrm{j}n\omega x} + \mathrm{e}^{-\mathrm{j}n\omega x}}{2} + \mathrm{j}b_n \frac{\mathrm{e}^{-\mathrm{j}n\omega x} - \mathrm{e}^{\mathrm{j}n\omega x}}{2}\right)$$

$$= \frac{a_0}{2} + \sum_{n=1}^{\infty} \left(\frac{a_n - \mathrm{j}b_n}{2} \mathrm{e}^{\mathrm{j}n\omega x} + \frac{a_n + \mathrm{j}b_n}{2} \mathrm{e}^{-\mathrm{j}n\omega x} \right) \qquad (5.1.1-21)$$

由(5.1.1-19)式可知,

$$a_{-n} = a_n; b_{-n} = -b_n \quad (n = 1, 2, \cdots) \qquad (5.1.1-22)$$

现若令

$$F_n = \frac{1}{2}(a_n - \mathrm{j}b_n) \qquad (5.1.1-23)$$

则(5.1.1-21)式可改写为

$$f(x) = \sum_{n=-\infty}^{\infty} F_n \mathrm{e}^{\mathrm{j}n\omega x} \qquad (5.1.1-24)$$

由(5.1.1-19)式,其中

$$F_n = \frac{1}{2}(a_n - \mathrm{j}b_n) = \frac{1}{2l} \int_{-l}^{l} f(x)(\cos n\omega x - \mathrm{j}\sin n\omega x)\mathrm{d}x$$

$$= \frac{1}{2l} \int_{-l}^{l} f(x) \mathrm{e}^{-\mathrm{j}n\omega x} \mathrm{d}x \quad (n = 0, \pm 1, \pm 2, \cdots) \qquad (5.1.1-25)$$

　　这表明,若把定义在有限区间 $[-l, l]$ 的函数 $f(x)$ 表示为(5.1.1-24)式所示的复数形式"傅里叶级数",则相应的"傅里叶系数" F_n 和 F_{-n} 是"共轭复数",即有

$$F_n = \bar{F}_{-n} \quad (n = 1, 2, \cdots) \qquad (5.1.1-26)$$

　　(3) 令

$$\lambda_n = n\omega = \frac{n\pi}{l} \qquad (5.1.1-27)$$

则有

$$\Delta\lambda = \omega = \lambda_n - \lambda_{n-1} = \frac{\pi}{l} \qquad (5.1.1-28)$$

即有

$$\frac{1}{2l} = \frac{\Delta\lambda}{2\pi} \qquad (5.1.1-29)$$

由此,(5.1.1-24)式可改写为

$$f(x) = \sum_{n=-\infty}^{\infty} F_n \mathrm{e}^{\mathrm{j}n\omega x} = \sum_{n=-\infty}^{\infty} \left[\frac{1}{2l} \int_{-l}^{l} f(x) \mathrm{e}^{-\mathrm{j}n\omega x} \mathrm{d}x \right] \cdot \mathrm{e}^{\mathrm{j}n\omega x}$$

$$= \frac{1}{2\pi} \sum_{n=-\infty}^{\infty} \left[\int_{-l}^{l} f(\xi) \mathrm{e}^{-\mathrm{j}n\omega\xi} \cdot \mathrm{e}^{\mathrm{j}n\omega x} \mathrm{d}\xi \right] \Delta\lambda = \frac{1}{2\pi} \sum_{n=-\infty}^{\infty} \left[\int_{-l}^{l} f(\xi) \mathrm{e}^{-\mathrm{j}n\omega(\xi-x)} \mathrm{d}\xi \right] \Delta\lambda$$

$$= \frac{1}{2\pi} \sum_{n=-\infty}^{\infty} \left[\int_{-l}^{l} f(\xi) \mathrm{e}^{-\mathrm{j}n\lambda_n(\xi-x)} \mathrm{d}\xi \right] \Delta\lambda \qquad (5.1.1-30)$$

当 $l \to \infty$,有 $\Delta\lambda \to 0$. 这样,(5.1.1-29)式又可改写为

$$f(x) = \frac{1}{2\pi} \int_{-\infty}^{\infty} \mathrm{d}\lambda \int_{-\infty}^{\infty} f(\xi) \mathrm{e}^{-\mathrm{j}\lambda(\xi-x)} \mathrm{d}\xi \qquad (5.1.1-31)$$

在积分式(5.1.1-31)中,因有

$$\mathrm{e}^{-\mathrm{j}\lambda(\xi-x)} = \cos\lambda(\xi-x) - \mathrm{j}\sin\lambda(\xi-x) \qquad (5.1.1-32)$$

且

$$\int_{-\infty}^{\infty} f(\xi) \sin \lambda(\xi - x) \mathrm{d}\xi \tag{5.1.1-33}$$

是 λ 的"奇函数",所以

$$\int_{-\infty}^{\infty} \mathrm{d}\lambda \int_{-\infty}^{\infty} f(\xi) \sin \lambda(\xi - x) \mathrm{d}\xi = 0 \tag{5.1.1-34}$$

这说明,等式(5.1.1-31)中,$\mathrm{e}^{-\mathrm{j}\lambda(\xi-x)}$ 换成 $\mathrm{e}^{\mathrm{j}\lambda(\xi-x)}$ 对其积分值没有任何影响,所以(5.1.1-31)亦可改写为

$$f(x) = \frac{1}{2\pi} \int_{-\infty}^{\infty} \mathrm{d}\lambda \int_{-\infty}^{\infty} f(\xi) \mathrm{e}^{-\mathrm{j}\lambda(\xi-x)} \mathrm{d}\xi = \frac{1}{2\pi} \int_{-\infty}^{\infty} \mathrm{d}\lambda \int_{-\infty}^{\infty} f(\xi) \mathrm{e}^{\mathrm{j}\lambda(\xi-x)} \mathrm{d}\xi \tag{5.1.1-35}$$

即有

$$f(x) = \frac{1}{2\pi} \int_{-\infty}^{\infty} \left[f(\xi) \mathrm{e}^{\mathrm{j}\lambda\xi} \mathrm{d}\xi \right] \mathrm{e}^{-\mathrm{j}\lambda x} \mathrm{d}\lambda \tag{5.1.1-36}$$

现令

$$F(\lambda) = \int_{-\infty}^{\infty} f(\xi) \mathrm{e}^{\mathrm{j}\lambda\xi} \mathrm{d}\xi \tag{5.1.1-37}$$

则有

$$f(x) = \frac{1}{2\pi} \int_{-\infty}^{\infty} F(\lambda) \mathrm{e}^{-\mathrm{j}\lambda x} \mathrm{d}\lambda \tag{5.1.1-38}$$

若把函数 $F(\lambda)$ 称为函数 $f(x)$ 的"傅里叶变换",则函数 $f(x)$ 就称为函数 $F(\lambda)$ 的"傅里叶反变换". 即有"傅里叶变换"公式

$$\begin{cases} F(\lambda) = \displaystyle\int_{-\infty}^{\infty} f(\xi) \mathrm{e}^{\mathrm{j}\lambda\xi} \mathrm{d}\xi \\ f(x) = \dfrac{1}{2\pi} \displaystyle\int_{-\infty}^{\infty} F(\lambda) \mathrm{e}^{-\mathrm{j}\lambda x} \mathrm{d}\lambda \end{cases} \tag{5.1.1-39}$$

在(5.1.1-39)中,参数 λ 的"量纲"是"角频率"ω. 若把 ξ 看作时间 t,则由等式(5.1.1-37),可由时间函数 $f(t)$ 求得其"频谱"函数 $F(\lambda)$;若把 x 看作时间 t,则由等式(5.1.1-38),可由"频谱"函数 $F(\lambda)$,求得其时间函数 $f(t)$. 傅里叶变换与反变换是限时、限频随机过程离散化的数学基础.

5.1.2　随机过程在时间域上的离散化

时间连续、取值连续的"随机过程"在时间域上的离散化,以时间连续、取值连续的确定函数在时间域上的"抽样定理"为理论依据,直接导致"随机过程"向"多维连续信源"的转换.

定理 5.1　限频 F 的确定函数 $x(t)$,在时间域上每隔 $\Delta = \dfrac{1}{2F}$ 给出其函数值,该函数完全确定. 限频 F、限时 T 的随机过程 $\{x(t)\}$ 可转换为时间或间隔 $\Delta = \dfrac{1}{2F}$ 的 $N = 2FT$ 个取值连续、时间离散的随机变量 $X_1, X_2, \cdots, X_N$ 组成的随机变量序列

$$\boldsymbol{X} = X_1, X_2, \cdots, X_N$$

证明　证明过程分以下两步进行.

（1）设确定函数 $x(t)$ 不包含 F 赫(Hz)以上频率(限频 F).

由(5.1.1-27)式可知,λ 就是角频率 ω. 若把 $2l$ 看作函数的周期,以 f 表示函数的频率,

则有

$$\lambda = \omega = \frac{\pi}{l} = 2\pi f \tag{5.1.2-1}$$

令 $X(f)$ 表示函数 $x(t)$ 的频谱,由(5.1.1-37)式,有

$$X(f) = \int_{-\infty}^{\infty} x(t) e^{j2\pi ft} dt \tag{5.1.2-2}$$

由(5.1.1-38)式,有

$$x(t) = \frac{1}{2\pi} \int_{-\infty}^{\infty} X(f) e^{-j2\pi ft} d(2\pi f)$$

$$= \int_{-\infty}^{\infty} X(f) e^{-j2\pi ft} df \tag{5.1.2-3}$$

由限频 F 的条件,有

$$\begin{cases} X(f) = \int_{-\infty}^{\infty} x(t) e^{j2\pi ft} dt & |f| < F \\ x(t) = \int_{-F}^{F} X(f) e^{-j2\pi ft} df \end{cases} \tag{5.1.2-4}$$

把 $X(f)$ 由 $[-F, F]$ "延拓"为整个频域上的周期函数,则由(5.1.1-24)式,有

$$X(f) = \sum_{n=-\infty}^{\infty} C_n e^{jn\omega f} = \sum_{n=-\infty}^{\infty} C_n e^{jn\frac{\pi}{F}f} \quad \left(\omega = \frac{\pi}{F}\right) \tag{5.1.2-5}$$

由(5.1.1-25)式,其中

$$C_n = \frac{1}{2F} \int_{-F}^{F} X(f) e^{-jn\frac{\pi}{F}f} df \tag{5.1.2-6}$$

比较(5.1.2-3)式和(5.1.2-6)式,有

$$C_n = \frac{1}{2F} x\left(\frac{n}{2F}\right) \tag{5.1.2-7}$$

这表明,每隔 $\Delta = \frac{1}{2F}$ (秒)取函数 $x(t)$ 一个样点,得样点值 $x\left(\frac{n}{2F}\right)$ $(n = -\infty, \cdots, -2, -1,$ $0, 1, 2, \cdots, \infty)$,就可完全确定 $X(f)$ 的"傅里叶"系数 C_n $(n = 0, \pm 1, \pm 2, \cdots, \pm\infty)$,即可完全确定 $X(f)$,也就完全确定了函数 $x(t)$.

为了导出用时间域上的样点值 $x\left(\frac{n}{2F}\right)$ 表示时间连续函数 $x(t)$ 的"显式表达式",现把 (5.1.2-7)式代入(5.1.2-5)式,有

$$X(f) = \frac{1}{2F} \sum_{n=-\infty}^{\infty} x\left(\frac{n}{2F}\right) e^{jn\frac{\pi}{F}f} \tag{5.1.2-8}$$

再把(5.1.2-8)式代入(5.1.2-4)式,有

$$x(t) = \int_{-F}^{F} X(f) e^{-j2\pi ft} df = \int_{-F}^{F} \left[\frac{1}{2F} \sum_{n=-\infty}^{\infty} x\left(\frac{n}{2F}\right) e^{jn\frac{\pi}{F}f}\right] e^{-j2\pi ft} df$$

$$= \frac{1}{2F} \sum_{n=-\infty}^{\infty} x\left(\frac{n}{2F}\right) \int_{-F}^{F} e^{jn\frac{\pi}{F}f} \cdot e^{-j2\pi ft} df$$

$$= \frac{1}{2F} \sum_{n=-\infty}^{\infty} x\left(\frac{n}{2F}\right) \int_{-F}^{F} \exp\left[-j2\pi f\left(t - \frac{n}{2F}\right)\right] df \tag{5.1.2-9}$$

其中,积分

$$\int_{-F}^{F} \exp\left[-j2\pi f\left(t-\frac{n}{2F}\right)\right] \mathrm{d}f = \left\{\frac{\exp\left[-j2\pi f\left(t-\frac{n}{2F}\right)\right]}{-j2\pi\left(t-\frac{n}{2F}\right)}\right\}_{-F}^{F}$$

$$= \frac{\exp\left[-j2\pi F\left(t-\frac{n}{2F}\right)\right] - \exp\left[j2\pi F\left(t-\frac{n}{2F}\right)\right]}{-j2\pi\left(t-\frac{n}{2F}\right)}$$

$$= \frac{\sin 2\pi F\left(t-\frac{n}{2F}\right)}{\pi\left(t-\frac{n}{2F}\right)} \qquad (5.1.2-10)$$

由此,有

$$x(t) = \sum_{n=-\infty}^{\infty} x\left(\frac{n}{2F}\right) \cdot \frac{\sin 2\pi F\left(t-\frac{n}{2F}\right)}{2\pi F\left(t-\frac{n}{2F}\right)} \qquad (5.1.2-11)$$

(5.1.2-11)式中函数

$$\frac{\sin 2\pi F\left(t-\frac{n}{2F}\right)}{2\pi F\left(t-\frac{n}{2F}\right)} \qquad (5.1.2-12)$$

称为"时间域抽样函数". 当 $n=0$ 时,若时间 $t=0$,抽样函数的值等于1;若时间 t 等于 $\Delta=\frac{1}{2F}$ 的整数倍,即 $t=\frac{m}{2F}(m=\pm 1,\pm 2,\pm 3,\cdots)$ 时,抽样函数值均等于零(如图5.1-1所示). 当 $n\neq 0$,且为正整数时,抽样函数的曲线由图5.1-1所示曲线向"右"平移 $\frac{n}{2F}$ 而得. 当 $n\neq 0$,且为负整数时,抽样函数曲线可由图5.1-1所示曲线向"左"平移 $\frac{n}{2F}$ 而得.

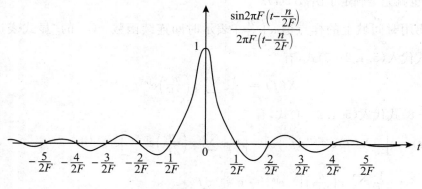

图 5.1-1

(5.1.2-12)式所示"抽样函数"的一个重要特性,是对某一个 n 值,只有当时间 $t = \dfrac{n}{2F}$ 时,抽样函数值才等于 1,时间 t 增加或减少 $\dfrac{1}{2F}$ 的整数倍时,抽样函数值均等于零.

由(5.1.2-11)式可知,函数 $x(t)$ 在时间域抽样过程,如图 5.1-2 所示.

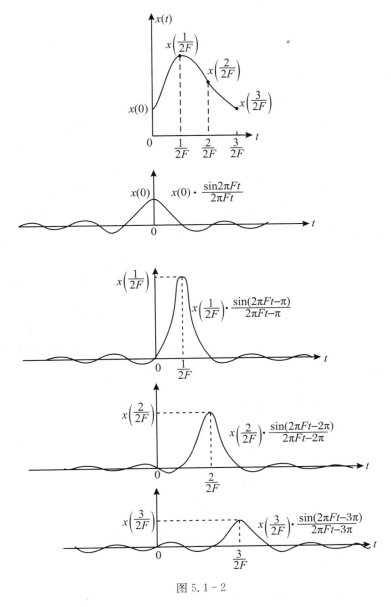

图 5.1-2

(5.1.2-11)式表明,"限频" F 的确定时间函数 $x(t)$,由时间域上间隔 $\Delta = \dfrac{1}{2F}$ 的样点值 $x\left(\dfrac{n}{2F}\right)(n = 0, \pm 1, \pm 2, \cdots)$ 完全确定.

若在"限频"F的条件下,同时"限时"T,而且T是$\Delta = \dfrac{1}{2F}$的整数倍,并且$2FT \gg 1$. 则时间域上的确定函数$x(t)$可由

$$N = \frac{T}{\Delta} = 2FT \qquad\qquad (5.1.2-13)$$

个样点值$x\left(\dfrac{n}{2F}\right)(n=1,2,\cdots,N)$相当精确地确定.

在这里,还必须说明:用等式(5.1.2-11)表示一个"限频"F的确定的时间函数$x(t)$,在数学上来说是严密的. 但用间隔$\Delta = \dfrac{1}{2F}$的$N=2FT$个样点值$x\left(\dfrac{n}{2F}\right)(n=1,2,\cdots,N)$表示一个"限频"$F$、"限时"$T$的确定的时间函数$x(t)$,只能说是"相当精确". 这是因为,若时间函数的频带宽度被限制在一个有限的范围内,则在时间域上必定延续到无限长的区间,尽管它在这个有限范围以外变得十分微小. 再则,由图5.1-1可以看出,等式(5.1.2-12)抽样函数曲线自中心(最大值)向两端衰减虽然很快,但毕竟对其相邻的少数几个抽样区间会产生一定的影响. 特别是"限时"T的开始和末尾几项影响会稍大一些. 这种影响只在有限的少数几个抽样区间发生,完全可以认为由这种因素所产生的误差仍然在允许范围之内. 另外,若每个抽样区间的样点取在间隔$\Delta = \dfrac{1}{2F}$的中心,则样点数应是$N=2FT$. 但若在每个间隔$\Delta = \dfrac{1}{2F}$的边缘上,则样点数应是$(2FT+1)$. 当$2FT \gg 1$时,这虽然是一种误差,但可被略去不计. 正由于这些原因,我们只能说"相当精确". 这种"相当精确"的程度,足以从工程的角度,完全确定时间函数$x(t)$.

(2)"'限频'F、'限时'T时间域上的确定函数$x(t)$,由时间间隔$\Delta = \dfrac{1}{2F}$的$N=2FT$个样点值$x\left(\dfrac{n}{2F}\right)(n=1,2,\cdots,N)$完全确定"这个结论,以"概率1"适用于"限频"$F$、"限时"$T$的"随机过程"$\{x(t)\}$的每一次"实现"$x(t)$. 这就是说,$\{x(t)\}$的每一次实现$x(t)$,可由时间间隔$\Delta = \dfrac{1}{2F}$的$N=2FT$个样点值$x\left(\dfrac{n}{2F}\right)(n=1,2,\cdots,N)$完全确定(如图5.1-3所示).

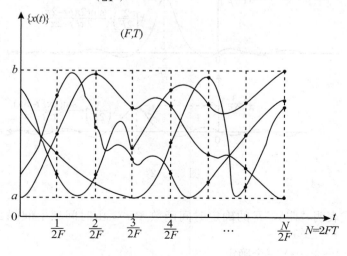

图 5.1-3

从整体来看,在时间取样点: $t_1 = \dfrac{1}{2F}, t_2 = \dfrac{2}{2F}, \cdots, t_N = \dfrac{N}{2F}$,随机过程 $\{x(t)\}$ 就变成取值连续,时间间隔 $\Delta = \dfrac{1}{2F}$ 的 $N = 2FT$ 个随机变量

$$X_1 = \left\{ x\left(\frac{1}{2F}\right) \right\}, X_2 = \left\{ x\left(\frac{2}{2F}\right) \right\}, \cdots, X_N = \left\{ x\left(\frac{n}{2F}\right) \right\} \qquad (5.1.2-14)$$

这就是说,"限频" F、"限时" T 的"随机过程" $\{x(t)\}$,可转换为时间间隔 $\Delta = \dfrac{1}{2F}$ 的 $N = 2FT$ 个取值连续、时间离散的随机变量 $X_1, X_2, \cdots, X_N$ 组成的连续随机变量序列,即"多维连续信源"

$$\boldsymbol{X} = X_1 X_2 \cdots X_N \qquad (5.1.2-15)$$

如图 5.1-4 所示.

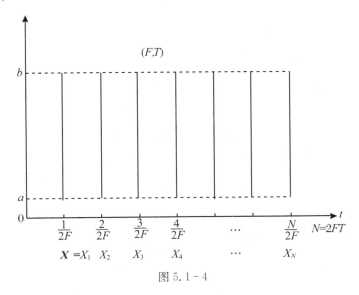

图 5.1-4

到此,定理 5.1 得到了完整的证明. 定理的前半部分,是确定时间函数 $x(t)$ 的"时间域抽样定理";后半部分是前半部分的"推论",直接导致随机过程 $\{x(t)\}$ 时间域离散化结果. 整个定理 5.1 称为"随机过程时间离散化定理". 根据此定理,随机过程 $\{x(t)\}$ 可转换为取值连续、时间离散的随机变量序列,即"多维连续信源" $\boldsymbol{X} = X_1 X_2 \cdots X_N$ 予以处理和分析.

5.1.3 随机过程在频率域上的离散化

时间连续、取值连续的函数 $x(t)$ 亦可由其频谱函数 $X(f)$ 来表示. 随机过程 $\{x(t)\}$ 亦可由随机过程 $\{X(f)\}$ 表示. 在频率域上对频率连续、取值连续的随机过程 $\{X(f)\}$ 的离散化,以频率连续、取值连续的确定函数 $X(f)$ 在"频率域"上的"抽样定理"为理论依据,直接导致"随机过程"向"多维连续信源"的转换.

定理 5.2 限时 $T(T = T_2 - T_1)$ 的频谱函数 $X(f)$,在频率域上每隔 $\delta = 1/T$ 给出其函数值,该函数完全确定. 限频 $F(0 \leqslant f \leqslant F)$、限时 T 的随机过程 $\{X(f)\}$ 可转换为频率间隔 $\delta = 1/T$ 的 $N_0 = (FT+1)$ 个复数样点连续随机变量 $X_1, X_2, \cdots, X_N$ 组成的随机变量序列

$$X = X_1 X_2 \cdots X_{N_0}$$

证明 证明过程分以下两步进行.

(1) 第一步.

(A) 由等式(5.1.1-36),有

$$f(x) = \frac{1}{2\pi} \int_{-\infty}^{\infty} d\lambda \int_{-\infty}^{\infty} f(\xi) e^{-j\lambda(\xi-x)} d\xi$$

$$= \frac{1}{2\pi} \int_{-\infty}^{\infty} \left[\int_{-\infty}^{\infty} f(\xi) e^{-j\lambda\xi} d\xi \right] e^{j\lambda x} d\lambda \qquad (5.1.3-1)$$

若令

$$F(\lambda) = \int_{-\infty}^{\infty} f(\xi) e^{-j\lambda\xi} d\xi \qquad (5.1.3-2)$$

则有

$$f(x) = \frac{1}{2\pi} \int_{-\infty}^{\infty} F(\lambda) e^{j\lambda x} d\lambda \qquad (5.1.3-3)$$

等式(5.1.3-2)、(5.1.3-3)是傅里叶变换与反变换的另一种表达式.

因 $X(f)$ 是时间函数 $x(t)$ 的频谱,并且 $\lambda = 2\pi f$,由(5.1.3-2)式和(5.1.3-3)式,有

$$x(t) = \begin{cases} \int_{-\infty}^{\infty} X(f) e^{j2\pi ft} df & t \in [T_1, T_2] \\ 0 & t \notin [T_1, T_2] \end{cases} \qquad (5.1.3-4)$$

$$X(f) = \int_{T_1}^{T_2} x(t) e^{-j2\pi ft} dt \qquad (5.1.3-5)$$

把函数 $x(t)$ 由 $[T_1, T_2]$ 延拓为整个时间域的周期函数,则由(5.1.1-24)式,有

$$x(t) = \sum_{n=-\infty}^{\infty} D_n e^{jn\omega t} = \sum_{n=-\infty}^{\infty} D_n \exp\left\{ jn \frac{\pi}{\frac{T_2-T_1}{2}} t \right\}$$

$$= \sum_{n=-\infty}^{\infty} D_n \exp\left(j \frac{2n\pi t}{T_2-T_1} \right) \qquad (5.1.3-6)$$

由等式(5.1.1-25)可知,以上(5.1.3-6)式中的复数系数

$$D_n = \frac{1}{T_2-T_1} \int_{T_1}^{T_2} x(t) \exp(-jn\omega t) dt$$

$$= \frac{1}{T_2-T_1} \int_{T_1}^{T_2} x(t) \exp\left(-j \frac{2n\pi t}{T_2-T_1} \right) dt \qquad (5.1.3-7)$$

比较(5.1.3-5)式和(5.1.3-7)式,有

$$D_n = \frac{1}{T_2-T_1} X\left(\frac{n}{T_2-T_1} \right) \quad (n = 0, \pm 1, \pm 2, \cdots) \qquad (5.1.3-8)$$

把 $[T_1, T_2]$ 的长度记为 $T = T_2 - T_1$,则以上(5.1.3-8)式可改写为

$$D_n = \frac{1}{T} X\left(\frac{n}{T} \right) \quad (n = 0, \pm 1, \pm 2, \cdots) \qquad (5.1.3-9)$$

这表明,每隔 $\delta = 1/T$,对频谱 $X(f)$ 取样点 $X(n/T)(n = 0, \pm 1, \pm 2, \cdots)$,就可完全确定系数 $D_n (n = 0, \pm 1, \pm 2, \cdots)$,也就完全确定时间函数 $x(t)$,即完全确定其频谱函数 $X(f)$.

(B) 为了导出用频率域上样点值 $X(n/T)$ 表示的频谱函数 $X(f)$ 的显式表达式,令

$$T_1 = -T/2; \quad T_2 = T/2 \qquad (5.1.3-10)$$

把系数 D_n 的表达式(5.1.3-9)代入函数 $x(t)$ 的表达式(5.1.3-6),得

$$x(t) = \sum_{n=-\infty}^{\infty} D_n \exp\left(j\frac{2n\pi t}{T_2 - T_1}\right) = \sum_{n=-\infty}^{\infty} \frac{1}{T} X\left(\frac{n}{T}\right) \exp\left(j\frac{2n\pi t}{T}\right) \tag{5.1.3-11}$$

则由等式(5.1.3-5),有

$$X(f) = \int_{T_1}^{T_2} x(t)\exp(-j2\pi f t)\,dt = \int_{-\frac{T}{2}}^{\frac{T}{2}} \sum_{n=-\infty}^{\infty} \frac{1}{T} X\left(\frac{n}{T}\right) \exp\left(j\frac{2n\pi t}{T}\right) \cdot \exp(-j2\pi f t)\,dt$$

$$= \frac{1}{T} \sum_{n=-\infty}^{\infty} X\left(\frac{n}{T}\right) \int_{-\frac{T}{2}}^{\frac{T}{2}} \exp\left[-j\left(2\pi f - \frac{2n\pi}{T}\right)t\right]dt = \frac{1}{T} \sum_{n=-\infty}^{\infty} X\left(\frac{n}{T}\right) \left\{\frac{\exp\left[-j\left(2\pi f - \frac{2n\pi}{T}\right)t\right]}{-j\left(2\pi f - \frac{2n\pi}{T}\right)t}\right\}_{-\frac{T}{2}}^{\frac{T}{2}}$$

$$= \frac{1}{T} \sum_{n=-\infty}^{\infty} X\left(\frac{n}{T}\right) \left\{\frac{\exp\left[-j\left(2\pi f - \frac{2n\pi}{T}\right)\left(\frac{T}{2}\right)\right] - \exp\left[-j\left(2\pi f - \frac{2n\pi}{T}\right)\left(-\frac{T}{2}\right)\right]}{-j\left(2\pi f - \frac{2n\pi}{T}\right)}\right\}$$

$$= \frac{1}{T} \sum_{n=-\infty}^{\infty} X\left(\frac{n}{T}\right) \left[\frac{-j2\sin(\pi f T - n\pi)}{-j\left(2\pi f - \frac{2n\pi}{T}\right)}\right] = \sum_{n=-\infty}^{\infty} X\left(\frac{n}{T}\right) \frac{\sin \pi T\left(f - \frac{n}{T}\right)}{\pi T\left(f - \frac{n}{T}\right)} \tag{5.1.3-14}$$

其中,函数

$$\frac{\sin \pi T(f - n/T)}{\pi T(f - n/T)} \tag{5.1.3-15}$$

称为"频率域抽样函数"(如图 5.1-5 所示).

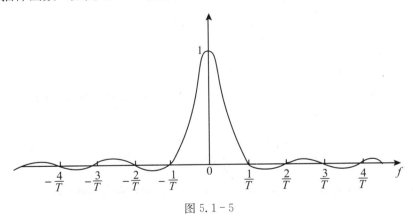

图 5.1-5

　　根据抽样函数(5.1.3-15)式的数学特性,当 $n=0$ 时,若频率 $f=0$,则抽样函数值等于1;若频率 f 是 $\delta = 1/T$ 的整数倍,即 $f = n \cdot 1/T(n = \pm 1, \pm 2, \cdots)$,则抽样函数值均等于0.当 $n \neq 0$,且为正整数时,相应的抽样函数曲线,由 $n=0$ 时的曲线向右平移 $(n \cdot 1/T)$ 而得;当 $n \neq 0$,且为负整数时,相应的抽样函数曲线,由 $n=0$ 时的曲线向左平移 $(n \cdot 1/T)$ 而得.显然,当 $n \neq 0$ 时,只有当频率 $f = n \cdot (1/T)$ 时,抽样函数值才等于1,f 增加或减少 $\delta = 1/T$ 的整数倍时,抽样函数值均等于0.

　　由(5.1.3-14)式可知,频谱函数 $X(f)$ 在频率域的抽样过程,如图 5.1-6 所示.

　　等式(5.1.3-14)说明:"限时"T 的频谱函数 $X(f)$ 由其样点值 $X(n/T)(n = 0, \pm 1, \pm 2, \cdots)$ 完全确定,样点值 $X(n/T)$ 在频率域间隔为 $\delta = 1/T$.

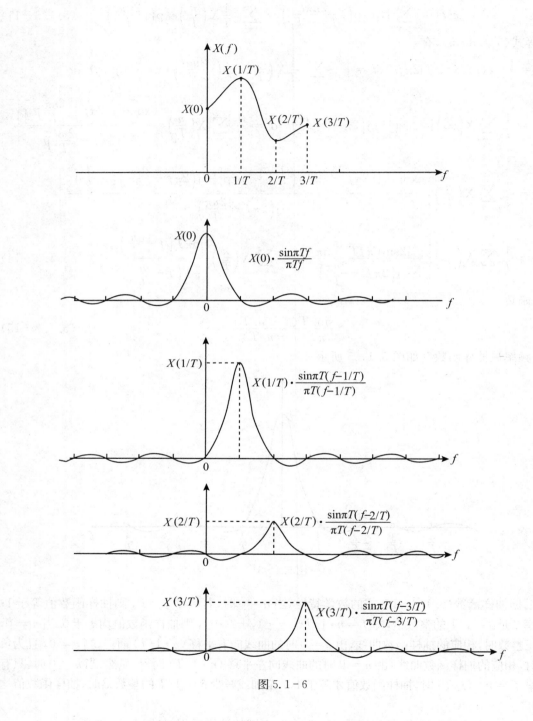

图 5.1－6

（C）若在"限时"T 的条件下,同时"限频"F,则频谱函数 $X(f)$ 的样点数

$$N_0 = F/\delta + 1 = \frac{F}{1/T} + 1 = FT + 1 \qquad (5.1.3 - 16)$$

在频带 $[0, F]$ 内,频谱 $X(f)$ 由 $N_0 = FT + 1$ 个样点值完全确定.

现令 $f_0 = 1/T$,则由（5.1.3-5）式得频率 $f = nf_0$ 的样点值

$$\begin{aligned}
X(nf_0) &= \int_{T_1}^{T_2} x(t) e^{-j2\pi ft} dt = \int_{T_1}^{T_2} x(t) e^{-j2n\pi f_0 t} dt \\
&= \int_{T_1}^{T_2} x(t) (\cos 2n\pi f_0 t - j\sin 2n\pi f_0 t) dt \\
&= \int_{T_1}^{T_2} x(t) \cos 2n\pi f_0 t dt - j \int_{T_1}^{T_2} x(t) \sin 2n\pi f_0 t dt \qquad (5.1.3 - 17)
\end{aligned}$$

其中,令

$$\begin{cases}
a_n = \displaystyle\int_{T_1}^{T_2} x(t) \cos 2n\pi f_0 t dt \\
b_n = -\displaystyle\int_{T_1}^{T_2} x(t) \sin 2n\pi f_0 t dt
\end{cases} \qquad (5.1.3 - 18)$$

则有

$$X(n_0 f) = a_n + jb_n \qquad (5.1.3 - 19)$$

这说明,$f = nf_0 (n \neq 0)$ 的样点值 $X(n_0 f)$ 是一个复数,有"实部"为 a_n,"虚部"为 b_n. 所以, $N_0 = (FT + 1)$ 个样点值,包含 $N = (2FT + 1)$ 个数值.

由（5.1.3-19）式,（5.1.3-14）式可改写为

$$\begin{aligned}
X(f) &= \sum_{n=-\infty}^{\infty} X\left(\frac{n}{T}\right) \cdot \frac{\sin\pi T(f - n/T)}{\pi T(f - n/T)} \\
&= X(0) \frac{\sin\pi Tf}{\pi Tf} + \sum_{n=1}^{\infty} X\left(\frac{n}{T}\right) \frac{\sin\pi T(f - n/T)}{\pi T(f - n/T)} + \sum_{n=-1}^{-\infty} X\left(\frac{n}{T}\right) \frac{\sin\pi T(f - n/T)}{\pi T(f - n/T)} \\
&= X(0) \frac{\sin\pi Tf}{\pi Tf} + \sum_{n=1}^{\infty} (a_n + jb_n) \frac{\sin\pi T(f - n/T)}{\pi T(f - n/T)} + \sum_{n=-1}^{-\infty} (a_n + jb_n) \frac{\sin\pi T(f - n/T)}{\pi T(f - n/T)}
\end{aligned}$$
$$(5.1.3 - 20)$$

由（5.1.3-18）式,有

$$a_{-n} = a_n; b_{-n} = -b_n \qquad (5.1.3 - 21)$$

则有

$$\begin{aligned}
X(f) = X(0) \frac{\sin\pi Tf}{\pi Tf} + \sum_{n=1}^{\infty} \Bigg\{ a_n \bigg[\frac{\sin\pi T(f - n/T)}{\pi T(f - n/T)} + \frac{\sin\pi T(f + n/T)}{\pi T(f + n/T)} \bigg] \\
+ jb_n \bigg[\frac{\sin\pi T(f - n/T)}{\pi T(f - n/T)} - \frac{\sin\pi T(f + n/T)}{\pi T(f + n/T)} \bigg] \Bigg\}
\end{aligned}$$
$$(5.1.3 - 22)$$

这说明:对于"限时"$T (t \in [T_1, T_2])$ 的时间函数 $x(t)$,在"限频"$F (f \in [0, F])$ 的条件下, 其频谱函数 $X(f)$ 由 $(2FT + 1)$ 个数值予以确定.

综上所述,与时间域抽样相似,对于"限时"$T (T = T_2 - T_1)$ 的确定时间函数 $x(t)$,在"限频" $F (f \in [0, F])$ 的条件下,其频谱函数 $X(f)$ 由相隔 $\delta = 1/T$ 的 $N_0 = (FT + 1)$ 个复数样点值,即 $N = (2FT + 1)$ 个数值予以确定. 当 $N = 2FT \gg 1$ 时,$X(f)$ 由频率域相隔 $\delta = 1/T$ 的

$N=2FT$ 个数值予以确定.

（2）第二步.

"'限时'T、'限频'F 的频率域上的确定函数 $X(f)$，由频率间隔 $\delta=1/T$ 的 $N_0=(FT+1)$ 个复数样点值 $X(n/T)(n=0,1,2,\cdots,N_0)$ 完全确定"这个结论,以"概率 1"适用于"限时"T、"限频"F 的随机过程 $\{X(f)\}$ 的每一次"实现" $X(f)$. 这就是说,$\{X(f)\}$ 的每一次实现 $X(f)$,由频率间隔 $\delta=1/T$ 的 $N_0=(FT+1)$ 个样点值 $X(n/T)(n=0,1,2,\cdots,FT)$ 完全确定.

从整体来看,在频率域取样点:

$f_0=0/T,f_1=1/T,f_2=2/T,\cdots,f_{N_0}=(FT)/T$,随机过程 $\{X(f)\}$ 就成取值连续、频率间隔 $\delta=1/T$ 的 $N_0=FT+1$ 个连续随机变量

$$X_0=\{X(0/T)\},X_1=\{X(1/T)\},X_2=\{X(2/T)\}\cdots,X_{N_0}=\{X(FT/T)\}$$

$$(5.1.3-23)$$

这就是说,"限时"T、"限频"F 的"随机过程"$\{X(f)\}$,可转换为频率域上间隔 $\delta=1/T$ 的 $N_0=(FT+1)$ 个取值连续、频率离散的随机变量 $X_0,X_1,\cdots,X_{N_0}$ 组成的连续随机变量序列即

$$\boldsymbol{X}=X_1X_2\cdots X_{N_0}\quad(N_0=FT+1)\tag{5.1.3-24}$$

到此,定理 5.2 得到了全面的证明.

5.1.4 时域和频域随机变量序列的转换

在"限时"、"限频"条件下,随机过程在时间域上的离散序列,与在频率域上的离散序列之间,是否可相互转换? 我们的回答是肯定的.

（1）由(5.1.2-8)式可知,对于"限频"F 的确定函数 $x(t)$ 的频谱函数 $X(f)$,有

$$X(f)=\frac{1}{2F}\sum_{n=-\infty}^{\infty}x\left(\frac{n}{2F}\right)e^{jn\frac{\pi}{F}f}\tag{5.1.4-1}$$

若同时又"限时"T,则根据时间域抽样定理,时间域上共有相隔 $\Delta=1/2F$ 的 $N=(2FT+1)$ 个时间函数 $x(t)$ 的样点值. 等式(5.1.4-1)中的 $n=-FT,\cdots,0,\cdots,FT$,取 $N=(2FT+1)$ 个值.同时,根据频率域抽样定理,频谱函数 $X(f)$ 也有 $N_0=(FT+1)$ 个复数样点值.频率为 $mf_0(m=0,1,2,\cdots,FT)$ 的复数样点值

$$\begin{aligned}X(mf_0)&=\frac{1}{2F}\sum_{n=-FT}^{FT}x\left(\frac{n}{2F}\right)e^{jn\frac{\pi}{F}mf_0}\\&=\frac{1}{2F}\sum_{n=-FT}^{FT}x\left(\frac{n}{2F}\right)\cos\frac{\pi n}{F}mf_0+j\frac{1}{2F}\sum_{n=-FT}^{FT}x\left(\frac{n}{2F}\right)\sin\frac{\pi n}{F}mf_0\\&=a(mf_0)+jb(mf_0)\end{aligned}\tag{5.1.4-2}$$

其中

$$\begin{cases}a(mf_0)=\dfrac{1}{2F}\sum_{n=-FT}^{FT}x\left(\dfrac{n}{2F}\right)\cos\dfrac{\pi n}{F}mf_0&(m=0,1,2,\cdots,FT)\\[4mm]b(mf_0)=\dfrac{1}{2F}\sum_{n=-FT}^{FT}x\left(\dfrac{n}{2F}\right)\sin\dfrac{\pi n}{F}mf_0&(m=0,1,2,\cdots,FT)\end{cases}\tag{5.1.4-3}$$

这表明,若已知时间函数 $x(t)$ 在时间域上的 $N=(2FT+1)$ 个样点值 $x(n/2F)(n=0,\pm1,\pm2,\cdots,\pm FT)$,就可求得频谱函数 $X(f)$ 在频率域上的 $N=(2FT+1)$ 个数值 $a(mf_0)$

$(m=0,1,2,\cdots,FT)$ 和 $b(mf_0)(m=1,2,\cdots,FT)$,即可求得 $X(f)$ 的 $N_0(FT+1)$ 个复数样点值 $X(mf_0)(m=0,1,2,\cdots,FT)$.

(2) 由(5.1.3-11)式可知,对于"限时"T 的时间函数 $x(t)$,有

$$x(t)=\frac{1}{T}\sum_{k=-\infty}^{\infty}X\left(\frac{k}{T}\right)\mathrm{e}^{\mathrm{j}\frac{2k\pi t}{T}} \tag{5.1.4-4}$$

若同时又"限频"F($f\in[0,F]$),则根据频率域抽样定理,频率域上共有相隔 $\delta=1/T$ 的 $N_0=(FT+1)$ 个复数样点值,即 $N=(2FT+1)$ 个数值. 等式(5.1.4-4)中的 $k=-FT,\cdots,0,\cdots,FT$,取 $N=(2FT+1)$ 个数值. 同时,根据时间域上抽样定理,时间函数 $x(t)$ 也有 $N=(2FT+1)$ 个样点值. 时间为 $p\cdot 1/2F(p=0,\pm 1,\pm 2,\cdots,\pm FT)$ 的样点值

$$\begin{aligned}
x\left(\frac{p}{2F}\right) &=\frac{1}{T}\sum_{k=-FT}^{FT}\left[X\left(\frac{k}{T}\right)\mathrm{e}^{\mathrm{j}\frac{2k\pi t}{T}}\right]\\
&=\frac{1}{T}\sum_{k=-FT}^{FT}\left\{\left[a(kf_0)+\mathrm{j}b(kf_0)\right]\mathrm{e}^{\mathrm{j}\frac{2k\pi}{T}\cdot\frac{p}{2F}}\right\}\\
&=\frac{1}{T}\sum_{k=-FT}^{FT}\left\{\left[a(kf_0)+\mathrm{j}b(kf_0)\right]\mathrm{e}^{\mathrm{j}\frac{k\pi p}{FT}}\right\}\\
&=\frac{1}{T}\sum_{k=-FT}^{FT}\left\{\left[a(kf_0)+\mathrm{j}b(kf_0)\right]\cdot\left(\cos\frac{k\pi p}{FT}+\mathrm{j}\sin\frac{k\pi p}{FT}\right)\right\}\\
&=\frac{1}{T}\sum_{k=-FT}^{FT}\left\{\left[a(kf_0)\cos\frac{k\pi p}{FT}-b(kf_0)\sin\frac{k\pi p}{FT}\right]\right.\\
&\quad\left.+\mathrm{j}\left[a(kf_0)\sin\frac{k\pi p}{FT}+b(kf_0)\cos\frac{k\pi p}{FT}\right]\right\}
\end{aligned} \tag{5.1.4-5}$$

因为有

$$a(kf_0)=a(-kf_0);b(kf_0)=-b(-kf_0) \tag{5.1.4-6}$$

所以

$$x\left(\frac{p}{2F}\right)=\frac{1}{T}a(0)+\frac{2}{T}\sum_{k=1}^{FT}\left[a(kf_0)\cos\frac{k\pi p}{FT}-b(kf_0)\sin\frac{k\pi p}{FT}\right]$$
$$(p=0,\pm 1,\pm 2,\cdots,\pm FT) \tag{5.1.4-7}$$

这表明,若已知频谱函数 $X(f)$ 在频率域上 $N_0=(FT+1)$ 个函数 $X(kf_0)(k=0,1,2,\cdots,FT)$,即 $N=(2FT+1)$ 数值 $a(0)$ 和 $a(kf_0),b(kf_0)(k=1,2,\cdots,FT)$,就可求得时间函数 $x(t)$ 在时间域上 $N=(2FT+1)$ 个样点值 $x(p/2F)(p=0,\pm 1,\pm 2,\cdots,\pm FT)$.

用线性代数理论可证明,在"限时"T、"限频"F 条件下,确定函数 $x(t)$ 在时间域上的样点值 $x(n/2F)(n=0,\pm 1,\pm 2,\cdots,\pm FT)$,与频率域上的样点值 $X(nf_0)(n=0,1,2,\cdots,FT)$ 之间是"正交线性变换"关系.

(3) "限时"T、"限频"F 确定函数在时间域和频率域上的抽样定理,都以"概率 1"适用于随机过程的每一次"实现". 所以,"限时"T、"限频"F 的随机过程 $\{x(t)\}$ 时间域上的离散化序列 $\boldsymbol{X}=X_1X_2\cdots X_N$,与频率域上的离散化序列 $\boldsymbol{X}=X_1X_2\cdots X_{N_0}$ 之间是可以互相转换的.

5.2 多维连续信源的相对熵

时间连续,取值连续的随机过程 $\{x(t)\}$ 的离散化理论指出,"限时" T、"限频" F 的随机过程 $\{x(t)\}$,可转换为时间间隔 $\Delta = 1/2F$ 的 $N = 2FT$ 个时间离散,取值连续的随机变量 X_1, $X_2, \cdots, X_N$ 构成的多维连续信源

$$\boldsymbol{X} = X_1 X_2 \cdots X_N$$

多维连续信源 $\boldsymbol{X} = X_1 X_2 \cdots X_N$ 的 N 元联合概率密度函数 $p(x_1 x_2 \cdots x_N)$ 就是随机过程 $\{x(t)\}$ 的统计特性, $\boldsymbol{X} = X_1 X_2 \cdots X_N$ 的联合相对熵 $h(\boldsymbol{X}) = h(X_1 X_2 \cdots X_N)$ 就是随机过程 $\{x(t)\}$ 的相对熵. 不同联合概率密度函数 $p(x_1 x_2 \cdots x_N)$,就有不同的相对熵 $h(\boldsymbol{X}) = h(X_1 X_2 \cdots X_N)$.

5.2.1 均匀分布 N-维连续信源的相对熵

若在 N 维连续信源 $\boldsymbol{X} = X_1 X_2 \cdots X_N$ 中,随机变量 X_i 的取值区间为 $[a_i, b_i](i = 1, 2, \cdots, N)$,且 $\boldsymbol{X} = X_1 X_2 \cdots X_N$ 的联合概率密度函数为

$$p(\boldsymbol{x}) = p(x_1 x_2 \cdots x_N) = \begin{cases} \dfrac{1}{\displaystyle\prod_{i=1}^{N}(b_i - a_i)} & \boldsymbol{x} \in \displaystyle\prod_{i=1}^{N}(b_i - a_i) \\[4mm] 0 & \boldsymbol{x} \notin \displaystyle\prod_{i=1}^{N}(b_i - a_i) \end{cases} \tag{5.2.1-1}$$

则 $\boldsymbol{X} = X_1 X_2 \cdots X_N$ 是在 N 维区域体积 $\displaystyle\prod_{i=1}^{N}(b_i - a_i)$ 中均匀分布的 N-维连续信源.

定理 5.3 在 N-维区域体积 $\displaystyle\prod_{i=1}^{N}(b_i - a_i)$ 中,均匀分布的 N-维连续信源 $\boldsymbol{X} = X_1 X_2 \cdots X_N$ 相对熵

$$h(\boldsymbol{X}) = h(X_1 X_2 \cdots X_N) = \log\Big[\prod_{i=1}^{N}(b_i - a_i)\Big]$$

证明 由 (5.2.1-1) 式所示 N-维联合概率密度函数 $p(x_1 x_2 \cdots x_N)$,按相对熵的定义,均匀分布的 N-维连续信源 $\boldsymbol{X} = X_1 X_2 \cdots X_N$ 的联合相对熵

$$h(\boldsymbol{X}) = h(X_1 X_2 \cdots X_N) = -\int_{\boldsymbol{x}} p(\boldsymbol{x}) \log p(\boldsymbol{x}) \mathrm{d}\boldsymbol{x}$$

$$= -\int_{a_1}^{b_1}\int_{a_2}^{b_2}\cdots\int_{a_n}^{b_n} \frac{1}{\displaystyle\prod_{i=1}^{N}(b_i - a_i)} \log \frac{1}{\displaystyle\prod_{i=1}^{N}(b_i - a_i)} \mathrm{d}x_1 \mathrm{d}x_2 \cdots \mathrm{d}x_N$$

$$= -\frac{1}{\displaystyle\prod_{i=1}^{N}(b_i - a_i)} \log \frac{1}{\displaystyle\prod_{i=1}^{N}(b_i - a_i)} \int_{a_1}^{b_1} \mathrm{d}x_1 \int_{a_2}^{b_2} \mathrm{d}x_2 \cdots \int_{a_n}^{b_n} \mathrm{d}x_N$$

$$= -\frac{\displaystyle\prod_{i=1}^{N}(b_i - a_i)}{\displaystyle\prod_{i=1}^{N}(b_i - a_i)} \log \frac{1}{\displaystyle\prod_{i=1}^{N}(b_i - a_i)} = \log\Big[\prod_{i=1}^{N}(b_i - a_i)\Big]$$

$$\tag{5.2.1-2}$$

这样,定理 5.3 就得到了证明.

此外,由(5.2.1-2)式可得

$$
\begin{aligned}
h(\boldsymbol{X}) = h(X_1 X_2 \cdots X_N) &= \log\Big[\prod_{i=1}^{N}(b_i - a_i)\Big] \\
&= \log\big[(b_1 - a_1)(b_2 - a_2)\cdots(b_N - a_N)\big] \\
&= \log(b_1 - a_1) + \log(b_2 - a_2) + \cdots + \log(b_N - a_N) \\
&= h(X_1) + h(X_2) + \cdots + h(X_N) \\
&= \sum_{i=1}^{N} h(X_i)
\end{aligned} \tag{5.2.1-3}
$$

定理 5.3 不仅表明,在 N-维区域体积 $\prod\limits_{i=1}^{N}(b_i - a_i)$ 中,均匀分布的 N-维连续信源 $\boldsymbol{X} = X_1 X_2 \cdots X_N$ 的相对熵 $h(\boldsymbol{X}) = h(X_1 X_2 \cdots X_N)$,等于 N-维区域体积 $\prod\limits_{i=1}^{N}(b_i - a_i)$ 的对数,而且还表明,相对熵 $h(\boldsymbol{X}) = h(X_1 X_2 \cdots X_N)$ 亦等于各变量 X_i 在 $[a_i, b_i](i = 1, 2, \cdots, N)$ 中呈现均匀分布时的相对熵 $h(X_i)(i = 1, 2, \cdots, N)$ 之和 $\sum\limits_{i=1}^{N} h(X_i)$. 这说明,在 N-维区域体积 $\prod\limits_{i=1}^{N}(b_i - a_i)$ 中,均匀分布的 N-维连续信源 $\boldsymbol{X} = X_1 X_2 \cdots X_N$,各随机变量 X_i 在取值区间 $[a_i, b_i]$ 中同时呈现均匀分布,且相互之间统计独立.

5.2.2　高斯分布 N-维连续信源的相对熵

假如,在 N-维连续信源 $\boldsymbol{X} = X_1 X_2 \cdots X_N$ 中,每一连续随机变量 X_i 都取值于整个实数轴 $R:(-\infty, \infty)$,且 X_i 的均值为 $m_i(i = 1, 2, \cdots, N)$,$X_1, X_2, \cdots, X_N$ 之间的协方差矩阵为 $[M]$,其 N-维联合概率密度函数为

$$
\begin{aligned}
p(\boldsymbol{x}) &= p(x_1 x_2 \cdots x_N) \\
&= \frac{1}{(2\pi)^{N/2} \,|M|^{1/2}} \exp\Big[-\frac{1}{2}\sum_{i=1}^{N}\sum_{k=1}^{N} r_{ik}(x_i - m_i)(x_k - m_k)\Big]
\end{aligned} \tag{5.2.2-1}
$$

则 $\boldsymbol{X} = X_1 X_2 \cdots X_N$ 称为 N-维高斯连续信源.

定理 5.4　协方差矩阵为 $[M]$ 的 N-维高斯连续信源 $\boldsymbol{X} = X_1 X_2 \cdots X_N$ 的相对熵

$$
h(\boldsymbol{X}) = h(X_1 X_2 \cdots X_N) = \frac{1}{2}\ln|M| + \frac{N}{2}\ln(2\pi\mathrm{e})
$$

证明　设在 N-维连续信源 $\boldsymbol{X} = X_1 X_2 \cdots X_N$ 中,X_1、X_2、$\cdots$、X_N 之间的协方差矩阵为

$$
[M] = \begin{array}{c} \\ x_1 \\ x_2 \\ \vdots \\ x_N \end{array} \begin{array}{c} x_1 \quad\ x_2 \quad\ \cdots \quad\ x_N \\ \left[\begin{array}{cccc} \mu_{11} & \mu_{12} & \cdots & \mu_{1N} \\ \mu_{21} & \mu_{22} & \cdots & \mu_{2N} \\ \vdots & \vdots & \cdots & \vdots \\ \mu_{N1} & \mu_{N2} & \cdots & \mu_{NN} \end{array}\right] \end{array} \tag{5.2.2-2}
$$

其中,X_i 与 $X_k(i, k = 1, 2, \cdots, N)$ 之间的协方差

$$
\mu_{ik} = E\big[(x_i - m_i)(x_k - m_k)\big] \quad (i, k = 1, 2, \cdots, N) \tag{5.2.2-3}
$$

协方差矩阵 $[M]$ 的行列式记为 $|M|$. 第 i 行、第 k 列的余因子记为 $|M|_{ik}(i,k=1,2,\cdots,N)$. 则 $(5.2.2-1)$ 式中的

$$r_{ik} = \frac{|M|_{ik}}{|M|} \quad (i,k=1,2,\cdots,N) \tag{5.2.2-4}$$

由 r_{ik} 组成的矩阵

$$[R] = \begin{array}{c} \\ x_1 \\ x_2 \\ \vdots \\ x_N \end{array} \begin{array}{cccc} x_1 & x_2 & \cdots & x_N \\ \left(\begin{array}{cccc} r_{11} & r_{12} & \cdots & r_{1N} \\ r_{21} & r_{22} & \cdots & r_{2N} \\ \vdots & \vdots & \cdots & \vdots \\ r_{N1} & r_{N2} & \cdots & r_{NN} \end{array} \right) \end{array} \tag{5.2.2-5}$$

是 $[M]$ 的"互逆矩阵",即有

$$[R] \cdot [M] = \begin{pmatrix} r_{11} & r_{12} & \cdots & r_{1N} \\ r_{21} & r_{22} & \cdots & r_{2N} \\ \vdots & \vdots & \cdots & \vdots \\ r_{N1} & r_{N2} & \cdots & r_{NN} \end{pmatrix} \cdot \begin{pmatrix} \mu_{11} & \mu_{12} & \cdots & \mu_{1N} \\ \mu_{21} & \mu_{22} & \cdots & \mu_{2N} \\ \vdots & \vdots & \cdots & \vdots \\ \mu_{N1} & \mu_{N2} & \cdots & \mu_{NN} \end{pmatrix}$$

$$= \begin{bmatrix} 1 & 0 & \cdots & 0 \\ 0 & 1 & \cdots & 0 \\ \vdots & \vdots & \cdots & \vdots \\ 0 & 0 & \cdots & 1 \end{bmatrix} = [I] \tag{5.2.2-6}$$

由此,有

$$\sum_{k=1}^{N} r_{ik}\mu_{ki} = 1 \quad (i=1,2,\cdots,N) \tag{5.2.2-7}$$

又因有

$$\mu_{ik} = \mu_{ki} \quad (i,k=1,2,\cdots,N) \tag{5.2.2-8}$$

则有

$$\sum_{i=1}^{N}\left(\sum_{k=1}^{N} r_{ik}\mu_{ki}\right) = \sum_{i=1}^{N}\left(\sum_{k=1}^{N} r_{ik}\mu_{ik}\right) = N \tag{5.2.2-9}$$

在以上对高斯分布概率密度函数 $(5.2.2-1)$ 式中有关参数诠释的基础上,按定义,N-维高斯分布连续信源 $\boldsymbol{X} = X_1 X_2 \cdots X_N$ 的联合相对熵

$$h(\boldsymbol{X}) = h(X_1 X_2 \cdots X_N) = -\int_{\boldsymbol{x}} p(\boldsymbol{x})\ln p(\boldsymbol{x})\mathrm{d}\boldsymbol{x}$$

$$= -\int_{x_1}\int_{x_2}\cdots\int_{x_N} p(x_1 x_2 \cdots x_N)\ln p(x_1 x_2 \cdots x_N)\mathrm{d}x_1 \mathrm{d}x_2 \cdots \mathrm{d}x_N$$

$$= -\int_{x_1}\int_{x_2}\cdots\int_{x_N} p(x_1 x_2 \cdots x_N)\ln\left\{\frac{1}{(2\pi)^{N/2}|M|^{1/2}}\right.$$

$$\left. \cdot \exp\left[-\frac{1}{2}\sum_{i=1}^{N}\sum_{k=1}^{N} r_{ik}(x_i - m_i)(x_k - m_k)\right]\right\}\mathrm{d}x_1 \cdots \mathrm{d}x_N$$

$$= -\int_{x_1}\int_{x_2}\cdots\int_{x_N} p(x_1 x_2 \cdots x_N)\ln\frac{1}{(2\pi)^{N/2}|M|^{1/2}}\mathrm{d}x_1 \mathrm{d}x_2 \cdots \mathrm{d}x_N$$

$$+ \int_{x_1} \int_{x_2} \cdots \int_{x_N} p(x_1 x_2 \cdots x_N) \Big[\frac{1}{2} \sum_{i=1}^{N} \sum_{k=1}^{N} r_{ik}(x_i - m_i)(x_k - m_k) \Big] dx_1 dx_2 \cdots dx_N$$

$$= \ln\{(2\pi)^{N/2} |M|^{1/2}\}$$

$$+ \frac{1}{2} \sum_{i=1}^{N} \sum_{k=1}^{N} r_{ik} \int_{x_1} \int_{x_2} \cdots \int_{x_N} p(x_1 x_2 \cdots x_N)(x_i - m_i)(x_k - m_k) dx_1 dx_2 \cdots dx_N$$

$$= \ln[(2\pi)^{N/2} |M|^{1/2}] + \frac{1}{2} \sum_{i=1}^{N} \sum_{k=1}^{N} r_{ik} \mu_{ik} = \ln\Big[(2\pi)^{N/2} |M|^{1/2} \Big] + \frac{N}{2}$$

$$= \frac{1}{2} \ln |M| + \frac{N}{2} \ln(2\pi e) \qquad\qquad (5.2.1-10)$$

这样,定理 5.4 就得到了证明.

　　定理表明:N-维高斯信源 $\boldsymbol{X} = X_1 X_2 \cdots X_N$ 的相对熵 $h(\boldsymbol{X}) = h(X_1 X_2 \cdots X_N)$ 只取决于 X_i 和 $X_k(i,k = 1,2\cdots,N)$ 的"协方差矩阵"$[M]$.

　　为了描述 N-维高斯信源 $\boldsymbol{X} = X_1 X_2 \cdots X_N$ 中 X_i 和 $X_k(i,k = 1,2,\cdots,N)$ 之间的"相关"程度,定义

$$\rho_{ik} = \frac{\mu_{ik}}{\sigma_i \sigma_k} \qquad (i,k = 1,2,\cdots,N) \qquad\qquad (5.2.2-11)$$

为 X_i 和 X_k 之间的"相关系数". 协方差矩阵$[M]$由 ρ_{ik} 表示,即有

$$[M] = \begin{array}{c} \\ x_1 \\ x_2 \\ \vdots \\ x_N \end{array} \overset{\begin{array}{ccccc} x_1 & x_2 & x_3 & \cdots & x_N \end{array}}{\left(\begin{array}{ccccc} \sigma_1^2 & \rho_{12}\sigma_1\sigma_2 & \rho_{13}\sigma_1\sigma_3 & \cdots & \rho_{1N}\sigma_1\sigma_N \\ \rho_{21}\sigma_2\sigma_1 & \sigma_2^2 & \rho_{23}\sigma_2\sigma_3 & \cdots & \rho_{2N}\sigma_2\sigma_N \\ \vdots & \vdots & \vdots & \cdots & \vdots \\ \rho_{N1}\sigma_N\sigma_1 & \rho_{N2}\sigma_N\sigma_2 & \rho_{N3}\sigma_N\sigma_3 & \cdots & \sigma_N^2 \end{array} \right)} \qquad (5.2.2-12)$$

若 X_i 和 X_k 之间"不相关",则令

$$\rho_{ik} = 0 \qquad (i \neq k, i,k = 1,2,\cdots,N) \qquad\qquad (5.2.2-13)$$

这时

$$|M| = \begin{array}{c} \\ x_1 \\ x_2 \\ \vdots \\ x_N \end{array} \overset{\begin{array}{ccccc} x_1 & x_2 & x_3 & \cdots & x_N \end{array}}{\left| \begin{array}{ccccc} \sigma_1^2 & 0 & 0 & \cdots & 0 \\ 0 & \sigma_2^2 & 0 & \cdots & 0 \\ \vdots & \vdots & \vdots & \cdots & \vdots \\ 0 & 0 & 0 & \cdots & \sigma_N^2 \end{array} \right|} = \prod_{i=1}^{N} \sigma_i^2 \qquad (5.2.2-14)$$

由此,有

$$|M|_{ik} = 0 \qquad (i \neq k)$$

$$|M|_{ii} = (-1)^{i+i} \cdot \sigma_1^2 \sigma_2^2 \cdots \sigma_{i-1}^2 \sigma_{i+1}^2 \cdots \sigma_N^2$$

$$= \sigma_1^2 \sigma_2^2 \cdots \sigma_{i-1}^2 \sigma_{i+1}^2 \cdots \sigma_N^2 \qquad\qquad (5.2.2-15)$$

以及

$$r_{ik} = \frac{|M|_{ik}}{|M|} = 0 \qquad (i \neq k)$$

$$r_{ii} = \frac{|M|_{ik}}{|M|} = \frac{\sigma_1^2 \sigma_2^2 \cdots \sigma_{i-1}^2 \sigma_{i+1}^2 \cdots \sigma_N^2}{\sigma_1^2 \sigma_2^2 \cdots \sigma_{i-1}^2 \sigma_i^2 \sigma_{i+1}^2 \cdots \sigma_N^2}$$

$$= \frac{1}{\sigma_i^2} \quad (i=1,2,\cdots,N) \qquad (5.2.2-16)$$

由以上这些诠译,当 $p_{ik}=0(i \neq k, i,k=1,2,\cdots,N)$ 时,(5.2.2-1)式所示 N-维高斯信源 $\boldsymbol{X}=X_1 X_2 \cdots X_N$ 的概率密度函数 $p(x_1 x_2 \cdots x_N)$ 改写为

$$p(\boldsymbol{x}) = p(x_1 x_2 \cdots x_N)$$

$$= \frac{1}{(2\pi)^{N/2} |M|^{1/2}} \exp\left[-\frac{1}{2}\sum_{i=1}^{N}\sum_{k=1}^{N} r_{ik}(x_i-m_i)(x_k-m_k)\right]$$

$$= \frac{1}{(2\pi)^{N/2} \sqrt{\sigma_1^2 \sigma_2^2 \cdots \sigma_N^2}} \exp\left[-\frac{1}{2}\sum_{i=1}^{N} \frac{(x_i-m_i)^2}{\sigma_i^2}\right]$$

$$= \prod_{i=1}^{N} \frac{1}{\sqrt{2\pi\sigma_i^2}} \exp\left[-\frac{(x_i-m_i)^2}{2\sigma_i^2}\right] \qquad (5.2.2-17)$$

这时,若令 $\boldsymbol{X}=X_1 X_2 \cdots X_N$ 中各随机变量 $X_i(i=1,2,\cdots,N)$ 都是均值为 m_i,方差为 σ_i^2 的高斯随机变量 $N(m_i,\sigma_i^2)$,即 X_i 的概率密度函数

$$p(x_i) = \frac{1}{\sqrt{2\pi\sigma_i^2}} \exp\left[-\frac{(x_i-m_i)^2}{2\sigma_i^2}\right] \quad (i=1,2,\cdots,N) \qquad (5.2.2-18)$$

则有

$$p(\boldsymbol{x}) = p(x_1 x_2 \cdots x_N) = p(x_1)p(x_2)\cdots p(x_N) = \prod_{i=1}^{N} p(x_i) \qquad (5.2.2-19)$$

这表明,当 X_i 和 X_k 之间的相关系数 $\rho_{ik}=0(i \neq k, i,k=1,2,\cdots,N)$,即 X_i 和 $X_k(i \neq k, i,k=1,2,\cdots,N)$ 之间"不相关"时,N-维高斯信源 $\boldsymbol{X}=X_1 X_2 \cdots X_N$ 中各随机变量 $X_i(i=1,2,\cdots,N)$ 都是均值为 m_i,方差为 $\sigma_i^2(i=1,2,\cdots,N)$ 的高斯随机变量 $N(m_i,\sigma_i^2)(i=1,2,\cdots,N)$,而且 X_i 和 $X_k(i \neq k, i,k=1,2,\cdots,N)$ 之间相互统计独立.

那么,这时的 N-维高斯信源 $\boldsymbol{X}=X_1 X_2 \cdots X_N$ 的相对熵 $h(\boldsymbol{X})=h(X_1 X_2 \cdots X_N)$ 具有什么特点呢?

定理 5.5 若 N-维高斯信源 $\boldsymbol{X}=X_1 X_2 \cdots X_N$ 中,X_i 和 $X_k(i \neq k, i,k=1,2,\cdots,N)$ 之间统计独立,则 $\boldsymbol{X}=X_1 X_2 \cdots X_N$ 的相对熵 $h(\boldsymbol{X})=h(X_1 X_2 \cdots X_N)$ 是各随机变量 $X_i(i=1,2,\cdots,N)$ 相对熵 $h(X_i)(i=1,2,\cdots,N)$ 之和,即

$$h(\boldsymbol{X}) = h(X_1 X_2 \cdots X_N) = \sum_{i=1}^{N} h(X_i) = \frac{1}{2}\ln(\sigma_1^2 \sigma_2^2 \cdots \sigma_N^2) + \frac{N}{2}\ln(2\pi e)$$

其中,$\sigma_i^2(i=1,2,\cdots,N)$ 是高斯随机变量 X_i 的方差.

证明

当 $\boldsymbol{X}=X_1 X_2 \cdots X_N$ 中 X_i 和 $X_k(i \neq k, i=1,2,\cdots,N)$ 的 $\rho_{ik}=0$ 时,N-维高斯信源 $\boldsymbol{X}=X_1 X_2 \cdots X_N$ 中的 $X_i(i=1,2,\cdots,N)$ 是高斯随机变量 $N(m_i,\sigma_i^2)(i=1,2,\cdots,N)$,且 X_i 和 X_k,$(i \neq k, i,k=1,2,\cdots,N)$ 之间统计独立,由(5.2.2-19)、(5.2.2-18)式,这时 N-维高斯连续信源 $\boldsymbol{X}=X_1 X_2 \cdots X_N$ 的相对熵

$$h(\boldsymbol{X}) = h(X_1 X_2 \cdots X_N) = -\int_{\boldsymbol{x}} p(\boldsymbol{x})\ln p(\boldsymbol{x})\mathrm{d}\boldsymbol{x}$$

$$=-\iint_{x_1 x_2}\cdots\int_{x_N} p(x_1 x_2\cdots x_N)\ln p(x_1 x_2\cdots x_N)\mathrm{d}x_1\mathrm{d}x_2\cdots\mathrm{d}x_N$$

$$=-\iint_{x_1 x_2}\cdots\int_{x_N} p(x_1 x_2\cdots x_N)\ln\big[p(x_1)p(x_2)\cdots p(x_N)\big]\mathrm{d}x_1\mathrm{d}x_2\cdots\mathrm{d}x_N$$

$$=-\iint_{x_1 x_2}\cdots\int_{x_N} p(x_1 x_2\cdots x_N)\ln p(x_1)\mathrm{d}x_1\mathrm{d}x_2\cdots\mathrm{d}x_N$$

$$\quad-\iint_{x_1 x_2}\cdots\int_{x_N} p(x_1 x_2\cdots x_N)\ln p(x_2)\mathrm{d}x_1\mathrm{d}x_2\cdots\mathrm{d}x_N$$

$$\vdots$$

$$\quad-\iint_{x_1 x_2}\cdots\int_{x_N} p(x_1 x_2\cdots x_N)\ln p(x_N)\mathrm{d}x_1\mathrm{d}x_2\cdots\mathrm{d}x_N$$

$$=-\int_{x_1} p(x_1)\ln p(x_1)\mathrm{d}x_1$$

$$\quad-\int_{x_2} p(x_2)\ln p(x_2)\mathrm{d}x_2$$

$$\vdots$$

$$\quad-\int_{x_N} p(x_N)\ln p(x_N)\mathrm{d}x_N$$

$$=h(X_1)+h(X_2)+\cdots+h(X_N)$$

$$=\frac{1}{2}\ln(2\pi e\sigma_1^2)+\frac{1}{2}\ln(2\pi e\sigma_2^2)+\cdots+\frac{1}{2}\ln(2\pi e\sigma_N^2)$$

$$=\frac{1}{2}\ln(\sigma_1^2\sigma_2^2\cdots\sigma_N^2)+\frac{N}{2}\ln(2\pi e) \tag{5.2.2-20}$$

这样,定理 5.5 就得到了证明.

定理表明:均值 m_x、方差 σ^2 的无记忆高斯信源 X 的 N 次扩展信源 $X_N=X_2 X_2\cdots X_N$ 的相对熵 $h(X^N)$,等于 X 的相对熵 $h(X)$ 的 N 倍,即

$$h(X^N)=h(X_1 X_2\cdots X_N)=\frac{1}{2}\ln\big[(\sigma^2)^N\big]+\frac{N}{2}\ln(2\pi e)$$

$$=\frac{N}{2}\ln(2\pi e\sigma^2)=N\cdot\frac{1}{2}\ln(2\pi e\sigma^2)$$

$$=Nh(X) \tag{5.2.2-21}$$

5.3　多维连续信源的最大相对熵

时间连续、取值连续的连续信源在某种约束条件的限制下,只有某种概率密度函数 $p_0(\boldsymbol{x})=p_0(x_1 x_2\cdots x_N)$,才能使其相对熵 $h(\boldsymbol{X})=h(X_1 X_2\cdots X_N)$ 达到最大值 $h_0(\boldsymbol{X})$.

5.3.1 取值区域受限的 N-维连续信源的最大相对熵

定理 5.6 若 N-维连续信源 $\boldsymbol{X} = X_1 X_2 \cdots X_N$ 取值于 N 维区域体积 $\prod\limits_{i=1}^{N}(b_i - a_i)$，则均匀分布的 N-维连续信源 $\boldsymbol{X} = X_1 X_2 \cdots X_N$ 的相对熵达最大 $h_0(\boldsymbol{X}) = h_0(X_1 X_2 \cdots X_N)$.

证明 设取值于 N 维区域体积 $\prod\limits_{i=1}^{N}(b_i - a_i)$，且呈现均匀分布的 N-维连续信源 $\boldsymbol{X} = X_1 X_2 \cdots X_N$ 的概率密度函数

$$p_0(\boldsymbol{x}) = p_0(x_1 x_2 \cdots x_N) = \begin{cases} \dfrac{1}{\prod\limits_{i=1}^{N}(b_i - a_i)} & \left(\boldsymbol{x} \in \prod\limits_{i=1}^{N}(b_i - a_i)\right) \\[3mm] 0 & \left(\boldsymbol{x} \notin \prod\limits_{i=1}^{N}(b_i - a_i)\right) \end{cases} \qquad (5.3.1-1)$$

则有

$$\int_{\boldsymbol{x}} p_0(\boldsymbol{x}) \mathrm{d}\boldsymbol{x} = \int_{a_1}^{b_1} \int_{a_2}^{b_2} \cdots \int_{a_N}^{b_N} \frac{1}{\prod\limits_{i=1}^{N}(b_i - a_i)} \mathrm{d}x_1 \mathrm{d}x_2 \cdots \mathrm{d}x_N$$

$$= \int_{a_1}^{b_1} \frac{1}{(b_1 - a_1)} \mathrm{d}x_1 \int_{a_2}^{b_2} \frac{1}{(b_2 - a_2)} \mathrm{d}x_2 \cdots \int_{a_N}^{b_N} \frac{1}{(b_N - a_N)} \mathrm{d}x_N$$

$$= 1 \cdot 1 \cdots \cdot 1 = 1 \qquad (5.3.1-2)$$

相对熵

$$h_0(\boldsymbol{X}) = h_0(X_1 X_2 \cdots X_N)$$

$$= -\int_{\boldsymbol{x} \in \prod\limits_{i=1}^{N}(b_i - a_i)} p_0(\boldsymbol{x}) \ln p_0(\boldsymbol{x}) \mathrm{d}\boldsymbol{x}$$

$$= -\int_{\boldsymbol{x} \in \prod\limits_{i=1}^{N}(b_i - a_i)} p_0(\boldsymbol{x}) \ln \frac{1}{\prod\limits_{i=1}^{N}(b_i - a_i)} \mathrm{d}\boldsymbol{x}$$

$$= \ln\left\{\prod\limits_{i=1}^{N}(b_i - a_i)\right\} \int_{\boldsymbol{x} \in \prod\limits_{i=1}^{N}(b_i - a_i)} p_0(\boldsymbol{x}) \mathrm{d}\boldsymbol{x}$$

$$= \ln\left\{\prod\limits_{i=1}^{N}(b_i - a_i)\right\} \qquad (5.3.1-3)$$

再设 $p(\boldsymbol{x}) = p(x_1 x_2 \cdots x_N)$ 是同样取值于 N 维区域体积 $\prod\limits_{i=1}^{N}(b_i - a_i)$ 的 N-维连续信源 $\boldsymbol{X} = X_1 X_2 \cdots X_N$ 的一个概率密度函数，但它是除了均匀分布概率密度函数 $p_0(\boldsymbol{x}) = p_0(x_1 x_2 \cdots x_N)$ 以外的任何一种概率密度函数. 同样有

$$\int_{\boldsymbol{x} \in \prod\limits_{i=1}^{N}(b_i - a_i)} p(\boldsymbol{x}) \mathrm{d}\boldsymbol{x} = \int_{\boldsymbol{x} \in \prod\limits_{i=1}^{N}(b_i - a_i)} p(x_1 x_2 \cdots x_N) \mathrm{d}x_1 \mathrm{d}x_2 \cdots \mathrm{d}x_N$$

$$= \int_{a_1}^{b_1} \int_{a_2}^{b_2} \cdots \int_{a_N}^{b_N} p(x_1 x_2 \cdots x_N) \mathrm{d}x_1 \mathrm{d}x_2 \cdots \mathrm{d}x_N$$

$$= 1 \qquad\qquad (5.3.1-4)$$

则相对熵

$$h(X) = h(X_1 X_2 \cdots X_N) = \int_{x \in \prod_{i=1}^{N}(b_i - a_i)} p(\boldsymbol{x}) \ln p(\boldsymbol{x}) \mathrm{d}\boldsymbol{x} \qquad (5.3.1-5)$$

由等式(5.3.1-4)、(5.3.1-2)及(5.3.1-1),有

$$- \int_{x \in \prod_{i=1}^{N}(b_i - a_i)} p(\boldsymbol{x}) \ln p_0(\boldsymbol{x}) \mathrm{d}\boldsymbol{x} = - \int_{x \in \prod_{i=1}^{N}(b_i - a_i)} p(\boldsymbol{x}) \ln \left\{ \frac{1}{\prod\limits_{i=1}^{N}(b_i - a_i)} \right\} \mathrm{d}\boldsymbol{x}$$

$$= \ln \left\{ \prod_{i=1}^{N}(b_i - a_i) \right\} \int_{x \in \prod_{i=1}^{N}(b_i - a_i)} p(\boldsymbol{x}) \mathrm{d}\boldsymbol{x}$$

$$= \ln \left\{ \prod_{i=1}^{N}(b_i - a_i) \right\} = h_0(\boldsymbol{X}) \qquad (5.3.1-6)$$

由此,运用"底"大于 1 的对数函数的上凸性,有

$$h(\boldsymbol{X}) - h_0(\boldsymbol{X}) = - \int_{x \in \prod_{i=1}^{N}(b_i - a_i)} p(\boldsymbol{x}) \ln p(\boldsymbol{x}) \mathrm{d}\boldsymbol{x} - \left\{ - \int_{x \in \prod_{i=1}^{N}(b_i - a_i)} p_0(\boldsymbol{x}) \ln p_0(\boldsymbol{x}) \mathrm{d}\boldsymbol{x} \right\}$$

$$= - \int_{x \in \prod_{i=1}^{N}(b_i - a_i)} p(\boldsymbol{x}) \ln p(\boldsymbol{x}) \mathrm{d}\boldsymbol{x} - \left\{ - \int_{x \in \prod_{i=1}^{N}(b_i - a_i)} p(\boldsymbol{x}) \ln p_0(\boldsymbol{x}) \mathrm{d}\boldsymbol{x} \right\}$$

$$= \int_{x \in \prod_{i=1}^{N}(b_i - a_i)} p(\boldsymbol{x}) \ln \frac{p_0(\boldsymbol{x})}{p(\boldsymbol{x})} \mathrm{d}\boldsymbol{x} \leqslant \ln \left\{ \int_{x \in \prod_{i=1}^{N}(b_i - a_i)} p(\boldsymbol{x}) \frac{p_0(\boldsymbol{x})}{p(\boldsymbol{x})} \mathrm{d}\boldsymbol{x} \right\}$$

$$= \ln \left\{ \int_{x \in \prod_{i=1}^{N}(b_i - a_i)} p_0(\boldsymbol{x}) \mathrm{d}\boldsymbol{x} \right\} = \ln 1 = 0 \qquad (5.3.1-7)$$

即证得

$$h(\boldsymbol{X}) \leqslant h_0(\boldsymbol{X}) \qquad\qquad (5.3.1-8)$$

这样,定理 5.6 就得到了证明.

定理表明:取值于 N 维区域体积 $\prod\limits_{i=1}^{N}(b_i - a_i)$ 中的所有 N-维连续信源 $\boldsymbol{X} = X_1 X_2 \cdots X_N$ 中,均匀分布的 N-维连续信源 $\boldsymbol{X} = X_1 X_2 \cdots X_N$ 的相对熵达到最大值

$$h_0(\boldsymbol{X}) = h_0(X_1 X_2 \cdots X_N) = \ln \left\{ \prod_{i=1}^{N}(b_i - a_i) \right\} \qquad (5.3.1-9)$$

5.3.2 协方差矩阵受限的 N-维连续信源的最大相对熵

定理 5.7 若 N-维连续信源 $\boldsymbol{X} = X_1 X_2 \cdots X_N$ 的协方差矩阵限定为 $[M]$,则高斯分布的 N-维连续信源 $\boldsymbol{X} = X_1 X_2 \cdots X_N$ 的相对熵达到最大 $h_0(\boldsymbol{X}) = h_0(X_1 X_2 \cdots X_N)$.

证明 设限定协方差矩阵为

$$[M] = \begin{array}{c} \\ x_1 \\ x_2 \\ \vdots \\ x_N \end{array} \overset{\begin{array}{cccc} x_1 & x_2 & \cdots & x_N \end{array}}{\left[\begin{array}{cccc} \mu_{11} & \mu_{12} & \cdots & \mu_{1N} \\ \mu_{21} & \mu_{22} & \cdots & \mu_{2N} \\ \vdots & \vdots & \cdots & \vdots \\ \mu_{N1} & \mu_{N2} & \cdots & \mu_{NN} \end{array} \right]} \tag{5.3.2-1}$$

这意味着:协方差 $\mu_{ik}(i,k=1,2,\cdots,N)$、行列式 $|M|$、余因子 $|M|_{ik}(i,k=1,2,\cdots,N)$、$r_{ik} = \dfrac{|M|_{ik}}{|M|}(i,k=1,2,\cdots,N)$ 等因子均受限定,不随 $\boldsymbol{X} = X_1 X_2 \cdots X_N$ 的概率密度函数的不同而变动,而且

$$\sum_{i=1}^{N} \sum_{k=1}^{N} r_{ik} \mu_{ik} = N \tag{5.3.2-2}$$

现令,在 $[M]$ 受限条件下,高斯分布的 $\boldsymbol{X} = X_1 X_2 \cdots X_N$ 的概率密度函数为

$$p_0(\boldsymbol{x}) = p_0(x_1 x_2 \cdots x_2)$$

$$= \frac{1}{(2\pi)^{N/2} |M|^{1/2}} \exp\left[-\frac{1}{2} \sum_{i=1}^{N} \sum_{k=1}^{N} r_{ik}(x_i - m_i)(x_k - m_k) \right] \tag{5.3.2-3}$$

则有

$$\begin{cases} \displaystyle\int\limits_{x}\!\!\int p_0(\boldsymbol{x}) \mathrm{d}\boldsymbol{x} = 1 \\[4mm] \displaystyle\int\limits_{x} p_0(\boldsymbol{x})(x_i - m_i)(x_k - m_k) \mathrm{d}\boldsymbol{x} = \mu_{ik} \quad (i,k=1,2,\cdots,N) \end{cases} \tag{5.3.2-4}$$

相对熵

$$h_0(\boldsymbol{X}) = h_0(X_1 X_2 \cdots X_N)$$

$$= -\int\limits_{x} p_0(\boldsymbol{x}) \ln p_0(\boldsymbol{x}) \mathrm{d}\boldsymbol{x}$$

$$= \frac{1}{2} \ln |M| + \frac{N}{2} \ln(2\pi \mathrm{e}) \tag{5.3.2-5}$$

再令 $p_0(\boldsymbol{x}) = p(x_1 x_2 \cdots x_N)$ 是 $[M]$ 限定条件下 $\boldsymbol{X} = X_1 X_2 \cdots X_N$ 的除了 $p_0(\boldsymbol{x}) = p_0(x_1 x_2 \cdots x_N)$ 以外任何一种概率密度函数. 则有

$$\begin{cases} \displaystyle\int\limits_{x}\!\!\int p(\boldsymbol{x}) \mathrm{d}\boldsymbol{x} = 1 \\[4mm] \displaystyle\int\limits_{x} p(\boldsymbol{x})(x_i - m_i)(x_k - m_k) \mathrm{d}\boldsymbol{x} = \mu_{ik} \quad (i,k=1,2,\cdots,N) \end{cases} \tag{5.3.2-6}$$

相对熵

$$h(\boldsymbol{X}) = h(X_1 X2 \cdots X_N) = -\int_x p(\boldsymbol{x}) \ln p(\boldsymbol{x}) \mathrm{d}\boldsymbol{x} \qquad (5.3.2-7)$$

由(5.3.2-6)、(5.3.2-5)式有

$$-\int_x p(\boldsymbol{x}) \ln p_0(\boldsymbol{x}) \mathrm{d}\boldsymbol{x}$$

$$= -\int_x p(\boldsymbol{x}) \ln \left\{ \frac{1}{(2\pi)^{N/2} |M|^{1/2}} \exp\left[-\frac{1}{2} \sum_{i=1}^N \sum_{k=1}^N r_{ik}(x_i - m_i)(x_k - m_k) \right] \right\} \mathrm{d}\boldsymbol{x}$$

$$= -\int_x p(\boldsymbol{x}) \frac{1}{(2\pi)^{N/2} |M|^{1/2}} \mathrm{d}\boldsymbol{x} + \int_x p(\boldsymbol{x}) \left[\frac{1}{2} \sum_{i=1}^N \sum_{k=1}^N r_{ik}(x_i - m_i)(x_k - m_k) \right] \mathrm{d}\boldsymbol{x}$$

$$= \ln\left[(2\pi)^{N/2} |M|^{1/2} \right] + \frac{1}{2} \sum_{i=1}^N \sum_{k=1}^N r_{ik} \int_x p(\boldsymbol{x})(x_i - m_i)(x_k - m_k) \mathrm{d}\boldsymbol{x}$$

$$= \ln\left[(2\pi)^{N/2} |M|^{1/2} \right] + \frac{1}{2} \sum_{i=1}^N \sum_{k=1}^N r_{ik}\mu_{ik} = \ln\left[(2\pi)^{N/2} |M|^{1/2} \right] + \frac{N}{2}$$

$$= \frac{1}{2} \ln |M| + \frac{N}{2} \ln(2\pi e) = h_0(\boldsymbol{X}) \qquad (5.3.2-8)$$

由此,运用"底"大于 1 的对数函数的上凸性,有

$$h(\boldsymbol{X}) - h_0(\boldsymbol{X}) = -\int_x p(\boldsymbol{x}) \ln p(\boldsymbol{x}) \mathrm{d}\boldsymbol{x} - \left[-\int_x p_0(\boldsymbol{x}) \ln p_0(\boldsymbol{x}) \mathrm{d}\boldsymbol{x} \right]$$

$$= -\int_x p(\boldsymbol{x}) \ln p(\boldsymbol{x}) \mathrm{d}\boldsymbol{x} - \left[-\int_x p(\boldsymbol{x}) \ln p_0(\boldsymbol{x}) \mathrm{d}\boldsymbol{x} \right]$$

$$= \int_x p(\boldsymbol{x}) \ln \frac{p_0(\boldsymbol{x})}{p(\boldsymbol{x})} \mathrm{d}\boldsymbol{x} \leqslant \ln\left[\int_x p(\boldsymbol{x}) \frac{p_0(\boldsymbol{x})}{p(\boldsymbol{x})} \mathrm{d}\boldsymbol{x} \right]$$

$$= \ln\left[\int_x p_0(\boldsymbol{x}) \mathrm{d}\boldsymbol{x} \right] = \ln 1 = 0 \qquad (5.3.1-9)$$

即证得

$$h(\boldsymbol{X}) \leqslant h_0(\boldsymbol{X}) \qquad (5.3.1-10)$$

这样,定理 5.7 就得到了证明.

定理表明:在协方差矩阵限定为 $[M]$ 的所有 N-维连续信源 $\boldsymbol{X} = X_1 X_2 \cdots X_N$ 中,高斯分布的 N-维连续信源 $\boldsymbol{X} = X_1 X_2 \cdots X_N$ 的相对熵达到最大值

$$h_0(\boldsymbol{X}) = h_0(X_1 X_2 \cdots X_N) = \frac{1}{2} \ln |M| + \frac{N}{2} \ln(2\pi e) \qquad (5.3.2-11)$$

且其最大值 $h_0(\boldsymbol{X})$ 只取决于限定的协方差矩阵 $[M]$.

定理 5.8　若 N-维连续信源 $\boldsymbol{X} = X_1 X_2 \cdots X_N$ 中 X_i 的方差限定为 $\sigma_i^2 (i = 1, 2, \cdots, N)$,则当 $\boldsymbol{X} = X_1 X_2 \cdots X_N$ 是高斯分布,且 X_i 与 $X_k (i, k = 1, 2, \cdots, N)$ 之间统计独立时,相对熵达到最大 $h_0(\boldsymbol{X}) = h_0(X_1 X_2 \cdots X_N)$.

证明　由(5.2.2-11)、(5.2.2-14)式可知,当 $\boldsymbol{X} = X_1 X_2 \cdots X_N$ 中 X_i 与 $X_k (i, k = 1, 2, \cdots, N)$ 之间的相关系数 $\rho_{ik} = 0 (i, k = 1, 2, \cdots, N)$ 时,其限定的协方差矩阵 $[M]$ 就转变为 X_i 的方差受限 $\sigma_i^2 (i = 1, 2, \cdots, N)$ 的协方差矩阵

$$[M]_0 = \begin{array}{c} \\ x_1 \\ x_2 \\ \vdots \\ x_N \end{array} \begin{array}{cccccc} x_1 & x_2 & x_3 & \cdots & x_N \\ \left[\begin{array}{ccccc} \sigma_1^2 & 0 & 0 & \cdots & 0 \\ 0 & \sigma_2^2 & 0 & \cdots & 0 \\ \vdots & \vdots & \vdots & \cdots & \vdots \\ 0 & 0 & 0 & \cdots & \sigma_N^2 \end{array}\right] \end{array} \qquad (5.3.2-12)$$

根据定理 5.7,协方差矩阵受限 $[M]_0$ 的 N-维连续信源 $\boldsymbol{X} = X_1 X_2 \cdots X_N$ 中,高斯分布的 N-维连续信源 $\boldsymbol{X} = X_1 X_2 \cdots X_N$ 的相对熵达到最大值

$$h_0(\boldsymbol{X}) = h_0(X_1 X_2 \cdots X_N) = \frac{1}{2}\ln|M|_0 + \frac{N}{2}\ln(2\pi e)$$

$$= \frac{1}{2}\ln(\sigma_1^2 \sigma_2^2 \cdots \sigma_N^2) + \frac{N}{2}\ln(2\pi e) \qquad (5.3.2-13)$$

由 (5.2.2-17) 式可知,协方差矩阵限定为 $[M]_0$ 时,高斯分布的概率密度函数为

$$p_0(\boldsymbol{x}) = p_0(x_1 x_2 \cdots x_N) = \prod_{i=1}^{N} \frac{1}{\sqrt{2\pi\sigma_i^2}} \exp\left[-\frac{(x_i - m_i)^2}{2\sigma_i^2}\right] \qquad (5.3.2-14)$$

若令其中

$$p_0(x_i) = \frac{1}{\sqrt{2\pi\sigma_i^2}} \exp\left[-\frac{(x_i - m_i)^2}{2\sigma_i^2}\right] \quad (i = 1, 2, \cdots, N) \qquad (5.3.2-15)$$

是 $\boldsymbol{X} = X_1 X_2 \cdots X_N$ 中 $X_i (i = 1, 2, \cdots, N)$ 的概率密度函数. 则有

$$p_0(\boldsymbol{x}) = p_0(x_1 x_2 \cdots x_N) = \prod_{i=1}^{N} p_0(x_i) \qquad (5.3.2-16)$$

这样,定理 5.8 就得到了证明.

定理表明:在 X_i 的方差受限 $\sigma_i^2 (i = 1, 2, \cdots, N)$ 的 N-维连续信源 $\boldsymbol{X} = X_1 X_2 \cdots X_N$ 中,只有 X_i 与 $X_k (i, k = 1, 2, \cdots, N)$ 相互统计独立,$X_i (i = 1, 2, \cdots, N)$ 是方差限定为 $\sigma_i^2 (i = 1, 2, \cdots, N)$ 的高斯随机变量 $N(m_i, \sigma_i^2) (i = 1, 2, \cdots, N)$ 时,$\boldsymbol{X} = X_1 X_2 \cdots X_N$ 的相对熵达到最大

$$h_0(\boldsymbol{X}) = h_0(X_1 X_2 \cdots X_N) = \frac{1}{2}\ln(\sigma_1^2 \sigma_2^2 \cdots \sigma_N^2) + \frac{N}{2}\ln(2\pi e) \qquad (5.3.2-17)$$

其最大值 $h_0(\boldsymbol{X})$ 与 $X_i (i, k = 1, 2, \cdots, N)$ 的均值 $m_i (i, k = 1, 2, \cdots, N)$ 无关. 而且,最大值 $h_0(\boldsymbol{X})$ 是各高斯随机变量 $X_i (i, k = 1, 2, \cdots, N)$ 的相对熵 $h_0(X_i) (i = 1, 2, \cdots, N)$ 之和

$$h_0(\boldsymbol{X}) = h_0(X_1 X_2 \cdots X_N)$$

$$= \frac{1}{2}\ln\left[(2\pi e \sigma_1^2)(2\pi e \sigma_2^2) \cdots (2\pi e \sigma_N^2)\right]$$

$$= \frac{1}{2}\ln(2\pi e \sigma_1^2) + \frac{1}{2}\ln(2\pi e \sigma_2^2) + \cdots + \frac{1}{2}\ln(2\pi e \sigma_N^2)$$

$$= h_0(X_1) + h_0(X_2) + \cdots + h_0(X_N) = \sum_{i=1}^{N} h_0(X_i) \qquad (5.3.2-18)$$

5.4 多维相对熵的变换

"限时"T、"限频"F 的 N-维连续信源 $\boldsymbol{X} = X_1 X_2 \cdots X_N$ 通过信息处理的"线性网络"(如"放大器")后,其相对熵是否会发生变化? 其变换规律又是什么? 这是连续信源 $\{x(t)\}$ 的信息传

输工程中会遇到的一个问题.

定理 5.9 "限时"T、"限频"F 的 N-维连续信源 $\boldsymbol{X} = X_1 X_2 \cdots X_N$，通过传递函数为 $K(f)$ 的线性网络后，输出 N-维连续随机矢量 $\boldsymbol{Y} = Y_1 Y_2 \cdots Y_N$ 的联合相对熵

$$h(\boldsymbol{Y}) = h(Y_1 Y_2 \cdots Y_N) = h(\boldsymbol{X}) + \sum_{n=1}^{FT} \log \left| K\left(\frac{n}{T}\right) \right|^2$$

证明 设"限时"T、"限频"F 的连续信源 $\{x(t)\}$ 通过传递函数为 $K(f)$ 的线性网络，输出随机过程 $\{y(t)\}$. 因为 $K(f)$ 是频率 f 的函数，所以必须在频率域上找到 $\{x(t)\}$ 和 $\{y(t)\}$ 的坐标变换关系.

为此，令 $X(f)$ 是 $x(t)$ 的频谱函数，根据定理 5.2，由等式 (5.1.3-14)，有

$$X(f) = \sum_{n=-\infty}^{\infty} X\left(\frac{n}{T}\right) \frac{\sin \pi T(f-n/T)}{\pi T(f-n/T)} \tag{5.4-1}$$

又令 $Y(f)$ 是 $\{y(t)\}$ 的频谱函数. 由线性网络传递函数的定义，有

$$Y(f) = X(f) \cdot K(f) = \sum_{n=-\infty}^{\infty} X\left(\frac{n}{T}\right) \cdot K\left(\frac{n}{T}\right) \frac{\sin \pi T(f-n/T)}{\pi T(f-n/T)} \tag{5.4-2}$$

设频率在 $f = n/T$ 处 $X(f)$ 的"实部"为 $a(n/T)$，"虚部"为 $b(n/T)$，则

$$X(n/T) = a(n/T) + \mathrm{j}b(n/T) \tag{5.4-3}$$

而 $K(f)$ 的"实部"为 $M(n/T)$，"虚部"为 $N(n/T)$，则

$$K(n/T) = M\left(\frac{n}{T}\right) + \mathrm{j}N(n/T) \tag{5.4-4}$$

由此，$Y(f)$ 频率 $f = n/T$ 的复式表达式为

$$\begin{aligned}
Y(n/T) &= X(n/T) \cdot K(n/T) \\
&= [a(n/T) + \mathrm{j}b(n/T)] \cdot [M(n/T) + \mathrm{j}N(n/T)] \\
&= [a(n/T) \cdot M(n/T) - b(n/T) \cdot N(n/T)] \\
&\quad + \mathrm{j}[a(n/T) \cdot N(n/T) + b(n/T) \cdot M(n/T)]
\end{aligned} \tag{5.4-5}$$

"限时"T、"限频"F 的连续信源 $\{x(t)\}$ 的频谱函数 $X(f)$，在频率域上有 $N_0 = (FT+1)$ 个复式样点值，有 $N = 2FT$（精确地说 $N = 2FT+1$）个样点数值. 由 (5.4-3) 式，这 $N = 2FT$ 个样点数值的坐标可表示为

$$\begin{cases}
\xi_1 = a(1/T); \eta_1 = b(1/T) \\
\xi_2 = a(2/T); \eta_2 = b(2/T) \\
\quad \vdots \qquad\qquad \vdots \\
\xi_{FT} = a\left(\frac{FT}{T}\right); \eta_{FT} = b\left(\frac{FT}{T}\right)
\end{cases} \tag{5.4-6}$$

同样，"限时"T、"限频"F 的输出随机过程 $\{y(t)\}$ 的频谱函数 $Y(f)$，在频率域上有 $N_0 = (FT+1)$ 个复数样点值，有 $N = 2FT$（精确地说，$N = 2FT+1$）个样点数值. 由 (5.4-5) 式，其坐标可表示为

$$\begin{cases}
\xi_1' = a(1/T)M(1/T) - b(1/T)N(1/T); \quad \eta_1' = a(1/T)N(1/T) + b(1/T)M(1/T) \\
\xi_2' = a(2/T)M(2/T) - b(2/T)N(2/T); \quad \eta_2' = a(2/T)N(2/T) + b(2/T)M(2/T) \\
\qquad\qquad\qquad \vdots \qquad\qquad\qquad\qquad\qquad\qquad\qquad\qquad \vdots \\
\xi_{FT}' = a\left(\frac{FT}{T}\right)M\left(\frac{FT}{T}\right) - b\left(\frac{FT}{T}\right)N\left(\frac{FT}{T}\right); \quad \eta_{FT}' = a\left(\frac{FT}{T}\right)N\left(\frac{FT}{T}\right) + b\left(\frac{FT}{T}\right)M\left(\frac{FT}{T}\right)
\end{cases} \tag{5.4-7}$$

这样,由(5.4-6)式和(5.4-7)式,可得 $X(f)$ 和 $Y(f)$ 在频率域上 $N=2FT$ 个样点数值之间的坐标变换关系:

$$\begin{cases}
\xi'_1 = M(1/T)\xi_1 - N(1/T)\eta_1 + 0 + 0 + \cdots; \eta'_1 = N(1/T)\xi_1 + M(1/T)\eta_1 + 0 + 0 + \cdots; \\
\xi'_2 = 0 + M(2/T)\xi_2 - N(2/T)\eta_2 + 0 + 0 + \cdots; \eta'_2 = 0 + N(2/T)\xi_2 + M(2/T)\eta_2 + 0 + 0 + \cdots; \\
\quad\quad\quad\vdots \quad\quad\quad\quad\quad\quad\quad\quad\quad\quad\quad\quad\quad\quad\quad\quad\quad\vdots \\
\xi'_{FT} = 0 + 0 + \cdots + 0 + M\left(\frac{FT}{T}\right)\xi_{FT} - N\left(\frac{FT}{T}\right)\eta_{FT}; \eta'_{FT} = 0 + 0 + \cdots 0 + N\left(\frac{FT}{T}\right)\xi_{FT} + M\left(\frac{FT}{T}\right)\eta_{FT}
\end{cases}$$

$$(5.4-8)$$

由此,有

$$\left| J\left[\frac{\xi'_1 \eta'_1 \xi'_2 \eta'_2 \cdots \xi'_{FT} \eta'_{FT}}{\xi_1 \eta_1 \xi_2 \eta_2 \cdots \xi_{FT} \eta_{FT}} \right] \right|$$

$$= \begin{vmatrix}
M\left(\frac{1}{T}\right) & -N\left(\frac{1}{T}\right) & 0 & 0 & \cdots & 0 & 0 & 0 & 0 \\
N\left(\frac{1}{T}\right) & M\left(\frac{1}{T}\right) & 0 & 0 & \cdots & 0 & 0 & 0 & 0 \\
0 & 0 & M\left(\frac{2}{T}\right) & -N\left(\frac{2}{T}\right) & \cdots & 0 & 0 & 0 & 0 \\
0 & 0 & N\left(\frac{2}{T}\right) & M\left(\frac{2}{T}\right) & \cdots & 0 & 0 & 0 & 0 \\
\vdots & \vdots & \vdots & \vdots & \ddots & \vdots & \vdots & \vdots & \vdots \\
0 & 0 & 0 & 0 & \cdots & M\left[\frac{(F-1)T}{T}\right] & -N\left[\frac{(F-1)T}{T}\right] & 0 & 0 \\
0 & 0 & 0 & 0 & \cdots & N\left[\frac{(F-1)T}{T}\right] & M\left[\frac{(F-1)T}{T}\right] & 0 & 0 \\
0 & 0 & 0 & 0 & \cdots & 0 & 0 & M\left(\frac{FT}{T}\right) & -N\left(\frac{FT}{T}\right) \\
0 & 0 & 0 & 0 & \cdots & 0 & 0 & N\left(\frac{FT}{T}\right) & M\left(\frac{FT}{T}\right)
\end{vmatrix}$$

$$(5.4-9)$$

根据行列式的一般运算法则

$$\begin{vmatrix} a_1 & b_1 & c_1 & d_1 \\ a_2 & b_2 & c_2 & d_2 \\ a_3 & b_3 & c_3 & d_3 \\ a_4 & b_4 & c_4 & d_4 \end{vmatrix} = \begin{vmatrix} a_1 & b_1 \\ a_2 & b_2 \end{vmatrix} \cdot \begin{vmatrix} c_3 & d_3 \\ c_4 & d_4 \end{vmatrix} - \begin{vmatrix} a_1 & c_1 \\ a_2 & c_2 \end{vmatrix} \cdot \begin{vmatrix} b_3 & d_3 \\ b_4 & d_4 \end{vmatrix}$$

$$+ \begin{vmatrix} a_1 & d_1 \\ a_2 & d_2 \end{vmatrix} \cdot \begin{vmatrix} b_3 & c_3 \\ b_4 & c_4 \end{vmatrix} + \begin{vmatrix} b_1 & c_1 \\ b_2 & c_2 \end{vmatrix} \cdot \begin{vmatrix} a_3 & d_3 \\ a_4 & d_4 \end{vmatrix}$$

$$- \begin{vmatrix} b_1 & d_1 \\ b_2 & d_2 \end{vmatrix} \cdot \begin{vmatrix} a_3 & c_3 \\ a_4 & c_4 \end{vmatrix} + \begin{vmatrix} c_1 & d_1 \\ c_2 & d_2 \end{vmatrix} \cdot \begin{vmatrix} a_3 & b_3 \\ a_4 & b_4 \end{vmatrix} \qquad (5.4-10)$$

$(5.4-9)$行列式中的

$$\begin{vmatrix} M(1/T) & -N(1/T) & 0 & 0 \\ N(1/T) & M(1/T) & 0 & 0 \\ 0 & 0 & M(2/T) & -N(2/T) \\ 0 & 0 & N(2/T) & M(2/T) \end{vmatrix}$$

$$= \begin{vmatrix} M(1/T) & -N(1/T) \\ N(1/T) & M(1/T) \end{vmatrix} \cdot \begin{vmatrix} M(2/T) & -N(2/T) \\ N(2/T) & M(2/T) \end{vmatrix}$$

$$= \{[M(1/T)]^2 + [N(1/T)]^2\} \cdot \{[M(2/T)]^2 + [N(2/T)]^2\}$$

$$= |K(1/T)|^2 \cdot |K(2/T)|^2 \qquad (5.4-11)$$

依此类推,行列式$(5.4-9)$的值

$$\left| J\left(\frac{\xi_1' \eta_1' \xi_2' \eta_2' \cdots \xi_{FT}' \eta_{FT}'}{\xi_1 \eta_1 \xi_2 \eta_2 \cdots \xi_{FT} \eta_{FT}} \right) \right|$$

$$= \left| K\left(\frac{1}{T}\right) \right|^2 \cdot \left| K\left(\frac{2}{T}\right) \right|^2 \cdot \cdots \cdot \left| K\left(\frac{FT}{T}\right) \right|^2 \qquad (5.4-12)$$

这就是在频率域上,连续信源$\{X(f)\}$的 $N=2FT$ 个样点数值组成的 N-维连续信源 $\boldsymbol{X} = X_1 X_2 \cdots X_N$,与"线性网络"$K(f)$的输出随机过程$\{Y(f)\}$的 $N=2FT$ 个样点数值组成的 N-维连续随机矢量 $\boldsymbol{Y} = Y_1 Y_2 \cdots Y_N$ 之间的坐标变换"雅柯比"行列式. 即有

$$\left| J\left(\frac{\boldsymbol{Y}}{\boldsymbol{X}}\right) \right| = \left| J\left(\frac{\xi_1' \eta_1' \xi_2' \eta_2' \cdots \xi_{FT}' \eta_{FT}'}{\xi_1 \eta_1 \xi_2 \eta_2 \cdots \xi_{FT} \eta_{FT}} \right) \right|$$

$$= \left| K\left(\frac{1}{T}\right) \right|^2 \cdot \left| K\left(\frac{2}{T}\right) \right|^2 \cdot \cdots \cdot \left| K\left(\frac{FT}{T}\right) \right|^2 \qquad (5.4-13)$$

则有

$$\left| J\left(\frac{\boldsymbol{X}}{\boldsymbol{Y}}\right) \right| = \frac{1}{\left| J\left(\frac{\boldsymbol{Y}}{\boldsymbol{X}}\right) \right|} = \frac{1}{\left| K\left(\frac{1}{T}\right) \right|^2 \cdot \left| K\left(\frac{2}{T}\right) \right|^2 \cdot \cdots \cdot \left| K\left(\frac{FT}{T}\right) \right|^2} \qquad (5.4-14)$$

由连续相对熵的变换关系

$$h(Y) = h(X) - \underset{X}{E}\left[\log \left| J\left(\frac{X}{Y}\right) \right| \right] \qquad (5.4-15)$$

N-维相对熵同样有

$$h(\boldsymbol{Y}) = h(\boldsymbol{X}) - \mathop{E}_{\boldsymbol{X}}\left[\log\left|J\left(\frac{\boldsymbol{X}}{\boldsymbol{Y}}\right)\right|\right] \tag{5.4-16}$$

所以,N-维连续信源 $\boldsymbol{X} = X_1 X_2 \cdots X_N$ 通过传递函数 $K(f)$ 后,输出 N-维连续随机矢量 $\boldsymbol{Y} = Y_1 Y_2 \cdots Y_N$ 的联合相对熵变为

$$\begin{aligned}
h(\boldsymbol{Y}) &= h(\boldsymbol{X}) + \log\left[\left|K\left(\frac{1}{T}\right)\right|^2 \cdot \left|K\left(\frac{2}{T}\right)\right|^2 \cdot \cdots \cdot \left|K\left(\frac{FT}{T}\right)\right|^2\right] \\
&= h(\boldsymbol{X}) + \sum_{n=1}^{FT} \log\left|K\left(\frac{n}{T}\right)\right|^2
\end{aligned} \tag{5.4-17}$$

这样,定理 5.9 就得到了证明.

定理表明:"限时"T、"限频"F 的 $N=2FT$-维连续信源 $\boldsymbol{X} = X_1 X_2 \cdots X_N$,通过"传递函数"$K(f)$ 的"线性网络"后,其联合相对熵 $h(\boldsymbol{X}) = h(X_1 X_2 \cdots X_N)$ 要发生变换,其变化量取决于传递函数 $K(f)$ 在 $f = n/T (n = 1, 2, \cdots, FT)$ 时的"模"的平方值 $|K(n/T)|^2 (n = 1, 2, \cdots, FT)$. 只有当 $|K(n/T)|^2 = 1 (n = 1, 2, \cdots, FT)$ 时,$h(\boldsymbol{X})$ 才不发生变化.

定理 5.10　当限定时间 T 足够大($T \to \infty$)时,传递函数为 $K(f)$ 的线性网络输入、输出随机过程 $\{x(t)\}$ 和 $\{y(t)\}$ 频率域上每一样点值的相对熵 $h(X)$ 和 $h(Y)$ 之间的变换关系为

$$h(Y) = h(X) + \frac{1}{2F}\int_0^F \log|K(f)|^2 \mathrm{d}f$$

证明　"限时"T、"限频"F 的随机过程,在频率域上样点值之间的间隔 $\delta = 1/T$. 等式(5.4-17)可改写为

$$h(\boldsymbol{Y}) = h(\boldsymbol{X}) + T\sum_{n=1}^{FT} \log\left|K\left(\frac{n}{T}\right)\right|^2 \cdot \delta \tag{5.4-18}$$

当"限时"T 足够大($T \to \infty$)时,由(5.4-18)式得频率域每个样点值上,输出随机过程 $\{Y(f)\}$ 与输入随机过程 $\{x(t)\}$ 的相对熵 $h(Y)$ 与 $h(X)$ 之间的变换关系

$$\begin{aligned}
h(Y) &= \lim_{T\to\infty}\frac{h(\boldsymbol{Y})}{2FT} = \lim_{T\to\infty}\frac{h(\boldsymbol{X})}{2FT} + \lim_{T\to\infty}\frac{T}{2FT}\left[\sum_{n=1}^{FT} \log\left|K\left(\frac{n}{T}\right)\right|^2 \cdot \delta\right] \\
&= h(X) + \lim_{T\to\infty}\frac{1}{2F}\left[\sum_{n=1}^{FT} \log\left|K\left(\frac{n}{T}\right)\right|^2 \cdot \delta\right] \\
&= h(X) + \frac{1}{2F}\int_0^F \log|K(f)|^2 \mathrm{d}f
\end{aligned} \tag{5.4-19}$$

这样,定理 5.10 就得到了证明.

定理表明:在观察时间 T 足够长($T \to \infty$)的条件下,传递函数为 $K(f)$ 的线性网络的输入、输出随机过程,在每一频率域样点值上的相对熵 $h(X)$ 和 $h(Y)$ 是不相同的,其变化量取决于传递函数 $K(f)$ 的"模"的平方 $|K(f)|^2$ 以及"限频"F. 只有当 $|K(f)|^2 = 1 (0 \leqslant f \leqslant F)$ 时,$h(X)$ 才不发生变化.

5.5　无记忆扩展连续信道的平均互信息

设连续信道$(X\text{-}Y)$的输入区间 $X \in [a, b]$,输出区间 $Y \in [a', b']$,传递概率密度函数为

$p(y/x)(x\in[a,b],y\in[a',b'])$，且有

$$\int_{a'}^{b'}p(y/x)\mathrm{d}y=1\quad x\in[a,b] \tag{5.5-1}$$

信道$(X\text{-}Y)$能通过的最高频率为 F. 又设连续信源$\{x(t)\}$在$[a,b]$内取值，延续时间为$[0,T]$. 信源$\{x(t)\}$与信道$(X\text{-}Y)$相接（如图 5.5-1 所示），组成"限时"T、"限频"F 的连续通信系统.

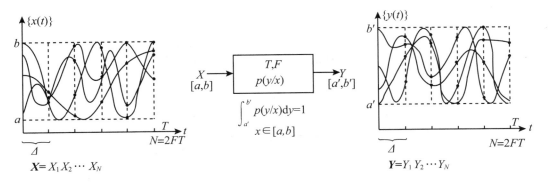

图 5.5-1

根据定理 5.1，输入连续信源$\{x(t)\}$可转化为时间相隔 $\Delta=\dfrac{1}{2F}$ 的 $N=2FT$ 个取值连续、时间离散的随机变量 $X_i(i=1,2,\cdots,N)$ 组成的 N-维连续信源 $\boldsymbol{X}=X_1X_2\cdots X_N$. 每一时刻随机变量 $X_i(i=1,2,\cdots,N)$ 取值区间为$[a,b]$，适合连续信道$(X\text{-}Y)$传输. 在信道$(X\text{-}Y)$输出端，相应输出连续随机变量 $Y_i(i=1,2,\cdots,N)$，其取值区间为$[a',b']$. 从第 1 时刻到第 N 时刻，信道$(X\text{-}Y)$相继输入 $X_1,X_2,\cdots,X_N$，在输出端相继输出 $Y_1,Y_2\cdots,Y_N$. 这样，从整体宏观传递作用而言，相当于形成了一个新的"信道"，它输入 N-维连续信源 $\boldsymbol{X}=X_1X_2\cdots X_N$，输出 N-维连续随机矢量 $\boldsymbol{Y}=Y_1Y_2\cdots Y_N$（如图 5.5-2 所示）. 这个新"信道"$(\boldsymbol{X}\text{-}\boldsymbol{Y})$的传递作用，是在相继 N 个时刻，重复运用单维连续信道$(X\text{-}Y)N$ 次形成的. 信道$(\boldsymbol{X}\text{-}\boldsymbol{Y})$称为单维连续信道$(X\text{-}Y)$的"$N$ 次扩展信道".

5.5.1　N 次扩展连续信道的统计特性

图 5.5-2 所示 N 次扩展连续信道$(\boldsymbol{X}\text{-}\boldsymbol{Y})$的输入随机矢量 $\boldsymbol{X}=X_1X_2\cdots X_N$ 的取值区域是 N-维区域体积$(b-a)^N$；输出随机矢量 $\boldsymbol{Y}=Y_1Y_2\cdots Y_N$ 的取值区域是 N-维区域体积 $(b'-a')^N$，传递概率密度函数为

$$p(\boldsymbol{y/x})=p(y_1y_2\cdots y_N/x_1x_2\cdots x_N)$$
$$(\boldsymbol{x}\in(b-a)^N;\boldsymbol{y}\in(b'-a')^N) \tag{5.5.1-1}$$

对输入区域中任一矢量$\boldsymbol{x}\in(b-a)^N$，信道$(\boldsymbol{X}\text{-}\boldsymbol{Y})$的输出 $\boldsymbol{y}$，一定是区域$(b'-a')^N$ 中的某一矢量$\boldsymbol{y}\in(b'-a')^N$，不可能是区域$(b'-a')^N$ 以外任何其他矢量. 即有

$$\int_{\boldsymbol{y}\in(b'-a')^N}p(\boldsymbol{y/x})\mathrm{d}\boldsymbol{y}=\int_{a'}^{b'}\int_{a'}^{b'}\cdots\int_{a'}^{b'}p(y_1y_2\cdots y_N/x_1x_2\cdots x_N)\mathrm{d}y_1\mathrm{d}y_2\cdots\mathrm{d}y_N=1$$

$$(\boldsymbol{x}\in(b-a)^N,x_1,x_2,\cdots,x_N\in[a,b]) \tag{5.5.1-2}$$

若 N-维连续信源 $\boldsymbol{X}=X_1X_2\cdots X_N$ 的概率密度函数为

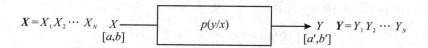

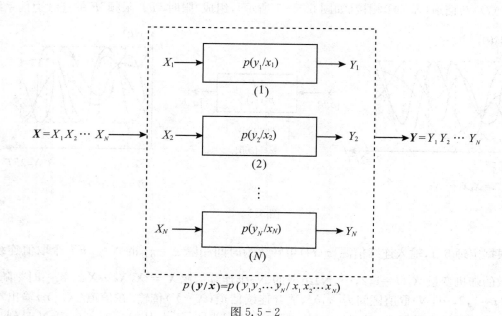

$$p(\boldsymbol{y}/\boldsymbol{x}) = p(y_1 y_2 \cdots y_N / x_1 x_2 \cdots x_N)$$

图 5.5 − 2

$$p(\boldsymbol{x}) = p(x_1 x_2 \cdots x_N) \tag{5.5.1 − 3}$$

且

$$\int_{\boldsymbol{x} \in (b-a)^N} p(\boldsymbol{x}) \mathrm{d}\boldsymbol{x} = \int_a^b \int_a^b \cdots \int_a^b p(x_1 x_2 \cdots x_N) \mathrm{d}x_1 \mathrm{d}x_2 \cdots \mathrm{d}x_N$$

$$= 1 \tag{5.5.1 − 4}$$

则信道($\boldsymbol{X}$‐$\boldsymbol{Y}$)两端 $\boldsymbol{X} = X_1 X_2 \cdots X_N$ 与 $\boldsymbol{Y} = Y_1 Y_2 \cdots Y_N$ 之间的统计依赖关系为:

（1）$\boldsymbol{X}$ 和 $\boldsymbol{Y}$ 的联合概率密度函数

$$p(\boldsymbol{xy}) = p(\boldsymbol{x})p(\boldsymbol{y}/\boldsymbol{x}) \tag{5.5.1 − 5}$$

即

$$p(x_1 x_2 \cdots x_N ; y_1 y_2 \cdots y_N) = p(x_1 x_2 \cdots x_N)p(y_1 y_2 \cdots y_N / x_1 x_2 \cdots x_N) \tag{5.5.1 − 6}$$

且有

$$\iint_{\boldsymbol{x}\,\boldsymbol{y}} p(\boldsymbol{xy}) \mathrm{d}\boldsymbol{x}\mathrm{d}\boldsymbol{y}$$

$$= \int_a^b \int_a^b \cdots \int_a^b \int_{a'}^{b'} \int_{a'}^{b'} \cdots \int_{a'}^{b'} p(x_1 x_2 \cdots x_N ; y_1 y_2 \cdots y_N) \mathrm{d}x_1 \mathrm{d}x_2 \cdots \mathrm{d}x_N \mathrm{d}y_1 \mathrm{d}y_2 \cdots \mathrm{d}y_N$$

$$= \int_a^b \int_a^b \cdots \int_a^b \int_{a'}^{b'} \int_{a'}^{b'} \cdots \int_{a'}^{b'} p(x_1 x_2 \cdots x_N)p(y_1 y_2 \cdots y_N / x_1 x_2 \cdots x_N) \mathrm{d}x_1 \cdots \mathrm{d}x_N \mathrm{d}y_1 \cdots \mathrm{d}y_N$$

$$= \int_a^b \int_a^b \cdots \int_a^b p(x_1 x_2 \cdots x_N) \, \mathrm{d}x_1 \, \mathrm{d}x_2 \cdots \mathrm{d}x_N \int_{a'}^{b'} \int_{a'}^{b'} \cdots \int_{a'}^{b'} p(y_1 y_2 \cdots y_N / x_1 x_2 \cdots x_N) \, \mathrm{d}y_1 \cdots \mathrm{d}y_N$$

$$= 1 \tag{5.5.1-7}$$

（2）$\boldsymbol{Y}$ 的概率密度函数

$$p_{\boldsymbol{Y}}(\boldsymbol{y}) = p_Y(y_1 y_2 \cdots y_N) = \int_{\boldsymbol{x}} p(\boldsymbol{x}\boldsymbol{y}) \, \mathrm{d}\boldsymbol{x}$$

$$= \int_a^b \int_a^b \cdots \int_a^b p(x_1 x_2 \cdots x_N ; y_1 y_2 \cdots y_N) \, \mathrm{d}x_1 \, \mathrm{d}x_2 \cdots \mathrm{d}x_N$$

$$= \int_a^b \int_a^b \cdots \int_a^b p(x_1 x_2 \cdots x_N) p(y_1 y_2 \cdots y_N / x_1 x_2 \cdots x_N) \, \mathrm{d}x_1 \, \mathrm{d}x_2 \cdots \mathrm{d}x_N$$

$$(\boldsymbol{y} \in (b' - a')^N) \tag{5.5.1-8}$$

且有

$$\int_{\boldsymbol{y}} p(\boldsymbol{y}) \, \mathrm{d}\boldsymbol{y} = \int_{a'}^{b'} \int_{a'}^{b'} \cdots \int_{a'}^{b'} p_Y(y_1 y_2 \cdots y_N) \, \mathrm{d}y_1 \, \mathrm{d}y_2 \cdots \mathrm{d}y_N$$

$$= \int_{a'}^{b'} \cdots \int_{a'}^{b'} \left[\int_a^b \cdots \int_a^b p(x_1 x_2 \cdots x_N) p(y_1 y_2 \cdots y_N / x_1 x_2 \cdots x_N) \, \mathrm{d}x_1 \cdots \mathrm{d}x_N \right] \mathrm{d}y_1 \cdots \mathrm{d}y_N$$

$$= \int_a^b \cdots \int_a^b p(x_1 x_2 \cdots x_N) \, \mathrm{d}x_1 \cdots \mathrm{d}x_N \int_{a'}^{b'} \cdots \int_{a'}^{b'} p(y_1 y_2 \cdots y_N / x_1 x_2 \cdots x_N) \, \mathrm{d}y_1 \cdots \mathrm{d}y_N$$

$$= 1 \tag{5.5.1-9}$$

（3）收到 $\boldsymbol{Y}$ 推测 $\boldsymbol{X}$ 的后验概率密度函数

$$p_Y(\boldsymbol{x}/\boldsymbol{y}) = p_Y(x_1 x_2 \cdots x_N / y_1 y_2 \cdots y_N)$$

$$= \frac{p(\boldsymbol{x}\ \boldsymbol{y})}{p_Y(\boldsymbol{y})} = \frac{p(x_1 x_2 \cdots x_N ; y_1 y_2 \cdots y_N)}{p_Y(y_1 y_2 \cdots y_N)}$$

$$= \frac{p(x_1 x_2 \cdots x_N) p(y_1 y_2 \cdots y_N / x_1 x_2 \cdots x_N)}{\int_a^b \cdots \int_a^b p(x_1 x_2 \cdots x_N) p(y_1 y_2 \cdots y_N / x_1 x_2 \cdots x_N) \, \mathrm{d}x_1 x_2 \cdots \mathrm{d}x_N} \tag{5.5.1-10}$$

且有

$$\int_{\boldsymbol{x}} p_Y(\boldsymbol{x}/\boldsymbol{y}) \, \mathrm{d}\boldsymbol{x} = \int_a^b \int_a^b \cdots \int_a^b p_Y(x_1 x_2 \cdots x_N / y_1 y_2 \cdots y_N) \, \mathrm{d}x_1 \, \mathrm{d}x_2 \cdots \mathrm{d}x_N$$

$$= \frac{\int_a^b \cdots \int_a^b p(x_1 x_2 \cdots x_N) p(y_1 y_2 \cdots y_N / x_1 x_2 \cdots x_N) \, \mathrm{d}x_1 x_2 \cdots \mathrm{d}x_N}{\int_a^b \cdots \int_a^b p(x_1 x_2 \cdots x_N) p(y_1 y_2 \cdots y_N / x_1 x_2 \cdots x_N) \, \mathrm{d}x_1 x_2 \cdots \mathrm{d}x_N}$$

$$= 1 \quad (\boldsymbol{y} \in (b' - a')^N) \tag{5.5.1-11}$$

　　以上所述 N 次扩展信道（$\boldsymbol{X}$-$\boldsymbol{Y}$）输入 $\boldsymbol{X}$、输出 $\boldsymbol{Y}$ 之间的概率密度函数的变化关系,是讨论 N-维连续信源 $\boldsymbol{X} = X_1 X_2 \cdots X_N$ 通过 N 次扩展信道（$\boldsymbol{X}$-$\boldsymbol{Y}$）的信息传输规律的理论基础.

5.5.2　无记忆 N 次扩展连续信道的传递特性

　　一般情况下,N 次扩展信道（$\boldsymbol{X}$-$\boldsymbol{Y}$）的传递概率密度函数 $p(\boldsymbol{y}/\boldsymbol{x})$ 与单维连续信道（X-Y）的传递概率密度函数 $p(y/x)$ 之间没有什么关系.

若有

$$p(\boldsymbol{y}/\boldsymbol{x}) = p(y_1 y_2 \cdots y_N / x_1 x_2 \cdots x_N)$$

$$= p(y_1/x_1) p(y_2/x_2) \cdots p(y_N/x_N)$$

$$= \prod_{k=1}^{N} p(y_k/x_k) \tag{5.5.2-1}$$

则单维连续信道$(X\text{-}Y)$称为"无记忆连续信道",N次扩展信道$(\boldsymbol{X}\text{-}\boldsymbol{Y})$称为"无记忆连续信道$(X\text{-}Y)$的$N$次扩展信道".(简称"无记忆$N$次扩展信道"$(\boldsymbol{X}\text{-}\boldsymbol{Y})$).其特点是:

1. 无记忆性

由定义$(5.5.2-1)$式,对无记忆N次扩展信道$(X_1 X_2 \cdots X_N\text{-}Y_1 Y_2 \cdots Y_N)$,有

$$p(y_k/x_1 x_2 \cdots x_k; y_1 y_2 \cdots y_{k-1}) = \frac{p(y_1 y_2 \cdots y_{k-1} y_k / x_1 x_2 \cdots x_k)}{p(y_1 y_2 \cdots y_{k-1}/x_1 x_2 \cdots x_k)}$$

$$= \frac{p(y_1/x_1) p(y_2/x_2) \cdots p(y_{k-1}/x_{k-1}) p(y_k/x_k)}{\displaystyle\int_{y_k} p(y_1 y_2 \cdots y_{k-1} y_k / x_1 x_2 \cdots x_k) \mathrm{d}y_k}$$

$$= \frac{p(y_1/x_1) p(y_2/x_2) \cdots p(y_{k-1}/x_{k-1}) p(y_k/x_k)}{\displaystyle\int_{y_k} p(y_1/x_1) p(y_2/x_2) \cdots p(y_{k-1}/x_{k-1}) p(y_k/x_k) \mathrm{d}y_k}$$

$$= \frac{p(y_1/x_1) p(y_2/x_2) \cdots p(y_{k-1}/x_{k-1}) p(y_k/x_k)}{p(y_1/x_1) p(y_2/x_2) \cdots p(y_{k-1}/x_{k-1}) \displaystyle\int_{y_k} p(y_k/x_k) \mathrm{d}y_k}$$

$$= \frac{p(y_1/x_1) p(y_2/x_2) \cdots p(y_{k-1}/x_{k-1}) p(y_k/x_k)}{p(y_1/x_1) p(y_2/x_2) \cdots p(y_{k-1}/x_{k-1}) \cdot 1} = p(y_k/x_k) \tag{5.5.2-2}$$

这表明,无记忆N次扩展信道$(X_1 X_2 \cdots X_N\text{-}Y_1 Y_2 \cdots Y_N)$在某时刻$k$的输出$Y_k$,只与同时刻$k$的输入$X_k$有关,与$k$时刻之前的输入$(X_1 X_2 \cdots X_{k-1})$和输出$(Y_1 Y_2 \cdots Y_{k-1})$无关.这就是无记忆$N$次扩展信道$(X_1 X_2 \cdots X_N\text{-}Y_1 Y_2 \cdots Y_N)$的"无记忆"特性(如图$5.5\text{-}3$所示).

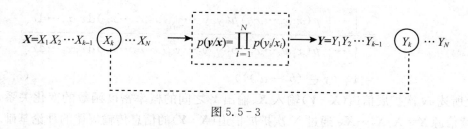

图 5.5－3

2. 无预感性

由定义$(5.5.2-1)$式,对无记忆N次扩展信道$(X_1 X_2 \cdots X_N\text{-}Y_1 Y_2 \cdots Y_N)$又有

$$p(y_1 y_2 \cdots y_{k-1}/x_1 x_2 \cdots x_k)$$

$$= \frac{p(y_1 y_2 \cdots y_{k-1} y_k/x_1 x_2 \cdots x_k)}{p(y_k/x_1 x_2 \cdots x_k; y_1 y_2 \cdots y_{k-1})} = \frac{p(y_1/x_1) p(y_2/x_2) \cdots p(y_{k-1}/x_{x-1}) p(y_k/x_k)}{p(y_k/x_k)}$$

$$= p(y_1/x_1) p(y_2/x_2) \cdots p(y_{k-1}/x_{k-1}) = p(y_1 y_2 \cdots y_{k-1}/x_1 x_2 \cdots x_{k-1}) \qquad (5.5.2-3)$$

这表明,无记忆 N 次扩展信道$(X_1 X_2 \cdots X_N - Y_1 Y_2 \cdots Y_N)$在某时刻 k 之前的输出$(Y_1 Y_2 \cdots Y_{k-1})$,只与同时刻 k 之前的输入$(X_1 X_2 \cdots X_{k-1})$有关,与下一时刻 k 的输入 X_k 和输出 Y_k 均无关(如图5.5-4所示).这就是无记忆 N 次扩展信道$(X_1 X_2 \cdots X_N - Y_1 Y_2 \cdots Y_N)$的"无预感"特性.

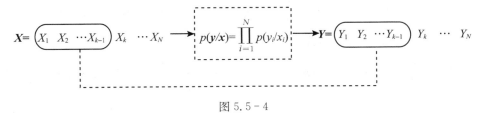

图 5.5-4

综上所述,同离散信道一样,"无记忆 N 次扩展连续信道"既"无记忆",又"无预感".

5.5.3 无记忆 N 次扩展信道平均互信息的极值性

鉴于扩展信道$(X-Y)$传输信息的运行机制,无记忆 N 次扩展信道$(X-Y)$传递的平均互信息 $I(X;Y)$,是输入随机矢量 $X = X_1 X_2 \cdots X_N$ 中各时刻随机变量 $X_1 X_2 \cdots X_N$ 相继单独通过连续信道$(X-Y)$的平均互信息 $I(X_i;Y_i)(i=1,2,\cdots,N)$ 的综合体现.那么,无记忆 N 次扩展信道$(X = X_1 X_2 \cdots X_N - Y = Y_1 Y_2 \cdots Y_N)$的平均互信息 $I(X;Y)$ 与各时刻信道$(X-Y)$的平均互信息 $I(X_i;Y_i)(i=1,2,\cdots,N)$ 之和 $\sum\limits_{i=1}^{N} I(X_i;Y_i)$ 之间有什么关系?

定理 5.11 无记忆连续信道$(X-Y)$的 N 次扩展信道$(X-Y)$的平均互信息

$$I(X;Y) = I(X_1 X_2 \cdots X_N; Y_1 Y_2 \cdots Y_N) \leqslant N I(X;Y)$$

当且仅当输入 N-维连续信源是无记忆信源 X 的 N 次扩展信源 $X^N = X_1 X_2 \cdots X_N$ 时,等式才能成立.

证明

(1) 由定义(5.5.2-1)式,无记忆 N 次扩展信道$(X-Y)$的平均互信息

$$I(X;Y) = I(X_1 X_2 \cdots X_N; Y_1 Y_2 \cdots Y_N)$$

$$= \iint_{x\,y} p(xy) \log \frac{p(y/x)}{p_Y(y)} dx dy$$

$$= \iint_{x\,y} p(xy) \log \frac{p(y_1 y_2 \cdots y_N/x_1 x_2 \cdots x_N)}{p_Y(y_1 y_2 \cdots y_N)} dx_1 \cdots dx_N dy_1 \cdots dy_N$$

$$= \iint_{x\,y} p(xy) \log \frac{p(y_1/x_1) p(y_2/x_2) \cdots p(y_N/x_N)}{p_Y(y_1 y_2 \cdots y_N)} dx_1 \cdots dx_N dy_1 \cdots dy_N \qquad (5.5.3-1)$$

另一方面,无记忆连续信道$(X-Y)$在时刻 $i=1,2,\cdots,N$ 的平均互信息 $I(X_i;Y_i)$ 之和

$$\sum_{i=1}^{N} I(X_i;Y_i) = \sum_{i=1}^{N} \left\{ \iint_{x_i\,y_i} p(x_i y_i) \log \frac{p(y_i/x_i)}{p_Y(y_i)} dx_i dy_i \right\}$$

$$= \sum_{i=1}^{N}\left\{\int_{x_1}\cdots\iint_{x_N y_1}\cdots\int_{y_N} p(x_1 x_2\cdots x_N; y_1 y_2\cdots y_N)\right.$$

$$\left.\cdot\log\frac{p(y_i/x_i)}{p_Y(y_i)}\mathrm{d}x_1\cdots\mathrm{d}x_N\mathrm{d}y_1\cdots\mathrm{d}y_N\right\}$$

$$\qquad\qquad\qquad\qquad\qquad\qquad\qquad\qquad\qquad (5.5.3-2)$$

$$= \iint_{x\ y} p(\boldsymbol{xy})\sum_{i=1}^{N}\log\frac{p(y_i/x_i)}{p_Y(y_i)}\mathrm{d}\boldsymbol{x}\mathrm{d}\boldsymbol{y}$$

$$= \iint_{x\ y} p(\boldsymbol{xy})\log\frac{p(y_1/x_1)p(y_2/x_2)\cdots p(y_N/x_N)}{p_Y(y_1)p_Y(y_2)\cdots p_Y(y_N)}\mathrm{d}x_1\cdots\mathrm{d}x_N\mathrm{d}y_1\cdots\mathrm{d}y_N$$

由(5.5.3-1)式和(5.5.3-2)式,有

$$I(\boldsymbol{X};\boldsymbol{Y})-\sum_{i=1}^{N}I(X_i;Y_i)=\iint_{x\ y} p(\boldsymbol{xy})\log\frac{p_Y(y_1)p_Y(y_2)\cdots p_Y(y_N)}{p_Y(y_1 y_2\cdots y_N)}\mathrm{d}x_1\cdots\mathrm{d}x_N\mathrm{d}y_1\cdots\mathrm{d}y_N$$

$$\qquad\qquad\qquad\qquad\qquad\qquad\qquad\qquad\qquad (5.5.3-3)$$

由(5.5.1-7)式,有

$$\iint_{x\ y} p(\boldsymbol{xy})\mathrm{d}\boldsymbol{x}\mathrm{d}\boldsymbol{y}=1 \qquad\qquad\qquad (5.5.3-4)$$

根据"底"大于1的对数的上凸性,并由(5.5.1-11)式,有

$$I(\boldsymbol{X};\boldsymbol{Y})-\sum_{i=1}^{N}I(X_i;Y_i)\leqslant\log\left\{\iint_{x\ y} p(\boldsymbol{xy})\frac{p_Y(y_1)p_Y(y_2)\cdots p_Y(y_N)}{p_Y(y_1 y_2\cdots y_N)}\mathrm{d}\boldsymbol{x}\mathrm{d}\boldsymbol{y}\right\}$$

$$= \log\left\{\iint_{x\ y} p_Y(\boldsymbol{x}/\boldsymbol{y})p_Y(y_1)p_Y(y_2)\cdots p_Y(y_N)\mathrm{d}\boldsymbol{x}\mathrm{d}\boldsymbol{y}\right\}$$

$$= \log\left\{\int_{y_1}\cdots\int_{y_N} p_Y(y_1)p_Y(y_2)\cdots p_Y(y_N)\mathrm{d}y_1\mathrm{d}y_2\cdots\mathrm{d}y_N\int_{x} p_Y(\boldsymbol{x}/\boldsymbol{y})\mathrm{d}\boldsymbol{x}\right\}$$

$$= \log\left\{\int_{y_1} p_Y(y_1)\mathrm{d}y_1\int_{y_2} p_Y(y_2)\mathrm{d}y_2\cdots\int_{y_N} p_Y(y_N)\mathrm{d}y_N\right\}$$

$$= \log(1\cdot 1\cdots 1)=\log 1=0 \qquad\qquad (5.5.3-5)$$

即证得

$$I(\boldsymbol{X};\boldsymbol{Y})=I(X_1 X_2\cdots X_N;Y_1 Y_2\cdots Y_N)\leqslant\sum_{i=1}^{N}I(X_i;Y_i) \qquad (5.5.3-6)$$

这表明,无记忆连续信道(X-Y)的 N 次扩展信道($X_1 X_2\cdots X_N$-$Y_1 Y_2\cdots Y_N$)的平均互信息 $I(\boldsymbol{X};\boldsymbol{Y})=I(X_1 X_2\cdots X_N;Y_1 Y_2\cdots Y_N)$,一定不会超过各时刻 $i(i=1,2,\cdots,N)$ 信道(X-Y)的平均互信息 $I(X_i;Y_i)(i=1,2,\cdots,N)$ 之和 $I(X_i;Y_i)$.

(2) 当输入 N-维连续信源 $\boldsymbol{X}=X_1 X_2\cdots X_N$ 中 X_1、X_2、$\cdots$、X_N 之间统计独立,即

$$p(\boldsymbol{x})=p(x_1 x_2\cdots x_N)=p(x_1)p(x_2)\cdots p(x_N)=\prod_{i=1}^{N}p(x_i) \qquad (5.5.3-7)$$

时,有

$$p(\boldsymbol{xy})=p(x_1 x_2\cdots x_N;y_1 y_2\cdots y_N)$$

$$= p(x_1)p(x_2)\cdots p(x_N)p(y_1/x_1)p(y_2/x_2)\cdots p(y_N/x_N)$$

$$= p(x_1 y_1)p(x_2 y_2)\cdots p(x_N y_N)$$

$$= \prod_{i=1}^{N} p(x_i y_i) \tag{5.5.3-8}$$

进而,有

$$p_Y(\boldsymbol{y}) = p_Y(y_1 y_2 \cdots y_N)$$

$$= \int_{x_1}\cdots\int_{x_N} p(x_1 y_1)p(x_2 y_2)\cdots p(x_N y_N)\mathrm{d}x_1\mathrm{d}x_2\cdots\mathrm{d}x_N$$

$$= \int_{x_1} p(x_1 y_1)\mathrm{d}x_1 \int_{x_2} p(x_2 y_2)\mathrm{d}x_2 \cdots \int_{x_N} p(x_N y_N)\mathrm{d}x_N$$

$$= p_Y(y_1)p_Y(y_2)\cdots p_Y(y_N) \tag{5.5.3-9}$$

由等式(5.5.3-3),有

$$I(\boldsymbol{X};\boldsymbol{Y}) - \sum_{i=1}^{N} I(X_i;Y_i)$$

$$= \iint_{x\,y} p(\boldsymbol{xy})\log\frac{p_Y(y_1)p_Y(y_2)\cdots p_Y(y_N)}{p_Y(y_1)p_Y(y_2)\cdots p_Y(y_N)}\mathrm{d}x_1\cdots\mathrm{d}x_N\mathrm{d}y_1\cdots\mathrm{d}y_N$$

$$= \iint_{x\,y} p(\boldsymbol{xy})\log 1\,\mathrm{d}x_1\cdots\mathrm{d}x_N\mathrm{d}y_1\cdots\mathrm{d}y_N$$

$$= 0 \tag{5.5.3-10}$$

即证得

$$I(\boldsymbol{X};\boldsymbol{Y}) = \sum_{i=1}^{N} I(X_i;Y_i) \tag{5.5.3-11}$$

即

$$I(X_1 X_2 \cdots X_N;Y_1 Y_2 \cdots Y_N) = \sum_{i=1}^{N} I(X_i;Y_i) \tag{5.5.3-12}$$

这表明,当输入 N-维连续信源 $\boldsymbol{X}=X_1 X_2 \cdots X_N$ 中,各时刻随机变量 $X_1,X_2,\cdots,X_N$ 之间统计独立时,无记忆连续信道$(X - Y)$的 N 次扩展信道$(X_1 X_2 \cdots X_N - Y_1 Y_2 \cdots Y_N)$的平均互信息 $I(\boldsymbol{X};\boldsymbol{Y})=I(X_1 X_2 \cdots X_N;Y_1 Y_2 \cdots Y_N)$,等于信道$(X - Y)$各时刻 $i\,(i=1,2,\cdots,N)$的平均互信息 $I(X_i;Y_i)(i=1,2,\cdots,N)$之和 $\displaystyle\sum_{i=1}^{N} I(X_i;Y_i)$.

(3) 设连续信源$\{x(t)\}$是时间 t 的平稳随机过程. 在"限时"T、"限频"F 的条件下,时间域抽样所得 $N=2FT$ 个样点连续随机变量 $X_k\,(k=1,2,\cdots,N)$ 的概率密度函数 $p(x_k)$ $(k=1,2,\cdots,N)$不随时间的推移而变化,与起始时刻的选择无关. 即有

$$p(x_1) = p(x_2) = \cdots = p(x_N) = p(x) \tag{5.5.3-13}$$

这样,输入 N-维连续信源 $\boldsymbol{X}=X_1 X_2 \cdots X_N$ 就是概率密度函数为 $p(x)(x\in[a,b])$的连续信源 X 的 N 次扩展信源. $\boldsymbol{X}=X_1 X_2 \cdots X_N$ 中各时刻 $k(k=1,2,\cdots,N)$的连续随机变量 $X_k(k=1,2,\cdots,$ $N)$通过的连续信道是同一个信道$(X - Y)$,其输入区间为 $X:[a,b]$、输出区间 $Y:[a',b']$、传递

概率密度函数 $p(y/x)(x\in[a,b],y\in[a,b])$. 显然,有

$$I(X_k;Y_k) = I(X;Y) \quad (k=1,2,\cdots,N) \tag{5.5.3-14}$$

则由不等式(5.5.3-6),有

$$I(\boldsymbol{X};\boldsymbol{Y}) = I(X_1X_2\cdots X_N;Y_1Y_2\cdots Y_N) \leqslant NI(X;Y) \tag{5.5.3-15}$$

当 $X_1,X_2,\cdots,X_N$ 相互统计独立,N-维连续信源是无记忆信源 X 的 N 次扩展信源 $X^N=X_1X_2\cdots X_N$ 时,由(5.5.3-9)式可知,输出 N-维信源随机矢量 $\boldsymbol{Y}=Y_1Y_2\cdots Y_N$ 中各时刻随机变量 $Y_k(k=1,2,\cdots,N)$ 同时亦统计独立,即

$$p_Y(\boldsymbol{y}) = p_Y(y_1y_2\cdots y_N) = p_Y(y_1)p_Y(y_2)\cdots p_Y(y_N) = \prod_{k=1}^N p_Y(y_k) \tag{5.5.3-16}$$

则输出 N-维随机矢量是信道$(X-Y)$输出随机变量 Y 的 N 次扩展 $Y^N=Y_1Y_2\cdots Y_N$,由(5.5.3-12)式,有

$$I(X^N;Y^N) = NI(X;Y) \tag{5.5.3-17}$$

这样,定理 5.11 就得到了证明.

定理表明:输入区间为 $X:[a,b]$、输出区间为 $Y:[a',b']$、传递概率密度函数为 $p(y/x)$ 的无记忆连续信道$(X-Y)$ 的 N 次扩展信道$(\boldsymbol{X}=X_1X_2\cdots X_N-\boldsymbol{Y}=Y_1Y_2\cdots Y_N)$ 的平均互信息 $I(\boldsymbol{X};\boldsymbol{Y})$ $=(X_1X_2\cdots X_N;Y_1Y_2\cdots Y_N)$,不会超过信道$(X-Y)$ 的 N 倍$(NI(X;Y))$. 当且仅当输入 N-维连续信源是"无记忆"信源 $X\in[a,b]$ 的 N 次扩展信源 $X^N=X_1X_2\cdots X_N$ 时,$I(\boldsymbol{X};\boldsymbol{Y})$ 才能达到其最大值 $I(X^N;Y^N)=NI(X;Y)$. 这就是无记忆 N 次扩展信道$(\boldsymbol{X}-\boldsymbol{Y})$平均互信息的"极值性". 它是无记忆 N 次扩展信道的信道容量的理论基础.

5.6 高斯白噪声的统计特性

若噪声$\{n(t)\}$是各态历经的平稳随机过程,其"功率谱密度"在整个频率域是一个常数

$$|H(f)|^2 = N_0/2 \quad (-\infty < f < \infty) \tag{5.6-1}$$

则$\{n(t)\}$称为"白噪声".

从理论上来说,由(5.6-1)式定义的"白噪声"的平均功率应该是"无限大",是一种理想化的模型,实际上是不存在的.

在"限时"T、"限频"F 的连续通信系统中,若限定频带宽度 F 远大于有用频带宽度,且

$$|H(f)|^2 = N_0/2 \quad (-F < f < F) \tag{5.6-2}$$

则这种噪声$\{n(t)\}$近似地亦称为"白噪声".

定理 5.12 限时 T、限频 F,均值为零、功率谱密度 $|H(f)|^2=N_0/2(-F\leqslant f\leqslant F)$ 的高斯白噪声$\{n(t)\}$,经时间域抽样,转换为时间间隔 $\Delta=\dfrac{1}{2F}$ 的 $N=2FT$ 个相互统计独立,且均值 $m_i=0$、方差 $\sigma_{N_i}^2=N_0F$ 的高斯随机变量 $N_i(i=1,2,\cdots,N)$ 组成的 N-维连续随机矢量 $\boldsymbol{N}^N=N_1N_2\cdots N_N$.

证明

(1) 根据随机过程的"相关"理论,"白噪声"$\{n(t)\}$时间间隔为 τ 的两点 t_i、t_k 之间的"自相关函数"

$$R(\tau) = \int_{-F}^{F} |H(f)|^2 e^{j2\pi ft} df = \frac{N_0}{2} \int_{-F}^{F} e^{j2\pi ft} df$$

$$= \frac{N_0}{2} \left\{ \frac{e^{j2\pi t\tau}}{j2\pi\tau} \right\}_{-F}^{F} = \frac{N_0}{2} \cdot \frac{1}{j2\pi\tau} \left(e^{j2\pi F\tau} - e^{-j2\pi F\tau} \right)$$

$$= \frac{N_0}{2} \cdot \frac{2j\sin2\pi F\tau}{2j\pi\tau} = N_0 F \cdot \frac{\sin2\pi F\tau}{2\pi F\tau} \qquad (5.6-3)$$

即有

$$R(\tau) = \begin{cases} N_0 F & (\tau = 0) \\ 0 & \left(\tau = \dfrac{n}{2F} (n = \pm 1, \pm 2, \cdots) \right) \end{cases} \qquad (5.6-4)$$

（2）根据定理 5.1,"限时"T、"限频"F 的"白噪声"$\{n(t)\}$ 可转换为时间间隔 $\Delta = \dfrac{1}{2F}$ 的 $N = 2FT$ 个连续随机变量 $N_i(i=1,2,\cdots,N)$ 组成的随机矢量 $\boldsymbol{N} = N_1 N_2 \cdots N_N$（如图 5.6-1 所示）.

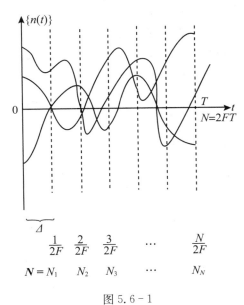

图 5.6-1

已知"白噪声"$\{n(t)\}$ 的均值等于零,则图 5.6-1 中每一时间样点随机变量的均值

$$E[n(t_i)] = E[N_i] = 0 \quad (i = 1, 2, \cdots, N) \qquad (5.6-5)$$

由相关函数 $R(\tau)$ 的定义,根据 (5.6-4) 式,每一时间样点随机变量的平均功率

$$R(\tau = 0) = E\{n(t_i)n(t_i)\}$$

$$= E\{N_i^2\} = N_0 F \quad (i = 1, 2, \cdots, N) \qquad (5.6-6)$$

即每一样点随机变量 $N_i(i=1,2,\cdots,N)$ 的方差

$$\sigma_{N_i}^2 = N_0 F \quad (i = 1, 2, \cdots, N) \qquad (5.6-7)$$

这就是说,$\{n(t)\}$ 的 $N = 2FT$ 个样点随机变量 $N_i(i=1,2,\cdots,N)$ 都是均值 $m_i = 0$,方差 $\sigma_{N_i}^2 = N_0 F$ 的连续随机变量.

已知白噪声 $\{n(t)\}$ 呈现高斯分布,即 $\boldsymbol{N}=N_1 N_2 \cdots N_N$ 的联合概率密度函数为

$$p(\boldsymbol{n})= p(n_1 n_2 \cdots n_N)$$

$$= \frac{1}{(2\pi)^{N/2} \, |M|^{1/2}} \exp\left\{ -\frac{1}{2} \sum_{i=1}^{N} \sum_{k=1}^{N} r_{ik}(N_i - m_i)(N_k - m_k) \right\} \qquad (5.6-8)$$

由(5.6-4)式可知,时间间隔 $\Delta = \dfrac{1}{2F}$ 的样点随机变量 N_i 和 N_k 之间的协方差

$$\mu_{ik} = E\{(N_i - m_i)(N_k - m_k)\} = E\{N_i N_k\}$$

$$= R(\tau = \Delta) = 0 \quad (i \neq k; i,k = 1,2,\cdots,N) \qquad (5.6-9)$$

由此,N_i 和 N_k 之间的相关系数

$$\rho_{ik} = \frac{\mu_{ik}}{\sigma_{N_i} \sigma_{N_k}} = 0 \quad (i \neq k; i,k = 1,2,\cdots,N) \qquad (5.6-10)$$

随机矢量 $\boldsymbol{N}=N_1 N_2 \cdots N_N$ 中各随机变量的协方差矩阵为

$$[M] = \begin{array}{c} \\ N_1 \\ N_2 \\ N_3 \\ \vdots \\ N_N \end{array} \begin{array}{cccccc} N_1 & N_2 & N_3 & \cdots & N_N \\ \begin{bmatrix} \sigma_{N_1}^2 & 0 & 0 & \cdots & 0 \\ 0 & \sigma_{N_2}^2 & 0 & \cdots & 0 \\ 0 & 0 & \sigma_{N_3}^2 & \cdots & 0 \\ \vdots & \vdots & \vdots & \cdots & \vdots \\ 0 & 0 & 0 & \cdots & \sigma_{N_N}^2 \end{bmatrix} \end{array} \qquad (5.6-11)$$

行列式

$$|M| = \begin{vmatrix} (N_0 F) & 0 & 0 & \cdots & 0 \\ 0 & (N_0 F) & 0 & \cdots & 0 \\ 0 & 0 & (N_0 F) & \cdots & 0 \\ \vdots & \vdots & \vdots & \cdots & \vdots \\ 0 & 0 & 0 & \cdots & (N_0 F) \end{vmatrix} = (N_0 F)^N \qquad (5.6-12)$$

行列式 $|M|$ 的"余因子"

$$\begin{cases} |M|_{ii} = (N_0 F)^{N-1} & (i = 1,2,\cdots,N) \\ |M|_{ik} = 0 & (i \neq k, i,k = 1,2,\cdots,N) \end{cases} \qquad (5.6-13)$$

则有

$$r_{ik} = \begin{cases} \dfrac{|M|_{ii}}{|M|} = \dfrac{1}{N_0 F} & (i = 1,2,\cdots,N) \\ \dfrac{|M|_{ik}}{|M|} = 0 & (i \neq k, i,k = 1,2,\cdots,N) \end{cases} \qquad (5.6-14)$$

这样,(5.6-8)式所示 $\boldsymbol{N}=N_1 N_2 \cdots N_N$ 的概率密度函数可改写为

$$p(\boldsymbol{n})= p(n_1 n_2 \cdots n_N)$$

$$= \frac{1}{(2\pi)^{N/2} \cdot (N_0 F)^{N/2}} \exp\left\{ -\frac{1}{2} \sum_{i=1}^{N} \sum_{k=1}^{N} \frac{n_i^2}{N_0 F} \right\}$$

$$= \prod_{i=1}^{N} \frac{1}{\sqrt{2\pi N_0 F}} \exp\left\{ -\frac{n_i^2}{2 N_0 F} \right\} \qquad (5.6-15)$$

现若令, N-维高斯白噪声 $\boldsymbol{N} = N_1 N_2 \cdots N_N$ 中每一时刻 $i(i=1,2,\cdots,N)$ 的连续随机变量 $N_i(i=1,2,\cdots,N)$ 都是均值 $m_i=0$、方差 $\sigma_{N_i}^2 = N_0 F$ 的高斯随机变量 $N(0,N_0 F)(i=1,2,\cdots,N)$,其概率密度函数

$$p(n_i) = \frac{1}{\sqrt{2\pi N_0 F}} \exp\left\{-\frac{n_i^2}{2N_0 F}\right\} \quad (i=1,2,\cdots,N) \qquad (5.6-16)$$

则由(5.6-15)式和(5.6-16)式,有

$$p(\boldsymbol{n}) = p(n_1 n_2 \cdots n_N)$$

$$= p(n_1) p(n_2) \cdots p(n_N) = \prod_{i=1}^{N} p(n_i) \qquad (5.6-17)$$

这表明,"限时"T、"限频"F 的高斯白噪声 $\{n(t)\}$ 在时间域上间隔 $\Delta = \frac{1}{2F}$ 的 $N=2FT$ 个连续随机变量 $N_1, N_2, \cdots, N_N$,都是均值 $m_i=0$、方差 $\sigma_{N_i}^2 = N_0 F(i=1,2,\cdots,N)$ 的高斯随机变量 $N(0,N_0 F)$. 而且 $N_1, N_2, \cdots, N_N$ 之间相互统计独立. "限时"T、"限频"F 的 N-维连续高斯白噪声随机矢量 $\boldsymbol{N} = N_1 N_2 \cdots N_N$ 是无记忆高斯随机变量 $N(0,N_0 F)$ 的 N 次扩展序列 $N^N = N_1 N_2 \cdots N_N$. 这样,定理 5.12 就得到了证明.

"限时"T、"限频"F 的高斯白噪声 $\{n(t)\}$ 的这种统计特性,为导出高斯白噪声加性信道的信道容量奠定了理论基础.

5.7　高斯白噪声加性信道的传递特性

在"限时"T、"限频"F 的连续通信系统中,若连续信道($X-Y$)的输入信源是 $\{x(t)\}$、输出随机过程是 $\{y(t)\}$,噪声 $\{n(t)\}$ 是"高斯白噪声". $\{x(t)\}$ 和 $\{n(t)\}$ 相互统计独立,$\{y(t)\} = \{x(t)\} + \{n(t)\}$. 则信道($X-Y$)称为"高斯白噪声加性信道"(见图 5.7-1).

根据定理 5.1,"限时"T、"限频"F 的随机过程 $\{x(t)\}$、$\{y(t)\}$、$\{n(t)\}$ 分别转换为时间间隔 $\Delta = \frac{1}{2F}$ 的取值连续、时间离散的 N-维随机变量序列 $\boldsymbol{X} = X_1 X_2 \cdots X_N$,$\boldsymbol{Y} = Y_1 Y_2 \cdots Y_N$ 和 $\boldsymbol{N} = N_1 N_2 \cdots N_N$. 其中,$N$-维高斯白噪声 $\boldsymbol{N} = N_1, N_2, \cdots, N_N$ 中每一时刻噪声随机变量 $X_i(i=1,2,\cdots,N)$ 都是均值 $m_i=0$、方差 $\sigma_{N_i}^2 = N_0 F(i=1,2,\cdots,N)$ 的高斯随机变量 $N(0,N_0 F)$,且 $N_1, N_2, \cdots, N_N$ 相互统计独立.

在图 5.7-1 所示高斯白噪声加性信道($\boldsymbol{X} = X_1 X_2 \cdots X_N - \boldsymbol{Y} = Y_1 Y_2 \cdots Y_N$)中,在时刻 t_1,X_1 通过加性噪声 N_1 的高斯加性信道($X-Y$),输出 $Y_1 = X_1 + N_1$;在时刻 t_2,X_2 通过加性噪声 N_2 的高斯加性信道($X-Y$),输出 $Y_2 = X_2 + N_2$;……;在时刻 t_N,X_N 通过加性噪声 N_N 的高斯加性信道($X-Y$),输出 $Y_N = X_N + N_N$. 从总体效果来看,似乎有一个新的"信道":输入 $\boldsymbol{X} = X_1 X_2 \cdots X_N$,输出 $\boldsymbol{Y} = Y_1 Y_2 \cdots Y_N$. 从实际运行机制上来说,从时刻 t_1 到 t_N,加性噪声为均值 $m_N=0$、方差 $\sigma_N^2 = N_0 F$ 的高斯随机变量 $N(0,N_0 F)$ 的高斯加性信道($X-Y$)相继运行了 N 次. 高斯白噪声加性信道($\boldsymbol{X} = X_1 X_2 \cdots X_N - \boldsymbol{Y} = Y_1 Y_2 \cdots Y_N$)是高斯加性信道($X-Y$)的 N 次扩展信道(如图 5.7-2 所示).

那么,必须进一步追究图 5.7-2 所示高斯加性信道($X-Y$)的 N 次扩展信道($\boldsymbol{X}-\boldsymbol{Y}$)是有记忆扩展,还是无记忆扩展?

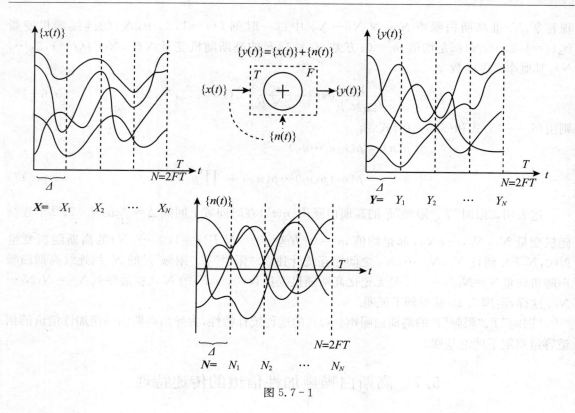

图 5.7 - 1

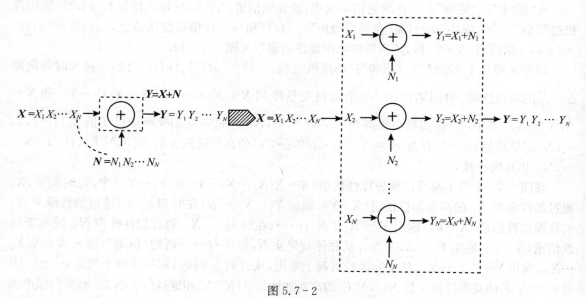

图 5.7 - 2

定理 5.13　"限时"T、"限频"F,均值为零、功率谱密度$|H(f)|^2=N_0/2(-F\leqslant f\leqslant F)$的高斯白噪声加性信道$(X\text{-}Y)$,是均值 $m_N=0$、方差 $\sigma_N^2=N_0F$ 的高斯加性信道$(X\text{-}Y)$的无记忆 N 次扩展信道.

证明　令:$\boldsymbol{x}=(x_1x_2\cdots x_N)$、$\boldsymbol{y}=(y_1y_2\cdots y_N)$ 和 $\boldsymbol{n}=(n_1n_2\cdots n_N)$ 分别表示 $\boldsymbol{X}=X_1X_2\cdots X_N$、$\boldsymbol{Y}=Y_1Y_2\cdots Y_N$ 和 $\boldsymbol{N}=N_1N_2\cdots N_N$ 的某次"实现". 由 $\boldsymbol{Y}=\boldsymbol{X}+\boldsymbol{N}$,有

$$\boldsymbol{y}=\boldsymbol{x}+\boldsymbol{n} \tag{5.7-1}$$

则$(\boldsymbol{x},\boldsymbol{n})$和$(\boldsymbol{x},\boldsymbol{y})$之间的坐标变换关系为

$$\begin{cases}\boldsymbol{x}(\boldsymbol{x},\boldsymbol{y})=\boldsymbol{x}\\ \boldsymbol{n}(\boldsymbol{x},\boldsymbol{y})=\boldsymbol{y}-\boldsymbol{x}\end{cases}\qquad\begin{cases}\boldsymbol{x}(\boldsymbol{x},\boldsymbol{n})=\boldsymbol{x}\\ \boldsymbol{y}(\boldsymbol{x},\boldsymbol{n})=\boldsymbol{x}+\boldsymbol{n}\end{cases} \tag{5.7-2}$$

即有

$$\begin{cases}x_1=x_1;x_2=x_2;\cdots;x_N=x_N\\ n_1=y_1-x_1;n_2=y_2-x_2;\cdots;n_N=y_N-x_N\end{cases} \tag{5.7-3}$$

$$\begin{cases}x_1=x_1;x_2=x_2;\cdots;x_N=x_N\\ y_1=x_1+n_1;y_2=x_2+n_2;\cdots;y_N=x_N+n_N\end{cases} \tag{5.7-4}$$

由此有

$$\left|J\left(\frac{\boldsymbol{xn}}{\boldsymbol{xy}}\right)\right|=\begin{vmatrix}\dfrac{\partial \boldsymbol{x}}{\partial \boldsymbol{x}} & \dfrac{\partial \boldsymbol{x}}{\partial \boldsymbol{y}}\\[2mm] \dfrac{\partial \boldsymbol{n}}{\partial \boldsymbol{x}} & \dfrac{\partial \boldsymbol{n}}{\partial \boldsymbol{y}}\end{vmatrix} \tag{5.7-5}$$

改写为矢量分量的形式

$$\left|J\left(\frac{x_1x_2\cdots x_N;n_1n_2\cdots n_N}{x_1x_2\cdots x_N;y_1y_2\cdots y_N}\right)\right|$$

$$=\begin{vmatrix}\dfrac{\partial x_1}{\partial x_1} & \dfrac{\partial x_1}{\partial x_2} & \cdots & \dfrac{\partial x_1}{\partial x_N}; & \dfrac{\partial x_1}{\partial y_1} & \dfrac{\partial x_1}{\partial y_2} & \cdots & \dfrac{\partial x_1}{\partial y_N}\\[3mm] \dfrac{\partial x_2}{\partial x_1} & \dfrac{\partial x_2}{\partial x_2} & \cdots & \dfrac{\partial x_2}{\partial x_N}; & \dfrac{\partial x_2}{\partial y_1} & \dfrac{\partial x_2}{\partial y_2} & \cdots & \dfrac{\partial x_2}{\partial y_N}\\[3mm] \vdots & \vdots & & \vdots & \vdots & \vdots & & \vdots\\[2mm] \dfrac{\partial x_N}{\partial x_1} & \dfrac{\partial x_N}{\partial x_2} & \cdots & \dfrac{\partial x_N}{\partial x_N}; & \dfrac{\partial x_N}{\partial y_1} & \dfrac{\partial x_N}{\partial y_2} & \cdots & \dfrac{\partial x_N}{\partial y_N}\\[3mm] \dfrac{\partial n_1}{\partial x_1} & \dfrac{\partial n_1}{\partial x_2} & \cdots & \dfrac{\partial n_1}{\partial x_N}; & \dfrac{\partial n_1}{\partial y_1} & \dfrac{\partial n_1}{\partial y_2} & \cdots & \dfrac{\partial n_1}{\partial y_N}\\[3mm] \dfrac{\partial n_2}{\partial x_1} & \dfrac{\partial n_2}{\partial x_2} & \cdots & \dfrac{\partial n_2}{\partial x_N}; & \dfrac{\partial n_2}{\partial y_1} & \dfrac{\partial n_2}{\partial y_2} & \cdots & \dfrac{\partial n_2}{\partial y_N}\\[3mm] \vdots & \vdots & & \vdots & \vdots & \vdots & & \vdots\\[2mm] \dfrac{\partial n_N}{\partial x_1} & \dfrac{\partial n_N}{\partial x_2} & \cdots & \dfrac{\partial n_N}{\partial x_N}; & \dfrac{\partial n_N}{\partial y_1} & \dfrac{\partial n_N}{\partial y_2} & \cdots & \dfrac{\partial n_N}{\partial y_N}\end{vmatrix}$$

$$
=\begin{vmatrix}
1 & 0 & \cdots & 0; & 0 & 0 & \cdots & 0 \\
0 & 1 & \cdots & 0; & 0 & 0 & \cdots & 0 \\
\vdots & \vdots & & \vdots & \vdots & \vdots & & \vdots \\
0 & 0 & \cdots & 1; & 0 & 0 & \cdots & 0 \\
-1 & 0 & \cdots & 0; & 1 & 0 & \cdots & 0 \\
0 & -1 & \cdots & 0; & 0 & 1 & \cdots & 0 \\
\vdots & \vdots & & \vdots & \vdots & \vdots & & \vdots \\
0 & 0 & \cdots & -1; & 0 & 0 & \cdots & 1
\end{vmatrix}
\left.\begin{matrix} \\ \\ \\ \\ \end{matrix}\right\}N
\left.\begin{matrix} \\ \\ \\ \\ \end{matrix}\right\}N
\tag{5.7-6}
$$

对行列式(5.7-6)进行"置换";第 1 行与第($N+1$)行相加,把所得"和行"列为新行列式的第($N+1$)行;第 2 行与第($N+2$)行相加,把所得"和行"列为新行列式的第($N+2$)行;$\cdots$;第 N 行与第($N+N$)行相加,把所得"和行"列为新行列式的第($N+N$)行. 新行列式与原行列式(5.7-6)相等,即有

$$
\left| J\left(\frac{\boldsymbol{xn}}{\boldsymbol{xy}}\right) \right| = \left| J\left(\frac{x_1 x_2 \cdots x_N; n_1 n_2 \cdots n_N}{x_1 x_2 \cdots x_N; y_1 y_2 \cdots y_N}\right) \right|
$$

$$
=\begin{vmatrix}
1 & 0 & 0 & \cdots & 0; & 0 & 0 & \cdots & 0 \\
0 & 1 & 0 & \cdots & 0; & 0 & 0 & \cdots & 0 \\
\vdots & \vdots & \vdots & & \vdots & \vdots & \vdots & & \vdots \\
0 & 0 & 0 & \cdots & 1; & 0 & 0 & \cdots & 0 \\
0 & 0 & 0 & \cdots & 0; & 1 & 0 & \cdots & 0 \\
0 & 0 & 0 & \cdots & 0; & 0 & 1 & \cdots & 0 \\
\vdots & \vdots & \vdots & & \vdots & \vdots & \vdots & & \vdots \\
0 & 0 & 0 & \cdots & 0; & 0 & 0 & \cdots & 1
\end{vmatrix}
\left.\begin{matrix} \\ \\ \\ \\ \end{matrix}\right\}N
\left.\begin{matrix} \\ \\ \\ \\ \end{matrix}\right\}N
$$

$$
= 1 \tag{5.7-7}
$$

根据 N-维空间坐标变换理论,有

$$
p(\boldsymbol{xy}) = p(\boldsymbol{xn}) \left| J\left(\frac{\boldsymbol{x\,n}}{\boldsymbol{x\,y}}\right) \right| = p(\boldsymbol{xn}) \tag{5.7-8}
$$

对于 N-维高斯白噪声加性信道($\boldsymbol{X}$-$\boldsymbol{Y}$),N-维连续信源 $\boldsymbol{X} = X_1 X_2 \cdots X_N$ 与 N-维高斯白噪声 $\boldsymbol{N} = N_1 N_2 \cdots N_N$ 统计独立,即有

$$
p(\boldsymbol{xn}) = p(\boldsymbol{x}) p(\boldsymbol{n}) \tag{5.7-9}
$$

由(5.7-8)和(5.7-9)式,有

$$
p(\boldsymbol{x}) p(\boldsymbol{y/x}) = p(\boldsymbol{x}) p(\boldsymbol{n}) \tag{5.7-10}
$$

由此,得 N-维高斯白噪声加性信道($\boldsymbol{X}$-$\boldsymbol{Y}$)的传递概率密度函数

$$
p(\boldsymbol{y/x}) = p(\boldsymbol{n})
$$

即

$$p(y_1 y_2 \cdots y_N / x_1 x_2 \cdots x_N) = p(n_1 n_2 \cdots n_N) \qquad (5.7-11)$$

根据定理 5.12，又有

$$p(\boldsymbol{n}) = p(n_1 n_2 \cdots n_N) = p(n_1) p(n_2) \cdots p(n_N)$$

$$= \prod_{i=1}^{N} \frac{1}{\sqrt{2\pi N_0 F}} \exp\left\{-\frac{n_i^2}{2N_0 F}\right\} \qquad (5.7-12)$$

由(5.7-11)式,有

$$p(\boldsymbol{y}/\boldsymbol{x}) = p(y_1 y_2 \cdots y_N / x_1 x_2 \cdots x_N) = \prod_{i=1}^{N} \frac{1}{\sqrt{2\pi N_0 F}} \exp\left\{-\frac{n_i^2}{2N_0 F}\right\} \quad (5.7-13)$$

若令,其中

$$p(y_i/x_i) = p(n_i) = \frac{1}{\sqrt{2\pi N_0 F}} \exp\left\{-\frac{n_i^2}{2N_0 F}\right\} \quad (i=1,2,\cdots,N) \qquad (5.7-14)$$

则(5.7-13)式可改写为

$$p(\boldsymbol{y}/\boldsymbol{x}) = p(y_1 y_2 \cdots y_N / x_1 x_2 \cdots x_N)$$

$$= p(y_1/x_1) p_1/(y_2/x_2) \cdots p_1(y_N/x_N)$$

$$= \prod_{i=1}^{N} p(y_i/x_i) \qquad (5.7-15)$$

因(5.7-14)式所示传递概率密度函数 $p(y_i/x_i)(i=1,2,\cdots,N)$ 正是均值 $m_N=0$、方差 $\sigma_N^2 = N_0 F$ 的高斯加性信道 $(X-Y)$ 的传递概率密度函数 $p(y/x) = p(n)$. (5.7-15)式就证明了 N-维高斯白噪声加性信道 $(\boldsymbol{X} = X_1 X_2 \cdots X_N - \boldsymbol{Y} = Y_1 Y_2 \cdots Y_N)$ 是高斯加性信道 $(X-Y)$ 的无记忆 N 次扩展信道. 这样,定理 5.13 也就得到了证明.

5.8　高斯白噪声加性信道的信道容量

"限时"T、"限频"F 的 N-维高斯白噪声加性信道 $(\boldsymbol{X}-\boldsymbol{Y})$ 是高斯加性信道 $(X-Y)$ 的无记忆 N 次扩展信道,其平均互信息 $I(\boldsymbol{X};\boldsymbol{Y})$ 存在最大值,只要选择其匹配信源 $\boldsymbol{X} = X_1 X_2 \cdots X_N$. 就可求得其信道容量.

定理 5.14　限时 T、限频 F,均值为零、功率谱密度 $|H(f)|^2 = N_0/2 \,(-F \leqslant f \leqslant F)$ 的平稳高斯白噪声加性信道的最大信息传输速率

$$C_t = F \ln(1 + S_0/N_0) \quad （奈特／秒）$$

其匹配信源是均值为零、功率谱密度 $|H(f)|^2 = S_0/2 \,(-F \leqslant f \leqslant F)$ 的平稳高斯白信源.

证明　"限时"T、"限频"F、均值为零、功率谱密度 $|H(f)|^2 = N_0/2 \,(-F \leqslant f \leqslant F)$ 的平稳高斯白噪声加性信道 $(\boldsymbol{X}-\boldsymbol{Y})$,是均值 $m_N=0$、方差 $\sigma_N^2 = N_0 F$ 的高斯加性信道 $(X-Y)$ 的无记忆 N 次扩展信道(如图 5.8-1 所示).

(1) 在图 5.8-1 中,令均值 $m_N=0$、方差 $\sigma_N^2 = N_0 F$ 的高斯加性信道 $(X-Y)$ 的平均互信息为 $I(X;Y)$,N-维高斯白噪声加性信道 $(\boldsymbol{X} = X_1 X_2 \cdots X_N - \boldsymbol{Y} = Y_1 Y_2 \cdots Y_N)$ 的平均互信息为 $I(\boldsymbol{X};\boldsymbol{Y}) = I(X_1 X_2 \cdots X_N; Y_1 Y_2 \cdots Y_N)$. 因 N-维高斯白噪声加性信道 $(\boldsymbol{X}-\boldsymbol{Y})$ 是高斯加性信道 $(X-Y)$ 的无记忆 N 次扩展信道,根据定理 5.11,有

$$I(\boldsymbol{X};\boldsymbol{Y}) = I(X_1 X_2 \cdots X_N; Y_1 Y_2 \cdots Y_N) \leqslant N I(X;Y) \qquad (5.8-1)$$

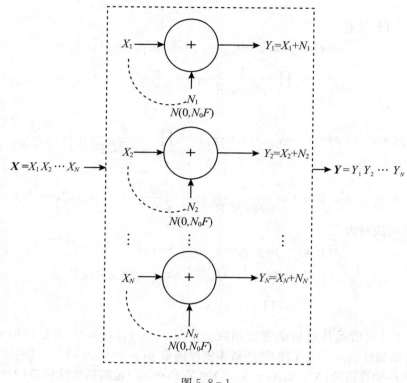

图 5.8-1

当且仅当 N-维连续信源 $\boldsymbol{X}=X_1X_2\cdots X_N$ 是无记忆信源 X 的 N 次扩展信源 $X^N=X_1X_2\cdots X_N$ 时,即

$$p(\boldsymbol{x}) = p(x_1x_2\cdots x_N) = p(x_1)p(x_2)\cdots p(x_N) \tag{5.8-2}$$

时,等式才成立,即才有

$$I(\boldsymbol{X};\boldsymbol{Y}) = I(X_1X_2\cdots X_N;Y_1Y_2\cdots Y_N) = NI(X;Y) \tag{5.8-3}$$

又因均值 $m_N=0$、方差 $\sigma_N^2=N_0F$ 的高斯加性信道$(X-Y)$的匹配信源 X,是均值 $m_X=0$,方差 σ_N^2 的高斯随机变量 $N(0,\sigma_N^2)$,信道容量

$$C_0 = \max_{p(x)}\{I(X;Y)\} = \frac{1}{2}\ln\left(1+\frac{\sigma_X^2}{\sigma_N^2}\right)$$

$$= \frac{1}{2}\ln\left(1+\frac{\sigma_X^2}{N_0F}\right) \tag{5.8-4}$$

由此,根据信道容量的定义,N-维高斯白噪声加性信道$(\boldsymbol{X}-\boldsymbol{Y})$的信道容量

$$C_N = \max_{p(\boldsymbol{x})}\{I(\boldsymbol{X};\boldsymbol{Y})\} = \max_{p(x_1x_2\cdots x_N)}\{I(\boldsymbol{X};\boldsymbol{Y})\}$$

$$= \max_{p(x_1)p(x_2)\cdots p(x_N)}\{NI(X;Y)\} = N\cdot\max_{p(x_1)p(x_2)\cdots p(x_N)}\{I(X;Y)\}$$

$$= N\cdot\max_{p(x)}\{I(X;Y)\} = N\cdot C_0$$

$$= N\cdot\frac{1}{2}\ln\left(1+\frac{\sigma_X^2}{N_0F}\right) \tag{5.8-5}$$

其匹配信源是均值 $m_X=0$,方差为 σ_X^2 的无记忆高斯信源 $X(N(0,\sigma_X^2))$ 的 N 次扩展信源 $X^N=X_1X_2\cdots X_N$.

　　(2) 那么,现在剩下的要回答的问题就是:什么样的连续信源 $\{x(t)\}$,在"限时"T、"限频"F 的条件下,能转换为时间间隔 $\Delta=\frac{1}{2F}$ 的 $N=2FT$ 个相互统计独立、均值 $m_X=0$、方差为 σ_X^2 的高斯随机变量 $X_i(i=1,2,\cdots,N)$ 组成的取值连续、时间离散的 N-维连续信源 $X^N=X_1X_2\cdots X_N$ 呢?

　　根据定理 5.12,若连续信源 $\{x(t)\}$ 是平稳的各态历经的高斯随机过程,且其均值为零,功率谱密度 $|H(f)|^2=S_0/2(-F\leqslant f\leqslant F)$,那么,在"限时"$T$、"限频"$F$ 的条件下,经时间域上离散抽样,可转换为时间间隔 $\Delta=\frac{1}{2F}$ 的 $N=2FT$ 个相互统计独立、均值 $m_X=0$、方差 $\sigma_X^2=S_0F$ 的高斯随机变量 $X_i(i=1,2,\cdots,N)$ 组成的 N-维高斯随机变量序列 $\boldsymbol{X}=X_1X_2\cdots X_N$,即均值 $m_X=0$、方差 $\sigma_X^2=S_0F$ 的无记忆高斯信源 X 的 N 次扩展信源 $X^N=X_1X_2\cdots X_N$. 显然,这种"高斯白噪声信源"$X^N=X_1X_2\cdots X_N$ 是"高斯白噪声加性信道"$(X_1X_2\cdots X_N-Y_1Y_2\cdots Y_N)$ 的匹配信源(如图 5.8-2 所示).

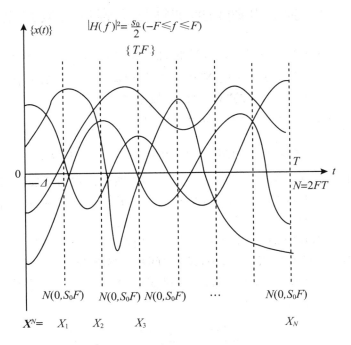

图 5.8-2

由(5.8-5)式,得高斯白噪声加性信道$(X^N=X_1X_2\cdots X_N-Y^N=Y_1Y_2\cdots Y_N)$的信道容量

$$C_N=\frac{N}{2}\ln\left(1+\frac{\sigma_X^2}{N_0F}\right)=FT\ln\left(1+\frac{S_0F}{N_0F}\right)$$
$$=FT\ln(1+S_0/N_0)\quad\text{(奈特 / 自由度)}\qquad(5.8-6)$$

　　(3) 信道的"最大信息传输速率"C_t 是每单位时间(秒)信道传输的最大平均互信息."限时"

T、"限频"F 的高斯白噪声加性信道($X^N = X_1 X_2 \cdots X_N - Y^N = Y_1 Y_2 \cdots Y_N$)的"最大信息传输速率"

$$C_t = \frac{C_N}{T} = \frac{1}{T}\Big[FT\ln\Big(1 + \frac{S_0}{N_0}\Big)\Big] = F\ln\Big(1 + \frac{S_0}{N_0}\Big) \quad （奈特／秒） \quad (5.8-7)$$

这样,定理 5.14 就得到了证明.

公式(5.8-6)式(或(5.8-7)式)就是著名的"香农(Shannon)公式". 它向我们指明:"限时"T、"限频"F 的"高斯白噪声加性信道"的信道容量 C_N 取决于信道的"频带宽度"F、"观察时间"T 以及信道的"信噪功率比"

$$\beta = \frac{P_X}{P_N} = \frac{\sigma_X^2}{\sigma_N^2} = \frac{S_0 F}{N_0 F} = \frac{S_0}{N_0} \quad\quad\quad (5.8-8)$$

等信道自身的固有特征参量. 信道容量 C_N 是信道自身的信息特征参量.

"香农公式"从宏观角度,指出了关于"信息"的自然辩证规律:信道传输的信息量,与信道的"频带宽度"F、"观察时间"T、"信噪功率比"β 等物理因素密切相连. 信息、物质和能量之间既有区别,又有联系. 信息的获取,必须付出相应的物理代价. 信息、物质和能量是自然界的三大支柱.

5.9　独立并列高斯加性信道容量的最大化

设高斯加性信道($X_i - Y_i$)($i=1,2,\cdots,N$)的加性噪声 N_i($i=1,2,\cdots,N$)是均值 $m_{N_i}=0$、方差为 $\sigma_{N_i}^2$($i=1,2,\cdots,N$)的高斯随机变量 $N(0,\sigma_{N_i}^2)$,传递概率密度函数为 $p(y_i/x_i)$($i=1,2,\cdots,N$). 若 N 个高斯加性信道($X_i - Y_i$)的"联合传递"概率密度函数

$$p(\boldsymbol{y}/\boldsymbol{x}) = p(y_1 y_2 \cdots y_N / x_1 x_2 \cdots x_N)$$

$$= p(y_1/x_1) p(y_2/x_2) \cdots p(y_N/x_N) = \prod_{k=1}^{N} p(y_i/x_i) \quad (5.9-1)$$

则这 N 个高斯加性信道($X_i - Y_i$)($i=1,2,\cdots,N$)称为"独立并列高斯加性信道"($\boldsymbol{X}-\boldsymbol{Y}$)(如图 5.9-1 所示). 平均互信息 $I(\boldsymbol{X};\boldsymbol{Y}) = I(X_1 X_2 \cdots X_N; Y_1 Y_2 \cdots Y_N)$ 称为独立并列高斯加性信道($\boldsymbol{X}-\boldsymbol{Y}$)的"平均联合互信息".

设 C_{i_0}($i=1,2,\cdots,N$)是第 i($i=1,2,\cdots,N$)个高斯加性信道($X_i - Y_i$)($i=1,2,\cdots,N$)的信道容量. 则只有当输入随机变量 $X_1, X_2, \cdots, X_N$ 之间相互统计独立,且 X_i($i=1,2,\cdots,N$)是均值 $m_{X_i}=0$、方差为 $\sigma_{X_i}^2$($i=1,2,\cdots,N$)的高斯随机变量($N(0,\sigma_{X_i}^2)$)时,平均联合互信息 $I(\boldsymbol{X}=X_1 X_2 \cdots X_N; \boldsymbol{Y}=Y_1 Y_2 \cdots Y_N)$ 才达到其容量

$$C_{N_0} = \sum_{i=1}^{N} C_{i_0} = \sum_{i=1}^{N} \frac{1}{2}\ln\Big(1 + \frac{\sigma_{X_i}^2}{\sigma_{N_i}^2}\Big) \quad\quad (5.9-2)$$

N-维独立并列高斯加性信道($X_1 X_2 \cdots X_N - Y_1 Y_2 \cdots Y_N$)中,第 i($i=1,2,\cdots,N$)个高斯加性信道($X_i - Y_i$)的高斯加性噪声 N_i($i=1,2,\cdots,N$)的方差 $\sigma_{N_i}^2$($i=1,2,\cdots,N$)可以相同,亦可以不同. 第 i($i=1,2,\cdots,N$)高斯加性信道($X_i - Y_i$)($i=1,2,\cdots,N$)的输入高斯随机变量 X_i($i=1,2,\cdots,N$)的方差 $\sigma_{X_i}^2$($i=1,2,\cdots,N$)同样可相同,亦可不同. 这是 N-维独立并列信道($\boldsymbol{X}-\boldsymbol{Y}$)与 N-维无记忆扩展信道($\boldsymbol{X}-\boldsymbol{Y}$)的不同之处. 显然,由(5.9-2)式可知,$\sigma_{X_i}^2$ 与 $\sigma_{N_i}^2$ 的不同搭配,会得到不同的 C_{N_0}. 在一般情况下,信源的总平均功率不可能无限大,总是有一定的限制. 若总平均

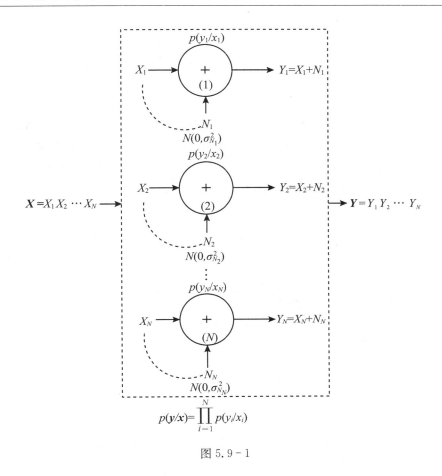

图 5.9-1

功率限定为 P_X,则就给各输入随机变量 $X_i(i=1,2,\cdots,N)$ 的平均功率 $P_{X_i}=\sigma_{X_i}^2(i=1,2,\cdots,N)$ 加上了一个约束条件

$$P_X = \sum_{i=1}^{N} P_{X_i} = \sum_{i=1}^{N} \sigma_{X_i}^2 \qquad (5.9-3)$$

这样,对 N-维独立并列高斯加性信道($X_1 X_2 \cdots X_N - Y_1 Y_2 \cdots Y_N$)的信道容量 C_{N_0} 提出了一个新课题:在(5.9-3)式条件的约束下,如何搭配输入随机变量 $X_i(i=1,2,\cdots,N)$ 的平均功率 $P_{X_i}=\sigma_{X_i}^2(i=1,2,\cdots,N)$,才能使联合信道容量 C_{N_0} 最大化.

定理 5.15 若 N 个独立并列高斯加性信道 $(X_i - Y_i)(i=1,2,\cdots,N)$ 输入平均总功率限定为 P_{X_0},加性噪声 $N_i(i=1,2,\cdots,N)$ 是高斯随机变量 $N(0,\sigma_{N_i}^2)(i=1,2,\cdots,N)$,则当输入信源 $\boldsymbol{X}=X_1 X_2 \cdots X_N$ 中 X_i 与 $X_k(i\neq k,i,k=1,2,\cdots,N)$ 统计独立,$X_i(i=1,2,\cdots,N)$ 是均值 $m_{X_i}=0$、平均功率(方差)为

$$P_{X_i} = \frac{P_X + \sum_{i=1}^{N} \sigma_{N_i}^2}{N} - \sigma_{N_i}^2 \quad (i = 1,2,\cdots,N)$$

的高斯随机变量时,N 个独立并列高斯加性信道 $(X_i - Y_i)(i=1,2,\cdots,N)$ 的联合信道容量 C_{N_0}

达到最大值

$$C_{N_0 \max} = \frac{1}{2} \sum_{i=1}^{N} \ln \frac{P_X + \sum\limits_{i=1}^{N} \sigma_{N_i}^2}{N \sigma_{N_i}^2}$$

证明

（1）N 个独立并列高斯加性信道（X_i - Y_i）的高斯加性噪声 N_i（$i=1,2,\cdots,N$）的方差 $\sigma_{N_i}^2 = P_{N_i}$ 是固定不变的. 由（5.9-2）式可知，联合信道容量 C_{N_0} 是输入高斯随机变量 X_i（$i=1,2,\cdots,N$）的方差 $\sigma_{X_i}^2 = P_{X_i}$ 的函数. 求解 C_{N_0} 的最大值 $C_{N_0\max}$，就是在（5.9-3）式所示约束条件下，求解 $\sigma_{X_i}^2 = P_{X_i}$（$i=1,2,\cdots,N$）对 C_{N_0} 的条件极大值.

为此，作辅助函数

$$F(P_{X_1}, P_{X_2}, \cdots, P_{X_N}; \lambda) = C_{N_0} + \lambda \left[\sum_{i=1}^{N} P_{X_i} - P_X \right] \tag{5.9-4}$$

其中，λ 是待定常数. 现令

$$\frac{\partial F}{\partial P_{X_i}} = \frac{\partial}{\partial P_{X_i}} \left\{ \sum_{i=1}^{N} \frac{1}{2} \ln \left(1 + \frac{P_{X_i}}{P_{N_i}} \right) + \lambda \left[\sum_{i=1}^{N} P_{X_i} - P_X \right] \right\} = 0 \tag{5.9-5}$$
$$(i = 1, 2, \cdots, N)$$

由此，得 N 个稳定点方程

$$\frac{1}{2\sigma_{N_i}^2} \cdot \frac{1}{\dfrac{\sigma_{N_i}^2 + P_{X_i}}{\sigma_{N_i}^2}} + \lambda = 0 \quad (i = 1, 2, \cdots, N)$$

即

$$\sigma_{N_i}^2 + P_{X_i} = -\frac{1}{2\lambda} = K(\text{常数}) \quad (i = 1, 2, \cdots, N) \tag{5.9-6}$$

由（5.9-3）、（5.9-6）式，得

$$\sum_{i=1}^{N} (K - \sigma_{N_i}^2) = P_X$$

$$NK - \sum_{i=1}^{N} \sigma_{N_i}^2 = P_X$$

即

$$K = \frac{P_X + \sum\limits_{i=1}^{N} \sigma_{N_i}^2}{N} \quad (i = 1, 2, \cdots, N) \tag{5.9-7}$$

把（5.9-7）式代入（5.9-6）式，得

$$\sigma_{N_i}^2 + P_{X_i} = \frac{P_X + \sum\limits_{i=1}^{N} \sigma_{N_i}^2}{N} \tag{5.9-8}$$

即得

$$P_{X_i} = \frac{P_X + \sum\limits_{i=1}^{N} \sigma_{N_i}^2}{N} - \sigma_{N_i}^2 \quad (i = 1, 2, \cdots, N) \tag{5.9-9}$$

(5.9-9)式所示 $P_{X_i}(i=1,2,\cdots,N)$,就是使 C_{N_0} 达到最大值 $C_{N_0\max}$ 的输入随机变量 $X_i(i=1,2,\cdots,N)$ 所需的平均功率.

(2) 把(5.9-9)式所得 P_{X_i} 代入(5.9-2)式,得 C_{N_0} 的最大值

$$C_{N_0\max} = \sum_{i=1}^{N} \frac{1}{2}\ln\left(1+\frac{P_{X_i}}{\sigma_{N_i}^2}\right) = \sum_{i=1}^{N} \frac{1}{2}\ln\left(1+\frac{\dfrac{P_X+\sum_{i=1}^{N}\sigma_{N_i}^2}{N}-\sigma_{N_i}^2}{\sigma_{N_i}^2}\right)$$

$$= \sum_{i=1}^{N} \frac{1}{2}\ln\left(\frac{P_X+\sum_{i=1}^{N}\sigma_{N_i}^2}{N\sigma_{N_i}^2}\right) \qquad (5.9-10)$$

这样,定理 5.15 就得到了证明.

定理表明:N 个独立并列高斯加性信道$(X_i-Y_i)(i=1,2,\cdots,N)$ 的联合信道容量 C_{N_0} 的最大值 $C_{N_0\max}$,取决于限定总平均功率 P_X、各高斯加性噪声 N_i 的方差 $\sigma_{N_i}^2 = P_{N_i}(i=1,2,\cdots,N)$ 以及独立并列信道个数 N.这说明,$C_{N_0\max}$ 同样是 N 个独立并列高斯加性信道$(X_i-Y_i)(i=1,2,\cdots,N)$ 自身固有的信息特征参量.

定理还指出:由(5.9-6)、(5.9-7)式可知,当 C_{N_0} 达最大值 $C_{N_0\max}$ 时,N 个独立并列高斯加性信道$(X_i-Y_i)(i=1,2,\cdots,N)$ 的输出随机变量 $Y_i=X_i+N_i(i=1,2,\cdots,N)$ 的方差 $\sigma_{Y_i}^2=P_{Y_i}(i=1,2,\cdots,N)$ 都相等,且是一个常数

$$\sigma_{Y_i}^2 = P_{Y_i} = \sigma_{N_i}^2 + P_{X_i} = K = \frac{P_X+\sum_{i=1}^{N}\sigma_{N_i}^2}{N} \qquad (5.9-11)$$

它就是:限定输入总平均功率 P_X 与 N 个高斯加性信道$(X_i-Y_i)(i=1,2,\cdots,N)$ 的高斯加性噪声 $N_i(i=1,2,\cdots,N)$ 总平均功率 $\sum_{i=1}^{N}\sigma_{N_i}^2 = \sum_{i=1}^{N}P_{N_i}$ 之和的 N 分之一,即其算术平均值.这也就意味着,当 N 个独立并列高斯加性信道$(X_i-Y_i)(i=1,2,\cdots,N)$ 的输出随机变量 $Y_i=P_{Y_i}(i=1,2,\cdots,N)$ 都相等,且等于输入总平均功率 P_X,与加性高斯噪声 $N_i(i=1,2,\cdots,N)$ 的总平均噪声功率 $\sum_{i=1}^{N}\sigma_{N_i}^2 = \sum_{i=1}^{N}P_{N_i}$ 之和的算术平均值时,N 个独立并列高斯加性信道$(X_i-Y_i)(i=1,2,\cdots,N)$ 的联合信道容量 C_{N_0} 达其最大值 $C_{N_0\max}$,实现容量最大化.

(3) 到此,还有一个问题需要讨论.由(5.9-9)式可知,解出的 $P_{X_i}(i=1,2,\cdots,N)$ 有可能出现负值.

现设,$P_{X_k}<0(k=1,2,\cdots,m)$,则由(5.9-9)式,有

$$P_{X_k} = \frac{P_X+\sum_{i=1}^{N}\sigma_{N_i}^2}{N}-\sigma_{N_k}^2 < 0 \quad (k=1,2,\cdots,N) \qquad (5.9-12)$$

则由(5.9-11)式,有

$$\sigma_{Y_k}^2 = P_{Y_k} = \sigma_{N_k}^2 + P_{X_k} = K = \frac{P_X+\sum_{i=1}^{N}\sigma_{N_i}^2}{N} < \sigma_{N_k}^2 \qquad (5.9-13)$$

这表明，$P_{X_k}<0(k=1,2,\cdots,m)$ 的 m 个信道 $(X_k-Y_k)(k=1,2,\cdots,m)$ 的噪声 N_k 的平均功率 $\sigma_{N_k}^2(k=1,2,\cdots,m)$，超过了信道输出随机变量 $Y_k(k=1,2,\cdots,m)$ 的平均功率 $\sigma_{Y_k}^2=P_{Y_k}(k=1,2,\cdots,m)$. 当然，这 m 个信道就无法使用.

为此，现把这 m 个信道 $(X_k-Y_k)(k=1,2,\cdots,m)$ 去掉，并令其输入平均功率 $P_{X_k}=0(k=1,2,\cdots,m)$，把限定总输入平均功率 P_X，按 (5.9-9) 式重新分配到留下的 $(N-m)$ 个独立并列高斯加性信道的输入端，即有

$$P_{X_j}=\frac{P_X+\sum\limits_{j=m+1}^{N}\sigma_{N_j}^2}{(N-m)}-\sigma_{N_j}^2 \quad (j\neq k,j=m+1,m+2,\cdots,N) \qquad (5.9-14)$$

由 (5.9-10) 式得留下的 $(N-m)$ 个独立并列高斯加性信道 $(X_j-Y_j)(j=m+1,m+2,\cdots,N)$ 的联合信道容量 $C_{(N-m)_0}$ 的最大值

$$C_{(N-m)_0\max}=\frac{1}{2}\sum_{j=m+1}^{N}\ln\left\{\frac{P_X+\sum\limits_{j=m+1}^{N}\sigma_{N_j}^2}{(N-m)\sigma_{N_j}^2}\right\} \qquad (5.9-15)$$

按 (5.9-14) 式所示原则搭配 P_{X_j}，仍然满足输入总平均功率 P_X 的约束条件. 这是因为

$$\sum_{j=m+1}^{N}P_{X_j}=\sum_{j=m+1}^{N}\left\{\frac{P_X+\sum\limits_{j=m+1}^{N}\sigma_{N_j}^2}{(N-m)}-\sigma_{N_j}^2\right\}$$

$$=\frac{(N-m)}{(N-m)}P_X+\frac{(N-m)\sum\limits_{j=m+1}^{N}\sigma_{N_j}^2}{(N-m)}-\frac{(N-m)}{(N-m)}\sum_{j=m+1}^{N}\sigma_{N_j}^2$$

$$=P_X+\sum_{j=m+1}^{N}\sigma_{N_j}^2-\sum_{j=m+1}^{N}\sigma_{N_j}^2=P_X \qquad (5.9-16)$$

倘若按 (5.9-14) 式搭配原则，重新分配的输入平均功率 $P_{X_j}(j=m+1,\cdots,N;j\neq k)$ 中，仍然出现负值，则可再令它们为零，再按 (5.9-14) 式搭配原则，进行二次重新分配，直到所有留下的输入平均功率大于零为止.

例如，由 $N=10$ 个相互统计独立、均值为零、方差分别为

$$\begin{cases}\sigma_{N_1}^2=0.1\\\sigma_{N_2}^2=0.2\\\sigma_{N_3}^2=0.3\\\sigma_{N_4}^2=0.4\\\sigma_{N_5}^2=0.5\end{cases}\quad\begin{cases}\sigma_{N_6}^2=0.6\\\sigma_{N_7}^2=0.7\\\sigma_{N_8}^2=0.8\\\sigma_{N_9}^2=0.9\\\sigma_{N_{10}}^2=1.0\end{cases} \qquad (5.9-17)$$

的高斯加性噪声 $N_i(i=1,2,\cdots,10)$ 构成 $N=10$ 个独立并列高斯加性信道 $(\boldsymbol{X}-\boldsymbol{Y})$（如图 5.9-2 所示）. 输入信源 $\boldsymbol{X}$ 由 $N=10$ 个相互统计独立、均值为零、平均功率为 $P_{X_i}(i=1,2,\cdots,10)$ 的高斯随机变量 $X_i(i=1,2,\cdots,10)$ 组成的随机矢量 $\boldsymbol{X}=X_1X_2\cdots X_{10}$. 若输入总平均功率限定为 $P_X=5$.

由 (5.9-11) 式可知，若要 C_{N_0} 达到最大值 $C_{N_0\max}$，信道 (X_i-Y_i) 输出随机变量 $Y_i(i=1,2,$

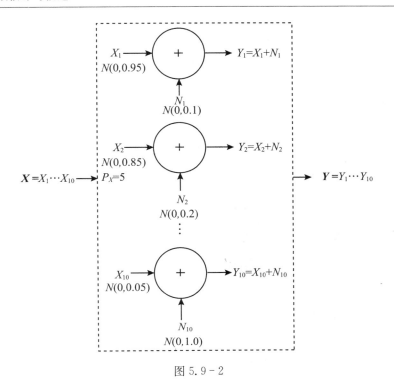

图 5.9 - 2

$\cdots,10)$是常数

$$
\begin{aligned}
P_{Y_i} = K &= \frac{P_X + \sum\limits_{i=1}^{10} \sigma_{N_i}^2}{N} = \frac{5 + \sum\limits_{i=1}^{10} \sigma_{N_i}^2}{10} \\
&= \frac{5 + (0.1 + 0.2 + 0.3 + 0.4 + 0.5 + 0.6 + 0.7 + 0.8 + 0.9 + 1.0)}{10} = 1.05
\end{aligned}
$$

$$(5.9 - 18)$$

由此可知,信道$(X_i - Y_i)(i=1,2,\cdots,10)$的输出平均功率 $P_{Y_i}(i=1,2,\cdots,10)$均大于所有的噪声 $N_i(i=1,2,\cdots,10)$的平均功率 $\sigma_{N_i}^2(i=1,2,\cdots,10)$. 所有信道$(X_i - Y_i)(i=1,2,\cdots,10)$的输入平均功率 $P_{X_i}(i=1,2,\cdots,10)$均大于零,它们分别是:

$$
\begin{cases}
P_{X_1} = K - \sigma_{N_1}^2 = 1.05 - 0.1 = 0.95 \\
P_{X_2} = K - \sigma_{N_2}^2 = 1.05 - 0.2 = 0.85 \\
P_{X_3} = K - \sigma_{N_3}^2 = 1.05 - 0.3 = 0.75 \\
P_{X_4} = K - \sigma_{N_4}^2 = 1.05 - 0.4 = 0.65 \\
P_{X_5} = K - \sigma_{N_5}^2 = 1.05 - 0.5 = 0.55
\end{cases}
\qquad
\begin{cases}
P_{X_6} = K - \sigma_{N_6}^2 = 1.05 - 0.6 = 0.45 \\
P_{X_7} = K - \sigma_{N_7}^2 = 1.05 - 0.7 = 0.35 \\
P_{X_8} = K - \sigma_{N_8}^2 = 1.05 - 0.8 = 0.25 \\
P_{X_9} = K - \sigma_{N_9}^2 = 1.05 - 0.9 = 0.15 \\
P_{X_{10}} = K - \sigma_{N_{10}}^2 = 1.05 - 1.0 = 0.05
\end{cases}
$$

$$(5.9 - 19)$$

由$(5.9 - 10)$式,得信道容量 $C_{10.0}$的最大值

$$C_{10,0\max} = \sum_{i=1}^{10} \frac{1}{2} \ln \left\{ \frac{P_X + \sum_{i=1}^{10} \sigma_{N_i}^2}{10\sigma_{N_i}^2} \right\} = \frac{1}{2} \left(\sum_{i=1}^{10} \ln \frac{1.05}{\sigma_{N_i}^2} \right)$$

$$= \frac{1}{2} \left(\ln \frac{1.05}{0.1} + \ln \frac{1.05}{0.2} + \ln \frac{1.05}{0.3} + \ln \frac{1.05}{0.4} + \ln \frac{1.05}{0.5} \right.$$

$$\left. + \ln \frac{1.05}{0.6} + \ln \frac{1.05}{0.7} + \ln \frac{1.05}{0.8} + \ln \frac{1.05}{0.9} + \ln \frac{1.05}{1.0} \right)$$

$$= \frac{1}{2} \ln \left[\frac{(1.05)^{10}}{0.1 \times 0.2 \times 0.3 \times 0.4 \times 0.5 \times 0.6 \times 0.7 \times 0.8 \times 0.9 \times 1.0} \right]$$

$$= 5.2(奈特) = 6.1 \quad (比特) \tag{5.9-20}$$

若输入总平均功率限定为 $P_X = \sum_{i=1}^{10} P_{X_i} = 1.$

（A）当 C_{N_0} 达到最大值 $C_{N_0\max}$ 时，信道 $(X_i - Y_i)(i=1,2,\cdots,10)$ 的输出随机变量 $Y_i(i=1, 2,\cdots,10)$ 的平均功率

$$P_{Y_i} = K = \frac{P_X + \sum_{i=1}^{10} \sigma_{N_i}^2}{10}$$

$$= \frac{1 + (0.1 + 0.2 + 0.3 + 0.4 + 0.5 + 0.6 + 0.7 + 0.8 + 0.9 + 1.0)}{10} = 0.65 \tag{5.9-21}$$

由(5.9-9)式可知，这时

$$\begin{cases} P_{X_7} = K - \sigma_{N_7}^2 = 0.65 - 0.7 = -0.05 \\ P_{X_8} = K - \sigma_{N_8}^2 = 0.65 - 0.8 = -0.15 \\ P_{X_9} = K - \sigma_{N_9}^2 = 0.65 - 0.9 = -0.25 \\ P_{X_{10}} = K - \sigma_{N_{10}}^2 = 0.65 - 1.0 = -0.35 \end{cases} \tag{5.9-22}$$

这表明，$N=7$、8、9、10 这 $m=4$ 个信道 $(X_7 - Y_7)$、$(X_8 - Y_8)$、$(X_9 - Y_9)$、$(X_{10} - Y_{10})$ 应排除，即令

$$P_{X_7} = P_{X_8} = P_{X_9} = P_{X_{10}} = 0 \tag{5.9-23}$$

只能用 $N=1$、2、3、4、5、6 这 $N-m=6$ 个信道 $(X_j - Y_j)(j=1,2,3,4,5,6)$（见图 5.9-3）.

（B）当余下的 $N-m=10-4=6$ 个高斯加性信道 $(X_j - Y_j)(j=1,2,3,4,5, 6)$ 组成的独立并列高斯加性信道 $(\pmb{X}-\pmb{Y})$ 的联合信道容量 $C_{6,0}$ 达到最大值 $C_{6,0\max}$ 时，$(X_j - Y_j)(j=1,2,3,4,5, 6)$ 信道的输出随机变量 $Y_j(j=1,2,3,4,5,6)$ 的平均功率 $P_{Y_j}(j=1,2,3,4,5,6)$ 是常数

$$P_{Y_j} = K' = \frac{P_X + \sum_{j=1}^{6} \sigma_{N_j}^2}{6}$$

$$= \frac{1 + (0.1 + 0.2 + 0.3 + 0.4 + 0.5 + 0.6)}{6} = 0.517$$

$$(j=1,2,3,4,5,6) \tag{5.9-24}$$

显然，由(5.9-9)式，又有

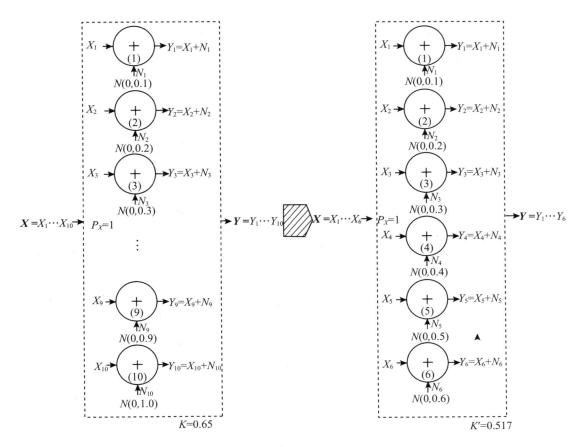

图 5.9 - 3

$$P_{X_6} = \frac{P_X + \sum_{j=1}^{6} \sigma_{N_j}^2}{6} - \sigma_{N_6}^2 = 0.517 - 0.6 = -0.083 \tag{5.9 - 25}$$

这就是说,在去掉信道$(X_7 - Y_7)$、$(X_8 - Y_8)$、$(X_9 - Y_9)$、$(X_{10} - Y_{10})$这 $m = 4$ 个信道之后,还必须再去掉信道$(X_6 - Y_6)$,余下的$(N-m)=(10-5)=5$ 个信道$(X_{j'} - Y_{j'})(j'=1,2,3,4,5)$组成独立并列高斯加性信道$(\boldsymbol{X} - \boldsymbol{Y})$(如图 5.9 - 4 所示).

（C）当余下的$(N-m)=(10-5)=5$ 个高斯加性信道$(X_{j'} - Y_{j'})(j'=1,2,3,4,5)$组成的独立并列高斯加性信道$(\boldsymbol{X} - \boldsymbol{Y})$的联合信道容量 C_{N_0} 达到最大值 $C_{N_0\max}$ 时,信道$(X_{j'} - Y_{j'})(j'=1,2,3,4,5)$的输出随机变量 $Y_{j'}(j'=1,2,3,4,5)$的平均功率 $P_{Y_{j'}}(j'=1,2,3,4,5)$是常数

$$P_{Y_{j'}} = K'' = \frac{P_X + \sum_{j'=1}^{5} \sigma_{N_{j'}}^2}{5} = \frac{1 + (0.1 + 0.2 + 0.3 + 0.4 + 0.5)}{5} = 0.5$$
$$(j' = 1,2,3,4,5) \tag{5.9 - 26}$$

显然,由(5.9 - 9)式,有

$$P_{X_5} = K'' - \sigma_{N_5}^2 = 0.5 - 0.5 = 0 \tag{5.9 - 27}$$

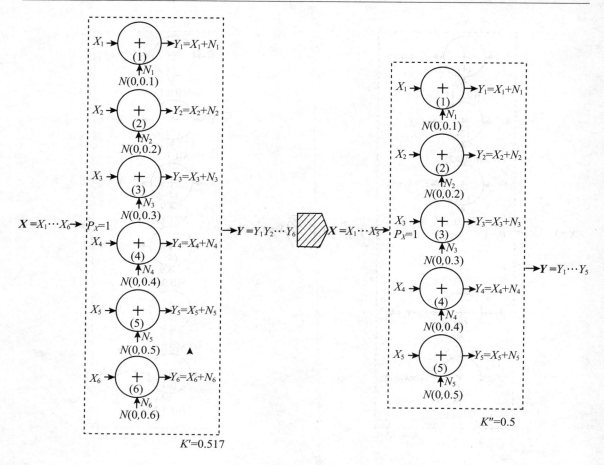

图 5.9-4

那么,信道$(X_5 - Y_5)$又必须予以排除,只能用余下的$(N-m)=(10-6)=4$个信道$(X_1 - Y_1)$、$(X_2 - Y_2)$、$(X_3 - Y_3)$、$(X_4 - Y_4)$组成独立并列高斯加性信道$(X - Y)$(如图 5.9-5 所示).

(D) 当余下的$(N-m)=(10-6)=4$个高斯加性信道$(X_{j''} - Y_{j''})(j''=1,2,3,4)$组成的独立并列高斯加性信道$(X - Y)$的联合信道容量 C_{N_0} 达到最大值 $C_{N_0 \max}$ 时,信道$(X_{j''} - Y_{j''})(j''=1,2,3,4)$的输出随机变量 $Y_{j''}(j''=1,2,3,4)$的平均功率 $P_{Y_{j''}}(j''=1,2,3,4)$是常数

$$P_{Y_{j''}} = K''' = \frac{P_X + \sum_{j''=1}^{4}\sigma_{N_{j''}}^2}{4} = \frac{1+(0.1+0.2+0.3+0.4)}{4} = 0.5$$
$$(j''=1,2,3,4) \tag{5.9-28}$$

显然,由(5.9-9)式,有

$$\begin{cases} P_{X_1} = K''' - \sigma_{N_1}^2 = 0.5 - 0.1 = 0.4 \\ P_{X_2} = K''' - \sigma_{N_2}^2 = 0.5 - 0.2 = 0.3 \\ P_{X_3} = K''' - \sigma_{N_3}^2 = 0.5 - 0.3 = 0.2 \\ P_{X_4} = K''' - \sigma_{N_4}^2 = 0.5 - 0.4 = 0.1 \end{cases} \tag{5.9-29}$$

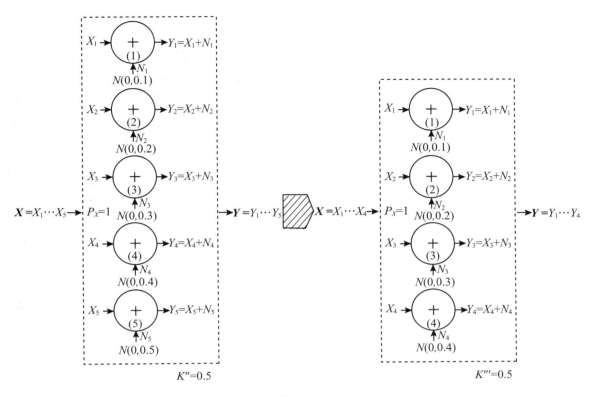

图 5.9－5

这样,就保证了

$$\begin{cases} P_{X_i} > 0 \quad (i = 1,2,3,4) \\ \sum_{i=1}^{4} P_{X_i} = P_X = 1 \end{cases} \qquad (5.9-30)$$

由(5.9－15)式,得图 5.9－3 所示独立并列高斯加性信道($\boldsymbol{X}$－$\boldsymbol{Y}$)联合信道容量 C_{N_0} 的最大值

$$C_{10.0\max} = \frac{1}{2} \sum_{j''=1}^{4} \ln \left\{ \frac{P_X + \sigma_{N_{j''}}^2}{(N-m)\sigma_{N_{j''}}^2} \right\} = \frac{1}{2} \sum_{j''=1}^{4} \ln \frac{0.5}{\sigma_{N_{j''}}^2}$$

$$= \frac{1}{2} \left(\ln \frac{0.5}{0.1} + \ln \frac{0.5}{0.2} + \ln \frac{0.5}{0.3} + \ln \frac{0.5}{0.4} \right)$$

$$= \frac{1}{2} \ln \frac{(0.5)^4}{0.1 \times 0.2 \times 0.3 \times 0.4}$$

$$= 1.63(奈特) = 2.4(比特) \qquad (5.9-31)$$

这样,定理 5.15 就得到了证明和全面的讨论.

　　定理生动地告诉我们:对于总输入平均功率受限的"独立并列高斯加性信道"的信息传输来说,在噪声平均功率超过了输出平均功率时,可不发信号,使其输入平均功率为零;在噪声平均功率等于输出平均功率时,亦可不发信号,使其输入平均功率为零;在噪声平均功率比较大,但还没有超过输出平均功率时,可以少给一点输入平均功率;在噪声平均功率比较小时,可以多给一点输入平均功率. 按照这一原则搭配输入平均功率, 能使独立并列高斯加性信道的联合信道容量达到最大值, 实现信道容量"最大化", 提高通信有效性.

人们在有噪声干扰的环境中传递消息的实践经验告诉我们: 因为人们说话的能量总是有一定限度的, 不可能无限大, 所以在噪声很大, 以至对方已无法听到你说话声音时, 干脆暂停说话; 在噪声比较小, 对方基本能听到你的说话时, 多花一点能量传递消息; 在没有噪声干扰, 对方能确切无误地听清你的话时, 你就会抓紧时间, 抓住时机, 尽力地把要说的话讲清楚. 这些传递消息的实践经验, 是对以上论述的输入平均功率和噪声平均功率相互搭配原则的一种验证, 也是一种实际应用.

最后, 还必须指出: 对 N 个独立并列高斯加性信道 $(\boldsymbol{X} = X_1 X_2 \cdots X_N - \boldsymbol{Y} = Y_1 Y_2 \cdots Y_N)$ 来说, 若 $N = 2FT$, 加性噪声 $N_i (i = 1, 2, \cdots, N)$ 都是均值 $m_{N_i} = 0$、方差 $\sigma_{N_i}^2 = N_0 F$ 的高斯随机变量 $N(0, N_0 F)$, 则这样的 N 个独立并列高斯加性信道 $(\boldsymbol{X} = X_1 X_2 \cdots X_N - \boldsymbol{Y} = Y_1 Y_2 \cdots Y_N)$, 就是"限时" T、"限频" F、均值为零、功率谱密度 $|H(f)|^2 = N_0/2 (-F \leqslant f \leqslant F)$ 的"高斯白噪声加性信道". 所以, "高斯白噪声加性信道"是 N 个独立并列信道 $(\boldsymbol{X} = X_1 X_2 \cdots X_N - \boldsymbol{Y} = Y_1 Y_2 \cdots Y_N)$ 的一个特例.

【例 5.1】 设 N-维连续信源 $\boldsymbol{X} = X_1 X_2 \cdots X_N$ 的联合相对熵 $h(\boldsymbol{X})$, 随机变量 X_i 的相对熵 $h(X_i)(i = 1, 2, \cdots, N)$. 试证明

$$h(\boldsymbol{X}) = h(X_1 X_2 \cdots X_N) \leqslant \sum_{i=1}^{N} h(X_i)$$

当且仅当 X_1、X_2、$\cdots$、X_N 之间统计独立时, 等式才成立.

证明

(1) N-维连续信源 $\boldsymbol{X} = X_1 X_2 \cdots X_N$ 的相对熵

$$h(\boldsymbol{X}) = h(X_1 X_2 \cdots X_N)$$

$$= -\iint_{X_1 X_2} \cdots \int_{X_N} p(x_1 x_2 \cdots x_N) \log p(x_1 x_2 \cdots x_N) \mathrm{d}x_1 \mathrm{d}x_2 \cdots \mathrm{d}x_N$$

$$= -\int_{X_1} \cdots \int_{X_N} p(x_1 x_2 \cdots x_N) \log[p(x_1) p(x_2/x_1) \cdots p(x_N/x_1 x_2 \cdots x_{N-1})] \mathrm{d}x_1 \cdots \mathrm{d}x_N$$

$$= -\int_{X_1} \cdots \int_{X_N} p(x_1 x_2 \cdots x_N) \log p(x_1) \mathrm{d}x_1 \cdots \mathrm{d}x_N$$

$$\quad -\int_{X_1} \cdots \int_{X_N} p(x_1 x_2 \cdots x_N) \log p(x_2/x_1) \mathrm{d}x_1 \mathrm{d}x_2 \cdots \mathrm{d}x_N$$

$$\vdots$$

$$\quad -\int_{X_1} \cdots \int_{X_N} p(x_1 x_2 \cdots x_N) \log p(x_N/x_1 x_2 \cdots x_{N-1}) \mathrm{d}x_1 \mathrm{d}x_2 \cdots \mathrm{d}x_N$$

$$= -\int_{X_1} p(x_1) \log p(x_1) \mathrm{d}x_1 - \iint_{X_1 X_2} p(x_1 x_2) \log p(x_2/x_1) \mathrm{d}x_1 \mathrm{d}x_2$$

$$\quad -\iiint_{X_1 X_2 X_3} p(x_1 x_2 x_3) \log p(x_3/x_1 x_2) \mathrm{d}x_1 \mathrm{d}x_2 \mathrm{d}x_3$$

$$\vdots$$

$$-\int_{X_1}\cdots\int_{X_N}p(x_1x_2\cdots x_N)\log p(x_N/x_1x_2\cdots x_{N-1})\mathrm{d}x_1\mathrm{d}x_2\cdots\mathrm{d}x_N$$

$$=h(X_1)+h(X_2/X_1)+h(X_3/X_1X_2)+\cdots+h(X_N/X_1X_2\cdots X_{N-1}) \tag{1}$$

（2）N-维连续信源 $\boldsymbol{X}=X_1X_2\cdots X_N$ 的 $(k-1)$ 阶条件相对熵.

考虑到

$$\begin{cases}\displaystyle\int_{X_k}p(x_k/x_1x_2\cdots x_{k-1})\mathrm{d}x_k=1\\[4mm]\displaystyle\int_{X_k}p(x_k)\mathrm{d}x_k=1\end{cases} \tag{2}$$

以及

$$-\int_{X_k}p(x_k/x_1x_2\cdots x_{k-1})\log p(x_k/x_1x_2\cdots x_{k-1})\mathrm{d}x_k$$

$$\leqslant-\int_{X_k}p(x_k/x_1x_2\cdots x_{k-1})\log p(x_k)\mathrm{d}x_k \tag{3}$$

由此，得 $\boldsymbol{X}=X_1X_2\cdots X_N$ 的 $(k-1)$ 阶条件相对熵

$$h(X_k/X_1X_2\cdots X_{k-1})=-\int_{X_1}\cdots\int_{X_k}p(x_1x_2\cdots x_k)\log p(x_k/x_1x_2\cdots x_{k-1})\mathrm{d}x_1\cdots\mathrm{d}x_k$$

$$=-\int_{X_1}\cdots\int_{X_k}p(x_1x_2\cdots x_{k-1})p(x_k/x_1x_2\cdots x_{k-1})\log p(x_k/x_1x_2\cdots x_{k-1})\mathrm{d}x_1\cdots\mathrm{d}x_k$$

$$=\int_{X_1}\cdots\int_{X_{k-1}}p(x_1x_2\cdots x_{k-1})\mathrm{d}x_1\cdots\mathrm{d}x_{k-1}\left\{-\int_{X_k}p(x_k/x_1x_2\cdots x_{k-1})\log p(x_k/x_1\cdots x_{k-1})\mathrm{d}x_k\right\}$$

$$\leqslant\int_{X_1}\cdots\int_{X_{k-1}}p(x_1x_2\cdots x_{k-1})\mathrm{d}x_1\cdots\mathrm{d}x_{k-1}\left\{-\int_{X_k}p(x_k/x_1\cdots x_{k-1})\log p(x_k)\mathrm{d}x_k\right\}$$

$$=-\int_{X_1}\cdots\int_{X_k}p(x_1x_2\cdots x_k)\log p(x_k)\mathrm{d}x_1\mathrm{d}x_2\cdots\mathrm{d}x_k$$

$$=-\int_{X_k}p(x_k)\log p(x_k)\mathrm{d}x_k=h(X_k)\quad(k=2,3,\cdots,N) \tag{4}$$

（3）由（1）式和（4）式，得

$$h(\boldsymbol{X})=h(X_1)+h(X_2/X_1)+h(X_3/X_1X_2)+\cdots+h(X_N/X_1X_2\cdots X_{N-1})$$

$$\leqslant h(X_1)+h(X_2)+h(X_3)+\cdots+h(X_N)$$

$$=\sum_{i=1}^{N}h(X_i) \tag{5}$$

当 $\boldsymbol{X}=X_1X_2\cdots X_N$ 中，$X_1,X_2,\cdots,X_N$ 统计独立时，有

$$p(\boldsymbol{x})=p(x_1x_2\cdots x_N)=p(x_1)p(x_2)\cdots p(x_N) \tag{6}$$

且

$$p(x_k/x_1\cdots x_{k-1})=p(x_k) \tag{7}$$

则由(4)式,有

$$h(X_k/X_1X_2\cdots X_{k-1}) = -\int_{X_1}\cdots\int_{X_k} p(x_1x_2\cdots x_k)\log p(x_k/x_1x_2\cdots x_{k-1})\mathrm{d}x_1\cdots\mathrm{d}x_k$$

$$= -\int_{X_k} p(x_k)\log p(x_k)\mathrm{d}x_k$$

$$= h(X_k) \quad (k = 2,3,\cdots,N) \tag{8}$$

这时,

$$h(\boldsymbol{X}) = h(X_1X_2\cdots X_N)$$

$$= h(X_1) + h(X_2/X_1) + h(X_3/X_1X_2) + \cdots + h(X_k/X_1X_2\cdots X_{k-1}) + \cdots + h(X_N/X_1\cdots X_{N-1})$$

$$= h(X_1) + h(X_2) + h(X_3) + \cdots + h(X_k) + \cdots + h(X_N)$$

$$= \sum_{i=1}^{N} h(X_i) \tag{9}$$

这表明,N-维连续信源 $\boldsymbol{X} = X_1X_2\cdots X_N$ 的联合相对熵 $h(X_1X_2\cdots X_N)$ 等于各阶条件熵之和,一定不超过各时刻随机变量 X_i 的相对熵 $h(X_i)(i=1,2,\cdots,N)$ 之和 $\sum\limits_{i=1}^{N} h(X_i)$,只有当 X_1、X_2、$\cdots$、X_N 统计独立时,才有 $h(X_1X_2\cdots X_N) = \sum\limits_{i=1}^{N} h(X_i)$.

【例 5.2】 设连续信道 $(X-Y)$ 的传递概率密度函数为 $p(y/x)$,其 N 次扩展信道 $(\boldsymbol{X}-\boldsymbol{Y})$ 的传递概率密度函数为 $p(\boldsymbol{y}/\boldsymbol{x}) = p(y_1y_2\cdots y_N/x_1x_2\cdots x_N)$. 试证明:若

$$\begin{cases} p(y_k/x_1x_2\cdots x_k; y_1y_2\cdots y_{k-1}) = p(y_k/x_k) \\ p(y_1y_2\cdots y_{k-1}/x_1x_2\cdots x_{k-1}x_k) = p(y_1y_2\cdots y_{k-1}/x_1x_2\cdots x_{k-1}) \end{cases}$$

$$(k = 2,3,\cdots,N)$$

则信道 $(X-Y)$ 无记忆.

证明 反复运用

$$\begin{cases} p(y_k/x_1x_2\cdots x_{k-1}x_k; y_1y_2\cdots y_{k-1}) = p(y_k/x_k) \\ p(y_1y_2\cdots y_{k-1}/x_1x_2\cdots x_{k-1}x_k) = p(y_1y_2\cdots y_{k-1}/x_1x_2\cdots x_{k-1}) \end{cases}$$

$$(k = 2,3,\cdots,N) \tag{1}$$

则有

$$p(y_1y_2\cdots y_k/x_1x_2\cdots x_k)$$

$$= p(y_1y_2\cdots y_{k-1}/x_1x_2\cdots x_{k-1}x_k) \cdot p(y_k/x_1x_2\cdots x_{k-1}x_k; y_1y_2\cdots y_{k-1})$$

$$= p(y_1y_2\cdots y_{k-1}/x_1x_2\cdots x_{k-1}) \cdot p(y_k/x_k)$$

$$= p(y_1y_2\cdots y_{k-2}/x_1x_2\cdots x_{k-2}x_{k-1}) \cdot p(y_{k-1}/x_1x_2\cdots x_{k-2}x_{k-1}; y_1y_2\cdots y_{k-2}) \cdot p(y_k/x_k)$$

$$= p(y_1y_2\cdots y_{k-2}/x_1x_2\cdots x_{k-2}) \cdot p(y_{k-1}/x_{k-1}) \cdot p(y_k/x_k)$$

$$\vdots$$

$$= p(y_1/x_1)p(y_2/x_2)\cdots p(y_{k-1}/x_{k-1}) \cdot p(y_k/x_k)$$

$$= \prod_{i=1}^{k} p(y_i/x_i) \quad (k = 2,3,\cdots,N) \tag{2}$$

由(2)式,进而有

$$p(\boldsymbol{y}/\boldsymbol{x}) = p(y_1 y_2 \cdots y_N / x_1 x_2 \cdots x_N)$$

$$= p(y_1/x_1) p(y_2/x_2) \cdots p(y_{N-1}/x_{N-1}) \cdot p(y_N/x_N)$$

$$= \prod_{i=1}^{N} p(y_i/x_i) \tag{3}$$

这就证明了 N-维连续信道($\boldsymbol{X}$-$\boldsymbol{Y}$)是连续信道(X-Y)的无记忆扩展信道,即连续信道(X-Y)无记忆.

【例 5.3】　如图 E5.3-1 所示 N-维连续信道(1)、(2)、(3)串接信道中,N-维随机矢量($\boldsymbol{S}$, $\boldsymbol{X}$,$\boldsymbol{Y}$,$\boldsymbol{Z}$)构成 Markov 链. 试证明

$$I(\boldsymbol{X};\boldsymbol{Y}) \geqslant I(\boldsymbol{S};\boldsymbol{Z})$$

当且仅当(1)、(3)是一一对应确定函数变换关系时,等式才成立.

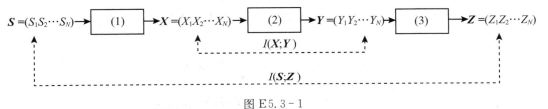

图 E5.3-1

证明

(1) 证明 $I(\boldsymbol{X};\boldsymbol{Y}) \geqslant I(\boldsymbol{X};\boldsymbol{Z})$.

(A) 证明:$I(\boldsymbol{X}\boldsymbol{Y};\boldsymbol{Z}) \geqslant I(\boldsymbol{Y};\boldsymbol{Z})$,当($\boldsymbol{X},\boldsymbol{Y},\boldsymbol{Z}$)是 M-链时,$I(\boldsymbol{X}\boldsymbol{Y};\boldsymbol{Z}) = I(\boldsymbol{Y};\boldsymbol{Z})$

由

$$I(\boldsymbol{X}\boldsymbol{Y};\boldsymbol{Z}) = \iiint\limits_{XYZ} p(\boldsymbol{xyz}) \log \frac{p(\boldsymbol{z}/\boldsymbol{xy})}{p(\boldsymbol{z})} \mathrm{d}\boldsymbol{x}\mathrm{d}\boldsymbol{y}\mathrm{d}\boldsymbol{z} \tag{1}$$

$$I(\boldsymbol{Y};\boldsymbol{Z}) = \iint\limits_{YZ} p(\boldsymbol{yz}) \log \frac{p(\boldsymbol{z}/\boldsymbol{y})}{p(\boldsymbol{z})} \mathrm{d}\boldsymbol{y}\mathrm{d}\boldsymbol{z}$$

$$= \iiint\limits_{XYZ} p(\boldsymbol{xyz}) \log \frac{p(\boldsymbol{z}/\boldsymbol{y})}{p(\boldsymbol{z})} \mathrm{d}\boldsymbol{x}\mathrm{d}\boldsymbol{y}\mathrm{d}\boldsymbol{z} \tag{2}$$

得

$$I(\boldsymbol{Y};\boldsymbol{Z}) - I(\boldsymbol{X}\boldsymbol{Y};\boldsymbol{Z}) = \iiint\limits_{XYZ} p(\boldsymbol{xyz}) \log \frac{p(\boldsymbol{z}/\boldsymbol{y})}{p(\boldsymbol{z}/\boldsymbol{xy})} \mathrm{d}\boldsymbol{x}\mathrm{d}\boldsymbol{y}\mathrm{d}\boldsymbol{z} \tag{3}$$

因有

$$\iiint\limits_{XYZ} p(\boldsymbol{xyz}) \mathrm{d}\boldsymbol{x}\mathrm{d}\boldsymbol{y}\mathrm{d}\boldsymbol{z} = 1 \tag{4}$$

根据对数函数的上凸性,等式(3)可改写为

$$I(\boldsymbol{Y};\boldsymbol{Z}) - I(\boldsymbol{X}\boldsymbol{Y};\boldsymbol{Z})$$

$$\leqslant \log \left\{ \iiint\limits_{XYZ} p(\boldsymbol{xyz}) \frac{p(\boldsymbol{z}/\boldsymbol{y})}{p(\boldsymbol{z}/\boldsymbol{xy})} \mathrm{d}\boldsymbol{x}\mathrm{d}\boldsymbol{y}\mathrm{d}\boldsymbol{z} \right\}$$

$$= \log\left\{ \iint\limits_{XY} p(xy)\,\mathrm{d}x\mathrm{d}y \int\limits_{Z} p(z/y)\,\mathrm{d}z \right\}$$

$$= \log 1 = 0 \tag{5}$$

即证得

$$I(XY;Z) \geqslant I(Y;Z) \tag{6}$$

当(X,Y,Z)是M-链时,有

$$p(z/xy) = p(z/y) \tag{7}$$

由(3)式,得

$$I(Y;Z) - I(XY;Z) = \iiint\limits_{XYZ} p(xyz)\log 1\,\mathrm{d}x\mathrm{d}y\mathrm{d}z = 0 \tag{8}$$

即证得

$$I(XY;Z) = I(Y;Z) \tag{9}$$

(B) 证明:$I(XY;Z) \geqslant I(X;Z)$,当(YXZ)是M-链时,$I(XY;Z) = I(X;Z)$

由

$$I(X;Z) = \iint\limits_{XZ} p(xz)\log\frac{p(z/x)}{p(z)}\,\mathrm{d}x\mathrm{d}z$$

$$= \iiint\limits_{XYZ} p(xyz)\log\frac{p(z/x)}{p(z)}\,\mathrm{d}x\mathrm{d}y\mathrm{d}z \tag{10}$$

得

$$I(X;Z) - I(XY;Z) = \iiint\limits_{XYZ} p(xyz)\log\frac{p(z/x)}{p(z/xy)}\,\mathrm{d}x\mathrm{d}y\mathrm{d}z$$

$$\leqslant \log\left\{ \iiint\limits_{XYZ} p(xyz)\,\frac{p(z/x)}{p(z/xy)}\,\mathrm{d}x\mathrm{d}y\mathrm{d}z \right\}$$

$$= \log\left\{ \iint\limits_{XY} p(xy)\,\mathrm{d}x\mathrm{d}y \int\limits_{Z} p(z/x)\,\mathrm{d}z \right\}$$

$$= \log 1 = 0 \tag{11}$$

即证得

$$I(XY;Z) \geqslant I(X;Z) \tag{12}$$

当(YXZ)是M-链时,有

$$p(z/xy) = p(z/x) \tag{13}$$

由(11)式,得

$$I(X;Z) - I(XY;Z) = \iiint\limits_{XYZ} p(xyz)\log 1\,\mathrm{d}x\mathrm{d}y\mathrm{d}z = 0 \tag{14}$$

即证得

$$I(XY;Z) = I(X;Z) \tag{15}$$

(C) 证明:当(XYZ)是M-链时,(ZYX)同时亦是M-链.

当(XYZ)是M-链时,有

$$p(z/xy) = p(z/y) \tag{16}$$

而

$$p(z/xy) = \frac{p(xyz)}{p(xy)} = \frac{p(zy)\,p(x/zy)}{p(y)\,p(x/y)}$$

$$= \frac{p(x/zy)}{p(x/y)} \cdot p(z/y) \tag{17}$$

由(16)式,有

$$p(x/zy) = p(x/y) \tag{18}$$

这表明,(ZYX)亦是 M-链.

(D) 证明:当(XYZ)是 M-链时,$I(X;Y) \geqslant I(X;Z)$,当(YZX)亦是 M-链时,才有 $I(X;Y) = I(X;Z)$.

因(XYZ)是 M-链,所以(ZYX)亦是 M-链.

由(9)式,有

$$I(ZY;X) = I(Y;X) \tag{19}$$

而当(Y,Z,X)不是 M-链时,由等式(12),有

$$I(ZY;X) \geqslant I(Z;X) \tag{20}$$

由(19)式和(20)式,得

$$I(Y;X) \geqslant I(Z;X) \tag{21}$$

即

$$I(X;Y) \geqslant I(X;Z) \tag{22}$$

当(Y,Z,X)同时亦是 M-链时,由等式(15),有

$$I(ZY;X) = I(Z;X) \tag{23}$$

由(19)式和(23)式,有

$$I(Y;X) = I(Z;X) \tag{24}$$

即

$$I(X;Y) = I(X;Z) \tag{25}$$

综上所述,在图 E5.3-1 所示的 N-维连续信道的串接信道中,当 N-维随机变量序列(XYZ)是 Markov 链时,$I(X;Y) = I(X_1 X_2 \cdots X_N; Y_1 Y_2 \cdots Y_N) \geqslant I(X;Z) = I(X_1 X_2 \cdots X_N; Z_1 Z_2 \cdots Z_N)$. 只有当 N-维随机变量序列(YZX)同时亦是 Markov 链时,才有 $I(X;Y) = I(X_1 X_2 \cdots X_N; Y_1 Y_2 \cdots Y_N) = I(X;Z) = I(X_1 X_2 \cdots X_N; Z_1 Z_2 \cdots Z_N)$(如图 E5.3-2 所示).

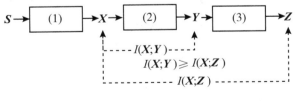

图 E5.3-2

(2) 证明 $I(X;Z) \geqslant I(S;Z)$.

把图 E5.3-1 串接信道中的(2)、(3)信道,看作一个信道(如图 E5.3-3 所示).

(A) 由不等式(6),有

$$I(SX;Z) \geqslant I(X;Z) \tag{26}$$

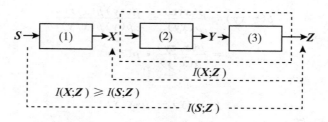

图 E 5.3 - 3

只有当 $(\boldsymbol{SXZ})$ 是 M-链时,才有

$$I(\boldsymbol{S}\,\boldsymbol{X}\,;\boldsymbol{Z}) = I(\boldsymbol{X}\,;\boldsymbol{Z}) \tag{27}$$

   (B) 由不等式(12),有

$$I(\boldsymbol{S}\,\boldsymbol{X}\,;\boldsymbol{Z}) \geqslant I(\boldsymbol{S}\,;\boldsymbol{Z}) \tag{28}$$

只有当 $(\boldsymbol{XSZ})$ 是 M-链时,才有

$$I(\boldsymbol{S}\,\boldsymbol{X}\,;\boldsymbol{Z}) = I(\boldsymbol{S}\,;\boldsymbol{Z}) \tag{29}$$

   (C) 因 $(\boldsymbol{SXZ})$ 是 M-链,则由(27)、(28)式,有

$$I(\boldsymbol{X}\,;\boldsymbol{Z}) \geqslant I(\boldsymbol{S}\,;\boldsymbol{Z}) \tag{30}$$

只有当 $(\boldsymbol{XSZ})$ 同时亦是 M-链时,才有

$$I(\boldsymbol{X}\,;\boldsymbol{Z}) = I(\boldsymbol{S}\,;\boldsymbol{Z}) \tag{31}$$

   (3) 证明 $I(\boldsymbol{X}\,;\boldsymbol{Y}) \geqslant I(\boldsymbol{S}\,;\boldsymbol{Z})$.

   因为 $(\boldsymbol{SXYZ})$ 是 M-链,由不等式(22),可知

$$I(\boldsymbol{X}\,;\boldsymbol{Y}) \geqslant I(\boldsymbol{X}\,;\boldsymbol{Z}) \tag{32}$$

由不等式(30),可知

$$I(\boldsymbol{X}\,;\boldsymbol{Z}) \geqslant I(\boldsymbol{S}\,;\boldsymbol{Z}) \tag{33}$$

则证得

$$I(\boldsymbol{X}\,;\boldsymbol{Y}) \geqslant I(\boldsymbol{S}\,;\boldsymbol{Z}) \tag{34}$$

如图 E 5.3 - 4 所示.

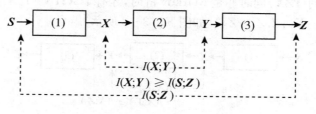

图 E 5.3 - 4

   (4) 证明 $I(\boldsymbol{S}\,;\boldsymbol{Z}) = I(\boldsymbol{X}\,;\boldsymbol{Y})$.

   在图 E 5.3 - 1 中,设(1)和(3)分别是有——对应确定函数 $\boldsymbol{x} = x(\boldsymbol{s})$ 和 $\boldsymbol{z} = z(\boldsymbol{y})$ 的"变换装置"(如图 E 5.3 - 5 所示).

   N-维随机矢量 $\boldsymbol{S} = (S_1 S_2 \cdots S_N)$ 与 $\boldsymbol{X} = (X_1 X_2 \cdots X_N)$ 之间,以及 $\boldsymbol{Y} = (Y_1 Y_2 \cdots Y_N)$ 与 $\boldsymbol{Z} = (Z_1 Z_2 \cdots Z_N)$ 之间的变换关系为

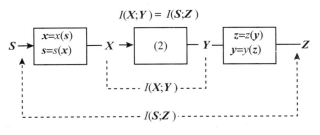

图 E 5.3 - 5

$$\begin{cases} \boldsymbol{x} = x(\boldsymbol{s}) \\ \boldsymbol{s} = s(\boldsymbol{x}) \end{cases} \quad \begin{cases} \boldsymbol{z} = z(\boldsymbol{y}) \\ \boldsymbol{y} = y(\boldsymbol{z}) \end{cases} \tag{35}$$

且有

$$\frac{\partial \boldsymbol{x}}{\partial \boldsymbol{z}} = \frac{\partial \boldsymbol{y}}{\partial \boldsymbol{s}} = 0 \tag{36}$$

则 N-维坐标$(\boldsymbol{S}\text{-}\boldsymbol{Z})$与$(\boldsymbol{X}\text{-}\boldsymbol{Y})$之间的"雅柯比"行列式

$$\left| J\left(\frac{\boldsymbol{X}\,\boldsymbol{Y}}{\boldsymbol{S}\,\boldsymbol{Z}}\right) \right| = \begin{vmatrix} \dfrac{\partial \boldsymbol{x}}{\partial \boldsymbol{s}} & \dfrac{\partial \boldsymbol{x}}{\partial \boldsymbol{z}} \\ \dfrac{\partial \boldsymbol{y}}{\partial \boldsymbol{s}} & \dfrac{\partial \boldsymbol{y}}{\partial \boldsymbol{z}} \end{vmatrix}$$

$$= \frac{\partial \boldsymbol{x}}{\partial \boldsymbol{s}} \cdot \frac{\partial \boldsymbol{y}}{\partial \boldsymbol{z}} = \frac{\mathrm{d}\boldsymbol{x}}{\mathrm{d}\boldsymbol{s}} \cdot \frac{\mathrm{d}\boldsymbol{y}}{\mathrm{d}\boldsymbol{z}} \tag{37}$$

设 N-维坐标系$(\boldsymbol{X}\text{-}\boldsymbol{Y})$中的概率密度函数分别为 $p(\boldsymbol{x})$、$p(\boldsymbol{y})$、$P(\boldsymbol{x}\,\boldsymbol{y})$、$p(\boldsymbol{y}/\boldsymbol{x})$；$(\boldsymbol{S}\text{-}\boldsymbol{Z})$坐标系中相应的概率密度函数分别为 $p'(\boldsymbol{s})$、$p'(\boldsymbol{z})$、$p'(\boldsymbol{s}\,\boldsymbol{z})$、$p'(\boldsymbol{z}/\boldsymbol{s})$. 由 N-维坐标变换理论，有

$$p'(\boldsymbol{s}\,\boldsymbol{z}) = p(\boldsymbol{x}\,\boldsymbol{y}) \left| J\left(\frac{\boldsymbol{X}\,\boldsymbol{Y}}{\boldsymbol{S}\,\boldsymbol{Z}}\right) \right| = p(\boldsymbol{x}\,\boldsymbol{y}) \frac{\mathrm{d}\boldsymbol{x}}{\mathrm{d}\boldsymbol{s}} \cdot \frac{\mathrm{d}\boldsymbol{y}}{\mathrm{d}\boldsymbol{z}} \tag{38}$$

$$p'(\boldsymbol{s}) = p(\boldsymbol{x}) \left| J\left(\frac{\boldsymbol{X}}{\boldsymbol{S}}\right) \right| = p(\boldsymbol{x}) \frac{\mathrm{d}\boldsymbol{x}}{\mathrm{d}\boldsymbol{s}} \tag{39}$$

$$p'(\boldsymbol{z}) = p(\boldsymbol{y}) \left| J\left(\frac{\boldsymbol{Y}}{\boldsymbol{Z}}\right) \right| = p(\boldsymbol{y}) \frac{\mathrm{d}\boldsymbol{y}}{\mathrm{d}\boldsymbol{z}} \tag{40}$$

$$p'(\boldsymbol{z}/\boldsymbol{s}) = \frac{p'(\boldsymbol{s}\boldsymbol{z})}{p(\boldsymbol{s})} = \frac{p(\boldsymbol{x}\boldsymbol{y}) \dfrac{\mathrm{d}\boldsymbol{x}}{\mathrm{d}\boldsymbol{s}} \cdot \dfrac{\mathrm{d}\boldsymbol{y}}{\mathrm{d}\boldsymbol{z}}}{p(\boldsymbol{x}) \dfrac{\mathrm{d}\boldsymbol{x}}{\mathrm{d}\boldsymbol{s}}}$$

$$= p(\boldsymbol{y}/\boldsymbol{x}) \frac{\mathrm{d}\boldsymbol{y}}{\mathrm{d}\boldsymbol{z}} \tag{41}$$

由此，有

$$I(\boldsymbol{S};\boldsymbol{Z}) = \iint\limits_{\boldsymbol{S}\,\boldsymbol{Z}} p'(\boldsymbol{s}\,\boldsymbol{z}) \log \frac{p'(\boldsymbol{z}/\boldsymbol{s})}{p'(\boldsymbol{z})} \mathrm{d}\boldsymbol{s}\mathrm{d}\boldsymbol{z}$$

$$= \iint\limits_{\boldsymbol{X}\boldsymbol{Y}} \left\{ p(\boldsymbol{x}\,\boldsymbol{y}) \left| J\left(\frac{\boldsymbol{X}\,\boldsymbol{Y}}{\boldsymbol{S}\,\boldsymbol{Z}}\right) \right| \right\} \log \frac{p(\boldsymbol{y}/\boldsymbol{x}) \dfrac{\mathrm{d}\boldsymbol{y}}{\mathrm{d}\boldsymbol{z}}}{p(\boldsymbol{y}) \cdot \dfrac{\mathrm{d}\boldsymbol{y}}{\mathrm{d}\boldsymbol{z}}} \left\{ \left| J\left(\frac{\boldsymbol{S}\,\boldsymbol{Z}}{\boldsymbol{X}\,\boldsymbol{Y}}\right) \right| \mathrm{d}\boldsymbol{x}\mathrm{d}\boldsymbol{y} \right\}$$

$$= \iint\limits_{XY} p(\boldsymbol{x}\,\boldsymbol{y}) \log \frac{p(\boldsymbol{y}/\boldsymbol{x})}{p(\boldsymbol{y})} \mathrm{d}\boldsymbol{x}\mathrm{d}\boldsymbol{y}$$

$$= I(\boldsymbol{X};\boldsymbol{Y}) \tag{42}$$

这就证明了当(1)、(3)是一一对应确定函数关系的"变换装置"时,信道(2)($\boldsymbol{X}$–$\boldsymbol{Y}$)的平均互信息 $I(\boldsymbol{X};\boldsymbol{Y})$,等于信源 $\boldsymbol{S}$ 与信宿 $\boldsymbol{Z}$ 之间的平均互信息 $I(\boldsymbol{S};\boldsymbol{Z})$. "变换装置"(1)、(3)不丢失信息量.

【例 5.4】 设图片每帧有 2.25×10^6 个"像素",每"像素"分 16 个等概分布的"亮度电平". 若信道的"信噪比"$\beta=30$ dB,试问:现若每秒传送 30 帧图片,信道的频带宽度需要多少?

解

(1) 信道所需的信息传输速率.

因为每像素分 16 个等概分布的亮度电平,所以每像素含有的平均信息量

$$I_0 = \log 16 = 4 \quad (\text{比特}/\text{像素}) \tag{1}$$

则每帧图片含有的平均信息量

$$I_N = 2.25\times10^6 \times I_0 = 2.25\times10^6 \times 4 = 9\times10^6 \quad (\text{比特}/\text{帧}) \tag{2}$$

由此,得每秒所需传输的平均信息量,即信息传输速率

$$R_t = 30(\text{帧}/\text{秒}) \times 9\times10^6(\text{比特}/\text{帧}) = 2.7\times10^8 \quad (\text{比特}/\text{秒}) \tag{3}$$

(2) 信道所需带宽.

由信道的信噪比

$$\beta = 10\log_{10} \frac{P_S}{P_N} = 30 \quad (\text{dB}) \tag{4}$$

得

$$\frac{P_S}{P_N} = 10^3 \tag{5}$$

现设传输图片的信道为"高斯白噪声加性信道",则信道的"最大信息传输速率"

$$C_t = F \log \left(1 + \frac{P_S}{P_N}\right) = F \log \left(1 + 10^3\right) \tag{6}$$

令 $C_t = R_t$,则有

$$F \log \left(1 + 10^3\right) = 2.7\times10^8$$

即得

$$F = \frac{2.7\times10^8}{\log(1+10^3)} = \frac{2.7\times10^8}{\log10^3} = \frac{2.7\times10^8}{3\log10} = 2.7\times10^7 \quad (\text{Hz}) \tag{7}$$

这表明,信道所需带宽 $F = 2.7\times10^7$ Hz. 这里要指出,"香农公式"所计算的是"高斯白噪声加性信道"的最大信息传输速率 C_t,与其他噪声的加性信道相比,C_t 是最小的. 由此而求得的带宽,与其他噪声的加性信道相比,是最大的. "香农公式"所求得的信道带宽 F,是其他噪声加性信道的带宽的"上限". "香农公式"在通信工程上具有实际估量意义.

【例 5.5】 设高斯白噪声加性信道的带宽 $F=3$ kHz,且 $\dfrac{\text{信号功率}+\text{噪声功率}}{\text{噪声功率}}=10$ dB.

(1) 试求信道的最大信息传输速率 C_t;

(2) 若 $\dfrac{\text{信号功率}+\text{噪声功率}}{\text{噪声功率}}=5$ dB,达到相同 C_t 时,信道频带宽度应是多少?并做出

解释.

解

(1) 最大信息传输速率 C_t.

根据"香农公式",有

$$C_t = F\log\left(\frac{P_N + P_X}{P_N}\right) \tag{1}$$

其中

$$10\,\log_{10}\frac{P_N + P_X}{P_N} = 10$$

即

$$\frac{P_N + P_X}{P_N} = 10 \tag{2}$$

则由(1)式,有

$$C_t = 3 \times 10^3 \times \log 10 \doteq 10^4 \quad （比特／秒） \tag{3}$$

这表明,信道的最大信息传输速率 C_t 是 10^4(比特/秒).

(2) 信道带宽 F.

若

$$10\,\log_{10}\frac{P_N + P_X}{P_N} = 5 \tag{4}$$

则有

$$\frac{P_N + P_X}{P_N} = 10^{\frac{1}{2}} \tag{5}$$

若要 C_t 保持 10^4(比特/秒),由(1)式,有

$$F = \frac{C_t}{\log\left(\dfrac{P_N + P_X}{P_N}\right)} = 10^4\,\frac{1}{\log\sqrt{10}} \doteq 6 \times 10^3 \quad （Hz） \tag{6}$$

这表明,对于高斯白噪声加性信道来说,在保持相同的最大信息传输速率 C_t 的前提下,若"信噪功率比"β 降低,则信道的频带宽度 F 就必须增大;反之,若"信噪功率比"β 增大,则信道的频带宽度 F 可减小. 在高斯白噪声加性信道中,频带宽度 F 和信噪比 β 是保持信道最大信息传输速率 C_t 的条件下,两个相互制约的因素. 这是高斯白噪声加性信道信息传输的基本规律. 在一般情况下,可把信道近似地看成"高斯白噪声加性信道",所以,频带宽度 F 和信噪比 β 之间的相互牵制和约束关系,也可看作 N-维连续信道信息传输的基本规律.

【**例 5.6**】　设 $N=2$ 个高斯加性信道$(X_1 - Y_1)$和$(X_2 - Y_2)$,其加性噪声 N_1 和 N_2 的均值 $m_{N_1} = m_{N_2} = 0$,它们的协方差矩阵为

$$[M] = \begin{bmatrix} \sigma_1^2 & 0 \\ 0 & \sigma_2^2 \end{bmatrix} \quad (\sigma_1^2 > \sigma_2^2)$$

输入总平均功率 P_X 限定为 $P_{X_1} + P_{X_2} = 2P$. 求解:在并列信道$(X_1 X_2 - Y_1 Y_2)$的联合信道容量 C_{20} 达到最大值 $C_{20\max}$ 的要求下,$N=1$ 个信道工作和 $N=2$ 个信道同时工作时,输入总平均功率 $P_X = 2P$ 的临界点 P_0.

解 由高斯加性信道$(1)(X_1 - Y_1)$的加性噪声N_1,与高斯加性信道$(2)(X_2 - Y_2)$的加性噪声N_2的协方差矩阵

$$[M] = \begin{pmatrix} \sigma_1^2 & 0 \\ 0 & \sigma_2^2 \end{pmatrix} \tag{1}$$

可知,加性噪声N_1和N_2之间的协方差

$$\begin{cases} \mu_{11} = E\{(N_1 - m_1)(N_1 - m_1)\} = E\{N_1 N_1\} = E\{N_1^2\} = \sigma_1^2 \\ \mu_{12} = E\{(N_1 - m_1)(N_2 - m_2)\} = E\{N_1 N_2\} = \mu = 0 \\ \mu_{21} = E\{(N_2 - m_2)(N_1 - m_1)\} = E\{N_2 N_1\} = \mu = 0 \\ \mu_{22} = E\{(N_2 - m_2)(N_2 - m_2)\} = E\{N_2 N_2\} = E\{N_2^2\} = \sigma_2^2 \end{cases} \tag{2}$$

则N_1和N_2的相关系数

$$\rho = \frac{\mu}{\sigma_1 \sigma_2} = 0 \tag{3}$$

因N_1和N_2都是高斯随机变量,所以N_1和N_2相互统计独立.信道$(1)(X_1 - Y_1)$和信道(2) $(X_2 - Y_2)$是两个独立并列的高斯加性信道(如图 E5.6-1 所示).

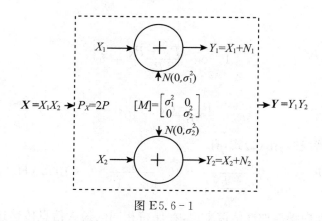

图 E5.6-1

根据定理 5.15,图 E5.6-1 所示 $N=2$ 个独立并列高斯加性信道$(X_1 X_2 - Y_1 Y_2)$的联合信道容量 C_{20} 达到最大值 C_{20max},则输入随机变量 $X_i (i=1,2)$ 的平均功率 $P_{X_i} (i=1,2)$ 必须满足

$$P_{X_i} = \frac{P_X + \sum\limits_{i=1}^{2} \sigma_{N_i}^2}{2} - \sigma_{N_i}^2 = \frac{2P + \sum\limits_{i=1}^{2} \sigma_{N_i}^2}{2} - \sigma_{N_i}^2 \quad (i = 1, 2) \tag{4}$$

(1) 一个信道$(X_2 - Y_2)$工作,P 的取值.

现若希望一个信道$(X_2 - Y_2)$工作,则另一信道$(X_1 - Y_1)$的输入平均功率必须满足

$$P_{X_1} = \frac{2P + (\sigma_1^2 + \sigma_2^2)}{2} - \sigma_1^2 \leqslant 0 \tag{5}$$

即

$$P \leqslant \sigma_1^2 - \frac{(\sigma_1^2 + \sigma_2^2)}{2} = \frac{\sigma_1^2 - \sigma_2^2}{2} \quad (\sigma_1^2 > \sigma_2^2) \tag{6}$$

(2) $N=2$ 个信道$(X_1 - Y_1)$、$(X_2 - Y_2)$同时工作,P 的取值.

现若希望 $N=2$ 个信道 (X_1-Y_1)、(X_2-Y_2) 同时工作, 则输入随机变量 X_1 和 X_2 的平均功率必须满足

$$\begin{cases} P_{X_1} = \dfrac{2P+(\sigma_1^2+\sigma_2^2)}{2} - \sigma_1^2 > 0 \\[2mm] P_{X_2} = \dfrac{2P+(\sigma_1^2+\sigma_2^2)}{2} - \sigma_1^2 > 0 \end{cases} \tag{7}$$

因有 $\sigma_1^2>\sigma_2^2$, 要 (7) 式中两个不等式同时成立, 必须有

$$\frac{2P+(\sigma_1^2+\sigma_2^2)}{2} - \sigma_1^2 > 0 \tag{8}$$

即

$$P > \sigma_1^2 - \frac{\sigma_1^2+\sigma_2^2}{2} = \frac{\sigma_1^2-\sigma_2^2}{2} \tag{9}$$

(3) $N=1$ 个信道 (X_2-Y_2) 与 $N=2$ 个信道 (X_1-Y_1)、(X_2-Y_2) 同时工作, P 的临界点.

由 (6)、(9) 式可知, $N=1$ 个信道 (X_2-Y_2) 或 $N=2$ 个信道 (X_1-Y_1)、(X_2-Y_2) 同时工作, $P_X=2P$ 中的 P 的临界点

$$P_0 = \frac{\sigma_1^2-\sigma_2^2}{2} \quad (\sigma_1^2 > \sigma_2^2) \tag{10}$$

$P \leqslant P_0 = \dfrac{\sigma_1^2-\sigma_2^2}{2}$	$P_X=2P \leqslant 2P_0 = (\sigma_1^2-\sigma_2^2)$	$N=1$ 个信道 (X_2-Y_2) 工作
$P > P_0 = \dfrac{\sigma_1^2-\sigma_2^2}{2}$	$P_X=2P > 2P_0 = (\sigma_1^2-\sigma_2^2)$	$N=2$ 个信道 (X_1-Y_1)、(X_2-Y_2) 同时工作

如图 E5.6-2 所示.

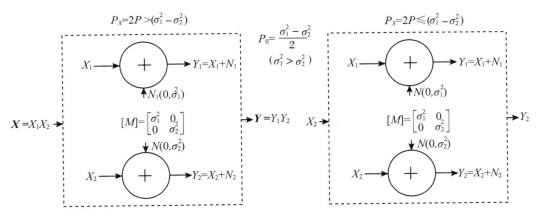

图 E 5.6-2

【例 5.7】　设 N-维独立并列高斯加性信道 $(X_1X_2\cdots X_N - Y_1Y_2\cdots Y_N)$ 中, 信道 (X_i-Y_i) 的高斯加性噪声 N_i 的均值 $m_{N_i}=0$, 方差 $\sigma_{N_i}^2=P_{N_i}=i^2 (i=1,2,\cdots,N)$, 且输入随机变量 X_i 的平均功率 P_{X_i} 限定为 $\sum\limits_{i=1}^{N} \dfrac{P_{X_i}}{i} \leqslant 5$.

（1）试求解 $N=2$ 时，独立并列高斯加性信道 $(X_1 X_2 - Y_1 Y_2)$ 联合信道容量 C_{20} 的最大值 C_{20max}；

（2）试求解 $N=4$ 时，独立并列高斯加性信道 $(X_1 X_2 X_3 X_4 - Y_1 Y_2 Y_3 Y_4)$ 的联合信道容量 C_{40} 的最大值 C_{40max}；

（3）试求解 $N \to \infty$ 时，独立并列高斯加性信道 $(X_1 X_2 \cdots X_N - Y_1 Y_2 \cdots Y_N)$ 的联合信道容量 $C_{\infty 0}$ 的最大值 $C_{\infty 0max}$；

（4）对以上结果做出解释，说明 N-维独立并列高斯加性信道 $(X_1 X_2 \cdots X_N - Y_1 Y_2 \cdots Y_N)$ 联合信道容量 C_{N_0} 最大化的一般规律.

解　在图 E5.7-1 所示的 N 个独立并列高斯加性信道 $(\boldsymbol{X}-\boldsymbol{Y})$ 中，信道 $(X_i - Y_i)$ 的加性噪声 N_i 是均值 $m_{N_i}=0$，方差（平均功率）$\sigma_{N_i}^2 = P_{N_i} = i^2 (i=1,2,\cdots,N)(\sigma_{N_i}=i)$ 的高斯随机变量 $N(0,i^2)$，X_i 的平均功率 P_{X_i} 限定为 $\sum\limits_{i=1}^{N} \dfrac{P_{X_i}}{i} = \sum\limits_{i=1}^{N} \dfrac{P_{X_i}}{\sigma_{N_i}} \leqslant 5$.

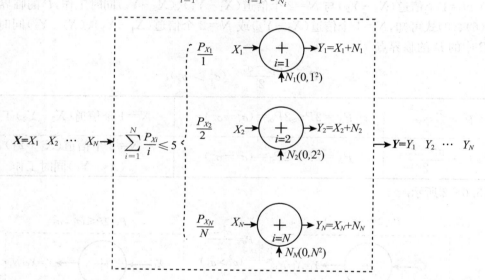

图 E 5.7 - 1

当信道 $(X_i - Y_i)$ 的输入 X_i 是均值 $m_{X_i}=0$、方差 $\sigma_{x_i}^2 = P_{X_i}$ 的高斯随机变量 $N(0,P_{X_i})(i=1,2,\cdots,N)$，且 $X_1,X_2,\cdots X_N$ 统计独立时，N 个独立并列高斯加性信道 $(X_1 X_2 \cdots X_N - Y_1 Y_2 \cdots Y_N)$ 的平均互信息 $I(X^N;Y^N)$ 达到联合信道容量

$$C_{N_0} = I(X^N;Y^N) = \sum_{i=1}^{N} \frac{1}{2}\log\left(1+\frac{P_{X_i}}{P_{N_i}}\right) \tag{1}$$

在输入平均功率 $P_{X_i}(i=1,2,\cdots,N)$ 的限定条件

$$\sum_{i=1}^{N} \frac{P_{X_i}}{i} = \sum_{i=1}^{N} \frac{P_{X_i}}{\sigma_{N_i}} \leqslant 5 \tag{2}$$

的约束下，C_{N_0} 的最大值

$$C_{N_0 \max} = \max_{\sum_{i=1}^{N} \frac{P_{X_i}}{i} = \sum_{i=1}^{N} \frac{P_{X_i}}{\sigma_{N_i}} \leqslant 5} \{C_{N_0}\}$$

$$= \max_{\sum_{i=1}^{N} \frac{P_{X_i}}{i} = \sum_{i=1}^{N} \frac{P_{X_i}}{\sigma_{N_i}} \leqslant 5} \left\{ \sum_{i=1}^{N} \frac{1}{2} \log \left(1 + \frac{P_{X_i}}{P_{N_i}}\right) \right\} \tag{3}$$

其中,令

$$\alpha_i = \frac{P_{X_i}}{i} = \frac{P_{X_i}}{P_{N_i}} \quad (i = 1, 2, \cdots, N) \tag{4}$$

则(3)式可改写为

$$C_{N_0 \max} = \max_{\sum_{i=1}^{N} \alpha_i \leqslant 5} \left\{ \sum_{i=1}^{N} \frac{1}{2} \log \left(1 + \frac{P_{X_i}}{i^2}\right) \right\}$$

$$= \max_{\sum_{i=1}^{N} \alpha_i \leqslant 5} \left\{ \sum_{i=1}^{N} \frac{1}{2} \log \left(1 + \frac{\alpha_i}{i}\right) \right\} \tag{5}$$

为了求解 $C_{N_0 \max}$,作辅助函数

$$F(C_{N_0}, \lambda) = F(P_{X_1}, P_{X_2}, \cdots P_{X_n}; \lambda) = F(\alpha_1, \alpha_2, \cdots, \alpha_N; \lambda)$$

$$= C_{N_0} + \lambda \left\{ \sum_{i=1}^{N} \alpha_i - 5 \right\}$$

$$= \sum_{i=1}^{N} \frac{1}{2} \log \left(1 + \frac{\alpha_i}{i}\right) + \lambda \left\{ \sum_{i=1}^{N} \alpha_i - 5 \right\} \tag{6}$$

再令

$$\frac{\partial F}{\partial \alpha_i} = 0 \quad (i = 1, 2, \cdots, N) \tag{7}$$

得 N 个稳定点方程

$$\frac{\partial}{\partial \alpha_i} \left\{ \sum_{i=1}^{N} \frac{1}{2} \log \left(1 + \frac{\alpha_i}{i}\right) + \lambda \left[\sum_{i=1}^{N} \alpha_i - 5 \right] \right\} = 0 \quad (i = 1, 2, \cdots, N) \tag{8}$$

即

$$\frac{1}{2} \cdot \frac{1/i}{\frac{i + \alpha_i}{i}} + \lambda = 0 \quad (i = 1, 2, \cdots, N)$$

$$\frac{1}{i + \alpha_i} = -2\lambda \quad (i = 1, 2, \cdots, N)$$

$$(i + \alpha_i) = -\frac{1}{2\lambda} = K(常数) \quad (i = 1, 2, \cdots, N) \tag{9}$$

则有

$$\alpha_i = K - i \quad (i = 1, 2, \cdots, N) \tag{10}$$

这表明,图 E5.7-1 所示 N 个独立并列高斯加性信道$(X_1 X_2 \cdots X_N - Y_1 Y_2 \cdots Y_N)$的联合信

道容量 C_{N_0},若要达到最大值 $C_{N_0 \max}$,在约束条件 $\sum_{i=1}^{N} \frac{P_{X_i}}{i} = \sum_{i=1}^{N} \frac{P_{X_i}}{\sigma_{N_i}} = \sum_{i=1}^{N} \alpha_i \leqslant 5$ 的约束下,输入

平均功率 $\alpha_i = \dfrac{P_{X_i}}{i}(i=1,2,\cdots,N)$ 必须满足

$$\alpha_i = \begin{cases} K-i & (i<k) \\ 0 & (i>k) \end{cases} \tag{11}$$

(1) $N=2$.

当 $N=2$ 时,独立并列高斯加性信道(X_1X_2-Y_1Y_2)如图 E 5.7-2 所示.

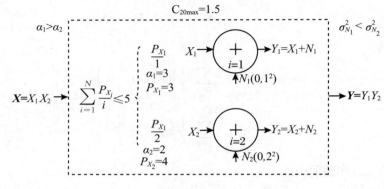

图 E 5.7-2

由输入平均功率 P_{X_i} 受限条件,有

$$\sum_{i=1}^{2}\frac{P_{X_i}}{i} = \sum_{i=1}^{2}\alpha_i = \sum_{i=1}^{2}(K-i) = 2K-(1+2) \leqslant 5 \tag{12}$$

得

$$K \leqslant \frac{5+(1+2)}{2} = 4 \tag{13}$$

由(13)式和(11)式,得

$$\begin{cases} \alpha_1 = K-1 = 4-1 = 3 \\ \alpha_2 = K-2 = 4-2 = 2 \end{cases} \tag{14}$$

即

$$\begin{cases} P_{X_1} = \alpha_1 \cdot 1 = 3 \cdot 1 = 3 \\ P_{X_2} = \alpha_2 \cdot 2 = 2 \cdot 2 = 4 \end{cases} \tag{15}$$

这表明,图 E5.7-2 所示的 $N=2$ 个独立并列高斯加性信道(X_1X_2-Y_1Y_2)在输入平均功率 $P_{X_i}(i=1,2)$ 受限

$$\sum_{i=1}^{2}\frac{P_{X_i}}{i} \leqslant 5$$

的条件下,若要使其联合信道容量 $C_{N_0}=C_{20}$ 达最大值 $C_{N_0\max}=C_{20\max}$,则 X_1 和 X_2 的输入平均功率 P_{X_1} 和 P_{X_2} 分别不能超过 3 和 4. 这时,有

$$C_{20\max} = \sum_{i=1}^{2}\frac{1}{2}\log\left(1+\frac{\alpha_i}{i}\right)$$

$$= \frac{1}{2}\log\left(1+\frac{3}{1}\right) + \frac{1}{2}\log\left(1+\frac{2}{2}\right)$$

$$= \frac{1}{2}\log 4 + \frac{1}{2}\log 2 = 1.5 \quad （比特 /2 自由度） \tag{16}$$

（2）$N=4$.

当 $N=4$ 时，独立并列高斯加性信道（$X_1 X_2 X_3 X_4 - Y_1 Y_2 Y_3 Y_4$）如图 E5.7-3 所示.

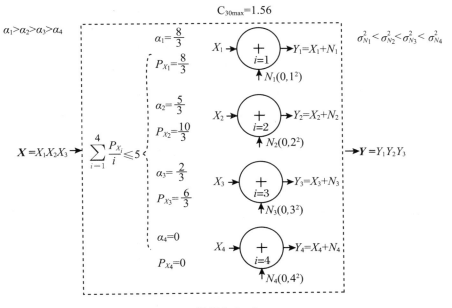

图 E5.7-3

由输入平均功率 P_{X_i} 受限条件，有

$$\sum_{i=1}^{4} \frac{P_{X_i}}{i} = \sum_{i=1}^{4} \alpha_i = \sum_{i=1}^{4}(K-i) = 4K - (1+2+3+4) \leqslant 5 \tag{17}$$

即

$$K \leqslant \frac{5+(1+2+3+4)}{4} = 3.75 \tag{18}$$

由（18）式和（11）式，得

$$\begin{cases} \alpha_1 = K-1 = 3.75-1 = 2.75 \\ \alpha_2 = K-2 = 3.75-2 = 1.75 \\ \alpha_3 = K-3 = 3.75-3 = 0.75 \\ \alpha_4 = K-4 = 3.75-4 = -0.25 \end{cases} \tag{19}$$

对于信道（$X_4 - Y_4$），因为 $i > K(4 > 3.75)$，取 $\alpha_4 = 0$. 把信道（$X_4 - Y_4$）去掉，重新分配输入平均功率.

把（$X_4 - Y_4$）去掉后，即 $N=3$. 由输入平均功率 P_{X_i} 受限条件，有

$$\sum_{i=1}^{3} \frac{P_{X_i}}{i} = \sum_{i=1}^{3} \alpha_i = \sum_{i=1}^{3}(K-i) = 3K - (1+2+3) \leqslant 5 \tag{20}$$

即

$$K \leqslant \frac{5 + (1+2+3)}{3} = 3\frac{2}{3} = \frac{11}{3} \tag{21}$$

由(21)式和(11)式,有

$$\begin{cases} \alpha_1 = K - 1 = 3\frac{2}{3} - 1 = 2\frac{2}{3} = \frac{8}{3} \\ \alpha_2 = K - 2 = 3\frac{2}{3} - 2 = 1\frac{2}{3} = \frac{5}{3} \\ \alpha_3 = K - 3 = 3\frac{2}{3} - 3 = \frac{2}{3} \end{cases} \left. \sum_{i=1}^{3} \alpha_i = 5 \right. \tag{22}$$

由(4)式,得 C_{30} 达 $C_{30\max}$ 时,输入平均功率 $P_{X_1}, P_{X_2}, P_{X_3}$ 的调配方案

$$\begin{cases} P_{X_1} = \alpha_1 \cdot 1 = \frac{8}{3} \cdot 1 = \frac{8}{3} \\ P_{X_2} = \alpha_2 \cdot 2 = \frac{5}{3} \cdot 2 = \frac{10}{3} \\ P_{X_3} = \alpha_3 \cdot 3 = \frac{2}{3} \cdot 3 = \frac{6}{3} \end{cases} \tag{23}$$

这时, $N=3$ 个独立并列高斯加性信道 (X_1-Y_1)、(X_2-Y_2)、(X_3-Y_3) 的联合信道容量 C_{30} 达到最大值

$$\begin{aligned} C_{30\max} &= \sum_{i=1}^{3} \frac{1}{2} \log\left(1 + \frac{\alpha_i}{i}\right) \\ &= \frac{1}{2} \log\left(1 + \frac{\alpha_1}{1}\right) + \frac{1}{2} \log\left(1 + \frac{\alpha_2}{2}\right) + \frac{1}{2} \log\left(1 + \frac{\alpha_3}{3}\right) \\ &= \frac{1}{2} \log\left(1 + \frac{8}{3}\right) + \frac{1}{2} \log\left(1 + \frac{5/3}{2}\right) + \frac{1}{2} \log\left(1 + \frac{2/3}{3}\right) \\ &= \frac{1}{2} \log\left(\frac{11}{3}\right) + \frac{1}{2} \log\left(\frac{11}{6}\right) + \frac{1}{2} \log\left(\frac{11}{9}\right) \\ &= 1.56 \quad (\text{比特} / 3 \text{自由度}) \end{aligned} \tag{24}$$

(3) $N = \infty$.

当 $N=\infty$ 时,独立并列高斯加性信道 $(X_1 X_2 \cdots - Y_1 Y_2 \cdots)$ 如图 E5.7-4 所示.

由(11)式可知,独立并列高斯加性信道的个数 i 必须小于 K. 若信道个数 $i > K$,必须取 $\alpha_i = 0$. 意味着信道 $(X_i - Y_i)$ 的输入平均功率 $P_{X_i} = 0$,即信道 $(X_i - Y_i)$ 弃之不用.

一般来说 K 不一定是一个整数. 当 $N=\infty$ 时,能分配到输入平均功率的信道是从 $i=1$ 到 $i=N^0$. 则 N^0 表示小于或等于 K 的整数. 由平均功率约束条件(2)式,有

$$\sum_{i=1}^{N^0} \frac{P_{X_i}}{i} = \sum_{i=1}^{N^0} \frac{P_{X_i}}{\sigma_{N_i}} = \sum_{i=1}^{N^0} \alpha_i = \sum_{i=1}^{N^0} (K-i) = \sum_{i=1}^{N^0} K - \sum_{i=1}^{N^0} i = 5 \tag{25}$$

则有

$$N^0 K = 5 + 1(1 + 2 + 3 + \cdots + N^0) \tag{26}$$

运用级数公式

$$\sum_{i=1}^{n} i = 1 + 2 + 3 + \cdots + n = \frac{n(n+1)}{2} \tag{27}$$

则(26)式可改写为

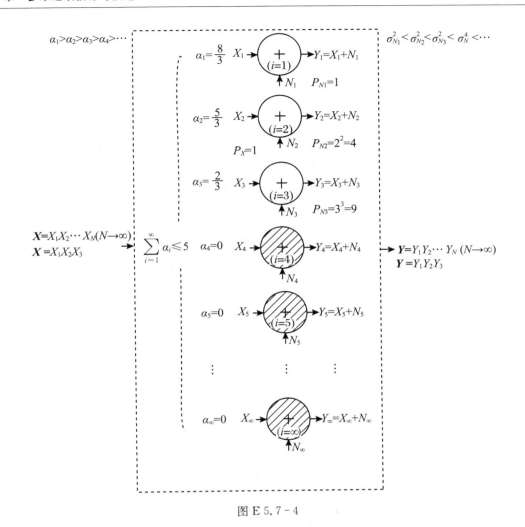

图 E 5.7 - 4

$$N^0 K = 5 + \frac{N^0(N^0+1)}{2} \tag{28}$$

考虑到 $N^0, K, (N^0+1)$ 这三个数非常接近,都近似地由 K 代表,则(28)式可近似地改写为

$$K^2 = 5 + \frac{K^2}{2} \tag{29}$$

即得

$$K^2 = 10 \tag{30}$$

由此,有

$$K = \sqrt{10} = 3.16 \tag{31}$$

由于 N^0 表示小于或等于 K 的整数,故可取 $N^0=3$.

这表明,在输入平均功率 P_{X_i} 受限于

$$\sum_{i=1}^{N} \frac{P_{X_i}}{i} = \sum_{i=1}^{N} \alpha_i \leqslant 5 \tag{32}$$

的约束条件下,当信道个数 N 足够大($N \to \infty$)时,与 $N=4$ 的情况相同,独立并列高斯加性信道($\boldsymbol{X}$-$\boldsymbol{Y}$)只能用(X_1-Y_1)、(X_2-Y_2)、(X_3-Y_3)这三个高斯加性信道,其输入平均功率分别是

$$P_{X_1} = \frac{8}{3};\ P_{X_2} = \frac{10}{3};\ P_{X_3} = \frac{6}{3}$$

而 $i > 3(i = 4,5,6,\cdots)$ 的信道(X_4-Y_4)、(X_5-Y_5)、(X_6-Y_6)、$\cdots$ 的输入平均功率

$$P_{X_4} = P_{X_5} = P_{X_6} = \cdots = P_{X_N} = 0 \quad (N \to \infty) \tag{33}$$

这意味着信道(X_{i_0}-Y_{i_0})($i_0 = 4,5,6,\cdots,$)都弃之不用.这时 N-维独立并列高斯加性信道($X_1 X_2 \cdots$-$Y_1 Y_2 \cdots$)的联合信道容量 $C_{\infty,0}$ 达到最大值

$$C_{\infty 0 \max} = C_{30 \max} = 1.56 \quad (\text{比特}/3\ \text{自由度}) \tag{34}$$

综上所述,对 N-维独立并列高斯加性信道($X_1 X_2 \cdots X_N$-$Y_1 Y_2 \cdots Y_N$)来说,在总输入平均功率 P_X 受到某种条件限制的情况下,若要使其联合信道容量 C_{N_0} 达最大值 $C_{N_0 \max}$,必须适当调配各信道(X_i-Y_i)的输入平均功率 P_{X_i}.在 $\sum\limits_{i=1}^{N} \dfrac{P_{X_i}}{i} \leqslant 5$ 这种特殊形式的限制条件下,高斯加性信道(X_i-Y_i)的平均功率 $P_{N_i} = \sigma_{N_i}^2$ 大时,相应输入平均功率 P_{X_i} 的"调配顺序系数"α_i 就要小一些.如

$$\begin{cases} \sigma_{N_1}^2 = P_{N_1} = 1^2 = 1;\ \sigma_{N_2}^2 = P_{N_2} = 2^2 = 4;\ \sigma_{N_3}^2 = P_{N_3} = 3^2 = 9 \\[2mm] \alpha_1 = \dfrac{P_{X_1}}{1} = \dfrac{8}{3};\ \alpha_2 = \dfrac{P_{X_2}}{2} = \dfrac{5}{3};\ \alpha_3 = \dfrac{P_{X_3}}{3} = \dfrac{2}{3} \end{cases} \tag{35}$$

显然,有

$$\begin{cases} \sigma_{N_1}^2 < \sigma_{N_2}^2 < \sigma_{N_3}^2 \\[2mm] \alpha_1 > \alpha_2 > \alpha_3 \end{cases} \tag{36}$$

一般来说,为了使 N-维独立并列高斯加性信道($X_1 X_2 \cdots X_N$-$Y_1 Y_2 \cdots Y_N$)的联合信道容量 C_{N_0} 最大化,对高斯加性噪声平均功率过大的信道,不供给输入平均功率;对高斯加性噪声平均功率较大的信道,少供给输入平均功率;对高斯加性噪声平均功率小的信道,多供给输入平均功率.这是实现 N-维独立并列高斯信道($\boldsymbol{X}$-$\boldsymbol{Y}$)联合信道容量 C_{N_0} 最大化的一般指导思想.

习 题

5.1 设 N-维连续信源 $\boldsymbol{X} = X_1 X_2 \cdots X_N$ 在 N-维区域体积 $\prod\limits_{i=1}^{N}(b_i - a_i)$ 中均匀分布.试求 N-维连续信源 $\boldsymbol{X}$ 的相对熵 $h(\boldsymbol{X}) = h(X_1 X_2 \cdots X_N)$.

5.2 设 $\boldsymbol{X} = X_1 X_2$ 是二维高斯分布的连续信源,已知随机变量 X_1 和 X_2 的方差分别为 σ_1^2、σ_2^2,它们之间的相关系数为 ρ.试求二维高斯分布连续信源 $\boldsymbol{X} = X_1 X_2$ 的相对熵 $h(\boldsymbol{X}) = h(X_1 X_2)$.

5.3 设 $\boldsymbol{X} = X_1 X_2 \cdots X_N$ 是 N-维高斯分布的连续信源,且 X_1、X_2、$\cdots$、X_N 的方差分别为 σ_1^2、σ_2^2、$\cdots$、σ_N^2,它们之间的相关系数 $\rho_{ik} = 0(i,k = 1,2,\cdots,N,i \neq k)$.试证明:$N$ 维高斯分布的连续信源的相对熵

$$h(\boldsymbol{X}) = h(X_1 X_2 \cdots X_N) = \frac{1}{2} \sum_{i=1}^{N} \log(2\pi \mathrm{e} \sigma_i^2)$$

5.4 设 $\boldsymbol{X} = X_1 X_2 \cdots X_N$ 是在 N-维区域体积 $\prod\limits_{i=1}^{N}(b_i - a_i)$ 中取值的 N 维连续信源.试证明:当 $\boldsymbol{X}$ 的概率密度函数为

$$p(\boldsymbol{X}) = \begin{cases} \dfrac{1}{\prod\limits_{i=1}^{N}(b_i - a_i)} & \boldsymbol{X} \in \prod\limits_{i=1}^{N}(b_i - a_i) \\[4mm] 0 & \boldsymbol{X} \in \prod\limits_{i=1}^{N}(b_i - a_i) \end{cases}$$

时,达最大相对熵值 $h(\boldsymbol{X})_{\max} = \log\prod\limits_{i=1}^{N}(b_i - a_i)$.

5.5　设 N-维连续信源 $\boldsymbol{X} = X_1 X_2 \cdots X_N$ 中各变量 $X_i(i=1,2,\cdots,N)$ 的方差为 $\sigma_i^2 (i=1,2,\cdots,N)$,均值 $E[X_i] = m_i = 0$ $(i=1,2,\cdots,N)$.试证明:当 N-维连续信源 $\boldsymbol{X} = X_1 X_2 \cdots X_N$ 是高斯分布且 X_i 之间统计独立时达到最大相对熵值

$$h(\boldsymbol{X})_{\max} = \frac{N}{2}\log 2\pi e(\sigma_1^2 \sigma_2^2 \cdots \sigma_N^2)^{1/N}$$

5.6　设 X_1、X_2、$\cdots$、X_N 是相互独立的 N 个连续随机变量,各具有相对熵 $h(X_1)$、$h(X_2)$、$\cdots$、$h(X_n)$.试证明:

$$h(X_1 + X_2 + \cdots + X_N) \geqslant \frac{1}{2}\log\left\{\sum_{i=1}^{N} e^{2h(X_i)}\right\}$$

当 $X_i(i=1,2,\cdots,N)$ 都是高斯变量时等式成立.

5.7　设某时间函数 $x(t)$ 不包含 F 赫以上的频率.试证:

$$x(t) = \sum_{n=-\infty}^{\infty} x\left(\frac{n}{2F}\right)\frac{\sin 2\pi F\left(t - \dfrac{n}{2F}\right)}{2\pi F\left(t - \dfrac{n}{2F}\right)}$$

5.8　设 $X(f)$ 是时间函数 $x(t)$ 的频谱,而函数在 $T_1 < t < T_2$ 区间以外的值皆为零.试证:

$$X(f) = \sum_{n=-\infty}^{\infty} X\left(\frac{n}{T}\right)\frac{\sin(n\pi - \pi fT)}{n\pi - \pi fT}$$

其中,$T = T_2 - T_1$.

5.9　设随机过程 $x(t)$ 通过传递函数为 $K(f)$ 的线性网络,如图 E.1 所示.若网络的频宽为 F,观察时间为 T.试证明:输入随机过程的相对熵 $h(\boldsymbol{X})$ 和输出随机过程的相对熵 $h(\boldsymbol{Y})$ 之间的关系为

$$h(\boldsymbol{Y}) = h(\boldsymbol{X}) + \sum_{n=1}^{FT}\log\left|K\left(\frac{n}{T}\right)\right|^2$$

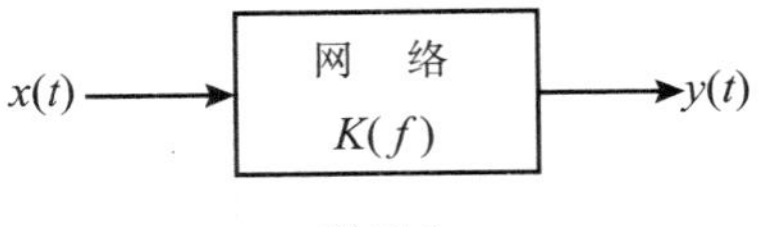

图 E.1

5.10　设 $n(t)$ 是限频 F、限时 T 的高斯白噪声,其均值为零、双边功率谱密度为 $N_0/2$.试证明:$n(t)$ 的概率密度函数为:

$$p(n_1 n_2 \cdots n_n) = \prod_{i=1}^{N}\frac{1}{\sqrt{2\pi(N_0 F)}}\exp\left\{-\frac{n_i^2}{2(N_0 F)}\right\}$$

其中,$N = 2FT$.

5.11　证明:加性高斯白噪声信道的信道容量

$$C = \frac{N}{2}\log\left(1 + \frac{\sigma_X^2}{\sigma_N^2}\right) \quad 信息单位 /N 维$$

其中,$N = 2FT$,σ_X^2 是信号的方差(均值为零),σ_N^2 是噪声的方差(均值为零).

再证:单位时间的最大信息传输速率

$$C_t = F\log\left(1 + \frac{\sigma_X^2}{N_0 F}\right) \quad 信息单位 / 秒$$

5.12　设加性高斯白噪声信道中,信道带宽 3kHz,又设{(信号功率+噪声功率)/噪声功率} = 10 dB.试计算该信道的最大信息传输速率 C_t.

5.13　在图片传输中,每帧约有 2.25×10^6 个像素,为了能很好地重现图像,需分 16 个亮度电平,并假定亮度电平等概分布.试计算每分钟传送一帧图片所需信道的带宽(信噪功率比为 30 dB).

5.14 设电话信号的信息率为 5.6×10^4 比特/秒. 在一个噪声功率谱为 $N_0 = 5 \times 10^{-6}$ mW/Hz,限频 F、限输入功率 P 的高斯信道中传送,若 $F = 4$ kHz,问无差错传输所需的最小功率 P 是多少 W? 若 $F \to \infty$,则 P 是多少 W?

5.15 已知一个高斯信道,输入信噪功率比为 3 dB,频带为 3 kHz,求最大可能传送的信息率是多少? 若信噪比提高到 15 dB,求理论上传送同样的信息率所需的频带.

5.16 有 K 个相互独立的高斯信道,各具有频带 F_k 和噪声功率谱 N_k,允许输入功率 P_k,$k = 1, 2, \cdots, K$,求下列条件下的总信道容量:

(1) $\sum\limits_{k=1}^{K} P_k = P$,设 $N_k = $ 常量,与 k 无关,F_k 已给定;

(2) $\sum\limits_{k=1}^{K} F_k = F$,设 $P_k / N_k = $ 常量,与 k 无关;

(3) 上述两式同时满足,设 $N_k = $ 常量,与 k 无关.

5.17 设某加性高斯白噪声信道的通频带足够宽($F \to \infty$),输入信号的平均功率 $P_s = 1$ W,噪声功率谱密度 $N_0 = 10^{-4}$ W/Hz,若信源输出信息速率 $R_t = 1.5 \times 10^4$ 比特/秒. 试问单位时间内信源输出的信息量能否全部通过信道? 为什么?

5.18 设限时 T、限频 F 的连续信源 $\{x(t)\}$,各自由度之间统计独立,且各自由度输出幅度分别受限为 $[a_i, b_i]$($i = 1, 2, \cdots, N$). 证明:连续信源的相对熵

$$h(\boldsymbol{X}) \leqslant \log \prod_{i=1}^{N} (b_i - a_i)$$

第 6 章　无失真信源编码定理

若要无噪信道(X-Y)无失真地传递信源 S 发出的消息,则必须实施"无失真信源编码",解决以下三个问题:

第一,一般来说,信源 S:$\{s_1,s_2,\cdots s_q\}$ 的符号 $s_i(i=1,2,\cdots,q)$,与无噪信道(X-Y)能传递的符号 $a_i(i=1,2,\cdots,r)$ 是不相同(或不完全相同)的,无噪信道(X-Y)无法传递信源 S 发出的符号 $s_i(i=1,2,\cdots q)$,信源不适合信道的传输.解决这个问题的唯一办法,是把无噪信道(X-Y)的输入符号集 X:$\{a_1,a_2,\cdots a_r\}$ 当作"码符号集",对信源 S:$\{s_1,s_2,\cdots s_q\}$ 的每一种符号 $s_i(i=1,2,\cdots q)$ 进行一一对应的编码,以"码字"$w_i(i=1,2,\cdots,q)$ 代表信源符号 $s_i(i=1,2,\cdots q)$.因为码字 $w_i(i=1,2,\cdots q)$ 由码符号构成,而"码符号集"就是无噪信道(X-Y)的"输入符号集"X:$\{a_1,a_2,\cdots a_r\}$,所以码字 $w_i(i=1,2,\cdots q)$ 中的每一码符号均能通过无噪信道(X-Y),每一码字 $w_i(i=1,2,\cdots q)$ 也都能通过无噪信道(X-Y),它所代表的信源符号 $s_i(i=1,2,\cdots q)$ 随之也就能顺利地通过无噪信道.这样,信源不适合信道传输的问题也就得到了解决(如图 6.1 所示).

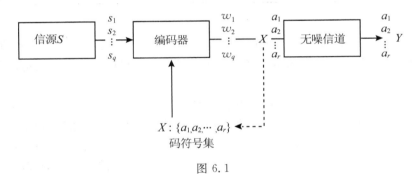

图 6.1

第二,在信源适合信道传输的基础上,要无噪信道(X-Y)无失真地传输信源 S 发出的符号和消息,还必须同时具备两个条件:其一,码字 $w_i(i=1,2,\cdots,q)$ 与信源符号 $s_i(i=1,2,\cdots,q)$ 一一对应,任一码字 $w_i(i=1,2,\cdots,q)$ 只能唯一地翻译成一种信源符号 $s_i(i=1,2,\cdots,q)$;其二,码字序列与信源符号序列一一对应,任一码字序列只能唯一地翻译成一种信源符号序列.同时满足这两个条件的信源编码,称为"单义可译码".信源编码的单义可译性是一个结构性问题,只与编码系统的总体结构有关,与信源的统计特性无关.编码系统总体结构参数,要满足什么约束条件,才能实施"单义可译"编码? 这是无失真信源编码定理需要探讨和回答的重要课题.

第三,在"单义可译"的前提下,要求无失真信源编码有较高的"有效性",这是对无失真信源编码的又一要求.要提高无失真信源编码的"有效性",这就意味着"单义可译码"在无噪信道(X-Y)中的传输过程中,每一码符号所携带的信息量要尽量的多."单义可译码"的有效性与信源的统计特性密切相关.在消息长度逐步扩展时,"单义可译码"每一码符号所携带的平均信息量是否存在极限值? 这个极限值取决于编码系统的哪些参数? 这是无失真信源编码定理面临的又一重要命题.

6.1 单义可译结构定理

"单义可译"是无失真信源编码的基本属性,是一切编码技术的基础.

6.1.1 单义可译码

若用码符号集 $X:\{0,1\}$,对信源 $S:\{s_1,s_2,s_3,s_4\}$ 进行信源编码,得表 6.1-1 所示五种不同的信源编码 $W(1)$、$W(2)$、$W(3)$、$W(4)$、$W(5)$.现根据"单义可译码"的定义,分别分析、判断它们的"单义可译性".

表 6.1-1 五种不同的信源编码

信源符号	概率分布	$W(1)$	$W(2)$	$W(3)$	$W(4)$	$W(5)$
s_1	$p(s_1)$	$w_1=0$	$w_1=0$	$w_1=00$	$w_1=1$	$w_1=1$
s_2	$p(s_2)$	$w_2=11$	$w_2=10$	$w_2=01$	$w_2=10$	$w_2=01$
s_3	$p(s_3)$	$w_3=00$	$w_3=00$	$w_3=10$	$w_3=100$	$w_3=001$
s_4	$p(s_4)$	$w_4=11$	$w_4=01$	$w_4=11$	$w_4=1000$	$w_4=0001$

(1) $W(1)$.

信源符号 s_2 和 s_4 对应的码字 w_2 和 w_4 都是(11),即 $w_2=w_4=(11)$,码字和信源符号不一一对应.这种码称为"奇异码",不满足单义可译码的条件."奇异码"不是"单义可译码".

(2) $W(2)$.

$q=4$ 种信源符号 s_1,s_2,s_3,s_4 与 $q=4$ 种不同的码字 $w_1=(0)$,$w_2=(10)$,$w_3=(00)$,$w_4=(01)$一一对应,这种码称为"非奇异码".这种"非奇异码"是否"单义可译",还要看它的码字序列与信源符号序列是否一一对应.若收到码字序列(01000),可翻译为信源符号序列$(s_4s_3s_1)$,也可翻译为信源符号序列$(s_1s_2s_3)$、$(s_1s_2s_1s_1)$、$(s_4s_1s_1s_1)$等.码字序列与信源符号序列不一一对应,可判定码 $W(2)$ 不是"单义可译码".

表 6.1-2 列出的是信源 S 的长度 $N=2$ 的 $q^N=4^2=16$ 种不同的信源符号序列,及其对应的码字序列.从中可以看出:码字序列(010)可翻译为信源符号序列(s_1s_2),也可翻译为(s_4s_1);码字序列(000)可翻译为信源符号序列(s_1s_3),也可翻译为(s_3s_1).这表明码 $W(2)$ 不满足码字序列与信源符号序列一一对应的条件,可判定码 $W(2)$ 不是"单义可译码".

表 6.1-2 信源 S 的不同信源符号序列与其对应的码字序列

$S=(s_1s_2)$	码字序列	$S=(s_1s_2)$	码字序列	$S=(s_1s_2)$	码字序列	$S=(s_1s_2)$	码字序列
s_1s_1	00	s_2s_1	100	s_3s_1	000	s_4s_1	010
s_1s_2	010	s_2s_2	1010	s_3s_2	0010	s_4s_2	0110
s_1s_3	000	s_2s_3	1000	s_3s_3	0000	s_4s_3	0100
s_1s_4	001	s_2s_4	1001	s_3s_4	0001	s_4s_4	0101

（3）$W(3)$.

$W(3)$ 的显著特点是每个不同码字中含有的码符号个数（码字长度，简称"码长"）相同，都等于 $N=2$. 这种码称为"等长码"."等长码"相当于每一码字后面有一个无形的"逗号"（，）. "等长码"也称为"逗号码". 显然，$W(3)$ 各码字不相同，任意有限长度的信源符号序列与相应的码字序列——对应. 由此，判定 $W(3)$ 是"单义可译码". 这表明，等长的"非奇异码"一定是"单义可译码".

（4）$W(4)$、$W(5)$.

很显然，$W(4)$、$W(5)$ 它们都是非"奇异码"，而且每一种不同的码字序列，只能唯一地翻译成一种信源符号序列. 它们都是"单义可译码".

6.1.2　非延长码及其构成

码 $W(4)$ 和 $W(5)$ 虽然都是"单义可译码"，但它们之间也存在重要区别.

对于 $W(4)$，若收到码符号序列（10），不能即时判断码字是否终结，必须等待下一时刻码符号出现后才能决定. 如下一时刻码符号是"1"，则表示（10）是码字 w_2，译成信源符号 s_2. 如果下一时刻的码符号是"0"，则表示（10）不是一个完整的码字. 因为码 $W(4)$ 所有码字的第一个的符号都是"1"，所以只有当码符号序列中出现"1"后，才能判断前面一个码字已经终结，新的码字已经开始，收信者才能回过头来，把"1"前面的码符号序列作为完整的码字，翻译成相应的信源符号. $W(4)$ 不能"即时译码".

对于 $W(5)$，若收到码符号序列（001）时，当即可判断这个码符号序列是一个完整的码字 $w_3=(001)$，即时翻译成信源符号 s_3，无需再等待下一时刻的后续码符号的出现. 因为 $W(5)$ 每一个码字的最后一个码符号都是"1"，只要码符号序列中出现"1"，则就可判断前面一个码字已经终结，即时可将其翻译成相应的信源符号. 这种无需后续码符号就能即时译码的"单义可译码"，称为"即时码".

$W(4)$ 和 $W(5)$ 之间的这种区别，是由码字结构的差异造成的. $W(4)$：$\{w_1,w_2,w_3,w_4\}$ 中的 $w_1=(1)$ 是 $w_2=(10)$ 的前缀；$w_2=(10)$ 又是 $w_3=(100)$ 的前缀；$w_3=(100)$ 又是 $w_4=(1000)$ 的前缀. 反之，$w_2=(10)$ 是 $w_1=(1)$ 的延长；$w_3=(100)$ 是 $w_2=(10)$ 的延长；$w_4=(1000)$ 是 $w_3=(100)$ 的延长. 但在 $W(5)$：$\{w_1,w_2,w_3,w_4\}$ 中，任何一个码字不是其他码字的前缀. 反之，任何一个码字也不是其他码字的延长. $W(5)$ 称为"非延长码"，这就是即时码的码字结构特点.

由非延长码的结构特点可知，摘取"树图"中的"端点"作为码字，就可构成"非延长码".

【例 6.1】　设信源 S：$\{s_1,s_2,s_3,s_4\}(q=4)$，码符号集为 X：$\{0,1\}(r=2)$. 试用"树图"法进行非延长编码，要求非延长码 $W(5)$：$\{w_1,w_2,w_3,w_4\}$ 码字长度分别为 $n_1=1,n_2=2,n_3=3,n_4=4$.

解　"树图法"构成非延长码的方法，可按图 E6.1-1 所示步骤进行：

（1）设 A 点为"树根"，从 A 点出发，伸出 $r(r=2)$ 条"树枝". 在每条"树枝"旁，分别标上码符号 $a_1,a_2,\cdots,a_r$（"0"和"1"）. "树枝"的尽头为"一阶节点". 把"树根"A 到"一阶节点"路经"树枝"上的码符号组成的序列，作为"一阶节点"的码符号序列. 显然，"一阶节点"码符号序列的长度 $n_1=1$，"一阶节点"数等于 $r^{n_1}=2^1=2$.

（2）从 r 个"一阶节点"出发，每个节点再延伸出 r 条"树枝"，按第一次的顺序，在每条"树

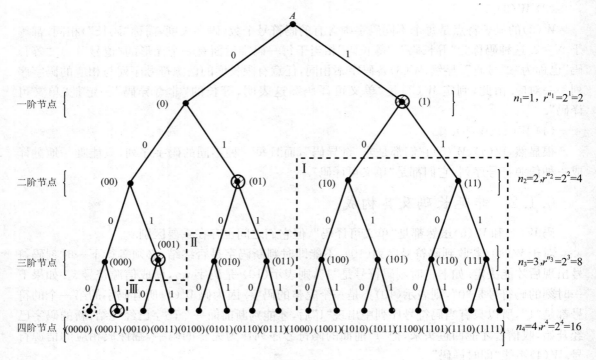

图 E6.1-1

枝"旁分别标上码符号 $a_1, a_2, \cdots, a_r$("0"和"1")."树枝"尽头构成"二阶节点".把"树根"A 到"二阶节点"路经"树枝"上的码符号序列,作为"二阶节点"的码符号序列.显然,"二阶节点"码符号序列的长度 $n_2 = 2$,"二阶节点"数等于 $r^{n_2} = 2^2 = 4$.

(3) 从 r^2 个"二阶节点"出发,每个节点再延伸出 r 条"树枝",按同样顺序,在每条"树枝"旁,分别标上码符号 $a_1, a_2, \cdots, a_r$("0"和"1")."树枝"的尽头构成"三阶节点".把"树根"A 到"三阶节点"路经"树枝"上的码符号构成的码符号序列,作为"三阶节点"的码符号序列.显然,"三阶节点"码符号序列的长度 $n_3 = 3$,"三阶节点"数等于 $r^{n_3} = 2^3 = 8$.

(4) 从 r^3 个"三阶节点"出发,每个节点再延伸出 r 条"树枝",按同样顺序,在每条"树枝"旁同样标上码符号 $a_1, a_2, \cdots, a_r$("0"和"1"),"树枝"的尽头构成"四阶节点".把"树根"A 到"四阶节点"路经"树枝"上的码符号构成的码符号序列,作为"四阶节点"的码符号序列.显然,"四阶节点"码符号序列的长度 $n_4 = 4$,"四阶节点"数等于 $r^{n_4} = 2^4 = 16$.

因为要求待编码 $W(5)$ 的最大码长 $n_{\max} = n_4 = 4$,所以"树枝"延伸过程到"四阶节点"即可终止.

(5) 在"一阶节点","二阶节点","三阶节点","四阶节点"集合中分别摘取码长 $n_1 = 1$,$n_2 = 2, n_3 = 3, n_4 = 4$ 的码字 w_1, w_2, w_3, w_4.

(a) 由码符号集 $X:\{0,1\}$ 构成的长度 $n_1 = 1$ 的序列共有 $r^{n_1} = 2^1 = 2$ 种,它们就是"树图"中的"一阶节点"集合.在"一阶节点"集合中,任选一个节点作为码长 $n_1 = 1$ 的码字 w_1.如选 $w_1 = (1)$.

(b) 由码符号集 $X:\{0,1\}$ 构成的长度 $n_2 = 2$ 的序列共有 $r^{n_1} = 2^2 = 4$ 种,它们就是"树图"中的"二阶节点"集合.码长 $n_2 = 2$ 的码字 w_2 在"二阶节点"集合中选取.由"树枝"延伸规则可知,从"一阶节点"(1)延伸出"树枝"形成的"二阶","三阶","四阶"节点的码符号序列,都是节点(1)

的延长(如图 E6.1-1 中虚线 I 区域所示).为了保证结构上的非延长,当选定 $w_1=(1)$ 作为码字后,待选的码长 $n_2=2$ 的码字 w_2 就不能在由"一阶节点"(1)延伸出来的"二阶节点":(10)和(11)中挑选,只能在由未被选作码字的另一个"一阶节点"(0)延伸出来的两个"二阶节点"(00)和(01)中任选一个作为码长 $n_2=2$ 的码字.如选 $w_2=(01)$.

　　(c)由码符号集 X:{0,1}构成长度 $n_3=3$ 的码符号序列共有 $r^3=2^3=8$ 种,它们就是"树图"的"三阶节点"集合.码长 $n_3=3$ 的码字 w_3,在"三阶节点"集合中选择.同样,从"二阶节点"(01)延伸形成的"三阶""四阶"节点的码符号序列,在结构上都是(01)的延长(如图 E6.1-1 中虚线 II 区域所示).为了保证码字的非延长结构,当选定 $w_2=(01)$ 作为码字后,待选的码长 $n_3=3$ 的码字就不能再由"二阶节点"(01)延伸出来的"三阶节点"(010)和(011)中挑选,只能在未被选作码字的另一个"二阶节点"(00)延伸出来的"三阶节点"(000)和(001)中任选一个作为码长 $n_3=3$ 的码字 w_3.如选 $w_3=(001)$.

　　(d)由码符号集 X:{0,1}构成的长度 $n_4=4$ 的码符号序列共有 $r^4=2^4=16$ 种,它们就是"树图"中的"四阶节点"集合.码长 $n_4=4$ 的码字 w_4 在"四阶节点"集合中选择.同样,由"三阶节点"(001)延伸出来的"四阶节点"码符号序列(0010)和(0011)在结构上都是(001)的延长(如图 E6.1-1 虚线 III 区域所示).为了保证码字的非延长结构,当选定 $w_3=(001)$ 作为码字后,待选的码长 $n_4=4$ 的码字,只能在由未被选定为码字的另一个"三阶节点"(000)延伸出来的"四阶节点"(0000)和(0001)中任选一个,作为码长 $n_4=4$ 的码字.如选 $w_4=(0001)$.

　　到此,我们选定的码字 $w_1=(1)$,$w_2=(01)$,$w_3=(001)$,$w_4=(0001)$ 的码长分别为 $n_1=1$,$n_2=2$,$n_3=3$,$n_4=4$.它们组成的码

$$W(5):\{w_1=(1),w_2=(01),w_3=(001),w_4=(0001)\}$$

就是待求的信源编码 $W(5)$.

　　在码字摘取(编码)过程中,不选码字 $w_1=(1)$,$w_2=(01)$,$w_3=(001)$,$w_4=(0001)$ 所在"节点"延伸出来的"节点"作为码字,所有选定的码字 $w_1=(1)$,$w_2=(01)$,$w_3=(001)$,$w_4=(0001)$ 都成为"码树"的"端点",确保 $W(5)$ 的非延长结构.

　　(6)在图 E6.1-1 中,"四阶节点"(0000)同样是"码树"的"端点",但未被选作为码字.所以编码 $W(5):\{w_1=(1);w_2=(01);w_3=(001);w_4=(0001)\}$ 是结构参数为{$q=4,r=2,n_1=1$,$n_2=2,n_3=3,n_4=4$}的"非用尽"的非延长码.显然,还可以编出结构参数为{$q=5,r=2,n_1=1$,$n_2=2,n_3=3,n_4=4,n_5=4$}的"用尽"的非延长码

$$W(5'):\{w_1=(1);w_2=(01);w_3=(001);w_4=(0001);w_5=(0000)\}$$

　　由[例 6.1]可看出,在"树图法"编码过程中,"树枝"上码符号可以有不同的标识顺序,在"非延长区"内"端点"的摘取可有不同的选择方案.因此,相同的{$q,r,n_i(i=1,2,\cdots,q)$}结构参数体系的非延长码的形式不是唯一的(如图 E6.1-2(a)、(b)所示).

　　在图 E6.1-2(a)中所得编码

$$W(a):\{w_1=(1);w_2=(00);w_3=(010);w_4=(0110);w_5=(0111)\}$$

和图 E6.1-2(b)中所得编码

$$W(b):\{w_1=(0);w_2=(10);w_3=(110);w_4=(1110);w_5=(1111)\}$$

都是结构参数为{$q=5,r=2,n_1=1,n_2=2,n_3=3,n_4=4,n_5=4$}的"用尽"的非延长码.

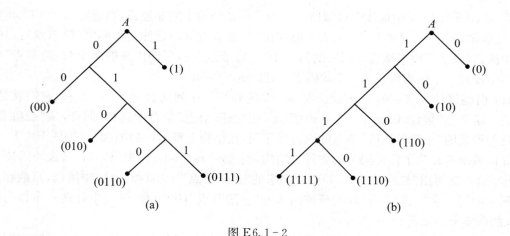

图 E6.1-2

6.1.3　单义可译定理

进一步观察分析图 E6.1-1 可知,在"树图"构成的非延长码的结构参数 $\{q, r, n_i (i=1,2,\cdots,q)\}$ 中,$q, r, n_i (i=1,2,\cdots,q)$ 之间存在某种约束关系.

为了保证码字结构上的非延长性,当选定长度 $n_1=1$ 的"一阶节点"(1)作为码字 $w_1=(1)$ 后,节点(1)延伸出来的所有节点(虚线 I 区域内的所有节点)都不能再选作其他码字. 其中被丢弃的最大长度 $n_{\max}=n_4=4$ 的最长节点数等于 r^{n_4}/r^{n_1}. 当选定长度 $n_2=2$ 的"二阶节点"(01)作为码字 $w_2=(01)$ 后,节点(01)延伸出来的所有节点(虚线 II 区域内的所有节点)都不能再选作其他码字. 其中被丢弃的最大长度 $n_{\max}=n_4$ 的最长节点数等于 r^{n_4}/r^{n_2}. 当选定长度 $n_3=3$ 的"三阶节点"(001)作为码字 $w_3=(001)$ 后,节点(001)延伸出来的所有节点(虚线 III 区域内的所有节点)都不能再选作其他码字. 其中被丢弃的最大长度 $n_{\max}=n_4=4$ 的最长节点数等于 r^{n_4}/r^{n_3}. 当选定长度 $n_4=4$ 的"四阶节点"(0001)作为码字 $w_4=(0001)$ 后,为了保持 $W(5)$ 的非奇异性,它本身不能再次选作另一个码长 $n=4$ 的其他码字. 这也可当作因选定码字 $w_4=(0001)$ 而被丢弃的最长节点,其数量同样可表示为 $r^{n_4}/r^{n_4}=1$. 在这种"非用尽"的情况下,为了保证 $W(5)$ 的非延长结构,选定 $q=4$ 个码字:$w_1=(1), w_2=(10), w_3=(001), w_4=(0001)$ 后,被丢弃的最长节点数,小于"四阶节点"总数 $r^{n_4}=r^{n_{\max}}$,即有

$$r^{n_4}/r^{n_1}+r^{n_4}/r^{n_2}+r^{n_4}/r^{n_3}+r^{n_4}/r^{n_4}<r^{n_4}$$

因 $r^{-n_4}>0$,所以即得

$$1/r^{n_1}+1/r^{n_2}+1/r^{n_3}+1/r^{n_4}<1$$

或

$$\sum_{i=1}^{4} r^{-n_i}<1 \tag{6.1-1}$$

对于"用尽"的非延长码

$$W(5'):\{w_1=(1), w_2=(01), w_3=(001), w_4=(0001), w_5=(0000)\}$$

同理可得

$$1/r^{n_1}+1/r^{n_2}+1/r^{n_3}+1/r^{n_4}+1/r^{n_5}=1$$

或

$$\sum_{i=1}^{5} r^{-n_i} = 1 \qquad\qquad (6.1-2)$$

综合"用尽"和"非用尽"两种情况,由(6.1-1)式和(6.1-2)式,非延长码的结构参数 q, r, $n_i(i=1,2,\cdots,q)$ 之间,满足 Kraft 不等式,即

$$\sum_{i=1}^{q} r^{-n_i} \leqslant 1 \qquad\qquad (6.1-3)$$

实际上,(6.1-3)式所示 Kraft 不等式,是一切单义可译码结构上的必要、充分条件.

定理 6.1　设信源 $S:\{s_1, s_2, \cdots, s_q\}$,码符号集为 $X:\{a_1, a_2, \cdots, a_r\}$,$q$ 个码字长度分别为 $n_1, n_2, \cdots, n_q$. 则存在单义可译码的充分必要条件,是 $q, r, n_i(i=1,2,\cdots,q)$ 满足 Kraft 不等式,即

$$\sum_{i=1}^{q} r^{-n_i} \leqslant 1$$

证明　(1) 必要性.

设信源编码 $W:\{w_1, w_2, \cdots, w_q\}$ 是以 $X:\{a_1, a_2, \cdots, a_r\}$ 为码符号集,对信源 $S:\{s_1, s_2, \cdots, s_q\}$ 的单义可译编码,且码字 w_i 的长度为 $n_i(i=1,2,\cdots,q)$. 令 L 是大于 1 的正整数,则运用数学公式,可有

$$\left[\sum_{i=1}^{q} r^{-n_i}\right]^L = \sum_{i_1=1}^{q}\sum_{i_2=1}^{q}\cdots\sum_{i_L=1}^{q} r^{-(n_{i_1}+n_{i_2}+\cdots+n_{i_L})} \qquad (6.1-3)$$

其中

$$K_i = (n_{i_1} + n_{i_2} + \cdots + n_{i_L})$$
$$(i_1, i_2, \cdots, i_L = 1, 2, \cdots, q) \quad (i = 1, 2, \cdots, q^L)$$

表示 L 个码字组成的码符号序列的长度,共有 q^L 种. 由此,(6.1-3)式改写为

$$\left[\sum_{i=1}^{q} r^{-n_i}\right]^L = \sum_{i=1}^{q^L} r^{-K_i} \qquad\qquad (6.1-4)$$

在 L 个码字组成的码符号序列中,当 L 个码字同时取最短码,即码长都是 $n_{\min}=1$ 时,码符号序列的长度 K_i 取其最小值 $K_{\min}=L$. 当 L 个码字同时取最长码,即码长都是 $n_{\max}$ 时,码符号序列的长度 K_i 取其最大值 $K_{\max}=Ln_{\max}$. 则有

$$L \leqslant K_i \leqslant Ln_{\max} \quad (i=1,2,\cdots,q^L) \qquad (6.1-5)$$

再设单义可译码 W 构成长度为 l 的码符号序列数为 B_l,则(6.1-4)式可进一步改写为

$$\left[\sum_{i=1}^{q} r^{-n_i}\right]^L = \sum_{l=L}^{Ln_{\max}} B_l r^{-l} \qquad\qquad (6.1-6)$$

一般而言,由 r 种不同码符号组成的码符号集构成的长度为 l 的码符号序列数为 r^l,总是大于(或等于)由单义可译码 W 的码字组成的长度为 l 的码符号序列数 $B_l(l=L,\cdots,Ln_{\max})$,即有

$$B_l \leqslant r^{-l} \quad (l=L,\cdots,Ln_{\max}) \qquad (6.1-7)$$

这样,(6.1-6)式可进一步改写为

$$\left[\sum_{i=1}^{q} r^{-n_i}\right]^L \leqslant \sum_{l=L}^{Ln_{\max}} r^l \cdot r^{-l} = \sum_{l=L}^{Ln_{\max}} 1 \leqslant Ln_{\max} \qquad (6.1-8)$$

由此,可得

$$\sum_{i=1}^{q} r^{-n_i} \leqslant [Ln_{\max}]^{1/L} \tag{6.1-9}$$

当 L 足够大($L\to\infty$)时,(6.1-9)式同样成立,而

$$\lim_{L\to\infty} [Ln_{\max}]^{1/L} = 1 \tag{6.1-10}$$

则证得

$$\sum_{i=1}^{q} r^{-n_i} \leqslant 1 \tag{6.1-11}$$

这样,必要性就得到了证明.它表明,当码字序列足够长时,任一单义可译编码 $W:\{w_1, w_2, \cdots, w_q\}$ 的结构参数 $\{q, r, n_i (i=1, 2, \cdots, q)\}$ 之间,一定满足 Kraft 不等式.

(2) 充分性.

设 $W:\{w_1, w_2, \cdots, w_q\}$ 是以 $X:\{a_1, a_2, \cdots, a_r\}$ 为码符号集,对信源 $S:\{s_1, s_2, \cdots, s_q\}$ 的信源编码,码字 w_i 的长度为 $n_i (i=1, 2, \cdots, q)$. 其结构参数 $\{q, r, n_i (i=1, 2, \cdots, q)\}$ 满足 Kraft 不等式,即有

$$\sum_{i=1}^{q} r^{-n_i} \leqslant 1 \tag{6.1-12}$$

又设,q 个码字中,码长为 l 的码字有 b_l 个:码长 $l=1$ 的码字有 b_1 个;码长 $l=2$ 的码字有 b_2 个;……;码长 l 等于最大码长 $n_{\max}$ 的码字有 b_m 个. 这样,就有

$$b_1 + b_2 + \cdots + b_m = q \tag{6.1-13}$$

而且(6.1-11)式可改写为

$$
\begin{aligned}
r^{-n_1} + r^{-n_2} + r^{-n_3} + \cdots + r^{-n_q} &= \underbrace{r^{-m} + r^{-m} + \cdots + r^{-m}}_{b_m \text{项}} \\
&\quad + \underbrace{r^{-(m-1)} + r^{-(m-1)} + \cdots + r^{-(m-1)}}_{b_{m-1} \text{项}} \\
&\quad + \cdots \\
&\quad + \underbrace{r^{-2} + r^{-2} + \cdots + r^{-2}}_{b_2 \text{项}} \\
&\quad + \underbrace{r^{-1} + r^{-1} + \cdots + r^{-1}}_{b_1 \text{项}} \\
&= b_m r^{-m} + b(m-1) r^{-(m-1)} + \cdots + b_2 r^{-2} + b_1 r^{-1} \leqslant 1
\end{aligned}
\tag{6.1-14}
$$

因为 $b_l (l=1, 2, \cdots, m)$、r 和 $l (l=1, 2, \cdots, m)$ 均是大于零的正整数,所以

$$b_l r^{-l} > 0 \quad (l=1, 2, \cdots, m) \tag{6.1-15}$$

由此,可得由 m 个不等式组成的不等式系列

$$
\begin{cases}
b_1 r^{-1} \leqslant 1 & \text{①} \\
b_2 r^{-2} + b_1 r^{-1} \leqslant 1 & \text{②} \\
b_3 r^{-3} + b_2 r^{-2} + b_1 r^{-1} \leqslant 1 & \text{③} \\
\vdots & \vdots \\
b_m r^{-m} + b_{m-1} r^{-(m-1)} + \cdots + b_2 r^{-2} + b_1 r^{-1} \leqslant 1 & \text{ⓜ}
\end{cases}
\tag{6.1-16}
$$

或进一步改写为

$$\begin{cases} b_1 \leqslant r & ① \\ b_2 \leqslant r(r-b_1) & ② \\ b_3 \leqslant r[r(r-b_1)-b_2] & ③ \\ \vdots & \vdots \\ b_m \leqslant r^m - b_1 r^{m-1} - b_2 r^{m-2} - \cdots - b_{m-1} r & ⑩ \end{cases} \qquad (6.1-17)$$

不等式系列(6.1-17)式中的不等式①表明:信源编码 $W:\{w_1,w_2,\cdots,w_q\}$ 中,码长为 1 的码字数 b_1 不超过"码树"的"一阶节点"数 r.选定码长为 1 的码字后,剩余的"一阶节点"为构建码长为 2 的非延长码字,在结构上提供了充分条件.$(r-b_1)$ 是选定码长为 1 的 b_1 个码字后,余下的"一阶节点"数.$r(r-b_1)$ 是余下节点延伸出来的可供选作码长为 2 的非延长码字的"二阶节点"数.不等式②表明:信源编码 $W:\{w_1,w_2,\cdots,w_q\}$ 中,码长为 2 的码字数 b_2 不超过这些"二阶节点"数 $r(r-b_1)$,余下的"二阶节点"又为构建码长为 3 的非延长码字,在结构上提供了充分条件.依此类推,不等式系列(6.1-17)的成立,在结构上为信源编码 $W:\{w_1,w_2,\cdots,w_q\}$ 的非延长性提供了充分条件.这就证明了 Kraft 不等式(6.1-12)成立,是结构参数为 $\{q,r,n_i\ (i=1,2,\cdots,q)\}$ 的信源编码 $W:\{w_1,w_2,\cdots,w_q\}$ 是非延长码的充分条件.这就表明,满足 Kraft 不等式(6.1-12)的 $\{q,r,n_i(i=1,2,\cdots,q)\}$ 至少可构造成一种非延长码.非延长码是单义可译码,这样定理的充分性就得到了证明.

在这里要强调指出,定理的必要性表明:任何一种结构参数为 $\{q,r,n_i(i=1,2,\cdots,q)\}$ 的单义可译码,一定满足 Kraft 不等式;定理的充分性又表明,满足 Kraft 不等式的结构参数 $\{q,r,n_i(i=1,2,\cdots,q)\}$,至少可构造一种非延长码.由此导出一个重要结论:任一单义可译码都可转换为相同结构 $\{q,r,n_i(i=1,2,\cdots,q)\}$ 的非延长码.这就是说,任何一个单义可译码,都可由相同结构参数 $\{q,r,n_i(i=1,2,\cdots,q)\}$ 的非延长码替代.

6.2　平均码长界限定理

无失真信源编码不仅要求在结构上单义可译,而且要求其码符号在无噪信道$(X\text{-}Y)$中传输有较高的"有效性".要讨论"有效性",首先要引入衡量"有效性"的尺度.

6.2.1　平均码长及码率

设信源 S 的信源空间为

$$[S \cdot P]: \begin{cases} S: & s_1 & s_2 & \cdots & s_q \\ P(S): & p(s_1) & p(s_2) & \cdots & p(s_q) \end{cases}$$

其中

$$p(s_i) > 0 \quad (i=1,2,\cdots,q); \qquad \sum_{i=1}^{q} p(s_i) = 1$$

又设码符号集 $X:\{a_1,a_2,\cdots,a_r\}$,单义可译码 $W:\{w_1,w_2,\cdots,w_q\}$ 的码字 w_i 的长度为 $n_i(i=1,2,\cdots,q)$.

单义可译码 $W:\{w_1,w_2,\cdots,w_q\}$ 的码字 w_i 与信源符号 s_i 相对应.信源符号 s_i 以概率 $p(s_i)$

出现,则码字 w_i 亦以概率 $p(s_i)$ 出现,码字长度 n_i 亦以概率 $p(s_i)$ 出现. 这就意味着,单义可译码 $W:\{w_1,w_2,\cdots,w_q\}$ 用 n_i 个码符号代表一个信源符号 s_i 的概率是 $p(s_i)(i=1,2,\cdots,q)$. 那么,在整个信源空间中每个信源符号所需的平均码符号数,应等于 q 个码字长度 $n_i(i=1,2,\cdots,q)$ 在概率空间 $\boldsymbol{P}:\{p(s_1),p(s_2),\cdots,p(s_q)\}$ 中的统计平均值

$$\bar{n}=\sum_{i=1}^{q}n_ip(s_i)\quad\text{(码符号 / 信源符号)}\tag{6.2-1}$$

我们把这个统计平均值 $\bar{n}$ 称为单义可译码 $W:\{w_1,w_2,\cdots,w_q\}$ 的平均码长.

另一方面,信源 S 是给定的,每个信源符号含有的平均信息量

$$H(S)=-\sum_{i=1}^{q}p(s_i)\log p(s_i)\quad\text{(比特 / 信源符号)}\tag{6.2-2}$$

是固定不变的量.

由(6.2-1)式、(6.2-2)式可知,单义可译码 $W:\{w_1,w_2,\cdots,w_q\}$ 通过无噪信道$(X\text{-}Y)$时,每个码符号携带的平均信息量

$$R=\frac{H(S)}{\bar{n}}\quad\left(\frac{\text{比特 / 信源符号}}{\text{码符号 / 信源符号}}=\frac{\text{比特}}{\text{码符号}}\right)\tag{6.2-3}$$

我们把 R 称为单义可译码 $W:\{w_1,w_2,\cdots,w_q\}$ 的“码率”,它可作为单义可译码 $W:\{w_1,w_2,\cdots,w_q\}$ 通过无噪信道$(X\text{-}Y)$的“有效性”高低的尺度. R 越大,表示通过无噪信道$(X\text{-}Y)$时,单义可译码 $W:\{w_1,w_2,\cdots,w_q\}$ 每个码符号携带的平均信息量越多,有效性越高;R 越小,表示通过无噪信道$(X\text{-}Y)$时,单义可译码 $W:\{w_1,w_2,\cdots,w_q\}$ 每个码符号携带的平均信息量越少,有效性越低. 由(6.2-3)式可知,码率 R 随平均码长 $\bar{n}$ 的改变而变动. 平均码长 $\bar{n}$ 越小,码率 R 越高;平均码长 $\bar{n}$ 越大,码率 R 越小. 由此可见,单义可译码 $W:\{w_1,w_2,\cdots,w_q\}$ 的平均码长 $\bar{n}$ 是调整码率 R 高低的手段和工具. 对单义可译码 $W:\{w_1,w_2,\cdots,w_q\}$ 有效性的要求,转变为对单义可译码 $W:\{w_1,w_2,\cdots,w_q\}$ 的平均码长 $\bar{n}$ 的调控. 由(6.2-1)式可知,平均码长 $\bar{n}$ 取决于信源符号 $s_i(p(s_i))$ 与码字 $w_i(n(i))$ 的搭配关系,不同的搭配关系,就可得到不同的平均码长 $\bar{n}$,单义可译码 $W:\{w_1,w_2,\cdots,w_q\}$ 就有不同的码率 R. 用编码的方法提高单义可译码的有效性是可能的.

无失真信源编码的单义可译性是一个结构性问题,与信源的统计特性无关. 但单义可译编码的有效性问题,与信源的统计特性密切相关,必须充分而且合理地利用信源的统计特性,才能有较高的有效性.

6.2.2 平均码长界限定理

平均码长 $\bar{n}$ 的大小与码字 w_i 和信源符号 s_i 的搭配,即码字长度 n_i 与信源符号 s_i 的概率分布 $p(s_i)$ 的搭配密切相关.

现设信源 S 的信源空间为

$$[S\cdot P]:\begin{cases}S: & s_1 & s_2 & s_3 & s_4\\P(S): & 1/2 & 1/4 & 1/8 & 1/8\end{cases}$$

若单义可译码为 $W:\{w_1=(1),w_2=(01),w_3=(000),w_4=(001)\}$. 如对信源编码的要求只是单义可译,则 W 中的任一码字 w_i 与任一信源符号 s_i 搭配,都构成单义可译码. 单义可译与信源

的统计特性无关. 如要考虑编码的有效性,则不同搭配就有不同的平均码长.

（1）概率大的信源符号赋于短码,即

$$s_1 \quad p(s_1) = 1/2, \quad s_1 \longrightarrow w_1 = (1) \qquad n_1 = 1$$
$$s_2 \quad p(s_2) = 1/4, \quad s_2 \longrightarrow w_2 = (01) \qquad n_2 = 2$$
$$s_3 \quad p(s_3) = 1/8, \quad s_3 \longrightarrow w_3 = (000) \qquad n_3 = 3$$
$$s_4 \quad p(s_4) = 1/8, \quad s_4 \longrightarrow w_4 = (001) \qquad n_4 = 3$$

则其平均码长

$$\bar{n} = n_1 p(s_1) + n_2 p(s_2) + n_3 p(s_3) + n_4 p(s_4)$$
$$= 1 \times 1/2 + 2 \times 1/4 + 3 \times 1/8 + 3 \times 1/8 = 14/8 \quad （码符号／信源符号）$$

（2）概率大的信源符号赋于长码,即

$$s_1 \quad p(s_1) = 1/2, \quad w_1 = (000) \qquad n_1 = 3$$
$$s_2 \quad p(s_2) = 1/4, \quad w_2 = (001) \qquad n_2 = 3$$
$$s_3 \quad p(s_3) = 1/8, \quad w_3 = (01) \qquad n_3 = 2$$
$$s_4 \quad p(s_4) = 1/8, \quad w_4 = (1) \qquad n_4 = 1$$

则其平均码长

$$\bar{n}' = n_1 p(s_1) + n_2 p(s_2) + n_3 p(s_3) + n_4 p(s_4)$$
$$= 3 \times 1/2 + 3 \times 1/4 + 2 \times 1/8 + 1 \times 1/8 = 21/8 \quad （码符号／信源符号）$$

这表明,不同长度的码字与概率不同的信源符号的不同搭配,得到不同的平均码长. 而且,概率大的信源符号搭配码长较短的码字,所得平均码长 $\bar{n}$,比概率大的信源符号搭配码长较大的码字,所得的平均码长 $\bar{n}'$ 小,即

$$\bar{n} < \bar{n}'$$

显然,概率大的信源符号搭配码长较短的码字,是使平均码长 $\bar{n}$ 较小,码率 R 较高的一般原则. 但我们不禁要问:平均码长是否可达到无限小,平均码长是否存在一个界限?

定理 6.2　设离散无记忆信源 S 的信息熵为 $H(S)$,码符号集 X 的码符号数为 r,则单义可译码 $W:\{w_1, w_2, \cdots, w_q\}$ 的平均码长 $\bar{n}$ 满足不等式

$$\frac{H(S)}{\log r} \leqslant \bar{n} < \frac{H(S)}{\log r} + 1$$

证明

（1）下限证明.

设离散无记忆信源 S 的信源空间为

$$[S \cdot P]: \begin{cases} S: & s_1 & s_2 & \cdots & s_q \\ P(S): & p(s_1) & p(s_2) & \cdots & p(s_q) \end{cases}$$

其中

$$p(s_i) > 0 \quad (i = 1, 2, \cdots, q); \sum_{i=1}^{r} p(s_i) = 1$$

又设码符号集为 $X:\{a_1, a_2, \cdots, a_r\}$,单义可译码 $W:\{w_1, w_2, \cdots, w_q\}$ 的码字 w_i 的长度为 $n_i (i = 1, 2, \cdots, q)$. 信源符号 s_i 与码字 w_i 的搭配关系为:

$$s_1, \quad p(s_1) \rightarrow w_1, n_1; \quad n_1 \rightarrow p(s_1)$$

$$s_2, \quad p(s_2) \to w_2, n_2; \quad n_2 \to p(s_2)$$
$$\vdots$$
$$s_q, \quad p(s_q) \to w_q, n_q; \quad n_q \to p(s_q)$$

则有

$$H(S) - \bar{n}\log r = -\sum_{i=1}^{q} p(s_i)\log p(s_i) - \left\{\sum_{i=1}^{q} p(s_i)n_i\right\} \cdot \log r$$

$$= -\sum_{i=1}^{q} p(s_i)\log p(s_i) + \sum_{i=1}^{q} p(s_i)\log r^{-n_i}$$

$$= \sum_{i=1}^{q} p(s_i)\log \frac{r^{-n_i}}{p(s_i)}$$

$$\leqslant \log\left\{\sum_{i=1}^{q} p(s_i) \cdot \frac{r^{-n_i}}{p(s_i)}\right\} = \log\left\{\sum_{i=1}^{q} r^{-n_i}\right\} \qquad (6.2-4)$$

考虑到码 $W:\{w_1, w_2, \cdots, w_q\}$ 是单义可译的,由定理 6.1,有

$$\sum_{i=1}^{q} r^{-n_i} \leqslant 1$$

则由(6.2-4)式,得

$$H(S) - \bar{n}\log r \leqslant \log 1 = 0 \qquad (6.2-5)$$

即证得

$$\bar{n} \geqslant \frac{H(S)}{\log r} \quad \left(\frac{\text{比特 / 信源符号}}{\text{比特 / 码符号}} = \frac{\text{码符号}}{\text{信源符号}}\right) \qquad (6.2-6)$$

这样,定理的下限就得到了证明.

(2)上限证明.

定理中上限所要表达的意思是,单义可译码的平均码长 $\bar{n}$ 可以小于 $\left\{\frac{H(S)}{\log r}+1\right\}$. 为此,我们只要找到一种单义可译码,其平均码长

$$\bar{n} < \frac{H(S)}{\log r} + 1$$

即可证明定理中的上限值.

现设定区间

$$[-\log_r p(s_i), -\log_r p(s_i)+1] \quad (i=1,2,\cdots,q) \qquad (6.2-7)$$

并选取区间中的正整数 $n_i(i=1,2,\cdots,q)$ 作为信源符号 s_i 的码字 w_i 的长度. 也就是说,概率为 $p(s_i)$ 的信源符号 s_i 相应码字 w_i 的长度 n_i 满足不等式

$$-\log_r p(s_i) \leqslant n_i < -\log_r p(s_i)+1 \quad (i=1,2,\cdots,q) \qquad (6.2-8)$$

即有

$$\log_r \frac{1}{p(s_i)} \leqslant n_i < \log_r \frac{r}{p(s_i)} \quad (i=1,2,\cdots,q) \qquad (6.2-9)$$

考虑到"底"大于 1 的对数的单调递增性,又有

$$\frac{1}{p(s_i)} \leqslant r^{n_i} < \frac{r}{p(s_i)} \quad (i=1,2,\cdots,q) \qquad (6.2-10)$$

由(6.2-10)式,又有

$$p(s_i) \geqslant r^{-n_i} > \frac{p(s_i)}{r} \quad (i=1,2,\cdots,q) \tag{6.2-11}$$

进而,有

$$\sum_{i=1}^{q} p(s_i) \geqslant \sum_{i=1}^{q} r^{-n_i} > \sum_{i=1}^{q} \frac{p(s_i)}{r} \tag{6.2-12}$$

即得

$$1 \geqslant \sum_{i=1}^{q} r^{-n_i} > \frac{1}{r} \tag{6.2-13}$$

不等式(6.2-13)表明,以(6.2-8)式所示 $n_i(i=1,2,\cdots,q)$ 作为概率为 $p(s_i)$ 的信源符号 s_i 相应码字 w_i 的码长,则所得编码 $W:\{w_1,w_2,\cdots w_q\}$ 的结构参数 $\{q,r,n_i(i=1,2,\cdots,q)\}$ 满足 Kraft 不等式,是单义可译码.

现用 $p(s_i)(i=1,2,\cdots,q)$ 乘不等式(6.2-8)中的

$$n_i < -\log_r p(s_i) + 1 \quad (i=1,2,\cdots,q)$$

两边,然后对所有 $i(i=1,2,\cdots,q)$ 相加,得

$$\sum_{i=1}^{q} n_i p(s_i) < -\sum_{i=1}^{q} p(s_i) \log_r p(s_i) + \sum_{i=1}^{q} p(s_i)$$

$$= -\sum_{i=1}^{q} p(s_i) \frac{\log p(s_i)}{\log r} + 1 = \frac{H(S)}{\log r} + 1 \tag{6.2-14}$$

即得

$$\bar{n} < \frac{H(S)}{\log r} + 1 \tag{6.2-15}$$

这样,定理的上限就得到了证明.

按(6.2-8)式选取码字 $w_i(i=1,2,\cdots,q)$ 的长度 n_i 的编码方法,称为"香农(Shannon)编码".它的显著特点是,由给定的信源 S 的概率分布 $p(s_i)(i=1,2,\cdots,q)$,就可直接确定信源符号 s_i 相应码字 w_i 的长度 n_i 的确切数值(正整数).由此,在"码树"上就可找到相应的"端点",构成非延长的"香农码".

定理表明,至少有一种单义可译码(如"香农码")的平均码长 $\bar{n}$ 小于限定值 $\left\{\dfrac{H(S)}{\log r}+1\right\}$. 这就足以说明,若离散无记忆信源 S 的信息熵为 $H(S)$,码符号集 X 的码符号数为 r,则单义可译码的平均码长 $\bar{n}$ 可以小于限定值 $\left\{\dfrac{H(S)}{\log r}+1\right\}$,但这并不意味着单义可译码的平均码长 $\bar{n}$ 不能大于或等于限定值 $\left\{\dfrac{H(S)}{\log r}+1\right\}$. 但从提高有效性的角度考虑,平均码长 $\bar{n}$ 应尽量小,取小于限定值 $\left\{\dfrac{H(S)}{\log r}+1\right\}$ 的数值就可以了,没有必要取大于或等于限定值 $\left\{\dfrac{H(S)}{\log r}+1\right\}$ 的数值.

定理 6.3　设离散无记忆信源 S 的信息熵为 $H(S)$,码符号集 X 的码符号数为 r,若信源编码 $W:\{w_1,w_2,\cdots w_q\}$ 的平均码长

$$\bar{n} < \frac{H(S)}{\log r}$$

则用码符号集 X 对信源 S 的信源编码 W：$\{w_1, w_2, \cdots w_q\}$ **不可能单义可译.**

证明　设离散无记忆信源 S 的信源空间为

$$[S \cdot P]: \begin{cases} S: & s_1 & s_2 & \cdots & s_q \\ P(S): & p(s_1) & p(s_2) & \cdots & p(s_q) \end{cases}$$

其中

$$p(s_i) > 0 \quad (i=1,2,\cdots,q); \quad \sum_{i=1}^{q} p(s_i) = 1$$

码符号集为 X：$\{a_1, a_2, \cdots, a_r\}$，信源编码 W：$\{w_1, w_2, \cdots, w_q\}$ 中码字 w_i 与信源符号 s_i 一一对应，其长度为 $n_i (i=1,2,\cdots,q)$.

若信源编码的平均码长

$$\bar{n} < \frac{H(S)}{\ln r} \tag{6.2-16}$$

则有

$$\sum_{i=1}^{q} n_i p(s_i) \cdot \ln r < -\sum_{i=1}^{q} p(s_i) \ln p(s_i) \tag{6.2-17}$$

即有

$$-\sum_{i=1}^{q} n_i p(s_i) \cdot \ln r > \sum_{i=1}^{q} p(s_i) \ln p(s_i) \tag{6.2-18}$$

又有

$$\sum_{i=1}^{q} p(s_i) \ln \frac{r^{-n_i}}{p(s_i)} > 0 \tag{6.2-19}$$

在数学上，当 $x > 0$ 时，有不等式

$$\ln x \leqslant (x-1) \tag{6.2-20}$$

现令

$$x_i = \frac{r^{-n_i}}{p(s_i)} > 0 \quad (i=1,2,\cdots,q) \tag{6.2-21}$$

由(6.2-20)式和(6.2-21)式，有

$$\frac{r^{-n_i}}{p(s_i)} - 1 \geqslant \ln \frac{r^{-n_i}}{p(s_i)} \quad (i=1,2,\cdots,q) \tag{6.2-22}$$

由(6.2-22)式和(6.2-19)式，有

$$\sum_{i=1}^{q} p(s_i) \left\{ \frac{r^{-n_i}}{p(s_i)} - 1 \right\} \geqslant \sum_{i=1}^{q} p(s_i) \ln \frac{r^{-n_i}}{p(s_i)} > 0 \tag{6.2-23}$$

即

$$\sum_{i=1}^{q} p(s_i) \left\{ \frac{r^{-n_i}}{p(s_i)} - 1 \right\} > 0 \tag{6.2-24}$$

由(6.2-24)式，可得

$$\sum_{i=1}^{q} r^{-n_i} - \sum_{i=1}^{q} p(s_i) > 0$$

即

$$\sum_{i=1}^{q} r^{-n_i} > \sum_{i=1}^{q} p(s_i) = 1 \qquad (6.2-25)$$

最后有

$$\sum_{i=1}^{q} r^{-n_i} > 1 \qquad (6.2-26)$$

这说明,结构参数$\{q,r,n_i(i=1,2,\cdots,q)\}$不满足 Kraft 不等式,由定理 6.1 可知,由$\{q,r,n_i(i=1,2,\cdots,q)\}$不可能构成单义可译码. 这样,定理 6.3 就得到了证明.

6.2.3　最佳码

由(6.2-4)式可知,当且仅当对一切$i(i=1,2,\cdots,q)$都有

$$p(s_i) = r^{-n_i} \quad (i=1,2,\cdots,q) \qquad (6.2-27)$$

时,单义可译码的平均码长$\bar{n}$可达到其最小值$\bar{n}_{\min}$,即

$$\bar{n} = \bar{n}_{\min} = \frac{H(S)}{\log r} \quad (\text{码符号}/\text{信源符号}) \qquad (6.2-28)$$

随之,单义可译码的码率R相应达到其最大值$R_{\max}$,即

$$R = R_{\max} = \frac{H(S)}{\bar{n}_{\min}} = \frac{H(S)}{\dfrac{H(S)}{\log r}} = \log r \quad (\text{比特}/\text{码符号}) \qquad (6.2-29)$$

这表明,当信源$S:\{s_1,s_2,\cdots,s_q\}$的概率分布$p(s_i)$、码符号集X的码符号数r以及码字w_i的长度$n_i(i=1,2,\cdots,q)$之间满足(6.2-27)式,则单义可译码$W:\{w_1,w_2,\cdots,w_q\}$的平均码长$\bar{n}$达下限值,即最小值$\bar{n}_{\min}$,而其码率R达到其最大值$R_{\max}=\log r$. 这意味着,这时码符号集$X:\{a_1,a_2,\cdots,a_r\}$呈现等概分布,输入符号集为$X:\{a_1,a_2,\cdots,a_r\}$的无噪信道$(X-Y)$达到其信道容量$C=\log r$(比特/码符号),无噪信道$(X-Y)$的通信达到最有效的状态. 我们把满足

$$p(s_i) = r^{-n_i} \quad (i=1,2,\cdots,q) \qquad (6.2-30)$$

的单义可译码$W:\{w_1,w_2,\cdots,w_q\}$称为"最佳码".

为了剖析平均码长$\bar{n}$的最小值

$$\bar{n}_{\min} = \frac{H(S)}{\log r}$$

的内涵,我们运用对数的换底公式,进一步有

$$\bar{n}_{\min} = \frac{H(S)}{\log r} = \frac{-\sum_{i=1}^{q} p(s_i)\log p(s_i)}{\log r} = \frac{-\sum_{i=1}^{q} p(s_i)\dfrac{\log_r p(s_i)}{\log_r 2}}{\dfrac{\log_r r}{\log_r 2}}$$

$$= \frac{-\sum_{i=1}^{q} p(s_i)\log_r p(s_i)}{\log_r r} \quad \left(\dfrac{r\,\text{进制信息单位}/\text{信源符号}}{r\,\text{进制信息单位}/\text{码符号}}\right)$$

$$= \frac{-\sum_{i=1}^{q} p(s_i)\log_r p(s_i)}{1} \quad \left(\dfrac{r\,\text{进制信息单位}/\text{信源符号}}{r\,\text{进制信息单位}/\text{码符号}}\right)$$

$$= \frac{-\sum\limits_{i=1}^{q} p(s_i)\log_r p(s_i)}{1} \quad \text{（码符号／信源符号）}$$

$$= H_r(S) \quad \text{（码符号／信源符号）} \tag{6.2-31}$$

这表明,用码符号数为 r 的码符号集 X,对信源 S 进行单义可译编码,其平均码长 $\bar{n}$ 的最小值 $\bar{n}_{\min}$,在数量上就等于信源 S 的 r 进制熵值 $H_r(S)$.这意味着,信源 S 的熵值 $H_r(S)$ 确定,单义可译码平均码长 $\bar{n}$ 的最小值 $\bar{n}_{\min}$ 也随之确定.这个结论告诉我们:如要进一步减小平均码长 $\bar{n}$,势必设法改变信源本身的信息特征,使其信息熵有所下降.

【例6.2】 设信源 S 的信源空间为

$$[S \cdot P]: \begin{cases} S: & s_1 \quad s_2 \quad s_3 \quad s_4 \\ P(S): & 1/2 \quad 1/4 \quad 1/8 \quad 1/8 \end{cases}$$

用码符号集 $X:\{0,1\}$ 对信源 S 进行单义可译编码,得图 E6.2-1 所示的非延长码 $W:\{w_1,w_2, w_3,w_4\}$.

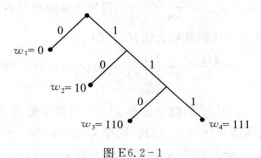

图 E6.2-1

若把非延长码 $W:\{w_1,w_2,w_3,w_4\}$ 与信源 S 中的信源符号 s_1,s_2,s_3,s_4 之间做如下搭配:长度 $n_1=1$ 的码字 $w_1=(0)$ 代表信源符号 s_1,而 s_1 的概率 $p(s_1)=\dfrac{1}{2}=\left(\dfrac{1}{r}\right)^{n_1}$;长度 $n_2=2$ 的码字 $w_2=(10)$ 代表信源符号 s_2,而 s_2 的概率 $p(s_2)=\dfrac{1}{4}=\left(\dfrac{1}{2}\right)^2=\left(\dfrac{1}{r}\right)^{n_2}$;长度 $n_3=3$ 的码字 $w_3=(110)$ 代表信源符号 s_3,而 s_3 的概率 $p(s_3)=\dfrac{1}{8}=\left(\dfrac{1}{2}\right)^3=\left(\dfrac{1}{r}\right)^{n_3}$;长度 $n_3=3$ 的码字 $w_4=(111)$ 代表信源符号 s_4,而 s_4 的概率 $p(s_4)=\dfrac{1}{8}=\left(\dfrac{1}{2}\right)^3=\left(\dfrac{1}{r}\right)^{n_4}$.这样,非延长码 $W:\{w_1,w_2,w_3,w_4\}$ 的码字长度 $n_i(i=1,2,3,4)$、信源符号的概率分布 $p(s_i)(i=1,2,3,4)$ 以及码符号集 X 的码符号数 r 之间,满足

$$p(s_i) = r^{-n_i} \quad (i=1,2,3,4)$$

所以,非延长码

$$W:\{s_1 \rightarrow w_1 = (0); s_2 \rightarrow w_2 = (10); s_3 \rightarrow w_3 = (110); s_4 \rightarrow w_4 = (111)\}$$

是"最佳码".

信源 S 的信息熵

$$H_2(S) = H_2(1/2,1/4,1/8,1/8,)$$

$$= H_2\left(\frac{1}{2},\frac{1}{2}\right)+\frac{1}{2}H\left(\frac{1/4}{1/2},\frac{1/8}{1/2},\frac{1/8}{1/2}\right)$$

$$= 1+\frac{1}{2}H\left(\frac{1}{2},\frac{1}{4},\frac{1}{4}\right)$$

$$= 1+\frac{1}{2}\left[\left(\frac{1}{2},\frac{1}{2}\right)+\frac{1}{2}H\left(\frac{1/4}{1/2},\frac{1/4}{1/2}\right)\right]$$

$$= 1+\frac{1}{2}\left[1+\frac{1}{2}H\left(\frac{1}{2},\frac{1}{2}\right)\right]$$

$$= 1+\frac{1}{2}+\frac{1}{4}=\frac{4+2+1}{4}=\frac{7}{4}=\frac{14}{8}\quad(\text{比特 / 信源符号})$$

平均码长 $\bar{n}$ 的最小值

$$\bar{n}_{\min}=\frac{H(S)}{\log r}=\frac{14/8}{\log 2}=\frac{14/8}{1}=\frac{14}{8}\quad\left(\frac{\text{比特 / 信源符号}}{\text{比特 / 码符号}}\right)$$
$$=14/8\quad(\text{码符号 / 信源符号})$$

而非延长码 $W:\{w_1,w_2,w_3,w_4\}$ 的平均码长

$$\bar{n}=n_1 p(s_i)+n_2 p(s_2)+n_3 p(s_3)+n_4 p(s_4)$$
$$=1\times 1/2+2\times 1/4+3\times 1/8+3\times 1/8$$
$$=\frac{4+4+3+3}{8}=\frac{14}{8}\quad(\text{码符号 / 信源符号})$$

这说明,平均码长 $\bar{n}$ 确实达到了下界值 $\bar{n}_{\min}$. 其码率 R 达到最大值

$$R=\frac{H(S)}{\bar{n}}=\frac{14/8}{14/8}=1(\text{比特 / 码符号})=R_{\max}$$

这说明,输入符号集 $X:\{0,1\}$ 的无噪信道(X - Y)达到其信道容量 $C=\log r=\log 2=1$(比特/码符号),即有

$$R_{\max}=C=1\quad(\text{比特 / 码符号})$$

6.3　符号传输速率极限定理

单义可译码在无噪信道(X - Y)中传输的有效性,由码率

$$R=\frac{H(S)}{\bar{n}}\quad(\text{比特 / 码符号})$$

表示. 若无噪信道(X - Y)每传递一个码符号需 t 秒时间,则信道(X - Y)在每单位时间内传递的信息量

$$R_t=\frac{R}{t}\quad\left(\frac{\text{比特 / 码符号}}{\text{秒 / 码符号}}=\text{比特 / 秒}\right)$$

由此,单义可译码在无噪信道(X - Y)中,每单位时间(秒)传递的信源符号数

$$\xi=\frac{R_t}{H(S)}\quad\left(\frac{\text{比特 / 秒}}{\text{比特 / 信源符号}}=\text{信源符号 / 秒}\right)$$

我们把 ξ(信源符号/秒)称为单义可译码的"符号传输速率",它是工程上比较实用的单义可译码有效性的衡量尺度.

随着消息长度 N 的扩展,单义可译码的码率 R 以及符号传输速率 ξ 是否存在极限值? 极

限值取决于哪些因素? 这是讨论单义可译码有效性的重要课题.

6.3.1 平均码长极限定理

若码符号集 X 的码符号数为 r,则单义可译码的平均码长 $\bar{n}$ 的下限值(最小值 $\bar{n}_{\min}$)在数量上等于 r 进制信源 S 的熵值 $H_r(S)$. 这就是说,如要 $\bar{n}_{\min}$ 继续下降,必须设法改变信源 S 的信息特征.

信源 $S:\{s_1,s_2,\cdots,s_q\}$ 发出的消息往往不是信源 S 的单个符号 $s_i(i=1,2,\cdots,q)$,而是由单个符号 $s_i(i=1,2,\cdots,q)$ 组成的某一序列. 若信源 S 发出的消息由 N 个符号组成,则每一条消息都可看作信源 S 的 N 次扩展信源 $\boldsymbol{S}=S_1S_2\cdots S_N$ 的某一个符号 $\alpha_i=(s_{i_1}s_{i_2}\cdots s_{i_N})$(其中:$s_{i_1},s_{i_2},\cdots,s_{i_N}\in\{s_1,s_2,\cdots,s_q\}$;$i_1,i_2,\cdots,i_N=1,2,\cdots,q;i=1,2,\cdots,q^N$)若在构造单义可译码时,不把信源符号 $s_i(i=1,2,\cdots,q)$ 作为编码对象,而直接把消息 $\alpha_i=(s_{i_1}s_{i_2}\cdots s_{i_N})$ 作为编码对象,使一个完整的码字 w_i 不对应单个信源符号 s_i,而直接对应一个消息 $\alpha_i=(s_{i_1}s_{i_2}\cdots s_{i_N})$,使码字 w_i 与 $\alpha_i=(s_{i_1}s_{i_2}\cdots s_{i_N})$ 一一对应. 这样的编码方法,把信源 S 变成了 S 的 N 次扩展信源 $\boldsymbol{S}=S_1S_2\cdots S_N$,改变了信源的信息特征,能否使每个信源符号 $s_i(i=1,2,\cdots,q)$ 所需的平均码符号数,即平均码长 $\bar{n}$ 进一步下降,平均码长 $\bar{n}$ 的下限值 $\bar{n}_{\min}$ 进一步减小,单义可译码的有效性进一步提高?

定理 6.4 设离散无记忆信源 S 的信息熵为 $H(S)$,码符号集 X 的码符号数为 r. 若用码符号集 X 中的码符号对无记忆信源 S 的 N 次扩展信源 $\boldsymbol{S}=S_1S_2\cdots S_N$ 进行单义可译编码,则当扩展次数 N 足够大($N\to\infty$)时,有

$$\lim_{N\to\infty}\bar{n}=\frac{H(S)}{\log r}$$

证明 设离散无记忆信源 $S:\{s_1,s_2,\cdots,s_q\}$ 的 N 次扩展信源 $S^N=S_1S_2\cdots S_N$ 的符号集 $S^N:\{\alpha_1,\alpha_2,\cdots,\alpha_{q^N}\}$,其中

$$\alpha_i=(s_{i_1}s_{i_2}\cdots s_{i_N})$$
$$s_{i_1},s_{i_2},\cdots,s_{i_N}\in\{s_1,s_2,\cdots,s_q\}$$
$$i_1,i_2,\cdots,i_N=1,2,\cdots,q \quad (i=1,2,\cdots,q^N)$$

现用码符号集 $X:\{a_1,a_2,\cdots,a_r\}$ 直接对信源 $S^N=S_1S_2\cdots S_N$ 的每一个"符号"$\alpha_i(i=1,2,\cdots,q^N)$ 进行一一对应的无失真信源编码,构成单义可译码 $W:\{w_1,w_2,\cdots,w_{q^N}\}$,其码字 $w_i(i=1,2,\cdots,q^N)$ 的度长为 $n_{iN}(iN=1,2,\cdots,q^N)$(码符号/$N$ 信源符号). 若令 $\bar{n}_N$ 表示 N 次扩展信源 $S^N=S_1S_2\cdots S_N$ 的单义可译码 $W:\{w_1,w_2,\cdots,w_{q^N}\}$ 的平均码长(码符号/N 信源符号),设离散无记忆信源 S 的 N 次扩展信源 $S^N=S_1S_2\cdots S_N$ 的信息熵为 $H(S^N)$,则根据定理 6.2,有

$$\frac{H(S^N)}{\log r}\leqslant\bar{n}_N<\frac{H(S^N)}{\log r}+1 \tag{6.3-1}$$

用 $1/N$ 乘不等式(6.3-1)中各项,不等式仍然成立,有

$$\frac{H(S^N)}{N\log r}\leqslant\frac{\bar{n}_N}{N}<\frac{H(S^N)}{N\log r}+\frac{1}{N} \tag{6.3-2}$$

离散无记忆信源 S 的信息熵为 $H(S)$,而(6.3-2)式中的

$$H(S^N)=NH(S) \tag{6.3-3}$$

且其中

$$\frac{\bar{n}_N}{N} = \bar{n} \quad (\text{码符号} / \text{信源符号}) \tag{6.3-4}$$

就是离散无记忆信源 S 的每一信源符号 $s_i (i=1,2,\cdots,q)$ 所需的平均码符号数,即平均码长. 由此,(6.3-2)式可改写为

$$\frac{H(S)}{\log r} \leqslant \bar{n} < \frac{H(S)}{\log r} + \frac{1}{N} \tag{6.3-5}$$

显然,由(6.3-5)式可知,当扩展次数 N 足够大($N \rightarrow \infty$)时,对(6.3-5)式各项取极限,不等式仍然成立,即得

$$\lim_{N \to \infty} \frac{H(S)}{\log r} \leqslant \lim_{N \to \infty} \bar{n} < \lim_{N \to \infty} \frac{H(S)}{\log r} + \lim_{N \to \infty} \frac{1}{N} \tag{6.3-6}$$

即证得

$$\lim_{N \to \infty} \bar{n} = \frac{H(S)}{\log r} \quad \left(\frac{\text{比特} / \text{信源符号}}{\text{比特} / \text{码符号}} = \frac{\text{码符号}}{\text{信源符号}} \right)$$

$$= H_r(S) \quad (\text{码符号} / \text{信源符号}) \tag{6.3-7}$$

这样,定理 6.4 就得到了证明.

这个定理表明,对离散无记忆信源 S 来说,若以信源 S 的单个符号 $s_i (i=1,2,\cdots,q)$ 作为编码对象,根据定理 6.2, $\bar{n}_{\min} = \frac{H(S)}{\log r}$ 是平均码长 $\bar{n}$ 的理论下限值,除了"最佳码"以外,一般单义可译码的平均码长 $\bar{n}$ 达不到这个理论下限值,总是大于这个理论下限值. 若把信源 S 的单个符号 $s_i (i=1,2,\cdots,q)$ 作为编码对象的编码方法,改变成把信源 S 的 N 次扩展信源 $S^N = S_1 S_2 \cdots S_N$ 的单个"符号"(消息) $\alpha_i (i=1,2,\cdots,q^N)$ 作为编码对象,使单义可译码 $W: \{w_1, w_2, \cdots, w_{q^N}\}$ 与 $\alpha_i (i=1,2,\cdots,q^N)$ 一一对应,则当扩展次数 N 足够大($N \rightarrow \infty$)时,信源 $S = \{s_1, s_2, \cdots, s_q\}$ 的每一信源符号 $s_i (i=1,2,\cdots,q)$ 所需平均码符号数,即平均码长 $\bar{n}$ 可无限接近于理论下界值 $\bar{n}_{\min} = \frac{H(S)}{\log r} = H_r(S)$,单义可译码的码率 R 可无限接近于 $\log r = C$. 接近的程度随着扩展次数 N 的增加而增加. 显然,编码的有效性将明显地提高.

单义可译码的平均码长 $\bar{n}$ 的减少,表明每传递一个信源符号所需传递的码符号数随之减少. 这表明,采用扩展信源的手段,可以达到"数据压缩"的目的. 当然,这要付出相应的代价,码字数将从 q 增加到 q^N. 当 q 和 N 都相当大时,编码将变得相当复杂,其复杂程度同样随着扩展次数 N 的增加而增大.

定理 6.5　设各态历经有记忆信源 S 的极限熵为 H_∞,码符号集 X 的码符号数为 r. 若用码符号集 X 中的码符号对信源 S 的 N 次扩展信源 $\pmb{S} = S_1 S_2 \cdots S_N$ 进行单义可译编码,则当扩展次数 N 足够大($N \rightarrow \infty$)时,单义可译码的平均码长 $\bar{n}$ 有

$$\lim_{n \to \infty} \bar{n} = \frac{H_\infty}{\log r}$$

证明　设各态历经有记忆信源 $S: \{s_1, s_2, \cdots, s_q\}$ 的 N 次扩展信源 $\pmb{S} = S_1 S_2 \cdots S_N$ 的符号集 $\pmb{S}: \{\alpha_i, i=1,2,\cdots,q^N\}$,其中

$$\alpha_i = (s_{i_1} s_{i_2} \cdots s_{i_N})$$

$$s_{i_1}, s_{i_2}, \cdots, s_{i_N} \in \{s_1, s_2, \cdots, s_q\}$$

$$i_1, i_2, \cdots, i_N = 1, 2, \cdots, N \quad (i = 1, 2, \cdots, q^N)$$

现用含有 r 个码符号的码符号集 $X : \{a_1, a_2, \cdots, a_r\}$ 直接对 N 次扩展信源 $\boldsymbol{S} = S_1 S_2 \cdots S_N$ 的每一个符号 $\alpha_i (i = 1, 2, \cdots, q^N)$ 进行一一对应的单义可译编码 $W : \{w_1, w_2, \cdots, w_{q^N}\}$. 设各态历经有记忆信源 S 的 N 次扩展信源 $\boldsymbol{S} = S_1 S_2 \cdots S_N$ 的信息熵为 $H(\boldsymbol{S}) = H(S_1 S_2 \cdots S_N)$. 则根据平均码长界限定理, 有

$$\frac{H(\boldsymbol{S})}{\log r} \leqslant \bar{n}_N < \frac{H(\boldsymbol{S})}{\log r} + 1 \tag{6.3-8}$$

用 $1/N$ 乘不等式(6.3-8)中的各项, 不等式仍然成立, 有

$$\frac{H(\boldsymbol{S})}{N \log r} \leqslant \frac{\bar{n}_N}{N} < \frac{H(\boldsymbol{S})}{N \log r} + \frac{1}{N} \tag{6.3-9}$$

当扩展次数 N 足够大($N \to \infty$)时, 对(6.3-9)式中的各项取极限, 不等式仍然成立, 有

$$\lim_{N \to \infty} \frac{H(\boldsymbol{S})}{N} \cdot \frac{1}{\log r} \leqslant \lim_{N \to \infty} \bar{n} < \lim_{N \to \infty} \frac{H(\boldsymbol{S})}{N} \cdot \frac{1}{\log r} + \lim_{N \to \infty} \frac{1}{N} \tag{6.3-10}$$

即得

$$\frac{H_\infty}{\log r} \leqslant \lim_{N \to \infty} \bar{n} \leqslant \frac{H_\infty}{\log r} \tag{6.3-11}$$

即证得

$$\lim_{N \to \infty} \bar{n} = \frac{H_\infty}{\log r} \quad \left(\frac{\text{比特／信源符号}}{\text{比特／码符号}} = \frac{\text{码符号}}{\text{信源符号}} \right)$$

$$= H_{r\infty} \quad (\text{码符号／信源符号}) \tag{6.3-12}$$

这样, 定理 6.5 就得到了证明.

离散无记忆信源 S 的 N 次扩展信源 $S^N = S_1 S_2 \cdots S_N$ 的信息熵

$$H(S^N) = H(S_1 S_2 \cdots S_N)$$

$$= H(S_1) + H(S_2) + \cdots + H(S_N) = N H(S) \tag{6.3-13}$$

离散有记忆信源 S 的 N 次扩展信源 $\boldsymbol{S} = S_1 S_2 \cdots S_N$ 的信息熵

$$H(\boldsymbol{S}) = H(S_1 S_2 \cdots S_N)$$

$$= H(S_1) + H(S_2/S_1) + H(S_3/S_1 S_2) + \cdots + H(S_N/S_1 S_2 \cdots S_{N-1}) \tag{6.3-14}$$

因有

$$\begin{cases} H(S_2/S_1) \leqslant H(S_2) \\ H(S_3/S_1 S_2) \leqslant H(S_3) \\ \cdots \\ H(S_N/S_1 S_2 \cdots S_{N-1}) \leqslant H(S_N) \end{cases} \tag{6.3-15}$$

这样, 就有

$$H(\boldsymbol{S}) \leqslant H(S^N) = N H(S) \tag{6.3-16}$$

由(6.3-16)式有

$$H_\infty = \lim_{N \to \infty} \frac{H(\boldsymbol{S})}{N} \leqslant \lim_{N \to \infty} \frac{N H(S)}{N} = H(S) \tag{6.3-17}$$

即可得

$$\frac{H_\infty}{\log r} \leqslant \frac{H(S)}{\log r} \qquad (6.3-18)$$

这表明,当扩展次数 N 足够大($N \to \infty$)时,有记忆信源 S 的 N 次扩展信源 $\boldsymbol{S} = S_1 S_2 \cdots S_N$ 的单义可译码的平均码长 $\bar{n}$ 的下界值 $\frac{H_\infty}{\log r}$,比无记忆信源 S 的 N 次扩展信源 $S^N = S_1 S_2 \cdots S_N$ 的单义可译码的平均码长 $\bar{n}$ 的下界值 $\frac{H(S)}{\log r}$ 小. 对有记忆信源 S 的 N 次扩展信源,运用扩展信源的手段,达到压缩数据的效果,比无记忆信源 S 的 N 次扩展信源更明显. 这是因为在有记忆信源 S 的 N 次扩展信源 $\boldsymbol{S} = S_1 S_2 \cdots S_N$ 中,随机变量 $S_1, S_2, \cdots, S_N$ 之间的统计依赖关系,减少了 N 次扩展信源 $\boldsymbol{S} = S_1 S_2 \cdots S_N$ 所发消息 $\alpha_i = (s_{i_1} s_{i_2} \cdots s_{i_N})(s_{i_1}, s_{i_2}, \cdots, s_{i_N} \in \{s_1, s_2, \cdots, s_q\}; i_1, i_2, \cdots, i_N = 1, 2, \cdots, q; i = 1, 2, \cdots, q^N)$ 的平均信息量,也就减少了所需传输的码符号的数量,使数据得到了进一步的压缩.

推论　设各态历经的 m 阶 **Markov** 信源 S 的 m 阶条件熵为 $H(S_{m+1}/S_1 S_2 \cdots S_m)$,则用码符号数为 r 的码符号集 X 对信源 S 稳定后的每一条消息进行单义可译编码,其平均码长

$$\bar{n} = \frac{1}{\log r} \cdot H(S_{m+1}/S_1 S_2 \cdots S_m)$$

证明　各态历经的 m 阶 Markov 信源 S 的极限熵

$$H_{\infty_m} = H(S_{m+1}/S_1 S_2 \cdots S_m) \qquad (6.3-19)$$

根据定理 6.5,有

$$\lim_{N \to \infty} \bar{n} = \frac{H_{\infty_m}}{\log r} = \frac{1}{\log r} \cdot H(S_{m+1}/S_1 S_2 \cdots S_m) \qquad (6.3-20)$$

由 m 阶 Markov 信源的 Markov 特性,任何一时刻发出的符号只与它前面 m 个符号有关,与更前面的符号就无关了. 这样,就把一般有记忆信源的"无限记忆"问题转换为 m 阶 Markov 信源的长度为 m 的"有限记忆"问题了. 鉴于这个理由,(6.3-20)式中的"$N \to \infty$"实际上就可由"当 m 阶 Markov 信源 S 稳定后"来表达. 所以(6.3-20)式可改写为

$$\bar{n} = \frac{1}{\log r} \cdot H(S_{m+1}/S_1 S_2 \cdots S_m) \qquad (6.3-21)$$

这样,推论就得到了证明.

推论告诉我们,对各态历经的 m 阶 Markov 信源 S 这样一种特殊的有记忆信源来说,当信源稳定后,用含有 r 个码符号的码符号集 X,对 m 阶 Markov 信源的消息进行单义可译编码时,其平均码长 $\bar{n}$ 可达到下界值 $\left\{ \frac{1}{\log r} H(S_{m+1}/S_1 S_2 \cdots S_m) \right\}$. 因为对条件熵有

$$H(S_k/S_1 S_2 \cdots S_{k-1}) \leqslant H(S_{k-1}/S_1 S_2 \cdots S_{k-2}) \qquad (6.3-22)$$

由(6.3-21)式、(6.3-22)式可知,各态历经的 m 阶 Markov 信源 S 的记忆长度 m 越大,单义可译码的平均码长 $\bar{n}$ 就越小,其数据压缩的程度就越高,码率 R 就越大.

综上所述,在进行无失真信源编码时,可以采用扩展信源的手段,达到压缩数据的目的. 对有记忆信源来说,扩展的程度越高,压缩的效果越好,编码的有效性就越高.

6.3.2 符号传输速率极限定理

由平均码长极限定理,通过平均码长 $\bar{n}$ 和码率 R 之间的关系,可直接导致单义可译码符号传输速率 ξ 的极限定理.

定理 6.6 设离散无记忆信源 S 的信息熵为 $H(S)$,输入符号集为 X 的无噪信道的信道容量为 C_t(比特/秒).若 ε 是大于零的任意小的数,则以 X 为码符号集的信源 S 的单义可译码在无噪信道上的符号传输速率

$$Q \leqslant \left[\frac{C_t}{H(S)} - \varepsilon \right]$$

证明 设无噪信道(X-Y)的输入符号集,即码符号集 X 的码符号数为 r.因离散无记忆信源 S 的信息熵为 $H(S)$,则根据定理 6.4,用码符号集 X 对信源 S 的 N 次扩展信源 $S^N = S_1 S_2 \cdots S_N$ 进行单义可译编码,当扩展次数 N 足够大($N \to \infty$)时,单义可译码的平均码长 $\bar{n}$,可无限接近于 $\dfrac{H(S)}{\log r}$,即有

$$\lim_{N \to \infty} \bar{n} = \frac{H(S)}{\log r} \tag{6.3-23}$$

而对码率 R 有

$$\lim_{N \to \infty} R = \lim_{N \to \infty} \left[\frac{H(S)}{\bar{n}} \right] = \frac{H(S)}{\lim\limits_{N \to \infty} \bar{n}} = \frac{H(S)}{H(S)/\log r} = \log r$$

$$= C \quad (\text{比特} / \text{码符号}) \tag{6.3-24}$$

设无噪信道(X-Y)每传递一个码符号需 t 秒时间,则信道(X-Y)每秒内能传递的平均信息量为

$$R_t = \frac{R}{t} \left(\frac{\text{比特} / \text{码符号}}{\text{秒} / \text{码符号}} = \frac{\text{比特}}{\text{秒}} \right) \tag{6.3-25}$$

当扩展次数 N 足够大($N \to \infty$)时,有

$$\lim_{N \to \infty} R_t = \frac{\lim\limits_{N \to \infty} R}{t} = \frac{C}{t} = C_t \quad (\text{比特} / \text{秒}) \tag{6.3-26}$$

由符号传输速率 ξ 的定义,有

$$\lim_{N \to \infty} Q = \lim_{N \to \infty} \left[\frac{R_t}{H(S)} \right] = \frac{\lim\limits_{N \to \infty} R_t}{H(S)}$$

$$= \frac{C_t}{H(S)} \left(\frac{\text{比特} / \text{秒}}{\text{比特} / \text{信源符号}} = \frac{\text{信源符号}}{\text{秒}} \right) \tag{6.3-27}$$

若令 ε 为任意小的正数,按极限的数学意义,(6.3-27)式可改写为

$$\xi \leqslant \left[\frac{C_t}{H(S)} - \varepsilon \right] \tag{6.3-28}$$

这样,定理 6.6 就得到了证明.

定理表明,对于信息熵为 $H(S)$ 的给定离散无记忆信源 S,每传递一个码符号需要 t 秒时间的无噪信道(X-Y)来说,虽然可以用对信源 S 的 N 次扩展信源 $S^N = S_1 S_2 \cdots S_N$ 进行单义可译编码,当扩展次数 N 足够大($N \to \infty$)时,平均码长 $\bar{n}$ 有所减少,码率有所提高,符号传输速率 ξ

有所提高,但无论扩展次数 N 如何大,ξ 一定不会超过 $\frac{C_t}{H(S)}$(信源符号/秒).

定理 6.7　设各态历经有记忆信源 S 的极限熵为 H_∞,输入符号集为 X 的无噪信道的信道容量为 C_t(比特/秒). 若 ε 是大于零的任意小的数,则以 X 为码符号集的信源 S 的单义可译码在无噪信道上的符号传输速率

$$Q \leqslant \left(\frac{C_t}{H_\infty} - \varepsilon\right)$$

证明　设无噪信道$(X\text{-}Y)$的输入符号集,即码符号集 X 的码符号数为 r. 因各态历经的有记忆信源 S 的极限熵为 H_∞,根据定理 6.5,用码符号集 X 对各态历经有记忆信源 S 的 N 次扩展信源 $\boldsymbol{S}=S_1 S_2 \cdots S_N$ 进行单义可译编码,当扩展次数 N 足够大$(N \to \infty)$时,单义可译码的平均码长 $\bar{n}$ 可无限接近于 $\frac{H_\infty}{\log r}$,即有

$$\lim_{N \to \infty} \bar{n} = \frac{H_\infty}{\log r} \quad (\text{码符号}/\text{信源符号}) \tag{6.3-29}$$

又有

$$\lim_{N \to \infty} R = \lim_{N \to \infty} \left\{\frac{H_\infty}{\bar{n}}\right\} = \frac{H_\infty}{\lim_{N \to \infty} \bar{n}} = \frac{H_\infty}{H_\infty / \log r} = \log r$$
$$= C \quad (\text{比特}/\text{码符号}) \tag{6.3-30}$$

同样,设无噪信道$(X\text{-}Y)$每传递一个码符号需 t 秒时间,则信道$(X\text{-}Y)$每秒时间内能传递的平均信息量

$$R_t = \frac{R}{t} \quad \left(\frac{\text{比特}/\text{码符号}}{\text{秒}/\text{码符号}} = \text{比特}/\text{秒}\right) \tag{6.3-31}$$

当扩展次数 N 足够大$(N \to \infty)$时,有

$$\lim_{N \to \infty} R_t = \frac{\lim_{N \to \infty} R}{t} = \frac{\log r}{t} = C_t \quad (\text{比特}/\text{秒}) \tag{6.3-32}$$

由符号传输速率 ξ 的定义,有

$$\lim_{N \to \infty} Q = \lim_{N \to \infty} \left(\frac{R_t}{H_\infty}\right) = \frac{\lim_{N \to \infty} R_t}{H_\infty} = \frac{C_t}{H_\infty} \quad (\text{信源符号}/\text{秒}) \tag{6.3-33}$$

若令 ε 为任意小的正整数,按极限的数学意义,(6.3-33)式可改写为

$$Q \leqslant \left(\frac{C_t}{H_\infty} - \varepsilon\right) \quad (\text{信源符号}/\text{秒}) \tag{6.3-34}$$

这样,定理 6.7 就得到了证明.

定理表明,对于极限熵为 H_∞ 的给定的各态历经有记忆信源 S,每传递一个码符号需要 t 秒时间的无噪信道来说,虽然可以用对信源 S 的 N 次扩展信源 $\boldsymbol{S}=S_1 S_2 \cdots S_N$ 进行单义可译编码,当扩展次数 N 足够大$(N \to \infty)$时,平均码长 $\bar{n}$ 有所减小,码率 R 有所提高,符号传输速率 ξ 有所提高,但无论扩展次数 N 如何大,符号传输速率 ξ 一定不会超过 $\frac{C_t}{H_\infty}$(信源符号/秒).

我们不妨把定理 6.6 和 6.7 做比较. 在(6.3-28)式和(6.3-34)式中,信道容量 C_t(比特/秒)是无噪信道$(X\text{-}Y)$本身的特征参量(取决于输入符号集 X 的符号数 r),对给定的无

噪信道来说,C_t 是一个固定不变的量.另一方面,各态历经有记忆信源 S 的极限熵 H_∞,总是小于(或等于)离散无记忆信源 S 的信息熵 $H(S)$,即总有

$$H_\infty \leqslant H(S) \tag{6.3-35}$$

对同一个给定的信道容量为 C_t(比特/秒)的无噪信道(X-Y)来说,由(6.3-27)式和(6.3-33)式,有

$$\lim_{N\to\infty}\xi_{\text{无记忆}} = \frac{C_t}{H(S)} \leqslant \lim_{N\to\infty}\xi_{\text{有记忆}} = \frac{C_t}{H_\infty} \tag{6.3-36}$$

其中,$\xi_{\text{无记忆}}$ 和 $\xi_{\text{有记忆}}$ 分别表示各态历经有记忆信源 S 和离散无记忆信源 S 单义可译码在无噪信道(X-Y)中的信源符号传输速率.(6.3-36)式表明,在采用扩展信源的办法来提高单义可译码有效性的过程中,考虑信源发出符号之间的统计依赖关系,比不考虑信源发出符号之间的统计依赖关系时的有效性要高.

【例 6.3】 以 $X:\{0,1\}$ 为码符号集,试用"霍夫曼(Huffman)编码"方法,对信源空间为

$$[S \cdot P]: \begin{cases} S: & s_1 & s_2 & s_3 & s_4 & s_5 \\ P(S): & 0.4 & 0.2 & 0.2 & 0.1 & 0.1 \end{cases}$$

的离散无记忆信源 S 进行无失真有效编码,并计算其平均码长.

解 一般来说,若码符号集为 $X:\{a_1,a_2,\cdots,a_r\}$,离散无记忆信源 S 的信源空间为

$$[S \cdot P]: \begin{cases} S: & s_1 & s_2 & \cdots & s_q \\ P(S): & p(s_1) & p(s_2) & \cdots & p(s_q) \end{cases}$$

其中:$0<p(s_i)<1$ $(i=1,2,\cdots,q)$;$\sum_{i=1}^{q} p(s_i) = 1$."霍夫曼(Huffman)"编码的具体方法和步骤是:

(1) 把 q 个信源符号 $s_1,s_2,\cdots,s_q$ 按其概率分布 $p(s_1),p(s_2),\cdots,p(s_q)$ 的大小,以递减次序,由大到小,自上而下排成一列.

(2) 对处于最下面的概率最小的 r 个信源符号,一一对应地分别赋于码符号 $a_1,a_2,\cdots,a_r$.把这 r 个概率最小的信源符号相应的概率相加,所得和值用一个虚拟符号代表,与余下的 $(q-r)$ 个信源符号组成含有 $[(q-r)+1]$ 个符号的"第一次缩减信源"S_1.

(3) 缩减信源 S_1 中的符号,仍按其概率大小,以递减次序,由大到小,自上至下排列,对处于最下面的 r 个概率最小的符号,按步骤(2)中的同样顺序,一一对应地分别赋于码符号 $a_1,a_2,\cdots,a_r$.把这 r 个概率最小的符号相应的概率相加,所得和值用一个虚拟符号代表,与余下的 $\{[(q-r)+1]-r\}$ 个符号组成含有 $\{[(q-r)+1]-r+1\}$ 个符号的"第二次缩减信源"S_2.

(4) 按照以上方法,依次继续下去.每次缩减所减少的符号数是 $(r-1)$,缩减到第 l 次时,总共减少的符号数是 $[(r-1)l]$,第 l 次缩减信源 S_l 含有的符号数是 $[q-(r-1)l]$.当缩减信源 S_l 含有符号数 $[q-(r-1)l]$ 大于码符号集码符号数 r 时,缩减过程继续进行下去.

(5) 当第 $\alpha(\alpha>l)$ 次缩减信源 S_α 中所含符号数 $[q-(r-1)\alpha]$ 正好等于码符号集码符号数 r,即有

$$q-(r-1)\alpha = r$$

时,表明缩减过程已到最后一次,对这最后余下的 r 个符号,按以前的同样顺序,一一对应地分

别赋于码符号 $a_1,a_2,\cdots,a_r$. 最后余下的这 r 个符号的概率之和,必定等于 1.

（6）从最后赋于的码符号开始,沿着每一信源符号在各次缩减过程中得到码符号的行进路线向前返回,达至每一个信源符号. 按前后次序,把返回路途中所遇到的码符号排成码符号序列. 这个码符号序列,就是返回路线终点信源符号相应的码字. 到此,完成编码全过程.

按照上述一般步骤和方法,以 $X:\{0,1\}$ 为码符号集,对信源

$$[S\cdot P]:\begin{cases} S: & s_1 & s_2 & s_3 & s_4 & s_5 \\ P(S): & 0.4 & 0.2 & 0.2 & 0.1 & 0.1 \end{cases}$$

的"霍夫曼（Huffman）编码"方法是:

（1）把信源符号 s_1,s_2,s_3,s_4,s_5 按其概率大小,以递减次序,由大到小,自上而下排成一列（如图 E6.3-1 所示）.

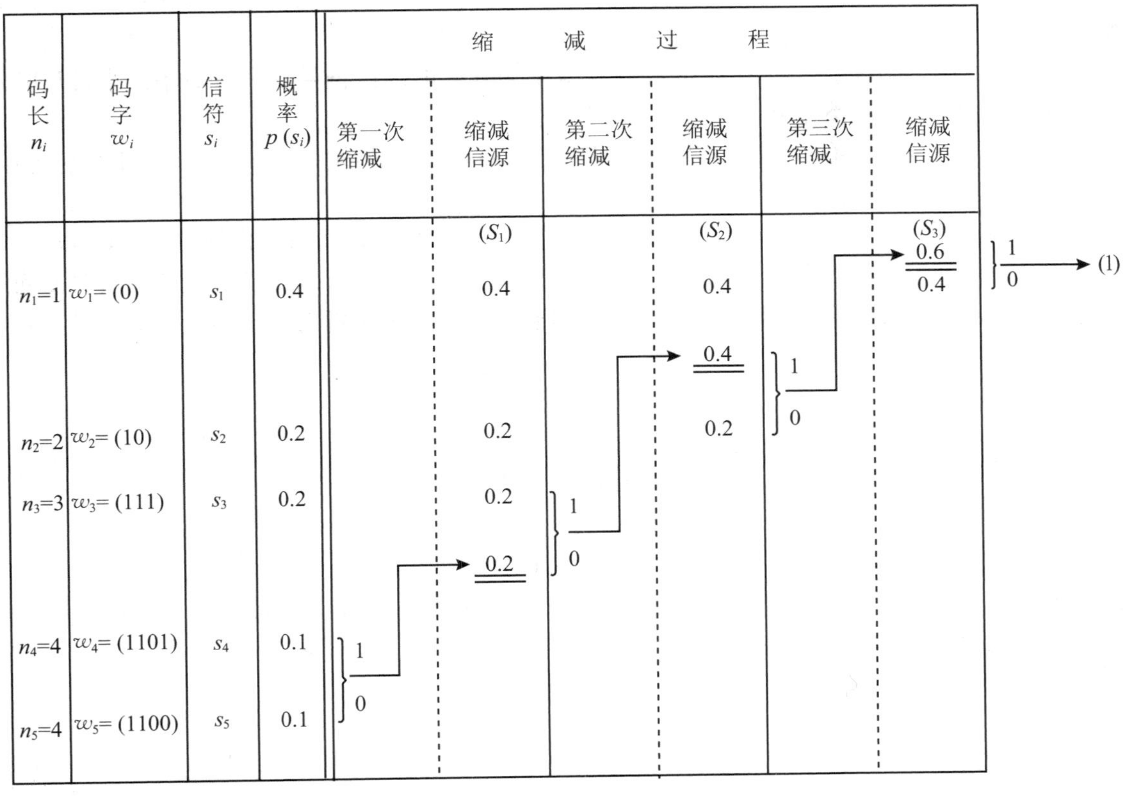

码长 n_i	码字 w_i	信符 s_i	概率 $p(s_i)$	缩减过程					
				第一次缩减	缩减信源	第二次缩减	缩减信源	第三次缩减	缩减信源
					(S_1)		(S_2)		(S_3)
$n_1=1$	$w_1=(0)$	s_1	0.4		0.4		0.4		0.6 / 0.4 → (1)
$n_2=2$	$w_2=(10)$	s_2	0.2		0.4		0.4 / 0.2		
$n_3=3$	$w_3=(111)$	s_3	0.2		0.2		0.2		
$n_4=4$	$w_4=(1101)$	s_4	0.1		0.2				
$n_5=4$	$w_5=(1100)$	s_5	0.1						

图 E6.3-1

（2）对处于最下面的 $r=2$ 个概率最小的信源符号 s_4 和 s_5,分别赋于码符号"1"和"0".

（3）把信源符号 s_4 的概率 $p(s_4)=0.1$ 与信源符号 s_5 的概率 $p(s_5)=0.1$ 相加,在其和值"0.2"的下方画"＝",代表虚拟符号,与余下的 $(q-r)=(5-2)=3$ 个信源符号 s_1,s_2,s_3 组成含有 $[(q-r)+1]=[(5-2)+1]=4$ 个符号的第一次缩减信源 $S_1:\{s_1,s_2,s_3,"="\}$.

（4）在缩减信源 S_1 中的符号,仍按其概率大小,以递减次序,由大到小,自上而下排列.

（5）对处于最下面的 $r=2$ 个概率最小的符号 s_3 和概率为0.2的虚拟符号"＝",分别赋予

码符号"1"和"0".

(6) 把信源符号 s_3 的概率 $p(s_3)=0.2$ 与虚拟符号"="的概率 0.2 相加,在其和值 0.4 下方同样画"=",代表虚拟符号,与余下的 $[(q-r)+1-r]=5-2+1-2=2$ 个信源符号 s_1 和 s_2,组成含有 $[(q-r)+1-r+1]=3$ 个符号的第二次缩减信源 $S_2:\{s_1,"=",s_2\}$.

(7) 在缩减信源 S_2 中的符号,仍按其概率大小,以递减次序,由大到小,自上而下排列.

(8) 对处于最下面的 $r=2$ 个概率最小的概率为 0.4 的虚拟符号"="和概率为 0.2 的信源符号 s_2,分别赋于码符号"1"和"0".

(9) 把虚拟符号"="的概率 0.4 与信源符号 s_2 的概率 0.2 相加,在其和值 0.6 下方画 "=",代表虚拟符号,与余下的 $[(q-r)+1-r+1-r]=5-2+1-2+1-2=1$ 个信源符号 s_1 组成含有 $[(q-r)+1-r+1-r+1]=5-2+1-2+1-2+1=2=r$ 个符号的第三次缩减信源 $S_3:\{"=",s_1\}$.

(10) 在缩减信源 S_3 中,把信源符号 s_1 与概率为 0.6 的虚拟符号"="按概率大小,以递减次序,由大到小,自上至下排列,并分别赋于码符号"1"和"0".

(11) 把概率为 0.6 的虚拟符号"="的概率与信源符号 s_1 的概率 $p(s_1)=0.4$ 相加等于 1,这表明编码的缩减过程终结.

(12) 从最后一次缩减信源 S_3 赋于的码符号"1"和"0"开始,沿着每一信源符号 s_1,s_2,s_3,s_4,s_5 在各次缩减过程中得到码符号的行进路线,以信源符号 s_1,s_2,s_3,s_4,s_5 为目的地,向前返回. 按前后次序,把返回路途中所遇到的码符号排成码符号序列,得信源符号 s_1,s_2,s_3,s_4,s_5 的相应码字:

$$s_1 = w_1 = (0)$$
$$s_2 = w_2 = (10)$$
$$s_3 = w_3 = (111)$$
$$s_4 = w_4 = (1101)$$
$$s_5 = w_5 = (1100)$$

最终,得霍夫曼码 $W:\{s_1=w_1=(0);s_2=w_2=(10);s_3=w_3=(111);s_4=w_4=(1101);s_5=w_5=(1100)\}$ 由编码的缩减过程可知,码字

$$w_1 = (0)$$
$$w_2 = (10)$$
$$w_3 = (111)$$
$$w_4 = (1101)$$
$$w_5 = (1100)$$

都是"码树"的"端点"(如图 E6.3-2 所示),霍夫曼码 $W:\{x_1,w_2,w_3,w_4,w_5\}$ 是非延长码.

若在霍夫曼码的首次缩减过程中,对信源符号 s_4 赋于码符号"0",对信源符号 s_5 赋于码符号"1",则可得与 $W:\{w_1=(0),w_2=(10),w_3=(111),w_4=(1101),w_5=(1100)\}$ 结构相同,形式不同的另一霍夫曼编码

$$W':\{s_1 = w'_1 = (1);s_2 = w'_2 = (01);s_3 = w'_3 = (000);$$
$$s_4 = w'_4 = (0010);s_5 = w'_5 = (0011)\}$$

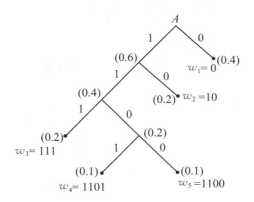

图 E 6.3 - 2

各码字

$$w'_1 = (1)$$
$$w'_2 = (01)$$
$$w'_3 = (000)$$
$$w'_4 = (0010)$$
$$w'_5 = (0011)$$

同样是"码树"的"端点"(如图 E 6.3 - 3 所示).

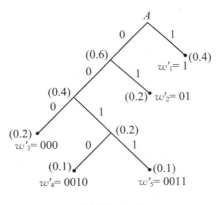

图 E 6.3 - 3

若在缩减信源 S_1 中,由信源符号 s_4 和 s_5 合并而成的概率为 0.2 的虚拟符号"=",置于信源符号 s_2 的上方;在缩减信源 S_2 中,由信源符号 s_3 和 s_2 合并而成的概率为 0.4 的虚拟符号"="置于信源符号 s_1 的上方(如图 E 6.3 - 4 所示).则可得到另一种形式的霍夫曼码

W'': $\{s_1 = w''_1 = (11); s_2 = w''_2 = (01); s_3 = w''_3 = (00); s_4 = w''_4 = (101); s_5 = w''_5 = (100)\}$

同样,由霍夫曼编码过程,码 W'': $\{w''_1; w''_2; w''_3; w''_4; w''_5\}$的各码字

$$w''_1 = (11)$$
$$w''_2 = (01)$$

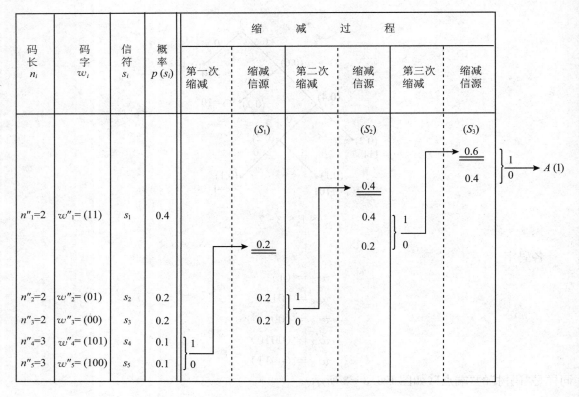

码长 n_i	码字 w_i	信符 s_i	概率 $p(s_i)$	缩　减　过　程					
				第一次缩减	缩减信源	第二次缩减	缩减信源	第三次缩减	缩减信源

图 E 6.3 - 4

$$w''_3 = (00)$$
$$w''_4 = (101)$$
$$w''_5 = (100)$$

都是"码树"的"端点"(如图 E 6.3 - 5 所示).

比较霍夫曼码 W, W' 和 W''.

显然,W 和 W' 是结构相同,形式不同的两种霍夫曼码,它们的平均码长相同,即

$$\bar{n} = \bar{n}' = n_1 p(s_1) + n_2 p(s_2) + n_3 p(s_3) + n_4 p(s_4) + n_5 p(s_5)$$
$$= n_1' p(s_1) + n_2' p(s_2) + n_3' p(s_3) + n_4' p(s_4) + n_5' p(s_5)$$
$$= 1 \times 0.4 + 2 \times 0.2 + 3 \times 0.2 + 4 \times 0.1 + 4 \times 0.1$$
$$= 2.2 \quad (码符号 / 信源符号)$$

而 W'' 与 W、W' 不同,它们之间的结构不同,但 W'' 的平均码长 $\bar{n}$ 与 W、W' 的平均码长 $\bar{n}$ 相等,即有

$$\bar{n}'' = n''_1 p(s_1) + n''_2 p(s_2) + n''_3 p(s_3) + n''_4 p(s_4) + n''_5 p(s_5)$$
$$= 2 \times 0.4 + 2 \times 0.2 + 2 \times 0.2 + 3 \times 0.1 + 3 \times 0.1$$
$$= 2.2 \quad (码符号 / 信源符号)$$

这表明,霍夫曼码 W'' 虽与 W、W' 的结构不同,但具有相同的平均码长,它们的有效性是相同的.

无疑,不论是 W 还是 W' 或 W'',这三种形式不同的霍夫曼码的码字,都是"码树"的"端点",

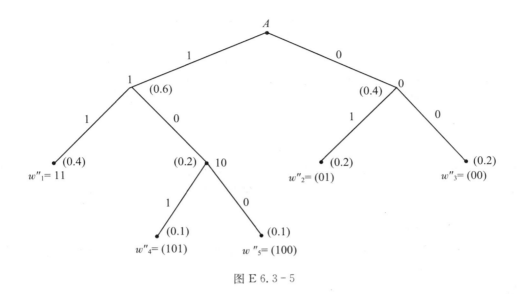

图 E 6.3 - 5

它们都是非延长码. 这是它们的共同特点. 同时, 这三种码都遵循了"概率小的信源符号赋于长码; 概率大的信源符号赋于短码"的原则, 这三种码都是有效码.

为了阐明 W'' 与 W(或 W')这两种码的主要区别, 我们把

$$\sigma_W^2 = E\{(n_i - \bar{n})^2\}$$

定义为平均码长为 $\bar{n}$ 的单义可译码的"码长方差". 由此, 得码 W(或 W')的码长方差

$$
\begin{aligned}
\sigma_W^2 &= E[(n_i - \bar{n})^2] \\
&= p(s_1)(n_1 - \bar{n})^2 + p(s_2)(n_2 - \bar{n})^2 + p(s_3)(n_3 - \bar{n})^2 \\
&\quad + p(s_4)(n_4 - \bar{n})^2 + p(s_5)(n_5 - \bar{n})^2 \\
&= 0.4 \times (1 - 2.2)^2 + 0.2 \times (2 - 2.2)^2 + 0.2 \times (3 - 2.2)^2 \\
&\quad + 0.1 \times (4 - 2.2)^2 + 0.1 \times (4 - 2.2)^2 \\
&= 1.36
\end{aligned}
$$

而 W'' 的"码长方差"

$$
\begin{aligned}
\sigma_{W''}^2 &= E[(n''_i - \bar{n}'')^2] \\
&= p(s_1)(n''_1 - \bar{n}'')^2 + p(s_2)(n''_2 - \bar{n}'')^2 + p(s_3)(n''_3 - \bar{n}'')^2 \\
&\quad + p(s_4)(n''_4 - \bar{n}'')^2 + p(s_5)(n''_5 - \bar{n}'')^2 \\
&= 0.4 \times (2 - 2.2)^2 + 0.2 \times (2 - 2.2)^2 + 0.2 \times (2 - 2.2)^2 \\
&\quad + 0.1 \times (3 - 2.2)^2 + 0.1 \times (3 - 2.2)^2 \\
&= 0.16
\end{aligned}
$$

显然, 有

$$\sigma_W^2 > \sigma_{W''}^2$$

这表明, 霍夫曼码 W'' 的码字长度 $n''_i (i = 1, 2, \cdots, q)$ 相对于平均码长 $\bar{n}''$ 的摆动比较小. 如实际编码工程要求码字长度相对于平均码长的摆动比较小, 要求码字长度的变化比较平稳, 则采用霍夫曼码 W'' 的编码方法比较好.

【例 6.4】 以 $X:\{0,1,2\}$ 为码符号集,用霍夫曼编码方法,对信源空间为

$$[S \cdot P]: \begin{cases} S: & s_1 & s_2 & s_3 & s_4 & s_5 & s_6 \\ P(S): & 0.24 & 0.20 & 0.18 & 0.16 & 0.14 & 0.08 \end{cases}$$

的离散无记忆信源 S,进行无失真信源编码并计算其平均码长.

解 一般而言,若霍夫曼编码的缩减过程中,第 $\alpha(\alpha > l)$ 次缩减信源 S_α 含有符号数 $[q-(r-1)\alpha]$ 小于码符号集码符号数 r,即

$$q-(r-1)\alpha < r$$

则必须中止缩减过程. 在原来按概率大小,以递减次序,由大到小,自上而下排列信源符号列队下面,增加 m 个概率为零(实际上不用)的"虚假"信源符号 $s_1', s_2', \cdots, s_m'(p(s_1')=p(s_2')=\cdots=p(s_m')=0)$. 正整数

$$m = r - [q-(r-1)\alpha]$$

信源 S 原有的 q 个符号 $s_1, s_2, \cdots, s_q$ 与增添的 m 个虚假符号 $s_1', s_2', \cdots, s_m'$ 组成符号数为

$$Q = q + m = q + \{r - [q-(r-1)\alpha]\} = (r-1)\alpha + r$$

的新信源 S',其信源空间为

$$[S' \cdot P]: \begin{cases} S': & s_1 & s_2 & \cdots & s_q; & s_1' & s_2' & \cdots & s_m' \\ P(S'): & p(s_1) & p(s_2) & \cdots & p(s_q); & 0 & 0 & \cdots & 0 \end{cases}$$

然后,按[例 6.3]中的(1)→(5)的步骤对新信源 S' 进行缩减. 对新信源 S' 来说,当缩减过程进行到第 α 次时,所得缩减信源 S_α 含有符号数,一定正好等于码符号集的码符号数 r,即有

$$Q - (r-1)\alpha = (r-1)\alpha + r - (r-1)\alpha = r$$

最后,对这最后余下的 r 个符号,一一对应地分别赋于码符号 $a_1, a_2, \cdots, a_r$. 然后,按[例 6.3]中的步骤(6)得到新信源 $S':\{s_1, s_2, \cdots, s_q; s_1', s_2', \cdots, s_m'\}$ 各符号相应的码字 $w_1=s_1, w_2=s_2, \cdots, w_q=s_q; w_1'=s_1', w_2'=s_2', \cdots, w_m'=s_m'$. 其中,$w_1, w_2, \cdots, w_q$ 是我们所取的码字,而 $w_1', w_2', \cdots, w_m'$ 是概率为零的"虚假码字"(相应的符号 $s_1', s_2', \cdots, s_m'$ 是概率为零的"虚假符号"),可以丢掉不用. 最终所编的霍夫曼码,就是由 $w_1=s_1, w_2=s_2, \cdots, w_q=s_q$ 所组成的码 $W:\{w_1, w_2, \cdots, w_q\}$.

在这种编码方法中,设置 m 个概率为零的"虚假符号"的用意,就是使码长短的码字,尽量留给实际要用的大概率信源符号,把码长长的码字推给实际不用的"虚假信源符号",以期得到尽量小的平均码长 $\bar{n}$,使编码尽量有效.

由给定信源 $[S \cdot P]$ 和码符号集 $X:\{0,1,2\}$ 可知,$q=6, r=3$. 当取 $\alpha=2$ 时,第二次缩减信源 S_2 含有的符号数已小于码符号集的码符号数 r,即

$$q - (r-1)\alpha = 6 - (3-1) \times 2 = 2 < r \quad (r=3)$$

则必须设置

$$m = r - [q-(r-1)\alpha]$$
$$= 3 - [6 - (3-1) \times 2] = 1$$

个概率为零的虚假符号 $s_0'(p(s_0')=0)$,形成新信源 S',其信源空间为

$$[S' \cdot P]: \begin{cases} S': & s_1 & s_2 & s_3 & s_4 & s_5 & s_6 & s_0' \\ P(S'): & 0.24 & 0.20 & 0.18 & 0.16 & 0.14 & 0.08 & 0 \end{cases}$$

然后,用霍夫曼编码方法,对新信源 S' 进行编码(如图 E6.4-1 所示). 图中七个码字中,把概率

为零的虚假符号 s_0' 的对应的相应码字 $w_0' = (22)$ 丢掉不用,构成由六个码字组成的霍夫曼码

$$W: \{s_1 = w_1 = (1); s_2 = w_2 = (00); s_3 = w_3 = (01);$$
$$s_4 = w_4 = (02); s_5 = w_5 = (20); s_6 = w_6 = (21)\}$$

其平均码长

$$\bar{n} = n_1 p(s_1) + n_2 p(s_2) + n_3 p(s_3) + n_4 p(s_4) + n_5 p(s_5) + n_6 p(s_6)$$
$$= 1 \times 0.24 + 2 \times 0.20 + 2 \times 0.18 + 2 \times 0.16 + 2 \times 0.14 + 2 \times 0.08$$
$$= 1.76 \quad (\text{码符号} / \text{信源符号})$$

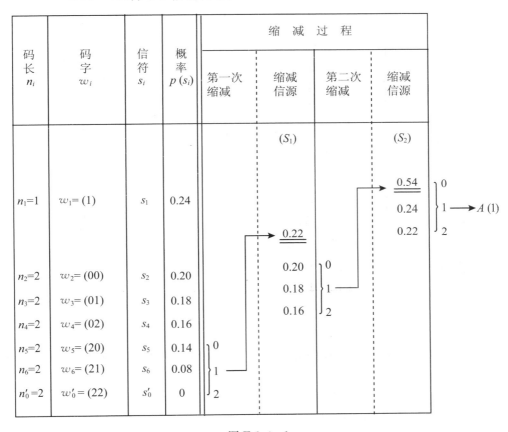

图 E 6.4 - 1

在这种情况下,若不设置一个概率为零的虚假符号 s_0',组成含有 $q=7$ 个信源符号的新信源 S',而直接对含有 $q=6$ 个信源符号的原信源 S 进行霍夫曼编码(如图 E 6.4 - 2 所示),在最后一次缩减信源 S_2 赋于的码符号"0"构成的码长为 1 的最短码字 $w = (0)$,就不可能代表概率最大的信源符号 $s_1 (p(s_1) = 0.24)$,码长为 1 的最短码字没有得到合理而充分的利用. 相反,把码长最长的码字不合理地配备给了信源符号. 显然,这时的平均码长

$$\bar{n}' = n_1 p(s_1) + n_2 p(s_2) + n_3 p(s_3) + n_4 p(s_4) + n_5 p(s_5) + n_6 p(s_6)$$
$$= 2 \times [p(s_1) + p(s_2) + p(s_3) + p(s_4) + p(s_5) + p(s_6)]$$
$$= 2 \times 1 = 2 \quad (\text{码符号} / \text{信源符号})$$

大于平均码长 $\bar{n}=1.76$(码符号/信源符号). 这种码不是"有效码".

码长 n_i	码字 w_i	信符 s_i	概率 $p(s_i)$	缩减过程			
				第一次缩减	缩减信源	第二次缩减	缩减信源
					(S_1)		(S_2)
							0.62 $\left.\begin{array}{c}0\\1\\2\end{array}\right\} \to A'(1)$
					0.38		0.38
$n_1=2$	$w_1=(10)$	s_1	0.24		0.24 $\begin{array}{c}0\\1\\2\end{array}$		
$n_2=2$	$w_2=(11)$	s_2	0.20		0.20		
$n_3=2$	$w_3=(12)$	s_3	0.18		0.18		
$n_4=2$	$w_4=(20)$	s_4	0.16	$\begin{array}{c}0\\1\\2\end{array}$			
$n_5=2$	$w_5=(21)$	s_5	0.14				
$n_6=2$	$w_6=(22)$	s_6	0.08				

图 E 6.4 - 2

此例提醒我们,在实施霍夫曼编码时,必须首先验证:信源符号数 q、码符号集码符号数 r 以及缩减次数 α,是否满足

$$q-(r-1)\alpha = r$$

若满足,则即可实施缩减过程. 若不能满足,而只能满足

$$q-(r-1)\alpha < r$$

则必须考虑增添概率为零的虚假符号,以确保霍夫曼码是"有效码".

【例 6.5】 在[例 6.3]中,若输入符号集 $X:\{0,1\}$ 的无噪信道(X-Y)每传递一个码符号需 $t=10^{-4}$秒,试计算霍夫曼码 $W:\{s_1=w_1=(0);s_2=w_2=(10);s_3=w_3=(111);s_4=w_4=(1101);s_5=w_5=(1100)\}$ 的符号传输速率 Q(符号/秒)及其极限值 $\lim Q$.

解 (1) 由[例 6.3]已知,码 W 的平均码长 $\bar{n}=2.2$(码符号/信源符号)由 S 的信源空间,求得 S 的信息熵

$$H(S) = H(0.4, 0.2, 0.2, 0.1, 0.1)$$
$$= 0.4\log\frac{1}{0.4} + 0.2\log\frac{1}{0.2} + 0.2\log\frac{1}{0.2}$$

$$+0.1\log\frac{1}{0.1}+0.1\log\frac{1}{0.1}$$

$$=0.53+0.46+0.46+0.33+0.33$$

$$=2.11\quad(比特/信符)$$

由此,可得用码符号集 $X:\{0,1\}$ 对信源 S 的单义可译码 W 的最小平均码长

$$\bar{n}_{\min}=H(S)=2.11\quad(码符号/信源符号)$$

由 $H(S)$ 和 $\bar{n}$,求得码率

$$R=\frac{H(S)}{\bar{n}}=\frac{2.11}{2.20}\approx0.96\quad\left(\frac{比特/信符}{码符/信符}=比特/码符\right)$$

进而由 $t=10^{-4}$ 秒,得码 $W:\{w_1,w_2,w_3,w_4,w_5\}$ 在无噪信道 $(X\text{-}Y)$ 上的符号传输速率

$$Q=\frac{R_t}{H(S)}\quad\left(\frac{比特/秒}{比特/信符}=信符/秒\right)$$

$$=\frac{0.96/10^{-4}}{2.11}=\frac{0.96}{2.11}\times10^4=0.46\times10^4\quad(信符/秒)$$

这表明,[例 6.3]中的霍夫曼码,在无噪信道 $(X\text{-}Y)$ 上,每秒传递 0.46×10^4 信源符号.

(2) 无噪信道 $(X\text{-}Y)$ 的输入符号集为 $X:\{0,1\}$,所以其信道容量

$$C=\log r=\log 2=1\quad(比特/码符号)$$

由 $t=10^{-4}$ 秒/码符号,得

$$C_t=\frac{C}{t}\quad\left(\frac{比特/码符号}{秒/码符号}=比特/秒\right)$$

$$=\frac{1}{10^{-4}}=10^4\quad(比特/秒)$$

进而得,用码符号集 $X:\{0,1\}$,对信源 S 进行单义可译编码,其信源符号传输速率 ξ(信符/秒) 的极限值达

$$\lim_{N\to\infty}Q=\frac{C_t}{H(S)}=\frac{10^4}{2.11}\quad\left(\frac{比特/秒}{比特/信符}=信符/秒\right)$$

$$=0.47\times10^4\quad(信符/秒)$$

这表明,信源符号传递速率 ξ 的极限值可达 0.47×10^4(信符/秒).

比较 Q 和 $\lim\limits_{N\to\infty}Q$ 可知,[例 6.3]中的霍夫曼码 $W:\{w_1,w_2,w_3,w_4,w_5\}$ 虽然短码配给了概率大的信源符号,长码配给了概率小的符号,它是有效码,但因为它不是最佳码. 所以其平均码长 $\bar{n}$ 没有达到 $\bar{n}_{\min}$,码率 R 没有达到信道容量 $C=\log r=\log 2=1$(比特/码符号),所以信源符号传递速率 Q 未达到极限值 $\lim Q=C_t/H(S)=0.47\times10^4$(信符/秒). 码 $W:\{w_1,w_2,w_3,w_4,w_5\}$ 还不是最有效的单义可译码.

【例 6.6】 试证明:霍夫曼码是有效码.

证明 首先,采用反证法证明:若在霍夫曼编码过程中,第 l 次缩减信源 S_l 的单义可译码 $W(l)$ 的平均码长 $\bar{n}(l)$,是所有用其他编码方法编出的单义可译码的平均码长中的最小值,则按霍夫曼编码方法构造的前一次,即第 $(l-1)$ 次缩减信源 S_{l-1} 的单义可译码 $W(l-1)$ 的平均码长 $\bar{n}(l-1)$,也一定是用其他编码方法编出的单义可译码的平均码长中的最小值,即 $W(l-1)$ 也一定是有效码.

由霍夫曼编码方法可知,缩减信源 S_l 中的虚拟符号"一"(这里我们令其为 S_l)是由前一次缩减信源 S_{l-1} 中概率最小的 r 个符号合并而成的.设这 r 个符号为 $s_{l_1}, s_{l_2}, \cdots, s_{l_r}$,它们的概率分别为 $p(s_{l_1}), p(s_{l_2}), \cdots, p(s_{l_r})$,则符号 s_l 的概率

$$p(s_l) = p(s_{l_1}) + p(s_{l_2}) + \cdots + p(s_{l_r})$$

根据霍夫曼编码方法确定缩减信源符号的码符号序列的原则,前一次缩减信源 S_{l-1} 的码 $W(l-1)$ 中,除了 $s_{l_1}, s_{l_2}, \cdots, s_{l_r}$ 这 r 个符号相应的码符号序列长度,比缩减信源 S_l 相应码符号序列长度多一个 r 进制码符号外,其余的符号相应的码符号序列长度,与 S_l 中的符号相应码符号序列长度是相同的.所以 $W(l-1)$ 的平均码长 $\bar{n}(l-1)$ 与 $W(l)$ 的平均码长 $\bar{n}(l)$ 之间,有

$$\bar{n}(l-1) = \bar{n}(l) + [1 \cdot p(s_{l_1}) + 1 \cdot p(s_{l_2}) + \cdots + 1 \cdot p(s_{l_r})]$$
$$= \bar{n}(l) + p(s_{l_1}) + p(s_{l_2}) + \cdots + p(s_{l_r})$$

现假设有另一个非霍夫曼单义可译码 $W'(l-1)$ 是缩减信源 S_{l-1} 的有效码,即其平均码长 $\bar{n}'(l-1)$ 比霍夫曼单义可译码 $W(l-1)$ 的平均码长 $\bar{n}(l-1)$ 还要小,即有

$$\bar{n}'(l-1) < \bar{n}(l-1)$$

设非霍夫曼单义可译码 $W'(l-1)$ 的码字为

$$w'_{(l-1)_1}, w'_{(l-1)_2}, \cdots; w'_{(l-1)_{r-1}}, w'_{(l-1)_{r-2}}, \cdots, w'_{(l-1)_{r-r}}$$

各码字的长度分别为

$$n'_{(l-1)_1}, n'_{(l-1)_2}, \cdots; n'_{(l-1)_{r-1}}, n'_{(l-1)_{r-2}}, \cdots, n'_{(l-1)_{r-r}}$$

再设各码字的概率大小次序为

$$p[w'_{(l-1)_1}] \geqslant p[w'_{(l-1)_2}] \geqslant \cdots \geqslant p[w'_{(l-1)_{r-1}}] \geqslant p[w'_{(l-1)_{r-2}}] \geqslant \cdots \geqslant p[w'_{(l-1)_{r-r}}]$$

则为了使其平均码长 $\bar{n}'(l-1)$ 尽量小,必有

$$n'_{(l-1)_1} \leqslant n'_{(l-1)_2} \leqslant n'_{(l-1)_3} \leqslant \cdots \leqslant n'_{(l-1)_{r-1}} \leqslant n'_{(l-1)_{r-2}} \leqslant \cdots \leqslant n'_{(l-1)_{r-r}}$$

虽然码 $W'(l-1)$ 不是用霍夫曼编码方法编出的码,但它是单义可译码,在结构上一定是非延长码.根据非延长码结构上的特点,前一次缩减信源 S_{l-1} 中,一定有 r 个符号相应码符号序列,除了最后一个码符号不同外,其他码符号均相同,即必有

$$n'_{(l-1)_{r-1}} = n'_{(l-1)_{r-2}} = \cdots = n'_{(l-1)_{r-r}}$$

在 $W'(l-1)$ 中,可以保留 $w'_{(l-1)_1}, w'_{(l-1)_2}, \cdots$,把 $W'(l-1)$ 中 r 个码符号序列 $w'_{(l-1)_{r-1}}, w'_{(l-1)_{r-2}}, \cdots, w'_{(l-1)_{r-r}}$ 中最后一个互不相同的码符号去掉,留下一个共同的码符号序列 $w'_{(l-1)}$,与保留下来的码符号序列 $w'_{(l-1)1}, w'_{(l-1)2}, \cdots$,一起构成缩减信源 S_l 的单义可译码 $W'(l)$.那么,缩减信源 S_l 的单义可译码 $W'(l)$ 的平均码长 $\bar{n}'(l)$,与缩减信源 S_{l-1} 的单义可译码 $W'(l-1)$ 的平均码长 $\bar{n}'(l-1)$ 之间,一定有

$$\bar{n}'(l-1) = \bar{n}'(l) + \{1 \cdot p[w'_{(l-1)_{r-1}}] + 1 \cdot p[w'_{(l-1)_{r-2}}] + \cdots + 1 \cdot p[w'_{(l-1)_{r-r}}]\}$$
$$= \bar{n}'(l) + [1 \cdot p(s_{l_1}) + 1 \cdot p(s_{l_2}) + \cdots + 1 \cdot p(s_{l_r})]$$
$$= \bar{n}'(l) + [p(s_{l_1}) + p(s_{l_2}) + \cdots + p(s_{l_r})]$$

比较 $\bar{n}(l-1)$ 和 $\bar{n}'(l-1)$,并由假设 $\bar{n}'(l-1) < \bar{n}(l-1)$,得

$$\bar{n}'(l) < \bar{n}(l)$$

这个结论与关于"若霍夫曼编码缩减过程中,第 l 次缩减信源 S_l 的单义可译码 $W(l)$ 的平均码长 $\bar{n}(l)$,是所有用其他编码方法编出的单义可译码的平均码长中的最小值"的假设相矛盾,故命题得

到证明.

这表明,若霍夫曼编码过程中的第 l 次缩减信源 S_l 的单义可译码 $W(l)$ 的平均码长 $\bar{n}(l)$,是用其他编码方法所得缩减信源 S_l 的单义可译码 $W'(l)$ 的平均码长 $\bar{n}'(l)$ 中的最小值,那么,霍夫曼编码过程中的第 $(l-1)$ 次缩减信源 S_{l-1} 的单义可译码 $W(l-1)$ 的平均码长 $\bar{n}(l-1)$,必定是用其他编码方法所得的缩减信源 S_{l-1} 的单义可译码 $W'(l-1)$ 的平均码长 $\bar{n}'(l-1)$ 中的最小值.

设霍夫曼编码过程的最后一次缩减信源 S_a 只含有 r 个符号,且其概率之和等于 1. S_a 的单义可译码 $W(a)$ 各码符号序列长度均等于 1. 则 $W(a)$ 的平均码长 $\bar{n}(a)$ 一定等于 1. 显然,$W(a)$ 是所有可能的单义可译码的平均码长中最小的,即 $W(a)$ 一定是有效码.

根据以上证明的结论,霍夫曼编码过程中第 $(a-1)$ 次的缩减信源 S_{a-1} 的单义可译码 $W(a-1)$ 的平均码长 $\bar{n}(a-1)$,一定是用其他编码方法对缩减信源 S_{a-1} 编出的单义可译码 $W'(a-1)$ 的平均码长 $\bar{n}'(a-1)$ 中的最小值,即 $(a-1)$ 次缩减信源 S_{a-1} 的霍夫曼码 $W(a-1)$ 一定是有效码. 依此类推,信源 $S:\{s_1,s_2,\cdots,s_q\}$ 的霍夫曼码 $W:\{w_1,w_2,\cdots,w_q\}$ 的平均码长 $\bar{n}$,一定是用其他编码方法对信源 $S:\{s_1,s_2,\cdots,s_q\}$ 进行无失真信源编码所得平均码长中的最小值,霍夫曼码是有效码. 这样,整个命题就得到了完整的证明.

习　　题

6.1　设某信源 $S:\{s_1,s_2,\cdots,s_q\}$,用码符号集 $X:\{a_1,a_2,\cdots,a_r\}$ 进行无失真信源编码,得码字 $w_1,w_2,\cdots,w_q$,相应码长 $n_1,n_2,\cdots,n_q$. 如码 $W:\{w_1,w_2,\cdots,w_q\}$ 是非延长码,试证明

$$\sum_{i=1}^q r^{-n_i} \leqslant 1$$

6.2　如有 $\sum_{i=1}^q r^{-n_i} \leqslant 1$,试证明:用有 r 种不同码符号的码符号集,对含有 q 个信源符号的信源进行无失真编码,至少能编出一种码长分别为 $n_1,n_2,\cdots,n_q$ 的非延长码.

6.3　设平稳离散有记忆信源 $X=X_1X_2\cdots X_N$,如用 r 进制码符号集进行无失真信源编码. 试证明当 $N \to \infty$ 时,平均码长 $\bar{n}$(每信源 X 的符号需要的码符号数)的极限值

$$\lim_{N \to \infty} \bar{n} = H_{\infty r}$$

其中,$H_{\infty r}$ 表示 r 进制极限熵.

6.4　设某信源 $S:\{s_1,s_2,s_3,s_4,s_5\}$,其概率分布如表 F.1 所示,表中给出 $W(l)(l=1,2,3,4,5,6)$ 六种码:

(1) 试问表中哪些码是单义可译码?

(2) 试问表中哪些码是非延长码?

(3) 求出表中单义可译码的平均码长 $\bar{n}$.

表 F.1　信源 $S:\{s_1,s_2,s_3,s_4,s_5\}$ 的概率分布

s_i	p_i	$W(1)$	$W(2)$	$W(3)$	$W(4)$	$W(5)$	$W(6)$
s_1	1/2	000	0	0	0	0	0
s_2	1/4	001	01	10	01	10	100
s_3	1/8	010	011	110	001	110	101
s_4	1/16	011	0111	1110	0001	1110	110
s_5	1/32	100	01111	11110	00001	1011	111
s_6	1/32	101	011111	111110	000001	1101	011

6.5 某信源 S 的信源空间为

$$[S \cdot P]: \begin{cases} S: & s_1 & s_2 \\ P(S): & 0.2 & 0.8 \end{cases}$$

(1) 若用码符号集 $X:\{0,1\}$ 进行无失真信源编码,试计算平均码长 $\bar{n}$ 的下限值;

(2) 把信源 S 的 N 次无记忆扩展信源 S^N 编成有效码,试求 $N=2,3,4$ 时的平均码长 $\bar{n}$;

(3) 计算上述 $N=1,2,3,4$ 这四种码的信息率.

6.6 设信源 S 的信源空间为

$$[S \cdot P]: \begin{cases} S: & s_1 & s_2 & s_3 & s_4 & s_5 & s_6 & s_7 & s_8 \\ P(S): & 0.2 & 0.1 & 0.3 & 0.2 & 0.05 & 0.05 & 0.05 & 0.05 \end{cases}$$

码符号集 $X:\{0,1,2\}$,试编出有效码,并计算其平均码长 $\bar{n}$.

6.7 设有信源 S 的 N 次扩展信源 S^N,用霍夫曼编码法对它编码,码符号集 $X:\{a_1,a_2,\cdots,a_r\}$,编码后所得的码符号可以看作一个新的信源

$$[X \cdot P]: \begin{cases} X: & a_1 & a_2 & \cdots & a_r \\ P(X): & p_1 & p_2 & \cdots & p_r \end{cases}$$

试证明:当 $N\to\infty$ 时, $\lim\limits_{N\to\infty} p_i = \dfrac{1}{r}(i=1,2,\cdots,r)$.

6.8 设某企业有四种可能出现的状态:"盈利"、"亏本"、"发展"、"倒闭",若这四种状态是等概的,那么发送每个状态的消息最少需要的二进制脉冲数是多少? 又若四种状态出现的概率分别是 $\dfrac{1}{2}$、$\dfrac{1}{8}$、$\dfrac{1}{4}$、$\dfrac{1}{8}$,问在此情况下每消息所需的最少脉冲数是多少? 应如何编码?

6.9 设某信源 S 的信源空间为

$$[S \cdot P]: \begin{cases} S: & s_1 & s_2 & s_3 & s_4 & s_5 & s_6 & s_7 \\ P(S): & \dfrac{1}{2} & \dfrac{1}{4} & \dfrac{1}{8} & \dfrac{1}{16} & \dfrac{1}{32} & \dfrac{1}{64} & \dfrac{1}{64} \end{cases}$$

试用 $X:\{0,1\}$ 作码符号集,采取香农编码方法进行编码,并计算其平均码长 $\bar{n}$.

6.10 以英文字母 A,B,C,D,E,F 表示六种不同颜色,并组成以下彩色图像(如图 F.1 所示),试用码符号集 $X:\{0,1,2\}$ 对 A,B,C,D,E,F 进行有效编码.

$$
\begin{array}{c}
A \\
B \\
C\ E\ C \\
D\ D\ F\ D\ D \\
E\ E\ E\ E\ E\ E \\
F\ F\ F\ F\ F\ F\ F\ F\ F\ F \\
F\ F\quad F\ F
\end{array}
$$

图 F.1

6.11 设信源 S 的信源空间为

$$[S \cdot P]: \begin{cases} S: & s_1 & s_2 & s_3 & s_4 & s_5 & s_6 & s_7 & s_8 \\ P(S): & 0.01 & 0.09 & 0.2 & 0.3 & 0.1 & 0.05 & 0.2 & 0.05 \end{cases}$$

试用 $X:\{0,1,2\}$ 作为码符号集编两种平均码长 $\bar{n}$ 相同但具有不同码长方差的有效码. 并计算平均码长 $\bar{n}$ 和码长方差,说明哪一种码更实用些?

6.12 以英文字母 A,B,C,D,E,F,G 表示赤,橙,黄,绿,青,蓝,紫七种颜色,现由这七种不同颜色组成以下彩图(如图 F.2 所示).

$$
\begin{array}{l}
A\ B\ A\ B\ A\ C\ A\ B\ A\ D\ E\ C\ A\ B\ A\ A \\
A\ B\ A\ B\ A\ C\ A\ B\ A\ D\ E\ C\ A\ B\ A\ A \\
A\ B\ A\ B\ A\ C\ A\ B\ A\ D\ G\ C\ A\ B\ A\ A \\
A\ B\ A\ B\ A\ C\ A\ B\ A\ D\ F\ C\ A\ B\ A\ A \\
A\ B\ A\ B\ A\ C\ A\ B\ A\ D\ F\ C\ A\ B\ A\ A \\
A\ B\ A\ B\ A\ C\ A\ B\ A\ D\ H\ C\ A\ B\ A\ A \\
A\ B\ A\ B\ A\ C\ A\ B\ A\ D\ E\ C\ A\ B\ A\ A \\
A\ B\ A\ B\ A\ C\ A\ B\ A\ D\ E\ C\ A\ B\ A\ A
\end{array}
$$

图 F.2

（1）若不考虑图中各像素之间的依赖关系（各像素之间统计独立），试用 $X:\{0,1,2\}$ 作为码符号集对七种颜色用霍夫曼编码法编码；

（2）每种不同颜色平均需几个码符号表示？

（3）每种不同颜色至少需要几个码符号表示？（平均数）

（4）若考虑图中各像素之间的依赖关系，表示每一种不同颜色所需的平均码符号数的理论最小值是否可进一步减小？为什么？

第7章 抗干扰信道编码定理

无失真信源编码是在无噪信道的背景下,用无噪信道的输入符号集作为码符号集,对信源符号或符号序列做一一对应的变换,实施单义可译编码,并充分而合理地利用和挖掘信源本身的统计特性,提高信源编码的有效性.无噪信道编码问题,实质上就是信源本身的问题.

通信的根本问题,是"在通信系统的一端精确或近似地再现另一端选择的消息".通信信道一般是有噪信道,在噪声的随机干扰下,信道的输入与输出之间可能产生错误和失真.抗干扰信道编码用有噪信道的输入符号集作为码符号集,对信道的输入进行抗干扰编码(纠错编码),利用和挖掘信道的统计特性的潜力,使编码具有一定的自动发现或纠正错误的能力,降低发生错误通信的可能性,提高通信的可靠性.那么,对于信道容量为 C 的有噪信道来说,发生错误通信可能性的下降是否存在极限值? 这个极限值是什么? 显然,这是抗干扰信道编码定理必须回答的理论问题.随着这个命题的解答,对人们关于通过无失真信源编码、抗干扰信道编码,实现通信"最优化",使通信既有效又可靠,同时做出正确的评估和展望.

7.1 译码规则和误码率

信源符号经有噪信道的传递,在信道输出端出现的是信源符号的某种变型,必须按照发信者和收信者事先约定好的某种规则,把信道的输出符号翻译(判决)为信源符号,才能完成通信的使命,结束通信的全过程.

把信道的输出符号翻译为信源符号的过程称为"译码".收信者和发信者事先约定的翻译规则,称为"译码规则".显然,由于信道中噪声的干扰,译码可能成功,也可能失败.对于一个给定的有噪信道来说,译码成功与否,与译码规则的选择密切相关.

7.1.1 译码规则

设离散无记忆信道的输入符号集 $X:\{a_1,a_2,\cdots,a_r\}$、输出符号集 $Y:\{b_1,b_2,\cdots,b_s\}$、传递概率 $P(Y/X):\{p(b_j/a_i)(i=1,2,\cdots,r;j=1,2,\cdots,s)\}$. 又设离散无记忆信源 X 的信源空间为

$$[X \cdot P]:\begin{cases} X: & a_1 & a_2 & \cdots & a_r \\ P(X): & p(a_1) & p(a_2) & \cdots & p(a_r) \end{cases}$$

其中

$$0 \leqslant p(a_i) \leqslant 1 \quad (i=1,2,\cdots,r); \quad \sum_{i=1}^{r} p(a_i) = 1 \tag{7.1-1}$$

现将信源 X 与信道$(X\text{-}Y)$相接,构成一个通信系统(如图 7.1-1 所示).若信源 X 发出某符号 $a_i(i=1,2,\cdots,r)$,由于受到信道中噪声的随机干扰,信道的输出往往是信源符号 a_i 的某种变型 $b_j(j=1,2,\cdots,s)$.为了达到通信的目的,完成通信的全过程,在信道的输出端,根据通信前发信者和收信者事先约定的规则,确定一个单值函数

$$F(b_j) = a_i \qquad (7.1-2)$$

把信道输出端的 $b_j(j=1,2,\cdots,s)$ 翻译为信源符号 $a_i(i=1,2,\cdots,r)$，最终告诉收信者，信源发的是符号 $a_i(i=1,2,\cdots,r)$．(7.1-2)式定义的单值函数称为"译码函数"．译码函数 $F(b_j)=a_i$ 的含意就是"收到 b_j，一定译成 a_i"．

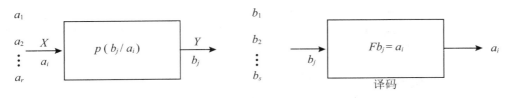

图 7.1-1

显然，信道(X-Y)的每一种可能的输出符号 $b_j(j=1,2,\cdots,s)$，都必须有一个相应的译码函数

$$\begin{cases} F(b_1) = a_l & \in X:\{a_1,a_2,\cdots,a_r\}; \quad l=1,2,\cdots,r \\ F(b_2) = a_q & \in X:\{a_1,a_2,\cdots,a_r\}; \quad q=1,2,\cdots,r \\ \cdots \\ F(b_s) = a_k & \in X:\{a_1,a_2,\cdots,a_r\}; \quad k=1,2,\cdots,r \end{cases} \qquad (7.1-3)$$

这 s 个译码函数组成一个译码规则

$$\{F(b_1)=a_l; F(b_2)=a_q; \cdots; F(b_s)=a_k\} \qquad (7.1-4)$$

由于对信道的任何一个输出符号 $b_j(j=1,2,\cdots,s)$，它都有可能选择信道的输入符号集 $X:\{a_1,a_2,\cdots,a_r\}$ 中的任一输入符号 $a_i(i=1,2,\cdots,r)$ 作为判决对象．图 7.1-1 所示信道的输入符号集 $X:\{a_1,a_2,\cdots,a_r\}$ 含有 r 种不同的符号 $a_i(i=1,2,\cdots,r)$，输出符号集 $Y:\{b_1,b_2,\cdots,b_s\}$ 含有 s 种不同的符号 $b_j(j=1,2,\cdots,s)$．所以，一共可组合成 r^s 种不同的译码规则供选择．

【例 7.1】　设离散无记忆信道的传递特性如图 E7.1-1 所示，试写出所有可能的译码规则．

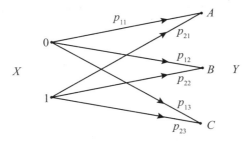

图 E7.1-1

解　信道输入符号集 $X:\{0,1\}(r=2)$，输出符号集 $Y:\{A,B,C\}(s=3)$，共有 $r^s=2^3=8$ 种不同的译码规则．它们是：

$$\begin{cases} F(A)=0 \\ F(B)=0 \\ F(C)=0 \end{cases} \qquad \begin{cases} F(A)=0 \\ F(B)=0 \\ F(C)=1 \end{cases} \qquad \begin{cases} F(A)=0 \\ F(B)=1 \\ F(C)=0 \end{cases} \qquad \begin{cases} F(A)=0 \\ F(B)=1 \\ F(C)=1 \end{cases}$$

$$\begin{cases} F(A)=1 \\ F(B)=0 \\ F(C)=0 \end{cases} \quad \begin{cases} F(A)=1 \\ F(B)=0 \\ F(C)=1 \end{cases} \quad \begin{cases} F(A)=1 \\ F(B)=1 \\ F(C)=0 \end{cases} \quad \begin{cases} F(A)=1 \\ F(B)=1 \\ F(C)=1 \end{cases}$$

通过以上译码规则的讨论可知,对于输入符号集为 $X:\{a_1,a_2,\cdots,a_r\}$、输出符号集为 $Y:\{b_1,b_2,\cdots,b_s\}$ 的离散无记忆信道(X-Y)来说,一共有 r^s 种不同的译码规则可供选择. 当然,应该从这 r^s 种不同的译码规则中选择可靠性高的译码规则作为使用的译码规则. 那么,以什么标准来衡量"可靠性"的高低呢?

7.1.2 误码率

对图 7.1-1 所示通信系统,若选译码规则

$$F(b_j) = a_i \quad (j=1,2,\cdots,s;i=1,2,\cdots,r) \tag{7.1-5}$$

信道输出端出现符号 $b_j(j=1,2,\cdots,s)$,则一定把 b_j 翻译成信源符号 $a_i(i=1,2,\cdots,r)$. 这时,若信源 X 所发符号正是 a_i,这就是正确译码. 由此,正确译码的概率 p_{rj} 就等于"信道输出 $b_j(j=1,2,\cdots,s)$ 后,推测信源 X 发符号 a_i 的后验概率",即

$$p_{rj} = P\{F(b_j) = a_i/b_j\} \tag{7.1-6}$$

若信源 X 所发的符号是除了 $F(b_j)=a_i$ 以外的其他任何符号 $a_e\in\{e:a_e\neq F(b_j)=a_i\}$,这就发生错误译码. 由此,错误译码概率——误码率 p_{ej} 等于"信道输出 $b_j(j=1,2,\cdots,s)$ 后,推测集合 e 出现的后验概率",即

$$p_{ej} = P\{e/b_j\} \tag{7.1-7}$$

显然,有

$$\begin{aligned} p_{ej} &= 1 - p_{rj} \\ &= 1 - P\{F(b_j) = a_i/b_j\} \quad (j=1,2,\cdots,s) \end{aligned} \tag{7.1-8}$$

那么,信道每一输出符号,按译码规则 $F(b_j)=a_i$ 译码的平均误码率 P_e,等于信道某一输出符号 $b_j(j=1,2,\cdots,s)$ 按译码规则 $F(b_j)=a_i$ 译码产生的误码率 $p_{ej}(j=1,2,\cdots,s)$,在输出随机变量 Y 的概率空间 $P(Y):\{p_Y(b_1),p_Y(b_2),\cdots,p_Y(b_s)\}$ 中的统计平均值,即有

$$\begin{aligned} P_e &= \sum_{j=1}^{s} p_Y(b_j) p_{ej} = \sum_{j=1}^{s} p_Y(b_j)\{1 - P[F(b_j) = a_i/b_j]\} \\ &= \sum_{j=1}^{s} p_Y(b_j) - \sum_{j=1}^{s} p_Y(b_j)P[F(b_j) = a_i/b_j] \\ &= \sum_{i=1}^{r} \sum_{j=1}^{s} p(a_i b_j) - \sum_{j=1}^{s} p_Y(b_j)P[F(b_j) = a_i/b_j] \\ &= \sum_{i=1}^{r} \sum_{j=1}^{s} p(a_i b_j) - \sum_{j=1}^{s} p\{b_j, F(b_j) = a_i\} \end{aligned} \tag{7.1-9}$$

若把信道输出符号 $b_j(j=1,2,\cdots,s)$,按译码规则 $F(b_j)=a_i$ 翻译出来的信源符号 $a_i(i=1,2,\cdots,r)$ 记为 a^*,并把后验概率记为

$$P\{F(b_j) = a_i/b_j\} \triangleq p(a^*/b_j) \tag{7.1-10}$$

则(7.1-9)式可改写为

$$P_e = \sum_{i=1}^{r} \sum_{j=1}^{s} p(a_i b_j) - \sum_{j=1}^{s} p(a^* b_j) = \sum_{i \neq *} \sum_{j=1}^{s} p(a_i b_j) = \sum_{i \neq *} \sum_{j=1}^{s} p(a_i) p(b_j/a_i)$$

$$(7.1-11)$$

(7.1-11)式表明,站在信道输出端的角度来看,用译码规则 $F(b_j)=a^*$ 对信道的每一输出符号 $b_j(j=1,2,\cdots,s)$ 进行译码的平均误码率 P_e,等于由信源 X 的概率分布 $p(a_i)(i=1,2,\cdots,r)$、给定信道传递概率 $p(b_j/a_i)(i=1,2,\cdots,r;j=1,2,\cdots,s)$ 所确定的 $(r\times s)$ 个联合概率 $p(a_i b_j)(i=1,2,\cdots,r;j=1,2,\cdots,s)$ 之和,减去 s 个 b_j 与 a^* 的联合概率 $p(a^* b_j)(j=1,2,\cdots,s)$ 之和所得之差.

为了进一步剖析(7.1-11)式所示平均误码率 P_e 的内涵,不妨假定 $r=s$,而且取

$$\begin{cases} F(b_1) = a_1 \\ F(b_2) = a_2 \\ \cdots \\ F(b_r) = a_r \end{cases} \qquad (7.1-12)$$

这样,(7.1-11)式可改写为

$$P_e = \sum_{i \neq j} \sum_{j=1}^{s} p(a_i) p(b_j/a_i) \qquad (7.1-13)$$

若把 a_i 和 b_j 的联合概率 $p(a_i b_j)(i=1,2,\cdots,r;j=1,2,\cdots,r)$ 排成一个 $(r\times r)$ 阶矩阵

	b_1	b_2	b_3	$\cdots$	b_r
a_1	$p(a_1 b_1)$	$p(a_1 b_2)$	$p(a_1 b_3)$	$\cdots$	$p(a_1 b_r)$
a_2	$p(a_2 b_1)$	$p(a_2 b_2)$	$p(a_2 b_3)$	$\cdots$	$p(a_2 b_r)$
a_3	$p(a_3 b_1)$	$p(a_3 b_2)$	$p(a_3 b_3)$	$\cdots$	$p(a_3 b_r)$
$\vdots$	$\vdots$	$\vdots$	$\vdots$	$\cdots$	$\vdots$
a_r	$p(a_r b_1)$	$p(a_r b_2)$	$p(a_r b_3)$	$\cdots$	$p(a_r b_r)$

矩阵中,对角线上的元素(即☐)是信源符号 $a_i(i=1,2,\cdots,r)$,与按照译码规则翻译成 $a_i(i=1,2,\cdots,r)$ 的信道的输出符号 $b_j(i=j)$ 的联合概率

$$p\{a_i, b_j(i = j; F(b_j) = a_i)\} \qquad (7.1-14)$$

矩阵中其余的所有元素,都是信源符号 $a_i(i=1,2,\cdots,r)$,与按照译码规则不能翻译成 $a_i(i=1,2,\cdots,r)$ 的信道输出符号 b_j 的联合概率

$$p\{a_i, b_j(i \neq j; F(b_j) = a_i)\} \qquad (7.1-15)$$

这样,(7.1-13)式说明,每收到一个信道的输出符号 $b_j(j=1,2,\cdots,r)$,用译码规则 $F(b_j)=a_i$ $(i=j)$ 进行译码的平均误码率 P_e,等于把 $b_j(j=1,2,\cdots,r)$ 对应的 $(r-1)$ 个联合概率 $p(a_i b_j)(i \neq j)$ 加起来,然后将所得之和,再对所有的 $j(j=1,2,\cdots,r)$ 相加所得之和,即

$$\begin{aligned} P_e = {} & p(a_2 b_1) + p(a_3 b_1) + \cdots + p(a_r b_1) && \cdots\cdots(b_1) \\ & + p(a_1 b_2) + p(a_3 b_2) + \cdots + p(a_r b_2) && \cdots\cdots(b_2) \\ & \cdots \\ & + p(a_1 b_r) + p(a_2 b_r) + \cdots + p(a_{r-1} b_r) && \cdots\cdots(b_r) \end{aligned} \qquad (7.1-16)$$

显然,也可站在发送信源符号 $a_i(i=1,2,\cdots,r)$ 的角度,把(7.1-13)式改写为

$$P_e = p(a_1b_2) + p(a_1b_3) + \cdots + p(a_1b_r) \qquad \cdots\cdots(a_1)$$
$$+ p(a_2b_1) + p(a_2b_3) + \cdots + p(a_2b_r) \qquad \cdots\cdots(a_2)$$
$$\cdots$$
$$+ p(a_rb_1) + p(a_rb_2) + \cdots + p(a_rb_{r-1}) \qquad \cdots\cdots(a_r) \qquad (7.1-17)$$

进而又可改写为

$$P_e = p(a_1)p(b_2/a_1) + p(a_1)p(b_3/a_1) + \cdots + p(a_1)p(b_r/a_1)$$
$$+ p(a_2)p(b_1/a_2) + p(a_2)p(b_3/a_2) + \cdots + p(a_2)p(b_r/a_2)$$
$$\cdots$$
$$+ p(a_r)p(b_1/a_r) + p(a_r)p(b_2/a_r) + \cdots + p(a_r)p(b_{r-1}/a_r)$$
$$= p(a_1)[p(b_2/a_1) + p(b_3/a_1) + \cdots + p(b_r/a_1)] \qquad \cdots\cdots(a_1)$$
$$+ p(a_2) \cdot [p(b_1/a_2) + p(b_3/a_2) + \cdots + p(b_r/a_2)] \qquad \cdots\cdots(a_2)$$
$$\cdots$$
$$+ p(a_r)[p(b_1/a_r) + p(b_2/a_r) + \cdots + p(b_{r-1}/a_r)] \qquad \cdots\cdots(a_r) \qquad (7.1-18)$$

在(7.1-18)式中,令

$$p_e^{(i)} = \sum_{i \neq j} p(b_j/a_i) \quad (i = 1, 2, \cdots, r) \qquad (7.1-19)$$

实质上,$p_e^{(i)}(i=1,2,\cdots,r)$就是在信源 X 发符号 $a_i(i=1,2,\cdots,r)$的前提下,信道输出所有不能翻译成 $a_i(i=1,2,\cdots,r)$的输出符号 $b_j(j \neq i)$的概率总和,即符号 $a_i(i=1,2,\cdots,r)$的误码率.

由(7.1-19)式,(7.1-18)式可改写为

$$P_e = \sum_{i=1}^{r} p(a_i)p_e^{(i)} \qquad (7.1-20)$$

这表明,由(7.1-9)式表示的每收到一个信道输出符号,用译码规则 $F(b_j)=a_i(j=1,2,\cdots,s; i=1,2,\cdots,r)$译码产生的平均误码率 P_e,与在信源 X 发符号 $a_i(i=1,2,\cdots,r)$的前提下,用译码规则 $F(b_j)=a_i(j=1,2,\cdots,s; i=1,2,\cdots,r)$译码产生的误码率 $p_e^{(i)}(i=1,2,\cdots,r)$,在信源 $X:\{a_1,a_2,\cdots,a_r\}$的概率空间 $P(X):\{p(a_1),p(a_2),\cdots,p(a_r)\}$中的统计平均值,即信源 X 每发一个符号,用译码规则 $F(b_j)=a_i(j=1,2,\cdots,s; i=1,2,\cdots,r)$译码产生的平均误码率 P_e 是相等的,即有

$$P_e = \sum_{j=1}^{s} p_Y(b_j)p_{ej} = \sum_{i=1}^{r} p(a_i)p_e^{(i)} \qquad (7.1-21)$$

由平均误码率 P_e 的表达式(7.1-21)可知,P_e 表示由给定信源和给定信道构成的通信系统,在采用 $F(b_j)=a_i(j=1,2,\cdots,s; i=1,2,\cdots,r)$作为译码规则时,系统每传递一个符号产生错误译码的可能性的大小. 所以,系统的平均误码率 P_e 可作为系统通信可靠性程度的衡量标准. 平均误码率 P_e 大,表示系统通信的可靠性程度较差;平均误码率 P_e 小,表示系统通信的可靠性程度较好.

从(7.1-9)式可以看出,输出随机变量 Y 的概率分布 $p_Y(b_j)(j=1,2,\cdots,s)$和后验概率分布 $p(a_i/b_j)(i=1,2,\cdots,r; j=1,2,\cdots,s)$,由给定信源 X 的概率分布 $p(a_i)(i=1,2,\cdots,r)$和给定信道$(X\text{-}Y)$的传递概率 $p(b_j/a_i)(i=1,2,\cdots,r; j=1,2,\cdots,s)$确定,是固定不变的. 所以译码规则 $F(b_j)=a_i(j=1,2,\cdots,s; i=1,2,\cdots,r)$就成为由给定信源 X 和给定信道$(X\text{-}Y)$组成的通信系统的平均误码率 P_e 的唯一可变动的决定因素. 译码规则 $F(b_j)=a_i(j=1,2,\cdots,s; i=1,2,$

$\cdots,r$)是根据一定的准则,由人们自己来选择的. 可通过选择适合的译码规则 $F(b_j)=a_i(j=1,$ $2,\cdots,s;i=1,2,\cdots,r)$来达到人们所要求的平均误码率 P_e,保证通信的可靠性程度. 所以,选择适合的译码规则,就成为掌握在人们手中降低平均误码率 P_e 的一种可控制的手段.

【例 7.2】 设二进制等概信源 $X:\{0,1\}$ 与二进制对称信道(X-Y)相接,并在信道的输出端接上译码函数为 $F(b_j)=a_i$ 的译码器(如图 E7.2-1 所示).

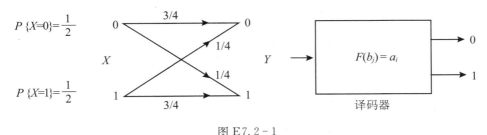

图 E7.2-1

（1）采用译码规则

$$\begin{cases} F(0) = 0 \\ F(1) = 1 \end{cases}$$

试计算误码率 $p_e^{(i)}(i=1,2)$、$p_{ej}(j=1,2)$以及平均误码率 P_e;

（2）采用译码规则

$$\begin{cases} F(0) = 1 \\ F(1) = 0 \end{cases}$$

试计算误码率的 $p_e^{(i)}(i=1,2)$、$p_{ej}(j=1,2)$以及平均误码率 P_e.

解　（1）采用译码规则

$$\begin{cases} F(0) = 0 \\ F(1) = 1 \end{cases}$$

由(7.1-19)式可知,在信源 X 发"0"的前提下的误码率

$$p_e^{(i=0)} = p(1/0) = 1/4$$

在信源 X 发"1"的前提下的误码率

$$p_e^{(i=1)} = p(0/1) = 1/4$$

由(7.1-20)式可知,该通信系统的平均误码率

$$P_e = \sum_{i=1}^{2} p(a_i) p_e^{(i)} = p(a_1) p_e^{i=0} + p(a_2) p_2^{i=1} = 1/2 \times 1/4 + 1/2 \times 1/4 = 1/4$$

这表明,该通信系统每传递一个符号,用译码规则$\{F(0)=0;F(1)=1\}$译码的平均误码率为 1/4.

由(7.1-7)式可知,在信道输出端收到符号"0"的前提下的误码率

$$p_{ej=0} = P\{X = 1/Y = 0\} = \frac{p(1)p(0/1)}{p(0)p(0/0) + p(1)p(0/1)}$$

$$= \frac{1/2 \times 1/4}{1/2 \times 3/4 + 1/2 \times 1/4} = \frac{1}{4}$$

在信道输出端收到"1"的前提下的误码率

$$p_{ej=1} = P\{X = 0/Y = 1\} = \frac{p(0)p(1/0)}{p(0)p(1/0) + p(1)p(1/1)}$$
$$= \frac{1/2 \times 1/4}{1/2 \times 1/4 + 1/2 \times 3/4} = \frac{1}{4}$$

由(7.1-9)式可知,该通信系统的平均误码率

$$P_e = \sum_{j=1}^{2} p_Y(b_j)p_{ej} = p_Y(0)p_{ej=0} + p_Y(1)p_{ej=1}$$
$$= 1/2 \times 1/4 + 1/2 \times 1/4 = 1/4$$

这同样表明,该通信系统在采用译码规则$\{F(0)=0;F(1)=1\}$译码时,每传递一个符号的平均误码率为1/4.

(2)采用译码规则

$$\begin{cases} F(0) = 1 \\ F(1) = 0 \end{cases}$$

由(7.1-19)式可知,在信源X发"0"的前提下的误码率

$$p_e^{(i=0)} = p(0/0) = 3/4$$

在信源X发"1"的前提下的误码率

$$p_e^{(i=1)} = p(1/1) = 3/4$$

由(7.1-20)式可知,该通信系统的平均误码率

$$P_e = \sum_{i=1}^{2} p(a_i)p_e^{(i)} = \frac{1}{2} \times \frac{3}{4} + \frac{1}{2} \times \frac{3}{4} = \frac{3}{4}$$

这表明,该通信系统在采用$\{F(0)=1;F(1)=0\}$译码规则译码时,每传递一个符号的平均误码率为3/4.

由(7.1-7)式可知,在信道输出端收到符号"0"的前提下的误码率

$$p_{ej=0} = P\{X = 0/Y = 0\} = \frac{p(0)p(0/0)}{p(0)p(0/0) + p(1)p(0/1)}$$
$$= \frac{1/2 \times 3/4}{1/2 \times 3/4 + 1/2 \times 1/4} = \frac{3}{4}$$

在信道输出端收到"1"的前提下的误码率

$$p_{ej=1} = P\{X = 1/Y = 1\} = \frac{p(1)p(1/1)}{p(0)p(1/0) + p(1)p(1/1)}$$
$$= \frac{1/2 \times 3/4}{1/2 \times 1/4 + 1/2 \times 3/4} = \frac{3}{4}$$

这同样表明,该通信系统在采用译码规则$\{F(0)=1;F(1)=0\}$译码时,每传递一个符号的平均误码率为3/4.

这一例题告诉我们,对同一通信系统和译码规则,无论从信道的输入端,还是从信道的输出端出发,计算出来的系统的平均误码率P_e是相同的.对同一通信系统来说,采用不同的译码规则,可得到不同的平均误码率P_e.显然,采用第一种译码规则$\{F(0)=0;F(1)=1\}$对该通信系统来说,可得到较高的可靠性.这说明,对给定的通信系统来说,可用选择译码规则的手段,降低平均误码率P_e,以提高通信的可靠性程度.

7.2　最小误码率译码准则

对给定信源 X 和给定信道$(X-Y)$来说,选择不同的译码规则,可得到不同的平均误码率 P_e. 那么,如何选择译码规则,能使平均误码率 P_e 达到最小呢?

7.2.1　最大后验概率译码准则

定理 7.1　设给定信源 X 的概率分布 $P(X):\{p(a_i)(i=1,2,\cdots,r)\}$,给定信道的传递概率 $P(Y/X):\{p(b_j/a_i)(i=1,2,\cdots,r;j=1,2,\cdots,s)\}$,若有

$$p(a^*/b_j) \geqslant p(a_i/b_j) \quad (i=1,2,\cdots,r;j=1,2,\cdots,s)$$

则选择译码规则

$$F(b_j) = a^* \quad (j=1,2,\cdots,s)$$

其平均误码率 P_e 达最小值 $P_{e\min}$.

证明　设给定信源 $X:\{a_1,a_2,\cdots,a_r\}$ 的概率分布为 $P(X):\{p(a_i)(i=1,2,\cdots,r)\}$,又设给定信道$(X-Y)$的传递概率 $P(Y/X):\{p(b_j/a_i)(i=1,2,\cdots,r;j=1,2,\cdots,s)\}$. 现将信源 X 和信道$(X-Y)$相接,并在信道输出端接上译码函数为 $F(b_j)=a_i$ 的译码器(如图 7.2-1 所示).

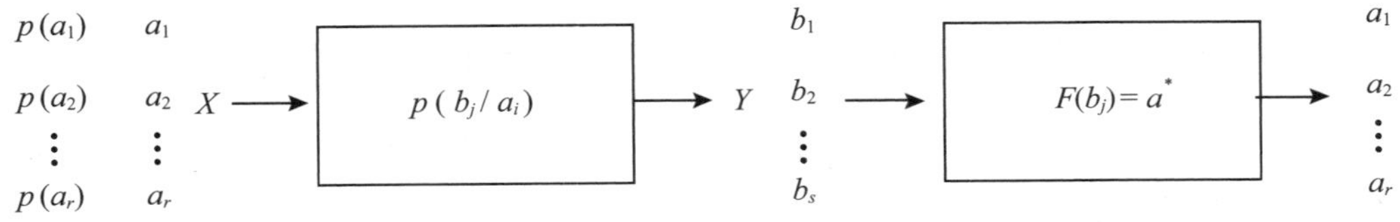

图 7.2-1

由给定的 $p(a_i)(i=1,2,\cdots,r)$ 和 $p(b_j/a_i)(i=1,2,\cdots,r;j=1,2,\cdots,s)$,可求得输出随机变量 Y 的概率分布 $P(Y):\{p_Y(b_j)(j=1,2,\cdots,s)\}$ 和收到 Y 后推测 X 的后验概率分布 $P(X/Y):\{p_Y(a_i/b_j)(i=1,2,\cdots,r;j=1,2,\cdots,s)\}$,它们分别是:

$$p_Y(b_j) = \sum_{i=1}^{r} p(a_i)p(b_j/a_i) \quad (j=1,2,\cdots,s) \tag{7.2-1}$$

和

$$p_Y(a_i/b_j) = \frac{p(a_i)p(b_j/a_i)}{\sum_{i=1}^{r} p(a_i)p(b_j/a_i)} \quad (i=1,2,\cdots,r;j=1,2,\cdots,s) \tag{7.2-2}$$

这表明,由给定信源 X 和给定信道$(X-Y)$组成的通信系统的输出随机变量 Y 的概率分布 $P(Y):\{p_Y(b_j)(j=1,2,\cdots,s)\}$ 和后验概率 $P(X/Y):\{p_Y(a_i/b_j)(i=1,2,\cdots,r;j=1,2,\cdots,s)\}$ 也是确定的,是固定不变的.

在(7.1-9)式中,平均误码率 P_e 可改写为

$$P_e = 1 - \sum_{j=1}^{s} p_Y(b_j)P\{F(b_j) = a_i/b_j\} \tag{7.2-3}$$

显然,要使(7.2-3)式中的 P_e 达到最小值 $P_{e\min}$,势必要使

$$\sum_{j=1}^{s} p_Y(b_j) P\{F(b_j) = a_i/b_j\} \tag{7.2-4}$$

达到最大. 即要使(7.2-4)式中的每一项

$$p_Y(b_j) P\{F(b_j) = a_i/b_j\} \quad (j = 1, 2, \cdots, s) \tag{7.2-5}$$

同时达到最大. 每一个输出符号 $b_j(j=1,2,\cdots,s)$ 相应的 $p_Y(b_j)(j=1,2,\cdots,s)$ 和 r 个后验概率 $p_Y(a_i/b_j)(i=1,2,\cdots,r; j=1,2,\cdots,s)$ 都是固定不变的. 若 $p(a^*/b_j)$ 是 $b_j(j=1,2,\cdots,s)$ 所对应的 r 个后验概率 $p_Y(a_i/b_j)(i=1,2,\cdots,r)$ 中的最大者, 即

$$p(a^*/b_j) \geqslant p(a_i/b_j) \quad (i = 1, 2, \cdots, r; j = 1, 2, \cdots, s) \tag{7.2-6}$$

则把信道输出符号 $b_j(j=1,2,\cdots,s)$ 翻译成 a^*, 即选择译码函数

$$F(b_j) = a^* \quad (j = 1, 2, \cdots, s) \tag{7.2-7}$$

那么, 由(7.2-5)式可知,

$$p_Y(b_j) P\{F(b_j) = a^*/b_j\} \quad (j = 1, 2, \cdots, s) \tag{7.2-8}$$

就是 $b_j(j=1,2,\cdots,s)$ 相应的 r 个可能值 $p_Y(b_j) p_Y(a_i/b_j)(i=1,2,\cdots,r)$ 中的最大者.

若对通信系统的输出随机变量 Y 的每一个符号 $b_1, b_2, \cdots, b_s$ 都按如上准则选择译码函数组成译码规则, 一定能使

$$\sum_{j=1}^{s} p_Y(b_j) P\{F(b_j) = a^*/b_j\} \tag{7.2-9}$$

达到最大值, 则(7.2-3)式所示的平均误码率 P_e 一定达到最小值

$$P_{e\min} = 1 - \sum_{j=1}^{s} p_Y(b_j) P\{F(b_j) = a^*/b_j\} \tag{7.2-10}$$

这样, 定理 7.1 就得到了证明.

定理中选择译码规则的准则, 称为"最大后验概率译码准则". 定理指出, 采用"最大后验概率译码准则"选择译码规则, 一定能使平均误码率 P_e 达到最小值 $P_{e\min}$; 要使平均误码率 P_e 达到最小值 $P_{e\min}$, 一定要采用"最大后验概率译码准则".

在定理得到证明后, 有必要对(7.2-10)式所示的最小平均误码率 $P_{e\min}$ 做进一步剖析. 令(7.2-10)式中的

$$P\{F(b_j) = a^*/b_j\} = p_Y(a^*/b_j) \quad (j = 1, 2, \cdots, s) \tag{7.2-11}$$

则(7.2-10)式可改写为

$$P_{e\min} = 1 - \sum_{j=1}^{s} p_Y(b_j) p(a^*/b_j) = 1 - \sum_{j=1}^{s} p(a^* b_j)$$

$$= 1 - \sum_{j=1}^{s} p(a^*) p(b_j/a^*)$$

$$= \sum_{i=1}^{r} \sum_{j=1}^{s} p(a_i b_j) - \sum_{j=1}^{s} p(a^* b_j) = \sum_{j=1}^{s} \sum_{i \neq *} p(a_i b_j)$$

$$= \sum_{j=1}^{s} \sum_{i \neq *} p(a_i) p(b_j/a_i) \tag{7.2-12}$$

这表明, 采用"最大后验概率译码准则"选择译码规则所得的最小平均误码率 $P_{e\min}$, 由给定信源 X 的概率分布 $p(a_i)(i=1,2,\cdots,r)$ 和给定信道传递概率 $p(b_j/a_i)(i=1,2,\cdots,r; j=1,2,$

…，s)决定. 这就是说,给定通信系统的固有的统计特性,决定了通信系统最小平均误码率 $P_{e\min}$ 的值. 只不过 $P_{e\min}$ 必须在用"最大后验概率译码准则"选用的译码规则来译码时才能达到而已. 最小平均误码率 $P_{e\min}$,是给定通信系统本身的信息特征参量. 不同的通信系统有不同的最小平均误码率 $P_{e\min}$.

现假定 $r=s$,且按最大后验概率译码准则选择译码规则:

$$\begin{cases} F(b_1) = a_1 \\ F(b_2) = a_2 \\ \cdots \\ F(b_r) = a_r \end{cases} \tag{7.2-13}$$

与(7.1-16)式、(7.1-17)式相同,(7.2-12)式展开后,有

$$\begin{aligned} P_{e\min} &= p(a_2b_1) + p(a_3b_1) + \cdots + p(a_rb_1) && \cdots\cdots(b_1) \\ &\quad + p(a_1b_2) + p(a_3b_2) + \cdots + p(a_rb_2) && \cdots\cdots(b_2) \\ &\quad + \cdots \\ &\quad + p(a_rb_1) + p(a_rb_2) + \cdots + p(a_{r-1}b_r) && \cdots\cdots(b_r) \\ &= p(a_1b_2) + p(a_1b_3) + \cdots + p(a_1b_r) && \cdots\cdots(a_1) \\ &\quad + p(a_2b_1) + p(a_2b_3) + \cdots p(a_2b_r) && \cdots\cdots(a_2) \\ &\quad + \cdots \\ &\quad + p(a_rb_1) + p(a_rb_2) + \cdots + p(a_rb_{r-1}) && \cdots\cdots(a_r) \\ &= p(a_1)\big[p(b_2/a_1) + p(b_3/a_1) + \cdots + p(b_r/a_1)\big] \\ &\quad + p(a_2)\big[p(b_1/a_2) + p(b_3/a_2) + \cdots + p(b_r/a_2)\big] \\ &\quad + \cdots \\ &\quad + p(a_r)\big[p(b_1/a_r) + p(b_2/a_r) + \cdots + p(b_{r-1}/a_r)\big] \end{aligned} \tag{7.2-14}$$

按最大后验概率准则选用的(7.2-13)式译码规则,信道输出符号 $b_2,b_3,\cdots,b_r$ 一定不能译出信源符号 a_1. 所以,在(7.2-14)式中的

$$p_{e\min}^{(1)} = p(b_2/a_1) + p(b_3/a_1) + \cdots + p(b_r/a_1) \tag{7.2-15}$$

就是信源 X 发符号 a_1 的前提下,用最大后验概率译码准则选择的(7.2-13)式译码规则译码产生的最小误码率. 类似地,(7.2-14)式中的

$$p_{e\min}^{(2)} = p(b_1/a_2) + p(b_3/a_2) + \cdots + p(b_r/a_2) \tag{7.2-16}$$

是信源 X 发符号 a_2 的前提下,用最大后验概率译码准则选择的(7.2-13)式译码规则产生的最小误码率. 依此类推,(7.2-14)式中的

$$p_{e\min}^{(r)} = p(b_1/a_r) + p(b_2/a_r) + \cdots + p(b_{r-1}/a_r) \tag{7.2-17}$$

是信源 X 发符号 a_r 的前提下,用最大后验概率译码准则选用的(7.2-13)式译码规则产生的最小误码率.

由此,一般地说,按最大后验概率译码准则选择的译码规则 $F(b_j)=a^*$ 译码时,在信源 X 发符号 $a_i(i=1,2,\cdots,r)$ 的前提下的最小误码率

$$p_{e\min}^{(i)} = \sum_{i\neq *} p(b_j/a_i) \tag{7.2-18}$$

由此,(7.2-12)式可改写为

$$P_{e\min} = \sum_{i=1}^{r} p(a_i) p_{e\min}^{(i)} \qquad (7.2-19)$$

这表明,用最大后验概率译码准则选用的译码规则 $F(b_j)=a^*$ $(j=1,2,\cdots,s)$ 译码时,最小平均误码率 $P_{e\min}$,等于信源发符号 $a_i(i=1,2,\cdots,r)$ 的前提下,最小误码率 $p_{e\min}^{(i)}$ $(i=1,2,\cdots,r)$ 在信源 X 的概率空间 $P(X):\{p(a_i)(i=1,2,\cdots,r)\}$ 中的统计平均值.

7.2.2 最大似然译码准则

推论 设给定信源 $X:\{a_1,a_2,\cdots,a_r\}$ 为等概信源,给定信道的传递概率为 $P(Y/X):$ $\{p(b_j/a_i)(i=1,2,\cdots,r;j=1,2,\cdots,s)\}$. 若有

$$p(b_j/a^*) \geqslant p(b_j/a_i) \quad (i=1,2,\cdots,r;j=1,2,\cdots,s)$$

则选择译码规则

$$F(b_j) = a^* \quad (j=1,2,\cdots,s)$$

其平均误码率 P_e 达到最小值 $P_{e\min}$.

证明 因为等概信源 $X:\{a_1,a_2,\cdots,a_r\}$ 的概率分布

$$p(a_i) = 1/r \quad (i=1,2,\cdots,r) \qquad (7.2-20)$$

给定信道的传递概率

$$P(Y/X):\{p(b_j/a_i)(i=1,2,\cdots,r;j=1,2,\cdots,s)\} \qquad (7.2-21)$$

所以,信道输出符号 $b_j(j=1,2,\cdots,s)$ 相对应的 r 个后验概率分布为

$$p_Y(a_i/b_j) = \frac{p(a_i)p(b_j/a_i)}{\sum\limits_{i=1}^{r} p(a_i)p(b_j/a_i)} = \frac{(1/r) \cdot p(b_j/a_i)}{(1/r) \cdot \sum\limits_{i=1}^{r} p(b_j/a_i)} = \frac{p(b_j/a_i)}{\sum\limits_{i=1}^{r} p(b_j/a_i)}$$

$$(i=1,2,\cdots,r;j=1,2,\cdots,s) \qquad (7.2-22)$$

而其中的最大值

$$p(a^*/b_j) = \frac{p(b_j/a^*)}{\sum\limits_{i=1}^{r} p(b_j/a_i)} \quad (j=1,2,\cdots,s) \qquad (7.2-23)$$

由定理 7.1 有,若

$$p(a^*/b_j) \geqslant p(a_i/b_j) \quad (i=1,2,\cdots,r;j=1,2,\cdots,s) \qquad (7.2-24)$$

则选择译码规则

$$F(b_j) = a^* \quad (j=1,2,\cdots,s) \qquad (7.2-25)$$

其平均误码率 P_e 达到最小值 $P_{e\min}$. 由(7.2-22)式和(7.2-23)式,这个最大后验概率译码准则就转变为:若有

$$p(b_j/a^*) \geqslant p(b_j/a_i) \quad (i=1,2,\cdots,r;j=1,2,\cdots,s) \qquad (7.2-26)$$

则选择译码规则

$$F(b_j) = a^* \quad (j=1,2,\cdots,s) \qquad (7.2-27)$$

其平均误码率 P_e 一定达到最小值 $P_{e\min}$. 这样,推论就得到了证明.

(7.2-26)、(7.2-27)式所示译码准则,称为"最大似然译码准则". 这个推论告诉我们,最大似然译码准则,就是在信源 $X:\{a_1,a_2,\cdots,a_r\}$ 的概率分布 $P(X):\{p(a_i)=1/r(i=1,2,\cdots,r)\}$,即信源 X 等概分布时的最大后验概率译码准则. 这个定理指出,在信源 $X:\{a_1,a_2,\cdots,a_r\}$ 等概分

布时,若 $p\{b_j/a^*\}$ 是 $b_j(j=1,2,\cdots,s)$ 相对应的 r 个传递概率 $p(b_j/a_i)(i=1,2,\cdots,r)$ 中的最大者,即

$$p(b_j/a^*) \geqslant p(b_j/a_i) \quad (i=1,2,\cdots,r;j=1,2,\cdots,s)$$

则把 b_j 翻译成信源符号 a^*,即选译码规则

$$F(b_j) = a^* \quad (j=1,2,\cdots,s)$$

这时,平均误码率 P_e 达到最小值 $P_{e\min}$.

最大似然译码准则,是最大后验概率译码准则在信源 $X:\{a_1,a_2,\cdots,a_r\}$ 等概分布的条件下的一个特例. 与最大后验概率译码准则相比较,它不需要把给定的 $p(a_i)(i=1,2,\cdots,r)$ 和 $p(b_j/a_i)(i=1,2,\cdots,r;j=1,2,\cdots,s)$ 换算成 $p_Y(b_j)(j=1,2,\cdots,s)$ 和后验概率 $p_Y(a_i/b_j)(i=1,2,\cdots,r;j=1,2,\cdots,s)$,可由给定的信道传递概率 $p(b_j/a_i)(i=1,2,\cdots,r;j=1,2,\cdots,s)$ 组成的 $(r\times s)$ 阶信道矩阵 $[P]$ 直接选定译码规则. 设信道矩阵

$$[P] = \begin{array}{c} \\ a_1 \\ a_2 \\ \vdots \\ a_k \\ \vdots \\ a_r \end{array} \begin{array}{cccccc} b_1 & b_2 & \cdots & b_k & \cdots & b_s \\ \boxed{p(b_1/a_1)} & p(b_2/a_1) & \cdots & p(b_k/a_1) & \cdots & p(b_s/a_1) \\ p(b_1/a_2) & \boxed{p(b_2/a_2)} & \cdots & p(b_k/a_2) & \cdots & p(b_s/a_2) \\ \vdots & \vdots & & \vdots & & \vdots \\ p(b_1/a_k) & p(b_2/a_k) & \cdots & \boxed{p(b_k/a_k)} & \cdots & p(b_s/a_k) \\ \vdots & \vdots & & \vdots & & \vdots \\ p(b_1/a_r) & p(b_2/a_r) & \cdots & p(b_k/a_r) & \cdots & \boxed{p(b_s/a_r)} \end{array}$$

中,与信道输出符号 $b_j(j=1,2,\cdots,s)$ 相对应的第 j 列 r 个元素中的最大值用 $\square$ 表示,则信道的输出符号 $b_j(j=1,2,\cdots,s)$ 就翻译为相对应的信源符号 a^*,即

$$\begin{cases} F(b_1) = a_1 \\ F(b_2) = a_2 \\ \cdots \\ F(b_k) = a_k \\ \cdots \\ F(b_s) = a_r \end{cases}$$

这就是信源 $X:\{a_1,a_2,\cdots,a_r\}$ 等概时的最大似然译码准则选择的译码规则. 显然,"最大似然译码准则"比"最大后验概率译码准则"方便得多.

现把信源 X 等概的条件(7.2-20)式代入(7.2-12)式和(7.2-19)式,得按最大似然译码准则选用译码规则译码的最小平均误码率

$$P_{e\min} = \sum_{j=1}^{s}\sum_{i\neq *} p(a_i)p(b_j/a_i) = \frac{1}{r}\sum_{i\neq *}\sum_{j=1}^{s} p(b_j/a_i) = \frac{1}{r}\sum_{i=1}^{r} p_{e\min}^{(i)} \tag{7.2-28}$$

它告诉我们,最大似然译码准则选用的译码规则译码的最小平均误码率 $P_{e\min}$ 可以这样来计算,即把给定信道的信道矩阵 $[P]$ 中,不带 $\square$ 符号的

$$(rs - s) = s(r-1) \tag{7.2-29}$$

个元素相加,再乘以 $1/r$,所得之乘积,就是最大似然译码准则选用的译码规则的最小平均误码

率 $P_{e\min}$，也就是等概信源 $X:\{a_1,a_2,\cdots,a_r\}$ 各信源符号 $a_i(i=1,2,\cdots,r)$ 在发出的前提下，用最大似然译码准则选用译码规则译码的最小误码率 $p_{e\min}^{(i)}(i=1,2,\cdots,r)$ 的算术平均值.

【例 7.3】 设信道的信道矩阵为

$$[P]=\begin{array}{c}a_1\\a_2\\a_3\end{array}\begin{matrix}b_1 & b_2 & b_3\\[0.5 & 0.3 & 0.2\\0.2 & 0.3 & 0.5\\0.3 & 0.3 & 0.4]\end{matrix}$$

信源 $X:\{a_1,a_2,a_3\}$ 是等概信源. 试选择译码规则，使其平均误码率 P_e 达到最小值 $P_{e\min}$，并计算 $P_{e\min}$.

解 因为信源 $X:\{a_1,a_2,a_3\}$ 是等概信源，根据推论，采用最大似然译码准则，选择译码规则，能使平均误码率 P_e 达到最小值 $P_{e\min}$.

对于 b_1 来说，信道矩阵 $[P]$ 中第 1 列中的 $r=3$ 个传递概率中，$p(b_1/a_1)=0.5$ 最大，即有

$$p(b_1/a_1)\geqslant p(b_1/a_i)\quad(i=1,2,3)$$

所以，把信道输出符号 b_1 翻译成 a_1，即选译码函数

$$F(b_1)=a^*=a_1$$

对于 b_3 来说，信道矩阵 $[P]$ 中第 3 列中的 $r=3$ 个传递概率中，$p(b_3/a_2)=0.5$ 最大，即有

$$p(b_3/a_2)\geqslant p(b_3/a_i)\quad(i=1,2,3)$$

所以，把信道输出符号 b_3 翻译成 a_2，即选择译码函数

$$F(b_3)=a^*=a_2$$

对于 b_2 来说，信道矩阵 $[P]$ 中第 2 列的 $r=3$ 个传递概率相等，即

$$p(b_2/a_1)=p(b_2/a_2)=p(b_2/a_3)=0.3$$

所以，把信道输出符号 b_2 翻译成信道输入符号 a_1,a_2,a_3 中任何一个，对平均误码率 P_e 的影响都是相同的. 我们可选

$$F(b_2)=a^*=a_3$$

这样，得采用最大似然译码准则选择的译码规则是

$$\begin{cases}F(b_1)=a_1\\F(b_2)=a_3\\F(b_3)=a_2\end{cases}$$

由(7.2-28)式得平均误码率 P_e 的最小值

$$P_{e\min}=\frac{1}{r}\sum_{i\neq *}\sum_{j}^{s}p(b_j/a_i)$$

$$=\frac{1}{r}[p(b_1/a_2)+p(b_1/a_3)]+\frac{1}{r}[p(b_2/a_1)+p(b_2/a_2)]+\frac{1}{r}[p(b_3/a_1)+p(b_3/a_3)]$$

$$=\frac{1}{r}[p(b_1/a_2)+p(b_1/a_3)+p(b_2/a_1)+p(b_2/a_2)+p(b_3/a_1)+p(b_3/a_3)]$$

$$=\frac{1}{3}\times[(0.2+0.3)+(0.3+0.3)+(0.2+0.4)]=0.57$$

或把 $P_{e\min}$ 写成

$$P_{e\min} = \frac{1}{r}\left[p(b_2/a_1) + p(b_3/a_1)\right] + \frac{1}{r}\left[p(b_1/a_2) + p(b_2/a_2)\right] + \frac{1}{r}\left[p(b_1/a_3) + p(b_3/a_3)\right]$$

$$= \frac{1}{r}\left[p(b_2/a_1) + p(b_3/a_1) + p(b_1/a_2) + p(b_2/a_2) + p(b_1/a_3) + p(b_3/a_3)\right]$$

$$= \frac{1}{3} \times \left[(0.3 + 0.2) + (0.2 + 0.3) + (0.3 + 0.4)\right] = 0.57$$

而其中,

$$p_{e\min}^{(1)} = p(b_2/a_1) + p(b_3/a_1) = 0.3 + 0.2 = 0.5$$
$$p_{e\min}^{(2)} = p(b_1/a_2) + p(b_2/a_2) = 0.2 + 0.3 = 0.5$$
$$p_{e\min}^{(3)} = p(b_1/a_3) + p(b_3/a_3) = 0.3 + 0.4 = 0.7$$

分别表示在信源 X 发符号 a_1, a_2, a_3 的前提下,采用最大似然译码准则译码时的最小误码率.
且有

$$P_{e\min} = \frac{1}{r}\sum_{i=1}^{3} p_{e\min}^{(i)} = \frac{1}{3} \times (0.5 + 0.5 + 0.7) = 0.57$$

这表明,在信源 X 分别发符号 a_1, a_2, a_3 的前提下,采用最大似然译码准则译码时,信源每发一个符号的最小平均误码率 $P_{e\min}$ 是 $p_{e\min}^{(1)}$, $p_{e\min}^{(2)}$ 和 $p_{e\min}^{(3)}$ 的算术平均值.

$$[P] = \begin{array}{c} \\ a_1 \\ a_2 \\ a_3 \end{array} \begin{array}{ccc} b_1 & b_2 & b_3 \\ \left[\boxed{0.5}\right. & 0.3 & 0.2 \\ 0.2 & 0.3 & \boxed{0.5} \\ 0.3 & \boxed{0.3} & \left.0.4\right] \end{array}$$

图 E7.3 - 1

最大似然译码准则也可用图 E7.3 - 1 所示信道矩阵 $[P]$ 来描述:输出符号 b_1 翻译成第 1 列中最大者 $\boxed{0.5}$ 对应的输入符号 $a^* = a_1$;输出符号 b_2 翻译成第 2 列中最大者 $\boxed{0.3}$ 对应的输入符号 a_3;输出符号 b_3 翻译成第 3 列中最大者 $\boxed{0.5}$ 对应的输入符号 a_2. 其最小平均误码率 $P_{e\min}$,等于 $1/r = 1/3$ 乘以除去最大者 $\boxed{}$ 余下的 $s(r-1) = 3 \times 2 = 6$ 个传递概率之和.

$$P_{e\min} = 1/3 \times (0.3 + 0.2 + 0.2 + 0.3 + 0.3 + 0.4) = 0.57$$

而发信源符号 a_1 的误码率 $P_{e\min}^{(i=1)}$ 等于 $[P]$ 中第 1 行除了 $\boxed{0.5}$ 后,其余传递概率之和,即

$$P_{e\min}^{(i=1)} = 0.3 + 0.2 = 0.5$$

发信源符号 a_2 的误码率 $P_{e\min}^{(i=2)}$ 等于 $[P]$ 中第 2 行除了 $\boxed{0.5}$ 后,其余传递概率之和,即

$$P_{e\min}^{(i=2)} = 0.2 + 0.3 = 0.5$$

发信源符号 a_3 的误码率 $P_{e\min}^{(i=3)}$ 等于 $[P]$ 中第 3 行除了 $\boxed{0.3}$ 后,其余传递概率之和,即

$$P_{e\min}^{(i=3)} = 0.3 + 0.4 = 0.7$$

以上例题告诉我们,采用最大后验概率译码准则或最大似然译码准则译码,能使平均误码率 P_e 达最小值 $P_{e\min}$. 而 $P_{e\min}$ 的值完全由给定的信道矩阵 $[P]$ 所决定.信道给定,实际上 $P_{e\min}$ 的值也就确定了.

通过这个例题,也可清楚地看到,即使采用了最大后验概率或最大似然译码准则选择译码规则,所得到的最小平均误码率 $P_{e\min}$(例如以上例题 $P_{e\min}=0.57$)仍然不能令人满意. 如要继续使 $P_{e\min}$ 下降,只能在采用最大后验概率或最大似然译码准则的前提下,采用信道编码的方法,改变信道矩阵 $[P]$ 的统计特性.

【例 7.4】 在图 E 7.4 - 1 中,设 $\bar{p}=0.99,p=0.01$;信源 $X:\{0,1\}$ 的概率分布为 $p(0)=p(1)=1/2$.

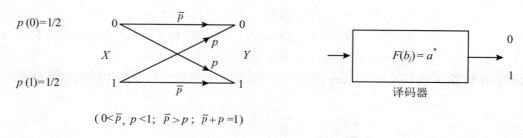

$$(0<\bar{p},\ p<1;\ \bar{p}>p;\ \bar{p}+p=1)$$

图 E 7.4 - 1

(1) 写出译码规则,使 P_e 达 $P_{e\min}$;并计算 $P_{e\min}$ 以及 $P_{e\min}^{(i=1)}$、$P_{e\min}^{(i=0)}$;

(2) 对信道输入符号"0"和"1"实施抗干扰信道编码:单个输入符号"0"重复 $N=3$ 次,变成码字 $w_1=(000)$;单个输入符号"1"重复 $N=3$ 次,变成码字 $w_2=(111)$. 写出能使 P_e 达到最小值 $P_{e\min}$ 的译码规则,并计算其 $P_{e\min}$ 以及 $P_{e\min}^{(i=000)}$、$P_{e\min}^{(i=111)}$;

(3) 解释抗干扰信道编码的平均误码率最小值 $P_{e\min}$ 下降的译码机制.

解 (1) 由图 E 7.4 - 1,得给定信道(X - Y)的信道矩阵

$$[P] = \begin{array}{c} \\ 0 \\ 1 \end{array} \begin{array}{cc} 0 & 1 \\ \left[\boxed{\bar{p}} \right. & p \\ p & \left. \boxed{\bar{p}} \right] \end{array}$$

因为信源 $X:\{0,1\}$ 等概分布,即

$$p(0) = p(1) = 1/2$$

则采用最大似然译码准则选择译码规则,能使 P_e 达 $P_{e\min}$. 为此,把 $[P]$ 中第 1 列的最大值 $\bar{p}=0.99$ 用□表示;把 $[P]$ 中第 2 列的最大值 $\bar{p}=0.99$ 用□表示,按最大似然译码准则,把输出符号"0",翻译成 $\boxed{\bar{p}}$ 相对应的信源符号"0";把输出符号"1",翻译成 $\boxed{\bar{p}}$ 相对应的信源符号"1",得译码规则

$$\begin{cases} F(0) = 0 \\ F(1) = 1 \end{cases}$$

其平均误码率 $P_{e\min}$ 等于 $[P]$ 中不带□的传递概率 $p(b_j/a_i)_{i\neq *}$ 之和

$$P_{e\min} = \frac{1}{r} \sum_{i\neq *} \sum_{j=1}^{s} p(b_j/a_i) = \frac{1}{2}(p+p) = p = 10^{-2}$$

而发信源符号"0"的最小误码率 $p_{e\min}^{(i=0)}$ 等于 $[P]$ 中第 1 行中不带□的传递概率之和

$$p_{e\min}^{(i=0)} = p = 10^{-2}$$

发信源符号"1"的最小误码率 $p_{e\min}^{(i=1)}$ 等于 $[P]$ 中第 2 行不带□的传递概率之和

$$p_{e\min}^{(i=1)} = p = 10^{-2}$$

这个结果表明,虽然采用了最大似然译码准则选择译码规则,使 P_e 达到了 $P_{e\min}$. 但所得 $P_{e\min}=p=10^{-2}$,这意味着,从平均意义上来说,信道每传递 100 个符号("0"或"1"),就有可能有一个符号发生错误译码. 显然,对于一个通信系统来说,特别是数字通信系统来说,这个平均误码率太大了,不符合通信可靠性的要求.

（2）为了在采用最大似然译码准则选择译码规则,确保平均误码率 P_e 达到最小值 $P_{e\min}$ 的前提下,进一步降低 $P_{e\min}$,对信道的输入符号实施"抗干扰信道编码":把单个输入符号"0"重复 $N=3$ 次,变成码字 $w_1=(000)$;把单个输入符号"1"重复 $N=3$ 次,变成码字 $w_2=(111)$（这种简单重复编码,实际上就是 (n,k) 线性分组码中当 $n=3,k=1$ 时 $(3,1)$ 分组码）. 这就是说,这种抗干扰信道编码,把码字 $w_1=(000)$ 代表信源符号"0";把码字 $w_2=(111)$ 代表信源符号"1". 这种信道编码过程,实际上就是把原来单符号离散无记忆信源 $X:\{0,1\}$ 变成 $N=3$ 次扩展信源 $X^3=X_1X_2X_3$. 而码字 $w_1=(000)$ 和 $w_2=(111)$ 只是取了 $N=3$ 次扩展信源 $X^3=X_1X_2X_3$ 的 $2^N=2^3=8$ 种不同序列

$$\alpha_1=(000) \qquad \alpha_2=(001) \qquad \alpha_3=(010) \qquad \alpha_4=(100)$$
$$\alpha_5=(110) \qquad \alpha_6=(101) \qquad \alpha_7=(011) \qquad \alpha_8=(111)$$

中的两个,即 $w_1=\alpha_1=000$;$w_2=\alpha_8=111$.

当离散无记忆信源 X 的 $N=3$ 次扩展信源 $X^3=X_1X_2X_3$ 通过离散无记忆信道$(X-Y)$时,信道$(X-Y)$也随之变为 $N=3$ 次扩展信道$(X^3=X_1X_2X_3-Y^3=Y_1Y_2Y_3)$,其输出随机变量序列 $Y^3=Y_1Y_2Y_3$ 也有 $2^N=2^3=8$ 种不同的序列 $\beta_j(j=1,2,\cdots,8)$（如图 E7.4-2 所示）.

因为信道$(X-Y)$是离散无记忆信道,所以 $N=3$ 次扩展信道$(X^3=X_1X_2X_3-Y^3=Y_1Y_2Y_3)$ 的 $(2^N \times 2^N)=(2^3 \times 2^3)=8 \times 8=64$ 个传递概率

$$p(\beta_j/\alpha_i) = p(b_1b_2b_3/a_1a_2a_3) = \prod_{k=1}^{3} p(b_{jk}/a_{ik})$$

其中与码字 $w_1=\alpha_1=(000)$ 和 $w_2=\alpha_8=(111)$ 相关的 $2^N=2^3=8$ 个传递概率:

$$p(\beta_1/w_1) = p(000/000) = p(0/0)p(0/0)p(0/0) = \bar{p}^3$$
$$p(\beta_2/w_1) = p(001/000) = p(0/0)p(0/0)p(1/0) = \bar{p}^2 p$$
$$p(\beta_3/w_1) = p(010/000) = p(0/0)p(1/0)p(0/0) = \bar{p}^2 p$$
$$p(\beta_4/w_1) = p(100/000) = p(1/0)p(0/0)p(0/0) = \bar{p}^2 p$$
$$p(\beta_5/w_1) = p(110/000) = p(1/0)p(1/0)p(0/0) = p^2 \bar{p}$$
$$p(\beta_6/w_1) = p(101/000) = p(1/0)p(0/0)p(1/0) = p^2 \bar{p}$$
$$p(\beta_7/w_1) = p(011/000) = p(0/0)p(1/0)p(1/0) = p^2 \bar{p}$$
$$p(\beta_8/w_1) = p(111/000) = p(1/0)p(1/0)p(1/0) = p^3$$

以及

$$p(\beta_1/w_2) = p(000/111) = p(0/1)p(0/1)p(0/1) = p^3$$
$$p(\beta_2/w_2) = p(001/111) = p(0/1)p(0/1)p(1/1) = p^2 \bar{p}$$
$$p(\beta_3/w_2) = p(010/111) = p(0/1)p(1/1)p(0/1) = p^2 \bar{p}$$

$$p(\beta_4/w_2) = p(100/111) = p(1/1)p(0/1)p(0/1) = p^2\bar{p}$$

$$p(\beta_5/w_2) = p(110/111) = p(1/1)p(1/1)p(0/1) = \bar{p}^2 p$$

$$p(\beta_6/w_2) = p(101/111) = p(1/1)p(0/1)p(1/1) = \bar{p}^2 p$$

$$p(\beta_7/w_2) = p(011/111) = p(0/1)p(1/1)p(1/1) = \bar{p}^2 p$$

$$p(\beta_8/w_2) = p(111/111) = p(1/1)p(1/1)p(1/1) = \bar{p}^3$$

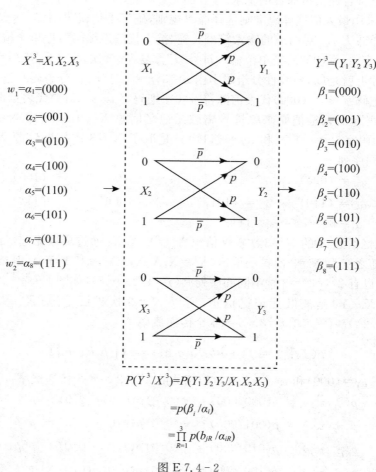

图 E 7.4-2

由此可得码字 w_1 和 w_2 与 $2^N = 2^3 = 8$ 个输出序列 $\beta_j (j=1,2,3,4,5,7,8)$ 之间的传递概率矩阵

$$[P'] = \begin{array}{c} \\ w_1 = (000) \\ \\ w_2 = (111) \end{array} \begin{array}{cccccccc} \beta_1 & \beta_2 & \beta_3 & \beta_4 & \beta_5 & \beta_6 & \beta_7 & \beta_8 \\ (000) & (001) & (010) & (100) & (110) & (101) & (011) & (111) \\ \left[\begin{array}{cccccccc} \bar{p}^3 & \bar{p}^2 p & \bar{p}^2 p & \bar{p}^2 p & p^2\bar{p} & p^2\bar{p} & p^2\bar{p} & p^3 \\ & & & & & & & \\ p^3 & p^2\bar{p} & p^2\bar{p} & p^2\bar{p} & \bar{p}^2 p & \bar{p}^2 p & \bar{p}^2 p & \bar{p}^3 \end{array}\right] \end{array}$$

这表明,通过信道编码,信道矩阵由原来的 $[P]$ 变成了 $[P']$.

因为信源 $X:\{0,1\}$ 是等概信源,则代表信源符号"0"的码字 $w_1=(000)$,与代表信源符号"1"的码字 $w_2=(111)$ 亦是等概分布,即

$$p(w_1)=p(w_2)=1/2$$

根据推论,要使平均误码率 P_e 达到最小值 $P_{e\min}$,必须采用最大似然译码准则选择译码规则. 因为有 $\bar{p}=0.99\gg p=0.01$,则在信道矩阵 $[P']$ 中每列中的最大者用 □ 表示,有

$$
[P']=
\begin{array}{c}
\\
w_1=(000) \\
\\
\\
w_2=(111)
\end{array}
\begin{array}{cccccccc}
\beta_1 & \beta_2 & \beta_3 & \beta_4 & \beta_5 & \beta_6 & \beta_7 & \beta_8 \\
(000) & (001) & (010) & (100) & (110) & (101) & (011) & (111) \\
\left[\boxed{\bar{p}^3}\right. & \boxed{\bar{p}^2 p} & \boxed{\bar{p}^2 p} & \boxed{\bar{p}^2 p} & p^2\bar{p} & p^2\bar{p} & p^2\bar{p} & \bar{p}^3 \\
& & & & & & & \\
p^3 & p^2\bar{p} & p^2\bar{p} & p^2\bar{p} & \boxed{\bar{p}^2 p} & \boxed{\bar{p}^2 p} & \boxed{\bar{p}^2 p} & \left.\boxed{\bar{p}^3}\right]
\end{array}
$$

按最大似然译码准则选择译码规则的方法,得译码规则

$$F(\beta_1)=F(000)=\alpha^*=\alpha_1=w_1=(000)$$
$$F(\beta_2)=F(001)=\alpha^*=\alpha_1=w_1=(000)$$
$$F(\beta_3)=F(010)=\alpha^*=\alpha_1=w_1=(000)$$
$$F(\beta_4)=F(100)=\alpha^*=\alpha_1=w_1=(000)$$
$$F(\beta_5)=F(110)=\alpha^*=\alpha_8=w_2=(111)$$
$$F(\beta_6)=F(101)=\alpha^*=\alpha_8=w_2=(111)$$
$$F(\beta_7)=F(011)=\alpha^*=\alpha_8=w_2=(111)$$
$$F(\beta_8)=F(111)=\alpha^*=\alpha_8=w_2=(111)$$

即有

$$
\begin{cases}
F(000)=F(001)=F(010)=F(100)=\alpha^*=\alpha_1=w_1=(000) \\
F(110)=F(101)=F(011)=F(111)=\alpha^*=\alpha_8=w_2=(111)
\end{cases}
$$

因为采用了最大似然译码准则选择的译码规则,所以平均误码率 P_e 必定达到最小值 $P'_{e\min}$. 若令 M 代表信道编码的码字数,也就是信道的输入符号数 r,则

$$
\begin{aligned}
P'_{e\min} &= \frac{1}{r}\sum_{j=1}^{s}\sum_{i\neq *}p(b_j/a_i)=\frac{1}{M}\sum_{j=1}^{s}\sum_{i\neq *}p(\beta_j/a_i) \\
&= 1/2\left[(p^2\bar{p}+p^2\bar{p}+p^2\bar{p}+p^3)+(p^3+p^2\bar{p}+p^2\bar{p}+p^2\bar{p})\right] \\
&= p^3+p^2\bar{p}+p^2\bar{p}+p^2\bar{p}=p^3+3p^2\bar{p}=3p^2-2p^3
\end{aligned}
$$

而信道输入码字 $w_1=\alpha_1=(000)$ 的前提下的最小误码率

$$p_{e\min}^{(i=1)}=\sum_{j(i\neq *)}p(\beta_j/a_i)=p^2\bar{p}+p^2\bar{p}+p^2\bar{p}+p^3=3p^2-2p^3$$

以及输入码字 $w_2=\alpha_8=(111)$ 的前提下的最小误码率

$$p_{e\min}^{(i=8)}=\sum_{j(i\neq *)}p(\beta_j/a_i)=p^2\bar{p}+p^2\bar{p}+p^2\bar{p}+p^3=3p^2-2p^3$$

由 $\bar{p}=0.99, p=0.01$. 得

$$P'_{e\min}=p_{e\min}^{(i=1)}=p_{e\min}^{(i=8)}=3p^2-2p^3\approx 3\times 10^{-4}$$

　　比较抗干扰信道编码后的最小平均误码率 $P'_{e\min}$ 和抗干扰信道编码前的最小平均误码率 $P_{e\min}$ 可知,经过信道输入符号"0"和"1"进行 $N=3$ 次重复信道编码,使平均误码率的最小值下降了 2 个数量级,有效地提高了通信的可靠性. 实际上,我们在日常生活中,会经常运用这种简单重复的抗干扰信道编码来提高通信的可靠性,例如,在噪音较大的场合,要呼喊离自己比较远的朋友的名字时,为了能使朋友听见你的叫喊声,总是习惯性地拖长对方名字的每一个字. 实际上,这就是一种简单重复编码.

　　(3) 为什么编码后的平均误码率 P_e 的最小值 $P_{e\min}$ 下降了 2 个数量级呢? 在采用最大似然译码准则选择译码规则的前提下,系统的最小平均误码率 $P_{e\min}$ 由信道矩阵$[P]$唯一确定. 简单重复信道编码把"0"和"1"单个符号通过信道$(X-Y)$,变成"0"的码字 $w_1=(000)$ 和"1"的码字 $w_2=(111)$ 通过信道$(X-Y)$的 $N=3$ 次扩展信道$(X^3=X_1X_2X_3-Y^3=Y_1Y_2Y_3)$. 原来 $X:\{0,1\}$ 与 $Y:\{0,1\}$ 的单个符号信道矩阵$[P]$,变成了符号序列 $w_1=(000)$ 和 $w_2=(111)$ 与 $N=3$ 次扩展信道的 $2^N=2^3=8$ 个输出序列 $\beta_1=(000)$、$\beta_2=(001)$、$\beta_3=(010)$、$\beta_4=(100)$、$\beta_5=(110)$、$\beta_6=(101)$、$\beta_7=(011)$、$\beta_8=(111)$ 之间的信道矩阵$[P']$. 正是由于信道矩阵由$[P]$转变为$[P']$,改变了信道的传递特性,才使平均误码率的最小值 $P_{e\min}$ 有所下降. 所以,信道编码降低 $P_{e\min}$,提高通信系统的可靠性的关键在于,信道编码改变了信道传递特性,挖掘和利用了信道传递特性对提高通信系统可靠性的潜力和作用.

　　信道矩阵由$[P]$转变为$[P']$不仅改变了矩阵元素的值,更重要的是改变了在最大似然译码准则的前提下所选择的译码规则. 由信道矩阵$[P]$,在最大似然译码准则前提下,所选择的译码规则指明,在信道输出端收到符号"0",就翻译成信源符号"0";收到符号"1",就翻译成信源符号"1",不具备任何发现或自动纠正错误的抗干扰能力. 由信道矩阵$[P']$,在最大似然译码准则前提下,所选择的译码规则指明,在离散无记忆信道$(X-Y)$的 $N=3$ 次扩展信道的输出端可能收到的序列

$$\beta_1=(000),\beta_2=(001),\beta_3=(010),\beta_4=(100)$$

都翻译成码字 $w_1=(000)$. 这意味着在二进制对称离散无记忆信道的噪声干扰下,当码字 $w_1=(000)$ 中任何一位码符号"0"错传为"1",而其他两位的码符号"0"未受任何干扰仍正确传递为"0"时,都能被正确地翻译成原码字 $w_1=(000)$. 同样,在离散无记忆信道$(X-Y)$的 $N=3$ 次扩展信道的输出端可能收到的序列

$$\beta_5=(110),\beta_6=(101),\beta_7=(011),\beta_8=(111)$$

都翻译成码字 $w_2=(111)$. 这意味着码字在二进制对称离散无记忆信道$(X-Y)$的噪声干扰下,当码字 $w_2=(111)$ 中任何一位码符号"1"错传为"0",而其他两位的码符号"1"未受任何干扰仍正确传递为"1"时,都能被正确地翻译成原码字 $w_2=(111)$. 所以,最大似然译码规则,实际上是一种"多票判决"译码规则,具有自动纠正一位错的纠错能力.

　　通过以上分析可知,在同样采用最大似然译码准则选择译码规则的前提下,简单重复编码能使最小平均误码率 $P_{e\min}$ 有所下降的关键在于,简单重复编码改变了信道矩阵的结构和元素,使其采用最大似然译码准则选择的译码规则,具有"多票判决"的功能,提高了纠正错误的能力.

7.3　汉明(Hamming)距离

[例 7.3]中列举的简单重复编码给我们提出了一个理论课题:信道编码的检查错误和自动纠错能力,以及信道编码的最小平均误码率 $P_{e\,\min}$ 与信道编码的结构有什么内在联系? 为此,必须引入码字间汉明(Hamming)距离的概念.

设 $\boldsymbol{x}_i$ 和 $\boldsymbol{y}_j$ 是由码符号集 $\{0,1\}$ 中的码符号"0"和"1"组成的长度为 n 的两个符号序列

$$\boldsymbol{x}_i = (x_{i_1}, x_{i_2}, \cdots, x_{i_n})$$
$$\boldsymbol{y}_j = (y_{j_1}, y_{j_2}, \cdots, y_{j_n}) \tag{7.3-1}$$

其中 $x_{i_1}, x_{i_2}, \cdots, x_{i_n} \in \{0,1\}$;$y_{j_1}, y_{j_2}, \cdots, y_{j_n} \in \{0,1\}$. $\boldsymbol{x}_i$ 和 $\boldsymbol{y}_j$ 之间相同时刻的不同码符号的位置数 $d_H(\boldsymbol{x}_i, \boldsymbol{y}_j)$ 称为 $\boldsymbol{x}_i$ 和 $\boldsymbol{y}_j$ 之间的"汉明距离".

例如,$\boldsymbol{x}_i$ 和 $\boldsymbol{y}_j$ 是如下两个由"0"和"1"组成的长度为 n 的码符号序列:

$$\boldsymbol{x}_i: 0\ \ 1\ \ 0\ \ 0\ \ 1\ \ 0\ \ 1\ \ 0\ \ 0\ \ 1$$
$$\boldsymbol{y}_j: 1\ \ 0\ \ 1\ \ 0\ \ 0\ \ 1\ \ 1\ \ 1\ \ 1\ \ 0 \tag{7.3-2}$$
$$\overline{1\ \ 2\ \ 3\ \ 4\ \ 5\ \ 6\ \ 7\ \ 8\ \ 9\ \ 10\,(t)}$$

因在时刻 $1,2,3,5,6,8,9,10$,$\boldsymbol{x}_i$ 和 $\boldsymbol{y}_j$ 各自的码符号互不相同,即相同时刻的不同码符号的位置数为 8,所以 $\boldsymbol{x}_i$ 和 $\boldsymbol{y}_j$ 之间的汉明距离

$$d_H(\boldsymbol{x}_i, \boldsymbol{y}_j) = 8 \tag{7.3-3}$$

由模 2 和 $\oplus$ 的算法规则

$$\begin{cases} 1 \ \oplus \ 1 = 0 \\ 1 \ \oplus \ 0 = 1 \\ 0 \ \oplus \ 1 = 1 \\ 0 \ \oplus \ 0 = 0 \end{cases} \tag{7.3-4}$$

可知,$\boldsymbol{x}_i$ 和 $\boldsymbol{y}_j$ 之间的汉明距离 $d_H(\boldsymbol{x}_i, \boldsymbol{y}_j)$,等于 $\boldsymbol{x}_i$ 和 $\boldsymbol{y}_j$ 中相同时刻的码符号"0"或"1"的 $\oplus$ 相加的总和,即有

$$d_H(\boldsymbol{x}_i, \boldsymbol{y}_j) = \sum_{k=1}^{n} \{a_{i_k} \oplus b_{j_k}\} \tag{7.3-5}$$

其中,$a_{i_k} \in \{0,1\}$;$b_{j_k} \in \{0,1\}$($k=1,2,\cdots,n$). 由此,(7.3-3)式所示的 $\boldsymbol{x}_i$ 和 $\boldsymbol{y}_j$ 之间的汉明距离可表示为

$$d_H(\boldsymbol{x}_i, \boldsymbol{y}_j) = \{0 \oplus 1\} + \{1 \oplus 0\} + \{0 \oplus 1\} + \{0 \oplus 0\} + \{1 \oplus 0\}$$
$$+ \{0 \oplus 1\} + \{1 \oplus 1\} + \{0 \oplus 1\} + \{0 \oplus 1\} + \{1 \oplus 0\}$$
$$= 1 + 1 + 1 + 0 + 1 + 1 + 0 + 1 + 1 + 1 = 8 \tag{7.3-5}$$

汉明距离 $d_H(\boldsymbol{x}_i, \boldsymbol{y}_j)$ 表示两序列 $\boldsymbol{x}_i$ 和 $\boldsymbol{y}_j$ 之间的相似程度. 若 $d_H(\boldsymbol{x}_i, \boldsymbol{y}_j)$ 较大,说明 $\boldsymbol{x}_i$ 和 $\boldsymbol{y}_j$ 之间相同时刻不同码符号的位置数较多,则表示 $\boldsymbol{x}_i$ 和 $\boldsymbol{y}_j$ 之间的差别较大,相似程度较低;若 $d_H(\boldsymbol{x}_i, \boldsymbol{y}_j)$ 较小,说明 $\boldsymbol{x}_i$ 和 $\boldsymbol{y}_j$ 之间相同时刻不同码符号的位置数较少,则表示 $\boldsymbol{x}_i$ 和 $\boldsymbol{y}_j$ 之间的差别较小,相似程度较高. 若 $d_H(\boldsymbol{x}_i, \boldsymbol{y}_j) = 0$,说明 $\boldsymbol{x}_i$ 和 $\boldsymbol{y}_j$ 之间相同时刻的码符号都相同,则表明 $\boldsymbol{x}_i$ 和 $\boldsymbol{y}_j$ 实际上是同一个序列.

7.3.1 汉明距离的数学特性

由码符号集$\{0,1\}$组成的码字之间的汉明距离$d_H(w_i,w_j)$具有以下一般数学特性

1. 自反性

设$w=(a_1a_2\cdots a_n)$是由$\{0,1\}$组成的码字,则w与w之间的汉明距离等于零,即

$$d_H(w,w)=0 \qquad\qquad (7.3-6)$$

证明 根据汉明距离的定义,有

$$d_H(w,w)=\sum_{i=1}^{n}(a_i\oplus a_i)$$

根据$\oplus$法则,集合$\{0,1\}$中,不论是"0"或"1",都有

$$\begin{cases}0\oplus 0=0\\1\oplus 1=0\end{cases}$$

即有

$$a_i\oplus a_i=0 \quad (a_i\in\{0,1\},(i=1,2,\cdots,n))$$

所以

$$d_H(w,w)=\sum_{i=1}^{n}(a_i\oplus a_i)=\sum_{i=1}^{n}0=0$$

这样,汉明距离的"自反性"就得到了证明.

2. 对称性

设$w_1=(a_{11}a_{12}\cdots a_{1n})$和$w_2=(b_{11}b_{12}\cdots b_{1n})$都是由$\{0,1\}$组成的码字,则$w_1$和$w_2$之间的汉明距离$d_H(w_1,w_2)$与$w_2$和$w_1$之间的汉明距离$d_H(w_2,w_1)$相等,即

$$d_H(w_1,w_2)=d_H(w_2,w_1) \qquad\qquad (7.3-7)$$

证明 根据汉明距离的定义,有

$$d_H(w_1,w_2)=\sum_{i=1}^{n}(a_i\oplus b_i)$$

$$d_H(w_2,w_1)=\sum_{i=1}^{n}(b_i\oplus a_i)$$

因为$a_i\in\{0,1\},b_i\in\{0,1\}(i=1,2,\cdots,n)$,根据$\oplus$法则,有

$$(a_i\oplus b_i)=(b_i\oplus a_i) \quad (i=1,2,\cdots,n)$$

所以

$$d_H(w_1,w_2)=\sum_{i=1}^{n}(a_i\oplus b_i)=\sum_{i=1}^{n}(b_i\oplus a_i)=d_H(w_2,w_1)$$

这样,汉明距离的"对称性"就得到了证明.

3. 满足三角不等式

设$w_1=(a_1a_2\cdots a_n);w_2=(b_1b_2\cdots b_n);w_3=(c_1c_2\cdots c_n)$都是由$\{0,1\}$组成的码字,则码字$w_1$与码字$w_2$之间的汉明距离$d_H(w_1,w_2)$;码字$w_2$与码字$w_3$之间的汉明距离$d_H(w_2,w_3)$;码字$w_1$与码字$w_3$之间的汉明距离$d_H(w_1,w_3)$有

$$d_H(w_1,w_2)+d_H(w_2,w_3)\geqslant d_H(w_1,w_3) \qquad\qquad (7.3-8)$$

证明 (1)若$w_1=w_3$,即

$$w_1=(a_1a_2\cdots a_n)=w_3=(c_1c_2\cdots c_n)$$

则由"自反性"有

$$d_H(w_1, w_3) = 0$$

因为任何两个码字间的汉明距离大于或等于零,即有

$$d_H(w_2, w_3) \geqslant 0; \quad d_H(w_1, w_2) \geqslant 0$$

所以,一定有

$$d_H(w_1, w_2) + d_H(w_2, w_3) \geqslant d_H(w_1, w_3)$$

(2)若 $w_1 \neq w_3$. 设 w_1 和 w_3 中第 $i1, i2, \cdots, im$ 位码符号不相同,即

$$\left.\begin{array}{c} a_{i1} \neq c_{i1} \\ a_{i2} \neq c_{i2} \\ \cdots \\ a_{im} \neq c_{im} \end{array}\right\}$$

则 w_1 与 w_3 之间的汉明距离

$$d_H(w_1, w_3) = \sum_{i=1}^{n} (a_i \oplus c_i) = \sum_{l=1}^{m} (a_{il} \oplus c_{il}) = \sum_{i=1}^{m} 1 = m$$

另外,若

$$a_{il} = b_{il} \quad (l = 1, 2, \cdots, m)$$

则一定有

$$b_{il} \neq c_{il} \quad (l = 1, 2, \cdots, m)$$

反之,若有

$$a_{il} \neq b_{il} \quad (l = 1, 2, \cdots, m)$$

则一定有

$$b_{il} = c_{il} \quad (l = 1, 2, \cdots, m)$$

对其他 $N-m$ 个分量,若有

$$a_{ik} = b_{ik} \quad (k = 1, 2, \cdots, N-m)$$

则一定有

$$b_{ik} = c_{ik} \quad (k = 1, 2, \cdots, N-m)$$

若有

$$a_{ik} \neq b_{ik} \quad (k = 1, 2, \cdots, N-m)$$

则一定有

$$b_{ik} \neq c_{ik} \quad (k = 1, 2, \cdots, N-m)$$

这样,即可证得

$$d_H(w_1, w_2) + d_H(w_2, w_3) = \left\{ \sum_{i=1}^{n} (a_i \oplus b_i) \right\} + \left\{ \sum_{i=1}^{n} (b_i \oplus c_i) \right\}$$
$$\geqslant m = d_H(w_1, w_3)$$

这样,汉明距离"满足三角不等式"就得到了证明.

7.3.2 汉明距离与检、纠能力

运用汉明距离的数学特性,可导致由 $\{0, 1\}$ 组成的抗干扰信道编码(如 (n, k) 线性分组码)的

检、纠能力与码字间的汉明距离之间的内在联系.为此,我们把由{0,1}组成的抗干扰信道编码码字间的汉明距离的最小值

$$d_{\min} = \min\{d_H(w_i, w_j); w_i, w_j \in W, i \neq j\}$$

称为抗干扰信道编码 W 的最小汉明距离.

定理 7.2 由码符号集{0,1}组成的长度为 n 的抗干扰信道编码 W 能发现小于或等于 f 个错误的充分必要条件是

$$d_{\min} = f + 1$$

证明

(1) 必要性证明.

设 w_i 是码 W 中任一码字,在信道传输过程中发生小于或等于 f 个错误,在信道输出端变成接收序列 R.那么,w_i 和 R 之间的汉明距离为

$$d_H(w_i, R) \leqslant f \tag{7.3-9}$$

从几何角度看,在图7.3-1中,接收序列 R 一定落在以码字 w_i 为球心、以 f 为半径的球面上和球体内.

因为码 W 能发现小于或等于 f 个错误,所以 R 一定不会被误认为是码字 w_i,同时 R 也一定不会被误认为是除了码字 w_i 以外的 W 的其他码字中的任何一个码字 w_j($w_i \neq w_j$).所以,码字 w_i 和码 W 的其他码字中的任何一个码字 w_j($w_i \neq w_j$)之间的汉明距离 $d_H(w_i, w_j)$($i \neq j$)一定大于或等于$(f+1)$,即有

$$d_H(w_i, w_j) \geqslant f + 1 \tag{7.3-10}$$

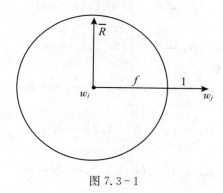

图 7.3-1

(2) 充分性证明.

设码 W 中码字间汉明距离的最小值

$$d_{\min} = f + 1 \tag{7.3-11}$$

又设,任一码字 w_i 经信道传输出现小于或等于 f 个错误,形成信道的输出序列 R,则有

$$d_H(w_i, R) \leqslant f \tag{7.3-12}$$

根据三角不等式(7.3-8),有

$$d_H(w_i, R) + d_H(R, w_j) \geqslant d_H(w_i, w_j) \tag{7.3-13}$$

即有

$$d_H(R, w_j) \geqslant d_H(w_i, w_j) - d_H(w_i, R) \tag{7.3-14}$$

由(7.3-11)式,有

$$d_H(w_i, w_j) \geqslant f+1 \tag{7.3-15}$$

再由(7.3-12)式、(7.3-15)式和(7.3-14)式,有

$$d_H(\mathbf{R}, w_j) \geqslant (f+1) - f = 1 \tag{7.3-16}$$

这表明,$\mathbf{R}$ 不可能与除了 w_i 以外的 W 的其他码字中任一码字 w_j 相同. 这就是说,码 W 中任一码字 w_i 发生了小于或等于 f 个错误形成的接收序列 $\mathbf{R}$,既非 w_i 本身,又非除了 w_i 以外其他码字中的任何一个码字 w_j,这就意味着,抗干扰信道编码 W 具有发现小于或等于 f 个错误的检错能力. 这样,充分性就得到了证明.

定理 7.3　由码符号集 $\{0,1\}$ 组成的长度为 n 的抗干扰信道编码 W 能自动纠正小于或等于 e 个错误的充分必要条件是

$$d_{\min} = 2e+1$$

证明

(1) 必要性证明.

设 w_i 是抗干扰信道编码 W 中任一码字,在信道传输过程中发生小于或等于 e 个错误,在信道输出端形成接收序列 $\mathbf{R}$. 那么,w_i 与 $\mathbf{R}$ 之间的汉明距离

$$d_H(w_i, \mathbf{R}) \leqslant e \tag{7.3-17}$$

从几何的角度看,在图 7.3-2 中,接收序列 $\mathbf{R}$ 一定落在以码字 w_i 为球心、以 e 为半径的球面上或球体内.

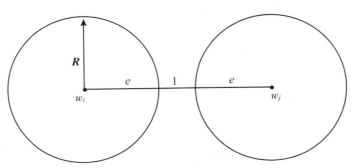

图 7.3-2

因为码 W 具有自动纠正小于或等于 e 个错误的能力,选择的译码规则一定把落在以码字 w_i 为球心、以 e 为半径的球面上或球体内的接收序列 $\mathbf{R}$ 翻译成码字 w_i 本身,一定不会把接收序列 $\mathbf{R}$ 翻译成除了码字 w_i 以外的其他任何一个码字 $w_j (i \neq j)$. 为此,接收序列 $\mathbf{R}$ 一定不会落在以 w_j 为球心、以 e 为半径的球面上或球体内. 而且,接收序列 $\mathbf{R}$ 也一定不会既落在以 w_i 为球心、以 e 为半径的球面上或球体内,同时也落在以 w_j 为球心、以 e 为半径的球面上或球体内. 所以,码字 w_i 与除了 w_i 以外的其他任一码字 $w_j (i \neq j)$ 之间的汉明距离

$$d_H(w_i, w_j) \geqslant 2e+1 \quad (w_i, w_j \in W, i \neq j) \tag{7.3-18}$$

即证得抗干扰信道编码 W 的最小汉明距离

$$d_{\min} = 2e+1 \tag{7.3-19}$$

这样,必要性就得到了证明.

（2）充分性证明.

设信道编码 W 的最小汉明距离

$$d_{\min} = 2e+1 \tag{7.3-20}$$

又设码字 w_i 经信道传输发生小于或等于 e 个错误,在信道输出端形成接收序列 $\mathbf{R}$.则 w_i 与 $\mathbf{R}$ 之间的汉明距离

$$d_H(w_i,\mathbf{R}) \leqslant e \tag{7.3-21}$$

根据(7.3-8)式,有

$$d_H(w_i,\mathbf{R}) + d_H(\mathbf{R},w_j) \geqslant d_H(w_i,w_j) \tag{7.3-22}$$

则有

$$d_H(\mathbf{R},w_j) \geqslant d_H(w_i,w_j) - d_H(w_i,\mathbf{R}) \tag{7.3-23}$$

由(7.3-23)式、(7.3-21)式和(7.3-22)式,有

$$d_H(\mathbf{R},w_j) \geqslant d_H(w_i,w_j) - d_H(w_i,\mathbf{R})$$
$$= 2e+1-e = e+1 \tag{7.3-24}$$

(7.3-24)式、(7.3-21)式表明,接收序列 $\mathbf{R}$ 一定落在以码字 w_i 为球心、e 为半径的球面上或球体内,一定不会落在以码字 $w_j(i \neq j)$ 为球心,以 e 为半径的球面上或球体内.按最大似然译码准则选定译码规则,接收序列 $\mathbf{R}$ 一定正确地被翻译为码字 w_i 本身,使抗干扰信道编码 W 具有自动纠正 e 个错误的能力.这样,充分性就得到了证明.

推论 由码符号集 $\{0,1\}$ 组成的长度为 n 的抗干扰信道编码 W 能自动纠正小于或等于 e 个错,同时又能发现 $f(f>e)$ 个错的充分必要条件是

$$d_{\min} = e+f+1$$

证明

（1）必要性证明.

设 w_i 和 w_j 是编码 W 的任意两个不同码字($i \neq j$),因 W 能自动纠正小于或等于 e 个错误,根据定理7.3,码 W 的最小汉明距离

$$d_{\min} = 2e+1 \tag{7.3-24}$$

又因码 W 在自动纠正小于或等于 e 个错误同时,又能发现 $f(f>e)$ 个错误,根据定理7.2,码 W 的最小汉明距离在满足(7.3-24)式的同时,一定还满足

$$d_{\min} = f+1 \tag{7.3-25}$$

考虑到 $f>e$,则必定有

$$d_{\min} = f+e+1 \tag{7.3-26}$$

这样,必要性就得到了证明.

（2）充分性证明.

因抗干扰信道编码 W 的最小汉明距离

$$d_{\min} = f+e+1 \tag{7.3-27}$$

在图7.3-3中,考虑到 $f>e$ 的条件,根据定理7.3,码 W 一定能自动纠正小于或等于 e 个错误.同时,根据定理7.2,码 W 在自动纠正小于或等于 e 个错误的同时,又能发现 f 个错误.这样,充分性就得到了证明.

运用定理7.2和7.3及其推论,对[例7.4]显现出来的纠错码 W 的检、纠能力与码 W 的结

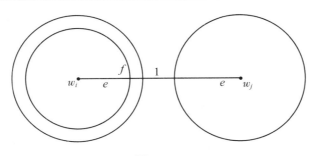

图 7.3 - 3

构的内在联系,可以做出理论上的诠释.

① 在没有编码前,也可看作用码字 $w_1=(0)$ 代表信源符号"0";用码字 $w_2=(1)$ 代表信源符号"1". 这时码 $W:\{w_1=(0),w_2=(1)\}$ 的最小汉明距离 $d_{\min}=1$. 所以,不具备任何发现错误、纠正错误的能力. 信道输出端出现"0",就只能翻译为"0";出现"1",只能翻译为"1".

② 进行 $N=3$ 次重复编码后,码字 $w_1=(000)$ 代表信源符号"0";码字 $w_2=(111)$ 代表信源符号"1". 这时,码 $W:\{w_1=(000),w_2=(111)\}$ 的最小汉明距离

$$d_{\min}=3=2\times1+1=2e+1 \quad (e=1)$$

这表明码 W 具有自动纠正 $e=1$ 位错的纠错能力. 当输出端出现 $\alpha_2=(001),\alpha_3=(010),\alpha_4=(100)$ 时,按译码规则译成码字 $w_1=(000)$,自动纠正了 $e=1$ 位错. 当输出端出现 $\alpha_5=(110)$,$\alpha_6=(101),\alpha_7=(011)$ 时,按译码规则译成 $w_2=(111)$,自动纠正了 $e=1$ 位错.

③ 若只要求发现错误,不要求纠正错误,码 $W:\{w_1=(000),w_2=(111)\}$ 的最小汉明距离可改写成

$$d_{\min}=3=2+1=f+1 \quad (f=2)$$

这表明码 W 具备发现 $f=2$ 位错的检错能力. 当信道输出端出现不是码字 $w_1=(000)$ 和 $w_2=(111)$ 的其他序列:$\alpha_2=(001),\alpha_3=(010),\alpha_4=(100),\alpha_5=(110),\alpha_6=(101),\alpha_7=(011)$ 时,我们都可发现传输发生了错误.

7.3.3　汉明距离与最小误码率

在讨论汉明距离与最小平均误码率 $P_{e\min}$ 之间的内在联系之前,为了表述的方便,首先对抗干扰信道编码的描述进行规范化.

1. 抗干扰信道编码的一般描述

抗干扰信道编码通信系统的一般模式,由图 7.3 - 4 所示.

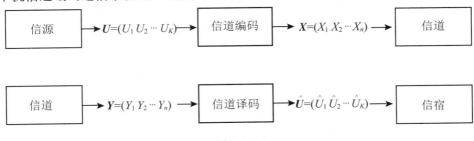

图 7.3 - 4

在图 7.3-4 中,用码符号集 $U:\{0,1\}$ 对信源进行单义可译编码,消息长度为 $K(K$ 是大于或等于 1 的正整数). 信源 $U=U_1U_2\cdots U_K$ 共有 $M=2^K$ 种不同的消息 $u_i(i=1,2,\cdots,M)$,其中

$$
\begin{aligned}
&\boldsymbol{u}_i = (u_{i1}u_{i2}\cdots u_{iK})\\
&u_{i1},u_{i2},\cdots,u_{iK} \in U:\{0,1\}\\
&i1,i2,\cdots iK = 1,2\\
&i = 1,2,\cdots,2^K
\end{aligned}
\qquad (7.3-28)
$$

信道$(X\text{-}Y)$是离散无记忆二进制对称信道,其传递特性如图 7.3-5 所示.

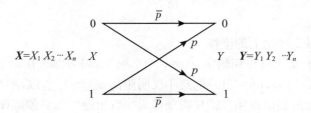

$$(0<p,\ \bar{p}<1;\ \ \bar{p}\gg p;\ \ \bar{p}+p=1)$$

图 7.3-5

信道编码是用 $n(n$ 是大于 K 的正整数)个信道输入符号集 $X:\{0,1\}$ 中的符号"0"或"1"组成长度为 n 的序列. 离散无记忆对称信道$(X-Y)$的 n 次扩展信道输入随机矢量 $\boldsymbol{X}=X_1X_2\cdots X_n$ 共有 2^n 种长度为 n 的输入序列 $\boldsymbol{x}_i(i=1,2,\cdots,2^n)$,其中

$$
\begin{aligned}
&\boldsymbol{x}_i = (x_{i1}x_{i2}\cdots x_{in})\\
&x_{i1},x_{i2},\cdots,x_{in} \in X:\{0,1\}\\
&i1,i2,\cdots in = 1,2\\
&i = 1,2,\cdots,2^n
\end{aligned}
\qquad (7.3-29)
$$

根据一定法则,设定编码规则

$$\boldsymbol{X} = X(\boldsymbol{U}) \qquad (7.3-30)$$

在这 2^n 种长度为 n 的输入序列 $\boldsymbol{x}_i(i=1,2,\cdots,2^n)$ 中,选择 $M=2^K$ 个作为码字,组成信道编码

$$C:\{\boldsymbol{x}_1,\boldsymbol{x}_2,\cdots,\boldsymbol{x}_M\} \qquad (7.3-31)$$

使信道编码 C 中的每一个码字 $\boldsymbol{x}_i(i=1,2,\cdots,M)$ 与每一个信源的消息序列 $\boldsymbol{u}_i(i=1,2,\cdots,M)$ 一一对应,每一个码字 $\boldsymbol{x}_i(i=1,2,\cdots,M)$ 代表一个消息序列 $\boldsymbol{u}_i(i=1,2,\cdots,M)$.

与长度为 n 的输入随机变量 $\boldsymbol{X}=X_1X_2\cdots X_n$ 相对应,离散无记忆二进制对称信道$(X-Y)$的 n 次扩展信道的输出,是长度为 n 的输出随机矢量 $\boldsymbol{Y}=Y_1Y_2\cdots Y_n$(如图 7.3-6 所示),共有 2^n 种不同的长度为 n 的输出序列 $\boldsymbol{y}_j(j=1,2,\cdots,2^n)$. 其中

$$
\begin{aligned}
&\boldsymbol{y}_j = (y_{j1}y_{j2}\cdots y_{jn})\\
&y_{j1},y_{j2},\cdots,y_{jn} \in Y:\{0,1\}\\
&j1,j2,\cdots jn = 1,2\\
&j = 1,2,\cdots,2^n
\end{aligned}
\qquad (7.3-32)
$$

信道译码的功能,就是遵循一定的准则,选择译码规则

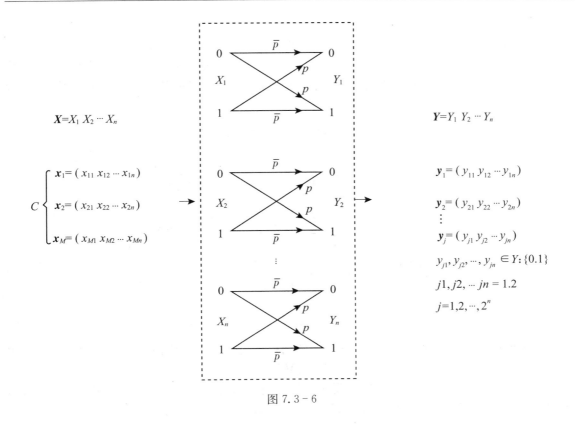

图 7.3 - 6

$$F(\boldsymbol{Y}) = \boldsymbol{X} \qquad\qquad\qquad (7.3 - 33)$$

把 2^n 种不同的长度为 n 的输出序列 $\boldsymbol{y}_j(j=1,2,\cdots,2^n)$ 中的每一个输出序列 $\boldsymbol{y}_j$ 翻译成信道编码 $C:\{\boldsymbol{x}_1,\boldsymbol{x}_2,\cdots,\boldsymbol{x}_M\}$ 中的某一码字 $\boldsymbol{x}_i(i=1,2,\cdots,M)$. 再根据设定的编码规则,把翻译出来的码字 $\boldsymbol{x}_i$ ——对应地改写为长度为 k 的消息序列

$$\hat{u}_i = (\hat{u}_{i1}\hat{u}_{i2}\cdots\hat{u}_{iK}) \qquad\qquad (7.3 - 34)$$

信宿收到的长度为 K 的随机变量序列 $\hat{U}=\hat{U}_1\hat{U}_2\cdots\hat{U}_K$,就作为对消息序列 $\boldsymbol{U}=(U_1U_2\cdots U_K)$ 的判决. 这样,就完成了信道编码通信的全过程.

图 7.3 - 4 所示信道编码系统可靠性程度高低,应以该通信系统每传递一个码字 $\boldsymbol{x}_i(i=1,2,\cdots,M)$ 所产生的平均误码率 P_e 作为衡量的标准.

在图 7.3 - 6 中,在 n 次扩展信道的输出端收到序列 $\boldsymbol{y}_j$ 的前提下,按(7.3 - 33)式所示译码规则

$$F(\boldsymbol{y}_j) = \boldsymbol{x}^* \qquad (j = 1,2,\cdots,2^n) \qquad (7.3 - 35)$$

把 $\boldsymbol{y}_j$ 翻译成码字 $\boldsymbol{x}^*$. 若这时扩展信道的输出序列正好就是码字 $\boldsymbol{x}^*$,则就是正确译码. 所以,收到 $\boldsymbol{y}_j$ 正确译码的概率

$$\begin{aligned} p_{rj} &= P\{F(\boldsymbol{y}_j) = \boldsymbol{x}^* / \boldsymbol{Y} = \boldsymbol{y}_j\} \\ &= p(\boldsymbol{x}^* / \boldsymbol{y}_j) \quad (j = 1,2,\cdots,2^n) \end{aligned} \qquad (7.3 - 36)$$

收到 $\boldsymbol{y}_j$ 发生错误译码的概率,就是在收到 $\boldsymbol{y}_j$ 的前提下,n 次扩展信道出现除了 $F(\boldsymbol{y}_j)=\boldsymbol{x}^*$ 以外

任何其他码字的后验概率

$$p_{ej} = 1 - p_{rj} = 1 - p(\boldsymbol{x}^* / \boldsymbol{y}_j) \quad (j = 1, 2, \cdots, 2^n) \tag{7.3-37}$$

在 n 次扩展信道输出端,每收到一个 $\boldsymbol{y}_j(j=1,2,\cdots,2^n)$ 序列,产生的平均误码率 P_e,就应该是(7.3-37)式所示的 p_{ej} 在随机矢量 $\boldsymbol{Y}=Y_1Y_2\cdots Y_n$ 的概率空间 $P(\boldsymbol{Y})=P(Y_1Y_2\cdots Y_n)$ 中的统计平均值,即

$$\begin{aligned}
P_e &= \sum_{j=1}^{2^n} p(\boldsymbol{y}_j) p_{ej} = \sum_{j=1}^{2^n} p(\boldsymbol{y}_j)\{1 - p(\boldsymbol{x}^*/\boldsymbol{y}_j)\} \\
&= \sum_{j=1}^{2^n} p(\boldsymbol{y}_j) - \sum_{j=1}^{2^n} p(\boldsymbol{y}_j) p(\boldsymbol{x}^*/\boldsymbol{y}_j) = 1 - \sum_{j=1}^{2^n} p(\boldsymbol{x}^*\,\boldsymbol{y}_j) \\
&= \sum_{i=1}^{2^n} \sum_{j=1}^{2^n} p(\boldsymbol{x}_i\,\boldsymbol{y}_j) - \sum_{j=1}^{2^n} p(\boldsymbol{x}^*\,\boldsymbol{y}_j) = \sum_{j=1}^{2^n} \sum_{i \neq *} p(\boldsymbol{x}_i\,\boldsymbol{y}_j) \\
&= \sum_{j=1}^{2^n} \sum_{i \neq *} p(\boldsymbol{x}_i) p(\boldsymbol{y}_j/\,\boldsymbol{x}_i)
\end{aligned} \tag{7.3-38}$$

其中

$$p_e^{(i)} = \sum_j p(\boldsymbol{y}_j/\boldsymbol{x}_i) \quad (\boldsymbol{x}_i \neq \boldsymbol{x}^*) \quad (i = 1, 2, \cdots, M) \tag{7.3-39}$$

是 n 次扩展信道输入码字 $\boldsymbol{x}_i(i=1,2,\cdots,M)$ 的前提下,在用译码规则 $F(\boldsymbol{y}_j)=\boldsymbol{x}^*$ 译码时,产生的错误译码概率,即码字 $\boldsymbol{x}_i(i=1,2,\cdots,M)$ 的误码率.

由(7.3-38)式和(7.3-39)式,可得抗干扰信道编码通信系统每传递一个码字 $\boldsymbol{x}_i(i=1,2,\cdots,M)$ 产生的平均误码率,即信道编码 $C:\{\boldsymbol{x}_1,\boldsymbol{x}_2,\cdots,\boldsymbol{x}_M\}$ 的平均误码率

$$P_e = \sum_{j=1}^{2^n} p(\boldsymbol{y}_j) p_{ej} = \sum_{i=1}^{2^n} p(\boldsymbol{x}_i) p_e^{(i)} \tag{7.3-40}$$

(7.3-40)式表明,信道编码 $C:\{\boldsymbol{x}_1,\boldsymbol{x}_2,\cdots,\boldsymbol{x}_M\}$ 的平均误码率 P_e,既等于 n 次扩展信道每次收到一个输出序列 $\boldsymbol{y}_j(j=1,2,\cdots,2^n)$ 产生的误码率 $p_{ej}(j=1,2,\cdots,2^n)$,在输出随机变量序列 $\boldsymbol{Y}=Y_1Y_2\cdots Y_n$ 的概率空间 $P(\boldsymbol{Y})=P(Y_1Y_2\cdots Y_n)$ 中的统计平均值,也等于在 n 次扩展信道每输入一个码字 $\boldsymbol{x}_i(i=1,2,\cdots,M)$ 的前提下,产生的误码率 $p_e^{(i)}(i=1,2,\cdots,M)$ 在信道编码 $C:\{\boldsymbol{x}_1, \boldsymbol{x}_2,\cdots,\boldsymbol{x}_M\}$ 的概率空间 $P(\boldsymbol{X}):\{p(\boldsymbol{x}_1),p(\boldsymbol{x}_2),\cdots,p(\boldsymbol{x}_n)\}$ 中的统计平均值. 对于选定的信道编码 $C:\{\boldsymbol{x}_1,\boldsymbol{x}_2,\cdots,\boldsymbol{x}_M\}$ 和给定的信道,要减小平均误码率 P_e,必须选择适当的译码规则.

2. 汉明距离与最大似然译码准则

既然两个"0"和"1"的序列 $\boldsymbol{x}_i$ 和 $\boldsymbol{y}_j$ 之间的汉明距离 $d_H(\boldsymbol{x}_i,\boldsymbol{y}_j)$,表示 $\boldsymbol{x}_i$ 和 $\boldsymbol{y}_j$ 之间的相似程度,那么,最大似然译码准则一定能用汉明距离 $d_H(\boldsymbol{x}_i,\boldsymbol{y}_j)$ 来表述.

定理 7.4 在信道编码 $C:\{\boldsymbol{x}_1,\boldsymbol{x}_2,\cdots,\boldsymbol{x}_M\}$ 的 M 个码字 $\boldsymbol{x}_i(i=1,2,\cdots,M)$ 先验等概的条件下,若有

$$d_H(\boldsymbol{x}^*, \boldsymbol{y}_j) \leqslant d_H(\boldsymbol{x}_i, \boldsymbol{y}_j) \quad (i = 1, 2, \cdots, M)$$

则选择译码规则

$$F(\boldsymbol{y}_j) = \boldsymbol{x}^* \quad (j = 1, 2, \cdots, 2^n)$$

其平均误码率 P_e 达最小值 $P_{e\min}$.

证明 由(7.3-38)式可知,若在离散无记忆二进制对称信道的输出端,收到长度为 n 的序

列 $\boldsymbol{y}_j$ 后，按译码规则

$$F(\boldsymbol{y}_j) = \boldsymbol{x}_i \quad (j = 1, 2, \cdots, 2^n) \tag{7.3-41}$$

把 $\boldsymbol{y}_j$ 翻译为码字 $\boldsymbol{x}_i$，则信道编码通信系统平均误码率

$$P_e = 1 - \sum_{j=1}^{2^n} p(\boldsymbol{y}_j) P\{F(\boldsymbol{y}_j) = \boldsymbol{x}_i / \boldsymbol{y}_j\}$$

$$= 1 - \sum_{j=1}^{2^n} p(\boldsymbol{y}_j) p(\boldsymbol{x}_i / \boldsymbol{y}_j) \tag{7.3-42}$$

若后验概率 $p(\boldsymbol{x}^* / \boldsymbol{y}_j)$ 是 $\boldsymbol{y}_j$ 相对应的 M 个后验概率 $p(\boldsymbol{x}_i / \boldsymbol{y}_j)(i=1,2,\cdots,M)$ 中的最大者，即有

$$p(\boldsymbol{x}^* / \boldsymbol{y}_j) \geqslant p(\boldsymbol{x}_i / \boldsymbol{y}_j) \quad (i = 1, 2, \cdots, M) \tag{7.3-43}$$

把 $\boldsymbol{y}_j$ 翻译成码字 $\boldsymbol{x}^*$，即选译码规则

$$F(\boldsymbol{y}_j) = \boldsymbol{x}^* \quad (j = 1, 2, \cdots, 2^n) \tag{7.3-44}$$

则 (7.3-42) 式所示平均误码率 P_e 一定达到最小值

$$P_{e\,\min} = 1 - \sum_{j=1}^{2^n} p(\boldsymbol{y}_j) p(\boldsymbol{x}^* / \boldsymbol{y}_j)$$

$$= \sum_{i=1}^{M} \sum_{j=1}^{2^n} p(\boldsymbol{x}_i, \boldsymbol{y}_j) - \sum_{j=1}^{2^n} p(\boldsymbol{x}^*, \boldsymbol{y}_j) = \sum_{j=1}^{2^n} \sum_{i \neq *} p(\boldsymbol{x}_i, \boldsymbol{y}_j)$$

$$= \sum_{j=1}^{2^n} \sum_{i \neq *} p(\boldsymbol{x}_i) p(\boldsymbol{y}_j / \boldsymbol{x}_i) \tag{7.3-45}$$

(7.3-45) 式所示的 $P_{e\,\min}$ 就是按"最大后验概率准则"选择译码规则达到的最小平均误码率.

当信道编码 $C:\{\boldsymbol{x}_1, \boldsymbol{x}_2, \cdots, \boldsymbol{x}_M\}$ 中的 M 个码字 $\boldsymbol{x}_i(i=1,2,\cdots,M)$ 先验等概时，即有

$$p(\boldsymbol{x}_i) = 1/M \quad (i = 1, 2, \cdots, M) \tag{7.3-46}$$

因为

$$p(\boldsymbol{x}^* / \boldsymbol{y}_j) = \frac{p(\boldsymbol{x}^*) p(\boldsymbol{y}_j / \boldsymbol{x}^*)}{\sum_{i=1}^{M} p(\boldsymbol{x}_i) p(\boldsymbol{y}_j / \boldsymbol{x}_i)} = \frac{\dfrac{1}{M} p(\boldsymbol{y}_j / \boldsymbol{x}^*)}{\dfrac{1}{M} \sum_{i=1}^{M} p(\boldsymbol{y}_j / \boldsymbol{x}_i)} = \frac{p(\boldsymbol{y}_j / \boldsymbol{x}^*)}{\sum_{i=1}^{M} p(\boldsymbol{y}_j / \boldsymbol{x}_i)} \tag{7.3-47}$$

而

$$p(\boldsymbol{x}_i / \boldsymbol{y}_j) = \frac{p(\boldsymbol{x}_i) p(\boldsymbol{y}_j / \boldsymbol{x}_i)}{\sum_{i=1}^{M} p(\boldsymbol{x}_i) p(\boldsymbol{y}_j / \boldsymbol{x}_i)} = \frac{\dfrac{1}{M} p(\boldsymbol{y}_j / \boldsymbol{x}_i)}{\dfrac{1}{M} \sum_{i=1}^{M} p(\boldsymbol{y}_j / \boldsymbol{x}_i)} = \frac{p(\boldsymbol{y}_j / \boldsymbol{x}_i)}{\sum_{i=1}^{M} p(\boldsymbol{y}_j / \boldsymbol{x}_i)} \tag{7.3-48}$$

由 (7.3-47) 式和 (7.3-48) 式可知，若

$$p(\boldsymbol{y}_j / \boldsymbol{x}^*) \geqslant p(\boldsymbol{y}_j / \boldsymbol{x}_i) \quad (i = 1, 2, \cdots, M) \tag{7.3-49}$$

则必有

$$p(\boldsymbol{x}^* / \boldsymbol{y}_j) \geqslant p(\boldsymbol{x}_i / \boldsymbol{y}_j) \quad (i = 1, 2, \cdots, M) \tag{7.3-50}$$

由最大后验概率译码准则，即 (7.3-43)、(7.3-44)、(7.3-45) 式可知，若选择译码规则

$$F(\boldsymbol{y}_j) = \boldsymbol{x}^* \quad (j = 1, 2, \cdots, 2^n) \tag{7.3-51}$$

则平均误码率 P_e 一定达到最小值

$$P_{e\min} = \sum_{j=1}^{2^n}\sum_{i\neq *} p(\boldsymbol{x}_i)p(\boldsymbol{y}_j/\boldsymbol{x}_i) = \frac{1}{M}\sum_{j=1}^{2^n}\sum_{i\neq *} p(\boldsymbol{y}_j/\boldsymbol{x}_i) \tag{7.3-52}$$

这就是按最大似然译码准则选择译码规则时,能达到的最小平均误码率.

在(7.3-52)式中,若令

$$p_{e\min}^{(i)} = \sum_{j=1}^{2^n} p(\boldsymbol{y}_j/\boldsymbol{x}_{i\neq *}) \quad (i=1,2,\cdots,M) \tag{7.3-53}$$

则 $p_{e\min}^{(i)}$ 表示在信道编码 $C: \{\boldsymbol{x}_1,\boldsymbol{x}_2,\cdots,\boldsymbol{x}_M\}$ 中某码字 $\boldsymbol{x}_i(i=1,2,\cdots,M)$ 输入信道的前提下,按最大似然译码准则选择译码规则译码时产生的最小误码率.那么,由(7.3-52)式可知,信道编码 $C: \{\boldsymbol{x}_1,\boldsymbol{x}_2,\cdots,\boldsymbol{x}_M\}$ 在最大似然译码准则下的最小平均误码率 $P_{e\min}$,等于码字 $\boldsymbol{x}_i(i=1,2,\cdots,M)$ 的最小误码率 $p_{e\min}^{(i)}$ 的算术平均值,即

$$P_{e\min} = \frac{1}{M}\sum_{i=1}^{M} p_{e\min}^{(i)} \tag{7.3-54}$$

现在设法把汉明距离 $d_H(\boldsymbol{x}_i,\boldsymbol{y}_j)$ 这个因素注入最大似然译码准则的表述中去,揭示最大似然译码准则的实质,展示汉明距离在提高信道编码的抗干扰能力方面的作用与功能.

离散无记忆二进制对称信道 $(X\text{-}Y)$(如图 7.3-5 所示)的 n 次扩展信道(如图 7.3-6 所示)的输入序列 $\boldsymbol{x}_i = (x_{i1},x_{i2},\cdots,x_{in})$ 与输出序列 $\boldsymbol{y}_j = (y_{j1},y_{j2},\cdots,y_{jn})$ 的传递概率

$$p(\boldsymbol{y}_j/\boldsymbol{x}_i) = p(y_{j1}y_{j2}\cdots y_{jn}/x_{i1}x_{i2}\cdots x_{in})$$

$$= p(y_{j1}/x_{i1})p(y_{j2}/x_{i2})\cdots p(y_{jn}/x_{in}) \tag{7.3-55}$$

其中,传递概率 $p(y_{jk}/x_{ik})(k=1,2,\cdots,n)$ 是图 7.3-5 所示原始离散无记忆二进制对称信道 $(X\text{-}Y)$ 在 $k(k=1,2,\cdots,n)$ 时刻的传递概率.显然,当 x_{ik} 和 y_{jk} 相同(都是"0"或都是"1")时,$p(y_{jk}/x_{ik})$ 表示正确传递概率,其值为 $\overline{p}$;当 x_{ik} 和 y_{jk} 不相同(一个是"0",另一个是"1",或一个是"1",另一个是"0")时,$p(y_{jk}/x_{ik})$ 表示错误传递概率,其值为 p.若输入序列 $\boldsymbol{x}_i = (x_{i1}x_{i2}\cdots x_{in})$ 与输出序列 $\boldsymbol{y}_j = (y_{j1}y_{j2}\cdots y_{jn})$ 之间的汉明距离为 $d_H(\boldsymbol{x}_i,\boldsymbol{y}_j)$,则表示 $\boldsymbol{x}_i$ 和 $\boldsymbol{y}_j$ 之间有 $d_H(\boldsymbol{x}_i,\boldsymbol{y}_j)$ 个时刻 x_{ik} 和 y_{jk} 不相同(一个是"0",另一个是"1";或一个是"1",另一个是"0"),有 $[n-d_H(\boldsymbol{x}_i,\boldsymbol{y}_j)]$ 个时刻 x_{ik} 和 y_{jk} 是相同的(都是"0"或都是"1").这就是说,在(7.3-55)式所示的 n 个传递概率 $p(y_{jk}/x_{ik})(k=1,2,\cdots,n)$ 的连乘中,有 $d_H(\boldsymbol{x}_i,\boldsymbol{y}_j)$ 个是 p,有 $[n-d_n(\boldsymbol{x}_i,\boldsymbol{y}_j)]$ 个是 $\overline{p}$.所以,$\boldsymbol{x}_i$ 和 $\boldsymbol{y}_j$ 之间的传递概率 $p(\boldsymbol{y}_j/\boldsymbol{x}_i)$,可用 $\boldsymbol{x}_i$ 和 $\boldsymbol{y}_j$ 之间的汉明距离 $d_H(\boldsymbol{x}_i,\boldsymbol{y}_j)$ 来表示

$$p(\boldsymbol{y}_j/\boldsymbol{x}_i) = \prod_{k=1}^{n} p(y_{jk}/x_{ik})$$

$$= \underbrace{p\cdot p\cdot\cdots\cdot p}_{d_H(\boldsymbol{x}_i,\boldsymbol{y}_j)\text{个}}\cdot\underbrace{\overline{p}\cdot\overline{p}\cdot\cdots\cdot\overline{p}}_{[n-d_H(\boldsymbol{x}_i,\boldsymbol{y}_j)]\text{个}}$$

$$= p^{d_H(\boldsymbol{x}_i,\boldsymbol{y}_j)}\cdot\overline{p}^{[n-d_H(\boldsymbol{x}_i,\boldsymbol{y}_j)]} \tag{7.3-56}$$

现令,$\boldsymbol{x}^*$ 与 $\boldsymbol{y}_j$ 之间的汉明距离为

$$d_H(\boldsymbol{x}^*,\boldsymbol{y}_j) \quad (j=1,2,\cdots,2^n) \tag{7.3-57}$$

则由(7.3-49)、(7.3-51)和(7.3-52)式表示的最大似然译码准则,可用汉明距离表述为:若有

$$p^{d_H(\boldsymbol{x}^*,\boldsymbol{y}_j)}\overline{p}^{[n-d_H(\boldsymbol{x}^*,\boldsymbol{y}_j)]} \geqslant p^{d_H(\boldsymbol{x}_i,\boldsymbol{y}_j)}\overline{p}^{[n-d_H(\boldsymbol{x}_i,\boldsymbol{y}_j)]}$$

$$(i=1,2,\cdots,M; j=1,2,\cdots,2^n) \tag{7.3-58}$$

则选用译码规则

$$F(\boldsymbol{y}_j) = \boldsymbol{x}^* \quad (j = 1,2,\cdots,2^n, i = 1,2,\cdots,M) \tag{7.3-59}$$

能使平均误码率 P_e 达到最小值 $P_{e\,\min}$.

因为,图 7.3-5 所示,离散无记忆信道 $(X-Y)$ 中,$\bar{p} \gg p$,所以,若(7.3-58)式成立,则必有

$$d_H(\boldsymbol{x}^*,\boldsymbol{y}_j) \leqslant d_H(\boldsymbol{x}_i,\boldsymbol{y}_j) \quad (i = 1,2,\cdots,M;j = 1,2,\cdots,2^n) \tag{7.3-60}$$

所以,最大似然译码准则,用"汉明距离"的语言,可进一步表述为:在信道编码 $C\colon\{\boldsymbol{x}_1,\boldsymbol{x}_2,\cdots,\boldsymbol{x}_M\}$ 的 M 个码字 $\boldsymbol{x}_i(i=1,2,\cdots,M)$ 先验等概的条件下,若二进制对称离散无记忆信道的 n 次扩展信道的输出序列 $\boldsymbol{y}_j(j=1,2,\cdots,n)$ 与码字 $\boldsymbol{x}^*$ 的汉明距离 $d_H(\boldsymbol{x}^*,\boldsymbol{y}_j)$,是 $\boldsymbol{y}_j$ 与所有码字 $\boldsymbol{x}_i$ 的汉明距离 $d_H(\boldsymbol{x}_i,\boldsymbol{y}_j)$ 中的最小者,即有

$$d_H(\boldsymbol{x}^*,\boldsymbol{y}_j) \leqslant d_H(\boldsymbol{x}_i,\boldsymbol{y}_j) \quad (i = 1,2,\cdots,M) \tag{7.3-61}$$

则选择译码规则

$$F(\boldsymbol{y}_j) = \boldsymbol{x}^* \quad (j = 1,2,\cdots,2^n) \tag{7.3-62}$$

能使平均误码率 P_e 达到最小值 $P_{e\,\min}$. 这样,定理 7.4 就得了证明.

这个定理告诉我们,在信道编码 $C\colon\{\boldsymbol{x}_1,\boldsymbol{x}_2,\cdots,\boldsymbol{x}_M\}$ 中 M 个码字 $\boldsymbol{x}_i(i=1,2,\cdots,M)$ 先验等概的条件下,离散无记忆二进制对称信道的 n 次扩展信道的每一个长度为 n 的输出序列 $\boldsymbol{x}_j(j=1,2,\cdots,2^n)$,翻译成与 $\boldsymbol{y}_j(j=1,2,\cdots,2^n)$ 的汉明距离最小,即最相似的码字 $\boldsymbol{x}^*$,能使信道编码系统的平均误码率 P_e 达到最小值 $P_{e\,\min}$. 这也是为什么把这种译码准则称为"最大似然"译码准则的由来.

3. 汉明距离与最小平均误码率

由(7.3-45)式和(7.3-52)式可知,在信道编码 $C\colon\{\boldsymbol{x}_1,\boldsymbol{x}_2,\cdots,\boldsymbol{x}_M\}$ M 个码字先验等概的条件下,采用最大似然译码准则所得的最小平均误码率 $P_{e\,\min}$ 可有两种不同的表达形式:

$$\begin{aligned}P_{e\,\min} &= 1 - \sum_{j=1}^{2^n} p(\boldsymbol{x}^*,\boldsymbol{y}_j) = 1 - \sum_{j=1}^{2^n} p(\boldsymbol{x}^*)p(\boldsymbol{y}_j/\boldsymbol{x}^*) \\ &= 1 - \frac{1}{M}\sum_{j=1}^{2^n} p(\boldsymbol{y}_j/\boldsymbol{x}^*)\end{aligned} \tag{7.3-63}$$

和

$$P_{e\,\min} = \frac{1}{M}\sum_{i \neq *}\sum_{j=1}^{2^n} p(\boldsymbol{y}_j/\boldsymbol{x}_i) \tag{7.3-64}$$

由(7.3-56)式,可把(7.3-63)式和(7.3-64)式所示的 $P_{e\,\min}$ 表示成由汉明距离 $d_H(\boldsymbol{x}^*,\boldsymbol{y}_j)$ 和 $d_H(\boldsymbol{x}_i,\boldsymbol{y}_j)$ 表示的形式:

$$P_{e\,\min} = 1 - \frac{1}{M}\sum_{j=1}^{2^n} p^{d_H(\boldsymbol{x}^*,\boldsymbol{y}_j)}\,\bar{p}^{[n-d_H(\boldsymbol{x}^*,\boldsymbol{y}_j)]} \tag{7.3-65}$$

$$P_{e\,\min} = \frac{1}{M}\sum_{i \neq *}\sum_{j=1}^{2^n} p^{d_H(\boldsymbol{x}_i,\boldsymbol{y}_j)}\,\bar{p}^{[n-d_H(\boldsymbol{x}_i,\boldsymbol{y}_j)]} \tag{7.3-66}$$

由(7.3-65)式和(7.3-66)式可以看出,在采用最大似然译码准则选择译码规则的前提下,最小平均误码率 $P_{e\,\min}$ 与信道编码 $C\colon\{\boldsymbol{x}_1,\boldsymbol{x}_2,\cdots,\boldsymbol{x}_M\}$ 的 $d_H(\boldsymbol{x}^*,\boldsymbol{y}_j)(j=1,2,\cdots,2^n)$ 和 $d_H(\boldsymbol{x}_i,\boldsymbol{y}_j)$ $(j=1,2,\cdots,2^n;i\neq *)$ 之间存在某种内在联系.

推论　在信道编码 $C\colon\{\boldsymbol{x}_1,\boldsymbol{x}_2,\cdots,\boldsymbol{x}_M\}$ 的 M 个码字 $\boldsymbol{x}_i(i=1,2,\cdots,M)$ 先验等概的条件下,信

道编码 C 中任何两个不同码字 $\boldsymbol{x}_k$ 和 $\boldsymbol{x}_h(k\neq h)$ 的最小汉明距离 $\min d_H(\boldsymbol{x}_k,\boldsymbol{x}_h)$ 越大, 采用最大似然译码准则选择译码规则译码的最小平均误码率 $P_{e\min}$ 就越小.

证明   因为图 7.3-5 中给定的离散无记忆二进制对称信道 $(X-Y)$ 的 $\bar{p}\gg p$, 所以, 由 $(7.3-65)$ 式可知, 若 $d_H(\boldsymbol{x}^*,\boldsymbol{y}_j)(j=1,2,\cdots,2^n)$ 越小, 则最小平均误码率 $P_{e\min}$ 就越小. 这表明, 离散无记忆二进制对称信道 $(X-Y)$ 的 n 次扩展信道的输出序列 $\boldsymbol{y}_j(j=1,2,\cdots,2^n)$ 与译码规则 $F(\boldsymbol{y}_j)=\boldsymbol{x}^*$ 相应的码字 $\boldsymbol{x}^*$ 之间的汉明距离 $d_H(\boldsymbol{x}^*,\boldsymbol{y}_j)(j=1,2,\cdots,2^n)$ 越小, 其最小平均误码率 $P_{e\min}$ 就越小. 这就意味着, $\boldsymbol{y}_j(j=1,2,\cdots,2^n)$ 与译码规则 $F(\boldsymbol{y}_j)=\boldsymbol{x}^*$ 规定的码字 $\boldsymbol{x}^*$ 之间越相似, 其最小平均误码率 $P_{e\min}$ 就越小.

另一方面, 由 $(7.3-66)$ 式可知, 若 $d_H(\boldsymbol{x}_i,\boldsymbol{y}_j)(j=1,2,\cdots,2^n;i\neq *)$ 越大, 则最小平均误码率 $P_{e\min}$ 也越小. 这表明, 离散无记忆二进制对称信道 $(X-Y)$ 的 n 次扩展信道的输出序列 $\boldsymbol{y}_j(j=1,2,\cdots,2^n)$ 与除了译码规则 $F(\boldsymbol{y}_j)=\boldsymbol{x}^*$ 规定的相应码字 $\boldsymbol{x}^*$ 以外的 $(M-1)$ 个码字 $\boldsymbol{x}_{i\neq *}$ 的汉明距离 $d_H(\boldsymbol{x}_i,\boldsymbol{y}_j)(j=1,2,\cdots,2^n;i\neq *)$ 越大, 其最小平均误码率 $P_{e\min}$ 就越小. 这意味着 $\boldsymbol{y}_j(j=1,2,\cdots,2^n)$ 与其他 $(M-1)$ 个不对应的码字 $\boldsymbol{x}_{i\neq *}$ 之间越不相似, 其最小平均误码率 $P_{e\min}$ 就越小.

综合以上两方面的结论: 一方面, 若尽量缩短 $\boldsymbol{y}_j(j=1,2,\cdots,2^n)$ 与 $F(\boldsymbol{y}_j)=\boldsymbol{x}^*$ 之间的汉明距离 $d_H(\boldsymbol{x}^*,\boldsymbol{y}_j)(j=1,2,\cdots,2^n)$; 另一方面, 若尽量扩大 $\boldsymbol{y}_j$ 与译码规则 $F(\boldsymbol{y}_j)=\boldsymbol{x}^*$ 规定的码字 $\boldsymbol{x}^*$ 之外的其他码字 $\boldsymbol{x}_{i\neq *}$ 之间的汉明距离 $d_H(\boldsymbol{x}_i,\boldsymbol{y}_j)(j=1,2,\cdots,2^n;i\neq *)$, 都可降低最小平均误码率 $P_{e\min}$. 显然, 这两方面的结论必然导致这样一个总的结论: 在图 7.3-5 给定的离散无记忆二进制对称信道 $(X-Y)$ 的 n 次扩展信道的输入随机矢量 $\boldsymbol{X}=X_1X_2\cdots X_n$ 的 2^n 个长度为 n 的 $\{0,1\}$ 序列 $\alpha_i=(a_{i1}a_{i2}\cdots a_{in})(a_{i1},a_{i2},\cdots,a_{in}\in X:\{0,1\};i1,i2,\cdots,in=1,2,\cdots,n;i=1,2,\cdots,2^n)$ 中, 按一定概率分布随机地选取 M 个序列作为信道编码 $C:\{\boldsymbol{x}_1,\boldsymbol{x}_2,\cdots,\boldsymbol{x}_M\}$ 的 M 个码字 $\boldsymbol{x}_i(i=1,2,\cdots,M)$ 的过程中, 若所选的任何两个不相同的码字 $\boldsymbol{x}_k$ 和 $\boldsymbol{x}_h(k\neq h)$ 之间的最小汉明距离

$$\min_{k\neq h}\{d_H(\boldsymbol{x}_k,\boldsymbol{x}_h)\} \tag{7.3-67}$$

越大, 即任何两个不相同的码字 $\boldsymbol{x}_k$ 和 $\boldsymbol{x}_h$ 之间的汉明距离越大, $\boldsymbol{x}_k$ 和 $\boldsymbol{x}_h$ 之间越不相似, 则信道编码 $C:\{\boldsymbol{x}_1,\boldsymbol{x}_2,\cdots,\boldsymbol{x}_M\}$ 的最小平均误码率 $P_{e\min}$ 就越小. 这样, 推论就得到了证明.

定理 7.4 及其推论对[例 7.2]留下另一个理论问题做出了回答. 这个问题就是: 在没有编码前, 平均误码率 $P_e=p=10^{-2}$, 在编码后, 由于码字 $w_1=(000),w_2=(111)$, 它们之间的汉明距离由原先的 1 增大为 3. 正由于码字间汉明距离的增大, 才导致最小平均误码率由 10^{-2} 下降到 10^{-4}, 下降了 2 个数量级.

定理 7.4 及其推论指出, 在 M 个消息先验等概的条件下, 运用汉明距离的概念, 采用适当的译码准则选择译码规则, 可使平均误码率 P_e 达到最小值 $P_{e\min}$. 在按一定概率分布的随机编码中, 正确选择 M 个码字, 可使 $P_{e\min}$ 进一步有所下降. 最小平均误码率 $P_{e\min}$ 达到人们所希望的程度的前景是存在的.

7.4 抗干扰信道编码定理

对通信系统的要求是既可靠又有效. 衡量信道编码的质量的标准, 不只是可靠性这一个因素, 信道编码的有效性是另一个重要因素.

在图 7.3－4 中,信源 $\boldsymbol{U}=(U_1 U_1 \cdots U_K)(U_i \in \{0,1\})$ 共有 $M=2^K$ 个长度为 K(K 为大于等于 1 的整数)的 $\{0,1\}$ 消息序列 $\boldsymbol{u}_i=(u_{i1}, u_{i2}, \cdots, u_{iK})(i=1,2,\cdots,2^K)$. 从离散无记忆二进制对称信道($X$-$Y$)的 n(n 为大于 1 的正整数)次扩展信道的 2^n 个长度为 n 的 $\{0,1\}$ 输入序列 $\boldsymbol{X}=X_1 X_2 \cdots X_n$ 中,挑选 $M(M=2^K)$ 个作为码字 $\boldsymbol{x}_i(x_{i1} x_{i2} \cdots x_{in})(i=1,2,\cdots,M=2^K)$,一一对应地代表信源 $\boldsymbol{U}=U_1 U_2 \cdots U_K$ 的消息序列 $\boldsymbol{u}_i=(u_{i1} u_{i2} \cdots u_{iK})(i=1,2,\cdots,M=2^K)$,组成信道编码 $\boldsymbol{X}:\{\boldsymbol{x}_1, \boldsymbol{x}_2, \cdots, \boldsymbol{x}_M\}$. 在 M 个代表消息序列的码字 $\boldsymbol{x}_i=(x_{i1} x_{i2} \cdots x_{in})(i=1,2,\cdots,M=2^K)$ 先验等概的条件下,每一个信道符号(码符号)所携带的平均信息量

$$R=\frac{\log M}{n}=\frac{K}{n} \quad (\text{比特}/\text{信道符号}) \tag{7.4-1}$$

称为信道编码 $C:\{\boldsymbol{x}_1, \boldsymbol{x}_2, \cdots, \boldsymbol{x}_M\}$ 的码率,即信道(X-Y)每传递一个信道符号(码符号)所传递的平均信息量(或每利用一次信道,信道传递的平均信息量). 显然,码率 R(比特/信道符号)是信道编码 $C:\{\boldsymbol{x}_1, \boldsymbol{x}_2, \cdots, \boldsymbol{x}_M\}$ 的有效性的衡量指标. 码率 R 越大,表示信道编码每一码符号携带的平均信息量较多,即有效性较高;码率 R 越小,表示信道编码每一码符号携带的平均信息量较少,即有效性较差. 当然,从提高信道编码 $C:\{\boldsymbol{x}_1, \boldsymbol{x}_2, \cdots, \boldsymbol{x}_M\}$ 的有效性角度考虑,信道编码 C 的码率 R 越大越好.

另一方面,在图 7.3－4 所示信道编码通信系统的信道输出端,采用译码规则

$$F(\boldsymbol{y}_j)=\boldsymbol{x}_i \quad (i=1,2,\cdots,2^n) \tag{7.4-2}$$

把 2^n 个长度为 n 的信道输出序列 $\boldsymbol{y}_j=(y_{j1} y_{j2} \cdots y_{jn})(y_{jK} \in \{0,1\}, K=1,2,\cdots,n)$ 中的每一个序列,翻译成相应的码字 $\boldsymbol{x}_i(i=1,2,\cdots,M=2^K)$. 每收到一个 $\boldsymbol{y}_j(j=1,2,\cdots,2^n)$ 产生的平均误码率,或每发一个码字 $\boldsymbol{x}_i(i=1,2,\cdots,M=2^K)$ 产生的平均误码率 P_e,是信道编码通信系统的可靠性的衡量指标. 平均误码率 P_e 越大,表示通信系统每传递一个码字产生的错误译码的可能性越大,即系统可靠性较差;平均误码率 P_e 越小,表示通信系统每传递一个码字产生的错误译码的可能性越小,即系统的可靠性较好. 当然,从提高信道编码 $C:\{\boldsymbol{x}_1, \boldsymbol{x}_2, \cdots, \boldsymbol{x}_M\}$ 的可靠性角度考虑,信道编码 C 的平均误码率 P_e 越小越好.

综上所述,在图 7.3－4 所示信道编码通信系统中,信道编码的码率 R(如图 7.4－1 所示)和平均误码率 P_e(如图 7.4－2 所示),是衡量通信系统的两个主要指标,希望码率 R 越大越好,平均误码率 P_e 越小越好. 通过信道编码,是否能达到使 R 尽量大,P_e 尽量小的目的呢?

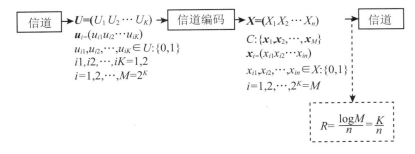

图 7.4－1

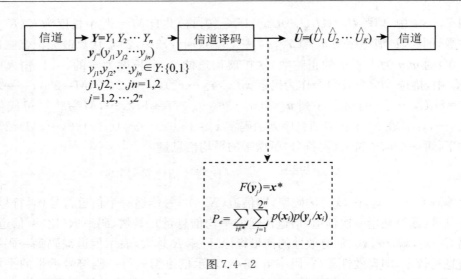

图 7.4 - 2

7.4.1 费诺(Fano)不等式

费诺(Fano)不等式描述离散无记忆信道$(X$-$Y)$的疑义度 $H(X/Y)$ 的最大值与平均误码率 P_e 和 X 的符号数 r 之间的内在联系,是信道编码理论中发挥重要作用的不等式.

定理 7.5 设 $X:\{x_1,x_2,\cdots,x_r\}$,$Y:\{y_1,y_2,\cdots,y_s\}$ 和 $Z:\{z_1,z_2,\cdots,z_L\}$ 是离散随机变量,对 $z_k(k=1,2,\cdots,L)$ 定义 $A(z_k)=\sum\limits_{i=1}^{r}\sum\limits_{j=1}^{s}p(y_j)p(z_k/x_iy_j)$,则

$$H(X/Y)\leqslant H(Z)+E(\log A)$$

证明 按照疑义度的定义,有

$$H(X/Y)=\sum_{i=1}^{r}\sum_{j=1}^{s}p(x_iy_j)\log\frac{1}{p(x_i/y_j)} \tag{7.4-3}$$

把(7.4-3)式所示的在(XY)空间的统计平均值,扩展到$(X\,Y\,Z)$联合空间中的统计平均值

$$H(X/Y)=\sum_{i=1}^{r}\sum_{j=1}^{s}\sum_{k=1}^{L}p(x_iy_jz_k)\log\frac{1}{p(x_i/y_j)}$$

$$=\sum_{k=1}^{L}p(z_k)\sum_{i=1}^{r}\sum_{j=1}^{s}p(x_iy_j/z_k)\log\frac{1}{p(x_i/y_j)} \tag{7.4-4}$$

对于某一固定的 $z_k(k=1,2,\cdots,L)$ 来说,有

$$\sum_{i=1}^{r}\sum_{j=1}^{s}p(x_iy_j/z_k)=1 \tag{7.4-5}$$

考虑到当 $x>0$ 时,大于 1 的"底"数的对数 $\log x$ 是严格的$\bigcap$形凸函数,因而有

$$\sum_{i=1}^{r}\sum_{j=1}^{s}p(x_iy_j/z_k)\log\frac{1}{p(x_i/y_j)}\leqslant\log\left\{\sum_{i=1}^{r}\sum_{j=1}^{s}p(x_iy_j/z_k)\frac{1}{p(x_i/y_j)}\right\} \tag{7.4-6}$$

在以上不等式右边$\{\ \ \}$中和式 $\sum\limits_{i}\sum\limits_{j}$ 中的每一项都乘上 $[p(z_k)/p(z_k)]=1$,则和式 $\sum\limits_{i}\sum\limits_{j}$ 中的每一项可改写为

$$\frac{p(z_k)p(x_iy_j/z_k)}{p(z_k)p(x_i/y_j)} = \frac{1}{p(z_k)} \cdot \frac{p(x_iy_jz_k)}{p(x_i/y_j)}$$

$$= \frac{1}{p(z_k)} \cdot \frac{p(x_iz_k/y_j)p(y_j)}{p(x_i/y_j)}$$

$$= \frac{1}{p(z_k)} \cdot p(z_k/x_iy_j)p(y_j)$$

$$(i = 1,2,\cdots,r; j = 1,2,\cdots,s; k = 1,2,\cdots,L) \qquad (7.4-7)$$

这样,不等式(7.4-6)右边可改写为

$$\log\left\{\sum_{i=1}^{r}\sum_{j=1}^{s}\frac{1}{p(z_k)} \cdot p(z_k/x_iy_j)p(y_j)\right\} = \log\frac{1}{p(z_k)} + \log\left\{\sum_{i=1}^{r}\sum_{j=1}^{s}p(z_k/x_iy_j)p(y_j)\right\}$$

$$(7.4-8)$$

这样(7.4-4)式可改写为

$$H(X/Y) \leqslant \sum_{k=1}^{L}p(z_k)\log\frac{1}{p(z_k)} + \sum_{k=1}^{L}p(z_k) \cdot \log\left\{\sum_{i=1}^{r}\sum_{j=1}^{s}p(z_k/x_iy_j)p(y_j)\right\}$$

$$= H(Z) + \sum_{k=1}^{L}p(z_k) \cdot \log\left\{\sum_{i=1}^{r}\sum_{j=1}^{s}p(y_j)p(z_k/x_iy_j)\right\} \qquad (7.4-9)$$

最后,由 $A(z_k)$ 的定义

$$A(z_k) = \sum_{i=1}^{r}\sum_{j=1}^{s}p(y_j)p(z_k/x_iy_j) \qquad (7.4-10)$$

则证得

$$H(X/Y) \leqslant H(Z) + \sum_{k=1}^{L}p(z_k)\log\{A(z_k)\}$$

$$= H(Z) + \underset{z}{E}\{\log A(z)\} \qquad (7.4-11)$$

这样,定理 7.5 就得到了证明.

推论 设离散随机变量 X 和 Y 取值且取遍于同一符号集合 $\{x_1,x_2,\cdots,x_r\}$,并令 $P_e = P\{X\neq Y\}$,则有费诺不等式

$$H(X/Y) \leqslant H(P_e) + P_e\log(r-1)$$

证明 因为随机变量 X 和 Y 取值且取遍于同一符号集 $X:\{x_1,x_2,\cdots,x_r\}$,所以,随机变量 X 的取值与 Y 的取值不同的概率

$$P(X\neq Y) = \sum_{i\neq j}\sum_{j}p(x_i)p(y_j/x_i) = P_e \qquad (7.4-12)$$

由(7.4-11)式可知,(7.4-12)式所示 P_e 就是信道编码的平均误码率.现令随机变量 Z 只取两个值 $\{0,1\}$,当 $X\neq Y$ 时,$Z=1$;当 $X=Y$ 时,$Z=0$.所以,随机变量 Z 的信源空间可表示为

$$[Z \cdot P]: \begin{cases} Z: & 0 \quad 1 \\ P(Z): & 1-P_e \quad P_e \end{cases} \qquad (7.4-13)$$

在这样的假定下,(7.4-11)不等式右边的第一项

$$H(Z) = P_e\log\frac{1}{P_e} + (1-P_e)\log\frac{1}{1-P_e} = H(P_e) \qquad (7.4-14)$$

对于(7.4-11)不等式右边的第二项,为了简明起见,假设符号集 $X:\{x_1,x_2,x_3\}$(即 $r=3$).

这时,由(7.4-10)式,有

$$A(z_k = 0) = \sum_{i=1}^{3}\sum_{j=1}^{3} p(y_j)p(z_k = 0/x_iy_j)$$

$$= p(y_1)p(z_k = 0/x_1y_1) + p(y_1)p(z_k = 0/x_2y_1) + p(y_1)p(z_k = 0/x_3y_1)$$

$$+ p(y_2)p(z_k = 0/x_1y_2) + p(y_2)p(z_k = 0/x_2y_2) + p(y_2)p(z_k = 0/x_3y_2)$$

$$+ p(y_3)p(z_k = 0/x_1y_3) + p(y_3)p(z_k = 0/x_2y_3) + p(y_3)p(z_k = 0/x_3y_3)$$

$$\text{(7.4-15)}$$

按随机变量 Z 的定义,(7.4-15)式中各条件概率分别为

$$\left. \begin{aligned} p(z_k = 0/x_1y_1) = 1; \ p(z_k = 0/x_2y_1) = 0; \ p(z_k = 0/x_3y_1) = 0 \\ p(z_k = 0/x_1y_2) = 0; \ p(z_k = 0/x_2y_2) = 1; \ p(z_k = 0/x_3y_2) = 0 \\ p(z_k = 0/x_1y_3) = 0; \ p(z_k = 0/x_2y_3) = 0; \ p(z_k = 0/x_3y_3) = 1 \end{aligned} \right\} \text{(7.4-16)}$$

由(7.4-16)式,(7.4-15)式可改写为

$$A(z_k = 0) = p(y_1) + p(y_2) + p(y_3) = 1 \tag{7.4-17}$$

同样,由(7.4-10)式,有

$$A(z_k = 1) = \sum_{i=1}^{3}\sum_{j=1}^{3} p(y_j)p(z_k = 1/x_iy_j)$$

$$= p(y_1)p(z_k = 1/x_1y_1) + p(y_1)p(z_k = 1/x_2y_1) + p(y_1)p(z_k = 1/x_3y_1)$$

$$+ p(y_2)p(z_k = 1/x_1y_2) + p(y_2)p(z_k = 1/x_2y_2) + p(y_2)p(z_k = 1/x_3y_2)$$

$$+ p(y_3)p(z_k = 1/x_1y_3) + p(y_3)p(z_k = 1/x_2y_3) + p(y_3)p(z_k = 1/x_3y_3)$$

$$\text{(7.4-18)}$$

按随机变量 Z 的定义,(7.4-18)式中各条件概率分别为:

$$\left. \begin{aligned} p(z_k = 1/x_1y_1) = 0; \ p(z_k = 1/x_2y_1) = 1; \ p(z_k = 1/x_3y_1) = 1 \\ p(z_k = 1/x_1y_2) = 1; \ p(z_k = 1/x_2y_2) = 0; \ p(z_k = 1/x_3y_2) = 1 \\ p(z_k = 1/x_1y_3) = 1; \ p(z_k = 1/x_2y_3) = 1; \ p(z_k = 1/x_3y_3) = 0 \end{aligned} \right\} \text{(7.4-19)}$$

由(7.4-19)式,(7.4-18)式可改写为

$$A(z_k = 1) = [p(y_1) + p(y_1)] + [p(y_2) + p(y_2)] + [p(y_3) + p(y_3)]$$

$$= (r-1)[p(y_1) + p(y_2) + p(y_3)]$$

$$= r - 1 \quad (r = 3) \tag{7.4-20}$$

显然,对于一般的符号集 $\{x_1, x_2, \cdots, x_r\}$,以上结论同样成立,有

$$A(z_k = 0) = 1; \quad A(z_k = 1) = (r-1) \tag{7.4-21}$$

这样,由(7.4-11)不等式右边第二项

$$\sum_{k=1}^{2} p(z_k)\log\{A(z_k)\}$$

$$= p(z_k = 0)\log A(z_k = 0) + p(z_k = 1)\log A(z_k = 1)$$

$$= (1 - P_e)\log 1 + P_e\log(r-1) = P_e\log(r-1) \tag{7.4-22}$$

由(7.4-22)式、(7.4-14)式,(7.4-11)式可改写为

$$H(X/Y) \leqslant H(P_e) + P_e \log(r-1) \qquad (7.4-23)$$

这样,推论就得到了证明.

(7.4-23)不等式,就是著名的"费诺(Fano)"不等式. 它有一个有趣而有启发性的解释. 我们知道疑义度 $H(X/Y)$ 表示随机变量 Y 一旦已知的情况下,再要去确定随机变量 X 所需的平均信息量. 确定随机变量 X 的方法就是,首先要确定 X 是否就是 Y,即确定是否 $X=Y$. 如果随机变量 X 就是 Y,即 $X=Y$,工作就可结束. 相反,如果随机变量 X 不是 Y,即 $X \neq Y$,对于 X 就有余下的 $(r-1)$ 种可能性. 确定 X 是否等于 $Y(X=Y)$,就相当于确定由(7.4-13)式表示的随机变量 Z. 所以,确定随机变量 X 是否等于随机变量 Y 所需的平均信息量,就等于随机变量 Z 的平均信息量 $H(Z)$,而 $H(Z)=H(P_e)$. 如果随机变量 X 不等于 Y,即 $X \neq Y$(这一事件发生的概率为 P_e),要找出随机变量 X 所余下的 $(r-1)$ 种可能值中的某一种所需要的平均信息量,根据最大熵定理,它将最多是 $\log(r-1)$. 这就是说,在随机变量 Y 一旦已知的前提下,要确定随机变量 X 所需的平均信息量 $H(X/Y)$,不会超过两部分平均信息量之和. 其一,首先要确定随机变量 X 是否等于 Y 所需的平均信息量 $H(P_e)$;其二,若 $X \neq Y$(概率为 P_e),要确定随机变量 X 所余下的 $(r-1)$ 种可能取值中的某一种所需要的平均信息量的最大值 $\log(r-1)$ 与 P_e 的乘积.

7.4.2　可靠性与有效性之间的制约关系

为了便于讨论,把图 7.4-1 和 7.4-2 合并为图 7.4-3.

$$\boldsymbol{U}=(U_1 U_2 \cdots U_K) \longrightarrow \boldsymbol{X}=(X_1 X_2 \cdots X_n) \longrightarrow \boxed{信道} \longrightarrow \boldsymbol{Y}=(Y_1 Y_2 \cdots Y_n) \longrightarrow \hat{\boldsymbol{U}}=(\hat{U}_1 \hat{U}_2 \cdots \hat{U}_k)$$

图 7.4-3

在图 7.4-3 中,设信源 $\boldsymbol{U}=(U_1 U_2 \cdots U_K)$ 是离散无记忆信源

$$[U \cdot P]:\begin{cases} U: & 0 \quad 1 \\ P(U): & 0.5 \quad 0.5 \end{cases} \qquad (7.4-24)$$

的 K 次扩展信源. 相继运用信道 n 次,把信源 $\boldsymbol{U}=(U_1 U_2 \cdots U_K)$ 的 K 比特信息量通过信道. 设 $\boldsymbol{X}=(X_1 X_2 \cdots X_n)$ 是信道的输入,$\boldsymbol{Y}=(Y_1 Y_2 \cdots Y_n)$ 是信道相应的输出.$\hat{\boldsymbol{U}}=(\hat{U}_1 \hat{U}_2 \cdots \hat{U}_K)$ 是接收者对信源 $\boldsymbol{U}=(U_1 U_2 \cdots U_K)$ 的判决,并仅仅依赖于 $\boldsymbol{Y}$.

信源 $\boldsymbol{U}=(U_1 U_2 \cdots U_K)$ 是离散无记忆信源 U 的 K 次扩展信源,随机变量 $U_1, U_2, \cdots, U_K$ 之间统计独立,根据定理 3.10,对信道 $(\boldsymbol{U}-\hat{\boldsymbol{U}})$ 来说,有

$$I(\boldsymbol{U};\hat{\boldsymbol{U}}) \geqslant \sum_{i=1}^{K} I(U_i;\hat{U}_i) \qquad (7.4-25)$$

因为 U_i 和 $\hat{U}_i$ 之间的平均互信息

$$I(U_i;\hat{U}_i) = H(U_i) - H(U_i/\hat{U}_i) \qquad (7.4-26)$$

由(7.4-24)式,(7.4-26)式可改写为

$$I(U_i;\hat{U}_i) = 1 - H(U_i/\hat{U}_i) \qquad (7.4-27)$$

假定图 7.4-3 所示通信系统中,信源 $\boldsymbol{U}=(U_1U_2\cdots U_K)$ 某时刻的随机变量 $U_i(i=1,2,\cdots,K)$ 与其判决 $\hat{\boldsymbol{U}}=(\hat{U}_1\hat{U}_2\cdots\hat{U}_K)$ 相对应时刻的随机变量 $\hat{U}_i(i=1,2,\cdots,K)$ 有不相同的概率

$$P\{U_i\neq\hat{U}_i\}=\varepsilon \quad (\varepsilon>0;i=1,2,\cdots,K) \tag{7.4-28}$$

则根据费诺不等式,有

$$H(U_i/\hat{U}_i)\leqslant H(\varepsilon)+\varepsilon\log(r-1)=H(\varepsilon)+\varepsilon\log1=H(\varepsilon) \tag{7.4-29}$$

由此,(7.4-27)式有

$$I(U_i;\hat{U}_i)\geqslant 1-H(\varepsilon) \tag{7.4-30}$$

这样,由(7.4-30)式,(7.4-25)式可改写为

$$I(\boldsymbol{U};\hat{\boldsymbol{U}})\geqslant K[1-H(\varepsilon)] \tag{7.4-31}$$

由于 $\hat{\boldsymbol{U}}$ 仅仅依赖于 $\boldsymbol{Y}$,则随机矢量序列 $(\boldsymbol{X},\boldsymbol{Y},\hat{\boldsymbol{U}})$ 可看作 Markov 链,根据数据处理定理,有

$$I(\boldsymbol{X};\hat{\boldsymbol{U}})\leqslant I(\boldsymbol{X};\boldsymbol{Y}) \tag{7.4-32}$$

由于判决随机矢量 $\hat{\boldsymbol{U}}$ 只依赖于信道编码的码字矢量 $\boldsymbol{X}$,则随机矢量序列 $(\boldsymbol{U}\boldsymbol{X}\,\hat{\boldsymbol{U}})$ 也可看作 Markov 链. 根据数据处理定理,有

$$I(\boldsymbol{U};\hat{\boldsymbol{U}})\leqslant I(\boldsymbol{X};\hat{\boldsymbol{U}}) \tag{7.4-33}$$

假定图 7.4-3 中的信道 $(X-Y)$ 是离散无记忆信道,且其信道容量为 C,则

$$I(\boldsymbol{X};\boldsymbol{Y})\leqslant nC \tag{7.4-34}$$

综合不等式(7.4-31)、(7.4-33)和(7.4-34),可得

$$nC\geqslant K[1-H(\varepsilon)] \tag{7.4-35}$$

即得

$$\frac{C}{1-H(\varepsilon)}\geqslant\frac{K}{n} \tag{7.4-36}$$

在(7.4-36)不等式右边,K 表示信源 $\boldsymbol{U}=(U_1U_2\cdots U_K)$ 每一条消息的长度,即每条消息含有信源 $U:\{0,1\}$ 的符号数. 由 U 的信源空间(7.4-24)式可知,K 就是信源 $\boldsymbol{U}=(U_1U_2\cdots U_K)$ 每条消息含有的比特数. n 表示离散无记忆信道 $(X-Y)$ 的 n 次扩展信道输入序列 $\boldsymbol{X}=(X_1X_2\cdots X_n)$ 所含有的信道符号数,即信道编码码字 $\boldsymbol{x}_i=(x_{i1}x_{i2}\cdots x_{in})$ 所含有的码符号数. 因此,(7.4-36)式右边的比值 (K/n) 实际上就是信道编码 $C:\{\boldsymbol{x}_1,\boldsymbol{x}_2,\cdots,\boldsymbol{x}_M\}$ 每一码符号所携带的平均信息量,即信道编码的码率

$$R=K/n \quad (\text{比特}/\text{码符号}) \tag{7.4-37}$$

由(7.4-36)式、(7.4-37)式,得

$$R\leqslant\frac{C}{1-H(\varepsilon)} \quad (\text{比特}/\text{码符号}) \tag{7.4-38}$$

这一表达式指出了信道编码通信系统的码率 R(比特/码符号)的上界.

若设定信道每传递一个码符号需 t 秒时间,则信道编码的信息传输速率

$$R_t=\frac{R}{t} \quad \left(\frac{\text{比特}/\text{码符号}}{\text{秒}/\text{码符号}}=\text{比特}/\text{秒}\right) \tag{7.4-39}$$

又设信道 $(X-Y)$ 每秒传递的最大平均信息量为 C_t(比特/秒),则有

$$R_t \leqslant \frac{C_t}{1 - H(\varepsilon)} \quad \left(\frac{比特 / 秒}{比特 / 信源符号} \right)$$

$$= \frac{C_t}{1 - H(\varepsilon)} \quad (信源符号 / 秒)$$

$$= \frac{C_t}{1 - H(\varepsilon)} \quad (比特 / 秒) \tag{7.4-40}$$

信道编码通信系统的信息传输速率 R_t，是衡量信道编码有效性高低的标准.(7.4-40)式指明了信息传输速率 R_t 的上界.由(7.4-40)式可知,当 U_i 和 $\hat{U}_i$ 不相同的概率$P\{U_i \neq \hat{U}_i\} = \varepsilon$ 增加时,其上界值也随之增加;当 ε 减小时,其上界值也随之减小.这说明,信道编码通信系统的信息传输速率 R_t 的上界值,是 $P\{U_i \neq \hat{U}_i\}$ 的单调递增函数.如要减小 ε,即提高通信的可靠性,则必须降低信息传输速率 R_t 的上界值,也就意味着要降低信息传输速率 R_t,使通信的有效性有所下降.

由(7.4-40)式,进而可得

$$H(\varepsilon) \geqslant 1 - \frac{C_t}{R_t} \tag{7.4-41}$$

即有

$$\varepsilon \geqslant H^{-1} \left\{ 1 - \frac{C_t}{R_t} \right\} > 0 \tag{7.4-42}$$

这表明,若要信道编码通信系统的信息传输速率 R_t 大于离散无记忆信道($X-Y$)的信道容量 C_t,则 U_i 与 $\hat{U}_i$ 不相同的概率 $P\{U_i \neq \hat{U}_i\}$,一定是大于零的某一值,不可能无限小而接近零,通信系统的可靠性不能达到令人满意的程度.

由以上分析可知,信道容量 C_t 是通信系统中的重要界限指标.信道编码通信系统的信息传输速率 R_t 超过 C_t,则通信系统的有效性和可靠性不能兼得.这个结论从反面也给我们指出了这样一个课题,若恪守信息传输速率 R_t 不超过信道容量 C_t 的原则,在 $R_t < C_t$ 的前提下,能否采用信道编码、信道译码的手段,使通信系统既有效又可靠,实现通信系统的最优化呢?

7.4.3　误码率极限定理

我们用"误码率极限定理"来回答上一节提出的课题:在 $R < C$ 的前提下,能否采用信道编码、信道译码手段,使通信系统既有效又可靠,实现通信系统的最优化?

定理 7.6　对任何 $r < C$ 和 $\varepsilon > 0$,存在一个长度为 n 的信道编码 $C:\{x_1, x_2, \cdots, x_M\}$,以及一个译码规则,使得

(1) 信道编码 C 的码字数 $M \geqslant 2^{(nr)}$;

(2) 信道编码 C 中码字 $x_i(i = 1, 2, \cdots, M)$ 的误码率 $p_e^{(i)} < \varepsilon$.

证明　在图 7.4-3 所示信道编码通信系统中,$U = (U_1 U_2 \cdots U_K)$ 是离散无记忆信源 $U:\{0, 1\}$ 的 K 次扩展信源,共有 $M = 2^K$ 种长度为 K 的消息,其中

$$u_i = (u_{i1} u_{i2} \cdots u_{iK})$$

$$u_{i1}, u_{i2}, \cdots, u_{iK} \in U:\{0, 1\}$$

$$i1, i2, \cdots, iK = 1, 2$$

$$i = 1, 2, \cdots, M = 2^K \tag{7.4-43}$$

离散无记忆二进制对称信道的传递特性,如图 7.4-4 所示.它的 n 次扩展信道(如图 7.4-5)的输入随机矢量 $\boldsymbol{X} = (X_1 X_2 \cdots X_n)$ 共有 2^n 种长度为 n 的 $\{0,1\}$ 序列,其中

$$\boldsymbol{y}_j = (y_{j1} y_{j2} \cdots y_{jn})$$
$$y_{j1}, y_{j2}, \cdots y_{jn} \in Y: \{0,1\}$$
$$j1, j2, \cdots, jn = 1, 2$$
$$j = 1, 2, \cdots, 2^n \tag{7.4-44}$$

输入序列 $\boldsymbol{x}_i (i = 1, 2, \cdots, 2^n)$ 与输出序列 $\boldsymbol{y}_j (j = 1, 2, \cdots, 2^n)$ 之间的传递概率

$$p(\boldsymbol{y}_j / \boldsymbol{x}_i) = p(y_{j1} y_{j2} \cdots y_{jn} / x_{i1} x_{i2} \cdots x_{in})$$
$$= p(y_{j1} / x_{i1}) p(y_{j2} / x_{i2}) \cdots p(y_{jn} / x_{in})$$
$$(i = 1, 2, \cdots, 2^n; j = 1, 2, \cdots, 2^n) \tag{7.4-45}$$

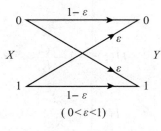

$$(0 < \varepsilon < 1)$$

图 7.4-4

设 n 和 K 都是大于 1 的正整数,且 $n \geqslant K$.从 2^n 种互不相同的输入序列 $\boldsymbol{x}_i = (x_{i1} x_{i2} \cdots x_{in})$ $(i = 1, 2, \cdots, 2^n)$ 中选出 $M = 2^K$ 种,与 K 次扩展信源 $\boldsymbol{U} = (U_1 U_2 \cdots U_K)$ 的 2^K 种长度为 K 的消息序列 $\boldsymbol{u}_i = (u_{i1} u_{i2} \cdots u_{iK})$ 一一对应,组成信道编码

$$C: \{\boldsymbol{x}_1, \boldsymbol{x}_2, \cdots, \boldsymbol{x}_M\} \tag{7.4-46}$$

在 2^n 种长度为 n 的输入序列 $\boldsymbol{x}_i = (x_{i1} x_{i2} \cdots x_{in})(i = 1, 2, \cdots, 2^n)$ 中,选定 $\boldsymbol{x}_1, \boldsymbol{x}_2, \cdots, \boldsymbol{x}_M$ 作为码 C 的码字是随机的,其概率分别表示为 $p(\boldsymbol{x}_1), p(\boldsymbol{x}_2), \cdots, p(\boldsymbol{x}_M)$,所以码 C 也是随机的,其概率

$$p(C) = p(\boldsymbol{x}_1 \boldsymbol{x}_2 \cdots \boldsymbol{x}_M) = p(\boldsymbol{x}_1) p(\boldsymbol{x}_2) \cdots p(\boldsymbol{x}_M) \tag{7.4-47}$$

而其中码字 $\boldsymbol{x}_i (i = 1, 2, \cdots, M = 2^K)$ 的概率

$$p(\boldsymbol{x}_i) = p(x_{i1} x_{i2} \cdots x_{in}) = p(x_{i1}) p(x_{i2}) \cdots p(x_{in})$$
$$(i = 1, 2, \cdots, M = 2^K) \tag{7.4-48}$$

为了选择一种译码规则,把 n 次扩展信道输出端的每一种长度为 n 的输出序列 $\boldsymbol{y}_j = (y_{j1} y_{j2} \cdots y_{jn})(j = 1, 2, \cdots, 2^n)$ 翻译成相应的信道码字 $\boldsymbol{x}_i = (x_{i1} x_{i2} \cdots x_{in})(i = 1, 2, \cdots, M = 2^K)$,再由编码规则 $C: \{\boldsymbol{x}_1, \boldsymbol{x}_2, \cdots, \boldsymbol{x}_M\}$ 把翻译出来的码字 $\boldsymbol{x}_i = (x_{i1} x_{i2} \cdots x_{in})(i = 1, 2, \cdots, M = 2^K)$ 判决为相应的 $\hat{\boldsymbol{U}} = (\hat{U}_1 \hat{U}_2 \cdots \hat{U}_K)$ 作为消息 $\boldsymbol{U} = (U_1 U_2 \cdots U_K)$ 的判决.为此,必须做以下的准备工作.

选 r' 满足

$$r < r' < C \tag{7.4-49}$$

其中,C 表示离散无记忆信道(X-Y)的信道容量,r 是设定的小于信道容量 C 的某一数值.

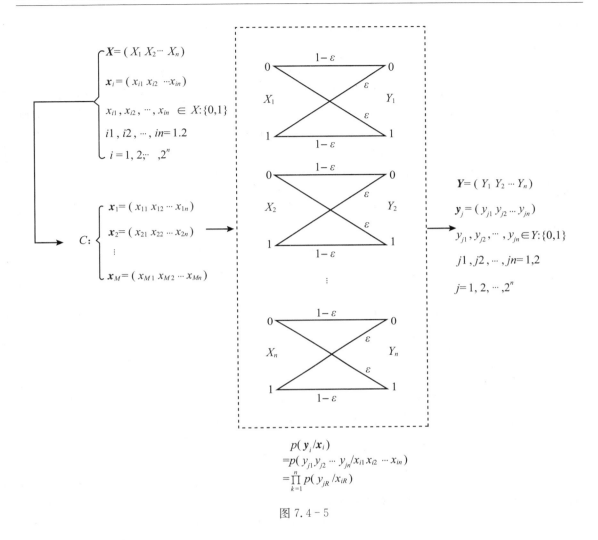

图 7.4-5

用 Ω 表示 n 次扩展信道的输入序列 $\boldsymbol{x}_i = (x_{i1}x_{i2}\cdots x_{in})(i=1,2,\cdots,2^n)$ 与输出序列 $\boldsymbol{y}_j = (y_{j1}y_{j2}\cdots y_{jn})(j=1,2,\cdots,2^n)$ 组成的随机矢量对 $(\boldsymbol{x}_i,\boldsymbol{y}_j)$ 构成的集合. 在集合 Ω 中共包含 $(2^n \times 2^n)$ 个随机矢量对 $(\boldsymbol{x}_i,\boldsymbol{y}_j)(i=1,2,\cdots,2^n;j=1,2,\cdots,2^n)$. 在集合 Ω 中,定义一个子集

$$T \triangleq \{(\boldsymbol{x},\boldsymbol{y}):I(\boldsymbol{x};\boldsymbol{y}) \geqslant nr'\} \tag{7.4-50}$$

其中,$\boldsymbol{x},\boldsymbol{y}$ 之间的平均交互信息

$$I(\boldsymbol{x};\boldsymbol{y}) = \log \frac{p(\boldsymbol{y}/\boldsymbol{x})}{p(\boldsymbol{y})} \tag{7.4-51}$$

由(7.4-50)式可看出,子集 T 是这样一个集合:在 n 次扩展信道两端的 2^n 种长度为 n 的输入序列 $\boldsymbol{x}_i(i=1,2,\cdots,2^n)$,与 2^n 种长度为 n 的输出序列 $\boldsymbol{y}_j(j=1,2,\cdots,2^n)$ 组成的集合 Ω 中的一个子集,在这个集合中,平均互信息 $I(\boldsymbol{x};\boldsymbol{y}) \geqslant nr'$,即 $I(\boldsymbol{x};\boldsymbol{y})$ 不小于 nr'.

为了用汉明距离描述定义(7.4-50)式,设 $\boldsymbol{x}$ 和 $\boldsymbol{y}$ 之间的汉明距离为

$$d_H(\boldsymbol{x},\boldsymbol{y}) \triangleq d \tag{7.4-52}$$

则 $\boldsymbol{x}$ 和 $\boldsymbol{y}$ 的传递概率 $p(\boldsymbol{y}/\boldsymbol{x})$ 可用汉明距离 $d_H(\boldsymbol{x}, \boldsymbol{y})$ 的形式表示为

$$
\begin{aligned}
p(\boldsymbol{y}/\boldsymbol{x}) &= p(y_1 y_2 \cdots y_n / x_1 x_2 \cdots x_n) \\
&= p(y_1/x_1) p(y_2/x_2) \cdots p(y_n/x_n) = \varepsilon^d (1-\varepsilon)^{(n-d)}
\end{aligned} \tag{7.4-53}
$$

(7.4-47)式表明,已假定 n 次扩展信道的输入随机矢量 $\boldsymbol{X} = X_1 X_2 \cdots X_n$ 中各随机变量 X_1, $X_2, \cdots, X_n$ 之间统计独立. 由于信道 $(X-Y)$ 是离散无记忆,所以它的 n 次扩展信道的输出随机矢量 $\boldsymbol{Y} = Y_1 Y_2 \cdots Y_n$ 中各随机变量 $Y_1, Y_2, \cdots, Y_n$ 之间同时统计独立,即有

$$
p(\boldsymbol{y}) = p(y_1 y_2 \cdots y_n) = p(y_1) p(y_2) \cdots p(y_n) \tag{7.4-54}
$$

假定图 7.4-4 所示离散无记忆二进制对称信道的输入随机变量 X,是信道的匹配信源,即其概率分布为

$$
P\{X = 0\} = P\{X = 1\} = 0.5 \tag{7.4-55}
$$

则其输出随机变量 Y 的概率分布为

$$
\begin{aligned}
P\{Y = 0\} &= P\{X = 0\} \cdot P\{Y = 0/X = 0\} + P\{X = 1\} \cdot P\{Y = 0/X = 1\} \\
&= \frac{(1-\varepsilon)}{2} + \frac{\varepsilon}{2} = \frac{1}{2}
\end{aligned} \tag{7.4-56}
$$

$$
\begin{aligned}
P\{Y = 1\} &= P\{X = 0\} \cdot P\{Y = 1/X = 0\} + P\{X = 1\} \cdot P\{Y = 1/X = 1\} \\
&= \frac{\varepsilon}{2} + \frac{1-\varepsilon}{2} = \frac{1}{2}
\end{aligned} \tag{7.4-57}
$$

由(7.4-54)式,有

$$
p(\boldsymbol{y}) = p(y_1) p(y_2) \cdots p(y_n) = \left(\frac{1}{2}\right)^n = 2^{-n} \tag{7.4-58}
$$

这样,由(7.4-54)式、(7.4-58)式,(7.4-51)式可改写为

$$
\begin{aligned}
I(\boldsymbol{x}; \boldsymbol{y}) &= \log \frac{p(\boldsymbol{y}/\boldsymbol{x})}{p(\boldsymbol{y})} = \log \frac{\varepsilon^d (1-\varepsilon)^{(n-d)}}{2^{-n}} \\
&= \log\{2^n \varepsilon^d (1-\varepsilon)^{(n-d)}\}
\end{aligned} \tag{7.4-59}
$$

由此,(7.4-50)式定义的子集 T 的条件又可改写为

$$
\log\{2^n \varepsilon^d (1-\varepsilon)^{n-d}\} \geqslant n r' \tag{7.4-60}
$$

即得

$$
d \leqslant n \cdot \frac{(1-r') + \log(1-\varepsilon)}{\log(1-\varepsilon) - \log \varepsilon} \tag{7.4-61}
$$

这表明,由(7.4-50)式定义的集合 Ω 的子集 T,就是汉明距离 $d_H(\boldsymbol{x}, \boldsymbol{y})$ 不超过(7.4-61)式所示上界的 $(\boldsymbol{x}, \boldsymbol{y})$ 的集合. 若把 $\boldsymbol{y}$ 当作球心,(7.4-61)式所示上界值为半径(如图 7.4-6 所示),那么,(7.4-50)式定义的子集 T 所含有的 $(\boldsymbol{x}, \boldsymbol{y})$ 中的 $\boldsymbol{x}$,都落在球体 $S(\boldsymbol{y})$ 上或球体 $S(\boldsymbol{y})$ 内.

现设

$$
C: \{\boldsymbol{x}_1, \boldsymbol{x}_2, \cdots, \boldsymbol{x}_M\} \tag{7.4-62}
$$

是一个长度为 n 的信道编码. 选择译码规则:若发送码字 $\boldsymbol{x}_i$,接收到序列 $\boldsymbol{y}$,若球体

$$
S(\boldsymbol{y}): \left\{\boldsymbol{x}: d_H(\boldsymbol{x}, \boldsymbol{y}) \leqslant n \cdot \frac{(1-r') + \log(1-\varepsilon)}{\log(1-\varepsilon) - \log \varepsilon}\right\} \tag{7.4-63}
$$

精确无疑地只含有一个码字 $\boldsymbol{x}_i$,则 $F(\boldsymbol{y}) = \boldsymbol{x}_i$;若 $S(\boldsymbol{y})$ 不含有任何码字,或含有多于一个码字,则 $F(\boldsymbol{y}) = ?$,即发生错误译码. 对于这样的译码规则,当且仅当 $\boldsymbol{x}_i \overline{\in} s(\boldsymbol{y})$,或者虽然 $\boldsymbol{x}_i \in S(\boldsymbol{y})$,但

同时有 $\boldsymbol{x}_j \in S(\boldsymbol{y})(j \neq i)$ 时,出现一个错误译码(如图 7.4 - 6 所示).

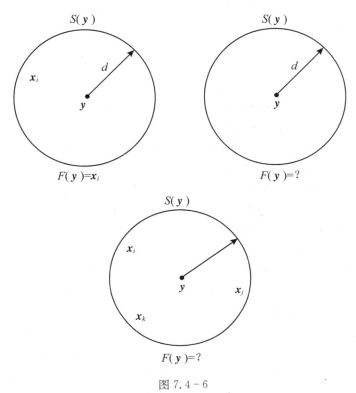

图 7.4 - 6

这种译码规则应该说不是最好的,但相对来说,这种译码规则比较容易进行理论分析,而且对信道编码定理的证明已具备令人满意的精确程度.

对于这样的译码规则,在发码字 $\boldsymbol{x}_i (i=1,2,\cdots,M)$ 的前提下,发生错误译码的概率——误码率

$$p_e^{(i)} = P\{\boldsymbol{x}_i \overline{\in} S(\boldsymbol{y})\} + P\{\boldsymbol{x}_i \in S(\boldsymbol{y})\} \cdot \sum_{j \neq i} P\{\boldsymbol{x}_j \in S(\boldsymbol{y})\} \tag{7.4-64}$$

因为

$$P\{\boldsymbol{x}_i \in S(\boldsymbol{y})\} < 1 \quad (i=1,2,\cdots,M) \tag{7.4-65}$$

所以,(7.4 - 64)式可改写为

$$p_e^{(i)} \leqslant P\{\boldsymbol{x}_i \overline{\in} S(\boldsymbol{y})\} + \sum_{j \neq i} P\{\boldsymbol{x}_j \in S(\boldsymbol{y})\} \tag{7.4-66}$$

其中,$P\{\boldsymbol{x}_i \overline{\in} S(\boldsymbol{y})\}$ 表示,码字 $\boldsymbol{x}_i (i=1,2,\cdots,M)$ 不在以 $\boldsymbol{y}$ 为球心、d 为半径的球体 $S(\boldsymbol{y})$ 内的概率;$P\{\boldsymbol{x}_j \in S(\boldsymbol{y})\}_{i \neq j}$ 表示,除了所发码字 $\boldsymbol{x}_i (i=1,2,\cdots,M)$ 以外的其他码字 $\boldsymbol{x}_j (j \neq i)$ 在以 $\boldsymbol{y}$ 为球心、d 为半径的球体 $S(\boldsymbol{y})$ 内的概率;$P\{\boldsymbol{x}_i \in S(\boldsymbol{y})\}$ 表示,所发码字 $\boldsymbol{x}_i (i=1,2,\cdots,M)$ 在以 $\boldsymbol{y}$ 为球心、d 为半径的球体 $S(\boldsymbol{y})$ 内的概率.

定义集合 T 的"示性函数"

$$\Delta(\boldsymbol{x},\boldsymbol{y}) = \begin{cases} 1 & (\boldsymbol{x},\boldsymbol{y}) \in T \\ 0 & (\boldsymbol{x},\boldsymbol{y}) \overline{\in} T \end{cases} \tag{7.4-67}$$

$$\overline{\Delta}(\boldsymbol{x},\boldsymbol{y}) = \begin{cases} 0 & (\boldsymbol{x},\boldsymbol{y}) \in T \\ 1 & (\boldsymbol{x},\boldsymbol{y}) \overline{\in} T \end{cases} \tag{7.4-68}$$

这样(7.4-66)式可改写为

$$p_e^{(i)} \leqslant \sum_{\boldsymbol{y}} \overline{\Delta}(\boldsymbol{x},\boldsymbol{y}) p(\boldsymbol{y}/\boldsymbol{x}_i) + \sum_{j \neq i} \sum_{\boldsymbol{y}} \Delta(\boldsymbol{x}_j,\boldsymbol{y}) p(\boldsymbol{y}/\boldsymbol{x}_i)$$

$$= Q(\boldsymbol{x}_1,\boldsymbol{x}_2,\cdots,\boldsymbol{x}_M) \tag{7.4-69}$$

我们的目的是用某种方法,找到一种信道编码 $C: \{\boldsymbol{x}_1,\boldsymbol{x}_2,\cdots,\boldsymbol{x}_M\}$,使这个码的 $Q_i(i=1,2,\cdots,M)$ 的值,同时对所有 $i(i=1,2,\cdots,M)$ 都非常小. 然而,(7.4-69)式所示 $Q_i(i=1,2,\cdots,M)$ 是一个结构非常复杂的函数,不能明确地计算出函数的数值,甚至近似估计也非常困难. 但每一个码字 $\boldsymbol{x}_i(i=1,2,\cdots,M)$ 都是有一定的概率分布的,其概率可表示为 $p(\boldsymbol{x}_i)(i=1,2,\cdots,M)$. 如每一个码字 $\boldsymbol{x}_i(i=1,2,\cdots,M)$ 都是统计独立地选择,选择每一码字 $\boldsymbol{x}_i(i=1,2,\cdots,M)$ 时,不受已经选定的其他码字 $\boldsymbol{x}_j(j=1,2,\cdots,M)$ 的任何影响. 这样,信道编码 $C: \{\boldsymbol{x}_1,\boldsymbol{x}_2,\cdots,\boldsymbol{x}_M\}$ 也是有一定的概率分布的,正如(7.4-47)式所示,其概率为

$$p(C) = p(\boldsymbol{x}_1\boldsymbol{x}_2\cdots\boldsymbol{x}_M) = p(\boldsymbol{x}_1)p(\boldsymbol{x}_2)\cdots p(\boldsymbol{x}_M) \tag{7.4-70}$$

这就是说,我们在长度为 n 的 2^n 种不同的扩展信道的输入序列 $\boldsymbol{x}_i = (x_{i1}x_{i2}\cdots x_{in})\{x_{i1},x_{i2},\cdots,x_{in} \in \{0,1\}; i1,i2,\cdots,in=1,2; i=1,2,\cdots,2^n\}$ 中是以概率 $p(C)$ 组成信道编码 $C: \{\boldsymbol{x}_1,\boldsymbol{x}_2,\cdots,\boldsymbol{x}_M\}$. 所以,这种码是一种随机码.

明确了信道编码 $C: \{\boldsymbol{x}_1,\boldsymbol{x}_2,\cdots,\boldsymbol{x}_M\}$ 的随机性这一概念后,估计 Q 的值就有了希望. 虽然计算一个特定的码的 $Q_i(i=1,2,\cdots,M)$ 是不可能的,但是在 2^n 种长度为 n 的输入序列 $\boldsymbol{x}_i = (x_{i1}x_{i2}\cdots x_{in})(i=1,2,\cdots,2^n)$ 组成的集合 Ω 中,随机地选择 M 个长度为 n 的序列 $\boldsymbol{x}_1,\boldsymbol{x}_2,\cdots,\boldsymbol{x}_M$ 作为码字,组成信道编码 $C: \{\boldsymbol{x}_1,\boldsymbol{x}_2,\cdots,\boldsymbol{x}_M\}$,当这种选择取遍集合 Ω 时,估计 $Q_i(i=1,2,\cdots,M)$ 的统计平均值是可能的. 这样,估量随机编码的 $Q_i(i=1,2,\cdots,M)$ 就成为了可能.

现把 $Q_i(i=1,2,\cdots,M)$ 看作是由 2^n 种长度为 n 的 n 次扩展信道的输入序列组成的样本空间上的一个随机变量. 由(7.4-66)式可得其统计平均值

$$E(Q_i) = E\left\{\sum_{\boldsymbol{y}} \overline{\Delta}(\boldsymbol{x}_i,\boldsymbol{y}) p(\boldsymbol{y}/\boldsymbol{x}_i)\right\} + \sum_{j \neq i} E\left\{\sum_{\boldsymbol{y}} \Delta(\boldsymbol{x}_j,\boldsymbol{y}) p(\boldsymbol{y}/\boldsymbol{x}_i)\right\} \tag{7.4-71}$$

在(7.4-71)式中,分别令

$$\begin{aligned} E_1 &= E\left\{\sum_{\boldsymbol{y}} \overline{\Delta}(\boldsymbol{x}_i,\boldsymbol{y}) p(\boldsymbol{y}/\boldsymbol{x}_i)\right\} \\ E_2^{(j)} &= E\left\{\sum_{\boldsymbol{y}} \Delta(\boldsymbol{x}_j,\boldsymbol{y}) p(\boldsymbol{y}/\boldsymbol{x}_i)\right\} \end{aligned} \right\} \tag{7.4-72}$$

则(7.4-71)式可改写为

$$E(Q_i) = E_1 + \sum_{j \neq i} E_2^{(j)} \tag{7.4-73}$$

1. 界定 E_1

由(7.4-70)式和(7.4-72)式,有

$$E_1 = \sum_C p(C) \sum_{\boldsymbol{y}} \overline{\Delta}(\boldsymbol{x}_i,\boldsymbol{y}) p(\boldsymbol{y}/\boldsymbol{x}_i)$$

$$= \sum_{\boldsymbol{x}_1}\cdots\sum_{\boldsymbol{x}_M} p(\boldsymbol{x}_1)p(\boldsymbol{x}_2)\cdots p(\boldsymbol{x}_M) \sum_{\boldsymbol{y}} \overline{\Delta}(\boldsymbol{x}_i,\boldsymbol{y}) p(\boldsymbol{y}/\boldsymbol{x}_i)$$

$$= \sum_{x_i} p(\boldsymbol{x}_i) \sum_{\boldsymbol{y}} \overline{\Delta}(\boldsymbol{x}_i, \boldsymbol{y}) p(\boldsymbol{y}/\boldsymbol{x}_i) = \sum_{x_i} \sum_{\boldsymbol{y}} p(\boldsymbol{x}_i) p(\boldsymbol{y}/\boldsymbol{x}_i) \overline{\Delta}(\boldsymbol{x}_i, \boldsymbol{y})$$

$$= \sum_{x} \sum_{y} p(\boldsymbol{xy}) \overline{\Delta}(\boldsymbol{x}, \boldsymbol{y}) = P\{(\boldsymbol{x}, \boldsymbol{y}) \overline{\in} T\} \tag{7.4-74}$$

由(7.4-50)式对子集 T 的定义可知,(7.4-74)式所示概率

$$P\{(\boldsymbol{x}, \boldsymbol{y}) \overline{\in} T\} = P\{I(\boldsymbol{x}; \boldsymbol{y}) < n r'\} \tag{7.4-75}$$

由(7.4-48)式、(7.4-55)式可知,已假定随机变量 X 是离散无记忆二进制对称信道($X-Y$)的匹配信源,离散无记忆二进制对称信道($X-Y$)的 n 次扩展信道的输入随机矢量 $\boldsymbol{X}^n = X_1 X_2 \cdots X_n$ 中,随机变量 $X_1, X_2, \cdots, X_n$ 之间相互统计独立. 所以,有

$$I(\boldsymbol{x}; \boldsymbol{y}) = nC \tag{7.4-76}$$

其中,C 表示图 7.4-4 所示离散无记忆二进制对称信道($X-Y$)的信道容量. 由(7.4-49)式关于 r' 的设定,根据弱大数定理,即可得

$$\lim_{n \to \infty} P\{I(\boldsymbol{x}; \boldsymbol{y}) < n r'\} = 0 \tag{7.4-77}$$

这样,由(7.4-74)式、(7.4-75)式和(7.4-77)式即证得

$$\lim_{n \to \infty} E_1 = 0 \tag{7.4-78}$$

这表明,通过选择足够大的 n,E_1 可以达到所希望的那么小.

2. 界定 $E_2^{(j)}$

由(7.4-73)式所示的

$$E_2^{(j)} = E\left\{ \sum_{\boldsymbol{y}} \Delta(\boldsymbol{x}_j, \boldsymbol{y}) p(\boldsymbol{y}/\boldsymbol{x}_i) \right\} = \sum_{C} p(C) \sum_{\boldsymbol{y}} \Delta(\boldsymbol{x}_j, \boldsymbol{y}) p(\boldsymbol{y}/\boldsymbol{x}_i)$$

$$= \sum_{x_1} \cdots \sum_{x_M} p(\boldsymbol{x}_1) p(\boldsymbol{x}_2) \cdots p(\boldsymbol{x}_M) \sum_{\boldsymbol{y}} \Delta(\boldsymbol{x}_j, \boldsymbol{y}) p(\boldsymbol{y}/\boldsymbol{x}_i)$$

$$= \sum_{x_j} \sum_{x_i} p(\boldsymbol{x}_j) p(\boldsymbol{x}_i) \sum_{\boldsymbol{y}} \Delta(\boldsymbol{x}_j, \boldsymbol{y}) p(\boldsymbol{y}/\boldsymbol{x}_i)$$

$$= \sum_{x_j} \sum_{\boldsymbol{y}} p(\boldsymbol{x}_j) \Delta(\boldsymbol{x}_j, \boldsymbol{y}) \sum_{x_i} p(\boldsymbol{x}_i) p(\boldsymbol{y}/\boldsymbol{x}_i)$$

$$= \sum_{x_j} \sum_{\boldsymbol{y}} p(\boldsymbol{x}_j) \Delta(\boldsymbol{x}_j, \boldsymbol{y}) \sum_{x_i} p(\boldsymbol{x}_i \boldsymbol{y})$$

$$= \sum_{x_j} \sum_{\boldsymbol{y}} p(\boldsymbol{x}_j) \Delta(\boldsymbol{x}_j, \boldsymbol{y}) p(\boldsymbol{y}) \tag{7.4-79}$$

由示性函数(7.4-67)式可知,(7.4-79)式所示概率,等于接收序列 $\boldsymbol{y}$ 的概率分布 $p(\boldsymbol{y})$,与落在球体 $S(\boldsymbol{y})$ 内的除了发送码字 $\boldsymbol{x}_i (i=1, 2, \cdots, M)$ 以外的所有其他码字 $\boldsymbol{x}_j (j \neq i)$ 的概率 $p(\boldsymbol{x}_j) (j \neq i)$ 的乘积之和. 显然,对于由(7.4-50)式定义的子集 T 中的所有序列,对 $(\boldsymbol{x}, \boldsymbol{y}) \in T$ 来说,一定有

$$E_2^{(j)} = \sum_{x_j} \sum_{\boldsymbol{y}} p(\boldsymbol{x}_j) p(\boldsymbol{y}) \Delta(\boldsymbol{x}_j, \boldsymbol{y}) \leqslant \sum_{x} \sum_{y} p(\boldsymbol{x}) p(\boldsymbol{y}) \tag{7.4-80}$$

而对子集 T 中的所有序列对 $(\boldsymbol{x}, \boldsymbol{y}) \in T$ 来说,都有

$$I(\boldsymbol{x}; \boldsymbol{y}) = \log \frac{p(\boldsymbol{xy})}{p(\boldsymbol{x}) p(\boldsymbol{y})} \geqslant n r' \tag{7.4-81}$$

即可得

$$p(\boldsymbol{x})p(\boldsymbol{y}) \leqslant p(\boldsymbol{xy})2^{-(nr')} \tag{7.4-82}$$

则界定 $E_2^{(j)}$ 的表达式(7.4-80)可改写为

$$E_2^{(j)} \leqslant \sum_x \sum_y p(\boldsymbol{x})p(\boldsymbol{y}) \leqslant \sum_x \sum_y p(\boldsymbol{xy})2^{-(nr')} \tag{7.4-83}$$

由此可知,$E_2^{(j)}$ 与 j 无关. 所以(7.4-73)式中的第二项

$$\sum_{j \neq i} E_2^{(j)} \leqslant M \cdot 2^{-(nr')} \tag{7.4-84}$$

3. 对 $E(Q_i)$ 的估算

由(7.4-74)式、(7.4-84)式可知,(7.4-73)式可改写为

$$E(Q_i) = E_1 + \sum_{j \neq i} E_2^{(j)} = P\{(\boldsymbol{x},\boldsymbol{y}) \overline{\in} T\} + \sum_{j \neq i} E_2^{(j)}$$

$$\leqslant P\{(\boldsymbol{x},\boldsymbol{y}) \overline{\in} T\} + M \cdot 2^{-(nr')} \tag{7.4-85}$$

由(7.4-78)式可知,(7.4-85)式中的第一项,当 n 足够大($n \to \infty$)时,可变成任意小.

若取 $M = 2 \cdot 2^{(nr)}$,则(7.4-85)式中的第二项为

$$M \cdot 2^{-(nr')} = [2 \cdot 2^{(nr)}] \cdot 2^{-(nr')}$$

$$= 2 \cdot 2^{-n(r'-r)} \tag{7.4-86}$$

由(7.4-44)式已设定 $r' > r$,所以当 n 足够大($n \to \infty$)时,(7.4-86)式可以达到所期望的那么小.

由(7.4-78)式、(7.4-86)式可知,可以通过选择足够大的 $n(n \to \infty)$,满足 $M = 2 \cdot 2^{(nr)}$,使得

$$E(Q_i) < \frac{\varepsilon}{2} \tag{7.4-87}$$

4. 对 $p_e^{(i)}$ 的估算

现令信道编码 $C:\{\boldsymbol{x}_1,\boldsymbol{x}_2,\cdots,\boldsymbol{x}_M\}$ 每一码字 $\boldsymbol{x}_i(i=1,2,\cdots,M)$ 的错误概率 $p_e^{(i)}(\boldsymbol{x}_1,\boldsymbol{x}_2,\cdots,\boldsymbol{x}_M)(i=1,2,\cdots,M)$ 的统计平均值

$$P_e(\boldsymbol{x}_1,\boldsymbol{x}_2,\cdots,\boldsymbol{x}_M) = \underset{C}{E}\{p_e^{(i)}\} = \sum_{i=1}^M p(\boldsymbol{x}_i)p_e^{(i)} \tag{7.4-88}$$

假定每一码字 $\boldsymbol{x}_i(i=1,2,\cdots,M)$ 都是以概率

$$p(\boldsymbol{x}_i) = \frac{1}{M} \quad (i=1,2,\cdots,M) \tag{7.4-89}$$

输入 n 次扩展信道,则(7.4-88)式可改写为

$$P_e(\boldsymbol{x}_1,\boldsymbol{x}_2,\cdots,\boldsymbol{x}_M) = \frac{1}{M}\sum_{i=1}^M p_e^{(i)}(\boldsymbol{x}_1,\boldsymbol{x}_2,\cdots,\boldsymbol{x}_M) \tag{7.4-90}$$

由(7.4-47)式可知,信道编码 $C:\{\boldsymbol{x}_1,\boldsymbol{x}_2,\cdots,\boldsymbol{x}_M\}$ 是以概率

$$p(c) = p(\boldsymbol{x}_1,\boldsymbol{x}_2,\cdots,\boldsymbol{x}_M) = p(\boldsymbol{x}_1)p(\boldsymbol{x}_2)\cdots p(\boldsymbol{x}_M) \tag{7.4-91}$$

随机地选择的,所以(7.4-90)式所示 $P_e(\boldsymbol{x}_1,\boldsymbol{x}_2,\cdots,\boldsymbol{x}_M)$ 同样是所有可能被选为码字的 2^n 个长度为 n 的序列 $\boldsymbol{x}=(x_1x_2\cdots x_n)$ 组成的样本空间中的随机变量,在这个样本空间中的统计平均值为

$$\underset{\boldsymbol{x}}{E}\{P_e(\boldsymbol{x}_1,\boldsymbol{x}_2,\cdots,\boldsymbol{x}_M)\} = \underset{\boldsymbol{x}}{E}\left\{\frac{1}{M}\sum_{i=1}^M p_e^{(i)}(\boldsymbol{x}_1,\boldsymbol{x}_2,\cdots,\boldsymbol{x}_M)\right\}$$

$$= \frac{1}{M} \sum_{i=1}^{M} \{ E_x [p_e^{(i)}(\boldsymbol{x}_1, \boldsymbol{x}_2, \cdots, \boldsymbol{x}_M)] \} \tag{7.4-92}$$

由(7.4-69)式可知,

$$p_e^{(i)}(\boldsymbol{x}_1, \boldsymbol{x}_2, \cdots, \boldsymbol{x}_M) \leqslant Q_i(\boldsymbol{x}_1, \boldsymbol{x}_2, \cdots, \boldsymbol{x}_M) \tag{7.4-93}$$

所以,有

$$E_x [p_e^{(i)}(\boldsymbol{x}_1, \boldsymbol{x}_2, \cdots, \boldsymbol{x}_M)] \leqslant E[Q_i(\boldsymbol{x}_1, \boldsymbol{x}_2, \cdots, \boldsymbol{x}_M)] \tag{7.4-94}$$

由(7.4-87)式可知,$Q_i(\boldsymbol{x}_1, \boldsymbol{x}_2, \cdots, \boldsymbol{x}_M)(i=1,2,\cdots,M)$在由 2^n 个长度为 n 的序列 $\boldsymbol{x}=(x_1, x_2, \cdots, x_n)$ 组成的样本空间中的统计平均值

$$E(Q_i) < \frac{\varepsilon}{2} \tag{7.4-95}$$

由此,(7.4-92)式可改写为

$$E_x \{ P_e(\boldsymbol{x}_1, \boldsymbol{x}_2, \cdots, \boldsymbol{x}_M) \} \leqslant \frac{1}{M} \sum_{i=1}^{M} \left(\frac{\varepsilon}{2} \right) = \frac{\varepsilon}{2} \tag{7.4-96}$$

(7.4-96)式表明,离散无记忆二进制对称信道(X-Y)的 n 次扩展信道的输入随机矢量 $\boldsymbol{X}=X_1 X_2 \cdots X_n$ 组成 2^n 种长度为 n 的序列集合 $A_X^n : \{ \boldsymbol{x}=(x_1 x_2 \cdots x_n) \}$ 在这个集合中,统计独立地按一定概率分布选择码字 $\boldsymbol{x}_1, \boldsymbol{x}_2, \cdots, \boldsymbol{x}_M$,组成信道编码 $C : \{ \boldsymbol{x}_1, \boldsymbol{x}_2, \cdots, \boldsymbol{x}_M \}$. 信道编码 C 中每一个码字 $\boldsymbol{x}_i (i=1,2,\cdots,M)$ 的误码率,在集合 A_X^n 上的统计平均值 $E \{ P_e(\boldsymbol{x}_1, \boldsymbol{x}_2, \cdots, \boldsymbol{x}_M) \}$ 小于 $(\varepsilon/2)$(ε 为大于 0 的任意小的数).

由此,必定存在一个特定的信道编码 $C : \{ \boldsymbol{x}_1, \boldsymbol{x}_2, \cdots, \boldsymbol{x}_M \}$,它的每一个码字 $\boldsymbol{x}_i (i=1,2,\cdots,M)$ 的误码率

$$p_e^{(i)}(\boldsymbol{x}_1, \boldsymbol{x}_2, \cdots, \boldsymbol{x}_M) < \varepsilon/2 \quad (i=1,2,\cdots,M) \tag{7.4-97}$$

5. 对 M 的估算

由(7.4-96)式可知,按一定概率分布组成的信道编码 $C : \{ \boldsymbol{x}_1, \boldsymbol{x}_2, \cdots, \boldsymbol{x}_M \}$ 中,可能包含有

$$p_e^{(i)}(\boldsymbol{x}_1, \boldsymbol{x}_2, \cdots, \boldsymbol{x}_M) \geqslant \varepsilon \tag{7.4-98}$$

的码字 $\boldsymbol{x}_i$. 但由(7.4-96)式可知,这种码字数一定不会超过在(7.4-86)式中已设定的 $(2 \cdot 2^{(nr)})$ 的一半. 因为如果超过一半,就会得到与(7.4-96)式相矛盾的结论. 所以,可以从信道编码 C 中,删除符合(7.4-98)式的这些码字,使码字数满足

$$M \geqslant 2^{(nr)} \tag{7.4-99}$$

这里还要提醒注意,因为

$$p_e^{(i)} = \sum_y \{ p(\boldsymbol{y}/\boldsymbol{x}_i) ; \boldsymbol{y} \in \overline{F^{-1}(\boldsymbol{x}_i)} \} \tag{7.4-100}$$

所以,从码中删除那些 $p_e^{(i)} \geqslant \varepsilon$ 的码字,不会改变留下来的码字的 $p_e^{(i)}$.

这样,定理 7.6 就得到了证明.

定理告诉我们:第一,由定理 7.6 中的(1),即

$$M \geqslant 2^{(nr)} \tag{7.4-101}$$

可知,信道编码 $C : \{ \boldsymbol{x}_1, \boldsymbol{x}_2, \cdots, \boldsymbol{x}_M \}$ 每一个码符号(信道符号)所携带的平均信息量,即信道编码 C 的码率

$$R = \frac{\log M}{n} \geqslant \frac{\log 2^{(nr)}}{n} = r \tag{7.4-102}$$

定理 7.6 假定

$$r < C \qquad\qquad (7.4-103)$$

这表明,信道编码 C:$\{x_1,x_2,\cdots,x_M\}$ 的码率 R(比特/码符号)可无限接近于信道容量. 若信道每单位时间传递一个码符号(信道符号),则信道编码通信系统的信息传输速率 R_t(比特/单位时间)可无限接近于信道容量 C_t(比特/单位时间),使信道编码通信系统的有效性达到理想的程度.

第二,由定理 7.6 中(2),即信道编码 C:$\{x_1,x_2,\cdots,x_M\}$ 每一码符号 x_i($i=1,2,\cdots,M$)的误码率

$$p_e^{(i)} < \varepsilon \quad (i=1,2,\cdots,M) \qquad\qquad (7.4-104)$$

而定理 7.6 假定

$$\varepsilon > 0 \qquad\qquad (7.4-105)$$

这表明,随着码字长度 n 的增大,每一码字 x_i($i=1,2,\cdots,M$)的误码率 $p_e^{(i)}$($i=1,2,\cdots,M$)可无限接近于零,使信道编码通信系统的可靠性达到令人满意的程度.

综上所述,抗干扰信道编码定理指出,在码率 R(比特/码符号)不超过信道容量 C(比特/信道符号)或信道编码通信系统的信息传输速率 R_t(比特/单位时间)不超过信道容量 C_t(比特/单位时间)的约束条件下,通过信道编码使通信系统达到既有效又可靠的可能性是存在的,实现通信系统最优化的前景是美好的!

【例 7.5】　设图 E7.5-1 中,信道($X-Y$)的输入符号集 X:$\{a_1,a_2,\cdots,a_r\}$、输出符号集 Y:$\{b_1,b_2,\cdots,b_s\}$、信道传递概率 $P(Y/X)$:$\{p(b_j/a_i)(i=1,2,\cdots,r;j=1,2,\cdots,s)\}$. 且有 $0<p(b_j/a_i)<1(i=1,2,\cdots,r;j=1,2,\cdots,s)$;$\sum_{j=1}^{s}p(b_j/a_i)=1(i=1,2,\cdots,r)$. 并设,按某准则选择译码规则 $F(b_j)=a^*(j=1,2,\cdots,s)$,平均误码率为 P_e.

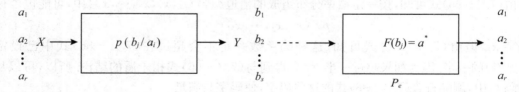

图 E7.5-1

试应用不等式 $\ln x \leqslant x-1(x>0)$ 证明费诺不等式

$$H(X/Y) \leqslant H(P_e) + P_e\ln(r-1)$$

解

① 一般地说,对于译码规则 $F(b_j)=a^*$,平均误码率

$$P_e = \sum_{j=1}^{s}\sum_{i\neq *}p(a_ib_j) \qquad\qquad (1)$$

则平均正确译码概率

$$P_r = 1-P_e = \sum_{i=1}^{r}\sum_{j=1}^{s}p(a_ib_j) - \sum_{j=1}^{s}\sum_{i\neq *}p(a_ib_j)$$

$$= \sum_{j=1}^{s} \sum_{i=*} p(a_i b_j) \tag{2}$$

根据熵函数的定义,有

$$H(P_e) = P_e \ln \frac{1}{P_e} + (1 - P_e) \ln \frac{1}{1 - P_e} \tag{3}$$

由(1)式、(2)式和(3)式,则有

$$H(P_e) + P_e \ln(r - 1)$$

$$= P_e \ln \frac{1}{P_e} + (1 - P_e) \ln \frac{1}{1 - P_e} + P_e \ln(r - 1)$$

$$= P_e \ln \frac{r - 1}{P_e} + (1 - P_e) \ln \frac{1}{1 - P_e}$$

$$= \Big[\sum_{j=1}^{s} \sum_{i \neq *} p(a_i b_j) \Big] \ln \frac{r - 1}{P_e} + \Big[\sum_{j=1}^{s} \sum_{i = *} p(a_i b_j) \Big] \ln \frac{1}{1 - P_e} \tag{4}$$

② 根据疑义度的定义,有

$$H(X/Y) = \sum_{j=1}^{s} \sum_{i=1}^{r} p(a_i b_j) \ln \frac{1}{p(a_i/b_j)}$$

$$= \sum_{j=1}^{s} \sum_{i \neq *} p(a_i b_j) \ln \frac{1}{p(a_i/b_j)} + \sum_{j=1}^{s} \sum_{i = *} p(a_i b_j) \ln \frac{1}{p(a_i/b_j)} \tag{5}$$

③ 由(4)式、(5)式,有

$$H(X/Y) - H(P_e) - P_e \ln(r - 1)$$

$$= \sum_{j=1}^{s} \sum_{i \neq *} p(a_i b_j) \ln \frac{1}{p(a_i/b_j)} + \sum_{j=1}^{s} \sum_{i = *} p(a_i b_j) \ln \frac{1}{p(a_i/b_j)}$$

$$- \Big[\sum_{j=1}^{s} \sum_{i \neq *} p(a_i b_j) \Big] \ln \frac{r - 1}{P_e} - \Big[\sum_{j=1}^{s} \sum_{i = *} p(a_i b_j) \Big] \ln \frac{1}{1 - P_e}$$

$$= \sum_{j=1}^{s} \sum_{i \neq *} p(a_i b_j) \ln \frac{P_e}{p(a_i/b_j)(r - 1)} + \sum_{j=1}^{s} \sum_{i = *} p(a_i b_j) \ln \frac{1 - P_e}{p(a_i/b_j)} \tag{6}$$

④ 应用不等式

$$\ln x \leqslant x - 1 \quad (x > 0) \tag{7}$$

则(6)式右边第一项中,对一切 $j(j = 1, 2, \cdots, s)$ 和 $i(i \neq *)$ 都有

$$\ln \frac{P_e}{p(a_i/b_j)(r - 1)} \leqslant \frac{P_e}{p(a_i/b_j)(r - 1)} - 1$$

$$(j = 1, 2, \cdots, s; i \neq *) \tag{8}$$

因而,有

$$\sum_{j=1}^{s} \sum_{i \neq *} p(a_i b_j) \ln \frac{P_e}{p(a_i/b_j)(r - 1)} \leqslant \sum_{j=1}^{s} \sum_{i \neq *} p(a_i b_j) \Big[\frac{P_e}{p(a_i/b_j)(r - 1)} - 1 \Big]$$

$$= \sum_{j=1}^{s} \sum_{i \neq *} \frac{p(a_i b_j) P_e}{p(a_i/b_j)(r - 1)} - \sum_{j=1}^{s} \sum_{i \neq *} p(a_i b_j) = \sum_{j=1}^{s} \sum_{i \neq *} p(b_j) \frac{P_e}{(r - 1)} - P_e$$

$$= \sum_{j=1}^{s} p(b_j) \sum_{i \neq *} \frac{P_e}{r - 1} - P_e = (r - 1) \frac{P_e}{r - 1} - P_e$$

$$= P_e - P_e = 0 \tag{9}$$

同样,(6)式右边第二项中,对一切 $j(j=1,2,\cdots,s)$ 和 $i(i=*)$ 都有

$$\ln \frac{1-P_e}{p(a_i/b_j)} \leqslant \frac{1-P_e}{p(a_i/b_j)} - 1 \tag{10}$$

因而,也有

$$\sum_{j=1}^{s} \sum_{i=*} p(a_ib_j) \ln \frac{1-P_e}{p(a_i/b_j)} \leqslant \sum_{j=1}^{s} \sum_{i=*} p(a_ib_j) \left[\frac{1-P_e}{p(a_i/b_j)} - 1 \right]$$

$$= \sum_{j=1}^{s} \sum_{i=*} \frac{p(a_ib_j)(1-P_e)}{p(a_i/b_j)} - \sum_{j=1}^{s} \sum_{i=*} p(a_i,b_j)$$

$$= \sum_{j=1}^{s} \sum_{i=*} p(b_j)(1-P_e) - (1-P_e)$$

$$= \sum_{j=1}^{s} p(b_j) \sum_{i=*} (1-P_e) - (1-P_e)$$

$$= (1-P_e) - (1-P_e) = 0 \tag{11}$$

⑤ 由(6)式、(9)式和(11)式,得

$$H(X/Y) - H(P_e) - P_e\ln(r-1) \leqslant 0 \tag{12}$$

即证得

$$H(X/Y) \leqslant H(P_e) + P_e\ln(r-1) \tag{13}$$

【例 7.6】 设离散无记忆信道 $(X$-$Y)$ 如图 E7.6-1 所示.令 n 和 k 为正整数,且 $k<n$. 现采用译码规则

$$F(y_1y_2\cdots y_n) = (y_1y_2\cdots y_k; ? ? \cdots ?)$$

试证明每一码字长度为 n 的信道编码

$$C: \{(x_1x_2\cdots x_k; ? ? \cdots ?)\} \quad x_i \in \{0,1\}; (i=1,2,\cdots,k)$$

的每一码字的误码率 $p_e^{(i)} = 0 \quad (i=1,2,\cdots,2^k = M)$

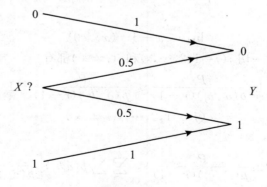

图 E7.6-1

解　为了使问题简明、直观,不妨设 $k=2,n=4$. 这时图 E7.6-1 所示信道(X-Y)的 $n=4$ 次扩展信道的输入和输出序列,如图 E7.6-2 所示.

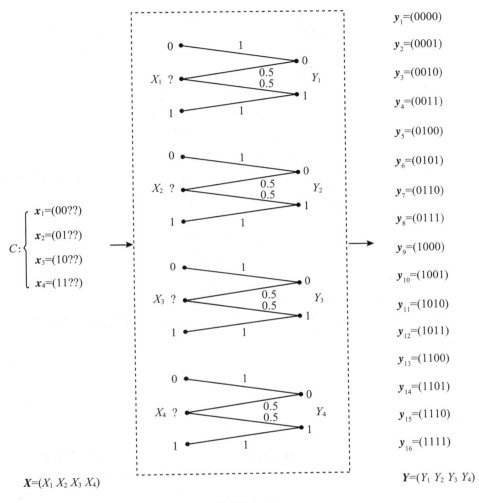

图 E7.6-2

根据译码规则,有

$$F(y_1 y_2 y_3 y_4) = (y_1 y_2 ? ?)$$

则 $n=4$ 次扩展信道输出端的 $2^n = 2^4 = 16$ 个长度为 $n=4$ 的序列 $y_j (j=1,2,\cdots,2^n = 2^4 = 16)$ 的译码函数分别为:

$$F(y_1) = F(0000) = (00??)$$
$$F(y_2) = F(0001) = (00??)$$
$$F(y_3) = F(0010) = (00??)$$
$$F(y_4) = F(0011) = (00??)$$
$$F(y_5) = F(0100) = (01??)$$
$$F(y_6) = F(0101) = (01??)$$

$$F(\boldsymbol{y}_7) = F(0110) = (01??)$$
$$F(\boldsymbol{y}_8) = F(0111) = (01??)$$
$$F(\boldsymbol{y}_9) = F(1000) = (10??)$$
$$F(\boldsymbol{y}_{10}) = F(1001) = (10??)$$
$$F(\boldsymbol{y}_{11}) = F(1010) = (10??)$$
$$F(\boldsymbol{y}_{12}) = F(1011) = (10??)$$
$$F(\boldsymbol{y}_{13}) = F(1100) = (11??)$$
$$F(\boldsymbol{y}_{14}) = F(1101) = (11??)$$
$$F(\boldsymbol{y}_{15}) = F(1110) = (11??)$$
$$F(\boldsymbol{y}_{16}) = F(1111) = (11??)$$

按信道编码规则，信道编码 $C: \{x_1, x_2, \cdots, x_k; ?? \cdots?\} x_i \in \{0,1\}; (i=1,2,\cdots,k)$ 共有 $M = 2^k = 2^2 = 4$ 种不同的码字，它们是：

$$C: \begin{cases} \boldsymbol{x}_1 = (00??) \\ \boldsymbol{x}_2 = (01??) \\ \boldsymbol{x}_3 = (10??) \\ \boldsymbol{x}_4 = (11??) \end{cases}$$

现以 $\boldsymbol{x}_1 = (00??)$ 为例，计算码字 $\boldsymbol{x}_1 = (00??)$ 的误码率 $p_e^{(1)}$.

若 $n=4$ 次扩展信道输入码字 $\boldsymbol{x}_1 = (00??)$，根据译码规则，能正确翻译为序列 $(00??)$ 的输出序列只有 $2^k = 2^2 = 4$ 个序列：

$$\boldsymbol{y}_1 = (0000)$$
$$\boldsymbol{y}_2 = (0001)$$
$$\boldsymbol{y}_3 = (0010)$$
$$\boldsymbol{y}_4 = (0011)$$

其余的 $2^n - 2^k = 2^4 - 2^2 = 16 - 4 = 12$ 个输出序列 $\boldsymbol{y}_j (j=5,6,\cdots,16)$ 都不能翻译成输入码字 $\boldsymbol{x}_1 = (00??)$. 所以，按 $(7.3-39)$ 式，在发码字 $\boldsymbol{x}_1 = (00??)$ 的前提下，采用译码规则

$$F(y_1 y_2 y_3 y_4) = (y_1 y_2 ? ?)$$

译码时的误码率

$$p_e^{(1)} = \sum_{j=5}^{16} p(\boldsymbol{y}_j / \boldsymbol{x}_i)$$
$$= p(0100/00??) + p(0101/00??) + p(0110/00??)$$
$$+ p(0111/00??) + p(1000/00??) + p(1001/00??)$$
$$+ p(1010/00??) + p(1011/00??) + p(1100/00??)$$
$$+ p(1101/00??) + p(1110/00??) + p(1111/00??)$$

因为图 E7.6-1 所示信道为离散无记忆信道，所以

$$p(\boldsymbol{y}_j / \boldsymbol{x}_i) = p(y_{j1} y_{j2} y_{j3} y_{j4} / x_{i1} x_{i2} x_{i3} x_{in})$$
$$= p(y_{j1} / x_{i1}) p(y_{j2} / x_{i2}) p(y_{j3} / x_{i3}) p(y_{j4} / x_{i4})$$

由此，得

$$p_e^{(1)} = p(0/0)p(1/0)p(0/?)p(0/?) + p(0/0)p(1/0)p(0/?)p(1/?)$$
$$+ p(0/0)p(1/0)p(1/?)p(0/?) + p(0/0)p(1/0)p(1/?)p(1/?)$$
$$+ p(1/0)p(0/0)p(0/?)p(0/?) + p(1/0)p(0/0)p(0/?)p(1/?)$$
$$+ p(1/0)p(0/0)p(1/?)p(0/?) + p(1/0)p(0/0)p(1/?)p(1/?)$$
$$+ p(1/0)p(1/0)p(0/?)p(0/?) + p(1/0)p(1/0)p(1/?)p(1/?)$$

由图 E7.6-1 所示信道传递特性,进而有

$$p_e^{(1)} = (1 \cdot 0 \cdot 1/2 \cdot 1/2) + (1 \cdot 0 \cdot 1/2 \cdot 1/2) + (1 \cdot 0 \cdot 1/2 \cdot 1/2)$$
$$+ (1 \cdot 0 \cdot 1/2 \cdot 1/2) + (0 \cdot 1 \cdot 1/2 \cdot 1/2) + (0 \cdot 1 \cdot 1/2 \cdot 1/2)$$
$$+ (0 \cdot 1 \cdot 1/2 \cdot 1/2) + (0 \cdot 1 \cdot 1/2 \cdot 1/2) + (0 \cdot 0 \cdot 1/2 \cdot 1/2)$$
$$+ (0 \cdot 0 \cdot 1/2 \cdot 1/2) + (0 \cdot 0 \cdot 1/2 \cdot 1/2) + (0 \cdot 0 \cdot 1/2 \cdot 1/2) = 0$$

对于 $\boldsymbol{x}_2 = (01??)$, $\boldsymbol{x}_3 = (10??)$, $\boldsymbol{x}_4 = (11??)$,按同样的方法,可证得

$$p_e^{(2)} = p_e^{(3)} = p_e^{(4)} = 0$$

由以上对 $\boldsymbol{x}_1 = (00??)$ 的误码率 $p_e^{(i)}$ 的具体计算过程可以发现,在发码字

$$\boldsymbol{x}_i = (x_{i1}x_{i2}\cdots x_{ik}; ? ? \cdots ?)$$
$$x_{i1}, x_{i2}, \cdots, x_{ik} \in X: \{0, 1\}$$
$$i1, i2, \cdots, ik = 1.2$$
$$i = 1, 2, \cdots, 2^k$$

的前提下,由译码规则

$$F(y_{j1}y_{j2}\cdots y_{jk}; y_{jk+1}\cdots y_{jn}) = (y_{j1}y_{j2}\cdots y_{jk}; ??\cdots?)$$

正确译为码字 $\boldsymbol{x}_i (i=1, 2, \cdots, 2^k)$ 的输出序列

$$\boldsymbol{y}_j = (y_{j1}y_{j2}\cdots y_{jk}; y_{jk+1}\cdots y_{jn}) \quad (j = 1, 2, \cdots, 2^n)$$

必须满足一个条件,即 $\boldsymbol{y}_j$ 的前 k 个符号必须与码字 $\boldsymbol{x}_i$ 的前 k 个符号完全一样,即必须有

$$(y_{j1}y_{j2}\cdots y_{jk}) = (x_{i1}x_{i2}\cdots x_{ik})$$

即

$$y_{jl} = x_{il} \quad (l = 1, 2, \cdots, k)$$

而凡是 $y_{j1}y_{j2}\cdots y_{jk}$ 中有一个符号与 $x_{i1}x_{i2}\cdots x_{ik}$ 不相同的 $\boldsymbol{y}_j$,都不能正确地翻译成发送码字 $\boldsymbol{x}_i = (x_{i1}x_{i2}\cdots x_{ik}; ?? \cdots?)$.考虑到图 E7.6-1 所示离散无记忆信道的传递特性,又考虑到码

$$C: \{(x_1 x_2 \cdots x_k; ??\cdots?)\} \quad x_i \in \{0, 1\}$$

所以 $\boldsymbol{x}_i$ 与所有不能翻译成 $\boldsymbol{x}_i = (x_{i1}x_{i2}\cdots x_{ik}; ?? \cdots?)$ 的 $\boldsymbol{y}_j = (y_{j1}y_{j2}\cdots y_{jk}; y_{jk+1}\cdots y_{jn})$ 之间的传递概率

$$p(\boldsymbol{y}_j/\boldsymbol{x}_i) = p(y_{j1}y_{j2}\cdots y_{jk}; y_{jk+1}\cdots y_{jn}/x_{i1}x_{i2}\cdots x_{ik}; ??\cdots?)$$
$$= p(y_{j1}/x_{i1})p(y_{j2}/x_{i2})\cdots p(y_{jk}/x_{ik})p(y_{jk+1}/?)\cdots p(y_{jn}/?)$$

中的前 k 个元素中,至少有一个等于零,则

$$p(\boldsymbol{y}_j/\boldsymbol{x}_i) = 0 \quad j \in \{F(\boldsymbol{y}_j) \neq \boldsymbol{x}_i\}$$

所以,

$$p_e^{(i)} = \sum_{F(\boldsymbol{y}_j) \neq \boldsymbol{x}_i} p(\boldsymbol{y}_j/\boldsymbol{x}_i) = 0$$

这样，$p_e^{(i)}=0(i=1,2,\cdots,M=2^k)$的一般结论就得到了证明.

实际上，只要认真分析一下本例中给定信道的传递特性和信道编码方法，就可以找出为什么信道编码C的每一个码字$\boldsymbol{x}_i$的误码率$p_e^{(i)}=0$的原因.

图 E7.6-1 所示离散无记忆信道是符号"0"和"1"的无噪信道.信道输入"0"，能以概率 1 输出"0"；信道输入"1"，能以概率 1 输出"1"，而信道编码

$$C: \{(x_1 x_2 \cdots x_k; ?? \cdots ?)\} \quad x_i \in \{0,1\}$$

前k个码符号$x_i \in \{0,1\}(i=1,2,\cdots,k)$，它们都能准确无误地通过信道，成为信道输出序列

$$\boldsymbol{y}_j = (y_{j1} y_{j2} \cdots y_{jk}; y_{jk+1} \cdots y_{jn})$$

中的前k个符号，信道编码C后面$(n-k)$个符号都是"?".对图 E7.6-1 所示信道传递特性来说，符号"?"通过信道是会发生错误传递的，以 1/2 的概率变为"0"，1/2 的概率变为"1".我们取的译码规则

$$F(y_{j1} y_{j2} \cdots y_{jk}; y_{jk+1} \cdots y_{jn}) = (y_{j1} y_{j2} \cdots y_{jk}; ?? \cdots ?)$$

把符号"?"可能会产生的错误全部予以自动纠正，保证后面$(n-k)$个符号"?"正确传递. 所以，这种信道编码再配上这种信道译码规则，保证了每一个码字$\boldsymbol{x}_i(i=1,2,\cdots,M=2^k)$的误码率$p_e^{(i)}=0(i=1,2,\cdots,M=2^k)$，使每一个码字$\boldsymbol{x}_i(i=1,2,\cdots,M=2^k)$都能正确无误地传递到信道的输出端. 当然，这种信道编码C的平均误码率P_e也达到了最小值$P_{e\min}=0$.

【**例 7.7**】 设离散无记忆信道$(X\text{-}Y)$的传递特性，如图 E7.7-1 所示.

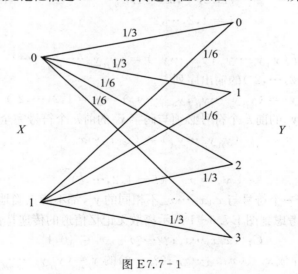

图 E7.7-1

若信道编码$C: \{\boldsymbol{x}_1=(00), \boldsymbol{x}_2=(11)\}$的译码规则如译码矩阵

	y_2			
y_1	0	1	2	3
0	00	00	00	?
1	00	00	?	11
2	00	?	11	11
3	?	11	11	11

所示. 试证明, 码字 $x_i (i=1,2)$ 的误码率 $p_e^{(i)} = 4/9 (i=1,2)$, 并改善以上译码规则, 使 $p_e^{(i)} = 1/3 (i=1,2)$.

解　信道编码 $C: \{x_1 = (00), x_2 = (11)\}$ 码字长度 $n=2$, 信道编码 C 的通信系统, 是信源 $X: \{0,1\}$ 的 $n=2$ 次扩展信源 $X = X_1 X_2$ 和图 E7.7-1 所示离散无记忆信道 $(X-Y)$ 的 $n=2$ 次扩展信道相接, 扩展信道的输入码字与输出序列, 如图 E7.7-2 所示.

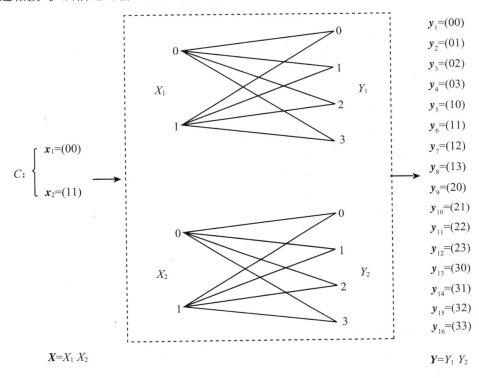

图 E7.7-2

由译码矩阵得译码规则

$$F(\boldsymbol{y}_1) = F(00) = (00) = \boldsymbol{x}_1$$

$$F(\boldsymbol{y}_2) = F(01) = (00) = \boldsymbol{x}_1$$

$$F(\boldsymbol{y}_3) = F(02) = (00) = \boldsymbol{x}_1$$

$$F(\boldsymbol{y}_4) = F(03) = (?)$$

$$F(\boldsymbol{y}_5) = F(10) = (00) = \boldsymbol{x}_1$$

$$F(\boldsymbol{y}_6) = F(11) = (00) = \boldsymbol{x}_1$$

$$F(\boldsymbol{y}_7) = F(12) = (?)$$

$$F(\boldsymbol{y}_8) = F(13) = (11) = \boldsymbol{x}_2$$

$$F(\boldsymbol{y}_9) = F(20) = (00) = \boldsymbol{x}_1$$

$$F(\boldsymbol{y}_{10}) = F(21) = (?)$$

$$F(\boldsymbol{y}_{11}) = F(22) = (11) = \boldsymbol{x}_2$$

$$F(\boldsymbol{y}_{12}) = F(23) = (11) = \boldsymbol{x}_2$$

$$F(\boldsymbol{y}_{13}) = F(30) = (?)$$

$$F(\boldsymbol{y}_{14}) = F(31) = (11) = \boldsymbol{x}_2$$

$$F(\boldsymbol{y}_{15}) = F(32) = (11) = \boldsymbol{x}_2$$

$$F(\boldsymbol{y}_{16}) = F(33) = (11) = \boldsymbol{x}_2 \tag{1}$$

按$(7.3-39)$式,考虑到$(X-Y)$是离散无记忆信道,在发码字 $\boldsymbol{x}_1$ 的前提下的误码率

$$p_e^{(i)} = \sum_{F(\boldsymbol{y}_j) \neq \boldsymbol{x}_i} p(\boldsymbol{y}_j/\boldsymbol{x}_1)$$

$$= p(\boldsymbol{y}_4/\boldsymbol{x}_1) + p(\boldsymbol{y}_7/\boldsymbol{x}_1) + p(\boldsymbol{y}_8/\boldsymbol{x}_1) + p(\boldsymbol{y}_{10}/\boldsymbol{x}_1) + p(\boldsymbol{y}_{11}/\boldsymbol{x}_1)$$

$$+ p(\boldsymbol{y}_{12}/\boldsymbol{x}_1) + p(\boldsymbol{y}_{13}/\boldsymbol{x}_1) + p(\boldsymbol{y}_{14}/\boldsymbol{x}_1) + p(\boldsymbol{y}_{15}/\boldsymbol{x}_1) + p(\boldsymbol{y}_{16}/\boldsymbol{x}_1)$$

$$= p(03/00) + p(12/00) + p(13/00) + p(21/00) + p(22/00)$$

$$+ p(23/00) + p(30/00) + p(31/00) + p(32/00) + p(33/00)$$

$$= p(0/0)p(3/0) + p(1/0)p(2/0) + p(1/0)p(3/0) + p(2/0)p(1/0)$$

$$+ p(2/0)p(2/0) + p(2/0)p(3/0) + p(3/0)p(0/0) + p(3/0)p(1/0)$$

$$+ p(3/0)p(2/0) + p(3/0)p(3/0)$$

$$= 1/3 \cdot 1/6 + 1/3 \cdot 1/6 + 1/3 \cdot 1/6 + 1/6 \cdot 1/3 + 1/6 \cdot 1/6$$

$$+ 1/6 \cdot 1/6 + 1/6 \cdot 1/3 + 1/6 \cdot 1/3 + 1/6 \cdot 1/6 + 1/6 \cdot 1/6$$

$$= 4/9 \tag{2}$$

用同样方法,可证明 $p_e^{(2)} = 4/9$.

分析译码矩阵可知,因为

$$F(03) = ?; \quad F(12) = ?; \quad F(21) = ?; \quad F(30) = ? \tag{3}$$

所以,输出序列

$$\boldsymbol{y}_4 = (03); \quad \boldsymbol{y}_7 = (12); \quad \boldsymbol{y}_{10} = (21); \quad \boldsymbol{y}_{13} = (30) \tag{4}$$

既不能翻译成 $\boldsymbol{x}_1 = (00)$;也不能翻译成 $\boldsymbol{x}_2 = (11)$. 在计算 $p_e^{(1)}$ 中包括了

$$p(03/00); \quad p(12/00); \quad p(21/00); \quad p(30/00) \tag{5}$$

这四个传递概率,在计算 $p_e^{(2)}$ 中包括了

$$p(03/11); \quad p(12/11); \quad p(21/11); \quad p(30/11) \tag{6}$$

这四个传递概率. 显然,在 $p_e^{(1)}$ 和 $p_e^{(2)}$ 中都出现了与信道编码的码字 $\boldsymbol{x}_1 = (00)$ 和 $\boldsymbol{x}_2 = (11)$ 无关的传递概率. 这说明译码规则有改善的空间.

为了使 $\boldsymbol{y}_4, \boldsymbol{y}_7, \boldsymbol{y}_{10}, \boldsymbol{y}_{13}$ 对应的传递概率不计入 $p_e^{(1)}$ 和 $p_e^{(2)}$,可以对(1)式所示译码规则做一些变动:在译码规则中取消与信道编码 $C: \{\boldsymbol{x}_1 = (00), \boldsymbol{x}_2 = (11)\}$ 的码字 $\boldsymbol{x}_1$ 和 $\boldsymbol{x}_2$ 无关的符号 "?",且把(1)式译码规则中关于 $\boldsymbol{y}_4, \boldsymbol{y}_7, \boldsymbol{y}_{10}, \boldsymbol{y}_{13}$ 的译码函数改为

$$F(\boldsymbol{y}_4) = F(03) = \boldsymbol{x}_1 = (00)$$

$$F(\boldsymbol{y}_7) = F(12) = \boldsymbol{x}_1 = (00)$$

$$F(\boldsymbol{y}_{10}) = F(21) = \boldsymbol{x}_2 = (11) \tag{7}$$

$$F(\boldsymbol{y}_{13}) = F(30) = \boldsymbol{x}_2 = (11)$$

译码矩阵改为

$$
\begin{array}{c}
\qquad\qquad\qquad y_2 \\
\begin{array}{c|c|c|c|c|}
 & 0 & 1 & 2 & 3 \\
\hline
0 & 00 & 00 & 00 & 00 \\
1 & 00 & 00 & 00 & 11 \\
2 & 00 & 11 & 11 & 11 \\
3 & 11 & 11 & 11 & 11 \\
\hline
\end{array}
\end{array}
\qquad (8)
$$

y_1 对应行标 0,1,2,3。

据此，$p_e^{(1)}$ 就变为

$$
\begin{aligned}
p_e^{(1)} =\ & p(\boldsymbol{y}_8/\boldsymbol{x}_1)+p(\boldsymbol{y}_{10}/\boldsymbol{x}_1)+p(\boldsymbol{y}_{11}/\boldsymbol{x}_1)+p(\boldsymbol{y}_{12}/\boldsymbol{x}_1) \\
& +p(\boldsymbol{y}_{13}/\boldsymbol{x}_1)+p(\boldsymbol{y}_{14}/\boldsymbol{x}_1)+p(\boldsymbol{y}_{15}/\boldsymbol{x}_1)+p(\boldsymbol{y}_{16}/\boldsymbol{x}_1) \\
=\ & p(13/00)+p(21/00)+p(22/00)+p(23/00) \\
& +p(30/00)+p(31/00)+p(32/00)+p(33/00) \\
=\ & p(1/0)p(3/0)+p(2/0)p(1/0)+p(2/0)p(2/0)+p(2/0)p(3/0) \\
& +p(3/0)p(0/0)+p(3/0)p(1/0)+p(3/0)p(2/0)+p(3/0)p(3/0) \\
=\ & 1/3\cdot1/6+1/6\cdot1/3+1/6\cdot1/6+1/6\cdot1/6 \\
& +1/6\cdot1/3+1/6\cdot1/3+1/6\cdot1/6+1/6\cdot1/6 \\
=\ & 1/3
\end{aligned}
$$

用同样的方法，可得 $p_e^{(2)}=1/3$.

　　通过本例题看到，对给定的信道编码和信道传递特性，译码规则的选择可明显地改变码字误码率 $p_e^{(i)}(i=1,2,\cdots,M)$ 的大小. 对信道编码系统来说，信道编码、译码规则和信道传递特性，是影响码字 $\boldsymbol{x}_i(i=1,2,\cdots,M)$ 误码率 $p_e^{(i)}(i=1,2,\cdots,M)$ 的主要因素.

习　题

7.1　设某信源 X 的信源空间为

$$
[X\cdot P]:\begin{cases} X: & a_1 & a_2 & \cdots & a_r \\ P(X): & 1/r & 1/r & \cdots & 1/r \end{cases}
$$

某信道的信道矩阵为

$$
[P]=\begin{array}{c} \\ a_1 \\ a_2 \\ \vdots \\ a_r \end{array}
\begin{matrix} b_1 & b_2 & \cdots & b_r \end{matrix}
\begin{bmatrix} p(b_1/a_1) & p(b_2/a_1) & \cdots & p(b_s/a_1) \\ p(b_1/a_2) & p(b_2/a_2) & \cdots & p(b_s/a_2) \\ \vdots & \vdots & \vdots & \vdots \\ p(b_2/a_r) & p(b_s/a_r) & \cdots & p(b_s/a_r) \end{bmatrix}
$$

当

$$
p(b_j/a^*)\geqslant p(b_j/a_i)\quad(i=1,2,\cdots,r)
$$

则选择译码函数

$$
F(b_j)=a^*\quad(j=1,2,\cdots,s)
$$

试证明：平均误码率 P_e 达最小值

$$
P_{e\,\min}=\frac{1}{r}\sum_{i\neq *}\sum_{j=1}^{s}p(b_j/a_i)=1-\frac{1}{r}\sum_{j=1}^{s}p(b_j/a^*)
$$

7.2　令 $\alpha_i=(i=1,2,\cdots M)$ 是长度为 N 的 M 个码字，分别代表 M 个等概消息. $\beta_j(j=1,2,\cdots,r^N)$ 是长度为 N 的 r^N 个输

出序列. $D(\alpha_i, \beta_j)$ 是 α_i 和 β_j 之间的汉明距离. 对每一个 β_j, 如

$$d(\alpha^*, \beta_j) = d_j^* \leqslant D(\alpha_i, \beta_j) \quad (i = 1, 2, \cdots, M)$$

则选择译码函数

$$F(\beta_j) = \alpha^* \ (j = 1, 2, \cdots, r^N)$$

证明:平均误码率 P_e 达最小值

$$P_{e\,\min} = \frac{1}{M} \sum_{j=1}^{r^N} \sum_{i \neq *} \{ p^{[N - d(\alpha_i, \beta_j)]} p^{d(\alpha_i, \beta_j)} \}$$

$$= 1 - \frac{1}{M} \sum_{j=1}^{r^N} \{ p^{[N - d_j^*]} p^{d(\alpha_i, \beta_j)} \}$$

其中, p 和 p 分别是无记忆二进制对称信道的正确和错误传递概率, 且 $p \gg p$.

7.3 在上题中, 如在 r^N 个长度为 N 的码字中, 选取 M 个作为许用码字 $\alpha_i (i = 1, 2, \cdots, M)$, 证明: 当 α_k 和 α_h $(k \neq h)$ 最小汉明距离 $D_{\min}(\alpha_k, \alpha_h) = \min\{D(a_k, a_h)\}$ 尽量大时, 则可使 $R = \dfrac{\log M}{N}$ 保持在一定的水平上, 又能使 $P_{e\,\min}$ 尽量小.

7.4 设有一离散信道, 其信道矩阵为

$$[P] = \begin{bmatrix} 1/2 & 1/4 & 1/4 \\ 1/4 & 1/2 & 1/4 \\ 1/4 & 1/4 & 1/2 \end{bmatrix}$$

(1) 当信源 X 的概率分布为 $p(a_1) = 2/3, p(a_2) = p(a_3) = 1/6$ 时, 按最大后验概率准则选择译码函数, 并计算其平均误码率 $P_{e\,\min}$.

(2) 当信源是等概信源时, 按最大似然译码准则选择译码函数, 并计算其平均误码率 $P_{e\,\min}$.

7.5 某信道的输入符号集 X: $\{0, 1/2, 1\}$, 输出符号集 Y: $\{0, 1\}$, 信道矩阵为

$$[P] = \begin{matrix} 0 \\ 1/2 \\ 1 \end{matrix} \begin{matrix} 0 & 1 \\ \begin{bmatrix} 1 & 0 \\ 1/2 & 1/2 \\ 0 & 1 \end{bmatrix} \end{matrix}$$

现有四个消息的信源通过这信道, 设消息等概出现. 若对信源进行编码, 我们选这样一种码:

$$C: \{ \langle x_1, x_2, 1/2, 1/2 \rangle \} \quad x_i = 0, 1 \quad (i = 1, 2)$$

其码长 $n = 4$. 并选取这样的译码原则

$$f(y_1, y_2, y_3, y_4) = (y_1, y_2, 1/2, 1/2)$$

(1) 这样编码后信息传输率等于多少?

(2) 证明在选用的译码规则下, 对所有码字有 $P_e = 0$.

7.6 考虑一个码长为 4 的二进制码, 其码字为 $w_1 = 0000; w_2 = 0011; w_3 = 1100; w_4 = 1111$. 若码字送入一个二进制对称信道(其单符号的错传概率为 p, 并 $p < 0.01$), 而码字输入是不等概的, 其概率为

$$p(w_1) = 1/2, p(w_2) = 1/8, p(w_3) = 1/8, p(w_4) = 1/4$$

试找出一种译码规则使平均错误概率 $P_e = P_{e\,\min}$.

7.7 设一离散无记忆信道, 其信道矩阵为

$$[P] = \begin{bmatrix} 1/2 & 1/2 & 0 & 0 & 0 \\ 0 & 1/2 & 1/2 & 0 & 0 \\ 0 & 0 & 1/2 & 1/2 & 0 \\ 0 & 0 & 0 & 1/2 & 1/2 \\ 1/2 & 0 & 0 & 0 & 1/2 \end{bmatrix}$$

(1) 计算信道容量 C;

(2) 找出一个长度为 2 的码, 其信息传输率为 $\dfrac{1}{2} \log 5$(即 5 个字字). 如果按最大似然译码准则设计译码器, 求译码器输出端的平均误码率 P_e(输入码字等概);

(3) 有无可能存在一个长度为 2 的码而使每个码字的平均错译概率 $P_e^{(i)} = 0$; $(i = 1, 2, 3, 4, 5)$, 也即使平均错译概率

$P_e = 0$? 如存在的话请找出来.

　7.8　设有两个等概消息 A 和 B,对它们进行信道编码,分别以 $w_1 = 000, w_2 = 111$ 表示. 若二进制对称信道的正确传递概率 $\bar{p}$,错误传递概率 p. 且 $\bar{p} \gg p$. 试选择译码函数,并使平均误码率 $P_e = P_{e\min}$,写出 $P_{e\min}$ 的表达式.

　7.9　设离散无记忆信道的输入符号集 $X: \{0, 1\}$,输出符号集 $Y: \{0, 1, 2\}$,信道矩阵为

$$[P] = \begin{matrix} & \begin{matrix} 0 & \quad 1 & \quad 2 \end{matrix} \\ \begin{matrix} 0 \\ 1 \end{matrix} & \begin{bmatrix} 1/2 & 1/4 & 1/4 \\ 1/4 & 1/2 & 1/4 \end{bmatrix} \end{matrix}$$

若某信源输出两个等概消息 s_1 和 s_2,现用信道输入符号集中的符号对 s_1 和 s_2 进行信道编码,以 $w_1 = 00$ 代表 s_1; $w_2 = 11$ 代表 s_2. 试写出能使平均误码率 $P_e = P_{e\min}$ 的译码规则,并计算 $P_{e\min}$.

　7.10　设某信道的信道矩阵为

$$[P] = \begin{bmatrix} 0.5 & 0.3 & 0.2 \\ 0.2 & 0.3 & 0.5 \\ 0.3 & 0.3 & 0.4 \end{bmatrix}$$

其输入符号等概分布,在最大似然译码准则下,有三种不同的译码规则,试求之,并计算出它们对应的平均错译概率.

第8章 限失真信源编码定理

有噪信道输出消息与信源消息之间的失真,亦可作为衡量信道传输消息可靠程度的测度标准,在以失真大小作为可靠程度衡量测度标准的通信系统中,我们面临一个重要课题:信道至少要传输多少信息量,或者说信源至少要输出多少信息量,才能确保产生的失真控制在允许范围内? 这个平均互信息的最小值,随着消息长度的不断扩展,是否存在极限值? 极限值由哪些因素决定? 我们用"限失真信源编码定理"来阐述和回答这个问题. 分析、探讨这个课题的理论基础,是信源的"信息率-失真函数"$R(D)$.

8.1 $R(D)$ 函数的定义

信道编码定理告诉我们,若信道信息传输率 R 大于信道容量 C,传输错误概率就不可能达到任意小,则一定会产生某种程度失真. 连续信源的信息熵 $H(X)$ 无限大,任何一个实际信道的带宽都是有限的,其信道容量 C 是一个有限的量,连续信源通过信道产生一定的失真是不可避免的.

实际上,人们并不要求完全无失真地恢复消息,只要求在一定保真度条件下,近似地恢复信源发出的消息. 例如,由于人耳接受信号的带宽和分辨力是有限的,即便信号中有一些失真,人耳还是可以准确地感觉和理解所接收的语音信号. 又如,由于人眼有一定的主观视觉特征,允许传送的图像有一定的误差存在. 此外,随着科学技术的发展,数字通信系统得到广泛应用,需要传输、存贮和处理大量数据. 为了提高通信的效率,必须对有待传输和存贮的大量数据进行必要的压缩,也必然会带来一定程度的失真. 总之,在实际信息传输系统中,一定程度的失真几乎不可避免,而人们也允许有一定程度的失真.

我们要寻找的 $R(D)$ 函数,应该是在允许一定失真的条件下,平均互信息的最小值. 要合理地在数学上定义 $R(D)$ 函数,必须首先讨论平均互信息的有关数学特性.

8.1.1 平均互信息的下凸性

对于传递概率为 $P_0(Y/X):\{p_0(b_j/a_i)(i=1,2,\cdots,r;j=1,2,\cdots,s)\}$ 的给定信道来说,平均互信息 $I(X;Y)$ 是接入信源 X 的概率分布 $P(X):\{p(a_i)(i=1,2,\cdots,r)\}$ 的函数 $I[p(a_i)]_{p_0(b_j/a_i)}$,而且是 $p(a_i)(i=1,2,\cdots,r)$ 的 $\bigcap$ 形凸函数,这就是平均互信息 $I(X;Y)$ 的上凸性,它是导出给定信道 $(X-Y)$ 的信道容量 $C[p_0(b_j/a_i)]$ 的理论基础. 显然,对于概率分布为 $P(X):\{p_0(a_i)(i=1,2,\cdots,r)\}$ 的给定信源 X 来说,平均互信息 $I(X;Y)$ 是信道传递概率 $P(Y/X):\{p(b_j/a_i)(i=1,2,\cdots,r;j=1,2,\cdots,s)\}$ 的函数 $I[p(b_j/a_i)]_{p_0(a_i)}$. 那么,$I[p(b_j/a_i)]_{p_0(a_i)}$ 是传递概率 $P(Y/X):\{p(b_j/a_i)(i=1,2,\cdots,r;j=1,2,\cdots,s)\}$ 的什么性质的函数呢?

定理 8.1 **若信源 X 给定,则平均互信息 $I(X;Y)$ 是信道 $(X-Y)$ 的传递概率**

$P(Y/X):\{p(b_j/a_i)(i=1,2,\cdots,r;j=1,2,\cdots,s)\}$的∪型凸函数.

证明　设给定离散无记忆信源 X 的信源空间为

$$[X\cdot P]:\begin{cases}X:&a_1&a_2&\cdots&a_r\\P(X):p(a_1)&p(a_2)&\cdots&p(a_r)\end{cases}\qquad(8.1\text{-}1)$$

其中,$0\leqslant p(a_i)\leqslant1(i=1,2,\cdots,r)$,$\sum_{i=1}^{r}p(a_i)=1$.另设图 8.1-1 所示的三种不同信道,它们的输入、输出符号集均为 $X:\{a_1,a_2,\cdots,a_r\}$ 和 $Y:\{b_1,b_2,\cdots,b_s\}$.信道(I)的传递概率为 $P_1(Y/X):\{p_1(b_j/a_i)(i=1,2,\cdots,r;j=1,2,\cdots,s)\}$,信道(Ⅱ)的传递概率 $P_2(Y/X):\{p_2(b_j/a_i)(i=1,2,\cdots,r;j=1,2,\cdots,s)\}$,信道(Ⅲ)的传递概率 $P_3(Y/X):\{p_3(b_j/a_i)=\alpha p_1(b_j/a_i)+\beta p_2(b_j/a_i)$ $(0<\alpha,\beta<1;\alpha+\beta=1;i=1,2,\cdots,r;j=1,2,\cdots,s)\}$

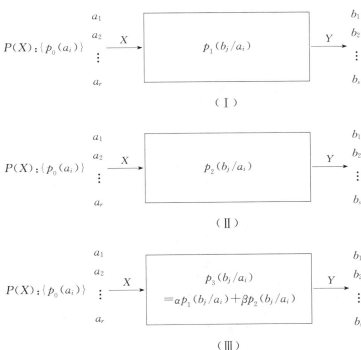

图 8.1-1

现将信源 X 与信道(I)相接,其平均互信息

$$I_1(X;Y)=\sum_{i=1}^{r}\sum_{j=1}^{s}p_0(a_i)p_1(b_j/a_i)\log\frac{p_1(b_j/a_i)}{p_1(b_j)}\qquad(8.1\text{-}2)$$

其中

$$p_1(b_j)=\sum_{i=1}^{r}p_0(a_i)p_1(b_j/a_i)\qquad(8.1\text{-}3)$$

且有

$$\sum_{j=1}^{s}p_1(b_j)=\sum_{j=1}^{s}\left\{\sum_{i=1}^{r}p_0(a_i)p_1(b_j/a_i)\right\}=\sum_{i=1}^{r}p_0(a_i)\sum_{j=1}^{s}p_1(b_j/a_i)=1\qquad(8.1\text{-}4)$$

令

$$p_0(a_i)p_1(b_j/a_i) = p_1(a_ib_j) \quad (i=1,2,\cdots,r; j=1,2,\cdots,s) \tag{8.1-5}$$

且有

$$\sum_{i=1}^{r}\sum_{j=1}^{s}p_1(a_ib_j) = \sum_{i=1}^{r}\sum_{j=1}^{s}p_0(a_i)p_1(b_j/a_i)$$

$$= \sum_{i=1}^{r}p_0(a_i)\sum_{j=1}^{s}p_1(b_j/a_i) = 1 \tag{8.1-6}$$

再将信源 X 与信道（Ⅱ）相接，其平均互信息

$$I_2(X;Y) = \sum_{i=1}^{r}\sum_{j=1}^{s}p_0(a_i)p_2(b_j/a_i)\log\frac{p_2(b_j/a_i)}{p_2(b_j)} \tag{8.1-7}$$

其中

$$p_2(b_j) = \sum_{i=1}^{r}p_0(a_i)p_2(b_j/a_i) \tag{8.1-8}$$

且有

$$\sum_{j=1}^{s}p_2(b_j) = \sum_{j=1}^{s}\left\{\sum_{i=1}^{r}p_0(a_i)p_2(b_j/a_i)\right\}$$

$$= \sum_{i=1}^{r}p_0(a_i)\sum_{j=1}^{s}p_2(b_j/a_i) = 1 \tag{8.1-9}$$

令

$$p_0(a_i)p_2(b_j/a_i) = p_2(a_ib_j) \quad (i=1,2,\cdots,r; j=1,2,\cdots,s) \tag{8.1-10}$$

且有

$$\sum_{i=1}^{r}\sum_{j=1}^{s}p_2(a_ib_j) = \sum_{i=1}^{r}\sum_{j=1}^{s}p_0(a_i)p_2(b_j/a_i)$$

$$= \sum_{i=1}^{r}p_0(a_i)\sum_{j=1}^{s}p_2(b_j/a_i) = 1 \tag{8.1-11}$$

再将信源 X 与信道（Ⅲ）相接，其平均互信息

$$I_3(X;Y) = \sum_{i=1}^{r}\sum_{j=1}^{s}p_0(a_i)p_3(b_j/a_i)\log\frac{p_3(b_j/a_i)}{p_3(b_j)} \tag{8.1-12}$$

$$= \sum_{i=1}^{r}\sum_{j=1}^{s}p_0(a_i)[\alpha p_1(b_j/a_i) + \beta p_2(b_j/a_i)]\log\frac{p_3(b_j/a_i)}{p_3(b_j)}$$

$$= \alpha\sum_{i=1}^{r}\sum_{j=1}^{s}p_0(a_i)p_1(b_j/a_i)\log\frac{p_3(b_j/a_i)}{p_3(b_j)}$$

$$+ \beta\sum_{i=1}^{r}\sum_{j=1}^{s}p_0(a_i)p_2(b_j/a_i)\log\frac{p_3(b_j/a_i)}{p_3(b_j)}$$

$$= \alpha\sum_{i=1}^{r}\sum_{j=1}^{s}p_1(a_ib_j)\log\frac{p_3(b_j/a_i)}{p_3(b_j)}$$

$$+ \beta\sum_{i=1}^{r}\sum_{j=1}^{s}p_2(a_ib_j)\log\frac{p_3(b_j/a_i)}{p_3(b_j)} \tag{8.1-13}$$

其中

$$p_3(b_j) = \sum_{i=1}^{r} p_0(a_i) p_3(b_j/a_i) = \sum_{i=1}^{r} p_0(a_i) [\alpha p_1(b_j/a_i) + \beta p_2(b_j/a_i)]$$

$$= \alpha \sum_{i=1}^{r} p_0(a_i) p_1(b_j/a_i) + \beta \sum_{i=1}^{r} p_0(a_i) p_2(b_j/a_i)$$

$$= \alpha p_1(b_j) + \beta p_2(b_j) \tag{8.1-14}$$

且有

$$\sum_{j=1}^{s} p_3(b_j) = \sum_{j=1}^{s} [\alpha p_1(b_j) + \beta p_2(b_j)] = \alpha \sum_{j=1}^{s} p_1(b_j) + \beta \sum_{j=1}^{s} p_2(b_j)$$

$$= \alpha + \beta = 1 \tag{8.1-15}$$

由(8.1-13)式和(8.1-2)以及(8.1-1)式,有

$$I_3(X;Y) - [\alpha I_1(X;Y) + \beta I_2(X;Y)]$$

$$= \alpha \sum_{i=1}^{r} \sum_{j=1}^{s} p_1(a_i b_j) \log \frac{p_3(b_j/a_i)}{p_3(b_j)} + \beta \sum_{i=1}^{r} \sum_{j=1}^{s} p_2(a_i b_j) \log \frac{p_3(b_j/a_i)}{p_3(b_j)}$$

$$- \alpha \sum_{i=1}^{r} \sum_{j=1}^{s} p_1(a_i b_j) \log \frac{p_1(b_j/a_i)}{p_1(b_j)} - \beta \sum_{i=1}^{r} \sum_{j=1}^{s} p_2(a_i b_j) \log \frac{p_2(b_j/a_i)}{p_2(b_j)}$$

$$= \alpha \sum_{i=1}^{r} \sum_{j=1}^{s} p_1(a_i b_j) \log \frac{p_3(b_j/a_i) p_1(b_j)}{p_3(b_j) p_1(b_j/a_i)}$$

$$+ \beta \sum_{i=1}^{r} \sum_{j=1}^{s} p_2(a_i b_j) \log \frac{p_3(b_j/a_i) p_2(b_j)}{p_3(b_j) p_2(b_j/a_i)}$$

$$\leqslant \alpha \log \left\{ \sum_{i=1}^{r} \sum_{j=1}^{s} p_1(a_i b_j) \frac{p_3(b_j/a_i) p_1(b_j)}{p_3(b_j) p_1(b_j/a_i)} \right\}$$

$$+ \beta \log \left\{ \sum_{i=1}^{r} \sum_{j=1}^{s} p_2(a_i b_i) \frac{p_3(b_j/a_i) p_2(b_j)}{p_3(b_j) p_2(b_j/a_i)} \right\}$$

$$= \alpha \log \left\{ \sum_{i=1}^{r} \sum_{j=1}^{s} \frac{p_0(a_i) p_3(b_j/a_i) p_1(b_j)}{p_3(b_j)} \right\}$$

$$+ \beta \log \left\{ \sum_{i=1}^{r} \sum_{j=1}^{s} \frac{p_0(a_i) p_3(b_j/a_i) p_2(b_j)}{p_3(b_j)} \right\}$$

$$= \alpha \log \left\{ \sum_{i=1}^{r} \sum_{j=1}^{s} p_3(a_i/b_j) p_1(b_j) \right\} + \beta \log \left\{ \sum_{i=1}^{r} \sum_{j=1}^{s} p_3(a_i/b_j) p_2(b_j) \right\}$$

$$= \alpha \log \left\{ \sum_{j=1}^{s} p_1(b_j) \sum_{i=1}^{r} p_3(a_i/b_j) \right\} + \beta \log \left\{ \sum_{j=1}^{s} p_2(b_j) \sum_{i=1}^{r} p_3(a_i/b_j) \right\}$$

$$= \alpha \log 1 + \beta \log 1 = 0 \tag{8.1-16}$$

即证得

$$I_3(X;Y) \leqslant \alpha I_1(X;Y) + \beta I_2(X;Y) \tag{8.1-17}$$

考虑到信源 X 的概率分布 $P(X)$: $\{p_0(a_i)(i=1,2,\cdots,r)\}$ 固定不变时,信道(Ⅰ)的平均互信息 $I_1(X;Y)$ 是其传递概率 $P_1(Y/X)$: $\{p_1(b_j/a_i)(i=1,2,\cdots,r;j=1,2,\cdots,s)\}$ 的函数

$$I_1(X;Y) = I_1[p_1(b_j/a_i)] \tag{8.1-18}$$

信道(Ⅱ)的平均互信息 $I_2(X;Y)$ 是其传递概率 $P_2(Y/X):\{p_2(b_j/a_i)(i=1,2,\cdots,r;j=1,2,\cdots,s)\}$ 的函数

$$I_2(X;Y) = I_2[p_2(b_j/a_i)] \qquad (8.1-19)$$

信道(Ⅲ)的平均互信息 $I_3(X;Y)$ 是其传递概率 $P_3(Y/X):\{p_3(b_j/a_i)+\alpha p_1(b_j/a_i)+\beta p_2(b_j/a_i)(i=1,2,\cdots,r;j=1,2,\cdots,s)\}$ 的函数

$$I_3(X;Y) = I_3[\alpha p_1(b_j/a_i) + \beta p_2(b_j/a_i)] \qquad (8.1-20)$$

由此,(8.1-17)式可改写为

$$I[\alpha p_1(b_j/a_i) + \beta p_2(b_j/a_i)] \leqslant \alpha I_1[p_1(b_j/a_i)] + \beta I_2[p_2(b_j/a_i)] \qquad (8.1-21)$$

根据凸函数的定义,这就证明了在信源 X 的概率分布 $P(X):\{p_0(a_i)(i=1,2,\cdots,r)\}$ 固定不变时,平均互信息 $I(X;Y)$ 是信道传递概率 $P(Y/X):\{p(b_j/a_i)(i=1,2,\cdots,r;j=1,2,\cdots,s)\}$ 的 U 型凸函数. 这样,定理 8.1 就得到了证明.

平均互信息的下凸性表明,对于概率分布固定为 $P(X):\{p_0(a_i)(i=1,2,\cdots,r)\}$ 的给定信源 X 来说,总可找到一种信道,使其平均互信息 $I(X;Y)$ 达到极小值. 而平均互信息 $I(X;Y)$ 的非负性

$$I(X;Y) \geqslant 0 \qquad (8.1-22)$$

又指明,平均互信息 $I(X;Y)$ 存在最小值,这个最小值就等于零. 这就是说,对任何一个概率分布为 $P(X):\{p_0(a_i)(i=1,2,\cdots,r)\}$ 的给定信源 X,总能找到一个信道,使平均互信息达到极小值,即最小值零. 显然,在不对信道附加任何限制条件的一般情况下,这个信道就是使信源 X 和信道输出随机变量 Y 达到统计独立(即有 $P(Y/X)=P(Y)$)的信道. 在讨论平均互信息的一般特性时,这个结论就早已得到了,不需要专门运用平均互信息的下凸性来予以解释. 所以,在信道不加任何附加约束条件的一般情况下,平均互信息的下凸性并不具有特别的实质性的意义.

但是,如果从另一个角度考虑问题,就可产生一个新颖的、具有启发性的思路. 这就是如果把"允许一定程度的失真"这个限制条件,转嫁到信道的传递概率上来,作为对信道传递概率的一个约束条件,那么,我们就可由平均互信息的下凸性,对概率分布为 $P(X):\{p_0(a_i)(i=1,2,\cdots,r)\}$ 的给定信源 X,通过变动信道的传递概率 $P(Y/X):\{p(b_j/a_i)(i=1,2,\cdots,r;j=1,2,\cdots,s)\}$,求解平均互信息 $I(X;Y)$ 的条件极小值,导出在"允许一定程度失真"的限制条件下,平均互信息的最小值. 这个最小值也就是这个给定信源 X 在"允许一定程度失真"限制条件下,所需输出的最小输出信息率. 实际上,这就是信息率-失真函数的基本思路.

我们知道,当给定信道的传递概率 $P(Y/X):\{p_0(b_j/a_i)(i=1,2,\cdots,r;j=1,2,\cdots,s)\}$ 固定不变时,平均互信息 $I(X;Y)$ 是信源 X 的概率分布 $P(X):\{p(a_i)(i=1,2,\cdots,r)\}$ 的 $\bigcap$ 形凸函数. 由平均互信息的这种上凸性,通过变动信源 X 的概率分布 $P(X):\{p(a_i)(i=1,2,\cdots,r)\}$,求解平均互信息 $I(X;Y)$ 的最大值 C. 这个最大值 C 就是给定信道的信道容量. 由此可见,信道容量 C 与信源的信息率-失真函数 $R(D)$ 在数学上是一个"对偶"问题.

8.1.2 平均失真度

1. 失真度

设离散无记忆信源 X 的信源空间为

$$[X \cdot P]:\begin{cases} X: & a_1 & a_2 & \cdots & a_r \\ P(X): & p(a_1) & p(a_2) & \cdots & p(a_r) \end{cases} \qquad (8.1-23)$$

其中,$0 \leqslant p(a_i) \leqslant 1 (i=1,2,\cdots,r)$,$\sum\limits_{i=1}^{r} p(a_i) = 1$. 现将信源 X 接入输入符号集 X:$\{a_1,a_2,$ $\cdots,a_r\}$、输出符号集 Y:$\{b_1,b_2,\cdots,b_s\}$、传递概率为 $P(Y/X)$:$\{p(b_j/a_i)(i=1,2,\cdots,r;j=1,2,$ $\cdots,s)\}$离散无记忆信道$(X\text{-}Y)$,组成如图 8.1-2 所示的通信系统.

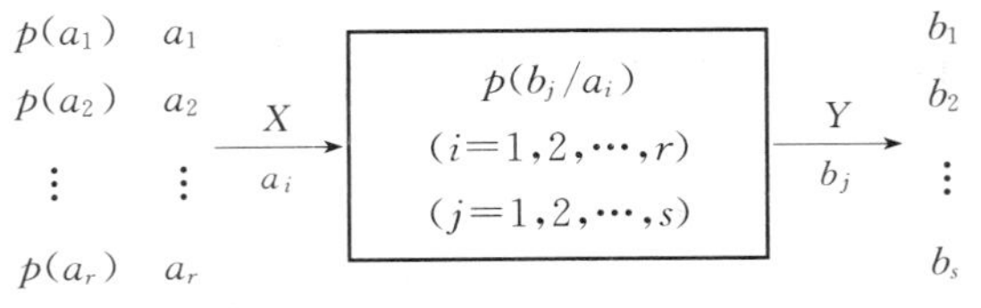

图 8.1-2

在信道的输入符号集 X:$\{a_1,a_2,\cdots,a_r\}$ 和输出符号集 Y:$\{b_1,b_2,\cdots,b_s\}$ 的积集 $\{X\times Y\}$:$\{(a_i b_j)(i=1,2,\cdots,r;j=1,2,$ $\cdots,s)\}$上,对应于每一对$(a_i b_j)(i=1,2,\cdots,r;j=1,2,$ $\cdots,s)$,根据人们对输入符号 $a_i(i=1,2,\cdots,r)$ 变成输出符号 $b_j(j=1,2,\cdots,s)$ 产生的失真所引起 的损失、风险、主观感觉的差别大小等因素,人为地规定一个非负实数

$$d(a_i,b_j) \geqslant 0 \quad (i=1,2,\cdots,r;j=1,2,\cdots,s) \tag{8.1-24}$$

称为 $a_i(i=1,2,\cdots,r)$ 和 $b_j(j=1,2,\cdots,s)$ 之间的"失真度",表示信源 X 发出符号 $a_i(i=1,2,\cdots,r)$, 而在信道输出端再现符号 $b_j(j=1,2,\cdots,s)$ 所引起的误差或失真.

因为信道的输入符号集 X:$\{a_1,a_2,\cdots,a_r\}$中有 r 种不同的符号,输出符号集Y:$\{b_1,b_2,\cdots,b_s\}$ 中有 s 种不同的符号,所以共有$(r\times s)$个失真度 $d(a_i,b_j)(i=1,2,\cdots,r;j=1,2,\cdots,s)$. 把这$(r\times s)$ 个失真度 $d(a_i,b_j)(i=1,2,\cdots,r;j=1,2,\cdots,s)$,按 $a_i(i=1,2,\cdots,r)$ 和 $b_j(j=1,2,\cdots,s)$ 的对应关 系,排列成一个$(r\times s)$阶矩阵

$$[D] = \begin{array}{c} a_1 \\ a_2 \\ \vdots \\ a_r \end{array} \overset{\begin{array}{cccc} b_1 & b_2 & \cdots & b_s \end{array}}{\begin{bmatrix} d(a_1,b_1) & d(a_1,b_2) & \cdots & d(a_1,b_s) \\ d(a_2,b_1) & d(a_2,b_2) & \cdots & d(a_2,b_s) \\ \vdots & \vdots & & \vdots \\ d(a_r,b_1) & d(a_r,b_2) & \cdots & d(a_r,b_s) \end{bmatrix}} \tag{8.1-25}$$

矩阵$[D]$完整地表示了输入符号集为 X:$\{a_1,a_2,\cdots,a_r\}$、输出符号集为 Y:$\{b_1,b_2,\cdots,b_s\}$的信道 $(X\text{-}Y)$能出现的各种(共$(r\times s)$种)失真的大小. 矩阵$[D]$称为信道$(X\text{-}Y)$的"失真矩阵".

【例 8.1】 设信道的输入符号集为 X:$\{a_1,a_2,\cdots,a_r\}$、输出符号集为 Y:$\{a_1,a_2,\cdots,a_r\}$. 若 当信道$(X\text{-}Y)$输入 $a_i(i=1,2,\cdots,r)$、输出 $a_i(i=1,2,\cdots,r)$时,认为不产生失真,则可规定 $d(a_i,a_i)=0(i=1,2,\cdots,r)$. 若当信道$(X\text{-}Y)$输入 $a_i(i=1,2,\cdots,r)$、输出 $a_j(j\neq i)$时,认为产生 了失真,但认为只要 $j\neq i$,所有失真 $d(a_i,a_j)$ 都相同,都等于 d. 这样,就可规定失真度

$$d(a_i,a_j) = \begin{cases} 0 & (i=j) \\ d>0 & (i\neq j) \end{cases} \tag{1}$$

失真矩阵为

$$[D] = \begin{array}{c} \\ a_1 \\ a_2 \\ \vdots \\ a_r \end{array} \begin{array}{cccc} a_1 & a_2 & \cdots & a_r \\ \begin{bmatrix} 0 & d & \cdots & d \\ d & 0 & \cdots & d \\ \vdots & \vdots & \cdots & \vdots \\ d & d & \cdots & 0 \end{bmatrix} \end{array} \tag{2}$$

这种失真度称为"对称失真度". 对称失真度的失真矩阵$[D]$的对角线上的元素均为"0", 对角线以外所有元素均为d.

在(1)式所示失真度中, 如$d=1$, 即失真度为

$$d(a_i, a_j) = \begin{cases} 0 & (i = j) \\ 1 & (i \neq j) \end{cases} \tag{3}$$

失真矩阵为

$$[D] = \begin{array}{c} \\ a_1 \\ a_2 \\ \vdots \\ a_r \end{array} \begin{array}{cccc} a_1 & a_2 & \cdots & a_r \\ \begin{bmatrix} 0 & 1 & \cdots & 1 \\ 1 & 0 & \cdots & 1 \\ \vdots & \vdots & \cdots & \vdots \\ 1 & 1 & \cdots & 0 \end{bmatrix} \end{array} \tag{4}$$

这种失真度称为"汉明(Hamming)失真度", 汉明失真度的失真矩阵$[D]$的对角线上的元素均为"0", 对角线以外所有元素均为"1".

对于输入符号集为X: $\{0,1\}$、输出符号集为Y: $\{0,1\}$的二进制对称信道(BSC)来说, 其汉明失真度为

$$\begin{cases} d(0,0) = d(1,1) = 0 \\ d(0,1) = d(1,0) = 1 \end{cases} \tag{5}$$

汉明失真矩阵为

$$[D] = \begin{array}{c} \\ 0 \\ 1 \end{array} \begin{array}{cc} 0 & 1 \\ \begin{bmatrix} 0 & 1 \\ 1 & 0 \end{bmatrix} \end{array} \tag{6}$$

这种失汉明真度表示: 在二进制对称信道($X-Y$)中, 当信道输入"0"(或"1")、输出相同符号"0"(或"1")时, 认为没有失真; 当信道输入"0"(或"1")、输出不同符号"1"(或"0")时, 认为产生了失真, 且无论是输入"0"、输出"1"; 还是输入"1"、输出了"0", 它们引起的失真是相同的, 都等于1.

【例 8.2】 设删除信道($X-Y$)的输入符号集X: $\{0,1\}$, 输出符号集Y: $\{0,?,1\}$. 若信道($X-Y$)的失真函数为

$$\begin{cases} d(0,0) = d(1,1) = 0 \\ d(0,?) = d(1,?) = 1/2 \\ d(0,1) = d(1,0) = 1 \end{cases} \tag{1}$$

失真矩阵

$$[D] = \begin{array}{c} \\ 0 \\ 1 \end{array} \begin{array}{ccc} 0 & ? & 1 \\ \begin{pmatrix} 0 & 1/2 & 1 \\ 1 & 1/2 & 0 \end{pmatrix} \end{array} \tag{2}$$

则表明:删除信道$(X-Y)$输入"0"、输出"1",输入"1"、输出"0"的失真相同,均等于 1. 输入"0"、输出"0",或输入"1"、输出"1"均认为没有失真,即失真均等于 0;输入"0"、输出"?",或输入"1"、输出"?"的失真相同,均等于 1/2.

【例 8.3】　设信道$(X-Y)$的输入符号 $X:\{a_1,a_2,\cdots,a_r\}$、输出符号集为 $Y:\{b_1,b_2,\cdots,b_r\}$,它们分别表示输入、输出信号的幅值. 若输入 a_i、输出 b_j 时产生的幅值失真造成后果的严重程度,用幅值差值的平方值来衡量,则可规定其失真度

$$d(a_i,a_j) = (a_i - b_j)^2 \quad (i=1,2,\cdots,r;j=1,2,\cdots,s) \tag{1}$$

相应的失真矩阵为

$$[D] = \begin{array}{c} \\ a_1 \\ a_2 \\ \vdots \\ a_r \end{array} \begin{matrix} b_1 & b_2 & \cdots & b_r \\ \left(\begin{array}{cccc} (a_1-b_1)^2 & (a_1-b_2)^2 & \cdots & (a_1-b_r)^2 \\ (a_2-b_1)^2 & (a_2-b_2)^2 & \cdots & (a_2-b_r)^2 \\ \vdots & \vdots & \vdots & \vdots \\ (a_r-b_1)^2 & (a_r-b_2)^2 & \cdots & (a_r-b_r)^2 \end{array} \right) \end{matrix} \tag{2}$$

这种失真度称为"均方误差"失真度.

若 $X:\{0,1,2\}$、$Y:\{0,1,2\}$,则(1)式可改写为

$$\begin{cases} d(0,0)=0, & d(0,1)=1, & d(0,2)=4 \\ d(1,0)=1, & d(1,1)=0, & d(1,2)=1 \\ d(2,0)=4, & d(2,1)=1, & d(4,4)=0 \end{cases} \tag{3}$$

而(2)式所示失真矩阵可改写为

$$[D] = \begin{array}{c} \\ 0 \\ 1 \\ 2 \end{array} \begin{matrix} 0 & 1 & 2 \\ \left(\begin{array}{ccc} 0 & 1 & 4 \\ 1 & 0 & 1 \\ 4 & 1 & 0 \end{array} \right) \end{matrix} \tag{4}$$

2. 平均失真度

由(8.1-24)式定义的失真度 $d(a_i,b_j)(i=1,2,\cdots,r;j=1,2,\cdots,s)$,表示特定的输入符号 $a_i(i=1,2,\cdots,r)$ 与特定的输出符号 $b_j(j=1,2,\cdots,s)$ 之间失真的大小. 对于图 8.1-2 所示通信系统来说,一共有$(r\times s)$个失真度 $d(a_i,b_j)(i=1,2,\cdots,r;j=1,2,\cdots,s)$,其中任何一个具体的失真度 $d(a_i,b_j)$,都不能表示整个通信系统的整体的失真情况. 另一方面,在图 8.1-2 所示通信系统中,输入符号 $a_i(i=1,2,\cdots,r)$ 和输出符号 $b_j(j=1,2,\cdots,s)$ 同时出现的概率为 $p(a_ib_j)$ $(i=1,2,\cdots,r;j=1,2,\cdots,s)$,所以失真度 $d(a_i,b_j)(i=1,2,\cdots,r;j=1,2,\cdots,s)$ 也是一个概率为 $p(a_ib_j)(i=1,2,\cdots,r;j=1,2,\cdots,s)$ 的随机变量. 显然,一个随机变量不可能作为一个通信系统的整体失真大小的衡量测度.

显然,在图 8.1-2 所示通信系统中,能从总体上,在平均意义上衡量信道每传递一个符号所引起的平均失真大小的量,应该是失真度 $d(a_i,b_j)(i=1,2,\cdots,r;j=1,2,\cdots,s)$ 在输入随机变量 X 和输出随机变量 Y 的联合概率空间 $P(XY):\{p(a_i,b_j)(i=1,2,\cdots,r;j=1,2,\cdots,s)\}$ 中的统计平均值

$$\overline{D} = \sum_{i=1}^{r}\sum_{j=1}^{s} d(a_i,b_j)p(a_i,b_j) = \sum_{i=1}^{r}\sum_{j=1}^{s} d(a_i,b_j)p(a_i)p(b_j/a_i) \tag{8.1-26}$$

这个统计平均值 $\overline{D}$ 称为图 8.1 - 2 所示通信系统的"平均失真度".

(8.1 - 26)式表明,平均失真度 $\overline{D}$ 不再像失真度 $d(a_i,b_j)$ 那样,只是表示两个特定具体符号 a_i 和 b_j 之间的失真大小,而是在平均的意义上,从总体上度量整个通信系统失真的大小. 另一方面,平均失真度 $\overline{D}$ 是信源 X 的统计特性 $p(a_i)(i=1,2,\cdots,r)$、信道传递特性 $p(b_j/a_i)(i=1,2,\cdots,r;j=1,2,\cdots,s)$ 以及人们规定的失真度 $d(a_i,b_j)(i=1,2,\cdots,r;j=1,2,\cdots,s)$ 的函数. 当失真度 $d(a_i,b_j)(i=1,2,\cdots,r;j=1,2,\cdots,s)$ 被规定、信源统计特性 $P(X):\{p(a_i)(i=1,2,\cdots,r)\}$ 以及信道传递特性 $P(Y/X):\{p(b_j/a_i)(i=1,2,\cdots,r;j=1,2,\cdots,s)\}$ 给定后,平均失真度 $\overline{D}$ 就是一个确定的量了,不再像失真度 $d(a_i,b_j)$ 那样是一个随机量. 它是给定通信系统在规定的失真度 $d(a_i,b_j)(i=1,2,\cdots,r;j=1,2,\cdots,s)$ 下总体失真的度量标准.

由定义(8.1 - 26)式可知,当信源 X 给定,失真度 $d(a_i,b_j)(i=1,2,\cdots,r;j=1,2,\cdots,s)$ 规定后,平均失真度 $\overline{D}$ 就是信道传递概率 $P(Y/X):\{p(b_j/a_i)(i=1,2,\cdots,r;j=1,2,\cdots,s)\}$ 的函数

$$\overline{D} = \overline{D}[p(b_j/a_i)] \tag{8.1 - 27}$$

这样,在信源 X 给定,失真度 $d(a_i,b_j)$ 规定的条件下,不同的信道就有不同的平均失真度 $\overline{D}$.

在一般情况下,人们总是从总体上,从平均的意义上提出"允许失真"的程度. 要求平均失真度 $\overline{D}$ 不超过允许值 D,即要满足"保真度准则"

$$\overline{D} \leqslant D \tag{8.1 - 28}$$

由(8.1 - 27)式可知,满足(8.1 - 28)式所示的保真度准则的"试验信道"可能有若干个. 集合

$$B_D:\{p(b_j/a_i)(i=1,2,\cdots,r;j=1,2,\cdots,s);\overline{D}\leqslant D\} \tag{8.1 - 29}$$

表示所有满足保真度准则 $\overline{D}\leqslant D$ 的试验信道的集合. 在 B_D 集合中,任一试验信道的平均失真度 $\overline{D}$ 都不超过允许的 D,满足保真度准则;任何满足保真度准则 $\overline{D}\leqslant D$ 的试验信道,都在集合 B_D 之中.

这样,平均失真度 $\overline{D}$ 的引入,就提供了这样一种可能性,即在满足保真度准则 $\overline{D}\leqslant D$ 的要求下,把人们本身能控制的允许失真度 D,转变为对信道传递概率 $P(Y/X):\{p(b_j/a_i)(i=1,2,\cdots,r;j=1,2,\cdots,s)\}$ 的一种约束条件. 在这种约束条件下,使平均互信息量 $I(X;Y)=I[p(b_j/a_i)]$ 的极小值(即最小值)问题,成为条件极小值问题,并赋予一种新的内涵.

8.1.3 信息率-失真函数 $R(D)$ 的定义

实际上,在通信领域中人们经常运用这样一种思路,在允许有一定失真的条件下,可以减少信源所需输出信息率. 例如,某部队司令员在战前向所属部队发布命令:"请各部队官兵做好武器、弹药和行装等各方面的准备工作,于今日晚上十点钟准时向对面山上的敌军发动进攻,希望各部队做好战前动员工作,一定要取得这次战役的全面胜利."通信兵在传达命令过程中,遇到了某种突发事件,已经没有足够的时间把司令员的命令原原本本地分别传达给所属各部队. 为了把命令的基本内容及时传达到所属部队,通信兵把原命令精简为:"今晚十点发动进攻,必夺全胜."他所传达的命令与司令员的原始命令之间虽然产生了一定程度的误差,但基本表达了司令员作战命令的主要意图. 所属部队执行了这个有一定失真(在允许范围内)的命令,同样夺取了这次战役的全面胜利. 战役结束后,司令员总结经验教训,根据实践效果,认为这次战役的原始命令确实可缩减为通信兵传达的命令. 不过,已压缩的命令必须交给一个一丝不苟的通信兵

传达,不能再允许有任何改动,必须原原本本地传达已压缩的命令.这个简单的例子告诉我们:在允许一定程度失真的情况下,信源所需输出信息率是可以压缩的.

再举一个比较理性的例子,进一步说明这一概念.

设信源 X 有 $2n$ 种不同的符号,即 $X:\{a_1,a_2,\cdots,a_{n-1},a_n,a_{n+1},\cdots,a_{2n}\}$,且该信源为等概信源,即

$$p(a_i) = \frac{1}{2n} \quad (i = 1,2,\cdots,2n) \tag{8.1-30}$$

若规定失真度为汉明失真度,即

$$d(a_i,a_j) = \begin{cases} 0 & (i = j) \\ 1 & (i \neq j) \end{cases} \tag{8.1-31}$$

如果要求从平均的意义上不允许有失真,即允许平均失真度 $D=0$,则必须用图 8.1-3 所示无噪信道 $(X-Y)$ 进行传输,其平均互信息量

$$I(X;Y) = H(X) - H(X/Y) = H(X) = \log(2n) \tag{8.1-32}$$

如允许失真度 $D=1/2$.这意味着,收到 100 个符号允许有 50 个符号发生错误.为了满足保真度准则 $\overline{D} \leqslant D$,取 $\overline{D} = D = 1/2$.为此,可选用图 8.1-4 所示信道 $(X'-Y')$.

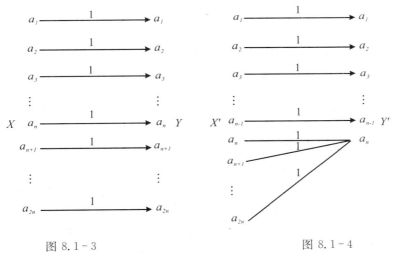

图 8.1-3　　　　　　　　　　　　　　图 8.1-4

在图 8.1-4 中,对于信源符号 a_1 到 a_n,按原样送出去;对 a_{n+1} 到 a_{2n} 都用 a_n 代表发出去(把 $a_{n+1},\cdots,a_{2n}$ 都量化为 a_n,即可看作是对信源符号的一种编码方法).考虑到规定的是汉明失真度,所以,$a_1,a_2,\cdots,a_n$ 以概率 1 传送为各自本身,各自引起的失真均为 0.而 $a_{n+1},\cdots,a_{2n}$ 以概率 1 传送为 a_n,各自引起的失真均为 1.由此,这个信道的平均失真度

$$\overline{D} = \sum_{i=1}^{2n} \sum_{j=1}^{2n} p(a_i)p(a_j/a_i)d(a_i,a_j)$$

$$= \sum_{i=n+1}^{2n} \frac{1}{2n} \cdot 1 \cdot 1 = \frac{n}{2n} = \frac{1}{2} \tag{8.1-33}$$

满足保真度准则 $\overline{D} = D = 1/2$.

由于这个信道的传递概率 $p(a_j/a_i)$ 等于 0 或 1,所以噪声熵 $H(Y'/X') = 0$,则平均互信息

$$I(X';Y') = H(Y') - H(Y'/X') = H(Y') = H[p_Y'(a_1), p_Y'(a_2), \cdots, p_Y'(a_{2n})]$$
$$(8.1-34)$$

其中,随机变量 Y' 的概率分布

$$p_Y'(a_1) = p_Y'(a_2) = \cdots = p_Y'(a_{n-1}) = \frac{1}{2n}$$

$$p_Y'(a_n) = p(a_n)p(a_n/a_n) + p(a_{n+1}) \cdot p(a_n/a_{n+1}) + \cdots + p(a_{2n}) \cdot p(a_n/a_{2n})$$

$$= \underbrace{\frac{1}{2n} \cdot 1 + \frac{1}{2n} \cdot 1 + \cdots + \frac{1}{2n} \cdot 1}_{(n+1)\text{项}} = \frac{n+1}{2n}$$

$$(8.1-35)$$

则随机变量 Y' 的熵

$$H(Y') = H\Big[\underbrace{\frac{1}{2n}, \frac{1}{2n}, \cdots, \frac{1}{2n}}_{(n-1)\text{项}}, \frac{n+1}{2n}\Big] = -\frac{n-1}{2n}\log\frac{1}{2n} - \frac{n+1}{2n}\log\frac{n+1}{2n}$$

$$= \Big(\frac{n-1}{2n} + \frac{n+1}{2n}\Big)\log(2n) - \frac{n+1}{2n}\log(n+1)$$

$$= \log(2n) - \frac{n+1}{2n}\log(n+1)$$

$$(8.1-36)$$

由(8.1-34)式可得,信道$(X'-Y')$的平均互信息

$$I(X';Y') = \log(2n) - \frac{n+1}{2n}\log(n+1)$$

$$(8.1-37)$$

由(8.1-32)式和(8.1-37)式可知,正因为允许失真 $D=1/2$,在满足保真度准则 $\overline{D} \leqslant D$ 的条件下,信道所需传递的平均互信息可从不允许失真$(D=0)$的 $I(X;Y)=\log(2n)$ 下降到 $I(X';Y')$. 这就意味着,信源 X 所需输出的最小信息率 R 可从不允许失真$(D=0)$时的 $I(X;Y)$,下降到允许失真 $D=1/2$ 时的 $I(X';Y')$. 在不允许失真$(D=0)$时,信源 X 必须把 $a_1, a_2, \cdots, a_{n-1}$, $a_n, a_{n+1}, \cdots, a_{2n}$ 这 $2n$ 个符号无失真地传送出去;当允许失真度 $D=1/2$ 时,信源 X 只需发送 a_1, $a_2, \cdots, a_n$ 这 n 个符号,并以 a_n 代表 $a_{n+1}, \cdots, a_{2n}$ 这后 n 个符号. 信源 X 的输出信息率 R 可以减少,信源 X 所需输出的符号数也可压缩. 当然,(8.1-37)式所示的平均互信息 $I(X';Y')$ 还不一定是在满足保真度准则 $\overline{D} \leqslant D=1/2$ 的条件下平均互信息的最小值. 如能达到最小值,可以预料,信源 X 可压缩的程度会随之进一步提高.

通过以上实例的分析,可以得到这样一个初步概念,这就是:在允许一定失真的条件下,信道传输的平均互信息可以有所减少,这就意味着,信源所需输出的最小信息率也可随之减少.

定理 8.1 指出,若给定信源 X 的概率分布为 $P(X):\{p(a_i)(i=1,2,\cdots,r)\}$,则信道的平均互信息 $I(X;Y)$ 是信道传递概率 $P(Y/X):\{p(b_j/a_i)(i=1,2,\cdots,r;j=1,2,\cdots,s)\}$ 的 $\cup$ 型凸函数 $I[p(b_j/a_i)(i=1,2,\cdots,r;j=1,2,\cdots,s)]_{p(a_i)}$. 那么,由(8.1-27)式、(8.1-28)式和(8.1-29)式可知,若规定失真度为 $d(a_i,b_j)(i=1,2,\cdots,r;j=1,2,\cdots,s)$、允许失真度为 D,则在满足保真度准则 $\overline{D} \leqslant D$ 的所有试验信道的集合 B_D 中,总可以找出某一试验信道,使信道的平均互信息 $I[p(b_j/a_i)]_{p(a_i)}$ 达到最小值

$$R(D) = \min_{p(b_j/a_i) \in B_D} \{I(X;Y); \overline{D} \leqslant D\}$$

$$= \min_{p(b_j/a_i) \in B_D} \{I[p(b_j/a_i)]_{p(a_i)}; \overline{D} \leqslant D\} \tag{8.1-38}$$

这个 $R(D)$ 就称为：给定信源 X 在规定失真度 $d(a_i,b_j)(i=1,2,\cdots,r;j=1,2,\cdots,s)$、允许失真度为 D 时的"信息率-失真"函数.

定义(8.1-38)式表明，若给定信源 X 的概率分布为 $P(X):\{p(a_i)(i=1,2,\cdots,r)\}$、规定失真度为 $d(a_i,b_j)(i=1,2,\cdots,r;j=1,2,\cdots,s)$，如允许失真度为 D，则在满足保真度准则 $\overline{D} \leqslant D$ 的前提下，为了再现信源消息，信宿从信源必须获取的最小平均互信息就等于 $R(D)$. 既然信宿必须从信源获取的最小平均信息就等于 $R(D)$，那么，$R(D)$ 就是信源必须输出的最小信息率（比特/信源符）. 所以，信息率-失真函数 $R(D)$ 就是在满足保真度准则 $\overline{D} \leqslant D$ 的前提下，信源 X 所必须输出的最小信息率.

定义(8.1-38)式从数学的角度指出，信息率-失真函数 $R(D)$ 应是信源 X 的自身统计特性 $P(X):\{p(a_i)(i=1,2,\cdots,r)\}$ 的函数，是信源 X 自身的特征参量. 当然，$R(D)$ 也是允许失真度 D 的函数. 选择不同的允许失真度 D，就有不同的 $R(D)$ 值，信源 X 必须输出的信息率的最小值也不同.

还需指出，所谓满足保真度准则 $\overline{D} \leqslant D$ 的试验信道集合 $B_D:\{p(b_j/a_i)(i=1,2,\cdots,r;j=1,2,\cdots,s)\}$ 中的条件概率 $p(b_j/a_i)(i=1,2,\cdots,r;j=1,2,\cdots,s)$，并不一定具有实际信道的含义，只是为了求得平均互信息 $I(X;Y)$ 的最小值而引用的虚拟可变信道. 它只具有数学意义，体现了在限定失真条件下的信源编码方法.

8.1.4　$R(D)$ 函数的定义域

信息率-失真函数 $R(D)$ 是允许失真度 D 的函数. 允许失真度 D 根据什么来选择呢？当然，人们只能在给定信源 X 的概率分布 $P(X):\{p(a_i)(i=1,2,\cdots,r)\}$、规定失真度 $d(a_i,b_j)(i=1,2,\cdots,r;j=1,2,\cdots,s)$ 的条件下，所得平均失真度 $\overline{D}$ 的最小值 $\overline{D}_{\min}$ 和最大值 $\overline{D}_{\max}$ 之间，选择一个适当的值，作为"允许失真度" D. 所以，在定义了信息率-失真函数 $R(D)$ 后，还必须讨论 $R(D)$ 函数的定义域问题.

1. $D_{\min}$ 和 $R(D_{\min})$

允许失真度 D 的最小值 $D_{\min}$，只能根据平均失真度 $\overline{D}$ 的最小值 $\overline{D}_{\min}$ 来选定.

由(8.1-26)式、(8.1-27)式可知，当信源 X 给定、失真度规定的条件下，平均失真度 $\overline{D}$ 是信道传递概率 $P(Y/X):\{p(b_j/a_i)(i=1,2,\cdots,r;j=1,2,\cdots,s)\}$ 的函数 $\overline{D}[p(b_j/a_i)]$. 不同的试验信道，就可能有不同的平均失真度 $\overline{D}$. 那么，如何选择试验信道，能使平均失真度 $\overline{D}$ 达到最小值 $\overline{D}_{\min}$？平均失真度 $\overline{D}$ 的最小值 $\overline{D}_{\min}$ 又如何表示？

定理 8.2　**设给定信源 X 的概率分布是 $P(X):\{p(a_i)(i=1,2,\cdots,r)\}$，规定失真度 $d(a_i,b_j)(i=1,2,\cdots,r;j=1,2,\cdots,s)$. 则允许失真度 D 的最小值**

$$D_{\min} = \sum_{i=1}^{r} p(a_i) \min_j d(a_i,b_j) \tag{8.1-39}$$

证明　设图 8.1-2 所示通信系统中，信源 X 的概率分布 $P(X):\{p(a_i)(i=1,2,\cdots,r)\}$，规定失真度

$$d(a_i,b_j) \geqslant 0 \quad (i=1,2,\cdots,r;j=1,2,\cdots,s) \tag{8.1-40}$$

其失真矩阵

$$
\begin{array}{c}
\quad\quad\quad b_1 \quad\quad\quad\quad b_2 \quad\quad \cdots \quad\quad b_s \\
[D] = \begin{array}{c} a_1 \\ a_2 \\ \vdots \\ a_r \end{array}
\begin{bmatrix}
d(a_1,b_1) & d(a_1,b_2) & \cdots & d(a_1,b_s) \\
d(a_2,b_1) & d(a_2,b_2) & \cdots & d(a_2,b_s) \\
\vdots & \vdots & \vdots & \vdots \\
d(a_r,b_1) & d(a_r,b_2) & \cdots & d(a_r,b_s)
\end{bmatrix}
\end{array}
\quad (8.1-41)
$$

变动信道求得平均失真度 $\overline{D}$ 的最小值

$$
\begin{aligned}
\overline{D}_{\min} &= \min_{p(b_j/a_i)} \overline{D}[p(b_j/a_i)] \\
&= \min_{p(b_j/a_i)} \left\{ \sum_{i=1}^{r} \sum_{j=1}^{s} p(a_i) p(b_j/a_i) d(a_i,b_j) \right\} \\
&= \sum_{i=1}^{r} p(a_i) \left\{ \min_{p(b_j/a_i)} \sum_{j=1}^{s} p(b_j/a_i) d(a_i,b_j) \right\} \\
&= p(a_1) \cdot \min_{p(b_j/a_1)} \left\{ p(b_1/a_1) d(a_1,b_1) + p(b_2/a_1) d(a_1,b_2) + \cdots + p(b_s/a_1) d(a_1,b_s) \right\} \\
&\quad + p(a_2) \cdot \min_{p(b_j/a_2)} \left\{ p(b_1/a_2) d(a_2,b_1) + p(b_2/a_2) d(a_2,b_2) + \cdots + p(b_s/a_2) d(a_2,b_s) \right\} \\
&\quad + \cdots \\
&\quad + p(a_r) \cdot \min_{p(b_j/a_r)} \left\{ p(b_1/a_r) d(a_r,b_1) + p(b_2/a_r) d(a_r,b_2) + \cdots + p(b_s/a_r) d(a_r,b_s) \right\}
\end{aligned}
$$

r 项

$$(8.1-42)$$

令 $(8.1-42)$ 式中的第 $i(i=1,2,\cdots,r)$ 项为

$$
p(a_i) \cdot \min_{p(b_j/a_i)} \left\{ p(b_1/a_i) d(a_i,b_1) + p(b_2/a_i) d(a_i,b_2) + \cdots + p(b_s/a_i) d(a_i,b_s) \right\}
$$

$$(8.1-43)$$

其中

$$
d(a_i,b_1), d(a_i,b_2), \cdots, d(a_i,b_s) \quad\quad (8.1-44)
$$

是失真矩阵 $[D]$ $(8.1-41)$ 式中第 $i(i=1,2,\cdots,r)$ 行的 s 个元素. 可以肯定,这 s 个元素中必有最小值. 把这个最小值记为

$$
\min_{j} d(a_i,b_j) \quad\quad (8.1-45)
$$

这个最小值可能只有一个,也可能有若干个相同的最小值. 设第 $i(i=1,2,\cdots,r)$ 行的第 $j1', j2',$ $\cdots, js'$ 列元素都是相同的最小值,即

$$
\min_{j} d(a_i,b_j) = d(a_i,b_{j1'}) = d(a_i,b_{j2'}) = \cdots = d(a_i,b_{js'}) \quad\quad (8.1-46)
$$

其中

$$
J_i : \{j1', j2', \cdots, js'\} \quad\quad (8.1-47)
$$

$(8.1-43)$ 式中的 s 个传递概率

$$
p(b_1/a_i), p(b_2/a_i), \cdots, p(b_s/a_i) \quad (i=1,2,\cdots,r) \quad\quad (8.1-48)
$$

是要寻找的试验信道的信道矩阵 $[P]$ 中的第 $i(i=1,2,\cdots,r)$ 行的 s 个元素,是 $(8.1-43)$ 式中为了求得最小值而可变动的因素. 显然,为了使 $(8.1-43)$ 式取得最小值,必须遵循这样的原则来选择试验信道的信道矩阵 $[P]$ 中第 $i(i=1,2,\cdots,r)$ 行的 s 个传递概率 $p(b_j/a_i)$ $(j=1,2,\cdots,s)$,这个原则就是:

$$\begin{cases} \sum_{j \in J_i} p(b_j/a_i) = 1 \\ p(b_j/a_i) = 0 \quad (j \overline{\in} J_i) \end{cases} \tag{8.1-49}$$

按(8.1-49)式所示原则选择试验信道的信道矩阵$[P]$中的第 $i(i=1,2,\cdots,r)$行 s 个元素，(8.1-43)式可改写为

$$p(a_i) \cdot \Big\{ p(b_{j1'}/a_i)d(a_i,b_{j1'}) + p(b_{j2'}/a_i)d(a_i,b_{j2'}) + \cdots + p(b_{js'}/a_i)d(a_i,b_{js'})$$

$$+ \sum_{j \in J_i} p(b_j/a_i)d(a_i,b_j) \Big\}$$

$$= p(a_i) \cdot \Big\{ p(b_{j1'}/a_i)d(a_i,b_{j1'}) + p(b_{j2'}/a_i)d(a_i,b_{j2'}) + \cdots + p(b_{js'}/a_i)d(a_i,b_{js'})$$

$$+ \sum_{j \in J_i} 0 \cdot d(a_i,b_j) \Big\}$$

$$= p(a_i) \cdot \Big\{ \min_j d(a_i,b_j) \cdot [p(b_{j1'}/a_i) + p(b_{j2'}/a_i) + \cdots + p(b_{js'}/a_i)] \Big\}$$

$$= p(a_i) \cdot \min_j d(a_i,b_j) \cdot 1$$

$$= p(a_i) \cdot \min_j d(a_i,d_j) \tag{8.1-50}$$

因为(8.1-49)式所示原则的实质，就是通过选择试验信道的信道矩阵$[P]$中的第 i 行的 s 个元素，保留失真矩阵$[D]$中第 $i(i=1,2,\cdots,r)$行中的最小值 $\min_j d(a_i,b_j)$，去掉所有比 $\min_j d(a_i,b_j)$ 大的元素. 所以(8.1-50)式的所得值，一定是(8.1-42)式中第 $i(i=1,2,\cdots,r)$项中的最小值.

把(8.1-49)式所示原则用于(8.1-42)式中 r 项的每一项，则可得到能使其每一项都取得最小值的试验信道的信道矩阵$[P]$中 r 行、s 列的$(r \times s)$个全部元素，即得到能使平均失真度 $\overline{D}$ 达到最小值 $\overline{D}_{\min}$ 的试验信道的$(r \times s)$阶信道矩阵$[P]$，从而由(8.1-42)式求得平均失真度 $\overline{D}$ 的最小值

$$\overline{D}_{\min} = p(a_1) \cdot \min_j d(a_1,b_j)$$

$$+ p(a_2) \cdot \min_j d(a_2,b_j)$$

$$+ \cdots$$

$$+ p(a_r) \cdot \min_j d(a_r,b_j)$$

$$= \sum_{i=1}^r p(a_i) \cdot \Big\{ \min_j d(a_i,b_j) \Big\} \tag{8.1-51}$$

(8.1-51)式表明，平均失真度 $\overline{D}$ 的最小值 $\overline{D}_{\min}$，只与给定信源 X 的概率分布$P(X)$：$\{p(a_i)(i=1,2,\cdots,r)\}$ 和规定的失真度 $d(a_i,b_j)(i=1,2,\cdots,r;j=1,2,\cdots,s)$，即失真矩阵$[D]$有关. 平均失真度 $\overline{D}$ 的最小值 $\overline{D}_{\min}$，等于信源发符号 $a_i(i=1,2,\cdots,r)$的概率 $p(a_i)(i=1,2,\cdots,r)$ 与失真矩阵$[D]$中第 $i(i=1,2,\cdots,r)$行中最小元素 $\min_j d(a_i,b_j)$的乘积对所有 $i(i=1,2,\cdots,r)$相加之和. 对于给定信源 X 来说，平均失真度 $\overline{D}$ 的最小值 $\overline{D}_{\min}$，只取决于失真矩阵$[D]$中的每一行的最小元素 $\min_j d(a_i,b_j)(i=1,2,\cdots,r)$.

人们只能在给定信源和规定失真度的条件下，平均失真度 $\overline{D}$ 所能达到的范围内选择一个

适当值作为允许失真度 D. 所以,(8.1-51)式所示平均失真度 $\overline{D}$ 的最小值 $\overline{D}_{\min}$,也就是允许失真度 D 的最小值 $D_{\min}$,即有

$$D_{\min} = \sum_{i=1}^{r} p(a_i) \min_j d(a_i, b_j) \tag{8.1-52}$$

这样,定理就得到了证明.

找到人们所能选择的最小允许失真度 $D_{\min}$ 后,接着要解决的问题是:若我们选择允许失真度 $D = D_{\min}$,那么,如何求解相应的信息率-失真函数 $R(D_{\min})$ 呢? 它与所规定的失真矩阵 $[D]$ 之间有什么样的内在联系?

定理 8.3 设离散无记忆信源 X 的信息熵为 $H(X)$,则 $R(D_{\min}) = H(X)$ 的充分必要条件是,规定的失真矩阵 $[D]$ 中,每列最多只能有一个最小值.

证明

(1) 充分性的证明.

由平均失真度 $\overline{D}$ 取得最小值的试验信道选择原则(8.1-49)式可知,若失真矩阵 $[D]$ 中的第 $k(k=1,2,\cdots,s)$ 列中,只有一个最小值

$$d(a_l, b_k) = \min_j d(a_l, b_j) \tag{8.1-53}$$

则使平均失真度 $\overline{D}$ 达到最小值 $\overline{D}_{\min}$ 的试验信道的信道矩阵 $[P]$ 中,第 l 行、第 k 列元素,就可取非零元素,即可有

$$0 < p(b_k/a_l) < 1 \tag{8.1-54}$$

而第 $k(k=1,2,\cdots,s)$ 列中所有 $(r-1)$ 个其他元素均等于零,即

$$p(b_k/a_i) = 0 \quad (i \neq l) \tag{8.1-55}$$

这时,"在得知 b_k 的前提下,推测 a_l"的后验概率

$$p(a_l/b_k) = \frac{p(a_l)\,p(b_k/a_l)}{\sum\limits_{i=1}^{r} p(a_i)\,p(b_k/a_i)} = \frac{p(a_l)\,p(b_k/a_l)}{p(a_l)\,p(b_k/a_l)} = 1 \tag{8.1-56}$$

而"在得知 b_k 的前提下,推测 $a_i(i \neq l)$"的 $(r-1)$ 个后验概率

$$p(a_i/b_k)_{(i \neq l)} = \frac{p(a_i)\,p(b_k/a_i)_{(i \neq l)}}{\sum\limits_{i=1}^{r} p(a_i)\,p(b_k/a_i)} = 0 \quad (i \neq l) \tag{8.1-57}$$

由(8.1-56)式和(8.1-57)式可知,使平均失真度 $\overline{D}$ 达到最小值 $\overline{D}_{\min}$ 的试验信道的所有后验概率不是等于1,就是等于零,即有

$$p(a_i/b_k) = \begin{cases} 1 \\ 0 \end{cases} \quad (i=1,2,\cdots,r; k=1,2,\cdots,s) \tag{8.1-58}$$

或写成

$$p(a_i/b_j) = \begin{cases} 1 \\ 0 \end{cases} \quad (i=1,2,\cdots,r; j=1,2,\cdots,s) \tag{8.1-59}$$

由此,试验信道的疑义度

$$H(X/Y) = -\sum_{i=1}^{r} \sum_{j=1}^{s} p(a_i b_j) \log p(a_i/b_j) = 0 \tag{8.1-60}$$

从而,通过试验信道的平均互信息

$$I(X;Y) = H(X) - H(X/Y) = H(X) \tag{8.1-61}$$

这表明,若在人们规定的失真矩阵$[D]$中,每列只有一个最小值,所有满足保真度准则$\overline{D} = D_{\min}$的试验信道的平均互信息$I(X;Y)$均等于信源X的信息熵$H(X)$.根据信息率-失真率函数$R(D)$的定义,即证得

$$R(D_{\min}) = H(X) \tag{8.1-62}$$

这样,定理的充分性就得到了证明.

（2）必要性的证明.

若允许失真度D选取其最小值$D_{\min}$,且离散无记忆信源X的信息率-失真函数$R(D_{\min})$等于信源X的信息熵$H(X)$,即

$$R(D_{\min}) = H(X) \tag{8.1-63}$$

则表明,满足保真度准则$\overline{D} = D_{\min}$的试验信道的平均互信息$I(X;Y)$都等于信源X的信息熵$H(X)$,即有

$$I(X;Y) = H(X) - H(X/Y) = H(X) \tag{8.1-64}$$

这说明,满足保真度准则$\overline{D} = D_{\min}$的试验信道的疑义度$H(X/Y)$都等于零,即

$$H(X/Y) = 0 \tag{8.1-65}$$

则满足保真度准则$\overline{D} = D_{\min}$的试验信道的后验概率$p(a_i/b_j)$要么等于1,要么等于0,即有

$$p(a_i/b_j) \begin{cases} 0 \\ 1 \end{cases} \quad (i = 1,2,\cdots,r; j = 1,2,\cdots,s) \tag{8.1-66}$$

由(8.1-54)式、(8.1-55)式以及(8.1-56)式、(8.1-57)式可知,满足保真度准则$\overline{D} = D_{\min}$的试验信道的信道矩阵$[P]$,每列至多只能有一个非零元素,其他$(r-1)$个元素均等于零.

根据(8.1-49)式所示的原则,若要满足保真度准则$\overline{D} = D_{\min}$,则规定的失真矩阵$[D]$的每列中,与试验信道的信道矩阵$[P]$的每列中仅有的一个非零元素的对应位置上,必须是一个最小值,其他$(r-1)$个元素必须都不是最小值.这就是说,失真矩阵$[D]$中,每列至多只能有一个最小值.这样,定理的必要性就得了证明.

这个定理指出,若规定的失真矩阵$[D]$中,每列至多有一个最小值,那么,信息率-失真函数$R(D_{\min})$就等于信源X的信息熵$H(X)$,信源X的输出信息率不能有任何的压缩.这是因为若规定的失真矩阵$[D]$中,每列只有一个最小值,这意味着每一个输出符号,只与一个输入符号之间的失真度达到最小.若要求总体的平均失真度$\overline{D}$达到最小值$\overline{D}_{\min} = D_{\min}$,则每一个输出符号必须有一个相对应的输入符号,信源X的输出信息率就是信源X本身的信息熵$H(X)$,不能有任何的压缩.

定理 8.4　若离散无记忆信源X的信息熵为$H(X)$,则$R(D_{\min}) < H(X)$的充分必要条件是,规定失真矩阵$[D]$的s列中,有些列存在两个或两个以上的最小值.

证明

（1）充分性的证明.

由平均失真度$\overline{D}$取得最小值$\overline{D}_{\min}$的试验信道选择原则(8.1-49)式可知,若失真矩阵$[D]$中第$k(k=1,2,\cdots,s)$列有两个（或两个以上）最小值

$$\begin{cases} d(a_l, b_k) = \min_j d(a_l, b_j) \\ d(a_q, b_k) = \min_j d(a_q, b_j) \quad (l \neq q) \end{cases} \tag{8.1-67}$$

则使平均失真度 $\overline{D}$ 达到最小值 $\overline{D}_{\min}$ 的试验信道的信道矩阵 $[P]$ 中的第 l 行、第 k 列元素 $p(b_k/a_l)$ 和第 q 行、第 k 列元素 $p(b_k/a_q)$ 均可取为非零元素,而第 k 列中所有其他元素均等于零,即有

$$\begin{cases} 0 < p(b_k/a_l) < 1 \\ 0 < p(b_k/a_q) < 1 \end{cases} \tag{8.1-68}$$

这时,"已知 b_k 的前提下,推测 a_l 和 $a_q(l \neq q)$ "的后验概率分别为

$$p(a_l/b_k) = \frac{p(a_l)p(b_k/a_l)}{\sum\limits_{i=1}^{r} p(a_i)p(b_k/a_i)} = \frac{p(a_l)p(b_k/a_l)}{p(a_l)p(b_k/a_l) + p(a_q)p(b_k/a_q)} < 1 \tag{8.1-69}$$

$$p(a_q/b_k) = \frac{p(a_q)p(b_k/a_q)}{\sum\limits_{i=1}^{r} p(a_i)p(b_k/a_i)} = \frac{p(a_q)p(b_k/a_q)}{p(a_l)p(b_k/a_l) + p(a_q)p(b_k/a_q)} < 1 \tag{8.1-70}$$

而"已知 b_k 的前提下,推测 $a_i(i \neq l,q)$ "的其他的后验概率为

$$p(a_i/b_j) = \frac{p(a_i)p(b_j/a_i)}{\sum\limits_{i=1}^{r} p(a_i)p(b_j/a_i)} = 0 \quad (i \neq l,q) \tag{8.1-71}$$

由(8.1-69)式、(8.1-70)式和(8.1-71)式可知,使平均失真度 $\overline{D}$ 达到最小值 $\overline{D}_{\min}$ 的试验信道的疑义度

$$H(X/Y) = -\sum_{i=1}^{r} \sum_{j=1}^{s} p(a_i b_j) \log p(a_i/b_j) > 0 \tag{8.1-72}$$

则满足保真度准则 $\overline{D} = D_{\min}$ 的所有试验信道的平均互信息

$$I(X;Y) = H(X) - H(X/Y) < H(X) \tag{8.1-73}$$

这表明,若人们规定的失真矩阵 $[D]$ 具有两个(或两个以上)最小值的列,为了满足保真度准则 $\overline{D} = D_{\min}$,信道所需通过的平均互信息 $I(X;Y)$ 可以小于信源 X 的信息熵 $H(X)$.根据信息率-失真函数的定义,有

$$R(D_{\min}) < H(X) \tag{8.1-74}$$

这样,定理的充分性就得到了证明.

(2) 必要性的证明.

若允许失真度 D 选取其最小值 $D_{\min}$,且离散无记忆信源 X 的相应的信息率-失真函数 $R(D_{\min})$ 小于信源 X 的信息熵 $H(X)$,即有

$$R(D_{\min}) < H(X) \tag{8.1-75}$$

则满足保真度准则 $\overline{D} = D_{\min}$ 且达到 $R(D_{\min})$ 的试验信道的平均互信息

$$I(X;Y) = H(X) - H(X/Y) < H(X) \tag{8.1-76}$$

即有

$$H(X/Y) > 0 \tag{8.1-77}$$

由(8.1-72)式可知,满足保真度准则 $\overline{D} = D_{\min}$ 且达到 $R(D_{\min})$ 的试验信道的后验概率不都是等于 1 或 0.由(8.1-68)式、(8.1-69)式和(8.1-70)式可知,满足保真度准则 $\overline{D} = D_{\min}$ 且达到 $R(D_{\min})$ 的试验信道的信道矩阵 $[P]$ 的 s 列中,有些列存在两个(或两个以上)的非零元素.假设信道矩阵 $[P]$ 中第 $k(k=1,2,\cdots,s)$ 列中存在两个非零元素 $p(b_k/a_l)$ 和 $p(b_k/a_q)(l \neq q)$,即有

$$\begin{cases} 0 < p(b_k/a_l) < 1 \\ 0 < p(b_k/a_q) < 1 \\ p(b_k/a_i) = 0 \quad (i \neq l, q) \end{cases} \tag{8.1-78}$$

根据试验信道选择原则(8.1-49)式,若要使平均失真度 $\overline{D} = D_{\min}(D_{\min} = \overline{D}_{\min})$,则规定的失真矩阵 $[D]$ 中的第 k 列的相应元素 $d(a_l, b_k)$ 和 $d(a_q, b_k)$ 都应该是所在的第 l 行和第 q 行中的最小值,即有

$$\begin{cases} d(a_l, b_k) = \min_j d(a_l, b_j) \\ d(a_q, b_k) = \min_j d(a_q, b_j) \end{cases} \tag{8.1-79}$$

这表明,失真矩阵 $[D]$ 中存在有两个(或两个以上)的最小值的列. 这样,定理 8.4 的必要性就得到了证明.

这个定理指明,若规定的失真矩阵 $[D]$ 的有些列中,存在两个(或两个以上)最小值,那么,信息率-失真函数 $R(D_{\min})$ 可以小于信源 X 的信息熵 $H(X)$. 这就意味着,信源 X 的输出信息率可以有一定的压缩. 这是因为,规定的失真矩阵 $[D]$ 的某些列中,有两个(或两个以上)失真度是最小值,这些列相应的输出符号与两个(或两个以上)信源符号之间的失真度达到最小. 在满足保真度准则 $\overline{D} = D_{\min}$ 的要求下,这些输出符号对应的输入符号,就可从两个(或两个以上)压缩到一个信源符号,信源 X 的输出信息率可有一定的压缩.

定理 8.5　**对给定信源 X,若失真矩阵 $[D]_0$ 的 $\overline{D}_{0\min} = 0$,相应的信息率-失真函数为 $R_0(0)$;若失真矩阵 $[D]$ 的 $\overline{D}_{\min} > 0$,并取 $D_{\min} = \overline{D}_{\min}$,而相应的信息率-失真函数为 $R(D_{\min})$,则有**
$$R(D_{\min}) = R_0(0)$$

证明　在图 8.1-2 所示通信系统中,设给定信源 X 的概率分布 $P(X)$：$\{p(a_i)(i=1,2,\cdots,r)\}$,规定失真矩阵

$$[D]_0 = \begin{array}{c} \\ a_1 \\ a_2 \\ \vdots \\ a_r \end{array} \overset{\begin{array}{cccc} b_1 & b_2 & \cdots & b_s \end{array}}{\left[\begin{array}{cccc} d_{011} & d_{012} & \cdots & d_{01s} \\ d_{021} & d_{022} & \cdots & d_{02s} \\ \vdots & \vdots & \cdots & \vdots \\ d_{0r1} & d_{0r2} & \cdots & d_{0rs} \end{array}\right]} \tag{8.1-80}$$

且 $[D]_0$ 中每行的最小值均等于零,即有
$$\min_j d_{0ij} = 0 \quad (i = 1, 2, \cdots, r) \tag{8.1-81}$$

则最小平均失真度

$$\overline{D}_{\min} = \sum_{i=1}^r p(a_i) \min_j d_{0ij} = \sum_{i=1}^r p(a_i) \cdot 0 = 0 \tag{8.1-82}$$

若另一失真矩阵

$$[D] = \begin{array}{c} \\ a_1 \\ a_2 \\ \vdots \\ a_r \end{array} \overset{\begin{array}{cccc} b_1 & b_2 & \cdots & b_s \end{array}}{\left[\begin{array}{cccc} d_{011} + \omega_1 & d_{012} + \omega_1 & \cdots & d_{01s} + \omega_1 \\ d_{021} + \omega_2 & d_{022} + \omega_2 & \cdots & d_{02s} + \omega_2 \\ \vdots & \vdots & \cdots & \vdots \\ d_{0r1} + \omega_r & d_{0r2} + \omega_r & \cdots & d_{0rs} + \omega_r \end{array}\right]} \tag{8.1-83}$$

其中,常数

$$\omega_i > 0 \quad (i = 1, 2, \cdots, r) \tag{8.1-84}$$

则[D]中每行最小值为

$$\min_j \{d_{0ij} + \omega_i\} = \min_j d_{0ij} + w_i$$
$$= \omega_i > 0 \quad (i = 1, 2, \cdots, r) \tag{8.1-85}$$

最小平均失真度

$$\overline{D} \min = \sum_{i=1}^{r} p(a_i) \min_j \{d_{0ij} + \omega_i\}$$
$$= \sum_{i=1}^{r} p(a_i)\omega_i > 0 \tag{8.1-86}$$

由平均失真度达到最小值的试验信道构成原则(8.1-49)式可知,使平均失真度达到最小值的试验信道的传递概率,只与失真矩阵中每行最小值的个数和所处的位置有关,与每行最小值的具体数值的大小无关. 所以,规定[D]$_0$为失真矩阵,使平均失真度达到最小值 $\overline{D}_{\min} = 0$ 的试验信道,与规定[D]为失真矩阵,使平均失真度达到最小值 $\overline{D}_{\min} > 0$ 的试验信道是同一信道. 因为给定信源 X 的概率分布 $P(X)$:$\{p(a_i)(i=1,2,\cdots,r)\}$ 固定不变,所以通过同一试验信道的平均互信息一定相等.

若令 $R_0(0)$ 表示平均失真度达到最小值 $\overline{D}_{0\min} = 0$ 时信源 X 的信息率-失真函数,$R(D_{\min})$ 表示平均失真度达到最小值 $\overline{D}_{\min} > 0$ 时的信息率-失真函数($D_{\min} = \overline{D}_{\min}$),则一定有

$$R_0(0) = R(D_{\min}) \tag{8.1-87}$$

这样,定理 8.5 就得到了证明.

这个定理告诉我们,若失真矩阵[D]中,第$i1', i2', \cdots, ir'(I'_r:\{i1', i2', \cdots, ir'\})$行的最小值不等于零,而是大于零的常数

$$\omega_i > 0 \quad i \in I'_r:\{i1', i2', \cdots, ir'\} \tag{8.1-88}$$

根据定理 8.5,可把[D]中第 $i1', i2', \cdots, ir'$ 行各元素分别减去常数 $\omega_{i1'}, \omega_{i2'}, \cdots, \omega_{ir'}$,使[D]中各行的最小值均等于零,构成各行最小值均等于零的失真矩阵[D]$_0$. 由失真矩阵[D]$_0$,所得信源 X 的信息率-失真函数 $R_0(0)$,与由失真矩阵[D]所得的信息率-失真函数 $R(D_{\min})$($D_{\min} > 0$)是相等的. 这就是说,当 $D_{\min} > 0$ 时,$R(D)$ 函数的低端 $\{D_{\min}, R(D_{\min})\}$ 可转换为 $\{0, R_0(0)\}$.

【例 8.4】 设给定信源 X 的信源空间为

$$[X \cdot P]: \begin{cases} X: & 0 \quad 1 \\ P(X): & p \quad q \end{cases}$$

其中,$0 < p, q < 1$;$p + q = 1$. 规定失真度为汉明失真度,即失真矩阵为

$$[D] = \begin{array}{c} \\ 0 \\ 1 \end{array} \begin{array}{cc} 0 & 1 \\ \left[\begin{array}{cc} 0 & 1 \\ 1 & 0 \end{array} \right] \end{array}$$

试求:(1) 允许失真度 D 的最小值 $D_{\min}$;

(2) 满足保真度准则 $\overline{D} = D_{\min}$ 的试验信道;

(3) 信息率-失真函数 $R(D_{\min})$.

解 由(8.1-51)式可知

$$\overline{D}_{\min} = \sum_{i=1}^{r} p(a_i) \min_j d(a_i, b_j) = p \cdot 0 + q \cdot 0 = 0 \tag{1}$$

平均失真度 $\overline{D}$ 的最小值 $\overline{D}_{\min}=0$，就是可选择的允许失真度 D 的最小值

$$D_{\min} = \overline{D}_{\min} = 0 \tag{2}$$

由 (8.1-49) 式可知，满足保真度准则 $\overline{D}=D_{\min}=0$ 的试验信道是唯一的，其信道矩阵为

$$[P] = \begin{array}{c} 0 \\ 1 \end{array} \begin{bmatrix} 1 & 0 \\ 0 & 1 \end{bmatrix} \tag{3}$$

其平均互信息 $I(X;Y)$ 就是 $R(D_{\min}=0)=R(0)$，即

$$R(D_{\min}=0) = R(0) = I(X;Y) = H(X) - H(X/Y) \tag{4}$$

又因为 (3) 式所示信道的信道矩阵 $[P]$ 每列只有一个非零元素 1，所以

$$H(X/Y) = 0 \tag{5}$$

由此，得

$$R(0) = H(X) = H(p,q) = H(p) = H(q) \tag{6}$$

　　本例题同样说明，若失真矩阵 $[D]$ 中，每列只有一个最小值“0”，平均失真度达到最小值 $\overline{D}_{\min}=0$. 如允许失真度 $D_{\min}=\overline{D}_{\min}=0$，则在满足保真度准则 $\overline{D}=D_{\min}=0$ 下，信源 X 输出信息率不能有任何压缩.

　　【例 8.5】　设给定信源 X 的信源空间为

$$[X \cdot P]: \begin{cases} X: & a_1 \quad a_2 \\ P(X): & p \quad q \end{cases}$$

其中，$0 < p, q < 1$；$p+q=1$. 规定失真矩阵

$$[D] = \begin{array}{c} a_1 \\ a_2 \end{array} \begin{bmatrix} 1/2 & 1 \\ 1 & 1/2 \end{bmatrix}$$

试求：(1) 允许失真度 D 的最小值 $D_{\min}$；
　　　(2) 满足保真度准则 $\overline{D}=D_{\min}$ 的试验信道；
　　　(3) 信息率-失真函数 $R(D_{\min})$；
　　　(4) 写出能使 $R_0(0)=R(D_{\min})$ 的失真矩阵 $[D]_0$.

　　解　由 (8.1-51) 式可得

$$\overline{D}_{\min} = \sum_{i=1}^{r} p(a_i) \min_j d(a_i, b_j) \tag{1}$$

$$= p \cdot 1/2 + q \cdot 1/2 = (p+q)/2 = 1/2 \tag{2}$$

因为平均失真度 $\overline{D}$ 的最小值 $\overline{D}_{\min}=1/2$，所以允许失真度 D 的最小值 $D_{\min}=\overline{D}_{\min}=1/2$.

　　由 (8.1-49) 式得，满足保真度准则 $\overline{D}=\overline{D}_{\min}=1/2$ 的试验信道的信道矩阵

$$[P] = \begin{array}{c} a_1 \\ a_2 \end{array} \begin{bmatrix} 1 & 0 \\ 0 & 1 \end{bmatrix} \tag{3}$$

这个信道是满足保真度准则 $\overline{D}=D_{\min}=1/2$ 的唯一试验信道，所以其平均互信息 $I(X;Y)$ 就是

信息率-失真函数 $R(D_{\min}=1/2)=R(1/2)$，即有
$$R(D_{\min}=1/2)=R(1/2)=I(X;Y)=H(X)-H(X/Y) \tag{4}$$
又因为(3)式所示的信道矩阵$[P]$中，每列只有一个非零元素1，所以有
$$H(X/Y)=0 \tag{5}$$
由此，得
$$R(D_{\min}=1/2)=R(1/2)=H(X)=H(p,q)=H(p)=H(q) \tag{6}$$
根据定理8.5，可得$R(1/2)=R_0(0)$的失真矩阵

$$[D]_0=\begin{matrix}a_1\\a_2\end{matrix}\begin{matrix}a_1 & a_2\\ (1/2-1/2) & (1-1/2)\\ (1-1/2) & (1/2-1/2)\end{matrix}$$

$$=\begin{matrix}a_1\\a_2\end{matrix}\begin{matrix}a_1 & a_2\\ 0 & 1/2\\ 1/2 & 0\end{matrix} \tag{7}$$

【例8.6】 设给定信源X的信源空间为
$$[X \cdot P]:\begin{cases}X: & a_1 & a_2\\ P(X): & \omega & 1-\omega\end{cases}$$
其中，$0<\omega<1/2$. 规定失真矩阵

$$[D]=\begin{matrix}a_1\\a_2\end{matrix}\begin{matrix}b_1 & b_2 & b_3\\ 0 & 0 & 1\\ 1 & 1 & 0\end{matrix}$$

试求：(1) 允许失真度D的最小值$D_{\min}$；
(2) 满足保真度准则$\overline{D}=D_{\min}$的试验信道；
(3) 信息率-失真函数$R(D_{\min})$.
解 由(8.1-51)、(8.1-52)式，可得
$$D_{\min}=\sum_{i=1}^{r}p(a_i)\min_j d(a_i,b_j)$$
$$=\omega \cdot 0+(1-\omega) \cdot 0=0 \tag{1}$$
由(8.1-49)式可知，满足保真度准则$\overline{D}=D_{\min}=0$的试验信道的传递概率必须满足
$$\begin{cases}p(b_1/a_1)+p(b_2/a_1)=1\\ p(b_3/a_1)=0\end{cases} \tag{2}$$
$$\begin{cases}p(b_1/a_2)=p(b_2/a_2)=0\\ p(b_3/a_2)=1\end{cases} \tag{3}$$
这表明，满足保真度准则$\overline{D}=D_{\min}=0$的试验信道不是唯一的，集合$B_{D=0}$中可有多种信道，它们可以是：

$$[P]_1=\begin{matrix}a_1\\a_2\end{matrix}\begin{matrix}b_1 & b_2 & b_3\\ 1 & 0 & 0\\ 0 & 0 & 1\end{matrix} \tag{4}$$

$$[P]_2 = \begin{matrix} a_1 \\ a_2 \end{matrix} \begin{matrix} b_1 & b_2 & b_3 \end{matrix} \\ \begin{bmatrix} 0 & 1 & 0 \\ 0 & 0 & 1 \end{bmatrix} \tag{5}$$

$$[P]_3 = \begin{matrix} a_1 \\ a_2 \end{matrix} \begin{matrix} b_1 & b_2 & b_3 \end{matrix} \\ \begin{bmatrix} 1/2 & 1/2 & 0 \\ 0 & 0 & 1 \end{bmatrix} \tag{6}$$

$$[P]_4 = \begin{matrix} a_1 \\ a_2 \end{matrix} \begin{matrix} b_1 & b_2 & b_3 \end{matrix} \\ \begin{bmatrix} 1/3 & 2/3 & 0 \\ 0 & 0 & 1 \end{bmatrix} \tag{7}$$

$$[P]_5 = \begin{matrix} a_1 \\ a_2 \end{matrix} \begin{matrix} b_1 & b_2 & b_3 \end{matrix} \\ \begin{bmatrix} 0.99 & 0.01 & 0 \\ 0 & 0 & 1 \end{bmatrix} \tag{8}$$

它们的共同点是信道矩阵 $[P]$ 中,每列只有一个非零元素,信道的疑义度

$$H(X/Y) = 0 \tag{9}$$

满足保真度准则 $\overline{D} = D_{\min} = 0$ 的试验信道的平均互信息

$$I(X;Y) = H(X) - H(X/Y) = H(X) = H(\omega) \tag{10}$$

这样,就可得信源 X 的信息率-失真函数

$$R(D_{\min} = 0) = R(0) = H(X) = H(\omega) \tag{11}$$

以上三个例题的共同特点,就是规定的失真矩阵 $[D]$ 中,每列只有一个最小值,当允许失真度 D 取最小值 $D_{\min}$ 时,信源 X 相应的信息率-失真函数

$$R(D_{\min}) = H(X) \tag{12}$$

即在满足保真度准则 $\overline{D} = D_{\min}$ 下,信源输出信息率不能减少,必须是信源 X 的信息熵 $H(X)$,信源 X 输出的符号数不能有任何的压缩. 以上三个例题还说明,信源 X 的信息率-失真函数 $R(D_{\min})$ 是信源 X 的概率分布的函数,是信源 X 本身的特征参量.

【例 8.7】　设给定信源 X 的信源空间为

$$[X \cdot P]: \begin{cases} X: & a_1 & a_2 & a_3 \\ P(X): & 1/3 & 1/3 & 1/3 \end{cases}$$

规定失真矩阵

$$[D] = \begin{matrix} a_1 \\ a_2 \\ a_3 \end{matrix} \begin{matrix} b_1 & b_2 & b_3 \end{matrix} \\ \begin{bmatrix} 0 & 1 & 1 \\ 0 & 0 & 1 \\ 1 & 1 & 0 \end{bmatrix}$$

试证明 $R(0) < \log 3$(比特/符号).

证明　由(8.1-52)式可知,

$$D_{\min} = \sum_{i=1}^{3} p(a_i) \min_j d(a_i, b_j) = \sum_{i=1}^{3} p(a_i) \cdot 0 = 0 \tag{1}$$

由(8.1-49)式可知,满足保真度准则 $\overline{D} = D_{\min} = 0$ 的试验信道的传递概率必须满足:

$$\begin{cases} p(b_1/a_1) = 1 \\ p(b_1/a_2) + p(b_2/a_2) = 1 \\ p(b_3/a_3) = 1 \end{cases} \tag{2}$$

$$\begin{cases} p(b_2/a_1) = p(b_3/a_1) = 0 \\ p(b_3/a_2) = 0 \\ p(b_1/a_3) = p(b_2/a_3) = 0 \end{cases} \tag{3}$$

这表明,满足保真度准则 $\overline{D} = D_{\min} = 0$ 的试验信道不是唯一的,大致可分为两种类型. 一种是试验信道的信道矩阵 $[P]_1$ 中,每行只有一个"1",每列亦只有一个"1",即信道矩阵为

$$[P]_1 = \begin{array}{c} \\ a_1 \\ a_2 \\ a_3 \end{array} \begin{array}{ccc} b_1 & b_2 & b_3 \\ \begin{bmatrix} 1 & 0 & 0 \\ 0 & 1 & 0 \\ 0 & 0 & 1 \end{bmatrix} \end{array} \tag{4}$$

另一种信道的信道矩阵 $[P]_2$ 中,第一列有两个非零元素,第二列中有一个,或没有非零元素,如

$$[P]_2 = \begin{array}{c} \\ a_1 \\ a_2 \\ a_3 \end{array} \begin{array}{ccc} b_1 & b_2 & b_3 \\ \begin{bmatrix} 1 & 0 & 0 \\ 1 & 0 & 0 \\ 0 & 0 & 1 \end{bmatrix} \end{array} \tag{5}$$

或

$$[P]_2 = \begin{array}{c} \\ a_1 \\ a_2 \\ a_3 \end{array} \begin{array}{ccc} b_1 & b_2 & b_3 \\ \begin{bmatrix} 1 & 0 & 0 \\ 1/3 & 2/3 & 0 \\ 0 & 0 & 1 \end{bmatrix} \end{array} \tag{6}$$

无论是哪一种类型的试验信道,它们都是满足保真度准则 $\overline{D} = D_{\min} = 0$ 的试验信道集合 $B_{D=0}$ 中的试验信道.

第一种类型的试验信道的信道矩阵 $[P]_1$ 中,每列只有一个非零元素,信道疑义度

$$H_1(X/Y) = 0 \tag{7}$$

其平均互信息

$$I_1(X;Y) = H(X) - H_1(X/Y) = H(X) \tag{8}$$

第二种类型试验信道的信道矩阵 $[P]_2$ 中,第一列有两个非零元素,所以相应的信道疑义度

$$H_2(X/Y) > 0 \tag{9}$$

则平均互信息

$$I_2(X;Y) = H(X) - H_2(X/Y) < H(X) \tag{10}$$

根据信息率-失真函数的定义,有

$$R(D_{\min} = 0) = R(0) = \min_{p(b_j/a_i) \in B_{D=0}} \{I(X;Y); \overline{D} = 0\} \tag{11}$$

由(8)和(10)式可知,在满足保真度准则 $\overline{D} = D_{\min} = 0$ 的试验信道集合 $B_{D=0}$ 中,必须选取第二种类型的试验信道,由(10)和(11)式,可得

$$R(0) = \min_{p(b_j/a_i) \in B_{D=0}} \{I_2(X;Y); \overline{D} = 0\} < H(X) \tag{12}$$

因为给定信源 X 为三元等概信源,即证得

$$R(0) < \log 3 \quad (\text{比特} / \text{符号}) \tag{13}$$

这表明,若选定失真矩阵

$$[D] = \begin{matrix} & b_1 & b_2 & b_3 \\ \begin{matrix} a_1 \\ a_2 \\ a_3 \end{matrix} & \begin{bmatrix} 0 & 1 & 1 \\ 0 & 0 & 1 \\ 1 & 1 & 0 \end{bmatrix} \end{matrix} \tag{14}$$

在满足保真度准则 $\overline{D} = D_{\min} = 0$ 的条件下,信息率-失真函数 $R(D_{\min} = 0) = R(0)$ 小于信源 X 的信息熵 $H(X) = \log 3$(比特/符号). 在平均失真度 $\overline{D}$ 达到最小值 $\overline{D}_{\min} = D_{\min} = 0$ 的限制条件下,信源 X 输出信息率 R 可比信息熵 $H(X) = \log r$ 有所减少,输出的符号数可能有所压缩. 这是因为输出符号 b_1 与输入符号 a_1 和 a_2 之间的失真度

$$d(a_1, b_1) = d(a_2, b_1) = 0 \tag{15}$$

当总的平均失真度 $\overline{D}$ 要达到 $D_{\min} = 0$ 时,对输出符号 b_1 来说,相应的输入符号就产生了压缩的空间.

以上例题进一步指明,对于给定信源来说,只要规定了失真矩阵 $[D]$,平均失真度 $\overline{D}$ 的最小值 $\overline{D}_{\min}$ 也就确定了. 在选择 $D_{\min} = \overline{D}_{\min}$ 时,使 $\overline{D} = D_{\min}$ 的试验信道的信道矩阵 $[P]$ 的选择,实际上只是一种具有数学意义的虚拟手段而已.

2. $D_{\max}$ 和 $R(D_{\max})$

在图 8.1-2 所示通信系统中,当信源 X 给定,失真度规定的条件下,平均失真度 $\overline{D}$ 是信道传递概率 $P(Y/X) : \{ p(b_j/a_i)(i = 1, 2, \cdots, r; j = 1, 2, \cdots, s) \}$ 的函数 $\overline{D}[p(b_j/a_i)]$. 不同的试验信道就可得到不同的平均失真度 $\overline{D}$. 那么,如何选择试验信道,能使平均失真度 $\overline{D}$ 达到最大值 $\overline{D}_{\max}$? 平均失真度 $\overline{D}$ 的最大值 $\overline{D}_{\max}$ 又如何表示? 平均失真度 $\overline{D}$ 的最大值 $\overline{D}_{\max}$,就是能选择的最大允许失真度 $D_{\max}$,那么,在保真度准则 $\overline{D} = D_{\max}$ 的条件下,$R(D = D_{\max})$ 又有什么样的特性?

定理 8.6　设给定信源 X 的概率分布 $P(X) : \{ p(a_i)(i = 1, 2, \cdots r) \}$,规定失真度 $d(a_i, b_j)$ $(i = 1, 2, \cdots, r; j = 1, 2, \cdots, s)$,则允许失真度 D 的最大值

$$D_{\max} = \min_j \sum_{i=1}^{r} p(a_i) d(a_i, b_j)$$

证明　在图 8.1-2 所示通信系统中,当输入随机变量 X 和输出随机变量 Y 之间统计独立,即对所有的 $i(i = 1, 2, \cdots, r)$ 和 $j(j = 1, 2, \cdots, s)$ 都有

$$p(b_j/a_i) = p(b_j) \quad (i = 1, 2, \cdots, r; j = 1, 2, \cdots, s) \tag{8.1-89}$$

时,通信系统的平均互信息 $I(X; Y) = 0$. 这种通信系统的最小平均失真度 $\overline{D}'_{\min}$ 定义为通信系统的最大平均失真度 $\overline{D}_{\max}$,即

$$\overline{D}_{\max} = \overline{D}'_{\min}$$

$$= \min_{p(b_j/a_i)} \left\{ \sum_{i=1}^{r} \sum_{j=1}^{s} p(a_i) p(b_j/a_i) d(a_i, b_j) \right\}$$

$$= \min_{p(b_j)} \left\{ \sum_{i=1}^{r} \sum_{j=1}^{s} p(a_i) p(b_j) d(a_i, b_j) \right\} = \min_{p(b_j)} \left\{ \sum_{j=1}^{s} p(b_j) \sum_{i=1}^{r} p(a_i) d(a_i, b_j) \right\}$$

$$= \min_{p(b_j)} \{ p(b_1)[p(a_1) d(a_1, b_1) + p(a_2) d(a_2, b_1) + \cdots + p(a_r) d(a_r, b_1)]$$

$$+ p(b_2) \left[p(a_1)d(a_1,b_2) + p(a_2)d(a_2,b_2) + \cdots + p(a_r)d(a_r,b_2) \right]$$
$$+ \cdots \tag{8.1-90}$$
$$+ p(b_s) \left[p(a_1)d(a_1,b_s) + p(a_2)d(a_2,b_s) + \cdots + p(a_r)d(a_r,b_s) \right] \}$$

在上式中,对于每一个 $j(j=1,2,\cdots,s)$ 都有一个相应的

$$\sum_{i=1}^{r} p(a_i)d(a_i,b_j) \quad (j=1,2,\cdots,s) \tag{8.1-91}$$

设

$$\min_j \sum_{i=1}^{r} p(a_i)d(a_i,b_j) \tag{8.1-92}$$

是(8.1-91)式所示的 s 个 $\sum\limits_{i=1}^{r} p(a_i)d(a_i,b_j)(i=1,2,\cdots,r)$ 中的最小值,且令

$$\min_j \sum_{i=1}^{r} p(a_i)d(a_i,b_j) = \sum_{i=1}^{r} p(a_i)d(a_i,b_{j1'})$$
$$= \sum_{i=1}^{r} p(a_i)d(a_i,b_{j2'})$$
$$= \cdots \tag{8.1-93}$$
$$= \sum_{i=1}^{r} p(a_i)d(a_i,b_{js'})$$

其中

$$J' : \{j1', j2', \cdots, js'\} \tag{8.1-94}$$

则(8.1-93)式可改写为

$$\min_j \sum_{i=1}^{r} p(a_i)d(a_i,b_j) = \sum_{i=1}^{r} p(a_i)d(a_i,b_j) \quad (j \in J') \tag{8.1-95}$$

若在(8.1-89)式所示的总的前提下,采用

$$\begin{cases} \sum\limits_{j \in J'} p(b_j) = 1 \\ p(b_j) = 0 \quad (j \overline{\in} J') \end{cases} \tag{8.1-96}$$

则一定能使(8.1-90)式取得最小值,得

$$\overline{D}_{\max} = \overline{D}'_{\min} = \min_j \sum_{i=1}^{r} p(a_i)d(a_i,b_j) \tag{8.1-97}$$

如(8.1-96)式所示,在(8.1-89)式的总前提下,对 $p(b_j)$ 的选择原则,就是对试验信道的选择原则.

最大平均失真度 $\overline{D}_{\max}$ 就是允许失真度 D 的最大值,即有

$$D_{\max} = \overline{D}_{\max} = \min_j \sum_{i=1}^{r} p(a_i)d(a_i,b_j) \tag{8.1-98}$$

这表明,对于给定信源 X 和规定的失真度,最大允许失真度 $D_{\max}$ 由信源 X 的概率分布 $P(X):\{p(a_i)(i=1,2,\cdots,r)\}$ 和规定的失真度 $d(a_i,b_j)(i=1,2,\cdots,r;j=1,2,\cdots,s)$ 所确定.这样,定理 8.6 就得到了证明.

若允许失真度选取其最大值 $D_{\max}$,则相应的信息率-失真函数 $R(D_{\max})$ 等于多少? $D_{\max}$ 与 R

$(D_{\max})$ 之间有什么样的关系?

定理 8.7　给定信源 X 的信息率-失真函数 $R(D)=0$ 的充分必要条件是,允许失真度 $D \geqslant D_{\max}$.

证明

(1) 充分性的证明.

根据 $\overline{D}_{\max}$ 的定义,凡满足保真度准则 $\overline{D}=D_{\max}=\overline{D}_{\max}$ 的试验信道的传递概率 $p(b_j/a_i)(i=1,2,\cdots,r; j=1,2,\cdots,s)$,一定满足(8.1-89)式,则试验信道的噪声熵

$$
\begin{aligned}
H(Y/X) &= -\sum_{i=1}^{r} \sum_{j=1}^{s} p(a_i) p(b_j/a_i) \log p(b_j/a_i) \\
&= \sum_{i=1}^{r} p(a_i) \left\{ -\sum_{j=1}^{s} p(b_j/a_i) \log p(b_j/a_i) \right\} = \sum_{i=1}^{r} p(a_i) \left\{ -\sum_{j=1}^{s} p(b_j) \log p(b_j) \right\} \\
&= \sum_{i=1}^{r} p(a_i) \cdot H(Y) = H(Y)
\end{aligned}
$$

这样,凡满足保真度准则 $\overline{D}=D_{\max}$ 的试验信道的平均互信息

$$
\begin{aligned}
I(X;Y) &= H(X) - H(Y/X) \\
&= H(Y) - H(Y) = 0
\end{aligned} \tag{8.1-99}
$$

根据信息率-失真函数 $R(D)$ 的定义,即证得

$$
R(D_{\max}) = \min_{p(b_j/a_i)} \{ I(X;Y); \overline{D} = D_{\max} \} = 0 \tag{8.1-100}
$$

这样,定理的充分性就得到了证明.

(2) 必要性的证明.

对概率分布为 $P(X): \{ p(a_i)(i=1,2,\cdots,r) \}$ 的给定信源 X 和规定的失真度 $d(a_i,b_j)(i=1,2,\cdots,r; j=1,2,\cdots,s)$,若有

$$
R(D) = 0 \tag{8.1-101}
$$

则满足保真度准则 $\overline{D} \leqslant D$ 的试验信道的平均互信息 $I(X;Y)=0$,即输入随机变量 X 和输出随机变量 Y 之间一定统计独立,即一定有

$$
p(b_j/a_i) = p(b_j) \quad (i=1,2,\cdots,r; j=1,2,\cdots,s) \tag{8.1-102}
$$

试验信道的平均失真度

$$
\begin{aligned}
\overline{D} &= \sum_{i=1}^{r} \sum_{j=1}^{s} p(a_i) p(b_j/a_i) d(a_i,b_j) \\
&= \sum_{i=1}^{r} \sum_{j=1}^{s} p(a_i) p(b_j) d(a_i,b_j) = \sum_{j=1}^{s} p(b_j) \left\{ \sum_{i=1}^{r} p(a_i) d(a_i,b_j) \right\}
\end{aligned} \tag{8.1-103}
$$

由(8.1-92)式可知,

$$
\min_j \sum_{i=1}^{r} p(a_i) d(a_i,b_j) \leqslant \sum_{i=1}^{r} p(a_i) d(a_i,b_j) \quad (j=1,2,\cdots,s) \tag{8.1-104}
$$

由(8.1-103)和(8.1-104)式,即证得

$$
\begin{aligned}
\overline{D} &= \sum_{j=1}^{s} p(b_j) \left\{ \sum_{i=1}^{r} p(a_i) d(a_i,b_j) \right\} \geqslant \sum_{j=1}^{s} p(b_j) \left\{ \min_j \sum_{i=1}^{r} p(a_i) d(a_i,b_j) \right\} \\
&= \sum_{j=1}^{s} p(b_j) D_{\max} = D_{\max}
\end{aligned} \tag{8.1-105}
$$

这样,定理的必要性就得到了证明.

这个定理明确指出,对给定信源 X 和规定失真度 $d(a_i,b_j)$,若选择最大允许失真度 D_{max},则相应的信息率-失真函数 $R(D_{max})$ 一定等于零. 这就是说,当允许失真度达到了最大限度 D_{max} 时,信源 X 不需要输出任何信息量,就能满足这个最宽容的保真度准则 $\overline{D}=D_{max}$. 反之,如果信源不输出任何信息量,则平均失真度 $\overline{D}$ 一定达到最严重的程度,即 $\overline{D}=D_{max}=D_{max}$.

从数学的角度来看,在以允许失真度 D 为横坐标,相应的信息率-失真函数 $R(D)$ 为纵坐标的坐标系中,信息率-失真函数 $R(D)$ 的高端坐标是 $(D_{max},0)$. 当 $D \geqslant D_{max}$ 时,纵坐标 $R(D)$ 是一个常数 $R(D)=0$.

8.2 $R(D)$ 函数的数学特性

剖析 $R(D)$ 函数在定义域内的数学特性,是进一步挖掘 $R(D)$ 函数内涵,描述限失真信源编码定理的重要环节和因素.

8.2.1 $R(D)$ 的下凸性

定理 8.8 给定信源 X 的信息率-失真函数 $R(D)$ 是允许失真度 D 的 $\cup$ 型凸函数.

证明 设 D' 和 D'' 是信源 X 信息率-失真函数 $R(D)$ 的定义域 $[D_{min},D_{max}]$ 中任何两个允许失真度. 并令 $0<\alpha,\beta<1,\alpha+\beta=1$. 根据 $\cup$ 型凸函数的定义,只要证明

$$R(\alpha D' + \beta D'') \leqslant \alpha R(D') + \beta R(D'') \qquad (8.2-1)$$

则就证明了 $R(D)$ 是 D 的 $\cup$ 型凸函数.

为此,设给定信源 X 的概率分布为 $P(X):\{p(a_i)(i=1,2,\cdots,r)\}$,规定失真度为 $d(a_i,b_j)$ $(i=1,2,\cdots,r;j=1,2,\cdots,s)$.

再设图 8.2-1 中试验信源(Ⅰ)的传递概率为 $p_1(b_j/a_i)(i=1,2,\cdots,r;j=1,2,\cdots,s)$,满足保真度准则 $\overline{D}_1 \leqslant D'$,平均互信息 $I_1(X;Y)$ 达到信息率-失真函数 $R(D')$,即有

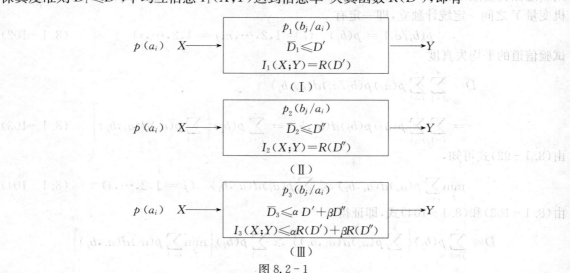

图 8.2-1

$$\overline{D}_1 = \sum_{i=1}^{r} \sum_{j=1}^{s} p(a_i) p_1(b_j/a_i) d(a_i, b_j) \leqslant D' \tag{8.2-2}$$

$$I_1(X;Y) = \sum_{i=1}^{r} \sum_{j=1}^{s} p(a_i) p_1(b_j/a_i) \log \frac{p_1(a_i/b_j)}{p(a_i)} = R(D') \tag{8.2-3}$$

其中

$$p_1(a_i/b_j) = \frac{p(a_i) p_1(b_j/a_i)}{\sum\limits_{i=1}^{r} p(a_i) p_1(b_j/a_i)} \tag{8.2-4}$$

再设试验信道(Ⅱ)的传递概率为 $p_2(b_j/a_i)(i=1,2,\cdots,r;j=1,2,\cdots,s)$,满足保真度 $\overline{D}_2 \leqslant D''$,平均互信息 $I_2(X;Y)$ 达到信息率-失真函数 $R(D'')$,即有

$$\overline{D}_2 = \sum_{i=1}^{r} \sum_{j=1}^{s} p(a_i) p_2(b_j/a_i) d(a_i, b_j) \leqslant D'' \tag{8.2-5}$$

$$I_2(X;Y) = \sum_{i=1}^{r} \sum_{j=1}^{s} p(a_i) p_2(b_j/a_i) \log \frac{p_2(a_i/b_j)}{p(a_i)} = R(D'') \tag{8.2-6}$$

其中

$$p_2(a_i/b_j) = \frac{p(a_i) p_2(b_j/a_i)}{\sum\limits_{i=1}^{r} p(a_i) p_2(b_j/a_i)} \tag{8.2-7}$$

又设试验信道(Ⅲ)的传递概率为

$$p_3(b_j/a_i) = \alpha p_1(b_j/a_i) + \beta p_2(b_j/a_i) \tag{8.2-8}$$

则平均失真度

$$\begin{aligned}
\overline{D}_3 &= \sum_{i=1}^{r} \sum_{j=1}^{s} p(a_i) p_3(b_j/a_i) d(a_i, b_j) \\
&= \sum_{i=1}^{r} \sum_{j=1}^{s} p(a_i) [\alpha p_1(b_j/a_i) + \beta p_2(b_j/a_i)] d(a_i, b_j) \\
&= \alpha \sum_{i=1}^{r} \sum_{j=1}^{s} p(a_i) p_1(b_j/a_i) d(a_i, b_j) + \beta \sum_{i=1}^{r} \sum_{j=1}^{s} p(a_i) p_2(b_j/a_i) d(a_i, b_j) \\
&= \alpha \overline{D}_1 + \beta \overline{D}_2
\end{aligned} \tag{8.2-9}$$

由(8.2-2)式和(8.2-5)式,有

$$\overline{D}_3 = \alpha \overline{D}_1 + \beta \overline{D}_2 \leqslant \alpha D' + \beta D'' \tag{8.2-10}$$

这表明,试验信道(Ⅲ)满足保真度准则

$$\overline{D}_3 \leqslant (\alpha D' + \beta D'') = D''' \tag{8.2-11}$$

其中,$D''' = \alpha D' + \beta D''$ 是试验信道(Ⅲ)的允许失真度. 根据信息率-失真函数的定义,有

$$\begin{aligned}
I_3(X;Y) &= I[p_3(b_j/a_i)] = I[\alpha p_1(b_j/a_i) + \beta p_2(b_j/a_i)] \\
&\geqslant R(D''') = R(\alpha D' + \beta D'')
\end{aligned} \tag{8.2-12}$$

另一方面,由定理 8.1,可知

$$\begin{aligned}
I_3(X;Y) &= I[p_3(b_j/a_i)] = I[\alpha p_1(b_j/a_i) + \beta p_2(b_j/a_i)] \\
&\leqslant \alpha I_1[p_1(b_j/a_i)] + \beta I_2[p_2(b_j/a_i)]
\end{aligned} \tag{8.2-13}$$

由假设(8.2-3)式和(8.2-6)式可得

$$I_3(X;Y) = I[p_3(b_j/a_i)] \leqslant \alpha R(D') + \beta R(D'') \tag{8.2-14}$$

则由(8.2-12)式和(8.2-14)式证得

$$R(\alpha D' + \beta D'') \leqslant \alpha R(D') + \beta R(D'') \tag{8.2-15}$$

即(8.2-1)式得到满足. 这样,定理8.8就得到了证明.

8.2.2　$R(D)$ 的单调递减性

定理 8.9　给定信源 X 的信息率-失真函数 $R(D)$ 是允许失真度 D 的单调递减函数.

证明　在 $R(D)$ 的定义域 $[D_{\min}, D_{\max}]$ 中任选两个失真度 D' 和 D'',且有

$$D_{\min} < D' < D'' < D_{\max} \tag{8.2-16}$$

则总可找到一个合适的数 $\theta(0 < \theta < 1)$,使 D' 和 $D_{\max}$ 的内插值

$$D^\theta = (1-\theta)D' + \theta D_{\max} \tag{8.2-17}$$

处于 D' 和 D'' 之间,即有

$$D' < D^\theta < D'' \tag{8.2-18}$$

根据定理8.8,由(8.2-15)式,有

$$\begin{aligned} R(D^\theta) &= R[(1-\theta)D' + \theta D_{\max}] \\ &\leqslant (1-\theta)R(D') + \theta R(D_{\max}) \end{aligned} \tag{8.2-19}$$

根据定理8.7,有

$$R(D_{\max}) = 0 \tag{8.2-20}$$

所以

$$R(D^\theta) \leqslant (1-\theta)R(D') \tag{8.2-21}$$

这表明,在定义域 $[D_{\min}, D_{\max}]$ 中,任何两个允许失真度 D' 和 $D''(D'' > D')$ 组成的区间 $[D', D'']$ 内的任何一个失真度 $D^\theta(D' < D^\theta < D'')$,都有

$$R(D^\theta) < R(D') \tag{8.2-22}$$

这样,定理8.9就得到了证明.

　　$R(D)$ 函数的单调递减性指出,若实际试验信道的平均失真度小于允许失真度 D,则相应的平均互信息的最小值就要超过信息率-失真函数 $R(D)$. 为了用尽允许失真度 D 赋于的宽容空间,由 $\overline{D} \leqslant D$ 表示的保真度准则,一般都取 $\overline{D} = D$.

　　推论　给定信源 X 和规定失真度 $d(a_i, b_j)(i=1,2,\cdots,r; j=1,2,\cdots,s)$,若允许失真度为 D,则信源 X 的信息率-失真函数

$$R(D) = \min_{p(b_j/a_i)} \{I(X;Y); \overline{D} = D\} \tag{8.2-24}$$

8.2.3　$R(D)$ 的连续性

定理 8.10　给定信源 X 的信息率-失真函数 $R(D)$ 是 D 的连续函数.

证明　在图8.1-2所示的通信系统中,规定失真度 $d(a_i, b_j)(i=1,2,\cdots,r; j=1,2,\cdots,s)$,则平均失真度

$$\overline{D} = \sum_{i=1}^{r} \sum_{j=1}^{s} p(a_i) p(b_j/a_i) d(a_i, b_j) \tag{8.2-25}$$

设允许失真度 D,令另一允许失真度

$$D' = D \pm \varepsilon \qquad (8.2-26)$$

其中,ε 为任意小的正数($\varepsilon > 0$). 根据信息率-失真函数的定义,有

$$\lim_{\varepsilon \to 0} R(D') = \lim_{\varepsilon \to 0} \left\{ \min_{p(b_j/a_i)} \left[I(X;Y) ; \overline{D} = D' = D \pm \varepsilon \right] \right\}$$

$$= \min_{p(b_j/a_i)} \left\{ I(X;Y) ; \overline{D} = D' = D \right\}$$

$$= R(D) \qquad (8.2-27)$$

这就证明了允许失真度 D 的微小波动不会引起 $R(D)$ 的巨大变动,$R(D)$ 是 D 的连续函数. 这样,定理 8.10 就得到了证明.

综合以上 $R(D)$ 函数的三大数学特性,可得 $R(D)$ 函数曲线的全面描述. 若规定失真矩阵 $[D]$ 中每行的最小值均等于零,而且 $[D]$ 中每列只有一个最小值,则信息熵为 $H(X)$ 的给定信源 X 的信息率-失真函数 $R(D)$ 的曲线,如图 8.2-2 所示.

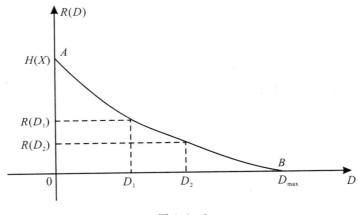

图 8.2-2

图 8.2-2 显示,在以允许失真度 D 作为横坐标、信息率-失真函数 $R(D)$ 作为纵坐标的坐标系中,$R(D)$ 函数曲线与纵坐标轴($R(D)$)交点 A 的坐标是$(0, H(X))$;与横坐标轴交点 B 的坐标是$(D_{max}, 0)$. 在定义域$[0, D_{max}]$内,信源 X 的信息率-失真函数 $R(D)$ 是 D 的单调递减函数,而且是 D 的 $\cup$ 型凸函数. 若允许失真度 $D_2 > D_1$,则相应的信息率-失真函数 $R(D_2) < R(D_1)$.

8.3　离散信源的 $R(D)$

离散信源的信息率-失真函数 $R(D)$,是信息率-失真理论的基础. 在离散信源中,我们重点讨论二元离散信源和 r 元等概离散信源的 $R(D)$.

8.3.1　二元离散信源的 $R(D)$

二元离散无记忆信源,是最简单又是最基本的离散信源. 二元离散信源在"汉明"失真度下的信息率-失真函数 $R(D)$ 的计算,是离散信源信息率-失真理论的基础.

定理 8.11 若二元离散无记忆信源 X 的概率分布中的一个概率分量为 $\omega<1/2$，且允许失真度为 D，则在汉明失真度下，信源 X 的信息率-失真函数

$$R(D) = \begin{cases} H(\omega) - H(D) & 0 \leqslant D < \omega \\ 0 & D \geqslant \omega \end{cases}$$

证明

设二元离散无记忆信源 X 的信源空间为

$$[X \cdot P]: \begin{cases} X: & 0 \qquad 1 \\ P(X): & \omega \quad 1-\omega \quad (\omega<1/2) \end{cases} \tag{8.3-1}$$

规定汉明失真度，失真矩阵为

$$[D] = \begin{matrix} 0 \\ 1 \end{matrix} \begin{matrix} 0 & 1 \\ \begin{bmatrix} 0 & 1 \\ 1 & 0 \end{bmatrix} \end{matrix} \tag{8.3-2}$$

(1) $D_{\min}$ 和 $R(D_{\min})$.

根据定理 8.2，由(8.1-52)和(8.3-1)式，得

$$D_{\min} = \sum_{i=1}^{2} p(a_i) \min_j d(a_i, b_j) = \omega \cdot 0 + (1-\omega) \cdot 0 = 0 \tag{8.3-3}$$

由(8.1-49)式，得满足保真度准则

$$\overline{D} = D_{\min} = 0 \tag{8.3-4}$$

的试验信道的信道矩阵

$$[P] = \begin{matrix} 0 \\ 1 \end{matrix} \begin{matrix} 0 & 1 \\ \begin{bmatrix} 1 & 0 \\ 0 & 1 \end{bmatrix} \end{matrix} \tag{8.3-5}$$

这个信道是满足保真度准则 $\overline{D} = D_{\min} = 0$ 的唯一试验信道，其平均互信息就是信息率-失真函数

$$R(D_{\min}) = R(0) = I(X;Y) = H(X) - H(X/Y) \tag{8.3-6}$$

因为在(8.3-5)式所示试验信道矩阵 $[P]$ 中，每列只有一个非零元素"1"，所以疑义度

$$H(X/Y) = 0 \tag{8.3-7}$$

由(8.3-6)式、(8.3-7)式和(8.3-1)式，证得

$$R(D_{\min}) = R(0) = H(X) = H(\omega) \tag{8.3-8}$$

(2) $D_{\max}$ 和 $R(D_{\max})$.

根据定理 8.6，由(8.3-1)式、(8.3-2)式，得最大允许失真度

$$\begin{aligned} D_{\max} &= \min_j \left\{ \sum_{i=1}^{r} p(a_i) d(a_i, b_j) \right\} \\ &= \min_j \left\{ [\omega \cdot 0 + (1-\omega) \cdot 1]; [\omega \cdot 1 + (1-\omega) \cdot 0] \right\} \\ &= \min_j \left\{ (1-\omega); \omega \right\} \quad (\omega < 1/2) \\ &= \omega \quad (j=2) \end{aligned} \tag{8.3-9}$$

由(8.1-96)式可知，满足保真度准则 $\overline{D} = D_{\max} = \omega$ 的试验信道的输出随机变量 Y 的概率分

布为

$$P\{Y=0\}=0;\quad P\{Y=1\}=1 \tag{8.3-10}$$

由满足保真度准则 $\overline{D}=D_{\max}=\omega$ 的试验信道必须满足的条件(8.1-89)式可知,一定有

$$\begin{cases} p(1/0)=p(1/1)=1 \\ p(0/0)=p(0/1)=0 \end{cases} \tag{8.3-11}$$

则可得满足保真度准则 $\overline{D}=D_{\max}=\omega$ 的试验信道的信道矩阵

$$[P]=\begin{matrix}0\\1\end{matrix}\begin{matrix}0&1\\ \begin{bmatrix}0&1\\0&1\end{bmatrix}\end{matrix} \tag{8.3-12}$$

而且,这个信道是满足保真度准则 $\overline{D}=D_{\max}=\omega$ 的唯一的试验信道,其平均互信息 $I(X;Y)$ 就是信息率-失真函数

$$R(D_{\max})=R(\omega)=I(X;Y)=H(Y)-H(Y/X) \tag{8.3-13}$$

显然,(8.3-12)式所示的信道矩阵的试验信道的噪声熵

$$H(Y/X)=-\sum_{i=1}^{2}\sum_{j=1}^{2}p(a_i)p(b_j/a_i)\log p(b_j/a_i)=-\sum_{i=1}^{2}\sum_{j=1}^{2}p(a_i)p(b_j)\log p(b_j)$$

$$=\sum_{i=1}^{2}p(a_i)\left\{-\sum_{j=1}^{2}p(b_j)\log p(b_j)\right\}=\sum_{i=1}^{2}p(a_i)H(Y)=H(Y) \tag{8.3-14}$$

由此可得

$$R(D_{\max})=R(\omega)=H(Y)-H(Y)=0 \tag{8.3-15}$$

(3) $R(D)$.

我们不妨再回头看图 8.1-2 所示的通信系统. 设给定离散无记忆信源 X 的概率分布为 $P(X):\{p(a_i)(i=1,2,\cdots,r)\}$,试验信道的传递概率 $P(Y/X):\{p(b_j/a_i)(i=1,2,\cdots,r;j=1,2,\cdots,s)\}$,在汉明失真度

$$d(a_i,b_j)=\begin{cases}0&(i=j)\\1&(i\neq j)\end{cases} \tag{8.3-16}$$

下的平均失真度

$$\overline{D}=\sum_{i=1}^{r}\sum_{j=1}^{s}p(a_i)p(b_j/a_i)d(a_i,b_j) \tag{8.3-17}$$

但在(8.3-16)式所示的汉明失真度下,(8.3-17)式所示的平均失真度可改写为

$$\overline{D}=\sum_{i=1}^{r}\sum_{j\neq i}p(a_i)p(b_j/a_i) \tag{8.3-18}$$

其中,传递概率

$$p(b_j/a_i)\quad(j\neq i;i=1,2,\cdots,r) \tag{8.3-19}$$

就是信道把符号 $a_i(i=1,2,\cdots,r)$ 错误地传递为符号 $b_j(j\neq i)$ 的错误传递概率,所以概率

$$p_{ei}=\sum_{j\neq i}p(b_j/a_i)\quad(i=1,2,\cdots,r) \tag{8.3-20}$$

是信道把符号 $a_i(i=1,2,\cdots,r)$ 传递为各种可能的错误符号 $b_j(j\neq i)$ 的概率总和,即信道传递输入符号 $a_i(i=1,2,\cdots,r)$ 的总的错误概率,也就是符号 $a_i(i=1,2,\cdots,r)$ 的误码率. 由(8.3-17)

式可知,在汉明失真度下,平均失真度 $\overline{D}$ 就等于信道的平均误码率 P_e,即

$$\overline{D} = \sum_{i=1}^{r} \sum_{j \neq i} p(a_i) p(b_j/a_i) = \sum_{i=1}^{r} p(a_i) \left\{ \sum_{j \neq i} p(b_j/a_i) \right\}$$

$$= \sum_{i=1}^{r} p(a_i) p_{ei} = P_e \tag{8.3-21}$$

这是汉明失真度的一个重要特点. 由此,汉明失真度又称为"错误概率失真度".

在阐明了汉明失真度这一重要特点之后,再回到如何导出 $R(D)$ 的一般表达式这个核心问题上来.

根据(8.3-21)式,若选择允许失真度为 D,则保真度准则就是

$$\overline{D} = P_e = D \tag{8.3-22}$$

根据定理 7.5 及其推论,由(7.4-23)所示费诺不等式,由(8.3-22)式,得

$$H(X/Y) \leqslant H(D) + D\log(r-1) \tag{8.3-23}$$

则根据信息率-失真函数 $R(D)$ 的定义,有

$$\begin{aligned} R(D) &= \min_{p(b_j/a_i)} \{ I(X;Y); \overline{D} = D \} \\ &= \min_{p(b_j/a_i)} \{ H(X) - H(X/Y); \overline{D} = D \} \\ &= H(X) - H(X/Y)_{\max} \\ &= H(X) - H(D) - D\log(r-1) \end{aligned} \tag{8.3-24}$$

这是图 8.1-2 所示的通信系统在汉明失真度下的信息率-失真函数 $R(D)$ 的一般表达式. 对于概率分布为 $(\omega, 1-\omega)$ 的二元 $(r=2)$ 离散无记忆信源 X 来说,在汉明失真度下的信息率-失真函数

$$R(D) = H(X) - H(D) = H(\omega) - H(D) \quad (0 \leqslant D < \omega) \tag{8.3-25}$$

至此,由(8.3-8)式、(8.3-15)式和(8.3-25)式,已证得概率分布为 $(\omega, 1-\omega)(\omega < 1/2)$ 的二元离散无记忆信源 X,在汉明失真度下的信息率-失真函数

$$R(D) = \begin{cases} H(\omega) - H(D) & 0 \leqslant D < \omega \\ 0 & D \geqslant \omega \end{cases} \tag{8.3-26}$$

其函数曲线如图 8.3-1 所示.

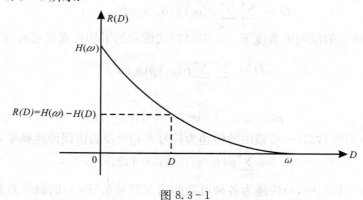

图 8.3-1

(4) $R(D)$ 的试验信道.

定理要得到完整的证明,还必须回答这样一个问题,即能不能找到一个试验信道,其平均失真度 $\overline{D}=D$,且平均互信息 $I(X;Y)$ 达到信息率-失真函数 $R(D)=H(\omega)-H(D)$?

在图 8.1-2 所示的一般通信系统中,若选择汉明失真度

$$d(a_i,b_j)\begin{cases} 0 & (i=j) \\ 1 & (i\neq j) \end{cases} \tag{8.3-27}$$

则由(8.3-21)式可知,平均失真度 $\overline{D}$ 等于平均误码率 P_e,即有

$$\overline{D}=\sum_{i=1}^{r}\sum_{j=1}^{s}p(a_ib_j)d(a_i,b_j)=\sum_{i=1}^{r}\sum_{j=1}^{s}p(b_j)p(a_i/b_j)d(a_i,b_j)$$

$$=\sum_{j=1}^{s}\sum_{i\neq j}p(b_j)p(a_i/b_j)=P_e \tag{8.3-28}$$

在(8.3-28)式中,

$$\sum_{i\neq j}p(a_i/b_j)=p_{ej}\quad(j=1,2,\cdots,s) \tag{8.3-29}$$

是反向信道传递 $Y=b_j(j=1,2,\cdots,s)$ 的错误传递概率 $p_{ej}(j=1,2,\cdots,s)$,(8.3-28)式可改写为

$$P_e=\sum_{j=1}^{s}p(b_j)\ p_{ej} \tag{8.3-30}$$

而(8.3-28)式既表示正向信道的平均失真度,又表示反向信道的平均失真度.所以(8.3-28)式、(8.3-29)式、(8.3-30)式表明,在汉明失真度下,反向信道的平均失真度 $\overline{D}$,同样等于平均误码率 P_e.由(8.3-30)式可知,平均误码率 P_e 可用随机变量 Y 的概率分布 $P(Y)$:$\{p(b_j)(j=1,2,\cdots,s)\}$ 和后验概率 $P(X/Y)$:$\{p(a_i/b_j)(i\neq j)\}$ 来表示.这就意味着,可通过选择适当的后验概率 $p(a_i/b_j)(i\neq j)$,使"反向信道"成为满足保真度准则 $\overline{D}=D$ 的试验信道.

对概率分布为 $(\omega,1-\omega)$ 的二元 $(r=2)$ 离散无记忆信源 X,若允许失真度为 D,设反向试验信道(如图 8.3-2 所示)的传递概率分别为

$$\begin{cases} P\{X=0/Y=0\}=p_Y(0/0)=1-D \\ P\{X=1/Y=0\}=p_Y(1/0)=D \\ P\{X=0/Y=1\}=p_Y(0/1)=D \\ P\{X=1/Y=1\}=p_Y(1/1)=1-D \end{cases} \tag{8.3-31}$$

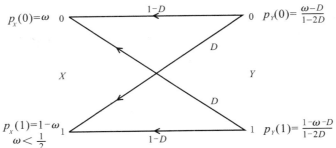

图 8.3-2

由(8.3-28)式可知,反向试验信道的平均失真度

$$
\begin{aligned}
\overline{D} &= P\{Y=0\} \cdot P\{X=1/Y=0\} + P\{Y=1\} \cdot P\{X=0/Y=1\} \\
&= P\{Y=0\} \cdot D + P\{Y=1\} \cdot D \\
&= \{P\{Y=0\}+P\{Y=1\}\} \cdot D = D = P_e
\end{aligned} \tag{8.3-32}
$$

这表明,图8.3-2所示反向试验信道满足保真度准则 $\overline{D}=D$.

由(8.3-32)式,可得图8.3-2所示反向试验信道的条件熵

$$
\begin{aligned}
H(X/Y) &= -\sum_{i=1}^{2}\sum_{j=1}^{2} p(b_j)p(a_i/b_j)\log p(a_i/b_j) \\
&= P\{Y=0\} \cdot \{-[p_Y(0/0)\log p_Y(0/0) + p_Y(1/0)\log p_Y(1/0)]\} \\
&\quad + P\{Y=1\} \cdot \{-[p_Y(0/1)\log p_Y(0/1) + p_Y(1/1)\log p_Y(1/1)]\} \\
&= P\{Y=0\} \cdot \{-[(1-D)\log(1-D)+D\log D]\} \\
&\quad + P\{Y=1\} \cdot \{-[D\log D+(1-D)\log(1-D)]\} \\
&= H(D)
\end{aligned} \tag{8.3-33}
$$

另一方面,因为(8.3-23)式是在汉明失真度下普遍成立的,所以对于二元($r=2$)离散无记忆信源 X,(8.3-23)式可改写为

$$
H(X/Y) \leqslant H(D) \tag{8.3-34}
$$

由(8.3-34)式和(8.3-33)式可知,图8.3-2所示的反向试验信道的条件熵 $H(X/Y)$,已达到最大值,即

$$
H(X/Y)_{\max} = H(D) \tag{8.3-35}
$$

则其平均互信息 $I(X;Y)$ 达到最小值

$$
\begin{aligned}
I(X;Y)_{\min} &= H(X) - H(X/Y)_{\max} \\
&= H(X) - H(D) = H(\omega) - H(D)
\end{aligned} \tag{8.3-36}
$$

则根据信息率-失真函数 $R(D)$ 的定义,图8.3-2所示的反向试验信道就是达到信息率-失真函数

$$
R(D) = H(\omega) - H(D) \tag{8.3-37}
$$

的试验信道.

最后,令反向试验信道的输入随机变量 Y 的概率分布

$$
\begin{cases}
P\{Y=0\} = p_Y(0) = \alpha \\
P\{Y=1\} = p_Y(1) = 1-\alpha
\end{cases} \tag{8.3-38}
$$

由 X 的概率分布 $(\omega, 1-\omega)$ 可得

$$
\begin{aligned}
P\{X=0\} &= P\{Y=0\} \cdot P\{X=0/Y=0\} + P\{Y=1\} \cdot P\{X=0/Y=1\} \\
&= \alpha(1-D) + (1-\alpha)D = \omega
\end{aligned} \tag{8.3-39}
$$

即解得

$$
\begin{cases}
P\{Y=0\} = p_Y(0) = \alpha = \dfrac{\omega-D}{1-2D} \\[2mm]
P\{Y=1\} = p_Y(1) = 1-\alpha = \dfrac{1-\omega-D}{1-2D}
\end{cases} \tag{8.3-40}
$$

这表明,以(8.3-40)式作为输入随机变量 Y 的概率分布,以(8.3-31)式作为信道传递概

率 $P(X/Y)$ 的反向试验信道,就是给定信源 X 在汉明失真度下的信息率-失真函数 $R(D)$ 的试验信道. 到此,定理 8.11 就得到了完整的证明.

定理 8.11 告诉我们,在汉明失真度下,二元离散无记忆信源 X 的信息率-失真函数 $R(D)$ 是信源 X 的概率分布 $\omega(\omega<1/2)$ 和允许失真度 D 的函数. 当信源 X 的概率分布 ω 确定时,信息率-失真函数 $R(D)$ 是允许失真度 D 的函数. 当允许失真度 $D(D\leqslant D_{\max}=\omega)$ 增大时,信息率-失真函数 $R(D)$ 减小,即在满足保真度准则 $\overline{D}=D$ 的条件下,信源 X 所需输出的最小信息率减小,信源 X 可压缩程度就增大;当允许失真度 D 减小时,信息率-失真函数 $R(D)$ 增大,即在满足保真度准则 $\overline{D}=D$ 的条件下,信源 X 所需输出的最小信息率增大,信源 X 可压缩的程度就减小. 另一方面,对于同一个允许失真度 D 来说,二元离散无记忆信源 X 的概率分布 $\omega(\omega<1/2)$ 越大,即越接近 1/2 时,即信源 X 的两个信源符号越接近等概率分布时,信源 X 的信息率-失真函数 $R(D)$ 就越大,即在满足保真度准则 $\overline{D}=D$ 的条件下,信源 X 所需输出的最小信息率越大,二元离散无记忆信源 X 的概率分布 ω 越小,即离 1/2 越远,即信源 X 的两个信源符号的概率分布相差越大时,信源 X 的信息率-失真函数 $R(D)$ 就越小,在满足保真度准则 $\overline{D}=D$ 的条件下,信源 X 所需输出的最小信息率就越小.

由(8.3-26)式可清楚地看到,当允许失真度 $D=D_{\min}=0$,即不允许失真时,为了满足保真度准则 $\overline{D}=D_{\min}=0$,信源 X 必须输出全部信息,即 $R(0)=H(\omega)$;当允许失真度为 $0<D<\omega$ 时,为了满足保真度准则 $\overline{D}=D$,则信源 X 必须输出的最小信息量可由原来的 $H(X)=H(\omega)$ 下降到 $R(D)=H(\omega)-H(D)$,即由于允许失真 D,使信源 X 的最小输出信息率压缩了 $H(D)$.

【例 8.8】　设二元离散无记忆信源 X 的信源空间为

$$[X\cdot P]:\begin{cases} X: & 0 & 1 \\ P(X): & 1/4 & 3/4 \end{cases}$$

规定汉明失真度,即失真矩阵为

$$[D]=\begin{matrix} & 0 & 1 \\ 0 & \\ 1 & \end{matrix}\begin{bmatrix} 0 & 1 \\ 1 & 0 \end{bmatrix}$$

试求:(1) $D_{\min}$ 和 $R(D_{\min})$;

(2) $\dot{D}_{\max}$ 和 $R(D_{\max})$;

(3) $R(D=1/8)$;

(4) 构建达 $R(D=1/8)$ 的反向试验信道.

解　(1) 由(8.3-3)式,有

$$D_{\min}=\sum_{i=1}^{r}p(a_i)\min_{j}d(a_i,b_j)=1/4\cdot 0+3/4\cdot 0=0 \tag{1}$$

由(8.3-8)式,有

$$R(D_{\min})=R(0)=H(\omega)=H(1/4)=0.81 \quad (\text{比特}/\text{符号}) \tag{2}$$

(2) 由(8.3-9)式,有

$$D_{\max}=\min_{j}\left\{\sum_{i=1}^{2}p(a_i)d(a_i,b_j)\right\}$$

$$= \min_j \{[1/4 \cdot 0 + 3/4 \cdot 1]; [1/4 \cdot 1 + 3/4 \cdot 0]\}$$

$$= \min_j \{3/4; 1/4\} = 1/4 \quad (j=2) \tag{3}$$

由(8.3-15)式,有

$$R(D_{\max}) = R(1/4) = 0 \tag{4}$$

(3) 由(8.3-26)式,有

$$R(D = 1/8) = R(1/8) = H(\omega) - H(D) = H(1/4) - H(1/8)$$

$$= 0.81 - 0.53 = 0.28 \quad (\text{比特 / 符号}) \tag{5}$$

由 $D_{\min}$、$R(D_{\min})$ 和 $D_{\max}$、$R(D_{\max})$ 以及 $R(1/8)$,可得图 E8.8-1 所示的 $R(D)$ 曲线.

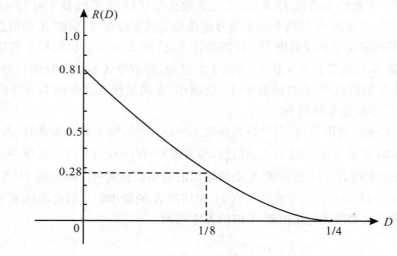

图 E8.8-1

(4) 由(8.3-31)式可知,达到 $R(D=1/8)$ 的反向试验信道的传递概率分别为

$$\begin{cases} P\{X = 0/Y = 0\} = p_Y(0/0) = 1 - D = 1 - 1/8 = 7/8 \\ P\{X = 1/Y = 0\} = p_Y(1/0) = D = 1/8 \\ P\{X = 0/Y = 1\} = p_Y(0/1) = D = 1/8 \\ P\{X = 1/Y = 1\} = p_Y(1/1) = 1 - D = 1 - 1/8 = 7/8 \end{cases} \tag{6}$$

达到信息率-失真函数 $R(D=1/8)$ 的反向试验信道,如图 E8.8-2 所示.

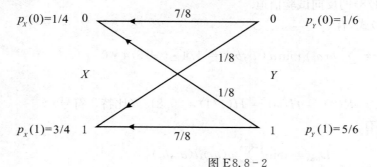

图 E8.8-2

由 $(8.3-40)$ 式得随机变量 Y 的概率分布

$$\begin{cases} P\{Y=0\} = p_Y(0) = \dfrac{\omega - D}{1-2D} = \dfrac{1/4 - 1/8}{1 - 2 \cdot 1/8} = \dfrac{1}{6} \\[2mm] P\{Y=1\} = p_Y(1) = \dfrac{1-\omega - D}{1-2D} = \dfrac{1 - 1/4 - 1/8}{1 - 2 \cdot 1/8} = \dfrac{5}{6} \end{cases} \tag{7}$$

8.3.2　r 元等概离散信源的 $R(D)$

等概离散信源是一种应用广泛且比较典型的离散信源. 在汉明失真下, 求解 r 元等概离散无记忆信源的信息率-失真函数, 是离散信源的信息率失真理论中经常会遇到的课题.

定理 8.12　在汉明失真度下, 若 D 为允许失真度, 则 r 元等概离散无记忆信源 X 的信息率-失真函数

$$R(D) = \begin{cases} \log r - H(D) - D\log(r-1) & 0 \leqslant D < 1 - 1/r \\ 0 & D \geqslant 1 - 1/r \end{cases}$$

证明　设 r 元等概离散无记忆信源 X 的信源空间为

$$[X \cdot P]: \begin{cases} X: & a_1 & a_2 & \cdots & a_r \\ P(X): & 1/r & 1/r & \cdots & 1/r \end{cases} \tag{8.3-41}$$

规定汉明失真度

$$d(a_i, b_j) = \begin{cases} 0 & (i = j) \\ 1 & (i \neq j) \end{cases} \tag{8.3-42}$$

即失真矩阵为

$$[D] = \begin{matrix} & \begin{matrix} b_1 & b_2 & \cdots & b_r \end{matrix} \\ \begin{matrix} a_1 \\ a_2 \\ \vdots \\ a_r \end{matrix} & \begin{pmatrix} 0 & 1 & \cdots & 1 \\ 1 & 0 & \cdots & 1 \\ \vdots & \vdots & \cdots & \vdots \\ 1 & 1 & \cdots & 0 \end{pmatrix} \end{matrix} \tag{8.3-43}$$

(1) $D_{\min}$ 和 $R(D_{\min})$.

由 $(8.3-41)$ 式和 $(8.3-42)$ 式, 根据定理 8.2, 由 $(8.1-52)$ 式得

$$\begin{aligned} D_{\min} &= \sum_{i=1}^{r} p(a_i) \min_j d(a_i, b_j) \\ &= p(a_1) \cdot 0 + p(a_2) \cdot 0 + \cdots + p(a_r) \cdot 0 \\ &= 1/r \cdot 0 + 1/r \cdot 0 + \cdots + 1/r \cdot 0 = 0 \end{aligned} \tag{8.3-44}$$

由 $(8.1-49)$ 式得满足保真度准则 $\overline{D} = D_{\min} = 0$ 的试验信道的传递概率

$$\begin{cases} p(b_j/a_i) = 1 & (i = j) \\ p(b_j/a_i) = 0 & (i \neq j) \end{cases} \tag{8.3-45}$$

即试验信道的信道矩阵为

$$[P] = \begin{array}{c} a_1 \\ a_2 \\ \vdots \\ a_r \end{array} \begin{array}{cccc} b_1 & b_2 & \cdots & b_r \\ \left[\begin{array}{cccc} 1 & 0 & \cdots & 0 \\ 0 & 1 & \cdots & 0 \\ \cdots & \vdots & \cdots & \vdots \\ 0 & 0 & \cdots & 1 \end{array} \right] \end{array} \qquad (8.3-46)$$

这个试验信道是满足保真度准则 $\overline{D} = D_{\min} = 0$ 的唯一试验信道,其平均互信息

$$I(X;Y) = H(X) - H(X/Y) \qquad (8.3-47)$$

就是信息率-失真函数 $R(D_{\min}=0) = R(0)$.

因为(8.3-47)式所示的信道矩阵 $[P]$ 中每列只有一个非零元素"1",所以其后验概率

$$p(a_i/b_j) = \begin{cases} 0 & (i \neq j) \\ 1 & (i = j) \end{cases} \qquad (8.3-48)$$

试验信道的疑义度

$$H(X/Y) = -\sum_{i=1}^{r} \sum_{j=1}^{s} p(b_j) p(a_i/b_j) \log p(a_i/b_j) = 0 \qquad (8.3-49)$$

由(8.3-47)式和(8.3-49)式可得

$$R(D_{\min}=0) = R(0) = H(X) = H(1/r, 1/r, \cdots, 1/r) = \log r \qquad (8.3-50)$$

(2) $D_{\max}$ 和 $R(D_{\max})$.

由(8.3-41)式和(8.3-42)式,根据(8.1-98)式可得

$$\begin{aligned}
D_{\max} &= \min_j \left\{ \sum_{i=1}^{r} p(a_i) d(a_i, b_j) \right\} \\
&= \min_j \{ [p(a_1) d(a_1 b_1) + p(a_2) d(a_2 b_1) + \cdots + p(a_r) d(a_r b_1)]; \\
&\qquad\quad [p(a_1) d(a_1 b_2) + p(a_2) d(a_2 b_2) + \cdots + p(a_r) d(a_r b_2)]; \\
&\qquad\qquad\qquad \vdots \\
&\qquad\quad [p(a_1) d(a_1 b_r) + p(a_2) d(a_2 b_r) + \cdots + p(a_r) d(a_r b_r)] \} \\
&= \min_j \{ [p(a_1) \cdot 0 + p(a_2) \cdot 1 + \cdots + p(a_r) \cdot 1]; \\
&\qquad\quad [p(a_1) \cdot 1 + p(a_2) \cdot 0 + \cdots + p(a_r) \cdot 1]; \\
&\qquad\qquad\qquad \vdots \\
&\qquad\quad [p(a_1) \cdot 1 + p(a_2) \cdot 1 + \cdots + p(a_r) \cdot 0] \} \\
&= \min_j \{ [1/r \cdot 0 + 1/r \cdot 1 + \cdots + 1/r \cdot 1]; \\
&\qquad\quad [1/r \cdot 1 + 1/r \cdot 0 + \cdots + 1/r \cdot 1]; \\
&\qquad\qquad\qquad \vdots \\
&\qquad\quad [1/r \cdot 1 + 1/r \cdot 1 + \cdots + 1/r \cdot 0] \} \\
&= \min_j \{ [(r-1) \cdot 1/r]; [(r-1) \cdot 1/r]; \cdots; [(r-1) \cdot 1/r] \} \\
&= (r-1) \cdot 1/r = 1 - 1/r \qquad (8.3-51)
\end{aligned}$$

由此可见,r 元等概信源的一个显著特点,就是每一个 $j(j=1,2,\cdots,r)$ 的 $\sum\limits_{i=1}^{r} p(a_i) d(a_i, b_j)$ 都等

于同一个值

$$\sum_{i=1}^{r} p(a_i)d(a_i,b_j) = 1 - 1/r \quad (j=1,2,\cdots,r) \tag{8.3-52}$$

所以,所有满足

$$\begin{cases} p(b_j/a_i) = p(b_j) \quad (i=1,2,\cdots,r;j=1,2,\cdots,s) \\ \sum_{j \in J'} p(b_j) = 1 \\ p(b_j) = 0 \quad (j \bar{\in} J') \end{cases} \tag{8.3-53}$$

的信道,都是满足保真度准则 $\overline{D}=D_{\max}=(1-1/r)$ 的试验信道集合 $B_{D_{\max}}$ 中的试验信道,而且它们有相同的噪声熵

$$\begin{aligned} H(Y/X) &= -\sum_{i=1}^{r}\sum_{j=1}^{r} p(a_i)p(b_j/a_i)\log p(b_j/a_i) \\ &= -\sum_{i=1}^{r}\sum_{j=1}^{r} p(a_i)p(b_j)\log p(b_j) \\ &= \sum_{i=1}^{r} p(a_i)\left\{ -\sum_{j=1}^{r} p(b_j)\log p(b_j) \right\} \\ &= \sum_{i=1}^{r} p(a_i)H(Y) = H(Y) \end{aligned} \tag{8.3-54}$$

$B_{D_{\max}}$ 集合中所有试验信道都有相同的平均互信息

$$I(X;Y) = H(Y) - H(Y/X) = H(Y) - H(Y) = 0 \tag{8.3-55}$$

根据信息率-失真函数 $R(D)$ 的定义,可得

$$R(D_{\max}) = R(1-1/r) = 0 \tag{8.3-56}$$

(3) $R(D)$.

由(8.3-21)式可知,在汉明失真度下,平均失真度 $\overline{D}$ 等于信道的平均误码率 P_e。当选择允许失真度

$$0 \leqslant D \leqslant 1 - 1/r \tag{8.3-57}$$

时,满足保真度准则 $\overline{D}=D$ 的试验信道,都有

$$P_e = D \tag{8.3-58}$$

另一方面,由(7.4-23)式所示费诺不等式是普遍成立的,由(8.3-58)式,有

$$H(X/Y) \leqslant H(D) + D\log(r-1) \tag{8.3-59}$$

这表明,在汉明失真度下,满足保真度准则 $\overline{D}=D$ 的试验信道的疑义度 $H(X/Y)$ 的最大值为

$$H(X/Y)_{\max} = H(D) + D\log(r-1) \tag{8.3-60}$$

这样,根据信息率-失真函数 $R(D)$ 的定义,由(8.3-60)式,可得给定信源 X 的信息率-失真函数

$$\begin{aligned} R(D) &= \min_{p(b_j/a_i) \in B_D} \{ I(X;Y); \overline{D}=D \} \\ &= \min_{p(b_j/a_i) \in B_D} \{ H(X) - H(X/Y) \} \\ &= H(X) - H(X/Y)_{\max} \end{aligned}$$

$$= H(X) - H(D) - D\log(r-1) \qquad (8.3-61)$$

由 $(8.3-41)$ 式, $(8.3-61)$ 式可改写为

$$R(D) = \log r - H(D) - D\log(r-1) \quad 0 \leqslant D < (1-1/r) \qquad (8.3-62)$$

至此, $(8.3-50)$ 式、$(8.3-56)$ 式和 $(8.3-62)$ 式证得, 在汉明失真度下, r 元等概离散无记忆信源 X 的信息率-失真函数

$$R(D) = \begin{cases} \log r - H(D) - D\log(r-1) & 0 \leqslant D < (1-1/r) \\ 0 & D \geqslant (1-1/r) \end{cases} \qquad (8.3-63)$$

其函数曲线, 如图 $8.3-3$ 所示.

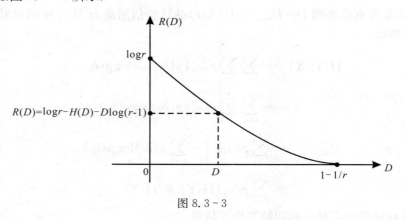

图 8.3 - 3

(4) $R(D)$ 的试验信道.

定理要得到完整的证明, 还必须找出一个试验信道, 在满足保真度准则 $\overline{D} = D$ 的条件下, 其平均互信息 $I(X;Y)$ 达到 $(8.3-63)$ 式所示 $R(D)$.

设图 $8.3-4$ 所示反向试验信道的传递概率为

$$p(a_i/b_j) = \begin{cases} 1 - D & (i = j) \\ \dfrac{D}{r-1} & (i \neq j) \end{cases} \qquad (8.3-64)$$

在汉明失真度下, 反向试验信道的平均失真度

$$\overline{D} = \sum_{i=1}^{r} \sum_{j=1}^{r} p(b_j) p(a_i/b_j) d(a_i, b_j) = \sum_{j=1}^{r} p(b_j) \sum_{i=1}^{r} p(a_i/b_j) d(a_i, b_j)$$

$$= p(b_1) \cdot [p(a_1/b_1)d(a_1, b_1) + p(a_2/b_1)d(a_2, b_1) + \cdots + p(a_r/b_1)d(a_r, b_1)]$$

$$+ p(b_2) \cdot [p(a_1/b_2)d(a_1, b_2) + p(a_2/b_2)d(a_2, b_2) + \cdots + p(a_r/b_2)d(a_r, b_2)]$$

$$+ \cdots$$

$$+ p(b_r) \cdot [p(a_1/b_r)d(a_1, b_r) + p(a_2/b_r)d(a_2, b_r) + \cdots + p(a_r/b_r)d(a_r, b_r)]$$

$$= p(b_1) \cdot \left[(1-D) \cdot 0 + \frac{D}{r-1} \cdot 1 + \cdots + \frac{D}{r-1} \cdot 1\right]$$

$$+ p(b_2) \cdot \left[\frac{D}{r-1} \cdot 1 + (1-D) \cdot 0 + \frac{D}{r-1} \cdot 1 + \cdots + \frac{D}{r-1} \cdot 1\right]$$

$$+\cdots$$

$$+p(b_r)\cdot\left[\frac{D}{r-1}\cdot1+\frac{D}{r-1}\cdot1+\cdots+\frac{D}{r-1}\cdot1+(1-D)\cdot0\right]$$

$$=p(b_1)\cdot\frac{D}{r-1}\cdot(r-1)+p(b_2)\cdot\frac{D}{r-1}\cdot(r-1)$$

$$+\cdots$$

$$+p(b_r)\cdot\frac{D}{r-1}\cdot(r-1)$$

$$=D\cdot\left[p(b_1)+p(b_2)+\cdots+p(b_r)\right]=D\cdot1=D \tag{8.3-65}$$

这表明,图 8.3-4 所示反向试验信道,是满足保真度准则 $\overline{D}=D$ 的试验信道集合 B_D 中的一个试验信道,而且平均误码率 P_e 等于允许失真度 D.

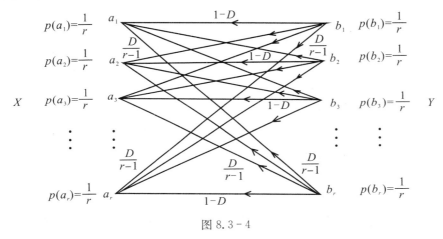

图 8.3-4

另一方面,图 8.3-4 所示反向试验信道的条件熵

$$H(X/Y)=-\sum_{i=1}^{r}\sum_{j=1}^{r}p(b_j)p(a_i/b_j)\log p(a_i/b_j)$$

$$=-\{p(b_1)[p(a_1/b_1)\log p(a_1/b_1)+\cdots+p(a_r/b_1)\log p(a_r/b_1)]$$

$$+p(b_2)[p(a_1/b_2)\log p(a_2/b_2)+\cdots+p(a_r/b_2)\log p(a_r/b_2)]$$

$$+\cdots$$

$$+p(b_r)[p(a_1/b_r)\log(a_1/b_r)+\cdots+p(a_r/b_r)\log p(a_r/b_r)]\}$$

$$=p(b_1)H\left[(1-D),\frac{D}{r-1},\frac{D}{r-1},\cdots,\frac{D}{r-1}\right]$$

$$+p(b_2)H\left[\frac{D}{r-1},(1-D),\frac{D}{r-1},\cdots,\frac{D}{r-1}\right]$$

$$+\cdots$$

$$+p(b_r)H\left[\frac{D}{r-1},\frac{D}{r-1},\cdots,\frac{D}{r-1},(1-D)\right]$$

$$= H\left[(1-D),\frac{D}{r-1},\frac{D}{r-1},\cdots,\frac{D}{r-1}\right] \cdot \left[p(b_1)+p(b_2)+\cdots+p(b_r)\right]$$

$$= H\left[1-D,\frac{D}{r-1},\frac{D}{r-1},\cdots,\frac{D}{r-1}\right]$$

$$=-\left[(1-D)\log(1-D)+(r-1)\cdot\frac{D}{r-1}\log\frac{D}{r-1}\right]$$

$$=-\left[(1-D)\log(1-D)+D\log D-D\log(r-1)\right]$$

$$=-\left[(1-D)\log(1-D)+D\log D\}+D\log(r-1)\right]$$

$$= H(D)+D\log(r-1) \tag{8.3-66}$$

由(8.3-21)式可知,(8.3-65)式所示的反向试验信道的平均失真度 $\overline{D}$ 等于平均误码率 P_e,则有

$$P_e = D \tag{8.3-67}$$

所以,由费诺不等式,有

$$H(X/Y) \leqslant H(D)+D\log(r-1) \tag{8.3-68}$$

这说明,图 8.3-4 所示的反向试验信道的条件熵 $H(X/Y)$ 已达到最大值

$$H(X/Y)_{\max} = H(D)+D\log(r-1) \tag{8.3-69}$$

这个反向试验信道的平均互信息 $I(X;Y)$ 达到最小值,即信息率-失真函数

$$R(D) = \min_{p(a_i/b_j)\in B_D}\{I(X;Y);\overline{D}=D\} = \min_{p(a_i/b_j)\in B_D}\{H(X)-H(X/Y);\overline{D}=D\}$$

$$= H(X)-H(X/Y)_{\max} = \log r - H(D) - D\log(r-1) \tag{8.3-70}$$

这表明,图 8.3-4 所示的反向试验信道,是达到(8.3-63)式所示信息率-失真函数 $R(D)$ 的试验信道.

在图 8.3-4 所示的反向试验信道中,随机变量 X 的概率分布 $P(X)$:$\{p(a_1),p(a_2),\cdots,p(a_r)\}$ 为

$$p(a_1) = p(b_1)p(a_1/b_1)+p(b_2)p(a_1/b_2)+\cdots+p(b_r)p(a_1/b_r)$$

$$p(a_2) = p(b_1)p(a_2/b_1)+p(b_2)p(a_2/b_2)+\cdots+p(b_r)p(a_2/b_r)$$

$$\cdots$$

$$p(a_r) = p(b_1)p(a_r/b_1)+p(b_2)p(a_r/b_2)+\cdots+p(b_r)p(a_r/b_r)$$

由(8.3-64)式,有

$$p(a_1) = p(b_1)\cdot(1-D)+p(b_2)\cdot\frac{D}{r-1}+\cdots+p(b_r)\cdot\frac{D}{r-1}$$

$$p(a_2) = p(b_1)\cdot\frac{D}{r-1}+p(b_2)\cdot(1-D)+\cdots+p(b_r)\cdot\frac{D}{r-1}$$

$$\cdots$$

$$p(a_r) = p(b_1)\cdot\frac{D}{r-1}+p(b_2)\cdot\frac{D}{r-1}+\cdots+p(b_r)(1-D) \tag{8.3-71}$$

显然,当反向试验信道的输入随机变量 Y 的概率分布 $P(Y)$:$\{p(b_1),p(b_2),\cdots,p(b_r)\}$ 选择为

$$p(b_1) = p(b_2) = \cdots = p(b_r) = 1/r \tag{8.3-72}$$

时,反向试验信道的输出随机变量 X 的概率分布 $P(X)$:$\{p(a_1),p(a_2),\cdots,p(a_r)\}$ 就可等于给定信源 X 的概率分布,即

$$p(a_1) = p(a_2) = \cdots = p(a_r) = 1/r \tag{8.3-73}$$

这样,就证明了图 8.3-4 所示的反向试验信道,是给定 r 元等概信源 X,在汉明失真度下达到信息率-失真函数 $R(D)$ 的试验信道.

综合 (8.3-50)、(8.3-56) 和 (8.3-62) 式证得,在汉明失真度下,r 元等概信源 X 的信息率-失真函数

$$R(D) = \begin{cases} \log r - H(D) - D\log(r-1) & 0 \leqslant D < 1-1/r \\ 0 & D \geqslant 1-1/r \end{cases} \tag{8.3-74}$$

这样,定理 8.12 就得到了证明.

推论　在汉明失真度下,二元等概离散无记忆信源 X 的信息率-失真函数

$$R(D) = \begin{cases} 1 - H(D) & 0 \leqslant D < 1/2 \\ 0 & D \geqslant 1/2 \end{cases} \tag{8.3-75}$$

这个定理及其推论告诉我们,在汉明失真度下,r 元等概离散无记忆信源 X 的信息率-失真函数 $R(D)$,是信源符号数 r 和允许失真度 D 的函数. 在允许失真度 D 选定后,信息率-失真函数 $R(D)$ 就是符号数 r 的函数. 这充分体现了信源 X 的信息率-失真函数 $R(D)$ 是信源 X 本身的信息特征. 对给定的 r 元等概信源 X,即当符号数 r 固定不变时,信息率-失真函数 $R(D)$ 是允许失真度 D 的单调递减函数. 允许失真度 D 增大时,$R(D)$ 减小,即信源 X 所需输出最小信息率减小;允许失真度 D 减小时,$R(D)$ 随之增大,即信源 X 所需输出的最小信息率随之增大.

图 8.3-5 显示,若选定允许失真度 D,为了满足相同的保真度准则 $\overline{D} = D$,符号数 r 多的等概信源的 $R(D)$ 函数,比符号数 r 少的等概信源的 $R(D)$ 函数大. 我们在处理连续信源时,往往要采取分层量化的手段,并假设分层后的每一层级等概分布. 若把分层数看作等概信源的符号数 r,那么,在维持同一保真度准则 $\overline{D} = D$ 的要求下,分层数 r 越多,分层信源所需输出的最小信息率就越大;分层数 r 越少,分层信源所需输出最小信息率就越小.

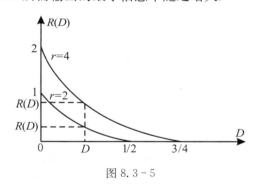

图 8.3-5

另外,从 (8.3-74) 式还可看出,若不允许失真,即允许失真度 $D=0$,则 r 元等概信源 X 必须输出全部信息量 $H(X) = \log r$. 若允许失真 D,则在保真度准则 $\overline{D} = D$ 的要求下,r 元等概信源 X 所需输出的最小信息率,由原来的 $H(X) = \log r$,降到 $R(D) = \log r - H(D) - D\log(r-1)$. 这说明,正是由于允许失真 D,致使 r 元等概信源 X 所需输出信息率下降了

$$\Delta H = H(D) + D\log(r-1) \tag{8.3-76}$$

这表明,在同一允许失真度 D 的情况下,遵循同一保真度准则 $\overline{D} = D$ 时,符号数 r 越多的等概信源,被压缩掉的信源输出信息率 ΔH 就越大;符号数 r 越少的等概信源,被压缩的信源输出信息率 ΔH 就越小.

【例 8.9】　设离散无记忆信源 X 的信源空间为

$$[X \cdot P]: \begin{cases} X: & a_1 & a_2 & a_3 & a_4 \\ P(X): & 1/4 & 1/4 & 1/4 & 1/4 \end{cases}$$

规定汉明失真度,即失真矩阵为

$$
[D] = \begin{array}{c} \\ a_1 \\ a_2 \\ a_3 \\ a_4 \end{array} \begin{array}{cccc} b_1 & b_2 & b_3 & b_4 \\ \left[\begin{array}{cccc} 0 & 1 & 1 & 1 \\ 1 & 0 & 1 & 1 \\ 1 & 1 & 0 & 1 \\ 1 & 1 & 1 & 0 \end{array} \right] \end{array}
$$

试求:(1) $D_{\min}$ 和 $R(D_{\min})$;

(2) $D_{\max}$ 和 $R(D_{\max})$;

(3) 令 $D = \dfrac{1}{2}$,求 $R(D)$;

(4) 构建达到 $R(1/2)$ 的试验信道.

解　(1) $D_{\min}$ 和 $R(D_{\min})$.

由(8.3 - 44)式,得

$$
D_{\min} = \sum_{i=1}^{4} p(a_i) \min_j d(a_i, b_j) = \sum_{i=1}^{4} \frac{1}{4} \cdot 0 = 0 \tag{1}
$$

由(8.3 - 50)式,得

$$
R(D_{\min} = 0) = R(0) = \log 4 = 2 \quad (\text{比特 / 符号}) \tag{2}
$$

(2) $D_{\max}$ 和 $R(D_{\max})$.

由(8.3 - 51)式,得

$$
D_{\max} = 1 - 1/r = 1 - 1/4 = 3/4 \tag{3}
$$

由(8.3 - 56)式,有

$$
R(D_{\max}) = R(3/4) = 0 \tag{4}
$$

(3) $R(D = 1/2)$.

由(8.3 - 62)式,有

$$
\begin{aligned}
R(D = 1/2) = R(1/2) &= \log r - H(D) - D\log(r-1) \\
&= \log 4 - H(1/2) - (1/2)\log(4-1) \\
&= 2 - 1 - (1/2)\log 3 = 0.21 \quad (\text{比特 / 符号})
\end{aligned} \tag{5}
$$

根据 $D_{\min}$ 和 $R(D_{\min})$、$D_{\max}$ 和 $R(D_{\max})$ 以及 $R(D = 1/2)$,可得信源 X 在汉明失真度下的 $R(D)$ 曲线(如图 E8.9 - 1 所示).

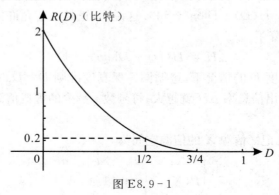

图 E8.9 - 1

（4）$R(1/2)$ 试验信道.

由（8.3-64）式可知,达到 $R(1/2)$ 的反向试验信道的传递概率为

$$p(a_i/b_j) = \begin{cases} 1-D = 1-1/2 = 1/2 & (i = j) \\ \dfrac{D}{r-1} = \dfrac{1/2}{4-1} = \dfrac{1}{6} & (i \neq j) \end{cases} \tag{6}$$

由此,得图 E8.9-2 所示反向试验信道传递特性图.

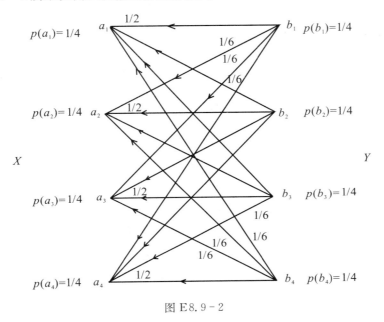

图 E8.9-2

由（8.3-72）式和（8.3-73）式可知,为了确保信源 X 是等概信源,反向试验信道的输入随机变量 Y 的概率分布必须为

$$P\{Y = b_1\} = P\{Y = b_2\} = P\{Y = b_3\} = P\{Y = b_4\} = 1/4 \tag{7}$$

由（8.3-65）式可知,在汉明失真度下,反向试验信道的平均失真度

$$\overline{D} = \sum_{i=1}^{4} \sum_{j=1}^{4} p(b_j) p(a_i/b_j) d(a_i, b_j)$$

$$= \sum_{j=1}^{4} p(b_j) \cdot D = \sum_{j=1}^{4} p(b_j) \cdot 1/2 = 1/2 = D \tag{8}$$

这表明,图 E8.9-2 所示反向试验信道满足保真度准则 $\overline{D}=1/2=D$,是满足保真度准则 $\overline{D}=1/2=D$ 的试验信道集合 $B_{D=1/2}$ 中的一个信道.

由（8.3-66）式可知,反向试验信道的条件熵

$$H(X/Y) = H(D) + D\log(r-1) = H(1/2) + (1/2)\log 3$$

$$= 1.79 \quad （比特／符号） \tag{9}$$

由（8.3-69）式可知,

$$H(X/Y)_{\max} = 1.79 \quad （比特／符号） \tag{10}$$

则平均互信息 $I(X;Y)$ 达到最小值,即信息率-失真函数

$$R(D=1/2)=R(1/2)=H(X)-H(X/Y)_{\max}$$
$$=\log 4-1.79$$
$$=0.21 \quad (比特/符号) \tag{11}$$

这样,图 E8.9-2 所示的反向试验信道是在汉明失真度下,给定的 $r=4$ 元等概信源 X,在满足保真度准则 $\overline{D}=D=1/2$ 的情况下,达到信息率-失真函数 $R(1/2)$ 的试验信道.

【**例 8.10**】 设离散无记忆信源 X 的信源空间为

$$[X \cdot P]:\begin{cases} X: & -1 & 0 & +1 \\ P(X): & 1/3 & 1/3 & 1/3 \end{cases}$$

规定失真矩阵为

$$[D]=\begin{array}{c} \\ -1 \\ 0 \\ +1 \end{array}\begin{array}{cc} -1/2 & +1/2 \\ \left[\begin{array}{cc} 1 & 2 \\ 1 & 1 \\ 2 & 1 \end{array}\right] \end{array}$$

试求:(1) $D_{\min}$ 和 $R(D_{\min})$;

(2) $D_{\max}$ 和 $R(D_{\max})$;

(3) 信息率-失真函数 $R(D)$ 及其试验信道.

解 设 π 是信道输入符号集 $X:\{-1,0,+1\}$ 的一种置换,并令

$$\begin{cases} \pi(-1)=+1; \\ \pi(0)=0; \\ \pi(+1)=-1 \end{cases} \tag{1}$$

再设 ρ 是信道输出符号集 $Y:\{-1/2,+1/2\}$ 的一种置换,并令

$$\begin{cases} \rho(-1/2)=+1/2 \\ \rho(+1/2)=-1/2 \end{cases} \tag{2}$$

则规定失真矩阵

$$[D]=\begin{array}{c} \\ -1 \\ 0 \\ +1 \end{array}\begin{array}{cc} -1/2 & +1/2 \\ \left[\begin{array}{cc} 1 & 2 \\ 1 & 1 \\ 2 & 1 \end{array}\right] \end{array} \tag{3}$$

可改写为规定失真度

$$\begin{cases} d(-1,-1/2)=d(+1,+1/2)=d\{\pi(-1),\rho(-1/2)\}=1 \\ d(-1,+1/2)=d(+1,-1/2)=d\{\pi(-1),\rho(+1/2)\}=2 \\ d(0,-1/2)=d(0,+1/2)=d\{\pi(0),\rho(-1/2)\}=1 \\ d(0,+1/2)=d(0,-1/2)=d\{\pi(0),\rho(+1/2)\}=1 \\ d(+1,-1/2)=d(-1,+1/2)=d\{\pi(+1),\rho(-1/2)\}=2 \\ d(+1,+1/2)=d(-1,-1/2)=d\{\pi(+1),\rho(+1/2)\}=1 \end{cases} \tag{4}$$

这表明,在(1)式和(2)式设置的置换关系下,规定失真矩阵(3)具有对称性.

对于给定 $r=3$ 元等概信源 X,其平均失真度可表示为

$$\overline{D} = \sum_{i=1}^{3} \sum_{j=1}^{3} p(a_i) p(b_j/a_i) d(a_i,b_j)$$

$$= \frac{1}{3} \sum_{i=1}^{3} \sum_{j=1}^{3} p(b_j/a_i) d(a_i,b_j) \tag{5}$$

因此,对给定的 $r=3$ 元等概信源 X 来说,(3)式所示的失真度的对称性,使满足保真度准则 $\overline{D} = D$ 的试验信道的传递概率 $p(b_j/a_i)$ 亦可选择是对称的,即可有

$$\begin{cases} p\left(-\frac{1}{2}/-1\right) = p\left[\rho\left(-\frac{1}{2}\right)/\pi(-1)\right] = p\left(+\frac{1}{2}/+1\right) = 1-\alpha \\ p\left(+\frac{1}{2}/-1\right) = p\left[\rho\left(+\frac{1}{2}\right)/\pi(-1)\right] = p\left(-\frac{1}{2}/+1\right) = \alpha \\ p\left(-\frac{1}{2}/0\right) = p\left[\rho\left(-\frac{1}{2}\right)/\pi(0)\right] = p\left(+\frac{1}{2}/0\right) = \frac{1}{2} \\ p\left(+\frac{1}{2}/0\right) = p\left[\rho\left(+\frac{1}{2}\right)/\pi(0)\right] = p\left(-\frac{1}{2}/0\right) = \frac{1}{2} \\ p\left(-\frac{1}{2}/+1\right) = p\left[\rho\left(-\frac{1}{2}\right)/\pi(+1)\right] = p\left(+\frac{1}{2}/-1\right) = \alpha \\ p\left(+\frac{1}{2}/+1\right) = p\left[\rho\left(+\frac{1}{2}\right)/\pi(+1)\right] = p\left(-\frac{1}{2}/-1\right) = 1-\alpha \end{cases} \tag{6}$$

其中, $0<\alpha<1$. 这样,试验信道的信道矩阵可表示为

$$[P] = \begin{matrix} & \quad -1/2 \quad\quad +1/2 \\ \begin{matrix} -1 \\ 0 \\ +1 \end{matrix} & \begin{pmatrix} 1-\alpha & \alpha \\ 1/2 & 1/2 \\ \alpha & 1-\alpha \end{pmatrix} \end{matrix} \tag{7}$$

由(5)式、(7)式和(3)式得 $r=3$ 元等概信源 X 的平均失真度

$$\overline{D} = 1/3 \cdot [(1-\alpha) \cdot 1 + \alpha \cdot 2] + 1/3 \cdot [1/2 \cdot 1 + 1/2 \cdot 1]$$
$$+ 1/3 \cdot [\alpha \cdot 2 + (1-\alpha) \cdot 1]$$
$$= 1 + 2\alpha/3 \tag{8}$$

这样,由允许失真度 D,即可解得满足保真度准则 $\overline{D} = D$ 的试验信道的

$$\alpha = \frac{3(D-1)}{2} \tag{9}$$

由(7)式,就可解得满足保真度准则 $\overline{D} = D$ 的试验信道的信道矩阵

$$[P] = \begin{matrix} & \quad\quad -1/2 \quad\quad\quad\quad +1/2 \\ \begin{matrix} -1 \\ 0 \\ +1 \end{matrix} & \begin{pmatrix} 1-\dfrac{3(D-1)}{2} & \dfrac{3(D-1)}{2} \\ 1/2 & 1/2 \\ \dfrac{3(D-1)}{2} & 1-\dfrac{3(D-1)}{2} \end{pmatrix} \end{matrix} \tag{10}$$

(1) $D_{\min}$ 和 $R(D_{\min})$.

由(8.1-52)式可得

$$D_{\min} = \sum_{i=1}^{3} p(a_i) \min_j d(a_i, b_j) = 1/3 \cdot 1 + 1/3 \cdot 1 + 1/3 \cdot 1 = 1 \tag{11}$$

由(10)式可得满足保真度准则 $\overline{D} = D_{\min} = 1$ 的试验信道的信道矩阵

$$[P] = \begin{array}{c} \\ -1 \\ 0 \\ +1 \end{array} \begin{array}{cc} -1/2 & +1/2 \\ \left[\begin{array}{cc} 1 & 0 \\ 1/2 & 1/2 \\ 0 & 1 \end{array} \right] \end{array} \tag{12}$$

这个试验信道是满足保真度准则 $\overline{D} = D_{\min} = 1$ 的唯一试验信道,其平均互信息 $I(X;Y)$ 就是信息率-失真函数

$$R(D_{\min}) = R(1) = I(X;Y) = H(Y) - H(Y/X) \tag{13}$$

由(12)式和等概信源 X 的概率分布

$$P\{X = -1\} = P\{X = 0\} = P\{X = +1\} = 1/3 \tag{14}$$

得信道输出随机变量 Y 的概率分布

$$P\left\{Y = -\frac{1}{2}\right\} = P\{X = -1\} \cdot P\left\{Y = -\frac{1}{2}/X = -1\right\}$$

$$+ P\{X = 0\} \cdot P\left\{Y = -\frac{1}{2}/X = 0\right\}$$

$$+ P\{X = +1\} \cdot P\left\{Y = -\frac{1}{2}/X = +1\right\}$$

$$= 1/3 \cdot 1 + 1/3 \cdot 1/2 + 1/3 \cdot 0 = 1/2 \tag{15}$$

$$P\{Y = +1/2\} = 1 - P\{Y = -1/2\} = 1/2 \tag{16}$$

即得信道输出随机变量 Y 的信息熵

$$H(Y) = H(1/2, 1/2) = 1 \quad （比特／符号） \tag{17}$$

由(14)式和(12)式可得试验信道的噪声熵

$$H(Y/X) = -\sum_{i=1}^{3} \sum_{j=1}^{2} p(a_i) p(b_j/a_i) \log p(b_j/a_i)$$

$$= -\left\{ \frac{1}{3} \cdot [1\log 1 + 0\log 0] + \frac{1}{3} \cdot \left[\frac{1}{2}\log\frac{1}{2} + \frac{1}{2}\log\frac{1}{2} \right] + \frac{1}{3} \cdot [0\log 0 + 1\log 1] \right\}$$

$$= 1/3 \quad （比特／符号） \tag{18}$$

由(17)式和(18)式,可得

$$R(D_{\min} = 1) = R(1) = H(Y) - H(Y/X)$$

$$= 1 - 1/3 = 2/3 \quad （比特／符号） \tag{19}$$

(2) $D_{\max}$ 和 $R(D_{\max})$.

根据定理 8.6,由(8.1-98)式、(3)式和(14)式,得

$$D_{\max} = \min_j \left\{ \sum_{i=1}^{3} p(a_i) d(a_i, b_j) \right\}$$

$$= \min_j \{ [1/3 \cdot 1 + 1/3 \cdot 1 + 1/3 \cdot 2]; [1/3 \cdot 2 + 1/3 \cdot 1 + 1/3 \cdot 1] \}$$

$$= 4/3 \tag{20}$$

由(9)式,得当 $D=D_{\max}=4/3$ 时,有

$$\alpha = \frac{3(D-1)}{2} = \frac{3(4/3-1)}{2} = \frac{1}{2} \tag{21}$$

由(10)式,可得满足保真度准则 $\overline{D}=D_{\max}=4/3$ 的试验信道的信道矩阵

$$
[P] = \begin{array}{c} \\ -1 \\ 0 \\ +1 \end{array}
\begin{array}{cc}
-1/2 & +1/2 \\
\left(\begin{array}{cc}
1/2 & 1/2 \\
1/2 & 1/2 \\
1/2 & 1/2
\end{array} \right)
\end{array} \tag{22}
$$

由(14)式和(22)式,可得信道输出随机变量 Y 的概率分布

$$
\begin{aligned}
P\left\{Y=-\frac{1}{2}\right\} &= P\{X=-1\} \cdot P\left\{Y=-\frac{1}{2}/X=-1\right\} \\
&+ P\{X=0\} \cdot P\left\{Y=-\frac{1}{2}/X=0\right\} \\
&+ P\{X=+1\} \cdot P\left\{Y=-\frac{1}{2}/X=+1\right\} \\
&= 1/3 \cdot 1/2 + 1/3 \cdot 1/2 + 1/3 \cdot 1/2 = 1/2
\end{aligned} \tag{23}
$$

$$P\{Y=+1/2\} = 1 - P\{Y=-1/2\} = 1/2 \tag{24}$$

即得信道输出随机变量 Y 的信息熵

$$H(Y) = H(1/2, 1/2) = 1 \quad (\text{比特／符号}) \tag{25}$$

由(14)式和(22)式,得试验信道的噪声熵

$$
\begin{aligned}
H(Y/X) &= -\sum_{i=1}^{3} \sum_{j=1}^{2} p(a_i) p(b_j/a_i) \log p(b_j/a_i) \\
&= -\left[\frac{1}{3} \cdot \left(\frac{1}{2}\log\frac{1}{2} + \frac{1}{2}\log\frac{1}{2} \right) + \frac{1}{3} \cdot \left(\frac{1}{2}\log\frac{1}{2} + \frac{1}{2}\log\frac{1}{2} \right) \right. \\
&\left. + \frac{1}{3} \cdot \left(\frac{1}{2}\log\frac{1}{2} + \frac{1}{2}\log\frac{1}{2} \right) \right] = 1 \quad (\text{比特／符号})
\end{aligned} \tag{26}
$$

由(25)式、(26)式可得

$$
\begin{aligned}
R(D_{\max}=4/3) = R(4/3) &= H(Y) - H(Y/X) \\
&= 1 - 1 = 0 \quad (\text{比特／符号})
\end{aligned} \tag{27}
$$

(3) $R(D)$.

因为(10)式所示的信道矩阵 $[P]$ 是满足保真度准则 $\overline{D}=D$ 的唯一试验信道,所以其平均互信息 $I(X;Y)$ 就是信息率-失真函数

$$R(D) = I(X;Y) = H(Y) - H(Y/X) \tag{28}$$

由(14)式和(10)式可知,试验信道的输出随机变量 Y 的概率分布

$$
\begin{aligned}
P\{Y=-1/2\} &= P\{X=-1\} \cdot P\left\{Y=-\frac{1}{2}/X=-1\right\} \\
&+ P\{X=0\} \cdot P\left\{Y=-\frac{1}{2}/X=0\right\}
\end{aligned}
$$

$$+ P\{X = +1\} \cdot P\left\{Y = -\frac{1}{2}/X = +1\right\}$$

$$= 1/3 \cdot \left\{\left[1 - \frac{3(D-1)}{2}\right] + 1/2 + \left[\frac{3(D-1)}{2}\right]\right\}$$

$$= 1/3 \cdot 3/2 = 1/2 \tag{29}$$

$$P\{Y = +1/2\} = 1 - P\{Y = -1/2\} = 1/2 \tag{30}$$

即得试验信道的输出随机变量 Y 的信息熵

$$H(Y) = H(1/2, 1/2) = 1 \quad （比特／符号） \tag{31}$$

由(14)式和(10)式可得试验信道的噪声熵

$$H(Y/X) = -\sum_{i=1}^{3} \sum_{j=1}^{2} p(a_i) p(b_j/a_i) \log p(b_j/a_i)$$

$$= -\left\{\frac{1}{3}\left[1 - \frac{3(D-1)}{2}\right]\log\left[1 - \frac{3(D-1)}{2}\right] + \frac{1}{3}\left[\frac{3(D-1)}{2}\right]\log\left[\frac{3(D-1)}{2}\right]\right.$$

$$+ \frac{1}{3}\left[\frac{1}{2}\log\frac{1}{2}\right] + \frac{1}{3}\left[\frac{1}{2}\log\frac{1}{2}\right] + \frac{1}{3}\left[\frac{3(D-1)}{2}\right]\log\left[\frac{3(D-1)}{2}\right]$$

$$+ \frac{1}{3}\left[1 - \frac{3(D-1)}{2}\right]\log\left[1 - \frac{3(D-1)}{2}\right]\right\}$$

$$= \frac{2}{3}H\left[\frac{3(D-1)}{2}\right] + \frac{1}{3} \quad （比特／符号） \tag{32}$$

由(31)式、(32)式和(28)式得

$$R(D) = I(X;Y) = H(Y) - H(Y/X) = 1 - \left\{\frac{2}{3}H\left[\frac{3(D-1)}{2}\right] + \frac{1}{3}\right\}$$

$$= \frac{2}{3}\left\{1 - H\left[\frac{3(D-1)}{2}\right]\right\} \quad （比特／符号） \tag{33}$$

综合(19)式、(27)式和(33)式,求得 $r=3$ 元等概信源 X,在(3)式所示的失真度下的信息率-失真函数 $R(D)$ 的显式表达式

$$R(D) = \begin{cases} 2/3\{1 - H[3(D-1)/2]\} & 1 \leqslant D < 4/3 \\ 0 & D \geqslant 4/3 \end{cases} \tag{34}$$

其函数曲线如图 E8.10-1 所示.

我们看到,本例题中的最小允许失真度 $D_{\min}$ 不等于零,而是等于 1. 根据定理 8.5,若把(3)式所示失真矩阵改为

$$[D]_0 = \begin{array}{c} \\ -1 \\ 0 \\ +1 \end{array} \begin{array}{c} -1/2 \quad +1/2 \\ \left[\begin{array}{cc} 0 & 1 \\ 0 & 0 \\ 1 & 0 \end{array}\right] \end{array} \tag{35}$$

则相应的信息率-失真函数 $R(D_0)$ 曲线如图 E8.10-1 中虚线所示.

对于等概信源来说,取汉明失真度会给信息率-失真函数 $R(D)$ 的计算带来某些方便. 本例题告诉我们,对于等概信源来说,除汉明失真度外,若取具有对称性的失真度,可使满足保真度准则 $\overline{D} = D$ 的试验信道的传递概率亦具有对称性,同样可简化信息率-失真函数 $R(D)$ 的计算.

所以,对给定信源为等概信源时,汉明失真度或对称失真度都可使信息率-失真函数 $R(D)$ 的计算得到一定程度的简化.

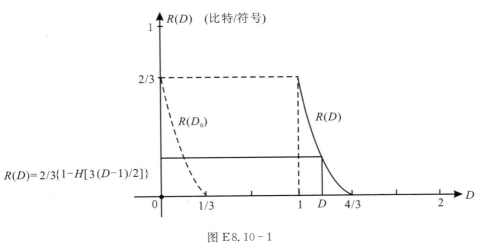

图 E8.10-1

8.3.3 离散信源 $R(D)$ 的参量表述

对二元信源和 r 元等概信源,在汉明失真度下,可直接求解信息率-失真函数 $R(D)$ 的显式表达式. 但对于一般离散信源来说,要得到信息率-失真函数 $R(D)$ 的显式表达式比较困难. 在某些特殊的失真度下,采用参量表达方法求解 $R(D)$ 函数比较方便.

定理 8.13 若 S 是离散无记忆信源 X 的信息率-失真函数 $R(D)$ 的斜率,则允许失真度 D 和信息率-失真函数 $R(D)$ 都可由参量 S 表达为 $D(S)$ 和 $R(S)$.

证明 设给定信源 X 的概率分布 $P(X):\{p(a_i)\ (i=1,2,\cdots,r)\}$,规定失真函数 $d(a_i,b_j)=d_{ij}(i=1,2,\cdots,r;j=1,2,\cdots,s)$,选定允许失真度 D. 那么,信源 X 的信息率-失真函数 $R(D)$ 就是在保真度准则

$$\overline{D} = \sum_{i=1}^{r}\sum_{j=1}^{s} p(a_i)p(b_j/a_i)d(a_i,b_j) = D \tag{8.3-77}$$

以及对试验信道传递概率 $p(b_j/a_i)(i=1,2,\cdots,r;j=1,2,\cdots,s)$ 的一般性限制条件

$$\sum_{j=1}^{s} p(b_j/a_i) = 1 \quad (i=1,2,\cdots,r) \tag{8.3-78}$$

的共同约束下,变动传递概率 $p(b_j/a_i)(i=1,2,\cdots,r;j=1,2,\cdots,s)$,求平均互信息 $I(X;Y) = I[p(b_j/a_i)(i=1,2,\cdots,r;j=1,2,\cdots,s)]$ 的最小值.

一般而言,对此类条件极小值问题,在数学上采用"拉格朗日"乘子法予以求解. 为此,把限制条件(8.3-77)式和(8.3-78)式改写为

$$\varphi_1 = D - \sum_{i=1}^{r}\sum_{j=1}^{s} p(a_i)p(b_j/a_i)d(a_i,b_j) = 0 \tag{8.3-79}$$

$$\begin{cases} \varphi'_1 = 1 - \sum_{j=1}^{s} p(b_j/a_1) = 0 \\ \varphi'_2 = 1 - \sum_{j=1}^{s} p(b_j/a_2) = 0 \\ \vdots \\ \varphi'_r = 1 - \sum_{j=1}^{s} p(b_j/a_r) = 0 \end{cases} \qquad (8.3-80)$$

引入待定常数 S 和 $\mu_i (i=1,2,\cdots,r)$，并作辅助函数

$$F[p(b_j/a_i);S,\mu_1,\mu_2,\cdots,\mu_r] = I[p(b_j/a_i)] + S\varphi_1 + \mu_1\varphi'_1 + \mu_2\varphi'_2 + \cdots + \mu_r\varphi'_r$$

由辅助函数 $F[p(b_j/a_i)(i=1,2,\cdots,r;j=1,2,\cdots,s);S,\mu_1,\mu_2,\cdots,\mu_r]$ 对传递概率 $p(b_j/a_i)(i=1,2,\cdots,r;j=1,2,\cdots,s)$ 求偏导并置之为零，得 $(r\times s)$ 个稳定点方程

$$\frac{\partial F}{\partial p(b_j/a_i)} = \frac{\partial I}{\partial p(b_j/a_i)} + S\frac{\partial \varphi_1}{\partial p(b_j/a_i)} + \mu_1\frac{\partial \varphi'_1}{\partial p(b_j/a_i)} + \cdots + \mu_r\frac{\partial \varphi'_r}{\partial p(b_j/a_i)} = 0$$
$$(i=1,2,\cdots,r;j=1,2,\cdots,s) \qquad (8.3-81)$$

由于有

$$\frac{\partial \varphi'_i}{\partial p(b_j/a_k)} = 0 \quad (k \neq i) \qquad (8.3-82)$$

所以，(8.3-81)式又可统一改写为

$$\frac{\partial F}{\partial p(b_j/a_i)} = \frac{\partial I}{\partial p(b_j/a_i)} + S\frac{\partial \varphi_1}{\partial p(b_j/a_i)} + \mu_i\frac{\partial \varphi'_i}{\partial p(b_j/a_i)} = 0$$
$$(i=1,2,\cdots,r;j=1,2,\cdots,s) \qquad (8.3-83)$$

求解方程(8.3-83)的关键，在于准确地展开其中的偏导

$$\frac{\partial}{\partial p(b_j/a_i)} I[p(b_j/a_i)] \quad (i=1,2,\cdots,r;j=1,2,\cdots,s) \qquad (8.3-84)$$

对于概率分布为 $P(X):\{p(a_i)(i=1,2,\cdots,r)\}$ 的给定信源 X 来说，平均互信息 $I(X;Y) = I[p(b_j/a_i)]$ 是信道传递概率 $p(b_j/a_i)(i=1,2,\cdots,r;j=1,2,\cdots,s)$ 的函数

$$I[p(b_j/a_i)] = H(Y) - H(Y/X)$$
$$= -\sum_{j=1}^{s} p(b_j)\ln p(b_j) - \left\{ -\sum_{i=1}^{r}\sum_{j=1}^{s} p(a_i)p(b_j/a_i)\ln p(b_j/a_i) \right\}$$
$$= -\left\{ \sum_{j=1}^{s}\left[\sum_{i=1}^{r} p(a_i)p(b_j/a_i) \right]\ln\left[\sum_{i=1}^{r} p(a_i)p(b_j/a_i) \right] \right\}$$
$$\quad - \left\{ -\sum_{i=1}^{r}\sum_{j=1}^{s} p(a_i)p(b_j/a_i)\ln p(b_j/a_i) \right\}$$
$$= -\left\{ \sum_{j=1}^{s}\left[\sum_{i=1}^{r} p(a_i)p(b_j/a_i) \right]\ln\left[\sum_{i=1}^{r} p(a_i)p(b_j/a_i) \right] \right\}$$
$$\quad + \left\{ \sum_{i=1}^{r}\sum_{j=1}^{s} p(a_i)p(b_j/a_i)\ln p(b_j/a_i) \right\} \qquad (8.3-85)$$

为了简明起见，在(8.3-85)式中，不妨假设给定信源 X 是二元离散无记忆信源，其概率分布为 $P(X):\{p(a_1),p(a_2)\}$，当然有 $0<p(a_1),p(a_2)<1,p(a_1)+p(a_2)=1$. 假设信道的传递概

率 $P(Y/X)$：$\{p(b_1/a_1),p(b_2/a_1),p(b_1/a_2),p(b_2/a_2)\}$，当然也有

$$\begin{cases} 0 < p(b_j/a_i) < 1 & (i=1,2;\ j=1,2) \\ \displaystyle\sum_{j=1}^{2} p(b_j/a_i) = 1 & (i=1,2) \end{cases} \tag{8.3-86}$$

这样，(8.3-85)式可改写为

$$\begin{aligned} I[p(b_j/a_i)] = -\ \{ & [p(a_1)p(b_1/a_1)+p(a_2)(b_1/a_2)]\ln[p(a_1)p(b_1/a_1)+p(a_2)p(b_1/a_2)] \\ & +[p(a_1)p(b_2/a_1)+p(a_2)(b_2/a_2)]\ln[p(a_1)p(b_2/a_1)+p(a_2)p(b_2/a_2)] \\ & +[p(a_1)p(b_1/a_1)\ln p(b_1/a_1)+p(a_2)p(b_1/a_2)\ln p(b_1/a_2)] \\ & +[p(a_1)p(b_2/a_1)\ln p(b_2/a_1)+p(a_2)p(b_2/a_2)\ln p(b_2/a_2)] \} \end{aligned} \tag{8.3-87}$$

则可得

$$\begin{aligned} \frac{\partial I[p(b_j/a_i)]}{\partial p(b_1/a_1)} = &\ \frac{\partial}{\partial p(b_1/a_1)}\{-[p(a_1)p(b_1/a_1)+p(a_2)p(b_1/a_2)] \\ & \qquad\qquad \cdot \ln[p(a_1)p(b_1/a_1)+p(a_2)p(b_1/a_2)]\} \\ & +\frac{\partial}{\partial p(b_1/a_1)}\{p(a_1)p(b_1/a_1)\ln p(b_1/a_1)\} \\ = &\ \frac{\partial}{\partial p(b_1/a_1)}\{-[p(a_1)p(b_1/a_1)]\ln[p(a_1)p(b_1/a_1)+p(a_2)p(b_1/a_2)] \\ & \qquad\qquad -[p(a_2)p(b_1/a_2)]\ln[p(a_1)p(b_1/a_1)+p(a_2)p(b_1/a_2)] \\ & \qquad\qquad +[p(a_1)p(b_1/a_1)\ln p(b_1/a_1)]\} \\ = &-\left\{ p(a_1)\ln[p(a_1)p(b_1/a_1)+p(a_2)p(b_1/a_2)] \right. \\ & \qquad \left. +p(a_1)p(b_1/a_1)\frac{p(a_1)}{p(a_1)p(b_1/a_1)+p(a_2)p(b_1/a_2)}\right\} \\ & -\left\{ p(a_2)p(b_1/a_2)\frac{p(a_1)}{p(a_1)p(b_1/a_1)+p(a_2)p(b_1/a_2)}\right\} \\ & +\left\{ p(a_1)\ln p(b_1/a_1)+p(a_1)\right\} \\ = &-\{p(a_1)\ln p(b_1)+p(a_1)[p(a_1/b_1)+p(a_2/b_1)]\} \\ & +\{p(a_1)\ln p(b_1/a_1)+p(a_1)\} \\ = &-\ p(a_1)\ln p(b_1)-p(a_1)+p(a_1)\ln p(b_1/a_1)+p(a_1) \\ = &-\ p(a_1)\ln p(b_1)+p(a_1)\ln p(b_1/a_1) \\ = &\ p(a_1)\ln\frac{p(b_1/a_1)}{p(b_1)} \end{aligned} \tag{8.3-88}$$

由此推断，一般地有

$$\begin{aligned} \frac{\partial}{\partial p(b_j/a_i)}I[p(b_j/a_i)] &= p(a_i)\ln\frac{p(b_j/a_i)}{p(b_j)} \\ (i=1,2,&\cdots,r;j=1,2,\cdots,s) \end{aligned} \tag{8.3-89}$$

由约束方程(8.3-79)式、(8.3-80)式，得稳定点方程(8.3-83)式中的第二、三项分别为

$$\frac{\partial\varphi_1}{\partial p(b_j/a_i)} = -\ p(a_i)d(a_i,b_j) = -\ p(a_i)d_{ij} \quad (i=1,2,\cdots,r;j=1,2,\cdots,s)$$

$$\tag{8.3-90}$$

$$\frac{\partial \varphi_i'}{\partial p(b_j/a_i)} = -1 \quad (i=1,2,\cdots,r) \tag{8.3-91}$$

由(8.3-89)式、(8.3-90)式、(8.3-91)式,稳定点方程(8.3-83)可改写为

$$p(a_i)\ln\frac{p(b_j/a_i)}{p(b_j)} - S\,p(a_i)d_{ij} - \mu_i = 0 \quad (i=1,2,\cdots,r;j=1,2,\cdots,s) \tag{8.3-92}$$

即

$$\ln\frac{p(b_j/a_i)}{p(b_j)} = \frac{S\,p(a_i)d_{ij} + \mu_i}{p(a_i)} \tag{8.3-93}$$

即得

$$p(b_j/a_i) = p(b_j)\exp\left[S\,d_{ij} + \frac{\mu_i}{p(a_i)}\right]$$
$$(i=1,2,\cdots,r;j=1,2,\cdots,s) \tag{8.3-94}$$

由于其中 $\dfrac{\mu_i}{p(a_i)}(i=1,2,\cdots,r)$ 只与 $i(i=1,2,\cdots,r)$ 有关,所以可再引入待定常数 $\lambda_i(i=1,2,\cdots,r)$,令

$$\ln\lambda_i = \frac{\mu_i}{p(a_i)} \quad (i=1,2,\cdots,r) \tag{8.3-95}$$

即

$$\lambda_i = \exp\left\{\frac{\mu_i}{p(a_i)}\right\} \quad (i=1,2,\cdots,r) \tag{8.3-96}$$

把(8.3-96)式代入(8.3-94)式,得

$$p(b_j/a_i) = p(b_j)\lambda_i \mathrm{e}^{Sd_{ij}} \quad (i=1,2,\cdots,r;j=1,2\cdots,s) \tag{8.3-97}$$

由(8.3-97)式所示的 $(r\times s)$ 个稳定点方程和(8.3-79)式、(8.3-80)式所示的 $(r+1)$ 个约束方程,可解出使平均互信息 $I(X;Y)$ 达到最小值的 $(r\times s)$ 个传递概率 $p(b_j/a_i)(i=1,2,\cdots,r;j=1,2\cdots,s)$,以及 $(r+1)$ 个待定常数 S 和 $\mu_1,\mu_2,\cdots,\mu_r$.

现在,我们希望保留待定常数 S 作为参量,求出 $(r\times s)$ 个以 S 作为参量的传递概率 $p(b_j/a_i)(i=1,2,\cdots,r;j=1,2\cdots,s)$ 和 r 个以 S 作为参量的待定常数 $\mu_1,\mu_2,\cdots,\mu_r(\lambda_1,\lambda_2,\cdots,\lambda_r)$.

为此,在稳定点方程(8.3-97)式中,对 $j(j=1,2\cdots,s)$ 求和,得

$$\sum_{j=1}^{s}p(b_j/a_i) = \sum_{j=1}^{s}p(b_j)\lambda_i \mathrm{e}^{Sd_{ij}}$$
$$= \lambda_i\sum_{j=1}^{s}p(b_j)\mathrm{e}^{Sd_{ij}} = 1 \tag{8.3-98}$$

即得

$$\lambda_i = \frac{1}{\displaystyle\sum_{j=1}^{s}p(b_j)\mathrm{e}^{Sd_{ij}}} \quad (i=1,2,\cdots,r) \tag{8.3-99}$$

另一方面,再以 $p(a_i)$ 乘稳定点方程(8.3-97)两边,并对 $i(i=1,2,\cdots,r)$ 求和,得

$$\sum_{i=1}^{r} p(a_i) p(b_j/a_i) = p(b_j) = \sum_{i=1}^{r} p(a_i) p(b_j) \lambda_i e^{S d_{ij}}$$

$$= p(b_j) \sum_{i=1}^{r} p(a_i) \lambda_i e^{S d_{ij}} \tag{8.3-100}$$

即有

$$\sum_{i=1}^{r} p(a_i) \lambda_i e^{S d_{ij}} = 1 \quad (j=1,2,\cdots,s) \tag{8.3-101}$$

然后,再把(8.3-99)式代入(8.3-101)式,得

$$\sum_{i=1}^{r} \frac{p(a_i) e^{S d_{ij}}}{\sum_{j=1}^{s} p(b_j) e^{S d_{ij}}} = 1 \quad (j=1,2,\cdots,s) \tag{8.3-102}$$

这样,当 $j=1,2,\cdots,s$ 时,由(8.3-102)式得 s 个联立方程,求出 $p(b_1), p(b_2),\cdots,p(b_s)$ 的 S 参量表达式.用所得的 $p(b_j)(j=1,2,\cdots,s)$ 代入(8.3-96)式,得到 r 个以 S 作为参量的待定常数 $\lambda_i (i=1,2,\cdots,r)$.用所得到的 r 个 $\lambda_i (i=1,2,\cdots,r)$ 的 S 参量表达式和 s 个 $p(b_j)(j=1,2,\cdots,s)$ 的参量表达式,代入(8.3-97)式,则可得 $(r \times s)$ 个信道传递概率 $p(b_j/a_i)(i=1,2,\cdots,r;j=1,2,\cdots,s)$ 的 S 参量表达式.

在得到了 $(r \times s)$ 个满足保真度准则 $\overline{D}=D$,且平均互信息 $I(X;Y)$ 达到最小值的试验信道的传递概率 $p(b_j/a_i)$ $(i=1,2,\cdots,r;j=1,2,\cdots,s)$ 的参量表达式后,就可由(8.3-77)式和(8.3-97)式得到允许失真度 D 的参量表达式

$$D(S) = \sum_{i=1}^{r} \sum_{j=1}^{s} p(a_i) p(b_j/a_i) d(a_i,b_j) = \sum_{i=1}^{r} \sum_{j=1}^{s} p(a_i) p(b_j) \lambda_i e^{S d_{ij}} d_{ij} \tag{8.3-103}$$

把(8.3-97)式代入平均互信息 $I[p(b_j/a_i)]$ 的表达式,即可得信息率-失真函数 $R(D)$ 的参量表达式

$$R(S) = \sum_{i=1}^{r} \sum_{j=1}^{s} p(a_i) p(b_j/a_i) \ln \frac{p(b_j/a_i)}{p(b_j)} = \sum_{i=1}^{r} \sum_{j=1}^{s} p(a_i) p(b_j) \lambda_i e^{S d_{ij}} \ln \frac{p(b_j) \lambda_i e^{S d_{ij}}}{p(b_j)}$$

$$= \sum_{i=1}^{r} \sum_{j=1}^{s} p(a_i) p(b_j) \lambda_i e^{S d_{ij}} \ln \lambda_i e^{S d_{ij}} = \sum_{i=1}^{r} \sum_{j=1}^{s} p(a_i) p(b_j) \lambda_i e^{S d_{ij}} \{\ln \lambda_i + S d_{ij}\}$$

$$= S \sum_{i=1}^{r} \sum_{j=1}^{s} p(a_i) p(b_j) \lambda_i e^{S d_{ij}} d_{ij} + \sum_{i=1}^{r} \sum_{j=1}^{s} p(a_i) p(b_j) \lambda_i e^{S d_{ij}} \ln \lambda_i \tag{8.3-104}$$

由(8.3-103)式,得

$$R(S) = S D(S) + \sum_{i=1}^{r} \sum_{j=1}^{s} p(a_i) p(b_j) \lambda_i e^{S d_{ij}} \ln \lambda_i \tag{8.3-105}$$

再由(8.3-97)式,则可得信息率-失真函数的 S 参量表达式

$$R(S) = S D(S) + \sum_{i=1}^{r} p(a_i) \ln \lambda_i \sum_{j=1}^{s} p(b_j) \lambda_i e^{S d_{ij}}$$

$$= S D(S) + \sum_{i=1}^{r} p(a_i) \ln \lambda_i \sum_{j=1}^{s} p(b_j/a_i)$$

$$= S D(S) + \sum_{i=1}^{r} p(a_i) \ln \lambda_i \tag{8.3-106}$$

这表明,对于某一参量 S,由(8.3-103)式就可求得相应的允许失真度 D 的 S 参量表达式 $D(S)$;由(8.3-106)式就可求得相应的信息率-失真函数 $R(D)$ 的 S 参量表达式 $R(S)$. 不同的参量 S,就有不同的允许失真度 $D(S)$ 和信息率-失真函数 $R(S)$.

由以上分析可知,(8.3-79)式是与允许失真度 D 有关的约束条件,相应的待定常数 S 是所有其他待定常数 $\mu_i(i=1,2,\cdots,r)$ 中起关键作用的待定常数,它发挥了其他待定常数 $\mu_i(i=1,2,\cdots,r)$ 不能发挥的桥梁作用,保留 S 作为参量显然是合适的. 为此,有必要进一步讨论参量 S 的有关特性.

由(8.3-103)式可知,D 是参量 S 的函数. 由(8.3-99)式可知,$\lambda_i(i=1,2,\cdots,r)$ 也是参量 S 的函数. 当然,我们也可把 S 看作是 D 的函数,则 $\lambda_i(i=1,2,\cdots,r)$ 也可看作是 D 的函数. 这样,由(8.3-106)式表示的信息率-失真函数的 S 参量表达式 $R(S)$,就可求得以允许失真度 D 为变量的信息率-失真函数 $R(D)$ 的斜率

$$\frac{\mathrm{d}R}{\mathrm{d}D}=\frac{\partial R}{\partial D}+\frac{\partial R}{\partial S}\cdot\frac{\partial S}{\partial D}+\sum_{i=1}^{r}\frac{\partial R}{\partial\lambda_i}\cdot\frac{\partial\lambda_i}{\partial D}=\frac{\partial R}{\partial D}+\frac{\partial R}{\partial S}\cdot\frac{\mathrm{d}S}{\mathrm{d}D}+\sum_{i=1}^{r}\frac{\partial R}{\partial\lambda_i}\cdot\frac{\mathrm{d}\lambda_i}{\mathrm{d}D}$$

$$=S+D\frac{\mathrm{d}S}{\mathrm{d}D}+\sum_{i=1}^{r}\frac{p(a_i)}{\lambda_i}\cdot\frac{\mathrm{d}\lambda_i}{\mathrm{d}D}=S+\left[D+\sum_{i=1}^{r}\frac{p(a_i)}{\lambda_i}\cdot\frac{\mathrm{d}\lambda_i}{\mathrm{d}S}\right]\frac{\mathrm{d}S}{\mathrm{d}D} \qquad (8.3-107)$$

现将(8.3-101)式对 S 取导,得

$$\sum_{i=1}^{r}p(a_i)\mathrm{e}^{Sd_{ij}}\frac{\mathrm{d}\lambda_i}{\mathrm{d}S}+\sum_{i=1}^{r}p(a_i)\lambda_i d_{ij}\mathrm{e}^{Sd_{ij}}=0 \qquad (j=1,2,\cdots,r) \qquad (8.3-108)$$

再以 $p(b_j)(j=1,2,\cdots,s)$ 乘(8.3-108)式各项,并对 $j=1,2,\cdots,s$ 求和,得

$$\sum_{i=1}^{r}\sum_{j=1}^{s}p(b_j)p(a_i)\mathrm{e}^{Sd_{ij}}\frac{\mathrm{d}\lambda_i}{\mathrm{d}S}+\sum_{i=1}^{r}\sum_{j=1}^{s}p(b_j)p(a_i)\lambda_i d_{ij}\mathrm{e}^{Sd_{ij}}=0 \qquad (8.3-109)$$

再把(8.3-99)式和(8.3-103)式分别代入(8.3-109)式中的第一、二项,得

$$\sum_{i=1}^{r}\frac{p(a_i)}{\lambda_i}\frac{\mathrm{d}\lambda_i}{\mathrm{d}S}+D(S)=0 \qquad (8.3-110)$$

最后,把(8.3-110)式代入(8.3-107)式,得

$$\frac{\mathrm{d}R}{\mathrm{d}D}=S \qquad (8.3-111)$$

这表明,保留的待定常数 S,正好就是以允许失真度 D 作为变量的信息率-失真函数 $R(D)$ 的斜率. 这样,定理 8.13 就得到了证明.

因为信息率-失真函数 $R(D)$ 是以允许失真度 D 为变量的单调递减函数,所以 $R(D)$ 函数的斜率 S 必然是负数,即

$$\frac{\mathrm{d}R}{\mathrm{d}D}=S<0 \qquad (8.3-112)$$

而且,斜率 S 必然随着 D 的增加而增加(绝对值减少). 斜率 S 与允许失真度 D 和信息率-失真函数 $R(D)$ 的对应关系如图 8.3-6 所示.

由(8.3-103)式所示允许失真度 $D(S)$ 是 $(r\times s)$ 项的和,而其中 $d_{ij}(i=1,2,\cdots,r;j=1,2,\cdots,s)$、$p(a_i)$ $(i=1,2,\cdots,r)$、$p(b_j)$ $(j=1,2,\cdots,s)$ 和 $\lambda_i(i=1,2,\cdots,r)$ 都是非负数. 在这 $(r\times s)$ 项中,只要有一项不等于零,要使平均失真度 $\overline{D}(S)=D(S)=0$,必须要参量 $S\rightarrow-\infty$. 这就是说,S 的最小值趋于负无穷 $(-\infty)$,即

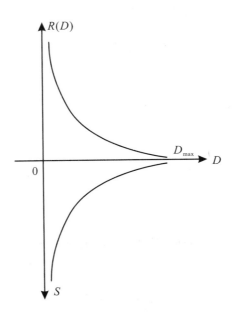

图 8.3 - 6

$$S_{\min} \to -\infty \tag{8.3-113}$$

由于参量 S 是 D 的递增函数,所以当 D 由 $\overline{D}_{\min}=0$ 逐渐增大时,S 将随 D 的增大而逐渐增加. 当允许失真度 $D=D_{\max}$ 时,参量 S 达到 $S_{\max}$,且

$$S_{\max} \leqslant 0 \tag{8.3-114}$$

当 $D>D_{\max}$ 时,由于 $R(D)$ 延拓为零,即 $R(D) \equiv 0$,则有

$$S = \frac{\mathrm{d}R}{\mathrm{d}D} \equiv 0 \tag{8.3-115}$$

所以,在 $D=D_{\max}$ 处,除了某些特殊情况外,参量 S 将从一个很小的负值跳跃到零,参量 S 在 $D=D_{\max}$ 处不连续. 而在 $R(D)$ 函数的开区间 $(0,D_{\max})$ 内,除某些特例外,参量 S 将是允许失真度 D 的连续函数.

8.3.4　二元离散信源 $R(D)$ 的参量计算

在汉明失真度下,运用信息理论分析方法,可直接得到二元离散无记忆信源的信息率-失真函数 $R(D)$ 的显式表达式. 但对于一般的"对称失真度",要根据定理 8.13 计算允许失真度和信息率-失真函数的 S 参量表达式 $D(S)$ 和 $R(S)$,然后根据允许失真度 D 和参量 S 之间的关系,把 $R(S)$ 转换为 D 的显式表达式 $R(D)$.

1. 参量表达式 $D(S)$ 和 $R(S)$

设给定二元离散无记忆信源 X 的信源空间为

$$[X \cdot P]: \begin{cases} X: & a_1 \quad a_2 \\ P(X): & p \quad q \end{cases} \tag{8.3-116}$$

其中 $,0 \leqslant p, q \leqslant 1; p+q=1; p<1/2.$ 定义 δ_{ij} 为

$$\delta_{ij} = \begin{cases} 1 & (i = j) \\ 0 & (i \neq j) \end{cases}$$

规定"对称失真度"

$$d(a_i, a_j) = d \cdot (1 - \delta_{ij}) = \begin{cases} 0 & (i = j) \\ d & (i \neq j) \end{cases} \tag{8.3-117}$$

相应的失真矩阵

$$[D] = \begin{matrix} & a_1 & a_2 \\ a_1 \\ a_2 \end{matrix} \begin{bmatrix} 0 & d \\ d & 0 \end{bmatrix} \tag{8.3-118}$$

(1) 确定 $R(D)$ 函数的定义域.

因为在失真矩阵 $[D]$ 中,每行最小值均等于零,根据定理 8.2,由(8.1-52)式得最小允许失真度

$$\begin{aligned} D_{\min} &= \sum_{i=1}^{2} p(a_i) \min_j d(a_i, a_j) \\ &= p \cdot 0 + q \cdot 0 = 0 \end{aligned} \tag{8.3-119}$$

由(8.1-49)式得满足保真度准则

$$\overline{D} = D_{\min} = 0 \tag{8.3-120}$$

的试验信道的信道矩阵

$$[P] = \begin{matrix} & a_1 & a_2 \\ a_1 \\ a_2 \end{matrix} \begin{bmatrix} 1 & 0 \\ 0 & 1 \end{bmatrix} \tag{8.3-121}$$

因为 $[P]$ 中每列只有一个非零元素"1",所以其后验概率

$$p(a_i/a_j) = \begin{cases} 0 \\ 1 \end{cases} \tag{8.3-122}$$

则疑义度

$$H(X/Y) = -\sum_{i=1}^{2} \sum_{j=1}^{2} p(a_j) p(a_i/a_j) \log p(a_i/a_j) = 0 \tag{8.3-123}$$

因为(8.3-121)式所示信道是满足保真度准则 $\overline{D} = D_{\min} = 0$ 的唯一试验信道,通过这个试验信道的平均互信息 $I(X;Y)$ 就是信息率-失真函数

$$\begin{aligned} R(D_{\min} = 0) = R(0) &= I(X;Y) = H(X) - H(X/Y) \\ &= H(X) = H(p) \end{aligned} \tag{8.3-124}$$

根据定理 8.6,由(8.1-98)式得最大允许失真度

$$\begin{aligned} D_{\max} &= \min_j \left\{ \sum_{i=1}^{2} p(a_i) d(a_i, a_j) \right\} \\ &= \min_j \{ [p(a_1) d(a_1, a_1) + p(a_2) d(a_2, a_1)]; [p(a_1) d(a_1, a_2) + p(a_2) d(a_2, a_2)] \} \\ &= \min_j \{ (p \cdot 0 + q \cdot d); (p \cdot d + q \cdot 0) \} \end{aligned}$$

$$= \min_j \{qd\,; pd\,\} \qquad (p \leqslant 1/2)$$

$$= pd \qquad (j = 2) \tag{8.3-125}$$

由(8.1-89)式、(8.1-96)式得满足保真度准则

$$\overline{D} = D_{\max} = pd \tag{8.3-126}$$

的试验信道的信道矩阵

$$[P] = \begin{array}{c} a_1 \\ a_2 \end{array} \begin{array}{cc} a_1 & a_2 \\ \left[\begin{array}{cc} 0 & 1 \\ 0 & 1 \end{array} \right] \end{array} \tag{8.3-127}$$

该信道的噪声熵 $H(Y/X)$ 与信宿熵 $H(Y)$ 相等. 由于信道矩阵 $[P]$ 中的所有元素均等于"1"或"0",所以有

$$H(Y) = H(Y/X) = 0 \tag{8.3-128}$$

(8.3-127)式所示信道,是满足保真度准则 $\overline{D} = D_{\max} = pd$ 的唯一试验信道,通过这个试验信道的平均互信息 $I(X;Y)$,就是信息率-失真函数

$$R(D_{\max} = pd) = R(pd) = I(X;Y)$$

$$= H(Y) - H(Y/X) = 0 \tag{8.3-129}$$

由(8.3-119)式和(8.3-125)式确定, $R(D)$ 函数的定义域为 $[0, pd]$.

(2) 求解 $R(D)$ 在定义域 $[0, pd]$ 内的 S 参量表达式.

首先求解 λ_1, λ_2 的 S 参量表达式.

由信源 X 的概率分布

$$P\{X = a_1\} = p\,; \quad P\{X = a_2\} = q \tag{8.3-130}$$

再由(8.3-101)式和失真矩阵

$$[D] = \begin{array}{c} a_1 \\ a_2 \end{array} \begin{array}{cc} a_1 & a_2 \\ \left[\begin{array}{cc} 0 & d \\ d & 0 \end{array} \right] \end{array} \tag{8.3-131}$$

得

$$\lambda_1 p(a_1) \mathrm{e}^{S d_{11}} + \lambda_2 p(a_2) \mathrm{e}^{S d_{21}} = \lambda_1 p + \lambda_2 q \mathrm{e}^{S d} = 1 \quad (j = 1) \tag{8.3-132}$$

$$\lambda_1 p(a_1) \mathrm{e}^{S d_{12}} + \lambda_2 p(a_2) \mathrm{e}^{S d_{22}} = \lambda_1 p \mathrm{e}^{S d} + \lambda_2 q = 1 \quad (j = 2) \tag{8.3-133}$$

由(8.3-132)式,得

$$\lambda_2 = \frac{1 - \lambda_1 p}{q \mathrm{e}^{S d}} \tag{8.3-134}$$

把(8.3-134)式代入(8.3-133)式,得

$$\lambda_1 p \mathrm{e}^{S d} + \frac{1 - \lambda_1 p}{\mathrm{e}^{S d}} = 1 \tag{8.3-135}$$

即解得

$$\lambda_1 = \frac{1}{(1 + \mathrm{e}^{S d}) p} \tag{8.3-136}$$

再把(8.3-136)式代入(8.3-135)式,得

$$\lambda_2 = \frac{1-\lambda_1 p}{q\mathrm{e}^{Sd}} = \frac{1}{q(1+\mathrm{e}^{Sd})} \tag{8.3-137}$$

即解得

$$\begin{cases} \lambda_1 = \dfrac{1}{(1+\mathrm{e}^{Sd})p} \\[2mm] \lambda_2 = \dfrac{1}{(1+\mathrm{e}^{Sd})q} \end{cases} \tag{8.3-138}$$

其次,求解信道输出符号的概率分布 $Q(a_1)$、$Q(a_2)$ 的 S 参量表达式.

由(8.3-99)式,有

$$\frac{1}{\lambda_1} = Q(a_1)\mathrm{e}^{Sd_{11}} + Q(a_2)\mathrm{e}^{Sd_{12}} = Q(a_1) + Q(a_2)\mathrm{e}^{Sd} \quad (i=1) \tag{8.3-139}$$

$$\frac{1}{\lambda_2} = Q(a_1)\mathrm{e}^{Sd_{21}} + Q(a_2)\mathrm{e}^{Sd_{22}} = Q(a_1)\mathrm{e}^{Sd} + Q(a_2) \quad (i=2) \tag{8.3-140}$$

将(8.3-138)式解得的 λ_1、λ_2 分别代入(8.3-139)式和(8.3-140)式,分别得

$$(1+\mathrm{e}^{Sd})p = Q(a_1) + Q(a_2)\mathrm{e}^{Sd} \tag{8.3-141}$$

$$(1+\mathrm{e}^{Sd})q = Q(a_1)\mathrm{e}^{Sd} + Q(a_2) \tag{8.3-142}$$

由(8.3-142)式,得

$$Q(a_2) = (1+\mathrm{e}^{Sd})q - Q(a_1)\mathrm{e}^{Sd} \tag{8.3-143}$$

把(8.3-143)式代入(8.3-141)式,得

$$Q(a_2) = (1+\mathrm{e}^{Sd})p - (1+\mathrm{e}^{Sd})q\mathrm{e}^{Sd} + Q(a_1)\mathrm{e}^{2Sd}$$

解得

$$Q(a_1) = \frac{p - q\mathrm{e}^{Sd}}{1 - \mathrm{e}^{Sd}} \tag{8.3-144}$$

再把(8.3-144)式代入(8.3-143)式,得

$$Q(a_2) = (1+\mathrm{e}^{Sd})q - \frac{p-q\mathrm{e}^{Sd}}{1-\mathrm{e}^{Sd}}\mathrm{e}^{Sd} = \frac{q - p\mathrm{e}^{Sd}}{1 - \mathrm{e}^{Sd}} \tag{8.3-145}$$

即解得

$$\begin{cases} Q(a_1) = \dfrac{p - q\mathrm{e}^{Sd}}{1 - \mathrm{e}^{Sd}} \\[3mm] Q(a_2) = \dfrac{q - p\mathrm{e}^{Sd}}{1 - \mathrm{e}^{Sd}} \end{cases} \tag{8.3-146}$$

然后,求解 $R(D)$ 函数的 S 参量表达式.

把以上求得的 λ_1、λ_2 和 $Q(a_1)$、$Q(a_2)$ 的 S 参量表达式(8.3-138)、式(8.3-146)代入式(8.3-103),求得允许失真度 D 的 S 参量表达式

$$\begin{aligned} D(S) &= \sum_{i=1}^{2}\sum_{j=1}^{2} p(a_i)Q(a_j)\lambda_i \mathrm{e}^{Sd_{ij}} d_{ij} \\ &= p(a_1)Q(a_1)\lambda_1 \mathrm{e}^{Sd_{11}} d_{11} + p(a_1)Q(a_2)\lambda_1 \mathrm{e}^{Sd_{12}} d_{12} \\ &\quad + p(a_2)Q(a_1)\lambda_2 \mathrm{e}^{Sd_{21}} d_{21} + p(a_2)Q(a_2)\lambda_2 \mathrm{e}^{Sd_{22}} d_{22} \\ &= p(a_1)Q(a_2)\lambda_1 \mathrm{e}^{Sd_{12}} d_{12} + p(a_2)Q(a_1)\lambda_2 \mathrm{e}^{Sd_{21}} d_{21} \\ &= dp \cdot \frac{q-p\mathrm{e}^{Sd}}{(1-\mathrm{e}^{Sd})} \cdot \frac{1}{(1+\mathrm{e}^{Sd})p}\mathrm{e}^{Sd} + d\,q \cdot \frac{p-q\mathrm{e}^{Sd}}{(1-\mathrm{e}^{Sd})} \cdot \frac{1}{(1+\mathrm{e}^{Sd})q}\mathrm{e}^{Sd} \end{aligned}$$

$$= \frac{(q-p\mathrm{e}^{Sd})d\mathrm{e}^{Sd}}{1-\mathrm{e}^{Sd}} + \frac{(p-q\mathrm{e}^{Sd})d\mathrm{e}^{Sd}}{1-\mathrm{e}^{Sd}} = \frac{q-p\mathrm{e}^{Sd}+p-q\mathrm{e}^{Sd}}{1-\mathrm{e}^{2Sd}}d\mathrm{e}^{Sd}$$

$$= \frac{1-p\mathrm{e}^{Sd}-q\mathrm{e}^{Sd}}{1-\mathrm{e}^{2Sd}}d\mathrm{e}^{Sd} = \frac{1-(p+q)\mathrm{e}^{Sd}}{1-\mathrm{e}^{2Sd}}d\mathrm{e}^{Sd}$$

$$= \frac{1-\mathrm{e}^{Sd}}{1-\mathrm{e}^{2Sd}}d\mathrm{e}^{Sd} = \frac{d\mathrm{e}^{Sd}}{1+\mathrm{e}^{Sd}} \tag{8.3-147}$$

把(8.3-147)式和(8.3-138)式代入(8.3-106)式,求得信息率-失真函数的 S 参量表达式

$$R(S) = SD(S) + \sum_{i=1}^{2} p(a_i)\ln\lambda_i = S\cdot\frac{d\mathrm{e}^{Sd}}{1+\mathrm{e}^{Sd}} + p\ln\lambda_1 + q\ln\lambda_2$$

$$= \frac{Sd\mathrm{e}^{Sd}}{1+\mathrm{e}^{Sd}} + p\ln\frac{1}{(1+\mathrm{e}^{Sd})p} + q\ln\frac{1}{(1+\mathrm{e}^{Sd})q}$$

$$= \frac{Sd\mathrm{e}^{Sd}}{1+\mathrm{e}^{Sd}} + [-p\ln p - p\ln(1+\mathrm{e}^{Sd})] + [-q\ln q - q\ln(1+\mathrm{e}^{Sd})]$$

$$= \frac{Sd\mathrm{e}^{Sd}}{1+\mathrm{e}^{Sd}} + (-p\ln p - q\ln q) - (p+q)\ln(1+\mathrm{e}^{Sd})$$

$$= \frac{Sd\mathrm{e}^{Sd}}{1+\mathrm{e}^{Sd}} + H(p) - \ln(1+\mathrm{e}^{Sd}) \tag{8.3-148}$$

(3) 求解满足保真度准则 $\overline{D}(S)=D(S)$ 达到信息率-失真函数 $R(S)$ 的试验信道的传递概率 $p(a_j/a_i)(i=1,2;j=1,2)$ 的 S 参量表达式.

把(8.3-146)式和(8.3-138)式代入(8.3-97)式,得

$$p(a_1/a_1) = Q(a_1)\lambda_1\mathrm{e}^{Sd_{11}}$$

$$= \frac{(p-q\mathrm{e}^{Sd})}{(1-\mathrm{e}^{Sd})}\cdot\frac{1}{(1+\mathrm{e}^{Sd})p}\cdot\mathrm{e}^{S\cdot0} = \frac{p-q\mathrm{e}^{Sd}}{p(1-\mathrm{e}^{2Sd})} \tag{8.3-149}$$

$$p(a_2/a_1) = Q(a_2)\lambda_1\mathrm{e}^{Sd_{12}}$$

$$= \frac{(q-p\mathrm{e}^{Sd})}{(1-\mathrm{e}^{Sd})}\cdot\frac{1}{(1+\mathrm{e}^{Sd})}\cdot\mathrm{e}^{Sd} = \frac{q-p\mathrm{e}^{Sd}}{p(1-\mathrm{e}^{2Sd})}\mathrm{e}^{Sd} \tag{8.3-150}$$

$$p(a_1/a_2) = Q(a_1)\lambda_2\mathrm{e}^{Sd_{21}}$$

$$= \frac{(p-q\mathrm{e}^{Sd})}{(1-\mathrm{e}^{Sd})}\cdot\frac{1}{(1+\mathrm{e}^{Sd})}\cdot\mathrm{e}^{Sd} = \frac{p-q\mathrm{e}^{Sd}}{q(1-\mathrm{e}^{2Sd})}\mathrm{e}^{Sd} \tag{8.3-151}$$

$$p(a_2/a_2) = Q(a_2)\lambda_2\mathrm{e}^{Sd_{22}}$$

$$= \frac{(q-p\mathrm{e}^{Sd})}{(1-\mathrm{e}^{Sd})}\cdot\frac{1}{(1+\mathrm{e}^{Sd})q}\cdot\mathrm{e}^{S\cdot0} = \frac{q-p\mathrm{e}^{Sd}}{q(1-\mathrm{e}^{2Sd})} \tag{8.3-152}$$

综上所述,在"对称失真度"(汉明失真度是 $d=1$ 的对称失真度)下,若用信息率-失真函数 $R(D)$ 的斜率 S 作为参量,则只要选定参量 S,就可得到允许失真度 $D(S)$、信息率-失真函数 $R(S)$ 和满足保真度准则 $\overline{D}(S)=D(S)$,且达到$R(S)$的试验信道的传递概率的 S 参量表达式.

2. 显式表达式 $R(D)$

要把 S 参量表达式转换为用允许失真度 D 表示的显式表达式,关键问题是要找到 S 和 D 的内在联系. 由(8.3-147)式,可得

$$\mathrm{e}^{Sd} = \frac{D}{d-D} \tag{8.3-153}$$

即

$$Sd = \ln \frac{D/d}{1-D/d} \tag{8.3-154}$$

进而,得

$$S = \frac{1}{d} \ln \frac{D/d}{1-D/d} \tag{8.3-155}$$

(1) $R(D)$ 的显式表达式.

把(8.3-153)式、(8.3-154)式和(8.3-155)式,代入(8.3-148)式,得

$$
\begin{aligned}
R(D) &= \frac{\left(\ln \dfrac{D/d}{1-D/d}\right) \cdot \dfrac{D}{d-D}}{1 + \dfrac{D}{d-D}} + H(p) - \ln\left(1 + \frac{D}{d-D}\right) \\[2mm]
&= \frac{\ln\left(\dfrac{D}{d-D}\right) \cdot \dfrac{D}{d-D}}{\dfrac{d}{d-D}} + H(p) - \ln \frac{d}{d-D} \\[2mm]
&= \frac{D}{d} \ln \frac{D}{d-D} + H(p) - \ln \frac{d}{d-D} \\[2mm]
&= H(p) + \left[\frac{D}{d} \ln D - \frac{D}{d} \ln(d-D) - \ln d + \ln(d-D) \right] \\[2mm]
&= H(p) + \left[\frac{D}{d} \ln D + \left(1 - \frac{D}{d}\right) \ln(d-D) - \left(\frac{D}{d} + \frac{d-D}{d}\right) \ln d \right] \\[2mm]
&= H(p) - \left[-\frac{D}{d} \ln D + \frac{D}{d} \ln d - \frac{d-D}{d} \ln(d-D) + \frac{d-D}{d} \ln d \right] \\[2mm]
&= H(p) - \left[-\frac{D}{d} \ln \frac{D}{d} - \frac{d-D}{d} \ln \frac{d-D}{d} \right]
\end{aligned}
\tag{8.3-156}
$$

考虑到

$$\frac{D}{d} + \frac{d-D}{d} = 1 \tag{8.3-157}$$

则(8.3-156)式可改写为

$$R(D) = H(p) - H\left(\frac{D}{d}\right) \tag{8.3-158}$$

这就是概率分布为 $P(X): \{p(a_1) = p, p(a_2) = q\}$ $(p \leqslant 1/2)$ 的二元离散无记忆信源 X,在对称失真度(d)下,信息率-失真函数 $R(D)$ 的显式表达式.

对于(8.3-158)式所示 $R(D)$ 来说,当允许失真度 $D = D_{\min} = 0$ 时,信息率-失真函数

$$
\begin{aligned}
R(D_{\min} = 0) = R(0) &= H(p) - H(0/d) \\
&= H(p) - H(0) = H(p)
\end{aligned}
\tag{8.3-159}
$$

当允许失真度 $D = D_{\max} = pd$ 时,信息率-失真函数

$$
\begin{aligned}
R(D_{\max} = pd) &= R(pd) \\
&= H(p) - H\left(\frac{pd}{d}\right) = H(p) - H(p) = 0
\end{aligned}
\tag{8.3-160}
$$

由(8.3-159)式和(8.3-160)式,并考虑到 $R(D)$ 的数学特性,可得如图 8.3-7 所示的 $R(D)$ 函数曲线.

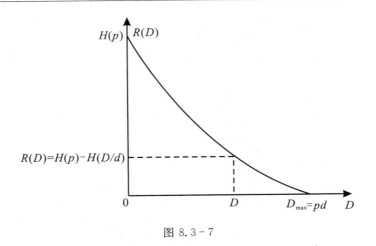

图 8.3 - 7

　　显然,当规定的"对称失真度"$d=1$,即为"汉明失真度". 这时,由(8.3-158)式可得与 (8.3-25)式完全相同的 $R(D)$ 显式表达式

$$R(D) = H(p) - H(D) \qquad (8.3-161)$$

　　(2) 试验信道传递概率的显式表达式.

　　把(8.3-155)式代入试验信道传递概率的 S 参量表达式(8.3-149)、式(8.3-150)、 式(8.3-151)、式(8.3-152),得允许失真度为 D 时,达到 $R(D)$ 的试验信道传递概率的显式表达式

$$
\begin{aligned}
p(a_1/a_1) &= \frac{p - q\mathrm{e}^{Sd}}{p(1-\mathrm{e}^{2Sd})} = \frac{p - q\dfrac{D}{d-D}}{p\left[1-\left(\dfrac{D}{d-D}\right)^2\right]} \\[2mm]
&= \frac{p - q\dfrac{D/d}{1-D/d}}{p\left[1-\dfrac{(D/d)^2}{(1-D/d)^2}\right]} = \frac{\dfrac{p(1-D/d)^2 - q(D/d)(1-D/d)}{(1-D/d)^2}}{\dfrac{p\left[(1-D/d)^2 - (D/d)^2\right]}{(1-D/d)^2}} \\[2mm]
&= \frac{p\left(1-\dfrac{D}{d}\right)^2 - q\left(\dfrac{D}{d}\right)\left(1-\dfrac{D}{d}\right)}{p\left(1-2\dfrac{D}{d}\right)} = \frac{\left(1-\dfrac{D}{d}\right)\left[p - p\dfrac{D}{d} - q\dfrac{D}{d}\right]}{p\left(1-\dfrac{2D}{d}\right)} \\[2mm]
&= \frac{\left(1-\dfrac{D}{d}\right)\left[p - \dfrac{D}{d}(p+q)\right]}{p\left(1-\dfrac{2D}{d}\right)} = \frac{\left(1-\dfrac{D}{d}\right)\left(p - \dfrac{D}{d}\right)}{p\left(1-\dfrac{2D}{d}\right)}
\end{aligned}
$$
$$(8.3-162)$$

$$
\begin{aligned}
p(a_2/a_1) &= 1 - p(a_1/a_1) = 1 - \frac{(1-D/d)(p-D/d)}{p\left(1-\dfrac{2D}{d}\right)} \\[2mm]
&= \frac{p - p\dfrac{2D}{d} - p + p\dfrac{D}{d} + \dfrac{D}{d} - \left(\dfrac{D}{d}\right)^2}{p\left(1-\dfrac{2D}{d}\right)}
\end{aligned}
$$

$$= \frac{\dfrac{D}{d} - \dfrac{pD}{d} - \left(\dfrac{D}{d}\right)^2}{p\left(1 - \dfrac{2D}{d}\right)} = \frac{D\left(1 - p - \dfrac{D}{d}\right)}{dp\left(1 - \dfrac{2D}{d}\right)} \tag{8.3-163}$$

$$p(a_2/a_2) = \frac{q - p\mathrm{e}^{Sd}}{q(1 - \mathrm{e}^{2Sd})} = \frac{q - p\dfrac{D}{d-D}}{q\left[1 - \left(\dfrac{D}{d-D}\right)^2\right]}$$

$$= \frac{q - p\dfrac{D/d}{1 - D/d}}{q\left[1 - \dfrac{(D/d)^2}{(1-D/d)^2}\right]} = \frac{\dfrac{q(1-D/d)^2 - p(1-D/d)D/d}{(1-D/d)^2}}{q\left[\dfrac{(1-D/d)^2 - (D/d)^2}{(1-D/d)^2}\right]}$$

$$= \frac{q(1-D/d)^2 - p(1-D/d)D/d}{q\left[(1-D/d)^2 - (D/d)^2\right]} = \frac{\left(1 - \dfrac{D}{d}\right)\left(q - q\dfrac{D}{d} - p\dfrac{D}{d}\right)}{q\left(1 - 2\dfrac{D}{d}\right)}$$

$$= \frac{(1-D/d)(q-D/d)}{(1-p)(1-2D/d)} = \frac{(1-D/d)(1-p-D/d)}{(1-p)\left(1 - \dfrac{2D}{d}\right)} \tag{8.3-164}$$

$$p(a_1/a_2) = 1 - p(a_2/a_2) = 1 - \frac{(1-D/d)(1-p-D/d)}{(1-D)\left(1 - \dfrac{2D}{d}\right)}$$

$$= \frac{q\left(1 - \dfrac{2D}{d}\right) - \left(1 - \dfrac{D}{d}\right)\left(q - \dfrac{D}{d}\right)}{q\left(1 - \dfrac{2D}{d}\right)} = \frac{q - 2q\dfrac{D}{d} - q + q\dfrac{D}{d} - \left(\dfrac{D}{d}\right)^2}{q\left(1 - \dfrac{2D}{d}\right)}$$

$$= \frac{\dfrac{D}{d} - q\dfrac{D}{d} - \left(\dfrac{D}{d}\right)^2}{q\left(1 - \dfrac{2D}{d}\right)} = \frac{\dfrac{D}{d}\left(1 - q - \dfrac{D}{d}\right)}{q\left(1 - \dfrac{2D}{d}\right)}$$

$$= \frac{D\left(1 - q - \dfrac{D}{d}\right)}{dq\left(1 - \dfrac{2D}{d}\right)} = \frac{D\left(p - \dfrac{D}{d}\right)}{d(1-p)\left(1 - \dfrac{2D}{d}\right)} \tag{8.3-165}$$

特别地,当规定的对称失真度 $d=1$,即为汉明失真度时,由(8.3-162)式、(8.3-163)式、(8.3-164)式和(8.3-165))式可得,给定二元离散无记忆信源 X 在汉明失真度下,达到信息率-失真函数 $R(D)$ 的正向试验信道的传递概率 $p(a_j/a_i)(i=1,2;j=1,2)$ 的显式表达式:

$$\begin{cases} p(a_1/a_1) = \dfrac{(1-D)(p-D)}{p(1-2D)} \\[2mm] p(a_2/a_1) = \dfrac{D(1-p-D)}{p(1-2D)} = \dfrac{D(q-D)}{p(1-2D)} \\[2mm] p(a_2/a_2) = \dfrac{(1-D)(1-p-D)}{(1-p)(1-2D)} = \dfrac{(1-D)(q-D)}{q(1-2D)} \\[2mm] p(a_1/a_2) = \dfrac{D(p-D)}{(1-p)(1-2D)} = \dfrac{D(p-D)}{q(1-2D)} \end{cases} \tag{8.3-166}$$

由此可得,正向试验信道传递图(如图 8.3 - 8 所示).令

$$p_Y(a_i/a_j) = \frac{p(a_i)\,p(a_j/a_i)}{\sum\limits_{i=1}^{2} p(a_i)\,p(a_j/a_i)} \tag{8.3 - 167}$$

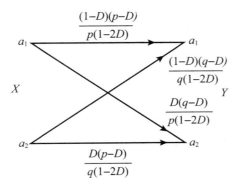

图 8.3 - 8

表示给定二元离散信源 X 在汉明失真度下,达到信息率-失真函数 $R(D)$ 的试验信道的后验概率. 则由给定信源 X 的概率分布 $P(X):\{p(a_1)=p;p(a_2)=q\}$ 以及(8.3 - 166)式所示的试验信道的传递概率 $p(b_j/a_i)(i=1,2;j=1,2)$ 的显式表达式,可得给定二元离散信源 X 在汉明失真度下,达到信息率-失真函数 $R(D)$ 的反向试验信道的传递概率 $p_Y(a_i/b_j)(j=1,2;i=1,2)$ 的显式表达式:

$$\begin{aligned}
p_Y(a_1/a_1) &= \frac{p(a_1)\,p(a_1/a_1)}{p(a_1)\,p(a_1/a_1)+p(a_2)\,p(a_1/a_2)} = \frac{p\,\dfrac{(1-D)(p-D)}{p(1-2D)}}{p\,\dfrac{(1-D)(p-D)}{p(1-2D)}+q\,\dfrac{D(p-D)}{q(1-2D)}} \\
&= \frac{(1-D)(p-D)}{(1-D)(p-D)+D(p-D)} = \frac{(1-D)(p-D)}{(p-D)(1-D+D)} \\
&= 1-D \tag{8.3 - 168}
\end{aligned}$$

$$p_Y(a_2/a_1)=1-p_Y(a_1/a_1)=1-(1-D)=D \tag{8.3 - 169}$$

$$\begin{aligned}
p_Y(a_1/a_2) &= \frac{p(a_1)\,p(a_2/a_1)}{p(a_1)\,p(a_2/a_1)+p(a_2)\,p(a_2/a_2)} = \frac{p\,\dfrac{D(q-D)}{p(1-2D)}}{p\,\dfrac{D(q-D)}{p(1-2D)}+q\,\dfrac{(1-D)(q-D)}{q(1-2D)}} \\
&= \frac{D(q-D)}{D(q-D)+(1-D)(q-D)} \\
&= \frac{D(q-D)}{(q-D)(D+1-D)} = D \tag{8.3 - 170}
\end{aligned}$$

$$p_Y(a_2/a_2)=1-p_Y(a_1/a_2)=1-D \tag{8.3 - 171}$$

即得反向试验信道的传递概率为:

$$\begin{cases} p_Y(a_1/a_1) = 1 - D \\ p_Y(a_2/a_1) = D \\ p_Y(a_1/a_2) = D \\ p_Y(a_2/a_2) = 1 - D \end{cases} \tag{8.3-172}$$

请注意,(8.3-172)式所示反向试验信道的传递概率 $p_Y(a_i/a_j)(i,j=1,2)$,正好就是 (8.3-31)式以及图8.3-2所示二元离散无记忆信源 X,在汉明失真度下的满足保真度准则 $\overline{D}=D$ 的"反向试验信道"的传递概率. 这就提供了(8.3-31)式设计的理论依据.

8.4   连续信源的 $R(D)$

设给定连续信源 X 的取值范围是整个实数轴 $R:(-\infty,\infty)$,概率密度函数为 $p(x)>0$, 即有

$$\int_{-\infty}^{\infty} p(x)\mathrm{d}x = 1 \tag{8.4-1}$$

又设信道(X-Y)的输入随机变量 X 和输出随机变量 Y 的取值范围均是整个实数轴,即

$$-\infty < x < \infty; \quad -\infty < y < \infty \tag{8.4-2}$$

信道的传递概率密度函数为 $p(y/x)$,则有

$$\int_{-\infty}^{\infty} p(y/x)\mathrm{d}y = 1 \quad (-\infty < x < \infty) \tag{8.4-3}$$

若规定输入随机变量 X 取值 $x(-\infty<x<\infty)$、输出随机变量 Y 取值 $y(-\infty<y<\infty)$时所引起的失真,由规定的失真度

$$d(x,y) \geqslant 0 \tag{8.4-4}$$

表示. 信道输入随机变量 X 和输出随机变量 Y 之间的平均失真度

$$\overline{D} = \int_{-\infty}^{\infty}\int_{-\infty}^{\infty} p(x)p(y/x)d(x,y)\mathrm{d}x\mathrm{d}y \tag{8.4-5}$$

若选定允许失真度为 D,凡满足保真度准则 $\overline{D} \leqslant D$ 的试验信道组成集合

$$B_D = \{p(y/x) \quad \overline{D} \leqslant D\} \tag{8.4-6}$$

连续信源 X 的信息率-失真函数定义为

$$R(D) = \inf_{p(y/x) \in B_D} \left\{ I(X;Y) \right\} \tag{8.4-7}$$

8.4.1   高斯连续信源的 $R(D)$

高斯连续信源是一种重要的连续信源,高斯连续信源 X 的信源空间为

$$[X \cdot P]: \begin{cases} X: \quad R:(-\infty,\infty) \\ P(X): \quad p(x) = \dfrac{1}{\sqrt{2\pi\sigma^2}}\exp\left[-\dfrac{(x-m)^2}{2\sigma^2}\right] \end{cases} \tag{8.4-8}$$

其中,m 表示随机变量 X 的均值,即

$$m = \int_{-\infty}^{\infty} x\,p(x)\mathrm{d}x \tag{8.4-9}$$

σ^2 表示随机变量 X 的方差,即

$$\sigma^2 = \int_{-\infty}^{\infty} (x-m)^2 p(x) \mathrm{d}x \tag{8.4-10}$$

又设信道的输入随机变量 $X(-\infty < x < \infty)$ 表示输入信号的幅值,输出随机变量 $Y(-\infty < y < \infty)$ 表示输出信号的幅值. 当输入随机变量 X 取某具体值 $x(X=x)$、输出随机变量 Y 取某具体值 $y(Y=y)$ 时产生的失真,用"均方误差"来衡量,即规定失真度为

$$d(x,y) = (x-y)^2 \tag{8.4-11}$$

这种失真度称为"均方误差"失真度. 它是高斯连续信源中运用最广泛的一种失真度.

定理 8.14　**在均方误差失真度下,若允许失真度为 D,则方差为 σ^2 的高斯连续信源 X 的信息率-失真函数**

$$R(D) = \max\left\{\frac{1}{2}\ln\frac{\sigma^2}{D}; 0\right\}$$

证明　设信道的传递概率密度函数为 $p(y/x)$,且

$$\int_{-\infty}^{\infty} p(y/x)\mathrm{d}y = 1 \quad (-\infty < x < \infty) \tag{8.4-12}$$

则 X 和 Y 之间的平均失真度

$$\begin{aligned}
\overline{D} &= \int_{-\infty}^{\infty}\int_{-\infty}^{\infty} p(x\,y)d(x,y)\mathrm{d}x\mathrm{d}y = \int_{-\infty}^{\infty}\int_{-\infty}^{\infty} p(y)p(x/y)\mathrm{d}(x,y)\mathrm{d}x\mathrm{d}y \\
&= \int_{-\infty}^{\infty} p(y)\left[\int_{-\infty}^{\infty} p(x/y)(x-y)^2\mathrm{d}x\right]\mathrm{d}y
\end{aligned} \tag{8.4-13}$$

令,其中

$$\int_{-\infty}^{\infty} p(x/y)(x-y)^2\mathrm{d}x = D(y) \tag{8.4-14}$$

则

$$\overline{D} = \int_{-\infty}^{\infty} p(y)D(y)\mathrm{d}y \tag{8.4-15}$$

(8.4-14)式所示的 $D(y)$,可看作是输出随机变量 $Y=y$ 的条件下,随机变量 X 相对于 $Y=y$ 的"方差",它对所有的 y 都是有限值. 根据连续信源最大相对熵原理,在 $Y=y$ 的条件下,随机变量 X 的条件熵

$$h(X/Y=y) \leqslant \frac{1}{2}\ln 2\pi\mathrm{e}D(y) \tag{8.4-16}$$

则有

$$\begin{aligned}
h(X/Y) &= \int_{-\infty}^{\infty} p(y)h(X/Y=y)\mathrm{d}y \leqslant \int_{-\infty}^{\infty} p(y)\left\{\frac{1}{2}\ln[2\pi\mathrm{e}D(y)]\right\}\mathrm{d}y \\
&= \frac{1}{2}\left[\int_{-\infty}^{\infty} p(y)\ln(2\pi\mathrm{e})\mathrm{d}y + \int_{-\infty}^{\infty} p(y)\ln D(y)\mathrm{d}y\right] \\
&= \frac{1}{2}\ln(2\pi\mathrm{e}) + \frac{1}{2}\int_{-\infty}^{\infty} p(y)\ln D(y)\mathrm{d}y
\end{aligned} \tag{8.4-17}$$

考虑到对数"ln"是 $\bigcap$ 形凸函数,所以(8.4-17)式中的

$$\int_{-\infty}^{\infty} p(y)\ln D(y)\mathrm{d}y \leqslant \ln\int_{-\infty}^{\infty} p(y)D(y)\mathrm{d}y = \ln\overline{D} \tag{8.4-18}$$

由(8.4-17)式,有

$$h(X/Y) \leqslant \frac{1}{2}\ln(2\pi\mathrm{e}) + \frac{1}{2}\ln\overline{D} = \frac{1}{2}\ln(2\pi\mathrm{e}\overline{D}) \tag{8.4-19}$$

这表明,在"均方误差"失真度下,均值为 m、方差为 σ^2 的高斯连续信源 X 通过传递概率密度函数为 $p(y/x)$ 的连续信道后的疑义度 $h(X/Y)$,与信道的输入随机变量 X 和输出随机变量 Y 之间的平均失真度 $\overline{D}$ 是有联系的. 当选定允许失真度 D,在满足保真度准则 $\overline{D} \leqslant D$ 时,有

$$h(X/Y) \leqslant \frac{1}{2}\ln(2\pi eD) \tag{8.4-20}$$

这就是说,满足保真度准则 $\overline{D} \leqslant D$ 的试验信道的疑义度 $h(X/Y)$ 的最大值

$$h(X/Y)_{\max} = \frac{1}{2}\ln(2\pi eD) \tag{8.4-21}$$

由允许失真度 D 决定.

因为给定信源 X 是方差为 σ^2 的高斯连续信源,所以信源 X 的相对熵

$$h(X) = \frac{1}{2}\ln(2\pi e\sigma^2) \tag{8.4-22}$$

则信源 X 通过满足 $\overline{D} \leqslant D$ 的试验信道的平均互信息

$$I(X;Y) = h(X) - h(X/Y) \geqslant h(X) - h(X/Y)_{\max}$$

$$= \frac{1}{2}\ln(2\pi e\sigma^2) - \frac{1}{2}\ln(2\pi eD) = \frac{1}{2}\ln\frac{\sigma^2}{D} \tag{8.4-23}$$

根据连续信源的信息率-失真函数的定义(8.4-7)式,由(8.4-23)可知,在"均方误差"失真度下,方差为 σ^2 的高斯连续信源 X 的信息率-失真函数

$$R(D) = \frac{1}{2}\ln\frac{\sigma^2}{D} \tag{8.4-24}$$

对给定高斯信源 X 来说,方差 σ^2 固定不变,由于允许失真度 D 的不同取值,可出现以下三种不同的情况:

(1) $\sigma^2/D > 1$　($D < \sigma^2$).

在图 8.4-1 中,设反向高斯加性信道中,Y 是均值为零、方差为 $\sigma_Y^2 = (\sigma^2 - D)$ 的高斯随机变量,N 是均值为零、方差为 $\sigma_N^2 = D$ 的高斯随机变量,N 与 Y 之间统计独立,随机变量 X 是 Y 和 N 的线性叠加,即 $X = Y + N$.

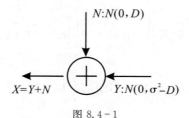

图 8.4-1

对于这样一个反向高斯加性试验信道,在均方误差失真度下,它的平均失真度

$$\overline{D} = \int_{-\infty}^{\infty}\int_{-\infty}^{\infty} p(y)p(x/y)(x-y)^2 \mathrm{d}x\mathrm{d}y = \int_{-\infty}^{\infty}\int_{-\infty}^{\infty} p(y)p(n)n^2 \mathrm{d}n\mathrm{d}y$$

$$= \int_{-\infty}^{\infty} p(y)\mathrm{d}y\int_{-\infty}^{\infty} n^2 p(n)\mathrm{d}n = \int_{-\infty}^{\infty} p(y)\mathrm{d}y \cdot D = D \tag{8.4-25}$$

这表明,图 8.4-1 所示反向高斯加性试验信道满足保真度准则 $\overline{D} \leqslant D$.

在图 8.4-1 中,因为 Y 是方差为 $(\sigma^2 - D)$ 的高斯随机变量,N 是方差为 D 的高斯随机变量,随机变量 Y 和 N 之间统计独立,所以 Y 和 N 的和 $X = (Y + N)$ 也是高斯随机变量,且其方差

$$\sigma_X^2 = \sigma_Y^2 + \sigma_N^2 = (\sigma^2 - D) + D = \sigma^2 \qquad (8.4-26)$$

由此可得,高斯连续信源 X 的相对熵

$$h(X) = \frac{1}{2}\ln(2\pi e \sigma^2) \qquad (8.4-27)$$

反向高斯加性试验信道的条件熵 $h(X/Y)$,等于加性高斯噪声 N 的相对熵 $h(N)$,且达到最大值

$$h(X/Y)_{\max} = h(N) = \frac{1}{2}\ln(2\pi e D) \qquad (8.4-28)$$

所以,通过这个满足保真度准则 $\overline{D} = D$ 的试验信道的平均互信息达到最小值

$$I(X;Y)_{\min} = h(X) - h(X/Y)_{\max} = \frac{1}{2}\ln(2\pi e\sigma^2) - \frac{1}{2}\ln(2\pi e D) = \frac{1}{2}\ln\frac{\sigma^2}{D} \quad (8.4-29)$$

因为有 $\sigma^2 > D$,即

$$\sigma^2/D > 1 \qquad (8.4-30)$$

即有

$$\frac{1}{2}\ln\frac{\sigma^2}{D} > 0 \qquad (8.4-31)$$

由(8.4-29)式、(8.4-31)式可知,在 $\sigma^2/D > 1$ 的情况下,方差为 σ^2 的高斯信源 X 的信息率-失真函数

$$R(D) = \frac{1}{2}\ln\frac{\sigma^2}{D} \qquad (8.4-32)$$

图 8.4-1 所示反向高斯加性信道,就是达到 $R(D)$ 的试验信道.

　　(2) $\sigma^2/D = 1$ （$D = \sigma^2$）.

　　在图 8.4-2 中,设反向高斯加性试验信道中,Y 是均值为零、方差为 $\sigma_Y^2 = \varepsilon$（$\varepsilon > 0$）的高斯随机变量,N 是均值为零、方差为 $\sigma_N^2 = (\sigma^2 - \varepsilon)$ 的高斯随机变量,Y 与 N 之间统计独立,$X = Y + N$,ε 是一个任意小的正数.

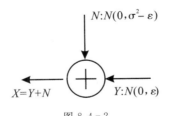

图 8.4-2

对于这样一个反向高斯加性试验信道,在均方误差失真度下,其平均失真度

$$\overline{D} = \int_{-\infty}^{\infty}\int_{-\infty}^{\infty} p(y)p(x/y)(x-y)^2 \mathrm{d}x\mathrm{d}y$$

$$= \int_{-\infty}^{\infty} p(y)\mathrm{d}y\int_{-\infty}^{\infty} p(n)n^2\mathrm{d}n = \int_{-\infty}^{\infty} p(y)\mathrm{d}y(\sigma^2 - \varepsilon) = \sigma^2 - \varepsilon \qquad (8.4-33)$$

由 $D = \sigma^2$,(8.4-33)式可改写为

$$\overline{D} = D - \varepsilon \qquad (8.4-34)$$

这表明,这个反向高斯加性试验信道满足保真度准则 $\overline{D} = (D - \varepsilon)$.

　　因为,Y 是均值为零、方差为 $\sigma_Y^2 = \varepsilon$ 的高斯随机变量,N 是均值为零、方差为 $\sigma_N^2 = (\sigma^2 - \varepsilon)$ 的

高斯随机变量,随机变量 Y 和 N 统计独立,所以,Y 和 N 的和 $X=(Y+N)$ 也是高斯随机变量,且其方差

$$\sigma_X^2 = \sigma_Y^2 + \sigma_N^2 = \varepsilon + (\sigma^2 - \varepsilon) = \sigma^2 \tag{8.4-35}$$

由此可得,高斯信源 X 的相对熵

$$h(X) = \frac{1}{2}\ln(2\pi e\sigma^2) \tag{8.4-36}$$

反向高斯加性信道的条件熵 $h(X/Y)$,等于加性高斯噪声 N 的相对熵 $h(N)$,且达到最大值

$$h(X/Y)_{\max} = h(N) = \frac{1}{2}\ln[2\pi e(\sigma^2 - \varepsilon)] \tag{8.4-37}$$

所以,通过该试验信道的平均互信息达到最小值

$$I(X;Y)_{\min} = h(X) - h(X/Y)_{\max} = \frac{1}{2}\ln(2\pi e\sigma^2) - \frac{1}{2}\ln[2\pi e(\sigma^2 - \varepsilon)]$$

$$= \frac{1}{2}\ln\frac{\sigma^2}{\sigma^2 - \varepsilon} = \frac{1}{2}\ln\left(1 + \frac{\varepsilon}{\sigma^2 - \varepsilon}\right) \tag{8.4-38}$$

根据连续信源信息率-失真函数的定义,可得满足保真度准则 $\overline{D} = D - \varepsilon$ 时的高斯信源 X 的信息率-失真函数

$$R(D - \varepsilon) = I(X;Y)_{\min} = \frac{1}{2}\ln\left(1 + \frac{\varepsilon}{\sigma^2 - \varepsilon}\right) \tag{8.4-39}$$

而信息率-失真函数 $R(D)$ 又是 D 的单调递减函数,即有

$$R(D) \leqslant R(D - \varepsilon) \tag{8.4-40}$$

考虑到 ε 是一个任意小的正数,当 $\varepsilon \to 0$ 时,$(8.4-39)$ 和 $(8.4-40)$ 式,有

$$R(D) \leqslant \lim_{\varepsilon \to 0}\left[\frac{1}{2}\ln\left(1 + \frac{\varepsilon}{\sigma^2 - \varepsilon}\right)\right] = 0 \tag{8.4-41}$$

由信息率-失真函数 $R(D)$ 的非负性,有

$$R(D) = R(\sigma^2) = 0 \tag{8.4-42}$$

这表明,在"均方误差"失真度下,当允许失真度 D 等于给定高斯信源 X 的方差 σ^2 时,信息率-失真函数 $R(D)$ 等于零. 图 $8.4-2$ 所示反向高斯加性信道,随着 ε 接近于零而逐步接近信息率-失真函数 $R(D)=0$ 的试验信道.

(3) $\sigma^2/D < 1$ $(D > \sigma^2)$.

显然,因信息率-失真函数 $R(D)$ 是 D 的单调递减函数,再考虑到信息率-失真函数 $R(D)$ 的非负性,所以由 $(8.4-42)$ 式,当 $D > \sigma^2$ 时,必有

$$R(D) = 0 \tag{8.4-43}$$

综上所述,在"均方误差"失真度下,方差为 σ^2 的高斯连续信源 X 的信息率-失真函数为

$$R(D) = \begin{cases} \dfrac{1}{2}\ln\dfrac{\sigma^2}{D} & D < \sigma^2 \\ 0 & D \geqslant \sigma^2 \end{cases} \tag{8.4-44}$$

即可表示为

$$R(D) = \max\left\{\frac{1}{2}\ln\frac{\sigma^2}{D}; 0\right\} \tag{8.4-45}$$

其函数曲线如图 $8.4-3$ 所示. 这样,定理 8.14 就得到了完整的证明.

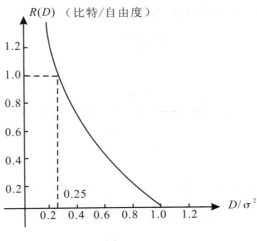

图 8.4 - 3

这个定理指出,在均方误差失真度下,方差为 σ^2 的高斯连续信源 X 的信息率-失真函数 $R(D)$ 与信源 X 的均值 m 无关,只取决于信源 X 的方差 σ^2 和选定的允许失真度 D 的比值(σ^2/D). 对已选定的允许失真度 D 来说,信息率-失真函数 $R(D)$ 只取决于信源 X 的方差 σ^2. 所以,信源 X 的信息率-失真函数 $R(D)$ 是信源 X 自身的信息特征变量.

这个定理还告诉我们,当 $D=0$,即不允许失真时,$R(D)\to\infty$,高斯连续信源 X 必须输出信源 X 本来所含有的无限大的信息量,信道也要传递无限大的平均互信息,这在工程实践上是不可能做到的. 方差为 σ^2 的高斯信源,在均方误差失真度下,最大允许失真度 $D_{\max}$ 等于高斯信源的方差 σ^2. 当允许失真度 D 选定为最大允许失真度 $D_{\max}=\sigma^2$ 时,$R(D_{\max})=R(\sigma^2)=0$,高斯连续信源 X 不需要输出任何信息量. 当允许失真度 $0<D<\sigma^2$,即 $\sigma^2/D>1$ 时,$R(D)$ 是一个大于零的确定值. 这表明,当允许失真度 D 小于高斯信源 X 的方差 σ^2 时,在满足保真度准则 $\overline{D}\leqslant D$ 的前提下,高斯连续信源 X 所需输出的最小信息率,从原先不允许失真所需要的无限大,下降到一个有限值. 正是由于这个原因,在满足保真度准则 $\overline{D}\leqslant D$ 的前提下,可把原先取值连续的高斯信源,用分层量化的手段,压缩为一个取值离散的离散信源. 其前提条件是,压缩后的离散信源的信息熵,即信源输出信息率不低于信息率-失真函数 $R(D)$. 所以,连续信源的信息率-失真函数 $R(D)$,是在满足保真度准则 $\overline{D}\leqslant D$ 的条件下,对连续信源进行"数据压缩"的理论依据.

【例 8.11】 设高斯连续信源 X 的均值 $m_X=0$,方差 $\sigma_X^2=1$. 试求在"均方误差"失真度下,信息率-失真函数 $R(D=1/4)$,并构建其试验信道.

解 由给定的高斯信源 X 的方差 $\sigma_X^2=1$,允许失真度 $D=1/4$,即有

$$\frac{\sigma_X^2}{D}=4>1 \tag{1}$$

根据定理 8.14,由(8.4 - 24)式得信息率-失真函数

$$R(D)=R\left(\frac{1}{4}\right)=\frac{1}{2}\log\frac{\sigma_X^2}{D}=\frac{1}{2}\log 4=1 \quad (\text{比特 / 自由度}) \tag{2}$$

设计图 E8.11 - 1 所示的反向高斯加性信道. 其中,Y 是均值为零、方差为 $\sigma_Y^2=(\sigma_X^2-D)=1-1/4=3/4$ 的高斯随机变量,N 是均值为零、方差为 $\sigma_N^2=D=1/4$ 的高斯随机变量. N 和 Y 统

计独立,随机变量 X 是 Y 和 N 的线性叠加,即 $X=Y+N$.

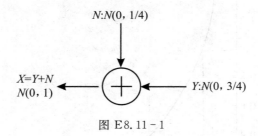

图 E8.11-1

对于图 E8.11-1 所示的反向试验信道,在均方误差失真度下,其平均失真度

$$\overline{D} = \int_{-\infty}^{\infty}\int_{-\infty}^{\infty} p(y)p(x/y)(x-y)^2 \mathrm{d}x\mathrm{d}y = \int_{-\infty}^{\infty} p(y)p(n)n^2 \mathrm{d}n\mathrm{d}y$$

$$= \int_{-\infty}^{\infty} p(y)\mathrm{d}y\int_{-\infty}^{\infty} n^2 p(n)\mathrm{d}n = \int_{-\infty}^{\infty} p(y)\mathrm{d}y \cdot \sigma_N^2$$

$$= \sigma_N^2 = 1/4 = D \tag{3}$$

这表明,图 E8.11-1 所示的反向高斯加性试验信道,满足保真度准则 $\overline{D}=D=1/4$.

因为随机变量 Y 和 N 相互统计独立,且都是高斯随机变量,又有 $X=Y+N$,所以随机变量 X 也是高斯随机变量,且其方差为

$$\sigma_X^2 = \sigma_N^2 + \sigma_Y^2 = 1/4 + 3/4 = 1 \tag{4}$$

所以,图 E8.11-1 所示的反向高斯加性试验信道的输出随机变量 X 就是给定信源 X,其相对熵

$$h(X) = \frac{1}{2}\log(2\pi e) \tag{5}$$

反向高斯加性试验信道的条件熵 $h(X/Y)$,等于加性高斯噪声 N 的相对熵 $h(N)$,且达到最大值

$$h(X/Y)_{\max} = h(N) = \frac{1}{2}\log(2\pi e\sigma_N^2) = \frac{1}{2}\log[2\pi e(1/4)] \tag{6}$$

由(5)式和(6)式可知,通过图 E8.11-1 所示满足保真度准则 $\overline{D}=D=1/4$ 的反向高斯加性试验信道的平均互信息 $I(X;Y)$ 已达最小值

$$I(X;Y)_{\min} = h(X) - h(X/Y)_{\max} = \frac{1}{2}\log(2\pi e) - \frac{1}{2}\log[2\pi e(1/4)]$$

$$= \frac{1}{2}\log 4 = 1 \quad （\text{比特／自由度}） \tag{7}$$

根据信息率-失真函数的定义,即可得方差为 $\sigma_X^2=1$ 的高斯连续信源 X 的信息率-失真函数

$$R(D=1/4) = R(1/4) = I(X;Y)_{\min} = 1 \quad （\text{比特／自由度}） \tag{8}$$

这表明,图 E8.11-1 所示反向高斯加性信道,就是达到信息率-失真函数 $R(D=1/4)$ 的试验信道.

本例结果表明,对于一个取值范围为整个实数轴 $R:(-\infty,\infty)$、方差为 $\sigma_X^2=1$ 的高斯连续信源 X,在"均方误差"失真度下,如允许有 $D=1/4$ 的失真,信源 X 的输出信息率就可以从原来不允许失真时的无限大,下降到最小值 $R(D=1/4)=1$(比特/自由度).

据此,就可用二进制码$(0,1)$对信源 X 进行二值量化压缩编码. 当 $X>0$ 时,其值都取 a,并用符号"0"代表;当 $X<0$ 时,其值都取$(-a)$,并用符号"1"代表,把原来在$(-\infty,\infty)$中连续取值的高斯连续信源 X,分层量化为取"0"和"1"两种符号的二元等概离散信源

$$[X' \cdot P]: \begin{cases} X': & 0 \quad 1 \\ P(X'): & 1/2 \quad 1/2 \end{cases} \tag{9}$$

使其输出信息率

$$H(X') = H(1/2, 1/2) = 1 \quad (\text{比特} / \text{信符}) \tag{10}$$

达到信息率-失真函数 $R(D=1/4)=1$(比特/自由度)的要求.

取值范围为整个实数轴$(-\infty,\infty)$的高斯连续信源 X,与二值量化压缩后的信源 $X': \{a, -a\}$ 之间,在"均方误差"失真度下的平均失真度

$$
\begin{aligned}
\overline{D} &= \int_{-\infty}^{\infty} \int_{-\infty}^{\infty} p(x) p(y/x) d(x,y) \mathrm{d}x \mathrm{d}y \\
&= \int_0^{\infty} p(x) \cdot 1 \cdot (x-a)^2 \mathrm{d}x + \int_{-\infty}^0 p(x) \cdot 1 \cdot (x+a)^2 \mathrm{d}x \\
&= \int_0^{\infty} (x^2 - 2ax + a^2) p(x) \mathrm{d}x + \int_{-\infty}^0 (x^2 + 2ax + a^2) p(x) \mathrm{d}x \\
&= 2\int_0^{\infty} x^2 p(x) \mathrm{d}x - 2\int_0^{\infty} 2ax p(x) \mathrm{d}x + 2\int_0^{\infty} a^2 p(x) \mathrm{d}x
\end{aligned} \tag{11}
$$

因为

$$p(x) = \frac{1}{\sqrt{2\pi}} \exp\left(-\frac{x^2}{2}\right) \tag{12}$$

所以,由(11)式,有

$$
\begin{aligned}
\overline{D} &= \frac{2}{\sqrt{2\pi}} \int_0^{\infty} x^2 \exp\left(-\frac{x^2}{2}\right) \mathrm{d}x - \frac{4a}{\sqrt{2\pi}} \int_0^{\infty} x \exp\left(-\frac{x^2}{2}\right) \mathrm{d}x + \frac{2a^2}{\sqrt{2\pi}} \int_0^{\infty} \exp\left(-\frac{x^2}{2}\right) \mathrm{d}x \\
&= \frac{2}{\sqrt{2\pi}} \cdot \frac{\sqrt{2\pi}}{2} - \frac{4a}{\sqrt{2\pi}} \int_0^{\infty} x \cdot \exp\left(-\frac{x^2}{2}\right) \mathrm{d}x + \frac{2a^2}{\sqrt{2\pi}} \cdot \frac{\sqrt{\pi}}{2} \sqrt{1/2} \\
&= 1 + a^2 - \frac{4a}{\sqrt{2\pi}} \int_0^{\infty} x \exp\left(-\frac{x^2}{2}\right) \mathrm{d}x
\end{aligned} \tag{13}
$$

其中

$$
\begin{aligned}
\int_0^{\infty} x \exp\left(-\frac{x^2}{2}\right) \mathrm{d}x &= \int_0^{\infty} \sqrt{t} \exp\left(-\frac{t}{2}\right) \left(\frac{1}{2} t^{-\frac{1}{2}}\right) \mathrm{d}t \\
&= \frac{1}{2} \int_0^{\infty} \exp\left(-\frac{t}{2}\right) \mathrm{d}t = 1
\end{aligned} \tag{14}
$$

所以,由(13)式、(14)式,得

$$\overline{D} = 1 + a^2 - \frac{4a}{\sqrt{2\pi}} \tag{15}$$

为了使平均失真度 $\overline{D}$ 取极小值,我们把(15)式对 a 取导并置之为零,即

$$\frac{\mathrm{d}\overline{D}}{\mathrm{d}a} = 2a - \frac{4}{\sqrt{2\pi}} = 0 \tag{16}$$

即得

$$a = \sqrt{\frac{2}{\pi}} = 0.8 \tag{17}$$

把(17)式代入(15)式,得最小平均失真度

$$\overline{D}_{\min} = 0.36 \tag{18}$$

这表明,平均失真度 $\overline{D}$ 与理论上的允许值 $D = 1/4 = 0.25$ 之间有些误差,不满足保真度准则 $\overline{D} = D = 0.25$. 这说明,信息率-失真函数 $R(D)$ 从理论上指出了在满足保真度准则 $\overline{D} = D$ 的条件下,连续信源所需输出的最小信息率,而且限失真信源编码定理将证明,这是可能做到的. 但在实际编码中,由于受到种种工程技术方面因素的影响,可能会出现某些微小的误差. 但无论怎样,信息率-失真函数 $R(D)$ 从理论上指明了数据压缩的方向,它是数据压缩的理论依据.

8.4.2 连续信源 $R(D)$ 的参量表述

对一般连续信源来说,求解信息率-失真函数 $R(D)$ 的显式表达式是比较困难的. 对一般连续信源,同离散信源一样,可用参量 S 来表述信息率-失真函数 $R(D)$ 和允许失真度 D.

定理 8.15 若 S 是连续信源 X 的信息率-失真函数 $R(D)$ 的斜率,则允许失真度 D 和信息率-失真函数 $R(D)$ 都可由 S 参量表述为 $D(S)$ 和 $R(S)$.

证明 设给定连续信源 X 的信源空间为

$$[X \cdot P] : \begin{cases} X : R : (-\infty, \infty) \\ P(X) : p(x) \end{cases} \tag{8.4-46}$$

且有

$$\int_{-\infty}^{\infty} p(x) \mathrm{d}x = 1 \tag{8.4-47}$$

又设,信道传递概率密度函数为 $p(y/x)$,且有

$$\int_{-\infty}^{\infty} p(y/x) \mathrm{d}y = 1 \qquad (-\infty < x < \infty) \tag{8.4-48}$$

若规定失真度为

$$d(x,y) \geqslant 0 \tag{8.4-49}$$

并选定允许失真度为 D,则信源 X 的信息率-失真函数 $R(D)$ 就是平均互信息

$$I(X;Y) = I[p(y/x)] = \int_{-\infty}^{\infty} p(x) p(y/x) \ln \frac{p(y/x)}{q(y)} \mathrm{d}x \mathrm{d}y \tag{8.4-50}$$

在约束条件

$$\varphi_1 = D - \int_{-\infty}^{\infty} \int_{-\infty}^{\infty} p(x) p(y/x) d(x,y) \mathrm{d}x \mathrm{d}y = 0 \tag{8.4-51}$$

$$\varphi_2 = 1 - \int_{-\infty}^{\infty} p(y/x) \mathrm{d}y = 0 \qquad (-\infty < x < \infty) \tag{8.4-52}$$

的约束下,对信道传递概率密度函数 $p(y/x)$ 的条件极小值,即

$$R(D) = \inf_{p(y/x) \in B_D} \left\{ I(X;Y) \right\} = \inf_{p(y/x) \in B_D} \left\{ I[p(y/x)] \right\} \tag{8.4-53}$$

为了求解这个条件极小值,引入待定常数 S 和任意函数 $\mu(x)$,并作辅助函数

$$F = I[p(y/x)] + S \varphi_1 + \int_{-\infty}^{\infty} \mu(x) \varphi_2(x) \mathrm{d}x$$

$$= \int_{-\infty}^{\infty}\int_{-\infty}^{\infty} p(x)p(y/x)\ln p(y/x)\mathrm{d}x\mathrm{d}y - \int_{-\infty}^{\infty} q(y)\ln q(y)\mathrm{d}y$$

$$+ SD - \int_{-\infty}^{\infty}\int_{-\infty}^{\infty} S\,p(x)p(y/x)d(x,y)\mathrm{d}x\mathrm{d}y$$

$$+ \int_{-\infty}^{\infty}\mu(x)\mathrm{d}x - \int_{-\infty}^{\infty}\mu(x)\mathrm{d}x\int_{-\infty}^{\infty} p(y/x)\mathrm{d}y \tag{8.4-54}$$

其中，$q(y)$ 是信道输出随机变量 Y 的概率密度函数

$$q(y) = \int_{-\infty}^{\infty} p(x)p(y/x)\mathrm{d}x \tag{8.4-55}$$

令 $p_0(y/x)$ 和 $q_0(y)$ 分别是满足约束条件(8.4-51)式和(8.4-52)式，而使平均互信息 $I(X;Y)$ 达到最小值的传递概率密度函数和信道输出随机变量 Y 的概率密度函数. 取辅助函数 F 的变分，并置之为零，即

$$\delta F = 0 \tag{8.4-56}$$

则 $p_0(y/x)$ 和 $q_0(y)$ 必须满足

$$p(x)\ln p_0(y/x) - p(x)\ln q_0(y) - \mu(x) - S\,p(x)d(x,y) = 0 \tag{8.4-57}$$

即有

$$\ln p_0(y/x) - \ln q_0(y) - S\,d(x,y) - \frac{\mu(x)}{p(x)} = 0 \tag{8.4-58}$$

进而得

$$p_0(y/x) = q_0(y)\exp\left[S\,d(x,y) + \frac{\mu(x)}{p(x)}\right] \tag{8.4-59}$$

由(8.4-52)式所示约束条件，有

$$\int_{-\infty}^{\infty} p_0(y/x)\mathrm{d}y = 1 \tag{8.4-60}$$

则(8.4-59)式可改写为

$$\int_{-\infty}^{\infty} p_0(y/x)\mathrm{d}y = \int_{-\infty}^{\infty} q_0(y)\exp\left[S\,d(x,y) + \frac{\mu(x)}{p(x)}\right]\mathrm{d}y$$

$$= \exp\left[\frac{\mu(x)}{p(x)}\right]\int_{-\infty}^{\infty} q_0(y)\exp\left[S\,d(x,y)\right]\mathrm{d}y = 1 \tag{8.4-61}$$

在(8.4-61)式中，令

$$\lambda(x) = \exp\left[\frac{\mu(x)}{p(x)}\right] \tag{8.4-62}$$

则由(8.4-61)式可进一步改写为

$$\lambda(x) = \left\{\int_{-\infty}^{\infty} q_0(y)\exp\left[S\,d(x,y)\right]\mathrm{d}y\right\}^{-1} \tag{8.4-63}$$

由于 $p(x)$ 是给定信源 X 的概率密度函数，在规定了失真函数 $d(x,y)$ 后，(8.4-63)式就表示 $\mu(x)$ 和 $q_0(y)$ 之间的联系.

又因为在一般的意义上都有

$$q_0(y) = \int_{-\infty}^{\infty} p(x)p_0(y/x)\mathrm{d}x \tag{8.4-64}$$

则由(8.4-59)式，有

$$\int_{-\infty}^{\infty} p(x)p_0(y/x)\mathrm{d}x = \int_{-\infty}^{\infty} p(x)q_0(y)\exp[S\,d(x,y)]\exp\left[\frac{\mu(x)}{p(x)}\right]\mathrm{d}x$$

$$= q_0(y)\int_{-\infty}^{\infty} p(x)\exp[S\,d(x,y)]\exp\left[\frac{\mu(x)}{p(x)}\right]\mathrm{d}x$$

$$= q_0(y) \tag{8.4-65}$$

把(8.4-62)式代入(8.4-65)式,有

$$q_0(y) = q_0(y)\int_{-\infty}^{\infty}\lambda(x)p(x)\exp[S\,d(x,y)]\mathrm{d}x \tag{8.4-66}$$

所以,对所有满足 $q_0(y)>0$ 的 y 值,一般应有

$$\int_{-\infty}^{\infty}\lambda(x)p(x)\exp[S\,d(x,y)]\mathrm{d}x = 1 \tag{8.4-67}$$

对于 $q_0(y)=0$ 的 y 值,(8.4-66)式一定可以满足,所以(8.4-67)式并不是必要条件.把(8.4-63)式代入(8.4-67)式,就可消去 $\lambda(x)$,从而得到 $q_0(y)$ 的积分方程

$$\int_{-\infty}^{\infty}\frac{p(x)\exp[S\,d(x,y)]}{\displaystyle\int_{-\infty}^{\infty} q_0(y)\exp[S\,d(x,y)]\mathrm{d}y}\mathrm{d}x = 1 \tag{8.4-68}$$

在(8.4-68)式中,$p(x)$ 是给定信源 X 的概率密度函数,是一个已知的量.由积分方程(8.4-68)式就可解得 $q_0(y)$.再把解得的 $q_0(y)$ 代入(8.4-63)式,即可解得 $\lambda(x)$(也就可得 $\mu(x)$).再把解得的 $\lambda(x)(\mu(x))$ 代入(8.4-59)式,即可解得达到信息率-失真函数 $R(D)$ 的试验信道的传递概率密度函数 $p_0(y/x)$ 的 S 参量表达式,从而得到允许失真度和信息率-失真函数的 S 参量表达式,即

$$D(S) = \int_{-\infty}^{\infty}\int_{-\infty}^{\infty} p(x)p_0(y/x)d(x,y)\mathrm{d}x\mathrm{d}y$$

$$= \int_{-\infty}^{\infty}\int_{-\infty}^{\infty} p(x)q_0(y)\exp\left[S\,d(x,y)+\frac{\mu(x)}{p(x)}\right]d(x,y)\mathrm{d}x\mathrm{d}y$$

$$= \int_{-\infty}^{\infty}\int_{-\infty}^{\infty} p(x)q_0(y)\lambda(x)\exp[S\,d(x,y)]d(x,y)\mathrm{d}x\mathrm{d}y \tag{8.4-69}$$

以及

$$R(S) = \int_{-\infty}^{\infty}\int_{-\infty}^{\infty} p(x)p_0(y/x)\ln\frac{p_0(y/x)}{q_0(y)}\mathrm{d}x\mathrm{d}y$$

$$= \int_{-\infty}^{\infty}\int_{-\infty}^{\infty} p(x)p_0(y/x)\ln p_0(y/x)\mathrm{d}x\mathrm{d}y - \int_{-\infty}^{\infty}\int_{-\infty}^{\infty} p(x)p_0(y/x)\ln q_0(y)\mathrm{d}x\mathrm{d}y$$

$$= \int_{-\infty}^{\infty}\int_{-\infty}^{\infty} p(x)q_0(y)\exp\left[S\,d(x,y)+\frac{\mu(x)}{p(x)}\right]\ln\left\{q_0(y)\exp\left[S\,d(x,y)+\frac{\mu(x)}{p(x)}\right]\right\}\mathrm{d}x\mathrm{d}y$$

$$- \int_{-\infty}^{\infty}\int_{-\infty}^{\infty} p(x)q_0(y)\exp\left[S\,d(x,y)+\frac{\mu(x)}{p(x)}\right]\ln q_0(y)\mathrm{d}x\mathrm{d}y$$

$$= \int_{-\infty}^{\infty}\int_{-\infty}^{\infty} p(x)q_0(y)\lambda(x)\exp[S\,d(x,y)]\ln q_0(y)\mathrm{d}x\mathrm{d}y$$

$$+ \int_{-\infty}^{\infty}\int_{-\infty}^{\infty} p(x)q_0(y)\lambda(x)\exp[S\,d(x,y)]\ln\{\exp[S\,d(x,y)]\}\mathrm{d}x\mathrm{d}y$$

$$+ \int_{-\infty}^{\infty}\int_{-\infty}^{\infty} p(x)q_0(y)\lambda(x)\exp\{S\,d(x,y)\}\ln\left\{\exp\left[\frac{\mu(x)}{p(x)}\right]\right\}\mathrm{d}x\mathrm{d}y$$

$$- \int_{-\infty}^{\infty} \int_{-\infty}^{\infty} p(x) q_0(y) \exp[S\, d(x,y)] \lambda(x) \ln q_0(y) \mathrm{d}x \mathrm{d}y$$

$$= S \int_{-\infty}^{\infty} \int_{-\infty}^{\infty} p(x) q_0(y) \lambda(x) \exp[S\, d(x,y)] d(x,y) \mathrm{d}x \mathrm{d}y$$

$$+ \int_{-\infty}^{\infty} \int_{-\infty}^{\infty} p(x) q_0(y) \lambda(x) \exp[S\, d(x,y)] \ln \lambda(x) \mathrm{d}x \mathrm{d}y$$

$$= S\, D(S) + \int_{-\infty}^{\infty} p(x) \ln \lambda(x) \mathrm{d}x \int_{-\infty}^{\infty} q_0(y) \exp[S\, d(x,y)] \lambda(x) \mathrm{d}y \qquad (8.4\text{-}70)$$

由$(8.4\text{-}61)$式,有

$$R(S) = S\, D(S) + \int_{-\infty}^{\infty} p(x) \ln \lambda(x) \mathrm{d}x \qquad (8.4\text{-}71)$$

　　显然,连续信源的允许失真度和信息率-失真函数的 S 参量表达式$(8.4\text{-}69)$和$(8.4\text{-}71)$式,与离散信源的允许失真度和信息率-失真函数的 S 参量表达式$(8.3\text{-}103)$和$(8.3\text{-}104)$式完全相对应.

　　类似地可证明,参量 S 同样是连续信源信息率-失真函数 $R(D)$ 的斜率.因为连续信源信息率-失真函数 $R(D)$ 的斜率

$$\frac{\mathrm{d}R}{\mathrm{d}D} = \frac{\partial R}{\partial D} + \left(\frac{\partial R}{\partial S} + \frac{\partial R}{\partial \lambda} \cdot \frac{\mathrm{d}\lambda}{\mathrm{d}S} \right) \cdot \frac{\mathrm{d}S}{\mathrm{d}D}$$

$$= S + \left\{ D + \int_{-\infty}^{\infty} \frac{p(x)}{\lambda(x)} \cdot \frac{\mathrm{d}}{\mathrm{d}S} \left[\int_{-\infty}^{\infty} q_0(y) \exp[S\, d(x,y)] \mathrm{d}y \right]^{-1} \mathrm{d}x \right\} \frac{\mathrm{d}S}{\mathrm{d}D}$$

$$= S + \left\{ D + \int_{-\infty}^{\infty} \frac{p(x)}{\lambda(x)} \cdot \left[-\lambda^2(x) \int_{-\infty}^{\infty} q_0(y) \exp[S\, d(x,y)] d(x,y) \mathrm{d}y \right] \mathrm{d}x \right\} \frac{\mathrm{d}S}{\mathrm{d}D}$$

$$= S + \left\{ D - \int_{-\infty}^{\infty} \int_{-\infty}^{\infty} p(x) \lambda(x) q_0(y) \exp[S\, d(x,y)] d(x,y) \mathrm{d}x \mathrm{d}y \right\} \frac{\mathrm{d}S}{\mathrm{d}D}$$

$$= S + (D - D) \frac{\mathrm{d}S}{\mathrm{d}D} = S \qquad (8.4\text{-}72)$$

这就证明了参量 S 确实是连续信源信息率-失真函数 $R(D)$ 的斜率.这样,定理 8.15 就得到了证明.

8.4.3　高斯连续信源 $R(D)$ 的参量计算

　　运用 S 参量表述方法,可以求解高斯信源在"均方误差"失真度下的允许失真度和信息率-失真函数的 S 参量表达式 $D(S)$ 和 $R(S)$,并可进而把 $D(S)$ 和 $R(S)$ 转换为信息率-失真函数的显式表达式 $R(D)$.转换所得的显式表达式 $R(D)$ 与定理 8.14 所指出的 $R(D)$ 完全一样.

1. 参量表达式 $D(S)$ 和 $R(S)$

　　在连续信源信息率-失真函数的 S 参量表达式的推导过程中,在一般情况下,$\lambda(x)$ 和 $q_0(y)$ 的求解比较困难,但在

$$\int_{-\infty}^{\infty} p(x) d(x,y) \mathrm{d}x < \infty \qquad (-\infty < y < \infty) \qquad (8.4\text{-}72)$$

的条件下,一般说来其解是存在的,可以用数学计算的方法求得其解.特别是在"均方误差"失真度 $d(x,y) = (x-y)^2$ 的情况下,由于失真度 $d(x,y)$ 只与 $\theta = (x-y)$ 有关,而不是分别与 x 和 y 单独有关,这就给 $\lambda(x)$ 和 $q_0(y)$ 的求解带来明显的方便和简化.

在这种情况下,把 $\lambda(x)$ 设计为一种特定的形式

$$\lambda(x) = K(S)/p(x) \tag{8.4-73}$$

令 $\theta = (x-y)$,失真度 $d(x,y)$ 是 θ 的函数

$$d(x,y) = d(\theta) \tag{8.4-74}$$

再令 $(8.4-73)$ 式中的

$$K(S) = \frac{1}{\int_{-\infty}^{\infty} \exp[S\,d(\theta)]\mathrm{d}\theta} \tag{8.4-75}$$

$(8.4-75)$ 式表明,当失真度 $d(x,y) = d(\theta)$ 规定后,就可求得 $K(S)$ 的具体表达式.

因为由 $(8.4-75)$ 式,有

$$\int_{-\infty}^{\infty} K(S)\exp[S\,d(\theta)]\mathrm{d}\theta = \frac{\int_{-\infty}^{\infty} \exp[S\,d(\theta)]\mathrm{d}\theta}{\int_{-\infty}^{\infty} \exp[S\,d(\theta)]\mathrm{d}\theta} = 1 \tag{8.4-76}$$

又由 $(8.4-73)$ 式,有

$$K(S) = \lambda(x)p(x) \tag{8.4-77}$$

所以,由 $(8.4-77)$ 式和 $(8.4-76)$ 式,有

$$\int_{-\infty}^{\infty} \lambda(x)p(x)\exp[S\,d(\theta)]\mathrm{d}\theta = 1 \tag{8.4-78}$$

考虑到 $\theta = (x-y)$,由 $(8.4-78)$ 式,得

$$\int_{-\infty}^{\infty} \lambda(x)p(x)\exp[S\,d(x,y)]\mathrm{d}x = 1 \tag{8.4-79}$$

即 $(8.4-67)$ 式已直接得到满足,进而由 $(8.4-65)$ 式,有

$$q_0(y)\int_{-\infty}^{\infty} p(x)\exp[S\,d(x,y)]\exp\left[\frac{\mu(x)}{p(x)}\right]\mathrm{d}x$$

$$= q_0(y)\int_{-\infty}^{\infty} \lambda(x)p(x)\exp[S\,d(x,y)]\mathrm{d}x$$

$$= \int_{-\infty}^{\infty} p(x)q_0(y)\exp\left[S\,d(x,y)+\frac{\mu(x)}{p(x)}\right]\mathrm{d}x$$

$$= q_0(y) \tag{8.4-80}$$

再由 $(8.4-59)$ 式,有

$$\int_{-\infty}^{\infty} p(x)p_0(y/x)\mathrm{d}x = q_0(y) \tag{8.4-81}$$

这说明,由 $(8.4-73)$ 式设计的 $\lambda(x)$ (即 $\mu(x)$)满足归一化条件

$$\int_{-\infty}^{\infty} p(x)p(y/x)\mathrm{d}x = q_0(y) \tag{8.4-82}$$

即

$$\int_{-\infty}^{\infty} p(y/x)\mathrm{d}y = 1 \tag{8.4-83}$$

令

$$g_s(\theta) = K(S)\exp[S\,d(\theta)] \tag{8.4-84}$$

则由 $(8.4-76)$ 式,有

$$\int_{-\infty}^{\infty} g_s(\theta) \mathrm{d}\theta = 1 \tag{8.4-85}$$

这说明，$g_s(\theta)$ 可看作是 $\theta = (x-y)$ 的概率密度函数的参量表达式. 另一方面，由 (8.4-73) 式，有

$$p(x) = \frac{K(S)}{\lambda(x)} \tag{8.4-86}$$

再由 (8.4-63) 式，有

$$p(x) = \int_{-\infty}^{\infty} q_0(y) K(S) \exp[S\, d(x,y)] \mathrm{d}y \tag{8.4-87}$$

考虑到 $\theta = (x-y)$，当 y 从 $-\infty \to \infty$，则 θ 从 $\infty \to -\infty$，且 $\mathrm{d}y = -\mathrm{d}\theta$，所以由 (8.4-87) 式，有

$$
\begin{aligned}
p(x) &= \int_{\infty}^{-\infty} q_0(x-\theta) K(S) \exp[S\, d(\theta)](-\mathrm{d}\theta) \\
&= \int_{-\infty}^{\infty} q_0(x-\theta) K(S) \exp[S\, d(\theta)] \mathrm{d}\theta \\
&= \int_{-\infty}^{\infty} q_0(x-\theta) g_s(\theta) \mathrm{d}\theta \tag{8.4-88}
\end{aligned}
$$

这说明，$p(x)$ 是 $q_0(y)$ 和 $g_s(\theta)$ 的卷积，即可表示为

$$p(x) = q_0(x) * g_s(x) \tag{8.4-89}$$

这就是说，当 $d(\theta)$ 规定后，由 (8.4-75) 式可得到 $K(S)$，再由 (8.4-84) 式又可得到 $g_s(\theta)$. 由于高斯连续信源的概率密度函数 $p(x)$ 是已知的，所以由 (8.4-89) 式就可得到 $q_0(x)$. 为此，令 $\varphi_p(z)$、$\varphi_{q_0}(z)$、$\varphi_{g_s}(z)$ 分别是 $p(x)$、$q_0(x)$、$g_s(x)$ 的特征函数，则由 (8.4-89) 式，有

$$\varphi_p(z) = \varphi_{q_0}(z) \cdot \varphi_{g_s}(z) \tag{8.4-90}$$

即

$$\varphi_{q_0}(z) = \frac{\varphi_p(z)}{\varphi_{g_s}(z)} \tag{8.4-91}$$

根据特征函数的定义，由 (8.4-91) 式就可求得

$$q_0(x) = \frac{1}{2\pi} \int_{-\infty}^{\infty} \varphi_{q_0}(z) \exp(-\mathrm{j}zx) \mathrm{d}z \tag{8.4-92}$$

由于连续信源的概率密度函数 $p(x)$ 已知，$\lambda(x)$ 又设计为特定形式，由 (8.4-69) 式和 (8.4-71) 式分别可得连续信源的平均失真度和信息率-失真函数的 S 参量表达式

$$
\begin{aligned}
D(S) &= \int_{-\infty}^{\infty} \int_{-\infty}^{\infty} \lambda(x) p(x) q(y) \exp[S\, d(x,y)] d(x,y) \mathrm{d}x \mathrm{d}y \\
&= \int_{-\infty}^{\infty} \lambda(x) p(x) \exp[S\, d(x,y)] \mathrm{d}x \int_{-\infty}^{\infty} q(y) d(x,y) \mathrm{d}y \\
&= \int_{-\infty}^{\infty} K(S) \exp[S\, d(\theta)] \mathrm{d}\theta \int_{-\infty}^{\infty} q(y) \mathrm{d}y\, d(\theta) = \int_{-\infty}^{\infty} g_s(\theta) d(\theta) \mathrm{d}\theta \tag{8.4-93}
\end{aligned}
$$

$$R(S) = S\, D(S) + \int_{-\infty}^{\infty} p(x) \ln \lambda(x) \mathrm{d}x \tag{8.4-94}$$

同时，由 (8.4-92) 式求得的 $q_0(y)$ 和 (8.4-73) 式设计的 $\lambda(x)$，由 (8.4-59) 式可求得达到信息率-失真函数 $R(S)$ 的试验信道的传递概率密度函数的 S 参量表达式

$$p_0(y/x) = q_0(y) \lambda(x) \exp[S\, d(x,y)] \tag{8.4-95}$$

由以上讨论的结果可知，当规定的失真度 $d(x,y)$ 只与 $\theta = (x-y)$ 有关的特殊情况下，把参

量 $\lambda(x)$ 设计为某一特定形式,确实可使信息率-失真函数的 S 参量计算得到明显的简化.

现在,运用以上所得的一般性结论,具体求解在"均方误差"失真度的条件下,高斯连续信源 X 的信息率-失真函数的 S 参量表达式.

设高斯连续信源 X 的均值等于 m、方差等于 σ^2,则其概率密度函数

$$p(x) = \frac{1}{\sqrt{2\pi\sigma^2}}\exp\left[-\frac{(x-m)^2}{2\sigma^2}\right] \tag{8.4-96}$$

规定失真度为只与 $\theta=(x-y)$ 有关的"均方误差"失真度

$$d(x,y) = (x-y)^2 = \theta^2 = d(\theta) \tag{8.4-97}$$

由(8.4-75)式,有

$$K(S) = \frac{1}{\displaystyle\int_{-\infty}^{\infty}\exp[S\,d(\theta)]\mathrm{d}\theta} = \frac{1}{\displaystyle\int_{-\infty}^{\infty}\exp(S\,\theta^2)\mathrm{d}\theta} = \sqrt{\frac{-S}{\pi}} \tag{8.4-98}$$

因为参量 S 是信息率-失真函数 $R(D)$ 的斜率,在 $R(D)$ 的定义域内,$S<0$. 即(8.4-98)式中的 S 是负值. 再由(8.4-84)式,有

$$g_s(\theta) = K(S)\exp[S\,d(\theta)]$$

$$= \sqrt{\frac{-S}{\pi}}\exp(S\,\theta^2) = \frac{1}{\sqrt{2\pi\left(\dfrac{-1}{2S}\right)}}\exp\left[-\frac{\theta^2}{2\left(\dfrac{-1}{2S}\right)}\right] \tag{8.4-99}$$

这说明,$\theta=(x-y)$ 是一个均值为零、方差为 $(-1/2S)$ 的高斯连续随机变量.

这样,由(8.4-93)式可得,在"均方误差"失真度下,平均失真度的 S 参量表达式

$$D(S) = \int_{-\infty}^{\infty}g_s(\theta)d(\theta)\mathrm{d}\theta = \int_{-\infty}^{\infty}g_s(\theta)\theta^2\mathrm{d}\theta \tag{8.4-100}$$

因为 $g_s(\theta)$ 是 $\theta=(x-y)$ 的概率密度函数,而 $\theta=(x-y)$ 又是一个均值为零、方差为 $(-1/2S)$ 的高斯连续随机变量,而(8.4-100)式说明,$D(S)$ 就是随机变量 θ 的方差,所以

$$D(S) = -\frac{1}{2S} \tag{8.4-101}$$

这说明,在"均方误差"失真度下,平均失真度的 S 参量表达式 $D(S)$,是由信息率-失真函数 $R(D)$ 的斜率 S 决定的. 因 $S<0$,故 $D(S)>0$.

再由(8.4-94)式,可得在"均方误差"失真度下,均值为 m、方差为 σ^2 的高斯连续信源 X 的信息率-失真函数的 S 参量表达式

$$R(S) = S\,D(S) + \int_{-\infty}^{\infty}p(x)\ln\lambda(x)\mathrm{d}x = S\cdot\left(-\frac{1}{2S}\right) + \int_{-\infty}^{\infty}p(x)\ln\left[\frac{K(S)}{p(x)}\right]\mathrm{d}x$$

$$= -\frac{1}{2} + \int_{-\infty}^{\infty}p(x)\ln K(S)\mathrm{d}x - \int_{-\infty}^{\infty}p(x)\ln p(x)\mathrm{d}x$$

$$= -\frac{1}{2} + \int_{-\infty}^{\infty}p(x)\ln\sqrt{\frac{-S}{\pi}}\mathrm{d}x + h(X)$$

$$= -\frac{1}{2} + \ln\sqrt{\frac{-S}{\pi}} + \frac{1}{2}\ln(2\pi e\,\sigma^2) \tag{8.4-102}$$

这说明,在"均方误差"失真度下,均值为 m、方差为 σ^2 的高斯连续信源 X 的信息率-失真函数的

S 参量表达式 $R(S)$，由信息率-失真函数 $R(D)$ 的斜率 $S(S<0)$ 和信源 X 的方差 σ^2 决定.

以下，进而讨论达到信息率-失真函数 $R(S)$ 的试验信道的传递概率密度函数 $p(y/x)$ 的 S 参量表达式.

由 $(8.4-99)$ 式可知，$\theta=(x-y)$ 是一个均值为零、方差为 $(-1/2S)$ 的高斯连续随机变量. 由特征函数的定义可知，概率密度函数为 $(8.4-99)$ 式所示的高斯连续随机变量 $\theta=(x-y)$ 的特征函数为

$$\varphi_{g_s}(z) = \int_{-\infty}^{\infty} \exp(\mathrm{j}z\theta) g_s(\theta) \mathrm{d}\theta = \int_{-\infty}^{\infty} \mathrm{e}^{\mathrm{j}z\theta} \frac{1}{\sqrt{2\pi\left(\frac{-1}{2S}\right)}} \exp\left[-\frac{\theta^2}{2\left(\frac{-1}{2S}\right)}\right] \mathrm{d}\theta$$

$$= \frac{1}{\sqrt{2\pi\left(\frac{-1}{2S}\right)}} \int_{-\infty}^{\infty} \exp\left[\mathrm{j}z\theta - \frac{\theta^2}{2\left(\frac{-1}{2S}\right)}\right] \mathrm{d}\theta$$

$$= \exp\left[-\frac{1}{2}\left(\frac{-1}{2S}\right)z^2\right] = \exp\left(\frac{z^2}{4S}\right) \qquad (8.4-103)$$

$(8.4-96)$ 式所示的均值为 m、方差为 σ^2 的高斯连续信源 X 的概率密度函数 $p(x)$ 的特征函数是

$$\varphi_p(z) = \exp\left(\mathrm{j}mz - \frac{\sigma^2 z^2}{2}\right) \qquad (8.4-104)$$

由 $(8.4-103)$ 式和 $(8.4-104)$ 式以及 $(8.4-91)$ 式，可得 $q_0(x)$ 的特征函数

$$\varphi_{q_0}(z) = \frac{\varphi_p(z)}{\varphi_{g_s}(z)} = \frac{\exp\left(\mathrm{j}mz - \frac{\sigma^2 z^2}{2}\right)}{\exp\left(\frac{z^2}{4S}\right)}$$

$$= \exp\left(\mathrm{j}mz - \frac{\sigma^2 z^2}{2} - \frac{z^2}{4S}\right)$$

$$= \exp\left[\mathrm{j}mz - \frac{1}{2}z^2\left(\sigma^2 + \frac{1}{2S}\right)\right] \qquad (8.4-105)$$

则由 $(8.4-92)$ 式，可得试验信道输出随机变量 Y 的概率密度函数

$$q_0(y) = \frac{1}{2\pi} \int_{-\infty}^{\infty} \varphi_{q_0}(z) \exp(-\mathrm{j}zy) \mathrm{d}z$$

$$= \frac{1}{2\pi} \int_{-\infty}^{\infty} \exp\left[\mathrm{j}mz - \frac{1}{2}z^2\left(\sigma^2 + \frac{1}{2S}\right)\right] \exp(-\mathrm{j}zy) \mathrm{d}z$$

$$= \frac{1}{2\pi} \int_{-\infty}^{\infty} \exp\left[\mathrm{j}(m-y)z - \frac{1}{2}z^2\left(\sigma^2 + \frac{1}{2S}\right)\right] \mathrm{d}z$$

$$= \frac{1}{\sqrt{2\pi\left(\sigma^2 + \frac{1}{2S}\right)}} \exp\left[-\frac{(y-m)^2}{2\left(\sigma^2 + \frac{1}{2S}\right)}\right] \qquad (8.4-106)$$

这说明，试验信道的输出随机变量 Y，是一个均值为 m、方差为 $\left(\sigma^2 + \frac{1}{2S}\right)$ 的高斯连续随机变量.

由(8.4-73)式、(8.4-98)式和(8.4-96)式,得

$$\lambda(x) = K(S)/p(x) = \sqrt{-S/\pi} \cdot \sqrt{2\pi\sigma^2} \cdot \exp[(x-m)^2/2\sigma^2] \qquad (8.4-107)$$

为了简明起见,假设给定的高斯连续信源 X 的均值 $m=0$,则由(8.4-107)式,有

$$\lambda(x) = \sqrt{-S/\pi} \cdot \sqrt{2\pi\sigma^2} \cdot \exp(x^2/2\sigma^2) \qquad (8.4-108)$$

由(8.4-95)式,得达到信息率-失真函数 $R(S)$ 的试验信道的传递概率密度函数的 S 参量表达式

$$p_0(y/x) = q_0(y)\lambda(x)\exp[Sd(x,y)] = q_0(y)\lambda(x)\exp[S(x-y)^2]$$

$$= \frac{1}{\sqrt{2\pi\left(\sigma^2+\frac{1}{2S}\right)}} \exp\left[-\frac{y^2}{2\left(\sigma^2+\frac{1}{2S}\right)}\right] \cdot \sqrt{\frac{-S2\pi\sigma^2}{\pi}} \cdot \exp\left(\frac{x^2}{2\sigma^2}\right) \cdot \exp[S(x-y)^2]$$

$$= \sqrt{\frac{-2S\sigma^2}{2\pi\left(\sigma^2+\frac{1}{2S}\right)}} \cdot \exp\left[\frac{x^2}{2\sigma^2} - \frac{y^2}{2(\sigma^2+\frac{1}{2S})} + S(x-y)^2\right] \qquad (8.4-109)$$

这说明,试验信道的传递概率密度函数 $p_0(y/x)$ 的 S 参量表达式,除了参量 S 本身外,还与给定高斯信源的方差 σ^2 有关.

2. 显式表达式 $R(D)$

(8.4-101)式指明了允许失真度 D 与参量 S 之间的内在联系

$$D(S) = -\frac{1}{2S} \qquad (8.4-110)$$

显然,这是把 S 参量表达式 $D(S)$、$R(S)$ 转换为显式表达式 $R(D)$ 的关键. 把(8.4-110)式代入(8.4-102)式,得

$$R(D) = -\frac{1}{2} + \ln\frac{\sqrt{\frac{1}{2D}}}{\sqrt{\pi}} + \frac{1}{2}\ln(2\pi e\sigma^2)$$

$$= -\frac{1}{2}\ln e - \frac{1}{2}\ln(2\pi D) + \frac{1}{2}\ln(2\pi e\sigma^2)$$

$$= -\frac{1}{2}\ln(2\pi eD) + \frac{1}{2}\ln(2\pi e\sigma^2)$$

$$= \frac{1}{2}\ln\frac{\sigma^2}{D} \qquad (8.4-111)$$

由此可见,(8.4-111)式与定理 8.14 所证明的信息率-失真函数的显式表达式(8.4-44)式完全相同.

同样,根据(8.4-101)式,可以把试验信道的传递概率密度函数 $p_0(y/x)$ 的 S 参量表达式,转换为由允许失真度 D 表示的显式表达式. 把(8.4-101)式代入(8.4-109)式,得

$$p_0(y/x) = \sqrt{\frac{-2S\sigma^2}{2\pi\left(\sigma^2+\frac{1}{2S}\right)}} \cdot \exp\left[\frac{x^2}{2\sigma^2} - \frac{y^2}{2\left(\sigma^2+\frac{1}{2S}\right)} + S(x-y)^2\right]$$

$$= \sqrt{\frac{-2\left(-\frac{1}{2D}\right)\sigma^2}{2\pi(\sigma^2-D)}} \cdot \exp\left[\frac{x^2}{2\sigma^2} - \frac{y^2}{2(\sigma^2-D)} - \frac{(x-y)^2}{2D}\right]$$

$$= \frac{1}{\sqrt{2\pi\dfrac{D(\sigma^2-D)}{\sigma^2}}} \cdot \exp\left[-\frac{y^2\sigma^2 D + (x-y)^2\sigma^2(\sigma^2-D) - x^2 D(\sigma^2-D)}{2\sigma^2 D(\sigma^2-D)}\right]$$

$$\text{(8.4-112)}$$

其中指数项可改写为

$$\exp\left[-\frac{y^2\sigma^2 D + x^2\sigma^2(\sigma^2-D) - 2xy\sigma^2(\sigma^2-D) + y^2\sigma^2(\sigma^2-D) - x^2\sigma^2 D + x^2 D^2}{2\sigma^2 D(\sigma^2-D)}\right]$$

$$= \exp\left[-\frac{y^2\sigma^2 D + x^2\sigma^4 - x^2\sigma^2 D - 2xy\sigma^4 + 2xy\sigma^2 D + y^2\sigma^4 - y^2\sigma^2 D - x^2\sigma^2 D + x^2 D^2}{2\sigma^2 D(\sigma^2-D)}\right]$$

$$= \exp\left[-\frac{(x^2\sigma^4 - x^2\sigma^2 D - x^2\sigma^2 D + x^2 D^2) + y^2\sigma^2 D - y^2\sigma^2 D + y^2\sigma^4 - 2xy\sigma^2(\sigma^2-D)}{2\sigma^2 D(\sigma^2-D)}\right]$$

$$= \exp\left\{-\frac{x^2\left[(\sigma^2-D)^2\right] + y^2(\sigma^2)^2 - 2\left[x(\sigma^2-D)\right]y\sigma^2}{2\sigma^2 D(\sigma^2-D)}\right\}$$

$$= \exp\left\{-\frac{\left[y\sigma^2 - x(\sigma^2-D)\right]^2}{2\sigma^2 D(\sigma^2-D)}\right\} = \exp\left\{-\frac{\left[y\sigma^2 - x(\sigma^2-D)\right]^2}{2\dfrac{D(\sigma^2-D)}{\sigma^2}\sigma^4}\right\}$$

$$= \exp\left\{-\frac{\left[\dfrac{y\sigma^2 - x(\sigma^2-D)}{\sigma^2}\right]^2}{2\dfrac{D(\sigma^2-D)}{\sigma^2}}\right\} = \exp\left\{-\frac{\left[y - \left(\dfrac{\sigma^2-D}{\sigma^2}\right)x\right]^2}{2\dfrac{D(\sigma^2-D)}{\sigma^2}}\right\}$$

$$= \exp\left\{-\frac{\left[y - \left(1-\dfrac{D}{\sigma^2}\right)x\right]^2}{2\dfrac{D(\sigma^2-D)}{\sigma^2}}\right\} = \exp\left\{-\frac{\left[y - \left(1-\dfrac{D}{\sigma^2}\right)x\right]^2}{2\sigma_0^2}\right\} \quad \text{(8.4-113)}$$

其中,令

$$\sigma_0^2 = \frac{D(\sigma^2-D)}{\sigma^2} \quad \text{(8.4-114)}$$

这样,(8.4-112)式最终可改写为

$$p_0(y/x) = \frac{1}{\sqrt{2\pi\sigma_0^2}}\exp\left\{-\frac{\left[y - \left(1-\dfrac{D}{\sigma^2}\right)x\right]^2}{2\sigma_0^2}\right\} \quad \text{(8.4-115)}$$

这就是均值 $m=0$、方差为 σ^2 的高斯连续信源 X,当选择"均方误差"失真度 $d(x,y)=(x-y)^2$,满足保真度准则 $\overline{D}=D$ 的前提下,达到(8.4-111)式所示的信息率-失真函数的正向试验信道的传递概率密度函数 $R(D)$ 的显式表达式.

(8.4-115)式指明,达到信息率-失真函数 $R(D)$ 的正向试验信道具有这样的传递特性:当输入信源 X 是均值为零、方差为 σ^2 的高斯连续信源时,信道的输出随机变量 Y 是一个均值为

$$m_Y = \left(1-\frac{D}{\sigma^2}\right)x \quad \text{(8.4-116)}$$

方差为

$$\sigma_{Y}^2 = \sigma_0^2 = \frac{D(\sigma^2 - D)}{\sigma^2} \tag{8.4-117}$$

的高斯连续随机变量.

那么,什么样的连续信道具备(8.4-115)式所示的传递概率密度函数 $p_0(y/x)$ 呢?

根据加性信道的一般特性,有理由把这个试验信道构思为如图8.4-4所示的形式.其中,输入随机变量 X 是均值 $m=0$ 、方差为 σ^2 的高斯连续随机变量;倍数为 A 的乘法器的输出随机变量 $Z=AX$;加性噪声 N 是均值为零、方差为

$$\sigma_0^2 = \frac{D(\sigma^2 - D)}{\sigma^2} \tag{8.4-118}$$

的高斯连续随机变量;X 与噪声 N 统计独立(乘法器的输出随机变量 $Z=AX$ 与加性噪声 N 统计独立);信道输出随机变量 Y,是加性噪声 N 与乘法器输出随机变量 $Z=AX$ 的线性叠加,即 $Y=AX+N$.

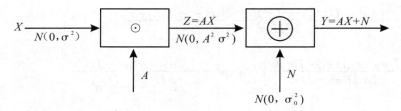

图 8.4-4

在这个试验信道中,倍数为 A 的乘法器是输入、输出有确定函数变换关系 $Z=AX$ 的一个传输网络,输出随机变量 Z 的概率密度函数

$$p(z) = p(x) \left| J\left(\frac{X}{Z}\right) \right| = \frac{1}{\sqrt{2\pi\sigma^2}} \exp\left(-\frac{x^2}{2\sigma^2}\right) \cdot \frac{1}{A}$$

$$= \frac{1}{\sqrt{2\pi A^2 \sigma^2}} \exp\left(-\frac{z^2}{2A^2 \sigma^2}\right) \tag{8.4-119}$$

这说明,乘法器输出随机变量 $Z=AX$ 是一个均值为零、方差为 $A^2\sigma^2$ 的高斯连续随机变量.再考虑到加性噪声 N 是均值为零、方差为 σ_0^2 的高斯连续随机变量,所以我们设计的这个试验信道,是一个输入随机变量 Z 亦是高斯随机变量的高斯加性信道.

根据高斯加性信道的一般特性,信道的传递概率密度函数 $p(y/z)=p(y/Ax)=p(y/x)$ 就是高斯加性噪声 N 的概率密度函数 $p(n)$,即有

$$p(y/x) = p(n) = \frac{1}{\sqrt{2\pi\sigma_0^2}} \exp\left(-\frac{n^2}{2\sigma_0^2}\right) = \frac{1}{\sqrt{2\pi\sigma_0^2}} \exp\left[-\frac{(y-Ax)^2}{2\sigma_0^2}\right] \tag{8.4-120}$$

在这里,令图8.4-4中乘法器的倍数

$$A = \frac{\sigma^2 - D}{\sigma^2} \tag{8.4-121}$$

则由(8.4-120)式、(8.4-121)式可得与(8.4-115)式要求的 $p_0(y/x)$ 完全相同的试验信道的传递概率密度函数

$$p(y/x) = p(n) = \frac{1}{\sqrt{2\pi\sigma_0^2}}\exp\left\{-\frac{\left[y-\left(\frac{\sigma^2-D}{\sigma^2}\right)x\right]^2}{2\sigma_0^2}\right\}$$

$$= \frac{1}{\sqrt{2\pi\sigma_0^2}}\exp\left\{-\frac{\left[y-\left(1-\frac{D}{\sigma^2}\right)x\right]^2}{2\sigma_0^2}\right\} = p_0(y/x) \qquad (8.4-122)$$

由于高斯加性试验信道的输入随机变量 $Z = AX$,是均值为零、方差为 $\sigma_Z^2 = A^2\sigma^2$ 的高斯连续随机变量;加性噪声 N 是均值为零、方差为 σ_0^2 的高斯连续随机变量. 根据加性信道的一般特性,高斯加性信道的输出随机变量 Y 是一个均值为零、方差为

$$\sigma_Y^2 = \sigma_Z^2 + \sigma_N^2 = A^2\sigma^2 + \sigma_0^2 \qquad (8.4-123)$$

的高斯随机变量. 根据最大相对熵定理,试验信道输出随机变量 Y 的熵

$$h(Y) = \frac{1}{2}\ln(2\pi e\sigma_Y^2) = \frac{1}{2}\ln[2\pi e(A^2\sigma^2 + \sigma_0^2)] \qquad (8.4-124)$$

根据高斯加性信道的一般特性,高斯加性信道的噪声熵 $h(Y/X)$ 就是加性噪声 N 的相对熵 $h(N)$,即有

$$h(Y/X) = h(N) = \frac{1}{2}\ln(2\pi e\sigma_0^2) \qquad (8.4-125)$$

由(8.4-124)式和(8.4-125)式,可得图 8.4-4 所示的高斯加性试验信道的平均互信息

$$I(X;Y) = h(Y) - h(Y/X) = \frac{1}{2}\ln[2\pi e(A^2\sigma^2 + \sigma_0^2)] - \frac{1}{2}\ln[2\pi e\sigma_0^2]$$

$$= \frac{1}{2}\ln\frac{A^2\sigma^2 + \sigma_0^2}{\sigma_0^2} \qquad (8.4-126)$$

把(8.4-118)式和(8.4-121)式代入(8.4-126)式,有

$$I(X;Y) = \frac{1}{2}\ln\frac{\left(\frac{\sigma^2-D}{\sigma^2}\right)^2\sigma^2 + \frac{D(\sigma^2-D)}{\sigma^2}}{\frac{D(\sigma^2-D)}{\sigma^2}} = \frac{1}{2}\ln\frac{(\sigma^2-D)^2 + D(\sigma^2-D)}{D(\sigma^2-D)}$$

$$= \frac{1}{2}\ln\frac{(\sigma^2-D)(\sigma^2-D+D)}{D(\sigma^2-D)} = \frac{1}{2}\ln\frac{\sigma^2}{D} = R(D) \qquad (8.4-127)$$

这表明,图 8.4-4 所示试验信道的平均互信息 $I(X;Y)$,达到均值为零、方差为 σ^2 的高斯连续信源 X 的信息率-失真函数 $R(D)$.

以下,还需验证,图 8.4-4 所示高斯加性试验信道,是否满足保真度准则 $\overline{D} \leqslant D$.

在"均方误差"失真度下,这个试验信道的平均失真度

$$\overline{D} = E[(Y-X)^2] = E\{[(AX+N)-X]^2\}$$

$$= E\{[(A-1)X+N]^2\} = E[(A-1)^2X^2 + 2(A-1)XN + N^2]$$

$$= E[(A-1)^2X^2] + E[2(A-1)XN] + E(N^2)$$

$$= (A-1)^2E(X^2) + 2(A-1)E(X)E(N) + E(N^2)$$

$$= (A-1)^2\sigma^2 + 2(A-1)\cdot 0 \cdot 0 + \sigma_0^2 = (A-1)^2\sigma^2 + \sigma_0^2$$

$$= \left[\left(\frac{\sigma^2-D}{\sigma^2}-1\right)^2\sigma^2\right] + \frac{D(\sigma^2-D)}{\sigma^2} = \frac{D^2}{\sigma^2} + \frac{D\sigma^2-D^2}{\sigma^2} = D \qquad (8.4-128)$$

这表明,这个试验信道满足保真度准则 $\overline{D}=D$.

综上所述,图 8.4-4 所示高斯加性信道,就是均值为零、方差为 σ^2 的高斯连续信源 X,在"均方误差"失真度下,达到信息率-失真函数 $R(D)(D\leqslant\sigma^2)$ 的正向试验信道.

以下进一步验证,图 8.4-4 所示的正向试验信道的反向试验信道,是否与图 8.4-1 所示反向试验信道一样.

把(8.4-101)式代入(8.4-106)式,并令均值 $m=0$,可得 $q_0(y)$ 的显式表达式

$$q_0(y)=\frac{1}{\sqrt{2\pi\left(\sigma^2+\frac{1}{2S}\right)}}\exp\left[-\frac{y^2}{2\left(\sigma^2+\frac{1}{2S}\right)}\right]$$

$$=\frac{1}{\sqrt{2\pi(\sigma^2-D)}}\exp\left[-\frac{y^2}{2(\sigma^2-D)}\right]\qquad(8.4-129)$$

由(8.4-129)式和(8.4-115)式,有

$$p_0(x/y)=\frac{p(x)p_0(y/x)}{q_0(y)}=\frac{1}{\sqrt{2\pi\sigma^2}}\exp\left(-\frac{x^2}{2\sigma^2}\right)$$

$$\cdot\frac{1}{\sqrt{2\pi\sigma_0^2}}\exp\left\{-\frac{\left[y-\left(1-\frac{D}{\sigma^2}\right)x\right]^2}{2\sigma_0^2}\right\}\cdot\sqrt{2\pi(\sigma^2-D)}\exp\left[\frac{y^2}{2(\sigma^2-D)}\right]$$

$$=\sqrt{\frac{\sigma^2-D}{2\pi\sigma_0^2\sigma^2}}\exp\left\{-\frac{x^2}{2\sigma^2}-\frac{\left[y-\left(\frac{\sigma^2-D}{\sigma^2}\right)x\right]^2}{2\sigma_0^2}+\frac{y^2}{2(\sigma^2-D)}\right\}\qquad(8.4-130)$$

其中指数项为

$$\exp\left\{-\frac{x^2}{2\sigma^2}-\frac{\left[y-\left(\frac{\sigma^2-D}{\sigma^2}\right)x\right]^2}{2\sigma_0^2}+\frac{y^2}{2(\sigma^2-D)}\right\}$$

$$=\exp\left\{-\frac{x^2}{2\sigma^2}-\frac{\left[y-\left(\frac{\sigma^2-D}{\sigma^2}\right)x\right]^2}{2\frac{D(\sigma^2-D)}{\sigma^2}}+\frac{y^2}{2(\sigma^2-D)}\right\}$$

$$=\exp\left\{-\frac{x^2D(\sigma^2-D)+\sigma^4\left[y^2+\left(\frac{(\sigma^2-D)x^2}{(\sigma^2)^2}\right)-2xy\left(\frac{\sigma^2-D}{\sigma^2}\right)\right]-y^2\sigma^2D}{2D\sigma^2(\sigma^2-D)}\right\}$$

$$=\exp\left\{-\frac{x^2\left[D(\sigma^2-D)+(\sigma^2-D)^2\right]+y^2(\sigma^4-\sigma^2D)-2xy\sigma^2(\sigma^2-D)}{2\sigma^2D(\sigma^2-D)}\right\}$$

$$=\exp\left\{-\frac{x^2\left[(\sigma^2-D)\sigma^2\right]+y^2\left[(\sigma^2-D)\sigma^2\right]-2xy\left[\sigma^2(\sigma^2-D)\right]}{2\sigma^2D(\sigma^2-D)}\right\}$$

$$=\exp\left[-\frac{\sigma^2(\sigma^2-D)(x-y)^2}{2\sigma^2D(\sigma^2-D)}\right]=\exp\left[-\frac{(x-y)^2}{2D}\right]\qquad(8.4-131)$$

则(8.4-130)式进而可改写为

$$p_0(x/y) = \sqrt{\frac{\sigma^2 - D}{2\pi\sigma_0^2\sigma^2}} \exp\left[-\frac{(x-y)^2}{2D}\right] = \sqrt{\frac{(\sigma^2 - D)}{2\pi\sigma^2 \frac{D(\sigma^2 - D)}{\sigma^2}}} \exp\left[-\frac{(x-y)^2}{2D}\right]$$

$$= \frac{1}{\sqrt{2\pi D}} \exp\left[-\frac{(x-y)^2}{2D}\right] \tag{8.4-132}$$

这就是图 8.4-4 所示正向试验信道的反向试验信道的传递概率密度函数的 D 的显式表达式.

根据(8.4-132)式,设计如图 8.4-5 所示的反向高斯加性试验信道.

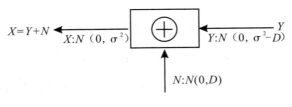

图 8.4-5

在图中,信道的输入随机变量 Y 是均值为零、方差为 $\sigma_Y^2 = (\sigma^2 - D)$ 的高斯连续随机变量;加性噪声 N 是均值为零、方差为允许失真度 D 的高斯连续随机变量;Y 与 N 统计独立,且 $X = Y + N$.

根据高斯加性信道的一般特性,反向高斯加性信道的传递概率密度函数 $p(x/y)$ 就是加性高斯噪声 N 的概率密度函数

$$p(x/y) = p(n) = \frac{1}{\sqrt{2\pi\sigma_N^2}} \exp\left(-\frac{n^2}{2\sigma_N^2}\right)$$

$$= \frac{1}{\sqrt{2\pi D}} \exp\left[-\frac{(x-y)^2}{2D}\right] = p_0(x/y) \tag{8.4-133}$$

这说明,图 8.4-5 所示反向试验信道的传递概率密度函数 $p(x/y)$ 与(8.4-132)式要求的反向概率密度函数 $p_0(x/y)$ 相同.

这个反向试验信道在"均方误差"失真度下的平均失真度

$$\overline{D} = \int_{-\infty}^{\infty}\int_{-\infty}^{\infty} q_0(y) p_0(x/y) d(x,y) \mathrm{d}x\mathrm{d}y$$

$$= \int_{-\infty}^{\infty}\int_{-\infty}^{\infty} q_0(y) p_0(x/y) (x-y)^2 \mathrm{d}x\mathrm{d}y$$

$$= \int_{-\infty}^{\infty} q_0(y) \mathrm{d}y \int_{-\infty}^{\infty} \frac{1}{\sqrt{2\pi D}} \exp\left[-\frac{(x-y)^2}{2D}\right] (x-y)^2 \mathrm{d}x \tag{8.4-134}$$

令 $\theta = (x - y)$,则 $\mathrm{d}\theta = \mathrm{d}x$. 且 x 从 $-\infty \to \infty$,则 θ 从 $-\infty \to \infty$. 则有

$$\overline{D} = \int_{-\infty}^{\infty} q_0(y) \mathrm{d}y \int_{-\infty}^{\infty} \frac{1}{\sqrt{2\pi D}} \exp\left(-\frac{\theta^2}{2D}\right) \theta^2 \mathrm{d}\theta$$

$$= \int_{-\infty}^{\infty} q_0(y) \mathrm{d}y \cdot D = D \tag{8.4-140}$$

这说明,图 8.4-5 所示反向试验信道满足保真度准则 $\overline{D} = D$.

这个反向试验信道的输入随机变量 Y,是均值为零、方差为 $\sigma_Y^2 = (\sigma^2 - D)$ 的高斯连续随机变量. 加性噪声 N 是均值为零、方差 $\sigma_N^2 = D$ 的高斯连续随机变量. 随机变量 Y 与 N 统计独立,X

是 Y 和 N 的线性叠加,即 $X=Y+N$.这个试验信道的输出随机变量 X 一定是一个高斯连续随机变量,且其均值为零、方差为

$$\sigma_X^2 = \sigma_Y^2 + \sigma_N^2 = (\sigma^2 - D) + D = \sigma^2 \tag{8.4-144}$$

这就是说,这个反向试验信道的输出随机变量 X,是均值为零、方差为 σ^2 的高斯连续随机变量,这正好就是给定信源 X.

根据最大相对熵定理,输出随机变量 X 的相对熵

$$h(X) = \frac{1}{2}\ln(2\pi e \sigma^2) \tag{8.4-145}$$

根据高斯加性信道的一般特性,这个反向试验信道的噪声熵 $h(X/Y)$ 达到最大值

$$h(X/Y)_{\max} = h(N) = \frac{1}{2}\ln(2\pi e \sigma_N^2) = \frac{1}{2}\ln(2\pi e D) \tag{8.4-146}$$

由(8.4-145)式和(8.4-146)式,得这个反向试验信道的平均互信 $I(X;Y)$ 的最小值

$$I(X;Y)_{\min} = h(X) - h(X/Y)_{\max} = \frac{1}{2}\ln(2\pi e \sigma^2) - \frac{1}{2}\ln(2\pi e D)$$

$$= \frac{1}{2}\ln\frac{\sigma^2}{D} = R(D) \tag{8.4-147}$$

这说明,图 8.4-5 所示反向试验信道的平均互信息 $I(X;Y)$,达到方差为 σ^2 的高斯连续信源 X,在"均方误差"失真度下的信息率-失真函数 $R(D)$.

图 8.4-5 所示的反向试验信道与图 8.4-1 所示的反向试验信道完全相同.这提供了在讨论 S 参量表述方法以前,直接引入图 8.4.1 所示反向试验信道的来由和依据.

8.5 $R(D)$ 的迭代计算

实际上,计算一般信源的信息率-失真函数是相当复杂和困难的.$R(D)$ 函数的迭代算法是一种具有一定精度的近似计算方法.

我们知道,若给定信源 X 的概率分布 $P(X):\{p(a_i)(i=1,2,\cdots,r)\}$,规定失真度 $d(a_i,b_j)>0$ $(i=1,2,\cdots,r;j=1,2,\cdots,s)$,选定允许失真度 D,则信源 X 的信息率-失真函数 $R(D)$,就是在满足 $\overline{D}\leqslant D$ 的试验信道的集合 B_D 中,对信道传递概率 $p(b_j/a_i)(i=1,2,\cdots,r;j=1,2,\cdots,s)$ 取平均互信息 $I(X;Y)$ 的最小值

$$R(D) = \min_{p(b_j/a_i) \in B_D} \{I(X;Y)\} \tag{8.5-1}$$

在数学上,就是在约束条件

$$\varphi = D - \overline{D} = D - \sum_{i=1}^{r}\sum_{j=1}^{s} p(a_i)p(b_j/a_i)d(a_i,b_j) = 0 \tag{8.5-2}$$

$$\varphi_i' = \sum_{j=1}^{s} p(b_j/a_i) - 1 = 0 \quad (i=1,2,\cdots,r) \tag{8.5-3}$$

的约束下,求平均互信息 $I(X;Y)$ 的条件极小值.

对于给定信源 X 的固定不变的概率分布 $P(X):\{p(a_i)(i=1,2,\cdots,r)\}$ 来说,信宿 Y 的概率分布 $P(Y):\{p(b_j)(j=1,2,\cdots,s)\}$ 与信道传递概率 $P(Y/X):\{p(b_j/a_i)(i=1,2,\cdots,r;j=1,2,\cdots,s)\}$ 应是互为因果、互相牵动的两个变量.为了导出迭代计算公式,暂且假定 $p(b_j)(j=1,$

$2,\cdots,s$)固定不变,不随传递概率 $p(b_j/a_i)(i=1,2,\cdots,r;j=1,2,\cdots,s)$ 的变动而变动. 在这样的假定下,平均互信息 $I(X;Y)$ 就可看作仅仅是信道传递概率 $p(b_j/a_i)$ 的函数,可写成

$$I[p(b_j/a_i)] = \sum_{i=1}^{r}\sum_{j=1}^{s} p(a_i)p(b_j/a_i)\ln\frac{p(b_j/a_i)}{p(b_j)} \tag{8.5-4}$$

为了求 $I[p(b_j/a_i)]$ 的条件极小值,设待定常数 S 和 $\lambda_i(i=1,2,\cdots,r)$,且作辅助函数

$$F[p(b_j/a_i),S,\lambda_i] = I[p(b_j/a_i)] + S\varphi + \sum_{i=1}^{r}\lambda_i\varphi_i'$$

$$= \sum_{i=1}^{r}\sum_{j=1}^{s} p(a_i)p(b_j/a_i)\ln\frac{p(b_j/a_i)}{p(b_j)}$$

$$+ S\Big[D - \sum_{i=1}^{r}\sum_{j=1}^{s} p(a_i)p(b_j/a_i)d(a_i,b_j)\Big]$$

$$+ \sum_{i=1}^{r}\lambda_i\Big[\sum_{j=1}^{s} p(b_j/a_i) - 1\Big] \tag{8.5-5}$$

然后,由辅助函数 $F[p(b_j/a_i),S,\lambda_i]$ 对 $p(b_j/a_i)$ 取偏导,并置之为零,得稳定点方程

$$\frac{\partial}{\partial p(b_j/a_i)}F[p(b_j/a_i),S,\lambda_i] = \frac{\partial}{\partial p(b_j/a_i)}\Big\{ \sum_{i=1}^{r}\sum_{j=1}^{s} p(a_i)p(b_j/a_i)\ln\frac{p(b_j/a_i)}{p(b_j)}$$

$$+ SD - S\sum_{i=1}^{r}\sum_{j=1}^{s} p(a_i)p(b_j/a_i)d(a_i,b_j) + \sum_{i=1}^{r}\lambda_i\Big[\sum_{j=1}^{s} p(b_j/a_i) - 1\Big]\Big\}$$

$$= \frac{\partial}{\partial p(b_j/a_i)}\Big[\sum_{i=1}^{r}\sum_{j=1}^{s} p(a_i)p(b_j/a_i)\ln\frac{p(b_j/a_i)}{p(b_j)}\Big]$$

$$+ \frac{\partial}{\partial p(b_j/a_i)}\Big[SD - S\sum_{i=1}^{r}\sum_{j=1}^{s} p(a_i)p(b_j/a_i)d(a_i,b_j)\Big]$$

$$+ \frac{\partial}{\partial p(b_j/a_i)}\Big\{ \sum_{i=1}^{r}\lambda_i\Big[\sum_{j=1}^{s} p(b_j/a_i) - 1\Big]\Big\}$$

$$= \Big[p(a_i)\ln\frac{p(b_j/a_i)}{p(b_j)} + p(a_i)p(b_j/a_i)\frac{p(b_j)}{p(b_j/a_i)} \cdot \frac{1}{p(b_j)}\Big]$$

$$+ [-Sp(a_i)d(a_i,b_j)] + \lambda_i$$

$$= \Big[p(a_i)\ln\frac{p(b_j/a_i)}{p(b_j)} + p(a_i)\Big] - Sp(a_i)d(a_i,b_j) + \lambda_i = 0$$

$$(i=1,2,\cdots,r;j=1,2,\cdots,s) \tag{8.5-6}$$

由此得

$$\ln\frac{p(b_j/a_i)}{p(b_j)} = Sd(a_i,b_j) - \frac{\lambda_i}{p(a_i)} - 1 \tag{8.5-7}$$

即得

$$p^*(b_j/a_i) = p(b_j)\exp\Big\{Sd(a_i,b_j) - \Big[\frac{\lambda_i}{p(a_i)} + 1\Big]\Big\} \tag{8.5-8}$$

因为

$$\sum_{j=1}^{s} p(b_j/a_i) = 1 \quad (i=1,2,\cdots,r) \tag{8.5-9}$$

把(8.5-8)式代入(8.5-9)式,得

$$1 = \sum_{j=1}^{s} p(b_j) \exp\left\{ S\, d(a_i,b_j) - \left[\frac{\lambda_i}{p(a_i)} + 1 \right] \right\} \tag{8.5-10}$$

若把 $d(a_i,b_j)$ 记为 $d_{ij}(i=1,2,\cdots,r;j=1,2,\cdots,s)$,则有

$$1 = \sum_{j=1}^{s} p(b_j) e^{S d_{ij}} \exp\left\{ - \left[\frac{\lambda_i}{p(a_i)} + 1 \right] \right\} \tag{8.5-11}$$

所以

$$\exp\left\{ - \left[\frac{\lambda_i}{p(a_i)} + 1 \right] \right\} = \frac{1}{\sum\limits_{j=1}^{s} p(b_j) e^{S d_{ij}}} \tag{8.5-12}$$

把(8.5-12)式代入(8.5-8)式,得

$$p^*(b_j/a_i) = \frac{p(b_j) e^{S d_{ij}}}{\sum\limits_{j=1}^{s} p(b_j) e^{S d_{ij}}} \tag{8.5-13}$$

这就是在 $p(b_j)(j=1,2,\cdots,s)$ 固定不变的假定下,使平均互信息 $I(X;Y)$ 达到极小值的传递概率.

现在,把 $p(b_j)(j=1,2,\cdots,s)$ 当作独立变量,而把本来与 $p(b_j)(j=1,2,\cdots,s)$ 有联系的 $p(b_j/a_i)(i=1,2,\cdots,r;j=1,2,\cdots,s)$ 看作是固定不变的量. 在这种假定下,平均互信息 $I(X;Y)$ 就可看作是 $p(b_j)$ 的函数

$$I[p(b_j)] = \sum_{i=1}^{r} \sum_{j=1}^{s} p(a_i) p(b_j/a_i) \ln \frac{p(b_j/a_i)}{p(b_j)} \tag{8.5-14}$$

这时,约束条件为

$$\varphi = D - \bar{D} = D - \sum_{i=1}^{r} \sum_{j=1}^{s} p(a_i) p(b_j/a_i) d(a_i,b_j) = 0 \tag{8.5-15}$$

$$\varphi' = \sum_{j=1}^{s} p(b_j) - 1 = 0 \tag{8.5-16}$$

为了求解 $I[p(b_j)]$ 的条件极小值,引入待定常数 S 和 λ,并作辅助函数

$$\begin{aligned}
F[p(b_j),S,\lambda] &= I[p(b_j)] + S\varphi + \lambda \varphi' \\
&= \sum_{i=1}^{r} \sum_{j=1}^{s} p(a_i) p(b_j/a_i) \ln \frac{p(b_j/a_i)}{p(b_j)} \\
&\quad + SD - S \sum_{i=1}^{r} \sum_{j=1}^{s} p(a_i) p(b_j/a_i) d(a_i,b_j) + \lambda\left[\sum_{j=1}^{s} p(b_j) - 1 \right]
\end{aligned} \tag{8.5-17}$$

然后,由辅助函数 $F[p(b_j),S,\lambda]$ 对 $p(b_j)$ 取偏导,并置之为零,得 S 个稳定点方程

$$\begin{aligned}
\frac{\partial}{\partial p(b_j)} F[p(b_j),S,\lambda] &= \frac{\partial}{\partial p(b_j)} \left\{ \sum_{i=1}^{r} \sum_{j=1}^{s} p(a_i) p(b_j/a_i) \ln \frac{p(b_j/a_i)}{p(b_j)} \right\} \\
&\quad + \frac{\partial}{\partial p(b_j)} \left[SD - S \sum_{i=1}^{r} \sum_{j=1}^{s} p(a_i) p(b_j/a_i) d(a_i,b_j) \right] + \frac{\partial}{\partial p(b_j)} \left\{ \lambda\left[\sum_{j=1}^{s} p(b_j) - 1 \right] \right\} \\
&= \left\{ \sum_{i=1}^{r} \sum_{j=1}^{s} p(a_i) p(b_j/a_i) \frac{p(b_j)}{p(b_j/a_i)} \cdot p(b_j/a_i) \cdot \left(-\frac{1}{[p(b_j)]^2} \right) \right\} + \lambda
\end{aligned}$$

$$=-\frac{\sum\limits_{i=1}^{r}p(a_i)p(b_j/a_i)}{p(b_j)}+\lambda=0 \quad (j=1,2,\cdots,s) \tag{8.5-18}$$

则有

$$p^*(b_j)=\frac{1}{\lambda}\sum_{i=1}^{r}p(a_i)p(b_j/a_i) \quad (j=1,2,\cdots,s) \tag{8.5-19}$$

因为

$$\sum_{j=1}^{s}p^*(b_j)=1 \tag{8.5-20}$$

把(8.5-19)式代入(8.5-20)式,得

$$\lambda=\sum_{i=1}^{r}\sum_{j=1}^{s}p(a_i)p(b_j/a_i)=1 \tag{8.5-21}$$

所以,有

$$p^*(b_j)=\sum_{i=1}^{r}p(a_i)p(b_j/a_i) \quad (j=1,2,\cdots,s) \tag{8.5-22}$$

这就是在 $p(b_j/a_i)(i=1,2,\cdots,r;j=1,2,\cdots,s)$ 固定不变的假定下,使平均互信息 $I(X;Y)$ 达到极小值时信宿 Y 的概率分布.

综上所述,(8.5-13)式和(8.5-22)式构成了 $R(D)$ 函数的迭代计算基础. 具体迭代算法是:先假定一个绝对值相当大的负数作为 S_1 值. 选定起始传递概率 $p^{(1)}(b_j/a_i)(i=1,2,\cdots,r;j=1,2,\cdots,s)$ 组成 $(r\times s)$ 阶起始矩阵 $[P^{(1)}]$. 一般可选 $p^{(1)}(b_j/a_i)=1/(r\times s)(i=1,2,\cdots,r;j=1,2,\cdots,s)$,组成 $(r\times s)$ 个元素 $p(b_j/a_i)(i=1,2,\cdots,r;j=1,2,\cdots,s)$ 都是 $1/(r\times s)$ 的起始矩阵 $[P^{(1)}]$. 把选定的起始传递概率 $p^{(1)}(b_j/a_i)(i=1,2,\cdots,r;j=1,2,\cdots,s)$ 代入(8.5-22)式,得到相应的 $p^{(1)}(b_j)(j=1,2,\cdots,s)$. 然后用 $p^{(1)}(b_j)(j=1,2,\cdots,s)$ 代入(8.5-13)式,得到相应的 $p^{(2)}(b_j/a_i)(i=1,2,\cdots,r;j=1,2,\cdots,s)$. 再用 $p^{(2)}(b_j/a_i)(i=1,2,\cdots,r;j=1,2,\cdots,s)$ 代入(8.5-22)式,得相应的 $p^{(2)}(b_j)(j=1,2,\cdots,s)$. 再用 $p^{(2)}(b_j)(j=1,2,\cdots,s)$ 代入(8.5-13)式,得到相应的 $p^{(3)}(b_j/a_i)(i=1,2,\cdots,r;j=1,2,\cdots,s)$. 依此类推进行下去,直到

$$D(S_1)(n)=\sum_{i=1}^{r}\sum_{j=1}^{s}p(a_i)p^{(n)}(b_j/a_i)d(a_i,b_j) \tag{8.5-23}$$

与

$$D(S_1)(n+1)=\sum_{i=1}^{r}\sum_{j=1}^{s}p(a_i)p^{(n+1)}(b_j/a_i)d(a_i,b_j) \tag{8.5-24}$$

相当接近,其差别已在允许的精度范围之内,以及

$$R(S_1)(n)=\sum_{i=1}^{r}\sum_{j=1}^{s}p(a_i)p^{(n)}(b_j/a_i)\ln\frac{p^{(n)}(b_j/a_i)}{p^{(n)}(b_j)} \tag{8.5-25}$$

与

$$R(S_1)(n+1)=\sum_{i=1}^{r}\sum_{j=1}^{s}p(a_i)p^{(n+1)}(b_j/a_i)\ln\frac{p^{(n+1)}(b_j/a_i)}{p^{(n+1)}(b_j)} \tag{8.5-26}$$

相当接近,其差别已在允许的精度范围之内. 则 $R(S_1)(n)$(或 $R(S_1)(n+1)$)就是这个 S_1 值的信息率-失真函数 $R(S_1)$ 的近似值. 然后,再选定一个绝对值略大一些的负数作为 S_2 的值,重复

以上迭代计算过程,得到 S_2 值的信息率-失真函数 $R(S_2)$ 的近似值.这种过程一直持续到信息率-失真函数 $R(S_{max})$ 逼近于零为止.随着 $S_1,S_2,\cdots,S_{max}$ 的选定,就可得到信息率-失真函数 $R(S)$ 的曲线.实际上,这里的参数 S 就是 $R(D)$ 函数的斜率.根据 $R(D)$ 函数的 S 参量表述理论,也可得到 $R(D)$ 函数曲线,最终完成信息率-失真函数 $R(D)$ 的迭代计算过程.

8.6 $R(D)$ 与信息价值

信息率失真理论中的平均失真度可以拓展为表示因失真造成的经济损失的大小.信息率-失真函数 $R(D)$ 把信息与经济价值联系在一起,它应该是探讨"信息价值"问题的一个合理的渠道和工具.

设给定信源 X 的信息率-失真函数为 $R(D)$,最大平均失真度为 $\overline{D}_{max}$,则有 $R(\overline{D}_{max})=0$.这表明,在没有获取关于信源 X 任何信息量时,损失达到最大平均损失 $\overline{D}_{max}$.当获取信源 X 的平均互信息 $I(X;Y)=R(\overline{D})$ 时,平均损失从最大值 $\overline{D}_{max}$ 下降到 $\overline{D}$(如图 8.6-1 所示).这就是说,获取 $R(\overline{D})$ 平均互信息,就可减少损失 $(\overline{D}_{max}-\overline{D})$.若以 $\overline{D}(R)$ 表示信息率-失真函数 $R(D)$ 的反函数,则平均互信息 $R(\overline{D})$ 就相当于 $(\overline{D}_{max}-\overline{D}(R))$ 的经济价值.所以,定义

$$V=\overline{D}_{max}-\overline{D}(R) \tag{8.6-1}$$

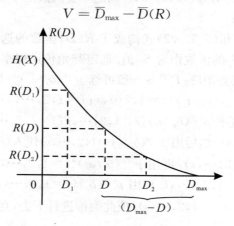

图 8.6-1

为信息率-失真函数 $R(\overline{D})$ 的"信息价值".进而定义每单位信息量的信息价值

$$v=\frac{\overline{D}_{max}-\overline{D}(R)}{R(\overline{D})} \tag{8.6-2}$$

为信息率-失真函数 $R(\overline{D})$ 的"信息价值率".

由定义 (8.6-2) 式,进而可得信息价值 V 随信息率 R 的变化率

$$v'=\frac{dV}{dR}=-\frac{d}{dR}[\overline{D}(R)] \tag{8.6-3}$$

因为有

$$\frac{d}{dD}[R(D)]=S \tag{8.6-4}$$

所以,(8.6-3) 式可改写为

$$v' = \frac{\mathrm{d}V}{\mathrm{d}R} = -1/S \tag{8.6-5}$$

因为 S 就是信息率-失真函数 $R(D)$ 的斜率，且 $S<0$，所以，(8.6-5)式中的

$$-1/S > 0 \tag{8.6-6}$$

　　这表明，信息价值 $V(R)$ 是信息率-失真函数 $R(D)$ 的单调递增函数（如图 8.6-2 所示）. 在图 8.6-2 中，横轴表示信息率-失真函数 R，纵轴表示信息价值 $V(R)$. 若信息率 R_1 大于信息率 R_2，则相应的信息价值 $V(R_1)$ 大于 $V(R_2)$.

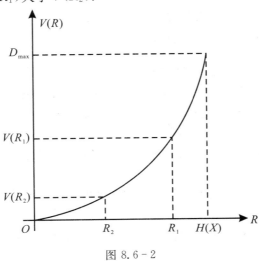

图 8.6-2

【例 8.12】　设某工厂产品的合格率 $p(好)=99/100$；产品的废品率 $p(废)=1/100$. 若把工厂的产品看作信源 X，则信源 X 的信源空间为

$$[X \cdot P] : \begin{cases} X: & 好 & 废 \\ P(X): & 99/100 & 1/100 \end{cases} \tag{1}$$

又设，若把一个合格产品作为废品处理将损失 1 元；一个废品误作为合格产品出厂将造成损失 100 元；真正合格产品出厂、真正的废品报废不造成任何损失. 如用失真度来表示上述的损失情况，则失真矩阵

$$[D] = \begin{matrix} & 好 & 废 \\ 好 & \begin{bmatrix} 0 & 1 \\ 100 & 0 \end{bmatrix} \\ 废 & \end{matrix} \tag{2}$$

　　若全部产品不经过检验而出厂，也就是无论是废品还是合格产品，一概都当作合格产品出厂. 这一检验准则可看作一个"信道"，相应的"信道"矩阵为

$$[P] = \begin{matrix} & 好 & 废 \\ 好 & \begin{bmatrix} 1 & 0 \\ 1 & 0 \end{bmatrix} \\ 废 & \end{matrix} \tag{3}$$

其传递特性，如图 E8.12-1 所示.

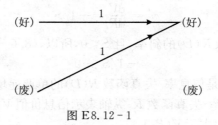

图 E8.12 - 1

根据信息率失真理论,其平均失真度

$$\overline{D}= \sum_i \sum_j p(a_i) p(b_j/a_i) d(a_i,b_j)$$

$$= p(好)p(好/好)d(好,好) + p(好)p(废/好)d(好,废)$$
$$+ p(废)p(好/废)d(废,好) + p(废)p(废/废)d(废,废)$$
$$= p(好)\cdot 1 \cdot 0 + p(好)\cdot 0 \cdot 1 + p(废)\cdot 1 \cdot 100 + p(废)\cdot 0 \cdot 0$$
$$= p(废)\cdot 1 \cdot 100 = (1/100)\cdot 100 = 1 \quad (元/产品) \tag{4}$$

这表明,如全部产品都不检验,一概当作合格产品出厂,从平均的意义上来说,每一产品给工厂造成 1 元的损失.

若全部产品不经检验都当作废品报废. 这一检验准则可看作另一"信道",相应的"信道"矩阵为

$$[P]= \begin{array}{c} \\ 好 \\ 废 \end{array} \begin{array}{cc} 好 & 废 \\ \left[\begin{array}{cc} 0 & 1 \\ 0 & 1 \end{array}\right] \end{array} \tag{5}$$

其信道传递特性,如图 E8.12 - 2 所示.

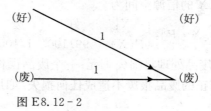

图 E8.12 - 2

同样,根据信息率失真理论,可求得其平均失真度

$$\overline{D}= \sum_i \sum_j p(a_i) p(b_j/a_i) d(a_i,b_j)$$

$$= p(好)p(好/好)d(好,好) + p(好)p(废/好)d(好,废)$$
$$+ p(废)p(好/废)d(废,好) + p(废)p(废/废)d(废,废)$$
$$= p(好)\cdot 0 \cdot 0 + p(好)\cdot 1 \cdot 1 + p(废)\cdot 0 \cdot 100 + p(废)\cdot 1 \cdot 0$$
$$= p(好)\cdot 1 \cdot 1 = p(好) = 99/100 = 0.99 \quad (元/产品) \tag{6}$$

这表明,如全部产品都不检验一概报废,从平均的意义上来说,每一产品给工厂造成 0.99 元的损失.

由此可见,产品全部报废造成的损失,小于产品全部出厂造成的损失. 当然,工厂领导一定会选择产品全部报废的决策,其最大损失

$$\overline{D}_{\max} = 0.99 \quad (元／产品) \tag{7}$$

实际上,(7)式运用信息率-失真函数中最大平均失真度 $\overline{D}_{\max} = \overline{D}'_{\min}$ 的选取原则即可得到,即

$$\overline{D}_{\max} = \overline{D}'_{\min} = \min_j \left\{ \sum_{i=1}^{r} p(a_i) d(a_i, b_j) \right\}$$

$$= \min_j \{ [p(好)d(好,好) + p(废)d(废,好)];$$

$$[p(好)d(好,废) + p(废)d(废,废)] \}$$

$$= \min_j \{ [(0.99) \cdot 0 + (0.01) \cdot 100]; [(0.99) \cdot 1 + (0.01) \cdot 0] \}$$

$$= \min_j \{1; 0.99\}$$

$$= 0.99 \quad (元／产品) \quad (j = 2) \tag{8}$$

相应的试验"信道"矩阵为

$$[P] = \begin{array}{c} \\ 好 \\ 废 \end{array} \begin{array}{cc} 好 & 废 \\ \left[\begin{array}{cc} 0 & 1 \\ \\ 0 & 1 \end{array} \right] \end{array} \tag{9}$$

这就是(5)式所示的信道矩阵,也就是体现不经过任何检验,把产品全部报废的检验准则.

又若检验能够正确无误地检验出合格产品和废品,可把这种检验准则看作是一个"无噪信道",相应的"信道"矩阵为

$$[P] = \begin{array}{c} \\ 好 \\ 废 \end{array} \begin{array}{cc} 好 & 废 \\ \left[\begin{array}{cc} 1 & 0 \\ \\ 0 & 1 \end{array} \right] \end{array} \tag{10}$$

其信道传递特性,如图 E 8.12-3 所示.

图 E 8.12-3

根据信息率失真理论,可求得其平均失真度

$$\overline{D} = \sum_i \sum_j p(a_i) p(b_j / a_i) d(a_i, b_j)$$

$$= p(好)p(好／好)d(好,好) + p(好)p(废／好)d(好,废)$$

$$+ p(废)p(好／废)d(废,好) + p(废)p(废／废)d(废,废)$$

$$= p(好) \cdot 1 \cdot 0 + p(好) \cdot 0 \cdot 1$$

$$+ p(废) \cdot 0 \cdot 100 + p(废) \cdot 1 \cdot 0 = 0 \tag{11}$$

这表明,这种正确无误的检验不造成任何损失.

根据信息率失真理论,由于(2)式所示失真矩阵 $[D]$ 中,每行最小值均等于零,每列只有一

个最小值,所以当选定允许失真度 $D=0$ 时,(10)式所示信道是满足保真度准则 $\overline{D}=D=0$ 的唯一试验信道,其平均互信息 $I(X;Y)$ 就是 $D=0$ 时的信息率-失真函数

$$R(D=0) = I(X;Y) = H(X) = H[0.99, 0.01] = 0.081 \quad (\text{比特} / \text{产品}) \quad (12)$$

这就是说,如获取 0.081 比特的信息量,就可避免一切损失. 因为可能造成的最大损失为 $\overline{D}_{\max} =$ 0.99(元/产品),所以 0.081(比特/产品)的信息量的最大价值为 0.99(元/产品). 由此,可得到每一比特信息相当的经济价值,即信息价值率

$$v_0 = \frac{0.99}{0.081} = 12.2 \quad (\text{元} / \text{比特}) \quad (13)$$

在一般情况下,无论产品是合格产品,还是废品,都作为废品处理的可能性极小,所以实际上损失总比 0.99(元/产品)要小一些. 另一方面,以上这种正确无误的检验要付出高昂的代价. 这就是说,正确无误的检验所付出的高昂代价,对应了一般不可能出现的最大损失. 可以想象,这种正确无误的检验准则下的信息价值率不会是最大的.

实际上,人们所需要的检验不一定是绝对正确无误的,可以允许有一定的误差. 若把合格产品误判为废品的概率,把废品误判为合格产品的概率均为 1/10. 同样可把这种检验准则看作一个"信道",相应的"信道"矩阵为

$$[P] = \begin{array}{c} \\ 好 \\ 废 \end{array} \begin{array}{cc} 好 & 废 \\ \begin{bmatrix} 0.90 & 0.10 \\ 0.10 & 0.90 \end{bmatrix} \end{array} \quad (14)$$

其信道传递特性,如图 E8.12 - 4 所示.

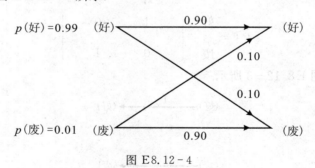

图 E8.12 - 4

根据信息率失真理论,这时的平均失真度

$$\overline{D} = \sum_i \sum_j p(a_i) p(b_j/a_i) d(a_i, b_j)$$

$= p(好)p(好/好)d(好,好) + p(好)p(废/好)d(好,废)$
$\quad + p(废)p(好/废)d(废,好) + p(废)p(废/废)d(废,废)$
$= p(好) \cdot (0.90) \cdot 0 + p(好) \cdot (0.10) \cdot 1 + p(废) \cdot (0.10) \cdot 100 + p(废) \cdot (0.90) \cdot 0$
$= p(好) \cdot (0.10) \cdot 1 + p(废) \cdot (0.10) \cdot 100$
$= (0.99) \cdot (0.10) \cdot 1 + (0.01) \cdot (0.10) \cdot 100 = 0.199 \quad (\text{元} / \text{产品}) \quad (15)$

这个平均损失比最大平均损失 $\overline{D}_{\max} = 0.99$(元/产品)有所减小,其减小量为

$$\overline{D}_{\max} - \overline{D} = 0.99 - 0.199 = 0.791 \quad (\text{元} / \text{产品}) \quad (16)$$

设经检验为合格产品出厂的概率为 p_Y(好)、经检验为废品报废的产品的概率为 p_Y(废),则有

$$p_Y(好) = p(好)p(好/好) + p(废)p(好/废)$$

$$= (0.99) \cdot (0.9) + (0.01) \cdot (0.1) = 0.892$$

$$p_Y(废) = 1 - p_Y(好) = 1 - 0.892 = 0.108 \tag{17}$$

由(16)式,得经检验是合格产品,还是废品报废的平均不确定性

$$H(Y) = H[p_Y(好), p_Y(废)] = H[0.892, 0.108]$$

$$= 0.494 \quad (比特/产品) \tag{18}$$

另一方面,工厂平均每生产一个产品,经检验是合格产品出厂,还是废品报废的条件不确定性

$$H(Y/X) = -\sum_i \sum_j p(a_i)p(b_j/a_i)\log p(b_j/a_i)$$

$$= -[p(好)p(好/好)\log p(好/好) + p(好)p(废/好)\log p(废/好)$$

$$+ p(废)p(好/废)\log p(好/废) + p(废)p(废/废)\log p(废/废)]$$

$$= -[(0.99) \cdot (0.90) \cdot (\log 0.90) + (0.99) \cdot (0.10) \cdot (\log 0.10)$$

$$+ (0.01) \cdot (0.10) \cdot (\log 0.10) + (0.01) \cdot (0.90) \cdot (\log 0.90)]$$

$$= 0.469 \quad (比特/产品) \tag{19}$$

由(18)式和(19)式可知,工厂实施如图 E8.12-4 所示"试验信道"的检验准则,获取的平均互信息

$$I(X;Y) = H(Y) - H(Y/X) = 0.494 - 0.469 = 0.025 \quad (比特/产品) \tag{20}$$

(16)式和(20)式说明,正是由于工厂实施了图 E8.12-4 所示"试验信道"的检验准则,获取了 0.025(比特/产品)的平均互信息,才使其损失从 $\overline{D}_{max} = 0.99$(元/产品)下降至 0.199(元/产品),减少了 0.791(元/产品)的损失. 这就是说,0.025(比特/产品)的平均互信息,相当于 0.791(元/产品)的经济价值,则每比特信息量的价值,即信息价值率

$$v = \frac{0.791}{0.025} = 31.6 \quad (元/产品) \tag{21}$$

(13)式和(21)式告诉我们,图 E8.12-4 所示"试验信道"体现的检验准则的信息价值率 v,大于图 E8.12-3 所示"试验信道"体现的检验准则的信息价值率 v_0. 这是因为,虽然图 E8.12-4 所示"试验信道"体现的检验准则减小的损失 0.791(元/产品),小于图 E8.12-3 所示"试验信道"体现的检验准则减小的损失 0.99(元/产品),但图 E8.12-4 所示"试验信道"体现的检验准则需要获取的平均互信息(即付出的代价)0.025(比特/产品),小于图 E8.12-3 所示"试验信道"体现的检验准则需要获取的平均互信息(即付出的代价)0.081(比特/产品). 从总体效果来看,图 E8.12-4 所示"试验信道"体现的检验准则,优于图 E8.12-3 所示"试验信道"体现的检验准则. 这表明,从信息价值率的角度出发,绝对正确无误的检验准则,在一定条件下,不一定比有一定误差的检验准则好.

【例 8.13】　设某地区晴天的概率 p(晴) $= 7/8$;雨天的概率 p(雨) $= 1/8$. 现把这一地区的天气作为信源,则信源 X 的信源空间

$$[X \cdot P]: \begin{cases} X: & 晴 & 雨 \\ P(X): & 7/8 & 1/8 \end{cases} \tag{1}$$

如这一地区某农场把晴天误当雨天,将损失 d 元;把雨天误当晴天也要损失 d 元. 则可得对称

失真(损失)矩阵

$$[D] = \begin{array}{c} \\ 晴 \\ 雨 \end{array} \begin{array}{cc} 晴 & 雨 \\ \left[\begin{array}{cc} 0 & d \\ d & 0 \end{array}\right] \end{array} \tag{2}$$

显然,(1)式和(2)式构成了一个信息率失真(或称信息率损失)模型.

由(8.3-158)式可知,信源 X 的信息率-失真函数

$$R(D) = H(1/8) - H(D/d) = 0.544 - H(D/d) \tag{3}$$

其中 D 是允许失真度.根据信息率失真理论,在天气预报中,若获取的信息率 R 等于信源 X 的信息熵 $H(X)$,即

$$R = H(X) = H(1/8) = 0.544 \quad (比特) \tag{4}$$

则平均损失 $\overline{D}=0$.若获取的信息率 $R=0$,则平均损失 $\overline{D}$ 达到最大值

$$\begin{aligned}
\overline{D}_{\max} &= \min_j \left\{ \sum_i p(a_i) d(a_i, b_j) \right\} \\
&= \min_j \{ [p(晴)d(晴,晴) + p(雨)d(雨,晴)]; [p(晴)d(晴,雨) + p(雨)d(雨,雨)] \} \\
&= \min_j \{ [7/8 \cdot 0 + 1/8 \cdot d]; [7/8 \cdot d + 1/8 \cdot 0] \} = \min_j \{ 1/8 \cdot d; 7/8 \cdot d \} \\
&= d/8 \quad (元) \quad (j = "晴")
\end{aligned} \tag{5}$$

由(4)式和(5)式可知,完全正确无误的预报的信息价值

$$V_0 = \overline{D}_{\max} - 0 = \overline{D}_{\max} = d/8 \quad (元) \tag{6}$$

信息价值率

$$v_0 = \frac{V_0}{R(D)} = \frac{V_0}{H(X)} = \frac{d/8}{0.544} = 0.068d \quad (元 / 比特) \tag{7}$$

实际上,如要求天气预报完全正确无误,需要有大量的气象数据和相应的设施条件,要付出昂贵的代价.一般只能做到预报有一定的准确率.若某预报系统的误报率为 1/10,则这个预报过程相当于一个"试验信道",其"信道"矩阵为

$$[P] = \begin{array}{c} \\ 晴 \\ 雨 \end{array} \begin{array}{cc} 晴 \qquad 雨 \\ \left[\begin{array}{cc} 0.9 & 0.1 \\ 0.1 & 0.9 \end{array}\right] \end{array} \tag{8}$$

这种天气预报造成的平均失真度(平均损失)为

$$\begin{aligned}
\overline{D} &= \sum_{i=1}^r \sum_{j=1}^s p(a_i) p(b_j/a_i) d(a_i, b_j) \\
&= p(晴)p(晴/晴)d(晴,晴) + p(晴)p(雨/晴)d(晴,雨) \\
&\quad + p(雨)p(晴/雨)d(雨,晴) + p(雨)p(雨/雨)d(雨,雨) \\
&= p(晴) \cdot (0.90) \cdot 0 + p(晴) \cdot (0.10) \cdot d \\
&\quad + p(雨) \cdot (0.10) \cdot d + p(雨) \cdot (0.10) \cdot 0 \\
&= \frac{1}{10}d \quad (元 / 每次预报)
\end{aligned} \tag{9}$$

由(5)式和(9)式,得这种天气预报的信息价值

$$V = \overline{D}_{\max} - \overline{D} = d/8 - d/10 = d/40 \tag{10}$$

若把(9)式所示平均失真度 $\overline{D}$ 当作允许失真度 D,则信息率-失真函数

$$R(D) = H(p) - H(D/d)$$
$$= H(1/8) - H(1/10)$$
$$= 0.075 \quad (比特/每次预报) \tag{11}$$

由(10)式、(11)式,根据(8.6-2)式,可得信息价值率

$$v = \frac{\overline{D}_{\max} - \overline{D}(R)}{R(\overline{D})} = \frac{d/40 \quad (元/每次预报)}{0.075 \quad (比特/每次预报)} = d/3 \quad (元/比特) \tag{12}$$

将(12)式与(7)式相比较可知,(8)式所示预报准则的信息价值率 v,比完全正确无误的天气预报准则的信息价值率 v_0 要大.

由(8.3-162)式,可得满足保真度准则 $\overline{D} = D = d/10$,且达到(11)式所示信息率-失真函数 $R(D) = 0.075$(比特/每次预报)的试验信道的传递概率

$$p(晴/晴) = p(a_1/a_1) = \frac{\left(1 - \dfrac{d/10}{d}\right)\left(7/8 - \dfrac{d/10}{d}\right)}{\left(\dfrac{7}{8}\right)\left(1 - \dfrac{2 \cdot d/10}{d}\right)} = \frac{(1 - 1/10)(7/8 - 1/10)}{7/8(1 - 2/10)}$$
$$= 0.996 \tag{13}$$

则有

$$p(雨/晴) = 1 - p(晴/晴) = 1 - 0.996 = 0.004 \tag{14}$$

由(8.3-164)式,有

$$p(雨/雨) = \frac{\left(1 - \dfrac{d/10}{d}\right)\left(1 - 7/8 - \dfrac{d/10}{d}\right)}{\left(1 - \dfrac{7}{8}\right)\left(1 - \dfrac{2 \cdot d/10}{d}\right)} = 0.225 \tag{15}$$

则有

$$p(晴/雨) = 1 - p(雨/雨) = 1 - 0.225 = 0.775 \tag{16}$$

由(13)式、(14)式和(15)式、(16)式可得,达到信息率-失真函数 $R(D) = R\left(\dfrac{d}{10}\right) = 0.075$(比特/每次预报)的试验信道的信道矩阵

$$[P] = \begin{matrix} 晴 \\ 雨 \end{matrix} \begin{array}{cc} 晴 & 雨 \\ \left[\begin{matrix} 0.996 & 0.004 \\ 0.775 & 0.225 \end{matrix} \right] \end{array} \tag{17}$$

(17)式和(8)式所示的试验信道都是在(2)式所示的失真度下,满足保真度准则 $\overline{D} \leqslant D = d/10$ 的试验信道集合 $B_{D=0.1d}$ 中的试验信道. 这就是说,由(17)式和(8)式所示的天气预报所造成的平均损失都不超过 $d/10$(元/每次预报).(17)式所示的试验信道是达到信息率-失真函数 $R(d/10)$ 的试验信道,而(8)式所示试验信道,不是达到信息率-失真函数 $R(d/10)$ 的试验信道,这个信道的平均互信息,大于信息率-失真函数 $R(d/10)$. 这就是说,(17)式所示的天气预报的信息价值率,达到(12)式所示的信息价值率 $v = d/3$(元/比特),而(8)式所示的天气预报的信息价值

率要小于 $v=d/3$(元/比特).

用信息率-失真函数 $R(D)$ 来定义、估量信息价值,实际情况可能比上述两个例子要复杂困难得多,还有一系列问题有待探索研究. 不过通过对 $R(D)$ 函数与信息价值之间的关系的初步探讨,我们已经可以看到 $R(D)$ 函数在信息价值问题上的应用前途.

8.7 广义信息率-失真函数

在上一节中,我们应用 $R(D)$ 函数,探讨了关于"信息价值"的定义及其估算. 这一节,我们从纯数学的角度出发,探讨 $R(D)$ 的数学内核及其构建. 不论是讨论 $R(D)$ 的应用,还是讨论 $R(D)$ 的数学内核,其目的都是加深对 $R(D)$ 函数内涵的理解. 要讨论 $R(D)$ 的数学内核,必须从平均互信息开始.

8.7.1 广义平均互信息

设 $Q(Z)$ 是变量 Z 的下凸连续函数,$P(XY)$ 是图 8.7-1 所示的通信系统信道的输入随机变量 X 和输出随机变量 Y 的联合概率,$\mu(XY)$ 是关于 (XY) 的非负测度,并对 $P(XY)$ 绝对连续. 则

$$K(X;Y) = E\left\{Q\left[\frac{\mu(XY)}{P(XY)}\right]\right\} = \sum_{X,Y} P(XY)Q\left[\frac{\mu(XY)}{P(XY)}\right] \qquad (8.7-1)$$

定义为 X 和 Y 之间的"广义平均互信息".

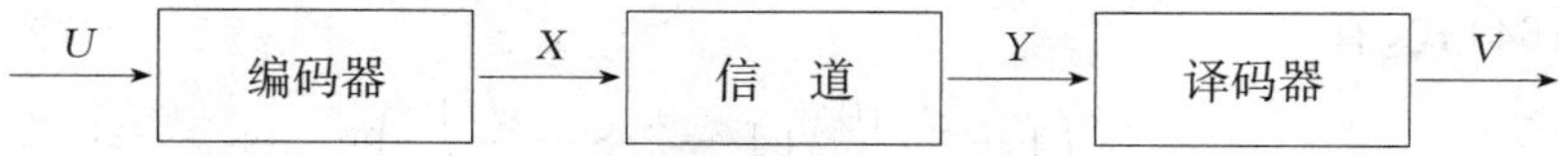

图 8.7-1

显然,当 Z 的下凸连续函数 $Q(Z)$ 取对数函数

$$Q(Z) = -\log Z \qquad (8.7-2)$$

而 (XY) 的非负测度 $\mu(XY)$ 取为 X 和 Y 的概率的乘积,即

$$\mu(XY) = P(X)P(Y) \qquad (8.7-3)$$

时,有

$$K(X;Y) = -\sum_{X}\sum_{Y} P(XY)\log\left[\frac{\mu(XY)}{P(XY)}\right]$$

$$= \sum_{X}\sum_{Y} P(XY)\log\frac{P(XY)}{P(X)P(Y)} = I(X;Y) \qquad (8.7-4)$$

这说明,用对数函数定义的平均互信息 $I(X;Y)$,是由 (8.7-1) 式定义的"广义平均互信息" $K(X;Y)$ 的一个特例. 显然,从数学意义上讲,$K(X;Y)$ 与函数 $Q(Z)$、非负测度 $\mu(XY)$ 的函数形式有关. 所以,把 $K(X;Y)$ 一般写成 $K_{Q,\mu}(X;Y)$.

同样,若设 $P(UV)$ 是图 8.7-1 所示的通信系统中的信源 U 和译码器输出随机变量 V 的联合概率,$\mu(UV)$ 是关于 (UV) 的非负测度,并对 $P(UV)$ 绝对连续,则

$$K_{Q,\mu}(U;V) = E\left\{Q\left[\frac{\mu(UV)}{P(UV)}\right]\right\} = \sum_{U,V} P(UV)Q\left[\frac{\mu(UV)}{P(UV)}\right] \qquad (8.7-5)$$

称为 U 和 V 之间的"广义平均互信息".

我们知道,"数据处理定理"是通信系统中的基本通信规律. 那么,"广义平均互信息"是否满足数据处理定理呢?

定理 8.16 在由编码器、信道和译码器组成的通信系统中,广义平均互信息,同样满足数据处理定理,即有

$$K_{Q,\mu}(X;Y) \geqslant K_{Q,\mu}(U;V)$$

证明

(1) 首先证明

$$K(X;Y) \geqslant K(X;V) \tag{8.7-6}$$

为此,令图 8.7-1 中的 Y 和 V 由函数关系

$$V = g(Y) \tag{8.7-7}$$

相联系. 则概率测度 $P(XY)$ 和非负测度 $\mu(XY)$ 均可用函数变换(8.7-7)式变换到 (XV) 坐标系统中去,其坐标变换关系为

$$\begin{cases} X = X \\ Y = g^{-1}(V) \end{cases} \qquad \begin{cases} X = X \\ V = g(Y) \end{cases} \tag{8.7-8}$$

对于译码器来说,一个 V 值可能有多个 Y 值与之对应(如 $V = Y^2$,则 $Y = \pm\sqrt{V}$),从而组成一个 $\{g^{-1}(V)\}$ 集合,则有

$$P(XV) = \sum_{Y \in \{g^{-1}(V)\}} P(XY) \tag{8.7-9}$$

$$\mu(XV) = \sum_{Y \in \{g^{-1}(V)\}} \mu(XY) \tag{8.7-10}$$

这里,$P(XV)$ 和 $P(XY)$ 以及 $\mu(XV)$ 和 $\mu(XY)$ 都是概率或测度,并非同一函数. 因为

$$\sum_{Y \in \{g^{-1}(V)\}} \frac{P(XY)}{P(XV)} = \frac{\sum_{Y \in \{g^{-1}(V)\}} P(XY)}{P(XV)} = \frac{P(XV)}{P(XV)} = 1 \tag{8.7-11}$$

所以有

$$K(X;Y) = \sum_X \sum_Y P(XY) Q\left[\frac{\mu(XY)}{P(XY)}\right]$$

$$= \sum_X \sum_Y P(XY) \cdot \frac{\sum_{Y \in \{g^{-1}(V)\}} P(XY)}{P(XV)} \cdot Q\left[\frac{\mu(XY)}{P(XY)}\right] \tag{8.7-12}$$

由(8.7-11)式,可以把

$$P(XY)/P(XV) \tag{8.7-13}$$

看作是集合 $Y \in \{g^{-1}(V)\}$ 中 Y 的概率测度. 考虑 $Q(Z)$ 的下凸性,则有

$$\sum_{Y \in \{g^{-1}(V)\}} \frac{P(XY)}{P(XV)} \cdot Q\left[\frac{\mu(XY)}{P(XY)}\right] \geqslant Q\left[\sum_{Y \in \{g^{-1}(V)\}} \frac{P(XY)}{P(XV)} \cdot \frac{\mu(XY)}{P(XY)}\right]$$

$$= Q\left[\sum_{Y \in \{g^{-1}(V)\}} \frac{\mu(XY)}{P(XV)}\right] = Q\left[\frac{\sum_{Y \in \{g^{-1}(V)\}} \mu(XY)}{P(XV)}\right] = Q\left[\frac{\mu(XV)}{P(XV)}\right] \tag{8.7-14}$$

由(8.7-12)和(8.7-14)式,有

$$K(X;Y) \geqslant \sum_X \sum_Y P(XY)Q\left[\frac{\mu(XV)}{P(XV)}\right] = \sum_X \sum_V \left\{\sum_{Y \in \{g^{-1}(V)\}} P(XY)Q\left[\frac{\mu(XV)}{P(XV)}\right]\right\}$$

$$= \sum_X \sum_V P(XV)Q\left[\frac{\mu(XV)}{P(XV)}\right] = K(X;V) \tag{8.7-15}$$

则(8.7-6)式得到证明.

(2) 其次,证明

$$K(X;V) \geqslant K(U;V) \tag{8.7-16}$$

为此,令图 8.7-1 中的 X 和 U 由函数关系

$$U = f(X) \tag{8.7-17}$$

相联系. 则概率测度 $P(XV)$ 和非负测度 $\mu(XV)$ 均可用函数变换(8.7-17)式变换到 (U, V) 坐标系统中去,其坐标变换关系为

$$\begin{cases} V = V \\ U = f(X) \end{cases} \qquad \begin{cases} V = V \\ X = f^{-1}(U) \end{cases} \tag{8.7-18}$$

则有

$$P(UV) = \sum_{X \in \{f^{-1}(U)\}} P(XV) \tag{8.7-19}$$

$$\mu(UV) = \sum_{X \in \{f^{-1}(U)\}} \mu(XV) \tag{8.7-20}$$

这里 $P(UV)$ 和 $P(XV)$ 以及 $\mu(UV)$ 和 $\mu(XV)$ 都是概率测度,并非同一函数. 因为

$$\sum_{X \in \{f^{-1}(U)\}} \frac{P(XV)}{P(UV)} = 1 \tag{8.7-21}$$

所以有

$$K(X;V) = \sum_X \sum_V P(XV)Q\left[\frac{\mu(XV)}{P(XV)}\right]$$

$$= \sum_X \sum_V P(XV) \cdot \frac{\sum_{X \in \{f^{-1}(U)\}} P(XV)}{P(UV)} Q\left[\frac{\mu(XV)}{P(XV)}\right] \tag{8.7-22}$$

由(8.7-21)式,可把

$$P(XV)/P(UV) \tag{8.7-23}$$

看作是 $X = f^{-1}(U)$ 的概率测度. 考虑到 $Q(Z)$ 的下凸性,则有

$$\sum_{X \in \{f^{-1}(U)\}} \frac{P(XV)}{P(UV)} Q\left[\frac{\mu(XV)}{P(XV)}\right] \geqslant Q\left[\sum_{X \in \{f^{-1}(U)\}} \frac{P(XV)}{P(UV)} \cdot \frac{\mu(XV)}{P(XV)}\right]$$

$$= Q\left[\sum_{X \in \{f^{-1}(U)\}} \frac{\mu(XV)}{P(UV)}\right] = Q\left[\frac{\sum_{X \in \{f^{-1}(U)\}} \mu(XV)}{P(UV)}\right] = Q\left[\frac{\mu(UV)}{P(UV)}\right] \tag{8.7-24}$$

由(8.7-22)式和(8.7-24)式,有

$$K(X;V) \geqslant \sum_X \sum_V P(XV)Q\left[\frac{\mu(UV)}{P(UV)}\right]$$

$$= \sum_U \sum_V \left\{\sum_{X \in \{f^{-1}(U)\}} P(XV) \cdot Q\left[\frac{\mu(UV)}{P(UV)}\right]\right\}$$

$$= \sum_U \sum_V P(UV) \cdot Q\left[\frac{\mu(UV)}{P(UV)}\right] = K(U;V) \tag{8.7-25}$$

则(8.7-16)式得到证明.

（3）综合(8.7-15)式和(8.7-25)式，证得

$$K_{Q,\mu}(X;Y) \geqslant K_{Q,\mu}(U;V) \tag{8.7-26}$$

由(8.7-8)式和(8.7-18)式可知，当 $V = g(Y)$ 和 $U = f(X)$ 是一一对应的确定函数关系时，分别有

$$P(XV) = P(XY); \quad \mu(XV) = \mu(XY) \tag{8.7-27}$$

以及

$$P(UV) = P(XV); \quad \mu(UV) = \mu(XV) \tag{8.7-28}$$

则由(8.7-27)式可得

$$K(X;Y) = \sum_X \sum_Y P(XY)Q\left[\frac{\mu(XY)}{P(XY)}\right]$$

$$= \sum_X \sum_V P(XV)Q\left[\frac{\mu(XV)}{P(XV)}\right] = K(X;V) \tag{8.7-29}$$

由(8.7-28)式可得

$$K(X;V) = \sum_X \sum_V P(XV)Q\left[\frac{\mu(XV)}{P(XV)}\right]$$

$$= \sum_U \sum_V P(UV)Q\left[\frac{\mu(UV)}{P(UV)}\right] = K(U;V) \tag{8.7-30}$$

由(8.7-29)式和(8.7-30)式，有

$$K(X;Y) = K(U;V) \tag{8.7-31}$$

这说明，"广义平均互信息" $K(X;Y)$ 与平均互信息 $I(X;Y)$ 一样，通过具有一一对应的确定函数关系的处理网络后，其值保持不变.

这样，定理 8.16 就得到了证明.

定理 8.16 告诉我们，由(8.7-1)式定义的"广义平均互信息"，在数学特性上，与平均互信息 $I(X;Y)$ 一样，符合数据处理定理，即

$$K(X;Y) \geqslant K(X;V) \geqslant K(U;V) \tag{8.7-32}$$

同样可证明

$$K(X;Y) \geqslant K(U;Y) \geqslant K(U;V) \tag{8.7-33}$$

8.7.2　广义信息率-失真函数

既然从一般数学意义上构造的"广义平均互信息" $K_{Q,\mu}(U;V)$ 具有平均互信息的主要数学特性，那么，就可以在"广义平均互信息" $K_{Q,\mu}$ 的基础上，进而定义"广义信息率-失真函数".

令：$d(U,V)$ 是 U 与 V 之间的失真测度；$P(U)$ 是 U 的概率分布；$\mu(U,V)$ 是 (U,V) 的非负测度. 设 $P(U)$ 和 $\mu(U,V)$ 均已给定. 又设 D 是允许失真度，满足保真度准则

$$\overline{D} = \sum_U \sum_V P(U)P(V/U)d(U,V) \leqslant D \tag{8.7-34}$$

的试验信道 $P(V/U)$ 的集合记为 B_D. 定义

$$R_{Q,\mu}(D) = \inf_{p(V/U) \in B_D} \left\{ K_{Q,\mu}(U;V) \right\} \tag{8.7-35}$$

为广义信息率-失真函数,显然,有

$$R_{Q,\mu}(D) \leqslant K_{Q,\mu}(U;V) \tag{8.7-36}$$

现在,利用"广义平均互信息"$K_{Q,\mu}(U;V)$和广义信息率-失真函数$R_{Q,\mu}(D)$,来计算通信系统误码率的下界.

定理 8.17 在由编码器、信道和译码器组成的通信系统中,若二元等概信源$U:\{u_1,u_2\}$与译码器输出$V:\{v_1,v_2\}$之间的错误传递概率分别为$p(v_2/u_1)=\varepsilon_1$和$p(v_1/u_2)=\varepsilon_2$,则通信系统的平均错误译码概率P_e的下界为

$$\sqrt{P_e - P_e^2} \geqslant \left[\sqrt{\varepsilon_2(1-\varepsilon_1)} + \sqrt{\varepsilon_1(1-\varepsilon_2)}\right]/2$$

证明 设二元离散无记忆信源U的信源空间为

$$[U \cdot P]: \begin{cases} U: & u_1 & u_2 \\ P(U): & p(u_1) & p(u_2) \end{cases} \tag{8.7-37}$$

其中,$0 \leqslant p(u_1), p(u_2) \leqslant 1; p(u_1)+p(u_2)=1$. 选定汉明失真度,即失真矩阵为

$$[D] = \begin{array}{c} \\ u_1 \\ u_2 \end{array} \begin{array}{cc} v_1 & v_2 \end{array} \left[\begin{array}{cc} 0 & 1 \\ 1 & 0 \end{array} \right] \tag{8.7-38}$$

这时平均失真度$\overline{D}$就是平均错误译码概率P_e,即

$$\overline{D} = \sum_{i=1}^{2} \sum_{j=1}^{2} p(u_i) p(v_j/u_i) d(u_i,v_j) = \sum_{i \neq j} p(u_i) p(v_j/u_i) = P_e \tag{8.7-39}$$

当信源U是等概信源,即$p(u_1)=p(u_2)=0.5$时,平均失真度$\overline{D}$就等于错误传递概率$p(v_2/u_1)$和$p(v_1/u_2)$的算术平均值,即

$$\overline{D} = [p(v_2/u_1) + p(v_1/u_2)]/2 \tag{8.7-40}$$

这样,把平均失真度$\overline{D}$与错误传递概率$p(v_2/u_1)$、$p(v_1/u_2)$联系了起来.

再令(U,V)的非负测度

$$\mu(U,V) = P(V/u_1)P(U) \tag{8.7-41}$$

即得

$$\begin{aligned}
K(U;V) &= \sum_U \sum_V P(UV)Q\left[\frac{\mu(UV)}{P(UV)}\right] = \sum_U \sum_V P(UV)Q\left[\frac{P(V/u_1)P(U)}{P(UV)}\right] \\
&= \sum_U \sum_V P(U)P(V/U)Q\left[\frac{P(V/u_1)}{P(V/U)}\right] \\
&= \sum_i \sum_j p(u_i)p(v_j/u_i)Q\left[\frac{p(v_j/u_1)}{p(v_j/u_i)}\right] \\
&= p(u_1)p(v_1/u_1)Q\left[\frac{p(v_1/u_1)}{p(v_1/u_1)}\right] + p(u_1)p(v_2/u_1)Q\left[\frac{p(v_2/u_1)}{p(v_2/u_1)}\right] \\
&\quad + p(u_2)p(v_1/u_2)Q\left[\frac{p(v_1/u_1)}{p(v_1/u_2)}\right] + p(u_2)p(v_2/u_2)Q\left[\frac{p(v_2/u_1)}{p(v_2/u_2)}\right] \\
&= p(u_1)p(v_1/u_1)Q(1) + p(u_1)p(v_2/u_1)Q(1)
\end{aligned}$$

$$+ p(u_2)p(v_1/u_2)Q\left[\frac{p(v_1/u_1)}{p(v_1/u_2)}\right] + p(u_2)p(v_2/u_2)Q\left[\frac{p(v_2/u_1)}{p(v_2/u_2)}\right] \quad (8.7-42)$$

考虑到 $p(u_1) = p(u_2) = 0.5$,则有

$$K(U;V) = \frac{1}{2}Q(1) \cdot [p(v_1/u_1) + p(v_2/u_1)] + \frac{1}{2}p(v_1/u_2) \cdot Q\left[\frac{1 - p(v_2/u_1)}{p(v_1/u_2)}\right]$$

$$+ \frac{1}{2}[1 - p(v_1/u_2)] \cdot Q\left[\frac{p(v_2/u_1)}{1 - p(v_1/u_2)}\right]$$

$$= \frac{1}{2} \cdot Q(1) + \frac{1}{2}p(v_1/u_2) \cdot Q\left[\frac{1 - p(v_2/u_1)}{p(v_1/u_2)}\right]$$

$$+ \frac{1}{2}[1 - p(v_1/u_2)] \cdot Q\left[\frac{p(v_2/u_1)}{1 - p(v_1/u_2)}\right] \quad (8.7-43)$$

这样,$K(U;V)$ 只是 $Q(Z)$ 和错误传递概率 $p(v_2/u_1)$ 和 $p(v_1/u_2)$ 的函数了.

由"广义平均互信息"$K(U;V)$ 的定义,$Q(Z)$ 是一个下凸函数,但其函数形式并没有规定,可根据需要选择. 为此,选择下凸连续函数

$$Q(Z) = -\sqrt{Z} \quad (8.7-44)$$

则由(8.7-43)式,有

$$K(U;V) = \frac{1}{2}(-\sqrt{1}) + \frac{1}{2}p(v_1/u_2)\left[-\sqrt{\frac{1 - p(v_2/u_1)}{p(v_1/u_2)}}\right]$$

$$+ \frac{1}{2}[1 - p(v_1/u_2)]\left[-\sqrt{\frac{p(v_2/u_1)}{1 - p(v_1/u_2)}}\right]$$

$$= -\frac{1}{2} - \frac{1}{2}\sqrt{p(v_1/u_2)[1 - p(v_2/u_1)]}$$

$$- \frac{1}{2}\sqrt{[1 - p(v_1/u_2)]p(v_2/u_1)}$$

$$= -\frac{1}{2}\left\{1 + \sqrt{p(v_1/u_2)[1 - p(v_2/u_1)]}\right.$$

$$+ \left.\sqrt{[1 - p(v_1/u_2)]p(v_2/u_1)}\right\} \quad (8.7-45)$$

这样,"广义平均互信息"$K(U;V)$ 只是错误传递概率 $p(v_2/u_1)$、$p(v_1/u_2)$ 的函数了.

若选定允许失真度 D,并设

$$\begin{cases} p(v_1/u_2) = D + \Delta \\ p(v_2/u_1) = D - \Delta \end{cases} \quad (8.7-46)$$

则由(8.7-40)式,有

$$\overline{D} = \frac{1}{2}[p(v_2/u_1) + p(v_1/u_2)] = \frac{1}{2}[(D-\Delta) + (D+\Delta)] = D \quad (8.7-47)$$

则满足保真度准则 $\overline{D} = D$.

由(8.7-46)式,则(8.7-45)式中的

$$p(v_1/u_2)[1 - p(v_2/u_1)] = (D+\Delta)(1-D+\Delta) = D - D^2 + \Delta + \Delta^2 \quad (8.7-48)$$

以及

$$p(v_2/u_1)[1 - p(v_1/u_1)] = (D-\Delta)(1-D+\Delta) = D - D^2 - \Delta + \Delta^2 \quad (8.7-49)$$

所以,(8.7-45)式所示 $K(U;V)$ 可由 D 和 Δ 表示为

$$K(U;V) = -\frac{1}{2}\left(1 + \sqrt{D - D^2 + \Delta + \Delta^2} + \sqrt{D - D^2 - \Delta + \Delta^2}\right) \quad (8.7-50)$$

这就是说,在满足保真度准则 $\overline{D} = D$ 的条件下,"广义平均互信息" $K(U;V)$ 只是允许失真度 D 和 Δ 的函数.

由(8.7-35)式可知,$R_{Q,\mu}(D)$ 是通过选择 $p(v_2/u_1)$ 和 $p(v_1/u_2)$ 使 $K(U;V)$ 达到的最小值. 而 $p(v_2/u_1)$ 和 $p(v_1/u_2)$ 又由(8.7-46)式表达成 D 和 Δ 的"和"与"差".D 是允许失真度,必须保留在 $K(U;V)$ 的最小值中. 所以,可变动 Δ,使 $K(U;V)$ 达到最小值. 为此,把 $K(U;V)$ 对 Δ 取导并置之为零,即

$$\frac{\mathrm{d}}{\mathrm{d}\Delta}K(U;V) = -\frac{1}{2}\left(\frac{1}{2}\cdot\frac{1+2\Delta}{\sqrt{D-D^2+\Delta+\Delta^2}} + \frac{1}{2}\cdot\frac{2\Delta-1}{\sqrt{D-D^2-\Delta+\Delta^2}}\right)$$

$$= -\frac{1}{4}\left[\frac{(1+2\Delta)\sqrt{D-D^2-\Delta+\Delta^2}}{\sqrt{(D-D^2+\Delta^2)^2-\Delta^2}} + \frac{(2\Delta-1)\sqrt{D-D^2+\Delta+\Delta^2}}{\sqrt{(D-D^2+\Delta^2)^2-\Delta^2}}\right]$$

$$= 0 \qquad\qquad (8.7-51)$$

由此,有

$$(1+2\Delta)\sqrt{D-D^2-\Delta+\Delta^2} + (2\Delta-1)\sqrt{D-D^2+\Delta+\Delta^2} = 0 \quad (8.7-52)$$

即有

$$(1+2\Delta)^2(D-D^2-\Delta+\Delta^2) = (2\Delta-1)^2(D-D^2+\Delta+\Delta^2) \quad (8.7-53)$$

解(8.7-53)方程,得 $\Delta = 0$. 即当 $\Delta = 0$ 时,$K(U;V)$ 达到极小值,由(8.7-50)式可得

$$R_{Q,\mu}(D) = -\frac{1}{2}\left(1 + \sqrt{D-D^2} + \sqrt{D-D^2}\right) = -\frac{1}{2} - \sqrt{D-D^2} \quad (8.7-54)$$

因为当 $\Delta = 0$ 时,由(8.7-46)式可知,信道传递概率

$$p(v_2/u_1) = p(v_1/u_2) = D \qquad\qquad (8.7-55)$$

这就意味着,当选取错误传递概率等于允许失真度 D 的二进制对称信道时,$K(U;V)$ 达到 (8.7-54)式所示的最小值 $R_{Q,\mu}(D)$. 当然,选择不同的下凸函数 $Q(Z)$ 和 μ 测度,可得到不同的 $R_{Q,\mu}(D)$.

设图 8.7-2 所示二进制信道 $(U-V)$.

由(8.7-45)式可得此信道的"广义平均互信息"

$$K(U;V) = -\frac{1}{2}\left\{1 + \sqrt{p(v_1/u_2)[1-p(v_2/u_1)]} + \sqrt{[1-p(v_1/u_2)]p(v_2/u_1)}\right\}$$

$$= -\frac{1}{2}\left[1 + \sqrt{\varepsilon_2(1-\varepsilon_1)} + \sqrt{(1-\varepsilon_2)\varepsilon_1}\right] \qquad (8.7-56)$$

由于图 8.7-2 所示的二进制信道并非是使 $K(U;V)$ 达到最小值 $R_{Q,\mu}(D)$ 的试验信道,所以有

$$K(U;V) \geqslant R_{Q,\mu}(D) \qquad\qquad (8.7-57)$$

即

$$-\frac{1}{2}\left[1 + \sqrt{\varepsilon_2(1-\varepsilon_1)} + \sqrt{(1-\varepsilon_2)\varepsilon_1}\right] \geqslant -\frac{1}{2} - \sqrt{D-D^2} \qquad (8.7-58)$$

进而可得

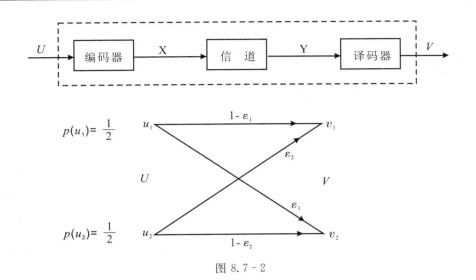

图 8.7 - 2

$$\sqrt{D-D^2} \geqslant \frac{1}{2}\left[\sqrt{\varepsilon_2(1-\varepsilon_1)} + \sqrt{(1-\varepsilon_2)\varepsilon_1}\right] \qquad (8.7-59)$$

由(8.7-89)式可知,平均失真度 $\overline{D}$ 等于平均错误译码概率 P_e,有

$$\overline{D} = P_e \qquad (8.7-60)$$

在满足保真度准则 $\overline{D}=D$ 时,就有

$$D = P_e \qquad (8.7-61)$$

由(8.7-59)式、(8.7-61)式,最终可得

$$\sqrt{P_e - P_e^2} \geqslant \frac{1}{2}\left[\sqrt{\varepsilon_2(1-\varepsilon_1)} + \sqrt{\varepsilon_1(1-\varepsilon_2)}\right] \qquad (8.7-62)$$

这就是当信源直接送入信道时,最佳译码器所能获得的平均错误译码概率 P_e 的下界.这样,定理 8.17 就得到了证明.

定理告诉我们,广义信息率-失真函数 $R_{Q,\mu}(D)$,可以作为估量平均错误译码概率 P_e 的下界的一种数学方法.实际上,采用不同的 $Q(Z)$ 函数形式和不同的 μ 测度,$R_{R,\mu}(D)$ 同样可作为用于估量其他不同的界的数学方法.

8.8　K 次扩展信源的信息率-失真函数 $R_K(D)$

信息率失真理论告诉我们,若允许一定的失真,在满足保真度准则 $\overline{D} \leqslant D$ 的前提下,信源输出信息率可由信息熵 $H(X)$,下降至信息率-失真函数 $R(D)$.限失真信源编码就是在信息率失真理论的指引下,用信源编码的方法,使信源的输出信息率无限接近于 $R(D)$,使其平均失真度 $\overline{D}$ 无限接近于允许失真度 D,达到数据压缩的目的.

为了运用 $R(D)$ 函数导出限失真信源编码定理,我们还必须把讨论的话题拉回到 $R(D)$ 函数本身,讨论离散无记忆信源的 K 次扩展信源的信息率-失真函数 $R_K(D)$ 的定义及其主要的数学特性.

8.8.1 扩展信源的平均失真度 $\overline{D}_K$

设离散无记忆信源 U 的信源空间为

$$[U \cdot P]: \begin{cases} U: & u_1 & u_2 & \cdots & u_r \\ P(U): & p(u_1) & p(u_2) & \cdots & p(u_r) \end{cases} \tag{8.8-1}$$

其中

$$0 \leqslant p(u_i) \leqslant 1 \quad (i = 1, 2, \cdots, r)$$

$$\sum_{i=1}^{r} p(u_i) = 1$$

又设离散无记忆信道 $(U\text{-}V)$ 的输入符号集 $U: \{u_1, u_2, \cdots, u_r\}$、输出符号集 $V: \{v_1, v_2, \cdots, v_s\}$，其传递概率 $P(V/U): \{p(v_j/u_i)(i = 1, \cdots, 2, r; j = 1, 2, \cdots, s)\}$，且 $0 \leqslant p(v_j/u_i) \leqslant 1(i = 1, 2, \cdots, r; j = 1, 2, \cdots, s)$；$\sum_{j=1}^{s} p(v_j/u_i) = 1(i = 1, 2, \cdots, r)$. 信源 U 和信道 $(U\text{-}V)$ 相接，构成如图 8.8-1 所示的通信系统.

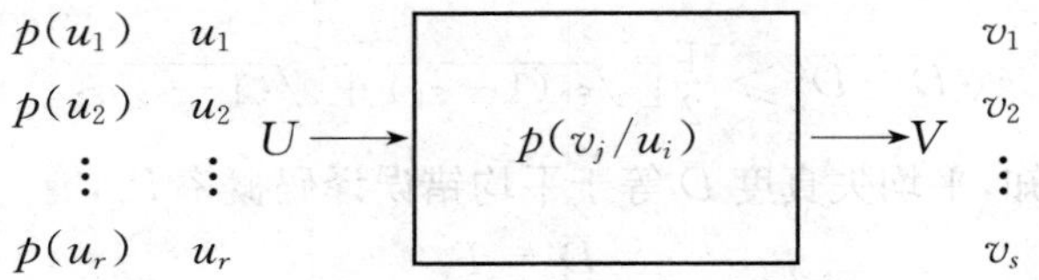

图 8.8-1

现若规定失真度

$$d(u_i, v_j) \geqslant 0 \quad (i = 1, 2, \cdots, r; j = 1, 2, \cdots, s) \tag{8.8-2}$$

相应的失真矩阵为

$$[D] = \begin{matrix} & \begin{matrix} v_1 & & v_2 & & \cdots & & v_s \end{matrix} \\ \begin{matrix} u_1 \\ u_2 \\ \vdots \\ u_r \end{matrix} & \begin{bmatrix} d(u_1, v_1) & d(u_1, v_2) & \cdots & d(u_1, v_s) \\ d(u_2, v_1) & d(u_2, v_2) & \cdots & d(u_2, v_s) \\ \vdots & \vdots & \cdots & \vdots \\ d(u_r, v_1) & d(u_r, v_2) & \cdots & d(u_r, v_s) \end{bmatrix} \end{matrix} \tag{8.8-3}$$

则图 8.8-1 所示的通信系统的平均失真度

$$\overline{D} = \sum_{i=1}^{r} \sum_{j=1}^{s} p(u_i) p(v_j/u_i) d(u_i, v_j) \tag{8.8-4}$$

现若把单符号离散无记忆信源 U 的 K 次扩展信源 $U^K = U_1 U_2 \cdots U_K$ 接入图 8.8-1 所示的离散无记忆信道 $(U\text{-}V)$，则从整体传递作用来说，相当于形成了一个新的"信道"，即单符号离散无记忆信道 $(U\text{-}V)$ 的 K 次扩展信道(如图 8.8-2 所示).

图 8.8-2 所示 K 次扩展信道的输入消息集合 U^K 中的某一消息

$$\boldsymbol{u}_i = (u_{i1} u_{i2} \cdots u_{iK})$$

$$u_{i1}, u_{i2}, \cdots, u_{iK} \in U: \{u_1, u_2, \cdots, u_r\}$$

$$i1, i2, \cdots, iK = 1, 2, \cdots, r$$

$$i = 1, 2, \cdots, r^K \tag{8.8-5}$$

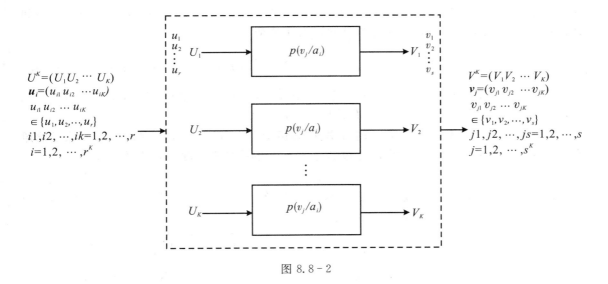

图 8.8 - 2

而输出消息(符号)集合 V^K 中的某一消息

$$\boldsymbol{v}_j = (v_{j1}, v_{j2}, \cdots, v_{jK})$$
$$v_{j1}, v_{j2}, \cdots, v_{jK} \in V: \{v_1, v_2, \cdots, v_s\}$$
$$j1, j2, \cdots, jK = 1, 2, \cdots, s$$
$$j = 1, 2, \cdots, s^K \qquad\qquad (8.8-6)$$

K 次扩展信道 $(U^K - V^K)$ 的传递概率

$$p(\boldsymbol{v}_j / \boldsymbol{u}_i) = p(v_{j1}, v_{j2}, \cdots, v_{jK} / u_{i1}, u_{i2}, \cdots, u_{iK}) = \prod_{k=1}^{K} p(v_{jk} / u_{jk})$$
$$(i = 1, 2, \cdots, r^K; j = 1, 2, \cdots, s^K) \qquad (8.8-7)$$

图 8.8 - 2 所示通信系统输入消息 $\boldsymbol{u}_i = (u_{i1}\ u_{i2} \cdots u_{iK})$ 与输出消息 $\boldsymbol{v}_j = (v_{j1}\ v_{j2} \cdots v_{jK})$ 之间的失真度 $d(\boldsymbol{u}_i, \boldsymbol{v}_j)$,定义为 $\boldsymbol{u}_i = (u_{i1}, u_{i2}, \cdots, u_{iK})$ 中,时刻 $l(l=1,2,\cdots,K)$ 的符号 u_{il},与时刻 $l(l=1,2,\cdots,K)$ 信道输出符号 v_{jl} 之间的失真度 $d(u_{il}, v_{jl})(l=1,2,\cdots,K)$ 之和,即

$$d(\boldsymbol{u}_i, \boldsymbol{v}_j) = d(u_{i1}, v_{j1}) + d(u_{i2}, v_{j2}) + \cdots + d(u_{iK}, v_{jK})$$
$$= \sum_{l=1}^{K} d(u_{il}, v_{jl}) \quad (i = 1, 2, \cdots, r^K; j = 1, 2, \cdots, s^K) \qquad (8.8-8)$$

按 $\boldsymbol{u}_i (i=1,2,\cdots,r^K)$ 与 $\boldsymbol{v}_j (j=1,2,\cdots,s^K)$ 的对应关系,(8.8-8)式所示失真度排成 $(r^K \times s^K)$ 阶失真矩阵

$$[D_K] = \begin{matrix} & \boldsymbol{v}_1 & \boldsymbol{v}_2 & \cdots & \boldsymbol{v}_{s^K} \\ \boldsymbol{u}_1 \\ \boldsymbol{u}_2 \\ \vdots \\ \boldsymbol{u}_{r^K} \end{matrix} \begin{bmatrix} d(\boldsymbol{u}_1, \boldsymbol{v}_1) & d(\boldsymbol{u}_1, \boldsymbol{v}_2) & \cdots & d(\boldsymbol{u}_1, \boldsymbol{v}_{s^K}) \\ d(\boldsymbol{u}_2, \boldsymbol{v}_1) & d(\boldsymbol{u}_2, \boldsymbol{v}_2) & \cdots & d(\boldsymbol{u}_2, \boldsymbol{v}_{s^K}) \\ \vdots & \vdots & \cdots & \vdots \\ d(\boldsymbol{u}_{r^K}, \boldsymbol{v}_1) & d(\boldsymbol{u}_{r^K}, \boldsymbol{v}_2) & \cdots & d(\boldsymbol{u}_{r^K}, \boldsymbol{v}_{s^K}) \end{bmatrix} \qquad (8.8-9)$$

失真矩阵 $[D_K]$ 完整地描述了图 8.8 - 2 所示 K 次扩展通信系统的失真情况.

图 8.8 - 2 所示通信系统的平均失真度 $\overline{D}_K$,定义为失真度 $d(\boldsymbol{u}_i, \boldsymbol{v}_j)(i=1,2,\cdots,r^K; j=1,2,$

$\cdots,s^K$)在输入随机矢量 $\boldsymbol{u}_i=(u_{i1}\ u_{i2}\cdots u_{iK})$ 与输出随机矢量 $\boldsymbol{v}_j=(v_{j1}\ v_{j2}\cdots v_{jK})$ 的联合概率空间 $p(\boldsymbol{u}_i,\boldsymbol{v}_j)(i=1,2,\cdots,r^K;j=1,2,\cdots,s^K)$ 中的统计平均值

$$\overline{D}_K=\sum_{i=1}^{r^K}\sum_{j=1}^{s^K}p(\boldsymbol{u}_i\boldsymbol{v}_j)\,d(\boldsymbol{u}_i,\boldsymbol{v}_j)=\sum_{i=1}^{r^K}\sum_{j=1}^{s^K}p(\boldsymbol{u}_i)p(\boldsymbol{v}_j/\boldsymbol{u}_i)\,d(\boldsymbol{u}_i,\boldsymbol{v}_j)\qquad(8.8-10)$$

那么,不禁要问,由(8.8-10)式定义的 K 次扩展通信系统的平均失真度 $\overline{D}_K$ 与(8.8-4)式所示的单符号通信系统的平均失真度 $\overline{D}$ 之间存在什么联系?

定理 8.18　离散无记忆信源 U 的 K 次扩展信源 $U^K=U_1U_2\cdots U_K$ 通过离散无记忆信道 $(U-V)$ 的平均失真度 $\overline{D}_K$,是信源 U 通过信道 $(U-V)$ 的平均失真度 $\overline{D}$ 的 K 倍,即有

$$\overline{D}_K=K\overline{D}$$

证明　假设信源 U 是离散无记忆信源,它的 K 次扩展信源 $U^K=U_1U_2\cdots U_K$ 的概率分布 $P\{U^K\}=P(U_1U_2\cdots U_K):\{p(\boldsymbol{u}_i)=p(u_{i1}u_{i2}\cdots u_{iK})\}$,而

$$p(\boldsymbol{u}_i)=p(u_{i1}u_{i2}\cdots u_{iK})=p(u_{i1})p(u_{i2})\cdots p(u_{iK})=\prod_{l=1}^{K}p(u_{il})$$

$$(i=1,2,\cdots,r^K;u_{i1},u_{i2},\cdots,u_{iK}\in\{u_1,u_2,\cdots,u_r\},i1,i2,\cdots,iK=1,2,\cdots,r)$$

$$(8.8-11)$$

又假设,信道 $(U-V)$ 是离散无记忆信道,传递概率 $P(V^K/U^K):\{p(\boldsymbol{v}_j/\boldsymbol{u}_i)(i=1,2,\cdots,r^K;j=1,2,\cdots,s^K)\}$,而

$$p(\boldsymbol{v}_j/\boldsymbol{u}_i)=p(v_{j1}v_{j2}\cdots v_{jK}/u_{i1}u_{i2}\cdots u_{iK})$$

$$=p(v_{j1}/u_{i1})p(v_{j2}/u_{i2})\cdots p(v_{jK}/u_{iK})=\prod_{l=1}^{K}p(v_{jl}/u_{il})$$

$$u_{i1},u_{i2},\cdots,u_{iK}\in\{u_1,u_2,\cdots,u_r\}$$

$$i1,i2,\cdots,iK=1,2,\cdots,r$$

$$i=1,2,\cdots,r^K$$

$$v_{j1},v_{j2},\cdots,v_{jK}\in\{v_1,v_2,\cdots,v_s\}$$

$$j1,j2,\cdots,jK=1,2,\cdots,s$$

$$j=1,2,\cdots,s^K\qquad(8.8-12)$$

这样,由(8.8-10)式和(8.8-11)式、(8.8-12)式以及(8.8-8)式,K 次扩展系统的平均失真度

$$\overline{D}_K=\sum_{i=1}^{r^k}\sum_{j=1}^{s^k}p(\boldsymbol{u}_i)p(\boldsymbol{v}_j/\boldsymbol{u}_i)d(\boldsymbol{u}_i,\boldsymbol{v}_j)$$

$$=\sum_{i1=1}^{r}\cdots\sum_{iK=1}^{r}\sum_{j1=1}^{s}\cdots\sum_{jK=1}^{s}p(u_{i1})p(u_{i2})\cdots p(u_{iK})$$

$$\cdot p(v_{j1}/u_{i1})p(v_{j2}/u_{i2})\cdots p(v_{jK}/u_{iK})\cdot\sum_{l=1}^{K}d(u_{il},v_{jl})$$

$$=\sum_{i1=1}^{r}\cdots\sum_{iK=1}^{r}\sum_{j1=1}^{s}\cdots\sum_{jK=1}^{s}p(u_{i1})p(u_{i2})\cdots p(u_{iK})$$

$$\cdot p(v_{j1}/u_{i1})p(v_{j2}/u_{i2})\cdots p(v_{jK}/u_{iK})\cdot d(u_{i1},v_{j1})$$

$$+\sum_{i1=1}^{r}\cdots\sum_{iK=1}^{r}\sum_{j1=1}^{s}\cdots\sum_{jK=1}^{s}p(u_{i1})p(u_{i2})\cdots p(u_{iK})$$

$$\cdot\, p(v_{j_1}/u_{i1}) p(v_{j_2}/u_{i2})\cdots p(v_{jK}/u_{iK}) \cdot d(u_{i2},v_{j2})$$

$$+\cdots$$

$$+\sum_{i1=1}^{r}\cdots\sum_{iK=1}^{r}\sum_{j1=1}^{s}\cdots\sum_{jK=1}^{s} p(u_{i1}) p(u_{i2})\cdots p(u_{iK})$$

$$\cdot\, p(v_{j1}/u_{i1}) p(v_{j2}/u_{i2})\cdots p(v_{jK}/u_{iK}) \cdot d(u_{iK},v_{jK})$$

$$=\sum_{i1=1}^{r}\sum_{j1=1}^{s} p(u_{i1}) p(v_{j1}/u_{i1}) d(u_{i1},v_{j1})$$

$$+\sum_{i2=1}^{r}\sum_{j2=1}^{s} p(u_{i2}) p(v_{j2}/u_{i2}) d(u_{i2},v_{j2})$$

$$+\cdots$$

$$+\sum_{iK=1}^{r}\sum_{jK=1}^{s} p(u_{iK}) p(v_{jK}/u_{iK}) d(u_{iK},v_{jK})$$

$$=\overline{D}(1)+\overline{D}(2)+\cdots+\overline{D}(K) \tag{8.8-13}$$

其中,$\overline{D}(l)(l=1,2,\cdots,K)$ 表示随机变量 U_l 通过信道$(U\text{-}V)$,输出随机变量 V_l 所产生的平均失真度,即

$$\overline{D}(l)=\sum_{il=1}^{r}\sum_{jl=1}^{s} p(u_{il}) p(v_{jl}/u_{il}) d(u_{il},v_{jl})$$
$$(l=1,2,\cdots,K) \tag{8.8-14}$$

显然,由于信源 U 是一个平稳无记忆信源,图 8.8-2 所示 K 次扩展通信系统就是同一个信源 U 相继通过同一信道$(U\text{-}V)K$ 次,这样就有

$$\overline{D}(1)=\overline{D}(2)=\cdots=\overline{D}(K)=\overline{D} \tag{8.8-15}$$

由此,$(8.8-13)$式可改写为

$$\overline{D}_K=K\overline{D} \tag{8.8-16}$$

这样,定理 8.18 就得到了证明.

推论 离散无记忆信源 U 的 K 次扩展信源 $U^K=U_1 U_2\cdots U_K$ 的最小平均失真度 $\overline{D}_{K\min}$,是信源 U 的最小平均失真度 $\overline{D}_{\min}$ 的 K 倍,即有

$$\overline{D}_{K\min}=K\overline{D}_{\min}$$

证明 由$(8.8-13)$式,可得 K 次扩展信源 $U^K=U_1 U_2\cdots U_K$ 的最小平均失真度

$$\overline{D}_{K\min}=\min_{p(\boldsymbol{v}_j/\boldsymbol{u}_i)}\left\{\sum_{i=1}^{r^K}\sum_{j=1}^{s^K} p(\boldsymbol{u}_i) p(\boldsymbol{v}_j/\boldsymbol{u}_i) d(\boldsymbol{u}_i,\boldsymbol{v}_j)\right\}$$

$$=\min_{p(v_{j1}/u_{i1})}\left\{\sum_{i1=1}^{r}\sum_{j1=1}^{s} p(u_{i1}) p(v_{j1}/u_{i1}) d(u_{i1},v_{j1})\right\}$$

$$+\min_{p(v_{j2}/u_{i2})}\left\{\sum_{i2=1}^{r}\sum_{j2=1}^{s} p(u_{i2}) p(v_{j2}/u_{i2}) d(u_{i2},v_{j2})\right\}$$

$$+\cdots$$

$$+\min_{p(v_{jK}/u_{iK})}\left\{\sum_{iK=1}^{r}\sum_{jK=1}^{s} p(u_{iK}) p(v_{jK}/u_{iK}) d(u_{iK},v_{jK})\right\} \tag{8.8-17}$$

由最小平均失真度 $\overline{D}_{\min}$ 的求解原则,$(8.8-17)$式可改写为

$$\overline{D}_{K\min} = \sum_{i1=1}^{r} p(u_{i1}) \min_{j1} d(u_{i1}, v_{j1})$$

$$+ \sum_{i2=1}^{r} p(u_{i2}) \min_{j2} d(u_{i2}, v_{j2})$$

$$+ \cdots$$

$$+ \sum_{iK=1}^{r} p(u_{iK}) \min_{jK} d(u_{iK}, v_{jK}) \qquad (8.8-18)$$

考虑到信源 U 是平稳离散无记忆信源,以及

$$d(u_{i1}, v_{j1}) = d(u_{i2}, v_{j2}) = \cdots = d(u_{iK}, v_{jK}) = d(u_i, v_j)$$

$$(i = 1, 2, \cdots, r; j = 1, 2, \cdots, s) \qquad (8.8-19)$$

则(8.8-18)式可改写为

$$\overline{D}_{K\min} = \sum_{i=1}^{r} p(u_i) \min_{j} d(u_i, v_j)$$

$$+ \sum_{i=1}^{r} p(u_i) \min_{j} d(u_i, v_j)$$

$$+ \cdots$$

$$+ \sum_{i=1}^{r} p(u_i) \min_{j} d(u_i, v_j)$$

$$= \overline{D}_{\min} + \overline{D}_{\min} + \cdots + \overline{D}_{\min} = K\overline{D}_{\min} \qquad (8.8-20)$$

这样,推论就得到了证明.

【例 8.14】 设离散无记忆信源 $U: \{0,1\}$,信道输出随机变量 $V: \{0,1\}$,现采用汉明失真度,即失真矩阵为

$$[D] = \begin{array}{c} \\ 0 \\ 1 \end{array} \begin{array}{cc} 0 & 1 \\ \left[\begin{array}{cc} 0 & 1 \\ 1 & 0 \end{array}\right] \end{array}$$

(1) 试写出离散无记忆信源 U 的 $K=2$ 次扩展信源 $U^2 = U_1 U_2$ 的失真矩阵 $[D_2]$;

(2) 计算 $U^2 = U_1 U_2$ 的最小平均失真度 $\overline{D}_{2\min}$;

(3) 构建 $\overline{D}_2 = \overline{D}_{2\min}$ 的试验信道($U^2 - V^2$).

解 由定义(8.8-8)式,可得

$$d(\boldsymbol{u}_1, \boldsymbol{v}_1) = d[(0\ 0), (0\ 0)] = d(0,0) + d(0,0) = 0 + 0 = 0$$

$$d(\boldsymbol{u}_1, \boldsymbol{v}_2) = d[(0\ 0), (0\ 1)] = d(0,0) + d(0,1) = 0 + 1 = 1$$

$$d(\boldsymbol{u}_1, \boldsymbol{v}_3) = d[(0\ 0), (1\ 0)] = d(0,1) + d(0,0) = 1 + 0 = 1$$

$$d(\boldsymbol{u}_1, \boldsymbol{v}_4) = d[(0\ 0), (1\ 1)] = d(0,1) + d(0,1) = 1 + 1 = 2;$$

$$d(\boldsymbol{u}_2, \boldsymbol{v}_1) = d[(0\ 1), (0\ 0)] = d(0,0) + d(1,0) = 0 + 1 = 1$$

$$d(\boldsymbol{u}_2, \boldsymbol{v}_2) = d[(0\ 1), (0\ 1)] = d(0,0) + d(1,1) = 0 + 0 = 0$$

$$d(\boldsymbol{u}_2, \boldsymbol{v}_3) = d[(0\ 1), (1\ 0)] = d(0,1) + d(1,0) = 1 + 1 = 2$$

$$d(\boldsymbol{u}_2, \boldsymbol{v}_4) = d[(0\ 1), (1\ 1)] = d(0,1) + d(1,1) = 1 + 0 = 1;$$

$$d(\boldsymbol{u}_3, \boldsymbol{v}_1) = d[(1\ 0), (0\ 0)] = d(1,0) + d(0,0) = 1 + 0 = 1$$

$$d(\boldsymbol{u}_3,\boldsymbol{v}_2)=d\left[(1\ 0),(0\ 1)\right]=d(1,0)+d(0,1)=1+1=2$$
$$d(\boldsymbol{u}_3,\boldsymbol{v}_3)=d\left[(1\ 0),(1\ 0)\right]=d(1,1)+d(0,0)=0+0=0$$
$$d(\boldsymbol{u}_3,\boldsymbol{v}_4)=d\left[(1\ 0),(1\ 1)\right]=d(1,1)+d(0,1)=0+1=1;$$

$$d(\boldsymbol{u}_4,\boldsymbol{v}_1)=d\left[(1\ 1),(0\ 0)\right]=d(1,0)+d(1,0)=1+1=2$$
$$d(\boldsymbol{u}_4,\boldsymbol{v}_2)=d\left[(1\ 1),(0\ 1)\right]=d(1,0)+d(1,1)=1+0=1$$
$$d(\boldsymbol{u}_4,\boldsymbol{v}_3)=d\left[(1\ 1),(1\ 0)\right]=d(1,1)+d(1,0)=0+1=1$$
$$d(\boldsymbol{u}_4,\boldsymbol{v}_4)=d\left[(1\ 1),(1\ 1)\right]=d(1,1)+d(1,1)=0+0=0 \tag{1}$$

由此,得失真矩阵

$$[D_2]=\begin{array}{c}\\ \boldsymbol{u}_1\\ \boldsymbol{u}_2\\ \boldsymbol{u}_3\\ \boldsymbol{u}_4\end{array}\begin{array}{cccc}\boldsymbol{v}_1 & \boldsymbol{v}_2 & \boldsymbol{v}_3 & \boldsymbol{v}_4\\ \left[\begin{array}{cccc}0 & 1 & 1 & 2\\ 1 & 0 & 2 & 1\\ 1 & 2 & 0 & 1\\ 2 & 1 & 1 & 0\end{array}\right]\end{array} \tag{2}$$

由给定的汉明失真度可知,$\overline{D}_{\min}=0$. 根据推论,由(2)式,得离散无记忆信源 U 的 $K=2$ 次扩展信源 $U^2=U_1U_2$ 的最小平均失真度

$$\overline{D}_{2\min}=2\overline{D}_{\min}=2 \cdot 0=0 \tag{3}$$

而使 $\overline{D}=\overline{D}_{\min}=0$ 的试验信道的信道矩阵为

$$[P]=\begin{array}{c}\\ 0\\ 1\end{array}\begin{array}{cc}0 & 1\\ \left[\begin{array}{cc}1 & 0\\ 0 & 1\end{array}\right]\end{array} \tag{4}$$

这个试验信道是满足保真度准则 $\overline{D}=\overline{D}_{\min}=0$ 的唯一试验信道. $K=2$ 次扩展信源 $U^2=U_1U_2$ 满足保真度准则 $\overline{D}_2=\overline{D}_{2\min}=0$ 的试验信道,就是这个信道的 $K=2$ 次扩展信道,其传递概率为:

$$p(\boldsymbol{v}_1/\boldsymbol{u}_1)=p(00/00)=p(0/0)p(0/0)=1 \cdot 1=1$$
$$p(\boldsymbol{v}_2/\boldsymbol{u}_1)=p(01/00)=p(0/0)p(1/0)=1 \cdot 0=0$$
$$p(\boldsymbol{v}_3/\boldsymbol{u}_1)=p(10/00)=p(1/0)p(0/0)=0 \cdot 1=0$$
$$p(\boldsymbol{v}_4/\boldsymbol{u}_1)=p(11/00)=p(1/0)p(1/0)=0 \cdot 0=0;$$

$$p(\boldsymbol{v}_1/\boldsymbol{u}_2)=p(00/01)=p(0/0)p(0/1)=1 \cdot 0=0$$
$$p(\boldsymbol{v}_2/\boldsymbol{u}_2)=p(01/01)=p(0/0)p(1/1)=1 \cdot 1=1$$
$$p(\boldsymbol{v}_3/\boldsymbol{u}_2)=p(10/01)=p(1/0)p(0/1)=0 \cdot 0=0$$
$$p(\boldsymbol{v}_4/\boldsymbol{u}_2)=p(11/01)=p(1/0)p(1/1)=0 \cdot 1=0;$$

$$p(\boldsymbol{v}_1/\boldsymbol{u}_3)=p(00/10)=p(0/1)p(0/0)=0 \cdot 1=0$$
$$p(\boldsymbol{v}_2/\boldsymbol{u}_3)=p(01/10)=p(0/1)p(1/0)=0 \cdot 0=0$$
$$p(\boldsymbol{v}_3/\boldsymbol{u}_3)=p(10/10)=p(1/1)p(0/0)=1 \cdot 1=1$$
$$p(\boldsymbol{v}_4/\boldsymbol{u}_3)=p(11/10)=p(1/1)p(1/0)=1 \cdot 0=0;$$

$$p(\boldsymbol{v}_1/\boldsymbol{u}_4)=p(00/11)=p(0/1)p(0/1)=0 \cdot 0=0$$
$$p(\boldsymbol{v}_2/\boldsymbol{u}_4)=p(01/11)=p(0/1)p(1/1)=0 \cdot 1=0$$

$$p(\boldsymbol{v}_3/\boldsymbol{u}_4) = p(10/11) = p(1/1)p(0/1) = 1 \cdot 0 = 0$$

$$p(\boldsymbol{v}_4/\boldsymbol{u}_4) = p(11/11) = p(1/1)p(1/1) = 1 \cdot 1 = 1 \tag{5}$$

由此,得相应的信道矩阵

$$[P_2] = \begin{array}{c} \\ \boldsymbol{u}_1 \\ \boldsymbol{u}_2 \\ \boldsymbol{u}_3 \\ \boldsymbol{u}_4 \end{array} \begin{array}{cccc} \boldsymbol{v}_1 & \boldsymbol{v}_2 & \boldsymbol{v}_3 & \boldsymbol{v}_4 \\ \begin{pmatrix} 1 & 0 & 0 & 0 \\ 0 & 1 & 0 & 0 \\ 0 & 0 & 1 & 0 \\ 0 & 0 & 0 & 1 \end{pmatrix} \end{array} \tag{6}$$

其传递作用,如图 E8.14-1 所示.

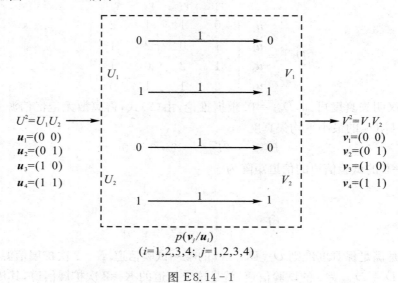

$$p(\boldsymbol{v}_j/\boldsymbol{u}_i)$$
$$(i=1,2,3,4;\ j=1,2,3,4)$$

图 E8.14-1

8.8.2 $R_K(D)$ 的定义及其数学特性

在图 8.8-2 所示的通信系统中,满足保真度准则

$$\overline{D}_K \leqslant KD \tag{8.8-21}$$

的试验信道组成集合

$$B_{KD}:\{p(\boldsymbol{v}/\boldsymbol{u})\ ;\ \overline{D}_K \leqslant KD\} \tag{8.8-22}$$

试验信道集合 B_{KD} 中平均互信息 $I(\boldsymbol{U};\boldsymbol{V}) = I[p(\boldsymbol{v}/\boldsymbol{u})]$ 的最小值

$$R_K(D) = \min_{p(\boldsymbol{v}/\boldsymbol{u}) \in B_{KD}} \{I(\boldsymbol{U};\boldsymbol{V})\ ;\ \overline{D}_K \leqslant KD\} \tag{8.8-23}$$

定义为离散无记忆信源 U 的 K 次扩展信源 $U^K = U_1 U_2 \cdots U_K$ 的信息率-失真函数.

  定理 8.19 $R_K(D)$ 是 D 的递减函数

  证明 根据定理 8.18 的推论,由(8.8-20)式可知,离散无记忆信源 U 的 K 次扩展信源 $U^K = U_1 U_2 \cdots U_K$ 的平均失真度 $\overline{D}_K$ 的最小值 $\overline{D}_{K\min}$,是离散无记忆信源 U 的平均失真度 $\overline{D}$ 的最小值 $\overline{D}_{\min}$ 的 K 倍,即

$$\overline{D}_{K\min} = K\overline{D}_{\min} \tag{8.8-24}$$

则信源 $U^K = U_1 U_2 \cdots U_K$ 的最小允许失真度 $D_{K\min}$ 是信源 U 的最小允许失真度 $D_{\min}$ 的 K 倍,即有

$$D_{K\min} = KD_{\min} \tag{8.8-25}$$

由 (8.8-21) 式可知,离散无记忆信源 U 的 K 次扩展信源 $U^K = U_1 U_2 \cdots U_K$ 的信息率-失真函数 $R_K(D)$ 是定义于 $D \geqslant D_{\min}$ 的函数.

若 D_1 和 D_2 是选定的两个允许失真度,且有

$$D_1 > D_2 \tag{8.8-26}$$

则对于离散无记忆信源 U 的 K 次扩展信源 $U^K = U_1 U_2 \cdots U_K$ 来说,其允许失真度就有

$$KD_1 > KD_2 \tag{8.8-27}$$

由 (8.8-22) 式可知,满足保真度准则 $\overline{D}_K \leqslant KD_2$ 的试验信道集合

$$B_{KD_2} : \{ p(v/u) \; ; \; \overline{D}_K \leqslant KD_2 \} \tag{8.8-28}$$

是满足保真度准则 $\overline{D}_K \leqslant KD_1$ 的试验信道集合

$$B_{KD_1} : \{ p(v/u) \; ; \; \overline{D}_K \leqslant KD_1 \} \tag{8.8-29}$$

的一个子集.

显然,子集 B_{KD_2} 中的平均互信息的最小值 $R_K(D_2)$ 一定不会小于集合 B_{KD_1} 中平均互信息的最小值 $R_K(D_1)$. 根据定义 (8.8-23) 式,即有

$$R_K(D_2) \geqslant R_K(D_1) \tag{8.8-30}$$

这样,定理 8.19 就得到了证明.

定理 8.20 $R_K(D)$ 是 D 的 $\cup$ 型凸函数

证明 设允许失真度 D_1,传递概率为 $p_1(v_1/u)$ 的 K 次扩展信道 (1),是达到离散无记忆信源 U 的 K 次扩展信源 $U^K = (U_1 U_2 \cdots U_K)$ 的信息率-失真函数 $R_K(D_1)$ 的试验信道 (如图 8.8-3 (1) 所示),其平均互信息

$$I(\boldsymbol{U}; \boldsymbol{V}_1) = R_K(D_1) \tag{8.8-31}$$

其平均失真度

$$\overline{D}_{K(1)} \leqslant KD_1 \tag{8.8-32}$$

又设允许失真度 D_2,传递概率为 $p_2(v_2/u)$ 的 K 次扩展信道 (2),是达到离散无记忆信源 U 的 K 次扩展信源 $U^K = U_1 U_2 \cdots U_K$ 的信息率-失真函数 $R_K(D_2)$ 的试验信道 (如图 8.8-3 (2) 所示),其平均互信息

$$I(\boldsymbol{U}; \boldsymbol{V}_2) = R_K(D_2) \tag{8.8-33}$$

其平均失真度

$$\overline{D}_{K(2)} \leqslant KD_2 \tag{8.8-34}$$

信道 (3) (如图 8.8-3 (3) 所示) 是传递概率为

$$p_3(v_3/u) = \alpha p_1(v_1/u) + \beta p_2(v_2/u) \tag{8.8-35}$$

的 K 次扩展信道 (其中,$0 < \alpha, \beta < 1, \alpha + \beta = 1$),其平均失真度

$$\overline{D}_{K(3)} = \sum_{\boldsymbol{u}} \sum_{\boldsymbol{v}_3} p(\boldsymbol{u}) \, p_3(\boldsymbol{v}_3/\boldsymbol{u}) \, d(\boldsymbol{u}, \boldsymbol{v}_3)$$

$$= \sum_{\boldsymbol{u}} \sum_{\boldsymbol{v}_3} p(\boldsymbol{u}) \left[\alpha p_1(\boldsymbol{v}_1/\boldsymbol{u}) + \beta p_2(\boldsymbol{v}_2/\boldsymbol{u}) \right] d(\boldsymbol{u}, \boldsymbol{v}_3)$$

$$= \alpha \sum_{\boldsymbol{u}} \sum_{\boldsymbol{v}_3} p(\boldsymbol{u}) \, p_1(\boldsymbol{v}_1/\boldsymbol{u}) d(\boldsymbol{u}, \boldsymbol{v}_3) + \beta \sum_{\boldsymbol{u}} \sum_{\boldsymbol{v}_3} p(\boldsymbol{u}) \, p_2(\boldsymbol{v}_2/\boldsymbol{u}) d(\boldsymbol{u}, \boldsymbol{v}_3) \tag{8.8-36}$$

其中
$$d(\boldsymbol{u},\boldsymbol{v}_3)=d(\boldsymbol{u},\boldsymbol{v}_1)=d(\boldsymbol{u},\boldsymbol{v}_2)=d(\boldsymbol{u},\boldsymbol{v}) \qquad (8.8-37)$$

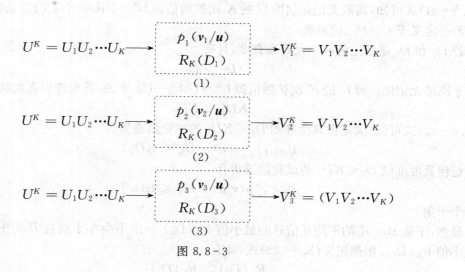

图 8.8 - 3

而且图 8.8 - 3 中,输出随机矢量 $\boldsymbol{V}_1$、$\boldsymbol{V}_2$、$\boldsymbol{V}_3$ 中的 K 个分量都取自且取遍同一个信道的输出符号集 $V:\{v_1,v_2,\cdots,v_s\}$,则(8.8 - 36)式可改写为

$$\begin{aligned}
\overline{D}_{K(3)}&=\alpha\sum_{\boldsymbol{u}}\sum_{\boldsymbol{v}}p(\boldsymbol{u})p_1(\boldsymbol{v}/\boldsymbol{u})d(\boldsymbol{u},\boldsymbol{v})+\beta\sum_{\boldsymbol{u}}\sum_{\boldsymbol{v}}p(\boldsymbol{u})p_2(\boldsymbol{v}/\boldsymbol{u})d(\boldsymbol{u},\boldsymbol{v})\\
&=\alpha\,\overline{D}_{K(1)}+\beta\,\overline{D}_{K(2)}
\end{aligned} \qquad (8.8-38)$$

由(8.8 - 32)式、(8.8 - 34)式,(8.8 - 38)式可改写为
$$\overline{D}_{K(3)}\leqslant\alpha(KD_1)+\beta(KD_2) \qquad (8.8-39)$$
这说明,试验信道(3)是满足保真度准则
$$\overline{D}_{K(3)}\leqslant K(\alpha D_1+\beta D_2) \qquad (8.8-40)$$
的试验信道集合
$$B_{K(\alpha D_1+\beta D_2)}:\{p(\boldsymbol{v}/\boldsymbol{u});\overline{D}_K\leqslant K(\alpha D_1+\beta D_2)\} \qquad (8.8-41)$$
中的一个试验信道. 根据信息率-失真函数的定义,有
$$I(\boldsymbol{U};\boldsymbol{V}_3)\geqslant R_K(\alpha D_1+\beta D_2) \qquad (8.8-42)$$

另一方面,因为平均互信息是信道传递概率的 ∪ 型凸函数,由(8.8 - 35)式,有
$$\begin{aligned}
I(\boldsymbol{U};\boldsymbol{V}_3)&=I\left[\alpha p_1(\boldsymbol{v}_1/\boldsymbol{u})+\beta p_2(\boldsymbol{v}_2/\boldsymbol{u})\right]\\
&\leqslant\alpha I\left[p_1(\boldsymbol{v}_1/\boldsymbol{u})\right]+\beta I\left[p_2(\boldsymbol{v}_2/\boldsymbol{u})\right]\\
&=\alpha I(\boldsymbol{U};\boldsymbol{V}_1)+\beta I(\boldsymbol{U};\boldsymbol{V}_2)
\end{aligned} \qquad (8.8-43)$$

由假设条件(8.8 - 31)式、(8.8 - 33)式,(8.8 - 43)式可改写为
$$I(\boldsymbol{U};\boldsymbol{V}_3)\leqslant\alpha R_K(D_1)+\beta R_K(D_2) \qquad (8.8-44)$$
由(8.8 - 42)式和(8.8 - 44)式,可得
$$R_K(\alpha D_1+\beta D_2)\leqslant\alpha R_K(D_1)+\beta R_K(D_2) \qquad (8.8-45)$$
这样,定理 8.20 就得到了证明.

定理 8.21 $R_K(D)$ 是 $R(D)$ 的 K 倍,即

$$R_K(D) = K R(D)$$

证明　设图 8.8 - 4 所示信道$(U - V)$的输入符号集为 $U:\{u_1, u_2, \cdots, u_r\}$，输出符号集为 $V:\{v_1, v_2, \cdots, v_s\}$，传递概率 $P(V/U):\{p(v_j/u_i)(i=1,2,\cdots,r;j=1,2,\cdots,s)\}$

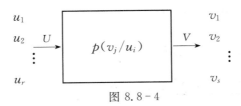

图 8.8 - 4

又设，图 8.8 - 5 所示信道$(U^K - \boldsymbol{V})$是离散无记忆信源 U 的 K 次扩展信源 $U^K = U_1 U_2 \cdots U_K$ 达到信息率-失真函数 $R_K(D)$ 的试验信道，它是图 8.8 - 4 所示信道$(U - V)$的 K 次扩展信道，其传递概率为 $p(\boldsymbol{v}/\boldsymbol{u})$.

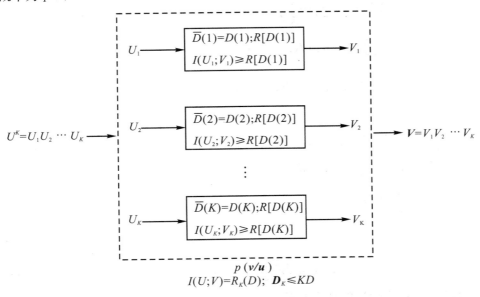

图 8.8 - 5

根据定义(8.8 - 23)式，在图 8.8 - 5 所示 K 次扩展通信系统中，有

$$I(\boldsymbol{U};\boldsymbol{V}) = R_K(D) \tag{8.8 - 46}$$
$$\overline{D}_K \leqslant KD \tag{8.8 - 47}$$

又设，图 8.8 - 5 中第 $i(i=1,2,\cdots,K)$ 个信道的平均失真度

$$\overline{D}(i) = D(i) \quad (i = 1,2,\cdots,K) \tag{8.8 - 48}$$

其中 $D(i)(i=1,2,\cdots,K)$ 是第 $i(i=1,2,\cdots,K)$ 个信道的允许失真. 若令 $R[D(i)](i=1,2,\cdots,K)$ 是第 $i(i=1,2,\cdots,K)$ 个信道的信息率-失真函数，则有

$$I(U_i;V_i) \geqslant R[D(i)] \quad (i = 1,2,\cdots,K) \tag{8.8 - 49}$$

因为信源 $U^K = U_1 U_2 \cdots U_K$ 是离散无记忆信源 U 的 K 次扩展信源，所以有

$$I(U^K;\boldsymbol{V}) \geqslant \sum_{i=1}^{K} I(U_i;V_i) \tag{8.8 - 50}$$

由(8.8 - 49)式、(8.8 - 50)式，得

$$I(U^K; \boldsymbol{V}) \geqslant \sum_{i=1}^{K} R[D(i)] \tag{8.8-51}$$

图 8.8-5 所示试验信道的平均失真度

$$\overline{D}_K = \sum_{i=1}^{r^K} \sum_{j=1}^{s^K} p(\boldsymbol{u}_i, \boldsymbol{v}_j) d(\boldsymbol{u}_i, \boldsymbol{v}_j)$$

$$= \sum_{i1=1}^{r} \cdots \sum_{iK=1}^{r} \sum_{j1=1}^{s} \cdots \sum_{jK=1}^{s} p(u_{i1} u_{i2} \cdots u_{iK}; v_{j1} v_{j2} \cdots v_{jK}) \cdot \sum_{l=1}^{K} d(u_{il}, v_{jl})$$

$$= \sum_{i1=1}^{r} \cdots \sum_{iK=1}^{r} \sum_{j1=1}^{s} \cdots \sum_{jK=1}^{s} p(u_{i1} u_{i2} \cdots u_{iK}; v_{j1} v_{j2} \cdots v_{jK}) \cdot d(u_{i1}, v_{j1})$$

$$+ \sum_{i1=1}^{r} \cdots \sum_{iK=1}^{r} \sum_{j1=1}^{s} \cdots \sum_{jK=1}^{s} p(u_{i1} u_{i2} \cdots u_{iK}; v_{j1} \ v_{j2} \cdots v_{jK}) \cdot d(u_{i2}, v_{j2})$$

$$+ \cdots$$

$$+ \sum_{i1=1}^{r} \cdots \sum_{iK=1}^{r} \sum_{j1=1}^{s} \cdots \sum_{jK=1}^{s} p(u_{i1} u_{i2} \cdots u_{iK}; v_{j1} \ v_{j2} \cdots v_{jK}) \cdot d(u_{iK}, v_{jK})$$

$$= \sum_{i1=1}^{r} \sum_{j1=1}^{s} p(u_{i1} v_{j1}) d(u_{i1}, v_{j1})$$

$$+ \sum_{i2=1}^{r} \sum_{j2=1}^{s} p(u_{i2} v_{j2}) d(u_{i2}, v_{j2})$$

$$+ \cdots$$

$$+ \sum_{iK=1}^{r} \sum_{jK=1}^{s} p(u_{iK} v_{jK}) d(u_{iK}, v_{jK})$$

$$= \overline{D}(1) + \overline{D}(2) + \cdots + \overline{D}(K)$$

$$= \sum_{l=1}^{K} \overline{D}(l) \tag{8.8-52}$$

其中

$$\overline{D}(l) = \sum_{il=1}^{r} \sum_{jl=1}^{s} p(u_{il} v_{jl}) d(u_{il}, v_{jl}) \tag{8.8-53}$$

是第 $l(l=1,2,\cdots,K)$ 个信道的平均失真度.

由(8.8-52)式、(8.8-48)式和(8.8-47)式,有

$$\overline{D}_K = \sum_{i=1}^{K} D(i) \leqslant KD \tag{8.8-54}$$

考虑到信息率-失真函数 $R(D)$ 是 D 的 $\cup$ 型函数,有

$$\frac{R[D(1)] + R[D(2)] + \cdots + R[D(K)]}{K} \geqslant R\left\{\frac{[D(1)] + [D(2)] + \cdots + [D(K)]}{K}\right\} \tag{8.8-55}$$

再由(8.8-54)式,并根据 $R(D)$ 是 D 的递减函数的结论,(8.8-55)式可进一步改写为

$$\sum_{i=1}^{K} R[D(i)] \geqslant K R\left\{\frac{\sum_{i=1}^{K} D(i)}{K}\right\} \geqslant K R(D) \tag{8.8-56}$$

由(8.8-51)式和(8.8-56)式,得

$$I(U^K;V) \geqslant K R(D) \tag{8.8-57}$$

由(8.8-46)式和(8.8-57)式,得

$$R_K(D) \geqslant K R(D) \tag{8.8-58}$$

另一方面,设图 8.8-6 所示信道为无记忆信道.

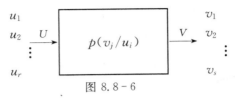

图 8.8-6

图 8.8-7 所示信道,是图 8.8-6 所示离散无记忆信道($U-V$)的 K 次扩展信道(U^K-V^K).

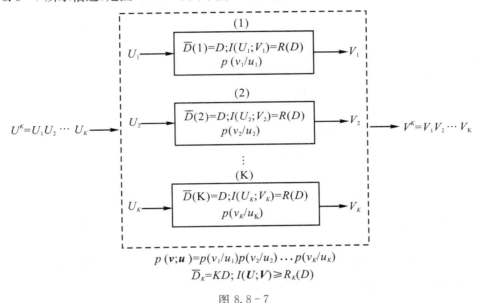

图 8.8-7

在图 8.8-7 中,第 $i(i=1,2,\cdots,K)$ 个信道,是满足保真度准则 $\overline{D}(i)=D(i=1,2,\cdots,K)$ 且达到信息率-失真函数 $R(D)$ 的试验信道,即有

$$I(U_i;V_i) = R(D) \quad (i=1,2,\cdots,K) \tag{8.8-59}$$

$$\overline{D}(i) = D \quad (i=1,2,\cdots,K) \tag{8.8-60}$$

因为信源是离散无记忆信源 U 的 K 次扩展信源 $U^K=U_1U_2\cdots U_K$,所以有

$$I(U^K;V^K) = \sum_{i=1}^{K} I(U_i;V_i) \tag{8.8-61}$$

由(8.8-59)式,有

$$I(U^K;V^K) = \sum_{i=1}^{K} R(D) = K R(D) \tag{8.8-62}$$

根据定理 8.18,由(8.8-16)式可知,图 8.8-7 所示 K 次扩展信道的平均失真度

$$\overline{D}_K = KD \tag{8.8-63}$$

这说明,图 8.8-7 所示扩展信道(U^K-V^K),是满足保真度准则 $\overline{D}_K=KD$ 的试验信道集合

$$B_{KD}: \{p(\boldsymbol{v}/\boldsymbol{u}) \; ; \; \overline{D}_K = KD\} \tag{8.8-64}$$

中的一个试验信道,所以有

$$R_K(D) \leqslant I(U^K; V^K) \tag{8.8-65}$$

再由(8.8-62)式、(8.8-65)式,有

$$R_K(D) \leqslant K R(D) \tag{8.8-66}$$

综合(8.8-58)式和(8.8-66)式,证得

$$R_K(D) = K R(D) \tag{8.8-67}$$

这样,定理 8.21 就得到了证明.

8.9　限失真信源编码定理

信息率失真理论是限失真信源编码定理的理论基础. 运用信息率-失真函数 $R(D)$ 导出限失真信源编码定理之前,还必须对数据压缩进行一般性描述.

8.9.1　数据压缩的一般概念

数据压缩过程一般可由图 8.9-1 表示.

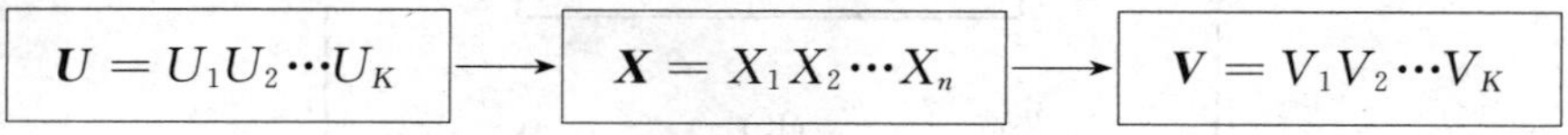

图 8.9-1

在图 8.9-1 中,$\boldsymbol{U}=U^K=U_1U_2\cdots U_K$ 表示离散无记忆信源 U 的 K 次扩展信源. $\boldsymbol{X}=X_1X_2\cdots X_n$ 中各随机变量 $X_i \in \{0,1\}(i=1,2,\cdots,n)$. 在图 8.9-1 所示一般数据压缩系统中,信源 $\boldsymbol{U}=U^K=U_1U_2\cdots U_K$ 的 K 个信源符号被压缩成 $\boldsymbol{X}=X_1X_2\cdots X_n$ 的 n 个比特,并通过某种方式,由 $\boldsymbol{X}=X_1X_2\cdots X_n$ 还原出 K 个信宿符号 $\boldsymbol{V}=V_1V_2\cdots V_K$.

显然,在满足保真度准则的要求下,每个信源符号至少需要几个比特来表示,这是数据压缩过程的关键性指标. 根据信息率-失真函数的定义可知,这个指标与信息率-失真函数必定存在内在联系.

定理 8.22　设 $R(D)$ 是离散无记忆信源 U 的信息率-失真函数,$\overline{D}$ 是 U 和 V 每一个符号的平均失真度. 若 $\overline{D} \leqslant D$,则压缩比

$$\frac{n}{K} \geqslant R(D)$$

证明　若 $\boldsymbol{U}=U_1U_2\cdots U_K$ 与 $\boldsymbol{V}=V_1V_2\cdots V_K$ 之间的平均失真度满足

$$\overline{D}_K = \sum_{i=1}^{K} E[d(u_i,v_i)] = \sum_{i=1}^{K} \overline{D}(i) \leqslant KD \tag{8.9-1}$$

因有

$$\overline{D}_K = K\overline{D} \tag{8.9-2}$$

则就有

$$\overline{D} \leqslant D \tag{8.9-3}$$

这表明,在图 8.9-1 中,由 $\boldsymbol{U} = U_1 U_2 \cdots U_K$ 到 $\boldsymbol{X} = X_1 X_2 \cdots X_n$ 的压缩过程和由 $\boldsymbol{X} = X_1 X_2 \cdots X_n$ 到 $\boldsymbol{V} = V_1 V_2 \cdots V_K$ 的还原过程所形成的总的变换过程,只要最终 $\boldsymbol{U} = U_1 U_2 \cdots U_K$ 与 $\boldsymbol{V} = V_1 V_2 \cdots V_K$ 之间满足保真度准则 $\overline{D}_K \leqslant KD$,则对单个符号来说,一定满足保真度准则 $\overline{D} \leqslant D$.

根据离散无记忆信源的 K 次扩展信源的信息率-失真函数 $R_K(D)$ 的定义,有

$$I(\boldsymbol{U};\boldsymbol{V}) \geqslant R_K(D) \qquad (8.9-4)$$

再由定理 8.21 可得,离散无记忆信源 U 的信息率-失真函数 $R(D)$ 与其 K 次扩展信源 $\boldsymbol{U} = U^K = U_1, U_2, \cdots, U_K$ 的信息率-失真函数 $R_K(D)$ 之间有

$$R_K(D) = K R(D) \qquad (8.9-5)$$

由(8.9-4)式、(8.9-5)式,可得

$$I(\boldsymbol{U};\boldsymbol{V}) \geqslant K R(D) \qquad (8.9-6)$$

另一方面,根据数据处理定理,有

$$I(\boldsymbol{U};\boldsymbol{V}) \leqslant I(\boldsymbol{X};\boldsymbol{V}) \qquad (8.9-7)$$

而

$$I(\boldsymbol{X};\boldsymbol{V}) = H(\boldsymbol{X}) - H(\boldsymbol{X}/\boldsymbol{V}) \leqslant H(\boldsymbol{X}) \qquad (8.9-8)$$

因为 $\boldsymbol{X} = X_1 X_2 \cdots X_n$ 中各随机变量 $X_i \in \{0,1\}$,所以联合熵

$$\begin{aligned} H(\boldsymbol{X}) &= H(X_1 X_2 \cdots X_n) \\ &= H(X_1) + H(X_2/X_1) + H(X_3/X_1 X_2) + \cdots + H(X_n/X_1 X_2 \cdots X_{n-1}) \\ &\leqslant n H(X) \leqslant n \log 2 = n \quad (\text{比特／符号}) \end{aligned} \qquad (8.9-9)$$

则由(8.9-7)式、(8.9-8)式和(8.9-9)式可得

$$I(\boldsymbol{U};\boldsymbol{V}) \leqslant n \quad (\text{比特／符号}) \qquad (8.9-10)$$

再由(8.9-6)、(8.9-7)和(8.9-10)式,有

$$n \geqslant K R(D) \qquad (8.9-11)$$

即证得压缩比

$$\frac{n}{K} \geqslant R(D) \quad (\text{比特／符号}) \qquad (8.9-12)$$

这样,定理 8.22 就得到了证明.

定理告诉我们,在图 8.9-1 所示数据压缩系统中,若要求满足保真度准则 $\overline{D} \leqslant D (\overline{D}_K \leqslant KD)$,则表示每个信源符号至少需要 $R(D)$ 比特.定理从数据压缩的角度,直截了当地指明了信息率-失真函数 $R(D)$ 的内涵.

用限失真信源编码进行数据压缩的一般机制,可用图 8.9-2 表示.

设离散无记忆信源 U 的信源空间为

$$[U \cdot P] : \begin{cases} U: & u_1 & u_2 & \cdots & u_r \\ P(U): & p(u_1) & p(u_2) & \cdots & p(u_r) \end{cases}$$

其中

$$0 \leqslant p(u_i) \leqslant 1 \quad (i = 1, 2, \cdots, r)$$

$$\sum_{i=1}^{r} p(u_i) = 1$$

离散无记忆信源 U 的 K 次扩展信源 $\boldsymbol{U} = U^K = U_1 U_2 \cdots U_K$ 有 r^K 个长度为 K 的消息,其中

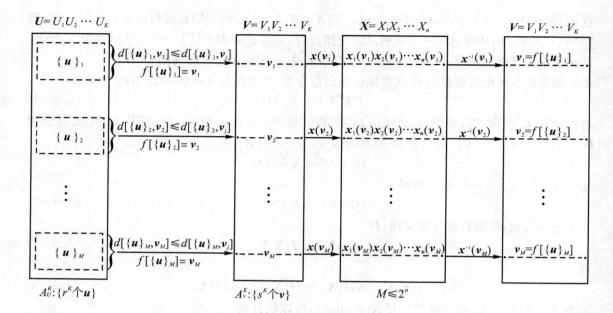

图 8.9 - 2

$$u_i = (u_{i1}\ u_{i2}\cdots u_{iK})$$
$$u_{i1}, u_{i2}, \cdots, u_{iK} \in U : \{u_1, u_2, \cdots, u_r\}$$
$$i1, i2, \cdots, iK = 1, 2, \cdots, r$$
$$i = 1, 2, \cdots, r^K \tag{8.9-13}$$

这 r^K 个消息组成 K 维集合 $A_U^K : \{u_i(i=1,2,\cdots,r^K)\}$.

设信道的输出符号集为 $V : \{v_1, v_2, \cdots, v_s\}$,则离散无记忆信源 U 的 K 次扩展信源 $\boldsymbol{U} = U^K = U_1 U_2 \cdots U_K$ 相应的信宿 $\boldsymbol{V} = V_1 V_2 \cdots V_K$ 有 s^K 个长度为 K 的符号序列,其中

$$v_j = (v_{j1} v_{j2}\cdots v_{jK})$$
$$v_{j1}, v_{j2}, \cdots, v_{jK} \in V : \{v_1, v_2, \cdots, v_s\}$$
$$j1, j2, \cdots, jK = 1, 2, \cdots, s$$
$$j = 1, 2, \cdots, s^K \tag{8.9-14}$$

这 s^K 个长度为 K 的符号序列组成 K 维集合 $A_V^K : \{v_j(j=1,2,\cdots,s^K)\}$.

在集合 $A_V^K : \{v_j(j=1,2,\cdots,s^K)\}$ 中,选择 M 个长度为 K 的符号序列,组成码

$$C : \{v_1, v_2, \cdots, v_M\} \tag{8.9-15}$$

在集合 $A_U^K : \{u_i(i=1,2,\cdots,r^K)\}$ 中,若有子集 $\{u\}_1$,满足

$$d[\{u\}_1, v_1] \leqslant d[\{u\}_1, v_j] \quad (j=1,2,\cdots,M) \tag{8.9-16}$$

则把子集 $\{u\}_1$ 中所有长度为 K 的符号序列都表示为 v_1,即

$$f[\{u\}_1] = v_1 \tag{8.9-17}$$

若有子集 $\{u\}_2$,满足

$$d[\{u\}_2, v_2] \leqslant d[\{u\}_2, v_j] \quad (j=1,2,\cdots,M) \tag{8.9-18}$$

则把子集 $\{u\}_2$ 中所有长度为 K 的符号序列都表示为 v_2,即

$$f\big[\{\boldsymbol{u}\}_2\big] = \boldsymbol{v}_2 \tag{8.9-19}$$

依此类推,若有子集 $\{\boldsymbol{u}\}_M$ 满足

$$d\big[\{\boldsymbol{u}\}_M, \boldsymbol{v}_M\big] \leqslant d\big[\{\boldsymbol{u}\}_M, \boldsymbol{v}_j\big] \quad (j = 1, 2, \cdots, M) \tag{8.9-20}$$

则把子集 $\{\boldsymbol{u}\}_M$ 中所有长度为 K 的符号序列都表示为 $\boldsymbol{v}_M$,即

$$f\big[\{\boldsymbol{u}\}_M\big] = \boldsymbol{v}_M \tag{8.9-21}$$

一般来说,若有

$$d\big[\{\boldsymbol{u}\}_i, \boldsymbol{v}_i\big] \leqslant d\big[\{\boldsymbol{u}\}_i, \boldsymbol{v}_j\big] \quad (j = 1, 2, \cdots, M) \tag{8.9-22}$$

则

$$f\big[\{\boldsymbol{u}\}_i\big] = \boldsymbol{v}_i \quad (i = 1, 2, \cdots, M) \tag{8.9-23}$$

其中各子集 $\{\boldsymbol{u}\}_i (i=1,2,\cdots,M)$ 是相互独立、互不相交的子集.

设长度为 n 的随机矢量 $\boldsymbol{X} = X_1 X_2 \cdots X_n$ 中任何时刻的随机变量 $X_i \in X: \{0,1\}, (i=1,2,\cdots,n)$,则一共可组成 2^n 种长度均为 n 的"0""1"序列,其中

$$\boldsymbol{x}_i = (x_{i1}\ x_{i2} \cdots x_{in})$$
$$x_{i1}. x_{i2}, \cdots, x_{in} \in X: \{0,1\}$$
$$i1, i2, \cdots, in = 1, 2$$
$$i = 1, 2, \cdots, 2^n \tag{8.9-24}$$

若 $M \leqslant 2^n$,则可按某种一一对应的确定函数关系

$$\boldsymbol{x}(\boldsymbol{v}_i) = \boldsymbol{x}\big[f(\{\boldsymbol{u}\}_i)\big] \quad (i = 1, 2, \cdots, M) \tag{8.9-25}$$

把每一种不同的长度均为 n 的"0""1"序列,与码 $C: \{\boldsymbol{v}_1, \boldsymbol{v}_2, \cdots, \boldsymbol{v}_M\}$ 中每一种不同码字 $\boldsymbol{v}_i (i=1,2,\cdots,M)$ 一一对应,即有

$$\boldsymbol{x}(\boldsymbol{v}_1) = \boldsymbol{x}\big[f(\{\boldsymbol{u}\}_1)\big] = \big[x_1(\boldsymbol{v}_1), x_2(\boldsymbol{v}_1), \cdots, x_n(\boldsymbol{v}_1)\big]$$
$$\boldsymbol{x}(\boldsymbol{v}_2) = \boldsymbol{x}\big[f(\{\boldsymbol{u}\}_2)\big] = \big[x_1(\boldsymbol{v}_2), x_2(\boldsymbol{v}_2), \cdots, x_n(\boldsymbol{v}_2)\big]$$
$$\vdots$$
$$\boldsymbol{x}(\boldsymbol{v}_M) = \boldsymbol{x}\big[f(\{\boldsymbol{u}\}_M)\big] = \big[x_1(\boldsymbol{v}_M), x_2(\boldsymbol{v}_M), \cdots, x_n(\boldsymbol{v}_M)\big] \tag{8.9-26}$$

也就是说,可以用 $M = 2^n$ 种长度为 n 的"0""1"序列,分别一一对应地代表 M 种互不相交的信源 $U = U_1 U_2 \cdots U_K$ 的长度为 K 的消息子集 $\{\boldsymbol{u}\}_i (i=1,2,\cdots,M)$,即

$$\boldsymbol{x}(\boldsymbol{v}_1) = \boldsymbol{x}\big[f(\{\boldsymbol{u}\}_1)\big] = \big[x_1\big[f(\{\boldsymbol{u}\}_1)\big], x_2\big[f(\{\boldsymbol{u}\}_1)\big], \cdots, x_n\big[f(\{\boldsymbol{u}\}_1)\big]\big]$$
$$\boldsymbol{x}(\boldsymbol{v}_2) = \boldsymbol{x}\big[f(\{\boldsymbol{u}\}_2)\big] = \big[x_1\big[f(\{\boldsymbol{u}\}_2)\big], x_2\big[f(\{\boldsymbol{u}\}_2)\big], \cdots, x_n\big[f(\{\boldsymbol{u}\}_2)\big]\big]$$
$$\vdots$$
$$\boldsymbol{x}(\boldsymbol{v}_M) = \boldsymbol{x}\big[f(\{\boldsymbol{u}\}_M)\big] = \big[x_1\big[f(\{\boldsymbol{u}\}_M)\big], x_2\big[f(\{\boldsymbol{u}\}_M)\big], \cdots, x_n\big[f(\{\boldsymbol{u}\}_M)\big]\big]$$
$$\tag{8.9-27}$$

最后,$M = 2^n$ 种长度为 n 的"0""1"序列,可根据确定函数关系

$$\boldsymbol{v}_i = \boldsymbol{x}^{-1}(\boldsymbol{v}_i) \quad (i = 1, 2, \cdots, M) \tag{8.9-28}$$

即

$$f\big[\{\boldsymbol{u}\}_i\big] = \boldsymbol{x}^{-1}\big[f(\{\boldsymbol{u}\}_i)\big] \quad (i = 1, 2, \cdots, M) \tag{8.9-29}$$

一一对应地还原出相应码字 $\boldsymbol{v}_i (i=1,2,\cdots,M)$,即 $f[\{\boldsymbol{u}\}_i] (i=1,2,\cdots,M)$,即有

$$\boldsymbol{v}_1 = \boldsymbol{x}^{-1}(\boldsymbol{v}_1) = f\big[\{\boldsymbol{u}\}_1\big]$$

$$\boldsymbol{v}_2 = \boldsymbol{x}^{-1}(\boldsymbol{v}_2) = f[\{\boldsymbol{u}\}_2]$$
$$\vdots$$
$$\boldsymbol{v}_M = \boldsymbol{x}^{-1}(\boldsymbol{v}_M) = f[\{\boldsymbol{u}\}_M] \tag{8.9-30}$$

采用(8.9-15)式所示信源编码 $C:\{\boldsymbol{v}_1,\boldsymbol{v}_2,\cdots,\boldsymbol{v}_M\}$, 离散无记忆信源 U 的 K 次扩展信源 $\boldsymbol{U}=U^K=U_1U_2\cdots U_K$ 的每一个长度为 K 的消息序列 $\boldsymbol{u}_i=(u_{i1}\ u_{i2}\cdots u_{iK})(i=1,2,\cdots,r^K)$, 都可由随机矢量 $\boldsymbol{X}=X_1X_2\cdots X_n$ 的一个长度为 n 的"0""1"符号序列来表示, 即由 n 比特来表示. 这时, 离散无记忆信源 U 的 K 次扩展信源 $\boldsymbol{U}=U_1U_2\cdots U_K$ 发出的消息序列 $\boldsymbol{u}_i(i=1,2,\cdots,r^K)$ 与信源编码 $C:\{\boldsymbol{v}_1,\boldsymbol{v}_2,\cdots,\boldsymbol{v}_M\}$ 之间的平均失真度

$$\overline{D}(C) = \frac{1}{K}\sum_{i=1}^{M}p(\{\boldsymbol{u}\}_i)d[\{\boldsymbol{u}\}_i,\boldsymbol{v}_i] = \frac{1}{K}\sum_{\boldsymbol{u}\in A_U^K}p(\boldsymbol{u})d(\boldsymbol{u},f(\boldsymbol{u})) \tag{8.9-31}$$

在 $M=2^n$ 的情况下, 数据压缩系统的压缩比, 就是信源 $\boldsymbol{U}=U_1U_2\cdots U_K$ 发出消息 $\boldsymbol{u}_i(i=1,2,\cdots,r^K)$ 的长度 K, 与由"0""1"组成的随机矢量 $\boldsymbol{X}=X_1X_2\cdots X_n$ 的符号序列的长度 n 之比, 即

$$\frac{\log M}{K} = \frac{n}{K} = R \quad (\text{比特}/\text{信源符号}) \tag{8.9-32}$$

设 $R(D)$ 是离散无记忆信源 U 满足保真度准则 $\overline{D}\leqslant D$ 的信息率-失真函数. 根据定理 8.22, 采用满足保真度准则 $\overline{D}(C)\leqslant D$ 的限失真信源编码 $C:\{\boldsymbol{v}_1,\boldsymbol{v}_2,\cdots,\boldsymbol{v}_M\}$, 可以把长度为 K 的信源符号序列, 压缩到由 n 个比特来表示, 每一个信源符号所需的比特数, 即压缩比 (n/K) 不能小于 $R(D)$. 也就是说, 每一个信源符号至少需要 $R(D)$ 个比特来表示. (8.9-32)式指明, 压缩比 (n/K) 实际上就是信源 U 的信息输出率 R(比特/信源符号). 这就意味着, 信源的最小信息输出率为 $R(D)$.

【例 8.15】 设离散无记忆信源 U 的信源空间为

$$[U\cdot P]:\begin{cases}U: & 0 & 1 \\ P(U): & 1/2 & 1/2\end{cases} \tag{1}$$

选用汉明失真度, 即失真矩阵为

$$[D] = \begin{array}{c} \\ 0 \\ 1\end{array}\begin{array}{cc}0 & 1\\ \left[\begin{array}{cc}0 & 1\\ 1 & 0\end{array}\right]\end{array} \tag{2}$$

若信源 U 的 $K=7$ 次扩展信源 $\boldsymbol{U}=U^7=U_1U_2U_3U_4U_5U_6U_7$ 的限失真信源编码 C 有 $M=16$ 个码字, 即

$$\boldsymbol{v}_1 = 0\ 1\ 0\ 0\ 0\ 0\ 0 \qquad \boldsymbol{v}_9 = 0\ 0\ 1\ 0\ 0\ 1\ 1$$
$$\boldsymbol{v}_2 = 1\ 1\ 0\ 0\ 0\ 1\ 1 \qquad \boldsymbol{v}_{10} = 0\ 0\ 0\ 1\ 0\ 1\ 0$$
$$\boldsymbol{v}_3 = 0\ 0\ 0\ 0\ 1\ 0\ 1 \qquad \boldsymbol{v}_{11} = 0\ 1\ 1\ 1\ 0\ 0\ 1$$
$$\boldsymbol{v}_4 = 0\ 1\ 1\ 0\ 1\ 1\ 0 \qquad \boldsymbol{v}_{12} = 1\ 0\ 1\ 0\ 0\ 0\ 0$$
$$\boldsymbol{v}_5 = 0\ 1\ 0\ 1\ 1\ 1\ 1 \qquad \boldsymbol{v}_{13} = 1\ 0\ 0\ 1\ 0\ 0\ 1$$
$$\boldsymbol{v}_6 = 1\ 0\ 0\ 0\ 1\ 1\ 0 \qquad \boldsymbol{v}_{14} = 1\ 1\ 1\ 1\ 0\ 1\ 0$$
$$\boldsymbol{v}_7 = 1\ 1\ 1\ 0\ 1\ 0\ 1 \qquad \boldsymbol{v}_{15} = 0\ 0\ 1\ 1\ 1\ 0\ 0$$
$$\boldsymbol{v}_8 = 1\ 1\ 0\ 1\ 1\ 0\ 0 \qquad \boldsymbol{v}_{16} = 1\ 0\ 1\ 1\ 1\ 1\ 1$$

试求限失真信源编码 C: $\{v_1, v_2, \cdots, v_{16}\}$ 的平均失真度 $\overline{D}(C)$ 和数据压缩比 $R=n/K$,并与信源 U 的信息率-失真函数 $R(\overline{D}(C))$ 的大小相比较.

解 离散无记忆信源 U: $\{0,1\}$ 的 $K=7$ 次扩展信源 $U=U_1U_2U_3U_4U_5U_6U_7$ 共有 $2^K=2^7=128$ 个互不相同的长度为 $K=7$ 的"0"、"1"序列组成集合 A_U^7. 信宿 $V=V_1V_2V_3V_4V_5V_6V_7$ 同样有 $2^K=2^7=128$ 个互不相同的长度为 $K=7$ 的"0""1"序列组成集合 A_V^7. 在集合 A_V^7 中选择了 $M=16$ 个长度为 $K=7$ 的"0"、"1"序列作为信源编码 C: $\{v_1, v_2, \cdots, v_{16}\}$,如图 E8.15-1 所示. 对于每一个码字 $v_i(i=1,2,\cdots,M=16)$,在 A_U^7 集合中,均有 8 个长度为 $K=7$ 的互不相同的"0"、"1"序列 $\{u\}$ 与码字 v_i 的汉明距离是最小的,即等于 1. 因为选用的是汉明失真度,也就是说,对于每一个码字 $v_i(i=1,2,\cdots,M=16)$,在 A_U^7 集合中,均有 8 个长度为 $K=7$ 的"0"、"1"序列 $\{u_i\}(i=1,2,\cdots,M=16)$,与码字 v_i 之间的失真度 $d[\{u\}_i,v_i](i=1,2,\cdots,M=16)$ 是最小的,即等于 1,即有

$$d[\{u\}_i, v_i] \leqslant d[\{u\}_i, v_j] \qquad (j=1,2,\cdots,M=16) \tag{3}$$

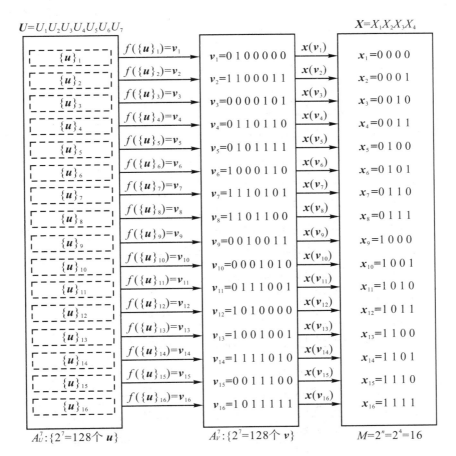

图 E8.15-1

则这 8 个"0""1"序列 $\{u\}_i(i=1,2,\cdots,M=16)$ 就由码字 v_i 来表示,即有

$$f[\{u\}_i] = v_i \qquad (i=1,2,\cdots,M=16) \tag{4}$$

因为码字数 $M=16$，故可取 $n=4$，即有

$$M=2^n \tag{5}$$

这就是说，每一个长度为 $K=7$ 的码字 $v_i(i=1,2,\cdots,M=16)$，可用 $\boldsymbol{X}=X_1X_2X_3X_4$ 的一个长度 $n=4$ 的"0""1"序列来表示.

$\boldsymbol{X}=X_1X_2X_3X_4$ 的 $M=2^n=2^4=16$ 个"0""1"序列为：

$\boldsymbol{x}_1=0000$	$\boldsymbol{x}_5=0100$	$\boldsymbol{x}_9=1000$	$\boldsymbol{x}_{13}=1100$
$\boldsymbol{x}_2=0001$	$\boldsymbol{x}_6=0101$	$\boldsymbol{x}_{10}=1001$	$\boldsymbol{x}_{14}=1101$
$\boldsymbol{x}_3=0010$	$\boldsymbol{x}_7=0110$	$\boldsymbol{x}_{11}=1010$	$\boldsymbol{x}_{15}=1110$
$\boldsymbol{x}_4=0011$	$\boldsymbol{x}_8=0111$	$\boldsymbol{x}_{12}=1011$	$\boldsymbol{x}_{16}=1111$

$$\tag{6}$$

把每一个 $\boldsymbol{x}_i(i=1,2,\cdots,M=16)$ 与每一个 $v_i(i=1,2,\cdots,M=16)$ 一一对应地组成码字对 $(\boldsymbol{x}_i,v_i)$ $(i=1,2,\cdots,M=16)$，如图 E8.15-1 所示.

显然，由接收到的长度为 $n=4$ 的"0"、"1"序列 $\boldsymbol{x}_i(i=1,2,\cdots,M=16)$，可以一一对应，唯一确定地还原出相应的码字 $v_i=f(\{\boldsymbol{u}\}_i)(i=1,2,\cdots,M=16)$，再由 v_i 还原出它所代表的 8 个信源 U 的消息序列 $\boldsymbol{u}_i(i=1,2,\cdots,M=16)$，如图 E8.15-2 所示.

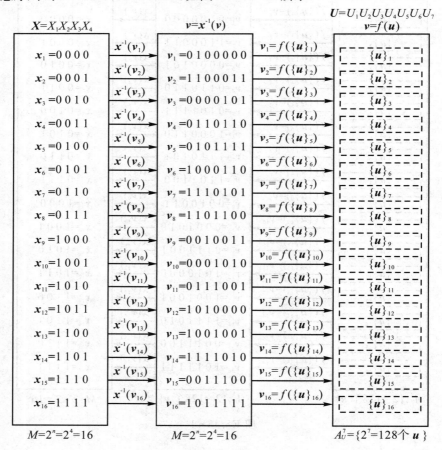

图 E8.15-2

显然,根据上述限失真信源编码方法和数据压缩机制,限失真信源编码 $C:\{v_1,v_2,\cdots,v_M\}$ 的平均失真度

$$\overline{D}(C) = \frac{1}{K}\sum_{i=1}^{M} p(\{\boldsymbol{u}\}_i)d[\{\boldsymbol{u}\}_i,\boldsymbol{v}_i] \tag{7}$$

信源 $\boldsymbol{U}=U^K=U_1U_2U_3U_4U_5U_6U_7$ 的 A_U^7 集合中的每一个子集 $\{\boldsymbol{u}\}_i(i=1,2,\cdots,M)$ 中含有 8 个长度为 $K=7$ 的互不相同的"0"、"1"序列,除了其中一个是码字 $\boldsymbol{v}_i(i=1,2,\cdots,M)$ 本身以外,其余 $(8-1)$ 个序列与码字 $\boldsymbol{v}_i(i=1,2,\cdots,M)$ 的汉明距离均等于 1. 在汉明失真度下,$\{\boldsymbol{u}\}_i(i=1,2,\cdots,M)$ 中的一个序列与码字 $\boldsymbol{v}_i(i=1,2,\cdots,M)$ 之间的失真度等于零,其余 $(8-1)$ 个序列与码字 $\boldsymbol{v}_i(i=1,2,\cdots,M)$ 之间的失真度均等于 1,所以

$$d[\{\boldsymbol{u}\}_i,\boldsymbol{v}_i] = \sum_{l=1}^{8} d(\boldsymbol{u}_{il},\boldsymbol{v}_i) = 0+1+1+1+1+1+1+1 = 7 \quad (i=1,2,\cdots,M) \tag{8}$$

由于信源 $U:\{0,1\}$ 是离散无记忆等概信源,所以子集 $\{\boldsymbol{u}\}_i(i=1,2,\cdots,M)$ 中的每一个序列 $\boldsymbol{u}_{il}$ 的概率分布为

$$p(\boldsymbol{u}_{il}) = \left(\frac{1}{2}\right)^K = \left(\frac{1}{2}\right)^7 = \frac{1}{128} \tag{9}$$

由(7)式、(8)式和(9)式,有

$$\begin{aligned}
\overline{D}(C) &= \frac{1}{K}\sum_{i=1}^{M} p(\{\boldsymbol{u}_i\})d[\{\boldsymbol{u}_i\},\boldsymbol{v}_i] \\
&= \frac{1}{K}\sum_{i=1}^{M}\left\{\sum_{l=1}^{8} p(\boldsymbol{u}_{il})d(\boldsymbol{u}_{il},\boldsymbol{v}_i)\right\} \\
&= \frac{1}{7}\cdot\sum_{i=1}^{16}\cdot\left(\frac{1}{128}\cdot 0+\frac{1}{128}\cdot 1+\frac{1}{128}\cdot 1+\frac{1}{128}\cdot 1+\frac{1}{128}\cdot 1\right. \\
&\qquad\left. +\frac{1}{128}\cdot 1+\frac{1}{128}\cdot 1+\frac{1}{128}\cdot 1\right) \\
&= \frac{1}{7}\cdot 16\cdot\frac{7}{128} = \frac{16}{128} = \frac{1}{8} = 0.125
\end{aligned} \tag{10}$$

若把信源码 $C:\{v_1,v_2,\cdots,v_M;M=16\}$ 的平均失真度 $\overline{D}(C)=0.125$ 作为允许失真度 D,即

$$D = \overline{D}(C) = 0.125 \tag{11}$$

再考虑到离散无记忆信源 $U:\{0,1\}$ 是一个二元等概信源,则离散无记忆信源 U,在满足保真度准则

$$\overline{D} \leqslant D = 0.125 \tag{12}$$

的条件下的信息率-失真函数

$$R(D) = R(0.125) = 1 - H(0.125) = 0.4564 \quad \text{(比特 / 信源符号)} \tag{13}$$

另一方面,离散无记忆信源 U 的 $K=7$ 次扩展信源 $\boldsymbol{U}=U^7=U_1U_2U_3U_4U_5U_6U_7$ 的消息 $\boldsymbol{u}$,是长度为 $K=7$ 的"0"、"1"序列,$\boldsymbol{X}=X_1X_2X_3X_4$ 的"0"、"1"序列的长度 $n=4$. 由此可得,限失真信源编码 $C:\{v_1,v_2,\cdots,v_M;M=16\}$ 的压缩比

$$R = n/K = 4/7 = 0.5714 \quad \text{(比特 / 信源符号)} \tag{14}$$

由(13)式、(14)式,得

$$R = n/K > R(D) \tag{15}$$

这个结果证实,用限失真信源编码 $C:\{v_1,v_2,\cdots,v_M\}$ 对离散无记忆信源 U 进行数据压缩,信源 U 的每一个符号需要的比特数,一定不小于 $R(D)$.

【例 8.16】 设离散无记忆信源 U 的信源空间为

$$[U \cdot P]:\begin{cases} U: & -1 & 0 & +1 \\ P(U): & 1/3 & 1/3 & 1/3 \end{cases} \tag{1}$$

选定失真矩阵为

$$[D] = \begin{matrix} & & -1/2 & +1/2 \\ -1 & \begin{bmatrix} 1 & 2 \\ 0 & 1 & 1 \\ +1 & 2 & 1 \end{bmatrix} \end{matrix} \tag{2}$$

离散无记忆信源 U 的 $K=2$ 次扩展信源 $\boldsymbol{U}=U^2=U_1U_2$ 的限失真信源编码

$$C:\{(+1/2,-1/2);(-1/2,+1/2)\} \tag{3}$$

试求:限失真信源编码 C 的平均失真度 $\overline{D}(C)$ 和压缩比 $R=n/K$,并与信源 U 的信息率-失真函数 $R[\overline{D}(C)]$ 的大小做比较.

解 因为信源 U 的符号集为 $U:\{-1,0,+1\}$,信宿 V 的符号集为 $V:\{-1/2,+1/2\}$,所以 $K=2$ 次扩展信源 $\boldsymbol{U}=U^2=U_1U_2$ 和信宿 $\boldsymbol{V}=V_1V_2$ 的序列集合 A_U^2 和 A_V^2 分别为

$$A_U^2\begin{cases} \boldsymbol{u}_1=(-1, & -1) \\ \boldsymbol{u}_2=(-1, & 0) \\ \boldsymbol{u}_3=(-1, & +1) \\ \boldsymbol{u}_4=(\ 0\ , & -1) \\ \boldsymbol{u}_5=(\ 0\ , & 0) \\ \boldsymbol{u}_6=(\ 0\ , & +1) \\ \boldsymbol{u}_7=(+1, & -1) \\ \boldsymbol{u}_8=(+1, & 0) \\ \boldsymbol{u}_9=(+1, & +1) \end{cases} \qquad A_V^2\begin{cases} \boldsymbol{v}_1=\left(-\dfrac{1}{2}, & -\dfrac{1}{2}\right) \\ \boldsymbol{v}_2=\left(-\dfrac{1}{2}, & +\dfrac{1}{2}\right) \\ \boldsymbol{v}_3=\left(+\dfrac{1}{2}, & -\dfrac{1}{2}\right) \\ \boldsymbol{v}_4=\left(+\dfrac{1}{2}, & +\dfrac{1}{2}\right) \end{cases} \tag{4}$$

其中 $\boldsymbol{v}_2,\boldsymbol{v}_3$ 组成限失真信源编码

$$C:\{(-1/2,+1/2),(+1/2,-1/2)\} \tag{5}$$

按定义,$\boldsymbol{u}_i$ 与 $\boldsymbol{v}_i$ 之间的失真度

$$d(\boldsymbol{u}_i,\boldsymbol{v}_i) = \sum_{l=1}^{K} d(u_{il},v_{il}) \tag{6}$$

则 $\boldsymbol{u}_i(i=1,2,\cdots,9)$ 与码字 $\boldsymbol{v}_2$ 和 $\boldsymbol{v}_3$ 的失真度如图 E 8.16 - 1 所示.

从中明显地可以看出,对于码字 $\boldsymbol{v}_2=(-1/2,+1/2)$ 来说,有

$$\begin{cases} d(\boldsymbol{u}_2,\boldsymbol{v}_2)<d(\boldsymbol{u}_2,\boldsymbol{v}_3) \\ d(\boldsymbol{u}_3,\boldsymbol{v}_2)<d(\boldsymbol{u}_3,\boldsymbol{v}_3) \\ d(\boldsymbol{u}_6,\boldsymbol{v}_2)<d(\boldsymbol{u}_6,\boldsymbol{v}_3) \end{cases} \tag{7}$$

所以,首先可确定

$$f(\boldsymbol{u}_2) = f(\boldsymbol{u}_3) = f(\boldsymbol{u}_6) = \boldsymbol{v}_2 \tag{8}$$

	$v_2=\left(-\dfrac{1}{2},+\dfrac{1}{2}\right)$	$v_3=\left(+\dfrac{1}{2},-\dfrac{1}{2}\right)$
$u_1=(-1,\ -1)$	$d(u_1,v_2)=d\left(-1,-\dfrac{1}{2}\right)+d\left(-1,+\dfrac{1}{2}\right)$ $=1+2=3$	$d(u_1,v_3)=d\left(-1,+\dfrac{1}{2}\right)+d\left(-1,-\dfrac{1}{2}\right)$ $=2+1=3$
$u_2=(-1,\ \ 0)$	$d(u_2,v_2)=d\left(-1,-\dfrac{1}{2}\right)+d\left(0,+\dfrac{1}{2}\right)$ $=1+1=2$	$d(u_2,v_3)=d\left(-1,+\dfrac{1}{2}\right)+d\left(0,-\dfrac{1}{2}\right)$ $=2+1=3$
$u_3=(-1,\ +1)$	$d(u_3,v_2)=d\left(-1,-\dfrac{1}{2}\right)+d\left(+1,+\dfrac{1}{2}\right)$ $=1+1=2$	$d(u_3,v_3)=d\left(-1,+\dfrac{1}{2}\right)+d\left(+1,-\dfrac{1}{2}\right)$ $=2+2=4$
$u_4=(0,\ -1)$	$d(u_4,v_2)=d\left(0,-\dfrac{1}{2}\right)+d\left(-1,+\dfrac{1}{2}\right)$ $=1+2=3$	$d(u_4,v_3)=d\left(0,+\dfrac{1}{2}\right)+d\left(-1,-\dfrac{1}{2}\right)$ $=1+1=2$
$u_5=(0,\ \ \ 0)$	$d(u_5,v_2)=d\left(0,-\dfrac{1}{2}\right)+d\left(0,+\dfrac{1}{2}\right)$ $=1+1=2$	$d(u_5,v_3)=d\left(0,+\dfrac{1}{2}\right)+d\left(0,-\dfrac{1}{2}\right)$ $=1+1=2$
$u_6=(0,\ +1)$	$d(u_6,v_2)=d\left(0,-\dfrac{1}{2}\right)+d\left(+1,+\dfrac{1}{2}\right)$ $=1+1=2$	$d(u_6,v_3)=d\left(0,+\dfrac{1}{2}\right)+d\left(+1,-\dfrac{1}{2}\right)$ $=1+2=3$
$u_7=(+1,\ -1)$	$d(u_7,v_2)=d\left(+1,-\dfrac{1}{2}\right)+d\left(-1,+\dfrac{1}{2}\right)$ $=2+2=4$	$d(u_7,v_3)=d\left(+1,+\dfrac{1}{2}\right)+d\left(-1,-\dfrac{1}{2}\right)$ $=1+1=2$
$u_8=(+1,\ \ 0)$	$d(u_8,v_2)=d\left(+1,-\dfrac{1}{2}\right)+d\left(0,+\dfrac{1}{2}\right)$ $=2+1=3$	$d(u_8,v_3)=d\left(+1,+\dfrac{1}{2}\right)+d\left(0,-\dfrac{1}{2}\right)$ $=1+1=2$
$u_9=(+1,\ +1)$	$d(u_9,v_2)=d\left(+1,-\dfrac{1}{2}\right)+d\left(+1,+\dfrac{1}{2}\right)$ $=2+1=3$	$d(u_9,v_3)=d\left(+1,+\dfrac{1}{2}\right)+d\left(+1,-\dfrac{1}{2}\right)$ $=1+2=3$

图 E8.16-1

对于码字 $v_3=(+1/2,-1/2)$ 来说,有

$$\begin{cases} d(u_4,v_3)<d(u_2,v_2) \\ d(u_7,v_3)<d(u_7,v_2) \\ d(u_8,v_3)<d(u_8,v_2) \end{cases} \tag{9}$$

所以,又可确定

$$f(u_4)=f(u_7)=f(u_8)=v_3 \tag{10}$$

因为

$$\begin{cases} d(u_1,v_2)=d(u_1,v_3) \\ d(u_5,v_2)=d(u_5,v_3) \\ d(u_9,v_2)=d(u_9,v_3) \end{cases} \tag{11}$$

所以,对于 u_1,u_5 和 u_9 来说,选择码字 v_2 和 v_3 对平均失真度都是相同的效果,若选择

$$\begin{cases} f(u_1)=f(u_5)=v_2 \\ f(u_9)=v_3 \end{cases} \tag{12}$$

这样,可得到码字 v_2,v_3 和信源序列 $u_i(i=1,2,\cdots,9)$ 的对应关系,如图 E8.16-2 所示.

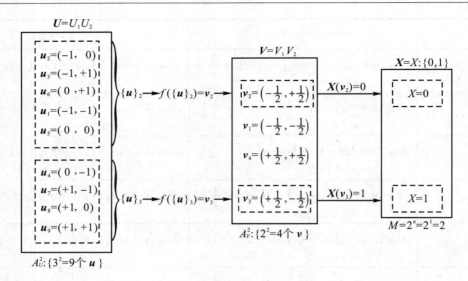

图 E8.16-2

因为码 C 含有的码字数 $M=2$,故可取 $n=1$,即可有

$$M = 2^n = 2^1 = 2 \tag{13}$$

这就是说,每一个长度 $K=2$ 的码字 v_2、v_3,都可用长度 $n=1$ 的随机矢量 $X=X$ 的"0"、"1"序列来表示. 即可取 $X=$"0"代表 $v_2=(-1/2,+1/2)$;$X=$"1"代表 $v_3=(+1/2,-1/2)$. 这就意味着,离散无记忆信源 U 的 $K=2$ 次扩展信源 $U=U^2=U_1U_2$ 的每个长度为 $K=2$ 的消息 $u_i=(u_{i1}$ $u_{i2})$都可压缩为$n=1$比特.

显然,由 $X=0$ 或 $X=1$,可唯一确定地、一一对应地分别还原为码字 $v_2(-1/2,+1/2)$ 和 $v_3=(+1/2,-1/2)$. 而 v_2 和 v_3 又分别表示子集$\{u\}_2$ 和 $\{u\}_3$ 中信源 $U=U_1U_2$ 的消息序列 $\{u\}_2:\{u_2,u_3,u_6,u_1,u_5\}$和$\{u\}_3:\{u_4,u_7,u_8,u_9\}$,如图 E8.16-3 所示.

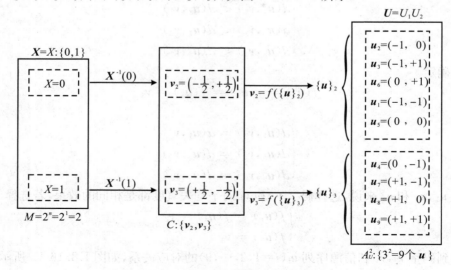

图 E8.16-3

根据上述限失真信源编码和数据压缩机制,有

$$d(\{\boldsymbol{u}\}_2, \boldsymbol{v}_2) = d(\boldsymbol{u}_2, \boldsymbol{v}_2) + d(\boldsymbol{u}_3, \boldsymbol{v}_2) + d(\boldsymbol{u}_6, \boldsymbol{v}_2) + d(\boldsymbol{u}_1, \boldsymbol{v}_2) + d(\boldsymbol{u}_5, \boldsymbol{v}_2)$$
$$= 2 + 2 + 2 + 3 + 2 = 11 \tag{14}$$
$$d(\{\boldsymbol{u}\}_3, \boldsymbol{v}_3) = d(\boldsymbol{u}_4, \boldsymbol{v}_3) + d(\boldsymbol{u}_7, \boldsymbol{v}_3) + d(\boldsymbol{u}_8, \boldsymbol{v}_3) + d(\boldsymbol{u}_9, \boldsymbol{v}_3)$$
$$= 2 + 2 + 2 + 3 = 9 \tag{15}$$

因为给定信源 $U:\{-1, 0, +1\}$ 是离散无记忆等概信源,所以 U 的 $K=2$ 次扩展信源 $\boldsymbol{U} = U^2 = U_1 U_2$ 的每一条消息 $\boldsymbol{u}_i (i = 1, 2, \cdots, 9)$ 的概率分布

$$p(\boldsymbol{u}_i) = (1/3)^2 = 1/9 \tag{16}$$

根据 $(8.9-31)$ 式和 (14) 式、(15) 式,可得限失真信源编码 $C:\left\{(+1/2, -1/2),\right.$ $\left.(-1/2, +1/2)\right\}$ 的平均失真度

$$\overline{D}(C) = \frac{1}{K} \sum_{i=1}^{M} p(\{\boldsymbol{u}_i\}) d[\{\boldsymbol{u}_i\}, \boldsymbol{v}_i]$$
$$= \frac{1}{K} \sum_{i=1}^{M} \left\{ \sum_l p(\boldsymbol{u}_{il}) d(\boldsymbol{u}_{il}, \boldsymbol{v}_i) \right\}$$
$$= 1/2 \cdot [(1/9 \times 11) + (1/9 \times 9)]$$
$$= 1/2 \times 20/9 = 10/9 = 1.11 \tag{17}$$

因为离散无记忆信源 U 的 $K=2$ 次扩展信源 $\boldsymbol{U} = U_1 U_2$ 的每一消息长度 $K=2$,而 $\boldsymbol{X} = X$ 的长度 $n=1$,所以信源编码 $C:\{(-1/2, +1/2), (+1/2, -1/2)\}$ 的压缩比

$$R = n/K = 1/2 = 0.5 \quad (\text{比特} / \text{信源符号}) \tag{18}$$

若取信源编码 C 的平均失真度 $\overline{D}(C) = 1.11$ 作为允许失真度 D,即 $D = 1.11$,则离散无记忆等概信源 U 的信息率-失真函数,由[例 8.10]中的 (34) 式,有

$$R(D) = \frac{2}{3}\left\{1 - H\left[\frac{3}{2}(D-1)\right]\right\} = \frac{2}{3}\left\{1 - H\left[\frac{3}{2}\left(\frac{10}{9} - 1\right)\right]\right\}$$
$$= \frac{2}{3}\left[1 - H\left(\frac{1}{6}\right)\right] = 0.2333 \quad (\text{比特} / \text{信源符号}) \tag{19}$$

由 (18) 式和 (19) 式,有

$$R = n/K > R(D) \tag{20}$$

这个结果说明,用限失真信源编码 $C:\{(+1/2, -1/2), (-1/2, +1/2)\}$ 对离散无记忆等概信源 $U:\{-1, 0, +1\}$ 的 $K=2$ 次扩展信源 $\boldsymbol{U} = U^2 = U_1 U_2$ 进行数据压缩,信源 U 的每一个符号需要比特数不会小于 $R(D)$.

8.9.2　限失真信源编码极限定理

通过前面关于扩展信源的信息率-失真函数、限失真信源编码方法及数据压缩的一般机制的讨论,经过几个例题的具体分析和计算,可以领悟到这样一个结论,即限失真信源编码的平均失真度 $\overline{D}(C)$ 可以小于或等于允许失真度 D,而压缩比 n/K 不会小于信源的信息率-失真函数 $R(D)$,但可接近于 $R(D)$,这是关于限失真信源编码的一般性结论.

定理 8.23　选定允许失真度 $D \geqslant D_{\min}$,对任何 $D' > D$ 和 $R' > R(D)$,对足够大的 K,存在一

个长度为 K,码字数为 M 的信源编码 C,满足 $M \leqslant 2^{[KR']}$ 和平均失真度 $\overline{D}(C) < D'$.

证明 设允许失真度 D,令 $D' > D$. 在 D 与 D' 之间,设 D'',即
$$D < D'' < D' \tag{8.9-33}$$
又设信息率-失真函数 $R(D)$,令 $R' > R(D)$,在 $R(D)$ 和 R' 之间,设 R'',即
$$R(D) < R'' < R' \tag{8.9-34}$$

现设信源编码 $C : \{ v_1, v_2, \cdots, v_M \}$ 是一个长度为 K 的特定的信源编码,令编码函数为 $f(\boldsymbol{u})$. 定义离散无记忆信源 U 的 K 次扩展信源 $\boldsymbol{U} = U^K = U_1 U_2 \cdots U_K$ 的消息集合 A_U^K 的子集 S,是被 C 以较小的失真所表示的信源 $\boldsymbol{U} = U^K = U_1 U_2 \cdots U_K$ 的序列集合;定义子集 T 是被 C 以较大的失真表示的信源 $\boldsymbol{U} = U^K = U_1 U_2 \cdots U_K$ 的序列集合,即
$$S : \{ \boldsymbol{u} : d[\boldsymbol{u}, f(\boldsymbol{u})] \leqslant KD'' \} \tag{8.9-35}$$
$$T : \{ \boldsymbol{u} : d[\boldsymbol{u}, f(\boldsymbol{u})] > KD'' \} \tag{8.9-36}$$
则由信源编码 C 的平均失真度 $\overline{D}(C)$ 的定义 $(8.9-31)$ 式,有
$$\overline{D}(C) = \frac{1}{K} \sum_{\boldsymbol{u} \in A_U^K} p(\boldsymbol{u}) \, d[\boldsymbol{u}, f(\boldsymbol{u})] = \frac{1}{K} \sum_{\boldsymbol{u} \in S} p(\boldsymbol{u}) \, d[\boldsymbol{u}, f(\boldsymbol{u})] + \frac{1}{K} \sum_{\boldsymbol{u} \in T} p(\boldsymbol{u}) \, d[\boldsymbol{u}, f(\boldsymbol{u})]$$
$$\tag{8.9-37}$$

由 $(8.9-35)$ 式可知,在子集 S 中的所有 $\boldsymbol{u}$,都有 $d[\boldsymbol{u}, f(\boldsymbol{u})] \leqslant KD''$,所以 $(8.9-37)$ 式中的第一项
$$\frac{1}{K} \sum_{\boldsymbol{u} \in S} p(\boldsymbol{u}) \, d[\boldsymbol{u}, f(\boldsymbol{u})] \leqslant \frac{1}{K} \sum_{\boldsymbol{u} \in S} p(\boldsymbol{u})(KD'') = \sum_{\boldsymbol{u} \in S} p(\boldsymbol{u}) \cdot D'' \leqslant D'' \tag{8.9-38}$$
设选用失真矩阵为

$$[D] = \begin{array}{c} \\ \boldsymbol{u}_1 \\ \boldsymbol{u}_2 \\ \vdots \\ \boldsymbol{u}_r \end{array} \begin{array}{cccc} \boldsymbol{v}_1 & \boldsymbol{v}_2 & \cdots & \boldsymbol{v}_s \\ \begin{pmatrix} d_{11} & d_{12} & \cdots & d_{1s} \\ d_{21} & d_{22} & \cdots & d_{2s} \\ \vdots & \vdots & \cdots & \vdots \\ d_{r1} & d_{r2} & \cdots & d_{rs} \end{pmatrix} \end{array} \tag{8.9-39}$$

现令 B 是 $(8.9-39)$ 式所示矩阵 $(r \times s)$ 个元素 d_{ij} $(i = 1, 2, \cdots r; j = 1, 2, \cdots, s)$ 中的最大者,即
$$B = \max(d_{ij}) \quad (i = 1, 2, \cdots r; j = 1, 2, \cdots, s) \tag{8.9-40}$$
因为
$$d[\boldsymbol{u}, f(\boldsymbol{u})] = d[u_{i1} \, u_{i2} \cdots, u_{iK}; v_{j1} v_{j2} \cdots v_{jK}]$$
$$= d(u_{i1}, v_{j1}) + d(u_{i2}, v_{j2}) + \cdots + d(u_{iK}, v_{jK}) \tag{8.9-41}$$
由 $(8.9-40)$ 式,可得
$$d[\boldsymbol{u}, f(\boldsymbol{u})] \leqslant KB \tag{8.9-42}$$
所以,由 $(8.9-42)$ 式、$(8.9-37)$ 式中的第二项
$$\frac{1}{K} \sum_{\boldsymbol{u} \in T} p(\boldsymbol{u}) d[\boldsymbol{u}, f(\boldsymbol{u})] \leqslant \frac{1}{K} \sum_{\boldsymbol{u} \in T} p(\boldsymbol{u})(KB) = B \sum_{\boldsymbol{u} \in T} p(\boldsymbol{u}) \tag{8.9-43}$$
由 $(8.9-38)$ 式、$(8.9-43)$ 式、$(8.9-37)$ 式可改写为
$$\overline{D}(C) \leqslant D'' + B \sum_{\boldsymbol{u} \in T} p(\boldsymbol{u}) \tag{8.9-44}$$

由(8.9-36)式可知,(8.9-44)式中的和式 $\sum\limits_{u\in T} p(u)$ 正好表示被信源编码 C 以较大失真表示的信源序列出现的概率,即有

$$\sum_{u\in T} p(u) = p\{d[u,f(u)]>KD''\} \tag{8.9-45}$$

因为当且仅当对信源编码 $C:\{v_1,v_2,\cdots,v_M\}$ 中的每一码字 $v_i(i=1,2,\cdots,M)$ 都有

$$d(u,v_i)>KD'' \quad (i=1,2,\cdots,M) \tag{8.9-46}$$

才能从整体上有

$$d[u,f(u)]>KD'' \tag{8.9-47}$$

为了表达(8.9-46)式、(8.9-47)式的含义,设示性函数

$$\Delta(u,v) = \begin{cases} 1 & \text{若 } d(u,v)\leqslant KD'' \\ 0 & \text{若 } d(u,v)>KD'' \end{cases} \tag{8.9-48}$$

(8.9-45)式所示的概率,用(8.9-48)式的示性函数可表示为

$$\begin{aligned}
\sum_{u\in T} p(u) &= p\{d[u,f(u)]>KD''\} \\
&= \sum_u p(u)[1-\Delta(u,v_1)]\cdot[1-\Delta(u,v_2)]\cdot\cdots\cdot[1-\Delta(u,v_M)] \\
&= \sum_u p(u)\cdot\prod_{i=1}^{M}[1-\Delta(u,v_i)]
\end{aligned} \tag{8.9-49}$$

现为了简明起见,令(8.9-49)式所示概率为 $K(C)$,则有

$$K(C) = \sum_u p(u)\cdot\prod_{i=1}^{M}[1-\Delta(u,v_i)] \tag{8.9-50}$$

由(8.9-50)式,(8.9-44)式可改写为

$$\overline{D}(C)\leqslant D''+B\cdot K(C) \tag{8.9-51}$$

至此,如果能找到一个长度为 K,码字数 $M\leqslant 2^{[KR']}$ 的信源编码 C,且满足 $K(C)<\dfrac{D'-D''}{B}$,那么,由(8.9-51)式就有

$$\overline{D}(C)<D''+B\cdot\frac{D'-D''}{B}=D' \tag{8.9-52}$$

这样,定理 8.23 就可得到证明.但遗憾的是,不能直接找到这样一个码 C.那么,以下的证明将如何进行呢? 我们将以"随机编码"的方法,间接地推断这样一个码是存在的.这就是说,将以一定的概率分布,在所有长度为 K,且具有 $M=2^{[KR']}$ 个码字的可能的信源编码的集合上,对 $K(C)$ 进行统计平均.如果能证明当码字长度 $K\to\infty$ 时,这个平均值趋向于零,那么,对足够大的 K,这个平均值一定可以小于 $\dfrac{D'-D''}{B}$,这样就能推断,至少会有一个特定的信源编码 C,也有

$$K(C)<\frac{D'-D''}{B} \tag{8.9-53}$$

这样,由(8.9-52)式得知,定理 8.23 就可得到证明了.

以下的任务就是在所有长度为 K,码字数 $M=2^{[KR']}$ 的可能的信源编码上,对 $K(C)$ 进行统计平均.当然,要进行统计平均,首先要确定用来统计平均的概率分布.考虑到我们所要证明的定理的最终目的,概率分布应该选择尽可能地接近达到 $R(D)$ 的试验信道的随机变量 V 的相关分布.为此,令 $p(uv)$ 表示达到信息率-失真函数 $R(D)$ 的试验信道 $(U-V)$ 的联合概率分布,

即有

$$I(U;V) = R(D) \tag{8.9-54}$$

$$\overline{D} \leqslant D \tag{8.9-55}$$

这样,在随机变量 U 的符号集 A_U 中的边缘分布为

$$p(u) = \sum_v p(u\,v) \tag{8.9-56}$$

在随机变量 V 的符号集 A_V 中的边缘分布为

$$p(v) = \sum_u p(u\,v) \tag{8.9-57}$$

现设信源 U 和试验信道 $(U\text{-}V)$ 都是离散无记忆的,则离散无记忆信源 U 的 K 次扩展信源 $\boldsymbol{U} = U^K = U_1 U_2 \cdots U_K$,和离散无记忆信道 $(U\text{-}V)$ 的 K 次扩展信道的输出随机矢量 $\boldsymbol{V} = V_1 V_2 \cdots V_K$ 的联合空间 $A_U^K \times A_V^K$ 上的随机矢量对 $(\boldsymbol{u},\boldsymbol{v})$:$\{u_1 u_2 \cdots u_K ; v_1 v_2 \cdots v_K\}$的概率分布为

$$p(\boldsymbol{u}) = \prod_{i=1}^K p(u_i)$$

$$p(\boldsymbol{v}/\boldsymbol{u}) = \prod_{i=1}^K p(v_i/u_i) \tag{8.9-58}$$

由此可得

$$p(\boldsymbol{u}\,\boldsymbol{v}) = \prod_{i=1}^K p(u_i\,v_i)$$

$$p(\boldsymbol{v}) = \prod_{i=1}^K p(v_i) \tag{8.9-59}$$

这样,在长度为 K、具有 M 个码字的信源编码集合上,指定信源编码 C:$\{\boldsymbol{v}_1, \boldsymbol{v}_2, \cdots, \boldsymbol{v}_M\}$的概率为

$$p(C) = \prod_{i=1}^M p(\boldsymbol{v}_i) \tag{8.9-60}$$

其中,$p(\boldsymbol{v}_i)(i=1,2,\cdots,M)$由$(8.9-59)$式中的 $p(\boldsymbol{v})$ 给定,是码 C 中码字 $\boldsymbol{v}_i(i=1,2,\cdots,M)$的概率分布. 这就意味着,信源编码是根据概率分布 $p(\boldsymbol{v})$"随机"地选择的. 这就是所谓的"随机编码".

在确定了统计平均的概率分布 $p(C)$ 后,就可开始计算$(8.9-50)$式所示 $K(C)$ 的统计平均值

$$
\begin{aligned}
E[K(C)] &= \sum_C p(C) \left\{ \sum_{\boldsymbol{u}} p(\boldsymbol{u}) \cdot \prod_{i=1}^M [1 - \Delta(\boldsymbol{u}, \boldsymbol{v}_i)] \right\} \\
&= \sum_{\boldsymbol{v}_1 \cdots \boldsymbol{v}_M} p(\boldsymbol{v}_1) p(\boldsymbol{v}_2) \cdots p(\boldsymbol{v}_M) \left\{ \sum_{\boldsymbol{u}} p(\boldsymbol{u}) \cdot \prod_{i=1}^M [1 - \Delta(\boldsymbol{u}, \boldsymbol{v}_i)] \right\} \\
&= \sum_{\boldsymbol{u}} p(\boldsymbol{u}) \cdot \sum_{\boldsymbol{v}_1 \cdots \boldsymbol{v}_M} p(\boldsymbol{v}_1) p(\boldsymbol{v}_2) \cdots p(\boldsymbol{v}_M) \cdot \prod_{i=1}^M [1 - \Delta(\boldsymbol{u}, \boldsymbol{v}_i)] \\
&= \sum_{\boldsymbol{u}} p(\boldsymbol{u}) \cdot \sum_{\boldsymbol{v}_1 \cdots \boldsymbol{v}_M} \prod_{i=1}^M p(\boldsymbol{v}_i) [1 - \Delta(\boldsymbol{u}, \boldsymbol{v}_i)]
\end{aligned} \tag{8.9-61}
$$

$(8.9-61)$式中的第二个和式

$$
\sum_{\boldsymbol{v}_1} \sum_{\boldsymbol{v}_2} \cdots \sum_{\boldsymbol{v}_M} \prod_{i=1}^M p(\boldsymbol{v}_i) [1 - \Delta(\boldsymbol{u}, \boldsymbol{v}_i)]
$$

$$
= \sum_{\boldsymbol{v}_1} \sum_{\boldsymbol{v}_2} \cdots \sum_{\boldsymbol{v}_M} \{ p(\boldsymbol{v}_1) [1 - \Delta(\boldsymbol{u}, \boldsymbol{v}_1)] \} \cdot \{ p(\boldsymbol{v}_2) [1 - \Delta(\boldsymbol{u}, \boldsymbol{v}_2)] \} \cdot \cdots \cdot \{ p(\boldsymbol{v}_M) [1 - \Delta(\boldsymbol{u}, \boldsymbol{v}_M)] \}
$$

$$\tag{8.9-62}$$

在数学上,若 $f(x)$ 是定义在一个有限集合 A 上的函数,则有

$$\Big[\sum_{x \in A} f(x)\Big]^M = \sum_{x_1 \in A}\sum_{x_2 \in A} \cdots \sum_{x_M \in A} f(x_1)f(x_2)\cdots f(x_M) \tag{8.9-63}$$

由(8.9-63)式,(8.9-62)式可改写为

$$\sum_{v_1}\sum_{v_2}\cdots\sum_{v_M}\prod_{i=1}^{M} p(v_i)[1-\Delta(\boldsymbol{u},\boldsymbol{v}_i)] = \Big\{\sum_{\boldsymbol{v}} p(\boldsymbol{v})[1-\Delta(\boldsymbol{u},\boldsymbol{v})]\Big\}^M \tag{8.9-64}$$

把(8.9-64)式代入(8.9-61)式,有

$$E[K(C)] = \sum_{\boldsymbol{u}} p(\boldsymbol{u})\Big\{\sum_{\boldsymbol{v}} p(\boldsymbol{v})[1-\Delta(\boldsymbol{u},\boldsymbol{v})]\Big\}^M$$

$$= \sum_{\boldsymbol{u}} p(\boldsymbol{u})\Big\{1 - \sum_{\boldsymbol{v}} p(\boldsymbol{v})\Delta(\boldsymbol{u},\boldsymbol{v})\Big\}^M \tag{8.9-65}$$

为了进一步估算(8.9-65)式中的

$$\Big[1 - \sum_{\boldsymbol{v}} p(\boldsymbol{v})\Delta(\boldsymbol{u},\boldsymbol{v})\Big]^M \tag{8.9-66}$$

再定义示性函数

$$\Delta_0(\boldsymbol{u},\boldsymbol{v}) = \begin{cases} 1 & \text{若 } d(\boldsymbol{u},\boldsymbol{v}) \leqslant KD'' \text{ 且 } I(\boldsymbol{u};\boldsymbol{v}) \leqslant KR'' \\ 0 & \text{其他} \end{cases} \tag{8.9-67}$$

(8.9-67)式中的

$$I(\boldsymbol{u};\boldsymbol{v}) = \log \frac{p(\boldsymbol{v}/\boldsymbol{u})}{p(\boldsymbol{v})} \tag{8.9-68}$$

比较(8.9-48)式和(8.9-67)式定义的两种示性函数,有

$$\sum_{\boldsymbol{u}} p(\boldsymbol{v})\Delta_0(\boldsymbol{u},\boldsymbol{v}) \leqslant \sum_{\boldsymbol{v}} p(\boldsymbol{v})\Delta(\boldsymbol{u},\boldsymbol{v}) \tag{8.9-69}$$

若 $\Delta_0(\boldsymbol{u},\boldsymbol{v})=1$,则根据定义(8.9-67)式,有

$$I(\boldsymbol{u},\boldsymbol{v}) = \log \frac{p(\boldsymbol{v}/\boldsymbol{u})}{p(\boldsymbol{v})} \leqslant KR'' \tag{8.9-70}$$

即有

$$p(\boldsymbol{v}) \geqslant 2^{-KR''} p(\boldsymbol{v}/\boldsymbol{u}) \tag{8.9-71}$$

由(8.9-71)式,有

$$\sum_{\boldsymbol{v}} p(\boldsymbol{v})\Delta_0(\boldsymbol{u},\boldsymbol{v}) \geqslant 2^{-KR''}\sum_{\boldsymbol{v}} p(\boldsymbol{v}/\boldsymbol{u})\Delta_0(\boldsymbol{u},\boldsymbol{v}) \tag{8.9-72}$$

再由(8.9-69)和(8.9-72)式,(8.9-66)式有

$$\Big[1 - \sum_{\boldsymbol{v}} p(\boldsymbol{v})\Delta(\boldsymbol{u},\boldsymbol{v})\Big]^M \leqslant \Big[1 - 2^{-KR''}\sum_{\boldsymbol{v}} p(\boldsymbol{v}/\boldsymbol{u})\Delta_0(\boldsymbol{u},\boldsymbol{v})\Big]^M \tag{8.9-73}$$

为了进一步估算(8.9-73)式中的

$$\Big[1 - 2^{-KR''}\sum_{\boldsymbol{v}} p(\boldsymbol{v}/\boldsymbol{u})\Delta_0(\boldsymbol{u},\boldsymbol{v})\Big]^M \tag{8.9-74}$$

引用数学上的不等式:若 $0 \leqslant x, y \leqslant 1, M > 0$,则有

$$(1-xy)^M \leqslant 1 - x + \mathrm{e}^{-yM} \tag{8.9-75}$$

令

$$x = \sum_{\boldsymbol{v}} p(\boldsymbol{v}/\boldsymbol{u})\Delta_0(\boldsymbol{u},\boldsymbol{v}) \tag{8.9-76}$$

显然,由(8.9-67)式可知,(8.9-76)式中的

$$0 \leqslant x \leqslant 1 \tag{8.9-77}$$

再令

$$y = 2^{-KR''} \tag{8.9-78}$$

显然

$$0 \leqslant y \leqslant 1 \tag{8.9-79}$$

由(8.9-75)式,(8.9-74)式可写成不等式

$$\left\{ 1 - 2^{KR''} \sum_{v} p(v/u) \Delta_0(u,v) \right\}^M$$
$$\leqslant 1 - \sum_{v} p(v/u) \Delta_0(u,v) + \exp(-2^{-KR''} \cdot M) \tag{8.9-80}$$

由(8.9-80)式、(8.9-73)式,(8.9-65)式可改写为

$$E\{K(C)\} \leqslant \sum_{u} p(u) \left[1 - \sum_{v} p(v/u) \Delta_0(u,v) + \exp(-2^{-KR''} \cdot M) \right]$$
$$= \sum_{u} p(u) - \sum_{u} p(u) \sum_{v} p(v/u) \Delta_0(u,v) + \sum_{u} p(u) \cdot \exp(-2^{-KR''} \cdot M)$$
$$= 1 - \sum_{u} \sum_{v} p(uv) \Delta_0(u,v) + \exp(-2^{-KR''} \cdot M)$$
$$= \sum_{u} \sum_{v} p(uv) [1 - \Delta_0(u,v)] + \exp(-2^{-KR''} \cdot M) \tag{8.9-81}$$

当 $M = 2^{KR'}$ 时,则(8.9-81)式中的第二项为

$$\exp(-2^{-KR''} \cdot 2^{KR'}) = \exp[-2^{K(R'-R'')}] \tag{8.9-82}$$

因选定 $R' > R''$,所以,当 $K \to \infty$ 时,有

$$\lim_{K \to \infty} \exp[-2^{K(R'-R'')}] = 0 \tag{8.9-83}$$

而当 $M < 2^{KR'}$ 时,令 $M = 2^{KR'} - Q (Q > 0)$,则有

$$\exp[-2^{-KR''} \cdot M] = \exp[-2^{-KR''} \cdot (2^{KR'} - Q)]$$
$$= \exp[-2^{K(R'-R'')} + Q \cdot 2^{-KR''}] \tag{8.9-84}$$

当 $K \to \infty$ 时,(8.9-84)式同样趋向于零,即

$$\lim_{K \to \infty} \exp[-2^{K(R'-R'')} + Q \cdot 2^{-KR''}] = 0 \tag{8.9-85}$$

并且趋向于零的速度比(8.9-83)式趋向于零的速度要快.

总的来说,若 $M \leqslant 2^{KR'}$,当 $K \to \infty$ 时都可使(8.9-81)式中的第二项趋于零.

接着再来看(8.9-81)式中的第一项

$$\sum_{u} \sum_{v} p(uv) [1 - \Delta_0(u,v)] \tag{8.9-86}$$

由示性函数(8.9-67)式可知,只有当 $d(u,v) \leqslant KD''$ 和 $I(u;v) \leqslant KR''$ 这两个条件同时成立,$\Delta_0(u,v)$ 才等于1,即

$$[1 - \Delta_0(u,v)] = 0 \tag{8.9-87}$$

而当

$$d(u,v) > KD'' \tag{8.9-88}$$

和

$$I(u;v) > KR'' \tag{8.9-89}$$

这两个条件中有一个成立,或两个条件都成立时,

$$[1-\Delta_0(\boldsymbol{u},\boldsymbol{v})]=1 \qquad (8.9-90)$$

由(8.9-86)式和(8.9-90)式可知,(8.9-86)式所示概率,实际上是 $\{d(\boldsymbol{u},\boldsymbol{v})>KD''$ 或 $I(\boldsymbol{u};\boldsymbol{v})>KR''\}$ 的概率,即

$$\sum_{\boldsymbol{u}}\sum_{\boldsymbol{v}}p(\boldsymbol{u}\,\boldsymbol{v})[1-\Delta_0(\boldsymbol{u},\boldsymbol{v})]$$
$$= p\{[d(\boldsymbol{u},\boldsymbol{v})>KD'']\text{ 或 }[I(\boldsymbol{u};\boldsymbol{v})>KR'']\}$$
$$\leqslant p\{[d(\boldsymbol{u},\boldsymbol{v})>KD'']\}+p\{[I(\boldsymbol{u};\boldsymbol{v})>KR'']\} \qquad (8.9-91)$$

由假设(8.9-54)式、(8.9-55)式可知,用来计算 $K(C)$ 的统计平均值的概率分布 $p(u,v)$ 是达到 $R(D)$ 的试验信道 $(U-V)$ 的联合概率分布,所以有

$$\overline{D}=D<D'' \qquad (8.9-92)$$

而且又假定信源和试验信道都是离散无记忆的,所以又有

$$p(\boldsymbol{u}\,\boldsymbol{v})=\prod_{i=1}^{K}p(u_i\,v_i) \qquad (8.9-93)$$

那么,离散无记忆信源 U 的 K 次扩展信源 $\boldsymbol{U}=U^K=U_1U_2\cdots U_K$ 的符号序列 $\boldsymbol{u}=u_1u_2\cdots u_K$ 与 K 次离散无记忆扩展信道的输出 $\boldsymbol{V}=V_1V_2\cdots V_K$ 的序列 $\boldsymbol{v}=v_1v_2\cdots v_K$ 之间的失真度,是 K 个相互统计独立、相同概率分布的随机变量 $d(u_i,v_i)(i=1,2,\cdots,K)$ 之和,即

$$d(\boldsymbol{u},\boldsymbol{v})=\sum_{i=1}^{K}d(u_i,v_i) \qquad (8.9-94)$$

其中,每一个随机变量 $d(u_i,v_i)(i=1,2,\cdots,K)$ 的平均值

$$E[d(u_1,v_1)]=E[d(u_2,v_2)]=\cdots=E[d(u_K,v_K)]$$
$$=E[d(u,v)]=\overline{D}=D<D'' \qquad (8.9-95)$$

由(8.9-94)式,即有

$$E[d(\boldsymbol{u},\boldsymbol{v})]<KD'' \qquad (8.9-96)$$

根据大数弱定理,当 $K\to\infty$ 时,(8.9-91)式中的第一项随之趋于零,即有

$$\lim_{K\to\infty}p\{d(\boldsymbol{u},\boldsymbol{v})>KD''\}=0 \qquad (8.9-97)$$

设离散无记忆信源 U 的 K 次扩展信源 $\boldsymbol{U}=U^K=U_1U_2\cdots U_K$ 的符号序列为 $\boldsymbol{u}=u_1u_2\cdots u_K$,离散无记忆信道 $(U-V)$ 的 K 次扩展信道的输出随机矢量 $\boldsymbol{V}=V_1V_2\cdots V_K$ 的符号序列为 $\boldsymbol{v}=v_1v_2\cdots v_K$,则 $\boldsymbol{u}$ 与 $\boldsymbol{v}$ 之间的互信息

$$I(\boldsymbol{u};\boldsymbol{v})=\log\frac{p(\boldsymbol{v}/\boldsymbol{u})}{p(\boldsymbol{v})} \qquad (8.9-98)$$

由假设(8.9-58)式、(8.9-59)式,(8.9-98)式可改写为

$$I(\boldsymbol{u};\boldsymbol{v})=\log\frac{p(v_1/u_1)p(v_2/u_2)\cdots p(v_K/u_K)}{p(v_1)p(v_2)\cdots p(v_K)}$$
$$=\log\frac{p(v_1/u_1)}{p(v_1)}+\log\frac{p(v_2/u_2)}{p(v_2)}+\cdots+\log\frac{p(v_K/u_K)}{p(v_K)}$$
$$=I(u_1;v_1)+I(u_2;v_2)+\cdots+I(u_K;v_K)=\sum_{i=1}^{K}I(u_i;v_i)$$

$$(8.9-99)$$

又由(8.9－59)式,有

$$p(\boldsymbol{u}\,\boldsymbol{v}) = \prod_{i=1}^{K} p(u_i\,v_i) \tag{8.9-100}$$

则说明(8.9－99)式中所示的信源序列 $\boldsymbol{u}$ 和输出序列 $\boldsymbol{v}$ 之间的互信息 $I(\boldsymbol{u};\boldsymbol{v})$,是 K 个相互统计独立、具有相同概率分布 $p(u_i\,v_i)=p(u\,v)(i=1,2,\cdots,K)$ 的随机变量 $I(u_i;v_i)(i=1,2,\cdots,K)$ 之和. 由假设(8.9－54)式,这 K 个统计独立、概率分布相同的随机变量 $I(u_i;v_i)(i=1,2,\cdots,K)$ 的统计平均值

$$I(U;V) = \sum_{u_i \in A_U} \sum_{v_i \in A_V} p(u_i\,v_i) I(u_i;v_i) = R(D) < R'' \tag{8.9-101}$$

应用大数弱定理,当 $K\to\infty$ 时,(8.9－91)式中的第二项趋向于零,即有

$$\lim_{K\to\infty} p\{I(u;v) > KR''\} = 0 \tag{8.9-102}$$

综合(8.9－81)式、(8.9－83)式、(8.9－85)式、(8.9－97)式和(8.9－102)式可得, $E\{K(C)\}$ 的上界随着 $K\to\infty$ 而趋向于零,特别是对足够大的 K ,一定有

$$K(C) < \frac{D'-D''}{B} \tag{8.9-103}$$

由(8.9－51)式最终证得

$$\overline{D}(C) \leqslant D'' + B \cdot K(C) \leqslant D'' + B \cdot \frac{D'-D''}{B} = D' \tag{8.9-104}$$

这样,限失真信源编码定理就得到了证明.

在定理得到证明后,我们对定理再做简要的诠释和解读.

(1) 定理指出,限失真信源编码 $C:\{v_1,v_2,\cdots,v_M\}$ 的码字数 M ,满足

$$M \leqslant 2^{KR'} \tag{8.9-105}$$

其中 K 是离散无记忆信源 U 的 K 次扩展信源 $U=U^K=U_1U_2\cdots U_K$ 的消息长度, R' 是大于离散无记忆信源 U 的信息率-失真函数 $R(D)$ 的任何一个数. 限失真信源编码 $C:\{v_1,v_2,\cdots,v_M\}$ 的码字数 M ,与随机变量序列 $\boldsymbol{X}=\boldsymbol{X}\{f(\boldsymbol{u})\}=X_1X_2\cdots X_n$ 的长度 n 之间的关系为

$$M = 2^n \tag{8.9-106}$$

由(8.9－105)式和(8.9－106)式可知,随机变量序列 $\boldsymbol{X}=X_1X_2\cdots X_n$ 的长度 n 满足

$$n \leqslant KR' \tag{8.9-107}$$

限失真信源编码 $C:\{v_1,v_2,\cdots,v_n\}$ 的压缩比

$$R = n/K \leqslant R' \tag{8.9-108}$$

因为 R' 是大于离散无记忆信源 U 的信息率-失真函数 $R(D)$ 的任何一个数,(8.9－108)式就表明,限失真信源编码 $C:\{v_1,v_2,\cdots,v_M\}$ 的压缩比 R 可无限地接近信息率-失真函数,即有

$$R = n/K \approx R(D) \tag{8.9-109}$$

当然,对固定的消息长度 K ,可通过调整 $\boldsymbol{X}=X_1X_2\cdots X_n$ 的长度 n ,使限失真信源编码 $C:\{v_1,v_2,\cdots,v_M\}$ 的压缩比 $R=n/K$ 接近信息率-失真函 $R(D)$ 的程度也有所调整.

(2) 定理指出,限失真信源编码 $C:\{v_1,v_2,\cdots,v_M\}$ 的平均失真度

$$\overline{D}(C) < D' \tag{8.9-110}$$

其中, D' 设定为大于允许失真度 $D\geqslant D_{\min}$ 的一个任意数. (8.9－110)式表明,限失真信源编码 $C:\{v_1,v_2,\cdots,v_M\}$ 的平均失真度 $\overline{D}(C)$ 可无限地接近允许失真度 D ,即有

$$\overline{D}(C) \approx D \tag{8.9 - 111}$$

由(1)和(2),可以得到这样一个总的结论:选定允许失真度 $D \geqslant D_{\min}$,对任何 $D' > D$ 和 $R' > R(D)$,对足够大的 K,总可以找到一个长度为 K,码字数 $M \leqslant 2^{KR'}$ 的限失真信源编码 $C : \{v_1, v_2, \cdots, v_M\}$,使它的平均失真度 $\overline{D}(C) \approx D$,压缩比 $R = n/K \approx R(D)$.

【**例 8.17**】　设离散无记忆信源 U 的信源空间为

$$[U \cdot P] : \begin{cases} U : & 0 & 1 \\ P(U) : & 1/2 & 1/2 \end{cases} \tag{1}$$

选汉明失真度,其失真矩阵为

$$[D] = \begin{array}{c c} & \begin{array}{c c} 0 & 1 \end{array} \\ \begin{array}{c} 0 \\ 1 \end{array} & \begin{bmatrix} 0 & 1 \\ 1 & 0 \end{bmatrix} \end{array} \tag{2}$$

试求限失真信源编码 $C : \{(000),(111)\}$ 的平均失真度 $\overline{D}(C)$ 和数据压缩比 $R = n/K$,并与 U 信源的信息率-失真函数 $R(\overline{D}(C))$ 的大小相比较.

解　由限失真信源编码 $C : \{(000),(111)\}$ 可知,信源 U 发出的消息长度 $K = 3$. 离散无记忆信源 U 的 $K = 3$ 次扩展信源 $\boldsymbol{U} = U^3 = U_1 U_2 U_3$ 的 $2^K = 2^3 = 8$ 种不同的"0"、"1"序列为:

$$\begin{array}{l l}
\boldsymbol{u}_1 = 0\,0\,0 & \boldsymbol{u}_5 = 0\,1\,1 \\
\boldsymbol{u}_2 = 0\,0\,1 & \boldsymbol{u}_6 = 1\,0\,1 \\
\boldsymbol{u}_3 = 0\,1\,0 & \boldsymbol{u}_7 = 1\,1\,0 \\
\boldsymbol{u}_4 = 1\,0\,0 & \boldsymbol{u}_8 = 1\,1\,1
\end{array} \tag{3}$$

离散无记忆信道 $(U - V)$ 的 $K = 3$ 次扩展信道的输出随机矢量 $\boldsymbol{V} = V_1 V_2 V_3$ 的 $2^K = 2^3 = 8$ 种不同的"0"、"1"序列为:

$$\begin{array}{l l}
\boldsymbol{v}_1 = 0\,0\,0 & \boldsymbol{v}_5 = 0\,1\,1 \\
\boldsymbol{v}_2 = 0\,0\,1 & \boldsymbol{v}_6 = 1\,0\,1 \\
\boldsymbol{v}_3 = 0\,1\,0 & \boldsymbol{v}_7 = 1\,1\,0 \\
\boldsymbol{v}_4 = 1\,0\,0 & \boldsymbol{v}_8 = 1\,1\,1
\end{array} \tag{4}$$

限失真信源编码 C 就是在(4)式所示的 A_V^K 集合中,挑选了 $v_1 = 000$ 和 $v_8 = 111$ 作为码字,构成的限失真信源码 $C : \{(000),(111)\}$,如图 E 8.17 - 1 所示.

因为

$$\begin{aligned}
d(\boldsymbol{u}_1, \boldsymbol{v}_1) &= d[(000),(000)] = d(0,0) + d(0,0) + d(0,0) = 0 + 0 + 0 = 0 \\
d(\boldsymbol{u}_2, \boldsymbol{v}_1) &= d[(001),(000)] = d(0,0) + d(0,0) + d(1,0) = 0 + 0 + 1 = 1 \\
d(\boldsymbol{u}_3, \boldsymbol{v}_1) &= d[(010),(000)] = d(0,0) + d(1,0) + d(0,0) = 0 + 1 + 0 = 1 \\
d(\boldsymbol{u}_4, \boldsymbol{v}_1) &= d[(100),(000)] = d(1,0) + d(0,0) + d(0,0) = 1 + 0 + 0 = 1
\end{aligned} \tag{5}$$

由此看出,在集合 $A_V^K = A_V^3 = 2^3 = 8$ 个 v 中,$v_1 = (000)$ 与 $A_U^K = A_U^3$ 集合中的 $\boldsymbol{u}_1, \boldsymbol{u}_2, \boldsymbol{u}_3, \boldsymbol{u}_4$ 的汉明距离最小,所以 $\boldsymbol{u}_1, \boldsymbol{u}_2, \boldsymbol{u}_3, \boldsymbol{u}_4$ 由 v_1 来代表,即有

$$f(\boldsymbol{u}_1) = f(\boldsymbol{u}_2) = f(\boldsymbol{u}_3) = f(\boldsymbol{u}_4) = v_1 \tag{6}$$

即

$$f(000) = f(001) = f(010) = f(100) = (000) \tag{7}$$

又因为

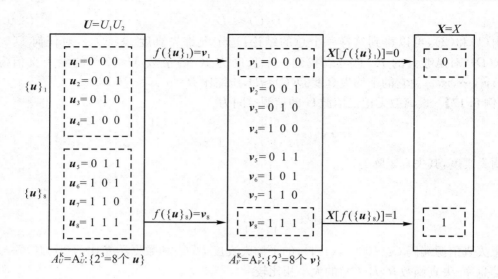

$$图 E8.17-1$$

$$d(\boldsymbol{u}_5,\boldsymbol{v}_8)=d\left[(011),(111)\right]=d(0,1)+d(1,1)+d(1,1)=1+0+0=1$$

$$d(\boldsymbol{u}_6,\boldsymbol{v}_8)=d\left[(101),(111)\right]=d(1,1)+d(0,1)+d(1,1)=0+1+0=1$$

$$d(\boldsymbol{u}_7,\boldsymbol{v}_8)=d\left[(110),(111)\right]=d(1,1)+d(1,1)+d(0,1)=0+0+1=1$$

$$d(\boldsymbol{u}_8,\boldsymbol{v}_8)=d\left[(111),(111)\right]=d(1,1)+d(1,1)+d(1,1)=0+0+0=0 \tag{8}$$

由此看出,在集合 $A_V^K=A_V^3=2^3=8$ 个 $\boldsymbol{v}$ 中,$\boldsymbol{v}_8=(111)$ 与 $A_U^K=A_U^3$ 集合中的 $\boldsymbol{u}_5,\boldsymbol{u}_6,\boldsymbol{u}_7,\boldsymbol{u}_8$ 的汉明距离最小,所以 $\boldsymbol{u}_5,\boldsymbol{u}_6,\boldsymbol{u}_7,\boldsymbol{u}_8$ 由 $\boldsymbol{v}_8$ 来代表,即有

$$f(\boldsymbol{u}_5)=f(\boldsymbol{u}_6)=f(\boldsymbol{u}_7)=f(\boldsymbol{u}_8)=\boldsymbol{v}_8 \tag{9}$$

即

$$f(011)=f(101)=f(110)=f(111)=(111) \tag{10}$$

因为限失真信源编码 C:$\{(000),(111)\}$ 码字数 $M=2$,这就决定了随机变量序列 $\boldsymbol{X}=X_1X_2\cdots X_n$ 的长度 $n=1$,即 $\boldsymbol{X}=X$:$\{0,1\}$,使

$$M=2^n=2^1=2 \tag{11}$$

这样,$\boldsymbol{v}_1=(000)$ 就可由符号"0"来代表,$\boldsymbol{v}_2=(111)$ 就可由符号"1"来代表,即有

$$\boldsymbol{X}[f(\boldsymbol{u}_1)]=\boldsymbol{X}[f(\boldsymbol{u}_2)]=\boldsymbol{X}[f(\boldsymbol{u}_3)]=\boldsymbol{X}[f(\boldsymbol{u}_4)]=\boldsymbol{X}(\boldsymbol{v}_1)=0$$

$$\boldsymbol{X}[f(\boldsymbol{u}_5)]=\boldsymbol{X}[f(\boldsymbol{u}_6)]=\boldsymbol{X}[f(\boldsymbol{u}_7)]=\boldsymbol{X}[f(\boldsymbol{u}_8)]=\boldsymbol{X}(\boldsymbol{v}_2)=1 \tag{12}$$

这就是说,信源 U 的长度为 $K=3$ 的消息序列 $\boldsymbol{u}=u_1u_2u_3$ 可压缩到1(比特).

由 $\boldsymbol{X}=X$:$\{0,1\}$ 的取值"0"或"1",可唯一确定地、一一对应地分别还原出码字 $\boldsymbol{v}_1=(000)$ 或 $\boldsymbol{v}_2=(111)$,而码字 $\boldsymbol{v}_1$ 和 $\boldsymbol{v}_8$ 又一一对应地分别代表信源 $U=U_1U_2U_3$ 的序列集合 $A_U^K=A_U^3$ 中的子集 $\{\boldsymbol{u}\}_1$:$\{\boldsymbol{u}_1,\boldsymbol{u}_2,\boldsymbol{u}_3,\boldsymbol{u}_4\}$ 和子集 $\{\boldsymbol{u}\}_8$:$\{\boldsymbol{u}_5,\boldsymbol{u}_6,\boldsymbol{u}_7,\boldsymbol{u}_8\}$.

由以上的限失真信源编码 C:$\{(000),(111)\}$ 和数据压缩机制,限失真信源编码 C 的平均失真度

$$\overline{D}(C)=\frac{1}{K}\sum_{i=1,8}p(\{\boldsymbol{u}\}_i)d(\{\boldsymbol{u}\}_i,\boldsymbol{v}_i)$$

$$= \frac{1}{K}\big[p(\boldsymbol{u}_1)d(\boldsymbol{u}_1,\boldsymbol{v}_1) + p(\boldsymbol{u}_2)d(\boldsymbol{u}_2,\boldsymbol{v}_1) + p(\boldsymbol{u}_3)d(\boldsymbol{u}_3,\boldsymbol{v}_1) + p(\boldsymbol{u}_4)d(\boldsymbol{u}_4,\boldsymbol{v}_1)$$
$$+ p(\boldsymbol{u}_5)d(\boldsymbol{u}_5,\boldsymbol{v}_8) + p(\boldsymbol{u}_6)d(\boldsymbol{u}_6,\boldsymbol{v}_8) + p(\boldsymbol{u}_7)d(\boldsymbol{u}_7,\boldsymbol{v}_8) + p(\boldsymbol{u}_8)d(\boldsymbol{u}_8,\boldsymbol{v}_8)\big] \tag{13}$$

因为信源 U 是等概离散无记忆信源,所以

$$p(\boldsymbol{u}_i) = p(u_{i1})p(u_{i2})p(u_{i3}) = (1/2)^3 = 1/8 \tag{14}$$

所以,由(13)式,有

$$\overline{D}(C) = \frac{1}{K} \cdot \frac{1}{8}\Big[\sum_{i=1}^{4}d(\boldsymbol{u}_i,\boldsymbol{v}_1) + \sum_{i=5}^{8}d(\boldsymbol{u}_i,\boldsymbol{v}_8)\Big]$$
$$= 1/3 \cdot 1/8 \cdot (3+3) = 1/4 = 0.25 \tag{15}$$

若把 $\overline{D}(C)$ 作为允许失真度 $D=\overline{D}(C)$,则(1)式所示等概离散无记忆信源 U 的信息率-失真函数

$$R(D) = R[\overline{D}(C)] = 1 - H[\overline{D}(C)] = 1 - H[1/4] \approx 0.189 \quad (\text{比特 / 信源符号}) \tag{16}$$

因为限失真信源编码 $C:\{(000),(111)\}$ 的长度 $K=3$,而随机矢量 $\boldsymbol{X}=X_1X_2\cdots X_n$ 的长度 $n=1$,所以限失真信源编码 C 的压缩比

$$R = n/K = 1/3 = 0.333 \quad (\text{比特 / 信源符号}) \tag{17}$$

由(17)式、(16)式有

$$R = n/K > R(D) \tag{18}$$

这又一次说明,信源 U 的信息率-失真函数 $R(D)$,是在满足保真度准则 $\overline{D}\leqslant D$ 的条件下,每一信源符号需要的最小(比特)数.

这个例题又一次给限失真信源编码定理提供了例证. 总可以找到一个限失真信源编码,其平均失真度 $\overline{D}(C)$ 无限地接近允许失真度 D(即 $\overline{D}(C)\leqslant D$),而其压缩比 $R=(n/K)$ 无限地接近信息率-失真函数 $R(D)$,但永远不会小于 $R(D)(R=n/K\geqslant R(D))$.

习　题

8.1　设信源 X 的概率分布 $P(X):\{p(a_1),p(a_2),\cdots,p(a_r)\}$,失真度为 $d(a_i,b_j)\geqslant 0(i=1,2,\cdots,r;j=1,2,\cdots,s)$. 试证明:

$$\overline{D}_{\min} = \sum_{i=1}^{r}p(a_i)\{\min_{j}\ d(a_i,b_j)\}$$

并写出取得 $\overline{D}_{\min}$ 的试验信道传递概率选取的原则,其中 $\min_{j}\ d(a_i,b_j)=\min_{j}\ \{d(a_i,b_1),d(a_i,b_2),\cdots,d(a_i,b_s)\}$.

8.2　设信源 X 的概率分布 $P(X):\{p(a_1),p(a_2),\cdots,p(a_r)\}$,失真度为 $d(a_i,b_j)\geqslant 0(i=1,2,\cdots,r;j=1,2,\cdots,s)$. 试证明:

$$\overline{D}_{\max} = \min_{j}\Big\{\sum_{i=1}^{r}p(a_i)d(a_i,b_j)\Big\}$$

并写出取得 $\overline{D}_{\max}$ 的试验信道传递概率选取的原则.

8.3　设 $0<\alpha,\beta<1,\alpha+\beta=1$. 证明:

$$\alpha R(D') + \beta R(D'') \geqslant R(\alpha D' + \beta D'')$$

8.4　试证明:在汉明失真度下,图 H.1 所示的反向信道是满足保真度 $\overline{D}=D$ 的试验信道,其中,D 是允许平均失真度.

8.5　设二元信源 X 的信源空间为

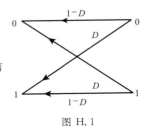

图 H.1

$$[X \cdot P]: \begin{cases} X: & 0 & 1 \\ P(X): & \omega & 1-\omega \end{cases}$$

令 $\omega \leqslant 1/2$,设信道输出符号集 $Y:\{0,1\}$,并选定汉明失真度. 试求:

(1) $D_{\min}, R(D_{\min})$;

(2) $D_{\max}, R(D_{\max})$;

(3) 信源 X 在汉明失真度下的信息率-失真函数 $R(D)$,并画出 $R(D)$ 曲线;

(4) 计算 $R(1/8)$.

8.6 一个四进制等概信源

$$[X \cdot P]: \begin{cases} X: & 0 & 1 & 2 & 3 \\ P(X): & 1/4 & 1/4 & 1/4 & 1/4 \end{cases}$$

接收符号集 $Y:\{0,1,2,3\}$,其失真矩阵为

$$[D] = \begin{pmatrix} 0 & 1 & 1 & 1 \\ 1 & 0 & 1 & 1 \\ 1 & 1 & 0 & 1 \\ 1 & 1 & 1 & 0 \end{pmatrix}$$

(1) 试求 $D_{\min}, R(D_{\min})$;

(2) 试求 $D_{\max}, R(D_{\max})$;

(3) 若 $D=1/2$,试求 $R(D)$.

8.7 某二元信源

$$[X \cdot P]: \begin{cases} X: & 0 & 1 \\ P(X): & 1/2 & 1/2 \end{cases}$$

其失真矩阵为

$$[D] = \begin{matrix} & 0 1 \\ \begin{matrix} 0 \\ 1 \end{matrix} & \begin{pmatrix} 0 & d \\ d & 0 \end{pmatrix} \end{matrix}$$

(1) 试求 $D_{\min}, R(D_{\min})$;

(2) 试求 $D_{\max}, R(D_{\max})$;

(3) 试求 $R(D)$.

8.8 对于离散无记忆信源 X,其失真矩阵 $[D]$ 中,如每行至少有一个元素为零,并每列最多只有一个元素为零. 试证明 $R(0)=H(X)$.

8.9 试证明对于离散无记忆信源,有

$$R_N(D) = NR(D)$$

其中 N 为任意正整数,$D > D_{\min}$.

8.10 某二元信源 X 的信源空间为

$$[X \cdot P]: \begin{cases} X: & a_1 & a_2 \\ P(X): & \omega & 1-\omega \end{cases}$$

其中 $\omega < 1/2$,其失真矩阵为

$$[D] = \begin{pmatrix} 0 & d \\ d & 0 \end{pmatrix}$$

(1) 试求 $D_{\min}, R(D_{\min})$;

(2) 试求 $D_{\max}, R(D_{\max})$;

(3) 试求 $R(D)$;

(4) 写出取得 $R(D)$ 的试验信道的各传递概率;

(5) 当 $d=1$ 时,写出与试验信道相对应的反向试验信道的信道矩阵.

8.11　设某均值为 $m=0$、方差为 σ^2 的高斯信源 X,其失真度 $d(x,y)=(x-y)^2$.

(1) 证明取得 $R(D)$ 函数的试验信道如图 H.2 所示,其中 $\sigma_0^2=D\left(1-\dfrac{D}{\sigma^2}\right)$,$D$ 为允许平均失真度;

(2) 证明取得 $R(D)$ 函数的反向试验信道如图 H.3 所示;

(3) 试求该信源在均方误差准则下的 $R(D)$.

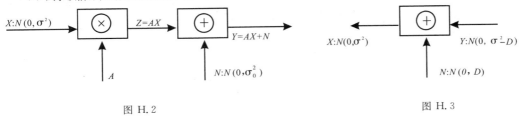

图 H.2　　　　　　　　　　　　　　　　　　　　图 H.3

8.12　在广义平均互信息量

$$K(X;Y) = E\left\{Q\left[\frac{\mu(X,Y)}{P(X,Y)}\right]\right\}$$

中,令 $Q(Z)=-\sqrt{Z}$,$\mu(X,Y)=P(Y/X_1)P(X)$.X_1 与 X 有相同的密度函数.上式中的期望 E 也包括对 X_1 的平均.若 $d(x,y)=(x-y)^2$.

$$P_X(x) = \begin{cases} 1 & |x| < 1/2 \\ 0 & |x| \geqslant 1/2 \end{cases}$$

求证广义信息率—失真函数的下界为:

$$R_Q(D) \geqslant -2\pi\sqrt{D}$$

(提示:引入 D 到积分中去,而证明 K 对任何条件概率 $p(y/x)$ 均大于 $-2\pi\sqrt{D}$,从而求得下界如上).

8.13　设某地区的"晴天"概率 $p(\text{晴})=5/6$,"雨天"概率 $p(\text{雨})=1/6$.把"晴天"预报为"雨天",把"雨天"预报为"晴天"造成的损失均为 d 元.又设该地区的天气预报系统把"晴天"预报为"晴天","雨天"预报为"雨天"的概率均为 0.9;把"晴天"预报为"雨天",把"雨天"预报为"晴天"的概率为 0.1.试计算这种预报系统的信息价值率 v(元/比特).

8.14　设离散无记忆信源

$$[X \cdot P]: \begin{cases} X: & u_1 & u_2 & u_3 \\ P(X): & 1/3 & 1/3 & 1/3 \end{cases}$$

其失真度为汉明失真度.

(1) 求 $D_{\min}$,$R(D_{\min})$,并写出相应试验信道的信道矩阵;

(2) 求 $D_{\max}$,$R(D_{\max})$,并写出相应试验信道的信道矩阵;

(3) 若允许平均失真度 $D=1/8$,试问信源 $[X \cdot P]$ 的每一个信源符号平均最少由几个二进制码符号表示?

8.15　设信源 $[X \cdot P]$: $\begin{cases} X: & u_1 & u_2 \\ P(X): & \omega & 1-\omega \end{cases}$ ($\omega < 1/2$),其失真度为汉明失真度.试问当允许平均失真度 $D=\omega/2$ 时,每一信源符号平均最少需要几个二进制码符号表示?

8.16　证明:如果定理 10.6 的结论($M \leqslant 2^{[KR']}$ 替换为"$M \leqslant 2^{[KR(D)]}$",它仍然是成立的;而如果 $D > D_{\min}$,保持 $M \leqslant 2^{[KR']}$ 不变,将"$\bar{D}(C) < D'$"替换为"$D(C) \leqslant D$",它也仍然是成立的.

8.17　证明:如果 $0 \leqslant x,y \leqslant 1$,$M \geqslant 0$,则 $(1-xy)^M \leqslant 1-x+e^{-yM}$.

8.18　描述一下在 $D:D_{\max}$ 时,怎样才能确切达到定理 10.6 所保证的内容.

第9章　信源-信道编码定理

对于一般的通用通信系统来说,要使通信既有效又可靠,使通信的有效性和可靠性达到辩证的统一,实施通信系统的最优化,必须同时运用限失真信源编码和抗干扰信道编码,对通信系统实施综合性的信源-信道编码.

9.1　信息传输速率的上界

实际通信系统可归纳为如图 9.1-1 所示模式.

在图 9.1-1 中,"编码器"模块代表在信道传输之前,在发送端对信源输出所做的全部数据处理.假定存在正整数 K 和 n,系统能统计独立地处理由 K 个信源符号组成的相继分组,并能把它们转换为由 n 个信道输入符号组成的相继分组.在单位时间内,接收信道输入符号,信道能在单位时间内,输出相应的输出符号."译码器"模块代表对交付信宿以前的信道输出,在接收端所做的所有数据处理.假设译码器能统计独立地处理 n 个信道输出符号组成的相继分组,并把它们转换为 K 个信宿符号组成的分组.

假定图 9.1-1 中给定信源和信道都是平稳的,统计特性不随时间的推移而变化,与起始时刻的选择无关,即其统计特性不依赖何时开始传输信源的输出或者何时开始使用信道.

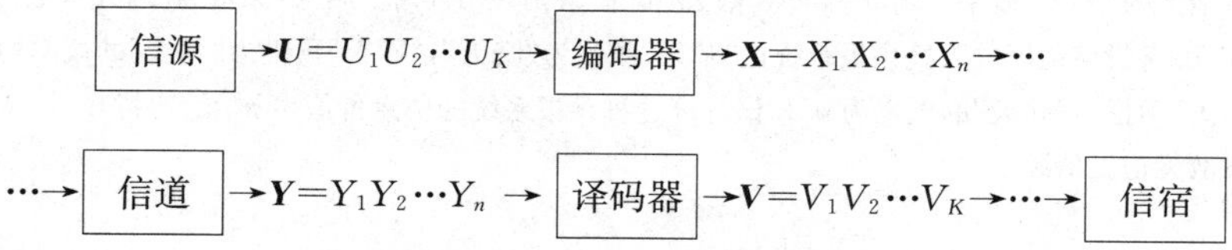

信源 →$U=U_1U_2\cdots U_K$→ 编码器 →$X=X_1X_2\cdots X_n$→····

····→ 信道 →$Y=Y_1Y_2\cdots Y_n$→ 译码器 →$V=V_1V_2\cdots V_K$→···· 信宿

图 9.1-1

显然,衡量通信系统有效性的指标,应是通信系统的信息传输速率 $\bar{r}$(信源符号/单位时间),即通信系统每单位时间传递的信源符号数.对图 9.1-1 所示通信系统来说,因信道每单位时间传递一个信道符号,所以信息传输速率 $\bar{r}$ 也等于每一个信道符号能传递的信源符号数(信源符号/信道符号).对于给定的信源和信道来说,信息传输速率 $\bar{r}$ 应与信道容量 C 和信息率-失真函数 $R(D)$ 存在内在的联系.

定理 9.1　设给定信源的信息率-失真函数为 $R(D)$,给定信道的信道容量 C,则通信系统的信息传输率

$$\bar{r} \leqslant \frac{C}{R(D)}$$

证明　设给定信道$(X\text{-}Y)$的输入随机变量 X 的符号集为 A_X,输出随机变量 Y 的符号集为 A_Y.信道$(X\text{-}Y)$的 n 次扩展信道的输入随机矢量 $\boldsymbol{X}=X_1X_2\cdots X_n$ 取值且取遍于集合 A_X^n,输出随机矢量 $\boldsymbol{Y}=Y_1Y_2\cdots Y_n$ 取值且取遍于集合 A_Y^n.

给定信道$(X\text{-}Y)$的 n 次扩展信道的传递概率
$$P(\boldsymbol{Y}/\boldsymbol{X})\colon\{p(\boldsymbol{y}/\boldsymbol{x})\,;\boldsymbol{x}\in A_X^n,\boldsymbol{y}\in A_Y^n\} \qquad (9.1\text{-}1)$$
且有
$$\sum_{\boldsymbol{y}\in A_Y^n}p(\boldsymbol{y}/\boldsymbol{x})=1 \quad (\boldsymbol{x}\in A_X^n) \qquad (9.1\text{-}2)$$

这样，n 维随机矢量 $\boldsymbol{X}=X_1X_2\cdots X_n$ 和 $\boldsymbol{Y}=Y_1Y_2\cdots Y_n$ 的平均互信息 $I(\boldsymbol{X};\boldsymbol{Y})$，是 n 维随机矢量 $\boldsymbol{X}=X_1X_2\cdots X_n$ 的概率分布 $P(\boldsymbol{X})\colon\{p(\boldsymbol{x})\,;\boldsymbol{x}\in A_X^n\}$ 和传递概率 $P(\boldsymbol{Y}/\boldsymbol{X})\colon\{p(\boldsymbol{y}/\boldsymbol{x})\,;\boldsymbol{x}\in A_X^n,\boldsymbol{y}\in A_Y^n\}$ 的函数
$$I(\boldsymbol{X};\boldsymbol{Y})=I[p(\boldsymbol{x}),p(\boldsymbol{y}/\boldsymbol{x})] \qquad (9.1\text{-}3)$$
对给定信道来说，$I(\boldsymbol{X};\boldsymbol{Y})$ 是 $p(\boldsymbol{x})$ 的函数
$$I(\boldsymbol{X};\boldsymbol{Y})=I[p(\boldsymbol{x})] \qquad (9.1\text{-}4)$$
而且是 $p(\boldsymbol{x})$ 的 $\cap$ 形凸函数. 因此，对于每一个正整数 n，给定信道$(X\text{-}Y)$的 n 次扩展信道的信道容量定义为
$$C_n=\operatorname*{Sup}_{p(\boldsymbol{x})}\{I(\boldsymbol{X};\boldsymbol{Y})\} \qquad (9.1\text{-}5)$$
其中，上确界取遍所有取值于 A_X^n 的 n 维随机矢量 $\boldsymbol{X}=X_1X_2\cdots X_n$. 达到信道容量 C_n 的 n 维随机矢量 $\boldsymbol{X}=X_1X_2\cdots X_n$ 称为 n 维匹配信源. 由定义$(9.1\text{-}5)$式，一般可有
$$C_n\geqslant I(\boldsymbol{X};\boldsymbol{Y}) \qquad (9.1\text{-}6)$$
显然，由$(9.1\text{-}5)$式定义的 C_n 是正整数 n 的函数，不同的 n 就有不同的 C_n. 给定信道$(X\text{-}Y)$的信道容量
$$C=\operatorname{Sup}\left\{\frac{1}{n}C_n\,;\ n=1,2,\cdots\right\} \qquad (9.1\text{-}7)$$
是 $\left\{\dfrac{1}{n}\cdot C_n\right\}$ 对 n 取得的上确界. 由此，一般可有
$$nC\geqslant C_n \qquad (9.1\text{-}8)$$
　　由$(9.1\text{-}6)$式和$(9.1\text{-}8)$式得
$$I(\boldsymbol{X};\boldsymbol{Y})\leqslant nC \qquad (9.1\text{-}9)$$
　　设给定信源 U 的符号集为 A_U，信宿 V 的符号集为 A_V. 选定非负实数 $d(u,v)$，表示信源 U 的符号 u 在信宿 V 以符号 v 出现时产生的失真. 对每一个正整数 K，信源 U 的 K 次扩展 $\boldsymbol{U}=U_1U_2\cdots U_K$ 的信源序列 $\boldsymbol{u}\{\boldsymbol{u}\in A_U^K\}$ 变为信宿 V 的 K 次扩展 $\boldsymbol{V}=V_1V_2\cdots V_K$ 的信宿序列 $\boldsymbol{v}\{\boldsymbol{v}\in A_V^K\}$ 的总的失真为 $d(\boldsymbol{u},\boldsymbol{v})$.
　　设给定信源 U 的 K 次扩展信源 $\boldsymbol{U}=U_1U_2\cdots U_K$ 的概率分布为
$$P(\boldsymbol{U})=P(U_1U_2\cdots U_K)\colon\{p(\boldsymbol{u})\,;\boldsymbol{u}=u_1u_2\cdots u_K\} \qquad (9.1\text{-}10)$$
且有
$$\sum_{\boldsymbol{u}\in A_U^K}p(\boldsymbol{u})=1 \qquad (9.1\text{-}11)$$

这样，K 维随机矢量 $\boldsymbol{U}=U_1U_2\cdots U_K$ 与 $\boldsymbol{V}=V_1V_2\cdots V_K$ 之间的平均互信息 $I(\boldsymbol{U};\boldsymbol{V})$，是 K 维随机矢量 $\boldsymbol{U}=U_1U_2\cdots U_K$ 的概率分布 $p(\boldsymbol{u})$ 和 $\boldsymbol{U}$ 与 $\boldsymbol{V}$ 之间的传递概率 $p(\boldsymbol{v}/\boldsymbol{u})$($\boldsymbol{u}\in A_U^K$，$\boldsymbol{v}\in A_V^K$)的函数，即

$$I(\boldsymbol{U};\boldsymbol{V}) = I[p(\boldsymbol{u}), p(\boldsymbol{v}/\boldsymbol{u})] \tag{9.1-12}$$

对给定信源来说, $I(\boldsymbol{U};\boldsymbol{V})$ 是传递概率 $p(\boldsymbol{v}/\boldsymbol{u})$ 的函数,即

$$I(\boldsymbol{U};\boldsymbol{V}) = I[p(\boldsymbol{v}/\boldsymbol{u})] \tag{9.1-13}$$

而且是 $p(\boldsymbol{v}/\boldsymbol{u})$ 的 $\cup$ 型凸函数. 因此,对每一个正整数 K 和 $D \geqslant D_{\min}$,给定信源 U 的 K 次扩展信源 $\boldsymbol{U} = U_1 U_2 \cdots U_K$ 的信息率-失真函数定义为

$$R_K(D) = \inf_{p(\boldsymbol{v}/\boldsymbol{u})} \{I(\boldsymbol{U};\boldsymbol{V}) : E[d(\boldsymbol{u},\boldsymbol{v})] \leqslant KD\} \tag{9.1-14}$$

它是在满足 $E[d(\boldsymbol{u},\boldsymbol{v})] \leqslant KD$ 的 K 维随机矢量对 $(\boldsymbol{u},\boldsymbol{v}) \in \{A_U^K \times A_V^K\}$ 的集合中,变动条件概率 $p(\boldsymbol{u}/\boldsymbol{v})$ 取得的下确界.

显然,由定义(9.1-14)式,有

$$I(\boldsymbol{U};\boldsymbol{V}) \geqslant R_K(D) \tag{9.1-15}$$

由(9.1-14)式定义的 $R_K(D)$ 是正整数 K 的函数. 不同的 K 就有不同的 $R_K(D)$. 给定信源 U 的信息率-失真函数

$$R(D) = \inf\left\{\left(\frac{1}{K}\right)R_K(D), K = 1, 2, \cdots\right\} \tag{9.1-16}$$

是 $\left\{\frac{1}{K}R_K(D)\right\}$ 对 K 取得的下确界. 由此,一般有

$$R_K(D) \geqslant KR(D) \tag{9.1-17}$$

由(9.1-15)式和(9.1-17)式,得

$$I(\boldsymbol{U};\boldsymbol{V}) \geqslant KR(D) \tag{9.1-18}$$

在图 9.1-1 所示的通信系统中,信源 $\boldsymbol{U} = U_1 U_2 \cdots U_K$ 是一个随机矢量,一旦编码器和译码器被确定后,$(\boldsymbol{U}, \boldsymbol{X}, \boldsymbol{Y}, \boldsymbol{V})$ 看作是随机矢量形成的链. 在给定 $\boldsymbol{U}$ 的条件下,$\boldsymbol{X}$ 的条件概率由编码器的设计而定;在给定 $\boldsymbol{X}$ 的条件下,$\boldsymbol{Y}$ 的条件概率由信道的统计特性而定;在给定 $\boldsymbol{Y}$ 的条件下,$\boldsymbol{V}$ 的条件概率由译码器的设计而定. 这就是说,$\boldsymbol{Y}$ 是通过 $\boldsymbol{X}$ 与 $\boldsymbol{U}$ 发生联系,一旦 $\boldsymbol{X}$ 给定,$\boldsymbol{Y}$ 只与 $\boldsymbol{X}$ 有关,与 $\boldsymbol{U}$ 就无关了;$\boldsymbol{V}$ 是通过 $\boldsymbol{Y}$ 与 $\boldsymbol{X}$ 发生联系,一旦 $\boldsymbol{Y}$ 给定,$\boldsymbol{V}$ 只与 $\boldsymbol{Y}$ 有关,与 $\boldsymbol{X}$ 就无关了. 这表明,$(\boldsymbol{U}, \boldsymbol{X}, \boldsymbol{Y}, \boldsymbol{V})$ 是一个 Markov 链.

根据数据处理定理,有

$$I(\boldsymbol{U};\boldsymbol{V}) \leqslant I(\boldsymbol{X};\boldsymbol{Y}) \tag{9.1-19}$$

由(9.1-9)式、(9.1-18)式和(9.1-19)式,可得

$$KR(D) \leqslant nC \tag{9.1-20}$$

即证得

$$\bar{r} = \frac{K}{n} \leqslant \frac{C}{R(D)} \quad \text{(信源符号 / 信道符号)} \tag{9.1-21}$$

这样,定理 9.1 就得到了证明.

定理指明,对给定信道,其信道容量 C 是一个确定的量,对给定信源,在规定失真度后,其信息率-失真函数 $R(D)$ 也是一个确定的量. 对给定信源和信道,通过编码和译码构成的通信系统(如图 9.1-1 所示)的比值 $\left\{\dfrac{C}{R(D)}\right\}$ 是一个确定的值,它是通信系统的信息传输率 $\bar{r}$ 的上界. 任何通信系统通过编码和译码,每一信道符号(每单位时间)传输的信源符号数 $\bar{r}$ 绝不会超过上

界$\left\{\dfrac{C}{R(D)}\right\}$.

9.2　信源-信道编码极限定理

在图 9.1-1 所示的通信系统中,衡量通信有效性的指标是信息传输率$\bar{r}$,衡量通信可靠性的指标是在规定失真度下信源 U 和信宿 V 之间的平均失真度 $\bar{D}$. 一个既有效又可靠的通信系统,应具有较高的信息传输速率$\bar{r}$和较低的平均失真度 $\bar{D}$. 但通信系统的可靠性和有效性是相互矛盾的两个方面. 那么,这两个相互矛盾的方面能否达到辩证的统一? 既有效又可靠的通信系统是否存在? 信源-信道编码定理将告诉我们,对给定的信源和信道,经过编码和译码,通信系统的信息传输速率$\bar{r}$和平均失真度 $\bar{D}$ 这两个主要指标形成的"指标对"$(\bar{r},\bar{D})$的可"实现区",给我们指明了什么是可能的,什么是不可能的,展示了实现通信系统"最优化"的方向.

定理 9.2　给定 $D>D_{\min}$和$r<\dfrac{C}{R(D)}$,设计一个满足$\bar{D}\leqslant D$和$\bar{r}\geqslant r$的通信系统是可能的.

证明　假设给定 $D>D_{\min}$和$r<\dfrac{C}{R(D)}$,现要设计编码器和译码器,使通信系统最终的平均失真度 $\bar{D}\leqslant D$,信息传输速率$\bar{r}\geqslant r$.

选择 D_0、D_1 和 C'、R',满足:

$$D_{\min}\leqslant D_0<D_1<D \tag{9.2-1}$$

$$C'<C \tag{9.2-2}$$

$$R'>R(D_0)$$

$$r<C'/R' \tag{9.2-3}$$

在图 9.1-1 中,编码器包括信源编码和信道编码两部分,如图 9.2-1 所示.

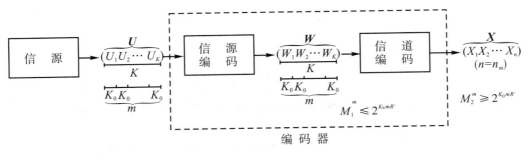

图 9.2-1

(1) 信源编码器.

根据限失真信源编码定理,对于足够大的 K_0,存在一个码长为 K_0,具有 M_1 个码字的信源编码 $C:\{\boldsymbol{v}_1,\boldsymbol{v}_2,\cdots,\boldsymbol{v}_{M_1}\}$,满足

$$M_1\leqslant 2^{K_0R'} \tag{9.2-4}$$

且信源编码 C 的平均失真度

$$\bar{D}(C)<D_1 \tag{9.2-5}$$

对于一个确定的正整数 m,取 $K=K_0 m$.信源编码器把长度为 K 的信源序列 $\boldsymbol{U}=U_1 U_2 \cdots U_K$ 分割成 m 个长度为 K_0 的分组,对应信源分组序列输出 m 个信源编码的码字.图 9.2-1 中的中间矢量 $\boldsymbol{W}=W_1 W_2 \cdots W_K$ 是信源编码 C 的 m 个码字组成的序列.码字序列 $\boldsymbol{W}$ 共 M_1^m 种,由(9.2-4)式,有

$$M_1^m \leqslant (2^{K_0 R'})^m = 2^{K_0 m R'} \tag{9.2-6}$$

(2) 信道编码器.

对于每一个长度为 K_0 的信源序列 $\boldsymbol{u} \in A_U^{K_0}$,设

$$d_{\max}(\boldsymbol{u}) = \max\{d(\boldsymbol{u}, \boldsymbol{v}), \boldsymbol{v} \in C\} \tag{9.2-7}$$

则码 $C:\{\boldsymbol{v}_1, \boldsymbol{v}_2, \cdots, \boldsymbol{v}_{M_1}\}$ 的最坏失真定义为

$$\overline{D}(C) = \frac{1}{K_0} E\{d_{\max}(\boldsymbol{u})\} \tag{9.2-8}$$

再令

$$\varepsilon = \frac{D - D_1}{\overline{D}(C)} \tag{9.2-9}$$

对于确定正整数 m,令

$$n_m = \frac{K_0 m R'}{C'} \tag{9.2-10}$$

则根据抗干扰信道编码定理,对于所有足够大的 m,存在一个码长为 n_m 的信道编码 $C:\{\boldsymbol{x}_1, \boldsymbol{x}_2, \cdots, \boldsymbol{x}_{M_2}\}$ 和相应的一个译码规则,使得

$$M_2 \geqslant 2^{[C' n_m]} = 2^{K_0 m R'} \tag{9.2-11}$$

而且,码字 $\boldsymbol{x}_i (i=1, 2, \cdots, M_2)$ 的错误译码概率

$$p_e^{(i)} < \varepsilon \tag{9.2-12}$$

把信道编码的长度设计为(9.2-10)式所示 n_m,使信息传输速率

$$\overline{r} = \frac{K}{n_m} = \frac{K_0 m}{\dfrac{K_0 m R'}{C'}} = \frac{C'}{R'} \tag{9.2-13}$$

由(9.2-3)式可知,这样的设计能确保

$$\overline{r} = \frac{C'}{R'} > r \tag{9.2-14}$$

在图 9.1-1 中,译码器包括信道译码和信源译码两部分,如图 9.2-2 所示.

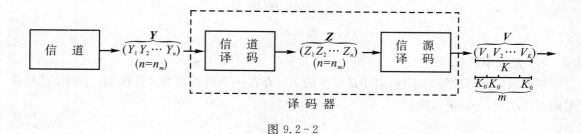

图 9.2-2

在图 9.2-2 中,信道译码器的存在,是由信道编码定理所允诺的.它把受信道噪声干扰后

的码字 $Y = Y_1 Y_2 \cdots Y_n$ 映射为一个信道码字 $Z = Z_1 Z_2 \cdots Z_n$. 信源译码器按照图 $9.2-1$ 中信源编码器给定的一一对应关系,把 $Z = Z_1 Z_2 \cdots Z_n$ 变换为相应的由 m 个信源码字组成的序列 $V = V_1 V_2 \cdots V_K$. 若不存在 m 个信源码字组成的序列能与 $Z = Z_1 Z_2 \cdots Z_n$ 相对应,则假设信源译码器输出一个由信宿符号集 A_V 中的 K 个符号组成的固定的"无效序列" $V_0 = (V_1^0 V_2^0 \cdots V_K^0)$.

现在,按照由图 $9.1-1$、图 $9.2-1$、图 $9.2-2$ 构成的通信系统,计算通信系统的平均失真度

$$\overline{D} = \left(\frac{1}{K}\right) E[d(\boldsymbol{u}, \boldsymbol{v})] \tag{9.2-15}$$

并证明

$$\overline{D} \leqslant D \tag{9.2-16}$$

为此,引入一个新的随机变量

$$B = \begin{cases} 0 & \text{若译码成功} \quad \boldsymbol{Z} = \boldsymbol{X} \\ 1 & \text{若译码不成功} \quad \boldsymbol{Z} \neq \boldsymbol{X} \end{cases} \tag{9.2-17}$$

这样,平均失真度中的 $E[d(\boldsymbol{u}, \boldsymbol{v})]$ 就可写成

$$E[d(\boldsymbol{u}, \boldsymbol{v})] = E[d(\boldsymbol{u}, \boldsymbol{v})/B = 0] \cdot P\{B = 0\}$$
$$+ E[d(\boldsymbol{u}, \boldsymbol{v})/B = 1] \cdot P\{B = 1\} \tag{9.2-18}$$

$(9.2-18)$ 式中第一项是译码成功时 $(B=0)$ 的 $E[d(\boldsymbol{u}, \boldsymbol{v})]$. 若

$$\boldsymbol{U} = [\boldsymbol{U}^{(1)} \, \boldsymbol{U}^{(2)} \cdots \boldsymbol{U}^{(m)}] \tag{9.2-19}$$

表示 $\boldsymbol{U} = U_1 U_2 \cdots U_K$ 划分为 m 个包含 K_0 个信源符号的分组 $\boldsymbol{U}^{(l)}$ $(l = 1, 2, \cdots, m)$,那么,当 $B = 0$,即译码成功时,有

$$d(\boldsymbol{u}, \boldsymbol{v}) = \sum_{l=1}^{m} d_{\min}[\boldsymbol{u}^{(l)}] \tag{9.2-20}$$

根据 $(9.2-5)$ 式,有

$$E[d(\boldsymbol{u}, \boldsymbol{v})/B = 0] = E\left[\sum_{l=1}^{m} d_{\min}[\boldsymbol{u}^{(l)}]\right] = \sum_{l=1}^{m} E\{d_{\min}[\boldsymbol{u}^{(l)}]\} = m \cdot E\{d_{\min}[\boldsymbol{u}^{(l)}]\}$$
$$= m \cdot K_0 \cdot E[d(u, v)]_{\min} < m K_0 D_1 \tag{9.2-21}$$

又因为

$$P\{B = 0\} \leqslant 1 \tag{9.2-22}$$

所以,由 $(9.2-21)$ 式、$(9.2-22)$ 式,$(9.2-18)$ 式中的第一项可改写为

$$E[d(\boldsymbol{u}, \boldsymbol{v})/B = 0] \cdot P\{B = 0\} < m K_0 D_1 = K D_1 \tag{9.2-23}$$

$(9.2-18)$ 式中的第二项是译码失败时 $(B=1)$ 的 $E[d(\boldsymbol{u}, \boldsymbol{v})]$. 如果译码失败,根据 $(9.2-7)$ 式,有

$$d(\boldsymbol{u}, \boldsymbol{v}) \leqslant \sum_{l=1}^{m} d_{\max}[\boldsymbol{u}^{(l)}] \tag{9.2-24}$$

所以

$$E[d(\boldsymbol{u}, \boldsymbol{v})/B = 1] \leqslant E\left[\sum_{l=1}^{m} d_{\max}[\boldsymbol{u}^{(l)}]\right] = \sum_{l=1}^{m} E\{d_{\max}[\boldsymbol{u}^{(l)}]\}$$
$$= m E[d_{\max}(\boldsymbol{u})/B = 1] \tag{9.2-25}$$

考虑到信道编码 $\{\boldsymbol{x}_1, \boldsymbol{x}_2, \cdots, \boldsymbol{x}_{M_2}\}$ 有 M_2 个码字,而 $E[d_{\max}(\boldsymbol{u})/B = 1]$ 应是信道传递每一个码字 $\boldsymbol{x}_i$ $(i = 1, 2, \cdots, M_2)$ 所造成的,所以有

$$E[d_{\max}(\boldsymbol{u})/B=1] = \sum_{i=1}^{M_2} E[d_{\max}(\boldsymbol{u})/B=1 \quad \boldsymbol{X}=\boldsymbol{x}_i] \cdot P\{\boldsymbol{X}=\boldsymbol{x}_i/B=1\}$$

$$(9.2-26)$$

因为译码器成功与否,仅仅取决于被信道传输的码字 $\boldsymbol{x}$,与产生 $\boldsymbol{x}$ 的特定的信源序列 $\boldsymbol{u}$ 无关. 所以随机变量序列 $(\boldsymbol{U},\boldsymbol{X},B)$ 是一个 Markov 链,则随机变量序列 $(B,\boldsymbol{X},\boldsymbol{U})$ 亦是 Markov 链,则有

$$E[d_{\max}(\boldsymbol{u})/B=1 \quad \boldsymbol{X}=\boldsymbol{x}_i] = E[d_{\max}(\boldsymbol{u})/\boldsymbol{X}=\boldsymbol{x}_i] \qquad (9.2-27)$$

这样,(9.2-26)式又可改写为

$$E[d_{\max}(\boldsymbol{u})/B=1] = \sum_{i=1}^{M_2} E[d_{\max}(\boldsymbol{u})/\boldsymbol{X}=\boldsymbol{x}_i] \cdot P\{\boldsymbol{X}=\boldsymbol{x}_i/B=1\}$$

$$= \sum_{i=1}^{M_2} E[d_{\max}(\boldsymbol{u})/\boldsymbol{X}=\boldsymbol{x}_i] \cdot \frac{P\{B=1/\boldsymbol{X}=\boldsymbol{x}_i\} \cdot P\{\boldsymbol{X}=\boldsymbol{x}_i\}}{P\{B=1\}}$$

$$(9.2-28)$$

由(9.2-28)式和(9.2-25)式,(9.2-18)式中的第二项为

$$E[d(\boldsymbol{u},\boldsymbol{v})/B=1]P\{B=1\}$$

$$\leqslant m \sum_{i=1}^{M_2} E[d_{\max}(\boldsymbol{u})/\boldsymbol{X}=\boldsymbol{x}_i]P\{B=1/\boldsymbol{X}=\boldsymbol{x}_i\}P\{\boldsymbol{X}=\boldsymbol{x}_i\} \qquad (9.2-29)$$

根据(9.2-12)式,对所有的 $i=1,2,\cdots,M_2$,有

$$P\{B=1/\boldsymbol{X}=\boldsymbol{x}_i\} = p_e^{(i)} < \varepsilon \quad (i=1,2,\cdots,M_2) \qquad (9.2-30)$$

把(9.2-30)式代入(9.2-29)式,得

$$E[d(\boldsymbol{u},\boldsymbol{v})/B=1]P\{B=1\} \leqslant m\varepsilon \sum_{i=1}^{M_2} E[d_{\max}(\boldsymbol{u})/\boldsymbol{X}=\boldsymbol{x}_i] \cdot P\{\boldsymbol{X}=\boldsymbol{x}_i\}$$

$$= m\varepsilon E[d_{\max}(\boldsymbol{u})] \qquad (9.2-31)$$

由(9.2-9)式对 ε 的设定和(9.2-8)式对 $E[d_{\max}(\boldsymbol{u})]$ 的定义,(9.2-31)式可进一步改写为

$$E[d(\boldsymbol{u},\boldsymbol{v})/B=1]P\{B=1\} \leqslant m \cdot \frac{D-D_1}{\overline{D}(C)} \cdot K_0\overline{D}(C)$$

$$= K_0m(D-D_1) = K(D-D_1) \qquad (9.2-32)$$

由(9.2-23)式和(9.2-32)式,(9.2-18)式可改写为

$$E[d(\boldsymbol{u},\boldsymbol{v})] = E[d(\boldsymbol{u},\boldsymbol{v})/B=0]P\{B=0\}$$

$$+ E[d(\boldsymbol{u},\boldsymbol{v})/B=1]P\{B=1\}$$

$$\leqslant KD_1 + K(D-D_1) = KD \qquad (9.2-33)$$

由(9.2-33)式和(9.2-15)式,即可证得

$$\overline{D} = \left(\frac{1}{K}\right)E[d(\boldsymbol{u},\boldsymbol{v})] \leqslant \frac{1}{K} \cdot KD = D \qquad (9.2-34)$$

这样,定理 9.2 就得到了证明.

定理明确指出,信源-信道编码通信系统的主要"指标对" $(\bar{r},\overline{D})$,除了图 9.2-3 中深黑色边界线之外的"可实现区"中任何一点都是可以达到的,图 9.2-3 中的"不可实现区"中任何一点,都是不可以达到的. 例如取 $\overline{D}=D_1$ 时,当 $\bar{r}=\bar{r}_1$,即点 $(\bar{r}_1,D_1)$ 是可以达到的;但当 $\bar{r}=\bar{r}_1'$,即点 $(\bar{r}_1',D_1)$ 是不可能达到的. 这就是说,如要满足保真度准则 $\overline{D}=D_1$,那么通信系统的信息传输

速率$\bar{r}$就要受到一定的限制,不可能达到太大的值. 又如,取$\bar{r}=\bar{r}_2$时,当$\bar{D}=D_2$,即点$(\bar{r}_2,D_2)$是可以达到的;但当$\bar{D}=D_2'$,即点$(\bar{r}_2,D_2')$是不可能达到的. 这就是说,通信系统若要有$\bar{r}_2$这样的信息传输速率,那么平均失真度$\bar{D}$就不可能达到太小.

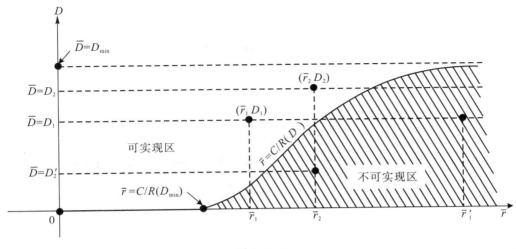

图 9.2 - 3

定理 9.1 和定理 9.2 从两个不同的角度,论证了信源-信道编码通信系统的信息传输速率$\bar{r}$和平均失真度$\bar{D}$这两个主要指标之间的联系和牵制.

一般来说,定理 9.1 和 9.2 可作为整个信源-信道编码定理的两个组成部分. 考虑到定理 9.1 对所有可实现的通信系统一般成立,所以作为一个单独的定理予以论述,只把定理 9.2 称为信源-信道编码极限定理. 这个定理告诉我们,在图 9.1 - 1 所示的信源-信道编码通信系统中,信息传输速率$\bar{r}$和平均失真度$\bar{D}$是衡量通信系统的有效性和可靠性的两个主要指标,它们是相互矛盾又相互牵制的两个量. 在一定条件下,这两个量可达到一定程度的统一,使通信系统既有效、又可靠,实现通信系统的最优化.

习　题

9.1　某个实验者希望设计一个通过二进制对称信道传输高斯随机过程观察值的系统,二进制对称信道每秒接收 100000 比特,其原始误比特率为 1/10,并且信道传输"0"是免费的,而传输"1"需花费 10^{-6} 美元. 为此,他计划以每秒 R 个样点的速率进行采样(样本是均值为 0、方差为 1 的高斯随机变量),并在传输前进行编码. 假设可容忍的均方误差至多为 D,而在信道上平均每天最多能花费 B 美元. 下面三组(B,D,R)中,哪一种在理论上是可实现的? 为什么?

B	D	R
864	0.1	12500
2592	0.2	150000
4320	0.001	11000

9.2　考虑一个每秒产生 R 比特的二进制对称信源,其输出通过一个"宽带"高斯信道传输. 以 E_b 表示比值 P/R(它的单位是焦耳每比特,比值 E_b/N_0 称为比特信噪比). 证明如果采用图 I.1 中所描述的通信系统进行通信,只要 $E_b/N_0 >$ $[1-H(P_e)]\log2$,最终的误比特率就可达到 P_e,反之则不成立. 但如果码的速率$\bar{r}=K/n$,还必须满足 $\bar{r}\geqslant r$,证明 E_b/N_0 的最

小值是$\{2^{2r[1-H(P_e)]}-1\}/(2r)$.

9.3 在图 I.1 中，U 是均值为 0、方差为 σ_U^2 的高斯随机变量，它通过一个放大器被乘以一个常数 λ，然后再加上一个均值为 0、方差为 σ_Z^2 并与 U 相互统计独立的高斯随机变量 Z，最后的结果通过衰减器被乘以常数 μ. 证明存在失真度 D、常数 λ 和 μ，使得：

(1) $R(D)=C$；

(2) $E[(U-V)^2]=D$.

其中 $R(D)$ 是信源的信息率-失真函数，C 是信道的容量. 由此证明不等式 $\dfrac{K}{n}\leqslant\dfrac{C}{R(D)}$ 可在 $K=n=1$ 时取等号.

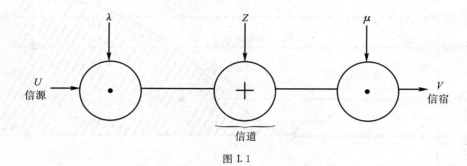

图 I.1

通过本题说明，如果将高斯信源的输出通过高斯信道传输，有时候不需要任何编码就可以实现信源-信道编码定理所给出的结论.

附录 供熵函数计算用的几种函数表

五位函数表

$\log_2(1/p), p\log_2(1/p), H_2(p), p=0.00\sim1.00$

p	$\log(1/p)$	$p\log(1/p)$	$H(p)$
0.00	—	0	0
0.01	6.64386	0.06644	0.08079
0.02	5.64386	0.11288	0.14144
0.03	5.05889	0.15177	0.19439
0.04	4.64386	0.18575	0.24229
0.05	4.32193	0.21610	0.28640
0.06	4.05889	0.24353	0.32744
0.07	3.83650	0.26856	0.36592
0.08	3.64386	0.29151	0.40218
0.09	3.47393	0.31265	0.43647
0.10	3.32193	0.33219	0.46900
0.11	3.18442	0.35029	0.49992
0.12	3.05889	0.36707	0.52936
0.13	2.94342	0.38264	0.55744
0.14	2.83650	0.39711	0.58424
0.15	2.73697	0.41054	0.60984
0.16	2.64386	0.42302	0.63431
0.17	2.55639	0.43459	0.65770
0.18	2.47393	0.44531	0.68008
0.19	2.39593	0.45523	0.70147
0.20	2.32193	0.46439	0.72193
0.21	2.25154	0.47282	0.74148
0.22	2.18442	0.48057	0.76017
0.23	2.12029	0.48767	0.77801
0.24	2.05889	0.49413	0.79504
0.25	2.00000	0.50000	0.81128
0.26	1.94342	0.50529	0.82675
0.27	1.88897	0.51002	0.84146
0.28	1.83650	0.51422	0.85545

p	$\log(1/p)$	$p\log(1/p)$	$H(p)$
0.29	1.78588	0.51790	0.86872
0.30	1.73697	0.52109	0.88129
0.31	1.68966	0.52379	0.89317
0.32	1.64386	0.52603	0.90438
0.33	1.59946	0.52782	0.91493
0.34	1.55639	0.52917	0.92482
0.35	1.51457	0.53010	0.93407
0.36	1.47393	0.53062	0.94268
0.37	1.43440	0.53073	0.95067
0.38	1.39593	0.53045	0.95804
0.39	1.35845	0.52980	0.96480
0.40	1.32193	0.52877	0.97095
0.41	1.28630	0.52738	0.97650
0.42	1.25154	0.52565	0.98145
0.43	1.21754	0.52356	0.98582
0.44	1.18442	0.52115	0.98959
0.45	1.15200	0.51840	0.99277
0.46	1.12029	0.51534	0.99538
0.47	1.08927	0.51196	0.99740
0.48	1.05889	0.50827	0.99885
0.49	1.02915	0.50428	0.99971
0.50	1.00000	0.50000	1.00000
0.51	0.97143	0.49543	0.99971
0.52	0.94342	0.49058	0.99885
0.53	0.91594	0.48545	0.99740
0.54	0.88897	0.48004	0.99538
0.55	0.86250	0.47437	0.99277
0.56	0.83650	0.46844	0.98959
0.57	0.81097	0.46225	0.98582
0.58	0.78588	0.45581	0.98145
0.59	0.76121	0.44912	0.97650
0.60	0.73697	0.44218	0.97095
0.61	0.71312	0.43500	0.96480
0.62	0.68966	0.42759	0.95804
0.63	0.66658	0.41994	0.95067
0.64	0.64386	0.41207	0.94268

p	$\log(1/p)$	$p\log(1/p)$	$H(p)$
0.65	0.62149	0.40397	0.93407
0.66	0.59946	0.39564	0.92482
0.67	0.57777	0.38710	0.91493
0.68	0.55639	0.37835	0.90438
0.69	0.53533	0.36938	0.89317
0.70	0.51457	0.36020	0.88129
0.71	0.49411	0.35082	0.86872
0.72	0.47393	0.34123	0.85545
0.73	0.45403	0.33144	0.84146
0.74	0.43440	0.32146	0.82675
0.75	0.41504	0.31128	0.81128
0.76	0.39593	0.30091	0.79504
0.77	0.37707	0.29034	0.77801
0.78	0.35845	0.27959	0.76017
0.79	0.34008	0.26866	0.74148
0.80	0.32193	0.25754	0.72193
0.81	0.30401	0.24625	0.70147
0.82	0.28630	0.23477	0.68008
0.83	0.26882	0.22312	0.65770
0.84	0.25154	0.21129	0.63431
0.85	0.23447	0.19930	0.60984
0.86	0.21759	0.18713	0.58424
0.87	0.20091	0.17479	0.55744
0.88	0.18442	0.16229	0.52936
0.89	0.16812	0.14963	0.49992
0.90	0.15200	0.13680	0.46900
0.91	0.13606	0.12382	0.43647
0.92	0.12029	0.11067	0.40218
0.93	0.10470	0.09737	0.36592
0.94	0.08927	0.08391	0.32744
0.95	0.07400	0.07030	0.28640
0.96	0.05889	0.05654	0.24229
0.97	0.04394	0.04263	0.19439
0.98	0.02915	0.02856	0.14144
0.99	0.01450	0.01435	0.08079
1.00	0.00000	0.00000	0.00000

参 考 文 献

[1] McELIECE R J. The Theory of Information and Coding [M]. 2nd ed. Cambridge：Cambridge University Press，2002.

[2] JAN C A，VAN DER LUBBE. Information Theory [M]. Cambridge：Cambridge University Press，1997.

[3] GALLAGER R G. Information Theory and Reliable Communication [M]. Hoboken：John Wiley and Sons，1968.

[4] 姜丹. 信息论与编码[M]. 合肥：中国科学技术大学出版社，2001.

[5] 周炯槃. 信息理论基础[M]. 北京：人民邮电出版社，1983.

[6] 王梓坤. 概率论基础及其应用[M]. 北京：科学出版社，1979.

[7] 姜丹，钱玉美. 信息理论与编码[M]. 合肥：中国科学技术大学出版社，1992.

[8] 姜丹. 信息论[M]. 合肥：中国科学技术大学出版社，1987.

[9] 姜丹. 加权熵公理构成证明的新方法[J]. 中国科学技术大学学报，1993，23(2)：159－168.

[10] 姜丹. 效用信息熵[J]. 中外科技政策与管理，1993：84－91.

[11] SHANNON C E. A Mathematical Theory of Communication [J]. Bell Syst. Tech. J.，1948，27：379－423(Part Ⅰ)；623－656(Part Ⅱ).

[12] HAMMING R W. 编码和信息理论[M]. 朱雪龙，译. 北京：科学出版社，1984.

[13] 钟义信. 信息科学原理[M]. 北京：北京邮电大学出版社，1996.

[14] SHANNON C E. Coding Theorems for a Discrete Source with a Fidelity Criterion [J]. IRE Nat. Conv. Rec.，1959，Part 4：142－163.

[15] SHANNON C E. Two Way Communication Channels [J]. Proc. 4th Berkeley Symposium on Math. Statistics and Probability，1961，1：611－644.

[16] 有本卓. 近代信息论[M]. 杨逢春，译. 北京：人民邮电出版社，1985.

[17] 罗斯 A M. 信息与通信理论[M]. 钟义信，等，译. 北京：人民邮电出版社，1979.

[18] 陈鸿彬，等. 信息与系统[M]. 北京：国防工业出版社，1980.

[19] 吴伯修，等. 信息论与编码[M]. 北京：电子工业出版社，1987.

[20] 傅相芸，信息论与编码学习辅导及习题详解[M]. 北京：电子工业出版社，2010.

[21] SHANNON C E. Communication in The Presence of Noise [J]. Proc. IRE，1949，37：10－21.

[22] QIAN HAOYU，et al. A 35 dB Output Power And 38 dB Liner Gain PA with 44.9% peak PAE At 1.9 GHz In 40 nm CMOS IEEE[J]. Solid-State Circuits，2016，51(3)：587－597.

[23] SHANNON C E. Certain Results in Coding Theory for Noisy Channels [J]. Information and Control，1957，1：6－25.